# 第九届全国岩土工程实录交流会
# ——岩土工程实录集（下册）

《岩土工程实录集》编委会　编

中国建筑工业出版社

# 目　录

## （下册）

## 基坑与边坡

# 地基处理与桩基

# 地灾防治与环境岩土工程

# 岩土工程检测、监测、试验

## 工程实践专题研究

# 基坑与边坡

# 土质高边坡变形机理研究——
# 以某变电站边坡为例*

涂新斌[1]　王彦兵[1]　刘昕昕[2]　袁明生[2]　高　献[3]　林少远[4]　张成炜[3]

（1. 国网经济技术研究院有限公司，北京　102209；
2. 中国电力工程顾问集团西南电力设计院有限公司，四川成都　610021；
3. 国网福建省电力有限公司经济技术研究院，福建福州　350011；
4. 国网福建省电力有限公司，福建福州　350003）

## 1　引言

随着我国基础设施建设的蓬勃发展，站厂设施的建设场地空间愈加受到限制，导致形成了大量的挖方或填方高边坡，站厂工程建设中面临越来越复杂的边坡稳定性问题[1]。边坡问题实质上是边坡变形稳定性问题，一般来说，边坡坡度越高、岩土体性质越差，其稳定性越差，工程中越受到人们关注[2-3]。边坡按照地层结构可分为土质边坡、岩质边坡和岩土混合边坡，其中土质边坡岩土体工程特性差，尤其是各土层工程性质差异较大的非均质土质边坡，往往在工程施工建设期、运行期容易产生变形稳定性问题[4-5]。边坡设计方案不合理、施工工序不当，以及降雨、地震等外在因素均可能引起边坡变形失稳，造成大量经济损失其至人员伤亡[6-8]。因此，准确把握边坡变形机制，采取合理有效的边坡防护措施，在工程建设中显得尤为重要。

不同类型的边坡变形机制不同，目前有关边坡类型及其力学机制的划分已经形成了一套较为成熟的理论方法[2,9]。近年来，得益于计算机技术的发展，使用数值模拟的方法对不同地质条件的边坡进行模拟，分析其变形机制的方法应用日益广泛[10-12]，如 FLAC3D 软件已经能够实现变形、稳定性计算、多场耦合、结构单元、地震及动力学等多因素的模拟，为研究边坡变形机制提供了新的手段[13-15]。

本文以西南地区某变电站挖方边坡为例，针对土质高边坡在开挖施工过程中产生的变形，虽采取了一定的设计防护措施，但边坡局部变形仍未得到较好控制。为此，文章通过现场调查及监测资料分析，根据边坡变形特征，通过数值模拟方法对该边坡的变形及采取支护后的过程进行了模拟，研究了该土质边坡的变形机制，并提出了该类边坡的防护措施建议。

## 2　边坡工程概况

研究边坡位于西南地区某变电站南侧、西南侧，场地为山前洪积扇前缘与盆地堆积阶地结合部位，整体地势由西南向东北倾斜。开挖形成的边坡最大相对高差约 36m，以"逆作法放坡＋格构护坡"分级开挖，最下级边坡放坡比为 1∶2，其余段均为 1∶3，每级边坡高 6m，除第三级马道顶部平台宽为 10m 外，其余每级马道宽均为 3m。挖方边坡整体坡度为 16°～20°。边坡地层主要为①第四系全新统冲洪积可塑黏性土夹砾石（$Q_4^{al+pl}$）、②第四系上更新统—全新统湖相沉积的可塑黏性土夹圆砾、砂层（$Q_{3-4}^{al+pl+l}$）及③第四系下更新统—中更新统湖相沉积的硬塑黏性土层夹粉砂、泥炭质土层（$Q_{1-2}^l$）。地下水主要为孔隙水和上层滞水，在雨季形成较丰富的地下水。图 1 和图 2 分别为边坡工程地质平面图和剖面 4-4′的工程地质剖面图。

*基金项目：国家电网有限公司总部管理科技项目资助（项目编号：5200-202156074A-0-0-00）。

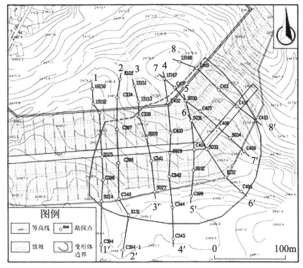

图1 边坡工程地质平面图

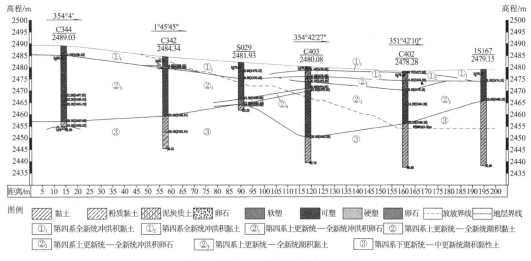

图2 剖面4-4'的工程地质剖面图

# 3 边坡变形发育特征

## 3.1 边坡变形历史

1）裂缝出现，变形开始

边坡开挖施工起始时间为2020年3月初，4月中旬开挖至坡脚，4月19日发现产生变形裂缝，表现为边坡后缘发育多条横向拉张裂缝，坡脚产生鼓胀隆起和剪出，侧面有剪切裂缝（图3），初步分析变形原因为未按照设计工序施工且施工进度过快，导致边坡应力未完全平衡产生变形。

2）采取防护措施，变形变缓

2020年4月22日，根据边坡变形特征，采取坡脚回填反压、坡顶卸载、裂缝封填及截排水等措施，边坡变形逐渐变缓。随后采用"坡脚抗滑桩支挡"方案进行治理，在原设计边坡坡脚边线修建抗滑桩，桩顶伸出场坪标高10m，桩后采用碎石土回填至二级马道。治理工程当年7月份完成，治理初期效果良好，边坡未出现较大变形。

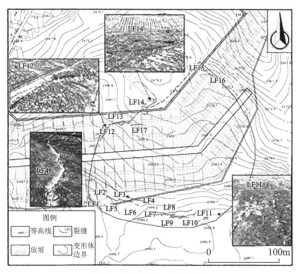

图3 边坡裂缝分布图

3）二次变形

2021年8月，边坡治理完成一年后，原变形体后缘局部再次出现变形，局部小区域滑塌，造成较为严重的损失。边坡下部及其他区域未出现变形。

## 3.2 边坡变形监测结果

1）地表变形监测

边坡出现大变形后，对边坡变形区进行变形监测，边坡应急监测基准点、工作点、监测点布置图见图4。

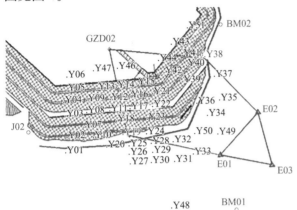

图4 边坡应急监测基准点、工作点、监测点布置图

边坡前缘裂缝监测变形特点，除了Y46外，其余各点均呈现无规则的往复运动，总体上表现为向边坡倾向方向位移的趋势。由于5月9日挖掘机在Y46处的施工，对Y46的位移有影响，故该点矢量图显示5月9日后边坡总体向北位移（图5）。

边坡后缘裂缝监测变形特点，Y27监测点向南运动，4日后在其南侧绕另一点运动，其余监测点持续数天向南位移后，5月5日开始向起始点返回，并呈现无特定方向的往返移动的特征，其中Y25、Y28、Y29幅度较大（图6）。

2）深部位移监测

表1和图7为钻孔测斜仪监测的边坡深部位移典型特征，可见：①边坡变形体中部IN06孔口位移总量和位移变化速率相对后部IN05和前部IN07较大，显示边坡已发生整体变形；②后部的IN05累积位移与位移变化速率均比前部IN07大，表明后缘变形较前缘强；③根据IN05、IN06、IN07监测结果，可确定滑带在地表下12.5～21.5m。值得指出的是，上述深部位移监测是在坡体前缘实施反压堆载后的结果，反映出前缘堆载反压部位（IN07）位移小，而后缘部位（IN05）位移大的支挡效果。

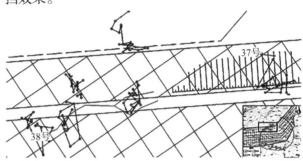

图5 边坡前缘位移矢量监测图

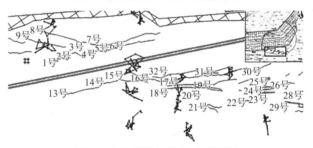

图6 边坡后缘位移矢量监测图

深部位移监测结果表　　　表1

| 编号 | 安装位置 | 深度/m | 累计位移/mm | 推测滑面位置/m |
|------|----------|--------|-------------|----------------|
| IN05 | 后部中部五级马道 | 46.5 | 7.74 | 21.0 |
| IN06 | 中部三级马道 | 52.0 | 11.88 | 21.5 |
| IN07 | 前缘中部一级马道 | 37.0 | 7.47 | 12.5 |

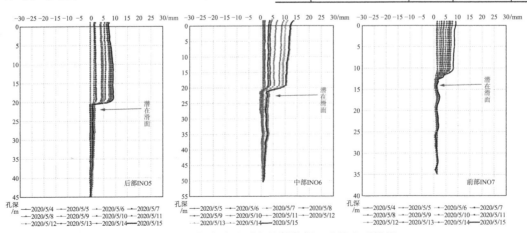

图7 典型深部位移监测点监测数据 4 边坡变形模拟

# 4 边坡变形模拟

## 4.1 模型建立

模拟过程采用 Rhino7.0 软件和 Griddle1.0 插件建立模型，并在 FLAC3D 中进行重分组，将模型用"solt"命令分为"开挖"和"地层"两个分组（见图 8，开挖分组模型展示向 z 轴正向偏移了 100m）。由于局部软塑土并非滑带所在位置，因此将边坡土层简化为三层，dc1～dc3 分别对应①层可塑黏性土、②层可塑黏性土和③层硬塑黏性土。模型 y 轴对应边坡正北方向，x 轴对应边坡正东方向，z 轴竖直向上。模型边界为固定底面及周边五个平面的位移。

计算采用摩尔—库仑本构模型，岩土参数基于室内土工试验结果及类似场地边坡的岩土体参数类比综合取值确定，见表 2。

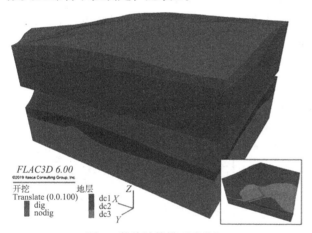

图 8　数值计算模型及分组

| | | 土体模拟参数 | | | 表 2 |
|---|---|---|---|---|---|
| 地层名称 | 重度 $\gamma$/（$kN/m^3$） | 弹性模量 $E$/MPa | 泊松比/$\mu$ | 黏聚力 $c$/kPa | 内摩擦角 $\varphi$/° |
| ①层可塑黏性土 | 17.5 | 25.5 | 0.32 | 20 | 12 |
| ②层可塑黏性土 | 17.0 | 10.5 | 0.33 | 22 | 10 |
| ③层硬塑黏性土 | 18.5 | 47.5 | 0.31 | 28 | 11 |

## 4.2 模拟结果

1）边坡开挖变形模拟

边坡设计采用以"逆作法放坡＋格构护坡"分级开挖，模拟时按照正常施工进度及工序，每一级开挖计算稳定后再开挖下一级（模拟时计算至"最大不平衡力比率"小于 $1 \times 10^5$），随后进行"factor-of-safety"稳定性计算，逐级开挖至坡底标高（2448m）时边坡变形情况见图 9。边坡最大变形量仅为 2～5cm，主要集中在边坡拐点处，此时对应的边坡稳定性系数最低为 1.365，可见按照设计施工进度及工序，边坡可以维持稳定状态。

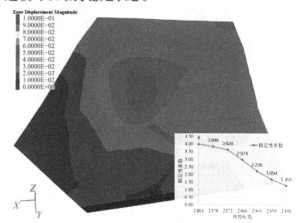

图 9　正常施工进度边坡变形及稳定性

随后假定每级开挖后边坡应力尚未得到完全释放即开挖下一级，按照每一级开挖后运行 1000 步时考虑（正常施工进度最大稳定步数为 1482）。图 10 为边坡模型开挖过程位移云图，在变形体中部剖面 4-4′（剖面位置见图 2）各级马道内侧由上到下分别设置位移监测点 D1～D7，表 3 为各监测点位置，图 11 为监测点变形模拟结果。

按照逐级开挖，边坡在开挖至标高 2466m 之前，受地形影响，开挖区域由西向东，变形区域逐渐向东（x 轴正向）偏移，在此过程中边坡最大变形量始终小于 2cm，且随着模拟过程的进行，变形曲线趋于稳定。在开挖至标高 2466m 之后，边坡中部变形范围开始集中，最大变形量为 3～5cm，随着模拟开挖，变形加剧，此时边坡稳定性系数为 1.426，边坡尚能维持稳定状态。开挖至标高 2460m 之后，边坡变形集中区域基本形成，边坡整体出现 5cm 以上变形，随着继续开挖，变形持续加大，变形速率增大，边坡稳定性系数由 1.154 下降至 0.986。开挖至场地标高 2448m 时，边坡变形形成完整区域，整体出现 10cm 以上变形，边坡稳定性系数降至 0.844，整体处于不稳定状态。

从实际施工过程和模拟结果中均可以发现，变形区域先在开挖范围内出现，但开始阶段变形量较小；随着边坡开挖过程的推进，变形区域向边坡拐点处集中，即②层可塑黏性土分布区。由此可见，②层可塑黏性土的岩土力学性质较差，是产生边坡变形的主要内部因素。

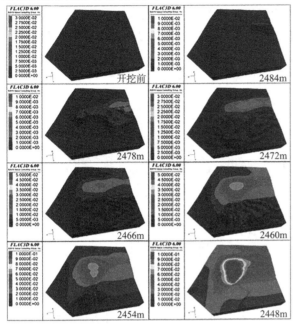

图 10　边坡模型开挖过程位移云图

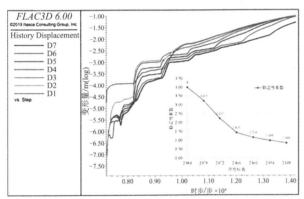

图 11　监测点变形模拟结果

监测点位置　　　　　表3

| 编号 | 位置 | 高程/m |
| --- | --- | --- |
| D1 | 4-4'剖面 7 级马道内侧 | 2484 |
| D2 | 4-4'剖面 6 级马道内侧 | 2478 |
| D3 | 4-4'剖面 5 级马道内侧 | 2472 |
| D4 | 4-4'剖面 4 级马道内侧 | 2466 |
| D5 | 4-4'剖面 3 级马道内侧 | 2460 |
| D6 | 4-4'剖面 2 级马道内侧 | 2454 |
| D7 | 4-4'剖面 1 级马道内侧 | 2448 |

2）边坡支护后的变形模拟

图 12 为采用"坡脚抗滑桩支挡工程"+局部"回填"反压措施对边坡进行防护治理的示意图。坡脚抗滑桩分为 A、B、C 三种桩型，抗滑桩参数及回填反压范围见图 12 内说明。抗滑桩效果模拟，

采用 FLAC3D 内置结构单元命令"structure pile import"导入预先制备的.dxf 文件实现，回填反压通过"zone face apply"对模型表面相应范围施加压力实现。

图 13 和图 14 为治理后边坡整体位移云图和治理前后剖面 4-4'位移云图，可以看出，治理前边坡整体存在较大变形，最大变形深度为地表以下20～25m；采取治理措施后，边坡下部的变形得到了有效控制，但边坡上部仍存在较大变形，且边坡变形深度与治理前变形深度基本一致，即治理后边坡滑动带位置与一次变形位置相同。

以上模拟结果说明，在采取支护措施条件下，边坡前缘变形得到有效控制，但对边坡后缘变形仍不能起到良好治理效果。在边坡施工开挖至变形区域后，边坡未出现采取支护后的相应变形，由此可以推断，由于开挖在边坡内部形成贯通或局部贯通的塑性变形区，弱化了上部坡体的稳定性，导致在边坡采取支护治理措施后，边坡后部变形仍未得到有效控制，以致在边坡整体变形得到控制后局部仍会变形失稳。

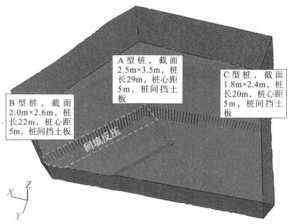

图 12　边坡应急治理方案

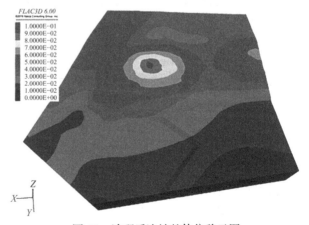

图 13　治理后边坡整体位移云图

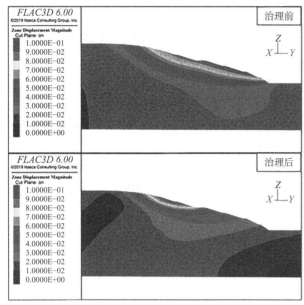

图 14　治理前后剖面 4-4'位移云图

## 5　边坡变形机制分析

综合分析边坡开挖过程的变形特征和数值模拟结果，导致挖方边坡在开挖过程中产生初次变形的机制为：超前开挖施工，边坡坡体应力释放过快，②层可塑黏性土层变形，其内部及其与③层硬塑黏性土界面处产生贯通性滑带，在坡体后缘形成拉裂缝，坡体前缘土体鼓胀、隆起，为典型的"推移式"滑坡。

采取支护措施后边坡出现二次变形的变形机制为：边坡开挖引起的一次变形，在边坡内部形成贯通或局部贯通的塑性变形区，支护措施虽然可以在短期内满足边坡整体稳定性，但在边坡上部沿着原先的局部塑性变形区产生新的滑带，进而引发新的局部变形失稳。

综合以上分析，这类高挖方边坡的变形机制可以用图 15 表述。

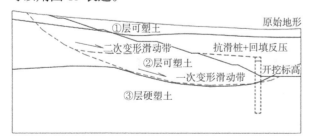

图 15　高挖方边坡的变形机制示意图

首先，边坡内存在岩土力学性能较差的土层，在早期快速开挖过程中产生塑性变形，因此，在边坡治理中，应注重控制这类含相对软弱土层边坡

的局部变形，在变形区设置抗滑桩等防护措施；其次，在进行治理方案设计时，应充分考虑既有塑性变形区对边坡稳定性的影响；再次，除主要变形区域外，边坡其他存在较小蠕动变形的区域，同样应考虑一定防护措施，以免产生严重后果。

## 6　结语

本文针对某变电站土质挖方边坡的施工期变形特征，结合边坡支护措施，对开挖过程和采取支护措施后的变形进行了数值模拟，深刻分析了边坡变形机制，研究结论如下：

（1）存在软弱土层结构的边坡，在快速开挖施工情况下，由于软弱土层变形，容易形成"推移式"滑坡。

（2）引起边坡开挖施工过程发生变形的主要因素为未按照设计工序超前开挖，边坡应力释放过快导致边坡产生滑动变形。

（3）采取坡脚抗滑桩＋回填反压的措施可保证边坡短期内的整体稳定性，长期应力调整后，边坡后缘容易沿着先期局部塑性变形区产生新的滑带，形成二次局部变形。

（4）边坡稳定性设计时，支护方案应着重考虑既有塑性变形区对边坡稳定性的影响。

## 参考文献

[1]　王恭先. 高边坡设计与加固问题的讨论[J]. 甘肃科学学报, 2003(S1): 5-9.

[2]　张倬元, 王士庆, 王兰生. 工程地质分析原理[M]. 2版. 地质出版社, 1994.

[3]　袁聚云. 土质学与土力学[M]. 北京: 人民交通出版社, 2009.

[4]　谷运峰. 高排土场下露天矿采场边坡稳定性研究[D]. 包头: 内蒙古科技大学, 2020.

[5]　李桂贤. 高填方边坡的稳定性分析与治理措施研究[D]. 西安: 西安建筑科技大学, 2012.

[6]　姜德义, 朱合华, 杜云贵. 边坡稳定性分析与滑坡防治[M]. 重庆: 重庆大学出版社, 2005.

[7]　郑小乐. 坡脚开挖引发的边坡变形破坏机理及治理方案优选[D]. 西安: 长安大学, 2016.

[8]　许锐, 程辉, 李寻昌, 等. 施工诱发边坡失稳变形机制及应急治理对策[J]. 煤田地质与勘探, 2017, 45(3):

107-111.

[9] 宋胜武, 徐光黎, 张世殊. 论水电工程边坡分类[J]. 工程地质学报, 2012, 20(1): 123-130.

[10] 郑颖人. 岩土数值极限分析方法的发展与应用[J]. 岩石力学与工程学报, 2012, 31(7): 1297-1316.

[11] 张丙印, 温彦锋, 朱本珍, 等. 土工构筑物和边坡工程发展综述——作用机理与数值模拟方法[J]. 土木工程学报, 2016, 49(8): 1-15, 35.

[12] 黄建南, 叶明理. 某边坡变形破坏机理的数值分析[J]. 工程地质学报, 2007(6): 5.

[13] 郑颖人, 赵尚毅. 有限元强度折减法在土坡与岩坡中的应用[J]. 岩石力学与工程学报, 2004, 23(19): 3381-3388.

[14] 王向东, 文江泉. 用 FLAC-3D 进行土质高边坡稳定性分析[J]. 西华大学学报: 自然科学版, 2005, 24(3): 87-89.

[15] 陈育民, 徐鼎平. FLAC/FLAC3D 基础与工程实例[M]. 北京: 中国水利水电出版社, 2013.

# 某热电建设项目边坡综合治理工程实录

许洪亮 李振民 彭磊州 张 骁 王坤宇

（中勘冶金勘察设计研究院有限责任公司，河北保定 071069）

## 1 工程概况

承德某热电建设项目土建主体结构处于在建状态，场地南、北、西侧自然山体经爆破、开挖形成永久性边坡，总体呈 U 形，总体延展长度达 1443m，开挖形成岩土质边坡高度为 2～50m，坡面角度 48°～73°，以岩质边坡为主，岩质边坡主要地层为角砾岩，土质边坡主要地层为第四系粉质黏土。坡面平整度较差，边坡形成期间发生多次局部滑坡或坍塌，为保障热电厂区安全生产运营，遂提出对边坡进行加固治理，边坡治理分区平面图见图1。

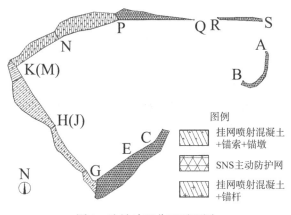

图1 边坡治理分区平面图

图例
挂网喷射混凝土+锚索+锚墩
SNS主动防护网
挂网喷射混凝土+锚杆

## 2 工程地质条件

### 2.1 工程地质概况

根据边坡的几何特征及揭露的地质情况，利用英文字母 A～S 对最终形成的边坡进行分段命名。

AB、CG、GH、JK、MS 段边坡为岩质边坡，边坡高度为 2～50m，坡度 48°～73°。边坡揭露的地质条件为：表面第四系覆盖层厚度 1～3m，以下依次为中—强风化砾岩，岩体基本质量等级为Ⅲ～Ⅳ级。其中 JK 段边坡受断层构造影响，局部已经发生顺层破坏。AB、CG、PS 段边坡受结构面切割控制，坡面悬较多危石，极易出现崩塌。GH

段岩质边坡，局部地层为第四系粉质黏土，受雨水冲刷造成水土流失。

边坡开挖现状统计见表1。

边坡开挖现状统计　　　表 1

| 区段 | 边坡高度 H/m | 地层 | 坡角/° | 破坏模式分析 |
|---|---|---|---|---|
| AB 段 | 2～14 | 砾岩 | 68 | 局部崩塌 |
| CG 段 | 16～40 | 砾岩 | 48～61 | 局部崩塌 |
| GH 段 | 15～36 | 粉质黏土、砾岩 | 56～73 | 圆弧形滑坡 |
| JK 段 | 16～50 | 砾岩 | 56～70 | 顺层滑坡 |
| MP 段 | 16～40 | 砾岩 | 56～65 | 局部崩塌 |
| PS 段 | 3～26 | 砾岩 | 56～65 | 局部崩塌 |

### 2.2 地形与地貌

热电建设项目位于承德下板城镇大杖子村上水泉沟，其地貌单元属山前坡麓地带。下板城镇境内地势西高东低，境内最高峰北破子，位于北部张家店村，海拔 1223.6m；最低点滦河出境处，位于东南部辛家庄村，海拔 237m。边坡坡顶为林地和低矮灌木，无建（构）筑物，山体植被发育。

### 2.3 气候与水文

本区属大陆季风气候，冬长而寒冷，夏短而炎热，多年平均气温 10.7℃。历年最多风向静风、西风，平均风速 1.0m/s。历年最大降水量 849.2mm，最小降水量 312.2mm，年平均降水量 534.1mm。历年最大积雪深度 23cm。最大冻土深度 126cm。

场地勘察期间在钻探深度范围内未测到地下水水位，地质调查范围内也未见泉点出露，开挖形成坡面未见明显出水点，地下水的补给来源主要为大气降水。

## 3 边坡稳定性评价

### 3.1 边坡破坏模式分析

滑移型：沿强风化岩、碎裂结构或散体状岩体中最不利滑动面滑移，如 JK 段；沿岩层与第四系粉质黏土层交界面产生圆弧形破坏，如 GH 段。

崩塌型：受结构面切割控制的岩体，沿临空的结构面滑塌；由内、外倾结构不利组合面切割，块体失稳倾倒。如 AB、CG、PS 段。

### 3.2 岩土体物理力学参数

参考与结合场地勘察报告、现场勘察、承德地区某类似地质矿山边坡稳定性评价及综合治理经验数据[1]，经参数反演综合分析计算，确定岩土体物理力学参数推荐指标，见表 2。

**岩土体物理力学参数推荐指标　表 2**

| 岩土类别 | 饱和重度/kN/m³ | 黏聚力/kPa | 内摩擦角/° |
|---|---|---|---|
| 第四系土 | 19 | 23 | 13 |
| 强风化砾岩 | 25 | 43 | 34 |
| 中风化砾岩 | 26 | 78 | 38 |

### 3.3 边坡稳定性计算

1）计算方法

考虑边坡同时存在土岩，因此计算方法主要选用极限平衡 GLE/Morgenstern-Price 法（以下简称"M-P"法）和 Spencer 法。

2）边坡稳定安全系数的选取

本工程为永久性边坡，本区抗震设防烈度为 6 度，边坡安全等级为二级，本次计算不考虑地震，结合本工程的地质条件，参考《建筑边坡工程技术规范》GB 50330—2013 章节 5.3 中边坡稳定性评价标准，边坡工程安全等级为二级的永久边坡，其稳定安全系数在一般工况下取 1.30[2]。故而确定适宜本工程的稳定安全系数限值，一般工况：$F_{st} \geq 1.30$。

3）计算剖面的选择及计算结果

按照各区工程地质条件、边坡坡形特征，选择 GH、JK、NP、PQ 段共计 4 个具有代表性的断面进行稳定性计算，各断面稳定性计算结果统计（治理前）见表 3。

**各断面稳定性计算结果统计（治理前）**

**表 3**

| 计算断面区段 | 最不利滑动面稳定性计算结果 | |
|---|---|---|
| | Spencer 法 | M-P 法 |
| GH 段断面 | 1.294 | 1.286 |
| JK 段断面 | 1.050 | 1.015 |
| NP 段断面 | 1.291 | 1.266 |
| PQ 段断面 | 1.572 | 1.583 |

GH 段边坡治理前断面整体稳定性计算结果（M-P 法），见图 2。

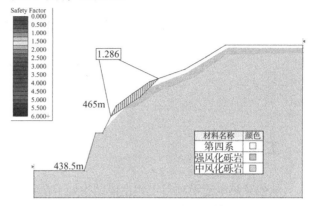

图 2　GH 段边坡治理前断面整体稳定性
计算结果（M-P 法）

### 3.4 边坡稳定性评价

通过以上极限平衡计算结果可以看出：PQ 段边坡稳定性状态属于稳定；GH 段、NP 段边坡稳定性状态属于基本稳定；JK 段边坡稳定性状态属于欠稳定。

## 4　综合治理方案及施工

### 4.1 治理思路

综合考虑厂区内工程地质条件、边坡破坏模式分析、边坡稳定性计算、环境条件、施工条件等因素，针对不同类型边坡因地制宜地提出综合治理方案：

（1）AB、CG、PS 段岩质边坡，受结构面切割控制，坡面存在较多危石易崩塌，采用 GPS-2 型主动防护网进行防护。

（2）GH、MP 段岩质边坡，局部为第四系土质边坡，坡面采用锚杆＋喷射混凝土防护（单层），防雨水冲刷下渗，抗风化，提高坡体稳定性。

（3）JK 段岩质边坡，受断层构造影响，局部发生顺层滑移破坏，坡面采用预应力锚索＋喷射混凝土防护（双层），防止雨水冲刷，提高锚固力。

（4）坡顶设置护栏及挡水坎，坡顶汇水位置设置浆砌石集水池（雨水口），防雨水冲刷下渗，抗风化，提高坡体稳定性。

（5）根据厂区开挖地势，坡脚设置浆砌石排水沟提高排水能力，减少雨水对坡脚浸泡不利影响。

（6）坡顶设置混凝土位移观测桩，典型预应力锚索位置布设应力监测点，施工过程中进行边坡安全稳定性监测。

## 4.2 治理参数

1）稳定性验算

对 GH、JK、NP、PQ 段 4 个断面采用上述方式治理后进行稳定性计算，确定最终治理参数，各断面稳定性计算结果统计（治理后）见表 4。

**各断面稳定性计算结果统计（治理后）表 4**

| 计算断面区段 | 最不利滑动面稳定性计算结果 | |
| --- | --- | --- |
| | Spencer 法 | M-P 法 |
| GH 段断面 | 1.371 | 1.359 |
| JK 段断面 | 1.395 | 1.360 |
| NP 段断面 | 1.310 | 1.316 |
| PQ 段断面 | 1.572 | 1.583 |

GH 段边坡治理后断面整体稳定性计算结果（M-P 法），见图 3。

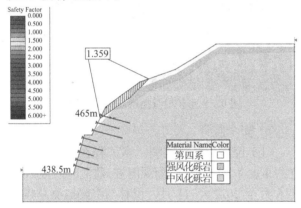

图 3 GH 段边坡治理后断面整体稳定性计算结果（M-P 法）

经专家论证并通过的终版设计方案中，边坡支护措施主要包括：预应力锚索、SNS 主动防护网、锚喷支护、浆砌石排水沟、混凝土观测桩、挡水坎及护栏。

详尽治理参数见后续章节。

2）锚索（杆）

（1）锚杆施工参数：锚杆体采用 ⏄22 级精轧螺纹钢制作，钻孔直径 90mm，长度为 4/6/9/12m，倾角 15°，锚杆孔布设间距 3.0m×3.0m；孔内注浆材料采用水灰比 0.5～0.55 纯水泥浆，水泥浆采用 P·O 42.5 水泥配制。

（2）锚索施工参数：锚索杆体采用 6 束钢绞线（1×7 结构、公称直径 15.2mm、抗拉强度

1860MPa），钻孔直径 130mm，长度为 15.2/16.2/19.2m，倾角 20°，锚索孔布设间距 4.0m×5.0m；孔内注水泥浆采用 P·O 42.5 水泥配制；锚墩混凝土强度等级为 C30；预应力锚索张拉力设计值为 900kN，锁定值为 700kN。

预应力锚索施工过程见图 4、图 5。

图 4 锚墩混凝土浇筑

图 5 预应力锚索张拉

3）砌体工程

浆砌片石排水沟施工参数：浆砌片石排水沟分布在厂区内边坡坡脚处，水泥砂浆强度等级为 M10，基槽开挖截面尺寸为 1500mm×1050mm。

集水池（雨水口）施工参数：浆砌片石集水池（雨水口）共计布设 4 处，分布在厂区西侧及北侧坡顶，水泥砂浆强度等级为 M10，基槽开挖截面尺寸为 1480mm×1480mm×1100mm。浆砌石排水沟砌筑施工过程见图 6。

4）挂网喷射混凝土

施工参数：除 JK 段边坡南段采用双层钢筋网片外，其余部位均采用单层钢筋网；单层钢筋网混凝土喷射厚度为 100mm，双层钢筋网混凝土喷射厚度为 150mm；钢筋网片网格尺寸为 $\phi$6@200mm×200mm，坡面钢筋网设置 ⏄12 加强筋，横纵向间距 6m，⏄12 加强筋与锚杆（钉）连接方式采用焊接；

喷射混凝土强度等级为C25；喷射混凝土面层每隔15m设置一道伸缩缝，缝宽30mm，内嵌沥青麻丝或沥青木板。喷射混凝土施工过程见图7。

图6 浆砌石排水沟砌筑施工过程

图7 喷射混凝土施工过程

5）SNS主动防护网

施工参数：SNS主动防护网型号选用GPS-2型，其主动防护系统用柔和型钢绳网系统覆盖在潜在危石落石的坡面，其纵横交错的φ16支撑绳与坡面布置的φ16钢绳锚杆相连接，支撑绳构成的网格内铺设一张或两张相应规格的D0/08/300型钢绳网，每张钢绳网与四周支撑绳间用缝合绳连接并进行预张拉，同时在钢绳网下铺设小网孔的S0/2.2/50型格栅网，从而提高边坡岩体的稳定性，阻止崩塌落石的发生。主动防护网铺设安装施工过程见图8。

6）Y形护栏及挡水坎

本工程Y形护栏及挡水坎分布在厂区内所有边坡坡顶处，施工参数如下：护栏立柱规格为0.05m×0.05m×2.80m，埋深300mm，外露2500mm，镀锌钢丝网网孔尺寸为100mm×200mm，立柱直径为50mm，刀片刺绳绳芯直径为2.5mm。

挡水坎体采用C25喷射混凝土，埋深300mm，外露500mm。Y形护栏及挡水坎施工过程见图9。

图8 主动防护网铺设安装施工过程

图9 Y形护栏及挡水坎施工过程

7）安全监测

（1）位移与沉降监测：本工程在边坡坡顶位置共布设9个位移与沉降观测桩，监测时间自2022年6月至2022年11月，位移与沉降监测总频次达288次，其中测得累积沉降量为6～14mm，测得相对位移累积量为8～27mm，均未达到监测报警值，位移监测随时间变化曲线见图10，监测后期2个月监测数据趋于稳定。

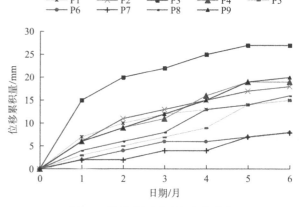

图10 位移监测随时间变化曲线

（2）锚索应力监测：本工程采用 MAS-VHLC-100-96 型振弦式锚索应力计对 7 处监测点进行监控，锚索测力计为圆环式，安装在锚垫板和锚具之间，外露数据线长 10～60m，应力监测数据采集选用 609 测读仪，锚索张拉锁定值为 700kN。经过对该承德热电建设项目边坡 6 个月的监控以及数据整理，获得加固后边坡锚索预应力随时间的变化值，图 11 即锚索应力变化曲线。

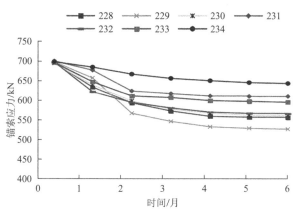

图 11　锚索应力变化曲线

从图 11 锚索应力监测结果显示，在锚索张拉锁定后的前 3 个月内应力损失最快，损失量达6%～18%，这是由于边坡岩体在受到锚索施加压力下产生的蠕变变形。4 个月后，蠕变变形基本完成，各监测点应力数据趋于平稳，应力损失达到稳定状态。

## 5　施工难点

### 5.1　工程施工责任涵盖面广

本工程实行包施工图设计、包设计方案专家论证、包工、包料、包质量、包安全、包材料检测、包验收、包文明施工、包重大危险源工程施工方案专家论证、包施工所有风险承担的承包方式。图纸范围内的边坡施工，包含对承德电厂开挖形成的岩质边坡进行防护，以及边坡排水、钢丝网围栅等附属设施的施工、监测及保修、修补缺陷等。

### 5.2　场地施工空间受限

场地处于山谷陡坡地，三面边坡开挖整体支护作业区域呈 U 形，场地作业线延展性长，总体延展长度达 1443m，爆破形成开挖坡面平整度较差。堆料场地拥挤，与多家施工单位共用材料堆场，场地移交困难导致机械及原材运输效力降低。

### 5.3　支护措施多元化

施工场地较分散，支护措施多元化、工序繁多，主要包括：喷锚支护、预应力锚索、截排水系统、主动防护网、挡水坎及护栏、施工监测等。不同的施工工艺就要求施工作业人员具备相应专业施工素质，以及施工作业工序衔接的节奏控制。

### 5.4　施工作业危险性较大

开挖形成边坡坡高 2～50m，坡面角度 48°～73°，边坡本身高陡，爆破质量差造成坡面平整度较差，受结构面切割控制，坡面危石较多易崩塌。脚手架搭设高度大、难度大，材料运输、人员施工作业危险性较大。

### 5.5　不利因素影响

开工伊始即面临冬期施工，施工全程面临原材价格上涨幅度大、用工难等多重不利因素影响，造成施工进度受限。

## 6　建议

结合工程场地实际情况给出如下建议：

（1）建立健全厂区边坡维护体系，成立边坡安全巡查小组，整理分析位移监测桩、锚索应力计相关监测数据，及时向施工单位、设计单位反馈，分析边坡安全稳定状态，做到第一时间排除边坡安全隐患。

（2）维护已有支护结构，尤其是混凝土结构、浆砌石结构，定期做必要的修复。

（3）提高爆破成坡质量，优先采用控制爆破（减振爆破、缓冲爆破、预裂爆破）技术，减少爆破对坡体产生振动破坏。

（4）冬雨季时，做好排水沟疏通工作，清除淤堵杂物，确保排水系统的畅通。

## 7　结语

（1）从投标工作伊始，设计方案通过专家论证评审，边坡支护工程实施及现阶段维修保养，本工程提供了全过程技术服务。

（2）通过一定时间边坡安全监测与巡查，坡顶混凝土位移观测桩位移量、锚索应力变化量均在合理范围内，主动防护网有效拦截危石崩落，截排水系统运行良好，喷射混凝土结构起到有效防雨水下渗作用。本工程实现了最初的防护初衷。

（3）做到动态化设计、信息化施工，稳定性分析计算也仅仅是辅助技术人员进行边坡安全稳定判定工作，不能一成不变，根据施工现场的地质情况和监测数据，及时对设计参数进行修正，对施工安全性进行判断并及时修正施工方案的施工防法。

## 参考文献

[1] 许洪亮, 李振民, 梅金. 承德某矿山边坡稳定性评价及综合治理[J]. 勘察科学技术, 2018, (3): 28-31.

[2] 中华人民共和国住房和城乡建设部. 建筑边坡工程技术规范: GB 50330—2013[S]. 北京: 中国建筑工业出版社, 2014.

# 北京某医院建设项目基坑支护与地下水控制设计施工实录

赵东杰　刘立新　张　丹

（中兵勘察设计研究院有限公司，北京　100053）

## 1　工程概况

项目位于北京市通州区永顺镇苏坨村。该项目±0.00绝对标高为23.00m，地面标高为22.63m（相对标高−0.37m），主楼基坑槽底相对标高为−24.37m，人防出入口槽底相对标高为：−9.1～−10.3m，主楼基坑竖向投影尺寸为165m×79m。

主楼基坑东侧邻近既有一期主楼，基础埋深为10.5m，与基坑开槽线最近距离约4.5m，其间分布有污水等市政管线（需进行倒改）；主楼基坑北侧存在一东西向地下车库出入口（需拆除），北侧距既有一期综合楼约29m，由新建地下通道与主楼相连；主楼基坑东南侧存在地下人防通道及出入口（需拆除）；主楼基坑西侧开槽线距现状围墙最近距离约1.5m，围墙外为现状市政道路，市政道路低于场地自然地面约1.5m；南侧新建化粪池距离主楼基坑约4.7m，基础埋深5.8m，南侧扩建锅炉房基坑支护深度约10.05m，西侧距离原有锅炉房最小距离2.0m。基坑及周边环境见图1。

## 2　场地工程地质条件

### 2.1　地形地貌特征

勘察揭露深度（65.0m）范围内的地层为：表层为人工填土层，其下为新近沉积层和一般第四系冲洪积层，岩性主要以黏性土、粉土、砂土为主。地层岩性及其主要物理力学指标见表1。

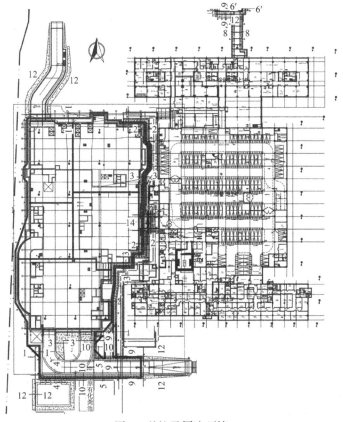

图1　基坑及周边环境

地层岩性及其主要物理力学指标 表1

| 层号 | 土类名称 | 平均层厚/m | 重度γ/（kN·m⁻³） | 液性指数$I_L$ | 黏聚力c/kPa | 内摩擦角φ/° | 标贯击数N' |
|---|---|---|---|---|---|---|---|
| ① | 杂填土 | 2.9 | 17.5 | | 0 | 15 | |
| ② | 黏质粉土 | 5.6 | 18.8 | 0.53 | 16.4 | 29.8 | 9.2 |
| ③ | 粉细砂 | 3.4 | 19.5 | | 0 | 28 | 25.8 |
| ④ | 细砂 | 4.9 | 19.5 | | 0 | 30 | 26 |
| ⑤ | 粉质黏土 | 4.5 | 19.6 | 0.4 | 31.1 | 17.7 | 15.7 |
| ⑥ | 细砂 | 3.9 | 20 | | 0 | 30 | 28.7 |
| ⑦ | 重粉质黏土—黏土 | 4.6 | 19 | 0.36 | 40.1 | 8.3 | |
| ⑧ | 细砂 | 9.4 | 20 | | 0 | 32 | 36.7 |
| ⑨ | 重粉质黏土—黏土 | 3.9 | 19 | 0.36 | | | |
| ⑩ | 细砂 | 11.9 | 20.5 | | | | 39.5 |
| ⑪ | 细砂 | 5 | 20.5 | | | | 39.2 |

## 2.2 水文地质条件

勘察揭露两层地下水。第一层地下水类型为潜水，稳定水位埋深 10.10～10.80m，水位标高 11.79～12.44m，主要补给来源为大气降水和地下径流，主要排泄方式为侧向径流、层间越流及蒸发；第二层为承压水，稳定水位埋深 14.20～15.50m，水位标高 6.88～8.54m，主要补给来源为层间越流和地下径流，主要排泄方式为侧向径流、层间越流。地下水分布情况见表2。

地下水分布情况 表2

| 地下水类型 | 初见水位埋深/m | 初见水位绝对标高/m | 稳定水位埋深/m | 稳定水位绝对标高/m |
|---|---|---|---|---|
| 潜水（第一层） | 10.40～11.20 | 11.29～12.24 | 10.10～10.80 | 11.79～12.44 |
| 承压水（第二层） | 18.30～22.60 | −0.12～4.35 | 14.20～15.50 | 6.88～8.54 |

典型地质剖面图见图2。

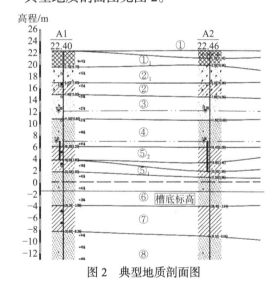

图2 典型地质剖面图

# 3 设计方案

## 3.1 支护方案选择分析

根据基坑深度及周边环境特点，本工程基坑采用挡土砖墙＋桩锚支护体系。支护桩顶位于地面下 2m，桩径 1m，间距 1.8m，桩长 30m；共设置 6 道预应力锚杆，一桩一锚，锚杆垂直间距 3.5m，锚杆长度为 26～30m；桩顶以上采用挡土砖墙维护。典型支护剖面图见图3、图4。

## 3.2 地下水控制方案选择分析

根据本工程周边环境及水文条件，地下水控制设计采用桩间止水帷幕＋桩外止水帷幕＋减压井＋疏干井的联合处理措施。

高压旋喷桩止水帷幕具体设计如下：基坑东侧与一期主楼相接处设计 1 排护坡桩＋桩间止水帷幕＋2 排止水帷幕（图5）；基坑东南侧与一期主楼相接处设计双排支护桩＋桩间止水帷幕＋1 排止水帷幕（图6）；基坑南侧设计单排支护桩＋1 排桩外止水帷幕（图7）；基坑西侧及北侧设计单排支护桩＋桩间止水帷幕。

高压旋喷桩止水帷幕具体参数如下：标高为 −8.37～−29.37m，桩长 21m，桩径 1m，间距 600mm，桩间咬合 400mm。

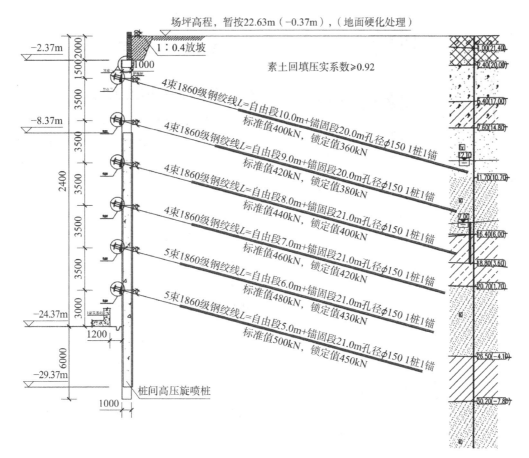

图3 基坑大面支护剖面图（单位：mm）

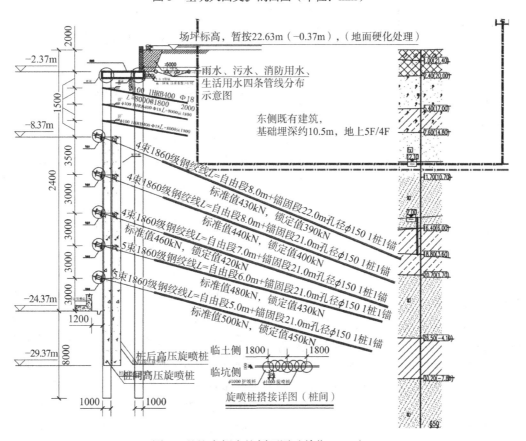

图4 基坑东侧支护剖面图（单位：mm）

1211

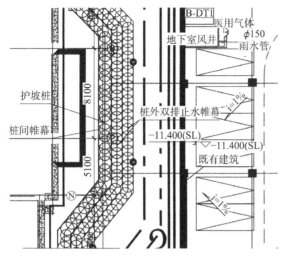

图5 基坑东侧支护及帷幕设计（单位：mm）

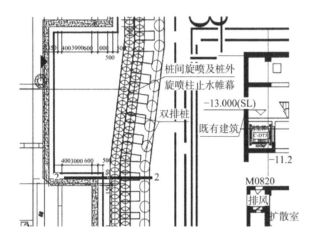

图6 基坑东南侧支护及帷幕设计（单位：mm）

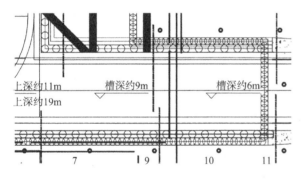

图7 基坑南侧支护及帷幕设计

在主基坑截水帷幕四周设置减压井，井间距约9.0m，井深50m；基槽内设疏干井，井间距20m，井深35m；为防止基坑开挖及排水导致既有建筑物不均匀沉降，在既有建筑物外设应急井，井间距15m，井深35m。上述管井孔径均为600mm。

### 3.3 基坑变形控制设计指标

基坑监测项目及变形控制设计指标见表3。

## 4 施工工艺选择

### 4.1 桩锚工程施工工艺

根据本工程地质条件，护坡桩主要穿越地层为素填土、黏土、粉土、砂土等。施工采用旋挖钻机成孔、水下灌注混凝土成桩的施工工艺。

根据工程地质条件特点，锚杆均采用履带式土层锚杆钻机成孔，在无水地层进行干钻作业，在有水地层采取套管护壁。成孔后下入锚筋（1860级钢绞线），然后进行压力注浆，待水泥浆有一定强度后进行二次补压浆，经一定龄期养护后（5~7d）用张拉机进行张拉、锁定。

### 4.2 地下水控制施工工艺

本工程高压旋喷桩采用三重管旋喷施工工艺，水泥浆水灰质量比为1.0，水泥用量为300kg/m，旋喷转速10r/min，提升速度14cm/min，注浆泵压力30MPa，空气压力0.7MPa，水压力20MPa。

疏干井、应急井采用反循环钻机成井工艺，观测井采用SH-30钻机冲击成孔工艺。

## 5 工程特点与难点

本工程施工的重点和难点在于以下方面：①基坑开挖深度较大（约24m），且邻近既有建筑物较近（最近约4.5m），基坑变形及建筑物变形控制极为严格。②地下水极为丰富，存在两层地下水，上层潜水，下层承压水，承压水水头较高（约6m），位于黏质粉土和粉质黏土层，这给地下水控制造成了很大困难。③由于帷幕桩施工深度较大，桩长较长（21m），在承压水层中施工桩体垂直度与咬合度保证困难，很容易造成帷幕桩断桩或桩体倾斜，从而桩间咬合不足。④锚杆施工时会对帷幕造成破坏，高水头作用下，锚杆孔很容易出现涌水涌砂现象，严重时将导致基坑周边地面沉陷或既有建筑物沉降过大，锚杆预应力损失或失效，支护桩水平位移过大等工程质量问题，甚至导致基坑坍塌事故。

## 6 出现的质量问题

本工程出现质量问题主要有：喷射混凝土面板鼓胀脱落，个别锚杆成孔导致的锚孔涌水、涌砂，局部桩间止水帷幕缺失导致的涌水涌砂，基坑周边局部地面下沉，以及个别锚杆轴力损失和基坑位移预警。

基坑西侧及北侧设计单排支护桩＋桩间止水帷幕措施，支护及止水最为薄弱，出现的桩间涌水涌砂最为严重，据统计共出现13处锚杆孔涌水涌砂，从第4步锚杆以下普遍存在混凝土面板脱落问题；基坑东侧因邻近已建建筑物较近，采用了图5、图6所示的支护及止水措施，出现的问题主要为桩间面板渗水和喷射混凝土脱落，未出现涌砂现象，已建建筑物沉降未超预警值；基坑南侧因为内马道，开挖深度较浅，局部出现面板渗水脱落（图8）。

图8 喷射混凝土面板脱落

基坑监测项目及变形控制设计指标 表3

| 剖面位置 | 位移报警值/mm | | | 位移控制值/mm | | | 变化速率/（mm·d⁻¹） |
|---|---|---|---|---|---|---|---|
| 水平 | 竖向 | 深层水平 | 水平 | 竖向 | 深层水平 | | |
| 1-1 桩部/墙顶 | 35/45 | 16 | 40 | 44/56 | 20 | 50 | 5 |
| 2-2 桩部/墙顶 | 35/45 | 16 | 40 | 44/56 | 20 | 50 | 5 |
| 3-3 桩部/墙顶 | 35/45 | 16 | 40 | 44/56 | 20 | 50 | 5 |
| 4-4 桩部/墙顶 | 32/42 | 16 | 40 | 40/52 | 20 | 50 | 5 |
| 5-5 桩部/墙顶 | 35/45 | 24 | 40 | 44/56 | 30 | 50 | 5 |
| 6'-6' | 32 | 24 | 40 | 40 | 30 | 50 | 5 |
| 7-7 桩部/坡顶 | 22/38 | 24 | 40 | 27/47 | 30 | 50 | 5 |
| 8-8 | 34 | 24 | 40 | 42 | 30 | 50 | 5 |
| 9-9 桩部/墙顶 | 29/38 | 24 | 40 | 36/48 | 30 | 50 | 5 |
| 10-10 桩部/墙顶 | 27/37 | 16 | 40 | 34/46 | 20 | 50 | 5 |
| 11-11 | 34 | 24 | 40 | 42 | 30 | 50 | 5 |
| 12-12 | 28 | 24 | 40 | 35 | 30 | 50 | 5 |
| 13-13 | 22 | 24 | 40 | 27 | 30 | 50 | 5 |
| 基坑周边建（构）筑物沉降 | | 基坑周边地面、道路、管线沉降 | | 锚杆内力 | | 地下水位变化 | |
| 累计值/mm | 变化速率/（mm·d⁻¹） | 累计值/mm | 变化速率/（mm·d⁻¹） | 报警值/kN | | 累计值/mm | 变化速率/（mm·d⁻¹） |
| 20 | 3 | 30 | 3 | $> f_1$或$< 70\% f_2$ | | 1000 | 500 |

注：1. $f_1$为锚杆轴向拉力设计值，$f_2$为锚杆轴向拉力锁定值。

2. 施工时应对周边建（构）筑物进行沉降及倾斜监测，建筑物整体倾斜度累计达到1.5/1000或倾斜速度连续3d大于0.0001H/d（H为建筑物承重结构高度）时应报警。

## 7 位移监测

我单位及中勘天成（北京）科技有限公司（第三方监测单位）按照设计及相关规范要求，在施工期间对基坑及周边建筑物进行了观测，在基坑开挖至基底时，测得基坑及周边建筑物最大位移如下，监测点布置图见图9。

（1）桩顶水平位移较大点为H03（42.46mm）、H16（40.21mm）、H33（51.51mm）、H34（50.77mm），超过预警值40mm。

（2）桩顶竖向位移较大点为H09（15.28mm）、H26（15.80mm），均未超过预警值35mm。

（3）锚杆轴力 M1-3 号轴力监测点轴力监测值为 501.14kN，该点设计标准值为 440kN，锁定值为 400kN，监测值大于标准值的 1.1 倍；M9-1 号轴力监测点实测值为 207.87kN，该点设计标准值为 400kN，锁定值为 360kN，监测值小于锁定值的 0.7 倍；M2-1 号轴力监测点实测值为 215.07kN，

该点设计标准值为 400kN，锁定值为 360kN，监测值小于锁定值的 0.7 倍。

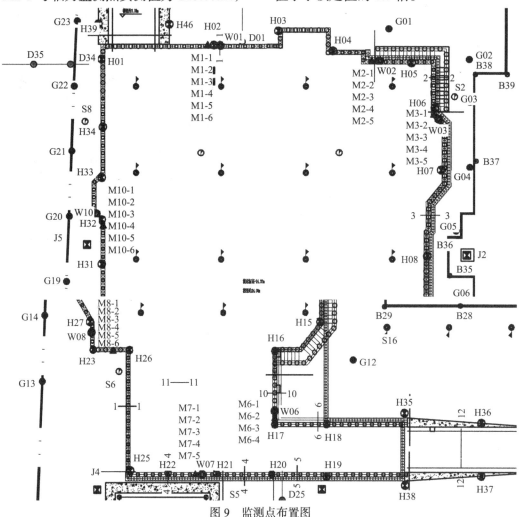

图 9　监测点布置图

（4）周边建筑物累计沉降值均未超预警值 20mm。

# 8　分析原因和处理措施

## 8.1　原因分析

上述问题主要原因归结为以下方面：

（1）本工程土质条件较差，基本为饱和的粉质黏土、黏质粉土、粉土和粉细砂层，土质较软，且承压水水头较高，止水帷幕出现质量问题时很容易造成涌水涌砂现象。

（2）基坑深度大，帷幕桩施工深度大，最深约 29m，桩长较长，由于高压旋喷法施工工艺限制，深度超过 20m 时，钻杆直径小，长细比过大，很容易造成桩体垂直度难以保证，从而难以保证桩间咬合度；另外，在承压水头较高的粉细砂地层中

施工时，浆液容易在地层中流失，旋喷桩体直径难以保证，甚至出现桩体缺失现象。

（3）锚杆采用套管施工工艺，由于地下水水头较高，锚杆开孔时对帷幕造成破坏，导致锚杆孔出现涌水涌砂现象。

（4）基坑支护工程跨越冬季，由于止水帷幕质量问题导致桩间渗水，喷射混凝土面板施工完成后，桩间渗水冻胀导致面板鼓胀脱落，渗水严重区域导致喷射混凝土面板无法施工。

## 8.2　处理措施

针对上述面板脱落、桩间渗水及锚杆孔涌水涌砂现象和原因分析，采取了相关处理措施，具体如下：

1）已喷射面板渗水处理

在现状面板渗水部位插导流管，管端打花孔，采用滤网、棕麻包裹，插入流水区域面板后约

0.5m，保证滞水能够顺利从导流管流出（图10）。

图10　面板渗水导流

2）最后一步面板渗水处理

最后一步 3.5m 桩间支护分两步处理，每步开挖后如桩间存在较大空洞，在空洞下部立即斜插 φ22 钢筋（HRB400），长度 1.5m，间距 30cm，然后填装砂带，最后在面板附近压草帘子，使草帘子形成渗水通道，桩间水能够沿草帘子下渗，钢筋网片采用 φ8@100（HPB300），横压筋采用 φ22@500（HRB400）固定于桩上，最后喷射混凝土。如桩后空洞不大，直接用草帘子填充，钢筋网及喷射混凝土做法同上（图11）。

图11　面板渗水处理

3）喷射混凝土措施

受冻胀影响，面板脱落混凝土区域，重新喷射混凝土前需将前期强度不足混凝土面板全部铲除，露出钢筋网片后，采用垫块将网片与网片后土体隔离，隔离高度不小于 5cm，然后重新喷射混凝土，并采取保温措施（图12）。

图12　混凝土面板重新喷射混凝土保温

4）最终面板后滞水导流措施

最后一步桩间喷射混凝土完成后，在槽底肥槽内开挖排水盲沟，将上部导流管接至槽底排水

盲沟内，再导入基坑内部降水井集中排出。

5）涌水涌砂堵漏处理措施

对围护桩底部最后一步桩间土涌水涌砂严重区域进行双液填充加固，使松散土体及空洞得到充分填充密实，使地层的不透水性增强，且具有一定强度，从而保证支护施工顺利进行。采用二重管 AB、AC 液 WSS 注浆工艺，采用后退式注浆工艺。注浆液以水泥水结晶双液浆 + 超细自流平灌浆料。二重管无收缩 WSS 工法注浆工艺是从日本引进的具有国际先进水平的地质改良新技术，它能够将不同地质情况填充密实，改变原土体和物理性质，增加土体的密度，提高其抗压强度，达到土体的加固及止水效果，能够一次性完成一个注浆区域的土体加固施工，而且注浆材料属于环保型，对河流及地下水无任何污染（图13）。

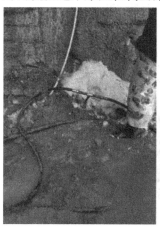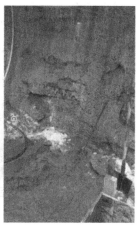

图13　双液注浆加固

6）排水措施

由于基底位于含承压水的细砂层中，为有效降低承压水头，减少涌水涌砂量，本工程在最后一步喷射面板区域采用了轻型井点降水措施（图14）。

图14　轻型井点降水

7）局部钢板桩加固措施

对于涌砂严重无法开挖区域，采用了预先钢板桩加固措施（图15）。

图 15　局部钢板桩加固

8）桩后孔洞封填措施

对于涌水涌砂已造成的桩后孔洞，采用喷射混凝土堵漏和地面注浆措施（图 16）。

图 16　桩后孔洞封填注浆

# 9　结语

受限于场地条件和工程成本控制，基坑采用

了桩锚支护＋高压旋喷桩止水方案，就基坑深度、岩土条件和周边环境而言，本案例止水挡土结构的选型是冒险的，一是没有充分考虑到桩间高压旋喷桩在高水头承压水粉细砂地层中的适用性和成桩效果；二是帷幕桩长超过 20m，长细比过大，其施工工艺存在先天不足，从而容易导致桩间帷幕缺失或断桩；三是锚杆施工造成旋喷帷幕断桩也是很大的不利因素。在处理基坑险情与质量问题过程中积累了如下经验：

（1）基坑开挖过程中出现涌水涌砂问题时，应及时处理，可采用地面开孔注浆与侧壁开孔喷射混凝土等措施，防止大量涌水涌砂造成桩后土体流失过大而造成更大的工程事故。

（2）在处理因帷幕缺陷而导致的坡面渗水、喷射混凝土面板脱落问题时，可采取面板钢筋后填充草帘子等渗水材料，同时插入导流管，保证涌水不涌砂，同时采用面板钢筋加强等处理措施。

（3）当基坑出现坡面渗水或涌水涌砂等渗流破坏迹象时，需加密基坑监测频次，对重点部位加强基坑巡视，以便及时发现问题，必要时组织专家现场会诊、论证，以确保基坑安全。

## 参考文献

[1] 北京市质量技术监督局, 北京市住房和城乡建设委员会. 建筑基坑支护技术规程: DB 11/489—2016[S]. 2016.

[2] 北京市质量技术监督局. 城市建设工程地下水控制技术规范: DB 11/1115—2014[S]. 2014.

# 北京市白菊安置房项目基坑支护与地下水控制设计施工实录

赵东杰　梁爱华　张　丹

（中兵勘察设计研究院有限公司，北京　100053）

## 1　工程概况

北京市白菊安置房项目位于北京市丰台区卢沟桥乡，总建筑面积约 $2.25 \times 10^5 m^2$，其中地上建筑面积约 $1.41 \times 10^5 m^2$，地下建筑面积约 $8.4 \times 10^4 m^2$。本工程±0.000 绝对标高为 56.30m，场地自然地面标高约为 54.50m，经场地整平后地面标高与±0.000 标高持平，基坑竖向投影尺寸为 185m×178m，基底相对标高为−15.60m，考虑基底垫层及防水层厚度，基坑支护深度为 15.77m。

基坑周边管线众多。基坑东侧有一条南北走向的雨水管线，距离支护结构外边线约 14.5m，管底绝对标高约为 53.20m；基坑西侧北段有一东西向的热力管沟，管顶绝对标高为 53.12m，管底绝对标高 52.44m；西侧南段分布有东西向热力、雨水及电力管线，热力管沟内底绝对标高 52.28m，雨水管线沟内底绝对标高约 53m，电力管线距离支护结构最近约 7m，沟外顶绝对标高 53.5m，沟内底绝对标高约 52.8m。基坑南侧距离支护结构约 28m 为 6 层现状住宅楼；坑北侧距离支护结构约 29m 为正在施工的丰台区卢沟桥南里棚改安置房项目施工工地。基坑周边环境见图 1。

## 2　场地工程地质条件

### 2.1　地形地貌特征

建设场区地貌单元属于永定河冲洪积扇中部。场地地形基本平坦，局部有一定的起伏，各钻孔孔口标高相差不大，勘察期间量测的钻孔孔口处地面绝对标高为 54.01～55.00m。

### 2.2　地层岩性

根据本工程岩土工程勘察报告，在最大勘探深度 40.0m 范围内的地层划分为人工堆积层、新近沉积层、第四纪冲洪积层和新近系沉积岩，按地层岩性及其物理力学性质指标进一步划分为 4 个大层及若干亚层，地层岩性及其指标见表 1，典型工程地质工程剖面见图 2。

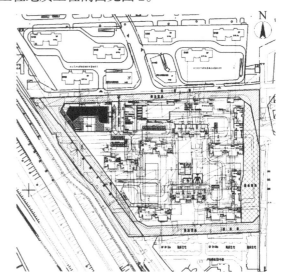

图 1　基坑周边环境

地层岩性及其指标　　　　表 1

| 层号 | 土类名称 | 层厚/m | 重度γ/（kN/m³） | 黏聚力c/kPa | 内摩擦角φ/° |
|---|---|---|---|---|---|
| 1 | 人工填土 | 0.5～2.3 | 19.0 | 0.00 | 10.00 |
| 2 | 卵石 | 1.4～5 | 21.0 | 0.00 | 25.00 |
| 3 | 卵石 | 6.2～15.7 | 21.0 | 0.00 | 30.00 |
| 4 | 全—强风化泥岩层 | 5.50 | — | — | — |

### 2.3　地下水

勘察期间（2017 年 6 月—8 月），场地中揭露 1 层地下水，场地地下水主要为松散岩类孔隙水，主要赋存于卵石层中，勘察期间揭露地下水水位埋深为 16.0～16.7m，相对应的地下水水位高程为 37.73～38.48m，地下水类型为潜水。

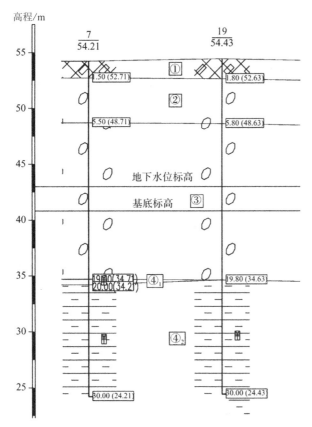

图 2　典型工程地质剖面图

基坑支护工程施工期间（2019 年 1—4 月），地下水位较勘察时的水位上升明显，根据观测井观测记录，基坑西侧最高地下水位绝对标高为 43.05m，基底绝对标高为 40.73m，比槽底设计标高高出 2.32m。经分析，水位上升原因为水务部门通过永定河对北京市地下水进行生态补水，地下水回灌导致地下水位上升。

## 3　设计方案

### 3.1　支护方案选择分析

支护方案设计时，因当时地下水位位于基底以下，未考虑地下水影响，从基坑周边环境、基坑安全性及经济性分析，本工程采用桩锚支护 + 上部挡土墙支护体系，根据基坑深度及基坑周边环境情况，基坑支护结构安全等级为一级，支护结构重要性系数为 1.1，基坑无特殊要求设计使用年限 1 年，基坑顶部 2.0m 范围内不允许堆载，2.0m 范围以外堆载不得超过 30kPa，计算软件采用"理正深基坑支护结构设计软件 F-SPW"（7.0 版本），计算结果见表 2，典型支护剖面示意图见图 3。

### 3.2　地下水控制方案选择分析

基坑开挖至第三步锚杆施工工作面，绝对标高约为 43.50m，基坑深度约 12.5m 时，因水务部门正通过永定河对北京市地下水进行生态补水，地下水回灌导致北京市西五环附近区域地下水位急剧上升。水位观测井观测记录显示，基坑西侧最高地下水位绝对标高为 43.05m，基底绝对标高为 40.73m，比槽底标高高出 2.32m。

| | | | | | | | | 基坑支护设计参数表　　表 2 |

| 护坡桩及连梁 | | | | | | | | |
|---|---|---|---|---|---|---|---|---|
| 桩径/mm | 桩距/m | 桩顶标高/m | 桩长/m | 嵌固深度/m | 连梁尺寸/（mm×mm） | 桩体及连梁混凝土强度等级 | 桩体及连梁配筋 | 桩间支护 |
| 800 | 1.60 | 1.80 | 19.80 | 5.83 | 900×600 | C25 | 桩体：主筋 16$\phi$22，箍筋 $\phi$8@200，加强筋 $\phi$16@2000 连梁：主筋 6$\phi$22 + 4$\phi$18，箍筋 $\phi$8@200 | 挂 $\phi$6.5@250×250 钢筋网，增设 $\phi$14 横竖向压网筋（排距 1.0m，进入桩体 10cm），喷 C20 混凝土面层，厚度 80mm |

| 预应力锚杆参数 | | | | | | | |
|---|---|---|---|---|---|---|---|
| 道数 | 长度/m | 位置/m | 水平布置 | 锚索配筋 | 自由段长度/m | 锚固段长度/m | 锁定值/kN |
| 1 | 22.00 | −4.00 | 一桩一锚 | 3$\phi_s$15.2（1860 级） | 9.00 | 13.00 | 320 |
| 2 | 20.00 | −8.00 | 一桩一锚 | 4$\phi_s$15.2（1860 级） | 7.00 | 13.00 | 340 |
| 3 | 18.00 | −12.00 | 一桩一锚 | 4$\phi_s$15.2（1860 级） | 5.00 | 13.00 | 370 |

| 上部混凝土墙参数 | | | |
|---|---|---|---|
| 混凝土墙高度/m | 压顶梁尺寸/（mm×mm） | 构造柱尺寸/（mm×mm） | 构造柱间距/m |
| 混凝土墙高 1.8 | 200×200 | 200×200 | 3.20 |

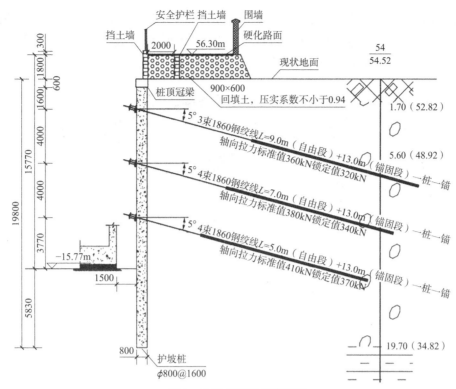

图 3　典型支护剖面示意图

为给基坑开挖支护及基础工程施工创造条件，需采取有效措施进行地下水控制。因基坑支护工程中支护桩、桩顶冠梁及混凝土挡土墙已施工完毕，预应力锚杆施工至第三道，如采用坑外止水帷幕将对锚杆造成破坏，于基坑安全不利，因此不可行；又因该区域地层以卵石地层为主，地层渗透系数极大，如采用基坑周边降水井围降，抽水量极大，排水距离受施工条件限制，不能远排，会形成循环水，且地下水补给量极大，因此，降水井围降措施也不可行。

针对该基坑地层情况，对常用的止水帷幕方案进行了对比分析：

（1）高压旋喷桩止水方案，该种施工工艺较为成熟，造价较低，但由于高压旋喷桩在卵石地层中应用时会有诸多弊端：①成孔困难，由于潜孔锤钻进工艺，成本较高，垂直度难以保证；②高压旋喷效果差，由于钻孔周边均为较大卵石，旋喷浆体不能有效切割卵石地层形成预定直径桩体，达不到止水效果。因此，高压旋喷桩止水帷幕在该地层不具有可行性。

（2）搅喷长螺旋施工方案，该方案具备在卵石地层中成孔的可行性，但成孔过程中钻杆垂直度不易保证，遇到软硬不均地层容易走偏，从而不能满足桩间咬合要求。

（3）咬合桩止水帷幕方案，该方案采用大功率旋挖钻机成孔，成孔效率较高，且成孔时采用高强度钢护筒进行护壁，可有效控制成孔垂直度，从而保证桩间咬合效果。因此，本工程选择咬合桩止水帷幕＋坑内疏干地下水控制方案。

止水帷幕采用素混凝土桩与钢筋混凝土桩相间布置、相互咬合的形式，在基坑现状开挖面1.5m宽肥槽内打设一排混凝土咬合桩，桩径800mm，间距600mm，桩间咬合200mm，桩顶位于目前土方开挖面标高（绝对标高约43.50m），桩长不少于12m，并保证桩底进入下部风化岩隔水层不少于2m[2]，桩位置偏差不大于20mm，桩身垂直度偏差不大于0.5%，因咬合桩主要满足止水要求，低强度等级混凝土有利于咬合成桩，所以A、B桩混凝土均采用缓凝混凝土，强度等级C15；咬合桩施工完毕后在桩顶设置一道钢筋混凝土冠梁，将咬合桩连接成整体以提高其整体抗弯强度，冠梁混凝土C25；同时在该冠梁与原护坡桩之间设置钢架梁，间距为3.2m，截面尺寸为600mm×600mm，长度约为700mm，混凝土强度等级C25。咬合桩采用隔桩配筋并在桩顶设置冠梁和连系梁的设计，一方面可以提高咬合桩抗弯刚度，保证止水效果，另一方面也弥补了桩体施工过程中对原护坡桩坎固段弱化的影响，起到了补强原支护结构作用，有利于基坑安全。因北京地区地下水补给可能为常态化，且目前地下水位距离冠梁顶标高不足

0.5m，为防止地下水位进一步升高，超过梁顶标高而向坑内涌水，从而导致整个止水工程失败，在咬合桩冠梁上增设了厚度200mm，高度1.8m的混凝土挡墙，以提高止水安全度。咬合桩剖面示意图见图4。桩顶冠梁、钢架梁及梁顶混凝土挡墙构造图见图5。

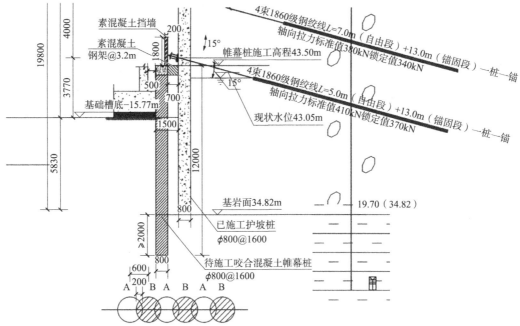

图4 咬合桩剖面示意图

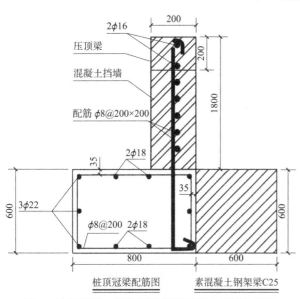

图5 桩顶冠梁、钢架梁及梁顶混凝土挡墙构造图

坑内地下水采用大口径管井疏干，疏干井布置及管井参数如下：

（1）间距：周边疏干井间距约为25m，内部疏干井间距约为30m，具体施工时根据集水坑及后浇带位置优化疏干井布置。

（2）孔径：疏干井孔径600mm。

（3）孔深：疏干井井深9.0m，集水坑及电梯井部位相应加深。

（4）井管：为保证下一步土方开挖时疏干井不被全部破坏，邻近止水帷幕部位的一圈疏干井采用桥式滤水管（内径254mm、壁厚5mm）；其他疏干井孔下入内径300mm的无砂混凝土滤水管。

（5）滤料：在井管外围填入直径3～7mm的石屑。

（6）滤网：在含水层部位滤管外缠80目尼龙网，接头处的死管用塑料布包扎。

（7）疏干布置详见基坑平面布置图，具体布置依据场地情况适当调整。

## 4　施工工艺选择

### 4.1　桩锚工程施工工艺

本工程护坡桩施工采用旋挖钻机泥浆护壁成孔，吊放入钢筋笼、水下灌注成桩的施工工艺；锚杆位于卵石层，采用套管钻机成孔，然后注浆下锚杆，经一定龄期养护后（约7d）用张拉机进行张拉、锁定工艺施工。桩锚支护工艺为常见施工工艺，此处不做赘述。

### 4.2　地下水控制施工工艺

由于工程的特殊性，咬合止水帷幕在基坑内部的肥槽内进行，施工作业面标高位于基坑开挖深度约 12.5m 处。旋挖钻孔成孔施工通常选用泥浆护壁，本工程先进行了泥浆护壁成孔试桩，试桩过程中塌孔严重，不能有效成孔，分析原因为本工程水位较高，位于开孔处以下约 0.5m，采用泥浆护壁时，孔内泥浆不足以抵抗孔壁卵石及地下水的侧压力，从而导致塌孔。因此，泥浆护壁在高水位的卵石地层中不具有可行性。更换泥浆护壁为全护筒跟进成孔施工工艺后，解决了塌孔问题，成孔效果好，且垂直度容易保证。因此，本工程 A、B 桩全部采用旋挖钻机全护筒施工工艺。

咬合桩施工时先施工 A 桩，待 A 桩达到一定强度时再施工 B 桩。通常 A 桩为塑性混凝土或超缓凝混凝土，但由于塑性混凝土和缓凝混凝土强度上升极为缓慢，施工 B 桩时需采用护筒超前护壁，在卵石地层中旋挖钻机成孔提钻时极易形成串孔，导致 A 桩桩体破坏，为此，本工程采用"硬咬合"施工工艺，即 A 桩达到一定强度（设计强度的 70%）后，通过硬切割的方式施工中间 B 桩，从而达到咬合效果。为方便切割素混凝土桩，桩身混凝土均采用 C15 预拌混凝土。

# 5 咬合桩施工方案

## 5.1 工艺流程

平整场地→测量放线→埋设护筒→桩位复测及桩机就位→与护筒钻进（垂直度控制）→接护筒→钻进至预定深度→终孔检查及清孔→吊放钢筋笼及混凝土灌注→拔护筒→成桩。先施工素混凝土 A 桩，待强度达到 70%设计强度，约 7d 后，施工钢筋混凝土 B 桩。

## 5.2 工艺参数

为确保护筒刚度，需采用 40mm 厚的钢板制作，内径 85cm，长度一般为 2～4m，上侧开设导浆口（图 6）。

图 6 钢护筒

## 5.3 施工技术要点

1）桩位的控制

为了保证钻孔咬合桩有良好的咬合效果，应严格控制孔口的定位误差，孔口定位误差的允许值应符合设计和规范要求。

2）单桩垂直度的控制

为了保证钻孔咬合桩底部有足够的咬合量，除严格控制孔口定位误差外，还应对其垂直度进行严格控制。成孔过程中要控制好桩的垂直度，必须抓好以下 3 个环节：

（1）套管的垂直度检查和校正：钻孔咬合桩施工前应在平整地面上进行套管垂直度的检查和校正。首先检查和校正单节套管的垂直度，然后将按照桩长配置的套管全部连接起来进行整根套管的垂直度检查和校正。

（2）成孔过程中桩的垂直度监测和检查：①地面监测。②孔内检查。每节套管下压完成后安装下一节套管之前，可视施工过程中桩孔垂直度的变化规律，定期安排一定频次的抽样检查，即停下来用测斜仪进行孔内垂直度检查。

（3）纠偏：成孔过程中如发现垂直度偏差过大，必须及时纠偏，可利用钻机的套管驱动器进行切削钻进纠偏。

3）预防"浮笼"

由于套管内壁与钢筋笼外缘之间的间隙较小，灌注桩芯混凝土起拔套管的时候，钢筋笼有可能被套管带着一起上浮形成"浮笼"。可利用振动锤解决这一问题，起拔套管时因高频振动的液化减摩效应，"浮笼"现象极少发生。此外，尚可采取如下预防措施：

（1）确保灌桩混凝土的和易性良好，其粗骨料粒径满足＜20mm 的要求；

（2）钢筋笼的加工尺寸应确保精确，在转运、吊装过程中采取可靠措施防止钢筋笼扭曲变形；

（3）在钢筋笼底部加焊一块比钢筋笼略小的薄钢板，增加其抗浮能力。

# 6 施工效果

咬合桩止水帷幕施工完成后，通过开挖检验止水效果良好（图 7），基坑内外水位高差约 3m，集水坑最深部位无地下水，可进行下一步结构基础施工。

图 7　施工效果检验

# 7　结语

北京地区由于近年来地下水位上升明显，又由于局部地区地层为较大的卵石地层，这给地下水控制带来了很大困难。本文根据工程实际，总结了卵石地层中采用咬合桩止水帷幕进行地下水控制时应注意的问题及施工技术要点，为在卵石地层中进行止水帷幕施工提供了借鉴经验。

# 支护结构的变形控制——基于两个工程案例的探讨

吴连祥[1]　黄　静[2]

（1. 启东市建筑设计院有限公司，江苏启东　226200；2. 启东市保障房建设投资有限公司，江苏启东　226200）

## 1　引言

　　基坑支护工程是一个复杂、动态的系统工程，它面对的岩土工程条件、环境条件、施工条件存在着诸多不确定性、多元性、时域性。基坑支护设计如何做到既安全又经济，这是困扰基坑工程技术人员的一个难题。尽管设计人员根据岩土工程勘察报告和使用要求进行了理论计算，但是在基坑工程实践中，常常会发现计算结果与实际工作状态存在一定的差距，设计理论值不能全面准确地反应工程施工过程中的各种变化。所以在基坑的开挖过程中实现信息法施工、动态化设计显得十分必要，对支护结构的变形控制是信息法施工、动态化设计的一项重要内容。

　　由于支护结构在达到极限平衡状态前，其变形有一个发展和积累的过程，在这个过程中潜伏着强度破坏因素的积累，有效控制变形就意味着可以预防破坏的发生。因此，对支护结构变形的控制也是有效遏制基坑事故发生的有效方法。结合两个工程案例，分析基坑开挖过程中支护结构变形出现的问题及原因，介绍采取的控制措施及控制效果，可供类似工程参考。

## 2　工法桩搅拌墙变形控制

### 2.1　工程概况

　　该工程为启东市紫薇中路南侧、和平路西侧的紫薇公寓项目，用地面积 5623m²，场地北部新建 1 栋 25 层公寓，地下及周边设 1 层地下室，南部新建 1 栋 9 层公寓，不设地下室。总建筑面积21355m²，其中地上面积 18555m²，地下面积2800m²。公寓楼为剪力墙结构，部分地下室采用框架结构，整体桩筏基础。

　　基坑形状近似正方形，开挖边线后退基础边线 0.5m，基坑边长 56m，周长 224m，面积近3200m²。基坑一般挖深 5m，高层公寓部位挖深5.8m，局部坑中坑超挖 1.5~2.5m。

　　基坑边线北侧距红线 0.3~5.2m，距人行道6.7~10m；东侧距红线最近处仅 3m，东侧南段红线处是已建小区围墙，东侧北段为公共绿地；南侧距红线 25~27m，红线外侧是已建多层住宅区，粉喷桩复合地基，条形基础，红线内侧是拟建 9 层公寓，采用 PHC 管桩基础，管桩距基坑边线最近处3m；西侧距红线（已建小区围墙）8.3~9.1m，红线西 6.3m 处是高层住宅区。基坑总平面示意图见图 1。

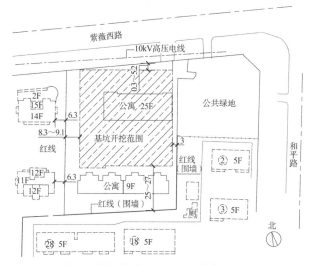

图 1　基坑总平面示意图（单位：m）

　　根据岩土工程勘察报告，地基土自上而下分层及其主要特性见表 1。

　　建筑场地浅层地下水为孔隙水潜水含水层（$Q_4$），赋存于层②~层⑤土层中。主要补给来源为大气降水、地表水以及区域水系，排泄方式为大气蒸发及侧向径流。地下水位年变化幅度为自然地面下 0.5~1.5m。层②~层④淤泥质粉质黏土层水平、竖向渗透系数约为 $1 \times 10^{-5}$cm/s，层⑤砂质粉土水平、竖向渗透系数约为 $4 \times 10^{-3}$cm/s。

地基土自上而下分层及其主要特征    表1

| 土层编号 | 土层名称 | 土层平均厚度/m | 重度/（kN/m³） | 固结快剪 | |
| --- | --- | --- | --- | --- | --- |
| | | | | $c_c$/kPa | $\varphi_c$/° |
| ① | 杂填土 | 1 | 17.8 | （12） | （10） |
| ② | 淤泥质粉质黏土 | 3.5 | 17.4 | 10.5 | 6.1 |
| ③ | 淤泥质粉质黏土 | 4 | 17.6 | 11.2 | 6.7 |
| ④ | 淤泥质粉质黏土 | 1 | 17.7 | 11.1 | 7.9 |
| ⑤ | 砂质粉土 | 8 | 18.6 | 2.2 | 31.4 |
| ⑥ | 淤泥质粉质黏土 | 8 | 17.4 | 11.8 | 8.3 |

支护结构安全等级二级，以重力式水泥土挡墙支护为主，采用 $\phi$700 双轴水泥土搅拌桩格栅式布置，纵、横向搭接 200mm，墙宽 3.2m，墙顶设置 200mm 厚钢筋混凝土压顶梁。

基坑东南角及西北角由于受场地限制，不具备设置重力式水泥土挡墙的条件，采用双轴型钢水泥土搅拌墙加角撑的支护方案，在两排 $\phi$700 双轴水泥土搅拌墙中间插入 H700×300×13×24 型钢，间距 1.6m，型钢长 12m，搅拌墙水泥掺入比 14%，42.5 级普通硅酸盐水泥，墙顶设 700mm×1200mm（$h \times b$）钢筋混凝土冠梁，冠梁中心标高处设角撑，采用 $\phi$609×16 钢管，间距 7m。支护平面图、剖面图见图2、图3。

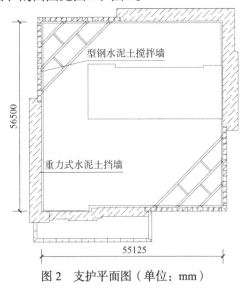

图2　支护平面图（单位：mm）

坑内采用管井降水，坑外采用排水沟、集水坑拦水、排水方案。

## 2.2　变形出现的问题及原因

基坑挖土于 2021 年 11 月 25 日开始，根据监测资料，挖土过程中，重力式水泥土挡墙支护段位移正常，但西北角型钢水泥土搅拌墙支护段变形出现异常。2021 年 12 月 30 日挖土至坑底，该支护段设置的 4 个水平位移观测点、2 个深层位移观测点数据均超报警值 40mm，型钢之间水泥土搅拌墙坑内一侧开始出现裂缝。

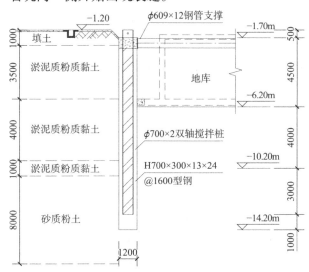

图3　支护剖面图（单位：mm）

2021 年 12 月 30 日—2022 年 1 月 2 日连续下雨，西北角水泥土搅拌墙水平位移显著增大，2022 年 1 月 3 日 4 个观测点水平位移均超过了 50mm，最大位移达 60.8mm，水泥土搅拌墙坑内一侧均有明显的竖向裂缝，最大深层水平位移也达到 60.9mm（距坑顶 2m 处），型钢部位坑内一侧的水泥土搅拌墙部分脱落，支护结构外侧土体沉降明显，基坑西侧施工道路也因沉降而开裂。

造成基坑西北角型钢水泥土搅拌墙水平位移过大的主要原因是：

（1）场地西侧为唯一施工通道，土方车及混凝土泵车都由此进出，车辆通过频次高、载荷载、振动大。基坑外侧场地未硬化、排水沟未形成，层①杂填土，土质不均匀，主要成分为粉质黏土和淤泥质粉质黏土，含碎砖、混凝土块和植物根茎，结构松散，连续阴雨，场地雨水下渗，致使杂填土下沉，水荷载增大。

（2）场地土层②、③均为淤泥质粉质黏土，厚度达 7.5m，含水量高，孔隙比大，属高压缩性土，流塑，水泥土搅拌不均匀，强度偏低，经现场取芯检测无侧限抗压强度仅达到 0.3MPa。两排双轴搅拌墙厚度 1.2m，型钢间距 1.6m。经验算，型钢间水泥土搅拌墙抗弯强度不满足设计要求。

## 2.3 变形控制措施

对水泥土搅拌墙出现的严重变形，应迅速采取措施，加以控制，以防水泥土搅拌墙坍塌失效。2022 年 1 月 3 日现场立即启动应急预案，确定在插入搅拌桩的型钢翼缘之间加设挡板，采用角铁与钢筋作受力骨架的加固方案。具体做法：先铲除型钢部位坑内一侧开裂松脱的水泥土，在相邻两根型钢之间插入胶合板作为挡板，型钢翼缘外侧焊接螺栓，将角钢两端通过螺栓、螺母与型钢固定，上下间距 0.8m 左右，在胶合板与角钢之间竖向插入钢筋，水平间距 0.4m，将挡板所受的侧向力最后传给 H 型钢，在挡板内侧用水泥砂浆或细石混凝土填补空隙。加固方案传力路径：坑外水土压力→挡板→钢筋→角铁→H 型钢，详见图 4、图 5。

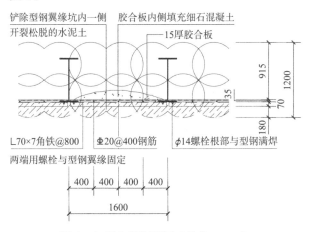

图 4　加固方案剖面图（单位：mm）

实施过程中根据变形情况，再对有关参数进行调整，必要时可以加密钢筋和角钢。

基坑西北角型钢水泥土搅拌墙段加固施工于 2022 年 1 月 7 日完成，跟踪监测结果表明：加固结束后水泥土搅拌墙的变形明显变慢，加固挡板、钢筋、角铁均处于正常受力状态，未发现变形异常迹象，说明控制方案可行，未对钢筋和角铁采取加

密措施。至 2022 年 3 月 29 日地下室施工结束，基坑原设置的观测点水平位移平均增加 20.8mm，最大深层水平位移增加 17.1mm，西北角水泥土搅拌墙没有出现坍塌迹象，加固方案达到了预期效果，有效遏制住了水泥土搅拌墙的变形，保证了地下室施工的正常进行。

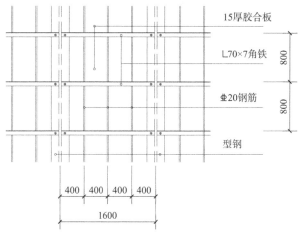

图 5　加固方案立面图（单位：mm）

## 3 桩锚支护结构变形控制

### 3.1 工程概况

启东市第二人民医院异地新建项目位于启东市吕四镇太阳庙村，北邻拟建人民路、南靠拟建来鹤路、西为农田，东紧贴一河道，并与通港大道相接。用地面积 60450m²，拟建 4 层门诊、4 层医技、14 层住院楼各 1 栋，设 1 层地下室，总建筑面积 107000m²，其中地上面积 82400m²，地下面积 24600m²，框架结构，桩筏基础。

基坑形似矩形，南、北长 233m，东、西宽 182m，周长约 830m，面积近 36000m²。一般挖土深度 6.70m，住院楼处 7.30m；集水井等局部超挖 1.50～2.95m。

基坑北侧距用地红线 40～56.5m；西侧距用地红线 46.8m；东侧距红线 15m，其间为拟填平的河道，河道深约 3m，红线距通港大道 37m，南侧距红线最小距离 15.7m，参见图 6。

地质条件：基坑影响深度范围内，地基土自上而下分层及主要特性见表 2。

建筑场地浅层地下水属孔隙潜水，大气降水、地表水为补偿来源。水位水量与季节和人类活动有关，地下水位在自然地面以下 0.8m 左右，水量较丰富。

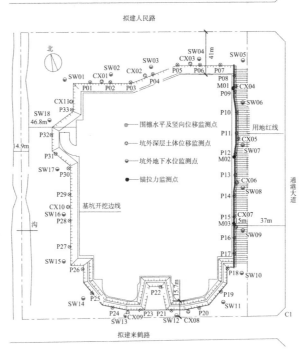

图 6　基坑周边环境及监测点布置平面图

**地基土自上而下分层及主要特征**　　表 2

| 土层编号 | 土层名称 | 土层平均厚度/m | 重度/（kN/m³） | 固结快剪 | | 土层渗透系数$K_v$/（$10^{-5}$cm/s） |
| --- | --- | --- | --- | --- | --- | --- |
| | | | | $C_c$/kPa | $\varphi_c$/° | |
| ① | 素填土 | 1 | 18.0 | 15.0 | 12.0 | |
| ② | 粉质黏土夹黏质粉土 | 3.5 | 18.5 | 11.1 | 17.3 | 2.97 |
| ③ | 粉砂夹砂质粉土 | 5.5 | 18.8 | 3.1 | 33.3 | 55.3 |
| ④ | 粉质黏土夹黏质粉土 | 5.5 | 18.4 | 10.9 | 15.6 | 1.61 |
| ⑤ | 粉质粉土夹黏质粉土 | 3.5 | 18.6 | 10.9 | 17.3 | 2.73 |
| ⑥ | 砂质粉土夹粉砂 | 4.5 | 18.6 | 4.7 | 28.1 | 36.2 |

基坑支护方案：南侧放坡开挖，坡面用细石混凝土挂网罩面支护，坡顶设置 4 号拉森钢板桩作止水帷幕；北侧、西侧采用放坡土钉墙挂网喷锚支护；东侧地下室外墙距红线约 15m，其间为填土河道，采用 SMW 工法桩加一道加劲旋喷锚桩支护。SMW 工法桩采用$\phi$850@600 三轴水泥土搅拌桩，在搅拌桩中插入 H700×300×13×24 型钢，间距 1.8m，长度 15m，顶部设置钢筋混凝土冠梁，厚度 700mm，宽度 1200mm。加劲旋喷锚桩设于冠梁侧面，水平倾角 25°，间距 1.8m，直径 500mm，长度 15m，桩锚支护结构剖面图如图 7 所示。

基坑东侧桩锚支护结构安全等级二级，其余三侧安全等级三级。

降排水方案：基坑南侧、东侧设有止水帷幕，北侧、西侧无止水隔断。坑内均布置管井降水，坑外设置排水沟、集水坑排水、拦水。

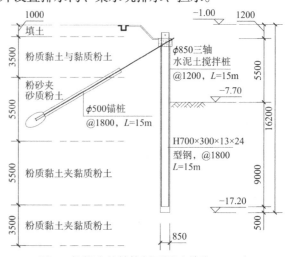

图 7　桩锚支护结构剖面图（单位：mm）

## 3.2 变形出现的问题及原因

为确保基坑施工安全和土方开挖顺利进行，对支护结构及周边环境进行变形监测，重点监测基坑东侧桩锚支护结构。基坑开挖前，沿基坑周边均匀布置33个水平、竖向位移观测点，11个深层土体位移观测点，18个坑外水位观测孔。其中东侧桩锚支护段布置水平、竖向位移观测点10个，深层土体位移观测点4个，坑外水位观测井6个，监测点布置平面图详见图6。

土方开挖于2021年9月27日开始，2021年12月10日挖土全部结束，地下室肥槽于2022年3月10日回填结束。土方开挖过程中，基坑北侧、西侧、南侧坡顶水平位移均在30mm以内，没有超过报警值。

2021年10月20日开始基坑东侧挖土，由北向南分层推进，桩锚支护段冠梁水平位移随挖土深入增加很快，2021年11月3日基坑东侧北段挖至坑底。2021年10月27日—2021年11月3日，桩顶冠梁3个监测点（P10、P11、P12）的水平位移均超过40mm，MZ01监测点的锚拉力出现随冠梁水平位移的不断增加甚至还在减小的异常现象，东侧基坑报警。至2021年11月6日，桩顶冠梁4个（P10~P13）监测点的水平位移为44.2~60.8mm，并且平均水平位移速率达6mm/d，均超报警值。

导致桩锚支护结构变形出现快速增长的原因主要是部分锚桩的施工质量存在问题。对锚桩进行验收试验，结果表明：109根锚桩中有11根锚拉力未达到设计要求。河道部位回填土未压实，河底淤泥未清除，影响了锚桩的成桩质量。

## 3.3 变形控制措施

对于基坑东侧桩锚支护结构变形的快速增长，需要采取控制措施，以防锚桩失效带来严重后果。2021年11月7日启动控制预案，如果对存在问题的锚桩进行补桩处理，则影响挖土进度和工期，加之不合格锚桩数量占总数的10%，经过分析比较后决定采用坑外降水法，来减小作用在支护结构上的水压力，以达到快速控制支护结构变形，防止锚桩失效的目的。同时实时监控坑外降水水位，从而控制其变形速率。具体做法是：一方面利用基坑东侧坑外原来设置的6口水位观测井作降

水井，另一方面在每2口观测井之间增加1口管井，共增加5口，管井深度10m，2021年11月9日开始降水，降水水位控制在自然地面以下5.5m左右，11月30日后控制在4m左右。

坑外降水措施实施后，基坑东侧桩锚支护结构的变形得到了有效控制，基坑东侧桩顶冠梁3个观测点（P11、P12、P13）的侧向水平位移很快趋于稳定，其时程曲线见图8。

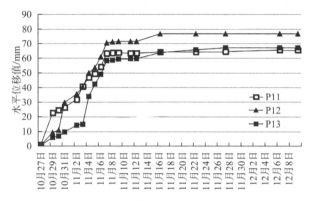

图8　桩顶冠梁侧向水平位移时程曲线

相应的变化规律：各点变形趋势基本一致，在挖至坑底后，支护结构侧向位移迅速增大，在采取坑外降水措施后，土体变形明显趋缓，3条曲线的变化规律和变形趋势基本一致，均为向坑内变形且在坑外降水后都进入了平缓状态，充分说明了坑外降水措施在控制深层土体位移方面的有效性。

根据监测结果，截止到2021年12月8日，基坑东侧的位移观测点位移量均变化不大，水平位移监测曲线显示，桩锚支护结构变形发展得到有效控制，最大锚拉力为MZ02监测点，降水后一直稳定在235kN左右，未超过原设计的锚拉力260kN，保证了支护结构的安全与稳定，没有影响地下室的正常施工。

## 4　结语

（1）只有对支护结构变形做出准确的监测，并及时反馈，才能确保对支护结构变形控制的及时和有效，才能在必要时因地制宜地采取控制措施，将基坑的施工置于安全受控状态，避免工程事故的发生。因此，监测的准确性、有效性是支护结构变形实施控制的关键。

（2）由于基坑工程实际施工过程中存在许多

不可预见的因素，理论计算不可能完全模拟这些因素，因而，支护结构理论计算的变形值与实测值总是会存在一定的差异，必须坚持动态控制的原则，保证基坑安全。

（3）基坑支护设计除详细调查基坑周边环境外，还要慎重考虑主体结构施工场地布置，如出土及材料运输线路、材料堆场及塔式起重机位置等，这些均会造成基坑局部地面荷载增大，支护设计时需要对相应位置局部加强，控制其部位支护结构的变形。

（4）坑外采用管井降水的方法，可以有效降低坑外土体含水量，提高土体的抗剪强度，减小作用在支护结构上的侧压力，控制支护结构的变形，而且施工方便、速度快，控制支护结构变形效果明显。

## 参考文献

[1] 刘国彬, 王卫东. 基坑工程手册[M]. 2 版. 北京: 中国建筑工业出版社, 2009.

[2] 中华人民共和国住房和城乡建设部. 建筑基坑支护技术规程: JGJ 120—2012[S]. 北京: 中国建筑工业出版社, 2012.

[3] 中华人民共和国住房和城乡建设部. 型钢水泥土搅拌墙技术规程: JGJ/T 199—2010[S]. 北京: 中国建筑工业出版社, 2010.

[4] 中华人民共和国住房和城乡建设部. 建筑基坑工程监测技术标准: GB 50497—2019[S]. 北京: 中国计划出版社, 2019.

# 武汉地铁香港路站主体基坑工程实录

朱 敏

（长江勘测规划设计研究有限责任公司，湖北武汉 430010）

## 1 引言

随着国民经济和城市建设的快速发展，我国各大城市大型地下空间开发进展迅速，涌现出大量复杂的基坑工程建设项目，其中以地铁轨道交通建设为代表，深基坑甚至是超深基坑不断出现。由于基坑工程常位于市中心区域，在基坑支护方案设计时不仅需要确保基坑自身的稳定安全，紧邻基坑周边的建（构）筑物安全和正常使用亦作为重要控制因素[1]。

香港路站主体基坑是当时武汉市第一个开挖深度超 30m 的明挖地铁车站主体基坑[2]，开挖深度约 20m 范围内均为软弱地层，地下承压水位高，地表建筑物及地下重要管线密集，且当时武汉地区类似复杂地质条件下可借鉴的超深基坑设计与施工经验很少。为保证基坑施工安全，本文对基坑施工的工法选择、地下连续墙成槽工艺和止水措施、支撑布置优化、地下连续墙入岩深度、土方开挖方案，以及基坑降水等设计和施工关键技术进行深入研究，以期为类似工程提供借鉴与参考。基坑周边各类建（构）筑物平面图见图 1。

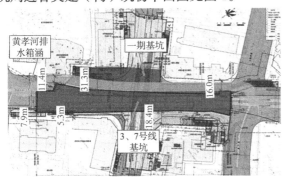

图 1 基坑周边各类建（构）筑物平面图

## 2 工程概况

香港路站主体基坑开挖深度为 28.55～30.67m，开挖宽度为 23.4～40.7m，基坑开挖面积为 8468m²，主体结构顶板覆土厚度 3.8m。基坑采用明挖法施工，沿车站长度方向依次从车站终点里程处开挖施工。车站主体结构采用钢筋混凝土箱形结构，围护结构采用地下连续墙 + 内支撑，围护结构与主体结构采用复合墙的连接方式，车站主体设全外包防水层。本项目周边控制性因素主要有以下四方面：

1）基坑周边已竣工的一期车站结构

主体基坑开挖前，为满足排水箱涵改迁的要求，提前完成一期结构。一期结构主要分为两部分：①外挂站厅，地下 1 层框架结构，埋深为 12.3～13.9m；②5 号风亭，地下 2 层框架结构，埋深为 18.6m。一期结构密贴于香港路站主体基坑，结构净距为零。

主体基坑开挖期间，地下连续墙将不可避免地产生侧向变形，需要采取措施，确保基坑北侧的临空面结构安全；另外零距离的一期结构，将对主体基坑地下连续墙的止水质量提出了极高要求，否则将直接影响一期结构安全。

2）基坑周边重要地下管线

基坑周边各类地下管线众多，主要以市政管线为主，如有 10kV 电缆、25 家弱电电缆、自来水主线、中压煤气管道、数家通信光缆、军用光缆、国防光缆、有线电视线缆及污水管道等。其中对本工程控制性的管线为黄孝河排水箱涵，该排水箱涵为汉口城区主排水箱涵，属于黄孝河低排系统，该排水系统汇水范围为 28.47km²，若该箱涵出现问题，将对半个汉口主城区的排水运营产生直接不利影响。以下主要分两个阶段分析箱涵对基坑的影响：

（1）基坑开挖前：基坑开挖前，现状黄孝河排水箱涵位于基坑开挖范围内，需要考虑在地下连续墙成槽期间箱涵的结构安全，确保箱涵不渗漏。

原排水箱涵为砖混结构，结构尺寸为 10.6m×

获奖项目：2018 年度湖北省优秀勘察设计项目一等奖，2019 年度行业优秀勘察设计奖的优秀工程勘察与岩土工程二等奖，2019 年水利部长江水利委员会科学技术一等奖。

3.7m，内净空为 2 孔 5.2m×3.0m，埋深 5.7m，距离地下连续墙净距为 0.7m。该箱涵结构距离地下连续墙距离近，地下连续墙成槽期间易塌孔，需采取必要保护措施防止槽壁塌孔，确保现状排水箱涵的运营安全。

（2）基坑开挖期间：基坑开挖期间，现状排水箱涵废除，被新建的排水箱涵代替，基坑开挖阶段将影响周边土体变形，从而导致管线不均匀沉降。

新建的箱涵为钢筋混凝土结构，结构尺寸为 10.6m×3.7m，内净空为 2 孔 4.8m×3.0m，埋深 5.7m，箱涵与地下连续墙最小距离仅为 0.2～0.39m。该箱涵结构距离地下连续墙较近，在基坑（$h=28.5$m）开挖期间地下连续墙将产生变形，从而影响到周边排水箱涵（$h=5.7$m）的运营安全。

3）基坑周边重要建筑物

基坑周边各类建筑物众多，且大部分为重要敏感建筑，如武汉市房地产交易大厦、武汉市江岸区地税局、汉口银行总部、武汉市国家税务局地下车库，另外当时在建的建筑物为华氏大厦、浙商大厦，各个建筑物均位于 1 倍基坑开挖影响范围内，保护标准要求高。在基坑设计阶段需采取变形控

制措施，确保周边建筑的安全。

4）基坑周边地面交通

按照交通主管部门的要求，本基坑开挖期间，不得中断建设大道、香港路的双向四车道地面交通，在主体基坑开挖期间，需要设置临时路面盖板，确保地面交通畅通。因此邻近交通区段的支护结构地面补强止水等条件受限，对基坑自身止水要求高。

## 3 岩土工程条件

工程场地地貌单元主要为河流堆积平原，属长江 I 级阶地，地形平坦，地面高程在 20～22m 之间。表层为松散的人工填土层（$Q^{ml}$），局部分布有淤泥；上部主要为第四系全新统冲积相（$Q_4^{al}$）可塑—软塑状态的黏性土，软塑—流塑的淤泥质粉质黏土、粉砂、粉土、粉质黏土互层；中部为稍密—中密的粉细砂，中密—密实状态的细砂、厚度不等的中粗砂夹砾卵石；下伏基岩为白垩—下第三系东湖群（K-E$_{dn}$）砂砾岩、泥质粉砂岩。各土层主要物理力学参数见表 1。基坑地质纵断面图见图 2。

各土层主要物理力学参数　　　　　　　　　　　表 1

| 地层层号 | 岩土名称 | 密度状态 | 层厚h | 天然重度γ | 承载力特征$f_{ak}$ | 抗剪强度指标 | | 静止侧压力系数λ | 渗透系数k |
|---|---|---|---|---|---|---|---|---|---|
| | | | | | | c | φ | | |
| | | | m | kN/m³ | kPa | kPa | ° | | cm/s |
| ①₃ | 淤泥 | 流塑 | 0.7～3.7 | 17.5 | 50 | 11 | 5 | 0.75 | $4.6×10^{-6}$ |
| ③₂ | 粉质黏土 | 软塑 | 1.3～4.2 | 18.0 | 75 | 15 | 7 | 0.61 | $4.6×10^{-6}$ |
| ③₃ | 淤泥质黏土 | 流塑 | 2.4～19.5 | 17.0 | 55 | 13 | 6 | 0.80 | $2.6～7.9×10^{-6}$ |
| ③₄ | 粉质黏土夹粉土 | 软塑 | 0.8～10.4 | 18.1 | 80 | 15 | 9 | 0.64 | $2.7～7.2×10^{-5}$ |
| ③₅ | 粉砂、粉土、粉质黏土互层 | 软塑（稍密） | 1.2～11.6 | 18.2 | 90 | 12 | 15 | 0.55 | $6～60×10^{-4}$ |
| ④₁ | 粉细砂 | 稍密—中密 | 2.0～10.9 | 17.9 | 170 | 0 | 30 | 0.41 | $0.8～1.5×10^{-2}$ |
| ④₂ | 细砂 | 中密 | 0.5～21.3 | 18.9 | 230 | 0 | 37 | 0.38 | $6×10^{-1}$ |
| ⑮₁ | 强风化砂砾岩 | | | 22.6 | 400 | 100 | 25 | | $8.57×10^{-4}$ |
| ⑮ₐ₋₂ | 中风化泥质粉砂岩 | | | 24.2 | 900 | 460 | 38 | | $2.0×10^{-5}$ |
| ⑮ᵦ₋₂ | 中风化砂砾岩 | | | 26.1 | 1600 | 2820 | 39 | | $2.0×10^{-5}$ |

场地周边地下水主要类型有上层滞水、孔隙承压水和基岩裂隙水，基坑开挖时③₅层及④层在地下水动力作用下会产生流砂现象，直接影响基坑稳定性，故承压水对基坑工程施工影响较大，故覆盖层中孔隙承压水对工程的影响最为突出。

基岩裂隙水主要赋存于下部基岩中，主要接受其上部含水层中地下水的下渗及侧向渗流补给。基岩裂隙水与承压水呈连通关系，支护结构底部的渗漏对降水量影响较大。

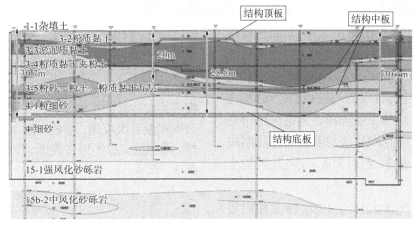

图 2　基坑地质纵断面图

## 4　岩土工程分析与评价

本工程所处的地层较为特殊，相比其他长江Ⅰ级阶地地区的软土层分布厚度更深，软土分布厚度达 20m，地面沉降控制要求难度更高，历史上曾出现多次工程事故，属于工程风险敏感区，在业界被称为地质"百慕大"。在 20 世纪 90 年代，香港路站周边建筑物的基坑、楼房曾出现过建成后报废、重建的情况。即便是在施工技术成熟的近期，以 2010 年本工程周边的某项目（开挖深度约 18~20m）为例，在基坑开挖过程中，周边的长福公寓、武汉市国税局、汉口银行、儒商花园的结构出现了不同程度的开裂，其中长福公寓主体结构出现倾斜情况，对社会和居民生活影响很大。

根据本次钻探、原位测试、物探及室内试验结果，场地内各地基岩土层的工程性能整体评价如下：本场地上部土层较软弱，砂层饱含承压水，基岩埋藏较深，工程性质相对较差。对本工程影响较大的不良地质主要为软土和互层土。

1）软土

本场地所分布的软土层主要有①₃层淤泥、③₂粉质黏土、③₃层淤泥质黏土及③₄层软塑状粉质黏土夹粉土。软土具有低强度，高压缩性，高孔隙比，高灵敏度、易扰动和易触变等特点，工程性质差。当软土位于基坑开挖范围时，施工中易扰动，给施工带来不便，深基坑开挖坑底易发生隆起；基坑施工进行深井降水时，因软土一般次固结沉降尚未完成，属欠固结土，当地下水位降低时，易导致周边地面产生较大的沉降，对周边建筑物及道路、管线安全造成威胁。

2）互层土

③₅粉砂、粉土、粉质黏土互层土一般强度不高，压缩性中等，在水平及垂直方向上分布极度不均，呈各向异性。特别是该层土水平方向的渗透系数（$10^{-3}$~$10^{-2}$cm/s）远大于垂直方向渗透系数（$10^{-5}$cm/s），夹层中粉土粉砂含孔隙承压水，基坑开挖后，在地下水动力作用下易产生流土、流砂现象，对基坑侧壁的安全影响很大。当土方开挖至该类土层时，由于层间饱含承压水，土方作业施工极易使该层扰动进而导致强度大幅降低，基底经常积水给基坑施工作业带来不便，因垂直方向上分布有较多的黏性土夹层，渗透系数较小，管井降水很难将粉砂、粉土夹层中地下水水位降低或水量疏干。

场区虽然有一些特殊性岩土分布和一些轻微不良地质作用发育，但无严重地质灾害，上述特殊岩土和不良地质作用通过适当工程措施均可处理。总之，拟建线路区域构造稳定，无严重地质灾害和不良地质作用，但较厚软土及地下水对工程有较大影响，拟建工程建设适宜性较差。

## 5　方案的论证分析

施工方法对结构形式的确定，以及对土建工程的安全、投资、工期具有决定性影响，结合本站的建筑方案、工程筹划、周边环境以及工程地质及水文地质条件，为保障工程自身结构及周边各类建（构）筑物的安全，分别对常用的明挖、盖挖法进行对比分析。基坑工法方案的论证主要有以下三方面：

（1）为减少箱涵改迁费用及对社会不利影响，黄孝河排水箱涵必须一次性改迁（即改迁后的箱涵为永久结构），因此必须在主体基坑开工前完工一期基坑。该工序与常规的"先深后浅"的基坑工序相反，主体基坑的工法选择，无论选用明挖法、盖挖逆作法或盖挖顺作法均需要确保前期竣工的浅基坑和箱涵安全。相对来讲，明挖法的安全性比盖挖法低。

（2）为确保全线在 2015 年 12 月 28 日按时贯通，本站主体基坑必须在 2015 年 3 月底前完工方能不影响两端区间盾构吊装、香港路站的附属结构施工和车站装修，实际工期仅为 15 个月。相对来讲，明挖法的工期比盖挖法短。

（3）基坑施工期间需确保建设大道双向四车道地面交通，因此无论是明挖法，还是盖挖法（盖挖逆作法或盖挖顺作法），都需要采用倒边施工方能满足地面交通要求。明挖法可以通过分段施工第一道混凝土支撑＋路面盖板解决，盖挖法需沿线路纵向设置一条纵向施工缝方可解决地面交通。相对来讲，盖挖法的工序较明挖法复杂，施工质量的可靠性较明挖法差，且投资费用更高。

因此，综合考虑本工程的工程地质、交通疏解、管线改迁、施工质量、施工工期、投资费用等多方面因素，明挖法更适合本基坑的施工。

# 6 方案的实施

## 6.1 支撑系统整体优化

为提高基坑自身刚度、减小基坑变形，本次主体基坑设计时标准段采用了 5 道混凝土支撑＋1道钢支撑（1 道混凝土支撑换撑），两端端头采用了 6 道混凝土支撑（1 道混凝土支撑换撑），地下连续墙底部进入下部岩层。方案的实施进行了多次优化调整，主要有以下四方面：

（1）为加快施工工序，在支撑布置时加大了支撑平面和竖向间距，从而加大了施工作业空间，并且减少一道支撑施工工序可加快施工作业进度。在实际施工过程中，现场将第六道钢支撑改为同等刚度的混凝土支撑，施工便利性大大增加。

（2）为便于施工，基坑的换撑由常规布置的平面钢支撑调整为斜混凝土支撑，以减少换撑对

主体结构施工（如脚手架、钢筋绑扎等）的干扰。

（3）为加快施工进度和减少工程投资，临时立柱与抗拔桩结合布置，大幅度减少了基坑临时立柱、抗拔桩的数量，并且为加快成桩进度，将常规的旋挖转机成孔工艺改为 AM 工法（全液压可视可控扩底灌注桩施工技术），该施工工艺为武汉地铁建设首次应用，缩短工期 3 个月，实施效果良好。第一道支撑平面布置图、围护结构横剖面图见图 3、图 4。

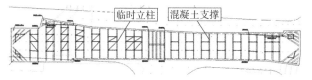

图 3 第一道支撑平面布置图

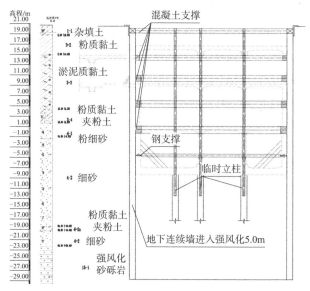

图 4 围护结构横剖面图

（4）主体基坑呈不规则形，基坑中部标准段两边地下连续墙夹角最大达 10.5°，对于采用对顶撑的支撑体系将产生垂直于支撑轴力方向的水平位移，这将对支撑轴力产生不利影响，为此进行支撑平面受力分析。分析后得知，不均匀变形的支撑区域在增设斜杆后，同一位置的支撑最大水平位移由原 36.7mm 减小为 20.5mm，减小了 42%，基坑 6～18 轴附近支撑的水平位移均小于 25mm。通过增设斜杆大幅度减小因基坑两边不平行产生的水平位移，可有效提高支撑体系的刚度及整体稳定性。第五道支撑位移变形图见图 5。

## 6.2 地下连续墙成槽工艺和止水措施优化

传统液压抓斗常用于开挖深度不超过 25m 的基坑，该设备可在软土层、粉砂层快速成孔，当遇到砾石、卵石层以及软弱基岩时可采用液压抓斗

成孔，但有效抓取深度不深，因此常采用旋挖钻辅助成孔。该工艺具有施工效率高，成槽时间较短，槽壁面扰动少，成槽形状好，吊放钢筋笼顺利等优

点，其开挖槽段的垂直度可达 3‰～5‰。截至项目建设时，武汉市地铁工程多采用该设备施工，设备数量多。

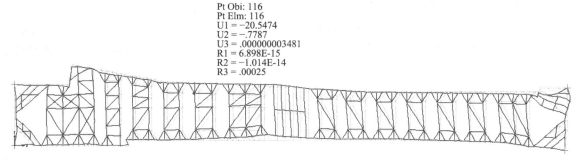

图5　第五道支撑位移变形图

液压铣槽机常用于超深基坑的地下连续墙，该设备不仅在软土层、粉砂层可以施工壁面较光滑的槽孔，而且可以在砾石、卵石层以及软弱基岩中直接铣削成槽，具有施工效率高，成槽时间短，槽壁面扰动少，成槽形状好，吊放钢筋笼顺利等优点。液压铣机械成槽施工时基本无地面振动，通过泵吸出渣方式克服了通常的液压抓斗对槽壁的扰动，能较好地保持槽壁稳定。铣槽机上配备随钻测斜仪，随时可以对孔斜和孔深进行测量。采用液压铣槽机，由于其均匀、连续的铣削成槽工艺，其开挖槽段的垂直度可达 1‰～3‰。截至目前，国内此类设备数量较少。截止项目建设时，武汉市仅在过江的风井使用过该设备。

抓钻结合工艺、铣槽工艺在成槽质量方面均具有各自特点，且工程费用上抓钻结合工艺单价较铣槽工艺少 400 元/m³，总费用上少 1300 万元，因此结合国内液压铣槽机设备调配及本工程实际情况，确定采用抓钻结合工艺，即上部土层采用传统液压抓斗成孔，下部岩层采用旋挖钻辅助成孔。

主体基坑采用 1.2m 厚地下连续墙作为围护结构，具有较好的防水效果和较大的刚度。但是，由于基坑深度大，基坑外侧深厚砂层的孔隙承压水承压水头高，水量丰富，一旦地下连续墙槽段接缝止水失效，开挖过程中被高压水击穿后，将发生突水、流砂现象，对基坑自身稳定和周边建（构）筑物将产生重大安全影响。考虑到本站作为全线通车的控制性节点，为防止基坑开挖期间地下连续墙接头处突水、流砂，地下连续墙接缝从外至内分别采取了以下措施：

（1）三轴搅拌桩。地下连续墙成槽护壁采用 D850@600 搅拌桩进行地层加固，为提高搅拌桩咬合质量，采用套孔工艺施工，加固深度为地表至基

底以下 5.0m，总深度为 33.5～35.7m。有文献研究表明[3]，地下连续墙施工阶段因地层变形而引起的房屋沉降可能会占到总沉降量相当大的比重，因此地下连续墙两侧的搅拌桩可起到成槽加固、接缝止水的作用。地下连续墙两侧搅拌桩布置图见图6。

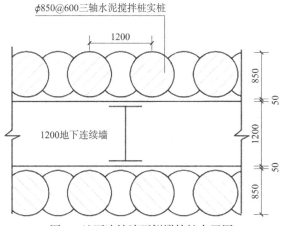

图6　地下连续墙两侧搅拌桩布置图

（2）高压旋喷桩。在地下连续墙接缝外设置一根高压摆喷，待在基坑开挖前进行钻孔摆喷，处理深度为地表至基岩面以下 1.0m，施工过程中若发现渗漏，应立即进行注浆，保障周边建筑物和基坑安全。

（3）PVC 管注浆。地下连续墙接缝易在高水头压力作用下出现渗漏，常在地下连续墙接缝的外侧采用钻孔注浆进行止水，但常规钻孔精度仅为 1/100 左右，在基坑开挖深度较深时易出现较大的偏差。为解决钻孔进度问题，在十字接头钢板外侧绑扎塑料管，随同钢筋笼一并下方至地下连续墙槽段中，待混凝土达到设计强度后进行钻孔并静压注浆，处理深度为地表至基岩面以下 1.0m；

（4）十字钢板。地下连续墙接缝常用锁口管、

工字钢、十字钢板（图7）等形式。其中锁口管构造简单，施工止水效果可满足一般工程的需要；工字钢较锁口管延长了地下水渗漏路径，止水效果良好，武汉市在类似工程中应用较多；十字钢板较工字钢进一步延长了地下水渗漏路径，止水效果优异，但施工工艺复杂，接头箱拔除要求高。针对本工程内外承压水头差最高达30m，以及工程施工时武汉市各类工程建设中尚无抓钻结合工艺的工程案例的情况，为提高地下连续墙接缝止水效果，采用十字钢板进行止水。

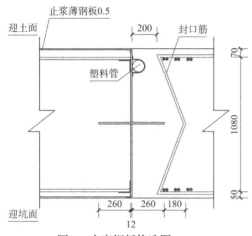

图7　十字钢板构造图

（5）检测要求。二期槽段浇筑混凝土前必须按照相关规范严格进行刷壁处理，确保清除十字钢板的泥浆；在基坑地下连续墙封闭完成后可进行预降水，必须检测每个接头止水效果（如声波透射法[4-5]等），若发现渗透可采用D800双管旋喷桩或注浆进行止水。

## 6.3　地下连续墙入岩深度研究

在2010年香港路站主体基坑设计之前，武汉市一级阶地地层中此类超深基坑工程案例较少，开挖深度超过30m的车站尚无工程案例，尤其是在此类深厚软弱地层中，对于周边各类建（构）筑物的保护标准、基坑变形控制要求将更高。而地下连续墙入岩深度直接影响到施工速度、成槽安全以及工程投资等多方面，因此在没有成功案例参考的条件下，有必要对地下连续墙的入岩深度进行深入分析。

1）计算假定

（1）地下连续墙墙体、接缝质量完好，可以满足内外高水头条件下的隔渗要求，基坑渗漏全部由下部土层或岩层产生。

（2）基坑外水头按照最高地下承压水位标高

17.5m考虑，即地面以下3m。

2）计算工况分析

（1）通过反算，基坑整体稳定性满足1.05安全系数，得知地下连续墙嵌固深度进入砂层10m即可；为对比分析地下连续墙嵌固深度不同，导致基坑绕渗路径不同，对比分析了地下连续墙墙底落在细砂层中10m、12m两种工况。

（2）为对比分析地下连续墙嵌入不同的岩层时基坑渗流情况，对比分析了地下连续墙墙底落在强风化砂砾岩（弱—中等透水，$k = 8.57 \times 10^{-4}$cm/s）5m、中风化砂砾岩（弱透水，$k = 2.0 \times 10^{-5}$cm/s）1m。

3）计算结果分析

（1）地下连续墙底部进入砂层10m的情况下，基坑总涌水量达78.8万$m^3$，降水井总数将达到410口，基坑内将满布降水井（平面间距为4.5m×4.5m），对现场施工及周边环境保护影响很大，无实际可操作性。

（2）地下连续墙进入强风化岩或中风化岩将大幅度减少基坑渗流量，减小幅度达99%，降水井的数量可大幅度减少，有利于现场施工及周边环境保护。其中，地下连续墙进入强风化岩、中风化岩时，基坑涌水量相差较小，通过基坑内必要的降水井可以满足降水要求。另外，地下连续墙墙底进入强风化岩或中风化岩对基坑降水差别极小。

基坑渗流路径云图见图8。

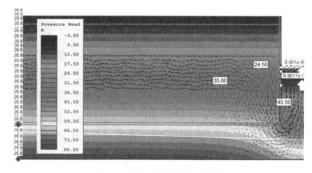

图8　基坑渗流路径云图

综合分析并结合基坑嵌固要求，当地下连续墙底部进入下卧隔水层时，需进入一定深度以达到隔渗的目的，根据内外水头差、帷幕的厚度计算后，确定地下连续墙进入强风化砂砾岩的深度为5.0m。

## 6.4　土方开挖方案专项研究

香港路站主体基坑施工受周边交通疏解、管

线改迁及施工场地等因素影响，基坑开工时间实际工期仅为15个月，为原设计工期25个月的60%。因此为加快现场施工进度，有必要进行基坑土方开挖专项方案的研究。

香港路站主体基坑开挖范围内、结构底板以上存在厚约20m的①₃层淤泥、③₂粉质黏土、③₃层淤泥质黏土及③₄层软塑状粉质黏土夹粉土等软弱地层，此类软土具有低强度、高压缩性、高孔隙比、高灵敏度、易扰动和易触变等特点，工程性质差，且该类地层承载力低（承载力特征值仅为50～80kPa），呈流塑—软塑状。该地层如不处理，挖土机、推土机等施工车辆在基坑内将难以行进、作业，类似地层的基坑施工现场常采取垫钢板、砂土回填等临时措施处理，土方开挖效率极低。

为加快现场土方开挖进度，在原设计方案中，采用了砂井加固＋常规开挖方案，即对开挖土体采用砂井强制排水，提前对软土地层预固结。基坑上部的20m软土地层采用常规分层开挖，下部10m的砂土采用纵向放坡开挖。受周边各种不利因素

影响，为进一步加快基坑施工进度，根据现场作业条件及施工现有设备，提出了搅拌桩加固＋放坡开挖比选方案。

各个方案从技术角度均可有效保障基坑安全，主要差别在于工期、费用，故在满足工期的条件下，选择施工进度更快的方案更为合适，故最终方案选择比选方案，即搅拌桩加固＋放坡开挖。具体如下：①双轴搅拌桩加固，进入③₃淤泥质黏土的底面不小于0.5m，加固从地表开始，以便基坑土方顺利开挖；②三轴搅拌桩加固，基坑东西两侧采用三轴搅拌桩（D850@650）加固形成水泥土搅拌墙，以便基坑进行纵向放坡的开挖。进入④₁粉细砂不小于1.0m，加固从地表开始，绝对标高9.8～20.5m为空桩，绝对标高-1.5～9.8m为实桩。

在实际施工过程中，主体基坑的土方开挖经过地层加固处理后，有效地加快了土方开挖进度，有效地确保了工程进度按计划进行。

搅拌桩加固处理平面、深度示意图见图9、图10。

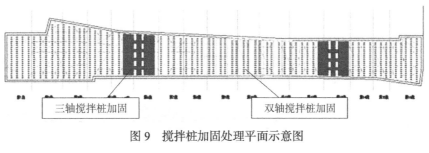

图9 搅拌桩加固处理平面示意图

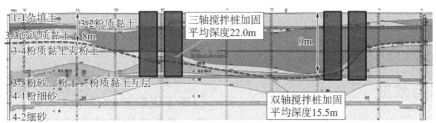

图10 搅拌桩加固处理深度示意图

## 6.5 基坑降水技术

根据国内相关文献研究[6-8]，基坑近侧的降水与开挖产生的周边地表沉降基本相当，远侧的地表沉降主要由降水引起。因此对于本基坑，开挖期间需密切监测周边地表沉降。考虑到地下连续墙进入基岩深度有限及地下连续墙接头可能存在渗漏，坑内的承压水可能通过地下连续墙底部裂隙及地下连续墙接头渗漏进入基坑内，影响车站主体结构施工，为安全起见，需要在基坑设置一定数

量的降水井，及时降低基坑内由于渗漏进入的承压水，始终使场地内承压水头标高低于基坑底面1.5m。实际运行时可根据基坑分部开挖情况将场地承压水头标高降至开挖面下1.5m，确保基坑逐步开挖到坑底。

基坑降水的目的是使基坑内承压含水层的水头得到有效降低，保障基坑施工安全，并且降水井尽可能布置在不影响基坑开挖施工的位置；而在满足施工安全的同时尽量减少降水，以减少因基坑外承压水水头降低而引起的地面沉降，确保周

边各类建（构）筑物的安全。因此，基坑降水井布置在基坑内。

根据武汉地区基坑降水引起基坑周边地面沉降的监测数据，在距基坑周边10倍于水位下降值范围处，其沉降量仅为最大沉降量的45%，而30倍于水位下降值范围处，其沉降量仅为最大沉降量的12%左右。

基坑降水地面沉降平面图见图11。

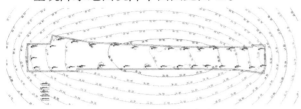

图11　基坑降水地面沉降平面图

本次模拟分析了基坑周边一定范围内的地下水流场，在此范围内可能引起的地面附加最大沉降量为24~30mm，不均匀沉降差小于1‰。另外，该沉降量为预估的周边可能产生的最大地面沉降量。因本工程地下连续墙进入下部强风化岩5m，

对基坑外承压水有较好的阻隔作用，当地下连续墙的隔渗效果好时，基坑外承压水水头实际降低值要小于预测值，而且本工程周边多个基坑（如华氏大厦基坑、浙商大厦基坑、香港路站一期基坑）施工均已进行过不同程度的降水，若在施工期间加快施工进度，缩短降水时间，优化降水井的运行，则在实际降水时引起的地面沉降值要小于计算值。

总体来讲，本基坑封闭降水引起的周边环境不均匀沉降差小，不会对周边环境造成较大的不良影响。

## 6.6　监测数据

根据周边各个建筑物监测数据可知，基坑地下连续墙最大水平位移为22.3mm，地面最大沉降为16.7mm，周边建筑物沉降为4.6~16.9mm，邻近基坑的房屋倾斜率为0.09‰~0.55‰，基坑自身以及周边的各类建（构）筑物沉降量和沉降速率均在警戒值范围内。

基坑地下连续墙侧向变形图见图12。

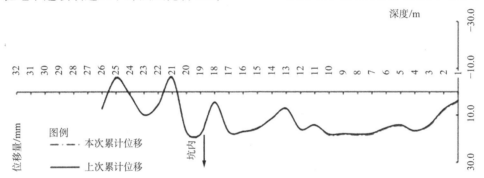

图12　基坑地下连续墙侧向变形图

# 7　工程成果与效益

香港路站主体基坑是当时武汉市第一个开挖深度超30m的明挖基坑，开挖深度约20m范围内均为软弱地层，地下承压水位高，地表建筑物及地下重要管线密集。在深入研究多项关键设计与施工技术后，取得了以下成果和效益：

（1）本工程突破了基坑常规开挖所遵循的"先深后浅"施工工序，通过加强支撑刚度、设置传力倒撑等各种措施，实现了"先浅后深"的施工工序。即在主体基坑开挖前，先在基坑北侧开挖一期主体结构和黄孝河排水箱涵（断面为2孔，每孔尺寸为4.8m×3m）。该工序可将黄孝河排水箱涵一次性改迁到位，避免二次改迁，投资费用节省

1038万元。

（2）在香港路站主体基坑设计之前，武汉市长江Ⅰ级阶地地层中此类超深基坑工程案例较少，类似基坑所采用的地下连续墙底部均嵌入不透水的中风化岩层中。本次采用的地下连续墙底部进入强风化砂砾岩5m，确保了落地式帷幕的止水效果。与以往类似工程方案（地下连续墙底部至少需进入中风化岩1m）相比，平均入岩深度减少了7m，投资费用节省1170万元。

（3）本工程采用普通液压抓斗+旋挖钻机的成槽方式，结合多道止水措施，确保了30m的深基坑在开挖过程中不渗漏。该工艺与以往类似工程所采用的双轮铣槽工艺相比，投资费用节省1300万元。

（4）通过设置路面盖板，确保了建设大道主

干道交通顺畅通行；通过采取"先深后浅"的施工工序，确保了一次性改迁黄孝河排水箱涵；通过设置采取各项技术工艺措施，确保了主体基坑工程按期完工，有效地保障了全线顺利通车，社会效益显著。

（5）香港路站主体基坑地下连续墙采用落底帷幕设计，接缝采用各种止水加强措施，确保了施工过程中基坑内地下水位满足施工要求。通过建立超深基坑的降水体系，大大减小了基坑外软土地层的固结沉降，减小了长时间、大范围降水对周边环境的不利影响，有效地保护了周边各类重要的建（构）筑物，环境效益显著。

（6）通过深入研究地下连续墙嵌固深度、支撑平面布置、地下连续墙成槽工艺、地下连续墙接缝止水措施、基坑土方开挖方式等各项关键技术，本项基坑工程得以顺利的按时竣工。而且本次基坑工程中的各项设计与施工技术已在后期类似工程中得到了应用，例如 7 号线一期工程的三阳路站主体基坑工程（开挖深度为 23.5m）、8 号线一期工程的竹叶山站主体基坑工程（开挖深度为25.1m）、8 号线一期工程赵家条站—黄浦路站区间竖井（开挖深度为 32.7m），现场实施效果良好。

# 8　工程经验或教训

本工程处于汉口中心城区的工程风险敏感区，地质条件复杂，地面重要建筑物与地下管线密集，对地表沉降控制要求高。通过多项关键技术的研究、论证和应用，如"先浅后深"非常规开挖工序、适用于普通成槽机械设备的成槽工艺、落地地下连续墙的嵌固岩层深度等，满足了管线改迁、地面交通以及经济性的要求，确保了周边各类建（构）筑物的安全，具有广泛的推广应用前景。

## 参考文献

[1] 刘国彬, 王卫东. 基坑工程手册(第二版)[M]. 北京: 中国建筑工业出版社, 2009.

[2] 武卫星, 朱敏, 等. 武汉市轨道交通香港路站主体基坑工程技术研究报告[R]. 武汉: 长江勘测规划设计研究有限责任公司, 2018.

[3] 刘国彬, 鲁汉新. 地下连续墙成槽施工对房屋沉降影响的研究[J]. 岩土工程学报, 2004, 26(2): 287-289.

[4] 中华人民共和国住房和城乡建设部. 建筑基坑支护技术规程: JGJ 120—2012[S]. 北京: 中国建筑工业出版社, 1999.

[5] 湖北省建设厅湖北省质量监督局. 基坑工程技术规程: DB42/T 159—2012[S]. 2004.

[6] 黄文亮. 武汉地铁范湖站深基坑降水技术应用[J]. 隧道建设, 2009, 29(1): 93-96.

[7] 施成华, 彭立敏. 基坑开挖及降水引起的地表沉降预测[J]. 土木工程学报, 2006, 39(5): 117-121.

[8] 吴林高, 等. 基坑工程降水案例[M]. 北京: 人民交通出版社, 2009.

# 北京长安中心土岩结合地层深基坑吊脚桩支护实例

何世鸣[1]　郁河坤[1]　王之军[2]

（1. 北京建材地质工程有限公司，北京　100102；2. 中材地质工程勘查研究院有限公司，北京　100102）

## 1　工程概况

该深基坑项目位于北京市石景山区银河大街西侧、鲁谷路北侧，西北侧为北京万商花园酒店。场地内有国家电网机房、燃气、电力等地下管线，场地有北京著名的八宝山断裂带通过，该断裂带为北京地区著名断裂带之一，基坑所处的地质条件和周边环境都非常复杂。

该项目位于石景山核心地区，上部结构为框架剪力墙结构，综合楼由办公楼、裙楼及地下车库组成，上部结构型式复杂，对地基沉降变形控制要求高。为充分利用地下空间，拟建项目地下室层数多，地下室达到五层，地下开挖深度较大。

## 2　工程地质及水文地质条件

拟建场地在地貌上属于永定河冲洪积扇的上部，场地地势南低北高。经过钻探、原位测试及室内土工试验成果综合分析，本次勘探深度范围内主要地层为：

杂填土①层：杂色，松散—稍密，含砖渣、灰渣等，以黏性土填充；

粉质黏土②层：褐黄—黄褐色，湿—很湿，含氧化铁，局部夹粘质粉土薄层，含少量碎石；

粉质黏土③层：褐黄—黄褐色，湿—很湿，含氧化铁等，由砂岩、泥岩风化形成，含少量碎石；

强风化泥质粉砂岩⑤₁层：灰色，组织结构已大部分破坏，矿物成分已显著变化，岩质较硬，呈碎石状、碎块状；

全风化泥质粉砂岩⑤₂层：灰黄色，结构已基本破坏，岩石已风化成密实土状；

煤岩⑥层：黑色，劣质煤，螺旋钻钻进进尺较快；

中等风化板岩⑦层：灰色、灰黑色，粉—细粒结构，板状构造，节理裂隙较发育；

强风化板岩⑦₁层：灰色，组织结构已大部分破坏，岩体被节理、裂隙分割成碎块状；

中等风化玄武岩⑧层：灰色，隐晶质结构，杏仁状构造，节理裂隙较发育，岩芯呈短柱桩；

强风化玄武岩⑧₁层：灰色，隐晶质结构，杏仁状构造，节理裂隙很发育，岩芯破碎。

本次勘察利用 SH-30 型钻机查明地下水，根据现场钻探结果，地下水位观测情况详见表 1。

地下水位观测情况　　　　表 1

| 地下水类型 | 初见水位深度/m | 初见水位标高/m | 稳定水位深度/m | 稳定水位标高/m |
|---|---|---|---|---|
| 基岩裂隙水 | 21.80～22.70 | 44.26～44.76 | 20.60～21.00 | 45.46～46.46 |

## 3　基坑支护设计方案

以 2-2 剖面为例，基坑开挖深度 22.3m，上部 2.5m 采用带构造柱挡土砖墙支护，2.5～15.3m 采用桩锚支护，15.3～22.3m 强风化板岩段采用预应力锚索格构支护，见图 1。本剖面由于强风化板岩导致护坡桩施工时钻进困难，形成了吊脚桩。在吊脚桩设计施工时，往往在桩体嵌岩面往下预留一定宽度的岩肩来支撑桩脚，但由于建筑空间的限制，无法预留岩肩放坡的空间，经研究决定采用预应力锚索格构来补偿嵌固深度的不足，详细设计见图 1。

上部 2.5m 挡土墙采用 370mm 厚的砖砌挡墙，在挡墙的顶部设置一道压顶梁（高 250mm，宽 370mm），在挡墙的中部设置一道腰梁（高 300m，宽 370mm），每隔 3.2m 设置一个构造柱（截面长 370mm，宽 250mm），构造柱、压顶梁、连梁均采用 C25 混凝土。2.5m 以下护坡桩设计桩径 800mm，桩间距 1.6m，桩长 11.9m，桩身主筋为 14 ⏀25，

加强筋为 ⊈16@2000，箍筋为 φ8@200，桩身混凝土为 C25，配筋见图 2。15.3～22.3m 采用格构梁＋锚索支护，钢筋混凝土格构梁截面为 300mm×

300mm，主筋 4⊈20，箍筋φ8@200，混凝土强度等级为 C30，格构梁＋锚杆支护见图 1 中的 A 向视图。

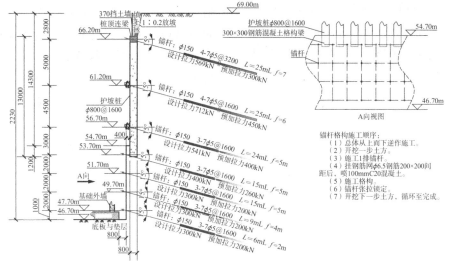

图 1　2-2 剖面支护结构示意图

预应力锚索格构是一种能主动支护的结构体系，由于这种支护形式与传统的重力型支挡结构相比优势比较明显，这种支护结构在边坡加固时被广泛使用，其主要加固机理主要有以下几个方面：

1）岩土体与预应力锚索的作用

通过灌注水泥浆将预应力锚索牢牢固定在滑裂面以外深部稳定岩体中，使其成为一个整体，并对锚头施加预应力，使不稳定岩土体牢牢地固定在稳定岩体中。此外，对锚索施加了预应力，所以滑移面表面的滑移体在滑移面的正应力增大，导致在接触面摩擦系数不变的情况下，滑移体与深部稳定岩体的摩擦力增大，增加了岩土体稳定性。

2）岩土体与格构梁作用

①预应力锚索与岩土体之间的相互作用必须依靠格构梁的连接形成整体，这种结构使得节点处应力得到分散，避免了因局部岩土体受力过大发生变形，起到调整应力分布的作用，使周围岩土体处于三向受压状态，保证岩土表面受力的均匀连续性。②由于格构梁并不是完全覆盖岩土体表面，而是相互之间有一定的距离，这让梁与梁之间的土体形成土拱效应，对表层岩土起到框箍作用，从而增加边坡的稳定性。

3）基坑稳定性验算

根据理正软件计算结果，2-2 剖面的设计符合基坑强度与稳定性要求。对于稳定性的要求依据规范，得出稳定安全系数。

（1）整体稳定性验算：

采用圆弧滑动条分法时，其稳定性应符合规范规定。

计算结果：对于 2-2 剖面最不利滑裂面圆心为 (−1.894,14.261)，整体稳定性安全系数 $K_s = 2.361$，满足规范要求。

（2）抗倾覆稳定性验算：

$$K_p = \frac{M_p}{M_a} \qquad (1)$$

式中：$K_p$——抗倾覆稳定性安全系数；

$M_p$——被动土压力及支点力对桩底的抗倾覆弯矩，对于内支撑支点力由内支撑抗压力决定；对于锚杆或锚索，支点力为锚杆或锚索的锚固力和抗拉力的较小值；

$M_a$——主动土压力对桩底的倾覆力矩。

计算结果：2-2 剖面最小安全系数 $K_p = 1.651$，满足规范要求。

## 4　监测结果

摘录基坑顶部水平位移、锚杆预应力监测及桩身深层水平位移监测结果。

1）基坑顶部水平位移

支护结构顶部水平位移的大小直接影响到基坑安全，也影响着基坑外建筑物、管线、道路及其他设施的安全，因此基坑支护结构顶部的水平位移监测应作为基坑施工过程中的重点监测项目。基坑北侧加固范围内基坑顶部水平位移监测点共布置 7 个。基坑支护结构顶部水平位移监测预警值为 30mm，变化速率预警值 2～3mm/d。基坑在出现较大位移后，基坑顶部开挖土体卸载、下部回填之后，重新布置支护结构顶部水平位移监测点，监测点水平位移变化见图 2。

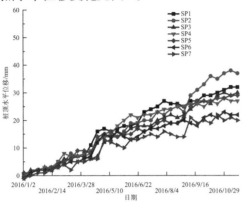

图 2　支护结构水平位移监测曲线

2）锚杆预应力监测

基坑北侧加固工程锚杆预应力监测共布置 6 组，每组 5 个监测点，共监测 30 根锚杆预应力，监测数量大，每组选取一个预应力变化较大的锚杆作为分析对象。锚杆预应力变化见图 3。

3）桩身深层水平位移监测

在锚杆张拉锁定时，部分锚杆张拉锁定完成后预应力立即损失 40%，远远未达到设计要求。锚杆预应力的变化受许多因素的影响，其中有的损失发生在锚杆张拉锁定后千斤顶卸载的瞬间，锚杆在锁定后随着混凝土的徐变和钢材的应力松弛，锚杆的预应力也会发生损失。锚杆在发生预应力损失后，随着基坑的不断开挖锚杆预应力不断增加，锚杆的拉力普遍偏小，锚杆拉力没有达到预警值，在开挖完成后锚杆预应力趋于稳定。

在基坑开挖过程中，按照规范要求，对基坑的深层水平位移进行了监测，监测仪器采用 PVC 测斜管，通过桩深层水平位移的监测，可以非常清晰、直观地了解桩身在外力作用下的变形情况，从而对基坑的安全状况做出最为准确的判断，桩身的水平位移监测在基坑监测中是非常重要的。现根据监测获得的数据对支护桩桩身的位移进行分析，护坡桩的分工况位移曲线见图 4。

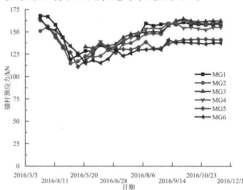

图 3　锚杆预应力变化曲线

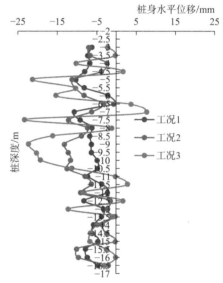

图 4　护坡桩深层水平位移曲线

# 北京理工大学中关村校区某改造项目基坑支护实例

何世鸣　郁河坤　陈　辉　郝　雨[1]

（北京建材地质工程有限公司，北京　100102）

## 1　工程概况

北京理工大学中关村校区某改造项目位于北京市海淀区中关村南大街 5 号北京理工大学校内，场地东侧为招待所，南侧为求是楼及运动场，西侧为远志楼及商店，北侧为 1 号、2 号住宅楼。本工程±0.000 = 52.700m，基坑深度 15.0～15.3m，基坑周边环境见图 1。具体分述如下：

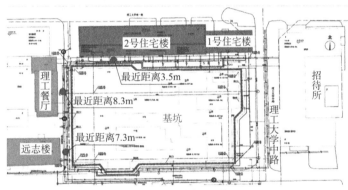

图 1　基坑周边环境

（2）基坑东侧为理工大学中路、招待所和集体宿舍。理工大学中路下埋设地下管线，距拟建结构外缘最近距离约 13.0m，采用直埋方式，埋深小于 2.00m；招待所和集体宿舍地上 6 层，距拟建结构外缘最近距离约 20.00m，C20 混凝土条形基础，基底标高 50.44m。

（3）基坑南侧分布较多地下管线（动力电、弱电、热力管线、给水管线、雨水管线）和相关井阀设施，南侧东段为求是楼，南侧西段为运动场。地下管线距拟建结构外缘最近距离约 4.00m，采用直埋方式，埋深小于 2.00m；求是楼地上 1～4 层，距拟建结构外缘最近距离约 21.50m，C20 混凝土独立基础，基底标高 50.00m；运动场为正在使用场地，场地标高约 52.40m。

（4）基坑西侧分布较多地下管线（动力电、弱电、雨水管线）和相关井阀设施，西侧北段为理工

（1）基坑北侧分布较多地下管线（热力管线、给水管线、污水管线）和相关井阀设施，北侧东段为 1 号住宅楼，北侧西段为 2 号住宅楼。地下管线距拟建结构外缘最近距离约 2.40m，采用直埋方式，埋深小于 2.00m；1 号住宅楼地上 6 层，距拟建结构外缘最近距离约 9.70m，C10 混凝土条形基础，基底标高 50.15～49.10m；2 号住宅楼地上 5 层，距拟建结构外缘最近距离约 6.10m，C15 混凝土条形基础，基底标高 48.80m。

餐厅和综合服务楼，西侧南段为远志楼。地下管线距拟建结构外缘最近距离约 2.80m，采用直埋方式，埋深小于 2.00m；理工餐厅和综合服务楼地上 1～2 层，距拟建结构外缘最近距离约 8.30m，C20 混凝土条形基础，基底标高 50.40～49.50m；远志楼地上 4 层，距拟建结构外缘最近距离约 7.30m，C20 混凝土条形基础，基底标高 50.60m。

## 2　工程及水文地质条件

### 2.1　地层土质概述

根据岩土工程勘察报告，上部为填土层，其下为新近沉积层、一般第四纪冲洪积层。场地地层自上而下为：

1）①人工填土层

①黏质粉土素填土：褐黄色，以黏质粉土、渣、植物根茎等为主。湿，松散，局部夹①₁杂填土。本层总厚度为1.20～7.20m，层底标高为45.28～51.15m。①₁杂填土，杂色，以建筑为主，含砖头、灰渣、碎石等，湿，松散。

2）②～⑦一般第四纪冲洪积层

（1）②黏质粉土、砂质粉土：褐黄色，含云母、氧化铁等，湿，稍密—中密，高—中高压缩性，本层夹②₁粉质黏土、重粉质黏土透镜体。本层分布不连续，揭露的一般厚度为0.60～5.70m，层底标高为45.14～46.76m。②₁粉质黏土、重粉质黏土，褐黄色，含云母、氧化铁等，湿—很湿，软塑—可塑，高—中高压缩性。

（2）③粉细砂：褐黄色，含云母等，湿，中密—密实，本层厚度为5.00～7.70m，层底标高为39.03～40.26m。

（3）④卵石：杂色，亚圆形，粒径一般为6～9cm，最大粒径不小于11cm，中粗砂充填约30%，湿—饱和，稍密—中密，厚度6.20～7.30m，层底标高32.82～33.43m。

（4）⑤粉质黏土、重粉质黏土：褐黄色，含云母、氧化铁等，湿—很湿，可塑，中高—中压缩性，本层厚度为1.50～2.40m，层底标高为30.75～31.83m。

（5）⑥粉细砂：褐黄色，含云母等，湿，密实，本层厚度为1.90～3.60m，层底标高为27.72～29.23m。

（6）⑦卵石：杂色，亚圆形，粒径一般为6～10cm，最大粒径不小于12cm，中粗砂充填约30%，湿—饱和，中密—密实。该层未揭穿，最大揭露厚度为11.90m。

## 2.2　水文地质条件

（1）本次勘察期间在钻探深度范围揭露两层地下水，第一层地下水类型为潜水，含水层为④卵石层，其稳定水位埋深为19.10～19.40m，标高为33.14～33.25m。第二层地下水类型为潜水，含水层为⑦卵石层，其稳定水位埋深为29.50m，标高为23.04m。

（2）本场地1959年历史最高潜水水位曾接近自然地表，近3～5年最高潜水水位标高约为38.00m，水位年变化幅度约1.00～2.00m。

（3）根据地下水腐蚀性分析结果判定：环境类型为Ⅱ类条件下，本场地第一层、第二层地下水对混凝土结构均具有微腐蚀性；在干湿交替条件下本场地第一层、第二层地下水对钢筋混凝土结构中的钢筋均具有微腐蚀性。

# 3　基坑支护设计简述

依据基坑深度坑边荷载及场地限制条件等因素分为7个剖面。

## 3.1　剖面设计概况

剖面设计概况见表1。

剖面设计概况　　　　　　　　表1

| 序号 | 剖面 | 支护型式 |
|---|---|---|
| 1 | 1-1、2-2、3-3、7-7 | 上部挡土墙+桩锚支护体系 |
| 2 | 4-4、5-5、6-6 | 上部放坡护面+桩锚支护体系 |

## 3.2　各支护段剖面图

选取3个典型剖面进行介绍。

1）1-1剖面

1-1剖面对应平面见图2，1-1剖面见图3。

2）2-2剖面

2-2剖面对应平面见图4，2-2剖面见图5。

3）6-6剖面

6-6剖面对应平面见图6，2-2剖面见图7。

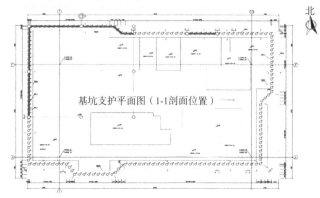

图2　1-1剖面对应平面图

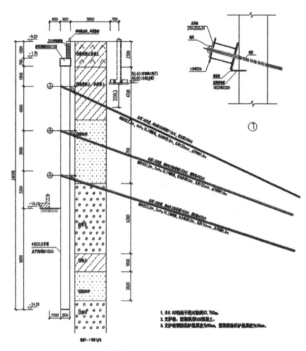

图 3　1-1 剖面图

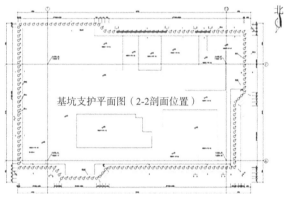

基坑支护平面图（2-2剖面位置）

北

图 4　2-2 剖面对应平面图

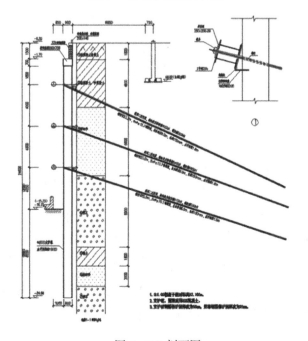

图 5　2-2 剖面图

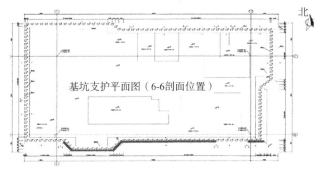

图6 6-6剖面对应平面图

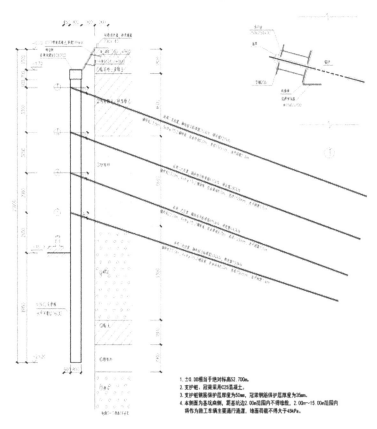

图7 6-6剖面图

# 4 工程重点及难点

本建设工程地处北京市海淀区中关村南大街，位于繁华地段，基坑深度达15m。工程沿线及周边交通管理严格、建（构）筑物复杂，周边建筑物距离基坑较近，基坑周边土体变形控制要求严格，其中确保基坑安全稳定及周边构筑物的安全稳定是本工程的突出特点。

## 4.1 现场场地复杂

本工程场区内存在较多地下管线，地下房基础等处理难度大，破碎时对周边影响明显。

主要对策：

（1）对于地下管线，在进场时立即着手组织盲探工作，摸清场区内地下管线的种类、深度以及走向，与各管线的产权单位沟通协调，施工中做好保护、迁移及恢复工作。

（2）对地下障碍的处理，采取破碎炮结合无声破碎方式进行，尽量安排在不影响周边居民的时间段集中处理，统一运输，对于影响护坡桩施工的部位先行处置，尤其废弃的化粪池，挖出后，回填好土并碾压密实，为桩施工创造好的作业面。

## 4.2 对周围建筑物、构筑物及地下管线的保护至关重要

主要对策：

进场后，对邻近的建（构）筑物进行深入、详细的调查和勘察，进一步核实邻近建（构）筑物与基坑的关系（包括平面关系、标高关系等）、基础型式，对设计进一步完善。根据我方调查，周边居民楼没有抗震能力，因此需采取有效措施尽量降低对周边建筑的振动破坏。可采用下列措施进行施工：

（1）采用旋挖钻机泥浆护壁成孔的护坡桩施工工艺，缩短打桩工期，降低护坡桩施工过程中对周边环境的影响。

（2）为了避免砂卵石层锚杆施工时塌孔，锚杆施工时采用套管跟进施工工艺，并及时注浆，尽可能减少引起邻近建筑物基础和周围土体失稳的因素。

（3）对邻近的建（构）筑物，配合有资质的权威监测单位（独立第三方）进行结构的变形和沉降监测；采取在桩体内埋设测斜仪，安设锚杆轴力计的方法，采取先进的数字水准仪及基坑监测分析系统，对监测数据进行快速、准确的处理分析，并迅速地绘制出曲线，及时为支护结构、邻近建（构）筑物的安全提供动态信息和预测，从而将信息化施工作为本工程支护结构安全的有力保障。

## 4.3　消防环保、安全文明施工等标准要求高

本工程所在位置，对文明施工和环境保护要求高，再加上本基坑属深大基坑，土方量大，因此，需要采取特别的环保措施，以达到北京市绿色施工文明安全工地要求。

主要对策：

（1）在组织上加强安全文明施工管理，设立安全、消防、机械、临电、材料管理、场容场貌、环境保护、环卫卫生管理部门，制定专项安全防护方案，采取切实可行的措施，保证施工安全，确保施工现场周围生活工作环境不受影响。

（2）同时，为了确保施工的正常进行，还必须解决好扰民和民扰问题，开工前期成立以项目经理为首的"民扰协调小组"，在开工前积极协调与周围居民的关系，向周围居民详细介绍工程施工中可能产生的扰民事件和对周围居民带来的影响，并采取相应的处理措施。施工期间，经常与居民沟通，听取居民对施工建设的意见。取得他们的理解，使周围居民与我方关系融洽，确保工程施工顺利进行，实现良好的社会效益。

（3）进行施工场区内临时道路的规划，行走运输车的路线尽量硬化，并配备雾霾炮降尘；出口

处设置洗车池，运输车辆做到封闭、无泥后方可驶出，并设置一定数量的人员负责维护场区内外的清洁卫生。

（4）对于现场使用的水泥采用立水泥罐，并在搅拌区搭设半封闭的工作棚，防止对周围环境造成污染。

（5）现场修建封闭的垃圾站，建筑垃圾和生活垃圾分离并集中存放，定期清理外运，保持现场的环境卫生。

（6）施工过程中合理进行施工部署，优选最佳方案，合理布设及使用施工机械，对施工噪声、施工垃圾做好控制管理工作。施工中对噪声的污染要严格进行控制，以保证周边环境不因施工噪声而受到破坏。严格控制人为噪声，进入施工现场不得高声喊叫、无故摔打模板、乱吹哨，杜绝高声喇叭的使用，最大限度地减少噪声干扰。施工现场噪声按照有关的规定进行控制，不得影响施工现场单位的正常工作。空气压缩机处设置阻抗复合消声器或选用低噪声空压机，在传播途径上控制噪声。

## 4.4　对基坑南侧的道路使用事宜

由于基坑周边场地狭窄，同时出土坡道设置在基坑南侧，因此需要在基坑南侧设置必要的材料堆放场地和材料出入的主要道路，后期也作为总包单位的混凝土浇筑的使用场地，以及泵车、罐车主要使用道路。

针对措施：

（1）首先与设计单位沟通确认，作为大型的车辆行走的道路，例如泵车、罐车、运输钢筋的挂车等一系列动荷载，设计考虑该处护坡是否需要加强其他措施。

（2）在南侧道路上铺设 20～30mm 厚钢板，分散车辆的荷载。

（3）使用围挡封闭南侧的道路，避免非施工人员和车辆进入。

（4）南侧未硬化部分如有必要进行混凝土硬化。

# 5　基坑工程施工方法及技术措施

## 5.1　护坡桩施工工艺

支护桩施工因长螺旋钻机"打不动"或混凝土

供应不能满足工艺需要，故采用旋挖钻机成孔灌注桩。采用旋挖钻进泥浆不循环静态护壁的成孔工艺，还能减少泥浆污染。

## 5.2 护坡桩施工技术参数

护坡桩桩径 800mm，桩间距 1.60m，桩顶标高 −1.7m（地面以下 1.5m），桩长为 21.5～23.1m，嵌固深度 8.05～9.05m；采用均匀配筋，钢筋笼配筋为均布 18φ25 或 15φ25，加劲筋为 φ16@2000，箍筋为 φ8@200；主筋保护层厚度 50mm；混凝土强度等级为 C25。护坡桩钢筋笼顶部主筋伸入连梁。

## 5.3 护坡桩施工技术参数

（1）施工允许偏差：垂直度偏差不大于 0.5/100，桩位偏差不大于 50mm，并注意不向坑内偏差和倾斜。

（2）各支护段支护桩钢筋保护层厚度均为 50mm，允许误差不超过 20mm。

（3）成孔至设计深度后应对孔深进行检查，孔深允许偏差 0～300mm，桩径允许偏差 0～30mm。

（4）钢筋笼：①钢筋笼制作前，应将钢筋校直，清除钢筋表面的污垢锈蚀等，钢筋下料时应准确控制下料长度。②加劲箍筋与主筋应采用电弧焊点焊连接；螺旋箍筋与主筋的连接可采用钢丝绑扎或直接点焊固定。③钢筋笼安装标高允许偏差 ±100mm。

（5）桩身应采用商品混凝土；桩身混凝土应连续浇灌，不得有断桩、混凝土离析、夹泥现象发生，浇灌时严禁勾带钢筋笼；混凝土粗骨料最大直径不大于 40mm；桩顶泛浆高度不应小于 500mm，且应保证凿除浮浆后的桩顶混凝土强度等级满足设计要求。

（6）施工期间要进行成孔质量检验；施工完毕后应采用低应变动测法检测桩身完整性，检测数量不宜少于总桩数的 20%，且不得少于 5 根；每台班不得少于 1 组试块；每组试件应留 3 件。

## 5.4 桩钻孔注意事项

支护桩施工时，采用跳打方式进行施工，避免窜孔等不利情况的出现，如遇障碍物，查清原因后方可继续钻进。

尤其在北侧西段，该处护坡桩距离 2 号住宅楼较近（最小距离 3.5m），该处采用"隔三打一"方式施工，见图 8。

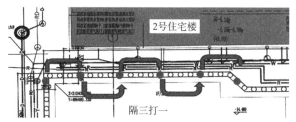

图 8 邻近 2 号楼护坡桩"隔三打一"路线图

## 5.5 预应力锚杆施工

本基坑北侧、西侧均有现有建筑，且离基坑较近，经设计单位计算，各支护段预应力锚杆与相邻建筑物基础结构不存在碰撞。在该处锚杆施工时成孔采用跳打施工，隔三打一，及时注浆，注浆完成 24h 后才能施工相邻锚杆。

由于基坑四周地下管线较多，在锚杆施工遇到障碍物时，须立即停止施工并查找原因，制定相应的处理措施，避免产生不良后果。邻近建筑基础与锚杆关系见图 9。

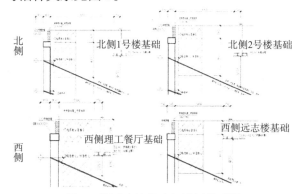

图 9 邻近建筑基础与锚杆关系图

工艺选择：

锚杆施工范围内为黏土、粉细砂、粉质黏土，卵石等，拟采用普通锚杆钻机干作业施工第一道锚杆，采用压浆法机械成孔工艺，保证施工过程中不起泥皮。锚杆注浆采用微压注浆结合二次压力注浆工艺。

由于卵石等坚硬地层，第二道锚杆往下，采用跟套管钻机施工。

在土方施工的同时，留设锚杆施工工作面（锚位以下 500mm）。现场需根据锚杆施工实际钻进情况，进行动态调整，保证锚杆施工速度及质量。涉及不同地质层时，应提前进行锚杆试钻孔，针对成孔情况，及时调整钻机选型。

其中，套管湿作业施工工艺流程如下：

钻机就位→校正孔位调整角度→打开水源→钻孔→反复提内钻杆冲洗→接内套管钻杆及外套管→继续钻进至设计孔深→清孔→停水，拔内钻杆→插放钢绞线束及注浆管→压注水泥浆→用拔管机拔外套管并二次补浆→二次压力注浆→养护→安装钢腰梁及锚头→预应力张拉锁定。

锚杆张拉锁定时，当每一根张拉至锚杆轴力标准值的 1.4 倍时，均出现了钢梁弯曲现象，为此采取了在钢梁后背喷射混凝土的简易方法，使得每一根均可张拉至锚杆轴力标准值的 1.4 倍而不再发生弯曲。

# 6  工程监测

基坑工程施工前，建设方应委托具备相应资质的第三方对基坑工程实施现场监测，施工单位在施工过程中也应进行必要的施工监测，现场监测应采用仪器监测与巡视检查相结合的方法，按《建筑基坑工程监测技术标准》GB 50497—2019 进行基坑的监测。监测内容包括：①坡顶水平、竖向位移监测；②桩顶水平、竖向位移监测；③支护桩深层水平位移监测；④锚杆内力监测；⑤周边建（构）筑物及地表沉降监测；⑥安全巡视。

第三方对基坑工程实施现场监测，时间与位移量曲线见图 10，时间与沉降量曲线见图 11，时间与锚杆拉力值曲线见图 12。

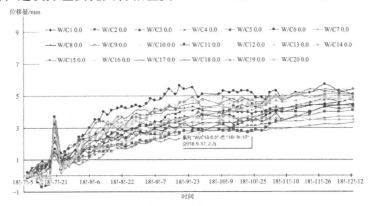

图 10  时间与位移量曲线（P-1～P-16）

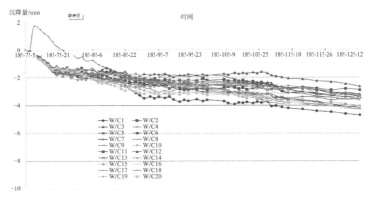

图 11  时间与沉降量曲线（P-1～P-16）

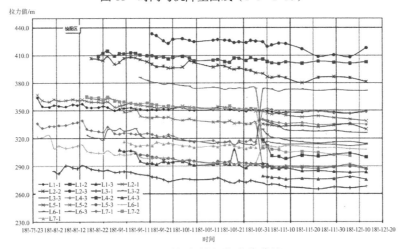

图 12  时间与锚杆拉力值曲线

## 7 监测结果

经过 63 期监测,截至 2018 年底,基坑位移量最大为 5.5mm(w/c13 点)。

经过 63 期监测,截至 2018 年底,基坑顶沉降量最大为 4.6mm(w/c6 点)。

经过 63 期监测,截至 2018 年底,周边建筑物沉降量最大为 4.3mm(c40 点)。

经过 63 期监测,截至 2018 年底,深层水平位移量最大为 3.46mm。

经过 63 期监测,截至 2018 年底,锚杆拉力值平稳。

经过 63 期监测,截至 2018 年底,周边管线最大值为 4.04mm(C39 点)。

## 8 结论

(1)力争将基坑位移及周边建(构)筑物变形控制在 1cm 范围内目标实现了,由监测结果看变形均在毫米级。基坑周边环境是安全的。

(2)在这种无水厚砂卵砾石乃至大块石地层施工,工艺选择至关重要,护坡桩采用大功率旋挖钻机是成功的,基坑支护锚杆及抗浮锚杆采用跟管钻进工艺是必要的。

(3)支护桩施工或锚杆施工采用"隔三打一"方法是有效的,有效地减小了桩、锚施工对周边环境的影响,确保了周边环境安全。

(4)基坑支护锚杆张拉采取了在钢梁后背喷射混凝土方法,保证了每一根都张拉到锚杆轴力标准值的 1.4 倍,该方法是有效的、经济可行的。

## 9 依托该工程获得授权的专利

(1)无水厚砂卵砾石地层长螺旋钻孔灌注成桩施工工艺(2021/05617 南非发明专利);

(2)使锚杆钢腰梁张拉时不发生弯曲的简易方法(ZL201910038526.1);

(3)部分粘结预应力抗拔锚杆施工工艺(ZL201910444998.7);

(4)部分粘结预应力抗拔锚杆钢绞线笼(ZL201920770717.2)。

# 牛腿式换撑在软土地区基坑支护中的应用岩土工程实录

鄢　洲[1]　马　欢[2]　边开放[2]　张爱明[2]

（1. 荣安地产股份有限公司，浙江宁波　315000；2. 浙江鸿晨建筑工程设计研究有限公司，浙江宁波　315000）

## 1　引言

软土具有强度低、压缩性高、含水率高等典型特征[1]，在土方开挖过程中，会产生较大的位移且持续时间较长，这对基坑支护结构的安全以及周边环境的稳定十分不利。

目前，针对软土地区基坑支护的设计和施工，许多学者及工程技术人员进行了深入的理论研究和工程实践[2-5]，对于不同开挖深度的基坑，通常采用设置多道支撑的支护形式，部分深基坑工程还会设置临时钢支撑进行换撑。一般开挖深 6m 左右的基坑往往设置一道内支撑，目前常见的换撑方式是拆除支撑后在基础底板与围护桩间浇筑混凝土板带，但由于拆撑后围护结构相当于从简支结构变为悬臂结构，且会形成较大的悬臂高度[6-7]，可能导致围护结构发生较大的变形甚至安全隐患。为此，本文依托宁波市镇海实验小学改（扩）建项目，在相同围护桩桩型、基坑周边环境相近情况下分别采用牛腿式换撑与浇筑混凝土板带不同换撑方式，通过现场拆撑后监测数据对比分析两种不同换撑方式对基坑变形的影响。

## 2　概况

### 2.1　工程概况

镇海区实验小学改（扩）建项目工程地点位于宁波市镇海区，东侧为已建镇海实验小学，南侧为澄衷路，西侧紧邻一幢 5 层保留居民楼，北侧东段为后包路，西段为空地。本基坑大小约为 159m × 80m，开挖面积约 10323m²，开挖深度 6.5m。工程平面图见图 1。

图 1　工程平面图

### 2.2　工程地质

拟建场地围护设计范围内主要涉及①杂填土（$Q_4^{ml}$）、②粉质黏土（$Q_4^{al-1}$）、③₁淤泥质黏土（$Q_4^m$）、③₂细砂（$Q_4^m$）和③₃淤泥质粉质黏土（$Q_4^m$）。工程地质剖面见图 2，土层物理力学指标见表 1。

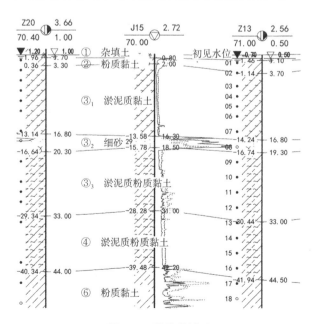

图 2　工程地质剖面

土层物理力学指标 表1

| 土层名称 | 重度γ/（kN/m³） | 黏聚力c/kPa | 内摩擦角φ/° | 含水率ω/% |
|---|---|---|---|---|
| ①杂填土 | 18.00* | 10.0* | 15* | — |
| ②黏质粉土 | 18.60 | 26.5 | 14.3 | 32.3 |
| ③₁淤泥质黏土 | 17.00 | 10.9 | 9.5 | 47.0 |
| ③₂细砂 | 20.00* | 3* | 25* | — |
| ③₃淤泥质粉质黏土 | 17.80 | 14.2 | 12.5 | 37.2 |

注：c、φ值均为勘察报告提供的直剪固快峰值标准值；带*的数值为经验取值。

## 2.3 水文地质

本工程基坑开挖深度为6.5m，③₂层细砂承压水属微承压，据本次测得的水位一般在地表以下3.0~4.0m，其相应高程在约−1.0~−0.5m，根据地层情况复核，需进行承压水抗突涌验算。根据计算结果，满足抗突涌安全系数，无须布置降水井。

## 3 基坑支护方案

本工程采用排桩加设一道钢筋混凝土内支撑的支护形式，排桩采用SMW工法桩（西侧局部采用钻孔灌注桩），支撑布置采用对撑＋角撑的形式，支撑平面布置图见图3。

图3 支撑平面布置图

为对比验证牛腿式换撑与浇筑混凝土板带两种换撑方式对围护结构拆撑后基坑变形的影响，本次方案选择围护桩型相同（SMW工法桩）、基坑周边环境和超载（都有道路）比较相近的基坑南侧和北侧进行对比分析，在拆除第一道混凝土支撑前在围护结构南侧底板上设置换撑牛腿，北侧采用混凝土板带。牛腿换撑面高于底板面800mm以减小悬臂长度。底板换撑示意图见图4。

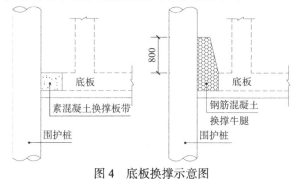

图4 底板换撑示意图

## 4 监测结果分析

### 4.1 监测方案

根据本次研究内容，主要针对围护结构顶水平、竖向位移监测数据进行对比分析。监测点的布置满足规范[8-9]要求，在环梁上每隔20m左右设点对水平及竖向位移进行监测，监测点布置详见图5和图6。

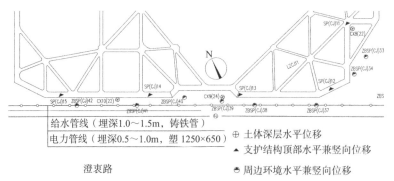

图5 基坑南侧监测点布置

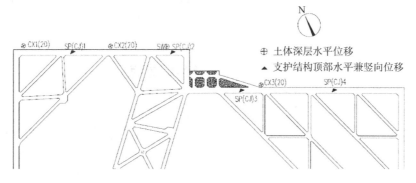

图6 基坑北侧监测点布置

## 4.2 水平位移对比分析

由图7可见,在基坑开挖期间,第一道支撑拆除前南侧围护结构水平位移呈缓慢线性增长,在坑底垫层施工完毕后趋于稳定且在拆撑前最大水平位移值集中在18mm左右;在拆撑后位移陡增,除SP13号最大位移值达到35mm外,其他监测点最大水平位移值集中在25mm,增长约39%,处在基坑预警值30mm之下。分析原因:SP13号监测点位置有临时变电所没有空间设置牛腿式换撑,采用的是混凝土换撑板带,因此变形较其他位置处大。

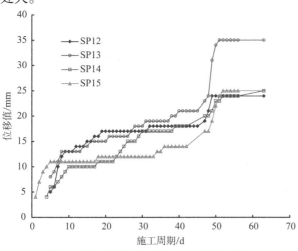

图7 南侧桩顶水平位移(牛腿式换撑)

由图8可见,拆撑前各施工阶段下围护结构水平位移变化趋势与南侧围护结构一致,第一道支撑拆除前围护结构最大位移值集中在18mm,在拆撑后均陡增至约30mm,增长约67%。

## 4.3 竖向位移对比分析

由图9、图10可见,采用两种不同换撑方式的围护结构沉降趋势在拆撑前后均相似,说明拆撑对围护结构沉降影响不大,其中南侧围护结构最小沉降发生在CJ13监测点为6mm,最大沉降发生在CJ12监测点为11mm,与水平位移数据相对应,符合实际趋势。北侧围护结构最小沉降发生在CJ13监测点为5mm,最大沉降发生在CJ2监测点为8mm。

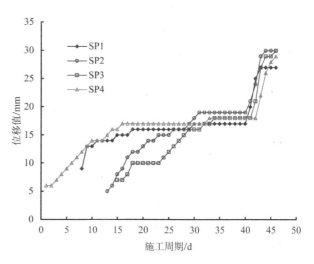

图8 北侧桩顶水平位移(混凝土板带)

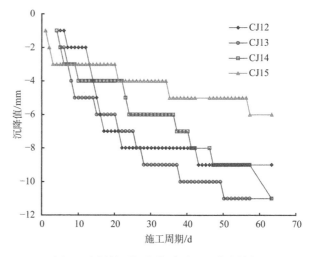

图9 南侧桩顶竖向位移(牛腿式换撑)

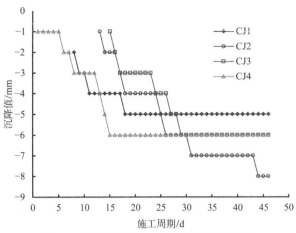

图 10  北侧桩顶竖向位移（混凝土板带）

## 5  结论

本文以镇海区实验小学改（扩）建项目基坑支护为依托，结合现场监测数据，对采用牛腿式换撑和混凝土板带的两种换撑方式下围护结构水平、竖向位移监测数据进行对比分析，结论如下：

（1）随着基坑不断开挖，围护结构水平位移呈线性增长趋势，在底板垫层施工完毕后变形逐渐收敛并趋于稳定，并在拆除第一道支撑后因围护结构从简支结构变为悬臂结构，悬臂端内力增大导致变形陡增。

（2）在拆撑后设置牛腿换撑与混凝土板带的围护结构顶水平位移分别增长了约 39%和 67%，采用牛腿式换撑，能够有效减少在拆撑后的围护结构变形，进而保证基坑施工的安全。

（3）采用两种不同换撑方式的围护结构沉降趋势在拆撑前后均相似，说明拆撑对围护结构沉降影响不大。

## 参考文献

[1] 徐洋, 吕坚, 姚宁, 等. 宁波软土物理力学指标相关性研究[J]. 路基工程, 2021(3): 40-43.

[2] 王海成, 刘秀珍, 张龙. 复杂环境下软土基坑支护设计实践与分析[J]. 岩土工程技术, 2022, 36(2): 160-164.

[3] 张玉成, 杨光华, 胡海英, 等. 珠三角深厚软土地区浅基坑支护若干问题探讨[J]. 岩土工程学报, 2014, 36(S1): 1-11.

[4] 周建, 蔡露, 罗凌晖, 等. 各向异性软土基坑抗隆起稳定极限平衡分析[J]. 岩土力学, 2019, 40(12): 4848-4856, 4872.

[5] 夏艡. 软土地区基坑支护失稳原因分析及其处治对策[J]. 土工基础, 2017, 31(1): 49-53.

[6] 范晓真, 刘东海, 徐立明, 等. 基于变形控制的悬臂式支护结构嵌固深度计算方法[J]. 应用基础与工程科学学报, 2022, 30(2): 434-445.

[7] 林祖锴, 黄俊光, 罗永健. 扶壁在基坑换撑中的应用[J]. 广东水利水电, 2015(6): 58-60.

[8] 中华人民共和国住房和城乡建设部. 建筑基坑工程监测技术标准: GB 50497—2019[S]. 北京: 中国计划出版社, 2019.

[9] 中华人民共和国住房和城乡建设部. 建筑基坑支护技术规程: JGJ 120—2012[J]. 北京: 中国建筑工业出版社, 2012.

# 远洋武汉市江岸区艳阳天地块项目基坑工程设计实录

谷喜权[1]　权　威[2]　朱浦栋[3]

（1. 武汉路通市政工程质量检测中心有限公司，湖北武汉　430010；
2. 中南勘察基础工程有限公司，湖北武汉　430080；
3. 中南勘察基础工程有限公司，湖北武汉　430080）

## 1　工程概况

远洋武汉市江岸区艳阳天地块项目，位于武汉市江岸区中山大道、京汉大道与解放公园路交汇处，距离长江大堤直线距离约 600m。

项目规划总用地面积为 24188m²，总建筑面积为 201198m²，主要由 1 栋 47 层写字楼、1 栋 44 层住宅楼、1 栋 20 层公寓楼、3 层附属商业楼及 2 层地下室组成。

项目基坑北面一侧紧邻武汉铁路局疾病预防控制所及 2~15 层住宅区，一侧紧邻解放公园路（道路边线距离红线约 11m）；南面为 7~18 层住宅区；西面紧邻京汉大道，距离武汉市轨道交通一号线约 18m；东面紧邻中山大道（道路边线距离红线 5~25m）。场地内及紧邻道路周边有较多管线分布，周边环境较为复杂。基坑周边环境航拍图见图 1。

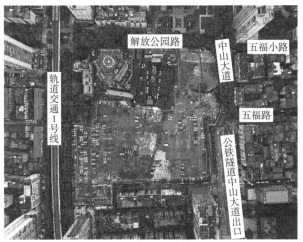

图 1　基坑周边环境航拍图

本项目建筑±0.000 = 25.500m，场地整平标高 +25.000m，基础顶面标高 +15.500m，地下室板厚度为 0.6m，主楼承台厚度为 1.0~1.4m，主楼筏板厚度为 2.0/3.2m，普挖基坑深度 10.2~12.8m，局部塔楼电梯井处基坑深度达 18.0m。基坑面积 21880m²，基坑周长约 790m，基坑形状为不规则多边形，基坑工程重要性等级为一级。

## 2　场地岩土工程条件

### 2.1　区域地质及场地地形地貌

场地覆盖层除表层人工填土外，其余均为长江 I 级阶地冲积层，上部为第四系全新统冲积粉质黏性土层，下部为砂土层（含细砂、砾砂），呈典型的二元结构，下伏基岩为白垩—下第三系（K—E）砾岩。

场地所在地貌单元属长江左岸 I 级阶地，原为居民区，地形基本平坦，地面标高介于 24.92m~26.28m 之间变化。

### 2.2　场地地层情况

场地各地层层序自上而下依次为：①₁、①₂层人工填积层（杂填土和素填土），松散状态，具有成分复杂、密实度不均匀、层厚变化较大、工程性能差且变异性大的特性，未经处理不宜作为建筑物的基础持力层；②层粉质黏土，饱和、可塑状态，中等偏高压缩性土层，其工程性能一般，土质不均匀；②₁层粉质黏土，饱和、软塑状态，局部分布，主要以"透镜体"形式分布于②层中，属不均匀的高压缩性土层，强度较差；③层粉质黏土与粉砂互层，粉质黏土呈饱和、软塑状态，粉砂呈饱和、松散—稍密状态，属不甚均匀的中等偏高压缩性土层，其工程性能较差；④₁层粉细砂，稍密状态，较为均匀的中等压缩性土层,工程性能一般;④₂层粉细砂,中密状态,较为均匀的中等偏低压缩性土层,工程性能较好;④₃层粉细砂,密实状态,较为均匀的低压缩性土层,工程性能好,强度较高;④₄层砾砂,密实状态,不甚均匀的低压缩性土层,工程性能好,强度较高;⑤₁层强风化砾岩,属软岩,岩体破碎,岩体基本质量等级为Ⅴ级,具有低压缩性,其工程性能较好;⑤₂层中风化砾岩,属较软岩,岩体较完整,岩体基本质量等级为Ⅳ级,可视为不可压缩层,其工程性能好。

场地地层结构及接触关系见图2,各土层物理力学及基坑设计参数见表1。

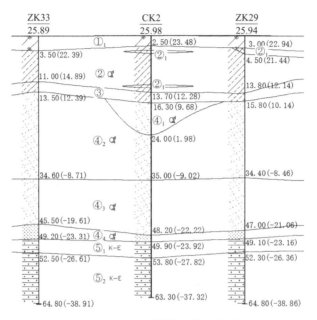

图2 场地地层结构及接触关系

**各土层物理力学及基坑设计参数**                                                                                              表1

| 层号与层名 | 层厚/m | 状态 | 重度$\gamma$/ (kN/m³) | 黏聚力 $c$/kPa | 内摩擦角 $\varphi$/° | 渗透系数$K$/ (m/d) | 地基承载力特征值/kPa | 压缩模量 $E_{s1-2}$/MPa | 侧摩阻力特征值/kPa |
|---|---|---|---|---|---|---|---|---|---|
| ①₁杂填土 | 1.0~9.6 | 松散 | 19.5 | 8 | 16 | 3.0 | — | — | — |
| ①₂素填土 | 0.4~3.0 | 松散 | 19.0 | 10 | 7 | 2.0 | — | — | 9 |
| ②粉质黏土 | 1.0~12.1 | 可塑 | 18.9 | 20 | 10 | 0.04 | 130 | 6.0 | 24 |
| ②₁粉质黏土 | 0.8~2.1 | 软塑 | 18.5 | 16 | 7 | 0.02 | 90 | 4.0 | 19 |
| ③层粉质黏土与粉砂互层 | 1.2~6.5 | 软塑松散—稍密 | 18.7 | 18 | 10 | 2.0 | 110 | 5.0 | 20 |
| ④₁粉细砂 | 2.3~12.0 | 松散—稍密 | 20.0 | 0 | 27 | 16.5 | 140 | 13.0 | 16 |
| ④₂粉细砂 | 9.2~21.7 | 稍密 | 20.5 | 0 | 31 | 16.5 | 190 | 17.0 | 24 |

## 2.3 地下水

场地内的地下水有上部滞水、承压水及基岩裂隙水三种类型。

上部滞水主要赋存于人工填积($Q^{ml}$)层中,水位随季节变化较大,无统一水位,水量不大。

承压水主要为赋存于粉质黏土与粉砂互层、粉细砂、砾砂中,水量较大,具有承压性,以可塑或软塑粉质黏土(地层代号:②、②₁)层为隔水顶板,以基岩层(地层代号:⑤₁)为隔水底板,与区域承压含水层相连通,由层间侧向径流补给,与长江具有一定的水力联系。

基岩裂隙水赋存于砾岩(地层代号:⑤₁、⑤₂)节理裂隙中,埋深较大。

## 3 基坑工程设计的重难点分析

### 3.1 超大面积深基坑,风险影响因素多

本基坑工程面积约为 2.2万 m²,开挖深度达

10.2~12.8m,主楼局部开挖深度达18.0m,属超大面积深基坑工程。深基坑工程实施过程中受到时空效应、大气降水、长江汛期以及施工动载等许多不确定因素的影响,因此在高地下水的长江Ⅰ级阶地中开挖如此深大的基坑工程存在着一定的风险。

### 3.2 邻近轨道交通一号线的保护

基坑西面邻近武汉市轨道交通一号线三阳路站与黄浦路站区间,直线距离18m。基坑东侧距离长江公铁隧道出入口20~24m。其中轨道交通一号线距离基坑较近,且变形控制要求较为严格。基坑支护设计中须重点关注对轨道交通一号线线路的保护工作,将变形控制在允许范围之内。

### 3.3 基坑止水与降水

工程设置两层地下室,基础底面标高为14.00~12.30m,坑底位于粉质黏土与粉砂互层(地层代号③)中,局部已挖穿该层土,进入粉细砂层(地层代号④₁)中。粉细砂层含水量丰富,渗透性较强,且为承压水赋存层,与长江水呈互补关系,承压水位受长江主汛期影响较大。基坑施工时,必然产生"管涌""冒砂"现象,必须进行基坑降排水。因此围护结构侧壁止水和降水的处理是本基坑工程设计的关键。

### 3.4 场地施工空间狭小

场地东北角红线外有部分空间,被用作项目部办公区,其余部位围墙在红线附近,地下室基础边线距离红线2.0~3.5m,除去基坑支护结构空间外,已无可以利用的施工道路、材料堆场、作业平台等施工作业空间。因此,基坑工程方案设计,要有利于实现现场施工组织安排,有利于实现施工便利性,提高施工效率,尽量缩短土方开挖及地下结构施工工期。

### 3.5 实现业主工期目标

业主的工期目标是西北角售楼部优先建成投入使用,写字楼、公寓楼、住宅楼要实现无障碍施工,地上结构尽快施工完成,以便进行销售,但对商业裙楼工期要求不高。因此,基坑支护方案设计必须充分考虑业主的施工工期目标,在安全可靠的前提下,如何加快工程施工进度,缩短塔楼施工工期,让业主尽快实现经济效益,是本基坑工程设计施工中需要考虑的又一重要问题。

### 3.6 周边建筑物保护

基坑南侧有多栋7层砖混结构房屋、1栋18层和1栋21层钢筋混凝土结构房屋,其中3栋7层砖混结构建筑与基坑距离为8~10m。基坑北侧距离基坑4.0m处,有多栋1层砖混结构房屋;距离基坑5.0m处,有1栋4层砖混结构房屋。这些砖结构和砖混结构房屋,建造年代久远,整体性差,原有基础薄弱,抗变形能力差,需予以重点保护。

### 3.7 周边道路管线保护

基坑北侧紧邻解放公园路,基坑西侧紧邻京汉大道,基坑东侧临中山大道,道路下方有给水管道、排水管道、燃气管道、电力电缆、电信电缆等重要市政管线。基坑工程设计中,要调查清楚管线走向及埋深情况,布设监测点。

## 4 基坑工程设计方案

### 4.1 支护体系的选择

基坑周边环境情况复杂,有轻轨一号线、周边建筑物、道路管线等要保护对象,因此,采用钢筋混凝土支护桩+一道钢筋混凝土支撑+三轴搅拌桩止水帷幕+深井降水的支护体系。

钢筋混凝土支撑能充分发挥混凝土受压性能,具有刚度大、节点连接牢固、整体性好、变形小、稳定可靠的特点,能够确保轻轨一号线、周边建筑物和道路管线的安全;且灵活的平面布置形式,能够适应各种基坑形状,形成开阔的土方开挖面;可以借用支撑杆件布设材料堆场、施工通道、机械作业平台等,便于土方开挖,同时也便于地下室和基础施工。

西侧邻轻轨一号线基坑断面图见图3。

### 4.2 支撑体系的布设

1)合理划分区域,变不规则为规则

基坑区域划分、支撑杆件、施工栈桥布置图见图4。

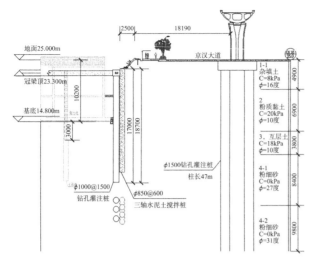

图3 西侧邻轻轨一号线基坑断面图

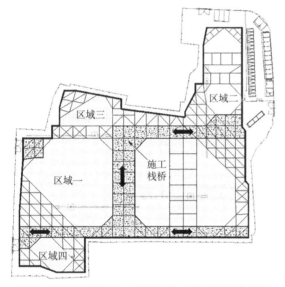

图4 基坑区域划分、支撑杆件、施工栈桥布置图

由于基坑形状很不规则，直接进行支撑布设，有一定难度。根据本基坑形状特点，先将基坑划分为4个相对规则的区域，分别布设支撑，然后再将4个区域进行拼装，协调各区域相邻杆件的关系，做到传力明确、受力合理。

采用对撑和角撑的形式，传力明确，有利于控制基坑位移，便于分区域施工和拆除支撑。

2）合理利用支撑杆件，提高施工便利性

由于施工场地狭小，无多余的空间设置临时施工作业平台及施工通道，土方开挖与地下结构施工受到很大的限制，严重影响施工工期。基于此，基坑设计中，充分利用钢筋混凝土支撑杆件，设置施工栈桥、施工平台、材料堆场、洗车槽等，盘活整个施工场地，保证了施工流水线的顺畅。

3）合理布设支撑杆件，满足业主工期目标

基坑西北角售楼部要提前开挖，先于其他部

位建成并投入使用。为达到此目标，将对撑避开售楼部地上结构，西北角设置角撑，待售楼部地下室−2层顶板换撑后，将角撑拆除，对撑保留，实现售楼部向上无障碍施工。

售楼部区域施工过程展示图见图5。

图5 售楼部区域施工过程展示图

基坑东南侧为住宅楼，是业主首先要达到预售节点的塔楼，因此实现住宅楼上部结构无障碍施工，至关重要。由于住宅楼采用纯剪力墙结构，竖向构件之间间隙较小，基坑对顶支撑主杆件截面尺寸较大，无法直接实现避让穿越。

在保证承载力的前提下，为实现减小支撑主杆件截面尺寸，采用在主杆件原有截面中加入热轧H型钢，待住宅楼施工−1层结构时，将原有截面两侧进行部分凿除，保证剪力墙的正常施工，实现住宅楼的无障碍施工。住宅楼区域施工过程展示图见图6。

基坑西侧与东北角，支撑杆件全部避开办公楼、公寓楼竖向构件，实现无障碍施工。

### 4.3 基坑止水与降水设计

1）侧壁止水与加固

经实践检验，位于长江Ⅰ级阶地的二层地下室基坑，大多数情况下不需要"落底式"竖向帷幕，因为深井降水是制止基坑管涌、突涌的有效措施，且合理有效的深井降水引起的含水层固结沉降量很小，不会造成显著的地面沉降。地面大量且不均匀的沉降往往是因为浅部杂填土失水和杂填土之下的粉质黏土与粉质黏土粉砂互层土从坑壁涌出（管涌、流砂），即侧壁水土流失而引起的。因此本基坑采用悬挂式止水帷幕，帷幕进入到坑底一定深度即可。帷幕质量必须选择合理可靠的工法才能保障，宜选择三轴搅拌桩帷幕，而不宜采用两桩之间用高压旋喷桩。

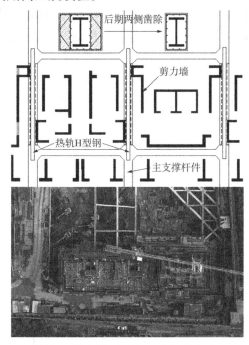

图6 住宅楼区域施工过程展示图

2）基坑降水设计

武汉长江Ⅰ级阶地的承压水，深井降水是有效措施，且要综合考虑长江枯水期历史最低水位与丰水期历史最高水位的影响。根据长江两岸其他基坑项目的承压水水位实测数据，该区域承压水水位在长江枯水期时，承压水水位在地面下12m左右，长江丰水期时，承压水水位在地面下7m左右。本基坑普挖深度为10.2～12.8m，因此，在长江枯水期时，基坑普挖面基本无须大量降水，根据观测井水位，决定是否开启降水井，主楼电梯井坑中坑，也宜在此期间开挖。本基坑设计时，采用深浅井降水结合的方案，浅井主要用于疏干基坑范围内土体的上层滞水，改善坑内土体状态，利于坑内边坡的稳定；深井主要用于降低④层承压水水位，防止基坑突涌。浅井沿坑内较均匀分布，且不穿透③层粉质黏土与粉砂互层土；深井布置位置主要集中于塔楼附近，井深35m，滤管深入④₁～④₃层粉细砂中。

根据武汉经验，采用深井、非完整井降水，既容易降低承压水水位，又合理控制地下水的抽排量，控制降水工程造价。

## 5 基坑影响数值分析

根据《城市轨道交通结构安全保护技术规范》CJJ/T 202—2013的规定，轨道交通一号线区间距离基坑净距离为18m，在$1H$～$2H$之间（$H$为基坑开挖深度），在基坑工程的一般影响区（C区）。根据该规范附录B表B.0.2，城市轨道交通结构安全控制指标值为：本基坑在施工期间，引起的轨道交通结构沉降量及水平位移量≤20mm，轨道横向高差小于4mm。

模型简化为平面问题，采用岩土有限元软件Plaxis2D中HSS小应变本构，建立数值分析模型求解。变形分析结果见图7～图9。

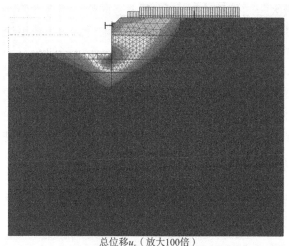

总位移$u_x$（放大100倍）
最大值 = $2.876×10^{-3}$m（单元253在节点94）
最小值 = $-0.02449$m（单元911在节点4568）

图7 基坑开挖至坑底时水平向变形图

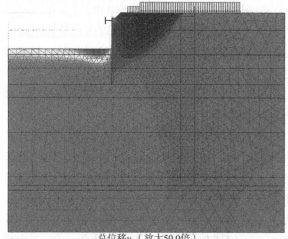

总位移$u_y$（放大50.0倍）
最大值 = 0.04993m（单元902在节点4860）
最小值 = $-0.01995$m（单元127在节点3638）

图8 基坑开挖至坑底时竖直向变形图

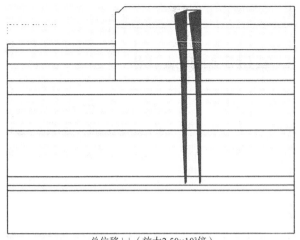

总位移 |u|（放大2.50×10³倍）
最大值 = 1.372×10⁻³m（单元1在节点24406）

图9　基坑开挖引起轨道交通一号线桩基础位移图

根据分析结果，基坑开挖到底时，支护结构最大水平位移约24mm，出现在坑底附近；坑外地面最大竖向位移约20mm，最大竖向位移出现在距离基坑 1H（H为基坑开挖深度）附近。由于轨道交通一号线桩基础的隔离作用，地面沉降曲线范围明显向基坑侧集中，经过桩基础后，地面沉降值锐减。基坑开挖引起轨道交通一号线桩基础顶部的最大总位移为 1.4mm，最大水平位移为 1.3mm，而竖向位移只有 0.4mm，这与桩基础为端承摩擦桩有很大关系。

经过数值模拟分析，基坑开挖过程中，引起轨道交通一号线区间结构沉降量及水平位移量均满足规范控制要求。

## 6　基坑监测情况

根据第三方监测单位制定的监测方案，基坑共布置 241 个监测点位，包括周边建筑物沉降及倾斜、周边道路沉降、周边地下管线位移、京汉大道高架轻轨桥墩水平及沉降、支护桩深层水平位移、冠梁水平位移、支撑内力、立柱竖向位移、地下水位等监测内容。

通过分析监测数据，邻近周边建筑物累计最大沉降量为 11.3mm，周边道路累计最大沉降量为 15.8mm，地下管线累计最大位移 13.4mm，京汉大道高架轻轨桥墩累计最大沉降量 1.2mm，累计最大水平位移 2.3mm；支护桩累计最大水平位移 27.9mm，冠梁累计最大水平位移为 10.5mm，支撑内力、立柱沉降、地下水位均在可控范围内。在基坑开挖、降水阶段及地下室施工期间，本基坑工程对周边环境的保护均在要求范围内，整个基坑处于安全稳定的状态。

邻京汉大道轻轨一侧支护桩深层水平位移见图 10。测点 CX02 支护桩深层水平位移随时间发展来看，理论计算结果与实测数据反映的基坑变形趋势基本相同，基坑刚挖至坑底时，支护桩最大水平位移与理论计算结果基本相近，但随着基坑暴露时间的增加，支护桩水平位移有明显的增长。在挖至坑底时，三个不同位置测点 CX01、CX02、CX03 中，位于基坑中部测点 CX02 的支护桩深层水平位移最大，这说明基坑变形有明显的时空效应，是基坑设计最容易忽略的问题，也是以后设计中应特别重视的问题。

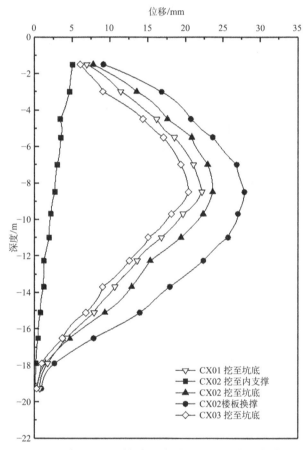

图 10　邻京汉大道轻轨一侧支护桩深层水平位移

## 7　结语

经过本基坑的设计实践，总结经验如下：

（1）结合武汉长江 I 级阶地基坑设计的成功经验，运用整体设计的理念，通盘考虑地层特点、挡土结构、支撑结构、止水结构、土方开挖运输方案和地下结构的施工顺序等因素，选择合理的支护系统。

（2）运用规模较大基坑分区分块的设计理念，采用"角撑+对顶撑"的钢筋混凝土支撑布置方案，充分满足业主对不同单体的进度要求，并达到减小时空效应，控制基坑变形的目的。

（3）本基坑周边用地紧张，是制约项目工期的重要因素。结合内支撑布置，设计多功能栈桥，是基坑设计的重要内容。

（4）对武汉市长江 I 级阶地的两层地下室基坑，不可简单的一律采用落底式止水帷幕。应结合长江两岸历史承压水位观测数据，采用悬挂式止水帷幕+深井降水的方案，塔楼及电梯井"错峰"盆式开挖，可取得良好的治水效果和经济效益。

## 参考文献

[1] 中冶集团武汉勘察研究院有限公司. 远洋武汉市江岸区艳阳天地块项目场地岩土工程勘察报告书[R]. 2020.

[2] 湖北省住房与城乡建设厅. 基坑工程技术规程: DB 42/159—2012[S]. 2012.

[3] 范士凯, 杨育文. 长江一级阶地基坑地下水控制方法和实践[J]. 岩土工程学报, 2010, 32: 63-68.

# 深圳某总部大厦基坑支护及止水帷幕工程实录

张冬辉　赵晓东

（航天规划设计集团有限公司，北京　100162）

## 1　工程概况

本工程位于深圳市南山区留仙大道与石鼓路交汇处的西南角。地块为规则长方形，总用地面积5964.26m²，建筑高度 < 200m，建筑面积100376m²。本项目支护范围为基坑长约91m，宽约62m，±0.000 = 18.100m，基坑顶绝对标高17.0～20.0m，地下四层，基坑底绝对标高-0.7m，基坑开挖深度17.7～20.7m。

本项目场地西侧为空地，东侧为优必选项目用地，场地南侧为深信服项目用地，深信服项目拟建基坑底标高比本项目高4.8m，优必选项目基坑底标高比本项目高3.7m。项目北侧基坑边线外为留仙大道市政道路，留仙大道辅路及人行道有较多的地下管线，留仙大道市政道路下为营运中的地铁 5 号线隧洞，基坑边距离地铁隧道约42.3m。

## 2　工程地质、水文地质概况

区域原始地貌单元属台地及其间冲沟，地形起伏较平缓。现状地面孔口高程一般在 17.23～20.59m 之间。

### 2.1　工程地质情况

根据钻探揭露，场地内地层自上而下依次为：人工填土层（Q^ml）、第四系全新统冲洪积层（Q_4^{al+pl}）、第四系残积土层（Q^el），下伏基岩为奥陶纪早世加里东期花岗岩（ηγO1）各风化带，现将各岩土层的岩性特征自上而下分述如下：

1）人工填土层（Q^ml）

杂填土（地层编号①_4）：灰褐、杂色，松散，堆填年限不超过 5 年，均匀性差，成分主要为碎砖等建筑垃圾，局部夹少量生活垃圾，含少量碎块

石。层厚 0.5～2.0m。

素填土（地层编号①_1）：褐黄色、灰褐色、杂色等，松散—稍密，堆填年限大于 10 年，基本完成自重固结，成分不均匀，以黏性土为主，混杂少量砂砾和碎石，粒径 1～3cm，碎石含量 5%～15%，场地均有分布。层厚 1.0～9.0m。

2）第四系全新统冲洪积层（Q_4^{al+pl}）

根据其颗粒组成及状态特征大致可划分为：有机质粉质黏土及中砂等两个亚层：

有机质粉质黏土（地层编号⑤_1）：灰黑色，软塑，局部可塑状，土质较均匀，黏性好，含少量有机质，局部含有较多中砂，干强度高，韧性高，摇振反应无。层厚 1.50～3.30m。

中砂（地层编号⑤_3）：灰黑色、灰色，松散，饱和，矿物成分以石英、长石为主，分选性差，级配良好，黏粒含量 20%～25%。层厚 1.0～2.8m。

3）第四系残积层（Q^el）

砂质黏性土（地层编号⑧_2）：灰黄、褐黄色；可塑—硬塑状；略显原岩残余结构，不均匀含 5%～20%石英砂砾，黏性较差，韧性中等。属中—低压缩性土层。层厚 1.30～13.20m。

4）奥陶纪早世加里东期花岗岩各风化带（ηγO1）

场地下伏基岩为奥陶纪早世加里东期花岗岩各风化带（ηγO1），灰白色、深灰色、青灰色等，岩芯较完整—完整，主要矿物成分为长石、石英、云母等，含少量暗色矿物，中细粒结构，块状构造，勘探深度范围内按其风化程度的差异，可分为全风化、强风化、微风化三个风化带。

全风化花岗岩（地层编号⑮_1）：黄褐、灰褐色；原岩结构基本破坏，矿物除石英外多已风化为次生黏土，芯样坚硬土状，泡水易软化。属极软岩，岩体基本质量等级为 V 级。

强风化花岗岩（地层编号⑮_2）：黄褐、灰褐色；原岩结构清晰可辨，风化裂隙极发育，芯样半岩半土状，局部呈碎块状，泡水易崩解；属极软岩，岩

体基本质量等级为Ⅴ级。

微风化花岗岩（地层编号⑮₄）：青灰、灰白色；节理裂隙较少发育，岩体较完整，岩质致密坚硬，锤击声清脆，芯样柱状，节长一般8～27cm不等，采芯率平均85%～90%。一般情况下，岩石质量指标$RQD = 78\% \sim 87\%$，属较好。岩样剔除异常值后

的饱和状态下单轴抗压强度为$f_r = 36.4 \sim 102.9MPa$，标准值为$f_{rk} = 59.6MPa$，属较硬—坚硬岩，岩体基本质量等级为Ⅱ～Ⅲ级。

钻探中未揭露到新构造运动所形成的破碎带，岩体厚度大，整体性较好。工程地质剖面图见图1。岩土工程力学参数见表1。

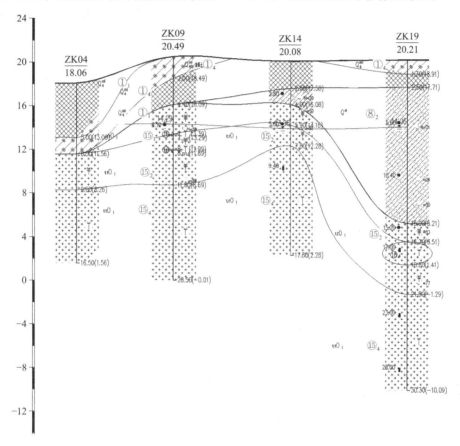

图1　工程地质剖面图

**岩土工程力学参数**　　表1

| 岩土名称 | 岩土状态 | 天然重度/（kN/m³） | 岩土层与锚固体极限粘结强度标准值$f_{rbk}$/kPa | c/kPa | φ/° |
|---|---|---|---|---|---|
| 素填土 | 松散 | 18.5 | 30 | 10 | 15 |
| 杂填土 | 松散 | 19.0 | 30 | 8 | 18 |
| 含有机质粉质黏土 | 软塑 | 16.0 | 30 | 12 | 10 |
| 砾砂 | 松散 | 19.5 | 80 | 0 | 26 |
| 砂质黏性土 | 可塑—硬塑 | 19.0 | 75 | 26 | 20 |
| 全风化混合花岗岩 | 坚硬土状 | 19.5 | 120 | 30 | 25 |
| 强风化混合花岗岩 | 土状 | 21.0 | 200 | 40 | 28 |
| 中风化混合花岗岩 | — | — | 700 | — | — |

## 2.2　水文地质条件

1）地下水的赋存状态及类型特征

场地内地下水按赋存条件及含水介质可分为松散层孔隙潜水和基岩裂隙水：

（1）松散层孔隙潜水：赋存于第四系松散土层中，中砂（层⑤₃）属强透水层，而素填土（层①₁）、有机质粉质黏土（层⑤₁）和砂质黏性土（层

⑧₂）均属弱透水层，杂填土（层①₄）为弱—中透水性层。

（2）基岩裂隙水：赋存于基岩裂隙中，主要受裂隙密集度、张开度和连通性影响。

2）地下水补、径、排条件

场区地下水主要由降水补给，并以蒸发和地下径流等方式排泄。

地下水位受微地貌形态、位置控制明显，且与季节降水、地表水下渗、侧向径流补给和人类活动等因素相关。勘察期间测得钻孔初见水位埋深为3.8～6.2m，高程为12.49～14.86m。混合静止稳定水位埋深为4.0～6.2m，高程为12.29～15.06m。根据区域水文地质资料，其年变幅在1～2m之间。

各岩土层的地下水特征及水文参数详见表2。

各岩土层的地下水特征及水文参数　　　　　　表2

| 层号 | 岩土名称 | 地层贮水性 | 层透水性 | 渗透系数k/（m/d） | 备注 |
|---|---|---|---|---|---|
| ①₁ | 素填土 | 贫乏 | 透水 | 0.5 | |
| ①₄ | 杂填土 | 贫乏 | 弱—中等透水 | 2 | |
| ⑤₁ | 有机质粉质黏土 | 贫乏 | 弱透水 | 0.05 | |
| ⑤₃ | 中砂 | 丰富 | 强透水 | 20 | |
| ⑧₂ | 砂质黏性土 | 贫乏 | 弱透水 | 1.0 | |
| ⑮₁ | 全风化花岗岩 | 贫乏 | 弱透水 | 1.5 | |
| ⑮₂ | 强风化花岗岩 | 具区段性 | 弱—中等透水 | 2 | |
| ⑮₄ | 微风化花岗岩 | 贫乏 | 弱透水 | 0.5 | |

## 3　基坑支护、止水帷幕设计方案

### 3.1　设计选型

基坑邻近多条市政管线，基坑北侧为市政道路以及运营中的地铁线路，风险较大。对既有线路、道路、地铁线路的保护是基坑支护选型的重点考虑因素。

基坑上部为填土、黏性土、中砂，下部为坚硬的全风化—微风化花岗岩，上部局部填土较厚，下部岩石硬度较大，成桩成孔困难，选择合适的施工工艺，保证支护和止水帷幕体系的工程质量，也是必须考虑的因素。

基坑地下水位较高，周边没有施工降水空间，降水可能导致周边管线、道路、地铁线路受到影响，因此只能采用帷幕止水。但是基坑下部为全风化—微风化花岗岩地层，岩层坚硬，对止水帷幕的设计选型和施工带来很大的困难，一旦出现涌水流砂，必然对周边造成较大的影响，因此须选择合适的方案，确保帷幕的止水效果。

本工程选择灌注桩、锚杆、支柱桩、钢筋混凝土内支撑构成基坑支护体系，咬合素桩、双管旋喷桩与灌注桩联合构成止水帷幕。

### 3.2　基坑支护设计方案

根据基坑结构及现场条件，分为6个区段（图2～图5）：A1段位于基坑北坡东段，上部采用"灌注桩＋锚索"支护（冠梁＋灌注桩＋双管旋喷桩＋预应力锚杆＋岩层锚杆＋锚喷面层等），下部中—微风化岩采用"光面爆破＋喷锚"支护；A2段位于基坑北侧西段，采用"灌注桩＋内支撑"支护（冠梁＋咬合荤桩＋咬合素桩＋立柱桩等＋内支撑梁）；A3段位于基坑西侧，采用"灌注桩＋内支撑"支护（冠梁＋内支撑梁＋灌注桩＋双管旋喷桩＋锚喷面层等）；A4、A5、A6段为基坑南侧、东侧与其他地块交界处，采用微型桩支护。各剖面主要设计参数见表3、表4。

桩设计参数　　　　　　表3

| 剖面 | 施工项目 | 截面尺寸/孔径 | 长度 | 横向间距 | 配筋（主筋） | 混凝土强度/注浆材料 |
|---|---|---|---|---|---|---|
| A1-A1 | 灌注桩 | 1400mm | 以入中—微风化岩2m为准 | 1600mm | 20⊉28 | C30 |
| | 双管旋喷桩 | 600mm | 进入坑底不小于3.0m或施工至强风化底面 | 1600mm | — | — |

| 剖面 | 施工项目 | 截面尺寸/孔径 | 长度 | 横向间距 | 配筋（主筋） | 混凝土强度/注浆材料 |
|---|---|---|---|---|---|---|
| A2-A2 | 咬合荤桩 | 1400mm | 设计嵌固深度 4.0m，或入中—微风化岩 2m，且最小嵌固深度不小于 3.0m | 1600mm | 22⊉28 | C30 |
| | 咬合素桩 | 800mm | 入中—微风化岩 2m | 1600mm | — | C30 |
| | 立柱桩 | 1200mm | 进入坑底不小于 8.0m，或入基坑底(承台底)中—微风化 2m | — | — | C30 |
| A3-A3 | 灌注桩 | 1400mm | 设计嵌固深度 6.0m，或入中—微风化岩 2m，且最小嵌固深度不小于 3.0m | 1600mm | 24⊉28 | C30 |
| | 双管旋喷桩 | 600mm | 坑底不小于 3.0m 或施工至强风化底面 | 1600mm | — | C30 |
| | 立柱桩 | 1200mm | 进入坑底不小于 8.0m，或入基坑底(承台底)中—微风化 2m | — | — | C30 |

**冠梁及内支撑梁设计参数**　　　　　　　　　　表 4

| 项目 | 截面尺寸 | 配筋（主筋） | 混凝土强度 | 梁顶标高 | 备注 |
|---|---|---|---|---|---|
| 冠梁 | 1400mm × 1000mm | 16⊉25 + 8⊉22 | C30 | 19.00 | |
| 第一道支撑腰梁 | 1000mm × 1000mm | 16⊉28 + 8⊉25 | C30 | 17.00 | |
| 第一道支撑梁 | 1000mm × 1000mm | 12⊉25 + 8⊉25 | C30 | 17.00 | |
| 第一道连系梁 | 1000mm × 800mm | 12⊉22 + 8⊉22 | C30 | 16.90 | |
| 第二道支撑腰梁 | 1200mm × 1200mm | 24⊉28 + 10⊉25 | C30 | 11.50 | |
| 第二道支撑梁 | 1200mm × 1000mm | 16⊉28 + 12⊉28 | C30 | 11.50 | |
| 第二道连系梁 | 1200mm × 800mm | 16⊉25 + 8⊉25 | C30 | 11.40 | |
| 第三道支撑腰梁 | 1400mm × 1200mm | 24⊉28 + 14⊉25 | C30 | 6.00 | |
| 第三道支撑梁 | 1200mm × 1200mm | 18⊉28 + 14⊉28 | C30 | 6.00 | |
| 第三道连系梁 | 1200mm × 1000mm | 16⊉25 + 10⊉25 | C30 | 5.90 | |

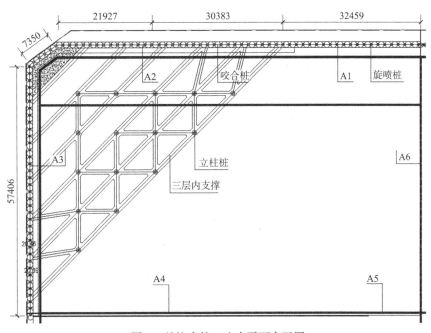

图 2　基坑支护、止水平面布置图

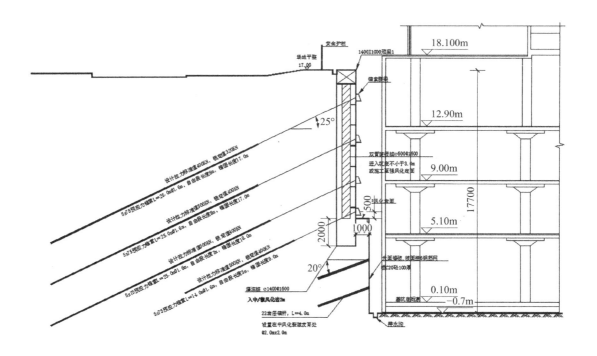

图 3  A1 段基坑支护、止水剖面图

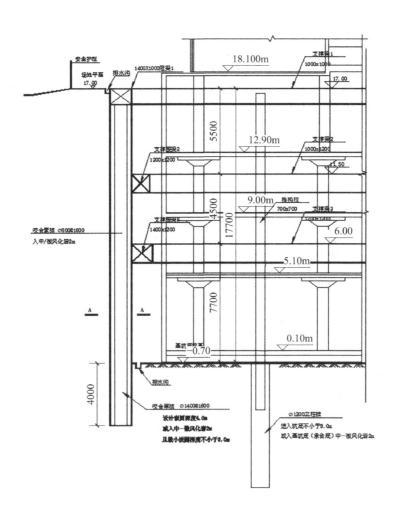

图 4  A2 段基坑支护、止水剖面图

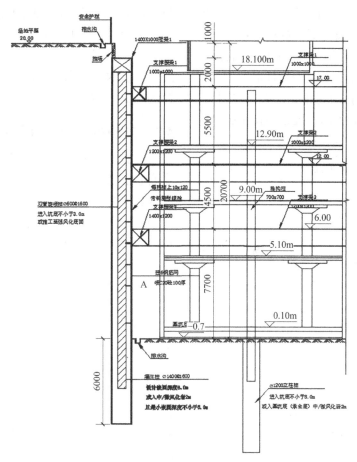

图 5　A3 段基坑支护、止水剖面图

## 3.3　止水帷幕设计方案

根据周边环境及场地条件，基坑北侧西段（A2段）采用咬合桩作为止水帷幕，基坑北侧东段（A1-段）及基坑西侧（A3 段）采用支护桩 + 桩间旋喷桩形成止水帷幕（图6）。

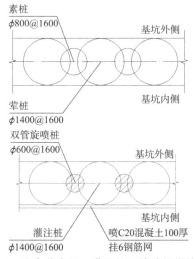

图 6　咬合荤素桩、灌注桩和旋喷桩搭接图

其中，旋喷桩高压注浆孔成孔直径不小于130mm,孔位误差不大于100mm,倾斜不超过1%。

高压空气压力不小于 0.6MPa，输浆压力不小于25MPa。提升速度不大于 10～15cm/min，旋转速度不超过 20r/min，每米水泥用量不小于 350kg。水泥浆采用 P•O42.5 级普通硅酸盐纯水泥浆灌注，水泥浆水灰比 1.0，可加入 0.05%的三乙醇胺。砂层中 28d 强度应大于 1.0MPa，其渗透系数应小于 $10^{-6}$cm/s。

咬合桩素桩桩位允许偏差不大于 50mm，垂直度允许偏差度小于 0.5%，孔底沉渣厚度不大于200mm。咬合桩素桩宜采用超缓凝混凝土，设计混凝土强度等级为 C20，要求 60h 不大于 3MPa，28d强度满足设计要求。其混凝土初凝时间不得早于60h 的要求，施工要求坍落度为 18～22cm，黏聚性、保水性好，混凝土浇筑前后不得有明显的离析、泌水现象。

## 4　方案实施

### 4.1　石方静爆

平面开挖方向呈中心盆式开挖，由锚索和角

撑区域往中心区域进行，逐层往下开挖，直到设计基坑底标高。石方采用静爆方式。静爆作业流程：勘察现场，确定石方边界及尺寸→布眼→钻孔→装膨胀剂→二次破碎→废渣外运→清理退场。

孔距与排距布置：孔距与排距的大小与岩石硬度有直接关系，硬度越大时，孔距与排距越小，反之则大，孔距与排距布置表见表5。

**孔距与排距布置表** 表5

| 岩石硬度F | 4 | 6 | 8 | 12 |
|---|---|---|---|---|
| 孔距/cm | 50～100 | 40 | 30 | 20 |
| 排距/cm | 80 | 50 | 40 | 30 |

钻孔：钻孔直径与破碎效果有直接关系，钻孔过小，不利于药剂充分发挥效力；钻孔太大，易冲孔。使用直径为38～42mm的钻头钻孔，钻孔内余水和余渣应用高压风吹洗干净，孔口旁应干净无土石渣。装药深度为孔深的100%。

加膨胀剂：向下和向下倾斜的眼孔，可在药剂中加入22%～32%（重量比）的水（具体加水量由颗粒大小决定）拌成流质状态（糊状）后，迅速倒入孔内并确保药剂在孔内处于密实状态。用药卷装填钻孔时，应逐条捅实。粗颗粒药剂水灰比调节到0.22～0.25时静态破碎剂的流动性较好，细粉末药剂水灰比在32%左右时流动性较好。水平方向和向上方向的钻孔，可用比钻孔直径略小的高强长纤维纸袋装入药剂，按一个操作循环所需要的药卷数量，放在盆中，倒入洁净水完全浸泡，30～50s药卷充分湿润、完全不冒气泡时，取出药卷从孔底开始逐条装入并捅紧，密实地装填到孔口。即"集中浸泡，充分浸透，逐条装入，分别捣实"。也可将药剂拌和后用灰浆泵压入，孔口留5cm用黄泥封堵保证水分药剂不流出。装填药剂时，应注意拌和水的温度是否符合要求。灌装过程中，已经开始发生化学反应的药剂（表现为开始冒气和温度快速上升）不允许装入孔内。从药剂加入拌合水到灌装结束，这个过程的时间不能超过5min。

药剂反应的快慢与温度有直接的关系，温度越高，反应时间越快，反之则慢。实际操作中，控制药剂反应时间太快的方法有两种，一种是在拌和水中加入抑制剂。另一种是严格控制拌和水、干粉药剂和岩石的温度。夏季气温较高，破碎前应对被破碎物遮挡，药剂存放低温处，避免曝晒。将拌合水温度控制在15℃以下。

药剂（卷）反应时间过快易发生冲孔伤人事故，可使用延缓反应时间的抑制剂。抑制剂放入浸泡药剂（卷）的拌和水中。加入量为拌和水的0.5%～6%。冬季加入促发剂和提高拌合用水的温度。拌和水温最高不可超过50℃。反应时间一般控制在30～60min较好。

## 4.2 支护桩、咬合桩及立柱桩施工

桩钻孔均采用旋挖钻机施工，塌孔桩位采用全套管施工以保证施工质量及降低噪声，遇孤石及入岩时采用牙轮筒钻配合施工。对于咬合桩，在桩与桩之间形成相互咬合排列的基坑围护结构，桩的排列方式按照一条钢筋混凝土桩（B桩）和一条素混凝土桩（A桩）间隔布置，施工时先施工A桩后施工B桩，A桩混凝土采用超缓凝混凝土，要求必须A桩混凝土初凝之前完成B桩的施工。B桩施工时采用旋挖钻机切割掉相邻A桩相交部分的混凝土，实现咬合。

导墙施工：为了提高钻孔咬合桩孔口的定位精度并提高就位效率，在桩顶上部施作混凝土或钢筋混凝土导墙，这是钻孔咬合桩施工的第一步。导墙钢筋混凝土结构，强度等级为C20混凝土，厚度为15cm，钢筋严格按照设计要求布置。

钻机就位：当导墙强度达到100%后，重新定位桩中心位置。移动套管钻机至正确位置，使套管钻机抱管器中心对应定位在导墙孔设计桩位中心。

钻土成孔：当钻机在不同土层时，泥浆配比应适当调整。对泥浆配比定期检查，以保证现场施工不塌孔为宜，当符合入岩和嵌固深度要求时，方可终孔验收。

## 4.3 二重管旋喷桩施工

本工程北侧东段及西侧采用二重管旋喷桩，旋喷桩直径600mm。旋喷桩桩端入坑底不小于3.0m或施工至强风化底面。大面积施工前应进行试桩，试桩在基坑西侧及北侧各选取1个点进行旋喷桩试喷，每个点取2根旋喷桩采用钻芯法检测旋喷桩垂直度和搭接效果，同时验证旋喷桩的施工可行性及确定水泥用量、提升速度、注浆压力等参数。

用于止水帷幕的桩间旋喷桩于支护桩搭接不小于200mm。高压注浆孔成孔直径不小于130mm，孔位误差不大于100mm，倾斜不超过1%。高压空气压力不小于0.6MPa，输浆压力不小于25MPa。提升速度不大于10～15cm/min，旋转速度不超过

20r/min。水泥浆采用 P·O 42.5 普通硅酸盐纯水泥浆灌注，水泥浆水灰比 1.0，可加入 0.05% 的三乙醇胺。注浆管分段提升的搭接长度不小于 150mm。旋喷桩每米水泥用量不少于 350kg，并根据现场试喷确定。旋喷桩施工宜在灌注桩成桩一周后进行。

## 4.4  锚索施工

为提高钻孔效率和保证钻孔质量，采用潜孔冲击式钻机。要求钻孔深度超出锚索设计长度 0.5m 左右。钻孔结束，逐根拔出钻杆和钻具，将冲击器清洗好备用。用一根聚乙烯管复核孔深，并以高压风吹孔，待孔内粉尘吹干净，且孔深不少于锚索设计长度时，拔出聚乙烯管，以织物或水泥袋纸塞好孔口待用。向锚索孔装索前，要核对锚索编号是否与孔号一致，确认无误后，再以高压风清孔一次即可着手安装锚索。采用排气注浆，注浆管插至孔底，砂浆由孔底注入，空气由锚索孔排出。

## 4.5  冠梁、腰梁及内支撑梁施工

本工程设置三道混凝土支撑，咬合桩顶部设置冠梁，支撑墙角处设置腰梁。施工流程：土方开挖至设计标高→开设冠梁槽（支撑施工）→绑扎钢筋→支设侧摸→浇筑混凝土。钻孔支护桩顶设钢筋混凝土冠梁，冠梁、腰梁的作用是将围护桩顶部、支撑连成整体，以改善基坑土方开挖时围护结构的受力状况，冠梁、腰梁、内支撑均为商品混凝土 C30，钢筋保护层 35mm。

冠梁施工时，先凿除桩顶浮浆至新鲜混凝土面。冠梁采用分段施工，后续段冠梁施工时，应对先期施工完的冠梁接缝面进行凿毛处理，以保证接缝混凝土的质量。支撑混凝土浇灌宜一次连续成型，使混凝土强度同步发展，并使用微膨胀混凝土，避免超长大体积支撑梁混凝土和不留施工缝的收缩裂缝问题，其膨胀剂掺量不大于 8%。支撑模板制安及起拱的要求按有关规范执行。冠梁的主筋采用搭接方式，腰梁、支撑梁的主筋应采用机械套筒连接。内支撑体系的安装与拆除顺序与设计施工步骤一致，必须严格遵守先撑后挖的原则。

## 4.6  排水工程施工

本工程基坑周边坡上、平台及坑内布置排水沟和集水坑，形成排水系统。集中排入地面沉淀池，经三级沉淀后排出场区。

设坡顶排水沟和坡底排水沟，坡顶排水沟过水断面尺寸为 300mm×300mm，坡底排水沟过水断面尺寸为 400mm×400mm。坑底间距约 30m 设置集水坑，集水井一般布置于坑底拐角处，集水坑尺寸为 1000mm×1000mm×1000mm，基坑积水通过集水坑抽排至坑顶排水沟排走。基坑开挖前要求进行预降水，开挖前监测水位降低到开挖面以下 500mm 后进行土方开挖。降水深度控制在坑底以下 0.5～1.0m。

## 5  基坑监测

### 5.1  监测要求

根据基坑监测要求和本工程现场具体环境情况，从时空效应的理论出发，将基坑施工影响范围（一般约为 2 倍的基坑开挖深度）内的建（构）筑物、地下管线和基坑本身作为本工程监测及保护的对象。设置的监测内容及监测点满足本工程设计方案及相关规范的要求，并能全面反映工程施工过程中周围环境及基坑围护体系的变化情况，确保监测内容设置合理，测点有效。监测过程中，采用的方法、监测仪器及监测频率应符合设计和规范要求，能及时、准确地提供数据，满足信息化施工的要求。

### 5.2  监测结果及分析

本工程基坑支护从桩施工到大面积开挖到基底，历时一年有余，目前地下结构施工完毕，支撑梁已拆除。施工过程中，围护结构保持稳定，基坑未见地下水。

基坑监测结果显示：基坑坡顶水平位移、深层水平位移、地表沉降等监测数据均未超过报警值，基坑未对周边道路、管线、地铁等周围环境产生不良影响。本工程监测点位移见图 7、图 8。

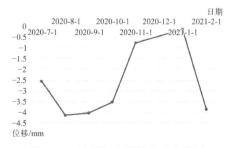

图 7  C5 桩顶竖向累计位移变化图

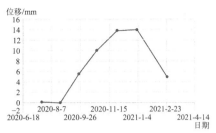

图 8　C4桩顶水平累计位移变化图

# 6　结论及建议

（1）本工程基坑较深，周边环境条件复杂，面对深厚填土、较硬的风化岩，采取了多种支护及地下水控制施工技术。根据基坑监测结果，基坑变形较小，基坑侧壁仅有局部地下水渗出，止水帷幕效果良好，达到了设计及规范的要求。实践证明，该项目基坑支护和止水帷幕设计选型合理，施工质量较好，工程取得了预期效果。

（2）采取咬合桩构筑支护和止水帷幕体系，具有挡土、止水双重效果。钻机沿导墙下钻，垂直度较易控制，成孔质量高。相邻桩咬合紧密，形成类似地下连续墙的桩墙结构，止水效果好。咬合桩刚度较大，对控制变形有利。

（3）咬合桩施工需做好关键节点的质量把控，尤其是钻孔的垂直度控制，桩身发生倾斜偏差，易造成咬合部位出现渗漏。要注意导墙下卧地基的承载力和均匀性是否能够满足钻机施工荷载要求，避免导墙发生不均匀沉降，影响桩体垂直度。在钻机钻进过程中，要持续进行垂直度监测，如果存在垂直偏差，要立即纠正。

咬合桩一般采用软咬合的方式，素桩采用超缓凝混凝土，需合理控制工序，完成素桩后及时进行荤桩施工。

在施工过程中，遇松散、软弱土层，易发生塌孔、漏浆等问题，应做好泥浆密度控制，合理设置护筒管辅助钻进。钻机钻至设计深度，终孔验收尤为重要，需做好清孔工作，确保桩底沉渣厚度满足要求。

（4）本工程采用钢筋混凝土内支撑，基坑变形小，安全系数高，内支撑在基坑内施工，不会对周边环境产生影响。但也存在施工时间长，后期结构施工需进行拆除作业等问题。需根据工程特点和需求，综合考虑利弊，合理选用。

（5）基坑支护设计施工应综合考虑周边环境和场区地质水文条件，合理选型，合理选择施工工艺。在实施过程中，出现的问题，应及时分析原因，采取对策。严格进行基坑监测，采取信息化施工。

## 参考文献

[1] 化建新,郑建国. 工程地质手册(第五版)[M]. 北京: 中国建筑工业出版社, 2018.

[2] 广东省住房和城乡建设厅. 广东省建筑基坑支护工程技术规程: DBJ/T 15-20—2016[S]. 北京: 中国城市出版社, 2017.

[3] 中华人民共和国住房和城乡建设部. 岩土工程勘察规范: GB 50021—2001[S]. 北京: 中国建筑工业出版社, 2009.

[4] 中华人民共和国住房和城乡建设部. 建筑基坑支护技术规程: JGJ 120—2012[S]. 北京: 中国建筑工业出版社, 2012.

[5] 中华人民共和国住房和城乡建设部. 混凝土结构设计规范: GB 50010—2010[S]. 北京: 中国建筑工业出版社, 2016.

# 武汉市洪山区双圆环内支撑基坑支护实录

潘　凯　刘秀珍　熊伟芬

（中机三勘岩土工程有限公司，湖北武汉　430000）

## 1　工程概况

某工程位于武汉市洪山区。规划净用地面积为 8621.50m²，总建筑面积为 68185.76m²，地下室建筑面积为 19621.24m²。本项目由 1 栋 31 层住宅楼、1 栋 30 层办公楼及 3 层地下室组成，基础形式为钻孔灌注桩基础。基坑开挖深度为 13.70～18.00m。基坑平面图见图 1。

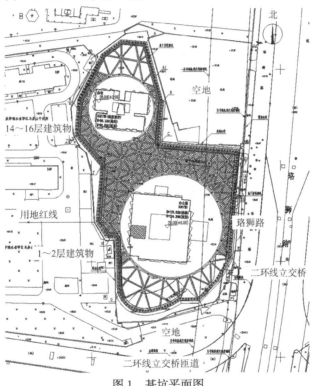

图 1　基坑平面图

本工程位于洪山区中心地区，周边环境较为复杂。①基坑北侧坑顶边线距离用地红线为 0.34～8.20m，红线外为空地。空地地下为规划中的轨道交通 8 号线，8 号线在本项目完工后才开始施工，对本项目无影响。②基坑东侧坑顶边线距离用地红线为 0.71～0.76m，红线外为珞狮路及二环线立交桥。珞狮路紧邻项目用地红线，珞狮路下埋设市政管线，二环线立交桥桥墩距离基坑东侧坑顶边线为 21.95～22.30m。③基坑南侧坑顶边线距离用地红线为 0.72～8.90m，红线外为空地及二环线立交桥匝道。二环线立交桥匝道桥墩距离基坑南侧坑顶边线为 25.47～31.18m。④基坑西侧坑顶边线距离用地红线为 0.23～5.76m，红线外为 1～2 层现状建筑物及 14～16 层现状建筑物。1～2 层现状建筑物紧邻项目用地红线，基础形式为天然基础。14～16 层现状建筑物距离基坑西侧坑顶边线为 8.98～17.01m，基础形式为天然基础。

## 2　场地岩土工程条件（表 1）

### 2.1　场地环境条件

场地位于武汉市洪山区雄楚大道与珞狮路交汇处之西北角，东临珞狮路。场地地势有一定起

获奖项目：2023 年度湖北省勘察设计成果评价二等成果。

伏，北高南低，地面高程在 27.50～29.58m 之间，地貌单元属长江Ⅲ级阶地。

## 2.2 岩土层结构特征

基坑开挖深度范围内地层划分为以下几层：

①杂填土：杂色、松散，主要由黏性土混建筑垃圾组成，部分地段表面为混凝土地坪。

②₁粉质黏土：黄褐色，可塑，湿，韧性一般，干强度一般，含有少量铁、锰氧化物及灰白色高岭土。

②₂粉质黏土：褐红色—黄褐色，可塑偏硬塑—硬塑，稍湿，韧性较好，干强度较高，含有少量铁、锰氧化物及灰白色高岭土。

②₃粉质黏土：褐红色—黄褐色，硬塑，稍湿，韧性较好，干强度较高，含有少量铁、锰氧化物及灰白色高岭土，部分地段含有少量砾石及碎石。

③₁红黏土：棕红色—黄褐色，局部褐黄色，硬塑，稍湿，含有少量铁、锰氧化物，部分地段该层底部夹岩块。

③₂红黏土：棕红色—黄褐色，可塑，湿，含有少量铁、锰氧化物，该层底部夹有少量岩块。

④₁强风化页岩：褐黄—灰褐色，岩芯受风化作用较剧烈，组织结构大部分被破坏，但可见原岩状态，岩芯较破碎，主要为风化土夹少量碎块，手可掰断，失水开裂。

④₂中等风化页岩：褐黄—灰褐色，泥质结构，薄片层状构造，褐黄色、灰褐色岩石呈条带状交替分布，节理裂隙发育，岩芯较破碎、呈短柱状、碎块状，采取率较低。

⑤₁强风化泥灰岩：黄褐色—红褐色，岩芯受风化作用较剧烈，组织结构大部分被破坏，但可见原岩状态，岩芯较破碎，主要为风化土夹少量碎块，手可掰断，失水开裂。

⑤₂中等风化泥灰岩：灰色—黄灰色，局部红褐色，层状构造，泥—粉晶结构，节理裂隙发育，部分由白色方解石充填，岩芯较破碎、呈短柱状、碎块状，采取率较低，有溶洞、溶孔、溶槽等溶蚀现象发育，溶洞由可塑黏性充填或半充填，部分地段夹有层状石灰岩。

⑥石灰岩：灰色，灰白色，层状构造，局部为薄层状，粉晶结构，节理裂隙发育，部分由白色方解石充填，局部夹有薄层状泥灰岩，岩芯较破碎、呈柱状、碎块状，采取率一般。岩溶较发育，有溶洞及溶蚀现象，溶洞由可塑黏性充填或半充填。

## 2.3 地下水

场地地下水类型主要为上层滞水及岩溶裂隙水。上层滞水赋存于上部杂填土中，地下水位主要受气候因素影响，大气降水、地表排水为其主要补给来源，勘察期间测得场地上层滞水静止水位为地面下 0.4～2.8m。岩溶裂隙水赋存于下部石灰岩、泥灰岩的溶洞及岩石裂隙内，根据本次抽水试验资料，场地岩溶裂隙水具有承压性，K11 孔测得承压水位为自然地面以下 11.76m（高程 15.54m），渗透系数 $K = 9.21$m/d，在水位降深为 $S = 7.19$m 时，影响半径 $R_{max} = 218$m。

各地基土层的物理力学性质指标及设计参数　　　　表 1

| 层号 | 土名 | $\gamma/$（g/cm³） | $c_k$/kPa | $\varphi_k/°$ | $f_{ak}$/kPa | $E_s$/MPa |
|---|---|---|---|---|---|---|
| ① | 杂填土 | 18.0 | 4 | 20 | — | — |
| ②₁ | 粉质黏土 | 19.0 | 25 | 14 | 140 | 7.0 |
| ②₂ | 粉质黏土 | 19.2 | 32 | 15 | 240 | 10.0 |
| ②₃ | 粉质黏土 | 19.5 | 40 | 16 | 400 | 15.0 |
| ③₁ | 红黏土 | 19.3 | 26 | 14 | 270 | 10.0 |
| ③₂ | 红黏土 | 19.0 | 20 | 12 | 180 | 6.0 |
| ④₁ | 强风化页岩 | 19.7 | 50 | 18 | 500 | $E_o = 46.0$ |
| ④₂ | 中等风化页岩 | 22.0 | 150 | 30 | $f_a = 1500$ | |
| ⑤₁ | 强风化泥灰岩 | 19.8 | 60 | 20 | 600 | $E_o = 48.0$ |
| ⑤₂ | 中等风化泥灰岩 | 22.0 | 200 | 35 | $f_a = 2000$ | |
| ⑥ | 石灰岩 | 23.0 | 300 | 38 | $f_a = 4000$ | |

# 3 基坑支护设计

## 3.1 工程特点

（1）地质情况较复杂：基坑影响范围内地质情况较复杂，浅部为杂填土及一般黏性土层，基坑坑底主要为红黏土层，红黏土层工程性质较差，基坑嵌固层为石灰岩、泥灰岩及页岩层，局部有溶蚀现象。典型地质剖面图见图2。

（2）基坑周边环境情况较复杂：基坑周边为现状建筑物、道路、管线及立交桥，且距离基坑坑顶较近，对位移控制较为严格。

（3）基坑自身情况较复杂：基坑开挖深度为13.70～18.00m，开挖深度较深。地下室外墙距离红线为2.90～9.70m，可用的支护空间较窄，且无施工场地，需设置施工栈桥。由于建设单位有预售要求，需要先施工主楼，内支撑布置考虑需要避开主楼。

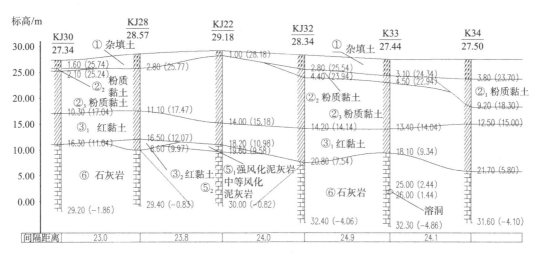

图2 典型地质剖面图

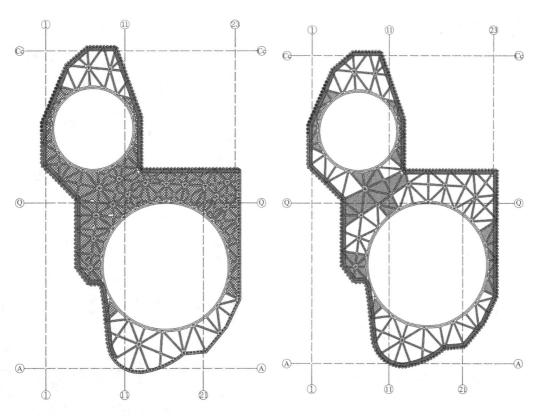

图3 第一道内支撑平面布置图　　图4 第二道内支撑平面布置图

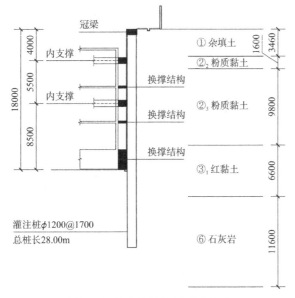

图 5 基坑支护结构剖面示意图

## 3.2 基坑支护设计

综合考虑本工程上述特点，基坑支护方式采用钻孔灌注桩＋两道钢筋混凝土内支撑。钻孔灌注桩桩径及间距为 1000@1500、1200@1700、1300@1600，支护桩桩长为 21.00～28.00m。冠梁及腰梁截面为 1000mm × 1200mm、1000mm × 1000mm、800mm × 1000mm、1200mm × 1400mm、900mm × 1200mm。钢筋混凝土内支撑截面为 1000mm × 1100mm、800mm × 650mm、900mm × 750mm。栈桥板厚度为 300mm。立柱桩桩径为 1000，立柱桩桩长为 10.00～15.00m。

考虑到本工程两栋主楼需要先行施工，且基坑本身形状较为不规则，采用常规的角撑＋对顶撑的支撑布置形式难以满足本工程的要求，综合考虑上述几点，基坑内支撑布置采用双圆环内支撑形式。该支撑形式既能满足基坑自身平面稳定性要求，也能完全避开两栋主楼，保证主楼先行施工的要求。

为满足基坑施工场地要求，对一层钢筋混凝土内支撑局部进行加强，内支撑兼作栈桥使用。栈桥可供施工堆场、重载车车道使用。基坑内采用土栈桥方式出土。

## 3.3 换撑设计

基坑采用底板＋两道楼板换撑技术。基坑施工完成底板、负二层地下室楼板换撑后，拆除第二道内支撑。基坑施工完成负一层地下室楼板换撑后，拆除第一道内支撑。

底板换撑采用素混凝土回填，设置于底板与支护结构间缝隙，混凝土标号同底板，厚度不小于底板厚度。

楼板换撑采用钢筋混凝土换撑梁，设置于楼板与支护结构间缝隙，换撑梁间距为桩间距，混凝土强度等级同楼板，换撑梁截面为 240mm × 360mm、240mm × 300mm。

后浇带及车道加强措施采用型钢加强。

## 3.4 地下水处理

基坑坑内的上层滞水采用明沟排水措施。基坑坑顶、坑底应根据现场情况设置截、排水沟及集水坑。

基坑坑顶进行硬化处理，硬化带宽度不应小于 2.0m。表面设置 3%的坡率，使地表水汇流进入截、排水沟及集水坑，统一抽排。

基坑坑底主要坐落于红黏土层中，未揭露石灰岩、泥灰岩层，岩溶裂隙水对本基坑影响较小。

# 4 施工情况

本基坑工程较为复杂，基坑施工前及过程中各方单位经过多次沟通交流，整体施工过程较为顺利。现场支护图见图6～图8。

图 6 现场支护图（一）

图 7 现场支护图（二）

图8 现场支护图（三）

## 5 监测结果（图9）

本基坑工程开挖及换撑过程中进行了监测工作，各监测项目的结果如下：

（1）土体深层位移监测结果：土体深层位移共设置 11 个点，监测点 TCX1～TCX11 累计最大值为 18.50～27.80mm，位移监测结果均在设计允许值范围内，所有监测结果均未超过报警值。

（2）地面位移及沉降监测结果：地面位移及沉降共设置 19 个点，地面位移监测点 PDX1～PDX19 累计最大值为 18.10～31.00mm，地面沉降监测点 PDY1～PDY19 累计最大值为 15.30～21.70mm，位移及沉降监测结果均在设计允许值范围内，所有监测结果均未超过报警值。

（3）周边建筑物及道路沉降监测结果：周边建筑物及道路沉降共设置 38 个点，监测点 HJX1～HJX38 累计最大值为 2.20～6.40mm，沉降监测结果均在设计允许值范围内，所有监测结果均未超过报警值。

（4）支撑轴力监测结果：支撑轴力共设置 36×2 个点，监测点 ZLA1～ZLA36、ZLB1～ZLB36 最大轴力值为 1450～3850kN、2050～7850kN，支撑轴力监测结果均在设计允许值范围内，所有监测结果均未超过报警值。

## 6 结语

本文以武汉市洪山区双圆环内支撑基坑工程为例，讨论了复杂基坑的支护问题。在复杂情况下开挖基坑时，需针对周边环境的具体情况、基坑工程自身条件考虑支护方法的可实施性、安全性及经济性，采取不同的支护形式。

（1）采取钻孔灌注桩＋两道钢筋混凝土内支撑，可有效控制基坑自身及周边环境的变形情况。

（2）采用双圆环内支撑结构可避开两栋主楼结构，让主楼先行施工，满足建设单位销售节点要求。

（3）采用底板＋两道楼板换撑技术，较好地控制了基坑变形。

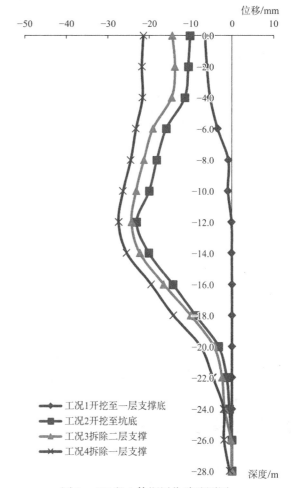

图9 GH段土体深层位移监测图

## 参考文献

[1] 中华人民共和国住房和城乡建设部. 建筑基坑支护技术规范: JGJ 120—2012[S]. 北京: 中国建筑工业出版社, 2012.

[2] 中华人民共和国住房和城乡建设部. 建筑基坑工程监测技术标准: GB 50497—2019[S]. 北京: 中国计划出版社, 2009.

[3] 湖北省住房和城乡建设厅, 基坑工程技术规程: DB 42/T 159—2012[S]. 2012.

[4] 刘国彬, 王卫东. 基坑工程手册[M]. 2 版. 北京: 中国建筑工业出版社, 2009.

# 某基坑桩锚支护塌方事故原因分析及处理

刘秀珍[1]　阎　超[2]　潘　凯[1]

（1. 中机三勘岩土工程有限公司，湖北武汉　430000；2. 武汉地质勘察基础工程有限公司，湖北武汉　430000）

## 1　引言

随着我国城市建设和地下空间开发的快速发展，基坑工程面临的问题也越来越复杂，复杂的环境条件，如邻江河，邻地铁、隧道、高架等，以及复杂的地质条件，如深厚淤泥、溶洞、地下水等，均给基坑工程带来了新的挑战。淤泥质软土土体抗剪强度指标低，压缩性高，自稳性差，一旦受到扰动，其强度迅速降低。软土的力学性能决定了在该地区基坑及基础工程实践难度大、造价高，工程事故亦常有发生。众多技术人员针对软土地区基坑支护进行了设计实践与探讨[1-7]，得出了一些经验及教训。本文以武汉市东西湖区某基坑工程为例，对该基坑施工过程中产生过大变形及塌方的原因进行全面分析，给出了加固处理措施，取得了良好的效果，对类似基坑工程的设计、施工和管理方面提出建议，具有一定的参考、借鉴价值。

## 2　项目概况及失稳情况

该项目位于武汉市东西湖区，设二层地下室（局部一层），二层地下室开挖深度 9.2～12.55m，一层地下室开挖深度 5.1m。基坑总面积约为 22250m²，周长约为 608m。

基坑北侧地下室外墙线外 5.5m 是现场施工道路、钢筋加工场及临时建筑等；东侧地下室外墙外 12m 为施工道路，再往外 7m 即为已建成市政高架桥桥墩；南侧地下室外墙线距离红线约 13m；西侧为已经建成一期二层地下室。基坑与周边环境见图 1。

图 1　基坑与周边环境

工程地质与水文地质条件：与基坑开挖有关的土层参数见表 1。

土层参数　　表 1

| 层号及名称 | 层面埋深/m | 层厚/m | 状态 | 重度/（kN·m⁻³） | $f_{ak}$ | c/kPa | φ/° |
|---|---|---|---|---|---|---|---|
| ①素填土 | — | 0～4.4 | 松散 | 17.0 | — | 10 | 8 |
| ②₁黏土 | 0.0～4.0 | 0.8～4.2 | 流—软塑 | 17.6 | 70 | 12 | 7 |
| ②₂黏土 | 1.7～5.3 | 0.7～6.0 | 可塑 | 18.0 | 120 | 21 | 11 |
| ③淤泥质黏土 | 1.3～9.5 | 3.6～14.5 | 流—软塑 | 16.8 | 50 | 12 | 5 |
| ④₁粉质黏土 | 10.0～15.8 | 0.9～3.7 | 可—软塑 | 17.8 | 100 | 17 | 9 |
| ④₂粉质黏土 | 11.6～18.3 | 1.5～5.7 | 可塑 | 18.7 | 150 | 22 | 12 |
| ④₃粉质黏土与粉细砂互层 | 15.1～22.8 | 1.0～11.2 | 软塑 | 17.8 | 100 | 17 | 10 |
| ⑤粉砂 | 18.5～24.0 | 1.4～5.0 | 稍密 | 18.0 | 150 | 0 | 28 |

本项目岩土工程条件差，周边环境复杂，工期紧张，方案选择上建设单位要求不使用支撑。故二层地下室支护方式主要采用双排桩加被动区加固和排桩加旋喷锚索支护方案。失稳段为 DEF 段，长度约 60m。采用的支护方式为桩顶放坡加旋喷锚索支护方案，支护剖面见图 2、图 3。

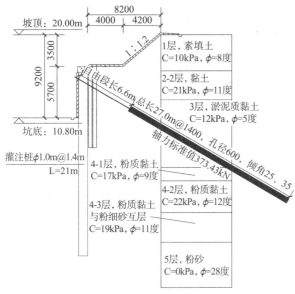

图 2　DE 段基坑支护剖面图

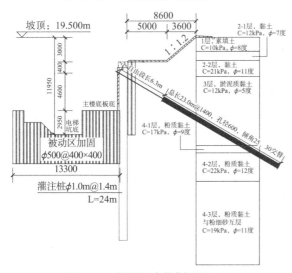

图 3　EF 段基坑支护剖面图

DEF 段 3 月 24 日大面积开挖到底（此段是基坑开挖的最后一段），3 月 25 日开挖 EF 段电梯坑中坑。3 月 26 日上午，技术人员在基坑巡查过程中发现 EF 段中部冠梁外侧出现裂缝，随后裂缝迅速扩展，下午 EF 段中部支护桩向坑内倾斜，锚索破坏，边坡垮塌，并带动 DE 段部分支护桩向坑内倾斜。险情出现后，施工单位迅速组织移除坡顶路面上堆载的废弃工程桩头并下挖部分土方进行坡顶卸载，在坑内进行局部反压回填等应急措施。基坑失稳及临时抢险回填反压见图 4、图 5。

图 4　基坑失稳图

图 5　坡顶卸载坑内回填反压

## 3　失稳原因分析

基坑局部垮塌后，建设方组织各参建单位召开会议，初步分析事故原因有如下几点：

（1）工期太赶。该处被动区加固搅拌桩施工完仅两周时间基坑就已开挖，搅拌桩龄期远没有到设计及规范要求的至少 28d。此时搅拌桩强度未达到设计值，不能起到改良被动区土体的作用。

（2）施工原因。设计中桩顶卸荷平台宽度达 4~5m，而施工现场卸荷平台宽度不足 1m，远未达设计值。软土地区卸土力度对桩顶减载、控制支护结构变形至关重要，本项目忽视了这一条。据统计，软土地区基坑失稳多数是由于控制荷载不利造成。

（3）现场管理混乱。除桩顶卸土力度未达标以外，坑内破除的工程桩桩头等荷载均堆积在坡顶未进行清理，加之坡顶施工车辆未实施管控，坡顶超载严重。

（4）各项检测不到位。会议现场查找各检测资料，如支护桩的检测资料、被动区搅拌桩的强度检测报告、锚索的抗拉试验报告等都未能提供，无法确定锚索施工效果。基坑很可能在各项检测均不到位的情况下就实施开挖，实为野蛮作业。如果在开挖前各项检测均到位，本次事故有可能没有如此严重。

## 4　处理措施及效果

对这类坍塌事故最常见的及时抢险措施一般为卸载和回填发压。所幸本项目距离外侧高架桥墩还有一定距离，具备卸土条件。在事故发生的第一时间就将支护桩外侧土体卸载，反压回填。经过大面积卸载和回填反压后第二天变形趋于稳定，经专家开会讨论后形成下一步工作安排：

（1）加密监测点，邻近的高架桥桥墩立即进行沉降及位移监测。

（2）基坑周边地面以及放坡坡面出现的裂缝进行灌浆封闭处理，破损或滑移的混凝土护面进行修复，以防雨水大量进入土体。

（3）设计单位对此段进行重新设计，推荐的方案为重新设置钻孔灌注桩＋加固土体重力式挡墙的支护形式，新增加的支护桩及加固体达龄期后进行相应检测。

（4）基坑开挖后应对此区段相关的工程桩再次补充低应变及桩位水平偏差检测。

设计单位根据专家意见，对 EF 段（主楼临边段）及牵连的部分 DE 段重新设计了支护桩（根据位移判断原支护桩已折断不可再用），并采用高压旋喷桩把 EF 段坑外、坑内基底以下土体进行了加固；对 DE 段纯地下室采用分缝施工方式，设置坑内斜抛撑后再挖除反压土体。

加固方案严格按设计要求实施，施工、监测、检测工作按以上意见执行，全程执行信息法施工原则。历经四月有余，此段基坑开挖终于安全到底，施工底板。表明加固效果良好。

## 5　工程经验与教训

软土地区基坑工程是一项综合性强、不确定性高、风险性大的系统工程，不少事故与勘察、支护设计、土方开挖、施工质量、监控量测、现场管理等因素都有关，而事故的发生又往往具有突发性[8]。一旦出现事故，不但处理起来非常困难，造成的经济损失也十分巨大，甚至会付出生命的代价。

本工程大面积已经开挖到底，在开挖最后的土方马道和电梯坑中坑时发生垮塌事故，重新回填、施工支护桩、加固土体，地下室施工又进行分缝、施工斜剖撑等，经济损失严重，工期严重受阻，经验和教训非常深刻。

（1）施工单位应严格按图施工，绝不可掉以轻心或抱侥幸心理；应合理规划工期及渣土堆放场地，避免出现支护体龄期不到便实施开挖和周边超载现象。

（2）基坑开挖过程中，随着基坑开挖深度的加深，支护桩内外压力差大，尤其是超挖电梯基坑时达到最大，当基坑底下为深厚淤泥质土，在巨大的压力差下，容易造成基坑隆起，甚至失稳，因此必须重视基坑坑底土体的加固效果，通过满堂加固可以起到暗撑的作用，对提高整体稳定性意义很大，同时提高了基坑内侧被动区土体的抗侧压能力，对确保基坑的整体稳定和安全作用重大[9]。

（3）软土地区必须严格按设计及规范要求进行工艺性试验，并根据试验结果调整设计方案。如本案例，由于工期要求，搅拌桩和锚杆并没有完成试验性施工就大面积施工，也未对成桩和成锚效果进行检测，成为事故发生的元凶之一。

（4）深厚软土基坑方案设计时，应采取有效措施，避免隆起破坏和整体滑移破坏。如本案例，与武汉市其他软土地区二层地下室项目类比，基坑支护如果坚持采用"桩＋内支撑"的方案应该更为合适。

（5）基坑工程是危大工程，比其他基础工程更突出的特殊性是其设计和施工完全是相互依赖，密不可分的，施工的每一个阶段，结构体系和外面荷载都在变化，而且施工工艺的变化，挖土次序和位置的变化，支撑、锚杆和留土时间的变化等，都非常复杂，且都对最后的结果有直接影响[9]。各参建单位应互相协调、配合，严格监管、监测，全面降低事故发生的概率。

## 参考文献

[1] 卫彬, 李想, 谭勇. 软土地区某深基坑支护失稳分析[J]. 施工技术, 2015(4): 72-76.

[2] 何世达, 祝世平. 被动区加固的基坑支护分析[M]/王立. 基坑工程应用技术. 武汉: 武汉出版社, 2008.

[3] 王艳. 上海地区浅大基坑的事故原因及对策[J]. 地下空间与工程学报, 2011, 7(6): 599-603.

[4] 周赞良, 付艳斌, 邱建金, 等. 复杂软土地区深基坑内支撑与锚索共同作用初探[J]. 岩土工程学报, 2014, 36(S2): 396-399.

[5] 李亮辉. 某深厚软土地区浅基坑工程实践与探讨[J]. 建筑科学, 2016, 32(S2): 234-238.

[6] 薛丽影, 杨文生等. 深基坑工程事故原因的分析与探讨[J]. 岩土工程学报, 2013(7): 468-473.

[7] 王海成, 刘秀珍, 张龙. 复杂环境下软土基坑支护设计实践与分析[J]. 岩土工程技术, 2022, 36(2): 160-164.

[8] 钟铮. 软土地区某大面积基坑工程险情分析与处理[J]. 岩土工程学报, 2014, 36(S1): 231-236.

[9] 刘国彬. 王卫东. 基坑工程手册(第 2 版)[M]. 北京: 中国建筑工业出版社, 2009.

# 首地航站楼项目基坑工程实例

刘秀珍[1]　谢昭宇[2]

（1. 中机三勘岩土工程有限公司，湖北武汉　430000；2. 中国地质大学（武汉），湖北武汉　430000）

## 1　项目概况

首地航站楼新建服务业设施项目地点位于武汉市江汉区青年路范湖地铁站西侧，该项目设三层地下室，基坑深度 14.6m，基坑总面积约为 12465m²，周长约为 456m。

基坑北侧距离用地红线 3.9~17.6m，红线外是待施工工地；东侧红线外 15m 范围内是机场河排水走廊；红线外 20m 是青年路（城市主干道），地下室外墙线距离武汉地铁 2 号线轨道交通安全保护线 9.5~15.8m；南侧红线外为范湖路（城市次干道）；西侧距离用地红线约 12.4~15.0m，红线外是正在施工的三层地下室基坑，桩撑支护结构。基坑与周边环境见图 1。基坑支护全景见图 2。

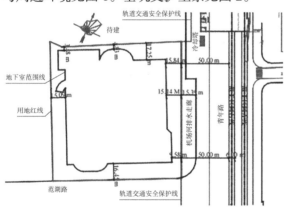

图 1　基坑与周边环境

图 2　基坑支护全景

## 2　工程地质情况

拟建场地位于武汉市汉口市中心，地貌上属长江 I 级阶地。基坑开挖范围内的土层分布及基坑设计参数详见表 1。本场地地下水类型可分为两类：一类为赋存于（1）填土层中的上层滞水，一般由大气降水、地表排水渗透补给；另一类为赋存于（3）~（4）层砂类土中的孔隙承压水，与长江具有水力联系，受长江水位影响较大，勘察期间，测得承压水位埋深 3.70m，对应标高 16.97m。

## 3　基坑支护难点及设计对策

### 3.1　基坑支护难点

本项目存在以下特点及难点：

（1）周边环境严峻：一倍开挖深度范围内有地铁保护线、重要排水走廊、市政管网等。基坑开挖期间地铁沉降控制是本设计的首要问题，本设计除要满足基坑图审要求以外，还要经过地铁安全评价，满足其要求后方可实施。

（2）地层条件复杂：项目位于长江 I 级阶地，基坑侧壁分布淤泥质土，成桩、成墙过程中极易塌孔。

（3）地下水丰富：基坑坑底已经进入含水层，下卧深厚含水层，降排水问题需要考虑充分。

### 3.2　设计方案

1）支护体系的选取

从计算角度出发，本基坑可采用地下连续墙（三墙合一）+内支撑支护体系，辅以基坑降水；或采用支护桩+止水帷幕+内支撑支护体系，辅以基坑降水。但在图审时以及地铁评价时，都对本基坑提出了更高要求，要求设置落底式隔渗帷幕，辅以坑内降水，控制降水量。

获奖项目：2020 年度湖北省勘察设计成果评价二等成果；2020 年机械工业优秀工程勘察设计奖一等奖。

岩土层分布及物理力学参数表 表 1

| 层号及名称 | 层面埋深/m | 层厚/m | 状态或密实度 | 重度/(kN·m⁻³) | $c$/kPa | $\varphi$/° |
|---|---|---|---|---|---|---|
| ①杂填土 | — | 1.6～3.3 | 松散 | 18.0 | 8.0 | 18.0 |
| ②₁黏土 | 1.6～3.3 | 0.9～3.0 | 可塑 | 18.2 | 21.0 | 11.0 |
| ②₂淤泥质粉质黏土 | 3.1～5.2 | 2.0～5.2 | 流—软塑 | 17.5 | 15.0 | 7.0 |
| ②₃粉质黏土夹粉土 | 6.0～9.4 | 1.3～5.1 | 软—可塑 | 17.9 | 20.0 | 11.0 |
| ③₁粉细砂 | 9.4～11.4 | 1.6～8.8 | 稍密 | 18.2 | 0 | 25.0 |
| ③₂细砂 | 10.2～18.4 | 2.7～10.9 | 稍—中密 | 18.2 | 0 | 29.0 |
| ③₃细砂 | 16.3～22.9 | 1.2～4.1 | 稍密 | 18.2 | 0 | 25.0 |
| ③₄细砂 | 18.5～25.7 | 7.5～14.9 | 中密 | 18.2 | 0 | 33.0 |
| ③₅细砂 | 31.7～43.0 | 0.5～9.8 | 中密—密实 | 18.2 | 0 | 33.0 |
| ④含砾中粗砂 | 39.0～43.0 | 1.3～4.5 | 中密 | 20.0 | 0 | 35.0 |
| ⑤₁强风化粉砂质泥岩 | 43.8～45.2 | 0.5～4.2 | 强风化 | — | — | — |
| ⑤₂中风化粉砂质泥岩 | 44.5～48.5 | ≤16.7m | 中风化 | — | — | — |
| ⑥₁强风化砂岩 | 44.3～44.9 | 0.5～1.9 | 强风化 | — | — | — |
| ⑥₂中风化砂岩 | 44.2～51.3 | ≤12.6m | 中风化 | — | — | — |

通过调查周边工地的降水、出水量情况,采取以下方案:

(1)邻近车站及区间隧道一侧应提高围护结构刚度,故设计中采用地下连续墙支护;

(2)邻近车站及区间隧道一侧围护结构应采用落底式地下连续墙,且进入中风化岩层应不小于 1m,以确保隔水的效果。

(3)采取措施确保地下连续墙施工过程中不发生塌孔事故,加强地下连续墙墙身止水能力,确保该侧不发生涌水漏砂事故。

针对以上意见,形成方案如下:邻地铁侧(东侧)采用落底式地下连续墙,进入(⑥₂)中等风化砂岩不小于 1m,墙体竖向长度约 44m,且平面布置上落底式地下连续墙向南北两侧各延伸 15m;其余侧采用悬挂式地下连续墙〔根据结构计算要求墙底仅进入(③₄)细砂层,墙体竖向长约 23m〕支护;为确保地下连续墙施工质量,墙两侧采用三轴水泥土搅拌桩进行槽壁加固预处理,亦可作为地下连续墙槽段接头处防渗措施。水平支护结构根据基坑形状设置两层圆环支撑。支护剖面见图 3、图 4。

由于不是全封闭式降水,依然按规范推荐的大井法理论计算基坑涌水量,故降水井数量按常规设计,未进行折减。本项目一共设计 19 口降水井,6 口观测井兼备用井。

## 4 工程实效

### 4.1 地下水控制情况

本项目跨汛期施工,降水高峰期一共开启 12 口井即可确保坑底干作业施工,开启井数只用到了设计数量的 64%。分析原因有二:周边多基坑在同时施工,实际涌水量没有设计值大;部分落底式帷幕减少了地下水侧向补给。

### 4.2 基坑监测成果

基坑施工期间设置了多项监测内容,其中地下连续墙深层水平位移最大值为 15.18mm,出现在基坑南侧,而靠近地铁侧(东侧)地下连续墙的深层水平位移最大值为 12.54mm;边坡竖向沉降最大值为 14.97mm,出现于基坑西侧,而靠近地铁侧(东侧)竖向最大沉降为 12.95mm;周边道路沉降最大值为 10.93mm,出现在基坑东南角市政次干道上,靠近地铁侧道路最大沉降为 10.91mm;靠近地铁侧基坑土体分层沉降最大值为 5mm;地铁区间收敛位移监测最大值为 2.2mm;地铁道床沉降监测最大值为 2.41mm,道床水平位移监测最大为 2.7mm。以上所有监测点的累计变形量及变形速率均满足要求,基坑在施工期间未产生异常变形,支护效果良好。部分监测项目时程曲线见图 5、图 6。

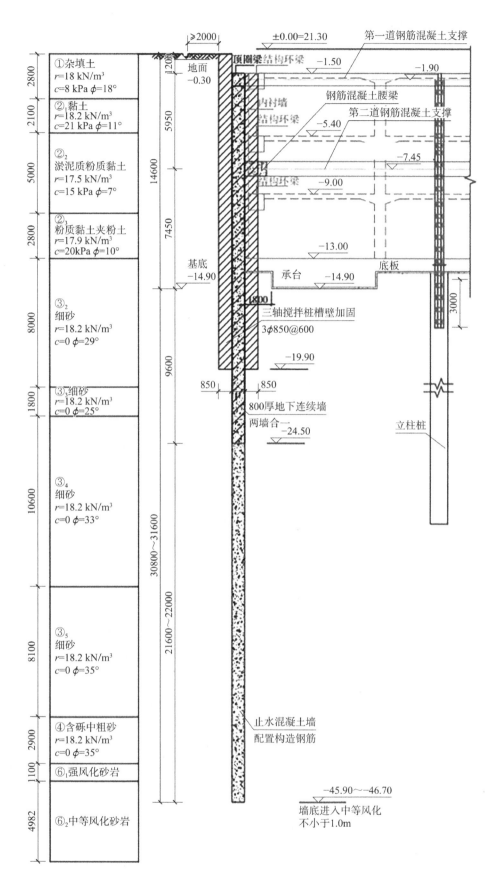

①杂填土
$r=18$ kN/m³
$c=8$ kPa $\phi=18°$

②黏土
$r=18.2$ kN/m³
$c=21$ kPa $\phi=11°$

②₂淤泥质粉质黏土
$r=17.5$ kN/m³
$c=15$ kPa $\phi=7°$

②₃粉质黏土夹粉土
$r=17.9$ kN/m³
$c=20$kPa $\phi=10°$

③₂细砂
$r=18.2$ kN/m³
$c=0$ $\phi=29°$

③₃细砂
$r=18.2$ kN/m³
$c=0$ $\phi=25°$

③₄细砂
$r=18.2$ kN/m³
$c=0$ $\phi=33°$

③₅细砂
$r=18.2$ kN/m³
$c=0$ $\phi=35°$

④含砾中粗砂
$r=18.2$ kN/m³
$c=0$ $\phi=35°$

⑥₁强风化砂岩

⑥₂中等风化砂岩

±0.00=21.30
第一道钢筋混凝土支撑
顶圈梁 结构环梁
地面
−0.30
−1.50
−1.90
钢筋混凝土腰梁
内衬墙
结构环梁
第二道钢筋混凝土支撑
−5.40
−7.45
−9.00
结构环梁
−13.00
基底
−14.90
承台
−14.90
底板
三轴搅拌桩槽壁加固
$3\phi850@600$
−19.90
850 850
800厚地下连续墙
两墙合一
−24.50
立柱桩
止水混凝土墙
配置构造钢筋
−45.90～−46.70
墙底进入中等风化
不小于1.0m

图3 邻地铁侧基坑支护典型剖面图

1280

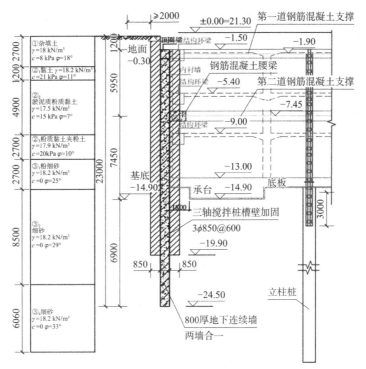

图4 其余侧支护剖面图

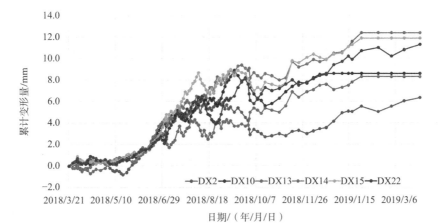

图5 地下连续墙水平位移监测点时程曲线

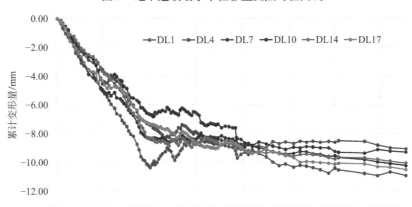

图6 基坑周边道路沉降时程曲线

　　值得关注的是，分析了落底式和悬挂式止水帷幕（地下连续墙）基坑区域两部分的地面沉降、墙顶水平、竖向位移数据及周边道路沉降等，并未发现止水帷幕形式的不同引起基坑变形规律存在

1281

区域性较显著差异。相对于悬挂式止水帷幕区域，落底式止水帷幕基坑区域的地面最大沉降仅减少15%左右（且数据较为离散），而周边道路沉降最大值基本相近。上述变形均在本基坑沉降允许范围内（靠地铁侧30mm，其余侧40mm）。

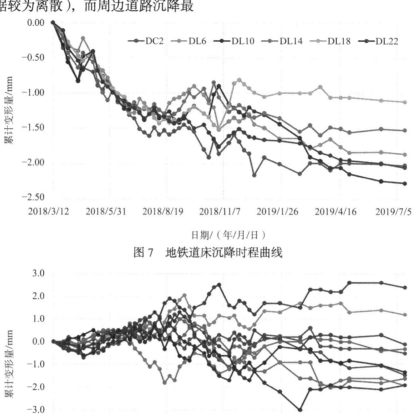

图 7 地铁道床沉降时程曲线

图 8 地铁道床水平位移时程曲线

## 5 结语

本案例采用半落底半悬挂式帷幕（地下连续墙），结合坑内降水，成功解决了地下水抽降对周边环境的影响问题。主要结论如下：

（1）落底式和悬挂式止水帷幕（地下连续墙）区域的基坑变形差异性并不显著。相对于悬挂式止水帷幕区域，落底式止水帷幕基坑区域的地面沉降减少15%左右，但整体沉降量均较小，均在地铁和周边环境对沉降及变形的控制范围内。

（2）在三层地下室深基坑中帷幕采用部分落底（满足地铁相关要求），部分不落底，"以降疏为主，封堵为辅"的地下水治理理念，在确保安全的前提下，对比全落底式帷幕，可取得更大的经济收益，为类似工程提供参考。

# 云南某公路边坡强降雨及地下水作用下的稳定性分析与防治实例

李泽同　段志超　李育红　邵　坤　殷皓涵

（云南建投第一勘察设计有限公司，云南昆明　650102）

## 1　工程概况

云南省为实现公路骨架路网高速化——全面加快出省通边通道和通州（市）高速公路建设，基本建成省内高速公路骨架网络，促进区域经济协调发展。云南省"十二五"规划确定发展目标之一是建设州（市）高速路。云南省将围绕"七出省、四出境"通道建设目标，加快完善高速公路网，重点实施大通道高速公路"断头路"和省际及省州（市）间高速公路连通，同时加快拥挤路段扩能改造。2013 年，云南某市为连通两条高速公路拟建了一条公路。拟建公路全长 34.65km，采用双向四车道高速公路标准新建，设计速度 80km/h，汽车荷载等级：公路—Ⅰ级。路基宽度为 24.50m：行车道宽 2m×2×3.75m，硬路肩宽 2m×2.5m，土路肩宽 2m×0.75m，中间带宽 3.0m。该公路详勘工作于 2014 年 4 月完成。

K25+400～K27+650 公路段穿越低中山缓坡—斜坡地貌，其中 K26+450～K26+520 段左侧靠近山体需进行挖方工程，K26+490 处的开挖深度最大（25.0m）。该段公路边坡设计按坡率法分两级放坡，上台坡率 1:0.50，最大支护高度 13.0m，下台坡率 1:0.50～1:0.75，支护高度 12.0m。该边坡于 2015 年 8 月开挖后，局部坡顶出现开裂变形，边坡处于临界稳定状态，经历强降雨后坡顶裂缝充满水，坡脚有地下水冒出。

为保障公路工程施工质量，确保公路工程正常施工及营运的安全，需加强水对边坡稳定性的影响分析，实施有效的防治措施来规避强降雨和地下水的负面效应，避免公路施工过程中出现滑坡。

## 2　场地工程及水文地质

### 2.1　区域地质

云南省地处我国西南边陲，位于东经 97°31′～106°11′、北纬 21°8′～29°15′之间，北回归线横贯南部，属低纬度内陆地区。地形地貌复杂，山高谷深，地处多地质构造单元并接地带，地质构造复杂，矿产资源丰富，地质灾害频繁，所以各时代地层在不同地区，其发育程度、岩石组合、厚度变化、层序特征、接触关系、古生物组合、沉积岩相与古地理条件、区域变质作用及火山活动等方面差异极大，故山区修建公路难以避开有顺层滑动边坡的路段。

### 2.2　气象水文

云南省气候基本属于亚热带高原季风型，立体气候特点显著，类型众多、年温差小、日温差大、干湿季节分明、气温随地势高低垂直变化异常明显。同时具有寒、温、热（包括亚热）三带气候，有"一山分四季，十里不同天"之说。全省降水的地域分布差异大，最多的地方年降水量可达 2200～2700mm，最少的仅有 584mm，大部分地区年降水量在 1000mm 以上。

拟建公路区域地处云南高原山区，属南亚热带山地季风气候，兼有热带、中亚热带、南温带等气候类型。年平均气温 18.2℃，最热月（6 月）平均气温 22℃，最冷月（1 月）平均气温 12℃，无霜期 334d，年平均降雨量 1700～2200mm，5 月至 10 月为雨季，属湿润降雨量充沛区。当雨水集中下渗至岩层之后，软化岩土强度，岩土的抗剪能力衰减，会形成软弱层，容易形成滑坡[1]。

## 2.3 边坡地层岩性构成

根据地勘报告，边坡场地内构成坡体的岩土类型中等复杂，场地地表部分为人类近期活动形成的地层，其下为第四系坡残积相（Q<sup>dl+el</sup>）的黏性土，下伏基岩为二叠系上统龙潭组（P₂l）的泥质粉砂岩。各岩土层物理力学指标见表1。现按地层结构及代号顺序从上至下简述述如下：

1）近期人类活动形成的地层

①植物层：褐黄、褐灰色，由黏性土混含少许植物根系。结构松散，稍湿。层厚 0.40～0.80m，平均厚度 0.60m，仅在部分地段有分布。边坡开挖后将被挖除。

2）坡残积相（Q<sup>dl+el</sup>）地层

②粉质黏土：褐红、褐红夹灰白色，含少量母

岩碎石及风化碎块，硬塑状态为主，局部坚硬状态，稍湿。无摇振反应、稍有光泽、干强度中等、韧性中等。层顶埋深 0.00～0.80m，层厚 0.50～2.50m，平均厚度 1.85m，该层在大部分地段均有分布。边坡开挖后将被挖除。

3）二叠系上统龙潭组（P₂l）地层

③强—中等风化泥质粉砂岩：褐黄、灰白、紫红色，岩芯绝大部分已风化呈土状、碎块状，干钻可钻进，遇水软化、崩解。节理裂隙发育，岩体较破碎，岩石基本质量等级 V 级。层顶埋深 0.50～2.50m，揭示厚度 15.0～30.0m，未揭穿，整个坡段均有揭露。

经对边坡及周边岩石露头的量测，边坡部位强—中等风化泥质粉砂岩的岩层产状介于213°∠26°～226°∠18°，综合可取 220°∠23°。

**各岩土层物理力学指标**                                    表1

| 地层代号及名称 土层名称 | 土的重度γ/（kN/m³） | 土的饱和重度 γ<sub>sr</sub>/（kN/m³） | 试验方法 | | | | | |
|---|---|---|---|---|---|---|---|---|
| | | | 固结快剪 | | 直剪快剪 | | 浸水快剪 | |
| | | | $c_K$/kPa | $\varphi_K$/° | $c_q$/kPa | $\varphi_q$/° | $c_{q*}$/kPa | $\varphi_{q*}$/° |
| ①植物层 | 17.0* | 17.5* | 28.0* | 9.5* | 25.0* | 9.0* | 22.0* | 7.0* |
| ②粉质黏土 | 17.3 | 17.7 | 48.8 | 14.6 | 26.7 | 11.5 | 24.3 | 10.8 |
| ③强—中等风化 泥质粉砂岩 | 20.0 | 20.3 | 85.0* | 35.0* | 65.0* | 28.0* | c = 50.0* | φ = 22.0* |

注：表中带*为经验值，①植物层岩土参数根据现场土层情况取经验值。

## 2.4 边坡水文地质条件

拟建边坡部位属低中山缓坡—斜坡地貌，场地及周边无地表水体。勘察期间所有钻孔在钻探深度范围内均未见到地下水。受地形地貌控制，雨季大气降水会顺坡面汇流入场地并下渗形成暂时的地下水，后期建设应做好边坡周边的截排水措施，加强完善场地的排水系统。

# 3 公路施工期边坡稳定性分析

## 3.1 边坡形态

本次选取最大开挖深度 K26 + 490 处的边坡坡段进行稳定性分析。经现场调查及量测，在K26 + 490 处的边坡表部的植物层及粉质黏土层已被挖除，属岩质边坡，边坡高度为 25.0m，坡面倾向 165°，坡面倾角 $\beta = 60°$。一裂隙面刚好从坡脚出露，裂隙面产状为 160°∠30°，距坡顶边缘20.20m 处的张裂缝深约 10.0m，具体的边坡形态

见图 1、图 2。

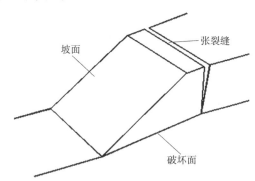

图 1 边坡立面图

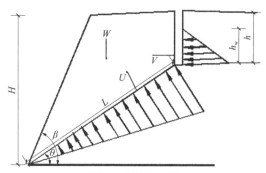

图 2 边坡剖面图

## 3.2 边坡赤平投影稳定性分析

综合前述边坡形态,岩层(M)产状为220°∠23°,边坡坡面(P)产状为165°∠60°,裂隙面(LX1)产状为160°∠30°。边坡赤平投影图见图3。

根据上图c边坡赤平投影图分析,岩层产状与边坡产状及裂隙产状均呈大角度相交,岩层层面对边坡稳定性影响较小,裂隙面(LX1)产状与边坡产状呈小角度相交,组合交棱线位于边坡内侧,对边坡稳定性影响较大,裂隙面与边坡属顺向坡,且裂隙面倾角小于坡脚,系结构面控制的边坡,该边坡具外倾结构面的边坡,属不稳定边坡。

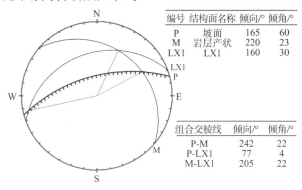

| 编号 | 结构面名称 | 倾向/° | 倾角/° |
|---|---|---|---|
| P | 坡面 | 165 | 60 |
| M | 岩层产状 | 220 | 23 |
| LX1 | LX1 | 160 | 30 |

| 组合交棱线 | 倾向/° | 倾角/° |
|---|---|---|
| P-M | 242 | 22 |
| P-LX1 | 77 | 4 |
| M-LX1 | 205 | 22 |

图 3 边坡赤平投影图

## 3.3 边坡稳定性计算

为分析强降雨对边坡稳定性的影响,取该公路段最大开挖深度 25.0m 的 K26 + 490 处的边坡按已开挖后的边坡形态分一般工况和暴雨工况进行计算,结合地勘报告,边坡稳定性计算岩土参数见表2,其中结构(裂隙)面亦即潜在滑动面饱水前后的抗剪强度参数分别为$c$和$\varphi$、$c'$和$\varphi'$。

边坡稳定性计算岩土参数 表 2

| 计算参数 | 一般工况 | 暴雨工况 |
|---|---|---|
| 边坡高度 | $H = 25.0\text{m}$ | |
| 边坡坡角 | $\beta = 60°$ | |
| 滑面抗剪强度 | $c = 15.6\text{kPa},\ \varphi = 19°$ | $c' = 15\text{kPa},\ \varphi' = 18°$ |
| 滑面倾角 | $\theta = 30°$ | |
| 张裂缝深及水头高 | $h = h_w = 10.0\text{m}$ | |
| 滑面长 | $L = (H - h)/\sin\theta = (25 - 10)/\sin 30° = 30\text{m}$ | |
| 滑体体积 | $F = H/2(2L\cos\theta - H\cos\beta) - L\cos\theta(H - h)/2$ $= 25/2 \times (2 \times 30 \times \cos 30° - 25 \times \cos 60°) - (25 - 10) \times 30 \times \cos 30°$ $= 493.27 - 389.71 = 103.56\text{m}^3/\text{m}$ | |
| 滑体重度 | $\gamma = 20.0\text{kN/m}^3$ | $\gamma_{\text{sat}} = 20.3\text{kN/m}^3$ |
| 滑体重 | $W_1 = 103.56 \times 20.00 = 2071.17\text{kN/m}$ | $W_2 = 103.56 \times 20.30 = 2102.27\text{kN/m}$ |
| 水平水压力 | $V = 1/2\gamma_w \cdot h_w^2 = 0.5 \times 10 \times 10^2 = 500\text{kN/m}$ | |
| 水上举扬压力 | $U = 1/2\gamma_w h_w \cdot L = 0.5 \times 10 \times 10 \times 30 = 1500\text{kN/m}$ | |

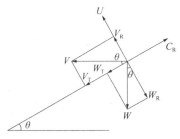

图 4 边坡受力分析图

该边坡(剖面图见图2)受力分析见图4。将 $W$、$V$、$U$、$c_R$ 沿自然坐标轴之滑面$L$轴列极限平衡方程。根据该公路施工期滑坡形态和特征,其属顺向岩质边坡,滑动计算模型为平面滑动[2]。按边坡浸水前后两种工况进行稳定性计算,结果见表3。

| 计算项目 | 一般工况 | 暴雨工况 |
|---|---|---|
| 抗滑力 | $R_1 = W_1 \cos\theta \tan\varphi + cL$<br>$= 2071.17 \times \cos 30° \times \tan 19° + 15.6 \times 30$<br>$= 1085.56\text{kN}$ | $R_2 = (W_2 \cos\theta - U - V \sin\theta)\tan\varphi' + c'L$<br>$= (2102.27 \times \cos 30° - 1500 - 500 \times \sin 30°)\times \tan 18° + 15 \times 30$<br>$= 520.62\text{kN}$ |
| 下滑力 | $T_1 = W_1 \sin\theta = 2071.17 \times \sin 30° = 1035.58\text{kN}$ | $T_2 = W_2 \sin\theta + V \cos\theta = 2102.27 \times \sin 30° + 500 \times \cos 30° = 1484.15\text{kN}$ |
| 稳定系数 | \multicolumn{2}{c}{$Fs =$ 抗滑力/下滑力 $= R/T$} | |
| | $Fs_1 = R_1/T_1 = 1085.56/1035.58 = 1.048$ | $Fs_2 = R_2/T_2 = 520.62/1484.15 = 0.35$ |

根据表3计算结果，公路施工期间，该边坡按原设计开挖后，一般工况下处于临界稳定状态，强降雨后裂隙充满水后，边坡稳定性系数大大降低，边坡处于极不稳定状态。

## 3.4　边坡稳定性分析结论

通过以上公路施工期边坡稳定性计算，强降雨前处于临界稳定状态，降雨后稳定系数大大降低。由此可得出以下结论：公路施工期边坡稳定性受诸多因素的影响，如降雨的强度、边坡的稳定性，以及土体类型、坡面倾角，每一个因素都可能造成滑坡失稳，带来严重的安全威胁。在本公路工程施工过程中，边坡缺乏一定的稳定性，强降雨和地表水转化成地下，水作用下的滑坡危险系数比较高，很容易出现雨水渗漏而致使滑坡恶化，整个滑坡体失去平稳。滑坡的滑动面位置与边坡岩土体的透水性有着一定的关联性，而且滑坡稳定值也受强降雨时间的影响，一般情况下边坡深层失去平稳性，会出现于不透水边界中，其位置和地下水、降雨强度有着密切联系。当然，降雨诱发滑坡需要一定的条件，这就是所谓的临界降雨强度，即造成一个地区大量出现滑坡的最小降雨量。临界降雨强度与一个地区常年降水量有关，即使常年降雨量相对较小，但斜坡有足够的时间产生累积变形，一旦遭遇强降雨，即使不是很强的暴雨也会出现大量滑坡。降雨对滑坡诱发作用不仅与降雨量有关，更与降雨的历时分布、瞬时雨强和滑坡所具有的地质环境有极为密切的关系[3]。

水对边坡稳定性的影响有很多方式，但降雨、地表水的作用大都通过入渗转化成为地下水对坡体的作用来影响边坡的稳定性。龚晓南和沈小克在《地下水控制理论、技术及工程实践》中指出[4]，边坡中的地下水对岩土体及滑动面有以下影响：

1）增加岩土体重量

坡体中地下水位的高低，表现出坡体内的含水量的多少，它直接影响坡体的重量。地下水位升高，坡体中含水量增大，重度增大。从常规的坡体稳定性计算分析可知，坡体重量的增大会产生两方面影响：一方面，增加滑动面的下滑力，致使下滑力力矩增大；另一方面，增加法向作用力，增加抗滑力矩，但下滑力矩的增加比抗滑力矩增加的大，最终的结果仍然使边坡的稳定系数降低。

2）地下水对岩土体产生物理作用

主要表现为润滑作用、软化作用、泥化作用以及结合水的强化作用等。地下水的润滑作用使岩土体的内摩擦角减小。滑带在地下水作用下摩擦力减小，剪应力效应增强，导致滑体沿滑面产生剪切运动。

3）地下水对岩土体产生化学作用

地下水的化学作用在一定程度上会使边坡岩土体强度衰减，结构面c、$\varphi$值降低，甚至会使有节理的岩体逐渐碎裂变得松散，同时导致坡体中地下水径流交替及渗透加剧，对边坡稳定性产生不利的影响。

4）地下水压力改变边坡岩土体的应力状态和力学形状

地下水压力主要通过地下水静水压力和动水压力对岩土体产生作用。由有效应力原理可知，地下水静水压力通过减小岩土体的有效应力而降低岩土体的强度，减小变形体潜在滑动面上的正应力，降低抗滑力。潜在滑动面有地下水活动时，地下水压力作为一种面力对边坡产生浮托力和侧面静水压力。当水位迅速上升时，静水压力急剧增大，潜在滑动面上的抗剪强度减小，有效正应力大幅降低，边坡破坏。当岩土体透水性较好，并且有地下水渗流时，地下水作为一种体力，对边坡产生浮托力和渗透力。地下水水位以下的岩土体受静水压力和动水压力共同作用。此时，静水压力使潜在滑动面上的有效正应力降低，动水压力沿渗流方向使下滑力增大，边坡稳定性降低，发生变形破坏。因此，地下水压力的改变直接影响边坡的稳定状态。

为此，必须加强对强降雨与地下水作用对边坡稳定及公路施工造成的影响的分析，并采取有效措施来防范滑坡的形成，避免滑坡灾害的出现，有效治理滑坡问题，从而保障公路工程施工的顺利开展，实现公路工程施工效益最大化。

## 4 边坡工程治理

### 4.1 边坡工程支护方案

本公路工程边坡采用挡墙＋放坡＋锚杆框格梁的综合治理支护方案。边坡支护剖面示意图见图5。

（1）最上台边坡支护高度为 9.5～10.0m，采用"放坡＋取台＋锚杆框架梁"支护，放坡坡率1：0.75，平台宽度 2.0m；锚杆直径为 25mm（HRB400），锚杆倾角25°，成孔孔径110mm，锚杆长度 15.0m，水平距离 $S_x = 2.5$m，竖向距离 $S_y = 2.3$～2.5m；框架梁采用 300mm×400mm 的 C25 混凝土。

（2）中间台边坡支护高度为 10.0m，采用"放坡＋取台＋锚杆框架梁"支护，放坡坡率1：1.25，平台宽度 2.0m；锚杆直径为 32mm（HRB400），锚杆倾角 25°，成孔孔径 110mm，锚杆长度 15.0～20.0m，水平距离 $S_x = 2.5$m，竖向距离 $S_y = 2.5$m；框架梁采用 400mm×500mm 的 C25 混凝土。

（3）最下台边坡支护高度为 5.0m，采用重力式毛石混凝土挡墙支护。挡墙墙顶宽 0.8m，墙底宽 4.5m，墙底水平夹角 $\alpha$ 为 6°，墙背设置厚300～500mm 反滤层，墙面竖向按 1.5m、水平向 3.0m 梅花形设 2 排泄水孔。

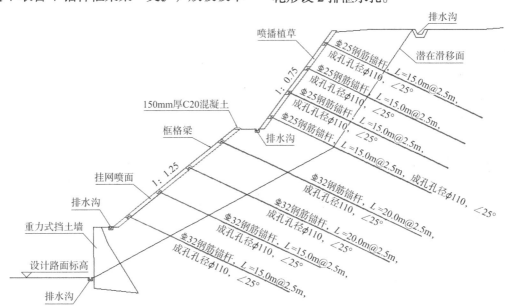

图 5 边坡支护剖面示意图

### 4.2 边坡截排水方案（图6）

边坡工程排水应包括排除坡面水、地下水和减少坡面水下渗等措施。坡面排水、地下排水与减少坡面雨水下渗措施宜统一考虑，并形成相辅相成的排水、防渗体系。

坡面排水应根据汇水面积、降雨强度、历时和径流方向等进行整体规划和布置。边坡影响区内、外的坡面和地表排水系统宜分开布置，自成体系。边坡坡面排水设施应包括截水沟、排水沟、跌水与急流槽等，应结合地形和天然水系进行布设，并做好进出水口的位置选择工作。应采取措施防止截排水沟出现堵塞、溢流、渗漏、淤积、冲刷和冻结等现象。各类坡面排水设施设置的位置、数量和断面尺寸应根据地形条件、降雨强度、历时、分区汇水面积、坡面径流量和坡体内渗出的水量等因素计算分析确定。各类坡面排水沟顶应高出沟内设计水面200mm 以上。

地下排水措施宜根据边坡水文地质和工程地质条件选择，当其在地下水位以上时应采取措施防止渗漏。在设计地下排水设施前应查明场地水文地质条件，获取设计、施工所需的水文地质参数。边坡地下排水设施包括渗流沟、仰斜式排水孔等。地下排水设施的类型、位置及尺寸应根据工程地质和水文地质条件确定，并与坡面排水设施相协调[5]。

根据区域及场地水文资料，本公路边坡路段虽处于降雨丰沛的湿润区，但受地形地貌控制，潜在滑面上下难以形成稳定的地下水水位，故该边坡工程治水着重考虑降水和地表水的截排。拟在边坡坡顶设置截水沟，边坡平台、坡面及坡脚设置排水沟。边坡平台位置排水沟沿各分级坡坡脚在平台内侧设置；坡脚排水沟可采用公路左侧的排水系统，截水沟位置可根据现场实际地形进行调整。截排水沟设计参数见表4。

**截排水沟设计参数** 表4

| 类型 | 截面形式 | 规格 | 备注 |
|---|---|---|---|
| 排水沟 | 矩形 | 内口宽0.4m，深0.60m，沟帮厚0.25m | C20混凝土 |
| 截水沟 | 梯形 | 内口顶宽1m，底宽0.5m，深0.80m，沟帮厚0.25m | C20混凝土 |

设计流量计算，采用中国公路科学研究所经验公式：

$$Q_p = 0.278\varphi S_p F$$

式中：$Q_p$——设计频率地表水汇流量，$m^3/s$；

$\varphi$——径流系数，从《云南水文手册》查取；

$S_p$——设计降雨强度，从《云南水文手册》查取相应数值后计算得出，mm/h；

$F$——汇水面积，从地形图中量得，$km^2$。

设计降雨强度（$S_p$）：1h最大降雨量均值$S_p' = 32.0$mm/h，1h最大降雨量变差系数$C_V = 0.43$，20年一遇（重现期$P = 5\%$），倍比系数$K_p = 1.84$，设计暴雨强度$S_p = 32.0 \times 1.84 = 58.88$mm/h；50年一遇（重现期$P = 2\%$），倍比系数$K_p = 2.18$，校核暴雨强度$S_p = 32.0 \times 2.18 = 69.76$mm/h。

从《云南水文手册》查取径流系数$\varphi = 0.60$，地形图中量得排水沟最大汇水面积约为$F = 0.032km^2$，截水沟最大汇水面积约为$F = 0.072km^2$。

水沟过流量计算公式为：

$$Q = AC(Ri)^{1/2}$$

式中：$Q$——水沟过流量，$m^3/s$；

$A$——过流断面面积，$m^2$；

$C$——流速系数，m/s；$C = R^{1/6}/n$；

$n$——糙率；

$R$——水力半径，m；

$i$——水力坡降。

**截排水沟过流量复核表** 表5

| 类型 | 设计频率地表汇水流量$Q_p$/（$m^3/s$） | 校核频率地表汇水流量$Q_p$/（$m^3/s$） | 计算采用沟底设计最小纵坡$i$ | 糙率$n$ | 设计最大水深/m | 过流断面面积$A/m^2$ | 水力半径/m | 水沟流速/（$m^2/s$） | 水沟过流量$Q$/（$m^3/s$） |
|---|---|---|---|---|---|---|---|---|---|
| 排水沟 | 0.344 | 0.372 | 0.05 | 0.015 | 0.35 | 0.140 | 0.127 | 3.772 | 0.528 |
| 截水沟 | 0.412 | 0.836 | 0.05 | 0.025 | 0.45 | 0.326 | 0.217 | 3.226 | 1.052 |

计算结果（表5）：过流量$Q >$设计频率和校核频率汇水量$Q_p$，水沟截面满足设计要求。

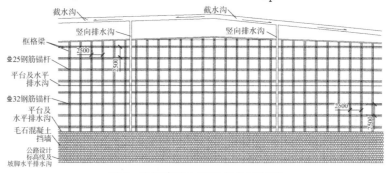

图6 边坡支护立面及排水示意图

## 5 治理效果

该段公路路堑边坡为顺向岩质边坡，公路施工期开挖坡脚时在坡顶产生卸荷裂隙——张裂缝，为地表水下渗提供有利的通道，顺坡向的风化裂隙面为地下水的径流排泄提供了途径，致使坡体变形。通过现场详细的地质调查分析，准确推断潜在滑裂面，从而为后续的边坡治理设计和施工提供了翔实的资料。采用"分台＋锚杆框格梁＋

重力式挡墙"的边坡治理支护方案。穿越潜在滑裂面的锚杆与坡面的框格梁为已变形的岩体提供了充足的锚固力，牢固的坡脚重力式毛石混凝土挡墙为边坡岩体提供了强大的支挡力，及时地防止边坡变形进一步发展导致滑坡产生。采用"坡顶截水沟＋坡面分台和坡脚横纵排水沟＋重力式挡墙泄水孔"的截排水方案。完善的截排水系统使强降雨、地表水及地下水得到了有效地的治理，达到了边坡治水的效果，成功地规避强降雨和地下水的负面效应。该边坡于 2015 年 10 月治理完成，坡体变形得到了控制，并经历了几个雨季的考验，其工程治理效果是理想的。

# 6 结论

## 6.1 边坡稳定性影响因素

边坡是否稳定受多种因素的影响，主要有：

（1）岩土性质的影响，包括岩土的坚硬程度、抗风化能力、抗软化能力、强度、组成、透水性等；

（2）岩层的构造与结构的影响，表现在节理裂隙的发育程度及其分布规律、结构面的胶结情况、软弱面和破碎带的分布与边坡的关系、下伏岩土界面的形态以及坡向坡角等；

（3）水文地质条件的影响，包括地下水的埋藏条件、地下水的流动及动态变化等；

（4）地貌因素，如边坡的高度、坡度和形态等；

（5）风化作用的影响，主要体现为风化作用将减弱岩土的强度，改变地下水的动态；

（6）气候作用的影响，气候引起岩土风化速度、风化厚度以及岩石风化后的机械、化学变化，同时引起地下水（降水）作用的变化；

（7）地震作用除了使岩土体增加下滑力外，还常常引起孔隙水压力的增加和岩土体的强度的降低；另外开挖、填筑和堆载等人为因素同样可能造成边坡的失稳。

## 6.2 水对边坡稳定性的作用

在诸多影响公路施工期边坡稳定性的因素中，水是致滑的主要因素之一，俗话说"十滑九水，治坡先治水"，水在边坡的变形破坏中起着举足轻重的作用。据资料统计，90%左右的边坡破坏（滑坡）均发生在雨季，尤其是暴雨、连续雨或是地下水的参与，这充分说明了水是影响边坡稳定性的重要因素。当雨水集中下渗至岩层之后，软化岩土强度，岩土的抗剪能力衰减，会形成软弱层，容易形成滑坡。

强降雨和地表水的作用大都通过入渗转化成为地下水对坡体的作用来影响边坡的稳定性，随着降雨量的增加，地下水日渐丰富后，地下水位升高，动、静水压力作用加强，坡体中岩土体含水量增大，重度增大，岩土体抗剪强度降低，裂隙静水压力增大，岩层层面扬压力或土体渗透压力增大，有效应力降低等，致使边坡稳定性大大降低，进而加剧滑体的下滑速率。

总而言之，要加强对强降雨和地下水的作用影响的分析，并采取有效的、相应的截排水措施治水，以提高公路施工期的安全性，避免出现滑坡灾害，危害人们的生命财产安全。

## 参考文献

[1] 汪丁建, 唐辉明, 李长冬, 等. 强降雨作用下堆积层滑坡稳定性分析[J]. 岩土力学, 2016, 37(2): 140-146.

[2] 化建新, 郑建国. 工程地质手册(第五版)[M]. 北京: 中国建筑工业出版社, 2018.

[3] 马惠民, 吴红刚. 山区高速公路高边坡病害防治实践[J]. 铁道工程学报, 2011, 28(7): 34-41.

[4] 龚晓南, 沈小克. 地下水控制理论、技术及工程实践[M]. 北京: 中国建筑工业出版社, 2020.

[5] 中华人民共和国住房和城乡建设部. 建筑边坡工程技术规范: GB 50330—2013[S]. 北京: 中国建筑工业出版社, 2013.

# 重庆某高边坡景观墙挡墙方案设计

赵继涛　郭志强　李良成

（机械工业第四设计研究院有限公司，河南洛阳　471000）

## 1　工程概况

本高边坡工程位于重庆两江工业开发区内，高边坡景观墙位于厂区东北角机场东联络线及康顺路交接处，高差 12m 左右，景观墙长 30m，回填土厚度 25m 左右，景观挡墙两侧与格构梁护坡相接。本工程区域及周边回填土质量差，厚度大，坡度陡，场地地质条件差，重庆雨频及量大，景观挡墙对变形控制要求高。根据本工程的特点及结合经验，本工程打破传统的一体化设计方案，采用边坡稳定性与景观墙稳定性分开考虑的方式，即景观墙下桩基础承担竖向荷载、风荷载及地震荷载，不承担水平向土压力；边坡稳定采用加筋土钉的方式设计。边坡顶部与景观墙顶部之间的空间采用预制板覆盖。该景观挡墙设计方案经济合理。

## 2　场地岩土工程条件

### 2.1　地形及地貌

场区原始地貌单元属剥蚀丘陵地貌，现状地形经人工挖填平整改造，景观挡墙区域及周边为人工填土形成的边坡，填土为碎石堆筑而成，松散，局部有架空现象。人工填土 25m 左右，坡顶与坡底高差为 12m 左右。

### 2.2　地层结构

本次勘察查明，场地主要为第四系全新统人工素填土（$Q_4^{ml}$）覆盖，场地部分原始低洼地段下伏厚度不等的残坡积粉质黏土。钻探揭露的场地基岩地层为侏罗系中统沙溪庙组（J2s）泥岩、砂岩，伏于土层下。现由新至老对场区地层分述如下：

（1）①素填土（$Q_4^{ml}$），红褐色、褐色、浅灰黄色、杂色，稍湿，松散，主要由泥岩、砂岩碎块及粉末和少量黏性土组成，性质不均，组成粒径不均，级配差，局部有架空现象。钻探时有卡钻现象，为近期人工平场所填，回填年限一年左右，填土碎块石一般粒径 100～600mm，最大粒径大于 1000mm，为场地内地势高的岩石山体爆破形成的中等风化砂岩、泥岩碎块混杂及粉末和少量黏性土回填，土石比 3∶7～1∶9，场地建筑范围内都有分布，一般孔揭露厚度 0.00～52.5m。

（2）②粉质黏土（$Q_4^{el+dl}$），红褐色、褐灰色、灰黄色，可塑—硬塑状，土质不均，局部夹有少量植物根系及腐殖质，有腥味，切面光滑、细腻，稍有光泽，韧性中等，干强度中等，无摇振反应，为残坡积土。一般厚度 0.0～7.2m，层顶标高 271.71～285.24m。

（3）③泥岩（J2s-Ms），根据其风化破碎程度可分为：强风化泥岩，红褐色、紫红色，主要由黏土矿物组成，含长石、云母，泥质结构为主，风化强烈，风化裂隙发育，岩芯破碎，呈碎块状、厚片状、散砂状，岩质极软，手捏易碎；一般厚度 0.50～4.80m，层顶标高 249.50～284.84m。中等风化泥岩，红褐色、紫红色，主要由黏土矿物组成，含长石、云母，以泥质结构为主，局部泥质粉砂质结构，薄层—中厚层构造。局部可见深绿色钙质结核，砂质含量不均，夹砂岩薄层透镜体。岩质软硬不均，分布无规律，岩相变化大，以极软岩为主，局部为软岩。岩芯较完整，呈短柱状，少量碎块状和长柱状。手不易折断岩芯块，锤击声较哑。分布于场地内大部分地段，为场地主要岩性。与砂岩岩性呈渐变过渡。该层一般揭露厚度 0.70～15.70m，层顶标高 245.68～286.28m。

各岩土层详见图 1 工程地质剖面示意图。

获奖项目：2018 年河南省优秀勘察设计创新奖三等奖。

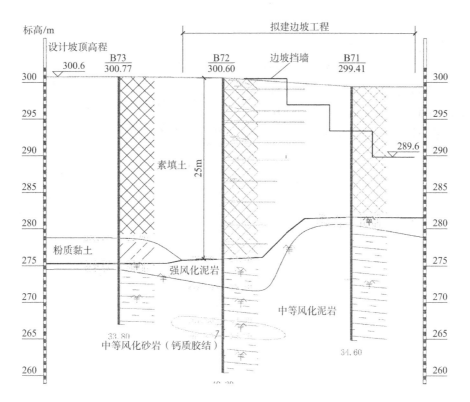

图 1  工程地质剖面示意图

## 2.3  土层参数指标

素填土压实系数不小于 0.95，加筋土钉土层设计参数见表 1。

加筋土钉土层设计参数  表 1

| 层号与层名 | 重度γ/（kN/m³） | 黏聚力c/kPa | 内摩擦角φ/° | $q_{sik}$/kPa | 备注 |
|---|---|---|---|---|---|
| ①素填土 | 18.0 | 12.0 | 18.0 | 60.0 | |

注：$q_{sik}$为土钉锚固体与土体极限粘结强度标准值。

## 2.4  地下水

场地原始地形高差起伏大，有利于场区地表水向场区外排泄，场地内无地表水。覆盖层部分地段以弱透水的粉质黏土和后回填的土层为主，下伏地层为相对隔水的基岩。因此，场区地形、地层结构不利于地下水的存储。受大气降水、施工用水或原始沟塘回填前排水不彻底的影响，场地填土层、粉质黏土、基岩裂隙和爆破影响带中可能存在少量季节性地下水，地下水类型属于松散层孔隙水及基岩裂隙水。尤其原始冲沟底部地段易汇集上游的地表、地下水，致使局部地段水量偏大。

## 3  景观挡墙方案

### 3.1  方案对比

本项目景观挡墙区域及周边回填质量差，填

土厚（24m 以上），坡高（12m 以上），场地地质条件差，重庆雨频及量大，景观挡墙变形控制要求高。通常情况下采用桩锚、重力式挡墙、扶壁式挡墙、桩板式挡墙方案。

（1）桩锚：桩锚支护是高边坡的一种重要的支护方法，其综合了抗滑桩和锚索的支护原理，即阻挡基坑边坡下滑的抗滑力主要来源于锚杆所提供的锚固力和抗滑桩提供的阻滑力。桩锚支护体系主要由护坡桩、锚杆、钢筋混凝土腰梁等组成，通过锚固于稳定土层内锚杆的抗拔力给护坡桩提供锚拉力，以减少护坡桩的内力与位移。对于本设计地层情况，考虑到填土后期沉降大，易导致锚索锚固体开裂，钢绞线腐蚀，耐久性及抗拔承载力无法满足，成本较高。

（2）重力式挡墙：一般由块石、片石等砌筑而成，依靠自身的重力来抵抗墙背土压力。由于本地层填土厚，整体稳定性及地基承载力无法满足要求。

（3）扶壁式挡墙：扶壁式挡墙有立板、底板及扶壁三部分组成，底板分为墙趾板及墙踵板。通过扶壁将立板与底板连接起来，提高其刚度及整体稳定性，一般由钢筋混凝土浇筑而成。特点是构造简单、施工方便，墙身断面较小，可以较好地发挥材料的强度性能，能适应承载力较低的地基。对于本项目，地基承载不满足规范要求，若采用地基处理或桩基础，成本造价高。

（4）桩板式挡墙：桩和面板连接成整体来抵挡墙背土压力，由抗滑桩、桩间挡土板或锚杆等组成。对于本地层，锚杆适宜性差且成本高。

### 3.2 方案选型

本设计打破了传统的设计模式（挡墙不仅要承担结构、装饰自重荷载、风荷载及地震荷载，而且要承担土压力荷载）。本项目景观挡墙设计采用"挡墙边坡稳定一分为二"的理念，采用边坡稳定性与景观墙设计分开独立考虑的方式，景观墙采用框架结构，基础采用旋挖灌注桩基础，桩基只承担填充砌体、结构、装饰自重的竖向荷载，风荷载及地震荷载，不承担回填土的土压力。土钉墙（加筋土挡墙）承当土压力，通过土钉墙支护控制边坡土体的水平位移。景观墙与土钉墙（加筋土挡墙）之间具有一定水平向空间。

### 3.3 方案设计

1）土钉墙（加筋土挡墙）设计

景观挡墙高度为12.0m，中间分两个台阶，台阶平台宽度5.75m，挡墙共分三层，自上而下分别为第一层、第二层、第三层挡墙，每层高度4.0m，挡墙坡度为1∶0.1放坡。第一层加筋土钉挡墙从上到下土钉共四排，排间距为1.0m，加筋土钉水平间距为1.0m，长度均为6.0m，平行坡面方向土钉间距1.0m，长度为坡面长度，水平方向布置5排土钉，土钉采用直径22mm三级钢；第二层加筋挡墙土钉从上到下土钉共四排，排间距为1.0m，加筋土钉水平间距为1.0m，土钉长度分别为11.5m、8.5m、8.5m、8.5m，土钉采用直径$\Phi$22；第三层加筋土钉挡墙从上到下共四排土钉，排间距为1.0m，加筋土钉水平间距为1.0m，土钉长度分别为11.5m、8.5m、8.5m、8.5m，土钉采用直径$\Phi$22。土钉墙（加筋土挡墙）剖面图详见图2。面层厚度200mm，面层钢筋网片为直径$\Phi$8mm，双层双向布置，间距150mm，面层横向加强筋采用直径$\Phi$18，加筋土钉单侧布置，面层竖向加强筋采用直径$\Phi$14，加筋土钉两侧布置。土钉墙（加筋土挡墙）土钉立面图详见图3。

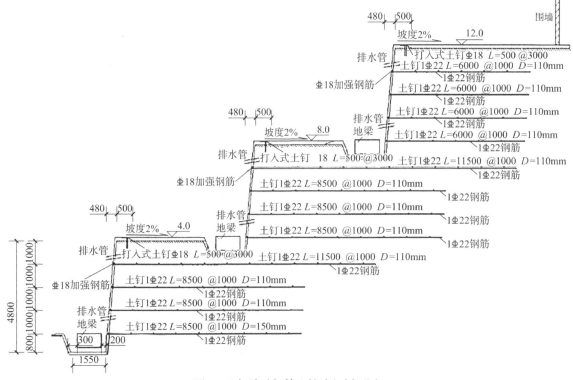

图2　土钉墙（加筋土挡墙）剖面图

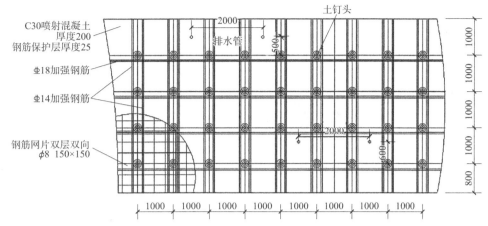

图 3 土钉墙（加筋土挡墙）土钉立面图

土层分层碾压，1m 深度分四层碾压，碾压到布置土钉深度时，开梯形槽，下底宽 100mm，上部宽 150mm，开完槽后放置土钉，间距 2000mm 布置对中支架；土钉两方向十字交叉处用钢筋绑扎固定，最后浇筑 C30 混凝土，加筋挡墙土钉做法见图 4 加筋挡墙土钉构造图，加筋挡墙土钉现场施工照片见图 5。

2）景观墙设计

景观墙采用框架结构，基础采用桩基础，效果图见图 6。

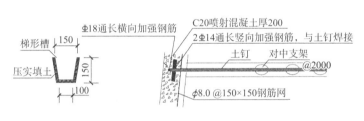

图 4 加筋挡墙土钉构造图

图 5 加筋挡墙土钉现场施工照片

图 6 景观墙效果图

桩基础采用旋挖成孔灌注桩，采用干作业法

施工，桩直径 900mm，钢筋为 12$\pm$22，采用 C30 混凝土，单桩竖向承载力特征值 ≥ 800kN，嵌岩（中风化岩）深度不小于 2.5m，保护层厚度 50mm，桩平面布置图见图 7。地梁采用 C30 混凝土，尺寸 $b \times h = 1050mm \times 600mm$，地梁平面布置图见图 8。地梁、框架柱配筋图见图 9。框架梁平面布置图见图 10。框架梁立面、截面图见图 11。填充墙采用 MU20 实心砖，M10 水泥砂浆砌筑，墙与梁底交接处构造做法，柱与砌体墙拉结筋做法见图 12。

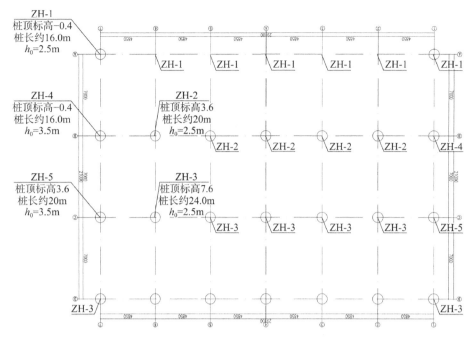

注：本建筑物的±0.000相当于绝对标高287.900m。

图 7　桩平面布置图

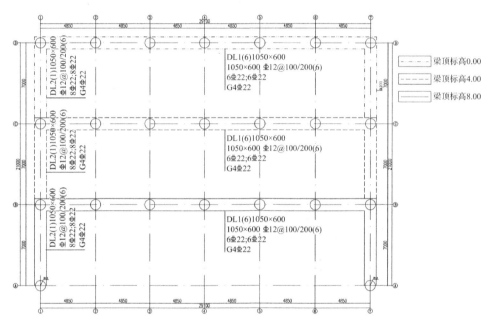

图 8　地梁平面布置图

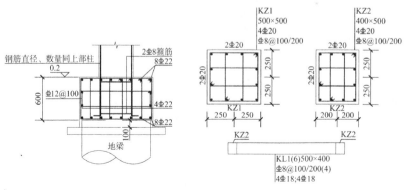

图 9　地梁、框架柱配筋图

1294

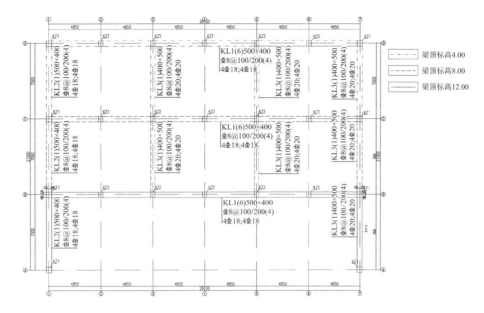

图 10　框架梁平面布置图

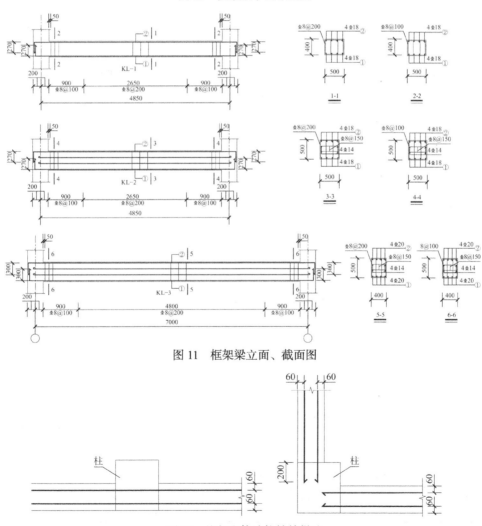

图 11　框架梁立面、截面图

图 12　柱与砌体墙拉结筋做法

3）景观墙与土钉墙间预留 40cm 的空隙，防　　见图 13。
止边坡变形对景观墙产生影响，景观挡墙立面图

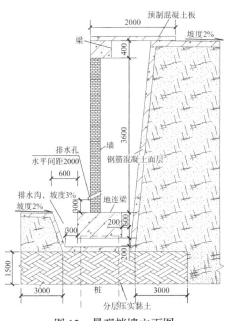

图 13 景观挡墙立面图

## 3.4 监测结果

根据景观挡墙设计方案和相关规范要求，确定本边坡两项监测内容，分别是 9 个位移观测点（水平、竖向），6 个景观墙沉降观测点。位移观测点分别布置在坡顶与平台上，坡顶布置 3 个，每个平台布置 3 个，共计 9 个；景观墙沉降点布置在框架梁上，坡顶框架梁 2 个，每个平台框架梁 2 个，共计 6 个。从景观挡墙施工完成开始监测，共计观测时间 572d，观测次数为 62 次，在观测过程中，各项监测内容最大变形值均未超过预警值，具体见图 14 及表 2。

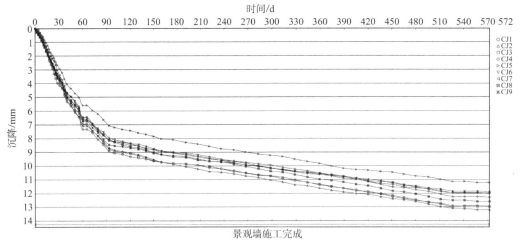

图 14 景观墙位移沉降变化曲线

加筋土钉挡墙水平竖向位移统计表 表 2

| 类型 | 点数 | 观测次数 | 累计变形量/mm | | | 平均沉降速率/（mm/d） |
| --- | --- | --- | --- | --- | --- | --- |
| | | | 最大 | 最小 | 平均 | |
| 水平位移 | 9 | 62 | 11.5 | 9.3 | 10.4 | 0.0182 |
| 竖向位移 | 9 | 62 | 13.18 | 11.22 | 12.34 | 0.0216 |

从表 2 分析可知，变形最大值均未超过预警值，变形最大值和最小值之差也很小，可见在整个变形监测期间，对景观挡墙的监测是有效的，边坡变形及景观墙变形在设计要求控制范围之内，没有影响景观墙、围墙及管网等的正常使用，达到了预期效果。

## 4 经济、社会效益

对于环境条件复杂、变形控制要求高的景观墙，本方案具有工期短、成本低的优点，同传统的景观墙设计方案相比，工期缩短了一半，节约灌注桩工程量 60%，整体节约成本 40%。景观墙施工完成图见图 15。

图 15　景观挡墙施工完成图

## 5 结语

景观挡墙的方案选择很重要，正确的方案选择在保证景观墙、边坡及周边构筑物安全、正常使用的情况下，不仅能缩短工期，而且能节约建设资金。本景观挡墙方案不仅达到了所有预期的功能、效果，而且美观，与周围环境协调，为以后类似环境条件复杂的景观挡墙设计积累了宝贵经验。

## 参考文献

[1] 中华人民共和国住房和城乡建设部. 建筑结构可靠性设计统一标准: GB 50068—2018[S]. 中国建筑工业出版社, 2019.

[2] 中华人民共和国住房和城乡建设部. 建筑结构荷载规范: GB 50009—2012[S]. 中国建筑工业出版社, 2012.

[3] 中华人民共和国住房和城乡建设部. 建筑抗震设计规范: GB 50011—2010[S]. 中国建筑工业出版社, 2016.

[4] 中华人民共和国住房和城乡建设部. 混凝土结构设计规范: GB 50010—2010[S]. 中国建筑工业出版社, 2016.

[5] 中华人民共和国住房和城乡建设部. 建筑地基基础设计规范: GB 50007—2011[S]. 中国建筑工业出版社, 2012.

[6] 中华人民共和国住房和城乡建设部. 砌体结构设计规范: GB 50003—2011[S]. 中国建筑工业出版社, 2012.

[7] 中华人民共和国住房和城乡建设部. 砌体工程施工质量验收规范: GB 50203—2011[S]. 中国建筑工业出版社, 2011.

[8] 中华人民共和国住房和城乡建设部. 建筑地基基础工程施工质量验收标准: GB 50202—2018[S]. 中国计划出版社, 2018

[9] 中华人民共和国住房和城乡建设部. 建筑桩基技术规范: JGJ 94—2008[S]. 中国建筑工业出版社, 2008.

# 中国·红岛会议展览中心基坑工程实录

聂宁[1]　张军舰[1,2]　王宇[3]　辛兆锋[3]　李鹏[1]

（1. 青岛市勘察测绘研究院，山东青岛　266032；
2. 岩土科技股份有限公司，浙江杭州　311401；
3. 青岛国信建设投资有限公司，山东青岛　266000）

## 1　工程概况

中国·红岛国际会议展览中心定位为环渤海地区有竞争力的第五代会展经济综合体，被誉为"青岛新'窗'"，是山东省新旧动能转换重大项目库第一批优选项目，也是青岛市"一带一路"建设重点项目和国际时尚城建设的重要载体之一。项目建设单位为青岛国信红岛国际会议展览中心有限公司，设计单位为德国 GMP 设计公司和中国建筑科学研究院，勘察单位为青岛市勘察测绘研究院，施工单位为青建集团股份有限公司。项目于 2016 年 7 月开工建设，2019 年 5 月竣工，荣获了 2019 年度全国工程优秀勘察设计三等奖、2020—2021 年度第一批中国建设工程鲁班奖、第十九届中国土木工程詹天佑奖。

中国·红岛会展中心项目位于山东省青岛市红岛经济区，胶州湾北部，项目位置图见图 1。项目总投资约 67 亿元，占地面积约 29 万 m²，总建筑面积 45.5 万 m²，其中地上 35.5 万 m²，地下 10 万 m²。

图 1　项目位置图

项目效果图见图 2，中厅（入口大厅）处剖面图见图 3。拟建基坑总平面图见图 4，拟建基坑信息见表 1。

图 2　项目效果图

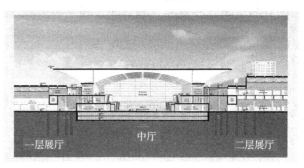

图 3　中厅（入口大厅）处剖面图

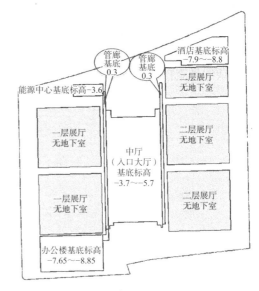

图 4　拟建基坑总平面图

拟建基坑信息　　　　　　　表 1

| 拟建基坑名称 | 支护长度/m | 开挖深度/m | 基坑安全等级 | 备注 |
|---|---|---|---|---|
| 办公楼 | 468 | 10.7～11.9 | 一级 | |
| 中厅（入口大厅） | 760 | 7.9～8.8 | 二级 | |

| 拟建基坑名称 | 支护长度/m | 开挖深度/m | 基坑安全等级 | 备注 |
|---|---|---|---|---|
| 酒店 | 419 | 10.9~11.8 | 一级 | |
| 能源中心 | 300 | 8.0~8.2 | 二级 | |
| 连接通道（管廊） | 650 | 3.2 | 三级 | |

# 2 岩土工程条件

项目位于山东省青岛市胶州湾北侧，地貌单元属滨海浅滩。胶州湾形成于新生代喜马拉雅山运动，新构造运动对其发育起决定作用，以胶州湾断陷盆地为中心，湾的周围相对隆起，除湾口附近水深50~60m外，其余基本为水深小于20m的浅海盆地。

场区原始地形北侧为陆地，地面标高 2.0~3.0m，南侧为坝埂分割的养殖池，养殖池内水面标高 1.0~2.0m，水深 0.5~1.0m。后于 2015 年 11 月—2016 年 3 月回填形成现有场地，回填后场区大面标高 3.0~3.5m，施工道路标高 4.0~5.5m。场区回填前地形图见图 5。

根据钻探揭露，场区第四系主要由全新统人工填土（$Q_4^{ml}$）、全新统海相沼泽化层（$Q_4^{mh}$）及上更新统洪冲积层（$Q_3^{al+pl}$）组成，基岩主要为白垩系青山群安山岩（$K_1Q$）。依据《山东省青岛市区第四系层序划分》标准地层层序编号，揭露岩土层自

上而下主要为：第①$_1$层粗颗粒素填土、第①$_2$层黏性土素填土、第①$_3$层淤泥质填土、第⑥$_1$层淤泥、第⑥$_2$层淤泥质黏土、第⑪$_1$层黏土、第⑪层黏土、第⑮层安山岩全风化带、第⑯$_1$层安山岩强风化上亚带、第⑯$_2$层安山岩强风化下亚带、第⑰层安山岩中等风化带。各岩土层物理力学参数见表2。

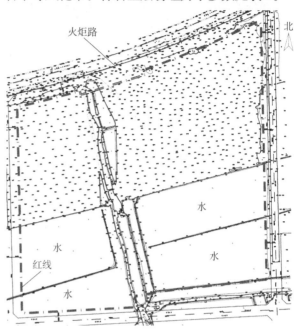

图 5 场区回填前地形图

场区地下水类型主要为第①层填土中的孔隙潜水和基岩中的基岩裂隙水，稳定水位埋深0.10~2.10m，水位标高0.71~3.43m，场区地下水主要接受大气降水补给，年变幅为1~2m。

各岩土层物理力学参数 表2

| 地层 | 重度/（kN/m³） | 黏聚力/kPa | 内摩擦角/° | 锚杆极限粘结强度标准值 | | 渗透系数/（m/d） |
|---|---|---|---|---|---|---|
| | | | | 一次常压注浆 | 二次高压注浆 | |
| 粗颗粒素填土 | 20 | 0 | 20 | 20 | — | 15 |
| 黏性土素填土 | 18 | 5 | 5 | 15 | — | 0.05 |
| 淤泥质填土 | 17 | 5 | 3 | 10 | — | 0.001 |
| 淤泥 | 16.9 | 5.2 | 2.8 | 10 | — | $3.7 \times 10^{-4}$ |
| 淤泥质黏土 | 17.4 | 5.6 | 3 | 10 | — | $5.8 \times 10^{-4}$ |
| 黏土 | 19.7 | 26.4 | 12.5 | 40 | 50 | 0.02 |
| 黏土 | 19.9 | 36.7 | 15.7 | 60 | 80 | 0.02 |
| 安山岩全风化 | 22 | — | 35 | 100 | 130 | 0.05 |
| 安山岩强风化上亚带 | 23 | — | 40 | 160 | 200 | 0.05 |
| 安山岩强风化下亚带 | 24 | — | 45 | 200 | 250 | 0.05 |
| 安山岩中风化 | 25 | — | 50 | 400 | — | 0.05 |

## 3 环境条件

本工程建筑群毗邻分布，多有连通，且各基坑及坡顶建筑物同步施工，交叉施工干扰大。基坑外侧有部分桩基先于支护施工，基坑外 25m 范围线外之展厅区域桩基础及结构与基坑同步施工，仅基坑外 25m 范围线内展厅区域桩基础及结构部分等基坑回填后施工，基坑周边环境复杂。基坑环境平面图见图 6。

## 4 岩土工程问题分析

本项目所面临的岩土工程问题主要如下：

（1）基坑开挖支护涉及近期回填的杂填土及淤泥、淤泥质黏土，力学性质极差，稳定性差。

（2）基坑周边先行施工部分桩基础，对基坑边坡位移要求较严格。

（3）展厅桩基及结构与基坑同时施工，基坑周边布设施工道路，坡顶荷载大，相互干扰大。

（4）基坑开挖较深，局部土层较薄，下覆基岩较浅，为土岩组合二元地层。

## 5 基坑支护方案

软土地区深基坑一般采用垂直开挖、支护方案。根据地层情况，岩面埋深较深区域围护构件选用 SMW 工法桩、岩面埋深较浅区域围护构件选用钻孔灌注桩。

基坑支护阶段结构方案还在优化调整中，酒店、办公楼、中厅均不具备采用内支撑支护条件，支撑构件选用锚索。能源中心结构简单具备采用内支撑支护条件。为减少锚索对基坑边 25m 范围桩基后期施工影响，锚杆采用可拆卸的压力分散型锚索（后局部变更为囊式扩体可回收锚索），其他未有影响区域采用普通拉力型锚索。酒店、中厅均设置一道锚索，办公楼灌注桩区域设置一道锚索，SMW 工法桩区域设置两道锚索。各基坑典型剖面见图 7～图 11。

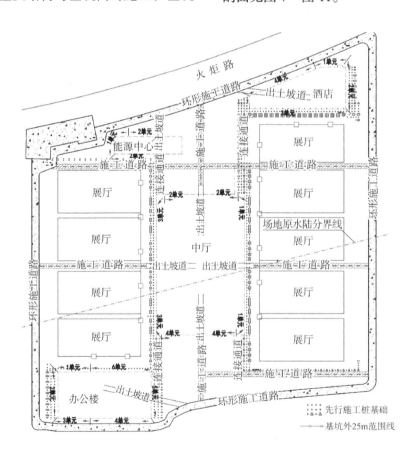

图 6　基坑环境平面图

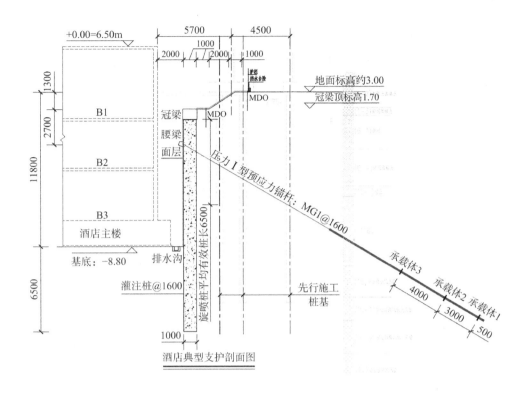

图 7　酒店典型支护剖面

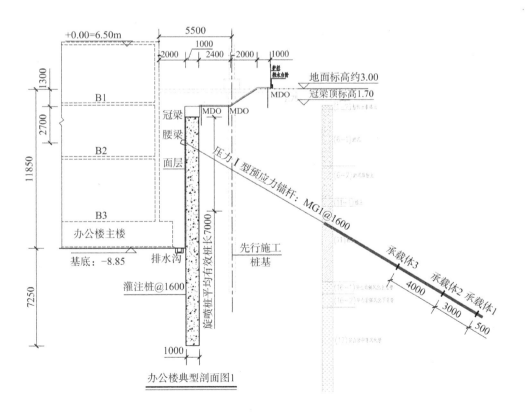

图 8　办公楼典型支护剖面（一）

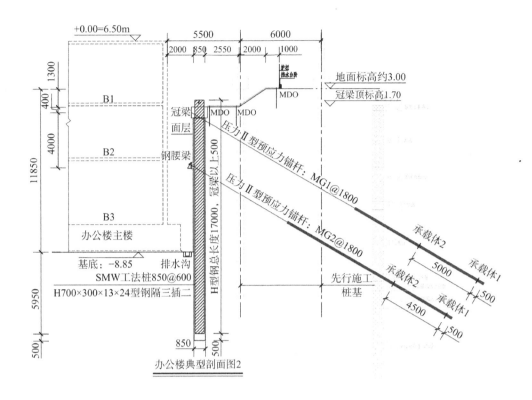

图9 办公楼典型支护剖面（二）

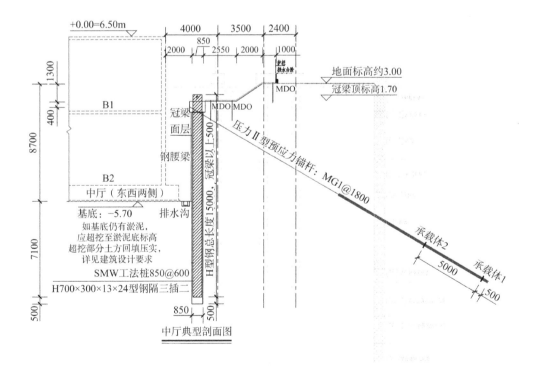

图10 中厅典型支护剖面

1302

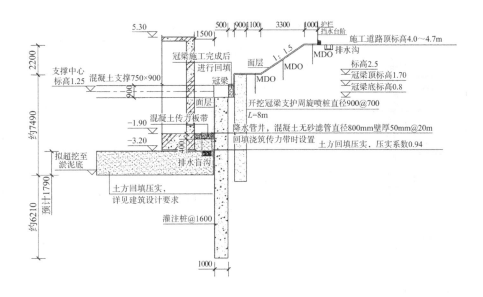

图 11　能源中心典型支护剖面

# 6　实施情况分析

## 6.1　酒店基坑

表 3、表 4 为酒店基坑锚杆轴力和冠梁顶水平位移计算值、最终监测值对比表，从表中可以看出，除 1 单元锚杆轴力监测值小于预应力值外，其他均大于预应力值，监测值为计算标准值的 0.57～0.85 倍(3 单元监测点 2 由于后期基坑外桩基施工扰动，致使锚杆轴力由 500kN 增大至 602kN )。桩锚支护结构按照建筑基坑支护技术规程[1]采用平面杆系结构弹性支点法计算，支护土压力采用朗肯主动土压力，支护桩嵌固段土体支反力采用被动土压力。实际锚杆轴力监测值为按主动土压力计算标准值的 57%～85%，说明实际支护土压力小于计算主动土压力，支护桩侧向刚度和锚杆预应力的施加可使土体潜在滑裂面前移而减少土压力。

支护桩冠梁水平位移绝对值为 21.3～39.3mm，为开挖深度的 1.8‰～3.33‰（3 单元监测点 2 由于后期基坑外桩基施工扰动，致使冠梁水平位移由 37mm 增大至 49.1mm )，基本接近建筑基坑工程监测技术标准[2]的预警值：绝对值20～30mm，相对基坑开挖深度 2.0‰～3.0‰。2 单元支护桩在施工时，突遇岩石承压水无法施工至设计桩长，后该单元桩长减少 2.5m，并增加一道锚索，故 4 单元冠梁顶水平位移并不大。

但锚杆轴力值及变化趋势相对于冠梁水平位移值及变化趋势并没有较好的对应性，1 单元和 4 单元尤为明显，虽然锚杆竖向位置较冠梁低 2.7m。冠梁水平刚度和锚杆预应力值对支护桩的水平位移值和位移曲线形状具有较大影响。当预应力值一定时，冠梁水平刚度取值较低，计算出的支护桩水平位移曲线形状基本呈倒三角形；若适当增大冠梁刚度，支护桩水平位移曲线形状基本呈上部（冠梁至锚杆处）矩形、下部倒三角形；若冠梁刚度很大，则基本呈两端小、中间大的弯弓形。监测过程会有一些干扰影响，但其数值总体反映了支护结构整体工作性状。从监测数值可以看出，冠梁水平刚度取值并不完全合理，但合适的冠梁刚度一般很难确定，仍需要进一步研究。

酒店基坑锚杆轴力计算值、监测值　　　　　　　　　　表 3

| 单元 | | 标准值/kN | 预加力/kN | 监测值/kN | 监测值/标准值 |
|---|---|---|---|---|---|
| 1 单元 | | 560 | 300 | 213 | 0.38 |
| 2 单元 MG1 | | 485 | 250 | 276 | 0.57 |
| 3 单元 | 监测点 1 | 590 | 300 | 430 | 0.73 |
| | 监测点 2 | | | 500（602） | 0.85（1.02） |
| 4 单元 | | 540 | 300 | 398 | 0.73 |

| 酒店基坑冠梁水平位移计算值、监测值 | | | | | 表 4 |
|---|---|---|---|---|---|
| 单元 | | 计算值/mm | 监测绝对值/mm | 监测绝对值/计算值 | 监测相对值（H‰） |
| 1 单元 | | 58.94 | 39.3 | 0.67 | 3.33 |
| 2 单元 | | 48.37 | 22.5 | 0.47 | 1.90 |
| 3 单元 | 监测点 1 | 50.83 | 38.0 | 0.75 | 3.20 |
| | 监测点 2 | | 37.0（49.1） | 0.73（0.97） | 3.12（4.14） |
| 4 单元 | | 43.89 | 21.3 | 0.49 | 1.80 |

## 6.2 中厅基坑

表 5、表 6 为中厅基坑锚杆轴力和冠梁顶水平位移计算值、最终监测值对比表，从表中可以看出，由于 3 单元监测点 2 和 4 单元位于原场地回填水域区，故其锚杆轴力监测值偏大达到标准值的 0.89～0.97 倍，其他锚杆轴力监测值为标准值的 0.68～0.75 倍。SMW 工法桩＋锚杆支护结构亦采用平面杆系结构弹性支点法计算，从锚杆轴力监测值看，SMW 工法桩和锚杆预应力的施加可同样使土体潜在滑裂面前移而减少土压力。

支护桩冠梁水平位移绝对值为 21.3～38.2mm，为开挖深度的 2.66‰～4.39‰，基本接近或稍大于建筑基坑工程监测技术标准[2]的预警值。但锚杆轴力值及变化趋势相对于冠梁水平位移值及变化趋势对应性，除 3 单元监测点 2 外，均较酒店基坑桩锚支护结构更好一些。

| 中厅基坑锚杆轴力计算值、监测值 | | | | | 表 5 |
|---|---|---|---|---|---|
| 单元 | | 标准值/kN | 预加力/kN | 监测值/kN | 监测值/标准值 |
| 1 单元 | 监测点 1 | 370 | 200 | 252 | 0.68 |
| | 监测点 2 | | | 278 | 0.75 |
| 2 单元 | | 350 | 200 | 259 | 0.74 |
| 3 单元 | 监测点 1 | 350 | 200 | 250 | 0.71 |
| | 监测点 2 | | | 311 | 0.89 |
| 4 单元 | | 365 | 200 | 353 | 0.97 |

| 中厅基坑冠梁水平位移计算值、监测值 | | | | | 表 6 |
|---|---|---|---|---|---|
| 单元 | | 计算值/mm | 监测绝对值/mm | 监测值/计算值 | 监测相对值（H‰） |
| 1 单元 | 监测点 1 | 40.90 | 23.9 | 0.58 | 2.75 |
| | 监测点 2 | | 26.4 | 0.65 | 3.03 |
| 2 单元 | | 35.68 | 30.4 | 0.85 | 3.49 |
| 3 单元 | 监测点 1 | 32.37 | 23.4 | 0.72 | 2.69 |
| | 监测点 2 | | 23.1 | 0.72 | 2.66 |
| 4 单元 | | 49.23 | 38.2 | 0.78 | 4.39 |

## 6.3 办公楼基坑

表 7、表 8 为办公楼基坑锚杆轴力和冠梁顶水平位移计算值、最终监测值对比表，从表中可以看出，1～3 单元和 6 单元桩锚支护结构锚杆轴力监测值为标准值的 0.59～0.92 倍，4、5 单元 SMW 工法桩＋锚杆支护结构，第一道锚杆轴力监测值为标准值的 0.83～0.86 倍。第二道锚杆轴力监测值为标准值的 0.44～0.46 倍，且基本等于预应力值，

由此可见第一道锚杆充分发挥作用后，第二道锚杆轴力值比较稳定，由此推测侧向位移也没有计算值大，但没有监测数据佐证，后续类似项目进可进行相关监测以积累数据。同样支护桩剪切刚度和锚杆预应力的施加可使土体潜在滑裂面前移而减少土压力。

支护桩冠梁水平位移绝对值为 35.5～63.3mm，相对值为开挖深度的 3.00‰～5.34‰，除 6 单元外均大于建筑基坑工程监测技术标准[2]的预

警值，水平位移监测值也均大于计算值。

办公楼基坑桩锚支护结构的锚杆轴力发挥度（监测值/标准值）、水平位移整体均大于开挖深度、地质条件相似的酒店基坑。办公楼基坑位于原场地回填水域内，可能因淤泥和淤泥质黏土的物理力学参数更差所致。办公楼基坑支护桩顶较酒店基坑留设了更宽的（约2.5m）平台，理论上支护桩顶上留设一定宽度平台可以分散、减少上部附加荷载对支护桩的作用，计算的锚杆轴力和冠梁顶水平位移均较小。但根据监测数据，留设更宽的平台并没有起到分散、减少上部附加荷载对支护桩作用效果。

对比1~3单元、6单元桩锚支护结构和4、5单元SMW工法桩+锚杆支护结构，4、5单元锚杆轴力发挥度（监测值/标准值）、水平位移整体均稍大于1~3单元、6单元，同条件下灌注桩的水平刚度大于SMW工法桩。

**办公楼基坑锚杆轴力计算值、监测值 表7**

| 单元 | 标准值/kN | 预加力/kN | 监测值/kN | 监测值/标准值 |
|---|---|---|---|---|
| 1 单元 | 580 | 300 | 345 | 0.59 |
| 2 单元 | 610 | 300 | 516 | 0.85 |
| 3 单元 | 660 | 300 | 606 | 0.92 |
| 4 单元 MG1 | 440 | 250 | 380 | 0.86 |
| 4 单元 MG2 | 535 | 250 | 237 | 0.44 |
| 5 单元 MG1 | 390 | 200 | 323 | 0.83 |
| 5 单元 MG2 | 435 | 200 | 198 | 0.46 |
| 6 单元 | 520 | 300 | 380 | 0.73 |

**办公楼基坑冠梁水平位移计算值、监测值**
表8

| 单元 | 计算值/mm | 监测绝对值/mm | 监测/计算值 | 监测相对值（H‰） |
|---|---|---|---|---|
| 1 单元 | 37.58 | 54.0 | 1.44 | 4.56 |
| 2 单元 | 39.41 | 48.9 | 1.24 | 4.13 |
| 3 单元 | 51.25 | 53.2 | 1.04 | 4.49 |
| 4 单元 | 37.02 | 62.3 | 1.68 | 5.26 |
| 5 单元 | 44.69 | 63.3 | 1.42 | 5.34 |
| 6 单元 | 38.96 | 35.5 | 0.91 | 3.00 |

## 6.4 能源中心基坑

表9、表10为能源中心基坑支撑轴力和冠梁顶水平位移计算值、最终监测值对比表，从表中可以看出，支撑轴力监测值为标准值的6%~10%，监测值远小于计算标准值，说明支撑的水平刚度很大，能非常有效的控制土体位移，使土体潜在滑裂面前移而减少土压力。

支护桩冠梁水平位移绝对值为19.3~21.6mm，相对值为开挖深度的1.99‰~2.23‰，小于建筑基坑工程监测技术标准[2]的预警值。且水平位移监测值为计算值的0.65~0.70倍，这与基坑支撑轴力不匹配对应。说明采用平面杆系结构弹性支点法计算，支护土压力、嵌固段土体支反力的选取，冠梁水平刚度、支撑刚度等参数取值不匹配，后续类似项目可进一步研究。

**能源中心基坑支撑轴力计算值、监测值**
表9

| 单元 | 标准值/kN | 预加力/kN | 监测值/kN | 监测值/标准值 |
|---|---|---|---|---|
| 1 单元 | 5260 | — | 328 | 0.06 |
| 2 单元 | 4680 | — | 475 | 0.10 |

**能源中心基坑冠梁水平位移计算值、监测值**
表10

| 单元 | 计算值/mm | 监测绝对值/mm | 监测/计算值 | 监测相对值（H‰） |
|---|---|---|---|---|
| 1 单元 | 30.84 | 21.60 | 0.70 | 2.23 |
| 2 单元 | 29.47 | 19.30 | 0.65 | 1.99 |

## 7 结论

（1）桩锚支护结构采用平面杆系结构弹性支点法计算，支护土压力采用朗肯主动土压力，支护桩嵌固段土体支反力采用被动土压力，计算出的锚杆轴力、支撑轴力标准值偏大。

（2）冠梁水平刚度和锚杆预应力值对支护桩的水平位移值和位移曲线形状具有较大影响。当预应力值一定，冠梁水平刚度取值不合理时，会导致水平位移值及变形曲线与实际偏离较多。但合适的冠梁刚度一般很难确定，仍需要进一步研究。

（3）支护桩顶上留设一定宽度平台并不能达到分散、减少上部附加荷载对支护桩作用效果，基坑支护设计时应予以注意。

（4）灌注桩+支撑结构中支撑水平刚度很大，可有效控制土体位移。当采用平面杆系结构弹性支点法计算时，支护土压力、嵌固段土体支反力的选取，冠梁水平刚度、支撑刚度等参数取值应匹配，否则会出现支撑轴力和支护桩冠梁顶水平位移严重不匹配、不对应情况。

## 参考文献

[1] 中华人民共和国住房和城乡建设部. 建筑基坑支护技术规程: JGJ 120—2012[S]. 北京: 中国建筑工业出版社, 2012.

[2] 中华人民共和国住房和城乡建设部. 建筑基坑工程监测技术标准: GB 50497—2019[S]. 北京: 中国计划出版社, 2012.

# 鱼腹式钢支撑在基坑工程的应用

张真弼　张杰青　汪　彪　施木俊

（武汉市勘察设计有限公司，湖北武汉　430060）

## 1　鱼腹式钢支撑技术概述

鱼腹式钢支撑体系是通过对由采用螺栓装配的钢构件组成的鱼腹梁下弦钢绞线和对撑、角撑施加预应力控制结构受力和变形的结构体系。预应力鱼腹梁是由上弦梁、直腹杆、斜腹杆、桥架和下弦钢绞线组成的，通过张拉下弦钢绞线施加预应力形成的鱼腹梁钢构件。鱼腹梁型钢组合支撑的优势在于采用标准化钢构件进行现场螺栓连接，具备施工速度快、节省工期、绿色可回收等优点，具体体现在：

（1）采用标准化构件，螺栓连接、现场安装及拆卸，施工速度快，噪声小；构件可回收，无建筑垃圾，绿色环保。

（2）预应力鱼腹式钢结构支撑在基坑开挖之前施加足够的预应力，消除了支撑的大部分压缩变形量，从而提高了基坑支护结构的安全度，减少了基坑的变形量，通过加载装置调节预应力等措施，能确保支护结构的安全和控制周边土体的变形，有效地保护基坑周边的建筑物、市政道路和管线等环境的安全。

（3）钢支撑布置方式能提供较大的施工工作面，开挖土方方便、快捷，同时缩短围护结构的安装、拆除，以及土方开挖工期。

在节能环保方面，鱼腹梁支撑标准件可全部回收，可多次利用；每1万 $m^2$ 的基坑，能节省钢筋混凝土支撑用量 9980$m^3$，减少 $CO_2$ 排放量达 3900t。相比于多道的混凝土支撑方案，鱼腹梁钢支撑方案造价节约 20%，经济效益明显。鱼腹梁钢支撑安装和拆除主要通过高强度螺栓实现，快速便捷，而混凝土支撑需要养护时间及烦琐的拆除方法（一般是捣碎、切割或爆破拆除）。相比混凝土支撑方案，鱼腹梁钢支撑方案工期节约约 30%。

相较于普通钢管支撑受结构稳定影响存在承载力不高、支撑间距小、跨度小等缺点，鱼腹式钢支撑采用组合 H 型钢提高截面承载力，双拼 H350 型钢较 609 钢管的截面承载力提高约 20%，而且杆件重量更轻。鱼腹梁的跨度通常为 18～25m，最大跨度可达 52m，较普通钢支撑 6m 左右的跨度，鱼腹式钢支撑的优势更加明显。鱼腹式钢支撑的连接节点采用高强螺栓进行拼接，而普通钢支撑多采用焊接，相较而言，鱼腹式钢支撑的节点处理更加稳定可靠，安全性更高。综上所述，在践行国家"双碳"战略目标方面，鱼腹梁钢支撑具备广阔的发展前景。

近年来，鱼腹式钢支撑在上海、江苏、浙江等沿海地区多项工程中应用，最大开挖深度达 22m，但此前在湖北及武汉地区尚未得到应用。本文以我公司承担的硚口区第二福利院项目——湖北及武汉地区首个鱼腹式钢支撑基坑工程为例，阐述鱼腹式钢支撑支护设计与施工技术方法。

## 2　工程概况

硚口区第二福利院建设项目是武汉市硚口区 2021 年集中开工的重大项目之一，总建筑面积 3.2 万 $m^2$，总投资 2.5 亿元。该项目设两层地下室，基坑面积 3773$m^2$，长 70.2m，宽 60.8m。基坑开挖深度 9.7m。支护体系采用灌注桩＋一道预应力鱼腹式钢支撑＋搅拌桩止水帷幕。

周边环境复杂：项目位于硚口区长安路以南，硚口公安局对面，拟建场地北侧为长安路，地下室外墙距用地红线约 10m；拟建场地东侧为现有住宅小区，地下室外墙距用地红线 3.8m，红线外即为小区围墙；拟建场地南侧为其他在建项目，地下室外墙距用地红线 2.1m；拟建场地西侧为变电站，地下室外墙距用地红线约 5m。基坑周边环境和地下室外墙与周边环境关系见图 1 及表 1。

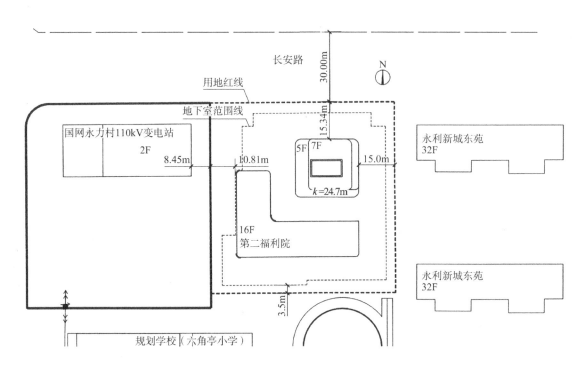

图 1 基坑周边环境

地下室外墙与周边环境关系
表 1

| | 距用地红线距离/m | 建（构）筑物 | 道路 | 管线 |
|---|---|---|---|---|
| 场地东侧 | 3.8 | 现有住宅小区 | 小区内部道路 | — |
| 场地南侧 | 2.1 | 空场地 | — | — |
| 场地西侧 | 5.0 | 现有变电站 | — | — |
| 场地北侧 | 10.0 | — | 长安路 | 长安路两侧有通信管线和电力管线 |

## 3 工程地质条件

场地地貌单元属长江冲洪积 I 级阶地，基坑侧壁土层为：杂填土、粉质黏土，坑底以下为粉质黏土和粉土粉砂互层。与基坑相关的土层物理及力学性质见表 2。典型地质剖面图见图 2。

基坑支护设计土层参数表
表 2

| 层号 | 地层名称 | 天然重度/（kN/m³） | $c$/kPa | $\varphi$/° | 承载力/kPa |
|---|---|---|---|---|---|
| ① | 杂填土 | 18.2 | 8 | 18 | — |
| ② | 粉质黏土 | 18.6 | 24.5 | 12 | 135 |
| ③$_1$ | 粉质黏土 | 17.9 | 19 | 10 | 95 |
| ③$_a$ | 粉质黏土 | 17.1 | 15 | 6.5 | 70 |
| ③$_2$ | 粉质黏土 | 18.1 | 21 | 10.5 | 105 |
| ④$_1$ | 粉砂夹粉质黏土 | 17.6 | 10 | 15 | 140 |
| ④$_2$ | 粉砂 | 18 | 0 | 32 | 200 |

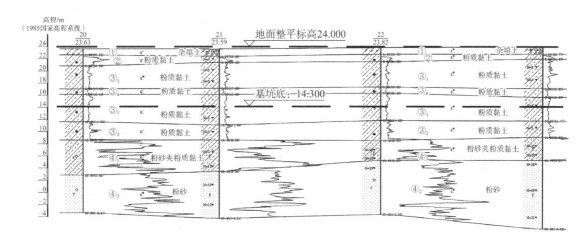

图 2　典型地质剖面图

# 4　支护结构设计

## 4.1　支护方案比选

武汉地区对于 2 层地下室开挖深度 10m 左右基坑,常规支护形式有排桩+内支撑,排桩+锚索等支护形式,本项目存在锚索超出用地红线的问题,而传统的混凝土支撑有施工工序复杂、混凝土养护时间长等缺点。

本项目属于重点民生工程,要求在 2022 年 12 月投入使用,工期非常紧张,基坑工程工期直接决定了项目能否如期完工,因此通过选择合适的基坑支护形式来缩短基坑施工周期也是设计单位必须考虑的难点之一。

本项目基坑重要性等级为一级,周边环境复杂且保护要求高,西侧的变电站和东侧的现有小区是本工程的重点保护对象,需采用内支撑控制基坑变形。相较于传统的钢筋混凝土支撑,装配式钢支撑可以缩短基坑施工周期,满足项目整体工期要求。

## 4.2　支护设计与计算

排桩设计:本项目采用 $\phi$1.0@1.3m 钻孔灌注桩,桩侧设一排直径 500mm 的搅拌桩止水帷幕。

内支撑设计:本项目采用一道预应力鱼腹梁型钢组合支撑,角撑和对撑采用 H350×350 双拼型钢,鱼腹梁采用 SS400-25、SS400-23、SS400-18 三种类型的鱼腹梁构件,鱼腹梁跨度 18m、23m、25m,其中 SS400-18 鱼腹梁预应力设计值 1820kN,

实配 16 根钢绞线;SS400-23 鱼腹梁预应力设计值 2860kN,实配 24 根钢绞线;SS400-25 鱼腹梁预应力设计值 3380kN,实配 28 根钢绞线。钢绞线直径 15.2mm,极限强度标准值 1860kN。立柱桩采用 H350×350 型钢,长度 18m。

鱼腹梁型钢组合支撑单元计算采用天汉软件计算,计算结果显示支撑处位移为 21~22mm。支撑平面整体有限元计算采用 MIDAS/GTS NX 软件,围檩、直腹杆采用梁单元,对撑、角撑、斜腹杆采用杆单元,钢绞线采用仅受拉杆单元,混凝土牛腿采用平面板单元,三角桁架采用平面板单元。数值计算按照预应力鱼梁组合式钢支撑安装先后顺序分为三个工况进行模拟:

工况 1:激活除钢绞线以外的支撑结构网格组,施加边界土压力弹簧,施加对撑、角撑预应力;

工况 2:激活钢绞线单元网格,钢绞线预应力值;

工况 3:施加侧向土压力。

工况 3 为最不利工况,基坑整体位移计算结果见表 3、表 4 和图 3。

支撑平面布置图和基坑支护剖面图见图 4、图 5。

计算位移表　　　　　　　　　表 3

| 计算断面 | 最大位移/mm |
| --- | --- |
| AB | 16.6 |
| BC | 15.3 |
| CD | 14.3 |
| DA | 15 |

| 计算轴力表 | 表 4 |
|---|---|
| 受力构件 | 轴力/kN |
| 角撑 | 1292 |
| 对顶撑 | 1647 |
| 鱼腹梁 | 545 |

计算结果显示：单根型钢受到的最大压力为1647kN，而单根 H350×350×12×19 型钢的抗压承载力设计值为4443kN。安全性满足要求。

### 4.3 地下水控制措施

勘察报告揭示的地下承压水水头标高为17.300m，根据抗突涌验算，基坑开挖至基底时不会发生突涌，局部电梯井深坑开挖深度 2.5m，开挖电梯井基坑时会发生突涌，因此在每个电梯井旁边布置一口降水井，共布置 3 口降水井。降水井井深 25m，直径 300mm。

### 4.4 出土平台设计

本项目基坑开挖深度较深，为提高出土效率，需考虑设置单独的出土平台。出土平台长 9.45m，宽 5.1m，平台面层采用钢制路基箱；立柱采用 400mm×400mm×10mm 方钢管，立柱长 24m，进入④₂ 粉砂层约 4.5m，立柱之间设置竖向剪刀撑，以增强立柱整体稳定性，剪刀撑采用 ∟110 角钢，与立柱方钢管焊接相连，平台限载 30kPa。

钢制出土平台独立于支撑体系之外设置，在保证支撑体系安全的前提下，提高了出土效率，全钢结构较传统的混凝土栈桥而言，施工和拆除更加方便快捷，能有效地缩短基坑施工工期。

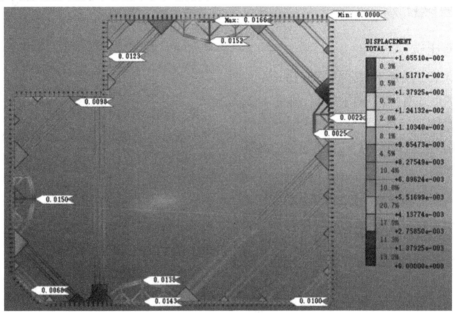

图 3　基坑整体位移图

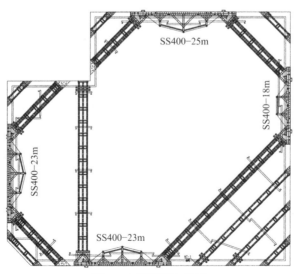

图 4　支撑平面布置图

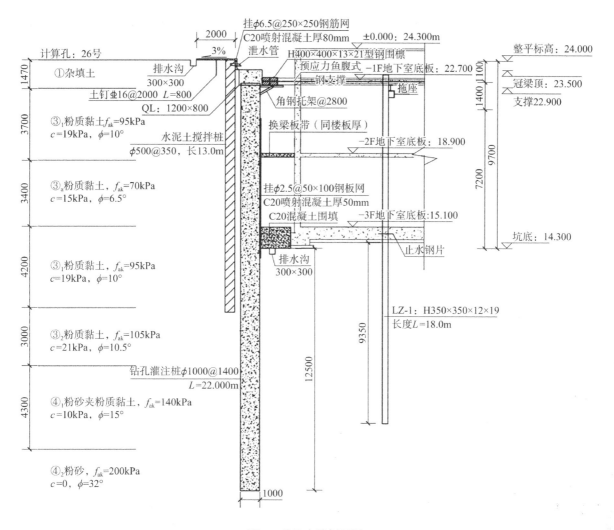

图 5　基坑支护剖面图

# 5　鱼腹梁施工要点

本基坑设计钢立柱 43 根，采用机械手施工 3d 完成，钢支撑共计 85.3t，吊装施工 7d 完成，施工速度很快，完成预应力张拉后，即可进行土方开挖。鱼腹梁施工要点如下：

（1）预应力鱼腹梁支撑是通过张拉钢绞线施加与土压力作用相反的预应力，达到控制基坑变形目的的。因此钢构件的安装和预应力的施加是本项目的重点。

（2）立柱安装前应检查并调整托架、托座与托梁的标高，其允许偏差应为±5mm。支撑施加预应力前，托梁与支撑杆件间应通过 U 形卡进行连接，待预应力施加完成后，再对托梁和支撑杆件进行螺栓连接。

（3）钢绞线与锚盘孔应先编号后安装，鱼腹梁预应力施加时，应先张拉桥架底部和锚具顶部的钢绞线，后张拉桥架顶部和锚具底部的钢绞线。

（4）支撑结构安装完毕并经质量自检合格后方可施加预应力；千斤顶的压力应分级施加，施加每级压力后宜保持压力稳定 10min 后再施加下一级压力；预压力加至设计规定值后，应在压力稳定 10min 后，方可按设计预压力值进行锁定；预应力鱼腹式钢支撑在使用过程中应进行支撑和钢绞线拉力的施工监测，必要时应复加预应力。预应力施加流程图见图 6。

（5）预应力鱼腹梁钢支撑拆除应先释放预应力，后拆除支撑。拆除的顺序应为先拆除盖板、系杆、钢绞线，后拆撑支撑、腹杆、腰梁、连接件，最后拆除托架、托梁和立柱。每级内力释放后宜观察 30min，并检查支撑节点变化情况及基坑周边变形状况，当发现异常情况时应及时采取控制措施。支撑拆除流程图见图 7。

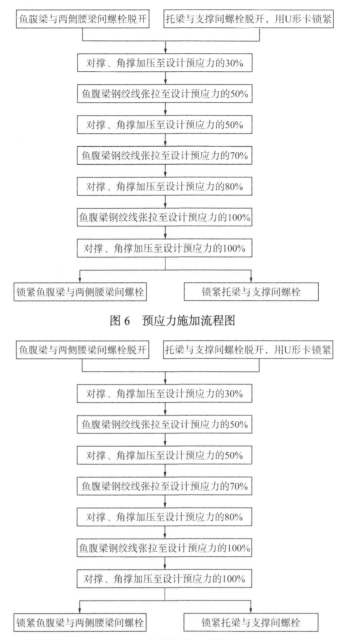

鱼腹梁与两侧腰梁间螺栓脱开　托梁与支撑间螺栓脱开，用U形卡锁紧

对撑、角撑加压至设计预应力的30%

鱼腹梁钢绞线张拉至设计预应力的50%

对撑、角撑加压至设计预应力的50%

鱼腹梁钢绞线张拉至设计预应力的70%

对撑、角撑加压至设计预应力的80%

鱼腹梁钢绞线张拉至设计预应力的100%

对撑、角撑加压至设计预应力的100%

锁紧鱼腹梁与两侧腰梁间螺栓　锁紧托梁与支撑间螺栓

图 6　预应力施加流程图

鱼腹梁与两侧腰梁间螺栓脱开　托梁与支撑间螺栓脱开，用U形卡锁紧

对撑、角撑加压至设计预应力的30%

鱼腹梁钢绞线张拉至设计预应力的50%

对撑、角撑加压至设计预应力的50%

鱼腹梁钢绞线张拉至设计预应力的70%

对撑、角撑加压至设计预应力的80%

鱼腹梁钢绞线张拉至设计预应力的100%

对撑、角撑加压至设计预应力的100%

锁紧鱼腹梁与两侧腰梁间螺栓　锁紧托梁与支撑间螺栓

图 7　支撑拆除流程图

鱼腹梁支撑施工完成实景见图 8。

图 8　鱼腹梁支撑施工完成实景

## 6　监测结果分析

本工程基坑开挖深度较大，周边环境复杂，为确保基坑自身及周边环境的安全，在基坑开挖和主体结构施工期间基坑监测配合工作，根据监测数据及时调整施工方案和施工进度，对施工全过程进行动态控制。监测项目包括：建筑物沉降监测、管线沉降监测、周边地表沉降监测、支护桩深层测斜、支护桩顶部水平位移观测和沉降观测、立柱沉降观测、支撑轴力监测。

根据监测报告提供的数据显示，基坑开挖至基底时：

（1）周边建筑物沉降监测：累计沉降最大监测点为 F10，累计沉降为 3.8mm（报警值为：累计 30mm，3mm/d）

（2）周边道路沉降监测：累计沉降最大监测点为 DB14，累计沉降为 11.9mm（报警值为：累计 40mm，2mm/d）。

（3）支护桩深层测斜（图 9）：CX01 最大位移

为 20.59mm，CX02 最大位移为 17.69mm，CX03 最大位移为 21.97mm，CX04 最大位移为 22.04mm。

（4）支撑轴力：对撑、角撑最大轴力值为 2384kN，腰梁轴力值 74.39kN，单根钢绞线最大拉力值 83.87kN，单根钢绞线拉力设计值 130kN，最大值为设计值的 64.5%。

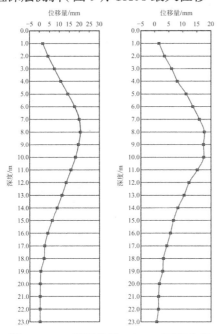

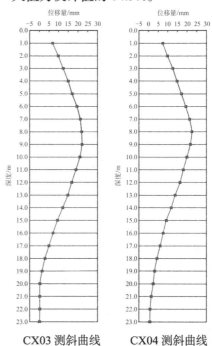

图 9　CX01 测斜曲线　CX02 测斜曲线　　CX03 测斜曲线　　CX04 测斜曲线

# 7　结语

根据本项目预应力鱼腹梁钢支撑在长江 I 级阶地基坑工程中的成功应用，结合监测资料显示理论计算、有限元计算与现场实际监测结果大致吻合。在保证基坑安全的同时，为建设单位节省造价、缩短工期，取得了良好的经济效益。鱼腹式钢支撑作为一种可回收重复使用的基坑支护技术，具备绿色环保的特点，是基坑工程绿色建造技术的典型代表，发展前景广阔，在湖北及武汉地区基坑工程中可进一步推广。

# 广东清远恒大银湖城二期永久边坡岩土工程勘察与边坡支护设计实录

张　鹏　彭卫平　邓钟尉

（广州市城市规划勘测设计研究院，广州　510060）

## 1　项目概况

广东清远恒大银湖城是广东省产业转移配套重点工程，位于清远市清城区龙塘镇，地形起伏大、沟谷纵横，属低山丘陵地貌，二期总用地面积约 83 万 m²，总建筑面积约 217 万 m²，依山削坡、填方而建，挖方边坡主要延展于项目北侧，填方边坡位于项目东北部。项目整体效果图见图 1。

图 1　项目整体效果图

挖方高边坡长度 1350m，最大开挖高度约 100m，大部分开挖需支护高度 60～100m，属土岩组合边坡，已部分开挖，坡面陡峭、杂乱，存在局部崩塌、岩体倾倒、落石等不良地质现象。开挖面显示岩体裂隙发育，多组裂隙互相切割。已开挖土质坡面"鸡爪沟"密布，水土流失严重。坡脚拟兴建高层住宅和小区市政道路。场地边坡概貌见图 2。

图 2　场地边坡概貌

填方区位于场地东北侧沟谷区，呈向西北展的"V"形敞口谷地，最大填方高度约 35m，需支挡长度约 150m，已无序填方最大厚度约 20m，填方完成后拟兴建高层住宅及配套的小区市政道路，对填土不均匀沉降控制不能大于 100mm。填方区域支护前现状见图 3。

图 3　填方区域支护前现状

## 2　岩土工程勘察

综合采用多种勘察方法和手段，查明边坡体岩土分布特征及其工程性质。采用包括工程地质测绘、钻探、取岩土水试样、室内试验、原位测试、剪切波速测试、注水试验、高密度电法、砂质黏性土崩解试验、数值模拟、离心模型试验等多种勘察方法和手段，开展边坡岩土层分布特征及工程性质详细勘察，本文仅介绍部分特色较为突出的勘察手段。

（1）开展区域工程地质测绘（面积约 2.5km²），查明断裂和优势结构面分布特征（图 4、图 5）。开展岩体结构面量测，采用 Dips 软件进行最优结构面统计，得出的 6 组最优结构面及其特征，为边坡稳定性评价和支护设计提供依据[1]。

（2）在广东地区首次采用三维激光扫描技术，查明边坡的空间展布形态、优势结构面的空间分布特征。采用三维激光扫描成像系统，对已开挖岩体边坡进行三维激光扫描，形成完整的边坡点云影像特征，进行结构面量测（图 6），结合典型地

获奖项目：2021 年度工程勘察、建筑设计行业和市政公用工程优秀勘察设计奖二等奖。

质结构面统计分析和优势结构面间距量测，确定边坡优势结构面分布特征[2-3]。

（3）开展降雨情况下雨水入渗影响深度测试、不同饱和度快剪试验等（图7），研究降雨入渗对边坡土体抗剪强度参数的影响[4]。

图4　结构面调查

图5　断裂调查

图6　三维激光扫描结构面量测

图7　土壤含水量测量

（4）开展崩解试验，研究砂质黏性土的崩解特性。选用质量法直接测定崩解质量，综合测定土体的崩解质量及土体在崩解过程中吸水的质量，开展了不同压实度和饱和度下的土样崩解试验，定量分析砂质黏性土在不同压实度和饱和度下的抗崩解能力（图8）。

（5）开展离心模型试验（图9），揭示筋土相互作用机理和加筋边坡变形及稳定性。结合院博士后研究课题，在岩土离心机上开展离心模型试验，重点研究高陡加筋边坡下部加筋填料强度对边坡稳定性的影响，揭示边坡变形过程中筋—土相互作用机理[5]。

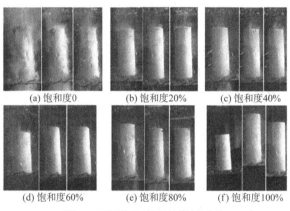

(a) 饱和度0　(b) 饱和度20%　(c) 饱和度40%

(d) 饱和度60%　(e) 饱和度80%　(f) 饱和度100%

图8　不同饱和度下的崩解试验

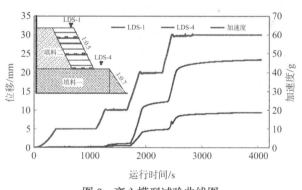

图9　离心模型试验曲线图

## 3　边坡支护设计

### 3.1　技术难点

（1）挖方边坡高陡、规模大，属土岩组合边坡，最大支护高度达100m。岩体结构复杂，裂隙发育，需查明和预防可能导致大型滑坡的缓倾性软弱结构面。对中微风化岩体进行稳定性评价是确定岩质边坡加固方案的重要依据。

（2）坡脚在建多栋高层建筑，不适宜大规模削坡挖方。场地地形复杂，坡面陡峭，部分坡体已开挖，坡率 1：0.2～1：1.5，分多级平台，不规则，无任何支护或坡面防护措施，对现状坡体进行稳定性评价至关重要。

（3）岩体表层节理裂隙发育，互相切割，存在多处危岩体和局部崩塌。挖方边坡上部土体裸露，存在表层冲刷沟壑。应预防坡面落（滚）石对坡脚建筑和人身安全造成伤害。岩质边坡节理裂隙见图 10。

（4）沟谷区填土厚度大，不均匀，对后期建设变形控制难。填土主要由砂质黏性土组成，结构松散，厚度大，因不均匀沉降或滑移座落导致自填方边缘往内呈现阶梯状沉降和裂缝。填方区地处沟谷地带，呈"V"形敞口，两侧为山坡，具有广阔的汇水面积，坡脚为该区主要汇水排水通道，不远处即为山塘，暴雨时山洪暴发，易诱发泥石流和整体滑移。填方完成后拟兴建高层住宅及配套的小区市政道路，对填土不均匀沉降控制不能大于 100mm。土质边坡概貌见图 11。

图 10　岩质边坡节理裂隙

图 11　土质边坡概貌

（5）边坡复绿难度大。岩质边坡高度大，坡面陡，上部砂质黏性土遇水崩解、软化，但广东暴雨频率高，雨量大，冲刷和夏季高温日晒强，边坡复绿难。

## 3.2　边坡支护设计方案

该项目挖方边坡属土质和岩质相混合的复杂边坡，部分开挖区域边坡整体稳定性较好，且中微风化岩强度高，整体性较好，仅在局部中微风化岩陡立处存在危岩体和崩塌。经方案对比分析，结合勘察三维数值模拟成果和岩质边坡现状特征，总体方案采用底部岩质边坡放坡＋顶部土质边坡锚杆格梁法对边坡进行支护。

根据边坡开挖现状特征、坡脚道路和建筑规划布局及工程勘察资料，有 3 类典型支护方案。

（1）第 1 类支护方案（图 12）。该坡段坡脚高层建筑已封顶，需重点做好安全防范措施，充分利用已开挖形成的多级马道平台和坡面结构，对上部坡残积土和全强风化岩分布区采用锚杆格梁支护，格梁内三维网植草防护，坡面坡率 1：1～1：1.5。对中下部中微风化岩岩质边坡，保留现状坡面结构，对部分陡峭凸出的危岩体进行清理，清除岩块掉落或崩塌危险，应采用静力爆破方法施工，并做好安全防护措施。应注意对现有马道进行修整，确保排水顺畅。

（2）第 2 类支护方案（图 13）。山体开挖杂乱，多处崩塌或岩体倾倒等不良现象发育。对上部土质边坡采用 1：1～1：1.25 坡率进行削坡＋锚杆格梁支护，对中下部岩质边坡采用 1：0.5～1：1 坡率，结合已开挖马道和坡体现状进行削坡，清除危岩体，在马道平台和坡脚设置挡石墙，充分利用岩体边坡自稳能力。对上部自然坡面较平缓区域，间隔设置小挡墙（高约 1m），沿坡面纵向布置，预防暴雨冲刷减少水土流失。

（3）第 3 类支护方案（图 14）。对上部土质边坡按 1：1 坡率削坡＋锚杆格梁支护，对中微风化岩质边坡，采用 1：0.5 坡率放坡，坡脚设置挡石墙。

所有格梁内可采用三维网植草防护，中微风化岩坡面，可采用客土植草或燕窝槽式复绿。坡顶设置截水沟，坡脚设置排水沟和防落石挡石墙，岩质边坡的马道平台上（较宽阔处）设置安全防护栏，根据现状坡面特征和开挖条件，布置坡面明沟排水，兼做检查踏步。

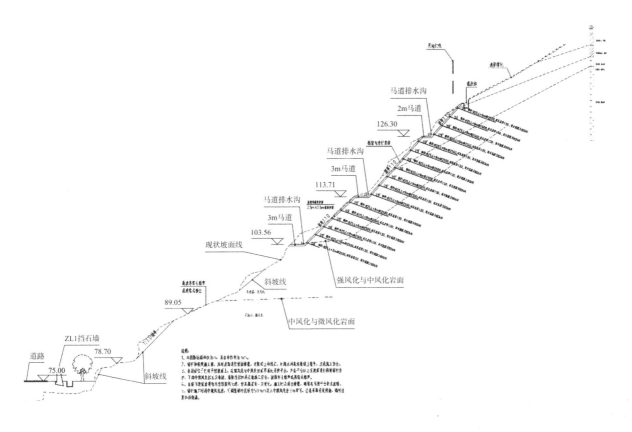

图 12　第一种类型支护方案典型剖面

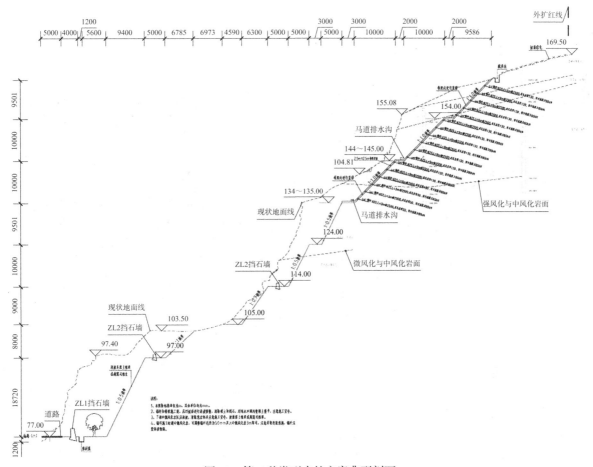

图 13　第二种类型支护方案典型剖面

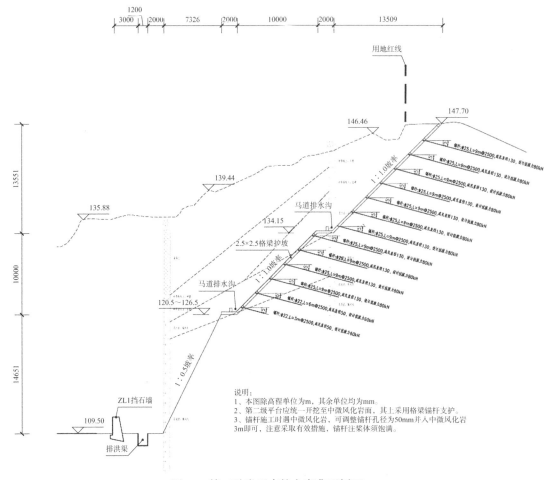

图 14 第三种类型支护方案典型剖面

边坡支护工程竣工后实景见图 15。

图 15 边坡支护工程竣工后实景（左：挖方区域，右：填方区域）

## 4 结论与工程成效

（1）对边坡的综合性勘察与稳定性评价方法可为同类工程提供新思路。通过三维激光扫描和无人机航拍可精准测得人工无法到达的高陡地段的地形和结构数据，为高陡边坡的调查提供了新的方法和思路。同时，对土岩组合高边坡提出了定性评价、极射赤平投影法、有限元强度折减法结合的综合性稳定性评价方法，并根据边坡土体和岩体的稳定性和变形模式，分别提出土体和岩体的系统治理设计方法。

（2）通过高效合理的复绿方式，改善了环境。采用多种高效合理的边坡复绿措施，实现了人工

1318

边坡与自然生态的有机统一,保护了自然环境,践行了生态优先、绿色发展理念。

（3）本工程是省级产业转移配套重点工程,调查和勘察内容繁难,为此,首次采用三维激光扫描重建岩体结构面特征,以先进的勘察方法、最优工作量和较短工期完成任务。

（4）在综合调查和分析评价的基础上,通过优化设计,节约了工程造价。采用新技术三维激光扫描和无人机航拍,结合现场调查,精准查明边坡三维形态和岩体结构面分布特征,采用有限元法和极射赤平投影法确定和评价挖方边坡岩体稳定方案,避免了大量石方爆破。与甲方锚杆（索）格构梁、岩石喷锚加固初始方案相比,节约工程造价达5600万元,缩短工期3~4个月。

（5）通过离心模型试验与数值模拟研究不同填料强度下边坡变形和筋材受力分布规律,并基于离心模型试验建立加筋高陡边坡有限元模型,开展不同筋材长度、间距的拓展研究,为优化填方高边坡的支护设计提供理论依据,造价节约520万元,赶在广东雨季前完成填方边坡施工,有效降低水土流失。

## 参考文献

[1] 《工程地质手册》编委会. 工程地质手册[M]. 4版. 北京: 中国建筑工业出版社, 2007.

[2] 董秀军, 黄润秋. 三维激光扫描技术在高陡边坡地质调查中的应用[J]. 岩土力学与工程学报, 2006, (S2): 3629-3635.

[3] 葛云峰, 夏丁, 唐辉明, 等. 基于三维激光扫描技术的岩体结构面职能识别与信息提取[J]. 岩石力学与工程学报, 2017, 36(12): 3050-3061.

[4] 中华人民共和国住房和城乡建设部. 土工实验方法标准: GB/T 50123—2019[S]. 北京: 中国计划出版社, 2019.

[5] 任洋, 李天斌, 杨玲, 等. 基于离心模型实验和数值计算的超高陡加筋土填方边坡稳定性分析[J]. 岩土工程学报, 2022, 44(5): 836-844.

# 联合支护体系在膨胀土深基坑支护工程中的应用——安都国际总部基地深基坑支护实录

彭涛 李佳龙 任东兴

（中冶成都勘察研究总院有限公司，四川成都 610023）

## 1 工程简介及特点

安都国际总部基地项目位于四川省成都市龙泉驿区驿都大道与驿泉路交会处，地貌单元属龙泉山山前台地的宽缓浅丘地带，地形平坦。项目总规划用地面积 6679.65m²，规划净用地面积 5903.60m²，规划总建筑面积 95461.40m²。建筑物由主楼（37 层、高 150.0m）、裙楼及连体地下室（−4 层、深 15.5m）组成。设计采用钢筋混凝土框筒结构，主楼部分采用桩—筏形基础，纯地下室部分拟采用筏形基础，其中基坑开挖深度为 15.5m，基坑安全等级为一级。

项目地处成都东郊膨胀土地区，近年来该区域基坑工程事故频发，多种支护结构均出现不同程度失稳现象。膨胀土[1]是一类特殊黏性土，具有遇水膨胀、失水收缩、裂隙不规则发育等特性。鉴于此，成都市住房和城乡建设局规定处于膨胀土分布区域的基坑，场地属于Ⅲ级阶地的不得使用锚索（杆）作为基坑支护体系的受力构件。如何有效控制本工程支护结构变形，将基坑开挖对周边环境的影响降至最低是本工程主要的技术难题。随着工程技术的进步，以机械扩孔、爆破扩孔和水力扩孔技术为基础的各类扩体锚固技术应运而生[2]。2008 年，中国京冶工程技术有限公司开发了具有多重防腐功能的承压型囊式扩体锚杆[3-5]（CJY-KT 锚杆），众多专家学者在国内多个省市对该锚杆进行了现场试验和工程应用，取得了丰富的成果[4-8]。

在确保基坑工程安全的前提下，为方便施工、加快进度、节约投资，安都国际总部基地项目决定采用承压型囊式扩体锚索新技术，将原设计的三道钢筋混凝土内支撑修改为"支护排桩 + 钢筋混凝土支撑（一道）+ 钢结构角撑（二道）+ 承压型囊式扩体锚索（三道）+ 桩间网喷"的联合支护体系。承压型囊式扩体锚索技术在安都国际基坑支护工程项目上的应用在四川地区应用尚属首次，该技术既可满足基坑安全和技术方面的要求，又能缩短施工还节约工程造价，方便后续工程施工。

## 2 工程地质条件

### 2.1 场地工程地质

场地地貌单元属岷江水系Ⅲ级阶地，地区地质构造稳定。勘探期间测得场地钻孔孔口标高为 519.35～520.41m，高差为 1.06m。钻探深度范围内，揭露地层由第四系全新统人工填土层（$Q_4^{ml}$）、第四系上更新统冰水沉积层（$Q_3^{fgl}$）和白垩系灌口组泥岩（$K_{2g}$）构成。由上至下各地层的结构特征为：

①素填土（$Q_4^{ml}$）：成分以黏土、粉质黏土为主，含少量建筑垃圾，主要为平整场地时形成，为新近回填土，层厚 0.40～2.10m。

②黏土（$Q_3^{fgl}$）：含氧化铁和少量铁锰质结核，偶见钙质结核，裂隙较为发育，具网纹状结构，充填有条带状灰白色高岭土，切面光滑，摇振无反应，干强度高，韧性高，土质结构致密，层厚 8.10～17.80m。

③₁粉质黏土（$Q_3^{fgl}$）：含少量铁锰质氧化物，局部含全风化碎石，切面稍有光滑，摇振无反应，干强度中等，韧性中等，土质结构致密，层厚 1.10～7.50m。

③₂粉质黏土（$Q_3^{fgl}$）：含少量铁锰质氧化物，局部含全风化碎石，切面稍有光滑，摇振无反应，干强度中等，韧性中等，土质结构致密，层厚 2.40～12.30m。

④泥岩（$K_{2g}$）：泥质结构，致密，厚层状构造，

获奖项目：2016 年度四川省优秀工程勘察设计三等奖。

分布连续，含少量石膏、钙芒硝和灰绿色物质。根据其风化程度可划分为全风化泥岩、强风化泥岩和中等风化泥岩3个亚层：

（1）④₁全风化泥岩：原岩结构基本破坏，可塑—硬塑，以可塑为主，上部已强烈风化成土状，局部夹少量强风化碎块，冲击钻进较易，局部为灰黄色砂岩，层厚1.20～4.10m。

（2）④₂强风化泥岩：原岩结构大部分被破坏，锤击声闷。含较多黏土质矿物，少量石膏、钙芒硝和灰绿色物质，风化裂隙发育，岩芯呈碎块状。局部地段夹风化砂岩薄层，层厚1.20～3.10m。

（3）④₃中等风化泥岩：厚层状构造，风化裂隙较发育，节理面矿物风化成土状，岩芯呈短柱状，少量为中长柱状（30～50cm），敲击声脆，用手难以折断。岩石为极软岩，岩体完整程度为较完整，岩体基本质量等级为V级。该层以泥岩为主，局部夹砂质泥岩、砂岩，该层最大揭露厚度为8.40m，未揭穿。

根据勘察资料，本工程的岩土工程特性指标建议值见表1，场地典型工程地质剖面见图1。

本工程的岩土工程特性指标建议值　　　　表1

| 岩土名称 | 参数值 | | | | | |
| --- | --- | --- | --- | --- | --- | --- |
| | 天然重度$\gamma$/（kN/m³） | 地基承载力特征值$f_{ak}$/kPa | 压缩模量$E_s$/MPa | 黏聚力$c$/kPa | 内摩擦角$\varphi$/° | 基床系数$K$/（MN/m³） |
| ①素填土 | 18.5 | — | — | 10 | 10 | — |
| ②黏土 | 20.0 | 220 | 11.0 | 50 | 18 | 42.0 |
| ③₁粉质黏土 | 20.0 | 160 | 6.0 | 30 | 15 | 25.0 |
| ③₂粉质黏土 | 20.0 | 200 | 9.0 | 40 | 18 | 40.0 |
| ④₁全风化泥岩 | 20.0 | 180 | 8.0 | 50 | 20 | 45 |
| ④₂强风化泥岩 | 21.0 | 300 | 13.0 | 80 | 30 | 60 |
| ④₃中等风化泥岩 | 23.0 | 1000 | — | 250 | 38 | 200 |

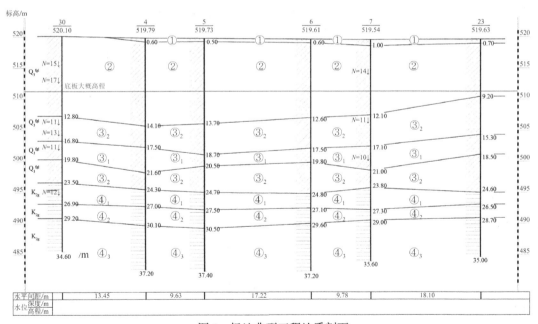

图1　场地典型工程地质剖面

## 2.2 水文地质条件

根据场地地形地貌条件分析，并结合勘察获取的资料，建筑场地分布的岩土层的垂直渗透性较差，地表水排泄条件好，在勘探深度范围又无丰富的地下水补给源，其特定的地形地貌和地质条件决定了场地不具备良好的地下水存储条件。勘察期间，大部分钻孔内均未发现有地下水存在，可以认为建筑场地无统一、稳定、丰富的第四系地层含水层。根据钻孔内的地下水观察情况和地质测绘调查结果，地下水类型为土层中的上层滞水和基岩裂隙水，无统一、稳定地下水，且受季节性变化影响。勘察期间测得的钻孔水位埋深为 1.9～8.6m。建筑场地地下水水位埋深具有非均匀性，其富水性和水量主要受裂隙发育与连通程度及裂隙面充填特征等因素限制，其水量一般不大，对人工挖孔嵌岩桩施工有一定影响，施工时采用孔（坑）明排措施解决。

## 3　场地周边环境

根据周围环境调查，拟建场地北侧、南侧、东侧均有未拆迁的 1 层民房及 2 层施工活动板房，且距离地下室边线较近；西侧不足 10.0m 为驿泉路，无放坡开挖空间，基坑周边环境见图 2。

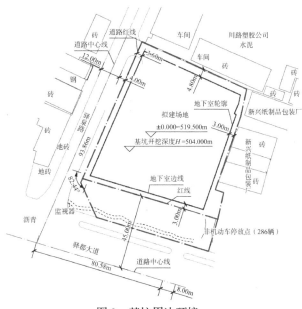

图 2　基坑周边环境

根据建筑平面图和现场勘查情况，场地周边环境如下：

（1）场地南侧为驿都大道，红线距道路边线 20m 左右，中间为绿地；

（2）西侧为驿泉路，红线距道路边线 4.0m；

（3）北侧和东侧均为现有厂房，厂房为 1 层钢结构，距离红线 2～7m，最近处不足 1.0m。

（4）地下室轴线距红线 2.2～4.0m。

可以看出，整个场地基坑边均离红线很近，场地周边空间狭小且周边分布建筑物，对支护结构的选型有很大的局限。根据现场调查，拟建场地周边建筑物、道路基本完好；用地红线范围内的水电线路已经拆除或迁移，不会对基坑施工造成影响；基坑周边地下管线较少，埋深较浅，不影响基坑的支护排桩施工，对埋深较大的锚索无影响。

## 4　基坑支护方案

本基坑开挖深度为 15.5m，基坑工程安全等级为一级，场地内膨胀土厚度大，基岩埋深较大。膨胀土作为一种特殊性岩土，破坏力巨大，且其具有的遇水膨胀、失水收缩，高塑性以及超固结等性质，极易引起边坡失稳、基坑垮塌以及路堤下沉等事故。由于膨胀土地区基坑在施工时需尽量保持土体的原始应力状态和原始物理性质，并密切关注地表以及地下水的分布活动状况，因此选择一种合理的支护方案对此项目顺利实施尤为重要。

### 4.1　方案选择

基坑支护常用的方法一般为双排桩法和内支撑法等。双排桩支护结构体是将密集的单排悬臂桩部分后移，并在桩顶采用冠梁将前后排桩连接起来，从而在基坑长度方向形成双排支护以提供作用力，这是一种空间组合类支护结构。但是，双排桩支护对场地工作面要求较高，一般要求地下室周边剪力墙退红线 5～8m，对场地周边空间条件要求较高；此外，双排桩支护工作大，特别是对于基坑深度超过 10m 对桩自身刚度以及嵌固段要求更高，导致桩长以及桩、冠梁的配筋量大幅提高，成本花费较高；且由于双排桩属于空间组合类悬臂支护结构，近年来工程实例表明此类设计其监测位移较大，存在较大的安全隐患。内支撑结构体系主要是由挡土结构和内支撑系统组成，而内支撑系统又包括竖向支撑和水平支撑两部分，作用在围护墙上的水平压力可以由内支撑有效传递和平衡，受力明确。但是，此类方案结构较为复杂，施工周期长，基坑支护费用高，特别是采用混凝土支撑会产生大量的建筑垃圾与粉尘，对环境影响较大。

传统锚索方法在膨胀土地层中抗拔承载力较低、易失稳，安全事故时有发生。承压型囊式扩体锚索相较于传统锚索最显著差别在于两者锚固段形式差异，其主要依靠膨胀扩体作用承载，锚固力大小取决于膨胀扩体的端头囊承载面积，其单根承载力可大幅度提高。试验表明：在膨胀土中，同样为 9m 的锚固段长度，传统锚索的极限抗拔力为 190kN，而承压型囊式扩体锚索的极限抗拔力≥850kN；当锚固段长度为 20m 时，传统锚索的极限抗拔力为 280kN，而承压型囊式扩体锚索的极限抗拔力≥1100kN。可以看出，承压型囊式扩体锚索相较于普通锚索具有显著的抗拔承载力优势,不仅可提高基坑支护的安全性,基坑变形位移小,其经济性也相较于普通锚索更具优势,值得广泛推广。

该基坑工程于2013年8月开工,由于场地地质条件发生一定变化,在强风化泥岩层上出现1～3m厚泥沙层。由于拟建项目受场地、周边环境(建筑物、道路距离近)、基坑深度大(15.5m)以及弱膨胀土层等不利因素影响,基坑无放坡条件,无法采取双排桩、普通锚索、土钉等护坡措施。

鉴于此,根据本工程地质条件、基坑深度及周边空间条件等因素,结合成都地区常用基坑支护方法和我公司多年工程实践经验,综合考虑安全性、技术性、经济性及环境保护等因素,根据对场地周围环境和场内工程地质资料的分析研究和相关软件分析计算,本基坑工程决定采用"支护排桩+钢筋混凝土支撑(一道)+钢管角支撑(二道)与承压型囊式扩体锚索(三道)+桩间网喷"的联合支护体系,充分发挥各项技术的特点,各项技术综合协同作用,满足在施工场地支护条件受限情况下膨胀土地区深基坑支护的要求。

## 4.2 支护排桩与冠梁

支护排桩为旋挖钻孔灌注桩,桩径1.20m,桩芯间距约2.0m,桩长30.0m,总桩数154根,桩身混凝土强度等级C30。支护排桩施工时其桩位、垂直度应符合规范要求,尽量是支护排桩内边线共面,便于腰梁的施工。支护排桩桩顶均设置冠梁,冠梁截面尺寸1200mm×800mm,冠梁轴心设计标高-0.400m,混凝土强度等级C30。冠梁与后续的第一道钢筋混凝土支撑一起浇筑。

## 4.3 钢筋混凝土支撑

由于本基坑深度较大,挡土结构的水平压力较大,钢筋混凝土支撑表现为水平受压为主。相较于钢支撑,钢筋混凝土支撑具有变形小的特点,加上采用配筋和加大支撑界面的方法可以提高钢筋混凝土支撑强度,且用以作为支撑的混凝土能充分发挥材料的刚度和变形小的受力特性,确保地下室施工和基础施工以及周边邻近建筑物、道路和地下管线等公共设施的安全。

支撑梁、支撑连梁、支撑段腰梁为现浇钢筋混凝土结构,混凝土强度等级C30。支撑梁、支撑连梁及冠梁轴线应共面,支撑体系整体浇筑,施工缝设置在受力较小的区域。支撑连梁、支撑梁纵筋应

穿过立柱(空腹钢柱应钻孔),邻近立柱外侧面的钢筋与立柱单面焊接。第一道钢筋混凝土支撑体系见图3与图4。

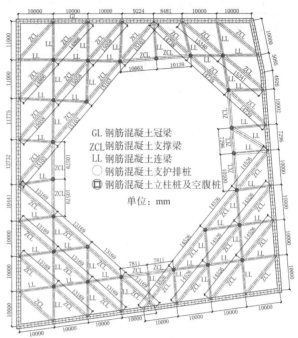

GL 钢筋混凝土冠梁
ZCL钢筋混凝土支撑梁
LL 钢筋混凝土连梁
○ 钢筋混凝土支护排桩
▣ 钢筋混凝土立柱桩及空腹桩
单位:mm

图3　基坑第一道钢筋混凝土支护平面

图4　钢筋混凝土支撑梁与支撑连梁

## 4.4 钢管角支撑

在基坑四大角处设置二道钢管支撑(图5),钢支撑梁选取Q235钢管,采用$\phi609×16$钢管的单拼单向受力钢支撑,共30榀,共计369.0m。在空腹钢柱与基坑阴角之间的钢支撑梁下设置托梁,托梁与空腹钢柱和支护排桩(角桩)可靠连接。第一道支撑中心设计标高为-6.000m,第二道支撑中心设计标高为-9.300m;钢支撑梁、腰梁及牛腿轴线应共面,并设置在同一标高上。腰梁及牛腿为整体现浇钢筋混凝土结构,混凝土强度等级C35,保护层厚度40mm,并与支护排桩可靠连接。混凝土浇筑必须设置施工缝时应在受力较小的区域设置。基坑支护结束后钢支撑有效的回收率高达95%,充分体现了绿色施工、节能环保的施工理念。

图 5　钢管角撑

## 4.5　承压型囊式扩体锚索

承压型囊式扩体锚索是由无粘结线材构成的自由端和带有囊式膨胀挤扩体的端承锚固段构成，通过预设的分离式注浆管向装配式囊体内注入一定配合比的水泥浆液。随着浆体的注入，囊体逐渐向预设的形状膨胀，同时囊体周围土体和浆液逐渐被压密，伴随膨胀压力的提高，土体挤密区范围不断扩大，最终预估挤密区的影响范围达到预期范围，其受力机理明显区别于拉力型普通锚索，见图 6。承压型囊式扩体锚索是一种端压型承载锚索，与混凝土支护桩相结合使用可组成空间受力的支护体系，具有承载力大、基坑变形小等特点，该锚索具体构造见图 7，扩体锚头实体见图 8。

普通锚索抗拔承载力 $T$ 的计算[9]可表示为：

$$T = \pi D L \tau_f \tag{1}$$

式中：$L$、$D$、$\tau_f$——分别为普通锚索锚固段长度、直径与摩阻力强度。

承压型囊式扩体锚索抗拔承载力 $T$ 的计算[10]可表示为：

$$T = \pi D_1 L_1 \tau_f + \pi D_2 L_2 \tau_{fd} + \frac{\pi}{4}(D_2^2 - D_1^2) P_D \tag{2}$$

式中：$L_1$、$L_2$——分别为一般锚固段、扩大头锚固段长度；

$D_1$、$D_2$——分别为一般锚固段、扩大头锚固段直径；

$\tau_f$、$\tau_{fd}$——分别为一般锚固段、扩大头锚固段摩阻力强度。

另外，$P_D$ 为土体对扩大头端截面的端部压力强度，其计算公式可表示为：

$$P_D = \frac{(K_0 - \xi) K_p \gamma h + 2c\sqrt{K_p}}{1 - \xi K_p} \tag{3}$$

式中：$\gamma$、$h$——分别为扩大头上覆土体的重度、厚度；

$K_0$、$K_p$、$c$——分别为扩大头锚固段前端土体的静止土压力系数、被动土压力系数与黏聚力。

静止土压力系数 $K_0$ 可由试验确定，无试验资料时可取 $K_0 = 1 - \sin\varphi'$，$\varphi'$ 为扩大头锚固段前端土体的有效内摩擦角标准值。在缺乏试验数据和当地经验的情况下，正常固结土可取 $K_0 = 1 - \sin(1.3\varphi)$，$\varphi$ 为扩大头段端前土体的内摩擦角。被动土压力系数 $K_p = \tan^2(45° + \varphi/2)$。$\xi$ 为侧压力系数，在工程实践中应根据土体的软硬程度、扩大头埋深等因素来确定，一般可取 $\xi = (0.5 \sim 0.95)\tan^2(45° - \varphi/2)$。对于强度较好的强风化、全风化土可取 0.95，对软土应该取 0.5。承压型囊式扩体锚索与传统锚索对比见表 2。

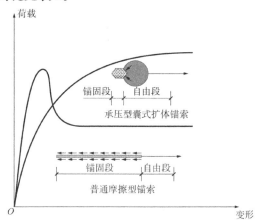

图 6　承压型囊式扩体锚索承载机理示意图

承压型囊式扩体锚索与传统锚索对比　　　　　　表 2

| | 传统锚索 | 承压型囊式扩体锚索 |
|---|---|---|
| 受力机理 | 主要依靠锚固段与周围土体的粘结力和摩擦效应来传递荷载，锚固力的大小取决于锚固段的有效长度及锚固体与周围岩土体的摩擦力 | 主要依靠囊体形成的膨胀挤扩体的端压作用承担荷载，锚固力的大小主要取决于膨胀挤扩体的端头端承压面积及深层岩土体承载力 |
| 抗拔承载力 | 抗拔承载力较小，一般为 250～500kN，且在黏土层中蠕变变形大，产生松弛现象，特别在膨胀土中设置的拉力型普通锚索，成孔时，孔壁土体发生变化，锚固体与膨胀土体摩擦极低，且后期变形较大，锚索容易失效。在膨胀土地区不允许采用普通拉力型锚索结构[9] | 锚固力不受锚固体长度及锚固体与周围岩土体摩擦力控制，通过实验表明其抗拔极限承载力可达 800～1200kN，且变形较稳定，蠕变量小。根据承压型囊式扩体锚索的受力机理，在具备成孔和扩孔的地层中，均可以使用[11] |
| 经济与社会效益 | 锚固段长度较长，浪费杆材 | 可避免工程中超长锚索的出现，并且具有一定的环保性，符合国家生态文明建设的要求，对工程建设的可持续发展具有一定的意义 |

本项目设置承压型囊式扩体锚索三道，共计252根，其设计标高分别为−6.000m、−9.300m、−12.300m，设计倾角分别为15°、18°、21°，自由段孔径150mm，锚固段孔径150/600mm。每道支护平面共计84根锚索。囊式扩体锚索布置见图9，基坑支护典型剖面见图10。

施工钻孔前，根据设计要求和土层条件，定出孔位，做出标记；锚索水平方向孔距误差不大于50mm，垂直方向孔距误差不大于100mm；扩孔时，扩孔的高压喷射压力应大于20MPa，喷嘴移动速度10~20mm/min；锚索间距2m设置定位支架，保证锚杆四周有足够的浆体。注浆材料为素水泥浆，水泥采用P·O 42.5级，水灰比为0.4。锚索在锚固体和外锚头达到强度20MPa后进行土层锚杆验收试验以检测单根锚杆承载力，预应力张拉在施工龄期10d后进行，锁定后48h内应力损失超过10%时应进行补偿张拉。

### 4.6 空腹钢柱

本基坑项目立柱桩共25根，桩径1000mm，成孔深度≥34.0m，长度≥18.5m，立柱桩混凝土强度等级C30，桩底进入中风化泥岩且低于其相邻建筑物桩基础底标高，确保立柱桩不受桩基础施工影响。空腹钢柱插入立柱桩的深度为3.00m，

共计25根，单根长度为18.5m。空腹钢柱采用4×L160mm×14mm角钢与440mm×300mm×10mm缀板组合形成的方形柱（截面460mm×460mm），角钢及钢板材质Q345B空腹钢柱安装并施工完毕后，应对空孔部分回填砂卵石，每立方填料应外加100kg水。

为确保支撑体系的整体稳定性，加强空腹钢柱的连接和约束，本基坑空腹钢柱之间设置二道连接及支撑体系，第一道支撑由钢筋混凝土支撑梁、连梁组成，第二道连接体系由槽钢拉梁形成，拉梁及托梁轴线应共面，且与空腹钢柱可靠连接。空腹钢柱整体连接见图11。空腹钢柱和立柱桩的设置解决了深基坑横向钢筋混凝土支撑在竖向的稳定性问题，提高了基坑支护体系的整体刚度和支撑的受力合理性，减小了横撑的竖向挠度。

### 4.7 桩间土网喷支护

桩间土采用挂钢筋网、喷射C20混凝土进行支护，钢筋网为双向φ8@200，加强筋φ16@1000，通过或植筋固定于支护排桩上。施工时，应分层及时支护，避免桩间土垮塌，分层高度一般不超过2.0m 喷射混凝土平均厚度80mm。网喷支护设置泄水孔，竖向间距2.0m，水平间距同桩间距。

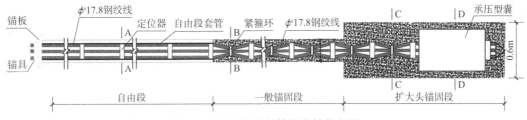

图7 承压型囊式扩体锚索结构大样

图8 承压型囊式扩体锚头

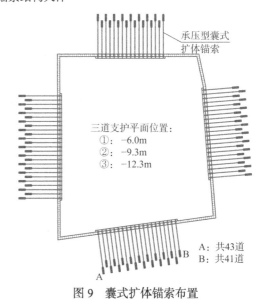

图9 囊式扩体锚索布置

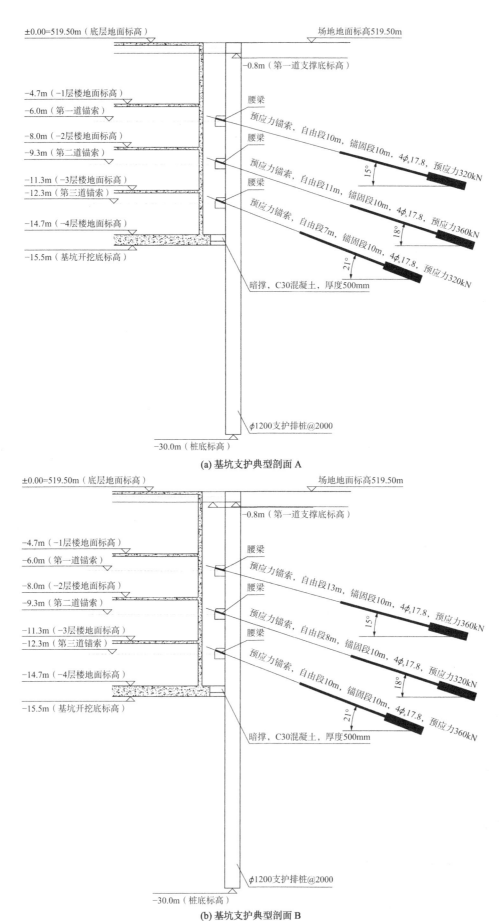

(a) 基坑支护典型剖面 A

(b) 基坑支护典型剖面 B

图 10　基坑支护典型剖面

图 11　空腹钢柱整体连接

# 5　简要实测资料

在施工过程中，对基坑进行变形观测，采用瑞士产徕卡 TS02 全站仪配合徕卡原装专用微型棱镜施测，坐标系采用独立坐标系，观测精度为二级位移观测变形测量精度。监测内容为基坑支护结构水平与竖向位移变形，布置位置为基坑支护结构顶部。按照要求，水平位移基准点布设 3 个，垂直位移基准点布设 4 个，支护结构水平及垂直布设 15 观测点位，共监测 85 次。根据支护方案中该基坑施工监测中对基坑监控报警值的相关规定，支护结构位移上口水平位移量监测报警值为 30mm，取监测报警值的 80% 为监测预警值，即监测预警值为 24mm；基坑支护结构上口水平位移变化速率监测报警值为连续 3 每天发展不得超过 3mm，取监测报警值即为监测预警值。在观测周期内，各观测点位移见图 12 与图 13。

观测期间，基坑水平最大累计位移量为 9.9mm，在 ZQS1 观测点第 80 次出现，并未超出基坑水平位移控制值 30mm；水平位移变化速率最大为 3.45mm/d，为 ZQS10 观测点第 29 次出现，虽然大于变化速率控制值 3mm/d，但未出现连续 3 天均大于控制值的 80% 的情况，故未对其进行报警处理。观测期间，基坑竖向最大累计位移量为 −10.3mm，为 ZQC12 观测点在第 80 次出现，小于控制值 30mm。观测期间基坑垂直位移最大变化速率为 1.8mm/d，在 ZQC15 观测点在第 22 次出现，小于控制值 3mm/d。从基坑位移曲线的整体来看，监测点曲线变化不明显；从曲线的变化趋势来看，基坑监测期间曲线走势平缓。总的来说，该基坑在整个施工期间处于相对稳定状态。

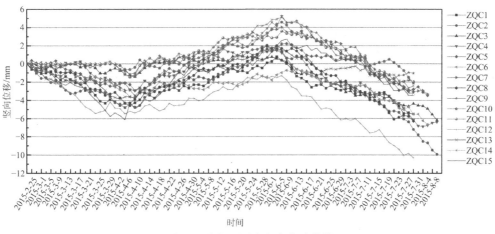

图 12　基坑观测点竖向位移曲线

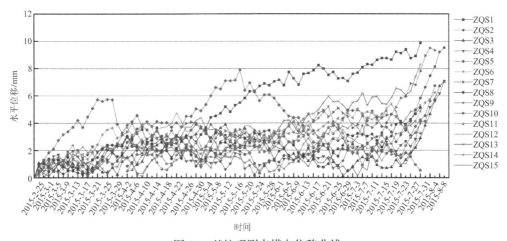

图 13　基坑观测点横向位移曲线

## 6 结语

（1）本工程受场地、周边环境、基坑深度、弱膨胀土层地质条件影响，基坑无放坡条件，无法采取双排桩、普通锚杆（索）、土钉等护坡措施。为此，本项目采用"支护排桩＋钢筋混凝土支撑（一道）＋钢管角支撑（二道）与承压型囊式扩体锚索（三道）＋桩间网喷"的联合支护体系，能有效克服基坑施工场地受限、基坑边坡推力大等问题。

（2）承压型囊式扩体锚索技术在本工程中的应用克服了传统拉力型锚索的承载力退化特性，具有良好的承载特性，有效控制了膨胀土地区基坑的变形。

（3）联合支护技术的应用，能有效保证膨胀土地区深基坑边坡的稳定性，又能缩短工期，节约造价，为膨胀土地区深基坑边坡支护提供了技术示范，具有极大的技术应用推广价值。

## 参考文献

[1] 王洪波, 甘元初, 谢水波. 基坑护壁桩承压型囊式扩体预应力锚索法在膨胀土中的应用[J]. 建筑安全, 2015, 30(4): 7-10.

[2] 张慧乐, 刘钟, 赵琰飞, 等. 拉力型扩体锚杆抗拔模型试验研究[J]. 工业建筑, 2011, 41(2): 49-52.

[3] 刘钟, 郭钢, 张义, 等. 囊式扩体锚杆施工技术与工程应用[J]. 岩土工程学报, 2014, 36(S2): 205-211.

[4] 顾炜, 陈龙海, 燕立群. 囊式扩体锚索与分散压缩型锚索性能对比试验研究[J]. 中国水运, 2020, 663(8): 87-89.

[5] 居宪海, 马庆平, 陈龙海. 囊式扩体锚索在软土地区应用试验研究[J]. 中国水运, 2020, 20(9): 126-127.

[6] 顾建亚, 牛文忠. 可回收承压型囊式扩体锚杆在苏南地区的推广应用[J]. 中国建筑金属结构, 2021, 470(2): 120-123.

[7] 党昱敬, 程少振. 承压型囊式扩体锚杆在建筑物抗浮工程中的应用[J]. 施工技术, 2020, 49(19): 1-6,39.

[8] 安忠海, 王文明, 毛绪坤. 囊式扩底锚索-板式复合基础性能研究[J]. 低温建筑技术, 2017, 39(3): 105-107.

[9] 中华人民共和国住房和城乡建设部. 建筑边坡工程技术规范: GB 50330—2013[S]. 北京: 中国建筑工业出版社, 2013.

[10] 黄晓刚. 囊式扩体锚杆承载特性及群锚效应研究[D]. 南京: 东南大学, 2016.

[11] 中华人民共和国住房和城乡建设部. 高压喷射扩大头锚杆技术规程: JGJ/T 282—2012[S]. 北京: 中国建筑工业出版社, 2012.

# 东风小康汽车有限公司十堰基地迁建项目高边坡治理工程设计实录

刘朝辉　朱东良　欧阳光华　柯旭华　李　涛　余伟军

（武汉东研智慧设计研究院有限公司，湖北武汉　430056）

## 1　引言

随着工程建设的不断发展，高填方边坡在工程建设中越来越普遍。由于城市建设的需要，工程用地越来越紧张，边坡高度越来越大，边坡治理的难度也随之增大。为了节约用地、节省建设投资，高填方边坡不能完全采用单一的放坡形式，须采用适当的放坡＋支挡方式进行综合治理，由此带来高填方边坡治理的一系列问题成为工程建设过程中的重中之重。因此，开展高填方工程的边坡治理相关研究显得十分必要。

## 2　工程概况

东风小康汽车有限公司十堰基地迁建项目位于十堰经济开发区，总用地面积约 2000 亩，由总装车间、涂装车间、冲焊联合厂房及电池 PACK 车间等大型工业厂房组成。该项目东侧为小康一路，西侧为小康三路，北侧为机场大道，南侧为神鹰工业园。

南侧边坡高度 18.0～31.0m，边坡长度约 1700m。其中 B12～B17 段边坡坡脚为湖北荣泰新能源材料有限公司的已建厂房，边坡的最大高度约 31.0m，最大填方厚度约 42.0m。边坡位置示意图见图 1。

## 3　岩土工程条件

### 3.1　地形地貌

拟建场区原始地貌为低山丘陵及沟谷，经过开山和回填，坡顶为东风小康迁建项目工业用地，标高约 285.0m，坡脚为神鹰工业园用地，标高

254.0～267.0m。

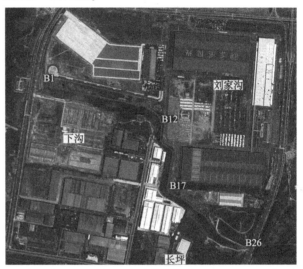

图 1　边坡位置示意图

### 3.2　地层岩性

根据勘察成果，场区岩土层可分为三个层组，第三层片岩根据风化程度可分为两个亚层，其构成与特征如下：

①素填土（$Q_4^{ml}$）：黄褐色、灰黄色，稍湿，松散（局部稍密），主要由开山片岩块石、碎石、岩屑、岩粉等组成，局部含有黏性土，该土层成分不均匀，块石和碎石含量约占 60%，片岩呈强风化和中风化状，大小混杂，一般粒径 2～15cm，最大块径大于 100cm。新近回填，未经过分选控制，为任意堆填，未经碾压，密实度低，均匀性差。层厚为0.40～57.50m。

②粉质黏土（$Q_4^{al+pl}$）：灰黄褐色，可塑，见少量铁锰质斑点，下部粉粒较多，见少量片岩碎屑及角砾。层厚为 0.00～5.20m。

③₁强风化片岩（$P_t$）：黄褐色，强风化，片状结构，呈碎块状，主要矿物为石英、云母、长石。岩体完整程度为极破碎，极软岩，岩体基本质量等级为 V 级。层厚为 0.00～5.80m。此层进行了多次的超重型动力触探试验，进尺在 4～6cm 击数

超过 50 击。

③₂ 中等风化片岩（P_t）：黄褐色、青灰色，中等风化。岩芯呈短柱状，主要矿物为石英、云母、长石。岩体完整程度为较破碎，较软岩，岩体基本质量等级为Ⅳ级。岩层单斜构造，岩层走向为西

北—东南，倾向 SW220°，倾角 68°～73°。节理面无充填，每米节理条数为 4～10 条。此层未揭穿，钻探揭露的最大厚度为 9.60m。

典型工程地质剖面图见图 2。各土（岩）层物理力学指标及设计参数见表 1。

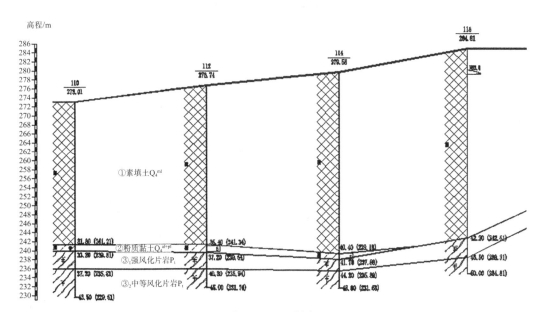

图 2　典型工程地质剖面图

各土（岩）层物理力学指标及设计参数　　　　　　　　　　　　　　　　　　　　　表 1

| 岩土编号 | 岩土名称 | 重度γ/（kN/m³） | $c_k$/kPa | $\varphi_k$/° | 与挡墙底的摩擦系数μ | 备注 |
|---|---|---|---|---|---|---|
| ① | 素填土 | 19.0 | 5.0 | 30 | 0.40 | 处理后 |
| ② | 粉质黏土 | 20.0 | 20.0 | 12 | 0.20 | — |
| ③₁ | 强风化片岩 | 21.0 | 60.0 | 20 | 0.40 | 切层 |
| | | | 20.0 | 12 | | 顺层 |
| ③₂ | 中等风化片岩 | 22.0 | 100.0 | 32 | 0.50 | 切层 |
| | | | 30.0 | 18 | | 顺层 |

### 3.3　地下水条件

场区在钻探期间未测得稳定的地下水，根据地区的经验，场区内粉质黏土为相对隔水层，地下水主要为①层素填土中的上层滞水。素填土中的上层滞水受大气降水垂直入渗补给等因素影响，其水位及水量随季节变化，在丰水季节及地表水渗透补给充分时，地下水位会升高。

## 4　B12～B17 段边坡治理设计方案

### 4.1　工程的特点与难点

（1）B12～B17 段边坡的高度约 31.0m，为新

近回填土边坡。填土最大厚度约 42.0m，回填时间短，为开山堆填，未经碾压，结构松散，边坡的稳定性差。坡顶为东风小康工厂拟建建筑物及道路，坡脚为湖北荣泰新能源材料有限公司厂房，来往活动人员及车辆较多，边坡一旦失稳将严重威胁到坡顶厂房、坡脚厂房及来往人员的安全，破坏后果十分严重。边坡典型断面图见如图 3。

（2）边坡周边场地狭小，坡顶与东风小康内部道路的距离约 8.0m，坡脚与湖北荣泰新能源材料有限公司厂房的最小距离约 3.0m（图 4），受场地条件所限坡顶与坡底边线的水平投影距离小于30m，综合坡比约 1∶0.97。

综上所述，约 42.0m 的深厚填方、1∶0.97 的综合坡比，给边坡设计带来极大的挑战。

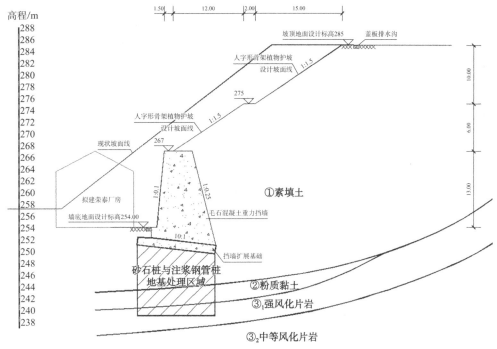

图 3　边坡典型断面图

图 4　边坡与荣泰的相对位置关系

## 4.2　边坡治理设计方案的比选

1）支挡结构的选择

高填方边坡支挡结构主要包括重力式挡墙、抗滑桩、扶壁式挡墙锚杆、桩板式挡墙、注浆加固等，根据不同的填方边坡，需要有针对性地选择适合的支挡结构。

本工程坡顶设计标高 285.0m，坡脚设计标高 254.0m，边坡高约 31.0m，坡脚以下填土深度最大达 11.0m。若采用抗滑桩或桩板式挡墙桩端持力层深度较大，桩长较大，坡脚地面以下岩土层对抗滑桩的约束较小，桩顶位移必然很大，不能满足要求；若采用扶壁式挡墙锚杆则底板宽度必然很大，混凝土及钢筋用量必然很大，而且边坡为填方边

坡，锚杆的锚固效果差，很难满足要求；若采用注浆加固则浆液用量巨大，经济性差。综合考虑，本工程支挡结构采用重力式挡墙＋二级放坡。

2）地基处理

本工程填土主要为开山的岩粉碎石，任意堆填，结构松散，均匀性差，承载力低，未经处理不可作为地基持力层使用。目前深厚填土的处理方法主要有砂石桩法、强夯法、刚性桩复合地基法、注浆法等。强夯的振动较大，对边坡的稳定不利，且坡脚存在厂房，不能采用。填土结构松散，采用刚性桩复合地基时存在负摩阻力，下拉荷载较大，导致桩长较长，桩径较大，工程造价较高，经济性差，在本工程中不宜使用。经过现场调查、分析研究及比选论证，本着技术可行、安全可靠、经济合理的原则，地基处理采用砂石桩＋注浆钢花管。

## 4.3　设计方案概述

1）支挡结构

本段边坡高度约 31.0m，坡脚设计标高 254.0m，坡顶设计标高 285.0m，设计采用重力式挡墙＋二级放坡。挡墙高 13.0m，面坡坡比 1∶0.1，背坡坡比 1∶0.25，墙底宽度 10.67m，墙顶宽度 4.8m，墙体材料采用 C25 毛石混凝土；挡墙顶第一级坡高 8.0m，第二级坡高 10.0m，坡比均为 1∶1.5，坡间平台宽 2.0m；坡面采用人字形骨架植草防护。支挡结构典型剖面图见图 5。

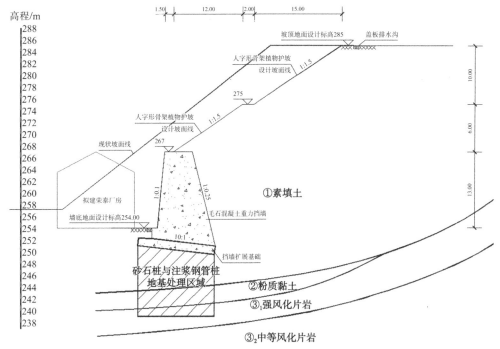

图 5　支挡结构典型剖面图

2）地基处理

本段挡墙基础地基处理采用砂石桩＋注浆钢管桩复合地基，砂石桩桩径 500mm，桩长 8.0m，桩间距 1.0m×1.0m，桩间采用注浆钢花管，间距 1.0m×1.0m，花管长度 12.0m，花管采用直径 89×3.5mm 热轧无缝钢管，浆液为 32.5 级硅酸盐水泥浆液，水灰比 1∶1，注浆压力 0.4～0.60MPa，水泥用量为 115kg/m，注浆钢花管外露 0.5m 与挡墙扩展基础一起浇筑。地基处理示意图见图 6。

3）边坡排水

水对边坡的稳定性具有相当重要的影响，主要表现在降低坡体力学参数、冲刷坡面、增大重度、形成动水压力或静水压力等。所谓"治坡先治水"，基于此，本工程坡顶设置截水沟，坡面设置人字形骨架，平台、坡脚设置排水沟，坡面设置跌水沟，坡体设置仰斜排水孔，形成完整的排水体系。

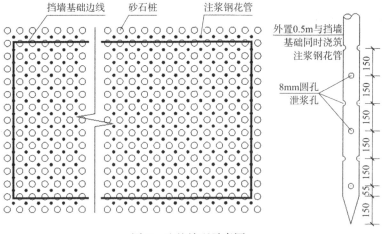

图 6　地基处理示意图

# 5　实施效果

本工程在施工期间及施工完成后委托第三方进行沉降变形监测，施工完成后监测频率为：竣工后第 1 年每个月监测 1 次。第 2 年每两个月监测 1 次；两年后每 6 个月监测 1 次。监测成果（表 2、表 3）显示挡墙墙顶最大水平位移 14.71mm，最大沉降 15.36mm，坡顶最大水平位移 41.08mm，最大沉降 43.78mm，边坡变形已趋于稳定。目前该边坡已竣工 4 年，运行情况良好。

水平位移累计值　　　　　　表2

| 观测点 | 水平位移累计值/mm | | | 位移速率/（mm/d） |
|---|---|---|---|---|
| | $\Delta X$ | $\Delta Y$ | $s$ | |
| QC7 | −14.71 | 0.11 | 14.71 | 0.05 |
| QC8 | −8.14 | −8.11 | 11.49 | 0.07 |
| QC9 | −2.21 | 1.95 | 2.94 | 0.04 |
| PC7 | −34.12 | 22.89 | 41.08 | 0.06 |
| PC8 | −32.84 | 21.90 | 39.47 | 0.05 |
| PC9 | −30.12 | 23.16 | 37.99 | 0.03 |

注：QC为挡墙墙顶变形监测点，PC为坡顶变形监测点。

沉降累计值　　　　　　表3

| 观测点 | 沉降累计值/mm | 沉降速率/（mm/d） |
|---|---|---|
| QC7 | 13.21 | 0.03 |
| QC8 | 13.84 | 0.05 |
| QC9 | 15.36 | 0.08 |
| PC7 | 40.58 | 0.07 |
| PC8 | 43.78 | 0.06 |
| PC9 | 42.56 | 0.05 |

注：QC为挡墙墙顶变形监测点，PC为坡顶变形监测点。

## 6　结语

（1）本工程属高填方边坡，坡顶、坡脚距离建筑物均较近，人员活动密集，边坡一旦失稳可能造成重大人员伤亡和财产损失，在边坡设计时必须因地制宜，综合考虑地质、水文、环境条件等因素选取安全、合理、经济的技术方案。

（2）方案比选时重视岩土工程概念设计，由于岩土体存在离散性、多相性、变形性等特征，使岩土体计算的精确性受到极大的限制，因此岩土工程概念设计显得尤为重要。

（3）本工程支挡结构采用毛石混凝土重力挡墙，施工工艺简单，易于就地取材；地基处理采用砂石桩＋注浆钢管桩复合地基，砂石桩孔内填料和振动对填土具有挤密和振密作用，同时注浆钢花管对填土具有胶结和加筋作用，钢花管锚入挡墙基础使挡墙的抗滑移和抗倾覆稳定性大大提高。

## 参考文献

[1] 中华人民共和国住房和城乡建设部. 建筑地基处理技术规范: JGJ 79—2012[S]. 北京: 中国建筑工业出版社, 2012.

[2] 中华人民共和国住房和城乡建设部. 建筑边坡工程技术规范: GB 50330—2013[S]. 北京: 中国建筑工业出版社, 2013.

[3] 成永刚. 公路工程斜坡病害防治理论与实践 [M]. 北京: 人民交通出版社股份有限公司, 2020.

# 深基坑预应力锚索张拉锁定后钢绞线回缩处理典型方法

解振和

（河北中核岩土工程有限责任公司，河北石家庄　050022）

随着我国经济水平的高速发展和大型项目快速启动，许多大型工程、城市高层建筑工程中深大基坑施工越来越多，采用的支护型式也更广泛，特别是随着施工中对较大操作空间的需求，桩锚组合结构形式在基坑支护中得到非常广泛的应用。预应力锚索施工中受地质、地下水、周边建（构）筑物等因素影响较大，所以施工中会出现各种问题，而最终锚索在张拉锁定后的受力变化对基坑安全和周边建（构）筑物将会产生明显的影响。

本文对某沿海深基坑的基坑支护施工中，第一道锚索在张拉锁定后，开始第二道锚索施工时出现的钢绞线回缩现象进行原因分析研究，并给出了典型有效的处理方法。

## 1　工程概述

某沿海循环水泵房深基坑，支护及防渗工程采用基坑周边放坡＋桩锚＋重力挡墙。该基坑为深大基坑，基坑支护范围南北长约 130m，东西宽约 123m，深约 32m。基坑北侧为已修建的北海堤，南侧为已完工的重件运输道路。

## 2　地质情况

泵房地段基岩埋深变化大，北部最深，向南至基坑底部局部地段可见到基岩，基坑边坡均为土质边坡。支护区域上部为厚层回填块石层，其下存在较厚的软土层。

## 3　施工工艺参数

泵房基坑支护方案中设计了旋喷土锚和压缩型岩锚。在标高 −6.0m 以上分为四层锚索，−18.0～−9.0m 分为四层锚索，根据锚索入岩情况确定采用不同的施工工艺。

### 3.1　施工参数要求

本文介绍的回缩处理锚索为南侧第一道岩锚，施工参数如下：

（1）锚索杆体采用强度等级 1860MPa 的钢绞线，锚具选用QM系列产品。

（2）隔离架为塑料定型产品。垫板 B 材料选用普通 A3 钢板。

（3）水泥浆用 P·C 32.5 水泥搅拌，水灰比 0.5。

（4）锚索注浆强度达到 15MPa 后进行张拉锁定。

### 3.2　施工工艺

按照规范要求的岩锚施工工艺开展施工：

（1）定位放线和钻机就位：仪器确定孔位，调整钻机角度进行施工。

（2）钻孔：采用钻机与空压机成孔，钻孔深度超出锚索设计长度 0.5m，孔径 130mm。

（3）锚索加工：锚索索体采用无粘结钢绞线，在现场制作。

（4）安放锚索：孔内先用高压风清孔一次，注浆管随索体一同入孔。

（5）锚固段注浆：采用水泥浆常压灌注，注浆到孔口返浆即可停止。

（6）腰梁施工：采用钢筋混凝土现浇梁，混凝土强度等级为 C30，腰梁钢筋绑扎时要安放好锚索及穿梁塑料管。

（7）张拉锁定：采用先单根预紧再整索分级张拉的程序，锁定荷载为设计值的110%。

在张拉完成后，按照规范要求在锚头外保留 10cm 长度的钢绞线。

## 4　问题描述及原因分析

基坑南侧第一道锚索在 2014 年 10 月 22 日全

部张拉完成，紧接着开始了土方开挖，从+2.7m挖至−0.5m(第二道锚索施工工作面)，随后安排锚索机械开始第二道锚索施工，从2014年11月3日开始陆续发现部分锚索有钢绞线回缩量过大现象，特别是第二道正在施工锚索位置附近的第一道锚索回缩数量多且明显。

发现该问题后，及时停止了第二道锚索施工。由于南侧上部为已完工的重件运输道路，锚索受力减小，腰梁变形将直接威胁道路安全，且下部为已开挖的基坑，变形将直接影响整个支护体系，威胁基坑安全，所以将该异常汇报给了项目管理各方，研究处理措施。

经过多次现场查看和讨论，在第二道成孔时，有大量地下水从钻孔流出，分析认为：出现钢绞线回缩情况的原因为原帷幕支护桩后的重件运输道路全部由岩粉和碎石回填而成，内部饱水，在进行下层锚索施工时将碎石层中地下水释放，使张拉完成的支护桩受力发生变化，而在下层锚索开孔穿过素混凝土桩时产生振动，形成锚索夹片松动而回缩。

# 5 处理过程及结果

处理分析阶段首先对锚索使用材料更换试验室进行复检，经复检证明材料合格；并邀请了钢绞线及锚具生产厂家技术人员到现场指导，根据其建议对钢绞线和夹片部位不用油漆防腐，直接采用防腐油脂涂抹，可以使夹片能够随钢绞线的位移而同步移动。最终经过各方面的处理方法和经验反馈，以及与项目管理方、设计方的多次研究，对基坑南侧第一道未回缩的锚索和后期施工的锚索采用防腐油脂涂抹，对于已经回缩的全部使用连接器(图1)对锚索进行二次张拉。

图1 不同厂家不同规格的连接器

由于现场已开挖至第二道锚索施工工作面，

所以采用脚手架搭设了一个稳固的、可移动的平台，顶部铺设木板形成处理操作平台。

## 5.1 处理方法及过程

由于第一道锚索外露钢绞线较短，再次张拉的重点是接长原钢绞线，或者是找到回缩的钢绞线并接长，然后就可以用槽钢制作的张拉支撑架(图2)提供张拉反力，再次锁定。

图2 采用自制的张拉支撑架进行二次张拉

接长钢绞线可通过钢绞线连接器来完成，由于锚索钢绞线外露长度不一，甚至有个别钢绞线已经完全缩回，而钢绞线连接器有最小连接值(约2cm)限制，现分别按外露钢绞线的不同长度情况进行施工介绍。

1)处理情况一

两根钢绞线的外露长度一长一短，但均可以用连接器连接，该情况直接用连接器接长，在腰梁上架设支撑架，钢绞线穿过该支撑架后通过千斤顶进行单根张拉，张拉过程采取规范要求的分级张拉，直至达到设计控制力。

2)处理情况二

两根钢绞线有一根已经完全回缩，另一根钢绞线可以用连接器连接。这种情况首先对未回缩的钢绞线安装支撑架进行张拉，待夹片松动后取出该夹片使该钢绞线卸力，然后拆除外锚头及垫板，将锚索外锚头位置扩大，并向腰梁内部凿入约10cm(锚索张拉伸长量)，最后将外锚头装入腰梁上凿好的孔洞内，再连接上连接器和支撑架进行张拉锁定。张拉过程同正常施工，先单根预紧再整束分级张拉至设计控制力。

3)处理情况三

两根钢绞线的外露长度一长一短，长钢绞线可以用连接器连接，短钢绞线无法用连接器连接。该情况对长钢绞线采用支撑架拆除夹片，卸力该钢绞线，卸力后观察较短的那根钢绞线，若较短钢绞线出现回缩则等其完全回缩松弛后拆除外锚头及垫板，若较短钢绞线未出现回缩则可对其进行切割或凿开腰梁使其回缩松弛，然后拆除外锚头及垫板，根据钢绞线长度开凿腰梁深度，按照处理情况二进行张拉。

4）处理情况四

两根钢绞线的外露值均太小，均无法用连接器连接。

该情况可以对这两根钢绞线外露部分进行切割或凿开腰梁使其松弛，松弛后拆除外锚头及垫板，根据钢绞线长度开凿腰梁深度，按照处理情况二进行张拉。

### 5.2 处理后结果

所有重新张拉锁定的锚索均更换了新夹片。连接器中工作夹片距离外口较远时，可将连接器前端进行打磨切割至接近露出工作夹片位置，使工作夹片尽量多地夹住钢绞线。处理完第一道锚索后，采用水钻在素混凝土桩上引孔后再施工第二道锚索，以减少振动影响（图3）。

图3　第二道锚索采用水钻引孔

处理过程必须单束锚索逐步推进，不可一次性放松多个锚索，避免支护体出现受力突变而发生安全事故。在施工前须自制支撑架，两边确保预留圆孔，以保证操作时能及时取出或更换夹片，避免张拉过长造成锚索破坏。

经过以上方法处理后，连续两年进行量测和巡视，未再次出现钢绞线的回缩现象（图4），保证了深基坑继续开挖的安全，也保证了后续泵房结构施工的顺利进展。

图4　二次张拉后锚索稳定未回缩

## 6　结语

这次锚索回缩的处理经验，可以作为出现类似工程问题时考虑处理措施的借鉴，同时对进行类似地层的基坑支护设计有了一个提醒：设计时一定要考虑到帷幕外侧地下水由于支护体系施工引起的变化，该部分变化会影响支护结构的应力。另外在深基坑锚索张拉完成后的钢绞线截断时，建议保留长度不小于30cm，以保证在出现回缩问题时，钢绞线在锚头的外露长度可满足及时进行补张拉的长度要求，保证锚索的预应力达到设计要求，避免预应力减少引起的周边土体变形过大，保证支护体系及基坑的整体安全。

# 某核电专家村基坑支护项目设计与施工实录

殷建亮

（河北中核岩土工程有限责任公司，河北石家庄　050022）

## 1　工程概况

危大工程概况和特点

拟建的核电专家村项目位于福建省宁德市霞浦县，由四栋高层住宅楼组成，总建筑面积91528m²，其中地下建筑面积为12808m²，地上总建筑面积为78720m²，整体地下室一层，桩基础采用钻孔灌注桩，地上建筑由11～13号楼组成，10号楼25层，11～13号楼均为33层。本工程±0.000相当于1985年国家高程基准+6.500m。

现场自然地坪标高约相当于1985年国家高程+5.000m，基坑开挖深度地下车库位置自然地坪至筏板垫层底开挖深度为4.65m，局部区域开挖深度为5.25m，主楼位置自然地坪至承台垫层底开挖深度为5.55m。

基坑东侧修筑的临时道路标高为1985年国家高程+6.300m，临时道路大体上位于一期项目基坑西侧水泥土搅拌桩挡墙上，临时道路距二期东侧地下室外墙约10m。二期项目基坑东侧未单独设计支护结构，而是直接利用一期项目西侧支护结构（水泥土搅拌桩挡墙）作为二期基坑东侧支护结构。

1）周边环境

根据勘察报告结果，场区内无地下管线等，基坑周长为636.5m，基坑面积1.36万m²。

基坑北侧：地下室外墙距用地红线为11.05～14.55m，红线外3.00m为规划洲洋路，现为空地，场区开阔。

基坑东侧：基坑东侧紧邻核电专家村一期。

基坑南侧：地下室外墙距用地红线约为1.45m，红线外为EPC核电大楼篮球场，现为空地。

基坑西侧：基坑西侧为临时宿舍。

2）地质条件

拟建场地表层多数地段为人工填土，上部地层为第四系全新统海积成因淤泥层，中部地层主要为冲洪积成因含泥圆砾、粉质黏土层，下部为燕山期花岗岩及其风化层。根据钻探取芯成果，场地岩土层可划分为8层，其工程地质特征自上而下分述如下：

素填土①（$Q_4^{ml}$）：分布广泛，层厚0.40～5.20m。灰黄色，湿，松散—稍密，成分主要为黏粉粒、砂砾及碎石，土体欠固结，欠压实，人工堆填而成。

淤泥②（$Q_4^m$）：分布广泛，层厚17.6～39.60m，深灰色，饱和，软塑—流塑，主要成分为黏粒，局部夹薄层粉砂、黏土及少量贝壳碎屑，土体具腥臭味，稍有光泽反应，轻微摇振反应，海积成因。

含泥圆砾—中粗砂③（$Q_3^{al+pl}$）：层厚0.80～8.60m，浅灰色—浅灰黄色，饱和，稍密—中密，主要由圆砾、黏粉粒和卵石组成，冲洪积成因。

粉质黏土④（$Q_3^{al+pl}$）：分布广泛，各孔均有揭示，层厚1.70～16.6m，软塑—可塑，主要成分为黏性土，局部夹薄层粉砂及黏土层，黏性较强，韧性较高，干强度高，稍有光泽，冲洪积成因。

砂质黏土④₁（$Q_3^{al+pl}$）：分布广泛，各孔均有揭示，呈灰黄色—灰绿色，可塑—硬塑，主要成分为黏性土、中细砂，干强度高，稍有光泽，冲洪积成因。

砂质黏土④₁下面分布的是全风化花岗岩⑤（$\gamma_5^{3c}$）、砂土状强风化花岗岩⑥（$\gamma_5^{3c}$）、碎块状强风化花岗岩⑦（$\gamma_5^{3c}$）和中等风化花岗岩⑧（$\gamma_5^{3c}$）。由上述地质条件可知，影响基坑支护及开挖的土层主要是上部的素填土①和淤泥②。

典型的工程地质剖面图见图1。

3）地质水文条件

地下水包括上部素填土①中的潜水、中部含泥圆砾—中粗砂③中的弱承压水和下部基岩及其风化带中的孔隙裂隙水。影响基坑支护和土方开挖的主要是素填土①中的潜水。

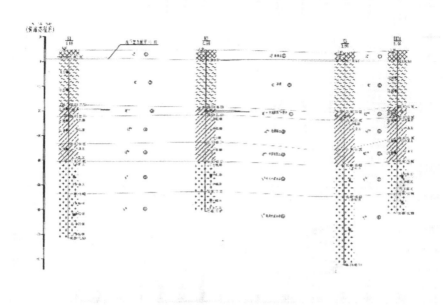

图 1　典型的工程地质剖面图

## 2　方案的分析与论证

### 2.1　方案的分析

该基坑属于典型的软土地区基坑，工程地质、水文地质条件较差，基坑开挖深度较深，加之周围环境受限，故必须选用合理的支护形式，以做到在安全、合理的前提下，缩短施工工期、方便土方开挖和结构的施工、节省工程造价。本着安全可靠、经济合理的原则，经过比较、优化，确定基坑采用水泥搅拌桩重力式挡土墙的围护形式，并对坑内基底下一定深度土体进行加固。

重力式挡墙采用双轴深层搅拌桩，格栅状布置，搅拌桩直径 700mm，搭接长度 200mm；采用 42.5 级普通硅酸盐水泥，水灰比为 0.5～0.6；水泥用量 255kg/m³；挡墙内外两侧桩身内插入 $\phi48 \times 3.0$ 钢管，部分区域前后排内插 20b 槽钢，以增加挡墙的整体性；挡墙顶部设 C20 混凝土压顶，压顶配筋为 $\phi10@200 \times 200$。重力式挡墙在 13 号楼东北角和专家村一期 6 号楼西南角与专家村一期基坑支护搅拌桩挡墙连接。

部分区域围护桩平面布置图见图 2。

具体设计方案：

B1、B1′、B2、B3、B4 剖面：有效桩长 13～14.5m，挡墙宽 4.7m，水泥掺量 15%，水泥浆的水灰比为 0.5～0.6，42.5 级普通硅酸盐水泥，内插两排 $\phi48$ 钢管，挡墙顶部做 C20 混凝土面板，内配双向 10@200×200 钢筋网。

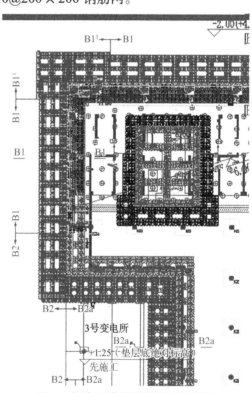

图 2　部分区域围护桩平面布置图

B2a 剖面：有效桩长 12.5m，挡墙宽 4.7m，水泥掺量 15%，水泥浆的水灰比为 0.5～0.6，42.5 级普通硅酸盐水泥，内插两排 20b 槽钢，挡墙顶部做 C20 混凝土面板，内配双向 10@200×200 钢筋网。

## 2.2 方案的论证

1）计算理论与主要计算成果

（1）设计计算依据：根据基坑开挖深度和场地周围环境情况，采用不同的围护设计参数。对设计方案中不同工况，采用理正深基坑 7.0 软件计算单个剖面的受力、变形和整体稳定性。

（2）计算说明：①计算挖土深度按底板垫层底深度控制。②土压力计算理论采用朗金土压力理论，围护 c、φ 值取天然快剪值，素填土采用水土分算，淤泥质土采用水土合算。

（3）地面超载：①基坑坡顶地面超载控制不超过 20kPa；其中项目已建临时宿舍及办公室每层超载取 15kPa。②已建水泥便道超载按 30kPa 考虑。③坑中坑部位超载控制不超过 15kPa。

2）围护结构计算

（1）围护结构计算主要包括：抗倾覆稳定性、抗滑移稳定性、整体稳定性。

（2）主要计算结果如下。

以 B1-B1 剖面为例：

水泥土墙支护，计算剖面见图 3。

计算的基本信息见表 1，超载信息见表 2，土层信息见表 3，土层参数见表 4、表 5，水泥土墙参数见表 6。

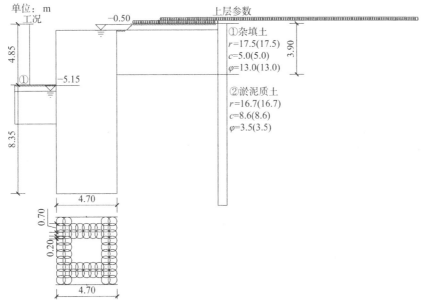

图 3　B1-B1 剖面水泥土墙支护

**基本信息表**　　　　　　　　　　　　　　表 1

| 规范与规程 | 《建筑基坑支护技术规程》JGJ 120—2012 |
| --- | --- |
| 内力计算方法 | 增量法 |
| 支护结构安全等级 | 二级 |
| 支护结构重要性系数 $\gamma_0$ | 1.00 |
| 基坑深度 $h$/m | 4.650 |
| 嵌固深度/m | 8.350 |
| 墙顶标高/m | −0.500 |
| 截面类型及参数 | 格栅墙 |
| 放坡级数 | 1 |
| 超载个数 | 2 |
| 墙顶均布荷载/kPa | 0.000 |

**超载信息表**　　　　　　　　　　　　　　表 2

| 超载序号 | 类型 | 超载值/（kPa，kN/m） | 作用深度/m | 作用宽度/m | 距坑边距/m | 形式 | 长度/m |
| --- | --- | --- | --- | --- | --- | --- | --- |
| 1 | | 20.000 | — | | | | |
| 2 | | 10.000 | 0.000 | 20.000 | 3.400 | 条形 | — |

**土层信息表** 表3

| 土层数 | 2 | 坑内加固土 | 是 |
|---|---|---|---|
| 内侧降水最终深度/m | 5.150 | 外侧水位深度/m | 0.500 |
| 弹性计算方法按土层指定 | ╳ | 弹性法计算方法 | $m$法 |
| 内力计算时坑外土压力计算方法 | 主动 | | |

**土层参数表** 表4

| 层号 | 土类名称 | 层厚/m | 重度/(kN/m³) | 浮重度/(kN/m³) | 黏聚力/kPa | 内摩擦角/° | 与锚固体摩擦阻力/kPa |
|---|---|---|---|---|---|---|---|
| 1 | 杂填土 | 3.90 | 17.5 | 7.5 | 5.00 | 13.00 | 15.0 |
| 2 | 淤泥质土 | 31.40 | 16.7 | 6.7 | 8.60 | 3.50 | 8.0 |

**土层参数续表** 表5

| 层号 | 黏聚力水下/kPa | 内摩擦角水下/° | 水土 | 计算方法 | $m$,$c$,$K$值 |
|---|---|---|---|---|---|
| 1 | 5.00 | 13.00 | 分算 | $m$法 | 1.50 |
| 2 | 8.60 | 3.50 | 合算 | $m$法 | 0.80 |

**水泥土墙参数表** 表6

| | |
|---|---|
| 水泥土墙厚度$B$/m | 4.700 |
| 水泥土弹性模量$E$/(×10⁴MPa) | 0.030 |
| 水泥土抗压强度/MPa | 0.800 |
| 水泥土抗拉/抗压强度比 | 0.150 |
| 水泥土墙平均重度/(kN/m³) | 18.000 |
| 水泥土墙抗剪断系数 | 0.400 |
| 荷载综合分项系数 | 1.250 |

抗倾覆稳定性验算：

水泥土墙绕前趾的抗倾覆稳定性验算：

$$K_Q = \frac{E_{pk}a_p+(G-u_mB)a_G}{E_{\alpha k}a_\alpha} = 1.370 \geqslant 1.30，满足规$$

范要求。

抗滑移稳定性验算：

$$K_h = \frac{E_{pk}+(G-u_mB)\tan\varphi+cB}{E_{\alpha k}} = 1.237 \geqslant 1.20，满足$$

规范要求。

整体稳定验算（图4）：

计算方法：瑞典条分法

应力状态：总应力法

条分法中的土条宽度：1.00m

滑裂面数据：

圆弧半径$R = 17.593$m

圆心坐标$X = 0.593$m

圆心坐标$Y = 8.757$m

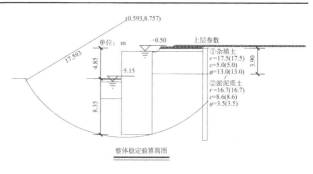

图4 整体滑动稳定性验算

$$K_S = \frac{\sum\{c_jl_j+[(q_jb_j+\Delta G_j)\cos\theta_j-u_jl_j]\tan\varphi_j\}}{(q_jb_j+\Delta G_j)\sin\sum\theta_j}$$
$$= 1.344 > 1.30，满足规范要求。$$

## 3 方案的实施

深搅桩施工采用全桩长复搅的方式施工，局部地段可根据地层情况调整。

1340

## 3.1　深搅桩施工工艺流程（图5）

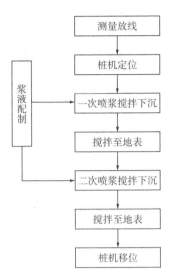

图5　深搅桩施工工艺流程图

## 3.2　槽钢施工工艺流程

施工流程如下：槽钢起吊→槽钢就位→挖机静压→矫正垂直度静压至设计标高。

## 3.3　钢管施工工艺流程

第一步：放入送管器，将送管器下端外伸钢筋插入钢管进行连接，并进行相应垂直度矫正；

第二步：通过送管器，将钢管插入指定标高位置；

第三步：将送管器与钢丝绳铰接固定，拉起送管器。

## 3.4　混凝土面板施工工艺流程

混凝土面板施工工艺流程见图6。

由于材料供应及时，现场水电满足施工要求，总体施工进度满足工期要求；项目部管理人员及施工队伍技术水平高，认真负责，施工质量符合要求，得到了总包和业主单位的认可。这为后续土方开挖打下良好基础。

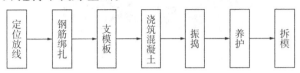

图6　混凝土面板施工工艺流程

## 4　工程成果与效益

深层水泥土搅拌桩具有施工时振动小、挤土现象轻微、抗渗性能好、整体稳定性好等优点，该基坑工程在整个施工及使用期间，未出现坑壁坍塌现象，基坑边坡的水平位移、垂直沉降变形等与设计计算值基本吻合。

总体而言，该基坑工程及拟建建筑物均已顺利完工，周边建筑未受影响，也为建设方节省了大量的施工工期和建设资金。

## 5　基坑开挖过程中根据监测数据反馈采取的措施

在基坑开挖过程中13号楼基坑监测数据达到报警值（13号楼基坑监测点布置图见图7），坡顶周边土体和附近道路产生裂缝（图8）。由于基坑监测数据整理反馈分析及时，现场迅速实施了相应的应急措施，准确分析判断原因，有针对性地采取处理措施，保证了基坑稳定性。基坑工程未发生坍塌和倾覆，地下室施工得以顺利完成。

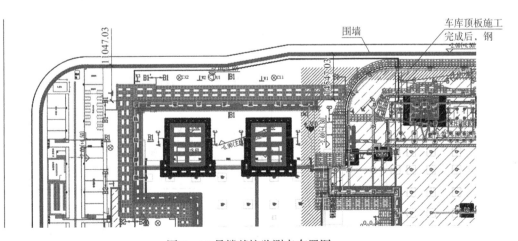

图7　13号楼基坑监测点布置图

图 8　13 号楼北侧道路裂缝

13 号楼基坑开挖支护设计参数表见表 7。

13 号楼基坑开挖支护设计参数　表 7

| 土层名称及编号 | 天然重度 $\gamma$/($kN/m^3$) | 天然快剪 | | 三轴剪切 | | 渗透系数 $k$ |
| | | 黏聚力 $c$/kPa | 内摩擦角 $\varphi$/° | 黏聚力 $c_u$/kPa | 内摩擦角 $\varphi_u$/° | 垂直 $K_v$/(cm/s) |
| 素填土① | 17.5* | 5* | 13* | — | — | $2.3 \times 10^{-3}$* |
| 淤泥② | 16.7 | 8.6 | 3.5* | 20.5 | 2.0 | $2.2 \times 10^{-7}$ |

## 5.1　基坑开挖不同工况下基坑监测数据分析

本项目根据规范要求，布置了深层土体位移、坡顶水平位移和竖向位移、坑外地下水位等基坑监测点。其中，深层土体位移设置的报警值为：变

形速率 4mm/d，累计位移 45mm。

13 号楼于 2 月 26 日开始基坑开挖，3 月 1 日基坑开挖到底（不含坑中坑）。基坑监测数据显示，3 月 1 日前，13 号楼北侧挡墙压顶上布置的深层位移监测点 CX1 和 CX2 变形速率和累计位移均在正常范围内。但是 3 月 3 日时，CX1、CX2 变形速率达到 14.82mm/d 和 27.56mm/d，已超过 4mm/d 的报警值，3 月 4 日坑中坑（电梯井）开始开挖，CX1、CX2 累计位移达到 62.38mm 和 57.38mm，均超过了 45mm 的报警值。同时，基坑周边的巡查也发现坡顶挡墙外侧地面土体出现裂缝且裂缝有延伸、变宽的趋势，基坑北侧和东北角坑壁有两处明显渗水。自此，该区域基坑已处于不稳定状态，基坑发生倾覆、坍塌的可能性开始增大，如不采取必要的应急措施，一旦发生基坑坍塌，本项目的安全生产、工期和工程造价将受到很大影响。

此后，通过每天的监测数据分析，结合现场工况和场地条件，相继采取了对加快底板施工速度、坡顶裂缝勾缝（防止地表水渗入）、对基坑坡脚码放砂袋反压、在压顶外侧打设轻型降水井等应急措施。坡脚反压和轻型降水井正常抽水的应急措施实施后，CX1、CX2 两个监测点的变形速率和累计位移数据逐渐收敛。地下室底板混凝土浇筑完成后，监测数据逐渐稳定。根据监测数据和现场实际工况，制作了《13 号楼深层位移监测点变形数据与开挖工况对比表》，具体见表 8。

13 号楼深层位移监测点变形数据与开挖工况对比表　表 8

| 时间 | CX1 | | CX2 | | 变形情况描述和分析 | 施工工况 | 采取的应急措施 |
| | 本次位移/mm | 累计位移/mm | 本次位移/mm | 累计位移/mm | | | |
| 3 月 1 日 | 1.52 | 3.16 | 0.72 | 1.86 | 当天位移和累计位移不大，均在正常范围内 | 13 号楼基坑开挖到底 | 密切观察基坑坡顶裂缝及其变化 |
| 3 月 2 日 | 26.40 | 29.56 | 13.00 | 14.86 | 基坑开挖到底后应力释放导致位移显著增大，CX1 和 CX2 当天位移达到报警值，CX1 累计位移达到 29.56mm，但尚未达到报警值 | 小挖机挖除桩间土、修整基底，开始施工混凝土垫层 | 密切观察基坑坡顶裂缝及其变化，对周边道路裂缝进行勾缝处理 |
| 3 月 3 日 | 14.82 | 44.38 | 27.56 | 42.42 | 位移继续增大，CX1、CX2 当天位移达到报警值 | 小挖机挖除桩间土、修整基底，抓紧施工混凝土垫层 | 采购 3500 个编织袋，连夜填装砂袋，晚上派人对基坑进行值守 |
| 3 月 4 日 | 8.90 | 53.28 | 4.96 | 47.38 | 位移继续增大，CX1、CX2 当天位移和累计位移均达到报警值 | 土方挖运暂停，抓紧施工混凝土垫层 | 晚上开始在 13 号楼北侧码放砂袋对基坑坡脚进行反压；对压顶及周边临时道路上裂缝用水泥砂浆进行勾缝，防止地表水进入 |
| 3 月 5 日 | 4.10 | 57.38 | -2.20 | 45.18 | CX1 位移继续增大但有收敛趋势，CX2 反弹 2.2mm | 土方挖运继续暂停，抓紧施工混凝土垫层 | 填装砂袋，继续在 13 号楼北侧码放砂袋对基坑坡脚进行反压；对压顶及周边临时道路裂缝用水泥砂浆勾缝 |

| 时间 | CX1 | | CX2 | | 变形情况描述和分析 | 施工工况 | 采取的应急措施 |
|---|---|---|---|---|---|---|---|
| | 本次位移/mm | 累计位移/mm | 本次位移/mm | 累计位移/mm | | | |
| 3月6日 | 3.18 | 60.56 | 13.74 | 58.92 | 位移继续增大，尤其CX2当天位移达到13.74mm，原因系西侧电梯井开挖完成应力释放导致 | 电梯井坑中坑开始开挖，土方外运恢复，抓紧施工混凝土垫层和防水 | 填装砂袋备用 |
| 3月7日 | 8.44 | 69.00 | 5.32 | 64.24 | 位移继续增大，尤其CX1当天位移达到8.44mm，原因系东侧电梯井开始开挖应力释放导致 | 电梯井坑中坑挖运，抓紧施工混凝土垫层和防水 | 继续在13号楼北侧坡脚码放砂袋反压 |
| 3月8日 | 11.00 | 80.00 | 4.42 | 68.66 | CX1位移继续增大，CX2位移数据收敛 | 电梯井坑中坑继续开挖，继续施工混凝土垫层和防水 | 填装砂袋，在13号楼北侧坡脚继续码放砂袋，对压顶及周边临时道路裂缝用水泥砂浆进行勾缝 |
| 3月9日 | 4.46 | 84.46 | 0.26 | 68.92 | CX1位移继续增大，但增大数据明显降低，CX2位移数据基本稳定 | 电梯井坑中坑挖运完成，北大门附近拉警戒线，抓紧施工垫层、防水 | 13时开始对13号楼东北角反压，晚上北侧坡脚反压 |
| 3月10日 | 4.04 | 88.50 | 4.28 | 73.20 | 位移继续增大，CX1位移数据收敛 | 坑内抓紧施工垫层、防水，绑扎钢筋 | 白天填装1000个砂袋 |
| 3月11日 | 3.28 | 91.78 | 2.34 | 75.54 | 位移继续增大，但CX1、CX2位移数据已控制在报警值范围内 | 坑内抓紧施工垫层、防水，绑扎钢筋 | 上午7时开始打降水井，下午开始抽水，晚上抽水未停。白天填装1000个砂袋 |
| 3月12日 | 1.18 | 92.96 | −0.21 | 75.33 | CX1、CX2位移数据基本稳定，均收敛至4mm以内，显示降水井抽水作用开始显现 | 坑内抓紧施工垫层、防水，绑扎钢筋 | 完成降水井4口，出水量正常，连夜开始不间断抽水 |
| 3月13日 | 1.30 | 94.26 | 0.44 | 75.77 | CX1位移数据收敛，CX2基本稳定，降水井抽水作用显著 | 坑内抓紧施工垫层、防水，绑扎钢筋，电梯井坑中坑南侧恢复土方挖运 | 完成降水井3口，出水量正常，不间断抽水，井内水位降深约0.6m |
| 3月14日 | 3.62 | 97.88 | −1.60 | 74.17 | CX1位移数据稍有增加，显示东侧基坑东侧便道土方运输车对基坑变形作用明显；CX2基本稳定，降水井抽水作用显著 | 坑内抓紧施工垫层、防水，绑扎钢筋，电梯井坑中坑南侧继续土方挖运 | 完成降水井5口，出水量正常，不间断抽水，水位降深约1.8m |
| 3月15日 | −1.01 | 96.87 | 0.41 | 74.58 | CX1、CX2位移数据趋于稳定，坑底反压和降水应急措施奏效 | 坑内抓紧施工垫层、防水，绑扎钢筋，土方挖运恢复正常 | 完成降水井4口，出水量正常，不间断抽水，水位降深约3.5m |

## 5.2 土体深层位移超过报警值原因分析

（1）13号楼区域大部分为鱼塘，一条南北走向的河道穿越13号楼北侧支护挡墙，挡墙东北区域原为水闸，场地整平后其下块石较多，搅拌桩施工时钻进困难，施工期间多次发生桩机钻头叶片被下覆的块石打断的事故，推测该区域因地质原因个别搅拌桩未能有效搭接，搅拌桩挡墙施工质量欠佳。

（2）13号楼东北角支护挡墙与东侧的专家村一期基坑支护挡墙相搭接，而专家村一期基坑支护为2020年6月施工完成，与二期的基坑支护施工相差一年左右，推测挡墙搭接的冷缝未能处理好，导致13号楼东北角渗水明显且变形较大。

（3）13号楼北侧围墙外正在施工的洲洋路地势较高，其路基面高程比13号楼北侧压顶高出约1.0m，比2021年二期基坑设计时高约1.6m，故13号楼北侧坑外均布荷载比2021年基坑设计时多了约30kPa，这导致了13号楼北侧的围护结构抗倾覆安全系数有所降低。

（4）基坑开挖期间，场地地下水位较高，根据监测单位简报数据，坑外地下水位基本与压顶面平齐（图9），水头高度高于基坑设计时的水头约1m。坑外水头的增高导致静水压力的增大，使围护结构的抗倾覆安全系数有所降低。

图 9  13 号楼北侧水位监测孔

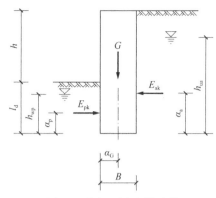

图 10  抗倾覆稳定性验算

### 5.3  基坑变形超过报警值后选用应急措施的理论分析

根据土力学基本原理，基坑工程中坑外重力式挡墙上的主动土压力产生的力矩小于坑内被动土压力产生的力矩时，基坑不会产生倾覆破坏，处于安全稳定状态。基坑开挖后，随着开挖深度的增加，主动土压力产生的力矩越来越大，当主动土压力产生的力矩等于坑内被动土压力产生的力矩时，基坑达到倾覆破坏的极限状态，如主动土压力产生的力矩继续增加，挡墙将发生倾覆而导致基坑安全事故的发生。

根据《建筑基坑支护技术规程》JGJ 120—2012 第 6.1.2 条的规定，重力式水泥土挡墙倾覆稳定性验算（图 10）采用以下公式：

$$K_Q = \frac{E_{pk}\alpha_p + (G - u_m B)\alpha_G}{E_{ak}\alpha_a} \geq K_{OV}$$

式中：$E_{ak}$、$E_{pk}$——分别为水泥土挡墙上的主动土压力和被动土压力标准值（kN/m）；

$G$——水泥土挡墙自重（kN/m）；

$\alpha_a$——水泥土墙外侧主动土压力合力作用点至墙趾的竖向距离（m）；

$\alpha_p$——水泥土墙内侧被动土压力合力作用点至墙趾的竖向距离（m）；

$\alpha_G$——水泥土墙自重和墙底水压力合力作用点至墙趾的水平距离（m）；

$u_m$——水泥土墙底面上的水压力（kPa）；

$K_{OV}$——抗倾覆安全系数，其值应不小于 1.3。

在本项目中，基坑支护设计时根据当时的基坑周边荷载和地下水埋深情况进行设计和验算，基坑抗倾覆安全系数为 1.37，完全满足《建筑基坑支护技术规程》JGJ 120—2012 第 6.1.2 条的规定。但是基坑开挖时，实际场地条件和工况发生了变化，13 号楼北侧道路施工后地坪抬高了 1.6m 左右，1.6m 的填土产生的自重压力为：$\gamma h = 20 \times 1.6 = 32$kPa；坑外地下水水头比基坑设计时高了约 1m，水压力增加约 10kPa。坑外超载的增加和水压力的增加导致主动土压力对于墙趾力矩的增加，从而使上述抗倾覆验算公式中抗倾覆安全系数降低至极限平衡状态。

经过上述分析可知，基坑实际工况和设计时工况的变化造成了抗倾覆安全系数的降低，根据基坑监测数据和基坑周边巡视发现的土体裂缝、坑壁渗水等征兆可以认定基坑已处于极限平衡状态，必须果断采取相应应急措施方可保证基坑的安全；而任何应急措施从理论上说，都必须围绕降低挡墙的主动土压力和增加挡墙的被动土压力来进行。

坑内堆砌砂袋对坡脚处进行堆载反压是增加挡墙被动土压力的措施，坑外挡墙外侧打设降水井降低地下水水位是减少主动土压力的措施，实施后可以增加抗倾覆安全系数，从而保证基坑的安全稳定。如场地条件允许，对挡墙外侧地坪进行卸载，降低地坪标高，从而降低主动土压力也是简单可行的应急措施选项。

### 5.4  本项目采用的主要应急措施及效果

1）坡脚反压，增加基坑被动土压力

附近道路开裂后项目部立即采购 3500 个编织袋，用砂土装满，连夜码放在基坑北侧变形较大位置的坡脚处，在坡脚反压的几天内位移已趋于收敛，说明坡脚反压作为基坑变形超限时的应急措施，增大了基坑的被动土压力，相应地提高了基坑的抗倾覆安全系数，起到了保证基坑安全的作用（图11、图12）。

图11 13号楼基坑东南角坡脚反压

图12 基坑北侧坡脚反压

2）降低基坑外水位，减小侧向水压力

打井采用200型工程钻机，于13号楼北侧打设降水井（图13），井间距1.5～2m，直径130mm，深度12m，共打设降水井共16口。井内安装φ50的PVC滤水管，管身通长布置梅花形小孔，管身用三层150目滤网包裹，PVC管外壁与井内壁间用细粒砂石填充。抽水采用JET-1.5型喷射泵，一台抽水泵控制1～4孔降水井，用软胶管将总管和井点管连接成总管系统，进行降水。

安装好的降水井进行24h降水，两天内位移已经收敛至1～2mm，原东北角渗水处渗水量明显降低，说明降低水位起到了效果。

图13 13号楼北侧挡墙外侧打设降水井

3）坡顶卸载

本项目最南侧的10号楼基坑开挖到底后出现和13号楼相类似的土体深层位移超过报警值的状况。因10号楼南侧挡墙外侧有一片空地，具备卸载的场地条件，故现场采取了土体卸载的应急措施，将挡墙外地坪标高降低了1.5m左右。采取卸载措施后，降低了主动土压力，土体深层位移监测数据趋于收敛乃至稳定，确保了地下室的顺利施工（图14）。

图14 10号楼南侧挡墙外地坪卸载作业

## 5.5 结论

通过对本项目基坑深层位移监测点变形数据与开挖工况对比分析可知，基坑开挖到底后累计位移尚未达到报警值，而变形速率超过报警值，属于应力释放导致基坑变形速率增加，此时基坑尚处于安全可控状态。出现这种情况后，本项目基坑监测仍采用前期的一天一测，根据每天的检测数据分析、判断基坑的安全状态。对于后续的其他同类基坑项目，当出现基坑变形速率明显加快时，应提高监测频率，给现场采取应急措施提供更加充分的检测数据；基坑开挖至坑底以及坑中坑开挖过程中，现场抓紧铺设垫层、砌筑砖胎膜，从而增加基底的被动土压力，保证基坑的安全、稳定。

本项目的基坑支护采用了深层搅拌水泥土挡墙的支护型式，总的来说设计和施工都是成功的。但受场地条件和实际工况的变化影响，基坑开挖时个别部位基坑监测数据超过了报警值。现场及时果断地采取了坑外降水、坑内坡脚反压或坡顶地坪卸载等应急措施，确保了基坑安全，为后续施工创造了条件，相信对于同类项目出现类似状况时应急措施的选用决策和组织实施不无裨益。

## 6 结语

深基坑工程是一个复杂系统，涉及强度与变形、土与支护结构的共同作用、时空效应、施工工艺等诸多综合性的岩土工程问题。

本工程为沿海地区典型软土地质条件下的基坑支护工程，根据基坑周边环境、水文地质条件及结构施工要求，在设计中采用了深层搅拌桩加固支护方法与手段，同时在设计中运用系统工程的理论和方法，达到了系统整体方案的最优化和实现途径的最优化的目的，对于软土地区类似基坑工程具有研究推广价值。

## 参考文献

[1] 中华人民共和国住房和城乡建设部. 建筑基坑支护技术规程: JGJ 120—2012[S]. 北京: 中国建筑工业出版, 2012.

[2] 中华人民共和国住房和城乡建设部. 建筑地基基础设计规范: GB 50007—2011[S]. 北京: 中国建筑工业出版, 2011.

[3] 中华人民共和国住房和城乡建设部. 建筑基坑工程监测技术标准: GB 50497—2019[S]. 北京: 中国建筑工业出版, 2019.

[4] 陈希哲. 土力学地基基础(第 4 版)[M]. 北京: 清华大学出版社, 2004.

[5] 乔开放. 岩土工程深基坑支护存在的问题和有效的控制[J]. 建筑技术开发, 2021(1): 141-142.

[6] 谢英标. 探讨岩土工程施工中深基坑支护问题的分析[J]. 四川水泥, 2020(6): 260.

[7] 申炳银. 岩土工程施工中深基坑支护问题的解析[J]. 科学家, 2016(10):92, 96.

[8] 樊明皓. 岩土工程深基坑支护的设计与施工[J]. 四川水泥, 2021(12): 145-146.

[9] 万钧. 浅谈深基坑工程监管的经验和信息化技术的应用[J]. 工程质量, 2022, 40(1): 58-61.

# 北京市某停车楼项目深基坑支护体系工程实录

苏铁志[1] 肖 琦[2] 文红艳[3] 秦国栋[1] 何佳荣[3] 张晓航[3]

（1. 航天规划设计集团有限公司，北京 100162；

2. 北京住总集团有限责任公司，北京 100101；

3. 航天规划设计集团有限公司，北京 100162）

## 1 工程概况

项目位于北京市朝阳区首都机场北路中国国际航空公司飞行总队现有土地范围内（毗邻朝阳区首都机场高速）。停车楼位于总队大院西北角处，停车楼项目用地面积约 10711m²，总建筑面积为 59942.83m²，其中地上建筑面积 47770.40m²，地下建筑面积 12172.43m²，地上 9 层，地下 2 层，建筑总高度 34.15m。本停车楼用地范围周长约 427m。地表标高约 −0.30m（北京市高程绝对标高为 32.30m），基坑开挖深度停车楼和雨水调蓄池位置大部分为 10.31m，局部开挖深度为 10.61m。拟建建筑物长约 96.40m，宽约 58.70m，面积 6162m²。

场地西侧为机场西路，距离结构外墙皮约 9.5m；东侧为院内干道，最近处距离结构外墙皮约 6.4m；南侧为飞行总队文体活动中心，地上 2~4 层，建筑高度 20.75m，无地下室，基础埋深不详，最近处距离结构外墙皮约 12.6m；北侧为北京航空食品有限公司（仓库），地上 4 层，无地下室，基础埋深不详，最近处距离结构外墙皮约 22.8m；场地东侧分布有热力管线、天然气管线（待迁改）。

## 2 岩土工程条件简介

### 2.1 工程地质条件

根据钻探资料、原位测试及室内土工试验结果，按地层沉积年代、成因类型，将拟建工程场地勘探范围内的土层划分为人工填土层、第四纪全新世冲洪积层两大类。根据钻探资料及室内土工试验结果，按地层岩性及其物理力学性质，将本次拟建场地地下土层分为 9 个大层。

1）人工堆积层

粉质黏土填土①层：褐黄色—黄褐色，稍密，稍湿—湿，以粉质黏土为主，局部为粘质粉土，含少量砖渣、白灰渣、碎石、细砂等。

杂填土①₁层：杂色，松散—稍密，稍湿—湿，含少量植物根，含碎石、砖块、砖渣、瓦片、水泥块、建筑垃圾等。

该层层底标高为 28.79~31.28m。

2）第四纪全新世冲洪积层

重粉质黏土②层：褐黄色，很湿，可塑，高—中高压缩性，含少量姜石、云母、氧化铁，局部含粉土薄层。

砂质粉土—粘质粉土②₁层：褐黄色，稍湿—湿，中密—密实，属高—中高压缩性，含云母、氧化铁，局部含粉砂薄层。

粉砂②₂层：褐黄色，湿，稍密，中压缩性，主要矿物成分为石英、长石。

该层层底标高为 24.65~25.99m。

粉质黏土—重粉质黏土③层：灰黄色—灰色，很湿，可塑，属高—中高压缩性，含少量姜石，局部可见孔隙。

砂质粉土—粘质粉土③₁层：灰黄色—灰色，湿，中密—密实，属中—中低压缩性，含云母、氧化铁，局部含粉砂薄层。

该层层底标高为 19.83~22.08m。

粉质黏土—重粉质黏土④层：灰黄色—灰色，很湿，可塑，属中高—中压缩性，可见少量孔隙，局部夹薄层粉土。

黏质粉土—砂质粉土④₁层：灰黄色—灰色，湿，密实，属中压缩性，局部含粉砂薄层。

粉砂④₂层：灰黄色—灰色，湿—饱和，稍密，中低压缩性，主要矿物成分为石英、长石。

该层层底标高为 15.59~17.50m。

粉质黏土—重粉质黏土⑤层：灰黄色—灰色，很湿，可塑，属中高—中压缩性，可见少量孔隙，局部夹薄层粉土。

粘质粉土—砂质粉土⑤₁层：灰黄色—灰色，

稍湿—湿，密实，属中低—低压缩性，局部含粉质　黏土，粉砂薄层。

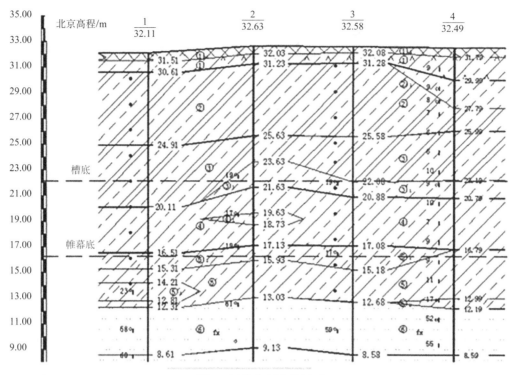

图 1　场地典型地质剖面

该层层底标高为 9.95～13.03m。

粉细砂⑥层：灰黄色—灰色，饱和，密实，局部中密，中低压缩性，主要矿物成分为石英、长石，局部夹薄层粉土。

砂质粉土⑥₁层：灰黄色—灰色，湿，密实，属中低—低压缩性。

该层层底标高为 7.58～9.13m。

细砂⑦层：灰黄色—灰色，饱和，密实，低压缩性，主要矿物成分石英、长石，局部夹薄层粉土及粉质黏土。

粉质黏土⑦₁层：灰黄色—灰色，很湿，可塑，属中高压缩性。

该层层底标高为 0.14～3.56m。

粉质黏土—重粉质黏土⑧层：灰黄色—灰色，很湿，可塑，属中—中低压缩性，可见少量孔隙。

粘质粉土⑧₁层：灰黄色—灰色，稍湿，密实，属中低压缩性。

细砂⑧₂层：灰黄色—灰色，饱和，密实，低压缩性，主要矿物成分为石英、长石，局部夹薄层粉土。

该层仅部分勘探孔穿透，层底标高为−3.59～−1.95m。

粉质黏土⑨层：灰黄色—灰色，很湿，可塑，

局部硬塑，属中—中低压缩性，可见少量孔隙。

砂质粉土粘质粉土⑨₁层：灰黄色—灰色，稍湿—湿，密实，属低压缩性。

细中砂⑨₂层：灰黄色—灰色，饱和，密实，低压缩性，主要矿物成分为石英、长石，该层未穿透。

场地典型地质剖面详见图 1。

## 2.2　水文地质条件

根据勘察报告，工程勘察期间（2018 年 12 月）于钻孔中量测到四层地下水，现场实测的各层地下水类型、水位埋深及标高参见表 1。

| 地下水水位量测一览表 | | | 表 1 |
| --- | --- | --- | --- |
| 序号 | 地下水类型 | 水位埋深/m | 水位标高/m |
| 1 | 上层滞水（一） | 2.30～2.60 | 29.7～30.02 |
| 2 | 潜水（二） | 9.0～10.00 | 22.0～23.47 |
| 3 | 承压水（三） | 18.0～20.50 | 11.5～14.07 |
| 4 | 承压水（四） | 32.00 | 0.65 |

# 3　基坑支护方案设计

本项目基坑最大深度为 10.31m，周边环境简

单，无地下管线及建筑物，本工程采用摘帽土钉墙＋桩锚支护体系、三轴搅拌桩止水的方案。

## 3.1 基坑支护设计方案

护坡桩桩径为 800mm，桩间距为 1.6m，桩长 14.20m，桩顶标高为−2.0m，嵌固深度 5.89m。钢筋笼长和桩长相等，详见图 2，配筋为 14φ20，加强筋用 φ14@2000，箍筋为 φ6@200。护坡桩桩身灌注 C25 商品混凝土，保护层厚度为 50mm，坍落度为 160～220mm。护坡桩桩后 525mm，布置一排三轴搅拌桩，桩径 φ650mm，桩间距 0.90m，互相咬合 200mm，采用套接一孔法施工，桩长 14.20m。

冠梁设计参数：梯形冠梁，顶宽 920mm，底宽 1080mm，高 600mm。冠梁主筋为 8φ20＋4φ20 冠梁箍筋为 φ6@200。冠梁顶标高−2.0m（图 2），冠梁混凝土 C25，保护层厚度为 50mm，坍落度为 160～220mm。

冠梁以上采用 1∶0.3 放坡土钉墙支护，土钉直径为 100mm，土钉钢筋规格为 C20，孔内灌注水泥浆的水灰比为 0.50～0.55，水泥类型 P·S·A 32.5，设置 1 道 2m 的 φ20 土钉。

土钉墙面层参数：面层加强筋直径 C14mm，面层混凝土厚度 100mm，面层混凝土强度等级为 C20，面层采用 φ6@250×250 钢筋网片。坡顶反边宽 80cm，厚度 10cm。

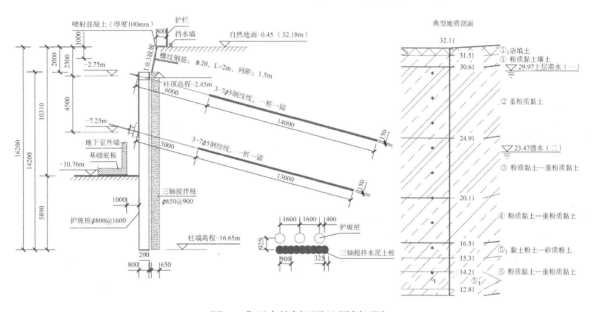

图 2 典型支护剖面及地层剖面图

## 3.2 止水帷幕设计参数

采用三轴搅拌桩的截水方式进行地下水控制（图 3）。

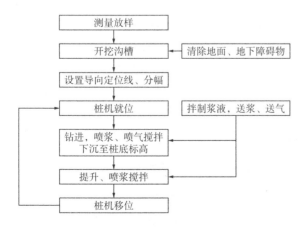

图 3 三轴搅拌桩施工工艺流程图施工操作要点及措施

1）制备水泥浆液

水泥规格为 P·S·A 32.5，围护钻孔桩后三轴止水帷幕水泥掺量为 20%，在特别软弱的淤泥和淤泥质土中应适当提高水泥掺量。水灰比为 0.55（与设计沟通），搅拌桩 28d 无侧限抗压强度标准值不小于 1.0MPa。

若成桩困难，施工时应掺入适量的膨润土，膨润土掺入量为 10kg/m³。

在施工现场搭建拌浆施工平台，后台搅拌站要挂牌施工（每种桩的桩长、水泥掺量、用水量等必须在牌上注明），浆液制备前对拌浆工作人员做好交底工作，在开机前应进行浆液的搅制，水泥必须过磅，拌浆时间 ≥2min，现拌现用。

2）成桩和注浆

定位后开动桩机使钻头下沉，同时喷浆、喷气切割搅拌土体。

到达设计桩底标高后重复搅拌注浆（钻头上下各一次），随后钻头提升，仍同步注入水泥浆液。

钻头搅拌下沉速度宜控制在 0.5m/min，提升速度宜控制在 0.8~1m/min，并保持均匀下沉与匀速提升。注浆压力为 0.4~0.6MPa，以浆液输送能力控制。

3）桩间套一孔搭接措施

施工采用套接一孔搭接措施。"套孔"的实现方式采用"跳槽双孔全套复搅式"（图4）。

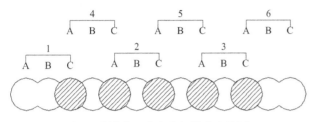

图4　跳槽式双孔全套复搅式连接图

4）锚杆施工影响

后续锚杆施工会穿越帷幕桩，形成锚杆孔。施工时采用套管钻机，套管在前，钻杆在后的钻进方式施工锚杆孔。对于仍有漏水点部位可根据渗水量的大小进行处理。

# 4　施工过程简介及相应对策

## 4.1　护坡桩施工问题及应对措施

由于钢筋笼长度较长、柔性大，起吊后插入钢筋笼容易造成桩位偏差、保护层不均匀，影响工程质量及安全隐患。

应对措施：采用我公司的专利技术"一种钻孔灌注桩后放钢筋笼的垂直度及保护层控制装置"，完美解决了这一问题。保护装置示意图见图5。

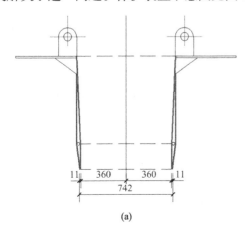

(a)

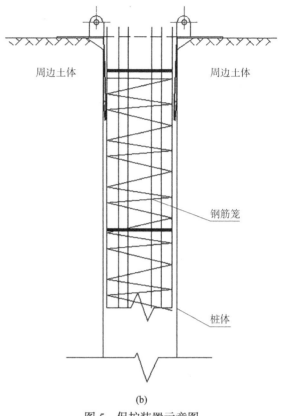

(b)

图5　保护装置示意图

使用该装置，极大地缩短了现场工人对桩孔时间，钻机移动后能够立即进行后插钢筋笼作业，减少桩身混凝土凝固时间，同时避免人工指挥吊车造成桩位偏差等问题的出现。

## 4.2　降水井维护及应对措施

本工程降水井采用无砂管作为降水井管材，极易造成降水井遭到破坏，通常遭到破坏后得不到第一时间的维护。

针对此问题，采用我公司"一种降水井防护装置"实用新型专利，该措施采用钢板焊接的防护罩体降水井进行保护，保护罩四周粘贴反光贴，罩体内测装置为应变片压力传感器，传感器连接碰撞报警盒，保护罩碰撞变形后发出报警声音提示。

通过该保护装置，极大地降低降水井遭受破坏的情况，同时也降低了降水井巡视的工作时间，本项目直至基坑回填，未造成降水井破坏影响工程使用的情况发生。

## 4.3　锚杆施工问题影响及应对

当水泥净浆试块龄期强度达到张拉锁定强度要求后，张拉及抗拔检测时发现预应力锚索设计锁定力及标准值强度达不到设计及使用要求，出现预应力锚索失效的情况。同时，由于场地限制，本工程西侧坑外侧紧邻建筑红线，坑外无法进行降水井施工及降低地下水进行减压，造成地下水随着锚杆渗入基坑内测造成一定的影响。

分析锚杆张拉锁定达不到强度的原因：

（1）技术管理问题：①水泥浆配比未按设计要求确定，水泥浆过稀，造成锚索杆体范围浆体量不饱满，凝结时间过长；②施工中未进行多次补浆，注浆不饱满；③如设计要求采用二次劈裂注浆工艺，未严格控制二次劈裂注浆的时间要求，劈浆时间过短。

（2）施工管理问题：①主要为了加快施工进度，往往水泥浆强度未达到设计张拉强度要求，尤其冬期施工，水泥浆前期强度增长较慢，提前试张拉及张拉位移过大会造成预应力锚索失效。

（3）地层及施工钻机设备的选取问题：①锚索设置在地下水水层上，造成水泥浆体稀释，二次劈裂注浆在水泥浆初凝前进行，造成水泥浆流失；②在地质条件为饱和含水的黏性地层，采用干成孔后放入锚索的施工工艺，未及时注浆造成塌孔缩颈，注浆出现间断及不饱满情况，锚索杆体地层提供的侧阻力未充分发挥进行张拉锁定，造成失效。

应用于本工程并成功申请专利的"一种失效预应力锚索增补强注浆装置"成功解决了该问题，实践证明该装置的可行性，具体操作如下：

（1）按配比搅拌水泥浆，此时水泥强度等级要高于设计方案一级，水泥浆中按配比掺入三乙醇胺及水玻璃，搅拌均匀。准备好高压注浆泵及高压注浆管，高压注浆泵注浆压力应达到 10.0MPa 以上。

（2）通过手持电机钻入（同为注浆钢管）设备，由失效的预应力锚索孔钻入，通过隔离架钻穿预应力锚索自由段直至锚固段内 1.0～2.0m。

（3）将手持电机钻入设备的电机旋转设备取下，与高压注浆管套丝相连，开启高压注浆泵，由注浆液冲开注浆开闭筏，同时依靠注浆高压缓慢向预应力锚索孔内推入，直至推不动或水泥浆从孔口溢出。

（4）拔下高压注浆管，再次连接电机旋转设备向原有钻孔内钻入，直到钻进困难为止，重复上一操作，水泥浆从孔口溢出后停止。

统计钻入进尺及注浆量，同条件留置水泥浆净浆试块，待水泥浆试块强度达到设计要求后再进行张拉锁定。

后续发展：锚杆张拉锁定达到设计要求，锚杆抗拔检测满足设计使用要求。同时，该装置（图6）使西侧锚杆漏水情况得到了有效的解决，保证了干槽作业。

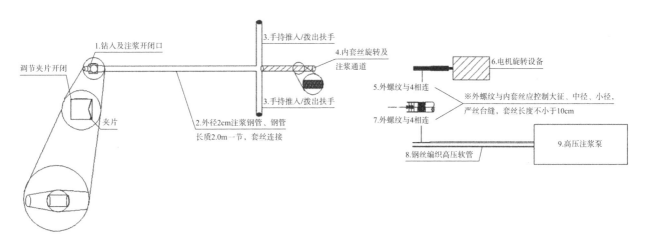

图 6　保护装置示例图

# 5　基坑监测

自冠梁施工完毕后即对拟建基坑进行变形观测，在施加第一步预应力锚杆后，整体变形不大，在施加第二步锚杆后，实测最大变形均发生在四周中部，也即荷载最大和受力最不利区域，最大沉降变形 8mm，最大侧向变形 13.6mm，与变形计算基本一致。采用锚杆补强措施后，锚杆轴力监测随时间的变化情况满足设计要求（图7）。

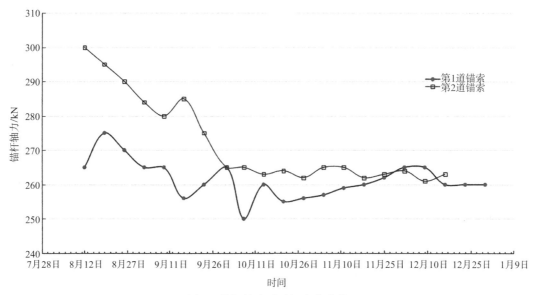

图 7 锚杆轴力随时间变化曲线

## 6 结语

（1）基坑工程的设计与施工是动态的过程，周边环境及地下水等条件是持续量变的过程，基坑施工过程中的人员应对岩土工程相关技术清楚明了，对于这些量变会引起质变的情况应有能力进行解决。本项目通过加强施工管理，采用公司的专利技术及时调整施工方案，确保了深基坑的质量，确保了基坑边坡的稳定。

（2）深基坑施工过程出现的问题，采用的应对措施是成功的，这些应对措施可以在其他工程中借鉴使用。

（3）基坑工程根据工程需要、岩土条件等综合考虑，以增加工程的技术效益、经济效益和环境效益。

# 云南大理腾瑞·幸福里边坡支护设计岩土工程实录

张　瑞　贾荣谷　李育红　杨青盼　李泽同

（云南建投第一勘察设计有限公司，云南昆明　650000）

## 1　引言

云南大理腾瑞·幸福里高边坡位于大理市下关风车广场旁，最大高度达 60.8m。同类高度的边坡在云南水电、公路、铁路、机场等项目建设中较为常见，但在人口密集的住宅小区周边，类似项目的成功经验较少。该边坡支护设计方案中的支护措施与坡面排水系统实施完成后，使十分紧张的建设用地得到了充分利用，在有效地控制边坡坡体的变形稳定，减缓坡面裸露基岩的风化，防止边坡水土流失的同时，保证了坡脚大理腾瑞·幸福里项目新建建筑及居民的生命财产安全。该边坡支护工程竣工后，边坡变形量较小，在美化了小区环境的同时，达到了与周边环境的美观协调。

## 2　工程概况与特点

云南大理腾瑞·幸福里项目是由云南腾瑞房地产开发有限公司和云南水利水电工程有限公司合作开发建设，倾力打造的集商业、住宅、办公为一体的综合性社区。开发总占地约 115 亩，总建筑面积约 41 万 m²，建筑密度 23.84%，绿地率 32.81%，容积率 4.33，最大建筑高度为 112.45m。项目分为东西两大区域，东面入口为商业区，包括商业、酒店、会所、办公楼及公寓；西面为居住区，包括回迁房、商品房、幼儿园及社区综合服务配套设施。项目落成后，将成为大理市南大门地标性建筑，也将是大理市台地建筑舒适、优雅小区。

本项目位于大理市下关镇南环路与天井山隧道交叉口的北东侧，根据项目建设方提供的总平面图，该项目分两期进行建设。根据项目场地原有地形地貌与二期建设项目的位置关系，因场地平整及地下室基坑开挖，将在场地东侧自然斜坡坡脚挖方削坡形成人工挖方高边坡，最大坡高约 60.8m（至临时性边坡底），为保证建筑物的安全，需对该挖方边坡进行永久性支护，支护长度约 370m。

该边坡周边环境复杂，需保证雨期施工及后期运营时边坡的局部稳定性和整体稳定性，同时保证支护方案的经济合理性。并且为保证低楼层住户采光及视觉效果，提高永久性边坡与周边环境的生态协调性，需采取有效的坡面绿化措施。

## 3　工程地质条件

### 3.1　地形地貌

拟建场地位于大理市环城南路，地貌总体属于中低山构造剥蚀地貌。由于修建原建筑时地形改造，二期拟建场地南西侧呈台坎状，北东侧原始地形未改变，呈斜坡地貌。拟建场地地势总体呈北东高，南西低，边坡勘察范围内最大相对高差约为 73m，纵坡比在 20%～37% 之间。

### 3.2　地层结构

工程场地内的地层岩性可按地层成因、类型、结构、物理力学性质特征划分为 7 个主层、4 个亚层共 11 个土（岩）层。边坡坡体揭露的岩土层主要由①第四系人工素填土层（$Q_4^{ml}$）、②第四系残坡积层（$Q_4^{el+dl}$）、④强风化砂岩、⑤强风化泥岩、⑥中风化砂岩、⑦中风化泥岩、⑦₁ 强风化泥岩组成。

根据钻探、室内试验、标准贯入、圆锥动力触探、波速试验等测试结果并结合地区经验，边坡开挖深度范围内揭露的岩土层物理力学参数见表 1。

获奖项目：2016 年度云南省优秀工程勘察二等奖。

岩土层物理力学参数指标表

表1

| 土层编号及名称 | 土的重度γ/（kN/m³） | | 天然状态 | | 浸水饱和状态 | | 岩石与锚固体粘结强度特征值$F_{rb}$/kPa | 承载力特征值$f_{ak}$/kPa |
|---|---|---|---|---|---|---|---|---|
| | 天然状态 | 饱和状态 | 内聚力标准值c/kPa | 内摩擦角标准值φ/° | 内聚力标准值c/kPa | 内摩擦角标准值φ/° | | |
| ①素填土 | 17.0 | 18.5 | 12.0 | 5.0 | 8.0 | 3.0 | — | — |
| ②碎石 | 22.0 | 23.0 | 18.0 | 30.0 | 16.0 | 25.0 | 105 | 250 |
| ④强风化砂岩 | 23.0 | 25.0 | 52.8 | 28.0 | 43.2 | 23.2 | 180 | 300 |
| ⑤强风化泥岩 | 22.0 | 23.5 | 56.0 | 21.6 | 44.0 | 16.0 | 145 | 250 |
| ⑤₁强风化砂岩 | 23.0 | 25.0 | 52.8 | 28.0 | 43.2 | 23.2 | 180 | 300 |
| ⑥中风化砂岩 | 25.0 | 26.0 | 270.4 | 32.4 | 240.0 | 30.4 | 550 | 4500 |
| ⑦中风化泥岩 | 24.0 | 25.0 | 245.6 | 28.8 | 200.0 | 25.6 | 240 | 800 |
| ⑦₁强风化泥岩 | 22.0 | 23.5 | 56.0 | 21.6 | 44.0 | 16.0 | 180 | 300 |

## 3.3 水文地质条件

场地处于山坡地段，地下水类型主要为基岩裂隙水，少部分为第四系松散孔隙水，主要接受大气降水补给，地下水沿节理裂隙由东向西渗透排泄。勘察期间属旱季，在勘探深度范围内，各钻孔均未揭露地下水，地下水埋藏较深。

## 4 边坡稳定性分析、评价

### 4.1 边坡成因、规模及工程地质条件

拟建场地总体属于中低山构造剥蚀地貌，地势总体呈北东高，南西低。由于拟建项目属于山地工程，根据总规划图，场地整平后将形成长约370m的人工岩质边坡。因二期建设项目场地平整及地下室基坑开挖，其在场地东侧自然斜坡坡脚挖方削坡将形成最大坡高约60.8m（至临时性边坡底）的人工挖方高边坡，坡顶无建（构）筑物。

### 4.2 岩层结构及构造条件

拟建场地地质构造简单为单斜构造，结合钻孔岩芯轴心夹角确定岩层总体产状为90°～110°∠30°～42°。节理裂隙主要发育有二组，产状分别为：①9°∠24°每米3～5条，延伸0.5～1m，多呈闭合状，节理面光滑平直，见岩屑夹泥质填充。②179°∠81°每米2～4条，延伸1～2m，多呈闭合状，节理面光滑平直，见岩屑夹泥质填充。

### 4.3 影响边坡稳定的因素分析

场地整平后，边坡揭露的岩性主要为强风化泥岩、砂岩，影响边坡稳定性的因素应包括岩土的性质、结构面、水文地质条件、风化程度、地震作用、地貌因素及人为因素等。边坡稳定性影响因素分析见表2。

从表2可知，影响边坡稳定性的因素对现状边坡的稳定均不利。

边坡稳定性影响因素分析

表2

| 分析影响因素 | 分析 | 对边坡稳定是否有利 |
|---|---|---|
| 岩土的性质 | 强风化泥岩、砂岩节理裂隙发育，差异风化明显，抗剪强度一般，岩体完整性较差，呈碎裂结构 | 不利 |
| 结构面 | 强风化泥岩、砂岩节理裂隙发育，结构面结合差 | 不利 |
| 水文地质条件 | 坡面揭露地层裂隙较为发育，且具一定连通性，从山体较高地段渗流下来的雨水可从坡面所揭露土层裂隙渗出，影响边坡稳定性。勘察季节属旱季，各勘察孔未揭露地下水，边坡坡面无湿润区，坡脚无积水 | 不利 |
| 风化作用 | 强风化泥岩为软质岩石，易风化，具体崩解性及软化性，坡面裸露时间过长，岩土的强度减弱，裂隙增加，使地面水易于侵入 | 不利 |
| 地震作用 | 项目区区域地壳稳定性属次不稳定区。抗震设防烈度为8度第二组，设计基本地震加速度值为0.20g | 不利 |
| 地貌因素 | 低中山区地形起伏大、坡度陡，开挖边坡高度大，边坡坡度较陡，均大于40° | 不利 |
| 人为因素 | 一次性开挖边坡未设支挡，坡度太陡，坡脚、坡顶至今未设置完善的排水系统 | 不利 |

## 4.4 边坡稳定性计算

### 1）定性评价

据实测边坡地层各类结构面参数，假设拟开挖边坡坡度角为60°，作典型赤平投影（图1），分析影响边坡稳定性如下：

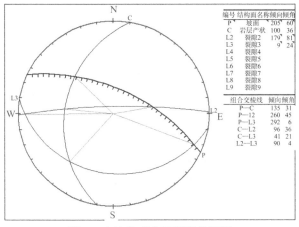

| 编号 | 结构面名称 | 倾向 | 倾角 |
|---|---|---|---|
| P | 坡面 | 205 | 60 |
| C | 岩层产状 | 100 | 36 |
| L2 | 裂隙2 | 179 | 81 |
| L3 | 裂隙3 | 9 | 24 |
| L4 | 裂隙4 | | |
| L5 | 裂隙5 | | |
| L6 | 裂隙6 | | |
| L7 | 裂隙7 | | |
| L8 | 裂隙8 | | |
| L9 | 裂隙9 | | |

| 组合交棱线 | 倾向 | 倾角 |
|---|---|---|
| P—C | 135 | 31 |
| P—12 | 260 | 45 |
| P—L3 | 292 | 6 |
| C—L2 | 96 | 36 |
| C—L3 | 41 | 21 |
| L2—L3 | 90 | 4 |

图1 边坡典型赤平投影分析图

根据赤平投影分析，地层产状 C 与边坡产状 P 反倾，呈较有利组合，属稳定结构；边坡与节理裂隙 L2 和 L3 大角度斜交，呈较有利组合，属稳定结构；节理裂隙 L2 和 L3、地层产状 D 与节理裂隙 L2 及地层产状 D 与节理裂隙 L3 交点位于边坡之外，属较稳定组合，属稳定结构。因此边坡主要的破坏模式为：①边坡岩土层及强风化层内的圆弧滑动破坏；②由于边坡开挖施工时破坏的影响，岩体较破碎，易产生局部崩塌、落石、掉块等现象。

### 2）定量评价

选取典型地质剖面，边坡岩土体物理力学参数按表1取值，因边坡揭露强风化泥岩、砂岩，属碎裂结构岩质边坡，采用圆弧滑动法进行边坡稳定性计算。计算工况为自然状态、浸水状态和浸水＋地震状态。根据工程地质条件，计算坡面中风化地层坡比按 1：0.75，强风化地层按 1：1.00 考虑。采用简化 Bishop 法计算边坡稳定性，结果见表3。

边坡工程稳定性评价表　　　表3

| 典型剖面号 | 自然状态 | 浸水状态 | 浸水＋地震状态 |
|---|---|---|---|
| 18 | 2.81 | 2.060 | 1.912 |
| 24 | 1.947 | 1.443 | 1.355 |
| 35 | 1.905 | 1.454 | 1.378 |
| 45 | 1.875 | 1.499 | 1.253 |

根据表3可以看出，在中风化地层坡比 1：0.75，强风化地层坡比 1：1.00 的放坡条件下：①18、24、35 剖面自然状态、浸水状态及浸水＋地震状态下边坡稳定性安全系数大于1.30，边坡处于稳定状态。②45 剖面在自然状态、浸水状态下安全系数大于1.30，边坡处于稳定状态；在浸水＋地震状态下边坡处于极限稳定状态。危险滑移面均为沿强风化岩层与中风化岩层接触带产生圆弧形滑动，以坡脚为剪出口产生大规模边坡失稳。

拟建边坡为永久性一级边坡，鉴于该处边坡岩体较破碎，在边坡面长时间暴露及风化、雨水和工程施工爆破等外界因素影响的作用下，岩体可能形成风化剥落，产生落石、掉块及滑坡，故边坡开挖后需及时对边坡进行坡面防护，应对边坡进行专项治理。

## 5　设计标准

1）本边坡西侧紧邻二期建（构）筑物，边坡安全等级为一级，按永久性边坡支护进行设计，重要性系数为1.1；边坡工程设计使用年限不低于被保护建（构）筑物的设计使用年限，临时性边坡设计使用年限为一年

2）边坡支护设计各工况稳定性系数

（1）天然状态下安全系数（圆弧法）：$K_s \geq 1.30$；

（2）天然＋地震状态下安全系数：$K_s \geq 1.20$；

（3）浸水状态下安全系数（边坡处于连续降雨或暴雨状态下）：$K_s \geq 1.20$；

（4）浸水＋地震状态下安全系数：$K_s \geq 1.10$；

（5）施工最不利工况安全系数（浸水状态）：$K_s \geq 1.10$。

## 6　高陡边坡支护加固设计方案

1）各边坡防护方案（图2、图3）

为保证建筑物建成后低楼层住户的视觉效果，永久性边坡±0.000 位置坡脚线由建筑物地下室范围线最小外移 8.0m，消防车道及其他附属构筑物最小外移 2.0m。根据场区地质条件和使用要求，将边坡支护分为 4 个区段，各坡段支护要求分述如下：

（1）BP1＋000～BP1＋040，坡高 5.0～22.0m，采用"放坡＋取台＋锚杆框架梁"，放坡

坡率 1：0.75，10～12m/级的分级放坡，平台宽度 2.0m；锚杆直径为 32mm（HRB400），长度 9.0～19.0m，锚杆倾角 20°，成孔孔径 110mm；框架梁采用 300mm×400mm 的 C25 混凝土梁，平台内侧排水沟排水坡度 3%；

（2）BP1+040～BP1+200（BP2+000），坡高 22.0～47.1m，采用"放坡+取台+锚索框架梁"，放坡坡率 1：0.5、1：0.75 及 1：1.0，10～12m/级的分级放坡，平台宽度 2.0 或 3.0m；锚索采用 4 束$\phi_s$15.2，极限强度标准值 1860MPa，抗拉强度设计值为 1320MPa 的低松弛预应力钢绞线，长度 13.0～31.0m，锚杆倾角 20°（30°）成孔孔径 150mm；框架梁采用 500mm×600mm 的 C25 混凝土梁，平台内侧排水沟排水坡度 3%；

（3）BP1+200（BP2+000）～BP2+140，坡高 29.9～60.8m，采用"放坡+取台+锚索框架梁"，放坡坡率 1：0.5、1：0.75 及 1：1.0，10～12m/级的分级放坡，平台宽度 2.0m；锚索采用 4 或 7 束$\phi_s$15.2，极限强度标准值 1860MPa，抗拉强度设计值为 1320MPa 的低松弛预应力钢绞线，长度 13.0～35.0m，锚杆倾角 20°，成孔孔径 150mm；框架梁采用 500mm×600mm 的 C30 混凝土梁，平台内侧排水沟排水坡度 3%；

（4）BP2+140～BP2+170，坡高 20.4～23.0m，采用"放坡+取台+锚杆框架梁"，放坡坡率 1：0.75，10～12m/级的分级放坡，平台宽度 2.0m；锚杆直径为 32mm（HRB400），长度 9.0～19.0m，锚杆倾角 20°，成孔孔径 110mm；框架梁采用 300mm×400mm 的 C25 混凝土梁；平台宽 2.0m，平台内侧排水沟排水坡度 3%；

BP1+060～BP2+140 段边坡，±0.000 以下坡面采用"喷锚"临时性防护措施。

图 2　边坡支护总平面布置图

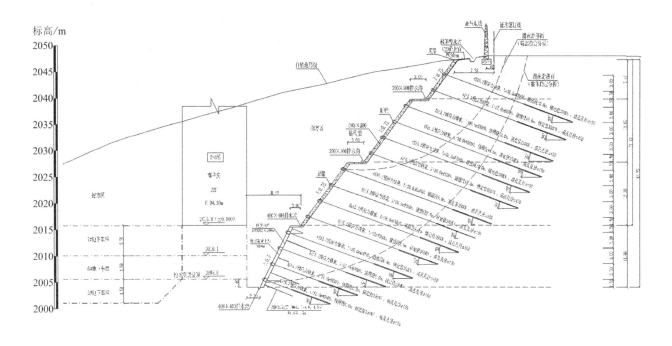

图3　放坡＋取台＋锚索框架梁典型剖面图

2）各支护剖面计算结果（表4、表5）

**各支护剖面整体稳定性安全系数 $K_s$**　　　　　　表4

| 验算剖面 | 天然状态 | 天然＋地震状态 | 浸水状态 | 浸水＋地震状态 |
|---|---|---|---|---|
| BP1＋040 剖面 | 2.405 | 2.232 | 1.927 | 1.788 |
| BP1＋090 剖面 | 2.398 | 2.244 | 1.949 | 1.831 |
| BP1＋130 剖面 | 2.411 | 2.263 | 1.989 | 1.862 |
| BP1＋150 剖面 | 2.319 | 2.169 | 1.906 | 1.782 |
| BP1＋200 剖面 | 2.825 | 2.657 | 2.436 | 2.300 |
| BP2＋060 剖面 | 2.048 | 1.924 | 1.718 | 1.613 |
| BP2＋120 剖面 | 2.122 | 1.965 | 1.699 | 1.573 |
| BP2＋160 剖面 | 3.214 | 3.029 | 2.571 | 2.422 |

注：锚杆抗拉安全系数≥2.2；锚固体抗拔安全系数≥2.6。

**各支护剖面局部稳定性安全系数（滑面在土层和强风化岩中）$K_s$**　　表5

| 验算剖面 | 天然状态 | 天然＋地震状态 | 浸水状态 | 浸水＋地震状态 | 施工最不利工况 |
|---|---|---|---|---|---|
| BP1＋040 剖面 | 1.867 | 1.736 | 1.466 | 1.363 | 1.524 |
| BP1＋090 剖面 | 1.738 | 1.619 | 1.391 | 1.298 | 1.145 |
| BP1＋130 剖面 | 1.846 | 1.713 | 1.495 | 1.370 | 1.121 |
| BP1＋150 剖面 | 1.733 | 1.595 | 1.371 | 1.261 | 1.123 |
| BP1＋200 剖面 | 1.930 | 1.758 | 1.538 | 1.401 | 1.523 |
| BP2＋060 剖面 | 3.122 | 2.932 | 2.530 | 2.378 | 1.666 |
| BP2＋120 剖面 | 1.715 | 1.508 | 1.320 | 1.168 | 1.690 |
| BP2＋160 剖面 | 1.732 | 1.614 | 1.355 | 1.270 | 1.150 |

注：锚杆抗拉安全系数≥2.2；锚固体抗拔安全系数≥2.6。

## 7 工程监测及实施效果

云南大理腾瑞·幸福里边坡支护项目共设置92个边坡平面位移监测点,其中坡顶监测点22个,坡面平台监测点70个,在项目施工过程中及竣工后共进行8次监测。选取有代表性监测点位移数据分析如下:

从坡顶平面位移监测图(图4)可见:①平面累积位移值范围为13～33mm;②平面累积位移最大点为J6点,累积位移最大值为33mm;③监测点J2、J6在施工过程中的最大平面累积位移曾达到37mm,少量超出设计要求监测报警值,后在预应力锚索张拉施工结束后,边坡位移得到收敛,且满足设计要求。

从坡面平台平面位移监测图(图5)可见:①平面累积位移值范围为12～22mm;②平面累积位移最大点为J45点,累积位移最大值为22mm;③所有监测点的累积平面位移变化量,满足设计要求。

该工程于2015年1月25日竣工(图6),相关支护边坡目前稳定性良好,较好地实现了既定工程目标。

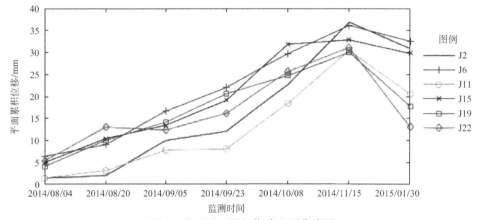

图4 坡顶平面累积位移监测曲线图

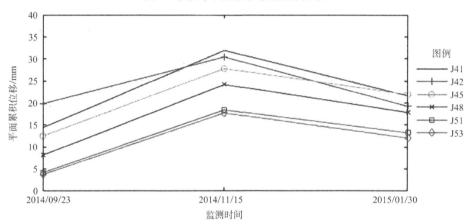

图5 坡面平台平面累积位移监测曲线图

图6 项目竣工两年后现场照

## 8 结语

(1)该边坡属于人工挖方高边坡,地质环境复杂,边坡下建筑密集,周边环境复杂,边坡工程安全等级为一级,安全性要求极高。

(2)本方案以天然状态作为设计工况,天然+地震状态作为校核工况,因地质条件复杂,将其稳定系数适当提高;边坡浸水后极易失稳,为确保小区新建建筑及居民的生命财产安全,参考铁路、公路等交通行业相关设计经验，增加了浸水状态、浸水＋地震状态两个校核工况；边坡支护采用逆作法，施工期间需经历雨季，因此还增加了对最不利施工工况（浸水状态）的校核计算。

（3）采用"放坡＋取台＋钢筋锚杆＋框架梁、放坡＋取台＋锚索＋框架梁"的支护方案，根据不同区段采用不同放坡坡率、不同的支护形式，该方案效果优良，具有施工进度快、工艺成熟、简便、经济实用的特点。

（4）方案重视边坡与周边环境的生态协调，采取措施提高了支护结构、坡面绿化与周边环境的视觉美观性。

（5）作为重要的"工民建"边坡工程，本实录边坡支护设计经受住了施工期间雨季不利工况的检验、竣工后的变形监测结果也可以满足设计要求。设计方案保证了边坡工程的安全性、经济性与生态环保要求的综合效益，可为山地工程建设项目中的类似工程提供借鉴。

# 鹏瑞利国际健康商旅城-昆明南站项目（A1地块）深基坑工程岩土工程实录

贾荣谷　刘　刚　陈　波　高连通　李守业

（云南建投第一勘察设计有限公司，云南昆明　650000）

## 1　引言

随着经济发展和城市化进程的加快，以及对地下空间的广泛开发使用[1]，不可避免地在既有地铁隧道附近出现深基坑工程，国内外还出现过很多因深基坑施工不当对既有地铁隧道产生巨大影响的工程案例[2-7]。李忠超[8]等通过对深基坑开挖邻近地铁盾构隧道竖向位移和水平位移进行检测，结果发现距离基坑开挖一侧的衬砌裂缝数量较多。何忠明[9]等通过分析深基坑施工对邻近地铁隧道变形的影响，发现随着基坑施工的开展，地铁隧道的水平位移曲线变得越来越凸出，其位移值较大的区域集中在基坑深度范围内。Shuaihua Ye[10]等研究了基坑开挖对相邻地铁隧道变形的影响，通过有限元软件模拟开挖过程，并根据仿真结果对基坑支护结构设计进行优化，最后对基坑开挖造成相邻地铁隧道变形进行了安全评价。Yong Gang Du[11]等分析了三种不同工况下相邻开挖引起的隧道横向位移和内力的变化规律，对比发现"跳挖"是最佳的开挖方案，在这种情况下隧道结构的横向变形最小。Cong Chen[12]以武汉市某地铁隧道周边深基坑工程为例，利用 Midas 软件建立深基坑 3D 数值分析模型，仿真结果表明，隧道结构最大位移发生在基坑开挖底部，建议加强基坑支护，严格控制挡土结构水平位移，同时加强监测。

本文介绍的深基坑工程，南北两面均紧邻地铁隧道，对变形控制要求极为严格。此外，还由于分布有较厚的新近人工填土，在建设和使用期间岩土物理力学性质和地下水水位还会发生明显变化，增加了工程建设风险。工程实施过程中，除进行常规设计外，还采用了有限元数值模拟对各工况进行分析，并在施工过程中开展"动态设计"，优化处理施工中发现的新问题，使邻近地铁隧道结构的变形得到有效控制，工程建设顺利推进。

## 2　项目概况

### 2.1　工程概况

鹏瑞利国际健康商旅城-昆明南站项目（A1地块）位于昆明市呈贡区洛龙街道，东侧为昆明高铁南站西广场，处于昆明湖积盆地东南部边缘与山前斜坡交汇地带，地势东高西低，现状标高介于 1929.54～1937.83m，相对高差 8.29m。项目±0.000 为 1943.700m，建筑物主要由三栋主楼及地上 1～3 层商业裙楼建筑组成。其中，1 号楼为 54 层（$H = 213.65m$）酒店、2 号楼为 41 层（$H = 156.85m$）办公楼、3 号楼为 27 层（$H = 97.65m$）办公楼。整个场地设置 3 层地下室，基坑整体开挖底边线周长为 569.20m，坑底标高 1928.40m，整体开挖深度 4.50～9.35m。1 号塔楼位于场地东侧，为核心筒结构，采用 $\phi$1100 旋挖灌注桩及筏形基础；增设两层地下室，加深深度为 8.5m，"坑中坑"底标高为 1919.45m，支护深度达 13.00～16.00m，支护长度为 177.80m。

### 2.2　深基坑周边环境概况

场地北侧为地铁 1 号线，南侧为地铁 4 号线，西侧为清和路，东侧为启程路。基坑与地铁 1 号线、4 号线相对位置关系见图 1、图 2。

地铁 1 号线位于项目北侧，从平面上看，裙楼基坑与地铁 1 号线的最小水平净距为 8.7m，1 号塔楼基坑与地铁 1 号线的最小水平净距为 18.1m；从纵断面上看，箱形隧道顶部浅于裙楼基坑底部 1.0m，底部浅于 1 号塔楼基坑底部约 3.0m。

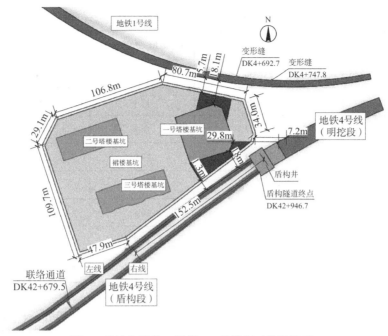

图1 基坑与地铁1号线、4号线相对位置关系

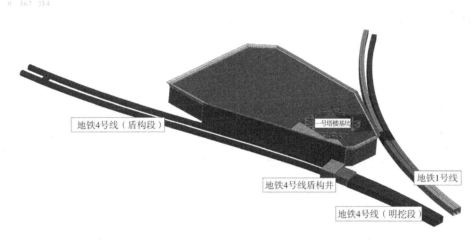

图2 位置关系的三维效果图

地铁4号线盾构段位于项目南侧，从平面上看，左线隧道更靠近基坑，裙楼基坑与盾构隧道的最小水平净距为8.20m，1号塔楼与盾构隧道的最小水平净距为16.50m；从纵断面上看，刚好盾构隧道从以22‰的设计坡度上升，此处隧道顶部深于裙楼基坑底部1.0m，隧道底部浅于1号塔楼基坑底2.00m。地铁4号线明挖段位于项目东南侧，从平面上看，裙楼基坑与箱型隧道的最小水平净距为10.50m，1号塔楼与箱形隧道的最小水平净距为29.80m；从纵断面上看，隧道顶部深于裙楼基坑底1.00m，隧道底部浅于1号塔楼基坑底2.00m。

从外部作业的工程影响分区判断，地铁1号线位于基坑1.0～2.0$h_1$范围内（$h_1$为明挖外部作业结构底板的埋深），属于"一般影响区（C）"，判定影响等级属于"二级"；地铁4号线位于基坑0.7$h_1$范围内属于"强烈影响区（A）"，判定影响等级属于"特级"。

# 3 岩土工程条件

根据地质勘察报告，场地地层结构属多层型，场地地层组成为表部为近期人工填土（$Q^{ml}$），之下为较厚的冲洪积相（$Q^{al+pl}$）粉质黏土、黏土、圆砾及砂类土，冲湖积相（$Q^{al+h}$）黏土及砂类土，残坡积（$Q^{el+dl}$）黏土，下伏基岩为二叠系栖霞组和茅口组（$P_1^{q+m}$）灰岩。地基土岩土力学参数见表1。

| 土层名称 | 天然重度γ/（kN/m³） | 黏聚力（快剪）c/kPa | 内摩擦角（快剪）φ/° | 压缩模量$E_s$/MPa | 泊松比 |
|---|---|---|---|---|---|
| ①素填土 | 18.3 | 30.9 | 8.7 | 4 | 0.35 |
| ②黏土 | 18.5 | 48.9 | 11.4 | 10.3 | 0.25 |
| ③粉砂 | 20.1 | 12.7 | 18.2 | 10.7 | 0.24 |
| ④粉砂 | 20.0 | 12.0 | 19.0 | 11.0 | 0.24 |
| ④₁粉土 | 19.6 | 13.0 | 16.7 | 8.6 | 0.25 |
| ④₂黏土 | 19.5 | 42.0 | 10.5 | 9.6 | 0.30 |
| ⑤黏土 | 19.0 | 37.3 | 10.8 | 11.2 | 0.30 |
| ⑥中风化灰岩 | 26.9 | — | — | 变形模量$E_0 = 800$ | 0.22 |

地基土岩土力学参数　　　　表1

注：压模和泊松比数据应根据监测数据反分析校核。

场地内地下水稳定混合水位在地面下 9.70～12.50m 之间。地下水主要赋存于第四系冲洪积的粉砂、粉土层，深部基岩中存在基岩裂隙、溶隙水。主要受地表水及大气降水的补给，受季节性降雨影响变化明显。

# 4 分析评价及岩土工程设计

## 4.1 基坑工程分析及支护设计方案

本工程基坑开挖深度及面积较大，周边环境复杂，地铁 1 号线及 4 号线位于深基坑南北两侧影响区，影响等级分别为"二级"及"特级"。尤其 1 号塔楼位置，还分布有 6.10～10.50m 的①素填土，土层松散，力学性质差，受地下水变化幅度影响较大。地铁隧道主要位于②黏土层且地铁隧道下方存在深厚粉砂层，塔楼区域基坑开挖较深，施工可能诱发水位下降，并导致地铁结构发生一定量的沉降，对控制基坑施工诱发隧道变形影响较为不利。综合环境、工期及地区施工经验等因素，本次基坑支护对坑底大面标高 1928.4m（基坑深度 4.50～9.35m）以上采用"悬臂桩"及"双排桩"支护，均采用旋挖灌注桩，基坑北侧悬臂桩采用$\phi$800@1600～2000，桩长L为 13.5m，基坑东北侧、东侧及西侧悬臂桩采用$\phi$1000@1600～2000，桩长L为 12.50～18.50m。基坑南侧双排桩采用$\phi$1000@1500，排距 2500mm，冠梁及连梁截面尺寸均为 1200mm×800mm。一号主楼区域"坑中坑"

加深 8.5m，采用钢筋混凝土内支撑结构支护，支撑结构为 C30 钢筋混凝土桁架角撑（一层）形式，支撑梁截面尺寸为 1200mm×1000mm，系梁为 1000mm×1000mm。围护桩采用旋挖灌注桩，东侧、北侧、西侧围护桩采用$\phi$1000@2000，桩长 20.50～21.50m；东侧围护桩$\phi$1200@1800，桩长 21.5m。基坑及"坑中坑"均设置了$\phi$600@400 长螺旋深搅止水桩。针对素填土特性，对坑中坑周边北、东、南回填土区采用$\phi$500@400 普通深搅，采用格栅状及全实体（距离地铁最近凸出位置）加固，坑底 1928.40m 标高以上及以下分别采用"一喷一搅"及"两喷两搅"施工工艺。代表性剖面图见图3、图4。加固区施工时需分段施工，沿着基坑边线方向每 5m 长度进行分段，施工中沿着分段位置间隔施工，前一段加固土体强度达到 50%～75%时可施工相邻区段。

## 4.2 基坑位移数值模拟分析

1）数值计算模型

根据基坑工程开挖及支护施工的特点，结合紧邻地铁隧道结构与项目基坑（A1 地块）的空间关系，使用 Midas 建立三维有限元计算模型。由于地铁隧道结构周边地层的力学性质对约束基坑施工过程地铁隧道的受力和变形起着关键作用，进行三维模拟分析计算时须充分考虑本工程的地层分布特点并合理选取计算参数。模型中的地层主要根据紧邻地铁隧道附近的工程地质剖面资料适当简化，主要地层见表 1。

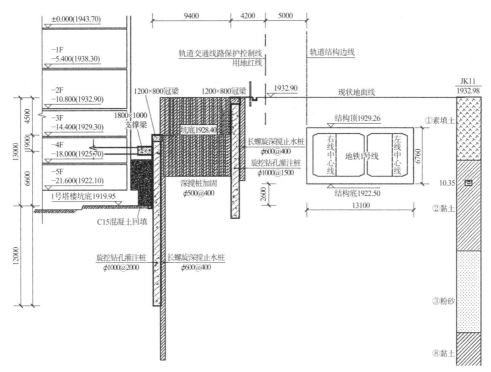

图 3　基坑东北侧（坑中坑）支护剖面图

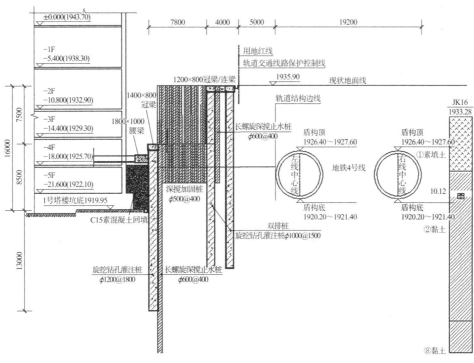

图 4　基坑南侧（坑中坑）支护剖面图

土体本构模型选择较为常用的服从 Mohr-Coulomb 强度准则的理想弹塑性模型。模型尺寸：长为 378.00m，宽为 300.00m，高为 60.00m，计算模型共 200409 个单元，105852 个节点。三维有限元计算模型的边界条件为：模型底部 Z 方向位移约束，模型前后面 Y 方向约束，模型左右面 X 方向约束。

计算模型中，按刚度相等原则，将围护桩等量代换为地下连续墙。如旋挖钻孔灌注桩桩径为 D，桩净距为 t，则单根桩应等价为长 (D + t) 的板壁式地下连续墙厚度。等代计算公式为：

$$\frac{1}{12} \times (D + t) \times h^3 = \frac{1}{64} \times \pi \times D^4$$

$$h = 0.838 \times D \times \sqrt[3]{\dfrac{1}{1 + \dfrac{t}{D}}}$$

式中：$h$——等效地下连续墙厚度。

将 $D = 1000\text{mm}$，$t = 600\text{mm}$ 代入公式，计算得等效厚度 $h = 0.61\text{m}$；同理可得旋挖钻孔灌注桩 $\phi1200$，$t = 600\text{mm}$ 时的等效厚度为 $0.62\text{m}$，$\phi800$，$t = 800\text{mm}$ 的旋挖钻孔灌注桩等效厚度为 $0.58\text{m}$。

2）模拟施工工况分析

鹏瑞利国际健康商旅城-昆明南站项目（A1 地块）建设过程对邻近地铁 1、4 号线隧道结构影响的三维施工模拟施工工况详见表 2。

三维模拟施工工况表 表 2

| 1 | 场地初始地应力场分析 |
| --- | --- |
| 2 | 基坑放坡开挖 |
| 3 | 施作基坑围护结构及搅拌桩 |
| 4 | 开挖 1.5m 土体 |
| 5 | 开挖 1.5m 土体 |
| 6 | 开挖项目基坑至裙楼坑底 |
| 7 | 施作一号塔楼基坑围护结构及立柱桩 |
| 8 | 开挖一号塔楼基坑至冠梁底 |
| 9 | 施作钢筋混凝土支撑 |
| 10 | 开挖 1.0m 土体 |
| 11 | 开挖 2.0m 土体 |
| 12 | 开挖 2.0m 土体 |
| 13 | 开挖项目基坑至一号塔楼坑底 |
| 14 | 施作塔楼底板、负四层地下室主体结构并回填 C15 素混凝土 |
| 15 | 拆除钢筋混凝土支撑并施作塔楼主体结构 |
| 16 | 施作裙楼主体结构 |
| 17 | 施作上部结构 |

3）项目建设对邻近地铁 1 号线隧道结构影响的模拟结果及分析

根据三维模型计算结果，基坑施工过程中最不利工况下地铁 1 号线箱形隧道结构总位移见图 5，基坑施工过程地铁 1 号线箱形隧道结构位移（最不利点）发展曲线见图 6。

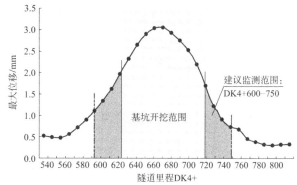

图 5 最不利工况下地铁 1 号线箱形隧道总位移

三维模拟分析结果表明：项目建设诱发地铁 1 号线隧道结构的位移量较小，其中最大水平位移 1.8mm，最大竖向位移 2.1mm，最大总位移 3.0mm，基坑施工对地铁 1 号线结构产生的影响在可控范围内，项目建设不危及邻近地铁 1 号线隧道的结构安全。

4）项目建设对紧邻地铁 4 号线盾构隧道结构影响的模拟结果及分析

根据三维模型计算结果，基坑施工过程中，最不利工况下地铁 4 号线左线盾构隧道结构总位移图见图 7，地铁 4 号线右线盾构隧道结构总位移见图 8，基坑施工过程地铁 4 号线盾构隧道结构位移（最不利点）发展曲线见图 9。

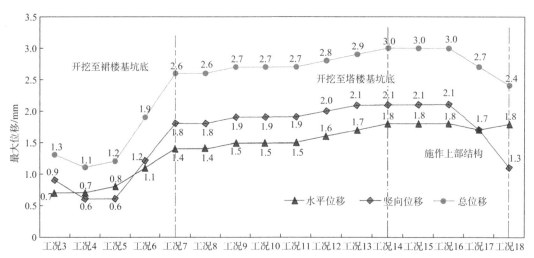

图 6 基坑施工过程地铁 1 号线箱形隧道结构位移（最不利点）发展曲线

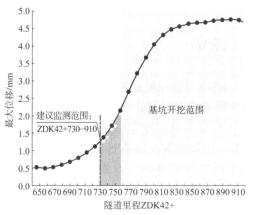

图7 最不利工况下地铁4号线左线盾构隧道
总位移图

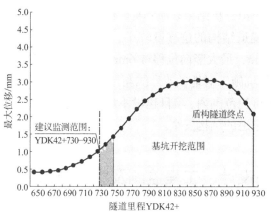

图8 最不利工况下地铁4号线右线盾构隧道
总位移图

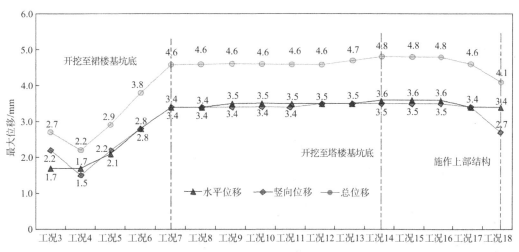

图9 基坑施工过程地铁4号线盾构隧道结构位移（最不利点）发展曲线

三维模拟分析结果表明：项目建设诱发地铁4号线盾构隧道结构的位移量较小，其中最大水平位移3.6mm，最大竖向位移3.5mm，最大总位移4.8mm，基坑施工对地铁4号线箱形隧道结构产生的影响在可控范围内，项目不危及邻近地铁4号线盾构隧道的结构安全。

5）项目建设对邻近地铁4号线箱型隧道结构影响的模拟结果及分析

根据三维模型计算结果，基坑施工过程中，基坑施工过程地铁4号线箱形隧道结构位移（最不利点）发展曲线见图10。

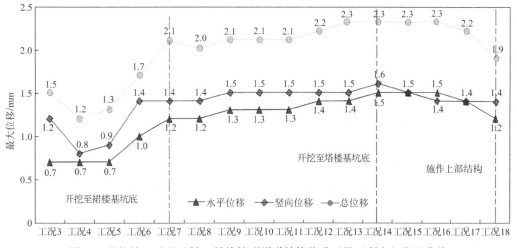

图10 基坑施工过程地铁4号线箱形隧道结构位移（最不利点）发展曲线

三维模拟分析结果表明：项目建设诱发地铁4号线箱形隧道结构的位移量较小，其中最大水平位移1.5mm，最大竖向位移1.6mm，最大总位移2.3mm，基坑施工对地铁4号线箱形隧道结构产生的影响在可控范围内，项目建设不危及邻近地铁4号线箱形隧道的结构安全。

## 5 动态设计、工程监测及实施效果

本项目基坑工程实施严格按各工况设计要求开展，但在1号楼基坑加固过程中，在标高1928.5m附近还存在混凝土旧基础障碍物分布，随即开展动态设计工作，首先采用物探和局部坑探结合的方法探明障碍物分布区平面范围；其次再按5m宽度分段开挖清除地下障碍物，清除后即时回填（压实系数≥92%），并将障碍物难以完全清除区域，以及靠近支护桩2.5m范围内变更深搅桩为高压旋喷桩进行坑内土加固；然后要求截水帷幕深搅桩沿基坑边线按10m分段间隔施工，坑内加固桩施工方向按垂直于基坑边线行走，确保每次靠近基坑边线的深桩都是1颗，最大限度地保持加固过程中的最小软化面积。

按一级安全监测要求[13]，支护及开挖过程适时开展了基坑监测工作，至基坑地下室肥槽回填完成，支护桩顶水平位移及竖向位移最大分别为42.20mm及41.02mm，为基坑深度的3‰，周围地表沉降最大为29.91mm，为基坑深度的2‰。土体深层位移最大为45.52mm，立柱沉降14.02mm，地下水位下降最大值1310.90mm。基坑开挖过程基本选择在昆明地区旱季，地下水水位变化幅度较小。各项变形数据均在合理可控范围之内。

根据昆明地铁轨道交通公司委托单位对地铁1号线、4号线的自动化监测成果报告，地铁1号线隧道结构最大竖向位移2.70mm，最大水平位移2.06mm，侧壁收敛2.4mm，道床结构最大竖向位移2.04mm；地铁4号线隧道结构最大竖向位移3.46mm，最大水平位移3.9mm，侧壁收敛4.00mm，道床结构最大竖向位移3.53mm，与模型模拟计算结果基本相符。地铁隧道及道床结构各主要项控制变形均小于累计变形预警值（6mm）和累计变形控制（10mm），达到变形控制要求，较好地保护了地铁线路的运营安全。

## 6 结语

鹏瑞利国际健康商旅城-昆明南站项目（A1地块）深基坑工程紧邻地铁1号线及地铁4号线，基坑开挖及影响深度范围还分布有较厚的松散素填土层。因周围存在既有地铁隧道，需要严格控制基坑工程引起的变形，在实施过程中严格按信息化施工要求开展动态设计，取得较为理想的实施效果。通过本次工程实践，获得如下主要认识：

（1）通过常规设计与有限元数值模拟分析方法的结合验证，深基坑支护设计方案能够较好地保证了基坑工程在各种工况条件下的安全可靠性和经济合理性[14]。

（2）针对基坑邻近地铁侧的填土体进行预加固处理，在提高土体力学强度的同时，还有效地降低了地下水位变化的影响，在一定程度上有利于地铁结构的安全保护。

（3）邻近地铁及其他需严格控制变形的深基坑工程，采用水泥土截水帷幕及坑内、坑外土体加固时，应最大限度地控制加固施工过程中，土体首先被短期软化力学强度显著降低然后才会达到强度增长的过程对被保护对象的不利影响。

（4）由于地铁区间隧道结构底以下还存在可压缩土层，在土层厚度和土性方面存在一定的差异，地下水位下降将导致邻近地铁区间隧道结构发生一定程度的沉降，并诱发隧道结构沿纵向产生不均匀沉降差，基坑施工过程应严格控制隧道范围地下水水位的下降幅度。

## 参考文献

[1] 徐日庆，郭忠，丁盼，等. 盾构施工振动对邻近建筑物影响与控制方法研究综述[J]. 隧道建设(中英文), 2021, 41(S2): 14-21.

[2] 彭智勇，杨秀仁. 基坑分块开挖参数对邻近地铁盾构隧道的变形影响分析[J]. 中外公路, 2019, 39(2): 206-210.

[3] 王利军，邱俊筠，何忠明，等. 超大深基坑开挖对邻近地铁隧道变形影响[J]. 长安大学学报(自然科学版), 2020, 40(6): 77-85.

[4] 赵志孟，郑伟锋，刘慧芬. 基坑开挖对邻近隧道的变形影响分析[J]. 广东土木与建筑, 2021, 28(5): 71-74.

[5] 张娇, 王卫东, 李靖, 等. 分区施工基坑对邻近隧道变形影响的三维有限元分析[J]. 建筑结构, 2017, 47(2): 90-95.

[6] 刘波, 范雪辉, 王园园, 等. 基坑开挖对邻近既有地铁隧道的影响研究进展[J]. 岩土工程学报, 2021, 43(S2): 253-258.

[7] 付红梅, 张岩岩. 深基坑空间效应研究综述[J]. 土工基础, 2019, 33(4): 465-470.

[8] 李忠超, 王超哲, 杨新, 等. 武汉粉砂地层深基坑开挖对既有盾构隧道影响分析[J]. 安全与环境工程, 2022, 29(4): 187-195.

[9] 何忠明, 王盘盘, 王利军, 等. 深基坑施工对邻近地铁隧道变形影响及参数敏感性分析[J]. 长安大学学报(自然科学版), 2022, 42(4): 63-72.

[10] Shuaihua Ye, Zhuangfu Zhao, Denqun Wang. Deformation Analysis and Safety Assessment of Existing Metro Tunnels Affected by Excavation of A Foundation pit[J]. Underground Space, 2020, 6(4).

[11] Yong Gang Du, Jing Cao, Zu De Ding. Comparative Analysis of the Influence of Different Construction Technology for Excavation on Adjacent Tunnels[J]. Applied Mechanics and Materials, 2014, 3489: 638-640.

[12] Cong Chen. Numerical Analysis of Influence of Deep Excavations on Metro Tunnel[P]. Proceedings of the 2016 International Conference on Civil, Transportation and Environment, 2016.

[13] 中华人民共和国住房和城乡建设部. 建筑基坑监测技术标准: GB 50497—2019[S]. 北京: 中国计划出版社, 2010.

[14] 中华人民共和国住房和城乡建设部. 建筑基坑支护技术规程 JGJ 120—2012[S]. 北京: 中国建筑工业出版社, 2012.

# 微医云智（杭州）实业有限公司国际数字健康中心项目（地块四）基坑支护工程实录

徐 朕 葛民辉 孙永俊

（浙江恒辉勘测设计有限公司，浙江杭州 311215）

## 1 工程概况及周边环境

### 1.1 建筑与结构信息

微医云智（杭州）实业有限公司国际数字健康中心项目位于杭州市萧山经济技术开发区。整个建设项目由四个地块组成，其中地块四位于建设三路北侧、金鸡路西侧，总用地面积 41987m²，总建筑面积 263104.47m²，下设两层地下室。主要建筑物包括 3 幢 23 层、2 幢 18 层塔楼及多幢 1～4 层的裙楼。基础形式为钻孔灌注桩或预制方桩，以 ⑥₁层、⑥₂层圆砾为持力层。

### 1.2 周边环境情况介绍

基坑形状呈长方形，南北长约 215m，东西长约 165m，整个基坑开挖面积约为 35140m²。基坑按开挖至承台垫层底考虑，开挖深度为 9.75～9.80m。基坑周边环境情况介绍如下：

基坑东侧：地下室外墙距离用地红线 7.30～7.80m，红线外为已建成的金鸡路。金鸡路下方有多条市政管线经过。金鸡路东侧为五七直河，河道边距离本基坑约 45m。

基坑南侧：地下室外墙距离用地红线 12.5～15.5m，红线外为已建成的建设三路。建设三路下方有多条市政管线经过。此外，建设三路下为地铁 7 号线明星路站至建设三路站隧道区间，地铁隧道顶埋深 14.5～17.5m，其中左线隧道边距地下室外边线最近为 19.7m，目前 7 号线已正式运营。

基坑西侧：地下室外墙距离用地红线 7.80～10.0m，红线外为已建成的乐达路。乐达路下方有多条市政管线经过。乐达路西侧目前为空地。

基坑北侧：地下室外墙距离用地红线 5.20～8.70m，红线外为已建成的长龙路。长龙路下方有多条市政管线经过。长龙路北侧为本项目地块三。基坑周边环境示意图详见图 1。

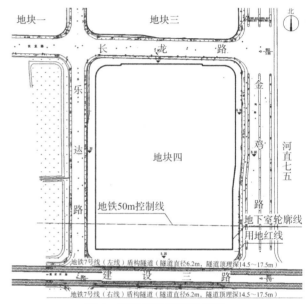

图 1 基坑周边环境示意图

## 2 岩土工程条件

### 2.1 工程地质情况介绍

场地地形起伏较小，较平整，地貌形态单一，地貌单元属钱塘江冲海积平原区。勘察期间场地为荒地，场地自然地面标高一般在 5.47～7.09m 之间。场地地层上部主要为冲海积的粉土、粉砂，中部为海相沉积的淤泥质土，中下部为冲积的黏性土与砂土，下部为河流相冲积的砾石层（场地典型地质剖面图见图 2）。场地勘探深度范围内，岩土层可分为 6 个工程地质层、12 个亚层。对本项目基坑工程影响较大的岩土层情况见表 1。

### 2.2 水文地质情况介绍

场地地下水类型可分为第四系孔隙潜水和孔隙承压水。第四系孔隙潜水赋存于场地浅部②层粉砂质土层中。孔隙潜水的稳定水位埋深为 0.50～2.60m。水位埋深随气候和季节性及降水量变化而变化，一般年变化幅度为 1.0～2.0m。孔隙承压水主要赋存于中部④₁层粉砂，以及下部⑥₁层、⑥₂层圆砾中。根据区域水文地质资料，下部承压水水头埋深约为 0.50m。

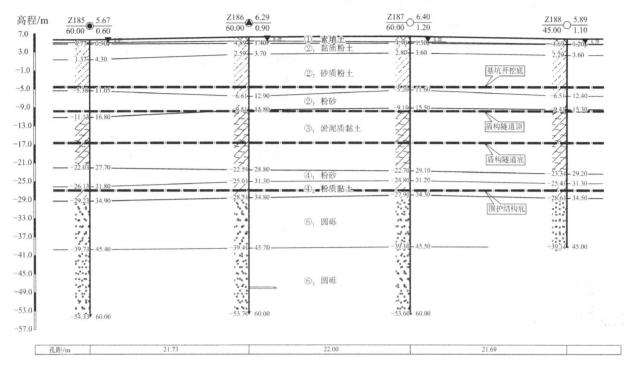

图 2　场地典型地质剖面图

主要地层参数表　　　　　　　　　　　　　　　　表 1

| 层号 | 岩土名称 | 天然重度 $\gamma$ | 含水率 $w$ | 孔隙比 $e$ | 渗透系数 | | 抗剪强度 | |
| | | | | | 垂直 $k_v$ | 水平 $k_h$ | 固快法 | |
| | | | | | | | $c_{cq}$ | $\varphi_{cq}$ |
| | | kN/m³ | % | — | cm/s | cm/s | kPa | ° |
| ① | 素填土 | 18.0 | — | — | $5.0 \times 10^{-4}$ | $6.5 \times 10^{-5}$ | 8 | 10 |
| ②₁ | 黏质粉土 | 19.0 | 26.8 | 0.769 | $5.4 \times 10^{-5}$ | $5.0 \times 10^{-5}$ | 11.5 | 25.3 |
| ②₂ | 砂质粉土 | 19.2 | 25.4 | 0.731 | $5.0 \times 10^{-4}$ | $4.6 \times 10^{-4}$ | 8.7 | 28.7 |
| ②₃ | 粉砂 | 19.8 | 22.2 | 0.622 | $8.7 \times 10^{-4}$ | $8.4 \times 10^{-4}$ | 2 | 25 |
| ③₁ | 淤泥质黏土 | 17.1 | 42.6 | 1.238 | — | — | 10.6 | 9.8 |
| ④₁ | 粉砂 | 19.7 | 23.8 | 0.661 | — | — | 3 | 28 |
| ④₂ | 粉质黏土 | 19.3 | 25.6 | 0.745 | — | — | 37.8 | 17.1 |

## 3　基坑支护方案

### 3.1　工程特点分析

从基坑工程规模、主体结构特点、土层地质条件来分析，本基坑工程主要具有如下特点：

（1）基坑形状呈矩形，东西向最长约 165m，南北向最长约 215m，基坑总开挖面积为 35139m²，开挖深度一般为 9.75～9.80m，属于深大基坑，基坑的时空效应尤为明显。

（2）基坑南侧部分位于地铁 7 号线 50m 保护区之内，根据省标《城市轨道交通结构安全保护技术规程》DB 33/T 1139—2017 之规定，需要对保护区内的基坑采取分坑开挖的措施。此外主楼的深大承台及电梯井等坑中坑距离坑边较近，对基坑变形控制十分不利。

（3）基坑开挖影响范围内地质条件主要以②大层粉砂质土为主，土层渗透系数数量级位于$10^{-5}\sim10^{-4}$cm/s之间，属于中等透水性土层，因此地下水控制十分关键，尤其是在地铁50m保护区内。

（4）基坑周边环境较复杂，四周均为已建成的城市道路，车流量较大，且道路下方有多条市政管线经过。

## 3.2 基坑支护方案

综合考虑基坑开挖深度、水文地质、周边环境条件以及地铁保护要求，围护设计选择板式挡土构件＋内支撑的围护体系。

1）地铁保护区内基坑支护方案选择

目前基坑南侧7号线已正式运营，结合《城市轨道交通结构安全保护技术规程》DB 33/T 1139—2017中的相关规定，为减少基坑施工期间对盾构隧道的不利影响，在围护体系设计上采取如下措施：

（1）在邻近地铁隧道区域对基坑进行分坑处理，弱化基坑时空效应的影响。分坑的设置充分考虑了平面上主楼的分布，同时分隔桩的布置应便于后期底板和承台的施工。除此之外，在每一个分坑内部采用南北向布置多排三轴水泥搅拌桩的方式进行软分坑处理。

（2）分坑位置采用两道水平内支撑体系。第一道为钢筋混凝土支撑，第二道为预应力组合型钢支撑（支撑现场施工情况见图3）。钢筋混凝土支撑平面内整体稳定性好，刚度大，同时便于上部土方的开挖。H型钢组合支撑布置在靠近坑底的位置，通过伺服系统调节预应力有利于控制围护体的侧向变形。此外，H型钢组合支撑安装便捷，无须养护，缩短了施工工期。

（3）采用大直径钻孔灌注桩作为挡土结构，灌注桩桩长穿透③$_1$层淤泥质黏土进入④$_2$层粉质黏土层，一方面隔断了软弱土层，另一方面桩端嵌固进入土质较好的地层时可以减小桩身侧向变形量。

（4）使用TRD工法作为止水帷幕，在平面布

置上形成封闭区间，该工艺可靠度高止水效果好。另外，增加TRD工法桩长度使之穿过③$_1$层淤泥质黏土进入④$_1$层粉砂，可以减弱坑底土体的隆起变形。

图3　支撑现场施工情况

（5）钻孔灌注桩施工时在粉砂质土层中往往发生塌孔现象，而在淤泥质土层中会发生缩径现象，导致围护桩桩径在不同土层中变化较大。被动区的三轴搅拌桩以及围护桩外侧的TRD施工时无法与钻孔桩紧密贴合，从而在基坑开挖后TRD与钻孔桩之间的土体以及三轴搅拌桩与钻孔桩之间的土体发生压缩变形。为减弱这一现象，采用压密注浆工艺或高压旋喷桩加固不同围护体之间土体。

（6）基坑南侧主楼的承台高度较大，且距离坑边较近，承台开挖施工时会进一步加大围护结构的侧向变形。因此采用高压旋喷桩对承台四周及底部土体进行加固。同时要求承台必须在四周地下室底板完成后才能开挖施工。

地铁保护区内基坑支护典型剖面图详见图4。

2）非地铁保护区基坑支护方案选择

对于非地铁隧道保护，由于环境保护要求相对较低，为降低工程造价考虑采用两墙合一的方案，即挡土构件和止水帷幕合二为一的方案。根据相关工程经验，粉砂质土层在有效控制地下水位的前提下具有较好的自稳性。因此在地铁保护区之外的东、西、北三侧，围护体系选择上部小放坡，下部SMW工法桩结合一道水平钢筋混凝土支撑的方案。为减小水平钢筋混凝土支撑的体量，便于后期土方开挖，在基坑中部位置布置斜向的预应力组合型钢支撑。基坑支撑平面布置图详见图5，非地铁保护区支护典型剖面见图6。

3）降水及排水设计

对基坑工程影响较大的为赋存于上部②层粉砂质土层中的孔隙潜水，粉砂土层渗透系数为 $10^{-5}\sim10^{-4}$cm/s 数量级，属于中等透水性土层。该层土含水丰富，地下水补给充分，因此基坑开挖时必须做好防渗和截水措施。根据工程经验，可采用自流深井降排②层粉砂层中的孔隙水。自流深井具有造价低、施工方便等优点。在非地铁保护区坑外设自流深井降低地下水位，地下水位一般控制在地面以下5m 左右，相邻降水井间距约为 12m。坑外进行控制性降水一方面可以减小作用在围护结构上的水土压力，提高基坑稳定性，另一方面还可以防止降水过深引起道路沉降、开裂。坑内自流深井布置间距一般控制在 20m 左右，降水深度控制在开挖面以下0.5～1.0m，主要起到疏干坑内地下水的作用，为土方开挖和基础施工提供干燥良好的施工环境。

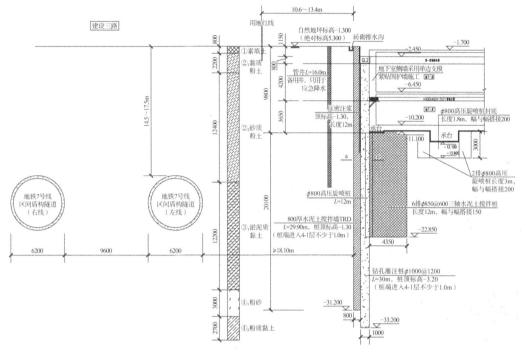

图 4　地铁保护区内基坑支护典型剖面图

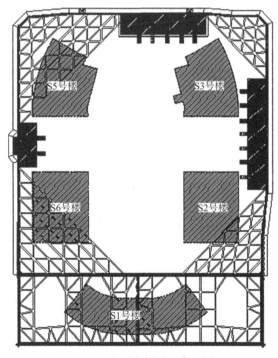

图 5　基坑支撑平面布置图

1371

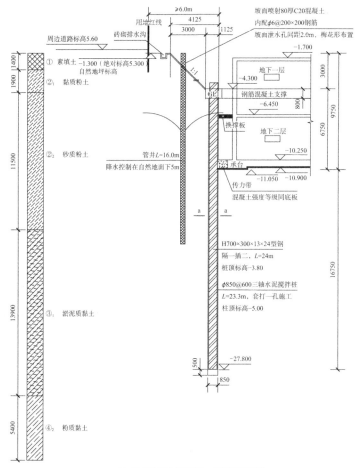

（a）SMW工法桩结合一道水平支撑

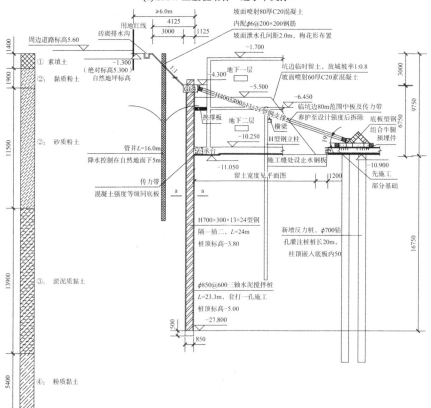

（b）SMW工法桩结合组合型钢斜向支撑面

图6　非地铁保护区支护典型剖面

## 4 土方开挖施工

本项目基坑开挖整体上分成四个区块进行（图7）。Ⅰ-1期、Ⅰ-2期为邻近地铁侧的分坑，Ⅱ期、Ⅲ期位于地铁保护区外。在坑内出土顺序的安排上首先开挖Ⅰ-1期，Ⅱ期范围内土方同步进行开挖，Ⅰ-2期和Ⅲ期范围内暂不开挖。Ⅰ-1期施工至地下室顶板且换撑完成后开挖Ⅰ-2期土方。Ⅲ期范围内的土方最后开挖，且要求开挖前Ⅰ-1期、Ⅰ-2期范围内的地下室结构和换撑必须完成。

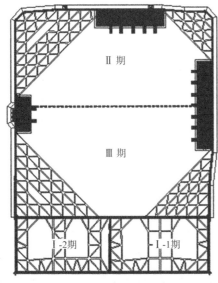

图7 土方分区开挖示意图

S1号主楼位于Ⅰ-1期、Ⅰ-2期开挖范围内，主楼内电梯井相对开挖深度较深且范围较大。常规做法要求电梯井、集水井等坑中坑、周边承台、底板一同开挖完成后进行整体浇筑。由于本项目的坑中坑距离基坑边较近，常规做法容易引起地铁盾构隧道进一步变形。因此本项目要求S1号楼承台及电梯井及坑中施工前周边底板应先施工完成（图8）。

图8 地保区内底板分块施工

从图7可以看出，Ⅱ期、Ⅲ期内主楼位于四个角撑位置。由于主楼的完成时间影响总的施工工期，因此土方开挖从四个角撑位置开始。先开挖四个角撑位置的上部土方，开挖到支撑梁底以后施工钢筋混凝土支撑梁，在支撑梁养护期间开挖其余位置的土方。支撑梁养护完成后开挖支撑梁下部的土方，开挖到底以后立即施工主楼地下结构，其余位置的土体保留，用于主楼位置的地下室回填。保留的土方采用坑内临时放坡的方式使其保持稳定。

## 5 基坑开挖对隧道安全影响的有限元分析

通过Midas GTS NX三维有限元分析软件对关键开挖工况下地铁隧道的变形进行了数值模拟（有限元计算模型见图9）。计算工况如下：①Ⅰ-1期土方开挖完成；②Ⅰ-1期邻坑承台开挖完成；③Ⅰ-2期土方开挖完成；④Ⅰ-2期邻坑承台开挖完成；⑤Ⅲ期土方开挖完成。各工况下隧道的变形情况见表2。

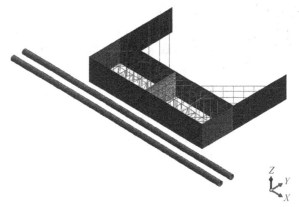

图9 有限元计算模型

各工况下隧道的变形情况 表2

| 主要施工工况 | 竖向位移/mm | X向水平向位移/mm | Y向水平向位移/mm |
| --- | --- | --- | --- |
| Ⅰ-1期土方开挖完成 | −1.0 | 0.2 | 1.9 |
| Ⅰ-1期邻坑承台开挖完成 | −1.0 | 0.2 | 1.9 |
| Ⅰ-2期土方开挖完成 | −1.4 | 0.4 | 3.1 |
| Ⅰ-2期邻坑承台开挖完成 | −1.4 | 0.4 | 3.1 |
| Ⅲ期土方开挖完成 | −1.8 | 0.4 | 4.5 |

根据三维分析计算结果显示，各关键开挖工况下盾构隧道结构的水平及竖向位移，均能够满

足地铁保护要求。

## 6 基坑监测及地铁监测情况

根据基坑信息化施工的要求，本项目对基坑支护结构及周边道路管线进行位移、沉降等变形监测，主要的监测内容为：围护桩顶部冠梁位移、深层土体位移（测斜）、立柱竖向位移、内支撑轴力、地下水位、周边地面沉降等。对于地铁保护区内的围护结构还增加了围护桩桩身水平位移监测以及邻近地铁侧的土体水平位移监测。对于非地保区的Ⅱ期、Ⅲ期区域，深层土体位移最大值约为35mm，发生在支撑拆除工况。基坑周边道路、管线情况良好，变形值控制在设计要求范围内。

在地铁保护区域内，于2022年6月中旬完成上部土方开挖和第一道钢筋混凝土支撑施工。其中Ⅰ-1期于2022年6月中旬开始开挖下部土方，2022年8月完成第一块底板施工，2022年10月中旬完成地下室顶板施工。Ⅰ-2期于2022年10月中旬进行下部土方开挖，2022年12月完成第一块底板施工，2023年1月中旬完成地下室顶板施工。Ⅰ-1期的整个施工周期内，围护桩桩身的最大水平位移为11.9mm，坑外土体水平位移最大值为16.4mm，均发生在拆除第一道水平支撑的施工工况（坑外深层土体水平位移监测数据见图10）。

值得注意的是，根据Ⅰ-2期范围内的测斜数据显示，在Ⅰ-1期施工期间Ⅰ-2期范围内的土体也发生了不同程度的水平位移，最终导致在相同的施工工况下Ⅰ-2期的监测数据比Ⅰ-2期大1.5~2.5mm。

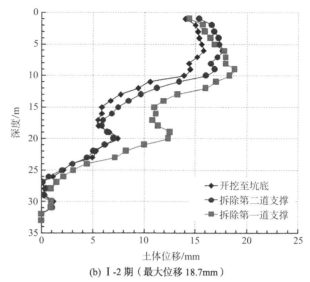

(b) Ⅰ-2期（最大位移18.7mm）

图10 坑外深层土体水平位移监测数据

根据地铁集团聘请的第三方对地铁7号线盾构隧道自动化监测数据显示，明星路站—建设三路站下行线盾构隧道水平收敛累计变化值最大为3.2mm，未超过规范要求的报警值。

## 7 工程设计施工体会

（1）本工程位于钱塘江南岸，该区域内场地浅部以河口相冲海积粉土为主，该类粉土通过自流深井可获得良好的降水效果。对于环境保护要求较低的非地铁保护地段，应首先考虑采用两墙合一的支挡结构，如在三轴搅拌桩或水泥土连续墙（TRD）内插H型钢。同时结合坑外深井降水措施，能够取得较好的经济效益和工程效益。

（2）本项目若全部采用水平内支撑的方案，支撑体系将会非常庞大，一方面影响土方开挖效率，导致主楼施工时间延后，另一方面围护体系的造价将明显增加。本围护方案在基坑的四个角设置角撑，配合基坑中部的斜向支撑，使得支撑的平面覆盖面积大幅缩小，有助于缩短施工工期。此外，水平支撑和斜向支撑相对独立互不干扰，斜向支撑下方的留土可用于基坑回填。斜向支撑的施工应注意挖土和钢支撑安装的协调，同时钢支撑应施加预应力，可以较好地控制基坑变形。

（3）对于深大基坑应首先考虑采用分坑措施控制基坑时空效应的影响，尤其是对于周边环境保护要求较高的基坑。坑内分隔桩的位置应结合承台、主楼位置等因素综合考虑，尽可能不增加后

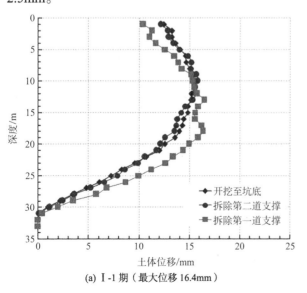

(a) Ⅰ-1期（最大位移16.4mm）

续结构施工的难度。

（4）盾构隧道的变形对于基坑开挖后的坑底土体回弹变形尤为敏感。必要时应采用三轴水泥搅拌桩对坑底土体采用条带式加固或采取地中壁的形式。

## 参考文献

[1] 刘国彬, 王卫东. 基坑工程手册[M]. 2 版. 北京: 中国建筑工业出版社, 2010.

[2] 浙江省住房和城乡建设厅. 建筑基坑工程技术规程: DB 33/T 1096—2014[S]. 浙江: 浙江工商大学出版社, 2014.

[3] 中华人民共和国住房和城乡建设部. 建筑基坑支护技术规程: JGJ 120—2012[S]. 北京: 中国建筑工业出版社, 2012.

[4] 中华人民共和国住房和城乡建设部. 建筑基坑工程监测技术标准: GB 50497—2019[S]. 北京: 中国计划出版社, 2019.

# 台州玉环东风文商旅项目一期基坑支护工程实录

徐 朕 余 亮 徐志明

（浙江恒辉勘测设计有限公司，浙江杭州 311215）

## 1 工程概况及周边环境

### 1.1 建筑与结构信息

台州玉环东风文商旅项目一期（NKM013-0401地块）位于玉环市坎门街道，为玉环东风未来社区项目七个建设地块之一。整个玉环东风未来社区项目分两期建设，本文介绍的东风文商旅项目一期同邻近的 NKM013-0402 地块、NKM013-0404 地块同属于首期建设项目。文商旅项目一期总用地面积 36615m²，总建筑面积 118349.03m²，下设 1~2 层地下室。主要建筑物包括 2 幢 20~25 层的塔楼，作为酒店和办公用房；1 幢 3 层的邻里文化中心。基础形式为钻孔灌注桩，以⑩₃ 层中风化凝灰岩为持力层。

### 1.2 周边环境情况介绍

基坑形状呈近似长方形，南北长约 253m，东西长约 116m，整个基坑开挖面积约为 25384.5m²。基坑按开挖至承台垫层底考虑，开挖深度地下一层区域为 5.70m，地下二层区域为 10.20m。基坑周边环境情况介绍如下：

基坑东侧：为 NKM013-0402 以及 NKM013-0303 建设地块（二期建设，本项目施工期间为空地）。其中，NKM013-0402 地块为同期建设的项目，下设一层地下室，基坑开挖深度 6.10~6.50m。

基坑南侧：地下室外墙距离用地红线 5.4~7.4m，红线外为已建成的榴岛大道。榴岛大道为城市主干道，下方有给水管、雨水管等多条市政管线经过。

基坑西侧：地下室外墙距离用地红线最近处约为 5.0m，红线外为已建成的交通路。交通路为城市主干道，下方有雨水管、污水管、给水管、燃气管等多条市政管线经过。

基坑北侧：为二期建设的 NKM013-0302 地块项目，本项目施工期间为空地。

基坑周边环境示意图详见图 1。

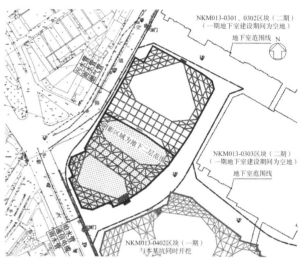

图 1 基坑周边环境示意图

## 2 岩土工程条件

### 2.1 工程地质情况介绍

场地地形起伏较小，地貌形态单一，地貌单元属浙东南沿海丘陵平原及岛屿区山前冲海积平原。施工前建设场地为拆迁地，地表多为建筑垃圾或生活垃圾。场地地层中上部主要为海相沉积的淤泥或淤泥质黏土层，中下部为冲湖积或冲洪积的土层（场地典型地质剖面图见图 2）。场地勘探深度范围内，岩土层可分为 7 个工程地质层、17 个亚层。对本项目基坑工程影响较大的岩土层物理力学指标见表 1。

### 2.2 水文地质情况介绍

场地地下水类型可分为第四系孔隙潜水、孔隙承压水以及基岩裂隙水，其中对基坑工程有影响的为孔隙潜水及孔隙承压水。第四系孔隙潜水赋存于场地浅部淤泥或淤泥质土层中。孔隙潜水的稳定水位埋深高程为 1.86~2.69m。水位埋深随气候、季节及降水量变化而变化，一般年变化幅度约为1.5m。孔隙承压水主要赋存于下部⑨₁层含黏性土砾砂中。含黏性土砾砂层分布稳定性一般，局部尖灭缺失，粗颗粒分布不均，含泥量较高，含水量较少。

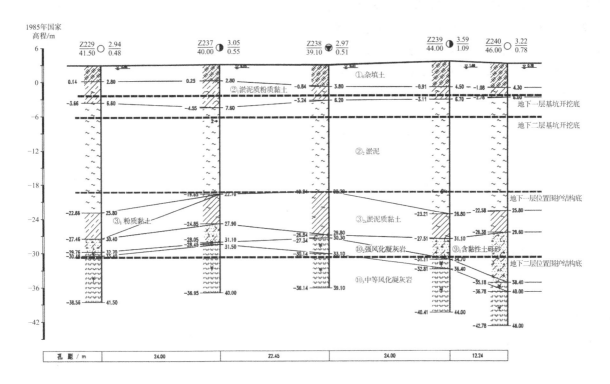

图2 场地典型地质剖面图

主要地层参数表 表1

| 层号 | 岩土名称 | 天然重度γ | 含水率w | 孔隙比e | 抗剪强度 | |
| | | | | | 固快法 | |
| | | | | | $c_{cq}$ | $\varphi_{cq}$ |
| | | kN/m³ | % | — | kPa | ° |
| ①₀ | 填土 | 18 | — | — | 10 | 1.5 |
| ① | 粉质黏土 | 18.8 | 30.0 | 0.841 | 11 | 2.2 |
| ①₂ | 粉砂 | 19 | — | — | 25 | 4 |
| ②₁ | 淤泥质粉质黏土 | 17.4 | 44.0 | 1.220 | 8 | 0.8 |
| ②₂ | 淤泥 | 16.5 | 53.9 | 1.516 | 5.5 | 0.6 |
| ③₁ | 粉质黏土 | 18.9 | 29.8 | 0.834 | 11 | 3 |
| ③₂ₐ | 淤泥质黏土 | 16.8 | 49.7 | 1.405 | 6.5 | 1 |
| ③₂ᵦ | 粉质黏土 | 18.1 | 36.4 | 1.025 | 9.5 | 2.5 |
| ④₁ | 粉质黏土 | 18.7 | 31.3 | 0.883 | 10.5 | 3.5 |
| ④₂ | 粉质黏土 | 18.1 | 36.1 | 1.012 | 9.5 | 3 |

## 3 基坑特点分析

从基坑工程规模、主体结构特点、土层地质条件来分析，本基坑工程主要具有如下特点：

（1）基坑形状呈近似矩形，东西向最长约116m，南北向最长约252m，基坑总开挖面积约为25384.5m²，开挖深度一般为5.70～10.20m。地下二层位置的开挖深度较大，属于深大基坑范畴，应重视基坑时空效应的影响。

（2）全场地范围内分布有海相沉积的②₁层淤泥质粉质黏土、②₂层淤泥以及③₂ₐ层淤泥质黏土等软土层。软土具有压缩性高、抗剪强度低、灵敏度高、易触变性和流变性等特点，对本项目基坑工程影响很大，尤其应重视以下几个方面影响：

钻孔灌注桩在穿过软土层时易产生缩径，因此在施工过程中应控制好钻进速率、泥浆比重等施工参数，确保成桩质量。

基坑开挖深度范围内以及坑底以下土层以软土为主，为确保基坑开挖到底以后围护结构具有足够的变形稳定性，应严格控制围护桩的插入比。

土层渗透系数数量级介于 $10^{-8}\sim10^{-7}$cm/s 之间，属于不透水或微透水性土层。由于软土具有流变性等特征，因此围护结构外侧应采用水泥土搅拌桩形成封闭的帷幕起到围护桩间止淤的作用。此外帷幕进入坑底以下土层应有足够的长度，以减小坑底的隆起变形。

（3）根据地质剖面图显示，⑩层风化基岩岩面的埋深起伏较大，且无规律性。因此围护桩桩长在施工时应进行双控。风化基岩作为围护桩的嵌固端可有效提高围护结构的侧向稳定性。但应注意在岩面坡度较陡的位置对桩长进行双控时，桩端全截面进入风化层的深度应适当加大。

（4）基坑南侧、西侧为已建成的城市道路，车流量较大，且道路下方有多条市政管线经过，应注意对管线进行保护。同时，坑边距离道路近的位置坑边超载取值应适当增大。

# 4　基坑支护方案

## 4.1　围护体

综合考虑基坑开挖深度、水文地质、周边环境条件以及当地法规的要求，围护设计选择板式挡土构件＋内支撑的围护体系。

1）地下一层位置

一层地下室的位置采用$\phi$800 的钻孔灌注桩结合一道钢筋混凝土水平支撑的围护体系，围护桩的插入比控制在 2.2 左右。采用搭接施工的 $\phi$700@500 双轴水泥搅拌桩作为坑外止水帷幕及

被动区土体加固。被动区加固体采用墩式布置。地下一层区域典型支护剖面见图3。

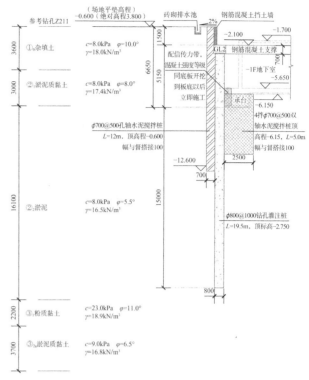

图 3　地下一层区域典型支护剖面

2）地下二层位置

二层地下室的位置采用$\phi$900 的钻孔灌注桩结合两道钢筋混凝土水平支撑的围护体系，围护桩的插入比控制在 2.2 左右。采用$\phi$850@600 三轴水泥搅拌桩作为坑外止水帷幕及被动区土体加固。坑外作为止水帷幕时采用全截面套打施工，被动区加固时幅与幅搭接 150mm 施工。被动区加固体采用墩式布置。地下二层区域典型支护剖面见图4。

本项目地下室为 1～2 层，地下室的退台位置位于基坑中部，从平面分布上看 1、2 层地下室各占一半。退台位置坑内高差约为 4.10m。围护形式采用$\phi$700 的钻孔灌注桩结合一道钢筋混凝土支撑，围护桩外侧采用$\phi$850@600 三轴水泥搅拌桩作为止水帷幕。坑内高差位置支护剖面见图5。

## 4.2　水平支撑系统

地下一层位置基坑开挖深度为 5.70m，设置一道水平向钢筋混凝土支撑。地下二层位置基坑开挖深度为 10.20m，设置两道水平向钢筋混凝土支撑。一、二层地下室的分界位置位于基坑中部，在坑内形成约 4.1m 的高差。支撑布置时需要考虑坑

内高差位置土体的支挡。

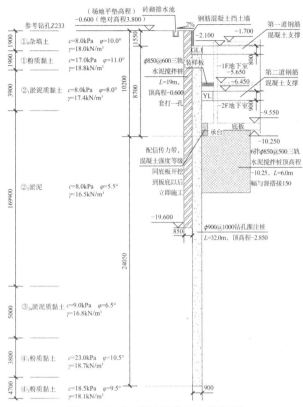

图 4　地下二层区域典型支护剖面

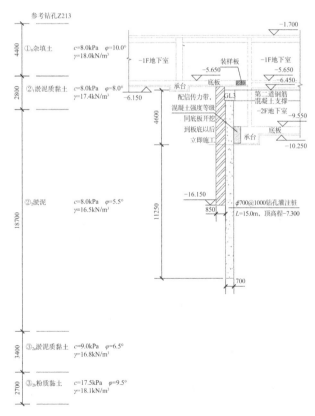

图 5　坑内高差位置支护剖面

在支撑平面布置上，地下一层位置的水平支撑与地下二层位置的第一道支撑采用同一标高，使其

形成一个整体，总体上为四个角撑联合两个大对撑的形式。地下二层区域的第二道钢筋混凝土支撑在平面上尽量按照上道支撑的投影位置进行布置，南侧的两个角撑复制第一道支撑的布置形式，对南侧的对撑进行调整，缩小了对撑的平面覆盖范围，在基坑中部的一、二层高差位置增加两个大角撑。角撑的一端同坑内高差位置的分隔桩的冠梁连接，另一端同外围围护桩的下挂腰梁连接。水平支撑平面布置示意图见图 6、图 7。

## 4.3　坑中坑支护

塔楼的筏板厚度较大且分布有多个电梯井及消防集水井。电梯井、集水井等坑中坑位于②₂层淤泥中，最大相对开挖深度约为 3.25m。坑中坑四周采用 2～4 排直径 800mm 的高压旋喷桩作重力式挡土墙挡土，桩与桩之间搭接 150mm 施工。坑底土体采用直径 800mm 高压旋喷桩格栅式布置进行加固。高压旋喷桩平面布置方式见图 8。

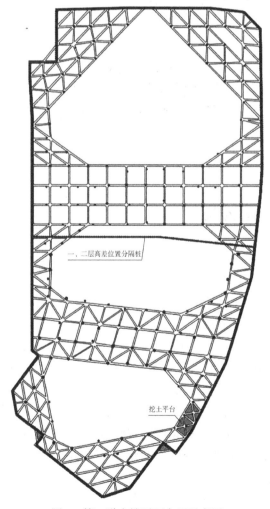

图 6　第一道支撑平面布置示意图

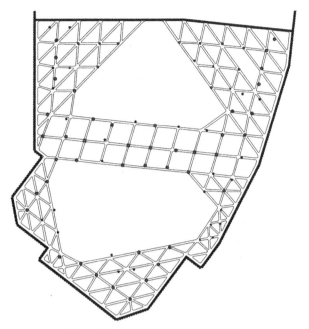

图 7　第二道支撑平面布置示意图

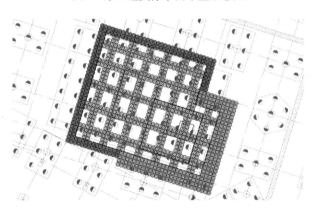

图 8　高压旋喷桩平面布置方式

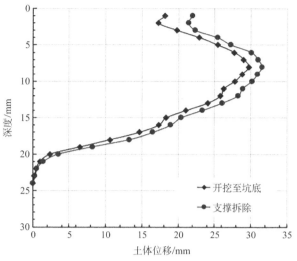

图 9　地下一层位置土体水平位移曲线

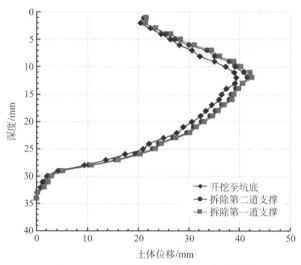

图 10　地下二层位置土体水平位移曲线

## 5　基坑监测情况

　　根据基坑信息化施工的要求，本项目对基坑支护结构及周边道路管线进行位移、沉降等变形监测，主要的监测内容为：围护桩冠梁位移、坑外土体深层水平位移、立柱竖向位移、内支撑轴力、地下水位、周边地面沉降等。一层地下室区域深层土体位移（测斜）最大值约为 31.5mm，发生在支撑拆除工况。二层地下室区域深层土体位移（测斜）最大值约为 42.5mm，发生在拆除第一道支撑的工况。此外，根据沉降观测值显示，基坑周边道路、管线情况良好，变形值控制在设计要求范围内。

　　地下一层及二层位置的典型土体水平位移曲线见图 9、图 10。

## 6　工程设计施工体会

　　（1）本项目建设场地属于典型的浙东南沿海冲海积平原地貌。场地中上部以海相沉积的淤泥或淤泥质土层等软土地层为主，对基坑工程十分不利。对于软土地层的深基坑应首先考虑采用排桩结合内支撑的支护方案。围护桩设计时插入比应适当增加，保证围护体系不发生失稳破坏。

　　（2）软土具有抗剪强度低、灵敏度高、易触变性和流变性等特点，围护剖面计算时地层的物理力学参数取值应进行折减，一般为勘察报告提供的固快峰值的 0.6～0.7 倍。根据实际工程经验看，安全储备较好。

　　（3）采用钻孔灌注桩作为挡土构件时坑外应做连续封闭的帷幕，防止桩间土体挤出。施工时应先施工帷幕后施工钻孔灌注桩，并且两种桩应尽可能做到紧贴。帷幕进入坑底以下应有足够的长度来减小坑内土体的隆起变形。

（4）对于风化岩层埋深起伏较大的情况，围护桩桩长施工时应进行双控。对于局部位置埋深发生突变的，应保证桩端全截面进入风化岩层一定深度，且进入风化岩层的深度宜适当增加。

## 参考文献

[1] 刘国彬, 王卫东. 基坑工程手册[M]. 2版. 北京: 中国建筑工业出版社, 2010.

[2] 浙江省住房和城乡建设厅. 建筑基坑工程技术规程: DB 33/T 1096—2014[S]. 浙江: 浙江工商大学出版社, 2014.

[3] 中华人民共和国住房和城乡建设部. 建筑基坑支护技术规程: JGJ 120—2012[S]. 北京: 中国建筑工业出版社, 2012.

[4] 中华人民共和国住房和城乡建设部. 建筑基坑工程监测技术标准: GB 50497—2019[S]. 北京: 中国计划出版社, 2019.

# 双角撑体系阳角处加强设计方法在某深基坑中的应用

朱浦栋　权　威

（中南勘察基础工程有限公司，湖北武汉　430080）

## 1　基坑工程概况及特点

江岸区幸福村城中村改造 A 包 K1 地块项目位于武汉市江岸区解放大道藤子岗轻轨站附近，北邻朱家河。本项目主要包括 4 栋 34～48 层住宅楼，1～2 层商业楼，1 栋 1 层开闭所及全场 2 层地下室组成，场地整平标高为 24.00～25.80m。总建筑面积约 211671.88m²，其中住宅建筑面积为 151445.04m²，地下室建筑面积为 47089.53m²。

本基坑面积为 15900m²，周长 390m，基坑开挖深度 8.0～10.4m，属于深大基坑范畴，基坑重要性等级为一级，西侧为解放大道高架延长线，西北侧为朱家河，紧邻朱家河大堤（图1）。

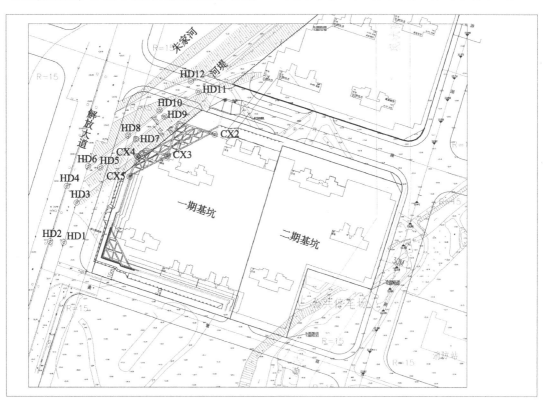

图 1　基坑周边环境及监测点平面布置图

## 2　场区环境地质条件

本场地地貌单元属冲洪积平原，为长江 I 级阶地与 II 级阶地的过渡地带，现状地势起伏相对较小，地形较平坦。覆盖土层主要为第四系全新统—上更新统冲洪积黏性土、碎石土层。场地地层岩土物理力学参数见表1，典型地质剖面图见图2。

场地内的地下水主要分为上层滞水、孔隙承压水及基岩裂隙水。上层滞水赋存于 1 层素填土中，无统一自由水面；承压水主要赋存于 4 层角砾土中，主要由朱家河及长江补给，由于黏性土充填，水量不大。基岩裂隙水赋存于 5、6 层基岩裂隙中，对本基坑开挖影响较小。

| 层序 | 土名 | 重度γ/（kN/m³） | 抗剪强度指标 | | 弹性模量$E_s$/MPa |
| --- | --- | --- | --- | --- | --- |
| | | | c/kPa | φ/° | |
| ① | 素填土 | 18.0 | 8 | 18 | 2.5 |
| ①ₐ | 淤泥质黏土 | 17.9 | 9 | 4.2 | 2.2 |
| ②₁ | 粉质黏土 | 19.1 | 14 | 7 | 4.0 |
| ②₂ | 粉质黏土 | 19.6 | 23 | 11 | 7.7 |
| ②₃ | 黏土 | 18.3 | 11 | 7 | 3.7 |
| ②₄ | 粉质黏土 | 19.3 | 25 | 12.5 | 7.8 |
| ③ | 黏土 | 20.1 | 38 | 15.5 | 12.0 |
| ③ₐ | 粉质黏土 | 20.1 | 26 | 13 | 8.0 |
| ④ | 角砾土 | 21.5 | 10 | 32 | 20.0 |
| ⑥₁ | 强风化砂砾岩 | 22.0 | 100 | 30 | 48.0 |
| — | 钢筋混凝土支撑 C30 | 25 | — | — | 30000 |
| — | 立柱桩 C30 | 25 | — | — | 30000 |
| — | 钢格构 | 20 | — | — | 25500 |

根据埋藏条件、地下水动力特征，可将地下水类型主要分为上层滞水、孔隙承压水、基岩裂隙水。

上层滞水主要赋存于浅表人工填土层及耕植土中，受大气降水补给，无统一自由水面，水量不大。孔隙承压水主要赋存于中部的粉质黏土、粉土、粉砂互层及圆砾层中，富水性较强，接受地下径流侧向补给，与长江水有一定的水力联系，该承压水的水头高程约为地面下3m。基岩裂隙水赋存于下部粉砂质泥岩的裂隙中，按其埋藏条件属弱承压水，对基坑开挖影响较小。

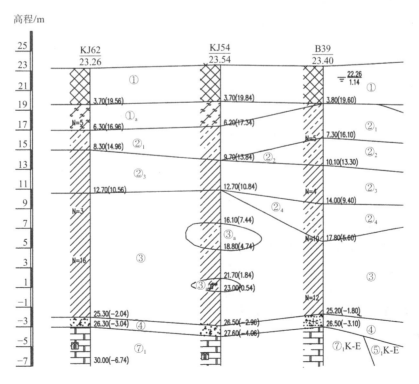

图2 典型地质剖面图

# 3 支护结构设计

## 3.1 设计技术难点

（1）基坑开挖面积较大，开挖深度较深，周边环境复杂，大堤标高比普通整平面高出 3m。如何保证基坑开挖过程中高架和大堤安全是基坑设计考虑的重要问题。

（2）基坑体量大。对施工组织设计提出很高的要求。

（3）工期短。不同的支护方式在工期、造价和施工便利性方面存在很大差异，在满足基坑安全和业主工期及经济性等要求的前提下需合理设置支护体系。

## 3.2 支护方案设计思路

本基坑工程实施过程中，基坑本身及周边环境的安全性是设计与施工的首要目标，在保证安全的前提下必须采用"合理、有效、经济、快捷"的方案体系及技术措施，以控制工程造价、满足工期要求。

因基坑北侧、南侧、东侧环境要求较为宽松，支护形式为常规放坡和悬臂桩支护体系，故本文重点阐述西侧靠近大堤处的支护设计思路。对于两层地下室结构深度的基坑工程，一般有桩锚支护结构、双排桩支护结构、桩撑支护结构三种总体设计方案，结合本项目具体情况进行分析：

（1）桩锚支护结构。悬臂桩＋锚杆是常用的基坑工程施工方法，施工工艺成熟，不占用坑内空间，因本项目位于朱家河大堤旁，考虑到在大堤上钻孔施工在丰水期时存在造成渗流事故的风险，故无法满足安全施工的要求。

（2）双排桩支护结构。双排桩是沿基坑侧壁排列设置的由前、后两排支护桩和梁连接成的刚架及冠梁所组成的支挡式结构，前后排桩的间距一般为 $(2\sim5)d$（$d$ 为桩直径）。本项目中，地下室外墙距离大堤较近，设置双排桩时多数位置已超出到大堤处。同时双排桩结构造价较高，无法满足业主的前期经济预期。

（3）桩撑支护结构。悬臂桩＋混凝土内支撑体系因结构刚度大，基坑变形控制效果好，在诸多基坑项目中得到广泛应用。本项目邻近大堤和高架桥梁，对支护结构的变形提出了相应的要求，桩撑体系的支护做法正好适用于本项目。桩撑支护典型剖面图见图 3。

然而在西侧进行内支撑结构布置时，本项目地下室结构的特殊形式导致出现双角撑结构。双角撑结构受力复杂，容易出现整体基坑支护结构漂移的现象。为避免出现类似情况，提出了双角撑体系在阳角处进行加强设计的方法，即在两角撑相连的阳角处设置桁架杆件进行连接加强整体受力（图 4）。

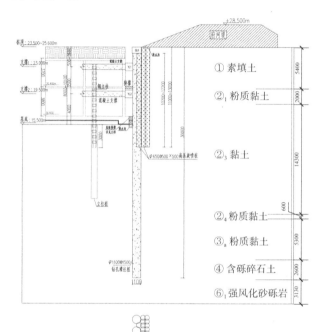

图 3 桩撑支护典型剖面图

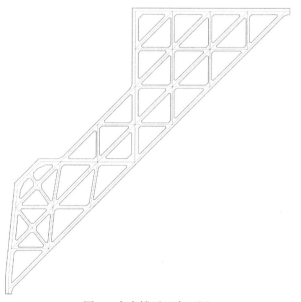

图 4 内支撑平面布置图

# 4 有限元计算分析

## 4.1 有限元模型

为了更好地对双角撑阳角处加强设计结构的效果进行认证研究，采用 Midas 软件建立了有限元模型，对"加强桁架杆件"的加强效果进行三维数值模拟分析。土体采用实体单元模拟，服从修正摩尔库仑屈服原则，支护桩采用等效刚度二维板单元模拟，其他支护杆件结构采用一维结构单元模拟，其中大堤等效为荷载进行模拟，根据基坑工程支护结构的平面布置图，建立起的三维模型简图见图 5。所选剖面为 CX3 监测点所对应位置。土层及支护结构参数见表 1。

图 5　三维模型简图

## 4.2 有限元计算结果分析

采用加强桁架杆件设计时，基坑开挖到底后支护结构桩顶变形见图 6，阳角处最大变形为 41.89mm；当不采用加强桁架杆件设计时，基坑开挖到底后支护解耦股桩顶变形见图 7，阳角处最大变形为 96.85mm；由此可见，双角撑阳角加强桁架杆件有明显的控制基坑变形效果，对该支护结构体系的整体飘移位移特点有显著限制作用。

图 6　采用加强设计时的桩顶位移图

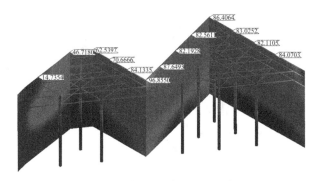

图 7　不采用加强设计时的桩顶位移图

# 5 基坑监测

## 5.1 监测点项目及布设原则

（1）沿基坑周边每隔 20m 设置一处水平和竖向位移监测点，河堤处加强布置。

（2）沿基坑周边每隔 25m，特别是中部、阳角及有代表性的部位设置围护桩深层水平位移监测点。

现场施工图片见图 8。

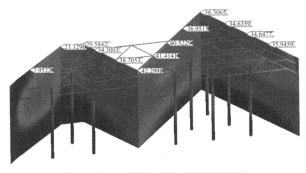

图 8　现场施工图片

## 5.2 监测结果

图 9、图 10 展示基坑开挖至设计基底标高时，桩撑范围区段处支护桩深层水平位移变形值以及河堤处竖向位移变化值。结果表明：桩撑范围区段支护桩深层水平位移最大为 CX3 监测点，最大值为 47.3mm；河堤处竖向位移变化最大为 HD5 监测点，最大值为 9.2mm；由图可知，随着基坑的开挖，桩撑结构在基坑运行过程中，能够较好地控制水平位移。基坑围护结构的水平位移趋势和数值与有限元设计计算中有双角撑加强设计时变形趋势基本一致。基坑水平监测结果虽超出湖北地标规范一级基坑 40mm 的报警值，但整体基坑较为稳定，基坑处于安全状态，对周边大堤和高架桥无负面影响。

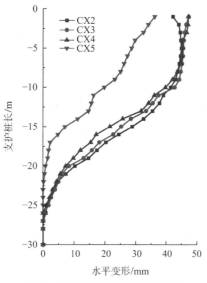

图 9　支护桩水平位移变形值

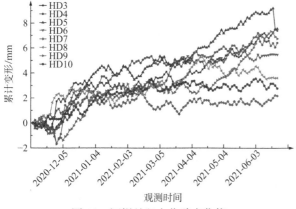

图 10　河堤处竖向位移变化值

## 6　结论

（1）通过对有限元模拟计算的分析及现场实际监测数据的反馈显示，双角撑支护体系中通过在阳角处设置桁架加强连接杆件改变整体受力能明显起到限制双角撑体系整体漂移的作用，减小原结构体系的变形数值，使基坑变形控制在合理范围之内。

（2）本项目是深基坑支护的一个成功范例，双角撑体系阳角处加强设计方法可对类似地质、环境、工程规模条件下的基坑方案设计、施工建设等提供较好的借鉴。

## 参考文献

[1]　湖北省质量技术监督局. 基坑工程技术规程: DB 42/T 159—2012[S].

[2]　牟丽娟. 基坑支护设计方案的优选和应用[D]. 济南: 山东大学, 2009.

[3]　邹洪海. 关于深基坑支护结构设计方案的优选和优化设计探讨[D]. 青岛: 中国海洋大学, 2005.

[4]　李治. Midas/GTS 在岩土工程中应用[J]. 岩土力学, 2013(8): 2413-2413.

# 舟山大陆连岛工程西堠门大桥北塔位老虎山边坡工程实录

王华俊　潘永坚　姚文杰　梁　龙　卿翠贵

（浙江省工程勘察设计院集团有限公司，浙江宁波　315012）

## 1　工程概况

西堠门大桥是舟山大陆连岛工程五座跨海大桥中技术难度最高、施工难度最大的一座特大型跨海桥梁，全长2588m，造价约22亿人民币。其结构形式为主跨1650m的钢箱梁悬索桥。主跨跨径居世界第二、国内第一，同时该桥也是世界第一大跨径钢箱梁悬索桥[1]。西堠门大桥北塔高度约211m，其基础坐落于四面临空、长宽约200m×80m的海中孤立岛礁——老虎山上（图1），其南侧边坡总高超100m（其中水下部分约80m，水上部分约30m）。老虎山边坡承受巨大的桥梁工程荷载，其稳定性对高速公路桥梁安全运营至关重要，是该桥建设的关键技术[2]。

图1　西堠门大桥北塔远景

老虎山边坡面临特殊的海洋环境，海蚀地貌发育、不良地质现象多发，同时还承受桥梁自身巨大上部结构荷载及海中横风荷载的联合作用，并需考虑温降、暴雨、涨退潮、地震等作用的影响，荷载类型多样、设计工况极其复杂，边坡安全等级高、技术要求高，国内外均缺乏相关工程经验可以借鉴。

## 2　场地地质条件简介

### 2.1　地层岩性

工程区地层主要由晚侏罗世九里坪组酸性流纹斑岩和第四纪松散堆积层组成，除山体顶部有少量坡残积层，厚度一般<0.5m，四周边坡主要为裸露基岩，且近海边缘山体以强—中风化为特点。

### 2.2　地形地貌

老虎山山峰海拔高程一般为30m左右，山坡坡度变化较大，南侧山坡较缓，为25°～35°，其余部位边坡较陡，坡度一般在45°～60°。在部分断层及长大裂隙部位，因受海浪冲刷，海蚀地貌较发育，以海蚀崖和海蚀沟（槽）为主，局部见海蚀洞。海蚀崖高一般为5～15m，海蚀沟（槽）一般宽2～5m，长5～15m。从空间分布上看，海蚀沟（槽）一般沿断裂破碎带或长大裂隙发育。根据水域物探成果，本区水下地形自老虎山往南呈逐步降低趋势，边坡部分北陡南缓，标高由0m降至−80m，坡度由29°变为4°，构成水下边坡地貌。

### 2.3　地质构造

野外地质调查及物探成果表明，工程区内主要见四条较大规模的断层，集中发育于老虎山中间鞍部—南侧山体。通过对主塔桥基位置所在山体大量的节理裂隙测量统计可知，主要优势结构面为产状近EW/S∠31°的一组裂隙，可见延伸长度普遍为3～5m，个别延伸长度＞10m，间距10～40cm，裂面一般平直、粗糙，无软弱物质充填，对南侧边坡而言，为典型的顺坡向结构面。断层及顺坡向结构面，在很大程度上控制着山体的岩体结构及其完整性。

获奖项目：全国优秀工程勘察设计行业工程勘察一等奖，浙江省建设工程钱江杯（优秀勘察设计）一等奖，宁波市优秀勘察设计一等奖。

## 2.4 水文地质条件

工程区地下水类型有基岩裂隙水和局部赋存松散堆积层孔隙潜水两大类。基岩裂隙水赋存于流纹斑岩岩体中，接受大气降水下渗补给，由山坡向海中排泄。基岩裂隙水出水量一般很小，多富集于断层破碎带及长大裂隙部位。地下水排泄条件良好，因地形坡度较陡，老虎山山体地下水埋藏较深。

## 3 项目难点

西堠门大桥结构形式为主跨 1650m 的钢箱梁悬索桥，此类重大工程在我国属首次，在国际上也鲜见，建设难度非常大。北塔老虎山边坡是该桥梁建设的重难点之一，其主要技术难点如下：

（1）面对海域岛礁边坡特殊、复杂的地质环境条件，如何对海蚀地貌准确测绘和标识、如何运用综合勘察技术取得准确、可靠的地质参数，并进行准确的地质评价是老虎山边坡勘察的难点。

（2）如何考虑大跨度、高塔柱联合作用，尤其是在浙东地区台风叠加作用下，建立概化地质模型，并在此基础上进行边坡稳定性分析计算，是老虎山边坡稳定性评价及加固设计需要解决的一大难题。

（3）针对老虎山海域岛礁海蚀地貌不良地质现象及荷载工况复杂的特点，如何精准把握其地质特征、准确研判边坡破坏模式，并考虑海岛环境施工条件的客观情况，因地制宜地选取技术先进、经济合理的加固设计方案，对边坡设计提出了极高的要求。

（4）老虎山边坡处于海洋环境中，临海边坡工程的耐久性设计，既是建设期的难点，也是后期运营维护需要解决的重大工程难题。

（5）西堠门水道潮流湍急，在老虎山附近形成强烈的旋涡和急流，使得运营期在役桥梁基础边坡的稳定性检测评价，特别是水下岸坡检测成为管养单位的难点和痛点，而传统方法海底检测作业方法风险大、效率低。故需打破常规，找到合理可靠的水下岸坡检测评价方法是本工程运营期亟需解决的技术难题。

## 4 边坡工程实施情况

针对大跨度、高塔柱桥梁基础荷载作用的海域岛礁边坡工程的技术难题，我公司提供了自建设期（勘察、稳定性专项研究、加固设计）到运营期（在役边坡稳定性检测评价）的全过程岩土工程解决方案（图 2），并形成了一整套完整的关键技术。

（1）建设期（2002年3月—2009年12月）　　（2）运营期（2009年12月至今）

图 2　建设期到运营期的全过程岩土工程解决方案

### 4.1 建设期

建设期（2002 年 3 月—2009 年 12 月）包括老虎山边坡的勘察、稳定性专项研究和加固设计。

1）勘察[①]

针对当前海域岛礁边坡勘察手段单一、原位试验极少、更缺少综合技术方法应用分析的现状，贯彻"由表及里、由点到面、由浅入深"的综合勘察原则，在常规地面调查、地质钻探、室内试验、水下边坡地形测量、地面物探的基础上，实施弹性波测井、跨孔声波 CT、数字钻孔摄像、压水试验、现场大剪试验等多种勘察手段和高新技术方法的联合应用，形成了一套海域岛礁精细化综合勘察技术[3-7]（图 3）。该方法整合了各种先进技术的优点，取长补短、去粗存精，形成各种技术成果的相互印证机制，准确、细致地揭示海域岛礁边坡的地质特征，实现了全方位、多角度的精细化勘察目的。具体新技术如下：

（1）弹性波测井技术。利用地震波及弹性波测井实现了边坡岩土体风化带的定量、精准划分及岩体完整性评价。并针对目前岩石风化程度分级的全国性统一标准对海域岛礁特殊地质环境条件下的地质体进行风化程度分级适用性差的现状，在大量数据统计的基础上，提出了海域岛礁这一特定地质体岩石风化程度分级标准，具有较强的指导意义[8]。

（2）跨孔声波 CT 技术。为探测有无影响边坡整体稳定性的深层断裂存在，有针对性地对该边

---

① 舟山大陆连岛工程西堠门大桥详勘工程地质勘察报告，浙江省工程勘察院，2004.

坡布置了 4 组跨孔声波 CT 探测。探测成果清晰反映了较完整基岩顶板的界限，查明了边坡发育的一条长大裂隙及对边坡岩体质量有较大影响的 F8 断层位置，为深入进行边坡稳定性分析及加固设计提供了有力证据。

（3）数字式全景钻孔摄像技术。通过高精度数字钻孔图像获取钻孔内部的岩芯及结构面信息，精确划分岩体的破碎程度，更直观地观察岩体在无扰动状态下的裂隙发育情况，得到岩体地下三维无扰动状态下的强度指标[4]，有效弥补了单一钻探手段在破碎岩体勘察中的不足，准确确定岩体的工程性能，保证了基础资料的准确性。

（4）钻孔压水试验技术。考虑边坡所处的特殊海洋环境，针对性布置 4 个钻孔进行全孔压水试验，以准确求取边坡岩体渗透系数，为评价边坡岩体渗透特性及边坡岩体与海水的连通情况提供了重要的数据支撑。

（5）原位现场大型剪切试验。边坡工程中岩体结构面抗剪强度参数的选取至关重要，直接影响边坡稳定性评价结果及治理设计方案的选择。为准确获取边坡岩体结构面抗剪强度指标，进行了岩体原位现场大型剪切试验。由于试验剪切面大更接近岩土体原始应力状态，受到系统误差的干扰小，测试结果更接近真实值，更加符合实际工程的技术要求，为准确进行边坡稳定性评价及加固设计提供了准确的岩土力学参数。

(a) 弹性波测井技术　　　　　(b) 跨孔声波 CT 技术　　　　　(c) 数字式全景钻孔摄像技术

(d) 钻孔压水试验技术　　　　(e) 原位现场大型剪切试验

图 3　海域岛礁边坡精细化综合勘察技术

2）稳定性专项研究[①]

（1）分区与分段、整体与局部相结合的边坡稳定性评价理念。由于老虎山边坡地质情况和工程受力状况的复杂性，其边坡应力状态及破坏模式异常复杂。在精准把控老虎山边坡地质特征的基础上，将边坡分区分段、抽丝剥茧、抓住主要矛盾，分析得出左右塔基和边坡岩土体整体滑动、右塔基南侧边坡岩土体局部滑动两种破坏模式，做到整体与局部相结合，奠定了边坡稳定性评价总体思路[9-10]。

（2）提出基于温降、横风及涨落潮影响的桥基边坡稳定性计算方法。通过室内混凝土结构物理模型试验，得出温度极端变化情况下桥梁上部结构传递至桥基部位的温降应力；基于西堠门海域历年台风资料统计数据，通过室内风洞试验得到桥梁横风荷载；基于钻孔压水试验获得的边坡岩土体渗透特性，建立渗透水文地质模型，获得地下水位浸润线，模拟涨落潮及暴雨引起坡体水位抬升；通过弹性桩模型，将工程结构荷载、温降荷载、风荷载等作用转化为边坡岩体受力，采用折线形传递系数法，累计对 5 个计算剖面、14 种计算工况（表 1）、2 种不同破坏模式下的边坡稳定性做了系统的、大量的分析计算[11-12]。提出的计算方法考虑了各种复杂因素的耦合作用，化繁为简、重点突出，实现了复杂工况下的边坡稳定性定量评价。

① 舟山大陆连岛工程西堠门大桥北塔位老虎山边坡稳定性研究（详勘阶段），浙江省工程勘察院，2004.

老虎山边坡计算工况　　表1

| 序号 | 计算工况 |
|---|---|
| 1 | 场地整平 |
| 2 | 钻孔成桩 |
| 3 | 桩基成孔 |
| 4 | 恒载＋活载 |
| 5 | 恒载＋活载＋温降＋顺桥向风载 |
| 6 | 恒载＋活载＋温降＋横桥向风载 |
| 7 | 恒载＋活载＋温升＋横桥向风 |
| 8 | 恒载＋顺桥向风载（1/100） |
| 9 | 恒载＋横桥向风载（1/100） |
| 10 | 恒载＋地震：纵向＋竖向输入（100年3%） |
| 11 | 恒载＋地震：横向＋竖向输入（100年3%） |
| 12 | 恒载＋横桥向风载（1/100）＋暴雨 |
| 13 | 恒载＋横桥向风载（1/100）＋退潮 |
| 14 | 恒载＋横桥向风载（1/100）＋暴雨＋退潮 |

（3）三维有限元数值模拟技术。在查清边界条件、确定岩土参数，并考虑数条具有控制作用的规模较大断裂构造的基础上，建立概化地质模型[12]，力求在模型简洁的同时最大限度地与实际情况一致。运用三维有限元数值模拟技术，得到可视化交互的三维计算模型，模拟分析了天然边坡及不同建设阶段及工程荷载下桥梁地基应力、应变场和位移场特征，实现了边坡变形破坏模式的分析与预测。

（4）多种分析评价方法的综合应用。本项目采用图解法、三维数值模拟及折线形滑面的传递系数法对边坡稳定性进行综合分析评价（图4），并相互校核，综合判断边坡稳定状态，准确研判老虎山体地质薄弱部位，并提出了针对性加固建议。

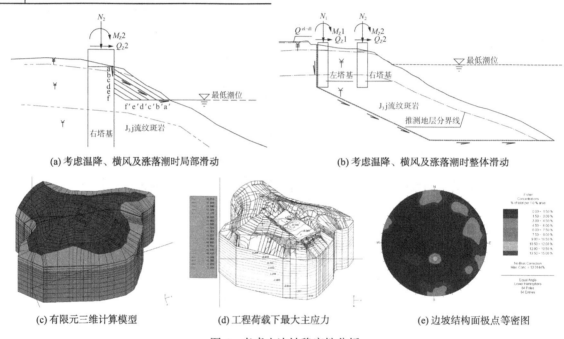

(a) 考虑温降、横风及涨落潮时局部滑动　　(b) 考虑温降、横风及涨落潮时整体滑动

(c) 有限元三维计算模型　　(d) 工程荷载下最大主应力　　(e) 边坡结构面极点等密图

图4　老虎山边坡稳定性分析

3）加固设计①

（1）因地制宜、重点突出的分区设计理念。根据边坡地形地质特征、工程荷载影响等因素对全边坡进行分区治理设计。靠近桥梁基础的南侧边坡，因承受桥梁基础塔柱传递的荷载作用且有顺层结构面发育，将其作为重点区块进行加固设计；其余区块考虑消纳部分塔基开挖块石，作为常规边坡进行支挡设计[13]。达到了因地制宜、合理布局的治理效果。

（2）设计方案精细化对比分析。针对边坡情况，在方案初选的基础上，选择了两套方案进行了详细对比分析，从技术可行性、经济性、治理效果等多方面、全方位对比分析论证，确定了技术先进、经济合理的边坡加固最优化方案，即重点区块边坡采用"清坡＋压力分散型锚索＋框架梁"进行加固，其余区块边坡采用"分级钢筋混凝土挡墙＋块石回填"进行支挡防护。

（3）临海环境边坡工程防腐新材料的创新应用。针对临海边坡工程特殊的海洋环境，进行专项防腐设计，开创性地将聚合物混凝土、耐腐蚀钢

① 舟山大陆连岛工程西堠门大桥北塔位老虎山边坡加固工程施工图设计，浙江省工程勘察院，2006.

筋、聚丙烯酸酯乳液水泥砂浆、钢筋阻锈剂等新材料应用于本工程（图5），解决了临海工程氯离子钢筋混凝土结构耐久性问题，对今后类似的临海边坡工程具有极强的指导意义。

(a) 聚合物混凝土　　　　　　　　　　(b) 环氧涂层钢筋

图 5　临海环境边坡工程防腐新材料的创新应用

## 4.2　运营期①

运营期（2009年12月至今）包括在役边坡稳定性检测评价，分常规检测（2014年）和专项检测（2018年）。专项检测创新点和创新成果如下：

（1）全新的水下岸坡检测方法。西堠门水道水深流急、流态复杂，在老虎山附近形成强烈的旋涡和急流。水下岸坡检测突破常规手段，摒弃传统方法，开创性地将多波束测深技术应用于水下岸坡坡面检测，获得了西堠门大桥桥梁基础水下岸坡坡面的翔实数据，生成水下地形地貌三维点云模型（图6），快速、直观反映出水下岸坡的形态、坡度、地势起伏、细部地形特征等信息，判断是否存在冲刷、掏蚀等不利现象，进而实现了对桥梁基础水下岸坡的安全检测[14]。该技术的应用弥补了常规水下检测方法的不足，成果全面、真实、可靠，提高了检测效率，且对检测人员的安全有着极大的保障。经检索发现，将该技术应用于水下岸坡稳定性检测领域属首创，为水下岸坡准确的检测分析提供了一种全新的技术方法。

（2）复杂因素影响下的在役海岸边坡技术状况评价。提出了基于模糊数学思想的模糊综合评价方法。通过大量的工程实践经验，梳理出影响老虎山边坡技术状况的主要因素及其界限值，包括4类因素及14项因子，引用模糊数学方法，确定主要影响评价指标及其权重，提出二级模糊综合评判模型。通过对各项指标的标准化处理及二级矩阵运算，得出边坡的技术状况隶属度，从而对其技术状况进行综合识别和判断[15]。并根据边坡技术状况类别结合边坡实际情况，提出相应的防控措施，为管养单位做出合理的边坡养护决策提供重要技术支撑。

（3）多层次融合下的海岸边坡侵蚀研究。通过对海岸侵蚀现场深入调查，重点对边坡薄弱部位，即局部挡墙冲刷、掏蚀区域进行了专项的海岸侵蚀研究，定量计算分析了海岸侵蚀的形成过程及发展趋势：①采用防波块体防护层破坏理论对墙脚块石及混凝土块搬运过程进行了分析计算；②采用硬质海岸侵蚀理论对挡墙墙面及基岩岸坡的侵蚀速率进行了分析计算；③采用结构力学原理对混凝土面层破坏进行了计算；④最后对墙面侵蚀及挡墙结构破坏的发展趋势进行预测。

(a) 多波束水下探测作业　　　　　　　(b) 多波束测深三维点云模型

图 6　海域岛礁在役边坡稳定性专项检测评价

① 2018 年西堠门大桥北塔老虎山边坡稳定性检测评价，浙江省工程勘察院，2019.

## 5 工程成果与效益

（1）本工程海域岛礁边坡精细化综合勘察技术的应用，为桥梁建设及老虎山边坡加固防护工程提供了准确可靠的地质参数，优化了工程布局，节约了投资，经济效益显著。

（2）建立在精细化勘察基础上的边坡稳定性专项研究，精准分析研判边坡破坏模式，并通过大量计算分析，找寻关键地质薄弱部位，提出针对性的边坡加固建议，使后期老虎山边坡加固设计有的放矢。

（3）在设计方案精细化对比分析的基础上，充分考虑了场地条件，因地制宜、合理布局，确定了经济合理的最优化边坡加固治理方案，技术经济指标突出。

（4）边坡运营期间，通过对在役老虎山边坡的稳定性检测评价，为管养单位做出科学合理的边坡养护决策提供了技术支撑，使主管部门养护资金的投入更有针对性，具有良好的社会效益和经济效益。

（5）本项目从老虎山边坡所处特殊海洋环境、工况极其复杂的实情出发，解决了诸多工程技术难题，形成了一整套关键技术，提供了自建设期至运营期的全过程岩土工程解决方案。目前，老虎山边坡工程已完工十余年，通过运营期的边坡稳定性检测评价显示该边坡目前处于整体稳定状态，边坡加固防护结构工作状态良好。关于海域岛礁边坡勘察、设计、检测等的相关工程经验具有较好的参考价值，为今后类似工程提供了解决途径。

（6）以本项目遇到的技术难题为重点攻关方向，出版专著1部[3]，发表学术论文13篇[4-16]，获国家专利及软件著作权10项，取得了重大的技术突破和科技创新。

图 7 　老虎山边坡全貌

## 参考文献

[1] 宋晖, 王晓冬. 舟山大陆连岛工程西堠门大桥总体设计[J]. 公路, 2009(1): 8-16.

[2] 宋晖, 孟凡超. 舟山西堠门大桥关键技术介绍[J]. 公路, 2009(5): 81-91.

[3] 潘永坚, 蒋建良, 吴炳华. 海域岛礁桥梁地基精细化综合勘察技术[M]. 北京: 人民交通出版社, 2010.

[4] 潘永坚, 吴炳华, 梁龙, 等. 海域岛礁地基岩体不良地质现象及精细化勘察[J]. 地质灾害与环境保护, 2010, 21(1): 73-78.

[5] 梁龙, 潘永坚, 王武刚, 等. 西堠门大桥北塔位岩体深部裂隙发育特征的综合勘察技术[J]. 中国工程科学, 2010, 12(7): 28-32.

[6] 朱杰兵, 卢桂臣, 曾平, 等. 舟山西堠门跨海大桥基岩工程地质研究[J]. 人民长江, 2005(4): 25-27.

[7] 潘永坚, 朱章通. 岛礁海域工程勘察施工难点和对策[J]. 探矿工程(岩土钻掘工程), 2009, 36(9): 11-14.

[8] 吴炳华, 潘永坚, 施峰, 等. 弹性波测井在海域岛礁工程勘察评价中的应用[J]. 四川水力发电, 2009, 28(6): 87-90.

[9] 潘永坚. 舟山大陆连岛工程西堠门大桥北塔位天然岩质边坡的稳定性[J]. 山地学报, 2004(4): 467-471.

[10] 潘永坚. 某跨海大桥主塔位工程边坡稳定性研究[J]. 工程地质学报, 2004(4): 380-384.

[11] 蒋建良, 潘永坚, 崔锦梅, 等. 重大工程勘察与实践[J]. 工程勘察, 2009(S2): 160-167.

[12] 胡卸文, 朱海勇, 吕小平, 等. 大跨度高塔柱桥基边坡稳定性研究[J]. 岩石力学与工程学报, 2007(S1): 3177-3182.

[13] 王武刚, 卢桂臣, 潘永坚, 等. 舟山大陆连岛工程老虎山局部边坡稳定性及加固处理[J]. 地质灾害与环境保护, 2006(1): 82-85.

[14] 姚文杰, 王华俊, 马玉全. 多波束测深系统在跨海大桥桥梁基础水下岸坡稳定性检测中的应用[J]. 土工基础, 2020, 34(6): 750-752, 756.

[15] 姚文杰, 王华俊, 卿翠贵, 等. 西堠门大桥桥梁基础海岸边坡稳定性检测评价研究[J]. 路基工程, 2021(2): 205-210.

[16] 王振红, 潘永坚, 潘国富, 等. 舟山—岱山间西部海域第四纪海底沉积物物理力学指标统计分析[J]. 海洋通报, 2011, 30(5): 557-561.

# 贵州贵阳茅台广场项目基坑支护施工图设计实录

白文胜　徐耘野　王子红　李　扬　曹彦彬

王　勇　胡鼎培　涂剑锋　游应峰

（贵州省建筑设计研究院有限责任公司，贵州贵阳　550081）

## 1　工程概况

"茅台广场项目"位于贵州省贵阳市观山湖区长岭南路与观山东路交叉口西南侧，总用地面积 123420.88m²，总建筑面积 632449.61m²，地上建筑包含 359m（79 层）高的茅台樽大厦、酒文化博物馆、高端体验型商业以及 7 栋 39～45 层超高层景观住宅，地下建筑为 4 层地下车库。

项目场平开挖后，基坑四周形成了长度为 1615m 的基坑，坡段编号为 A～P，坡高 8～23m，含岩质顺向、切向、逆向边坡，土质边坡，岩土混合边坡多种类型；场地位于观山湖核心区，其水文地质条件、地质环境复杂，基坑失稳破坏后果很严重，属一级超深基坑工程，支护结构的安全等级为一级。

本基坑工程通过精细化支护设计、施工后，于 2020 年 12 月 9 日完工并验收合格后投入使用，后于 2021 年 4 月陆续回填，据贵阳市建设工程质量检测信息监管服务平台出具 2020 年 6 月—2022 年 4 月的监测成果，基坑开挖至回填，18 个月内基坑围护结构顶部水平位移、竖向位移，周边地表竖向位移均未达到预警值，基坑工程安全、稳定。

## 2　岩土工程条件

根据贵州省区域大地构造分区图及域地质资料，拟建场区区域属于扬子准地台黔北台隆遵义断拱贵阳复杂构造变形区。场地位于阳关背斜西翼，单斜构造。场区内出露岩石为三叠系中统松子坎组第一、二段（$T_{sz}^{1+2}$）薄至中厚层泥质白云岩，夹泥岩、泥质灰岩、灰岩，实测岩层产状 100°∠23°，层间泥化软弱夹层发育。受区域构造应力影响，场地基岩发育有两组节理较发育，以闭合隐节理为主，贯通性多较差，结构面结合差——一般，节理裂隙张开度 1～3mm，表面粗糙，一般无充填或泥质胶结。其中，第一组节理产状为 J1 产状 160°∠78°，节理密度为 2～3 条/m；第二组节理产状为 J2 产状 278°∠84°，节理密度为 1～3 条/m。根据场地已揭露基岩情况，场地岩溶发育，并存在较多软弱夹层。

拟建场地区域地质构造稳定，场地内岩体构造及风化节理裂隙发育，以浅部风化节理为主，发育规模小，构造节理较少，以闭合隐节理为主，贯通性较差，结构面结合一般。根据高密度电阻率法勘探实验及场地地表水水源出露情况，发现场区中部发育有裂隙破碎带，该破碎带近似呈南北向分布。除了岩体中的节理裂隙外，尚有溶蚀裂隙、沟槽、溶洞、石芽等岩溶形态发育。在地质构造上无其他可危害场地稳定性的不良地质现象。

根据拟建项目勘察报告及现场实际开挖情况，场地上覆土层为耕植土、红黏土、素填土，上覆层厚度为 0.5～18.2m。其中，素填土（$Q_4^{ml}$）厚度为 0.5～2.5m，平均厚度 1.2m；耕植土（$Q_4^{pd}$）厚度为 0.5～0.8m，平均厚度 0.6m；可塑红黏土（$Q_4^{el+dl}$）厚度在 1.2～9.7m 之间，平均厚度 5.08m。下伏基岩为三叠系中统松子坎组第一、二段（$T_{sz}^{1+2}$）薄至中厚层泥质白云岩，夹泥岩、泥质灰岩、灰岩，灰白色，灰—深灰色，灰黑色，泥晶结构，节理裂隙较发育，岩体较破碎，岩芯呈砂状、碎块状、块状及短柱状。以较破碎中风化为主，表层发育少量破碎中风化岩体及溶沟（槽、洞）。

各段边坡坡体基本特征见表 1。

获奖项目：2022 年贵州省优秀工程勘察设计奖二等奖。

各段边坡坡体基本特征　　　　　　表1

| 坡段 | 边坡最大高度/m | 边坡岩土构成情况 |
|---|---|---|
| A-B | 21.25 | 切向岩质边坡 |
| B-C | 23.28 | 切向岩质边坡为主，局部坡段上部为素填土（0～3.3m） |
| C-D | 16.45 | 逆向岩质边坡为主，局部坡段上部为素填土（1.2～3.3m） |
| D-E | 9.95 | 逆向岩质边坡为主，局部坡段上部为素填土（0～3.0m）、红黏土（0～6.0m） |
| E-F | 12.25 | 逆向岩质边坡为主，局部坡段上部为素填土（0～3.0m）、红黏土（0～6.5m） |
| F-G | 19.35 | 切向岩质边坡为主，局部坡段上部为素填土（0～3.2m） |
| G-H | 21.94 | 切向岩质边坡为主，局部坡段上部为素填土（0～15.1m）、红黏土（0～3.3m） |
| H-I | 20.37 | 顺向岩质边坡为主，局部坡段上部为红黏土（1.4～7.2m） |
| I-J | 12.65 | 岩土混合边坡，上部素填土（0～9.0m）、红黏土（0～8.0m），下部切向岩质边坡 |
| J-K | 18.33 | 岩土混合边坡，上部素填土（1.4～4.1m）、红黏土（0～5.1m），下部切向岩质边坡 |
| K-L | 15.10 | 岩土混合边坡，上部素填土（1.3～3.0m）、红黏土（0～7.0m），下部顺向岩质边坡 |
| L-M | 16.65 | 切向岩质边坡为主，局部坡段上部为素填土（0～3.0m）、红黏土（0～3.7m） |
| M-N | 16.65 | 切向岩质边坡为主，局部坡段上部为红黏土（0～3.2m） |
| N-O | 16.95 | 顺向岩质边坡为主，局部坡段上部为红黏土（0～3.8m） |
| O-P | 16.95 | 切向岩质边坡为主，局部坡段上部为素填土（0～3.6m）、红黏土（0～2.5m） |
| P-A | 17.25 | 顺向岩质边坡 |

## 3　岩土工程分析与评价

工程区基坑边坡以岩质边坡为主，局部坡段上部含素填土、可塑红黏土；其中素填土土层工程性质差，自稳性差，红黏土还具有一定的膨胀性，遇水后黏聚力会大大降低，边坡易产生滑坡；岩质边坡部分岩层倾角较陡，坡脚、坡顶均为拟建物，局部坡顶汇水面积大，雨水易聚集在坡顶低洼部分，对坡面形成冲刷，极易造成坡体失稳。

根据类似工程经验，本场地边坡主要不稳定部分为土质边坡部分、岩质顺向坡部分。其中，土质边坡部分主要沿土层内部滑动，断面上属圆弧型滑动模式；岩质边坡部分主要沿外倾结构面及优势节理面滑动，断面上属直线型滑动模式。

根据拟建项目勘察报告，结合工程场区的工程经验及相关规范的经验取值[1]，工程区边坡岩土体设计参数见表2。

工程区边坡岩土体设计参数　　表2

| 岩土名称 | $\gamma/$（kN/m³） | $c$/kPa | $\varphi/°$ | $f_{rbk}$/kPa | $f_a$/kPa |
|---|---|---|---|---|---|
| 素填土 | 18 | 5 | 15 | 30 | — |
| 可塑红黏土 | 17.4 | 28 | 7.5 | 50 | 150 |

续表

| 岩土名称 | $\gamma/$（kN/m³） | $c$/kPa | $\varphi/°$ | $f_{rbk}$/kPa | $f_a$/kPa |
|---|---|---|---|---|---|
| 中风化基岩 | 26.2 | 130 | 34 | 1200 | 2000 |
| 软弱结构面 | — | 23 | 12 | — | — |
| 节理面 | — | 50 | 18 | — | — |

注：中风化基岩等效内摩擦角，逆向坡为55°，顺向坡为45°，切向坡为52°。

参照国家强制性规范、规程的规定，本基坑边坡支护可采用了以下切实可行的方案：

（1）根据边坡的岩土特征、构造特征以及基坑周边环境特征，为减小基坑开挖支护范围以及考虑到后期基坑回填质量、进度等控制，本次支护设计采用"坡率法＋桩锚体系（抗滑桩）＋岩质坡面素喷/土质坡面挂网喷浆"进行支护。

（2）考虑经济、安全并重的原则，各段坡体根据结构特点采取不同支护结构形式。

（3）采用包罗性设计，各段边坡选取具有代表性的最危险的断面，采用进行"理正岩土计算6.5"软件进行稳定性分析（岩质边坡采用直线滑动法，土质边坡采用圆弧滑动法）。根据工程区边坡特征，各段挖方边坡按照如下开挖方式进行稳定性分析：采用坡率法处理的边坡段按照设计坡率进行放坡开挖；采用抗滑桩的边坡段按照垂直开挖。工程区边坡稳定性分析结果见表3。

工程区边坡稳定性分析结果        表3

| 边坡坡段 | 边坡最大高度/m | 外倾结构面 | 计算方法 | 稳定性系数$F_s$ | 评价意见 |
|---|---|---|---|---|---|
| A-B | 21.25 | 切向坡<br>J1 节理 | 直线滑动法 | 1.988 | 稳定 |
| B-B1 | 23.28 | | 直线滑动法 | 1.881 | 稳定 |
| B1-C | 16.00 | | 圆弧滑动法（土） | 1.457 | 稳定 |
| | | | 直线滑动法（岩） | 1.773 | 稳定 |
| C-D | 16.45 | | 直线滑动法 | 2.345 | 稳定 |
| D-E | 9.95 | 逆向坡<br>J2 节理 | 直线滑动法 | 3.214 | 稳定 |
| E-F | 12.25 | | 直线滑动法 | 2.293 | 稳定 |
| F-G1 | 19.35 | 切向坡<br>无 | 直线滑动法 | 1.908 | 稳定 |
| G1-G2 | 20.38 | | 直线滑动法 | 1.484 | 稳定 |
| G2-G3 | 21.98 | | 圆弧滑动法（土） | 0.904 | 不稳定 |
| | | | 直线滑动法（岩） | 1.221 | 基本稳定 |
| G3-G5 | 18.03 | | 圆弧滑动法（土） | 1.088 | 基本稳定 |
| | | | 直线滑动法（岩） | 1.315 | 稳定 |
| G5-H | 19.35 | | 圆弧滑动法（土） | 5.933 | 稳定 |
| | | | 直线滑动法（岩） | 1.773 | 稳定 |
| H-H1 | 20.37 | 顺向坡<br>层面 | 直线滑动法 | 0.820 | 不稳定 |
| H1-I | 17.59 | | 圆弧滑动法（土） | 1.398 | 稳定 |
| | | | 直线滑动法（岩） | 0.861 | 不稳定 |
| I-I1 | 12.65 | 切向坡<br>无 | 圆弧滑动法（土） | 0.745 | 不稳定 |
| | | | 直线滑动法（岩） | 2.174 | 稳定 |
| I1-J | 8.00 | | 直线滑动法 | 3.008 | 稳定 |
| J-K | 18.33 | 切向坡<br>J1 节理 | 圆弧滑动法（土） | 2.162 | 稳定 |
| | | | 直线滑动法（岩） | 1.975 | 稳定 |
| K-L | 15.10 | 顺向坡<br>层面 | 圆弧滑动法（土） | 1.416 | 稳定 |
| | | | 直线滑动法（岩） | 1.006 | 欠稳定 |
| L-M | 16.65 | 切向坡<br>无 | 圆弧滑动法（土） | 8.397 | 稳定 |
| | | | 直线滑动法（岩） | 1.945 | 稳定 |
| M-M1 | 16.65 | | 直线滑动法 | 2.059 | 稳定 |
| M1-N | 14.93 | | 直线滑动法 | 2.510 | 稳定 |
| O-P | 16.95 | | 直线滑动法 | 1.947 | 稳定 |
| N-O | 16.95 | 顺向坡/层面 | 直线滑动法 | 0.920 | 不稳定 |
| P-A | 17.25 | | 直线滑动法 | 0.868 | 不稳定 |

## 4 方案的分析论证

根据工程区各段边坡稳定性分析的结果，基

坑边坡开挖后处于不稳定—欠稳定—基本稳定—稳定状态。对处于不稳定—欠稳定—基本稳定状态的边坡，按照相关规范的规定采用隐式解采用其剩余下滑力；同时对所有边坡根据《建筑边坡工程技术规范》GB 50330—2013 第6.2.3条及第6.3.3条计算其岩土侧向压力。各段边坡的剩余下滑力及侧向岩土压力计算结果见表4。

其中对顺向边坡段，由于长度较短，可视为顺层边坡只进行局部开挖，未开挖的两端形成支点，开挖段滑动受斜向成拱限制，根据相关规范确定顺层滑动范围及滑动长度，从而优化顺向边坡的剩余下滑力计算[2]。

各段边坡的剩余下滑力及侧向岩土压力计算结果　　　　表4

| 边坡坡段 | 稳定性系数$F_s$ | 评价意见 | 剩余下滑力/（kN/m） | 侧向岩土压力/（kN/m） |
|---|---|---|---|---|
| A-B | 1.988 | 稳定 | 0 | 317.61 |
| B-B1 | 1.881 | 稳定 | 0 | 362.00 |
| B1-C | 1.457（土） | 稳定 | | |
| | 1.773（岩） | 稳定 | | |
| C-D | 2.345 | 稳定 | 0 | 245.71 |
| D-E | 3.214 | 稳定 | 0 | 73.44 |
| E-F | 2.293 | 稳定 | 0 | 188.20 |
| F-G1 | 1.908 | 稳定 | 0 | 317.61 |
| G1-G2 | 1.484 | 稳定 | 0 | 597.55 |
| G2-G3 | 0.904（土） | 不稳定 | 124.32 | 137.09 |
| | 1.221（岩） | 基本稳定 | 257.57 | 544.92 |
| G3-G5 | 1.088（土） | 基本稳定 | 72.40 | 96.61 |
| | 1.315（岩） | 稳定 | 0 | 366.59 |
| G5-H | 5.933（土） | 稳定 | 0 | 0 |
| | 1.773（岩） | 稳定 | 0 | 317.61 |
| H-H1（顺） | 0.820 | 不稳定 | 1766.64 | 1195.83 |
| H1-I（顺） | 1.398（土） | 稳定 | 0 | 0 |
| | 0.861（岩） | 不稳定 | 606.96 | 380.54 |
| I-I1 | 0.745（土） | 不稳定 | 138.11 | 142.993 |
| | 2.174（岩） | 稳定 | 0 | 124.634 |
| I1-J | 3.008 | 稳定 | 0 | 135.47 |
| J-K | 2.162（土） | 稳定 | 0 | 0 |
| | 1.975（岩） | 稳定 | 0 | 176.214 |
| K-L（顺） | 1.416（土） | 稳定 | 0 | 0 |
| | 1.006（岩） | 欠稳定 | 344.70 | 290.59 |
| L-M | 8.397（土） | 稳定 | 0 | 0 |
| | 1.945（岩） | 稳定 | 0 | 428.96 |
| M-M1 | 2.059 | 稳定 | 0 | 336.86 |
| M1-N | 2.510 | 稳定 | 0 | 231.93 |
| N-O（顺） | 0.920 | 不稳定 | 889.35 | 589.76 |
| O-P | 1.947 | 稳定 | 0 | 344.99 |
| P-A（顺） | 0.868 | 不稳定 | 1190.64 | 782.208 |

由计算结果可知,顺向边坡段(H-I、K-L、N-O、P-A)剩余下滑力大于侧向岩土压力,其余边坡段侧向岩土压力大于剩余下滑力。基坑支护设计时取剩余下滑力与侧向岩土压力两者中的较大值进行计算。

采用"理正岩土计算 6.5"软件及"理正深基坑 7.0"软件进行支护结构设计计算。其中对桩锚体系计算时,考虑到本基坑周边环境比较复杂,基坑边坡高度较高,因此桩身配筋计算时未考虑对锚索施加预应力的影响,即锚索完全失效后,靠抗滑桩本身亦能保证基坑边坡不会产生大面积的失稳破坏。各段边坡支护结构参数见表 5。

**各段边坡支护结构参数**[3]  表 5

| 边坡坡段 | 最大高度/m | 支护参数 |
|---|---|---|
| A-B | 21.25 | 桩顶以上至室外地坪标高以下坡体按坡率 1:1 放坡;下部采用圆形抗滑桩,桩径 1.2m,间距 3.0m;桩顶下 1.5m 设置 1 排锚索(5$\phi_s$15.2 钢绞线) |
| B-C | 23.28 | 桩顶以上至室外地坪标高以下坡体按坡率 1:1 放坡;下部采用圆形抗滑桩,桩径 1.2m,间距 3.0m;桩顶下 1.5m 设置 2 排锚索(5$\phi_s$15.2 钢绞线),锚索间距 2m |
| C-D | 16.45 | 桩顶以上至室外地坪标高以下坡体按坡率 1:1 放坡;下部采用圆形抗滑桩,桩径 1.2m,间距 3.0m;桩顶下 1.5m 设置 1 排锚索(5$\phi_s$15.2 钢绞线) |
| D-E | 9.95 | 桩顶以上至室外地坪标高以下坡体按坡率 1:1 放坡;下部采用圆形抗滑桩,桩径 1.0m,间距 2.5m |
| E-F | 12.25 | 桩顶以上至室外地坪标高以下坡体按坡率 1:1 放坡;下部采用圆形抗滑桩,桩径 1.2m,间距 2.5m |
| F-G-G1 | 19.35 | 桩顶以上至室外地坪标高以下坡体按坡率 1:1 放坡;下部采用圆形抗滑桩,桩径 1.2m,间距 3.0m;桩顶下 1.5m 设置 1 排锚索(5$\phi_s$15.2 钢绞线) |
| G1-G2 | 20.38 | 桩顶以上至室外地坪标高以下坡体按坡率 1:1~1:2.5 过渡放坡;下部采用圆形抗滑桩,桩径 1.2m,间距 3.0m;桩顶下 1.5m 设置 2~3 排锚索(6$\phi_s$15.2 钢绞线),锚索间距 2m |
| G2-G3 | 21.98 | 桩顶以上至室外地坪标高以下坡体按坡率 1:2.5 放坡;下部采用圆形抗滑桩,桩径 1.5m,间距 3.5m;桩顶下 1.5m 设置 3 排锚索(6$\phi_s$15.2 钢绞线),锚索间距 2m |
| G3-G4 | 17.98 | 桩顶以上至室外地坪标高以下坡体按坡率 1:2.5 放坡;下部采用圆形抗滑桩,桩径 1.2m,间距 3.0m;桩顶下 1.5m 设置 3 排锚索(5$\phi_s$15.2 钢绞线),锚索间距 2m |
| G4-G5 | 18.03 | 桩顶以上至室外地坪标高以下坡体按坡率 1:1~1:2.5 过渡放坡;下部采用圆形抗滑桩,桩径 1.2m,间距 3.0m;桩顶下 1.5m 设置 2 排锚索(5$\phi_s$15.2),锚索间距 2m |
| G5-H | 19.35 | 桩顶以上至室外地坪标高以下坡体按坡率 1:1 放坡;下部采用圆形抗滑桩,桩径 1.2m,间距 3.0m;桩顶下 1.5m 设置 1 排锚索(5$\phi_s$15.2 钢绞线) |
| H-H1 | 20.37 | 桩顶以上至室外地坪标高以下坡体按坡率 1:1 放坡;下部采用矩形抗滑桩,尺寸 2.0m×3.0m,间距 4.0m;桩顶下 1.5m 设置 4 排锚索(14$\phi_s$15.2 钢绞线),锚索间距 2m |
| H1-I | 17.59 | 桩顶以上至室外地坪标高以下坡体按坡率 1:1 放坡;下部采用矩形抗滑桩,尺寸 1.5m×2.0m,间距 4.0m;桩顶下 1.5m 设置 2 排锚索(9$\phi_s$15.2 钢绞线),锚索间距 2m |
| I-J | 12.65 | 桩顶以上至室外地坪标高以下坡体按坡率 1:1.5 放坡;下部采用圆形抗滑桩,桩径 1.2m,间距 2.5m |
| J-K | 18.33 | 桩顶以上至室外地坪标高以下坡体按坡率 1:1.5 放坡;下部采用圆形抗滑桩,桩径 1.2m,间距 2.5m |
| K-L | 15.10 | 桩顶以上至室外地坪标高以下坡体按坡率 1:1.5 放坡;下部采用圆形抗滑桩,桩径 1.2m,间距 3.0m;桩顶下 1.5m 设置 2 排锚索(6$\phi_s$15.2 钢绞线),锚索间距 2m |
| L-M | 16.65 | 桩顶以上至室外地坪标高以下坡体按坡率 1:1 放坡;下部采用圆形抗滑桩,桩径 1.2m,间距 3.0m;桩顶下 1.5m 设置 3 排锚索(6$\phi_s$15.2 钢绞线),锚索间距 2m |
| M-M1 | 16.65 | 桩顶以上至室外地坪标高以下坡体按坡率 1:1 放坡;下部采用圆形抗滑桩,桩径 1.2m,间距 2.5m;桩顶下 1.5m 设置 2 排锚索(4$\phi_s$15.2 钢绞线),锚索间距 2m |
| M1-N | 14.93 | 桩顶以上至室外地坪标高以下坡体按坡率 1:1 放坡;下部采用圆形抗滑桩,桩径 1.2m,间距 2.5m |
| N-O | 16.95 | 桩顶以上至室外地坪标高以下坡体按坡率 1:1 放坡;下部采用矩形抗滑桩,桩身尺寸为 2.0m×2.5m,间距 4.0m |
| O-P | 16.95 | 桩顶以上至室外地坪标高以下坡体按坡率 1:1 放坡;下部采用圆形抗滑桩,桩径 1.2m,间距 3.0m;桩顶下 1.5m 设置 2 排锚索(5$\phi_s$15.2 钢绞线),锚索间距 2m |
| P-A | 17.25 | 桩顶以上至室外地坪标高以下坡体按坡率 1:1 放坡;下部采用矩形抗滑桩,尺寸 2.0m×2.5m,间距 4.0m;桩顶下 1.5m 设置 4 排锚索(14$\phi_s$15.2 钢绞线),锚索间距 2m |

抗滑桩桩顶以上放坡部分均为稳定边坡，采用素喷方式进行坡面封闭；抗滑桩的桩间岩土体考虑土拱效应理论[4-8]，对桩间坡体岩质部分采用素喷封闭，土质部分采用挂网喷浆封闭；坡顶、坡面、坡脚设置截排水沟、泄水孔等截排水措施。支护结构设计典型断面见图1～图4。

上述支护方案经内部专家会及省专家库专家论证后，认为该支护方案安全性、适用性、合理性、可行性、经济性，均能满足要求。

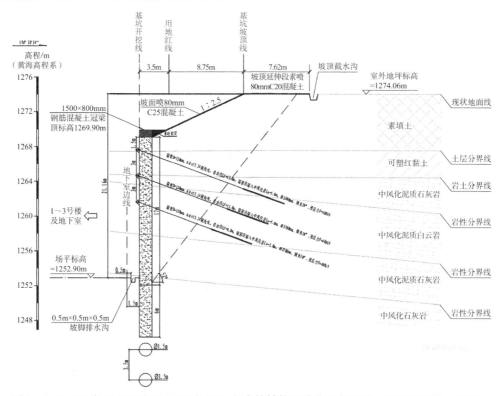

图1　A-B-C-D段/F-G-H段/L-M-N段/O-P段支护结构设计典型断面图：圆形抗滑桩＋锚索

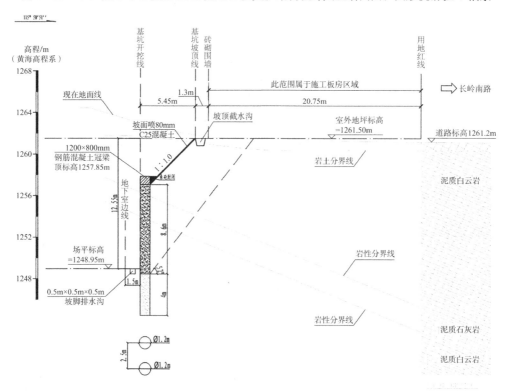

图2　D-E-F段/I-J-K段支护结构设计典型断面图：圆形抗滑桩

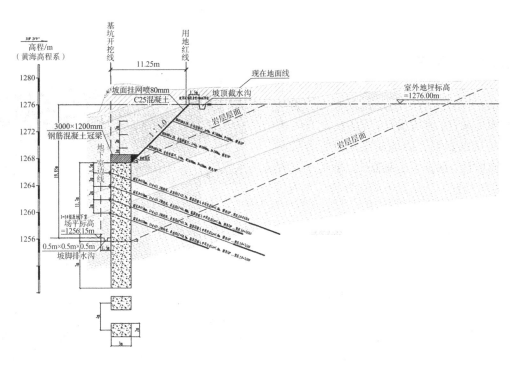

图3 H-I段/N-O段/P-A段（顺向岩质边坡）支护结构设计典型断面图：矩形抗滑桩＋锚索

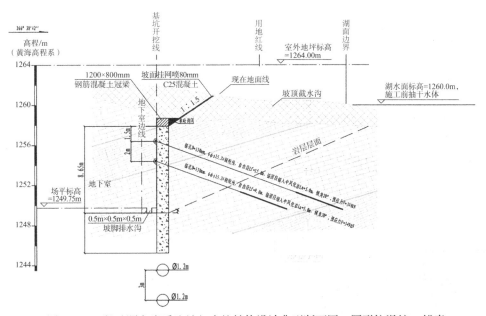

图4 K-L段（顺向岩质边坡）支护结构设计典型断面图：圆形抗滑桩＋锚索

## 5 方案的实施、过程监测及竣工

本方案的施工图设计送设计质量监督站审查通过后，组织参建各单位进行了图纸会审答疑及技术交底，基坑从2020年06月开始开挖。基坑开挖过程中，随时进行走访和后期服务，针对基坑边坡逆作法施工情况、锚索及时施工及张拉情况、坡顶堆载情况、实际开挖后坡体岩土组成情况、基坑截排水情况等及时进行复核监督，确保基坑支护方案能够按图施工使支护结构起到有效的支护作用。

开挖过程中及竣工投入使用之后，第三方检测单位持续进行监测，随时反馈检测结果，切实做到信息化、精细化设计。基坑从2020年06月开挖以来，截至2022年4月30日，未出现变形、开裂、倾斜、不均匀沉降等不良现象；未发生任何安全事故及质量问题；围护结构顶部水平位移累计变化量在−34.1～37.7mm之间，围护结构顶部竖向位移累计变化量在−39.1～11.8mm之间；周边地表竖向位移监测累计变化量在−27.8～3.2mm之间，均未达到预警值，基坑安全、稳定。

## 6 工程成果与效益

本基坑支护设计工程，通过将基坑支护设计与相关专业相互融合，基坑设计过程中，充分考虑了基坑周边环境的影响，因地制宜地进行合理有效的支护结构设计，保证了工程安全、缩短了工程工期、节约了工程成本，保护了周边环境，为项目的开盘、预售提供了有力保障。

将基坑支护设计贯穿于建设工程的整个过程，从建设工程全过程的角度思考支护措施，虽然支护体系上仍然是传统的放坡、抗滑桩、桩锚体系等，但通过设计理念的创新和支护结构的合理结合，使岩土工程设计的附加值得以很好的体现及提升。项目实施后，基坑工程支护费用节约了300余万元，项目整体建设工期比预计工期节约45d，于2020年12月，该基坑支护工程提前1个半月完工并验收合格后投入使用。验收航拍正射图见图5，验收实景图见图6～图8。

全过程为工程提供咨询和技术服务，亦得到了业主单位、主体设计单位、施工单位等各参建单位的一致好评。从第三方检测单位进行的基坑监测数据，本次基坑支护设计方案支护效果良好，基坑安全稳定。

图5　项目基坑完工验收航拍正射图

图6　项目基坑完工验收实景图（一）

图7　项目基坑完工验收实景图（二）

图8　项目基坑完工验收实景图（三）

## 7 工程经验

1）项目特点

基坑范围长，深度大，岩土条件、水文地质条件、周围环境条件复杂，为一级超深基坑工程。

2）主要工程问题、技术难点

（1）基坑规模大，建设周期要求短，支护手段需同时保证基坑开挖和回填的安全、经济、高效。

（2）基坑岩土组成复杂，含耕植土、素填土、红黏土、泥质白云岩夹泥岩、泥质灰岩、灰岩多种类型，边坡潜在滑面多，特别是岩层中存在软弱结构面，从而导致基坑破坏形式多样，支护方式需因地制宜。

（3）场地地表汇水面积大，地下水位高，存在8m的水头高度，支护措施需妥善处理好地表水、地下水对基坑周边环境和基坑安全的影响。

（4）基坑外为城市主干道、住宅区、学校及天然泉点，坡顶环境及地下埋藏物分布复杂，支护结构需能严格控制其形变，减少或杜绝产生的不利社会影响。

（5）基坑坡顶水平空间有限，场地狭窄、施工条件差，同时场地处于城市核心区，人口密集、交通拥挤，施工平面布置不当或施工严重影响周边人居环境时，将大大制约项目工期的推进，因此支护设计应服务于建设全过程，做到安全适用、保护环境、技术先进、经济合理。

3）技术创新

（1）将基坑支护设计与地质、建筑、结构、景观及施工等专业相融合，充分利用场地现有条件，优化场地平面、竖向设计以及施工条件，减少基坑支护及施工的难度、支护成本等，提高工作效率。

（2）充分按照"信息化、精细化设计"的原则，在正式进行施工图设计前，利用基坑中部已开挖部分，在已有勘察成果的基础上，系统地分析场地基坑的水文地质、工程地质条件后，对局部坡段提出勘察成果修正意见，并得到勘察单位、建设单位、工程设计质量监督部门的充分认可。而后在此基础上系统梳理基坑特点，对基坑进行细分和方案设计。方案设计过程中，采取岩土为主，建筑、结构、监测、施工等为辅的全过程系统化、精细化设计理念，综合选定最优设计形式。

（3）根据场地的水文地质条件，采取科学、合理的基坑降排水设计后，安全、经济、环保地避免了水对基坑的影响。

（4）对顺层岩质基坑采用"斜向成拱限制"理论计算其滑动长度及剩余下滑力确定其支护结构，大大降低了支护成本。

（5）利用桩间土拱效应理论，对桩间坡面进行素喷及网喷的简单处理，降低支护成本的同时，亦大大缩短了工期。

4）实施效果及成果指标

基坑主要的支护形式综合确定为"上部坡率法＋下部抗滑桩（或桩锚）"，其实施效果及成果指标为：

（1）通过与各专业的融合，精细化设计，基坑开挖至回填，未出现任何设计变更，从根本上保证了工程能按计划进行。

（2）支护形式中，上部放坡能减少支护强度，亦可与场平开挖同时进行；下部抗滑桩（或桩锚）能避免因场平标高适当调整导致变更，亦可利用分区开挖与场平工程同时进行，使得项目场平工程与基坑支护工程整体工期提前20d。

（3）场地狭窄，通过合理放坡＋垂直支挡，坑顶预留合理空间给施工单位进行施工平面布置，保证了场地高效安全的通行、运输、灌注等条件，使得项目地下结构施工工期提前10d。

（4）基坑肥槽体积相对较小，使得基坑回填高效、快捷。

（5）通过坡顶截水、坡体泄水、集水明排等行之有效的措施，首先降低了支护结构强度，其次未对基坑周边建（构）物、地下管线、道路等造成危害，最后亦未造成天然泉点断流，切实做到了保护环境。

（6）基坑从2020年06月开挖以来，截至2022年4月30日，未出现变形、开裂、倾斜、不均匀沉降等不良现象；未发生任何安全事故及质量问题；围护结构顶部水平位移累计变化量在−34.1～37.7mm之间，围护结构顶部竖向位移累计变化量在−39.1～11.8mm之间；周边地表竖向位移监测累计变化量在−27.8～3.2mm之间，均未达到预警值，基坑安全、稳定。

## 参考文献

[1] 中华人民共和国住房和城乡建设部. 建筑边坡工程技术规范: GB 50330—2013[S]. 北京: 中国建筑工业出版社, 2013.

[2] 贵州省住房和城乡建设厅. 贵州省建筑岩土工程技术规范: DBJ52/T 046—2018[S]. 北京: 中国建筑工业出版社, 2018.

[3] 中华人民共和国住房和城乡建设部. 建筑基坑支护技术规程: JGJ 120—2012[S]. 北京: 中国建筑工业出版社, 2012.

[4] 贾海莉, 王成华, 李江红. 基于土拱效应的抗滑桩与护壁桩的桩间距分析[J]. 工程地质学报, 2004(1): 98-103.

[5] 张建华, 谢强, 张照秀. 抗滑桩结构的土拱效应及其数值模拟[J]. 岩石力学与工程学报, 2004(4): 167-171.

[6] 何国锋, 柴琳琳, 刘颖. 抗滑桩的土拱效应[J]. 山西建筑, 2014, 26(40): 56-57.

[7] 杨雪强, 吉小明, 张新涛. 抗滑桩桩间土拱效应及其土拱模式分析[J]. 中国公路学报, 2014, 1(27): 30-37.

[8] 张玲, 陈金海, 赵明华. 考虑土拱效应的悬臂式抗滑桩最大桩间距确定[J]. 岩土力学, 2019, 40(11): 497-505, 522.

# 天津市地铁3号线王顶堤站整理地块项目基坑支护工程实录

王　磊[1]　田　敏[1]　李　军[1]　张晓静[1]　李文旭[2]

（1. 天津市勘察设计院集团有限公司，天津　300191；

2. 中建三局集团有限公司，天津　300074）

## 1　工程概况

本工程位于天津市南开区迎水道和苑中路交会处，王顶堤地铁站旁。该项目包括1栋21层办公楼，拟采用框架核心筒结构；1栋25层住宅楼，拟采用剪力墙结构；1栋4层商业，采用框架结构及整体两层地下室。

基坑工程总周长约410m，基坑总面积约为9800m²。地坪的覆土厚度为1.5m，基坑深度情况见表1（电梯井、集水坑落深按照2m考虑）。

基坑深度情况　　　　　　　　　　　表1

| 位置 | 标高 | | | | | | |
| --- | --- | --- | --- | --- | --- | --- | --- |
| | 零层板大沽标高 | 负二层顶板大沽标高 | 负三层顶板大沽标高 | 基础上皮大沽标高 | 基础及垫层厚度/m | 基坑底部大沽表高 | 基坑深度/m |
| 车库 | 1.650 | −3.350 | — | −7.550 | 1.2 | −8.750 | 11.75 |
| 住宅 | 3.750 | 0.200 | −3.350 | −7.550 | 1.2 | −8.750 | 11.75 |
| 办公楼 | 3.450 | −3.350 | — | −7.550 | 2.2 | −9.750 | 12.75 |
| 纯机械停车库 | 1.650 | −3.750 | — | −8.950 | 1.2 | −10.150 | 13.15 |
| 机械车库升降机 | 1.650 | — | — | −10.200 | 1.2 | −11.400 | 14.4 |

## 2　周边环境及市政管线

### 2.1　周边环境

本项目红线内可用地面积非常紧张，红线外存在建（构）筑物、地铁及管线等，周边环境非常复杂。周边环境布置图见图1。

基坑北侧（迎水道侧）：地下室外墙线距离用地红线最近处约为5.7m，最远处约为7.3m。在基坑的东北角处，地下室外墙线距离王顶堤站4号出入口外墙最近约4.3m，距离已施工高压旋喷桩外皮最近处约为2.2m，距离车站结构外墙的最近距离约为16.0m；距离2号风道外墙最近处约为5.3m，距离已施工高压旋喷桩外皮最近处约为3.1m。在基坑北侧南半部分，地下室外墙线地铁3号线王顶堤站1号风道外墙最近处约为6.5m，距离已施工的高压旋喷桩外皮最近处约为4.4m；距离地铁3号线王顶堤站3号出入口外墙最近处约

为13.7m，距离已施工的高压旋喷桩外皮最近处约为12.0m。

基坑东侧（苑中路侧）：地下室外墙线距离用地红线最近处约为4.2m，最远处约为6.1m。红线外约15.0m为苑中路道路边线，红线和苑中路边线之间现在为空地。

基坑南侧（林苑北里侧）：地下室外墙线距离用地红线最近处约为3.2m，最远处约为4.6m，红线外为林苑北里住宅小区。自西向东分别为两栋6层和1栋3层住宅楼，其与红线的最近距离依次约为17.5m、17.5m、12.5m，上述三栋楼的结构形式为砖混结构，基础形式不详，暂时按照浅基础考虑。

基坑西侧（明园里侧）：地下室外墙线距离用地红线最近处约为5.0m，红线外约为明园里小区两栋6层住宅和1~2层垃圾转运站。其中，距离红线最近的住宅楼约5.5m，距离红线最远的住宅楼约为25.0m，该两栋住宅楼均为砖混结构，基础形式不详，暂按照浅基础考虑。垃圾转运站的1层

平房距离红线的最近距离约为 1.4m，2 层楼房距离红线的最近距离约为 15.0m，该 1～2 层房子结构形式均为砖混结构，基础形式不详，暂按照浅基础考虑。

基坑西南角处：地下室外墙线距离用地红线

最近处约为 3.3m，最远处约为 5.0m，红线外为壳牌加油站。加油站站房东侧紧贴红线，站房南侧距离红线的最近距离约为 2.5m。加油站油罐东侧距离红线最近处约为 3.0m，油罐南侧距离红线的最近距离约为 10.0m。

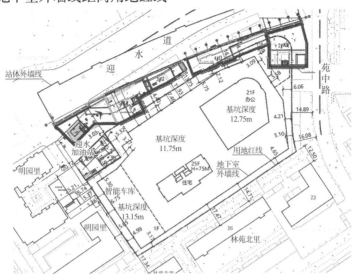

图 1　周边环境布置图

## 2.2　已建王顶堤车站情况

本项目与地铁 3 号线王顶堤站相邻，1 号风道 3 号出入口和 2 号风道 4 号出入口与本基坑距离较

近，最近处仅约 3.5m。前期风道和出入口开挖时，已经施工支护结构，主要为钻孔灌注桩和高压旋喷桩。本项目支护结构与风道和出入口支护结构的相对关系见图 2。

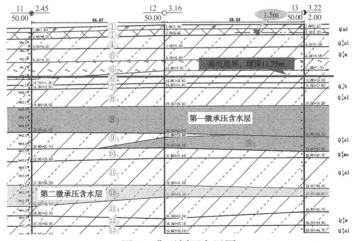

图 2　典型剖面布置图

根据上述相互关系可知，王顶堤站出入口及风道均在 0.7 倍的基坑深度范围内，王顶堤车站结构在 1.0 倍的基坑深度范围以外，因此根据《城市轨道交通结构安全保护技术规范》CJJ/T 202—2013 中的相关规定，王顶堤站出入口及风道位于强影响区内，王顶堤车站结构位于一般影响区内。

1）2 号风道位置

拟建基坑深度约为 11.75m，2 号风道的基坑深

度约为 11.0m。2 号风道采用钻孔灌注桩结合两排高压旋喷桩止水的方案，其中灌注桩尺寸为 $\phi800@1000$，有效桩长为 17.5m，桩顶位于现地表下约 2.5m；高压旋喷桩尺寸为 $\phi800@500$，有效桩长为 27.5m，桩顶位于现地表下约 2.5m。地下室外墙距离 2 号风道已施工高压旋喷桩外皮的最近距离约 3.0m。

2）4 号出入口位置

拟建基坑深度约为11.75m，4号出入口的基坑深度约为10.7m。4号出入口采用钻孔灌注挡土结合两排高压旋喷桩止水的方案，其中灌注桩尺寸为$\phi800@1000$，有效桩长为16.5m，桩顶位于现地表下约2.0m；高压旋喷桩尺寸为$\phi800@500$，有效桩长为27.0m，桩顶位于现地表下约2.0m。地下室外墙距离4号出入口已施工高压旋喷桩外皮的最近距离约3.0m。

3）1号风道位置

拟建基坑深度约为11.75m，1号风道的基坑深度约为11.3m。1号风道采用钻孔灌注挡土结合两排高压旋喷桩止水的方案，其中灌注桩尺寸为$\phi800@1000$，有效桩长为16.5m，桩顶位于现地表下约2.5m；高压旋喷桩尺寸为$\phi800@500$，有效桩长为25.0m，桩顶位于现地表下约2.5m。地下室外墙距离4号出入口已施工高压旋喷桩外皮的最近距离约4.4m。

4）车站主体结构

王顶堤站主体车站结构为两层站，其标准段基坑深度约为18m，采用的是地下连续墙（厚度800mm）＋五道钢支撑结合两道钢换撑的支护方式。

端头井基坑深度约为20m，采用的是地下连续墙（厚度800mm）＋六道钢支撑结合三道钢换撑的支护方式。

# 3 工程地质和水文地质条件

## 3.1 场地地层概况（表2）

场地土层物理力学性质     表2

| 层号 | 土层名称 | 参数 | | | | | | | | | |
| --- | --- | --- | --- | --- | --- | --- | --- | --- | --- | --- | --- |
| | | $w/\%$ | $\gamma/$ ($kN/m^3$) | $e$ | $I_p$ | $I_L$ | $c_q/kPa$ | $\varphi_q/°$ | $c_c/kPa$ | $\varphi_c/°$ | 渗透性 |
| ①₁ | 杂填土 | — | 18 | — | | | 8 | 10 | 10 | 15 | 弱透水 |
| ①₂ | 素填土 | 34.1 | 18.5 | 0.993 | 19.3 | 0.60 | 18.00 | 5.93 | 18.83 | 10.52 | 微透水 |
| ④₁ | 粉质黏土 | 30.9 | 19.0 | 0.882 | 15.5 | 0.76 | 16.00 | 14.19 | 22.81 | 15.31 | 微透水 |
| ⑥₁ | 粉质黏土 | 30.7 | 19.1 | 0.864 | 14.0 | 0.89 | 12.05 | 14.81 | 14.20 | 19.67 | 微透水 |
| ⑥₂ | 淤泥质黏土 | 44.1 | 17.6 | 1.255 | 20.1 | 1.03 | 7.45 | 4.65 | 12.38 | 8.20 | 不透水 |
| ⑥₄ | 粉质黏土 | 29.4 | 19.1 | 0.838 | 13.7 | 0.82 | 11.98 | 15.34 | 16.26 | 18.13 | 微透水 |
| ⑦ | 粉质黏土 | 22.3 | 20.2 | 0.634 | 11.7 | 0.48 | 12.77 | 15.14 | 16.17 | 19.05 | 不透水 |
| ⑧₁ | 粉质黏土 | 23.1 | 20.1 | 0.659 | 12.9 | 0.46 | 16.50 | 14.70 | 19.90 | 17.37 | 微透水 |
| ⑧₂ | 粉砂 | 22.5 | 20.1 | 0.642 | — | | 5.11 | 34.07 | 6.26 | 35.12 | 弱透水 |
| ⑨₁ | 粉质黏土 | 27.2 | 19.6 | 0.771 | 14.2 | 0.58 | (20.00) | (11.00) | 22.44 | 12.49 | 微透水 |
| ⑨₂ | 粉砂 | 23.2 | 20.0 | 0.657 | — | | 3.63 | 33.53 | 4.59 | 34.68 | 弱透水 |
| ⑩₁ | 粉质黏土 | 22.1 | 20.3 | 0.638 | 14.1 | 0.30 | 19.38 | 11.92 | 22.30 | 15.35 | 微透水 |
| ⑩₂ | 粉砂 | 21.2 | 20.3 | 0.609 | — | | (5.90) | (30.00) | (6.00) | (32.00) | 弱透水 |
| ⑪₁ | 粉质黏土 | 24.6 | 19.8 | 0.718 | 16.0 | 0.34 | 27.11 | 11.73 | 31.76 | 16.01 | 不透水 |
| ⑪₂ | 粉土 | 21.1 | 20.4 | 0.596 | 8.1 | 0.47 | — | | 4.83 | 34.12 | |
| ⑪₃ | 粉质黏土 | 24.5 | 19.9 | 0.705 | 15.0 | 0.37 | | | 19.80 | 12.75 | |

## 3.2 场地水文地质条件

1）潜水含水岩组

勘察期间测得场地地下潜水水位如下：

初见水位埋深1.90～2.50m，相当于标高1.02～0.51m。

静止水位埋深1.60～2.10m，相当于标高1.32～0.91m。

2）微承压含水岩组

第一微承压含水层：全新统下组陆相冲积层（$Q_4^1al$）粉砂（地层编号⑧₂）及上更新统第五组陆相冲积层（$Q_3^eal$）粉砂（地层编号⑨₂）。

第一微承压相对隔水层：上更新统第四组滨海潮汐带沉积层（$Q_3^dmc$）粉质黏土（地层编号⑩₁）。

由于粉质黏土（地层编号⑩₁）厚度较薄，导致第一、二微承压含水层水力联系紧密。

第二微承压含水层：上更新统第四组滨海潮汐带沉积层（$Q_3^{dmc}$）粉砂（地层编号⑩₂）。

第二微承压相对隔水层：上更新统第三组陆相冲积层（$Q_3^{eal}$）粉质黏土（地层编号⑪₁）。

## 4 设计方案

### 4.1 基坑支护的重难点

1）安全等级高、设计难度大

本项目基坑深度达 11.75m（局部深度约13.15m），基坑北侧紧邻地铁 3 号线王顶堤站车站主体结构及其附属结构，基坑西侧及南侧存在浅基础民用住宅楼，基坑的变形要求非常严格，基坑的安全等级须按照一级考虑，基坑的设计难度很大。

2）场地紧张、基坑周边环境复杂

本项目红线内的可用地面积非常紧张，地下室外墙线距红线的距离 3～5m。基坑南侧及西侧红线外侧均存在老旧的 6 层住宅楼，距基坑的最近距离仅约 10m；基坑北侧紧邻地铁车站及其附属结构，距基坑的最近距离仅约为 2.0m，而且该车站的风道和出入口均须与本项目接建。根据现场踏勘情况，基坑周边分布大量的管线，如热力、给水及供电管线等均分布在本项目红线附近，基坑开挖过程中需要重点保护。

3）水文地质条件复杂

场地内水系发达，潜水水位埋深较浅，第一微承压层（⑧₂粉砂、⑨₂粉砂）的顶板埋深较浅，而且该层的厚度较厚。第一微承压层（⑧₂粉砂、⑨₂粉砂）与第二微承压层（⑩₂粉砂）存在紧密的水力联系，且局部区域已经与第二微承压层（⑩₂粉砂）连通，给基坑工程的降排水带来很大的困难。王顶堤地铁车站结构底部处于⑧₂粉砂中，如果基坑开挖过程中发生渗漏情况，必将会对地铁车站结构产生较大的影响。因此，第一、二微承压水层处理是否得当直接关系到整个工程的安全性和经济性。

### 4.2 整体支护方案选型

对于本项目而言，可考虑的支护方案主要有以下几种：整体顺作法、整体顺作分仓法、部分逆

作法。整体顺作法虽然为较成熟的施工工艺，但是考虑基坑安全、扰民等因素，不建议选用该支护方案。一般类似项目常规采用的是整体顺作分仓法，但是考虑基坑场地狭小、分仓施工交界处理难度较大，最终采用部分逆作法。

采用地下连续墙（永久结构）两墙合一 + 地下车库负一层和负二层梁板作为支护结构，结合水泥土连续墙止水的支护方案。两个塔楼部分设置成出土口，方便土方开挖及材料运输，出土口部位设置临时支撑杆件，与车库永久结构梁板形成整体支撑。

### 4.3 部分逆作法设计方案

1）挡土结构设计

地下连续墙采用"两墙合一"形式，即在基坑工程施工阶段地下连续墙作为围护结构，起挡土和止水的作用；在结构永久使用阶段作为主体地下室结构外墙。根据基坑周边环境及基坑深度的不同，采用四类地下连续墙（表 3）。

地下连续墙参数　　　　表 3

| 地下连续墙类型 | 部位 | 基坑深度/m | 墙厚/m | 墙底大沽标高/m | 墙长/m | 嵌固深度/m |
|---|---|---|---|---|---|---|
| 地下连续墙 1 | 南侧 | 11.8 | 1.0 | −21.800 | 19.0 | 9.7 |
| 地下连续墙 2 | 北侧邻近地铁 | 11.8 | 1.0 | −21.800 | 19.0 | 9.7 |
| 地下连续墙 3 | 机械车库 | 13.13 | 1.0 | −25.300 | 22.5 | 11.87 |
| 地下连续墙 3′ | 车库升降机 | 14.4 | 1.0 | −26.800 | 24.0 | 12.1 |

2）水平支撑体系设计

考虑到对地铁的保护要求，临时支撑刚度偏弱，因此本项目利用地下结构梁板体系作为水平支撑系统。该体系支撑刚度大，对变形的控制非常有利。

本工程利用结构梁板作为基坑开挖阶段的水平支撑，在办公楼及住宅楼位置设置大型的出土口，有利于加快整体施工进度。逆作施工过程中，利用首层结构梁板作为施工机械的挖土平台及车辆通道，同时作为施工材料堆场（总包单位确定后，根据总包单位的要求对需要进行材料堆场的位置进行相应的加强）。因此，在设计过程中对首层结构梁板做水平、竖向双向受力状态计算，对相应区域结构构件进行加强处理。对负二层梁板及临时水平支撑考虑水平力作用，对结构开口位置设置边梁进行加强。边梁

后期不拆除。

3）竖向支撑体系设计

逆作区域采用一柱一桩，即钢格构柱与钻孔灌注桩相结合作为基坑开挖阶段的竖向支撑系统，钢格构柱和截面根据逆作阶段的承载力计算确定。

竖向荷载：负一层梁板用于行车和堆载的区域活荷载按 20kN/m² 考虑，其余楼层上活荷载为 2kN/m² 考虑；负二层梁板活荷载按 2kN/m² 考虑。恒荷载主要为逆作施工阶段的结构自重。

钢格构柱采用角钢和钢板拼接的方式。

立柱桩分为三种：

（1）利用主体结构工程桩

立柱桩 1，桩径 1400mm，有效桩长为 54m，单桩抗压极限承载力标准值为 18000kN；立柱桩 2，桩径 1200mm，有效桩长为 41m，单桩抗压极限承载力标准值为 11000kN。

（2）行车及堆载区域临时设置的立柱桩

桩径 800mm，有效桩长为 40m，单桩抗压极限承载力标准值为 7000kN。

（3）出土口区域的临时立柱桩

桩径 800mm，有效桩长为 15m，单桩抗压极限承载力标准值为 2000kN。

4）止水体系设计

为了保证止水止水效果施工质量，保证基坑在开挖过程中不出现漏水等现象，切实隔断基坑内外的水力联系，本项目采用水泥土连续墙作为止水帷幕，采用 CSM 施工工艺。水泥土连续墙已经将第一微承压含水层（⑧₂ 粉砂层和⑨₂ 粉砂层）和第二微承压含水层（⑩₂ 粉砂层）完全隔断，水泥土连续墙进入隔水层的最小深度不小于 1.5m。

5）降排水体系设计

为了保证基坑降水效果，本工程降水井全部采用钢管井。降水井按照"浅抽密布"的原则布置，在降水运行过程中按照"按需降水、分层降水"的原则疏干坑内潜水，从而达到最大限度地减少抽水量的目的。

## 4.4 连通通道基坑支护设计

综合考虑接建口的特点、周边环境以及土层条件等，接建口采用水泥土连续墙内插型钢结合两道钢支撑的方案。

# 5 逆作法施工节点设计

## 5.1 梁柱连接节点设计

逆作法梁柱连接节点一般有以下三种方式：钻孔钢筋连接法、传力钢板法及梁侧加腋法。

（1）钻孔钢筋连接法

为便于框架梁主筋在梁柱节点的穿越，采用在角钢格构柱的缀板或角钢上钻孔穿越框架梁钢筋的方法。该方法是在框架梁宽度较小、主筋直径较小以及数量较少的情况下适用。当钢筋数量较多时，需要在钢格构柱上钻多个孔，这将大大削弱钢格构柱的截面，降低承载力，存在较大的安全隐患。

（2）传力钢板法

在格构柱上焊接连接钢板，采用受角钢格构柱阻碍无法穿越的框架梁主筋与传力钢板焊接连接的方法。该方法的特点是无须在角钢格构柱上钻孔，可保证角钢格构柱截面的完整性，但在施工第二层及以下水平结构时，需要在已经处于受力状态的角钢上进行大量的焊接作业，高温下会使钢结构的承载力降低，存在较大的安全隐患。而且，由于传力钢板的大量焊接使梁柱节点混凝土浇筑质量难以保证。

（3）梁侧加腋法

综合考虑后，本项目梁柱节点设计采用梁侧加腋法，梁侧加腋法是通过两侧面加腋的方式扩大梁柱节点位置梁的宽度，使得梁的主筋得以从角钢格构柱侧面绕行贯通的方法。本方法回避了以上两种方法的不足之处，保证了施工安全与混凝土浇筑质量。

## 5.2 零层结构行车区域梁板加固设计

本项目基坑周边场地极为狭窄，没有施工工作面。考虑施工因素，将两个主楼区域作为出土口。其他零层结构梁板作为施工场地的材料堆场及加工区，根据施工单位提供的场地布置说明，零层结构堆料荷载按照 20kN/m² 进行复核计算，将零层梁板进行加强设计，满足逆作法施工过程中的结构主体安全。

对于零层结构楼板标高存在高低差的位置采用梁板加腋的节点做法，保证基坑水平力在结构楼板上顺利传递。

## 5.3 主楼顺作区域与裙楼逆作区域交界的节点设计

逆作及顺作的交界处设置在主楼与裙楼交界的框架柱的位置，经与主体结构设计单位协商，可以满足后期主体结构的使用要求，出土口最外圈设置宽1400mm的圈梁，后期不需要拆除。逆作结构梁板及出土口临时支撑杆件均锚入该圈梁。

逆作区域通向顺作区域的框架梁板均在该圈梁位置甩筋，甩筋长度满足后期钢筋的搭接要求。基坑开挖过程中需对这些钢筋做好保护，避免对钢筋造成损害，后期施工需要植筋。

## 5.4 地下室主体结构与地下连续墙连接节点

零层结构梁板浇筑前需在地下连续墙顶部设置帽梁，零层永久结构梁板钢筋锚入帽梁中，帽梁与零层梁板同时浇筑，在帽梁与地下连续墙连接处设置剪力槽及膨胀止水条。节点做法详见图3。

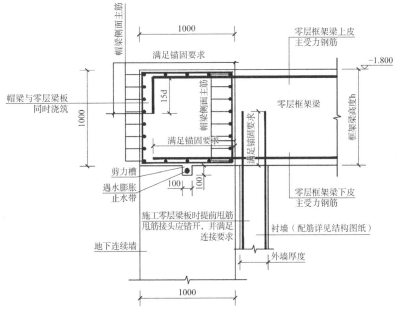

图3 零层框架梁与地下连续墙连接节点做法

基础底板钢筋与地下连续墙的连接：需提前在地下连续墙中预埋接驳器，基坑开挖后底板钢筋与接驳器进行连接。在基础底板与地下连续墙之间设置剪力槽及膨胀止水条，为了保证连接节点浇筑可靠设置注浆管。节点做法详见图4。

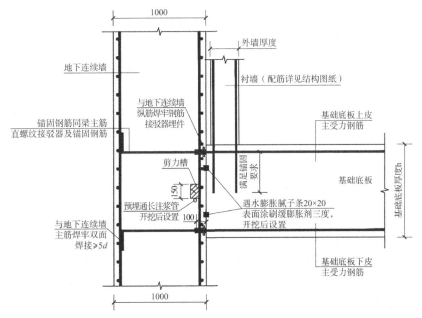

图4 基础底板与地下连续墙连接节点做法

## 5.5 逆作区顺作节点处理

本工程采用水平结构（梁、板）逆作施工，竖向结构顺作的方法，为保证顺作阶段结构柱的顺利施工，混凝土浇筑也是施工的重要问题。传统"单桩单柱"竖向结构柱施工时，通常采用在板下皮开设喇叭口的形式浇筑，传统方法施工通常造成柱顶混凝土不密实，混凝土也很难填充进格构柱内部，导致施工质量不可控，存在安全隐患。而且利用喇叭口浇筑混凝土方式，多余混凝土后期需要凿除，增加了工作量，也造成了混凝土的浪费。

为了解决以上问题，在水平结构施工时，于格构柱内侧角落位置预埋两个直径 150mm 的 PVC 管作为浇筑孔及振捣孔，消除了预留孔对梁板钢筋绑扎的影响，不阻碍后期工序的进行。采用角钢格构柱内侧预留浇筑孔及振捣孔的方法，从格构柱内层往外围填充混凝土，混凝土浆液自内部高压区向外部低压区扩散，保证了整个混凝土柱的填充密实。

## 6 保护地铁的施工技术

采用部分逆作的支护方案，将主体结构梁板作为水平支撑，刚度大，可有效控制基坑变形。施工过程中也需采取一定的施工工艺及施工顺序，最大限度地保证地铁安全。

### 6.1 支护体的施工顺序

为了减少围护施工对基坑周围的影响，采用先施工止水帷幕，后施工地下连续墙的施工顺序，同时先施工的水泥土搅拌墙也可作为地下连续墙的槽壁加固体，更好地保证地下连续墙的施工质量。

### 6.2 土方开挖的施工顺序

本工程土方开挖过程中，要严格遵循"由远及近（地铁侧）、分段分块、随挖随撑、及时封闭"的原则，靠近地铁侧土方采用分块抽条开挖，靠近地铁侧每次开挖面积不超过 400m²。由于专项保护的要求，将土方开挖阶段进行多层次划分，其中竖向划分为三个阶段；水平向分成 A、B、C 三个大区，A 区分为 3 个小区，B 区分为 3 个小区。具体详见图 5、图 6。

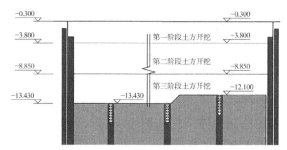

图 5　土方开挖竖向分段示意图

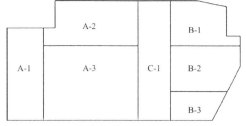

图 6　土方开挖水平分区示意图

首先自南向北开挖 C-1 区土方（两出土口中间区域），形成该区域内的零层梁板结构，待混凝土强度达到 100%，将基坑南北向支撑起来，再进行其他区域的土方开挖。A、B 区土方开挖，整体按照由西向东、由北向南退挖的原则进行。开挖靠近地铁一侧即 A-2、B-1 区土方时，采用分块抽条开挖，每次开挖面积不超过 400m²，将土方开挖对地铁结构的影响降到最小。

## 7 设计计算

### 7.1 挡土结构单元计算分析

1）计算条件

单元计算采用同济启明星分析软件进行计算，设计条件如下：

（1）超载：基坑周边超载取为 15kPa；

（2）计算理论：采用朗肯土压力理论，采用水土合算，用弹性抗力法求得计算结果；

（3）基坑的安全等级：一级，重要性系数取 1.1。

2）计算结果（表 4）

单元计算内力及位移计算汇总表　表 4

| 地下连续墙类型 | 参数 | | | |
| --- | --- | --- | --- | --- |
| | 墙厚/m | 墙长/m | 正弯矩/（kN·m） | 剪力/kN | 最大位移/mm |
| 地下连续墙 1 | 1.0 | 19.0 | 1248 | 415 | 15.0 |
| 地下连续墙 2 | 1.0 | 19.0 | 983 | 401 | 13.2 |
| 地下连续墙 3′ | 1.0 | 24.0 | 1638 | 639 | 20.3 |
| 地下连续墙 3 | 1.0 | 22.5 | 1594 | 581 | 18.8 |

## 7.2 逆施梁板整体计算分析

本工程采用逆作法施工，使用大型通用有限元软件 Midas 对逆作施工的结构梁板进行了有限元分析，本方案提供水平围压较大的负二层梁板的有限元计算结果，计算表明在逆作区域利用结构梁板替代临时支撑作为水平受力构件是可靠的，由于结构梁板的刚度较大，整体变形较小。

1）计算模型及参数（图7）

采用空间梁板单元模拟逆作楼板，经单元计算所得负二层梁板的支撑反力为：纯机械停车库区域720kN/m，其他区域450kN/m。

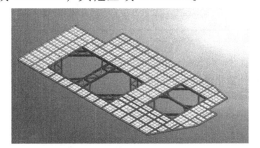

图7 整体模型图

2）计算结果（图8、图9）

图8 X方向位移云图

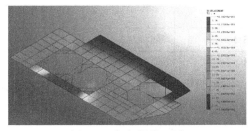

图9 Y方向位移云图

## 7.3 基坑对地铁变形影响的计算分析

采用 Abaqus 有限元软件对邻近地铁的环境影响进行评估计算。

1）开挖到坑底时车站主体的变形

通过计算分析可知，车站主体结构最大X向水平位移1.13mm；最大Y向水平位移为2.54mm，变形方向指向基坑，最大值出现在主体结构中部；车站主体结构产生最大隆起位移1.43mm，出现在车站主体结构中部，最大沉降位移为0.20mm，出现在主体结构端部。

2）开挖到坑底时1号风道和2号出入口的变形

通过计算分析可知，基坑开挖至坑底时，1号风道及2号出入口最大X向水平位移为1.43mm，Y向水平位移为3.24mm，方向指向基坑一侧，最大竖向位移为2.37mm。

3）开挖到坑底时2号风道和4号出入口的变形

通过计算分析可知，基坑开挖至坑底时，2号风道及4号出入口最大X向水平位移为1.30mm，最大Y向水平位移为3.26mm，方向指向基坑一侧，最大竖向位移为4.47mm。

# 8 基坑监测

## 8.1 基坑监测（表5）

基坑等级为一级基坑。本工程的地下主体结构于2020年1月13日施工至±0.000，自2018年10月18日开始进行基坑监测元件的预埋及后续的初始值测量作业，至2020年1月13日结束了本工程基坑的各项监测工作。基坑开挖过程监测值在允许范围内，基坑处于安全稳定状态。

地下结构施工至±0.000基坑监测项目累计变化量最大值统计表 表5

| 监测项目 | 结果 | | | |
|---|---|---|---|---|
| | 累计最大变化量 | | 报警值 | 报警点位 |
| | 点号 | 数值 | | |
| 基坑围护桩顶部水平位移 | JC6 | +16.1mm | ±20mm | 无 |
| 基坑围护桩顶部竖向位移 | JC14 | +15.2mm | ±20mm | 无 |
| 基坑周边地表竖向位移 | DB6-4 | −22.7mm | ±30mm | 无 |

| 监测项目 | 结果 | | | |
|---|---|---|---|---|
| | 累计最大变化量 | | 报警值 | 报警点位 |
| | 点号 | 数值 | | |
| 基坑周边地下管线竖向位移 | TR9 | −21.3mm | ±25mm | 无 |
| 基坑周边建筑竖向位移 | A38 | −24.2mm | ±30mm | 无 |
| 基坑外水位观测 | G5-1 | −0.74m | ±1m | 无 |
| 深层水平位移 | CX2（0.5m） | +14.42mm | 30mm | 无 |
| 支撑立柱竖向位移 | LZ10 | +10.7mm | ±20mm | 无 |
| 支撑轴力（第一道支撑） | ZL1-3 | +3631.46kN | 对应截面轴力设计值的80% | 无 |
| 支撑轴力（第二道支撑） | ZL2-8 | +3932.48kN | 对应截面轴力设计值的80% | 无 |

## 8.2　地铁监测（表6）

**地下结构施工至±0.000地铁监测项目累计变化量最大值统计表**　　　　表6

| 监测项目 | 结果 | |
|---|---|---|
| | 累计变化量 | |
| | 点号（断面） | 最大累计变化量/mm |
| 车站、隧道结构竖向位移监测 | S15 | +2.68 |
| 车站、隧道结构缝差异沉降监测 | X5-X6 | +0.49 |
| 结构缝开合度监测 | CF1 | +0.78 |
| 车站、隧道结构、轨道道床水平位移监测 | S15-4 | 向基坑方向位移+2.6 |
| 车站、隧道结构缝水平差异监测 | X5-4-X6-4 | +0.5 |
| 车站、隧道结构收敛监测 | X6 | +0.5 |
| 风道竖向位移监测 | FD10 | +6.2 |
| 风道水平位移监测 | FD6-2 | 向基坑方向位移+3.8 |
| 地铁出入口竖向位移监测 | T11 | +3.7 |
| 轨道道床竖向位移 | S15-3 | +2.5 |
| 轨道道床纵向差异沉降监测 | S5-2-6-2 | +0.7 |

## 9　结语

（1）基坑工程采用部分逆作法的方案，利用地下结构梁板作为支撑体系，支撑刚度大，可有效控制基坑变形，从而达到控制基坑周边地铁车站结构、附属结构及周边建筑物、管线等变形的要求。利用地下结构梁板作为水平支撑体系，避免了大量临时支撑的架设和拆除，不仅可以减少临时支撑体系架设及拆除时基坑的变形，而且可以避免支撑拆除过程中对周边居民的干扰。

（2）将地下室顶板适当区域加固作为施工平台和材料堆场，有效解决了基坑周边场地狭小的问题，为后续工程的施工提供了便利，在一定程度上加快整个工程的施工进度。

（3）利用地下结构梁板作为支撑体系，首先形成封闭的地下一层梁板体系，在适当的位置设置出土口满足土方开挖的要求。这样，从视觉上仅能看到范围不大的临时出土口，不易使周边居民在视觉上感到恐惧，有利于工程的顺利开展。

（4）本工程采用大直径一柱一桩的设计，基坑下设置大量的大直径工程桩，有利于控制基坑的隆起，进而减少对周边环境及地铁结构的影响。

（5）通过 Midas 对基坑工程过程进行三维建

模分析，验证了设计研究报告方案的可行性，并运用 Abaqus 进行三维建模复核计算，预测基坑、地铁及其附属结构在施工过程中的变形，计算结果均达到了设计的变形控制要求。并且根据模拟结果，提前对变形较大位置给予重点关注，有助于在施工层次上控制变形。地铁 3 号线王顶堤站整理地块项目基坑工程实际施工效果良好，各项监测参数正常，验证了数值模拟对指导实际施工的有效性，为其他工程进行紧邻地铁的逆作法施工提供了经验与技术借鉴。

# 组合型钢内支撑在东北地区某基坑支护中应用实录

肖胜寒　戴武奎　崔　洋　杨　森　王　颖　郭　昊

（1. 中国建筑东北设计研究院有限公司，辽宁沈阳　110006；

2. 中建东设岩土工程有限公司，辽宁沈阳　110006）

## 1　工程概况

拟建项目为东北地区某医院综合病房楼，项目规划总用地面积地上 6405.74m²，建筑面积 47810m²（地上 35800m²，地下 12010m²），容积率 5.86。拟建建筑由 13 层塔楼及 8 层裙楼组成。

基坑周长为 282m，面积 4567m²，基坑最大深度为 17.6m。场地±0.000 标高为绝对标高 48.450m。基坑安全等级为一级，侧壁重要性系数取 1.1。

## 2　地质条件

根据勘察单位提供的勘察报告，项目场地土层分布如下，典型地质剖面见图 1。

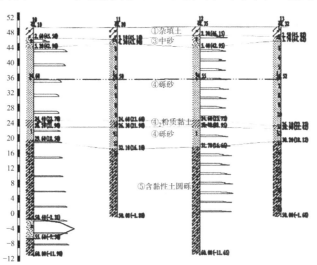

图 1　典型地质剖面

第①层，杂填土：杂色，以沥青路面、碎砖、碎石、混凝土块等建筑垃圾为主，含少量黏性土、煤渣等。

第②层，粉质黏土：黄褐色，无摇振反应，稍有光泽，韧性中等，干强度中等。硬可塑，饱和。

第③层，中砂：黄褐色，石英，长石质组成，混粒结构，颗粒大小均匀，分选性好，级配差，中密—密实。

第④层，砾砂：黄褐色，石英，长石质。混粒结构，级配较好，稍湿—饱和，密实—很密。

第④₁层，粗砂：黄褐色，石英，长石质。混粒结构，分选性好，级配差，稍湿，密实—很密。

第④₂层，粉质黏土：黄褐色，无摇振反应，稍有光泽，韧性中等，干强度中等。软可塑，饱和。

第⑤层，含黏性土圆砾：黄褐色，部分卵、砾石严重风化，中密。

第⑤₁层，粉质黏土：黄褐色，无摇振反应，稍有光泽，韧性中等，干强度中等。软可塑，饱和。

第⑤₂层，中砂：黄褐色，石英，由长石质组成，混粒结构，分选性好，级配差，饱和，很密。

本次勘察所有钻孔在钻探深度内均见有地下水，整个场区地下水类型为第四纪孔隙潜水，主要受地下径流、大气降水补给，水位随季节变化，变化幅度为 1～2m。本次勘察期间稳定水位在自然地面下 13.50～13.80m，相当于 1985 年国家高程基准的 34.41～34.60m（2021 年 05 月 22 日—2021 年 05 月 27 日测）。

# 3 支护方案

## 3.1 基坑周边环境

工程场地周边条件复杂。基坑周边各建筑与控制边线条件见图 2。基坑北侧存在既有电工楼及燃气锅炉房，基底埋深 7m 左右；基坑东侧存在既有污水站及化粪池（地下），基底埋深 5～7m；基坑南侧存在既有肿瘤治疗中心，基底埋深 11m；基坑西侧存在既有病房楼，基底埋深 14m。同时拟建基坑西侧与综合病房楼之间存在供暖、供电管线（架空）。

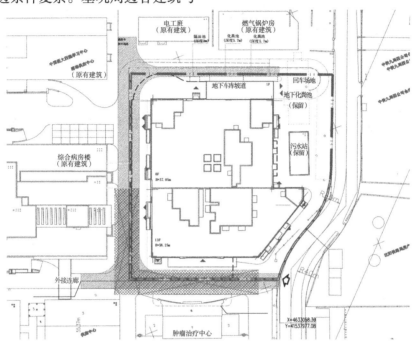

图 2 基坑周边各建筑与控制边线条件

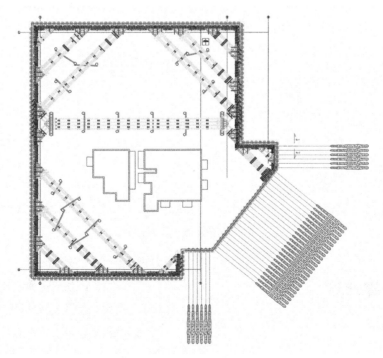

图 3 基坑支护平面布置图

### 3.2　最终方案（图4～图6）

结合本项目实际情况，从基坑施工安全、经济的角度出发，最终选用以组合型钢内支撑＋锚索＋支护桩的支护体系。通过多种计算手段校核结构安全性，保证支护结构与周边建筑物安全。

基坑支护平面布置图见图3。支护采用两道组合型钢支撑加一道预应力锚索的支护形式，局部具备施工空间位置采用四道预应力锚索，支护桩采用直径1000mm钻孔灌注桩，桩间距1300mm，支撑布置四周以角撑为主，东西向布置一道对撑，对撑及角撑均采用4根H400型钢组合截面，支撑采用三角件与围檩连接，三角件净间距控制在6m，围檩采用三根H400型钢组合截面，围檩与围护桩间采用T形传力件传递围压及剪力。立柱桩采用$\phi630\times10$钢管，立柱桩间距控制在10～12m。

阳角处理：支撑为开口，且有两个阳角，设计考虑第一个阳角采用组合型钢角撑进行受力转换，局部与预应力锚索剖面进行搭接，第二个阳角采用混凝土牛腿进行封头，并设置抗剪件，将向坑内的土压力传递到南北向围护桩上。

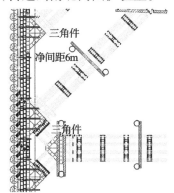

图4　三角件、立柱、围檩布置图

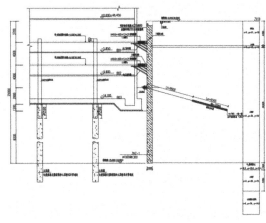

(a) 内支撑支护结构剖面图

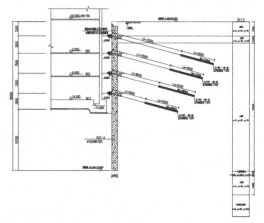

(b) 锚索支护结构剖面图

图5　内支撑和锚索支护结构剖面图

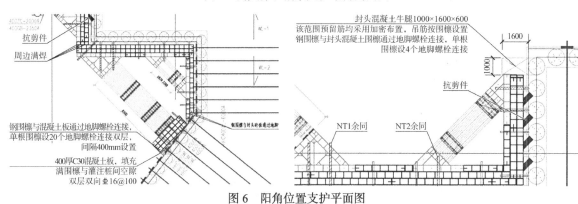

图6　阳角位置支护平面图

## 4　组合型钢支撑计算

### 4.1　设计荷载

（1）按剖面计算最大值，即取第二道支撑土压力标准值235.7kN/m；

（2）角撑长度38.8m，角撑立柱间距最大11.7m，最大分担土压力长度10.7m；

（3）对撑长度51.4m，对撑立柱间距最大10.7m，最大分担土压力长度8.8m；

（4）基坑安全等级为一级，结构重要性系数为1.1，荷载分项系数为1.25。

## 4.2 角撑计算

（1）土压力标准值：235.7kN/m；土压力长度：10.7m。

（2）压曲长度：竖向面内计算长度（$L_y$）：38.8m；水平面内计算长度（$L_x$）：11.7m。

（3）截面尺寸（H400×400×13×21）；

组合构件参数：型钢数量为4根。

$W_s = 7898.2$N/m，$A = 87476$mm$^2$，$A_n = 78068$mm$^2$，$W_x = 1329100$mm$^3$，$W_y = 73494267$mm$^3$，$i_x = 174.3$mm，$i_y = 1122.6$mm。

（4）内力计算：

单根型钢施工线荷载$q_1 = 1.6$kN/m；

组合撑施工荷载$q_1 = 6.4$kN/m；

施工荷载弯矩$M_1 = 1.4 \times 6.4 \times 11.7 \times 11.7/8 = 153.3$kN/m。

自重弯矩：

$$M_g = \frac{W_s L_x^2}{8} = \frac{7898 \times 11.7 \times 11.7}{8} \times 1.2 = 162.2 \text{kN} \cdot \text{m}$$

轴力设计值：

$$N = 1.1 \times 1.25 \times 235.7 \times 10.7/\sin 45° = 4904.1 \text{kN}$$

偏心弯矩：

$$M_{ex} = M_{ey} = N \cdot e = 4904 \times 0.04 = 196.2 \text{kN} \cdot \text{m}$$

竖向弯矩：

$$M_x = M_1 + M_g + M_{ex} = 153.3 + 162.2 + 196.2 = 511.7 \text{kN} \cdot \text{m}$$

水平弯矩：$M_y = M_{ey} = 196.2$kN·m

（5）强度验算：

$$\frac{N}{A_n} + \frac{M_x}{\gamma_x W_x} + \frac{M_y}{\gamma_y W_y} = \frac{4904}{78068} + \frac{511.7}{1329100 \times 1.0} +$$

$\frac{196.2}{73494267 \times 1.0} = 104.0 < 295$MPa，强度满足要求。

（6）长细比：

$$\lambda_x = \frac{11700}{174.3} = 67.1$$

$$\lambda_y = \frac{38800}{1122.61} = 34.6$$

$$\lambda_x \sqrt{\frac{f_y}{235}} = 81.0$$

$$\lambda_y \sqrt{\frac{f_x}{235}} = 42.0$$

稳定性系数根据《钢结构设计标准》GB 50017—2017确定。

$$\varphi_x = 0.681, \quad \varphi_y = 0.891。$$

（7）平面内稳定性验算：

$$\frac{N}{\varphi_x A} + \frac{\beta_{mx} M_x}{W_x \left(1 - 0.8 \times \frac{N}{N'_{Ex}}\right)} + \frac{\beta_{ty} M_y}{W_y}$$

$$\leqslant [\sigma] = 128.2 < 295 \text{MPa}$$

（8）平面稳定性验算：

$$\frac{N}{\varphi_y A} + \frac{\beta_{my} M_y}{W_y \left(1 - \frac{N}{N'_{Ey}}\right)} + \frac{\beta_{tx} M_x}{W_x}$$

$$\leqslant [\sigma] = 104.2 < 295 \text{MPa}$$

## 4.3 对撑计算

（1）土压力标准值：235.7kN/m；土压力长度：8.8m。

（2）压曲长度：

竖向面内计算长度（$L_y$）：51.4m；水平面内计算长度（$L_x$）：10.7m。

（3）截面尺寸（H400×400×13×21）：

组合构件参数：型钢数量为4根。

$W_s = 7898.2$N/m，$A = 87476$mm$^2$，$A_n = 78068$mm$^2$，$W_x = 1329100$mm$^3$，$W_y = 73494267$mm$^3$，$i_x = 174.3$mm，$i_y = 1122.6$mm。

（4）内力计算：

单根型钢施工线荷载$q_1 = 1.6$kN/m；

组合撑施工荷载$q_1 = 6.4$kN/m；

施工荷载弯矩$M_1 = 1.4 \times 6.4 \times 10.7 \times 10.7/8 = 128.2$kN/m。

自重弯矩：

$$M_g = \frac{W_s L_x^2}{8} = \frac{7898 \times 10.7 \times 10.7}{8} \times 1.2 = 135.6 \text{kN} \cdot \text{m}$$

轴力设计值：

$$N = 1.1 \times 1.25 \times 235.7 \times 8.8/\sin 90° = 2852 \text{kN}$$

偏心弯矩：

$$M_{ex} = M_{ey} = N \cdot e = 2852 \times 0.05 = 146.6 \text{kN} \cdot \text{m}$$

竖向弯矩：

$$M_x = M_1 + M_g + M_{ex} = 128.2 + 135.6 + 146.6 = 410.5 \text{kN} \cdot \text{m}$$

水平弯矩：$M_y = M_{ey} = 146.6\text{kN} \cdot \text{m}$

（5）强度验算：

$$\frac{N}{A_n} + \frac{M_x}{\gamma_x W_x} + \frac{M_y}{\gamma_y W_y} = \frac{2852}{78068} + \frac{410.5}{1329100 \times 1.0} +$$

$$\frac{146.6}{73494267 \times 1.0} = 69.4 < 295\text{MPa}，强度满足要求。$$

（6）长细比：

$$\lambda_x = \frac{10700}{174.3} = 61.4$$

$$\lambda_y = \frac{51400}{1122.61} = 54.8$$

$$\lambda_x \sqrt{\frac{f_y}{235}} = 74.0$$

$$\lambda_y \sqrt{\frac{f_x}{235}} = 55.0$$

稳定性系数根据《钢结构设计标准》GB 50017—2017确定。

$$\varphi_x = 0.726，\quad \varphi_y = 0.833。$$

（7）平面内稳定性验算：

$$\frac{N}{\varphi_x A} + \frac{\beta_{mx} M_x}{W_x \left(1 - 0.8 \times \frac{N}{N'_{EX}}\right)} + \frac{\beta_{ty} M_y}{W_y}$$

$$\leqslant [\sigma] = 79.5 < 295\text{MPa}$$

（8）平面稳定性验算：

$$\frac{N}{\varphi_y A} + \frac{\beta_{my} M_y}{W_y \left(1 - \frac{N}{N'_{Ey}}\right)} + \frac{\beta_{tx} M_x}{W_x}$$

$$\leqslant [\sigma] = 72.1 < 295\text{MPa}$$

### 4.4　T形传力件抗剪计算

$$\sigma_f = \frac{N}{\sum l_w h_e} = B_f f_w$$

$$l_w = h_f - 2l$$

式中：$l_w$——焊缝计算长度；

$\quad\quad h_f$——角焊缝焊脚尺寸；

$\quad\quad l$——焊缝长度；

$\quad\quad f_w$——坡口焊缝强度设计值。

$$l_w = 300 - 2 \times 8 = 284\text{mm}$$

$$N = l_w f_w h_e = 284 \times 125 \times 8/1000 = 284\text{kN}$$

单个T形传力件剪力极限值取284kN，设计值考虑为200kN。

### 4.5　围檩计算

支撑三角件间围檩净间距最大值为6m，按压弯构件考虑。T形传力件抗剪可以分担围檩轴力，按每个分担200kN计算，设计采用双层T形传力件，计算范围内共27个。

围檩轴力：一般按基坑跨度为31.45m考虑，

$$N_d = 1.1 \times 1.25 \times (31.45 \times 235.7 - 200 \times 27) = 2726.55\text{kN}。$$

围檩弯矩：$M_d = 1.1 \times 1.25 \times 6 \times 6 \times 235.7/8 = 1458\text{kNm}$

三拼围檩（H400×400×13×21）截面参数：面积$A = 58551\text{mm}^2$，$W_x = 14986217\text{mm}^3$；

按压弯构件计算：

$$\sigma = \frac{N_d}{A} + \frac{M_d}{W_x}$$

$$= \frac{2726.55}{58551} \times 1000 + \frac{1458}{14986217} \times 1000000$$

$$= 144.6\text{MPa} < 295\text{MPa}$$

强度满足设计要求。

## 5　基坑降水方案

本工程采用井点降水，共在基坑开挖线外1.5m布置21口降水井，井深30m，平均间距12.0m，降水井井口标高均为48.000m，降水井直径600mm，坑外设置截水沟，每隔30m设置集水井抽水。基坑降水井平面布置图见图7。

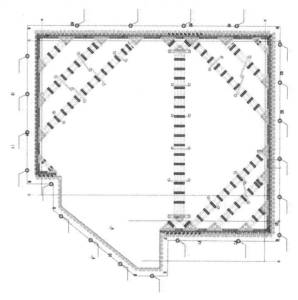

图7　基坑降水井平面布置图

# 6 项目监测方案及监测数据

## 6.1 项目监测方案

基坑监测点平面图见图 8。

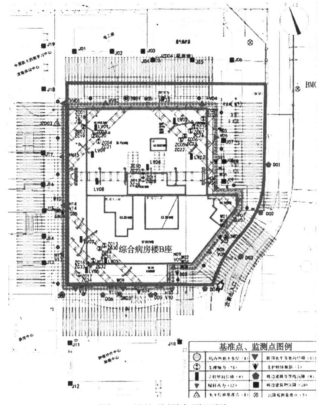

图 8 基坑监测点平面图

## 6.2 监测数据（图 9、图 10）

监测数据来自建设单位提供的监测报告。

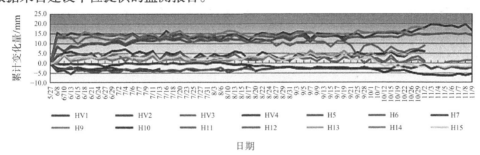

图 9 支护桩顶水平位移累计变化时程曲线图

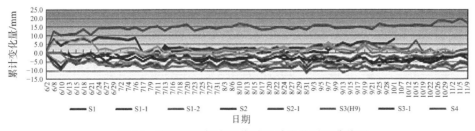

图 10 支护桩深部水平位移累计变化时程曲线图

# 7 施工现场照片（图11～图13）

图11 组合型钢内支撑拼装施工

图12 第一道组合型钢支撑施工完毕

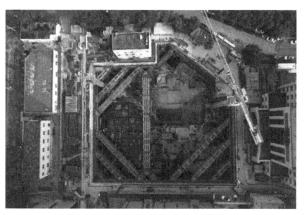

图13 基坑开挖完毕主体结构施工

# 8 问题及经验总结

该项目为组合型钢内支撑支护体系在东北地区的首次应用，组合型钢内支撑相比常规混凝土支撑结构具有施工周期短，支撑安装好后无须养护，基坑可继续开挖；安装及拆除便利，组合型钢支撑通过螺栓连接，支撑拆卸效率高，不同于混凝土支撑需要爆破或者割除拆卸；绿色环保可回收，常规混凝土支撑产生的建筑垃圾难以回收，造成资源浪费等优点。

但是在面对较大型基坑或异型基坑，相对施工工期长的情况时，组合型钢支撑由于通常以租赁的形式使用，造价随主体结构施工工期的增长而提高；同时在周边土体较差或较深的基坑中，组合型钢支撑常规尺寸无法满足承载力要求；抑或在基坑形状复杂时，组合型钢支撑无法满足基坑支护要求，此时则需要设计师根据实际情况对比考虑选用何种支护形式。

# 马场道东侧 A 地块（平安泰达金融中心）项目基坑支护设计工程实录

田　敏[1]　王　磊[1]　任彦华[1]　刘秀凤[1]　王　鹏[1]　周世冲[1]　高　辉[2]

（1. 天津市勘察设计院集团有限公司，天津　300191；
2. 中国建筑第八工程局有限公司华北分公司，天津　300452）

## 1　工程概况

本工程位于天津市河西区，东邻南昌路，南至合肥道，西邻九江路，北侧为马场道。该项目包括 2 栋高层、1 栋商业裙楼及整体连通地下车库。2 栋高层地上部分高度分别为 313m 和 226.3m。两幢塔楼之间连接的 4 层商业裙楼，高 27.85m。基础采用桩筏基础。地下为 5 层，局部 6 层。

基坑形状呈矩形，东西向长约 93m，南北向长约 153m，周长约 490m，面积约 14500m²。基坑不同区域深度详见表 1，地下结构剖面图见图 1。

**基坑不同区域深度**　　　　　表 1

| 区域 | 底板顶面建筑标高 | 底板厚度（含垫层）/mm | 基底建筑标高/m | 开挖深度/m |
|---|---|---|---|---|
| 车库区 | −23.300 | 1200 | −24.500 | 24.25 |
| 公寓塔楼区 | −23.300 | 2700 | −26.000 | 25.75 |
| 写字楼塔楼区 | −23.300 | 3700 | −27.000 | 26.75 |

电梯坑及集水坑等局部深坑最深为 31.05m。

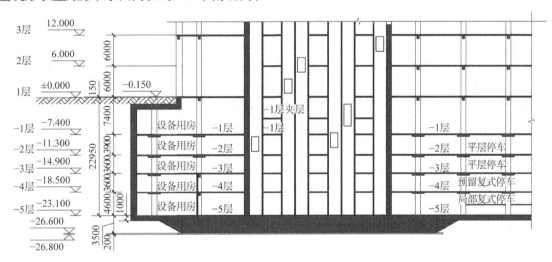

图 1　地下结构剖面图

## 2　周边环境

该基坑周边环境复杂，市政管线众多，周边有高层、多层建筑和地铁运行线路。周边环境见图 2。

基坑北侧：地库外墙距用地红线最近约 3.1m，现场围墙位于红线外 14.3m，围墙外为马场道。东北角为地铁 1 号线小白楼站，地下室外墙距地铁 1 号线隧道外皮为 65.5m，隧道埋深 8m；距离地铁出入口为 44.8m，出入口埋深 6.5m。

基坑东侧：地库外墙距用地红线最近约 3.0m，场地围墙部分区域和红线重合，部分区域在红线外约 3.6m。红线外为市政南昌路，道路以东为天津国际贸易中心（41～57 层），地下 3 层，地下室埋深 13.7m，采用 φ800 钻孔灌注桩桩筏基础。

基坑南侧：地库外墙距离用地红线最近约 4.4m，部分场地围墙位于红线内，地下室外墙距离围墙最近 1.5m，围墙外为合肥道人行便道及绿化，道路下有市政管线，道路南侧为较旧的 6 层砖混结构住宅，天然地基，地库距离住宅最近约 34.3m。

基坑西侧：地库外墙距用地红线最近约 3.1m，

红线外为九江路,道路西侧南端为小白楼综合体 B 地块（2～7 层）,地下 2 层,基础埋深 9.8m,采用 $\phi$700 钻孔灌注桩桩基承台基础；北端为天津国际贸易中心两栋高层（29～32 层）,地下 2 层,地下室埋深 12.0m,采用 $\phi$800 钻孔灌注桩桩筏基础。

四周距离基坑一倍基坑深度范围内分布有燃气、热水、中水、输配、雨污水、电信、供电等多种市政管线,埋深 0.5～4.0m。

图 2  周边环境

## 3  工程地质和水文地质条件

### 3.1  工程地质条件

基坑深度影响范围内主要土层为人工填土层（$Q^{ml}$）杂填土（地层编号①₁）及素填土（地层编号①₂）、全新统上组陆相冲积层（$Q_4^{3al}$）粉质黏土（地层编号④₁）及粉土（地层编号④₂）、全新统中组海相沉积层（$Q_4^{2m}$）粉土（地层编号⑥₃）及粉质黏土（地层编号⑥₄）、全新统下组沼泽相沉积层（$Q_4^{1h}$）粉质黏土（地层编号⑦）、全新统下组陆相冲积层（$Q_4^{1al}$）粉质黏土（地层编号⑧₁）、上更新统第五组陆相冲积层（$Q_3^{eal}$）粉质黏土（地层编号⑨₁）及粉土、粉砂（地层编号⑨₂）、上更新统第四组滨海潮汐带沉积层（$Q_3^{dmc}$）粉砂（地层编号⑩₂）、上更新统第三组陆相冲积层（$Q_3^{cal}$）粉质黏土（地层编号⑪₁）及粉质黏土、黏土（地层编号⑪₃）、粉土（地层编号⑪₄）、上更新统第二组海相沉积层（$Q_3^{bm}$）粉土、粉砂（地层编号⑫₂）及黏土（地层编号⑫₃）。

典型地质剖面图见图 3,各土层物理力学指标详见表 2。

各土层物理力学指标                表 2

| 层号 | 参数 | | | | | | | | | |
|------|------|------|------|------|------|------|------|------|------|------|
| | 土层名称 | $w$/% | $\gamma$/（kN/m³） | $e$ | $I_P$ | $I_L$ | $c_q$/kPa | $\varphi_q$/° | $c_c$/kPa | $\varphi_c$/° | 渗透性 |
| ①₁ | 杂填土 | — | 18.0 | — | — | — | — | — | — | — | 微透水 |
| ①₂ | 素填土 | 28.9 | 19.2 | 0.835 | 15.4 | 0.64 | 12.83 | 15.90 | 13.80 | 16.96 | 微透水 |
| ④₁ | 粉质黏土 | 27.7 | 19.5 | 0.793 | 14.8 | 0.58 | 14.95 | 13.12 | 20.77 | 18.74 | 弱透水 |
| ④₂ | 粉土 | 23.1 | 20.1 | 0.649 | 8.6 | 0.49 | 8.24 | 25.56 | 8.81 | 29.03 | 弱透水 |
| ⑥₃ | 粉土 | 24.0 | 19.8 | 0.686 | 8.8 | 0.65 | 6.97 | 30.36 | 7.47 | 30.72 | 微透水 |
| ⑥₄ | 粉质黏土 | 26.1 | 19.6 | 0.740 | 11.7 | 0.77 | 11.52 | 21.48 | 12.47 | 22.29 | 极微透水 |
| ⑦ | 粉质黏土 | 24.0 | 20.1 | 0.674 | 12.3 | 0.60 | 11.50 | 16.35 | 16.45 | 17.12 | 极微透水 |

| 层号 | 土层名称 | 参数 | | | | | | | | | |
|---|---|---|---|---|---|---|---|---|---|---|---|
| | | $w/\%$ | $\gamma/$ (kN/m³) | $e$ | $I_P$ | $I_L$ | $c_q/kPa$ | $\varphi_q/°$ | $c_c/kPa$ | $\varphi_c/°$ | 渗透性 |
| ⑧₁ | 粉质黏土 | 23.7 | 20.1 | 0.671 | 13.1 | 0.48 | 15.64 | 16.95 | 22.02 | 17.66 | 极微透水 |
| ⑨₁ | 粉质黏土 | 23.7 | 20.2 | 0.668 | 13.3 | 0.45 | 22.60 | 17.57 | 28.95 | 20.90 | 中等透水 |
| ⑨₂ | 粉土、粉砂 | 18.6 | 20.7 | 0.540 | 7.8 | 0.23 | 5.00 | 29.83 | 7.49 | 32.47 | 中等透水 |
| ⑩₂ | 粉砂 | 18.1 | 20.8 | 0.532 | — | — | 4.82 | 31.73 | 5.69 | 33.16 | 极微透水 |
| ⑪₁ | 粉质黏土 | 23.2 | 20.1 | 0.665 | 14.0 | 0.42 | 26.80 | 16.97 | 33.78 | 18.14 | 中等透水 |
| ⑪₁ₜ | 粉土 | 20.6 | 20.3 | 0.602 | 8.1 | 0.49 | 3.50 | 31.77 | 5.61 | 32.02 | 极微透水 |
| ⑪₃ | 粉质黏土、黏土 | 24.9 | 19.9 | 0.712 | 15.6 | 0.36 | 27.62 | 16.81 | 32.75 | 18.72 | 中等透水 |
| ⑪₄ | 粉土 | 21.3 | 20.3 | 0.606 | 8.2 | 0.37 | 2.20 | 28.30 | 3.18 | 30.48 | 中等透水 |
| ⑫₂ | 粉土、粉砂 | 20.7 | 20.2 | 0.608 | 7.9 | 0.41 | 4.18 | 30.09 | 5.01 | 33.06 | 极微透水 |

图 3　典型地质剖面图

## 3.2　场地水文地质条件

根据本场地地层分布特性及区域水文地质条件，本场地埋深 58.00m 范围内可划分为一个潜水含水层和两个承压含水层，划分的三个含水层如下：

1）潜水含水层

主要指埋深约 14.50m 以上人工填土层（Qml）、全新统上组陆相冲积层（Q₄³al）及全新统中组海相沉积层（Q₄²m），均视为潜水含水层。含水介质颗粒较细，水力坡度小，地下水径流十分缓慢。排泄方式主要有蒸发、人工开采和向下部承压水体渗透。

勘察期间测得场地地下潜水水位如下：

初见水位埋深 2.50～3.00m，相当于标高 0.73～0.29m。

静止水位埋深 1.20～2.10m，相当于标高 1.56～1.47m。

表层地下水属潜水类型，主要由大气降水补给，以蒸发形式排泄，水位随季节有所变化。一般年变幅为 0.50～1.00m。

埋深约 14.50～25.00m 段全新统下组沼泽相沉积层（Q₄¹h）粉质黏土（地层编号⑦）、全新统下组陆相冲积层（Q₄¹al）粉质黏土（地层编号⑧₁）及上更新统第五组陆相冲积层（Q₃ᵈmc）粉质黏土（地层编号⑨₁）属极微透水—微透水层，可视为潜水含水层与其下承压含水层的相对隔水层。

2）第一承压含水层

埋深约 25.00～31.50m 段的上更新统第五组陆相冲积层（$Q_3^{e}al$）粉土、粉砂（地层编号⑨$_2$）、上更新统第四组滨海潮汐带沉积层（$Q_3^{d}mc$）粉砂（地层编号⑩$_2$）透水性好，可视为第一承压水含水层。埋深约 31.50～48.50m 段的上更新统第三组陆相冲积层（$Q_3^{e}al$）粉质黏土（地层编号⑪$_1$）及粉质黏土、黏土（地层编号⑪$_3$）透水性较差，可视为第一承压含水层的相对隔水底板、第二承压含水层的相对隔水顶板。根据本场地抽水试验结果，该承压水水头大沽标高约为 −0.940m。

3）第二承压含水层

埋深约 48.50～58.00m 段的上更新统第三组陆相冲积层（$Q_3^{e}al$）粉土（地层编号⑪$_4$）、上更新统第二组海相沉积层（$Q_3^{b}m$）粉土、粉砂（地层编号⑫$_2$）透水性好，可视为第二承压水含水层。埋深约 58.00～71.00m 段的上更新统第二组海相沉积层（$Q_3^{b}m$）黏土（地层编号⑫$_3$）、上更新统第一组陆相冲积层（$Q_3^{a}al$）粉质黏土（地层编号⑬$_1$）透水性较差，可视为第二承压含水层的相对隔水底板。根据本场地承压水水位观测孔观测结果，该承压水水头大沽标高约为−1.040m。

# 4 设计方案分析

## 4.1 基坑支护的重难点

1）基坑深度大、安全等级高

本工程地处核心商务区，基坑面积约14500m²，大面积开挖深度为 24.25～26.75m，局部深坑最大开挖深度为 31m。场地周边均为市政道路，周边市政管线分布密集，天然气管、热水管等对变形敏感，基坑围护设计和施工须将其对环境的影响控制在环境承受范围之内。

2）水文地质条件复杂

场地深层埋藏有深厚承压含水层，第一承压含水层埋深约 25.0m，第二承压含水层埋深约48.5m。基坑开挖深度为 24.25～26.75m，局部深31m，坑底已位于第一承压水层内。本基坑的开挖必须依靠大降深或将相应承压层隔断等措施以保

证基坑稳定与施工安全。必须采取可靠的止水方案减小深基坑长时间降水对周边环境的影响。

塔楼内的电梯坑及集水坑深31m，坑底抗突涌安全系数低，风险大，如何处理保证基坑的顺利开挖关系重大。

3）主体结构对支撑体系的影响大

主塔楼与裙楼之间的结构厚度变化大，围护墙加内支撑体系布置要考虑上述不利影响，以满足其地下结构大空间施工的要求。塔楼和裙楼底板间的后浇带闭合时间及何时能彻底关闭降水井等关键问题。

4）超深基坑施工难度大

基坑开挖深度大，大面积开挖深度达 24.25～26.75m，最大开挖深度达 31m，施工周期长，基坑开挖不利因素出现的概率也较多，加上其所处的地理位置的水文及地质条件十分复杂，存在一定的工程风险。另外基坑所处的位置周边施工作业面紧张，这也给施工过程带来了很大的难度。如何合理利用场地成为相关单位亟需解决的问题。

## 4.2 整体支护方案选型

基坑大面积开挖深度达 24.25～26.75m，根据《建筑基坑工程监测技术标准》GB 50497—2019，基坑类别为一级，支护结构（地下连续墙）深层水平位移监测报警值为 40～50mm；根据《天津市轨道交通地下工程质量安全风险控制指导书》，一级基坑支护结构最大水平位移 ≤ 0.14%$H$，且 ≤30mm。考虑基坑深度较深，周边环境复杂，以围护结构变形值为 30mm 为控制值进行设计，采用地下连续墙（两墙合一）＋四道内支撑的支护方案，地下连续墙内设 300mm 厚钢筋混凝土内衬墙。

## 4.3 地下连续墙的设计

车库部分的基坑按照 24.25m（1-1 剖面）进行支护体的设计；塔楼在西北角及南侧距离基坑边界较近，为 2.9～12.0m，塔楼范围基坑坑深按照25.75m 及 26.75m（2-2 剖面）进行设计，在塔楼与地下连续墙之间采取加固措施，加固措施见第 4.4节。最终确定 1-1 剖面地下连续墙厚度为 1000mm；2-2 剖面地下连续墙厚度为 1200mm。地下连续墙分区平面详见图 4。

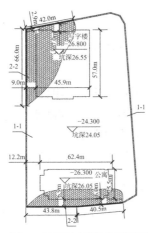

图 4　地下连续墙分区平面

## 4.4　水平支撑体系设计

两个塔楼的主体优先施工,塔楼的框架柱剪力墙内均设有型钢。为了实现空间最大化,采用对撑结合环撑的平面支撑形式。水平支撑平面布置图详见图 5,支撑剖面详见图 6。

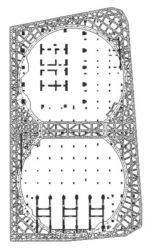

图 5　水平支撑平面布置图

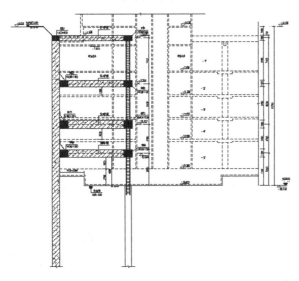

图 6　支撑剖面

## 4.5　公寓及写字楼部位基坑加强处理措施

为了减小地下连续墙墙身变形及受力,利用塔楼与地下连续墙间的空间,加设宽度 800mm 素混凝土加强带,设置在每幅地下连续墙接缝处。

## 4.6　局部深坑支护设计

电梯坑及电梯集水坑最深达 5m,由于两个塔楼处工程桩密集,为了减小局部深坑的开挖对工程桩的影响,对电梯坑及电梯集水坑采用多排高压旋喷桩重力式挡墙的支护方案。

## 4.7　止水方案设计(地下连续墙墙长选择)

针对第二承压含水层,车库区域坑底抗突涌稳定性满足规范要求,塔楼区域及局部深坑区域坑底抗突涌稳定性不满足规范要求,采用地下连续墙隔断⑪₄层粉土及⑫₂层粉土,地下连续墙墙长57.5m。

## 4.8　关键节点设计

1)地下连续墙防渗漏技术措施

(1)槽段间采用 H 形钢接头,为避免接头位置可能出现的局部渗漏,首先在基坑开挖前先进行渗漏检测,在接缝有缺陷的部位设置 RJP 进行封堵处理,并非在地下连续墙每个接头部位采用高压旋喷桩封堵。

(2)在地下连续墙内侧设置通长的内衬钢筋混凝土墙,即在地下连续墙内侧一定距离处设置一道钢筋混凝土衬墙。地下连续墙与内衬墙设置卷材防水。

(3)地下连续墙在与顶板及底板接缝位置采用留设止水条、刚性止水片等措施以解决接缝防水问题。

2)支撑杆件避让塔楼立柱

对于支撑与主体竖向受力结构构件有冲突的部位,采用开洞并加大支撑截面的处理方案,具体详见图 7。

图 7 支撑杆件开洞图

# 5 基坑降水专项设计

本工程降水井全部采用钢管井。降水井按照"浅抽密布"的原则布置，在降水运行过程中按照"按需降水、分层降水"的原则疏干坑内潜水，从而达到最大限度地减少抽水量的目的。

## 5.1 基坑降水系统设计

基坑内共布置 76 口疏干井，坑外设置 28 口观测井。降排水系统竖向相对关系见图 8。

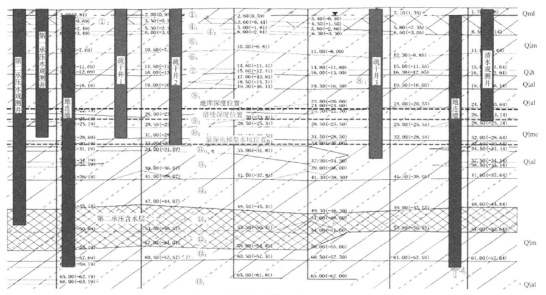

图 8 降排水系统竖向相对关系

## 5.2 降水对周边环境的影响分析

根据场地地层特征，建立三维空间上的非均质各向异性水文地质概念模型（图 9），分析基坑降水对周边环境的影响（图 10）。

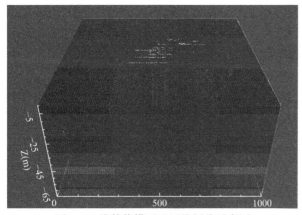

图 9 三维数值模型及网格划分示意图

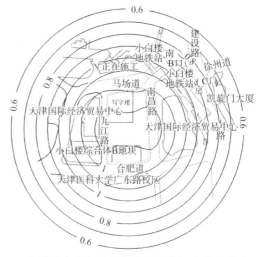

图 10 疏干降水引起的基坑内外地表沉降曲线分布云图
（单位：mm）

在基坑止水体系不发生渗漏的情况下，当基坑内土层被疏干时，基坑周边 50m 范围内由于水头下降造成的坑外地表沉降值为 0.6～1.2mm。地铁 1 号线小白楼地铁站附近地表沉降值为 0.6～1.0mm。

# 6 施工栈桥及挖土平台设计

为提高土方开挖效率，结合施工现场布置，设置了施工栈桥与挖土平台，将施工栈桥与第二道第三道支撑相结合，实现了"两桥四岛"式栈桥体系，详见图 11。栈桥施工荷载按照 20kPa 进行控制。

图 11 施工栈桥布置图

# 7 基坑外空洞探测及加固措施

## 7.1 现状概述

场地南侧存在较厚杂填土，桩基施工期间该区域出现大面积地面塌陷（图 12）。

图 12 桩基施工时南侧地面塌陷

为进一步探明南侧基坑外的地质是否存在空洞，采用集团专利电阻率成像法对地下连续墙南侧进行物探检测。

## 7.2 电阻率成像探测及结果分析

1）电阻率成像探测（图 13～图 16）

在基坑南侧布置 5 条电法测线，5 条测线互相平行。

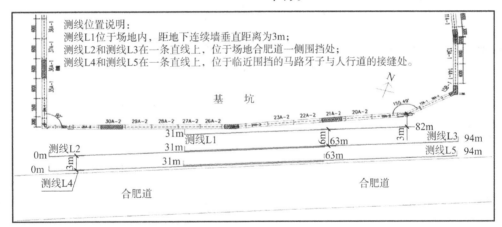

图 13 物探测线位置于地下连续墙相对平面关系

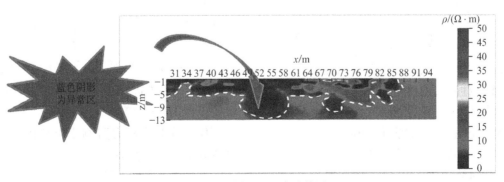

图 14 L1 剖面电阻率成像图

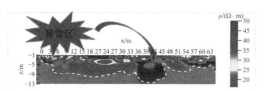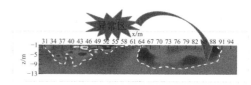

图 15　L2、L3 剖面电阻率成像图

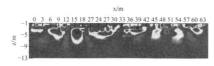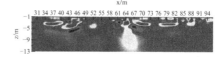

图 16　L4、L5 剖面电阻率成像图

2）探测结论

本次电阻率成像探测，覆盖了基坑南侧距地下连续墙垂直距离 3～12m 的范围，共观测得到 5 条电阻率成像剖面，探测深度 13m 范围内的异常情况。

整体来看，测线 L1～L3 电阻率成像剖面的异常区域较大，形态大致相同，低阻异常区域土层被水充填，高阻异常区域缺水，其中距地下连续墙较近的测线 L1 的富水区范围较大，远离地下连续墙方向剖面电阻率值成逐渐升高趋势，土层含水量逐渐降低。

## 7.3　处理措施

最终确定采取水泥土搅拌桩＋注浆组合加固方式对富水区进行处理（图 17）。具体做法：

（1）根据物探揭示的富水区范围，外围采用 10～15m 深 $\phi$700@500 两排水泥土搅拌桩进行封闭加固；

（2）搅拌桩封闭范围内采用注射水泥浆加固，注射孔间距 1.5m 梅花形布置。

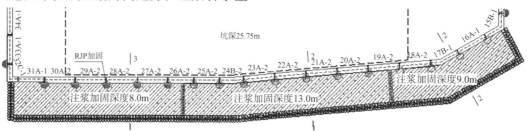

图 17　加固处理平面布置图

# 8　基坑监测数据分析

截止本项目基坑监测工作结束，各项监测数据累计变形如下：

1）地下连续墙墙顶水平位移监测

地下连续墙墙顶水平位移监测变化范围为 2.2～7.9mm，最大值未超过报警值 25mm。

2）地下连续墙墙顶垂直位移监测

地下连续墙墙顶垂直位移监测变化范围为 8.4～14.9mm，最大值未超过报警值 20mm。

3）支撑立柱垂直位移监测

支撑立柱垂直位移监测变化范围为 14.6～23.7mm，最大值未超过报警值 30mm。

4）周围地表及管线沉降监测

管线平均沉降值为 12.1mm，周边地表平均沉降值为 16.4mm，局部位置基坑外地表沉降及管线沉降值达到了 34.0mm，出现的位置与地下连续墙深层位移较大位置吻合，都出现在支撑刚度小的范围内。

5）坑外水位监测

坑外承压水水位下降值最大为 897mm，坑外潜水水位下降值最大为 837mm。

6）周围建筑物沉降监测

周围建筑物沉降监测变化范围为 -5.9～0mm，累计量为 -5.9mm，最大值未超过报警值 30mm。

7）地下连续墙深层水平位移（测斜）监测

地下连续墙深层水平位移（测斜）值详见表 3。

8）支撑轴力监测

第一道支撑轴力监测变化范围为 -7611.2～-1235kN，报警值 8800kN。

第二道支撑轴力监测变化范围为 -15243.5～-2189.2kN，报警值 20800kN。

第三道支撑轴力监测变化范围为−20955.2～−3432.5kN，报警值26500kN。

第四道支撑轴力监测变化范围为−19082.3～−3407.3kN，报警值26500kN。

9）建筑物倾斜监测

建筑物倾斜监测变化范围为0.01‰～0.11‰，报警值2.5‰。

地下连续墙深层水平位移（测斜）统计表     表3

| 点号 | 坑内最大水平位移/mm | 对应深度/m | 点号 | 坑内最大水平位移/mm | 对应深度/m |
|---|---|---|---|---|---|
| CX1 | 35.43 | 23 | CX6 | 35.17 | 21 |
| CX2 | 34.35 | 22 | CX7 | 37.44 | 21 |
| CX3 | 38.55 | 21 | CX8 | 38.23 | 21 |
| CX4 | 31.39 | 21 | CX9 | 32.72 | 21 |
| CX5 | 38.89 | 21 | CX10 | 37.55 | 20 |

## 9 工程总结和实施效果

（1）该项目支护结构水平变形按30mm作为控制值进行设计，地下连续墙各深层水平位移监测点实测最大值均超过30mm，60%深层水平位移监测点实测最大值超过35mm，最大值近39mm；支撑轴力监测值均未达到报警值（计算值的80%）。监测数据说明设计时支撑刚度偏大。

（2）个别位置基坑外地表沉降及管线沉降超过预警值，主要是由于地下连续墙深层水平位移引起的。

（3）项目施工过程中，周边地下管线或邻近建筑物（构筑物）未出现由于基坑变形引起破坏的现象。因此，在复杂的环境条件下，超深基坑工程围护结构墙身变形控制值可突破30mm。

（4）地下连续墙和立柱隆起量明显，墙身隆起量最大17mm，平均13.2mm，约为基坑开挖深度的0.6%，立柱隆起量最大26.7mm，平均22.5mm，接近基坑开挖深度的0.1%。基坑中部立柱隆起量大于基坑周边立柱隆起量。

（5）栈桥设计是超深基坑支护设计的必要组成部分，应结合支撑布置、土方开挖施工组织等确定栈桥的形式。

# 绿荫里项目基坑支护设计工程实录

吴　刚　任彦华　刘秀凤　周世冲　崔　昭

（天津市勘察设计院集团有限公司，天津　300191）

## 1　工程概况

天津市南开区绿荫里项目为商业、住宅混合的大型综合体项目，建筑面积超 50 万 m²。整体地下三层，南侧局部地下二层。基坑周长约 1280m，面积约 88000m²，东西向、南北向长度均超过 300m。地下二层开挖深度达 11.35m，地下三层开挖深度达到 15.75m，属超大面积深基坑工程。

绿荫里项目位于天津市南开区水上公园北路、卫津路、天塔道、水上公园东路所围的地块内。现场情况极为复杂，四周均邻近道路，道路下方密布管线。北侧为已运营的地铁 3 号线区间及天塔站，距离本项目地下室最近为 11.0m，而且地下室深度与天塔地铁站及区间深度相当。地铁结构的变形要求高，是基坑支护设计的重点考虑因素。场地东北角为合生国际公寓项目（待建），平面示意图详见图 1。

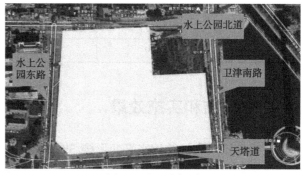

图 1　平面示意图

北侧水上北路下方为地铁 3 号线的区间及天塔站。天塔站为地下两层车站，深度为地表下 18.0m 左右，围护结构采用刚度大、止水性好的地下连续墙。地铁区间在水上北路下方，地铁站出入口及风亭已在本项目场地内，地下室外墙距离地铁区间为 13.6～18.5m，距离车站主体为 11.0～13.1m。具体详见图 2、图 3。

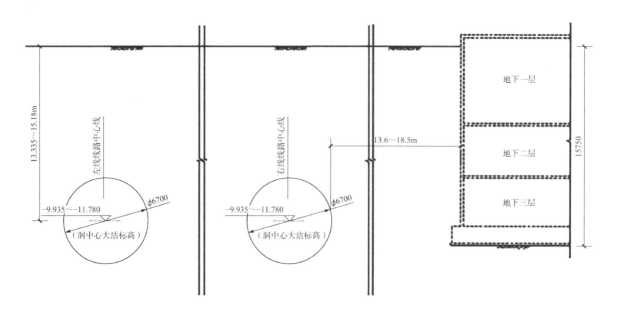

图 2　地铁 3 号线区间与地下室关系

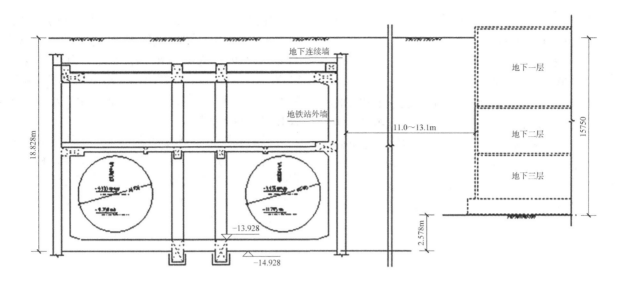

图3 地铁3号线天塔站与地下室关系

# 2 工程地质、水文地质条件

## 2.1 工程地质条件

根据《天津市岩土工程技术规范》DB/T 29-20—2017第3.2条、附录A及本次勘察资料，该场地埋深45.00m范围内，地基土按成因年代可分为以下7层，按力学性质可进一步划分为15个亚层（表1）。

各层土物理力学性质表　　　　　　表1

| 层号 | 土层 | $\gamma$/（kN/m³） | $w$/% | $I_P$ | $I_L$ | $\varphi$/° | $c$/kPa |
|---|---|---|---|---|---|---|---|
| ①₁ | 杂填土 | 17.0 | — | — | — | 12 | 8 |
| ①₂ | 素填土 | 19.3 | 31.78 | 17.8 | 0.51 | 10 | 12 |
| ④₁ | 粉质黏土 | 19.4 | 29.65 | 13.6 | 0.75 | 13.69 | 18.05 |
| ⑥₁ | 粉质黏土 | 19.1 | 30.74 | 13.3 | 0.94 | 14.86 | 13.91 |
| ⑥₄ | 粉质黏土 | 19.3 | 29.91 | 12.9 | 0.89 | 17.55 | 14.5 |
| ⑦ | 粉质黏土 | 20.0 | 26.11 | 13.9 | 0.63 | 14.47 | 16.0 |
| ⑧₁ | 粉质黏土 | 19.9 | 25.11 | 13.5 | 0.51 | 18.78 | 14.48 |
| ⑧₂ | 粉土 | 20.3 | 22.78 | 8.8 | 0.87 | 30.19 | 10.09 |
| ⑨₁₋₁ | 粉土 | 20.3 | 23.06 | 8.9 | 0.93 | 27.42 | 12.48 |
| ⑨₁ | 粉质黏土 | 19.7 | 26.97 | 13.4 | 0.64 | 17.7 | 21.49 |
| ⑨₂ | 粉土 | 20.4 | 21.99 | 8.8 | 0.84 | 32.41 | 8.85 |
| ⑪₁ | 粉质黏土 | 20.1 | 24.11 | 13.8 | 0.42 | 17.18 | 21.82 |
| ⑪₂ | 粉土、粉砂 | 20.4 | 21.83 | 9.2 | 1.07 | 32.95 | 6.99 |
| ⑪₃ | 粉质黏土 | 20.0 | 25.0 | 16.5 | 0.31 | 17.37 | 21.26 |
| ⑪₄ | 粉砂 | 20.4 | 21.64 | 8.9 | 0.44 | 32.96 | 6.91 |

注：表中粉土$c$、$\varphi$值为固快指标标准值，粉质黏土及黏土的$c$、$\varphi$值为直快指标标准值。

## 2.2 水文地质条件

1）潜水

勘察期间测得场地地下潜水水位如下：

初见水位埋深2.70～3.40m，相当于标高0.79～0.17m。静止水位埋深2.20～2.80m，相当于标高1.66～1.15m。

表层地下水属潜水类型，主要由大气降水补

给，以蒸发形式排泄，水位随季节有所变化。一般年变幅为 0.50～1.00m。

2）承压水

（1）第一承压含水层

埋深为 21.00～33.00m 的全新统下组陆相冲积层粉土（地层编号⑧₂）、上更新统第五组陆相冲积层粉土（地层编号⑨₁₋₁）、粉土（地层编号⑨₂）可视为第一承压含水层。其下埋深为 33.00～38.00m 的上更新统第三组陆相冲积层粉质黏土、黏土（地层编号⑪₁）可视为第一承压含水层的相对隔水底板。

（2）第二承压含水层

埋深为 38.00～54.50m 的上更新统第三组陆相冲积层粉土、粉砂（地层编号⑪₂）、粉砂（地层编号⑪₄）可视为第二承压含水层。其下埋深为 54.00～57.00m 的上更新统第二组海相沉积层粉质黏土、黏土（地层编号⑫₁）可视为第二承压含水层的相对隔水底板。

根据我院在本场地布置的第二承压水观测井观测资料及场地附近我院所做抽水试验资料（动物园地铁站）结合区域水文地质资料综合确定，第一承压水水头大沽标高约为−0.10m，第二承压水水头大沽标高约为−0.40m。

土层分布及含水层划分详见图4。

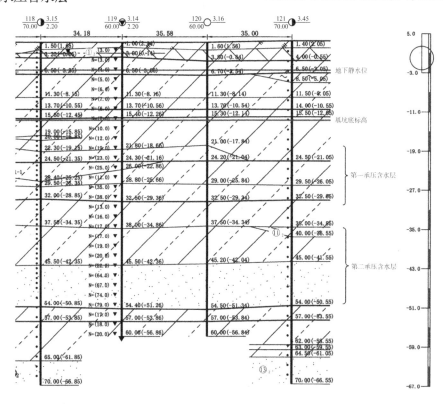

图4　土层分布及含水层划分

根据室内试验结合各层土性质，提供埋深45.00m 以上各层土渗透系数及渗透性情况（表2）。

**45m 以上各层土渗透系数及渗透性情况　表2**

| 地层编号 | 岩性 | 垂直渗透系数$K_V$/（cm/s） | 水平渗透系数$K_H$/（cm/s） | 渗透性 |
|---|---|---|---|---|
| ①₂ | 素填土 | $3.46 \times 10^{-6}$ | $4.71 \times 10^{-6}$ | 微透水 |
| ④₁ | 粉质黏土 | $4.53 \times 10^{-6}$ | $5.27 \times 10^{-6}$ | 微透水 |
| ⑥₁ | 粉质黏土 | $2.90 \times 10^{-6}$ | $4.00 \times 10^{6}$ | 微透水 |
| ⑥₄ | 粉质黏土 | $4.84 \times 10^{-6}$ | $5.71 \times 10^{-6}$ | 微透水 |
| ⑦ | 粉质黏土 | $2.50 \times 10^{-7}$ | $1.65 \times 10^{-7}$ | 不透水 |
| ⑧₁ | 粉质黏土 | $3.79 \times 10^{-6}$ | $4.84 \times 10^{-6}$ | 微透水 |

续表

| 地层编号 | 岩性 | 垂直渗透系数$K_V$/（cm/s） | 水平渗透系数$K_H$/（cm/s） | 渗透性 |
|---|---|---|---|---|
| ⑧₂ | 粉土 | $5.22 \times 10^{-5}$ | $6.46 \times 10^{-5}$ | 弱透水 |
| ⑨₁₋₁ | 粉土 | $5.33 \times 10^{-5}$ | $6.46 \times 10^{-5}$ | 弱透水 |
| ⑨₁ | 粉质黏土 | $4.58 \times 10^{-6}$ | $5.48 \times 10^{-6}$ | 微透水 |
| ⑨₂ | 粉土 | $2.08 \times 10^{-5}$ | $3.35 \times 10^{-5}$ | 弱透水 |
| ⑪₁ | 粉质黏土 | $3.36 \times 10^{-6}$ | $4.21 \times 10^{-6}$ | 微透水 |
| ⑪₂ | 粉土、粉砂 | $1.59 \times 10^{-5}$ | $4.55 \times 10^{-4}$ | 弱透水 |
| ⑪₃ | 粉质黏土 | $2.15 \times 10^{-6}$ | $6.02 \times 10^{-6}$ | 微透水 |
| ⑪₄ | 粉砂 | $2.89 \times 10^{-5}$ | $3.24 \times 10^{-4}$ | 弱透水 |

## 3 基坑支护设计方案分析

### 3.1 基坑工程重难点

本工程基坑面积约为88000m²，南北向、东西向长度均约为300m，整体地下三层，南侧局部地下二层，开挖深度最大达到15.75m，属超大面积深基坑工程。深基坑工程实施过程中受到基坑开挖、降水以及施工动载等许多不确定因素的影响，存在较大的风险性。

本场地浅层分布有较厚的人工填土及粉质黏土，深层埋藏有与基坑基底距离较近的承压含水层。复杂的工程地质、水文地质条件是本基坑工程设计中必须重点考虑并给予妥善处理的问题。

本项目位于天津市南开区核心天塔及水上公园区域，现场情况复杂。四周均邻近道路，基坑北侧为投入运营的地铁3号线，而且地下室深度与地铁站深度相当。在基坑的开挖过程中，由于开挖扰动、地层损失和固结沉降等因素会引起地层产生移动和变形，导致附存于地层中的既有地铁车站及隧道结构随之发生移动和变形，进而引起车站结构受力的变化，与车站主体结构相关联的重要结构物也将发生移动和变形。因此，既有地铁车站结构变形的有效控制是选择其周边工程地下围护结构及施工工序的关键。

### 3.2 整体设计思路

本工程基坑周边环境复杂，深度深，开挖面积大，工期要求紧，施工影响因素较多，因此必须选择一种既能确保地铁工程安全运营，同时又不影响其他相邻道路及管线安全的基坑围护方案。基坑支护结构的设计，不仅关系到基坑本身和周边建（构）筑物的安全，而且直接影响着土方开挖以及地下结构施工的安全。基坑支护结构是个系统工程，不仅要保证结构受力合理、稳定，而且要保证施工质量，满足方便施工、节省成本的要求。

基于以上原则，考虑本基坑工程的重难点，北侧地铁站及区间结构的保护是基坑支护设计的重中之重，为确保其安全，根据中国铁路设计集团有限公司出具的绿荫里基坑支护设计对天津地铁3号线的安全评估报告，并经过天津市建设科学技术委员会及地铁公司先后30余次的专家评审，确定了如下基坑支护及地铁保护设计方案：

根据地铁站及区间的位置，结合基坑平面形状，整个基坑划分为三个区。施工顺序先远地铁，后近地铁，按相邻基坑不同时开挖的原则进行划分，原则上先期施工基坑，待地下结构全部完工后，方可施工相邻基坑。本基坑分期分仓进行支护开挖，地下室北侧由北向南划分约30m的一个条带作为三期，东北角主塔楼区域作为二期，余下南侧大部分作为一期。按照一期、二期、三期的顺序施工，每期地下室结构施工完成后方可开挖下一期。基坑分期支护开挖示意图见图5。

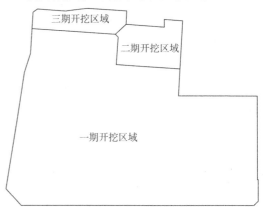

图5 基坑分期支护开挖示意图

### 3.3 基坑支护设计及地铁保护专项措施

（1）本基坑分期分仓进行支护开挖，地下室北侧由北向南划分约30m的一个条带作为三期，东北角主塔楼区域作为二期，余下南侧部分作为一期。待南侧一期地下室施工结构至地下室二层顶板，拆除支撑后，东北角主塔楼区域作为二期开始开挖，主塔楼区域施工至地下室二层顶板，拆除支撑后，最后施工三期的北侧条带。本项目基坑面积超大，深度深，垂直地铁的方向超过300m，采用分期分仓支护，可以使大面积开挖的基坑远离地铁，最大限度地减小超大深基坑施工时的时空效应对地铁的影响。而邻近地铁的小面积基坑与地铁关联的范围小，其开挖对地铁的影响相对较小，同时便于快速的应急抢险。

（2）出于对地铁站及区间的保护，本工程基坑北侧邻近地铁车站及区间范围采用刚度大、控制变形能力强的地下连续墙进行支护。其余三侧场地周边环境条件相对宽松，采用钻孔灌注桩结合止水帷幕的围护形式。一期、二期及三期分界支护结构采用地下连续墙。

（3）一期地下三层区域基坑深度15.75m，地下二层区域深度11.35m，分期支护后，一期地下室距离北侧的地铁站及区间相对较远，采用两道水平内支撑。二期和三期地下室距离地铁站及区间相对较近，为控制支护体的变形以保护地铁站及区间，均采用三道水平内支撑。考虑到本工程的形状以及规模，选择对撑与角撑结合的支撑形式。对撑与角撑的支撑形式具有如下优点：①受力明确。对撑基本上控制了基坑中部围护体的变形，角部区域设置角撑约束，增加支撑刚度，有利于控制短边跨中基坑变形。此种支撑体系，各个区域的受力明确，且受力体系相对独立。②分段施工、流水作业。对撑、角撑受力相对独立，可实现分块抽条开挖，并且每个分块支撑形成并达到设计强度后即可继续向下开挖，满足拆撑条件时可局部拆除支撑，增加了施工的灵活性，加快了整体施工进度。③基坑南北向、东西向长度均超过300m，距离超长，土方开挖量达到约150万 m³，周边环形施工道路不能完全满足施工工期的要求，便于土方挖土，施工材料、机械以及人员的运输布置，将南北向的两道对撑和东西向的一道对撑设计为施工栈桥，极大地便利了施工，节省了工期。

（4）本工程基坑深度大，止水帷幕需隔断第一微承压水层，其埋深较大，止水帷幕需要施工至地表以下约35m，常规的三轴水泥土搅拌桩施工深度无法满足要求，因此采用水泥土地下连续墙（CSM及TRD）作为止水帷幕（图6）。最大程度减少地下连续墙可能的渗漏水对周边环境的影响。

基坑降水为疏干基坑内开挖深度的潜水，为基坑开挖创造了干作业条件。降低坑内土体含水量，提高坑内土体强度。同时在局部深坑部位设置应急减压井，本着按需降水的原则，控制承压水水头降至满足坑底抗突涌要求的高度，保证基坑的顺利开挖。

（5）在北侧地下连续墙外侧与地铁隧道区间及地铁站之间设置三排微扰动注浆孔，当地铁变形超过报警值时，即启动双液微扰动注浆加固作业，以控制地铁变形。

（6）本项目除正常的基坑监测以外，还进行了绿荫里项目地铁3号线保护区专项监测。专项监测采用全自动化监测，并与基坑监测数据相结合。通过监测工作的实施，掌握项目施工过程中地铁结构的变化，为各方提供及时可靠的数据，为评定施工对地铁3号线结构和轨道的影响，判断地铁3号线结构安全和运营安全状况提供依据，确保天津地铁3号线的正常运营。

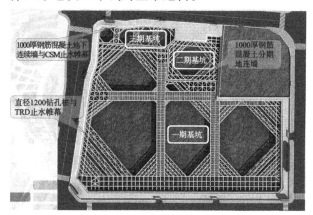

图6 基坑支护设计平面布置图

# 4 基坑开挖对邻近地铁结构影响分析

车站周边施工环境复杂，建筑物、构筑物密集，自然地质环境多变，人们对工程环境问题的研究，更多为经验性判断，而基础理论数字化、模型化的成果不多。如建筑物基坑施工对其邻近结构的影响，采用经验判断，结果则难以满足使用要求，特别是考虑既有地铁结构保护区范围内新建工程对其影响时，如果不能系统地评估周边工程对既有地铁车站带来的潜在危险，则经济损失及社会影响难以估计。因此，正确评估周边工程，尤其是大型基坑对周边环境的安全性影响意义重大。

本次分析计算的主要对象为天津地铁3号线天塔站车站结构、区间结构的受力及变形，其主要特点为：

（1）天津地铁3号线天塔站已建成并投入使用，为了保证其正常运营，允许结构变形极小。

（2）绿荫里项目基坑开挖面积大，且距离天塔站主体结构很近，当基坑开挖后天塔站结构周边土体卸载，应力重新分布，使得天塔站结构产生变形，进而影响车站的安全性。

通过绿荫里项目基坑工程施工对邻近的天津地铁3号线天塔站及区间的安全性影响分析计算，预测基坑的开挖对天塔站及区间的影响程度及可能带来的危害，从而对基坑工程的施工方案、设计、加固及地铁的运营管理提出指导性意见，对危险部位事先采取防范措施，规避风险，是本次安全性分析计算的目的与意义。

根据基坑工程具体工期安排，结合具体设计，采用理论分析与数值模拟手段，对基坑工程近邻地铁车站施工安全性进行评估。运用大型岩土有限元分析软件 Plaxis 3D 建立三维分析模型，分析评价基坑开挖对既有地铁结构的影响，根据分析结果提出保护建议。计算模型见图7。

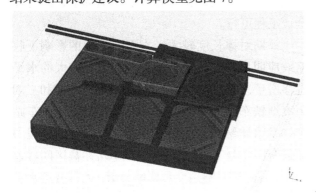

图7　计算模型

为了准确地模拟基坑开挖对地铁 3 号线车站的影响，采用动态模拟施工过程的计算方法。基坑开挖详细步骤为降水→开挖→生成结构体过程的循环，其中穿插施工水平支撑和拆除水平支撑的工作。

选取一期、二期顶板施作完成、三期顶板施作完成这三个阶段进行分析。鉴于绿荫里基坑平面尺寸过大，其空间效应明显，且一期基坑水平支撑的长度过大，为考虑温度效应，在一期底板施工完成后加入一个考虑支撑在较大温差下收缩的施工步骤，进而考虑温差变化对基坑变形及隧道和车站变形的影响。

## 4.1　土体沉降分析

基坑开挖后，土体卸载，周围土体发生变形。选取基坑一期、二期顶板施作完成、三期顶板施作完成这三个阶段进行分析。分析计算结果见表3。

土体沉降数据　表3

| 阶段 | | 最大沉降值/mm | 最大隆起值/mm |
| --- | --- | --- | --- |
| 一期 | 底板施作完成 | −24.48 | 16.70 |
| | 考虑温度效应 | −33.19 | 16.71 |
| | 顶板施作完成 | −32.78 | 16.70 |
| 二期顶板施作完成 | | −32.89 | 16.69 |
| 三期顶板施作完成 | | −32.95 | 16.69 |

## 4.2　地下连续墙变形分析

由于基坑平面尺寸过大，基坑开挖卸荷效应明显，故对北侧靠近地铁的地下连续墙的变形进行分析。选取一期、二期顶板施作完成、三期顶板施作完成这三个阶段进行分析。分析计算结果见表4。

地下连续墙变形值　表4

| 阶段 | | 方向 | 最大值/mm |
| --- | --- | --- | --- |
| 一期 | 底板施作完成 | X | 30.40 |
| | | Y | 29.59 |
| | 考虑温度效应 | X | 41.04 |
| | | Y | 33.38 |
| | 顶板施作完成 | X | 39.91 |
| | | Y | 32.85 |
| 二期顶板施作完成 | | Y | 32.12 |
| 三期顶板施作完成 | | Y | 27.80 |

启明星单元计算结果显示北侧地下连续墙身最大变形为 30.6mm，与未考虑温度效应之前的有限元计算结果接近。

## 4.3　地铁站主体结构位移分析

随着基坑开挖引起周围土体的卸载变形，地铁站将会产生相应的变形。选取一期、二期顶板施作完成、三期顶板施作完成这三个阶段进行分析。分析计算结果见表5、表6。

天塔站主体结构沉降值　表5

| 阶段 | | 车站结构最大沉降量/mm | 控制指标/mm |
| --- | --- | --- | --- |
| 一期 | 底板施作完成 | −1.29 | 10 |
| | 考虑水平支撑温度效应 | −1.30 | 10 |
| | 顶板施作完成 | −1.29 | 10 |
| 二期顶板施作完成 | | −3.42 | 10 |
| 三期顶板施作完成 | | −3.97 | 10 |

天塔站主体结构水平位移值　表6

| 阶段 | | 主体结构水平位移值/mm | 控制指标/mm |
| --- | --- | --- | --- |
| 一期 | 底板施作完成 | −3.06 | 10 |
| | 考虑水平支撑温度效应 | −3.09 | 10 |
| | 顶板施作完成 | −3.06 | 10 |
| 二期顶板施作完成 | | −7.75 | 10 |
| 三期顶板施作完成 | | −8.20 | 10 |

## 4.4 区间隧道管片位移分析

随着基坑开挖引起周围土体的卸载变形，区间隧道将会产生相应的变形。选取一期、二期顶板施作完成、三期顶板施作完成这三个阶段进行分析。分析计算结果见表7、表8。

**区间隧道沉降值　　　　　　　表7**

| | 阶段 | 隧道管片最大沉降量/mm | 控制指标/mm |
|---|---|---|---|
| 一期 | 底板施作完成 | −2.04 | 10 |
| | 考虑水平支撑温度效应 | −2.09 | 10 |
| | 顶板施作完成 | −2.07 | 10 |
| 二期顶板施作完成 | | −3.22 | 10 |
| 三期顶板施作完成 | | −8.27 | 10 |

**区间隧道水平位移值　　　　　表8**

| | 阶段 | 隧道管片最大水平位移值/mm | 控制指标/mm |
|---|---|---|---|
| 一期 | 底板施作完成 | −4.13 | 10 |
| | 考虑水平支撑温度效应 | −4.29 | 10 |
| | 顶板施作完成 | −4.21 | 10 |
| 二期顶板施作完成 | | −6.79 | 10 |
| 三期顶板施作完成 | | −9.13 | 10 |

分析结果显示，由于本项目基坑开挖面积较大，且基坑距离既有地铁 3 号线车站和区间隧道较近，大面积开挖产生的卸荷效应显著，导致坑外土体产生向坑内移动的趋势，在土体变形传递效应的影响下地铁 3 号线车站以及隧道产生一定的沉降和水平位移。但各项变形指标数值均处在变形控制标准之内，符合相应的评估标准，结构安全，工程可行。

一期对撑长度较大，在温差变化的影响下收缩效应明显，导致地下连续墙产生了较大的水平位移增量，在施工过程中应加强监测。二期和三期距离地铁车站距离较近，其开挖过程对地铁车站主体及附属结构变形影响显著，应在施工过程中加强变形监测工作。二期、三期基坑距离区间隧道较近，其开挖对隧道变形影响显著，尤其隧道水平位移，因此在基坑和隧道之间预设注浆纠偏措施并加强变形监测是很有必要的，一旦超出预警值应及时启动注浆进行纠偏作业。

# 5 工程实施效果

本项目于 2013 年年底开始施工围护结构，至 2016 年年底三期基坑施工至建筑±0.000。在整个基坑施工过程中，整体上按照分期分仓支护的设计思路进行。

本项目分期分仓进行支护和开挖，施工工期、施工内容及相关地铁监测数据详见表9。

**分期施工与地铁结构监测结果　　　　　　　　　　　　　　　　　　　　　　　　表9**

| 时间 | 施工内容 | | | 监测数据/mm |
|---|---|---|---|---|
| | 一期 | 二期 | 三期 | |
| 2013 年 11 月—2015 年 3 月 | 施工支撑体系、基坑降水、土方开挖 | — | — | 竖向位移：车站：2.76；区间：3.16 |
| | | | | 水平位移：车站：−4.7；区间：−5.1 |
| 2015 年 3 月—2015 年 10 月 | 地下结构、地上结构施工 | 施工支撑体系、基坑降水、土方开挖 | — | 竖向位移：车站：6.15；区间：6.21 |
| | | | | 水平位移：车站：−6.9；区间：−8.96 |
| 2015 年 10 月—2016 年 4 月 | 地上结构施工 | 基础底板施工完成后停工 | 停工 | — |
| 2016 年 4 月—2016 年 7 月 | 地上结构施工 | 微扰动注浆、地下结构施工 | 微扰动注浆，支撑施工、基坑开挖 | 竖向位移：车站：5.47；区间：7.76 |
| | | | | 水平位移：车站：−7.9；区间：−6.94 |
| 2016 年 7 月—2016 年 12 月 | 地上结构装修 | 地下、地上结构的施工 | 地下、地上结构的施工 | 竖向位移：车站：3.06；区间：4.22 |
| | | | | 水平位移：车站：−6.4；区间：−6.58 |

注：1. 车站、区间结构变形（竖向位移、水平位移）监测报警值5.0mm，控制值10.0mm；
　　2. 表中竖向位移："+"上升"−"下降；水平位移："+"背离基坑位移"−"朝向基坑位移。

一期基坑施工过程中，围护结构及地铁结构的变形均在计算及安全允许范围内。图 8 为基坑一期施工实景图，图中右侧道路下为地铁隧道区间及地铁站体。

图 8　基坑一期施工实景图

二期基坑施工过程中，初期较为顺利。但是于2015 年 9 月初开挖到底后，由于遭逢雨季，至 10 月初未及时完成基础底板的施工，在此期间邻近的地铁 3 号线站体及区间隧道变形均超出了预警值，其中区间隧道水平位移值最大达到了 8.96mm，即将达到 10mm 的地铁变形控制值。

2015 年 10 月至 2016 年 4 月底，二期封闭基础底板后，现场停工进行原因分析及后期地铁保护措施的论证。经分析计算及多次专家论证得出如下结论：二期开挖到坑底后，长时间未封闭基础底板造成的坑底隆起是引起地铁站体及区间隧道变形超标的主要原因。

基于此分析，于 2016 年 5 月初重启施工前，先行分两阶段启动二期三期围护结构与地铁结构之间的微扰动注浆作业对地铁结构变形进行纠偏。注浆施工的过程中，注浆压力首先作用于隧道与基坑之间的土及孔隙水上面，通过土体与孔隙水传递到隧道侧壁，引起隧道结构发生水平位移。

隧道结构竖向位移及水平位移均得到了有效控制，隧道结构竖向位移回到了变形报警值以下，水平位移从最大 8.96mm 减小到 6.94mm。变形量的减小证明了微扰动注浆加固措施控制变形的有效性，但在地铁站和区间隧道交界处以及区间隧道管片连接处也同时出现了渗水量增大的现象。微扰动注浆纠偏在减小区间隧道变形减小的同时也对其造成了一定的附加伤害，如何在保证纠偏效果的同时尽量减小其对隧道的影响，还需进一步研究。

待变形值恢复正常范围后开始进行基坑及主体结构的后续施工。二期基坑后续施工未出现异常情况。图 9 和图 10 分别为基坑二期施工实景图及微扰动注浆剖面示意图。

基于二期施工中出现的问题，考虑到三期基坑为狭长状，区间隧道的长度达到了 150 多米。为避免基坑中部变形造成区间隧道变形进一步的增大，在原有地铁保护措施的基础上，在三期基坑中约 30m 为界，增设了 4 道南北向的分隔地下连续墙与两侧的地下连续墙相抵，将三期基坑分割为 5 个小基坑。同时要求 5 个小基坑从西向东阶梯状开挖，控制开挖宽度和面积，以减小围护结构变形，进而降低对区间隧道的影响。实际开挖效果显示，三期基坑施工期间，区间隧道变形未有明显增加，微扰动注浆措施未再采用。图 11 为基坑三期施工实景图，图中可以明显看到南北向的分隔地下连续墙。

图 9　基坑二期施工实景图

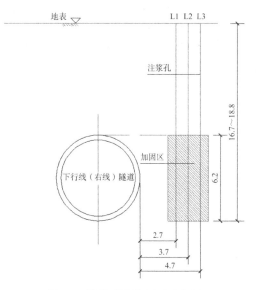

图 10　微扰动注浆剖面示意图

图 11　基坑三期施工实景图

# 6 工程总结

本项目通过地铁保护专项基坑支护技术措施的实施,在基坑施工过程中,取得了良好的支护效果,保证了地铁的正常运营。

本项目针对围护结构的侧向变形,可以通过围护结构的刚度、插入深度和支撑的道数及刚度的加强等措施来控制其侧向变形;但因本项目基坑面积超大、深度深,一次性卸荷量多,产生的深层土体滑移变形和坑底土体回弹带来的周边地层沉降难以有效控制。本设计通过对多个软土地区深大基坑工程设计施工实例的探索分析以及安全评估,采取了分期、分仓卸荷控制方法:①在基坑邻近地铁一侧设置临时分隔墙,分出宽度约 30m 的窄条坑,以便设置支撑而满足快速开挖的要求;同时,也使先开挖的大基坑位于保护对象保护区以外,使得大基坑开挖时,后开挖的窄条坑起到挡土坝的作用。大基坑开挖采用针对软土流变控制的"时空效应"开挖支撑施工技术,具体为分层分块、留土挡墙、快速开挖、限时支撑,及时浇筑垫层。同时,缩短坑底土体在卸荷状态的暴露时间,从而有效控制坑底土体隆起和坑外的地层沉降,最大限度减小大基坑开挖对地铁结构的影响。②完成远离地铁的大基坑内地下结构施工后,开始开挖窄条坑。由于窄条坑内土体的回弹较小,加上窄条坑两侧较深地墙的遮挡作用,其引起的深层土体滑移较小。因此,窄条坑开挖卸荷对紧邻地铁的影响主要来自于窄条基坑支护结构的侧向变形。在施工过程中,运用"时空效应"原理,快速开挖、限时支撑,尽早完成基础底板稳定基坑,从而控制窄条型深基坑支护结构的侧向变形,满足邻近地铁正常安全运营要求。③待窄基坑的地下室完成至地面后,再凿除临时分隔墙,将地下室连成整体。

深大基坑通过分期、分仓支护和开挖,较好地控制和解决了邻近地铁结构变形控制的工程难题,保证了工程建设的顺利实施和轨道交通的正常运营。

本项目二期施工过程中因为未及时施工基础底板,坑底隆起及拆撑过快对地铁造成了一定的不利影响,地铁隧道变形超出了报警值。地铁专项监测数据报警后,及时启动坑外微扰动注浆加固,采用"均匀、多点、少量、多次"的微扰动工艺对隧道进行纠偏施工。采用有序可控的双液微扰动注浆对隧道侧向土体进行填充,改善隧道椭圆度,提高隧道周围土层的强度和刚度,从而实现对隧道变形的有效遏制和改善。通过微扰动注浆加固,在二期及三期的后续施工过程中,地铁结构变形没有进一步增大,确保了地铁线路的正常运营。

# 广州无限极广场基坑和隧道加固工程实录

温忠义　彭卫平　刘志方　张庆华

（广州市城市规划勘测设计研究院，广东广州　510060）

## 1　工程概况

广州无限极广场项目位于广州市白云区白云新城，规划占地面积 4.5 万 m²，总建筑面积 18 万 m²，两座 8 层高 33.8m 的建筑由两条连廊及一条天台绿径相连，形成数字无限"∞"的循环符号，框架剪力墙结构，灌注桩基础，下设 2 层地下室，基坑开挖深度约 10.6m，基坑周长约 1100m，属超大超深型一级基坑。

项目分 A、B 两座办公塔楼，地铁 2 号线从两地块中间穿过，其隧洞为双向矩形结构，宽 10.8m，结构外墙边外 10m 为地铁保护线，保护线外 8m 为建筑物控制边界线。本项目地下室沿地铁两侧布置，南北长约 170m，地铁隧道顶部覆土厚度 1.77～2.47m，隧道底位于可塑状粉质黏土中，属于浅埋隧道并已安全运营 8 年。

周边环境复杂，场地地下室外墙边线南侧距离云城南一路路边线 12～14m，西侧距离云城西路路边线 12.5～26.5m，北侧距离云城南二路路边线约 11.5m，东侧地下室边线距离碧桂园地块项目地下室边线仅 6m，碧桂园项目下设 3 层地下室，基坑开挖深度约 13.0m，采用桩锚支护，与本项目交界处采用大放坡支护形式。西地块西南侧 16m 位置为 220kV 高压电缆盾构隧道，周边环境极为复杂，控制变形要求严格。项目效果图及基坑周边环境图见图 1、图 2。

图 1　项目效果图

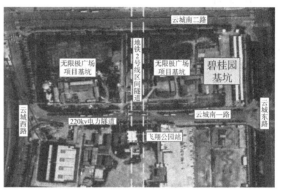

图 2　基坑周边环境图

## 2　场地岩土工程条件

### 2.1　地形地貌和岩土分层

本项目场地地貌类型属珠江三角洲冲积平原地貌，根据钻探揭露，拟建场地在勘探深度范围内的地层有填土层、冲洪积层，下伏基岩为石炭系石灰岩。按地质年代、成因类型和状态将场地岩土层分层描述如下：

素填土①：灰黄、浅灰色，松散，湿，主要由人工堆填黏性土、砂土、碎石等组成。

冲、洪积层，根据其颗粒成分、物理力学性质及其埋深的差异，可分为 2 个亚层：

粉质黏土②₁：褐黄、灰黄色，可塑，主要由粉黏粒组成，局部含较多砂粒，稍有光泽，韧性中等，干强度中等，无摇振反应。

中粗砂②₂：浅灰色，稍密—中密，饱和，颗粒主要矿物成分为石英，粒径不均匀，分选性差，含少量黏粒。

残积层：粉质黏土③，土黄、灰黄色，可塑，为石灰岩风化残积土，局部含较多原岩碎屑，遇水易软化。

基岩：基岩为石炭系壶天群地层，主要为微风

基金项目：广州市城市规划勘测设计研究院科技基金项目（RDI2220204113），广州市科技计划项目(201607010319)。
获奖项目：2020 年广州市优秀工程勘察设计行业奖二等奖。

化石灰岩④₄，浅灰白色，隐晶质结构，层状构造，岩芯较完整，呈短—长柱状，长约5～60cm，局部呈块状，岩质较硬，锤击声响，可见方解石细脉，RQD 约 75%～90%。典型地质剖面图见图3，岩土物理力学参数见表1。

## 2.2 地下水

根据勘察揭露各岩土层特征及主要含水层的岩土条件，按照地下水的赋存方式可分为第四系松散层孔隙水和灰岩溶洞裂隙水两个类型。第四系含水层主要为冲积—洪积层，其富水性和透水性与土质成分有关。冲洪积砂层的富水性和透水性好，冲、洪积土层和残坡积土层含水贫乏，透水差，属弱透水层。埋深较大的砂层，上部隔水层主要为冲洪积土层，在场地内局部可形成隔水顶板，具有承压性。

本次勘察期间，实测地下潜水稳定水位埋深为 1.70～3.50m。地下水位的变化与地下水的赋存、补给及排泄关系密切，每年 5～10 月为雨季，大气降雨充沛，水位会明显上升，而在冬季因降雨减少，地下水位随之下降，年变化幅度为 2.50～3.20m。

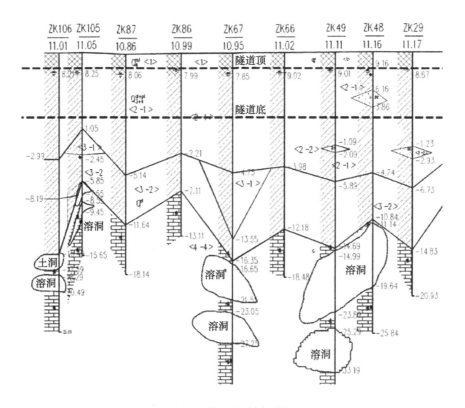

图 3 典型地质剖面图

**岩土物理力学参数** 表1

| 层号 | 土性 | 状态 | 含水率 $w/\%$ | 密度$\rho/$（$g/cm^3$） | 孔隙比 $e$ | 饱和度 $S_r$ | 液限 $w_L$ | 塑限 $w_P$ | 塑性指数 $I_P$ | 液性指数 $I_L$ | 压缩系数 $a_{V1-2}$ | 压缩模量 $E_{s1-2}$ |
|---|---|---|---|---|---|---|---|---|---|---|---|---|
| ① | 素填土 | 欠压实 | 26.0 | 1.90 | 0.811 | 86 | 35.8 | 22.5 | 13.4 | 0.20 | 0.26 | 7.02 |
| ②₁ | 粉质黏土 | 可塑 | 23.9 | 1.97 | 0.690 | 91 | 34.9 | 22.0 | 12.9 | 0.14 | 0.26 | 7.11 |
| ②₂ | 中粗砂 | 稍密—中密 | 17.8 | 2.03 | 0.563 | 85 | 26.9 | 18.0 | 8.9 | −0.02 | 0.22 | 7.60 |
| ③₁ | 粉质黏土 | 硬塑 | 23.3 | 1.96 | 0.711 | 88 | 34.1 | 21.6 | 12.5 | 0.13 | 0.29 | 6.71 |
| ③₂ | 粉质黏土 | 可塑 | 27.0 | 1.94 | 0.784 | 93 | 36.4 | 22.7 | 13.7 | 0.30 | 0.33 | 5.86 |
| ③₃ | 粉质黏土 | 软塑 | 31.8 | 1.90 | 0.883 | 96 | 36.4 | 22.7 | 13.7 | 0.64 | 0.49 | 4.11 |

## 3 溶（土）洞勘探

根据勘察资料揭露，本场地岩溶分布范围广，局部发育串珠状溶洞或洞体较大的溶洞，钻孔遇土洞率为 6.10%，最大洞体高度为 9.50m；遇溶洞率为 39.44%，最大洞体高度为 10.60m，部分钻孔揭露 2 个甚至多个溶洞或串珠状溶洞，洞体顶板厚度为 0.2~5.0m，其中顶板厚度小于 1.0m 的溶洞占比为 55.3%，顶板厚度小于 0.5m 的溶洞占比为 31.4%，顶板厚度小于 0.2m 的溶洞占比为 7.6%，为强烈发育岩溶场地。该场地内的溶洞顶板厚度较小，溶蚀较为严重，洞体多由软—流塑状的黏性土夹岩屑充填，溶洞的稳定性较差，溶（土）栋分布情况见表 2。

溶（土）洞分布情况　　表 2

| 孔号 | 洞高/m | 顶板深度/m | 底板深度/m | 充填情况 |
|---|---|---|---|---|
| 48 | 8.5 | 22.3 | 30.8 | 流塑状黏性土夹少量岩屑 |
| 49 | 7.9 | 36.40 | 44.30 | 流塑状黏性土夹少量岩屑 |
| 49 | 8.9 | 26.10 | 35.00 | 流塑状黏性土夹少量岩屑 |
| 67 | 4.9 | 27.60 | 32.50 | 流塑状黏性土夹少量岩屑 |
| 67 | 4.2 | 34.00 | 38.20 | 流塑状黏性土夹少量岩屑 |
| 106 | 2.1（土洞） | 26.50 | 28.60 | 流塑状黏性土夹粉细砂，钻进漏水 |
| 106 | 2.2 | 29.30 | 31.50 | 流塑状黏性土夹少量岩屑 |
| 137 | 5.1 | 24.50 | 29.60 | 流塑状黏性土夹少量岩屑 |
| 137 | 10.6 | 31.30 | 41.90 | 流塑状黏性土夹少量岩屑 |

为了进一步探明溶洞分布情况，不影响桩基施工和基坑安全，同时确保地铁运营安全，为溶（土）洞处理提供基础资料，本项目采用管波和扩孔弹性波 CT 扫描对溶（土）洞进行扫描，其典型管波和 CT 扫描见图 4、图 5。

管波探测解释成果图

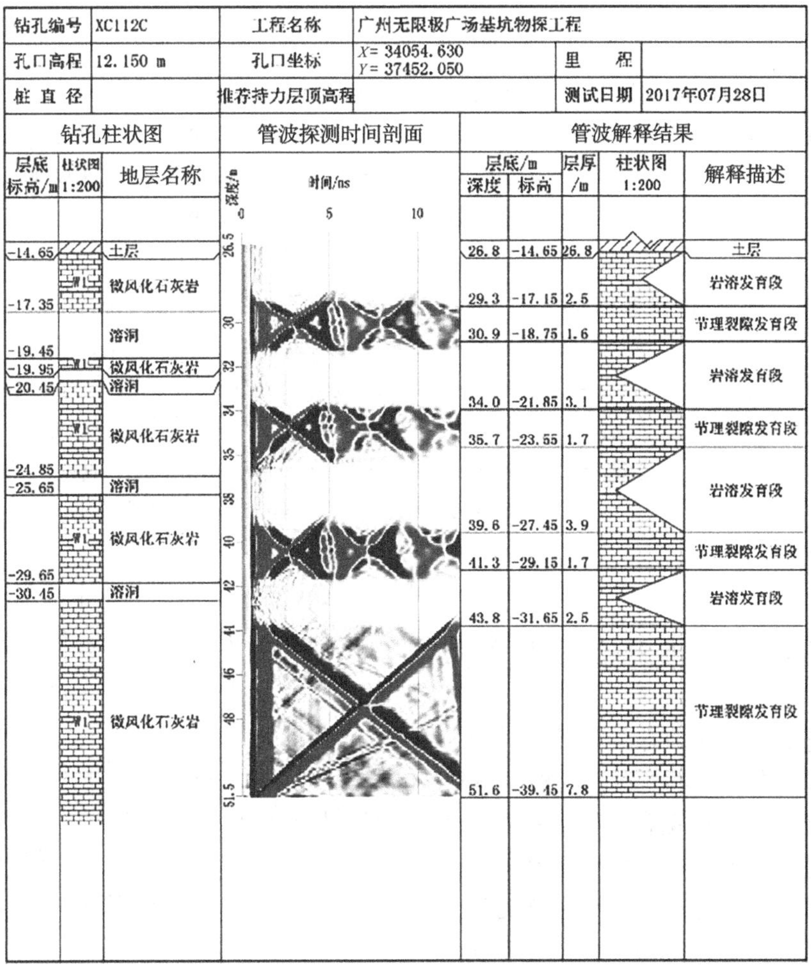

图 4　管波探测成果

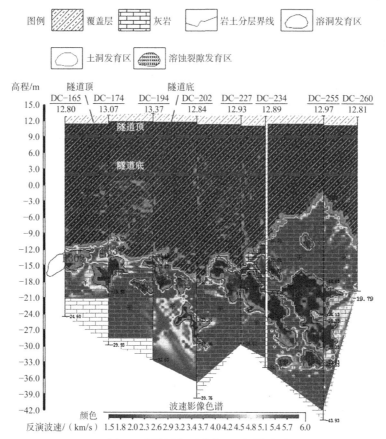

图例 ▨ 覆盖层　▥ 灰岩　～ 岩土分层界线　⬭ 溶洞发育区
⬭ 土洞发育区　▦ 溶蚀裂隙发育区

图 5　地铁侧典型跨孔 CT 扫描成果

跨孔弹性波 CT 法的地质解释主要依据目标体的纵波波速，纵波波速差异越大，地质解释越可靠。

由图 5 可知，溶洞发育区与周围的完整基岩之间存在明显的波速差异，一般在红色的基岩中出现蓝绿色的区域即解释为溶洞发育区；溶蚀裂隙发育区及软弱夹层与周围的完整基岩之间存在一定的波速差异，一般在红色的基岩中出现黄绿色的区域即解释为溶蚀裂隙发育区，因此可推测地铁两侧溶洞较发育，部分钻孔揭露 2 个甚至多个溶洞或串珠状溶洞，岩溶发育强烈、连通性好。

## 4　基坑支护设计和地铁隧道加固方案

基坑周边环境复杂，支护方案需具针对性。A、B 两个地块基坑均邻近正在运营的地铁隧道及车站，对位移和沉降极为敏感，需考虑两个地块的开挖时间不同可能产生不平衡土压力作用，开挖过程中地下水下降可能造成地铁隧道沉降，西南侧紧邻 220kV 高压电缆的隧道结构，需考虑支护结构对高压电缆隧道的影响和施工作业安全问题。

1）采用多种类支护形式相结合的设计方案

本项目基坑邻近地铁两侧创新性采用"双排桩＋对拉钢绞线"增强型"双门架"支护方案，四个角部位采用支护桩＋角撑支护，西地块西南侧邻近 220kV 高压电缆隧道采用支护桩结合角板和 1 道锚索进行支护，其余区段采用支护桩＋扩大头预应力锚索（或普通预应力锚索）的支护方案。后期基坑开挖时，监测数据表明地铁两侧支护结构边线均不超过 40mm，地铁沉降控制在 10mm 以内，满足规范和地铁安全运营要求。典型支护剖面见图 6、图 7。

2）新型"桶式"止水帷幕设计：基坑侧壁采用三轴搅拌桩结合坑底岩溶注浆的方式形成桶式止水帷幕，预防坑底突涌

场地位于白云区中部，属于典型的覆盖岩溶强发育区。上部覆盖层主要为软塑—可塑状粉质黏土层，局部分布透水性砂层，下部灰岩岩溶发育较强烈，详勘、超前钻、管波和扩孔 CT 显示见洞率高达 45.5%，最小的溶洞仅 0.2m，最大的溶洞超过 25.5m，且岩溶水量丰富，具微承压性，与上部砂层孔隙水联系密切。

为避免基坑开挖后大量抽取地下水导致周边地面下沉，在支护桩外侧地铁50m保护范围外采用1—2双排φ550@350～400普通搅拌桩止水帷幕，地铁50m保护范围内采用φ850@600三轴水泥土搅拌桩止水，进入岩面，在灰岩面上形成封闭的止水帷幕。同时由于局部基岩及溶洞出露较浅，对岩面以下3m及坑底以下10m范围内的浅层溶（土）洞进行充填注浆处理，阻断岩溶水运移通道，封底止水，防止基坑开挖后出现岩溶水突涌。

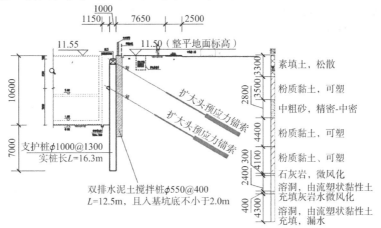

图6　典型支护剖面（桩＋扩大头）

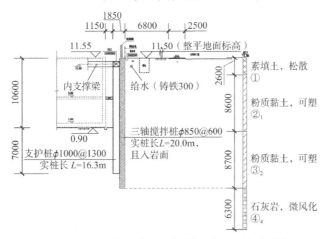

图7　典型支护剖面（桩＋内支撑）

注浆方案采用我院的发明专利《一种岩溶注浆加固止水施工方法》（专利号：ZL 2011 1 0119797.3），针对不同的洞高、填充情况分别采取花管或袖阀管注浆，注浆材料分别采用水泥砂浆或素混凝土、水泥浆和水玻璃双液浆等，以封堵坑底溶（土）洞，形成桶式止水帷幕。

注浆之前采用管波、跨孔CT扫描和超前钻三种方式相结合，探明溶土洞的大小，充填物和埋深等，对于洞高大于或等于1.5m且无充填或半充填溶洞，以及洞高大于3m半充填或无充填的土洞，要求灌注水泥砂浆或素混凝土；对于洞高小于或等于1.5m且无充填或半充填的溶洞，以及洞高小于2m的半充填土洞，采用花管灌注水泥浆；对于全充填的溶洞，采用袖阀管注浆。同时为了控制注浆量，要求单孔灌注混凝土量超过60m³时，应停止灌注并洗孔，留待第二天再注，如单孔灌注水泥浆量超过20m³时，应该用水玻璃双液浆进行封堵注浆，并提出了"先外后内、先混凝土后浆、先大后小"的注浆顺序要求，既确保了注浆效果，也控制了工程造价。

后期实施效果表明基坑开挖面较为干爽，支护桩间未出现渗水或涌水、涌砂现象，开挖至坑底时未出现岩溶突水等不利现象，整个基坑开挖未大量抽水降水。

3）地铁两侧采用"双排桩＋对拉钢绞线"的"双门架"新型支护方案设计

本项目A、B地块位于地铁2号线两侧，基坑南北长165m，地下室边线距离地铁隧道结构外墙线 18m，其隧洞为双向矩形结构，隧道上覆土厚度仅 1.8～2.5m，为浅埋地铁，其隧道底主要位于可塑状粉质黏土中，下覆土层存有砂层、粉质黏土层以及多层溶（土）洞，最大洞高达 10.6m，地质条件极差。在地铁两侧创造性地提出了"双排桩 + 对拉钢绞线"的新型支护方案，即地铁两侧 A、B 地块分别用双排桩支护，同时通过对拉钢绞线对拉连接，形成"双门架"支护形式，地铁两侧支护平面图见图 8。

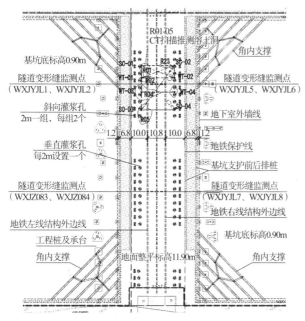

图 8　地铁两侧支护平面图

对拉钢绞线间距 7m，在地面开槽即可施工，可避免大面积开挖地铁隧道上覆土层，同时发挥双排桩和对拉钢绞线的优势，有效控制基坑变形，确保地铁运营安全。

4）覆盖型岩溶地区地铁隧道下部土体加固防沉降关键技术运用

该项目施工支护桩和工程桩期间刚好进入广州市的枯水期，地下水逐步下降，同时地铁隧道两侧工程桩采用全套管钻孔法施工工艺成孔，也对地下水产生一定程度的影响，进而影响地铁隧道底部岩溶水，导致地铁隧道沉降竖向位移增大。

为了加固地铁隧道下部松散土体防沉降，同时补充深层岩溶水，设计方案采用垂直和斜向注浆孔，采用 2 道注浆工序。其中垂直注浆孔至岩面，间距 4m 布置，加固岩土交接面的土体；斜向孔自双排桩后排桩冠梁顶部处开孔，呈 65°和 71°打入延伸至隧道底部，灌浆孔底部在隧道底部形成间距 4～5m 的灌浆点，底部灌浆孔纵向间距 2m，

每组 2 个灌浆孔，保证隧道底部灌浆点均匀布置，加固隧道底部土体，地铁两侧支护剖面及注浆加固见图 9。

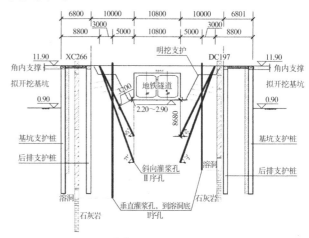

图 9　化学灌浆加固地铁土体典型剖面图

主要的注浆要求如下：

（1）浆液配比：双液注浆的水泥浆与水玻璃浆为 1∶0.5（体积比），水玻璃模数 $m = 2.4～3.0$（浓度 $B_e = 38～43$），双液浆凝固时间控制在 1～2min，化学浆水∶水泥∶聚丙烯酰胺 = 0.5∶1.0∶0.025（质量比），进行动态施工确保保证不堵塞注浆管。

（2）施工方式：上述两种浆液采用混合方式，由注浆泵注入已灌注水泥浆的溶洞的间隙中，使填充在溶洞内的水泥浆液充分挤压胶结成为一个整体，达到溶洞处理的目的。

因注浆施工范围内涉及多个不同土层、溶洞、土洞，特别是涉及溶（土）洞的注浆时，实际施工中的注浆参数根据具体的实际情况进行调整。

（3）注浆机械设备：双液注浆泵，LJ-300 型搅拌机进行拌和水泥浆。

（4）注浆速度：按 20～30L/min 控制。

（5）注浆时间：按分段（0.5m）5～10min 控制。

（6）注浆压力：注浆压力控制范围在 0.5～1.0MPa。

（7）注入浆量：与土洞、溶洞的性质、深度等有关，实际平均注入浆量为 0.3～0.4m³/min，溶（土）洞间隙等部位的注浆应首先满足充填要求。

（8）注浆结束标准：当注浆压力逐步升高，达到设计终压，并继续注浆 10min 以上，且有一定的注浆量，吸浆量在 20～30L/min 以下时，即可结束该孔注浆。

灌浆过程中，自Ⅰ序孔向Ⅱ序孔灌浆时，浆液

的固化时间应调整配比使其逐渐延长。在Ⅰ序孔灌浆时，为了控制浆液流动固化的范围，浆液固化时间应尽量缩短，在Ⅰ序孔对隧道周边初步形成围蔽时，逐渐延长Ⅱ序孔的固化时间，有利于浆液的充分扩散，使土体固化更加均匀。

采用水泥基复合化学灌浆料，在地铁停止运营时间段（凌晨2点—4点）进行注浆，总共注入水泥浆、水玻璃、化学浆液和双液浆分别为412m³、332m³、169m³、744m³。注浆前后CT扫描反演分析，溶洞内充填物的强度有良好改善，对提高地铁隧道底部地基承载力起到了显著作用，最终地铁沉降稳定在10mm以内，确保了地铁隧道的安全。

5）有序的施工顺序及严格的保护措施确保基坑和地铁安全

为了有效保护地铁，开挖过程中严格要求隧道两侧基坑均衡对称开挖、有序进行，本项目东西两个基坑土方开挖应满足以下顺序：

（1）西基坑首先自西向东开挖，再向北和向南开挖，出土口分设在北侧中部和南侧中部；

（2）东基坑首先自东向西开挖，再向北和向南开挖，出土口分设在北侧中部和南侧中部；

（3）东西基坑应均衡对称开挖，同步施工同一层的混凝土支撑，支撑养护至设计强度后再依次开挖土方，开挖到底后应尽快施工地下室结构底板回撑支护桩，并依次往上施工地下室各层顶板回撑后，再依次拆除混凝土支撑。

本工程邻近地铁结构50m范围施工不得采用爆破、冲击等振动较大的工法；如果地铁结构侧50m距离以外范围施工需进行爆破，则须选择有资质、经验的施工单位进行作业，并严格控制爆破振动速度不大于2cm/s。本项目施工过程中的现场照片见图10。

图10 施工过程航拍图

# 5 基坑和隧道自动化监测结果分析

广州无限极广场基坑第三方监测从2017年10月16日开始，到2019年6月17日结束，共完成水平位移监测397期、周边地表沉降监测275期、周边管线沉降182期、地铁风亭沉降238、支护桩顶部沉降313期、立柱沉降78期、基坑周边地下水位249期、隧道两侧深层地下水位222期、支撑轴力256期、锚索拉力204期、土压力242期，各监测项目监测总点数分别为水平位移4635点·次、沉降监测24827点·次、锚索拉力3121点·次、土压力1091点·次、支撑轴力1492点·次、地下水位6245孔·次。

## 5.1 地铁隧道自动化监测结果（图11）

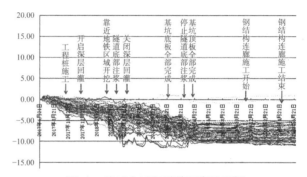

图11 施工全过程隧道沉降关系图

该项目自2018年5月7日开启地铁隧道底部注浆至2019年3月27日停止注浆，依据注浆压力<1.0MPa的控制要求，每孔平均注浆量逐步减少，基坑也同时进行开挖并于2018年5月开挖至坑底。实时监测数据显示注浆加固后地铁隧道沉降明显得到控制，注浆过程中隧道明显被抬升，主要是由于注浆过程中注浆压力和注浆体加固的效果，但注浆体强度滞后性加上地铁动荷载影响，故非注浆期间隧道呈缓慢下沉趋势，但注浆加固结束后，地铁隧道保持稳定状态，不再出现继续沉降趋势，使最终沉降量稳定在10mm左右。

## 5.2 基坑支护桩深层水平位移监测结果（图12）

根据监测结果揭露，支护桩沉降最大值约35.20mm，位于A地块东北侧，主要原因为支护桩未入岩，桩顶水平位移最大值为B038点的35.12mm，位于地铁侧，主要受地铁注浆的水平压力影响；支护桩的深层水平位移最大点位 C038 的 34.65mm，均位于安全范围内。

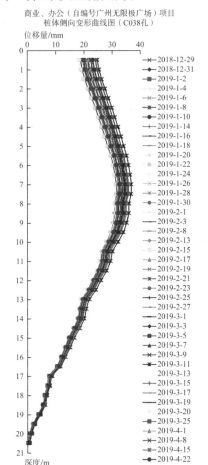

商业、办公（自编号广州无限极广场）项目
桩体侧向变形曲线图（C038孔）

图 12　支护桩典型深层水平位移曲线图

# 6　结语

（1）复杂超大深基坑支护方案采用桩＋普通或扩大头锚索，以及桩＋内支撑和"双排桩＋对拉钢绞线"新型"双门架"支护体系能有效控制基坑变形，确保邻近地铁隧道的运营安全，实际工程监测数据揭露，本项目复合支护体系作用效果良好，可为类似工程提供参考。

（2）本项目场地岩溶发育，止水为基坑支护成功的关键控制点，在确保基坑围护四周侧壁止水效果的前提下，同时应采取可靠注浆措施防止坑底溶洞突涌现象的发生。在支护桩及主体结构桩施工前，对岩面以下 3m 及坑底以下 10m 范围内的浅层溶（土）洞进行充填注浆处理，阻断岩溶水运移通道，封底止水，防止基坑开挖后出现岩溶水突涌，导致大量抽排地下水影响地铁的安全。

（3）采用隧道两侧垂直和斜向孔灌注水泥基复合化学浆和双液浆的处理方案能有效改良隧道底部土体性质，填充溶（土）洞，提供地基承载力，限制隧道不均匀沉降，应采用多次少量注浆方式，信息化施工是注浆加固技术的关键点，应采用多种手段探明覆盖性岩溶（土）洞发育情况，采取针对性方式，结合周边的变形与内力自动化监测体系，确保基坑施工和地铁运营的安全。

## 参考文献

[1] 郑小战，郭宇，戴建玲，等. 广州市典型岩溶塌陷区岩溶发育及影响因素[J]. 热带地理，2014, 34(6): 794-803.

[2] 章润红，刘汉龙，仇文岗. 深基坑支护开挖对邻近地铁隧道结构的影响分析研究[J]. 防灾减灾工程学报，2018, 38(5): 856-865.

[3] 温忠义，彭卫平，张鹏，等. 地铁隧道底覆盖型岩溶场地注浆加固关键技术[J]. 地下空间与工程学报，2021, 17(S1): 246-254.

# 汕头海湾隧道盾构始发井超深基坑工程实录

王海林　张兆远　张　鑫　王木群

（湖南省交通规划勘察设计院有限公司，湖南长沙　410000）

## 1　工程概况

汕头海湾隧道是目前国内最大直径的跨海盾构隧道，管片内径为13.3m，外径14.5m，刀盘直径约15m，也是我国首条在8度地震区建设的海底盾构隧道。本项目采用双向6车道设计，设计时速60km，按一级公路标准设计，兼具城市道路功能。海湾隧道长5300m，其中盾构段3047.5m，东、西线两台盾构机从南岸始发井始发，北岸接收井吊出。

隧道南岸接线受规划道路及地形地质条件限制，同时为减短盾构在基岩凸起段掘进距离，临海设置长约405m、宽约125m的围堰（图1和图2）。在围堰内明挖施作盾构始发井、后配套段及隧道暗埋段结构，减少盾构在基岩及孤石段掘进长度。围堰内基坑总长327.5m，宽度49.9~30.2m，基坑深度29.6~12.6m，坑底纵坡为3%。

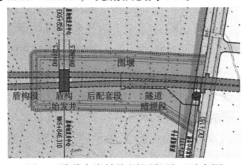

图1　隧道南岸填海围堰段平面示意图

围堰采用外侧抛石＋山皮土＋内侧闭气土方的土石结构，堰内坡脚线至盾构始发井主体结构外边线距离≥35m，基坑范围内滩地高程约为−0.5m，填砂至+1.5m，再填土1.0m，以满足后期隧道基坑施工需求。

图2　南岸围堰实景

海湾隧道南岸工作井位于南岸围堰范围以内，设计里程为EK6+837.5~EK6+862.5，按照盾构线路中心距离，两侧为盾构进出洞留有足够的空间以施作内部结构，工作井的平面外包尺寸为49.9m×25.0m，施工场地回填砂石进行整平，平整后的标高为1.5m，底板埋深约为26m。在施工阶段，工作井作为盾构的始发井应满足盾构始发功能要求。运营阶段分层设置了烟道转换层和车道层以满足正常运营的需要，地下一层拟采用片石进行回填，以改善工作井抗浮。并预留了足够的空间安装风机、敷设管线及逃生救援。

南岸工作井地上不设设备房（风塔不设置在南岸始发井上端）。地下分别设车道层、盾构隧道段疏散安全通道和消防救援空间、电缆通道、废水泵房及废水池。

## 2　工程地质条件

工作井主要位于②₁淤泥、②₂淤泥质土、②₃淤泥混砂、③₁粉质黏土及③₄中粗砂层中。其中②₁淤泥、②₂淤泥质土，厚度达24m，具高含水量、大孔隙比、高压缩性、低强度的工程特性。

工程区内地下水主要为松散岩类孔隙潜水、松散岩类孔隙承压水及块状岩类裂隙水。

## 3　填海围堰复杂地层深大基坑支护选型

### 3.1　南岸常规段围护结构选型

基坑的围护结构主要承受基坑开挖所产生的土压力和水压力并将此压力传递到内支撑，是稳定基坑的一种技术措施。目前国内地下工程常用的围护结构形式主要有地下连续墙、钻孔灌注桩、SMW工法桩、钢板桩及放坡开挖等。

基坑围护形式的选择必须根据基坑开挖深度、地质情况、场地条件、环境条件、施工条件以及施工组织，通过多方案比选确定。所采用的围护结构应安全可靠、技术可行、施工方便、经济合理。本次设计充分借鉴了国内过海、过江隧道始发井基坑围护结构设计成功经验。

地下连续墙技术有施工振动小、噪声小、墙体刚度大、防渗性能好、地质适应性强等特点，在城市深大基坑及地质复杂的工程中得到广泛应用。在我国，地下连续墙作为基坑围护结构首先应用于上海电讯大楼基坑并采用逆作法施工，此后地下连续墙在高层建筑、市政工程基坑工程中得到广泛的运用。随着我国基础设施建设速度的加快，地下连续墙的应用范围越来越广，采用地下连续墙围护形式的基坑规模也越来越大。在上海、南京、武汉较多的越江隧道盾构工作井中都成功运用了地下连续墙围护明挖法加钢筋混凝土支撑的基坑施工方案。

由于汕头海湾隧道需在海中设置围堰，在围堰内实施海中暗埋段，根据围堰专项设计，南岸海中围堰采用分离式围堰，围堰自身兼作挡水帷幕，施工时可直接在围堰内部自原海床面直接开挖基坑，与岸上段基坑施工方法基本相同。

南岸工作井基坑埋深26m，深基坑工程中可采用的实施方案主要有地下连续墙围护明挖法，该工法在广东地区都有比较成熟的设计和施工经验。考虑到南岸工作井周边环境，地下连续墙方案可满足工作井与暗埋段同步施工的要求，以确保工程施工进度，且已有成熟的施工经验，故推荐地下连续墙作为本工作井围护结构设计方案。

## 3.2 南岸海中硬岩段围护结构选型

1）南岸海中硬岩段工程特点和要求

南岸海中硬岩段位于海洋环境中。根据总体设计要求，本路段设计为明挖暗埋区段，基坑最大埋深约为15.6m。另为确保海域段有足够的施工场地，在南岸明挖暗埋区段外沿设置了临时围堰。

结合南岸海中硬岩段设计要求、项目所处环境及其相应工程地质情况，其围护结构设计必须严格满足下述五点要求：①围护结构必须起到防渗、截水、承重、挡土等作用；②在主体结构埋深较大区段，围护结构可设计成永久结构与主体结构形成复合结构，共同受力；③在施工过程中，围护结构的施作必须不能对临时围堰产生不利影响；④围护结构施工不存在难以克服的技术难点，造价应合理并处于能接受的范围内；⑤围护结构

的施工必须满足本项目总体工期策划安排需求。

2）围护结构选型

经初步筛选，适合南岸海中硬岩段的围护结构形式主要有地下连续墙和钻孔灌注桩两种，地下连续墙和钻孔灌注桩初步比较见表1。

围护结构综合比较表　　　　表1

| 比较项目 | 地下连续墙 | 钻孔灌注桩 |
|---|---|---|
| 对地层的适用性 | 适用于各种土层 | 适用于各种土层 |
| 围护结构效果 | 围护结构刚度大、变形小，对邻近建筑与地下管线影响小 | 围护结构刚度较大、变形较小，对邻近建筑与地下管线影响较小 |
| 防水效果 | 防水效果好 | 防水效果稍差，常需配合桩间止水措施 |
| 与永久结构结合情况 | 可按单层墙考虑，也可与内衬结合形成复合墙 | 与主体结构共同受力，侧墙宜按重合墙考虑 |
| 适用深度 | 可适用于深度较大的基坑 | 可适用于深度较大的基坑 |
| 施工对环境的影响 | 施工时振动小，噪声小，施工泥浆对环境造成 | 施工时振动小，噪声小，施工时产 |
| 施工机械 | 需要大型挖槽机 | 需要大型钻机 |
| 施工速度 | 施工工艺复杂，工期长 | 施工工艺较复杂，工期较长 |
| 造价 | 高 | 较高 |

结合上述围护结构设计的五点要求，逐点进一步比较。①在防渗、截水、承重、挡土等方面的比较：地下连续墙在在防渗、截水、承重、挡土等方面能完全满足设计要求。钻孔灌注桩在承重、挡土方面能满足设计要求，但在防渗、截水方面能力不足，一般均要求配合采用桩间止水措施（多采用水泥土搅拌桩或高压旋喷桩等），方能起到一定的防渗、截水效果。结合国内目前施工现状，水泥土搅拌桩或高压旋喷桩施工质量难以保证、施工效果无损检验技术仍有待提高，国内已有大量水泥土搅拌桩或高压旋喷桩止水帷幕失效的案例发生，造成了较大的经济生命损失。另外结合本项目地勘资料，"南、北岸开挖段的开挖范围内有潜水和承压水，基坑底部存在软硬交接"，在承压水及软硬交接地层，水泥土搅拌桩或高压旋喷桩成桩效果差，难以满足设计要求。因此，地下连续墙在防渗、截水、承重、挡土方面优势明显；钻孔灌注桩不适用于南岸海中硬岩段。②在与主体结构形成复合结构、共同受力方面的比较：地下连续墙可设计成永久结构，与主体结构内衬墙形成复合墙，共同承受外界荷载；钻孔灌注桩一般施工质量较差，只能作为临时受力结构。因此这方面地下连

墙优势明显。③围护结构施工对临时围堰产生不利影响的比较：在淤泥和常规软弱地层，地下连续墙和钻孔灌注桩施工时振动小、噪声低，对周边建筑（含临时围堰）均不会造成太大影响。在硬岩段，钻（冲）孔灌注桩需要采用大型冲孔桩机施工，将不可避免地对周边建筑（含临时围堰）产生较大振动；地下连续墙的施工若也采用常规的"钻机配合抓斗式成槽机"施工工艺，则同样存在上述问题。若采用新技术，灌注桩采用"旋挖钻机"，地下连续墙采用"双轮铣槽机"则其施工对周边建筑（含临时围堰）均不会造成太大影响。因此，地下连续墙和钻孔灌注桩在这方面两者相当，若积极采用新技术则能把其施工对临时围堰的不利影响减少到最小。④围护结构施工技术难点和造价方面的比较：目前国内在软土层中施作地下连续墙的相关技术已有了良好的发展，但在硬岩地层中的施工技术仍处于初步发展阶段。现在常用的设备主要有液压抓斗（一般均需配备冲击钻机）、旋挖钻机和双轮铣槽机；其中双轮铣槽机的效率最高，平均可达 15m³/h。目前国内使用的双轮铣槽机设备主要依赖进口，有德国保峨、意大利卡沙以及法国的索莱唐日等品牌，其成槽原理基本相同。结合本项目地质特点，应该说地下连续墙施工在本工程中不存在难以克服的技术难点。结合南岸工程周边环境、地质复杂性等特点，一般应准备多种施工机械方能经济、合理地完成任务。在淤泥和常规软弱地层，可采用常规地下连续墙成槽设备。根据《直线位补勘地质报告》以及地质纵断面图，南岸围护结构硬岩段（按嵌固深度 0.8$H$计），中风化花岗岩槽段开挖量达 1400m³，微风化花岗岩槽段开挖量达 600m³，参考国内已有工程资料，如果在硬岩段采用双轮铣槽机，不计设备购置成本，南岸的岩石饱和抗压强度在 50～100MPa 之间，偏保守计，中风化成本为 650 元/m³、微风化成本为 1780元/m³，则在硬岩区段的铣槽费用仅为 197.8 万元，处于可接受范围内。目前国内施作钻孔灌注桩的相关技术已有了良好的发展，多采用冲孔、回旋钻机钻孔和潜水钻机等。结合本项目地质特点，钻孔灌注桩施工在本工点不存在难以克服的技术难点。在硬岩中施工灌注桩建议采用大型旋挖钻机，套用公路工程预算定额，在次坚石区域（中风化），钻孔基价为 1930.2 元/m，在坚石区域（微风化），

钻孔基价为 3170.4 元/m，如果硬岩区域围护结构采用钻孔灌注桩，共需要布设 250 根桩（66 根进入微风化层），位于硬岩区段的桩总长按 750m 计（要求入中风化岩 3m、微风化岩 2m），则其冲孔费用为 148.4 万元，也是处于可接受范围。因此，地下连续墙和钻孔灌注桩两者相当，若积极采用新技术均不存在难以克服的技术难点，造价也比较合理，处于可接受的范围内。⑤施工总体工期策划安排需求方面的比较：地下连续墙施工，参考国内已建工程实例，与传统的液压抓斗和冲孔机相比，双轮铣槽机在土层、砂层等软弱地层中优势并不十分明显，但其一旦进入岩层，双轮铣槽机就显示出其优势。在中风化岩层中（50～100MPa 的岩石）中施工效率可达到 5～8m³/h，在微风化岩层中（大于 100MPa 的岩石）中可达 1～2m³/h。结合南岸工程具体情况（取施工效率最低值），则需花费工时为 880h，不影响占用关键线路时间，能满足整体工期筹划要求。钻孔灌注桩施工，参考国内已建工程实例，硬岩层中的钻孔多采用冲孔桩机和旋挖桩机。冲击钻机进尺约为 0.5m/h，旋挖钻机进尺约为 1.5m/h。结合南岸工程具体情况（取施工效率最低值），采用冲击钻机，则需要花费工时为1500h；采用旋挖桩机，需要工时 500h。同样不影响占用关键线路时间，能满足整体工期筹划要求。因此，地下连续墙和钻孔灌注桩两者相当，工期均能满足本项目总体工期策划安排需求。

综合以上五个方面的论证比选，从功能要求和作为永久结构受力方面，地下连续墙是南岸海中硬岩段唯一的选择，其能起到防渗、截水、承重、挡土等作用。从施工、造价等方面比选上，其与钻孔灌注桩相当。若积极采用新技术新工艺，均可满足设计要求。

考虑到本项目的特殊性（位于海域段、明挖范围内存在承压水），一旦围护结构止水效果失效，将造成难以估量的灾难后果，为保证安全，海域段应采用地下连续墙作为其围护结构。

3）支撑形式的比选

支撑常用的形式用锚杆方案、钢筋混凝土支撑方案、钢管支撑方案等。

锚杆方案：由于汕头海湾隧道所在土层以淤泥质类土为主，且位于水位以下，淤泥质类土，锚杆方案不成立。

钢筋混凝土支撑方案：深基坑土方施工中，基坑深度往往较大，挡土结构的水平压力也较大，因此，钢筋混凝土支撑表现为水平受压为主，由于钢筋混凝土支撑与钢支撑不同，它具有变形小的特点，加上采用配筋和加大支撑截面的方法，可以提高钢筋混凝土支撑的强度，用以作为支撑的混凝土能充分发挥材料的刚度大和变形小的受力特性，它能确保地下室施工和基础施工以及周边邻近建筑物、道路和地下管线等公共设施的安全，因此，它可作为深基坑支护技术的新形式和新材料。

钢管支撑方案：钢管支撑安全可靠，且钢支撑可倒换多次使用，用钢量较省，经济适用，适用于大型基坑。

因此，南岸工作井设计推荐采用钢筋混凝土支撑结合钢管支撑的支护方案，充分发挥钢筋混凝土支撑刚度大和钢管支撑施工方便的优点。结合工作井基坑跨度和宽度在适当位置设置格构柱。

## 4 围护结构设计及有限元分析

### 4.1 基坑围护结构方案

1）海中围堰内盾构井围护结构设计方案（图3、图4）

通过论证和工程类比，海湾隧道工作井的平面布置采用矩形，矩形结构具有空间受力条件好、结构整体稳定性好、空间使用率高，特别是盾构始发、接收构造易于处理等优点。

考虑盾构掘进阶段后配套设备安装的需要，工作井矩形基坑需与同为长条形矩形平面布置的相邻明挖暗埋段同步施工。支撑体系采用六道钢筋混凝土支撑加围檩（其中第一道、第二道围檩与井内上框架和中框架合二为一）的形式。

设计中采用1.2m厚的地下连续墙作为工作井的围护结构，地下连续墙墙趾要求插入强风化层，具体嵌固深度根据不同段落的相关地质资料参数进行计算并最终结合工程类比确定。

2）海中围堰内后配套基坑围护结构设计（图5～图7）

综合考虑围护结构受力及拆除的便捷性，围堰内围护结构采用1.0m厚地下连续墙，墙顶设置1000mm×1200mm钢筋混凝土冠梁，竖向设置

1～7道支撑（按不同基坑开挖深度确定最终支撑数量），基坑采用顺筑法施工，基坑第一、二道支撑采用钢筋混凝土支撑，其余支撑采用φ609（壁厚16mm）的钢管撑。为了增加钢支撑稳定性，在基坑中部增设临时中立柱。根据基坑宽度不同，确定增设临时中立柱排数。

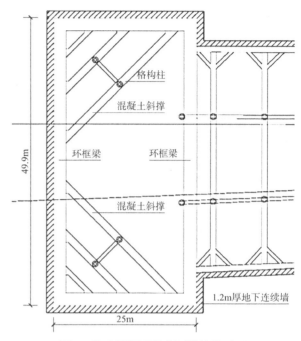

图3 海中围堰盾构井围护结构平面

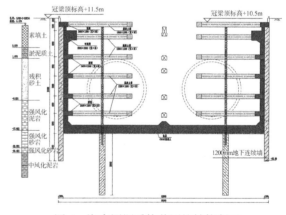

图4 海中围堰盾构井围护结构断面

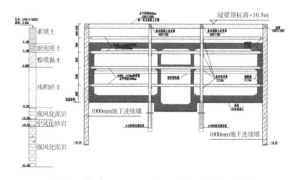

图5 海中围堰明挖围护结构典型断面1

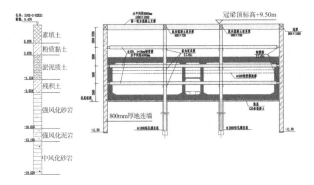

图 6 海中围堰明挖围护结构典型断面 2

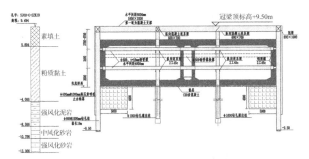

图 7 海中围堰明挖围护结构典型断面 3

围护结构选型完成后，海中围堰段围护结构地下连续墙的计算按平面变形问题考虑，沿纵向取单位长度，根据开挖工况按竖向弹性地基梁进行计算。基坑围护结构设计采用理正深基坑支护结构软件进行计算，按"先变形、后支撑"的原则，采用"增量法"原理分阶段进行结构分析及稳定性计算。根据相关规范对地下连续墙断面进行承载能力计算和裂缝控制验算，地下连续墙断面尺寸合理，含钢量适中，最大变形满足周边环境控制要求。各道支撑受力合理，断面尺寸满足结构要求。

综合考虑工程实践经验、现场周围环境、地质条件、施工方法等因素，确定合理的围护结构插入深度，并按有关的基坑工程设计规定对基坑进行验算，计算结果显示坑底土体抗隆起稳定性、围护墙底地基承载力、抗管涌稳定性以及围护墙结构的抗倾覆稳定性和整体稳定性均满足要求。

## 4.2 基坑施工全过程三维有限元分析

盾构井基坑围护结构不闭合，水土压力不对称，工况较多，受力体系转换复杂，故在理正深基坑二维计算结果基础上，建立三维有限元模型，对其施工全过程进行数值模拟，研究其受力与变形规律。

### 1）计算模型

计算中采用板单元模拟地下连续墙、始发井底板和侧墙，采用梁单元来模拟混凝土斜撑、腰梁及框架结构，采用实体单元模拟周边土体。计算模型见图 8、图 9。

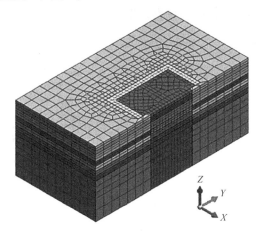

图 8 整体模型

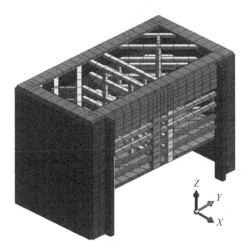

图 9 结构模型

为减小边界条件对计算结果产生的影响，计算域取 152m×80m×65m。计算域边界条件为：两侧分别约束相应方向的水平位移；底面约束水平和竖向位移；顶面自由边界。

### 2）计算工况及参数

模型计算工况如下：①施作地下连续墙，开挖第一层、浇筑冠梁、第一道撑。②开挖第二层，施作大环框梁、第二道撑，浇筑侧墙。③开挖第三层，浇筑第三道腰梁及混凝土斜撑。④开挖第四层，浇筑第四道腰梁、斜撑。⑤开挖第五层，施作第五道腰梁、斜撑。⑥开挖第六层，施作第六道腰梁、斜撑。⑦开挖至坑底，浇筑底板、侧墙及内部纵梁和柱子。⑧拆除斜撑。

计算参数如下：①地面超载：考虑刀盘吊装，按 70kN/m² 考虑。②地下水位：围堰整平地面以下 0.5m。③模型地层岩土体采用摩尔—库仑模型，主要输入参数为弹性模量、泊松比、重度、黏聚力、内摩擦角。④地下连续墙和混凝土斜撑为C30，主体结构为C50，均采用弹性模型，输入参数为弹性模量、泊松比、重量密度。

3）围护结构计算结果（图10）

计算结果表明，始发井基坑开挖至底后，第五道中间斜撑轴力最大，为13379kN，第四道中间斜撑轴力次之，为12701kN，第三道斜撑轴力与第四道接近。

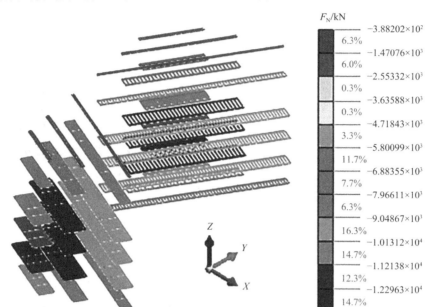

| $F_N$/kN | |
|---|---|
| 6.3% | $-3.88202 \times 10^2$ |
| 6.0% | $-1.47076 \times 10^3$ |
| 0.3% | $-2.55332 \times 10^3$ |
| 0.3% | $-3.63588 \times 10^3$ |
| 3.3% | $-4.71843 \times 10^3$ |
| 11.7% | $-5.80099 \times 10^3$ |
| 7.7% | $-6.88355 \times 10^3$ |
| 6.3% | $-7.96611 \times 10^3$ |
| 16.3% | $-9.04867 \times 10^3$ |
| 14.7% | $-1.01312 \times 10^4$ |
| 12.3% | $-1.12138 \times 10^4$ |
| 14.7% | $-1.22963 \times 10^4$ |
| | $-1.33789 \times 10^4$ |

图 10　混凝土斜撑轴力（基坑开挖到底）

## 5　基坑支护结构受力变形监测数据分析

### 5.1　始发井围护结构概况

盾构井处顶面整平标高为 2.8m，围护结构顶（冠梁）标高为 1.7m，高差采用 1.6m 高挡墙，挡水墙高度为 0.4m。为保证基坑安全与稳定，盾构井（EK6＋837.5～EK6＋862.5）开挖阶段采用连续墙＋内支撑体系，连续墙厚1.2m，采用 6 层钢筋混凝土支撑：第 1、2、5、6 层混凝土支撑截面高×宽为 1300×1000mm，第 3、4 层混凝土支撑截面高×宽为 1300mm×1200mm。

后配套基坑（EK6＋837.5～EK7＋050）地下连续墙墙厚 1m，墙顶设 1m×1m 钢筋混凝土冠梁；EK6＋862.5～EK7＋050 第 1、2 层为 1300mm×1000mm 的混凝土支撑＋4 层钢支撑。

盾构井在盾构始发阶段采用连续墙＋环框梁的围护体系。由于盾构始发，需要拆除内支撑，围护结构支撑受力转换为环框梁受力。在围护结构顶，冠梁兼作环框梁，并在冠梁下设置第 2 层闭合环框梁。支护结构设计图见图 11 和图 12。基坑围护结构三维图见图 13。

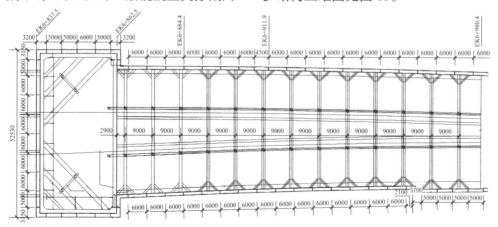

图 11　盾构井及后配套围护结构平面图

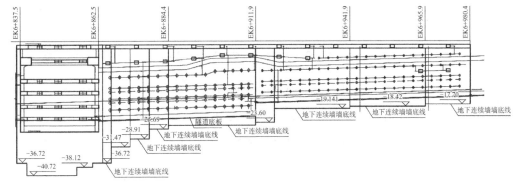

図 12 盾构井及后配套围护结构纵断面图

图 13 盾构井及后配套围护结构三维模型

## 5.2 始发井围护结构监测布置

为充分了解盾构井围护结构变形规律，确保盾构井开挖安全，应对盾构井基坑围护结构变形

等进行充分的监控量测。基坑施工主要监测项目及控制值见表 2。

基坑施工主要监测项目及控制值　表 2

| 量测项目 | 位置或监测对象 | 测试仪器 | 监测控制值 |
|---|---|---|---|
| 围护结构变形 | 围护结构内 | 测斜管、测斜仪 | ≤30mm |
| 地面沉降 | 基坑周围地面 | 水准仪 | ≤30mm 且速率≤5mm/d |
| 混凝土支撑轴力 | 支撑端部或 1/3 位置 | 轴力计或应变计 | 19283kN |
| 钢支撑轴力 | 支撑端部 | 轴力计 | —— |
| 支撑立柱沉降 | 支撑立柱顶部 | 水准仪 | ≤30mm |
| 墙顶沉降 | 墙顶 | 水准仪 | ≤30mm |
| 墙顶水平位移 | 墙顶 | 全站仪 | ≤30mm |
| 水位监测 | 基坑周边 | 水位计 | ≤1000mm |

基坑开挖期间进行连续监测。测点布置平面图和断面图见图 14 和图 15。

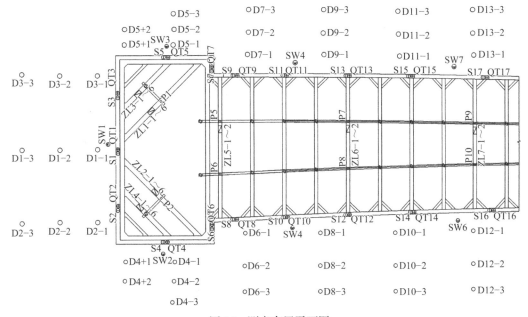

图 14 测点布置平面图

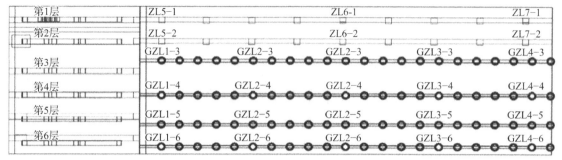

图 15　测点布置断面图

## 5.3　监测结果分析

对于始发井及后配套基坑施工，重点对基坑围护结构墙体位移、混凝土支撑轴力、钢支撑轴力在基坑开挖中的变形规律等进行分析。

1）围护结构深层水平位移分析

深基坑围护结构的变形控制在施工过程中最关键，其侧向水平变形与基坑施工过程密切相关。QT1 位于盾构始发井的始发方向，QT8 位于暗埋段基坑位置，靠近始发井。为保证盾构安全，要对 QT1、QT8 重点监测分析。

围护结构施工全过程的墙体水平位移图见图 16。可以看出：①始发井基坑围护结构的最大水平位移与开挖深度及时间密切相关，最大水平移发生位置随支撑的依次安装而逐渐下移，在主体结构完成与内支撑拆除后，围护结构最大水平位移为 21.9mm，位于基坑北侧盾构始发方向，距离基坑顶部 19.5m 的位置。②暗埋段最大水平位移变形为 13.6mm，位于距基坑顶部 19m 位置。满足《建筑基坑工程监测技术规程》DB 22/JT 139—2015 中关于围护桩/墙体水平位移容许值为 0.15%H（H 为开挖深度）或容许值为 30mm（两者取最小值）的要求，说明基坑处于安全稳定状态。

始发井基坑东西两侧水平位移曲线图见图 17。其中正值表示向基坑开挖侧的水平位移，负值表示向基坑外侧的水平位移。

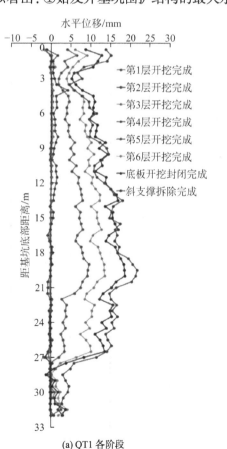

(a) QT1 各阶段　　　　　　　　(b) QT8 各阶段

图 16　始发井与后配套水平位移曲线图

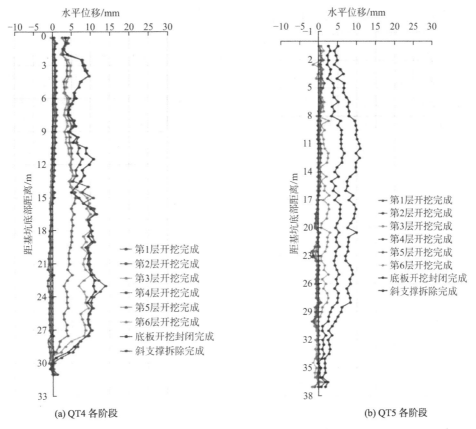

(a) QT4 各阶段　　　　　　　(b) QT5 各阶段

图17　始发井基坑东西两侧水平位移曲线图

由图17可以看出，基坑东西两侧变形呈现出"鼓肚子"变形规律，基坑西侧测点 QT4 最大变形为 13.84mm，基坑东侧测点 QT5 最大变形为 10.97mm，基坑西侧变形大于基坑东侧。分析主要原因为：基坑位于海域填筑围堰内，海水流向为由西向东，因水流的动压作用，基坑西侧外的水土压力大于基坑东侧；基坑底部西侧设置有集水坑，集水坑开挖后使得坑内作用于连续墙的土体反压作用有所减小；始发井基坑西侧为钢支撑、模板、钢管堆放区域，存在地面超载，增大了侧向土体压力。

2）始发井混凝土支撑轴力分析

（1）始发井基坑整体受力情况

始发井基坑 6 层支撑在 2017 年 10 月开始拆除，拆除前，支撑轴向力表现为基坑西侧大于基坑东侧，与基坑西侧变形大于基坑东侧的变形规律一致，原因相同。始发井基坑支撑轴力分布图见图18。

（2）始发井基坑最大受力支撑情况

始发井基坑 6 层支撑轴力东侧依次为 4902.11kN、5057.55kN、10311.50kN、12940.80kN、15656.19kN、10523.5kN；西侧依次为 7449.35kN、7295.74kN、14205.66kN、16566.89kN、15666.49kN、

13155.50kN。由轴力值和上图可知，第 4 层和第 5 层支撑总体受力大，与数值模拟结果一致。

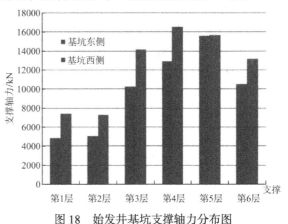

图18　始发井基坑支撑轴力分布图

第 4 层支撑受力变化可分为如下五个阶段：

第一阶段：负 5 层 4.39m 从开挖至 2017 年 7 月 18 日完成，第 4 层支撑轴力受开挖影响轴力先增大，在停止开挖进行第 5 层支撑施工过程中，没有新增荷载出现短暂平稳状态；

第二阶段：负 6 层 4.5m 从 2017 年 7 月 20 日到 8 月 1 日开挖期间，开挖范围内第 5 层支撑强度还处于增长状态，第 4 层支撑限制基坑围护变化处于主要受力点，使其受力增长较快；

第三阶段：负 7 层 3.89m 从 2017 年 8 月 7 日

开挖后及配套 01 节第 6 层、第 5 层钢支撑拆除后，支撑轴力连续增长，主要因为基坑开挖和后配套 01 节第 6 层、第 5 层钢支撑拆除影响所致；

第四阶段：在 2017 年 9 月 1 日到 8 日始发井西北侧地面进行注浆加固，注浆压力导致地下连续墙受力增加，进而传递到支撑受力增加，支撑轴

力出现第 3 次快速增加过程；

第五阶段：在 2017 年 9 月 21 日后到支撑拆除过程中，第 6 层支撑拆除后，受力约束传递到第 4 层、第 5 层，使其受力出现增大，纵向支撑的施作和第 5 层支撑拆除，受力转换导致减小。始发井第 4 层支撑受力变化曲线图见图 19。

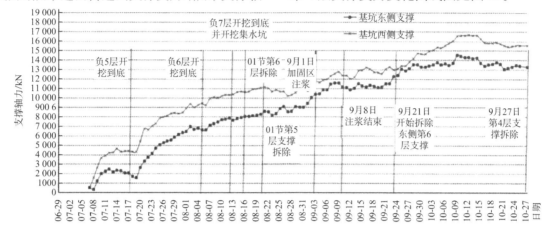

图 19　始发井第 4 层支撑受力变化曲线图（2017 年）

第 5 层支撑受力变化可分为如下四个阶段：

第一阶段：从年 7 月 20 日负 6 层开挖到 8 月 1 日，第 5 层支撑轴力受开挖影响轴力先增大，在停止开挖进行第 6 层支撑施工，没有新增荷载出现短暂平稳状态；

第二阶段：从 2017 年 8 月 7 日负 7 层开挖后及配套 01 节第 6 层、第 5 层钢支撑拆除后，支撑轴力连续增长，主要因为基坑开挖和后配套 01 节第 6 层、第 5 层钢支撑拆除影响所致；

第三阶段：在 2017 年 9 月 1 日到 8 日始发井西北侧地面进行注浆加固后，轴力出现第 3 次增加过程，主要因为注浆导致地下连续墙受力增加，继而影响到支撑受力增加；

第四阶段：在 2017 年 9 月 21 日后到支撑拆除过程中，第 6 层支撑拆除后，受力约束传递到第 4 层、第 5 层，使其受力出现增大，纵向支撑受力，受力转换导致减小。始发井第 5 层支撑受力变化曲线图见图 20。

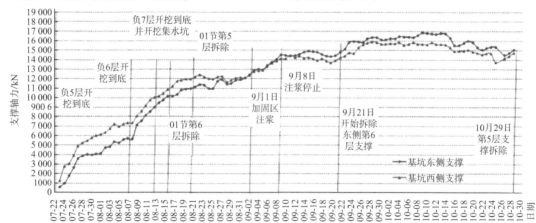

图 20　始发井第 5 层支撑受力变化曲线图（2017 年）

第 4 层和第 5 层位于基坑最大水平位移变形范围，二者支撑受力相近，但第 5 层支撑断面小于第 4 层支撑断面，故第 5 层支撑存在的风险比第 4 层支撑存在的风险大。

3）后配套支撑拆除对始发井基坑的影响

根据施工工序中，后配套第 1 节基坑底板完成时，始发井进行底板及集水坑开挖，后配套逐步拆除第 6 层、第 5 层支撑进行结构施工，对始发井基坑第 4 层、第 5 层和 01 节第 2 层影响使支撑受力增大（图 21）。增加钢管支撑后，受力变化逐步

平稳。支撑架设前后对比见图22。

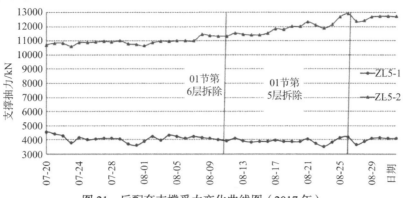

图21　后配套支撑受力变化曲线图（2017年）

图22　支撑架设前后对比图

**4）始发井周边地表沉降**

基坑外侧地表沉降主要对基坑北侧始发端头、西侧和东侧场地进行监测。基坑所在围堰为人工回填而成，地层密实度差，承载力低。为了保证盾构刀盘拼装和顺利始发，对基坑北侧长18m、宽50m、深30m的始发端头采用水泥掺量不低于20%的$\phi$850@600咬合三轴旋喷加固；为提高基坑东西两侧地面承载能力，对其进行深8m、宽12m、水泥掺量为15%的单轴旋喷桩加固。基坑开挖后，基坑北侧沉降在20mm以内，基坑东西两侧路面相对同步均匀地持续下沉，超过200mm，且远大于基坑北侧。基坑周边沉降随时间变化曲线见图23。可以看出：基坑东西两侧地表同步持续相对均匀下沉，地面出现斜坡度逐步增大，没有出现突然塌陷的现象。持续下沉原因如下：地层密实度差，自身存在固结沉降；地层承载力差，受地面重型机械等荷载作用，加速地层固结沉降，基坑主体结构完成后，对基坑东西两侧地面进行重新浇筑混凝土，保持地面平整，基坑结构稳定，基坑周边总体安全。

**5）始发井周边水位变化**

基坑外共布设5个水位观测孔。在基坑开挖期间，坑内通过管井降水，坑外地下水位随时间变化上下波动，基坑北侧水位随基坑开挖逐步下降，在负4层开挖期间，水位基本保持稳定，在底板封闭完成后，水位开始上升并趋于平衡；基坑东侧波动较大，主要是由于地表水流入水位监测孔影响，基坑东西两侧水位下降小，说明基坑连续墙施工中，东西两侧封闭性比北侧好，基坑开挖中北侧连续墙有渗水出现。基坑开挖完成后，对连续墙渗水进行了有效封堵。地下水位随时间变化曲线见图24。

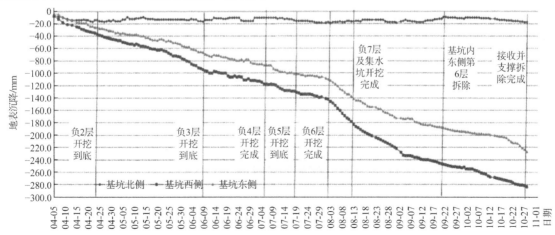

图23　始发井基坑周边地表沉降曲线图（2017年）

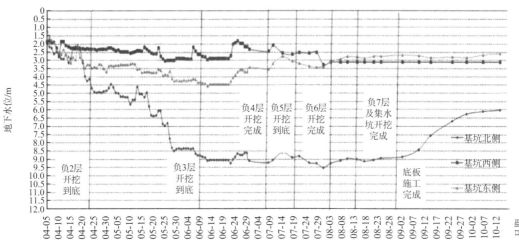

图 24　始发井基坑周边水位变化曲线图（2017 年）

# 6　结语

根据三维有限元计算和现场监测数据，汕头海湾隧道基坑受力与变形性状均处于正常状态，地下连续墙水平位移均较小。本项目基坑工程主要结论如下：

（1）对于填海围堰内基坑，地下连续墙可有效应对围堰后期沉降、深厚淤泥及承压水地层等复杂情况。分析认为后期始发井周边注浆加固，会导致混凝土支撑轴力大于三维计算结果。

（2）对于盾构始发井超深、异形基坑，采用大环框梁逆作技术可确保基坑受力体系平稳转换，并减少工程浪费，节省工期。

（3）围堰填土工后沉降、地面重型设备压载，是引起填海围堰基坑周边地表沉降较大的主要因素。

（4）海围堰内基坑水土压力分布、围堰沉降对基坑的影响有待进一步研究。

（5）应制定合理的围护结构参数，预测施工中的变形情况，预判基坑开挖中最大风险位置，有针对性地增强对应部位的支撑体系，保证围护结构体系安全。

（6）在海域上软下硬地层中，基坑围护结构水平位移与支撑轴向力都表现出了基坑西侧大于基坑东侧的变形规律。建立以围护结构水平位移为主、支撑轴力和地面沉降为辅的监测预警机制，既保证施工安全，又防止出现误预警。

（7）始发井受力中第 4 层和第 5 层受力基本相同，但第 5 层支撑截面小于第 4 层支撑截面。在后续类似工程中，应增大第 5 层支撑断面，增强第 5 层支撑的承受荷载能力。

（8）在始发井与暗埋段相接位置，施工工序影响支撑受力稳定。后续类似施工中，宜在相接位置暗埋段增加混凝土支撑，增强相接位置的受力稳定性。

# 汝郴高速公路吊坎垄高陡斜坡治理工程实录

胡惠华　龚道平　张　鹏　陈　鑫

（湖南省交通规划勘察设计院有限公司，湖南长沙　410200）

## 1　工程概况

### 1.1　工程简介

吊坎垄高陡斜坡位于汝郴高速第 13 合同段中 K65＋410～K65＋680 段，是五一村高架桥与吊坎垄隧道连接区域，见图1。吊坎垄高陡斜坡的变形失稳直接影响着五一村高架桥与吊坎垄隧道的安全。

图1　吊坎垄高陡斜坡全貌

该区域地质条件复杂，地质历史时期先后经历多期构造运动，岩体较破碎，且历史上已发生过滑动，随着开挖、施工扰动等影响，岩体又出现了变形迹象，如果不及时治理，将会酿成不可挽回的生命财产损失。吊坎垄高陡斜坡治理工作贯穿了项目选线、设计、施工和应急处置的全过程，主要包括了以下三个阶段：

（1）选线设计阶段：勘察人员发现五一村高架桥至吊坎垄隧道进口段高陡斜坡由于受风化作用、卸荷作用等影响，岩体破碎，坡体内顺坡向裂缝极其发育，存在安全隐患。设计人员在此基础上优化了该段线路的展布位置，并确定了"钢筋混凝土抗滑支挡桩＋灌浆＋锚杆＋动态监测"的治理方案。

（2）施工阶段：在治理过程中斜坡发生了微变形，表现为 2011 年 3 月隧道左、右洞的二衬在 K65＋620 附近各出现了一条贯穿底板的横向裂缝，随即相关单位加快了原有方案的实施进度，但收效甚微。2011 年 6 月与 7 月，隧道左洞和右洞在里程 K65＋608～K65＋630 的范围底板和洞壁均发育有裂缝，并且有延伸扩大的趋势，地表发现十多条地表张开裂缝，延伸长度 5～10m，张开 5～10cm，呈正断型错动，错距 5～10cm，见图2。

图2　洞内裂缝发育情况

（3）应急处置阶段：结合既有资料和实地踏勘情况，迅速开展了详尽的地质模型分析及稳定性评价工作，修正了原方案的治理思路，及时回填了坡脚处已开挖地段，提出了"削坡减载＋坡脚反压＋锚杆"的整治方案，取得了良好效果。

### 1.2　工程特点及主要难点

1）地质模型提取

工程地质模型是斜坡变形机制分析及稳定性评价的基础，在详细调查吊坎垄斜坡岩体结构特征时发现，吊坎垄坡体结构复杂，在设计选线阶段未能完全查清，边施工边治理的措施收效甚微。吊坎垄高陡斜坡岩体发育十几组不同类型的结构面，各组结构面交切组合关系较复杂，导致一种确定性的工程地质模型提取较为困难。

2）变形机制分析

由于吊坎垄坡体发育十几组不同类型的结构

基金项目：湖南省交通科技进步与创新计划（201003，202119，202120）。

面，且各组结构面交切组合关系复杂、结构面发育深浅不一，整个坡体存在沿断层破碎带、追踪顺坡向节理、部分剪断岩桥的变形破坏迹象，存在深、中、浅多个潜在滑动面，坡体结构面组合复杂。由此导致坡体变形监测数据只能反映当前应力状态下的坡体变形规律，一旦有外界扰动因素（如开挖、抗滑桩施工等扰动作用）改变坡体当前的应力状态，由于坡体结构面组合的复杂性，坡体将朝另一未知方向发生变形，坡体变形特征具有"当时性"。

3）处置措施确定

由于坡体结构面组合的复杂性，坡体变形特征的"当时性"，无法提取一种确定性的地质概化模型、无法进行加固措施施工对坡体扰动预测，因此难以形成有效阻止坡体变形的精准处置方案。也就是说，由于坡体结构面组合的复杂性，存在针对当前坡体变形特征而确定的一个或多个滑动面，计算提出的处置措施，在施工扰动后还是否适用的问题。该工程的实际经验证明，处置措施（抗滑桩）施工会进一步加大坡体变形。

## 1.3 勘察手段与实施情况

为解决上述重要难点，本次采用现场地质调查、工程地质钻探与取样、孔内摄像、深部位移监测等综合勘察手段，将岩土勘察与岩土设计完美结合。解决了吊坎垄高陡斜坡浅部、中部、深部11条潜在滑面的工程地质模型提取、斜坡变形机制

分析、处治加固措施等关键问题。

## 2 斜坡岩土工程条件

### 2.1 地形地貌

吊坎垄高陡斜坡地形陡峻，植被覆盖条件好。坡体为130°∠35°～55°的单面坡，谷底高程510m，坡顶高程690m左右，相对高差约180m。紧邻 V 形山间峡谷，整体属构造剥蚀地貌，整体地貌受F13断层控制，见图3。图中四个块体原为 F13 断层的上盘，缓坡平台上部为断层面，断层面出露说明历史上出现过整体滑移，滑移过程中上盘被分为四块。其中第三块在地质历史中产生了再次滑动，出露了大部分断层面，吊坎垄高陡斜坡为图3中的第二块，区域地貌的形成演化具体过程见第2.3节。

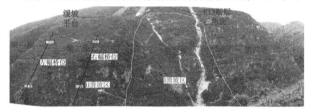

图 3　吊坎垄高陡斜坡地形地貌

### 2.2 地层岩性

坡体所属地层由新至老分别为第四系洪坡积层（$Q^{dl+pl}$），泥盆系中统跳马涧组（$D_{2t}$）和震旦系变质砂岩，各自特性见表1。

岩性特征表　　表1

| 系 | 统 | 组 | 代号 | 厚度/m | | 主要岩性特征 |
| --- | --- | --- | --- | --- | --- | --- |
| 第四系 | 全新统 | | $Q^{dl+pl}$ | 0.40～8.00 | | 主要有黏土、碎石，局部分布少量块石 |
| 泥盆系 | 中统 | 跳马涧组 | $D_{2t}$ | 32.60～68.60 | 上部 | 石英砂岩：浅灰—浅灰白色，微风化，岩体较完整，局部节理裂隙发育，岩体较破碎，桥位区普遍分布，层厚大于21.10m |
| | | | | | 中部 | 夹薄层泥质砂岩：灰黄浅灰—紫红色，中风化，呈软硬互层状，岩体破碎—完整，局部强风化，厚1.80～16.40m |
| | | | | | 下部 | 砾岩、碎裂岩：紫红色，微风化，成分包含石英、硅质岩等，铁质胶结良好，岩质坚硬，岩芯主要呈柱状，厚9.70～31.10m |
| 震旦系 | — | — | Z | >38.10 | | 紫红色、灰绿色，中粗粒—细粒结构，岩质坚硬，岩石较完整，岩芯呈柱状、长柱状 |

结合表 1，坡体表层覆土厚度偏薄，降雨作用下冲刷效应强烈，原坡体岩基为反倾结构，整体风化程度处于微风化—中风化之间，岩性较好，仅中部互层段泥岩较为薄弱，遇水易软化，坡体中下部，断层切割、破碎岩体，形成了渗水通道。

### 2.3 地质构造

坡体处于走向近南北的龙溪——二都复合背斜东翼，岩层倾向坡内，为反倾高陡斜坡。该处地质条件复杂，断层、节理、小背斜、小向斜发育。调查发现，F13 断层上盘顶面（K65 + 600～

K65＋680段）呈略微凹陷的缓坡平台，由此推测在地质历史时期，沿F13断层面（图4）曾产生过滑移—拉裂变形。断层上盘坡体在拉裂变形过程中已分解成产状互不一致的"四个块体"，四个块体分布见图3。其中"第四块"岩层产状以281°∠27°为主；"第三块"可能因其本身完整性较差，且处于河谷直角转弯处，在洪水浸蚀、冲刷作用下，已全部滑塌失稳，直接呈现断层下盘光面，即图3中的"Ⅰ滑坡区"；"第二块"相对完整，即五一村高架桥第3号墩和4号台与吊坎垄隧道进口段所在坡体，体积约320万m³，其岩层产状以272°∠35°为主，"第二块"右下角浅表也已局部滑塌，即图3中的"Ⅱ滑坡区"；"第一块"岩层倾角最陡，产状以267°∠61°为主，目前处于稳定状态。

图4 F13断层面

由上述可知，对汝郴高速公路的五一村大桥

和吊坎垄隧道的安全构成直接威胁的吊坎垄高陡工程斜坡位于"第二块"，体积约320万m³。该区域对"第二块"有影响的断裂构造见表2。

"第二块"区域断层发育情况表　　表2

| 断层编号 | 倾向/° | 倾角/° | 宽度/mm | 断层带特点 | 位置 | 备注 |
|---|---|---|---|---|---|---|
| F11 | 130 | 70 | 5000 | 岩体压碎后错动形成 | 顺峡谷发育 | 平移断层 |
| F13 | 150 | 44 | 2000～8000 | 岩体压碎后错动形成 | 峡谷陡坡上 | 压扭断层 |
| F12 | 142 | 80 | 500 | 岩体压碎后错动形成 | 第二块顶部平台 | 次级断裂 |
| F13-1 | 80 | 85 | 500 | 岩体压碎后错动形成 | 第一、二块间 | 次级断裂 |
| F13-2 | 95 | 85 | 5000 | 岩体压碎后错动形成 | 竖切"第一块" | 次级断裂 |
| F14 | 146 | 77 | 1000 | 岩体压碎后错动形成 | 隧道进口洞门处 | 次级断裂 |
| F11-1 | 130 | 70 | 500 | 岩体压碎后错动形成 | 顺峡谷发育 | 次级断层 |
| F11-2 | 130 | 70 | 500 | 岩体压碎后错动形成 | 顺峡谷发育 | 次级断层 |

受褶皱与断层形成的原始地应力影响，吊坎垄斜坡体中主要发育下列四组节理裂隙：$J_1$为171°∠66°，$J_2$为117°∠66°，$J_3$为33°∠83°，$J_4$为236°∠71°，见图5，节理性质及特征见表3。

图5 四组节理裂隙

坡体内节理性质及特征表　　表3

| 节理编号 | 倾向/° | 倾角/° | 宽度/mm | 节理特征 | 充填情况 | 节理性质 |
|---|---|---|---|---|---|---|
| $J_1$ | 171 | 66 | 2～50 | 较平、粗糙 | 无充填或半充填碎石土 | 风化、卸荷所致，迹长为5～8m |
| $J_2$ | 117 | 66 | 2～50 | 较平、粗糙 | 无充填或半充填碎石土 | 风化、卸荷所致，迹长为2～8m |
| $J_3$ | 33 | 83 | 20～50 | 较平、粗糙 | 无充填或半充填碎石土 | 风化、卸荷所致，迹长为5～8m |
| $J_4$ | 236 | 71 | 30～300 | 弯曲不平、粗糙 | 无充填或半充填碎石土 | 张拉裂隙，迹长为3～8m |

节理及断层空间组合关系见图6。

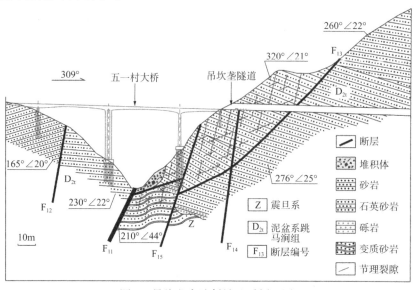

图6 吊坎垄高陡斜坡地质剖面图

## 2.4 水文地质

项目区雨季为4～7月,该斜坡的残坡积土层很薄,由于坡角较陡,降水大部分从地表径流排走。地下水主要为基岩裂隙水,从钻孔揭示情况看,孔中基本没有稳定的地下水位且埋深较大。坡脚谷底河流基本为季节性河流,雨季洪水时,流量大,流速急,同时携带大量巨块石;在旱季时,基本上断流干枯无水,坡体地下水来源主要是大气降水,水文地质条件相对比较简单。

## 3 斜坡稳定性分析

### 3.1 斜坡岩体结构特征分析

岩体的结构特征对岩体的变形破坏形式起着重要的控制作用,对岩体的结构特征的研究,是分析评价岩体稳定性的重要基础[1-2]。吊坎垄斜坡总体上呈单面坡,坡面倾向130°,岩体中层面产状272∠35°,与坡面呈反倾关系,整体属于反向坡。然而该边坡变形特征与反向坡常见的弯曲倾倒变形特征不同,弯曲倾倒型破坏中的张拉裂隙倾向一般与坡向大致相同[3],但该斜坡中的张拉裂缝J4倾向与坡向正交。由此可见,岩体变形受反倾岩层面及层间拉裂缝影响较小,岩体层面不是岩体变形的主控层面,其变形机理与一般反向坡岩体受重力作用的变形机理不一致,不应按一般反倾岩

质坡处理。

通过现场地质调查及监测,吊坎垄斜坡稳定性受11组结构面控制,根据谷德振和黄鼎成[4]结构面分级理论,将影响斜坡稳定性的11组结构面划归为Ⅱ～Ⅳ级结构面。其中,Ⅱ级结构面包括F11与F13断层。F11断层为平移断层,走向220°,倾向EW,倾角约70°,断层宽度约5m,顺峡谷发育。F13断层为压扭断层,走向240°,倾向EW,倾角约44°,断层宽度为2～8m。二者断层带厚度均较大,在地下水的作用下断层带的物理力学性质易被弱化,产生较大的压缩变形和滑动变形,属于坡体内的主控结构面,特别是F13断层,其与斜坡后缘位置基本重合,控制着坡体深层滑动。Ⅲ级结构面是由F11和F13断层产生的次一级断裂,包括F12,F13-1(与F13相接),F13-2(与F13相接)和F14,断裂宽度为0.5～1.0m,规模及影响范围较Ⅱ级结构面要小,为雨水入渗及坡体的中、浅层滑动供了条件。Ⅳ级结构面主要由坡表发育的4组节理裂隙构成,产状分别为J1组171∠66°,J2组117∠66°,J3组33∠83°,J4组236∠71°,控制着斜坡浅、中层的变形破坏。J1、J2两组节理与坡面交切关系为顺向斜交,是高陡斜坡坡表潜在滑动面最主要的构成部分,后两组J3、J4与坡面基本正交,是不稳定块体的主要切割面。上述岩体结构面的空间发育关系见图6,发育特征见表4。

坡体内节理性质及特征表 表4

| 结构面编号 | 结构面等级 | 倾向/° | 倾角/° | 宽度/mm | 结构面特征 | 充填情况 | 备注 |
|---|---|---|---|---|---|---|---|
| F11 | Ⅱ级 | 130 | 70 | 5 000 | 岩体压碎后错动形成 | 压碎岩带 | 平移断层 |
| F13 | Ⅱ级 | 150 | 44 | 2 000～8 000 | 岩体压碎后错动形成 | 压碎岩带 | 压扭断层 |
| F12 | Ⅲ级 | 142 | 80 | 500 | 岩体压碎后错动形成 | 压碎岩带 | 次级断裂 |
| F13-1 | Ⅲ级 | 80 | 85 | 500 | 岩体压碎后错动形成 | 压碎岩带 | 次级断裂 |
| F13-2 | Ⅲ级 | 95 | 85 | 5 000 | 岩体压碎后错动形成 | 压碎岩带 | 次级断裂 |
| F11-1 | Ⅲ级 | 130 | 70 | 500 | 岩体压碎后错动形成 | 压碎岩带 | 次级断裂 |
| F11-2 | Ⅲ级 | 130 | 70 | 500 | 岩体压碎后错动形成 | 压碎岩带 | 次级断裂 |
| F14 | Ⅲ级 | 146 | 77 | 1 000 | 岩体压碎后错动形成 | 压碎岩带 | 次级断裂 |
| J1 | Ⅳ级 | 171 | 66 | 2～50 | 较平、粗糙 | 无充填或半充填碎石土 | 风化、卸荷所致,迹长为5～8m |
| J2 | Ⅳ级 | 117 | 66 | 2～50 | 较平、粗糙 | 无充填或半充填碎石土 | 风化、卸荷所致,迹长为2～8m |
| J3 | Ⅳ级 | 33 | 83 | 20～50 | 较平、粗糙 | 无充填或半充填碎石土 | 风化、卸荷所致,迹长为5～8m |
| J4 | Ⅳ级 | 236 | 71 | 30～300 | 弯曲不平、粗糙 | 无充填或半充填碎石土 | 张拉裂隙,迹长为3～8m |
| 层面 | — | 272 | 35 | — | — | — | 与坡面呈反倾关系 |

## 3.2 深部位移监测数据分析

由于抗滑桩施工扰动,又进一步加大了坡体的变形,导致吊坎垄隧道内出现贯穿性的底板裂缝。变形发生后,施工方在吊坎垄高陡斜坡内(图1中"第二块")补充了8个钻孔,并进行了深部位移监测,钻孔分布见图7。由于ZK05未获得有效数据,其余7个监测孔数据见表5。

图7 吊坎垄高陡斜坡平面图

深部位移监测异常数据统计表 表5

续表

| 测试孔号 | 测试孔深/m | 浅部异常深度/m | 深部异常深度/m | 碎裂岩带深度/m |
|---|---|---|---|---|
| ZK01 | 88 | 13～19 | 67～79 | 60.8～76.5 |
| ZK02 | 92 | 16～18 | 74～76 | 69.5～84.2 |
| ZK03 | 100 | 8～12 | 61～70 | 75.2～93.2 |
| ZK04 | 74 | 12～20 | 42～59 | 53～61.3 69～75.5 |
| ZK06 | 100 | 4～7 | 46～64 | 32～67.8 |
| ZK07 | 45 | 7～13 | 未测得 | 46～48 |
| ZK08 | 75 | 9～25 | 27～30 | 27～32.5 |

由表5可知,各钻孔内位移异常数据的分布深度与碎裂岩带的深度具有一定的相关性,存在多层滑动面。从时间维度上,8个钻孔揭露的变形时间较为一致,故仅对ZK01的监测曲线(图8)进行分析。孔内位移主要集中于13～19m和67～79m段,说明坡内变形存在明显的深度差异,滑面有浅层与深层之分。同时在监测时间内,坡体内位移不断加大,发生蠕滑,这与监测当期为雨季密不可分,也说明降雨对坡体的变形破坏有加速作用。结合结构面在坡体内的分布情况,ZK01处F13断层距坡表深度约76m,与深层变形带位置有很好的对应,说明F13是深层坡体变形的主控结构面,是斜坡深层滑移的失稳源;同时,坡体浅表也存在局

部的明显变形。

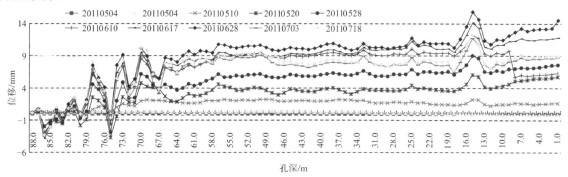

图 8　ZK01 钻孔监测成果图

## 3.3　斜坡变形机制分析

边坡变形破坏形式与过程是应力作用方式、坡体结构、外部条件综合影响的结果[5]，同时应力作用方式、坡体结构、外部条件也相互影响，对吊坎垄斜坡变形机制分析如下：

（1）应力作用方式与坡体结构：历史上吊坎垄高陡斜坡区域位于一背斜东翼，处于背斜构造应力场中，大主应力方向近水平，使得背斜顶部岩体受张拉，岩性较破碎，经长时间的风化侵蚀形成了现在的具有张拉节理的反倾高陡斜坡。风化剥蚀形成的谷底堆积物受水流冲刷、掏蚀后，原来形成背斜的构造应力场遭到破坏，水平方向构造应力释放，浅、中层坡体卸荷形成 J1～J3 三组卸荷节理，形成一定范围的岩体松弛、张裂区，与构造历史形成的断裂、次级断裂共同形成具有 13 组结构面的吊坎垄高陡斜坡。应力作用方式也由构造应力场向自重应力场而转变[6]。

（2）应力作用方式与外部条件：随着构造应力场向自重应力场转变，峡谷两岸自坡面向内呈转变为"驼峰式"应力分布，可依次划分为应力降低区，应力增高区和原岩应力区。公路工程影响范围内的工程斜坡处于应力降低区，卸荷裂隙发育，坡脚存在剪切松弛型卸荷区，坡内应力属于自重应力[7]。抗滑桩施工不当，扰动了坡脚剪切松弛型卸荷区，坡脚岩体发生卸荷错动，大大降低了该斜坡的稳定性。

（3）坡体结构与外部条件：吊坎垄斜坡是具有十三组结构面的高陡斜坡，Ⅱ级包括断层 F11 和 F13，分别位于滑体的前部与后侧，直接控制了整个滑体的发育范围，特别是 F13 断层，直接构成了最深部的滑面边界。Ⅲ级结构面中 F14 对斜坡稳定性影响最大，其在斜坡中下部切割、破碎岩体，

形成渗水通道。Ⅳ级结构面包括 J1，J2 等 4 组节理，其与反倾岩层的交切关系以及本身追索破裂面发育的特性，造成了浅层滑面的形成。

综上所述，吊坎垄高陡斜坡的变形破坏机制可以归纳如下：公路工程斜坡影响范围较窄，仅处于斜坡历史演化过程中的应力降低区，坡内应力属自重应力场，坡脚为剪切松弛型卸荷区，抗滑桩施工不当，因扰动降低了该斜坡的稳定性。由此可见，对于内部结构极为复杂的吊坎垄斜坡，坡体结构会放大外部条件的影响，微弱的外部条件改变就能是边坡变形向着不可控的方向发展，该坡治理需要采取尽可能减少对原始坡体扰动的治理方案。

# 4　方案分析与论证

## 4.1　斜坡地质模型概化

整个坡体受两条断层，四条次级断裂，四组节理，一组层面可控制，岩体结构特征较复杂，坡体存在沿 F13 断层破碎带、追踪顺坡向节理、部分剪断岩桥的多个潜在滑动面。其中，斜坡深层变形失稳机理属于滑移—拉裂—剪断三段式，滑移面沿着深部断层 F13，并在坡脚剪断锁固岩体。由于难以确定斜坡实际破坏位置，故结合既有监测资料和现场踏勘情况，基于不同层位不同结构面组合思路，对该斜坡当前应力状态下的地质模型进行概化，形成深、中、浅 3 层 11 个最可能的潜在滑面见图 9[8-9]。其中，沿 F13 断层破碎带深层滑动的潜在滑动面主要是①～③；中层潜在滑动面主要是④～⑧，由坡体中的儿组结构面追踪断层、节理，最后剪断部分岩桥构成；浅层潜在滑动面主要为⑨～⑪，由节理、风化裂隙及卸荷裂隙构成。

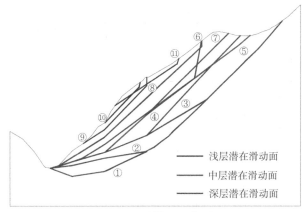

| | | |
|---|---|---|
| | | —— 浅层潜在滑动面 |
| | | —— 中层潜在滑动面 |
| | | —— 深层潜在滑动面 |

图 9　地质模型概化图

## 4.2　计算参数优化

吊坎垄边坡稳定性计算所用抗剪强度指标主要参考区域同类岩土经验参数、室内试验、反演计算综合选取，反算法计算过程[10]如下：①根据野外实测和勘察成果，绘制出典型工程地质剖面图。②依据《岩土工程勘察规范》GB 50021—2001，在采用反分析方法检验滑动面抗剪强度指标时，对正在滑动的滑坡，其稳定性系数可取 0.95～1.00；对处于暂时稳定的滑坡，其稳定性系数可取 1.00～1.05。由现场踏勘情况和多年的经验判断，反算时对滑体的稳定系数取值如下：对于深层潜在滑动面①～③，天然状态时取 1.04；饱水状态时取 0.99；对于中层潜在滑动面④～⑧，天然状态时取 1.08；饱水状态时取 1.02；对于浅层潜在滑动面⑨～⑪，天然状态时取 1.07；饱水工况下取 1.01，考虑到该高陡斜坡体浅层岩体的卸荷作用较为强烈，把抗剪强度参数适当调低。③对 $c$、$\varphi$ 最可能的取值区间内进行参数敏感性分析，得出所取稳定系数值的 $c$-$\varphi$ 曲线。④最后，根据试验结果和经验调查综合选取滑动面的 $c$、$\varphi$ 值。

按照上述过程及已有资料，石英砂岩的天然容重取 24kN/m³，饱和容重取 24.5kN/m³，反算选取天然状态和饱水状态两种工况进行，得出了①、②、③、⑥、⑨五个特征潜在滑面抗剪强度指标反算结果见表 6。

潜在滑面力学参数反算结果　表 6

| 潜在滑面 | 工况 | $c/\mathrm{kPa}$ | $\varphi/°$ |
|---|---|---|---|
| 潜在滑动面① | 自然状态 | 54.85 | 29 |
| | 饱水状态 | 47.96 | 28 |
| 潜在滑动面② | 自然状态 | 55.58 | 28 |
| | 饱水状态 | 49.09 | 27 |
| 潜在滑动面③ | 自然状态 | 57.48 | 28 |
| | 饱水状态 | 52.30 | 27 |
| 潜在滑动面⑥ | 自然状态 | 77.72 | 33 |
| | 饱水状态 | 68.89 | 32 |
| 潜在滑动面⑨ | 自然状态 | 58.73 | 30 |
| | 饱水状态 | 55.27 | 29 |

最后，根据试验结果和经验调查综合选取不同深度潜在滑面的抗剪强度参数如下：①～③深层潜在滑动面天然状态下内聚力为 55kPa，内摩擦角为 29°，饱水状态下内聚力为 48kPa，内摩擦角为 28°；④～⑧中层潜在滑动面天然状态下内聚力为 78kPa，内摩擦角为 33°，饱水状态下内聚力为 70kPa，内摩擦角为 32°；⑨～⑪浅层潜在滑动面天然状态下内聚力为 59kPa，内摩擦角为 30°，饱水状态下内聚力为 55kPa，内摩擦角为 29°。

## 4.3　处治措施方案论证

根据吊坎垄岩体结构分析及地质模型概化，提出其治理方案——反压堆载＋削坡减载＋锚杆的方案，辅以工程排水措施。反压措施在保证坡脚锁固段不受损伤的情况下提高了深、中层潜在滑动面的稳定，锚杆支护保证了浅层潜在滑动面的稳定。

根据相关规范[11-12]的规定与要求，采用 Janbu 条分法与 Slide 程序，计算公式如下：

$$K = \frac{\sum[c_i l_i \cos\theta_i + (W_i + \Delta h_i)\tan\varphi_i]\sec^2\theta_i}{(1 + \tan\varphi_i\tan\theta_i/K)/\sum(W_i + \Delta h_i)\tan\theta_i}$$

式中：$K$——安全系数；

$c_i$、$\varphi_i$——第 $i$ 条块滑面上的黏聚力与内摩擦角，采用表 6 中的反算结果；

$l_i$——第 $i$ 条块滑面的长度；

$\varphi_i$——第 $i$ 条块滑动面上的摩擦角；

$W_i$——第 $i$ 条块的自重；

$\theta_i$——第 $i$ 条块滑动面上的倾角；

$\Delta h_i$——第 $i$ 条块两侧的剪力增量。

以饱水状态下为例，稳定性计算结果见表 7。

稳定性计算结果表　表 7

| 滑面编号 | | 反压前 | 25m 反压 | 30m 反压 | 30m 反压+24m 堆载 | 30m 反压+24m 堆载+削坡 | 30m 反压+30m 堆载 | 30m 反压+30m 堆载+削坡 |
|---|---|---|---|---|---|---|---|---|
| 深层 | ① | 0.989 | 1.186 | 1.277 | 1.344 | 1.422 | 1.343 | 1.430 |
| | ② | 1.026 | 1.081 | 1.123 | 1.203 | 1.307 | 1.222 | 1.316 |
| | ③ | 1.018 | 1.078 | 1.105 | 1.164 | 1.252 | 1.188 | 1.261 |

| 滑面编号 | | 反压前 | 25m 反压 | 30m 反压 | 30m 反压 + 24m 堆载 | 30m 反压 + 24m 堆载 + 削坡 | 30m 反压 + 30m 堆载 | 30m 反压 + 30m 堆载 + 削坡 |
|---|---|---|---|---|---|---|---|---|
| 中层 | ④ | 1.111 | 1.186 | 1.247 | 1.337 | 1.455 | 1.340 | 1.467 |
| | ⑤ | 1.078 | 1.130 | 1.135 | 1.285 | 1.427 | 1.352 | 1.423 |
| | ⑥ | 1.020 | 1.144 | 1.149 | 1.358 | 1.481 | 1.455 | 1.594 |
| | ⑦ | 1.034 | 1.053 | 1.073 | 1.232 | 1.376 | 1.304 | 1.485 |
| | ⑧ | 1.104 | 1.081 | 1.077 | 1.182 | 1.172 | 1.247 | 1.256 |
| 浅层 | ⑨ | 1.007 | 1.007 | 1.007 | 0.981 | 0.983 | 1.023 | 1.023 |
| | ⑩ | 1.188 | 1.187 | 1.186 | 1.196 | 1.194 | 1.159 | 1.159 |
| | ⑪ | 1.661 | 1.661 | 1.660 | 1.660 | 1.623 | 1.660 | 1.650 |

根据稳定性计算结果可知，随着反压堆载高度的增加，各潜在滑面的稳定系数逐渐增大。当在坡脚反压堆载 30m，再在该平台上高陡斜坡侧堆载 30m 时，深、中层滑动面均达到设计所要求稳定系数（该工程的安全等级为 I 级，设计采用的稳定系数在饱水状态下为 1.20），设计典型断面见图 10。

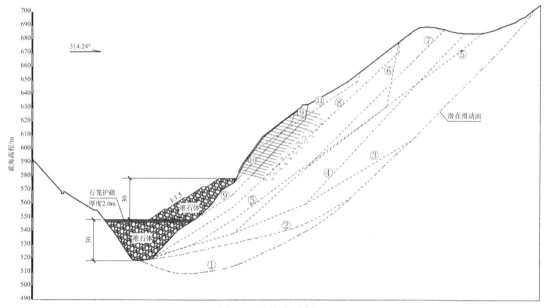

图 10　设计典型断面

## 5　成果与效益

在运营期内采用了远程实时监测系统开展坡体深层水平位移监测、地面位移监测等监测内容，以便实时监测坡体的稳定状态。各类监测点的布置详见图 11。

吊坎垄斜坡的 GPS 监测系统在 2014 年 2 月 17 日—2014 年 6 月 4 日监测期间，坡体深部变形监测孔 DCX1 的变形主要向坡外，合位移方向约为 90°，存在水平位移的深度在 42～46m 之间，岩土体计算位移值较大，$X$ 方向计算位移值为 133mm，$Y$ 方向计算位移值为 122mm，合计算位移值为 166mm；目前位移变化已趋于稳定。$Y$ 方向 16m 处角度变化仍在发展中，变化量为 0.35°，$X$、$Y$ 方向其余位置角度变化基本已趋于稳定。监测孔处岩土体处于相对稳定状态。

由此可见，采用削坡减载 + 坡脚反压 + 锚杆加固，辅以工程排水的方案较原抗滑桩方案治理效果明显。坡脚反压[13]相对深层锚索加固而言，能在较小扰动坡体的情况下提高深、中层潜在滑动面稳定；削坡减载[14]可以减小坡体的下滑力，利用锚杆加固浅层潜在滑动面，工程排水[15]则可以有效降低静水、动水压力，提高岩土体的抗剪强度，有利于坡体维持稳定。经过加固治理后，斜坡深部断层 F13 的蠕滑变形得到控制，斜坡趋于稳定，处置后的效果见图 12。

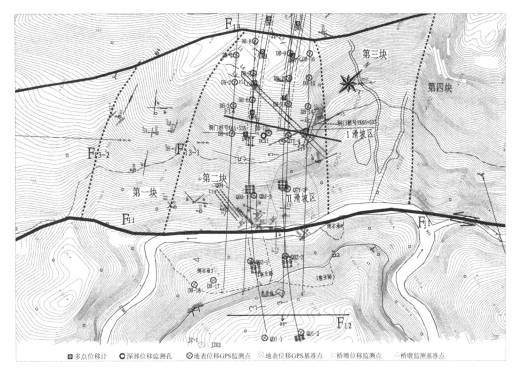

图 11　深层位移监测及地表位移监测平面布置图

图 12　治理工程效果图

# 6　总结与致谢

（1）工程地质模型是斜坡变形机制分析及稳定性评价的基础，吊坎垄斜坡稳定性受众多结构面控制，岩体结构复杂，斜坡的主控结构面是近似平行斜坡坡面的顺坡向逆断层 F13，起到锁固作用的坡脚岩体受结构面交叉分割。

（2）在自重应力场的驱动下，该高陡斜坡在天然条件下整体处于欠稳定—基本稳定状态；在公路隧道和桥梁基础开挖扰动作用下，斜坡出现微变形，并具有变形不断扩大的趋势。斜坡深部变形失稳机理属于滑移—拉裂—剪断三段式，深部

滑动面沿着断层 F13，并在坡脚剪断锁固岩体。

（3）坡体结构会放大外部条件的影响，微弱的外部条件改变就能使边坡变形向着不可控的方向发展，该斜坡治理方案需要尽可能减少对原始坡脚锁固段的扰动。坡脚反压能避免锁固段岩体因施工扰动形成贯通性滑动面，并提高了斜坡深层、中层潜在滑动面的长期稳定性。

（4）此高陡工程斜坡变形应急处治的主要技术思路应为"反压护脚，护坡导水"。通过地质模型和变形失稳机理分析，制定吊坎垄坡脚反压方案，有利于保护坡脚锁固段，且施工方便，造价易控。因此对深层滑面的加固，坡脚反压方案优于长锚索和抗滑桩加固方案。治理施工过程和斜坡变形监测验证了上述技术思想和治理设计，经该方案治理后，斜坡已趋于稳定状态，避免了重大工程灾害的发生。

中国科学院武汉岩土力学研究所任伟中研究员、徐海滨研究员和张军等专家参与了此项治理工程并在技术上做出了独特的贡献，在此向他们表示感谢！

## 参考文献

[1]　孙广忠. 岩体结构力学[M]. 北京: 科学出版社, 1988.

[2]　孙广忠. 论"岩体结构控制论"[J]. 工程地质学报,

1993, 1(1): 14-18.

[3] 张倬元, 王士庆, 王兰生. 工程地质分析原理 (第 4 版) [M]. 北京: 地质出版社, 2016.

[4] 谷德振, 黄鼎成. 岩体结构的分类及其质量系数的确定[J]. 水文地质与工程地质, 1979, (2): 8-14.

[5] 唐辉明. 工程地质学基础[M]. 化学工业出版社, 2008.

[6] 陶连金, 常春, 黄润秋, 等. 深切河谷岩体结构的表生改造[J]. 成都理工学院学报, 2000, 27(4): 383-387.

[7] 黄润秋. 岩石高边坡稳定性工程地质分析[J]. 科学出版社, 2013: 256-279.

[8] 胡惠华, 张鹏, 龚道平. 反倾硬质岩高陡斜坡变形破坏机制分析[J]. 岩石力学与工程学报, 2020, 39(S2): 3367-3377.

[9] 张鹏, 胡惠华, 龚道平, 等. 硬质岩变形边坡深孔位移监测曲线表征分析[J]. 路基工程, 2022, (3): 67-72.

[10] 邓东平, 李亮, 赵炼恒. 极限平衡理论下边坡稳定性抗滑强度参数反演分析 [J]. 长江科学院院报, 2017(3):71-77, 83.

[11] 中华人民共和国交通运输部. 公路路基设计规范: JTG D30—2015[S]. 北京: 人民交通出版社, 2004.

[12] 中华人民共和国住房与城乡建设部. 岩土工程勘察规范: GB 50021—2001[S]. 北京: 中国建筑工业出版社, 2009.

[13] 邹君俊. 某高速公路路面开裂原因分析及其加固方法研究[J]. 福建交通科技, 2021(1): 9-13.

[14] 秦哲, 亓超, 付厚利, 等. 高陡岩质边坡削坡工程中的稳定性研究[J]. 煤炭技术, 2016 (11): 86-88.

[15] 严绍军, 唐辉明, 项伟. 地下排水对滑坡稳定性影响动态研究[J]. 岩土力学, 2008, 29(6): 1639-1643.

# 华凌国际物流港勘察及基坑支护设计实录

谢茂平　丁　冰

（新疆建筑设计研究院有限公司，新疆乌鲁木齐　830002）

## 1　工程概况与环境条件

### 1.1　工程概况

华凌国际物流港工程，地上 25 层，地下 5 层，建设用地红线面积 24092m²，总建筑面积 330881m²，地下建筑面积 1010144m²，±0.000 高程为 812.900m，结构形式为框架-剪力墙结构，地下车库为框架结构，基础形式为筏形基础，基础埋深−26m。

### 1.2　地质条件

根据勘察报告（表 1、图 1、图 2），场地地层自上而下为杂填土、粉土、卵石、粉土、基岩，北部和西部场地基坑基岩以上卵石层为主，南部和东部场地基坑基岩以上粉土层为主。

依据周边工程资料，本场区岩层产状为：倾向 N24°W、走向 N66°E、倾角 74°39′。本工程南部基坑边坡走向与岩层走向接近，倾向基坑内侧，所以南部基坑为顺向边坡，较危险。

该场区地下水为潜水层，含水层为粉土层和卵石层，地下水补给来源主要为大气降水及地下水径流；勘察时，2016 年地下水位埋深在自然地面下 7.0～8.0m，2005 年场地地下水位埋深在自然地面下 3.10～5.00m。

地基土厚度及物理力学指标平均值　表 1

| 层号 | 岩性 | 厚度 | $c$ | $\varphi$ | $\gamma$ |
|---|---|---|---|---|---|
| | | m | kPa | ° | kN/m³ |
| 1 | 杂填土 | 0.8～2.1 | 0 | 10 | 17 |
| 2 | 粉土 | 1.0～6.4 | 10 | 20 | 17 |
| 3 | 卵石 | 1.0～7.4 | 0 | 50 | 20 |
| 4 | 粉土 | 0.5～10.7 | 20 | 20 | 18 |
| 5 | 强风化岩石 | 6.7～19.1（埋深） | 3 | 60 | 21 |
| 6 | 中等风化岩石 | >20 | 5 | 70 | 22 |

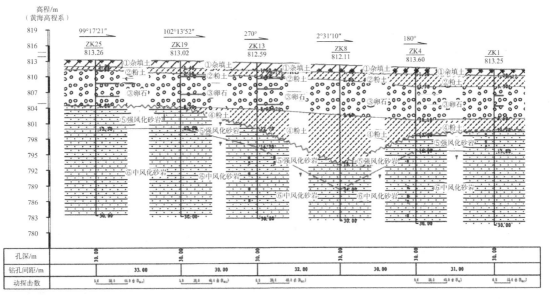

图 1　地质剖面图（基坑西）

获奖项目：2021 年度工程勘察、建筑设计行业和市政公用工程优秀勘察设计奖三等奖。

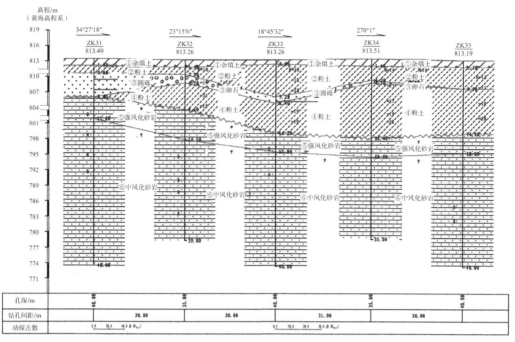

图 2 地质剖面图（基坑南）

## 1.3 基坑周边环境

本工程地址位于乌鲁木齐市南湖路东侧，昆仑路南侧，场地地形较平坦，总的地势由南向北倾斜。

基坑东侧：无建筑物，基础距离红线 1.5m，距离南湖东路北二巷 4.5m；

基坑南侧：基础距离红线 2.5m，与移动公司和机房围墙距离 17m；

基坑西侧：基础距离红线 2.0m，距离绿化带 3m，距离地铁区间隧道 14～36m，西南角距离地铁南湖北路站出入口 9m；

基坑北侧：为街头绿地，可放坡，有天然气管线通过，需改线，东北距离昆仑路人行道 7m。

## 2 主要工程问题和技术难点

### 2.1 工程问题

基坑安全等级为一级，开挖支护深度26m，地层较复杂、泥岩层面起伏、强度差异变化大，地下水埋深3.10～5.00m、不良影响突出，周边环境条件复杂，三面邻道路，尤其是西侧距离地铁区间隧道和地铁南湖北路站出入口较近，支护设计难度很大。

### 2.2 技术难点

（1）场地西侧基础距离地铁区间隧道13～35m，地铁隧道要求变形不能超过3mm，地铁隧道

埋深10～17m，与本项目基坑底高差9～16m；

（2）西南角基础距离地铁南湖北路站出入口7～9m（正在施工），地铁站出入口基底为－10.500m（按本项目±0.000标高系统），与本项目基坑底高差15.500m；

（3）其余三面邻道路2～4m，地库边线紧邻建筑红线，没有放坡空间，东南角基坑边2m为材料进出通道。

## 3 技术方案和创新

### 3.1 支护设计依据

（1）总平面图、基础图［国策众和（北京）建筑工程设计有限公司］；

（2）区域管线图；

（3）地铁2号线南湖北路站1号出入口围护图、区间和地质纵剖面图、隧道断面图（天津市政设计研究院）、连廊规划平面图；

（4）岩土工程勘察报告；

（5）土方开挖方案。

### 3.2 技术方案（图3～图6）

本项目基坑支护设计方案经过和建设方、主体设计方、城轨集团的多次会议和协商，以及地铁1号线设计方的评估报告、专家论证，断断续续几个月时间最终确定。

支护方案整体以排桩＋锚索支护结构为主，

局部为排桩＋锚桩＋锚索、放坡＋排桩＋锚索和放坡＋复合土钉墙、利用在建项目的支护桩等，土方开挖和基坑降水由施工总包单位承担，降水采用坑内排水沟和集水井方案，将地下水位降至基础下 1m，并保持降水至基坑回填及满足建筑物抗浮要求的条件。支护方案有以下特点：

（1）紧扣环境、地层、地下水条件，精心设计、细化设计，采取不同的支护形式并细化调整设计参数，将基坑支护结构根据现场条件分成了 14 段，采取了不同的支护形式或细化调整了不同的参数。

（2）事先沟通，预先提出避免风险的解决措施，本项目基坑施工前，力促城轨集团同意将西南角施工中的地铁南湖北路站出入口与本项目基坑相邻段支护桩加深至本工程基底以下 6m（加长了约 20m），本项目西南角基坑利用了地铁出入口的支护桩和该段岩石埋深浅的有利地层条件。

（3）结合地铁隧道空间位置，优化调整锚索的位置高度、长度，采取增加锚桩弥补锚索长度的不足。

（4）对重点段落和位置按设计要求先期回填，降低风险，靠地铁一侧的（基坑 A～E）肥槽及早回填，并应采用混凝土回填，避免后期引起地铁地下设施的变形。

（5）基坑南侧为岩层顺向边坡，针对顺向边坡不利影响适当地加密锚索，东南角毗邻施工道路，上部无法放坡，且该处土层厚度大，针对该段不利影响也局部加密了两道锚索。

（6）基坑北侧根据土方开挖方案预留了出土坡道，在土方坡道处降低相应宽度内支护桩的桩顶标高，调整锚索的设置。

（7）设计方对监测系统的建立、布设、监测指标、预警值等做出了明确的规定。

（8）设计及第三方安全评估等程序完善，地铁设计方天津市市政工程设计研究院完成了《华凌国际物流港基坑施工对乌鲁木齐市轨道交通 1 号线影响安全评估咨询报告》，评估结论认为：①华凌国际物流港基坑开挖施工对周围地层产生的沉降和水平位移各项变形指标均满足变形控制要求。②数值模拟计算结果表明，华凌国际物流港基坑支护现有设计方案可满足既有乌鲁木齐市轨道交通 1 号线南湖北路站车站主体、附属结构及区间隧道的变形控制要求。

（9）支护设计图也通过了来自天津市政设计研究院和西安中铁第一勘察设计院的两位地铁专家和来自本地的三位岩土工程专家的专家论证，专家论证的结论为支护方案安全可行，并提出了一些注意事项和优化建议。

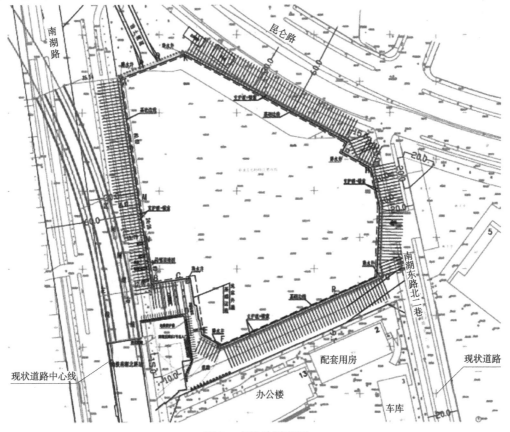

图 3　支护总平面图

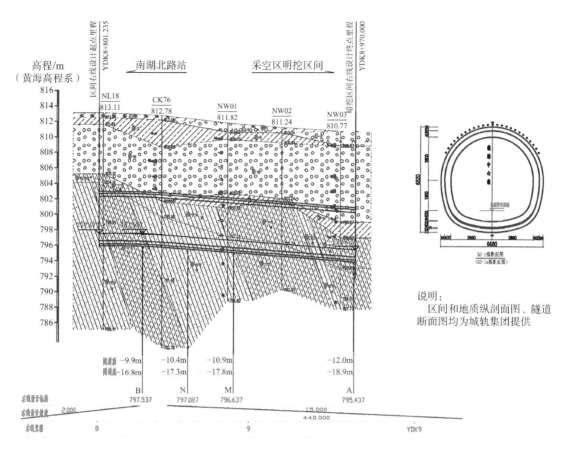

图 4　区间隧道和地质纵剖面图

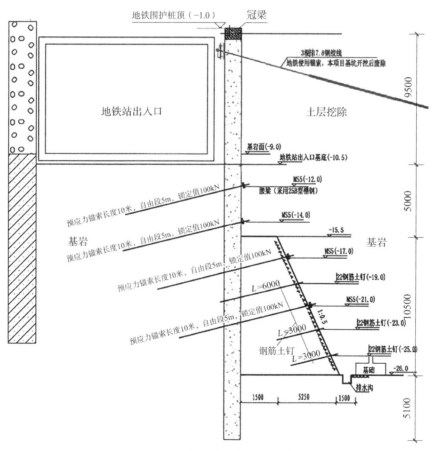

图 5　地铁出入口东支护剖面图

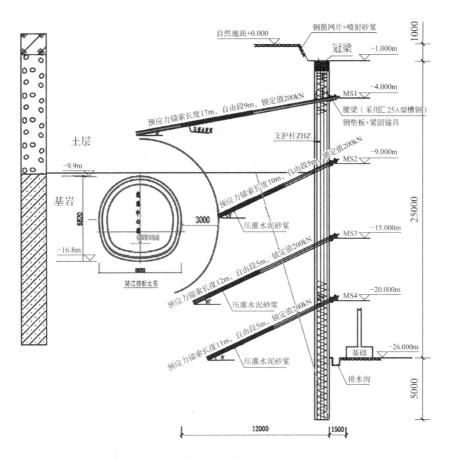

图 6　地铁区间隧道东支护剖面图

# 4　施工效果与监测指标

## 4.1　施工效果

本次基坑支护施工自 2018 年 8 月 15 日开始，2019 年 9 月 30 日结束，2020 年 9 月 30 日基坑回填至自然地面。支护施工中使用了数台旋挖机、锚杆机、挖掘机、装载机、吊车、空压机、注浆机、电焊机、钢筋调直机等施工机械，劳务人员上百人、现场管理人员 10 余人，施工过程中遇见了岩石坚硬桩机进尺缓慢、人防地道通过支护桩、基坑侧壁大量渗水等许多困难和意外情况，针对这些困难，设计和施工单位采取了相应的措施。在支护施工中，支护工程和土方开挖工作、降水施工要同时或交错进行，后期主体施工也在同时作业，由于支护设计提前考虑比较周到，和各方沟通比较详细，施工过程中变更很少，施工计划合理，支护施工基本按计划快速安全顺利地完成。

## 4.2　监测指标（表 2、图 7）

针对本基坑工程施工，由建设方委托的第三方监测单位（北京城建勘测设计研究院有限责任公司）对周边环境和工程自身主要进行了周边道路地表沉降、桩顶水平位移、桩顶竖向位移、桩体水平位移和水平变化速率值、桩身水平位移、锚索拉力、地下水位等的监测。监测从基坑土方开挖 2018 年 9 月开始至 2020 年 9 月 29 日（基坑回填完成），华凌国际物流港基坑支护所有监测点无一出现预警提示，更未出现支护体系超预期变形、土体大范围塌落、周边地表明显沉陷等异常情况，监测数据均在正常控制范围之内，基坑支护实现了环境安全、基坑自身稳定的目标。

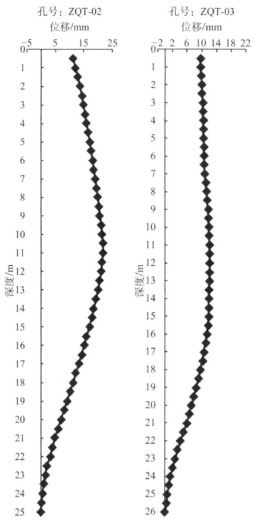

图 7　支护桩桩体水平深度-位移量变化曲线

基坑西侧锚索拉力实测值（北京城建勘测设计研究院有限责任公司）　　　　表 2

| 监测点号 | 初始值/kN | 上次测值/kN | 本次测值/kN | 本次变化值/kN | 变化速率/（kN/d） | 控制值 | | 预警等级 |
| --- | --- | --- | --- | --- | --- | --- | --- | --- |
| | | | | | | 最大值/kN | 最小值/kN | |
| MGL-01-01 | 152.81 | 155.70 | 154.52 | −1.18 | −0.20 | 300.00 | — | 正常 |
| MGL-01-02 | 92.49 | 162.92 | 163.51 | 0.59 | 0.10 | 300.00 | — | 正常 |
| MGL-01-03 | 119.08 | 120.50 | 120.10 | −0.41 | −0.07 | 300.00 | — | 正常 |
| MGL-02-01 | 128.58 | 131.37 | 131.97 | 0.60 | 0.10 | 350.00 | — | 正常 |
| MGL-03-01 | 107.03 | 147.27 | 146.97 | −0.30 | −0.05 | 350.00 | — | 正常 |
| MGL-03-02 | 123.61 | 203.25 | 203.25 | 0.00 | 0.00 | 350.00 | — | 正常 |
| MGL-04-03 | 47.79 | 57.06 | 57.48 | 0.42 | 0.07 | 300.00 | — | 正常 |

# 5　结束语

## 5.1　综合效益

（1）地铁出入口早于本项目施工，较长时间内两项目同时施工，互不影响，地铁出入口顺利竣工投入使用，本项目基坑尚未完工，东侧的地铁区间隧道监测始终正常。

（2）基坑从施工到回填的三年内，三面相邻的道路保持正常通行，周边的地下管线几乎未做改动，正常使用，从基坑土方开挖至基坑回填，基坑监测数据控制在报警值之内，验证了支护设计方案安全、经济、合理。

## 5.2 总结改进注意的方面

（1）锚杆预加力取值对支护结构水平位移有较明显的影响，但锚索锁定以后预加力损失较大，有锚固段土体蠕变、地下水等诸多问题，所以在地层较稳定的状态下预加力可以不用加得太大，因为实际根本没有设计和锁定时那么大，如能维持锚杆设计值，若发生支护结构位移，锚杆拉力增加，达到新的平衡。

（2）腰梁作为锚杆和桩之间的传力构件，采用型钢组合梁或混凝土梁，型钢组合梁由两根槽钢或工字钢用钢板焊接，按受弯构件设计，且锚杆的抗拔承载力、预加力、轴向拉力设计值，型钢组合梁抗弯强度等锚拉体系计算要匹配。

（3）设计和施工应扩大和加强监测内容，对监测结果进行分析研究，总结设计的优点和不足，指导以后的设计和施工。

（4）勘察、岩土设计是经验性很强的专业，勘察、支护设计、支护施工一体化比较好，考虑到土质条件的变化、土体参数的空间差异、实际施工过程与数值模拟的差异等原因，应最终以信息化施工、适时修正为指导施工的原则，更好地保证工程安全和质量，更快提高岩土工程师的综合素质和能力。

# 宁波东部新城东片区 B1-5 地块深基坑设计实录

叶维 汤斌 曾婕 吴才德 成怡冲 龚迪快

（浙江华展工程研究设计院有限公司，浙江宁波 315012）

## 1 引言

随着城市不断建设和发展，基坑工程的开挖深度、开挖面积逐渐增大，并且周边环境情况越来越复杂[1]。尤其是在土质相对较差的软土地区，深大基坑支护设计不仅要考虑基坑的安全性，还要考虑施工的经济性与便利性[2-3]。因而在软土地区多采用刚度相对较大的桩（墙）结合混凝土支撑的支护方式，其支撑体系往往根据基坑形状采用对撑、圆环撑、角撑等[4-5]。采取内支撑的支护形式，存在基坑支撑覆盖面与挖土速率之间的矛盾，故众多学者对此做了许多重要的研究，在具有合理的支撑覆盖率的同时，确保土方开挖与楼层施工的效率[6]。

本文以浙江省宁波市软土地区某超大三层地下室为例，根据基坑边线、周边环境及地质情况，竖向支护体系采取地下连续墙结合三道钢筋混凝土水平内支撑体系；平面支护体系创造性地采取整圆环体系，同时对三层地下室运土通道进行加固，大大提高了挖土效率，从而节省工程造价。并在施工前进行三维有限元建模分析，为基坑变形情况提供理论分析依据。本文介绍该工程设计思路及注意事项，可供类似工程参考、借鉴。

## 2 工程简介

### 2.1 工程概况

本工程位于宁波市鄞州区邱隘街道，东侧为芳庄北路，西侧为现状河流，北侧为规划中山路，南侧为文卫西路。整个地下室单层开挖面积为 20200m²，东西向跨度为 145m，南北向跨度为 130m。北侧地下室侧壁距离用地红线 6.5m，红线外侧为空场地。西侧地下室侧壁距离用地红线 18.9m，红线外侧为现状河道。南侧地下室侧壁距离用地红线 14m，红线外侧为现状空场地与文卫西路，文卫西路距离地下室侧壁约 40m。东侧地下室侧壁距离用地红线 4.7m，红线外侧为 14m 宽的芳庄路，芳庄路西侧为现状厂房、邱隘综治大队与东新学校，距离地下室侧壁最近为 24m。邻近基坑边的芳庄路和文卫西路主要分布有污水、雨水管道。基坑支护总平面布置图见图 1。

本工程自然地坪标高为相对标高−0.100，地下室底板面标高为相对标高−13.300，地库区底板厚度为 0.7m，主楼区筏板厚度为 1.8～2.5m，地下室周圈开挖深度为 14.5～15.5m。局部坑中坑开挖深度 17.5m，工程桩为钻孔灌注桩。

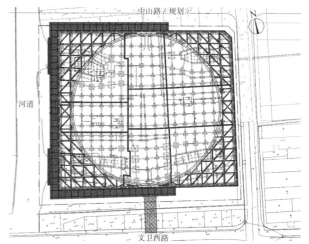

图 1 基坑支护总平面布置图

### 2.2 地质条件

根据详细勘察报告，开挖深度范围内的土层分布众多，且差异大，对本基坑围护设计影响较大的土层为第②₁层淤泥层、②₂层淤泥质黏土层与③层黏土夹粉砂层。其中第②₁层与②₂层土物理力学性质较差，具有强度低、含水量高、压缩性大、自稳性差等特点，且层厚相加约为 14m。第③层为粉质黏土夹粉砂层，该层为微承压含水层。坑底位于②₂层与③层组合层中。再往下的第④₁层粉质黏土层与第④₂层黏土层，土性一般。第⑤₁层黏土层物理力学性质较好，但埋深较深，达到 40m 以上，支护桩（墙）若进入该类土层代价较大。主要地基土物理力

获奖项目：2021 年度工程勘察、建筑设计行业和市政公用工程优秀勘察设计奖二等奖。

学性质指标详见表1。典型工程地质剖面图见图2。

根据勘察报告，浅层微承压水主要赋存于第③层粉质黏土夹粉砂层中，该层层厚不大，平均厚度为4.5m，水位埋深为2.0m，其黏性土含量高，透水性一般，水量较小，局部水量大，单井出水量为 10～25m³/d，其③层水平向渗透系数为 $1.6 \times 10^{-6}$cm/s，垂直向渗透系数约为 $5.3 \times 10^{-5}$cm/s。应对③层粉质黏土夹粉砂层地下水问题，设计采取截断或降水等措施，以防发生坑

底突涌和流砂等不良地质现象。深部孔隙承压水主要赋存于第⑧层及第⑩层，承压水受上游侧向迳流补给，富水性好，埋藏较深，透水性好，污染小。根据《建筑基坑支护技术规程》JGJ 120—2012[7]附录C验算，突涌稳定安全系数大于1.1，满足规范要求。

综上所述，本工程地质条件既存在深厚软土层变形控制难问题，也存在含承压水粉砂层易引起突涌、流砂等地质灾害问题。

土体指标及岩土体力学参数 表1

| 土层编号 | 土层名称 | 层厚/m | 土性状态 | 压缩模量/MPa | 重度γ/（kN/m³） | 黏聚力c/kPa | 内摩擦角φ/° | 含水率w/% | 钻孔桩桩侧阻力特征值/kPa |
|---|---|---|---|---|---|---|---|---|---|
| ①₀ | 杂填土 | 0.5～3.1 | 结构松散 | — | 20.00 | — | — | — | — |
| ①₁ | 黏土 | 0.6～1.5 | 可塑 | 4.19 | 18.38 | 21.3 | 15.2 | 33.2 | 16 |
| ①₂ | 黏土 | 0.5～0.8 | 软塑 | 2.91 | 17.78 | 15.0 | 11.4 | 40.6 | 12 |
| ②₁ | 淤泥 | 7.8～9.6 | 流塑 | 1.82 | 16.46 | 11.0 | 8.7 | 55.7 | 6 |
| ②₂ | 淤泥质黏土 | 3.9～6.1 | 流塑 | 1.89 | 16.70 | 11.2 | 8.9 | 51.8 | 8 |
| ③ | 粉质黏土夹粉砂 | 3.4～6.0 | 可塑 | 4.62 | 18.57 | 16.3 | 15.0 | 29.2 | 14 |
| ④₁ | 粉质黏土 | 7.3～11.5 | 软塑 | 3.59 | 17.83 | 15.9 | 14.3 | 35.1 | 12 |
| ④₂ | 黏土 | 11.3～16.2 | 软塑 | 3.55 | 17.76 | 17.0 | 14.4 | 36.6 | 14 |
| ⑤₁ | 黏土 | 1.0～3.2 | 可塑 | 8.05 | 19.09 | 25.4 | 15.2 | 27.3 | 29 |
| ⑤₂ | 砾砂 | 1.4～5.0 | 密实 | （45） | — | — | — | — | 36 |
| ⑥ | 粉质黏土 | 13.3～5.8 | 可塑 | 4.59 | 18.17 | 16.3 | 14.4 | 30.8 | 21 |
| ⑧₁ | 中砂 | 1.1～4.7 | 密实 | （50） | — | — | — | — | 39 |

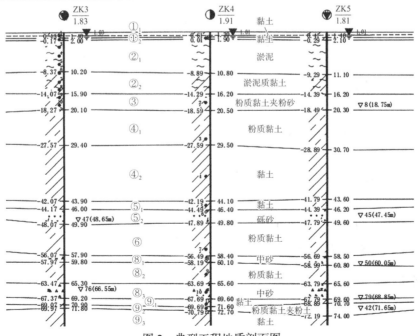

图2 典型工程地质剖面图

### 2.3 工程特点及难点

结合本项目地下室面积、开挖深度、周边环境及地质特点，本工程有如下一些重点及难点：

（1）基坑开挖面积大，东侧邻近道路，荷载较大，西邻邻近河道，荷载相对较小，东西向存在土压力不平衡的问题。支撑体系需综合考虑安全、施工便利和工程投资等各方面因素，对支撑的布设要求较高。

（2）基坑开挖深度深，土质条件很差，基坑控制变形难度大；基坑周边紧邻重要市政道路、管线等建（构）筑物，周边环境保护要求高。

（3）工程地质条件复杂，基坑开挖范围内土层差异非常大，坑底邻近粉砂层，极易引起突涌、流砂等地质灾害。

（4）基坑周边可利用场地有限，材料堆场和施工通道安排困难。

（5）开挖三道支撑以下土方时，开挖深度很大，基坑的水平距离相对较小，无法在坑内设置运土坡道，出土效率低。

（6）本基坑支护结构体系受力复杂，常规的单元计算结果不能全面地反映整个支护结构体系的受力和变形情况。

（7）常规的计算方法不能建立包括支护结构、土体和周边环境在内的整体模型，预测基坑施工对周边道路等影响难度较大。

## 3 基坑支护设计方案（重难点解决方案）

根据本工程的特点、实际施工条件、施工顺序及以往多个类似软土地区工程的实践经验，平面支护体系创新性地采用了整圆环支撑体系，该支撑体系在宁波地区的三层地下室中首次采用，且圆环直径约达到130m。考虑到基坑变形控制难度大，周边环境保护要求较高，支护结构竖向支护体系选取了抗变形能力强、防渗性好的地下连续墙结合三道钢筋混凝土水平支撑的形式。

### 3.1 竖向支护体系

为降低围梁施工及各道支撑的开挖对周边环境影响，压顶梁设置在自然地坪以下 0.5m，第一道围梁及支撑面标高降到自然地坪以下 2.0m 处，

第二道围梁及支撑面降到自然地坪以下 6.5m 处，第三道围梁及支撑面降到自然地坪以下 11.0m 处；这样做一方面改善了墙身内力分布，减少了墙身变形，同时也给挖土施工作业提供了足够的空间，地下连续墙区域支护结构剖面图详见图3。

为确保地下连续墙成墙质量，本工程在地下连续墙两侧施工单排$\phi$500@350水泥搅拌桩，水泥掺量为15%，长度为地下连续墙顶标高下5m，槽壁加固平面示意图详见图4。地下连续墙的接缝处理均采用$\phi$700@500的高压旋喷桩嵌缝止水，水泥掺量为28%，长度为地下连续墙顶标高下5m，均采用双重管法施工。

经计算复核，地下连续墙均采用800mm厚，由于⑤₁黏土层埋深较深，若地下连续墙进入该层，经济效益太低，故考虑地下连续墙下端均穿越淤泥层或淤泥质土层进入土性相对较好的④₂层黏土层中，并适当进行加长，以防止踢脚和基坑底隆起，减少基坑变形。为进一步减小基坑开挖对东侧道路和管线等周边环境的影响，适当加长了靠近道路侧的地下连续墙的插入深度，并对支撑刚度、地下连续墙配筋等均做了适当加强。

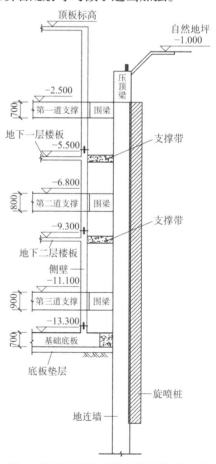

图 3 地下连续墙区域支护结构剖面图

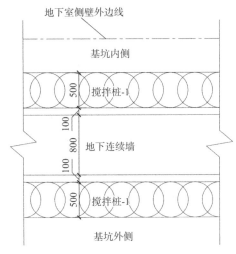

图4 槽壁加固平面示意图

（图中标注：地下室侧壁外边线、基坑内侧、搅拌桩-1 500、100、地下连续墙 800、100、搅拌桩-1 500、基坑外侧）

根据单元计算，第一道支撑水平力为152.21kN/m，第二道支撑水平力为487.03kN/m，第三道支撑水平力为431.32kN/m。

## 3.2 平面支护体系

由于本工程地下室形状规整，故平面支护体系可采用角撑结合对撑体系或整圆环撑体系，具体平面布置见图5。两种平面支护结构体系受力明确，且控制变形能力强，但其优缺点明显，具体比较见表2。

不同支撑类型优缺点比较 表2

| 支撑类型 | 可靠性 | 施工便利性 | 经济性 |
|---|---|---|---|
| 整圆环撑 | 控制变形能力强，可靠性高 | 支撑覆盖面窄，挖土施工便利，工期比角撑结合对撑省约2个月 | 支撑体系采用圆环撑，比常规对撑结合角撑体系节约支撑和立柱费用将近300万元。由于圆环支撑覆盖面积小，加快了出土效率，节省了至少2个月工期，节约土方开挖和资金成本约400万元 |
| 角撑结合对撑 | 控制变形能力强，可靠性高 | 支撑覆盖面高，挖土施工不方便 | 经济性一般 |

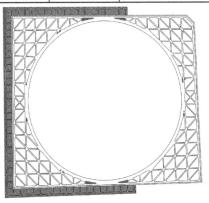

(a) 整圆环撑

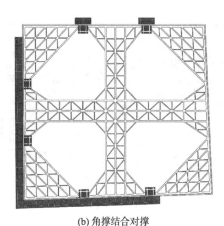

(b) 角撑结合对撑

图5 基坑平面支护体系比选

经对比分析，平面支护体系采用整圆环撑。本工程圆环直径达到130m，当基坑存在土压力不平衡情况时，相比常规对撑结合角撑支护体系，圆环支撑体系一方面具有较强的整体性，内力分布更均匀，有利于对支护结构变形的控制；另一方面减少了支撑覆盖面积，节约了成本费用，方便土方开挖和地下室施工，极大地提高了出土效率，节约了工期。

此外，圆弧顶及拱脚区域均采取多种措施以确保安全，包括：①坑外设置钢筋混凝土梁板结构以加强该部位整体刚度；②坑内设置混凝土板带以增强相应位置的刚度；③坑底被动区进行土体加固。

在东侧采用三轴搅拌桩对被动区土体进行加固；在基坑施工过程中，利用时空效应原理，采取分区分块的挖土方式，先施工距离道路远的区块，再施工距离其近的区块，并及时地施工支撑和垫层，减少基坑土体的暴露时间。

## 3.3 运土坡道设计

超大面积深基坑的土方开挖一般采用中心岛开挖方式[8]，类似做法见图6。常规出土方式有两种，一种是坑内留设运土坡道，另一种是设置斜向的施工栈桥。由于本基坑采用整圆环撑设计，支撑覆盖面窄，结合宁波本地经验，综合比对后采取坑内留设运土坡道方案，但由于本工程挖深较深，若不采取一定措施，运土坡道的稳定性不满足施工要求，故对运土坡道范围的土体采用三轴水泥搅拌桩设计，确保土坡稳定性。三轴水泥搅拌桩直径为650mm，搭接200mm，水泥掺量为20%，桩长为8m。该设计方案解决了运土车下坑问题，极大地提高了出土效率，节约了工期及造价，坑内运土坡道加固平面布置图见图7。

图6  中心岛土坡道做法

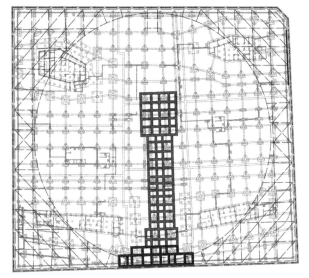

图7  坑内运土坡道加固平面布置图

# 4  基坑的三维有限元分析

为评估本工程基坑开挖对道路和管线的影响程度，采用 Midas 有限元分析软件建立了全面的仿真三维模型。模型包括本工程的基坑地下连续墙、支撑体系及周边重要道路及管线。建模中依据方案设计提供的施工流程，对整个基坑的开挖过程进行了模拟。

## 4.1  计算模型及参数

根据已有的经验以及相关的研究成果，基坑分析范围边线与基坑边的距离为 3～5H，其中H为基坑开挖深度。在上述前提下，结合本项目基坑周边的环境情况，确定了三维数值模拟分析的对象是东西向长度 450m、南北向长度 450m 的区域，标高范围−58.000～2.000m（黄海高程）。模型底边界约束水平和竖直方向位移，左、右侧边约束水平位移，顶部边界自由。基坑三维有限元模型见图 8。

Midas 三维有限元分析中，土体本构关系采用

HS 模型。模型土层分布根据勘察报告中地质剖面图确定，参数由地勘报告确定。地下连续墙采用板单元，围梁支撑均采用梁单元，设计参数均按实际取值。

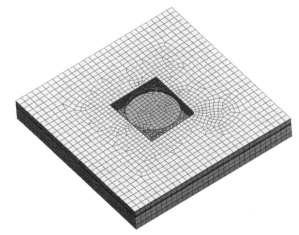

图8  基坑三维有限元模型

## 4.2  数值模拟结果及分析

1）支护桩水平位移

支护桩水平位移计算结果汇总表见表 3。支护桩最大水平位移位于基坑南侧中部，最大值 61.0mm；东侧支护桩最大水平位移最大值 49.5mm，均位于基坑坑底附近，且均发生在拆除第一道支撑时。

支护桩水平位移计算结果汇总表　　表3

| 施工步骤 | 东侧支护桩最大值/mm | 西侧支护桩最大值/mm | 南侧支护桩最大值/mm | 北侧支护桩最大值/mm |
|---|---|---|---|---|
| 开挖至坑底 | 47.5 | 48.8 | 59.2 | 56.0 |
| 拆除第一道支撑 | 49.5 | 50.5 | 61.0 | 57.3 |

2）坑外土体沉降

坑外土体竖向位移计算结果汇总表见表 4。坑外土体沉降最大值为 29.4mm，位于基坑南侧中部，距离基坑边约 1.5 倍基坑开挖深度，发生在拆除第一道支撑时。坑内土体隆起最大值为 156.4mm，发生在开挖至三道支撑底时。

坑外土体竖向位移计算结果汇总表　　表4

| 施工步骤 | 坑外土体沉降最大值/mm | 坑内土体隆起最大值/mm |
|---|---|---|
| 开挖至第三道支撑底 | 23.8 | 156.4 |
| 开挖至坑底 | 28.6 | 155.4 |
| 拆除第一道支撑 | 29.4 | 155.4 |

1478

3）东侧道路沉降

根据各工况坑外土体沉降云图，整理出东侧道路沉降计算结果。结果表明，东侧道路沉降最大值为25.7mm，距离基坑边约1.5倍基坑开挖深度，发生在拆除第一道支撑时，满足变形控制要求，具体详见图9。

图9　拆除第一道支撑时东侧道路沉降云图

# 5　支护结构监测结果分析及对比

本工程主要控制变形区域为东侧道路，根据监测报告数据显示，至地下室施工完成期间，基坑南侧深层最大位移为71.2mm，变形最大值发生在自然地坪下8.5～9.5m处。基坑东侧深层最大位移为55.2mm，变形最大值发生在自然地坪下7.5～8.5m处。数据结果见图10～图12。东侧地表最大沉降约为32mm，南侧最大沉降约为35mm。东侧芳庄北路下方管线最大沉降约为8mm，东侧芳庄北路及下方管线的沉降和变形均在规定允许范围内。

经三维有限元分析对比，三维有限元分析与现场实测值相似，差异为1.1～1.25倍。

综上所述，三维有限元分析结果与现场实测值相差不大，故对本项目设计与施工具有一定的指导意义。

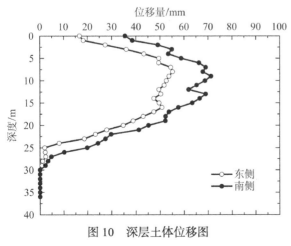

图10　深层土体位移图

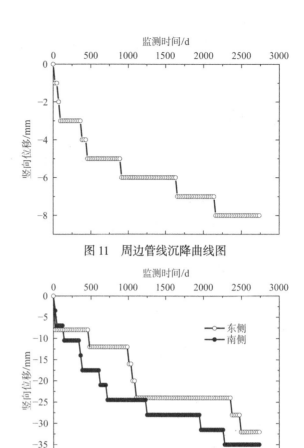

图11　周边管线沉降曲线图

图12　周边地表沉降曲线图

# 6　效益分析

通过支护结构及运土方式优化设计，节省大量资金成本，并为类似超深大基坑的支护设计提供了一种安全、合理、经济的解决方案，对同类项目具有重要参考价值，具体经济效益如下：

（1）支撑体系采用圆环撑，比常规对撑结合角撑体系节约支撑和立柱费用将近300万元。由于圆环支撑覆盖面积小，加快了出土效率，节省了至少2个月工期，节约土方开挖和资金成本约400万元。

（2）对运土通道范围内的土体进行加固，极大地加快了基坑开挖三道支撑以下土体的进程，缩短了至少1个月工期，节约土方开挖和资金成本约200万元。

（3）基坑周边设置梁板式门架，增大了支护结构水平刚度，对减少基坑和周边环境变形效果显著，同时还兼作材料堆场和施工通道，为施工提供了极大的便利，加快了地下室施工进度，缩短了至少1个月工期，节约资金成本约200万元。

综上，通过支护结构优化设计，节约支护结

构、土方开挖、资金成本总计约 1100 万元，经济效益显著。

# 7 结论和建议

目前本工程已施工完毕，综合分析本工程的设计与施工过程，可得到以下结论和建议：

（1）竖向支护体系采取地下连续墙结合三道钢筋混凝土水平内支撑体系，为类似超深大基坑的支护设计提供了一种安全、合理、经济的解决方案，对同类项目具有重要参考价值。

（2）圆环支撑整体性更强，解决了土压力不平衡的问题，且支撑覆盖率低，节约了工程费用，并极大地方便了挖土施工。

（3）采用三轴搅拌桩对运土通道范围的土体进行加固，解决了运土车下坑的回填问题，极大地提高了出土效率，大幅节约工期，同时也节省了坑内设置施工栈桥的费用。

（4）可采用 Midas 软件等对基坑支撑布置、坑内加固设计及开挖措施进行模拟，并给最终周边环境变形提供理论参考依据。

（5）整圆环撑设计及坑内加固运土坡道设计，大大节约施工造价及施工工期，经济效益显著。

# 参考文献

[1] 陈晓东. 复杂条件下超深基坑支护方案比选及优化设计[J]. 福建建设科技, 2023, 188(1): 48-52, 66.

[2] 张志勇. 深基坑支护施工技术的现状与发展趋势[J]. 建材与装饰, 2018, 542(33): 44.

[3] 姚志国, 李丽诗. 浅谈国内外深基坑支护技术的现状及进展[J]. 黑龙江科技信息, 2011, (10): 251.

[4] 许冠, 曾婕, 成怡冲, 等. 管桩结合双半圆支撑体系在基坑工程中的应用[J]. 岩土工程术, 2022, 36(3): 179-184.

[5] 曾婕, 成怡冲, 徐晓兵, 等. SMW 工法桩结合预应力型钢组合支撑支护体系在软土深基坑中的应用[J]. 工程勘察, 2021, 49(8): 14-19.

[6] 吴西臣, 徐杨青. 180 同心圆双环形内支撑在复杂环境下大型深基坑支护中的应用研究[J]. 岩土工程学报, 2014, 36(S1): 72-76.

[7] 中华人民共和国住房和城乡建设部. 建筑基坑支护技术规程: JGJ 120—2012[S]. 北京: 中国建筑工业出版社, 2012.

[8] 金永涛. 软土地区超大深基坑中心岛法设计与实践[J]. 工程勘察, 2020, 48(11): 30-34.

# 基于软土地区 SMW 工法桩型钢现场试验研究

吴文平[1,2]　李　亮[3]　黄　鹏[1,2]　李松山[1,2]　高永坡[1,2]　周靓坤[1,2]

（1. 北京中兵岩土工程有限公司，北京　100053；
2. 中兵勘察设计研究院有限公司，北京　100053；
3. 中国电力工程顾问集团华北电力设计院有限公司，北京　100120）

## 1　引言

近年来，SMW（Soil Mixing Wall）工法桩作为一种新兴支护结构，以其对周围环境影响小、止水性能好等优点被广泛应用于建筑基坑、隧道、船坞等各类工程中。SMW 工法由于在水泥土桩中插入了型钢，将承受荷载与防渗挡水结合起来，同时具有受力与抗渗两种功能，而且当其围护功能完成后型钢可以回收再利用，成本也远低于地下连续墙，因而具有较大发展前景[1-2]。但是与灌注桩、地下连续墙等传统支护形式相比，SMW 工法桩受力性能稍差，因而，一般多应用于周边环境保护要求相对不高、开挖深度相对不深的基坑工程。

为了进一步了解 SMW 工法桩的工作原理，在连云港海州区某基坑支护施工过程中，除了按设计要求设置桩顶水平位移、桩顶竖向位移及桩身深层水平位移等常规监测项目外，还专门选取基坑中部受力较为明确的 3 根 SMW 工法桩，在其 H 型钢自上到下的若干个截面上布置钢材应变片，以便实测分析 H 型钢的应力分布以及随施工过程的变化规律[3]；并通过数值模拟和变形监测分析了解 SMW 工法桩的受力特性，以期为软土地区 SMW 工法桩的设计和施工提供进一步的依据。

## 2　工程概况

工程位于连云港市海州区，建设项目为住宅，结构类型为框架结构，基础形式采用桩基础。项目基坑平面呈不规则的长方形，基坑东西向长 165.2～192.8m，南北向长 92.6～111.1m，基坑周长约 589m，基坑竖向投影面积约 17162m²，基坑开挖深度约 5.5m。基坑四周为市政道路，紧邻市政道路为住宅小区。

根据该项目岩土工程勘察报告，场地的地层自上而下分为 10 层，其典型地质剖面图如图 1 所示。

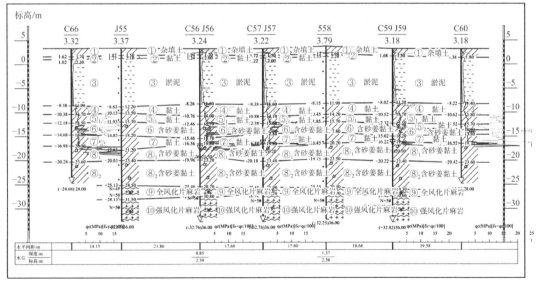

图 1　典型地质剖面图

在勘探深度内观测到两层地下水。第一层地下水为第四系松散层中的潜水，主要分布于本场地②单元黏土层和③单元淤泥层中，该类土赋水性较差，且出水量亦有限。勘探时测得稳定水位

0.35～1.56m，平均 0.98m。第二层为砂层中的承压水，主要分布于本场地第（3-A）单元粉细砂中，根据地勘实测，第（3-A）单元粉细砂层中的承压水水位标高约为−2.900m。

## 3 基坑围护结构

基坑采用SMW工法桩＋旋喷锚杆支护体系，工法桩采用双轴搅拌桩内插H型钢。搅拌桩直径700mm，中心间距500mm，桩长16.0m。搅拌桩固化剂采用P·O 42.5水泥，水泥掺量25%。H型钢型号为 HW500×300，工程采用隔一插一、部分密插的形式进行施工。为增强基坑边坡的稳定性，在工法桩桩间设置了旋喷锚杆，水平间距2.0m，倾角35°，设计长度30.0m，直径400mm，内置 3 束$\phi^s$15.2 钢绞线（1860 级）。工法桩冠梁为矩形钢筋混凝土结构，截面尺寸为 1000mm（宽）×700mm（高）。

## 4 现场实测

为了便于研究 SMW 工法桩中型钢在各个工

况下所受内力的规律，在现场基坑中部选取三根型钢为研究对象。测力计在布置时考虑以下 3 点：①由于施加了锚杆预应力，锚杆位置处型钢内力会出现较大变化，故应在此位置设置截面；②各个土层土质不同，型钢受力就会存在差异，因此要在各土层交界位置处设置截面；③为了更好地反映型钢受力规律，各个截面之间距离不能太远，以保证数据的连续性。

通过调研，结合现场实际情况，本次选择 2 个10 通道 JC-4A 静态应变仪，结合型钢特点，应变片选择 5×3mm 的 BX120-5AA 应变片。测试时，选用 18 个通道，使用 18 条导线，结合现场实际打桩情况，一方面考虑到保护应变片不在施工过程中受损，尽可能保证"存活率"，另一方面为尽量能得到接近于真实受力的数据，分别在距离型钢顶部 2m、4m、6m、8m、10m、11m、12m、13m、14m、15m 位置处布设应变片（栅长 5×3mm），每处位置布置 2 片应变片。应变片施工布置如图 2～图 6 所示。

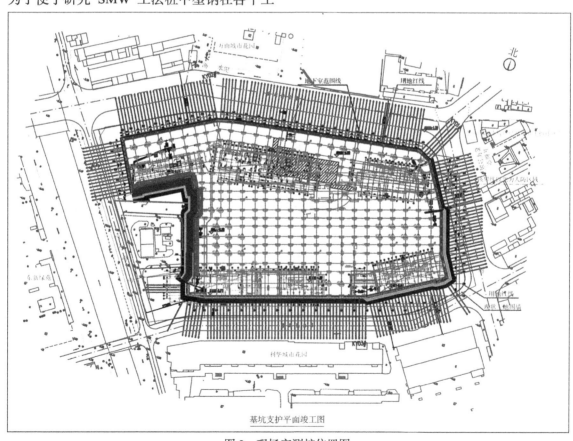

图 2　现场实测桩位置图

图 3 型钢上应变片布置

图 4 现场粘贴应变片施工

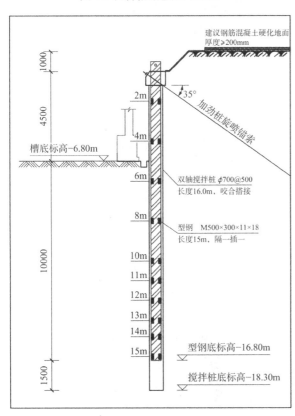

图 5 应变片沿型钢长度布置图

图 6 带有应变导线的型钢的现场施工

## 5 SMW 工法桩型钢轴向应力分析

根据 JC-4A 静态应变仪的实时测量，现将 SMW 工法桩成桩后开挖以及开挖稳定后的应力数据曲线整理绘制如图 7 所示。

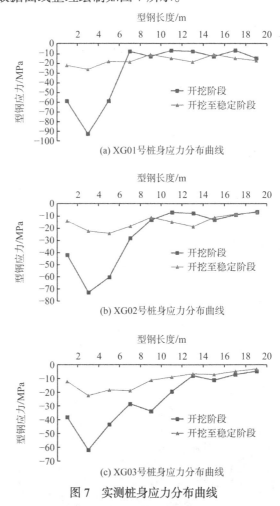

图 7 实测桩身应力分布曲线

XG01 号在基坑开挖初期，最大应变处发生于 4m 处，最大应力达到 −92.97MPa；开挖后变形逐渐稳定，整体应变逐步减少，最大值仍出现在桩身

4m位置，最终稳定在−26.63MPa。

XG02号在基坑开挖初期，最大应变发生于4m处，最大应力达到−73.81MPa；之后整体应变逐步减少，最大值出现在桩身6m位置，最终稳定在−24.57MPa，但是桩身4m处，最终稳定在−22.61MPa，其与6m位置应力值相差不大。

XG03号在基坑开挖初期，最大应变处发生于4m处，最大应力达到−62.14MPa；开挖后变形逐渐稳定，整体应变逐步减少，最大值仍出现在桩身4m位置，最终稳定在−22.50MPa。

# 6 工法桩数值模拟

采用Midas/GTS NX有限元软件建立三维模型进行模拟计算。本次计算模型，主要分为岩土体材料和结构材料。基坑开挖通常选取修正摩尔库仑模型为计算本构模型[4]，本次计算参数取值主要参考勘察资料给出岩土体基本参数，并结合计算经验确定，其具体取值如表1所示。

土体参数取值　　　　　　表1

| 土层名称 | $\mu$ | $\gamma/(kN/m^3)$ | $E_{ur}/MPa$ | $c/kPa$ | $\varphi/°$ |
|---|---|---|---|---|---|
| 杂填土 | 0.38 | 17.5 | 1.5 | 15 | 5.5 |
| 淤泥 | 0.40 | 16.3 | 0.9 | 7.4 | 1.9 |
| 黏土 | 0.32 | 17.8 | 10.5 | 18 | 6.2 |

基坑周边土体边界按《基坑工程手册（第二版）》以及软件的推荐取值为挖深的3倍。锚杆周围土体、高压旋喷锚索桩、SMW工法桩均为各向同性材料，因SMW工法桩中提供刚度的主要是H型钢，所以在模拟中，桩采用梁（Beam）单元进行模拟，土体采用三维应力单元模拟，锚杆采用桁架（Truss）单元。约束条件为约束模型两侧与底面的平动自由度，数值模拟如图8～图11所示。

图8　基坑开挖前模型整体效果图

图9　基坑开挖后模型整体效果图

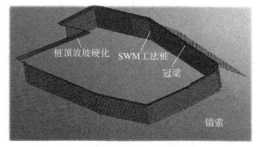

图10　支护结构总体效果图

图11　工法桩细部效果图

本次模型计算的支挡结构的受力以及周围的沉降情况如图12～图14所示。

图12　开挖后土体Z向变形云图

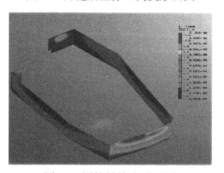

图13　围护结构变形云图

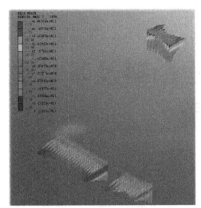

图 14 支护桩应力云图

根据数值模拟分析,三处试验支护桩的最大应力均发生于桩身中上部,三处试验桩的基坑周边最大竖向位移分别为 4.05mm、2.28mm、0。其与现场实测数据情况相比,应力数值偏大,变化规律基本一致,各支护桩现场实测与数值模拟的桩身应力分布曲线如图 15 所示。

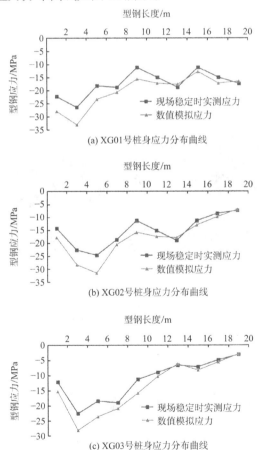

(a) XG01号桩身应力分布曲线

(b) XG02号桩身应力分布曲线

(c) XG03号桩身应力分布曲线

图 15 支护桩现场实测与数值模拟应力分布曲线

## 7 结论

通过对选取的 3 根 SMW 工法桩进行现场实测和数值模拟,分析了在开挖过程中及开挖稳定后 H 型钢的应力分布特征及变化规律,探讨了工法桩的受力特性,得到以下结论:

(1)在基坑开挖初期,内插型钢最大应力处发生于 4m 或接近槽底处,开挖后变形逐渐稳定,整体应力逐步降低,最大值仍出现在桩身 4m 或接近槽底处。

(2)在基坑开挖较浅,只于桩顶设置一道锚杆的情况下,型钢应力或弯矩在中上部随着基坑深度的增加而增加,在中下部随着基坑深度的增加而减小。

(3)本次测试中型钢各个截面应力表现为压应力,经分析可能系受型钢自重、锚索拉力竖向分力以及基坑土体卸荷后减小了水泥土对型钢的约束力等综合影响所致。由于 H 型钢系通过翼缘板和腹板组合作用共同承受弯矩,为获取更为全面数据,未来测试应将测点分别布设于 H 型钢的翼缘板和腹板。

## 参考文献

[1] 解廷伟, 左殿军, 王绪锋, 等. 邻近建筑物 SMW 工法基坑围护结构受力特性研究[J]. 重庆交通大学学报(自然科学版), 2018, 37(3): 44-50.

[2] 刘建. SMW 工法桩在深基坑中的运用[J]. 山西建筑, 2018, 44(20): 72-74.

[3] 肖昭然, 胡娟, 刘晓松. 基于砂土形成的 SMW 工法桩型钢内力现场试验研究[J]. 科学技术与工程, 2019, 19(26): 358-363.

[4] 顾士坦, 施建勇. 深基坑 SMW 工法模拟试验研究及工作机理分析[J]. 岩土力学, 2008, 29(4): 1121-1126.

# 重庆罗宾森广场项目岩土工程勘察及基坑边坡支护设计实录

李安兴　李杨秋　陈庆玉　唐秋元

（中煤科工重庆设计研究院（集团）有限公司，重庆　400042）

## 1　工程概况

重庆罗宾森广场项目位于重庆市渝中区，用地面积 2.2 万 $m^2$，建筑面积约 27.8 万 $m^2$，为四栋超高层塔楼（高度为 213.2m、179m、148.1m、128.8m）、裙楼商业及地下车库组成的城市综合体（图1）。地下室层数-2F～-5F，基坑总长约247m，宽约 177m，开挖深度 15～36m，立面面积 19475$m^2$，为超深基坑。基坑底下方纵横交错分布三层隧道（图2），从坑底往下第一层：南侧场地下方为已建地铁一号线七星岗车站大跨度隧道、中部地面下为地铁一号线出入口隧道；第二层：南西侧场地面下方为规划的地铁十号线区间双洞隧道；第三层：东侧场地地面下方为已建石黄隧道。基坑侧壁邻近人防洞室群、地铁风井、出入口隧道等，基坑顶部分布市政道路、管网及高层建筑。

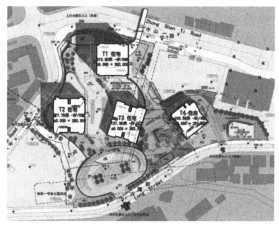

图1　项目总平面布置

图2　项目与隧道空间位置关系

另外，在深基坑支护设计中采用了公司多项专利技术：（1）"锚拉桩支护的边坡变形加固结构及其施工方法"；（2）"门字形双排桩＋桩顶盖板结构"；（3）"一种山区边坡预应力锚索"。同时，在支护设计中，采用了横式型钢混凝土肋柱，施工方便快捷和经济性好，加快了工程进度。

## 2　场地工程地质条件

### 2.1　地形地貌

拟建场地原属浅丘剥蚀低洼地貌，经人类工程活动后，局部进行了开挖或回填。场地整体四周高，中间低，呈不规则台阶分布，最高标高299.900m，最低 276.600m，高差约 23.3m。场地内人工开挖或回填形成边坡：坡长 12.9～102.5m，坡高 0.8～11.04m，坡角 7.6°～40.5°。项目用地范围附近相邻建（构）筑物复杂，有轨道交通一号线七星岗车站及附属设施、石黄隧道、人防洞室等。

### 2.2　地质构造

项目场地位于龙王洞背斜东翼，岩层呈单斜状构造，无区域性断层通过，构造地质条件简单，岩层倾向120°～140°，优势倾向128°，倾角6°～

获奖项目：2021年度工程勘察、建筑设计行业和市政公用工程优秀勘察设计奖二等奖。

10°，优势倾角 8°，根据场地周围出露岩石露头的地面调查，场地内岩体发育构造裂隙如下：

J₁：倾向 85°左右，倾角 70°，闭合，裂隙间距 2～5m，为硬性结构面，结合差。

J₂：倾向 312°左右，倾角一般为 73°，闭合，裂隙间距 2～5m，为硬性结构面，结合差。总体场地内岩层裂隙不发育，岩体较完整。

## 2.3 地层结构及物理力学性质

据地面调查及钻探揭露显示，拟建场区内分布有第四系全新统人工填土层（$Q_4^{ml}$）、残坡积粉质黏土层（$Q_4^{dl+el}$），下伏基岩为侏罗系中统砂溪庙组（$J_2s$）砂岩、砂质泥岩，场地典型地质剖面见图3，岩土体力学参数见表1和表2。

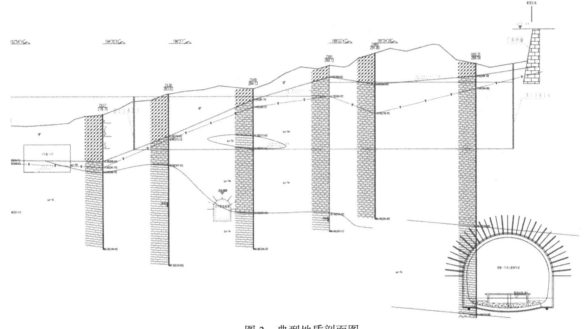

图 3  典型地质剖面图

岩土体主要物理力学性质一览      表 1

| 参数<br>岩土<br>名称 | 重度 | 天然单轴<br>抗压强度<br>标准值 | 饱和单轴<br>抗压强度<br>标准值 | 地基承<br>载力特<br>征值 | 岩土体抗剪强度指标 | | 基底摩<br>擦系数 | 岩体弹性模量 | 岩体变形模量 | 岩体的<br>泊松比 |
| --- | --- | --- | --- | --- | --- | --- | --- | --- | --- | --- |
| | | | | | $c$ | $\varphi$ | | | | |
| | $n/$<br>（kN/m³） | MPa | MPa | $f_{ak}$/kPa | kPa | ° | $\mu$ | ×10⁴MPa | ×10⁴MPa | $\mu$ |
| 人工<br>填土 | 天然 19.5 | — | — | — | — | 天然<br>30* | 0.25 | | | |
| | 饱和 20.0 | | | | | 饱和<br>25* | | | | |
| 粉质<br>黏土 | 天然 20.0 | — | — | 160* | 天然 30* | 12* | 0.25 | | | |
| | 饱和 20.5 | | | | 饱和 20* | 10* | | | | |
| 强风<br>化<br>砂质<br>泥岩 | — | — | — | 300* | — | — | 0.3* | | | |
| 中等<br>风化<br>砂质<br>泥岩 | 天然 26.2 | 9.67 | 6.55 | 3190 | 1584.6 | 33 | 0.5* | 0.227 | 0.219 | 0.28 |
| | 饱和 26.3 | | | | | | | | | |
| 强风<br>化砂<br>岩 | — | — | — | 350* | — | — | 0.3* | | | |
| 中等<br>风化<br>砂岩 | 天然 25.5 | 29.67 | 22.96 | 9790 | 2020.65 | 35.23 | 0.6* | 0.38 | 0.369 | 0.21 |
| | 饱和 25.6 | | | | | | | | | |

岩土体主要物理力学性质一览　表2

| 参数<br>岩石名称 | 水平抗力系数比例系数 $m$ | 水平抗力系数 | 裂隙1、2结构面及层面 | | 岩体极限抗拉强度 | M30砂浆，岩体与锚固体粘结强度 | 岩体破裂角 | 岩体等效内摩擦角 |
|---|---|---|---|---|---|---|---|---|
| | | | $c$ | $\varphi$ | | | | |
| | MN/m⁴ | MN/m³ | kPa | ° | kPa | kPa | ° | ° |
| 杂填土 | 20* | — | — | — | — | — | — | — |
| 粉质黏土 | 25* | — | — | — | — | — | — | — |
| 中等风化砂质泥岩 | — | 80* | 40<br>90* | 15*<br>27* | 577.6 | 180* | 61 | 55 |
| 中等风化砂岩 | — | 150* | 50* | 18* | 813.2 | 380* | 62 | |

## 3 项目勘察情况

出于项目复杂程度考虑，本工程分别进行了初勘和详勘，再进行了深基坑支护设计，工程勘察中采用了工程测量、地质调查与测绘、工程地质钻探、动探、声波测试原位试验、室内试验等多种勘察手段，创新性地采用国内外先进的工程勘察信息模型 GIM 技术构建了场地复杂的三维地质模型，真实反映项目深基坑、基础与各层隧道的三维空间关系，对深基坑与多层隧道相互影响研究及分析计算提供了翔实的地质资料和合理的岩土参数。具体工作如下：

1）勘察工作中，充分收集了场地内及四周已有建（构）筑物及隧道的勘察、设计资料。以工程地质钻探为主，辅以工程地质测绘和调查、室内岩土试验、动力触探及波速测试、简易水位测试。初勘钻孔 22 个，详勘钻孔 91 个，利用《重庆市轨道交通一号线一期工程七星岗车站岩土工程详细勘察报告》勘察孔 18 个。

2）勘察报告对基坑边坡各段进行了破坏模式分析、选取典型剖面进行稳定性分析计算，并针对基坑高度、基坑岩土厚度、破坏模式、坑顶保护对象变形控制要求因地制宜地提出了桩板挡墙、锚拉桩挡墙、板肋式锚杆挡墙及放坡喷锚等多种支挡形式建议。

3）勘察 GIM 应用

项目建筑平面、高差及功能复杂，一、十号线隧道及附属设施隧道和石黄隧道在地下交会，且部分隧道和超高层建筑结构基础发生关系，空间关系复杂，原始地形高差大，地质条件复杂，采用传统勘察二维地质剖面难以表达，因此采用 GIM 技术，建立三维地质模型和岩土工程模型，三维实体直观反应基坑地质条件、建筑物基础、轨道车站隧道、出入口通道及风道等构筑物的关系，实现可视化，提高项目参与人员对岩土工程勘察信息的有效应用，对项目施工过程进行仿真模拟，预测并分析施工过程中可能出现的风险，从而有针对性地优化项目设计方案和施工方案（图4）。

4）基础形式建议

（1）按设计标高平场后，基岩出露，中风化基岩岩体较完整，力学强度较高，分布广泛，是本场地良好的建筑物持力层。T1～T4 塔楼为超高层建筑，单柱荷载值较大，建议采用嵌岩桩基础。

(a) 地表信息模型

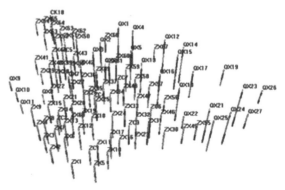

(b) 勘察钻孔信息模型

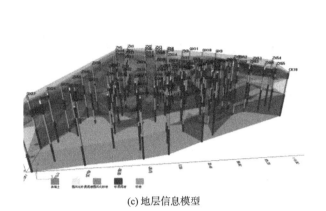

(c) 地层信息模型          (d) 岩土工程设计信息模型

图 4　勘察 GIM 应用

（2）对出入口隧道上方车库及 3 号塔楼桩基础进行冲切模式验算，计算结果表明若将车库及 3 号塔楼桩基础放置在隧道拱顶上方，洞室地基不稳定。建议 T3 塔楼位于出入口隧道附近的桩基础置于洞室侧壁以外，并避开洞室锚杆，基底位于洞室底板以下。

（3）位于七车星岗车站上方的环形车道的基础形式建议采用筏形基础，以降低对车站洞顶的

加载影响。

（4）在隧道附近区域的桩基础宜采用人工挖孔桩，以减小对洞室围岩的扰动。

通过整体建模计算，采用桩基＋筏板的基础形式，项目荷载对轨道结构的变形影响明显小于独立基础＋条形基础方案，因此，勘察报告中明确建议了后期设计采用桩基＋筏板的基础形式，工程竣工至今，项目下方轨道运营正常（图 5）。

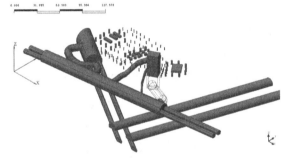

(a) 基础方案一（独立基础＋条形基础）

(b) 基础方案二（桩基＋筏板）

(c) 基础方案一（独立基础＋条形基础）应变

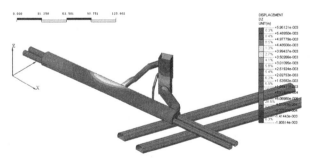

(d) 基础方案二（桩基＋筏板）应变

图 5　基础形式对比分析计算

# 4　项目支护设计情况

## 4.1　支护设计概况

拟建项目地下隧道群交会，地上道路环绕，高层建筑林立，保护好已建建（构）筑物，是基坑支护设计的重点和难点。根据以上工程特点以及场地地质条件，分别采用锚杆挡墙、桩板挡墙、桩加锚索、重力式挡墙以及门式双排桩等支护形式。支护总平面图见图 6。

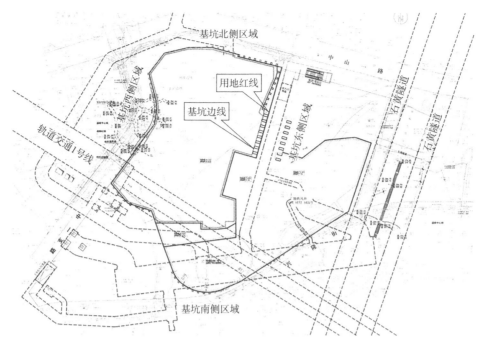

图6 项目支护设计总平图

## 4.2 各段边坡支护方案

1）基坑南侧

该段主要为岩质边坡，边坡分为两阶，下阶高度10.4m，上阶高度24.5～24.8m，边坡倾向352.8°，边坡坡顶为已有兴隆街，存在已建道路重力式挡墙，边坡岩体较完整，属Ⅲ类岩质边坡，边坡陡倾

切坡后不稳定，坡面长时间裸露或坡顶超载均有可能导致边坡失稳，失稳破坏模式主要为沿裂隙$J_1$、$J_2$交线形成的楔形体产生滑移破坏。因此，该段基坑边坡上阶采用锚索加抗滑桩支护，桩断面1m×1.8m，6排预应力锚索；下阶为避免对地铁车站运营造成影响采用板肋式锚杆挡墙进行支护，肋柱断面300mm×500mm（图7）。

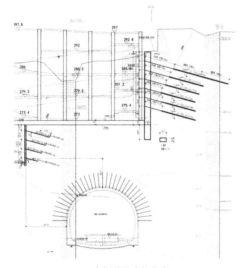

(a) 南侧基坑支护方案

(b) 南侧基坑支护现场实施情况

图7 南侧基坑支护设计及施工情况

2）基坑东部中段

该段为岩土混合边坡，边坡高度16～18m，土层厚度7.5～9.8m。土质边坡部分所处基岩面较平缓（与水平面夹角0～5°），沿基岩面滑动可能性小，但土层自稳能力差，陡倾开挖易沿土体内部产

生圆弧滑动破坏。

此段边坡坡脚标高略低于出入口隧道底标高，且水平距离仅3.5m。因此，为避免基坑开挖对隧道造成影响，采用门字形双排抗滑桩控制岩土位移，桩间距4m，桩截面2.0m×3.0m，长度

24.5m，嵌入长度9m，挡板厚度300mm。施工时，先施工桩板挡墙，待桩板挡墙桩身强度达到设计要求后，再分层分段开挖桩前岩土体，并及时施工

挡板。同时，在双排抗滑桩顶部设置1.3m厚的钢筋混凝土板，以保护隧道的安全（图8）。

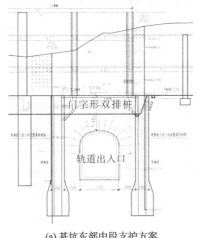

(a) 基坑东部中段支护方案

(b) 基坑东部中段支护结构现场实施情况

图8 东侧中段基坑支护设计及施工情况

3）基坑东部北段

该段边坡为岩土混合边坡，边坡高度 12～15.5m，土层厚度 7.1～7.5m。土质边坡部分所处基岩面倾向基坑外侧，沿基岩面滑动可能性小，但土层自稳能力差，陡倾开挖易沿土体内部产生圆弧滑动破坏。

岩质边坡部分，边坡倾向286.1°，由赤平投影分析可知，边坡存在不利外倾结构面，边坡岩体较完整，属Ⅲ类岩质边坡，坡面长时间裸露或坡顶超载有可能导致边坡失稳。因为此段边坡坡脚标高低于出入口隧道底标高，且水平距离仅4.5～6m，此段出入口隧道为明挖法施工，根据原设计资料，出

入口明挖段在端头部分位于土上，此段隧道已运营，对水平位移控制严格，要求不能大于5mm，因此采用桩板挡墙＋锚索支护，桩顶标高控制在隧道底板以上1m。桩间距4m，桩截面1.0m×1.5m，长度16m，嵌入岩石长度3.5m，挡板厚度300mm，施工时，先均匀对称地开挖隧道底板以上土层，远离基坑侧仅开挖隧道和原明挖临时支护之间的填土，邻近基坑侧，如果为岩石则开挖至隧道底板以上3m，如为土层，则保留底板以上1m的土，以有效控制位移。然后先施工桩板挡墙，待桩板挡墙桩身强度达到设计要求后，再分层分段开挖桩前岩土体，施工锚索并及时施工挡板（图9）。

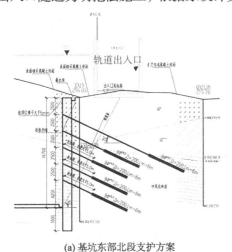

(a) 基坑东部北段支护方案

(b) 基坑东部北段支护结构现场实施情况

图9 东侧北段基坑支护设计及施工情况

4）基坑西侧

该段边坡为岩土混合边坡，以岩质边坡为主，

边坡高度28.5m，土层厚度2～5m，边坡倾向75°～90°（图10）。

土质边坡部分所处基岩面较平缓（与水平面夹角为12°~15°），沿基岩面滑动可能性小，但坡体内部存在较多市政管网以及不规则分布的防空洞；下部岩质边坡部分存在不利外倾结构面，边坡岩体较完整，属Ⅲ类岩质边坡，边坡陡倾切坡后欠稳定，坡面长时间裸露或坡顶超载均有可能导致边坡失稳。直立开挖边坡稳定性系数为0.50，不稳定。失稳破坏模式主要为沿裂隙$J_1$产生滑移破坏，或出现楔形体的滑移、掉块。因此，根据边坡特点，边坡上部采用桩加锚索支护，下部岩质边坡采用板肋式锚杆挡墙，采用逆作法施工，肋柱断面300mm×500mm，挡板厚度200mm（图10）。

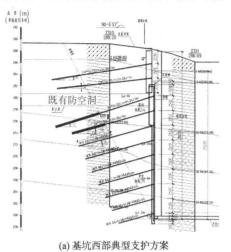

(a) 基坑西部典型支护方案

(b) 基坑西部支护结构现场实施情况

图10　西侧基坑支护设计及施工情况

## 5　工程实施效果

本项目的成功设计和顺利竣工产生了良好的经济、社会、环境效益，主要表现在以下几个方面：

（1）深基坑开挖及隧道的保护，一直是建设单位开发的瓶颈。基坑顺利竣工，且无一例重大边坡安全事故和质量事故发生，为城市建设解决了在紧邻多层隧道区域进行超深基坑开挖和超高层建筑修建的复杂工程技术难题，推进轨道交通上盖城市综合体的建设发展。

（2）设计成功保护了相邻重要轨道设施、市政设施和周边环境的安全，成功避免因基坑失稳可能造成的重大损失，基坑开挖引起的轨道变形监测结果见表3。

基坑开挖支护完成后轨道结构变形结果　表3

| 监测区域 | 轨道结构及位移 | 计算结果/mm | 监测结果/mm |
| --- | --- | --- | --- |
| 南侧基坑 | 左侧拱腰向左位移 | 1.1 | 1.5 |
|  | 右侧拱腰向左位移 | 2.5 | 3.6 |
|  | 仰拱竖向向上位移 | 8 | 9 |
| 东侧南段 | 底板向上位移 | 2.5 | 3.1 |
|  | 底板向左位移 | 0.3 | 1.0 |

续表

| 监测区域 | 轨道结构及位移 | 计算结果/mm | 监测结果/mm |
| --- | --- | --- | --- |
| 东侧中段 | 底板向上位移 | 3.2 | 3.5 |
|  | 底板向左位移 | 1.5 | 1.9 |
| 东侧北段 | 底板向上位移 | 5.1 | 4.9 |
|  | 底板向左位移 | 2.2 | 2.4 |

（3）结合轨道保护的需要，基坑开挖支护工作与轨道保护有效结合，从支护结构的功能性、经济性等方面进行综合考虑，合理设计使施工工期缩短，并使项目建设成本明显节约。支护结构节省约20%的造价，直接节省支护费用约1500万元，节约工期约120d。

（4）成功将城市中心的破旧荒地打造成为集住宅和大型商业一体的综合体项目，节约了城市用地，改善了人民居住环境，加速和提升了城市建设档次，对增加地方财政收入、解决农民工就业、推动区域经济的增长和繁荣有着重要的影响。

（5）成功将专利技术应用于工程实践以解决地质难点问题，并在其他类似基坑工程中得到推广应用。新技术、新产品、新设备及科研成果成为公司新的经济增长点，进一步提升了公司在轨道上盖城市综合体的创新创优技术实力。在目前竞争激烈的市场形势下，咨询、勘察、岩土设计的一体化在设计领域找到了新的产值增长突破点。

# 6 总结

随着我国城市化进程的不断加快，城市地下空间作为一种新的工程资源已经进入了空前的发展时期，基坑工程日益呈现"大、深、紧"的特点。重庆罗宾森项目位于城市热点区域，建设用地紧张，深基坑下方存在三层空间分布复杂的地铁和市政隧道，隧道之间纵横交错，空间关系复杂。深基坑与相邻隧道的关系密切，影响程度大，项目复杂程度以及周边环境敏感程度等方面在国内罕见；针对风险大、难度大的特点，创新性地采用勘察GIM技术构建三层隧道群复杂工程地质模型，采用数值模拟手段进行边坡及隧道的变形预测分析及结构受力计算，成功实现了在大跨度、多层隧道群上方开挖深基坑和修建超高层建筑。勘察设计成果不仅使得工程建设成本明显节约、施工工期缩短，而且保障了相邻隧道及建（构）筑物的安全，形成的相关课题报告和研究成果已在其他类似基坑工程中得到推广应用。

# 重庆市中医骨科医院迁建项目岩土工程勘察及基坑支护设计实录

李杨秋　李安兴　王燕增　唐秋元

（中煤科工重庆设计研究院（集团）有限公司，重庆　400042）

## 1　工程概况

重庆市中医骨科医院整体迁建至渝中区化龙桥片区 B24-3-2/04 地块，按三级甲等专科医院标准修建。项目北面为重庆天地，南靠化龙桥公园及虎头岩公园，东北向为天地湖及嘉华大桥，西面毗邻重庆市第二十九中学。项目用地面积 14000m²，地面建筑为住院部 19F、门诊＋医技部、行政办公楼，地下建筑为−6F 地下车库（图 1）。由于场地用地紧张，业主要求尽量挖掘地下空间作为地下车库及设备库房使用，因此，地下车库开挖形成总长 495m、最大高度 37.2m、立面面积约 11500m² 的大型深基坑边坡。考虑到基坑保护对象为轨道交通线，基坑边坡按永久支护设计，设计工作年限为 100 年。

由于场地位于城市核心区域，场地狭小，场地高差约 37.1m，其周边对项目限制因素较多：轨道九号线从场地正下方穿过，轨道九号线结构距离项目地下室底板和侧壁最近距离约 6.0m；北侧规划有轨道交通五 A 线，距离基坑边线水平距离为 7.01～30.18m。因此，除满足医院本身地下空间使用要求外，还须对轨道交通进行保护，不影响轨道交通的正常建设及运营。另外，废弃的襄渝铁路化龙桥隧道横跨场地下方；项目用地红线范围外沿半山路和长河路距用地红线 0～6m 距离分布有390m 长的排水涵洞。深基坑坡顶为长河路、半山路、二十九中教职工宿舍楼，坡脚为新华社文物保护建筑。

综上，场地地质环境条件复杂，基坑边坡高度大，需直立开挖且坡顶及地下存在重要相邻建（构）筑物，相互位置关系紧密，边坡开挖风险大、勘察及基坑支护设计难度大。

图 1　项目总体效果图

## 2　场地岩土工程条件

### 2.1　地形地貌及地质构造

场地为剥蚀浅丘地貌，总趋势西北高东南低（图 2）。整个场地地形总体起伏较大，地势从东南向西北方向呈阶梯状逐步抬高，最大高程为239.5m（场地西北部），最小高程为 205.9m（场地东部），相对高差 33.6m。地形主要由丘顶平台、陡坎（崖）组成，场地以丘顶平台为主，地势较平缓，坡角一般为 2°～5°。陡坎（崖）坡角为 60°～80°，局部可达 90°，陡坎（崖）高度为 5～15m，坡面多呈直线形，局部呈折线形或弧形。

场地地质构造位于金鳌寺向斜西翼近轴部，岩层呈单斜产出，岩层产状 153°∠9°，岩层层面总体较平直，部分泥质充填或泥加岩屑充填，结合差—很差，属软弱结构面。无断层通过，地质构造简单。场地发育有两组裂隙。裂隙$J_1$：产状 255°∠70°，裂隙形迹呈锯齿状，裂面粗糙，张开度 1～5mm，延伸 3～9m，平均密度 3～15m/条，局部泥砂及碎石充填，结合差，为硬性结构面。裂隙$J_2$：产状 350°∠60°，裂隙形迹一般平直，裂面粗糙，张开度

获奖项目：2021 年度工程勘察、建筑设计行业和市政公用工程优秀勘察设计奖三等奖。

2～7mm，延伸2～5m，平均密度2～5m/条，局部泥砂及碎石充填，结合差，为硬性结构面。

图2 项目基坑鸟瞰图

## 2.2 地层岩性

经地面调查及钻探揭露，场区内主要岩土层有第四系全新统填土层（$Q_4^{ml}$）、坡残积粉质黏土层（$Q_4^{dl+el}$）、侏罗系中统沙溪庙组（$J_2s$）砂岩、砂质泥岩，现将地层岩性由上至下分述如下。

### 2.2.1 第四系全新统土层（$Q_4$）

（1）素填土（$Q_4^{ml}$）：杂色，主要由粉质黏土夹泥岩、砂岩硬质物及其风化物等组成，硬质物粒径一般为5～80mm，少量达160mm，硬质物形状多呈带棱角块状，含量为15%～25%，填料主要为周边市政道路开挖岩土体在本场地无序抛填形成，回填时未碾压夯实，结构松散—稍密，回填时间超过5年。厚度0.9～19.1m，覆盖整个场地，分布不均、厚度变化较大。

（2）杂填土（$Q_4^{ml}$）：杂色，主要由砂、泥岩碎块石、粉质黏土及建筑生活垃圾等组成。碎石含量约32%，粒径一般为3～41mm，结构松散—稍密，稍湿，回填时间约3～5年。杂填土土层厚度为4.5～6.4m，主要分布在场地东北侧的局部区域。

（3）粉质黏土（$Q_4^{dl+el}$）：呈褐黄色，可塑状，质较纯，切面稍有光泽，韧性、干强度中等，无摇振反应，手搓易成条，为残坡积成因。粉质黏土土层厚度为2.1～2.3m，场地范围内小部分区域有分布。

### 2.2.2 侏罗系中统沙溪庙组砂岩（$J_2s$）、砂质泥岩（$J_2s$）

（1）砂岩（$J_2s$）：灰褐色、青灰色，主要由长石、石英、云母及少量暗色矿物组成，细-中粒结构，薄-中厚层状构造，钙质胶结。为场地内次要岩层。

（2）砂质泥岩（$J_2s$）：紫红色，主要由黏土矿物组成，粉砂泥质结构，中厚层状构造，局部夹灰绿色砂质团斑和条带。为场地内主要岩层。

## 2.3 地基土物理力学参数

场区岩土物理力学指标取值详见表1。

岩土（体）物理力学指标取值表　　　　　　　表1

| 土名称 | 填土 | 粉质黏土 | | | 强风化砂质泥岩 | 中风化砂质泥岩 | 强风化砂岩 | 中风化砂岩 |
|---|---|---|---|---|---|---|---|---|
| 天然重度/（kN/m³） | 19.5 | 19 | | | 21 | 24.55 | 20.5 | 24.16 |
| 饱和重度/（kN/m³） | 20 | 20 | | | 21.3 | 24.7 | 21.0 | 24.30 |
| 天然抗压强度标准值/MPa | — | — | | | — | 8.26 | — | 28.73 |
| 饱和抗压强度标准值/MPa | — | — | | | — | 5.29 | — | 21.45 |
| 地基承载力特征值$f_a$/kPa | — | — | | | 300 | 2998 | 350 | 10428 |
| 岩土体内摩擦角$\varphi$/° | 天然综合内摩擦角30 饱和综合内摩擦角25 | 天然 | 12 | 饱和 10 | — | 33.2 | — | 33.9 |
| 岩土体黏聚力$c$/kPa | | | 22 | 18 | — | 498 | — | 1850 |
| 岩体天然抗拉强度标准值/kPa | — | — | | | — | 176 | — | 480 |
| 变形模量/MPa | — | — | | | — | 1412 | — | 4141 |
| 弹性模量/MPa | — | — | | | — | 1562 | — | 4308 |
| 泊松比 | — | — | | | — | 0.33 | — | 0.25 |
| 锚杆混凝土与岩石粘结强度标准值/kPa | — | — | | | — | 560 | — | 1000 |
| 挡墙基底摩擦系数 | 0.25 | 0.25 | | | 0.4 | 0.5 | 0.4 | 0.6 |
| 土体水平抗力系数的比例系数/（MN/m⁴）及岩体水平抗力系数/（MN/m³） | 8 | 14 | | | — | 100 | — | 240 |

注：1. 岩体裂隙结构面抗剪强度标准值：黏聚强度$c$=50kPa，内摩擦角$\varphi$=18°；岩体层面抗剪强度：黏聚强度$c$=35kPa，内摩擦角$\varphi$=15°。
2. 受外倾结构面控制的边坡岩体破裂角砂质泥岩、砂岩45+$\varphi$/2=61°与外倾结构面间小值；Ⅲ类岩体等效内摩擦角泥岩取52°，砂岩取57°。

## 3 工程勘察工作简述

本项目岩土工程咨询服务内容包含地灾评估、地质勘察、基坑边坡支护设计、轨道保护专篇及勘察 BIM 智能化建模等。

地灾评估工作通过充分搜集周边已有建（构）筑物资料，细致调查洞室及边坡的稳定性，结合项目设计方案及轨道设计方案进行地质灾害危险性现状评估和预测评估。得出了评估区主要地质问题为：基坑边坡的变形失稳问题以及对拟建轨道影响的稳定性问题。

岩土工程勘察分为初步勘察及详细勘察两阶段，勘探孔数 48 个，进尺约 1800m。采用了工程测量、地质调查与测绘、工程地质钻探、动探、声波测试原位试验、室内试验等多种勘察手段，并且创新性地建立工程勘察信息模型，采用数值定量分析的评价手段对项目与地铁隧道的相互影响程度进行了计算和分析评价。在初步勘察阶段重点进行场地适宜性分析评价，提出轨道 9 号线与项目共建的可行性方案，为项目的地下室层数及基坑设计方案的确定提供了合理的建议。在详细勘察阶段重点进行基坑边坡分析评价、地震效应评价及基础形式建议，并为设计、施工提供合理的岩土物理力学参数。工程勘察的技术特点如下：

（1）项目场地地势起伏大，场地相对狭小，相对高差 33.6m。局部地方分布陡坎（崖），高度为 5～15m（图 3）。钻机就位困难，钻探施工难度大。在施钻过程中我们严格执行《岩土工程勘察安全标准》GB/T 50585—2019 及公司安全生产管理制度、办法，初勘及详勘外业作业无安全事故发生。

工程地质剖面图　水平比例：1：200

4——4'　　垂直比例：1：200

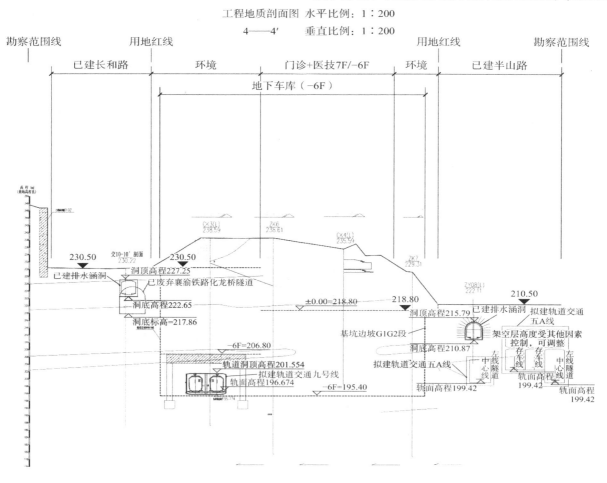

图 3　典型工程地质剖面

（2）钻探孔深最深达 59.3m，土层厚度不均，均匀性极差，最厚达 19.1m，易塌孔。岩层分层较复杂，现场钻探取芯和分层工作难度大。在外业钻探过程中，在土层较厚区域采用跟管钻进，避免出现塌孔现象，并严格控制钻探回次进尺，保证各岩土层的岩芯采取率达到规范要求，详细查明了岩土分界面及各岩层分界面。细致的外业工作保证了内业资料和图件的准确，尽可能真实全面地还原地层信息。

（3）在勘察过程中，严格按照《建筑工程地质勘探与取样技术规程》JGJ/T 87—2012 进行钻探和取样，对特殊性填土的勘察采用了收集原始地形图、访问当地老人、原位测试等多种方法，对取样岩芯进行了物理性质、抗压、抗剪、抗拉、变形等室内试验。同时，在勘察过程中还进行波速测井原位试验，准确划分了岩体基本质量等级，确定岩土层剪切波速值；重型动力触探试验，查明了土层密实程度，确定了土层工程分级。合理、可靠的岩土参数是保证基坑边坡稳定、支护有效、建筑安全的前提条件，也是勘察工作的重中之重。本次初步勘察和详细勘察工作得出的岩土试验参数可靠、有据，为后续基坑边坡及建筑结构的设计、施工安全奠定了基础。

# 4 工程勘察信息模型

## 4.1 工程勘察信息模型的建立

本项目依据重庆市地方标准《工程勘察信息模型设计标准》，建立了由地表信息模型、工程地质信息模型、岩土工程设计信息模型三部分组成的模型深度等级为 CL300 的勘察工程信息模型，该模型将地表情况、地层岩性、拟建物、基坑支挡结构、轨道交通、多条隧道以及市政管线等信息在模型中全面、直观地反映，为项目支护结构设计、基坑与隧道影响分析评价提供准确、翔实的勘察资料，解决了传统方法无法准确、直观、全面反映拟建物与相邻建构筑物的相互关系的弱点。同时，将数值模拟和空间分析得出的数据直接用于项目决策，对工程建设中可能出现的风险源提前进行预判，规避建设过程中的设计、施工风险，其建模和应用过程可供工程人员参考。

根据现行规范布置的勘察钻孔有一定间距，对于地质条件较为复杂区域，钻孔数据可能无法精准表达地质边界线。软件建模时，局部区域可能出现钻孔与地质边界线的冲突，需提前按实际情况进行调整。建模前首先对剖面线数据和地质边界数据进行预处理。本项目已经具有较为丰富的地形图资料，因此采用地形图法建立地表信息模型，如图 4 所示。

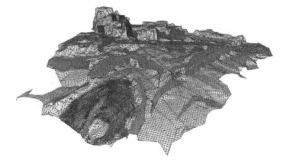

图 4　原始地貌地表信息模型

通过建立工程地质模型（图 5），设计人员能直观、全面地掌握场地地质情况，为基坑支护工程提供翔实的设计依据。根据地层属性，可直接得出不同岩土层的开挖方量，本项目土石方开挖量为：素填土 6.19 万 $m^3$，杂填土 672$m^3$，粉质黏土 345$m^3$，砂岩 19.14 万 $m^3$，砂质泥岩 9.61 万 $m^3$。

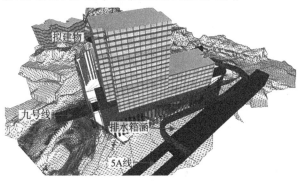

图 5　工程地质信息模型

建立岩土工程设计信息模型主要目的为分析基坑开挖施工过程中边坡失稳或变形对轨道交通、教工宿舍楼、市政道路等相邻建（构）筑物的影响，预判可能出现的风险源、风险点，对支护结构锚索进行碰撞检测，同时，对支护设计中可能出现的薄弱环节进一步分析，辅助完善设计工作。岩土设计信息模型基于工程地质信息模型建立，先根据项目勘察资料赋予岩土体力学参数，再根据设计文件建立支护结构构件、项目基础构件及邻近地下构筑物构件，按其相对位置与地质模型进行组合。

模型中桩基础及浅基础数量 79 个，支护桩 102 根，锚索数量 241 根（图 6～图 8）。

图 6　基础、轨道模型

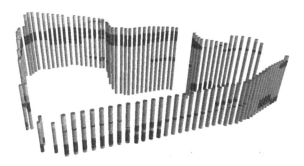

图 7 基坑支护桩模型

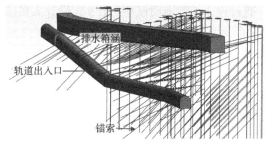

排水箱涵

轨道出入口

锚索

图 8 锚索与排水箱涵、电力隧道模型

## 4.2 工程勘察信息模型的应用

建立可视化的工程勘察模型，实现建筑与地下工程地质信息的三维融合后，进一步通过模拟与分析来实现工程勘察基于 BIM 的数值模拟和空间分析，辅助用户进行科学决策和规避风险。最终通过信息共享，实现信息的有效传递。

本项目在建立完成工程勘察信息模型后，进行了数值分析的应用。模型内岩土体、支护桩、桩基础及独立基础采用实体单元模拟，锚索采用梁单元和桁架单元进行模拟，有限元网格划分如图 9 所示。根据建设时序模拟以下施工步：①施工支护桩；②基坑开挖，轨道交通九号线明挖段（即共建段）结构施工；③轨道交通九号线暗挖段施工；④拟建物基础及上部结构施工；⑤轨道交通五 A 线明挖段施工。

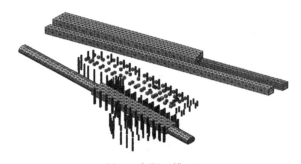

图 9 有限元模型

根据数值分析变形计算结果，轨道交通九号线区间隧道结构最大水平位移为 1.3mm，最大竖向位移为 5.0mm。轨道交通九号线区间隧道的最

大水平、竖向位移均未超过《城市轨道交通结构安全保护技术规范》CJJ/T 202—2013 规定的预警值 10mm；五 A 线明挖段土体开挖及五 A 线修建完成后，项目基础的平均沉降量小于 200mm，基础的倾斜小于 0.0001，小于《建筑地基基础设计规范》GB 50007—2011 规定的建筑物地基变形允许值。

根据数值分析应力计算结果，隧道围岩拉应力、压应力变化小，最大拉应力为 80.7kPa，最大压应力为 1200kPa，隧道围岩拉应力、压应力均未超过砂质泥岩抗拉强度和抗压强度。

## 5 岩土工程分析与评价

### 5.1 基坑边坡稳定性分析评价

场地用地面积紧张，为满足地下车库及设备库房的需求，设置 −6～−3F 地下车库。基坑最大深度为 37.2m，属超深岩土混合质—岩质基坑边坡。基坑边坡的稳定性评价及支挡形式建议的合理性直接关系项目建设的安全。勘察报告对 21 段基坑边坡进行了详细分段评价，对受外倾裂隙控制及楔形体控制的边坡进行了定量分析计算。对基坑边坡的支挡形式建议充分考虑了对相邻建（构）筑物的保护，如：二十九中教职工住宅楼处基坑边坡，既有建筑对挡墙变形要求高，建议采用锚拉式桩板挡墙支护，并避开建筑基础，控制坡顶挡墙位移。对轨道交通九号线明、暗挖分界处的洞口基坑边坡，建议采用板肋式锚杆挡墙 + 锚拉桩挡墙的联合支护方案，并要求加强轨道九号线洞口四周的支挡结构措施，保证隧道洞口施工安全。

### 5.2 基坑设计方案的分析论证

基坑设计分为方案设计及施工图设计两阶段，作为城市核心区与轨道共建的深基坑项目，基坑边坡高度大、地质条件和环境条件复杂、对变形及安全度要求苛刻。基坑为岩质边坡及岩土组合边坡，处于轨道保护控制线以内，为永久性基坑边坡，设计安全等级为一级，设计年限 100 年。基坑支护设计过程中除采用传统规范公式、理正设计软件计算外，同时建立三维的弹塑性有限元模型进行力学分析，多角度分析校核基坑边坡的稳定性，确保支护结构安全可靠。本项目在场地西侧、北侧、东侧和南侧主要存在多个突出的风险点和技术难题，具体如下。

1）西侧基坑（轨道交通九号线明挖与暗挖的交界面基坑）

西侧基坑深度大，最深约37m，为土质—岩质基坑，与轨道交通九号线关系复杂，影响等级高；受长河路、襄渝铁路化龙桥隧道、环绕场地的排水管涵及市政管网影响，且具有场地空间狭窄、施工难度大等特点。轨道交通九号线修建时基坑内部采用明挖施工，为矩形断面；基坑外部采用机械暗挖施工，为马蹄形断面，轨道埋深约32m，与基坑底部齐平。基坑支护结构横穿襄渝铁路化龙桥隧道。基坑支护结构预留轨道交通九号线暗挖段的施工条件，设计中需考虑轨道交通九号线暗挖段施工时对骨科医院基坑边坡的相互影响等。在基坑支护分析计算中须充分考虑基坑工程在轨道明暗挖交界面的特殊性，即考虑基坑开挖及轨道交通九号线破洞时支护结构不同受力工况，考虑洞顶岩体破洞时的损伤效应对暗挖段隧道施工时引起岩层损伤圈的岩体参数进行折减处理，考虑基坑阳角锚索交叉施工的不利影响等，确保工程安全。在设计中建立三维勘察BIM模型，采用数值模拟的方法对"基坑开挖过程中支挡结构、隧道破洞时隧道围岩及基坑应力应变等规律分析评价"，在此基础上将轨道结构在施工及运营中各类影响因素纳入项目基坑设计中综合考虑，提出并采用了"格构式锚杆挡墙＋抗滑桩＋加强洞顶横梁＋预应力锚索"的混合支挡形式。横梁置于坡体岩槽内，横梁与洞侧抗滑桩采用植筋连接。隧道破洞时设置超前管棚等洞口加强措施，隧道衬砌的系统锚杆在施工时应精确定位错开基坑锚索；邻近排水箱涵段的支挡结构，为躲避已建排水箱涵，将锚索倾角由25°依次渐变为15°，邻近襄渝隧道段的支挡结构，废弃隧道影响锚索成孔，采用水泥墙封堵的方式，使锚索顺利成孔并张拉。

2）北侧基坑（邻近轨道交通5A线）

北侧基坑具有深度大、土体性质差的特点，与拟建轨道交通5A线相距近，最近处约5m，相邻构筑物包括拟建轨道交通5A线、半山路、沿基坑坡顶修建的主排水箱涵以及电力箱涵等。本段基坑的创新创优点体现为：在传统设计方法的基础之上，通过"基坑开挖对基坑顶排水箱涵的影响评价"、采用数值模拟方法对"基坑开挖、轨道交通5A线开挖，轨道交通5A线回填三种工况下"支挡结构的应力应变变化规律分析后，综合确定支护方案。支挡方案采用抗滑桩截面尺寸2.0m，桩中心间距为3.2~4m。

3）东侧及南侧基坑（靠近二十九中教工住宅基坑）

东侧及南侧基坑深度大（最深约35m），为土质—岩质基坑，局部受外倾裂隙控制。相邻构筑物包括轨道交通九号线及二十九中教工住宅。二十九中教工住宅位于南侧基坑边坡坡顶，距基坑边线水平距离仅8m，轨道交通九号线在东侧基坑位置破洞，由明挖施工转为暗挖施工，横穿东侧基坑。支护方案：轨道交通九号线洞顶采用格构式锚杆挡墙＋加强横梁，洞侧采用抗滑桩＋预应力锚索；南侧基坑采用抗滑桩＋预应力锚索。本段基坑的创新创优点为充分收集二十九中教工住宅建筑及基础资料，考虑基坑开挖对坡顶既有高层建筑的影响，对上部土质较厚段采用加强支挡结构的措施，调整第一排锚索位置及入岩倾角，通过施加合适的预应力，严格控制边坡变形以保证边坡结构及坡顶建筑的安全。轨道交通九号线破洞处的基坑支护充分考虑隧道围岩松动圈的影响，在洞口位置采取支护加强措施。

## 5.3 相邻建（构）筑物影响的分析评价

"对相邻建筑物的影响评价"是本次勘察工作的主要创新点。勘察报告将评价内容细分为8个小节，包含：①轨道交通九号线富华路站—大华村站区间隧道；②轨道交通五A线富华路站—时代天街站区间隧道；③襄渝铁路化龙桥隧道；④相邻市政道路；⑤市政管网；⑥二十九中教职工住宅；⑦地下人防洞室；⑧新华社旧址（重庆市文物保护单位）等内容。项目与轨道交通关系密切，相互影响程度高，是评价重点。尤其是轨道交通九号线及5A线，如何保证轨道交通安全、基坑边坡稳定及支护结构的安全性和耐久性成为亟待解决的难题。考虑到采用常规勘察技术手段无法完全解决以上问题，故在勘察报告关于对相邻建（构）筑影响评价中结合数值分析、工程类比等方法，综合分析评价项目对轨道交通的安全影响。采用有限元方法针对轨道交通九号线暗挖段与拟建项目不同修建时序的两种工况（工况一：项目基坑先开挖，暗挖隧道后施工；工况二：暗挖段隧道先施工，项目基坑后开挖）进行数值模拟，从隧道衬砌位移、隧道围岩应力、基坑支护桩内力及隧道衬砌内力等多方面进行对比分析，提出了项目建设时序的最优方案，同时提出拟建项目与轨道交通工程相互影响地段的工程措施建议，为业主与轨道方决策提供了有力的技术支撑。

# 6 工程技术成果与效益

## 6.1 工程技术成果

场地地质环境复杂，场地保护对象多，对基坑边坡变形要求高，故拟建项目建设风险及难度大，若处理不当，将导致重大的人员伤亡和巨大的经济损失，将造成非常恶劣的社会影响。针对该项目建设难度大、风险高等难题，为保证后期设计及施工工作的顺利进行，在工程地质勘察中，我公司综合采用多种先进的技术手段，解决项目重点、难点问题。

1）工程勘察技术成效

本项目在勘察设计中率先采用工程勘察 BIM 技术。通过构建三维工程地质模型，直观反映场地地形地貌、地层分布情况及项目与地下隧道的空间位置关系，优化项目整体布局，能清楚地体现整个场地地质情况，将勘察地质数据及成果以三维立体实景图形展示在人们面前，并可任意方向切取剖面，得到所需的信息，比传统的二维成果应用更便捷。还能直观反映周边建筑、隧道、管线、道路、基坑、建筑物基础与地下轨道空间位置关系，及早发现并解决问题，避免了后期碰撞问题。利用岩土工程信息模型进行基坑支护计算和支护结构与项目结构相互影响分析，可指导施工和后期运维，确保工程安全。

工程勘察 BIM 技术创新价值点如下：

（1）可视化：利用岩土工程二维信息构建三维模型，实现可视化，提高项目参与人员对岩土工程信息的有效应用。

（2）可预见性：对项目施工过程进行仿真模拟，预测并分析施工过程中可能出现的风险，从而有针对性地优化项目设计方案和施工方案。

（3）辅助工程设计：对支护结构、建筑基础以及轨道结构等进行内力分析，验算其结构安全性，辅助施工图设计，提高工程效率和质量。

（4）指导设计施工：方便设计人员确定在"共建"前提下的基坑设计方案及建筑物基础方案，提升项目生产效率、缩短工期、降低成本。

2）基坑设计技术成效与深度

项目位于城市中心区域，基坑边坡最大高度达 37.2m。边坡周边环境复杂，重要保护对象多，

无放坡条件，边坡基本直立开挖，边坡自身稳定性差且施工对周边环境影响大。

基坑设计技术成效主要为以下几个方面：

（1）为寻求最优建设方案，地下车库经过三轮方案变化，从 $-5\sim-2F$、$-9\sim-6F$，最终确定为 $-6\sim-3F$，基坑设计方案的细化和调整为基坑与轨道交通的共建创造了有利条件，设计成果得到甲方与轨道管理方认可。基坑从 2018 年 5 月开始施工，2019 年 12 月竣工，历时 19 个月，为轨道交通九号线明挖段的施工提供了开挖工作面。根据第三方监测单位提供的边坡变形监测报告显示，监测时间 2018 年 8 月至 2019 年 12 月，共计 16 个月，边坡水平位移最大值为 29.07mm，垂直位移最大值是 -8.7mm，平面位移与垂直位移数据均未超出变形控制标准。变形值与有限元数值分析报告数值吻合，充分说明有限元数值分析报告能有效指导设计。

（2）基坑支护设计综合运用工程类比、理论计算、数值模拟等多种手段分析设计方案的优劣，采取了多种支护结构形式，降低工程建设难度，规避工程建设风险，推动了本项目的成功设计和顺利竣工，无安全事故发生，不仅给建设方带来了显著的经济效益和社会效益，还成功避免因边坡失稳或变形过大造成的重大损失和不良社会影响。

（3）编制了方案设计和初步设计轨道专篇，获得了项目对轨道交通影响的专项审查意见批复，确保项目的顺利实施。

（4）取得《一种山区边坡预应力锚索》实用新型专利，与普通锚索相比，抗沉陷预应力锚索能有效控制边坡坡顶水平变形量，具有很好的安全性和经济性，将在山区城市建设中得到广泛的应用。

（5）将本工程作为实例之一，形成了《复杂环境下超深基坑与相邻桥隧相互影响分析研究课题》《BIM 在岩土工程勘察设计中的推广应用》两个课题报告，将工程技术及实践经验得到深化和推广应用。

## 6.2 社会经济效益

作为城市核心区与轨道共建的深基坑项目，在基坑边坡高度大、地质条件和环境条件复杂、安全要求苛刻的情况下，本项目的成功设计和顺利竣工，产生了良好的经济效益和社会效益，主要表现在以下几个方面：

（1）本项目基坑与轨道九号线共建，北侧规

划有轨道交通五A线，襄渝铁路化龙桥隧道、成渝客运专线穿越场地下方。项目与相邻建（构）筑物位置关系复杂，实施难度大。基坑开挖一直是建设单位开发的瓶颈之一，基坑支护成功设计、按时顺利竣工，各项监测指标均满足要求，无安全事故发生，不仅给建设方带来了显著的经济效益和社会效益，还成功避免因边坡失稳或变形过大造成的重大损失和不良社会影响。

（2）采用岩土信息模型、数值模拟，合理的设计使施工工期缩短，建设成本明显节约。设计成功解决了项目开发建设难题，使得项目得到顺利推进，节约建设工期。

（3）以本工程作为实例之一，形成了两篇课题报告，取得实用新型专利1个，发表核心期刊论文1篇；本项目的设计经验和成果，为重庆地区轨道保护区的基坑边坡设计及共建设计和施工提供了成功经验，具有工程借鉴意义；有关的成果和经验在其他类似边坡工程得到应用。

## 7　总结

我公司承接的重庆市中医骨科医院迁建项目岩土工程勘察设计"一体化"咨询服务包含了地灾评估、地质勘察、基坑边坡支护设计、轨道保护专篇及勘察BIM信息化等内容，在以上工作深入开展过程中，圆满解决了轨道九号线与项目的共建方案，为轨道九号线的顺利实施及通车运营创造了条件。深基坑开挖对周边已有铁路隧道、排水箱涵、教职工住宅楼、市政道路、管线均实施了有效保护，使得重庆中医骨科医院工程得以顺利建设。为山区城市建设中可能遇到的深基坑与轨道共建问题提供了一种解决路径和技术方案，其工程经验可供岩土工程师借鉴。

# 昆明地铁 4 号线火车北站深基坑岩土工程特点与围护方案研究

杨文辉　蒋强福　刘　伟　张　礼　赵福玉　杨贵林　蒋良文　高　骏

（中铁二院昆明勘察设计研究院有限责任公司，云南昆明　650200）

## 1　工程概况

昆明地铁 4 号线火车北站位于北京路北站隧道与米轨铁路交叉口东侧，沿米轨铁路地下东西向布置，与运营 2 号线通道换乘、与同期建设的 5 号线同站台换乘，为地下 4 层 16m 岛式站，基坑长 345m，小里程扩大段长 23.1m、宽 30.5m，标准段长 304.5m、宽 25.7m，大里程扩大段长 17.4m、宽 31.3m。车站设置 4 组风亭、4 个出入口，小里程方向区间下穿地铁 2 号线区间，车站有效站台中心处顶板覆土 3.08m，地下三、四层轨面埋深分别为 24.53m、32.53m，基坑深 35～37.1m（图 1）。

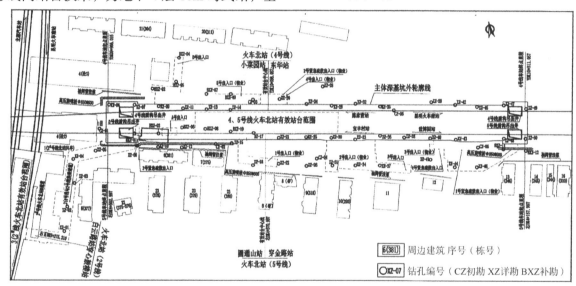

图 1　昆明地铁 4 号线火车北站基坑平面图

## 2　地基岩土工程条件[1-2]

### 2.1　工程与水文地质条件简述

#### 2.1.1　工程地质结构

场地位于北京路东侧，西侧 900m 有盘龙江自北向南流过昆明盆地汇入滇池，属滇池湖滨与盘龙江河流交互沉积区。钻探 62 孔，深 70.5～101.6m，第四系厚 >100m；按时代成因，地基分为 5 个主层，按土质土性及状态分为 31 个详细分层（4 号线岩土统一分层编号，所以层号在某个工点不一定连续）。地基地质结构特征及详细分层系统见表 1、表 2、图 2。

#### 2.1.2　分层物理力学性质及建议设计指标

经研究区域勘察资料、勘探、原位测试、抽水试验、取样试验及统计分析，地基详细分层系统、分层主要物理力学性质及建议设计指标见表 2。

基金项目：国家自然科学基金（u1704243）
获奖项目：2023 年度云南省优秀工程勘察一等奖。

地基工程地质结构特征 表1

| 分层编号 | 名称 | 状态 | 分层成分及地基内的分布特征 |
|---|---|---|---|
| <1-1-0> | 杂填土 | 松散 | 局部分布，厚1.70～2.0m |
| <1-2-2> | 素填土 | 可塑 | 粉质黏土夹粉土、砂土、圆砾及碎块石，厚1.7～8.3m |
| <2-1-2> | 黏土 | 可塑 | 厚0.5～4.9m，层状或透镜状 |
| <2-2-2> | 粉质黏土 | 可塑 | 厚0.5～7.0m，透镜状或层状 |
| <2-3-2> | 淤泥质土 | 可—软塑 | 有机质平均7%，厚0.5～6.6m，透镜状 |
| <2-5-1> | 粉土 | 稍密 | 厚0.4～2.3m，薄透镜状 |
| <2-7-0> | 细砂 | 松—稍密 | 深3.0～36.9m，厚0.5～6.4m，透镜状 |
| <2-8-1> | 中砂 | 稍密 | 深8.0～32m，厚1.0～3.4m，零星透镜状 |
| <2-10-1> | 砾砂 | 稍密 | 圆砾30%～45%，充填砂及粉质黏土，深6.0～38.4m，厚0.6～7.3m，透镜状 |
| <2-11-2> | 圆砾 | 中密 | 圆砾50%～75%，充填砂及粉质黏土，深4.0～37.6m，厚8.3～30.5m，厚层状或透镜状 |
| <2-11-4> | 圆砾 | 坚硬 | 胶结层，深12.5～21.7m，厚0.1～0.6m，极薄透镜状夹于<2-11-2>内 |
| <3-1-3> | 黏土 | 硬塑 | 深32.5～54.7m，厚0.7～10.0m，基坑底附近及以下与<3-2-3>层呈互层状较连续分布 |
| <3-2-3> | 粉质黏土 | 硬塑 | 顶32.5～55.4m，厚0.5～19.8m，基坑底及以下与<3-1-3>呈互层状连续分布 |
| <3-4-2> | 泥炭质土 | 可—软塑 | 有机质10.5%，深34.9～54.0m，厚0.4～2.9m，零星透镜状 |
| <3-5-2> | 粉土 | 中密 | 深32.0～54.0m，厚0.5～5.0m，透镜状 |
| <3-7-2> | 细砂 | 中密 | 深34.3～54.2m，厚0.5～5.4m，带状、透镜状 |
| <3-8-2> | 中砂 | 中密 | 深43.7～47.5m，厚0～3.8m，零星透镜状 |
| <3-10-2> | 砾砂 | 中密 | 圆砾30%～40%，砂及粉质黏土充填，深37.8～54.8m，厚0.5～4.4m，带状或透镜状 |
| <3-11-2> | 圆砾 | 中密 | 圆砾50%～70%，砂及粉质黏土充填，深38.1～51.4m，厚0.7～4.0m，带状或透镜状 |
| <6-1-3> | 黏土 | 硬塑 | 深51.4～76.4m，厚0.5～12.0m，与<6-2-3><-6-7-2>呈互层状 |
| <6-2-3> | 粉质黏土 | 硬塑 | 深51.3～78.5m，厚0.5～8.5m，与<6-1-3><-6-7-2>呈互层状 |
| <6-4-2> | 泥炭质土 | 可塑 | 有机质10.9%～38%，深62.0～74.4m，厚0.5～2.9m，透镜状 |
| <6-5-2> | 粉土 | 中密 | 深51.5～75.8m，厚0.5～8.7m，带状、透镜状 |
| <6-7-2> | 细砂 | 中密 | 深49.2～80.9m，厚0.5～4.7m，带状、透镜状 |
| <6-8-2> | 中砂 | 中密 | 深55.6～73.8m，厚0.6～6.4m，零星透镜状 |
| <6-10-2> | 砾砂 | 中密 | 圆砾25%～40%，砂及粉质黏土充填，深54.0～83.0m，厚0.6～3.0m，透镜状 |
| <8-2-3> | 粉质黏土 | 硬塑 | 深75.0～100.5m，厚0.5～8.6m，互层或透镜状 |
| <8-4-2> | 泥炭质土 | 可—软塑 | 有机质11%～47%，深71.8～100.5m，厚0.4～5.5m，不连续层或透镜状 |
| <8-5-2> | 粉土 | 中密 | 深74.5～99.4m，厚0.5～3.9m，透镜状 |
| <8-7-2> | 细砂 | 中密 | 深77.4～99.5m，厚0.5～4.2m，透镜状 |
| <8-10-2> | 砾砂 | 中密 | 圆砾25%～40%，砂及粉质黏土充填，深77.9～84.2m，厚1.0～2.6m，零星透镜状 |

| 地基详细分层系统 | | | 分层主要物理力学性质及推荐设计指标 | | | | | | | | | |
|---|---|---|---|---|---|---|---|---|---|---|---|---|
| 主层时代成因 | 亚层时代成因-土名 | 详细分层时代成因-土名-状态 | $r/$ $(kN/m^3)$ | $k_0$ | $k_v/$ $(cm/s)$ | $a_{1-2}/$ $MPa^{-1}$ | $c_{cq}/$ $kPa$ | $\varphi_{cq}/$ $^\circ$ | $f_{ak}/$ $kPa$ | $q_{sk}/$ $kPa$ | $q_{pk}/$ $kPa$ | $q_{sik}/$ $kPa$ |
| $<1>$ $Q_4^{ml}$ | $<1-1>$ | $<1-1-0>$ | 18.0 | — | — | — | — | — | — | — | — | — |
| | $<1-2>$ | $<1-2-2>$ | 19.4 | 0.65 | $3 \times 10^{-3}$ | 0.5 | 12 | 10 | 120 | 20 | — | 12 |
| $<2>$ $Q_4^{al+pl}$ | $<2-1>$ | $<2-1-2>$ | 18.8 | 0.43 | $5 \times 10^{-6}$ | 0.25 | 30 | 12 | 150 | 70 | 1000 | 18 |
| | $<2-2>$ | $<2-2-2>$ | 19.3 | 0.45 | $5 \times 10^{-5}$ | 0.28 | 26 | 11 | 140 | 60 | 600 | 15 |
| | $<2-3>$ | $<2-3-2>$ | 18.3 | 0.65 | $1.2 \times 10^{-4}$ | 0.75 | 13 | 7 | 50 | 20 | — | 5 |
| | $<2-5>$ | $<2-5-1>$ | 19.0 | 0.45 | $2.81 \times 10^{-4}$ | 0.36 | 12.3 | 18 | 120 | 25 | 500 | 12 |
| | $<2-7>$ | $<2-7-0>$ | 20 | 0.43 | $2 \times 10^{-3}$ | 0.25 | — | 22 | 140 | 30 | 800 | 15 |
| | $<2-8>$ | $<2-8-1>$ | 20 | 0.40 | $5 \times 10^{-3}$ | 0.20 | — | 25 | 160 | 40 | 1000 | 16 |
| | $<2-10>$ | $<2-10-1>$ | 20.5 | 0.35 | $2 \times 10^{-2}$ | 0.15 | — | 28 | 200 | 60 | 1200 | 20 |
| | $<2-11>$ | $<2-11-2>$ | 21 | 0.33 | $5 \times 10^{-2}$ | — | — | 35 | 280 | 120 | 1500 | 25 |
| | | $<2-11-4>$ | 21.0 | — | — | — | — | 40 | 300 | — | — | — |
| $<3>$ $Q_3^{al+pl}$ | $<3-1>$ | $<3-1-3>$ | 19.1 | 0.43 | $1.2 \times 10^{-6}$ | 0.22 | 35 | 12.0 | 150 | 70 | 1000 | 18 |
| | $<3-2>$ | $<3-2-3>$ | 19.8 | 0.38 | $1.2 \times 10^{-5}$ | 0.25 | 35 | 13.0 | 150 | 70 | 1000 | 18 |
| | $<3-4>$ | $<3-4-2>$ | 17.3 | 0.65 | $3 \times 10^{-4}$ | 0.50 | 15 | 8 | 50 | 18 | — | 5 |
| | $<3-5>$ | $<3-5-2>$ | 19.8 | 0.43 | $4 \times 10^{-4}$ | 0.26 | 15 | 18 | 150 | 40 | 600 | 15 |
| | $<3-7>$ | $<3-7-2>$ | 20 | 0.40 | $1.2 \times 10^{-3}$ | 0.23 | — | 25 | 160 | 45 | 1000 | 16 |
| | $<3-8>$ | $<3-8-2>$ | 20.5 | 0.38 | $3 \times 10^{-3}$ | 0.23 | — | 28 | 180 | 50 | 1200 | 18 |
| | $<3-10>$ | $<3-10-2>$ | 21 | 0.35 | $2 \times 10^{-2}$ | 0.20 | — | 32 | 250 | 90 | 2000 | 20 |
| | $<3-11>$ | $<3-11-2>$ | 21.5 | 0.3 | $5 \times 10^{-2}$ | — | — | 35 | 300 | 130 | 2200 | 30 |
| $<6>$ $Q_3^{al+l}$ | $<6-1>$ | $<6-1-3>$ | 19.1 | 0.43 | $1.2 \times 10^{-6}$ | 0.21 | 30 | 12 | 160 | 80 | 1200 | 18 |
| | $<6-2>$ | $<6-2-3>$ | 19.8 | 0.38 | $1.2 \times 10^{-5}$ | 0.28 | 30 | 12 | 160 | 75 | 1200 | 18 |
| | $<6-4>$ | $<6-4-2>$ | 14.9 | 0.65 | $3 \times 10^{-4}$ | 0.50 | 15 | 8 | 60 | 18 | — | 6 |
| | $<6-5>$ | $<6-5-2>$ | 19.9 | 0.43 | $3.96 \times 10^{-3}$ | 0.27 | 15 | 20 | 150 | 45 | 800 | 15 |
| | $<6-7>$ | $<6-7-2>$ | 19.8 | 0.40 | $1.2 \times 10^{-3}$ | 0.28 | — | 25 | 160 | 50 | 1000 | 16 |
| | $<6-8>$ | $<6-8-2>$ | 20.5 | 0.38 | $2 \times 10^{-3}$ | 0.20 | — | 28 | 180 | 55 | 1200 | 18 |
| | $<6-10>$ | $<6-10-2>$ | 21.0 | 0.33 | $2 \times 10^{-2}$ | 0.1 | — | 32 | 250 | 100 | 2000 | 20 |
| $<8>$ $Q_2^{al+l}$ | $<8-2>$ | $<8-2-3>$ | 19.4 | 0.43 | $1.2 \times 10^{-5}$ | 0.25 | 30 | 12.5 | 180 | 80 | 1200 | 18 |
| | $<8-4>$ | $<8-4-2>$ | 15.0 | 0.60 | $3 \times 10^{-4}$ | 0.5 | 18 | 8.5 | 60 | 18 | — | 6 |
| | $<8-5>$ | $<8-5-2>$ | 20 | 0.43 | $3.96 \times 10^{-3}$ | 0.2 | 15 | 20 | 150 | 45 | 800 | 18 |
| | $<8-7>$ | $<8-7-2>$ | 20.5 | 0.38 | $1.2 \times 10^{-3}$ | 0.2 | — | 25 | 160 | 50 | 1200 | 20 |
| | $<8-10>$ | $<8-10-2>$ | 21.0 | 0.33 | $2 \times 10^{-2}$ | 0.1 | — | 32 | 250 | 100 | 2000 | 20 |

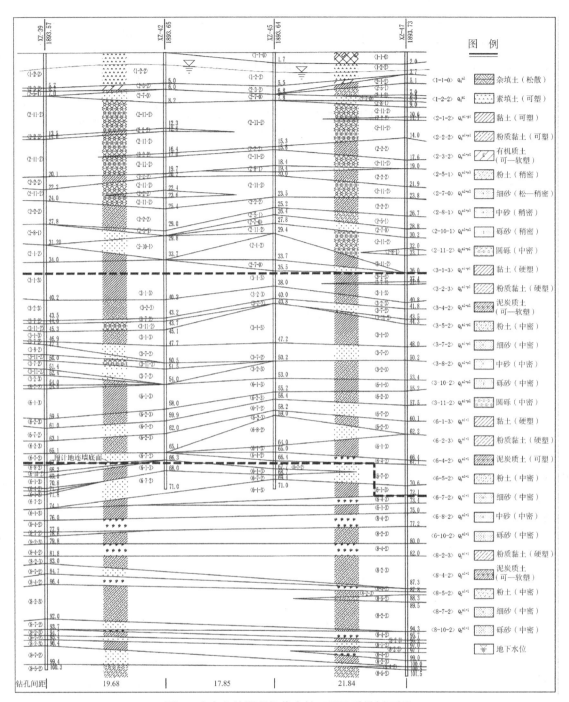

图 2　火车北站深基坑代表性工程地质纵剖面图

### 2.1.3　水文地质结构及含水层特征

详细分层在剖面内重复产出，层间为渐变或含水层与隔水层重复突变关系，剖面中地层关系极复杂(图2)。通过地基工程与水文地质概化分层研究[3]，把地基地层概化分为含水层、隔水层，清晰反映出地基的水文地质结构：地基存在浅部孔隙潜水、中部及深部孔隙承压水三个影响深基坑围护设计与施工的含水层。针对含水层进行单孔分层抽水试验，获得地基各含水层水文地质参数（表3）。

地基水文地质结构及含水层特征　　　　　　　　　　　　　　　　表3

| 含水层 | 含水层构成 | 含水层主要特征 |
| --- | --- | --- |
| 浅部孔隙潜水 | <2-11-2>圆砾为主，夹<2-5-1>粉土、<2-7-0>细砂、<2-8-1>中砂、<2-10-1>砾砂、<3-7-2>细砂透镜体，局部夹少量<2-1-2>黏土或<2-2-2>粉质黏土隔水薄透镜体 | 连通性好，浅水位埋深3.8～5.6m，水量丰富，单位涌水量 $q = 0.15 \sim 4.53\text{L}/(\text{s} \cdot \text{m})$，渗透系数 $k = 3.2 \sim 11.9\text{m/d}$，透水性中～强 |

| 含水层 | 含水层构成 | 含水层主要特征 |
|---|---|---|
| 中部孔隙承压水 | <3-5-2>粉土、<3-7-2>细砂、<3-8-2>中砂、<3-10-2>砾砂、<3-11-2>圆砾，较大透镜或者层状分布于<3-1-3>黏土及<3-2-3>粉质黏土中 | 连通性一般，部分不连通，承压水位埋深10.6m，水量较丰富，单位涌水量$q = 0.27 \sim 0.58$L/(s·m)，渗透系数$k = 6.4 \sim 7.9$m/d，透水中等 |
| 深部孔隙承压水 | <6-5-2>粉土、<6-7-2>细砂，局部<6-8-2>中砂、<6-10-2>砾砂，层或透镜状分布于<3-1-3>黏土及<3-2-3>粉质黏土下，夹于<6-1-3>黏土、<6-2-3>粉质黏土和<6-4-2>泥炭质土之间或为互层 | 连通性一般或差，承压水位埋深8.3m，水量较丰富，单位涌水量$q = 0.99 \sim 2.88$L/(s·m)，渗透系数$k = 11.0 \sim 12.1$m/d，透水性强 |

## 2.2 岩土工程分析评价[2,4]

### 2.2.1 场地和地基的地震效应

场地土等效剪切波速$V_{se} = 209.4 \sim 260.3$m/s，属中软土，覆盖层厚度>50m，设计地震分组第三组，$T_g = 0.65$s，场地类别为Ⅲ类。20m深分布第四系全新统<2-5-1>粉土（黏粒含量5.3%~8.4%）、<2-7-0>细砂、<2-8-1>中砂、<2-10-1>砾砂，初判为液化土层；标贯试验判别并计算$I_{LE} = 1.0 \sim 14.8$，液化等级中等。

### 2.2.2 软黏性土及软土

<2-1-2>黏土、<2-2-2>粉质黏土为可塑黏性土。<2-3-2>淤泥质土，<3-4-2>、<6-4-2>、<8-4-2>三层泥炭质土，均属软土，$V_{se}$（151.5~184）>140m/s，不考虑震陷。软黏性土、软土（分布及性质见表1、表2及图2）对基坑边坡、基坑整体及地下连续墙槽壁稳定不利，地下水控制不当时易产生超预期沉降，影响周边建（构）筑物

正常使用。

### 2.2.3 基坑深度范围地层及其性质

分析主体基坑左右剖面，基坑深范围，<2-5-1>、<2-7-0>、<2-8-1>、<2-10-1>、<2-11-2>、<3-5-2>、<3-7-2>构成的含水层厚占65%，其中<2-11-2>圆砾占79%，<2>、<3>层黏性土及<3-4-2>泥炭质土隔水层为透镜状夹层。开挖深度以圆砾含水层为主。

### 2.2.4 基坑底地层及其性质

分析左剖面18孔基坑底面处地层，11孔为含水层，厚0.91~5.96m，7孔为隔水层。基坑底面下0~5.96m即为第一个厚4.5~20.5m的稳定隔水层。预计地下连续墙穿过坑底下厚4.5~20.9m的稳定隔水层，形成落底式截水帷幕，有利于基坑地下水控制。潜水位深1.8~5.6m，坑底含水层易产生潜蚀、流砂、管涌。

### 2.2.5 基坑主要水文地质问题（表4）

**基坑主要水文地质问题**      表4

| 含水层 | 含水层与基坑关系 | 主要水文地质问题 |
|---|---|---|
| 浅部孔隙潜水 | 层顶深4.0~8.6m，层底深31.2~42.3m，基坑深35.0~37.1m，开挖范围系圆砾为主的含水层 | 含水层与盘龙江有水力联系，水位浅、水量大，易发生较大渗流水，基坑壁及坑底易产生潜蚀、流砂、管涌，对抗浮及抗隆起不利。地下水控制不当会引起周边建（构）筑物超过允许沉降变形 |
| 中部孔隙承压水 | 分布于基坑底以下厚4.5~20.5m的第一个稳定隔水层之下，即基坑底面与该含水层之间有4.5~20.5m的黏土、粉质黏土构成的隔水层 | 支护结构嵌入该含水层，槽壁易产生潜蚀、流砂、管涌；该含水层对抗浮及抗隆起有影响，需验算并采取相应止水、降压及槽壁稳定措施 |
| 深部孔隙承压水 | 该层地下水埋藏距离基坑底板最近18.1~24.1m，按昆明地铁的深基坑经验，若主体维护结构采用地下连续墙，将穿过该含水层靠上的层状含水层，地下连续墙底进入靠下的层状含水层 | 预计地下连续墙嵌固段穿过靠上的层状含水层，地下连续墙嵌固段底部进入靠下的层状含水层，对地下连续墙槽壁稳定性影响较大 |

### 2.2.6 抗浮设防水位及基坑涌水量

潜水位埋深1.8~5.6m，变幅1~3m，抗浮设防水位取室外地坪1894.0m下1m。潜水含水层顶深4.0~8.6m，底深31.2~42.3m，坑底下0~5.96m为4.5~20.5m厚的隔水层，符合均质含水层潜水完整井基坑涌水计算条件[4]，计算基坑涌水量$Q = 6520.1$m³/d。

### 2.2.7 支护结构嵌固段地层及其性质

按一倍基坑深度分析支护结构嵌固段地层：隔水层厚8.7~33.7m，平均21.9m，含水层厚3.0~23.0m，平均10.8m，嵌固段隔水层厚/嵌固深度=0.67，嵌固段以隔水层为主，对基坑地下水控制较有利，但嵌固段插入浅部孔隙潜水及中、深部承压含水层，地下连续墙槽壁易产生潜蚀、流砂、管涌，

对抗浮也不利。

### 2.2.8 基坑周边环境

基坑南、北侧为住宅区，西北为铁路博物馆，西侧为运营 2 号线，施工前拆除米轨铁路，但既有建（构）筑物密集，对地基变形敏感，支护结构破坏后果严重（图 1、表 5）。

周边既有建构筑物分布及风险分析　　　　　　　　　　　　　　表 5

| 序号 | 建筑名称 | 层数-基础形式 | 位置（相对深基坑）与结构类型 | 风险分析 | 等级 |
|---|---|---|---|---|---|
| 1 | 2 号线火车北站风亭* | 地下 1 层 | 西南侧 35.3m 联络通道西侧 1.0m 框架 | (0.7~1.0)H | Ⅰ |
| 2 | 2 号线火车北站 B 通道* | 地下 1 层 | 联络通道西 14.5m 框架 | (1.0~2.0)H | Ⅲ |
| 3 | 2 号线火车北站* | 地下 3 层 | 西南 55.7m 联络通道西 24m 框架 | (1.0~2.0)H | Ⅲ |
| 4 | 云南省铁路博物馆 | 混凝土 2F 筏 混凝土 3F 独 | 西侧 7.5m（2F 距联络通道 1.8m）框架 | <0.7H | Ⅱ |
| 5 | 北站新村 377 栋 | 混凝土 7F 桩 | 西南 34.0m（距联络通道 1.8m）框架 | <0.7H | Ⅱ |
| 6 | 北站新村 381 栋 | 混凝土 7F 桩 | 南侧 8m（距联络通道 4.3m）框架 | <0.7H | Ⅱ |
| 7 | 北站新村 275 栋 | 混凝土 5F 桩 | 南侧 8.8m 框架 | <0.7H | Ⅱ |
| 8 | 北站新村 328 栋 | 混凝土 4/7F 桩 | 南侧 28.1m（距 B 出入口约 5m）框架 | (0.7~1.0)H | Ⅲ |
| 9 | 北站新村 318 栋 | 混凝土 7F 桩 | 南侧 31.3m 框架 | (0.7~1.0)H | Ⅲ |
| 10 | 北站新村 290 栋 | 混凝土 7F 桩 | 南侧 32.5m（距 C 出入口约 7m）框架 | (0.7~1.0)H | Ⅲ |
| 11 | 长寿路居委会 | 混凝土 2F 不详 | 南侧 34.8m（距 C 出入口约 7.2m）框架 | (0.7~1.0)H | Ⅲ |
| 12 | 北站垃圾处理站 | 混凝土 2F 不详 | 南侧 30.7m（距 C 出入口约 4.2m）框架 | <0.7H | Ⅱ |
| 13 | 北站新村 246 栋 | 混凝土 6F 桩 | 东南 17m（距 2#风亭基坑 8m）框架 | <0.7H | Ⅱ |
| 14 | 北站新村 245 栋 | 混凝土 6F 桩 | 东南 18.2m（距 2#风亭基坑 8m）框架 | <0.7H | Ⅱ |
| 15 | 北站新村 244 栋 | 混凝土 6F 桩 | 东南距基坑 25m 框架 | (0.7~1.0)H | Ⅲ |
| 16 | 北站新村 310 栋 | 混凝土 6F 桩 | 东南距基坑 32m 框架 | (0.7~1.0)H | Ⅲ |
| 17 | 简 1# | 1F 浅 | 东南侧 16.5m | <0.7H | Ⅱ |
| 18 | 砖 1# | 1F 浅 | 距基坑 25m | (0.7~1.0)H | Ⅲ |
| 19 | 综合楼# | 3F 局 2F | 距联络通道基坑 2.5m | <0.7H | Ⅱ |
| 20 | 北站新村 311 栋 | 混凝土 6F | 距 D 出入口约 10m | <0.7H | Ⅱ |
| 21 | 北站新村 304 栋 | 混凝土 6F | 距 D 出入口约 11m | <0.7H | Ⅱ |
| 22 | 北站新村 375~376 栋 | 7F 桩 | 小里程端西南 21.0m 框架 | <0.7H | Ⅱ |
| 23 | 北站新村 378~380 栋 | 混凝土 7F 不详 | 南侧 34.0m 框架 | (0.7~1.0)H | Ⅲ |

注：标*者为重要设施；标#者在图 1 未显示。

## 3　基坑围护方案研究[4-6]

### 3.1　工程复杂性

主体基坑长 345m，宽 25.7~31.3m，面积 9134.6m²，深 35.0~37.1m，为目前昆明最深大型建筑基坑。2 倍基坑深度范围，地基土详细分层数最多达 40 层，包括软土、黏性土、粉土、砂土及圆砾土，软土及黏性土为软塑~硬塑，砂土及圆砾土为松散~坚硬；地基存在潜水和多个承压含水层，含水层透水性中~强，水量丰富，水位浅，承压水头高；地基岩土工程条件复杂。基坑及其周边建（构）筑物风险源≥23 个，风险等级Ⅰ~Ⅲ，环境复杂；基坑工程安全等级为一级，基坑及环境变形控制等级为一级，要求围护结构最大水平位移及地面最大沉降量≤0.15%H 且≤30mm（H 为基坑深度）。基坑围护设计难度极大，施工风险极高。

### 3.2　施工工法比选

盖挖逆作法施工，对周边建筑影响相对较小，但施工及防水处理难度大，质量难以控制，工期长。该站控制 4 号线通车运营时间，盖挖逆作法施工不满足工期计划，投资也多 7160 万元。虽然本基坑周边环境复杂，但拆除米轨施工无需交通疏解，具备明挖实施条件，且经计算分析，采用地下连续墙＋内支撑的明挖顺作法也能保证基坑的安全，结合工期及投资，综合比选后采用明挖顺作法（表6）。

火车北站主体基坑施工工法比选　　表6

| 工法 | 主要优点 | 主要缺点 |
|---|---|---|
| 明挖顺作 | 1. 工艺成熟，设计施工均较便捷；2. 施工速度快；3. 造价低。 | 1. 支撑刚度小，基坑变形大；2. 支撑为临时结构；3. 道路上施工时需进行交通疏解。 |
| 盖挖逆作 | 1. 永临结合，减少临时结构；2. 楼板支撑刚度大，变形小，利于控制基坑变形；3. 受天气影响小。 | 1. 钢管混凝土柱的垂直度和承载力控制难度大、要求高；2. 施工周期长、费用高；3. 开挖及出土困难；4. 本工程需另设临时水平支撑，施工难度大；5. 逆作节点多，施工质量难以保证；6. 作业环境差。 |

### 3.3　围护结构选型

考虑基坑安全等级、深度、环境条件、岩土和地下水条件，本基坑比较了三种可能的围护结构。

（1）钻孔灌注桩：地基岩土工程条件复杂，发育潜水和承压水多个含水层，水位浅水量丰富，钻孔桩桩间止水不能满足要求。

（2）套管咬合桩：基坑深，两倍基坑深度范围地基土为软弱、中软和中硬土。环境复杂，基坑本身及周边建（构）筑物风险源多、等级高（表5）。套管咬合桩刚度低且桩底部咬合效果不易保证。

（3）地下连续墙：技术成熟、整体性强、刚度大、抗渗止水性能优，适用于各种地层及复杂环境。

结合昆明地铁1～3号线采用地下连续墙的成功经验，主体基坑支护结构形式采用地下连续墙。

### 3.4　地下水控制

主体基坑面积9134.6m²，深35.0～37.1m；地基含水层多，水位浅、水量丰富；周边建筑多，变形沉降限值严。须采取隔水防渗帷幕＋井点降水及基底积水明排综合措施进行严格地下水控制。

采用1.5m厚地下连续墙兼作止水帷幕，以确保隔水可靠性。地基有多层较厚的圆砾土、砂类土、粉土，有淤泥质土、泥炭质土及可塑黏性土，高水头差作用下，地下连续墙槽壁易发生管涌、流砂渗透破坏及软土挤出。施工前，采用 $\phi$900@600三重管高压旋喷桩进行槽壁加固，也可增强墙外侧土体防渗性能；试验调试施工工艺及泥浆配比，提高槽壁稳定性，确保地下连续墙施工质量；地下连续墙接缝采用焊接工字钢，接缝处预埋光纤，对接缝渗漏进行监测，通过接缝处预留的袖阀管跟踪注浆封闭渗漏路径。

施工抽水试验确定降水井的布置及降水施工参数，开挖前及施工全过程，水位须降至开挖面下1m，持续至顶板覆土回填完成。全过程对基坑内、外地下水位及地面建筑进行监测。地下水位监测孔设在被保护建筑前距地下连续墙大于6m处，兼作回灌井，若基坑降水引起地面建（构）筑物沉降、变形，则及时动态回灌。

### 3.5　围护结构方案及围护结构计算[6]

#### 3.5.1　围护结构方案

据基坑特点、地质条件、经济技术、环境保护要求，围护结构采用1.5m厚地下连续墙，嵌固深度根据地质情况计算综合确定。采用明挖顺作法施工，竖向设八道支撑：第一、四、六、七道混凝土撑，其余各道采用 $\phi$800×16钢支撑（第八道为竖向双拼钢支撑）。

#### 3.5.2　围护结构计算

围护结构应满足稳定要求，不产生倾覆、滑移和局部失稳，基坑底部不产生管涌、隆起，支撑体系不失稳，围护结构构件不发生强度破坏。围护体系应保证周边建筑及道路不因位移、变形影响正常使用。

选择9个钻孔所在的剖面（图1），采用理正深基坑辅助设计软件进行围护结构计算（表7）。基坑外侧按朗肯土压力计算；黏性土、黏质粉土水土合算，圆砾、粉砂、细砂、粉土水土分算。采用荷载-结构模式，按荷载增量法原理模拟开挖、回筑全过程，完成地下连续墙插入深度、稳定性、位移、受力及配筋计算，确保围护结构安全、可靠，同时保证周边环境安全。钢筋混凝土结构自重取25kN/m³；覆土按竖向全土重计，容重按表2取值；地下水位按地质剖面取用；地面超载为20kN/m²，并考虑邻近建（构）筑物产生的超载；施工荷载取5kPa。

计算结果，围护结构的弯矩、剪力均较大，须采用1.5m厚地下连续墙，插入比：大、小里程扩大段1.0，标准段0.92。地下连续墙竖向设8道支撑，第一道800mm×900mm（水平斜撑600mm×900mm）、第四道1000mm×1200mm、第六道1300mm×1400mm、第七道1200mm×1400mm均为混凝土撑，水平间距均为6m；第二、三、五、八道均采用 $\phi$800×16钢支撑，水平间距3m（图3）。基坑较深，考虑混凝土撑不能及时达到设计强度，对基坑的变形时效不利，在下面三道混凝土撑上部设置临时 $\phi$800×16钢支撑。钻孔CZ-01位置典型断面支护体系计算简图及计算结果见图4。

| 计算剖面钻孔 | 整体稳定系数（≥1.35） | 抗倾覆最小（工况）开挖深/m（≥1.25） | 抗渗流（≥1.6） | 墙体最大水平位移（≤30mm） | 地面最大沉降（≤30mm） | 抗隆起（验算深m）（≥1.8） | 备注 |
|---|---|---|---|---|---|---|---|
| CZ-01 | 1.780 | 1.561（13）29.88 | 2.886 | 29.14 | 28 | 1.638（75.61）<br>1.776（84.91） | 小里程扩大段 |
| XZ-07 | 1.933 | 1.736（13）29.95 | 2.783 | 29.8 | 30 | 1.612（74.07）<br>1.637（76.20） |  |
| BXZ-06 | 1.834 | 1.540（13）28.77 | 2.614 | 26.35 | 27 | 1.570（71.02）<br>1.759（77.62）<br>1.222（81.42） | 标准段 |
| XZ-17 | 1.836 | 1.545（13）28.75 | 2.538 | 29.37 | 30 | 1.590（71.38）<br>1.769（77.38） |  |
| XZ-33 | 1.583 | 1.587（13）28.60 | 2.512 | 30.24 | 29 | 1.520（67.14）<br>1.030（69.51）<br>1.584（70.71） |  |
| XZ-38 | 1.665 | 1.617（13）28.80 | 2.487 | 29.85 | 30 | 1.547（67.45）<br>1.634（71.85）<br>1.228（79.05）<br>1.280（84.25） |  |
| XZ-42 | 2.035 | 1.596（13）28.43 | 2.606 | 30.90 | 29 | 1.588（66.99） |  |
| CZ-06 | 1.688 | 1.534（13）28.68 | 2.544 | 30.19 | 29 | 1.582（66.93）<br>1.624（68.98）<br>1.184（72.98） |  |
| XZ-49 | 1.574 | 1.553（13）28.81 | 2.666 | 29.00 | 27 | 1.054（71.92）<br>1.628（72.88） | 大里程扩大段 |
| 条分法 | 对支护底取矩 | 流土稳定 | 位移包络分析 | 抛物线法 | 仅列不满足的系数及验算深度 | 各断面嵌固深度构造验算均满足 | |

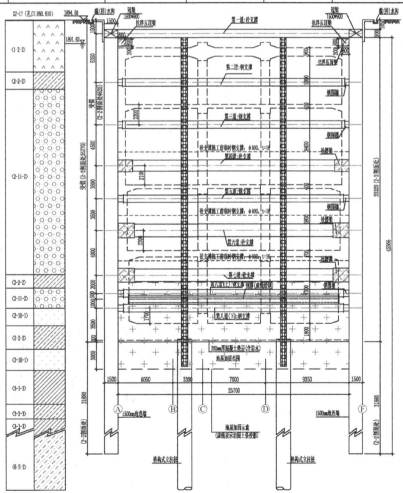

图3　基坑围护结构标准段典型剖面图（XZ-17孔位置）

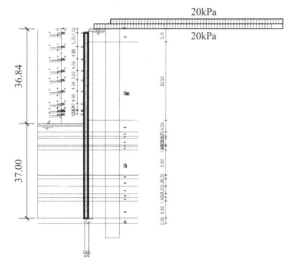

(a) 计算简图

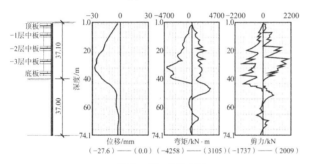

(b) 位移、弯矩及剪力图

(-27.6) —— (0.0)　(-4258) —— (3105)　(-1737) —— (2009)

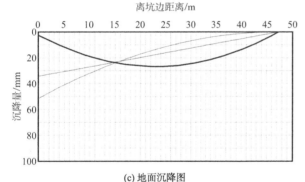

(c) 地面沉降图

图4　钻孔CZ-01典型断面（扩大端）支护体系简图及计算结果图

### 3.5.3　不同软件的围护结构计算校核

（1）理正深基坑软件与启明星软件计算结果对比

基坑深且环境复杂，为确保计算结果可靠，再采用启明星软件进行计算校核。钻孔CZ-01处的启明星软件计算结果详图5，内力对比详见表8。

根据比较，基坑的水平变形、地面沉降以及地下连续墙的内力、支撑轴力都非常接近。对CZ-06钻孔剖面计算也得到相同结论，表明本基坑工程的计算结果是可靠的。

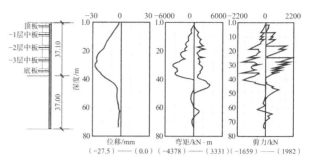

(a) 位移、弯矩及剪力图

(-27.5) —— (0.0)　(-4378) —— (3331)　(-1659) —— (1982)

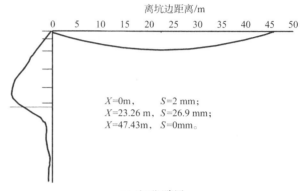

$X=0$m,　　$S=2$mm；
$X=23.26$ m,　$S=26.9$mm；
$X=47.43$m,　$S=0$mm。

(b) 地面沉降图

图5　钻孔CZ-01的启明星FRWS8.2软件计算结果

| 支撑内力标准值（kN）对比 | | | | 表8 |
|---|---|---|---|---|
| 支撑 | 理正 | 启明星 | 支撑 | 理正 | 启明星 |
| 第一 | 212.1 | 232.1 | 第五 | 1099.2 | 1076.4 |
| 第二 | 1069.9 | 1004.8 | 第六 | 3165.0 | 3040.2 |
| 第三 | 1023.4 | 1014.3 | 第七 | 2345.0 | 2127.2 |
| 第四 | 2092.1 | 1995.9 | 第八 | 1040.2 | 986.0 |

（2）采用有限元分析辅助校验

采用Midas GTS软件对本基坑进行平面二维的有限元分析，以CZ-06钻孔断面进行计算分析（图6）。

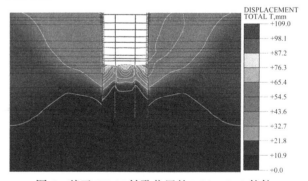

图6　基于CZ-06钻孔位置的Midas GTS软件竖向计算变形云图

根据计算，Midas GTS、理正深基坑、启明星三个软件计算得到的地面沉降量分别为31mm、29mm、29mm，表明计算结果是可靠的。最大竖向隆起值发生在坑底两侧，约为109mm，基坑中部的隆起值约为90mm；而在地下连续墙底部位置的土体基本不发生竖向位移。计算隆起量较小，坑底再进行加固（3.6）的情况下，不会发生隆起破坏。

## 3.6 基坑底加固

围护结构计算表明，各剖面均有少部分深度抗隆起安全系数验算不满足要求；而根据图6的计算结果，基坑底部的最大隆起位移值为90～109mm，地下连续墙底部基本不产生竖向位移。计算结果还表明，部分剖面开挖到坑底时被动区土反力小于主动区土压力。左剖面18孔、11孔坑底地层为含水层；大里程端南侧，基坑底为泥炭质土。研究[7]表明基坑底被动区加固不仅对提高坑底的抗隆起稳定性和增加嵌固段的土反力效果显著，还能减小围护结构的水平位移和坑外地表沉降变形，可有效避免无限制地加深地下连续墙的嵌固深度而造成工程不经济、不合理等问题。综合考虑，主体基坑底采用超深三轴搅拌桩加固，从地面施作，加固到坑底下5m。小里程扩大段及标准段采用裙边式，加固条宽3m，大里程扩大段采用格栅式，中间加固条宽3m，加固条净距4.5m。基底下加固土体应具有很好的均质性、自立性、$k < 10^{-6}$cm/s、$q_u \geq 1$MPa。

## 3.7 抗浮稳定性计算

取最不利情况，按(自重)/(水浮力)计算抗浮安全系数 = (0.84～0.93) < 1.05，不满足；增设抗拔桩按(自重 + 抗拔力 + 侧摩阻力)/(水浮力)计算抗浮安全系数 = (1.19～1.34) > 1.15，满足。

## 4 降低风险等级措施[4,6,8]

（1）加强支护结构刚度，采用1.5m厚地下连续墙 + 内支撑、H型钢接头；采用高压旋喷桩对槽壁两侧土体加固，增强槽壁稳定性的同时可增强基坑的止水效果；对基坑底加固，减小地下连续墙的水平变形。基坑从上到下依次对称开挖，及时支撑，遵循"分层开挖，先撑后挖，限时作业"原则，四周预留三角土护坡，基坑开挖的纵向坡度根据计算确定，避免土体纵向坍滑及坍滑土体挤压、冲击中间立柱。基坑开挖至每层钢支撑轴线下500mm或

混凝土支撑底面时，及时架设支撑（钢支撑施加预应力）；基坑下翻梁等局部超挖段，采用1：1放坡，坡面喷射100mm厚C20素混凝土；距坑底300mm时由人工开挖找平并进行及时封闭。

（2）加强联络通道、出入口、2号风亭等基坑支护结构设计刚度，减小基坑变形。

（3）监测：施工前对邻近建筑物进行沉降、变形、裂缝等的监测，对邻近道路沉陷进行监测，对地下水位进行量测；对围护结构位移、变形、支撑轴力、土体变形进行监测。按照监测信息化设计、施工。

## 5 工程施工成效

地下连续墙成槽正常，墙面平整，垂直度 <0.2%。开挖放坡分层分段与钢支撑架设、混凝土撑浇筑动态协调，未发生预警超限；接缝及墙体未出现影响施工的渗漏水。结构施工通过大钢模、支架搭设、支撑拆除等工序的协作，施工安全[8]。施工较计划工期提前19d。

按设计进行施工监测[9]，根据监测数据曲线（图7），随着基坑开挖，墙体水平位移逐渐增大，开挖至坑底时达到最大值28.1mm < 30mm，满足要求。地面沉降最大值 13mm < 30mm，满足要求；而部分测点隆起约21mm，由于基坑四周均为施工便道，施工机械对地表沉降测点影响不可忽略，因而部分测点出现地面隆起。混凝土撑轴力最大约3496kN，小于设计计算值，根据监测经验，混凝土撑的钢筋计容易破坏且常会产生较大误差；钢支撑轴力最大约2236kN，与计算值较为接近。基坑开挖至24m时，基坑外侧地下水位最大降深仅为1.45m（> 1.0m及时进行了回灌），表明基坑止水帷幕效果较好。基坑开挖至基底后，立柱桩的最大隆起量为39.2mm，与 Midas GTS 模拟结果较为接近。对14期监测成果统计，监测到的超限为局部、单点，无系统性、连锁性、累进性及破坏性超限。施工期未发生影响基坑自身稳定、影响结构正常施工及周边建（构）筑物安全的事故，施工和运营近三年，无影响车站及周围建（构）筑物正常使用的情况，安全顺利实现工程预期目标。

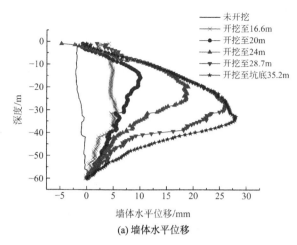

(a) 墙体水平位移

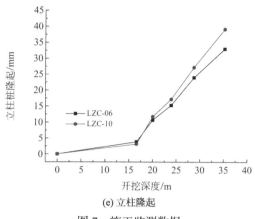

(e) 立柱隆起

图 7　施工监测数据

## 6　总结

（1）地基土分层多，性质差异大，地基存在潜水和多个承压含水层，透水性强、水量丰富，水位浅，水头高；基坑深度系以圆砾为主的强透水层；基坑底面下 0～5.96m 为厚 4.5～20.5m 的隔水层；支护结构嵌固段以隔水地层为主；砂土、软黏性土和软土对基坑边坡、基坑整体及围护结构槽壁稳定不利；抗浮设防水位浅，基坑工程水文地质结构符合均质含水层潜水完整井基坑涌水量计算条件；基坑及周边建（构）筑物风险源多，风险等级高。

（2）综合比选采用明挖顺作法施工，围护结构采用地下连续墙 + 内支撑，地下水控制采用地下连续墙 + 基坑内井点降水，施工工法、支护结构及地下水控制方法选择依据充分，经济合理。

（3）计算结合地区经验，地下连续墙厚 1.5m，插入比 0.92～1.00；竖向设 8 道支撑：一、四、六、七道为混凝土撑，二、三、五、八道为钢支撑。配合采用超深三轴搅拌桩坑底加固，基坑整体稳定、抗倾覆、抗隆起、抗渗流、墙体最大水平位移、地面最大沉降、基坑抗浮稳定等满足要求。

（4）地基岩土工程条件及基坑环境极复杂，围护结构安全等级、基坑及环境变形控制等级均较高。采取加强基坑围护结构刚度、及时架设支撑、对称开挖、严格监测等措施，降低基坑风险等级，对周边建（构）筑物进行保护，措施针对性、综合性强。

（5）施工期未发生影响基坑自身稳定、影响施工及周边建（构）筑物安全的事故，运营近三年，无影响车站及周围建（构）筑物正常使用的变形，实现预期目标，经济社会效益良好。

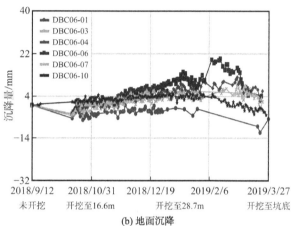

(b) 地面沉降

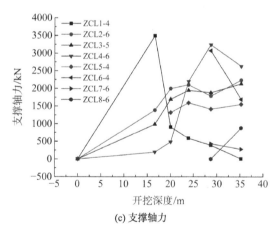

(c) 支撑轴力

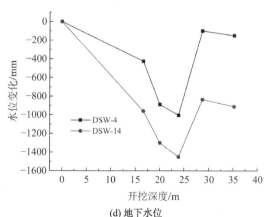

(d) 地下水位

# 参考文献

[1] 住房和城乡建设部. 城市轨道交通岩土工程勘察规范: GB 50307—2012[S]. 北京: 中国计划出版社. 2012.

[2] 中铁二院工程集团有限责任公司. 昆明地铁 4 号线火车北站岩土工程勘察报告[R]. 2018.

[3] 杨文辉, 蒋良文, 张旭, 等. 详细分层与概化分层研究在岩土工程勘察中的应用[C]// 第十二届深基础工程发展论坛论文集. 北京: 中国建筑工业出版社, 2022: 130-136.

[4] 住房和城乡建设部. 建筑基坑支护技术规程: JGJ 120—2012[S]. 北京: 中国建筑工业出版社, 2012: 8-102.

[5] 中国土木工程学会土力学及岩土工程分会主编. 深基坑支护技术指南[M]. 北京: 中国建筑工业出版社, 2012.

[6] 中铁二院工程集团有限责任公司. 昆明地铁 4 号线工程火车北站主体围护结构施工图设计[R]. 2018.

[7] 郑俊杰, 章荣军, 丁烈云, 等. 基坑被动区加固的位移控制效果及参数分析[J]. 岩石力学与工程学报, 2010, 29(5): 1042−1051.

[8] 中铁四局集团轨道交通工程分公司. 昆明地铁 4 号线土建 4 标火车北站施工技术总结[R]. 2019.

[9] 中铁西南科学研究院有限公司.4号线火车北站施工监测月报[R]. 昆明, 2018.7—2019.10.

# 北京市老城区某基坑支护工程实录

周靓坤 [1,2]　孟庆丰 [1,2]　吕星宇 [1,2]　张晓玲 [1,2]

（1. 北京中兵岩土工程有限公司，北京　102600；2. 中兵勘察设计研究院有限公司，北京　100032）

## 1　引言

随着城市化进程的不断加快，地下空间的开发和利用逐渐成为发展的新趋势。

本文以北京市西城区某胡同内深基坑支护为例，阐述了无腰梁桩锚支护的施工工艺，通过基坑监测数据分析，掌握类似项目基坑变形特点，为相似工程提供设计施工的参考经验。

## 2　工程概况

该项目拟建建筑物地上为四合院式仿古建筑，地下为五层地下车库，基坑开挖深度 16.1～17.8m，基坑南北长约 60m，东西宽约 50m，为 L 形基坑，基坑周边除南侧紧邻胡同，其余三侧均紧邻一至二层民房，地下结构距离民房约 1.5m，周边民房建设年代久远，多为砖木结构，基坑东北方向紧邻一栋四层建筑，砖混结构，无地下室，条形基础，基坑内部有旧地下人防，项目建成后地下室北侧东侧外墙开门与人防连通。基坑总平面见图 1。

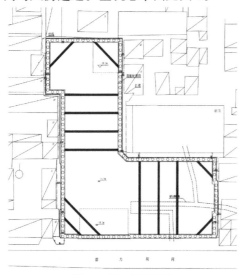

图 1　基坑总平面图

本工程采用护坡桩＋锚索＋钢支撑的支护方式，设计桩顶标高－1.500m，设计桩底标高

－22.500m。桩长 21m，桩径 800mm，桩间距 1600mm，桩主筋选用 14 根 $\phi$25 带肋钢，不均匀配筋，箍筋采用 $\phi$8@200，加劲筋采用 $\phi$16@2000，主筋保护层厚度 50mm。桩身混凝土强度等级为 C25，设置 5 道预应力锚索，横向间距 1.6m，锚索长度分别为 28m、24m、24m、22m；锚索轴力标准值为 320kN、280kN、360kN、390kN。为控制桩顶位移，在桩顶冠梁处设置一道钢支撑，采用 $\phi$609 钢管壁厚 16mm。锚索的竖向间距是结合地下室板标高设置的，预防有锚索无法施工的情况可以改为有梁锚索，地下结构施工过程中可以拆除钢腰梁。支护剖面及支护见图 2～图 4。

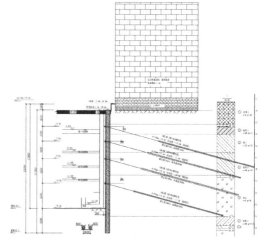

图 2　基坑支护典型剖面图

图 3　基坑整体支护效果一

图 4 基坑整体支护效果二

# 3 工程地质及水文地质条件

## 3.1 地形地貌

本工程场地地貌单元属于古金沟河故道的中部，场地平坦地面标高 49.000～50.600m。拟建场地第四系覆盖层厚度小于 50m，以黏性土、粉土、砂土、碎石土交互沉积土层。

## 3.2 地层情况

浅表层分布一般厚度为 3.10～4.40m 的人工堆积房渣土①层（老城区定义为房渣土，堆填年代久远，以暗灰色的碎瓦块、炉渣及腐殖质组成，含有古旧瓷片等，具有一定的强度），以下为第四纪沉积。具体地层参数见表 1。

地层岩性统计表  表 1

| 成因年代 | 土层编号 | 岩性 | 黏聚力 $c$ | 内摩擦角 $\varphi$ |
|---|---|---|---|---|
| 人工堆积层 | | 房渣土 | 0 | 10 |
| | ①₁ | 粉质黏土素填土、黏质粉土素填土 | 8 | 8 |
| 第四纪沉积层 | ② | 黏质粉土、砂质粉土 | 20 | 25 |
| | ②₁ | 重粉质黏土、粉质黏土 | 60 | 11 |
| | ③ | 粉质黏土、黏质粉土 | 32 | 6 |
| | ④ | 卵石、圆砾 | 0 | 36 |
| | ④₁ | 细砂 | 0 | 32 |
| | ⑤ | 粉质黏土、重粉质黏土 | 50 | 11 |
| | ⑤₁ | 黏土 | 60 | 10 |
| | ⑤₂ | 黏质粉土 | 20 | 25 |
| | ⑥ | 卵石、圆砾 | 0 | 40 |
| | ⑥₁ | 细砂 | 0 | 33 |
| | ⑦ | 卵石 | 0 | 42 |

## 3.3 地下水

地下水类型为潜水，实测的稳定地下水位标高为 22.280～22.860m（水位埋深 27.10～27.70m）。

## 3.4 地下水、土的腐蚀性

拟建场地内上述第1层地下水对混凝土结构及钢筋混凝土结构中的钢筋均具有微腐蚀性。

# 4 无梁桩锚支护的应用

## 4.1 无腰梁桩锚支护的适用范围

在老城区内进行基坑支护施工具有一定的特殊性，通常周边环境复杂，施工场地狭小。为了保证地下结构面积最大化，通常地下室外墙距离周边建筑物或红线很近，可以取消钢腰梁，将锚索直接锁定到护坡桩上，地下结构施工不留施工肥槽，采用砌筑砖墙外贴防水施工，将锚头直接砌筑到砖墙内。

护坡桩成孔需采用干成孔或人工挖孔桩施工，因为钢筋笼内部需要安装穿桩的套管，如果采用水下灌注混凝土工艺则无法浇筑混凝土。

## 4.2 无梁锚索的受力特点

常规的锚索在桩间施工，需要通过冠梁或腰梁将锁定力传递到桩上，无梁锚索则是将锚索直接锁定到护坡桩上，见图 5、图 6。

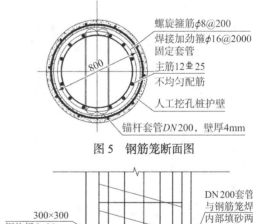

图 5 钢筋笼断面图

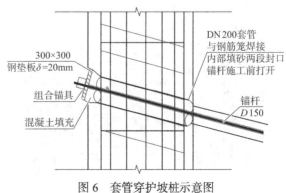

图 6 套管穿护坡桩示意图

### 4.3 无梁锚索的施工注意事项

无梁锚索施工需要注意的是在钢筋笼制作时按照锚索施工角度固定钢套管，用于后期打锚索使用，需要固定牢固，防止浇筑混凝土或吊装钢筋笼时脱落，另外还需要注意基坑阴角处的钢筋笼安装时，需要结合锚索钻机施工作业面要求，调整钢套管水平向角度，防止钻机无处站立无法施工锚索。钢套管内部可以填泡沫或砂袋，两端用胶带封口，待开挖后用电镐凿开，后部用空调打孔机或潜孔锤打开。施工钢筋笼见图7，完工效果见图8。

图7　钢筋笼加工

图8　完工效果

## 5　施工效果

### 5.1　效果概述

该基坑自开挖至开挖完成共18个月，基坑在开挖过程中和开挖完成后变形很小，起到了对周边建筑物保护的作用，周边破旧平房及4层楼房均未出现沉降过大开裂等情况，整体支护效果良好。

本工程基坑侧壁安全等级为一级，根据相关规范要求，本工程中变形观测的内容包含：支护结构顶部水平位移，支护结构顶部竖向位移，支护结构深层水平位移，锚杆轴力，钢支撑内力，周边邻近建筑物竖向、倾斜、水平位移，建筑地表裂缝，周边管线变形，地下水位监测等。在基坑开挖及运行过程中进行安全巡视。

基坑开挖完成变形稳定后，最终各项监测结果均满足设计与规范要求。具体变形结果见表2。

基坑监测变形统计表　表2

| 序号 | 监测项目 | 监测数量 | 变形范围 | 说明 |
|---|---|---|---|---|
| 1 | 桩顶水平位移 | 20个点 | −4.7～7.2mm | "−"号表示向基坑外移动 不带"−"表示向基坑内移动 |
| 2 | 桩顶竖向位移 | 20个点 | 0.1～3.1mm | "−"表示点位下降 |
| 3 | 周边建筑物 | 113个点 | −10.2～7.0mm | "−"表示点位下降 不带"−"表示点位上升 |
| 4 | 锚杆轴力 | 24个点 | −45.5～68.5kN | "−"表示轴力变小 |
| 5 | 深层水平位移 | 6个点 | −14.9～14.6mm | "−"表示向基坑外移动 |

### 5.2　基坑钢支撑受温度变化影响

其中钢支撑内力监测受温度影响变化较大，综合分析由于基坑支护刚度较大，钢支撑轴力受温度热胀冷缩影响变化，通过连续监测，早中晚温差影响下钢支撑轴力变化及温度影响下钢支撑内力变化规律见图9、图10。

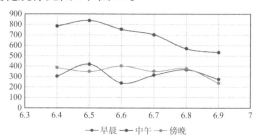

图9　温度影响下钢支撑内力变化图

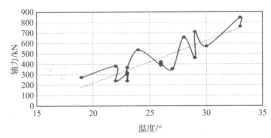

图 10　温度影响下钢支撑内力变化规律图

通过监测可得出结论，钢支撑应力随温度变化而变化，支护刚度越大，变化越明显，受力越大的钢支撑在相同温度变化的影响下，内力变化越明显。

# 6　结论和建议

在老城区施工涉及深基坑项目的要在结构设计初期开始基坑支护设计，基坑支护设计与结构设计紧密结合共同进行。基坑支护设计要充分考虑周边环境因素、施工工艺的可行性和施工过程可能对周边环境的影响，制定专项控制措施。施工前要详细调查周边环境，如到周边每户走访调查周边建筑物情况，有无私挖的地下室、渗水井等，以及调查场地内是否有人防等特殊障碍物。施工过程中要选择合适的施工工艺，确定合理的施工工序，严格控制施工过程对周边环境的影响。城区深基坑施工，需要岩土工程师因地制宜，采取各种措施解决现场的实际问题，最终在保证周边建筑物安全，不影响周边百姓正常生活的情况下，安全、顺利地完成了施工任务。

## 参考文献

[1] 周靓坤, 孟庆丰, 等. 北京市老城区深基坑施工探索 [J]. 工程技术前沿, 2022, 3(11).

[2] 刘乐乐, 罗仕然, 等. 钢支撑受温度影响及处理方法 [J]. 建筑学研究前沿, 2018(3).

# 北京市某巨厚杂填土层基坑支护工程实践

李海坤　赵艳龙　牛军辉　邓小卫

（建设综合勘察研究设计院有限公司，北京　100007）

## 1　前言

伴随城市化进程，城市周边的许多取土、取砂坑等被平整为建设用地，而地下空间发展利用使得基坑工程会面临越来越多的难题，包括工程地质问题、水文地质问题、周边环境条件及使用条件问题等，这些都会给基坑支护工程带来新的要求与挑战，众多工程师与专家针对上述问题进行了相关研究与工程实践。本项目以门头沟区某巨厚杂填土的基坑工程为例，对基坑设计方案和施工过程进行了全面介绍，并对实际监测结果进行了对比分析，可供类似工程参考。

## 2　工程概况

项目位于北京市门头沟区永定镇，包含 2 栋 6 层住宅楼、2 栋 8 层住宅楼、3 栋 26 层高层住宅、2 栋 21 层公租房及整体地下车库，基坑深度约 10.5m，基坑周长约 800m。场地东侧及南侧为规划（在建）道路，距离基坑边线大于 20m；西侧为现状道路，距离基坑边线为 5～7m；北侧为施工便道，距离基坑最近处约 3m，施工便道北侧为北京市某医院，项目西侧和北侧的环境条件较为复杂。

项目场地原为取砂坑，场地平整时进行了无序回填，填土材料多为建筑垃圾、大粒径卵石以及生活垃圾等；填土层分布厚度不均，整体从西南向东北倾斜，填土最大厚度为 26.8m（超出基底以下约 16m），现场工程地质条件极为复杂。现场基坑布置情况参见图 1。

图 1　项目基坑布置图

## 3　岩土工程条件

根据项目勘察报告，场地地貌单元属于永定河冲洪积扇的上部，场地主要地层分布如下：

①杂填土：以碎砖、混凝土块、灰渣、卵石为主，层厚为 1.50～26.80m；其中夹①$_1$ 黏质粉土填土，层厚为 0.30～6.60m；①$_2$ 卵石填土，层厚 0.40～6.10m。

②卵石：中密—密实，一般粒径 3～7cm，最大粒径约 12cm，卵石含量为 70%～75%，层厚为 1.20～15.70m；其中夹②$_1$ 粉细砂，层厚为 0.30～2.50m；②$_2$ 黏质粉土，层厚为 0.30～2.00m。

③卵石：密实，一般粒径 4～8cm，最大粒径约 15cm，卵石含量为 70%～75%，揭露最大层厚为 13.50m；其中夹③$_1$ 细中砂，层厚为 0.30～1.40m。

④卵石：密实，一般粒径 4～8cm，最大粒径约 15cm，卵石含量为 70%～75%，揭露最大层厚为 17.00m；其中夹④$_1$ 细中砂，层厚为 0.30～0.50m。

⑤卵石：密实，一般粒径 5～8cm，最大粒径约 20cm，卵石含量为 70%～75%，揭露最大层厚为 17.70m。

岩土物理力学指标参见表 1，典型工程地质剖面参见图 2。

岩土物理力学指标　　　　　　　　　　　表 1

| 土层编号 | 土层名称 | 重度γ/（kN/m³） | 承载力标准值$f_{ka}$/kPa | 压缩模量$E_S$/MPa | 抗剪强度 | |
|---|---|---|---|---|---|---|
| | | | | | 黏聚力$c$/kPa | 内摩擦角$\varphi$/° |
| ① | 杂填土 | 18.5 | — | — | 0 | 12.0 |

获奖项目：2021 年北京市优秀工程勘察设计奖一等奖；2021 年度行业优秀勘察设计奖工程勘察三等奖。

| 土层编号 | 土层名称 | 重度γ/（kN/m³） | 承载力标准值$f_{ka}$/kPa | 压缩模量$E_S$/MPa | 抗剪强度 黏聚力$c$/kPa | 抗剪强度 内摩擦角$\varphi$/° |
|---|---|---|---|---|---|---|
| ①₁ | 黏质粉土填土 | 18.0 | — | — | 5.0 | 10.0 |
| ①₂ | 卵石填土 | 19.0 | — | — | 0 | 14.0 |
| ② | 卵石 | 21.0 | 350 | 30.0 | 0 | 35.0 |
| ②₁ | 粉细砂 | 19.5 | 200 | 17.0 | 0 | 25.0 |
| ②₂ | 黏质粉土 | 19.5 | 130 | 6 | 10.0 | 20.0 |
| ③ | 卵石 | 21.0 | 420 | 40.0 | 0 | 40.0 |
| ③₁ | 细中砂 | 19.5 | 220 | 22.0 | 0 | 35.0 |
| ④ | 卵石 | 21.0 | 440 | 43.0 | 0 | 40.0 |
| ④₁ | 细中砂 | 19.5 | 240 | 23.0 | 0 | 35.0 |
| ⑤ | 卵石 | — | 500 | 45.0 | — | — |

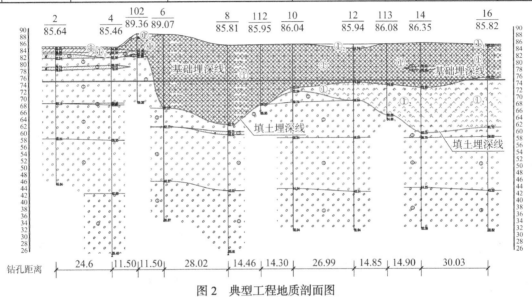

图2 典型工程地质剖面图

勘察期间，在钻孔 30.00m 水位观测深度范围内未观测到地下水。

## 4 工程特点及难点分析

（1）场地原生工程地质条件遭到巨大破坏，基底面积的 1/3 为密实卵石层，其他 2/3 为杂填土层，填土层分布厚度不均，整体从西南向东北倾斜，填土最大厚度为 26.8m，对项目的基坑支护和地基基础工程施工可行性及施工安全性提出巨大的挑战。

（2）填土材料多为建筑垃圾，且有大块混凝土、块石及取砂坑遗留的大粒径卵石存在，局部分布有生活垃圾，填土下部为密实卵石层，其特殊的地层结构对支护桩成桩施工提出极高的要求。采用常规旋挖钻机＋泥浆护壁成孔工艺，泥浆渗漏严重，施工易塌孔，成孔质量难以保证，混凝土超灌严重，超灌系数可达到 1.4～1.85，施工效率低

下，进度很慢，支护桩施工难度大。

（3）杂填土层组成成分复杂多样，结构松散，性质不均。受填土分布影响，常规锚杆支挡结构的施工质量及其锚固力有效性不易保证。

（4）基坑西、北、东侧均紧邻用地红线，施工支护空间狭小，基坑失稳后果很严重。北侧及东侧存在厚层杂填土层，而且北侧分布有深厚生活垃圾层，厚度达 7m，支护体系多半位于杂填土中，支护体系的支撑刚度及稳定性难以保证。

## 5 支护体系设计与工艺选择

本工程周边环境条件复杂，尤其是西侧及北侧为施工道路，应严格控制基坑的变形。场地工程地质条件复杂，存在巨厚层杂填土，而且局部有厚层生活垃圾层存在，需要解决支挡结构施工的可行性以及支挡力的有效性。根据北京市类似工程经验，一般采用排桩或地下连续墙

＋内支撑方案。综合考虑工期、造价等因素，最终选择放坡土钉墙结合支护桩＋锚杆支护及双排桩＋锚杆支护方案，通过施工工艺解决支护桩及锚杆的施工可行性，以及锚杆锚固力的有效性问题。

### 5.1 沉积地层支护体系

本项目基坑的南侧和西侧，地层以天然卵石层为主，采用桩锚支护体系，一桩一锚，一道锚杆，支护桩采用$\phi$800@1600，桩长15m，锚杆长度16m，直径150mm，锚杆杆体采用3$\phi$15.2钢绞线，该方案为常规方案，不再赘述。

### 5.2 填土地层支护体系

基坑北侧与东侧，地层以杂填土为主，根据地层和周边环境特点分别采用放坡土钉墙＋双排桩＋锚杆支护方案及放坡土钉墙＋桩锚支护方案。

基坑北侧紧邻施工便道，且有厚层生活垃圾层存在，为提供支护体系刚度，布置了双排桩；为提高支护体系抗倾覆能力及其整体稳定性，增加一排预应力锚杆。前排桩采用$\phi$800@1600mm，后排桩采用$\phi$800@1600，桩长18.05m，锚杆长度24m，直径150mm，锚杆杆体采用2$\phi$15.2钢绞线。上部2.5m采用放坡土钉墙方案。北侧支护剖面示意图见图3。

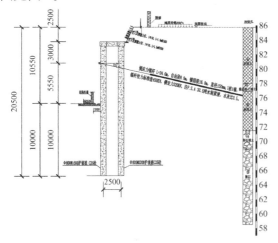

图3 北侧支护剖面示意图

基坑东侧距离红线较近，杂填土厚度大，上部5m采用放坡土钉墙，坡比1∶0.8，下部采用桩锚支护，支护桩采用$\phi$800@1600mm，桩长16.55m，锚杆长度24m，直径200mm，锚杆杆体采用3$\phi$15.2钢绞线。东侧支护剖面示意图见图4。

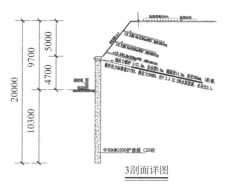

图4 东侧支护剖面示意图

### 5.3 重点工艺选择与质量控制

1）钻机及钻进工艺选择

项目工程地质条件的特殊性及邻近项目的施工案例表明，需对本项目使用的钻机及钻进工艺进行研究，选择何种钻机及何种钻进工艺成为本基坑支护工程成功与否的关键。通过多方调研比选，本项目首次在北京地区项目引入加强型长螺旋钻机（专利设备：特制螺旋钻杆、钻头及动力设备），最大成桩长度可达35m，直径可达1.2m。现场试钻表明，超过20cm的块石等可以轻易取出，且挤土效果明显。通过钻头和钻杆的选择组合，可以实现取土和挤土的双重功能，通过现场反复试桩、调试设备，选择合适的钻头及钻具组合，调整钻机施工时的主、从动电机动力输出配比，成功解决了厚层不均填土中的支护桩、桩基难成孔、易塌孔、钻进困难、施工效率低下等技术难题，施工效率是同条件下旋挖钻机的2倍以上。

2）锚杆成孔技术和承载力保证

为应对锚杆在杂填土中难成孔、易塌孔的问题，项目选用全套管回转钻机，保证成孔直径，对个别难以穿过的钢筋混凝土块、大粒径卵石等异物，现场通过适当调整孔位解决，最终保证锚杆的成孔质量。锚杆注浆质量是保证锚杆抗拔力的关键，也是本项目基坑支护工程成败的决定性因素，施工时采用低压、间歇、增压式的注浆方式，取得了较好的效果。由于杂填土孔隙比大，开始时采用低压方式，注浆压力为0.3～0.4MPa，使锚杆腔体及其周边土体间的空隙全部由浆液充满；在浆液初凝前，根据浆液扩散速度，间歇性补充注浆，并在注浆中逐渐加大压力，直至将压力提高至0.6MPa以上；然后在浆液终凝前，进行二次压力注浆，直至将压力提高至1.5MPa以上；注浆过程中严格控制注浆压力和注浆量，确保每孔的注浆量均不低于理论值，现场实际注浆量约为理论值的 2～4 倍，个别高达 8 倍。通过对注浆压力、注浆间隔、注浆量的参数的反复调整，最终解决了杂填土中锚固力不易保证的问题，虽然锚杆全段位于杂填土内，但检测结果表明，锚杆抗拔力均满足设计要求。

3）杂填土性质改良

根据勘察报告揭示，项目的北侧及东侧基坑支护体系均位于杂填土中，这对于基坑工程的整体稳定性是极为不利的，应该采取必要的改良和加固措施。由于填土层厚度远超基坑深度而且周边紧邻红线，因此现场不具备大面积换填的实施条件，实际实施时进行了主动区土体改良和被动区挤密加固。

（1）主动区土体改良：在基坑工程正式实施前，采用大吨位冲击压路机对基坑周边场地进行数十遍碾压，有效提高杂填土的密实度及抗剪强度。

（2）被动区土体加固：结合楼座和车库的地基处理方案，项目采用柱锤冲扩碎石桩对被动区杂填土进行挤密加固。

通过主动区土体改良及被动区土体加固实现了主、被动土压力及变形的控制，并通过钻进技术改进保证护坡桩的成桩质量，通过锚杆施工工艺和参数选择保证锚杆的承载能力，最终保证了基坑的整体稳定。

# 6 基坑监测数据分析

根据第三方的基坑变形监测报告，基坑周边支护桩的最大水平位移约 10.6mm，最大竖向位移为 13.5mm，基坑周边地面最大沉降约 4.4mm；支护桩深层水平位移的变化趋势与计算结果基本一致，锚索轴力变化值 -7.7～2.2kN，监测数据表明，基坑支护体系运行良好，相关数据满足一级基坑监测限值要求，项目采取的各项技术工艺和措施达到了预期的效果。

# 7 结论

本项目场地分布有厚层杂填土，工程地质条件差，导致基坑支护工程的设计和施工难度增大。为保证厚层杂填土区域基坑边坡安全，通过引进加强型长螺旋钻机解决支护桩施工上的难题，通过锚杆钻机类型的选择和锚杆注浆参数工艺的改进，解决了锚杆施工和锚杆锚固承载力不足的问题，从而保证了项目的顺利实施；通过基坑开挖支护和工程施工期间的监测表明，锚杆轴力、基坑支护体系及周边建（构）筑物的变形均满足规范要求，说明本项目的基坑支护设计和施工方案在巨厚杂填土基坑工程中是切实可行的，可为位于巨厚杂填土场地（京郊深大取土、取砂坑回填场地）的基坑支护工程提供可行的施工经验。

## 参考文献

[1] 北京市地方标准. 建筑基坑支护技术规程: DB11/489—2016[S]. 北京: 北京市建设委员会, 2016.

[2] 住房和城乡建设部. 建筑基坑支护技术规程: JGJ 120—2012[S]. 北京: 中国建筑工业出版社, 2012.

[3] 中华人民共和国行业标准. 建筑基坑工程技术规范: YB 9258—97[S]. 北京: 冶金工业出版社, 1998.

[4] 住房和城乡建设部. 建筑地基基础设计规范: GB 50007—2011[S]. 北京: 中国建筑工业出版社, 2012.

[5] 刘国彬, 王卫东. 基坑工程手册(第二版)[M]. 北京: 中国建筑工业出版社, 2009.

# 委内瑞拉中央电厂扩建项目基坑支护及降水工程实录

马晓武　杨晓鹏　孙杰飞　闫振东

（机械工业勘察设计研究院有限公司，陕西西安　710043）

## 1　工程概况

委内瑞拉中央电厂位于委内瑞拉卡拉沃沃州（图1），厂址位于莫隆河湾与三冲河冲积平原相接地带，南部与 Seaboard 山脉相连，北邻加勒比海。属海岸平原地貌，其原始地面缓缓倾向大海。建设场地现已整平，地形平坦，地势开阔，一般地面标高 2.240～4.760m。

图1　项目扩建效果图

根据《委内瑞拉地震区划图》的分类，建设厂区区域峰值加速度可按 0.30g 采用，相应抗震设防烈度为 8 度，场地类别属 II 类。

委内瑞拉中央电厂是委内瑞拉最大的火力发电厂，原有 5 台 400MW 等级机组，预留了机组的扩建条件，本期拟在原5号机组南侧扩建一台 600MW 机组。

本项目所涉及的建（构）筑物相关参数详见表1。

| | | 本项目的建（构）筑物参数 | | 表1 |
|---|---|---|---|---|
| 序号 | 代号 | 建（构）筑物名称 | 面积/m² | 挖深/m |
| 1 | S4 | 取水渠 | 2800 | 8.7 |
| 2 | S8 | 循环水泵站 | 672 | 10.0 |
| 3 | H6 | 加氯间 | 302 | 6.0 |
| 4 | J9 | 启动锅炉 | 960 | 3.0 |
| 5 | H4 | 制氢站 | 1900 | 4.0 |
| 6 | H1 | 锅炉补给水处理车间 | 860 | 4.0 |
| 7 | J10 | 天然气调压站 | 75 | 3.0 |
| 8 | V2 | 泵吸池及泵房 | 540 | 10.0 |
| 9 | J12 | 供油泵 | 90 | 3.0 |
| 10 | J1 | 汽机房 | 2815.2 | 6.0～9.0 |
| 11 | J2 | 除氧间 | 966 | 6.0 |
| 12 | J3 | 锅炉房 | 2660 | 6.0 |
| 13 | J4 | 引风机 | 571.4 | 4.0 |
| 14 | J5 | 集中控制楼 | 612.5 | 4.0 |
| 15 | J6 | 烟道及烟囱 | 314 | 5.0 |
| 16 | J11 | 空压机室 | 389 | 3.0 |
| 17 | J12 | 供油泵站 | 900 | 3.0 |
| 18 | H3 | 工业废水处理厂 | 2200 | 4.0 |
| 19 | V4 | 曝气池 | 2400 | 5.0-6.0 |
| 20 | S5 | 排水渠 | 150 | 6.0 |
| 21 | S6 | 事故油池 | 100 | 3.3 |

## 2　岩土工程条件

### 2.1　地层描述

各岩土层空间分布及工程特性详见表2。

获奖项目：2019 年中国勘察设计协会优秀工程勘察与岩土工程三等奖，陕西省住房和城乡建设厅优秀工程二等奖。

| 层序 | 层名 | 层顶标高/m | 厚度/m | 空间分布 | 岩性特征 |
|---|---|---|---|---|---|
| （1） | 杂填土 | 2.240～4.760 | 0.6～9.5 | 场区均有分布 | 黄褐色、稍湿，松散，主要由建筑垃圾、块石、碎石、粉细砂和黏性土等组成 |
| （2） | 珊瑚礁 | -4.700～1.460 | 0.5～6.8 | 主要分布在建设变压器附近 | 灰白色为主，溶蚀现象明显，溶孔少量发育，呈中等风化状，局部间夹薄层粉砂 |
| （3） | 粉砂 | 10.370～2.420 | 1.0～14.0 | 场区均有分布 | 呈灰、深灰色，含大量贝壳碎屑和白云母碎片，见少量腐烂植物碎屑，局部含少量卵、砾石和珊瑚礁，具微水平层理 |
| （4） | 黏土 | -16.090～-3.150 | 0.40～8.40 | 主要分布在建设汽机房、除氧间、锅炉房和集中控制楼一带 | 深灰、灰黑色，下部多为灰绿色，含大量朽木碎屑，局部朽木碎屑富集成层，局部夹薄层粉砂，具浓烈的腥臭味，湿、可塑状态 |
| （5-1） | 粉土 | -10.140～-6.840 | 2～3.7 | 分布在建设日用储油罐和泵吸池及泵房一带 | 黄、桔黄色，局部或相变为粉砂，饱和、稍密 |
| （5-2） | 粉土 | -15.240～-6.930 | 1.00～13.90 | 孔中均有分布 | 黄、桔黄色，局部或相变为粉质黏土，或相变为粉砂。饱和、中密。该层主要分布在建设储水罐、综合水泵房、引水渠一带 |
| （6） | 中粗砂 | -19.610～-4.480 | 0.70～15.50 | 均有分布 | 灰白、褐黄色为主，含大量砾石，及多量黑色矿物斑点均匀分布，局部呈半成岩状态。饱和、密实 |
| （7） | 粉细砂 | -18.690～-4.070 | 1.30～8.80 | 均有分布 | 黄褐色为主，混少量黏性土团块，偶见卵、砾石，局部呈半成岩状态。饱和、密实 |
| （8） | 粉质黏土 | -20.020～-3.740 | 0.50～11.30 | 均有分布 | 褐黄色，含少量铁质氧化物，偶见铁质结核，局部呈半成岩状态。土体中裂隙较发育，裂隙面光滑。稍湿、坚硬状态 |
| （9） | 砾岩 | -21.540～-12.870 | 0.60～1.20 | 均有分布 | 灰白色为主，砂质胶结，砾的成分以石英砂岩为主，岩性较坚硬，岩芯较完整，呈柱状，中等风化 |
| （10-1） | 强风化泥质砂岩 | — | — | 均有分布 | 黄褐、褐黄、灰绿色，岩石风化强烈，风化程度不均，局部呈块状、土状，节理裂隙十分发育，节理裂隙面光滑 |
| （10-2） | 中等风化泥质砂岩 | — | — | 均有分布 | 灰绿、黄褐、褐黄色，岩性相对较完整，节理裂隙少量发育，岩芯呈长柱状 |

## 2.2 水文地质条件

场地地下水主要为埋藏于上部粉砂层中的孔隙潜水，水位变化幅度较小，勘测期间一般水位埋深2.00m左右，水量较为丰富。由于建设场地距加勒比海较近，地下水与海水具有一定的水力联系。该层地下水主要接受大气降水、地表水和侧向径流补给，以大气蒸发和向大海方向的侧向径流为其主要排泄方式。根据厂区岩土工程勘测报告对（3-1）层松散粉砂渗透系数推荐值为$2.00 \times 10^{-4}$cm/s，属中等偏弱透水性含水层。勘测阶段水质分析结果表明：厂区地下水对混凝土结构和钢筋混凝土结构中钢筋具有微腐蚀性；海水对混凝土结构具有中等腐蚀性，对钢筋混凝土结构中钢筋具有弱腐蚀性。

## 3 岩土工程分析与评价

根据勘察的野外钻探、原位测试及室内试验资料，本场地在勘探深度范围内所分布的地层主要为杂填土、粉砂和粉土。基坑周边环境较简单，根据基坑开挖深度、场地的工程地质、水文地质条件，以及邻近建筑物与基坑边的距离，确定S4、S8、V2、S5基坑安全等级为一级，其余基坑安全等级为二级。

建设场区南侧为现有的5号机场场区，两者相邻，因此在北侧有部分建筑物用地环境相对紧张，如H6、J12和V4，本场区现为空地，其余的只涉及本期建筑物之间相互关系，对于距离很近的基坑，深度接近的基坑，设计将其进行了合并处理，如S4和S8、主厂区的J1、J2、J3、J4、J5、J6、J11和J15、V4和S9等。如距离相对较远时，则作为单独基坑进行开挖。总体而言，基坑周边环境相对宽松。

基坑支护工程为临时支护工程，一般有效期为一年，本工程共计21个基坑，其中循环水泵站、泵吸池及泵房基坑开挖深度为10.0m，基坑降水深度约9.0m，属深大基坑；其余基坑开挖深度为4.0～9.0m不等，而且基坑开挖深度内主要为砂层，距离海边约 30m,地下水水量充沛,需要进行止水帷幕设计。设计人员在保证基坑安全的同时,尽量考虑降低基坑支护工程的造价,在地质条件较好的边坡尽量采用土钉墙支护。

本工程地处海边,在砂层中的基坑开挖、支护及降水,对施工工艺提出了较高的要求,尤其是止水帷幕的施工质量,对项目的成败起到关键作用,设计时提出可靠的易于施工的成熟工艺,建立完善的设计计算模型,确保对砂层的支护和降水一次性完成。

本项目为电厂扩建项目,新建项目距离正在投产运营的电厂不足 20m,基坑四周的已有建筑均在基坑降水影响范围内,降水对建筑物的影响比较大。降水设计必须充分考虑尽量降低基坑降水对周围已有建筑物的沉降影响。提出对降水施工切实可行的阶段性降水方案、水位和沉降监测方案,避免因不同降深造成周边道路及建筑物不均匀沉降。

# 4 方案的分析论证

## 4.1 基坑土层分析

基坑分为两大类,一类是以 S4、S8、V2、S5 为代表的深基坑,挖深 8.7~10.0m,S5 排水渠虽挖深为 6.0m,但为永久性工程。另一类是以主厂区为代表的相对较浅基坑,为临时性工程。

基坑开挖段构成坑壁的土层主要为①层杂填土和③$_1$层松散粉砂,局部有②层珊瑚礁。①层杂填土和③$_1$层结构松散,属对基坑支护不利土层,一般水位埋深 2.00m 左右,水量较为丰富。综合基坑挖深和地层条件,确定 S4、S8、V2、S5 基坑安全等级为一级,其余基坑安全等级为二级。

## 4.2 支护方案

对于第一类挖深较大基坑,如 S4、S8、V2 等,若采用钻孔灌注桩 + 内支撑支护时,由于换撑着力点不易选择,采用支护桩 + 止水帷幕是较好的选择,对于挖深 6.0m 的 S5,可采用悬臂钻孔桩支护。对于第二类基坑,由于普遍挖深较浅,四周开阔,无重要的保护对象,设计拟采用最为经济的放坡开挖形式,坡面进行喷混凝土护坡处理。

## 4.3 降水方案

在项目前期进行抽水试验,确定在场地内砂层中降水井的施工参数,调查砂层的渗透系数。聘请相关专业的专家参加项目评审,以期设计方案能够满足不同的周边环境和满足不同的施工工况,从而使支护和降水设计方案能够既安全又经济合理。对于降水对周边环境的不良影响,我们可以通过加固原有建(构)筑物,延长降水时间,进行基坑内降水和加强监测等手段,尽量降低基坑降水对周边环境的影响。

地下水主要为赋存于上部①层杂填土和③层粉砂层中的潜水,水位变化幅度较小,一般水位埋深 2.00m 左右,水量较为丰富。由于建设场地距加勒比海较近,地下水与海水具有一定的水力联系。为保证基坑施工作业面干燥,对基坑进行降水处理,拟降水涉及的含水层为③$_1$层松散粉砂,地勘资料中对③$_1$层松散粉砂渗透系数推荐值为 $2.00 \times 10^{-4}$ cm/s,属中等偏弱透水性含水层。

关于降水,比较成熟的降水措施主要有两种:一是管井降水;二是轻型井点降水。两者针对性各有不同。

管井降水:适合于渗透系数大,透水性强,含水量高的地层,要求有一定的单井涌水量,相应的含水层应有较大的抽水降水影响半径,以有限的降水井可控制较大的范围,对周边环境影响较大。

轻型井点降水:适合于渗透系数小、影响半径小的地层,井点单井涌水量小,对周边环境小,但布置井点多。

本项目降水方案采用管井降水,理由是拟降水含水层为③$_1$层粉砂,渗透系数小,影响半径小,若采用轻型井点降水,单井抽水量很小,影响范围有限,则布置井数很多,不够经济。采用管井降水时,施工方便,成本较低,配合周边竖向隔水围幕,可取得较好的效果,而且在开挖阶段可灵活应对。

## 4.4 设计参数

根据勘察报告,该场地基坑支护设计参数见表 3。

| 层序 | 土层名称 | 天然重度γ/(kN/m³) | 黏聚力c/kPa | 内摩擦角φ/° |
|---|---|---|---|---|
| ① | 杂填土 | 19.0 | 10 | 10 |
| ② | 珊瑚礁 | 22.0 | 15 | 20 |
| ③₁ | 粉砂 | 18.0 | — | 20 |
| ③₂ | 粉砂 | 18.5 | — | 25 |
| ③₃ | 粉砂 | 19.5 | — | 28 |
| ④ | 黏土 | 18.9 | 17 | 6.6 |
| ⑤₁ | 粉土 | 18.5 | 5 | 20 |
| ⑤₂ | 粉土 | 19.0 | 10 | 25 |
| ⑥ | 中粗砂 | 21.0 | — | 35 |
| ⑦ | 粉细砂 | 21.0 | — | 30 |
| ⑧ | 粉质黏土 | 20.9 | 56 | 23.6 |
| ⑩₁ | 强风化泥质砂岩 | 20 | — | 42 |

基坑支护设计参数取值表　　表3

## 5　方案的实施

### 5.1　支护桩及止水帷幕

支护桩直径选用φ800mm，桩身混凝土强度等级为C30，通长配主筋，桩距1.6m，冠梁高0.6m，宽0.8m，桩深根据计算确定为14.5～19.5m不等。

在本项目灌注桩施工中，由于濒临加勒比海，工程地质条件复杂，基于此地质条件以及当地混凝土供应所带来的一系列问题，项目部工程技术人员、设计院专家以及外聘专家多次召开专题会议讨论研究解决方案，并结合现场试桩试验数据总结摸索出了在复杂地层条件下钻孔灌注桩的施工工法，有效地解决了旋挖成孔在复杂地层中成孔困难、孔壁稳定性差、孔底沉渣厚等问题。

该工法原理是在旋挖成孔灌注桩施工中，采用化学泥浆护壁，保证复杂地层中钻进时孔壁的稳定性，同时采用泵吸反循环清孔工艺确保孔底沉渣的清理，提高桩的承载力。施工前，项目部对不同桩径和不同沉渣清理方法进行了试验对比，证明泵吸反循环清孔工艺对提高单桩承载力有着至关重要的作用[1]。

此外，该工法的应用给本项目带来了非常显著的经济效益和社会效益，其中成孔时间节约大约20%，从开始清孔到混凝土灌注在20min内完成，提高了施工效率，节约了工期。此外，施工质量优异：高分子聚合物泥浆护壁、泵吸反循环清孔工艺，保证了旋挖成孔灌注桩的施工质量，是复杂地层中旋挖成孔和混凝土灌注的关键工序，复杂地层条件中钻孔灌注桩易塌孔、埋钻、埋笼、断桩、埋管、夹泥、堵管等常见质量事故得到了有效的控制。

该项目一共完成了支护桩794根，其中包含81根永久支护桩。

本项目采用旋喷桩作为支护桩间的止水帷幕。设计深度根据支护桩深度为15～20m不等，因受限于项目当地的资源环境，绝大多数基坑采用了单管旋喷桩，桩径根据压力采用0.5m，搭接40mm，确保不留一丝缝隙。引水渠属于永久支护工程，止水帷幕采用了双管旋喷桩，桩径0.65m，搭接50mm，本项目共完成了单管旋喷桩57905m和双管旋喷桩5863m，搭配支护桩为基坑开挖保驾护航（图2、图3）。

图2　支护桩施工（成孔）

图3　现场开挖一角

### 5.2　地下及地表水处理

场地地下水主要为埋藏于上部粉砂层中的孔隙潜水，水位变化幅度较小，勘测期间一般水位埋深 2.00m 左右，水量较为丰富。采用管井井点降水措施，并辅以竖向止水帷幕。上层滞水主要赋存在（1）层杂填土中，直接接受大气降水和地表散水补给，为防止开挖期间上层滞水渗入基坑，造成基坑积水，采用了疏导的办法处理。基坑喷混凝土护坡施工时，因地下水较大，加大了速凝剂用量及提高水泥含量。同时，喷锚面层上每隔一定距离设置了泄水孔：渗水量较大时，通过坡脚的汇水沟集中后用潜水泵外排。最终完成降水井 312 口，降水台班 34263 个，圆满完成了各个基坑的降水任务，保证了土建施工的安全和便捷（图 4）。

图 4　现场降水施工

### 5.3　变形监测

降水过程中的变形监测是必不可少的一项工作，降水工作开始前，在基坑附近的周边建筑物、支护桩顶部及地下管线等重要部位布置了监测点，同时制订了以仪器为主，以目测为辅的观测方案。

全程对可能出现的裂缝、塌陷和支护结构工作失常、流土、渗漏或局部管涌等不良现象的发生和发展进行记录、检查和综合分析，保证了降水工作的顺利进行。

在工程实施过程中，由于具体条件的变化对设计进行了多次调整。工程施工前，由总承包单位根据功能重要性安排施工顺序，但调整的自由度不大。具体实施时尽量按照先深后浅，基坑暴露时间短，降水周期小的原则进行。由施工人员对工程的重要性和施工难度、质量控制要点反复进行学习、揣摩，以达到万无一失。例如，对砂、石、水泥原材料的控制，以保证混凝土质量；对桩位偏差的控制，以保证止水帷幕的搭接咬合；对降水井反滤层的洗净控制，以保证出水顺利。

本工程基坑支护设计工作于 2012 年 6 月开始，经过详细的现场踏勘，分析基坑与相邻建筑物的关系，认真进行方案分析及论证，于 2013 年 2 月最终确定设计方案并提交施工图。本工程基坑边坡支护施工于 2015 年 12 月底交付使用，扩建电站项目已于 2018 年投入运营。从项目的实施效果来看，该项目取得了较大的经济效益和社会效益。

## 6　工程成果与效益

该项目是委内瑞拉最大的火力发电项目，同时亦是拉美地区最大的亚临界机组项目，是中委两国合作基金的重要支持项目，项目建设受到中委两国政府的高度重视，具有重要的地缘政治意义。

项目紧邻加勒比海，且地层复杂，自然水位埋深浅，又紧邻正在运行的电厂，因此，项目基坑支护及降水被列为工程建设成败的首要难题。我公司通过认真分析项目边界条件，精心组织前期抽水试验，提出适合项目的设计和施工参数，为项目施工图设计和后续施工奠定了坚实的基础，设计方案也通过了中委两国相关业内专家的评审。支护降水施工过程中，能实时动态反馈项目地层情况，结合变形观测数据进行动态设计、动态施工，保证了项目基坑群每一个单体基坑支护安全、基坑降水满足基坑土方开挖，周边建（构）筑物安全，有效解决了项目的最大难题。在拉美地区众多业主习惯性商务违约大环境下，该项目提前 83d 完工进入质保期，顺利移交，尚属首次。

基坑支护及降水工程的顺利实施，为建设方、总包方及我院取得了良好的经济效益，项目的建成有力缓解该国电力供应效率低下等难题，促进了当地的经济发展。本项目基坑支护、降水工程结算金额超亿元，为公司日后执行沿海基坑支护及降水工程积累了宝贵经验。项目设计及施工过程严格遵守 HSE 要求，未出现任何环境污染因素，保护了当地海洋和陆地环境，受到了业主及总包方的一致好评，堪称"一带一路"建设中基坑支护降水项目的典范，具有复制推广意义。

本项目获得了 2019 年中国勘察设计协会优秀

工程勘察与岩土工程三等奖和陕西省住房和城乡建设厅优秀工程二等奖。

## 7 工程经验与教训

本工程双排旋喷桩止水帷幕的实施为基坑支护及降水工程提供了有力支撑，保证了基础工程的顺利实施，保证了建设单位整体工期目标的实现。因地制宜地对基坑不同边界条件进行了不同的基坑支护方案设计，不但保证了基坑的安全可靠，同时也为建设单位节约了造价，是最优的支护和降水设计方案。

根据周边环境的不同而选择不同的支护结构，所采取的设计方案和施工方案相结合的设计理念和方法不但满足了支护结构的技术需要，而且施工质量优良，未出现任何安全事故，充分显示了此设计方案的安全可靠、经济合理、施工易行，为以后此类项目的设计和施工管理提供了一个良好的典型案例，具有一定的指导意义和推广价值。

## 参考文献

[1] 马晓武, 孙杰飞, 郑建国. 南美某电厂灌注桩正反循环清孔对比分析[J]. 地基处理, 2021, 3(4): 329-334.

# 西安国际金融中心基坑支护及降水工程设计实录

刘争宏　马云峰　张继文　熊　昌　田树玉　冯　雨

（机械工业勘察设计研究院有限公司，陕西西安　710043）

## 1　工程概况

西安国际金融中心基坑支护及降水工程位于西安市锦业路以南，锦业一路以北约 100m，占地面积 19162m²，建筑面积约 290000m²，总投资 30 亿元，在西安高新技术产业开发区锦业路 CBD 商务中心区，总高 350m、75 层超高层精装写字楼，是集办公研发、商务金融、文化科技、商业娱乐等功能为一体的企业总部基地集群新地标。项目由塔楼和商业裙楼及地下车库组成，塔楼结构类型为筒中筒，裙楼 3 层高度 24.00m，结构类型为框架-剪力墙，地下 4 层。

图 1　工程效果

项目实施时，东邻在建的中铁·西安中心（总建筑高度 230m），西邻在建的西安迈科商业中心（总建筑高度 220m），北侧为西安·绿地中心双子塔（总建筑高度 270m，已经建成）。本项目基坑南北长约 119.2m，东西宽约 144.9m，周长 501m，基坑底标高 −22.900～−18.900m（局部 −20.700m、−22.100m）。属于超深基坑，且场地周边环境条件相对复杂，对基坑支护设计安全性有很高的要求。

## 2　岩土工程条件

### 2.1　场地地形及地貌

拟建场地位于西安市锦业路以南，锦业一路以北约 100m，东邻在建的中铁·西安中心，西邻在建的西安迈科商业中心。勘探点孔口地面标高为 411.830～414.980m，地貌单元属皂河 I 级阶地。

### 2.2　地层描述

①层素填土：素填土为黄褐色黏性土为主，含少量砖瓦碎块、石灰屑等。局部地段上部有杂填土，以建筑垃圾为主。本层厚度 0.50～4.30m，层底标高 409.620～413.720m。

②层黄土状粉质黏土：褐黄色，可塑，局部硬塑。针状孔及大孔发育，含铁锰斑纹，偶见植物根及蜗牛壳。局部具有湿陷性，属高压缩性土。该层厚度 4.10～11.50m，层底深度 7.50～12.00m，层底标高 402.220～406.470m。该层中下部局部地段夹有中砂夹层或透镜体②₁层。

②₁层中砂夹层或透镜体：褐黄色，中密，稍湿，砂质较纯净，颗粒矿物成分以石英、长石为主，含少量云母，分布不均，主要分布于②层的中、下部。夹层层厚为 0.20～3.30m。

③层粉质黏土：黄灰～灰色，可塑。可见针状孔隙，偶见蜗牛壳及铁锰质斑点，属中压缩性土。层厚 4.00～8.30m，层底深度 14.00～17.90m，层底标高 396.030～400.060m。该层局部夹有中砂夹层或透镜体③₁层。

获奖项目：2019 年行业优秀勘察设计奖优秀工程勘察与岩土工程三等奖，2020 年陕西省优秀工程勘察一等奖。

③₁层中砂夹层或透镜体：褐黄色，中密，稍湿，砂质较纯净，颗粒矿物成分以石英、长石为主，含少量云母，分布不均。夹层层厚约 0.50m。

④层粉质黏土：灰黄~黄褐色，可塑，局部硬塑。孔隙发育，块状结构，含白色钙质条纹及钙质结核，底部钙质结核含量较多。该层厚度 3.60~8.50m，层底深度 19.40~23.80m，层底标高 391.100~394.860m。该层下部局部夹有中砂夹层或透镜体④₁层。

④₁层中砂夹层或透镜体：褐黄色，密实，饱和，砂质较纯净，颗粒矿物成分以石英、长石为主，含少量云母，分布不均，主要分布于④层的下部。夹层层厚约 0.40~3.50m。

⑤层粉质黏土：黄褐色，可塑，局部硬塑。含有氧化铁斑纹及钙质结核。层厚 6.00~11.90m，层底深度 28.70~32.60m，层底标高 381.52~385.48m。该层底部局部夹有中砂夹层或透镜体⑤₁层。

⑤₁层中砂夹层或透镜体：褐黄色，密实，饱和，砂质较纯净，颗粒矿物成分以石英、长石为主，含少量云母，分布不均，主要分布于⑤层的底部。夹层层厚为 0.30~2.70m。

### 2.3 地下水位

勘察期间（2014 年 3 月），实测本场地地下水位埋深为 22.20~25.60m，相应标高 389.820~391.820m，属潜水类型。10~12m 局部有上层滞水。由于拟建场地东西两侧建筑工地均在进行基坑降水，因此该水位比实际水位偏低很多。根据周边工程已有勘察资料，在没有降水情况下，相邻场地近两年实际地下水位埋深约为 16m。考虑到相邻项目启动较早，停止降水后，水位会迅速回升，因此，此次基坑工程应考虑基坑降水设计。

## 3 岩土工程分析与评价

拟建项目基坑深度大，且周临环境条件复杂，此次支护设计的总体原则是：安全为第一前提，在确保安全的前提下尽可能降低支护造价，同时综合考虑支护方案的实施工期、总体安排及部署情况，尽可能为建设方提供安全、科学、经济、合理、工期短、易操作的支护方案（表 1）。

岩土设计参数　　　　　　　　表 1

| 层号 | 土类名称 | 重度/（kN/m³） | 黏聚力/kPa | 内摩擦角/° | 与锚固体摩擦阻力/kPa |
|---|---|---|---|---|---|
| 1 | 素填土 | — | — | 15.00 | 40.0 |
| 2 | 黏性土 | 18.8 | 33.50 | 24.50 | 65.0 |
| 3 | 中砂 | 19.5 | 0.00 | 30.00 | 65.0 |
| 4 | 黏性土 | 18.8 | 33.50 | 24.50 | 65.0 |
| 5 | 黏性土 | 19.6 | 37.00 | 22.00 | 60.0 |
| 6 | 黏性土 | 19.8 | 37.20 | 22.60 | 65.0 |
| 7 | 黏性土 | 20.0 | 35.00 | 22.40 | 60.0 |
| 8 | 细砂 | 20.0 | 0.00 | 30.00 | 70.0 |
| 9 | 黏性土 | 20.1 | 36.00 | 22.20 | 65.0 |

基坑支护设计前，先分析项目实施过程中可能出现问题：

（1）基坑坍塌。产生原因：一次开挖深度过大、受地表水或其他水源影响；土性指标与计算数据不符、坡率与设计不符预防措施：控制开挖深度与设计工况相吻合，严禁超挖；当土体含水量明显异常，及时反馈设计，修改设计参数；开挖过程中严格控制开挖坡率，使其与设计坡率相符，严禁出现坡率不符或倒坡现象。

（2）临时用电。工地临时用电严格按标准进行设置，按一机一闸一漏一保护原则进行设防，电箱增加明锁，维修期间悬挂停电标志且上锁，并有专人看管；用电线路按三相五线制进行设置，接地接零齐全；非专业人员严禁进行电器及线路操作。

（3）机械伤害。所有机械应有安全操作规程且组织学习，对机械操作要领现场培训，严禁违章操作。机械旋转部位应防护齐全，机械保养专人负责，严禁机械带病作业。

（4）物体打击。坑内作业前，对坑边易滚落的物体应先进行清理，防止其滚落伤害，工间休息，应远离边坡，脚手架上严禁放置易滚落物品及工具。

（5）高处坠落。基坑开挖后，因及时对基坑周边进行维护，防止人员坠落，出入基坑应走安全通道，严禁攀爬坑壁。

（6）周围地面沉降。由水位下降引起的沉降，应根据现场情况需要补设回灌井或利用水位观测井兼作回灌井，对地下水位进行回灌，防止水位进一步下降。必要时对填土层进行注浆加固。由水平位移引起的沉降，应对支护结构进行加强或对基坑顶土体进行卸载。稳定基坑内的设计水位，降低降水对周围环境的影响，并尽可能减少由于该类事故的发生对人员造成的伤害和对项目造成的损失。

## 4 方案的分析论证

根据建设方提供的资料及设计人员查看现场掌握的信息，基坑东、西、北侧均有重要建（构）筑物，周边环境条件复杂，加之基坑深度较大（实际支护深度17.5～19.3m），此次支护方案总体选型以安全性较高的锚拉桩体系为主。为了节省支护造价，最终确定的总体支护形式为：上部土钉墙＋下部锚拉桩复合支护结构。

根据周边环境、地层情况及基坑深度，通过反复分析论证，本工程采用旋喷锚索技术、双向支座锁定支护桩锚索技术。

由于建筑密集区常规锚索的长度受限，拉拔力不足，传统锚索施工工艺复杂，锚索施工质量可靠度低，且砂层锚索施工，采用跟管钻进工艺造价太高，一般机械成孔易塌孔，我公司发明了高压旋喷扩大头锚杆技术（旋喷锚索），目前已应用在数百项基坑工程中，均取得良好效果。

旋喷锚索采用高压旋喷自带钢绞线，一遍成型，工序简单，锚索拉拔力大，在深基坑上使用较常规锚索优势明显。目前较深基坑均优先采用旋喷锚索技术。

双向支座锁定支护桩锚索方法是我公司省级工法，是采用双向支座替换传统腰梁，将锚索钢绞线直接通过双向支座锁定于护坡桩桩身的一种锚索锁定技术。目前已应用在100余项基坑工程中，均取得良好效果。

我们利用钢绞线可绕圆形桩弯曲的特性，研制双向交叉锁定钢绞线装置——双向支座。采用双向支座锁定支护桩锚索，除非钢绞线断裂，桩锚无法解除连接。我们称其为双向支座锁定支护桩锚索技术。

## 5 方案的实施

### 5.1 基坑北侧

基坑北侧开挖底标高为−20.700～−18.900m，由于北侧自然地面比工程±0.000低1.40m，故北侧实际支护深度为17.50～19.30m。考虑到基坑北侧建（构）筑物距离基坑较远，最近的锦业路距离基坑开挖线尚有11.0m左右，基坑北侧主要考虑基坑侧壁的整体稳定及基坑顶水平位移。因此，基坑北侧整体采用"上部6.0m＋下部锚拉桩"的复合支护结构。并根据支护高度的不同，分为"A形土钉墙＋1号护坡桩＋锚索"及"A形土钉墙＋2号护坡桩＋锚索"两种支护形式（图2）。考虑到基坑开挖范围内存在砂夹层或透镜体，常规锚索施工易塌孔，且拉拔力不足，因此，护坡桩间锚索均采用旋喷锚索。

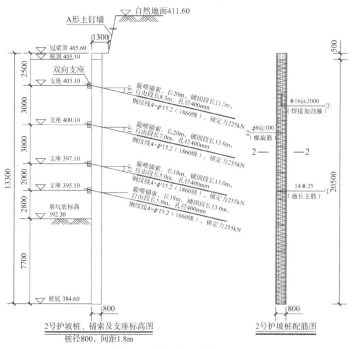

图2 典型剖面支护图

## 5.2 基坑西侧

基坑西侧距离我方开挖线 18m 左右，为在建的迈科商业中心，其基坑开挖深度与我方基坑相当，基坑支护时可不考虑其对我方基坑侧壁稳定性的影响，且通过与建设方沟通确认，基坑西侧未规划临时道路和临建等，因此，基坑西侧主要考虑基坑侧壁稳定性及支护结构的侧向位移等问题。根据基坑支护深度，对基坑西侧采用"B 形土钉墙 + 4 号护坡桩 + 锚索"的复合支护结构。土钉墙部分支护高度为 7.40m，护坡桩桩径 800mm，桩间距 1.80m。

## 5.3 基坑东侧

基坑东侧在建的中铁·西安中心项目，其基坑距离我方开挖线约 18.0m，其基坑深度为 16.0m，由于其到我方基坑尚有一定距离，且基坑顶无其余附加荷载，但由于其基坑深度比我方基坑浅约 2.90m，因此，须考虑其建筑荷载对我方支护结构的影响，故采用"B 形土钉墙 + 3 号护坡桩 + 锚索"的复合支护结构对基坑东侧进行支护。

## 5.4 基坑南侧

根据建设方及总包方提供的施工现场规划方案，项目临建、材料堆场、洗车台、汽车坡道均设置在基坑南侧建筑红线外。因此，此次基坑支护设计的重点及难点是对基坑南侧汽车坡道的规划及支护设计，既要考虑坡道设计的安全性、合理性，还要考虑采用何种支护结构才能在保证安全的情况下尽可能节省支护造价。

由于基坑南侧可用空间相对较大，为不影响施工进度且便于施工，施工坡道首先考虑外坡道，但规划的施工道路位于基坑南侧中心线位置，与基坑东侧及西侧的距离分别为 66m、79m，若采用外坡道，考虑坡道下坡坡比不宜过陡（按 1∶5 下坡考虑），下坡需要的水平距离至少为 94.50m，而现状条件无法满足这一要求。为此，我方拟采用"外坡道 + 内坡道"的复合形式作为此次基坑支护施工坡道的初步选型。坡道自现状地面下坡至 −13.0m 转成内坡道，即 −18.90～−13.0m 范围内均采用内坡道的形式，坡道外侧按照不陡于 1∶1.25 的坡比自然放坡。

此外，为了有效降低支护造价，拟对坡道上盘采用复合土钉墙的支护形式进行支护。坡道下盘根据支护深度的不同，分别采用"5～9 号护坡桩 + 锚索"进行支护。

# 6 工程成果与效益

本基坑深度 18.90～20.70m，在西安地区属于深度较大的重点基坑，加之其位于西安高新区超高层集群区域，基坑的安全性至关重要，我方在进行支护设计时，进行了严格的理论计算，采用了安全性较高的锚拉桩体系，但考虑到降低支护造价，我方采用了"上部土钉墙 + 护坡桩 + 锚索"的复合支护结构，同时，将护坡桩及锚索的间距加大到 1.80m（通常为 1.50～1.60m），有效地降低了支护造价。

旋喷锚索拉拔力大，在深基坑上使用较常规锚索优势明显，本项目旋喷锚索的顺利实施为后续类似工程提供借鉴。

此外，我方在该支护项目上，首次将"双向支座"这一专利技术运用到基坑深度超过 18.0m 的深大基坑上，在此之前，我方"双向支座"专利技术已经在较多的工程上取得了较为理想的实效（主要体现在降低工程造价、节约钢材、节约劳动力、缩短工期、有效控制变形、减小土方开挖回填量等方面），此次运用在该项目上，一是为建设方节省支护成本，二是对该项专利技术的进一步探索。

"双向支座"专利技术，是采用双向支座替换传统型钢腰梁，将锚索钢绞线直接通过双向支座锁定于护坡桩身上的一种锚索锁定技术（图 3）。

图 3 双向支座锁定图

## 6.1 基坑安全性提高

（1）双向支座锁锚后，由于每根锚索都直接将拉力传至护坡桩，可有效降低支护体系水平位移，有效保护基坑边坡坡顶建筑、道路等设施的安全。

（2）采用双向支座锁定支护桩锚索，除非钢绞线断裂，桩锚无法解除连接。

（3）由于支护桩施工存在误差，型钢腰梁不在一条直线上，且受力不均匀，腰梁变形较大，腰梁紧贴护坡桩处锚索受力大，腰梁与护坡桩间隙大的部位锚索受力小。双向支座直接锁定至每根支护桩，与支护桩定位偏差完全无关，锚索受力均匀，由于取消了腰梁传力环节，也就不存在腰梁变形产生的预应力损失问题，消除了传统型钢腰梁锁锚时桩位偏差、桩垂直度偏差对锚索受力不均的影响，使锚索最大限度发挥其作用，传力体系有效性得以保证。

（4）根据数十项基坑变形监测资料，采用双向支座锁定支护桩锚索工法，基坑支护结构水平位移量显著降低。基坑支护结构水平位移量较小，约为基坑深度$h$的 0.5‰，远小于《湿陷性黄土地区建筑基坑工程安全技术规程》JGJ 167—2009 第 3.1.7 条规定的支护结构安全使用最大水平位移限值 2.5‰$h$，对周边环境影响小。

## 6.2 施工人员安全风险降低

（1）传统腰梁法，钢绞线方向伸向肥槽，尽管钢绞线在张拉锁定后可以对多余长度予以截断，但由于锚具外需要保留长度大于 10cm，腰梁、钢垫板、锚具及钢绞线外露长度共计占去约 50cm，导致肥槽有效宽度大幅度降低，钢绞线方向正对施工人员，容易对施工人员造成伤害（图 4）。

采用双向支座技术，锚索锁定时钢绞线不朝向基坑内侧，不会对施工人员施工造成影响。

（2）传统型钢腰梁工法中作为传力构件的单根型钢重量通常为 400～500kg，需要人工 6～8 人安装一段型钢腰梁，且劳动强度大。由于基坑开挖形成施工作业面不平整，钢梁移动困难，危险性大。采用双向支座法安装及锁定仅需 3 名工人配合，劳动强度低，施工人员安全风险降低。

图 4 传统型钢腰梁技术锚索锁定施工

图 5 简易排架上锚索锁定

## 6.3 施工便利、提高工程进度

（1）传统做法钢梁凸出 40～50cm，造成有效肥槽空间减小，不利于施工。双向支座计入锚具尺寸后与桩间喷射混凝土厚度相当。喷射混凝土完成后，锚具及支座均被覆盖。基坑侧壁为平面，无凸出物，地下室施工条件大为改善（图 6）。

图 6 双向支座技术锚索锁定施工

（2）双向支座锁定支护桩锚索技术形成的基坑侧壁平整，可单侧支模无肥槽施工地下室，极大地改善了施工场地布置和外坡道设置，便利土方作业和加快施工进度，且增大地下室面积、减少肥槽宽度、降低土方工程量，绿色环保。

（3）施工便捷，可以在简易排架上进行锚索锁定，有利于优化工序安排，特别是出现土方超挖后，传统方法施工特别困难，双向支座技术可使施工便捷。

（4）双向支座锁锚施工，劳动力消耗少。传统型钢腰梁工法需要人工6～8人安装一段型钢腰梁，且劳动强度大，锁定效率较低，锁定工作占用较多时间，双向支座法安装及锁定仅需3名工人配合，劳动强度低，劳动效率大为提高。

（5）可缩短工期，加快施工进度。双向支座锁锚施工，操作简单，消除了混凝土腰梁龄期和型钢腰梁架设工期的影响，锚索达到规定强度便可张拉锁定，加快了基坑施工进度。较传统型钢腰梁锁锚方式，施工速度能提高2～3倍（图7）。

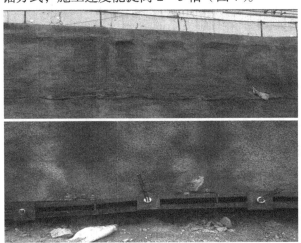

图7　传统型钢腰梁法与双向支座法基坑侧壁对比

## 6.4　经济、节约造价

（1）双向支座为多边棱台，在锁定时三向受压，充分利用了钢构件耐压特性。锁定时，锁定单根锚索需要的钢材量与型钢腰梁用钢量相比大幅度减小，节约造价。传统方法锁定单根锚索，其传力系统需要90～280kg钢材；新方法只需4.5～10kg钢材。

（2）支座高度与桩间喷护面层厚度基本相等，在施工完成后整个桩侧为平整面，消除了传统型钢腰梁锁锚后腰梁部位凸出40～50cm的问题，有效降低了无效肥槽宽度，可节约土方开挖回填量，减少城市弃土污染，降低工程投资。

（3）借助双向支座专利锁锚技术，可优化地下室施工方式，采用无肥槽的施工方法，大大节约工程土方开挖、回填，能够充分利用城市地下空间，减少城市弃土污染。

## 6.5　本项目降水选型分析及优化点

本次勘察期间（2014年3月），实测本场地地下水位埋深为22.20～25.60m，相应标高389.820～391.820m，属潜水类型。10～12m局部有上层滞水。由于拟建场地东西两侧建筑工地均在进行基坑降水，因此该水位比实际水位偏低很多。根据周边工程已有勘察资料，在没有降水情况下，相邻场地近两年实际地下水位埋深约在16m。基坑设计水位降至基坑底面以下1.50m，即降至−24.40m，水位降深最大约为8.40m。由于本项目降深较大，且自然地面下10～12m有上层滞水，而上层滞水常规的井管降水很难将其排走，但考虑到上层滞水水量不大，采用其他降水措施成本较高，我方拟对该项目降水采用"管井降水＋上层滞水部位加密设置泄水孔"的措施进行降水。

# 7　工程经验及教训

## 7.1　工程经验

本项目作为西安地标建筑（350m高），参观、考察人员到场比较频繁，对我公司宣传及业务承揽有积极作用。项目实施中给建设方大幅度节省支护造价，为树立我院品牌优势做出了贡献。

采用"双向支座"技术，可以使锚索受力更均匀，且根据采用"双向支座"技术的工程监测资料显示，其边坡坡顶水平位移实测值较传统锚索锁定工艺工程均有显著减小。

根据钢绞线可弯曲的特性，发明研制了双向交叉锁定钢绞线装置，简称双向支座。该支座高度69mm，计入锚具尺寸后79mm，与桩间喷射混凝土厚度相当。喷射混凝土完成后，锚具及支座均被覆盖。基坑侧壁为平面，无凸出物，地下室施工条件大为改善。优点有：

（1）取消多余传力环节，锁定快速简便。

（2）锚索锁定不受支护桩施工偏差影响，锚索锁定力直接作用于支护桩，有利于基坑变形控制和基坑安全。

（3）材料用量少，劳动强度低，锁定工效高，节约支护工程造价。

（4）消除了混凝土腰梁龄期和型钢腰梁架设工期的影响，锚索达到设计强度便可张拉锁定，加快了基坑施工进度。

（5）施工便捷，可以在简易排架上进行锚索锁定，有利于优化工序安排，特别方便已建成基坑的加固工程。

（6）基坑侧壁平整，可单侧支模无肥槽施工地下室，取消肥槽，可改善场地施工条件，有利于外坡道设置，便利土方施工。可增大地下室面积，减少肥槽宽度，可降低土方开挖和回填工程量，绿色环保。

本项目成功将"双向支座"无腰梁工法应用在深度超过18m深基坑项目，为建设单位提供安全、科学、经济、合理、工期短、易操作的支护方案，为陕西地区其他类似项目提供了很好的工程借鉴，为社会创造了突出的效益，践行了国家关于绿色节能环保施工的政策。

### 7.2 工程教训

项目采用半内半外坡道，由外坡道转为内坡道段。由于还存在6m高差，起初未用支护桩进行封闭，由于内坡道后期挖除，开始阶段内坡道部分不挖除此问题不明显，后期内坡道挖除时，由于坡道上盘为土钉墙支护，且坡率较陡，直接挖除采用土钉墙支护，会形成约19m深且坡度较小的土钉墙。这也是本基坑唯一一安全隐患，后期在此处增设几根短桩，基坑安全稳定。增设短桩带来打桩机械二次进场，也为其他类似项目内坡道支护提供了必要的经验教训（图8、图9）。

图8 基坑支护工程竣工后地下结构施工照片一

图9 基坑支护工程竣工后地下结构施工照片二

## 8 结语

本工程基坑支护降水设计工作于2014年5月开始，经过详细的现场踏勘，分析基坑边坡与相邻建筑物、相邻道路的关系，认真地进行了方案比选及分析，于2014年7月最终确定设计方案并提交施工图。基坑支护施工于2015年10月结束，并于2015年11月进行了验收工作。

施工期间，基坑的整体安全性及各项变形观测值均满足规范要求，设计方案的安全性得到了验证，并且在保证安全的情况下，为建设方节省了大量的支护成本，并在施工工期、整体规划布局上做出了较大贡献，受到了建设单位、施工单位、监理单位的一致好评。

此外，本项目也是我方对大间距锚拉桩以及"双向支座"专利技术的进一步探索及验证，通过该项目，我方对大间距锚拉桩以及在深大基坑上运用"双向支座"专利技术有了理论和实践基础，对我方后期进一步展开新型桩锚体系的研究与实践工作有重大意义。

本项目先后获得2019年度行业优秀勘察设计奖、优秀工程勘察与岩土工程三等奖、2020年陕西省优秀工程勘察一等奖。

### 参考文献

[1] 住房和城乡建设部. 建筑基坑支护技术规程：JGJ 120—2012[S]. 北京：中国建筑工业出版社，2012.

[2] 住房和城乡建设部. 湿陷性黄土地区建筑基坑工程安全技术规程：JGJ 167—2009[S]. 北京：中国建筑工业出版社，2009.

# 北京中信大厦基坑设计与安全风险咨询服务

曹晓立　周子舟　谭　雪　陈昌彦　冯红超　周宏磊

（北京市勘察设计研究院有限公司，北京　100038）

## 1　工程概况

北京中信大厦位于北京中央商务区核心区 Z15 地块，为集甲级办公楼、会议、商业以及配套服务功能于一体的综合性建筑，总建筑面积 47.3 万 m²，地上 35 万 m²，地下 8.7 万 m²（图 1）。

图 1　北京中信大厦实拍图

项目由主塔楼及纯地下车库组成，地上 108 层，地下 8 层，建筑总高度约 528m，为北京市第一高楼，也是世界上按地震烈度 8 度设防唯一超过 500m 的超高层建筑。本工程结构采用复杂的"巨型框架＋外框筒＋核心筒＋伸臂架"体系，核心筒区域基础底板厚 8m，地下室埋深 38m，是全球地下室层数最多、基坑深度最大的民用建筑之一。

本工程周边与浅置埋深地下空间和管廊等一体化开发，北侧紧邻城市主干道，周边环境条件极为复杂。同时，本项目地处首都中央商务区核心区中枢位置，各项风险管控要求极为严苛。上述复杂的结构设计和周边建设环境对基坑设计、建设施工的风险监控与预警及施工管理都提出了相当大的技术挑战，因此采集完整有效的监测信息以及及时的信息反馈对深基坑工程的动态设计与信息化施工至关重要。

## 2　场地岩土工程条件

### 2.1　场地环境条件

拟建场区原始地形总体较为平坦，自然地面标高为 38.000～39.000m，场区内原有房屋较为密集，场区东北侧的科伦大厦基础埋深 17.30m。本工程施工前，拟建场地东、南、西侧地下公共空间、管廊开始施工，局部下挖深度约 27m，但北侧场区未开挖，且科伦大厦地下部分未拆除，场区周边环境如图 2 所示。

图 2　基坑周边环境实景图

### 2.2　工程地质条件

根据勘察资料，基坑影响深度范围内各土层均为第四纪沉积土层。各土层的分布特征为：在垂直方向上，呈现较为稳定的由黏性土、粉土至砂、卵石的沉积旋回；在水平方向上，各土层分布厚

获奖项目：2021 年度工程勘察建筑设计行业和市政公用工程优秀勘察设计奖一等奖。

度、土质特征有一定变化。

根据现场勘探、原位测试及室内土工试验成果，按地层沉积年代、成因类型，将最大勘探深度180.00m 范围的土层划分为人工堆积层和第四纪沉积层两大类，并按地层岩性及其物理力学数据指标，进一步划分为 20 个大层及亚层。基坑工程影响深度范围内自上而下土层的基本特征综述如表 1 以及图 3、图 4 所示。

地层岩性特征一览表 表1

| 成因年代 | 大层编号 | 地层序号 | 岩性 | 层顶绝对标高/m | 层顶埋深/m | 稠度/密实度 | 压缩性 |
|---|---|---|---|---|---|---|---|
| 人工堆积层 | 1 | ① | 房渣土、碎石填土 | 20.160～38.560（现状地面下） | 现状地面下 | 松散 | — |
| | | ①₁ | 黏质粉土素填土、粉素填土 | | | 稍密 | — |
| 第四纪沉积层 | 2 | ② | 粉质黏土、重粉质黏土 | 28.560～37.000（部分已开挖） | 1.20～9.64（部分已开挖） | 可塑 | 中—中高压缩性 |
| | | ②₁ | 黏质粉土、砂质粉土 | | | 中密～密实 | 低—中低压缩性 |
| | 3 | ③ | 细砂、中砂 | 26.130～29.060（部分已开挖） | 9.14～12.07（部分已开挖） | 中密～密实 | 低压缩性 |
| | 4 | ④ | 卵石、圆砾 | 19.460～25.950（部分已开挖） | 12.25～18.74（部分已开挖） | 中密 | 低压缩性 |
| | 5 | ⑤ | 粉质黏土、重粉质黏土 | 18.210～19.510 | 18.69～19.99 | 可塑 | 低—中低压缩性 |
| | | ⑤₁ | 黏质粉土、粉质黏土 | | | 密实 | 低压缩性 |
| | | ⑤₂ | 黏土、重粉质黏土 | | | 可塑～硬塑 | 中低—中压缩性 |
| | 6 | ⑥ | 卵石、圆砾 | 10.960～14.760 | 23.44～27.24 | 密实 | 低压缩性 |
| | | ⑥₁ | 细砂、中砂 | | | 密实 | 低压缩性 |
| | | ⑥₂ | 重粉质黏土、黏土 | | | 可塑 | 中低压缩性 |
| | 7 | ⑦ | 黏土、重粉质黏土 | 0.490～3.130 | 35.07～37.71 | 可塑 | 中低—中压缩性 |
| | | ⑦₁ | 粉质黏土、黏质粉土 | | | 可塑～硬塑 | 低—中低压缩性 |
| | 8 | ⑧ | 卵石、圆砾 | −2.360～0.280 | 37.92～40.56 | 密实 | 低压缩性 |
| | | ⑧₁ | 细砂、中砂 | | | 密实 | 低压缩性 |
| | 9 | ⑨ | 粉质黏土、重粉质黏土 | −9.310～−5.720 | 43.92～47.51 | 硬塑～可塑 | 低—中低压缩性 |
| | | ⑨₁ | 粉质黏土、黏质粉土 | | | 硬塑～可塑 | 低压缩性 |
| | | ⑨₂ | 黏土、重粉质黏土 | | | 可塑 | 中低—中压缩性 |
| | 10 | ⑩ | 中砂、细砂 | −14.640～−11.570 | 49.77～52.84 | 密实 | 低压缩性 |
| | | ⑩₁ | 粉质黏土、黏质粉土 | | | 可塑～硬塑 | 低—中低压缩性 |
| | | ⑩₂ | 黏土、重粉质黏土 | | | 可塑～硬塑 | 低—中低压缩性 |
| | 11 | ⑪ | 粉质黏土、重粉质黏土 | −27.240～−23.990 | 62.19～65.44 | 可塑～硬塑 | 低—中低压缩性 |
| | | ⑪₁ | 黏质粉土、粉质黏土 | | | 密实 | 低压缩性 |
| | | ⑪₂ | 黏土、重粉质黏土 | | | 可塑～硬塑 | 低—中低压缩性 |
| | 12 | ⑫ | 卵石、圆砾 | −37.240～−31.720 | 69.92～75.44 | 密实 | 低压缩性 |
| | | ⑫₁ | 细砂 | | | 密实 | 低压缩性 |
| | | ⑫₂ | 砂质粉土、黏质粉土 | | | 密实 | 低压缩性 |

| 图例 | 岩性 | 厚度/m | $c$ | $\varphi$ | $q_s$ |
|---|---|---|---|---|---|
| | ①房渣土—碎石填土 | 1.5 | 10 | 15 | 60 |
| | ②₁黏粉—砂粉 | 4.5 | 20 | 22 | 90 |
| | ②粉黏—重粉黏 | 5.0 | 25 | 20 | 80 |
| | ③细砂—中砂 | 2.5 | 0 | 32 | 120 |
| | ④卵石—圆砾 | 5.0 | 0 | 42 | 180 |
| | ⑤粉黏—重粉黏 | 5.0 | 28 | 20 | 90 |
| | ⑤₁黏粉—粉黏 | 2.5 | 25 | 21 | 90 |
| | ⑥₁细砂—中砂 | 2.0 | 0 | 32 | 120 |
| | ⑥卵石—圆砾 | 8.5 | 0 | 45 | 180 |
| | ⑦黏土—重粉黏 | 2.0 | 40 | 18 | 80 |
| | ⑦₁粉黏—黏粉 | 1.5 | 25 | 21 | 90 |
| | ⑧卵石—圆砾 | 6.5 | 0 | 50 | 180 |
| | ⑨粉黏—重粉黏 | 3.5 | 30 | 20 | 90 |
| | ⑨₁粉黏—黏粉 | 1.5 | 25 | 24 | 100 |
| | ⑩中砂—细砂 | 10.5 | 0 | 35 | 180 |
| | ⑪₁黏粉—粉黏 | 3.5 | | | |
| | ⑪₂黏土—重粉黏 | 2.0 | | | |

注：黏性土和粉土 $q_s$ 为按照二次高压劈裂取值。

图3 地质概化柱状图（以东侧为例）

效果图

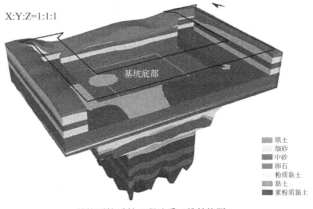

X:Y:Z=1:1:1

基坑底部

基坑开挖后的工程地质三维结构图

图例：
填土
细砂
中砂
卵石
粉质黏土
黏土
素粉质黏土

图4 工程地质三维结构图

## 2.3 水文地质条件

工程场区自然地面下约 60m（开挖地面下约 40m）深度范围内主要分布 4 层地下水，地下水类型自上而下依次为层间潜水和承压水（3 层），根据 2012 年 1 月水文地质勘察实测情况，各层地下水特征如下：

（1）层间潜水

该层地下水在场区主要赋存于绝对标高 18.210～19.510m 以上的卵砾石层④层中，实测静止水位绝对标高为 18.140～19.720m。

（2）第 1 层承压水

该层地下水在场区普遍分布，主要赋存于绝对标高 10.960～14.760m 以下、绝对标高 0.490～

3.130m 以上的卵石、圆砾⑥层和细砂、中砂⑥$_1$层中，实测水头绝对标高为 13.110～13.370m，该层地下水在工程场区主要呈微承压状态，局部呈无压状态。

（3）第 2 层承压水

该层地下水在场区连续分布，主要赋存于绝对标高 $-2.560$～$0.280$m 以下、绝对标高 $-9.560$～$-5.720$m 以上的卵石、圆砾⑧层和细砂、中砂⑧$_1$层中。实测水头标高为 12.410～12.810m，承压水头高度达 12m 左右。

（4）第 3 层承压水

该层地下水在场区连续分布，主要赋存于绝对标高 $-16.150$～$-11.570$m 以下的中砂、细砂⑩层中，实测静止水位绝对标高为 11.520～11.890m，承压水头高度在 23m 左右。

## 3 基坑工程设计

### 3.1 工程难点与解决思路

（1）基坑支护设置与地下空间最大化利用矛盾凸显

本工程周围一体化开发的地下空间埋深比本工程浅 11m，开发时序上存在复杂关联和影响，高差部位支护严重压缩有效用地范围。为此，基于构建地下空间基坑群与地基基础一体化概念模型，本项目采用与环境要素、岩土条件、风险变量等时空一体化设计、全要素协同、全时空监控的综合设计理念。

（2）北侧基坑支护有效深度 38m，周边环境和影响因素繁多复杂

工程北侧为一体化建设管廊，管廊北侧道路管网密布，变形要求极严格；管廊基底以下有限土体宽度仅 12m，无法形成独立两级基坑；东西两端管廊与本地块拟设支护体系空间叠合，深浅基坑高差大，基坑力学模型及边界条件极为复杂。为此，采用模块单元、系统集成设计理念，利用北侧基坑$-27.2$m 处的有限平台设置内支撑和预应力锚杆组合铰支座，设计独立稳定结构体系，并与周边基坑侧壁、下台阶地下连续墙内支撑进行系统优化集成。

（3）多层超高水头承压地下水的综合控制

本工程基坑涉及 4 层地下水，第 1 层为层间潜水，以下 3 层均为高水头承压水，水头高度最高达 23m。承压水会对地基土稳定、基坑稳定、基坑和桩基施工以及周边建设的管廊工程等产生一系列复杂影响。为此，采用了"双排不同深度地下连续墙止水＋疏干井＋预应力锚杆"基坑围护与地下水阻隔、疏导与减压综合控制方案。

（4）高水头承压水含水层中施作锚杆体系风险高、难度大

高承压水头含水层中施作锚杆存在地下水喷涌、水土流失等风险和困难。为此，采用降水井、疏干井、减压井、地下连续墙止水帷幕等地下水联合控制措施，分段分层控制压力水头、抽排水量，分层监测、动态调控。

（5）超深基坑、复杂环境条件下的安全监测、风险管控要求极高、难度大

本工程周边环境极复杂，基坑支护体系类型综合多样、工序变换频繁多样，监测与检测项目众多，工程综合风险管控严苛。为此，构建基于监测数据、巡视检查、岩土工程判断和风险评估于一体的信息化监测系统，保障监测信息采集完整有效、信息反馈与响应及时，为动态设计与信息化施工保驾护航，确保基坑安全。

### 3.2 整体防护思路

综合结构设计条件、岩土工程条件、周围环境以及场地适用条件等因素，本工程的基坑支护和地下水控制设计思路为垂向以关键节点控制变形安全、平面上分区段分措施组合防控基坑与地下水安全，具体如下：

（1）基坑北侧标高$-27.200$m 以上区段采用桩锚支护体系和降水方案控制基坑变形和地下水，保护周边设施的安全，局部为施工创作作业空间。

（2）在标高$-27.200$m 处设置钢筋混凝土内支撑。为使内支撑不影响塔楼的施工，内支撑采用角撑设置于基坑四角部位，并与北侧平台标高$-27.200$m 处的桁架格构梁板连成整体，同时将基坑东、西、南侧的支护体系与此三侧周围管廊的筏板基础底板及基础桩一体化设计。

（3）对于标高$-27.200$m 至$-38.000$m 的基坑支护，因东、南和西三侧管廊在土方开挖期间已施工，其荷载较大且变形控制要求严格，设计在标高$-32.150$m 处采用锚固措施控制变形。对于该标高范围内的第 2、3 层承压水，北侧基坑采用地下连续墙止水方案；东、南、西三侧基坑采用双排地

下连续墙止水方案＋疏干井疏排双排地下连续墙内的滞留水方案。

## 3.3 基坑支护设计方案

根据上述整体设计思路，本项目基坑支护体系可以 27.200m 标高为控制节点，整体分为上下两个支护体系：北侧−27.200m 以上采用钻孔灌注桩＋预应力锚杆支护体系；−27.200m 以下采用地下连续墙＋预应力锚杆＋混凝土内支撑体系。如图 5 为基坑支护平面布置示意。

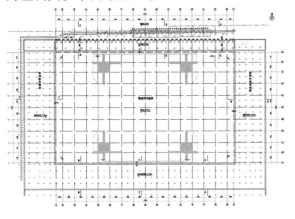

图 5 基坑支护平面布置图

图 6 为基坑北侧典型剖面示意图。受基坑周围环境影响，北侧搭设钢平台作为主要的运输和施工通道。钢平台体系以北采用桩锚支护方案，桩顶设置 2.0m 高砖砌挡墙或土钉墙，支护桩设计参数为 $\phi1000@1.80m$，桩间设置 8 道预应力锚索；平台以南向下至−38.0m 深区域采用地下连续墙＋钢筋混凝土内支撑支护体系，地下连续墙厚度为 800mm，兼作隔水和支护结构，内支撑体系顶标高为−27.200m。

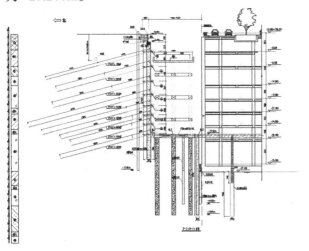

图 6 基坑北侧典型剖面示意图

图 7 为基坑东侧典型剖面示意图。东侧管廊以东暂无保护的邻近建（构）筑物，因此采用分级放坡复合土钉墙支护体系，坡角标高为管廊底（−27.200m），管廊以西−37.30m 深区域采用地下连续墙＋预应力锚杆＋钢筋混凝土内支撑支护体系，地下连续墙厚度为 800mm，地下连续墙兼作本工程隔水和支护结构及管廊基础承重及抗拔墙，内支撑体系标高与西侧管廊齐平，一道预应力锚索孔口标高为−32.150m。

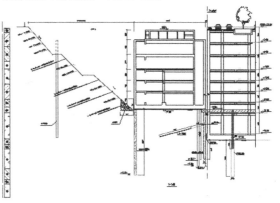

图 7 基坑东侧典型剖面示意图

图 8 为基坑南侧典型剖面示意图。南侧文化中心基坑同步开挖，且文化中心南侧基坑支护不在本项目设计范围内，因此针对基坑南侧只需保证文化中心底（−27.20m）向北至−37.30m 深范围内的基坑稳定性即可。支护方案采用地下连续墙＋预应力锚杆＋钢筋混凝土内支撑支护体系，地下连续墙厚度为 800mm，地下连续墙功能同东侧地下连续墙，内支撑体系标高与文化中心板底齐平，一道预应力锚索孔口标高为−32.150m。

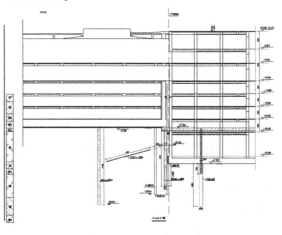

图 8 基坑南侧典型剖面示意图

图 9 为基坑西侧典型剖面示意图。主塔西侧为金河路北管廊,管廊底标高为−27.200m,管廊以西采用桩锚支护方案,桩顶设置 2.0m 高砖砌挡墙,桩间设置 5 道预应力锚索;管廊以东向下至−38.0m深区域采用地下连续墙 + 预应力锚杆 + 钢筋混凝土内支撑支护体系,地下连续墙厚度为 800mm,地下连续墙功能同东侧和南侧地下连续墙,内支撑体系标高与西侧管廊齐平,一道预应力锚索孔口标高为−32.150m。

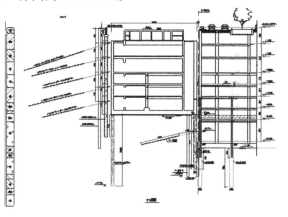

图 9 基坑西侧典型剖面示意图

## 3.4 地下水控制设计

(1)根据本项目岩土工程勘察报告,本项目场地内有 4 层地下水存在对基坑侧壁、坑底抗突涌稳定性等影响。在确保安全的条件下,为经济合理地控制地下水对基坑的影响,本项目采用了降水井、减压井、疏干井及地下连续墙等综合地下水控制措施。

(2)根据基坑挡土结构的需要,并兼顾进一步提高止水效果的考虑,设置内外双排地下连续墙,内排地下连续墙兼具止水和挡土作用,外排地下连续墙主要起到止水作用。内外排地下连续墙之间设置降水井,保证东、南、西三侧在标高−27.200m以下预应力锚杆施工。

## 3.5 计算分析

本项目基坑开挖深度超深,支护形式极为多变复杂,在设计计算过程中,目前现有的规范方法和计算模型难以满足实际条件,为此设计计算过程中结合整体基坑设计条件选择合理模型组合方式对基坑进行了综合计算。同时,为确保计算结果的合理性,本工程采用数值分析方法对基坑进行了复核分析计算。

计算分析主要针对基坑西侧和北侧风险较大的区域,采用 HSS 模型(小应变硬化模型)模拟基坑开挖条件下土体应力应变关系。以基坑北侧模型为例,基坑模型大小为 225m × 100m,共计3332 个四边形单元,3620 个节点,结构单元模型示意如图 10 所示。

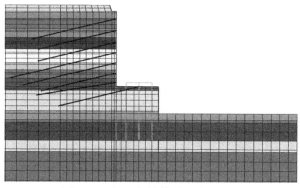

图 10 基坑北侧结构单元模型示意

如图 11 所示为基坑开挖后水平位移云图。分析云图可知,基坑开挖至槽底时,一级基坑最大水平位移约 30.3mm,二级基坑最大水平位移为26.2mm。

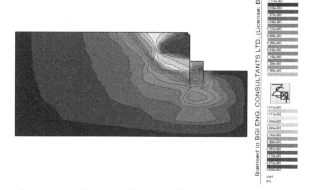

图 11 开挖后水平位移云图

如图 12 所示为基坑开挖后垂直位移云图,计算表明基坑开挖至槽底时,基坑槽底回弹量为82.9mm,坑边沉降为 14.3mm。

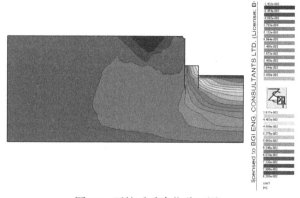

图 12 开挖后垂直位移云图

通过有限元数值分析可以得出，原支护设计条件下基坑开挖所产生的位移大小满足相关规范和标准要求，认为支护体系受力合理，基坑支护方案安全可行。

# 4 基坑安全风险监测

Z15 地块基坑监测于 2012 年 5 月开始，截至 2016 年 11 月基坑肥槽回填完成后结束，监测周期 4 年零 6 个月。

## 4.1 基坑监测设计

本工程基坑监测主要包括对基坑支护结构体系及施工影响范围内的周边环境监测两部分。鉴于本工程与周边一体化设计与施工，现场作业空间有限，施工工序复杂，监测条件及周边环境处于长期动态变化过程中，基坑监测需要考虑不同阶段监测主体对象的变化及多项技术方法的选用。由于工程周围一体化开发的地下空间深度约 27m，与本工程 38m 基坑深度存在 11m 高差，因此形成内外侧两级支护。基坑外围桩锚支护体系、内部高差部位地下连续墙及内支撑结构体系，搭建于北侧管廊区域用于土方外运及物料输送的钢平台，以及内部基坑开挖时周围一体化空间已完成结构施工的管廊，均构成本项目基坑工程监测的主体对象。

现场监测期间采用了水准测量、全站仪测量、固定式测斜、振弦式应力等多项常规监测与自动化监测方法。监测项目及监测点平面、剖面位置示意如表 2、图 13、图 14 所示。

监测项目一览表　　　　表 2

| 类别 | 序号 | 监测项目 |
|---|---|---|
| 围护体系 | 北侧桩锚支护体系（0~27m 深度） | 北侧护坡桩顶水平位移 |
| | | 北侧护坡桩体深层水平位移 |
| | | 北侧护坡桩钢筋应力 |
| | | 北侧护坡桩锚杆轴力 |
| | 地下连续墙-内支撑支护体系（27m 深度以下） | 地下连续墙墙顶沉降 |
| | | 地下连续墙墙顶水平位移 |
| | | 地下连续墙墙体深层水平位移 |
| | | 地下连续墙钢筋应力 |
| | | 地下连续墙锚杆轴力 |
| | | 内支撑立柱沉降 |
| | | 内支撑立柱水平位移 |
| | | 内支撑应力 |
| 地下水 | | 地下水位 |
| 周边环境 | 周边环境 | 道路、地表沉降 |
| | | 管线沉降 |
| | | 建筑物沉降（东西侧管廊） |
| | | 建筑物水平位移（东西侧管廊） |
| 设施 | 北侧钢平台 | 沉降（立柱底端及平台顶面） |
| | | 水平位移（两节钢柱顶端） |

　● 地表监测点
　　　水位监测点
　● 锚杆轴力监测点
　● 钢筋应力监测点
　● 桩（墙）顶水平位移监测点

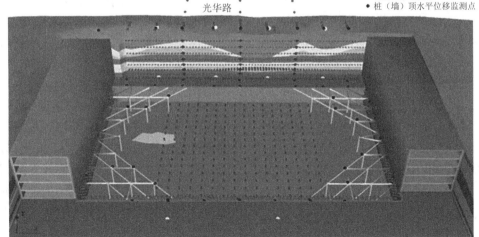

图 13　基坑监测点布置图

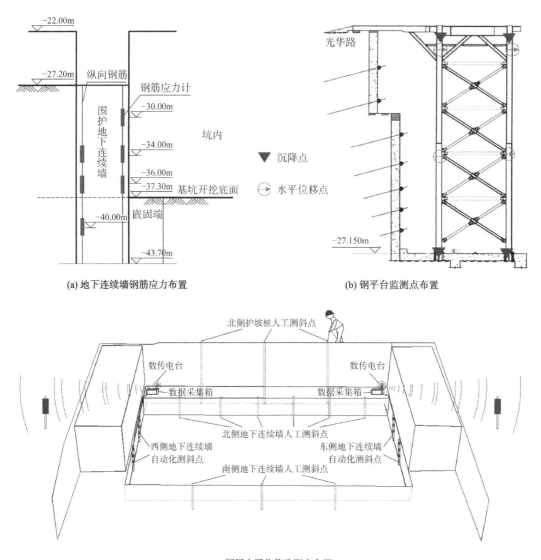

(a) 地下连续墙钢筋应力布置      (b) 钢平台监测点布置

(c) 深层水平位移监测点布置

图 14　监测点布置示意图

## 4.2　基坑监测及沉降观测结果验证

基坑施工期间,随着开挖深度的增加,基坑北侧道路、地表及管线发生了不同程度的沉降变形,基坑内外侧支护体系均表现出一定程度的位移。

以北侧支护结构顶部水平位移典型监测点为例,基坑整体开挖至 22m 深度时,该点向槽内位移缓慢发展,变形量约占总量的 50%;基坑在 22m 深度进行地下连续墙施工及开挖至 27m 深度期间,变形未出现进一步增长;内侧基坑进一步开挖至 38m 时,该点位移缓慢增长,随着后期基础底板浇筑完成及地下结构施工,变形趋于稳定。代表性水平位移、钢筋应力及锚杆轴力监测点变形(变化)曲线如图15~图17所示。

随着基坑开挖深度的增加,支护结构顶部、管廊结构、内支撑、钢平台等竖向位移监测均表现为一定程度的上升变形(图 17),反映了复杂岩土环境下超深基坑施工过程中的回弹变形现象。这种现象一方面说明了超深基坑虽然施作了桩基础,但作为基坑整体而言,超深基坑开挖仍然会产生卸荷回弹变形,这对分析建筑结构沉降变形具有一定影响;另一方面深层承压水的作用与控制也会导致基坑回弹变形,这也是本工程施工过程中和监测期间关注的重要风险之一。

通过在周边区域施作减压井、疏干井,加强基坑内外持续抽排地下水,并适时施作基础底板等多重措施后,上述监测点的上升变形趋势得以快速控制,有效抑制了基坑坑底及支撑、周边环境的持续上浮。随着建筑物进入结构施工阶段,基坑肥槽回填,各项监测数据逐渐稳定(图18),由于对监测信息的及时反馈与风险控制,有效防控了地下承压水的不利影响风险。

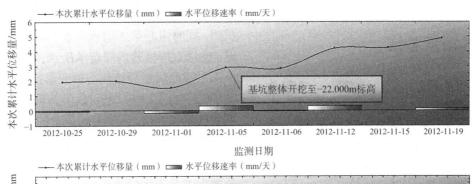

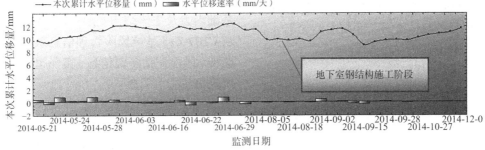

图 15　水平位移监测点 ZQS-01 变形曲线

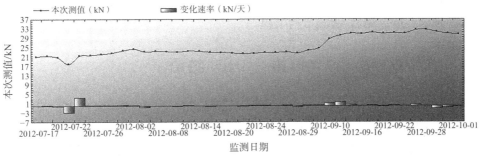

图 16　开挖阶段钢筋应力监测点 YL-02-1 的变化曲线

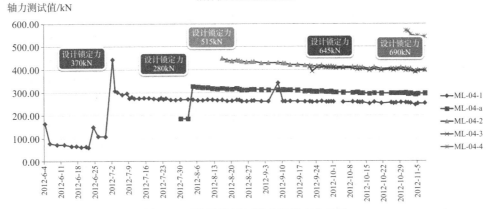

图 17　开挖阶段锚杆轴力监测变化曲线

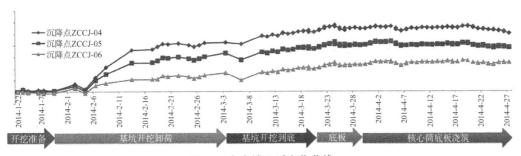

图 18　内支撑上浮变化曲线

# 5 综合技术创新总结

综上所述,该工程基坑周边环境复杂、有限作业空间下工序转换多、风险工程动态变化,因此在基坑工程设计与实施中,对整体设计思路、关键设计细节以及风险监控评估等方面都与常规工程具有显著的差异,亟需开展技术创新,方可安全经济高效地完成该项目的整体推进,系统总结如下。

(1)推行一体化统筹岩土设计理念,首次采用"一墙三用"设计思路

协调各方积极推行本工程与周边地下空间和管廊一体化统筹设计理念,将地下空间外排基础桩、高差部位基坑支护挡土结构及地下水控制止水结构融合为一道设置于地下空间底板外缘下的地下连续墙,使基坑围护、止水结构与地下主体结构一体化整合,实现"一墙三用",大幅节约工程投资,提升工作效率。

(2)创新性构建"上拉下撑、两阶双棍门架"支护体系和计算模型

采用模块单元、系统集成设计理念,北侧超深基坑采用成两阶基坑联动支护体系进行设计计算。管廊平台上部 27m 基坑利用既有支护结构形成新旧融合桩锚体系,下部 11m 采用顶部支撑"双棍门架体系",并利用锁脚锚杆上下联动形成整体支护体系。对方案运用规范法与数值分析法做验证计算。分阶部位形成的12m×130m平台,形成出土平台和物料集散空间,创新解决临建场地的难题。

(3)采用"止、降、疏、减"联合方案,成功解决复杂地下水控制问题

针对本工程复杂的地下水条件,采用了地下连续墙止水帷幕、降水井、疏干井、减压井等多种地下水联合控制措施,按照结构、功能划分为 8 类管井,并与止水结构配合布置,以精准、高效地实现分层地下水控制。

(4)采用"不等深双道地下连续墙止水 + 疏干"设计思路,解决了高水头承压水地层锚杆施工问题

严密计算、精细设计,在地下管廊底板内外设置不等深双排地下连续墙,对第 1 层承压水形成封闭,同时阻断第 2 层承压水,确保抗突涌渗流稳定,疏排双层帷幕内滞留承压水,成功实施高水头承压水减压后锚杆施作与微变形控制。

(5)自主研发"基坑风险管理信息系统"进行风险预警和管控,实现监控信息的参建方共享与信息反馈,提升动态设计与信息化施工效率与质量

开展基坑、主体结构、周边环境监测和检测,基础内力及主体结构变形长期监测。自主开发"北京 CBD-Z15 基坑风险管理信息系统",整合监测、巡视、风险评估多源信息,实现超大地下空间建造风险信息智慧管控。

(6)构建三维地质模型和基坑支护 BIM 模型,实现可视化成果交付

引入岩土工程 BIM 模型,整合三维地质、地下空间结构模型,实现勘察成果基坑工程可视化表达,动态模拟、优化深基坑工程。

# 6 结语

(1)本工程超深基坑设计反映出国内岩土工程最前沿的技术水平,岩土工程一体化统筹设计理念节约近 2000 万元直接投资,增加建筑面积价值近万平方米;北侧基坑"两阶双棍门架体系"的支护设计思路,解决了超深基坑稳定和变形控制复杂难题,并为后期施工提供方便条件,缩短工期约 100d;采用以止水为主联合地下水控制设计,减少地下水开采量 1000 余万 m³。

(2)本工程建立的"北京 CBD-Z15 项目基坑风险管理信息系统",实现了不同监测项目数据实时更新、可视化、风险评估、预警,推动了安全风险监测的信息化、智能化。

(3)本工程集中体现了工程地质、水文地质、岩土工程、结构工程、信息技术等多学科的交叉融合解决重大岩土工程问题的先进理念,是推进全过程岩土工程咨询服务的优秀实践。

(4)本工程勘察、岩土设计及安全风险评估的相关专题在全国工程地质大会、深基坑大会等学术交流会议上作多次汇报交流,在行业内具有较强的示范和引领作用。

# 福州三坊七巷保护修复工程南街项目——地下空间改造基坑支护工程（含一、二、三期）实录

陈振建　赵剑豪　方家强　黄伟达　李志伟　俞　伟　刘　鹭　张升锋　杨建学

（福建省建研工程顾问有限公司，福建福州　350001）

## 1　工程概况

福州三坊七巷保护修复工程南街项目位于八一七路南门兜—东街口地铁区间段，南起南门兜地铁站，北至东街口地铁站。项目地上建筑面积约30000m²，地下建筑面积约60000m²，设二—三层地下室（局部一层），结合地铁1号线区间将南街地下空间建设成一流品质的集商业、交通为一体的综合化、系统化地下空间，已于2017年5月通过主体验收投入使用，形成了以南街为中轴线，西连三坊七巷、乌山、乌塔，东串朱紫坊、于山、白塔连续的历史文化风貌区。

项目所在地地层主要为杂填土、粉质黏土、淤泥、淤泥质土、残积砂质黏土等，基坑深度达10.5～17.3m，基坑周边环境条件极为复杂，东、西两侧密布各类建筑物，且三坊七巷保护街区均为老旧砖木建筑，基坑边线距离各类建筑物仅约5m，坑顶建筑对基坑变形非常敏感，破坏后果严重，属于一级软土深、大基坑。

根据场地周边环境条件、交通导改需要，本工程基坑支护分为三期实施：一期为八一七路地下空间，设两层地下室，地下一层为商业，地下二层为地铁1号线轨道区间，基坑呈南北向长条形布置，长度约480m，宽度为18～23m，开挖深度为16.5～17.3m；二期为西侧南街商业区，地下二层（含夹层），基坑呈南北向不规则长条状，基坑周长约630m，开挖深度为15.0～15.3m；三期位于八一七路东侧，基坑周长约400m，开挖深度约为10.5m。

本项目分期建设施工平面范围如图1所示。

## 2　场地工程、水文地质条件

### 2.1　地形、地貌

场地地势较为平坦，属老房拆迁场地，地面高程为7.72～10.05m（罗零高程）。场地地貌单元主要为冲淤积平原地貌，工程地质分区属淤积、冲积区。勘察期间揭露的岩土层主要为冲淤积成因类型，基底为燕山晚期不同风化程度的花岗岩层。

### 2.2　地层地质条件

根据钻探结果，项目场地地层结构及岩性特征自上而下描述如下（图2、表1）：

杂填土①：主要成分以黏性土为主，含砂、碎石、砖头、瓦片、混凝土块等建筑垃圾及生活垃圾，硬杂质含量大于30%，成分不均匀，性质不均匀。堆填时间大于10年，揭示层厚为1.70～7.10m。

粉质黏土②₁：灰黄色，可塑，湿，含铁锰结核等，黏性中等，无摇振反应，捻面较光滑，有光泽，干强度及韧性中等。该层少部分钻孔揭示，揭示层厚为0.50～3.10m。

淤泥②：局部相变为淤泥质土，深灰色，饱和，流塑，含腐殖质，有臭味，摇振反应慢，捻面光滑，有光泽，干强度及韧性中等。该层在拟建场地广泛分布，揭示层厚为2.80～15.90m。

黏土③：黄褐色，可塑硬塑，很湿，含铁锰结核等，黏性中等，无摇振反应，捻面较光滑，有光泽，干强度及韧性中等。该层在拟建场地广泛分布，揭示层厚为0.70～7.20m。

基金项目：福厦泉国家自主创新示范区协同创新平台项目（3502ZCQXT2022002），福建省建设科技项目（2022-K-143），福建省自然科学基金资助项目（2019J05129）

获奖项目：2021年福建省优秀工程勘察设计一等奖，2021年度工程勘察、建筑设计行业和市政公用工程优秀勘察设计奖三等奖。

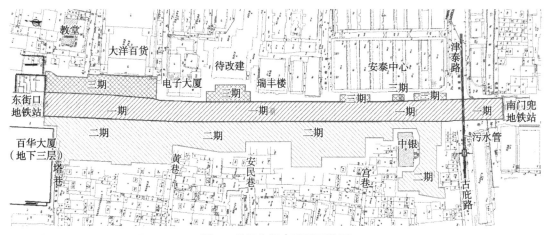

图 1　项目分期建设平面范围

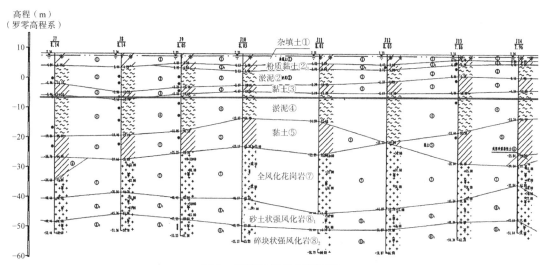

图 2　典型地层分布剖面图

**岩土层物理力学参数**　　　　　　　　　　　　　　　　　　　　　　　　表 1

| 岩土层名称 | 物理力学指标 | | |
|---|---|---|---|
| | 重度γ/（kN/m³） | 黏聚力c/kPa | 内摩擦角φ/° |
| ①杂填土 | 17.50* | 8* | 12* |
| ②淤泥 | 15.70 | 10.81 | 5.99 |
| ②₁粉质黏土 | 19.39 | 35.00 | 14.73 |
| ③黏土 | 18.86 | 41.87 | 15.73 |
| ④淤泥 | 16.27 | 13.09 | 6.68 |
| ⑤黏土 | 18.86 | 36.76 | 15.43 |
| ⑤₁中粗砂 | 19.00* | 5* | 25* |
| ⑤₂淤泥质土 | 16.48 | 16.0 | 8.4 |
| ⑥残积砂质黏性土 | 17.75 | 26.12 | 20.69 |
| ⑦全风化花岗岩 | 20* | — | — |
| ⑧₁砂土状强风化花岗岩 | 21* | — | — |
| ⑧₂碎块状强风化花岗岩 | 23* | — | — |
| ⑨中—微风化花岗岩 | 25* | — | — |

注：表中带"*"为经验值；"—"表示勘察报告未提供。

淤泥④：深灰色，饱和，流塑，含腐殖质，有臭味，摇振反应慢，捻面光滑，有光泽，干强度及韧性中等。该层在拟建场地广泛分布，揭示层厚为3.60～20.40m。

黏土⑥：黄褐色，可塑为主，很湿，含铁锰结核等，黏性中等，无摇振反应，轮面较光滑，有光泽，干强度及韧性中等。本层在拟建场地广泛分布，揭示层厚为1.50～22.80m。

中粗砂⑤₁：灰白色，中密，饱和，成分主要为中粗粒石英砂，含少量泥质，级配较差。该层少部分钻孔揭示，揭示层厚为1.00～9.60m。

淤泥质土⑤₂：深灰色，饱和，流塑，含腐殖质，有臭味，摇振反应慢，捻面光滑，有光泽，干强度及韧性中等。该层少部分钻孔揭示，揭示层厚1.60～5.00m。

残积砂质黏性土⑥：灰黄、褐灰色，可塑，湿，为花岗岩风化残积形成，以黏性土为主，粒径大于2mm的颗粒含量约为8.25%，岩芯呈土状，遇水易软化。无摇振反应，干强度与韧性中等。该层在拟建场地较广泛分布，层厚为2.40～24.50m。

卵石⑥₁：局部为碎石。灰色，硬，湿，稍密为主，卵石含量为50%～65%，粒径一般为2～6cm，粒径大于2cm的颗粒含量约为75%，级配较差，孔隙多由中砂充填，仅个别钻孔揭示，层厚为2.15～5.60m。

全风化花岗岩⑦：灰黄、褐黄色，硬塑，湿，含大量石英颗粒、长石、云母片，岩芯呈散体状。岩石坚硬程度属极软岩，岩体完整程度属极破碎，岩体基本质量等级属Ⅴ类。该层在拟建场地较广泛分布，层厚为2.50～22.60m。

砂土状强风化花岗岩⑧₁：灰黄、褐黄色，硬，湿，含大量石英颗粒、长石、云母片，岩芯呈砂土状、散体状。岩石坚硬程度属极软岩，岩体完整程度属极破碎，岩体基本质量等级属Ⅴ类。该层在拟建场地广泛分布，层厚为1.30～24.60m。

碎块状强风化花岗岩⑧₂：浅灰黄，硬，湿，含大量石英颗粒、长石、云母片，裂隙发育，现场标贯测试反弹，钻进较缓慢。岩芯多呈碎块状、碎裂状，用手可掰断。岩石坚硬程度属软岩，岩体完整程度属较破碎，岩体基本质量等级属Ⅴ类。该层在拟建场地较广泛分布，层顶标高为−58.430～−33.830m，在多数钻孔未揭穿，揭示层厚为1.40～9.70m。

中风化花岗岩⑨：块状构造，主要矿物成分为长石、石英及部分暗色矿物，裂隙发育一般，岩芯主要呈短柱状，部分风化裂隙发育。岩石坚硬程度属较硬岩，岩体完整程度属较完整，岩体基本质量等级属Ⅲ类。该层在拟建场地个别钻孔揭示，层顶标高为−55.270～−26.000m。

## 2.3 水文地质条件

场地南侧为安泰河，东西流向。安泰河属引水冲淤河道，与闽江相通，河道宽度为6～8m，河底高程为4.00m。

场地地下水类型主要为杂填土①层中的上层滞水，以及基底不同风化程度岩层中的孔隙—裂隙承压水。场地中部仅零星分布砂、卵石层，其属层间含水层，孔隙水水量一般。杂填土中的上层滞水，水量小，受大气降水及生活用水的影响较大，其排泄方式主要为天然蒸发和向下入渗；孔隙承压水主要赋存于中粗砂⑤₁层中，透水性强，主要受侧向补给，水量较大；中下部的卵石层⑥₁中孔隙微承压水，水量较小，主要为地下水的侧向补给；赋存于强风化岩层和中风化岩层中的基岩裂隙水，由于岩石风化程度不同，风化孔隙裂隙率和连通性差异较大，其透水性具有不均匀性，总体透水性较弱，富水性也较弱。

场地地下水钻孔初见水位0.20～0.40m，稳定水位埋深0.6～3.6m（罗零标高5.030～8.450m），主要为上层滞水与下部岩层孔隙—裂隙承压水的混合水位，水位年变化幅度约3.0m。

## 2.4 场地建设适宜性评价

场地未发现具暗藏的河道、沟滨、墓穴及防空洞等不利于工程的埋藏物，也不存在岩溶、泥石流、危岩及崩塌、滑坡、采空区、地面沉陷等其他不良地质现象，但应注意场地及其周边范围内存在的既有建筑物的基础和安泰河旧桥梁桩基础等障碍物，局部钻孔揭示存在中风化残留体（孤石）。

# 3 基坑支护方案分析论证

## 3.1 基坑支护方案选型

本项目基坑总周长约1520m，开挖深度达10.5～17.3m，开挖深度大且基坑形状不规则，属一级软土地基深大基坑。综合研判本项目建设条件，项目周边环境复杂多变，基坑支护用地极为紧张，坑顶基本均为变形敏感建筑，且受外部条件限制需进行分期施工。

为有效控制基坑开挖对周边环境的影响，采取如下方案进行基坑支护（图3）：

（1）一期为八一七路地铁1号线轨道区间，基坑开挖深度为16.5～17.3m，采用800mm地下连续墙＋1道混凝土内支撑＋2道双拼φ609钢管对撑，同时在基坑底部设置φ850@600三轴水泥搅拌桩抽条加固。地下连续墙兼作止水帷幕和二、三期基坑边界，并按两墙合一设计作为地下室侧墙。

（2）二期为八一七路西侧的南街地下空间，基坑开挖深度为15.0～15.3m，主要采用800mm地下连续墙＋3道混凝土内支撑（局部下部2道为φ609钢管对撑），同时在基坑底部设置φ850@600三轴

水泥搅拌桩抽条加固，局部（百华大厦、西南侧出入口区域）采用φ1000灌注桩作为围护桩。地下连续墙兼作止水帷幕，并按两墙合一设计作为地下室侧墙。

（3）三期为八一七路东侧的下沉广场和出入口，基坑开挖深度约为10.5m，主要采SMW工法桩＋1道混凝土内支撑＋1道φ609钢管对撑，局部（东北角下沉广场区域）采用800mm地下连续墙作为围护桩。止水帷幕以φ850@600三轴水泥搅拌桩为主。

（4）场地内的强透水层为中砂层，埋藏较深，且分布不连续，经核算不进行深井降水，在周边采用地下连续墙、三轴水泥搅拌桩止水后集水明排即可。

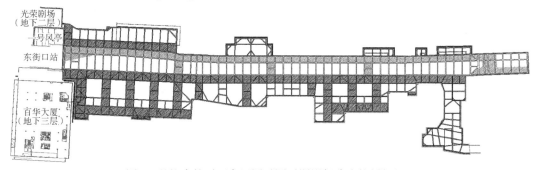

图3　基坑支护平面布置图（图示阴影部分为栈桥板）

## 3.2　基坑工程建设条件难点分析

根据本项目基坑工程的特点及周边环境实际情况，基坑支护设计面临多个技术难题，主要如下：

（1）周边环境极为复杂，八一七路东侧十多栋多层建筑物，西侧主要为三坊七巷保护街区，基本上为老旧的砖、木建筑物，如何避免或减小基坑开挖对周边建筑物的影响是面临的现实问题之一。

（2）基坑周边的部分建筑物设有地下室，如北侧百华大厦为三层地下室，东北侧大洋百货为二层地下室，北侧与东街口站相邻，在既有地下室周边进行开挖会打破地下室的受力平衡状态。

（3）施工工作面小，周边紧靠建（构）筑物，基坑无法放坡支护，同时八一七路为主干道，不得长期封路施工。

（4）八一七路为主干道，其地下二层为地铁1号线隧道区间，必须尽快施工，以满足地铁1号线的全线试运行要求。

（5）津泰路—吉庇路下方埋有一根DN1400

的污水干管，横跨一期的地下空间，埋深约为7m，流量大，水压力高，为鼓楼区的排污主管，迁改技术难度大，成本高，工期长。

（6）采用地下连续墙，单幅的标准宽度为5.6m，深度超过30m，施工成槽时存在变形和安全问题，可能对周边已有建筑物造成不利影响。

## 4　方案实施效果

### 4.1　难点应对

针对以上基坑工程技术难点，经多次现场研讨及专家论证，提出以下解决措施：

（1）周边环境保护问题：考虑到基坑开挖深度大，周边建筑物密集，同时结合两墙合一要求，基坑支护总体上采用了800mm地下连续墙作为围护结构，局部采用灌注桩和H型钢桩，内支撑为3道（三期部分为2道），钢支撑部分设置预应力，以严格限制基坑侧壁变形，深层水平位移最大值控制在30mm以内。

（2）周边地下室的衔接问题：一期施工完毕

后，侧墙作为二期、三期的支护边界，由于采用的是地下连续墙，分期施工对侧墙的影响较小；在北侧百华大厦地下室范围，两者距离约为 4m，考虑到本工程基坑深度更大，采用加设 1 排灌注桩 + 3 道混凝土内支撑的支护方式（图 4）；在东侧的大洋百货范围，两者间距仅约 2.4m，大洋百货的支护桩保留利用，并设置 2 道内支撑，均取得良好效果（图 5）。

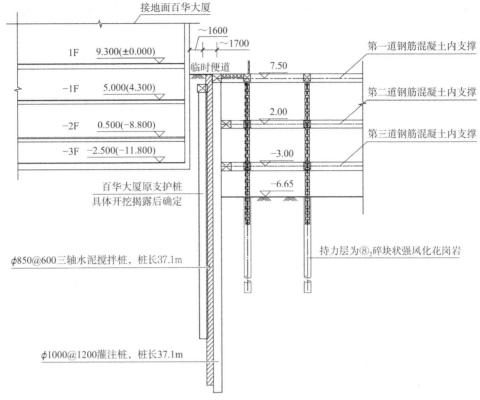

图 4 临百华大厦侧基坑支护剖面图

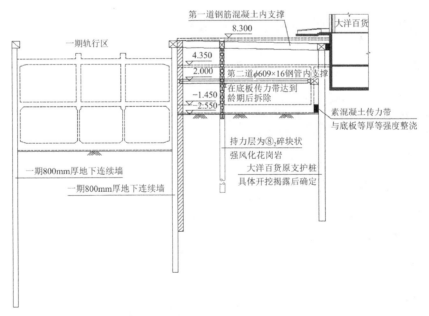

图 5 临大洋百货侧基坑支护剖面图

（3）交通迁改问题：根据施工进度，在一期基坑开挖前，将八一七路道路改至东侧区域，第一道混凝土支撑预留 7.7m 宽板面作为临时道路路基，解决临时行车问题，详见图 3。在一期主体结构施工完毕后，拆除混凝土支撑并回填至八一七路设计路面，恢复正常通车要求。

（4）施工便道问题：八一七路恢复正常通行后，由于场地狭小，二期施工时需要沿南北方向及东西方向间隔布置栈桥板,以满足土方开挖、堆载的施工要求,详见图3。

(5)污水干管问题:污水干管埋深、流量大,水压力高,经各方探讨认为无法断管迁改,因此采用原位保护方案,干管采用吊筋悬挂和型钢托梁进行保护;考虑到污水干管下方还要开挖约10m,地下连续墙缺口宽度约为4m,采用沿污水干管两侧施工2排灌注桩进行保护,然后根据开挖进度在地下连续墙缺口区域加设逆作板墙+土钉墙的方式,顺利开挖至基坑底部(图6~图8)。

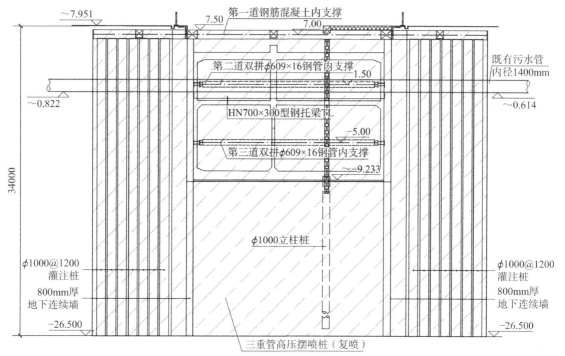

图6 既有污水干管保护措施

图7 地下连续墙开口处逆作板墙

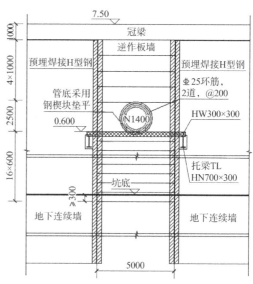

图8 污水干管保护施工现场照片

(6)地下连续墙的成槽施工问题:地下连续墙的标准成槽宽度5.6m,深度超过30m,成槽过程中容易造成深层土体变形,影响周边建筑物,因此要求在成槽开挖之前,在两侧设置φ850@600三轴水泥搅拌桩进行槽壁加固,并采用泥浆护壁,有效加强了成槽施工安全。

## 4.2 基坑工程现场监测结果

本项目自2014年3月10日土方开挖至2016年6月底主体施工完成,于基坑开挖及主体结构施工期间进行了全过程位移与应力监测,并在主体结构施工完毕后根据现场情况延长监测时间,监测周期共计 31 个月，监测项目包括：周边建（构）筑物沉降、围护结构桩（墙）顶水平位移与沉降、围护结构深层水平位移、坑外土体侧向变形、支撑轴力、地下水位以及地表、立柱、管线沉降监测，其中：建（构）筑物沉降监测点布设在基坑边缘以外 3 倍基坑开挖深度范围内的建（构）筑物转角及承重结构处，监测点位共计 622 个；围护桩（墙）顶位移监测点沿基坑周边布置，监测点水平间距为 20m，基坑各边中部、阳角处等均布置监测点，共计布设 83 个坑外地表沉降监测点、120 个围护结构桩（墙）顶水平位移与沉降监测点；围护桩（墙）体深层水平位移监测点布置在基坑周边的中部、阳角处及有代表性的部位，测点位置选取在基坑两道支撑中间位置，监测点水平间距为 20m，围护结构测斜管共计 70 根，坑外土体测斜管共计 58 根；支撑轴力监测断面平面位置设置在支撑设计计算内力较大处、基坑阳角处或控制杆件上，监测断面共计 42 个；管线监测点共计 40 个。

监测周期内各监测项目的位移/应力最大值列于表 2。综合表 2 及现场调查结果可知，在本项目基坑开挖至回填的过程中，支护结构未出现过大位移情况，各监测项目变形实测值基本均未超过报警值，基坑周边建筑及管线等设施完好，基坑开挖对周边环境的影响处于健康可控范围内。

监测结果汇总　　　　　表2

| 监测项目 | 监测报警值 | | 实测值 | |
| --- | --- | --- | --- | --- |
| | 累计值 | 变化速率 | 累计值 | 变化速率 |
| 周边建筑物竖向位移 | 20 | 3 | −20.11 | 监测曲线总体较为平稳，未出现异常变化段 |
| 周边地表竖向位移 | 30 | 3 | −17.12 | |
| 围护结构桩（墙）顶水平位移、竖向位移 | 25 | 3 | 水平/竖向：10.48/10.83 | |
| 围护结构深层水平位移 | 30 | 3 | 19.60 | |
| 坑外土体深层位移 | 40 | 3 | 33.95 | |
| 支撑内力 | 80%设计轴力 | — | 1873.72kN | |
| 周边管线竖向位移（括号中数字为煤气管监测报警值） | 25（20） | 3（2） | −16.94 | |
| 地下水位 | 2000 | 500 | −1770 | |

注：表中数字若无特别注明，则累计值列对应单位为 mm，变化速率列对应单位为 mm/d。

## 5　技术创新点

经总结分析，本工程基坑支护主要有以下技术创新点：

（1）本工程为福州市首个地铁项目结合周边商业地下空间同步开发的成功案例，周边环境极其恶劣，施工组织庞大、复杂，期间多次进行交通导改，并解决了多个技术难点，最终获得了圆满成功。

（2）有效解决多个相邻基坑或地下室之间的相互影响问题，一期先行施工，主体结构与东西两侧的二期、三期基坑开挖存在相互影响，此外在北侧紧靠百华大厦的三层地下室，东北侧紧靠大洋百货的二层地下室，通过围护桩共用、加强支撑刚度等技术措施加以解决。

（3）采用地下连续墙先进技术，既有效确保周边环境的安全，又通过两墙合一提高地下结构侧墙的抗侧刚度，解决了四个下沉广场及出入口区域侧墙高悬挑的变形和内力问题，局部下沉广场悬空高度约为 10m。与灌注桩相比，地下连续墙整体性更好，又能兼作地下结构，节省了主体结构投资。

（4）一期、二期基坑开挖深度超过 15m，均采用三轴水泥搅拌桩抽条加固，有效减少地下连续墙的侧向变形，确保周边建筑物安全，便于后期两墙合一施工。

（5）根据基坑跨度等条件，在跨度小的区域采取上部钢筋混凝土支撑、下部钢管支撑的方式，既加快施工进度，又节省了工程造价。

（6）提出基坑支护遭遇深埋大直径污水管的原位保护技术，避免迁改，降低工程安全风险，节省投资约 500 万元。

（7）场地施工工作面狭小，通过在第 1 道钢筋混凝土内支撑设置混凝土板作为栈桥，解决交通导改和施工便道的难题。

（8）通过分期建设，有效解决地铁 1 号线的先行通行问题，总工期缩短 3 个月。

## 6　结语

本工程为福州市首个地铁项目结合周边商业地下空间同步开发的成功案例，周边环境极其恶劣,密布各类建筑物,其中三坊七巷保护街区均为老旧砖木建筑,周边建筑物对基坑开挖引起的变形非常敏感。同时,该工程需结合交通导改进行分期施工,施工组织庞大、复杂,解决了周边环境保护、新旧地下室衔接、交通迁改、施工便道通行、污水干管原位保护及地下连续墙成槽等多个技术难点。首先,结合支护方案,在变形控制严格区域对钢支撑施加预应力,严格限制基坑侧壁变形,满足周边环境控制要求;其次,根据基坑跨度等条件,在跨度小的区域采取上部钢筋混凝土支撑、下部钢管支撑的方式,解决交通导改和施工便道的难题,既加快施工进度,又节省了工程造价。再次,结合污水干管埋深大、流量大、水压力高的特点,提出基坑支护遭遇深埋大直径污水管的原位保护技术,避免迁改,降低工程安全风险,节省投资约 500 万元。通过分期建设,满足了地铁 1 号线的先行通行要求,总工期缩短 3 个月。

本工程在实施过程中有效地保护了周边环境,具有显著的环境效益,同时通过对工程的精心设计及技术服务,取得了显著的经济和社会效益,获得 2021 年度福建省优秀工程勘察设计一等奖,其顺利实施为软土地区城市复杂环境下深基坑分期开挖支护设计积累了宝贵的实践经验。

## 参考文献

[1] 住房和城乡建设部. 建筑基坑支护技术规程: JGJ 120—2012[S]. 北京: 中国建筑工业出版社, 2012.

[2] 刘建航, 侯学渊. 基坑工程手册(第 2 版)[M]. 北京: 中国建筑工业出版社, 2009.

[3] 龚晓南. 深基坑工程设计施工手册[M]. 北京: 中国建筑工业出版社, 1998.

# HC 工法桩在杭州深大软土基坑中的应用

孙 樵 朱建才 金小荣 莫立成

（浙江大学建筑设计研究院有限公司，浙江杭州 310028）

## 1 工程概况

杭政储出［2021］42 号地块商品住宅（设配套公建）及配套幼儿园项目用地面积为 72322.00m²，总建筑面积约为 228073.80m²，其中地上建筑面积约为 155572.80m²，地下建筑面积约为 72501.00m²。建（构）筑物主要包括 16 幢商品住宅及一所配套幼儿园，设 1～2 层地下室，基础采用预制桩基础。

本工程±0.000 为绝对标高 5.550m，基坑场地标高按相对标高−1.350m 计。一层地下室区域设计基坑开挖深度为 4.95m 和 5.15m，二层地下室区域设计基坑开挖深度为 8.65m 和 10.50m（包括 100mm 垫层，其余相同），一二层地下室高差为 4.10m，坑中坑最大深度为 1.85m。基坑周长约 1230m，基坑一二层分界线长约 390m，基坑开挖面积约 55400m²。

## 2 场地周边环境条件

本工程基坑北侧为湖州街，东侧为待建湖墅北路（现状为和睦路），湖墅北路外侧为西塘河，南侧为待建纸厂路，西侧为待建和丰路，南侧和西侧待建道路用作施工道路，湖州街环境条件复杂，其余周边环境尚可（图 1～图 4）。基坑北侧距离用地红线为 6.5～11.1m（与围护桩距离，下同），红线外为宽约 50.8m 的湖州街；基坑东侧距离用地红线为 2.2～8.1m，红线外为待建湖墅北路，湖墅北路外为宽约 40.0m 的西塘河；基坑南侧距离用地红线为 3.3～11.9m，红线外为待建纸厂路；基坑西侧距离用地红线为 2.2～7.8m，红线外为待建和丰路。

基坑北侧湖州街下埋设有给水管线（埋深约 1.5m）、35kV 电力管线（埋深约 1.0m）、10kV 电力管线（埋深约 1.0m）和 110kV 电力管线（埋深约 1.0m）；基坑东侧待建湖墅北路下埋设有燃气管线（埋深约 1.0m）和污水管线（埋深约 2.5m）。基坑南侧和西侧无现状管线。

图 1 基坑东侧周边环境图

图 2 基坑南侧周边环境图

图 3 基坑西侧周边环境图

图4 基坑北侧周边环境图

# 3 工程地质概况

## 3.1 场地地层结构及特征

根据郑州岩土工程勘察设计院提供的《杭政储出［2021］42号地块岩土工程勘察报告》（详勘，2022.02），基坑开挖影响范围内各土层特征描述如下：

第①₁层：杂填土

杂色，湿，松散。由碎石、块石和建筑垃圾组成，粒径以2.00~5.00cm为主，硬杂物含量约占65%，余由黏性土组成。全场分布，层顶标高3.320~4.990m，层厚0.50~7.70m。

第①₂层：素填土

灰黄色，湿，松散。以黏性土为主，含少量碎石及植物根系。局部分布，层顶标高0.790~3.150m，层厚0.70~2.30m。

第①₃层：淤泥质黏土

灰色，流塑，切面光滑，稍具光泽，岩芯无法自立，手捏有滑腻感，见腐殖质，韧性及干强度低。目前仅在ZK31及DK20孔揭露，层顶标高2.090~2.660m，层厚1.70~4.90m。

第②₁层：粉质黏土夹粉土

灰黄色，软塑，局部流塑。切面光滑，稍具光泽，稍具摇振反应，见少量铁锰质色斑，韧性及干强度低，局部地段粉土含量较高。局部缺失，层顶标高0.590~4.030m，层厚0.50~3.00m。

第②₂层：粉质黏土

灰色，湿，稍密状。切面粗糙，无光泽，摇振反应迅速，见大量云母碎屑，韧性及干强度低。仅ZK16孔分布，层顶标高0.760~0.760m，层厚0.00~3.30m。

第③层：淤泥质粉质黏土

灰色，流塑。切面光滑，稍具光泽，岩芯无法自立，手捏有滑腻感，韧性及干强度较低。

第④₁层：粉质黏土

灰黄色，软可塑，局部硬可塑。切面光滑，稍具光泽，无摇振反应，见少量铁锰质色斑，韧性及干强度中等。

第④₂层：粉质黏土夹粉土

灰黄色，软塑，局部软可塑。切面光滑，稍具光泽，稍具摇振反应，见少量铁锰质色斑，夹层状粉土，韧性及干强度中等。

第⑤层：淤泥质粉质黏土

灰色，流塑。切面光滑，稍具光泽，岩芯无法自立，手捏有滑腻感，韧性及干强度较低。

第⑥₁层：粉质黏土

灰色，软可塑，局部硬可塑。切面光滑，稍具光泽，无摇振反应，见大量铁锰质色斑，韧性及干强度高。

基坑开挖深度影响范围内各土层主要物理力学性质指标见表1。

土层物理力学性质指标 表1

| 层号 | 名称 | 重度γ | 含水率 | 固结快剪 | |
| --- | --- | --- | --- | --- | --- |
| | | | $w$ | $c$ | $\varphi$ |
| | | kN/m³ | % | kPa | ° |
| ①₁ | 杂填土 | （18.0） | — | （10.0） | （10.0） |
| ②₁ | 粉质黏土夹粉土 | 18.22 | 32.6 | 26.4 | 14.0 |
| ②₂ | 黏质粉土 | 18.28 | 30.5 | 16.5 | 23.1 |
| ③ | 淤泥质粉质黏土 | 17.20 | 43.7 | 14.0（11.9） | 9.8（8.3） |
| ④₁ | 粉质黏土 | 19.21 | 26.3 | 40.0 | 17.0 |
| ④₂ | 粉质黏土夹粉土 | 18.13 | 33.0 | 26.7 | 14.2 |
| ⑤ | 淤泥质粉质黏土 | 17.52 | 40.5 | 15.3（13.0） | 10.5（8.9） |
| ⑥₁ | 粉质黏土 | 19.04 | 26.1 | 40.0 | 17.0 |

注：（ ）内的数值为土层参数经验值或计算参数。

## 3.2 水文地质特征

场地上部为第四系松散岩类孔隙水及基岩裂隙水。基坑开挖影响范围内为第四系松散岩类孔隙水，主要赋存于表部填土、黏性土等潜水含水层。孔隙潜水接受地表水和大气降水补给，消耗于蒸发或向河流排泄。年均地下水位变幅在1.00~1.50m。孔隙潜水对基坑工程施工影响较大。

## 4 围护体系方案选择

### 4.1 本基坑围护特点

综合场地地理位置、土质条件、基坑开挖深度和周围环境条件，本基坑围护具有如下特点：

（1）基坑开挖影响范围内为杂填土、粉质黏土夹粉土、黏质粉土、淤泥质粉质黏土、粉质黏土、粉质黏土夹粉土、淤泥质粉质黏土和粉质黏土。大部分基坑坑底落在淤泥质粉质黏土层中，该土层渗透系数小，力学指标较差，但对于抗管涌比较有利；部分基坑坑底落在粉质黏土层中，该土层力学指标较好。

（2）基坑开挖面积大，基坑总面积约55400m²，东西长约260m，南北长约260m，整个基坑周长约1230m，基坑一二层分界线长约390m。

（3）本基坑一层地下室开挖深度为4.95m和5.15m，二层地下室开挖深度为8.65m和10.50m，地下室开挖深度较深。

（4）基坑部分为一层地下室，部分为二层地下室，一、二层地下室之间存在一定高差。

（5）本基坑北侧为湖州街，东侧为待建湖墅北路（现状为和睦路），湖墅北路外侧为西塘河，南侧为待建纸厂路，西侧为待建和丰路，南侧和西侧待建道路用作施工道路，湖州街环境条件复杂，其余周边环境尚可。

### 4.2 围护方案比选

根据本基坑工程的开挖深度、环境条件和地质条件，可以考虑的围护方案包括：①放坡开挖；②单排桩悬臂式围护结构；③内撑式排桩墙围护结构。

放坡开挖是最为经济的围护形式，具有施工速度快、土方开挖方便等优点，在条件许可的情况下应优先采用。根据本工程实际情况，基坑四周不具备完全放坡开挖的条件，因此采用上部放坡开挖。

单排桩悬臂式围护结构具有施工速度快、节省造价、开挖方便的优点，基坑一层地下室开挖深度尚可，且周边环境条件较好，因此一层地下室基坑整体采用单排桩悬臂式围护结构。

内撑式排桩墙围护结构具有可靠性好、围护结构受力合理、变形易控制、对周边环境影响小等

优点，尤其适合于在土质条件较差的基坑采用，因此二层地下室基坑采用内撑式排桩墙围护结构，一层地下室基础局部采用内撑式排桩墙围护结构。

排桩墙采用HC工法桩。HC工法桩采用H型钢与拉森钢板桩相结合的围护结构，该围护结构具有抗弯能力强、施工灵活、经济性好、环保等优点，同时拉森钢板桩可兼作止水帷幕，节约围护结构所占用空间的同时，大大加快了施工速度。HC工法桩相较于PC工法组合钢管桩，可以采用静压施工与静拔回收工艺，环境适应性更广，对基坑周边的市政道路、地下管线和建筑物影响更小。因此本方案采用HC工法桩（图5、图6）。

图5 HC工法桩实例一

图6 HC工法桩实例二

综上所述，本基坑确定地下一层采用上部放坡开挖、下部HC工法桩或拉森钢板桩排桩墙、局部结合型钢支撑的围护结构，地下二层采用上部放坡开挖、下部HC工法桩结合一道混凝土支撑和局部被动区加固的围护结构，一二层地下室高差处采用钻孔灌注桩结合一道混凝土支撑或者双排钻孔灌注桩排桩墙的围护结构，坑中坑采用放坡开挖或重力式水泥土挡墙的围护形式，同时基坑

内外侧采用明沟排水措施。

# 5 围护施工说明

## 5.1 基坑施工顺序

1）场地普查、清障（清理场地老基础、废旧管道等障碍物）及修整至设计地表标高，然后施工工程桩和围护桩（包括 HC 工法桩、拉森钢板桩、双轴水泥搅拌桩和钻孔灌注桩，双轴水泥搅拌桩先于钻孔灌注桩进行施工）。

2）本基坑应分区分块施工开挖。

3）一层地下室：

（1）土方按结构图纸开挖至地下室底板和承台底，然后施工地下室基础、底板传力带，底板传力带与拉森钢板桩和 HC 工法桩之间应设置隔离层。

（2）继续施工地下室外墙及地下室顶板。在地下室外墙和顶板达到 80%设计强度后，回填素土分层夯实。

4）二层地下室：

（1）土方先开挖至−4.150m，开槽施工压顶梁、板带和支撑梁。

（2）在压顶梁、板带和支撑梁达到 80%设计强度后，土方按结构图纸开挖至地下室底板和承台底，然后施工二层地下室基础、底板传力带，底板传力带与 HC 工法桩之间应设置隔离层。

（3）待二层地下室区域基础和底板传力带强度达到 80%设计强度后，拆除混凝土支撑。

（4）继续施工地下室外墙、地下一层楼板和地下室顶板。在地下室外墙和顶板达到 80%设计强度后，回填素土分层夯实。

5）拆撑期间，监测单位应加强对围护体和周围环境的监测。施工单位应预先编制详细的拆撑专项方案，经业主、设计、监理等单位书面确认后，方可实施拆撑作业。

6）回填土人工夯实每层厚度不大于250mm，机械夯实每层厚度不大于300mm，并应防止损伤防水层。回填土不得使用淤泥、耕土、冻土、膨胀性土、生活垃圾以及有机质含量大于5%的土。回填土压实系数不小于0.94。

7）先跳拔回收型钢，再破碎压顶梁，然后回收钢板桩，最后应及时采用注纯水泥浆等措施密实围护桩内的空隙。

## 5.2 HC 工法桩施工和相关要求

1）HC 工法桩采用插入700×300×13×24型钢。压顶梁和型钢之间采取隔离措施，如施工前在型钢表面涂敷减摩材料或设置隔离层。

2）HC 工法桩应由专业施工单位进行施工，施工前应进行成桩试验，并根据试桩实际情况合理选用施工机具。

3）HC 工法桩空隙采用小企口拉森钢板桩连接。

4）HC 工法桩长度、组合形式、材料强度等应满足设计要求，并满足相应钢结构规范。

5）HC 工法桩宜采用整材，分段焊接时应采用坡口等强焊接，焊缝质量等级不应低于二级，施工前采用超声探伤等非破损方法检测。单根型钢焊接接头不宜超过 2 个，焊接接头距离坑底面不应小于 2m，且相邻两根工法桩接头应错开 1m 以上。型钢焊接接头形式和焊接质量尚应满足型钢回收起拔要求。

6）HC 工法桩必须控制好施工速度，工法桩下沉和回收速度一般为 1m/min，回收速度同时应满足注浆要求。

7）HC 工法桩施工时采用专用设备引孔或注水，必要时采用静压设备，同时采用减慢施工速度等方法减小工法桩施工对周边环境的影响。

8）HC 工法桩要确保平整度和垂直度，不允许有扭曲现象，平面偏差不大于 10mm，标高误差不大于 100mm。

9）HC 工法桩回收要求：

（1）基坑回填土建议采用粉砂土并分层回填、浇水密实，回填土宜高出地面 200～300mm。对环境敏感部位，为确保基坑回填质量，可采用低强度混凝土或泡沫混凝土回填。

（2）局部因回收材料堆放或回收空间不足，回收设备须在地下室顶板上行走，地下室顶板应进行加强以满足回收设备行走要求，且设备行走区域回填土厚度应大于 500mm。

（3）回收设备工作区域，场地应平整并满铺钢板栈桥，确保施工时机械下方土体平整有效分散传力以减小对道路或地下管线的影响。

（4）HC 工法桩回收时开挖沟槽应采用分段开挖，长度不宜大于 5m，工法桩回收后应立即回填沟槽。

（5）HC 工法桩回收时先跳拔回收型钢，型钢回收后，槽壁内应及时采用纯水泥浆注浆，然后破碎压顶梁，再跳拔回收拉森钢板桩，回收过程中应同时采用纯水泥浆注浆。水泥浆注浆压力为 2～3MPa，浆液水灰比为 0.5～0.6，拉森钢板桩沿钢板桩长度方向每米水泥用量不小于 18kg，H 型钢沿型钢长度方向每米水泥用量不小于 35kg，具体参数可根据现场实际情况作适当调整。

（6）HC 工法桩回收过程中，基坑监测单位应增加监测频次，施工单位应加强现场观测，如监测和观测数据异常或超出报警值，应立即回填土方并停止回收施工。

（7）HC 工法桩回收后，不宜在基坑边过多或过长时间堆放，应及时运出场地。

（8）对于环境保护条件要求较高部位，可采用免共振锤或静拔设备等先进设备跳拔回收型钢，并严格控制拔除数量和时间间隔。同时坡顶可设置拉森桩保护隔离桩，进一步降低对周边环境的不利影响。

# 6 基坑排水措施

（1）在基坑坡顶四周做尺寸为 300mm×400mm（H）的明沟以防地表水流入基坑而影响施工，一旦渗漏应及时修补。在挖土过程中，可视实际情况在基坑中央临时挖集水坑，排除基坑中明水，施工至基底后，按实际情况在坑底周边布置排水沟和集水井；基坑底排水沟应离基坑边 4m以上。

（2）坑壁根据实际情况设置若干泄水孔，泄水孔用 $\phi$48PVC 管，管壁每隔 50mm 旋转 90°设 $\phi$5 圆孔一个，管外用滤布包裹。

# 7 基坑工程现场监测

## 7.1 监测内容

根据本工程地下结构及现场实际情况，提出以下几点监测内容：

（1）周围环境的监测：包括地面及建筑物沉降观测、坡顶水平位移观测和裂缝的产生与开展情况，在必要的情况下可拍照存档。

（2）土体侧向位移监测：本工程中主要是监测土体深层位移大小随时间的变化。

（3）地下水位的监测：实时监测地下水位的变化情况。

（4）支撑轴力监测：实时监测支撑轴力的变化情况。

（5）立柱桩沉降监测：实时监测立柱桩沉降的变化情况。

## 7.2 监测要求

（1）基坑监测应委托有丰富经验的专业监测单位实施，监测单位应根据设计文件和周围环境特点编制监测技术方案，监测方案应得到建设单位、设计单位和监理单位的认可。

（2）开挖前，应对周围环境作一次全面调查，记录观测数据初始值。基坑开挖期间一般情况下每天观测一次，如遇位移、沉降及其变化速率较大时，则应增加监测频次。挖土至坑底时应增加监测次数，地下室底板浇筑完成后，可酌情逐渐减少观测次数。

（3）监测数据一般应当天口头提供给监理单位，次日填入规定的表格提供给建设、监理、施工、设计等相关单位。

（4）每天的数据应整理成有关表格并绘制成相关曲线，如位移沿深度的变化曲线、位移及沉降随时间的变化曲线等。

（5）监测记录必须有相应的施工工况描述。

（6）监测人员对监测值的发展和变化应有评述，当接近报警值时应及时通报监理，提请有关部门注意。

（7）工程结束时应有完整的监测成果报告，报告应包括全部监测项目，及监测值全过程的发展和变化情况、相应的工况、监测最终结果及评述。

## 7.3 监测报警值

（1）深层土体水平位移：连续3天日位移3mm，单日水平位移大于 6mm，或北侧累计位移达 45mm，其余三侧累计位移达 50mm。

（2）地表沉降：连续 3 天沉降达到 3mm，或北侧累计沉降达 30mm，其余三侧累计沉降达 35mm。

（3）地下水位：每天变化幅度大于 500mm。

（4）支撑轴力：8000kN。

（5）立柱桩沉降：连续 3 天沉降达 3mm，或累计沉降达 20mm。

（6）坡顶位移：连续 3d 位移达到 3mm，或累计位移达 30mm。地表裂缝宽度：累计 15mm 或持续发展。

（7）建筑物沉降：连续 3d 沉降达到 2mm，或累计沉降达 15mm。

（8）管线位移：连续 3d 沉降、水平位移达到 2mm，或累计沉降、水平位移达 15mm。

当超过报警值时，应及时通知建设单位和设计、监理、施工等单位，以便采取应急措施。

## 8　应急措施

（1）如基坑地下水量比较丰富，可采用增加轻型井点、自吸泵或增设深井等方法处理。

（2）若基坑出现渗水，应立即停止挖土，及时堵漏或采用双液注浆法（水泥和水玻璃），必要时在桩外侧增打高压旋喷桩止水或加布轻型井点降水。

（3）基坑开挖前应在现场准备一定数量的砂包、钢管、型钢、水泥、水泵等抢险物资。发现异情后可采取卸土、回填、设临时支撑等应急措施。

（4）如果坡顶出现裂缝，位移监测结果较大或超出警报值，则应立即停止开挖土方，水泥浆灌缝，视具体情况采取坑外卸载，情况紧急时还应回填土方。

（5）如周围围墙、建筑物或地下管线沉降较大，可采用注浆加固建筑物地基等方法处理。

（6）在基坑开挖过程中，应保证有两台挖土机可以随时调用，便于采取应急措施。

## 9　结语

（1）HC 工法桩具有抗弯能力强、施工灵活、经济性好、环保等优点，同时拉森钢板桩可兼作止水帷幕，节约围护结构所占用空间的同时，大大加快了施工速度。

（2）HC 工法桩静压施工与静拔回收工艺，环境适应性更广，对基坑周边的市政道路、地下管线和建筑物影响更小。

（3）目前本基坑已回填完成，且基坑开挖过程中监测结果均未超报警值。工程结果表明 HC 工法桩施工工艺对周边环境影响较小，特别适用于具有开挖深度深、开挖面积大、土质条件差、周边环境复杂、施工工期紧张等特点的基坑工程。

# 混凝土灌注桩工艺在杭州某三层软土基坑中的工程应用

庞 杰 陈 刚

（浙江大学建筑设计研究院有限公司，浙江杭州 310028）

## 1 工程概况

本项目总用地面积约为 2.4 万 m²，设三层地下室。其中地上建筑面积合计 7.9 万 m²；地下建筑面积合计 5.8 万 m²。

综合考虑承台、地梁、电梯井的间距和位置，以及平整后现场场地标高，设计基坑开挖深度 14.6～15.2m，设计基坑安全等级一级。基坑开挖面积约 2.2 万 m²。

## 2 场地周边环境条件

本工程位于杭州市西湖区，项目西侧地下室外墙距离红线 9～12m，红线外为市政道路，道路以下有众多管线（图 1）；项目北侧地下室外墙距离红线约 4m，红线外为市政道路，市政道路以北为某研发中心大楼（图 2）；项目东侧地下室外墙距离红线 3.5～8m，红线外为规划道路，规划道路另一侧为待建建筑（图 3）；项目南侧地下室外墙距离红线 5.5～10m，红线外为规划道路，道路以下有多种管线，总体环境较复杂（图 4）。

图 2 项目北侧周边环境情况

图 3 项目东侧周边环境情况

图 1 项目西侧周边环境情况

图 4 项目南侧周边环境情况

# 3 工程地质概况

## 3.1 地基土的构成

根据外业勘探、室内土工试验成果，场地岩性特征自上而下依次为杂填土、淤泥质填土、淤泥质黏土、粉质黏土、含砾粉质黏土、粉质黏土夹碎石、含砂粉质黏土、全风化泥质粉砂岩、强风化泥质粉砂岩、中等风化泥质粉砂岩，基坑影响范围内淤泥质黏土较厚。基坑各土层主要物理力学性质指标见表1，工程典型地质剖面见图5。

基坑各土层主要物理力学指标  表1

| 层号 | 岩性名称 | 天然重度 | 黏聚力 | 内摩擦角 |
| --- | --- | --- | --- | --- |
| | | $\gamma$ | $c$ | $\varphi$ |
| | | kN/m³ | kPa | ° |
| ① | 杂填土 | （18） | （8） | （13） |
| ①₂ | 淤泥质填土 | 17.6 | 12 | 6 |
| ③ | 淤泥质黏土 | 17.6 | 12 | 6 |
| ④₁ | 粉质黏土 | 19.4 | 30 | 14 |
| ④₂ | 粉质黏土 | 19.7 | 33 | 14 |
| ⑥₁ | 含砾粉质黏土 | 19.6 | 32.5 | 13.5 |
| ⑥₂ | 含砾粉质黏土 | 20.4 | 33 | 15 |
| ⑥₃ | 含砾粉质黏土 | 20.05 | 30 | 12 |
| ⑦ | 含砾粉质黏土 | 19.2 | 33 | 16 |
| ⑩₁ | 全风化泥质粉砂岩 | 19.8 | 33 | 12 |

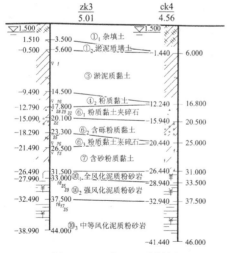

图 5　工程典型地质剖面

## 3.2 水文地质条件

场地勘探深度以浅地下水按埋藏和赋存条件主要为第四系松散岩类孔隙潜水、孔隙承压水和基岩裂隙水三大类。

基坑开挖深度范围及坑底多为淤泥质土层，地下潜水位较高，分布连续，水量一般，透水性低，长期作用下，地下水在最高水位条件下可对地下室产生很大浮力；下部的⑥层粉质黏土夹碎石为承压含水层，承压水水量一般，水头高，水压力较大，且基坑开挖后底部隔水层总体上厚度较薄且局部已揭露，基坑施工中将极易产生突涌，基坑开挖时应对其作降水处理。

# 4 围护体系方案选择

## 4.1 本基坑工程特点

综合分析场地地形、土质条件、基坑开挖深度以及周围环境的影响，基坑工程具有以下特点：

（1）基坑开挖深度较深，挖深为 14.6～15.20m，坑中坑挖深为 1.40～2.80m。

（2）基坑开挖范围较大，面积约 2.4 万 m²，开挖区域东西向距离约 170m，南北向约 123m。

（3）场地四周为市政道路，以下有大量管线。基坑开挖施工对周边管线、建筑影响较大，对变形要求较高。

（4）基坑影响范围内淤泥质黏土较厚，工程性质差，地基承载力低。该层土对基坑的整体稳定影响较大。

（5）基坑安全等级一级。

## 4.2 围护体系选择

根据本基坑工程的开挖深度、环境条件和地质条件，总体采取钻孔灌注桩加三道（局部两道）水平支撑的支护形式。钻孔灌注桩外侧采用一排 850@600 三轴水泥搅拌桩止土止水，坑中坑采用放坡形式支护。

# 5 围护施工说明

## 5.1 围护施工顺序

第一步：平整场地，放样。

第二步：施工三轴搅拌桩，后施工钻孔灌注桩。

第三步：放坡开挖土方至压顶梁底、施工压顶梁、护坡、排水沟。

第四步：待压顶梁的混凝土强度达到设计强

度的80%后,分层开挖土方至围檩、第一道支撑梁底面标高。施工围檩及第一道支撑。

第五步:待围檩、第一道支撑的混凝土强度达到设计强度的80%后,分层开挖土方至第二道支撑梁底面标高。施工围檩及第二道支撑。

第六步:待围檩、第二道支撑的混凝土强度达到设计强度的80%后,分层开挖土方至第三道支撑梁底面标高。施工围檩及第三道支撑。

第七步:待围檩、第二道支撑的混凝土强度达到设计强度的80%后,分层开挖土方至基础底板底面标高。底板垫层、地梁、承台、电梯井土方人工开挖,边开挖土体边施工垫层,垫层延伸至围护桩边。

第八步:施工基础底板、底板与围护桩间的素混凝土换撑带,当底板、钢筋混凝土换撑梁的混凝土达到设计强度的80%后,方可拆除第三道支撑。

第九步:施工地下二层楼板、钢筋混凝土换撑梁。地下二层楼板、钢筋混凝土换撑梁的混凝土达到设计强度的80%后,方可拆除第二道支撑。

第十步:施工地下一层楼板、钢筋混凝土换撑梁,待地下一层楼板、钢筋混凝土换撑梁的混凝土达到设计强度的80%后,方可拆除第一道支撑。

## 5.2 钻孔灌注桩施工和相关要求

(1)本基坑采用直径1000~1200mm钻孔灌注桩,桩间距1200~1400mm,采用水下C35混凝土。

(2)钢筋笼可整段或分段制作,视钢筋笼的长度、整体刚度、起吊设备等而定。分段制作的钢筋笼,其接头应采用焊接,在同一截面内的钢筋接头不得超过主筋总数的50%,两个接头的竖向间距为35d(d为主筋直径),且不小于500mm,焊缝长度为单面焊10d,双面焊5d,且不小于300mm,并应符合现行国家标准《混凝土结构工程施工质量验收规范》GB 50204—2015的规定。加劲箍筋与主筋采用点焊连接,螺旋箍与主筋的连接可采用钢丝绑扎并间隔点焊固定。

(3)为保证钢筋保护层厚度,在钢筋笼的两侧应焊接定位垫块,钢筋笼水平方向每侧设两列,每列垫块纵向间距为4m。

(4)钻孔灌注桩施工工序:钻孔灌注桩定位、钻击成孔(泥浆护壁)、第一次清孔、下放钢筋笼、下导管、第二次清孔、水下浇筑混凝土。

(5)泥浆:槽内泥浆液面应保持高于地下水位500mm以上,泥浆的比重配置应保持孔壁稳定。

(6)清孔:清孔应分两次进行。第一次清孔在成孔完毕后立即进行;第二次在下放钢筋笼和灌注混凝土导管安装完毕后进行。

(7)钻孔灌注桩采用隔桩施工,桩位偏差在轴线和垂直轴线方向均不应超过50mm,垂直度偏差不应大于0.5%,充盈系数为1.05~1.10。桩底沉渣厚度不大于100mm。

(8)水下混凝土应具体良好的和易性,水灰比为0.5~0.55,坍落度为150~200mm,粗骨料粒径不得大于40mm。水下混凝土必须连续施工,每根桩的灌注时间应按初盘混凝土的初凝时间控制。

(9)钻孔灌注桩超灌高度800mm,桩顶伸入压顶梁内100mm,钢筋锚入压顶梁内35d。压顶梁施工前,应将围护桩桩顶浮浆凿除,并将残渣、浮土清理干净,保证凿桩后的桩顶混凝土强度达到设计值。

(10)应采用低应变动测法检测桩身完整性,检测桩数不宜少于总桩数的20%,且不得少于5根。当根据低应变动测法判定桩身完整性为Ⅲ类或Ⅳ类时,应采用钻芯法进行验证,并应扩大低应变动测法检测的数量。

## 5.3 三轴水泥搅拌桩施工和相关要求

(1)水泥土搅拌桩采用直径850mm间距600mm的三轴水泥搅拌桩,水泥搅拌桩采用标准连续方式施工,用作止水帷幕时搭接形式为套接一孔法,用作坑底加固时,搭接长度为250mm。搅拌桩水灰比1.5~1.8,土中水泥掺量(质量比)为22%,空搅部分掺量为11%,应特别注意转角处三轴搅拌桩布置,对于冷缝处可采用三轴水泥搅拌桩处理,做法参考详图。

(2)三轴搅拌桩桩机底盘应保持水平,平面允许偏差为±20mm,立柱导向架垂直度偏差不应大于1/250。桩径偏差不大于10mm,标高误差不小于100mm。

(3)桩身采用二次搅拌工艺,水泥和原状土须均匀拌和,下沉及提升均为喷浆搅拌,为保证水泥土搅拌均匀,必须控制好钻具下沉及提升速度,钻机钻进搅拌速度一般为1m/min,提升搅拌速度一般为1.0~2.0m/min。对砂性土层,在桩底2~3m范围内宜重复搅拌喷浆。桩施工时,不得冲水下沉,提升速度不宜过快,避免出现真空负压、孔壁塌方等现象,相邻两桩施工间隔不得超过16个小时。

（4）搅拌桩下沉和提升过程中遇障碍物应减速慢行。施工中因故停浆，应在复浆前将三轴搅拌桩提升或下沉 0.5m 后再注浆搅拌施工，保证搅拌桩连续性。

（5）搅拌桩施工中遇硬质土层成桩有困难时，可采用预先松动土层的辅助手段进行施工。

（6）水泥搅拌桩养护期不得少于 28d，无侧限抗压强度 $q_u \geqslant 0.8MPa$ 时方可开挖基坑。

（7）水泥土搅拌桩的桩身强度宜采用浆液试块强度试验确定，浆液试块强度试验应取刚搅拌完成而尚未凝固的水泥土搅拌桩浆液制作试块，每台班应抽检 1 根桩，每根桩不应少于 2 个取样点，每个取样点应制作 3 件试块，取样点应设置在基坑坑底以上 1m 范围内。水泥土搅拌桩的桩身强度也可采用钻取桩芯强度试验，水泥土芯样宜在搅拌桩施工后 28d 钻取，抽检数量不应少于总桩数的 2%，且不得少于 3 根，每根桩取芯数量不宜少于 5 组，每组不宜少于 3 件试块。

## 5.4 压顶梁、围檩、板带、支撑梁施工和相关要求

（1）压顶梁、围檩、板带和支撑梁均为现浇钢筋混凝土结构，混凝土强度等级均为 C30。

（2）围檩、板带和支撑梁的垫层采用 100mm 厚 C15 素混凝土再加铺隔离油毛毡二层，土方开挖时应及时、彻底凿除垫层。

（3）支撑梁混凝土均应一次性浇筑完成，不允许留施工缝。压顶梁和围檩可在跨度的三分之一处留置施工缝。

（4）压顶梁、围檩和支撑梁纵筋均通长配置，且应采用机械连接或焊接，并符合机械连接或焊接的有关要求。

（5）压顶梁、围檩和支撑梁内的箍筋应采用封闭形式，并做成 135°弯钩，弯钩端头直段长度不应小于 10 倍箍筋直径和 75mm 的较大值。

（6）支撑梁端部纵向钢筋应锚入压顶梁内不小于 $L_a$，且伸过压顶梁的中心线不小于 $5d$（$d$ 为纵向受力钢筋直径），当直线锚固长度不足时，应伸至节点对边并向下弯折。支撑主次梁高度相同时，次梁下部纵向钢筋应置于主梁下部纵向钢筋之上。

（7）所有断面表示的压顶梁、围檩和支撑梁，其纵向钢筋的锚固长度均不小于 $L_a$。

（8）压顶梁与支撑梁、围檩与支撑梁、支撑梁与支撑梁相交节点处，均应设置水平加腋。

（9）支撑梁纵筋遇格构柱应穿过或绕过角钢，不得切断。在角钢上开孔时，同一根角钢开孔的面积应小于角钢截面的 30%。

（10）每 100m³ 混凝土设置一组试块，混凝土质量控制要求详见《混凝土结构工程施工质量验收规范》GB 50204—2015。

## 5.5 喷射混凝土面层施工和相关要求

（1）喷射混凝土面层采用 C20 喷射混凝土，厚度为 80mm，分两层施工：喷射第一层混凝土厚度为 40～50mm，然后绑扎钢筋网片、喷射混凝土；第二层混凝土至设计厚度。

（2）水泥采用 P·O 42.5 水泥，雨期施工应内掺 3%～5%S 减水剂。

（3）应进行喷射混凝土面层的现场试块强度试验，每 500m² 喷射混凝土面积的试验数量不应少于 1 组，每组试块不应少于 3 个。

（4）应对喷射的混凝土面层厚度进行检测，检查数量每 500m² 不少于 1 组，每组不少于 3 个点。全部检测点的面层厚度平均值不应小于厚度设计值，最小厚度不应小于厚度设计值的 80%。

（5）喷射混凝土开裂后，外部水流易通过裂缝流入坡体中，降低坡体稳定性，施工过程中应严格把控喷射混凝土面层质量，现场应注意巡查，发现裂缝后应及时灌注混凝土封堵。

## 5.6 井型钢构架竖向立柱施工和相关要求

（1）本工程立柱桩上部采用井型钢构架，下部尽可能利用工程桩（钻孔灌注桩），其余采用新增直径 800mm 钻孔灌注桩。

（2）新增的竖向立柱桩水平偏差不得大于 50mm，桩径允许偏差为 ±50mm，充盈系数应 ≥1.10，孔底沉渣厚度应 ≤50mm。钢筋笼安装深度允许偏差为 ±100mm，其余技术要求同钻孔灌注工程桩。

（3）钢构架缀板与角钢的焊接采用围焊，焊缝高度大于 8mm。

（4）钢构架的角钢的接头可采用剖口熔透焊，接头应错开 600mm。

（5）钢构架上部伸入支撑 600mm，下部插入钻孔灌注桩内 2500mm。施工时，应先将钢构架与下部钻孔灌注桩的钢筋笼主筋焊接牢固，再整体吊入孔内。

（6）竖向立柱施工时先钻孔至设计标高，放入钢筋笼和预制的钢构架，然后浇筑混凝土。

（7）钢构架的止水片应在挖土结束后，地下室底板混凝土浇筑前施工，止水片应设在承台或底板厚度的中部附近。止水片与角钢，止水片与止水片之间焊接，焊缝高度应不小于5mm。

（8）施工单位在正式施工前应仔细核对立柱桩数量及位置，为方便后续施工，立柱桩位置应避开剪力墙、柱子和承台等不利位置。钢构架放置时应尽量平行地梁以方便后续地梁钢筋施工；当地梁纵向钢筋数量较多且难以穿越井型钢构柱时，可在钢构柱上开孔或适当加宽基础宽度及避绕开格构柱，但每肢角钢的开孔面积一般不得大于其全截面面积的30%，超过时应采取相应的补强措施，具体可根据现场实际情况与设计人员协商确定。开孔作业时应考虑钢材强度的临时降低，注意掌握每次开孔的时间间隔，必要时可采取临时支撑措施。

（9）土方开挖和地下室结构施工过程中，应采取有效措施防止挖机等机械设备对立柱的碰撞。

# 6 基坑排水措施

（1）在基坑坡顶四周做尺寸为300×400～500（H）的明沟以防地表水流入基坑而影响施工，一旦渗漏应及时修补。在挖土过程中，可视实际情况在基坑中央临时挖集水坑，排除基坑中明水，施工至基底后，按实际情况在坑底周边布置排水沟和集水井；基坑底排水沟应离基坑边4m以上。

（2）坑壁根据实际情况设置若干泄水孔，泄水孔用直径48mmPVC管，管壁每隔50mm旋转90°设直径5圆孔一个，管外用滤布包裹。

（3）在后浇带封闭及施工覆土完成之前，施工方应在基坑内采取施工抗浮措施，满足地下室的抗浮要求。

（4）若坑内挖土时涌水量较大，可在坑内临时设深坑抽水。

# 7 基坑监测内容和相关要求

## 7.1 监测内容

本工程基坑开挖土质条件差，施工过程中应进行监测，做到信息化施工；基坑施工过程应由业主委托有专项资质的第三方单位进行基坑监测，并按《建筑基坑工程监测技术标准》GB 50497—2019等规范编制专项方案进行论证后实施，监测内容主要如下：

（1）周围环境的监测：包括地面沉降观察、坡顶水平位移观测和裂缝的产生与开展情况。

（2）土体侧向位移监测：本工程中主要是土体深层位移大小随时间的变化。测斜管必须在土方开挖前一周埋好。

（3）地下水位监测：实时监测地下水位的变化情况。

（4）支撑轴力监测：实时监测支撑轴力的变化情况。

（5）立柱桩沉降监测：实时监测立柱桩沉降的变化情况。

## 7.2 监测要求

（1）开挖前，应对周围环境作一次全面调查，记录观测数据初始值。基坑开挖期间一般情况下每天观测一次，如遇位移、沉降及其变化速率较大时，则应增加监测频次。地下室底板浇筑完成后，可酌情逐渐减少观测次数。

（2）监测数据一般应当天口头提供给监理单位，次日填入规定的表格提供给建设、监理、施工设计等相关单位，挖土至坑底时应增加监测次数。

（3）每天的数据应整理成有关表格并绘制成相关曲线，如位移沿深度的变化曲线，位移及沉降随时间的变化曲线。

（4）监测记录必须有相应的施工工况描述。

（5）监测人员对监测值的发展和变化应有评述，当接近报警值时应及时通报监理，提请有关部门注意。

（6）工程结束时应有完整的监测报告，报告应包括全部监测项目，及监测值全过程的发展和变化情况、相应的工况、监测最终结果及评述。

## 7.3 监测报警值

（1）深层土体水平位移：连续3d日位移2mm，单日水平位移大于3mm，累计位移达55mm。

（2）地表沉降：连续3d沉降达到2mm，或累计沉降达40mm。

（3）地下水位：每天变化幅度大于500mm。

（4）支撑轴力：第一道混凝土支撑内力警戒值8400kN，第二道混凝土支撑内力警戒值11000kN，第三道混凝土支撑内力警戒值7200kN。

（5）立柱桩沉降：连续 3d 沉降达到 2mm，或累计沉降达 10mm。

（6）坡顶位移：连续 3d 位移达到 2mm，或累计位移达 30mm。地表裂缝宽度：累计 15mm 或持续发展。

（7）建筑物沉降：连续 3d 沉降达到 2mm，或累计沉降达 15mm。

（8）管线位移：连续 3d 沉降、水平位移达到 2mm，或累计沉降、水平位移达 20mm。

当超过报警值时，应及时通知建设单位和设计、监理、施工等单位，以便采取应急措施。

## 8　应急措施

（1）如基坑地下水量比较丰富，可采用增加轻型井点、自吸泵或增设深井等方法处理。

（2）若基坑出现渗水，应立即停止挖土，及时堵漏或采用双液注浆法（水泥和水玻璃），必要时在桩外侧增打高压旋喷桩止水或加布轻型井点降水。

（3）基坑开挖前应在现场准备一定数量的砂包、钢管、型钢、水泥、水泵等抢险物资。发现异情后可采取卸土、回填、设临时支撑等应急措施。

（4）如果坡顶出现裂缝，位移监测结果较大或超出警报值，则应立即停止开挖土方，水泥浆灌缝，视具体情况采取坑外卸载，情况紧急时还应回填土方。

（5）如周围围墙、建筑物或地下管线沉降较大，可采用注浆加固建筑物地基等方法处理。

（6）在基坑开挖过程中，应保证有两台挖土机可以随时调用，便于采取应急措施。

## 9　结果

本基坑已完成，实际监测结果均未超过报警值，对周边环境无影响，基坑设计合理。

# 三亚市某建筑边坡支护设计实录

余 顺 李 兵 王新波 郭宏云 孙崇华 李青海

（北京特种工程设计研究院，北京 100028）

## 1 工程背景

拟建工程位于海南省三亚市某村，拟建建筑为 5 栋建筑物（图 1）。分别位于下图 1～5 位置处，根据规划，建筑物 1、2、3 号及部分道路标高高于现状地面，为大面积填方区，自东向西填方高度从 1m 增高至 6m，边坡全长约为 368m，需考虑进行边坡支护。

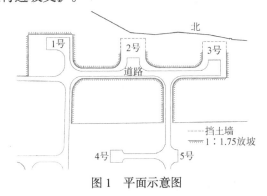

图 1 平面示意图

## 2 工程地质条件

### 2.1 地形地貌

拟建场地原始地貌属于山前冲洪积地貌。东南侧为旷地，西北侧为芒果地及香蕉地。整体地势相对平缓，相对高差较小。

### 2.2 地质构造

三亚地区在区域地质上属于琼南拱断隆起构造区。地质构造以华夏纬向构造体系为格架，由华夏、新华夏等构造系复合形成了本区的特征。新构造运动以不对称的穹状隆起为特点，以间歇性上升为主，局部产生断陷，形成各级夷平面台地。根据勘察报告，第四系地层中未发现断裂活动的痕迹，区域稳定性较好。根据历史地震资料，场地所在的琼南地区发生的地震多为微震和弱震，最大震级 4.5 级，最高地震烈度为 6 度。

### 2.3 气象、水文

三亚地区属热带海洋季风气候区，台风频繁，干湿交替明显，终年无霜，冬短夏长。据 1955～2002 年三亚历年气象观测资料，三亚地区多年平均日照时数 2532.8h，多年平均降雨量 1755.0mm，多年平均蒸发量 2273.0mm，多年平均气温 25.7℃，极端低温为 5.1℃，极端高温为 37.5℃。从每年 2 月中旬～12 月上旬为夏季，12 月中旬～翌年 2 月上旬为春秋季，湿度为 72%～90%。5～11 月为雨季，降水量约占全年的 90%，其中 8～9 月降雨量最大；11 月至来年 4 月为旱季，降雨量仅占全年降雨量的 10%。极端降雨量为 640.9mm。多年平均风速 2.7m/s，年风向多东风，次为东北风。台风累计年平均影响个数 4.3 个，累计年最高影响个数 10 个。三亚台风季节一般从每年的 6 月开始，10 月结束，个别年份延长到 11 月结束。洪水一般出现在每年 7～10 月，出现时间、大小与台风登陆方向关系密切，一般台风经过的地区洪水大于其他地区。

### 2.4 地层岩性

根据钻探资料，钻探深度范围内主要有 12 个地层（7 个主层、5 个亚层），整个场区地层变化幅度较小（图 2）。

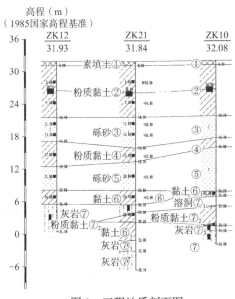

图 2 工程地质剖面图

地层特性及分布描述如下：

（1）第①层素填土（$Q_4^{ml}$）：黄褐色、红褐色、灰黑色等，稍湿，松散状，主要由粗砂和黏土组成，土质不均匀，工程性质差。该层场地中均有分布，揭露层厚 0.50～1.60m，揭露平均厚度 0.95m。

（2）第②层粉质黏土（$Q_2^{al+pl}$）：红褐色、灰白色等，可塑～硬塑状，切面粗糙，含砾砂，含角砾，粒径 $d = 1～6cm$。该层分布于全场，其层顶埋深 0.50～1.60m，层顶高程 28.650～35.770m，揭露层厚 7.00～16.70m，揭露平均厚度 10.99m。

（3）第③层砾砂（$Q_2^{al+pl}$）：黄褐色，灰黄色等，稍密～中密状，饱和，主要成分为石英质，细粒土含量为 20%～35%，含角砾，粒径 $d = 1～6cm$。其层顶埋深 8.40～17.50m，层顶高程 18.370～24.750m，揭露层厚 0.60～6.40m，揭露平均厚度 3.45m。

（4）第④层粉质黏土（$Q_2^{al+pl}$）：黄褐色、红褐色等，可塑—硬塑状，切面粗糙，含角砾，粒径 $d = 1～6cm$。该层分布于全场，其层顶埋深 10.70～19.80m，层顶高程 15.840～20.420m，揭露层厚 0.50～13.40m，揭露平均厚度 4.64m。

（5）第⑤层砾砂（$Q_2^{al+pl}$）：黄褐色、灰褐色等，稍密～中密状，饱和，主要成分为石英质，细粒土含量为 30%～40%，含碎石，次棱角～圆砾，粒径 $d = 1～6cm$。该层大部分钻孔中揭露，其层顶埋深 15.20～22.00m，层顶高程 11.690～17.900m，揭露层厚 1.90～14.50m，揭露平均厚度 4.98m。

（6）第⑥层黏土（$Q_2^{el}$）：黄褐色、灰褐色等，可塑状，切面粗糙，含未风化完全的角砾，为灰岩残积土，局部风化较差，风化程度不均匀。该层大部分钻孔中揭露，其层顶埋深 18.30～30.00m，层顶高程 4.350～14.900m，揭露层厚 0.10～11.30m，揭露平均厚度 4.15m。

（7）第⑥₁层黏土（$Q_2^{el}$）：黄褐色、灰褐色等，软塑状，切面粗糙，含未风化完全的角砾，为灰岩残积土，局部风化较差，风化程度不均匀。该层只在部分钻孔中揭露，其层顶埋深 18.00～29.60m，层顶高程 2.240～12.640m，揭露层厚 0.80～7.70m，揭露平均厚度 3.70m。

（8）第⑥₂层中风化灰岩孤石：深灰色，灰白色，隐晶质结构，层状构造，主要矿物成分为硫酸盐矿物、方解石等，节理裂隙较为发育，岩芯成短柱状，局部成块状，$L = 5～25cm$。该层只在一个钻孔有揭露，其层顶埋深 25.00m，层顶高程 9.220m，揭露层厚 0.5m。

（9）第⑦层中风化灰岩：灰色，灰白色，隐晶质结构，层状构造，主要矿物成分为硫酸盐矿物、方解石等，节理裂隙较为发育，岩芯成短柱状，局部成块状，$d = 3～20cm$，$RQD = 50\%～60\%$。该层整场均有分布，由于钻孔深度原因，以该层作为终孔地层，未完全揭穿，其层顶埋深 21.10～51.10m，层顶高程 -16.880～13.860m，揭露层厚 0.30～7.50m。

（10）第⑦₁层溶洞：钻进过程中存在掉钻和漏水现象。该层只两个钻孔有揭露，其层顶埋深 25.00～44.60m，层顶高程 -10.380～7.080m，揭露层厚 2.00～6.50m，揭露平均厚度 4.25m。

（11）第⑦₂层粉质黏土（$Q_2^{al+pl}$）：灰褐色、灰黑色等，流塑～软塑状，易钻进，含砾砂，含碎石，次棱角～圆砾，粒径 $d = 1～5cm$。该层为溶洞充填土，土质不均匀，局部流塑状态，钻进取芯困难。该层只在部分钻孔中揭露，其层顶埋深 23.90～44.00m，层顶高程 -10.910～8.160m，揭露层厚 0.5～12.80m，揭露平均厚度 3.33m。

（12）第⑦₃层强风化灰岩：灰白色，深灰色，隐晶质结构，层状构造，主要矿物成分为硫酸盐矿物、方解石等，节理裂隙较发育，岩心呈块状，$d = 2～7cm$。该层大部分钻孔都有揭露，其层顶埋深 20.70～47.60m，层顶高程 -10.840～14.360m，揭露层厚 0.40～6.00m，揭露平均厚度 1.61m。

## 2.5 水文地质条件

（1）地表水

拟建场地未见地表水。场地东侧约 400m 有一条河流，但对拟建场地影响不大。

（2）地下水

勘察深度范围内揭露的地下水赋存于本场地揭露的各岩土层中，其中第①层素填土、第②层粉质黏土、第④层粉质黏土、第⑥层黏土、第⑥₁层黏土及第⑦₂层粉质黏土属于弱透水层。第③层砾砂、第⑤层砾砂及第⑥₁层溶洞属于强透水层。第①层素填土、第②层粉质黏土、第③层砾砂、第④层粉质黏土、第⑤层砾砂、第⑥层黏土、第⑥₁层黏土、及第⑦₂层粉质黏土地下水属于潜水类型，地下水补给来源主要为大气降雨及地下径流的渗入补给。第⑦₁层溶洞、第⑦₃层强风化灰岩及第⑦层中风化灰岩地下水属于岩溶隙水类型，沿裂隙、溶洞或地下暗河径流。勘察期间实测潜水层稳定水位，其潜水水位埋深为 3.5～11.3m，水位标高为 24.290～27.660m。根据该区域资料及周边民井资料，该区地下水位年变化幅度3.0～5.0m。

## 2.6 不良地质作用

据区域地质资料及本次钻探结果，勘察范围内及周边地区，未发现浅埋的全新世活动断裂、滑坡、崩塌、泥石流、采空区、地面沉降等不良地质作用，未见古河道、沟浜、墓穴、防空洞。勘察中发现有溶洞和孤石等不利埋藏物，其中孤石仅出现在1号建筑物场区附近，对边坡工程影响较小。溶洞出现在1号、2号建筑物场区附近。溶洞埋深

约为25m。埋深较大，对于边坡工程影响较小。

## 2.7 相关设计参数

（1）边坡工程安全等级

本工程中填方高度最高为6.8m，土质边坡，边坡坡顶及坡脚较为开阔，破坏后影响较小，因此确定该场区边坡工程安全等级为二级。

（2）各土层的物理力学参数

根据勘察报告，确定各土层的物理力学性质，其指标参数详见表1。

各土层的物理力学指标表　　表1

| 层号 | 土名 | 含水量$\omega$/% | 重度$\gamma$/（kN/m³） | 压缩模量$E_{s0.1-0.2}$/MPa | 液限指数 | 直剪 | | 承载力特征值$f_{ak}$/kPa |
| --- | --- | --- | --- | --- | --- | --- | --- | --- |
| | | | | | | 内摩擦角$\varphi$/° | 黏聚力c/kPa | |
| ② | 粉质黏土 | 16.2 | 20.7 | 10.08 | 0.22 | 16.5 | 47.6 | 220 |
| ③ | 砾砂 | 13.6 | （20） | （6） | — | （28） | （4） | 200 |
| ④ | 粉质黏土 | 22.0 | 20.0 | 8.31 | 0.25 | 13.3 | 25.4 | 240 |
| ⑤ | 砾砂 | 17.6 | （20） | （6） | — | （28） | （6） | 220 |
| ⑥ | 黏土 | 28.6 | 18.7 | 5.67 | 0.48 | 12.0 | 25.9 | 120 |
| ⑥₁ | 黏土 | 39.8 | 17.7 | 4.04 | 0.83 | 9.6 | 19.8 | 90 |
| ⑥₂ | 中风化灰岩孤石 | 饱和单轴抗压强度标准值$f_{rk}$=36.49MPa | | | | | | |
| ⑦₂ | 粉质黏土 | 33.8 | （10） | 3.63 | — | （5） | （15） | 70 |
| ⑦₃ | 强风化灰岩 | — | — | — | — | （15） | （35） | 350 |
| ⑦ | 中风化灰岩 | 饱和单轴抗压强度标准值$f_{rk}$=36.49MPa | | | | | | |

（3）挡土墙地基摩擦系数

挡土墙埋深按1m考虑，挡土墙基底主要为②粉质黏土，其地基摩擦系数为0.25。

（4）填料参数

填料采用碎石土，粒径不大于20cm，填料不得采用含草皮、树根及耕植土或淤泥土，遇水崩解、膨胀的一类土，土的可溶盐含量、有机质含量不得大于5%。内摩擦角按35°考虑。重度按18.5kN/m³考虑。

（5）抗震设防烈度

根据勘察报告，挡土墙抗震设防烈度按6度（0.05g）考虑。

（6）坡顶荷载

拟建5栋建筑地基基础形式为桩基础，因此，在挡土墙验算时，可忽略建筑物自重，仅考虑施工荷载及车辆荷载，按30kPa计算。

# 3 边坡支护方案设计

## 3.1 总体方案

由于场区可用场地较大，优先考虑按照1：1.75进行回填，为防止边坡雨水冲刷，坡面采用人字形

骨架进行防护。

其中2号、3号建筑物距离场区围墙较近，没有放坡空间，该两块场区周边可采用挡土墙进行支护。2号场区填方高度6.8m，3号场区填方高度5.4m（图3）。

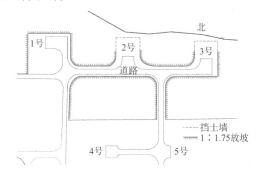

图3　边坡工程平面布置图

## 3.2 支护挡土墙形式比选

根据填土高度，2号场区拟设挡土墙高度为7.8m，3号场区拟设挡土墙高度为6.4m。可采用衡重式或扶壁式挡土墙。保持同样外部条件，工况为一般工况，上部荷载30kPa，填料重度18.5kN/m³，填料内摩擦角35°，挡土墙地基摩擦系数0.25。使用理正岩土6.5对衡重式挡土墙和扶壁式挡土墙的抗滑移、抗倾覆、地基承载力进行验算，计算结果见表2。

挡土墙验算结果统计表　　　　　表2

| 挡墙高度/m | 挡墙长度/m | 支护形式 | 滑移稳定安全系数 | 倾覆稳定安全系数 | 地基验算/kPa |
|---|---|---|---|---|---|
| 7.8 | 43.5 | 衡重式挡土墙 | 2.161 | 3.181 | 墙趾压应力167 < 264<br>墙踵压应力300 > 264<br>平均压应力233 > 220 |
| | | 扶壁式挡土墙 | 1.336 | 5.477 | 墙趾压应力240 < 264<br>墙踵压应力100 < 286<br>平均压应力170 < 220 |
| 6.4 | 50 | 衡重式挡土墙 | 2.18 | 3.403 | 墙趾压应力123 < 264<br>墙踵压应力256 < 264<br>平均压应力190 < 220 |
| | | 扶壁式挡土墙 | 1.343 | 5.538 | 墙趾压应力240 < 264<br>墙踵压应力100 < 286<br>平均压应力170 < 220 |

根据计算结果可发现，在均满足安全系数大于规范要求1.3的条件下，衡重式挡土墙的墙踵处压力大于粉质黏土承载力的1.2倍，基础底部平均压力也大于粉质黏土的承载力。结果表明，衡重式挡土墙需要较高地基承载力，当前的承载力220kPa不能满足设计要求。若采用衡重式挡土墙需进行地基处理。扶壁式挡土墙的造价虽略高，但该场区支护长度较短，总体造价与衡重式挡土墙地基处理相差不大，同时考虑工期、便捷性等其他因素，最终采用扶壁式挡土墙。

### 3.3　支护工程

2号建筑场区周边设置7.8m高扶壁式挡土墙，埋深1m，面板厚度0.5m，底板厚度0.6m，墙踵长5.3m，墙趾长0.5m，扶肋间距3m，肋厚0.5m，距离墙趾0.9m处设置0.8m×0.6m凸榫。底板下侧横向钢筋及上侧纵向、横向钢筋为直径20mm的HRB400级钢筋，间距200mm，扶肋的背侧受拉钢筋为8根直径36mm的HRB500级钢筋。凸榫采用直径16mm HRB400级钢筋，纵向均匀布置8根，箍筋间距200mm，其余钢筋均按照分布筋布置。

3号建筑场区周边设置6.4m高扶壁式挡土墙，埋深1m，面板厚度0.5m，底板厚度0.6m，墙踵长4.3m，墙趾长0.5m，扶肋间距3m，肋厚0.5m，距离墙趾0.9m处设置0.8m×0.6m凸榫。底板下侧横向钢筋及上侧纵向、横向钢筋为直径20mm的HRB400级钢筋，间距200mm，扶肋的背侧受拉钢筋为6根直径36mm的HRB500级钢筋。凸榫采用直径16mmHRB400级钢筋，纵向均匀布置8根，箍筋间距200mm，其余钢筋均按照分布筋布置。

两段挡土墙均采用C30混凝土浇筑，钢筋保护层厚40mm，在合适位置设置伸缩缝，保证立板悬臂长度约为0.35倍的净间距。伸缩缝缝宽20mm，缝内沿墙的内、外、顶三边填塞沥青麻筋，填塞深度不小于150mm。

### 3.4　护坡工程

除2号、3号场区，其余填土段采用坡率法，按照1∶1.75直接进行回填，考虑雨水冲刷，坡面主要采用人字形截水骨架。骨架厚0.5m，截水高度0.1m。坡脚设置1.5m×0.7m脚墙，埋深0.8m，坡顶及加固范围起始处均设置C25混凝土0.5m×0.5m的镶边。骨架内选择适宜生长的植物进行播种，草籽埋入深度不小于5cm，同时表面采用三维植被网防护。若人字形骨架不便施工时，可采用20cm的正六边形混凝土空心砖，壁厚5cm，砖厚15cm。人字形截水骨架植草护坡与扶壁式挡土墙交界处，采用1∶1.75锥坡，坡面可采用正六边形混凝土空心砖植草防护。

### 3.5　排水工程

现场整体地势平缓，场区主要为填方地区，可采用自然散排，设计中仅需避免坡脚浸水。2号、3号场区挡土墙段，对坡脚1m范围内采用C20素混凝土进行硬化处理，硬化地面外倾5%。护坡段坡脚设置脚墙。

挡土墙面板设三排直径10cm的泄水孔，水平间距2m，梅花形布置，最下排泄水孔口应高出地面200mm。泄水孔外倾5%，外露20mm。

### 3.6　其他工程

扶壁式挡土墙墙顶设置护栏，放坡段由于坡率较缓，不再设置护栏。填土时，要保证分层铺土、分层碾压，每层虚铺厚度一般不得大于300mm，压实系数不小于 0.95，每层填土压实度监测合格后方可进行上一层填土施工。

### 3.7 预期支护效果

该项目施工完成后，由于设计中主要采用方格形节水骨架植草护坡，因此能够达到较好的绿化效果。同时两段挡土墙采用的是体积较小的扶壁式挡土墙，外立面垂直地面，保证墙角与场区围墙之间有较大空间，视觉效果较为宽敞，为随后的道路施工提供条件。

## 4 经验总结

（1）设计前期，在勘察报告的基础上，应对工程现场进行踏勘，从而保证对现场的地形、地质条件、已有建筑物情况有更清晰的认识，避免在之后的设计中，出现设计与实际现状不符或无施工条件的情况。

（2）本次设计中，一些有经验的设计人员可直接确定粉质黏土的承载力可能不满足衡重式挡土墙的设计要求。因此，在做岩土设计时，一定要结合地区经验，方案确定时，可参照当地常用且已实施的设计方案。

（3）计算参数的选取对于计算结果影响很大，计算参数应基于岩土勘察报告选取，同时应符合地区经验。避免计算参数过于保守。

（4）在岩土设计中，保证工程安全可靠的同时，也应考虑施工的可行性及便捷性。优先选择技术成熟的、当地常用的技术方案。在一些周边环境复杂、场地狭小的地方，需考虑施工便道、施工作业面等问题。

（5）施工过程中，应及时根据现场情况，调整优化设计方案。保证工程的安全与工期。

## 5 结语

该项目中的边坡主要采用较为经济的放坡回填，仅在无放坡条件的两段采用扶壁式挡土墙进行支护。施工较为便捷、工期较短、经济合理同时也达到了较好的绿化效果。为该地区的边坡工程提供了一定的借鉴和参考。

## 参考文献

[1] 住房和城乡建设部. 建筑边坡工程技术规范: GB 50330—2013[S]. 北京: 中国建筑工业出版社, 2013.

[2] 住房和城乡建设部.混凝土结构设计规范(2015 年版): GB 50010—2010[S]. 北京: 中国建筑工业出版社, 2015.

[3] 住房和城乡建设部. 建筑与市政地基基础通用规范: GB 55003—2021[S]. 北京: 中国建筑工业出版社, 2021.

[4] 住房和城乡建设部.建筑与市政工程抗震通用规范: GB 55002—2021[S]. 北京: 中国建筑工业出版社, 2021.

[5] 住房和城乡建设部. 建筑地基基础设计规范: GB 50007—2011[S]. 北京: 中国建筑工业出版社, 2012.

[6] 住房和城乡建设部. 建筑抗震设计规范(2016 年版): GB 50011—2010[S]. 北京: 中国建筑工业出版社, 2016.

[7] 住房和城乡建设部. 建筑地基基础工程施工质量验收标准: GB 50202—2018[S]. 北京: 中国计划出版社, 2018.

# 装配式预应力型钢组合支撑技术在
# 深基坑支护中的应用

张健儿　朱其俊　杨世圣　陈　铭

（杭州信达投资咨询估价监理有限公司，浙江杭州　310014）

## 1　工程概况

正在建设中的杭州某工程，其地块平面尺寸为132m×267m，设有两层地下室，局部为3层，基坑平面面积约3.4万 $m^2$，最大的开挖深度达到16.35m。由于本工程周边环境较为复杂，毗邻地铁与市政隧道、钱塘江、大运河及城市主干道路，加之地质条件较差，是典型的软土地质，根据以往的类似工程实践，在基坑施工过程中发生塌方、突涌等事故的风险较大，故存在较大的安全隐患，为此，对照本工程周边业已施工成功的基坑围护状况，结合本工程的实际，本着安全、高效、经济的原则，按照《危险性较大的分部分项工程安全管理规定》（中华人民共和国住房和城乡建设部令第 37 号）、省市的有关规定，包括地铁单位的要求，经多方案比较，并通过了专家的论证，将基坑分为大小四个基坑按"时空效应"分段分时进行施工，其中 A3、A4 为小基坑，2-Ab、2-Ad 为大基坑，其围护方式与结构见图1所示。

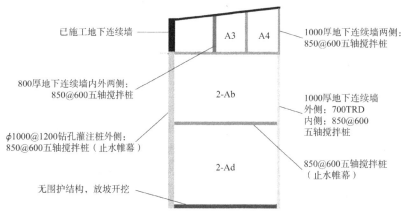

图 1　小基坑、大基坑分坑及围护平面布置图

（图中黑色部分的地下连续墙为地铁单位先行施工完成）

在地铁控制保护区范围以内的 A3、A4 小基坑的围护结构在邻地铁侧围护采用厚度为 1200mm 的地下连续墙，两侧采用 $\phi$800@600 双重管高压旋喷桩槽壁加固，深度至隧道底；非邻地铁侧采用 1000mm 地下连续墙，两侧采用 $\phi$850@600 五轴搅拌桩槽壁加固，并沿地铁隧道走向进行分坑施工，设置了 3 道混凝土支撑作水平支撑。

而远离地铁的大基坑 2-Ab、2-Ad 围护结构为：围护左侧采用 $\phi$1000@1200 钻孔灌注桩与一期基坑分隔，$\phi$850@600 五轴水泥搅拌桩作止水帷幕，南侧邻之江路采用 1000mm 地下连续墙（两墙合一），地下连续墙外侧采用 700mm 厚 TRD 作槽壁加固，内侧采用 $\phi$850@600 五轴水泥搅拌桩作槽壁加固。大基坑分区、分块施工，设了 2 道装配式预应力型钢组合支撑＋混凝土边桁架作为水平支撑，大基坑装配式预应力型钢支撑平面布置见图2。

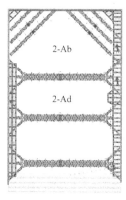

图 2　大基坑装配式预应力型钢支撑平面布置

## 2 装配式预应力型钢组合支撑体系的介绍

装配式型钢组合支撑为工厂化生产的标准件，现场采用装配式施工，一般由型钢支撑梁、预应力伺服装置、组合围檩、立柱和连接件等装配构成的支撑系统（以下简称"型钢组合支撑"），组合围檩则是由多根 H 型钢标准件或 H 型钢标准件与混凝土围檩经螺栓连接而成；可施加预应力的型钢支撑梁主要包括对撑、角撑、八字撑及预应力伺服装置等（图 3）；预应力伺服装置在支撑梁与支撑梁或支撑梁与围檩斜交处设置三角传力件，由加载横梁、千斤顶、伺服保力盒和垫板等组成（图 4）。

图 3 装配式预应力型钢组合支撑

图 4 施加预应力伺服装置

装配式预应力型钢组合内支撑体系中的各种构件将通过螺栓连接而成，具有较高的施工灵活性，可结合不同的基坑，通过增加月牙梁、斜抛撑和钢反拱系统，甚至可以与钢筋混凝土支撑组成混合体系。该体系具有重量轻、安装方便、重复利用、成本低、节点可靠、传力明确等特点，可广泛用于平面尺寸较大、较规则的基坑。

## 3 周围环境状况

### 3.1 地质状况

根据地质勘察资料显示，本工程基坑开挖深度范围内的地层主要为①填土、③砂质粉土。其分层情况如表 1 所示，地质剖面状况如图 5 所示。

各地基土层岩土分层表 表 1

| 层号 | 土层名称 | 岩土性状 | 揭示层厚/m | 顶板高程/m |
|---|---|---|---|---|
| ①₁ | 杂填土 | 灰杂色，松散 | 0.50～11.9 | 7.80～9.55 |
| ①₂ | 素填土 | 褐灰—灰杂色，稍密状 | 0.70～9.50 | 2.35～8.54 |
| ①₃ | 暗塘土 | 灰色，稍密， | 0.60～3.70 | 2.35～8.10 |
| ①₄ | 筑填土 | 杂灰色，密实 | 0.40～11.10 | -3.69～7.03 |
| ③₁ | 砂质粉土 | 灰黄色，稍—中密，稍湿 | 0.80～3.80 | 4.35～7.64 |
| ③₂ | 砂质粉土 | 黄灰色，中密，很湿 | 1.10～7.60 | -2.45～5.21 |
| ③₃ | 粉砂夹粉土 | 绿灰色，中密—密实，饱和 | 1.80～4.30 | -3.67～4.36 |
| ③₄ | 砂质粉土 | 灰色，稍—中密，很湿 | 0.90～6.9 | -6.36～0.64 |
| ③₅ | 粉土夹粉砂 | 绿灰色，中密—密实，饱和 | 4.50～9.60 | -9.67～-3.06 |
| ③₆ | 粉砂 | 绿灰色，中密—密实，饱和 | 0.60～3.90 | -11.90～-8.18 |
| ③₇ | 砂质粉土 | 灰色，稍密，很湿，夹黏性土 | 0.70～5.20 | -14.46～-9.02 |
| ⑥₁ | 淤泥质粉质黏土夹粉砂 | 灰色，流塑 | 0.60～5.90 | -15.89～-11.91 |

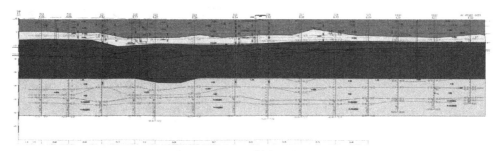

图 5　地质剖面图

## 3.2　在建地铁

本项目的西侧为地铁 9 号线，东北侧为地铁 6 号线，但西侧的 A1、A2 坑先行施工，部分主体已经完成到 10 余层，对 9 号线的影响较小，而 6 号线的隧道与本工程的地墙水平净距为 15.0～16.2m，几乎与本工程的地下室外墙平行，其长度约为 137m，隧道的外径为 6.2m，顶部埋深为 23.9～29.8m，见表 2。基坑与地铁之间的平面与剖面之间的关系如图 6、图 7 所示。

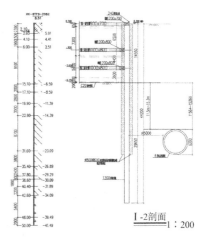

图 7　基坑与 6 号线区间隧道剖面位置关系图

## 3.3　邻近管线基本情况

项目的东北侧为规划的运河东路，暂未发现控制性管线，区域东南侧与之江路相邻，下埋污水、通信、给水、电力、煤气等市政管线（图 8），最近管线中心与基坑边相距 10.7m，管线均在基坑施工范围外，无须迁改，需做好监测与保护。周边管线的概况如表 3 所述。

**基坑与地铁设施平面位置关系表**　表 2

| 基坑分区 | | 挖深/m | 平行地铁设施方向边长/m | 面积/m² | 与地铁设施水平净距/m | 备注 |
|---|---|---|---|---|---|---|
| A区 | A3 | 14.55 | 89 | 4400 | 15.0～16.2 | 隧道到达前完成邻地铁侧地下连续墙 |
| | A4 | | 38 | 1545 | | 6 号左线 |

图 6　基坑与地铁设施平面位置关系图

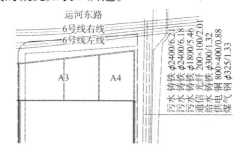

图 8　周边管线示意图

**周边管线概况表**　表 3

| 类型 | 材质 | 规格 | 根数 | 埋深/m | 迁改方式 | 位置/m |
|---|---|---|---|---|---|---|
| 污水 | 铸铁 | φ2400 | 1 | 6.21 | 原位保护 | 南侧 10.7 |
| 污水 | 铸铁 | φ2400 | 1 | 6.18 | 原位保护 | 南侧 14.1 |
| 污水 | 铸铁 | φ1800 | 1 | 5.46 | 原位保护 | 南侧 17.5 |
| 通信 | 光纤 | 200×100 | 1 | 2.01 | 原位保护 | 南侧 19.3 |
| 给水 | 铸铁 | φ300 | 1 | 1.32 | 原位保护 | 南侧 20.8 |
| 电力 | 铜 | 800×400 | 1 | 0.88 | 原位保护 | 南侧 24.2 |
| 煤气 | 钢 | φ325 | 1 | 1.33 | 原位保护 | 南侧 28 |

# 4 装配式预应力型钢组合支撑体系施工技术

## 4.1 施工工艺

施工工序

对于基坑各施工区，结合设计施工工况与坑内支撑布置的情况，对 2-Ab、2-Ad 基坑的土方开挖分三步进行：第一步土方开挖至第一道支撑底，完成第一道内支撑的施工，第二步利用临时坡道开挖至第二道支撑底，实施第二道内支撑的施工，第三步土方开挖出土口堆土采用 15m 加长臂挖掘机在基坑周边平台上出土，直接装车运出场外，其支撑下采用小型挖掘机掏挖、倒运，将支撑下土方倒运到出土口内。土方开挖至坑底设计标高后立即组织验槽，合格后进行混凝土垫层浇筑，封闭坑底。

结合支护设计文件、施工方案的要求，土方开挖工程遵循"竖向分层，纵向分段""先撑后挖、分层开挖、严禁超挖"的总体原则，大基坑的装配式预应力型钢组合支撑的施工工艺为：

施工准备→基坑开挖至第一层型钢支撑预埋件施工标高（6.9m）→测量定位/标高控制/复核（施工混凝土三角件、型钢支撑预埋件）→土方开挖至第一层型钢支撑施工标高（6.1m）→安装托座件→安装型钢支撑横梁→安装图纸内预应力型钢支撑并施加预应力→土方开挖→基坑开挖至第二层型钢支撑预埋件施工标高（0.850m）→测量定位/标高控制/复核（施工混凝土三角件、型钢支撑预埋件）→土方开挖至第二层型钢支撑施工标高（0.050m）→安装托座件→安装型钢支撑横梁→安装图纸内预应力型钢支撑并施加预应力→土方开挖→基坑土方开挖结束→施工浇筑混凝土垫层、底板、传力带→地下室底板和传力带混凝土强度达到设计强度→根据底板及传力带施工顺序部位拆除第二层预应力型钢支撑→施工浇筑负三层楼板、传力带→负三层楼板和传力带混凝土强度达到设计强度→施工浇筑负二层楼板、传力带→负二层楼板和传力带混凝土强度达到设计强度→根据负二层楼板及传力带施工顺序部位拆除第一层预应力型钢支撑→支撑拆除结束。

## 4.2 装配式预应力型钢组合支撑施工

### 4.2.1 装配件的供应

本工程所用的装配式预应力型钢支撑件均由专业公司生产制作，为保证基坑的安全与施工质量，所有构配件均认真履行了进场验收手续，安排专人对每一批进场的构配件进行检查与验收，按进场构配件的规格、数量等，整理好相关的质保资料、办理构配件进场报验手续，如实填写构件的检查记录（主要检查构件外形尺寸、厚度，螺孔大小和间距、焊接拼装质量等），高强度螺栓应满足《钢结构高强度螺栓连接技术规程》JGJ 82—2011 中的要求，包括其试验检测报告，预应力伺服装置中的油压千斤顶等经检定合格并有效。

### 4.2.2 型钢立柱的安插

本工程的大部分立柱利用了桩中设置的钢格构柱，但也部分使用了 H 型钢柱，在施工过程中严格按设计文件要求进行安装，尤其是型钢立柱需对接接长时，要确保底板底标高以上部位不出现焊接接头，其焊接质量需按图 9 所示的要求进行施工。

H 型钢立柱采用机械手直接插入（图 10），主要控制其插入深度（进入持力层）及角度、垂直度等，以保证托座及横梁等准确安装。插入前按设计要求进行测量定位，确保型钢立柱位置偏差在 10mm 以内，其垂直度偏差不超过其长的 1%。为防止碰撞，在完成的型钢立柱上贴了反光条。

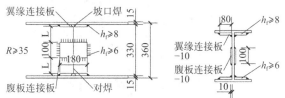

图 9　H 型钢对接补强措施

图 10　型钢立柱直接插入

### 4.3　混凝土三角的施工

混凝土三角的平面尺寸是根据设计文件要求进行深化设计，经基坑围护设计确认后施工的，其厚度为400mm，先将型钢支撑连接器预埋到位（图11、图12），以保证型钢组合支撑梁通过预埋件与混凝土三角、压顶梁形成整体水平的稳定支撑系统（图13）。

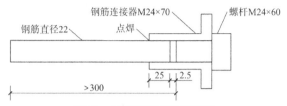

图 11　标准件预埋钢筋构造

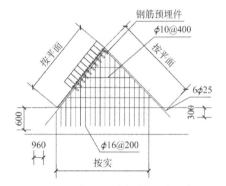

图 12　混凝土三角钢筋设计要求

图 13　型钢支撑连接器与混凝土三角预埋连接

在压顶梁钢筋绑扎施工时要特别关注锚固节点受力钢筋是否与立柱发生冲突，现场部分冲突作了相应的调整，保证了锚固节点牢固可靠（图14）。

图 14　混凝土三角钢筋与围护桩型钢冲突处理

### 4.4　牛腿支架的安装

按照设计文件的规定，沿基坑周边设置牛腿支架，控制好位置与标高，一般其标高偏差不大于±2mm，并保证型钢围檩（中心线）在同一个平面内。支架焊接前须将连接部位（如预埋件、H型钢等）范围内的铁锈、油污、混凝土残留物等杂物清理干净，范围不少于200mm×200mm；注意牛腿支架的焊接质量，不仅要保证其牢固可靠和稳定性，而且应保证其位置准确，不得出现歪扭、虚焊等；牛腿支架的上表面标高控制在2.000mm以内，仰角控制在90°～95°，其焊接质量应满足《钢结构焊接规范》GB 50661—2011、《钢结构工程施工质量验收标准》GB 50205—2020等的要求，并对焊接部位的坡口、间隙、钝边等做好相应的处理，同时在检查验收中做好记录。

### 4.5　型钢围檩的安装技术

#### 4.5.1　定位与基准线

安装前，利用全站仪测设基坑相邻两个转角内侧的控制点与控制轴线，其精度应保证轴线偏差不超过±10mm。

#### 4.5.2　围檩的安装

安装时遵循"先长后短，减少接头数、接头错开"的原则，优先使用较长的围檩，如12m长的构件，以减少接头数，围檩就位前应检查验收钢牛腿的安装质量，如是否有松动，松动的经补焊加强处理，消除隐患。围檩随支撑架设顺序逐段吊装，人工配合吊机将钢围檩安放于牛腿支架上。围檩的连接部位和搭接部位使用10.9S级摩擦型高强螺栓紧固连接。

#### 4.5.3　高强螺栓的组装

根据《钢结构工程施工规范》GB 50755—2012及设计文件的要求，高强度螺栓连接副组装时，螺母带圆台面的一侧应转向垫圈有倒角的一侧。对于M24大六角高强度螺栓连接副组装时，螺栓头下垫圈有倒角的一侧应转向螺栓头，切忌装反。高强度螺栓紧固时应将扳手套在预紧后的高强度螺栓上，内套筒插入螺栓内部的梅花头，然后微转外套筒，使其与螺母对正，并推至螺母根部。接通电源开关，内外套筒背向旋转将螺栓紧固。其紧固分两次进行，第一次初拧，初拧扭矩值为终拧的50%～70%，第二次终拧达到规范要求值 $T_C=$

$10^5 \text{N} \cdot \text{m}$，偏差不得大于±10%。

## 4.6 托座、横梁的安装

安装托座件时应控制好标高与垂直度，一般通过角撑、对撑、H型钢等的标高反推算其顶面标高，托座面标高的偏差不大于±2mm，计算公式如下：

托座面标高 = 支撑结构中心标高 −（1/2 支撑件高度 + 横梁高度）。

在预应力施加前后，均应安排专人对支撑横梁与角撑、对撑等部位所有的连接进行监测，尤其是角撑和对撑的紧固连接部位，以防止因预应力损失、影响到支撑体系整体的刚度而失稳造成事故。

## 4.7 支撑梁的安装

为保证安装的精度，支撑梁先在地面进行预拼接并检查预拼质量，保证拼接支撑两头（含千斤顶及构配件）中心线的偏差控制在 2cm 之内，经检查合格后，按编号、部位进行整体吊装就位。型钢组合支撑梁拼装就位、加压前预先采用抱箍使之与横梁暂时连接起来，经检查合格后再采用螺栓紧固连接（图 15）。

图 15　支撑梁的安装

## 4.8 预应力的施加

每道型钢支撑拼装完毕后，在 24h 内完成预应力的施加。

### 4.8.1 预应力施加值与加压用千斤顶选型

装配式预应力型钢组合支撑的预应力施加目前主要分为两类设备：伺服千斤顶（适用于应力实时监控、调整）与普通千斤顶（用于不需伺服监控的项目）；由于本工程的基坑开挖区内土质较差，考虑到加压后可能会因坑外软弱土的蠕动、徐变而造成预应力的衰减，导致基坑体系失稳而造成事故，另外，预应力施加后均会产生不同程度的应力损失，甚至会影响到地铁运行的安全，故本工程

采用了伺服千斤顶，其型号为 DT-500-150，公称最大顶出力为 4800kN（500t）、公称油压 50MPa、最大出顶行程 150mm。

### 4.8.2 预应力的施加

1）施加前的检查工作，主要检查：

（1）千斤顶等设备是否完好，检定证书是否有效，千斤顶有无设置防坠落装置等。

（2）各部件螺栓的连接是否紧固，传力件与围护体系的连接状态是否完好（加压前，型钢支撑件与横梁之间应采用抱箍临时固定，不得栓接，以避免加压时带动立柱侧移）。

（3）检查型钢支撑件与混凝土三角件或型钢围檩之间的塞铁是否加塞到位等。

2）按照设计文件与施工方案等的要求，将准备好的千斤顶等加压设备，调至最小行程后安放于加压部位的正中间位置，千斤顶应有固定的措施，以防止坠落，使千斤顶两侧端头与加压件顶住，按照20%、50%、30%的比例分级施加预应力，并根据分级加压情况做好相应的记录（图16）。

图 16　施加预应力现场

在施加预应力过程中应特别注意：

（1）严禁支撑在施加预应力后由于和预埋件

不能均匀接触而导致偏心受压；在支撑受力后，必须严格检查并杜绝因支撑和受压面不垂直而发生渐变，从而导致基坑挡墙水平位移持续增大乃至支撑失稳等现象发生。

（2）为了控制千斤顶油缸伸出的长度在10cm以内，在加压时可以采取在千斤顶后面加塞钢板的措施来增加油缸的长度（图17）。

图 17　楔铁

（3）支撑的加压需严格按设计轴力值及步骤进行，不允许加载不到位或超加载。

（4）预加轴力必须对称同步，并分级加载，为确保对称加载，可通过同一个液压泵站外接 T 形阀门，分别接至组合千斤顶。第一次预加应力后12h观测预应力损失及墙体位移，并复加预应力至设计值。

（5）型钢组合支撑梁加压后，应对接头螺栓进行二次紧固，且采用螺栓将支撑梁与横梁紧固（每一交接处，横梁两侧至少各 1 颗 M24×90 高强螺栓）。

（6）加压后的型钢组合支撑梁上，不得堆放物品且保持排水孔不被堵塞；每天安排人员进行巡查并做好巡查记录。

（7）应根据环境温度的变化及时调整预应力值。由于温差过大导致钢支撑预应力损失时，立即在当天低温时段复加应力至设计值。

（8）结合基坑检测报告动态调整预应力，实施时，主要是结合地墙的位移、支撑梁轴力、坑内外水位差等进行实时调整，本工程实施过程中，其位移、轴力均在设计给定的范围内，未出现报警状况。

## 4.9　装配式预应力型钢组合支撑的拆除

### 4.9.1　拆除顺序

装配式预应力型钢组合内支撑的拆除顺序如图 18 所示。

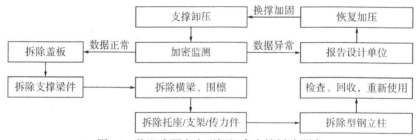

图 18　装配式预应力型钢组合支撑拆除顺序

### 4.9.2　拆除

拆除时应先释放预应力，采用逐级释放，每级预应力释放后宜观察 30min，并检查节点变化及基坑周边变形情况，如有异常应立即采取措施进行整改；释放预应力时，先用千斤顶顶开加压件，再卸除保力盒，然后松开千斤顶，依次吊出单肢型钢。

各个构件应分件拆除，并遵循"先装的后拆、后装的先拆""单横梁支撑的构件先拆"等原则，拆下来的构件应按指定位置分类堆放。高强螺栓应间隔拆除。

拆撑过程应加强对基坑及周边环境的监测和现场巡视工作，当发现存在安全隐患应立即停止拆除作业，待隐患排除后方可继续拆除作业。

## 5　总结

目前本工程已经安全顺利完成了基坑支护任务，主体结构施工完成，比计划进度提前了30d，达到了绿色施工、节能环保的目标，所有型钢实现了100%的回收。

装配式预应力型钢组合支撑技术是随着地下

空间综合利用发展起来的一项新技术，具有工厂预制的标准化构件而在现场装配、无须养护，省工省时，主要构件均可循环再利用，基本无建筑垃圾的产生；可根据监测成果利用计算机进行动态施加预应力以控制基坑变形；符合绿色、节能、环保的可持续发展建设要求，但该支撑体系的设计和施工应结合工程所处的地质与水文地质条件、场地及周边环境条件、基坑形状和平面尺寸、基坑开挖深度、施工条件及使用期限等多种因素确定是否适应，并采取措施保证与围护墙、地下水控制、土体加固、主体结构等的设计和施工相协调，一般作为基坑的水平支撑使用，但对基坑平面尺寸较大、土质条件较好的，也可结合中心岛用作围护墙的基坑竖向斜撑使用。

装配式预应力型钢组合支撑整体施工工艺工序简单、便捷，能在一定范围内快速形成支撑体系，通过不同型钢构件的组合，能满足大部分基坑的支护需求，相信在不久的将来会全面推广开来。

## 参考文献

[1] 中华人民共和国住房和城乡建设部. 危险性较大的分部分项工程安全管理规定(建设部令第 37 号).

[2] 浙江省住房和城乡建设厅. 基坑工程装配式型钢组合支撑应用技术规程: DB33/T 1142—2017[S].

[3] 中华人民共和国住房和城乡建设部. 钢结构焊接规范: GB 50661—2011[S]. 北京: 中国建筑工业出版社, 2011.

[4] 中华人民共和国住房和城乡建设部. 钢结构工程施工质量验收标准: GB 50205—2020[S]. 北京: 中国计划出版社, 2020.

[5] 中华人民共和国住房和城乡建设部. 钢结构工程施工规范: GB 50755—2012[S]. 北京: 中国建筑工业出版社, 2011.

[6] 中华人民共和国住房和城乡建设部. 钢结构高强度螺栓连接技术规程: JGJ 82—2011[S]. 北京: 中国建筑工业出版社, 2011.

# 上海瑞虹新城10号地块发展项目基坑工程设计实录

梁志荣　黄开勇　魏　祥　李　伟　陈　颍　王强强　罗玉珊

（上海申元岩土工程有限公司，上海　200011）

## 1　工程概况

上海瑞虹新城10号地块发展项目位于上海市虹口区，虹镇老街以西，天虹路以北，瑞虹路以东，是集办公和商业功能于一体的综合体公共建筑项目。项目包括两栋170m高的超高层塔楼和55m高的裙楼，并设置四层整体地下室。项目总用地面积为42978.4m²，总建筑面积为444128.1m²，其中地下总建筑面积为144052.0m²。本项目基坑开挖面积37200m²，基坑普遍开挖深度19.20~20.85m，属于软土地区超大超深基坑，基坑施工影响范围较广。

## 2　基坑周边环境

本项目邻近市政道路、管线、地铁、建筑，基坑周边环境复杂，环境保护要求严格[1]。基坑周边环境详见图1。

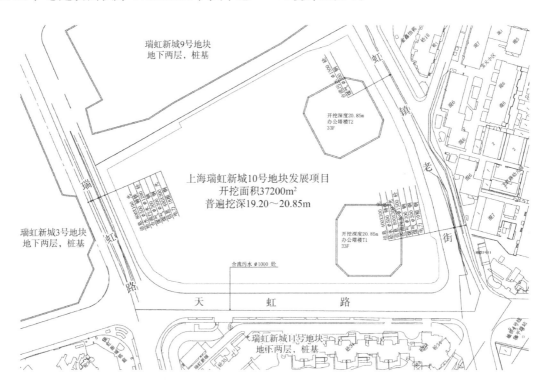

图1　基坑周边环境

### 2.1　基坑东侧

基坑东侧边线距离用地红线4.0~7.5m，红线外为虹镇老街，虹镇老街下有信息、给水、合流污水、煤气、电力等管线，距离基坑边线14.7~30.6m；虹镇老街对面为宝元小区住宅（混6~混7，20世

基金项目：上海市青年科技英才扬帆计划（21YF1432600）、上海市地质之星人才计划（Dzxh202208）、上海市优秀技术带头人计划（22XD1432800）、上海市青年科技启明星计划（21QB1404400）。

获奖项目：2020年上海市优秀工程勘察设计一等奖。

纪八九十年代建造，天然地基），距离基坑边线31.5～35.4m；基坑东北角有金鑫怡苑高层住宅（混凝土18层，桩基），距离基坑边线36.5m；基地东南角有上海地铁4号线临平路车站（地下两层），车站主体结构距离基坑边线60.1m，其出入口距离基坑边线33.0m。

## 2.2 基坑南侧

基坑南侧边线距离用地红线7.6m，红线外为天虹路，天虹路下有合流污水管，距离基坑边线21.6m；天虹路对面为瑞虹新城11号地块高层住宅（混凝土34层～混凝土35层，地下两层，桩基），距离基坑边线39.2～39.5m。

## 2.3 基坑西侧

基坑西侧边线距离用地红线7.5m，红线外为瑞虹路，瑞虹路下有电力、信息、煤气、合流污水、给水等管线，距离基坑边线9.6～24.5m；瑞虹路对面为瑞虹新城3号地块建筑（主楼混凝土13层，裙楼混凝土2层～混凝土5层，地下两层，桩基），距离基坑边线31.5m。

## 2.4 基坑北侧

基坑北侧边线距离用地红线2.9～7.5m，红线外为施工中的瑞虹新城9号地块建筑（地上尚未施工，地下两层已经完成，桩基），距离基坑边线15.6m。

# 3 工程地质条件

## 3.1 工程地质条件

根据岩土工程详勘报告，拟建场区属于上海地区滨海平原地貌类型，场地地势较为平坦。场地自地表至120m深度范围内揭示的地层均为第四系松散沉积物，主要由饱和黏性土、粉性土及砂土组成。拟建场地揭示土层9层，分为16个亚层，其中②、④、⑤层土为$Q_4$沉积物，⑦、⑧、⑨层土为$Q_3$沉积物。各土层的分布以及工程性质分述如下：

（1）①$_1$层杂填土，遍布，夹三合土、煤渣，土质松散。该层土土质不均，结构松散，强度不均。

（2）②$_1$层灰黄色黏质粉土，局部有暗浜或填土较厚处缺失或变薄，层底较平缓，含氧化铁斑点，稍密—中密，中压缩性。

（3）②$_{3-1}$层灰色黏质粉土，遍布，含云母，夹薄层黏性土，稍密—中密，中压缩性；②$_{3-2}$层灰色砂质粉土，局部分布，含云母屑，有机质，夹薄层黏性土，局部为黏质粉土，土质不匀中密，中压缩性。该两层粉土渗透性较大。

（4）④层灰色淤泥质黏土，局部缺失，含有机质，夹贝壳屑碎片，夹少量薄层砂，呈流塑状，具有压缩性高、强度低、渗透性小和灵敏度高等特性。

（5）⑤$_1$层灰色黏土，局部缺失，含有机质，夹少量薄层砂，土质尚均，呈软塑状，高压缩性。

（6）⑤$_2$层灰色砂质粉土，局部缺失，含云母屑，有机质，夹薄层黏性土，局部切割较深。

（7）⑤$_3$层灰色粉质黏土，局部缺失，含有机质，夹少量腐殖物、钙质结核，夹少量粉性土，呈软塑状，中等压缩性。

（8）⑤$_4$层灰绿色粉质黏土，局部分布，土质尚均，稍有光泽，夹粉土团块。

（9）⑦层灰绿—灰色砂质粉土，夹薄层黏土，土质不匀。

（10）⑧$_{1-1}$层灰色粉质黏土，含有机质，夹少量薄层砂，偶见钙质结核，切面稍光滑，土质尚均，层面有一定起伏。

（11）⑧$_{1-2}$层灰色粉质黏土夹砂，遍布，含有机质，夹薄层粉砂，土质不均匀。可塑，中等压缩性，$Ps$平均值为2.27MPa，工程性质较好，局部层面不稳。⑧$_2$层灰色粉砂与粉质黏土互层，标贯平均击数46，$Ps$平均值为4.54MPa，土性较好，但局部缺失。

（12）⑨层遍布，含云母、石英、矿物质等，密实，中等压缩性。根据所含颗粒的大小又可分为⑨$_1$层灰色粉砂，⑨$_2$层灰色粉细砂。⑨$_1$层是稳定的砂层。

（13）⑩层灰绿—灰色粉质黏土，硬塑状，层厚约3m，在本场地局部分布。

（14）⑪层粉砂，密实，中等压缩性。

各土层的物理力学性质详见表1。

土层物理力学性质                                                                表 1

| 层号 | 层名 | 重度γ/（kN/m³） | 固结快剪峰值强度 | | 渗透系数 | | 孔隙比e | 含水率w/% | 压缩模量$E_{s0.1-0.2}$/MPa |
|---|---|---|---|---|---|---|---|---|---|
| | | | 黏聚力c/kPa | 内摩擦角φ/° | $k_V$/（cm/s） | $k_H$/（cm/s） | | | |
| ②₁ | 黏质粉土 | 18.6 | 6 | 24.0 | $3.15 \times 10^{-5}$ | $5.81 \times 10^{-5}$ | 0.837 | 28.6 | 8.16 |
| ②₃₋₁ | 黏质粉土 | 18.5 | 5 | 26.0 | $7.95 \times 10^{-5}$ | $1.31 \times 10^{-4}$ | 0.845 | 28.9 | 8.62 |
| ②₃₋₂ | 砂质粉土 | 18.6 | 5 | 26.5 | $1.50 \times 10^{-4}$ | $2.82 \times 10^{-4}$ | 0.824 | 28.2 | 8.79 |
| ④ | 淤泥质黏土 | 16.7 | 10 | 12.0 | $1.04 \times 10^{-7}$ | $1.32 \times 10^{-7}$ | 1.423 | 50.8 | 2.12 |
| ⑤₁ | 黏土 | 17.3 | 13 | 12.0 | $1.12 \times 10^{-7}$ | $1.99 \times 10^{-7}$ | 1.200 | 41.8 | 2.80 |
| ⑤₂ | 砂质粉土 | 18.5 | 5 | 32.0 | $1.88 \times 10^{-4}$ | $3.29 \times 10^{-4}$ | 0.843 | 28.9 | 10.07 |
| ⑤₃ | 粉质黏土 | 18.1 | 15 | 20.5 | $6.50 \times 10^{-7}$ | $9.51 \times 10^{-7}$ | 0.966 | 33.2 | 4.61 |
| ⑤₄ | 粉质黏土 | 19.4 | 36 | 21.5 | $1.29 \times 10^{-7}$ | $1.40 \times 10^{-7}$ | 0.720 | 24.7 | 6.51 |
| ⑦ | 黏质粉土夹粉质黏土 | 18.5 | 5 | 32.5 | $1.65 \times 10^{-4}$ | $2.75 \times 10^{-4}$ | 0.846 | 28.7 | 9.71 |
| ⑧₁₋₁ | 粉质黏土 | 18.0 | 15 | 19.0 | $3.91 \times 10^{-7}$ | $6.96 \times 10^{-7}$ | 0.996 | 34.4 | 4.59 |
| ⑧₁₋₂ | 粉质黏土夹砂 | 18.3 | 18 | 20.0 | | | 0.920 | 31.6 | 4.88 |
| ⑧₂ | 砂质粉土与粉质黏土互层 | 18.5 | 9 | 29.0 | | | 0.846 | 28.9 | 7.45 |
| ⑨ | 粉砂 | 19.0 | 3 | 35.0 | | | 0.736 | 25.1 | 13.01 |
| ⑩ | 粉质黏土 | 19.1 | 34 | 20.5 | | | 0.772 | 26.7 | 6.61 |
| ⑪ | 粉砂 | 19.0 | 3 | 35.0 | | | 0.730 | 24.6 | 13.37 |

## 3.2 水文地质条件

### 1）潜水

根据岩土工程详勘报告，拟建场地浅部地下水属潜水类型。勘察期间，测得浅部土层潜水水位埋深 0.80～1.50m。根据上海市岩土工程勘察规范[2]，上海年平均水位埋深一般为 0.5～0.7m，设计时按不利条件取潜水水位埋深 0.5m。

### 2）（微）承压水

拟建场地分布的第⑤₂层砂质粉土是上海地区的微承压含水层，第⑦层黏质粉土夹粉质黏土和第⑨层粉砂是上海地区的第一和第二承压含水层。

根据上海市岩土工程勘察规范，微承压水水头埋深为 3.00～11.00m，承压水水头埋深为 3.00～12.00m。勘察期间测得第⑤₂层水头埋深为 3.28～3.45m。根据抽水试验报告，试验期间测得第⑤₂层水头埋深为 4.48～4.50m，第⑦层水头埋深为 6.00～6.20m，第⑨层水头埋深为 5.60m。

本工程基坑普遍开挖深度为 19.20～20.85m，基本位于第⑤₂层层面，因此第⑤₂层对本工程基坑影响重大。

场地部分区域第⑦层与第⑤₂层相连通，第⑦层对本工程基坑有突涌影响。根据验算，场地第⑦

层与第⑤₂层不连通区域，基坑抗突涌稳定性满足规范要求。以上典型工程地质剖面详见图 2。另外，场地还有部分区域无第⑦层。

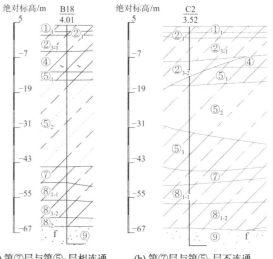

(a) 第⑦层与第⑤₂层相连通    (b) 第⑦层与第⑤₂层不连通

图 2  场地典型工程地质剖面

## 4  基坑支护设计

### 4.1  项目特点

（1）本项目位于上海市虹口区繁华地段，基坑东、南、西三侧临市政道路，路下管线密集，东南角邻近地铁站，北侧邻近高层住宅，基坑周边环境复杂，环境保护要求严格。

（2）本项目基坑开挖面积37200m²，基坑普遍开挖深度19.20～20.85m，属于软土地区超大超深基坑，基坑施工影响范围较广，变形控制难度极大。

（3）本项目场地工程地质及水文地质条件复杂，第⑤₂层微承压含水层和第⑦层承压含水层相互连通，基坑抗突涌问题突出，地下水控制难度极高。

## 4.2 总体方案

考虑到本项目的基坑规模和周边环境特点，并结合建设单位关于西侧裙楼先完工、先使用的开发进度要求，基坑支护采用"分区顺作"方案：将西侧裙楼区域作为Ⅰ区，东侧主楼区域作为Ⅱ区，先施工Ⅰ区，待Ⅰ区出±0.000后，再施工Ⅱ区。基坑分区平面详见图3。其中，Ⅰ区远离地铁，周边环境相对宽松，分区面积较大（约21900m²），Ⅱ区邻近地铁，呈狭长形布置，分区面积较小（约15300m²），有利于控制基坑的变形[3]。

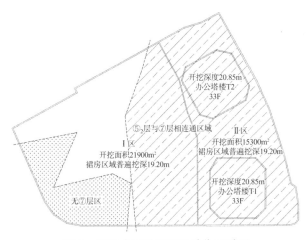

图3 基坑分区平面和地质分区平面

本项目基坑采用地下连续墙＋四道钢筋混凝土支撑的支护形式。其中，地下连续墙包括整个项目基坑周边的外围墙和Ⅰ区、Ⅱ区之间的中隔墙。外围墙采用"两墙合一"方案，既作为基坑的围护结构，又兼作地下室外墙。同时，利用外围墙作为隔水帷幕，隔断对基坑有影响的（微）承压含水层。基坑外围典型支护剖面详见图4。开挖Ⅰ区前，所有地下连续墙（两个分区外围＋中隔墙）必须全部

施工完毕，以形成封闭的隔水帷幕，为后期基坑开挖创造安全的施工条件。

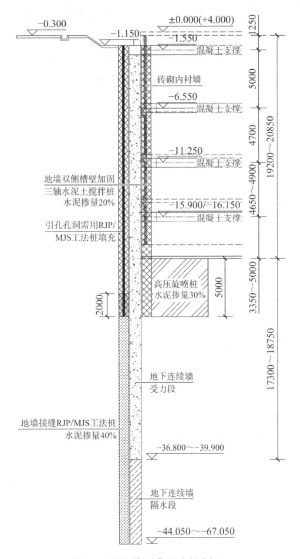

图4 基坑外围典型支护剖面

## 4.3 设计方案

（1）地墙厚度：设计根据基坑的挖深和周边环境，采用不同的地墙厚度，其中，裙楼区域外围墙厚度1m，主楼区域外围墙厚度1.2m，中隔墙厚度0.8m。

（2）地墙深度：外围墙根据功能不同，可分为上下两段：上段地墙为受力段，作为围护结构挡土受力，有效长度为35～38m，需要根据受力情况计算配筋；下段地墙为隔水段，作为隔水帷幕隔断（微）承压含水层，只需构造配筋，墙底埋深根据（微）承压含水层层底埋深确定，进入相对不透水层≥2m；第⑦层与第⑤₂层相连通区域需隔断第⑦层，其他区域仅隔断第⑤₂层，最终地墙成槽深度

为 44～67m。

（3）地墙接头形式[4]：根据地墙的厚度、成槽深度及位置，分别采用锁口管、H 型钢、十字钢板接头。长度 45m 以内的地墙采用锁口管接头；长度超过 45m 的地墙：外围墙（厚度 1～1.2m）采用十字钢板接头，中隔墙（厚度 0.8m）采用 H 型钢接头。

（4）地墙槽壁加固：考虑到本场地土层砂性较重，渗透系数较大，为防止地墙施工时槽壁塌孔，在地墙的两侧设置φ850@600 三轴水泥土搅拌桩槽壁加固，相邻桩间套接一孔，桩底进入坑底以下 5m，水泥掺量 20%，确保地墙成槽质量。

（5）地墙接缝止水：外围墙外侧三轴桩槽壁加固兼作地墙上部接缝止水，普遍区域地墙下部接缝止水采用 RJP 超高压喷射注浆[5]，为了降低对地铁的影响，邻近地铁区域地墙下部接缝止水采用 MJS 全方位高压喷射注浆[6]。下部 RJP/MJS 工法桩施工时在三轴桩内引孔，上下两种止水桩间搭接 2m，引孔孔洞需用 RJP/MJS 工法桩填充。RJP 工法桩直径：外围区域 2.6m，中隔区域 2.2m，采用 150°定向摆喷，喷射方向面向地墙接缝，水泥掺量 40%；MJS 工法桩直径 2.6m，采用全圆喷射，水泥掺量 40%。外围地墙接缝 RJP/MJS 工法桩大样详见图 5、图 6。

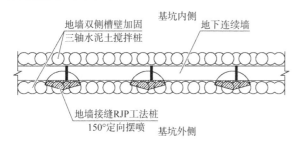

图 5 普遍区域外围地墙接缝 RJP 工法桩大样

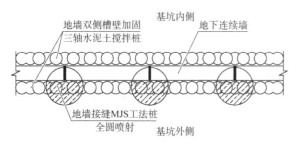

图 6 邻近地铁区域外围地墙接缝 MJS 工法桩大样

（6）地墙墙底注浆：由于本项目外围地下连续墙与地下室外墙两墙合一，为防止后期地下连续墙作为主体结构使用时产生不均匀沉降，采用墙底注浆技术，每幅地墙均预留两根注浆管，待地墙墙身混凝土浇筑完毕并完成初凝后，进行墙底注浆。

（7）坑内加固：坑边设置φ1000@800 高压旋喷桩加固，水泥掺量 30%，加强被动区土压力，减小围护结构变形，保护周边环境安全。局部落深较大区域同样采用φ1000@800 高压旋喷桩进行加固。

（8）支撑布置：本项目基坑设置四道钢筋混凝土支撑，以对撑为主，辅以角撑和边桁架的形式。第一道支撑结合场地大门的位置布置施工栈桥，车辆主要经东、南、西三侧市政道路出入，栈桥结合基坑周边场地形成环路，加快土方开挖速度。施工 I 区基坑时，II 区未施工场地可以作为 I 区临时施工场地使用。两个分区的第一道支撑平面布置详见图 7、图 8。各道支撑的相对标高和截面尺寸详见表 2。其中 II 区由于主楼的存在，最后一道支撑距坑底净空较大，因此 II 区最后一道支撑标高适当降低。

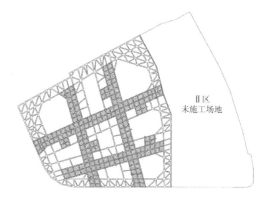

图 7 I 区基坑第一道支撑平面布置
（阴影区域为施工栈桥）

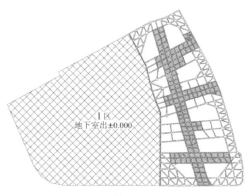

图 8 II 区基坑第一道支撑平面布置
（阴影区域为施工栈桥）

| 支撑层序 | 支撑相对标高/m | | 截面尺寸/mm | | |
|---|---|---|---|---|---|
| | Ⅰ区 | Ⅱ区 | 围檩 | 主撑 | 连杆 |
| 第一道支撑 | -1.550 | -1.550 | 1200×800 | 900×800 | 700×700 |
| 第二道支撑 | -6.550 | -6.550 | 1400×800 | 1200×800 | 700×800 |
| 第三道支撑 | -11.250 | -11.250 | 1500×900 | 1200×900 | 800×800 |
| 第四道支撑 | -15.900 | -16.150 | 1500×900 | 1200×900 | 800×800 |

# 5　基坑降水设计和土方开挖设计

## 5.1　基坑降水设计

本项目基坑面积大，开挖深，基底落差大，开挖面基本在微承压含水层顶面，含水层厚度大，砂层粒径相对较粗，含水量丰富且透水性好，降水难度高；基坑周边环境复杂，邻近市政道路、管线、地铁、建筑，对变形较敏感，场地土层压缩性高，降水风险大。

本场地对基坑开挖有影响且含水量较大的土层主要包括第②₁、②₃层黏质（砂质）粉土、坑底以下第⑤₂层微承压含水层及第⑦层承压含水层。在降水设计前，在场地内进行抽水试验，测定（微）承压含水层的水头埋深、渗透系数、弹性释水系数等相关水文地质参数，为地下水控制设计提供依据。

受古河道切割影响，第⑤₂层与第⑦层在场地内部分区域连通，部分区域不连通，还有部分区域无第⑦层。对于连通区域，设计采用地墙隔断第⑦层承压含水层；其他区域，由于第⑦层缺失或坑底抗第⑦层承压水稳定性安全系数满足规范要求，地墙仅隔断第⑤₂层微承压含水层。因此本工程基坑降水的主要目的为疏干和泄压：

（1）针对坑底以上的第②₁、②₃层黏质（砂质）粉土等主要含水层，坑内普遍布置疏干井进行疏干，疏干井滤头设置在坑底以上。

（2）坑底以及坑底以下以第⑤₂层砂质粉土为主，坑内普遍布置第⑤₂层泄压井进行泄压。部分第⑤₂层泄压井与疏干井组合为联合降水井。

（3）主楼位于第⑤₂层与第⑦层相连通区域，考虑到主楼区域存在大量电梯井和消防集水井，开挖深度较深，可能需要对第⑦层进行降压，因此主楼区域布置少量第⑦层观测井兼备用泄压井。

（4）为实时监控降压对坑内外水位的影响，在坑内外布置第⑤₂层观测井，一旦发现坑外水位变化异常，立即采取对策，以确保围护结构的止水功能。

（5）基坑东南侧邻近地铁，为加强对地铁的保护，坑外布置了少量回灌井，以备不时之需。

## 5.2　土方开挖设计

（1）分区开挖顺序：先开挖Ⅰ区，待Ⅰ区出±0.000后，再开挖Ⅱ区。

（2）各区竖向开挖顺序：开挖第一层土方，然后施工第一道支撑；待支撑达到设计强度后，开挖第二层土方，施工第二道支撑；待支撑达到设计强度后，开挖第三层土方，施工第三道支撑；待支撑达到设计强度后，开挖第四层土方，施工第四道支撑；待支撑达到设计强度后，开挖最后一层土方，立即浇筑垫层、底板。两个分区基坑主要施工节点详见表3、表4。

**Ⅰ区基坑主要施工节点　　　表3**

| 序号 | 施工节点 | 施工日期 |
|---|---|---|
| 1 | 桩基施工 | 2016/12/09～2017/09/30 |
| 2 | 第二层土方开挖 | 2017/10/05～2017/11/12 |
| 3 | 第三层土方开挖 | 2017/11/23～2017/12/29 |
| 4 | 第四层土方开挖 | 2018/01/08～2018/03/17 |
| 5 | 第五层土方开挖 | 2018/03/25～2018/05/04 |
| 6 | 底板施工 | 2018/04/08～2018/05/18 |
| 7 | 地下结构施工 | 2018/05/19～2018/11/11 |

**Ⅱ区基坑主要施工节点　　　表4**

| 序号 | 施工节点 | 施工日期 |
|---|---|---|
| 1 | 第二层土方开挖 | 2018/08/02～2018/09/10 |
| 2 | 第三层土方开挖 | 2018/09/15～2018/10/13 |
| 3 | 第四层土方开挖 | 2018/11/13～2018/12/09 |
| 4 | 第五层土方开挖 | 2018/12/12～2019/01/13 |
| 5 | 底板施工 | 2018/12/26～2019/01/27 |
| 6 | 地下结构施工 | 2019/01/28～2019/08/24 |

（3）各区平面开挖顺序：第一层土方采用大开挖，开挖至第一道支撑底，施工第一道支撑。二至四层土方根据"时空效应"原理，结合基坑支撑及栈桥的布置，按照"分层、分块、对称、限时"原则，采用盆式开挖，由中间向四周边开挖边施工支撑，先形成对撑，后形成角撑。对于最后一层土方，结合结构后浇带的位置，分区、分块挖土，垫层随挖随浇，及时浇筑底板，减少暴露时间。电梯井、集水井等局部落深区待大面积垫层浇筑完毕并达到设计强度后，再行开挖。两个分区基坑二至四层土方开挖分块分别详见图9、图10，其中，Ⅰ

区基坑土方开挖顺序：A1→A2→A3→A4→A5→A6→A7；Ⅱ区基坑土方开挖顺序：B1→B2→B3→B4→B5→B6→B7→B8→B9。

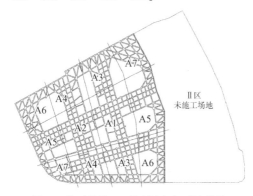

图9　Ⅰ区基坑二至四层土方开挖分块

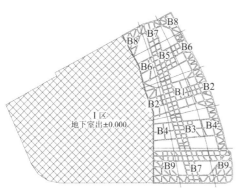

图10　Ⅱ区基坑二至四层土方开挖分块

## 6　基坑监测

本项目基坑监测工作自2016年12月09日开始，至2019年08月24日完成，历时将近33个月。

两个分区基坑围护墙体侧向位移各测孔最大监测值详见表5、表6。

Ⅰ区基坑围护墙体侧向位移各测孔最大监测值　表5

| 测孔位置 | 测孔数量 | 最大监测值/mm |
|---|---|---|
| 东侧 | 6 | 128～156 |
| 南侧 | 7 | 138～192 |
| 西侧 | 5 | 108～179 |
| 北侧 | 7 | 132～196 |

Ⅱ区基坑围护墙体侧向位移各测孔最大监测值　表6

| 测孔位置 | 测孔数量 | 最大监测值/mm |
|---|---|---|
| 东侧 | 11 | 116～180 |
| 南侧 | 4 | 166～174 |
| 西侧 | 6 | 143～150 |
| 北侧 | 2 | 162～168 |

根据监测报告，基坑开挖及地下室结构工程施工期间，围护墙体及土体侧向位移监测孔均呈现向基坑内侧位移。土方开挖后2～3d内，围护墙体侧向位移增大，随后位移增长幅度趋缓，在底板完成后趋于稳定。在支撑拆除过程中，坑底以上围护墙体侧向位移明显。最终围护墙体最大侧向位移为(5‰～10‰)H（H为基坑挖深）。

两个分区基坑施工期间周边环境沉降各测点最大监测值详见表7、表8。

Ⅰ区基坑施工期间周边环境沉降各测点最大监测值　表7

| 监测项目 | 测点位置 | 测点数量 | 累计监测值/mm |
|---|---|---|---|
| 信息管线沉降 | 东侧虹镇老街 | 1 | 63.61 |
| | 南侧天虹路 | 11 | 31.65～204.86 |
| | 西侧瑞虹路 | 3 | 14.72～188.57 |
| 给水管线沉降 | 东侧虹镇老街 | 19 | 15.64～114.72 |
| | 西侧瑞虹路 | 9 | 13.36～129.08 |
| 合流污水管线沉降 | 东侧虹镇老街 | 13 | 19.25～110.64 |
| | 南侧天虹路 | 10 | 10.95～182.90 |
| | 西侧瑞虹路 | 5 | 16.65～100.33 |
| 煤气管线沉降 | 东侧虹镇老街 | 24 | 11.02～128.44 |
| | 南侧天虹路 | 10 | 19.06～163.90 |
| | 西侧瑞虹路 | 10 | 16.08～142.17 |
| 电力管线沉降 | 南侧天虹路 | 6 | 48.57～142.60 |
| | 西侧瑞虹路 | 7 | 49.15～187.84 |
| 建筑沉降 | 东侧宝元小区 | 22 | 30.93～75.91 |
| | 东侧金鑫怡苑 | 13 | 8.14～38.77 |
| | 南侧瑞虹11号 | 24 | −0.71（上抬）～19.71 |
| | 北侧瑞虹9号 | 16 | −3.69（上抬）～5.51 |
| 地库沉降 | 西侧瑞虹3号 | 14 | 0.02～1.64 |
| | 北侧瑞虹9号 | 23 | −1.05（上抬）～1.65 |
| 围墙沉降 | 东侧 | 8 | 25.23～181.86 |
| | 南侧 | 7 | 39.45～158.88 |
| | 西侧 | 4 | 69.38～161.53 |
| 地表沉降 | 东侧Ⅱ区场地 | 12 | 9.86～136.18 |
| | 南侧天虹路 | 16 | 25.63～204.70 |
| | 西侧瑞虹路 | 9 | 71.2～173.32 |
| | 北侧 | 11 | 2.30～250.71 |

Ⅱ区基坑施工期间周边环境沉降各测点
最大监测值　　　　表8

| 监测项目 | 测点位置 | 测点数量 | 累计监测值/mm |
|---|---|---|---|
| 信息<br>管线沉降 | 东侧<br>虹镇老街 | 1 | 130.03 |
| | 南侧<br>天虹路 | 8 | 56.54～223.71 |
| 给水<br>管线沉降 | 东侧<br>虹镇老街 | 19 | 26.90～305.28 |
| 合流污水<br>管线沉降 | 东侧<br>虹镇老街 | 13 | 30.03～270.31 |
| | 南侧<br>天虹路 | 7 | 17.84～202.13 |
| 煤气<br>管线沉降 | 东侧<br>虹镇老街 | 24 | 12.00～279.79 |
| | 南侧<br>天虹路 | 7 | 29.48～182.82 |
| 电力<br>管线沉降 | 南侧<br>天虹路 | 4 | 120.42～163.55 |
| 建筑沉降 | 东侧<br>宝元小区 | 22 | 62.12～206.17 |
| | 东侧<br>金鑫怡苑 | 13 | 4.60～75.77 |
| | 南侧<br>瑞虹11号 | 17 | −0.77（上抬）～3.64 |
| | 北侧<br>瑞虹9号 | 8 | −2.23（上抬）～1.49 |
| 地库沉降 | 北侧<br>瑞虹9号 | 23 | −3.96（上抬）～0.29 |
| 围墙沉降 | 东侧 | 8 | 128.82～292.11 |
| | 南侧 | 5 | 96.06～164.56 |
| 地表沉降 | 东侧<br>虹镇老街 | 25 | 50.93～269.13 |
| | 南侧<br>天虹路 | 5 | 76.03～175.97 |
| | 北侧 | 2 | 129.39～151.09 |

根据监测报告，地下管线、建筑物、地库、围墙、地表监测点在基坑施工阶段普遍呈现下沉，除采用桩基的高层建筑和地库外，大多数监测点沉降量较为明显。开挖施工阶段，地下管线、建筑物、地库、围墙、地表监测点的沉降呈现持续、缓慢地变化，未见突变情况发生，有个别监测点沉降变化速率较大。支撑拆除施工未见对地下管线、建筑物、地库、围墙、地表产生明显影响。

# 7　结语

上海瑞虹新城10号地块发展项目位于上海市区繁华地段，项目东、南、西三侧临市政道路，路下管线密集，东南角邻近地铁站，北侧邻近高层住宅，基坑周边环境复杂，环境保护要求严格。基坑开挖面积37200m²，基坑普遍开挖深度19.20～20.85m，属于软土地区超大超深基坑，基坑施工影响范围较广，变形控制难度极大。场地工程地质及水文地质条件复杂，第⑤₂层微承压含水层和第⑦层承压含水层相互连通，基坑抗承压水稳定性不满足规范要求，地下水控制难度极高。

针对本项目的特点，采取了一系列有效措施：

（1）采用分区实施方案，将基坑划分为两个分区进行开挖。两个分区基坑面积分别为21900m²和15300m²，单个分区开挖进度加快，暴露时间减少，有利于对基坑周边环境变形的控制。

（2）基坑支护体系采用800～1200mm厚地下连续墙"两墙合一"+四道钢筋混凝土支撑，支护体系刚度大，变形控制效果好。

（3）在基坑围护结构采用地下连续墙的基础上，加长外围墙隔断对基坑有影响的（微）承压含水层，地墙长度根据地层起伏情况进行细化，成槽深度为44～67m，确保在隔断（微）承压含水层的同时做到经济合理。

（4）根据不同墙厚、墙深以及位置分别采用锁口管接头、H型钢接头、十字钢板接头，确保地墙接缝施工质量。

（5）为防止地墙施工时槽壁塌孔，在地墙的两侧设置φ850@600三轴水泥土搅拌桩槽壁加固，相邻桩间套接一孔，确保地墙成槽质量。

（6）为了确保地墙接缝止水效果，普遍区域采用RJP工法（φ2200/2600，150°定向摆喷），邻近地铁区域采用MJS工法（φ2600，全圆喷射），进行超深地墙接缝止水施工。

（7）采用φ1000@800高压旋喷桩进行坑边加固和局部落深区域封底加固，控制围护变形，减小坑底隆起。

（8）在前期勘察确定地层分布的基础上，进行抽水试验，测定第⑤₂层与第⑦层的水文地质参数，据此对降水进行细化设计，制定详细降水方案，按需降水降压，降低降水对周边环境的影响。

（9）根据"时空效应"原理，明确分区开挖顺序，细化两个分区土方分层分块开挖方案，对各个工况的顺序提出严格要求。

（10）根据工程特性及要求，采用先进的高精度、自动化仪器，实现高频次、高精度的监测，实时跟踪基坑动态，印证设计计算成果，根据监测数据指导施工，切实实现信息化施工，确保基坑安全。

（11）采用BIM技术进行工况模拟及碰撞检测，指导栈桥布置及场地布置。通过BIM碰撞检测技术对立柱桩与地下室结构进行碰撞检测，立柱桩避让结构梁柱，避免后期变更问题。施工配合过程中利用 BIM 模型与施工进度、监测数据的耦合，控制土方开挖进度、支撑形成及拆撑过程，指导信息化施工。

本项目岩土工程勘察、基坑支护设计、承压水控制全部由我公司提供技术服务。项目团队从项目初期即积极参与方案的研究与制定，提供与岩土工程专业相关的技术服务，配合建设方、主体设计方进行大量前期工作，在确保项目实施安全可靠的前提下，全面考虑了技术先进、经济合理、施工便利、工期节省，为保证基坑与环境的安全、节约岩土工程造价、加快设计与施工的进度做出了积极贡献，使项目科学、有序地顺利实施。

（1）经济效益：设计团队在项目初期即与参建各方进行密切沟通，布置勘察任务有针对性，对主楼分布位置、基础形式、基坑围护形式提出合理建议，减少了反复工作量。以 BIM 技术为基础的栈桥设计为基坑施工提供了充分空间，方便了交叉作业和流水施工，大大缩短了工期。岩土工程全过程一体化服务加快了项目的进度，节省了设计周期，节约了投资成本。

（2）社会、环境效益：本项目位于上海市区繁华地段，作为环境条件复杂的超深超大基坑，采用分区顺作工序，通过精细的基坑设计和抽降承压水控制，确保了基坑和环境的安全。合理的分区、围护形式选择和支撑栈桥设计，加快了项目的土方施工进度，使周边市政道路、管线、地铁及建筑的变形均得到严格控制，取得了良好的社会、环境效益。

本项目的主要实施效果及成果有：

（1）基坑周边环境变形控制效果：基坑施工对周边环境影响均在安全范围内，邻近地铁车站变形控制符合运营要求，基坑开挖期间保持正常运营。

（2）地墙施工质量：通过基坑开挖过程对地墙质量的直观反馈，及坑内降水时对坑外水位的观测，可以反映出地墙及接缝施工质量较为优秀。

（3）工期控制效果：通过对换撑设计的优化，在Ⅰ区（先开挖分区）施工至 B1 板时，在设置合理换撑后，Ⅱ区（后开挖分区）开始开挖第二层土方，将整体工期提前了约 2 个月。通过前期的 BIM 碰撞检测及工况模拟，避免了施工进程中的变更影响，加快了土方开挖及支撑形成、拆除速度。

（4）抽降承压水效果：根据勘察报告、抽水试验确定的水文地质参数，对降压井的总数量、随开挖进度的开启数量、底板完成后的保留数量进行精细化设计，基坑开挖、降水期间，坑外承压水水位降低均在 1m 以内，坑内未出现突涌等问题。

## 参考文献

[1] 基坑工程技术标准(2018 年): DG/TJ 08—61—2018[S]. 上海: 同济大学出版社, 2018.

[2] 岩土工程勘察规范: DGJ 08—37—2012[S]. 上海: 上海市建筑建材业市场管理总站, 2012.

[3] 黄开勇. 软土地区相邻深大基坑同步施工设计实践[J]. 地下空间与工程学报, 2019, 15(S2): 743-750.

[4] 刘国彬, 王卫东. 基坑工程手册[M]. 2 版. 北京: 中国建筑工业出版社, 2009.

[5] 超高压喷射注浆技术标准: DG/TJ 08—2086—2019[S]. 上海: 同济大学出版社, 2019.

[6] 全方位高压喷射注浆技术标准: DG/TJ 08—2289—2019[S]. 上海: 同济大学出版社, 2019.

# 北京房山区某项目基坑支护工程实录

曾海柏　尹法冬　林　叶　林博哲　范民浩

（航天规划设计集团有限公司，北京　102600）

## 1　工程概况

本项目位于北京市房山区长阳镇，京港澳高速东侧，京良路北侧。本工程为地下车库，基坑开挖深度 11.5～13.2m。

本项目场地位于新建小区内，周边分布有住宅楼及地下车库等既有建筑物，具体分布如下：

基坑北侧：建筑结构边线距 22 号住宅楼约 6.6m，22 号住宅楼地上 16 层，地下 1 层，基础埋深约 4.5m，筏板基础，CFG 桩复合地基。

基坑东侧：建筑结构边线距现有住宅 23 号楼约 7.5m，住宅楼地上 17 层，地下 1 层，基础埋深约 4.5m；筏板基础，CFG 桩复合地基。基坑南侧：建筑结构边线距现有 19 号住宅约 17.5m，19 号住宅楼地上 14 层，地下 1 层，基础埋深约 4.5m；筏板基础，CFG 桩复合地基。基坑西侧：建筑结构边线距地下车库约 6.5m，地下车库地下 1 层，基础埋深 6.2～7.0m。基坑周边环境详见图 1。

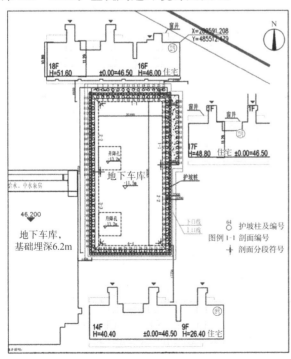

图 1　基坑周边环境图

## 2　工程地质条件与水文地质条件

### 2.1　地形地貌

本场地地形平坦，地貌单元属于永定河冲洪积扇中下部地段。

### 2.2　区域构造条件

场地地质构造处于 NNE 向构造体系"北京凹陷"内，主要受黄庄—高丽营和南苑-通州区两条活动断裂控制，在北京平原区出现两隆一凹的地貌格局，在北京凹陷内堆积了始新世长辛店组及以上地层。地层岩性以黏性土、粉土、砂土、碎石土为主，第四纪覆盖层下为第三纪长辛店组基岩。

### 2.3　地层岩性

场区地层在 35.0m 深度范围内地基土主要由填土、新近沉积的粉土和黏性土、一般第四纪沉积的砂土、粉土和碎石土以及第三纪长辛店组砾岩组成。可划分为 9 个主要层序，从上至下分层描述如下：

1）人工填土层

第①层：砂质粉土、黏质粉土素填土，黄褐色，松散—稍密，湿，含有少量砖块、灰渣及植物根。

本层分布于大部分场区，局部夹粉砂素填土薄层。可见厚度为 0.4～4.3m，层底标高为 41.760～45.920m。

2）新近沉积层

第②层：新近沉积砂质粉土、黏质粉土，褐黄色—褐灰色，湿，稍密—中密，含云母，摇振反应中等，无光泽反应，干强度低，韧性低。可见厚度为 0.4～3.2m，层底标高为 40.910～44.450m。

第③层：新近沉积粉质黏土、黏质粉土，褐黄色—褐灰色，湿—很湿，可塑，含云母、石英及少量有机质，无摇振反应，稍有光泽，干强度中等，韧性中等。可见厚度为 0.3～8.0m，层底标高为 34.860～42.130m。

3）一般第四纪沉积层

第④层圆砾、卵石，杂色，饱和，中密—密实，岩性成分以沉积岩为主，微风化，最大粒径约6cm，一般粒径1～4cm，磨圆度较好，中粗砂充填含量占总重的25%～35%，级配良好，局部夹细中砂薄层及粉质黏土薄层。可见厚度为0.4～8.8m，层底标高为26.620～37.980m。

第⑤层粉细砂，黄褐色—褐黄色，很湿，中密～密实，主要成分为石英、长石，含云母。本层部分钻孔未揭露，可见厚度为0.5～5.2m，层底标高为26.970～32.290m。

第⑥层：粉质黏土、黏质粉土，褐黄色，很湿，可塑～硬塑，含云母、石英，无摇振反应，稍有光泽，干强度中等，韧性中等。本层部分钻孔未揭露，可见厚度为0.6～8.5m，层底标高为22.230～28.790m。

第⑦层：卵石、圆砾，杂色，密实，饱和，一般粒径2～4cm，最大粒径8cm，磨圆度较好，细中砂充填含量占总重的30%，级配良好。本土层仅部分钻孔揭露，可见厚度为0.4～4.2m，层底标高为19.910～26.590m。

4）第三纪长辛店组基岩

第⑧层：强风化砾岩，杂色，密实，湿，强风化，组织结构已大部分破坏，泥质胶结，颗粒间黏结力较弱，风化裂隙发育，岩石坚硬程度为软岩，完整程度为破碎，岩体基本质量等级为V级。本次勘察大部分钻孔未钻穿该层，可见厚度为0.7～6.0m，层顶标高为19.910～26.590m。

第⑨层：强风化泥岩，褐黄色—灰白，密实，湿，强风化，主要矿物成分为黏土，大部分风化成土状。浸水或干湿交替状态易软化、崩解，岩石完

整程度为破碎，岩体基本质量等级为V级。本次勘察未钻穿该层，揭露厚度为0.4～11.1m，层顶标高为15.690～21.960m。

## 2.4 水文地质条件

场地在35.0m深度范围内揭露二层地下水。第一层地下水类型为潜水，初见水位埋深6.90～15.90m，初见水位标高34.560～38.820m，稳定水位埋深为6.30～15.30m，稳定水位标高36.560～39.980m，赋存于第④、⑤层中，主要受大气降水入渗、地下径流补给，以蒸发、地下径流和向下越流等方式排泄。

第二层地下水类型为承压水，初见水位埋深18.10～28.00m，初见水位标高23.290～27.490m，稳定水位埋深17.10～26.70m，稳定水位标高25.230～28.540m，赋存于第⑦层及第⑧层强风化砾岩表层，主要受地下径流补给，以径流为主要排泄方式。

基坑开挖深度位于地下水位以下，含水层为第④层圆砾、卵石及第⑤层粉细砂，地下水量大，本项目地下水控制采用三轴深层搅拌桩止水帷幕施工工艺。

# 3 基坑支护设计方案

## 3.1 基坑支护设计岩土力学参数

根据勘察报告中场区的工程地质条件与水文地质条件及基坑开挖深度要求，岩土力学设计参数详见表1。

岩土力学设计参数表 　　　　　　表1

| 层号 | 岩性 | 承载力标准值 $f_{ka}$/kPa | 压缩模量/MPa | | 直剪（快剪） | |
|---|---|---|---|---|---|---|
| | | | $E_s$ $P_0 \sim P_{0+0.1}$ | $E_s$ $P_0 \sim P_{0+0.2}$ | 内摩擦角$\varphi$/° | 黏聚力$c_q$/kPa |
| ① | 砂质粉土、黏质粉土素填土 | — | — | — | (10) | (5) |
| ② | 新近沉积砂质粉土、黏质粉土 | 120 | 7 | 8 | 20 | 15 |
| ③ | 新近沉积砂质粉土、黏质粉土 | 120 | 6 | 7 | 10 | 35 |
| ④ | 圆砾、卵石 | 250 | 35 | | 35 | 0 |
| ⑤ | 粉细砂 | 180 | 20 | | 25 | 0 |
| ⑥ | 砂质粉土、黏质粉土 | 180 | 10 | 11 | — | — |
| ⑦ | 圆砾、卵石 | 350 | 45 | | — | — |
| ⑧ | 强风化砾岩 | 250 | 40 | | — | — |
| ⑨ | 强风化砾岩 | 250 | 40 | | — | — |

## 3.2 基坑支护方案特点

针对本场区工程地质及水文地质特点，结合场地周边环境条件及既有建筑物对基坑沉降变形要求，同时遵循安全、可靠、经济等原则，指定"土钉墙＋双排桩＋锚杆结构""土钉墙＋桩锚支护结构"多种支护设计方案，采用动态设计法[1]，根据基坑实际开挖情况及时调整基坑支护设计方案。具体描述如下：

（1）1-1 剖面：基坑开挖深度 11.5m，采用"土钉墙＋双排桩＋锚杆"支护结构[2]，重要性系数取

1.1；基坑支护设计参数详见图 2。

（2）2-2 剖面：基坑开挖深度 11.5～13.2m，采用"土钉墙＋桩锚"支护体系[3]，重要性系数取 1.0；基坑支护设计参数详见图 3。

（3）3-3 剖面基坑开挖深度 11.5～13.2m，采用"土钉墙＋桩锚"支护体系，重要性系数取 1.1；基坑支护设计参数详见图 4。

（4）4-4 剖面：基坑开挖深度 11.5m，采用"土钉墙＋桩锚"支护体系，重要性系数取 1.0；基坑支护设计参数详见图 5。

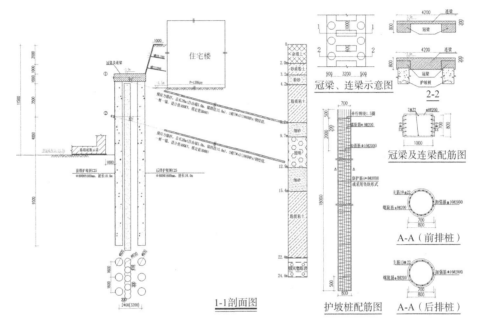

图 2　1-1 剖面图

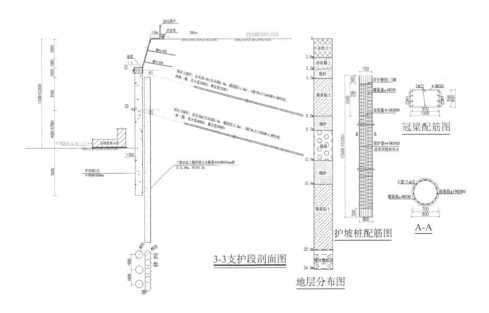

图 3　2-2 剖面图

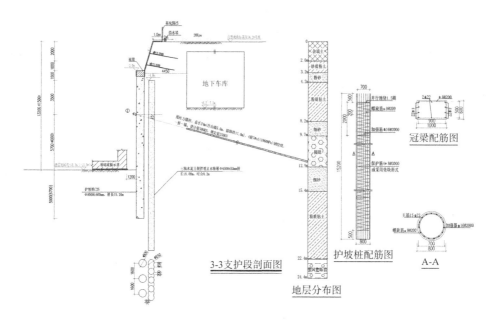

图 4　3-3 剖面图

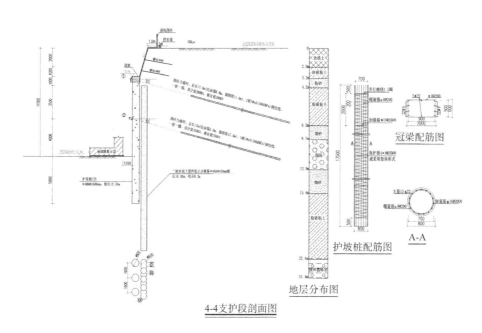

图 5　4-4 剖面图

## 3.3　地下水控制特点

### 1）止水帷幕设计

在基坑周边沿护坡桩外围设置一排搅拌桩，搅拌桩完全进入⑥层粉质黏土—黏质粉土层，桩顶标高 42.200m，桩长 18.0m，桩径 650mm，桩间距 450mm，互相咬合 0.2m。搅拌桩进入圆砾层应降低钻进速度并多次循环搅拌。

### 2）降水系统设计

在基坑内设置疏干井，基坑外设置观测井及回灌井。观测井、回灌井，井深 18.5m，井间距 12.0m；疏干井井深 18.5m，井间距 15.0m。降水井井径 600mm，下入水泥砾石滤水管（外径 400mm，内径 300mm），滤水管外用直径 2～4mm 干净石屑填至地表，砂层处外包尼龙网。

## 4　施工情况

### 4.1　施工重点工序控制

本基坑支护工程包括以下分项工程：土钉墙、护坡桩、冠梁（连梁）、锚索（锚杆）、钢腰梁、桩间喷锚、桩头桩间土方弃置、三轴搅拌桩等，不同区域基底开挖标高变化大，施工期间各工序的配合与协调是本项目施工组织的重点，重点控制措施如下：

（1）在前期土方开挖时，首先进行土钉墙及远离边坡的中间区域土方开挖，与此同时赶抢护坡桩和三轴搅拌桩的施工，护坡桩与三轴搅拌桩错开同时施工，赶抢开挖工作面，对于锚索施工采用分段流水作业的形式，错开养护时间，提高施工效率。

（2）结合现场条件，土方开挖采用东南侧既有通道作为土方车辆的进出场通道。土方开挖顺序总体上按照从北往南的顺序进行，土方开挖采用 2 台挖掘机从北往南同时开挖，出土马道设置在基坑东南侧，基坑开挖与支护结构施工相配合，挖掘机按照分层分段的顺序进行开挖，每步开挖至锚索设计标高下 0.5m，严禁超挖，待该道锚索张拉完成后，进行下一道工序施工。

（3）由于场区地层以填土、粉土、砂土及碎石为主，给成孔作业带来较大困难。针对本工程的工程与水文地质条件，采取特殊的成孔方法：护坡桩采用大功率长螺旋钻机成孔，对成孔较困难的卵石地层的锚杆施工，则采用液压跟管钻机湿作业成孔，避免塌孔。

## 4.2 主要施工工艺流程

（1）护坡桩采用长螺旋钻机干成孔施工工艺，具体工艺流程为：测量放线、定桩位→桩机就位调整垂直度→钻孔至设计深度→灌注混凝土→吊放钢筋笼→移至下一钻孔。

（2）三轴搅拌桩施工工艺流程：测量放线、定桩位→开沟挖槽→设置导向定位线→钻机就位→钻进搅拌桩桩底标高→提升喷浆搅拌→钻机移位。

（3）根据本场地地层条件，锚杆主要采用跟管钻进成孔工艺，局部采用普通锚杆机配备螺旋钻杆进行钻进。预应力锚杆施工工艺流程为：钻机就位→校正孔位→打开水源→钻孔→反复提内钻杆冲洗→接内套管钻杆及外套管→钻进至设计孔深→清孔→停水、拔内钻杆→插放钢绞线束及注浆管→压注水泥浆→拔管机拔外套管、补浆→养护→安装钢腰梁及锚头→预应力张拉→锁定。

## 5 基坑信息化监测

本基坑工程信息化变形监测包括支护结构桩顶/坡顶沉降、水平位移监测、支护桩深层水平位移监测、锚杆内力监测、基坑周边地表竖向位移监测、周边管线监测、邻近既有建筑物监测、巡视监测等。按照基坑支护相关规范[4]，本工程采用精密电子全站仪，极坐标法对基坑的水平位移进行监测；采用精密电子水准仪，水准测量法对基坑垂直变形进行监测，作业精度满足《建筑变形测量规范》JGJ 8—2016二级变形测量精度，在基坑四周按 15m 间距共布置基坑顶部水平位移兼沉降监测点 18 个，周边地表竖向位移监测点 4 个，锚杆内力监测点 10 个，深层水平位移监测点 6 个，周边建筑物及管线竖向位移监测点 16 个。

根据实际监测数据，选取典型剖面的代表性监测点作基坑周边沉降—时间曲线，见图 6。可以看出，基坑周边沉降趋势整体相似。在开挖的前期阶段，基坑北侧及东侧北部受临建既有建筑影响，沉降最大，南侧由于远离住宅，但受土方开挖影响，沉降值较大，基坑西侧紧邻纯地下车库，受车库区域土方卸荷影响，沉降最小。开挖 1 个月后基坑四周变形趋于一致。开挖后第 2 个月，基坑周边沉降开始趋于平稳。

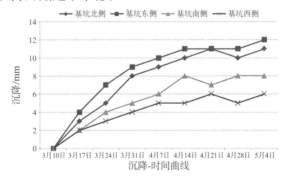

图 6 沉降—时间曲线

## 6 结束语

（1）本工程所在地层主要由填土、粉土、砂土及碎石土等组成，地质条件相对复杂，周边环境条件复杂，对基坑支护方案设计及施工提出极大挑战。通过优化设计方法，采用"土钉墙十桩锚支护结构""土钉墙＋双排桩＋预应力锚杆"的支护体系，此方案安全可靠，大大缩短了施工周期，为业主节约了成本，施工组织设计科学、合理、详尽，具有针对性和可操作性。

（2）双排桩支护结构，由前后两排平行的钢筋混凝土桩以及压顶梁、前后排桩桩顶之间的连梁形成类似门架的空间结构。双排支护结构具有更大的侧向刚度，可以明显减小基坑的侧向变形。双排桩与预应力锚杆组合在基坑支护设计中的受力分析是我们今后工作或研究的重点。

（3）本工程在施工过程中为保证各环节的施工质量，制定了一系列质量保证措施，如严格二次注浆质量、注浆填充饱满；在开挖过程中确保土钉及锚杆达到设计强度值并张拉锁定后方可进行下层土方开挖；合理布置喷锚面的泄水孔；做好基坑内外排水等。

（4）通过对基坑进行信息化监测，及时掌握基坑的变形情况，是排查基坑安全隐患的有力手段。配合预警机制和专项应急预案，确保基坑支护工程的安全进行。

## 参考文献

[1] 住房和城乡建设部. 建筑基坑支护技术规程: JGJ 120 —2012[S]. 北京: 中国建筑工业出版社, 2012.

[2] 住房和城乡建设部. 岩土锚杆与喷射混凝土支护工程技术规范: GB 50086—2015[S]. 北京: 中国计划出版社, 2016.

[3] 中国工程建设标准化协会. 岩土锚杆(索)技术规程: CECS 22—2005[S]. 北京: 中国计划出版社, 2005.

[4] 住房和城乡建设部. 建筑基坑工程监测技术标准: GB 50497—2019[S]. 北京: 中国计划出版社, 2019.

# 环梁在某圆形深基坑支护中应用实录

郭 昊[1,2]　崔 洋[1,2]　戴武奎[1,2]　王 颖[1,2]　杨 淼[1,2]　肖胜寒[1,2]

（1. 中国建筑东北设计研究院有限公司，辽宁省沈阳市 110006；
2. 中建东设岩土工程有限公司，辽宁省沈阳市 110006）

## 1　工程概况

基坑周长为 36.5m，面积为 120m²，基坑最大深度为 23.4m。场地 ±0.000 标高为绝对标高 58.470m，坑底绝对标高为 35.070m。基坑北侧及东西两侧无建筑物，基坑南侧邻近河水。基坑安全等级为一级。侧壁重要性系数取 1.1。

## 2　地质条件

### 2.1　地层情况

根据勘察单位提供的勘察报告，项目场地土层分布如下，典型地质剖面如图 1 所示。

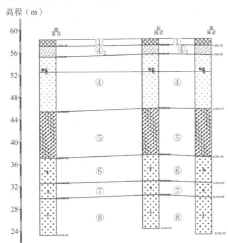

图 1　典型地质剖面

①素填土：主要由黏性土及砂土组成，松散，含植物根系。

②粉质黏土：黄褐色，软可塑。切面稍有光泽，干强度中等，韧性中等，无摇振反应。厚度：2.60～4.00m，该层分布连续。

③粉质黏土：黄褐色，软塑。切面稍有光泽，干强度中等，韧性中等，无摇振反应。厚度，4.00～5.10m，该层分布连续。

④₂中砂：黄褐色，亚棱角形，石英—长石质，均粒结构，颗粒级配差，湿，稍密。层厚 0.60～2.70m，该层分布连续。

④砾砂：黄褐色，石英—长石质，次棱角形，混粒结构，级配较好，水上稍湿，水下饱和，中密。局部夹黏性土薄层，局部含有圆砾及卵石夹层。

⑤含黏土圆砾：黄褐色，中密状态，湿。主要由黏性土、圆砾、混粒砂组成。颗分结果以圆砾及粗砂为主，含卵、砾砂及圆砾，含少量中粗砂，局部为粉质黏土。砾石风化严重，具胶结性，含土量较大。层厚 7.00～8.60m，该层分布连续。

⑥花岗岩：黄褐色，全风化，主要矿物成分为石英、长石、黑云母。原岩结构基本破坏。岩芯呈砂土状，局部呈碎块状，夹杂少量岩石风化残核，手掰易碎。极软岩、极破碎，岩体基本质量等级为 V 级。层厚 4.10～6.40m。

⑦花岗岩：黄褐色—棕红色，强风化，主要矿物成分由石英、长石组成。显晶粒状结构，片麻状构造，节理裂隙很发育，岩芯呈碎块状，一般块径 3～5cm，最大块径 10cm。较软岩、破碎，岩体基本质量等级为 V 级。层厚 2.20～4.30m。

⑧花岗岩：灰白色，中风化，主要矿物成分由石英、长石组成。显晶粒状结构，片麻状构造，节理裂隙很发育，岩芯呈柱状，较硬岩、较完整，岩体基本质量等级为 III 级。本次勘察部分钻孔未穿透该层，最大揭露层厚 9.20m。

### 2.2　水文地质情况

勘察期间，所有钻孔均遇见地下水，地下水类型为孔隙潜水，主要赋存在④砾砂层中，稳定水位埋深 3.30～7.00m，地下水主要补给来源为大气降水及地下径流，排泄条件为大气蒸发、人工开采及地下径流。场地地下水水位随季节变化，年变化幅度为 1～2m。

根据在钻孔中所取水试样的水质分析结果，判定该地下水对混凝土结构具微腐蚀性，对钢筋混凝土结构中的钢筋具有微腐蚀性。

根据钻孔中所取环境土试样的易溶盐分析结果，判定该环境土对混凝土结构具有微腐蚀性，对钢筋混凝土结构中钢筋具有微腐蚀性。

## 3 支护方案

### 3.1 基坑周边环境

工程场地周边条件较为简单，北侧与东侧为空地，西侧存在高架桥，但距离相对较远，南侧邻近河水，周边无管线。

### 3.2 最终方案

结合本项目实际情况，从基坑施工安全、施工速度及施工经济的角度出发，最终选用以环梁＋咬合混凝土桩的支护体系，并在基坑周边设置降水井以降低水压力。通过多种计算手段校核结构安全性，保证支护结构与周边建筑物安全。该圆形深基坑支护方案中并未额外设置水平支撑结构，而是充分利用环梁（围檩）的水平空间效应，将其作为支护桩的支承点，充分发挥钢筋混凝土环梁的抗压性能，减少了水平构件数量，降低了工程成本。

具体基坑支护平面布置如图 2 所示，基坑深度约为 23.4m，支护体系分为支护桩、止水桩、环梁（围檩）。支护桩为直径 1000mm 的钻孔灌注桩（内置钢筋），桩间距为 1400mm；止水桩为直径 1000mm 的钻孔灌注桩，桩间距为 1400mm；两桩咬合 300mm；环梁（围檩）包括桩顶冠梁及护臂墙，一共五道，位置（环梁中心线）分别为地表下 $-0.4$m，$-3.9$m，$-9.7$m，$-15.6$m，$-17.6$m。尺寸分别为 1200mm × 800mm（HL1）、800mm × 800mm（HL2、HL3）、1000mm × 1000mm（HL4）、4000mm × 300mm（HBQ）。支护桩及环梁采用 C30 混凝土，止水桩采用 C20 混凝土，如图 3 所示。

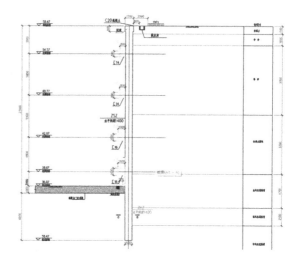

图 3 支护结构剖面图

## 4 支护结构安全性计算

工程占地面积小，形状虽然规矩，但较为特殊，可采用环梁（围檩）水平空间效应作为支撑点。因此不能仅采用常规理正深基坑单元计算思路，应通过 2 维及 3 维计算对比分析，校核计算结果，最大限度控制设计风险，为设计和施工提供可靠的技术及理论支持。

基坑安全等级为一级，结构重要性系数为 1.1。采用理正深基坑 7.0PB5 软件进行单元计算，单元计算支护结构主要采用弹性支点法，又称为"m"法。以单桩或单位宽度的地下连续墙体为研究对象进行分析。整体稳定计算方法采用瑞典条分法，划分土条宽度为 1m，稳定计算采用有效应力法。支护桩的整体稳定性验算简图如图 4 所示，圆弧半径 $R = 36.161$m，圆心坐标 $X = -8.160$m，圆心坐标 $Y = 23.184$m，整体稳定安全系数 $K_s = 2.55 > 1.35$，满足规范要求[1]。

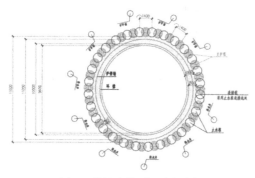

图 2 基坑支护平面布置图

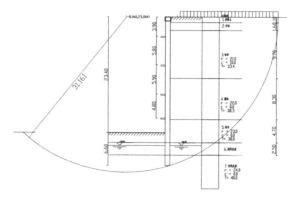

图 4 支护结构剖面图

弹性支点法计算得到 9 个工况的位移和内力包络值，其中开挖至坑底（第 9 工况）位移内力包络图如图 5 所示。根据位移曲线所示，桩身产生最大位移的位置为地表下 15.6m 处，向基坑侧最大位移为 35.82mm。桩身产生最大负弯矩位于地表下 18.6m 处，最大负弯矩为 927.25kN·m（基坑侧受拉）。桩身产生最大正弯矩位于地表下 26m 处，最大正弯矩为 1067.21kN·m（迎土侧受拉）。桩身最大剪力位于地表下 24m 处，其最大剪力为 522.58kN。

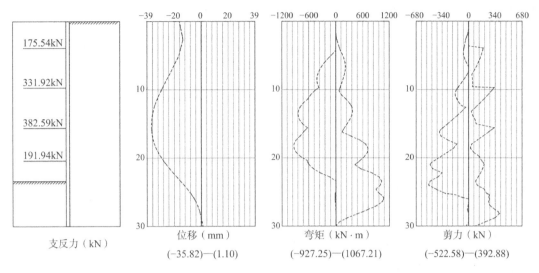

图 5　计算结果包络图

采用理正深基坑 7.0PB5 软件进行整体计算，整体计算是以整个基坑体或整个基坑支护结构为研究对象进行分析。根据图 6 基坑整体水平位移云图，基坑支护桩产生最大位移为 2.511mm，桩顶产生位移为 0.1415mm。根据图 7 基坑支护桩弯矩云图，桩身产生最大负弯矩为 367.24kN·m（基坑侧受拉）。桩身产生最大正弯矩为 471.10kN·m（迎土侧受拉）。根据图 8 基坑支护桩剪力云图，桩身最大剪力为 510.43kN。

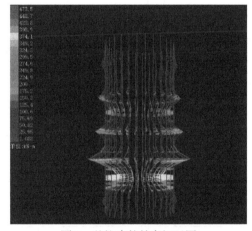

图 7　基坑支护桩弯矩云图

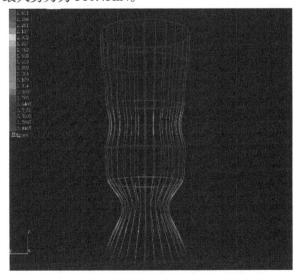

图 6　基坑整体水平位移云图

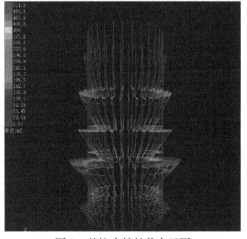

图 8　基坑支护桩剪力云图

根据理正深基坑 7.0PB5 软件整体计算，得出冠梁及四道环梁内力结果，如表 1～表 5 所示。根据表 1～表 5 内力结果可得相应配筋结果[2]，见表 6～表 10。

冠梁内力统计表　　　表 1

|  | 起点 | 中点 | 终点 |
|---|---|---|---|
| 水平弯（+）/（kN·m） | 0.56 | 0.56 | 0.56 |
| 水平弯（−）/（kN·m） | −1.13 | −1.12 | −1.13 |
| 竖向弯（+）/（kN·m） | 2.48 | 2.5 | 2.47 |
| 竖向弯（−）/（kN·m） | −57.15 | −57.17 | −57.14 |
| 水平剪力/kN | 0.33 | −0.33 | −0.33 |
| 竖向剪力/kN | 16.49 | 16.48 | −16.48 |
| 轴　力/kN | −254.44 | −254.43 | −254.44 |

第一道环梁内力统计表　　　表 2

|  | 起点 | 中点 | 终点 |
|---|---|---|---|
| 水平弯（+）/（kN·m） | 0 | 0 | 0 |
| 水平弯（−）/（kN·m） | −5.57 | −5.53 | −5.57 |
| 竖向弯（+）/（kN·m） | 0 | 0 | 0 |
| 竖向弯（−）/（kN·m） | −0.71 | −0.73 | −0.71 |
| 水平剪力/kN | 0.69 | 0.68 | −0.68 |
| 竖向剪力/kN | 16.9 | 16.9 | −16.9 |
| 轴　力/kN | 1471.51 | 1471.48 | 1471.51 |

第二道环梁内力统计表　　　表 3

|  | 起点 | 中点 | 终点 |
|---|---|---|---|
| 水平弯（+）/（kN·m） | 0 | 0 | 0 |
| 水平弯（−）/（kN·m） | −9.52 | −9.45 | −9.52 |
| 竖向弯（+）/（kN·m） | 0 | 0 | 0 |
| 竖向弯（−）/（kN·m） | −0.44 | −0.46 | −0.44 |
| 水平剪力/kN | −1.43 | 1.47 | 1.43 |
| 竖向剪力/kN | 10.81 | −10.81 | −10.81 |
| 轴　力/kN | 2961.07 | 2960.98 | 2961.06 |

第三道环梁内力统计表　　　表 4

|  | 起点 | 中点 | 终点 |
|---|---|---|---|
| 水平弯（+）/（kN·m） | 0 | 0 | 0 |
| 水平弯（−）/（kN·m） | −17.06 | −16.95 | −17.05 |
| 竖向弯（+）/（kN·m） | 0 | 0 | 0 |
| 竖向弯（−）/（kN·m） | −0.71 | −0.73 | −0.71 |
| 水平剪力/kN | −1.07 | 1.13 | 1.08 |
| 竖向剪力/kN | 16.9 | −16.9 | −16.9 |
| 轴　力/kN | 4209.18 | 4209.04 | 4209.16 |

第四道环梁内力统计表　　　表 5

|  | 起点 | 中点 | 终点 |
|---|---|---|---|
| 水平弯（+）/（kN·m） | 0 | 0 | 0 |
| 水平弯（−）/（kN·m） | −13.56 | −13.46 | −13.56 |
| 竖向弯（+）/（kN·m） | 0 | 0 | 0 |
| 竖向弯（−）/（kN·m） | −0.71 | −0.72 | −0.71 |
| 水平剪力/kN | −1.64 | 1.69 | 1.64 |
| 竖向剪力/kN | 16.9 | −16.9 | −16.9 |
| 轴　力/kN | 3925.35 | 3925.23 | 3925.33 |

冠梁配筋统计表　　　表 6

|  | 起点 | 中点 | 终点 |
|---|---|---|---|
| 水平左侧纵筋/mm² | 2495 | 2495 | 2495 |
| 水平右侧纵筋/mm² | 2495 | 2495 | 2495 |
| 竖向上侧纵筋/mm² | 3485 | 3487 | 3485 |
| 竖向下侧纵筋/mm² | 3485 | 3487 | 3485 |
| 水平箍筋/（mm²/m） | 1355 | 1355 | 1355 |
| 竖向箍筋/（mm²/m） | 2032 | 2032 | 2032 |

第一道环梁配筋统计表　　　表 7

|  | 起点 | 中点 | 终点 |
|---|---|---|---|
| 水平左侧纵筋/mm² | 2748 | 2748 | 2748 |
| 水平右侧纵筋/mm² | 2748 | 2748 | 2748 |
| 竖向上侧纵筋/mm² | 2748 | 2748 | 2748 |
| 竖向下侧纵筋/mm² | 2748 | 2748 | 2748 |
| 水平箍筋/（mm²/m） | 1317 | 1317 | 1317 |
| 竖向箍筋/（mm²/m） | 1317 | 1317 | 1317 |

第二道环梁配筋统计表　　　表 8

|  | 起点 | 中点 | 终点 |
|---|---|---|---|
| 水平左侧纵筋/mm² | 1417 | 1413 | 1416 |
| 水平右侧纵筋/mm² | 1417 | 1413 | 1416 |
| 竖向上侧纵筋/mm² | 1417 | 1413 | 1416 |
| 竖向下侧纵筋/mm² | 1417 | 1413 | 1416 |
| 水平箍筋/（mm²/m） | 1054 | 1054 | 1054 |
| 竖向箍筋/（mm²/m） | 1054 | 1054 | 1054 |

第三道环梁配筋统计表　　　表 9

|  | 起点 | 中点 | 终点 |
|---|---|---|---|
| 水平左侧纵筋/mm² | 2748 | 2688 | 2748 |
| 水平右侧纵筋/mm² | 2748 | 2688 | 2748 |
| 竖向上侧纵筋/mm² | 2748 | 2688 | 2748 |
| 竖向下侧纵筋/mm² | 2748 | 2688 | 2748 |
| 水平箍筋/（mm²/m） | 1317 | 1317 | 1317 |
| 竖向箍筋/（mm²/m） | 1317 | 1317 | 1317 |

## 第四道环梁配筋统计表　　表10

| | 起点 | 中点 | 终点 |
|---|---|---|---|
| 水平左侧纵筋/mm² | 2117 | 2115 | 2117 |
| 水平右侧纵筋/mm² | 2117 | 2115 | 2117 |
| 竖向上侧纵筋/mm² | 2117 | 2115 | 2117 |
| 竖向下侧纵筋/mm² | 2117 | 2115 | 2117 |
| 水平箍筋/（mm²/m） | 1317 | 1317 | 1317 |
| 竖向箍筋/（mm²/m） | 1317 | 1317 | 1317 |

## 5　基坑降水方案

本工程降水方案以止水为主、降水为辅，即支护桩与止水桩相互咬合形成封闭帷幕。坑内设置明排措施，坑外设置降水井，降水井除降水作用外，可减少水对支护桩的压力。本工程在基坑开挖线外1.5m布置10口降水井，井深35m，平均间距5.0m，降水井直径650mm，基坑降水井平面布置如图9所示。

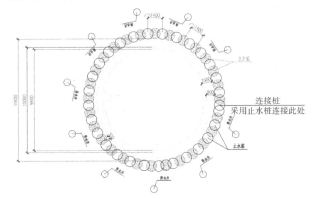

图9　降水井平面布置图

## 6　监测方案及监测数据

### 6.1　监测方案

根据相应国家标准[3]，基坑监测点平面布置如图10所示。

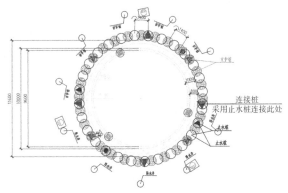

▼ 支护桩顶水平及竖向位移

▽ 深层土体水平位移

◉ 支撑轴力（每层支撑的轴力监测点不应少于三个，各层支撑的监测点位置宜在整向保持一致）

◼ 周边地表竖向位移（每边一组，垂直于基坑方向，一组5个点）

▣ 坑内地下水位监测点

▼ 桩体内力监测（竖直方向监测点间距4m。每一监测点沿垂直于围护墙方向对称放置得应力计不应少于1对）

图10　监测点平面布置图

### 6.2　监测数据

基坑开挖至坑底后，桩顶水平位移达到4.4mm，桩顶竖向位移达到3.4mm，桩身水平位移达到3.0mm，周边地表最大沉降为4.79mm。根据监测结果，计算环梁轴力分别为100kN、850kN、1400kN、2300kN和3700kN（图11）。

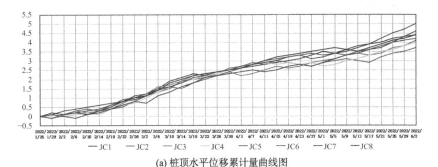

(a) 桩顶水平位移累计量曲线图

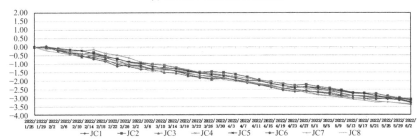

(b) 桩顶竖向位移累计量曲线图

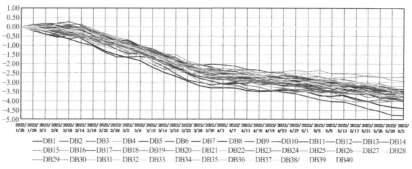

(c) 周边地表竖向位移累计量曲线图

图 11  监测点数据曲线

## 7  现场施工照片

如图 12、图 13 所示。

图 12  基坑开挖图

图 13  基坑围护桩施工完毕现场照片

## 8  问题及经验总结

该项目仅采用环梁作为支护桩的支撑点，充分利用环梁（围檩）的水平空间效应，充分发挥钢筋混凝土环梁的抗压性能，减少了水平构件数量，本设计方案相比锚索支护体系及对撑梁支护体系，具有施工造价低、施工空间大、施工工期短等优点，但此方案对基坑形状要求较为严苛，基坑形状应为圆形，因环梁相比其他更能够充分利用环梁（围檩）的水平空间效应。面对此类设计项目，设计师在计算时需根据实际情况充分考虑环梁的水平空间效应，调整相关参数，充分发挥结构力学性能，做到既能保证安全又能提供经济效应。

## 参考文献

[1]  住房和城乡建设部. 建筑基坑支护技术规程: JGJ 120 —2012[S]. 北京: 中国建筑工业出版社, 2012.

[2]  住房和城乡建设部. 混凝土结构设计规范: GB 50010 —2010[S]. 北京: 中国建筑工业出版社, 2015.

[3]  住房和城乡建设部. 建筑基坑工程监测技术标准: GB 50497—2019[S]. 北京: 中国计划出版社, 2019.

# 某大型商业项目近地铁段基坑支护设计实录

崔 洋 [1,2] 王 颖 [1,2] 戴武奎 [1,2] 郭 昊 [1,2] 肖胜寒 [1,2]

（1. 中国建筑东北设计研究院有限公司，辽宁沈阳 10006；2. 中建东设岩土工程有限公司，辽宁沈阳 110006）

## 1 工程概况

该项目位于沈阳市皇姑区一级主干道东侧，地下室平面基本呈矩形，东西宽约 120m，南北长约 310m。地下室共两层，基础埋深约 11m，地上 5 层，建筑总高度约 37m。结构形式为框架结构、框架剪力墙结构。其中地下室建筑面积约 7.2 万 m²。本设计支护结构为临时性结构，有效期为支护结构施工完成后一年。基坑采用混凝土桩 + 锚索、双排桩的支护形式，基坑安全等级为一级，支护结构重要性系数取 1.1。基坑西侧邻近已运营地铁区间隧道（图 1）。

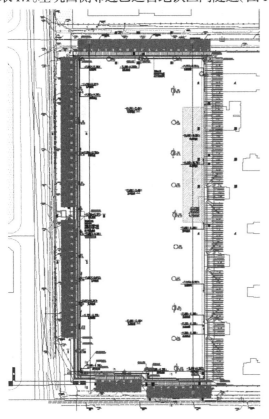

图 1 项目平面图

## 2 地质条件

根据勘察单位提供的勘察报告，项目场地土层分布如下（图 2）：

①杂填土：杂色，主要由黏性土、砂类土、碎石、砖块及少量生活垃圾组成，近期堆积（堆积年限小于 5 年），松散。该层普遍分布。

②粉质黏土：黄褐色，局部为灰褐色，无摇振反应，稍有光泽，干强度中等，韧性中等。含铁锰结核及氧化铁条斑。硬可塑。

③粗砂：黄褐色，石英—长石质，棱角形，混粒结构，级配一般，充填黏性土，饱和，中密—密实。

④砾砂：黄褐色，石英—长石质，次棱角形，混粒结构，级配较好，充填黏性土，饱和，密实。

⑤含黏土砾砂：黄褐色，石英—长石质，次棱角形，混粒结构，级配较好，充填较多黏性土，呈泥质半胶结状态，卵石占总质量的 15% 左右，圆砾、卵石颗粒风化严重、用手较易掰碎，中密-密实。

⑤₂ 中砂：黄褐色，石英—长石质，混粒结构，级配较一般，充填黏性土，饱和，密实。

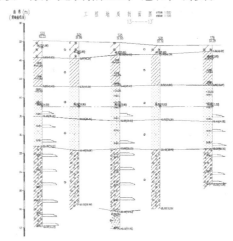

图 2 典型地质剖面图

勘察期间大部分钻孔遇到地下水，地下水类型为上层滞水及潜水，上层滞水主要赋存在上部粉质黏土层中，潜水主要赋存在场地下部砂土层中。上层滞水稳定水位埋深为 1.50～3.90m。潜水初见水位埋深为 11.6～14.2m，稳定水位埋深为 12.50～14.70m。潜水正常情况下地下水位年变化幅随季节变化，地下水位年变化幅度为 1～2m。上层滞水水位随季节变化较大，地下水补给来源主要为大气降水，排泄方式主要为人工开采及大气蒸发。

# 3 支护方案

## 3.1 基坑周边条件

运营地铁隧道位于本基坑工程的西侧，其中基坑西南侧距离区间隧道较近，西南端放坡坡顶距离区间隧道右线约 6.5m，基坑西侧中部放坡坡顶距离施工竖井约 4.2m，按照城市轨道交通结构安全保护技术规范的技术要求，区间隧道结构与拟建项目的接近程度为非常接近，区间隧道结构处于拟建项目作业影响分区的强烈影响区，拟建项目的作业影响等级为特级。

## 3.2 基坑支护形式

基坑北端至南端长约 300m，在地铁区间隧道保护范围的基坑支护结构有 E1E2 段、EE1/E2A 段和 AB 段等共 3 个剖面，各剖面支护设计情况如图 3～图 7 所示，支护参数详述如下：

E1E2 段：基坑西侧中段区域，基坑深度 11m，紧邻施工竖井，安全等级一级，采用放坡 + 双排桩支护，坡面喷射 C20 混凝土厚 80mm，坡比 1∶1；桩长 19m，桩径 1200mm，桩间距 1.5m，排距 3m，桩间采用挂网喷护支护形式。

EE1/E2A 段：基坑西侧北段和南段区域，基坑深度 11m，安全等级一级，采用双排桩+锚索支护体系，桩长 20m，桩径 800mm，桩间距 1.2m，排距 2.4，设置 3 道预应力锚索，桩间采用挂网喷护支护形式。AB 段：基坑西南侧区域，基坑深度 11.0m，隧道埋深为 12m，安全等级一级，采用放坡 + 双排桩支护，坡面喷射 C20 混凝土厚 80mm，坡比 1∶1；桩长 19m，桩径 1200mm，桩间距 1.5m，排距 3m，间采用挂网喷护支护形式。

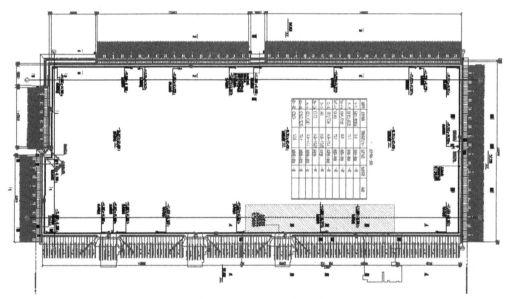

图 3　支护结构平面布置图

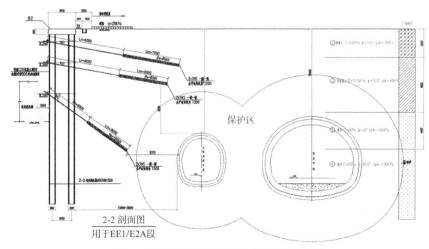

图 4　近地铁基坑西南侧支护结构剖面图

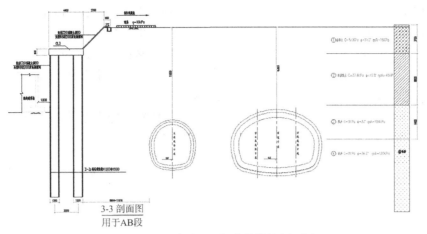

图5 近地铁基坑西侧支护结构剖面图

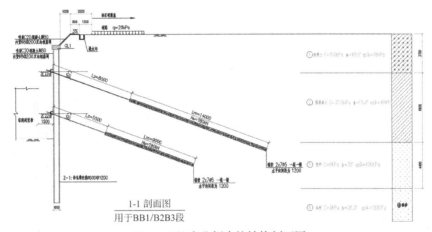

图6 基坑南北侧支护结构剖面图

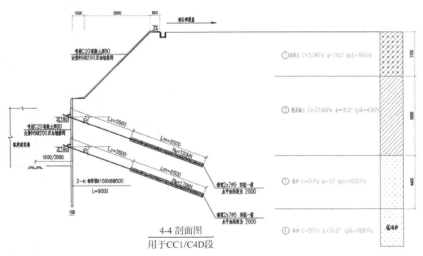

图7 基坑东侧支护结构剖面图

## 3.3 理正深基坑单元计算结果

2-2 剖面（图8、图9）：

计算方法：瑞典条分法。

应力状态：总应力法。

条分法中的土条宽度：1.00m。

滑裂面数据：

圆弧半径 $R = 21.000$m

圆心坐标 $X = -1.740$m

圆心坐标 $Y = 9.411$m

整体稳定安全系数 $K_s = 3.176 > 1.35$，满足规范要求。

最小安全 $K_s = 2.261 \geqslant 1.250$，满足规范抗倾覆要求。

## 3-3 剖面（图 10、图 11）：

工况7——开挖（11.00m） 包络图

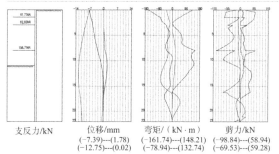

支反力/kN 位移/mm 弯矩/（kN·m） 剪力/kN
(-7.39)---(1.78) (-161.74)---(148.21) (-98.84)---(58.94)
(-12.75)---(0.02) (-78.94)---(132.74) (-69.53)---(59.28)

图 8 近地铁基坑西南侧支护结构包络图

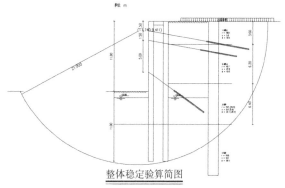

整体稳定验算简图

图 9 近地铁基坑西南侧支护结构稳定性计算

工况7——开挖（11.00m） 包络图

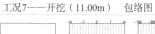

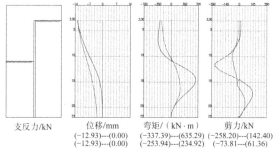

支反力/kN 位移/mm 弯矩/（kN·m） 剪力/kN
(-12.93)---(0.00) (-337.39)---(635.29) (-258.20)---(142.40)
(-12.93)---(0.00) (-253.94)---(234.92) (-73.81)---(61.36)

图 10 近地铁基坑西侧支护结构包络图

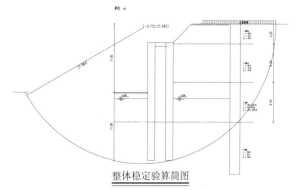

整体稳定验算简图

图 11 近地铁基坑西侧支护结构稳定性计算

计算方法：瑞典条分法。

应力状态：总应力法。

条分法中的土条宽度：1.00m。

滑裂面数据：

圆弧半径$R = 21.960$m

圆心坐标$X = -0.752$m

圆心坐标$Y = 10.395$m

整体稳定安全系数$K_s = 3.259 > 1.35$，满足规范要求。

抗倾覆稳定性系数$K_Q = 1.835 \geqslant 1.25$，满足规范要求。

### 3.4 MIDAS 有限元计算结果

计算范围：本次计算的模型以基坑长边方向为$Y$轴，竖直方向为$Z$轴，水平垂直于基坑长边方向为$X$轴，建模对象为区间隧道、基坑整体及其围护结构。总体模型在$X$轴方向长 190m，$Y$轴方向宽 100m，$Z$轴方向高 60m。此次计算模型共生成 183161 个单元，120863 个节点（图 12～图 17）。

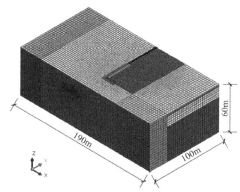

图 12 模型网格轴侧视图

图 13 区间隧道网格图

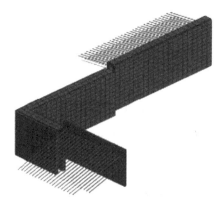

图 14 基坑支护结构网格图

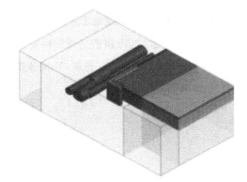

图15 计算空间位置图

图16 基坑西南侧区间隧道结构位移图

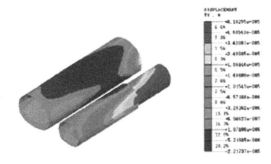

图17 基坑西侧区间隧道结构位移图

通过建立三维模型对既有区间隧道和施工竖井及横通道进行计算分析后看出，由于此项目基坑工程的施工，既有区间隧道和施工竖井及横通道的受力状态和变形情况发生了变化，具体结论如下：

（1）基坑西南侧近邻地铁区间隧道模型计算结果：①在基坑开挖前初始应力状态，区间隧道结构所受最大压应力为 2.80MPa，最大拉应力为0.92MPa，均小于 C30 混凝土的抗压和抗拉强度（C30 混凝土弯曲抗压强度标准值为 22.0MPa，轴心抗拉强度标准值为 2.01MPa）。②在基坑开挖过程中，区间隧道结构所受最大压应力为 411MPa，最大拉应力为 1.29MPa，最大竖向沉降变形－0.58mm，最大隆起变形＋0.85mm，X向位移最大值 214mm，Y向位移最大值 018mm；地铁道床结构最大竖向隆起变形＋0.85mm，X向位移最大值 198mm，Y向位移最大值－0.62mm。区间隧道和地铁道床结构位移最大值均小于《城市轨道交通结构安全保护技术规范》CJJ/T 202—2013 中的控制标准，既有地铁区间隧道在基坑开挖至设计深度后的安全性均满足规范要求。

（2）基坑西侧近邻地铁区间隧道模型计算结果：①在基坑开挖前初始应力状态，南侧区间隧道结构所受最大压应力为 2.83MPa，最大拉应力为 1.28MPa，北侧区间隧道结构所受最大压应力为 2.83MPa，最大拉应力为 1.28MPa，施工竖井及横通道结构所受最大压应力为 2.87MPa，最大拉应力为 1.2MPa，均小于 C30 混凝土的抗压和抗拉强度（C30 混凝土抗压强度标准值为 22.0MPa，轴心抗拉强度标准值为 2.01MPa）。②在基坑开挖过程中，南侧区间隧道结构所受最大压应力为 2.96MPa，最大拉应力为 1.53MPa，最大竖向沉降变形－0.69mm，最大隆起变形＋0.17mm，X向位移最大值 2.09mm，Y向位移最大值 0.11mm；北侧区间隧道结构所受最大压应力为 2.94MPa，最大拉应力为1.55MPa，最大竖向沉降变形－0.69mm，最大隆起变形＋0.6mm，X向位移最大值 1.99mm，Y向位移最大值－011mm；施工及横通道结构所受最大压应力为 4.08MPa，最大拉应力为 1.57MPa，最大竖向沉降变形－0.79mm，最大隆起变形＋0.74mm，X向位移最大值 20mm，Y向位移最大值－0.59mm；地铁道床结构最大竖向沉降变形－0.69mm，最大隆起变形＋01mm，X向位移最大值 1.89mm，Y向位移最大值－0.07mm。南侧区间隧道结构、北侧区间隧道结构、施工竖井及横通道结构和地铁道床结构位移最大值均小于《城市轨道交通结构安全保护技术规范》CJJ/T 202—2013 中的控制标准，说明既有地铁区间隧道在基坑开挖至设计深度后的安全性均满足规范要求。

## 4　结论建议

通过此项目进行的支护结构二维单元计算，及对周边地铁的三维有限元计算可推断出，在砂层为主的地区，近地铁基坑支护可选用双排桩以控制支护结构的变形，建议加长支护结构深度从而对地下构筑物形成隔离作用，对于水平位移的控制要求需超过基坑监测规范的要求，以便控制周边邻近构筑物的变形。

# 参考文献

[1] 住房和城乡建设部. 建筑基坑支护技术规程: JGJ 120—2012[S]. 北京: 中国建筑工业出版社, 2012.

[2] 住房和城乡建设部. 城市轨道交通结构安全保护技术规范: CJJ/T 202—2013[S]. 北京: 中国建筑工业出版社, 2014.

# 广西壮族自治区工业设计院南宁市古城路 2 号职工住宅小区危旧房改造项目基坑支护工程实录

黄汉林[1]    祝隽荃[2]

（1. 广西华蓝岩土工程有限公司，广西南宁　530001；2. 南宁市建筑质量安全管理中心，广西南宁　530001）

## 1　工程概况

为贯彻落实市委、市政府关于加快南宁市成片危旧房改造的决定，全面推进城市建设工作进程，着力解决城市中低收入家庭住房困难问题，改善居民的居住水平和生活质量，树立首府城市的新形象。根据《南宁市人民政府关于进一步加快南宁市危旧房改造的指导意见》，广西壮族自治区工业设计院对南宁市古城路2号职工住宅小区进行危旧房改造，本项目属于自治区级为民办实事工程。

本项目位于南宁市中心城区，规划用地面积9709.21m²，拟建 4 栋高层住宅，总建筑面积108593.44m²，其中上部建筑共32层，建筑面积77744.16m²；地下建筑共 4 层，建筑面积30849.28m²，基础为筏板基础。

本项目因拆迁安置问题，采取分期建设，一期为 1 号、2 号住宅楼及地下室，二期为 3 号、4 号住宅楼及地下室，现一期范围内建筑已拆除，二期范围内建筑未拆除，本项目为一期基坑，支护基坑底面积 7710m²，开挖深度约为 18m。基坑安全等级为一级，支护结构使用年限为 24 个月。

## 2　岩土工程条件

### 2.1　场地地层情况

根据钻探揭露，结合地质调查，场地内地层主要由第四系全新统的杂填土、冲积层及第三系岩层组成，各主要岩土层分布及特征分述如下：

填土①：褐黄色、褐红色、灰褐色等杂色，松散，很湿，主要由黏土、建筑垃圾组成，欠固结土，结构松散，均匀性极差，属高压缩性土层，该层全场分布，层厚 0.50～3.00m。

黏土②：褐黄、黄、砖红夹灰白等色，硬塑，稍湿，斑状结构，含铁锰质，切面光滑，干强度高，韧性高，无摇振反应，斑状结构，夹灰白色黏土条纹或团块，含黑色铁锰质氧化物。该层全场分布，厚度为 4.40～8.00m。修正平均锤击数 $N = 11.8$ 击。

粉质黏土③：褐黄、灰、灰黄等色，可塑，局部底部软塑，湿，切面稍光滑，干强度中等，韧性中等，无摇振反应，局部含砂量较大，呈粉砂状。该层全场分布，厚度为 2.40～7.20m。修正后平均锤击数 $N = 4.7$ 击。

圆砾④：灰黄色、灰白色、灰色等，中密状态，局部顶部稍密，饱和，磨圆度较好，呈亚圆状，砾石含量约 60%，一般粒径 2～20mm，大者 40～60mm，局部大于 20mm 的颗粒含量较多，渐变成卵石。该层全场分布，本次钻探均揭穿该层，厚度10.50～28.70m，修正后平均锤击数 $N_{63.5} = 13.3$ 击。

强风化泥岩⑤：灰、深灰、兰灰色等，中—巨厚层结构，岩芯呈柱状、短柱状，岩体基本质量等级为 V 级，属极软岩，本次钻探揭露层厚 1.20～8.30m。修正后平均锤击数 $N = 25.7$ 击。

强风化泥质粉砂岩⑤₁：灰、灰兰色，含有钙质结核、贝壳化石等。回转钻进进尺较快，岩芯采取率较低，呈透镜体分布于强风化泥岩层中。该层零星分布于整个场地，层厚 1.30～11.30m，修正后平均锤击数 $N = 29.7$ 击。

中风化泥岩⑥：灰、深灰、兰灰色等，中—巨厚层结构，岩芯呈柱状、短柱状，岩体基本质量等级为 V 级，属极软岩。本次钻探揭露厚度为 3.00～11.20m。修正后平均锤击数 $N = 50.1$ 击。

获奖项目：2021 年度广西优秀工程勘察设计成果工程勘察与岩土工程一等奖、广西壮族自治区第六届"八桂杯"BIM 技术应用大赛单项组一等奖。

## 2.2 地下水

此次钻探深度范围内揭露地下水主要为上层滞水和孔隙水：

上层滞水：主要存在于第四系的杂填土①层底部，具透水性，主要来源为大气降水，水量较小，钻探期间测得初见水位为0.40～1.20m，但未能测到稳定水位。

孔隙水：主要存在于第四系的圆砾④层中，地下水的补给来源为相邻场地同一含水层，含水层厚度大，具有承压性，水量较丰。本次勘察期间测得钻孔初见水位埋深为11.40～14.50m，稳定水位埋深为7.80～8.50m。根据邻近同一地质单元场地基坑开挖揭穿黏土、粉质黏土层后地下水稳定水位标高约为67.0m。

本项目场地典型工程地质剖面见图1。

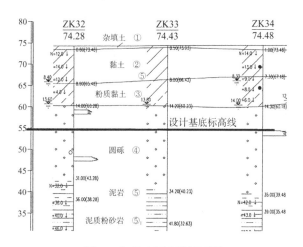

图1 典型工程地质剖面图

## 3 岩土工程条件的分析评价

该项目基坑支护工程的重点难点主要是周边环境和地下水情况非常复杂。

项目位于市中心繁华区域，场地北面、南面、东面紧邻中高层浅基础砖混建筑，且建筑年代久远，对地基变形非常敏感，基坑变形控制要求高。西面为城市干道古城路，车流量大，地下依次埋有给水排水管线、煤气管线、高压电缆和污水管等，管线老旧且分布复杂，基坑支护结构施工及基坑开挖需确保道路及地下管线的安全。

基坑深度约为18m，根据勘察报告，开挖深度范围内土层为松散填土、可塑黏土和深厚圆砾层，

无岩层揭露，工程地质条件差，土层自稳性差。场地地下水十分丰富，含具承压性孔隙水，含水层圆砾层厚度最大约28m，稳定水位埋深较浅，场地地下水位高程比基坑底高出15m左右，基坑开挖时需采用有效的截水措施进行处理，否则将严重影响基坑安全及周边环境安全。

基坑周边环境见图2。

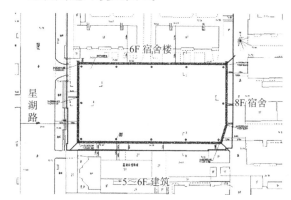

图2 基坑周边环境示意图

## 4 支护方案分析论证

### 4.1 主要工程问题

根据该基坑工程的特点，本次基坑支护设计过程中的主要工程问题有：

（1）项目位于繁华路段，周边环境极为复杂，场地北面为广西壮族自治区工业设计院6层宿舍楼，距离基坑边线约7m；东面为自治区机关事务管理局职工宿舍大板一区，邻近建筑为8层宿舍楼，距离基坑边约9.3m；南面为南宁电影公司，为5～6层建筑，距离基坑边线为3.6～8m；西面为城市主干道古城路，车流量大，上下班高峰期常堵车。基坑安全对周边环境影响非常大，一旦出现裂缝、沉降过大等情况将造成严重影响，因此需严格控制基坑变形，保证基坑安全性。

（2）由于场地内空间有限，只能采用垂直支护形式，对于深大基坑且基坑变形控制要求严格的基坑支护设计条件，设计及施工质量极为重要。

（3）场地水文地质条件复杂，地下水丰富，水位高，透水层厚度大，地下水对基坑开挖及稳定性有极大的影响，故地下水的处理极为关键，需要采取有效的止水措施，避免地下水渗流，导致基坑出现安全问题。

（4）两个基坑分期开挖和施工，涉及多个复杂工况下基坑支护体系安全及稳定性设计验算，以及与地下结构的协调性。

## 4.2 解决思路

项目属于典型的南宁市深厚圆砾层深基坑，项目组采用公司及主管部门合作研发的"南宁市地下空间开发利用关键技术"，结合 BIM 技术，建立场地地质三维模型、支护结构模型、地下建筑模型和周边环境模型，对该项目进行全面深入的分析与计算，对以上工程问题逐一进行解决。

## 4.3 支护方案选型

将项目地理信息与公司建立的南宁盆地地质区划图（图 3）相拟合，判定其位于富水性强的深厚砂砾层区（Ⅰ区）。通过大量基坑支护工程分析，该区域单井涌水量大，基坑开挖过程中在水压力作用下易产生潜蚀、突水及管涌现象[1]。根据该区内统计的近 50 个基坑支护项目，约 80%采用了地下连续墙支护形式。

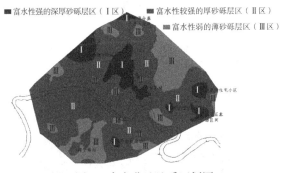

图 3 南宁盆地地质区划图

项目基坑形状呈长方形，较为规整，支护结构不允许超用地红线，且地下施工预应力锚索会扰动地基土，易使周边浅基础建筑及地面开裂，因此考虑采用内支撑体系。经计算，设计采用 1m 厚地下连续墙＋3 道钢筋混凝土内支撑，此支护形式施工噪声、振动较小，对邻近地基和建筑物结构影响小甚至微，墙身具有优良的抗渗能力，坑内降水对坑外的影响较小，适宜在城市建筑密集和人流多及管线多的地域施工。采用先进的两墙合一技术，即地下连续墙加 300mm 厚内衬结构墙作为地下室永久结构外墙，既满足支护安全要求，同时减少了剪力墙和肥槽回填费用。基坑支护典型剖面图见图 4。

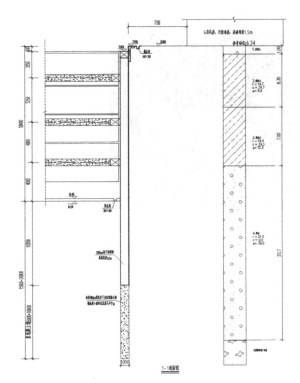

图 4 基坑支护典型剖面图

## 5 技术创新

本次基坑支护设计工作的技术创新主要有：

（1）项目组利用理正 GIS 三维地质软件建立场地三维地质模型，将理正工程地质勘察软件数据与理正深基坑三维协同计算无缝对接。在理正 GIS 三维地质软件中导入 25 个场地钻孔信息，采用逐层成体法，从上至下逐层构建三维地层体，以此直观了解开挖后侧壁土体的分布情况。再将每个钻孔土工实验数据赋予钻孔的地层分布深度范围内，充分考虑地层沉积规律特点，通过反复加密网格和 DSI 离散光滑插值法逼近运算，得到各土层基于空间范围内插值的结果及新的指标值，用于支护结构三维协同计算，模拟出基坑开挖工况并指导实际施工。

（2）利用启明星 BSC 软件对内支撑进行平面计算，用理正深基坑软件按单元计算土压力、地下连续墙截面配筋、整体稳定性及抗倾覆稳定性等，将场地三维地质模型赋予整体三维协同计算。将土层简化为土弹簧，作为约束条件加在围护结构上，将围檩假定为梁单元，支撑假定为杆单元，立柱桩假定为固接，计算用时少，易收敛，可以快速得出围护结构的内力及变形等[2]。计算分析结果见图 5。

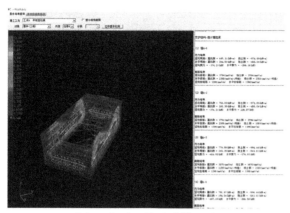

图 5 场地三维地质模型图

（3）基坑支护设计在前期规划中，所依据的条件资料（包括地勘资料、建筑结构施工图以及周围环境资料等）都是二维的、零散的，综合分析难度大。项目采用 Autodesk Revit、Civil 3D 等软件，建立三维可视化模型，直观表现项目情况，将支护模型与周边环境模型叠加进行综合分析，有助于方案的整体展示和把控[3]。三维模型见图 6。

图 6 周边环境与支护结构三维模型图

（4）基于建立的 BIM 模型，通过 Navisworks 软件进行各个模型间的碰撞检查（图 7）。主要包含：基坑支护结构自身的碰撞检查；基坑支护结构与现场周边环境的碰撞检查；基坑支护结构与拟建建筑地下主体结构的碰撞检查。依据碰撞检查报告，优化调整基坑支护结构，避免后续地下室结构施工时与支护结构发生冲突或工作面不足等情况。

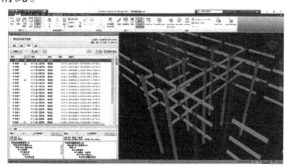

图 7 模型碰撞分析图

## 6 方案实施

本项目设计要求墙底穿过圆砾层进入隔水层不少于 1.5m，圆砾层分布厚度大、自稳性差，不利于成槽护壁的水土平衡，成槽过程中容易出现槽壁不稳，导致塌槽，一般的液压抓斗很难直接抓取或速度很慢，也不适合采用冲击式钻机对付岩层的办法。因此施工中创新地采用"钻抓结合"的方法，先采用反循环回转钻机成导向孔，个数根据槽段长度而定，一般为 3~4 个。同时放慢成槽的速度，及时补充泥浆，保证浆面不低于导墙顶 0.5m，保持较高的泥浆压力，成槽时控制泥浆指标，泥浆密度适当加大，控制在 1.3kg/L 左右。

地下连续墙两幅之间的接缝往往是整个围护结构受力和防水的薄弱环节。经过大量试验与研究，创新性提出了 H 型钢 + 防绕流板的接头形式。H 型钢属于刚性接头，能有效传递土压力和竖向力，整体性好；防绕流板属于柔性材料，在混凝土挤压作用下往外膨胀后与槽壁紧贴，防止混凝土绕流。基坑开挖后，墙面平整无渗漏，实施效果非常理想。

## 7 工程实施效果

本项目从土方开挖到基坑回填历时约 600d，施工期间实录见图 8、图 9。

图 8 基坑俯视图

图 9 基坑开挖到底

根据设计图纸及《建筑基坑工程监测技术规范》GB 50497—2019[4]相关要求，在基坑土方 2018 年 1 月开挖至 2019 年 9 月地下室施工完毕期间，对基坑及周边环境按照一级基坑进行了监测，在基坑周边布设了水平及竖向位移监测点、支护结构深层水平位移监测点、支撑内力监测点、立柱桩沉降监测点、周边地表位移监测点、周边建筑沉降观测点、周边管线位移监测点、地下水位监测点等，共计 143 个点位。

监测期间，P3 点即基坑北侧中段紧邻 6 层民房处测得有最大土体水平位移出现，对应的工况为基坑开挖至基底标高。将监测所得深层土体水平位移曲线与两种参数计算所得位移曲线对比，见图 10。

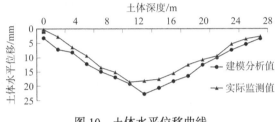

图 10　土体水平位移曲线

分析发现实测深层土体位移均比计算值小；按建模分析计算所得最大位移在地表下约 15m 处，最大位移约 24mm；实际监测所得最大位移在地表下约 13m 处，最大位移约 20mm，整体趋势两者均较为吻合。说明地下连续墙 + 内支撑结构体系实际控制变形效果更好。

## 8　工程效益

（1）本项目地下连续墙采用两墙合一技术，减少了剪力墙和肥槽回填的费用约 355 万元；经优化后，地下连续墙按稳定性要求进行配筋设计，并采用分段配筋，受力长度以下至隔水层采用素粒浇筑，此部分节约投资约 480 万元。最终支护方案总造价约 2300 万元，节省投资达 36.3%，经济效益显著。

（2）基坑采用"地下连续墙 + 内支撑"支护形式，积极响应政府对于严禁支护结构超用地红线的政策，规避了违法施工的风险。设计和施工中采用的自主研发的分析方法为其他地区有类似限制项目提供了重要的参考和引领作用，社会效益显著。

（3）地下室开挖及建设期间，周边建筑、管线、道路等均正常使用未受影响，未收到相关投诉，对环境和生态起到了优良的保护作用。内支撑拆除采用电动链锯切割方式，无噪声、废气、扬尘污染，做到了节能减排，环境效益显著。

（4）本工程荣获 2021 年度广西优秀工程勘察设计成果工程勘察与岩土工程一等奖、广西壮族自治区第六届"八桂杯"BIM 技术应用大赛单项组一等奖，其顺利实施为 BIM 技术在城市复杂环境下的深基坑设计、施工可提供宝贵经验，具有先进性、优越性和必要性。

## 参考文献

[1] 梁俊勋, 卢玉南, 吴必胜.南宁市某地下车库上浮、开裂原因分析[J]. 施工技术, 2014, 43(S1): 573-575.

[2] 黄汉林, 卢玉南. 基于三维地质模型分析的深基坑支护应用研究[J].工程勘察, 2020, 48(8): 18-24.

[3] 王薇. BIM 技术在深基坑支护结构设计中的应用研究[D]. 郑州: 华北水利水电大学, 2020.

[4] 住房和城乡建设部. 建筑基坑工程监测技术规范: GB 50497—2019[S]. 北京: 中国计划出版社, 2019.

# 深圳三联社区城市更新一期1号地块基坑支护工程实录

彭　勇　曾德清

（中国建筑西南勘察设计研究院有限公司，四川成都　610052）

## 1　工程简介及特点

### 1.1　项目概况

三联社区城市更新项目一期 1 号地块位于深圳市龙岗区布吉街道，项目用地面积 8597m²，场地原始地貌为丘陵坡体，地形西高东低，植被发育，红线西侧为中海怡翠山庄，坡顶场地标高 64.700～76.000m，东侧最低为 40.0m，场地高差最大约 36m。拟建 2 栋最高 150m 高层住宅及裙楼，设 3 层地下室，主体结构采用框剪结构、桩基础，群楼及纯地下室区采用独立柱基。

### 1.2　基坑周边环境情况

红线西侧为现状山体边坡，坡顶为中海怡翠山庄，邻近边坡建筑为 6 层住宅，采用桩基础，坡顶距已有建筑物最近约 9.5m，之间为小区通道。

南侧现状为山体边坡，将拟建一条市政道路，道路标高 40.000～51.000m，至基坑底开挖最大高度约 12m。

东侧现状标高 40.000～42.500m，基坑深度 4.7～7.2m。

北侧场地现状地面标高为 42.500m，基坑开挖深度约 7.2m，但基坑边紧邻高约 9.0m 的重力式挡墙，基坑开挖后实际高差 16.2m。

由于拟建建筑东西两侧高差大，根据场地现状、拟建道路情况及地下室条件，主体设计单位提出了西侧基坑回填后边坡土体侧向压力不能传递给地下室外墙的要求，上部边坡及下部地下室基坑按整体永久性支护考虑。

## 2　工程地质条件

本项目所在区域原始地貌为低丘陵地貌，场地位于山体斜坡地带，现状植被茂密。

### 2.1　地层岩性

根据钻探揭露，场地内自上而下地层大体可分为三大层，即人工填土层（$Q_4^{ml}$）、残积层（$Q^{el}$）和侏罗系凝灰质砂岩风化带（$J_1t$）。各岩土层特征详述如下：

1）人工填土层（$Q_4^{ml}$）

①素填土：褐色、杂色，稍湿，松散—稍密，以黏性土为主，含少量碎石，个别地段含软塑黏性土。孔隙比大，密实度及均匀性较差。由人工回填而成，该层形成时间较长，具有一定的力学强度。该层场地钻孔皆有揭露，揭露厚度为 0.60～6.20m，平均厚度 4.02m。

2）残积层（$Q^{el}$）

②粉质黏土：褐黄色，湿，可—硬塑，主要为粉黏粒，手搓有砂感，切面稍光滑，黏、韧性一般，干强度中等。部分坡积形成。局部含少量碎石。该层场地部分钻孔有揭露，揭露厚度为 2.20～3.70m，平均厚度 2.90m。

3）侏罗系凝灰质砂岩风化带（$J_1t$）

场地下伏基岩为侏罗系凝灰质砂岩，根据风化程度划分为全风化、强风化、中风化、微风化。

③₁全风化凝灰质砂岩：褐黄色、褐色，稍湿，原岩结构基本破坏，但尚可辨。岩芯呈坚硬土柱状，局部夹风化碎块，手折可断。该层场地钻孔皆有揭露，揭露厚度为 2.50～8.70m，平均厚度 5.26m。

③₂强风化凝灰质砂岩：褐色、褐红色。原岩结构大部分破坏，矿物成分显著变化，风化裂隙很发育。岩芯呈土夹碎石状、半岩半土状、碎块状。夹较多风化碎块。该层场地所有钻孔均有揭露，揭露厚度为 8.20～21.90m，平均厚度 16.39m。

③₃中风化凝灰质砂岩：褐灰色、灰黑色，粉砂质结构，层状构造，泥质或钙质胶结、部分硅质

胶结，组织结构部分破坏，风化裂隙发育，裂隙面可见铁锰质浸染，断面粗糙。岩芯呈块状、短柱状，岩芯长度4～21cm，岩质较硬，不易击碎。岩石坚硬程度判定为较硬岩，岩体完整程度为破碎-较破碎，岩体基本质量等级为Ⅳ级。该层场地所有钻孔均有分布，揭露厚度为4.30～8.80m，平均揭露厚度6.31m。

③₄微风化凝灰质砂岩：深灰色、灰白色，粉砂质结构，层状构造，泥质或钙质胶结、部分硅质胶结，风化裂隙少量发育，断面新鲜。岩芯呈短柱状、短长柱状，岩芯长度6～33cm，岩质硬，不易击碎。岩石坚硬程度判定为坚硬岩，岩体完整程度为较破碎，岩体基本质量等级为Ⅲ级。该层场地皆有揭露各岩土层参数详见表1。

**基坑及边坡设计参数建议值一览表** 表1

| 地层代号及名称 | | 天然重度$\gamma$/（kN/m³） | 饱和重度$\gamma$/（kN/m³） | 抗剪强度 | | | | 岩土与锚固体粘结强度标准值$f_{rbk}$/kPa |
| --- | --- | --- | --- | --- | --- | --- | --- | --- |
| | | | | 天然 | | 饱和 | | |
| | | | | 黏聚力$c$/kPa | 内摩擦角$\varphi$/° | 黏聚力$c$/kPa | 内摩擦角$\varphi$/° | |
| ① | 素填土 | 18.0 | 18.5 | 15 | 12 | 10 | 8 | 20 |
| ② | 粉质黏土 | 18.2 | 18.8 | 25 | 15 | 20 | 12 | 80 |
| ③₁ | 全风化凝灰质砂岩 | 18.5 | 19.0 | 27 | 22 | 21 | 18 | 150 |
| ③₂ | 强风化凝灰质砂岩 | 19.0 | 19.5 | 30 | 35 | 25 | 28 | 270 |
| ③₃ | 中风化凝灰质砂岩 | 26.0 | 27.0 | 400 | 38 | 300 | 33 | 600 |
| ③₄ | 微风化凝灰质砂岩 | 26.5 | 27.0 | 800 | 40 | 600 | 35 | 800 |

## 2.2 水文地质条件

本区域地下水类型主要为上层滞水和基岩裂隙水，基岩裂隙水主要赋存于基岩风化带孔隙及裂隙网络中，含水性受岩体裂隙发育程度、地势及地貌的影响，裂隙水一般较少，不具有统一的水位，主要为侧向径流补给。

## 2.3 坡体结构面调查

场地现状边坡岩体类型为Ⅳ类，岩体完整程度为较破碎，结构面结合一般，外倾不同结构面的倾角为21.0°～61.0°，边坡不稳定。其中一组结构面倾向与开挖后的边坡倾向基本一致，为顺坡向的结构面，倾角约45°。根据结构面结合情况，判断该结构面与强风化凝灰质砂岩抗剪强度基本一致。

# 3 岩土工程条件的分析评价

本项目所在区域地质条件较好，基坑及边坡侧壁开挖后大部分出露全风化及强风化凝灰质砂岩，西侧基坑及边坡整体坡率为55°～70°，顺坡向结构面倾角约45°，结构面抗剪强度与饱和状态下强风化凝灰质砂岩基本一致，因此该结构面对基坑及边坡影响不大。

项目的重难点主要在于：

（1）场地西侧基坑开挖后将形成最高37.5m的高边坡，主体设计单位提出开挖后的土压力不能由主体结构承担，这就要求基坑及边坡必须联合设计，且基坑支护结构需按永久性结构考虑。西侧坡顶为已建的中海怡翠小区，支护结构坡顶距小区建筑最近约9.5m，必须加强对支护结构的变形控制，将基坑及边坡开挖对周边建筑的影响控制在安全范围内。

（2）场地北侧现状地面以上有约9m高的现有挡墙，与支护结构边最近约2.5m，基坑的支护及开挖不能影响原挡墙的安全。

（3）本项目原始地形高差大，基坑开挖到底后将形成深度4.2～37.5m的基坑边坡，不同部位基坑深度差异大，周边环境也大不同，因此不同部位需采取针对性的支护方案。

# 4 支护方案分析论证

## 4.1 主要工程问题

根据该支护工程的特点，本次支护设计过程中的主要工程问题有：

（1）西侧基坑及边坡整体开挖深度大，边坡段最高约26.5m，基坑开挖深度约13.5m，而基坑及边坡联合整体开挖深度最大约 37.5m，而坡顶中海怡翠山庄有两栋建筑离支护结构坡顶最近约 9.5m，需要采用恰当的支护结构形式才能确保已有建筑的安全。

（2）基坑底到坡顶中海怡翠山庄红线还有一定的使用空间，边坡部分分级支护，上部采用 1：0.75 坡率的锚杆框架梁支护，下部采用垂直的"抗滑方桩＋锚索"支护，分级设计时边坡的支护结构受力如何计算、整体稳定性如何分析、支护结构及周边建筑变形如何预测是支护设计的分析难点。

（3）由于支护开挖深度大，为确保坡顶建筑安全必须采用永久性大吨位锚索，而永久性大吨位锚索在建筑基坑及边坡中运用较少，如何确保"抗滑方桩＋大吨位预应力锚索"的顺利实施是本方案设计、施工需要考虑的重点。

（4）北侧现状地面上的挡墙因质量问题已进行过一次加固，而本次基坑支护结构距离挡墙太近，必须采取适当的支护措施，减少基坑支护结构施工期间及开挖到底后整体变形对挡墙的影响。

## 4.2　支护方案选型

根据场地特点，该项目基坑北侧、西侧安全等级为一级，南侧为二级，东侧为三级。

红线西侧为中海怡翠山庄，坡顶场地标高 64.70～76.00m，拟建项目该侧室外地坪高约 49.0m，地下室基坑底标高约 35.300m，基坑开挖到底后将形成最高约 37.5m 基坑边坡。西侧支护总体方案为上部——二级采用锚杆（索）框架梁，下部采用"抗滑方桩＋锚"索，按永久性结构进行设计。

南侧拟建道路标高 44.00～49.50m，基坑深度 8.3～14.2m，主要为强风化凝灰质砂岩，采用 1：0.75～1：0.5 坡率的土钉墙支护。

东侧现状地面标高 40.00～42.50m，基坑深度 4.7～7.2m，主要为回填土及全强风化凝灰质砂岩，采用放坡的方法支护。

北侧紧邻重力式挡墙，基坑开挖深度约 7.2m，开挖范围内主要地层为全风化及强风化凝灰质砂岩，采用桩锚的临时支护方式。

基坑平面布置如图 1 所示。

图 1　基坑平面布置图

## 4.3　典型支护剖面

（1）场地西侧邻近地下室基坑段，上部边坡高 16.5～23.5m，下部基坑开挖深度 13.5m，边坡与基坑开挖相互影响。边坡体地层为少量填土、残积黏性土、全风化岩、强风化岩和中风化岩，基坑底已揭露中风化岩。该段分三级支护，58m 标高以上采用锚杆（索）＋框架梁的方法支护，58.0m 标高以下采用"抗滑方桩＋预应力锚索"支护，抗滑桩伸入基坑底以下；根据基坑底边与边坡底边的距离的不同，抗滑桩前预留平台宽度和高度也相应变化，桩前土台按 1：0.5 坡率放坡，并采用土钉墙的方法进行支护（图 2）。

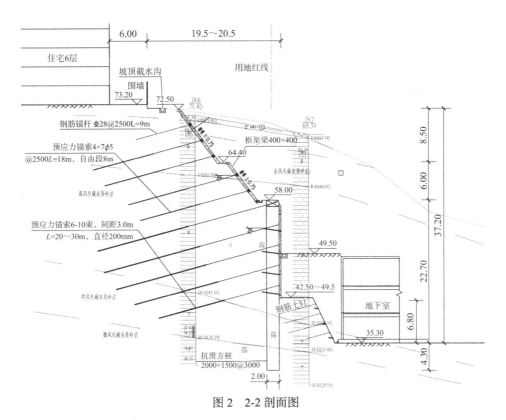

图2　2-2 剖面图

（2）北侧邻近已有挡墙段场地基坑开挖深度约7.2m，原挡墙高约9.0m。地层为填土、残积黏性土、全风化岩和强风化岩。该侧采用"灌注桩 + 预应力锚索"支护，桩直径1200mm，间距2000mm，设2排预应力锚索（图3）。

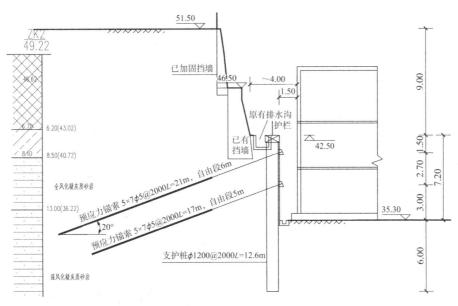

图3　5-5 剖面图

## 4.4　主要支护结构设计参数

抗滑方桩采用人工挖孔成桩工艺施工，尺寸2.0m×1.5m，间距为3.0～3.5m，混凝土强度等级为C30，按弯矩和剪力大小的不同分段配主筋和箍筋。

抗滑桩段的预应力锚索直径 200mm，选用直径 15.2mm、强度 1860MPa 的高强度低松弛粘结钢绞线，每孔钢绞线 6～10 束，锚索轴向拉力标准值420～830kN。

抗滑桩顶以上采用锚杆（索）+ 框架梁支护，锚杆及框架梁按方形布置，间距一般为 2.5m（水平）×2.5m（竖向），格构梁的截面尺寸 400mm ×

400mm，采用钢筋锚杆与预应力锚索相结合的方式，锚索孔径 150mm，锚杆直径 110mm。

临时支护桩锚段桩直径 1200mm，间距 2000mm，预应力锚索采用常规 150mm 直径。

## 5 技术创新

本次支护设计的主要创新点有：

1）多种支护结构的综合应用

本项目地形高差大，开挖到底后需支护的高度从最低 4.2m 到最高 37.5m，西侧北侧周边环境复杂，设计单位从安全性、经济性、施工便利性等方面综合分析，共划分了 10 个剖面，支护方案采用了放坡、土钉墙、复合土钉墙、桩锚、"锚杆（索）+框架梁"与"抗滑方桩 + 预应力锚索"分级联合支护等支护形式，对不同区段的岩土工程问题采用了针对性的支护形式。

2）对锚杆框架梁与桩锚分级联合支护的计算分析

本次设计采用多种计算分析方法。

对上部锚杆框架梁与下部桩锚分级计算，下部桩锚部分按整个支护高度计算，再采用 MAIDS-SOILWORK 软件对整体支护结构受力、变形及对周边建筑的影响进行数值分析、验证。

下部抗滑桩 + 锚索部分，针对边坡主要为全风化及强风化岩的岩性和发育顺层节理的特点，分别采用圆弧滑动和直线滑动的方法计算剩余下滑力，再用剩余下滑力与岩土层主动土压力的作用结果进行比较，选用最不利的计算结果。

深圳属于Ⅶ抗震设防地区，对地震工况与强风化岩及以上岩土层暴雨饱和工况下的土压力进行比较，发现饱和状态下基坑支护结构受力更不利，基坑安全系数更低。

3）永久性支护结构"强桩弱锚"的设计理念

鉴于本项目基坑及边坡按永久性支护联合设计，设计时适当加强了桩截面、减少锚索拉力，且锚索预应力锁定值为轴向拉力标准值的 60%～70%，设计优化单位提出了"增加锚索拉力、减少桩截面"的优化建议，设计单位与优化单位进行了多轮沟通，在与专家组研讨后最终确认了对高度较大的永久性支护结构应采用"强桩弱锚"的理念。

## 6 基坑施工

该项目于 2015 年开始施工，西侧上部锚杆框架梁施工完成后，由于甲方原因中途停工，至 2020 年基坑开挖到底。

抗滑方桩采用人工挖孔施工工艺，采用跳一孔的施工工序，桩底段遇到中、微风化岩，采用振动影响较小的水磨钻施工工艺，并取消了入岩段护壁的施工，抗滑桩检测结果为合格。抗滑桩段锚索采用风动潜孔锤干法成孔，锚索孔口设置了补浆注浆管进行补浆，保证了注浆饱满，锚索抗拔检测试验结果为合格。本项目为住宅小区，抗滑桩外表面设置30cm厚的混凝土挡板，挡板为单边支模，施工时采用了植筋拉杆、斜撑等方法支模。

多束大吨位锚索在建筑支护项目中使用较少，面对最多 10 束的锚索，施工单位和检测单位通过多方学习、研究，最终采用了先少根多次预张拉、再整体张拉到位的张拉检测方法。

北侧有挡墙段将原挖孔桩改为了旋挖灌注桩，减少了支护桩施工对原挡墙的影响。

本项目基坑及边坡工程完工已经两年，基坑也已回填，主体结构已封顶，经过两个台风雨季的考验，边坡安全稳定、主体结构无异常。

## 7 方案实施效果

本项目施工历时 5 年最终开挖到底，施工期间及最终的完成效果见图 4～图 6。

针对项目特点，本项目布置了坡顶水平位移和沉降、锚索应力、建筑沉降、桩身测斜、桩身钢筋应力等监测内容。根据监测资料，本项目主要监测指标最大值统计如表 2 所示。

图 4　基坑西侧北侧施工期间照片

图 5 基坑西侧施工期间照片

图 6 西侧基坑及边坡竣工后照片

主要监测指标统计表　　表 2

| 监测内容 | 坡顶水平位移/mm | 支护桩水平位移/mm | 周边建筑沉降值/mm |
|---|---|---|---|
| 最大值 | 35.1 | 32.5 | 16.3 |

根据监测数据，各监测内容指标值均在规范允许范围内。

# 8　结语

三联社区城市更新项目一期 1 号地块项目场地存在较大的高差，地形较高处已建有 6 层民宅，由于开挖深度较大且场地受限，基坑和边坡相互影响，基坑及边坡需按永久性结构联合支护。本着"安全、经济、可行"的原则，本次支护工程根据不同部位的地质条件、开挖高度、周边环境等条件采用了多种针对性的支护形式，特别是西侧高落差段采用"上部锚杆框架梁＋下部抗滑桩锚索垂直支护"的永久性支护形式，在设计思路和计算方法上有较大的创新。我们认为本项目的主要借鉴意义在于：

（1）对高差较大的建筑基坑必须进行永久性支护时，可采用抗滑桩＋锚索的支护形式，设计时可遵循"强桩弱锚"的设计理念，抗滑桩可采用方桩，方桩较圆桩在抗弯能力及变形控制上更有优势，锚索可采用大直径、大吨位、多束的预应力锚索。

（2）当采用"锚杆框架梁＋桩锚支护"组合支护形式时，支护结构的受力分析可分级分类单独计算，但进行整体稳定性计算及变形分析时需采用数值模型分析验证。

（3）对以凝灰质砂岩、花岗岩等基岩的全风化和强风化地层为主的边坡及基坑，可采用圆弧滑动的方法进行稳定性分析计算。

# 武汉汉正街东片项目某地块基坑工程

陈　律　危正平　许水潮

（中机三勘岩土工程有限公司，湖北武汉　430000）

## 0　引言

　　随着我国经济建设与城市建设的迅猛发展，为了充分提高土地的利用率，高层、超高层建筑的开发建设也日益剧增。随着建筑物高度的增加，建筑物基础埋置的深度也不断随之增加，同时地下空间的使用要求也在不断提高，地下室的层高随着使用功能的要求也在不断增加。随着基础埋置深度及地下室层高的不断增加，基坑支护工程的开挖深度也随之增加，同时，为了充分利用土地，地下室边界与用地红线距离也越来越小，开挖深度增加的同时引发基坑周边环境越来越紧张、复杂。本文结合工程实际案例阐述邻近长江及长江一级阶地地区超深基坑支护工程的设计施工经验。

## 1　工程概况

### 1.1　工程介绍

　　武汉某房地产开发有限公司拟在武汉市汉正街与多福路交会处新建商业服务业设施、居住项目，项目占地面积约为 25204.8m²，包括 2 栋超高层住宅（55 层，191.4m）、若干商业体及整体 5 层地下室。项目基础采用钻孔灌注桩基础。

### 1.2　基坑开挖深度

　　本地块基坑面积约为 20275.0m²，周长约 629.0m。地块设五层地下室，基底标高−25.550m，基坑开挖深度 25.550m。塔楼区域基底标高−27.250～−26.850m，开挖深度 26.850～27.250m。塔楼电梯井、集水井坑中坑基底标高−33.150～−29.900m，相对于塔楼筏板深度 3.050～5.900m。图 1 为项目施工过程中基坑航拍全景图。

图 1　基坑施工航拍全景图

## 2　工程地质水文条件

### 2.1　场地地质条件

　　拟建场地东临宝庆街，南侧临 A3、C3 地块，北侧临汉正街，西侧靠近汉正街商业体，场地地貌单元属长江北岸 I 级阶地。场地范围内为旧居民区拆迁整平后的场地，场地平坦开阔。原地面标高变化为 25.74～26.85m，相对最大高差为 1.11m。

　　本场地范围内覆盖层由杂填土、淤泥质粉质黏土、粉土粉砂互层、粉土、粉细砂、细砂、粉质黏土及中粗砂夹卵砾石层组成，基岩岩性为志留系坟头组（$S_{2f}$）泥质粉砂岩。在场地埋深范围内，地基土可按照力学性质、年代分为以下若干层：

　　①杂填土（$Q^{ml}$）：褐黄色、灰黄色、灰色，松散，主要成分为黏性土夹碎石、块石、碎砖、废弃混凝土块等建筑垃圾，成分混杂，局部表层为混凝土路面，堆填年限约一年，碎石、块石、碎砖、废弃混凝土块等建筑垃圾粒径不等，含量为 60%～70%，K5（4.8～5.0m）及 K8（4.8～5.1m）为混凝土块。该层场地范围内普遍分布，层顶标高 25.740～26.850m，勘探揭露厚度为 0.5～5.2m。

基金资助：湖北省建设科技计划项目（2023117）
　　　　　武汉市城建局科技计划（202361 科研类）

②₁淤泥质粉质黏土（$Q_4^{al}$）：青灰色，流塑—软塑，含白云母及少量螺壳，具腥臭味，无摇振反应，光滑，韧性低，干强度一般；局部夹薄层稍密—中密状粉土及松散—稍密状粉砂，有机质含量平均为 3.43%。场地范围内大部分钻孔揭露该层，层顶标高 21.300～25.770m，勘探揭露层厚 1.7～7.4m。

②₂粉质黏土（$Q_4^{al}$）：褐黄色，可塑，具中压缩性，土质较均匀，夹薄层密实粉细砂，局部含少量铁锰质结核，无摇振反应，切面稍光滑，韧性较好，干强度较高。场地范围内大部分钻孔揭露该层，层顶标高 19.450～24.510m，勘探揭露层厚 3.4～11.5m。

③粉土粉砂互层（$Q_4^{al}$）：灰色，稍密，局部中密，饱和，夹薄层粉土，中—密实，具微层理。本次勘察所有勘探孔揭露该层，层顶标高 10.170～24.030m，勘探揭露层厚 10.1～22.1m。

④粉土（$Q_4^{al}$）：灰色，饱和，中密，土质不均，稍具锈染，局部夹黏性成分，无光泽反应，摇振反应中等，韧性低，干强度低；局部 [K18（19.8～20.8m）、K19（18.7～19.8m）、K20（18.1～21.0m）] 夹卵石，含量为 10%～15%，一般砾径为 1～3cm。场地范围内大部分钻孔揭露该层，层顶标高 -4.550～8.300m，勘探揭露层厚 0.9～13.9m。

⑤₂细砂（$Q_4^{al}$）：灰色，密实，局部中密，饱和，主要由石英、长石及少量云母碎片组成，局部夹卵石，含量为 10%～20%，一般砾径为 1～3cm。该层场地范围内大部分钻孔揭露，层顶标高

-15.800～2.900m，勘探最大揭露层厚 22.2m。

⑤₃粉质黏土（$Q_4^{al}$）：灰色，可塑，具中高压缩性，土质均匀，局部含少量铁锰质结核，无摇振反应，切面稍光滑，韧性较好，干强度较高；夹薄层粉土细砂，粉土呈中密—密实状，具微层理，细砂呈密实状。该层场地范围内局部分布，层顶标高 -14.200～-3.300m，勘探揭露层厚 0.8～6.2m。

⑤₄中粗砂夹卵砾石（$Q_4^{al}$）：灰色，饱和，中密—密实，以长石、石英为主，含云母、少量暗色矿物及锈斑；局部见卵石，含量为 20%～30%，一般砾径为 2～5cm。该层场地范围内普遍分布，层顶标高 -22.600～-13.390m，勘探揭露层厚 0.9～9.9m。

⑥₁强风化泥质粉砂岩（$S_{2f}$）：灰绿色，岩芯锤击易碎，少数手可折断或捏碎，锤击声哑，无回弹，有较深凹痕，失水易开裂，取芯率为 75%～80%，节理很发育，岩体极破碎。本次勘察部分钻孔揭露该层，层顶标高 -24.290～-20.090m，勘探揭露层厚 1.9～3.5m。

⑥₂中风化泥质粉砂岩（$S_{2f}$）：灰绿色，块状构造，泥质粉砂结构，锤击声脆，失水易开裂，岩芯呈柱状、短柱状，局部呈长柱状、碎块状，取芯率为 80%～85%，$RQD$ 值为 50%～55%，为软岩，局部节理较发育，岩体较破碎，软硬不均，岩体基本质量等级为 Ⅴ级。大部分钻孔揭露该层，本次勘察未揭穿该层，层顶标高 -24.840～-21.290m，最大揭露厚度为 25.1m。

图 2 为基坑周边勘探孔典型地质剖面图（北侧）。

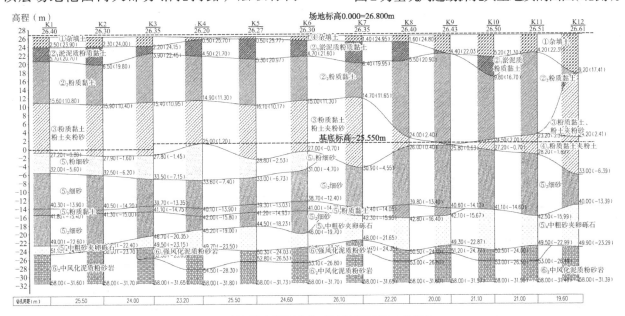

图2　基坑周边勘探孔典型地质剖面图（北侧）

1617

## 2.2 场地水文条件

根据勘察报告及区域水文地质资料，在勘探孔揭露的深度范围内拟建工程场地地下水主要为上层滞水、孔隙承压水及基岩裂隙水。

上层滞水主要赋存于场地上部①杂填土中，主要接受大气降水入渗补给，水位、水量与地形及季节关系密切，并受人类活动影响明显。勘察期间实测场地上层滞水水位埋深为2.7～3.4m，相当于1985国家高程23.310～23.700m。上层滞水对拟建工程基坑开挖施工影响较小。

孔隙承压水主要赋存于③粉土粉砂互层、④粉土、⑤₂细砂及⑤₄中粗砂夹卵砾石层中，与汉江水有一定的水力联系，由汉江水补给，以地下径流的形式排泄，其水位变化幅度受季节性与汉江水位涨落影响，枯水季节水位较低，丰水雨季则较

高，对工程施工存在一定影响。根据现场观测结果，勘察期间实测场地承压水地下水位平均埋深为5.9m，相当于1985国家高程19.0m。随着汉江水位的升降，承压水位根据区域水文地质资料年变化幅度为4～6m，预估历年最高承压水测压水位标高22.000m左右。由于拟建场地距离汉江较近，承压水受汉江水位影响较大，建议建设单位设置孔压水位观测孔，并在施工时实测承压水位。

基岩裂隙水主要赋存于泥质粉砂岩裂隙中，主要接受其上部含水层中地下水的下渗及侧向渗流补给。基岩裂隙水与承压水呈连通关系。

本项目需重点关注承压水对基坑的影响。

## 2.3 岩土设计参数

基坑所在场地主要岩土层的基坑支护设计参数指标详见表1。

**基坑支护设计参数指标**　　　　表1

| 土层 | 天然重度/（kN/m³） | 地基承载力$f_{ak}$/kPa | 压缩模量$E_s$/MPa |
| --- | --- | --- | --- |
| ①杂填土 | 19.0 | — | — |
| ②₁淤泥质粉质黏土 | 17.9 | 60 | 2.5 |
| ②₂粉质黏土 | 18.5 | 130 | 6 |
| ③粉土粉砂互层 | 17.9 | 120 | 5 |
| ④粉土 | 18.3 | 140 | 6 |
| ⑤₁粉细砂 | 19 | 240 | 22 |
| ⑤₂细砂 | 19.5 | 280 | 26.5 |
| ⑤₃粉质黏土 | 17.9 | 130 | 5.5 |
| ⑤₄中粗砂夹卵砾石 | 19.5 | 400 | 32 |
| ⑥₁强风化泥质粉砂岩 | — | 650 | 45 |
| ⑥₂中风化泥质粉砂岩 | — | 2200 | 50 |

| 土层 | 渗透系数$K$/（cm/s） | 基坑支护设计参数综合取值 | |
| --- | --- | --- | --- |
| | | 黏聚力$c$/kPa | 内摩擦角$\varphi$/° |
| ①杂填土 | $3.0 \times 10^{-4}$ | 6.0 | 18.5 |
| ②₁淤泥质粉质黏土 | $6.6 \times 10^{-6}$ | 10 | 4 |
| ②₂粉质黏土 | — | — | — |
| ③粉土粉砂互层 | $3.5 \times 10^{-3}$ | 12 | 20 |
| ④粉土 | $8.0 \times 10^{-4}$ | 22 | 12 |
| ⑤₁粉细砂 | $3.0 \times 10^{-2}$ | 0 | 34 |
| ⑤₂细砂 | $3.0 \times 10^{-2}$ | 0 | 35 |
| ⑤₃粉质黏土 | $8.0 \times 10^{-6}$ | 20.5 | 13.0 |
| ⑤₄中粗砂夹卵砾石 | $8.0 \times 10^{-2}$ | 0 | 36 |
| ⑥₁强风化泥质粉砂岩 | — | — | — |
| ⑥₂中风化泥质粉砂岩 | — | — | — |

## 3 基坑周边环境

本工程位于武汉市汉正街与多福路交会处，基坑北侧为汉正街；基坑东侧现状为空地，空地外为友谊南路；基坑南侧为项目待建 A3 及 C3 地块，现状为空地；基坑西侧为艺和社区（2～15 层）及金昌同益里住宅（1～8 层）。地下室边线距汉江约 300m；基坑东北角地下室区域为先建 2～3 层售楼部。基坑北侧为批发市场主干道且西侧邻近民房居民区，周边人员密集，电力、给水、通信、天然气等管线密布，综上所述，本工程场地周边环境较复杂（图 3）。地下室与周边环境关系详见表 2。

地下室与周边环境一览表　　　表 2

| 位置 | 待保护对象 | 地下室与环境间距离/m | 位置 | 待保护对象 | 地下室与环境间距离/m |
|---|---|---|---|---|---|
| 北侧 | 汉正街 | 最小距离 12.7m | 东侧 | 地面停车场 | 最小距离 20.0m |
| | 现有围墙 | 最小距离 8.6m | | 现有围墙 | 最小距离 17.5m |
| | 用地红线 | 最小距离 4.80m | | 用地红线 | 最小距离 16.0m |
| 南侧 | 规划道路 | 最小距离 5.0m | 西侧 | 艺和社区 | 最小距离 20.8m |
| | 轨道地下捷运线 | 最小距离 5.0m | | 金昌同益里住宅 | 最小距离 9.6m |
| | 待建 A3、C3 地块 | 最小距离 30.0m | | 艺和社区小区道路 | 最小距离 5.0m |
| | 现有围墙 | 最小距离 5.0m | | 现有围墙 | 最小距离 5.0m |
| | 用地红线 | 最小距离 5.0m | | 用地红线 | 最小距离 5.0m |

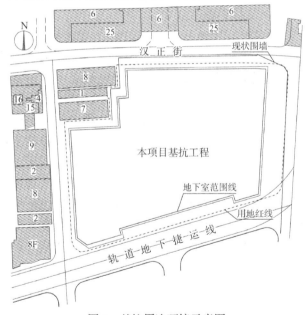

图 3　基坑周边环境示意图

## 4 基坑支护设计方案

本工程基坑开挖面积大，深度深，周边环境复杂，邻近长江、汉江高承压水位，且需考虑上部已建售楼部对支护结构设计施工的影响。因此，支护方案应考虑切实可行的支护形式，同时在保障安全的前提下，加快施工进度、控制成本。

### 4.1 基坑的重难点分析

根据上述资料分析，本项目的重难点主要有以下几点：

（1）基坑平面规模较大，开挖深度大，属较大较深基坑。

本项目设五层满铺地下室，基坑开挖深度超过 25.000m（基坑普挖深度 25.550～27.250m；塔楼坑中坑最深处开挖深度 33.150m）。

（2）基坑形状较为规则，周边环境条件复杂。

基坑形状为类似长方形，局部为凹凸状，基坑南北向平均长度约 151.0m，东西向长度约 171m。

基坑北侧为汉正街；基坑东侧现状为空地，空地外为友谊南路；基坑南侧为项目待建 A3 及 C3 地块，现状为空地；基坑西侧为艺和社区及金昌同益里住宅；地下室边线距汉江约 300m。基坑北侧为批发市场主干道且西侧邻近民房居民区，周边人员密集，电力、给水、通信、天然气等管线密布，基坑环境条件复杂。

（3）汉口地区高承压水的处理。

本工程基坑开挖面以下存在深厚的粉质黏土与粉土、粉砂互层、砂层含水层，地下水丰富，水量较大，具有承压性。根据武汉地区工程经验，止、降水设计的合理性是直接影响基坑及环境安全的关键。

（4）场地条件紧张，土方量大。

项目地下室范围线与用地红线之间距离较近，且红线内布置有围墙基础等，基坑四周邻近主要市政道路及批发市场闹市区。整个场地场内条件紧张，场地外道路交通量大，土方量超过 55 万 m³，支护设计需考虑方便土方开挖及外运的便利性，以及后期主体结构施工的临时场地及加工堆场。

（5）基坑内已建售楼部。

基坑内东北位置为已建 2~3 层售楼部，该售楼部在基坑土方开挖前投入使用，且建设投资超 3 亿元，支护设计时需考虑对其影响及保护，并考虑该区域后期土方开挖及施工的可实施性。

## 4.2 基坑重要性等级

根据《基坑工程技术规程》（湖北省地方标准 DB42/T159—2012）4.0.1 条的规定，结合周边环境、开挖深度、岩土工程与水文地质条件，综合确定本基坑重要性等级为一级。

## 4.3 支护结构选型

1）整体围护方案

从环境保护的角度，本基坑周边环境复杂，周边为汉口中心城区市政道路，紧邻汉正街批发市场。基坑西侧为汉口老城区多层住宅，基础埋深浅，加之本项目地处长江 I 级阶地，下部砂层深厚，承压水头高，因此超大超深基坑长期抽降承压水对基坑周边环境带来的直接不利影响，以及承压水头对支护结构本身的影响，应在设计阶段加强技术保护措施。

根据类似规模、环境条件基坑设计施工经验，以及相关文件规定：岩土工程条件和周边环境复杂、开挖深度超过 15m 或地下结构三层以上（含三层）的基坑应采用封闭截水措施。根据《武汉市深厚软土区域市政与建筑工程沉降防控技术导则》规定，一级阶地防控区或邻近一级阶地防控区的建筑工程设置三层及以上地下室或基坑开挖深度大于等于 16.0m，且需进行疏干降水时，应采用落底式止水帷幕或落底式地下连续墙。结合上述要求及项目特点，本基坑应采用落底式止水帷幕。

根据大量的工程经验，适宜于本基坑的围护方式有：全落底式地下连续墙和地下连续墙结合落底式止水帷幕两种方式。全落底式地下连续墙

围护结构分为受力段和止水构造段，上部为围护结构受力段，下部为构造止水段，根据地下连续墙实际承受土压力及荷载的不同情况进行技术性分析。地下连续墙结合落底式止水帷幕按土压力及荷载情况进行设置，同时结合落底式止水帷幕的方式，如 CSM 工法。

在确保工程安全的前提下，兼顾经济性以及周边环境，选择落底式的地下连续墙＋钢筋混凝土内支撑，地下连续墙后设置等厚度水泥土搅拌墙加强止水帷幕方案，作为本项目基坑支护结构体系，对基坑阳角处采用 800mmCSM 进行阳角加固。针对基坑东北角地下室区域先建 2~3 层售楼部，按结构专业要求其主体结构与支护结构完全脱离开，售楼部采用桩基进行托换。

为保证止水效果，减少对周边环境的影响，本基坑地下连续墙采用落底式地下连续墙，墙底按进入⑥₁ 强风化泥质粉砂岩不小于 1.0m 控制，若⑥₁ 强风化泥质粉砂岩缺失或其厚度不足 1000mm，墙底按进入⑥₂ 中风化泥质粉砂岩不小于 0.5m 控制。

2）支撑道数

项目设五层地下室，根据基坑开挖深度、楼板设置标高等因素，将 1200mm 地下连续墙＋四道钢筋混凝土内支撑、1000mm 地下连续墙＋五道钢筋混凝土内支撑进行了计算比较。经比较，二者的计算结果无较大区别。由于一道支撑的施工、养护、拆除等均需要大量的工期，增加一道支撑的工期成本会加大施工难度，同时，最后一道支撑下土方开挖的作业空间较困难，且基坑使用时间增加会造成降水周期的增加，对基坑本身及周边环境的保护不利，最终选择 1200mm 地下连续墙＋四道钢筋混凝凝土内支撑。图 4 为基坑支护典型剖面断面图（北侧）。

3）支撑平面

在基坑平面上，基坑形状为类似长方形，局部为凹凸状，基坑南北向平均长度约 151.0m，东西向长度约 171m，长宽比约为 1.14。支撑布置采用角撑＋对顶撑的形式，相对比圆环支撑布置形式在确保整体支撑平面安全可靠、传力受力合理的前提条件下，可以兼顾到塔楼区域超前施工、无支撑面积大、配合栈桥土方挖运简便、支撑体系相互独立拆换撑、可分区分块施工、配合整个场地施工组织等施工进度要求。角撑＋对顶撑是本项目的支撑平面首选方案。

如前文介绍，本项目除东侧外，其余三侧地下室范围线与周边用地红线最大距离小于10.0m，无法在基坑周边形成施工道路，对如此大的基坑而言，项目的土方运输、材料运输受到极大限制，设计时利用首层支撑板，在基坑四周形成了一道9.0m宽的施工道路，利用对顶支撑中部形成了南北及东西向通道，并设置了1个独立的下坑混凝土栈桥。支撑及栈桥平面布置见图5。

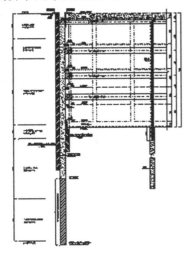

图4 基坑支护典型剖面断面图（北侧）

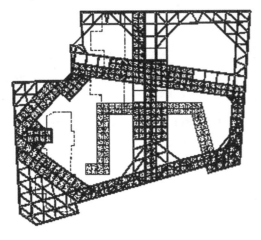

图5 支撑及栈桥平面布置图

## 4.4 地下水处理设计

1）降水井设计

本基坑基底已揭露下部承压含水层，对下部含水层须采用疏干降水。由于已采用落底式帷幕，目前规范中仅提供了敞开式降水的计算方法，根据团队类似项目经验，本项目降水井设置数量按照敞开式降水数量的40%~60%考虑，即坑内设置38口降水井，坑外设置11口观测井。

管井开泵后30min取水测试，其含砂量应小于1/50000，长期运行抽出的地下水含砂量应满足≤1/100000的设计要求。

2）针对本项目的止降水措施

对本项目而言，地下水的处理是本项目的难点和重点之一，在设计时应充分考虑施工时可能产生的风险并做好应对措施。本项目采取了如下措施：

（1）双重止水帷幕保障

目前国内地下连续墙施工一般采用工字钢接头，较常用的做法是在工字钢接头外侧加设数根高压旋喷桩加强止水。但结合武汉市的地下连续墙施工经验，由于本地区高承压水的特性，且邻近长江及汉江的交汇处，地下连续墙的渗漏不仅仅在接头处发生，在墙身处也有可能。甚至地下连续墙墙身会由于混凝土浇筑不到位，基坑开挖到一定深度后由于高承压水的压力导致地下连续墙薄弱处被击穿，造成地下连续墙的漏水漏砂，从而导致周边地面塌陷等情况。

本设计在地下连续墙外侧设置800mm等厚水泥土搅拌墙止水帷幕，确保在基坑开挖深度范围内形成等厚水泥土搅拌墙+地下连续墙的双重止水保障。

同时利用在地下连续墙内侧800mm等厚水泥土搅拌墙止水帷幕，与外侧等厚水泥土搅拌墙止水帷幕形成槽壁加固，确保地下连续墙的成槽质量与垂直度。

（2）其他措施

设计文件中针对降水井及土方开挖也设置了相关要求：降水井遵循"按需开启"的原则，在满足土方开挖和结构施工的前提下，尽可能少开启降水井。降水井应"逐井验收"，定期进行含砂率检测。基坑封闭后土方开挖前进行连通试验和大降深实验，分别用来验证止水帷幕的封闭效果以及降水井的效果，同时通过上述实验来复核降水井的设计。土方开挖应加强对降水井的保护。为减少基坑施工及土方开挖过程中降水井的损坏率，建议部分降水井待施工至第四道支撑标高时再行施工，以减少井损率。

## 5 计算结果与分析

对本项目采用常用的计算软件天汉V2015.1及有限元软件进行对比分析。天汉V2015.1软件为湖北省本地常用软件，但不能直接计算本工程地下连续墙的配筋，需采用结构计算软件设计地下连续墙的配筋。有限元分析中土体采用平面应变单元模拟，本构模型为弹塑性模型，屈服准则采用修正 M-C 准则，三角形单元模拟土体；梁单元模拟支护桩和连梁，本构模型为弹性模型，按照工程设计方案中构件实际截面特性确定。土层剖面参数详见表 1。模型左右边界固定水平位移，底部边界固定水平竖向位移，上部边界为地表自由面；自重荷载取重力加速度。

从图 6 及图 7 可知，采用有限元分析计算基坑开挖至基坑底部时水平位移为 19.6mm，沉降为 20.9mm；基坑拆换撑至第一道支撑时水平位移为 13.5mm，沉降为 24.3mm；采用天汉 V2015.1 计算基坑开挖至基坑底部时及拆换撑至第一道支撑时水平位移最大分别为 39.1mm、42.5mm。通过与监测数据进行分析对比，有限元分析所得结果比较接近监测数据，天汉 V2015.1 计算位移结果偏大（图 6、图 7）。

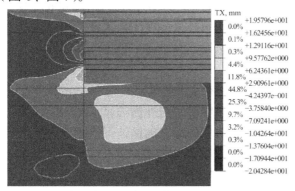

图 6 工况一（开挖至基坑底）整体水平位移云图

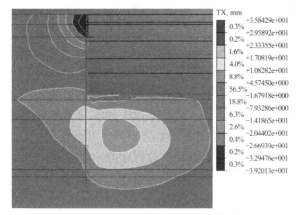

图 7 工况二（拆换撑）整体水平位移云图

# 6 监测数据分析

鉴于该建筑场地地质条件和环境条件，为确保该项目地下工程安全、顺利地完成，在基坑开挖及地下室施工过程中，必须采用信息法施工。即运用多手段的联合监测，加强施工过程中的信息管理，做到定时监测、即时反馈。工程监测的目的可以分为以下几点：

（1）将监测数据与预测值相比较以判断前一步施工工艺和施工参数是否符合预期要求，以确定和优化下一步的施工参数，做好信息化施工；

（2）将现场测量结果用于信息化反馈设计，使设计达到优质安全、经济合理、施工快捷的目的。

在基坑施工过程中，分别在基坑的四周选取了 2 个点对地下连续墙深层水平位移数据进行分析。

如图 8 所示的地下连续墙深层水平位移变化曲线，左侧为基坑北侧 CX02 监测点数据，右侧为基坑西侧 CX14 监测点数据。同时对基坑西侧的艺和社区及金昌同益里住宅分别选取了数个典型监测点对沉降进行分析，如图 9 所示的周边建筑物沉降—时间曲线。

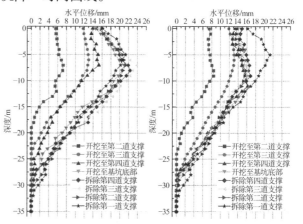

图 8 地下连续墙深层位移曲线图

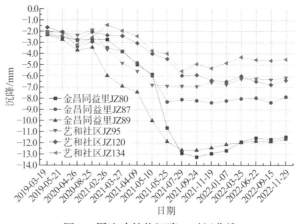

图 9 周边建筑物沉降—时间曲线

在基坑开挖过程中土体变形普遍较小，在开挖至基坑底直至底板施工完成，位移显著增加，地下连续墙深层水平位移最大值为 23.9mm，艺和社区及金昌同益里住宅最大沉降分别为 6.93mm、13.25mm；后续拆撑工况位移变化趋于稳定。本基坑在地下室整个施工周期中变形相对较小，表明支护体系安全可靠。

# 7 工程经验与教训

## 7.1 地下连续墙漏水漏砂

问题描述：基坑开挖过程中，第四道支撑下地下连续墙接头处出现漏水漏砂现象，后期土方开挖过程中地下连续墙墙身也有不同程度的漏水漏砂或渗水现象。

解决办法及避免措施：地下连续墙接头处或墙身出现漏水漏砂现象，目前最好及最有效的办法是在渗漏点墙后设置注浆孔，孔深为地面到渗漏点处标高，采取双液注浆，注浆应多次少量，以确保能将地下连续墙渗漏点进行封堵。

基坑支护设计时不仅应考虑地下连续墙接头处漏水，还应考虑到地下连续墙墙身漏水情况，此时地下连续墙外侧设置一排止水帷幕是必要的；地下连续墙内侧设置一排槽壁加固不仅可以确保地下连续墙的成槽质量与垂直度，还可以在土方开挖过程中先对临边地下连续墙进行试挖，如果出现漏水及时进行回填，起到内侧止水帷幕的效果，减小地下连续墙缺陷处漏水漏砂的方量，为后续处理争取一定时间。

过程中应严格控制地下连续墙接头处的处理，同时控制好混凝土的浇筑，确保地下连续墙的施工质量。

## 7.2 地下连续墙钢筋设置过密

问题描述：地下连续墙钢筋笼纵向受力钢筋及水平钢筋设置间距过小，混凝土从下向上浇筑产生浮浆，由于钢筋设置过密，加之混凝土粗骨料粒径较大，浇筑过程中易产生缺陷，出现局部混凝土缺失或者强度不足的情况。

解决办法及避免措施：土方开挖过程中应对临边地下连续墙进行试挖，对出现缺陷的区域，应进行二次浇注，局部由于浮浆产生混凝土强度不足的情况可提前通过清除凿毛后进行浇注，浇注完成后该区域应回填部分土方，待该区域混凝土强度达到设计要求后方可开挖。

地下连续墙钢筋笼设计过程中建议纵向受力钢筋及水平钢筋设置间距不小于200mm，必要时可考虑纵向受力钢筋并筋设置。同时，地下连续墙

施工过程中应除严格确保地下连续墙的施工质量，还应注意浇注过程中导管的提拔速度不宜过快。

## 7.3 邻近长江、汉江防洪度汛

问题描述：本项目位于长江、汉江防洪保护区范围内，汉江主汛期水位较高，基坑普挖深度超25.50m，应确保施工段汉江堤防安全及基坑施工期间安全度汛。

解决办法及避免措施：除设计过程中应考虑高承压水对基坑安全的影响外，施工组织设计过程中，应编制周密的施工进度计划，并在非汛期进行土方开挖作业，在主汛期前完成底板浇筑施工，否则应进行回填或灌水反压。同时，应编制防洪评估报告和基坑施工防汛应急预案，并报相关部门许可。除上述措施外，施工过程中还应严格按照设计图纸、施工组织设计及施工进度计划施工。

## 7.4 土方量大，出土进度紧张

问题描述：由于本项目基坑土方量较大，且仅能设置一个栈桥下到基坑内，土方出土困难大、进度慢。

解决办法及避免措施：考虑到第一道支撑上的南北向和东西向的水平栈桥，在第一道支撑上设置取土点，坑内可将土方转运至取土点下方，采用长臂挖机和垂直抓斗进行取土，然后装车向基坑外出土，根据需要可在水平栈桥上设置多个取土点，同时，根据施工组织设计设置专门的取土平台；坑内土方则可采用设置取土点垂直取土和栈桥下到基坑内两个措施进行土方外运。

## 7.5 两墙合一

问题描述：本项目由于设计进度安排，在初步框定基坑范围及大致开挖深度后即开始基坑支护的设计及施工工作，以最大程度优化整体工期，不具备将地下连续墙作为地下室外墙的一部分，即两墙合一，地下连续墙仅作为支护结构使用，地下连续墙与地下室外墙留设1000mm肥槽，相对两墙合一，其缺点为后期施工困难大、造价高、工期长。

解决办法及避免措施：针对三层地下室以上采用地下连续墙的深基坑工程，根据设计进度安排，建议考虑设置两墙合一，地下连续墙不仅作为临时支护结构，满足水土压力和变形要求；还作为永久主体结构，满足作为地下室外墙结构在施工期和使

用期的内力、变形挠度控制、裂缝控制等要求。

### 7.6 立柱桩布置

问题描述：针对超深超大基坑，同时上部第一道支撑设置水平栈桥时，为满足承载力要求，基坑临时立柱桩的平面位置过近，后期挖机行走困难，土方挖运不便；局部位置立柱桩设置于地下室防火分区内楼梯的消防门室处，后期由于该处位置空间狭小，型钢格构拆除和运输困难。

解决办法及避免措施：立柱桩设计时尽可能利用工程桩，同时在满足承载力和稳定性的要求下拉大立柱桩的平面间距，必要时可考虑加大型钢格钩的型号和尺寸，还可增加竖向剪刀撑或者增加水平向的约束。立柱桩的平面布置应尽量避开楼梯消防门室及空间狭小的地下房间。

## 8 结语

随着城市建设发展，超深超大基坑越来越多，针对此类基坑，地下连续墙作为支护结构能较好控制周边变形及减少周边水土的流失，并尽可能减少对周边环境和水文的破坏。根据施工现场实时反馈，本项目已在预定工期内顺利出地下室正负零。纵观本工程设计施工的整个流程，可得出以下结论：

（1）两墙合一设计是现在乃至未来的趋势，本项目由于设计进度原因，未能采用两墙合一的方案，同时在售楼部的基础设计时，未能将地下连续墙作为售楼部的基础，承受部分的竖向荷载，以上两点均为项目的缺点，后续类似项目应尽可能利用地下墙刚度大、承载力高的特点，采用两墙合一的方案，节约项目的成本和工期。

（2）地下连续墙外侧设置一排连续的加强止水帷幕尤为重要。本项目在整个基坑开挖期间无重大漏水险情发生，周边环境可控，地下连续墙的

施工、外侧等厚度水泥土搅拌墙加强止水帷幕起到关键性的作用，同时也为项目能安全的防洪度汛起到了一定的作用。

（3）土方开挖过程中，地下连续墙内侧的土方探挖的必要性，项目在整个实施过程中，能平稳安全地开挖到基础底标，地下连续墙内侧土方探挖的工作功不可没，土方探挖过程中，若遇到局部漏水漏砂或地下连续墙墙身缺陷，可马上进行回填，待采取措施处理完后再进行开挖，为项目土方开挖起到了一定的预警监测作用。

（4）项目能按计划工程进度实施并确保地下室出正负零，在第一层支撑水平栈桥上设置多个垂直取土点，保证了土方出土的工期，为后续施工进度提供了强有力的支撑，确保工期的同时也确保项目能在主汛期来临前完成地下室底板的浇筑。

（5）信息化施工是基坑工程施工的一个重要原则。真实的监测数据是反映基坑运行状况的最真实依据，工程人员应通过对监测数据的研判及时调整（优化或加强）设计、施工，便于工程顺利开展。

## 参考文献

[1] 住房和城乡建设部. 建筑基坑支护技术工程: JGJ 120—2012[S]. 北京: 中国建筑工业出版社, 2012.

[2] 刘国斌, 王卫东. 基坑工程手册[M]. 2版. 北京: 中国建筑工业出版社, 2009.

[3] 湖北省质量技术监督局. 基坑工程技术规程: DB42/T 159—2012[S]. 北京: 中国建筑工业出版社, 2012.

[4] 陈律, 危正平. 武汉华润置地万象城项目基坑工程[C]. 北京: 人民交通出版社, 2020.

[5] 李菲菲, 陈律, 危正平. 利用原有支护体系的基坑加深支护设计分析[C]//成都: 第十一届全国基坑工程研讨会暨第三届可回收麦秆技术研讨会论文集, 2020: 179-183.

# 广州市某医院手术科大楼
# 二期基坑设计实录

罗永健　黄俊光

（广州市设计院集团有限公司，广东广州　510620）

## 1　工程概况

本工程位于广州市越秀区，本项目主体为手术科大数地下 3 层地下停车库，现状为待拆迁医院用地，基坑在拆迁完成后开挖；周边存在较紧密建筑群，其中南侧紧贴正在投入使用的一期手术科大楼，一期与二期交界后期需要连通。

医院手术科大楼一期工程（地上 25 层，地下 3 层）已在 2013 年投入使用（图 1），作为二期基坑工程需要在已建超高层地下室边，紧贴开挖新建出更深的 3 层半地下室。一期地下室单侧土体被完全掏空，并须再往下挖 2m，存在类似"上海楼倒倒"的风险。其余各边环境复杂，北侧为内科住院大楼，西侧为市政路，东侧为现有民房，基坑周边还存在众多管线，基坑支护变形过大或者失效后果影响非常严重，面临重大技术与安全难题（图 2、图 3）。

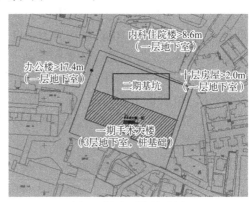

图 2　周边环境关系图

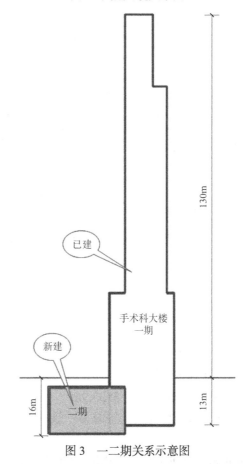

图 3　一二期关系示意图

图 1　手术科大楼一期

本项目基坑设计获得 2021 年度工程勘察、建

───────────────

获奖项目：2021 年度工程勘察、建筑设计行业和市政公用工程优秀勘察设计奖三等奖，2021 年度广东省优秀工程勘察设计奖工程勘察与岩土工程一等奖。

筑设计行业和市政公用工程优秀勘察设计奖工程勘察三等奖，2021 年度广东省优秀工程勘察设计奖工程勘察与岩土工程一等奖。

## 2 设计概况

1）地质水文条件

场地属于剥蚀残丘地貌单元，场地内基岩风化带厚度较大，不均匀，基岩倾斜度较大，从高出基坑面 5m 到低于基坑面 10m。场区岩土层自上而下可分为：人工填土层、可塑—硬塑粉质黏土、强风化、中风化、微风化泥质粉砂岩，基岩倾斜度大，从高出基坑面 5m 到低于基坑面 10m。钻探期间地下水位埋深 1.50～5.40m，场地主要含水层为填土层及基岩裂隙水（表 1、图 4）。

基坑支护计算参数表　　　表 1

| 土层 | 状态 | 重度/（kN/m³） | 黏聚力/kPa | 内摩擦角/° |
|---|---|---|---|---|
| 素填土 | 松散 | 18.0 | 8 | 12 |
| 粉质黏土 | 可塑 | 19.5 | 20 | 15 |
| 粉质黏土 | 硬塑—坚硬 | 19.5 | 25 | 20 |
| 强风化岩 | 半岩半土状 | 21 | 50 | 33 |
| 中风化岩 | 短柱状 | 22 | 220 | 38 |
| 微风化岩 | 长柱状 | 23 | 350 | 40 |

注：节选之本项目勘察报告。

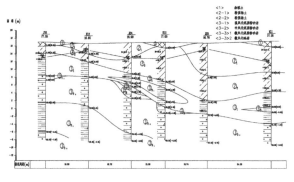

图 4　典型地质剖面图

2）设计方案

二期基坑开挖面积约 3533.9m²，开挖深度为 16.07～16.55m，基坑安全等级为一级[1]，重要系数 1.1。

东北角及西北角设计采用 φ1000 支护桩间距 1200mm＋3 道钢筋混凝土支撑支护，其他区域均采用 φ1200 支护桩间距 1400mm＋2 道钢筋混凝土支撑对顶一期既有建筑进行支护；四周统一采用

φ600 双管高压旋喷桩进行桩间止水（图 5～图 7）。

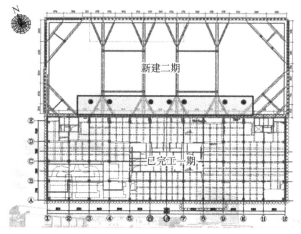

图 5　基坑平面图

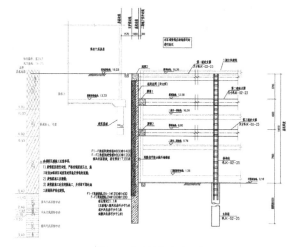

图 6　典型剖面（一）

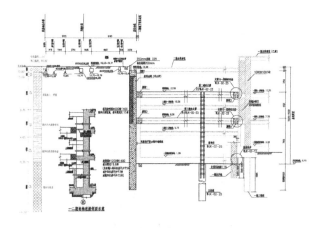

图 7　典型剖面（二）

## 3 项目特点及主要工程问题

（1）周边环境十分复杂，在既有超高层建筑底下深挖基坑。

项目基坑周边存在较紧密建筑群，其中南侧

紧贴正在投入使用的一期手术科大楼（且后期需要连通），本次开挖要将一期手术科地下室北侧土全挖除，并向下再深挖一层结构。已建3层地下室内医院部分科室对位移及振动十分敏感；北侧为9层内科住院大楼，设置一层地下室，桩基础，距离基坑约7m；西侧为市政路，院区重要人与车通行主干道，管线密布，存在煤气、给水、排水等管线，东侧为10层民房，设置一层地下室，桩基础，距离基坑约1.5m。

（2）三边临土，一边临空，利用已建地下室支顶。

二期基坑开挖须将一期手术科地下室北侧土全挖除至一期地下室底板以下2m，新做每层地下室须与一期已施工地下室连接，中间无隔离的结构墙，需要考虑有效传导不平衡土压力，重新计算一期结构水平承载力，以确保一期地下室安全，同时须解决后期地下室连通施工问题。

（3）一期地下室单边卸载后须复核转换补强。

原一期地下室考虑四周土压力平衡，墙柱构件以受竖向力为主，水平刚度较小，二期支撑支顶区域结构柱刚度须考虑加强，保证有效传力及避免产生不利变化，一期与二期连接处同时存在错层的消防水池，楼板不连续，基坑支撑须考虑转换问题，同时在二期基坑内存在一期已施工钢管柱，须原位保护。

（4）新旧车道均须换撑。

一期与二期地下室交界处存在已施工旧车道，车道紧临二期，负一层及负二层楼板在二期基坑架设支撑向下挖土前，考虑钢支撑临时换撑，并在二期地下室楼板施工后与旧车道有效连接后拆除；二期新做地下室北侧有沿基坑边长达37m的车道区域，在二期基坑拆除前须在相应位置临时支顶，控制拆撑位移。

（5）施工超载要求大，信息化施工要求高。

周边场地紧张，基坑长边约95m，短边约36m，施工材料堆放仅可利用北侧与内科住院大楼之间的7m空间，出土转运须集中在西侧市政道路上，超载须考虑30kPa以上，另外地下一层设置的氧舱室须在第二道支撑未拆除前，在基坑边吊入，局部超载达60kPa，上述超载均须在基坑设计时考虑并采用有效措施。

# 4 技术难点与技术创新、实施效果与成果指标

综合上述难点，二期基坑采用以下技术措施，达到保护环境，满足施工要求：

1）采用刚度大的支护桩＋混凝土支撑，严格控制变形，保护周边环境。

东北角及西北角的角撑区域，可利用两侧支护桩作为竖向支撑构件，设计采用$\phi$1000支护桩＋3道混凝土撑支护；其他区域传力方向均有一侧为已施工一期地下室，设计采用$\phi$1200支护桩＋2道混凝土支撑支护与一期地下室楼板对撑，利用刚度大的钢筋混凝土支撑，严格控制位移变化，同时桩间采用$\phi$600双管旋喷桩止水，并在与一期支护桩连接处，加塞一根双管旋喷桩，封闭基坑，降低地下水渗漏风险，同时要求拆撑应分段分区对称拆除，一次拆撑区域不应超过2跨结构柱距。

2）利用已有地下室支顶，"扶"住一期超高层建筑。

二期基坑开挖须将一期地下室北侧土全挖除至一期地下室底板以下2m，一期地下室单侧被完全掏空，上部荷载大，存在倾倒以及变形过大开裂风险。本项目基坑设计采用刚度大钢筋混凝土支撑，支顶"扶住"一期地下室楼板，从开挖架设支撑，到后期拆除支撑，地下室未发生位移，达到预期目的，保证一期医院科室正常使用，获得业主好评。

3）加强一期地下室墙柱构件，对称分层开挖，保证卸土后有效传力。

为保证有效传力，大部分支撑一端均须支顶连接在一期已施工楼板处，主撑基本与一期受力方向梁对齐，基坑设计在连接端，首先采用腰梁将支撑集中力转换为均布力传至一期楼板，在有下沉楼板的区域采用竖向转换柱[2]，转移支撑轴力至上下层已施工楼板，具体施工步骤如下：

（1）施工第三道支撑，预留转换柱钢筋；

（2）预留土台向下开挖土方至一期底板底；

（3）施工转换柱，以及加强该区域一期结构柱端，转换柱达到强度后方可开挖剩余土方；

（4）加强一期主体监测，做好施工应急预案；

（5）转换柱在二期负二层底板施工完成，达到设计强度后方可拆除（图8、图9）。

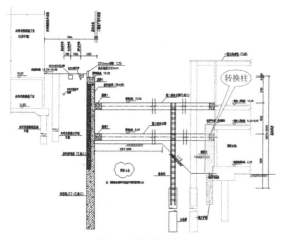

图 8 转换柱剖面

图 9 转换柱现场照片

一期靠近交界的一排结构柱与转换腰梁仅距离 1.6m，主体设计考虑设计柱端加强墩，将原 700×700 结构柱，沿受力方向，加高 1.6m，采用植筋与原柱连接，浇筑成一体，提高传力方向柱刚度，柱端加强的设置，保证塔楼柱受水平力不变形（图 10）。

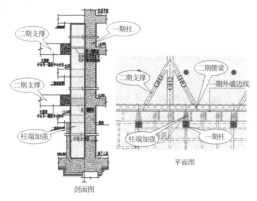

剖面图

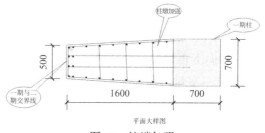

图 10 柱端加强

针对二期范围内一期无地下室部分的钢管柱，重新验算长细比，制定专项方案，限制荷载，分层对称开挖，加密监测，保证安全（图 11）。

图 11 开挖后钢管柱现场照片

4）车道后施工，布设临时换撑，解决大开洞问题。

一期与二期地下室交界处存在已施工旧车道，车道紧临二期，车道处支撑及临时支顶做法（图 12）：

（1）施工第三道支撑，预留转换柱钢筋；

（2）预留土台向下开挖土方至一期底板底；

（3）施工转换柱，以及加强该区域一期结构柱端，转换柱达到强度后方可开挖剩余土方；

（4）加强一期主体监测，做好施工应急预案；

（5）转换柱在二期负二层底板施工完成，达到设计强度后方可拆除。

图 12 车道换撑现场照片

二期新做地下室北侧有沿基坑边长达 37m 的车道区域，在二期基坑拆除前须在相应位置临时支顶，控制拆撑位移，具体作法如下：

（1）施工负二层楼板；

（2）钢支撑换撑支顶；

（3）拆第三道撑；

（4）施工负二层区域车道；

（5）拆负二层楼板临时钢支撑；

（6）施工负一层楼板；

（7）钢支撑换撑支顶；

（8）拆第二道撑；

（9）施工负一层区域车道；

（10）拆负一层楼板临时钢支撑。

5）超前设计及信息化施工，原位保护钢管柱。

手术科大楼一期与二期均为我院设计，针对落位于二期的一期钢管柱，采用如下结构与岩土融合方案：

一期：考虑二期开发时间不确定，提前施工落位于二期的钢管柱，并按最不利工况包络设计，保证一期提前投入使用及二期基坑开挖时钢管柱的安全。

二期：基坑施工时制定专项方案，进一步限制荷载，分层对称开挖，加密监测，保证安全。

6）动态监测，确保地下室施工顺利安全。

按相关规范等要求，采取地面与地下相结合的方法，在围护结构、支撑、坑外地下水及周边地表、建（构）筑物、地下管线等位置布设监测点，形成一个立体的监测体系，起到科学指导施工、动态调整设计、确保施工顺利进展的目的。

最终监测结果显示，本项目基坑位移最大监测点为基坑北侧两道支撑区域上部悬臂段的冠梁的 S5 点，位移值为 28.3mm，基坑位移没有超出规范的限值，基坑支护结构充分发挥效应。

## 5　施工现场

现场施工实景如图 13～图 16 所示。

图 13　土方开挖

图 14　开挖至底

图 15　地下室结构施工

图 16　支撑拆除

## 6　结论

从现有设计、施工工艺技术的可行性及安全、经济、工期等方面综合考虑，本项目基坑支护创造性提出采用新增水平及竖向转换梁，利用刚度大钢筋混凝土支撑，支顶"扶住"一期地下室楼板，从开挖架设支撑，到后期拆除支撑，地下室未发生位移，周边环境位移在规范允许范围内，基坑安全可控，保证了施工期间一期医院科室正常使用，确保手术科大楼最终完整、顺利、按时交付，其下述经验值得在类似项目推广：

（1）本项目采用岩土与结构融合技术处理了超大不平衡土压力对单薄超高层建筑的影响；

（2）充分利用岩土计算分析，并利用既有车道开口且支撑与楼板错层地下室结构，进行转换支护；

（3）通过精细化支护和土方开挖，信息化施工，并做好既有超高层的监控量测，确保了华南地区重要超高层手术科大楼的安全性及正常使用。

## 参考文献

[1] 住房和城乡建设部. 建筑基坑支护技术规程 JGJ 120—2012[S]. 北京: 中国建筑工业出版社, 2012.

[2] 罗永健, 黄俊光, 刘志宏. 基坑格构柱与地下室结构冲突处理方法的研究[J]. 广东土木与建筑, 2019, 26(1): 35-39.

# 江苏南沿江某地铁站综合交通枢纽基坑工程

胡　磊[1]　胡传家[2]　李　磊[2]　倪韬宇[1]　孟祥祎[1]　邱云鹏[1]

（1. 南京南大岩土工程技术有限公司湖北分公司，湖北武汉　430000；
2. 中铁第五勘察设计院集团有限公司，北京　100000）

## 1　工程概况

### 1.1　项目概况

（1）该地铁站综合交通枢纽工程位于常州市武进高新区北部，常合高速以北，凤栖路以西。北依常州科教城，南临国家级高新技术产业开发区，西接西太湖科技产业园以及苏澳合作园。

（2）本工程地下室±0.000相当于+5.760m（1956黄海高程标高），场地地面标高按+4.200m（绝对标高）考虑，下设两层地下室。

（3）本工程基坑总面积约为39493.8m²，周长约980m；停车场地下室基础底标高为-6.990m，基坑普挖深度为11.190m，局部区域基坑普挖深度为6.990m。汽车坡道普挖深度为6.890m，与现有1号线连通道普挖深度为10.790m，付费区换乘通道普挖深度为6.000～16.090m，无障碍垂直电梯普挖深度为12.150m。

图1为项目施工过程中基坑开挖航拍全景图。

图1　基坑开挖航拍图

### 1.2　工程特点与难点

（1）拟建场地周边环境复杂，拟建地下车库轮廓距离红线较近，南侧地下室轮廓边线与拟建地铁6号线车站轮廓线重合，且开挖深度相差约15m，根据建设单位与轨道公司相关协议，地铁6号线车站基坑与本工程基坑同步完成，需考虑合理方案保证站体与枢纽工程可以同时开挖与施工，以节省工期。

（2）东侧红线外为地铁轨道地下空间，距轨道交通区间隧道边线约30.0m，地铁保护要求非常高，须采取针对可靠的措施。用地范围内建（构）筑物均需拆除。

（3）整个场地内条件较宽松，土方量大，支护设计需考虑方便土方开挖及外运的便利性，以及后期主体结构施工的临时场地及加工堆场。

（4）基坑侧壁及坑底揭露的地层较复杂，土质条件整体一般，对支护的变形要求较高。

## 2　工程地质条件

### 2.1　场地土层

拟建场地地处长江下游三角洲苏南平原，地貌分区属于太湖水平原区，地貌单元属于水网平原。本工程所在区域地形较为平坦，钻孔孔口标高一般为3.85～4.77m，最大高差约为0.92m。

根据详勘资料，本场地在勘察深度范围内，工程沿线75m以内的土体为①填土：杂色，灰褐色，松散—密实，以杂填土、人工填土为主，上部主要为沥青、水泥混凝土，中部为二灰碎石和灰土，下部主要为软塑—可塑状粉质黏土，局部夹植物根茎，具高压缩性，全场分布。③₁黏土：灰黄—褐黄色，可塑—硬塑，含少量铁锰质结核和高岭土，无摇振反应，切面有光泽，干强度高，韧性高，具中等压缩性，全场分布。④₁粉质黏土夹粉土：灰黄—灰色，软塑，夹稍密状粉土层，具水平层理，层厚1～5cm，粉土很湿，局部粉土富集，无摇振

基金资助：2023年武汉市城乡建设局科技计划项目（2023科研类）

反应,稍有光泽,干强度中等,韧性中等,具中偏高等压缩性,全场分布。④₂粉土夹粉质黏土:灰色,很湿,稍密,局部夹有软塑状粉质黏土,摇振反应中等,无光泽,干强度低,韧性低,具中等压缩性,全场分布。⑤₁黏质粉土:灰—灰黄色,很湿,稍密～中密,夹少量粉砂,局部夹有软塑状粉质黏土,摇振反应中等,无光泽,干强度低,韧性低,具中等压缩性,全场分布。⑥₂粉质黏土:灰黄—黄褐色,可塑,局部硬塑,含少量铁锰质结核和高岭土,无摇振反应,干强度中等,韧性中等,具中等压缩性,大部分地段分布。⑥₃黏土:黄褐—灰黄色,硬塑,局部可塑,无摇振反应,有光泽,含少量铁锰结核,干强度高,韧性高,具中等偏低压缩性,全场分布。⑥₄粉质黏土:灰黄—黄灰色,可塑,局部为硬塑黏土或夹粉土,稍有光泽,干强度中等,韧性中等,具中等压缩性,全场分布。⑦₁

粉质黏土:灰色,软塑,局部夹稍密状粉土层,具水平层理,无摇振反应,稍有光泽,干强度中等,韧性中等,具中等压缩性,全场分布。⑦₂粉质黏土:灰黄—黄灰色,可塑,局部为硬塑黏土或夹粉土,稍有光泽,干强度中等,韧性中等,具中等压缩性,局部分布。⑧₁粉质黏土夹粉土:灰—灰黄色,软塑～可塑,夹薄层粉土,层厚1～5cm,粉土很湿,具层理,局部粉土富集,无摇振反应,干强度中等,韧性中等,具中等压缩性,全场分布。⑧₂粉砂夹粉土:灰—灰黄色,饱和,中密,夹有粉土,具层理,局部偶夹薄层粉质黏土,具水平层理,层厚1～5cm,粉土很湿,偶夹砂质胶结物,具中等压缩性,全场分布。⑧₂₁粉土夹粉质黏土:灰色,很湿,稍密,局部夹有软塑状粉质黏土,摇振反应中等,无光泽,干强度低,韧性低,具中等压缩性,全场分布。见表1。

基坑支护设计参数取值表　　　　表1

| 土层 | 天然重度/<br>（kN/m³） | 地基承载力<br>$f_{ak}$/kPa | 压缩模量<br>$E_s$/MPa | 基坑支护设计参数综合取值 | | |
|---|---|---|---|---|---|---|
| | | | | 黏聚力$c$/kPa | 内摩擦角$\varphi$/° | 极限摩阻力$f$/kPa |
| ①杂填土 | 18.0 | — | — | 10.00 | 8.0 | 68 |
| ③₁粉质黏土 | 19.7 | 170 | 7.50 | 47.1 | 16.4 | 38 |
| ④₁粉质黏土夹粉土 | 19.1 | 120 | 5.65 | 21.2 | 17.1 | 30 |
| ④₂粉土粉质黏土 | 19.0 | 110 | 5.57 | 14.5 | 23.2 | 40 |
| ⑤₁粉质黏土 | 19.0 | 150 | 7.65 | 13.0 | 28.2 | 60 |
| ⑥₂粉质黏土 | 19.5 | 200 | 8.51 | 51.8 | 16.4 | 80 |
| ⑥₃黏土 | 20.0 | 280 | 9.45 | 63.8 | 18.9 | 62 |
| ⑥₄粉质黏土 | 19.3 | 180 | 6.93 | 36.3 | 17.0 | 40 |
| ⑦₁粉质黏土 | 19.0 | 100 | 5.44 | 26.6 | 13.6 | 60 |
| ⑦₂粉质黏土 | 19.3 | 200 | 7.13 | 35.8 | 16.1 | 42 |
| ⑧₁粉质黏土夹粉土 | 19.1 | 130 | 5.57 | 18.3 | 17.1 | 58 |

## 2.2　水文地质条件

根据区域调查、现场钻探测量结果显示,拟建场地在钻探深度范围内,地下水类型主要为上层滞水和浅层承压水。

上层滞水:主要分布于①填土层中,在本次勘察范围内可见静止水位埋深随地形的起伏而变化,水位为自然地面以下0.50～1.20m(黄海高程3.330～3.660m),水量变化大,主要补给源为大气降水,其水位随季节变化明显,水位年变化幅度一般为0.50m左右。近几年的平均最高水位约为黄海高程3.500m,年平均最低水位约为黄海高程3.000m。历史最高水位可达地面,近3～5年最高

地下水位为地面以下0.1m,随着场地回填整平地下水水位有上升趋势。

承压水:本次勘探深度范围内揭示的承压水分为第Ⅰ层承压水和第Ⅱ层承压水。第Ⅰ层承压水主要埋藏于④₂、⑤₁、⑧₂、⑧₂₁层中,其中④₂、⑤₁为Ⅰ₁承压含水层,⑧₂、⑧₂₁为Ⅰ₂承压含水层,其主要补给源为湖水的侧向补给和越流补给,排泄途径亦相同,水量较丰富。根据区域水文资料并结合勘察期间实测,Ⅰ₁层承压水测压水位约为地面下2.10～2.90m,相当于黄海标高1.830～1.900m,Ⅰ₂层承压水测压水位约为地面下8.50～9.30m,当于黄海标高−4.500～−4.560m,该水位年变化幅度范围一般为10～1.50m。第Ⅱ层承压水主

要埋藏于⑩₁层中，主要通过侧向径流补给，曾经是常州地区工业用水抽汲的地下水，自2004年对第Ⅱ承压水禁采以后，该承压水水位逐渐回升，其水位年变化幅度很小。该层承压水埋藏较深，对本车站施工无影响。

# 3 基坑支护设计方案

## 基坑支护设计目标

基坑形状较规则，基坑南北向最大长度约112.3m，东西向最大长度约318.6m。基坑周边西侧现为规划道路，北侧为龙跃路、地铁一号线和共建的地铁六号线。本深基坑工程基坑面积大、开挖深度较深、周边环境较为复杂，土质条件整体一般，对支护的变形要求较高，需确保支护结构能够最大限度地承受开挖后主动区土体和周边一切动、静载荷所产生的土压力。基坑东侧有地铁一号线，这些建（构）筑物均对沉降和差异沉降敏感。因此，支护设计必须严格控制支护结构的变形及位移，基坑支护必须保证建（构）筑物的安全。在满足安全可靠的前提下，优化支护设计方案，努力做到施工便捷、经济合理[2]。

本工程基坑开挖面积大，开挖面以下存在粉质黏土与粉土、黏质粉土夹粉砂等含水层，地下水丰富，水量较大，具有承压性。需要进行合理的止、降水设计以保证基坑及环境安全。

基坑南侧与地铁6号线预留工程相邻且开挖同时进行，需设计合理方案，在保证不耽误工期且安全的前提下开挖顺利进行。

图2为基坑周边环境示意图。

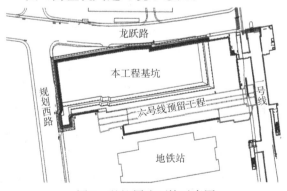

图2 基坑周边环境示意图

1）支护结构选型

根据《建筑基坑支护技术规程》JGJ 120—2012的相关规定，确定本基坑安全性等级：邻近地铁侧

为一级，其余各段为二级。基坑有效期为18个月。

经过分析，整体顺作方案、逆作方案均为可行的方案。根据招标文件要求，从结构安全、施工难度，以及工期、造价方面考虑，对支撑平面进行合理的优化。同时综合本基坑工程特点，以及类似基坑设计施工经验，最后决定采用整体顺作法，并可根据主体结构设计进度要求以及对工期、进度、成本的控制要求。

对于此类超大型基坑，在无特殊的工程要求时，一般是优先考虑整体顺作。其优点是施工便利性、可实施性、经济性、工程进度较为平衡，而且工艺成熟，对施工单位的技术和管理水平要求一般，其与主体结构设计关联性较小，受主体设计进度的制约小，可尽早开工。如施工场地紧张，可在临时支撑上浇筑板带作为作业场地。

考虑周边环境复杂紧张，应在设计阶段加强技术保护措施。根据类似规模、环境条件的基坑设计施工经验，本地相关项目类似经验，以及业主方对施工工期要求，适宜于本基坑的围护方式有：钻孔灌注桩和地下连续墙。

在确保工程安全的前提条件下，兼顾经济性以及周边环境，选择钻孔灌注桩和地下连续墙作为本项目基坑支护结构体系。

2）支撑结构选型

本基坑为较相对不规则的矩形，基坑东西向长度约318.6m，南北向长度约112.3m，不适宜采用圆环支撑；根据建设单位与轨道公司相关协议，地铁6号线车站基坑与本工程基坑共建，考虑现场实际情况及工期，若采用对顶支撑，为了保证安全，南侧6号线站体需等待枢纽区域支撑拆除，地下室主体结构施工完成后才能进行施工，无法保证施工进度。

角撑的支撑布置形式在确保整体支撑平面安全可靠、传力受力合理的前提条件下，兼顾工期、经济性、支撑体系相互独立、拆换撑可分区分块施工、整个场地施工组织等施工进度要求，对于枢纽站与6号线相邻的南侧，采用中心岛的开挖方式，可一定程度使基坑中部先行开挖，6号线站体同时施工，兼顾经济性。

最终决定采用"角支撑＋钢管斜撑"的支撑体系。综合考虑地层条件、支护结构内力、变形情况、土方开挖及造价等因素，落底式的地下连续墙加两道支撑在保证安全及工期的前提下最为经济合理。

在确保工程安全的前提条件下,兼顾经济性以及周边环境,选择"钻孔灌注桩 + 地下连续墙 + 两道内支撑 + 钢管斜撑"方案,作为本项目基坑主要的支护结构体系(图3)。

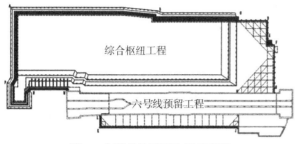

图3 典型基坑平面布置示意图

3)支护结构剖面

综合枢纽工程基坑北侧邻近龙跃路,采用 $\phi900@1300$ 与 $\phi1000@1300$ 的双排桩内插 $\phi850@600$ 三轴水泥土搅拌桩做止水、加固。基坑西侧邻近规划站西路,采用 $\phi900@1300$ 双排桩内插三轴水泥土搅拌桩做止水、加固(图4)。

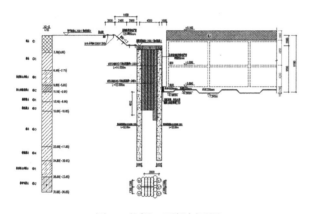

图4 北侧、西侧剖面图

综合枢纽工程基坑东侧邻近地铁1号线,对基坑位移有较高要求,采用 800mm 厚的地下连续墙加两道内支撑支护(图5)。

综合枢纽工程基坑南侧邻近地铁6号线,基坑与地铁6号线预留工程基坑同步开挖,为保证地铁6号线开挖安全,预先在综合枢纽工程基坑南侧预留二级大范围土坡。在 8m 平台后以 1:0.75 进行第一阶放坡,该区域侧壁土层存在约 2m 深填土,在一阶坡区域采用土钉加固措施。留 2.5m 平台后以 1:1 进行第二阶放坡,该区域侧壁土层④₁粉质黏土夹粉土以及④₂粉土夹粉质黏土,土层较差,在二阶坡区域采用土体加固措施。然后再施工6号线站体围护结构及主体结构,施工完毕后留土区域土方分层开挖至基础底标高,再进行负二层与负一层结构施工,地铁6号线南侧承台区域最后

施工,采用一道内支撑,$\phi1100@1400$ 钻孔灌注桩支护,$\phi850@600$ 三轴水泥土搅拌桩作止水帷幕(图6)。

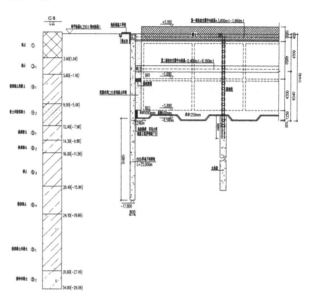

图5 东侧剖面图

综合枢纽工程西南侧考虑采用 $\phi1100@1400$ 钻孔灌注桩支护,$\phi850@600$ 三轴水泥土搅拌桩作止水帷幕,两道斜撑分别撑在地下室1层及地下室2层顶板区域,先施工斜撑区域外的枢纽工程地下室结构,斜撑区域为盆式开挖结构后做区域(图7),在斜撑施工完毕后挖预留土坡,进行靠近支护桩区域的地下室结构施工(图7)。

4)止水帷幕设计与基坑降水

基坑西侧与北侧双排桩区域采用三轴搅拌桩在桩间做止水,基坑东侧采用地下连续墙围护兼作止水帷幕,基坑南侧地铁6号线区域采用地下连续墙兼作止水帷幕。

本基坑开挖至基底标高已揭露承压含水层,需对下部④₂粉土夹粉质黏土及⑤₁黏质粉土含水层采用疏干降水,设置疏干降水井,并设置三轴搅拌桩对④₂及⑤₁层进行封隔;考虑下部⑧₂粉砂夹粉土为承压含水层,对其设置备用减压降水井。⑧₁层为粉质黏土夹粉土,根据地勘报告该层以黏性土为主,夹薄层粉砂透镜体,⑧₁层对本项目基坑降水影响有限。

降潜水井点每个降水范围 150~250m,共设置 127 口降水井。井点埋设深度 $L$ 为基坑深度+8m,井径 $\phi600mm$,铁管内径 400mm,包钢丝网和尼龙网,并用 $\phi12$ 铅丝扎紧。以上两种滤网缠绕时,重叠 1/3 幅面。底部用数条钢筋焊死,并包两层钢丝

网。铁管与井壁间用粒径 5～15mm 的圆形、亚圆形砂卵石滤料填放至距井口 500mm 后，用水冲洗

以保证滤料下沉密实。回灌井共设置 8 口，做法同疏干井。

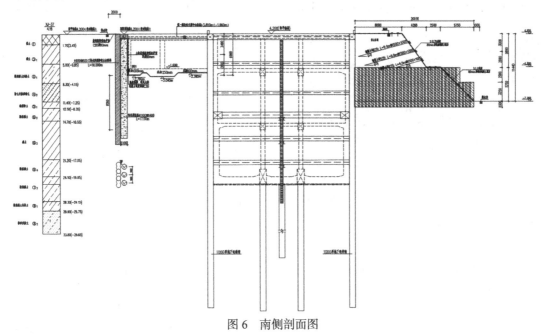

图 6　南侧剖面图

图 7　西南侧剖面图

降承压井点每个降水范围 300m，共设置 15 口降水井。井点埋设深度 $L = 30.000m$，井径 $\phi600mm$，铁管内径 400mm，包钢丝网和尼龙网，并用 $\phi12$ 铅丝扎紧。以上两种滤网缠绕时，重叠 1/3 幅面。底部用数条钢筋焊死，并包两层钢丝网。铁管与井壁间用粒径 5～15mm 的圆形、亚圆形砂石滤料填放至距井口 500mm 后，用水冲洗以保证滤料下沉密实。

基坑开挖降水随挖随降，水位降至分层土方开挖下 0.5m 后方可进行土方开挖；降水井遵循"按需开启"的原则，在满足施工的情况下应尽可能减少抽水量。井位在基坑范围内基本均匀布置，并避

开支撑及结构梁。

基坑内降水井兼作观测井，井位在基坑范围内基本均匀布置。

## 4　计算结果与监测数据分析

### 4.1　计算结果分析

本工程计算采用同济启明星 9.0，最重要的地铁 6 号线预留工程基坑区域南侧存在采用一道支撑的基坑，北侧枢纽采用盆式开挖及土体加固，支护形式复杂，计算分析困难。故该区域同时采用有限元软件进行计算模拟[3]。

在有限元软件中土体采用平面应变单元模拟，本构模型与屈服准则选用修正摩尔库仑模型，正方形与三角形单元模拟土体；梁单元模拟支护桩和内支撑，植入式桁架单元模拟盆式开挖放坡土钉。构件参数按照工程设计方案中构件实际截面特性确定。土层剖面参数详见表 1。模型左右边界条件为固定水平位移，底部边界条件为固定水平竖向位移，上部边界条件为地表自由面；自重荷载取重力加速度。

按照实际工况，在 6 号线基坑开挖前先将基坑南侧部分枢纽站区域进行土体加固后预留二级大范围土坡，然后施工 6 号线预留工程，最后施工 6 号线南侧承台基坑。图 8 为地铁 6 号线基坑、南

侧承台区域均开挖到底工况下的有限元模拟计算得到的整体水平位移云图。

由图8可知，地铁6号线基坑靠枢纽站基坑

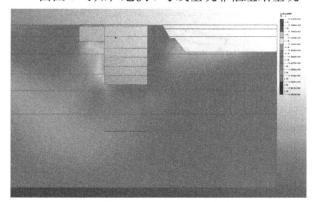

图8　开挖至基坑底整体水平位移云图

一侧由于存在盆式开挖大方坡，并使用土钉和土体加固，该侧地下连续墙水平位移较小，计算结果最大水平位移为 7.4mm，说明该施工方案能对 6 号线基坑有较为充分的保护。而 6 号线基坑南侧地下连续墙最大水平位移位于墙顶，为18.2mm。同时基坑开挖第五道支撑与第六道支撑之间，深度为 17.3～21.3m 间也存在较大位移，约为 16mm。

## 4.2　监测数据分析

为确保该项目地下工程安全、顺利地完成，在基坑开挖及地下室施工过程中采用信息法施工。加强施工过程中的信息管理，做到定时监测、即时反馈。该项主要分为综合枢纽工程监测与地铁6号线站体监测两部分。因综合枢纽基坑东侧邻近地铁 1 号线，南侧邻近待建地铁 6 号线预留工程，对变形控制的重要性不言而喻[4]。

由施工过程中监测数据得到，综合枢纽工程围护结构墙顶最大变形 9.0mm，地表沉降最大值7.8mm，土体深层水平位移最大值为 13.1mm，墙顶水平位移最大值为 4.7mm，混凝土支撑轴力最大值为 3259.1kN，均在可控范围内。

地铁 6 号线站体地表沉降最大值 27.02mm，地下连续墙墙顶竖向位移最大值为 19.34mm，水平位移最大值为 25.75mm，深层水平位移最大值为 27.5mm，钢管支撑轴力最大值为 841.61kN，均在报警值以内。支撑轴力与有限元软件模拟分析结果接近，计算结果可靠。

图 9 为 6 号线站体以及枢纽站周边典型测斜点位得到的深层水平位移数据。枢纽靠近站体区域

最大累计位移为 27.6mm，枢纽其他区域最大累计位移为 15.3mm。基坑各监测点变化在控制范围内。

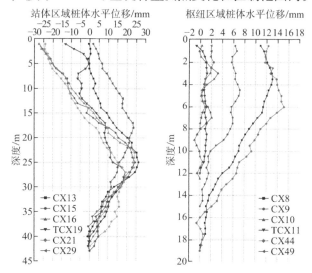

图9　站体与枢纽典型测斜点深层水平位移

同济启明星 9.0、有限元模拟，以及实际监测得到的 6 号线区域地下连续墙水平最大位移分别为 17.6mm、18.2mm、27.5mm。本基坑在整个地下室施工周期，桩体深层水平位移均在可控范围内，支护体系安全可靠[5]。

# 5　方案实施及效果

## 5.1　施工方案

由于基坑面积较大，涉及对既有地铁 1 号线以及同时建造的地铁 6 号线的保护，需要以合理的工况分区分段施工。按图 10 将整个基坑分为 6 个区，整体按 1～6 工序施工。

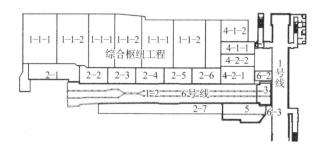

图10　基坑施工工序示意图

（1）综合枢纽工程基坑与地铁6号线预留工程基坑同步开挖，基坑开挖前，枢纽工程基坑南侧 2 区进行土体加固后预留二级大范围土坡，以确保地铁 6 号线的基坑安全；6 号线东端头井处基坑施工与既有运营1号线关系密切，应严格按照先撑后

挖、分层、分段的工序进行。

（2）综合枢纽工程基坑开挖分期施工，一期开挖施工中心岛区域，二期利用双排桩自稳能力按跳仓法施工，边开挖周边预留土坡区域，边施工枢纽结构；2区预留土坡需待地铁6号线结构负一层顶板施工完毕且达到设计强度后方可开挖。

（3）综合枢纽工程基坑4区邻近地铁6号线范围处的预留土坡开挖施工应考虑对已完成地铁6号线结构的保护，土坡开挖应分层、分段、跳槽施工，待本开挖段结构负二层顶板施工完成且与地铁6号线地墙顶紧后方可进行相邻段的土坡开挖。

（4）综合枢纽工程基坑4区考虑地铁保护应设置预留土坡，土坡分两期开挖。一期挖除4-2区预留土坡，施工4-2区负二层结构及传力带；二期挖除4-1区预留土坡，施工4-1区负二层结构及传力带；依次分区、分段拆除第二道支撑，完成负一层结构回筑。

（5）附属结构施工，完成5区、6区基坑及结构回筑。

（6）综合枢纽工程及6号线与地铁1号线设置了连接通道，在连接通道结构完成前或止水措施未到位前，不得破除连接处地铁1号线的主体结构侧墙，以确保运营1号线的安全；对地铁1号线的破除改造工程分期实施，每期仅实施一处。

通过合理分区块施工，整个基坑工程进展高效、顺利。

## 5.2 工程经验与教训

（1）问题描述：基坑开挖过程中，综合枢纽基坑西南侧盆式开挖钢管斜撑区域短时间内出现较大的桩顶水平位移。

解决办法及避免措施：在现场视察并与相关人员沟通后，分析问题原因有如下几点。施工中土体应力释放对支护桩形成较大的力；钢管斜撑预应力加载不足；该区域是基坑南侧，地铁6号线西侧的一片空地，存在较大的施工堆载。解决办法为安排施工方减少支护桩前堆载，加强该区域支护桩位移与支撑应力监测。之后钢管斜撑区域土体应力释放完全后，桩顶水平位移趋于稳定，无较大变形。

（2）问题描述：基坑开挖过程中，西侧靠近支护结构部分承台区域出现涌水。

解决办法及避免措施：分析原因有如下几点。

由于基坑西侧区域场地地下存在障碍物，无法保证部分桩的垂直度，存在部分桩之间搭接不理想的情况，地质条件较为复杂，造成三轴搅拌桩止水帷幕可能在薄弱处存在水力通道；基坑西侧含水层较厚，基坑边缘承压水可能未降到设计深度以下；场地工程水文地质条件复杂，粉质黏土粉土互层与下层承压水有水力联系，造成粉质黏土粉土互层中水平压力增大，使基坑边缘较深的承台区域出现涌水。解决办法为基坑西侧多开启几口降水井，及时抽排坑内积水并对出水点进行封堵，避免基坑土体长时间浸泡，同时加强该区域水位与周边地表沉降监测。水位降下去之后基坑涌水停止，监测结果表明各处变形均在设计范围内，基坑周边沉降数据也没有出现问题。

## 6 结语

本基坑工程土方开挖量大，周边环境与土层复杂，实施过程中以基坑本身及周边环境的安全性为设计与施工的首要目标，在安全性前提下采用了"合理、有效、经济、快捷"的方案体系及技术措施，以控制工程造价、满足工期要求，顺利完成基坑施工。有如下结论：

（1）遇到较为复杂的施工工况时，采用多种计算软件对典型支护剖面进行分析计算，通过综合比对其计算结果，可以为方案设计提供更加充分的理论依据。

（2）基坑施工工期较为紧张时，应根据项目特点，灵活采用多种支护形式，采用合理的工况，在保证安全的前提下，尽量减少支撑覆盖面积，提高施工组织效率，确保工程顺利如期完成。

（3）对周边环境较为复杂的深基坑工程，需加强重点监测。监测数据异常时应及时找出原因并采取处理措施，对于异常区域增加监测频率，对周边环境的影响较小，满足对周边环境的保护要求。

（4）在基坑设计中，必须充分重视水的问题，由于地下工程的不确定性因素较多，设计前必须详细弄清地质水文条件，止水帷幕在施工过程中也会出现各种各样的原因造成的缺陷，不可能完美无瑕，因此基坑设计过程中应该提前考虑这些不确定因素，适当增加搭接量或帷幕厚度。力求方案合理。遇到问题时，应在综合分析的前提下查找原因，切勿盲目补救。

## 参考文献

[1] 中华人民共和国住房和城乡建设部. 建筑基坑支护技术工程: JGJ 120—2012[S]. 北京: 中国建筑工业出版社, 2012.

[2] 郭存鸽. 地铁车站基坑围护结构探讨[J]. 中国新技术新产品, 2015(12): 1.

[3] 杨光华. 深基坑支护结构的实用计算方法及其应用[J]. 岩土力学, 2004(12): 1886-1887.

[4] 高盟, 高广运, 冯世进, 等. 基坑开挖引起紧贴运营地铁车站的变形控制研究[J]. 岩土工程学报, 2008(6): 819-823.

[5] 苏卜坤, 姜燕, 孙树楷, 等. 某地铁车站基坑围护结构变形过大的实测与计算分析[J]. 广东土木与建筑, 2020(1): 53-57.

# 古城区复杂环境条件下深基坑设计实践与分析

邵云娟　宋德鑫　钱　滔　吴　忍

（中亿丰建设集团股份有限公司，江苏苏州　215008）

## 0　引言

随着城市化建设的快速发展，土地资源日益紧张，古城区尤为显著。一方面古城区历史控保建筑众多，它代表着一个区域的历史文化底蕴，这些建筑的保护已成为古城区重点关心的问题。另一方面，古城区往往也是城市的核心地段，旅游、商业发达，人口密集，对新建建筑的需求量巨大，从而造成"寸土寸金"的情况出现。古城区的建筑往往具有历史风貌浓、层高低的特点，大多为土木砖混结构。而新建建筑风格需要与古建筑风格匹配，从而注定古城区建筑无法建得太高，许多区域古城区建筑具有限高要求。由于古城区土地资源珍贵，向地下要空间已成为大势所趋，地下空间工程如雨后春笋般涌现。古城区超深超大基坑也越来越多。古城区周边环境敏感，需保护的建（构）筑物众多，基坑设计在满足承载力极限状态要求的前提下还要满足正常使用极限状态要求，按变形控制设计[1]已成为众多设计师的共识。

苏州古城区遗存的古迹是古代江南文化、江南文明的经典之作，古典园林、小桥流水已成为苏州的一张名片。为保护旧城市风貌，苏州古城区新建建筑一般不超过24m。本文以苏州古城区护城河边三层地下商业项目深基坑为例，介绍了该项目的特点、重点、难点及应对措施，重点阐述本基坑的变形控制措施。可为今后类似深基坑的设计、施工提供指导。

## 1　工程概况

### 1.1　基坑结构概况

本项目主要由2~3层商业及3层地下室、下沉广场与地铁连通口组成，整体下设三层地下室，本基坑呈不规则长方形，基坑开挖面积约4.4万m²，周长约1200m，基坑开挖深度17.15~18.90m。

### 1.2　基坑环境概况

拟建项目位于苏州市姑苏区干将东路北、仓街东，护城河西侧。基坑南侧为干将东路，基坑边离干将路约15.0m，路边存在给水、燃气、供电、雨水、污水、通信等管线，干将路下存在东西向地铁1号线盾构隧道，隧道顶埋深约7.0m，隧道离基坑最近约9.0m。南侧西段为地铁相门站，本项目地下室通过地下二层下沉广场及一层地下连接通道与相门站连通。基坑东侧为护城河内河，基坑边离护城河内河最近约3.0m，内河宽约7.0~12.5m，河床底深约3.7m，河水位标高约85高程1.200m，河两侧设有悬臂钢筋混凝土驳岸。驳岸东侧为苏州古城墙博物馆，古城墙高约20m，砖混结构，古城墙距本基坑约16.5m，城墙东侧为护城河，河道宽约105.0m。基坑北侧为护城河内河，基坑边离河道边约7.0m，河道宽约6.5m，河床深约3.7m，河水位标高约85高程1.200m，河两侧设有悬臂钢筋混凝土驳岸。驳岸北侧为本项目住宅地块在建项目，该项目一层地下室，本基坑开挖期间北侧基坑已回填。基坑西侧北段为仓街，基坑边距离仓街最近约5.0m，仓街原为条石砌筑老街，路面下存在供电、雨水、污水、燃气通信等管线，西侧南段为3~6F居民住宅楼及2F保护古建筑，这些建筑年代较久，为天然基础，对沉降变形敏感。基坑边距离居民住宅楼最近约9.5m，基坑周边环境如图1及图2所示。

图1　基坑周边环境图

图 2　基坑现场航拍图

基坑周边环境复杂，交通拥堵，东侧古城墙为旅游景点，且本项目邻近地铁口，人流量较大。

### 1.3　地质概况

本项目位于古城河边，土层变化较大，受历史上人类活动影响，表层存在较厚的杂填土、瓦砾土，土层不均匀，地下障碍物较多，透水性较强。根据地勘报告，基坑开挖影响深度范围内土层自上而下依次为，第①层，杂填土，杂色，松散，含碎石、砖块、瓦砾等建筑垃圾。第②层，黏土，灰黄色，可塑。第③层，粉质黏土，灰黄色，可～软塑。第④层，粉砂夹粉土，灰色，稍密～中密，很湿。第⑤层，粉质黏土，灰色，软塑。第⑥层，黏土，暗绿，可塑～硬塑。第⑦层，粉土，灰绿色，中密，很湿。第⑧层，粉质黏土，灰黄色，可塑。第⑨层，粉质黏土，灰色，软塑。第⑩$_1$层，粉质黏土夹粉土，灰色，软～可塑。第⑩$_2$层，粉土夹粉砂，灰色，中密～密实。第⑪层，粉质黏土，灰色，软塑。具体土层物理力学参数指标如表 1 所示。

土层物理力学参数指标　　　　　　　　　　　　　　表 1

| 层号 | 土层名称 | 层厚/m | 含水量 | 压缩模量 | 重度γ/（kN·m³） | 固结快剪 | | 渗透系数 | |
|---|---|---|---|---|---|---|---|---|---|
| | | | $w$/% | $E$/MPa | | $C_k$/kPa | $\phi_k$/° | $K_v$/（cm/s） | $K_H$/（cm/s） |
| ① | 杂填土 | 0.3～5.8 | 33.0 | 5.07 | 18.0 | 10.0 | 8.0 | $2.3 \times 10^{-4}$ | $4.0 \times 10^{-4}$ |
| ② | 黏土 | 0.3～3.8 | 26.8 | 7.50 | 19.5 | 54.0 | 15.7 | $2.7 \times 10^{-7}$ | $3.4 \times 10^{-7}$ |
| ③ | 粉质黏土 | 0.7～3.0 | 27.8 | 6.88 | 19.3 | 19.2 | 17.6 | $4.2 \times 10^{-6}$ | $5.2 \times 10^{-6}$ |
| ④ | 粉砂夹粉土 | 6.9～11.0 | 30.6 | 11.11 | 18.8 | 5.2 | 28.7 | $7.5 \times 10^{-4}$ | $8.6 \times 10^{-4}$ |
| ⑤ | 粉质黏土 | 4.0～8.8 | 32.7 | 5.17 | 18.6 | 27.9 | 14.0 | $4.9 \times 10^{-6}$ | $5.6 \times 10^{-6}$ |
| ⑥ | 黏土 | 1.8～4.2 | 26.0 | 8.22 | 19.6 | 59.0 | 16.2 | $2.3 \times 10^{-7}$ | $3.0 \times 10^{-7}$ |
| ⑦ | 粉土 | 0.5～2.3 | 28.4 | 9.36 | 19.2 | 10.6 | 21.9 | $4.9 \times 10^{-4}$ | $5.8 \times 10^{-4}$ |
| ⑧ | 粉质黏土 | 1.5～4.1 | 30.5 | 6.22 | 18.9 | 25.7 | 13.7 | $3.9 \times 10^{-6}$ | $4.7 \times 10^{-6}$ |
| ⑨ | 粉质黏土 | 1.4～7.0 | 30.3 | 6.15 | 18.9 | 19.5 | 15.6 | $5.8 \times 10^{-6}$ | $6.8 \times 10^{-6}$ |
| ⑩$_1$ | 粉质黏土夹粉土 | 1.0～8.3 | 30.4 | 5.98 | 18.9 | 19.1 | 13.1 | $5.6 \times 10^{-6}$ | $6.4 \times 10^{-6}$ |
| ⑩$_2$ | 粉土夹粉砂 | 1.5～9.6 | 30.1 | 11.75 | 18.9 | 4.1 | 28.1 | $6.1 \times 10^{-4}$ | $7.0 \times 10^{-4}$ |
| ⑪ | 粉质黏土 | 6.3～13.5 | 34.6 | 4.46 | 19.0 | 23.2 | 13.2 | $4.6 \times 10^{-6}$ | $5.3 \times 10^{-6}$ |

根据本项目地勘报告，对本基坑开挖有影响的地下水主要为潜水、微承压水和承压水。

表层潜水主要存在于填土中，水量不大，分布不均匀，受降水补给及河水侧向径流补给为主，水位季节性波动幅度约 1.0m。稳定水位约为 1.41m。中部④层粉砂夹粉土中地下水类型位为微承压水，地下水补给方式主要为上下越流补给及侧向径流补给。稳定水位标高 0.000～0.500m。⑦粉土、⑩$_2$粉土夹粉砂层及⑫粉质黏土与粉土互层中赋存的地下水类型为承压水，补给方式同为承压水，埋藏深。勘察期间测得稳定水位标高 −0.500～0.000m。基坑东侧为古城河及古城河内河，河水位在 1.0～1.5m，受季节影响而波动，浅层潜水基本与河水连通，地下水补给充分。

## 2　项目的特点及难点

### 2.1　变形控制要求高

本基坑南侧邻近轨道交通 1 号线盾构隧道，

隧道距基坑最近约 9.0m，隧道顶埋深约 7m，本基坑开挖深度约 17m，隧道在 1 倍基坑开挖深度影响范围内。地铁隧道已运营，保护要求高，基坑开挖引起隧道变形不应超过 10mm。基坑东侧邻近古城墙，东侧距城墙最近约 16.5m，古城墙为砖砌而成，城墙高度约 20m，荷载较大，属于文保建筑，日常游客较多，变形要求极高，基坑开挖期间，围墙及周边地表不能出现开裂等现象。基坑西侧为古仓街街道，街道边为 1～5F 古居民楼及控保建筑，均为天然地基，多为 20 世纪 90 年代砖瓦建筑，对变形敏感，距本基坑最近约 6.5m，基坑开挖引起周边变形不能超过 20mm，且需保证基坑开挖期间周边旧建筑及地表不出现裂缝。

## 2.2 止水要求高

本项目位于古城河边，地下水系丰富，补给充分。表层潜水赋存于填土中，与河水相通补给。微承压水主要赋存于④粉砂夹粉土层中，厚度较厚，位于基坑侧壁，地铁隧道刚好位于该含水层内，开挖后止水帷幕渗漏极易造成周边地表沉降。承压含水层位于基坑坑底以下，主要赋存于⑦粉土层及⑩₂层粉土夹粉砂层中，压力水头较高，坑底不满足抗突涌验算，开挖过程需进行减压降水。

## 2.3 基坑体量大，开挖深度深

本基坑面积 4.4 万 $m^2$，周长约 1200m，基坑呈不规则长方形，南北长约 350m，长边效应[2]显著，基坑开挖深度为 17.15～18.90m。基坑南北向约 350m，东西向约 100m，形状极其不规则，转角较多，容易产生应力集中，对基坑变形控制不利。

## 2.4 基坑周边场地狭小

本项目北侧、东侧临河，南侧邻近地铁，地下室基本占满了用地红线，基坑周边可用空间狭小，仅西北角及西南角可预留施工进出通道，围护设计需充分考虑充足的栈桥以方便后期土建施工。

# 3 方案选型及关键技术措施

## 3.1 方案选型

综合考虑地区经验、基坑平面尺寸、开挖深度、地下水、地质条件、周边建（构）筑物以及保

护的重点等因素，按照安全可靠、重点突出、合理经济的原则确定基坑围护方案如下：

充分利用基坑的时空效应，采取分坑施工[3]，整个基坑共划分为①区、②区、③区、④区、⑤区 5 个区域，分区分块施工，分区示意图如图 3 所示。

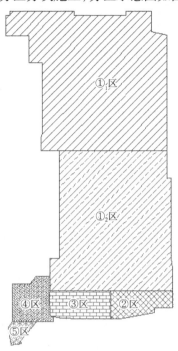

图 3 基坑分区示意图

地铁 50m 保护区（②区、③区）采用 1000mm 厚地下连续墙支护，水平向设置 4 道支撑，第一道支撑为钢筋混凝土支撑，2～4 道支撑为预应力伺服系统钢支撑。①区采用 1100mm 钻孔灌注桩 + 700mm 厚 TRD 渠式水泥土墙的支护形式，水平方向设置 3 道钢筋混凝土支撑。④区、⑤区后施工，分别采用钻孔灌注桩 + 三轴水泥土搅拌桩的支护形式，水平方向设置 1～2 道钢筋混凝土支撑。

## 3.2 分坑施工技术

在软土地区的基坑工程中，由于土体的流变特性[4]，基坑的变形和时间及空间尺寸密切相关，即所谓的"时空效应"[5]。基坑分区施工的设计思路是把复杂环境条件下的大面积基坑分为几个相对独立的小基坑先后施工。在时间和空间上错开，避免大面积土方同时开挖卸荷导致坑底产生过大隆起回弹，从而引起坑外产生过大变形，通过先后分区分块，先施工区先浇筑底板及地下结构形成反压，减少坑底隆起回弹，从而减少基坑围护结构及周边地表的变形。本基坑共分为①区、②区、③区、④区、⑤区 5 个区域，其中①区再划分①₁区

及①₂区。外围所有围护结构施工完成后，按照先撑后挖原则，逐层施工①区支撑及开挖①区土方，其中，在支撑施工完成后，支撑以下土方分为①₁区及①₂区先后开挖，①₁区先行开挖，①₂区留土，待①₁区底板浇筑完成后开挖①₂区土方。①区主体结构施工至地下一层板面标高时逐层开挖②区，待②区地下主体结构施工至地下一层板面标高时逐层开挖③区，同时施工⑤区地下一层连接通道，待③区施工至±0.000后，最后开挖④区。

通过分区分块施工，一方面，可避免大面积开挖卸荷导致坑外产生较大变形，另一方面，后开挖区可作为施工场地使用，大大方便施工。

### 3.3 超深止水帷幕技术

TRD工法[6]，是将附有切割链条以及切割刀头的切割箱置入地下，在进行纵向切割的同时进行横向推切割成槽，向地槽内注入水泥浆并与原状地基土充分搅拌混合形成等厚度连续防渗墙的一种施工工艺。该工艺具有施工深度大、机械高度低、适应地层广、止水效果好的优点。

本基坑地下水系丰富，含水层厚度较厚，止水帷幕的效果是本基坑成败的关键，基坑止水帷幕必须形成落底式全封闭止水帷幕[7]，隔断坑内外水力联系，避免坑内降水导致坑外建（构）筑物下沉。考虑地铁隧道刚好在④粉砂夹粉土微承压含水层中，地铁保护区50m范围内，本基坑采用1000mm厚地下连续墙作为防渗墙，地墙深度42.0m，进入相对隔水层⑪粉质黏土层，地墙接头采用刚性工字型钢接头。

地铁保护区（50m）范围以外区域，考虑地层情况、环境概况及施工设备的特性，最终选用了TRD渠式水泥土搅拌墙作为本基坑的止水帷幕，墙厚700mm，墙深42m，水泥掺量25%，掺入水泥用量5%的膨润土，采用"三步法"施工。

通过设定配比的水泥浆液和土层不停地搅拌切割，注浆泵不断的注浆返浆完成土体置换，实现水泥浆和土体的高度融合。由于纵向墙体和横向墙体都没有冷缝，所以墙体均匀性良好，成墙质量水平较高。TRD工法搅拌形成的墙体是一道等厚度的连续均匀的防渗墙体，具有较高可靠的截水性能。通过后期止水帷幕抽芯检测可知，墙体28d单轴抗压强度基本在1.0MPa以上，TRD取芯照片如图4所示，28d无侧限单轴抗压强度如表2所示。

图4 TRD取芯照片

TRD28d 无侧限抗压强度　　表2

| 取样深度/m | 28d 平均强度/MPa | | |
| --- | --- | --- | --- |
| | 1号钻孔 | 2号钻孔 | 3号钻孔 |
| 0～2 | 1.46 | 1.43 | 0.99 |
| 2～4 | 1.04 | 1.07 | 1.39 |
| 4～6 | 1.34 | 0.96 | 1.22 |
| 6～8 | 1.3 | 1.47 | 1.5 |
| 8～10 | 1.28 | 1.26 | 1.05 |
| 10～12 | 1.42 | 1.3 | 1.14 |
| 12～14 | 1.09 | 1.28 | 1.49 |
| 14～16 | 1.43 | 1.03 | 1.49 |
| 16～18 | 1.29 | 0.97 | 1.5 |
| 18～20 | 0.9 | 0.97 | 1.04 |
| 20～22 | 0.96 | 1.26 | 1.01 |
| 22～24 | 1.05 | 1.4 | 1.4 |
| 24～26 | 1.12 | 1.41 | 1.05 |
| 26～28 | 1.12 | 1.21 | 1.36 |
| 28～30 | 0.97 | 1.14 | 1.23 |
| 30～32 | 0.97 | 1.47 | 1.36 |
| 32～34 | 0.92 | 1.09 | 1.35 |
| 34～36 | 1.42 | 1.15 | 1.38 |
| 36～38 | 1.3 | 1.05 | 1.43 |
| 38～40 | 0.92 | 1.3 | 1.49 |
| 40～42 | 1.5 | 1.04 | 1.44 |

### 3.4 BIM技术

基坑工程与地质条件、周边环境、地下水、施工工况、主体结构等息息相关，同时深大基坑工程往往具有施工周期长、工况条件复杂等特点，常常会存在不同工况交错施工的情形，不同工况的交织穿插给设计人员及施工管理人员的设计管理工作带来极大的不便。传统的二维设计理念存在着信息沟通效率低、协同性不高、生产效率低等缺点，传统的设计方式已不能满足如今超深超大基坑工程对生产效率、工程质量、成本管理的要求。这使得更多的基坑设计师开始将 BIM 技术运用到深大的基坑工程中，将传统的二维平面设计转向更加直观的三维空间设计。BIM 技术具有直观化、动态信息化、协同性等优点，给地下基坑工程的设计及施工管理提供了新的技术理论支持。

在基坑工程中，通过 BIM 可视化技术可以对一些临时布置的支撑、立柱体系与永久结构的关系进行碰撞检查，避免临时立柱体系与主体结构等存在冲突。

通过 BIM 技术，可以进行施工场平布置，通过 3D 可视化 1∶1 仿真还原，直观明了，可更有效地指导施工。与此同时，利用 BIM 技术进行工程量统计可大大提高核算员工作效率，本基坑 BIM 模型如图 5 所示。

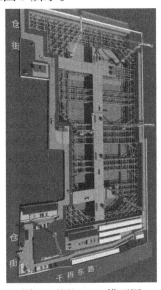

图 5　基坑 BIM 模型图

## 3.5　地下水回灌技术

基坑降水过程中，止水帷幕难免局部存在薄弱点，如冷缝位置以及转角位置，本基坑阳角较多，TRD 施工需多次拔箱转向，导致局部阳角位置止水帷幕存在薄弱点从而渗漏，对于开挖后能暴露出来的渗漏点，可采取双液注浆堵漏措施，而找不到渗漏点的位置可使用地下水回灌技术[8]。

通过压力将地下水灌入回灌井里，回灌井周围的地下水位 $H_c$ 就会抬升，由于回灌水位与原地下水位之间存在一定的水头差，回灌井里的水可不断向含水层中渗流。当注入量与渗流量保持动态平衡时，井内水位不再继续上升而趋于稳定，此时在井周围形成一个与降水漏斗反向的水位的上升锥。回灌井内的水位最高，向四周逐渐降低，直至与地下水位相重合。通过连续的有压回灌，对承压含水层内失去的地下水进行动态补偿，迫使含水层内的地下水位进行回升，回灌示意图如图 6 所示，$S_c$ 即为承压水位的升幅。

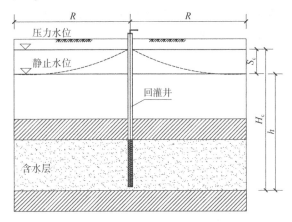

图 6　灌井示意图

鉴于周边环境较为复杂，围护桩深度较大，其施工质量及施工工艺使其对承压水隔水性能存在一定不确定性，基坑内减压幅度较大。因此，在坑外布置适量水位观测井兼应急有压回灌井，一方面回灌井可用作坑外水位观测井，加强日常监测，前期预抽水一定时间，在基坑开挖前判断墙体的止水效果，后期运行过程中可以通过坑外水位变化及时进行指导施工，并采用注浆堵漏等应急措施。另一方面，在基坑外侧出现水位持续大幅度下降，进而致使坑外沉降变形过大时，可迅速施以回灌措施，保持坑内外水土平衡，减缓沉降。本基坑沿周边每隔 20m 设置一口水位观测兼应急回灌井，降水过程中局部水位下降过大时开启有压回灌，现场回灌井如图 7 所示。

图 7　回灌井图

根据本项目经验，常压回灌对坑外水位抬升

作用有限,适当采用压力回灌,坑外地下水位抬升恢复较快。在常压作用下,地面水位抬升约1.5m,采用0.05MPa压力回灌时,回灌量约10m³/h,地下水位抬升恢复较快,基本回灌1d时间,水位即能恢复约3.5m。回灌压力与水位关系如图8所示,回灌压力不宜过大,回灌压力过大容易出现地面土体被击穿突涌。

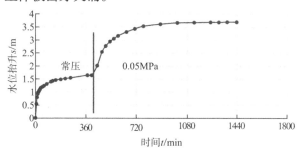

图8 灌压力与水位抬升关系图

## 3.6 钢支撑预应力伺服补偿技术

钢支撑伺服系统[9]是近几年微变形要求条件下开挖基坑衍生出的新型支撑形式。钢支承轴向力伺服系统是由液压补偿系统、无线分布式数控泵站和软件系统组成。通过传感器,根据系统设定程序进行24h钢支撑轴力和位移的调控,从而满足动态控制围护结构的变形及轴力的要求。与传统的钢支撑相比,支撑受力方式由原来被动受力调整为主动作用,一方面可减少从钢支撑架设到钢支撑受力过程中的压缩变形,另一方面可以可根据基坑变形情况动态调整预应力的大小,从而可尽量减少基坑开挖对周边构筑物的扰动。

本基坑南侧邻近轨道交通1号线盾构隧道,轨道距基坑最近约9.0m,变形要求极高。考虑变形控制,该侧围护结构采用地下连续墙支护,水平向设置4道支撑,第一道支撑为钢筋混凝土支撑,第2、3、4道支撑采用预应力伺服系统钢支撑。各道支撑参数如表3所示,典型基坑支护剖面如图9所示。支撑现场施工照片如图10所示。

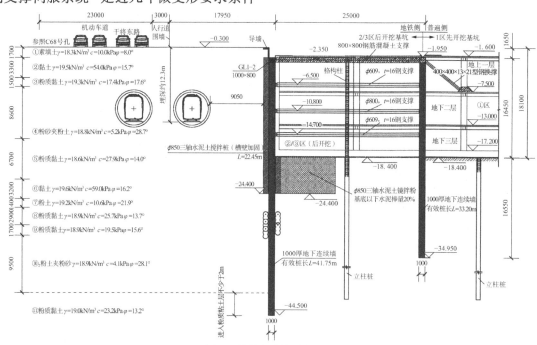

图9 临轨侧基坑剖面图

图10 钢支撑图

支撑参数一览表　　　表3

| 序号 | 类型 | 型号/mm | 预加轴力/kN |
|---|---|---|---|
| 第一道 | 钢筋混凝土 | 800×800 | |
| 第二道 | 钢支撑 | φ609 | 1400～1600 |
| 第三道 | 钢支撑 | φ800 | 2000～2200 |
| 第四道 | 钢支撑 | φ609 | 1800～2000 |

# 4 现场实测与计算结果对比分析

## 4.1 现场实测

本基坑于 2019 年 6 月开始施工，2020 年 12 月①区主体结构施工至正负零，②区于 2020 年 10 月开挖，2021 年 6 月出正负零，③区、⑤区于 2021 年 4 月开挖，2021 年 12 月出正负零，④区于 2021 年 10 月开挖，于 2022 年 6 月施工完成，历时 3 年时间整个项目全部施工完成。基坑开挖过程照片如图 11 所示。基坑开挖期间由第三方监测单位对基坑进行了监测，监测项目主要包括桩顶水平位移、深层土体（桩体）水平位移、支撑轴力、地下水位、周边建筑管线沉降、盾构隧道拱腰水平位移及净空收敛、拱顶沉降、道床沉降等。整个基坑施工过程中，除个别区域地下水位超过报警值之外，其余监测数据均在规范及地铁保护要求范围之内。本文取有代表性的深层桩体水平位移、地下水位、道床沉降等进行分析。

图 11 基坑施工过程周边现状图

## 4.2 深层土体（桩体）水平位移

取临轨侧剖面为例，取有代表性的深层桩体水平位移测斜点，由图可以看出，剖面计算墙体最大水平位移约 11.5mm，而实测最大墙体水平位移约 15.2mm，实测值较计算值偏大，主要是由于计算无法考虑土体随时间的蠕变性效应，基坑开挖后暴露时间较长导致墙体变形增大，基坑计算位移及实测位移对比如图 12 所示。

取基坑西侧剖面为例，对计算桩体水平位移与实测桩体水平位移进行对比分析，如图 13 所示，由图可以看出，剖面单元计算最大桩体位移约 30mm，而实测桩体最大水平位移约 44mm。

由图 12 及图 13 可知，采用预应力伺服系统钢支撑对控制基坑变形效果显著，根据监测总结报告，其余未采用预应力伺服系统钢支撑剖面的桩体深层水平位移均在 40～45mm，均较计算值偏大。

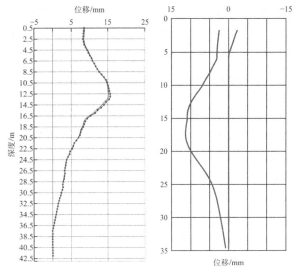

图 12 地铁侧墙体水平位移对比分析图

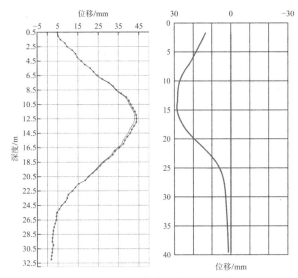

图 13 非地铁侧桩体水平位移对比分析图

## 4.3 地铁道床沉降监测

基坑开挖期间，采用监测机器人，对地铁隧道拱腰、拱顶变形及道床沉降进行了监测，根据监测数据，拱腰最大水平位移约 8mm，拱顶沉降最大约 6.5mm，道床最大沉降约 7mm。取部分典型道床监测点，监测结果如图 14 所示。

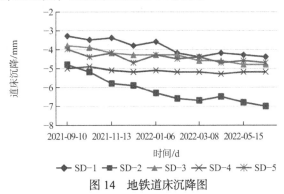

图 14 地铁道床沉降图

由图可以看出，采用预应力伺服系统钢支撑体系，整个基坑开挖对地铁隧道的影响较小，在整个开挖过程中，对支撑轴力进行动态控制，随时进行预应力补偿，确保了地铁运营安全。

### 4.4 地下水位监测

本基坑地下水系丰富，基坑开挖期间主要对微承压水位及承压水位进行了监测，沿基坑周边每隔40m布设了一个水位监测点。根据监测数据，地下水位变化总体平稳，总体最大地下水位下降约1.5m，由于本基坑阳角较多，开挖过程局部出现了渗漏，水位短时间内下降较多，施工单位及时进行了堵漏并采取了回灌措施。大部分坑外监测点水位降深基本在1.0m左右，部分水位监测成果如图15所示。由于地下水控制措施得当，降水引起的周边地表沉降较小，周边地表沉降大部分主要由基坑开挖变形引起，据监测数据，基坑周边地表沉降最大约26.5mm，确保了基坑周边道路管线及建（构）筑物的安全。

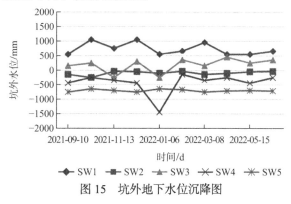

图15 坑外地下水位沉降图

## 5 结论

（1）本基坑周边环境复杂，根据监测数据及项目实践证明说明，本基坑围护结构选型得当，施工技术措施到位，确保了基坑周边环境的安全。可为古城区类似环境条件下的深基坑项目提供指导借鉴。

（2）分坑施工对控制基坑变形作用显著，对于超大面积的深基坑，可采取分坑施工，充分利用时空效应，大大减小基坑的变形。

（3）预应力伺服系统钢支撑可广泛应用于微变形要求条件下的深基坑工程。通过预应力伺服系统，主动作用，动态控制基坑围护结构轴力及变形，可将基坑开挖对周边的影响降到最低。

（4）TRD渠式水泥土搅拌墙具有施工深度深、适应地层范围广、搅拌均匀连续、施工质量可靠等优点，可广泛应用于止水要求条件高的深基坑工程。必要时可在坑外设置回灌井，采用低压回灌，可减缓坑外水位降深，可减少降水引起的基坑周边地表沉降。

## 参考文献

[1] 王卫东, 李青, 徐中华. 软土地层邻近隧道深基坑变形控制设计分析与实践[J]. 隧道建设(中英文), 2022, 42(2): 163-175.

[2] 宋德鑫, 陶铸, 范钦建. 分坑施工在控制基坑长边效应中的应用[J]. 岩土工程技术, 2015, 29(2): 84-89.

[3] 马辉. 分坑施工法在大型深基坑施工中的应用研究[J]. 建筑施工, 2016, 38(5): 546-548.

[4] 周秋娟, 陈晓平. 典型基坑开挖卸荷路径下软土三轴流变特性研究[J]. 岩土力学, 2013, 34(5): 1299-1305.

[5] 刘爱华, 黎鸿, 罗荣武. 时空效应理论在软土深基坑施工中的应用[J]. 地下空间与工程学报, 2010, 6(3): 571-576, 594.

[6] 王卫东, 邸国恩. TRD工法等厚度水泥土搅拌墙技术与工程实践[J]. 岩土工程学报, 2012, 34(S1): 628-633.

[7] 中华人民共和国住房和城乡建设部. 建筑基坑支护技术规程(附条文说明) JGJ 120—2012[S]. 北京: 中国建筑工业出版社, 2012.

[8] 武永霞, 张楠, 陆建生. 地下水回灌技术在浅层承压含水层中的实践与探讨[J]. 岩土工程技术, 2010, 24(3): 156-160.

[9] 黄大明, 黄栩. 钢支撑轴力伺服系统在基坑变形控制中的应用研究[J]. 建筑结构, 2020, 50(S1): 1069-1074.

# 滨海地区桩墙咬合支护结构应用分析

郑伟锋 [1,2]

（1. 上海远方基础工程有限公司，上海　200436；
2. 中国建筑科学研究院地基基础研究所，北京　100013）

## 1　引言

随着我国交通强国战略、"十四五"规划及"第二个百年"目标等相关战略决策的相继提出，交通基础设施建设速度增快，大跨径桥梁的建设日益增多。悬索桥作为较为常用的桥梁形式，通常由桥塔、锚碇、主缆、吊索、加劲梁及鞍座等主要部分组成。其中锚碇是主缆索的锚固体，包括锚块、鞍部、缆索防护构造、散索鞍支撑、附属构造和基础，其主要作用是将主缆拉力传递到深层地基中。重力式锚碇一般由锚体和基础组成，依靠巨大的自重及基底摩阻力来抵抗主缆的竖向分力和水平分力，并将缆力传给地基。而随着悬索桥的跨径越来越大，其对基础的建设环境及几何尺寸往更大更深的要求发展，这对基坑工程的支护结构及施工方法提出了新的要求。

目前已有众多学者对地下支护结构进行了研究。郑伟锋等[1]通过综合考虑现有规范、工效工期和施工质量，对旋喷桩等施工参数的取值提出了建议。赵志孟等[2]通过工字钢在深大基础支护中的应用，解决了目前常规钢板桩支护中基坑开挖变形量大、支护桩垂直度控制性差及止水防渗效果不佳等问题，提高了深基坑支护工程的安全系数。邵治理等[3]通过现场试验对地下连续墙侧压力的公式进行了修正。祝强、路乾等[4-5]通过对地下连续墙在粉砂地层容易发生的塌孔现象进行分析研究，提出确保超深地下连续墙在成槽施工过程中的相关措施。贾建彬、李志南等[6-7]通过数值分析、理论研究及现场验证的方法，分析了支护结构在富水砂砾层中的应用，并提出了支护结构在施工过程中的质量控制关键技术。王卫东等[8]对两种不同的圆形基坑支护方案进行分析，得出了适用于软土地区圆形基坑支护结构设计和施工的宝贵经验。王晓华等[9]对成槽施工中槽壁单元的土体应力变化情况进行分析，探讨了槽壁土体侧向位移、地面沉降及土体土压力分布在空间效应上的相关性。殷超凡等[10]通过三维数值分析槽壁变形的相关因素，提出了提高现场施工质量的相关方案。黄茂松等[11]通过分析水平条分法与楔形体滑体模式的内在联系，并基于三维等效楔形体提出了相应的改进方法。学者们对地下支护结构设计施工的相关研究，得出了许多有益的结论，但随着建设的推进，在地下支护结构施工建设中不断涌现新的问题，亟需进一步对支护结构及其施工中的关键技术进行探究。

龙门大桥作为目前广西建造的最大跨海大桥（图1），全长5868m，主桥为单跨吊悬索桥，采用门式混凝土索塔，塔高176.8m，主跨1098m，钢箱梁桥面宽38.6m；引桥采用50m、80m桥跨组合预应力混凝土连续箱梁方案，引桥总长4670m，桥宽33m。其锚碇基坑支护结构采用桩墙绕河支护形式（Ⅰ期槽采用钻孔灌注桩，Ⅱ期槽为传统地下连续墙，二者交替结合的形式）。Ⅰ期槽桩径3.5m，Ⅱ期槽墙厚1.5m，两者在轴线处搭接长度为0.431m，接头处采用铣接法的连接方式。桩基深度25～43.3m，墙深24.7～42.9m，桩底、墙底进入中风化砂岩不小于5m。Ⅰ期槽桩52根，Ⅱ期槽墙52幅。其中桩墙咬合支护结构的施工工艺鲜有研究，有必要展开相关的研究与探索。

针对工程建设过程中可能存在的主要工程地质问题有地面沉降、基坑失稳、海水倒灌等，需对现有支护结构进行创新，充分结合桩基础与地下连续墙基础的优点，形成新的支护结构形式。同时针对支护结构施工方案处理不当，容易造成施工时隔水帷幕发生渗漏，引发海水倒灌基坑，从而导致基坑侧壁的变形和失稳问题，有必要对滨海桩墙咬合支护结构的应用进行深入探究。

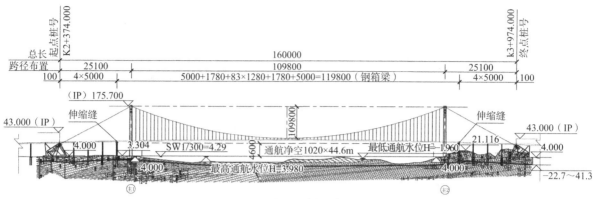

图 1　龙门大桥设计图

## 2　工程建设条件

### 2.1　现场施工条件

工程场地总体上为海岸地貌，包括滨海剥蚀残丘、孤岛、海槽、滩涂及虾塘等微地貌单元，在钦州港城区则为城市街区微地貌。东锚碇位于微丘陵斜坡，地形起伏较大，地面标高为 1.300～9.800m，东锚碇处于地面标高在 1.200～33.200m。无不良地质现象，发育特殊岩土为填土（图 2）。附近施工所需材料品种丰富，可满足工程需求，在施工材料运输交通上，龙门大桥的建设利用牻牛石大岭环岛便道、仙人井大岭环岛便道、松飞大岭环岛便道、鬼仔坪环岛便道及海上钢栈桥组成的主线纵向便道作为人员、材料和设备的通道。

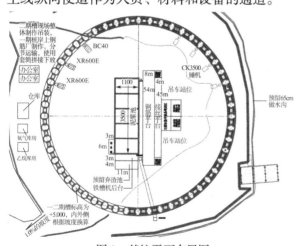

图 2　基坑平面布置图

### 2.2　工程地质条件

根据地质勘察中钻孔揭露的数据，其上覆第四系地层为角砾及碎石，部分地段基岩裸露，出露基岩为志留系下统连滩组强风化砂岩、中风化砂岩、强风化页岩、中风化页岩，其中强风化岩厚度大，发育层底标高为 −88.400～−21.900m（埋深 24.70～91.20m），起伏较大，横纵方向砂岩、页岩交错分布，该区域中等风化层顶埋深 24.70～50.60m，层顶标高为 −35.740～−17.420m，层位相对稳定，锚碇以中风化页岩、中风化砂岩作为天然地基持力层。

### 2.3　工程水文情况

（1）潜水：潜水主要埋藏于桥位区陆地及岛屿第四系覆盖层中的孔隙水和上部强风化基岩中裂隙水。海平面以上地层的地下水主要靠大气降水补给，含水量小；海平面以下地层除接受上层渗水补给外，还接受海水侧向渗透补给，含水量取决于岩体裂隙发育程度及离岸距离，岩体越破碎，离岸越近，地下含水量越大，相反亦然。

（2）裂隙承压水：通过野外水文地质调绘，含水层主要为裂隙承压含水层，含水层主要发育在砂岩的垂向裂隙中，地面出露裂隙宽度 1～6cm 不等。

（3）渗透性：通过前期勘察进行抽水试验，得出地下支护结构持力层的中风化页岩、中风化砂岩地层渗透系数分别为：$K = 0.0276$m/d、$K = 0.1364$m/d。因此，锚碇区地层判定为弱—中等透水层。

## 3　施工工艺

在基坑工程支护结构中，地下连续墙作为常用的支护结构，其具有施工振动小、噪声低、墙身刚度大、整体性好、形式多样化的特点。在实际工程应用中不仅具有防水、防渗、深基坑围护等功能，但因其厚度难以满足超大开挖深度侧向抗力需求，在地下连续墙围护结构施工完成后，通常需在逐层开挖工序中施作植筋并进行二次浇筑，工序复杂且受混凝土养护龄期控制，存在施工工期长、造价高等问题。而圆形灌注桩基础具有承载力高、沉降小、沉降速率慢、便于机械化施工等一系列优点。因此，为充分利用桩与地下连续墙在支护结构中的优点，在龙门大桥锚定基坑支护中采用桩墙咬合支护结构（即桩＋地下连续墙咬合式围护结构）进行支护。该支护结构顺利施工成型后能够避免逐层开挖二次浇筑工序，能有效地减小基础工程施工的周期。因此，对本项目的主要施工工艺进行展开阐述。

### 3.1 桩墙咬合连接措施

传统咬合桩围护结构是相邻混凝土排桩间部分圆周镶嵌，并于后序次相间施工的桩内置入钢筋笼，使之形成具有良好防渗作用的整体连续防水、挡土围护结构。在此基础上，项目结合实际工程情况首创了圆桩＋地下连续墙咬合的组合支护形式，即采用相邻钻孔灌注桩间嵌入地下连续墙的形式进行咬合，从而形成具有高防水性、稳定性的围护结构。由于灌注桩和地下连续墙两种施工工艺差异较大，传统的咬合桩或者地下连续墙的接头形式不完全适于二者咬合形成的复合支护结构。首期施工灌注桩和二期施工的地下连续墙需要形成有效的搭接、咬合，保证桩墙连接处的防渗性能。以实际工程 $D3.5m$ 圆桩 ＋ 1.5m 厚地下连续墙咬合的组合支护形式为例进行说明，如图 3 所示。地下连续墙通过卯榫结构接头与桩基础进行连接，桩基础与地下连续墙基础之间互相结合、互相支撑，保证了桩基础与地下连续墙之间的弯矩、剪力传递，提高了桩墙咬合的连接节点强度及其协同作用，增强了桩墙结构咬合支护体系的整体性。

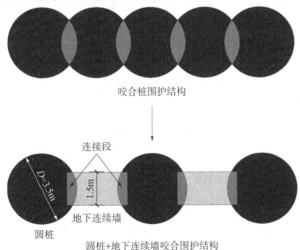

图 3　桩墙咬合支护结构形式

### 3.2 桩墙咬合支护结构优化

钻孔灌注桩通常使用圆形截面的钢筋笼（图 4），本工程中为确保桩墙咬合过程中铣槽施工的顺利实施，将桩孔内下放的钢筋笼截面设计为圆形＋矩形的复合截面，从而有效地避免了铣槽过程中存在的诸如连接段距离短、铣槽过程中钢筋笼遭遇切割破坏等现象的发生。

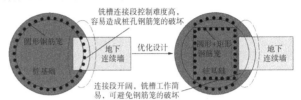

图 4　钢筋笼结构形式优化设计

### 3.3 桩墙咬合铣槽施工

通过对先期施工灌注桩混凝土掺入缓凝减水剂，使混凝土的初凝时间延缓，在桩基础处于未初凝状态下时，完成地下连续墙导沟、导墙、成槽及泥浆制备的施工，并根据施工要求进行槽段的划分，再利用铣槽机及连续墙抓斗进行槽孔施工，从而提高后续地下连续墙咬合施工的成槽效率。

在咬合桩桩身混凝土处于未初凝状态下时，完成地下连续墙导沟、预制导墙、成槽以及泥浆制备的施工，然后根据施工要求划分槽段，进行槽体施工。如图 5 所示，槽段共分为五个区域，分别为位于槽段中部的中部区域和位于中部区域两侧的槽口区域（Ⅴ），槽口区域（Ⅴ）对应的位置为咬合桩侧部在铣槽施工前用于形成的槽口所在区域；中部区域包括位于上层的第一区域（Ⅰ）、位于第一区域（Ⅰ）下方中部的预留土层区域（Ⅳ）以及位于第一区域（Ⅰ）下方且分别位于预留土层区域（Ⅳ）两侧的第二区域（Ⅱ）和第三区域（Ⅲ）；槽段开挖过程中，由于第一区域Ⅰ深度范围内有槽壁稳定装置，同时也能确保成槽挖孔深度，因此，首先对第一区域Ⅰ进行开挖成槽；其次对第二区域（Ⅱ）、第三区域（Ⅲ）进行开挖，保留单幅连续墙的中心出土体即预留土层区域Ⅳ，这个主要是为了保证洗槽机对槽口区域Ⅴ进行开挖时，避免由于两侧桩身强度不一，而造成铣槽机出现偏移的现象。预留土层区域Ⅳ内预留的土层对铣槽机在成槽的过程中起到了导向的作用。另外一个就是，在下面入岩的时候，洗槽机有预留土层的洗轮导向，同样能避免铣槽机的偏移，保证地下连续墙成槽的精度。

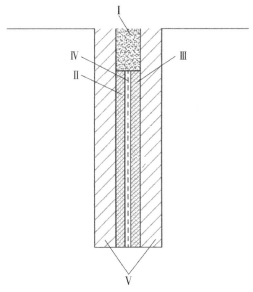

图 5　地下连续墙槽段划分的示意图

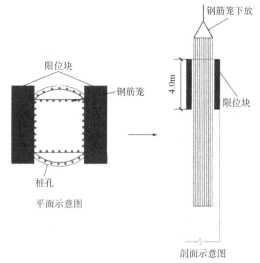

图 6　限位块法示意图

## 3.4　桩和地下连续墙的垂直度控制

　　钢筋笼的垂直度作为桩墙咬合施工顺利实施的一个重要指标,是影响后期桩-墙结构的受力的关键因素。为此,分别对桩墙咬合支护结构的桩钢筋笼及连续墙钢筋笼垂直度进行控制。

　　桩钢筋笼垂直度控制方法。桩基技术参数如表1所示。为确保钢筋笼下放的垂直度,采用两种实施方法。其一为限位块法,如图6所示,在桩孔成型之后,在图示限位块预设位置处可放置一定深度(以4m为例)的预制型限位块作为钢筋笼下放的导向限位装置,以确保下放过程中钢筋笼满足垂直度控制要求。其二为外包层法,如图7所示,外包层法是在桩孔施工过程中,对钢筋笼外围添加低强度玻璃纤维材料外包层,从而达到外包层尺寸与桩孔尺寸相匹配的一种施工方法。此种施工方法有利于钢筋笼下放的垂直度控制以及方便后期铣槽施工过程中对连接段处外包纤维层进行切削成槽,提高后期地下连续墙的施工效率。

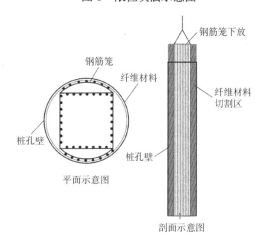

图 7　外包层法示意图

　　连续墙钢筋笼垂直度控制方法。地下连续墙施工技术要求如表2所示。地下连续墙钢筋笼下放垂直度的控制方法为限位块法,具体实施方法参照桩体钢筋笼下放限位块法。传统地下连续墙施工中,需要提前浇筑素混凝土导墙。本工程拟采用新型大直径咬合桩重力式锚碇技术,由于先行施工的灌注桩,难以精准施作浇筑素混凝土导墙。基于限位块法施工垂直度控制工艺,可预制地下连续墙素混凝土导墙,单幅地下连续墙施工过程可以起到精准控制,导墙易安装与拆卸,提高施工效率。

桩基技术参数表　　　　　　表 1

| 项目 | 允许偏差 | 检查方法和频率 |
|---|---|---|
| 桩位/mm | ≤25 | 全站仪;每桩测量 |
| 孔径/mm | 不小于设计直径 | 探孔器或超声波检测仪;每桩测量 |
| 倾斜度 | ≤1/400桩长 | 超声波测孔检测仪;每桩测量 |
| 孔深 | 比设计深度超深不小于50mm | 测绳;每桩测量 |
| 沉渣厚度/mm | ≤50 | 沉淀盒或测渣仪、探皿;每桩测量 |

地下连续墙施工技术要求表　　　表 2

| 项目 | 参数 |
|---|---|
| 垂直度偏差 | ≤1/400墙高 |
| 相邻两槽段中心线任一深度偏差 | ≤60mm |
| 厚度误差 | 0~30mm |
| 轴线位置 | <±30mm |
| 槽内泥浆液面 | 高出地下水位1m以上 |

| 项目 | 参数 |
|---|---|
| 新调配泥浆相对密度 | 1.05～1.1 |
| 清底厚度 | < 200mm |

## 3.5 泥浆技术参数

本项工程选用优质钙基膨润土制备泥浆（密度 2～3g/cm³），分散剂选用工业碳酸钠，并适当添加入增黏剂（CMC），配合比如表3所示。

新制泥浆配合比（1m³ 浆液） 表3

| 膨润土种类 | 材料用量/kg | | | | |
|---|---|---|---|---|---|
| | 水 | 膨润土 | CMC（M） | Na₂CO₃ | 其他外加剂 |
| 钙土（Ⅱ级） | 1000 | 105～158 | 0～0.6 | 2.5～4 | 适量 |

通过上述桩基础与地下连续墙施工，桩基与地下连续墙形成的桩墙咬合支护结构体系如图8所示。

图8 桩墙咬合支护结构体系

# 4 数值分析

## 4.1 模型建立

计算模型土体长 400m，宽 400m，深度 100m，共有节点 63189 个，单元 58608 个，单元类型为 C3D8R，如图9所示。模型的侧面和底部设有边界约束，侧面设有法向位移约束，底面设有 X、Y、Z 三个方向的位移约束。

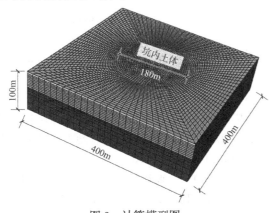

图9 计算模型图

桩墙咬合支护结构中由于圆桩在网格划分中较为困难，容易出现计算不收敛的情况，故在建模过程中将其简化为材料属性不同的地下连续墙，简化的地下连续墙模型如图10所示，墙长 5.55m，宽 4m，深 40m，采用弹性本构模型，基坑内开挖土体深度为 30m。

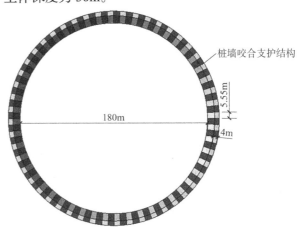

图10 桩墙咬合支护结构模型图

## 4.2 数值分析参数

土体共分四层，采用弹性本构模型，土体计算参数如表4所示。

土层参数 表4

| 层号 | 岩土名称 | 密度/（g/cm³） | 泊松比 | 弹性模量/MPa |
|---|---|---|---|---|
| 1 | 强风化砂岩 | 2.39 | 0.23 | $3.5 \times 10^4$ |
| 2 | 强风化页岩 | 2.11 | 0.27 | $1 \times 10^3$ |
| 3 | 中风化页岩 | 2.30 | 0.29 | $5 \times 10^3$ |
| 4 | 中风化砂岩 | 2.47 | 0.27 | $3.0 \times 10^4$ |

## 4.3 支护结构变形分析

选择如图11所示的监测点，绘制开挖后沿深度的位移曲线，如图12所示，其中正值表示向槽外方向，负值表示向槽内方向。

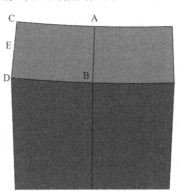

图11 测线位置示意图

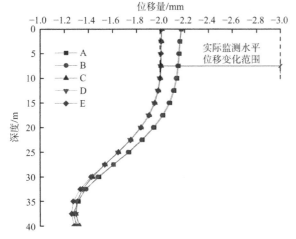

图 12  支护结构变形与现场实测数据对比

图 12 为数值分析结果与现场实测数据对比图，将支护结构不同位置在桩顶部的变形与实际监测数据进行对比验证。从图 12 中可以看出，各测线在深度方向的水平位移有如下规律：

（1）通过不同位置的桩身变形曲线对比可知，桩变形基本一致，说明支护结构整体协同变形较好；

（2）开挖后地下连续墙的整体位移均向槽内方向，墙顶部的位移最大，且侧边 C、D、E 的位移量小于中间部分挡墙 A、B 的位移，因此，在桩墙咬合支护结构稳定性分析时，需侧重分析咬合结构单元的中间位置；

（3）各侧线沿深度方向位移先减小后增大，在深度为 35m 左右位移最小，其原因是挡墙在 30m 深度以下埋入土体内部，土体对挡墙有约束作用；

（4）支护结构桩身不同位置的顶部水平位移在现场实测水平变形数据范围之内。由此可验证，现场支护情况与数值分析模型一致。

## 5  结语

提出了桩墙咬合联合支护结构，解决目前滨海基坑支护结构的施工过程复杂、施工周期长及防水防渗要求高的问题，通过对其现场应用进行分析，验证了其可靠性，并得到了一些有益的结论。

（1）通过桩-墙咬合支护结构受力特性研究，优化桩-墙结构设计施工方法，提出具有高防水性、稳定性好的桩-墙咬合复合支护结构体系，并为支护结构的施工提供了现场实施方法。结合围护结构槽段之间连接措施，优化桩墙咬合支护结构，并提出合理施工工艺，提出大直径桩和地下连续墙的垂直度控制方法。

（2）通过桩与地下连续墙咬合铣槽施工工艺研究，解决桩墙不同步施工连接缝咬合问题，提高了支护体系的施工效率，同时也确保支护体系的可靠性。对桩和地下连续墙的垂直度进行控制，确保桩墙咬合接缝的有效性及结构的完整性。

（3）支护结构桩身不同位置的顶部水平位移在现场实测水平变形数据范围之内。由此可验证，现场支护情况与数值分析模型一致，并结合不同位置支护结构变形趋势基本一致，验证了提出的桩墙咬合支护结构整体协同变形较好。

## 参考文献

[1] 郑伟锋, 王建强, 赵志孟. sss 搅拌桩(湿法)、旋喷桩设计施工参数探讨[J]. 施工技术, 2016, 45(S1): 172-174.

[2] 赵志孟, 郑伟锋. sssHUC 组合钢板桩的受力性能分析[J]. 施工技术, 2017, 46(S2): 270-274.

[3] 邵治理, 丁文其, 白占伟, 等. sss 超深地下连续墙混凝土浇筑过程槽壁侧压力试验研究[J]. 施工技术(中英文), 2022, 51, 602(7): 89-94, 100.

[4] 祝强, 沈伟梁. sss 深层高承压水粉砂地层超深地下连续墙成槽坍塌机理分析[J]. 施工技术, 2021, 50, 578(7): 49-53.

[5] 路乾, 胡长明, 王晓华, 等. 地下连续墙成槽施工槽壁整体稳定性分析[J]. 地下空间与工程学报, 2021, 17(3): 864-871.

[6] 贾建彬. 富水砂砾层深基坑围护结构方案比选与实施 [J/OL]. 铁道建筑技术:[2022-05-08]. http://kns.cnki.net/kcms/detail/11.3368.TU.20220425.1642.002.html.

[7] 李志南, 潘珂, 王位赢. 南宁富水圆砾地区地下连续墙涌水案例分析及对策[J]. 建筑结构, 2021, 51(S1): 2074-2080.

[8] 王卫东, 徐中华, 宗露丹, 等. 软土地区 56m 深圆形基坑的优化设计与实践 [J/OL]. 建筑结构:[2022-05-08]. DOI:10.19701/j.jzjg.20211998.

[9] 王晓华, 贾文彪, 胡长明, 等. 地下连续墙成槽施工槽壁稳定时空效应分析 [J/OL]. 工业建筑:[2022-05-08]. DOI:10.13204/j.gyjzG20120504.

[10] 殷超凡, 邓稀肥, 王圣涛, 等. 地铁超深地下连续墙槽壁稳定性综合化数值仿真[J]. 地下空间与工程学报, 2021, 17(S1): 312-320.

[11] 黄茂松, 王鸿宇, 谭廷震, 等. 地下连续墙成槽整体稳定性的工程评价方法[J]. 岩土工程学报, 2021, 43(5): 795-803.

# 石家庄市城市轨道交通 2 号线一期嘉华站明挖基坑内支撑支护设计实录

崔建波 [1,2]  孙会哲 [1,2]  王长科 [1,2]  武文娟 [1,2]  张春辉 [1,2]

（1. 中国兵器工业北方勘察设计研究院有限公司，河北石家庄　050011；
2. 河北省地下空间岩土技术创新中心，河北石家庄　050011）

## 1　工程概况

### 1.1　车站概况

嘉华站为石家庄市城市轨道交通 2 号线一期工程的第一座车站，位于南北向胜利南街与规划东西向嘉华路交叉路口处，沿胜利南街南北向布置。车站采用明挖法施工，设置牵引降压混合变电所。本站两端相邻区间均采用盾构法施工，车站南端端头设盾构始发井，北端设盾构接收井。

车站形式为地下双层岛式车站，本站设置四个出入口和三组风亭。车站中心里程为 K22 + 337.127，车站总长 481.5m。本车站为两层两跨框架式结构，采用明挖法施工。

车站站台中心处顶板覆土 3.56m。标准段基坑宽度约 20.3m，基坑深度 17.0～18.0m；盾构端头井段基坑宽度约 9.80m、19.25m、22.15m、32.352m，基坑深度 18.0～19.8m。

### 1.2　周边建筑物概况

嘉华站站位西侧为货运铁路，交叉路口东南侧为商脉陶瓷城和联艺雕塑公司，东北侧为市染料厂，西北侧为绿地，西南侧为盛达钢构公司。车站东侧为胜利南街，部分车站结构位于道路下，道路货运车辆较多，无法断交施工（表 1）。

周边环境统计表　　　　　　　表 1

| 建（构）筑物名称 | 地理位置 | 与轨道交通工程的空间关系 |
| --- | --- | --- |
| 石家庄运输总公司加油站（油罐＋办公楼） | 胜利南大街与嘉满路交叉口东北侧 | 距车站最小净距 33.67m |
| 胜利大街排水涵洞 | 胜利南大街嘉满路附近 | 下穿涵洞 |
| 石南铁路 | 胜利南大街西侧 | 邻近铁路路基 |
| 东兴泰办公楼 | 胜利南大街东侧 | 距车站最小净距 7.63m |
| 联艺城市雕塑公司（办公楼） | 胜利南大街东侧 | 距车站最小净距 31.8m |
| 联艺城市雕塑公司（仓库） | 胜利南大街东侧 | 距车站最小净距 27.38m |
| 商脉陶瓷城新建厂房及门卫 | 胜利南大街与嘉华路交叉口东北角 | 距车站最小净距 31.24m |
| 石家庄市染料厂宿舍 | 胜利南大街与嘉华路交叉口东北角 | 距右线隧道 29.24m |

## 2　工程地质及水文地质概况

根据《石家庄市城市轨道交通 2 号线一期工程嘉华站（站中里程 YK22 + 326.949）岩土工程勘察报告（主体结构）（详细勘察阶段）》（勘察编号：2016 勘察 BBK-DT2-01），勘察钻孔最大深度 45m，在勘察深度范围内未能实测到地下水位，根据对本车站周边水井的调查资料及区域水文地质资料，本场地赋存一层地下水，地下水类型为潜水（二），埋深在 38m 以下，含水层为中粗砂含卵石 ⑥₂ 层及 ⑦₄ 层。勘察未见上层滞水，但由于大气降水、管道渗漏等原因，拟建车站场地内不排除局部存在上层滞水的可能性。

基金资助：河北省省级科技计划资助（S&T Program of Hebei）（20567663H）。

按地层沉积年代、成因类型,将本工程沿线勘探范围内的土层划分第四系全新统人工堆积层($Q^{ml}$)、第四系新近沉积层($Q_4^{2al}$)、第四系全新统冲洪积层($Q_4^{al+pl}$)、第四系上更新统冲洪积层($Q_3^{al+pl}$)四大层。本站所在地层主要有杂填土①₁层、素填土①₂层、黄土状粉质黏土②₄、③₁层、粉细砂④₁层、粉质黏土⑤₁层、粉细砂⑤₃层、细中砂⑥₁层、中粗砂⑥₂层。各地层的物理力学性质指标见图1、表2。

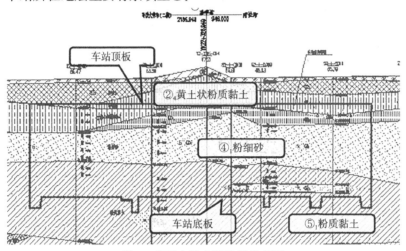

图1　车站主体主要地层分布图

**工程地质表**　　　　　　表2

| 编号 | 岩土名称 | 重度$\gamma$/($kN/m^3$) | 黏聚力$c/kPa$ | 内摩擦角$\varphi/°$ | 静止侧压力系数 | 垂直基床系数/($kPa/m$) | 水平基床系数/($kPa/m$) | 地基土的基本承载力$\sigma_0/kPa$ |
|---|---|---|---|---|---|---|---|---|
| ①₁ | 杂填土 | 16.5 | 0 | 6 | | | | |
| ①₂ | 素填土 | 18.0 | 8 | 10 | | | | |
| ②₄ | 黄土状粉质黏土 | 19.6 | 38 | 18.1 | 0.52 | 32400 | 34000 | 120 |
| ③₁ | 黄土状粉质黏土 | 19.7 | 30 | 21.2 | 0.45 | 35000 | 40000 | 130 |
| ④₁ | 粉细砂 | 19.0 | 4 | 30 | 0.40 | 35000 | 35000 | 170 |
| ⑤₁ | 粉质黏土 | 19.8 | 42 | 18.1 | 0.50 | 43600 | 42600 | 180 |
| ⑤₃ | 粉细砂 | 19.0 | 0 | 28 | | 40000 | 40000 | 190 |
| ⑥₁ | 细中砂 | 20.0 | 0 | 31 | | 40000 | 40000 | 250 |
| ⑥₂ | 中粗砂含卵石 | 21.0 | 0 | 35 | | 50000 | 50000 | 280 |
| ⑥₄ | 粉质黏土 | 19.7 | 31 | 28.5 | | 45000 | 45000 | 200 |

## 3　设计条件难点分析

对场地周边环境、地质条件、基坑自身情况进行梳理,本基坑设计存在以下难点:

(1)车站西侧有一条货运铁路线路,铁路于1897年开工修建,现在仍在使用,为石家庄平南站至石家庄货场站货运铁路,单线非电气化铁路,邻近施工区域为缓和曲线区段,以路基形式通过,呈南北走向,线路为50kg/m钢轨,有缝线路,路基为碎石道床,钢筋混凝土轨枕(图2)。

图2　石南铁路现状

主体基坑边缘到既有铁路线为14.22～20.96m,附属结构中1号、2号风道以及A、D出入口邻近南货场货运铁路,其中1号风道基坑宽

8.25～15.5m，长 51.80m，深度约 10.0m，结构与西侧现状货运铁路坡底距离 6.6m；2 号风道基坑宽 15.3m，长 42.45m，深度约 10.0m，结构与西侧现状货运铁路坡底距离约 5.8m；A 出入口基坑开挖平均深度为 10.2～12.3m，基坑标准段宽度 6.45m，人防段宽度 7.8m，结构与西侧现状货运铁路坡底距离约 6.0m；D 出入口基坑开挖平均深度为 10.30～12.5m，基坑标准段宽度 7.88m，人防段宽度 9.55m，结构与西侧现状货运铁路坡底距离约 6.9m（图 3）。

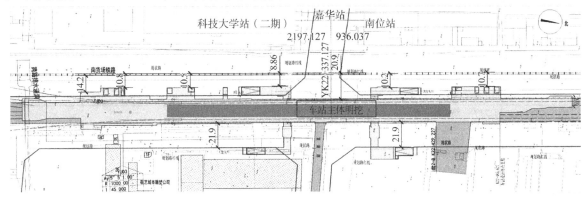

图 3　车站各部分与铁路距离图

根据《城市轨道交通地下工程建设风险管理规范》GB 50652—2011 相关规定，基坑距离既有铁路线路 0.7～1.0H，判定为 Ⅱ 级风险源，属于重大环境影响风险。在进行围护结构设计时，需要保证基坑变形和地表变形满足既有线路的变形要求，防止线路运行期间，因变形过大造成其上的货运铁路脱轨，引发安全事故。

（2）地层含有较厚的砂层，基底上部存在一层粉细砂④₁层，第四系全新统冲洪积形成，黄褐色，中密，稍湿，中等压缩性，以长石、石英为主，砂质较纯，级配差，层厚 4m 左右。

该层砂位于基坑中部，易塌方，不易处理，处理失当会引起基坑变形过大，甚至造成基坑垮塌。

（3）车站基坑长度是普通车站基坑长度两倍，沿车站长度按 2‰ 的坡度计算，车站两端深度差 0.96m，围护桩不能采用统一桩型。同时又是一期工程的起点车站，需要连接车辆段和下方车站以及预留二期工程连接条件，功能要求较多，内部线路多且交叉较多，形状复杂，大小阳角 16 个，顶板标高也在变化，部分板顶有上翻梁，影响支撑布置，基坑风险较高。

## 4　难点应对及基坑围护方案

### 4.1　难点应对

基坑西侧邻近既有线路问题

设计前搜集资料确定设计目标，对使用中的货运铁路线路，根据《铁路线路维修规则》（铁运〔2006〕146 号）要求的容许偏差管理值作为控制标准，数据见表 3、表 4。

线路轨道静态几何尺寸容许偏差管理值　　　　　　　　　　　表 3

| 项目 | | 作业验收 | 经常保养 | 临时补修 |
| --- | --- | --- | --- | --- |
| 轨距/mm | | +6、−2 | +7、−4 | +9、−4 |
| 水平/mm | | 4 | 6 | 10 |
| 高低/mm | | 4 | 6 | 10 |
| 轨向（直线）/mm | | 4 | 6 | 10 |
| 三角坑（扭曲）/mm | 缓和曲线 | 4 | 5 | 7 |
| | 直线和圆曲线 | 4 | 6 | 9 |

注：①轨距偏差不含曲线上按规定设置的轨距加宽值，但最大轨距（含加宽值和偏差）不得超过 1456mm；
②轨向偏差和高低偏差为 10m 弦测量的最大矢度值；
③三角坑偏差不含曲线超高顺坡造成的扭曲量，检查三角坑时基长为 6.25m，但在延长 18m 的距离内无超过表列的三角坑。

| 项目 | Ⅰ级 | Ⅱ级 | Ⅲ级 | Ⅳ级 |
|---|---|---|---|---|
| 轨距/mm | +8、−6 | +12、−8 | +20、−10 | +24、−12 |
| 水平/mm | 8 | 12 | 18 | 22 |
| 高低/mm | 8 | 12 | 20 | 24 |
| 轨向/mm | 8 | 10 | 16 | 20 |
| 扭曲（三角坑）（基线2.4m）/mm | 8 | 10 | 14 | 16 |
| 车体垂向加速度 | 0.10g | 0.15g | 0.20g | 0.25g |
| 车体横向加速度 | 0.06g | 0.10g | 0.15g | 0.20g |

注：①表中各种偏差限值为实际幅值的半峰值。
②高低、轨向不平顺按实际值评定。
③水平限值不含曲线上按规定设置的超高值及超高顺坡量。
④三角坑限值包含缓和曲线超高展坡造成的扭曲量。
⑤固定型辙叉的有害空间部分不检查轨距、轨向。其他检查项目及检查标准与线路相同。
⑥Ⅰ级为保养标准，Ⅱ级为舒适度标准，Ⅲ级为临时补修标准，Ⅳ级为限速标准。

对于西侧邻近货运铁路，根据补强的原则，采用如下措施：

（1）基坑西侧主体和附属结构的围护桩在考虑火车荷载作用后，再进行加强，加大桩径，减小桩间距；

（2）主体基坑第一道支撑采用混凝土支撑，增强围护结构的整体性；

（3）在主体土方开挖前预先施工附属结构（风亭和出入口）的围护桩，作为隔离措施对铁路进行保护。在外侧有附属结构围护桩的主体结构位置，其围护桩按火车荷载作用下设计，不再加强。

通过以上措施，对基坑围护结构进行了加强，业主委托铁道第三勘察设计院集团有限公司（以下简称"铁三院"）对围护方案及施工过程进行安全性评估，铁三院采用数值模拟，模拟土方开挖和地下结构整个施工过程，选取计算变形的最大值[①]：

（1）既有石南铁路路基边坡坡顶在第四层开挖至坑底时发生最大竖向位移，为6.83mm，即为隆起。

（2）既有石南铁路路基边坡坡顶在地下结构施工完成时发生最大横向水平变形为8.79mm，方向指向基坑。

（3）按照10m间距计算的路基竖向差异变形量，最大值为1.53mm，发生在防护桩施工阶段。

（4）按照10m间距计算的路基水平差异变形量，最大值为2.68mm，发生在车站主体施工阶段。

各个值均满足线路控制条件，围护方案通过安全性评估。

（1）采用施工措施控制厚砂层的变形，要求随挖随喷，即砂层向下开挖0.5m，及时安装钢筋网，使用混凝土喷面，防止坍塌。

（2）对于基坑长度较长、结构标高影响较大、形状复杂、基坑深度不一等问题，根据不同情况分别计算，在方便施工、降低经济造价的原则下，主体基坑共划分了11种桩型。另外，在最窄处划分设置隔离桩，结合盾构施工顺序，分期开挖，既保证了安全，同时工期和造价增加不多。

## 4.2 基坑围护方案

围护结构采用钻孔灌注桩加内支撑围护体系，设计参数如下：

（1）荷载取值：标准段按地面荷载均布荷载20.0kPa考虑，盾构段按地面均布荷载30.0kPa考虑，涉铁侧将铁路荷载按116.0kPa考虑，支撑上考虑施工荷载均布2kN/m。

（2）支撑体系：第一道支撑采用钢筋混凝土支撑800mm×1000mm，支撑水平间距不大于9.0m，20m跨度以上（含20m）的钢筋混凝土支撑施工时应起拱，中点起拱值为50mm。第二、三道支撑采用钢管支撑（$\phi630$，$t=16$mm），支撑水平间距不大于3.0m，钢围檩采用2Ⅰ45b（局部2Ⅰ50b）组合钢结构，钢材型号均为Q345B热轧普通工字钢。

桩顶设800mm×1000mm、1000mm×1000mm

①石家庄地铁二号线嘉华站工程邻近石南货运铁路防护结构及对既有铁路影响安全性评估报告[R]. 天津：铁道第三勘察设计院集团有限公司，2016.09。

两种尺寸冠梁，其中$\phi$800mm 灌注桩顶冠梁尺寸为800mm×1000mm，$\phi$1000mm 灌注桩顶冠梁尺寸为1000mm×1000mm，冠梁顶面以上采用200mm 厚混凝土挡墙。

垂直方向设置临时立柱，临时立柱采用4L200×20角钢格构柱，采用530×400×14钢板作缀板，缀板竖向间距 700mm，钢材型号均为Q235B 钢。立柱桩采用$\phi$1000mm 钢筋混凝土桩，混凝土强度为 C30，立柱嵌入格构柱 4.0m。临时立柱之间钢连梁采用 2 I 45b 和 2 I 63a 组合钢结构，首层钢连梁（即钢筋混凝土支撑下连梁）采用2 I 63a 组合钢结构，第二、三道连梁（即第二、三道钢支撑下连梁）采用2 I 45b 组合钢结构。

（3）围护桩体系：围护桩根据是否临铁，是否有隔离桩，划分为 11 个桩型。大体可分为标准段围护桩（WZ2、WZ6，采用$\phi$800@1200），标准段直接临铁侧围护桩（WZ4、WZ8、WZ11，采用$\phi$1000@1400），盾构段围护桩（WZ1、WZ3、WZ9、WZ10，采用$\phi$800@1000），临铁侧附属围护桩（A、D 出入口和 1 号、2 号、3 号风亭，采用$\phi$1250@1500），主体围护桩主筋采用分段配筋的方式，围护桩详细参数列于表 5。对各桩型所在剖面基坑稳定性验算按不同钻孔分别计算，取不利结果如表 6 所示。

**围护桩参数统计表** 表5

| 桩型 | | 桩径@间距/mm | 主筋（分段配筋）根数E直径/mm | 螺旋箍筋钢筋直径@间距/mm | 分段桩长/m |
|---|---|---|---|---|---|
| 主体结构基坑 | WZ1 | 800@1200 | 12E25/24E25/12E25 | E12@100/E12@200 | 2.05/20.1/1.85 |
| | WZ2 | 800@1200 | 11E25/22E25/11E25 | E10@150/E10@200 | 2.05/18.1/1.85 |
| | WZ3 | 1000@1400 | 10E25/20E25/10E25 | E10@150 | 2.05/23.2/2.35 |
| | WZ4 | 800@1200 | 11E25/22E25/11E25 | E10@150/E10@200 | 2.05/18.4/2.35 |
| | WZ5 | 800@1200 | 11E25/22E25/11E25 | E12@150/E12@200 | 2.05/19.2/2.35 |
| | WZ6 | 800@1200 | 10E25/20E25/10E25 | E10@150/E10@200 | 2.05/17.4/2.35 |
| | WZ7 | 1000@1400 | 12E25/24E25/12E25 | E10@150 | 2.05/23.6/2.35 |
| | WZ8 | 1000@1400 | 10E25/20E25/10E25 | E10@150 | 2.05/22.3/2.35 |
| | WZ9 | 1000@1400 | 12E25/24E25/12E25 | E12@150/E12@200 | 2.05/24.8/2.35 |
| | WZ10 | 1000@1400 | 11E25/22E25/11E25 | E10@150 | 2.05/22.4/2.35 |
| | WZ11 | 1000@1400 | 10E25/20E25/10E25 | E10@150 | 2.05/21.6/2.35 |
| 附属结构基坑 | 1号、2号、3号风亭 | 1250@1500 | 20E25 | E10@140 | 13.5（集水坑位置桩长16.5） |
| | A、D 出入口 | 1250@1500 | 20E25 | E10@140 | 见附图 |

注："E"表示 HRB400。

**安全系数计算结果统计表** 表6

| 桩型 | | 整体稳定性 | 抗倾覆稳定性 | | 抗隆起稳定性 | 嵌固比 |
|---|---|---|---|---|---|---|
| | | | 对支护底取矩 | 踢脚破坏 | | |
| 主体结构 | WZ1 | 2.521 | 2.778 | 1.775 | 5.594 | 0.40 |
| | WZ2 | 2.360 | 2.921 | 1.729 | 5.808 | 0.36 |
| | WZ3 | 3.187 | 4.209 | 2.546 | 7.355 | 0.62 |
| | WZ4 | 2.222 | 2.552 | 1.781 | 5.696 | 0.40 |
| | WZ5 | 3.188 | 4.120 | 1.747 | 5.613 | 0.40 |
| | WZ6 | 2.273 | 2.722 | 1.719 | 5.831 | 0.40 |
| | WZ7 | 2.590 | 2.616 | 2.489 | 7.341 | 0.61 |
| | WZ8 | 2.538 | 2.957 | 2.742 | 7.605 | 0.64 |
| | WZ9 | 2.946 | 3.713 | 2.395 | 11.656 | 0.60 |
| | WZ10 | 2.372 | 2.392 | 2.578 | 7.590 | 0.65 |
| | WZ11 | 2.476 | 2.548 | 2.860 | 7.667 | 0.65 |

| 桩型 | 整体稳定性 | 抗倾覆稳定性 | | 抗隆起稳定性 | 嵌固比 |
| --- | --- | --- | --- | --- | --- |
| | | 对支护底取矩 | 踢脚破坏 | | |
| 1号风亭 | 2.857 | 5.549 | 1.680 | 2.900 | 0.55 |
| 2号风亭 | 2.991 | 6.114 | 1.806 | 2.947 | 0.55 |
| 3号风亭 | 2.901 | 6.140 | 1.773 | 2.899 | 0.55 |
| A出入口 | 2.495 | 3.608 | 1.639 | 4.215 | 0.51 |
| D出入口 | 2.487 | 3.471 | 1.758 | 2.911 | 0.51 |

## 5 现场监测分析

选取两个主监测断面，分析施工过程中监测数据情况，监测断面的围护信息如下：

（1）1号监测断面，基坑深度约18.0m，非临铁侧为盾构始发井，临铁侧主体围护桩距铁路路基坡脚线17.5m，桩型为WZ1围护桩，$\phi800@1200$，嵌固深度7.6m。另外预先施工3号风亭围护桩作为隔离桩，3号风亭围护桩采用$\phi1250@1500$，桩长13.5m。非临铁侧外侧为道路，桩型为WZ1围护桩，$\phi800@1200$，嵌固深度7.6m（图4）。

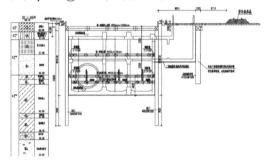

图4 1号监测断面围护结构剖面图

（2）2号监测断面，基坑挖深约16.9m，临铁侧主体围护桩距铁路路基坡脚线17.3m，桩型为WZ8围护桩，$\phi1000@1400$，嵌固深度11.7m，临铁侧未设置隔离桩。非临铁侧为道路，桩型为WZ2围护桩，$\phi800@1200$，嵌固深度7.1m（图5）。

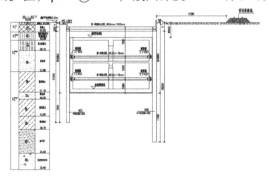

图5 2号监测断面围护结构剖面图

### 5.1 桩身水平位移分析

1号监测断面中测点ZQT23为临铁侧测点，ZQT33为非临铁侧测点。通过桩身位移可以看到，由于隔离桩的存在，基坑上部受铁路荷载影响较小，隔离桩起到降低荷载影响的作用（图6）。

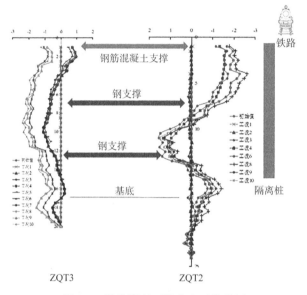

图6 1号监测断面桩身水平位移图

非临铁侧外为市政道路，车辆多为货运车辆，桩体上部表现为向基坑内侧偏移，临铁侧由于隔离桩的减荷作用，围护桩上部表现为向基坑外侧偏移，但是当邻近隔离桩中下部时，相当于隔离桩嵌固深度变小，对于铁路荷载的控制作用减弱，围护桩出现明显的向基坑内偏移，同时通过支撑影响对侧围护桩。桩身水平位移最大值均发生在桩顶附近，临铁侧（ZQT23）处为2.6mm（向坑外偏移），非临铁侧（ZQT33）处为-2.41mm（向坑外偏移）。

2号监测断面测点ZQT15为临铁侧测点，ZQT40为非临铁侧测点（图7）。由于未设置隔离桩，可以明显看出，该监测断面围护桩桩身水平与1号监测断面的有着很大区别。由于没有隔离桩，临铁侧围护桩承担铁路荷载，产生了较大的位移，桩身变形大于非临铁侧围护桩，ZQT15 测点桩身水平位移最大值 9.25mm（向坑内偏移），ZQT40 测点桩身水平位移最大值 8.17mm（向坑内偏移）。

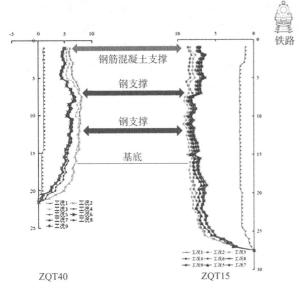

图 7　2 号监测断面桩身水平位移图

## 5.2　支撑轴力分析

2 号监测断面 Z14 混凝土支撑钢筋计线缆断裂，无法监测，缺少数据。图 8 为监测过程中支撑轴力时程图，表 7、表 8 为根据不同施工阶段挑选出的支撑轴力表。

通过散点图，我们可以看出，1 号监测断面第二道支撑轴力变化范围为 -161～451.9kN，第三道支撑轴力轴力变化范围为 -137.6～263.4kN，第三道支撑轴力普遍大于第二道；2 号监测断面第二道支撑轴力变化范围为 6.9～429.2kN，第三道支撑轴力变化范围为 36.8～357.4kN，第二道支撑轴力普遍大于第三道。

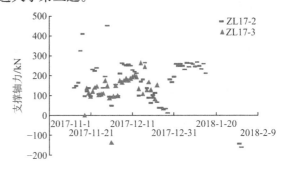

1 号监测断面支撑轴力时程曲线

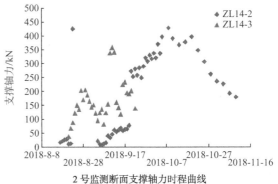

2 号监测断面支撑轴力时程曲线

图 8　支撑轴力时程图

**1 号监测断面支撑轴力统计表/kN**　　　　　　　　　表 7

| 工况编号 | 第一道支撑架设 | 第二道支撑架设 | 第三道支撑架设 | 开挖到底 | 底板侧墙施工 | 第三道支撑拆除 | 中板施工 | 顶板施工 |
|---|---|---|---|---|---|---|---|---|
| ZL17-1 | -605.6 | -879.3 | -1050.8 | -695.5 | -1006.9 | -1150.1 | -496.8 | 233.4 |
| ZL17-2 | | 209.9 | 210.6 | 224.5 | 287.6 | 290 | 161 | |
| ZL17-3 | | | 137.4 | 140 | 152.1 | | | |

注："-"表示受拉；"+"表示受压。

**2 号监测断面支撑轴力统计表/kN**　　　　　　　　　表 8

| 工况编号 | 第二道支撑架设 | 第三道支撑架设 | 开挖到底 | 底板侧墙施工 | 拆除第三道支撑 |
|---|---|---|---|---|---|
| ZL14-2 | 16.03 | 15.08 | 272.82 | 397.02 | 347.84 |
| ZL14-3 | | 36.78 | 151.31 | 138.87 | |

对比表中数据，混凝土支撑轴力范围 -1279.4～2292.4kN，大于设计值（466.2kN），结合其他监测项目，基坑未破坏，可能是以下原因造成数据异常：①钢筋计初始值采集时支撑未悬空；②混凝土支撑轴力监测受温度影响较大，采集数据不固定；③支撑处于复杂应力状态，监测点布置不当。另外通过轴力变化范围可以看到，支撑有时处于受拉状态，钢支撑有掉落的风险，此时应使用混凝土支撑。因此，设计时计算整个施工工况，根据支撑受力情况选择支撑类型，当使用钢支撑时应设置防脱落措施。

另外，对比各个施工阶段支撑轴力变化情况，可以看出，支撑轴力随着施工阶段不同而变化，基坑开挖到底时，支撑轴力并未达到最大值，第一、二道支撑会在第三道支撑拆撑后出现最大值，是第一、二道支撑的控制工况。各道支撑轴力峰值多出现在基坑到底后结构施工及拆撑期间。

# 6 结语

嘉华站是石家庄城市轨道交通 2 号线一期工程的始发站，外接车辆段，车站长度长，邻近货运铁路线路和市政道路，设计条件复杂，采用分期施工、钢筋混凝土支撑＋钢支撑、临铁侧围护桩加强、设置隔离桩等方法联合使用控制工程造价的同时保证基坑和周边环境安全。

工程于 2016 年 4 月开始进行设计，2016 年 10 月完成主体围护结构施工图，截至 2018 年 12 月，车站主体结构已全部封顶。

车站施工顺利完成及现场监测结果表明内支撑围护设计方案较合理，隔离桩起到了控制货运铁路对主体围护桩载荷的作用，保证了基坑的整体稳定和货运铁路的安全运行。

回顾整个车站基坑设计过程，基坑围护设计不是一蹴而就的，是一个不断完善和修改的过程，是工程中各方主体达到调和的过程，需要全面细致的梳理和配合，在设计时不能操之过急，地下结构整个施工过程都会影响围护结构，此时动态设计显得尤为重要。

## 参考文献

[1] 王长科. 工程建设中的土力学及岩土工程问题[M]. 北京: 中国建筑工业出版社, 2018.

[2] 住房和城乡建设部. 建筑基坑支护技术规程: JGJ 120—2012[S]. 北京: 中国建筑工业出版社, 2012.

# 浅山区某变电站边坡支护及地基处理设计实录

李从昀　郝　兵　刘世岩　刘莹光

（北京电力经济技术研究院有限公司，北京　100055）

## 1　前言

近年来，我国城市建设和城镇化进程加速，电网建设需求日益剧增，电网工程覆盖范围不断增大，山区工程越来越多，尤其在用地紧张的一线城市，变电站站址选择空间有限。面对复杂多样的边坡治理、基坑支护以及地基处理等岩土工程问题，如何因地制宜采取安全可靠、技术经济、绿色环保的设计方案至关重要。

北京市门头沟区某 220kV 变电站工程，场区地形复杂，高差大，西侧有人工堆积的高边坡，场区内东侧有深厚杂填土，工程地质条件复杂。本文综合评价人工堆积边坡的稳定性，并针对具体部位的建筑设计条件进行边坡支挡结构的设计，分别采用坡率法、排桩和锚索、扶壁式挡墙、锚杆格构梁等支护形式。同时，对场地内的不均匀填土采取注浆和人工换填的地基处理方法，取得了良好的效果，对浅山区工程建设具有一定的参考价值。

## 2　工程概况

该变电站场地位于北京市门头沟区九龙驾校东北侧，主要建（构）筑物包括配电装置楼、消防水池及消防泵房、警卫值班室、化粪池、事故油池、雨水调蓄池、电缆隧道、提升井及阀门井。场地四周设计有挡土墙。总建筑面积为 7076m²。场区地形及各建筑物的设计条件详见图 1 和表 1。

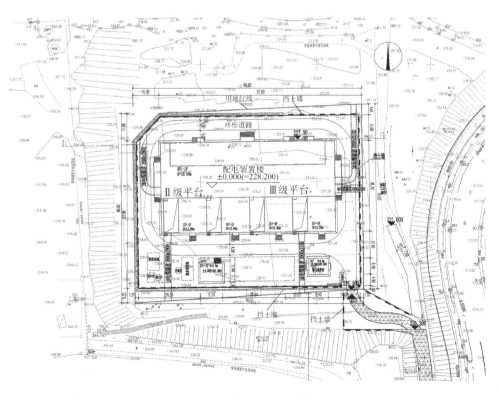

图 1　场区地形及建筑物关系图

变电站建（构）筑物设计条件一览表　　　表1

| 名称 | 结构类型 | 建筑高度/m | 地上/地下层数 | 基础形式 | 基础埋深 | ±0.000/m |
|---|---|---|---|---|---|---|
| 配电装置楼 | 地上钢框架/地下混凝土结构 | 16.10<br>12.90 | 2F/B1F<br>1F/B1F | 筏形基础 | 5.3 | 228.20 |
| 消防泵房及消防水池 | | 5.5 | 1F/B1F | 筏形基础 | 7.6 | 227.30 |
| 警卫值班室 | | 4.5 | 1F | — | | 227.30 |
| 雨水调蓄池 | 钢筋混凝土独立地下结构 | — | 0F/B1F | 筏形基础 | 5.5 | 室外地坪227.00 |
| 事故油池 | | — | 0F/B1F | 筏形基础 | 5.0 | |
| 电缆隧道 | | — | — | 筏形基础 | 4.5～5.5 | |
| 化粪池 | | — | 0F/B1F | | 4.5 | |
| 提升井、阀门井 | | — | — | — | 3.2 | |

## 3　场地地质条件

### 3.1　地形地貌

工程场区位于门头沟浅山区，区域地势上北高南低，西高东低，属于山麓斜坡堆积地貌。项目场地及周边地形复杂，周边地形坡度为10°～20°，最大高差约30m。场地自西向东由四级平台组成。人工边坡西侧Ⅰ级平台最高，地面标高245.000～246.000m，人工边坡坡脚处为砖砌挡墙护面，高约6m，坡度约70°；中间Ⅱ级平台原为砖厂宿舍楼所在地，地面标高为228.000～229.000m；东侧Ⅲ级平台为砖料堆积场，地面标高223.000～224.000m。以东为Ⅳ级平台滑石路（土路），地面标高220.000～221.000m。再以东为九龙路路堑。场地现状为已拆迁的砖厂，周边分布厂房、荒地、道路、排洪渠等。场区北侧修筑有排洪渠，深约1.5m，宽2～3m。场地南侧为斜坡山体，顶部为道路，标高自东向西为235.000～244.000m，坡高约10m，坡脚为砖砌护面。典型工程地质剖面参见图2。

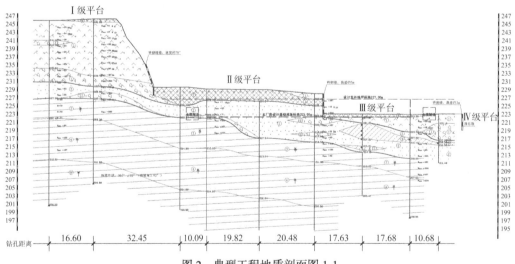

图2　典型工程地质剖面图1-1

### 3.2　气象水文

工程所在区域属大陆性季风气候，四季温差较大。年平均气温11.7℃，最高达40.2℃，最低为－19.5℃，年温差30.1℃，年平均降水量约610mm，降水量年际变化大，最多为970.1mm（1977年），最少为377.4mm（1997年），其中7～8月的降水量可达全年降水量的60%左右。建设场地处于西山迎风带，处于北京市暴雨易发区。高强度短时暴雨往往形成较大洪水，对边坡的稳定性有较大影响。

### 3.3　地层岩性

场地地层按地层沉积年代、成因类型划分为人工堆积层、一般第四纪沉积层和侏罗纪窑坡组（Jy）基岩，按地层岩性进一步划分为5个大层及其亚层，具体地层分布见图2，物理力学性质见表2。

地层岩性及物理力学性质统计表　　　　　　　表 2

| 成因年代 | 岩土名称 | 密度ρ/（g/cm³） | 黏聚力c/kPa | 内摩擦角φ/° | 地基承载力标准值$f_{ka}$/kPa | 岩性特征 |
|---|---|---|---|---|---|---|
| 人工堆积层 | 杂填土① | 18.5 | 0 | 15 | | 杂色，稍密，稍湿，以建筑垃圾为主，含碎石、圆砾等 |
| | 碎石填土①₁ | 19.5 | 0 | 35 | | 杂色，稍密—中密，稍湿，以碎石为主，黏性土充填 |
| | 块石填土①₂ | 20 | 0 | 40 | | 杂色，中密—密实，稍湿，含碎石、灰渣、黏性土等 |
| 一般第四纪沉积层 | 碎石② | 22 | 0 | 42 | 220 | 杂色，中密—密实，稍湿，角砾混黏性土充填 |
| | 粉质黏土②₁ | 19 | 25 | 18 | 130 | 褐黄色，可塑，含云母、氧化铁，土质不均 |
| | 块石②₂ | 24 | 0 | 42 | 350 | 杂色，中密—密实，角砾混黏性土充填，厚度变化较大 |
| 侏罗系窑坡组（Jy）基岩 | 强风化砂岩③ | 26 | 300 | 45 | 450 | 灰黄—青灰色，细粒-中粗粒结构，软岩，易碎 |
| | 中风化砂岩④ | 28 | 800 | 52 | — | 青灰色—灰白色，细粒-中粗粒结构，较硬岩，不易碎 |

## 3.4 水文地质

根据工程勘察报告，勘探期间，第四系松散层内未见地下水，但不排除场地因降雪、降雨等影响而赋存上层滞水。场地仅在雨季赋存第四系地下水，地下水位一般位于基岩面以上 0.5～1m，场地基岩裂隙水主要为侏罗系碎屑岩裂隙水，空间分布不连续，受地形条件、岩体裂隙及降雨条件影响较大，历史水位埋深大于 15m。

图 3　场地西侧边坡现状（镜像西北）

# 4　边坡稳定性分析

## 4.1　边坡的基本特征

场地西侧Ⅰ级平台和Ⅱ级平台间为人工边坡，见图 3，近南北向展布，坡向近 0°。该边坡为人工堆填形成，坡长约 130m，高约 18m，坡脚距离场地红线 7～12m。现状坡脚只采用砖墙进行护面，护面坡度约为 70°，高约 6m，上部裸露边坡坡度约 50°～55°。边坡土体主要为人工堆积的碎石填土，其下为第四纪沉积的碎石、块石等，第四纪沉积层以下为风化基岩。该边坡坡顶为原有砖厂工作的平台，现状除了局部堆砌有煤矸石外，大部分较为平坦。坡体简易支护以上的部分可见雨水冲刷沟道。

## 4.2　边坡稳定性定性分析

边坡上部为土质，下部为基岩。场区基岩倾向为 355°∠22°，边坡倾向 90°，边坡坡向与基岩倾向近垂直，有利于边坡稳定。坡脚砖砌挡墙局部有开裂垮落迹象，挡墙支护段以上部分局部出现填土松动、垮落。边坡从定性评价来看，整体处于欠稳定-基本稳定状态。

使用 SLOPE/W 边坡稳定性分析软件进行稳定性计算，边坡工程安全等级为一级，采用圆弧滑动法，对该边坡建立 3 个东西向剖面模型，分别进行一般工况和暴雨工况下的稳定性分析计算，典型剖面边坡安全系数见图 4、图 5，依据《建筑边坡工程技术规范》GB 50330—2013 相关边坡稳定性状态分级，其计算及分级结果如表 3 所示，各剖面危险滑动面均位于碎石填土与杂填土层。

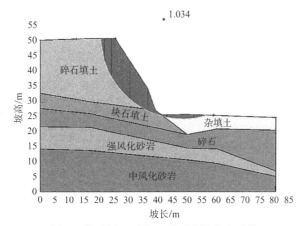

图 4　典型剖面天然工况下边坡安全系数

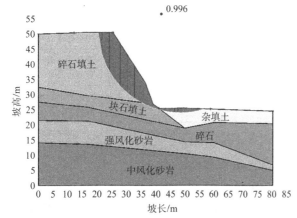

图 5　典型剖面暴雨工况下边坡安全系数

计算稳定性系数及稳定性一览表　表 3

| 计算剖面 | 一般工况稳定系数 | 稳定性 | 暴雨工况稳定系数 | 稳定性 |
| --- | --- | --- | --- | --- |
| 1-1′ | 1.034 | 欠稳定 | 0.996 | 不稳定 |
| 2-2′ | 1.099 | 基本稳定 | 1.007 | 欠稳定 |
| 3-3′ | 1.043 | 欠稳定 | 0.995 | 不稳定 |

# 5　边坡支护设计

## 5.1　支护方案选择

边坡支护设计应根据工程地质条件和建筑场坪设计及周边的环境特征，本着"安全绿色、水土保持、经济高效、施工方便"的设计原则，选择边坡的支护措施（表 4）。

西侧边坡：边坡整体上为土质边坡，现状最大高差约 18m，考虑设计室外地坪，边坡支护高度达 20m。根据表 4，结合现状坡型，该段边坡适合板肋式或格构式锚杆挡墙，也可考虑采用坡率法。因边坡西侧有规划道路，道路的建设可能晚于变电站工程建设，因此与产权单位协商一致，为节约工程造价，本段边坡总体采用坡率法。下部与变电站室外地坪有高差，且邻近电缆隧道，因此增设排桩＋锚杆。

边坡支护结构常用形式　表 4

| 条件结构 | 边坡环境条件 | 边坡高度 H/m | 边坡工程安全等级 | 备注 |
| --- | --- | --- | --- | --- |
| 重力式挡墙 | 场地允许，坡顶无重要建（构）筑物 | 土质边坡 $H \leqslant 10$ 岩质边坡 $H \leqslant 12$ | 一、二、三级 | 不利于控制变形，土方开挖后边坡稳定较差时不应采用 |
| 悬臂式挡墙、扶壁式挡墙 | 填方区 | 悬臂式挡墙 $H \leqslant 6$ 扶壁式挡墙 $H \leqslant 10$ | 一、二、三级 | 适用于土质边坡 |
| 板肋式挡墙 | | 悬臂式 $H \leqslant 15$ 锚拉式 $H \leqslant 25$ | | 桩嵌固段土质较差时不宜采用，当对挡墙变形要求较高时宜采用锚拉式桩板挡墙 |
| 板肋式或格构式锚杆挡墙支护 | | 土质边坡 $H \leqslant 15$ 岩质边坡 $H \leqslant 30$ | 一、二、三级 | 边坡高度较大或稳定性较差时宜采用逆作法施工。对挡墙变形较高要求的边坡，宜采用预应力锚杆 |
| 排桩式锚杆挡墙支护 | 坡顶建（构）筑物需要保护，场地狭窄 | 土质边坡 $H \leqslant 15$ 岩质边坡 $H \leqslant 30$ | 一、二级 | 有利于对边坡变形控制，适用于稳定性较差的土质边坡、有外倾软弱结构面的岩质边坡、垂直开挖施工尚不能保证稳定的边坡 |
| 岩石锚喷支护 | | I 类岩质边坡 $H \leqslant 30$ | 一、二、三级 | 适用于岩质边坡 |
| | | II 类岩质边坡 $H \leqslant 30$ | 二、三级 | |
| | | III 类岩质边坡 $H \leqslant 15$ | 二、三级 | |
| 坡率法 | 坡顶无重要建（构）筑物，场地有放坡条件 | 土质边坡 $H \leqslant 10$ 岩质边坡 $H \leqslant 25$ | 二、三级 | 不良地质段、地下水发育区、流塑状土时不应采用 |

东侧挡墙：根据设计条件，室外地坪标高　227.000m，高于现状地面，高差 5.0～7.0m，且场

地外无放坡空间,应选择适合填方的挡墙形式。因高差较大,重力式挡墙占地面积大,土方工程量大,经济性差。扶壁式挡墙具有构造简单、施工方便、墙身断面小、质量轻、造价低且挡土高度较高的特点,因此比较适合。东侧北段有平行的向北出线的电缆隧道,限制扶壁式挡墙的基础宽度。另外,场地现有杂填土层厚度1～7m不等,不能满足扶壁式挡墙的地基承载力要求。因此该段基础可采用桩基托梁,这种挡墙是挡土墙和桩的组合形式,综合了悬臂式挡土墙和桩基托梁结构的技术特点,由托梁或承台连接,托梁作为挡土墙的基础并将所承受的挡土墙的外力以及岩土侧压力传递至深部地层。场地东侧中段有向东出线的电缆隧道,可采用桩基托悬臂式混凝土挡土墙设跨过电缆隧道。

西南侧挡墙:场地西南侧为岩石边坡,高为10～12m,坡脚下有现状砖墙护面,高为5～6m。砖墙现状有开裂,但整体上较好。为降低边坡的治理难度,对现状砖墙采用格构式锚杆挡墙进行加固。

### 5.2 边坡支护设计

（1）基本设计要求

场地抗震设防烈度为8度,设计基本地震加速度值为0.20g,设计地震分组为第二组。根据对边坡整体稳定性和重要性的判别,边坡支护结构设计安全等级为一级,设计使用年限不低于被保护建筑的设计使用年限。

（2）西侧边坡设计方案

场区西侧人工边坡支护段:采用上部分级放缓坡＋下部护坡桩支护方式,上部坡面3级放坡,坡率1:1.5,坡面及平台挂三维土工网并种植绿化。坡脚护坡桩长度18m,地面以下为圆形截面,桩径1.5m,地面以下桩长12m,出露地面段为方桩,边长1.2m,高度6m,设计典型剖面见图6。

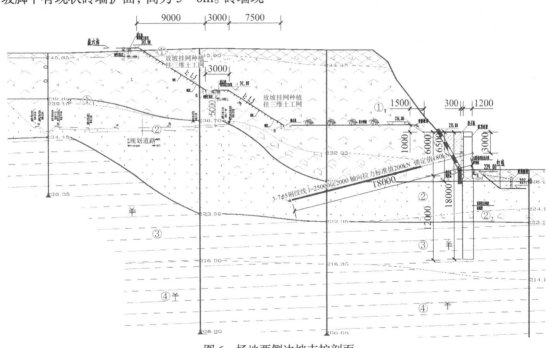

图6 场地西侧边坡支护剖面

西南角既有砖砌挡墙段:采用锚索补强护坡方案,在锚头位置设置肋柱及横梁,肋柱及横梁截面尺寸300mm×300mm,肋柱基础截面尺寸500mm×500mm,各肋柱基础相连成基础梁,顶部设置顶梁,顶梁高200mm。既有砖砌挡墙加固区每10～15m设置一道20mm宽伸缩缝,缝内钢筋断开,填充沥青麻筋或沥青木板。设计典型剖面见图7。

场区西侧、西南侧坡顶设置截水沟,坡度不小3‰。截水沟向北引入既有排水设施,向南引入场区排水系统。坡间平台及坡脚设置排水沟。

（3）东侧挡墙设计方案

场区东侧南段:采用扶壁式混凝土挡土墙,墙顶宽度500mm,挡墙高度根据场区设计道路标高为5.500～6.000m。挡墙结构由立板、墙趾板、墙踵板、扶壁组成,扶壁间距3.5m,底板下设置抗滑凸榫(图8)。

场区东侧中段:该段有东向的电缆隧道出线,挡墙处隧道底板埋深7m,采用桩基托悬臂式混凝土挡土墙设计。桩基部分采用双排钢筋混凝土桩,桩径800mm,桩长10m。桩距2400mm,跨电缆隧

道处桩距4600mm。悬臂式混凝土挡土墙，墙顶宽度500mm，挡墙高2.5m。挡墙结构由立板、墙趾

板、墙踵板组成，墙背直立，墙面直立，设计典型剖面见图9。

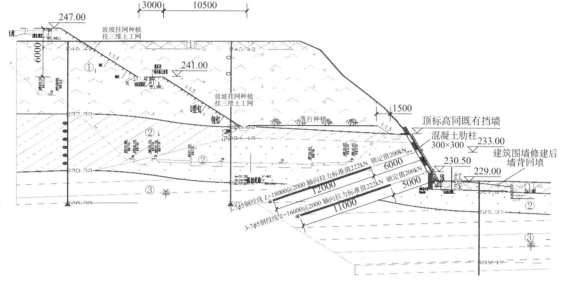

图7　场地西南角放坡加锚索典型支护剖面

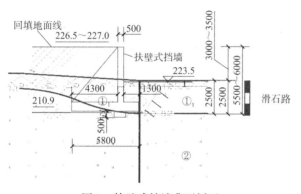

图8　扶壁式挡墙典型剖面

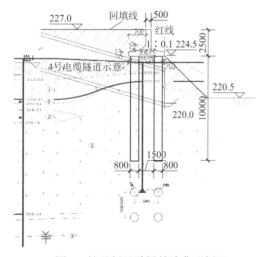

图9　桩基托悬臂梁挡墙典型剖面

东侧北段：该段挡墙西侧有南北向出线的电缆隧道，杂填土厚度较大，1～7m不等，采用桩基托扶壁式混凝土挡土墙（图10）。桩基部分采用双排钢筋混凝土桩，桩径800mm，桩长10m。墙顶

宽度500mm，挡墙高6.5m，扶壁间距3.5m，设计典型剖面见图10。

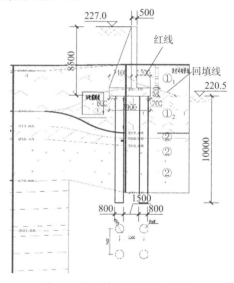

图10　桩基扶壁挡墙典型剖面

支挡结构墙体设置泄水孔。泄水孔孔径100mm，间距2～3m，梅花形布置，在填土侧设置反滤包。

# 6　地基处理设计

## 6.1　建设场区情况

根据勘察报告，场区中部及东部基底下普遍分布有人工填土，且东北角人工填土层较厚。配电装置楼基底标高222.90m，基底直接持力层土质主要

1666

为碎石②层、粉质黏土②₁层、块石②₂层，局部为杂填土①层、碎石填土①₁层，厚度 0.8～2.2m，东北角基底下填土最大厚度 3.9m，相邻的电缆隧道基底下填土厚度为 5.0m，需进行地基处理，见图 11。

## 6.2 地基处理方案

本工程地基处理设计等级为二级，设计使用年限不小于建筑物结构的设计使用年限。地基处理设计主要目的是提高软弱土层的地基承载能力，配电装置楼处理后承载力特征值不小于 180kPa。

根据工程特点，结合场地条件及以往类似工程经验，地基处理设计方案采用换填垫层法，换填垫层法适用于浅层软弱地基及不均匀地基的处理。场区东北角人工填土层厚度大，电缆隧道下最大填土深度 5.0m，若全部换填，不仅开挖面大，基坑深度将达到 6.4m，支护难度大。因此采用换填＋注浆相结合的处理措施，降低施工难度的同时，确保地基满足设计要求。

## 6.3 地基处理设计

配电装置楼基坑分区域进行换填设计。对于场区东北角，配电装置楼基坑与隧道合槽开挖至标高 219.000m，再对电缆隧道下方的人工填土进行注浆加固处理。注浆点采用等边三角形布置，孔深不小于处理填土厚度。注浆孔的孔径 80～90mm，注浆孔间距 1.0m。孔距可根据管线、注浆试验结果等适当调整。最外侧注浆孔位超出基础底面宽度不小于 0.5m。选用φ48mm 袖阀式厚壁刚性注浆管。注浆浆液采用水泥为主剂的浆液，水泥为强度等级 P.O42.5 的普通硅酸盐水泥，水灰比 0.8～1.0。注浆完成且承载力达到设计要求后，采用级配砂石分层回填、夯实至设计基底标高。

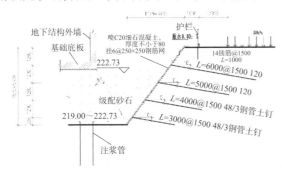

图 11 换填注浆综合处理典型设计剖面

## 7 结论

（1）采用圆弧滑动法，对场地西侧人工边坡建立 3 个东西向剖面模型，分别进行一般工况和暴雨工况下的稳定性分析。计算结果表明，1-1 和 3-3 剖面，在天然工况下，边坡处于欠稳定状态；在暴雨工况下，由于强降雨入渗及渗流场的存在，边坡稳定系数迅速下降，边坡处于不稳定状态。

（2）西侧人工边坡整体上处于不稳定状态，在暴雨等极端工况下容易失稳，结合周边规划，采用上部分级放缓坡＋下部排桩锚拉式支护方式，西南角采用放坡和锚索补强，支护方案具有安全、绿色、水土保持、经济高效、施工方便等优点。

（3）场地东侧形成填方边坡，东南侧采用扶壁式挡土墙，构造简单、施工方便、墙身断面小、质量轻、造价低；东侧北段填土厚度大，地基承载力低，采用桩基托扶壁式混凝土挡土墙，东侧中段跨越电缆隧道段采用桩基托悬臂式混凝土挡土墙。

（4）场地西高东低呈台阶状，分区整平后进行基坑开挖和地基处理。对配电装置楼东部分采用换填垫层法，对填土深厚区域，采用换填＋注浆相结合的处理措施，开挖量小，经济高效。

## 参考文献

[1] 建设部. 建筑桩基技术规范: JGJ 94—2008[S]. 北京: 中国建筑工业出版社, 2008.

[2] 中华人民共和国住房和城乡建设部, 中华人民共和国国家质量监督检验检疫总局. 建筑抗震设计规范: GB 50011—2010[S]. 北京: 中国建筑工业出版社, 2010.

[3] 中华人民共和国住房和城乡建设部. 建筑边坡工程技术规范: GB 50330—2013[S]. 北京: 中国建筑工业出版社, 2014.

[4] 中华人民共和国住房和城乡建设部. 建筑地基处理技术规范: JGJ 79—2012[S]. 北京: 中国建筑工业出版社, 2014.

# 福州正祥广场基坑支护工程实录

俞　强　林希鹤　戴一鸣　吴铭炳　洪世海　林生凉

林生法　陈董祎　王文辉　卓国棪

（福建省建筑设计研究院有限公司，福建福州　350001）

## 1　工程概况

福州正祥广场项目位于福州市仓山区盖山镇则徐大道西侧，项目总用地面积 30183m²，总建筑面积约 141721m²，其中，地上建筑面积 69628m²，地下建筑面积 72093m²。项目建设内容为大型商业综合体，由 4 座商业办公建筑及裙楼、1 座商业中心建筑组成，采用框架结构或框架-剪力墙结构、桩基础，设 3 层整体地下室，地下室平面形状大致呈北窄南宽的直角梯形，地下室基坑周长约 660m，开挖深度为 15.45～17.05m。

本项目场地东侧紧邻则徐大道，则徐大道下方为正在运营的福州地铁 1 号线三叉街站—白湖亭站区间隧道，隧道采用盾构法施工，管片外径 6.2m，用地红线范围内隧道洞底埋深 15.5～18.5m，与拟建地下室外墙的净距为 17.1m，地下室位于地铁隧道 50m 保护范围内。场地西侧为跃进河河道，南侧与北侧均为现状民房。该项目场地周边环境如图 1 所示。本项目是福州市紧邻已运营地铁区间隧道的第一个深厚软土场地大型深基坑工程，基坑支护工程设计及基坑施工监测工作均由我司承担。

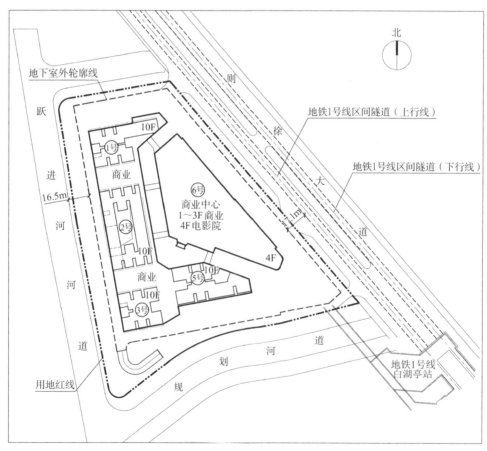

图 1　场地周边环境总平面图

获奖项目：2021 年度工程勘察、建筑设计行业和市政公用工程优秀勘察设计奖三等奖，2021 年福建省优秀工程勘察设计工程勘察一等奖。

# 2 场地工程地质与水文地质条件

## 2.1 场地岩土层特性

场地以冲积、淤积、冲洪积成因的土层为主，基底为花岗岩风化岩，场地勘探深度范围内的岩土层自上而下可划分为以下10层。

①杂填土：杂色，松散，湿～饱和，堆填时间约 9 个月，未经专门压实处理，无湿陷性，厚度 0.5～2.8m。

②粉质黏土：褐黄色、灰黄色，湿，可塑，厚度 1.0～3.2m。

③淤泥：灰色、深灰色，饱和，流塑，欠固结，具高压缩性，工程性质差，厚度 8.3～22.3m。

④粉质黏土：褐黄色、灰黄色，湿，可塑～硬塑，厚度 2.5～25.6m。

⑤淤泥质土：灰色、深灰色，饱和，流塑，正常固结土，具高压缩性，工程性质差，厚度 2.6～14.0m。

⑤₁黏土：褐黄色、灰黄色，湿，可塑～硬塑，厚度 1.4～13.6m。

⑥粗砂：灰黄色、灰白色，饱和，密实，厚度 0.6～7.4m。

⑦全风化花岗岩：灰黄色、灰白色，散体状，极软岩，厚度 1.8～15.6m。

⑧₁砂土状强风化花岗岩：灰白色、灰黄色、褐黄色，很湿，砂土状，极软岩，厚度 6.0～34.5m。

⑧₂碎块强风化花岗岩：灰黄色、灰白色，碎裂状，极破碎、较软岩，岩体基本质量等级为 V 级，揭示厚度 2.4～14.4m。

本项目邻近地铁隧道一侧的典型工程地质剖面如图 2 所示，土层物理力学性质指标如表 1 所示。

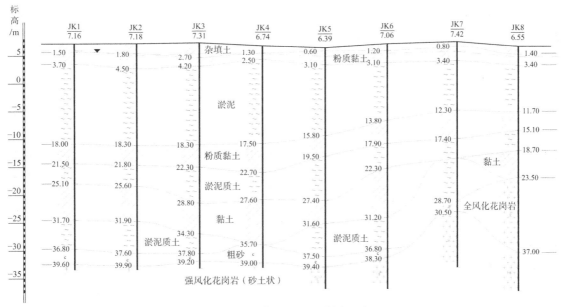

图 2 场地典型工程地质剖面图

土层物理力学性质参数表 表 1

| 层号 | 土层名称 | 重度γ/（kN/m³） | 抗剪强度 | | 压缩模量 $E_{s1-2}$/MPa | 水平抗力系数 m/（MN/m） |
| --- | --- | --- | --- | --- | --- | --- |
| | | | 黏聚力 c/kPa | 内摩擦角φ/° | | |
| ① | 杂填土 | 18.5 | 9.0 | 14.0 | — | 3.5 |
| ② | 粉质黏土 | 18.5 | 18.3 | 18.7 | 4.5 | 5.0 |
| ③ | 淤泥 | 16.3 | 7.1 | 6.2 | 2.3 | 2.0 |
| ④ | 粉质黏土 | 19.0 | 22.1 | 17.6 | 5.4 | 5.5 |
| ⑤ | 淤泥质土 | 17.0 | 10.5 | 9.0 | 2.7 | 2.8 |
| ⑤₁ | 黏土 | 19.3 | 22.0 | 17.5 | 5.2 | 6.5 |
| ⑥ | 粗砂 | 18.5 | 5.0 | 27.0 | 15.0 | 10.0 |
| ⑦ | 全风化花岗岩 | 20.0 | 25.0 | 20.0 | （18.0） | 9.0 |
| ⑧₁ | 砂土状强风化花岗岩 | 20.5 | 28.0 | 25.0 | （55.0） | 12.0 |

## 2.2 场地水文地质条件

场地地下水混合稳定水位埋深 1.0～2.4m，水位 4.290～6.530m，主要可以分为以下 3 层。

（1）上层滞水：赋存于①杂填土层中，主要接受大气降水与河道水补给，以地面蒸发与渗透形式排泄，孔隙连通性一般，透水性一般，富水性一般，水量一般。

（2）孔隙承压水：赋存于⑥粗砂层，属强透水层，富水性好，主要受邻区地下水补给，承压水位 3.780m，承压水头埋深 3.22m。

（3）基岩风化孔隙-裂隙水：赋存于⑦全风化花岗岩与⑧强风化花岗岩中，孔隙裂隙多为黏性土充填，其透水性、富水性均较弱。与⑥粗砂含水层水力联系紧密，地下水补给来源主要为含水层侧向径流补给。

本基坑工程的主要影响范围内一般为透水性较差的粉质黏土、淤泥及淤泥质土层，为相对隔水层，基坑开挖至基底时，承压水含水层⑥粗砂层不会产生坑底突涌，因此，本基坑工程受地下水的影响较小。

# 3 基坑支护结构设计

## 3.1 支护结构设计重、难点分析

（1）基坑周边环境复杂，基坑东侧紧邻已经建成的则徐大道，则徐大道下方为正在运营的地铁 1 号线区间隧道，隧道结构边线与拟建地下室外墙的距离仅有 17.1m，开挖变形控制要求极其严格。根据《城市轨道交通结构安全保护技术规范》与《福州市轨道交通建设管理办法》中的相关规定，基坑开挖与地下结构施工引起的隧道水平位移与沉降均应控制在 20mm 以内，施工过程中隧道变形预警值也应控制在 15mm。此外，则徐大道下方埋设有密集的市政管线，因此，严格控制东侧基坑开挖引起的变形是本工程的重中之重。

（2）场地属深厚软土地基，基坑开挖范围内土层性质极差。本项目场地中③淤泥与⑤淤泥质土层的总厚度近 20m，其中③淤泥层的含水率最高达 70%，呈流塑状，稳定性极差，而基坑底与基坑侧壁均位于该软土层，围护结构承受的土压力

巨大。

（3）基坑开挖深度大。本项目地下室基坑开挖面积达 24218m²，基坑开挖深度达 15.45m，局部电梯基坑位置开挖深度更是达到了 17.05m，属于超大深基坑，基坑支护结构安全等级为一级。

## 3.2 基坑支护方案

结合本场地的工程地质条件与基坑周边的环境，经综合比选分析，本基坑采用明挖顺作法施工，基坑围护结构选用钢筋混凝土灌注桩结合三道钢筋混凝土内支撑的方案。为降低围护桩施工振动与挤土效应对地铁隧道的影响，围护桩全部采用钻孔灌注工艺成桩。围护桩外侧采用三轴水泥搅拌桩作为挡土止水帷幕。针对支护结构的重难点，设计计算中东侧围护桩的最大水平变形计算值应控制在 20mm 以内，其余各侧围护桩的最大水平变形计算值控制在 40mm 以内，基坑支护方案如下：

（1）场地东侧紧邻地铁区间隧道的位置：围护桩采用丁字形排列双排钻孔灌注桩，前排桩为 $\phi$1100@1300 混凝土灌注桩，桩长 37m；后排桩为 $\phi$1000@3900 混凝土灌注桩，桩长 28m，前、后排桩桩顶采用钢筋混凝土梁相连，形成空间门架结构。前排桩后侧采用 $\phi$650@450 三轴搅拌桩作为止水帷幕。双排桩之间土体与基坑被动区土体采用三轴水泥搅拌桩加固。该侧基坑支护剖面如图 3 所示。场地其余各侧位置围护桩采用单排 $\phi$1000@1300 或 $\phi$1000@1200 混凝土灌注桩，桩长 26～37m，围护桩后侧采用 $\phi$650@450 三轴水泥搅拌桩挡土与止水。

（2）基坑设置三道钢筋混凝土支撑系统，支撑梁的平面布置采用对撑、角撑与边桁架的形式。为了增加支撑系统的刚度，基坑中部对撑、东南北三侧边桁架及邻近地铁一侧角撑均加设 200mm 厚现浇钢筋混凝土板，形成在平面上连续的钢筋混凝土梁板体系，在施工期间，支撑梁板兼作施工材料的堆载平台或施工车辆的行车栈道。支撑梁的竖向支承系统采用格构钢柱及柱下混凝土灌注桩的结构形式。各层支撑梁之间净距控制为 4.0m，方便施工车辆在基坑内通行。基坑支撑梁的布置平面见图 4。

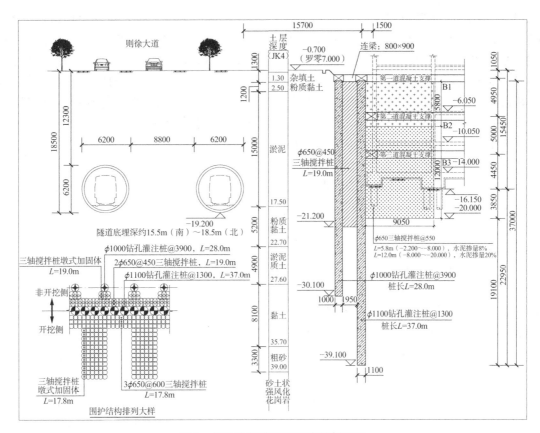

图3 场地东侧典型基坑支护剖面图

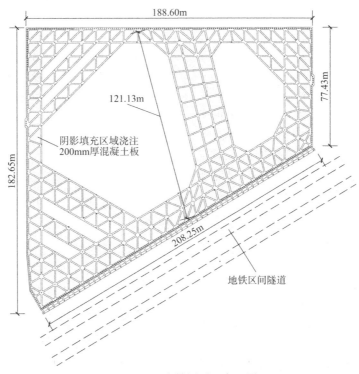

图4 基坑支撑梁平面布置图

## 3.3 邻近地铁侧支护结构的变形控制措施

本基坑东侧距离地铁隧道仅有17m,且隧道管片大部分都位于软弱淤泥层中,对变形十分敏感,因此,控制基坑开挖引起的该侧土体变形,是支护结构设计中的重点课题。为了有效控制基坑变形,确保地铁隧道安全,采取了以下多项加强措施:

（1）增大邻近地铁一侧的围护桩桩径与桩

长，增加支护结构刚度。地铁隧道保护区范围之外围护桩桩径为1000mm，邻近地铁隧道一侧的围护桩桩径加大为1100mm，增大挡土结构抗侧刚度。场地岩土层特征是上软下硬，软土层下卧风化花岗岩层，邻近地铁一侧围护桩桩端全部进入风化岩层不少于1.0m，且桩长不少于37m。由于风化岩层物理力学性质好，承载力高，围护桩桩端以风化岩层作为持力层，可以有效防止"踢脚"破坏的发生，坑外淤泥层也不会绕过桩底流动而发生坑底隆起，提高了支护结构的整体稳定性[1]。

（2）邻近地铁隧道一侧采用双排桩支护结构。基坑围护桩采用了丁字形布置的双排灌注桩，前排桩规格为$\phi$1100@1300，后排桩规格为$\phi$1000@3900，前后排桩桩顶通过冠梁与800mm×900mm的连系梁相连，形成空间门架结构，进一步增大挡土墙构件的抗侧刚度，即采用不等刚度围护结构，减小支护结构自身变形。

（3）基坑内外软土加固。基坑迎土侧双排桩之间的软土层采用$\phi$650@450三轴搅拌桩进行加固，提高桩间土的物理力学性能，提升前后排桩的协同变形能力。基坑被动区软土采用$\phi$650@450裙边进行加固，同时为了使被动区加固体在开挖过程中尽早发挥作用，取得对开挖变形过程中的控制效果，土体加固区顶部从第二道支撑梁底开始[1]，直至穿透淤泥层。

（4）大部支撑系统设置混凝土板。本基坑共设置三道钢筋混凝土支撑，支撑系统的平面布置采用了传力明确的对撑、角撑与边桁架的形式，结构稳定性好。邻近地铁一侧三道支撑的边桁架与主要受力的对撑、角撑位置均加设200mm厚混凝土板，形成连续的梁板结构，大大增加了支撑系统平面内刚度，控制支撑自身的变形。同时，现浇板的设置提供了大面积的施工平台与行车栈道，为基坑与地下室施工提供便利。

（5）控制基坑的土方开挖顺序，这是控制支护结构变形的关键。本基坑开挖面积大，位于基坑中部的对撑梁长度达到了121m，其受压时弹性变形较大。由材料力学原理可知，同一根受压杆件受同样的压力时，其压缩变形是恒定的，本基坑每层开挖通过控制土方开挖顺序的方式，达到控制变形目的，远离地铁隧道一侧的土方先行开挖，靠近地铁隧道一侧最后开挖，即采用空间不对称开挖方式开挖，如图5所示，让支撑梁的弹性变形提前在远离地铁一侧完成，而此时邻近地铁一侧的土

方此时尚未开挖，围护桩支点位置产生的变形很小，间接提高了邻近地铁隧道一侧支点的刚度，这种非对称的开挖方式可以最大限度地减少支撑梁弹性变形对邻近地铁侧围护桩的影响[1]。同时，缩短邻近地铁侧围护桩的暴露时间，也有利于减小围护桩的累计侧向变形。

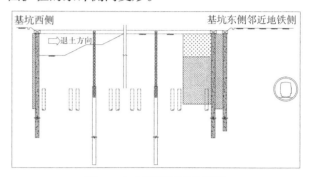

图5 土方开挖顺序分析图

## 4 基坑开挖影响有限元计算分析

本基坑支护结构设计采用了基坑规范中规定的弹性支点法计算围护桩与支撑系统的内力、变形、配筋。弹性支点法计算采用理正深基坑软件，其计算得到的邻近地铁一侧的围护桩最大水平位移为16.82～17.90mm，远离地铁一侧的围护桩最大水平位移为33.66～37.65mm。

考虑到本基坑开挖深度大，变形控制严格，故采取了控制变形的多种措施，常规的基坑支护计算软件无法模拟基坑开挖过程，鉴于传统的荷载-结构模型无法计算基坑开挖引起的周边土体与相邻构筑物的变形，支护结构设计过程中同时采用了基于地层-结构法的三维有限元分析进行补充计算，用以评定基坑开挖对已有相邻地铁隧道的影响。

基坑开挖的有限元影响分析采用Midas GTS NX软件进行，计算模型中，岩土体采用三维实体单元模拟，本构关系为修正Mohr-Coulomb模型；地铁隧道衬砌、围护墙与混凝土板采用二维壳单元模拟，采用弹性本构；支撑梁与立柱桩采用一维杆单元模拟，采用弹性本构。计算模型按照基坑实际施工时施作一道支撑、开挖一层土方的顺序设定开挖工况，土方共分4步开挖至基底，施工阶段分析采用累加模型，每一个施工阶段都会继承上一个施工阶段的分析结果。

围护墙与隧道水平位移云图如图6所示。计

算结果显示，开挖至基底时，围护墙的变形在竖直方向上大致呈弓形，沿围护桩轴线走向则表现为基坑跨中位置大两端阴角位置小的特征。邻近地铁一侧围护墙的最大变形约为 19.04mm，远离地铁一侧围护墙的最大变形约为 39.56mm，计算结果与弹性支点法计算结果进行了对比，均在规范与相关规定的允许范围之内。

图6 围护墙与隧道水平位移云图

图 7 给出了基坑开挖至基底的工况下地铁上行线隧道（紧邻围护墙一侧）拱顶、拱底与侧墙位置的水平位移、沉降计算值，其中，水平位移正值表示隧道向基坑开挖方向移动；竖向位移正值表示隆起，负值表示沉降。由图可知，由开挖引起的地铁隧道水平位移和竖向位移主要集中在基坑开挖的范围内，水平方向主要向基坑开挖方向变形，形状大致呈水平方向的抛物线，侧向变形最大的位置为靠近围护墙一侧的隧道侧墙，约为8.65mm；开挖引起的隧道竖向位移主要表现为沉降，基坑范围内的隧道沉降曲线形状也接近于中间大两端小的抛物线，沉降最大的位置为隧道拱顶位置，约为6.69mm。基坑开挖引起的隧道变形值均控制在《城市轨道交通结构安全保护技术规范》CJJ/T 202—2013 允许的范围之内。

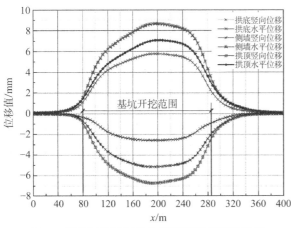

图7 基坑开挖引起的上行线隧道变形计算值

## 5 基坑施工与监测

### 5.1 基坑施工过程概况

本工程于2018年4月完成桩基施工，2018年6月下旬开始开挖，土方按设计要求采用分层分段的方式进行，基坑西侧先行开挖，并逐步向东侧退土，至 2018 年 10 月陆续开挖至第二道支撑梁底，2019 年 2 月开挖至第三道支撑梁底，于 2019 年 4~6 月逐步开挖至基底设计标高并进行地下室底板施工。2019 年 6 月中旬开始拆除第三道支撑梁，8 月下旬开挖拆除第二道支撑梁，10 月中旬开始拆除第一道支撑梁，12 月施工至地下室±0.000 标高位置，2020 年 8 月完成基坑与地下室侧壁之间的肥槽回填。

施工过程中，第一道支撑梁主对撑梁板结构作为钢筋加工厂，北侧边桁架支撑梁板则作为施工车辆的行车栈道；基坑南侧围护桩跨中位置则设置一座贝雷架行车钢栈桥，用以基坑内土方开挖外运。图 8 为基坑开挖至基底设计标高时的实景图。

图8 正祥广场基坑工程实景图

### 5.2 基坑监测情况

本基坑工程采取信息化施工、动态设计的原则，在基坑开挖与地下室结构施工全过程对支护结构、基坑周边环境与地铁隧道进行监测。基坑支护结构及周边环境监测内容包括土体深层水平位移、基坑顶部位移、地下水位、围护桩内力、支撑梁内力、立柱桩沉降、坑底隆起、周边地表沉降、周边管线位移、周边建筑物沉降与倾斜等。

图 9 显示了基坑东侧与西侧围护桩桩身深层水平位移实测曲线与计算曲线。自基坑土方开挖开始至基坑回填完毕，邻近地铁区间隧道的东侧围护桩测斜点累计最大位移为 16.66~19.94mm，

均在设计预警值 20mm 以内；其余各侧围护桩测斜点累计最大位移为 17.56～42.94mm，西南侧软弱淤泥层厚度较大，该位置测点累计最大位移 42.94mm，超出设计预警值 40mm，该侧周边较开阔，支护结构和周边环境未出现异常，其余测点变化正常。由图可知，基坑土体深层水平位移实测曲线基本呈弓形，其最大位移发生在基坑底附近，其大小、变化规律与有限元计算结果较接近。支护桩测斜曲线表明，邻近地铁一侧支护桩的最大水平位移几乎为远离地铁一侧的一半，很好地印证了本基坑支护设计理念，设计中采取的增大东侧支护结构刚度与从西向东的非对称开挖措施取得了良好的效果。

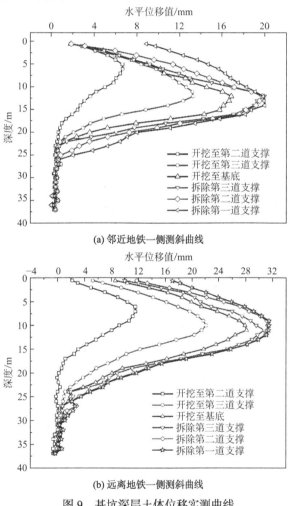

图 9　基坑深层土体位移实测曲线

基坑开挖及地下室施工期间，基坑坡顶累计水平位移为 2.96～28.60mm，累计沉降值为 10.95～20.49mm，均在设计预警值 30mm 以内。基坑底隆起累计值为 18.19～23.70mm。以上监测数据均表明，支护结构设计中采取的各项措施取得

了良好的效果，支护结构的变形始终控制在允许的范围内。

地铁隧道监测包括隧道管片的竖向位移与水平位移、相对收敛、道床沉降等内容。图 10 给出了基坑第一道支撑拆除后地铁上行线隧道的位移实测值，图中水平位移正值表示隧道背向基坑开挖方向移动，负值表示隧道向基坑开挖方向移动，竖向位移正值表示隆起，负值表示沉降，图中基坑开挖的范围为 $x = 45～255m$ 的区间。由图可知，地铁隧道的整体位移曲线呈中间大两端小的漏斗形，变形较大的位置主要集中在 $x = 100～200m$ 的区间内，其他位置较为平缓，究其原因是深基坑开挖卸荷产生的空间效应致使基坑中部土体位移显著增大，进一步影响相邻构筑物所致[2]。监测数据表明，地铁上行线隧道最大水平位移值为 12.49mm，最大沉降值为 10.57mm，其所处位置大致也位于基坑中部位置，基坑开挖引起的地铁隧道变形控制在《城市轨道交通结构安全保护技术规范》CJJ/T 202—2013 的允许范围之内。

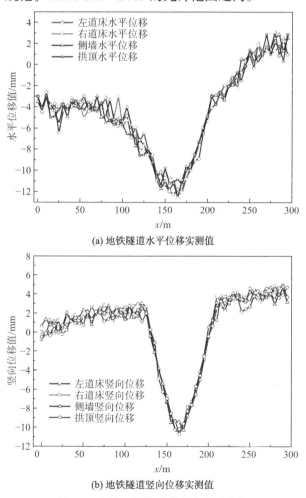

图 10　地铁上行线隧道位移实测曲线

## 6　结语

本基坑工程作为福州市紧邻已运营地铁区间隧道的第一个深厚软土场地大型深基坑工程，在基坑支护结构设计中，针对与基坑相邻地铁隧道的保护要求，基坑支护设计中采取了多项地铁保护措施，并采用多种计算手段对支护结构进行计算、对比、分析，采用有限元模拟开挖过程。项目施工效果与施工过程中的实测数据表明，本基坑工程取得了良好效果，并取得了以下经验和建议：

（1）区别于规范中分层、分段、对称、平衡的软土基坑开挖原则，本基坑是对不等刚度支护结构、土方分层不均衡开挖的设计理念的应用，从基坑开挖及施工过程的监测数据来看，不等刚度、不均衡非对称开挖的设计理念在本基坑中取得了良好的效果，为后续工程提供了设计经验。

（2）相较于考虑时空效应原理的分坑支护设计方案，本设计方案没有坑内附加的围护结构，消除了坑内主体结构的衔接施工困难，通过采取分层不均衡开挖，消除了大基坑长支撑梁弹性变形的影响，减少该侧基坑暴露时间，达到了控制地铁隧道变形、保护地铁隧道的效果，节约了大量工期

和造价，且便于土方开挖和地下室施工，具有明显的经济效益与社会效益。

（3）本基坑实施过程中制定了合理、可靠的基坑施工监测方案，建立了完善的监测系统和作业流程，对基坑开挖与地下室结构施工全过程进行了安全、可靠的施工监测，在施工期间采集了大量的监测数据，并及时对基坑开挖过程中支护结构与相邻地铁隧道的响应进行反馈，相互配合，真正意义上实现了信息化施工、信息化管理、动态设计的要求，确保施工顺利进行和地铁正常运营。施工过程中取得的实测数据，也为后续理论研究奠定了基础。

## 参考文献

[1]　吴铭炳. 深基坑不均衡开挖对地铁隧道变形的控制效果[A]//大交通工程勘测与风险管控学术研讨会暨第六届中国土木工程学会轨道交通分会勘测专业技术交流大会论文集[C]. 中国土木工程学会轨道交通分会, 中国交通运输协会新技术促进分会, 北京城建勘测设计研究院有限责任公司, 2018: 5.

[2]　俞强. 邻近地铁深大基坑开挖变形与控制措施研究[J]. 建筑结构, 2022, 52, 576(12): 127-133.

# 高水位地质条件下深基坑支护及地下水控制技术研究

王强强

（北京京能地质工程有限公司，北京　02300）

## 0　引言

随着我国建筑行业的快速发展，深基坑工程愈发常见，而城市中的地质条件一般较为复杂，如水位高、软土层多等，使得基坑设计及施工中会遇到诸多问题，其中基坑支护与地下水控制技术[1~9]受到广泛关注。

本文以北京市丰台区某安置房工程为例，介绍了基坑支护及地下水控制技术。深基坑工程中常用的地下水控制形式有高压旋喷桩、深层搅拌桩、地下连续墙等。本文对两种设计方案进行分析比选，最终选用"地下连续墙＋锚杆＋坑内疏干坑外减压井"的设计方案，并对该项目设计及监测成果进行分析研究，为类似工程提供借鉴。

## 1　周边环境

该工程位于北京市丰台区长辛店镇，包含1~11号住宅楼及配套用房、地库。其中1~10号楼、地下车库±0.000＝53.000m，11号楼±0.000＝52.600m，基坑对应深度为6.3~14.85m。

本项目东至长辛店大街，西至京广铁路东侧路，北至长辛店南路，南至规划路。基坑东侧距离九子河约26m远，基坑西侧距京广铁路约57m远，基坑南、北侧为耕地，基坑场地有若干管线。

## 2　工程地质条件

根据本工程岩土勘察报告，对现场钻探、原位测试与室内土工试验成果的综合分析，将本工程勘察深度范围内的地层，按成因类型、沉积年代划分为人工堆积层、新近沉积层、第四纪沉积层和新近纪基岩4大类，具体分层如下：①黏质粉土素填土，本层总厚度为0.80~3.30m，层底标高为47.020~50.620m；①₁杂填土，最大厚度为2.60m；②粉质黏土、重粉质黏土，本层总厚度为1.20~5.40m，层底标高为44.510~46.920m；②₁黏质粉土、砂质粉土，最大厚度为4.10m；③卵石，本层总厚度为1.20~9.30m，层底标高为37.240~43.520m；③₁细砂，最大厚度为1.40m；④粉质黏土、重粉质黏土，本层总厚度为0.50~5.90m，层底标高为35.880~40.220m；④₁黏质粉土、砂质粉土，最大厚度为1.80m；④₂中粗砂，最大厚度为0.70m；⑤含黏性土卵石，本层总厚度为1.40~6.70m，层底标高为31.930~35.890m；⑤₁细砂，最大厚度为0.80m；⑥砾岩，本层总厚度为8.30~12.30m，层底标高为22.790~25.920m；⑥₁泥岩，最大厚度2.00m；⑥₂砂岩，最大厚度0.60m；⑦砾岩，最大揭露厚度为13.00m；⑦₂砂岩，最大厚度0.30m（图1）。

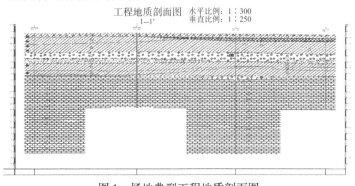

工程地质剖面图　水平比例：1:300　垂直比例：1:250
1-1'

图1　场地典型工程地质剖面图

地下水情况，本工程基坑开挖深度范围受潜水层地下水的影响：含水层主要为②₁黏质粉土、砂质粉土、③卵石、③₁细砂、④粉质黏土、重粉质黏土、④₂中粗砂、⑤含黏性土卵石、⑤₁细砂层，其稳定水位埋深为 4.800～6.300m，标高为 45.040～45.920m。

## 3 基坑支护及地下水控制设计方案分析

根据典型工程地质剖面，本工程分为两个方案分析，其中方案一为"上部 3.0m 土钉墙 + 桩锚 + 高压旋喷桩 + 坑内疏干坑外减压井"体系，方案二为"上部 3.0m 土钉墙 + 地下连续墙 + 锚杆 + 坑内疏干坑外减压井"体系。

方案一：在自然地面以下 3.0m 处施工护坡桩 + 桩间高压旋喷桩，在自然地面施工疏干井兼减压井，坑内降水后进行土方开挖，然后施工锚杆。方案一的优点为：总体施工构件较少，造价相对较低，工期快；缺点为：坑内疏干井及坑外减压井数量多，抽水量大，抽水周期长，且高压旋喷桩施工质量不好时桩间容易漏水，影响基坑支护安全性。

方案二：在自然地面以下 3.0m 处施工地下连续墙，在自然地面施工疏干井兼减压井，坑内降水后进行土方开挖，然后施工锚杆。方案二的技术优点为：整体支护和止水结构最少，止水效果好；缺点为：地下连续墙单项成本较高。

针对以上两个设计方案，考虑到本项目地下水的复杂性，同时借鉴周边以往项目的经验，方案一采用的护坡桩 + 高压旋喷桩止水效果不好，且抽水量大，抽水周期长，不如地下连续墙，经过专家论证最终选用方案二即"上部 3.0m 土钉墙 + 地下连续墙 + 锚杆 + 坑内疏干坑外减压井"作为本项目的设计方案。

## 4 地下连续墙设计方案介绍

依据结构设计图纸、基坑水文地质条件、周边环境、北京施工工艺条件、地下水控制效果等情况综合考虑，本工程采用"上部 3.0m 土钉墙 + 地下连续墙 + 锚杆 + 坑内疏干坑外减压井"支护及降水体系。

### 4.1 设计方案

本工程共划分为 11 个支护段。基坑支护深度

为 6.3m～14.85m，基坑侧壁安全等级为一级。

地下连续墙宽度为 800mm，主要以 6m 长度分幅，顶部设置一道钢筋混凝土冠梁，沿基坑深度方向设置 2 排预应力锚索。

本工程基坑开挖过程中主要受潜水影响，故采用地下连续墙结合减压井、疏干井对上述地下水进行控制。地下连续墙 1～6 支护段施工工作面绝对标高一般为 48.300m，7～11 支护段施工工作面绝对标高一般为 45.500m；减压井施工工作面为自然地面，井间距约为 20.0m；基槽内布置疏干井，疏干井施工工作面为自然地面，井间距约 30.0m，肥槽部位井间距约 15.0m。基坑支护平面图及典型剖面图见图 2 及图 3。

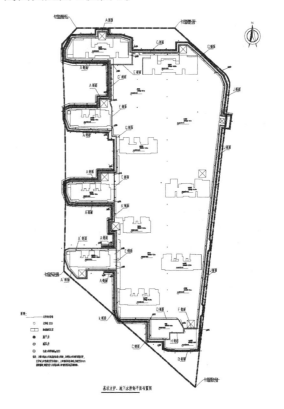

图 2 基坑支护平面图

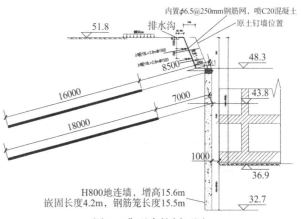

图 3 典型支护剖面图

## 4.2 设计计算

本项目基坑设计采用理正深基坑进行辅助计算，基坑侧壁安全等级为一级，重要性系数取1.1。

根据理正深基坑工况分析，基坑开挖到坑底产生的变形最大，水平及竖向位移最大约30mm，周边地表沉降最大达到28mm。

本支护段地下连续墙上设置2排预应力锚杆，锚杆长度为25m，锚杆锚固段为18m。进行了结构计算、截面计算、锚杆计算、整体稳定性验算、抗倾覆验算等，计算结果表明，各项数据均满足设计要求。

## 4.3 地下连续墙分幅较多

本工程基础结构外墙边线拐角较多，在进行地下连续墙分幅时，为了控制开挖面积，需按照开挖线开挖基槽，因此，地下连续墙分幅时必然会出现多个异形槽段。同时，考虑到地下连续墙钢筋加工工作量比较大，异形幅钢筋加工困难，且钢筋笼加工角度控制会影响地下连续墙幅与幅之间的衔接质量，进而影响地下水控制效果，因此，为使钢筋笼加工方便，尽可能减少地下连续墙异形幅的设置。

本工程分幅设计时，应根据减少异形幅的原则，异形转角槽段采用首开幅处理方式（图4），该处理方式是常规异形槽段处理方式，其有利于转角地下连续墙接缝止水效果，且两端型钢接头可与二期直型槽段平行插接，保证其他接头的止水处理效果。

异形转角槽段一般采用 2400mm + 3600mm 进行分配，可减少抓槽次数，提高施工效率，并且两端均为直型槽段导墙，导墙不影响扩槽施工。

## 5 基坑监测情况

鉴于岩土工程的复杂性及本基坑工程的重要性，本工程采用信息化施工方法，边施工边监测，及时反馈监测结果，掌握基坑边坡及周边建筑物的情况，做到心中有数，确保基坑及周边环境的安全。基坑工程施工及地下结构施工期间，对基坑支护结构受力和变形、周边建筑物、重要道路及地下管线等保护对象进行系统监测。监测点平面布置见图5，自基坑开挖开始进行三方监测，直至基坑回填完成，目前建筑物已经施工完成。

根据现场第三方监测数据结果显示：

（1）基坑顶部水平位移累计值最大为22.4mm，最大变形速率为2mm/d；

基坑顶部竖向位移累计值最大为18.8mm，最大变形速率为1mm/d；

基坑水平及竖向位移预警值为24mm，变形速率预警值为3mm/d，基坑顶部水平及竖向位移均在预警值之内。

（2）基坑深层水平位移最大累计值为21mm，最大变形速率为2mm/d；基坑深层水平位移预警值为33.6mm，变形速率预警值为3mm/d，基坑深层水平位移均在预警值之内。

（3）基坑周边地表沉降最大为18.2mm，最大变形速率为1mm/d；基坑周边地表沉降预警值为22.4mm，变形速率预警值为3mm/d，基坑周边地表沉降均在预警值之内。

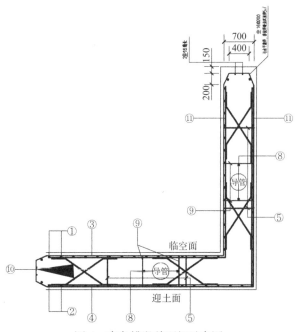

图4 直角槽段首开幅示意图

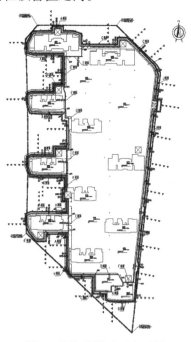

图5 基坑监测平面布置图

## 6 结语

本文以北京市丰台区长辛店某安置房工程为例，通过工程技术研究分析、比选，确定最优方案，重点对地下连续墙设计进行分析，利用理正深基坑软件辅助计算，对支护结构安全系数、位移等进行验算，同时对监测结果进行分析研究。本项目设计难点在于基坑深度较大、地下水位较高、结构外墙边线为拐角较多、地下连续墙分幅较为复杂。主要总结如下：

（1）本工程离九子河较近，水位较高，水位基本接近地下连续墙顶部，为了便于挖土，必须先抽排地下水，直至将水位降至坑底以下 0.5m，因此采用了坑内疏干井＋坑外减压井的方式降水，其中肥槽内也需要布置疏干井。设计时，应根据不同结构形式及地层情况，分剖面设计。疏干井及减压井材料为 400mm 的无砂管，需要注意坑外减压井位置尽可能不影响锚杆施工。

（2）本基坑水文地质条件复杂，参考以往周边类似工程，为保证基坑支护的安全，最终选定地下连续墙支护。根据最终结果表明，采用地下连续墙支护合理可行，实施效果良好，既保证了基坑支护的质量，也使得地下水得到较好的控制，同时支护结构位移也均在容许值之内。

（3）本基坑地下连续墙顶部以上 3m 进行土钉墙支护，本次采用的"摘帽"处理，减少了顶部的土体荷载，有利于支护结构的抗倾覆及抗滑移验算，但设计时应注意摘帽衔接部位的高低差处理。

（4）本基坑拐角较多，异形幅设计较为麻烦，且分幅受限因素多，在进行设计时，应提前与建设单位及施工单位沟通，在满足设计要求的前提条件下，选择便于施工且较为经济的设计方案。

（5）本工程地下连续墙存在空孔的情况，最大空孔 5.5m，一方面对成槽垂直度要求较高，另一方面对地下连续墙衔接处的处理有较高要求。地下连续墙槽段接头位置使用工字形型钢，设计时应考虑将异形槽段作为首开幅，有利于转角地下连续墙接缝止水效果。为防止接头处漏水，每幅地下连续墙接头处均应布置注浆管，地下连续墙施工完及时注浆。

（6）为了节省城市用地，以后复杂条件的深基坑工程会越来越多，这也对岩土工程设计人员提出了更大的挑战。在如此复杂困难的条件下，能作出合理的支护结构选型，且能确保结构的安全性以及具备支护形式的创新性，是设计人员需要重视且需要研究的方向。

## 参考文献

[1] 张欧阳, 王震, 徐铭扬. 岩土工程施工中深基坑支护问题研究[J]. 建筑机械化, 2022, 43(12): 60-63.

[2] 八中品初. 深基坑工程地下水的影响与控制策略探析[J]. 未来城市设计与运营, 2022(7): 46-48.

[3] 李昊. 深基坑不同工况条件下地下水控制思路及其实施效果分析[J]. 低碳世界, 2022, 12(1): 58-60.

[4] 张浩. 地下水丰富的深基坑多方式降水施工技术研究与应用[J]. 四川水泥, 2021(9): 335-336.

[5] 韩白华. 复杂环境下深基坑支护工程优化设计[J]. 建筑技术开发, 2021, 48(13): 143-144.

[6] 熊磊. 组合支护在复杂深基坑设计中的应用研究[J]. 中国设备工程, 2022(9): 147-149.

[7] 马磊. 地下水对深基坑支护工程设计方案的影响分析研究[D]. 内蒙古: 内蒙古工业大学, 2018.

[8] 林华国, 魏国灵. 复杂环境条件下基坑的设计与施工[J]. 广东土木与建筑, 2019, 26(4): 6-9.

[9] 李伟, 冯红超, 廖俊展. 复杂水文条件下深基坑支护及地下水控制技术分析[J]. 2021, 48(10): 166-171.

# 深凹露天矿边坡及井巷联动变形治理技术对策

王慧珍　黄广明　李亚伟　杨意德

（中勘冶金勘察设计研究院有限责任公司，河北保定　071069）

## 1　工程概况

大孤山铁矿西帮巷道为大孤山露天开采皮带运输重要通道，巷道位于边坡内部且最近距离仅35m，巷道总长约1262m，走向NE10°、NE33°。

多年来西帮皮带巷道、风井均不同程度地出现细微开裂，3期巷道皮带巷道衬砌混凝土裂缝出现明显扩大和增多。随着露天开采高度加大，边坡岩体蠕动变形影响，裂缝长度及张开度不断扩大。根据裂缝变形速率以及现有开裂程度，已对巷道矿石运输产生潜在危害，因此需查明开裂变形机理，预测其趋势、规模和对矿山安全生产带来的影响，从工程技术方面制定应对措施已迫在眉睫。

为查明巷道裂缝的产生机理，就要查明该区域深部地层结构、断层破碎带产状规模，分析不良地质体与边坡组合特征，确定变形规模和扩展趋势，以便提出治理方案，做到安全可行、经济有效。采用的研究方法及内容见表1。

研究方法及内容　　　　　　　　　　　　　　　　　　　　　表1

| 研究方法 | 研究内容 |
| --- | --- |
| 边坡与巷道联动地质调查 | 查明①巷道裂缝发育部位、张开程度、延展长度及方向；②变形区边坡及构筑物变形模式；③相邻边坡岩体的分布、工程性质、岩体结构构造特征、结构面空间分布状况、组合规律及其工程地质特征；④巷道变形与边坡地质结构的时空变量关系 |
| 深部工程地质钻探 | 在工程地质踏勘基础上，布置定向勘探钻孔，查明影响边坡及巷道围岩结构稳定的不良工程地质岩组，特别是断层、破碎带特征 |
| 岩土力学性质试验 | 岩土力学性质试验包括岩块和结构面试验，掌握岩石、结构面力学强度指标，为分析巷道围岩岩土力学性质，为巷道裂缝产生机理及其相邻边坡稳定性分析和锚固工程计算提供准确参数 |
| 变形机理分析 | 通过巷道及边坡调查、勘探，建立边坡巷道联动破坏工程地质模型，评价边坡变形破坏机制、滑塌破坏趋势和影响范围，在此基础之上建立极限平衡、数值模拟模型，确保模型能真实反映边坡体工程地质及岩体力学特征 |
| 稳定性分析 | 结合现场地质勘察、工程地质钻探、岩土力学实验成果、变形机理分析，建立三维仿真模型并进行稳定性分析 |

## 2　工程地质特征

### 2.1　地层岩性

西井边坡出露岩性主要为第四系、太古代花岗岩（糜棱岩）、磁铁石英岩、绿泥石片岩、千枚岩、斜长混合岩，分述如下：

（1）渣土（$Q^4$）：层厚1.6～2.8m，灰黑色、红褐色，干燥，松散，干燥～稍湿，为人工回填层，原岩主要为花岗岩、绿泥石化角岩、石英绿泥化角岩、磁铁石英岩等，粒径3～5cm，磨圆度差。

（2）太古代花岗岩（糜棱岩）：中风化，灰白至灰黑色，糜棱结构，片麻状构造。主要矿物成分为石英、长石、云母、绿泥石。岩心主要呈短柱状至长柱状，部分为碎裂块状，节理裂隙较发育。

（3）磁铁石英岩：强风化-微风化，灰黑色，局部夹白色条带，细中粒变晶结构，块状构造，主要矿物成分为石英、磁铁矿，岩心呈碎裂块状-长柱状，岩质坚硬，敲击声清脆。

（4）（石英）绿泥片岩：灰绿色，中粗粒变晶结构，片状构造，主要矿物成分为石英、绿泥石、绢云母。岩心呈碎裂块状。

（5）石英绿泥化角岩：强风化-微风化，灰绿色，粒状鳞片变晶结构，块状构造，主要矿物成分为绿泥石、石英及暗色矿物，岩心呈碎裂块状-长柱状。

（6）斜长混合岩：中风化，灰绿色，白色，细中粒变晶结构，块状构造，主要矿物成分为石英、长石及暗色矿物，岩心呈块状，岩质坚硬。

### 2.2　地质构造

主要发育有两组断层，一组为北西向的F14、F15断层；另一组为北东向的F8、F13断层，分别叙述如下：

获奖项目：2021年度工程勘察、建筑设计行业和市政公用工程优秀勘察设计奖二等奖；2020年中国冶金建设协会优秀工程勘察设计成果奖一等奖。

F14 断层：位于采场西北帮石英绿泥化角岩西矿段上盘，是矿区内较大的斜断层，属Ⅱ级断裂构造。断层西起西部矿界，东至Ⅲ勘探线附近为石英绿泥化角岩所截，走向延长 1000m 以上。F14 断层走向 285°～305°，倾向西南 195°～215°，倾角 40°～60°，其性质为逆断层。

F15 断层：位于矿区西北端矿体下盘，为Ⅱ级断裂构造，是场区内唯一的走向断层。该断层走向延长 1100m 以上，西起西部矿界，向东延伸至Ⅺ剖面附近为 F1 断层所截。断层走向 315°，断面产状 45-55∠70-75，基本与矿体产状一致。F15 断层是两种地层岩性的分界线，断层上盘为太古界鞍山群樱桃园组含铁石英岩层，产状 60∠72，下盘为太古代混合花岗岩。

F8 断层：位于矿区中部，闪长石英绿泥化角岩沿该断裂充填，形成闪长石英绿泥化角岩脉或岩墙，将Ⅰ号矿体分割为石英绿泥化角岩西矿段和石英绿泥化角岩东矿段。断层走向北东 30°～45°，倾角近直立。

F13 断层：规模较小，仅见于Ⅸ剖面，其产状与 F14 相近，为逆断层。

# 3　西井边坡及巷道变形特征

## 3.1　西井边坡变形特征

大矿西井边坡−78m 泵站平台裂缝较发育，大多以张裂缝为主，部分有沉降错动，经实地调查，测绘出重要的两条裂缝如图 1 所示。其中 L1 近南北向切割矿脉，与巷道变形有直接关系。L2 为西南帮花岗岩顺层变形。

图 1　西井边坡裂缝分布及现状

## 3.2　西井巷道变形特征

大矿巷道发育十几处裂缝，裂缝形态多为环向裂缝，纵向次之，斜向较少，局部伴随底板鼓起。按力学性质分析，裂缝为经历多次应力应变形成，主要为挤压-错动型，局部为张拉-挤压-错动型。部分裂缝在巷道建成初期已经显露端倪，后随应力重新分布调整逐渐趋于稳定，本次研究区域主要为 68 号皮带支架～83 号皮带支架区间裂缝（图 2）。

图 2　68 号裂缝

# 4　变形机理分析

矿山露天开采进入深部开采，边帮岩体始终处于动态演化过程，巷道围岩的稳定受多种因素影响。西井边坡巷道工程地质条件空间特征复杂，为方便阐述变形机理，采用 FLAC3D 建立三维地质仿真模型，如图 3 所示。

图 3　西井边坡三维仿真模拟

## 4.1　关键因素分析

西井边坡及巷道变形工程地质问题的复杂性主要表现在三个方面：①巷道距离边坡坡面近；②巷道穿过 F14、F15 两条断层；③巷道变形与边坡开挖的时空效应。欲正确解析巷道变形机理，既要将各因子问题透彻剖析，又要将各因子之间相互关系串联：

（1）巷道距离边坡坡面近：边坡坡面为应力分布集中区，西井巷道距离坡面最近26m，必然会受到坡面应力集中的影响，坡面附近最大主应力朝平行坡面方向倾斜，造成巷道两侧受力不均，形成巷道内半侧变形偏大，与巷道变形位移特征相符。

（2）巷道穿过F14、F15两条断层：断层内岩体破碎，围岩应力在断层破碎带内分散，在巷道和断层接触位置易形成应力集中区。F15断层破碎带较薄，影响较小。F14断层宽厚，且破碎带内填充软岩（绿泥片岩），巷道和断层接触位置应力集中效应大，造成68号支架~71号支架变形比其他区段大，尤其在71号支架附近变形更为突出。

（3）巷道与边坡开挖的时空效应：由于西井边坡巷道水平以下至−210m平台剥采到界速度快，出现蠕变加速，边坡蠕变方向、形变量与巷道变形特征相对应，巷道和边坡稳定息息相关。

### 4.2 变形机理

基于上述西井边坡主要工程地质问题的分析，以工程地质条件为基础，以变形特征为依据，以时空效应为基线，以联动关系为构架，阐明西井边坡巷道变形机理如下：

西井边坡坡脚开挖导致边坡阻滑力削减，加之开挖过程的爆破振动等影响，使−210m平台~−78m泵站平台边坡发生应力重新分布，引发边坡不同程度的蠕变。由于在该区域F14断层影响带内绿泥片岩宽厚，破碎带范围大，造成本条带蠕动变形最大。断层影响带岩体向坡面挤出，磁铁石英

岩脉北侧支撑减小，发生侧倾沉降，造成巷道相应位置变形增大。由此，导致巷道位于断层破碎带内区段主要受侧向挤压，产生环向裂缝、底板鼓起并朝坡面方向位移；位于磁铁石英岩区段主要受沉降垂向压力，产生裂缝错动。

## 5 三维仿真模拟

三维仿真模拟可更好地弥补二维计算局限性问题，当边坡稳定性分析中存在以下情形时，采用三维仿真模拟更为贴合实际：

（1）边坡几何形状上不满足平面应力或平面应变问题的假定条件；

（2）优势结构面或层理面与坡面夹角大于20°；

（3）在坡面走向上，边坡材料各项异性明显；

（4）主应力法向量与坡面不垂直也不平行。

巷道变形区地处西北帮，边坡曲率半径从高到低依次减小，并且岩体结构面与边坡面呈大角度交互而布。因此建立拟合实际地形的三维模型，从整体上统一探究不同种岩体的几何接触关系、受力传递体系以及应变破坏发展趋势，更具有实际参考价值。

### 5.1 计算参数

数值计算岩体特性参数主要有容重、黏聚力、内摩擦角、弹性模量、泊松比、体积模量、剪切模量等。根据前期研究资料及本次现场试验、室内试验资料，对选取参数进行统计分析及试算验证，最终确定本次采场边帮岩体物理力学性质参数见表2。

岩体物理力学性质参数表　　　　　　　　　　表2

| 岩性 | 重度/（kN/m³） | 黏聚力/（kN/m²） | 内摩擦角/° | 泊松比 | 体积模量/Pa | 剪切模量/Pa |
|---|---|---|---|---|---|---|
| 太古代花岗岩 | 27.2 | 310 | 35.6 | 0.26 | $5.3 \times 10^{10}$ | $2.6 \times 10^{10}$ |
| 铁矿层 | 30.7 | 210 | 35.8 | 0.21 | $7.8 \times 10^{10}$ | $3.3 \times 10^{10}$ |
| 绿泥片岩 | 26.3 | 80 | 28 | 0.30 | $4.2 \times 10^{8}$ | $2.1 \times 10^{8}$ |
| 石英绿泥片岩 | 26.5 | 90 | 28 | 0.29 | $6.2 \times 10^{9}$ | $4.3 \times 10^{9}$ |
| 石英绿泥化角岩 | 27.2 | 230 | 34.5 | 0.28 | $3.9 \times 10^{10}$ | $1.8 \times 10^{10}$ |
| 千枚岩 | 26.0 | 93 | 27 | 0.30 | $4 \times 10^{8}$ | $1.38 \times 10^{8}$ |

### 5.2 模型建立

三维仿真模型建立流程为：①建立坡面模型；②构建岩性模型；③构建岩体共享接触面；④划分网格及添加边界条件。

### 5.3 计算解析

采用摩尔-库仑本构模型，对不同岩体赋予相

应的参数,记录模型不平衡力过程曲线,查看其计算收敛情况,并对计算中岩体应变区发展演变过程进行记录,预测其变形破坏发展趋势,计算结果见图4、图5。

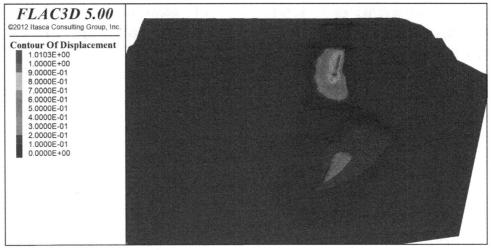

图4 三维模拟计算结果——位移云图

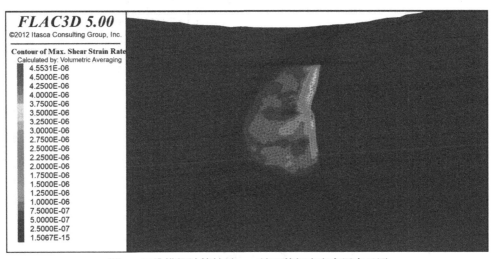

图5 三维模拟计算结果——坡面剪切应变率展布云图

由位移云图直观可视,变形位移量相对较大的为标高-68.000m至-135.000mF14断层带,其中巷道位于该变形带的下段,以此为中心,位移量向周边围岩扩展,并逐渐减少为零。

从计算演变过程分析,最先出现较大变形的为F14绿泥片岩软弱结构带,由此岩体形成部分沉降位移与水平向位移,随计算进行,不平衡力逐渐收敛,塑性变形区扩大趋势减慢。由坡面剪切应变云图可视,变形区自-78m平台沿断层带向下、向深部延展,经由内部巷道,在标高-135.000m有所减弱,并延伸至-210.000m平台。其中-138.000m至-210.000m坡面楔形铁矿承接软弱变形区剩余下滑力,起到主要抗滑作用,且在该力系作用下,-210.000m之上边坡,存在受力变形趋势。

楔形体铁矿北侧断层软弱带以标高-135.000m为分界线,上部软弱结构体受力平衡被打破,形成递推下滑力,下部绿泥片岩带分成两股,中间夹有较大铁矿体,承接上部坡体剩余下滑力,为主要抗滑坡段。

从总体来看,三维模型建立范围较广,囊括近整个西帮边坡,主要变形区在西北部,地层单元按其真实产状与坡面形成较大夹角而布,且呈弧形深挖高陡边坡,更能真实考虑到边坡特殊楔形几何体受力作用,揭露软弱结构带应变发展状态及趋势。

从安全系数角度,三维模型考虑边坡岩体整体状态,最终计算所得安全系数为1.53,整体处于稳定状态,但自-68.000m平台至-135.000m坡段内部片岩区,出现明显的蠕动变形,且在上部荷载及变形区扰动情况下,存在-135.000m段至-210.000m段坡体受下滑递推力而产生塑性变形趋势。

# 6 治理对策

巷道变形诱发机理为破碎围岩蠕变，蠕变挤压巷道的同时连带西井边坡矿脉产生不均匀沉降，边坡沉降又反作用于巷道，造成当前变形状态。由此：破碎围岩蠕变为初始诱因，边坡稳定为根本控制，故欲控制蠕变应先治理边坡，在保证边坡整体稳定的前提下，再重点加强巷道周边。治理区域集中在 F14 断层及绿泥片岩区域（图 6、图 7）。

## 6.1 边坡治理

1）针对西井边坡变形，为整体稳固。对 −173.000～−210.00m 段边坡采取预应力锚索＋C30 肋柱加固，坡脚设 C30 地梁，梁下设一排锚桩加固坡脚。

2）针对巷道变形，设置加强点，控制围岩变形，从而控制巷道蠕变。

（1）对巷道水平上部采取预应力锚索＋C30 肋柱加固，坡脚设 C30 地梁，下设两排锚桩加固坡脚。

（2）对巷道水平下部采取预应力锚索＋C30 肋柱加固，坡脚设 C30 地梁，下设三排锚桩加固坡脚。

3）针对 F14 断层带出露区域，进行防风化处理：

（1）绿泥片岩区局部设全长粘结锚杆防护。

（2）全坡面绿泥片岩采取 C25 挂网喷射混凝土护面。

4）施工安全措施辅助方案。施工过程中的削坡及加固，需要有人员及机械运输临时通道。为防范边坡落石风险，提出治理对策：

（1）沿巷道水平走向上下削坡形成两个施工作业平台及临时公路。

（2）水平设 SNS 被动防护网。

## 6.2 井巷加固

针对巷道内部裂缝、锚固裂缝，注浆填实，封堵裂缝，增强巷道整体性：

（1）巷道内部裂缝两侧树脂锚杆随机锚固。

（2）巷道衬砌破损部位机械凿除混凝土，植筋，重新浇筑钢纤维混凝土。小型裂缝砂浆抹面。

（3）围岩内部裂缝采取注浆处理。

上述各分区域治理加固方案组成西井边坡整体防护体系，每项对策各有侧重又相辅相成，达到控制西井边坡及巷道变形，保障实现安全、顺畅生产的目的。

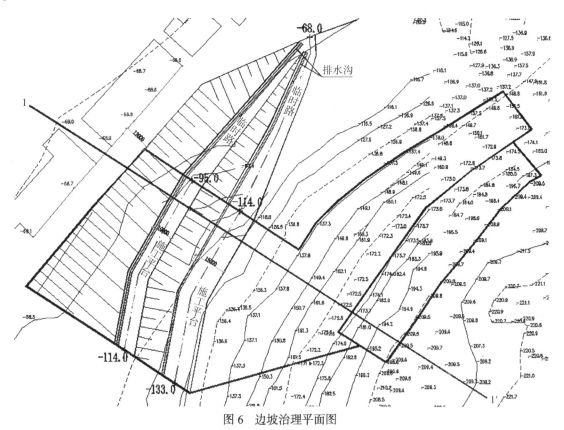

图 6 边坡治理平面图

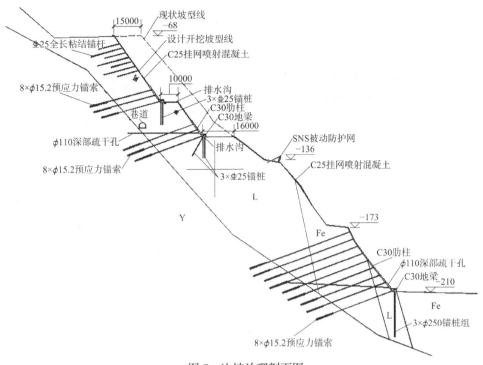

图 7 边坡治理剖面图

## 6.3 稳定性分析

对治理加固工程后的边坡进行稳定性计算分析得出：①通过本方案治理加固，西井边坡安全储备不足区域安全系数得到实质提升，现状边坡由接近极限平衡的欠稳定状态提升至稳定状态，验证了本方案可满足要求。②随开采深度的增加，边坡稳定性安全系数持续降低，采至−438m 治理后边坡仍处于稳定状态（表3、表4）。

治理前极限平衡计算结果 表3

| 边坡状态 | 安全系数 | | | 是否考虑地震作用 | 稳定状态 |
| --- | --- | --- | --- | --- | --- |
| | Bishop 法 | Spencer 法 | M-P 法 | | |
| 现状边坡（采至−210m） | 1.044 | 1.051 | 1.041 | 否 | 欠稳定 |
| | 1.003 | 1.010 | 1.000 | 是 | 欠稳定 |
| 终了边坡（采至−258m） | 1.037 | 1.041 | 1.034 | 否 | 欠稳定 |
| | 0.997 | 1.002 | 0.991 | 是 | 不稳定 |
| 终了边坡（采至−294m） | 1.015 | 1.042 | 1.019 | 否 | 欠稳定 |
| | 0.974 | 1.001 | 0.977 | 是 | 不稳定 |
| 终了边坡（采至−438m） | 0.995 | 0.999 | 0.994 | 否 | 不稳定 |
| | 0.954 | 0.957 | 0.951 | 是 | 不稳定 |

治理后极限平衡计算结果 表4

| 边坡状态 | 安全系数 | | | 是否考虑地震作用 | 稳定状态 |
| --- | --- | --- | --- | --- | --- |
| | Bishop 法 | Spencer 法 | M-P 法 | | |
| 现状边坡（采至−210m） | 1.285 | 1.297 | 1.262 | 否 | 稳定 |
| | 1.231 | 1.246 | 1.228 | 是 | 稳定 |
| 终了边坡（采至−258m） | 1.222 | 1.244 | 1.217 | 否 | 稳定 |
| | 1.173 | 1.197 | 1.170 | 是 | 稳定 |
| 终了边坡（采至−294m） | 1.217 | 1.219 | 1.215 | 否 | 稳定 |
| | 1.167 | 1.171 | 1.168 | 是 | 稳定 |
| 终了边坡（采至−438m） | 1.205 | 1.209 | 1.202 | 否 | 稳定 |
| | 1.158 | 1.162 | 1.155 | 是 | 稳定 |

# 7 结语

（1）大矿西井边坡及巷道变形工程地质条件复杂，受断层及软弱破碎带影响，边坡及巷道变形具有联动性，二者稳定性相关。

（2）西井巷道紧邻边坡、穿越断层、与边坡开挖存在时空对应关系。通过分析西井边坡及巷道变形特征，结合工程地质特征，得出巷道本次变形机理为受软弱破碎围岩控制的蠕动变形。

（3）基于西井边坡巷道变形机理及稳定性计算，针对性地提出综合治理方案，经过本治理方案加固，西井边坡安全储备不足区域安全系数得到实质提升，能满足下一步深部开采的安全需求。

（4）治理工程的实践可为高陡露天矿边坡，特别是近边帮附带井巷工程的变形治理提供参考借鉴。

# 广州市越秀区恒基中心超高层建筑基础托换与深基坑支护设计工程实录

张耀华[1]　彭卫平[1]　郝鹏飞[2]

（1. 广州市城市规划勘测设计研究院，广州　510060；
2. 广州地铁设计研究院股份有限公司，广州　510060）

## 1　工程概况

广州市恒基中心是广州市和广东省旧城改造重点工程，是住房和城乡建设部指导的历史文化街区和江岸景观优化提升样板工程，位于广州市越秀区海珠广场公园西侧，南侧毗邻珠江，地理环境优越，是广州市中心城区标志性建筑。

项目总用地面积 26652m²，属于城市中心综合体，包括办公、商业和五星级酒店等，建设内容为 2 栋超高层建筑和附属商业裙楼；其中南塔楼高 100m、建筑层数 24 层、标准层高 3.8m，采用剪力墙 + 钢管混凝土柱结构，单桩荷载 18500～36500kN；北塔楼高 150m、建筑层数 29 层、标准层高 4.2m，采用钢筋混凝土核心筒 + 钢管混凝土柱结构，单桩荷载 24600～43850kN。下设五层地下室，基坑开挖深度 23.3～30.1m，总建筑面积 23.3 万 m²。

项目完工实景照片见图 1。

图 1　工程实景照片

## 2　场地岩土工程条件

### 2.1　地层分布

根据勘察资料，场地内岩土层自上而下划分为人工填土（$Q_4^{mlc}$）、海陆交互相沉积层（$Q_4^{mc}$）、冲洪积层（$Q_4^{al+pl}$）及白垩系（$K_2S_{2b}$）基岩四大类（图 2）。分层情况简述如下：

①人工填土

场地内均有分布，为杂填土，主要由建筑垃圾混少量黏性土回填组成，局部顶部为混凝土板。结构松散，湿润，未经压实。

②₁淤泥质土：灰黑、深灰色，饱和，流塑状，含大量有机质，不均匀含有粉细砂、贝壳碎片和较多碎瓷片等。

②₂中粗砂：呈透镜状分布，以粗砂为主，局部为中砂，灰黄、黄色，饱水，松散—稍密状。

③₁粉细砂：以粉砂为主。灰黑、深灰色，饱和，松散—稍密状，分选性较好，含少量黏粒。

③₂中粗砂：局部呈不连续层状分布，以粗砂为主，局部为细砂、砾砂，深灰色、灰黄色、灰褐色，饱和，中密—稍密状，分选性差。

②白垩系泥质粉砂岩，在揭露深度范围内，按其风化程度可划分为全风化、强风化、中等风化及微风化等 4 个岩带，以中等风化岩为主。

岩土设计参数详见表 1。

岩土设计参数选取表　表 1

| 层号 | 土性 | 岩土设计主要参数 | | | | | |
| --- | --- | --- | --- | --- | --- | --- | --- |
| | | $\gamma$ | $c$ | $\varphi$ | $q_s$ | $K_0$ | $m$ |
| | | kN/m³ | kPa | ° | kPa | | |
| ① | 杂填土 | 19.0 | 10 | 12 | | 0.65 | 2.68 |
| ②₁ | 淤泥质土 | 16.8 | 7 | 4 | 10 | 0.74 | 1.50 |
| ②₂ | 中粗砂 | 19.0 | 0 | 28 | 40 | 0.33 | 12.88 |
| ③₁ | 粉细砂 | 19.0 | 0 | 28 | 40 | 0.45 | 12.88 |
| ③₂ | 中粗砂 | 19.5 | 0 | 30 | 60 | 0.33 | 5.30 |
| ⑤ | 全风化岩 | 18.2 | 23 | 15 | 100 | 0.43 | 15.00 |
| ⑥ | 强风化岩 | 20.0 | 33 | 19 | 140 | 0.3 | 8.62 |
| ⑦ | 中等风化岩 | 24.5 | 200 | 32 | 240 | 0.28 | 37.28 |
| ⑧ | 微风化岩 | 25.0 | 2400 | 42 | 400 | 0.25 | 51.00 |

获奖项目：2021 年度工程勘察、建筑设计行业和市政公用工程优秀勘察设计奖一等奖。

## 2.2 地下水

场地地下水分为上层滞水、砂层孔隙水和基岩裂隙水三类：上层滞水赋存于填土层中，接受大气降水补给，主要分布于填土层下部；孔隙水赋存于第四系砂土层中，接受垂向及同层侧向补给，含水层厚度较大；强风化和中等风化层裂隙发育，赋存基岩裂隙水，砂层地下水直接补给基岩裂隙水。场地地下水丰富，与珠江水力联系密切。

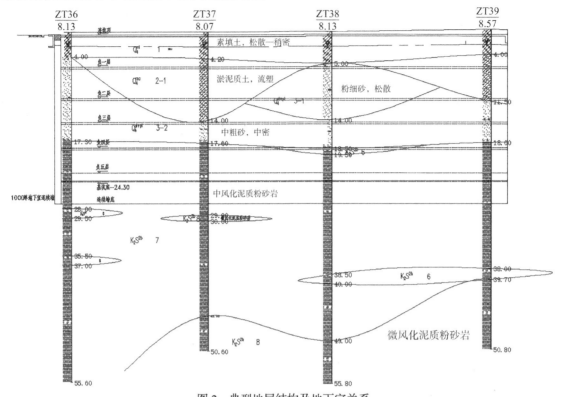

图 2 典型地层结构及地下室关系

# 3 周边环境条件

项目地块紧邻 6 号线一德路～海珠广场区间及地铁海珠广场站，广州地铁 6 号线的一德路站～海珠广场站盾构隧道区间的隧道结构顶标高约为－20.160m、底标高约为－26.160m。地铁 6 号线北地块正下方通过，隧道结构顶距离北基坑底垂直距离约为 5.2m；基坑西侧为五仙门变电站（A10），与基坑水平净距约 9m。南面毗邻沿江西路，外侧为珠江，离基坑边线约 25m，南侧中部为省电力局五仙门发电厂旧址（建成约 100 年），4～6 层，为广州市重点保护文物单位，距离地下室边线约10m；西侧为现状解放南路及解放大桥引桥；东侧为侨光西路及海珠广场，地下室距离人行道边线约 3m。周边环境极为复杂，周边管线密集，控制变形要求严格[1]（图 3）。

# 4 项目技术难点

## 4.1 超大荷载基础托换和地铁结构保护

北塔楼南部位于地铁 6 号线区间盾构隧道上方，地下室底板与隧道顶边线竖向净距约 5.1～5.4m，有 21 条大荷载钢管桩基础需要托换。

## 4.2 基础和基坑施工受制于地铁施工时序限制

地铁 6 号线区间盾构隧道刚施工，正在铺轨；为避免上部土方开挖卸载、排水可能引发隧道结构上浮，或桩基施工对其产生损伤，地铁建设事业总部要求隧道上部地下室底板浇筑时间必须早于地铁校轨和试运行时段。余留可用施工工期仅 11 个月（2013 年底），但上部建筑设计，特别是临江建筑景观设计尚未通过市环艺会审查，存在很大不确定性。

## 4.3 超深变形基坑支护和环境保护

项目共计设 5 层地下室，基坑大开挖深度为 23.30～30.10m，支护总周长 920m，总开挖面积约 21000m²，土石方总量约 45 万 m³，需保护好邻近古建筑和重要市政设施。

## 4.4 基坑周边环境和地质条件复杂，松软土层厚，地下水丰富

基坑周边紧邻繁华市政道路，与 220kV 五仙门变电站和五仙门发电厂（省级文物保护单位）相距仅 9～10m，南侧离珠江约 25m。第四系土层中主要为淤泥、淤泥质土、粉细砂，淤泥（质土）厚 5～10m，松散粉细砂 3～15m，工程性质差；砂层厚，地下水丰富，地下水与珠江水水力联系密切。基岩为白垩系红层，差异风化作用强烈，以中等风化岩为主，夹囊状强风化夹层，单轴抗压强度仅 4～8MPa，桩端持力层承载力不高，但单柱荷载巨大。

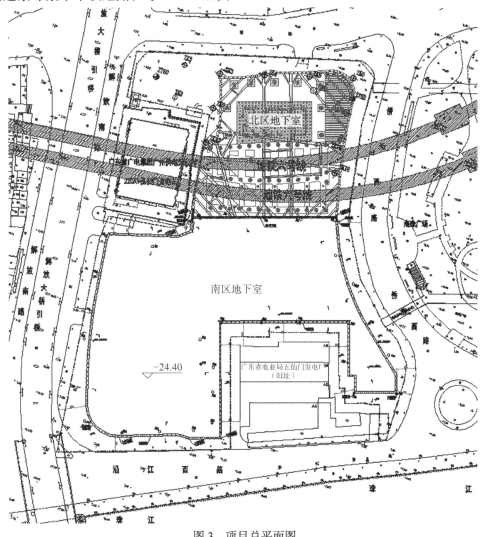

图 3　项目总平面图

# 5 基坑支护设计

（1）采用分仓隔离，北部地下室（面积较少）主体结构和深基坑明挖顺作，南部（面积较大）暗挖逆作，突破地铁施工的时序限制，实现南北塔楼同时施工投入和地铁隧道抗浮设计要求。

为突破地铁隧道保护施工的时序限制，将南北两塔楼区分仓施工；北部明挖顺作（图 4），采用厚 1000mm 地下连续墙＋四道钢筋混凝土内支撑进行支护（图 5），地下连续墙挡土止水兼作地下室外墙，实现"三合一"利用，对隧道上方东西两端，地下连续墙嵌固深度偏短问题，采用分区开挖预留土台保护，设置 300mm 厚混凝土垫层回撑、钢管临时支撑等方式处理（图 4、图 5）。

1689

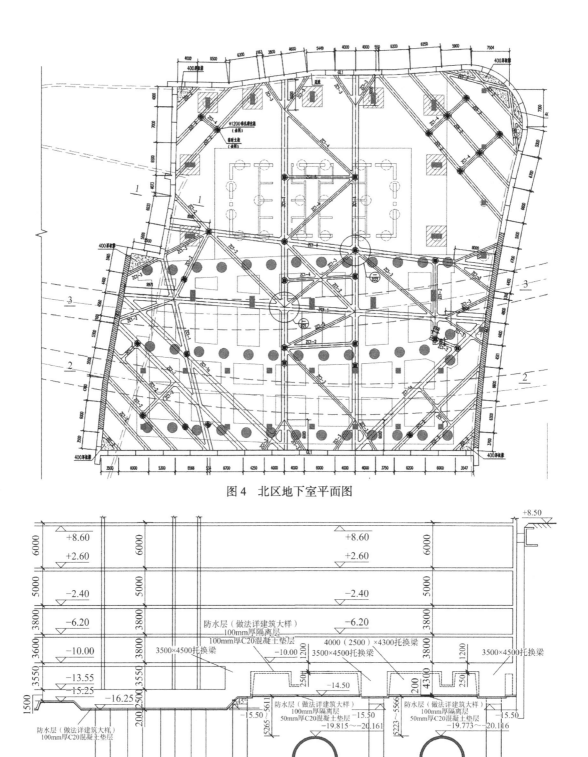

图4 北区地下室平面图

图5 北区地下室典型剖面图

开挖面积较大的南部塔楼区暗挖逆作，首层楼板明挖顺作（图6），在楼板周边预留洞作为出土通道，分层开挖施工，配合地下室结构梁、板、柱作为基坑支护结构体系（图7）。在地下室负一层楼板完成施工后，同步开始地上部分结构施工，有效缩短了施工工期。

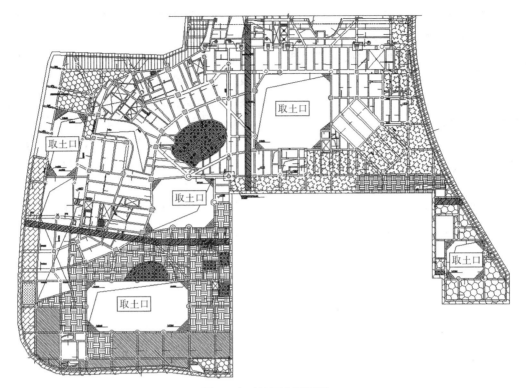

图 6　南区地下室平面图

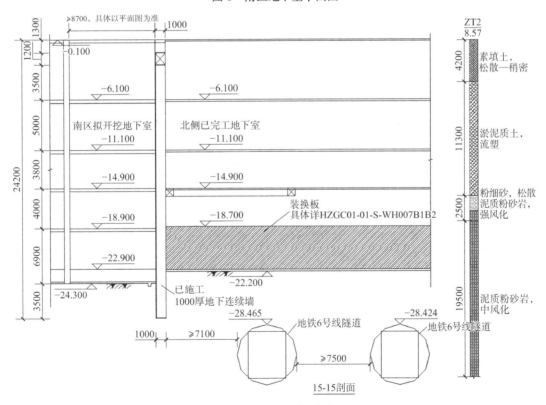

图 7　南北区地下室交界处典型剖面

（2）采用高压旋喷桩隔离成墙保护，有效消除地下连续墙施工期间对周边环境的影响。

场地松软土层厚，地下水丰富，既有旧木桩基础难以清除，沿地下连续墙外侧布置连续排列的高压旋喷桩，实现成槽风险保护。基坑开挖前在坑内按 30~50m 间距设置降水井，分层（5m、10m、15m、20m）进行降水试验，检验连续墙止水帷幕的有效性，确保基坑开挖对周边环境影响最小。

（3）合理布置暗挖出土口，实现出土车流顺势，有效缩短基坑施工工期。

1691

按周边道路行车限制特点和基坑形状，布置 5 个出土口（图 6），载重车可直接进入地下室；按一层半开挖，顺作楼板，既保证出土高度和便利，又确保梁板结构施工质量。

## 6 基础托换设计

（1）采用阵列式扩大头灌注桩＋大跨度梁板转换结构，实现超大柱荷载基础托换（图 8）。

北塔楼南部有 21 根钢管混凝土柱位于盾构隧道上方或中间，单柱最大荷载 36500kN，需进行基础托换。沿地铁两侧设置三排大直径扩底桩基础（桩径 2500mm，扩大头直径 3500mm，桩长约 18m，在盾构隧道施工前完成），单桩竖向承载力设计值最大为 56000kN。根据上部结构柱布置和荷载，在隧道上方设置大跨度转换梁板结构支承在两侧桩基础上转换塔楼柱，转换梁规格（宽 1500～4200mm）×（高 3200～4500mm），板厚 1000～1200mm；转换结构下方设置 100mm 隔离层（采用泡沫板或橡胶板）。隧道影响范围上部东侧地下室侧墙支承在 1000mm 筏板上，该部分 1000mm 筏板不设桩基础，直接支承在基岩上[2]。

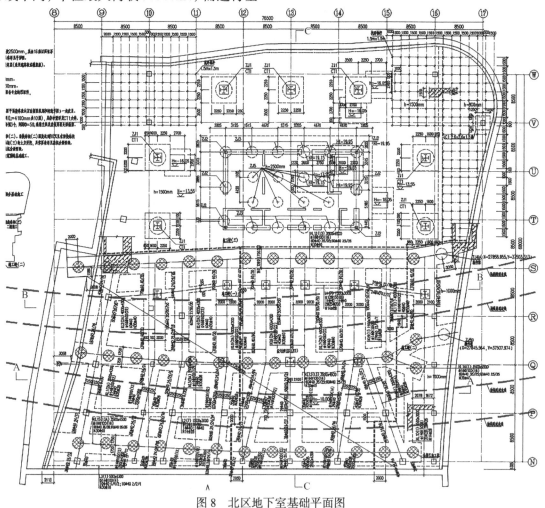

图 8　北区地下室基础平面图

塔楼北侧非隧道影响范围，采用单柱单桩，桩径为 3000mm，扩大头直径为 4000mm，混凝土强度等级为 C45，桩长约 20m。北塔楼核心筒采用桩筏基础，桩长约 13m，桩端位于隧道底边线以下 2m，桩基础采用扩底灌注桩，桩径为 1800～2000mm，扩大头直径 2400～3200mm。

（2）研发了超长钢管柱调垂装置，有效控制钢管柱竖直度，实现永久柱结构和临时支撑立柱有效融合[3]。

南塔楼区共设置钢管混凝土立柱 146 根，共 26 种截面。钢柱结构长 45～60m，单桩（柱）竖向承载力设计值最大为 57500kN。钢管柱安装难度大、要求高，垂直度控制偏差要求 ≤1/1000，不得大于 35mm，在全国逆作法范围尚属首例。研发并采用专用调垂装置，并通过严格的使用工艺流程控制，使得钢立柱安装垂直度最终达到了

≤1/1000 的精度，最高精度达到 1/2400，是国内逆作法施工钢立柱安装的最高精度。同时利用主体结构的梁、板、钢管柱替代临时支撑、立柱及立柱桩，大幅降低工程造价。

## 7 简要监测资料

地铁自动化监测及场地周边环境监测均表明，本项目施工期间，地铁 6 号线、文保建筑及其他各类建（构）筑物均处于安全稳定状态[4]。主要监测值如下：隧道水平位移最大值为 2.21mm，竖向位移最大值为 2.47mm（上浮），出入口通道沉降最大值为 2.30mm；地下连续墙墙顶水平位移最大值为 9.43mm，沉降最大值为 9.58mm，测斜监测最大值为 5.03mm，楼板累计应力最大值为 2090kPa，地下水位监测累计变化最大值为 1.05m，周边建筑物累计沉降最大值为 12mm，基坑周边地面沉降监测最大值为 −12.24mm。

## 8 结语

（1）本项目跨越广州市轨道交通 6 号线—德路至海珠广场盾构隧道区间，为避免对盾构隧道产生影响，在隧道上方设置大跨度转换梁结构支承在两侧桩基础上，对超大荷载钢管柱基础进行托换，转换结构下方设置 100mm 隔离层，有效保护、控制了地铁上方新建超高层建筑对地铁隧道的影响，解决了在既有地铁区间隧道上方开展超大超深基坑开挖及超高层地下室基础工程施工的难题。

（2）针对地铁上方超深超大基坑，周边环境复杂，采用北部明挖顺作，南部暗挖逆作分仓设计施工技术，有效突破地铁施工时序限制。连续墙挡土止水兼作地下室外墙三合一 + 多道内支撑进行支护，在既有隧道上采取特殊处理工艺，西侧既有地下连续墙范围保留土台，东侧既有地下连续墙范围采用地下连续墙 + 四道混凝土内支撑 + 一道钢换撑方案，确保基坑开挖过程中的安全性。主体工程地下结构与基坑支护结构相结合，利用结构梁板的强大刚度，既可有效控制变形还省去了大量内支撑的设置与拆除。研发并采用专用调垂装置，并通过严格的使用工艺流程控制，使得钢立柱安装垂直度最终达到了 ≤1/1000 的精度，最高精度达到 1/2400，是国内逆作法施工钢立柱安装的最高精度。

（3）在邻近既有隧道有效波影响范围内，地下连续墙施工工艺采用双轮铣工艺，控制连续墙施工对既有地铁隧道的影响，确保连续墙身及接头施工质量，对既有隧道上方两排连续墙施工时间较早，为保证接头质量，减少基坑开挖过程失水对周边环境影响，采取外侧袖阀管注浆措施；基坑形状不规则，局部存在凹角，对凹角部位采取旋喷桩加固措施。

（4）采用全逆作法施工时，在地下室的钢管柱、钢异形柱及钢构架柱的混凝土浇筑完成后即可进行地上部分的主体结构施工，南塔楼可逆作至 21 层，大大加快了地上部分主体结构的施工进度。同时，由于地面上下部分的同步施工，大幅缩短工期。

## 参考文献

[1] 中华人民共和国住房和城乡建设部. 建筑基坑支护技术规程: JGJ 120—2012[S]. 北京: 中国建筑工业出版社, 2012.

[2] 广东省住房和城乡建设厅. 建筑地基基础检测规范: DBJ/T 15-60—2019[S].

[3] 中国工程建设标准化协会. 钢管混凝土结构技术规程: CECS 28—2012[S]. 北京: 中国计划出版社, 2012.

[4] 中华人民共和国住房和城乡建设部. 建筑基坑工程监测技术标准: GB 50497—2019[S]. 北京: 中国计划出版社, 2019.

# 国贸商业金融总部项目 5 层地下室基坑支护工程实录

刘兴旺　陈　东　陈卫林　李冰河

（浙江省建筑设计研究院，浙江杭州　310006）

## 1　工程概况

国贸商业金融总部项目位于杭州市钱江新城CBD核心区，由一幢37层、高度168m办公楼以及2层裙楼组成，统一设5层地下室，总建筑面积约11万 $m^2$，其中地下建筑面积约4.4万 $m^2$。基坑平面尺寸为105m×88m，呈不规则矩形。开挖深度为24.1～26m，主楼电梯井深坑最深约29m。

## 2　场地岩土工程条件

### 2.1　工程地质条件

根据钻探揭露，场地第四纪覆盖层厚度约为60m，在勘探深度范围内分11个工程地质层及22个亚层，自上而下的各地层分布及特征分述如下：

①$_1$杂填土：黄灰色、褐灰色，湿，松散，含较多块石、砖块及混凝土块等建筑垃圾，块径分布不等，最大超过30cm，以粉土充填。块石成分主要为混凝土块。

①$_2$素填土：灰色，湿，松散，含氧化铁，少量砖瓦碎屑、植物根茎。粉土性。层面高程为2.26～7.74m，层厚为0.30～4.70m。大部分布。

①$_3$淤填土：灰黑色，饱和，极松软，含较多有机质、少量瓦砾、碎石等，有嗅味，以粉土充填。

②$_1$砂质粉土：灰黄色、灰色，饱和，稍密，含少量氧化铁及云母屑。摇振反应迅速，切面粗糙，无光泽反应，干强度低，韧性低。

②$_2$粉砂夹砂质粉土：灰色、黄灰色，饱和，稍密～中密，含少量氧化铁及云母屑。局部夹砂质粉土及少量淤泥质黏性土。

②$_3$砂质粉土：灰色，饱和，稍密，含少量氧化铁及云母屑。局部夹黏性土薄层。摇振反应迅速，切面较粗糙，无光泽反应，干强度低，韧性低。

③$_1$粉砂：绿灰色，饱和，中密，含少量氧化铁及云母屑，局部夹砂质粉土薄层。

③$_2$砂质粉土：灰色，饱和，稍密，含少量氧化铁及云母屑。局部夹淤泥质黏性土。摇振反应中等，切面较粗糙，无光泽反应，干强度低，韧性低。

③$_2$夹砾砂：系③$_2$砂质粉土层中夹层。灰色，饱和，稍密，砾粒含量为35%～40%，直径为2～20mm。

⑤淤泥质黏土：灰色，流塑，含有机质，少量腐植物及云母屑，夹粉土薄层，层理清晰，具灵敏度。无摇振反应，切面较光滑，光泽反应强，干强度中等，韧性中等。

⑦灰色粉质黏土：灰褐色，软塑，含有机质及云母屑。无摇振反应，切面较光滑，光泽反应强，干强度高，韧性中等。

⑧$_1$粉质黏土：灰绿夹灰黄色，软可塑—硬可塑，偶夹薄层粉土。无摇振反应，切面较光滑，干强度高，韧性中等。顶部局部含粉土。

⑨灰色粉质黏土：灰褐色，软塑—软可塑，含有机质，少量腐殖物及云母屑，层理清晰。无摇振反应，切面较光滑，光泽反应强，干强度高，韧性中等。

⑩$_1$粉质黏土：褐黄色、灰黄色，软可塑—硬可塑，夹少量粉砂薄层。无摇振反应，切面较光滑，干强度高，韧性中等。

⑩$_2$中砂：灰黄色，饱和，中密，含云母、腐植物及贝壳屑。

⑩$_3$圆砾：灰黄色，饱和，中密—密实，卵石含量为20%～25%，直径为20～60mm；圆砾含量为30%～40%，直径为2～20mm，卵砾石成分以砂岩为主，亚圆形；砂以中粗砂为主，并夹少量黏

获奖项目：2021年度工程勘察、建筑设计行业和市政公用工程优秀勘察设计奖状一等奖。

性土。

⑩₃ 夹含砾粉细砂：灰色，饱和，中密，以粉细砂为主，中砂少量，其中圆砾含量约为20%，粒径约为2~20mm。

⑭₁ 粉质黏土：黄夹青灰色，硬可塑，夹粉细砂薄层。无摇振反应，切面较光滑，干强度中等，韧性中等。

⑭₂ 含砾粉细砂：浅灰色，饱和，中密，含有机质，氧化铁质，云母屑。

⑭₃ 圆砾：杂色，饱和，中密—密实。含卵石为15%~25%，粒径为20~40mm，砾石为35%~40%，粒径为2~20mm，卵石、圆砾以砂岩、凝灰岩为主，呈亚圆形，质地坚硬。其余以细砂、中砂及粗砂等充填。

⑭₃ 夹含砾粉细砂：灰色，饱和，中密，以粉细砂为主，中砂少量，其中砾石含量约为23%，粒径为2~20mm。

## 2.2　水文地质条件

拟建场地周边主要水系为钱塘江及新塘河，距离新塘河约30m。

勘探范围内地下水类型主要可分为松散岩类孔隙潜水和松散岩类孔隙承压水。

松散岩类孔隙潜水，主要赋存于上部①填土层及②、③粉土、砂土层中。地下潜水水位埋深在0.30~3.80m，受填土层性质变化影响。潜水年自然变幅为1~3m，当受工程影响时，水位变幅可大于10m。

松散岩类孔隙承压水：场地内实测承压水水头高约-2.660m（黄海高程）。结合杭州地铁项目及钱江新城设置的常年观测孔数据显示，钱江新城区域承压水水头高程-5.43~-1.34m。年水位变幅约4m。

本项目场地典型工程地质剖面见图1，各土层物理力学指标详见表1。

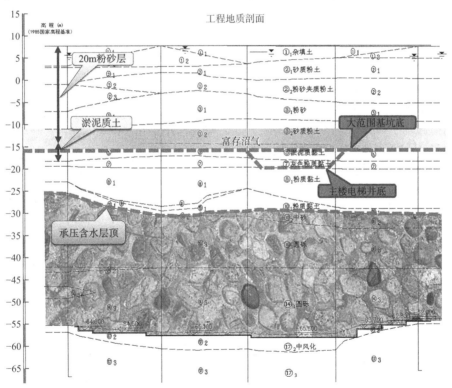

图1　典型工程地质剖面

**各土层物理力学指标**　　　　　　　　　　　　　　　　　　　表1

| 层号与层名 | 重度/（kN/m³） | 黏聚力/kPa | 内摩擦角/° | 渗透系数$k$/（×10⁻⁴cm/s） | |
| --- | --- | --- | --- | --- | --- |
| | | | | $k_h$ | $k_v$ |
| ①₁杂填土 | 18.0 | 8.0 | 15.0 | 5.0 | |
| ①₂素填土 | 17.5 | 6.0 | 14.0 | 2.0 | |
| ①₃淤填土 | 15.0 | 7.0 | 0.0 | 0.1 | |

| 层号与层名 | 重度/（kN/m³） | 黏聚力/kPa | 内摩擦角/° | 渗透系数k/（×10⁻⁴cm/s） | |
|---|---|---|---|---|---|
| | | | | $k_h$ | $k_v$ |
| ②₁砂质粉土 | 19.2 | 6.0 | 25.0 | 3.0 | 1.5 |
| ②₂粉砂夹砂质粉土 | 19.4 | 5.0 | 28.0 | 4.0 | 3.0 |
| ②₃砂质粉土 | 19.2 | 5.0 | 26.0 | 3.0 | 1.5 |
| ③₁粉砂 | 19.5 | 4.0 | 30.0 | 8.0 | 5.0 |
| ③₂砂质粉土 | 19.3 | 5.0 | 25.0 | 1.2 | 0.8 |
| ⑤淤泥质黏土 | 17.8 | 13.0 | 11.0 | 0.001 | 0.05 |
| ⑦粉质黏土 | 18.1 | 19.0 | 14.0 | — | — |
| ⑧₁灰色粉质黏土 | 19.8 | 25.0 | 17.0 | — | — |
| ⑨粉质黏土 | 19.9 | 24.0 | 13.0 | — | — |
| ⑩₁粉质黏土 | 20.1 | 25.0 | 18.0 | — | — |

注：括号内数值均为经验值。

# 3 岩土工程条件及周边环境分析

场地周边水系密布，地下水丰富，而土层的渗透性也较强。地表下 20m 深度范围以透水性较强的砂性土为主，其下的淤泥质土呈流塑状态，强度低且局部含有沼气；地表 35m 以下为厚度 20～25m 的圆砾层，为承压含水层，水量丰富，需采取可靠的防承压水突涌措施。

项目场地紧张，周边环境复杂。场地四周用地红线距地下室外墙约 3m，空间十分有限。西北侧有地铁 4 号线盾构隧道需要保护，该隧道在基坑开挖期间投入运营；东北侧为香樟路，道路下埋有煤气、给水等重要市政管线，该侧还有一条既有钢筋混凝土地下通道侵入场地，形成地下障碍物；东南侧森林路边有既有变电站需保护；西南侧紧贴钱江新城森林公园景观水系。基坑总平面见图 2。

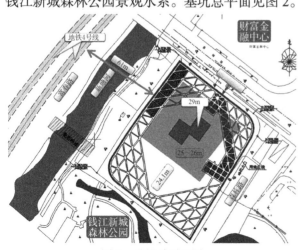

图 2　基坑总平面图

# 4 基坑支护方案

## 4.1 主要工程问题

根据该基坑工程特点，基坑支护设计中需解决的主要工程问题有：

（1）超深基坑对周边环境的影响范围广、时间长，变形控制及环境保护难度大。西北侧地铁 4 号线盾构隧道为外径 6.2m、螺栓连接的错缝拼装管片结构，尽管与基坑的平面距离约 61m，但仍在基坑开挖深度 3 倍的显著影响范围内；根据地铁建设工筹，2014 年底隧道结构形成，2015 年 2 月投入运营；根据本项目的施工计划，2014 年 8 月开始基坑开挖，2015 年 5 月土方开挖完成，2015 年底地下结构完成；因此基坑施工与地铁隧道施工存在交叉影响，基坑开挖阶段需要考虑对运营地铁保护，且由于隧道结构形成的时间不长，盾构施工对周边土体扰动的后续影响仍然存在，基坑开挖对土体的扰动又有一定程度的叠加，这些因素在设计时均需综合考虑。

（2）主楼坑中坑范围及高差大，且临边设置，各部位支护结构相互影响显著，侧压力计算及稳定分析难度大。主楼区域的电梯井最大开挖深度约 29m，由于主楼深坑范围大，与地下室侧壁的距离仅约 10m，整个基坑支护结构与坑中坑支护结构的相互影响不容忽视，需要统一考虑，但现有规范没有此类侧压力计算及稳定分析理论，如各自单独设计，不考虑相互影响，则可能导致连续破坏，引发工程事故；统一按深坑考虑，不考虑坑中坑支护结构的有利作用，则过于保守，造成浪费。

（3）工程地质和水文地质条件复杂，对围护墙施工、基坑开挖的影响大、技术要求高。项目邻近钱塘江，地表下 20m 深度范围的土体以渗透性较强的砂性土为主，潜水位埋深约 0.3m，截水帷幕一旦出现缺陷，易引发流砂、管涌。深部的圆砾层为承压水含水层，层顶距离坑底 5～10m，实测承压水水头埋深约 8m；经计算，不采取承压水处理措施而开挖至坑底时，基坑抗突涌安全系数约 0.68，局部深坑约 0.37，不满足规范要求；勘察发现场地淤泥质土层局部富含沼气，埋深约 24m，地下气体对地下连续墙成槽、基坑承压水突涌均有较大的不利影响。

此外，基坑东北侧存在已建成进入本项目地下室范围的地下通道，其底板埋深达 8m，清障难度较大。

（4）地下室主体结构复杂，主楼核心筒大量采用了钢管及钢骨混凝土柱，钢构件的吊装施工空间要求高。

## 4.2 基坑支护方案选型

针对本工程需要解决的各种工程问题并结合本项目的工期目标，经多方案技术经济比较和分析论证，最终采用 1000mm 厚地下连续墙"二墙合一"结合 4 道钢筋混凝土内支撑为主的支护结构，地下连续墙穿透承压含水层将承压水隔断，坑内设置自流深井及减压井，分别解决潜水及承压水的降水问题。典型基坑支护剖面图如图 3。

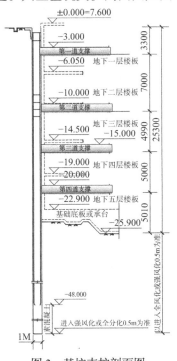

图 3　基坑支护剖面图

# 5　创新技术

基坑支护设计采用的创新技术主要包括：

（1）超深基坑施工对邻近地铁盾构隧道影响的三维数值模拟技术

本项目基坑施工与地铁隧道施工存在交叉影响，基坑开挖阶段地铁隧道已投入运营，根据地铁保护要求，隧道的水平位移、竖向位移和收敛均应控制在 5mm 之内，为准确模拟基坑施工对地铁隧道的影响，分别采用 ABAQUS 和 MIDAS 软件建立了包含基坑和地铁盾构隧道等在内的三维数值模型，为模拟隧道周边土体的扰动状态，土的本构模型采用亚塑性模型，该模型可较好地体现小应变条件下土体的力学行为，即土体在小应变条件下刚度较大，随着累积变形的逐渐增大，刚度衰减较快，衰减过程中及衰减后因刚度显著降低会出现较大的变形。

通过数值模拟（图 4），确定了围护墙及支撑系统的关键参数，明确了施工分区分块的时序安排。项目实施过程对地铁隧道进行了系统全面的监测，各项变形指标均在 3mm 之内，满足要求。

图 4　三维有限元（MIDAS）建模分析盾构隧道变形

（2）超深基坑分级组合支护结构设计方法

针对坑中坑临边设置提出分级组合支护结构，根据土体极限平衡和应力分布理论，提出了考虑前后排支护结构相互影响的土压力计算模式；基于圆弧滑动法，提出了分级组合支护结构基坑稳定性分析方法；根据该方法对内外支护结构进行了优化设计，在保证安全的基础上，节约了建设成本。

（3）超深基坑潜水和承压水降水的环境影响分析技术

采用 MIDAS 软件对地下连续墙隔断承压水、地下连续墙悬挂式帷幕结合降水减压等两种承压水处理方案进行了环境影响分析，对坑外潜水不降水方案以及控制性降水方案也进行了分析对比。根据分析结果以及周边地铁盾构隧道、道路及各类管线的变形控制要求，确定采用地下连续墙底端入岩隔断承压水、坑外潜水控制性降水 6m 的地下水处理方案。

连续墙施工完成后，对坑内开展现场承压水抽水试验，在 2 周的坑内承压水抽水过程中，坑内承压水水位可降至 30m 深度，坑外承压水水头在第一周内降低了约 1m 并趋于稳定；基于试验结果，在坑内仅设置了 5 口承压水减压井，结合结构体深坑位置和支撑布置形式，对坑内承压降水井的平面布置和构造进行设计、优化，制定不同工况下的合理降深。

项目位于杭州重要商业、金融中心，周边道路、轨道交通及建筑物密集，围护设计采用地下连续墙嵌入岩层隔断承压水，在不扰动周边环境的情况下，确保了基坑开挖过程中的减压效果，也避免了大规模降水引起的周边环境沉降。整个施工过程，坑外承压水水头基本无变化，没有出现任何险情。

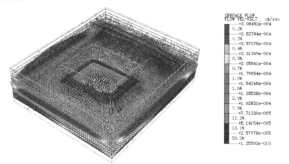

图 5 三维有限元降水减压下沉降影响分析

（4）复杂地层超深地下连续墙设计方法

为控制基坑变形并满足抗承压水突涌要求，地下连续墙采用十字钢板防水接头，底端进入岩层，墙体最大深度约 65m；地下连续墙采取了"二墙合一"叠合墙技术，墙体深度超过 48m 的部分主要按隔断承压水性能考虑，先行幅仅配置构造钢筋，先行幅两侧的十字钢板与槽段同深，进入岩层，避免混凝土浇筑时绕流；嵌幅 48m 以下为素混凝土。为保证高水位强渗透地层地墙成槽质量，槽壁采用三轴水泥土搅拌桩加固（图 6）。

针对侵入地下室范围的地下通道清障问题，

在坑内外降水基础上，采用 SMW 工法桩结合钢支撑进行临时围护，清障后回填素土，临时支护桩及支撑全部回收，材料循环使用，绿色环保（图 7）。

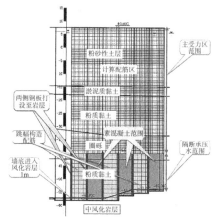

图 6 连续墙剖面展开图

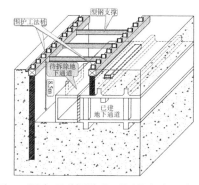

图 7 既有通道拆除临时围护方案示意图

针对局部淤泥质土层存在的沼气问题，为避免地墙成槽施工泥浆漏失和槽壁坍塌，在沼气专项探查以及试验性成槽施工基础上，进行针对性排气作业，存在气囊、排气量较大的位置辅以高压旋喷桩加固；针对富含承压水的圆砾层槽壁稳定，调整了泥浆配合比，添加粒组调整材料防止泥浆流失（图 8）。

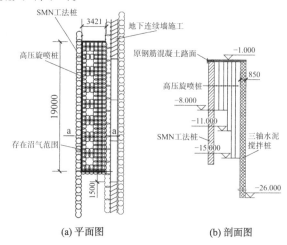

(a) 平面图　　(b) 剖面图

图 8 沼气区加固方案示意图

（5）基于性能化要求的超深基坑地下连续墙与内支撑优化设计技术

按常规设计，本项目可采用 1000mm 地墙结合 5 道内支撑支护，或采用 1200mm 地墙结合 4 道内支撑支护；结合降水环境影响分析，经优化设计，最终采用 1000mm 地墙结合 4 道内支撑支护、坑外控制性降水的围护方案，在保证安全和控制变形的基础上，提高了施工效率，减少了基坑暴露时间，取得了较好的综合效益（图 9）。

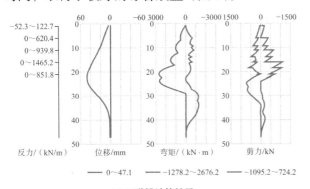

(a) 五道撑计算结果

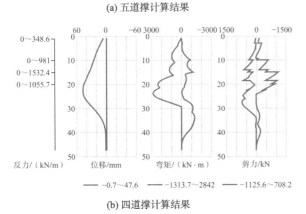

(b) 四道撑计算结果

图 9　不同支撑方案剖面计算变形包络图

支撑以角撑形式布置，为塔楼提供较大的施工空间，通过合理设置环向板带，提升支撑刚度，满足基坑变形控制要求（图 10）。

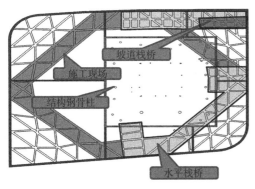

图 10　支撑平面图

设计建立了基坑 BIM 模型用于辅助设计，通过对钢构与支撑碰撞检查，解决了主楼核心筒大量钢构件的吊装难题；在第一道支撑上根据不同的竖向荷载要求设置了材料堆场和施工栈桥，为基坑土方开挖提供便利，同时也为结构钢管、钢骨柱吊装提供作业平台（图 11）。

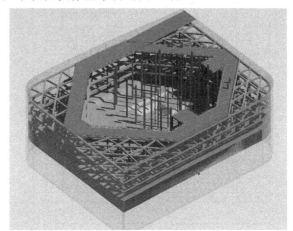

图 11　基坑 BIM 建模

## 6　基坑施工及监测结果

项目于 2014 年动工，2015 年底地下结构顺利完成，2019 年整体竣工投入使用，符合项目预期的工期要求（图 12）。

图 12　开挖到基底时现场施工情况

基坑施工过程中，深层土体位移总量为 30～50mm，基坑典型剖面的深层土体位移监测曲线见图 13；支撑系统受力均衡，监测轴力均在设计控制值范围内，支护结构安全可控；土方开挖顺利，降水连续，出水情况良好，水位控制到位，施工过程没有出现任何险情。

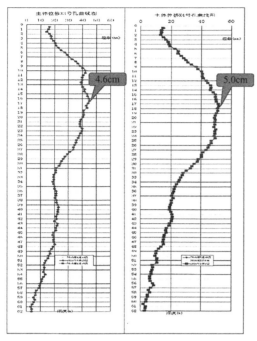

图 13　典型剖面深层土体位移监测曲线

基坑周边布置了 54 个地表、管线及周边建筑物沉降监测点，地铁隧道变形进行了专项监测。项目完成时，周边地表沉降在 0～30mm 范围，地铁盾构隧道的水平变形、竖向变形及收敛均在 3mm之内，地铁设施、建筑物、道路及地下管线均正常使用，未见明显裂缝。

# 7　结语

本项目采用超深地下连续墙隔断承压水，避免了长期抽降承压水引起的地面沉降，保护了深层地下水资源；采用"二墙合一"技术，绿色环保，节约资源，同时扩大了地下室使用空间；由于设置了环通栈桥，并保证支撑净空，施工方便，出土效率高，项目进度达到业主的要求。围护体系安全稳定，监测变形及轴力均在设计允许范围。施工期间地铁隧道及其他环境要素均正常服役，没有异常。

在本项目实施以前，由于特殊的工程地质和水文地质条件，杭州钱江新城周边项目大都设置 2～3 层地下室，地下空间利用有限，停车难及交通拥堵问题突出；本项目 5 层地下室的高效建成是钱江新城地下空间开发的重大突破，直接助力后续类似项目的建设。采用的创新技术已相继纳入浙江省工程建设标准《建筑基坑工程技术规程》《基坑工程地下连续墙技术规程》及《城市轨道交通结构安全保护技术规程》，在工程中广泛推广应用，社会效益显著。

# 参考文献

[1]　刘兴旺, 施祖元. 地下工程绿色支护设计与施工[M]. 北京: 中国建筑工业出版社, 2016.

[2]　刘兴旺, 吴才德, 边学成, 等. 软土地层工程建设对邻近地铁隧道扰动控制及工程应用[J]. 建设科技, 2021(7): 87-90.

# 杭州景芳园地下公共停车库 46.2m 超深基坑工程实录

刘兴旺　李　瑛　童　星　张金红　谢锡荣

（浙江省建筑设计研究院，浙江杭州　310006）

## 1　工程概况

杭州凯旋单元景芳园地下公共停车库工程（简称"景芳园车库"）位于杭州市上城区，场地原为社区公园，周边环境复杂，已于2022年5月竣工，该项目是继杭州密渡桥地下立体车库（简称"密渡桥车库"）之后，又一个利用老旧城区部分绿地解决停车难题的典范。车库的地上部分为两层框架结构，用于存取车的调度，顶部兼作门球场；车库的地下部分为井筒式结构，用于停放机动车。如图1所示，车库内部空间的长度为20.04m，宽度为7.70m，高度为46.20m，且由中隔墙分割成3个大小相等的独立筒体。筒体内部安装机械停车设备，竖向分为24层，每个筒体每层可停放2辆小型机动车，即景芳园车库总共可停放小型机动车数量为144辆。该工程规划用地面积为611m²，地下室轮廓面积为 264m²，地面建筑占地面积为258m²。

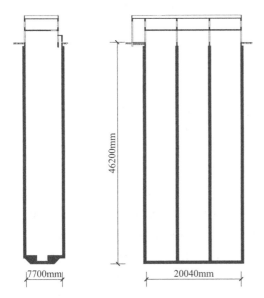

图1　景芳园车库结构简图

该种形式车库为井筒式地下立体车库，是地下独立式智能机械停车库的一种，车库内无车道，通过全自动机械设备存取车辆，图2为井筒式地下立体车库的效果图。

图2　井筒式地下立体车库效果图

根据施工前现场踏勘，景芳园车库场地狭小，周边环境保护要求高，如图3所示。场地西侧为杭州市春芽实验学校，基坑边与学校围墙的最小水平距离为26.8m；南侧为景北路，道路以南为凯旋实验幼儿园，砖砌结构，浅基础，1～2层，基坑边与建筑的最小水平距离为29.2m；东侧为新苑巷，道路以东为景芳四区，包括6F短桩基础砖混结构的居民楼和1F浅基础砖砌结构的临街商铺，基坑边与临界商铺的最小水平距离为27.9m，基坑边与居民楼的最小水平距离为36.4m；场地北侧原为公园，施工期间作为场地使用。

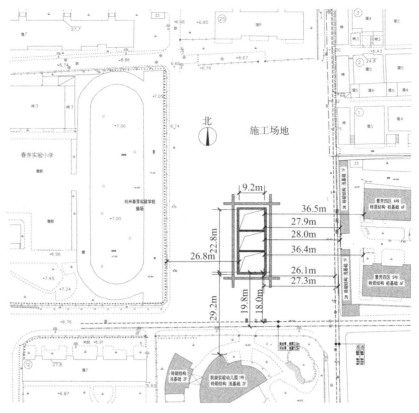

图3　项目周边环境

# 2　工程地质条件

## 2.1　区域地层与岩性

工程区属冲海积平原地貌单元，上部为新近堆积的填土、冲海积的粉土以及海相沉积的淤泥质软土层，中、下部为河流相沉积的黏性土层、砂层及碎石土层，下白垩系下统朝川组（$K_{1c}$）泥质粉砂岩。

工程场区地貌属冲海积平原地貌单元，地貌形态单一。沿线地势较平坦，现地面高程一般为6.50～7.50m。

## 2.2　场地地层情况

根据勘探孔揭露的地层结构、岩性特征、埋藏条件及物理力学性质，结合周边建筑物详勘地质资料，场地勘探深度以内可分为①、②、③、⑥、⑦、⑨、⑫、⑳等8个大层，细划为11个亚层。每个岩土层分别按岩土层代号、岩土名、时代成因、岩性描述。各地层层序自上而下依次为：

（1）人工填土（$Q_4^{ml}$）：

①$_1$层杂填土：杂色，松散，主要由碎砖、混凝土块、碎石、瓦片等建筑垃圾组成，碎石直径一般为2～10cm，最大粒径20cm以上，成分复杂，均一性差。全场分布，层厚1.40～2.10m，层顶标高6.630～7.190m。

（2）全新统上组冲海积、海积层（$Q_4^3$）：

②$_1$层黏质粉土：灰黄色，松散，很湿，含云母、氧化铁。天然含水量平均值26.5%，天然孔隙比平均值0.751，压缩系数平均值0.15MPa$^{-1}$。静力触探锥尖阻力3.32～3.48MPa，平均值3.39MPa，侧壁摩阻力33.9～36.7kPa，平均值35.4kPa。实测标准贯入试验锤击数7～10击，平均值为8.7击。全场分布，层厚2.70～3.60m，层顶埋深1.40～2.10m，层顶标高4.630～5.790m。

（3）全新统上组、中组冲海积层（$Q_4^3 \sim Q_4^2$）：

③$_2$层砂质粉土：灰、灰黄色，稍密—中密，湿，含云母、氧化铁。天然含水量平均值25.7%，天然孔隙比平均值0.730，压缩系数平均值0.15MPa$^{-1}$。静力触探锥尖阻力2.15～9.88MPa，平均值6.24MPa，侧壁摩阻力28.6～100.3kPa，平均值58.1kPa。实测标准贯入试验锤击数9～19击，平均值为15.8击。全场分布，层厚4.50～5.90m，层顶埋深4.50～5.50m，层顶标高1.430～2.590m。

③$_6$层砂质粉土：灰、灰黄色，中密，饱和，

含云母碎屑，局部夹有少量粉砂。天然含水率平均值24.2%，天然孔隙比平均值0.693，压缩系数平均值0.14MPa$^{-1}$。静力触探锥尖阻力9.75～11.09MPa，平均值10.38MPa，侧壁摩阻力71.8～88.3kPa，平均值82.2kPa。实测标准贯入试验锤击数19～28击，平均值为24.4击。全场分布，层厚7.00～8.20m，层顶埋深9.80～11.00m，层顶标高-4.270～-2.860m。

③$_7$层砂质粉土：灰、灰黄色，稍密—中密，湿。含云母、氧化铁，局部夹少量粉质黏土。天然含水率平均值27.5%，天然孔隙比平均值0.769，压缩系数平均值0.15MPa$^{-1}$。静力触探锥尖阻力2.82～9.92MPa，平均值7.28MPa，侧壁摩阻力42.2～132.4kPa，平均值91.0kPa。实测标准贯入试验锤击数16～18击，平均值为17.3击。全场分布，层厚1.70～2.40m，层顶埋深17.70～18.30m，层顶标高-11.210～-10.870m。

（4）全新统下段海积层（Q$_4^{1m}$）：

⑥$_1$层淤泥质粉质黏土：灰色，流塑，局部夹少量粉砂薄层，部分孔段夹有贝壳碎屑。天然含水率平均值39.2%，天然孔隙比平均值1.104，液性指数平均值1.57，压缩系数平均值0.69MPa$^{-1}$。静力触探锥尖阻力0.69～1.15MPa，平均值0.96MPa，侧壁摩阻力7.3～30.2kPa，平均值14.2kPa。全场分布，层厚8.10～9.20m，层顶埋深19.80～20.50m，层顶标高-13.570～-12.700m。

（5）上更新统上组上段冲湖积（Q$_3^{2-2al-1}$）：

⑦$_2$层粉质黏土：灰绿、灰黄色，软可塑。天然含水率平均值27.2%，天然孔隙比平均值0.781，液性指数平均值0.58，压缩系数平均值0.37MPa$^{-1}$。静力触探锥尖阻力2.14～3.08MPa，平均值2.58MPa，侧壁摩阻力58.1～93.0kPa，平均值74.8kPa。实测标准贯入试验锤击数平均值为10.0击。少量分布，层厚2.80～3.70m，层顶埋深28.20～29.00m，层顶标高-21.900～-21.370m。

（6）上更新统上组下段冲湖积层（Q$_3^{2-1al-1}$）：

⑨$_1$层粉质黏土：灰黄、褐黄色，硬可塑，含铁锰质斑点。天然含水率平均值23.4%，天然孔隙比平均值0.677，液性指数平均值0.39，压缩系数平均值0.26MPa$^{-1}$，实测标准贯入试验锤击数14～22击，平均值为17.9击。全场分布，层厚6.30～10.50m，层顶埋深28.10～32.30m，层顶标高-25.110～-21.340m。

（7）⑫上更新统下组冲积层（Q$_3^{1al}$）：

⑫$_4$层圆砾：灰、灰黄色，中密—密实，饱和，粒径一般为2～5cm，最大粒径大于15cm；亚圆形，母岩成分以坚硬的呈中风化状凝灰岩、粉砂岩为主，中砂及黏性土充填。局部孔段含泥量少，渗透性极好，易塌孔。钻探时局部有漏浆现象。实测重型圆锥动探击数11～39击，平均值22.9击。全场分布，层厚18.50～19.20m，层顶埋深38.40～39.70m，层顶标高-32.600～-31.410m。图4为本项目开挖到底后揭露的圆砾层照片。

图4 开挖到底揭露的圆砾层

根据钻探揭露，本场区下伏基岩为下白垩统朝川组（$K_{1c}$）紫红色泥质粉砂岩，按其基岩风化程度分为⑳$_2$层强风化泥质粉砂岩、⑳$_3$层中风化泥质粉砂岩，现分述如下：

⑳$_2$层强风化泥质粉砂岩：紫红色，矿物成分已大部分风化，岩芯呈碎块、块状，饱水后岩芯呈砂粒状、土状，锤击声哑。局部孔段夹有较硬的中风化岩块。实测重型圆锥动探击数38～50击，平均值为46.7击。全场分布，层厚1.20～2.80m，层顶埋深57.20～58.4m，层顶标高-51.300～-50.310m。

⑳$_3$层中风化泥质粉砂岩：紫红色，部分矿物成分风化，岩芯呈柱状、短柱状。裂隙不甚发育，锤击声稍脆，可击碎。岩芯采取率为80%～90%，RQD为60%～80%。天然单轴抗压强度平均值为2.79MPa，属极软岩，岩体基本质量等级为Ⅴ类，未发现断层破碎带、空洞和软弱夹层。全场分布，最大揭露层厚9.50m，层顶埋深58.50～61.20m，层顶标高-54.100～-51.710m。

各地层的物理力学指标平均值详见表1。

地基土物理力学指标平均值 表1

| 层序 | 土名 | 层厚/m | 状态描述 | 重度/（kN/m³） | 含水率/% | 固结快剪 | | 室内渗透系数 | | 比例系数/（MPa/m²） |
| | | | | | | c/kPa | φ/° | $k_h$/（cm/s） | $k_v$/（cm/s） | |
|---|---|---|---|---|---|---|---|---|---|---|
| ①₁ | 杂填土 | 1.9 | 松散 | 17.0 | | | | | | 1.0 |
| ②₁ | 黏质粉土 | 2.7 | 松散，很湿 | 19.1 | 26.5 | 5 | 20 | $6.5 \times 10^{-5}$ | $5.0 \times 10^{-5}$ | 2.0 |
| ③₂ | 砂质粉土 | 5.4 | 稍密—中密 | 19.1 | 25.7 | 3 | 26 | $7.5 \times 10^{-4}$ | $6.5 \times 10^{-4}$ | 3.6 |
| ③₆ | 砂质粉土 | 7.8 | 中密 | 19.3 | 24.2 | 2 | 29 | $8.0 \times 10^{-4}$ | $7.0 \times 10^{-4}$ | 4.8 |
| ③₇ | 砂质粉土 | 2.2 | 稍密—中密 | 19.0 | 27.5 | 3 | 37 | $8.5 \times 10^{-4}$ | $7.5 \times 10^{-4}$ | 3.8 |
| ⑥₁ | 淤泥质粉质黏土 | 8.3 | 流塑 | 17.4 | 39.2 | 13 | 8 | $8.0 \times 10^{-6}$ | $6.0 \times 10^{-6}$ | 1.5 |
| ⑦₂ | 粉质黏土 | 2.8 | 软可塑 | 18.4 | 32.1 | 31 | 14 | $3.5 \times 10^{-6}$ | $2.4 \times 10^{-6}$ | 3.6 |
| ⑨₁ | 粉质黏土 | 7.4 | 硬可塑 | 19.6 | 23.4 | 42 | 18 | $9.0 \times 10^{-7}$ | $8.0 \times 10^{-7}$ | 6.5 |
| ⑫₄ | 圆砾 | 19.0 | 中密—稍密 | 20.5 | | 0 | 35 | $3.0 \times 10^{-1}$ | $1.5 \times 10^{-1}$ | 16.0 |
| ⑳₂ | 强风化泥质粉砂岩 | 1.8 | | 20.0 | 27.2 | 25 | 26 | $9.0 \times 10^{-5}$ | $8.0 \times 10^{-5}$ | 9.0 |
| ⑳₃ | 中风化泥质粉砂岩 | | | 24.0 | | 200 | 35 | $6.0 \times 10^{-6}$ | $5.0 \times 10^{-6}$ | 27.0 |

## 2.3 地下水

勘探揭露范围内场地地下水类型主要是第四纪松散岩类孔隙潜水、孔隙承压水、基岩裂隙水。

孔隙潜水主要赋存于表层填土和浅部粉土层中，由大气降水径流补给，排泄主要通过蒸发形式。详勘期间测得的水位一般为1.20～2.10m，相应高程4.53～5.99m，根据区域水文地质资料，浅层地下水水位年变幅为1.0～2.0m。结合相关工程经验，建议抗浮设计水位取设计室外地坪下0.5m。

该层抽水试验结果列于表2。

孔隙承压水主要分布于深部的⑫₄层圆砾，水量较丰富，水质一般为微咸水，隔水层为上部的淤泥质土和黏性土层。主要接受古河槽侧向径流补给，侧向径流排泄，受大气降水垂直渗入等的影响较小，根据周边工程施工经验，由于承压水流速较小，承压水对钻孔灌注桩影响不大。勘察实测⑫₄层圆砾水位埋深在地表下7.30m，相应高程为−0.14m。该层抽水试验结果列于表3。

基岩裂隙水水量较小、径流缓慢。

孔隙潜水抽水试验 表2

| 抽水孔号 | 试验层号 | 含水层厚度/m | 涌水量Q/（m³/d） | 降深S/m | 影响半径/m | 渗透系数K/（m/d） | |
| | | | | | | 单次 | 平均 |
|---|---|---|---|---|---|---|---|
| CS01 | ②₁、③₂、③₆、③₇ | 18.2 | 19.13 | 3.00 | 14.0 | 0.30 | 0.34 |
| | | | 34.54 | 6.00 | 30.0 | 0.34 | |
| | | | 47.04 | 9.00 | 46.9 | 0.37 | |

孔隙承压水抽水试验 表3

| 承压水位观测孔孔号 | 试验层号 | 半径/m | t/s | $h_2$/m | $h_1$/m | $S_1$/m | $S_2$/m | K/（m/d） |
|---|---|---|---|---|---|---|---|---|
| G01 | ⑫₄ | 0.055 | 60 | 27.48 | 21.45 | 9.85 | 3.82 | 54.85 |
| | | | 60 | 21.45 | 5.95 | 25.35 | 9.85 | 54.75 |

# 3 岩土工程条件评价

基坑土方开挖深度范围内的土层有：①₁杂填土、②₁层黏质粉土、③₂砂质粉土、③₆砂质粉土、③₇砂质粉土、⑥₁淤泥质粉质黏土、⑦₂粉质黏土、⑨₁粉质黏土、⑫₄圆砾。围护结构深度范围内土层主要有：①₁杂填土、②₁层黏质粉土、③₂砂质粉土、③₆砂质粉土、③₇砂质粉土、⑥₁淤泥质粉质黏土、⑦₂粉质黏土、⑨₁粉质黏土、⑫₄圆砾、⑳₂强风化泥质粉砂岩、⑳₃中风化泥质粉砂岩。各土层对基坑土方开挖和围护结构施工影响详见表4。

| 层号 | 土层名称 | 对基坑开挖的影响 | 对围护结构的影响 |
|---|---|---|---|
| ①₁ | 杂填土 | 开挖时易塌方 | 影响地下连续墙成槽；地下连续墙施工时易发生槽壁坍塌现象 |
| ②₁ | 黏质粉土 | 振动易液化，易坍塌变形；在水动力条件作用下，易产生管涌、流砂，严重时易引起周围地面沉降 | 地下连续墙施工时易发生槽壁坍塌现象；对围护结构稳定性较有利 |
| ③₂ | 砂质粉土 | | |
| ③₆ | 砂质粉土 | | |
| ③₇ | 砂质粉土 | | |
| ⑥₁ | 淤泥质粉质黏土 | 产生蠕变对围护结构稳定不利；土体强度易突降；产生较大回弹量及蠕变 | 地下连续墙施工时易产生侧向蠕变、缩颈现象，影响成槽；在动力作用下土体强度极易降低，对围护结构稳定性不利 |
| ⑦₂ | 粉质黏土 | 对基坑开挖较有利 | 对围护结构稳定性有利 |
| ⑨₁ | 粉质黏土 | 对基坑开挖较有利 | 对围护结构稳定性有利 |
| ⑫₄ | 圆砾 | 易因承压水导致开挖困难，局部塌方 | 影响地下连续墙成槽，地下连续墙施工时易发生槽壁坍塌现象；地墙缺陷处易出现承压水突涌水；对围护结构稳定性有利 |
| ⑳₂ | 强风化泥质粉砂岩 | — | 影响地下连续墙成槽；对围护结构稳定性有利 |

# 4　基坑支护结构

## 4.1　设计思路

综合结构形式、周边环境、地质条件、类似工程经验等，景芳园车库基坑具有以下特点：（1）基坑开挖深度约46.2m，为超深基坑，基坑破坏后果很严重；（2）场地处于老旧社区内部，周边环境复杂，保护要求很高；（3）施工场地和基坑内部狭小，施工作业难度大；（4）地表以下20m范围为粉砂土，透水性好，需设置可靠潜水止水帷幕；（5）开挖面处于承压含水层圆砾层，圆砾层厚度达20m，需采取措施隔断承压水；（7）车库结构形式为井筒式，空间效应好，可适当利用；（8）车库无水平梁板。

考虑基坑开挖深度大，且有隔断潜水和承压水的要求，采用地下连续墙兼作挡土墙和止水帷幕，墙幅之间采用套铣接头。为确保止水帷幕的可靠性，同时减少地下连续墙成槽施工的环境影响，地下连续墙外侧设置一道封闭的渠式切割水泥土连续墙（TRD），TRD帷幕形成后，通过内部预降水措施，提高槽壁稳定性，同时避免降水对周边浅基础建筑的影响。

已完成的密渡桥车库34.3m超深基坑采用灌注桩结合明挖顺作支护方案，支护效果总体较好，但也存在工期较长、变形较大等问题，本工程复杂

的环境条件要求基坑变形得到严格控制。结合井筒式车库结构形式，充分利用空间效应好的有利条件，拟采用车库结构外墙和中隔墙作为水平传力构件，不另外设置水平内支撑，自上而下逆作施工。

由于车库结构逆作后与地下连续墙共同受力，可对结构外墙厚度和配筋进行优化。此外，经施工总包单位建议，地下连续墙施工单价约为现浇车库结构外墙的3倍以上，尽量减少地下连续墙的厚度，必要时增大现浇车库结构外墙的厚度，不仅可降低工程造价，还可提高施工质量。

## 4.2　基坑支护方案

经多方案技术经济比较以及计算分析，确定采用800mm厚地下连续墙逆作法支护方案，逆作施工的结构外墙和中隔墙的厚度均为600mm。地下连续墙墙底进入中等风化基岩，长度为60.3m。地下连续墙往外1.0m设置厚度为850mm渠式切割水泥土连续墙（TRD），TRD既是第一道止水帷幕，也为地下连续墙施工时的槽壁加固。坑内布设2口减压降水井，坑外未设降水井。地下连续墙分幅如图5所示，围护结构剖面如图6所示。

拟定的施工顺序为先施工渠式切割水泥土连续墙，待水泥土达到设计强度后内部降水，然后采用套铣工艺施工地下连续墙，最后分层挖土、分层施工车库结构外墙和中隔墙。基坑土方自上而下分为11层开挖，第一层高度为5.0m，其余每层高

度约 4.0m；逆作的车库结构外墙和中隔墙的分层高度均为 4.0m。结构外墙与地下连续墙之间通过植筋实现刚性连接。

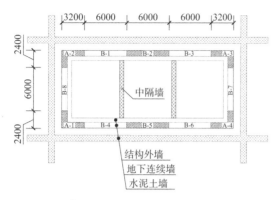

图 5　地下连续墙分幅图

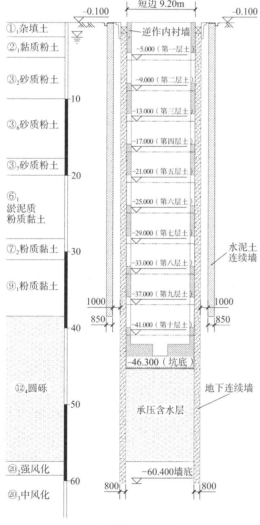

图 6　围护结构剖面

## 5　实施效果

因圆砾层较厚，渠式切割水泥土连续墙截断圆

砾层的施工难度大、功效低，经试成墙，确定墙底标高为圆砾层顶部。地下连续墙因采用套铣工艺，相邻槽幅之间接头施工质量好，成槽期间周边建筑物及地面的沉降在 6mm 之内，说明 TRD 的加固效果达到预期目标。即使有两幅墙之间的错台超过 20cm，整个施工过程也未发生漏水现象（图 7）。

图 7　基坑开挖过程的墙面质量

项目施工期间，邻近建筑物变形均低于设计警戒值，没有对建筑物造成损伤。监测结果表明，如表 5 所示，建筑物最大沉降值不大于 11mm，最大差异沉降不大于 6mm。且随着开挖深度的增加，建筑物沉降呈现出不断增大的趋势，在底板浇筑后趋于平稳。在地下连续墙施工阶段，建筑物沉降占整个工期的 30%～50%，可见地下连续墙施工时，影响范围和影响程度较大。对于对周边环境影响较大的工程，可以在地下连续墙施工阶段采取控制措施，减少对周边环境的影响。

周边各建筑物沉降统计　　　　　　表 5

| 建筑物 | 水平距离/m | 沉降观测累计值/mm | | |
|---|---|---|---|---|
| | | 地下连续墙施工 | 土方开挖 | 底板浇筑 |
| 1 号 | 29.2 | 4 | 9 | 9 |
| 2 号 | 27.3 | 5 | 10 | 10 |
| 3 号 | 27.9 | 6 | 11 | 11 |
| 4 号 | 36.5 | 3 | 8 | 8 |
| 5 号 | 36.4 | 5 | 8 | 8 |

根据监测结果，基坑周边地表沉降主要发生在距基坑边为 1 倍开挖深度的范围内，并呈现凹槽型，最大沉降点距坑边距离约为开挖深度的 0.2 倍，距坑边 1 倍开挖深度处的沉降值为最大沉降的 10%，故（1.0～2.0）$H_e$ 为次要影响区。而既有

研究表明，地表沉降主要发生在距基坑边为 2 倍开挖深度范围，地表沉降最大值点距基坑边的水平距离为开挖深度的 0.5 倍。这说明井筒式地下立体车库基坑良好的空间效应可缩小影响范围。

图 8 为根据监测数据绘制的景芳园车库基坑开挖到不同深度的深层土体水平位移曲线。随着开挖深度加大，深层土体水平位移最大值逐渐变大，最大值所处深度也不断加深。但是在整个开挖过程中，深度 40m 以下的深层土体水平位移累计值及其变化量均较小。深层土体水平位移最大值约 44mm；中隔墙最大轴力约 5800kN，发生在地表以下 32m 处。

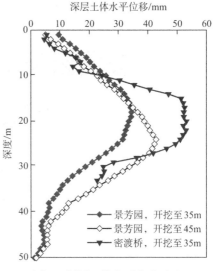

图 9 深层土体水平位移对比

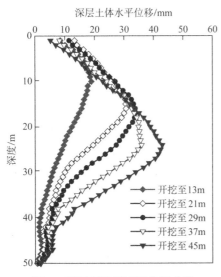

图 8 不同开挖深度的位移曲线

图 9 对比显示了景芳园车库和密渡桥车库的深层土体水平位移监测数据。在开挖到 35m 时，密渡桥车库水平位移最大值约为 54mm，景芳园车库水平位移最大值约为 32mm，最大值发生范围均为地表以下 15～25m。景芳园车库在开挖到 45m 时，最大水平位移约为 44mm，最大值发生深度约为地表以下 24m。以上说明，相比大直径灌注桩结合多道水平支撑的明挖顺作方案，地下连续墙结合结构外墙逆作的明挖逆作方案，可大幅度减小深层土体水平位移，有利于周边环境保护。

## 6 结语

杭州凯旋单元景芳园地下公共停车库处于周边环境复杂的老旧小区内部，基坑开挖深度达 46.2m，坑底处于赋存高水头承压水的圆砾层，地表下 20m 范围为透水性较好的粉砂土地层。基坑支护采用地下连续墙结合结构外墙、中隔墙逆作的方案，以达到在土方开挖过程中地下连续墙和结构混凝土墙共同受力的意图，地下连续墙厚度仅为 800mm。相比采用多道水平内支撑的传统明挖顺作方案，该方案节省工期 6 个月以上，减少造价近 500 万元，综合效益显著。

停车难是老旧城区的重大难题，也是城市有机更新需着力解决的问题。本项目的成功建成对土地资源稀缺、周边环境复杂的老旧城区建设新停车位具有较大的参考意义。

## 参考文献

[1] 浙江省住房和城乡建设厅. 基坑工程地下连续墙技术规程: DB33/T 1233—2021[S]. 北京: 中国建材工业出版社, 2021.

# 宏鼎云璟汇广场基坑支护工程

刘志方　彭卫平　温忠义　刘　伟

（广州市城市规划勘测设计研究院，广州　510060）

## 1　引言

社会经济的迅速发展加快了城市化的进程，从而对城市现有的土地资源提出了更大的需求。为了提高城市土地资源的利用率，地下空间的开发变得愈发重要。总体上，基坑工程主要集中在城市中心，开挖深度越来越大，周边环境越来越复杂，支护难度也急剧上升[1]。

经过建筑业近年来的发展，针对基坑支护的有效手段越来越多[2]，但是由于施工工程中建筑方案更改导致基坑加深，或设计缺陷、施工质量等因素导致基坑已施工支护结构无法满足基坑安全的案例仍层出不穷。本文以实际工程为案例进行剖析，分析该基坑出现的支护险情，并结合工程实际情况开展加固设计，效果良好。

## 2　基坑工程概况

### 2.1　概述

本项目位于广州市白云区白云新城，项目占地面积约 1.7 万 m²，建筑总规划面积约 1.3 万 m²。拟建 1 栋 31 层塔楼及 5～7 层裙楼，下设 3 层地下室。基坑开挖深度为 13.9～17.4m，周长约 470m，平面形状呈矩形，属超大超深型一级复杂基坑。

### 2.2　地质条件

根据钻探资料，按地质成因类型、岩性、状态，将区内地层由上至下划分为：人工填土层、第四系冲积土层、风化残积土层以及石炭系砂岩、灰岩等四大类，分层描述和典型地质剖面（图 1）如下：

（1）人工填土层：

人工填土层①：以素填土为主，土性主要为粉质黏土，结构疏松。含较多碎石，局部含水泥混凝土，为新近填积土。层厚 2.00～6.60m，场地内分布普遍。

（2）冲、洪积土层：

粉质黏土层②₁：可塑状为主，土质均匀，黏性好。层面埋深 2.00～6.60m，厚度为 1.10～4.70m，普遍分布。

细砂层②₂：饱和，稍密，颗粒分选性差，含少许黏粒。层面埋深 3.80～9.20m，厚度为 0.70～2.40m，局部分布。

（3）风化残积土层：

粉质黏土层③₁：可塑，层面埋深 3.20～11.20m，厚度为 2.70～7.70m，分布广泛。

粉质黏土层③₂：硬塑，层面埋深 7.70～17.30m，厚度为 3.20～12.50m，分布广泛。

（4）基岩：

全风化粉砂层④c：岩芯以坚硬土状为主，层面埋深 14.40～30.70m，厚度为 1.70～13.40m，本层分布广泛。

微风化灰岩层④s：岩芯呈柱状和短柱状，岩质硬，层面埋深 16.50～38.80m，揭露厚度为 5.70～9.20m，场地内分布广泛。

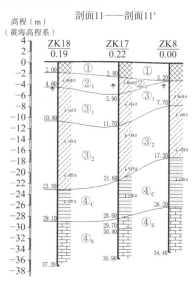

图 1　典型地质剖面图

基金项目：广州市城市规划勘测设计研究院科技基金项目（RDI2220204113）。

获奖项目：2017 年度全国优秀工程勘察设计行业奖一等奖。

场地地质条件复杂，岩性种类多，岩面起伏大，上覆土层主要为可塑—硬塑粉质黏土，局部有透镜体状砂层，下部基岩为石炭系砂岩及灰岩，基岩埋藏深浅不一，全风化粉砂岩层面埋深 14.40～30.70m，微风化灰岩层面埋深 16.50～38.80m，均位于基坑底以下。灰岩岩溶发育程度一般，见洞率 28%，洞高 0.30～1.40m，埋深 19.70～31.40m，基坑支护设计土层参数如表 1 所示。

基坑支护设计土层参数　　表 1

| 岩土层 | 状态特征 | 重度$\gamma$/（kN/m³） | 黏聚力$c$/kPa | 内摩擦角$\varphi$/° | 极限摩阻力标准值$Q_{sik}$/kPa |
|---|---|---|---|---|---|
| ① 素填土 | 松散 | 17.5 | 8 | 10 | 20 |
| ②₁ 粉质黏土 | 可塑 | 17.9 | 17.7 | 16.1 | 18 |
| ②₂ 细砂 | 松散 | 18.2 | 0 | 15 | 30 |
| ③₁ 粉质黏土 | 可塑 | 18.2 | 18.4 | 16.3 | 45 |
| ③₂ 粉质黏土 | 硬塑 | 19.0 | 18.8 | 17 | 50 |
| ④c 粉砂岩 | 全风化 | 20.0 | 40 | 25 | 65 |
| ④s 灰岩 | 微风化 | 25.0 | 60 | 35 | 300 |

## 2.3 地下水概况

场区地下水由第四系孔隙水和岩溶水组成。第四系孔隙水主要赋存于冲积成因的细砂层中，透水性较好，其他黏性土和全风化砂岩结构致密，渗透性、富水性差。岩溶水主要赋存于灰岩的溶洞和裂隙中，地下水量丰富，地下水性质属承压水。

## 2.4 周边环境

周边环境复杂，紧邻河涌及南航大厦项目用地。基坑北侧为中国南航大厦项目建设用地，红线距离仅 15m，四层地下室，基坑深度 15.6m，正在施工；基坑东侧毗邻河涌，河涌深约 4.0m，宽约 6.0m，地下室边线距河涌边线约 10.8m，河涌东侧为云城东路，地下室边线距其约 22.8m；基坑南侧及西侧现均为空地，南侧有堆土，高为 2.0～2.5m；地铁 2 号线从场地西侧经过，距离超过 70m，属地铁保护范围外，如图 2 所示。

## 3　基坑原设计方案

根据基坑周边环境，结合地质条件及现状地形特征，分区段采用多种支护方案，如图 3 所示。

图 2　基坑总平面图

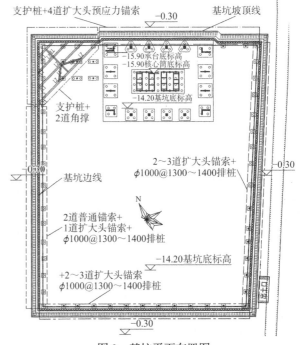

图 3　基坑平面布置图

基坑东侧及南侧主要采用$\phi$1000@1300～1400 排桩＋2～3 道扩大头锚索支护。

基坑西侧岩面较浅且分布厚层状全风化粉砂岩，主要采用$\phi$1000@1300～1400 排桩＋1 道扩大头锚索＋2 道普通锚索支护。

基坑西北角邻近南航项目，对方已采用支护桩＋3 道扩大头预应力锚索支护，为避免锚索冲突，采用了支护桩＋2 道角撑的支护形式。

基坑北侧中部为塔楼区域，深度达到 15.6m，对面南航项目采用支护桩＋桁架对撑的支护形式，因本项目南北跨度超 130m，不适宜采用对撑形式，故采用了支护桩＋3 道扩大头预应力锚索支护形式。

基坑止水帷幕采用了单排$\phi$550@400 水泥搅

拌桩进行止水，桩长约 14.4m，进入坑底以下 500mm，位于支护桩外侧，如图 4 所示。

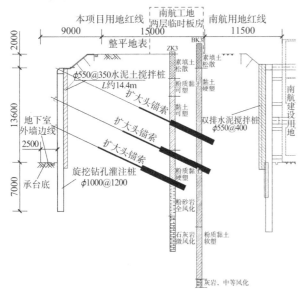

图 4　基坑支护典型剖面图

## 4　基坑险情及原因分析

基坑东北侧设计深度 13.9m，土方开挖到底后，发现 3-4～3-18 号支护桩之间的 14 根支护桩在 −11.000m（相对标高）以下出现裂缝，呈 "V" 形张开，支护桩已断裂，变形不断扩大，检测发现裂缝以下无配筋；基坑北侧、西侧开挖至中下部后，陆续发现支护桩桩身出现裂缝，经检测发现均为支护桩施工时钢筋笼长度不够，基坑开挖后在未配筋的位置产生断裂，裂缝位置多位于 −8.30～ −12.0m 之间，处于第二道锚索与第三道锚索之间或第三道锚索下方，出现裂缝的桩多为连续分布，局部为单桩出现裂缝。

因未按图纸施工导致支护桩出现开裂，为保证基坑开挖安全，需对基坑进行加固设计。加固区域如图 5 所示。

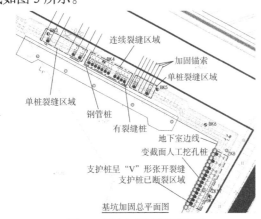

图 5　基坑加固支护平面图

## 5　加固设计方案

在分析原支护桩的裂缝特征情况下，并综合考虑已开挖基坑加固支护结构施工的可行性，拟采用 4 种针对性的加固方案。

（1）东北侧支护段，由于地下室外墙与原支护桩之间的净距仅 750mm，且支护桩内侧上部已施工锚索，腰梁外凸将进一步限制缩小加固施工空间，大型施工机械摆放空间不够，导致加固施工无法开展，坑内施工大直径支护桩或钢管桩难度较大，即使能施工，将占用地下室空间影响其功能。经综合对比分析，采用先回填至裂缝上方 2m 位置处，增加一道扩大头预应力锚索加强支护，再紧贴原支护桩施工 $\phi1200@1300mm$ 人工挖孔桩 + 一道短扩大头预应力锚索锁脚的加固方案。人工挖孔桩配筋采用半截面配筋方法，坑底以下全截面浇筑混凝土，坑顶以上仅浇筑地下室外墙与原支护桩之间部位，另一半回填中粗砂并振实，形成人工挖孔变截面异形桩加固体系，如图 6、图 7 所示。

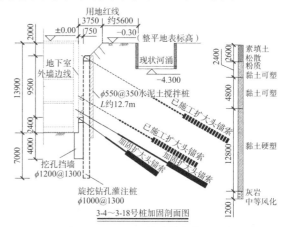

图 6　3-4～3-18 号支护桩加固图
（变截面人工挖孔桩加固剖面）

图 7　变截面人工挖孔桩加固施工图

（2）北侧仅单桩出现裂缝支护段（北侧1-8、1-16、1-18号桩和1-35、1-39号桩），主要在裂缝桩左右两侧新增2～3根扩大头锚索进行加固，如图8所示。

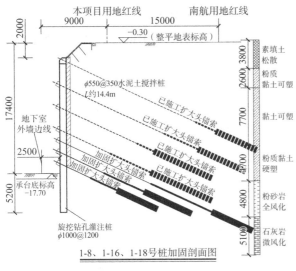

图8 单桩裂缝加固剖面图

（3）北侧在第二道锚索或第三道锚索下方出现裂缝而上部良好支护段（北侧1-25～1-32号桩、西侧2-4～2-12号桩、西侧7-15～7-31号桩），将基坑回填至裂缝以上0.5～1.0m，施工$\phi300@400$+1～2道扩大头预应力锚索进行加固，如图9所示。

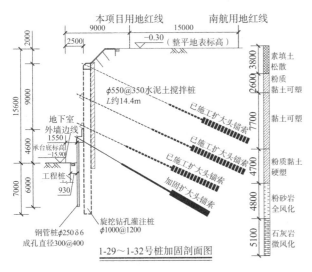

图9 1-29～1-32号桩加固剖面图
（钢管桩＋扩大头锚索加固剖面）

（4）西北侧在基坑开挖至第三道锚索以下发现第二道与第三道之间以及第三道以下均出现裂缝时（北侧1-21～1-24号桩），在二至三道锚索之间采用混凝土板封闭并增设一道扩大头预应力锚

索加固，同时回填至下部裂缝以上1.0m，施工$\phi300@400$钢管桩＋1道锚索加固，钢管桩与支护桩之间土体保留，并通过桩顶1.0～1.2m宽冠梁紧贴共同受力，如图10所示。

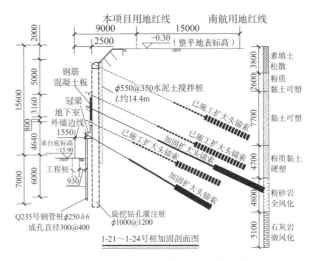

图10 1-21～1-24号桩加固剖面图
（钢管桩＋扩大头锚索＋混凝土板加固剖面）

# 6 加固设计计算

目前尚无考虑该项目特点的加固桩锚式支护基坑的设计方法与分析软件。通常情况采用如下两种方法（图11）：

（1）在不考虑加固桩及其上锚索的条件下，以加深后的基坑为对象，对原支护体系进行分析，从而得到原始桩的变形和内力以及锚索的拉力（此方法中理正软件在处理时假定加固桩顶以上的土体外侧存在一根刚度很小的支护桩）；

（2）在不考虑原始桩及其锚索的条件下，将加固桩顶以上土体自重及原地面超载当作作用在加固桩顶面上的超载，再对加固桩进行分析，进而得到其内力、变形和锚索拉力。

本项目加固设计时，充分考虑原支护桩与加固桩（墙）的相互作用，通过建立两者协调方程，计算加固后支护结构的变形及内力，计算结构，采用两种方法进行验算设计，计算所得的最大位移在深度11.8m处，最大位移值为21.01mm。对比最终监测数据可知，在相同深度处桩身的最大水平位移为18.92mm。现场监测结果与计算的结果接近，说明此加固方案的计算方法符合实际情况，计算方法合理、科学。

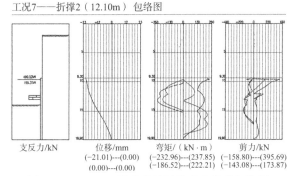

工况7——折撑2（12.10m）包络图

| 支反力/kN | 位移/mm | 弯矩/(kN·m) | 剪力/kN |
|---|---|---|---|
| | (-21.01)---(0.00) | (-232.96)---(237.85) | (-158.80)---(395.69) |
| | (0.00)---(0.00) | (-186.52)---(222.21) | (-143.08)---(173.87) |

图11　3-4～3-18号支护桩计算内力位移包络图

# 7　基坑监测情况

基坑施工过程中基坑监测数据如图12、图13所示。

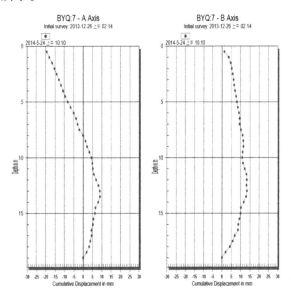

图12　灌注桩典型深层位移图

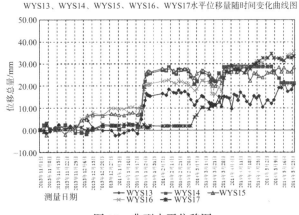

图13　典型水平位移图

通过监测数据，可知基坑在进行加固设计后桩身最大水平位移约在12m深位置，与计算结果相符，处于安全范围之内，由此可以推断出支护结构的加固方案是合理有效的。

# 8　技术成效与深度

## 8.1　扩大头锚索技术

基坑东西最大跨度105m，南北跨度130m。如果采用内支撑方案，支撑跨度太大，易受到温度效应影响，发生内撑梁水平面上的失稳风险，且影响主体结构施工，故基坑支护主要采用桩锚支护形式。由于场地内粉质黏土层黏粒含量高，采用土锚易产生蠕变，设计抗拔力普遍偏小。东侧及南侧局部岩面埋藏较深区域如果采用普通预应力锚索，至少需要4～5道普通预应力锚索，且锚索长度超长，锚索间距也较密，锚索在入岩过程中可能会进入溶洞，易造成塌孔施工风险；造价高且工期长，同时基坑北侧毗邻中国南航大厦项目用地，锚索施工不能进入对方场地内，导致锚索长度也受到限制。

扩大头锚索相对于普通锚索具有较明显的优势，本项目靠近南航项目、河涌边以及东南侧部位锚索均采用扩大头预应力锚索。扩大头直径600mm，锚固体主要位于硬塑土层中，单锚设计抗拔力600～800kN，为普锚的2～3倍，锚索长度20～26m，比普通锚索长度缩短1/3，充分发挥了扩大头锚索的优势和特点，减少了锚索数量和长度。

## 8.2　止水帷幕优化

本次基坑设计对场地地质条件和水文地质特征进行了详细分析，同时结合周边工程施工情况，在北侧南航项目止水帷幕设计的基础上进行了大幅优化。

本项目场地虽距离南航项目不远，但地质条件差异较大，基坑侧壁主要为可塑～硬塑的粉质黏土，为弱透水层，灰岩面未大量分布软塑土、砂层或土洞等软弱带或透水带，下伏灰岩岩溶发育情况一般，揭露溶洞率低且洞高小，水量一般。另一方面，由于北侧南航项目、南侧万达项目以及西北角绿地项目施工已形成良好的止水帷幕，阻断了地下水的径流路径，大大削弱了基坑外侧的补水能力。同时本项目距离西侧地铁较远，受本项目基坑开挖降水影响小。最终设计方案对止水帷幕进行优化设计，仅采用单排$\phi$550@400水泥搅拌桩止水帷幕，桩长约 14.4m，进入坑底以下 50cm。基坑后期开挖过程中始终保持干爽，支护桩间未出现涌水涌砂，周边地面未出现下沉开裂等不良现象，效果良好。

## 8.3 加固设计技术

基坑东北侧加固方案采用φ1200@1300mm 人工挖孔变截面桩（墙）加固技术，桩嵌固深度 4m。坑底以上变截面墙厚度 750mm，考虑到原支护桩施工凹凸不平，变截面墙的计算宽度取 650mm，经计算桩墙抗弯、抗剪均满足规范要求。同时在桩顶冠梁设置一道扩大头预应力锚索，间距 2.6m，作为锁脚锚索，确保人工挖孔桩与原支护桩共同受力，有效控制了基坑变形的持续发展，确保基坑顺利开挖到底，效果显著。

人工挖孔桩分一、二、三序隔桩施工，确保施工安全。其钢筋与地下室底板钢筋锚固在一起，变截面桩按永久抗浮桩基础进行设计，嵌固深度同时满足主体抗浮计算和基坑支护嵌固深度要求。变截面桩同时兼作地下室外墙支模，实现了临时挡土和永久结构相结合，有效缩短工期。

基坑北侧和南侧加固钢管桩施工主要采用小型钻机，且桩径小，不进入主体地下室边线内，对后期主体结构施工无影响。混凝土板紧贴原支护桩设置，即可增强原支护桩的侧向刚度，又可使支护桩连接成整体，加强了整体变形协调能力，从而减少原裂缝桩的侧向位移。此加固方案施工方便、可操作性强且工期短，经济效益明显，加固效果良好。

## 9 综合效益

本项目基坑规模宏大，经业主测算，设计方案采用扩大头预应力锚索，锚索数量及长度均大幅减少，节省工程造价约 500 万元，缩短工期超过90d。采用钢管桩 + 混凝土板 + 预应力锚索的加固设计方案，施工机械小且无振动，解决了施工空间受限问题的同时，不影响已设计地下室的建设，设计方案安全经济，节省工程造价约 300 万元，缩短工期 50d。采用人工挖孔变截面桩（墙）加固，施工方便，不受外部条件限制，充分考虑已设计地下室的建设，同时挖孔桩兼作地下室主体抗浮桩和外墙支模使用，节省工程造价约 100 万元，缩短工期 30d。

人工挖孔变截面桩（墙）技术在此加固工程中的运用，成功获得了《人工挖孔变截面桩支护施工工艺》（证书号第 2104759 号）发明专利授权，为广州地区乃至全国类似工程提供了宝贵的经验。

## 10 结语

随着城市化的快速发展，地下空间的开发也愈发重要，随之基坑工程的难度急剧上升。本项目现场因未按图纸进行施工导致基坑安全险情发生，本文以实际案例出发，通过对基坑进行加固设计，并在设计过程中充分利用已施工支护结构，以此为基础进行补强加固。选取合理经济的加固措施，在确保安全的情况下降低成本，及时控制了裂缝发展和基坑变形继续扩大，确保基坑顺利开挖到底，取得了良好的效果，为后续类似工程总结出了一套可供参考的解决方案。

## 参考文献

[1] 徐杨青, 江强强. 城市地下空间基坑工程技术发展综述[J]. 建井技术, 2020, 41(6): 1-9, 23.

[2] 许磊, 陈宝义, 龙翔. 常规锚索与扩大头锚索在复杂深基坑支护工程中的应用[J]. 探矿工程 岩土钻掘工程, 2016, 43(9): 75-78, 84.

# 武汉光谷广场综合体工程基坑工程设计实录

周 兵 邢 琼

（中铁第四勘察设计院集团有限公司，湖北武汉 4300633）

## 1 引言

光谷广场综合体工程主要包含交通枢纽和商业开发，总建筑面积约 16 万 m²，地铁线路有 3 条，其中 2 号线南延线呈东西走向，敷设于虎泉街—珞喻东路道路下方；9 号线呈南北走向，敷设于鲁磨路—民族大道道路下方；11 号线呈西北至东南走向，敷设于珞喻路—光谷街道路下方。市政隧道有 2 条，其中珞喻路隧道沿东西方向从地下穿越，鲁磨路隧道沿南北方向从地下穿越，均为双向 6 车道。地面珞喻路、珞喻东路、鲁磨路、民族大道、光谷街、虎泉街六路交会，构成交通环岛，如图 1 所示。

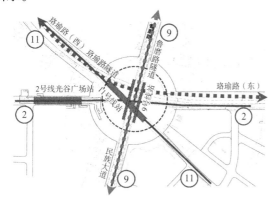

图 1 光谷广场综合体工程各线路位置平面图

综合体主体工程地面直径 200m 转盘＋道路＋出入口。主体基坑工程平面异形、竖向错位，设计与施工难度大。为保障基坑及其周边的安全，并充分考虑施工场地等因素，基坑分期分区施工技术逐渐在城市大型基坑中得到应用，如在南京地下交通工程基坑项目[1]、苏州中心广场基坑工程[2]与上海中心城区基坑工程[3]等中得到应用，但因地质条件、基坑自身特性及周边环境的不同，使城市中心超大超深基坑的设计与建造仍然是工程项目的难点之一。光谷广场综合体基坑工程根据平面

及竖向深度等情况，重点考虑关键工期与施工场地方面的因素，采用分期分区施工的方案，并创新支撑体系、临时路面系统托换、支撑爆破拆卸等技术，实现了超深超大基坑工程的安全设计与建造。

## 2 工程概况

光谷广场综合体工程位于武汉市东湖新技术开发区光谷广场下方，2 条主干道（鲁磨路—民族大道、珞喻东路—珞喻西路）、1 条次干道（虎泉街）及 1 条光谷街在此相交形成 6 路环形交叉口。光谷广场现状西北方向为融众国际，西侧为华美达光谷酒店和既有地铁 2 号线光谷广场站，西南方向为湖北省中医院中医小区，东南方向为光谷资本大厦，东侧为大洋百货和光谷步行街，西北方向为省建五公司 5、6 号楼等。市政管线主要分布于现状道路下方，广场中部也分布有部分管线。光谷广场综合体工程总平面见图 2。

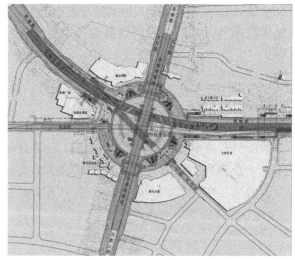

图 2 光谷广场综合体工程总平面图

拟建光谷广场综合体场区位于剥蚀堆积垄岗区，相当于长江三级阶地，地形总体较平坦。光谷广场综合体工程结构顶板覆土 1～3m，基坑深度范

获奖项目：2021 年度中国公路学会科学技术奖一等奖；2020 年度湖北省建筑结构优质工程。

围内，从上至下依次为素填土，粉质黏土、黏土，残积土、强风化泥岩，中风化泥岩；工程底板主要位于志留系强风化砂质泥岩层，该层岩体破碎，为极软岩，岩体基本质量等级为V级，局部位于泥盆系中风化石英砂岩。地下水主要为上层滞水和基岩裂隙水，在基坑开挖过程中需做好隔渗及排水措施。

光谷广场综合体工程规模巨大，基坑投影面积近10万 m²，空间关系极为复杂，平面不规则、竖向错层多，如此复杂的超大规模基坑工程国内尚无先例；同时工程周边环境条件十分复杂，周边高楼林立，地面交通拥堵，人车混行严重，地下管线密集交错。该超大复杂项目基坑工程的科学设计与安全实施面临巨大挑战。

# 3 工程地质条件

## 3.1 地层条件

光谷广场工程场地地貌单元为剥蚀堆积垄岗区（长江三级阶地），地形总体较为平坦。场区覆盖层主要为填土层（$Q^{ml}$）、第四系全新统洪积层（$Q_4^{al}$）粉质黏土、第四系上更新统冲洪积层（$Q^{al+pl}$）黏土等，厚度及性能变化较大；第三和第四纪黏土层下伏泥岩、砂岩和部分石灰岩，主要为志留系（S）泥岩。各岩土层地层岩性及特征见表1。

光谷广场岩土层地层岩性及特征表 表1

| 序号 | 名称 | 岩性及特征 | |
| --- | --- | --- | --- |
| 1 | 杂填土 | 杂色，湿—饱和，高压缩性 | 由砖块、碎石、片石、混凝土块等建筑垃圾混黏性土组成，硬杂质含量约30% |
| 2 | 石英砂岩块 | 灰白色，呈块状、柱状，压缩性低 | 为路基所抛投之块石，柱状节长5~15cm不等，块状粒径6~10cm |
| 3 | 素填土 | 褐黄—黄褐、灰褐色，稍湿—饱和，高压缩性 | 主要成份为黏性土，局部含少量碎石、砖屑等，埋深0.3~2.7m，层厚0.3~6.2m，普遍分布于场地表层 |
| 4 | 粉质黏土（$Q_4^{al}$） | 褐黄—黄褐色，饱和，可塑状态，中压缩性 | 含灰白色高岭土团块及黑色铁锰质氧化物斑点，埋深0.5~3.9m，其厚度1.1~7.5m，沿线局部地段分布 |
| 5 | 粉质黏土（$Q_3^{al+pl}$） | 黄褐—褐红色，饱和—湿，可塑—硬塑状态，中—低压缩性 | 含灰白色高岭土团块及黑色铁锰质氧化物结核 |
| 6 | 黏土夹碎石（$Q_3^{al+pl}$） | 褐黄—褐红色，湿，硬塑状态，中—低压缩性 | 含灰白色高岭土团块及黑色铁锰质氧化物结核，不均匀含10%~30%的泥岩、石英砂岩碎石，直径一般5~20mm |
| 7 | 残积土（$Q^{el}$） | 褐黄、红褐—灰黄—灰白色，湿，可塑—硬塑状态，中压缩性，黏性强 | 主要由泥岩风化残积而成，含灰白色高岭土团块及少量砂质物 |
| 8 | 红黏土（$Q^{el}$） | 黄褐色，饱和，软塑—流塑状态，高压缩性，黏性强 | 含灰白色高岭土团块及少量灰岩碎块，土体强度不均 |
| 9 | 微晶灰岩 | 浅灰白色，微晶结构，块状构造，钙质胶结，属坚硬岩 | 芯呈柱状、块状，倾角为50°~60°，裂隙发育，裂隙泥质充填，可见溶蚀现象，钻进过程中有失水现象 |
| 10 | 强风化石英砂岩 | 灰白色、棕红色，粉砂质结构，层状构造，属较硬岩强风化物 | 主要矿物成分为石英、长石、白云母、绢云母，裂隙很发育，岩芯呈碎块状，锤击易碎 |
| 11 | 中风化泥质石英粉砂岩 | 暗褐色，可见棕红色条纹，泥质胶结，层状构造，属软岩 | 可见石英、长石等矿物，岩芯呈长柱状，锤击易碎 |
| 12 | 中风化石英砂岩 | 灰白色、棕红色，粉砂质结构，层状构造，硅质胶结，属坚硬岩 | 主要矿物成分为石英、长石、白云母、绢云母，裂隙发育，倾角陡峭，岩芯多呈块状 |
| 13 | 中风化碎石状石英砂岩 | 杂色，岩芯破碎 | 呈碎块—碎砾状，夹泥质成分，局部泥质含量较高 |
| 14 | 强风化泥岩 | 黄褐色，泥质结构，层状构造，属极软岩 | 主要由黏土矿物组成，岩芯风化呈土状，局部夹含少量中风化岩块 |
| 15 | 中风化泥岩（黄褐色） | 黄褐色，泥质结构，层状构造，属极软岩 | 主要由黏土矿物组成，裂隙发育，岩芯呈柱状、块状，锤击声哑，采芯率低 |
| 16 | 中风化泥岩破碎带（黄褐色） | 黄褐色，泥质结构，属极软岩 | 岩芯呈短柱状、碎块状，易开裂折断，裂隙极发育，夹较多泥岩中风化碎屑，部分为泥岩中风化碎块，分布于层内断层附近 |
| 17 | 中风化泥岩（青灰色） | 青灰色，泥质结构，属极软岩—软岩 | 主要由黏土矿物组成，层状构造，裂隙发育，岩芯呈柱状、块状，锤击声哑，采芯率约85% |
| 18 | 中风化泥岩破碎带（青灰色） | 青灰色，泥质结构，属极软岩 | 岩芯呈碎块状、碎屑状，易开裂折断，裂隙极发育，主要分布于层内断层附近 |
| 19 | 中微风化泥岩 | 青灰色，泥质结构，层状构造，属较软岩 | 主要由黏土矿物组成，岩芯完整，呈柱状，锤击声哑，采芯率高约90% |

## 3.2 水文地质条件

地下水主要为上层滞水和基岩裂隙水，上层滞水主要赋存于（1）层人工填土层中，静止水位在地面下 0.3～3.0m；碎屑岩裂隙水主要赋存于泥盆系、志留系的石英砂岩、砂质泥岩等的构造裂隙及风化裂隙之中。工程东西向地质纵断面见图3。

图3 工程东西向地质纵断面图

（1）上层滞水

上层滞水主要赋存于（1）层人工填土层中，接受大气降水及周边居民生活用水渗透垂直下渗补给，无统一自由水面，水位及水量随大气降水及周边生活排水量的大小而波动，勘察期间测得场地上层滞水初见水位在地面下 1.20～5.30m，静止水位在地面下 1.00～4.70m。

（2）碎屑岩裂隙水

碎屑岩裂隙水主要赋存于志留系—三叠系的泥岩、石英砂岩、炭质泥岩、泥质砂岩、黏土岩及硅质岩等的构造裂隙及风化裂隙中，总体来说水量贫乏。

（3）岩溶裂隙水

初勘揭露，勘察场地灰岩埋藏较深，其上多为隔水的黏性土体所覆盖，溶洞大部分呈填充状态，充填物以黏性土、碎石为主，少部分为空洞。光谷综合体工程范围灰岩较少。

（4）基坑侧壁土体渗透系数

根据地区经验，提供基坑侧壁各土层渗透系数初步建议值，如表2所示。

各土层渗透系数初步建议值　　表2

| 地层编号及岩土名称 | 渗透系数经验值/（cm/s） |
| --- | --- |
| 杂填土 | $5.0 \times 10^{-4}$ |
| 素填土 | $2.0 \times 10^{-4}$ |
| 粉质黏土 | $1.5 \times 10^{-6}$ |
| 黏土 | $1.5 \times 10^{-6}$ |
| 黏土夹碎石 | $6.0 \times 10^{-6}$ |
| 残积土 | $1.5 \times 10^{-6}$ |
| 红黏土 | $1.5 \times 10^{-5}$ |

（5）地下水、土的腐蚀性评价

根据地下水样的水质分析结果，结合场区及其附近无地下水污染源的实际情况可以判定，场地地下水对混凝土结构及钢筋混凝土结构中的钢筋具微腐蚀性。

# 4 基坑工程实施方案

首先对工程项目进行整体优化。光谷广场道路红线是以光谷广场中心点为圆心的直径为300m的圆，规划阶段的光谷广场综合体车站主体轮廓的直径为280m，该轮廓线距周边地块红线仅10m，难以满足施工期间地面交通、管线改迁、施工场地等的空间需求。设计时，在满足交通功能的前提下，根据 6 节 A 型车编组列车对地铁车站的最小长度要求，将该工程规模优化到直径为200m圆形范围内，综合体与周边地块红线距离增加到50m，这给地面交通、管线迁改和工程施工留出了充足的空间，给工程顺利、快速实施创造了前提。

光谷广场综合体基坑总平面面积近 10 万 m²，工程土石方施工量约 199.8 万 m³（其中土方 125 万 m³，石方 74.8 万 m³），平面不规则、竖向错层多，在国内尚无先例；该工程各组成单项的工期要求、各区段的工程条件也均不一致，在整体统筹协调工程实施方案的同时，必须分区分块、分期施工。

## 4.1 基坑分区实施

光谷广场综合体工程基坑分区如图 4 所示。主体基坑平面异形、竖向错台，光谷广场中区、西区、东区，以及地铁线路明挖区间、珞雄路地铁站 5 个区域均处于地下二层到三层，基坑平均深度 21m；广场中区内部地铁 11 号线负三层站台区域的基坑最深，深度为 32m；光谷广场北区、南区均处于地下一层，基坑深度为 14m。不同区域开通时间不同，其中东西向的地铁 2 号线南延线需在 4 年内完工并开通运营，这一工期为关键工期。

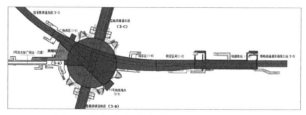

图 4 光谷广场综合体工程基坑分区图

为确保地铁 2 号线南延线按期贯通，综上考虑，对光谷广场综合体主体基坑采用分期实施方案。考虑将地铁 2 号线南延线区间所在的光谷广场中区、西区、东区，以及地铁线路明挖区间、珞雄路地铁站 5 个区域的综合体基坑工程作为一期工程同期先行实施，光谷广场北区、南区的综合体基坑工程作为二期工程，一期工程封顶后实施二期工程。计划分期实施方案的总工期为 54 个月，但地铁 2 号线南延线可在 46 个月内提前贯通，工期满足地铁 2 号线南延线的开通工期要求。另外，采用分期施工方案，综合体基坑工程的二期工程可与一期工程互为施工场地，能够有效解决场地问题。详细分期施工方案如下：

（1）工程一期基坑分为广场中区（1-A）、广场东区（1-B）、明挖区间（1-C）、珞雄路站（1-D）、广场西区（1-E），均为地下二~三层；

（2）二期基坑分为广场北区（2-A）、广场南区（2-B）、珞喻路通道西段（2-C）、珞喻路通道东端敞口段（2-D），均为地下一层；

（3）三期基坑为广场西侧南延线区间（3-A）、11 号线南端头（3-B）、鲁磨路通道及 9 号线北段（3-C）、鲁磨路通道及 9 号线南段（3-D）；

（4）四期基坑为广场西侧一层公共区（4-A）及其他附属风亭、出入口。

由于这 5 个区域的基坑平面异形、竖向错台，如作为一个大基坑设计实施，其支撑体系布置和整体受力变形都将难以解决。因此，设计时，在各区域之间设置基坑分隔桩，各区域基坑分隔桩两侧支撑的平面布置及竖向标高相互对应，以保持基坑分隔桩两侧受力平衡。该设计方案将一个复杂的超大基坑划分为 5 个相对独立的基坑，既解决了基坑受力变形问题，也为各区域的工程实施条件保留了余地。

## 4.2 地面交通现状及交通疏解

六路环岛通行能力有限，交织段短，交织车辆多，矛盾突出为虎泉街与珞瑜路西交织段。民族大道是目前通向江夏地区的主要道路，交通压力大。广场周边交通现状见图 5。

本综合体工程施工场地交通流量大，按照综合体与 2 号线南延线珞雄路站及区间相结合，工程整体协调、同步实施，施工期交通统一进行组织，施工总工期约 54 个月：

（1）前期管线改迁：广场范围内管线改迁较少，主要为珞瑜路、鲁磨路、民族大道下的管线，工期约 6 个月；

图 5　周边交通现状

（2）一期围挡施工珞喻路与鲁磨路、民族大道的路面盖板系统，各道路均保留半幅路面维持地面交通；在此期间可同时进行中央广场范围桩基施工，环岛交通维持现状，工期约 6 个月，见图 6；

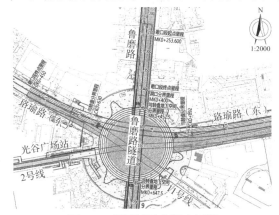

图 6　一期围挡及交通疏解图

（3）二期围挡施工综合体及市政隧道主体结构，各道路交通从路面盖板上通行，保持半幅路面交通；环岛交通改至周边广场内，工期约 34 个月，见图 7；

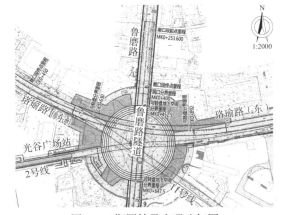

图 7　二期围挡及交通疏解图

（4）三期围挡施工出入口、风亭附属结构，地面交通恢复，工期约 8 个月，见图 8。

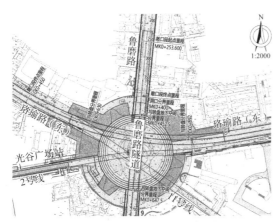

图 8　三期围挡及交通疏解图

## 4.3　管线迁改

广场范围市政管线临时迁改至综合体实施范围外，珞瑜路、鲁磨路、民族大道下的管线改迁至主体基坑外侧；无入地敷设条件地段，采用施工导流、局部提升、地面架管等措施将其进行临时迁改，待综合体实施完成后按规划管位实施；在珞瑜西路及珞瑜东路路口车行盖板下设置管廊，供给水、电力等管线环通，如图 9 所示。

图 9　光谷广场综合体管线迁改图

## 5　基坑工程设计

工程采用基于分期分区的施工方法，结合功能需求和空间关系进行分期分区，整个工程大型分区基坑共计 20 个，基坑深度从 14m 到 34m 不等。广场中区、西区、东区、明挖区间及珞雄路站总体同期实施，各区分隔桩两侧支撑的平面布置及竖向标高互相对应；并要求分隔桩两侧的每道支撑保持同步拆除；广场北区、南区在中区封顶后实施。基坑主要采用$\phi$1.2@1.5m 钻孔桩围护，对浅部填土层采用 7m 深$\phi$800mm 旋喷桩桩间止水。基坑围护结构布置见图 10。

其中，广场区域围护结构，将地下二层轮廓范围的围护桩顶延伸到地面，首先开挖施工地下二层

轮廓范围内的结构；剩余南、北两片地下一层结构在一期工程封顶后实施；一期工程范围沿基坑竖向设置 6 道支撑。本区域地下二层大基坑深约 21m，局部地下三层 11 号线基坑深约 32.8m。基坑采用整体明挖，地下三层基坑为 11 号线站台层狭长基坑，以坑中坑的形式施工，围护结构选用$\phi$1.2@1.5m 钻孔桩，采用一道钢筋混凝土对撑 + 二道钢支撑。

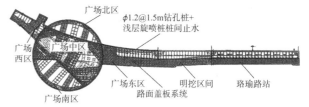

图 10　基坑围护结构总布置图

广场区域二期工程的北区、南区基坑竖向需设置两道支撑，由于存在基坑分隔桩，如果二期工程的基坑支撑直接支顶在分隔桩上，在回筑阶段分隔桩将难以拆除。设计时，将首道支撑支顶于一期工程顶板上方的牛腿上，随后盆式开挖基坑至基底并浇筑中部底板；将第二道钢支撑采用斜抛撑形式支顶于先浇底板后，开挖基坑周边土方并回筑。实践证明，该方案为施工提供了很大便利，同时解决了回筑阶段分隔桩破除问题。广场区域第一道支撑布置见图 11，广场区域第二道支撑布置见图 12。

广场西区地下二层珞喻路隧道基坑深约 19m，地下三层 11 号线基坑深约 31m。基坑采用整体明挖，地下三层以坑中坑的形式施工；围护结构选用$\phi$1.2@1.5m 钻孔桩，对填土层采用$\phi$800mm 旋喷桩桩间止水；沿基坑竖向设置 6 道支撑。支撑为混凝土支撑，采用对撑、角撑结合边桁架体系，支撑间距约 8m。为保证道路交通通畅，结合第一道支撑设置部分栈桥，栈桥下设置管廊用于市政管线改迁，支撑布置图见图 13，基坑纵断面图见图 14。

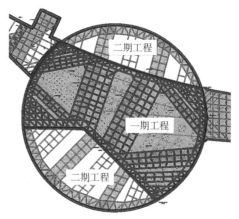

图 11　广场区域第一道支撑布置图

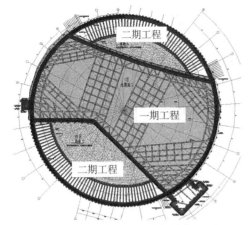

图 12　广场区域第二道支撑布置图

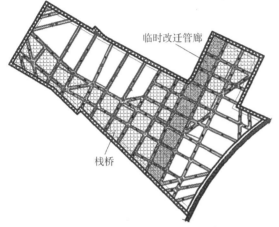

图 13　广场西区第一道支撑布置图

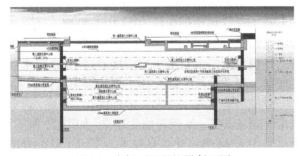

图 14　广场西区基坑纵断面图

广场东区地下二层为 2 号线南延线区间、珞瑜路隧道，地下一层为物业开发。珞瑜路隧道侧基坑深为 14.7～19.2m，2 号线南延线区间侧基坑深约 21.7m。基坑采用整体明挖，围护结构选用 $\phi1.2@1.5$m 钻孔桩，对浅部填土层采用 $\phi800$mm 旋喷桩桩间止水；基坑竖向采用 3 道支撑，坑底两侧高差较大的区段采用 4 道支撑＋1 道换撑。支撑为混凝土支撑，采用对撑、角撑结合边桁架体系，支撑间距约 8m。因基坑位于珞瑜路隧道下方，结合部分第一道支撑设置临时路面系统，以供珞瑜路车辆通行；路面盖板下设置管廊供管线改迁。广场东区第一道支撑布置见图 15，基坑横断面见图 16。

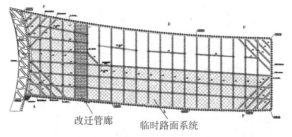

图 15　广场东区第一道支撑布置图

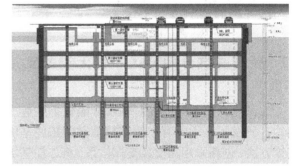

图 16　广场东区基坑横断面图

# 6　地下大空间基坑设计难点

## 6.1　基于分区分期的超大型复杂多层基坑施工方法

根据建筑功能、基坑深度在空间维度进行分区，根据关键工期、先深后浅的原则在时间维度进行分期，将复杂庞大、受力不明的空间问题解构为相对单纯、受力明确的基坑工程，同时保障各子工程的工期要求。

基于分区分期施工方法，转盘内一期"蝴蝶结"区与南北区分期施工，互为施工场地，有力地保障了工程顺利实施，2 号线南延线得以在 46 个月内按期完工，整个工程最终在 60 个月内完成建设，并始终保持 6 条道路交会的环岛交通，最大程度减轻了对既有道路交通的影响。施工期间交通状况见图 17，施工场地见图 18。

图 17　施工期间交通状况

图18　圆盘南北区施工场地

## 6.2　新型基坑分期分区平衡无交叉支撑体系

为避免二期基坑支撑对基坑分隔桩拆除造成制约，研发了基于既有主体结构承载的拓展基坑支撑方法，创新采用无交叉支撑体系，将二期基坑上部支撑支顶在既有一期结构顶板上，下部支撑采用抛撑体系支撑在盆式开挖完成浇筑的底板上。后期基坑支撑系统利用先期结构传力，受力体系和架拆工序完全不依赖于分区围护桩墙，完全省去了分期围护桩的破拆工序限制和工期（6个月）。分期基坑无交叉支撑体系见图19。

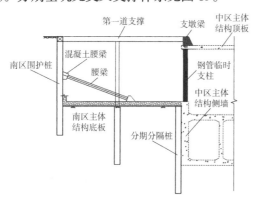

图19　分期基坑无交叉支撑体系

## 6.3　临时路面系统托换技术

针对先后期基坑施工常规采用共用冠梁做法存在逆工况拆撑效率低、分期围护桩拆除麻烦等问题，创新研发了基于先期主体结构承载的基坑支撑体系，将后期基坑的上部支撑支顶在先期主体结构顶板的支墩上，安全、方便、快速地进行后期基坑开挖和分期围护桩的破除，高效实现了后期施工的结构与前期结构快速准确衔接，如图20所示。综合体南北区工期缩短45d，出入口工期缩短30d，减少后浇带74处及接缝长度370m，在缩短工期、减少后浇带及提高接口防水质量方面效果显著。

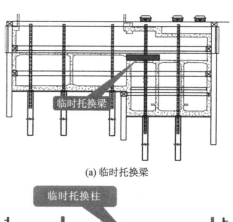

(a) 临时托换梁

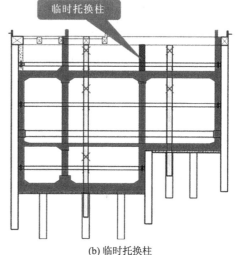

(b) 临时托换柱

图20　临时路面系统及立柱托换

## 6.4　地下大空间 BIM 可视化建造技术

研发了地下大空间 BIM 可视化建造技术，施工方基于设计单位创建的 BIM 中心模型，通过组合施工组织方案，利用 BIM 技术制作三维立体模型，将现场施工的每道工序衔接通过 BIM 技术逐一推演，提前模拟了综合体工程的围护结构施工、土方开挖运输等施工动态并进行优化，直观、合理地指导现场施工，实现智能化建造，如图21所示。通过采用 BIM 数字化信息技术，实现了复杂异形结构的精准支模、下料与建造，顺利解决了各向变坡楼板精准施工、变截面弧形梁支模施工、倾斜穹形顶板精准施工、结构柱顶圆台形钢模制造与拼装、超大体量复杂综合管线布设等常规车站从未遇到的技术难题。

图21　基于 BIM 的施工组织模拟优化

# 7 支撑爆破拆除

本工程采用预埋炮孔，以减少钻孔施工时的噪声扰民和粉尘污染。预埋炮孔选取外径40mm的中空PVC（纸）管，根据炮孔深度的不同截取PVC（纸）管。然后将一端封闭好的PVC（纸）管按设计的孔位、孔深和倾角插入钢筋笼中，并用细钢丝绑扎固定。待混凝土浇筑完毕并达到一定强度后，将预埋管高出梁面的部分截断并堵塞。

根据支撑梁的宽度采用单排、双排或三排梅花形布孔形式：抵抗线取250～300mm、孔距700～1000mm，排距250～350mm，孔深取支撑截面高度的70%；在支撑节点处，炮孔适当加密（孔距缩小20%～40%）。布孔示意图见图22、图23。

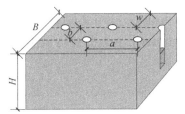

图22 双排孔布孔示意图

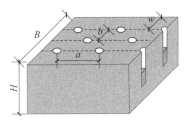

图23 梅花形孔布孔示意图

根据不同的内支撑部位、混凝土厚度和钢筋含量，选用不同的药量、孔深、孔距以及炮眼布置方式。节点处配筋较密，单孔药量加大为正常装药量的120%。分别以南侧地铁2号线光谷广场站、西侧1层民房、φ800自来水管、地铁2号线南延线端头为保护对象，确定允许振动速度和安全距离，计算允许最大药量，见图24。

根据基坑的平面布置，2～4层支撑分6次爆破，平均单次爆破方量800m³，单次总药量600kg，分区爆破拆除顺序见图25。

每一区域的爆破拆除顺序为：切断支撑与围檩的接点→支撑梁→围檩，见图26。爆破采用孔内高段别导爆管雷管，孔外低段别导爆管雷管接力的起爆网路。即孔内高段位、孔外低段位的微差

延期起爆技术，采用毫秒级延期雷管，以毫秒级时差顺序起爆各个药包的爆破技术，达到提高工效，确保安全，降尘降噪，确保周边建筑和往来穿梭的行人和车辆安全的效果。距离周边楼房、道路和管线较近的围檩及支撑采用松动爆破，爆破后采用风镐处理。内支撑爆破拆除效果见图27。

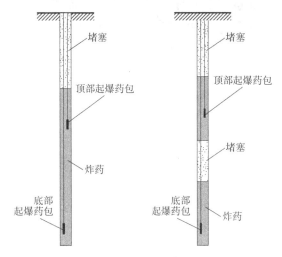

(a) 台阶爆破连续装药　　(b) 弱松动爆破间隔装药

图24 装药结构示意图

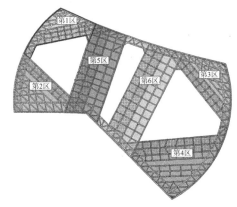

图25 支撑梁分区爆破拆除顺序图

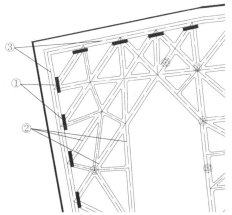

起爆顺序：支撑梁与围檩结点 → 支撑梁 → 围檩

图26 起爆顺序图

图 27　内支撑爆破拆除效果图

## 8　结论

（1）基于分期分区的施工方法有效保障了 2 号线南延段按期开通的关键工期，且解决了该项目的施工场地问题。

（2）采用分区施工的方式，并通过合理设计，将受力与布置复杂的基坑结构拆分为相对简单、受力明确的分区基坑，保障了复杂基坑的安全设计与施工。

（3）采用基坑首道支撑结合的临时路面系统及其立柱托换技术，有效实现了施工过程中的交通疏解难题。

（4）采用基坑围护混凝土支撑爆破拆卸的施工工法，实现了深基坑混凝土支撑安全高效拆除，节约工期与人力资源。

## 参考文献

[1]　郭书兰, 阎长虹, 杨战勇, 等. 特殊地质环境条件研究在超大基坑支护设计中的意义——复杂地质环境下超大异形基坑支护设计优化分析[J]. 地质论评, 2017, 63(5):1419-1427.

[2]　卢晓. 苏州中心广场超大型地下空间基坑方案选型与研究[J]. 施工技术, 2019, 48(18):90-94.

[3]　谢小林, 方银钢. 上海中心城区复杂环境深大基坑工程设计与实践[J]. 建筑施, 2020, 42(8):1388-1391.

# 邻近既有铁路深厚淤泥层基坑工程实录

于廷新　熊大生　张占荣　张　燕

（中铁第四勘察设计院集团有限公司，湖北武汉　430063）

## 1 工程概况

温州市域铁路是我国具有创新性及先行先试意义的市域铁路项目。其中的控制中心工程是温州市域铁路 S1、S2、S3、S4 线的指挥管理中枢，地上建筑共 22 层，设两层地下室。基坑深度 12.0～17.2m，基坑面积 10200m²，属于深大基坑。基坑紧邻运营金温铁路、温州大道。因要求与温州 S1 线同时运营，但开工时间晚于温州 S1 线，故工期极其紧张。本基坑是温州市域铁路控制中心能否如期建成的控制性工程。

基坑北侧距离城市主干道温州大道仅 10.0m，道路边存在直径 800mm 的雨水管、直径 400mm 的给水管等地下管线；南侧距运营金温铁路仅 12.0m，运营金温铁路为路基，车次多，沉降、变形要求极为严格；东侧为民政大厦，下设一层地下室；西侧及北侧存在多栋砖混结构的民房、施工单位项目部用房。基坑周边环境照片见图 1。

图 1　基坑周边环境照片

## 2 岩土工程条件

拟建场地位于瓯江南侧，属于沿海淤积平原。

地层自上而下主要为①₁ 杂填土、①₂ "硬壳层" 黏土、②₁～②₂ 淤泥、④₁～④₂ 深部黏性土。②₁ 及 ②₂ 层淤泥厚度大，厚度达 23～27m。具体描述如下：

第①₁ 层杂填土（$Q^{ml}$）：杂色，新近人工堆填土，松散，中压缩性，层厚 1.3～2.1m。

第①₂ 层黏土（$Q_4^{3lh}$）：灰黄色，十字板剪切峰值强度为 31.5kPa，残余强度为 8.9kPa，可塑，中—高压缩性，层厚 1.4～2.2m。

第②₁ 层淤泥（$Q_4^{2m}$）：青灰色，十字板剪切峰值强度为 21.6kPa，残余强度为 4.2kPa，流塑，高压缩性，高灵敏度，层厚 11.5～12.1m。

第②₂ 层淤泥（$Q_4^{2m}$）：青灰色，十字板剪切峰值强度为 26.5kPa，残余强度为 5.6kPa，流塑，高压缩性，高灵敏度，层厚 12.1～15.0m。

第④₁ 层黏土（$Q_3^{2-2al-1}$）：灰黄色，标贯击数为 6.5～10.0 击，平均击数为 9.1 击，可塑，中—高压缩性，层厚 2.0～7.1m。

第④₂ 层黏土（$Q_3^{2-2m}$）：灰色，标贯击数为 5.5～8.5 击，平均击数为 6.5 击，软塑，中—高压缩性，层厚 3.4～9.4m。

地质剖面图如图 2 所示，地层参数见表 1。

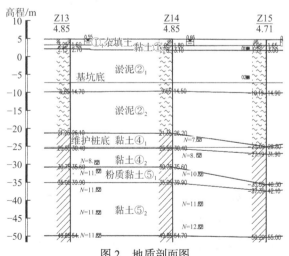

图 2　地质剖面图

基金项目：中国铁路总公司科技研究计划重点课题（2014G008-D）。
获奖项目：2019 年全国优秀勘察设计行业三等奖，湖北省勘察设计二等奖。

| 地层参数表 | | | | 表1 |
|---|---|---|---|---|
| 名称 | 天然重度/（kN/m³） | 厚度/m | 直剪固结快剪 | |
| | | | 内摩擦角/° | 黏聚力/kPa |
| ①₂黏土 | 17.7 | 1.4～2.2 | 11.4 | 14.7 |
| ②₁淤泥 | 15.9 | 11.5～12.1 | 7.7 | 8.5 |
| ②₂淤泥 | 15.8 | 12.1～15.0 | 8.4 | 9.4 |
| ④₁黏土 | 18.9 | 2.0～7.1 | 13.0 | 33.0 |
| ④₂黏土 | 18.1 | 3.4～9.4 | 13.2 | 22.3 |

场地地下水主要为孔隙潜水，勘察期间地下水位埋深为 0.6～0.8m。地下水年变化幅度为 1～2m。

# 3 基坑围护设计

## 3.1 本工程特点

（1）该基坑深度及面积位于温州地区前列，风险大、工期紧。

（2）基坑范围内存在 23～27m 深厚淤泥，抗剪强度极低，开挖对周边环境影响大。

（3）基坑周边变形敏感建（构）筑物多，如南侧距离 12m 为既有运营金温铁路，车次多；北侧距离 10m 为温州大道，城市主干道，车流量大；周边砖混结构民房较多，东侧为含一层地下室的民政大厦，基坑支护结构变形控制要求高。

（4）基坑对运营金温铁路的影响需进行安全影响评估，并通过铁路部门的专项审查。

（5）铁路监测领域存在无规范标准、铁路监测审批部门多等难点。

（6）基坑坑底置于淤泥层，稳定性差，车辆进入基坑开挖、运土难度大，且基坑距离周边红线近，施工空间狭小，堆放建筑材料空间不足。

（7）基坑坑内局部存在坑中坑，深度达 6.4m，对周边环境影响大，支护设计难度大。

## 3.2 淤泥层抗剪强度取值

基坑淤泥层厚度达 23～27m，流塑，其抗剪强度指标对深基坑支护造价、基坑及铁路变形影响很大。根据勘察报告，②₁ 及 ②₂ 淤泥层剪切试验指标为峰值强度的标准值，建议乘以 0.7 的折减系数或根据地方经验确定。若折减系数取 0.7，则②₁淤

泥层固结快剪指标：$c = 6.0$kPa，$\varphi = 5.4°$，②₂淤泥层固结快剪指标：$c = 6.6$kPa，$\varphi = 5.9°$，造成基坑支护造价很高、基坑及铁路变形很大。而后设计进行补充勘察，结合静力触探、十字板剪切、扁板侧胀试验等多种原位测试，②₁ 层淤泥端阻$q_c = 0.3$，②₂层淤泥端阻$q_c = 0.5$，综合考虑折减系数取 0.9，即②₁淤泥层抗剪强度提高至：$c = 7.7$kPa，$\varphi = 6.9°$，②₂淤泥层抗剪强度提高至：$c = 8.5$kPa，$\varphi = 7.6°$，抗剪强度的提高大大节约了基坑支护造价。

## 3.3 支护结构选型

根据基坑规范，本项目基坑的安全等级为一级[1]。根据上述基坑特点，金温铁路水平位移和沉降要求极为苛刻，进行了多种基坑围护方案比较。

围护桩（墙）可选择地下连续墙、钻孔灌注桩。地下连续墙费用高、施工工艺复杂；钻孔桩工艺成熟、费用较低、便于工期控制，故采用钻孔桩。由于淤泥层厚度大，应设置帷幕止水止淤泥[2]，可供选择的帷幕有三轴搅拌桩、高压旋喷桩，采用效果较好、工艺成熟、施工速度快的三轴搅拌桩。

内支撑可选择混凝土支撑和钢支撑。钢支撑刚度小、节点复杂、变形难控制；混凝土支撑刚度大、节点可靠、有利于控制铁路位移，故选取混凝土支撑。经过方案比选，本基坑围护结构采用钻孔桩 + 三轴搅拌桩 + 混凝土内支撑。

经过设计比选、方案计算，采取 $\phi$1000mm@1200mm 的钻孔灌注桩，设置两道混凝土支撑。止水止淤泥帷幕采用直径较小、较经济的 $\phi$650mm@450mm 的三轴搅拌桩。本基坑立柱桩大部分利用工程桩，大幅节约工程造价，上部设置格构柱。坑底淤泥加固方案通过 4.3 节三维数值模拟及费用对比综合选择。基坑围护平面见图 3，基坑围护剖面如图 4 所示。

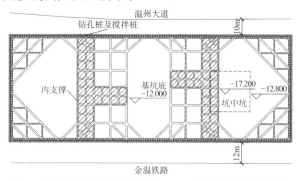

图 3 基坑围护平面图（单位：m，阴影区域为栈桥）

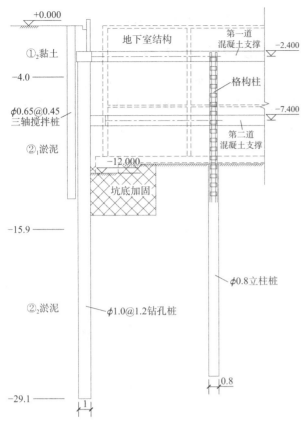

图4 基坑围护剖面图（单位：m）

由于基坑长边紧邻繁忙的金温铁路，淤泥基坑长时间暴露、开挖会造成金温铁路变形超标。基坑开挖恰逢春运时间，需保证铁路安全运营、万无一失。内支撑布置考虑时空效应，采用互不影响的对撑和角撑的形式，便于基坑分区分段施工。设计采取先东侧、再西侧、最后中部的分区分段施工工序，统筹安排基坑设撑、换撑、拆撑，减少基坑暴露跨度和时间，减小了金温铁路因基坑时空效应造成的变形，成功解决了铁路变形超标的难题，保证了金温铁路安全运营，确保了周边建筑物的

安全。

为解决车辆在淤泥中施工困难、施工空间狭小、无堆放建筑材料空间等问题，设计结合支撑设置施工栈桥（图3中阴影区域），大幅提高了施工效率，保证了工期，栈桥立柱大部分利用工程桩，节约了投资。同时为减小铁路变形、增加施工空间，结合施工道路在压顶梁上设置挡墙。

对深度达6.4m的坑中坑，为避免周边基坑支护加强，设计采用多排三轴搅拌桩形成水泥土墙支护，既保证了坑中坑稳定、减小坑中坑对整个基坑支护的影响，又解决了坑底承载力不足的问题，保证了施工机械的正常施工，降低了工程造价。

## 4 对运营铁路的安全影响评估

### 4.1 本构模型及计算参数

由于基坑紧邻既有金温铁路，故需要对金温铁路的影响进行安全评估及铁路部门专项审查。采用三维数值分析进行循环动态设计、变形超前预测，确保运营铁路微变形满足要求，以实现经济和安全双赢的目标。

数值分析中关键问题是要选取合适的本构模型[3]。对于周边环境敏感的基坑，土体的剪应变为小应变，需考虑在小应变时土体刚度要远大于大应变时刚度的特性。与其他数值分析模型相比，小应变土体硬化（HSS）模型考虑上述土体刚度变化特性，在模拟基坑工程方面优势明显[4-5]，故本基坑三维数值分析采用小应变硬化模型。

小应变硬化模型的计算参数通过土工试验、原位测试及经验公式等确定，见表2。

小应变硬化模型计算参数 表2

| 名称 | 压缩模量/MPa | 回弹模量/MPa | 割线模量/MPa | 幂 | 初始剪切模量/MPa | $\gamma_{0.7}$ |
|---|---|---|---|---|---|---|
| ①₂黏土 | 3.7 | 29.6 | 5.5 | 0.8 | 74.0 | 0.0001 |
| ②₁淤泥 | 2.8 | 21.6 | 4.1 | 0.8 | 54.0 | 0.0001 |
| ②₂淤泥 | 2.9 | 23.2 | 4.4 | 0.8 | 58.0 | 0.0001 |
| ④₁黏土 | 6.1 | 48.8 | 9.2 | 0.8 | 122.0 | 0.0001 |
| ④₂黏土 | 4.1 | 32.8 | 6.2 | 0.8 | 82.0 | 0.0001 |

### 4.2 三维数值分析

采用PLAXIS 3D软件，建立模型，对基坑开挖对既有铁路的影响进行三维数值分析。基坑施工工况如下：

（1）施工基坑围护桩、三轴搅拌桩、立柱桩，开挖至第一道内支撑底；

（2）施工压顶梁及第一道内支撑，开挖至第二道内支撑底；

（3）施工围檩及第二道内支撑，开挖至基

坑底；

（4）施工地下室底板及换撑，拆除第二道内支撑；

（5）施工中板及换撑，拆除第一道内支撑。

根据三维数值模拟，获得各工况水平位移云图、竖向位移云图。基坑开挖完成后垂直金温铁路方向水平位移（以下简称"水平位移"）云图如图 5 所示。

图 5　基坑开挖完成后垂直金温铁路方向水平位移云图

基坑周边土体及铁路位移主要集中在工况一～工况三。三个工况下铁路股道的沉降图、水平位移图见图 6、图 7。

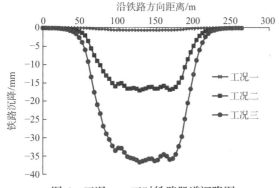

图 6　工况一～三时铁路股道沉降图

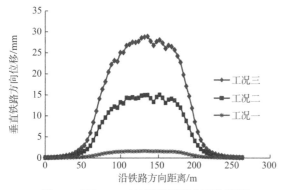

图 7　工况一～三时铁路股道水平位移图

由图 6、图 7 可见，工况二、工况三时铁路位移较大。开挖到底后铁路股道最大水平位移为 28.9mm，最大沉降为 36.6mm，两者数值相差不大，

由基坑中部向基坑两侧逐渐减小。

### 4.3　坑底淤泥加固方案

为控制金温铁路变形，确保铁路运营安全，需对基坑坑底淤泥进行加固，加固采用比较经济的三轴搅拌桩，对各类坑底淤泥加固方案进行三维数值分析，得到各方案铁路最大水平位移和投资，比选表见表 3。

坑底淤泥加固方案比选表　　　表 3

| 坑底淤泥加固方案 | 搅拌桩空桩长/m | 搅拌桩实桩长/m | 铁路最大水平位移/mm | 加固费用/万元 |
|---|---|---|---|---|
| 墩式加固 | 16940 | 6920 | 40 | 130 |
| 裙边＋墩式加固 | 44190 | 18040 | 29 | 330 |
| 全部加固 | 336940 | 137530 | 26 | 2490 |

由表 3 可见，裙边＋墩式三轴搅拌桩加固最经济合理，比墩式加固减小金温铁路位移 11mm，比满堂加固减少投资 2160 万元，故本基坑坑底淤泥加固采用铁路侧裙边＋其他侧墩式三轴搅拌桩加固方案，见图 8。

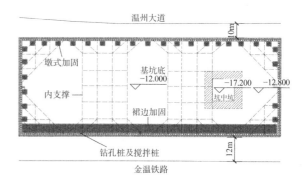

图 8　裙边＋墩式坑底淤泥加固图（单位：m）

多样化坑底淤泥加固形式大大降低工程造价，为软土地区运营铁路侧开挖基坑提供了宝贵经验，为相关规范标准的制定、修订提供了依据。

## 5　施工情况

基坑施工过程中，进一步采用三维数值分析进行施工实时调整、变形超前预测，确保运营铁路微变形满足要求。基坑施工顺利，节约了施工工期，无安全报警。基坑开挖及栈桥照片见图 9，基坑开挖完成后现场照片如图 10 所示。

图 9　基坑开挖及栈桥照片

图 10　基坑开挖完成后现场照片

# 6　监测结果分析

　　基坑施工过程中进行了基坑监测及铁路专项监测,包括:桩顶水平、竖向位移监测;深层水平位移监测;支撑轴力监测;地表竖向位移监测;地下水位监测;立柱沉降监测;建筑物水平和竖向位移监测;管线水平和竖向位移监测;铁路水平和竖向位移专项监测。

　　基坑于 8 月 20 日开始开挖,9 月 1 日开挖至一层底,10 月 17 日开始第二层开挖,11 月 12 日基坑基本开挖完成,次年 1 月 2 日进行底板浇筑。基坑围护桩深层水平位移曲线如图 11 所示。铁路处土体深层水平位移曲线如图 12 所示。

　　由图 11、图 12 可见:

　　(1)深层水平位移随时间逐渐增大,第一二道支撑之间土体挖完、第二道支撑和坑底之间土体挖完后,短期内深层水平位移急速增加,而后需要很长时间慢慢趋于稳定,开挖后土体的水平变形时间长,呈蠕变特性;基坑变形不随底板浇筑完成而快速停止,需长时间收敛,呈滞后特性。最终深层水平位移很大,最大值达 57mm,最终位移与基坑施工时间强相关,故需利用基坑时空效应,减少基坑施工时间。

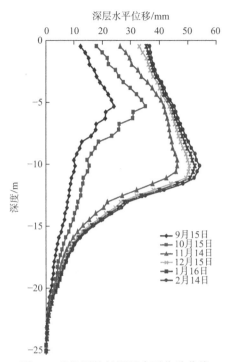

图 11　基坑围护桩深层水平位移曲线

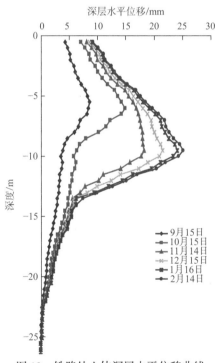

图 12　铁路处土体深层水平位移曲线

　　(2)深层水平位移最大值基本在各工况开挖底面附近,最大值位置随着开挖面下降而降低。嵌固段超过 1 倍坑深后的围护桩深层水平位移很小。由于铁路距离基坑边 12m,故铁路处土体深层水平位移相比基坑围护桩深层水平位移大幅减少。

　　弹性支点法计算、三维数值分析与现场实际监测的围护桩深层水平位移对比见图 13,基坑外地表沉降对比见图 14。

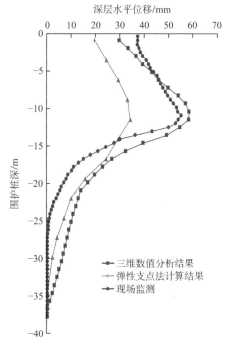

图 13　各方法围护桩深层水平位移对比图

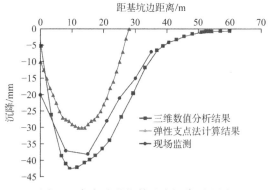

图 14　各方法基坑外地表沉降对比图

由图 13、图 14 可得，三维数值分析结果与现场监测基本一致，弹性支点法结果偏小。由图 14 可得，深厚淤泥层基坑影响范围达 5 倍基坑深度，影响范围大于常规基坑。

## 7　结语

（1）采用 PLAXIS 3D 三维数值分析、小应变土体硬化模型对既有铁路旁深厚淤泥深基坑支护进行循环动态设计、施工实时调整、变形超前预测，实现了运营铁路微变形满足要求的目标，达到经济和安全双赢的目的。基坑工程节约了施工工期，为后续工程的开展赢得了时间，为国内首条市域铁路开通运营奠定了基础。

（2）基于小应变土体硬化模型的三维数值分析与实际监测基本一致，弹性支点法位移计算结果偏小。

（3）深层水平位移最大值位于各工况开挖面附近，随开挖面下降而逐渐降低，嵌固段超过 1 倍坑深后的围护桩深层水平位移很小。铁路沉降与垂直铁路方向水平位移基本相等。

（4）通过三维数值分析及多方案对比，采用裙边搅拌桩加固铁路侧坑底，墩式搅拌桩加固其他侧坑底，有效控制了铁路变形及投资。

（5）淤泥基坑变形呈蠕变、滞后特性，先急剧增加，而后需长时间收敛；最终位移与基坑施工时间强相关，故需利用基坑时空效应，减少基坑施工时间；影响范围达 5 倍基坑深度，大于常规基坑。

## 参考文献

[1] 住房和城乡建设部. 建筑基坑支护技术规程: JGJ 120—2012[S]. 北京: 中国建筑工业出版社, 2012.

[2] 于廷新. 软土地区某邻近高铁基坑支护设计及监测分析[J]. 铁道工程学报, 2015, 32(11): 23-29, 54.

[3] 徐中华, 王卫东. 敏感环境下基坑数值分析中土体本构模型的选择[J]. 岩土力学, 2010, 31(1): 258-264.

[4] 王培鑫, 周顺华, 狄宏规, 等. 基坑开挖对邻近铁路路基变形影响与控制[J]. 岩土力学, 2016, 37(S1): 469-476.

[5] 尹骥. 小应变硬化土模型在上海地区深基坑工程中的应用[J]. 岩土工程学报, 2010(S1): 166-172.

# 软土区深茂铁路江门站房及配套工程深基坑群设计工程实录

张　燕[1]　于廷新[1]　张占荣[1]　熊大生[1]　龚丽飞[2]

（1. 中铁第四勘察设计集团有限公司，湖北武汉　430074；
2. 南京水利科学研究院，江苏南京　210000）

## 1　工程概况

珠西综合交通枢纽江门站及配套工程位于江门市新会区，含站房浅基坑，地下停车场及地铁预留区间等配套工程基坑，设计范围为含站房、地下停车场、地铁预留区间站前地下停车场（浅挖区）基坑，总面积约 4 万 $m^2$。场地 $\pm 0.000 = 7.080m$，施工前场地整平至相对标高 $-5.000m$（绝对标高 $2.080m$），站房基坑基底标高为 $-11.000 \sim -13.000m$，基坑实际开挖深度为 $6 \sim 8m$；地下停车场地下两层，基坑实际开挖深度为 $6.550 \sim 7.650m$，东西侧周边场地开阔，南侧接地铁区域（图 1）。

地铁区全长约 617.4m，宽度 $25 \sim 28m$。地铁预留区间深挖区基坑采用明挖顺作法施工，主体结构标准段宽 $23.6 \sim 28.9m$，基坑实际开挖深度为 $15.9 \sim 18.15m$。

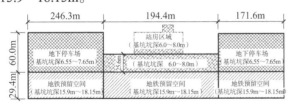

图 1　基坑平面图

基坑周边环境如下：

（1）整个站房及市政配套基坑为同步建设的深基坑群。

（2）南侧地铁结构外边线为正在施工的江门大道隧道明挖基坑，两结构外边线最近约 11m，隧道基坑最深底标高较本基坑浅约 3m。

## 2　场地岩土工程条件

### 2.1　工程地质条件

根据相关详勘资料，钻孔揭示的地层情况，自上而下主要为：素填土①₃、淤泥②₁、粉质黏土③₂、细砂⑪₂、中砂⑫₃、粗砂⑬₃、细圆砾土⑭₃、全风化泥质砂岩㉒₁、强风化泥质砂岩㉒₂、中风化泥质砂岩㉒₃（图 2）。

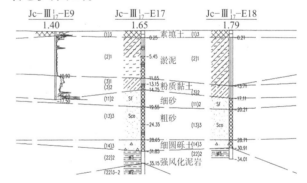

图 2　典型地质横断面图

素填土，松散，平均层厚 2.71m；淤泥，流塑，厚度为 $10.3 \sim 18m$；粉质黏土，可塑，平均厚度 4.6m；细砂，松散，平均层厚 3.7m；中砂，稍密，平均层厚 3.6m；粗砂，中密，不连续分布，平均层厚 9.5m，其中基坑开挖深度范围内多为淤泥质土、淤泥层，实测标贯击数 $N = 1 \sim 5$ 击，含水量达 64.5%，有机质含量为 2.25%，地基土体承载力为 40kPa；基坑工程实施 2 个月前，场区中部淤泥层土体局部施打塑料排水板结合真空预压处理过，为降低造价，拟考虑真空预压对地基土强度的改良作用，结合静力触探、十字板等原位土体试验，相关土层参数取值如表 1 所示。

获奖项目：2022 年中国市政工程协会市政工程最高水平评价。

| 地层编号 | 地层名称 | 天然重度 | 快剪（直剪） | | 固结快剪（直剪） | | 渗透系数 | 地基土比例系数 |
|---|---|---|---|---|---|---|---|---|
| | | $\gamma/$（kN/m³） | $c$/kPa | $\varphi/°$ | $c$/kPa | $\varphi/°$ | $K/$（m/d） | $m/$（MN/m⁴） |
| ①₁ | 素填土 | 17.2 | 15.0 | 18 | — | — | | 1.8 |
| ②₁ | 淤泥 | 16.1 | 6.7（预压后） | 3.7（预压后） | 7.5（预压后） | 6.6（预压后） | | 0.6 |
| | | | 5.2（非预压） | 2.6（非预压） | 7.1（非预压） | 5.3（非预压） | | 0.7 |
| ③₂ | 粉质黏土 | 19.3 | 19.3 | 10.2 | 29.3 | 13.97 | | 2.7 |
| ⑪₂ | 细砂 | 18.3 | 0.00 | 20.0 | 0.00 | 22.0 | | 20 |
| ⑫₂ | 中砂 | 18.7 | 0.00 | 28.0 | 0.00 | 30.0 | 21.1 | 25 |
| ⑬₃ | 粗砂 | 20.7 | 0.00 | 30.0 | 0.00 | 32.0 | 27.5 | 27 |
| ㉒₂ | 强风化泥岩 | 20.5 | 36.0 | 25.0 | 36.0 | 28.0 | | |

## 2.2　水文地质条件

根据其埋藏条件并结合含水层的性质，场地地下水主要有两种类型：第一类是潜水；第二类是承压水。人工填土成分较为混杂且均匀性差、孔隙比大，属中等透水性地层；软土含水率较高，但渗透性差、属微透水性地层；黏性土属弱～微透水层；砂层则属中等透水性地层，具强赋水性。总体上看，松散的填土层、淤泥质砂层、冲洪积砂层为本场区的主要含水层，由于砂层厚度大，富水性较强，其中水量亦较大。

本场地勘察期间测得钻孔混合稳定水位埋深为 0.10～6.70m，标高为 −5.510～1.920m，据相关勘察资料所述，本场地承压水头为绝对标高 −1.000m。

## 3　基坑特点分析

（1）基坑开挖深度范围内地质条件差，上部约 20m 厚流塑状淤泥、含水量高达 65%，基坑控制变形不易，承载力低，施工挖土困难。

（2）站房及配套工程深基坑规模大、开挖深度不一，为立体式深基坑群，偏压问题突出，受力体系十分复杂，设计难度大。

（3）坑底存在中等渗透性的粗砂层，富含承压水，地下水突涌问题突出，止降水要求高。

（4）站房及配套工程分属不同业主、施工方，基坑群结构受力体系相互制约，受施工组织影响大，风险安全隐患大。

（5）站房地下结构基础平面布设极不规则，支护结构体系避让难度大，站房净空大，拆换撑处

理困难，工期紧张。

## 4　基底软基处理

因工程施工周期短，建设周期为 24 个月，地下基坑计划 16 个月，但基坑开挖范围内主要为淤泥，在原状天然土的前提下无法实施开挖，需要进行地基处理。

采用传统的塑料排水板结合真空预压处理，经济性较好[1]，但不满足工期要求；采用坑内真空井点预降水对该地区淤泥层的处理效果一般[2]；采用传统的满堂搅拌桩加固造价偏高[3]，综合工期及经济性两方面，设计上采用了坑内裙边抽条 + 中部散布式搅拌桩加固的方法进行地基处理，详见图 3，三轴搅拌桩、单轴搅拌桩坑底以上掺少量水泥，解决开挖过程中地基承载力不足及开挖难题，下部掺入实桩水泥。

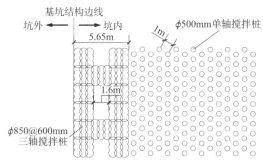

图 3　地基加固平面示意图

为合理确定搅拌桩水泥掺量，施工前对 $\phi$500mm 单轴搅拌桩、$\phi$850mm 三轴搅拌桩进行了相关试桩试验，水灰比为 1:1，空桩按照 12%、14%、16% 三组水泥掺量，实桩按照 20%、22%、24% 三组水泥掺量实施现场试桩，并加入 2%～3%

氯化钙早强剂，28d 后对桩体完整性和桩身强度进行了检测，检测结果见图 4。

图 4　单轴搅拌桩 28d 取芯照片

单轴搅拌桩水泥掺量小于 14%时，28d 无侧限抗压强度小于 0.5MPa，桩身完整性差；当水泥掺量为 20%时，无侧限抗压强度最低为 0.8MPa，所取芯样连续完整。

$\phi$850 三轴搅拌桩在 28d 强度时进行检测（图 5），20%水泥掺量的三轴搅拌桩成桩效果较差，基本无连续完整芯样，但当水泥掺量为 22%、24%时，成桩效果较好，24%取芯率达到 86%，有连续完整芯样，局部呈破碎状、块状，桩体强度较高，无侧限抗压强度最低为 1.2MPa。根据试桩成果，单轴搅拌桩上部空桩采用水泥掺量 14%，下部实桩采用20%；被动区加固三轴搅拌桩实桩水泥掺量为 24%。

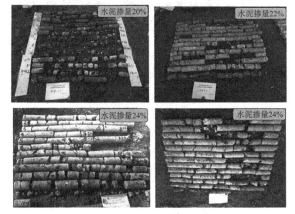

图 5　三轴搅拌桩 28d 取芯照片

# 5　支护结构设计

## 5.1　选型分析

结合地方规范标准，本基坑周边较为开阔，虽为同步施工的深基坑群，但基坑处不良地质土深厚淤泥层，基坑安全等级为一级，需采取刚度较大的围护结构进行垂直开挖；其次本工程开挖深度内地层主要为淤泥，地下水位埋深较浅，地质条件比较复杂。

由此本工程可供选择的围护形式有：①钻孔灌注桩结合止水帷幕＋内支撑支护方案；②型钢水泥土墙＋内支撑支护方案；③地下连续墙＋内支撑支护方案。

（1）钻孔灌注桩结合止水帷幕＋内支撑支护方案

钻孔灌注桩结合止水帷幕作为一种成熟的工法，其施工工艺简单、质量易控制，施工时对周边环境影响小。其止水帷幕可根据工程的土层情况、周边环境特点、基坑开挖深度以及经济性等要求的综合因素选用合适的工艺。与型钢水泥土搅拌墙相比，具有刚度大、支撑层数设置少等优点。

（2）型钢水泥土墙＋内支撑支护方案

型钢水泥土搅拌墙是一种在连续套接的三轴水泥土搅拌桩内插入型钢形成的复合挡土隔水结构，型钢水泥土搅拌墙施工占用场地小以及施工速度快，且具有内插型钢可拔出回收的优点。但与钻孔灌注桩相比，具有刚度较小、支撑层数设置多等缺点。

（3）地下连续墙＋内支撑支护方案

在国内，地下连续墙作为基坑围护结构的设计施工技术已经非常成熟，施工具有低噪声、低振动等优点，工程施工对环境影响较小。连续墙刚度大、整体性好，基坑开挖过程中安全性较高，支护结构变形较小，而且墙身具有良好的抗渗性能。但地下连续墙单独作为基坑围护结构造价较其他围护结构要高，且施工工艺也较为复杂。

综合考虑，结合基坑开挖深度，围护结构地下停车场、站房区域选用了钻孔灌注桩结合止水帷幕＋内支撑支护方案，地铁预埋区间选用地下连续墙＋内支撑支护方案，站房临时隔断段采用型钢水泥土墙＋内支撑进行支护。

## 5.2　基坑支护设计措施

因整个基坑群形状呈凹凸形，且各个功能分区开挖深度不同，属于深包浅型深基坑群［图 6（a）］，较传统意义的浅包深型深基坑群设计难度大，浅包深型深基坑常采用普挖至浅基坑坑底，深坑中部按照坑中坑方式进行开挖［图 6（b）］，深包浅型因深浅过渡问题，存在一侧偏压问题，尤其是在软土区偏压问题更为突出。

整个深基坑群结合各功能分区不同挖深，将

整个基坑群分成如下五个区，一、二区为地铁结合地下停车场的深包浅型深基坑，三区为地铁深挖区、四五区为站房区，具体见图7。

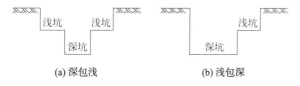

(a) 深包浅　　　　　　　(b) 浅包深

图6　深浅基坑类型示意图

图7　深基坑群分区示意图

（1）深浅坑设计及偏压处理

站房及配套工程为面积超4万m²的超大规模的深基坑群，受力十分复杂。其中东西侧地下停车场及地铁预埋区为深包浅型深基坑群，传统深包浅型深基坑常采用先深后浅的开挖工序进行设计与施工，深浅坑属接续作业，无法同步；本工程创新设计工序，采用大坑原则、先浅后深的设计工序，即一区、二区均按照先普挖至浅坑底，再局部挖至地铁深部区域的方式进行开挖，确保了地下停车场、地铁预埋区间的同步实时开挖，设计上采用空间错层支撑的结构，缩短了项目工期，为国内大型综合交通枢纽工程深基坑群的设计提供了宝贵经验。

一、二区地下停车场区域基坑围护结构主要采用φ1000mm@1200mm钻孔灌注桩结合一道钢筋混凝土内支撑进行支护，桩间采用φ600mm高压旋喷桩进行止淤，坑内侧采用φ850mm三轴搅拌桩进行被动区加固，加固深度为坑底下4m，解决软土区抗力不足的问题，典型断面如图8所示。

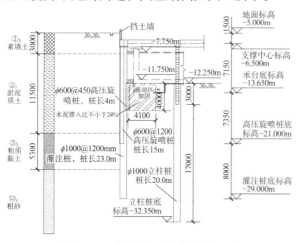

图8　地下停车场区域典型剖面图

地铁区域基坑达17m，考虑支挡和止水性，围护结构采用800mm厚地下连续墙＋3道内支撑，第一道为1000mm×1000mm混凝土支撑，第二、三道为φ800mm×16mm钢支撑，钢倒撑为φ800mm×16mm钢管撑，地下连续墙接缝采用工字钢接头，每幅交界处采用3根φ600mm的高压旋喷桩进行搭接，详见图9、图10。

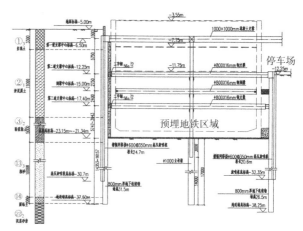

图9　地铁预埋区域典型剖面图（二区临地铁侧）

图10　深浅坑现场实施图

因站房四、五区相应的建设程序相对滞后，其对应基坑施工和开挖较对应前三区市政配套工程的开挖要晚，因此为确保前三区的结构稳定和安全，四五区不可一次性进行开挖，需预留四区核心土缓冲带，同时考虑站房核心筒树形结构的顺利实施，站房考虑分两期实施，具体五区典型断面如图11所示。

（2）考虑时空效应的支撑体系

为确保基坑群各深浅坑结构受力的整体性、安全性，整个设计为桩（墙）撑体系，同时协调铁路站房、配套工程等多个基坑群的施工时序，考虑动态调整支撑体系，分区式支护，有效解决了现场施工组织不同步的难题，确保了基坑安全，为大型复杂交通枢纽深基坑工程设计与施工提供了宝贵的经验。

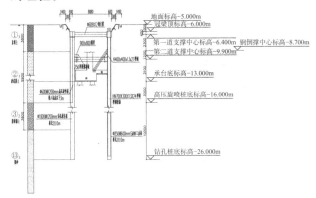

图 11　站房区域典型剖面图

在设计中，针对不同挖深分成五个区，主要针对站房与配套工程基坑是否同步施工的工序进行了多种分析，其中一、二、三区为站房配套工程（地方投资），地下二层的地下停车场开挖深度为 6.9～7.7m，呈凹型，地下三层的地铁预埋工程开挖深度

15.9～18.2m；四、五区为站房基坑范围，开挖深度6～8m，为凸字形结构（详见图 7）。结合整个项目规模、工期，一、二区与三区间相邻边采用灌注桩作临时中隔墙，设计中考虑三区、五区先同步实施开挖，一、二区后同步实施开挖，最后实施开挖四区的方案，具体工序详见图 12。

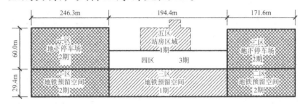

图 12　工序施工图

在此工序条件下，结合基坑挖深，一二期地下停车场、五区均为一道混凝土支撑，地铁预埋区域为一道混凝土支撑＋两道钢支撑进行对应支撑体系的布设，第一道平面支护体系布置如图 13、图 14 所示。

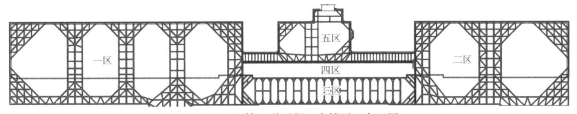

图 13　基坑第一道混凝土支撑平面布置图

图 14　基坑第一道混凝土支撑施工现场图

浅挖区支撑结构体系中采用角撑、对撑结合米字形布设方式，受力明确、施工空间大，便于后续拆换撑施工。地铁区跨度小，采用对撑形式，结构受力简单，整体性好。

## 5.3　降水处理

结合工程水文地质条件，下部砂层存在承压

性，依据规范，对基坑抗突涌进行验算：

$$k_{ty} \cdot H_w \cdot \gamma_w \leqslant D \cdot \gamma$$

式中：$k_{ty}$——抗坑底突涌安全系数，对于大面积普遍开挖的基坑，不应小于 1.20；计算时，抗坑底突涌安全系数取 1.2；

　　　$D$——基坑底至承压水含水层顶板的距离（m）；

$\gamma$——$D$ 范围内土的平均天然重度（kN/m³）；

$H_w$——承压水水头高度（m）；

$\gamma_w$——水的重度，取 10kN/m³。

结合工程水文地质条件，下部砂层存在承压性，依据规范，对基坑抗突涌进行验算：

经复核验算，地铁区存在突涌问题，需进行减压降水。结合地下连续墙水平支挡和止水的考虑，采用局部加长地下连续墙长度 2.5～3.5m（下部素桩方式），落地式止水帷幕，安全经济，止封水效果较好，结合坑内 250m² 布设一口 $\phi$600mm 减压降水管井原则，基坑止封水效果良好（图15）。

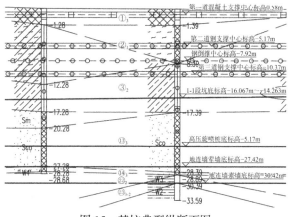

图15　基坑典型纵断面图

降水井井深 27m，滤管长 4～6m，设计流量为 440m³/d。

# 6　监测数据分析

工程于 2018 年 4 月开工，2018 年 9 月中旬实施开挖，2019 年 4～6 月陆续开挖至底，文章拟重点对基坑围护结构墙顶水平位移、深层水平位移、地表沉降等主要监测项目进行分析和总结。

（1）围护墙顶水平位移

以二区为例，围护墙墙顶累计位移最大值为 −51.7（坑外）～52.3mm（坑内），监测结果表明，靠地铁侧因挖深较大，受力较大，桩顶水平位移变形向坑内发展；靠停车场区域因偏压，部分测点水平位移向坑外发展，因基坑周边重载车和运输车辆作业，其最大变形值均较设计值大；后续底板浇筑完成后，趋于平稳、小幅变动发展（图16）。

（2）围护结构深层水平位移

以二区停车场区域、地铁预埋区域围护桩（墙）体深层水平位移测点变形为例进行分析如下（图17）：

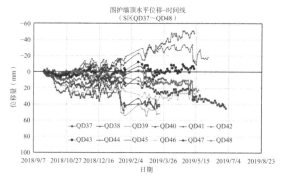

图16　围护墙顶水平位移（停车场区域）

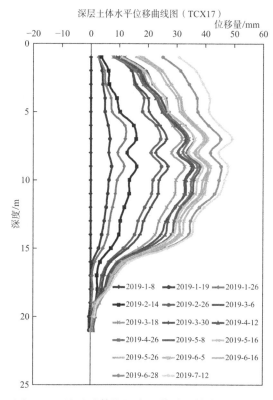

图17　围护墙墙体深层水平位移（停车场区域）

从停车场围护段的墙后土体水平位移时程曲线图看出，墙后土体水平位移随深度增加，呈抛物线形，最大位移出现在坑底以下 1～1.5m，且各深度处水平位移累计量在开挖初期的变化幅值较大，受基坑坑内土方开挖卸荷的影响较为显著；底板浇筑完成后，墙后上部土体位移逐渐得到控制，变形幅值较小，后续拆换撑后逐步趋于缓和。

从二区地下连续墙墙后深层土体水平位移图（图17）看出，墙后土体水平位移随开挖深度增加，呈现由小到大、再变小的类抛物线型变化规律，最大水平位移累计量发生在围护结构 12.5m 深度处（约第三道支撑标高），这主要由于此区域为软土区中下部，同时也因施工开挖中未及时架设第三道钢支撑所引起，第三道钢支撑安装完成后，深部水平位移变化速率逐渐减小，浇筑底板后，变形稍微稳定，后续因上部施工结构顶板未及时换撑后拆除第一道混凝土支撑，导致上段围护墙呈悬臂式张口段变形趋势（图18）。

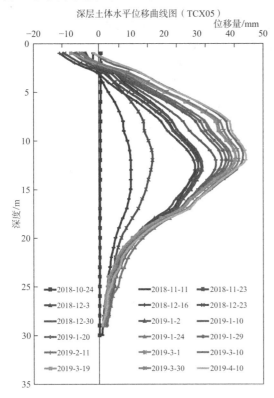

图18　围护墙墙体深层水平位移（地铁区域）

（3）地表沉降

为研究软土区深基坑开挖对周边环境的影响范围，选择了近停产场区（浅基坑）地表沉降变形点DB25断面进行分析，DB25-1～3号点距离围护桩桩边为2m、4m、8m（约2倍坑深）等，对应断面地表点沉降位移线详见图19。

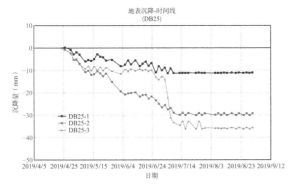

图19　地表沉降曲线位移图（停车场区域）

变形曲线图说明，基坑开挖阶段周边地表沉降随挖深的增加而增大；在一定挖深范围时，基坑中部点沉降大；至基坑继续开挖至底后，沉降继续增大，边部点的变化幅值变大，较邻近坑边的点增

幅速率大，最大值出现在接近2H（H为基坑坑深）附近，与软土区地表沉降最大值出现在1～2H附近基本一致[4]，其大小与理论值基本接近。

## 7　结语

（1）基坑坑底位于深厚流塑状软土区，有别于传统的满布式加固或格栅式加固方案，此项目中采用被动区三轴搅拌桩裙边加固＋中部单轴搅拌桩散布式地基加固的方式既能增加被动区抗力控制变形，又能解决基坑基底承载力低和挖土的难题；针对含水率达60%以上的淤泥，搅拌桩水泥掺量20%～24%成桩效果较好。

（2）对于深浅坑交接的深基坑群，文章打破传统的先挖深坑后挖浅坑的设计思路，采用先普挖至浅基坑，利用浅坑底板作为深坑深挖设置支撑支点的方法，有效解决了软土区偏压难题，经济性较好；异形深浅基坑群同步开挖时，需合理设置分坑及开挖前后工序，必要时设置隔离缓冲区，缓冲区宽度宜不少于H（H为基坑坑深）。

（3）在处理承压水突涌时，可利用地下连续墙局部增加素桩长度，止水和支挡合二为一解决止水问题，坑内设置降压管井的方式降压降水，效果较好。

（4）软土区桩（墙）围护结合内支撑体系的结构体系中，围护桩（墙）深层水平位移变形最大值多出现在软土区，集中在基坑中下部区域；基坑周边地表的最大沉降值多出现在2H（H为基坑坑深）附近。

## 参考文献

[1] 梁广雪, 梁广会, 赵海娟. 真空联合高堆载预压处理深基坑软土地基综合施工技术的运用[J]. 江苏水利, 2020(3): 47-50.

[2] 雷鹏. 井点降水法在淤泥质软土-砂层复合地层基坑工程中的运用研究[J]. 施工技术, 2017, 46(8): 234-237.

[3] 贾坚. 土体加固技术在基坑开挖工程中的运用[J]. 地下空间与工程学报, 2007(1): 132-137.

[4] 刘国斌, 王卫东. 基坑工程手册(第二版)[M]. 北京: 中国建筑工业出版社, 2020.

# 杭州中心项目 6 层地下室基坑支护工程实录

刘兴旺[1]　李冰河[1]　陈卫林[2]　毛海和[3]　张　戈[3]　孙政波[1]

（1. 浙江省建筑设计研究院，浙江杭州　310006；

2. 浙江盛院建设工程施工图审查中心，浙江杭州　310006；

3. 北京城建设计发展集团股份有限公司杭州分公司，浙江杭州　310017）

## 1　工程概况

杭州中心项目（图1）位于杭州市中心武林广场东北侧，为大型地铁物业综合体，集商业、餐饮、办公、酒店为一体。总用地面积 22566m²，地上建筑面积 148935m²，由 26 层的办公塔楼 A、28 层的酒店办公复合塔楼 B 及作为基座的商业辅楼组成；设 6 层地下室，地下建筑面积 105518m²。项目地下室西北侧紧贴地铁 1、3 号线站房和盾构区间，并在地下 2 层与地铁站房相连。

图 1　杭州中心效果图

基坑平面面积约 16000m²，大致呈矩形；大范围开挖深度 30.2m，主楼核心筒范围最大开挖深度达 36.0m。

基坑东临中山北路，北侧为环城北路，西临武林广场东通道，南侧为东西向规划道路，西南侧与省科协大楼毗邻。基坑围护外边线距离武林广场车站结构外边线最近约 3.0～4.0m（且通过连接通道与既有车站联通）；距离地铁 1 号线武林广场—

西湖文化广场区间隧道最近约 6.2m，距 3 号线武林广场—西湖文化广场区间隧道最近约 31.0m，基坑与地铁设施的关系如图 2 所示。

图 2　基坑总平面图

基坑周边除地铁设施外，北侧的环城北路、东侧中山北路车流量较大，且存在大量地下市政管线。西南侧省科协大楼主楼 21 层，工程桩为入基岩的钻孔桩；裙楼 2 层，工程桩为沉管灌注桩，桩长 18.0m，距基坑最近处仅 10.3m。

## 2　场地岩土工程条件

### 2.1　工程地质

项目位于浙北平原区，为海积平原地貌单元，主要的岩土层分布自上而下为：

①₁ 层杂填土：灰—杂色，松散，由建筑垃圾及碎块石、瓦片等组成。

①₃ 层淤泥质填土：灰黑—暗褐色，松散，含腐殖质、有机质及云母屑。

②₁ 层黏质粉土：灰、灰黄色，松散，湿，夹

---

获奖项目：2022 年浙江省勘察设计行业优秀勘察设计岩土工程专项一等奖。

薄层状淤泥质粉质黏土。

②₂ 层粉质黏土：褐灰色，软塑，含少量有机质，层面上夹薄层状粉土。

④₁ 层淤泥质黏土：灰色，流塑，含云母，局部夹薄层粉土。

④₂ 层淤泥质粉质黏土：灰色，流塑，含云母、少量腐殖质。

④₃ 层黏质粉土夹淤泥质黏土：灰色，松散，饱和，含云母、贝壳碎屑等，夹大量淤泥质黏土。

⑥₁ 层淤泥质粉黏土：灰～深灰色，流塑。含云母，切面粗糙，呈鳞片状。

⑥₂ 层粉质黏土：灰色，软塑为主，局部流塑状。含腐殖物，局部夹薄层粉砂。

⑦₁ 层粉质黏土：青灰～黄色，软可塑为主，含铁锰质氧化斑点及铁质结核，略具水平层理。

⑦₂ 层粉质黏土：褐黄色，可塑，含铁锰氧化斑点及铁质结核，局部夹粉土薄层。

⑧₂ 层粉质黏土：灰色，软塑。含少量云母碎屑，腐殖质，局部夹碳化物及朽木，层底含贝壳。

⑨₁b 层含砂粉质黏土：青灰、灰黄色，软可塑，含云母、铁锰质，夹少量粉土、粉砂。

⑫₂ 层粉砂：灰色，稍密，饱和。以粉砂为主，夹少量中粗砂及砾石。

⑫₄ 层圆砾：灰色，稍密为主，饱和。砾石含量 30%～40%，卵石含量 20%～30%，局部含块石。

⑬₁ 层粉质黏土：灰色为主，软可塑，含少量

有机质。

⑭₂ 层圆砾：杂色，中密，饱和。砾石含量 30%～40%，卵石含量 20%～30%，局部含块石。

⑳₁ 层全风化泥质粉砂岩：浅紫红色，硬可塑，湿，矿物成分已基本风化。

⑳₂ 层强风化泥质粉砂岩：浅紫红色，湿，矿物成分已大部分风化，岩芯呈柱状或碎块状。

⑳₃ 层中等风化泥质粉砂岩：浅紫红色，部分矿物成分风化，厚层状，裂隙不甚发育，岩芯较完整。$RQD = 30\%～40\%$，属软岩。

典型工程地质剖面如图 3 所示。

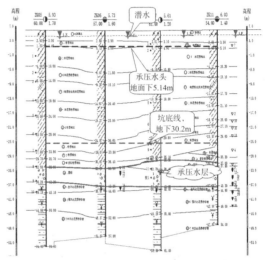

图 3　典型工程地质剖面图

土层的主要物理力学参数见表 1。

土层主要物理力学参数　　　　　　　　　　表 1

| 土层 | 土层厚度 $l$/m | 天然重度 $\gamma$（kN/m³） | 直剪固快 | |
|---|---|---|---|---|
| | | | 黏聚力 $c$/kPa | 内摩擦角 $\varphi$/° |
| ①₁ 填土 | 3.7 | 17.5 | （5.0） | （8.0） |
| ②₂ 粉质黏土 | 1.7 | 19.3 | 18.0 | 12.0 |
| ④₁ 淤泥质黏土 | 4.8 | 17.1 | 12.0 | 7.7 |
| ④₂ 淤泥质粉质黏土 | 2.2 | 18.4 | 15.0 | 10.5 |
| ④₃ 粉质黏土夹淤泥质黏土 | 6.8 | 18.5 | 6.0 | 15.0 |
| ⑥₁ 淤泥质黏土 | 7.2 | 17.7 | 15.0 | 11.0 |
| ⑥₂ 粉质黏土 | 1.7 | 17.5 | 18.0 | 10.7 |
| ⑦₁ 粉质黏土 | 6.1 | 19.4 | 31.0 | 14.0 |
| ⑦₂ 粉质黏土 | 2.6 | 19.3 | 30.0 | 14.5 |
| ⑫₂ 粉砂 | 3.7 | 19.4 | 1.0 | 35.0 |
| ⑫₄ 圆砾 | 3.3 | 19.5 | 1.0 | 38.0 |
| ⑳₁ 强风化粉砂岩 | 3.7 | 21.0 | 30.0 | 30.0 |
| ⑳₂ 中等风化粉砂岩 | | 22.0 | （30.0） | （38.0） |

注：括号内为经验值。

## 2.2 水文地质

场地地下水主要为第四系松散岩类孔隙潜水、孔隙承压水和深部基岩裂隙水。根据地下水的含水介质、赋存条件、水理性质和水力特征，勘探深度内可划分为第四系松散岩类孔隙潜水、承压水和基岩裂隙水。

场地内浅部地下水属孔隙性潜水类型，主要赋存于上部①层填土及②₁层黏质粉土，补给来源主要为大气降水及地表水，地下水位随季节性变化，勘探期间测得水位埋深 1.2~1.7m，对应高程为 4.13~5.22m。本工程抗浮水位标高按地表以下 0.5m，即高程 5.5m。

场地内承压水含水层主要分布于⑫₂层粉砂、⑫₄层圆砾和⑭₂层圆砾中，水量中等。隔水层为上部的粉质黏土和黏土层（④、⑥、⑨、⑦、⑧层），承压含水层顶板埋深为地面下 35.90~38.90m，顶板高程为 −32.62~−29.51m；实测承压水头埋深在地表下 5.14m，相应高程为 1.28m。

## 2.3 岩土工程条件的分析

本基坑在开挖深度范围内存在深厚的淤泥质黏土和淤泥质粉质黏土，这些土层均有高压缩性、低强度、高灵敏度的特性，且存在明显的时变效应，易产生流变和触变现象。同时，由于基坑开挖深度超过 30m，基坑存在承压水突涌的风险，需要对承压水采取处理措施。

邻近基坑的盾构隧道埋置深度在 9.1~19.6m 范围内，沿线地下水位埋深 1.3~3.6m，隧道断面均处于低强度、高灵敏度的地层，且土层透水性弱、水头压力高。

# 3 基坑支护设计方案

## 3.1 基坑设计控制目标

项目地处杭州武林广场中心地带，周边环境非常复杂，邻近的市区主干道、市政管线、房屋都需要严格保护，而紧邻的地铁1号线、3号线车站和盾构隧道更是对变形控制提出了严苛的要求。

基坑施工前，地铁1号线已运营、3号线已洞通尚未铺轨。地铁1号线运营后，隧道出现不同程度的沉降、收敛、渗漏水、管片开裂等病害。根据调查，隧道沉降仍未稳定，竖向位移、收敛位移等

变形大于 3cm，隧道出现了管片开裂、混凝土剥落等情况。根据浙江省工程建设标准《城市轨道交通结构安全保护技术规程》，该段盾构隧道属于 I 类，基坑开挖对轨道交通设施的保护等级为 A 级[1]；盾构隧道的水平位移、竖向位移和相对收敛控制指标均为 5mm。

## 3.2 设计方案比选

基坑设计的初期，对顺作法或逆作法进行了比选。采用逆作法主要有以下缺点：

（1）以地下室各层楼板作为水平支撑，支撑竖向标高受到限制，地下连续墙的内力和变形无法调整到合理状态。

（2）为确保作为永久结构的各层楼板施工，基坑内需要进行大量的土体加固来改善淤泥质土的性质。

（3）由于楼板上开洞范围有限，挖土作业难度较大，地下室的施工时间长。

（4）深厚淤泥质土的流变效应显著，施工周期长造成的基坑变形占总变形的比重很大。

经过多轮分析和比较，并结合紧邻本项目的大型地下商城逆作法的施工经验，逆作法无论在工期、经济性还是变形控制等方面均不具有优势，因此确定采用顺作法施工。

## 3.3 基坑支护设计方案

基坑支护主要采取地下连续墙结合六道钢筋混凝土内支撑形式，顺作法施工，地下连续墙厚度 1200mm，墙底端进入⑳₂中等风化岩层，隔断承压水。支撑的平面布置采用井字形对撑的形式，如图 4 所示。

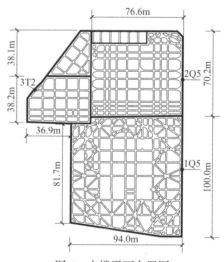

图 4 支撑平面布置图

针对地铁设施的保护，主要采取了以下技术：

（1）软土深大基坑时空效应定量控制技术

根据对软土地铁隧道旁侧基坑项目的实测数据统计分析表明，如果隧道变形要求控制在 5mm 之内，旁侧基坑卸荷比 $S_{s1}$ 不宜超过 0.5[2]。

按照旁侧基坑卸荷比控制原则，整个项目分为 5 个基坑，如图 2 所示。B1、B2 坑设 6 层地下室，开挖深度 30.2m，面积分别控制在 5100m² 和 8000m²。紧邻地铁设施的 A1、A2、D 坑面积控制在 400～1900m²，在不影响建筑功能的基础上，尽量减小开挖深度，A1 坑和 D 坑设 1 层地下室，开挖深度 6.75m；A2 坑设 3 层地下室，开挖深度 16.95m。

整个地下室按照从一期到四期的先后顺序施工，一期 B2 坑地下 3 层楼板施工完毕、第 3 道支撑拆除后，二期 B1 坑开始进行第一层土方的开挖。针对时间效应控制，严格控制全过程每个工况的施工时间，通过优化支撑布置（图 4），使主要受力支撑避开结构竖向承重构件和地下各层的结构楼板，尽可能提高挖土效率，缩短基坑施工时间，基础施工完成后，不拆除主要支撑，连续进行地下 6 层结构施工，不仅显著缩短地下结构施工时间，也减小了拆除支撑所导致的结构变形。

坑内淤泥质土体的预加固对时空效应控制有利，采用三轴搅拌桩和高压旋喷桩进行加固，加固体顶标高至第二道支撑底（图 5）。加固体的平面范围涵盖了整体地下室，对于距离地铁设施较远的 B2 坑，采取裙边加抽条的被动区加固形式；对于距离相对较近的 B1 坑，被动区加固体在坑内拉通，形成了有效的坑底暗撑；对于紧贴地铁设施的 A1、A2、D 坑，则采用了满堂加固的措施。

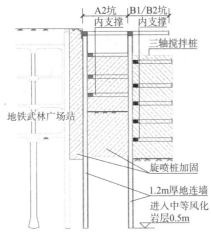

图 5　基坑内加固剖面图

（2）既有隧道旁侧及托底主动加固技术

基坑虽然距离武林广场车站结构外边线最近处仅 3.0m，但由于车站原有围护形式为 1.2m 厚地下连续墙且车站本身结构刚度很大，因此需要重点关注距离 A1 坑仅 6.2m 的区间隧道安全。

该范围区间隧道设计时，综合考虑盾构隧道形成前武林广场车站 25m 深基坑施工、隧道顶部风道施工以及隧道形成后杭州中心基坑施工对土体的反复扰动影响，采取了隧道旁侧及托底主动加固技术，以改善隧道周边土体受力性能。此外，在靠近盾构隧道一侧布置了一排直径 1.0m、间距 1.2m 的钻孔灌注隔离桩（图 6）。隔离桩桩端进入 ⑳₂ 中等风化岩层 0.5m，在基坑与盾构隧道之间形成了有效的隔离。

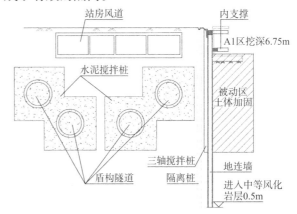

图 6　A1 坑附近盾构隧道的周边土体加固

## 4　项目实施效果

杭州中心项目于 2018 年 4 月开始一期 B2 坑的桩基施工，至 2021 年 3 月完成四期 A1 坑的地下室顶板施工，整个项目地下室施工共历时 3 年。

远离地铁设施 B2 坑为本项目最先开始施工的区块，由于 B2 坑平面尺寸较大，施工进度比较缓慢，且对该软土地层的时空效应把握缺乏经验，前期基坑水平变形速率偏大，开挖到第三道支撑底时，东侧土体水平位移甚至已超过 4cm。

经对实测结果进行反分析，发现土体蠕变是造成基坑变形偏大的主要原因[3]。通过研究各种工况下的土体蠕变效应，提出了后续各道支撑的施工控制时间，明确了土方开挖和支撑架设的协调施工要求，具体如下：从 B2 坑第四道支撑往下开始，土方开挖顺序调整为先中心开挖，设置中心部位的支撑，坑边保留 15m 宽度以上的土方，待中心部位支撑设置完成后，对坑边保留的土方采取随挖随做支撑的形式。开挖方式调整后，土方开挖2d 内即可完成相应范围的支撑施工，达到了减小土体蠕变效应的要求。B2 坑调整后的土方开挖顺序如图 7 所示。

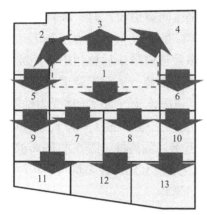

图 7　B2 坑土方开挖分块顺序图

从图 8 实测的 1Q5 测点（位置见图 4）累计变形时程曲线也可发现，通过调整开挖顺序，加快了支撑设置速度，基坑的变形速率得到了有效控制。

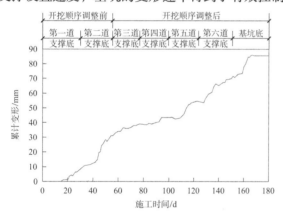

图 8　B2 坑 1Q5 测点累计变形时程曲线

后续邻近地铁隧道的 B1 坑的施工得益于 B2 坑施工累积的经验[4]，通过对 B2 坑整个施工过程的反分析，指导了 B1 坑的施工过程，使得 B1 坑的累计变形（图 9）相比 B2 坑（图 8）显著减小，达到了保护地铁设施的预期目标。

图 10 为 B1 坑开挖到坑底后底板形成的照片。

在整个项目的施工过程中，对基坑支护结构、周边地铁盾构隧道和车站、周边道路和地下管线、周边建筑物等均进行了全程监测。图 10 为 B1 坑东侧 2Q5 测点（位置见图 4）在各工况下的深层土体水平位移曲线。该测点也是 B1 坑变形最大的位置，水平位移约为基坑开挖深度的 1.6‰；其余位置最大水平位移均在 40～50mm。

邻近地铁设施一侧，由于采取了多种变形控制技术，基坑变形量普遍很小，其中 A1 坑西侧 3T2 测点（位置见图 4）累计变形时程曲线如图 11 所示。开挖至 A1 坑坑底时，累计变形最大值为12.9mm。

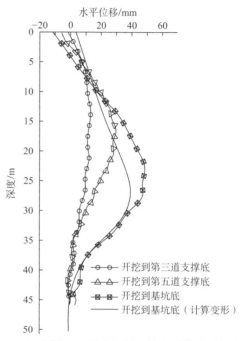

图 9　B1 坑东侧 2Q5 测点深层土体水平位移随深度变化曲线

图 10　B1 坑开挖到坑底后底板形成照片

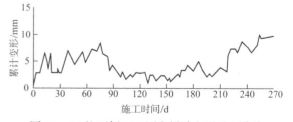

图 11　A1 坑西侧 3T2 测点累计变形时程曲线

1740

根据整体施工安排，距离地铁设施 50m 外的 B2 坑先行施工。B2 坑开挖过程中，盾构隧道变形很小，水平位移、沉降等变形量均为 2mm。至 2020 年 7 月，6 层地下室的 B1 坑开挖至坑底并浇筑底板时，地铁设施的变形如图 12、图 13 所示（其中：水平位移向东为正、向西为负；竖向位移向上为正、向下为负；收敛变形扩张为正、收缩为负）。

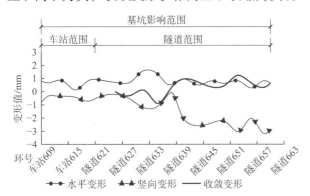

图 12　B1 坑开挖至坑底时 1 号线右线变形分布

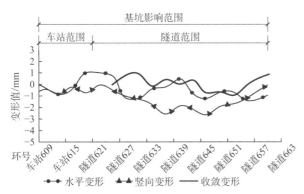

图 13　B1 坑开挖至坑底时 1 号线左线变形分布

从图 12、图 13 的实测结果可以发现，6 层地下室开挖引起的邻近盾构隧道的水平变形、竖向变形及收敛变形均控制在 5mm 之内。

## 5　结语

本文以位于杭州市核心商业区的杭州中心 6 层地下室基坑项目为例，针对该工程所面临的深厚软土深大基坑变形控制和敏感设施保护难题，综合采取了地下室平面及竖向优化布置、分坑施工、软土时空效应定量控制等多种措施，尤其是利用项目分坑后按四期先后施工的特点，及时对前期开挖过程的变形数据进行反分析，有效地预测了后续施工过程的变形情况、适时调整了后续施工措施（现场施工情况见图 14），充分考虑了时间因素对深厚软土基坑的变形影响。本项目的实践经验，可供深厚软土地区变形控制严格的类似深大基坑参考。

图 14　现场施工情况

## 参考文献

[1]　浙江省住房和城乡建设厅. 城市轨道交通结构安全保护技术规程 DB 33/T 1139—2017[S]. 北京: 中国建材工业出版社, 2017.

[2]　姚宏波, 李冰河, 童磊等. 考虑空间效应的软土隧道上方卸荷变形分析 [J]. 岩土力学, 2020, 7(41): 2453-2460.

[3]　郑榕明, 陆浩亮, 孙钧. 软土工程中的非线性流变分析[J]. 岩土工程学报, 1996, 18(5): 1-13.

[4]　程康, 徐日庆, 应宏伟, 等. 杭州软黏土地区某 30.2m 深大基坑开挖性状实测分析[J]. 岩石力学与工程学报, 2021, 40(4): 851-863.

# 深圳华润前海项目大型超深基坑支护工程实践

王贤能　王小湖

（深圳市工勘岩土集团有限公司，深圳　518057）

## 1　工程概况

华润前海项目位于深圳市南山区前海深港合作区规划的桂湾商务中心片区内、前海商务金融核心地带，用地面积 61831m²，地块呈矩形状。项目包括 5 栋塔楼，编号分别为 T1、T2、T3、T4、T5，其中 T1、T2、T5 栋为写字楼，T3 栋为五星级酒店，T4 栋为公寓，最高塔楼 T5 栋建筑高度达249.4m，总建筑面积约 50.3 万 m²，总投资约 200 亿元。该项目将率先建设成为集国际 5A 甲级写字楼、高端购物中心、国际级精品公寓、奢华酒店于一体且最具标杆意义的城市综合体项目，并将打造成为前海片区集商务、购物、文化、娱乐等元素于一身的深圳城市新地标。

塔楼采用框架-核心筒结构或筒中筒结构，底部有零售商业群，采用框架或框架-核心筒（剪力墙）结构。本项目全埋地下室 4 层，功能为商业、停车、设备与人防。塔楼、商业裙楼、地下室均采用机械成孔灌注桩基础。

建设场地位于新近填海区，填土及淤泥性状差，周边环境条件复杂，周边同期建设工程多；基坑东西长 348.8m、南北宽 170.5m，开挖深度 22.0～26.0m，属于软土地区复杂环境条件下的大型超深基坑。基坑支护形式以桩撑支护结构为主，局部区段采用桩锚支护、双排桩悬臂支护结构。基坑支护及土方开挖从 2013 年 12 月至 2016 年 10 月，主体结构于 2020 年 3 月竣工。

## 2　周边环境条件

建设场地位于前海填海区桂湾片区内，桂湾片区西部为浅海、北部以双界河为界、东部以平南铁路为界、南部以桂湾渠为界，总面积约 2.95km²。

桂湾片区原始地貌为滨海淤泥滩涂，2000 年后该片区陆续堆土填海，堆土挤压形成的淤泥包向海域方向不断扩展，堆填土顶面高程 2.300～5.000m，华润前海地块及周边区域原为虾塘，塘底高程 −2.000～−1.900m；2007～2010 年片区内的地铁 1 号线鲤鱼门站、前海湾站以及鲤前区间段开工建设；2011 年底桂湾片区填海及软基处理工作陆续开展，地铁 1 号线以南海域采用插板堆载预压处理；地铁 1 号线保护区范围内采用水泥搅拌桩、砂石桩处理；地铁 1 号线以北堆土区采用强夯、超高堆载预压处理，最高堆土面高程曾达到25.0m[1-2]。2013 年 6 月后，地铁 1 号线以南区域陆续卸载、平整场地。

华润前海项目基坑四周均为拟建道路，见图 1。北侧为桃园路、东侧为振海路、南侧与 T201 地块项目之间为规划支路、西侧为航海路。勘察期间，场地周边空旷，仅东北侧分布有地铁 1 号线鲤鱼门站以及鲤前区间盾构隧道。地铁隧道距离坑边最近37.6m，左线（距离基坑近）隧道底绝对高程−10.800～−14.800m，右线（距离基坑远）隧道底绝对高程−11.300～−14.600m，两隧道间距 7.2m。

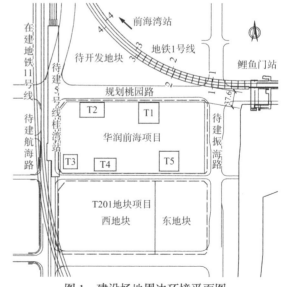

图 1　建设场地周边环境平面图

场地南侧与 T201 地块项目基坑相邻,T201 地块项目分为东地块、西地块,东地块比华润前海项目基坑先期施工,西地块与华润前海项目同期施工,两个地块基坑采用衡重式桩板墙支护结构,建筑物基础采用人工挖孔桩基础。东地块基坑底绝对高程 −9.500m,西地块基坑底绝对高程 −15.000m。T201 地块项目北侧基坑与华润前海项目南侧基坑之间的土条宽度 18.0m。

场地西侧待建航海路下为在建地铁 11 号线南前区间盾构隧道和并行的待建地铁 5 号线南延线桂湾站及区间段。地铁 11 号线右线距离华润前海项目基坑边 35～39m,隧道底绝对高程 −18.600～−17.600m。地铁 5 号线南延线桂湾站基坑开挖深度 18.4～19.5m,采用桩撑支护结构,桩间设旋喷桩止水。

## 3 场地岩土工程条件

### 3.1 主要地层岩性

本场地平整后地面高程 4.790～9.790m,地势总体平坦。场地内的主要地层有人工填土(石)层、第四系全新统海积层、第四系全新统海积冲积层、第四系残积层,下伏基岩为加里东期混合花岗岩。

人工填土(石)层主要由素填土、人工填石、杂填土、填淤泥质土及填砂层组成,总层厚 1.0～15.6m,平均厚度 8.51m。素填土层:褐黄、灰黑等色,主要由黏性土混砾砂及碎块石组成,碎石块石等杂质含量为 25%～40%,结构松散;人工填石层:灰白、灰色等,主要由花岗岩块石组成,大小不一,块径 0.2～0.6m,最大超过 1.0m,含量大于50%,其余为碎石、角砾及黏性土充填而成,结构松散;杂填土层:灰、灰褐等杂色,结构松散;填淤泥质土层:灰黑、褐黄、深灰等色,主要由素填土夹杂大量淤泥质土组成,以淤泥包的形式混杂于素填土层中,局部夹少量碎石块石,场地内零星分布;填砂层:浅灰色、深灰色,主要为吹砂填海而成,多含有机质,位于淤泥层顶部。

第四系全新统海积层,主要为淤泥层:灰黑色,含有机质,可见贝壳和蚝壳,具腥臭味,饱和,流塑状为主,有光泽,摇振无反应,场地普遍分布,层厚 0.0～13.4m,平均厚度 5.85m。淤泥层含水率标准值为 61.6%,孔隙比为 1.614,原状土十字板剪切试验 $Cu$ 值为 15.52kPa,扰动土十字板剪切试

验 $Cu$ 值为 8.11kPa,灵敏度 $St$ 为 1.56。

第四系全新统海积冲积层,分为黏土、粗砂层。黏土层:灰白～青灰色,可塑状,有光泽,摇振反应无,干强度高,韧性高,不均匀,含约 20%砂砾,透镜状分布,层厚 0.2～5.9m;粗砂层:灰白、浅黄色,含 20%～30%黏性土及大量细砂,饱和、松散,级配差,分选性较好,透镜状分布,层厚 0.5～4.1m。

第四系残积层,砂质黏性土:褐黄、灰白、褐红色等,由混合花岗岩风化残积而成,原岩结构尚可辨认,含约 10%的石英砂,风化不均,局部夹强风化岩块,场地内普遍分布,揭露厚度 1.2～16.0m,平均厚度 6.77m。

加里东期混合花岗岩,中细粒变晶结构,块状构造,主要矿物成分为石英、长石、云母等,按风化程度分为全、强、中、微风化层;全风化层揭露厚度 1.5～13.7m,顶板高程 −21.190～−5.650m;强风化层揭露厚度 1.0～16.0m,顶板高程 −29.870～−10.150m;中风化层揭露厚度 0.2～10.6m,顶板高程 −38.920～−13.970m;微风化层揭露厚度 1.2～6.2m,顶板高程 −44.120～−14.970m。

### 3.2 地下水

场地地下水赋存于土层孔隙和基岩裂隙中,第四系中更新统为相对隔水层,其上主要为潜水类型,主要赋存于填土、砂层中;其下为基岩裂隙水,主要赋存于基岩的强、中风化岩中,由于本场地节理、裂隙较发育,地下水渗透性较好,具承压性,水量较大。地下水主要补给来源为大气降水,与海水有一定的水力联系,地下水的排泄以径流为主,水位因季节、降雨以及潮位情况而异。勘察期间测得钻孔中的混合稳定水位埋深为 0.00～5.80m,混合稳定水位高程为 1.740～7.350m。

## 4 基坑支护选型及设计

### 4.1 基坑支护结构选型

基坑支护结构方案选型应考虑以下因素:①根据建设单位要求,各栋塔楼建设时序:南部的 T4、T5 栋塔楼先期施工,北部的 T1、T2 栋塔楼次之,西南部的 T3 栋最后;②基坑东北侧为已建成的地铁 1 号线鲤鱼门站及鲤前区间盾构隧道,西侧为在建地铁 11 号线,所有支护结构不得进入

地铁结构外 3m 范围内；③场地西侧规划的地铁 5 号线南延段，支护结构应尽量避免对其建设造成影响；④需考虑振海路、航海路及桃园路在基坑回填前开工建设产生的荷载对基坑的影响；⑤T201 地块项目基坑北侧与华润前海项目基坑南侧之间的土条宽度有限，支护设计应考虑相邻基坑支护结构的相互影响。

基坑支护结构可在下列 4 个方案中优选：

第一方案：桩锚方案，基坑四周均采用排桩 + 多道预应力锚索支护结构；

第二方案：排桩对撑方案，鉴于基坑东西向宽度大，采用南北向对撑方案为主，四个角部采用角撑方案为辅；

第三方案：排桩环撑方案，在坑内同一平面上设置两个圆环内支撑方案；

第四方案：排桩撑锚方案，四个角部采用大角撑方案，基坑北侧中段采用预应力锚索方案，基坑南侧中段采用双排桩悬臂支护结构。

四个方案各有优缺点。

桩锚方案是一种传统支护方案，可以提供敞开的大空间，利于后序桩基及地下室施工。但是在基坑西侧，锚索将伸入地铁 5 号线南延线隧道内或者隧道结构 3m 范围内；在基坑南侧，因紧邻 T201 地块项目基坑，锚索将伸入 T201 地块基坑底以下，对先期施工的人工挖孔桩基础有影响。

排桩对撑方案是一个中规中矩的方案，支护体系都在用地红线范围内，但无法满足建设单位提出的各塔楼建设时序的要求；而且因南侧受 T201 地块项目基坑先期开挖影响，南北向对撑受力不均衡。

排桩圆环撑方案，是将第二方案中部的对撑换为两个圆环支撑，这样布设支撑可将 T1、T2、T4、T5 四栋塔楼局部圈在圆环中，部分实现建设单位提出的建设时序。

排桩撑锚方案，只在基坑四个角部设置大角撑，除位于西南部的 T3 栋塔楼被压覆在角撑下，其余 4 栋塔楼所在区域无内撑遮挡、完全敞开，利于在坑底施工桩基，且地下室施工受内撑的影响小，完全满足建设时序的要求。基坑北侧中段外围空旷且距离地铁 1 号线隧道大于 50m，可采用预应力锚索；基坑南侧，华润前海项目基坑边与 T201 地块项目基坑边距离约 18.0m，如果两个基坑连通，可节省基坑支护费用，也可充分利用地下空间，但因两个基坑在施工进度安排、施工通道布

设、施工围挡封闭管理等方面难以协调，两个基坑之间的土条仍然需保留，因此将两个基坑的支护结构连接，共用一套组合支护结构。

经过技术经济比较，桩撑锚方案为最优方案。

## 4.2 基坑止水帷幕选取

基于场地地质条件，考虑到人工填土层中含较多碎石块石，基坑止水方案可选择桩间旋喷桩止水帷幕、咬合桩、地下连续墙等方案，其中咬合桩、地下连续墙"二墙合一"，支护结构兼作止水帷幕，造价相对较高。经技术经济比较，选用桩间旋喷桩止水方案。

建筑物基础原拟采用人工挖孔桩基础，为减小挖桩过程中大量抽排地下水对周边环境的影响，拟在基坑底部周边设置注浆止水帷幕，注浆材料采用超细水泥，止水帷幕底进入微风化岩不小于 0.5m。但是，经多次论证，放弃使用挖孔桩基础，改为采用旋挖桩基础，取消坑底超细水泥注浆。

## 4.3 基坑支护工程设计

基坑开挖面积 58582m²，基坑支护总体上采用围护桩 + 四个角部设大角撑为主的支护结构，如图 2 所示。围护桩采用旋挖成桩工艺，直径 1.4m，间距 1.6～1.8m，桩间设直径 0.8m 三管旋喷桩形成止水帷幕。为确保止水效果，在东北侧地铁 50m 保护范围区内基坑段，增设两排旋喷桩止水帷幕。

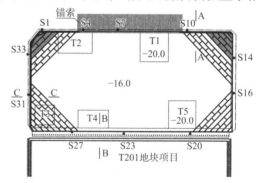

图 2　华润前海项目基坑支护平面图

基坑内支撑平面覆盖范围约 12061m²，占基坑平面范围的 20.6%；其余均为敞开区，占基坑平面范围的 79.4%，为桩基、地下室施工提供了便利。

图 3 中列出了几个典型支护剖面，图中未标识止水措施。

在基坑四个角部均设三道混凝土角撑，典型支护剖面如图 3（a）、（c）所示，第一道角撑截面尺寸 1.0m×1.2m，中心高程 2.100m；第二道角撑截面尺寸 1.2m×1.2m，中心高程 −3.000m；第三

道角撑截面尺寸 1.2m × 1.2m，中心高程−8.500m。最长的支撑位于东北部，达 128m。

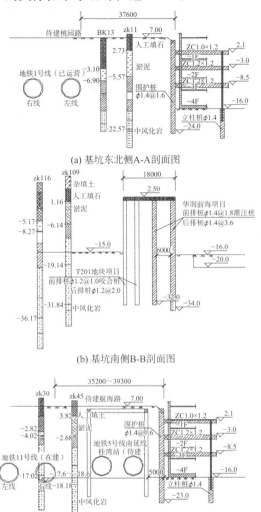

(a) 基坑东北侧A-A剖面图

(b) 基坑南侧B-B剖面图

(c) 基坑西侧C-C剖面图

图 3　华润前海项目基坑支护典型剖面图

基坑北侧中段、南侧中段是比较特殊的区段。基坑北侧中段长约 182m，采用桩锚支护结构，设 6 道5×7$\phi$5预应力锚索，锚索长度23～40m，穿越人工填土层和淤泥层锚入硬土层中，单锚抗拔力设计值 500～650kN。

基坑南侧中段长约 198m，采用双排桩悬臂支护结构，前排桩采用直径 1.4m 间距 1.8m 旋挖桩，桩间设直径 0.8m 三管旋喷桩形成止水帷幕，后排桩采用直径 1.4m 间距 3.6m 旋挖桩，如图 3（b）所示。相邻的 T201 地块项目基坑支护原采用双排桩托卸荷板挡墙支护结构，上部卸荷板挡墙兼作永久支挡结构，经协调取消上部卸荷板挡墙，保留下部双排桩。两个基坑的排桩采用刚性板连接，刚性板厚度为 1.0m，形成∏形门架式排桩支护结构。

在基坑北侧桩撑支护结构与桩锚支护结构交界段、基坑南侧桩撑支护结构与悬臂桩支护结构交界段，为抵抗角撑端部产生的水平剪力作用，在桩上设置框架梁，横梁（含腰梁）、竖梁均植筋固定在排桩上，角撑端部通过腰梁、框架梁共同承受荷载，保证支护体系稳定，见图 4（b）、（c）。

## 5　基坑支护工程施工及监测结果分析

本基坑围护桩采用旋挖成桩工艺，局部基岩埋藏浅区段采用冲孔桩成桩工艺。2013 年 12 月底围护桩开始施工。

土方开挖分为六个小区，东南区、南部中区、西南区、西北区、北部中区、东北区。出土坡道设置在北部中区。土方开挖首先从东南区开始，然后依次是南部中区、东北区、西南区、西北区，最后是北部中区，各道内支撑也是按照上述顺序施工。北部中区受出土坡道限制，在坡道东西两侧逐排施工锚索，被坡道覆压的锚索待坡道挖除时逐排施工。这种施工顺序，完全满足了设计招标文件要求，为南部 T4 栋、T5 栋先期施工提供了条件。

2015 年 5 月，南部中区、东南区基坑陆续开挖到底，在基坑底进行桩基、抗浮锚杆施工。2016 年 10 月，基坑回填完成。施工过程中的一些照片如图 4 所示。

施工期间，对地铁隧道、基坑进行了专门监测。因周边建设项目同期施工，部分基坑支护监测点被损坏，此处选取 2015 年 7 月 1 日监测报告中的桩顶水平位移、支撑轴力实测值进行分析，当时基坑已开挖到底，正在进行工程桩、抗浮锚杆施工。

设计文件中提出的桩顶水平位移控制标准如下：桩撑支护段控制值为 0.25%$h$（$h$ 为基坑开挖深度）、桩锚支护段控制值为 0.35%$h$、双排悬臂桩支护段控制值为 60mm。混凝土内支撑轴力控制值按 0.9$Af_c$ 估算（$A$ 为内支撑截面积，$f_c$ 为混凝土轴心抗压强度设计值）。

(a) 基坑全景（正前向北）　　(b) 基坑南侧悬臂桩支护结构

(c) 基坑东侧及北侧支护结构　　(d) T201 地块项目挖孔桩基础施工

图 4　基坑施工过程照片

表 1 列出了桩顶水平位移监测结果,在图 2 中标识了部分监测点的位置。从表中得知,桩顶水平位移实测值为 11.4～58.1mm。

基坑支护桩顶水平位移监测值　　表 1

| 点号 | 监测值/mm | 点号 | 监测值/mm | 点号 | 监测值/mm |
|---|---|---|---|---|---|
| S1 | 16.9 | S13 | 17.5 | S25 | 12.6 |
| S2 | 32.6 | S14 | 14.1 | S26 | 14.5 |
| S3 | 40.6 | S15 | 13.9 | S27 | 16.3 |
| S4 | 58.1 | S16 | 20.3 | S28 | 12.5 |
| S5 | 54.3 | S17 | 28.1 | S29 | 21.3 |
| S6 | 44.1 | S18 | 12.5 | S30 | 22.0 |
| S7 | 51.0 | S19 | 11.4 | S31 | 23.0 |
| S8 | 44.0 | S20 | 11.8 | S32 | 28.4 |
| S9 | 57.9 | S21 | 17.1 | S33 | 24.3 |
| S10 | 35.3 | S22 | 13.7 | S34 | 16.3 |
| S11 | 36.1 | S23 | 12.3 | | |
| S12 | 31.0 | S24 | 14.3 | | |

表 1 中,四个角部桩撑支护区段的实测值如下,西北部 S1～S3、S32～S34 测点实测值为 16.3～40.6mm,东北部 S10～S15 测点实测值为 13.9～36.1mm,东南部 S16～S20 测点实测值为 11.4～28.1mm,西南部 S27～S31 测点实测值为 12.5～23.0mm;基坑北侧中段桩锚支护结构区段 S5～S9 测点实测值为 44.0～58.1mm,基坑南侧中段双排桩悬臂支护结构区段 S21～S26 测点实测值为 12.3～17.1mm。从监测数据得知,基坑四个角部桩撑支护结构段、南侧双排桩悬臂支护结构段的桩顶水平位移较小,基坑北侧桩锚支护结构区段桩顶水平位移稍大。监测结果表明,桩顶水平位移实测值均在控制值范围内,基坑支护结构处于安全可控状态。

混凝土支撑轴力、预应力锚索轴力实测值均正常。预应力锚索实测值最大为 422.7kN。第一道内支撑轴力最大值测点位于西北部,实测值为 11887.2kN;第二道内支撑最大值测点位于西北部,实测值为 11099.6kN;第三道内支撑最大值测点位于东南部,实测值为 5655.6kN,内支撑轴力实测值均在控制值范围内。

# 6　相邻工程同期施工的影响分析

华润前海项目基坑支护施工期间,周边有多个工程同期施工:南侧的 T201 地块项目基坑工程、人工挖孔桩基础工程,西侧的地铁 11 号线南前区间(南山站至前海湾站)盾构隧道、地铁 5 号线南延线桂湾站,东侧的振海路地基处理工程、振海路地下联络通道基坑工程等。这些工程在施工期间都应考虑相互作用的影响以及对运营的地铁 1 号线盾构隧道的影响。

T201 地块项目基坑开挖深度为 16.5～22m,采用人工挖孔桩基础,桩径 1.8～4.1m,桩端嵌入中风化岩不少于 4.0m,挖孔桩开挖深度(从地面高程 7.0m 起算)一般深达 35～48m。东地块基坑支护、挖孔桩基础先施工,西地块后施工,总体上 T201 地块项目施工进度一直超前于华润前海项目。T201 地块项目距离地铁 1 号线鲤前区间隧道大于 240m,虽然间隔了华润前海项目基坑,但 T201 地块项目桩孔开挖过程中抽排地下水加剧了地铁隧道沉降。

2014 年 1～5 月,东地块挖孔桩分区陆续挖孔,挖桩期间伴随着桩孔内地下水抽排、岩石爆破开挖。同期,华润前海项目基坑开挖深度 5.0～9.0m,坑底出露人工填土及淤泥层,东南部完成了第一、二道内支撑施工,其余区段仅完成了第一道内支撑施工。4 月 11 日开始对地铁 1 号线左线隧道开展自动化变形监测,根据 5 月 15 日监测结果,地铁 1 号线隧道沉降最大值达 6.7mm,超过了预警值 6mm 的预警标准。

2014 年 8 月 1 日,地铁 1 号线左线隧道最大沉降达 50.3mm。8～12 月,华润前海项目基坑停止土方开挖,而同期,T201 地块项目继续施工,西区基坑开挖到底,坑底人工挖孔桩基础全面施工,地铁 1 号线隧道持续沉降,紧邻 T201 地块项目的在建地铁 11 号线盾构隧道也产生了明显变形。根据 11 月 3 日监测结果,地铁 1 号线左线隧道超过变形控制值的区段长度达 260m,隧道总沉降量达到 21.2～78.7mm。2014 年 10 月底在邻近地铁 1 号线左线隧道南侧增设了止水帷幕,并采取有压回灌地下水,有效遏制了地铁 1 号线隧道沉降的继续发展。

究其原因,地铁 1 号线区间隧道沉降主要与地质条件、邻近建设工程挖孔桩抽排地下水有关。图 5 为建设场地及周边地块的中风化岩顶板高程等值线图,从图中得知,该区域内中风化岩顶板高程北高南低,北部的地铁 1 号线区间隧道沿线中风化岩埋藏浅,南部的 T201 地块项目中风化岩埋藏深,而中部的华润前海项目中风化岩埋深居中。T201 地块项目场地内中风化岩顶板绝对高程一般为 −32.000m 以深,形似一个"水盆";地铁 1 号线隧道下方中风化岩顶板绝对高程一般为 −16.000m 以浅,隧道东段中风化岩埋深比西段深;而位于华润前海项目场地内发育两条南北走向的风化深槽,其中位于东侧的风化槽将地铁 1 号线与 T201 地块项目的"水盆"连通。T201 地块项目挖孔桩大量抽排地下水时,将从远处地铁 1 号线下方渗流过来的基岩裂隙水一并抽排,地下水位下降加剧了地铁 1 号线隧道沉降。为确保地铁隧道运行安全,T201 地块项目未施工的挖孔桩,改为钻(冲)孔桩。

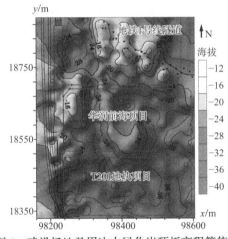

图 5 建设场地及周边中风化岩顶板高程等值线

地铁 1 号线鲤前区间隧道,变形较大区段经注浆加固、回调处理后,相邻工程在后续施工期间,地铁隧道变形小,处于可控范围内[3]。

此外,2015 年 12 月,华润前海项目基坑西侧的地铁 5 号线桂湾站围护结构施工期间,旋挖桩及桩间高压旋喷桩施工使得相距约 5m 的华润前海基坑支护桩产生了多道水平裂纹。同期,华润前海项目东侧振海路路基开挖、复合地基施工,以及振海路下联络通道基坑开挖,未对华润前海项目基坑及地铁 1 号线盾构区间隧道造成明显的影响。

## 7 结语

深圳华润前海项目基坑位于新近填海区,周边环境条件复杂,是一个软土地区复杂条件下的大型超深基坑。根据地质条件、建设时序要求以及周边建设工程进度计划,基坑四周采用桩撑支护结构、北侧中段采用桩锚支护结构、南侧中段采用双排桩悬臂支护结构。

该方案主要特点有:①基坑四个角部内支撑压覆范围有限,基坑中部敞开面积达 79.4%,为桩基、地下结构施工创造了有利条件;②基坑南侧支护桩利用相邻基坑支护桩共同形成多排桩悬臂支护结构,悬臂段达 18.5~22.5m,桩顶水平位移仅 12.3~17.1mm;③在桩撑与桩锚、桩撑与悬臂桩不同支护结构交界段,在坑壁上设置了框架梁,有效传递了水平剪力,确保了支护结构安全;④混凝土支撑长度最大达 128m,基坑支护变形、轴力均在可控范围之内。这表明,基坑支护结构安全可靠。

华润前海项目基坑周边同期新建工程多,除相互影响外,对邻近既有工程的影响有叠加效应。地铁 1 号线鲤前隧道沉降就是一例,该隧道早期遭受了填海地基处理的影响,在相邻的基坑工程、桩基工程特别是挖孔桩降排水的作用下,加剧了隧道的变形。在今后的类似工程中应引起特别重视。

## 参考文献

[1] 刘钊. 复杂工况条件下错缝拼装盾构管片变形性能试验与仿真分析研究[D]. 北京: 中国铁道科学研究院, 2017.

[2] 卢院. 盾构隧道管片足尺模型试验与环向接头仿真分析研究[D]. 北京: 中国铁道科学研究院, 2019.

[3] 庞小朝, 苏栋, 陈湘生. 深圳前海地铁安保区基坑施工隧道变位控制实践[C]//全国岩土工程师论坛文集(2018), 2018.

# 石家庄市某人防工程深基坑设计及基坑变形数值模拟分析实录

黄　彬 [1,2]　王玉龙 [1,2]　郭　强 [1,2]　韩　萌 [1,2]

（1. 中国兵器工业北方勘察设计研究院有限公司，河北石家庄　050011；
2. 河北省地下空间工程岩土技术创新中心，河北石家庄　050011）

## 1　工程概况

石家庄市某项目基坑支护工程位于河北省石家庄市主城区市中心区域，拟建建筑物为地下人防工程，采用筏板基础，基坑深度为 11.5m，该基坑长约 260.0m，宽约 150.0m，占地约 2 万 m²，建成后上覆盖 2.2m 厚的松散土层，用于城市绿化工作。考虑到基坑基础底板厚度、垫层及防水层厚度等结构，确定基坑实际支护深度 11.5～11.7m。

## 2　场地岩土工程条件

### 2.1　区域地质及场地地形地貌

石家庄市区区域地质条件简单，拟建场地主要位于平原区，地层以第四系为主，由于磁河、滹沱河等河流冲刷堆积作用，使含量较高的粗颗粒物质在较为开阔的山前堆积下来，形成第四纪以来多个时代扇形堆积，在较长周期内由于地质构造变化，其堆积厚度存在着较大的差异，形成了薄厚不均匀的区域分布规律，由于该区域较长时间周期内冷暖周期性变化和水流冲刷作用强弱变化，形成了多种竖向地层层序的沉积物颗粒大小的变化，且以粗碎屑堆积为沉积主体，形成了多个沉积旋回[1]。

由于滹沱河的冲刷作用，并受到太行山山区地形的影响，形成了石家庄东部的冲洪积平原，它是河北省区域内较大的平原，该区域大致包括灵寿、深泽以北的太行山山前平原地区延伸 70～80km，坡缓，平均坡降为 1/850，石家庄东侧区域分布滹沱河故道，故道分布区伴冲积扇的北部分布于本区，规模较小，山麓平原也相对狭窄。总地势由西、西北向东、东南倾斜，地面坡降为 1.5‰～2.0‰。

### 2.2　场地地层情况

本次勘探最大深度 37.00m，所揭露的地层，主要为第四系冲洪积成因的黄土状土、黏性土、粉土、砂类土，依据其工程地质特征，自上而下分为 10 个工程地质土层，地层描述如下：

杂填土①层：黄褐色—杂色，稍湿，稍密，以碎石、砖块为主，表层为 10cm 厚石砌地砖或混凝土面层，工程性质差，回填时间长短不一，结构疏密不均匀，不宜作为工程持力层使用。

素填土②层：黄褐色，稍湿，稍密，以粉质黏土为主，夹 10cm 三合土层，见少量石灰颗粒。

黄土状粉质黏土③层：褐黄色，可塑—硬塑，偶见姜石，具孔隙，见白色菌丝，工程性质一般。

黄土状粉土④层：黄褐色，稍湿，稍密，含少量云母，局部夹粉质黏土薄层，场地内均有分布，工程性质一般。

黄土状粉质黏土⑤层：褐黄色，可塑～硬塑，偶见姜石，含锈染，见粉土团块，场地内均有分布，工程性质一般。

细砂⑥层：灰白～褐黄色，稍湿，中密，砂质较纯，石英、长石为主，含云母，工程性质一般。

粉质黏土⑦层：褐黄色，可塑～硬塑，含姜石、锈染，场地内均有分布，工程性质一般。

细砂⑧层：灰白～褐黄色，稍湿，中密，砂质较纯，石英、长石为主，含云母，工程性质一般。

中砂⑨层：灰白～杂色，稍湿，密实，中砂为主，混 10%～20% 卵石，最大粒径 3～10cm，工程性质较好。

粉质黏土⑩层：褐黄色，可塑～硬塑，含姜石、锈染，含少量云母，工程性质一般。

代表性地层剖面见图 1。

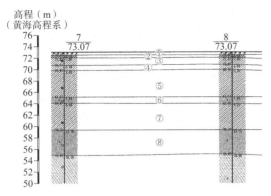

图1 代表性地层剖面图

## 2.3 气象、水文条件

石家庄市地处中纬度欧亚大陆东缘，属于暖温带大陆性季风气候。气候四季分明，夏季冬季气温变化较大，夏季是降水量较大的季节。石家庄市年平均降水量为 503.16mm，年平均降水日数为 74d。降雨量多集中在 7～8 月，占全年降水量 70% 左右[2]。

石家庄市域属海河流域、子牙河水系。河流由北向南主要有：磁河、滹沱河、洨河等自西向东、东南流经本区。项目区域未见地表水及地下水。

# 3 深基坑支护设计

## 3.1 深基坑支护设计形式选择

基坑工程的支护形式多种多样，如何选择使基坑设计能够满足实际使用需要的前提条件。石家庄地区土层结构较为简单，地下水埋藏较深，对基坑的影响较小，这就为基坑支护选型提供了一定的便利条件。但是针对不同工程项目，基坑支护设计选型应该根据项目的自身特点进行，在地区经验的基础上优化设计，不能够脱离实际，这样的设计方案才能保证基坑的施工和周边建筑的安全使用，为客户提供优质的基坑设计方案[3]。在本工程项目区域，支护形式应该考虑本地有大量实践经验的支护形式，石家庄地区常用的支护形式有两种：土钉墙结合放坡及桩锚支护结构。

根据本项目场地条件，若选择放坡结合土钉墙的支护形式，可节约一定的支护施工成本，但需要较大的空间用于放坡和土钉墙的施工，目前场地周边可以放坡的区域较小，尤其在基坑西侧，有多层及高层建筑分布，不满足放坡条件，又由于基坑较深，接近规范土钉墙支护的极限，具有一定的安全隐患。综合以上基坑实际情况，选择桩锚支护的结构形式较为合理。

## 3.2 支护设计参数取值

（1）基坑设计深度：基坑设计深度采用 11.5m 进行计算和模型建立。

（2）进行基坑数值模拟时，将土层设置为均匀变化的，将突变土层去除，取代表性土层平均值进行计算和模拟。

（3）周边施加荷载的取值：根据设计经验，一般基坑周边的永久荷载取 20kPa，按照实际作用宽度及位置进行取值输入，尤其针对西侧建筑物较多的区域。西侧 22 层 CFG 桩复合地基荷载取值 350kPa，距基坑开挖线 12.0m，作用宽度设置为 51.0m，埋深为 8.6m。西侧 5 层天然地基荷载 $q = 60kPa$，距基坑开挖线 12.2m，作用宽度 22m，埋深为 4.6m。

基坑设计参数取值见表1。

基坑设计参数取值      表1

| 土层编号 | 土类名称 | 地层厚度/m | 重度/（kN/m³） | 黏聚力/kPa | 内摩擦角/° | 泊松比 | 弹性模量/MPa |
|---|---|---|---|---|---|---|---|
| ① | 杂填土 | 0.41 | 18.5 | 5.0 | 15.0 | 0.35 | 10 |
| ② | 粉土 | 2.30 | 19.5 | 16.5 | 23.5 | 0.33 | 30 |
| ③ | 粉质黏土 | 1.40 | 19.1 | 35.2 | 22.8 | 0.3 | 25 |
| ④ | 粉土 | 1.00 | 19.5 | 16.5 | 23.5 | 0.35 | 53 |
| ⑤ | 粉质黏土 | 4.70 | 19.0 | 27.9 | 21.3 | 0.3 | 28 |
| ⑥ | 细砂 | 3.70 | 19.5 | 3.0 | 28.0 | 0.35 | 55 |
| ⑦ | 粉质黏土 | 2.20 | 20.0 | 34.6 | 23.6 | — | — |
| ⑧ | 细砂 | 4.60 | 19.6 | 3.0 | 30.0 | — | — |
| ⑨ | 中砂 | 11.90 | 20.2 | 2.0 | 35.0 | — | — |

### 3.3 支护设计计算

本基坑工程的西侧场地是本项目基坑设计控制的重点区域，西侧有 CFG 桩复合地基建筑物和天然地基建筑物，控制该区的基坑变形就在一定程度上控制了整体基坑变形的发展，所以西侧是建立模型的代表性区域。因此，选择基坑西侧的区域作为主要设计对象，深基坑支护计算的简图见图 2。

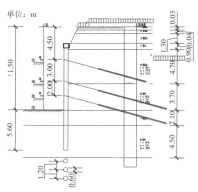

图 2　深基坑支护计算简图

根据平面布置经验，支护桩径选择 0.6m 较为合理，间距 1.2m，桩间留出 0.6m 进行锚索施工。经过试算，桩长设计为 15.0m，嵌固深度 6.0m，满足整体稳定性、抗隆起及抗倾覆验算，桩顶设置钢筋混凝土冠梁，并进行适当放坡，降低了冠梁高度，桩身根据规范要求通长配置加强筋和箍筋。锚索自上而下设置 3 道，均设置型钢腰梁进行整体性连接。详细设计参数见表 2。

**锚索设计参数表　表 2**

| 支锚道号 | 预加力 /kN | 支锚刚度/（MN/m） | 锚固体直径/mm | 材料抗力 /kN |
|---|---|---|---|---|
| 1 | 60.0 | 4.98 | 150 | 260.4 |
| 2 | 120.0 | 9.58 | 150 | 520.8 |
| 3 | 100.0 | 9.58 | 150 | 520.8 |

### 3.4 设计结果分析

通过对深基坑支护初步设计方案的相关验算，在弹性法土压力模型及经典法土压力模型下，计算结果均满足《建筑基坑支护技术规程》JGJ 120—2012 要求，各种工况下土压力图、位移图、弯矩图及内里包络图均较为合理。在一类基坑安全等级条件下，抗倾覆安全系数大于 1.25，抗隆起安全系数大于 1.80，嵌固深度在考虑坑底隆起稳定性及最下层支点为轴心的圆弧稳定性条件下均满足验算条件要求，故设计方案成立。

根据计算书详尽的计算数据，结合地层特点、现场施工条件和施工成本，最终确定支护设计方案为支护桩桩径 0.6m，桩间距 1.2m，桩长 14.8m，桩的嵌固深度为 5.6m；桩身混凝土强度等级 C30。在基坑开挖深度范围内共布置 3 道锚索，锚索直径为 15.2mm；锚索水平间距 1.5m，入射角 15°。每一排锚索均设置腰梁，腰梁采用型钢组合梁。

通过深基坑计算软件进一步计算和分析，以上基坑设计形式满足了变形及支护结构的相关要求，满足规范规定的各项安全系数的要求，可以作为一个完整的基坑设计文件进行施工，安全的设计文件为后面进一步建立三维模型分析变形提供了前提条件，为分析基坑变形从平面设计到三维建模奠定了坚实的基础。

## 4 建立数据模型分析基坑变形

### 4.1 深基坑支护三维模型建立的简化条件

（1）土体：模型土体采用经典的空间立体模型，根据实际分析能力及模型计算量，每个实体单元暂定采用 8 个节点进行分析，每个分析节点设置 3 个自由度单元[4]。土体采用摩尔-库仑本构模型，土体从上到下分别为松散的杂填土层、粉质黏土层、细砂层等，其具体土层参数如表 1 所示。基坑的开挖工作严格按照规范要求及施工组织设计进行，并结合建筑物基坑自身特点，按照施工区域、土层分布及先中间后两边的原则进行开挖，开挖过程和支护过程具有一定随机性。根据设计文件，模型基坑开挖深度为 11.50m，通过力学分析，一般基坑变形影响范围为 2 倍基坑深度，又由于既有建筑物的影响叠加效应，影响范围扩大为原来的 2 倍多，即 4～5 倍基坑深度范围，同样基坑底面以下影响范围取值设置为 3～4 倍基坑深度。故该模型长 × 宽 × 深为：150m × 160m × 50m。

（2）本文中该基坑采用护坡桩加锚索的支护形式，在模型建立时，将护坡桩等效加载为地下连续墙，对于锚索模型的建立，采用具有一定变形特征及材料特性的单元桁架进行模拟，模型中的结构单元材料属性及特性参数见表 3。

（3）基坑周围情况根据实际出发，荷载分布单一，无突变情况，地层分布较为均匀，无软弱夹层的出现，地层的具体变形参数根据勘察报告选取。

（4）在基坑分布开挖前，由于围护结构的施工所引起的土的应力改变产生的效果较小，可不在模型中设置相关变量。

（5）基坑周边荷载的取值根据实际情况确定，适当考虑施工周期及临时性荷载的影响，并酌情考虑突发情况。根据基坑开挖深度，当建筑距离基坑周边 30.0m 范围时，同时考虑荷载取值大小对基坑变形的影响，也要考虑建筑本身对基坑变形的影响。

结构特性参数见表 3。

**结构单位材料属性及特性参数　表 3**

| 名称 | 泊松比 | 重度/<br>（kN/m³） | 黏聚力/kPa | 弹性模量<br>/MPa |
|---|---|---|---|---|
| 混凝土 | 0.21 | 25 | 5 | 35 |
| 钢筋 | 0.32 | 80 | 17 | 210 |
| 锚索 | 0.34 | 135 | 36 | 260 |

## 4.2　基于有限元软件 MIDAS GTS 的基坑模型

根据以上 5 条简化条件，建立三维数值模型，计算单元及节点共 2 万余个，计算单元具有一定的相关性和力学属性。锚索长度和角度根据设计文件取值，共设置了 3 道锚索，相关属性设置与实际材料一致。基坑数值模型见图 3。

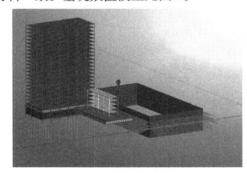

图 3　基坑数值模型

实际的基坑开挖过程是复杂的，通过软件模型分析所有基坑开挖的情况计算量将非常大，精确的分析过程较为困难。为了使建筑模型分析过程更加合理、贴近实际情况，并将计算量控制在合理的区间内，对模型内的单位进行合理的取值和属性激活，进一步优化模拟内在逻辑过程[5]，最后将基坑开挖分为 4 个独立的步骤进行模拟：

（1）建立科学合理的空间模型，该模型的各个构件具有力学属性，在受力状态下能够合理地反映变形情况，并在荷载产生变化时能够逆向分析；

（2）在模型中，由于施工围护结构所带来的

应力变化情况较为复杂，且对基坑变形及支护结构影响较小，计算时予以简化；

（3）除去围护结构施工带来的影响较小，其他工况下施工荷载不能忽略，应该根据实际经验对基坑周边施加一定的施工荷载，以达到模拟真实的变形条件；

（4）基坑开挖过程不能简化，接近真实的开挖过程能够反映支护结构设置的合理性。模拟时根据设计文件，按照先开挖一定深度，再进行锚索施工的施工工序施加模拟条件[6]。

# 5　计算结果分析

## 5.1　支护结构水平位移分析

位移分析过程是复杂的，但采用的工程模型简化后较为简单。对于各个土层，采用弹性塑性模型进行构建，仍然采用摩尔库仑屈服准则，通过土体加载、卸荷等过程模型模拟，在一定程度上考虑卸荷和加载的模型差距。在基坑开挖过程中，考虑土体形状变化及应力变化的特征，当基坑一侧土体被挖除时，变形会沿着一侧传递，导致基坑另一侧土地隆起，进而影响到基坑周边，均产生隆起现象。

为了更好地解决这一问题，通过进一步的模型受力分析，将荷载施加在一侧的土体上，竖向力主要作用在坑内一侧的土体上，一定程度上减少了变形的不规则传导，这一方法将受力模型进一步简化，使水平荷载的影响进一步降低，很好地解决了不规则隆起现象。考虑开挖卸载对坑内土体的变形影响，本文采用进一步优化的模型进行分析，在土体开挖交接处进行竖向应力的施加，模拟基坑开挖卸荷过程。基坑 X 轴方向水平位移见图 4。

图 4　基坑 X 轴方向水平位移图

从工况一到工况四，支护结构上下两端的变形不大，因为支护结构设置的合理，支护结构顶部架设了第一道锚索，而底部则是因为有 5.6m 的嵌固深

度，所以其变形在合理范围内。同时我们发现，随着基坑的开挖，从工况一到工况四，基坑长边的水平位移总是大于短边一侧，随着基坑的开挖愈加明显，最终在 8.2m 的基坑深度处达到最大位移值 6.29mm，从力学模型上分析，产生这一现象的主要原因是由于基坑开挖，改变了原有体系的力学平衡，支护结构内外两侧的土体结构受力发生了不可逆变化，两侧土体受力存在一定的差值，由此产生了土体的变形，该变形在基坑结构的中部最为显著。

通过不同开挖阶段的对比及变形模型可以看出，基坑水平位移最大点发生在基坑东西向较长一段一侧，变形总是发生在刚度较小的一端。在模型分析中取代表性变形点为研究对象，根据支护结构上不同深度不同位置变形情况进行深入对比，可以得到一个较为简单明了的对比结果，各个工况下的水平位移的变形曲线对比见图5。

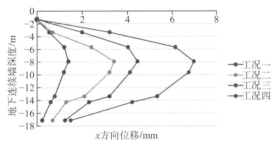

图5　支护结构在不同工况下的水平位移

随着基坑的开挖，支护结构也受到土体压力产生变形，变形的主要特点是成"弓"状，两端变形较小，中间位置变形较大，随着模型显示基坑进一步开挖，支护结构两侧土体受力发生了根本上的变化，随着一侧土体被挖除，另一侧土体受力得不到平衡，向土体缺失一侧产生了较大的变形，从而使整体结构的受力发生了变化，主要的受力点转移到了支护结构上，最危险的部位即最大水平位移位于基坑底部向上约3.2m处，支护结构底部位置由于内外土体挤压作用以及坑内土体的卸荷略向坑内移动。

## 5.2　支护结构周边地表沉降对比分析

基坑变形的过程是复杂的，通过软件模拟开挖过程可以发现，影响基坑变形的因素有几个方面，首先随着基坑土体的开挖，基坑周边土体产生应力应变的变化，使土体产生变化，该变化的主要原因是由于土体开挖后侧向约束消失，土自身自重应力无法得到平衡，该因素是主要变形因素。其次基坑开挖的同时，周边机械振动、材料堆载、工人活动

区域等多种因素影响，对基坑周边产生了载荷，该载荷对基坑边缘土体产生力的作用，该力直接作用于基坑侧壁土体。第三种因素是基坑周边既有建筑物的荷载传递作用，由于基坑的开挖，建筑物的载荷传递至基坑边缘，使基坑产生沉降，基坑变形又导致建筑物区域变形，受力产生传导效应[6]。

本节通过 MIDAS GTS 对基坑进行模拟，进而分析基坑开挖过程中的沉降变形曲线，见图6，有限元分析中，最大地表沉降 5.29mm。本工程进行了现场监测，与用软件建立模型预测的变形相比较，对比结果见图7。通过现场实际测量发现最大位移约 3.2mm，虽然数据不同，但是通过有限元分析趋势接近，变形数据较近似，软件预测较为准确。

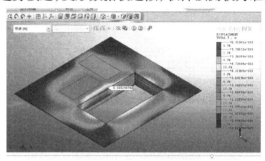

图6　基坑周边地表沉降

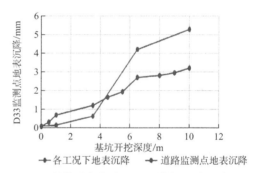

图7　软件分析与实际观测数据地表沉降对比图

## 5.3　周边既有建筑物沉降

基坑位于城市繁华地区，基坑周围构筑物林立，管线密布，基坑开挖会导致土体应力发生不可逆的改变，通过变形效应对周边建筑物产生不利的变形影响。导致基坑邻近建筑的破坏因素同样有很多，首先是既有建筑物周边基坑的开挖，既有建筑物荷载对基坑产生影响，发生变形后反作用于既有建筑物，产生不利影响，两种因素相互影响，该影响因素的程度也与既有建筑物同基坑边缘距离有一定关系[7]。一般认为在基坑深度范围2倍距离内，建筑变形的影响因素最大，随着距离的增加，影响因素逐渐减弱。其次是部分地区在基坑开挖范围内存在地下水，基坑施工时采取了降水

措施，由于该措施使土体孔隙水压力产生变化，土体发生固结，从而影响建筑物变形，但该因素较为复杂，变量条件较多，不在本文中进一步论述。

由于计算量较大，本文简化了计算模型，选取了周边代表性的 5 层建筑及 22 层建筑及其地下室进行模拟，这两栋建筑物地下室距离基坑边缘12m，隐去了周边较小的单层建筑及周边道路等对建筑变形影响较小的实体，变形监测点的选择依据现场情况进行设置，设置的原则是后期现场能够在相应的位置进行检测，以用来对模型计算进行校正，后期监测点的布置也按照预测模型中位置进行。随着模拟的开始，从初始工况到最后工况的沉降模拟情况见图 8，各工况下，5 层和 22 层建筑上下各单元监测点位移见图 9。

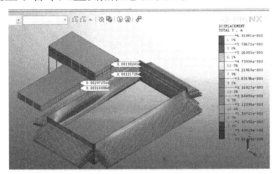

图 8　软件模拟分析建筑物最终沉降图

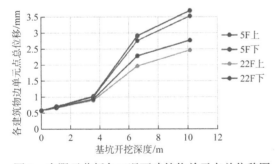

图 9　有限元分析各工况下建筑物单元点总位移图

从图形对比中可以看出，两栋楼沉降存在一定的差异，22 层建筑位移不大，5 层建筑的位移较 22 层建筑大，但是两栋楼的变形趋势相近，分析具体原因，主要是由于地基处理方式存在一定的差异，地基处理后改变了基础下土层受力关系，22 层建筑物基础进行过复合地基处理，进行过素混凝土施工，该处理方式存在褥垫层，褥垫层将受力分散给了刚性的素混凝土桩和柔性的地基土层，该种处理方式分担了基础下土层的受力，在基坑开挖后从土体产生应力应变变化的角度看，土体受力较小，变形相对于未进行地基处理的 5 层楼较小。而采用天然地基的 5 层建筑，建筑地基受力

均传递给了基础下的土体，受力改变后变形较大。这种受力方式的不同导致了经过地基处理的高层建筑反而出现变形较小的现象。这种现象在软件模拟中体现得较为明显，从软件所展示的受力模型中也能看出产生这种差别的主要原因。

# 6　计算结果与监测数据对比分析

理论与实践的对比是具有广泛意义的，运用软件建立合理的模型机制，与现场监测结果进行深入的对比，对工程建设及模型建立优化有着指导作用。根据模拟软件分析的内容，对比主要包括基坑周边沉降、既有建筑物沉降变形等几个方面，通过对比可以发现，通过软件模拟的变形趋势和实际监测的点位位移变化在数值上近似，在变形趋势上相同，通过合理的基坑支护设计和建模，能够在一定程度上模拟基坑未来的变形趋势和数值，给基坑设计和之后的施工提供一定的指导作用，在一定程度上提高了基坑设计的安全性，通过这一变形趋势的预测，也能够指导基坑设计加强设计薄弱方面。在对基坑周边既有建筑物的变形预测方面，预测的精度也能够达到指导设计方案的作用，变形预测在数值上接近实际情况，能够让设计人员充分考虑基坑开挖后对既有建筑的影响，保障既有建筑内人员和财产的安全。变形模拟的应用会对基坑施工和设计产生积极的影响[3]。

# 7　结论

通过本文的详细分析和论证，可以得出如下结论：

（1）随着基坑的开挖，在不考虑相关荷载和既有建筑影响的情况下，基坑变形较大点大多发生在边长较长一侧的中间位置，该现象的产生主要是由土体侧向约束挖除后的土体受力特点决定的。

（2）对于基坑开挖后周边建筑沉降变形的对比可以发现，既有建筑物的变形主要受到多个因素的影响，其中既有建筑物距离基坑边缘的距离和其自身的基础受力形式有很大的关系，在判断既有建筑物变形的问题上，不能单一地看既有建筑的高低及基底压力的大小，还要从各个方面进行考虑和计算。

（3）通过合理的软件模拟计算，数字化的基坑设计过程，能够很好地预测基坑开挖后基坑周边土体和周边既有建筑的变形情况，这种方法能够为基坑设计和施工起到很好的指导作用，该种方法的应用很大程度上提高了基坑施工的安全性，保障了人员财产的安全。数字化设计是未来基坑设计的发展趋势。

## 参考文献

[1] 化建新, 郑建国. 工程地质手册[M]. 5 版. 北京: 中国建筑工业出版社, 2018.

[2] 凤蔚. 石家庄地区地下水动态观测与预报研究[D]. 西安: 长安大学, 2008.

[3] 侯学源, 刘国斌. 城市基坑工程发展的几点看法[J]. 施工技术, 2000, 29(1).

[4] 贺炜, 潘星宇, 张军等. 河心州地铁车站深基坑开挖监测及环境影响分析[J]. 岩土工程学报, 2013, 33(增刊 1): 478-483.

[5] 寇润胜. 深基坑周边建筑物沉降预测及安全性评估[D]. 重庆: 重庆大学, 2014.

[6] 贾文. 深基坑开挖监测数据分析及有限元模拟研究[D]. 天津: 天津城建大学, 2014.

[7] 黄少师. 凤阳路站基坑开挖对周边建筑物的影响分析[D]. 合肥: 安徽建筑大学, 2015.

# 徐汇滨江西岸传媒港与上海梦中心项目（西岸"九宫格"）基坑工程实录

王卫东 沈 健 胡 耘 王惠生

（华东建筑设计研究院有限公司，上海 200011）

## 1 工程概况

徐汇滨江西岸传媒港与上海梦中心项目位于上海市徐汇区规划黄石路以北、云锦路以东、龙腾大道以西、规划七路以南，该项目作为徐汇滨江的重要先导项目，积极招引海内外优质影视娱乐媒体项目，吸引全球影视文化机构、音乐文化机构、时尚文化机构在此聚集，打造以影视制作、数字娱乐为特色的上海休闲文化新地标，并带动一批高端商业、商务的发展。

项目整体由西岸传媒港公司主导的六个地块与上海梦中心公司主导的三个地块共计九个地块组成，九地块呈井字形排布，包括北部 E、J、K 地块，中部 F、L、M 地块，南部 G、N、O 地块，以及地块之间东西向的龙纹路、规划九路，南北向的规划十一路、云谣路，北侧规划七路和南侧黄石路

的一部分，项目总平面如图 1（a）所示，简称西岸"九宫格"。其地下空间开发打破传统的地块独立模式，将九个地块及其内部道路下方建设成整体地下空间，地下空间建筑面积占比约 50%。基坑总面积超 15.7 万 m²，基坑普遍开挖 16～17m，周长约 2km。

该项目同时还面临着严峻的环境保护与复杂水文地质问题，西侧距离运营中的地铁 11 号线车站、附属结构、区间隧道普遍仅 9～10m[图 1（b）]，与地铁相邻的基坑边长达 500m，且隧道和车站底埋深与基坑挖深相近，保护难度极高；建设场地邻近黄浦江，承压水分布极为复杂且水量丰富，需严格控制长期大范围抽降承压水对周边环境影响。面对复杂的开发进度与工期需求，结合基坑安全与环境保护，划分为 28 个基坑集中开发，内部临时隔断围护墙总延长米约 3km，是当时上海地区规模最大和最复杂的基坑群之一。

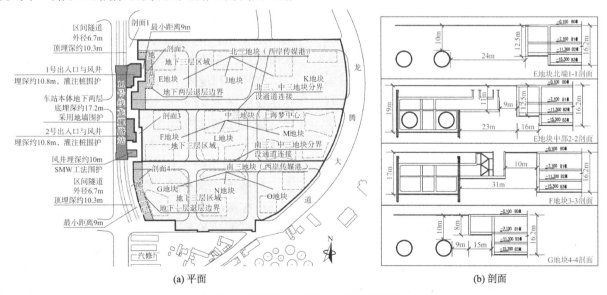

图 1 项目总平面图与典型环境剖面

(a) 平面 　　　　 (b) 剖面

---

获奖项目：2021 年度工程勘察、建筑设计行业和市政公用工程优秀勘察设计奖一等奖。

## 2 岩土工程条件

### 2.1 工程地质条件

工程建设场地位于黄浦江西岸，属于滨海平原地貌类型。基坑开挖影响深度范围内地层均为第四系松散沉积物，主要由饱和黏性土、粉性土及砂土组成，对基坑有影响的土层分布及特征简述如下。

①杂填土：杂色，湿，松散状态，为人工新近堆填土，含碎砖石、混凝土块、植物根茎，土质松散，无层理，在场地中遍布。层厚2.8～6.1m，平均厚度3.8m。

②粉质黏土：褐黄—灰黄色，湿，可塑—软塑状态，含氧化铁条纹、铁锰质结核，局部为黏土，土质由上而下逐渐变软，摇振反应无，稍有光泽，干强度、韧性中等，在填土较厚区域附近变薄或缺失。层厚0.8～2.0m，平均厚度1.38m。

③淤泥质粉质黏土夹黏质粉土：灰色，饱和，流塑状态，含云母、有机质，夹薄层粉性土，摇振反应无，稍有光泽，干强度、韧性中等，在场地中遍布。层厚4.0～5.9m，平均厚度5.14m。

④淤泥质黏土：灰色，饱和，流塑状态，含有机质，偶夹薄层粉性土，摇振反应无，有光泽，干强度、韧性高等，在场地中遍布。层厚7.5～8.5m，平均厚度7.97m。

⑤₁粉质黏土：灰色，湿，软塑状态，含有机质，偶夹薄层粉性土，局部为黏土，摇振反应无，稍有光泽，干强度、韧性中等，在场地中遍布。层厚1.8～3.7m，平均厚度2.41m。

⑤₂砂质粉土：灰色，饱和，中密状态，含云母，夹薄层黏性土，摇振反应迅速，无光泽，干强度、韧性低，在场地中遍布。层厚2.2～4.5m，平均厚度3.59m。

⑤₃₋₁粉质黏土：灰色，湿，软塑状态，含少量有机质及泥钙质结核，夹薄层粉性土，摇振反应无，稍有光泽，干强度、韧性中等，在场地中遍布。层厚6.5～8.5m，平均厚度7.65m。

⑤₃₋₂粉质黏土夹砂质粉土：灰色，湿，软塑状态，含云母，夹多量粉性土，摇振反应中等—无，无～稍有光泽，干强度、韧性低—中等，在场地中遍布。层厚13.9～16.2m，平均厚度15.26m。

⑦₁砂质粉土夹粉质黏土：灰色，饱和，中密状态，含云母、有机质，以粉砂为主，夹砂质粉土，摇振反应迅速，无光泽，干强度、韧性低，在场中遍布。层厚3.5～8.2m，平均厚度5.61m。

典型工程地质剖面和土层主要物理力学参数如图2所示，基坑开挖深度范围内的第③、④层为淤泥质黏土，饱和、流塑，抗剪强度低，灵敏度中—高，具有触变性和流变性特点。其中第③层中夹薄层粉土，局部含粉性土颗粒较重，易渗水，并可能产生流砂、管涌等现象。坑底土为第④层和第⑤₁层土，土性较差，对控制基坑与周边环境变形较为不利。

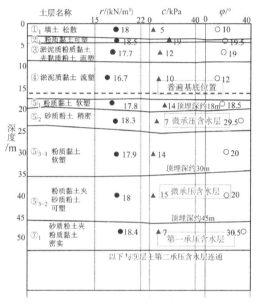

图2 典型工程地质剖面图

### 2.2 水文地质条件

场地水文地质条件较为复杂，黄浦江距离场地不足200m，对场地地下水有一定的补给，地下水位较高。浅部地下水属潜水类型，主要补给来源为大气降水和地表水，勘察期间，测得浅部土层潜水水位埋深为0.80～2.10m，平均水位埋深1.51m。

场地在深度约18.5m以下分布有第⑤₂层灰色砂质粉土，为微承压含水层，水头埋深3～4m；在深度30m以下分布有第⑤₃₋₂层粉质黏土夹砂质粉土，为微承压含水层，勘察期间实测水头埋深约3.6m；在深度约45m以下分布有第⑦层灰色粉砂夹粉质黏土，系上更新世河口-滨海相沉积层，是上海地区第一承压含水层，水头埋深为6～7m。结合地勘报告PS值曲线来看，场地部分区域，两层之间没有明显的分界，且越靠近黄浦江该现象越显著，经现场抽水试验表明⑤₃₋₂层与⑦层之间存在一定的水力联系。⑦层下部又与⑨层粉砂第二承压水层直接连通，形成了三层连通且无法隔断的深厚（微）承压含水。基坑普遍挖深16～17m，基坑开挖期间，承压水抗突涌稳定性不满足要求，开挖期间需进行减压降水，减压降水对周边环境的影响是需要密切关注的问题。

## 3 岩土工程分析与评价

本工程主要特点可以概括为如下四个方面。

（1）超大规模基坑群的建设难度大

本工程九地块及内部道路地下三层为全贯通一体式开发，基坑总面积超15.7万m²，普遍挖深16～17m，开挖土方量达250万m³，是当时上海地区一体化开发规模最大的建筑基坑。基于基坑安全、环境保护和开发进度的统筹考虑，共分为28个分区先后、同步或交叉实施（图3），为当时上海地区规模最大和最复杂的基坑群之一。深大基坑群工程体量大、工期长，同步或先后实施的关系错综复杂、基坑间相互作用显著，其设计和施工都是高度复杂的技术难题。

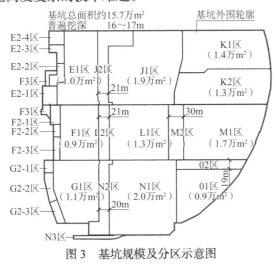

图3 基坑规模及分区示意图

（2）建设投资主体多，工期实现和安全性控制难度大

本工程投资主体众多，上部26栋单体（含6栋超高层）又分属7家不同主体（均为如腾讯、湖南卫视等社会影响力较大的企业），各地块、单体均有严格的工期目标，为了各自的工期目标8家建设投资主体之间难免出现开发进度、基坑分区、工况等方面的分歧，作为工期目标基石的基坑工程首当其冲面临来自各方的压力，基坑群支护设计需充分考虑各主体的工期需求。相邻基坑同步实施的相互作用显著，基坑需突破常规进行技术

创新，同时满足基坑安全。

（3）基坑群叠加影响下的运营地铁保护难度极大

基坑群西侧距离运营的地铁11号线龙耀路车站、隧道、附属结构普遍仅为9～10m，与地铁相邻的基坑边长约500m，地铁车站本体地下两层，底埋深普遍约17.2m，局部端头井位置埋深约19m，出入口以及风井底板埋深约10.8m，区间隧道盾构直径约6.7m，覆土厚度约10.3m，隧道底与基坑底基本齐平，基坑群实施与单体基坑实施存在较大的差异性，深大基坑群工程建设周期长、同一个保护对象会面临多个分区基坑开挖卸载与施工动载作用的叠加卸荷方量巨大、环境影响叠加效应显著[1]，保护难度成非线性提高。

（4）基坑群工程面临大范围长时间抽降承压水问题

建设场地邻近黄浦江，含水层水量丰富，基底以下⑤$_{3-2}$层微承压含水层存在突涌风险，且地勘揭示普遍区域⑤$_{3-2}$层、⑦$_1$层直接联通，承压含水层深厚。本工程外圈围护延长米达2km，若将上述承压含水层完全隔断，技术难度较高且投入的成本将十分巨大。基坑群工程承压水抽降时间长、环境影响范围大，存在叠加效应，处置不当可能引发严重的周边环境安全问题。

## 4 方案的分析论证

### 4.1 主要技术创新

1）复杂多约束条件下基坑群支护体系设计

对于大规模基坑群工程来说，如何选择满足基坑群安全与环境变形控制、实现多维度工期目标和提高经济性的总体分区分期设计方案是基坑群工程设计的关键问题，又因受上述多方面条件约束成为基坑群工程设计的难点之一。针对众多约束条件，建立了基于有限土压力理论的临界缓冲区宽度概念，形成了设置有限宽度缓冲区后两侧基坑同步或交叉实施的设计方法；在此基础上，针对基坑群超大规模开挖、工程安全、工期差异等复杂多约束条件，提出了通过灵活、动态设置单/双隔断实现分区阻隔的基坑群总体设计。在保障基坑群安全的同时，圆满实现全部工期目标。

（1）基坑群间临界缓冲区宽度概念和计算方法。

常规基坑群工程相邻的基坑之间需要设置临时隔断墙，基坑分区先后实施。但就本工程，如果按传统模式，则必然不能满足业主开发需求，必然涉及相邻地块需要同步实施的工况。相邻基坑如果想要同步实施，需要在相邻地块基坑间设置双隔断形成缓冲区，常规认识下上海软土地区缓冲区宽度大于2H（H为基坑挖深）时，土压力计算模式可按半无限土体考虑，相邻基坑开挖较单坑开挖无显著差别。但为确保项目上部主体结构的工期，缓冲区仅能设置在不影响地上结构的区域，则很多区域的缓冲区宽度无法满足2H，因此需分析不同缓冲区宽度条件下相邻基坑开挖的围护体的受力变形，设计团队提出了基于有限土压力理论的基坑群间临界缓冲区宽度概念和计算方法，基于理论分析（滑楔体平衡和薄层单元法结合）和系统的数值模拟，形成了墙后有限土体主动土压力的简化计算方法；揭示了基坑群内相邻基坑缓冲区宽度对围护体受力变形的影响规律；建立了与挖深、土层、工况相关的临界缓冲区宽度概念和计算方法，大幅缩减同步开挖两坑之间所需缓冲区宽度（由常规认识的2H缩小至约1.2H）[2]，在辅以一定设计施工措施（包括工况协调、坑内外土体加固、缓冲区重载车道等）的情况下，缓冲区两侧同步开挖可满足安全控制要求，化解了不同主体开发进度的矛盾。

（2）根据具体工期要求灵活、动态设置单/双隔断。

基坑群支护设计跳出传统的构件设计框架，随着投资主体工期目标的不断细化与明确，深化基坑群分区分期，提出了应对复杂多约束条件的基坑群总体设计原则。设计团队最终结合开发节奏将基坑群总体分为两大阶段实施：将上部建设体量大、建设工期相对更紧的央视华东总部以及沿龙腾大道具有较高形象要求的中轴和东侧共五地块作为一阶段实施，对滞后开发相对不敏感的剩余四地块作为二阶段开发，两阶段之间设置单隔断。大阶段内部设置双隔断形成缓冲区或预留单双隔断调整条件，分先后或交错实施，实现了随工程进展分区分期的动态设计。

2）以运营地铁为保护对象的敏感环境变形控制设计

软土地区超大规模基坑群开挖卸荷环境影响叠加显著，而紧邻的运营地铁变形控制要求严格，基坑群工程的环境变形控制是本工程设计施工所面临的巨大挑战。基于系统的有限元分析，揭示了不同分区方式、开挖顺序的周边环境响应特征；在此基础上形成了考虑基坑群叠加影响的运营地铁保护成套设计技术。

（1）临地铁基坑不同分坑方式、开挖顺序条件下周边环境响应特征。

建立上海软土地区常用的不同分坑方式的有限元模型，对比不同的分区条件下环境保护侧的土体变形控制效果。根据计算结果，采用长条形小坑加大坑的分坑方式对环境保护一侧的地墙水平位移以及坑外沉降均有作用，可以一定程度降低基坑开挖对重点保护区域的影响。垂直于环境保护一侧的分坑有利于减少该侧的基坑暴露长度以及增加该侧的围护刚度，其环境保护侧的地墙位移与地表沉降的沉降数值及影响范围减小情况更加有效。最终得到以下结论：①对于同等的临时隔断设置长度，均分基坑效果优于划分长条形小坑；②垂直保护对象划分基坑对周边环境的保护效果优于平行保护对象划分基坑；③当采用划分长条形小坑时，应辅以其他设计措施。上述成果为本工程邻近敏感对象的分区分期设计提供了理论支撑。

（2）形成了考虑基坑群叠加影响的地铁敏感环境保护成套技术。

①合理分区阻隔：邻近地铁侧地块划分为面积1万m²左右的3个大坑与邻近地铁的10个窄条型小基坑分隔带。②分期错峰实施：对于西侧邻近地铁的三地块大坑，基于上述研究和工期目标，按先中间、后两侧的顺序依次施工，避免同步开挖对地铁的不利影响，垂直于地铁同一水平线的大坑区也结合进度特点适当错开工期避免同期卸荷体量过大。③区别性减层控制：邻近地铁隧道的G地块小坑减至地下1层，邻近地铁本体的E地块小坑减至地下2层，邻近附属的F地块小坑不减层。④支护体系加强主动变形控制：近地铁大坑增至四道十字正交混凝土支撑，小坑设置一道混凝土支撑和多道单项或双向伺服轴力钢支撑。⑤土体改良：大坑设置裙边加固；小坑最后一道支撑以下采用满堂加固，以上结合支撑平面设置抽条加固。⑥隔离措施：大坑开挖期间利用已加固的小坑作为分隔带，小坑开挖期间与地铁间设置坑外隔离桩。⑦利用时空效应：通过放宽内部临时隔断地墙变形，保障邻近地铁侧外围围护体变形控制。

3）基于软土小应变弹塑性模型和参数，实现了大规模基坑群全过程三维精细化模拟深大基坑群与常规单一基坑工程差异巨大，其受力变形性状与环境影响机制不明，规范设计方法无法分析基坑群工程相互作用以及环境叠加影响等效应[2]，需建立包含土层、支护结构、地铁在内的模型进行敏感环境的三维数值分析，但如此大体量、复杂工况的基坑群三维数值模拟此前无相关成果。本工程利用上海软土小应变模型和全套参数的成果[3]，实现了超大基坑群复杂工况的全过程精细化三维模拟，整体数值模型达数十万单元，土体采用 10 节点楔形体实体单元模拟，基坑围护墙体采用 6 节点三角形 Plate 壳单元模拟，临时支撑采用 3 节点 Beam 梁单元模拟，立柱采用 Embedded 桩单元模拟，结构模型如图 4（a）所示，模型参数详见表 1。

**模型参数表** 表1

| 土层 | 重度$\gamma$/（kN/m³） | $E_{oed}^{ref}$/MPa | $E_{50}^{ref}$/MPa | $E_{ur}^{ref}$/MPa | $G_0^{ref}$/MPa | $c'$/kPa | $\varphi'$/° | $\gamma_{0.7}$ | $m$ | $R_f$ | $K_0$ |
|---|---|---|---|---|---|---|---|---|---|---|---|
| ②₃ | 18.8 | 8.55 | 10.26 | 51.30 | 205.20 | 5.0 | 29.0 | $2.7\times10^{-4}$ | 0.8 | 0.9 | 0.52 |
| ④ | 17.2 | 2.07 | 2.48 | 16.56 | 66.24 | 4.0 | 23.0 | $2.7\times10^{-4}$ | 0.8 | 0.6 | 0.61 |
| ⑤ | 18.5 | 5.40 | 6.48 | 32.40 | 129.60 | 5.0 | 27.0 | $2.7\times10^{-4}$ | 0.8 | 0.9 | 0.55 |
| ⑥ | 20.0 | 8.37 | 10.04 | 50.22 | 200.88 | 20.0 | 32.0 | $2.7\times10^{-4}$ | 0.8 | 0.9 | 0.47 |
| ⑦₁ | 18.9 | 11.60 | 11.60 | 46.40 | 232.00 | 1.0 | 30.0 | $2.7\times10^{-4}$ | 0.5 | 0.9 | 0.50 |
| ⑦₂ | 19.2 | 18.80 | 18.80 | 75.20 | 376.00 | 1.0 | 32.0 | $2.7\times10^{-4}$ | 0.5 | 0.9 | 0.47 |

模型计算结果揭示了基坑群支护体系和周边环境的非线性响应规律，阐明了基坑群受力变形与环境影响的时空效应特征和叠加效应特征，根据模拟分析结果对基坑群总体设计和关键控制工况进行优化调整，成为规范方法设计计算的有效补充。图 4（b）为模拟得到的地墙变形结果，与后期现场实测变形结果和规律吻合。

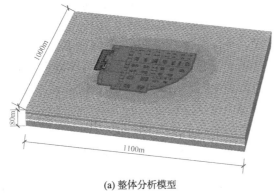

(a) 整体分析模型   (b) 地墙变形云图

图 4　基坑群三维模型及典型分析结果

4）以专项水文地质勘察为依据、以环境变形控制为导向的基坑群承压水精细化控制技术

场地内⑤₃₋₂层微承压含水层存在突涌风险，且部分区域⑤₃₋₂层与⑦₁层接触，常规认识中将⑤₃₋₂层与⑦₁层作为存在密切水力联系的深厚承压含水层对待，不仅无法隔断，当邻近敏感保护对象时，按⑦层降压且需设置悬挂帷幕时地墙深度也将超过 70m，代价巨大。

基于对土层特性的深入分析，设计提出了⑤₃₋₂层与⑦₁层虽然接触但水力联系不密切的可能，结合实施阶段和土层差异开展了系统的专项水文地质勘察，通过 5 组群井试验结果验证了两层承压水水力联系不紧密的事实（⑤₃₋₂层与⑦层水头差异较大，且抽降⑤₃₋₂层、⑦₁层，水头无明显变化）。由此确定了以⑤₃₋₂层为目标降压层的基坑群工程系统性和差异性并举的承压水控制措施。

差异性针对不同环境保护要求，分区域采用差异性承压水控制：重点保护的近地铁侧地墙加深至降压井滤管底部以下 10m 并隔断⑤₃₋₂层形成悬挂帷幕，增加承压水的绕流补给路径，提高坑内降压效率、减小对地铁的影响；次重点的近龙腾大道区域地墙加深至滤管底部以下 5m 形成悬挂帷幕；其余区域或位于基坑内部，或基坑面积较小且周边环境属宽松区域，或挖深较小无须抽降承压水，上述区域地墙不考虑加深，结合实测水位按需降压。图 5 为邻近不同保护对象区域的承压水井与地墙帷幕的悬挂关系。

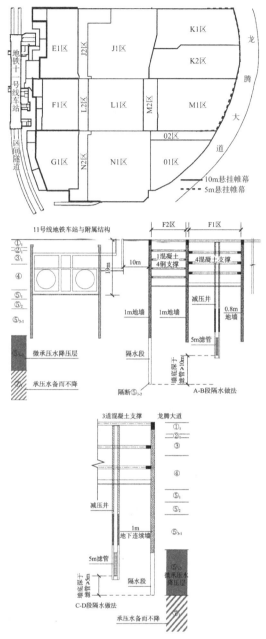

图 5　微承压水控制示意图

本基坑工程的承压水处理对策基于基坑群特点，结合现场实测充分考虑前序基坑降压对后续基坑影响，减小降幅缩短总体降压周期，采用短滤头降压井结构等精细化措施，在确保基坑群安全的同时有效控制了降压对周边环境影响。

## 4.2　基坑支护设计方案

基于上述成果，结合地下地上总体开发计划，本项目基坑群大致分为两个阶段顺作实施：将上部建设体量大、建设工期相对更紧的央视华东总部以及沿龙腾大道具有较高形象要求的中轴和东侧共五地块（梦中心 F、L、M 地块和西岸 K、O

地块）作为一期实施，对滞后开发相对不敏感的 E、J、G、N 地块作为二期开发对象（图 6）。并按以下三个基坑分区原则确定临时隔断的设置：①非地铁侧单体基坑面积不大于 2 万～3 万 m²；②邻近地铁侧的基坑须另行划分出宽度约 15m 的长条形基坑，并待内部普遍区域大坑地下结构实施完成后再进行长条形小基坑的施工；③根据开发进度，灵活、动态设置单/双隔断。据此将项目共划分为 28 个大小基坑分区先后、同步或交叉实施，满足了复杂多约束条件的基坑群安全与工期控制需求，基坑群分期分阶段实施平面如图 7 所示。

基于基坑群大体量卸荷和叠加影响显著的特点，周边和内部临时隔断均采用地下连续墙围护，地下三层挖深条件下普遍采用 0.8m 厚地墙围护，西侧靠近地铁、东侧靠近龙腾大道一侧的地墙加厚至 1m，南侧外围护墙厚考虑永久阶段受力加厚至 1m。E 地块紧邻地铁侧地下二层挖深 12m，墙厚也由常规项目 0.8m 加厚至 1m，G 地块紧邻地铁侧地下一层挖深 8m，围护形式也由常规灌注桩加强为采用 0.8m 厚地墙。邻近敏感环境区域地墙厚度 1m，其余均为 0.8m。水平支撑除紧邻地铁侧窄条基坑以外，普遍均采用钢筋混凝土支撑。对于不同环境的保护要求主要体现在支撑道数以及布置形式这两方面的差异，同样地下三层挖深，非地铁侧大坑竖向布置三道对撑角撑体系，而地铁侧的大坑（F1、E1、G1 区）支撑道数加强至四道，且采用整体刚度更大的十字正交对撑体系。邻近地铁的窄条小坑（F2、E2、G2 区）采用首道钢筋混凝土支撑结合下部多道轴力伺服系统钢支撑，钢支撑采用无围檩的"一墙两撑"设计，加快支撑形成速度，进一步减小对地铁的影响。基坑支护布置及分区实施阶段平面如图 7 所示。承压水控制设计上节已详细介绍，此处不再赘述。

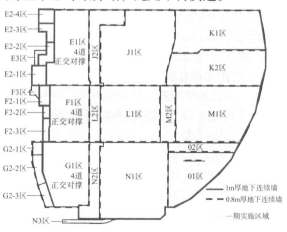

图 6　基坑群分期及支护结构示意图

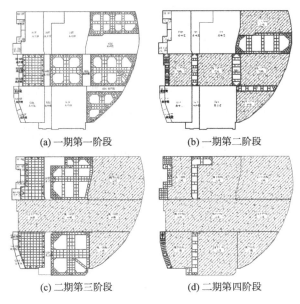

(a) 一期第一阶段　　　　(b) 一期第二阶段

(c) 二期第三阶段　　　　(d) 二期第四阶段

图 7　基坑分期分阶段实施流程图

# 5　工程实施

1）圆满实现九街坊、26 单体全部工期目标

从 2015 年 8 月开始首地块土方开挖，至 2016 年 4 月（历时 8 个月）完成一阶段首批（F1、M1 基坑）地下结构施工；至 2018 年 1 月全部主体地下结构完成，仅仅 30 个月，即完成了超 15 万 m²、16～17m 深基坑群（250 万 m³ 土）开挖和近 60 万 m² 地下结构建设，为 2019 年 9 月 26 日中央广播电视总台长三角总部暨上海总站挂牌等重大节点完成打下扎实基础。2020 年 1 月最后一栋单体腾讯华东总部大厦封顶，圆满实现全部建设主体工期目标。图 8 为第二阶段基坑群全景。

2）包含 28 个分区的基坑群整体安全可靠

实测数据表明，开挖至基底近地铁侧小坑外侧地下连续墙测斜最大值不足 1cm，大坑中隔墙测斜最大值 5～6cm（图 9），内部临时隔断地下连续墙测斜最大值为 9～12cm，基坑群总体安全可靠，利用时空效应通过放宽内部临时隔断地墙变形，保障敏感环境侧围护体变形控制效果明显。实测缓冲区宽度1.2H两侧基坑同步交错施工相互影响引起的整体偏移量不足 1cm，说明本工程经由有限土压力分析确定的缩减后的有限缓冲区宽度合理可靠。

3）环境保护效果良好，地铁安全运营有保障

基坑群地下结构完成，地铁车站变形不足 3mm，E 地块对应区间隧道最大沉降 8.9mm，G 地

块对应区间隧道最大沉降不足 4mm（图 10），为城市生命线的安全运营提供了保障。

图 8　基坑实施实景（二期）

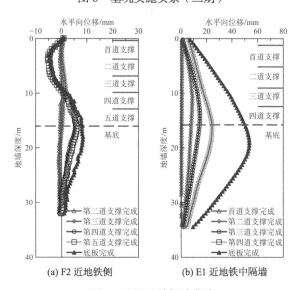

(a) F2 近地铁侧　　　　(b) E1 近地铁中隔墙

图 9　基坑地墙侧墙曲线

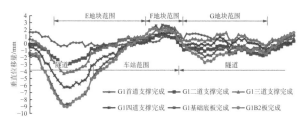

图 10　地铁车站线路与区间隧道竖向变形曲线

4）承压水降压环境控制效果显著，实现了基于环境保护对象的针对性控制目标

基坑内⑤$_{3-2}$层降深约 8m，地铁侧坑外⑤$_{3-2}$层变幅 0.5m 以内，坑内外降深比大于 10∶1；龙腾大道侧坑外⑤$_{3-2}$层最大降深 0.8～2m，坑内外降深比 4∶1～10∶1；期间坑外⑦$_1$层水头无明显变化。

# 6  工程成果与效益

项目团队基于对超大规模基坑群工程安全与环境控制技术的研究成果和以往长期的工程积累，设计前期开展细致筹划、设计过程中应对实际进度及设计条件开展设计动态调整，确保了工程安全顺利地实施；同时，面对众多投资主体，项目团队充分发挥技术优势，起到协调和润滑的作用，努力寻求多方利益的平衡点，保障了项目建设各项重大节点要求，为 2019 年 9 月中央广播电视台华东总部的顺利挂牌等关键节点的实现打下了坚实的基础。

## 6.1  经济效益

通过统筹设计和相关研究成果的应用，减少地块内部临时隔断围护体约 800 延米（近 2.5 万 m³），差异性地墙悬挂帷幕深度设计，节省地下连续墙超 1 万 m³，节约工程造价约 7000 万元，减少混凝土用量约 3.5 万 m³，节约钢筋用量约 5300t，减少泥浆排放约 10 万 m³。本项目地下空间统筹有序开发的实现，有效缩短项目总工期，节省了除基坑围护结构以外的项目投资约 2000 万元。

## 6.2  社会效益

从 2015 年 8 月首地块开挖开始，30 个月完成全部地下结构施工，圆满实现了全部工期目标。实施过程中地铁车站及隧道变形均满足管理部门控制要求，确保了周边地铁在超长周期施工过程中的安全与正常运营，形成良好的社会影响。

# 7  工程经验

与常规单一基坑相比，深大基坑群工程体量大、同步或先后实施的关系错综复杂、土体反复加卸荷的应力路径复杂，坑间相互作用和环境影响叠加效应显著。同时，软土强度低、易扰动、压缩性高，而地铁和建筑物密集的敏感环境变形控制要求高，深大基坑群工程和环境安全问题日益突出，设计施工面临巨大挑战。

本项目基坑支护设计跳出传统的构件设计框架，从总体与细节上对基坑群工程进行把控。针对上述问题，对基坑设计进行了总体筹划，合理化基坑的分区与实施流程，其制定的过程需要考虑不同地块的开发进度需求、多地块叠加作用下地铁等敏感环境的保护等问题；提出了复杂多约束条件下基坑群支护体系和以运营地铁为保护对象的敏感环境变形控制成套技术，以及安全与经济并举的基坑群作用下的承压水控制对策。经过由全局至局部，点面结合的设计方式，解决了基坑群工程一系列技术难题，确保了周边环境安全，同时兼顾了工期需求，社会效益与经济效益均十分显著。通过对本工程研究成果的提炼、实践经验的总结以及大量实测数据的分析，为软土地区大规模基坑群的设计施工提供了参考。

## 参考文献

[1] 刘建航, 侯学渊.基坑工程手册[M]. 2 版. 北京: 中国建筑工业出版社, 2009.

[2] 戴斌, 胡耘, 王惠生. 上海地区相邻基坑同步开挖影响分析与实践[J]. 岩土工程学报, 2021, 43(2).

[3] 王卫东, 王浩然, 徐中华. 上海地区基坑开挖数值分析中土体 HS-Small 模型参数的研究[J]. 岩土力学, 2013, 34(6).

# 非饱和粉细砂地层基坑支护技术

郑云峰　蔡昀骁　梁仕超　孙海洋　郭瀚波

（中冀建勘集团有限公司，河北石家庄　050227）

## 1　前言

基坑工程是随着城市建设事业的发展而出现的一种综合性系统工程，随着经济的发展与人们居住环境要求的提高，基坑支护技术得到越来越多的应用。在基坑开挖过程中，非饱和粉细砂地层的开挖极易造成基坑坍塌、流砂、支护不稳固等不良影响，尤其深基坑开挖难度更大，对工程质量安全及进度造成很大影响。本文主要通过优化非饱和粉细砂地层分层开挖厚度、施工工序衔接、支护工序调整等技术措施，来保证基坑支护施工安全、质量和进度，在总结和改进的研究过程中形成施工技术，并在后续的施工项目上进行应用，取得了良好的社会效益和经济效益。

## 2　工程概况

本文以河北雄安新区某安置房工程土护降工程为例。该项目占地面积 46.75hm²，总建筑面积约 127.3 万 m²。其中地上面积约 780400m²，地下面积约 492610m²；开挖面积约 46 万 m²，开挖深度约 9m。本文重点对非饱和粉细砂地层基坑支护的主要施工工艺技术、质量控制过程进行阐述。

## 3　岩土工程条件

该项目基坑开挖深度从场平地面往下 6~8m，根据地质勘察资料，场平地面下存在厚度较大的非饱和粉细砂地层。场地下伏地下水位埋深为 16m，地下水位较深，粉细砂含水率较低。经过现场取样实测含水实验和筛分实验，分别测得含水率为 8%、粒径大于 0.075mm 的颗粒质量占总质量 87%。基坑开挖导致非饱和粉细砂地层暴露在空气中，如果不及时支护很容易造成流砂和坍塌现象，对基坑的稳定性和工期均带来较大影响。因此，必须研究出针对性的有效措施，从而确保工程安全顺利实施。

## 4　方案的分析与论证

非饱和粉细砂地层基坑支护技术是利用降低土方开挖深度、砂层预处理预加固、优化施工工序等措施，保证施工质量。主要施工工序包括：测量放线、土方开挖、边坡修整、面层喷洒水泥浆、挂钢筋网（预留钢筋网片、压筋、土钉位置）、喷射混凝土（50mm）、土钉（锚索）钻孔、土钉（锚索）制作及安装、土钉与压筋焊接、注浆、喷射混凝土（50mm）、洒水养护。施工工艺流程如图 1 所示。

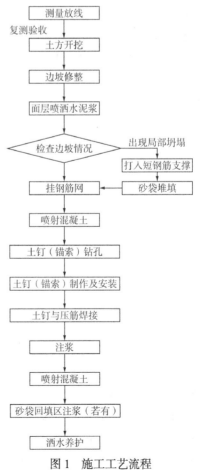

图 1　施工工艺流程

# 5 方案的实施及过程控制要求

## 5.1 土方开挖

根据施工场地的长度、宽度，均匀布置施工机械，做到分布合理，不影响相互作业，又能提供施工效率。

地质情况较好的粉土开挖深度为3m，待土钉锚索成孔注浆完成，混凝土喷射2d后开始进行下层土方开挖，未完成以上施工步骤严禁开挖下一层土方。土方开挖过程中遇边坡土质为松散粉细砂，不含黏土质颗粒，控制开挖深度为1.5m左右；边坡土质为粉细砂含少量黏土颗粒，控制开挖深度为2～2.5m，且尽量缩短工作面放置时间，尽快完成后续施工作业内容。土方开挖工程质量检验标准见表1。

土方开挖工程质量检验标准　　　　　　　　　　表1

| 项 | 项目 | 允许偏差/mm | | 检验方法 |
|---|---|---|---|---|
| | | 基坑、基槽 | 机械挖方场地平整 | |
| 主控项目 | 标高 | −50 | ±50 | 水准仪 |
| | 长、宽 | +200；−50 | +500；−150 | RTK、钢尺量 |
| 一般项目 | 表面平整度 | 20 | 50 | 用2m靠尺检查 |

## 5.2 边坡修整

坡面挂网施工前先进行坡面修整，使用挖掘机或以人工将松散的浮土清理干净，清理后使坡面平滑，对坡面局部不稳定处进行清刷或加固，保持坡面平缓过渡。

## 5.3 面层喷洒水泥浆

边坡修整完成后，立即在面层喷洒一层水泥浆（水灰比0.6～0.8），主要作用是固定粉砂层，减少粉砂层在空气中的暴露时间，从而降低粉砂层坍塌的可能。

## 5.4 挂钢筋网（预留钢筋网片、压筋、土钉位置）

采用$\phi$6@200的钢筋网，水平加强筋为HRB400$\phi$14，与土钉焊接。铺设过程中保证钢板网片的搭接长度不小于200mm。在水平加强筋位置绑扎长木条，土钉（锚索）孔采用110mm（160mm）PVC管预留土钉（锚索）孔，为后期土钉（锚索）钻孔施工、土钉与横向压筋连接预留位置。

坡顶钢筋网由基坑坡面网延伸至坡顶翻边800mm。土钉墙立面结构见图2。

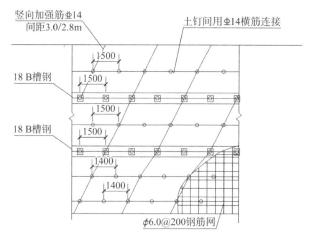

图2　土钉墙立面结构图

## 5.5 喷射混凝土（5cm）

喷射作业前必须对机械设备，风、水管路和电线等进行全面检查及试运转，埋设控制喷射混凝土厚度的标志，以确保混凝土喷射的厚度，喷射作业分段分片依次进行。喷射的顺序自下而上，堆喷施工。按地形条件和风向从左到右，或从右至左依次进行，射流方向垂直于坡面。喷射混凝土时逐层逐块进行，先喷凹处及裂隙处再喷其他，喷枪缓缓移动，小圈转动使喷层均匀。喷射时，应控制好水灰比，保持混凝土表面平整，呈湿润光泽，无干斑或滑移流淌现象。

为保证施工时的喷射混凝土厚度达到稳固边坡要求，在边壁面上垂直打入与设计厚度等长的短钢筋作为标志，面层采用一次喷射而成，喷射混凝土终凝2h后，应喷水养护至第二层喷射混凝土施工前。

## 5.6 土钉（锚索）钻孔

1）土钉成孔

土钉孔采用锚杆钻机成孔的方式，土钉杆体长度不小于设计长度，孔径100mm，孔径允许偏差5～10mm。成孔倾角为10°，且误差不大于3°。在暗角区的土钉，施工时可适当调整入射角度。如成孔过程中出现掉落松散土时，应立即注入水泥浆进行护壁处理，并及时安置事先加工好的土钉主筋，并注浆。

2）锚索成孔

锚孔钻进施工时，根据坡面测放的孔位准确安装固定钻机，并严格认真进行机位调整，确保锚孔开钻就位纵横误差不得超过±50mm，高程误差不得超过±100mm，钻孔倾角和方向符合设计要求，倾角允许误差为±1.0°，方位允许误差±2.0°。

## 5.7 土钉（锚索）制作及安装

1）安放土钉

土钉钢筋制作应严格按施工图施工，使用前应调直并除锈去污。土钉原则采用通长筋不接驳。在土钉钢筋上设置对中支架，以确保钢筋在孔内居中，架高适中，间距1.5～2.0m，按设计要求进行布置。土钉安放后同时进行横向加强筋的焊接作业，搭接长度为10d。

2）安放锚索

锚索体采用人工安装，安装前，认真核对锚孔编号，缓缓将锚索体放入孔内，用钢尺量出孔外露出的钢绞线长度，计算孔内锚索长度（误差控制在50mm范围内），确保锚固长度。

首先按照设计要求长度切割钢绞线，将钢绞线固定在隔离支架上，然后按设计隔离支架间距组装完成整个锚索体。制作时注意，钢绞线不得相互缠绕并保证隔离支架位于钻孔中部。

（1）截取钢绞线前应对线材进行检查，要求表面乌亮，手感滑腻无涩滞感，每根钢绞线顺直，不扭不叉，排列均匀，除锈、除油污，对有死弯、

机械损伤及存有锈坑时必须剔出，钢绞线有机械损伤或锈蚀的不得使用。

（2）截取钢绞线用切割机，严禁使用电气焊，截好的钢绞线平顺地置于工作平台上。

（3）钢绞线编制在工作平台上进行，其下料长度为：设计长度＋张拉千斤顶长度＋锚具厚度＋张拉操作预留量。

（4）索体采用人工下锚，缓慢从孔口送入，避免锚索体扭曲，锚索入孔时用力要均匀一致，不得转动锚索体，并随时检查隔离架及绑扎丝，发现有移动、损坏、脱落等要及时处理，必要时要更换重新编制，并确保将锚索体推送至预定深度后注浆管畅通。

## 5.8 注浆

注浆用水灰比0.5～0.55的纯水泥浆，水泥采用P.SA32.5（锚索使用P.O42.5）。浆液使用搅拌罐进行搅拌，水泥用量严格计量。浆液由注浆胶管输送至土钉孔口进行注浆，注浆开始或中途停止超过30min，应用水或稀水泥浆润滑注浆泵及管路。待浆液满溢且2h后进行补浆。土钉孔（锚索孔）成孔完成后随时进行注浆，以防止孔壁坍塌。

## 5.9 喷射混凝土（5cm）

注浆完成后，对混凝土面层进行第二次混凝土喷射以达到设计要求。

# 6 方案实施效果

根据《建筑基坑支护技术规程》JGJ 120—2012的相关要求对土钉采用逐级加荷法检测抗拔承载力，土钉的检测数量不宜少于土钉总数的1%，且同一土层中的土钉检测数量不应少于3根，土钉抗拔承载力检测值不应小于土钉轴向拉力标准值的1.3倍。共对11根土钉进行抗拔承载力检测，检测结果均符合要求。对锚索采用抗拉拔试验检测承载力，检测数量不应少于锚索总数的5%，且同一条件下的锚索检测数量不应少于3根。共对16根锚索进行抗拉拔试验检测承载力，检测结果均符合要求。根据《建筑基坑工程监测技术标准》GB 50497—2019的相关要求，基坑坡顶水平位移、竖向位移、锚杆内力等监测数据，均满足设计及规范要求。

## 7 工程经验

本文依托工程实例，开展非饱和粉细砂地层基坑支护技术研究，详细阐述了非饱和粉细砂地层进行基坑开挖与支护的主要技术控制措施，为非饱和粉细砂地层中基坑支护提供了技术指导。

本技术通过改变施工工序，在基坑开挖后为防止开挖坡面坍塌，先对砂层坡面进行预加固，然后在喷洒水泥浆面层上挂钢筋网，并喷射一层50mm厚的细石混凝土，再进行钻孔、土钉（锚索）与压筋的安装、注水，并洒水养护，完成基坑的支护。

经过实际应用，可克服在非饱和粉细砂地层中基坑开挖坡面坍塌的施工难题，此工艺技术具有施工作业便捷、施工质量易控制、安全可靠度高、经济性优良的优点。

"非饱和粉细砂地层基坑支护技术研究"技术成果是在工程实施过程中进行的技术创新与总结，可解决工程实际施工问题，同时也取得了较好的经济效益。本技术为在非饱和粉细砂地层中进行基坑支护提供了技术支撑，具有较高的工程应用价值。

# CBS 植被混凝土在北方岩质边坡治理中的应用

任明明　郭振锐

（河北中核岩土工程有限责任公司，河北石家庄　050022）

## 1　概述

### 1.1　项目概况

治理区位于北京市房山区河北镇三福村北偏东约875m处，北车营西村以西约876m，南侧与S328市道相连。治理区坐标范围：东经：115°58′48″～115°58′59″北纬：39°49′01″～39°49′14″，其中治理面积60760.5m²，约91.14亩。治理区周围交通良好，南侧紧邻S328市道，交通十分便利。

治理区所在北京市房山区河北镇三福村，主要产品为建筑装饰材料-石灰岩。岩石完整性较差，主要经破碎筛选碎石做石灰。为保护北京生态环境，自2010起政策性关闭该北京周边地区大部分矿山，该矿山也随之关闭。治理区受矿山开采影响，原生地貌破坏，岩质陡坡裸露，区内广泛分布开采后裸露岩壁。通过对治理区的生态环境修复治理，实现废弃矿山和荒坡地的综合绿色治理和生态建设，恢复生态植被和景观，有效控制扬尘污染，为防治大气污染提供保障。项目中主要采用了CBS植被混凝土工艺，该工艺在南方是一种比较成熟的边坡绿化工艺，但在干旱的北方，尤其在北京地区，这是第一次在矿山治理项目中使用。

### 1.2　治理区植被及土壤

原生地貌区植被发育，灌木主要植被为荆条，偶见乔木主要为臭椿。治理区外沿公路的一侧有核桃树、柿子树等经济林。区内无农作物种植。

治理区大部为由采矿形成的30°～近于直立的裸露岩质坡体，坡脚部分地带被岩质废渣覆盖，场地西南侧为少量土质坡面。土壤类型主要为碎石土，粒径差异较大，最小粒径小于2cm，最大粒径达80cm，碎石母岩成分为石灰岩、泥质灰岩等，黏土含量极少，透水强，不利保水保湿，腐殖质含量少、土壤肥力差。

### 1.3　治理区环境及现状

治理区的采石场是露天斜坡式开采，矿山在开采过程中开采面植被均被破坏殆尽，渣堆遍布、岩体裸露，与周边植被生长茂盛的山区绿色生态环境极其不协调。由于早期开采不规范，造成现状矿区植被破坏、岩壁裸露、植被稀少，地貌景观遭受严重破坏。

需要治理的边坡主要是矿山开采边坡，项目中划定岩坡3处，总周长703.5m，占地面积36940m²，治理区内坡面面积共52491.7m²。各岩坡顶0.4-1.0m为含黏土碎石，地表壤土含腐殖质，向下为微风化厚层状灰岩。岩坡一般无明显变阶，凹凸度小于2m，整体坡度平均在30°～45°，局部坡度有55°～65°之处，最大高度95m。

## 2　绿化工艺技术方案

CBS植被混凝土绿化工艺在南方是一种比较成熟的施工绿化工艺，但在干旱的北方，尤其在北京地区，这是第一次在矿山治理项目中使用，因此，需要研究该工艺在干旱地区，尤其是在岩质陡边坡上的适用性，成活率，后期养护，以及成本费用等。CBS植被混凝土绿化添加剂AB菌。

CBS植被混凝土绿化施工的主要流程要点如下：

（1）清坡：清除岩坡表面浮土浮石、倒悬岩块、坡面危岩、局部存在明显滑移变形的块体及坡表面的杂草、落叶枯枝等。

（2）锚钉放线定位：确定锚钉孔位，孔间距原则上为1m×1m。

（3）锚钉成孔：锚钉稍上倾15°，与坡面夹角105°。

（4）锚钉加工与安装：锚钉采用φ14带肋钢，长度60cm，岩体破碎地带适当加长，锚钉外露10cm。

（5）铺设钢丝网：钢丝网为网目5×5cm的14号镀锌钢丝网，网间上下搭接不小于5cm，网片之间用18号钢丝绑扎牢固，网片距坡面保持7cm的距离，顶处及坡体两侧覆盖不小于1m，边缘及局部不平整处加密岩钉固定。

（6）基层与面层喷射：CBS植被混凝土喷射分为基层与面层喷射。基层的喷护厚度为8cm；面层喷护厚度为2cm；基层与面层的主要区别：基层水泥含量较高，不含植物种子；面层水泥含量较少，含植物种子。

（7）覆盖无纺布：喷播施工结束后两天内，在基材表面加盖无纺布。一是起到保墒、控温的作用，提高植物种子出芽速度，二是防止植物种子被风吹走和被飞禽啄食，提高植物种子出芽率和成活率。

（8）养护：采用自动喷灌系统喷水养护。

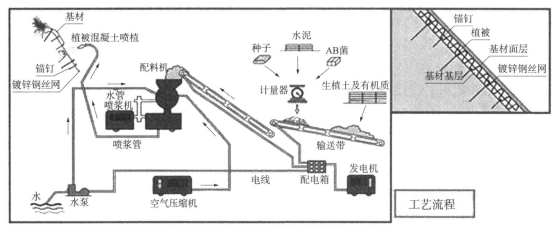

图1　CBS植被混凝土绿化工程工艺流程图

## 3　实施方案

项目包括地形地貌整治、CBS植被混凝土绿化施工、植被养护三个部分，分别介绍如下：

### 3.1　地形地貌整治

清除岩坡表面浮土浮石、倒悬岩块、坡面危岩、局部存在明显滑移变形的块体及坡表面的杂草、落叶枯枝等，形成利于植被修复的坡面。对于明显凸出部位，进行击落，先用风镐在凸出部位沿坡面钻出孔洞，然后用锤击落，保证其岩面倾角与坡度基本一致；对于明显凹进的地段（倒坡），进行填补，用风镐将填补处凿出麻面，其深度不小于1cm，然后用高压风、水将其冲洗干净，最后用M7.5砂浆将其填平。

清浮石后再进行CBS植被混凝土绿化施工工作。

### 3.2　CBS植被混凝土绿化施工

项目主要采用CBS植被混凝土绿化工艺，即：采用特定混凝土配方和混合植绿种子配方，对坡度较大的岩石边坡进行防护和绿化。具体施工步骤如下：

1）放线：从防护区域下沿中部开始向上和两侧放线测量确定锚钉孔位，孔位间距1.0m×1.0m。

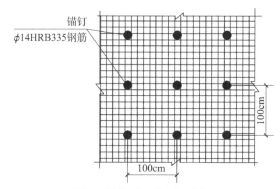

图2　锚钉平面布置示意图

2）成孔：按设计深度凿锚钉孔，并清除孔内粉尘，孔深比设计锚钉长1cm以上。锚钉采用φ14带肋钢，依照岩石破碎程度锚入20～60cm，岩石风化严重处，适当加长，以锚钉击入坡体后稳定为准。锚钉间距1.0m×1.0m，锚钉外露10cm。坡体顶部为加强稳定，按间距1.0m×1.0m，进行两排加密加长处理。锚钉稍上倾15°，与坡面夹角105°。

3）锚钉施工：按设计的锚钉规格、入岩深度、间距垂直于坡面配置好锚钉后，铺设14号镀锌钢丝网（网目5cm×5cm）。网片从植被结合部顶由上至下铺设，加筋网铺设张紧，网间上下进行不小于5cm的搭接，网间左右进行不小于10cm的搭接，但所有网片之间用 18 号钢丝绑扎牢固，在锚钉接触处也一并用 18 号钢丝与锚钉绑扎牢固。网片距坡面保持 7cm 的距离，局部采用垫块支撑。

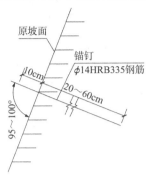

图 3　锚钉锚固示意图

4）镀锌铁丝网铺设：坡面配置好锚钉后，铺设加 14 号镀锌铁丝网（网目5cm×5cm）。网片从植被结合部顶由上至下铺设，加筋网铺设要张紧，网间上下需进行不小于 5cm 的搭接，网间左右不需进行搭接，但所有网片之间应用 18 号钢丝绑扎牢固，在锚钉接触处也一并用 18 号钢丝与锚钉绑扎牢固。网片距坡面保持 7cm 的距离，否则用垫块支撑保持坡顶处及坡体两侧覆盖不小于 1m，边缘及局部不平整处加密岩钉固定，完毕后利用空压机对山体再次进行吹风清理。

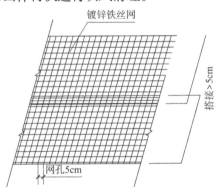

图 4　镀锌铁丝网铺设结构示意图

5）喷灌系统安装：喷灌系统由蓄水池、主供水管道、供水支管、摇臂喷头、水龙头和控制阀组成。

（1）现场在蓄水池西侧安装 6 台 120m 的 MD多级离心泵。

（2）喷灌系统中的阀门，应按设计规定选用，设计无规定时，按相应规范选用。阀门安装前，应做耐压强度试验。

（3）管道支架的安装，保证位置正确，埋设应平整牢固；与管道接触应紧密，固定牢靠。

（4）喷灌调试：安装完毕并经实验合格后可进行系统调试。启动水泵让喷灌系统处于工作状态，启动变频调速器改变水泵工作频率，使水泵的出口水压及流量与设计要求基本符合；调节阀门改变水柱的大小和高低，调节喷头方向以改变喷射方向，直至符合设计要求。

（5）管材、管件应具有质量证明书和合格证，其数据应符合国家有关标准。搬运管材和管件时，应小心轻放，避免油污，严禁剧烈撞击，与尖锐物品碰触，抛摔滚拖。管道安装过程中，应防止油漆、沥青等有机污染物与 PE 管材、管件接触。

（6）管道安装人员必须熟悉 PE 管的一般性能，掌握基本的操作要求，严禁盲目施工。塑料管道之间的连接采用 PE 管材专用熔接器熔接，塑料管与金属管配件、阀门等的连接应采用螺纹连接或法兰连接。

（7）管道熔接时，熔接器温度应达到规定温度时方可进行操作。熔接时，承口、插口须同时熔融，熔融后应迅速完成黏接操作。黏接时，应将插口用力插入承口中，对准轴线，迅速完成。不得插到底后进行旋转。熔接好的接头，应避免用力，须静止固化一定时间，牢固后方可继续安装。其管件螺纹部分的最小壁厚应符合规定要求。

图 5　喷灌系统安装

6）CBS 植被混凝土喷植：植被混凝土基材由生植土、水泥、有机质、CBS 植被混凝土绿化添加剂 AB 菌混合组成，各组分材料的选择要求如下：

生植土：选择工程所在地原有的地表土壤经风干粉碎过筛而成，要求土壤中砂粒含量不超过 5%，最大粒径应小于 8mm，含水量不超过 20%。

水泥：采用 P•O42.5 普通硅酸盐水泥。

有机质：有机质一般采用酒糟、醋渣或新鲜有机质（稻壳、秸秆、树枝）的粉碎物，其中新鲜有机质的粉碎物在基材配置前应进行自然发酵处理。

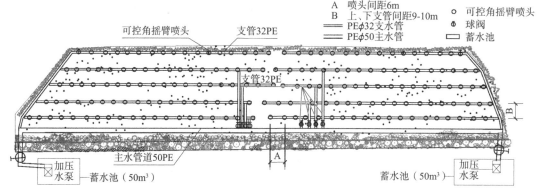

图 6　CBS 植被混凝土绿化技术养护系统布置示意图

CBS 植被混凝土绿化添加剂（AB 菌）：添加剂能中和因水泥添加带来的严重碱性，调节基材 pH 值，降低水化热；增加基材空隙率，提高透气性；改变基材变形特性，使其不产生龟裂；提供土壤微生物和有机菌，有利于加速基材的活化；含有缓释肥和保水剂。

根据现场实际情况并结合图纸给出喷播混合料配比，本项目采取的配合比为：

基层配方：生植土 0.80～0.90m³，水泥 90～120kg，植被混凝土绿化添加剂 AB 菌 40kg，腐殖质 0.20m³；

面层配方：生植土 0.80～0.90m³，水泥 65～80kg，植被混凝土绿化添加剂 AB 菌 30kg，腐殖质 0.20m³，并加种子，种子配比为：高羊茅 20g/m²；黑麦草 20g/m²；早熟禾 15g/m²；苜蓿 15g/m²；小冠花 15g/m²；紫穗槐 20g/m²；刺槐 20g/m²；波斯菊 10g/m²；狗牙根 3g/m²。

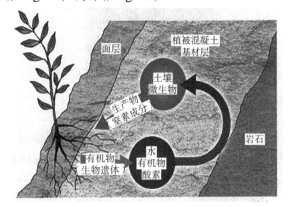

图 7　CBS 植被混凝土护坡结构示意图

具体施工要点如下：

（1）人员和喷射机就位，调整好进料闸门，向机组的料斗中加料。

（2）打开进风管阀门，开启喷头水阀，先湿润坡面，利于泥浆粘结。

（3）喷浆开动拌合机，使拌合料进入喷射机的料斗中，开动喷射机，使混合料进入输送管，从喷射口喷出。调整供水阀门，使混合料润湿成浆状，以喷到坡面上泥浆光泽而不流动为最佳。同时，使喷射浆尽量垂直坡面，以减少加弹量。在喷浆之前再次检查坡面上的浮土、草皮、树根及其他杂物是否清理干净，确认后用水进行坡面喷淋，以促使喷射植被混凝土基材与基面连接紧密，然后进行试喷试验，以调节水灰比，再进行喷浆施工。

（4）植被混凝土喷植：完成坡面整治、网和锚钉铺设，并做好植被混凝土基材组分备料并配制后，即可进行植被混凝土基材喷植施工。喷植所用设备为一般混凝土喷射机，分基层和表层分别进行。从坡面由上之下进行喷护，先基层后表层，每次喷护单宽 4～6m，高度 3～5m。喷播由大于 12m³ 的空压机送风，采用干式喷浆法施工。

基层喷植：喷浆前再次检查坡面上的浮土、草皮、树根及其他杂物是否清理干净，确认后用水进行坡面喷淋，以促使喷射植被混凝土基材与基面连接紧密，然后进行试喷试验，以调节水灰比，再进行喷浆施工；基层的喷护厚度为 8cm；喷射作业开始时，应先送风、后开机、再给料，喷射结束时应待喷射料喷完后，再关风。基层喷射混凝土可一次喷至设计厚度，不需分层喷植；喷射过程中，喷嘴距坡面的距离控制在 0.6m～1.0m 之间，一般应垂直于坡面，最大倾斜角度不能超过 10°；喷浆中，喷射头输出压力不能小于 0.1MPa；喷射采用自上而下的方法进行，先喷凹陷部分，再喷凸出部分；喷射移动可采用 S 形或螺旋形移动前进。

面层喷植：基层施工结束 8h 以内进行表层喷护，一般控制在 3～4h；表层的喷护厚度为 2cm。将有机材与土壤、种子、其他添加剂及水等按比例搅拌均匀后，用喷混机械喷射到施工基层坡面上，喷播厚度约2cm；表层喷护之前在坡面上喷一次透水，保证基层和表层的粘结；近距离实施喷播，以保证草籽播撒的均匀性；喷播采用自上而下的方式进行，单块宽度按4～6m进行控制。

（5）停止喷射时先停止加料，让机组继续运转，直到没有物料从喷头喷出时，再断水、电，并关闭风路系统，然后停机。

（6）喷播后用30g/m²的无纺布进行覆盖，当幼苗植株长到5～6cm或2～3片叶时，揭去无纺布。对CBS混凝土植被进行常规养护。

### 3.3 植被养护

1）强制性养护与管理

强制性养护指的是在喷播结束后的两个月内进行日常浇（洒）水工作。具体是在喷播施工结束后两天内，在基材表面加盖无纺布。一是起到保墒、控温的作用，提高植物种子出芽速度，二是防止植物种子被风吹走和被飞禽啄食，提高植物种子出芽率和成活率。采用已经安装的喷灌系统，实行每天的均匀洒水养护。

强制性养护期间还应注意植物种子的出芽均匀度和出芽率，对局部出芽不齐和没有出芽的坡面要进行补植，当然也包括对栽培植物的成活率监测，及时更换或补种没有成活的苗木。

强制性养护中需要防治苗木病虫害的发生，对可能出现的病虫害要进行病理分析，有针对性地采取治理措施。

2）常规养护与管理

在强制性养护结束后，进入为期十个月的常规管养。其具体工作包括：

（1）监测植物生长过程中对水分的需求，适时利用喷灌系统为植物生长补充必要的水分。

（2）监测植物生长过程中的抗逆性能，在极端气候（强暴雨、长时间干旱、高温、低温等）情况下植物生存态势，采取对应措施（补植、支护、补水、补肥等）保证植物成活。

（3）监测植物生长过程中抗病虫害的能力，及时发现并处理病虫害隐患，同时防止人为和其他动物被破坏植物。

（4）工程缺陷修补，对可能出现的边坡植被基材垮塌、树木死亡等进行补喷和补栽，对损坏的喷灌系统进行修复。

（5）禁止高压射水冲击基材混合物，以及禁止暴雨中或暴雨前施工。对治理后坡面进行CBS植被混凝土生态防护技术进行护坡。

## 4 完成情况

项目中共完成喷射面积41735.7m²，坡高30～120m不等，坡角30°～近于直立。

通过对现场施工及后期治理效果的总结，该工艺基本适用于北方地区高陡岩质边坡，但对于坡度大于80°高陡岩质边坡，该工艺还是略显不足，遇到强降雨极易被冲刷，而且养护较为困难，因为喷灌支管几乎与坡面垂直，与地面平行，喷出的水无法到达坡面。如果支管斜向上与坡面成小角度，又会导致靠近喷头土体被冲垮。

CBS植被混凝土工艺喷播后需要采用无纺布铺盖，起到遮阳保水抗冲刷的功能，但是大面积无纺布铺盖后不易固定，空隙较小，遇到北方大风大雨天气极易损坏，影响整体效果。且揭除需要耗费大量的人力、物力，还不环保，揭除后抗冲刷能力明显减弱。换用三层椰丝毯（生态网）椰丝毯，空隙较无纺布大，强度较无纺布高，不宜损坏，覆盖后不用揭除（节省大量人力、物力）。椰丝为有机质，腐败后可以变成植物肥料，这样既能遮阳保水，又能与自然颜色比较协调、抗冲刷能力较强、孔隙大小较合适，利于植物发芽生长和环保。

CBS植被混凝土工艺在北方干旱地区对于水的需求相当大，施工过程中及夏季养护过程中需要大量水源。本项目场地内有个蓄水池，解决了该工艺水源的问题。对于北方干旱地区的新建项目，场区内必须准备充足的水源，比如施工前修建蓄水池，施工及养护期间储备大量水源。对于场地内水源较少的地方，还是慎重考虑此工艺。

总体来看，该工艺对于高陡岩质边坡（坡度小于80°）还是比较理想的。

## 5 结论

（1）CBS植被混凝土技术处理高陡岩质边坡（坡度小于80°），效果还是很不错的；但处理坡度大于80°的岩质边坡，效果就不太理想。

（2）采用无纺布覆盖，空隙较小，植被出芽后再揭除，耗费大量人力、物力且极易损坏；换用三层椰丝毯（生态网），其空隙大小合适，覆盖后不用揭除，椰丝为有机质，腐败后可以变成植物肥料，十分环保。

（3）该工艺对于水的需求相当大，施工过程中及夏季养护过程中需要大量水源。本项目场地内有个蓄水池，解决了该工艺水源的问题，对于场地内水源较少的地方，还是慎重考虑此工艺。

（4）环境效益：通过对该治理区实施绿化工程，使裸露岩壁重新披上绿装，减少了扬尘，促进了该区域的生态恢复。

（5）经济效益：在本项目实施过程中，可以为当地居民提供临时劳动就业岗位，增加临时就业居民经济收入。同时，待该治理区绿化全部覆盖后，可以考虑开发旅游项目，例如垂钓、登山、餐饮等项目，增加当地居民的经济收入。

（6）社会效益：该治理区工程为2017年度试点项目，裸露岩壁的治理为后续高陡岩壁的治理提供了治理经验，起到一定的示范作用，具有明显的社会效益。同时，改善了矿区采矿遗留的裸露矿山、植被损坏、环境恶化等问题，改善了当地居民的生态和生活环境，具有明显的社会效益。

# 青岛东方影都项目填海区止水帷幕试验实录

张军舰[1,2]　李　鹏[1]　吴　刚[1]　刘晓强[1,3]　陈照亮[1,3]

（1. 青岛市勘察测绘研究院，山东青岛　266032；2. 岩土科技股份有限公司，浙江杭州　311401；
3. 青岛岩土基础工程公司，山东青岛　266032）

## 1　工程概况

青岛东方影都项目位于山东省青岛市黄岛区滨海大道南侧、灵山卫湾内。建设单位为青岛万达东方影都投资有限公司，设计单位为万达文化旅游规划研究院，勘察单位为青岛市勘察测绘研究院，施工单位为中国建筑第八工程局有限公司。

青岛东方影都项目包含人工岛、SOHO 地块、影视基地等。薛泰路以北，柏果树河以东影视外景基地区域，占地面积约为 109hm²；柏果树河以西影视制作基地区域，占地面积约为 64.5hm²；薛泰路以南，滨海大道以北，SOHO 地块占地面积约 5.9hm²；人工岛填海区的陆域及海域占地面积约为 170.3hm²。人工岛规划平面如图 1 所示。

图 1　人工岛规划平面图

人工岛原为滨海近岸浅滩，后经人工回填形成。人工岛自 2013 年 11 月开始回填，于 2014 年 10 月回填基本结束。回填从秀场、会议中心地块开始，逐渐向东侧酒店群、南侧宿舍区、住宅区推进。现场回填照片如图 2 所示。

图 2　现场回填照片

## 2　岩土工程条件

根据钻探揭露，场区第四系主要由全新统人工填土层、海相沼泽化层以及上更新统洪冲积层组成，基岩主要为白垩系莱阳群杨家群组泥质粉砂岩。依据《山东省青岛市区第四系层序划分》标准地层层序编号，揭露岩土层自上而下主要为[①]：①₁ 层碎（块）石素填土、①₂ 层含淤泥素填土、④层含淤泥中细砂、⑫层中粗砂、⑫₁ 层粉质黏土、⑯层泥质粉砂岩强风化带、⑰层泥质粉砂岩中等风化带，典型地质剖面图如图 3 所示。

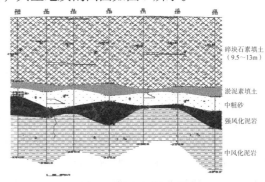

图 3　典型地质剖面图

回填过程中填料不能进行有效控制、筛选，造成大部分填料粒径从 0.15～2m 不等，且极不均匀，

---

① 青岛市勘察测绘研究院，青岛东方影都项目岩土工程勘察报告（K2013-428）[R]. 2014.

回填材料粒径离散性大。人工岛边缘区（临海区）回填多为直径1～2m块石，块石原岩花岗岩，矿物蚀变轻微，岩块坚硬。人工岛中部回填多为风化岩碎石、碎屑及风化砂等。回填完成面标高3.0～4.0m。

在国际会议中心区域选取15号（距离海边16m）、33号（距离海边52m）、110号（距离海边130m）、127（距离海边150m）号和138（距离海边197m）号钻孔内设置水位孔，对海水、地下水位进行联测，以了解场区地下水与海水的关系。地下水位分时观测点平面图及地下水位历时曲线如图4、图5所示。

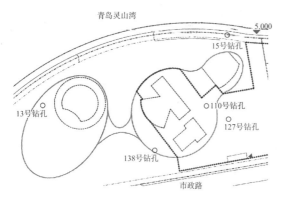

图4 地下水位分时观测点平面图

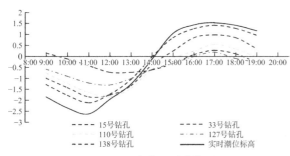

图5 地下水位历时曲线图

从图5可以看出，场区地下水与海水存在水力联系，地下水位随海水潮汐涨落发生升降，响应时间相对滞后，地下水水位变幅随钻孔与海岸线距离增大而变小。距离海岸线近的钻孔，地下水水位变化幅度大，约3～4m，随着钻孔与海岸线距离的增大，变化幅度逐渐减小，约1～2m，响应时间也逐渐延长。临海距离大于150m，地下水位受海水潮汐影响小，地下水位随潮汐变化小；临海距离100～150m，地下水位受海水潮汐影响较小，地下水位随潮汐变化较小；临海距离小于100m，地下水位受海水潮汐影响大，地下水位随潮汐变化大。

场区为新近回填，近3～5年场区地下水最高水位可按海水最高潮位记取，为3.0m。

勘察期间进行了抽水试验，结果如表1所示。

由于抽水试验井直径、降深均太小，无法计算渗透系数。根据经验推荐碎（块）石素填土渗透系数$k$取170m/d；含淤泥素填土以及含淤泥细砂渗透系数经验值$k \approx 10$m/d；淤泥素填土渗透系数经验值$k = 8.6 \times 10^{-4}$m/d；粗砾砂渗透系数经验值$k = 20$m/d。

抽水试验成果表　　　　表1

| 抽水井 | 井径/mm | 井深/m | 井类型 | 流量/（m³/h） | 降深/m |
|---|---|---|---|---|---|
| $J_1$ | 108 | 12 | 完整井 | 5.60 | <0.01 |
| $J_3$ | *153 | 12 | 完整井 | 14.65 | <0.01 |
| $J_6$ | 108 | 8 | 非完整井 | 9.31 | <0.01 |

## 3 岩土工程问题分析

整个人工岛多数单体具有1～3层地下室，在人工岛区内开挖深基坑，地下水止、排的难度大。地下室基底标高与地下水位标高示意图如图6所示。

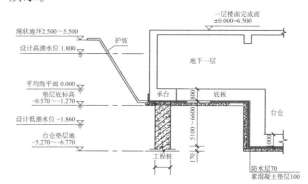

图6 地下室基底标高与地下水位标高示意图

对于利用开山石及碎石土回填造陆的工程，其止水问题是工程实施中的难题，主要有以下两点。

### 3.1 回填材料影响

人工岛回填材料以大直径碎块石为主，回填料粒径极不均匀，最大粒径1.5～2.0m，粒径200mm以上碎块石约占回填材料的20%～50%。回填材料粒径大小不一、回填材料分布不均匀、孔隙率大等都会导致止水帷幕浆液很难与土层均匀有效结合。

### 3.2 临海潮汐影响

青岛濒临黄海海域，为典型的半日潮，在一天潮水中有两次高潮、两次低潮，且高潮位与低潮位出现的时间每天不固定，推迟约30min，而平潮期时间仅有几分钟至几十分钟。青岛海域潮差可达 4m。根据相关数据,潮水涨升时,海岸回填土的渗透系数可达约 100m/h,潮水跌落时亦然。人工岛周边无防波堤坝,海水涨、退潮时渗透性和动水力将更大。在动水的影响下实施帷幕,固化浆液会随潮汐的涨落大量流失,将使帷幕难以达到预期。

## 4 试验方案论证与分析

### 4.1 强降水方案

以无止水帷幕和设置 12m 长悬挂式止水帷幕方案,降水面积为2000m×1000m进行分析。以北侧海岸线为定水头边界,东、南、西三面均外扩 500m 为定水头边界,碎(块)石素填土渗透系数 k取 170m/d。用 Visual Modflow 软件建立模型并进行分析计算①。无止水帷幕方案地下水位降深等值线如图 7 所示,方案对比如表 2 所示。

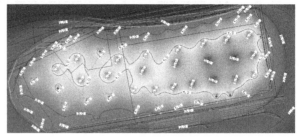

图 7　无帷幕方案地下水位降深等值线

降水方案对比　　　　　　　　　　　　　　　　表 2

| 序号 | 项目 | 无止水帷幕 | 12m 长悬挂式止水帷幕 |
|---|---|---|---|
| 1 | 深井数量 | 240 口(备 40 口) | 110 口(备 20 口) |
| 2 | 水泵功率 | 四周 120　30kW·h<br>坑内 80　15kW·h | 四周 5515kW·h<br>坑内 3510kW·h |
| 3 | 运行功率统计 | 30×120=3600kW·h<br>15×80=1200kW·h<br>合计 4800kW·h | 15×55=825kW·h<br>10×35=350kW·h<br>合计 1175kW·h |

从表 2 可看出,降水方案用电量大,代价高。

### 4.2 大井抽水试验

为得到块石填土准确的渗透系数,进行了大井抽水试验。降水井成孔外径 900mm,滤水构件采用简易钢筋笼,钢筋笼直径 600mm。钢筋笼外包裹 2~3 层钢丝网,钢筋笼外部填充细石滤料。抽水试验平面图、单井降水地下水位历时曲线如图8、图9所示。抽水试验成果如表 3、表 4 所示。

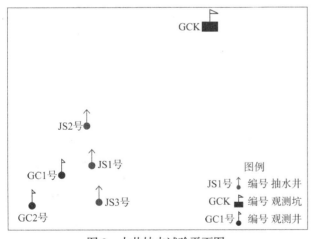

图 8　大井抽水试验平面图

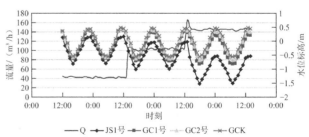

图 9　单井降水地下水位历时曲线

单井抽水试验成果表　　　　　　　　　　　　　　表 3

| 编号 | 孔深/m | 降深$S_w$/m | 影响半径$R$/m | 渗透系数$K$/(m/d) | 单井涌水量$Q$/(m³/d) | 备注 |
|---|---|---|---|---|---|---|
| JS1 号 | 9.5 | 0.8 | 116.16 | 778.54 | 3494.4 | 非完整井 |

---

① 上海岩土工程勘察设计研究院有限公司,青岛东方影都岩土工程技术咨询报告(2014-1-004)[R]. 2014.

群井抽水试验成果表 表4

| 编号 | 井深/m | 井径/m | 单井涌水量/（m³/h） | 降深/m | 抽水时间/h |
|---|---|---|---|---|---|
| JS1 号 | 9.5 | 0.45 | 1344.0 | 0.60 | 24 |
| JS2 号 | 9.2 | 0.60 | 3312.0 | 1.12 | 24 |
| JS3 号 | 9.6 | 0.60 | 3360.0 | 1.01 | 24 |

从表3、表4中可以看出，大井抽水试验得到的渗透系数是推荐经验值的 4.57 倍，若采用降水方案代价更高，风险更不可控。

### 4.3 止水帷幕试验方案

人工岛场区基坑帷幕工艺主要受回填材料粒径和临海潮汐影响，能否有效形成止水帷幕需要进行专门研究，通过工艺试验确定相关参数。

近几年青岛地区类似典型项目情况如表 5 所示。与国内多数类似工程一样，表 5 中所示项目没有详细的相关数据，只对相关工艺和经验措施定性描述，对于本项目仅可定性的参考借鉴。

青岛地区类似项目情况 表5

| 项目名称 | 回填情况 | 帷幕方案及实施情况 |
|---|---|---|
| 青岛国际帆船中心项目 | 为青岛北海造船厂搬迁后场地。填土厚度约 10.9m，主要为抛石、块石、碎石及建筑垃圾，最大粒径 3m。20 世纪 80 年代回填。帷幕最近距离海边 20m。 | 远海单排旋喷桩、近海双排旋喷桩。近海侧漏浆严重，采取增加浆液稠度、填砂、加水玻璃、反复注浆、多次复喷等措施，施工难度很大 |
| 和记黄埔小港湾改造项目 | 为20 世纪 30 年代小港湾填海造地形成场地。填土厚度约 8m，主要为抛石、块石、碎石、建筑垃圾及原废弃基础。帷幕最近距离海边 20m | 远海单排旋喷桩、近海双排旋喷桩。近海侧漏浆严重，采取增加填砂、多次复喷、局部趁低潮换填等措施，施工难度很大 |
| 青岛蓝海新港城（青岛轮渡码头改造）项目 | 为青岛造船厂搬迁后场地。填土厚度 10m，主要为抛石、块石、碎石及粉煤灰。20 世纪 60 年代回填。帷幕最近距离海边 18m | 远海单排旋喷桩、近海 2~4 排旋喷桩。近海侧漏浆严重，采取增加浆液稠度、填砂、加水玻璃、反复注浆、多次复喷等措施，施工难度很大 |

经多次研究确定，依据距离海水远近、回填材料颗粒分布情况等，在人工岛区域设置 5 个 10m×10m试验区[①]，对常规止水帷幕工艺进行试验，以确定各个工艺的适用性及其相关参数，指导整个岛区止水帷幕的设计、施工，也可为类似项目提供经验。试验区平面图如图 10 所示，各试验区参数如表 6 所示。

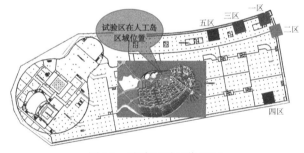

图 10　试验区平面位置图

试验区参数表 表6

| 试验区 | 填料情况 | 位置 | 试验方案 | 备注 |
|---|---|---|---|---|
| 一区 | 回填材料粒径 5~30cm | 东侧，其以东区域正在回填。距离海边 20m | 双排高压旋喷桩，桩径 0.8m 间距 0.6m，固化剂水泥浆 | 代表距离海边近，回填粒径小区域 |
| 二区 | 回填材料粒径 5~30cm | 东侧，其以东区域正在回填。距离海边 60m | 双排高压旋喷桩，桩径 0.8m 间距 0.6m，固化剂水泥浆＋膨润土 | 代表距离海边近，回填粒径小区域 |
| 三区 | 回填材料粒径 10~200cm | 北侧临海，距离海边 20m | 两侧常压注浆，注浆孔间距 0.5m，中间高压旋喷桩，桩径 0.8m间距 0.6m，固化剂水泥浆 | 代表距离海边近，回填粒径大区域 |
| 四区 | 回填材料粒径 3~20cm， | 人工岛中部，距离海边 170m | 双排高压旋喷桩，桩径 0.8m 间距 0.6m，固化剂水泥浆 | 代表距离海边远，回填粒径小区域 |
| 五区 | 回填材料粒径 10~200cm | 北侧临海，距离海边 20m | 素混凝土桩＋高压旋喷桩，灌注桩直径 1m 间距 1.4m，旋喷桩径 0.8m 间距 0.6m，固化剂水泥浆 | 代表距离海边远，回填粒径大区域 |

---

① 青岛市勘察测绘研究院，青岛东方影都项目止水帷幕试验方案, 2014.

## 5　试验方案实施与评价

由于试验二区施工过程返浆差，后取消了该试验区。其他试验区施工时间为[①]：一区：2014年2月23日～3月21日，三区：2014年3月9日～3月24日，四区：2014年3月4日～3月23日，五区：2014年3月12日～4月20日。

试验区施工完成7d后，对各个试验区进行浅层开挖，并在试验区周边设置地下水位观测孔进行效果验证。

### 5.1　试验一区开挖验证

试验一区于2014年3月28日进行开挖，3月29日开挖完成。开挖范围碎石较多且尺寸极不均匀。开挖深度约3.2m，边坡坡度约1：0.5，坑边坡不时有石块散落，坑内有水出现。开挖后在坑周边设置3个直径110mm，深10m水位观测孔。开挖照片见图11，水位观测孔位置见图12，水位观测历时曲线见图13。

图11　试验一区开挖照片

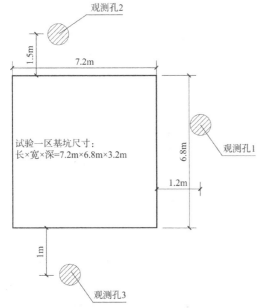

图12　试验一区水位观测孔平面示意图

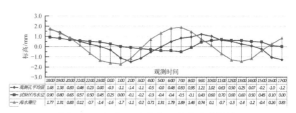

图13　试验一区水位观测历时曲线

从图13可以看出，试验区坑内水位与潮汐有联系。坑内水位随潮汐变化略有变动，但变动幅值较坑外水位孔小很多，且水位变动迟滞性也较水位观测孔强，这说明帷幕虽然有渗漏，但是也起到了一定的作用。

设置1个1.5kW、1个2.2kW水泵，于2014年4月17日至2014年4月18日随海水潮汐变化进行抽水，抽水历时曲线如图14所示。从图14可知，在涨潮时，开启两个水泵，可将水位降低至地下一层基底以下0.5m，降水面积约$7.2 \times 6.8 = 48.96m^2$，降水深度1～1.5m，涨潮时降水能耗为13.2m²/kW。落潮时开启1个1.5kW水泵，可将水位降低至地下一层基底以下0.5m，降水面积约$7.2 \times 6.8 = 48.96m^2$，降水深度0.5～1.0m，落潮时降水能耗为32.6m²/kW。

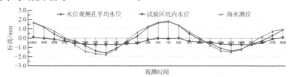

图14　试验一区抽水观测历时曲线

### 5.2　试验三区开挖验证

试验三区于2014年3月31日进行开挖，土质情况与试验一区类似，碎块石较多，遇大石块，尺寸在1.5m以上。开挖深度约3.7m，边坡坡度约1：0.5，坑边坡偶有石块散落。开挖完成后基坑内未见水，坑顶部有漏点，遇极大潮可渗水。开挖后在坑周边设置3个直径110mm，深10m水位观测孔。开挖照片见图15，水位观测孔位置见图16，水位观测历时曲线见图16。

图15　试验三区开挖照片

① 中国建筑第八工程局有限公司，青岛东方影都项目试验区止水帷幕施工资料，2014.

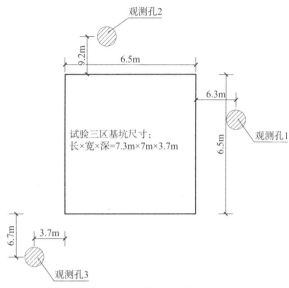

图 16 试验三区水位观测孔平面示意图

从图 17 可以看出，试验区坑内水位与潮汐无联系。观测孔水位随潮汐变化而变动，但变动幅值略低于海水，水位变动迟滞 1～2h。这说明该区域地下水受海水潮汐影响较大，但止水帷幕效果较好。

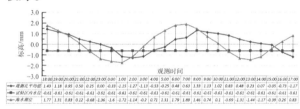

图 17 试验三区水位观测历时曲线

### 5.3 试验四区开挖验证

试验四区于 2014 年 3 月 31 日进行开挖，土质为碎石土、风化砂，碎石块较一区、三区少。开挖深度约 4.5m，边坡坡度约 1：0.2，坑边坡坡面土体较为稳定。开挖完成后基坑内未见水，坑顶部有漏点，遇极大潮可渗水。开挖后在坑周边设置 3 个直径 110mm，深 10m 水位观测孔。开挖照片见图 18，水位观测孔位置见图 19，水位观测历时曲线见图 20。

图 18 试验四区开挖照片

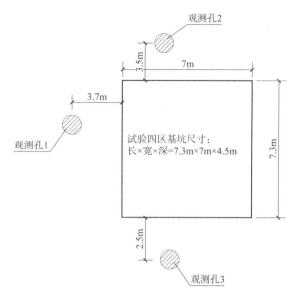

图 19 试验四区水位观测孔平面示意图

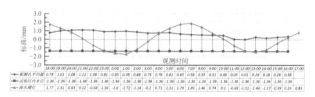

图 20 试验四区水位观测历时曲线

从图 20 可以看出，试验区坑内水位、观测孔水位与潮汐无联系。这说明该区域地下水不受海水潮汐影响，止水帷幕效果较好。

### 5.4 试验五区开挖验证

试验五区素混凝土桩施工完成后，2014 年 4 月 18 日在北侧素混凝土桩两侧开挖，查看成桩情况。素混凝土桩成桩质量好，桩形完好、连续、密实，桩之间空隙约 20cm。开挖照片见图 21。

图 21 试验五区素桩开挖照片

试验五区旋喷桩施工完成后，于 2014 年 4 月 27 日在试验区内部开挖观测坑（未挖至帷幕边界），并在坑周边设置 1 个直径 110mm，深 10m 水位观测孔进行观测坑内水位、观测孔水位、海水位的同步观测，并在涨潮时对观测坑内水进行降水，水位观测结果见图 22。水位观测后对试验区桩体两侧进行开挖，以查看成桩质量。素混凝土桩成桩质量较好，桩形明显、完整、尺寸足够，旋喷桩成桩质量差，少有完整、无明显桩形，且成桩直径不足，大部分水泥浆与回填料混合到一起。开挖照片见图 23。

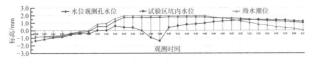

图 22　试验五区水位观测历时曲线

图 23　试验五区帷幕桩体浅层开挖照片

从图 22 中可以看出，在涨潮期间，开启 6.2kW 水泵，不能改变帷幕（试验区）内水位随海水潮汐上升的趋势；开启 14.2kW 水泵，帷幕内水位随海水潮汐上升的趋势改变；开启 36.7kW 水泵，帷幕内水位在海水高潮期内可在 40min 降低至−1.5m；关停所有抽水泵后，约 150min 帷幕内水位可恢复至标高 1.0m。这说明试验五区帷幕效果差。

## 5.5　试验区帷幕分析总结

通过试验四区、试验三区对比可以看出，在填土颗粒相对对等条件下，受潮汐影响下的地下动水是影响高压旋喷桩帷幕质量的关键因素。在帷幕选型、工艺参数等决策方面应优先应对受潮汐影响下的地下动水因素。

通过试验一区、试验三区对比可以看出，在填土颗粒相对对等、地下水受潮汐影响等条件下，高压旋喷桩止水帷幕效果差，两侧先常压注浆中间再施工高压旋喷桩，止水帷幕效果较好。高压喷射在地下动水、孔隙大地层中难以留住固化浆液，即使掺入水玻璃等速凝材料也不能达到目的；而常压压密注浆则能起到一定的填充作用，为后续高压旋喷桩提供两侧屏障作用。在此类条件下，高压喷射不适用；常压注浆可起到一定填充孔隙作用；高压喷射、常压注浆二者有机结合，并采用合理的施工顺序，可形成较好的止水帷幕。

试验五区灌注桩施工过程中由于挤土、往孔内添加砂土、碎石等影响，将填土中块石均匀挤在灌注桩周边，改变了原填土颗粒空间分布，使得粒径大的填土向孔周边及孔底聚集，在各个素混凝土间形成了明显的连续薄弱带。这时候在素桩间采用高压旋喷工艺进行封堵，无法使高喷桩与素桩有效结合以形成有效止水帷幕。

## 6　第二次试验及实施与评价

为寻求与素桩结合更合理的工艺方法，在第一次帷幕试验基础上进行了第二次帷幕试验，试验参数表见表 7。

第二次试验参数表　　　　　　　表 7

| 试验编号 | 试验内容 | 目的及意义 | 参数 |
|---|---|---|---|
| 试验 1 | 素桩间压密注浆 + 内侧高喷 | 寻求北侧近海区域素桩间有效封堵办法 | 旋喷桩直径 0.8m 间距 0.6m，固化剂水泥浆 |
| 试验 2 | 素桩间水泥土桩 | 寻求进一步降低施工成本及保证质量途径 | 冲击成孔 + 搅拌桩施工，成孔泥浆比重 1.8，桩径 0.8m，水泥掺量泥浆重量 30% |
| 试验 3 | 素桩间双液高喷 | 寻求减少工序，降低施工难度的办法 | 水灰比 0.7~0.8，水玻璃掺量 2%~4% |
| 试验 4 | 连续咬合水泥土桩 | 寻求进一步降低施工成本及保证质量途径，并为后续业态提供借鉴 | 同试验 2 |

### 6.1　开挖验证

通过浅层开挖观察桩形尺寸及搭接情况，开挖照片如图 24～图 27 所示。

图 24　试验 1 开挖照片

图 25　试验 2 开挖照片

图26  试验3开挖照片

个别点位出现空洞

图27  试验4开挖照片

从图24～图27可以看出，除试验2双液高喷出现个别桩形缺失外，其他试验桩桩形整体完整、尺寸足够，搭接连续可靠。

## 6.2  取芯及压水试验

参照现行《建筑基坑支护技术规程》JGJ 120—2012[1]、《建筑地基处理规范》JGJ 79—2012[2]、《建筑地基检测技术规范》JGJ 340—2015[3]等要求对帷幕体进行抽芯及压水试验检测，试验1、试验3、试验2桩体抽芯及压水试验情况详见图28～图30①。

| 钻孔编号 | 钻孔位置 | 孔深/m | 取芯率/% | 渗透系数/（×10⁵） | | |
|---|---|---|---|---|---|---|
| | | | | 第一段次 | 第二段次 | 第三段次 |
| 1号 | 试验五区西侧素桩间压密注浆与内侧高喷交接处 | 5.8 | 70.90 | | | |
| 2号 | 试验五区西侧素桩间压密注浆与内侧高喷交接处 | 14.5 | 60.35 | | | |

图28  试验1桩体抽芯情况

| 钻孔编号 | 钻孔位置 | 孔深/m | 取芯率/% | 渗透系数/（×10⁵） | | |
|---|---|---|---|---|---|---|
| | | | | 第一段次 | 第二段次 | 第三段次 |
| 3号 | 西侧双液高喷 | 12 | 55.06 | 0.96 | 5.00 | —— |
| 4号 | 西北侧双液高喷 | 9.2 | 39.76 | 0.96 | 6.00 | —— |
| 5号 | 西侧双液高喷 | 8.2 | 23.89 | | | |
| 6号 | 西北侧双液高喷 | 19 | 31.15 | 1.60 | —— | —— |

图29  试验3桩体抽芯压水试验情况

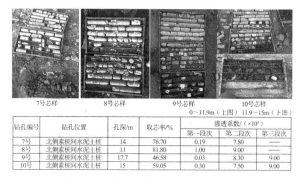

0～11.9m（上图）  11.9～15m（下图）

| 钻孔编号 | 钻孔位置 | 孔深/m | 取芯率/% | 渗透系数/（×10⁵） | | |
|---|---|---|---|---|---|---|
| | | | | 第一段次 | 第二段次 | 第三段次 |
| 7号 | 北侧素桩间水泥土桩 | 14 | 76.70 | 0.19 | 7.80 | |
| 8号 | 北侧素桩间水泥土桩 | 11 | 81.80 | 1.00 | 9.00 | |
| 9号 | 北侧素桩间水泥土桩 | 17.7 | 46.58 | 0.03 | 8.30 | 9.00 |
| 10号 | 北侧素桩间水泥土桩 | 15 | 59.05 | 0.30 | 7.50 | 9.00 |

图30  试验2桩体抽芯压水试验情况

从图28可以看出，1号芯样2.2m以下岩样为碎石和砂。2号芯样5.5m深度以下大部分是块石，至12m深大部分为砂石，至14.5m深为强风化岩。从图29可以看出，各芯样取芯率偏低，中上部芯样有水泥土，下部基本为砂石。从图30可以看出，各芯样取芯率较高，芯样多呈柱状、短柱状，水泥胶结明显。

抽芯施工可能会将局部胶结体打碎、固化剂流失，造成局部无法取出芯样或实际芯样，但抽芯检测可以反映帷幕胶结体的整体状态和效果。从抽芯情况看，采用注浆＋内侧旋喷工艺和双液高喷工艺对素混凝土桩中间空隙填充，效果均不理想，尤其在水泥浆中加入水玻璃溶液后，使得溶液流动性、流动时间减少，胶结面积不均匀，胶结体脆性增强，效果并不理想。采用咬合水泥土桩工艺对素混凝土桩中间空隙填充，效果比较理想，成孔泥浆、搅拌水泥土浆液均具有较强黏质性并没受潮汐影响而较多流失。

从压水试验效果看，胶结体渗透系数可以达到10⁻⁶～10⁻⁵cm/s，为弱透水层。

## 6.3  小应变检测

对试验2的素桩在两侧冲孔前后进行小应变检测，对所测6根素桩进行前后比对，桩身完整性未发现异常，冲击成孔硬咬合工艺可以采用。素桩

---

① 青岛建国工程检测有限公司,青岛东方影都项目试验区止水帷幕检测报告[R]. 2014.

冲孔施工前后小应变检测结果见图31。

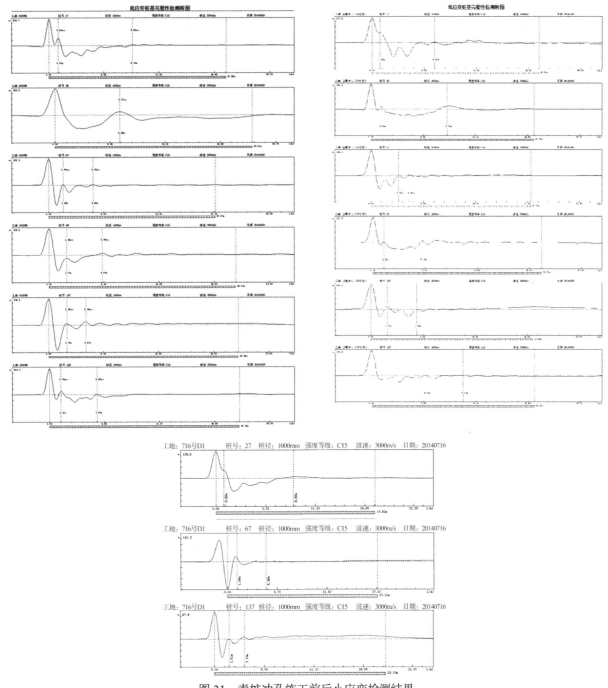

图31 素桩冲孔施工前后小应变检测结果

# 7 结论及建议

## 7.1 结论

（1）海水潮汐影响范围约150m，距离海岸线150m以外止水帷幕施工可以不考虑动水影响。常规的高压旋喷工艺适用于该类场地，但应根据填土粒径对旋喷参数予以细化调整。

（2）海水潮汐影响区内块（碎）石填土综合渗透系数可达778m/d，渗透性极强。海水潮汐影响下的动水对旋喷工艺不利影响要大于填土粒径对其影响。在海水潮汐影响范围内且填土粒径较大区域，旋喷桩止水帷幕工艺不适用。而两侧常压注浆＋中间高压旋喷工艺可在该类区域内形成较好的止水帷幕。

（3）在海水潮汐影响范围内且填土粒径较大区域，素桩＋高喷（双液高喷）、素桩间注浆＋内侧高喷方案均不适用。由于冲击成孔的施工改变了原填土颗粒空间分布，使得粒径大的填土向孔周边及孔底聚集，各个素混凝土间形成了明显的连续薄弱带，无法使高喷桩与素桩有效结合以形成有效止水帷幕。

（4）冲击咬合桩工艺，在冲击作用下，对已完成桩身完整性影响不大。无论桩体采用素混凝土还是水泥土，桩材终凝前，潮汐稀释或带走桩材的可能性低，在海水潮汐影响范围内且填土粒径较大区域能形成有效帷幕。

### 7.2　建议

无论何种工艺均有其适用性且均有出现部分漏水点的可能，通过调整优化参数可以减少这种可能性。填海区填土材料、地下水情况极其复杂，试验仅揭示了其中一部分。所以针对填海区开挖深基坑的地下水方案，应选用以合适工艺的止水为主，以大管井降排水为辅的方案。

## 参考文献

[1]　住房和城乡建设部. 建筑基坑支护技术规程: JGJ 120—2012[S]. 北京: 中国建筑工业出版社, 2012.

[2]　住房和城乡建设部. 建筑地基处理技术规范: JGJ 79—2012[S]. 北京: 中国建筑工业出版社, 2013.

[3]　住房和城乡建设部. 建筑地基检测技术规范: JGJ 340—2015[S]. 北京: 中国建筑工业出版社, 2015.

# 深基坑侧壁渗漏对周边环境的变形影响分析

侯刘锁

（深圳市勘察测绘院（集团）有限公司，深圳　518000）

## 1　引言

工程实践中基坑变形和失稳事故时有发生[1-3]，而这其中由水直接或间接引起的事故占到 70%以上。降雨作用、地下水位的变化以及基坑降水都会改变土体的渗流状态，对基坑的稳定以及邻近建筑物和管线产生不利影响[4-6]。

目前三维数值软件因其速度快、成本低、模拟结果较为真实等原因成为研究基坑变形的一种主要分析方法。如何世秀等[7]、马昌慧[8]、李英等[9]利用有限元法重点分析了基坑降水后对基坑地表沉降的影响。谢康和等[10]通过计算结果与实际监测数据进行对比分析表明，基坑开挖降水导致渗流是引起基坑周边地表沉降的主要原因。金小荣等[11]应用二维有限元法，着重分析了渗透系数、降水深度和弹性模量对沉降的影响。吴怀娜等[12]采用有限元法分析了基坑在越江隧道上方开挖，开挖降水对隧道结构的影响。黄应超和徐杨青[13]对工程实例中基坑降水与回灌过程进行了数值分析，得出回灌对提高坑外水位有明显作用，进而减少基坑周边地表的沉降量。此外，当基坑水位变化较大时，止水帷幕的效果难以保证，基坑侧壁渗漏势必也会对周边环境产生一定的影响。龚晓南等[14]系统总结了隧道及地下工程的渗漏诱发原因及防治对策，对隧道及地下工程提出按照渗水量的渗漏进行分类。赵云非等[15]从地质、施工、监测等方面对地铁基坑渗漏的原因进行分析。

以上研究可知，目前大部分研究主要针对降水及渗流对基坑地层变形的影响，而基坑侧壁渗漏对支护结构的变形研究较少，本文对基坑建立三维数值模型同时结合工程实际监测对基坑侧壁渗漏影响下支护结构的变形进行分析，为指导深基坑渗漏问题提供一定的参考依据。

## 2　工程介绍

### 2.1　工程概况

项目场地位于深圳市，占地面积 7630.06m²，地下设置为 4 层。基坑周长 321.7m，面积 7140m²，开挖深度 18.7m。基坑平面如图 1 所示。

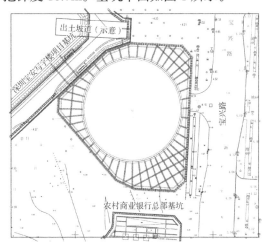

图 1　基坑平面图

根据场地勘察报告可知，地层自上而下分述为人工填土，中砂，砾质黏性土，全、强、中风化花岗岩。各土层的分布及力学参数如表 1 所示。地下水位埋深 0.50～4.70m，水位年变化幅度为 1.0～2.0m。基坑开挖 18.7m，场地内存在较厚砾砂层，砾砂层具透水性好、含水量丰富的特点，砾砂层中的地下水对基坑工程影响较大。

主要土层物理力学参数　　　　　　表 1

| 序号 | 土层 | 天然重度 | 黏聚力c/kPa | 内摩擦角φ/° | 初始孔隙比 | 弹性模量E/MPa | 泊松比 | 渗透系数/（m/d） |
|---|---|---|---|---|---|---|---|---|
| 1 | 填土 | 17.5 | 12 | 10 | 0.9 | 5.0 | 0.35 | 0.5 |
| 2 | 中砂 | 18.5 | 0 | 28 | 0.9 | 25 | 0.32 | 20 |
| 3 | 砾质黏性土 | 18.5 | 18 | 23 | 1.1 | 12 | 0.3 | 0.01 |
| 4 | 全风化花岗岩 | 19 | 30 | 28 | 1.2 | 20 | 0.30 | 0.01 |
| 5 | 强风化花岗岩 | 19.5 | 32 | 30 | 1.6 | 50 | 0.28 | 1.0 |

## 2.2 基坑支护方案

基坑整体采用桩撑支护，EAB 段支护桩采用钻（冲）孔灌注桩，桩直径 1.2m，间距 1.5m，支护桩间采用 1.2m 素桩咬合；DE 段支护桩采用钻（冲）孔灌注桩，桩直径 1.5m，间距 1.8m，支护桩间设置三管旋喷桩止水；BCD 段支护桩采用钻（冲）孔灌注桩，桩直径 1.2m，间距 1.5m，支护桩间设置三管旋喷桩止水。内支撑采用钢筋混凝土结构，为保证施工期人员安全，在基坑四周设置钢花管护栏围护，具体支护方式见图 2。

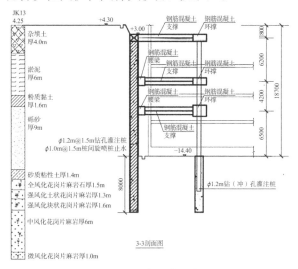

图 2 基坑支护典型剖面

## 2.3 基坑侧壁渗漏

因基坑开挖范围内存在强透水层砂层且该片区地下水位较高，水头压力大。基坑开挖至底部后，在施工坑中坑及底板时，在基坑的东侧出现侧壁漏水情况，水流量较大，渗漏点附近地面及支护结构变形有明显得加大，道路位置局部出现小裂缝现场如图 3、图 4 所示。

图 3 现场漏水情况

图 4 基坑整体施工情况

## 3 渗漏模型

### 3.1 整体模型建立

本文为确保边界水头不受基坑漏水的影响，取基坑外100m作为分析范围，深度范围取值为50m。模型止水帷幕深28m、宽0.6m。模型各土层的物理力学参数见表 1，支护结构力学参数见表 2。土体采用修正摩尔—库仑本构模型，CPE4RP 四节点平面应变四边形单元。内支撑采用 CPS4R 四结点双线性平面应力四边形单元。围护桩采用弹性本构模型，CPS4 四节点双线性平面应力四边形单元。整体模型见图 5。

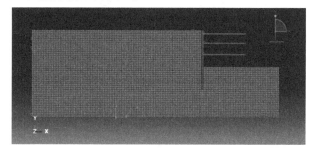

图 5 整体模型示意

结构计算参数 表 2

| 序号 | 材料 | 天然重度/<br>（kN/m³） | 弹性模量<br>E/MPa | 泊松比μ |
|---|---|---|---|---|
| 1 | 支护桩 | 25 | 30000 | 0.28 |
| 2 | 止水帷幕 | 25 | 30000 | 0.20 |
| 3 | 内支撑 | 25 | 30000 | 0.28 |

### 3.2 荷载及边界条件

荷载主要有地面超载、周边建筑物荷载，地面超载按照 20kPa 考虑，周边建筑物按照每层 15kPa 考虑。分析中位移边界条件为模型左边与右边的水平方向位移设置为 0，模型底边的水平位移与竖向位移 U2 均设置为 0；界面接触条件为基坑支护桩的左侧及底部与土体设置为摩擦接触，内支撑与桩设置为绑定，接触条件如图 6 所示。在渗漏点位置设置集中孔流，管漏设置大小为 $5 \times 10^{-5}$ m/s，线漏大小为 $1 \times 10^{-6}$ m/s。

图 6  边界条件及接触条件

# 4  结果分析

## 4.1  漏水工况的选取

本文采用 ABAQUS 有限元分析软件分别针对无漏水、线漏、管漏三种不同渗透流量进行分析，因此分别取无漏水以及 5m、10m、15m 不同深度下的线漏、管漏共 4 种工况进行对比分析，具体工况如表 3 所示。

漏水点工况  表 3

| 序号 | 工况 | 漏水点位置 | 备注 |
|---|---|---|---|
| 1 | 工况一 | 无漏水 | |
| 2 | 工况二 | 5 | 漏水量采用管漏和线漏两种方式 |
| 3 | 工况三 | 10 | |
| 4 | 工况四 | 15 | |

## 4.2  侧壁渗漏对地表沉降的影响分析

图 7 为基坑施工过程中不同标高止水帷幕渗漏引起周边地表沉降的沉降结果云图。随着渗漏点的下移，外围地表沉降量有增大趋势。由图 7（a）～图 7（d）可知，工况一止水帷幕完好的情况下最大沉降量为 27.8mm，最大沉降位置在距离止水帷幕 8～9m 位置，大于 20mm 沉降区域范围为止水帷幕外 19m。工况二在坑顶以下 5m 位置出现渗漏情况，线漏引起最大沉降量为 31.9mm，最大沉降位置在距离止水帷幕 7～8m 位置，大于 20mm 的沉降区域扩大到 30m 范围；管漏引起最大沉降量为 54.9mm，最大沉降位置在距离止水帷幕 10～12m 位置，大于 20mm 的沉降区域扩大到 40m 范围。由图 7（e）、图 7（f）可知，工况三在坑顶以下 10m 位置出现渗漏情况，线漏引起最大沉降量为 38.45mm，最大沉降位置在距离止水帷幕 7～8m 位置，大于 20mm 的沉降区域扩大到 30m 范围；管漏引起最大沉降量为 87.17mm，最大沉降位置在距离止水帷幕 10～12m 位置，大于 30mm 的沉降区域扩大到 40m 范围。工况四在坑顶以下 15m 位置出现渗漏情况，线漏引起最大沉降量为 47.77mm，最大沉降位置在距离止水帷幕 7～8m 位置，沉降量大于 30mm 的沉降区域扩大到 30m 范围；管漏引起最大沉降量为 240mm，最大沉降位置在距离止水帷幕 7～8m 位置，沉降量大于 30mm 的沉降区域扩大到 50m 范围。通过对比分析发现，渗漏引起的沉降是不容忽视的，随着渗漏点下移沉降量及沉降影响范围都有加大趋势，另外随着渗漏量的加大变形量加大幅度较大。

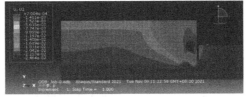

(a) 工况一沉降云图

(b) 工况二线漏沉降云图

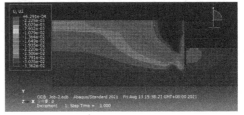

(c) 工况二管漏沉降云图

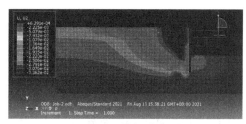

(d) 工况三线漏沉降云图

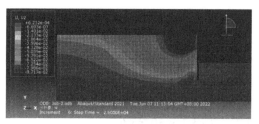

(e) 工况三管漏沉降云图

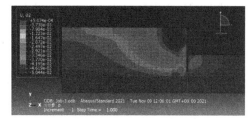

(f) 工况四线漏沉降云图

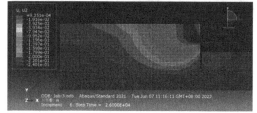

(g) 工况四管漏沉降云图

图 7　不同位置漏水的沉降云图

图 8 为不漏水和不同漏水位置，基坑施工过程中线漏引起的最终沉降对比。由图 8 可知，随着开挖基坑外围土体沉降较大位置集中在 1.0$H$（基坑深度）范围内，基坑出现线漏后沉降量和影响范围随着渗漏点的下移均有扩大，沉降量较大位置扩大到 1.5$H$，沉降量最大值由 24.6mm 增大到 50.4mm，增大 104.8%。图 9 为不漏水和不同漏水位置，基坑施工过程中管漏引起的最终沉降对比图。由图 9 可知，随着开挖基坑外围土体沉降较大位置集中在 2.0$H$（基坑深度）范围内，基坑出现管漏后沉降量和影响范围随着渗漏点的下移，沉降有呈倍数增长的趋势，尤其是在工况三的渗漏点对周边的影响极大，会造成道路塌陷。沉降量较大位置扩大到 2.5$H$，沉降量最大值由 55mm 增大到 240mm，增大 436.4%。

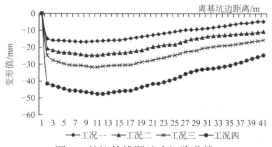

图 8　基坑外线漏地表沉降曲线

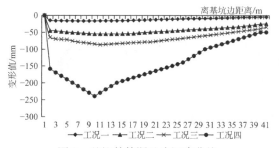

图 9　基坑外管漏地表沉降曲线

## 4.3　侧壁渗漏对支护结构变形的影响分析

图 10 为基坑施工过程中不同标高止水帷幕渗漏引起水平位移结果云图。随着渗漏点的下移，位移区域面积有下移增大的趋势。由图 10（a）～图 10（g）可知，在工况一止水帷幕完好的情况下最大水平位移为 12.07mm，最大位移位置集中在支护桩底部 5m 范围内，基坑外侧地面最大位移为 7.39mm。工况二在坑顶以下 5m 位置出现渗漏情况，线漏引起最大水平位移 21.76mm，最大水平位移下移至桩顶以下的 15～20m 位置，地表面的水平位移约 13mm；管漏引起支护桩最大水平位移 17.68mm，位于桩顶以下的 16～20m 位置，地表面最大水平位移 24.62mm，距离基坑边约 20m 位置。由图 10（e）、图 10（f）可知工况三在坑顶以下 10m 位置出现渗漏情况，线漏引起最大水平位移为 27.01mm，最大水平位移下移至桩顶以下的 16～22m 位置，地表面的水平位移约 16.89mm；管漏引起支护桩最大水平位移为 21.40mm，位于桩顶以下的 14～22m 位置，地表面的水平位移约 48.84mm。工况四在坑顶以下 15m 位置出现渗漏情况，线漏引起支护桩最大水平位移为 26.79mm，位于桩顶以下 17～22m，地面水平位移 26.79mm；管漏引起桩最大水平位移为 16.03mm，位于桩顶以下 15～22m，地面最大水平位移为 109mm。通过对比分析可知，渗漏引起的水平位移变化是不容忽视的，线漏随着渗漏点下移桩水平位移有增大趋势，管漏桩的水平位移随着渗漏点下移有减小趋势，地表水平位移增大量不容忽视。

图 11（a）为基坑施工过程中不同标高止水帷幕

线漏引起支护桩水平位移结果对比图。由图 11（a）可知，在 0～12m 区段，工况二水平位移小于工况一，工况三、工况四的水平位移大于工况一。在 12m

以下，有漏水工况桩水平位移大于没有漏水工况，有漏水工况随着渗漏点的下移，水平位移有增大的趋势。

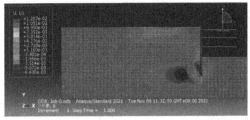

(a) 工况一水平位移云图

(b) 工况二线漏水平位移云图

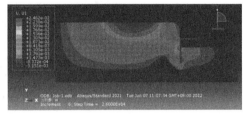

(c) 工况二管漏水平位移云图

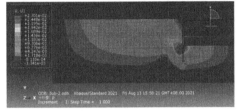

(d) 工况三线漏水平位移云图

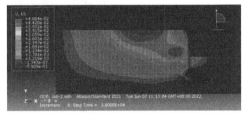

(e) 工况三管漏水平位移云图

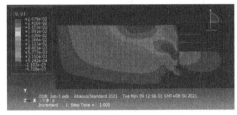

(f) 工况四线漏水平位移云图

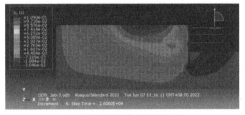

(g) 工况四管漏水平位移云图

图 10　不同位置漏水的水平位移云图

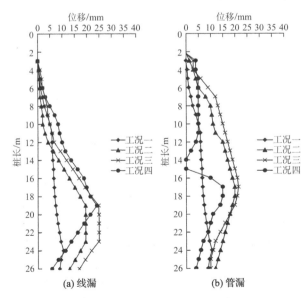

(a) 线漏　　　　　(b) 管漏

图 11　不同工况支护桩的变形对比

图 11（b）为基坑施工过程中不同标高止水帷幕管漏引起支护桩水平位移结果对比图。由图 11（b）可知，工况二、工况三整体变形量大于工况一，工况四在漏水位置支护桩变形为零且整体变形量小于工况一、工况二，由此可以看出在渗漏点较低的情况下，对周边的流网影响是比较大的，水位下降较大，造成桩后侧的水压力降低，故桩的整体水平位移减少。

### 4.4　实测与模拟数据对比

为进一步分析基坑漏水对支护结构周边的影响情况，对漏水位置附近的监测数据进行分析，开裂位置及监测点布置位置见图 12。本文基坑深度为 18.7m，2019 年 4 月在距离基坑顶部约 15m 位置出现漏水情况，开始漏水量较小，后面逐渐加大，2019年6月份漏水彻底封堵。

场地内漏水区域位于W14/C14点附近，漏水点竖向位置位于第三道支撑以下3m位置（距离基坑顶部约15m），本文取漏水位置监测数据与数值分析结果进行对比分析，W/C监测点位于基坑边2m位置，G监测点位于人行道上距离基坑边5m位置，D监测点位于道路上距离基坑边20～25m位置。利用C14、G4、D3三个点形成一个监测断面，分工况对实测数据、无漏水、线漏、管漏沉降数据进行对比如图13所示。

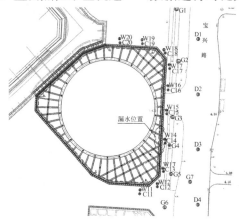

图12　裂缝及监测点位置示意图

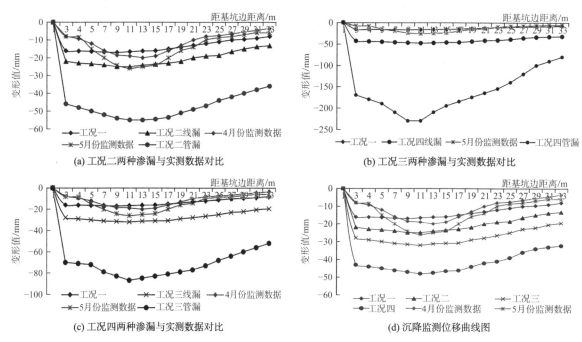

(a) 工况二两种渗漏与实测数据对比

(b) 工况三两种渗漏与实测数据对比

(c) 工况四两种渗漏与实测数据对比

(d) 沉降监测位移曲线图

图13　实测与模拟数据对比

通过对三个漏水工况不同漏水量的对比分析可以看出，线漏地表沉降以固结沉降为主，管漏沉降为土体大变形，水流量大会带走土颗粒，造成桩后掏空现象发生，反映到地表面就是很大的沉降变形甚至出现塌陷。另外侧壁漏水点越往下对沉降的影响越大，在发生渗漏后要及时进行封堵，并在 $1.5h$～$2.0h$（$h$为基坑深度）内注意巡查，及时处理因沉降引起的开裂等情况。

支护桩深层水平位移模拟数据对比见图14，从图中可以看出线漏情况下工况三、工况四与监测值较为吻合，管漏与实际监测值有一定的差异，主要体现在现场实际以线漏为主，管漏发生后地下水瞬间损失较大且管漏伴随有土颗粒的流失，在支护结构上反映出土压力相对减小的情况。从监测和模拟情况看，支护桩最大位移发生在 16～22m 范围内，即 $0.85h$～$1.2h$ 范围内，随着渗漏位置的下移，线漏支护桩的变形有加大趋势，管漏支护桩有减小趋势。综上可知，随着渗漏位置的下移，沉降和水平位移量及影响范围是在逐步加大的，同一位置随着渗漏量的加大，相对应的变形和影响范围也是在扩大的。同时通过上述分析可以得出，发生侧壁漏地层及支护结构的影响范围和变形值大小。具体数值详见表4~表6。

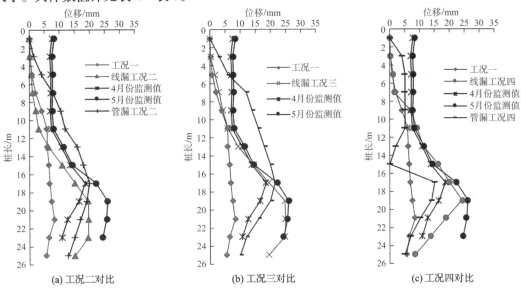

图 14　支护桩深层水平位移模拟数据对比

**工况二线漏和管漏变形数据结果**　表 4

| 序号 | 基坑深度/m | 变形影响范围/m | 最大变形位置/mm | 最大变形值/mm |
|---|---|---|---|---|
| 线漏沉降位移 | $h$ | $1.5h$ | $0.5h$ | $0.13h$ |
| 管漏沉降位移 | $h$ | $2.5h$ | $0.7h$ | $0.29h$ |
| 线漏支护桩深层位移 | $h$ | — | $1.05h$ | $0.10h$ |
| 管漏支护桩深层位移 | $h$ | — | $0.91h$ | $0.11h$ |

**工况三线漏和管漏变形数据结果**　表 5

| 序号 | 基坑深度/m | 变形范围/m | 最大变形位置/mm | 最大变形值/mm |
|---|---|---|---|---|
| 线漏沉降位移 | $h$ | $1.5h$ | $0.6h$ | $0.17h$ |
| 管漏沉降位移 | $h$ | $2.5h$ | $0.6h$ | $0.47h$ |
| 线漏支护桩深层位移 | $h$ | — | $1.05h$ | $0.13h$ |
| 管漏支护桩深层位移 | $h$ | — | $0.91h$ | $0.11h$ |

**工况四线漏和管漏变形数据结果**　表 6

| 序号 | 基坑深度/m | 变形范围/m | 最大变形位置/mm | 最大变形值/mm |
|---|---|---|---|---|
| 线漏沉降位移 | $h$ | $1.5h$ | $0.6h$ | $0.25h$ |
| 管漏沉降位移 | $h$ | $3.0h$ | $0.5h$ | $1.23h$ |
| 线漏支护桩深层位移 | $h$ | — | $1.0h$ | $0.13h$ |
| 管漏支护桩深层位移 | $h$ | — | $0.90h$ | $0.08h$ |

从表4~表6可以看出线漏的影响范围集中在1.5h以内，最大沉降位置发生在 0.5h~0.6h范围内，最大沉降位移在0.13h~0.25h。支护桩的深层位移最大值集中在0.9h~1.05h范围内，最大水平位移0.10h~0.13h范围内。管漏的影响范围扩大到2.5h~3.0h范围内且最大沉降位移为0.29h~1.23h，变形增加较快，大大超出了固结沉降的范围，出现大变形，会伴随有塌陷发生，出现管漏应及时进行堵漏并对周边地面进行排查。支护桩的深层位移有减小趋势。

## 5　结论

（1）通过ABAQUS建模分析在同一漏水工况

下的三种漏水量，滴漏和线漏的模拟结果较为一致，造成的沉降变形以固结沉降为主，管漏造成的沉降超过固结沉降数值，以土体结构破坏引起的大变形为主。

（2）线漏的影响范围集中在 $1.5h$ 以内，最大沉降位置在 $0.5h \sim 0.6h$ 范围内，最大沉降位移在 $0.13h \sim 0.25h$。支护桩的深层位移最大值集中在 $0.9h \sim 1.05h$ 范围内，最大水平位移为 $0.10h \sim 0.13h$。

（3）管漏的影响范围扩大到 $2.5h \sim 3.0h$ 且最大沉降位移为 $0.29h \sim 1.23h$，变形增加较快，大大超出了固结沉降的范围，出现大变形，会伴随有塌陷发生，支护桩的深层位移有减小趋势。

（4）通过数值分析与实际监测数据的对比分析发现，线漏沉降数据的模拟结果与监测数据比较吻合，线漏深层位移数据的模拟结果与监测数据较为吻合。

## 参考文献

[1] 韩云乔, 徐勇, 郑必勇. 深基坑支护结构失效原因分析[J]. 建筑技术, 1993(3): 145-8+6.

[2] 唐业清, 李启明, 崔江余. 基坑工程事故分析与处理[M]. 北京: 中国建筑工业出版社, 1999.

[3] 周红波, 蔡来炳, 高文杰. 城市轨道交通车站基坑事故统计分析[J]. 水文地质工程地质, 2009, 36(2): 67-71.

[4] 杨清源, 赵伯明. 潜水层基坑降水引起地表沉降试验与理论研究[J]. 岩石力学与工程学报, 2018, 37(6): 1506-19.

[5] 杨光华. 广东深基坑支护工程的发展及新挑战[J]. 岩石力学与工程学报, 2012, 31(11): 2276-84.

[6] 李方明, 陈国兴, 刘雪珠. 悬挂式帷幕地铁深基坑变形特性研究[J]. 岩土工程学报, 2018, 40(12): 2182-90.

[7] 何世秀, 胡其志, 庄心善. 渗流对基坑周边沉降的影[J]. 岩石力学与工程学报, 2003(9): 1551-4.

[8] 马昌慧, 毛云, 黄魏, 等. 帷幕在降水条件下对基坑周边渗流及变形影响的研究[J]. 岩土工程学报, 2014, 36(S2): 294-8.

[9] 李英, 何忠泽, 严桂华, 等 武汉二元结构地层基坑降水及其地面沉降研究[J]. 岩土工程学报, 2012, 34(S1): 767-72.

[10] 谢康和, 柳崇敏, 应宏伟, 等. 成层土中基坑开挖降水引起的地表沉降分析[J]. 浙江大学学报(工学版), 2002(3): 9-12+21.

[11] 金小荣, 俞建霖, 祝哨晨, 等. 基坑降水引起周围土体沉降性状分析[J]. 岩土力学, 2005(10): 54-60.

[12] 吴怀娜, 许烨霜, 沈水龙, 等. 软土地区基坑降水对下方越江隧道的影响[J]. 上海交通大学学报, 2012, 46(1): 53-7.

[13] 黄应超, 徐杨青. 深基坑降水与回灌过程的数值模拟分析[J]. 岩土工程学报, 2014, 36(S2): 299-303.

[14] 龚晓南, 郭盼盼. 隧道及地下工程渗漏水诱发原因与防治对策[J]. 中国公路学报, 2021, 34(7): 1-30.

[15] 赵云非, 王晓琳. 城市地铁深基坑施工漏水原因分析与预测[J]. 隧道建设, 2013, 33(3): 242-246.

# BIM 技术在土护降工程中的应用

蔡昀骁　杨　琳　郑云峰　徐志浩　耿泽鸿

（中冀建勘集团有限公司，河北石家庄　050227）

## 1　前言

通过 BIM 技术的可视化和模拟性，直观展现进度计划，指导现场布局和现场施工、提高数据统计精确度、正向促进设计深化，确保施工组织的合理性、安全性和经济性。将项目重难点区域根据施工工艺创建施工动画，加强理解施工过程，避免二次施工。

## 2　工程概况

本文以河北雄安新区承接的某安置房工程土护降工程为例。该项目占地面积 46.75hm，总建筑面积约 127.3 万 m²。其中地上面积约 780400m²，地下面积约 492610m²；开挖面积约 46 万 m²，开挖深度约 9m。施工内容主要包含土方工程、基坑支护工程和地基处理工程。土方工程包含土方开挖及外运；基坑支护包含桩锚支护，复合土钉墙和锚杆（索）；地基处理包含水泥粉煤灰碎石桩地基。本文旨在通过利用施工模拟来预判土护降及地基处理工程施工中遇到的现实问题，并在模型中解决，以保证工程进度、质量、安全、成本管控。

## 3　BIM 技术的实施与应用

BIM 技术是一种应用于工程设计、建造、管理的数据化工具，通过对建筑的数据化、信息化模型整合，在项目策划、运行和维护的全生命周期过程中进行共享和传递，使工程技术人员对各种建筑信息做出正确理解和高效应对，为设计团队以及包括建筑、运营单位在内的各方建设主体提供协同工作的基础，在提高生产效率、节约成本和缩短工期方面发挥重要作用[1]。在土护降工程施工过程中，BIM 技术应用于施工方案评审、图纸会审、技术交底、场地布置、数据统计、设计深化提高了工作效率，下面就以上几方面展开叙述。

### 3.1　BIM 技术应用于施工方案与技术措施评审

与传统的施工方案编制及技术措施选取相比较，基于 BIM 的施工方案编制与技术措施选取的优点主要体现在可视性和可模拟性两个方面。

传统的施工方案通常采用文字叙述与结合施工设计图纸的方式，将施工的工艺流程和技术措施予以阐述，这样往往会造成因对文字理解不充分而影响施工质量和施工进度，造成不必要的浪费。

采用 BIM 技术，不仅可以对建筑的结构构件及组成进行 360°的全方位观察和对构件的具体属性进行快速提取，还可以将施工方案与进度计划结合，在 navisworksmanage 中进行施工过程模拟，直接将具体的施工方案以动画的形式予以展示，方便施工技术人员直接看出方案是否可行、实施过程中会出现哪些情况、实施的具体工艺流程、方案是否可优化，从而保证在方案实施前排除障碍，做到防患于未然，避免盲目施工、惯性施工等可能遇到的突发事件，从技术方案上保证一次成活，减少返工造成的材料浪费。

### 3.2　BIM 技术应用于施工图会审

项目施工的主要依据是施工设计图纸，施工图会审则是解决施工图纸设计本身所存在问题的有效方法，在传统施工图会审的基础上，结合 BIM 总包所建立的本工程 BIM 模型，对照施工设计图，相互排查，若发现施工图纸所表述的设计意图与 BIM 模型不相符合，则重点检查 BIM 模型的搭建是否正确；在确保 BIM 模型是完全按照施工设计图纸搭建的基础上，运用 revit 运行碰撞检查，找出各个专业之间以及专业内部之间设计上发生冲突的构件，同样采用 3D 模型配以文字说明的方式提出设计修改意见和建议[2]。

### 3.3　BIM 技术应用于技术交底

传统项目管理中的技术交底通常以文字描述为主，施工管理人员以口头讲授的方式对工人进行交底。这样的交底方式存在较大弊端，不同的管理人员对同一道工序有着不同的理解，口头传授的方式也五花八门，工人在理解时存在较大困难，尤其对于一些抽象的技术术语，工人更是摸不着头脑，交流过程中容易出现理解错误的情况。工人一旦理解错误，就存在较大质量风险和安全隐患，对工程极为不利。本工程关键部位及复杂工艺工序等均采用 BIM 技术进行建模，然后对模型进行反复模拟，找出最优方案，最后利用三维可视化实时模拟对工人进行技术交底。

通过 BIM 技术对复杂节点施工工序进行优化模拟并指导现场施工意义非凡。模型优化完成后，组织各施工段工长和现场施工人员召开交底会议，通过可视化模拟演示来对工人进行技术交底。通过这样的方式交底，工人会更容易理解，交底的内容也会完成得更彻底。从现场实际实施情况来看，效果非常好，既保证了工程质量，又避免了施工过程中容易出现的问题而导致的返工和窝工等情况的发生。

### 3.4　BIM 技术应用于场地布置

通过 BIM 技术解决现场施工场地平面布置问题，解决现场场地划分问题，按施工图纸规划出《施工平面布置图》搭建各种临时设施；按安全文明施工方案的要求进行修整和装饰；为使现场使用合理，施工平面布置应有条理，尽量减少占用施工用地，使平面布置紧凑合理，同时做到场容整齐清洁，道路畅通，符合安全文明施工的要求。施工过程中避免多个工种在同一场地、同一区域进行施工而相互牵制、相互干扰。施工现场设专人负责管理，使各项材料、机具等按已审定的现场施工平面布置图的位置摆放。

基于建立的 BIM 三维模型，可以对施工场地进行布置，合理安排视频监控设备、环境监控设备、加工场地、进场道路、停车场、现场办公区等的位置；通过与业主的沟通协调，对施工场地进行优化，选择最优施工路线[3]。

本工程利用 BIM 技术先绘制出周边建（构）筑物，然后通过会议讨论初步确定视频监控设备、环境监控设备、加工场地、进场道路、停车场、现场办公区等的位置，并在 BIM 模型中进行绘制，经过多方案比选最终确定平面布置图（图1）。

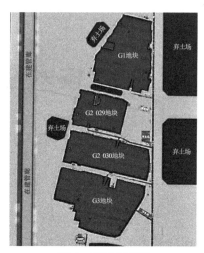

图1　平面布置图

### 3.5　数据统计

BIM 模型可以看作是一个数字化的建筑 3D 模型，在这个模型中，建筑构件所包含的数据信息，除几何尺寸外，还包含建筑或工程的数据。本工程涉及以下三方面。

（1）坡顶不平整平面影响工程量计量

护坡施工过程中，坡顶需施工 1m 宽翻边。因坡面不平整导致工程量计量和混凝土采购预估量不精确。针对上述情况采用 RTK 每间隔 5m 采集坡顶高程坐标。数据采集完毕后导入 BIM 模型，利用 BIM 数据统计功能可以精确地计算出不平整坡顶翻边的工程量（图2）。

图2　翻边混凝土工程量表

（2）CFG 桩工程量统计

本工程共有 126 栋楼，共有 CFG 桩 26075 根，桩长 16.5～22.5m 不等。当采取传统二维 CAD 图纸提取数据时因工程项目上的整体信息不是通过一个整体数据模型来描述的，而是结合所有二维图纸，以点位单元逐步进行分析，通过视觉效果进行查看的。二维图纸主要提供建筑图元的尺寸标注、位置信息等，这种数据是非结构化数据提取的主要提取目标；在非结构化的二维平面图纸中，图元对象、尺寸标注、轴网基线等多种对象交织在一起，故导致传统 CAD 数据统计复杂且不直观。

由于 BIM 模型已集成了建筑结构的信息数据，因此通过 BIM 模型不仅能提供简单的尺寸标注、位置信息等非结构化数据的提取和统计，还能准确统计可快速地计算结构化数据。与传统的 CAD 图纸数据提取功能相比，BIM 使用的数据提取功能相比更简便快捷。

（3）模型深化设计

根据设计图纸和现场 RTK 提取的相关信息数据创建 BIM 模型，通过模型检查可能在施工过程中遇到碰撞、不合理、错误、达不到设计要求等问题，然后把问题和 BIM 修改建议反映给项目设计单位，设计方根据这些问题更新设计图纸，BIM 再根据更新过的图纸信息更新 BIM 模型进行验证，使得图纸质量得到保证，解决施工前期的不协调问题。

本工程 G1 标段中边坡支护存在 4 处阳角（图 3），此部分土钉施工较为困难。一侧锚杆施工完毕后，施工另一侧锚孔时容易将先行施工完一侧锚杆打断。针对这种情况，利用 RTK 现场采取点位，通过 BIM 建模软件绘制出此部分现场现状，模拟图纸土钉和锚索布置，对存在交叉影响的土钉和锚杆位置布设提出优化方案，并将优化方案反馈给设计单位作为施工图调整依据[4]。

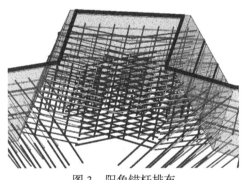

图 3　阳角锚杆排布

## 4　工程经验及结论

随着建筑行业的快速发展，BIM 技术在土护降工程中的应用具有开阔的前景，土护降工程中应用 BIM 技术具有以下优势：

BIM 技术的应用大大提升了管理效率和工程质量。

BIM 施工模拟给人以真实感和直接的视觉冲击。

BIM 模型与二维图纸对比发现问题反馈设计单位进行优化。

BIM 模型准确快速统计输出工程量，提升施工预算及相关技术数据的精度与效率。

本文通过工程实例分析，经过实际应用，BIM 技术在土护降工程中的指导作用突出。应用 BIM 技术对施工方案评审、图纸会审、技术交底、场地布置、数据统计、设计深化等工作进行干预，极大提升了了工作效率。因此，BIM 技术在土护降工程中的应用对类似工程有一定的现实借鉴意义。

## 参考文献

[1] 管校宁, 陈宁. 基于BIM技术的房建工程施工方法研究[J]. 居舍, 2019(17): 44.

[2] 秦伟, 钱满足. BIM 技术在图纸会审阶段的应用[J]. 中国住宅设施, 2016, 160(6): 28-31.

[3] 蔡大伟, 刘轶哲, 宋乾双. BIM 技术在场地平面布置中的应用实践[J]. 建筑, 2015, 797(21): 69-70.

[4] 耿义峰. BIM 技术在施工方案优化中的应用研究[J]. 安防科技, 2020(21): 27.

# 某项目下沉广场及场馆地下水渗漏治理设计

张立伟　贾向新

（中冀建勘集团有限公司，河北石家庄　050227）

## 1　前言

本文针对某临湖下沉广场建成后发生漏水的问题，通过勘察手段，掌握地质水文相关资料，建立了三维地质模型并采用有限元法，分析模拟地下水渗流情况，从而更直观、快捷地分析渗漏原因，为治理提供依据，治理后的效果印证了有限元计算的治理设计正确性，止水帷幕对渗流有明显的截断作用，为以后类似地下工程防渗设计与施工提供参考与借鉴。

## 2　工程概况

某下沉广场±0.00m为黄海高程48.80m，外广场采用重力式挡土墙，墙底面高程47.00m，广场外地面高程54.50m，下沉广场东南侧邻湖，距湖边约43.00m（图1）。

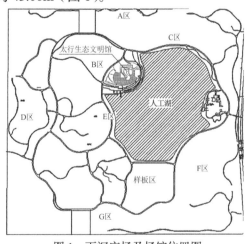

图1　下沉广场及场馆位置图

项目建成投入开始运营后，下沉广场在建设施工过程中随着人工湖2019年6月23日蓄水至52.50m标高水位后，于2019年6月29日发现下沉广场南侧及东侧局部地段有地下水渗出，2019年7月3日水流至场馆区域；2019年8月2日开始发现南侧挡土墙下有渗水现象，后又发现主馆与花卉中心间的楼梯处有渗水，当时由于工期紧，采用盲沟排水方法，将渗水引流至集水井，再排到人工湖区。

据调查了解，每次排水时间约1min，一般每次排水时间间隔5min，排水量约280m³/h左右，地下水位基本保持在下沉广场地面下0.50~0.80m（图2、图3）。

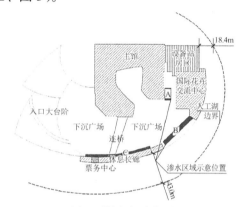

图2　漏水点示意图

图3　相对位置关系图

## 3　地下水位变化分析

1）场地地层分布及三维地质模型

根据前期勘察报告，该区域地下水位标高为42.50m左右，项目施工期间初期基坑内未见地下水，后期邻近的湖开始蓄水，湖面蓄水常水位为52.50m。

针对渗水情况，由勘察单位进行了专项勘察调查，在下沉广场四周采用勘探与留设地下水观测孔相结合的勘测方法。

根据勘察报告、平面位置图、剖面图，建立三维地质模型进行分析。从场地三维地质模型可以看出，主要地层有人工填土、粉土、粉质黏土、黏土、粉细砂、中砂等。广场四周分布有大面积、厚度较大的素填土，为基坑肥槽回填土。

依据挡墙地面标高 47.00m，对三维地质模型进行平切，生成模型见图 4。

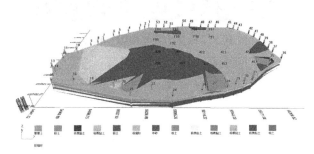

图 4　平切三维地质模型（标高 47.00m）

2）地下水位调查情况

（1）在场地最东侧邻近人工湖的一排浅层地下水观测孔的地下水稳定水位标高为 50.97～51.37m，平均 51.17m；靠近下沉广场东侧挡土墙的一排浅层地下水观测孔的地下水稳定水位标高除 66 号观测孔标高为 51.70m（人工填土中局部渗水影响）外，其余为 49.24～50.37m，平均 49.98m；在二者中间地段的一排观测孔的地下水稳定水位标高 50.37～51.07m，平均 50.60m（图 5）。

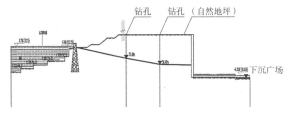

图 5　东侧地下水水位示意图

（2）在场地南侧邻近人工湖的一排浅层地下水观测孔的地下水稳定水位标高为 51.08～51.28m，平均 51.18m；在南侧邻近挡土墙一侧的一排地下水观测孔的地下水稳定水位标高为 49.56～51.43m，平均 50.42m。

（3）在场地西侧一排地下水观测孔的地下水稳定水位标高为 49.91～51.49m，平均 50.82m。

（4）在场地北侧东北角地段邻近人工湖的一排地下水观测孔的地下水稳定水位标高为 51.08～51.28m，平均 51.09m；在北侧的一排地下水观测孔的地下水稳定水位标高为 49.91～50.67m，平均 50.32m。

3）有限元渗流分析

根据二维、三维地质模型及各土层渗透系数

及地下水水位情况进行有限元分析计算。各层渗透系数见表1。

渗流计算参数　　　　　　　表 1

| 地层编号 | 岩性 | 渗透系数/（cm/s） | 渗透系数/（m/d） |
| --- | --- | --- | --- |
| ①₁ | 素填土 | $4.13 \times 10^{-4}$ | 0.35 |
| ②₁ | 粉质黏土 | $5 \times 10^{-5}$ | 0.05 |
| ② | 粉土 | $4.40 \times 10^{-4}$ | 0.38 |
| ③ | 粉质黏土 | $4.40 \times 10^{-4}$ | 0.31 |
| ③₁ | 粉土 | $4.40 \times 10^{-4}$ | 0.38 |
| ③₂ | 粉细砂 | $1.2 \times 10^{-3}$ | 5.00 |
| ③₃ | 中砂 | — | 18.00 |
| ④ | 粉土 | $4.38 \times 10^{-4}$ | 0.38 |
| ④₁ | 粉质黏土 | $5.35 \times 10^{-5}$ | 0.05 |
| ∧ | 粉土 | $4.38 \times 10^{-4}$ | 0.38 |
| ⑤ | 粉质黏土 | $5 \times 10^{-5}$ | 0.05 |

（1）二维有限元计算结果见图 6、图 7。

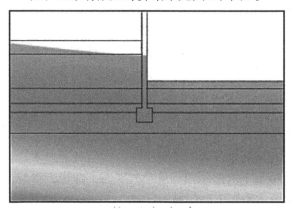

图 6　现状压力水头

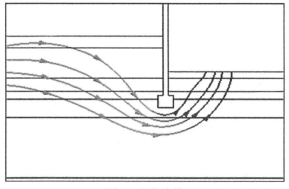

图 7　现状流线

根据现状压力水头可以看出左侧湖内与下沉广场内部的压力水头相差不大。根据流线图，可以看出地下水主要从左侧人工湖湖内渗流至下沉广场内部。

（2）三维有限元计算结果见图8、图9。

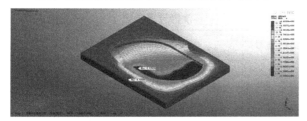

图8　现状总水头云图

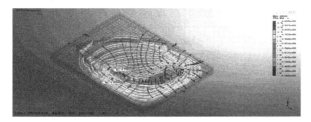

图9　现状流径图

由有限元软件计算模拟，人工湖蓄水后由于渗漏的人工湖水形成的地下水主要赋存在上部粉土、粉细砂层中，且由于地层分布的不稳定性及差异性，在局部分布地段形成的"天窗"通道和透过相对隔水粉质黏土的越流补给会对下部分布的含水层进行补给，造成该区域地下水位的抬升，人工湖水是其最主要的补给来源且二者之间水力联系较密切。

4）渗漏分析结果

综合分析结果为：人工湖渗漏水造成的地下水位抬升，且自西向东渗流至下沉广场挡土墙及太行文明馆外侧人工填土中，然后再通过太行文明馆及下沉广场挡土墙基础底面下部绕流渗漏至太行文明馆下沉广场。

## 4　治理方案

1）治理设计思路

采用围绕场馆设置封闭止水帷幕，增加渗流路径的方式改善渗水现状。

2）挡、隔水计算

（1）二维有限元计算

本项目截水采用帷幕，另外通过对不同渗漏区域建立模型，采用有限元法对渗流进行分析。根据勘察地层分布情况、地下水位、渗水区域及距人工湖的距离等因素，建立模型进行计算。止水帷幕按14m考虑（图10～图12）。

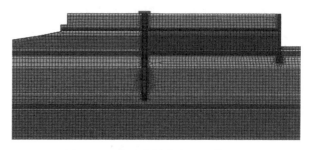

图10　二维止水帷幕有限元模型图

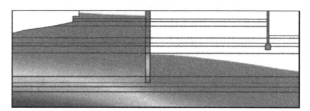

图11　设置止水帷幕后压力水头图

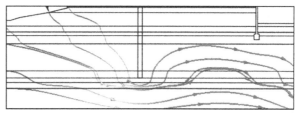

图12　设置止水帷幕后流线图

根据流线图，可以看出止水帷幕对渗流有明显的截断作用，地下水主要从桩底绕渗。

可以看到仍有部分地下水水流通过止水帷幕渗透，止水帷幕并非绝对"防渗"的，后期湖内水位急剧增高，造成水头差增大时，渗透量可能随着增大。

（2）三维有限元计算

根据渗漏原因分析，拟采用高压旋喷桩形成封闭的止水帷幕，在有限元模型内布置止水帷幕模型，进行三维有限元分析。

分析结果见图13、图14。

图13　止水帷幕施工后总水头云图

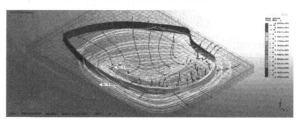

图14　止水帷幕施工后流径图

根据模型对不同深度的止水帷幕进行了分析，最终得出止水帷幕深度达到14.00m进入隔水层⑤层粉质黏土时，止水帷幕对渗流有明显的截断作用。

根据总水头云图可以看出下沉广场内总水头比之前有明显下降。根据流径图，可以看出止水帷幕对渗流有明显的截断作用，地下水主要从挡土墙底绕渗，可以起到有效的防渗作用。

3）设计方案

采用止水帷幕进行治理，本止水帷幕采用高压旋喷桩施工工艺，按双排布置，横向搭接250mm，垂直向搭接200mm。双排止水帷幕厚度为887mm，旋喷桩长14m，桩间距$s = 450$mm。结合现状条件及地下管线分布，轴线位置确定在步行路外围。旋喷桩根据工程需要进行检测，检测采用钻孔取芯，检测固结体的单轴抗压强度、连续性及深度。28d水泥土无侧限抗压强度不小于3MPa；钻孔注水法检测渗透系数不大于$10^{-6}$cm/s。

## 5 治理效果

止水帷幕施工后，经检测符合设计要求，下沉广场挡墙内不再出现渗漏情况，下沉广场内地下水位明显下降，地面无冒水现象，治理效果良好。

## 6 结论

（1）根据勘察调查下沉广场渗漏的主要原因是：湖水渗流补给地下水，上部深厚的回填土、局部粉土、粉细砂形成透水天窗、通道，导致下沉广场挡墙及地面地下水渗漏。

（2）通过设置不同深度止水帷幕进行数值模拟分析后，采用合理的止水帷幕，可以有效地阻断地下水的流径，起到隔水目的。

（3）三维地质模型及三维有限元分析方法可以更直观、清晰地掌握地质地层空间分布特征和水文地质特征；采用三维有限元分析技术，能够更好地反映地下水在隔水帷幕止水条件下，地下水的三维渗流特征，避免了二维渗流分析的局限性。

类似的临湖、河地下工程应做好地基防水及基槽回填土的处理，避免造成地下水上升引起的渗流破坏或建（构）筑物上浮。

## 参考文献

[1] 姜忻良, 宗金辉. 基坑开挖工程中渗流场的三维有限元分析[J]. 岩土工程报, 2006(28): 564-568.

[2] 曹渊, 王铁良. 饱和-非饱和渗流三维数学模型及数值方法[J]. 固体力学学报, 2013(33):79-83.

# 武汉市东湖高新区某产业园项目基坑支护工程实录

郑　威　夏　祺　王海成

（中机三勘岩土工程有限公司，湖北武汉　430000）

## 1　工程概况

本工程为产业园二期项目，位于武汉市东湖高新区高科园二路以西、神墩五路以北，由4栋7～20层工业厂房及1层整体地下室组成，建筑物基础类型采用天然地基，划分为两个标段。基坑下口边线周长约626m，基坑面积约为14048m²，结构±0.00＝26.5m，地面平整标高约为26.0m，纯地下室底板垫层底标高20.0m，基坑开挖深度为6.0～6.8m，基坑局部存在超挖换填，超挖深度为1.22～5.00m。基坑北侧现状为空地，基坑西侧为已形成的规划道路，基坑东南角为已建一期厂房，其中6、7、8、9、13号厂房为钻孔灌注桩基础，15号厂房为独立柱基础，基础边距离坑边最近约1.5m。基坑重要性等级为二级，设计使用年限为一年（图1）。

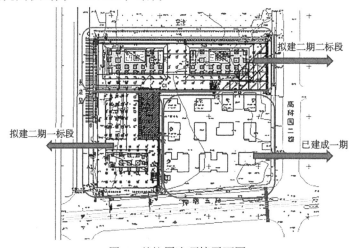

图1　基坑周边环境平面图

## 2　工程地质条件

### 2.1　地层岩性

拟建场地地貌单元为长江三级阶地，地层为人工填土，第四系冲洪积成因的黏性土及坡残积黏性土，下伏基岩为志留系（S）泥岩，该场地地层自上而下划分如下：

①层素填土（$Q^{ml}$）：主要由黄褐色、褐黄色黏性土组成，局部含少量碎砖、石块等夹杂物，夹杂物含量占5%～10%，属新近填土，堆积年限小于10年，尚未完成自重固结，属高压缩性土。层厚0.70～7.00m，该层拟建场地均有分布，土质不均匀。

②层淤泥质粉质黏土（$Q_4^l$）：灰色，流塑状态，局部含少量腐殖质，具异味，属高压缩性土。层顶埋深0.70～6.60m，层顶标高19.53～25.88m，层厚0～3.40m，该层拟建场地部分地段分布，土质均匀。

③₁层粉质黏土（$Q_4^{al+pl}$）：褐黄色，可塑状态，含少量铁锰质氧化物及灰白色条带状高岭土，属中等压缩性土。层顶埋深1.00～7.00m，层顶标高18.78～25.75m，层厚0～4.30m，该层拟建场地部分地段分布，土质均匀。

③₂层粉质黏土（$Q_4^{al+pl}$）：褐黄色、黄褐色，可塑偏硬状态，含少量铁锰质氧化物及灰白色条带状高岭土，属中等压缩性土。层顶埋深0.80～6.80m，层顶标高18.86～25.29m，层厚0～4.80m，该层拟建场地部分地段分布，土质均匀。

④₁层粉质黏土（$Q_3^{al+pl}$）：黄褐色、褐红色，硬塑状态，含较多铁锰质氧化物结核及少量灰白

色团块状高岭土，属中偏低压缩性土。层顶埋深 0.70～7.50m，层顶标高 18.26～25.97m，层厚 0～5.50m，该层拟建场地部分地段分布，土质均匀。

④₂层粉质黏土（Q₃ᵃˡ⁺ᵖˡ）：褐黄色、黄褐色，可塑偏硬状态，含少量铁锰质氧化物及灰白色条带状高岭土，属中等压缩性土。层顶埋深 3.70～7.40m，层顶标高 18.83～22.15m，层厚 0～3.70m，该层拟建场地部分地段分布，土质均匀。

⑤层坡残积粉质黏土（Qᵈˡ⁺ᵉˡ）：褐黄色、灰黄色，硬塑状态。含较多灰白色团块状高岭土，局部含少量泥岩碎石，碎石粒径 5～10mm，最大 20mm，占 5%～20%，下部见强风化泥岩碎块，属中等压缩性土。层顶埋深 4.90～9.00m，层顶标高 16.88～21.47m，层厚 0.50～3.90m，该拟建场地均有分布，土质不均匀。

⑥₁层强风化泥岩（S）：灰黄色，节理、裂隙发育，节理、裂隙面为铁锰质氧化物侵染，岩石已风化成半岩半土状，残留岩块手可折断。层顶埋深 7.00～11.50m，层顶标高 15.07～19.25m，层厚 0.60～12.40m，该拟建场地均有分布。

⑥₂层中风化泥岩（S）：灰黄色、绿灰色，节理、裂隙较发育，节理、裂隙面为铁锰质氧化物侵染，岩芯呈柱状，岩芯采取率约为85%，RQD指标约为 80%，岩体较完整，属软岩，岩体基本质量等级为Ⅳ级。层顶埋深 8.00～21.00m，层顶标高

5.18～18.55m，最大揭露厚度 20.30m，该层为场区下伏基岩。

## 2.2 水文地质概况

拟建场地地下水类型为上层滞水和基岩裂隙水。上层滞水主要赋存于场地地表填土层中，地下水补给来源为大气降水，勘察期间测得地下水稳定水位为地面下 0.30～2.70m（对应标高为 23.16～26.43m）。基岩裂隙水赋存于泥岩节理、裂隙中，水量小。

# 3 基坑支护设计

## 3.1 基坑支护总体方案

基坑北侧为空地，环境较为开阔，采用分级放坡支护；东侧与高科园二路相邻侧采用排桩＋桩间高压旋喷桩支护，东侧与项目一期已建成厂房相邻侧采用排桩和放坡支护；基坑南侧与神墩五路相邻侧采用放坡支护，南侧与项目一期已建成厂房相邻侧采用排桩＋桩间高压旋喷桩＋局部放坡支护；基坑西侧采用放坡＋玻纤锚杆、放坡＋拉森钢板桩＋预应力玻纤锚索支护。整体坡面及开挖后基坑侧壁采用土钉挂网喷锚，基坑局部（东南角）设一道钢筋混凝土内支撑（图2）。

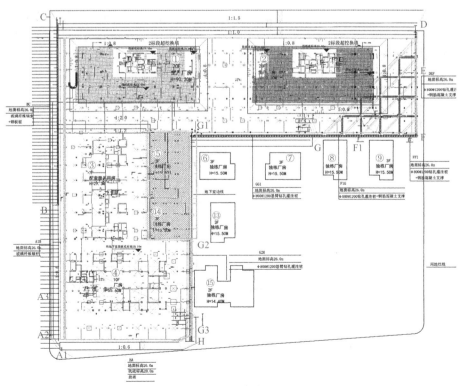

图 2 基坑支护平面布置图

### 3.2 支护体系

支护桩采用钻孔灌注桩，桩径 0.8m，桩间距 1.2m，有效桩长 8.5～13.8m，支护桩嵌固深度 5.2～7.0m，混凝土强度等级为 C30；桩顶设置冠梁一道，冠梁截面尺寸 1.0m×0.8m，混凝土强度等级为 C35。

基坑东南角冠梁标高处设置一道钢筋混凝土内支撑，支撑截面尺寸 0.8m×0.8m（0.6m×0.8m），混凝土强度等级为 C35。支撑节点下设置钻孔灌注立柱桩，桩径 0.8m，有效桩长 9.0m，混凝土强度等级为 C30；钢格构柱下部嵌入立柱桩顶下 2.5m，上部嵌入钢筋混凝土支撑内。

局部边坡设置三排锚杆，成孔直径 0.12m，芯材采用直径 20mm 玻纤锚杆，锚杆长度 6～10m；局部边坡设置一排预应力锚索，成孔直径 0.15m，锚索芯材采用直径 19.5mm 玻璃纤维锚索，锚索长度 16m，锚固力设计值 100kN。注浆采用 P.O42.5 级水泥，水灰比 1.0。

拉森钢板桩采用 FSP-IV400×170 型钢板桩，桩长 9.0m/6.0m 交替打入，放坡坡面及支护桩间均采用土钉挂网喷 C20 混凝土支护，护面厚 60mm，内铺满厚 2mm@50×100 钢板网。场地内岩土物理力学参数见表 1。

场地内岩土物理力学参数 表 1

| 层号 | 岩土名称 | 重度γ/（kN/m³） | 直剪快剪标准值 | | 三轴剪标准值 | | 经验取值 | | 综合取值 | |
| --- | --- | --- | --- | --- | --- | --- | --- | --- | --- | --- |
| | | | $c_k$/kPa | $\varphi_k$/° | $c_k$/kPa | $\varphi_k$/° | $c$/kPa | $\varphi$/° | $c$/kPa | $\varphi$/° |
| ① | 杂填土 | 19.0 | | | | | 10 | 8 | 10 | 8 |
| ② | 淤泥喷粉负黏土 | 18.1 | 11.5 | 4.5 | | | 10 | 4 | 10 | 4 |
| ③₁ | 粉质黏土 | 19.6 | 24.3 | 11.8 | 25.8 | 4.3 | 23 | 13 | 23 | 12 |
| ③₂ | 粉质黏土 | 19.8 | 36.0 | 13.6 | | | 30 | 15 | 30 | 15 |
| ④₁ | 粉质黏土 | 20.1 | 56.5 | 15.6 | 62.8 | 4.8 | 37 | 16 | 37 | 16 |
| ④₂ | 粉质黏土 | 19.6 | 36.9 | 13.2 | | | 30 | 15 | 30 | 15 |
| ⑤ | 坡残积粉质黏土 | 20.1 | 42.4 | 14.7 | 61.1 | 4.0 | 35 | 16 | 34 | 15 |
| ⑥₁ | 强风化泥岩 | 21.0 | | | | | | | 35 | 16 |
| ⑥₂ | 中风化泥岩 | 24.0 | | | | | | | 60 | 20 |

### 3.3 地下水处理及止水帷幕

根据该项目的地勘报告，上层滞水影响较小，采用明挖明排解决，坡顶、坡脚设置排水沟，排水沟净空 0.5m×0.5m，沿排水沟间距约 30m 设置集水井，集水井净空尺寸 0.8m×0.8m×0.8m，在排水沟出口处，设沉淀池一个，地下水经沉淀后用水泵抽取明排。基坑壁设置导流管泄水。

局部支护桩间设置二重管高压旋喷桩，桩径 0.65m，桩间距 1.2m，有效桩长 3.0～8.0m，设计采用 P.O42.5 级水泥，水灰比 1.0，水泥掺量 25%。基坑支护设计的几个典型剖面见图 3～图 5。

图 3 A3B 段支护结构剖面图

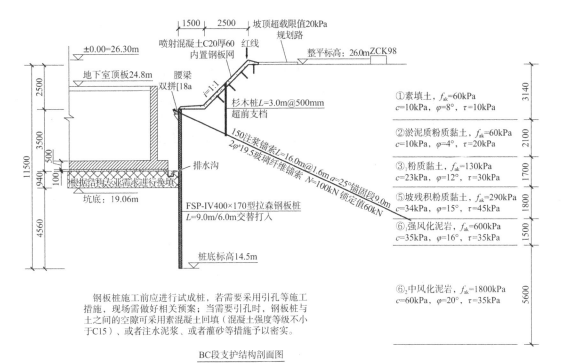

图 4　BC 段支护结构剖面图

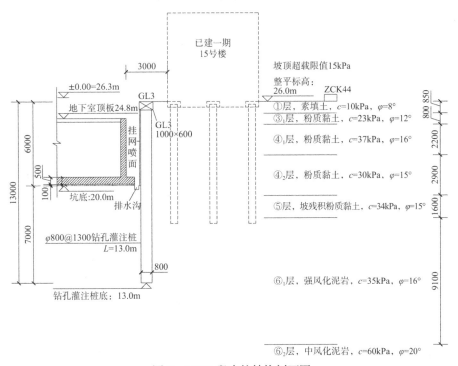

图 5　G2G3 段支护结构剖面图

# 4　基坑监测方案

如前所述,该基坑的重要性等级为二级,依据湖北省标准《基坑工程技术规程》DB 42/T 159—2012,参照基坑支护设计图纸,提出监测要求和监测方案(图 6)。

基坑开挖前埋设监测点,并取得基坑开挖前监测项目的基础数据。支护结构的施工期,影响明显的 3～4 次/周,影响不明显的 1 次/周。基坑开挖至结构底板浇筑完成后 3d,土方开挖至 0～1/3H(H 为基坑深度),1 次/3d;土方开挖至 1/3H～2/3H,1 次/2d;土方开挖至 2/3H～H,1 次/d。各道支撑开始拆除到拆除完成后 3d,1 次/d。其他情况 1～2 次/周。监测项目及监测报警值见表 2。

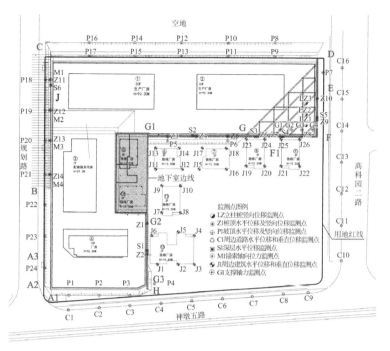

图 6 基坑监测点平面布置图

监测项目及监测报警 表 2

| 序号 | 监测项目 | 观测项目数量/个 | 报警设定 | |
|---|---|---|---|---|
| | | | 累计值（>） | 连续 3d 变化速率（>） |
| 1 | 支护桩顶水平位移监测点 | 14 | 40mm | 2mm/d |
| 2 | 支护桩顶竖向位移监测点 | 14 | 40mm | 2mm/d |
| 3 | 边坡坡顶水平位移监测点 | 24 | 30mm | 2mm/d |
| 4 | 边坡坡顶竖向位移监测点 | 24 | 30mm | 2mm/d |
| 5 | 周边道路水平位移监测点 | 16 | 30mm | 2mm/d |
| 6 | 周边道路竖向位移监测点 | 16 | 30mm | 2mm/d |
| 7 | 支护桩深层水平位移 | 6 | 45mm | 3mm/d |
| 8 | 周边建筑水平位移 | 26 | — | 2mm/d 或倾斜率超过 2‰ |
| 9 | 周边建筑竖向位移 | 26 | — | 2mm/d 或倾斜率超过 2‰ |
| 10 | 锚索轴向拉力 | 7 | 轴向拉力设计值的 80% | — |
| 11 | 立柱竖向位移 | 3 | 30mm | 2mm/d |
| 12 | 支撑轴力 | 4 | 轴力设计值的 80% | — |

注：当各项监测值大于累计值的 80%时也应当报警。

## 5 施工过程中遇到的问题及处理方案

### 5.1 出现问题

（1）根据建设项目整体施工进度要求，2022年 6 月至 2022 年 11 月施工完成二期一标段基坑支护及土方开挖。按原基坑支护设计方案，基坑西侧 A2-B 段边坡红线至坑底按 1∶0.3～1∶0.6 放坡，辅以 3 排 6～10m 长的玻纤锚杆。前期第一排锚杆施工过程中，钻孔时遇到钻孔涌水现象，立即对钻孔进行封堵回填，后经设计变更将锚杆标高降低 1m，锚杆长度减短至 6m；随后开挖过程中，发现该区域受地表水及管道渗水的影响，土体含水量较大。

（2）2022 年 8 月 3 日开挖 A2-B 段，中间两个水井的部位出现了大量涌水现象，随即对该区域进行了回填处理，同时对周边道路、围挡进行了监测，未见异常；2022 年 8 月 4 日下午，该段再次出现土体局部垮塌现象，现场采取土方回填进行了临时抢险处理，经与基坑设计单位沟通，最终选定在 A1-B 段采用拉森钢板桩＋型钢斜撑的支护方案（图 7），进行下一步加固处理，并于 2022年 8 月 10 日～11 日完成了拉森钢板桩补强加固施工。代表性的 P21 号坡顶位移监测点监测结果显示，拉森钢板桩补强加固施工完成之前，坡顶水平累计位移从 4.3mm 发展到 10.1mm,竖向累计位移从−1.94mm 发展到−6.50mm,同时坡顶水平和竖向位移发展速率增长较快。坡顶位移监测结果见表 3、表 4。

(3)2022 年 8 月 14 日,该段拉森钢板桩桩间未咬合处出现涌水现象,直至 8 月 16 日早上,A1B 段坡顶出现长约 20m 滑坡,坡顶裂缝约 10cm,且仍持续出现涌水现象。8 月 17 日下午,建设单位委托管道专业检测机构对围挡外市政污水管进行了临时封堵和专业检查,发现市政工程埋设的 HDPE 污水管共三处,被支护锚杆钻孔破坏(图 8)。

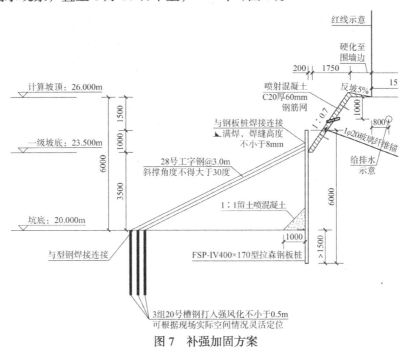

图 7  补强加固方案

**边坡坡顶水平向位移监测结果**　　表 3

| 观测日期 | 2022.8.9 第 9 次观测 | | | 2022.8.12 第 10 次观测 | | |
|---|---|---|---|---|---|---|
| 点号 | 本次位移/mm | 累计位移/mm | 位移速率/(mm/d) | 本次位移/mm | 累计位移/mm | 位移速率/(mm/d) |
| P20 | 0.60 | 3.10 | 0.1500 | 7.80 | 10.90 | 2.6000 |
| P21 | 0.40 | 4.30 | 0.1000 | 5.80 | 10.10 | 1.9333 |
| P22 | 0.50 | 4.10 | 0.1250 | 3.90 | 8.00 | 1.3000 |
| P23 | 0.70 | 3.70 | 0.1750 | 5.00 | 8.70 | 1.6667 |
| P24 | 0.80 | 4.40 | 0.2000 | 5.00 | 9.40 | 1.6667 |

注:水平位移量以向基坑内位移为"+",背向基坑位移为"−"。

**边坡坡顶竖向位移监测结果**　　表 4

| 观测日期 | 2022.8.9 第 9 次观测 | | | 2022.8.12 第 10 次观测 | | |
|---|---|---|---|---|---|---|
| 点号 | 本次沉降/mm | 累计沉降/mm | 沉降速率/(mm/d) | 本次沉降/mm | 累计沉降/mm | 沉降速率/(mm/d) |
| P20 | −0.22 | −2.11 | −0.0550 | −3.97 | −6.08 | −1.3233 |
| P21 | −0.11 | −1.94 | −0.0275 | −4.56 | −6.50 | −1.5200 |
| P22 | −0.18 | −2.37 | −0.0450 | −4.46 | −6.83 | −1.4867 |
| P23 | −0.22 | −2.12 | −0.0550 | −3.00 | −5.12 | −1.0000 |
| P24 | −0.22 | −2.16 | −0.0550 | −2.79 | −4.95 | −0.9300 |

注:沉降位移量以竖直向下位移为"−",竖直向上位移为"+"。

拉森钢板桩完成之后至斜撑补强加固施工完成之前，P21号监测点坡顶位移监测数据显示，坡顶竖向沉降速率逐渐稳定，沉降速率大约降低了1倍，累计竖向沉降量为−17.22mm，在预警值的80%范围内。坡顶水平位移速率也逐渐稳定，但由于此时斜撑尚未施工，水平位移速率控制效果较竖向沉降略差，累计水平位移量为27mm，接近报警值30mm。坡顶位移监测结果见表5、表6。

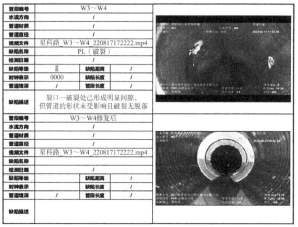

图8 管道缺陷修复前后详细图表

**边坡坡顶竖向位移监测结果**　　　　　　　　　　　　　　　　　　　　　表5

| 观测日期 | 2022.8.16 第11次观测 | | | 2022.8.19 第12次观测 | | | 2022.8.23 第13次观测 | | | 2022.8.26 第14次观测 | | |
|---|---|---|---|---|---|---|---|---|---|---|---|---|
| 点号 | 本次沉降/mm | 累计沉降/mm | 沉降速率/(mm/d) | 本次沉降/mm | 累计沉降/mm | 沉降速率/(mm/d) | 本次沉降/mm | 累计沉降/mm | 沉降速率/(mm/d) | 本次沉降/mm | 累计沉降/mm | 沉降速率/(mm/d) |
| P20 | −3.67 | −9.75 | −0.9175 | −2.08 | −11.83 | −0.6933 | −2.18 | −14.01 | −0.5450 | −3.16 | −17.17 | −1.0533 |
| P21 | −2.89 | −9.39 | −0.7225 | −2.12 | −11.51 | −0.7067 | −2.52 | −14.03 | −o.6300 | −3.19 | −17.22 | −1.0633 |
| P22 | −4.08 | −10.9 | −1.0200 | −2.04 | −12.95 | −0.6800 | −1.93 | —14.88 | −0.4825 | −2.74 | −17.62 | −0.9133 |
| P23 | −4.65 | −9.77 | −1.1625 | −1.82 | −11.59 | −0.6067 | −1.99 | −13.58 | −0.4975 | −3.13 | −16.71 | −1.0433 |
| P24 | −3.36 | −8.31 | −0.8400 | −1.80 | −10.11 | −0.6000 | −2.11 | −12.22 | −0.5275 | −3.27 | −15.49 | −1.0900 |

注：沉降位移量以竖直向下位移为"−"，竖直向上位移为"+"。

**边坡坡顶水平向位移监测结果**　　　　　　　　　　　　　　　　　　　　表6

| 观测日期 | 2022.8.16 第11次观测 | | | 2022.8.19 第12次观测 | | | 2022.8.23 第13次观测 | | | 2022.8.26 第14次观测 | | |
|---|---|---|---|---|---|---|---|---|---|---|---|---|
| 点号 | 本次位移/mm | 累计位移/mm | 位移速率/(mm/d) | 本次位移/mm | 累计位移/mm | 位移速率/(mm/d) | 本次位移/mm | 累计位移/mm | 位移速率/(mm/d) | 本次位移/mm | 累计位移/mm | 位移速率/(mm/d) |
| P20 | 4.90 | 15.80 | 1.2250 | 2.70 | 18.50 | 0.9000 | 2.70 | 21.20 | 0.6750 | 3.20 | 24.40 | 1.0667 |
| r21 | 6.70 | 16.80 | 1.6750 | 3.20 | 20.00 | 1.0667 | 2.50 | 22.50 | 0.6250 | 4.50 | 27.00 | 1.5000 |
| F22 | 7.00 | 15.00 | 1.7500 | 3.00 | 18.00 | 1.0000 | 1.90 | 19.90 | 0.4750 | 3.70 | 23.60 | 1.2333 |
| P23 | 4.80 | 13.50 | 1.2000 | 2.70 | 16.20 | 0.9000 | 2.50 | 18.70 | 0.6250 | 3.70 | 22.40 | 1.2333 |
| P24 | 4.40 | 13.80 | 1.1000 | 3.50 | 17.30 | 1.1667 | 1.90 | 19.90 | 0.4750 | 4.00 | 23.20 | 1.3333 |

注：水平位移量以向基坑内位移为"+"，背向基坑位移为"−"。

（4）2022年8月27日-8月30日斜撑补强加固施工完成。2022年9月5日第17次观测结果显示，P21号监测点坡顶竖向沉降速率为−0.06mm/d，累计沉降量为−20.6mm；坡顶水平位移速率为0.17mm/d，累计水平位移量为32.1mm。2022年11月10日第27次监测结果显示，P21号监测点坡顶竖向沉降速率为−0.005m/d，累计沉降量为−22.24mm；坡顶水平位移速率为0.0038mm/d，累计水平位移量为34.8mm。坡顶竖向沉降速率和坡顶水平位移速率得到了显著控制。坡顶位移监测结果见表 7、表 8。

边坡坡顶竖向位移监测结果　　　　　　　表 7

| 观测日期 | 2022.8.29 第 15 次观测 | | | 2022.9.2 第 16 次观测 | | | 2022.9.5 第 17 次观测 | | |
|---|---|---|---|---|---|---|---|---|---|
| 点号 | 本次沉降/mm | 累计沉降/mm | 沉降速率/（mm/d） | 本次沉降/mm | 累计沉降/mm | 沉降速率/（mm/d） | 本次沉降/mm | 累计沉降/mm | 沉降速率/（mm/d） |
| P20 | −3.08 | −20.25 | −1.0267 | −0.22 | −20.47 | −0.0550 | −0.21 | −20.68 | −0.0700 |
| P21 | −2.95 | −20.17 | −0.9833 | −0.25 | −20.42 | −0.0625 | −0.18 | −20.60 | −0.0600 |
| P22 | −3.03 | −20.65 | −1.0100 | −0.24 | −20.89 | −0.0600 | −0.22 | −21.11 | −0.0733 |
| P23 | −2.95 | −19.66 | −0.9833 | −0.18 | −19.84 | −0.0450 | −0.24 | −20.08 | −0.0800 |
| P24 | −2.66 | −18.15 | −0.8867 | −0.12 | −18.27 | −0.0300 | −0.25 | −18.52 | −0.0833 |

注：沉降位移量以竖直向下位移为"−"，竖直向上位移为"+"。

边坡坡顶水平向位移监测结果　　　　　　　表 8

| 观测日期 | 2022.8.29 第 15 次观测 | | | 2022.9.2 第 16 次观测 | | | 2022.9.5 第 17 次观测 | | |
|---|---|---|---|---|---|---|---|---|---|
| 点号 | 本次位移/mm | 累计位移/mm | 位移速率/（mm/d） | 本次位移/mm | 累计位移/mm | 位移速率/（mm/d） | 本次位移/mm | 累计位移/mm | 位移速率/（mm/d） |
| P20 | 2.50 | 26.90 | 0.8333 | 4.30 | 31.20 | 1.0750 | 0.70 | 31.90 | 0.2333 |
| P21 | 2.20 | 29.20 | 0.7333 | 2.40 | 31.60 | 0.6000 | 0.50 | 32.10 | 0.1667 |
| P22 | 2.10 | 25.70 | 0.7000 | 0.60 | 26.30 | 0.1500 | 1.20 | 27.50 | 0.4000 |
| P23 | 2.10 | 24.50 | 0.7000 | 0.30 | 24.80 | 0.0750 | 1.50 | 26.30 | 0.5000 |
| P24 | 2.60 | 25.80 | 0.8667 | 0.40 | 26.20 | 0.1000 | 0.40 | 26.60 | 0.1333 |

注：水平位移量以向基坑内位移为"+"，背向基坑位移为"−"。

其余部位支护体系变形情况如下：支护桩顶水平累计位移在 5.3mm 以内、支护桩顶竖向累计位移在 3.0mm 以内；周边道路水平累计位移在 1.8mm 以内、周边道路竖向累计位移在 2.5mm 以内；周边建筑水平累计位移在 1.5mm 以内，倾斜率控制在 0.12‰以内。

## 5.2 事故原因分析

（1）通过对地勘报告的复核及现场查勘，地质情况与勘察报告吻合；但是市政管网在明挖施工过程中，对基坑边原状土体造成了扰动且表层存在回填土现象。

（2）根据地方勘察经验，该场地除填土层有上层滞水外，不会有其他水源。锚杆钻进过程中，打破市政污水管网是现场出现大量涌水现象的主要原因。基坑边坡侧壁渗水同时导致土体浸泡软化，其力学参数快速衰减，对边坡稳定性产生较大影响。

（3）发生险情后，现场采用土方回填反压，以及采用拉森钢板桩临时支护，方案可行，但斜撑可能影响后续主体结构施工，应采取一定的技术措施确保工程质量。

（4）受限于场地空间等因素，现场实际修坡时，坡顶线较原设计方案内收约 1.0m，坡率进一步变陡，也是造成边坡局部失稳的原因之一。

（5）根据现场勘探实际情况，坡顶外 1.5m 处有埋深约 1.0m 的电缆管线，该区域为非原状土体，对边坡失稳也造成一定程度的影响。

## 6 结论与建议

（1）基坑支护设计前期对工程地质水文资料、周边建（构）物、地下管线与设施等相关资料的收集工作非常重要，只有在获得了完整准确的前期资料基础上，基坑支护设计方案才能更加合理，基坑安全才能得到有效保证。

（2）本工程项目在基坑支护设计前期，周边环境地下管网的资料收集未得到足够重视，对市政道路周边可能存在的管网也未进行物探，导致基坑开挖过程中出现险情，工程造价提高，工期也被迫延长。如在前期能够重视收集地下管网资料，综合考虑各方面因素制定合理的支护方案，潜在的工程安全隐患可在前期得以消除。

（3）应充分发挥基坑监测的技术优势，提高项目信息化施工水平，掌握施工期间基坑、支护结构与周边环境的动态变化，对监测成果进行充分深入的理论分析，预测基坑及邻近建筑物的变形发展趋势，及时对其安全性做出评估。同时综合各种信息进行预警和报警，及时反馈指导施工，对可能出现的各种突发情况提出建议措施，使有关各方及时做出反应，防止基坑安全事故的发生。

# 地基处理与桩基

# 旋挖干作业桩基施工实例

李玉龙

（北京航天地基工程有限责任公司，北京 100071）

## 1 工程概况

该项目位于北京市海淀区北部山区，拟建构筑物为一构件厂房，框架结构，采用承台桩基础形式，承台基础开挖深度介于-2.1～-1.5m。桩基类型为钢筋混凝土灌注桩，数量38根。场地东侧为内部道路，南侧为土坡，北侧与东侧为永久性支护边坡，边坡高约9.0m。场地北侧道路为45°斜坡。场区桩位布置图见图1。

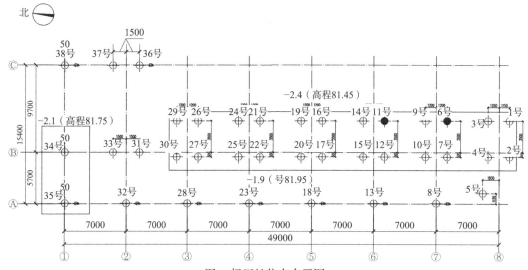

图1 场区桩位点布置图

## 2 工程及水文地质概况

拟建场地自上而下描述为（1）表层为人工填土层，埋深介于-6.5～0.0m 之间，稍密，黏质粉土为主，局部夹粉质黏土素填，含砖渣、灰渣；（2）人工堆积层以下为一般第四纪坡洪积层：②碎石层，埋深介于-6.9～-2.2m 之间；中密—密实，碎石为主，一般粒径 2～4cm，最大粒径约9cm，次棱角状，黏性土充填，含量约35%；③粉质黏土层，埋深介于-10.3～-3.5m 之间，含云母、有机质等，局部夹重粉质黏土，干强度高，韧性高；④碎石层，埋深介于-15.5～-9.7m 之间，中密—密实，碎石为主，一般粒径 2～8cm，最大粒径约12cm，次棱角状，黏性土充填；⑤粉质黏土层，埋深介于-21.0～-15.0m 之间，含云母，氧化铁等，稍有光泽，干强度高,韧性高；⑥碎石层，埋深介于-27.0～-20.5m 之间，密实，碎石为主，一般粒径 2～10cm，

最大粒径约18cm，次棱角状，黏性土充填，含量约30%；⑦强风化砂岩，埋深介于-34.0～-26.9m 之间；⑧中风化砂岩，埋深位于34.0m 以下，未钻穿地层；依据勘察成果，勘察场地45.0m 深度范围内未见地下水，场地周围无地表水。场地地基土及地下水对钢筋混凝土结构及钢筋混凝土结构中的钢筋均具有微腐蚀性。场地各土层主要物理力学性质指标见表1。

各土层主要物理力学性质指标 表1

| 层号 | 地层岩性 | $E_s$/MPa | $c$/kPa | $\varphi$/° | $f_{ka}$/kPa |
|---|---|---|---|---|---|
| ① | 黏质粉土素填土 | 12 | 15 | 22 | 100 |
| ② | 碎石 | 20 | 0 | 30 | 160 |
| ③ | 粉质黏土 | 25 | 22 | 18 | 140 |
| ④ | 碎石 | 30 | 0 | 45 | 220 |
| ⑤ | 粉质黏土 | 28 | 27 | 22 | 170 |
| ⑥ | 碎石 | 40 | 0 | 60 | 280 |
| ⑦ | 强风化砂岩 | 90 | 12 | 100 | 330 |
| ⑧ | 中风化砂岩 | 150 | 5 | 300 | 500 |

# 3 施工工艺选择

根据地质勘察报告描述的地层和水位情况得知，在该区域地下水位较深，桩基施工过程中，不会受地下水影响。地层中的碎石层描述为，碎石为主，一般粒径 2~8cm，最大粒径约 12cm，次棱角状，黏性土充填，含量约 35%，泥质胶结。通过在现场进行成孔试钻，成孔过程中，掏取出的渣土与地质勘察报告相符，钻孔至设计标高后，孔底干燥，空孔放置 24h 后，通过观察孔底、孔壁，探测成孔后深度，确定孔壁无坍塌现象，孔底无水。确定采用旋挖干作业成孔灌注混凝土桩的施工工艺。

# 4 施工设计技术参数[1]

## 4.1 桩身设计参数

桩径为 $\phi$800mm，桩身混凝土强度等级为 C30，桩底沉渣厚度应小于 50mm，桩顶超灌长度不小于 500mm。有效桩长 23.00m，施工桩长 23.50m，桩身保护层厚度为 50mm。桩竖向极限承载力标准值 $\geqslant$4000kN。桩端持力层为⑤层粉质黏土、⑤₁层碎石层及⑥层碎石层，并满足桩端进入持力层深度不小于 1.6m。

## 4.2 钢筋笼设计参数

钢筋笼径为 $\phi$700mm，纵向钢筋、加强钢筋的强度均采用 $\oplus$18 钢筋，箍筋的强度采用 $\phi$8 钢筋。纵向钢筋焊接连接，箍筋与纵向钢筋采用 "8" 字形绑扎连接。箍筋加密区设计，钢筋笼顶开始上部 4.0m 区域箍筋间距 100mm，下部区域箍筋间距 200mm。钢筋笼顶预留的锚入承台钢筋长度不小于 35$d$（630mm）。

# 5 施工工艺流程

旋挖干作业成孔施工工艺流程：

测量定位 $\longrightarrow$ 下放护筒钻进成孔 $\longrightarrow$ 下放钢筋笼 $\longrightarrow$ 下放导管 $\longrightarrow$ 灌注混凝土至设计标高 $\longrightarrow$ 拔出导管、灌注完成。

## 5.1 测量定位、下放护筒

采用全站仪（GTS-112R4）事先测放建筑物结构外边线的角点和轴线定位后，撒出白灰线。再进行桩位点的测放，因承台桩中存在部分单桩承台，所以对于桩位点的测放必须精准。采用全站仪基准点建站测放桩位，测放完成后使用后方交会法进行复核，将偏差控制在 5mm 之内，以便能有效地控制成孔偏差。采用直径 $\phi$1000mm 钢护筒，使用 "十字线" 法进行下放护筒，保证桩位位于护筒中心。

## 5.2 钻进成孔

钻机开钻后，开始时应低压慢速钻进，通过钻斗旋转，挤压侧壁土体，使其密实稳固，形成稳定孔壁。时刻根据钻机仪表盘显示，随时关注进尺深度和钻孔垂直度情况，如有偏移情况，及时进行纠偏。

## 5.3 下放钢筋笼

成孔后，用测绳检查成孔深度，因干成孔作业，沉渣厚度均能满足要求。钢筋笼起吊采用扁担起吊法，在保证钢筋笼起吊后的垂直状态，又能较少对钢筋笼保护层的破坏。下放钢筋笼时严禁触碰孔壁，避免造成孔壁坍塌；根据施工时的空孔深度和桩顶标高设置吊筋，吊筋必须对称设置两根，以保证钢筋笼的居中状态；吊筋上口固定在钢护筒外侧的方木上，严禁直接放置在护筒上，以放置灌注混凝土时，护筒受力下沉，对桩顶标高造成影响。

## 5.4 下放导管

灌注桩的实际成孔深度平均在 25.0m，为保证混凝土灌注时垂直灌注至孔底，避免混凝土卸料时直接冲击钢筋笼造成钢筋笼的箍筋脱落和对干孔孔壁的扰动，造成坍孔现象；同时也避免直接将混凝土卸料至孔底，会造成混凝土发生离析现象。所以在孔顶设置灌注平台，下放长度为 24.5m 长的导管，使导管底部距离孔底 500mm，然后在通过导管孔口的料斗进行灌注作业。

## 5.5 混凝土灌注

导管下放完成后，进行孔深的量测，在确定没有孔内坍塌的情况后，开始进行混凝土灌注作业；如果发现孔深不满足设计孔深，应将钢筋笼吊出后，用钻机重新清孔，满足要求后再进行混凝土灌注作业。

采用@200mm 导管进行灌注，导管长度

23.0m，距离孔底悬空 0.5m。控制混凝土面均匀上升，在混凝土接近钢筋笼底时应放慢灌注速度，避免造成钢筋笼上浮。导管埋深不小于 2.0m，不大于 6.0m，并根据测量的槽孔内混凝土面高度，及时拔出、拆卸导管。灌注至设计标高后，根据混凝土初凝时间拔出护筒，并回填素土对孔口进行封堵，养护桩头，防止混凝土发生冻害现象。

# 6 施工中遇到难点和解决措施

（1）遇到的问题：2 号、10 号桩位在钻进施工至 14.3m 深度时，无法继续成孔，根据钻斗上的携带出来的岩屑和碎小岩块，推断为遇到勘察报告在该深度位置存在尚未描述详细的超大直径孤石；

解决措施：经过多次使用斗钻钻头尝试钻进无果后，更换了桶钻钻头，通过慢速、加压，孔内加入适量的水，来增加黏土的黏性，将超大直径石块裹挟、挤入桶钻钻头内，再提钻带出。再往复数次，确保能正常继续下钻后，再使用斗钻钻头完成钻孔作业。

（2）遇到的问题：32 号桩位在钻进施工至 5.3m 深度时，发现存在未探明的地下现浇盖板和底板，不能继续下钻成孔，根据观察孔底发现有未完全破碎的混凝土，并露出钢筋。

解决措施：根据混凝土板所在深度，以桩中心外扩 3.0m，按照 1∶0.5 放坡比例开挖至混凝土顶板位置后再次测放出桩位，对上下混凝土板进行破碎，并剪除板内配筋。再采用土袋和模板对上下混凝土两侧位置进行封堵，防止灌注桩身混凝土时造成混凝土外溢。全部工作完成后，采用 2∶8 灰土分层回填夯实开挖的工作坑，压实系数 0.94。回填至桩基施工标高后，重新测放桩位点，该桩顺利成孔并灌注成功，且混凝土充盈系数满足设计和规范要求。

# 7 施工过程中的质量控制

（1）钻孔垂直度控制。

因成孔过程中地层主要为碎石层，且孔壁位置会有直径较大石块，对成桩垂直度有较大影响。所以在成孔过程中遇到孔壁存在的石块，出现钻杆偏移情况时，应根据钻机仪表盘显示数据，及时进行纠偏，确保桩孔垂直度在规范要求范围内。

（2）钢筋笼质量控制。

钢筋笼加工制作过程中，主筋采用单面搭接焊，有效桩长 23.0m，桩长锚固筋长 0.63m，加工的钢筋笼长为 23.65m；钢筋笼尾端采取 15°收口，有效地避免在下放过程中对孔壁的触碰。

（3）灌注混凝土的质量控制[2]。

严格控制混凝土到场时出罐温度和坍落度，冬期施工的混凝土到场出罐温度不小于 5℃，坍落度范围为 180～220mm，混凝土严禁加水处理。因属于混凝土干孔灌注，将混凝土灌注标高控制在了超出钢筋笼锚固筋端头 100mm，既保证了保护桩头的灌注高度，又做到了节约混凝土使用量。因冬期施工，山区气温较低，待混凝土达到初凝时间后，及时回填素土对桩头进行养护，避免低气温对桩头混凝土造成的冻害。

# 8 效果检验和评价[3]

桩身浇筑完成 28d 后，所有留置的混凝土标养试块抗压强度试验合格。开挖承台后，承台内桩头标高控制均匀，剔凿后的桩顶截面干净、无夹杂情况，混凝土颜色呈青灰色。对所有承台桩的桩身完整性进行低应变检测[4]，试验显示全部为一类桩。根据桩基检测规范规定以及设计单位确认，高应变检测数量不少于总桩数的 5%，且不少于 5 根。对现场桩基随机抽取，进行单桩承载力高应变检测（图 2），试验显示的桩的承载力完全满足设计要求。试验的 $F$-$s$ 曲线变化如图 3 所示。

图 2 现场高应变检测

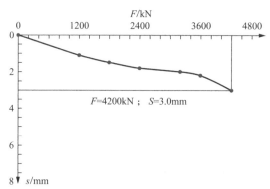

$F=4200$kN；$S=3.0$mm

图 3 高应变检测试验 $f$-$s$ 曲线图

## 9 结语

旋挖施工技术的多适用性和高效性已广泛应用在地基与基础施工当中，不过旋挖工法在成孔过程中需要泥浆护壁是一个必须要面对的问题，随着环保要求和绿色施工标准的不断提高，对泥浆材料的选用和弃后处理的监管也越来越严格；在保证旋挖钻机自身优势的前提下，旋挖干作业施工方法，在存在一些特殊性地层的工程中，能够做到提高施工效率、保证施工质量、节约施工成本；同时也因不使用泥浆，省去了废弃泥浆和钻渣的处理环节，避免了对环境造成污染的情况。

## 参考文献

[1] 建设部. 建筑桩基技术规范: JGJ 94—2008[S]. 北京: 中国建筑工业出版社, 2008.

[2] 住房和城乡建设部. 混凝土质量控制标准: GB 50164—2011[S]. 北京: 中国建筑工业出版社, 2012.

[3] 住房和城乡建设部. 建筑地基基础工程施工质量验收标准: GB 50202—2018[S]. 北京: 中国计划出版社, 2018.

[4] 住房和城乡建设部. 建筑桩基检测技术规范: JGJ 106—2014[S]. 北京: 中国建筑工业出版社, 2014.

# 潜孔冲击高压喷射注浆复合桩技术
# 在抛石填海地层的应用

郇　盼　唐恒森　郭　悦　李家辉　张有祥

（北京荣创岩土工程股份有限公司，北京　100085）

## 1　工程概况

妈湾跨海通道工程路线全长约 8.05km，其中，前海段 2.5km，海域段 1.1km，大铲湾段 4.45km，是深圳市第一条大直径深埋跨海隧道。明挖段设计要求地基承载力为 200～280kPa，地基最大沉降不大于 20mm。基底大部分位于①₆ 冲填土层，局部位于③₁ 淤泥层，为保证明挖段主体结构地基承载力及沉降满足设计要求，要求对地基土进行复合地基加固处理。

明挖段基坑开挖深度约 20～30m，采用地下连续墙 + 钢筋混凝土内支撑支护形式，最后一道支撑距离开挖面净空仅为 3.3～3.8m。

## 2　工程地质及水文地质条件

### 2.1　工程地质条件

本项目场地地层从上至下为：

①₁ 素填土：主要由黏性土、砂土、碎石或少量建筑垃圾组成，部分钻孔见少量生活垃圾（废弃布料为主），结构松散—稍密，其中碎石粒径 20～80mm，次棱角状，硬杂质含量 25%～45%。

①₂ 填石：主要由花岗岩块石组成，块石直径多为 0.2～0.4m，含量为 50%～80%，局部填石块径大于 1m，其余为碎石、角砾、砂及黏性土充填，结构稍密为主，局部松散。

①₃ 填砂：主要为石英质颗粒夹少量岩石颗粒，级配差，分选性好，颗粒形状较杂，多具棱角状，局部具一定磨圆度，含少量或者不含黏性土，呈松散状。

①₄ 杂填土：主要由砖瓷碎块、混凝土碎块等建筑垃圾混杂碎石角砾及块石组成，间隙为黏性土及砂砾充填，结构松散。

①₆ 冲填土：本层主要分布于大铲湾段填海造陆冲填而成，杂色，主要为黏土、砂、淤泥混杂而成，成分不均，夹贝壳碎片，结构松散为主，局部稍密，钻孔揭露多数以石英质细砂混黏性土、淤泥、贝壳碎片为主，局部主要表现为黏性土或淤泥，多见土工编织物。

③₁ 淤泥：不均匀含粉砂、细砂及贝壳碎片，略有腥味，流塑状，手感细腻，摇振反应无，干强度高，韧性高，大铲湾段软基处理区域多见塑料插板。

③₄ 黏土：湿，可塑状，有光泽，摇振反应无，干强度高，韧性高。仅大铲湾 20 个钻孔揭露。层顶埋深 10.40～15.00m，层厚 0.70～3.50m，平均层厚 2.11m。

③₅ 淤质砂：主要由细砂、淤泥及大量贝壳碎片组成，略有腥味，饱和，松散。仅大铲湾 143 个钻孔揭露。层顶埋深 0.00～12.80m，层厚 0.30～5.20m，平均层厚 2.03m。

⑤₁ 黏土：湿，可塑—硬塑，光滑，摇振反应无，干强度高，韧性高，局部不均匀混夹少量砂粒。

⑤₂ 中砂：不均匀混夹黏性土 10%～20%，局部最高达 30%，饱和，稍密—中密，级配良好，分选性差。

⑥₁ 淤泥质黏土：局部混砂及腐木，很湿—饱和，软塑状为主，局部可塑，光滑，摇振反应慢，干强度高，韧性高。

⑥₂ 细砂（含淤泥）：主要由细砂混淤泥质土组成，含有机质，饱和，其中淤泥质土呈软塑状，细砂呈松散—稍密状态。

⑥₃ 黏土：局部含细砂，湿，可塑—硬塑，有光泽，摇振反应无，干强度高，韧性高。

⑥₄ 粗砂：主要成分为石英质，多含黏粒，偶见有卵石或石英砾，饱和，中密—密实，级配良好，分选性差。

⑧₁ 砂质黏性土：可塑—硬塑状，稍有光泽，

摇振反应无，干强度中等，韧性中等。

⑩₁ 全风化岩：极软岩，极破碎岩体基本质量等级为Ⅴ级，原岩结构基本破坏，但尚可辨认，干钻可钻进岩芯呈较坚硬土状，手可捏碎，浸水后可捏成团，风化不均，局部含块状强风化。

⑩₂₋₁ 强风化层上段：原岩结构基本可见，风化剧烈，岩芯呈坚硬土或块状，岩体呈散体结构，为软岩—极软岩，岩体基本质量等级为Ⅴ级。

⑩₂₋₂ 强风化层下段：原岩结构基本可见，风化剧烈，风化裂隙极发育，岩芯多呈碎块状夹土状，局部混夹中等风化块，岩体呈散体结构，为软岩—极软岩，岩体基本质量等级为Ⅴ级。

⑩₃ 中风化岩：裂隙发育，岩芯呈块状、碎块状及短柱状，偶夹微风化块，岩石质量差，锤击较易碎，声不清脆，无回弹，岩体呈碎裂状结构，属较软岩，岩体基本质量等级为Ⅳ～Ⅴ级。岩体完整程度为破碎—较破碎。

⑩₄ 微风化岩：裂隙较发育，岩体以块状结构为主，局部受构造作用影响见擦痕及绿泥石化明显，岩芯以短柱状、块状为主，部分长柱状，锤击声脆，有回弹，振手，难击碎，基本无吸水反应，属较硬岩，岩体基本质量等级为Ⅲ～Ⅳ级。岩体完整程度为较完整—完整。

⑪₂ 碎裂岩：线址范围内主要分布中风化层（带），灰白、青灰色，受构造影响裂隙很发育，具绿泥石化，岩芯多呈碎块—短柱状，手可捏碎，遇水易软化，强度相当于强偏中等风化岩。

典型地质剖面如图1所示。

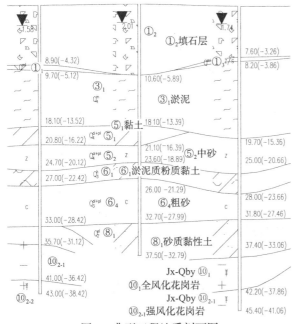

图1 典型工程地质剖面图

## 2.2 水文地质条件

### 2.2.1 地下水类型

本场地地下水主要有第四系松散层中的上层滞水、孔隙承压水和基岩裂隙水三种。

（1）上层滞水：主要赋存表层素填土、填砂、填石层中，水量小，主要靠大气降水补给，水位因季节、降雨情况而异。

（2）孔隙承压水：主要赋存于第四系全新统冲洪积细砂层，第四系上更新统冲洪积粗砂及砾砂层中，其含水量丰富，残积砂质粉质黏土及黏性土层中含少量孔隙潜水，为相对隔水层。孔隙潜水主要靠大气降水补给，具承压性，与海水有一定的水力联系，水位因季节、降雨、海水潮汐变化情况而有所变化。

（3）基岩裂隙承压水：基岩裂隙水发育程度、含水性、透水性，受岩体的结构和构造、基岩风化程度、裂隙发育程度、裂隙贯通性等影响。由于岩体的各向异性，加之局部岩体破碎、节理裂隙发育，导致岩体富水程度与渗透性也不尽相同。岩体的节理、裂隙发育地带，地下水相对富集，透水性也相对较好，反之亦然。总体上，基岩裂隙水发育具非均一性。基岩裂隙水主要赋存于岩石强、中等风化带中，全风化岩及砂砾状（土状）强风化岩含水弱，富水性差，微风化岩的导水性和富水性主要受构造裂隙控制，具各向异性。另外，岩体破碎带含水量相对较丰富。

### 2.2.2 地下水位

深圳市妈湾跨海通道工程沿线地貌为次一级浅海湾，地势平坦宽广，本线路揭露第四系地层为人工填土层，海相沉积层、冲洪积层及残积层，基岩为蓟县系混合岩及混合花岗岩。地下水位的变化受季节、大气降雨和海水潮汐等因素影响。根据观测结果建议各含水层的稳定水位见表1。

| 水位信息表 | | 表1 |
|---|---|---|
| 水位类型 | 水位高程/m | 水位变幅/m |
| 孔隙承压水 | 0.2 | 2～5 |
| 基岩裂隙水 | −0.5 | 1～3 |

# 3 工程重难点分析

## 3.1 工程特点及难点

根据上述工程情况可知：确定地基处理设计

方案困难,施工难度大。以下分别从在基坑底部施工地基加固桩、在地面施工地基加固桩两个思路分析该项目的特点及难点。

1)本工程基坑开挖深度大,最大深度可达30m,在槽底进行地基加固桩施工时,其难点为:

(1)本工程基坑支护采用地下连续墙 + 钢筋混凝土支撑,最后一道支撑距离基坑底面净空仅为3.3~3.8m,施工空间极其有限,在如此受限空间内常规钻机很难施工。现有的低净空钻机工作状态下的高度达到了 4.5m 左右,因此即使采用低净空钻机设备也很难施工地基加固桩,施工难度极大。

(2)由于本跨海通道项目属于线性工程,施工场地面积狭小;明挖段线路长,需要进行地基处理的工程量大,加上钢筋混凝土支撑等基坑支护结构的施工时间长,因此需要的总施工工期长,基坑暴露的时间增大。加之深圳雨季多、雨量大,基槽被雨水浸泡的概率大,导致地基土强度降低。此外,地基处理施工工期长,还将导致支护结构的变形增大。基底以下⑥4粗砂层含有承压水,因此在基底进行地基处理施工将增大地下水突涌风险,基坑安全性降低。

2)由于在基底施工存在以上暂时无法解决的难题,因此可考虑在地面进行地基加固施工,待地基加固桩施工完后再进行基坑支护及开挖。但也存在新的问题:

(1)场地上部地层抛石填土层厚度大,块石颗粒粒径大,块石直径多为 0.2~0.4m,含量约为50%~80%,局部填石块径大于 1m,在地表施工高压旋喷桩、搅拌桩,以及沉入管桩,施工难度非常大[1]。

(2)由于基础底标高位于地面以下 20~30m不等,若在地面施工地基加固桩,需将管桩桩顶送至地面以下 20~30m 位置处。常规的送桩深度为5.0m 左右,要想实现 20~30m 超长送桩非常困难,该超长送桩设备既需要保证管桩送桩的垂直度、又需要重复利用。

## 3.2 方案对比分析

在基底施工地基加固桩主要受钢筋混凝土支撑的影响,而且甲方对工期的要求比较高,以上问题不可避免,因此只考虑在地面施工地基加固桩的方案。

常用的地基加固处理的施工方法有管桩复合地基、高压旋喷桩[2]、搅拌桩等。上述常用地基加固方法均不能在上部抛石填土层钻进,且设计桩身范围内存在厚度约为 5.0m 的⑤2中砂层,管桩穿越抛石填土层及砂层时摩擦力逐步增加,穿越非常困难,因此该工程不适宜采用常规地基加固方法。

因此,目前地基处理方法的选择主要考虑场地上部抛石填土层的影响。常用的抛石填土层地基处理方法有强夯法、冲击钻进灌注桩工艺、全套管钻进工艺。

强夯法的处理深度有限,5000kN·m能级的强夯最大处理深度仅可达到 9.0m 左右,超大能级的强夯如 15000~18000kN·m能级的,最大处理深度也只能达到 15.0m 左右,而本工程基坑埋深就达到了 20m,因此,强夯法的处理深度根本达不到本工程的要求,强夯工艺在技术上不可行。

冲击钻进灌注桩工艺适用于在抛石填土地层钻进,但其钻进速度慢,施工工效低,不符合甲方对工期的要求。冲击钻进工艺的孔底沉渣过厚,影响单桩竖向承载力,因此也不适宜应用于本工程。

全套管钻进工艺也适用于在抛石填土地层钻进,但其造价偏高,在经济上不是本工程的最佳选择。

后经过市场调研发现:潜孔冲击高压喷射注浆复合管桩工艺在技术及经济方面都适用于本工程。潜孔冲击高压喷射注浆工艺适用于抛石填土地层,其将潜孔锤工艺与高压喷射工艺有机结合,利用位于钻杆下方的潜孔锤冲击器在钻进过程中产生的高频振动冲击作用,结合冲击器底部喷出的高压空气对块石进行破坏,同时冲击器上部高压水射流切割土体;在高压水、高压气、高频振动联动作用下,钻杆周围土体迅速崩解,处于流塑或悬浮状态;此时喷嘴喷射高压水泥浆对钻杆周围的土体进行二次切割和搅拌,加上垂直高压气流的微气爆作用,使已成悬浮状态的土体颗粒与高压水泥浆充分混合,形成水泥土外桩。然后在水泥土外桩内同心植入预制管桩,最后形成潜孔冲击高压喷射注浆复合管桩[3]。

妈湾跨海通道(月亮湾大道—沿江高速)地基处理工程一标段、二标段均采用潜孔冲击高压喷射注浆复合管桩地基处理方案。

## 4 潜喷复合管桩设计方案

根据工程地质条件及以上分析,本工程主要

采用潜孔冲击高压喷射注浆复合管桩复合地基处理方案。

## 4.1 潜喷复合桩技术原理[4-5]

潜孔冲击高压喷射注浆技术是利用位于钻杆下方的潜孔锤冲击器在钻进过程中产生的高频振动冲击作用，结合冲击器底部喷出的高压空气对土体结构进行破坏，同时冲击器上部高压水射流切割土体；在高压水、高压气、高频振动的联动作用下，钻杆周围土体迅速崩解，处于流塑或悬浮状态；此时喷嘴喷射高压水泥浆对钻杆四周的土体进行二次切割和搅拌，加上垂直高压气流的微气爆作用，使已成悬浮状态的土体颗粒与高压水泥浆充分混合，形成直径较大、混合均匀、强度较高的水泥土桩。

潜孔冲击高压喷射注浆复合桩技术是先采用潜孔冲击高压喷射注浆桩施工工艺形成水泥土外桩，然后在水泥土外桩内同心植入预制芯桩，最后形成潜孔冲击高压喷射注浆复合预制桩。芯桩承担了大部分的桩顶荷载，通过水泥土固结后对芯桩的握裹力，将桩身轴力传递给桩周的水泥土，水泥土进一步通过其自身强度，将桩身轴力继续传递给桩周土，实现了荷载的有效传递。桩周土则以侧阻力和端阻力的形式，为复合桩提供承载力。

## 4.2 潜喷复合桩技术特点[6]

（1）水泥土桩采用潜喷工法，扩大了复合桩的地层应用范围，对于卵砾石层、巨厚块石抛填等复杂地层具有较强的攻坚性能。对于桩端持力层基岩坡度较大的地层，能够有效解决桩端嵌岩问题。

（2）潜孔锤释放的高压气体对浆液与土体的翻搅作用，所形成的水泥土固结体强度比较均匀，克服了传统旋喷工艺"中心低、四周高"的问题，芯桩—水泥土界面的侧摩阻力值较高。

（3）由于水泥土与芯桩共同作用，水泥土外桩提供更大的侧向刚度，增加桩体的抵抗水平荷载的能力，提高桩基础的抗震性能。

（4）潜喷工法在冲击钻进过程对桩周土产生振密作用，可以提高桩间土密实度，为桩基抗震性能的提高提供了保证。

（5）由于水泥土桩对芯桩的包裹，减小了地下水对芯桩的腐蚀，延长了芯桩寿命。

（6）施工工艺为非取土工艺，且无需泥浆护壁，减少材料消耗，无土方和废弃泥浆外运处理的费用，节约工程造价。

（7）流水施工、效率高，且符合建筑业大力倡导的预制装配式发展趋势。

## 4.3 潜喷复合桩工艺流程

潜孔冲击高压喷射注浆复合桩的工艺流程如图2所示。

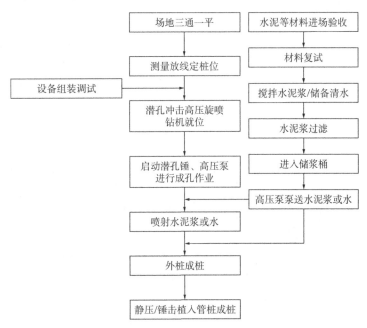

图2 潜孔冲击高压喷射注浆复合桩的工艺流程

### 4.4 潜喷复合桩设计方案

采用潜喷复合管桩和局部换填垫层处理的地基处理方案。天然地基承载力满足设计要求的，可直接采用天然地基，局部有较薄的软弱层时，采取换填垫层法的措施。天然地基承载力不能满足设计要求的，采用潜孔冲击高压喷射注浆复合管桩复合地基。

潜孔冲击高压喷射注浆复合管桩复合地基采用等芯复合桩，管桩为 PHC 400 AB 95 型，水泥土外桩桩径为 700mm，复合管桩正方形布桩，间距为 2700mm 或 3000mm，桩端持力层为⑥₄粗砂层、⑧₁砂质黏性土层、⑩₁全风化基岩层或⑩₂强风化基岩层，桩长为 7.0～25.0m 不等，褥垫层 150mm。经计算水泥土复合管桩单桩竖向承载力特征值为 1650kN，复合地基承载力为 220kPa。局部地基处理平面布置如图 3 所示，地基处理纵断面如图 4 所示。

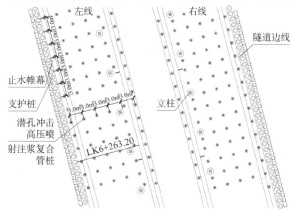

图 3 妈湾跨海通道地基处理工程二标段复合管桩地基处理平面布置图

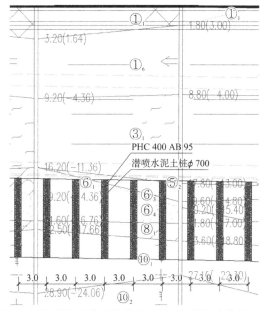

图 4 妈湾跨海通道地基处理工程二标段复合管桩地基处理纵断面图

## 5 施工重难点及施工参数

### 5.1 施工重难点及措施

在实际施工过程中还遇到了如何在抛石填土层成孔、如何将芯桩桩顶送至地面以下 20m 的深度、喷射的水泥浆液极易被地下水流冲蚀、芯桩与水泥土外桩不同心的施工难题，为解决上述难题，本工程施工过程中采用了很多创新施工措施。

（1）成孔及喷浆工艺创新

本项目场地上部地层为抛石填土层，其厚度大，最大厚度可达 20m，回填块石颗粒粒径大，粒径多为 0.2～0.4m，局部填石块径大于 1m，含量约为 50%～80%，在地表施工成孔难度非常大，管桩植入困难。

为解决上述难题，采用潜孔冲击高压喷射复合管桩工艺进行施工。首先采用潜孔锤钻进与高压喷射注浆一体化的潜喷工艺和设备快速、稳定地在人工抛石填土等复杂地层内钻进并喷浆成桩，形成强度较高、均匀的水泥土固结体；水泥土桩成桩后，在水泥土桩内同心植入预制管桩，形成潜喷复合管桩。结合本项目的地层情况及试桩试验，形成了适用于在沿海抛石填土地层施工潜喷复合管桩的施工工艺流程及施工参数，以及对于本项目上部为抛石填土、下部为淤泥层的性质差异较大的地层组成的地基，分段设置对应地层的施工参数。

（2）超长送桩设备创新

本工程在地面施工潜孔冲击高压喷射注浆水泥土复合管桩，因此需利用送桩器将管桩送至地面以下设计桩顶标高，而本工程最深的送桩深度达到 20.0m。若采用现有常规的送桩器（送桩器长度一般小于 5m），则无法将预制桩送至设计标高。针对这种情况，专门研发了超长送桩器，由首节送桩器和多根标准节送桩器组成，各节之间采用专用接头连接，2min 内可完成拆卸，施工效率高；每节可任意搭配，可充分满足不同深度送桩需求，从而增大送桩深度，大幅缩短施工工期，减少预制桩截桩长度，节约造价。超长送桩器的组成及施工过程如图 5、图 6 所示。

（3）复合浆液创新

桩身范围内存在⑤₂中砂层、⑥₄粗砂层，且在上述地层中地下承压水水动力作用强，因此水泥净浆流失严重且极易被地下动水冲蚀，水泥土桩成桩质量不易保证。为解决以上难题，配制了一种复合浆液，即在水泥膨润土浆液中加入具有增稠、抗冲蚀性的添加剂，添加剂的质量为水泥质量的3%。

图5　超长送桩器　　图6　超长送桩器的施工

经检测，该复合浆液的流动度为70mm；将复合浆液放入盛有海水的烧杯内，对海水进行搅拌，复合浆液不分散，抗动水冲蚀性好；结石率为97.5%；28d龄期标养试块强度为5.2MPa，复合浆液各项性能均能满足施工要求。

（4）管桩与水泥土桩同心度偏差控制措施

为防止管桩在未初凝的复合浆液中斜靠在孔壁上，在桩底和桩顶分别焊接定位装置。焊接完毕，经现场技术人员检验合格后，使用超长送桩器送桩至设计标高。管桩定位装置结构简单、成本低、易操作，形成的复合桩施工质量好，结构稳定，承载能力强。管桩定位装置如图7所示。

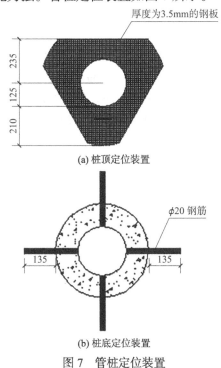

图7　管桩定位装置

## 5.2　施工参数

经过试验段工程桩的施工，总结出了潜孔冲击高压喷射注浆水泥土复合管桩工艺在本场地施工的施工参数，见表2。

潜孔冲击高压喷射注浆工艺施工参数表　表2

| | 项目 | 参数值 |
| --- | --- | --- |
| 高压空气 | 气压/MPa | 0.7～1.3 |
| | 气量/（L/min） | 0.6～0.8 |
| 水泥复合浆液 | 水胶比 | 1.4 |
| | 水泥量/（kg/m） | 150 |
| | 钙基膨润土量/（kg/m）（水泥质量的50%） | 75 |
| | RCYT-1添加剂/（kg/m）（水泥质量的3%） | 4.5 |
| | 重度/（g/cm³） | 1.38 |
| | 浆液流量/（L/min） | 195 |
| | 压力/MPa | 25～30 |
| 提速/（cm/min） | | 50 |
| 喷嘴直径/mm | | 2.0 |

# 6　地基处理效果检验

## 6.1　抽芯检验

在本工程前期试桩阶段，对潜孔冲击高压喷射注浆水泥土桩进行试桩施工，成桩完成14d后进行取芯验证。试桩施工深度27.0m，施工深度范围内水泥土芯样呈长柱状且连续完整，如图8所示。

图8　潜孔冲击高压喷射注浆水泥土桩取芯效果

## 6.2　承载力检测

施工完成后，对潜孔冲击高压喷射注浆复合桩进行单桩承载力检测、复合地基承载力检测。单桩和复合地基静载荷试验曲线分别如图9、图10所示。如图9所示单桩竖向抗压极限承载力为3300kN，对应的最大沉降量分别为2.47mm、2.55mm，回弹量分别为1.82mm、2.17mm，分别占总沉降的74%、85%。如图10所示复合地基静载荷试验承压板面积9.0m²，最大加载值为400kPa，对应的沉降为20mm。以上数据表明，单桩和复合地基施工效果好，满足设计要求。

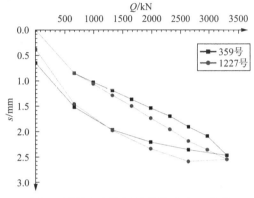

图9 单桩竖向抗压静载荷试验Q-s曲线

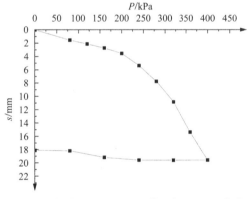

图10 复合地基竖向抗压静载荷试验p-s曲线

## 7 结语

沿海地区抛石填土地层的特点是：抛填块石粒径大，松散，空隙大，采用常规工艺不易钻进。如何选取适宜、高效的钻进工艺具有现实意义，潜孔冲击高压喷射注浆工艺无论在工艺适用性，还是工期、质量、造价等方面均为最优方案之一。其不仅能轻松破碎抛填块石，还能实现钻进喷浆一体化，施工速度快，工效高，形成的水泥土桩强度高，实现无损植入预制芯桩，绿色环保。

选用潜孔冲击高压喷射注浆复合管桩工艺对深圳妈湾跨海通道（月亮湾大道—沿江高速）工程进行地基处理，通过水泥土浆液的配合比试验、前期试验段的施工，形成了具有针对性的复合浆液、施工参数、设备配置参数。除此之外，还研发了超长送桩器，其结构简单，拆卸方便，可重复利用，解决了超长送桩难题；管桩定位装置的研发，解决了芯桩与水泥土外桩不同心的难题。施工完成后，采用抽芯检测、单桩及复合地基静载荷试验检测潜孔冲击高压喷射注浆复合管桩地基处理效果，检测结果表明：抽芯的水泥土芯样呈长柱状且连续完整，单桩竖向抗压承载力特征值、复合地基承载力特征值均满足设计要求，施工质量好。

## 参考文献

[1] 郇盼, 左祥闯, 刘宏运, 等. 潜喷注浆桩在大空隙、松散地层中的研究与应用[J]. 水利水电技术, 2019(增刊): 27-33.

[2] 孟素萍. 谈旋喷桩施工工艺及常见质量问题与防治措施[J]. 山西建筑, 2009, 35(10): 87-88.

[3] 朱允伟, 张亮, 张微, 等. 潜孔冲击旋喷复合管桩及其在超厚砂层中的试验[J]. 工业建筑, 2018, 48(4): 89-92+88.

[4] 张亮, 朱允伟, 李楷兵, 等. 潜孔冲击高压旋喷桩工法原理及特性研究[J]. 施工技术, 2017, 46(19): 59-62.

[5] 郇盼, 张有祥, 刘宏运, 等. 潜孔冲击高压旋喷技术(DJP工法)及其在复杂地层中的应用[J]. 地基处理, 2020, 2(1): 71-77.

[6] 毛宗原, 张亮, 刘宏运. 人工填海复杂地层止水帷幕新工艺研究[J]. 地下空间与工程学报, 2015, 11(1): 223-226.

# 压实回填 + 水泥加强层复合地基在工程实践中的应用

魏晓军　丁　冰　张长城　张小波　刘　彬

（新疆建筑设计研究院有限公司，新疆乌鲁木齐　830001）

## 1　前言

大面积压实填土地基处理技术是目前人工回填地基处理的主要方法之一，对于回填厚度较大，且对工后沉降变形要求严格的项目其多采用分层碾压密实 + 强夯的处理方法来进行控制。宰金珉教授进行模型试验，在基础底板下设置钢筋混凝土垫层，调整天然地基刚度，使其在基础平面范围内地基刚度不同，减少不均匀沉降，从而减少基础内力，使基础达到最优的工作状态[1]。张志刚老师的模型试验同样在基底下设置混凝土变刚度垫层，改变地基土的工作状态，基底深处土的附加应力减小，其变形也减小[2]。本项目通过采用的压实回填 + 水泥加强层复合地基的处理方法，在回填层不同深度内采用多层水泥加强层处理方法以满足建（构）筑物对地基强度和变形的要求，同时有效地减小了填土地基的工后沉降量。

为减小填土地基的工后沉降差，满足建（构）筑物对地基强度和变形的要求，同时符合经济合理的原则，建构筑物区域地基处理方法采用大面积的分层压实回填 + 水泥加强层复合地基处理措施，非建构筑物区域地基处理方法拟采用大面积的分层压实回填的处理措施。

## 3　场地工程地质条件概述

### 3.1　场地地形地貌

拟建场地地貌单元属山前冲洪积倾斜平原，

## 2　工程概况

新疆吐鲁番机场位于新疆维吾尔自治区吐鲁番市高昌区西北郊，东南距吐鲁番市中心10.5km。机场建设机场飞行区指标为 4E，属国内民用支线机场。本次主要扩建项目建筑基本情况见表 1。

新疆吐鲁番机场改扩建项目现状场地总体上自然地形北高南低、东西向相对平缓，南北最大高差约 19.5m，场区地层结构单一，以密实状卵砾石为主。根据工程地质资料并结合拟建航站区竖向设计要求，新建航站楼现状地面高程 260.3～262.3m，设计±0.000 = 275.3m，填筑厚度 13.0～15.0m；机场油库区现状地面高程 255.9～260.4m，设计±0.000 = 272.1m，填筑厚度 11.7～16.2m。

表 1

| 序号 | 建（构）筑物 | 建筑面积/m² | 地上/地下层数 | 结构类型 | 预计基础形式 | ±0.00m = 高程 | 基础埋深/m |
|---|---|---|---|---|---|---|---|
| 1 | 新建航站楼 | 10236.0 | 2/0 | 框架结构 | 独立基础 | 275.3 | 1.5～2.0 |
| 2 | 机场油库区 | 1370 | 1/0 | 框架结构 | 环形筏板 | 272.1 | 1.0～1.5 |

现状场地地形呈现北高南低，南北最大高差约19.5m，总体呈由北至南缓坡状，表层覆盖 1.0m～2.0m 回填土，下伏巨厚层的卵石为主。

### 3.2　场地地层条件

根据岩土工程勘察报告，场区地层结构较单一，主要由第四系冲洪积层组成。地层结构分述如下：

（1）杂填土：杂色，层厚在 0.30～1.50m 之间，局部表现为素填土，以卵、砾石为主，含少量粉土、建筑垃圾及植物根茎，松散，干。

（2）压实填土：主要分布于原航站区，灰黄色、青灰色，埋深 0.30～1.30m，层厚 2.90～17.60m，本层局部地段缺失，压实填土填料以卵石（圆砾）为主，含有少量粉土，卵石（圆砾）磨圆度较好，质硬，一般粒径 2～4cm，大者 6～8cm，个别可达 10cm。干—稍湿，中密—密实。

（3）卵石：青灰色，埋深 0.30～18.30m，可见层厚 1.00～12.70m，本层未揭穿，磨圆度较好，质硬，骨架颗粒呈交错排列，一般粒径 2～4cm，大者 6～8cm，个别可达 20cm，中砂、细砂混少量土充填，层中局部多处夹有 5～15cm 厚中细砂、粉土薄层或透镜体；干—稍湿，中密—密实。

（4）场地地下水：根据本项目《岩土工程勘察报告》，在勘察工作期间，勘察深度范围内未见地下水。

### 3.3　场地主要地层工程特性指标

根据本项目《岩土工程勘察报告》各土层主要物理指标和工程特性指标的建议值见表2。

表2

| 地层序号 | 土层 | 重度 $\gamma$/（kN/m³） | 地基承载力特征值 $f_{ak}$/kPa | 变形模量 $E_0$/MPa | 基准基床系数 $K_V$/（kN/m³） | 黏聚力 $c$/kPa | 内摩擦角 $\varphi$/° |
|---|---|---|---|---|---|---|---|
| 1 | 杂填土 | — | — | — | — | — | — |
| 2 | 压实填土 | 21 | 250 | 20 | 40000 | 2 | 45 |
| 3 | 密实卵石 | 21 | 350 | 30 | 50000 | 3 | 45 |

### 3.4　场地土腐蚀性

场地土对混凝土结构具有弱腐蚀性、对钢筋混凝土结构中钢筋具有中腐蚀性。

### 3.5　场地土盐渍土的评价

根据《吐鲁番机场改扩建项目航站区勘察报告》场地土 0.50～5.00m 深度范围内的易溶盐含量在 0.068%～0.399% 之间，场地为非盐渍土场地。

### 3.6　场地和地基的地震效应

拟建项目场地峰值加速度为 0.15g（抗震设防烈度为 7 度）；场地类别为 II 类，属设计地震分组第二组，反应谱特征周期为 0.40s；根据场地地形、地貌及场地地质条件，划分建筑场地为抗震一般地段。

## 4　设计地基处理的总体设计概况

### 4.1　地基处理目标

根据场地工程地质条件、拟建物（场地）竖向设计特征及相关规范要求，新建航站区工程采用大面积的分层压实回填土 + 水泥加强层（建构筑物区域）的处理方法，以满足工程设计需要。填筑地基处理后的指标要求见表3。

表3

| 地基处理区域 | 地基处理方式 | 承载力特征值 $f_{ak}$/kPa | 变形模量 $E_0$/MPa | 说明 |
|---|---|---|---|---|
| 新建航站楼及油库 | 压实填土 + 水泥加强层 | ≥250 | ≥25 | 含管线及道路等 |

### 4.2　地基处理范围

新建航站楼地基处理范围：南北长约 160.0m，东西长约 205.0m，回填处理面积约 6720m²（包括已有深厚填方自然放坡外扩区域），现状地面高程 260.3～262.3m，设计 ±0.000 = 275.3m，最大回填处理厚度 15.00m。

新建油库区地基处理范围：3 座油罐为直径 11.5m，高度 11.9m，约 1000m³，回填处理面积约 1984m²，现状地面高程 255.9～260.4m，设计 ±0.000 = 272.1m，填筑厚度 11.7～16.2m。

### 4.3　地基处理方法

根据地基处理目的要求，综合考虑场地工程地质条件及拟建物（场地）竖向设计特征和自然地面高程关系条件等，同时又考虑到施工的便利性，本次采用大面积的多次分层压实回填土（填筑）+ 水泥加强层的处理方法。本次地基处理在新建航站楼及油罐区域建筑物区域基底增加三层水泥加强层，每层加强层厚度 1.0m，间距 3.0m。示例见图1～图4。

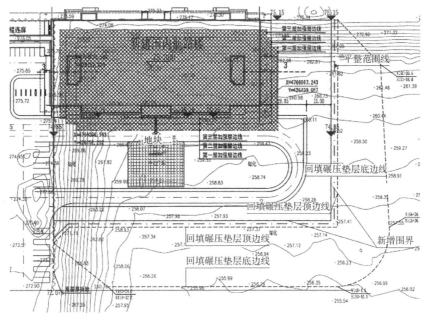

图 1　航站楼处理平面图

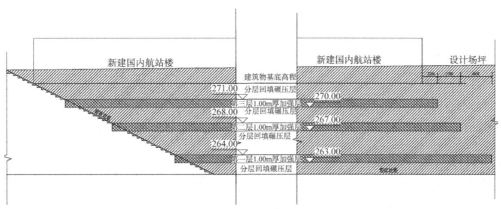

图 2　处理剖面图

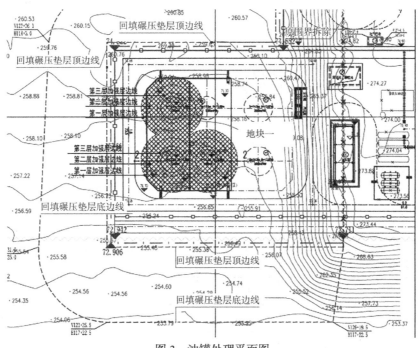

图 3　油罐处理平面图

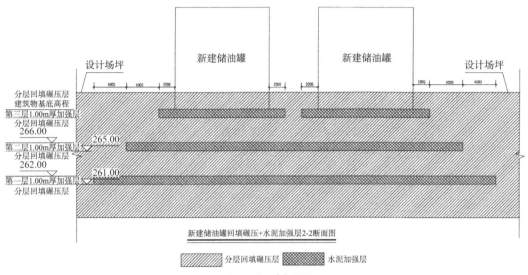

新建储油罐回填碾压+水泥加强层2-2断面图

▨ 分层回填碾压层　　■ 水泥加强层

图4　处理剖面图

### 4.4　建筑物区域沉降控制

建构筑物后期使用（按50年）总沉降量不大于25mm，同时应满足《建筑地基基础设计规范》GB 50007—2011。

### 4.5　压实地基处理要求

大厚度回填压实地基分层压实系数≥0.97，干密度≥2.27g/cm³。

### 4.6　压实回填材料控制要求

本次回填区压实回填材料从可用性、安全性、经济性等方面综合考虑，采用就地取材的方式，利用吐鲁番机场周边5km范围内的土料作为航站区压实回填材料使用，但根据挖方区土料的易溶盐含量、碎石级配特点确定以下用料原则：

（1）根据《吐鲁番机场改扩建项目航站区勘察报告》及《吐鲁番机场改扩建项目飞行区勘察报告》，场地土为非盐渍土场地。吐鲁番机场周边5公里范围与机场处于同一地貌单元，该区域土方可作为回填区填料使用，取料前应进行料场勘察，提供填料的易溶盐含量指标、有机质含量指标，易溶盐含量不大于0.3%且有机质含量不得超过5%的土料可作为回填区填料使用。

（2）碎石土作为填料时，其最大粒径不宜大于200mm。土料中有机质含量不得超过5%，此外土料其中不得夹有建筑垃圾、生活垃圾及植物根系等杂质，每层碾压均应采取洒水措施合理控制含水量。

（3）当回填土料中碎石土级配较差或含土量较高时，应剔除颗粒较大的漂石颗粒，并应与级配较好的碎石土进行现场混配形成砂夹石，其中碎石、卵石的占重宜控制在30%～50%，使用前应进行现场试验，确定该回填料的最大干密度。

（4）水泥加强层回填材料为天然级配碎石土与水泥的混合料，混合料中水泥含量3%～5%，水泥强度等级为R42.5普通硅酸盐水泥，水泥最终含量由试验性施工确定。

（5）水泥加强层分层控制要求与回填碾压垫层控制要求一致。

### 4.7　水泥加强层压实回填处理要求

综合自然地面高程、拟建场地竖向设计高程、拟建（构）筑物特征、填筑材料特征、填筑厚度在建筑物区域基底增加三层水泥加强层，道路及管线区域增加二层水泥加强层。建构筑物基底下水泥加强层参数特征见表4。

表4

| 地块名称 | 水泥加强层 | 完成面高程/m | 填筑材料 | 填筑厚度/m | 压实系数λ_c控制值 | 处理面积/m² |
|---|---|---|---|---|---|---|
| 新建航站楼 | 第一层 | 264.00 | 混合料 | 1.00 | | 6700.0 |
| | 第二层 | 268.00 | 混合料 | 1.00 | 回填压实系数≥0.97控制 | 6500.0 |
| | 第三层 | 271.00 | 混合料 | 1.00 | | 6200.0 |

| 地块名称 | 水泥加强层 | 完成面高程/m | 填筑材料 | 填筑厚度/m | 压实系数λ_c控制值 | 处理面积/m² |
|---|---|---|---|---|---|---|
| 新建储油罐 | 第一层 | 261.00 | 混合料 | 1.00 | 回填压实系数 ≥ 0.97控制 | 2000.00 |
| | 第二层 | 265.00 | 混合料 | 1.00 | | 1200.00 |
| | 第三层 | 建筑物基底 | 混合料 | 1.00 | | 600.00 |

注：填筑注材料为天然级配碎石土与水泥的混合料,碎石土最大粒径不大于100mm,混合料中水泥含量3%～5%,拌合均匀,水泥为R42.5普通硅酸盐水泥,要求初凝时间3h以上、终凝时间6h以上。

## 4.8 碾压前试验

（1）对填筑材料进行取样分析，提供填料的易溶盐含量指标、有机质含量指标，易溶盐含量不大宜于0.3%，土料中有机质含量不得超过5%。

（2）在填筑施工前，根据选用的机械类型、压实效果、碾压遍数、分层厚度进行施工工艺参数的确定，同时测定本施工工艺条件下的换填材料的最大干密度和最优含水率，确定填筑层的碾压最大干密度、固体体积率等。

（3）根据所选用的施工机械、填筑材料及场地土质条件，进行现场试验，实测材料最大干密度，以最终确定有关施工参数。

（4）通过室内试验确定混合料的最优含水量。

（5）通过现场试验性施工确定最佳水泥用量及水泥稳定碎石的延迟时间。

## 4.9 压实回填施工要求

（1）施工应由低向高、先深后浅分层进行，同一标高应整片同时进行碾压夯实。大面积压实填筑前应优先处理低标高区域。

（2）第一次压实回填施工前应清除场地分布的松散表（耕植）土，清表厚度暂定0.5m。

（3）施工机械采用静压力25t的振动压路机，机械机振力不小于270kN，机械碾压速度不大于1.5km/h。

（4）每层厚度：每次回填碾压虚厚度为300mm。铺填之前应测量基层（或前一层）高程，严格控制虚铺厚度，允许偏差为±50mm。避免大量集中填土。

（5）每层碾压遍数暂按振动碾8～10遍控制，也可根据施工效果现场调整。每层取样进行土工试验，若达到压实系数检测要求，可施工下一层，若不满足设计要求，可继续碾压，直到达到压实系数。碾压纵横条带碾压，碾迹应相互搭接，重叠0.5～0.8m，不得漏碾，碾压遍数不小于10遍。

（6）压实标准:不同分层压实系数λ_c控制值详见第5.8节。

（7）压实回填施工要求填料其中不得夹有建筑垃圾、生活垃圾及植物根系等杂质，每层碾压均应采取洒水措施合理控制含水量。

（8）水泥加强层垫层混合料采用现场碎石土和R42.5普通硅酸盐水泥混合，要求初凝时间3h以上和终凝时间6h以上，水泥拌合量为3.8t/100m²。

（9）水泥加强层垫层施工流程：回填碎石土虚铺→刮平机找平→水泥布撒车布撒水泥→就地冷再生机械搅拌混合料均匀→洒水车洒水湿润→压路机碾压→试验检测→检测合格后进行下一层施工。

（10）填筑碾压为不同标段或不同工作面时，相邻搭接部位，应挖成阶梯状（1:2）进行搭接，按先深后浅的顺序进行碾压施工，搭接处应碾压密实。

（11）压实填土施工过程中，应采取防雨措施，防止填料受雨淋湿。

# 5 压实填筑体（压实填土＋水泥加强层）质量检测

1）分层压实填筑的标高控制：填筑土体分层控制标高应在填筑前后进行测量，保证分层碾压的厚度分层填筑的施工前及施工后应进行标高控制，允许偏差为±50mm。

2）分层压实的质量，关键在于对施工过程的检验控制，重点保证土料、分层铺填厚度、碾压遍数、压路机控制行驶速度、碾迹搭接长度等符合设计要求，压实地基的施工质量检测应分层进行，每完成一道工序应按设计要求进行验收，未经验收或验收不合格时，不得进行下一步施工。

3）压实填筑检测要求

（1）填筑材料的含盐量应选取代表性的土样,同一碾压层同一料场的检测数量不应少于3件（填筑前及填筑后分别不少于3件）。

（2）填筑材料的颗粒分析试验土样，同一碾压层同一料场的检测数量不应少于 3 件。

（3）水泥加强层混合料的含水量检测 $2000m^2$ 不少于 6 次；现场中的灰剂每 $2000m^2$ 不少于 6 次；水泥稳定碎石的延迟时间试验，不少于 3 点。

（4）重型击实试验：每个碾压层同一料场的检测数量不应少于 3 件。

（5）压实度检测（含水泥加强层）：施工期间的压实填土质量检验采用压实系数测定，施工质量检验时必须分层（压实后厚度 30cm）检验填筑层的压实系数、干密度试验。本工程采用碾压后强夯补强的工艺，综合确定每一碾压分层采样数量控制为 1 点/$1000m^2$，检验点均匀分布且每层不少于 5 组。现场密度试验采用灌水法或灌砂法，检验点按碾压分层每层取样。

（6）填筑过程中应通过静力载荷试验、面波试验等原位测试方法进行检测，检测的位置应布置在填筑层顶部，拟建建（构）筑物范围内应合理布置静力载荷试验和面波试验。

（7）静力载荷试验：每 $2000\sim3000m^2$ 范围内不少于 1 点，最大加载值不小于 500kPa，变形模量 $E_0$ 不小于 20MPa；面波测试：每 $2000m^2$ 范围内不少于 1 点，波速不小于 300m/s。

# 6 变形监测基本要求

1）地表沉降及水平位移监测，可按100m×100m布设；

2）填筑体内部沉降水平位移监测，可按200m×200m布设，竖向测点间距宜控制在 2～4m；水平位移观测点与沉降观测点可结合布置，观测工作应配合进行。

3）填筑地基主要监测要求

（1）在填筑施工期间，每填筑一层前后应观测一次，两次填筑间隔时间较长时，每两周至少观测一次。遇降雨、变形异常等情况时，应增加监测频次。

（2）填筑施工完成后，宜每半月观测一次；三个月后，宜每月观测一次；一年后可每个月观测一次。

（3）地下水位和盲沟出水量监测，填筑施工期间，宜每周观测一次。填筑施工完成后，一个月内宜每周观测一次，一个月后宜每半个月观测一次。

（4）填筑完成后，当监测数据变化较大时，应提高监测频率。

# 7 检测与监测结果

施工过程中和施工后进行检验检测，完成密度试验、波速试验和静力载荷试验等检测。

## 7.1 密度检测

现场密度试验采用灌砂（灌水）法。根据试样最大粒径，确定试坑尺寸，将选定试验处的试坑地面整平，除去表面松散的土层。按确定的试坑直径划出坑口轮廓线，在轮廓线内下挖至要求深度，边挖边将坑内试样装入盛土容器内，称试样质量。试坑挖好后，放上相应尺寸的套环，用水平尺抄平，将大于试坑容积的塑料薄膜袋平铺于坑内，翻过套环压住薄膜四周。准确量取注入砂（水）的体积。用烘箱方法测定含水率，计算碎石土干密度。因碎石土垫层和水泥加强层垫层统一采用现场挖掘的碎石土料，干密度区间值一致，无明显差异，干密度介于 $3.36\sim3.39g/cm^3$ 之间。

## 7.2 载荷试验

原位静力载荷试验，采用慢速维持荷载法，圆形压板，堆载平台提供反力，加荷分 8～10 级。碎石土垫层试验荷板面积 $0.25m^2$（直径 0.56m），水泥加强层垫层试验荷板面积 $0.07m^2$（直径 0.30m）。

（1）在碎石土垫层进行载荷试验共 9 点，施加荷载 600kPa 压力，相应沉降 4.33～6.80mm，变形模量 26～49MPa。其试验数据、典型载荷试验曲线见表 5、图 5、图 6。

碎石土垫层载荷试验数据　　　　表 5

| 编号 | 荷载/kPa | 沉降量/mm | 变形模量/MPa |
| --- | --- | --- | --- |
| 1 | 600 | 5.41 | 45 |
| 2 | 600 | 6.80 | 36 |
| 3 | 600 | 6.52 | 38 |
| 4 | 600 | 4.33 | 56 |
| 5 | 600 | 4.68 | 52 |
| 6 | 600 | 6.07 | 40 |
| 7 | 600 | 6.30 | 39 |
| 8 | 600 | 6.77 | 36 |
| 9 | 600 | 6.74 | 36 |

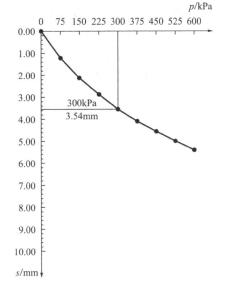

图5 油罐区碎石土垫层1号载荷试验曲线

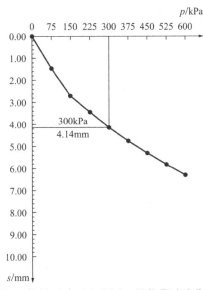

图6 航站区碎石土垫层4号载荷试验曲线

（2）在水泥加强层垫层进行载荷试验，分为两个时间点，即初凝时间和终凝时间。初凝时间，在水泥加强层垫层碾压完成随即安装试验设备进行试验，试验点数2点；终凝时间，在水泥加强层垫层碾压完成24h后安装试验设备进行试验，试验点数4点。水泥加强层垫层施加荷载600kPa压力，沉降分别为 2.40、2.89mm（初凝）、0.72～0.85mm（终凝）；变形模量分别为 45、55MPa（初凝）、154～182MPa（终凝）。终凝后变形模量显著增加，水泥加强层垫层变形模式为碎石土垫层变形模量的3～4倍。其试验数据、典型载荷试验曲线见表6，图7、图8。

水泥加强层垫层载荷试验数据表　表6

| 编号 | 荷载/kPa | 沉降量/mm | 变形模量/MPa | 状态 |
|---|---|---|---|---|
| 1 | 600 | 2.40 | 55 | 初凝 |

| 编号 | 荷载/kPa | 沉降量/mm | 变形模量/MPa | 状态 |
|---|---|---|---|---|
| 2 | 600 | 0.78 | 168 | 终凝 |
| 3 | 600 | 0.75 | 175 | 终凝 |
| 4 | 600 | 0.85 | 154 | 终凝 |
| 5 | 600 | 2.89 | 45 | 初凝 |
| 6 | 600 | 0.72 | 182 | 终凝 |

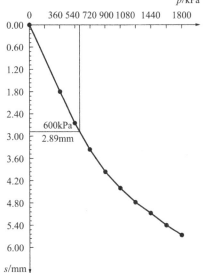

图7 水泥加强层载荷试验-初凝5号试验曲线

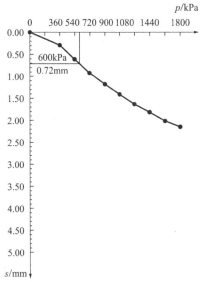

图8 水泥加强层载荷试验-终凝6号试验曲线

## 7.3 波速试验

波速检测采用SWS-5型工程面波动测仪，整个系统由计算机控制，拾振器为灵敏度较高的4Hz低频检波器，振源为人工敲击，12道检波器，0.5～1.0m道间距，5.0～10.0m偏移距，垂直叠加3～5次，取得面波频散曲线，计算分析其变化及特征。在水泥加强层垫层处剪切波速频散曲线呈凸起状，波速值大于450m/s。典型波速试验曲线见图9。

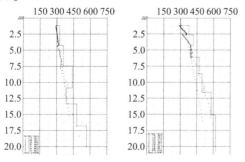

图9 波速试验变刚度垫层频散曲线图

## 8 变形监测结果

2021年10月油罐建成后，在油罐内注水，对油罐区人工处理地基进行加载预压，在三个油罐设置12个沉降监测点，沉降值为1～3mm，远远小于常规碎石土垫层的设计要求。航站区土方回填区域：经过一年14期监测，28个观测点沉降值为1.0～8.2mm，12～14期100d内变化速率0.003～0.027mm/d，最大沉降值及最大沉降变化速率均小于规范及设计要求。整个处理场地沉降变形趋于稳定，达到稳定标准，沉降变形在可控安全范围内。

## 参考文献

[1] 宰金珉. 地基刚度的人为调整及其工程应用[C]//中国土木工程学会. 第八届土力学及岩土工程学术会议论文集. 南京, 1999: 235-238.

[2] 张志刚, 赫连志. 浅基础下设水泥加强层垫层地基应力场模型试验[J], 山东建筑工程学院学报, 1999, 14(4):1-4.

[3] 住房和城乡建设部. 建筑地基处理技术规范: JGJ 79—2012[S]. 北京: 中国建筑工业出版社, 2012.

[4] 住房和城乡建设部. 建筑地基基础设计规范: GB 50007—2011[S]. 北京: 中国建筑工业出版社, 2012.

# 承德某复杂山地项目岩土工程一体化设计实录

刘情情　王小波　黄昌乾　潘启辉

（中航勘察设计研究院有限公司，北京　100098）

## 1　工程概况与特点

承德某山地项目位于河北省承德市西部山区，建设场地为狭长山谷地貌，三面环山，自然景观优美。场区内部大部分为缓坡，建筑方案结合场区现状台地地形，因地制宜，依山就势，在原有地形基础上设计成六个台地，每个台地之上建筑依次成组，六个台地六个院落，相互独立又相互联系，形成连续的庭院空间，各台地分设车库，有效服务每个组团。本项目开发区域内主要建筑物为叠拼（4层/−1层、4层/−2层）和洋房（8～10层/−1层、8～10层/−2层），规划总用地面积90072m²。本工程主体为框架-剪力墙结构，基础类型采用桩基础。

项目地处山沟内，场地地形狭长，西高东低，地基填土深厚，场地平整后呈台阶状，按设计标高还需要再填土，因此需要进行场地整体稳定性分析与评价。场地内有深厚的填土层，需要进行地基处理设计。同时，在场区的四周形成挖方、填方边坡，长度共计约2000m，高差0.5～17m，需要进行边坡支护设计。本项目为大型复杂山地项目的综合性岩土设计项目，我公司承担了该项目岩土工程设计任务，工作内容包含地基处理、边坡支护、挡墙设计以及场地整体稳定性分析，全方位一体化解决山地项目面临的复杂岩土工程问题（图1）。

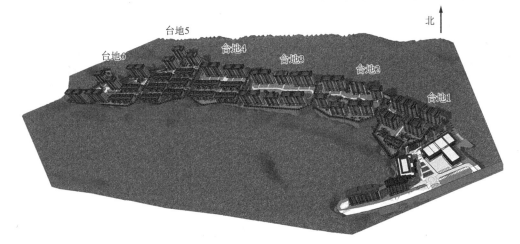

图1　项目效果图

## 2　场地岩土工程条件

### 2.1　工程地质条件

根据勘察报告，在勘察深度范围内，按地基岩土的物质组成、结构构造特征、物理力学性质及成因类型等特点，场区地层自上而下划分为四个工程地质层，即：①素填土、②粉质黏土、③角砾、④砾岩，分层描述如下：

第一层①素填土（$Q_4^{ml}$）

杂色；稍密；稍湿；成分主要以开山碎石为主，含少量粉土，该层填土堆积年限大约为7年。

该层大部分布，厚度为0.30～36.00m，平均厚度8.86m，层底埋深为0.30～36.00m，平均埋深为8.86m，层底标高为389.10～461.00m。

第二层②粉质黏土（$Q_4^{al+pl}$）

褐黄色，稍湿，可塑；稍有光滑，干强度中等，韧性中等，无摇振反应。

该层局部分布，厚度为0.20～7.20m，平均厚度3.01m，层底埋深0.50～25.20m，平均埋深为6.14m，层底标高为388.50～456.85m。

夹层②₁角砾（$Q_4^{dl}$）

褐黄色；中密；稍湿；骨架颗粒成分以砾岩等为主，砾石风化程度中等，磨圆度较好，颗粒级配良好，充填物以中粗砂为主，黏性土次之，局部夹卵石或较薄层含砾粗砂。

该层只在个别钻孔分布，厚度为0.40~2.00m，平均厚度为0.90m，层底埋深1.50~7.50m，平均埋深为4.95m，层底标高为393.26~403.92m。

第三层③角砾（$Q_4^{dl}$）

褐黄色；中密；稍湿；骨架颗粒成分以砾岩等为主，砾石风化程度中等，磨圆度较好，颗粒级配良好，充填物以中粗砂为主，黏性土次之，局部夹卵石或较薄层含砾粗砂。

该层大部分分布，厚度为0.40~10.40m，平均厚度为2.82m，层底埋深0.70~27.00m，平均埋深为8.63m，层底标高为385.00~459.30m。

夹层③₁粉质黏土（$Q_4^{al+pl}$）

褐黄色，稍湿，可塑；稍有光滑，干强度中等，

韧性中等，无摇振反应。该层只在个别钻孔分布，厚度为0.30~1.80m，平均厚度为0.86m，层底埋深3.30~8.10m，平均埋深为5.60m，层底标高为395.10~443.27m。

第四层④砾岩（$J_2^x$）

④₁强风化砾岩（$J_2^x$）

紫褐色；粒状结构，块状构造，颗粒不规则排列，硅质胶结，裂隙发育，该岩石较软岩，岩体完整程度为较破碎，岩体基本质量等级为Ⅳ级。该层全区分布，厚度为0.40~2.70m，平均厚度为1.58m，层底埋深0.80~37.80m，平均埋深为10.57m，层底标高为383.50~462.90m。

④₂中风化砾岩（$J_2^x$）

紫褐色；粒状结构，块状构造，颗粒不规则排列，硅质胶结，裂隙较发育，岩体完整程度为较完整，岩体基本质量等级为Ⅲ级。该层全区分布，最大揭露厚度为19.00m，最大揭露深度为46.00m。

典型地质剖面（横剖面）见图2。

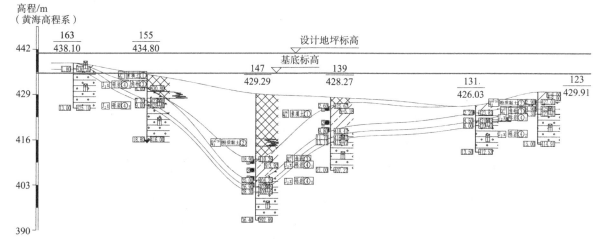

图2 场地典型地质剖面

## 2.2 水文地质条件

根据钻探揭露，场区勘探孔深度范围内均未见地下水。

## 3 关键岩土技术问题分析

（1）场地稳定性问题

场地稳定性问题是本项目是否成立的核心问题，本项目自然场地地形地质条件特殊，地形为西高东低的狭长山谷，山谷内有深厚的填土，规划场地又需要进行高填方施工，为了保证建筑物地基基础的安全稳定，需要对填方完成后的场地进行

整体稳定性分析评价。

（2）深厚填土的地基处理问题

本项目地处冲沟之中，距离本项目开工约7年前，邻近隧道开挖出的大量废弃土石，自然堆填于冲沟之中，堆填厚度不等。根据地质勘察资料，场地内填土最大厚度达36m。填土以开山碎石为主，含少量粉土，碎石粒径大小不均，且部分碎石粒径偏大。

由于本项目填土厚度不均，填料粒径离散性较大，且填料为自然堆积未经压实处理，本场地为极其不均匀地基。为满足建筑场地使用要求，需要进行地基处理。此外此场地建筑物均为桩基础，地基处理后的效果直接影响后期成桩施工的效率（图3）。

图 3 现状填土照片

（3）边坡支护选型问题

本场地地形地质条件复杂，在场地用地红线边界及场内内部均存在边坡工程，挖方边坡、填方边坡、土质边坡、岩质边坡、土岩混合边坡、临时边坡与永久边坡并存，边坡支护方案选型十分重要，且对工程造价影响较大，单一的支护形式难以满足工程需要，需要分段设计，采用多种支护形式。

（4）边坡截排水设计

本场地地处山谷地带，且为狭长山谷的出口处，雨季易发山洪，水流条件不利，且水流量较大，本工程排水设计需结合区域排洪体系综合考虑，故在我方建议下甲方特委托专业水利单位进行场地内专项排洪设计，本文不再包含排洪设计的相关内容。

## 4 场地整体稳定性分析与评价

本项目地处冲沟之中，冲沟西高东低，东西纵向总长度约 900m，总高差约 60m，分为 6 个台地，每级高差约 10m，冲沟内有深厚的填土，为保证工程安全，需要分析整个场地东西纵向上的地基整体稳定性。选取 1 个典型地质断面（剖面沿场地从西向东方向剖切），利用 GeoStudio 软件，采用 Sarma 法进行计算，自动搜索最危险滑动面，对一般工况、地震工况、暴雨工况进行计算场地整体稳定性安全系数，计算滑面考虑了新老填土交界面及土岩结合面两种情况，计算参数见表 1，计算结果见表 2，典型计算结果云图见图 4。此外还对各相邻台地之间的局部稳定性进行了计算，计算结果用于指导结构设计，典型计算结果见图 5。

各土层物理力学参数表 表 1

| 地层编号 | 岩土名称 | 重度 | 自然工况 | | 降雨工况 | |
| --- | --- | --- | --- | --- | --- | --- |
| | | | 黏聚力 | 内摩擦角 | 黏聚力 | 内摩擦角 |
| | | kN/m³ | kPa | ° | kPa | ° |
| | 强夯填土 1 | 20.5 | 0.0 | 28.0 | 0.0 | 25.0 |
| | 强夯填土 2 | 20.5 | 0.0 | 19.0 | 0.0 | 17.0 |
| ② | 粉质黏土 | 19.5 | 18.0 | 20.0 | 10.0 | 18.0 |
| ②₁ | 角砾 | 22.5 | 0.0 | 30.0 | 0.0 | 30.0 |
| ③ | 角砾 | 22.5 | 0.0 | 38.0 | 0.0 | 30.0 |
| ③₁ | 粉质黏土 | 19.5 | 21.0 | 22.0 | 10.0 | 18.0 |
| ④₁ | 强风化砾岩 | 22.5 | 20.0 | 39.0 | 20.0 | 39.0 |
| ④₂ | 中风化砾岩 | 22.5 | 150.0 | 60.0 | 150.0 | 60.0 |

注：强夯填土 1 是指以开山炮渣为主的填土；强夯填土 2 是指以粉质黏土为主的填土。

各工况边坡稳定性计算汇总表 表 2

| 序号 | 计算工况 | 稳定系数 | 稳定性 |
| --- | --- | --- | --- |
| 1 | 自然工况：新老土层界面滑动 | 7.27 | 稳定 |
| 2 | 降雨工况：新老土层界面滑动 | 5.99 | 稳定 |
| 3 | 地震工况：新老土层界面滑动 | 6.12 | 稳定 |
| 4 | 自然工况：土岩界面滑动 | 9.52 | 稳定 |
| 5 | 降雨工况：土岩界面滑动 | 7.69 | 稳定 |
| 6 | 地震工况：土岩界面滑动 | 8.56 | 稳定 |

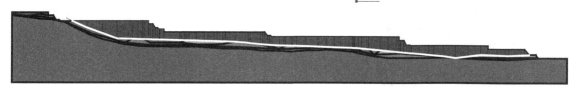

图 4　典型剖面计算结果（整体稳定性）

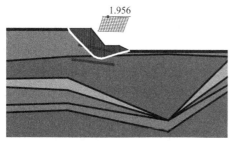

图 5　典型剖面计算结果（局部稳定性）

## 5　地基处理设计方案

### 5.1　方案选型分析

拟建场地位于山沟内，场地范围内大部分存在老填土，填土厚度 0.3～36.0m，填土成分主要以开山碎石为主，含少量粉土，该层填土堆积年限大

约为 7 年。场地按照规划标高进行挖方、填方处理后，基底以下老填土厚度 0～31.0m，新填土厚度 0～15.3m。典型地质断面如图 6 所示。

本场地为深厚填土区域，地基处理的目的为：（1）提高填土的密实度，减小桩基础的负摩阻力；（2）改善地基的不均匀性，减小后期地面沉降量。

本工程地基处理对象主要是基底以下的新、老填土，尤其是场地内的老填土，填土厚度较大，换填、复合地基等常规处理方法存在工效低、成本高等问题。根据大量工程实践经验，强夯法用于处理素填土、杂填土等地基，具有加固效果显著、施工期短、施工费用低等优点。同时本项目周边环境条件较为单一，两侧为自然山体，无邻近建（构）筑物，强夯不会对周边环境产生不利影响。因此，综合考虑，本项目主要采用强夯法进行地基处理（局部新近售楼处附近为换填碾压）。

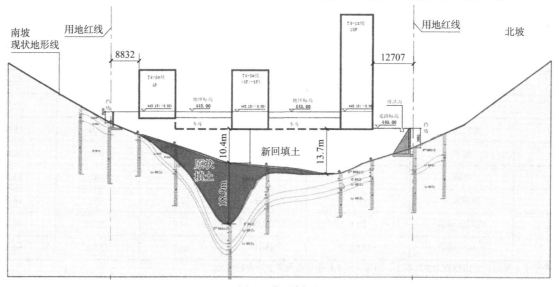

图 6　典型剖面

### 5.2　设计方案

设计主要采用强夯夯实地基方案，局部采用换填碾压处理方案。

结合场地条件及地质条件，采用强夯法处理深化回填土区域（回填深度最大约 36m），为保证

深厚填土的夯实效果，台地 2～6 均采用强夯处理方案，强夯处理土层厚度原则如下：对于老填土，每层强夯处理深度不大于 10m，老填土厚度大于 10m 时，应进行翻土，将大于 10m 的部分全部挖除后再分层强夯至设计标高。对于新填土，每层强夯处理厚度不大于 5m。根据以上原则，台地 4、

台地 5 需要将部分老填土挖除，分层分步强夯；台地 6、台地 2、台地 3 平整至基底标高后，可直接进行一次强夯。

台地 1 中部一定范围内存在老填土，因邻近正在施工的售楼处，不具备强夯条件，因而采用换填碾压处理。处理要求如下：基底的老填土全部挖除，采用碎石土分层碾压回填，分层厚度不大于 30cm，压实系数不小于 0.94，应在每层的压实系数符合设计要求后铺填上层。

### 5.3 强夯设计主要参数

1）单点夯击能

（1）对于回填土厚度 $h \leqslant 5.0m$ 区域，单击夯击能取 4000kN·m；

（2）对于回填土厚度 $5.0 < h \leqslant 10.0m$ 区域，单击夯击能取 8000kN·m（局部范围为 10000kN·m）。

2）单点夯击击数

单点夯击随着击数增加，土体越来越密，此时具有一个最佳夯击击数，超过此击数时，地基土不但不会加密，反而会越夯越松，因此单点夯击击数应由现场单点夯试验确定。夯点的夯击次数应满足下列条件：

（1）最后两击的平均夯沉量：单击夯击能为 4000kN·m 时，不大于 100mm；单击夯击能为 8000～10000kN·m 时，不大于 200mm；

（2）夯坑周围地面不应发生过大的隆起；

（3）不因夯坑过深而发生提锤困难。

单点夯击击数初步定为：4000kN·m 夯击能为 8～10 击；8000～10000kN·m 夯击能为 10～12 击。

3）夯点布置

选用直径 2.5m 的夯锤，为了保证整个场地都能均匀加固不留空白，同时又要考虑到夯击坑的有效影响范围，每遍单点夯击间距为 7.0m，采用矩形布置。

4）夯击遍数

夯击时单点重夯应采取两遍，两遍布点梅花形交叉布置，最后一遍为低能量满夯。满夯能量为 2000/2500kN·m，每个点夯 3 击，采用低落距重锤，锤印搭接 1/4。

### 5.4 地基处理效果检测

1）强夯处理检测

为了详细评价强夯施工效果，检测地基土的密实度和均匀性，施工结束一定的龄期后即可采用多种检测手段进行试验，方法主要有以下 2 种：

（1）静力载荷试验：合格标准为地基承载力特征值不小于 150kPa；

（2）重型动力触探试验 $N_{63.5}$，合格标准为：碎石土 $N_{63.5} \geqslant 10$，黏性土 $N_{63.5} \geqslant 4$。

载荷试验检测数量为每个单体建筑不小于 3 点（仅最上面一层检测）；重型动力触探试验检测数量为每 300m² 不少于 1 个检测点（分层检测）。

载荷试验采用维持荷载法，载荷板尺寸为 1.41m×1.41m，面积为 2m²，最大加载量为 304kPa，加荷分级为 8 级，每级为预估终载值的 1/8，逐级递增加荷，每级加荷后，按间隔 10min、10min、10min、15min、15min，以后为每隔 0.5h 测读一次沉降量，当在连续 2h 内，每小时的沉降量小于 0.1mm 时，则认为已趋稳定，可加下一级荷载。台地 2～台地 6 的典型试验点的 $p$-$s$ 曲线见图 7～图 11。

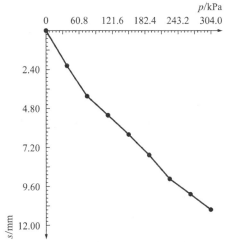

图 7 二台地试验点静力载荷试验 $p$-$s$ 曲线

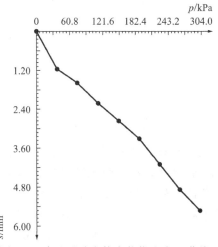

图 8 三台地试验点静力载荷试验 $p$-$s$ 曲线

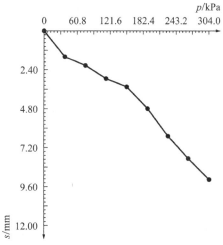

图9 四台地试验点静力载荷试验p-s曲线

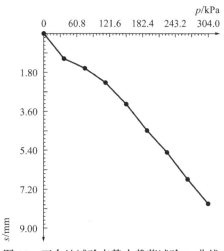

图10 五台地试验点静力载荷试验p-s曲线

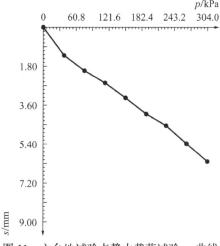

图11 六台地试验点静力载荷试验p-s曲线

根据试验数据及曲线分析,各试验点曲线斜率变化比较规律,没有较大的突变,未出现陡降段,曲线形态为平缓的光滑曲线。根据《建筑地基处理技术规范》JGJ 79—2012 附录 A 要求判定:处理后地基承载力特征值可取$s/b = 0.01$对应的荷载,但其值不应大于最大加载量的一半。因此根据

试验结果判定各试验点的处理后地基承载力特征值为152kPa,满足 150kPa 的设计要求。

2)换填碾压处理检测

采用压实系数法检测,应分层检测,每层的检测点数量为每 200m² 不少于 1 个点。压实系数可采用灌砂法、灌水法或环刀法进行;要求压实系数不小于 0.94。

台地 1 换填施工过程中,对各层填土压实度进行检测,压实系数均满足设计要求。

## 6 边坡支护设计方案

### 6.1 方案选型分析

本项目按照规划标高平整后,在场区的南、北两侧将形成 0.5~17m 的挖方边坡,北侧边坡为规划道路标高与山体现状地形之间形成的高差,南侧边坡为规划地坪标高与山体现状地形之间形成的高差,同时在场区各相邻台地的分界处也存在 8~10m 的高差。

建筑边坡支护结构形式应考虑场地地质和环境条件、边坡高度、边坡侧压力、边坡变形控制要求以及边坡安全等级等因素,常用的支护形式有重力式挡墙、悬臂式挡墙、扶壁式挡墙、桩板式挡墙、锚杆挡墙、岩石锚喷支护以及坡率法等。

本项目地形地质条件复杂,边坡工程体量较大,单一支护形式难以满足工程需要,应分段设计。本工程北坡主要为挖方岩质边坡,边坡高度最大 17m,可考虑采用的支护形式有锚喷支护、锚杆挡墙;南坡为挖方土岩混合边坡,边坡高度最大 12m,可考虑采用重力式挡墙、锚杆挡墙;台地之间主要为填方土质边坡,高度 8~10m,可考虑采用重力式挡墙、扶壁式挡墙及桩板式挡墙。

### 6.2 设计方案

本工程边坡安全等级为二级,设计使用年限 50 年,抗震设防烈度为 6 度,本着安全、经济、适用、美观的原则,根据边坡高度、地质条件,分段设计,采用了仰斜式重力式挡墙、扶壁式挡墙、悬臂式挡墙、板肋式锚杆挡墙、锚喷支护多种支护形式,解决本工程边坡支护的问题。

(1)北坡为岩质边坡,边坡高度 0.5~17m,长度约1000m,岩体主要为④₂层中风化砾岩,岩

体完整程度为较完整，岩体基本质量等级为Ⅲ级，设计采用锚喷支护，典型支护剖面见图12。

（2）南坡为土岩混合边坡，边坡高度0.5～12m，长度约435m，坡顶有1～2m厚的覆盖层，下部为④₁层强风化砾岩及④₂层中风化砾岩，强风化砾岩岩体完整程度为较破碎，岩体基本质量等级为Ⅳ级，设计采用板肋式锚杆挡墙及仰斜式重力挡墙支护形式，高度6m以下的采用仰斜式重力挡墙，6m以上采用板肋式锚杆挡墙。部分区段邻近车库基坑，永久边坡支护还需结合临时支护一起考虑，临时支护段采用锚喷支护，典型支护剖面见图13。

（3）各台地之间存在8～10m的高差，相邻台地之间中部区域结合建筑结构布置形式，为避免支挡结构与主体结构及桩基础之间的施工干扰，取消台地间挡土墙，通过增设结构空腔的方式消除两台地之间的高差，见图14。经过方案比选论证，这种结构处理方式较常规支挡结构处理方式既经济又方便施工。相邻台地间两侧区域没有建筑物，结合景观专业的需求，采用分级挡墙的支护形式，化整为零，提升景观绿化效果，典型支护剖面见图15。

# 7 工程成果和效益

本项目为大型复杂山地项目的综合性岩土设计项目，内容涵盖场地稳定性分析、地基处理、边坡支护等多种岩土问题，我公司凭借扎实雄厚的专业技术功底为本项目提供了一体化岩体设计咨询服务，服务于项目的全生命周期，全方位解决了复杂山地项目面临的各种岩土工程问题，保证了项目的顺利实施，节省了工程造价。

（1）场地整体稳定性分析与评价为项目决策及结构优化设计提供了依据。

（2）强夯地基处理方案施工速度快、工程造价低，处理效果显著，改善了地基的不均匀性，增强了地基的密实性，同时为后续桩基础的施工创造了有利条件。

边坡支护方案充分考虑了地形地质条件，分段设计，因地制宜，多种支护手段并用，设计方案安全可靠、经济合理、环境友好。

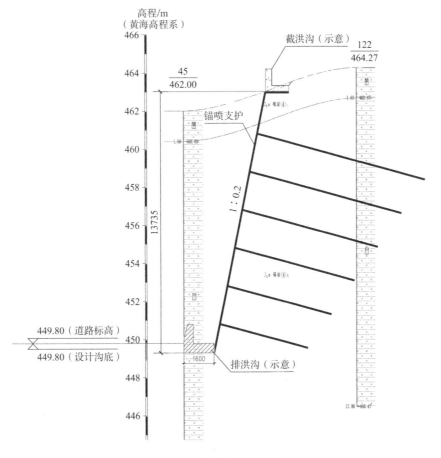

图12　北坡典型设计剖面

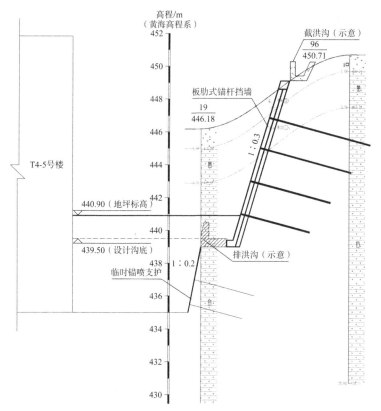

图 13 南坡典型设计剖面（永临结合）

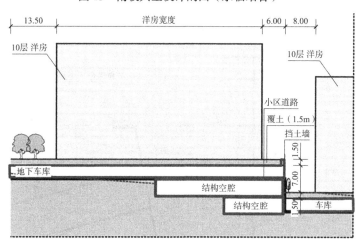

图 14 相邻台地之间结构空腔做法

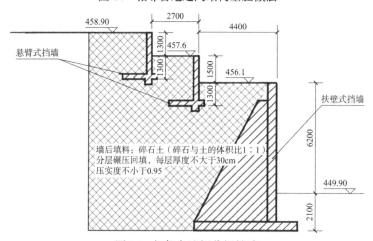

图 15 相邻台地间分级挡墙

## 8 工程经验总结

（1）复杂山地项目通常涉及多种岩土问题，需要通盘考虑，综合分析，设计应服务于项目的全生命周期。

（2）山地项目中岩土工程费用占比大，岩土设计应早介入、早跟进，为建筑方案的选型决策提供依据。

（3）建筑场区用地空间紧张，各专业交叉作业，设计阶段应融合各相关专业（建筑、结构、外线、景观等）的需求，为其他专业的实施创造条件。

（4）关注施工过程中的临时边坡稳定性问题，关注施工期间的场地排水问题，防雨水浸泡坡体及地基。

（5）信息化施工、动态设计，与施工单位紧密配合，根据现场情况合理调整设计方案。

## 参考文献

[1] 承德天意建设工程勘察有限公司. 项目岩土工程勘察报告[R]. 2017(4)

[2] 住房和城乡建设部 建筑地基处理技术规范: JGJ 79—2012[S]. 北京: 中国建筑工业出版社, 2012.

[3] 住房和城乡建设部 建筑边坡工程技术规范: GB 50330—2013[S]. 北京: 中国建筑工业出版社, 2013.

# 煤矸石场地岩土工程勘察及地基处理实录
## ——抚顺城市生活垃圾焚烧发电项目

刘　旭[1]　舒昭然[1]　刘忠昌[1]　张传波[1]　郑金吉[2]

（1. 辽宁省建筑设计研究院岩土工程有限责任公司，辽宁沈阳　110005；
2. 辽宁抚矿三峰亿金环保能源开发有限责任公司，辽宁抚顺　113000）

## 1　工程概况

### 1.1　项目意义

抚顺城市生活垃圾焚烧发电项目是辽宁省重点工程，该项目彻底改变了抚顺市城市生活垃圾填埋处理的方式，对改善城市人居环境、提升城市竞争力和吸引力具有里程碑的意义。

项目地址位于抚顺矿业集团复垦基地东北角入口处，占地面积 140 亩。抚顺享有"煤都"美誉，于 1901 年开始开采煤炭至今已 120 余年，是我国重要的能源、原材料工业基地，著名的抚顺西露天矿开采所产生的大量煤矸石就舍弃于项目所在场地的西舍场，舍场占地面积达几十平方公里，厚度达几十米。主要建筑物特征见表 1。

本项目整体建于西舍场东北部位的煤矸石回填场地，这给工程建设提出了不小的难题，同时也积累了宝贵的经验。

### 1.2　建设规模和特征

项目建设规模：项目投资 5.7 亿元，配置 2 条 600t/d 垃圾焚烧生产线，2 台 15MW 凝汽式汽轮发电机组，日处理垃圾 1200t，年处理垃圾量 43.8 万 t，年发电量 1.76 亿 kW·h，年供电量 1.6 亿 kW·h。

主要建筑物特征　　　　　　　　　　　　　　　　　　　　　　表 1

| 序号 | 拟建物名称 | 设计地坪高/m | 建（构）筑物抗震等级 | 结构类型 | 基础形式及埋深 | 地上层数/层 | 地上高度/m | 备注 |
|---|---|---|---|---|---|---|---|---|
| 1 | 综合主厂房 | 112.30 | 二 | 多跨钢筋混凝土框架排架与钢结构 | 独立基础 | 多层 | 35～45 | 垃圾池位置地下深约 7m，渗沥液池位置地下深约 9.5m，渣坑位置地下深约 5m |
| 2 | 综合楼 | 112.30 | 四 | 钢筋混凝土框排架 | 独立基础 | 多层 | 20 | — |
| 3 | 烟囱 | 112.30 | 二 | 钢筋混凝土外筒加钢内筒集束式烟囱 | 条形基础 | — | 80 | — |
| 4 | 污水处理站 | 112.30 | 四 | 钢筋混凝土结构 | 独立基础 | 1 | 10 | 局部地下深约−3.5m |
| 5 | 冷却塔 | 112.30 | 四 | 钢筋混凝土结构 | 独立基础 | 3 | 10 | 局部地下深约−3.5m |
| 6 | 垃圾运输坡道 | 111.85 | 四 | 钢筋混凝土框架结构 | 独立基础 | 1 | 7 | — |

## 2　岩土工程条件

拟建场地原始地貌为山前冲洪积平原地貌，后此处作为西露天矿舍场用来堆放煤矸石，堆积年代 50 年以上，钻探揭露拟建场地煤矸石回填土层厚度 37.40～40.90m。该场地岩土工程勘察现场如图 1 所示。

### 2.1　场地地层岩性

勘察钻探采用改进型 GJ240—1A 型钻机，综合地质钻探、原位测试及波速测试成果分析，对场地自上而下分层如下：

图 1　该场地岩土工程勘察现场

①素填土：灰褐色、灰绿色、灰黑色、棕红色、

紫色，松散状态，干燥，主要由煤矸石碎块、油母页岩、风化为土状的页岩、泥岩及黏性土组成，煤矸石成分以页岩为主，最大可见粒径 50～100mm，均匀性差。该层层厚 2.50～15.80m，层顶埋深 0.00～6.00m，层底埋深 2.50～15.80m。

①₁素填土：灰褐色、灰绿色、灰黑色、棕红色、紫色，稍密状态，干燥，主要由煤矸石碎块、油母页岩、风化为土状的页岩、泥岩及黏性土组成，偶见砂岩块和碎砖块，煤矸石成分以页岩为主，最大可见粒径 50～100mm，均匀性差。该层呈透镜体状分布在①层中，可见层厚 0.90～1.30m，层底埋深 5.50～6.00m。

②素填土：灰绿色、灰黑色、棕红色，稍密状态，稍湿，主要由煤矸石碎块、风化为砂状的页岩及少量的黏性土组成，偶见砂岩块和碎砖块，煤矸石成分以页岩为主，最大可见粒径 80mm，均匀性差。该层层厚 0.70～18.00m，层底埋深 3.90～27.20m。

②₁素填土：灰绿色、灰黑色、棕红色，松散—稍密状态，稍湿，主要由煤矸石碎块、风化为砂状的页岩及少量的黏性土组成，偶见砂岩块和碎砖块，煤矸石成分以页岩为主，最大可见粒径 80mm，均匀性差。该层呈透镜体状分布在②层中，可见层厚 0.40～5.70m，层底埋深 9.10～19.80m。

②₂素填土：深灰色—黑色，稍密状态，主要由煤矸石碎块、风化为砂状的页岩组成，含煤量较

多，局部有高温现象，可见自燃后酥软的煤渣及煤矸石。该层呈透镜体状分布在②层中，可见层厚 2.20～5.70m，层底埋深 7.00～23.30m。

③素填土：灰褐色、灰绿色、灰黑色、棕红色、紫色，中密状态，干燥，主要由煤矸石碎块、油母页岩、风化为土状的页岩、泥岩及黏性土组成，偶见砂岩块，煤矸石成分以页岩为主，最大可见粒径 100mm，均匀性差。该层层厚 0.40～25.60m，层底埋深 7.70～40.90m。

③₁素填土：灰褐色、灰绿色、灰黑色、棕红色、紫色，稍密状态，干燥，主要由煤矸石碎块、油母页岩、风化为土状的页岩、泥岩及黏性土组成，偶见砂岩块，煤矸石成分以页岩为主，最大可见粒径 100mm，均匀性差。该层呈透镜体状分布在③层中，可见层厚 0.80～7.20m，层底埋深 8.80～35.30m。

③₂素填土：深灰色—黑色，中密状态，主要由煤矸石碎块、风化为砂状的页岩组成，含煤量较多，局部有高温现象。该层呈透镜体状分布在③层中，可见层厚 1.90～9.50m，层底埋深 13.40～39.30m。

以下揭露粉质黏土④层和砾砂⑤层均为原状土层，性质稳定，埋深在 40m 以下，对本工程建设无影响，本文中不赘述。在主厂房地段选取一条代表性的工程地质剖面图如图 2 所示。

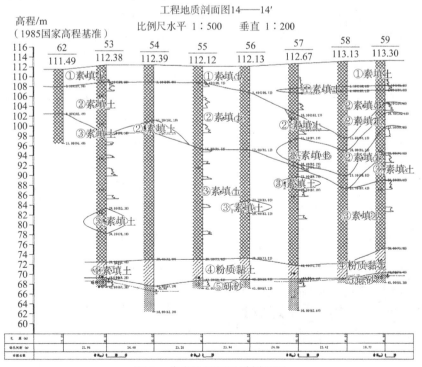

图 2　代表性工程地质剖面图

1837

## 2.2　场地地下水条件

勘察期间为枯水期，场地地下水稳定水位为43.40~46.10m，标高为68.51~69.70m，主要赋存在⑤砾砂之中，地下水流向总体指向东侧的西露天矿方向，该地区地下水位年变化幅度约1.00m，地下水类型为潜水，主要上游地下径流补给，以向下游渗透为主要排泄方式。

该场地素填土孔隙较大，尤其在浅部钻探过程中漏水严重，为全透水层，故丰水期也不会积存地下水。

## 2.3　地震波测试成果分析

### 1）地震波测试

在场地均匀布设6条地震面波测线，总长度约760m，地震面波映像图如图3~图8所示。

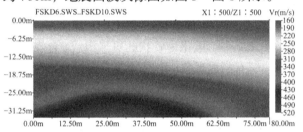

图3　1号剖面地震面波映像图

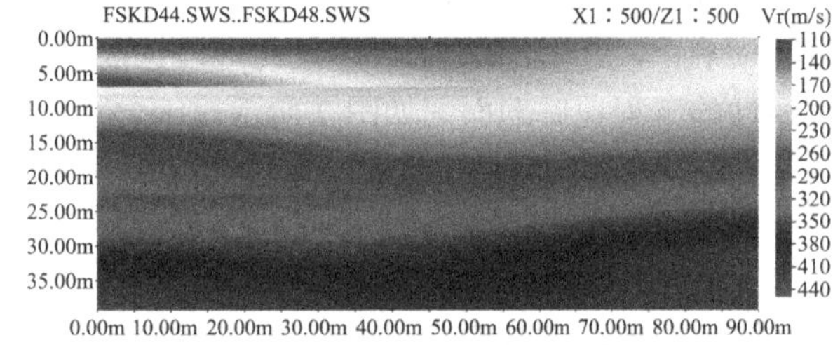

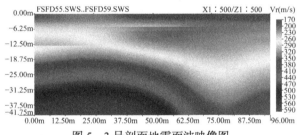

图4　2号剖面地震面波映像图

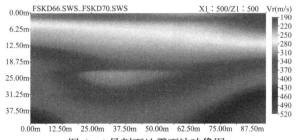

图5　3号剖面地震面波映像图

图6　4号剖面地震面波映像图

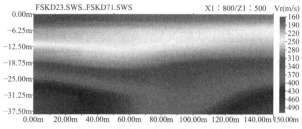

图7　5号剖面地震面波映像图

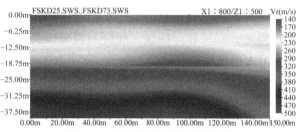

图8　6号剖面地震面波映像图

### 2）成果分析

地震面波映像图可以从颜色上直观反映土层软硬的情况。不同颜色代表不同的瑞利波速度，瑞利波速度越低表明土越软弱或松散，速度越高表明土越坚硬或密实。

通过映像图可判定场地土整体而言自上而下是由松散逐渐密实，但不同地段其松散土层分布厚度不同，如3号剖面映像图东侧瑞利波速度较低，显示场地东侧的松散较厚，同时部分地段有松散和密实土层交替分布的情况，如2号剖面西侧和4号剖面的中部。

从工程地质的角度考虑，根据本工程钻探取芯可以判别本场地的煤矸石填土结构主要为角砾碎石状煤矸石。对于煤矸石的密实度判断，规范中并没有提供依据，参考孙鑫等人的研究成果[2]，对煤矸石地基的瑞利波速$V_r$与载荷试验比例界限荷载$P_0$建立了对应关系，以及动力触探指标与煤矸石的承载力特征值和变形模量的对应关系，本工程将瑞利波速度与动力触探指标在不同成分、颜色和温度的煤矸石填土层中进行分析对比、建立比照关系，据此将大面积的深厚煤矸石填土层划分层次并确定不同土层的密实度和工程特性。

## 2.4　重型动力触探试验成果分析

对煤矸石填土层进行的重型动力触探试验成果统计结果见表2。

从统计表可观察到，通过结合岩芯性质、瑞利波速度及动力触探指标综合分析所划分的地层，其各层重型动力触探击数统计结果中变异系数较小，反映了本工程分层方法的合理性。

各层土重型动力触探试验$N_{63.5}$数据统计表 表2

| 统计项目 | 统计指标 | | | | | | |
|---|---|---|---|---|---|---|---|
| | 频数 | 最小值 | 最大值 | 平均值 | 标准差 | 变异系数 | 标准值 |
| ①素填土 | 841 | 1.6 | 6.3 | 3.8 | 1.312 | 0.347 | 3.7 |
| ①₁素填土 | 32 | 5.3 | 15.4 | 10.4 | 2.186 | 0.211 | 9.7 |
| ②素填土 | 1472 | 2.9 | 22.3 | 8.8 | 2.825 | 0.321 | 8.7 |
| ②₁素填土 | 37 | 1.4 | 8.9 | 5.8 | 1.874 | 0.325 | 5.2 |
| ②₂素填土 | 69 | 4.6 | 16.6 | 7.7 | 2.173 | 0.283 | 7.2 |
| ③素填土 | 795 | 5.3 | 28.8 | 13.1 | 3.605 | 0.276 | 12.8 |
| ③₁素填土 | 185 | 3.0 | 16.4 | 8.0 | 2.022 | 0.251 | 7.8 |
| ③₂素填土 | 107 | 6.2 | 27.8 | 12.9 | 4.069 | 0.316 | 12.2 |
| ⑤砾砂 | 246 | 7.4 | 27.1 | 11.6 | 2.490 | 0.215 | 11.3 |

注：部分动力触探试验过程中遇碎石块或岩块，导致此处动探击数偏高，统计时加以分析剔除；

## 2.5 钻孔内地温测量

钻探期间采用激光测温仪及激光测距仪对钻孔进行了温度测试，大部分钻孔温度较高，各别钻孔正在燃烧。燃烧区主要分布在含煤量较大或油母页岩含量较多的部位，其分布无规律，燃烧区主要集中在 10～30m 的深度范围内。

拟建场地表层堆积素填土层密实度不均，层厚较大，地温普遍较高，且局部正在燃烧，钻探孔口冒出热气，靠近有灼热感，通过对钻孔进行测温试验，孔内可测得最高温度 454℃。对各钻孔测温成果形成钻孔测温统计表及钻孔温度平面图。

# 3 岩土工程分析与评价

## 3.1 场地稳定性、适宜性及不良地质作用评价

建筑场地正常年份无洪水、崩塌、泥石流等地质灾害，根据区域地质资料，拟建场地距断裂带 F1、F1A 较近。目前为止 F1、F1A 断层及派生小断层在本次评估区场地附近内无活动迹象，对场区无影响。本区处于采矿影响带以外，不会出现由采矿活动引起的地质灾害。

根据现场勘察结果结合调查了解资料，场地西侧及南侧地表处见有燃烧点，地表裂缝可见有烟气排出，场地素填土成分以煤矸石为主，层厚较大，地温普遍较高，钻探孔口冒出热气，靠近有灼热感，现场对钻孔进行地温测量，孔内测得最高温度 454℃，可见场区内部分素填土存在煤矸石自燃现象，钻孔岩芯可见自燃后酥软的煤渣及煤矸石。

建筑场地位于西舍场的东北角，东北侧是舍场堆填时留下的临空边坡面，加之本场地的几十米厚度的回填土密实度不均匀，使得本场地地下深部具有空气流通的条件。抚顺市地处中温带，属寒冷湿润的大陆性气候，常年主导风向为东北风，东北风将新鲜空气从场地东北侧临空边坡面吹入沿回填土中的空隙进入场地深部为煤矸石的燃烧提供了氧气。燃烧后的煤矸石变得酥软、孔隙增大，更易形成燃烧的条件，对场地整体稳定性具有不良影响。

场地西侧及南侧采矿舍场形成的素填土堆积地貌范围及高度较大，堆积年代 50 年左右，原堆积物处于自稳定状态。拟建场地地表整平过程中，对该段原边坡坡脚挖方形成新的素填土边坡。

综上所述，本工程场地基本稳定，但应保证场地整平挖方填方所形成的边坡稳定性，同时应对煤矸石中有燃烧情况的部位进行处理，解决不良地质作用隐患后的场地可进行工程建设。

适宜性评价如下：

（1）①层素填土松散状态，密实度不均，未经处理不可作地基使用；

（2）②、③层素填土在满足设计承载力要求的情况下可作为天然地基或复合地基持力层；

（3）⑤层砾砂承载力较高，适宜作桩端持力层。

## 3.2 特殊性岩土评价

本场地以煤矸石为主要成分的素填土层是特殊性岩土，为抚顺西露天矿开采过程中所产生，堆填方式为人工倾倒堆积而成，堆填年代 50 年以上。

素填土成分复杂，主要由煤矸石碎块、油母页岩、风化为土状的页岩、泥岩及黏性土、粉土组成，煤矸石成分以页岩、砂岩为主，风化程度不均。

本场地素填土厚度 37.40～40.90m，密实度不均，表层疏松，场地局部见有煤矸石燃烧裂隙，有烟气冒出，局部存在自燃现象。

## 3.3 各岩土层物理力学指标及岩土参数

通过前述勘察工作，并结合辽宁省建筑设计研究院岩土工程有限责任公司在抚顺东舍场进行的煤矸石试样大型直剪试验结果，建议本场地岩土设计参数见表3。

岩土设计参数      表3

| 岩性名称 | 岩土参数 | | | | | | | | |
|---|---|---|---|---|---|---|---|---|---|
| | 地基承载力特征值 $f_{ak}$/kPa | 变形模量$E_0$/[压缩模量$E_{s1-2}$]/MPa | 重度$\gamma$（kN/m³） | 黏聚力标准值 $c_k$/kPa | 内摩擦角标准值 $\varphi_k$/° | 泥浆护壁钻孔桩侧阻力特征值 $q_{sa}$/kPa | 泥浆护壁钻孔桩端阻力特征值 $q_{pa}$/kPa | 预制桩侧阻力特征值 $q_{sa}$/kPa | 预制桩端阻力特征值 $q_{pa}$/kPa |
| ①素填土 | 120 | 8.0 | 18.0 | 8 | 30 | −5 | — | 15 | |
| ①₁素填土 | 190 | 15.0 | 19.0 | 10 | 35 | 13（16） | — | 15 | |
| ②素填土 | 190 | 15.0 | 19.0 | 10 | 35 | 13（16） | （700） | 30 | |
| ②₁素填土 | 120 | 8.0 | 18.0 | 8 | 30 | 5（12） | — | 15 | |
| ②₂素填土 | 190 | 15.0 | 19.0 | 10 | 35 | 13（16） | （700） | 30 | |
| ③素填土 | 260 | 20.0 | 20.0 | 13 | 38 | 25（30） | （1000） | 40 | |
| ③₁素填土 | 180 | 13.0 | 19.5 | 10 | 35 | 13（16） | （700） | 30 | |
| ③₂素填土 | 260 | 20.0 | 20.0 | 13 | 38 | 25（30） | （1000） | 40 | 4000 |
| ④粉质黏土 | 210 | [6.5] | 19.4 | 38.6 | 13.1 | 24 | — | | |
| ⑤砾砂 | 450 | 32.0 | 21.0 | 0 | 37 | 26 | 1000 | | |

备注：（ ）内为干作业桩参数。

### 3.4 环境土的腐蚀性评价

根据本次勘察所取试样进行的土的易溶盐分析结果，按《岩土工程勘察规范》[3]GB 50021—2001（2009年版）有关土的腐蚀性评价规定，可判定该场区内素填土层对混凝土有微腐蚀性，对钢筋混凝土结构中的钢筋有微腐蚀性。

### 3.5 场地土的冻胀性评价

本区属季节性冻土区，标准冻结深度为1.20m。

冻结深度范围内为①层素填土，经室内颗分试验成果可知该层土呈砂砾状，干燥状态，地下水位埋深较大，根据《建筑地基基础设计规范》GB 50007—2011[4]，判定该场地①素填土按不冻胀考虑。

## 4 地基基础方案的分析论证

针对本场地的地质问题，建设单位组织五方责任主体进行了多次地基基础方案论证会。设计要求采用桩基础或浅基础的持力层地基承载力大于350kPa、变形模量大于23MPa。首选方案为桩基础形式，同时也分析了不同的地基处理方式。

1）旋挖灌注桩基础

由于该工程的主厂房部分对变形敏感、沉降控制要求高，采用桩基础能很好地控制建筑物变形，可采用全套管旋挖灌注桩施工工艺，桩径800～1000mm，假设承台底埋深−3m，桩长可采用41～46m，以砾砂⑤层为桩端持力层，建议采用多桩承台形式。施工前应进行试桩试验，单桩承载力特征值应通过单桩静载荷试验确定。

2）地基处理

（1）强夯法

根据场地地层分布素填土的密实程度和分层厚度，建议对拟建场地采用高夯击能量对上部地基进行加固处理，夯击能可采用 8000～15000kN·m，尽量加深夯击影响深度，根据国内外经验，该夯击能有效加固处理深度可达 15～20m。主厂房部位强夯时建议采用高夯击能，附属建筑物夯击能可适当降低。

施工前应进行试夯，强夯处理后，应通过平板载荷试验和重型动力触探试验评定加固后的地基承载力和加固处理深度及均匀性。

（2）强夯与注水泥浆联合地基加固法

对 12～25m 深度范围内地基土采用低压注水泥浆预加固，加固后对 0～15m 深度范围内地基土采用高强夯能法加固处理。

（3）复合地基

经强夯加固处理后，对于主厂房等荷载较大的建筑物采用 CFG 桩复合地基，CFG 桩径 400～600mm，选用素填土②层或素填土③层为桩端持力层。

孔内深层强夯桩复合地基，桩径 600～800mm 为宜，选用素填土②层或素填土③层为桩端持力层。

建议按变形控制进行复合地基设计，处理后的复合地基可以对建筑物不均匀沉降起到有效控制。

3）成桩可行性评价

（1）该场地素填土密实度不均，孔隙率较大，易出现漏浆、塌孔现象，针对这种情况桩基础施工建议采用全套管护壁的旋挖成孔灌注桩工艺，旋挖成孔灌注桩成桩质量好，挤土效应小，对环境影响较小。

（2）CFG 桩一般采用长螺旋钻孔灌注，本场地地质条件采用长螺旋成孔，易出现塌孔、漏浆现象，难以保证成桩质量。

# 5　方案的实施

## 5.1　煤矸石燃烧区处理

对勘察查明的煤矸石燃烧区及地温异常区采取注浆方式进行封闭、灭火、阻燃处理。注浆成分为粉煤灰浆。顺序为由外向内，首先对场地外围进行注浆封闭处理。

## 5.2　地基基础设计及施工

综合分析工程结构特点、场地工程地质与水文地质条件、施工可行性、工程造价高低及周围环境条件，经过计算确定采用孔内深层强夯桩复合地基作为主厂房及其烟囱和坡道的浅基础持力层，对于其他建筑物采用强夯法进行地基加固处理。

孔内深层强夯桩通过长螺旋钻机成孔，向孔内分次填料深层强夯，可以对深层土起到强夯加固的作用，其纺锤形夯锤对地基土在水平方向上挤密作用强，因此对于桩间土具有很好的挤密作

用，桩径可随桩周土的软硬而变化，遇到桩周土松散时，桩径会增大直到将桩周土挤密，桩体也会呈现串珠状，增大与桩周土间的摩阻力。可以提高地基的整体刚度，满足设计要求的承载能力和变形控制。

孔内深层强夯桩复合地基处理方案及施工技术要点：

（1）孔内深层强夯桩选用经消火处理后的素填土②层或素填土③层为桩端持力层，施工桩长保证桩端进入持力层深度不小于 1.0m。

（2）孔内深层强夯桩成孔桩径 1200mm，填料强夯后成桩直径不小于 1600mm，桩孔填料采用水泥和矸石土拌合渣土（水泥与矸石土体积比 1：4），矸石土可在场地内就地获得，填料通过击实试验确定最优含水量。桩体单位截面积承载力特征值 800kPa，处理后的桩间土承载力特征值不小于 180kPa，变形模量不小于 15MPa。

（3）孔内填料每次不大于 2.5m³，达到夯击要求后进行下次填料；孔内夯击采用纺锤形圆锤，锤直径 1100mm，锤重 10t，落距 8m，夯击能 800kN·m，每次填料锤击次数保证最后两锤的平均夯沉量不大于 50mm（图 9）。

（4）根据建筑物各部分的基底埋深、建筑荷载的分布情况，结合各部位的地层情况，进行分区设计，确定各区合理的桩长、面积置换率、布桩形式及桩间距。

（5）桩顶铺设褥垫层，褥垫层采用级配砂石，厚度 300mm，夯填度不大于 0.9，铺设范围为基础外不小于 300mm。

图 9　孔内深层强夯桩施工

孔内深层强夯桩在成桩的过程中，向孔内填水泥与矸石土混合渣土，通过纺锤形夯锤深层强

夯,使桩间土挤压密实,压实后土中不再存在大范围连通的空隙,阻断了煤矸石素填土层中空气流通的通道,使煤矸石没有氧气助燃,达到了一定的消火效果。

# 6 工程成果与效益

## 6.1 工程成果

孔内深层强夯桩成桩质量可靠,同时对桩间土起到挤密加固的作用,通过后期基槽开挖侧壁可直观地看到其桩身及桩间土的挤密加固情况(图10)。

图10 桩身及处理后桩间土挤密加固情况

复合地基施工完成后,按照设计要求的数量进行了验收检测。试验结果表明桩体和处理后桩间土状态密实均匀,桩体单位截面积承载力、处理后桩间土承载力、复合地基承载力及变形模量均满足设计要求。

### 6.1.1 静载荷试验分析

对桩体单位截面积承载力和桩间土承载力试验的静载荷试验,采用面积1.0m²的圆形承压板和全自动静载荷测试分析系统,试验结果见表4。

桩及桩间土承载力静载荷试验结果　表4

| 桩/桩间土 | 试验最大加载 | | 承载力特征值 | |
|---|---|---|---|---|
| | 荷载/kPa | 沉降量/mm | 荷载/kPa | 沉降量/mm |
| 1375 号桩 | 1600 | 47.71 | 800 | 25.89 |
| A935 号桩 | 1600 | 50.00 | 800 | 24.13 |
| A263 号桩 | 1600 | 26.45 | 800 | 14.24 |
| 1375 号南 | 360 | 11.21 | 180 | 6.14 |
| A242 号东 | 360 | 43.65 | 180 | 15.51 |
| A936 号东 | 360 | 9.15 | 180 | 2.97 |

对复合地基的静载荷试验,采用3.3m×3.3m

的正方形承压板,压板面积10.89m²,试验结果见表5。

复合地基承载力静载荷试验结果　表5

| 试验点 | 试验最大加载 | | 承载力特征值 | |
|---|---|---|---|---|
| | 荷载/kPa | 沉降量/mm | 荷载/kPa | 沉降量/mm |
| 1699 号 | 700 | 39.51 | 350 | 20.54 |
| 1666 号 | 700 | 33.83 | 350 | 15.28 |
| 704 号 | 700 | 39.21 | 350 | 19.93 |
| 1226 号 | 700 | 30.84 | 350 | 17.75 |
| 331 号 | 700 | 28.41 | 350 | 16.09 |
| 1222 号 | 700 | 24.34 | 350 | 13.81 |
| A255 号 | 700 | 46.82 | 350 | 17.98 |
| 1661 号 | 700 | 24.16 | 350 | 15.00 |
| A242 号 | 700 | 55.00 | 350 | 35.24 |
| A936 号 | 700 | 38.42 | 350 | 16.71 |
| A749 号 | 700 | 46.14 | 350 | 27.77 |

受堆载配重大小影响,本工程静载荷试验并没有做到极限荷载。各试验点在最大加载时,$s$-$\lg t$曲线均呈平缓状,$p$-$s$曲线均无明显陡降,而且多近于直线,可以判断其极限荷载远不止700kPa(图11)。因此可知处理后的复合地基承载力特征值尚有潜力可挖,是高于设计要求的350kPa的,通过计算各试验点的变形模量普遍在30~50MPa之间。均大于设计要求的23MPa。

图11 复合地基静载荷试验

### 6.1.2 重型动力触探试验

对桩体和处理后桩间土进行重型动力触探试验,试验结果无异常,数据稳定,对桩体进行的$N_{63.5}$

试验击数普遍在 30～50 击范围；对于桩间土进行的 $N_{63.5}$ 试验击数普遍在 15～25 击范围，试验结果表明桩体和处理后桩间土状态密实均匀。

## 6.2　效益分析

抚顺城市生活垃圾焚烧发电项目已于 2021 年 12 月 11 日正式投产，投产至今以来运转正常。建筑物沉降监测结果显示主厂房各监测点沉降量均较小，最大沉降量为 8.3mm，满足规范要求。

对于该项目地基基础工程，经工程预算部门测算，如采用桩基础形式，其工程造价约 2500 万元，预计施工及桩基检测共需工期 70d。而采用孔内深层强夯桩复合地基和强夯加固法处理的形式，实际工程造价 1050 万元，节约造价 1450 万元，缩短工期约 30d。

## 7　工程经验与教训

（1）对类似于抚顺市的老工业城市，在过去的资源开采过程中产生的大量煤矸石或其他一些废石堆，其堆放面积大，影响城市环境，在其上进行工程建设，有利于改造城市环境，具有积极的社会意义。由于其厚度大，按一般填土进行挖除处理是不现实的，应采取适宜的手段查明其性质，对其进行合理利用。

（2）在以煤矸石为主要成分的深厚素填土层中进行岩土工程勘察，存在着钻进成孔困难、漏水等难点，可采用大功率钻机如本项目采用了改进型 GJ240-1A 型钻机以保证正常跟管钻进。

（3）由于地质条件的特殊性，将煤矸石填土合理划分层次并确定工程性质是一件相当困难的事，本工程对地震波测试成果加深利用，将瑞利波速度与动力触探击数在结合煤矸石填土层不同成分、颜色和温度的条件下综合分析，将大面积的深厚煤矸石填土层合理划分层次并查明其工程性质。

（4）对于煤矸石填土层，要注意其深层可能存在着高温甚至燃烧的情况，勘察时应注意查明其范围和深度，施工前应对其进行消火处理。

本工程采用了钻孔注粉煤灰浆的方式进行消火阻燃，但第一遍处理效果不理想，又进行了二次处理。如注浆材料采用粉煤灰＋水泥浆，则可提高消火阻燃效果，注入水泥浆也有利于提高土层的工程特性。

（5）可根据建筑物的工程重要性、荷载和变形控制要求，采用合理的地基基础形式，如本工程对主厂房及其烟囱和坡道采用孔内深层强夯桩复合地基，对其他建筑物采用强夯法加固地基，在满足设计要求的地基承载力和变形控制的条件下，相比较于桩基础大幅度降低了工程造价并缩短了工期。

（6）孔内深层强夯桩成桩的过程中，向孔内填料，通过纺锤形夯锤深层强夯，使桩间土挤压密实，阻断煤矸石素填土层中空气流通的通道，使得地下煤矸石不再具备燃烧的条件，具有一定的消火效果。

## 参考文献

[1]　辽宁省住房和城乡建设厅. 建筑地基基础技术规范: DB21/T907—2015[S]. 沈阳: 辽宁科学技术出版社, 2015.

[2]　孙鑫, 孟杰, 李艳杰. 煤矸石地基土的工程问题研究 [C]//第二届全国岩土与工程学术大会论文集, 2006: 488-492.

[3]　住房和城乡建设: 岩土工程勘察规范(2009 年版) GB 50021—2001[S]. 北京: 中国建筑工业出版社, 2009.

[4]　住房和城乡建设部. 建筑地基基础设计规范: GB 50007—2011[S]. 北京: 中国建筑工业出版社, 2012.

# 复杂地基上高层建筑桩筏基础沉降实测分析

张 武[1] 张 波[1] 姚晓旭[1] 杜 京[2] 褚秋阳[2] 张 涛[2] 乜铁利[2]

（1. 中国建筑科学研究院有限公司，北京 100013；
2. 北京建工集团有限责任公司，北京 100055）

## 1 前言

刚果共和国布拉柴维尔商务中心项目坐落于刚果河畔西侧，建筑占地面积约 9300m²，由高约 135m 的 30 层两幢主塔和高约 29.44m 的 4 层裙楼组成，地下 1 层，右侧主塔为酒店、左侧主塔为办公楼，单塔每层地上约 1665m²、地下约 1700m²、基底面积均 1820m²，主塔基础埋深约 7.5m。总建筑面积约 120000m²，主体为核心筒与框架组合结构（项目建成后的外景如图 1 所示）。荷载标准组合条件下的酒店与办公楼基底平均压力分别为 607kPa 和 590kPa，其中酒店与办公楼核心筒基底平均压力分别为 1627kPa、1663kPa。桩筏基础采用变刚度调平非均匀布桩，基桩施工工艺采用后注浆钻孔灌注桩[1][2]，以满足基础结构荷载与沉降要求，塔楼基桩直径 800mm，有效桩长 24m，单桩设计承载力特征值为 6400kN。

经现场基坑开挖和降水井、塔式起重机基桩成孔出渣鉴别，参考地质勘察报告后查明，酒店和办公楼塔楼结构的基础持力层为河滩坑沟填土淤泥、饱和松砂，河岸风化岩、未成岩胶结砂等构成的非均匀复杂地基[3]（图 2）。

为验证基础设计参数，结合岩土工程勘察和建筑物沉降观测，在基础持力层进行了 25 组天然地基平板静载荷试验研究不同土层地基承载力及变形特性；在地基不同分区完成了 4 根单桩静载荷试验研究土岩互层地基中单桩承载力、桩顶沉降、桩身压缩、桩端沉降及桩身轴力分布特点；随高层建筑结构施工（加载）过程，在办公楼、酒店、和裙楼塔楼首层共布置了 42 个沉降观测点，现场观测结构基础沉降变化过程。研究在采用变刚度设计理念和灌注桩变参数后注浆工艺后、复杂地基上高层建筑桩筏基础的沉降分布特点及其影响因素。

图 1 布拉柴维尔商务中心外景

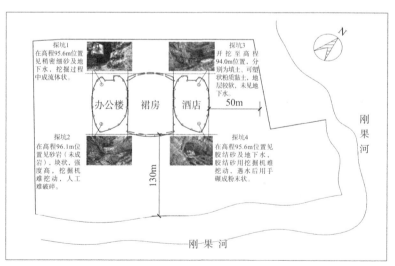

图 2 布拉柴维尔商务中心基础持力层地土层分布

## 2 基础持力层地基与基桩静载荷试验

### 2.1 地基静载荷试验

现场基坑开挖揭示的基础持力层土层分布如图 2 所示，办公楼基础持力层一侧为松散饱和粉细砂，另一侧为坚硬胶结砂（浸水崩解）；酒店基础持力层一侧为填土或淤泥质土，另一侧为坚硬未成岩与半成岩石（浸水崩解缓慢或不崩解）[2]。为确定天然地基的变形特性，在筏板持力层表面进行静载荷试验，试验点平面位置如图 3，其中胶结砂、未成岩或半成岩加载试验板尺寸0.3m×0.3m，细粒土（淤泥质土、粉细砂）加载试验板尺寸0.5m×0.5m，4 类地基土静载荷试验的荷载沉降关系曲线如图 4 所示。

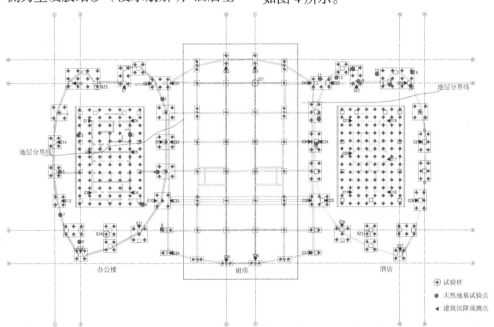

图 3　布拉柴维尔商务中心试桩、地基土试验点及建筑结构沉降观测点位置图

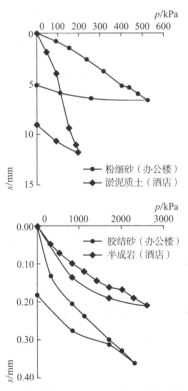

图 4　基础持力层地基荷载沉降关系曲线

对细粒土，其变形模量与承载力较低、荷载与变形为非线性弹塑性关系；对半成岩，其变形模量与承载力较高，在试验荷载范围内，荷载与变形为线弹性；而胶结砂的变形模量与承载力，及荷载与变形关系介于细粒土与半成岩之间[4]。

办公楼基础持力层，一侧为稍密粉细砂土、另一侧硬胶结砂土，两者地基变形模量之比约3.0%；酒店基础持力层，一侧为淤泥质黏土，另一侧坚硬半成岩，两者地基变形模量之比约为0.27%。塔楼基础持力层地基土的变形特性在平面上不同区域各不相同，高层建筑位于典型的复杂地基之上。

表 1 中的地基基床系数$k_v$是基础承载板产生单位沉降所需的荷载。位于办公楼基础持力层的胶结砂和粉细砂区域，其基床系数$k_v$比值约为17.6；位于酒店基础持力层的半成岩和淤泥质填土区域，其基床系数$k_v$比值约为222.8。即同一塔楼基础持力层的承载变形特性相差甚远，地基土层的物理力学性质极不均匀。

筏板基础持力层地基荷载试验结果　　表 1

| 岩土层 | 试验最大加载/kPa/对应沉降/mm | 卸载后残余沉降/mm | 承载力特征值/kPa/对应沉降/mm | 变形模量/MPa | 基床系数 $k_v$/（MN/m³） |
|---|---|---|---|---|---|
| 淤泥质土 | 195/11.63 | 9.07 | 95/4.25 | 8.16 | 22.4 |
| 粉细砂 | 520/6.64 | 5.10 | 260/2.93 | 35.8 | 88.7 |
| 胶结砂* | 2300/0.36 | 0.18 | 750/0.24 | 1180 | 3125 |
| 半成岩* | 2600/0.21 | 0.00 | 850/0.13 | 3050 | 6538 |

注：*试验受加载能力所限，未加载至极限状态

## 2.2 单桩承载试验

刚果布拉柴维尔商务中心塔楼及裙楼基础的基桩采用灌注桩变参数后注浆施工工艺，根据设计要求，在办公楼、酒店塔楼核心筒外侧及裙楼基础区域，按设计桩长范围内土岩互层厚度不同设置 4 根设计试桩，其中办公楼、酒店位置 3 根设计试桩后注浆施工完成后进行静载荷试验，裙楼基础的设计试桩在静载荷试验完成后实施后注浆。设计试桩位置如图 3，设计试桩的几何参数及试验最大加载如下表 2，桩身混凝土设计强度为 C40，竖向配筋 $12\phi18$，桩端土层为半成岩砂岩、砂夹石或胶结砂。

试桩几何参数\桩周土层\变形特征值　　表 2

| 桩号（平面位置） | 桩径/桩长/m | 桩顶土层 | 桩身穿越地层 | 试桩最大加载/kN | 桩顶最大沉降/mm | 单桩竖向抗压刚度/（MN/m） |
|---|---|---|---|---|---|---|
| SZ1（裙楼） | 0.8/31 | 淤泥质土 | 砂夹泥、砂、砂岩 | 15000 | 23.73 | 632.11 |
| SZ2（酒店南） | 0.8/27 | 半成岩砂岩 | 砂岩与硬黏土互层 | 21000 | 7.9 | 2658.23 |
| SZ3（办公楼北） | 0.8/27 | 稍密粉细砂 | 粉细砂，砂夹石 | 16000 | 16.16 | 990.10 |
| SZ4（办公楼南） | 0.8/26 | 胶结砂 | 密实胶结砂 | 21000 | 5.47 | 3839.12 |

静载荷试验得到的基桩承载特性如图 5，未注浆试桩 SZ1 试验最大加载为 15000kN，相应沉降量为 23.73mm，加载到 12000kN 时，Q-s 曲线出现明显陡降，卸载后回弹 10.64mm。后注浆试桩（SZ2、SZ3、SZ4）分别加载至最大加载量（21000kN、16000kN、21000kN）时均未达到其竖向抗压承载力极限值，相应的桩顶沉降分别为 7.9mm、16.16mm、5.47mm，最大回弹量分别为 6.22mm、13.45mm、5.07mm。

侧土，尤其是桩身上部土层为坚硬的未成岩时（如试桩 SZ2、SZ4），与桩侧上部为稍密细砂土层（如试桩 SZ3）相比，两种情况下单桩的桩顶最大沉降比例为 28.0%～35.0%。与常规单桩静载荷试验的荷载沉降关系规律相近[5]。

表 2 中的单桩竖向抗压刚度是桩顶荷载与桩顶沉降的比值，取决于桩身几何参数、材料性质及桩周土层的物理力学性质，从变化率的角度反映单桩的桩顶沉降随荷载变化趋势的综合指标[6]。

试桩 SZ1 位于裙楼基础区域，但其桩周土层与相邻的酒店基础区域相近，酒店南侧试桩与裙楼试桩单桩竖向抗压刚度的比值约为 4.21，而办公楼区域两根试桩的单桩竖向抗压刚度的比值约为 3.88。即同一塔楼基础的单桩，由于设计桩长范围内桩周土层不同的软硬分布，其桩顶沉降与荷载关系的差别亦比较明显。

## 3 高层建筑桩筏基础沉降实测过程

按相关规范和施工验收要求，在施工过程中的相关节点，对结构基础进行沉降观测，在办公楼和酒店首层墙柱上各埋 15 个长期沉降观测点

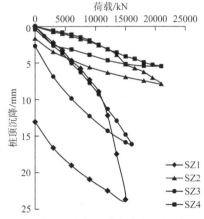

图 5 单桩竖向抗压荷载与桩顶沉降关系

对比试桩周边土层可知，桩侧土越硬或强度较高，桩的承载能力越高、桩顶沉降也越小。当桩

C1~C15、C16~C30、在裙楼首层柱上设置 12 个长期沉降观测点 C31~C42（如图 3）。塔楼布点完成后观测 1 次作为初始值，塔楼主体结构每完成一层施工，基础结构沉降就观测一次，直至结构封顶；塔楼结构封顶后根据二次结构、玻璃幕墙及其他装修荷载情况定期测试。如果不考虑卸载及加载分级的均匀性，桩筏基础沉降观测可以视为特殊的原型静载荷试验[7][8]。

高层建筑塔楼及裙楼于 2016 年 1 月上旬完成全部基桩施工、3 月完成结构筏板施工、6 月初开始首层主体结构施工，以后基本上按每 15 天完成一层，2017 年 8 月酒店与办公楼主塔结构封顶，随后开始室外玻璃幕墙及室内二次结构施工，由于资金方面的原因，供电、电梯、空调管道、给排水设备及室内外建筑装修直到 2022 年 5 月才全部完成。

酒店与办公楼的最大沉降、平均沉降、最小沉降及沉降差随塔楼加载过程变化如图 6 所示。

基础沉降观测需要在基础底板浇筑完成后才能设点实施，因此，实测的主塔基础沉降与结构加载关系未计基础底板荷载如图 6（a）所示，若计及基础底板自重荷载，则两者的关系如图 6（b）所示。

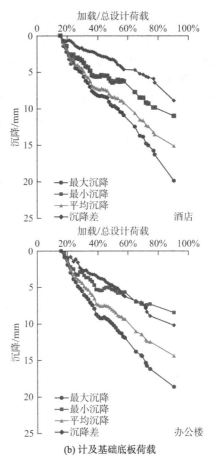

图 6 主塔基础特征沉降与结构加载关系

从图 6 可以看出，主塔酒店基础的最大沉降、平均沉降、最小沉降与荷载基本呈线性关系，其相关系数分别为 0.9824、0.9489、0.9714。主塔办公楼基础的最大沉降、平均沉降、最小沉降与荷载也呈近似的线性关系，其相关系数分别为 0.9774、0.9811、0.9671。与常规的天然地基平板试验不同，由于基础沉降观测的历时较长，结构荷载以外的因素，如温度、湿度及地下水位变化较大，因此测点沉降离散性较大。

如图 6 基础沉降与荷载关系曲线中，在上部结构加载至 35% 时，沉降出现 0.2~0.5mm 反弹，时值 2016 年 9 月至 12 月间刚果布雨季，刚果河水上涨，基坑降水已经停止，基础持力层地下水位上升，地下水浮力抵消了部分结构自重，从而导致沉降增加幅度降低，外框架基础由于受地下水作用更强烈甚至出现上抬现象。

根据现场实地观察，项目所在地刚果河丰水季与枯水期的水位年变幅在 6m 左右，剔除地下水位升降因素而导致的基础沉降变化，主塔酒店基础的最大沉降、平均沉降、最小沉降与荷载的线性关联更强，其相关系数分别为 0.9829、0.9507、0.9728；办公楼基础的最大沉降、平均沉降、最小

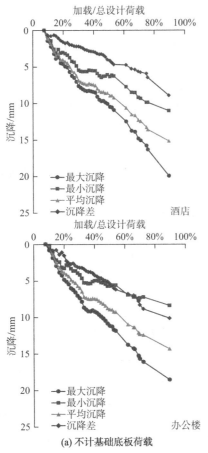

（a）不计基础底板荷载

沉降与荷载线性相关系数分别为 0.98、0.9138、0.9708。因此，桩筏基础沉降主要受控于结构荷载或与影响结构受力的因素，如降雨引起基础浮力增加或基坑降水导致基础浮力减少。

若视核心筒或外框架结构的基础为地基上的一块大平板，按基床系数的定义[4]，酒店、办公楼的核心筒与外框架地基的基床系数 $k_v$ 可根据图 6 估算。则：

$$k_v = \frac{p_0}{k_l} \tag{1}$$

式中：$p_0$——相应结构基础下的基底平均压力，

$k_l$——荷载沉降曲线的斜率。据此分别求出酒店、办公楼的核心筒与外框架区域相应的基床系数 $k_v$ 如表 3［图 6（a）与图 6（b）中 $k_l$ 相等］。

核心筒筏板和外框架承台的基床系数与天然地基的基床系数对照　　表 3

| 测点位置 | | 持力层主要土类 | 基床系数 $k_v/$（MN/m³） | | | | |
| --- | --- | --- | --- | --- | --- | --- | --- |
| | | | 最大值 | 最小值 | 平均值 | 沉降差 | 天然地基 |
| 办公楼 | 核心筒 | 粉细砂、胶结砂 | 82.79 | 67.06 | 72.41 | 10.38 | 88.7～3125 |
| | 外框架 | 粉细砂、胶结砂 | 97.2 | 50.89 | 63.7 | 46.31 | 88.7～3125 |
| 酒店 | 核心筒 | 半成岩砂岩 | 83 | 76.03 | 80.29 | 6.97 | 6538 |
| | 外框架 | 淤泥质土、半成岩砂岩 | 90.88 | 58.68 | 65.99 | 32.2 | 22.4～6538 |

由表 3 可知：办公楼外框架承台的基床系数最大值较其核心筒基础的基床系数最大值高 17.4%，办公楼外框架承台的基床系数最小值和平均值较其核心筒基础的基床系数最小值和平均值分别低 24.1% 和 12.0%，尽管两者的地基土层相近，即核心筒基础的基床系数较外框架承台的基床系数离散性小。由于办公楼核心筒基础与外框架承台的持力层均为胶结砂和粉细砂，两者基床系数的差异反映了上部结构几何尺寸与荷载的集度影响[9]。

由表 3 还可知：酒店核心筒基础持力层为胶结砂和粉细砂、办公楼核心筒基础持力层为半成岩砂岩，但两者的基床系数最大值、最小值及平均值仅分别相差 0.25%、11.8%、9.8%。酒店外框架承台持力层为淤泥质土或半成岩砂岩，而办公楼外框架承台持力层为粉细砂或胶结砂，但两者的基床系数最大值、最小值及平均值仅分别相差 6.5%、12.5%、3.5%。酒店与办公楼核心筒，或两者外框架，其上部结构与荷载基本相近，其基床系数的差异反映了地基土层非均匀性的影响。

因此，对于基础持力层土体性质差异较大的复杂地基，通过采用与上部结构特点、荷载分布相对应的变刚度布桩，以及与桩周土层相应的变参数后注浆，可使基础的基床系数的离散性较天然地基大大减少，从而确保基础沉降变形均匀。

通过以上数据对比可知，在进行桩筏基础结构分析时，地基基床系数的选择应考虑上部结构与荷载分布特点，对较硬的土层基床系数应取较平板试验（PLT）低的值、对较软的土层基床系数可取较平板试验高的值。

在相关的高层建筑沉降观测规范中，沉降观测常按一定时间间隔进行，这主要是考虑地基土体蠕变性影响。对利用灌注桩变参数后注浆工艺的高层建筑，进行结构沉降观测时应根据工程实际进度和荷载因素的变化（如地下水位的升降等）即结构加载情况确定观测频次[10-12]。

## 4　高层建筑桩筏基础实测沉降模式

在建筑装修基本完成时，实际加载分别至设计荷载的 89.6%、89.5%，相应的基础沉降等值线如图 6 所示，两座主塔结构基础沉降测点的平均值、最大值、最小值、沉降差及倾斜汇总于表 4。

建筑装修完成时沉降观测值　　表 4

| 测点位置 | | 特征沉降/mm | | | | 倾斜/% | 结构荷载/集度（MN/kPa） | 筏板持力层主要土类 |
| --- | --- | --- | --- | --- | --- | --- | --- | --- |
| | | 最大值 | 最小值 | 平均值 | 沉降差 | | | |
| 酒店 | 核心筒 | 19.87 | 16.94 | 17.80 | 2.93 | 0.013 | 998.8/548.8 | 半成岩砂岩 |
| | 外框架 | 15.71 | 10.98 | 13.61 | 4.73 | 0.008 | | 淤泥质土、半成岩砂岩 |
| 办公楼 | 核心筒 | 18.57 | 15.47 | 17.21 | 3.10 | 0.012 | 970.6/533.3 | 粉细砂、胶结砂 |
| | 外框架 | 16.45 | 8.42 | 12.74 | 8.03 | 0.015 | | 粉细砂、胶结砂 |

从图 7 可以看出，酒店与办公楼两座塔楼的沉降分布基本相似，最大沉降出现在塔楼核心筒范围地基持力层土体变形模量较低的一侧、最小沉降出现在外框架基础承台持力层土体变形模量较高的一侧，一般趋势是核心筒区域基础测点的沉降值较大而外框架承台测点的沉降值较小，呈碟形分布。

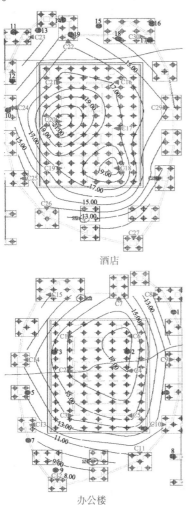

图 7　主塔结构基础沉降分布（建筑装修完成时）

从图表中可知，酒店、办公楼两者上部结构形式相似、基础面积相同、实际荷载相近，其基础布桩数量比值为 1.125，桩侧与桩端均采用后注浆，酒店与办公楼筏板基础的持力层地基综合变形模量比值超过 100，但两者的平均沉降比值约为 1.054，说明在群桩效应或桩土共同作用下，桩筏基础的沉降主要由群桩的桩端土层控制。

此外，核心筒与外框架荷载集度比值超过 10，但其沉降比值仅为 1.31～1.35，说明通过变刚度调平设计与灌注桩变参数后注浆工艺可以有效地改善地基承载特性，使主塔结构整体沉降变形趋于均匀。这一结论与早期完成的桩筏基础模型试验研究成果相一致。[7-9]

在建筑装修完成时，酒店与办公楼分别相当于加载至荷载设计值的 89.5%～89.6%，其基础最大沉降值为 12.45～13.79mm。远小于设计要求的100mm，说明桩筏基础变刚度设计与基桩变参数后注浆工艺运用是适当的，足以保证复杂地基上高层建筑结构变形处于比较理想的状态。

桩筏基础沉降与筏板持力层土的物理力学特性相关，当筏板基础持力层为胶结砂或半成岩等硬土层时，对应的基础沉降值较小，而当筏板基础持力层为松散砂或淤泥质黏土较软土层时，对应的基础沉降值较大，无论对荷载集度较高的核心筒区域筏板基础，还是荷载集度较小的外框架承台基础，基础沉降都表现出以上特点。

桩筏基础的沉降差，酒店与办公楼两者的情况相似，即核心筒基础筏板的沉降差较小，为2.93～3.10mm，倾斜为 0.013%～0.015%，远小于规范规定的 0.2%；而外框架承台的沉降差较大，约为 4.73～8.03mm，倾斜为 0.008%～0.015%，亦小于规范规定的限值。说明尽管核心筒荷载集度较高，上部结构荷载经过变刚度桩筏基础的扩散作用后，可以有效地减少其基础沉降差[7-9]。

## 5　桩筏基础沉降与单桩沉降对比

当酒店基础结构总荷载为 998.8MN 时，不考虑筏板基础的分载作用，假设荷载全部由 206 根基桩平均分担，则单根基桩的桩顶荷载为 4848kN，基础平均沉降为 15.11mm。对应于酒店基础范围的设计试桩静载荷试验曲线，筏板持力层为半成岩砂岩区域基桩桩顶沉降为 1.07mm，仅为实测基础结构沉降的 7.1%，如果考虑筏板基础的分载作用，设计试桩的桩顶沉降与实测基础结构沉降比值更小。桩筏基础的基桩的竖向抗压刚度值约为256.3MN/m，仅为相应区域设计试桩单桩竖向抗压刚度的 9.6%。

相似地，当办公楼基础结构总荷载为 970.6MN 时，不考虑筏板基础的分载作用，假设荷载全部由 183 根基桩平均分担，则单根基桩的桩顶荷载为 5303kN，而基础平均沉降为14.34mm。对应于办公楼基础范围的设计试桩静载荷试验曲线，筏板持力层为密实胶结砂的区域、设计试桩的桩顶沉降为 0.98mm，筏板持力层为稍密粉细砂的区域、设计试桩的桩顶沉降为 4.43mm，分别为实测基础结构平均沉降的 5.9%、27.3%。桩筏基础基桩的竖向抗压刚度值为 315.4MN/m，仅为相应区域设计试桩单桩竖向抗压刚度的 6.8%～30.9%。

如上所述，在相同的荷载水平下，桩筏基础结构的变形沉降远大于设计试桩的桩顶沉降。即在相同的沉降限值下，结构基桩所能发挥的抗力低于单桩静载荷试验得到的承载力，尽管以单桩试验的承载力特征值控制桩筏基础的结构设计，但试验单桩的安全度与桩筏基础结构的实际安全度是不相同的。

桩筏基础沉降不仅与单桩承载特性相关，也与桩间土即筏板下卧的土层性质相关，因此，减少桩筏沉降，除了改善单桩承载特性外，应尽可能改善桩间土的承载特性，如利用灌注桩后注浆，调整桩侧注浆参数，对持力层土体松软的桩侧土体，加强注浆。

# 6 结语

刚果共和国布拉柴维尔商务中心基础持力层为软硬交织的土岩地基，天然地基静载荷试验提供的地基变形模量或地基基床系数等数据足以说明地基的非均匀复杂性，为满足坐落其上的高层建筑结构承载与沉降变形要求，采用与上部结构荷载相适应的变刚度布桩、与地基土层物理力学性质相适应的灌注桩变参数后注浆，确保桩筏基础结构受力合理、沉降均匀可控。

同一种结构、如核心筒或外框架基础的基床系数，其差异反映了地基土层非均匀性的影响；而同一类地基土层，如粉细砂或胶结砂的基床系数，其差异反映了上部结构荷载的影响。

当桩侧上部土层为胶结砂或半成岩等较硬土体时，其单桩的桩身压缩变形和桩顶沉降较小。当桩侧上部土层为松散稍密砂或强度较低软黏土时，通过调整灌注桩后注浆参数加固或硬化土体，可以改变桩身轴力分布，提高基桩承载力，缩小非均匀土层中的基础沉降差。

高层建筑基础的沉降变形随结构形成过程而累积，同时也受地下水位升降等的影响，因此其沉降观测频次应取决于结构荷载形成过程中荷载因素的变化，而不仅是时间间隔。

当荷载水平低于基桩承载力设计特征值时，基础沉降与荷载大致呈线性关系，尽管单桩静载荷试验的安全性并不等同于桩筏基础基桩的安全性，但桩筏基础结构安全的必要条件是基桩实际承担的荷载应该低于基桩承载力特征值。

单桩的承载特性与桩筏基础中基桩的承载特性是不同的，在相同的荷载水平下，基桩的沉降远大于单桩沉降，较硬的桩侧土层，两者的差异较大；而较软的土层，两者的差异较小。

# 参考文献

[1] 建设部. 建筑桩基技术规范: JGJ 94—2008[S]. 北京: 中国建筑工业出版社, 2008.

[2] 张武, 张波, 姚晓旭, 等. 刚果共和国布拉柴维尔商务中心桩基设计[J]. 建筑科学, 2017, 33(11): 1-6.

[3] 张武, 马铁山, 姚晓旭, 等. 土岩地基中钻孔灌注桩设备选型与成孔工艺[J]. 建筑技术, 2018,33(6): 61-65.

[4] 张武, 张波, 张少琴. 基床系数静载荷试验取值方法与应用[J]. 岩土工程技术, 2016, 30(2): 78-84.

[5] 张武. 竖向抗压单桩承载力实例分析[J]. 建筑科学, 2008, 24(1): 75-79.

[6] 张武, 高炳琪, 姚晓旭, 等. 均匀地基中的单桩竖向抗压刚度[J]. 建筑科学, 2019, 35(3): 29-37.

[7] 张武, 迟铃泉, 高文生, 等. 变刚度桩筏基础变形特性试验研究[J]. 建筑结构学报, 2010, 31(7): 94-102.

[8] 张武, 高文生. 变刚度布桩复合地基模型试验研究[J]. 岩土工程学报, 2009, 31(6): 905-910.

[9] 王涛、张武、刘金砺. 带台单桩与群桩承载性状差异的试验研究[J]. 土木工程学报, 2007, 40(S1): 1-5.

[10] 张华, 闫玉敏, 冯万静, 等. 桩筏基础沉降计算与监测分析[J]. 岩石力学与工程学报, 2003, 22(2): 2889-2902.

[11] 蒋进平, 高广运. 基于实测的高层建筑桩筏(箱)基础沉降分析[J]. 建筑技术, 2005, 35(3): 182-185.

[12] 肖俊华, 赵锡宏. 软土地区深埋桩筏基础沉降实测与反分析[J]. 岩土力学, 2016, 37(6): 1680-1688.

# 某高层建筑物综合加固纠偏技术工程实录

莫振林　袁永强　彭小军　易　翔　樊　清　邓正宇

（中国建筑西南勘察设计研究院有限公司，四川成都　610052）

## 1　引言

20 世纪 80 年代以来，经过多年的建筑物纠偏工程实践及专家学者的研究总结与创新，我国纠偏技术水平有了很大的提升，纠偏设计的理论水平也不断完善。1989—1990 年，刘祖德教授先后首次提出、重新阐明了地基应力解除法的原理、功用及其与限沉的关系[1]，后经工程实践证明此法的有效性和可行性。此后，各种纠偏加固方法，如浸水纠偏法、斜孔取土纠偏法、顶升纠偏法、沉井冲孔排水法、地基应力解除法、基底水平掏土法与锚杆静压桩加固法、高压旋喷注浆加固法等方法[2-3]被广泛应用于建筑物纠偏加固中，并达到了纠偏的目的。

一直以来，高层建筑在施工及使用过程中由于建筑形式复杂、地基条件不良、建筑物地基与基础设计不合理、相邻建筑物的施工扰动或者其他环境因素等原因，容易出现倾斜或者地基不均匀沉降等问题。由于导致倾斜原因复杂以及理论方面不完善，高层建筑的纠偏难度大、危险系数高。本文以成功纠偏的雅安某高层住宅楼为实例，灵活采取科学、合理的综合纠偏措施，总结工程经验，对类似工程具有较好的借鉴意义[4-7]。

## 2　工程概况

某小区规划用地面积 43005.52m²，房屋总高度 99.40m，总建筑面积 189049.39m²，由 9 栋高层住宅楼及附属设施组成，加固前住宅楼主体结构均已封顶。该小区场地属山区河谷侵蚀堆积地貌，地貌单元属青衣江右岸 I 级阶，微地貌单元属青衣江与周公河交汇形成的冲洪积江心洲。

该小区 2 号楼建筑特点为：点式单体建筑，设计无地下室，基础顶标高 −7.0m，室内回填至 ±0.000m，建筑物一层为架空层，建筑高度 99.4；结构为：特点平面规则，竖向体型无突变，底层为薄弱层，自重 22000t，刚重比 3.33（$X$ 向），3.56（$Y$ 向），实际纠偏高度为 108.4m；基础为筏形基础，厚度 2m；持力层为换填级配砂石，$f_{ak} = 300$kPa，$E_0 = 46.0$MPa，自上而下土层分别为：卵石层（局部为强风化层）、强风化泥岩层（局部为全风化层）、强风化泥岩层、中风化泥岩层，典型地层剖面如图 1 所示。

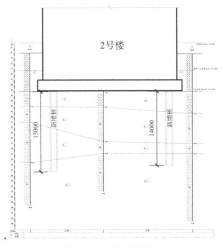

图 1　典型地层剖面

在 2 号楼主体施工完成后，为后期修建中庭地下室车库而进行测量过程中，发现该楼栋基础存在不均匀沉降，后检测单位对该楼外墙四角垂直度偏差进行了检测，垂直度偏差检测结果如图 2 所示，其最大倾斜率达到 5.06‰，根据《建筑地基基础设计规范》GB 50007—2011，该住宅楼整体倾斜已超过规范规定的 2.5‰ 允许值，且加固前沉降尚未稳定。

2020 年四川省优秀工程勘察设计（工程勘察项目）一等奖；2021 年度工程勘察、建筑设计行业和市政公用工程优秀勘察设计奖一等奖。

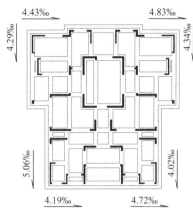

图 2　纠偏前房屋倾斜情况

# 3　原因分析

建筑物毗邻周公河，距离不足 30m，受上游发电站影响，河水涨落频繁，涨水水位基本与基底持平，落水水位为基底以下 4～8m，综合分析原因如下：

（1）场地强风化泥岩存在可压缩层（全风化泥岩层），积水软化增大其变形量；

（2）基岩内以透镜体形式存在的石膏成分，经地下水溶蚀而形成不规则流塑状黏土层性状；

（3）工程建设改变了原场地的水文地质环境，邻近河水的频繁涨落改变场地局部地层性状。

# 4　纠偏加固

该高层建筑物发生倾斜时尚未投入使用，电梯井道发生变形，无法安装，且倾斜量不断增加，影响了上部主体结构的安全，为防止住宅楼产生倾覆，对该高层建筑物的加固纠偏处理刻不容缓。通过对比各种纠偏措施及工程现场实际情况后，确定了"基础加固（止倾）—挖土卸载—掏土射水—截止沉桩"综合法进行纠偏加固。

## 4.1　基础加固

基础加固的目的是为防止沉降量较大的一侧沉降加剧，达到止倾的效果，常用方法为在沉降量大的一侧新增桩。根据现场条件，本工程中采取如下措施：

（1）室内筏板开孔，增设人工挖孔桩 28 根，桩径 $D = 1.0～1.1$m，桩长 12～18m，桩端进入中风化泥岩 1.5m，单桩承载力特征值为 8000～9000kN。结合房屋出现东南角不均匀沉降的特点，

为避免挖桩降水过程对房屋造成过大的附加沉降，现场分 4 个批次补桩，施工顺序如图 3 所示。专项检测报告[8]表明，本工程 1-9 号楼采用岩基载荷试验检测的 54 根人工挖孔灌注桩，桩端中等风化泥岩极限端阻力标准值不小于 6000kPa，满足设计要求。本工程 1-9 号楼采用声波透射法检测的 90 根人工挖孔灌注桩，83 根 I 类桩，7 根 II 类桩，满足设计要求。

（2）配合后续纠偏工作需要，需在桩顶设置柔性垫层：通过前期安放不同厚度的柔性垫层，为纠偏提供迫降空间，当迫降侧桩顶柔性垫层完全压缩，刚性桩开始发挥作用，兼做防过倾措施；当沉降侧桩顶柔性垫层完全压缩，刚性桩开始发挥作用，兼做防复倾措施，沉降最大的东南角桩不设置柔性垫层，及时发挥止倾作用。各桩顶垫层厚度由该处迫降量确定，如图 4 所示，做法如图 5 所示；

（3）基岩裂隙水丰富，设置止水帷幕，布置降水井等措施解决挖桩降水问题。

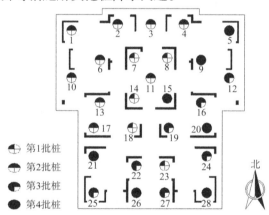

图 3　增桩施工顺序示意图

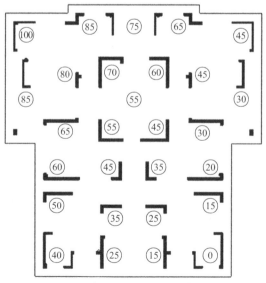

图 4　各桩顶垫层厚度示意图

1852

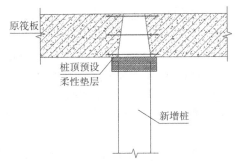

图 5　桩顶预留柔性垫层做法示意图

## 4.2　建筑物纠偏

该建筑物纠偏阶段共分为挖土卸载、掏土射水和截止沉桩三个部分工作，详如下所述。

1）挖土卸载

该工作主要包括两部分内容：

1. 清除筏板顶 7m 覆土，减轻建筑物自重；
2. 迫降侧（西侧和北侧）开挖工作槽，解除迫降侧土体约束，为设备操作提供空间。

掏土工作量估计：清除筏板顶 7m 覆土，4970m³；工作槽开挖土方量约 3100m³。

2）掏土射水

该措施是为了削弱原有的支撑面积，加大浅层土中的附加应力，从而促使沉降较小一侧的地基土下沉。主要内容为：掏土孔直径 146mm，长度不超过总宽或总长的三分之二，掏土孔高度为筏板下 500mm，孔应水平布置；掏土孔分两个序列布置，第 1 序列为水平直孔，第 2 序列为水平斜孔，具体详见图 6。

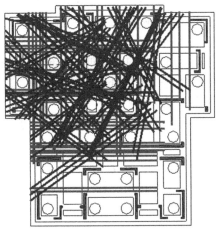

图 6　掏土及射水孔平面布置示意图

3）截止沉桩

掏土射水末阶段，部分桩提前受力，起到"阻倾"效果。通过三方面数据：桩身内力监测数据、东西向沉降监测拐点、第 1、2 批桩布置情况，最终确定初步检查范围为：1～11 号、13～15 号、

17～19 号、21 号、22 号、25 号、26 号桩。根据实地观测纠偏效果，采用内、外部开挖巷道方式检查，如图 7 所示。经检查，部分桩顶聚苯板提前压缩，个别桩聚苯板已压缩完毕，4 号桩、14 号桩桩头已形成刚性铰支座，桩顶开裂。出现提前压缩的桩穿过核心筒呈区域性分布，形成一道"刚性止倾轴"，阻止房屋进一步向西北回倾。根据检查结果，确定截桩的范围是刚性止倾轴上的九根桩。九根桩按照对角线分布成两排，其中 4、8、11、14、18、17 为第 1 批次，3、7、13 号桩为第 2 批次，每批次又分为 3 个序列轮流进行钻孔，每个序列如图 8 所示。

采用静力水钻方式（$D = 20mm$）对桩顶同一标高进行截面削弱，形成 1 层薄弱层，通过薄弱层的压酥破坏，产生筏板沉降。在同一标高处钻孔，使桩顶形成薄弱层，上部荷载作用下，薄弱层出现较大塑性变形，实现迫降。截桩过程中理想受力状态为：薄弱层出现塑性损伤，而基桩整体处于弹性工作状态。结合现场监测数据综合分析，削弱后薄弱层的承载力上、下限分别为 10000kN、5000kN。

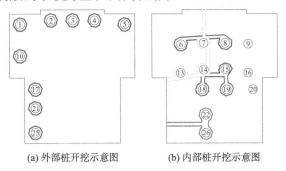

(a) 外部桩开挖示意图　　　(b) 内部桩开挖示意图

图 7　桩开挖检查示意图

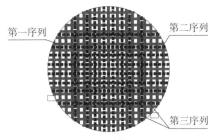

图 8　截桩三序列示意图

## 4.3　后期恢复

主要包括三个部分：

（1）桩顶修复；

（2）基底掏土巷道采用 C30 细石混凝土填筑，地基土后注浆处理；

（3）工作槽底部采用级配砂石回填压实，筏板标高以上采用素土回填压实。

## 4.4 监测方案

本纠偏工程采取多重监测措施,监测的主要内容有:筏板整体相对沉降,倾斜,桩身应力、剪力墙应力、筏板应力及挠度,通过各种监测手段监测数据的综合分析,为纠偏工作提供实时可靠信息。根据监测结果,可实时量化纠偏状态,尽早发现可能发生的危险,及时采取补救措施,从而更好地指导纠偏工作的顺利进行。

# 5 纠偏加固效果分析

该工程于 2015 年进场,2016 年 11 月中旬完成基础加固;2016 年 11 月 30 日开始纠偏工作,2017 年 7 月中旬达到回倾效果,后进行后期恢复工作。根据工程实际情况,纠偏效果分为两个阶段:止倾效果、回倾及稳定效果。

## 5.1 止倾效果

基础加固时间为 2016 年 3 月—2016 年 11 月底,监测数据如图 9 所示。数据表明,增桩过程中由于降水措施与施工对地基的扰动,使得建筑物在该阶段整体有进一步的倾斜,基础加固后各监测点数据相对稳定,部分新增桩基已开始承担由筏板传递的部分上部荷载,对建筑物下一步的纠偏迫降工作具有指导意义。

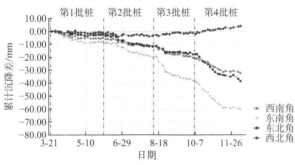

图 9 基础加固期间累计沉降量

## 5.2 回倾及稳定效果

纠偏时间为 2016 年 12 月—2017 年 7 月中旬,监测数据如图 10 所示,数据表明:

(1)掏土卸载后,挖土卸载阶段房屋并未出现明显回倾;

(2)前期掏土阶段,筏板出现南北方向相对变形,未出现整体回倾:以东南角为基准点,东北角(H1)相对沉降约 3.9mm,西北角(H4)相对沉降约 3.23mm,西南角(H15)相对沉降约

1.77mm,核心筒相对沉降约 4mm。分析原因主要为桩位遮挡,水平直孔非均匀布置;掏土孔设计长度约为 20m,钻孔过程中,套管出现偏转或变形,不能在同一标高范围内对土体进行有效削弱,不能达到迫降效果。采取的相应措施为:提高钻孔设备稳定性,增加钻杆(套管)刚度;采用旋喷射水工艺进行压力射水;

射水阶段:射水后孔间土冲散,孔间碎石呈堆积状,孔间砂呈沉积状。整体呈缝隙状脱开,局部碎石仍与垫层接触,部分砂粒被带出或汇入原有内部孔洞中;射水后整体呈脱空状,高度约 30cm。碎石冲向两侧堆积,砂粒沉积。

掏土 + 射水阶段末沉降数据:以东南角为基准点,东北角(H1)相对沉降约 36.21mm,西北角(H4)相对沉降约 49.57mm,西南角(H15)相对沉降约 14.23mm。从施工角度分析,目前射水取土工作整体上基本达到效果;从沉降曲线整体分析,房屋出现明显回倾;从桩身受力监测看,除东南角止倾桩受力外,内部部分桩受力呈增大趋势;从剪力墙受力监测来看,整体受力变化不大,期间没有出现区域性突变。此时亟需解决桩身及桩周土受力情况,查明并解决房屋东侧排土量相对不足的问题。

(3)截止沉桩阶段:第一序列钻孔之后,桩顶无明显变化;第二序列钻孔之后,桩顶孔口出现毛面,个别孔壁出现横向断裂,此阶段大部分桩头西侧或北侧表面混凝土出现受压裂缝,后伴随出现混凝土表面起皮酥裂或剥离;第三序列钻孔之后,桩顶孔壁内出现横向及纵向断裂,孔口斜上方孔壁出现水平裂缝,随着水平裂缝的进一步发展,个别孔位出现孔洞错位、变形的现象。个别桩孔洞顶部出现竖向短缝,并向上延伸。大部分桩头西侧或北侧受压裂缝进一步沿环向发展、贯通,桩头表面混凝土剥离,敲击闷响。

本阶段末,房屋倾斜率满足规范要求,沉降基本稳定。

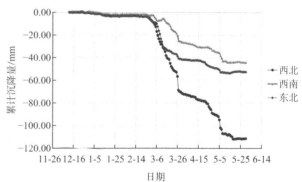

图 10 纠偏期间累计沉降量

## 6 结论与展望

雅安某高层建筑纠偏工程的成功实施，对类似建筑物的加固、纠偏设计与施工具有一定的参考价值，丰富了在复合地基条件下的纠偏设计与施工。通过本工程的纠偏实践，得出几点建议如下：

（1）本工程采用人工挖孔桩进行止沉加固，桩顶按照回倾量预留柔性垫层，为纠偏提供迫降空间；

（2）对人工换填砂石垫层进行迫降纠偏，通过工艺比对，选择合适的设备参数，采用掏土＋射水法取得较好效果；

（3）对刚性桩桩头进行多批次钻孔削弱，通过"薄弱层"塑性变形，保证桩身其余部位完好，最终实现截桩迫降，结合开挖巷道可广泛用于桩基础发挥作用的建筑物纠偏加固中。

（4）纠偏过程实施动态监测，及时调整迫降工艺，控制建筑迫降姿态，从而保证结构整体处于安全可控状态。通过采用多种监测手段对倾斜建筑物的沉降、承重构件应力进行监测，增强了监测信息的可靠性，进而更好地指导工程实施。

（5）"基础加固-挖土卸载-掏土射水-截止沉桩"综合纠偏加固法对于高层建筑物的纠偏加固是切实可行的，是一种可控性好、效果好的纠偏方法。

## 参考文献

[1] 刘祖德. 地基应力解除法纠偏处理[J]. 土工基础, 1990, 4(1): 1-6.

[2] 程晓伟, 王桢, 张小兵. 某高层住宅楼倾斜原因及纠偏加固技术研究[J]. 岩土工程学报, 2012(4): 756-761.

[3] 唐业清. 倾斜建筑物的扶正与加固[J]. 施工技术, 1999(2): 3-7.

[4] 李今保, 潘留顺, 王瑞扣. 某小区住宅楼纠偏加固[J]. 工业建筑, 2004, 34(11): 82-84.

[5] 刘毓氚, 陈卫东, 朱长歧, 等. 建筑物倾斜的纠偏加固综合治理实践[J]. 岩土力学, 2000, 21(4): 420-422.

[6] 王建平, 朱思响, 李品先. 既有建筑综合纠偏法设计与施工[J]. 施工技术, 2012, 41(9): 57-59.

[7] 贾媛媛, 付素娟, 崔少华, 等. 综合纠偏法在高层建筑物纠偏中的应用[J]. 华北地震科学, 2017, 35(S): 10-14.

[8] 李科技, 孙琪, 梁收运, 等. 某高层建筑倾斜原因及纠偏加固技术研究[J]. 施工技术, 2018, 47(10): 50-55.

[9] 雅安市某小区建筑地基基础检测报告[R]. 成都: 四川兴昊建设工程测试有限公司, 2017.

# 宁德三屿工业园区（上汽项目）配套厂房地基处理工程——以爱立德厂区为例

郑金伙　沈铭龙　陈华晗　江　涛

（福建省建筑设计研究院有限公司，福建福州　350000）

## 1　工程概况

宁德三屿工业园区（上汽项目）配套厂房项目位于宁德市七都镇三屿村，项目总投资为 24.44 亿元。园区配套厂房共 26 家，总建设用地面积约 73.13 万 m²，总建筑面积约 40.22 万 m²。该项目场地位于滨海软土分布地带，场地前期在采用海砂进行吹填处理后，现状地形较为平缓。该项目厂房地面及室外场地地面设计荷载要求大，且地面工后沉降控制要求严格。由于场地下伏淤泥质土层，其厚度较大，且具有含水量高、压缩性强、强度低等特点，经计算，若未经地基处理，厂房地面工后沉降将高达 0.5～1.2m，远远不能满足安全和使用要求，因此需对场地进行地基处理。本项目地基总处理面积约 61.8 万 m²，处理深度最深达 21m，地基处理工程总造价达 3.21 亿元，规模巨大。本文以园区中的爱立德厂区为例，详细介绍地基处理工程设计及应用情况，以为类似工程提供参考和借鉴。

## 2　场地岩土工程条件及分析与评价

根据地质勘察报告，该场地属海积地貌，场地地层自上而下为填砂、淤泥质土、卵石、中砂、粉质黏土、卵石等。对场地地基承载力及变形影响较大的土层主要为淤泥质土层。场地内各岩土层及其主要参数如表 1 所示。

场地主要地层及参数表　　　　　　　表 1

| 层号 | 土层名称 | 状态 | 厚度/m | 重度/（kN/m³） | 压缩模量/MPa | 含水率/% | 承载力特征值/kPa | 桩侧阻力标准值/kPa | 桩端阻力标准值/kPa |
|---|---|---|---|---|---|---|---|---|---|
| ① | 填砂 | 松散 | 2.0～6.1 | 17.00 | — | — | 80 | 20 | — |
| ② | 淤泥质土 | 流塑 | 1.5～8.2 | 16.62 | 2.19 | 58.85 | 60 | 20 | — |
| ②₁ | 卵石 | 稍密—中密 | 1.1～3.2 | 21.00 | — | — | 280 | 120 | — |
| ②₂ | 中砂 | 松散—稍密 | 1.4～2.9 | 19.00 | — | — | 150 | 50 | — |
| ③ | 粉质黏土 | 可塑 | 1.0～6.3 | 18.23 | 5.39 | — | 200 | 48 | — |
| ④ | 卵石 | 稍密—中密 | 7.3～16.7 | 21.00 | — | — | 400 | 125 | 7500 |

场地地下水类型主要有：（1）孔隙潜水：主要赋存于填砂层，属强透水层，富水性好，水量丰富，受地表水的下渗及外围含水层地下水的侧向补给，地下水与外侧海域具有水力联系。（2）孔隙承压水：赋存于②₁卵石、②₂中砂层、④卵石中，属强透水含水层，其透水性及富水性均较好，受大气降水的入渗和外围侧向含水层地下水的补给。水量总体丰富。位于含水层之间的淤泥质土渗透性较小，为相对隔水层。

根据区域地质资料及其本次勘察钻孔的揭露，拟建场地及附近未见有全新活动性断裂通过，可不考虑活动性断裂的影响。

拟建场地及周边不存在泥石流、崩塌、滑坡等不良地质作用或地质灾害：场地基底主要为花岗岩，不存在岩溶现象，场地内及附近无人为地下工程活动和大面积开采地下水，因此也不存在塌陷、地下洞穴、地面沉降、地裂缝等不良地质作用或地质灾害。拟建场地评价为稳定性差，场地工程建设适宜性分类属适宜性差。采取适宜的基础形式和其他工程措施后，场地适宜建筑物的建设。

---

获奖项目：2021 年度工程勘察、建筑设计行业和市政公用工程优秀勘察设计奖一等奖。

## 3 地基处理方案分析与论证

本项目属于当地重点项目，工期紧张。另外，本工程地面设计荷载要求为 30～100kPa，厂房地面工后沉降要求不大于 5mm，道路区域工后沉降要求不大于 150mm。而场地下伏达 10 余米厚的填砂、淤泥质土等松散或软弱土层，其中淤泥质土层含水量达近 60%，压缩性极高。

综上所述，本地基处理工程具有场地地质条件差、地面荷载要求大、地面工后沉降要求严格且工期紧张的特点。从上述工程特点考虑，适用于浅层处理的换填法、工期较长的预压固结法均不适用。

针对本工程的地质条件、场地条件、工期要求和使用要求，经过多方案比选，以及计算分析和数值模拟，在满足设计和使用对不均匀沉降要求的前提下，最终研判厂房地面采用刚性桩＋无梁板地基处理方案，鉴于场地卵石层埋深较浅，刚性桩采用施工速度较快、经济性较好的预制管桩。道路地面荷载相对小，沉降容许度高，采用相对经济的水泥土搅拌桩复合地基处理方案。

## 4 地基处理方案

本次设计地基处理范围为厂区内的厂房、道路及发运场、露天堆放区、机动车和非机动车停车区。其中厂房地基处理面积约 9563m²；道路及发运场、露天堆放区、机动车停车区地基处理面积约 9303m²；非机动车停车区地基处理面积约 305m²。地基处理总平面布置图如图 1 所示。

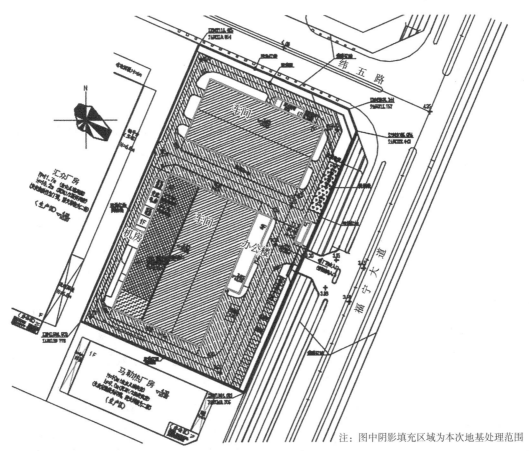

注：图中阴影填充区域为本次地基处理范围

图 1 地基处理总平面布置图

### 4.1 厂房区域

厂房地面采用 PHC 管桩＋无梁板进行处理。代表性区域地面设计荷载 100kPa，管桩型号为 PHC400-95-A 型，设计桩长 14～15m，并按桩端穿过淤泥质土进入卵石层不少于 4m 控制。管桩按间距 3m×3m 正方形布置，桩顶设置 1100mm×1100mm×300mm 钢筋混凝土桩帽，桩帽顶设置 250mm 厚无梁地坪板。具体做法如图 2、图 3 所示。

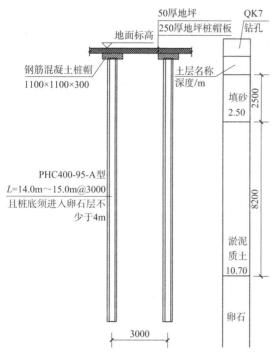

图 2 地面设计荷载 100kPa 厂房区域处理剖面图

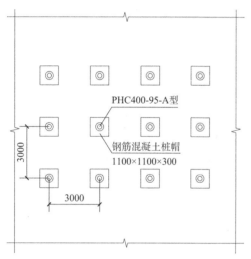

图 3 管桩平面布置示意图

其余堆载要求的厂房区域采用类似上述 PHC 管桩 + 无梁板处理形式，其设计情况如表 2 所示。

其余区域 PHC 管桩 + 无梁板设计情况　表 2

| 功能区 | 地面荷载/kPa | 桩帽尺寸/（mm×mm×mm） | 桩长/m | 桩间距/mm |
|---|---|---|---|---|
| 厂房 | 30 | 1500×1500×300 | 14～15 | 4500 |
| 厂房 | 50 | 1400×1400×300 | 15 | 3900 |

## 4.2　厂区道路及其他室外区域

厂区道路区域采用水泥土搅拌桩复合地基处理。地面设计荷载 30kPa，水泥土搅拌桩采用单轴双向搅拌工艺，桩径 500mm，桩长 11～13m，并根据具体地层按桩端穿过淤泥质土层进入底下土

层不少于 2m（卵石层不少于 0.5m）控制。平面上搅拌桩桩位采用等腰三角形布置，三角形高宽间距均为 1500mm。桩顶设置 300 厚级配砂石垫层，垫层中设置一道双向塑料土工格栅。具体做法如图 4、图 5 所示。

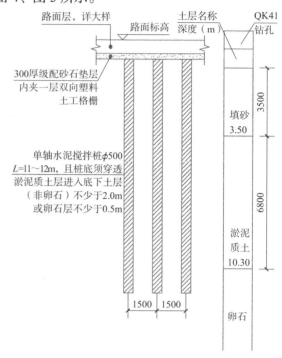

图 4 地面设计荷载 30kPa 道路区域处理剖面图

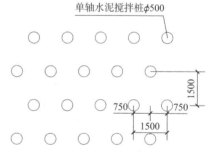

图 5 搅拌桩平面布置示意图

其余发运场、露天堆放区、机动车和非机动车停车区等其他室外区域采用类似上述水泥土搅拌桩复合地基处理形式，其设计情况如表 3 所示。

其余区域搅拌桩复合地基设计情况　表 3

| 功能区 | 地面荷载/kPa | 桩径/mm | 桩长/m | 桩间距/mm |
|---|---|---|---|---|
| 发运场、露天堆放区、机动车停车区 | 30 | 500 | 11～12 | 1500 |
| 非机动车停车区 | 20 | 500 | 12 | 1800 |

## 5　地基处理效果及分析

在地基处理施工完成后，由相关单位对厂房

地面及厂区道路路面的沉降进行了历时 720d 的监测工作。其中，厂房区域共 12 个监测点，厂区道路及其他室外场地区域共 22 个监测点。地面沉降监测点平面布置如图 6 所示。

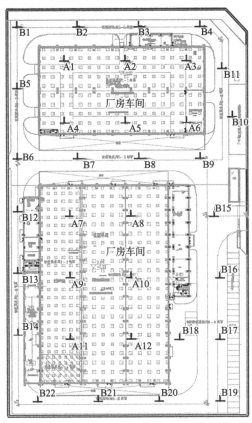

图 6　沉降监测点平面布置图

## 5.1　厂房区域

厂房区域监测点平面布置如图 6 中 A1 号～A12 号监测点所示。厂房区域累计沉降为 2.23～3.87mm。根据最后一个观测周期（一个月）数据，此期间沉降为 0.12～0.27mm，沉降速率为 0.004～0.008mm/d，监测点沉降变化基本正常。各测点沉降情况详见表 4、表 5。

**厂房区域沉降量统计表（一）　表 4**

| 编号 | A1 | A2 | A3 | A4 | A5 | A6 | A7 | A8 |
|---|---|---|---|---|---|---|---|---|
| 沉降量/mm | 2.71 | 2.23 | 3.26 | 3.45 | 3.71 | 3.42 | 3.16 | 3.03 |

**厂房区域沉降量统计表（二）　表 5**

| 编号 | A9 | A10 | A11 | A12 |
|---|---|---|---|---|
| 沉降量/mm | 3.87 | 3.42 | 3.39 | 3.6 |

根据上述沉降观测成果，厂房区域地面沉降小于 4mm，且已基本处于稳定状态，满足设计所需达到的使用要求，地基处理效果良好。该 PHC 管桩＋无梁板处理方案可通过地坪板完整承受地

面荷载，并通过预制刚性桩将地面荷载有效传递至软土层底部的优质持力层（卵石层）。因此，除了桩身会受到软土层固结沉降带来的负摩阻力以外，软土地层基本不会对地面上部的使用造成影响，反映于监测数据上即地面沉降控制效果极好。

## 5.2　厂区道路及其他室外场地区域

厂区道路及其他室外场地区域监测点平面布置如图 6 中 B1～B22 号监测点所示。道路区域累计沉降为 86.12～97.35mm。根据最后一个观测周期（一个月）数据，此期间沉降为 0.77～1.08mm，沉降速率为 0.024～0.034mm/d，监测点沉降变化基本正常。各测点沉降情况详见表 6～表 8。

**道路区域沉降量统计表（一）　表 6**

| 编号 | B1 | B2 | B3 | B4 | B5 | B6 | B7 | B8 |
|---|---|---|---|---|---|---|---|---|
| 沉降量/mm | 88.79 | 90.15 | 94.00 | 97.35 | 90.42 | 94.81 | 90.75 | 96.84 |

**道路区域沉降量统计表（二）　表 7**

| 编号 | B9 | B10 | B11 | B12 | B13 | B14 | B15 | B16 |
|---|---|---|---|---|---|---|---|---|
| 沉降量/mm | 92.20 | 87.70 | 90.17 | 86.12 | 86.87 | 91.13 | 87.22 | 86.28 |

**道路区域沉降量统计表（三）　表 8**

| 编号 | B17 | B18 | B19 | B20 | B21 | B22 |
|---|---|---|---|---|---|---|
| 沉降量/mm | 87.06 | 90.09 | 92.53 | 93.46 | 93.64 | 89.68 |

根据上述沉降观测成果，厂区道路区域地面沉降小于 100mm，且已基本处于稳定状态，满足设计所需达到的使用要求，地基处理效果良好。该水泥土搅拌桩复合地基处理方案可通过桩顶垫层及土工格栅将地面荷载有效分散，并通过柔性的水泥土搅拌桩将部分地面荷载传递至软土层底部的优质持力层（卵石层），部分荷载由桩间土层共同承担。因搅拌桩刚度较小且桩间土仍受到一定比例的地面荷载作用，故虽然地面大部分工后沉降得以控制，但仍会存在接近 100mm 的累计沉降。不过对于厂区道路来说，该沉降量数据已优于规范相关要求，且达到了本工程道路区域累计变形不大于 150mm 的设计目标。地基处理成本与效果得到了合理的平衡。

## 6　地基处理工程经验总结

### 6.1　PHC 管桩＋无梁板处理

该地基处理形式施工速度快，且可适用于地

面荷载极大的工况，并能严格地控制地面工后沉降。但其对桩端持力层承载力有一定要求，对于滨海常见的软土层下接碎卵石层的情况特别适宜。在本项目的设计过程中，为了便于分析场地的岩土工程条件，更精确指导设计，还创建了场地三维可视化勘察信息模型。根据工程需要，绘制了持力层地层层面分布等深线图，以供地基处理方案优化使用。卵石持力层空间分布及等深线图如图7、图8所示。

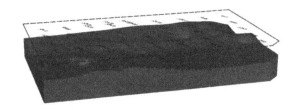

图7 卵石持力层空间分布图

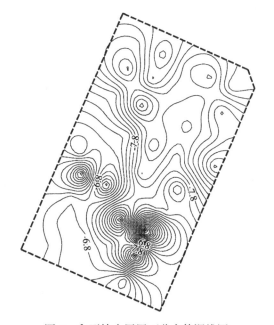

图8 卵石持力层层面分布等深线图

另外，鉴于滨海软土常处于欠固结状态[1]，且场地淤泥层顶覆土可能为填海造地而形成，较为松散。在场地的使用过程中，桩侧淤泥及填土在自重应力作用下很可能会发生较大固结沉降。这种现象会导致以下后果：第一是地坪板底桩间土易发生脱空，使得所有板顶荷载均由地坪板及预制桩结构承担；第二是桩侧淤泥及填土发生固结沉降对桩身将产生负摩阻力，增大桩身荷载。因此，在采用地坪板＋刚性桩方案设计时，不能考虑桩间土对地坪承载力的贡献，应按脱空工况考虑刚性桩的荷载及地坪板的配筋，另外还需考虑桩周土沉降产生的负摩阻力的不利影响。

## 6.2 水泥土搅拌桩复合地基处理

该地基处理形式施工速度较快，对周边环境影响小，可适用于地面荷载不大的工况，对于地面工后沉降控制效果良好，比较适用于一般室外场地及室外管线区域。但也存在强度增长慢，隐蔽工程现场质量控制管理难度大等不足[2]。对此，本项目特别选用了带智能监控的单轴双向搅拌桩工艺以提高施工质量。单轴双向工艺利用双向水泥土搅拌桩机的动力系统，带动分别安装在内外同心钻杆上的两组搅拌叶片，同时正反向旋转搅拌水泥土而形成水泥土搅拌桩施工工艺，并采用现场自动数据采集监控系统对施工全过程的施工质量进行实时监控，监控主机对监控数据进行汇总分析。并通过与预警值进行比对，对超过限值的技术参数采取报警提示措施，引导和督促施工人员及时发现并处理问题。

另外，在方案的设计过程中主要应注意在考虑使用阶段地面荷载的同时，计算上还应计入相对原状地面后期回填整平土方给软土地层所带来的荷载。尤其是原地形地势较低的滨海填海造地区域，回填土荷载甚至可能大于地面使用荷载。其将对地基承载力与沉降变形造成较大不利影响。

## 7 结语

宁德三屿工业园区（上汽项目）配套厂房地基处理工程地基处理规模巨大，场地地质条件差，地面荷载大且工后沉降要求严格。本文以园区中爱立德厂区地基处理工程为代表，介绍了PHC管桩＋无梁板及水泥土搅拌桩地基处理方案的选型及设计内容，并分享了软土场地中需要着重考虑的设计要点。监测数据表明，该项目地基处理效果良好，针对不同工况下的地基承载力与变形要求，均达到预期处理目标。该工程的设计和实施可为同类地基处理工程提供借鉴。

## 参考文献

[1] 杨小陆，邓汉源. 某地区软土主要岩土工程的问题
    [J]. 广东建材，2007，192(5): 179-181.

[2] 何开胜. 水泥土搅拌桩的施工质量问题和解决方法
    [J]. 岩土力学，2002(6): 778-781.

# 商合杭铁路邻近营业线软基处理工程设计试验研究实录

杭红星　陈尚勇

（中铁第四勘察设计院集团有限公司，湖北武汉　430063）

## 1　引言

近十多年来，我国高速铁路得到了蓬勃发展，"四纵四横"骨干高速铁路网已全部建设完成，"八纵八横"高速铁路网正在加密形成。由于高速铁路运营速度高变形控制严格，目前在建或计划修建的高速铁路或城际铁路，如何与既有高速铁路网无缝衔接是一个巨大的技术难题。商丘至合肥至杭州铁路（以下简称商合杭铁路）即是这种典型。商合杭铁路多处与正在运营的铁路并行，包括合蚌铁路、合宁铁路、合福铁路、皖赣铁路、宁杭高铁等。商合杭铁路以方向别的形式引入既有合宁铁路肥东站，路基填高 3.1～9.3m，且地表存在软土层和软塑土层。高填方路基两侧帮填新线路基采用常规填料将引起既有线的附加变形超限，如何采用合理的工程措施，既能保证新建线路的稳定性，又能减小对既有线路的附加变形影响，是引入肥东站路基设计的重难点。设计经比选采用泡沫轻质土帮填，减小新增荷载、控制附加沉降变形，解决邻近营业线高填帮宽的难题。

泡沫轻质土是用物理方法将发泡剂水溶液制备成泡沫，与必须组分（水泥基胶凝材料、水）及可选组分（集料、掺和料、外加剂）按照一定的比例混合搅拌，并经物理化学作用硬化形成的一种轻质材料[1]，其构成泡沫轻质土的基本材料有胶凝材料、发泡剂、水、泥土、砂等。在实际应用中，为改变泡沫轻质土的性状或着眼于固体废弃物的利用，还可根据材料性能和成本选用黏性土或微粒状固体材料等掺料，如炉渣灰，石粉，粉煤灰等。泡沫轻质土具有轻质性、密度和强度可调节性、高流动性、直立性及施工便捷等特性[1-2]，其运用于工程以降低荷载为主要目的（常见土工材料重度见表 1），目前在公路帮宽工程、软基填筑、桥台背回填、隧道空洞回填及保温隔热等工程项目中较为常见[3-10]。

常见土工材料重度（kN/m³）　表 1

| 泡沫轻质土 | 水泥 | 粉煤灰 | 路基填土 | 土工泡沫塑料 |
|---|---|---|---|---|
| 3～18 | 25 | 12～16 | 18～20 | 0.2～0.35 |

近年来，铁路路基工程中对轻质填料的应用进行了一些尝试与研究。李欢等[11]结合天津蓟港铁路地基换填泡沫轻质土工程，研究换填泡沫轻质土高度。关博[12]通过室内模型试验研究了泡沫轻质土作为铁路路基的动力响应参数的试验变化规律。吴海刚等[13]通过大规模采用泡沫轻质土以解决铁路路基不均匀沉降严重等问题。蒋瑜阳[14]设计采用换填泡沫轻质土实施方案成功下穿成渝客运专线桥梁；赵新宇[15]结合某高速铁路车站路基加宽应用实例阐述了轻质土路基设计及施工关键技术；邓飞[16]通过试验分析总结了泡沫轻质土的变形破坏特征及应力应变规律。赵文辉[17]结合三轴试验结果说明泡沫轻质土路基具有良好的动力特性和长期动力稳定性，能够满足高速铁路路基的长期服役要求。李斯等[18]研究了泡沫轻质土的强度形成机理，得出泡沫轻质土路基施工关键参数，针对高速铁路路基帮宽工程中差异沉降和偏移变形难题，提出了浇筑泡沫轻质土的解决方案。

通过对研究现状的调研总结可以发现，对泡沫轻质土土工材料在填方高铁路基帮宽工程中的广泛应用前景、轻质土工材料在高铁帮宽路基工程中的受力沉降特点以及如何控制新旧路基间的不均匀沉降等方面还亟待系统探讨。本文以商合杭铁路引入肥东站帮宽扩建工程为依托，通过泡沫轻质土力学性能、现场试验监测研究，探讨泡沫轻质土帮宽铁路路堤工程中新旧地基的附加应力和沉降变化情况，为泡沫轻质土在高铁路基帮宽工程中的应用提供借鉴。

## 2 试验方案设计

### 2.1 试验工点地质概况

肥东站所处场地属于岗地间坳谷地貌，地面平坦开阔，地面标高一般为19.0m～30.4m，多辟为村庄、旱地，站址周围有多条公路，交通较为便利。

根据地基土层的岩性、成因、物理力学性质的差异，将土层分为5个工程地质层。各层土描述如下：①层人工填土（$Q_4^{ml}$），褐黄色，稍湿，土石等级Ⅱ，层厚0.5～3.1m，多为合宁线路基填土；②1层淤泥质粉质黏土（$Q_4^{al}$），灰褐色，流塑，$\sigma_0 = 80kPa$，层厚2～6m，在河流及水塘附近局部分布；②2层黏土（$Q_3^{al}$），褐黄色，软塑—可塑，$\sigma_0 = 120～150kPa$，场区广泛分布，层厚4.8～11m；②3层黏土（$Q_3^{al}$），褐黄色，硬塑，土质较均匀，含铁锰质氧化物、姜石，$\sigma_0 = 180～200kPa$，层厚15～35m；③1层泥质砂岩（$K_2^c$），褐红色—紫红色，全风化，岩芯风化呈砂土状，土石等级Ⅲ，黏性较大，$\sigma_0 = 250kPa$，层厚1～8.5m。场地主要地基土层物理力学指标见表2。场区地表水发育，主要为河流水和水塘水，受大气降水影响；地下水主要为第四系孔隙潜水和基岩裂隙水，勘测期间水位埋深一般为0.5～6.5m，主要受大气降水及地表水补给。地表水、地下水均无化学侵蚀性，无盐类结晶破坏作用。

地基土物理力学指标　　　　表 2

| 层序 | 土名 | 天然含水量$w$/% | 天然密度$\rho$/（g/cm³） | 天然孔隙比$e_0$ | 液限$w_L$/% | 塑限$\omega_P$/% | 液性指数$I_L$ | 塑性指数$I_P$ | 内摩擦角$\varphi_u$/° | 黏聚力$c_u$/kPa | 压缩模量$E_{s0.1-0.2}$/MPa |
|---|---|---|---|---|---|---|---|---|---|---|---|
| ②1 | 淤泥质粉质黏土 | | | | | | | | 7.49 | 5.49 | 2.86 |
| ②2 | 黏土，软塑 | 23.75 | 2.00 | 0.69 | 30.70 | 17.80 | 12.90 | 0.47 | 20.4 | 11.00 | 4.71 |
| ②3 | 黏土，硬塑 | 22.85 | 1.99 | 0.69 | 39.48 | 19.21 | 20.28 | 0.20 | 19.48 | 38.06 | 8.44 |

### 2.2 试验方案设计

邻近既有路基进行新建路基填土势必造成既有路基的附加沉降，造成维护工作量大大增加，影响正常运营，尤其道岔区的不均匀变形甚至会危及行车运营安全。商合杭铁路肥东站路基施工图设计从两方面考虑减轻新建路堤填土对合宁铁路营业线的影响：一是对软弱地基进行水泥土搅拌桩处理，保证地基的稳定性，控制软弱地基土的变形；二是对于填高较高、荷载较大地段，基床以下路堤采用泡沫轻质土填筑，减小填土荷载，从而减小对营业线路基的影响。

肥东站正线帮宽路基基床以下部分填筑泡沫轻质土，代表性设计横断面K438＋320，如图1所示。帮宽路基地基采用搅拌桩复合地基，桩径0.5m，桩间距1.0m，正方形布置，桩长7m，桩顶铺0.6m厚碎石夹中粗砂垫层，垫层中铺设1层双向土工格栅；基床表层填筑0.7m厚级配碎石，基床底层填筑2.3m厚A、B组填料，基床底层以下填筑7～7.5m厚泡沫轻质土。肥东站轻质土设计总量9.7万m³，是目前泡沫轻质土用量最多的铁路工点。

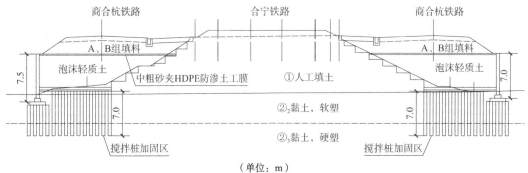

（单位：m）

图 1　肥东站正线路基泡沫轻质土帮填设计图

为研究泡沫轻质土的强度特性，设计了3个不同密度的配比开展无侧限抗压强度试验，各组分配合比如表3所示。

无侧限抗压强度试验加荷应变速率为0.2mm/min，各组配合比试样统一加载到残余强度阶段，表4为各组试样测得峰值强度、残余强度结果。

泡沫轻质土配合比及湿密度　　表3

| 配比编号 | 湿密度/（kg/m³） | 水灰比 | 气水比 | 试块编号 | 实测湿密度/（kg/m³） |
|---|---|---|---|---|---|
| FC5 | 500 | | 5.2 | FC5-1 | 497.1 |
| | | | | FC5-2 | 499.3 |
| | | | | FC5-3 | 493.8 |
| FC7 | 700 | 0.5 | 3.4 | FC7-1 | 703.2 |
| | | | | FC7-2 | 706.5 |
| | | | | FC7-3 | 709.8 |
| FC9 | 900 | | 2.1 | FC9-1 | 893.9 |
| | | | | FC9-2 | 889.5 |
| | | | | FC9-3 | 908.2 |

不同配合比试样参数表　　表4

| 配比编号 | 试块编号 | 峰值强度/MPa | 残余强度/MPa | 平均弹性模量/MPa |
|---|---|---|---|---|
| FC5 | FC5-1 | 0.25 | 0.17 | 19.10 |
| | FC5-2 | 0.27 | 0.17 | |
| | FC5-3 | 0.30 | 0.18 | |
| FC7 | FC7-1 | 1.12 | 0.90 | 54.26 |
| | FC7-2 | 1.00 | 0.83 | |
| | FC7-3 | 1.04 | 0.82 | |
| FC9 | FC9-1 | 1.73 | 1.40 | 90.90 |
| | FC9-2 | 1.69 | 1.42 | |
| | FC9-3 | 1.65 | 1.41 | |

由表4可知，随着湿密度的增加，泡沫轻质土试块的峰值强度、残余强度、弹性模量都迅速增加。通过对不同配合比泡沫轻质土的物理力学性质分析可知，湿密度700、900kg/m³的泡沫轻质土能够满足高铁路基填筑标准。湿密度越高，其制作过程中需要的单位水泥质量就会提升，进而大大提高路基造价，导致泡沫轻质土失去低成本优势。对不同配合比无侧限抗压强度、弹性模量、湿密度以及成本角度综合考虑，可以看出湿密度为700kg/m³的配比是成本较为低廉且具备技术优势的一个方案。

根据试验数据[19]，15次干湿循环强度损失率小于20%，100kPa荷载作用下蠕变小于0.6%，很快趋于稳定；冻融循环10次耐久系数大于0.86。泡沫轻质土室内大比例动态模型试验[20]下，当动力荷载作用为200万次时，泡沫轻质土路基整体结构总累积沉降均小于1mm，与高速铁路普通无砟轨道路基结构经过加载200万次后产生的累积沉降基本一致，泡沫轻质土层产生的累积沉降均较小，具有良好的长期动力稳定性。

最终肥东站设计泡沫轻质土主要指标如下：（1）泡沫轻质土重度$\gamma = 6\sim7kN/m^3$；（2）泡沫轻质土强度等级[1]CF1.0～1.2。轻质土顶部以下距离0～1.0m范围28d 100mm×100mm×100mm的立方体抗压强度不小于1.2MPa；大于1.0m时28d立方体抗压强度不小于1.0MPa；（3）单层泡沫轻质土浇筑厚度0.5～0.8m。如图1、图2所示，泡沫轻质土填筑体底部铺设0.2m厚中粗砂内夹一层HDPE防渗土工膜，其上设置一层$\phi$3.2mm@5cm镀锌钢丝网；填筑体中部铺设一层$\phi$8mm@10×10cm的钢筋网。顶面铺设0.2m厚中粗砂内夹铺一层HDPE防渗土工膜，其下设置三层$\phi$3.2mm@5cm镀锌钢丝网，间距0.5m；轻质土外侧采用0.5m厚C35钢筋混凝土面板挡护贴面，面板拉筋埋入轻质土内部，保证面板的稳定性，面板基础采用C35钢筋混凝土，宽1.0m，高0.5～0.6m，基础埋深于地面以下不小于0.6m。

由于泡沫轻质土缺乏应用于路基基床的实践经验，肥东站泡沫轻质土设计选取K438+320断面开展了现场测试试验研究工作。

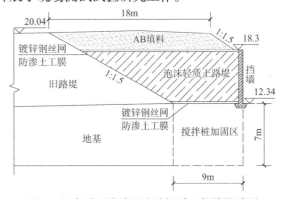

图2　肥东站正线路基泡沫轻质土帮填设计图

## 2.3　现场监测方案与实施

在泡沫轻质土路堤浇筑前埋设光纤监测设备（DCM），监测路堤底部的竖向沉降，沿横断面方向布置两个监测点，相距4.5m，并在坡脚处布设测斜管，监测深层土体位移，如图3所示。监测基准点根据铁路工程施工基准点及加密工作基点按周期检核，确保监测基准点的可靠性。

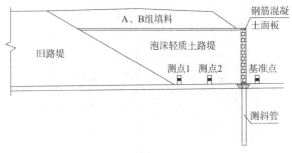

（a）横断面图

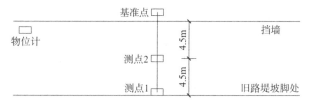

(b) 平面示意图

图 3　K438 + 320 断面 DCM 布置方案示意图

DCM 沉降自动监测系统同时具有传统方式的简单、实用特性及现代技术的高新、智能特性，特别适用于对监测点进行实时、长期的自动化监测。在自动化监测设备领域中处于领先地位，其与人工沉降监测特点的对比如表 5 所示。

两种监测方式特点对比　　表 5

| 监测方式 | DCM 监测系统 | 人工沉降监测系统 |
|---|---|---|
| 技术特点 | 数据成本低 | 数据成本高 |
| | 数据客观性好 | 数据客观性差 |
| | 数据量大，实时性强 | 数据量小，实时性弱 |
| | 全自动化实时数据采集 | 无自动化实时数据采集 |
| | 分析和预警方便 | 分析和预警不便 |
| | 安装测量方便 | 安装测量不便 |
| | 施工运营便利 | 施工运营不便 |
| | 全天候，各种影响小 | 环境和人为因素大 |

DCM 监测元件的现场埋设过程：

（1）测点位置整平压实土体；

（2）安装物位计，将传感器固定在沉降板上，用传输线连接测点与基准点，如图 4 所示；

（3）砌筑基准点平台，做好基准点防护措施，如图 5 所示。

为监测泡沫轻质土帮宽路堤底部附加应力、浇筑层间附加应力和挡墙侧向应力，在 K438 + 320 断面共布置 8 个土压力盒，布置形式如图 6 所示。土压力盒现场埋设情况如图 7 所示。

图 4　物位计埋设现场

图 5　基准平台砌筑

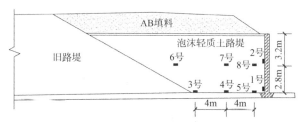

图 6　K438 + 320 断面土压力盒布置示意图

图 7　土压力盒现场埋设情况

# 3　现场测试分析

## 3.1　地基沉降

K438 + 320 试验段泡沫轻质土路堤自 2017 年 7 月 7 日开始浇筑，依据 DCM 监测系统采集的数据，获得各测点在监测期内的累计沉降量。图 8 为现场测点 1 和测点 2 的累计沉降曲线图。

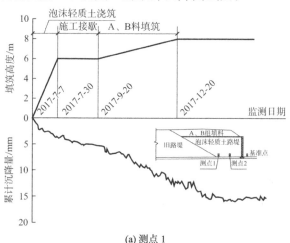

(a) 测点 1

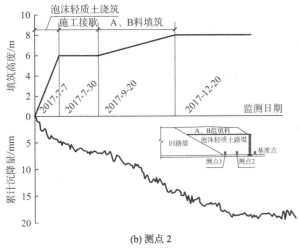

(b) 测点2

图8　沉降监测点累计沉降曲线

由图8可知，在帮宽路堤整个施工过程中，路堤底部的沉降量逐步增加。在泡沫轻质土路堤浇筑完成后，沉降速率有所减慢，在浇筑完成后大概一个月的时间，路堤底部的沉降变形基本稳定。在A、B组料填筑施工过程中，沉降速率又明显变大，而后沉降速率变缓直至沉降稳定。泡沫轻质土填筑产生的沉降量较小，测点1的沉降约为5mm，测点2的沉降约为7mm；A、B组填料填筑完成后稳定一段时间，测点1的沉降量约为16mm，测点2的沉降量约为19mm。

## 3.2　地基深部水平位移

图9是K438＋320断面帮宽路堤外侧土体深部水平位移。从图9可知，土体深部水平位移呈现随深度逐渐减小的变化规律，且随着填筑高度的增加，土体水平最大值逐渐增大。K438＋320断面填筑高度达10m，A、B组填料填筑完成后，地基最大水平位移为10.8mm。以上分析可知，说明采用轻质土进行路堤帮宽，不会产生较大的土体深部水平位移。

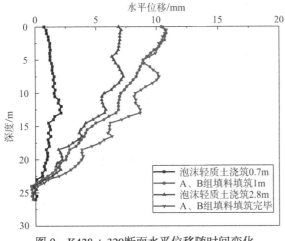

图9　K438＋320断面水平位移随时间变化

## 4　土压力

图10为路堤底部和层间的竖向土压力随时间变化。由图10可知，在泡沫轻质土路堤的浇筑过程中，路堤底部和层间的应力逐渐增大，而后略有降低。在泡沫轻质土分层浇筑的过程中，刚浇筑成形时其湿重度最大，应力呈增加的趋势；而随着泡沫轻质土在自然环境中逐渐失水和固结硬化，重度减小至干重度，引起竖向应力减小。整个路堤浇筑完成后，随着泡沫轻质土的固化，路堤中的应力也趋于稳定。随着A、B组填料的分层填筑，路堤底部和层间的应力明显增加。

高度为6m的泡沫轻质土路堤浇筑完成时，路堤底部的应力值约为45kPa，层间的应力值约为20kPa。高度为2m的A、B组填料填筑完成时，路堤底部的应力值约为70kPa，层间的应力值约为50kPa。综上所述，泡沫轻质土作为路堤填料可以大大减小竖向附加应力。

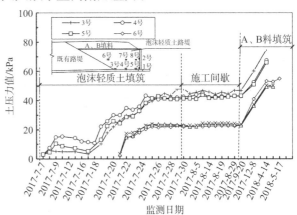

图10　K438＋320断面竖向土压力随时间变化

图11为K438＋320断面为墙背水平土压力随时间变化。由图11可知，泡沫轻质土在浇筑过程中，由于泡沫轻质土的流动性，挡墙的侧向压力随着浇筑高度增加逐渐增大；但随着泡沫轻质土的固化收缩，其强度及良好的自立性逐渐形成，对挡墙的侧向压力显著降低。在A、B组填料填筑期间，挡墙处的侧向土压力值也没有较大幅度地增长。泡沫轻质土路堤浇筑完成后，K438＋320断面处的侧向压力约为5kPa。因此，在泡沫轻质土浇筑路堤工程的挡土墙设计时，可根据泡沫轻质土这一特性，可适当降低挡墙墙身强度、合理优化挡墙结构。

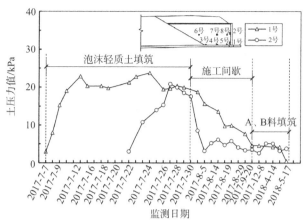

图 11　墙背土压力随时间变化曲线

Terzaghi[21]从工程意义出发采用土的总应力比值定义土压力系数$K = \sigma_3/\sigma_1$。选取监测点 1、2两个点的土应力计算得到其土压力系数$K$，如图 12所示。

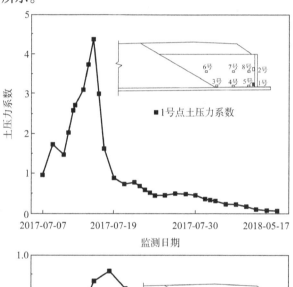

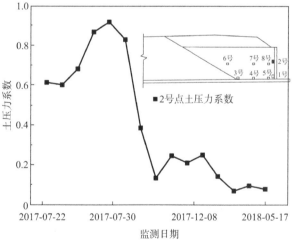

图 12　土压力系数随时间变化

由图 12 可知，随着泡沫轻质土的填筑，挡墙的土压力系数$K$随着浇筑高度增加逐渐增大，但在泡沫轻质土随着时间推移开始固化收缩，土压力系数$K$逐渐减小趋近于 0.1。由图中 1 点及 2 点的

曲线可得，泡沫轻质土的填筑高度越高，静止土压力系数的变化幅度也会越大。表明了泡沫轻质土浇筑完成后具有良好的自立性及强度，对挡墙的侧向压力显著降低。

# 5　结论

本文结合商合杭铁路引入肥东站工程建设，介绍了泡沫轻质土用于铁路软土地基处理的设计方案，采用现场监测试验，研究了泡沫轻质土填筑路基的沉降变形、土压力规律，主要结论有：

（1）泡沫轻质土能显著减小地基沉降。泡沫轻质土浇筑产生的沉降量为 5～7mm；A、B 组填料填筑完成后总沉降量为 16～19mm。

（2）在泡沫轻质土路堤的浇筑过程中，路堤底部和地基土层间的应力逐渐增大，而后随着其固化和逐渐失水，应力略有降低。随着 A、B 料的分层填筑，路堤底部和地基土层间的应力明显增加。泡沫轻质土填筑完成后的基底应力 27～45kPa。

（3）由于泡沫轻质土的流动性，挡墙的侧向压力随着浇筑高度增加逐渐增大；但随着泡沫轻质土的固化收缩，其强度及良好的自立性逐渐形成，对挡墙的侧向压力显著降低，填筑完成后墙背侧向土压力仅 2～5kPa。随着时间推移泡沫轻质土固化收缩，土压力系数$K$逐渐减小趋近于 0.1。

## 参考文献

[1]　广州大学, 华鑫博越国际土木建筑工程技术(北京)有限公司. 现浇泡沫轻质土技术规程: CECS 249: 2008[S]. 北京: 中国计划出版社, 2009.

[2]　中国国家铁路集团有限公司. 铁路工程现浇泡沫轻质土: Q/CR 758—2020[S]. 北京: 中国铁道出版社, 2020.

[3]　张小平, 俞仲泉. 粉煤灰掺石灰混合料的工程性质试验研究[J]. 河海大学学报(自然科学版), 1999.5, 27(3): 57-62.

[4]　张小平, 刘艳华, 张小蒙, 等. 泡沫轻质材料试验研究的均匀设计方法及配方优化[J]. 岩土力学, 2004,25(8): 1323-1326.

[5]　顾欢达, 顾熙, 申燕, 等. 发泡颗粒轻质土材料的基本性质[J]. 苏州科技学院学报(工程技术版), 2003, 16(4): 4448.

[6] 张志允. 气泡混合轻量土的制作技术及基本力学性质的研究[D]. 南京: 河海大学, 2003.

[7] 张志允, 朱伟, 姬凤玲. 气泡混合轻量土制作方法的试验研究[J]. 地质与勘探, 2003, 39(增刊): 38-41.

[8] 顾欢达, 顾熙. 发泡塑料颗粒轻质土的强度、变形特性研究[J]. 岩土力学, 2006(11): 1922-1926.

[9] 何国杰, 郑颖人, 杨晨曦. 气泡混合轻质土的吸水特性和抗冻融循环性能[J]. 后勤工程学院学报, 2008, 24(4): 6-9.

[10] 陈忠平, 孙仲均, 钱争晖. 泡沫轻质土充填技术及应用[J]. 施工技术, 2011, 40(10): 74-76.

[11] 李欢, 陈磊, 安海平, 等. 软土地基处理中换填厚度的优化研究[J]. 河北工程大学学报(自然科学版), 2012, 29(2): 16-19.

[12] 关博. 现浇泡沫轻质土应用在铁路路基的室内动力模型试验研究[D]. 广州: 广州大学, 2015.

[13] 吴海刚, 王宝军, 郑永红, 等. 大规模采用泡沫轻质土处理软基设计方法探讨[J]. 铁道工程学报, 2016, 33(2): 28-33.

[14] 蒋瑜阳, 黎浩, 刘元炜. 重载道路路基下穿客运专线设计与施工方案研究[J]. 公路, 2016, 61(2): 103-107.

[15] 赵新宇. 气泡轻质土在既有高速铁路路基加宽工程中的应用[J].铁道建筑, 2016, 56(6): 96-98.

[16] 邓飞. 泡沫轻质土在杭州东站软土路基地基处理中的应用[J]. 铁道标准设计, 2018, 62(3): 31-35.

[17] 赵文辉, 苏谦, 李婷, 等. 高速铁路基床底层泡沫轻质土填料试验研究[J]. 振动与冲击, 2019, 38(6): 179-186.

[18] 李斯, 姚建平, 庞帅, 等. 高速铁路泡沫轻质土路基施工关键控制技术[J]. 铁道建筑, 2019, 59(01): 63-66.

[19] 陈尚勇, 杭红星, 杨莹. 商合杭铁路轻质土高填帮宽路基技术研究总报告 [R]. 武汉: 中铁第四勘察设计院集团有限公司, 2021.

[20] 陈忠平, 汪建斌, 刘吉福. 现浇泡沫轻质土路堤模型循环动载试验研究[J]. 公路, 2019, 64(5)4: 57-60.

[21] TERZAGHI K. Old earth pressure theories and new test results[J]. Engineering News Record, 1920, 85(14): 632-637.

# 天津南港原油商业储备基地罐区预应力管桩施工工程实录

孙会哲 [1,2]　付　飞 [1,2]　刘昊刚 [1,2]

（1. 中国兵器工业北方勘察设计研究院有限公司，河北石家庄　050011；
2. 河北省地下空间工程岩土技术创新中心，河北石家庄　050011）

## 1　工程概况

天津南港原油商业储备基地工程项目位于天津南港工业区，拟建 20 个 10 万 m³ 原油储罐其配套辅助设施，我单位承担了该项目部分桩基工程，共 T-13、T-14、T-15、T-16 等 4 台储油罐，储罐底圈内直径为 80.0m。

T-14 号罐采用预制钢筋混凝土方桩进行地基处理，T-13、T-15、T-16 等 3 个罐区采用预制管桩，十字形钢桩尖，两种桩型桩身均采用混凝土强度等级 C80，单桩承载力 1400kN，平面布置如图 1 所示。打桩前做预钻孔，预钻孔深度 16m，随钻随打，桩端（不含桩尖）进入持力层为 ⑧₂-₂ 粉砂层的深度不小于 2.4m。桩基施工自 2020 年 04 月 20 日起，至 06 月 26 日全部完工，施工场景见图 2。累计工作量见表 1。目前该项目已投入使用，未发生过大或不均匀沉降等问题，竣工场景如图 3 所示。

工程量统计　　　　　　　　表 1

| 序号 | 罐号 | 桩型 | 规格型号 | 单罐数量 |
|---|---|---|---|---|
| 1 | T-14 | 预制方桩（0.45m × 0.45m × 27.6m） | JZHb-245-1215BG | 1035 根 |
| 2 | T-13 T-15 T-16 | 预应力管桩（φ600mm × 27m） | PHC600 B 130-1314 | 1048 根 |

图 2　储备基地罐区施工场景

图 3　储备基地罐区竣工场景

T-13、T-15、T-16 储罐地面标高 3.8m，桩顶施工标高 2.9m，管桩选自国家建筑标准设计图集《预应力混凝土管桩》10G409，锤击型桩，桩身采用掺入复合型防腐阻锈剂，上节桩两端箍筋加密区 4m，T-14 罐基础地面标高 4.0m，桩顶施工标高 4.0m，采用《预制钢筋混凝土方桩》04G361，

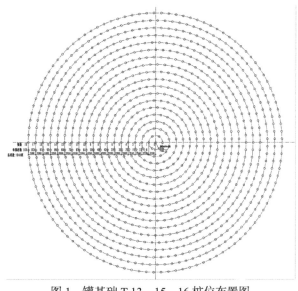

图 1　罐基础 T-13、15、16 桩位布置图

基金资助：河北省省级科技计划资助（S&T Program Hebei）（20567663H）

锤击型桩，焊接接桩方式，混凝土强度等级C40，采用掺入复合型防腐阻锈剂，桩沉桩时采用锤重为10t，冲程2~3m，沉桩控制深度应以最后十击贯入度及桩顶标高双重控制，以贯入度为主，最后十击贯入度不大于3cm，当贯入度已达到设计要求而桩顶标高未达到时，应继续锤击，锤击最后三阵，每阵十击贯入度不大于2cm。所有基桩施工完后普遍实施一次复打，复打后记录桩顶标高，每隔15d和罐基础承台施工前监测桩顶标高是否变化，若桩顶上涌，进行复打。沉桩顺序由罐中心开始，向边缘进行，以减小挤土效应带来的影响。本次施工方桩采用锥形桩尖，管桩采用平底十字封口形桩尖，如图4所示。

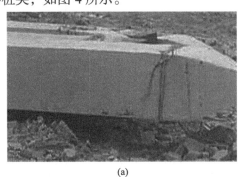

(b)

图4 桩尖处理方法

（a）方桩桩尖；（b）管桩桩尖

## 2 场地岩土工程条件

### 2.1 工程地质条件

场地原始地貌类型为大港独流减河口潮间带地貌，现为填海造陆所形成的人工地貌，场地地势平坦开阔，地形起伏小。根据勘察报告，施工区域地层分布及主要参数如表2所示。

施工区域地层分布及主要参数统计表　　　　　表2

| 序号 | 年代及成因 | 地层名称 | 分布厚度/m | 层底埋深/m | 土的状态 | 承载力特征值 $f_{ak}$/kPa | 预制桩（建议值） $q_{sik}$/kPa | 预制桩（建议值） $q_{pk}$/kPa |
|---|---|---|---|---|---|---|---|---|
| ①₂ | 人工堆积 | 素填土 | 1.25 | 1.25 | | 80 | | |
| ⑥₁₋₁ | | 淤泥质黏土 | 1.97 | 3.22 | 流塑—软塑 | 68 | — | |
| ⑥₁₋₂ | 全新统浅海相沉积 | 粉土 | 1.64 | 4.87 | 稍密 | 123 | 30 | |
| ⑥₂ | | 淤泥质黏土 | 11.64 | 16.51 | 流塑—软塑 | 73 | 20 | |
| ⑦₁ | 全新统沼泽相沉积 | 粉质黏土 | 2.14 | 18.65 | 可塑 | 120 | 40 | |
| ⑦₂ | | 粉土 | 1.64 | 20.27 | 中密 | 130 | 50 | |
| ⑧₁ | | 粉质黏土 | 3.32 | 23.56 | 可塑 | 130 | 45 | |
| ⑧₂₋₁ | 全新统河床—河漫滩相沉积 | 粉砂 | 1.95 | 25.0 | 中密 | 210 | 70 | 3800 |
| ⑧₂₋₂ | | 粉砂 | 6.9 | 30.64 | 密实 | 280 | 80 | 5500 |
| ⑨₁ | 上更新统河床—河漫滩相沉积 | 粉质黏土 | 3.32 | 33.95 | 可塑 | 150 | 50 | |
| ⑩₁ | | 粉质黏土 | 6.53 | 40.48 | 可塑 | 140 | 45 | |
| ⑩₂₋₁ | 上更新统滨海—潮汐带相沉积 | 粉土 | 2.73 | 43.14 | 密实 | 160 | 60 | 3200 |
| ⑩₂₋₂ | | 粉砂 | 2.14 | 44.95 | 密实 | 300 | 80 | 5500 |
| ⑪₁ | | 粉质黏土 | 4.31 | 48.75 | 硬可塑 | 170 | 75 | |
| ⑪₂ | 上更新统河床—河漫滩相沉积 | 粉土 | 3.6 | 52.73 | 密实 | 180 | 60 | 3400 |
| ⑪₃ | | 粉质黏土 | 4.38 | 57.09 | 硬可塑 | 170 | 75 | |
| ⑪₄ | | 粉土 | 5.0 | 62.09 | 密实 | 210 | 65 | 3600 |

(a)

## 2.2 水文地质条件

拟建项目场地红线以北约 10.0m 有一条东西向排水沟，沟深 2.5～3.0m，宽约 20.0m，水深 0.5～1.0m。

该场地地下水属潜水类型，主要受大气降水和地下径流补给，主要排泄途径为大气蒸发和地下侧向径流排泄。勘察期间为枯水期，测得本场地地下水水位一般埋深 1.50～2.40m，水位高程为 0.90～2.00m。潜水位年变化幅度可按 1.00m 考虑，遇连续强降雨时，地下水可上升至地表。

代表性工程地质剖面如图 5 所示。

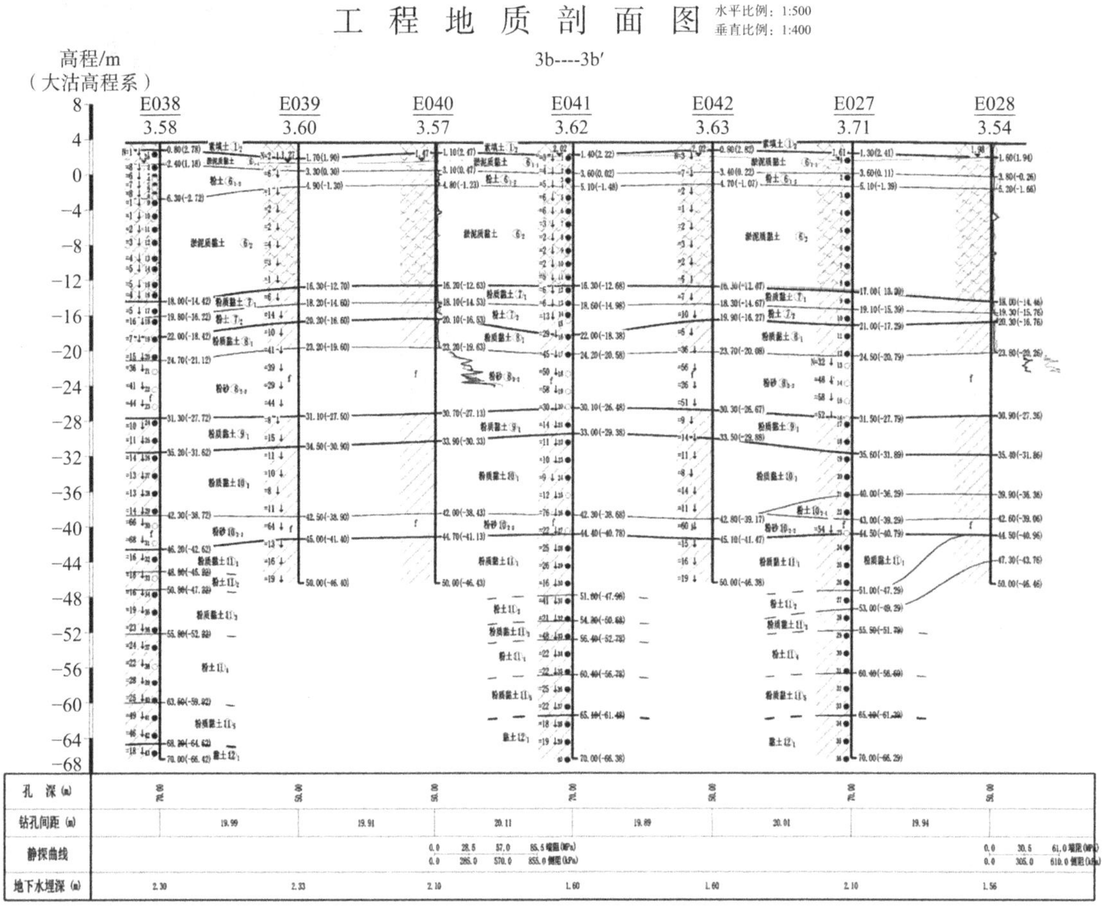

图 5　工程地质剖面图

# 3　施工工艺及施工顺序

为保证按期完成施工任务，每个罐区布置 3 台柴油锤打桩机，桩机型号为 HD100，全步履式底座，施工顺序由通过罐中心沿一条直径直线分列，合理划分各自施工作业区域，逐排向外侧退打施工，施工至中间区域可合理摆放预制桩后，1～2 台桩机陆续移至罐中心对面反方向由罐心向罐边退打施工。此种布置方式可减小挤土效应造成的超孔隙水压力，避免导致已施工的桩身产生偏差和隆起。

为减小挤土效应带来的影响，设计方案要求采用预钻孔，即"打桩前应做预钻孔，施工时应随钻随打，预钻孔径 400mm，预钻深度 16m"，此种工艺对现场施工布置及施工效率带来较大影响。结合现场实际情况，采用了在已完工程桩周边增加应力释放孔的施工工艺，用以降低或消除因挤土效应对周边桩的不利影响。根据设计关于应力释放孔的设计意图，应力释放孔深度应穿过⑥$_2$层淤泥质黏土层，孔径应小于管桩直径，因此应力释放孔孔径选择 500mm，孔深约 15m（结合实际钻孔孔底出土情况，随时确定孔深）。应力释放孔钻孔完成后，应立即向孔内填入粗砂，直至地平，使孔隙水压力能够通过应力释放孔迅速释放。

沉桩过程中，采取了以下保证措施，确保了桩基施工顺利并按期完成：

起吊预制桩使桩尖垂直对桩位中心缓缓放

下，插入土中，插桩必须正直，垂直度偏差不得超过 0.5%，再在桩顶扣好桩帽，即可卸去索具；确保桩锤、送桩器和桩身在同一轴线上，锤垫、桩垫及送桩杆应具有足够的强度和刚度。桩帽与桩周边应留 5～10mm 间隙，锤与桩帽、桩帽与桩顶之间应有相应的弹性衬垫，锤击压缩后的厚度以120～150mm 为宜，在锤击过程中，经常检查、及时更换。先用低锤击 1～2 击，桩入土一定深度后，再次校正桩的垂直度，沉桩过程中使用经纬仪双向校正，桩在打入前在桩的侧面或桩架上设置标尺，在施工中观察记录贯入度。

本工程全部采用 2 节桩，接桩采用焊接法，一般在距地面 1m 左右时进行；上下节桩的平面偏差不得大于 10mm，节点弯曲矢高不得大于 1‰桩长。上下端板表面用钢丝刷清理干净，坡口处应刷至露出金属光泽。上下两节桩之间应保持对直，错位偏差不宜大于 2mm，间隙过大时采用厚薄适当的铁片填实焊牢。一般应先点焊固定，以减少焊接变形，分层焊接确保根部焊透，内层焊完后敲掉焊渣再焊外层。焊缝应连续、饱满，焊接完成后，在自然条件下冷却不少于 8min 方可继续锤击沉桩。接桩时应避免桩尖接近硬持力层或桩尖处于硬持力层中接桩。为加强上下节桩之间的连接，本工程施工方桩采用了帮条焊接的方式，如图 6 所示，根据检测结果的对比，采用帮条焊接的方桩出现病害桩的比例大大降低。

图 6　焊接接桩效果图

# 4　病害桩的成因及预防措施

锤击预制桩施工过程中，易产生桩头破碎、桩身倾斜、桩顶上浮、沉桩不到位等现象，若预防措施不得当，将影响桩基施工质量。本项目施工过程中，针对可能的病害，采取了有效的措施，保证了施工质量。

## 4.1　桩顶面破碎或者桩身折断

沉桩时，桩的顶部由于直接受到冲击而产生很高的局部应力，产生桩头破碎。其原因一是预制桩质量方面，主筋偏移造成保护层过厚以及桩的顶面与桩的轴线不垂直，桩处于偏心受冲击状态，易产生桩头破坏。桩顶安装钢筋网片可有效增强桩头抗裂性能，还要确保桩身混凝土强度。

当桩帽垫层材料选用得不合适，不能起到减弱锤击应力和均匀分布应力的作用时，也易产生桩头破坏。桩垫材料多为松板、麻袋或油浸麻绳等，对于难打、锤击应力大的桩，应采用均匀、强度高、弹性好的桩帽垫层。此外，桩帽过大易产生偏心作用，容易产生倾斜和破损。一经发现歪斜，就应及时纠正。

在沉桩过程中若出现桩下沉速度慢而施打时间长，锤击次数多或冲击能量过大情况时，应分析地质资料，判断土层情况，改善操作方法，避免过打造成桩头破坏。

## 4.2　挤土效应引发的病害

采用打入式预应力管桩或其他类型预制桩时，群桩的挤土效应往往引起超孔隙水压力，常产生地表土体的隆起、水平位移、桩基产生位移、弯曲、上浮等病害。

为防止或减轻挤土影响，可考虑采取合理施工顺序、打桩休止时间、控制沉桩速度等措施，此外采取减压措施也是非常必要的，特别是工期较紧情况下。本工程采用了应力释放孔措施，起到了一定效果。

## 4.3　桩身倾斜

桩顶不平、桩身混凝土凸肚、桩帽偏心、接桩不正或桩周土中有障碍物，都容易产生桩身倾斜；预制桩初入土时桩身不垂直，未纠正即予施打，亦容易产生倾斜。除保证桩的质量外，可采取措施如下：一是打桩机的导架应保持垂直，桩对准桩位后，桩顶要正确地套入桩帽内，严禁偏心；二是沉桩开始时，桩锤用小落距将桩徐徐击入土中，并随时检查桩的垂直度，待桩打入土中一定的深度稳定后（一般在 5～8m），再按要求的落距将桩连续击入土中；三是接桩时应保持上下节桩的顺直。

### 4.4　沉桩困难

初入土 1~2m 即遇贯入度变小，桩锤严重回弹，此种现象多为障碍物影响，应清除或钻透后再打。桩已打入土中一定深度后，偶发沉桩困难，主要原因有如下几种情况：一是桩顶或桩身已打坏，锤的冲击能不能有效地传递给桩端；二是土层中夹有较厚的砂层或其他硬土层，或遇孤石等障碍物，此种情况，切忌盲目施打，避免桩顶破碎、桩身折断，应会同设计勘探部门共同研究解决；三是打桩过程中，停歇一段时间以后，再予施打，往往不能顺利地将桩打入土中，特别是桩尖贯入砂层后，应保证施打的连续进行。

在本项目施工过程中，方桩采用锥形桩尖，具有较强的穿透能力，沉桩深度与设计方案较为吻合。而预应力管桩采用平板十字封口形桩尖，在满足贯入度要求的前提下，仍有部分桩难以沉入至预定深度，造成较大面积的截桩，主要原因为桩端持力层为⑧$_{2-2}$粉砂层，呈密实状态，在埋深较大的情况下，难以穿透。

## 5　检测结果及原因分析

本项目桩基工程委托第三方采用低应变与高应变法进行了桩身质量和承载力检测。T-14 罐区采用预制方桩，经检测，单桩竖向抗压承载力特征值均不小于 1400kN，Ⅰ类桩占比 97.7%，未发现Ⅲ、Ⅳ类桩。T-13、T-15、T-16 等 3 个罐区采用预制管桩，检测结果显示存在少量Ⅲ类桩及Ⅳ类桩，Ⅲ类桩均为接桩处存在明显缺陷；Ⅳ类桩均为接桩处存在严重缺陷。个别桩单桩承载力未达到设计要求，其原因初步分析如下：

一是检测间歇时间较短，受挤土效应影响，桩间土尚未重新固结，根据《建筑基桩检测技术规范》JGJ 106—2014 规定，饱和黏性土休止时间最低为 25d，而受工期因素的制约，检测休止时间仅为 10d，因此造成一小部分桩承载力达不到设计要求。

二是本次施工按照贯入度不大于 2cm/10 击控制，而 D100 柴油锤常用贯入度一般为 7~12cm/10击，收锤标准是规范要求的 3.5~6 倍，过度锤击，极易造成接桩处焊口出现损伤，加之受周边管桩锤击、挤密施工影响，焊口会被连续遭受不同方向的土体挤压，从而增大了焊口被大幅度直至彻底损坏的概率。

三是根据相关施工要求和经验，锤击桩接桩焊接结束后自然冷却时间不少于 8min，但由于天气炎热，加之施工进度要求极紧，焊缝未完全冷却就开始锤击施工，焊缝接触地基土及地下水后，急速冷却，将会改变钢材的力学性能，焊缝会出现收缩裂纹，影响接桩质量。

四是挤土效应产生的超孔隙水压力及土体隆起作用明显，管桩受到较大的上拔力，造成上节桩或两节桩整体上浮，形成断桩或桩端脱空。

根据检测结果，对存在的质量隐患采取了相应处理措施。对高、低应变已经检测为不合格的Ⅲ、Ⅳ类桩和端阻低的桩，先判断上下节桩是否同心，若同心则进行复打，复打后对不合格桩做 100%高应变承载力检测，承载力检测合格的进行灌芯处理，灌芯深度为接桩处以下 2m，然后低应变检测，检查桩身完整性；承载力检测不合格桩和上下节桩不同心的应进行补桩，补桩方案为在不合格桩两侧各补一根，并应经高、低应变检测合格。未检测的桩做 100%低应变检测，检验桩身的完整性。若出现Ⅱ类桩，如果缺陷部位在接桩处可不做处理，如果缺陷部位在桩身应视缺陷位置深浅采取补强或补桩的处理方法。

## 6　小结

预制桩具有较为广泛的应用空间，具有工厂预制、桩身质量保证、承载力高等优点。但在预制桩应用过程中宜发生施工质量问题，如在高水位软土地区预制桩施工易产生较强的挤土效应，造成桩身上浮、倾斜等病害。对此，需要准确了解桩端持力层的性质，正确评估沉桩的可行性，避免造成承载力不足，另一方面也要避免沉桩不到位，造成大量的截桩工作。为提高预制桩的应用水平，还可以在贯入度与承载力建立良好的对应关系，以及时间效应对桩基承载力的影响等方面进行深入研究，进一步提高预制桩工艺的设计、施工水平。

# 内蒙古某焦化厂液氨球罐地基加固处理工程实录

孙立平　杨海朋　马　飞　徐志浩　郭瀚波　张国华　杨宇楠

（中冀建勘集团有限公司，河北省石家庄市　邮编：050227）

## 1　工程概况

内蒙古某焦化厂有 4 座液氨球罐修建在深厚回填场地上，回填土厚度为 8～12m，地基经强夯处理，基础采用环形钢筋混凝土基础，在主体结构施工完成后，在尚未进行全载重试验时，基础已经发生了部分沉降，沉降量最大处达 30mm，且有进一步增大的趋势。为阻止沉降继续发生，结合场地勘察资料，采用高压旋喷桩及钻孔注浆对地基土进行加固处理。

### 1.1　上部构筑物概况

液氨球罐基础等级为乙级，基础为环形基础（混凝土强度等级 C35），内环直径为 15.7m，外环直径为 23.7m，基础底标高 −2.200m（板厚 0.8m），垫层厚度 100mm（混凝土强度等级 C35），上部结构为钢结构（液氨球罐）。

根据业主方提供的资料，该区域回填厚度 8～12m。采用了强夯法对地基进行了处理，夯击能以 8000kN·m 为主，部分区域夯击能 12000kN·m。

### 1.2　基础沉降原因分析

查阅设计文件，主体完工后，地基整体受力约 16000kN，预计运行过程中荷载可达 36000kN。液氨球罐主体已施工完成，尚未进行全载重试验工作，地基已产生了部分沉降。主要原因分析如下：

（1）场地为回填场地，局部处理不到位

由于本工程场地为回填场地，回填土土层厚度 8～12m，在回填及强夯处理的过程中，存在分层回填厚度过厚，强夯效果达不到设计要求，造成地基土承载力不足、地基土的压缩性过大。

（2）受降雨影响

液氨球罐区域施工期正值雨季，且当年 7～8 月份的降雨量大大超过往年同期降雨量，雨水渗入地基，可能造成地基土层发生沉陷。

## 2　工程水文地质情况

### 2.1　场地地层情况

根据场地的勘察报告及补勘报告，场地地层如下：

①人工填土（$Q_4^{ml}$）：土黄色，稍密—中密，稍湿，主要由粉性土、黄土、细砂回填而成，该层厚度 8～12.0m，在场地范围内分布连续。该层土体地基承载力较低，根据补勘报告地基承载力为 90～130kPa，压缩模量 5～11MPa，横向、纵向密实度极不均匀。

②细砂（$Q_4^{eol}$）：浅黄色，中密，稍湿，主要由长石及石英细颗粒组成，分选性较差，局部混少量粉土，该层在场地范围内分布连续，层厚 2～10.8m。

②₁砂质黄土：黄褐色，稍湿，坚硬，切面无光泽，高强度低，韧性低，具有大孔隙结构，含砂量约 40% 左右，该层在场地范围内以亚层形式存在，分布不连续，层厚 2～2.6m。

③粉质黏土：黄褐色，可塑—硬可塑；无摇振反应，切面稍有光泽，土质均匀，局部黏度较大，干强度中，韧性中。分布较连续，局部缺失，无湿陷性。层厚 9～11m，平均 10m。

④中粗砂：黄褐色，密实；饱和；以长石及石英为主，含有少量岩屑及黏性土；集配不良，该层在场地范围内分布连续，所有钻孔终止于该层，该层未钻穿。

### 2.2　地下水情况

地下水主要存在于④粗砂中，埋深 27.6～28.5m，最大水位变幅约 3.0m。

## 3　地基加固处理设计

### 3.1　主要设计思路

结合场地工程地质条件、上部结构设计资料

及构筑物沉降特征，本项目加固治理目的主要是防止构筑物继续产生沉降或差异沉降。治理思路从提高地基的承载力和减少地基的沉降两方面入手。具体如下：

（1）高压旋喷桩：主要分布在液氨球罐环形基础的主要受力节点的两侧，旋喷桩桩端需穿过人工填土层，桩端位于粉质黏土层，与原地层共同作用形成复合地基，提高地基承载力。

（2）钻孔注浆：主要分布于氨灌球罐内外环形基础的两侧，加固范围为基底下8m左右。有垂直注浆孔和斜向注浆孔，垂直注浆孔与斜向注浆孔比例为 3：2，起到填充土内部孔隙，提高地基土层的承载力及压缩模量。

每个液氨球罐地基布置60根高压旋喷桩和36根垂直孔注浆及24根斜向注浆孔，高压旋喷桩钻孔时紧贴基础边成孔，成桩后可形成一半桩承托基础；钻孔注浆（直孔注浆及斜孔注浆）均匀分布环形基础内外两侧，使水泥浆注入基础下方地层，提高地基承载力，使液氨球罐地基承载力达到设计需求。具体见图1。

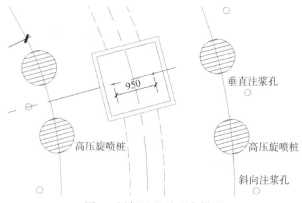

图1 局部地基处理大样图

## 3.2 高压旋喷桩设计

高压旋喷桩有效直径为 800mm，有效桩长17m。施工工艺采用二重管施工，水泥为 P.O42.5 级普通硅酸盐水泥，浆液水灰比 0.6～0.8（可加入0.5%～1%减水剂，以水泥用量计量），高压旋喷桩设计参数见表1。

高压旋喷桩施工参数表 表1

| 承台类型 | 高压旋喷桩数量/根 | 有效桩长/m | 桩顶标高/m | 桩径/mm | 水泥等级 | 注浆压力/MPa | 提升速度/（cm/min） | 旋转速度/（r/min） | 水泥掺量/% |
|---|---|---|---|---|---|---|---|---|---|
| 液氨罐 | 60×4 | ≥17 | −2.300 | ≥800 | P.O42.5 级普通硅酸盐水泥 | ≥20 | 10～20 | 15～20 | ≥10 |

备注：旋喷桩施工时，桩顶1m范围内需复喷。旋喷桩桩位可根据场地的实际情况适当调整。

## 3.3 钻孔注浆设计参数

（1）垂直注浆孔布置

垂直注浆孔距基础内外边缘 500mm，有效深度约 8m，注浆管出露地面高度不小于 500mm。

（2）斜向注浆孔布置

斜向注浆孔角度 5°，钻孔有效垂直深度 8m，注浆管出露地面高度不小于 500mm。

（3）注浆孔参数设置

注浆孔有效垂直深度 8m，成孔直径 100mm，注浆管采用注浆花管。

（4）注浆材料

采用水泥、水玻璃双液注浆，水泥采用 P.O42.5，浆液比例为水：水泥：水玻璃 =(0.6～0.8)：1：(0.002～0.005)，浆液中可适当掺入一定数量的膨胀剂，施工时根据注浆情况可作适当调整。

（5）注浆量

注浆量不小于 0.10m³/m。

## 3.4 高压旋喷桩复合地基试验

正式施工前，在场地邻近区域进行了高压旋喷桩复合地基试验，经检测复合地基承载力特征值可达 170kPa，经核算满足正常使用要求。

# 4 地基加固处理

## 4.1 施工方法和施工顺序

根据场地情况，地质情况和地基加固处理施工内容，采用 MXL-150D 型钻机进行二重管法高压旋喷桩和注浆孔钻孔施工。注浆孔间隔注浆的方法，注浆时，先注垂直注浆孔，再注斜向注浆孔，最大注浆压力不大于 2.0MPa，当达到注浆压力或者地面冒浆后，终止注浆。对于没达到注浆压力或者注浆量时，采用间隔注浆，间隔时间根据浆液的初凝试验结果确定，一般不超过 4h。

本工程施工时先施工高压旋喷桩后施工钻孔注浆，且施工时 2 台钻机对称施工。

## 4.2 高压旋喷施工方案

高压旋喷桩施工工艺流程为：测量放线定位→钻机就位→钻进→制浆→高压旋喷作业（桩顶以下1m需复喷）→喷射结束→器具清洗，施工流程见图2。

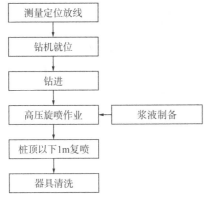

图2 高压旋喷桩施工工艺流程

1）测量放线：桩位测放采用RTK、全站仪进行测放，测放误差不大于2cm。

2）根据施工放线，移动钻机至设计孔位使钻头对准旋喷桩设计中心，并作好试运转，同时挖好排浆沟和废浆池。并进行钻机调试，首先进行低压射水试验，用以检查喷嘴是否畅通，压力是否正常。射水试验后，即可开钻，射水压力由0.5MPa增至1.0MPa。当第一根钻杆钻进后，停止射水。此时压力下降，接长钻杆，再继续射水、钻进，直到钻至桩底设计标高。

3）搅拌制浆

配制浆液与钻孔同时进行。水泥采用P.O42.5级普通硅酸盐水泥，水用自来水。水泥浆液的水灰比为0.6～0.8，同时加入水玻璃和减水剂（用量均为水泥质量的0.5%），水泥浆拌制采用搅拌桶计量，并用比重计监测水泥浆的相对密度是否满足设计要求。

每桶水泥浆搅拌时间不小于5min，通过两道过滤筛后，流入储浆池备用。

4）喷射作业

高压喷射注浆保持连续作业，喷头采用双嘴钻头。主要步骤如下：

（1）当钻头下至设计深度，喷嘴达到设计孔深后，即可喷射注浆。

（2）开喷送入符合设计要求的气和水泥浆，待浆液返出孔口正常后，开始提升。施喷压力不小于20MPa，旋喷提升速度0.1～0.15m/min。

（3）高压喷射注浆喷射过程中出现压力突降或骤增，查明原因后，处理正常后可继续喷浆。

（4）喷射过程中拆卸喷射管时，进行下落搭接复喷，搭接长度不小于0.2m。

（5）喷射过程中因故中断后，恢复喷射时，进行复喷，搭接长度不小于0.5m。

（6）喷射中断超过浆液初凝时间（6h），进行扫孔，恢复喷射时，复喷搭接长度不小于1.0m。

（7）喷射过程中孔内漏浆，停止提升，直至不漏浆为止，继续提升。

（8）喷射至设计桩顶标高后，再下至桩顶标高1m以下进行复喷保证桩头质量。

5）清洗结束

每一孔的高压喷射注浆完成后提升钻杆时，每根钻杆提升完毕（1.8m/根），都及时清洗灌浆泵和输浆管路，防止清洗不及时不彻底浆液在输浆管路中沉淀结块，堵塞输浆管路和喷嘴，影响下一孔的施工。

6）移位

重复进入下一桩根的施工。

7）记录

施工全过程有专人进行记录，深度记录误差不大于50mm，时间记录误差不大于5min，对桩位、搅拌深度、桩顶标高、停浆面、施工日期、开钻时间、开始旋喷时间、旋喷结束时间、钻机钻速、钻进和提升速度、水泥浆水灰比和水泥用量、施工中发生问题的处理情况，若有未达到要求的情况，做好记录，根据其位置和数量，采取补桩和复喷等措施。

## 4.3 钻孔注浆施工工艺技术

钻孔注浆施工工艺流程为：测量放线定位→钻机就位钻孔→下设单向密封塑料阀管及密封塞→制浆→注浆→注浆结束→器具清洗。施工流程见图3。

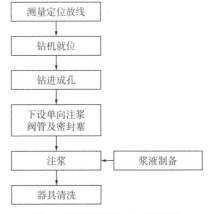

图3 钻孔注浆施工工艺流程

（1）测量放线

桩位测放采用 RTK、全站仪进行测放，测放误差不大于 2cm。

（2）钻机就位成孔

钻孔采用 MXL-150D 型钻机施工，钻头采用三翼式钻头，成孔直径 100mm，施工时，钻头中心对准桩位，并做好试运转，同时挖好排水沟，并进行钻机调试，正循环注水试验，用以检查水管是否畅通，压力是否正常。

钻孔时采用正循环成孔，钻进至设计孔位中心后，进行清孔及成孔验收。

（3）下设单向密封塑料阀管及密封塞

根据成孔深度匹配相应长度的注浆管，注浆管采用定制的 PVC 注浆花管（直径 48mm），花管上注浆眼间距约 0.33m，注浆管上部设置单向密封阀，注浆管高出地面 500mm；下设好注浆阀后调整位置使注浆阀居中；

孔口与单向阀之间先用水泥袋堵塞位置为地面下 1m 左右，后在填黏土填堵环状间隙。

（4）搅拌制浆

配制浆液，水泥采用 P.O42.5 级普通硅酸盐水泥，水采用自来水。浆液配比水：水泥：水玻璃 = 0.8：1：0.005；搅拌时，将 800kg 水加入搅拌桶内，再将 1000kg 水泥倒入，搅拌均匀后加入 5kg 水玻璃，开动搅拌机搅拌 5min，而后拧开搅拌桶底部阀门，放入第一道过滤筛（孔径为 2mm），过滤后流入浆池；然后，通过泥浆泵抽进第二道过滤筛（孔径为 1mm），进行第二道过滤后，流入储浆池备用。

（5）注浆

采用高压注浆泵进行注浆，注浆不少于 0.10m³/m。注浆量达到设计要求且注浆压力大于 2MPa 后，停止注浆。

（6）清洗结束

每一孔位注浆完成后及时清洗灌浆泵和输浆管路，防止清洗不及时、不彻底浆液在输浆管路中沉淀结块，影响下一孔的施工。

## 5 施工检测与监测

本工程在施工完成后，通过对高压旋喷桩（选取总桩数 2%）进行取芯检测，芯样平均强度达 5.5MPa，满足设计要求。

本工程在液氨球罐上对称布置 12 个监测点，在地基加固处理期间进行了施工监测，在施工完成后，每个液氨储罐均进行了载荷试验。试验分为三阶段载荷试验，加水总重量约为 4000t（正常使用期间加液氨重量为 2000t），结果显示，4 个液氨球罐的沉降量在 3.94～10.27mm 之间，总沉降趋于稳定，满足了构筑物正常使用要求。构筑物沉降观测曲线见图 4～图 7。

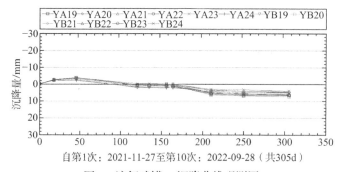

图 4 液氨球罐 A 沉降曲线观测图

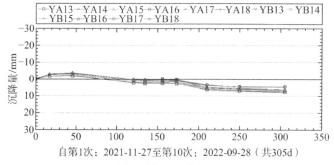

图 5 液氨球罐 B 沉降曲线观测图

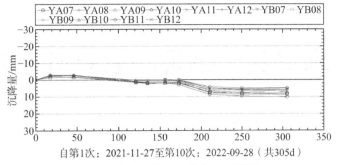

图 6 液氨球罐 C 沉降曲线观测图

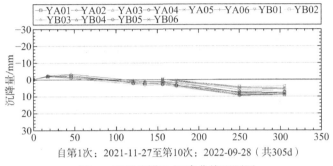

图 7 液氨球罐 D 沉降曲线观测图

## 6 结论和建议

（1）本工程通过高压旋喷桩及注浆加固,提高了地基土的承载力和主要压缩层的压缩模量,减少了地基的压缩变形,可以达到很好的处理效果。

（2）对于大厚度回填地层,应采用强夯或其他形式的地基处理方式对地基进行加固处理,上部结构荷载较大的可以考虑采用桩基础,并且地基处理或桩基础施工时应加强技术质量管控,确保施工质量满足工程需要。

# 卡拉奇深水港集装箱堆场软基处理工程实录

王鑫磊

（中冀建勘集团有限公司，河北石家庄　050227）

## 1　工程概况

巴基斯坦卡拉奇深水港新建深水集装箱码头，共 4 个泊位，码头岸线全长约 1500m，港区面积约为 80.5hm²，建成后年吞吐量预计达 310 万个标准箱。软基处理工程主要是对码头后方的吹填区域进行加固处理，为堆场工程建设提供良好的地基条件。

软基处理区域总面积为 58.35hm²，根据业主对软基处理区域的总体规划建设，共划分为 7 个区，全部区域已经完成了吹填工作，且 1A/1（95129m²）、1A/2（26169m²）、1B/1（111510m²）和 1B/2（27877m²）已经交付；本次施工的为 C1（80842m²）、C2（106925m²）、C3（107330m²）。

## 2　工程地质条件

卡拉奇深水港所在地区地形较平坦，南滨阿拉伯海，海岸线绵长蜿蜒。地势整体平坦，为浅海滩涂。

根据钻探、SPT 试验、室内土工试验结果及各项成果数据分析显示，勘察区松散土层主要分布在 0.0～9.0m。与地基处理相关的场区地层自上而下划分为：

①层素填土（$Q_4^{ml}$）：黄褐色，稍湿—湿，稍密—松散，主要成分为粉砂及少量粉土，含少量碎砾石，局部含有软塑状黏性土。为新近冲填，未经分层压实处理，结构松散。钻孔揭露厚度范围值为 1.00～6.00m，层底标高为 -1.94～4.14m，该层全场均有揭露。

②层黏土（$Q_4^m$）：灰褐色，黄褐色，软塑，土质均匀，局部稍具腥味，局部夹薄层粉砂，含少量砾石，具高压缩性。该层仅在 YT02、YT10、YT11 中有揭露，钻孔揭露厚度范围值为 0.60～3.70m。

③₁层粉砂（$Q_4^m$）：深灰色，湿—饱和，极松散—松散，砂质成分以石英为主，含少量云母及贝壳，局部夹薄层软塑状黏性土及粉土，夹薄层中细砂。钻孔揭露厚度范围值为 1.50～4.00m，层底标高为 -3.79～1.14m。

③₁₋₁层黏土（$Q_4^m$）：灰黑色，软塑—可塑，含有少量粉砂及腐殖物，稍具腥味，具高压缩性，呈透镜体分布。该层仅在 YT10、YT11、YT15 中有揭露，钻孔揭露厚度范围值为 1.10～1.50m。

③₁₋₂层中砂（$Q_4^m$）：黄褐色，饱和，松散，砂质成分以石英为主，含有细砾石及贝壳碎片。该层仅在 ZK3 中有揭露，呈透镜体分布，揭露厚度 2.0m。

③₂层粉砂（$Q_4^m$）：深灰色，饱和，稍密，砂质成分以石英为主，含少量云母及贝壳，局部含少量黏性土及腐殖土。钻孔揭露厚度范围值为 1.20～7.00m，层底标高为 -8.79～-1.38m。

③₂₋₁层粉质黏土（$Q_4^m$）：深灰色，硬塑—可塑，局部夹有薄层粉砂、粉土，含有团块状风化泥岩；局部含有腐殖物，有腥味，呈透镜体分布。该层仅在 YT03、YT04 中有揭露，钻孔揭露厚度范围值为 2.00～4.00m。

工程区地下水与海水联系密切，地下水位受潮汐影响很大。其水位动态变化规律及变化幅度随潮汐变化而变化，还受季节性降水影响，地下水位年变化幅度大。勘察期间地下水稳定水位埋深为 3.10～3.60m，水位标高为 0.86～2.40m。

## 3　软基处理方案选择及施工时遇到的问题分析

### 3.1　方案选择

合同要求的地基处理质量标准为：

---

获奖项目：2020 年河北省工程勘察设计项目一等成果，2021 年度工程勘察、建筑设计行业和市政公用工程优秀勘察设计奖一等奖。

（1）处理后使其地表平整面以下 3m 深度范围内（1.7～4.7m PD）的土体孔压静力触探（CPTU）锥尖阻力（$q_c$）不小于 10MPa（该条款后经协商改为从 1.7～4.1m PD 需满足 10MPa）。

（2）最大地震加速度为 0.16g 时，地面以下 6m 深度范围内土体液化安全系数应满足要求。

（3）静载荷试验得出的地基反力系数 k 不小于 31MN/m²。

工后沉降：总沉降量不超过 200mm，不均匀沉降不超过 20mm/25m。

为了保护已有建筑物不被强夯振动所破坏，施工方案选择为：堤坝以内 30m 范围，码头以内 90m 范围使用沉管碎石挤密桩施工，施工面积约 90545m²；其余区域使用强夯施工，面积约 203453m²，详见图 1。

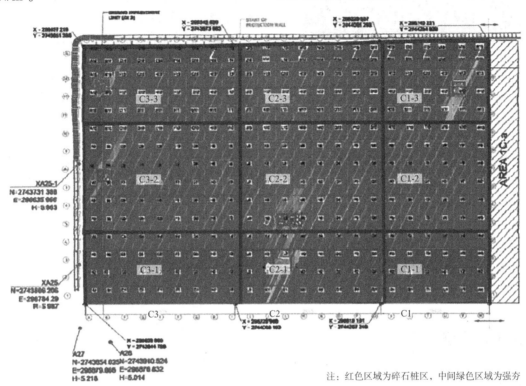

注：红色区域为碎石桩区，中间绿色区域为强夯

图 1　施工分布图

## 3.2　施工难点及处理思路

难点一：地层中淤泥质土的夹杂

在施工过程中发现，本工程施工难点为处理后使其地表平整面以下 3m 深度范围内（1.7～4.7m PD）的土体孔压静力触探（CPTU）锥尖阻力（$q_c$）不小于 10MPa。

首先要解决的就是地层中淤泥黏土层夹杂，该土层无法被夯实或挤密，导致静力触探（CPTU）锥尖阻力（$q_c$）试验结果达不到要求。为解决该难题，施工时根据地勘报告及现场挖机探测，将该施工现场夹泥层找到，而后将地表平整面以下 3m 深度范围内的夹泥层挖除，并换填粉砂或中砂后，再进行软基处理施工。

回填砂来源，1 施工现场堆有部分弃砂，2 施工现场要求原始标高约 +4.7～+5.2m，处理后要求标高 +4.7m，可使用部分表层砂（考虑强夯后沉降，实际可用表层砂很少），3 外部购入。

其中，现场弃砂及表层砂含泥土等杂质，需要进行筛分。为了提高筛分效率满足施工需求，现场制作了振动筛和滚动筛（图 2、图 3），提高了筛分效率。

图 2　振动筛

图 3 滚动筛

难点二：沉管碎石桩挤密效果

在沉管碎石挤密桩施工区域施工时发现，由于需要检测桩间土体的孔压静力触探（CPTU）锥尖阻力（$q_c$），桩基础作为复合地基并不能发挥其优势，虽然其能满足合同的液化及承载力要求，但挤密效果不理想，并不能使静力触探（CPTU）锥尖阻力（$q_c$）达到合同要求。

考虑到该区域只能选用对周围构筑物影响小的施工方案，且由于淤泥质黏土的存在，本就需要进行挖方作业，最终决定使用开挖换填、分层碾压的方式对原沉管碎石挤密桩施工区域进行施工。

# 4 最终方案的确定

## 4.1 淤泥质土清除

根据施工前做的全场静力触探检测（Pre-CPTu）值及勘察报告，初步判断含泥情况，并通过每个30m×30m区域四角及中心选点开挖探坑至+1.7m PD（挖深约3m），确定有无泥层。如有超过5cm的泥层则需要剔除，并换填细砂或中砂。

## 4.2 强夯施工

本工程使用铸铁锤，直径为 2.5m。锤上设置4个300mm直径的垂直排气孔，上下贯通，以有效减少锤在自由下落时空气的阻力，实现锤底面与土体面真空吸附，减小夯击时的应力损失。以每个30m×30m工作区域为单位进行布点施工，强夯施工区域见图1。

（1）点夯

两遍点夯，夯击能 4000kN·m，夯点间距 5m。

1、2 遍点夯终夯标准：最后 2 击平均夯沉量不大于10cm。

两遍点夯之间的夯击时间间隔按 7d 进行控制；1、2 遍点夯夯点为正方形穿插布局。

（2）满夯

第 1 遍满夯夯击能 1500kN·m，夯点间距2.5m，每点夯击 3 击。

第 2 遍满夯夯击能 1000kN·m，夯点间距 2m，每点夯击 1 击。

第 1 遍满夯夯点为正方形布置，布满整个场地；第 2 遍满夯夯点为正方形布置，每个夯点有1/5 倍夯锤直径的搭接。

强夯前应清除表层杂草、植被、大于 20cm 的块石等，要求场地表层要平整，不可凹凸不平。每遍强夯完成后应推平场地，再进行第二遍夯击。在满夯完成之后整平时，不可扰动浮动层以下密实土体结构。

强夯过程中的陷锤及夯锤不平处理，陷锤主要是夯点处地基土较软弱，夯点下沉量较大影响所致，在遇到夯击过程中陷锤或夯锤不平时，可向该夯坑内补填砂子，直至问题解决为止。

强夯施工后检测数据见图4。

（1）CPTU 数据

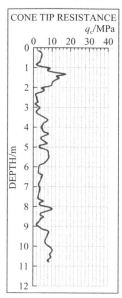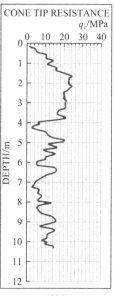

图 4 某一区域施工前后 CPTU 数据对比

试验结果表明按此方案施工后，满足处理后使其地表平整面以下 3m 深度范围内（+1.7m～+4.1m PD）的土体孔压静力触探（CPTU）锥尖阻力（$q_c$）不小于 10MPa 的要求。

（2）最大地震加速度为 0.16g时，地面以下 6m 深度范围内土体液化（水位在 1.7m，故液化安全系数只计算 1.3～1.7m）：

试验结果（图5）表明按此方案施工后，满足最大地震加速度为 0.16g时，地面以下 6m 深度范围内土体液化安全系数应满足要求。

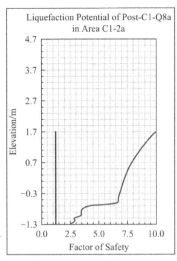

图5 某一区域施工后液化安全系数（红色为计算，
蓝色为合同要求的液化安全系数）

（3）静载荷试验结果

试验结果（图6）表明，静载荷试验得出的地基反力系数 $k$（Subgrade Reaction $K$ Value）满足不小于 $31MN/m^2$ 的要求，且相当部分区域远大于该值。

Tab. 3.4-1 Results of Modulus of Subgrade Reaction, k from PLT Test

| PLT No. | Max Load (kPa) | Max Settlement (mm) | Subgrade Reaction K Value (MPa/m) | Requirement of K Value (MPa/m) | Out of Range | PLT Testing Date |
|---|---|---|---|---|---|---|
| C1-k3 | 300 | 3.83 | 78.33 | 31 | NO | 19/10/2018 |
| C1-k4 | 300 | 3.79 | 79.16 | 31 | NO | 20/10/2018 |
| C1-k5 | 300 | 4.16 | 72.12 | 31 | NO | 24/10/2018 |
| C1-k6 | 300 | 4.93 | 60.85 | 31 | NO | 25/10/2018 |
| C1-l3 | 300 | 6.47 | 46.37 | 31 | NO | 27/9/2018 |
| C1-l4 | 300 | 7.35 | 40.82 | 31 | NO | 1/10/2018 |
| C1-l5 | 300 | 5.47 | 54.84 | 31 | NO | 2/10/2018 |
| C1-l6 | 300 | 5.34 | 56.18 | 31 | NO | 24/9/2018 |

图6 某一区域施工后地基反力系数

（4）工后沉降

试验结果（图7）表明施工后，25年的总沉降量均不超过 200mm，不均匀沉降每 25m 不超过 20mm，满足要求。

Tab. 3.3-1 The Settlement Calculation Results of Foundation

| Area | CPTU No. | Long Term Settlement | | | | |
|---|---|---|---|---|---|---|
| | | Settlement in 5 years | | Settlement in 25 years | | |
| | | Settlement (mm) | Maximum different Settlement(mm) | Settlement(mm) | Maximum different Settlement(mm) | |
| C1-2a | Post-C1-Q5a | 7.84 | <50 | 2.41 | <20 | 8.66 | <200 | 2.66 | <20 |
| | Post-C1-Q6a | 6.98 | <50 | 2.17 | <20 | 7.71 | <200 | 2.40 | <20 |
| | Post-C1-Q7a | 8.07 | <50 | 1.09 | <20 | 8.91 | <200 | 1.20 | <20 |
| | Post-C1-Q8a | 7.84 | <50 | 1.33 | <20 | 8.65 | <200 | 1.46 | <20 |
| | Post-C1-Q9a | 8.28 | <50 | 7.74 | <20 | 9.14 | <200 | 8.54 | <20 |
| | Post-C1-Q10a | 0.54 | <50 | 7.74 | <20 | 0.59 | <200 | 8.54 | <20 |
| | Post-C1-R5 | 8.33 | <50 | 2.38 | <20 | 9.20 | <200 | 2.63 | <20 |
| | Post-C1-R6 | 9.15 | <50 | 2.17 | <20 | 10.11 | <200 | 2.40 | <20 |
| | Post-C1-R7 | 9.14 | <50 | 1.52 | <20 | 10.09 | <200 | 1.68 | <20 |
| | Post-C1-R8 | 7.82 | <50 | 5.24 | <20 | 8.63 | <200 | 5.78 | <20 |
| | Post-C1-R9 | 9.71 | <50 | 9.51 | <20 | 10.72 | <200 | 10.50 | <20 |
| | Post-C1-R10 | 0.20 | <50 | 9.51 | <20 | 0.22 | <200 | 10.50 | <20 |
| | Post-C1-55 | 7.19 | <50 | 1.87 | <20 | 7.95 | <200 | 2.07 | <20 |
| | Post-C1-S6 | 7.20 | <50 | 1.95 | <20 | 7.95 | <200 | 2.15 | <20 |
| | Post-C1-S7 | 8.61 | <50 | 2.40 | <20 | 9.51 | <200 | 2.65 | <20 |
| | Post-C1-S8 | 11.01 | <50 | 10.60 | <20 | 12.16 | <200 | 11.71 | <20 |
| | Post-C1-S9 | 0.41 | <50 | 10.60 | <20 | 0.45 | <200 | 11.71 | <20 |
| | Post-C1-S10 | 0.42 | <50 | 10.55 | <20 | 0.46 | <200 | 11.65 | <20 |
| | Post-C1-T5 | 9.07 | <50 | 3.36 | <20 | 10.02 | <200 | 3.71 | <20 |
| | Post-C1-T6 | 7.33 | <50 | 3.39 | <20 | 8.10 | <200 | 3.74 | <20 |

图7 某一区域施工后沉降量计算

## 4.3 开挖换填分层碾压施工

开挖换填区域布置原则：为避免强夯对构筑物的影响，对于邻近防波堤区域和码头区域，采用开挖换填的方式。处理范围沿着处理边线向施工区域内侧分别偏移 30m 和 90m。

本工程要求处理后标高+4.7m，开挖底标高要求为+1.7m（即地表平整面以下 3m 深度范围内）。开挖换填施工时，发现水位基本在+1.7m，即分层碾压的第一层很难进行回填压实施工，经过考察和试验，最终选用当地一种粗粒土（Morrom 料）和现场砂 1∶1 拌和进行回填（图8），该材料具有一定的粘结性，能很好的凝结隔水，使该层强度能达到合同要求，并可顺利使施工机械进入，进行下一层的施工。该材料层压实厚度为 40cm，之后以 30cm 为一层，采用中砂进行分层碾压至要求的场地标高。

图8 粗粒土（Morrom 料）和现场砂拌和

换填施工后检测数据见图9。

（1）CPTU 数据

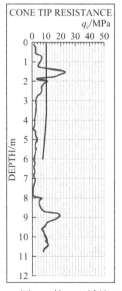
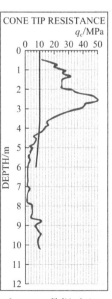

图9 某一区域施工前后 CPTU 数据对比

试验结果表明按此方案施工后，满足处理后使其地表平整面以下 3m 深度范围内（+1.7～+4.1m PD）的土体孔压静力触探（CPTU）锥尖阻力（$q_c$）不小于 10MPa 的要求。

（2）最大地震加速度为 0.16g 时，地面以下 6m 深度范围内土体液化（水位在 1.7m，故液化安全系数只计算 1.3～1.7m）。

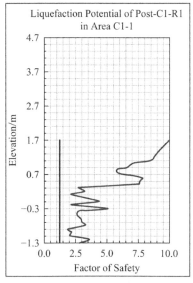

图 10　某一区域施工后液化安全系数（红色为计算，蓝色为合同要求的液化安全系数）

试验结果表明按此方案施工后，满足最大地震加速度为 0.16g 时，地面以下 6m 深度范围内土体液化安全系数应满足要求。

（3）静载荷试验结果

试验结果（图 11）表明，静载荷试验得出的地基反力系数 k（Subgrade Reaction K Value）满足不小于 31MN/m² 的要求，且相当部分区域远大于该值。

Tab. 3.4-1　Results of Modulus of Subgrade Reaction, k from PLT Test

| PLT No. | Max Load (kPa) | Max Settlement (mm) | Subgrade Reaction K Value (MPa/m) | Requirement of K Value (MPa/m) | Out of Range | PLT Testing Date |
|---|---|---|---|---|---|---|
| C1-k1 | 300 | 3.59 | 83.57 | 31 | NO | 16/10/2018 |
| C1-k2 | 300 | 3.42 | 87.72 | 31 | NO | 18/10/2018 |
| C1-l1 | 300 | 3.84 | 78.13 | 31 | NO | 5/10/2018 |
| C1-l2 | 300 | 4.65 | 64.52 | 31 | NO | 6/10/2018 |
| C1-m1 | 300 | 1.10 | 272.73 | 31 | NO | 12/10/2018 |
| C1-m2 | 300 | 3.05 | 98.36 | 31 | NO | 12/10/2018 |
| C1-n1 | 300 | 3.28 | 91.46 | 31 | NO | 11/10/2018 |
| C1-n2 | 300 | 3.87 | 77.52 | 31 | NO | 11/10/2018 |

图 11　某一区域施工后地基反力系数

（4）工后沉降

试验结果表明（图 12）施工后，25 年的总沉降量均不超过 200mm，不均匀沉降不超过 20mm 每 25m，满足要求。

Tab. 3.3-1 The Settlement Calculation Results of Foundation

| Area | CPTU No. | Long Term Settlement | | | | |
|---|---|---|---|---|---|---|
| | | Settlement in 5 years | | Settlement in 25 years | | |
| | | Settlement (mm) | Maximum different Settlement(mm) | | Settlement(mm) | Maximum different Settlement(mm) | |
| C1-1 | Post-C1-Q0a | 10.75 | <50 | 6.94 | <20 | 11.87 | <200 | 7.67 | <20 |
| | Post-C1-Q1a | 3.80 | <50 | 8.63 | <20 | 4.20 | <200 | 9.54 | <20 |
| | Post-C1-Q2a | 9.21 | <50 | 5.41 | <20 | 10.17 | <200 | 5.97 | <20 |
| | Post-C1-Q3a | 8.68 | <50 | 3.25 | <20 | 9.59 | <200 | 3.59 | <20 |
| | Post-C1-Q4a | 5.43 | <50 | 3.25 | <20 | 6.00 | <200 | 3.59 | <20 |
| | Post-C1-R0 | 5.86 | <50 | 13.00 | <20 | 6.47 | <200 | 14.35 | <20 |
| | Post-C1-R1 | 12.44 | <50 | 8.63 | <20 | 13.74 | <200 | 9.54 | <20 |
| | Post-C1-R2 | 10.17 | <50 | 4.50 | <20 | 11.24 | <200 | 4.97 | <20 |
| | Post-C1-R3 | 7.95 | <50 | 2.88 | <20 | 8.78 | <200 | 3.18 | <20 |
| | Post-C1-R4 | 5.95 | <50 | 3.45 | <20 | 6.57 | <200 | 3.81 | <20 |
| | Post-C1-S0 | 18.86 | <50 | 13.00 | <20 | 20.83 | <200 | 14.35 | <20 |
| | Post-C1-S1 | 14.62 | <50 | 6.19 | <20 | 16.15 | <200 | 6.84 | <20 |
| | Post-C1-S2 | 10.26 | <50 | 7.12 | <20 | 11.34 | <200 | 7.86 | <20 |
| | Post-C1-S3 | 10.83 | <50 | 5.07 | <20 | 11.96 | <200 | 5.60 | <20 |
| | Post-C1-S4 | 5.75 | <50 | 5.07 | <20 | 6.35 | <200 | 5.60 | <20 |
| | Post-C1-T0 | 9.99 | <50 | 10.34 | <20 | 11.03 | <200 | 11.42 | <20 |
| | Post-C1-T1 | 20.33 | <50 | 13.71 | <20 | 22.45 | <200 | 15.14 | <20 |
| | Post-C1-T2 | 7.69 | <50 | 12.64 | <20 | 8.49 | <200 | 13.96 | <20 |
| | Post-C1-T3 | 9.10 | <50 | 5.77 | <20 | 10.05 | <200 | 6.37 | <20 |
| | Post-C1-T4 | 5.71 | <50 | 7.66 | <20 | 6.31 | <200 | 8.46 | <20 |
| | Post-C1-U0 | 15.98 | <50 | 13.42 | <20 | 17.64 | <200 | 14.82 | <20 |

图 12　某一区域施工后沉降量计算

## 5　施工效果评价

通过对施工工艺和方法不断尝试，成功在合同要求工期内完成了合同施工内容，并且业主方及咨询工程师均对施工质量十分满意。

淤泥质土的存在是处理后是否合格的关键，施工前对存在淤泥质土的地层进行挖除换填是重中之重。

强夯施工具有施工成本低，施工速度快的优势，且挤密效果明显，根据检测结果显示，是最适合本工程的施工工艺。

采用开挖换填施工后，由于设备易从当地找寻，可大面积快速施工，大大缩短了工期，使得项目能在合同要求工期内完成，根据检测结果显示，也能很好地满足合同要求。

经过挤密处理，现场存在大量回填砂缺口，通过对现场弃砂的筛分和利用，节约了大量的砂子采购费用。

## 6　工程经验及教训

沉管碎石桩作为良好的复合地基，能很好地控制地基沉降，改善土体液化。但本工程要求检测土体孔压静力触探（CPTU）锥尖阻力（$q_c$），需要检测桩间土层，完全忽略了桩本身性能，只检测其对土层的挤密效果，而 CPTU 锥尖阻力值达到

10MPa是一个高标准要求。故检测时发现，一般的碎石桩布局很难使土体的阻力达到合同要求，而减小碎石桩布桩距离，中间插入小桩等措施，既增加了施工难度及沉管桩机的故障率，也增加了碎石材料成本及施工成本。

由于是国外项目，沉管桩机只能从国内采购，数量少，不具备大工程量施工的条件，且桩机出现故障维修及更换配件十分困难。经过施工成本及工期多方面考虑，最终放弃了沉管碎石桩施工。

考虑到开挖换填分层碾压施工，要求的设备在当地较多，方便大面积同步施工，能够缩短工期，且其挤密效果容易控制，故改为开挖换填分层碾压施工。

事实也证明，方案的选择是正确的，是项目得以在合同要求工期内以高质量完工的保证。

## 参考文献

[1] 巴基斯坦卡拉奇深水港软基处理二期招标文件第二卷-技术标准 Pakistan Deep Water Container Port, Phase 2 Ground Improvement Tender Document Volume 2-Specification[M]. 巴基斯坦：South Asia Pakistan Terminals Limited, 2013.

[2] 交通运输部. 港口工程地基规范：JTS 147—1—2010[S]. 北京:人民交通出版社, 2010.

[3] 住房和城乡建设部. 建筑地基处理技术规范：JGJ 79—2012[S]. 北京：中国建筑工业出版社, 2012.

# 西郊砂石厂西地块保障房项目岩土工程勘察及地基处理工程实录

王书行　梁　涛　魏国堂　张　辉　姚云鹏

（航天规划设计集团有限公司，北京航天地基工程有限责任公司，北京　100162）

## 1　工程概况

西郊砂石厂西地块保障房项目位于北京市海淀区田村路街道，包含 24 幢高层住宅及车库、学校、商业等配套建筑，建筑面积约 35 万 m²，为一大型居住社区。

项目所在地（图 1）原存在一大型采砂坑，无序开挖和回填现象严重，勘察时现场人为改造明显，地形高低起伏，有污水坑、采砂坑、渣土堆等。针对现场复杂的场地形成条件及下部填土成分和深度的不确定性，项目勘察时有针对性地开展相关工作，以准确查清填土的深度及成分。同时，对于不同的建筑物单体，其建筑高度、基础埋深、地基承载力及沉降要求各不相同，因此需综合不同单体的设计要求及基底下的填土情况，给出经济、合理的地基和基础方案。

图 1　现场概况及勘察分区图

## 2　岩土工程条件

### 2.1　岩土工程勘察工作概述

针对特殊的场地形成背景及地质情况，本项目针对性地开展了相关岩土工程勘察工作：

（1）不同种类勘察钻机的配合使用，采用泥浆护壁回转钻机及锤击式冲击钻机搭配使用，泥浆护壁回转钻机主要查明填土的深度及下部卵石、基岩持力层的埋深及其地层稳定性，为持力层的选择提供依据；而冲击钻机则主要针对上部填土的成分及其深度，直观地将下部土样取出后进行分辨，并对不同区域的填土成分进行详实的描述，并由此综合判断每个建筑单体应采用何种地基方案。

（2）通过合理布置勘察钻孔，对于填土稳定区域按照常规要求布置钻孔，而在填土变化较大区域加密布置钻孔，精确控制填土的深度、范围及成分变化，确保第一手资料现场勘察资料的准确可靠。

（3）广泛走访周边居民及查阅相关资料，对原采砂坑的形成时间、开挖范围及回填情况进行排查。结果发现场地西侧上庄大街以西的现状大砂石坑与本项目填土坑相通，这对于本项目填土深度及范围的确定也具有重要作用（图 2）。

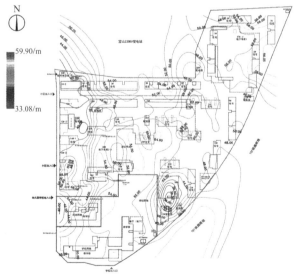

图 2　场区填土层层底标高等高线图

2021 年度北京市优秀工程勘察设计奖工程勘察综合奖（岩土）三等奖。

通过上述勘察工作安排，在勘察过程中发现场地填土成分复杂，既有取砂后形成的卵石素填土，也有生活垃圾、建筑垃圾组成的杂填土；填土深度变化大，采砂坑填土深度最深近20m，而非采砂坑区域填土深度最浅处只有约2m；填土下部则为稳定的砂卵石地层及基岩，地层条件差异明显。通过上述工作，我们准确查明了本项目的填土分布情况，并根据填土的成分、形成原因和范围的不同，大致将场地划分为若干个区域，分别给出了相应处理的建议。

## 2.2 工程地质条件

### 2.2.1 地形地貌

初勘期间拟建场区西南部分为砂石料厂，东南部分为金隅搅拌站，北侧邻近宝山220kV变电站，其余部分多为民居、仓库等，整个场区北高南低，地形高差最大达8m。地貌单元属于永定河冲洪积扇的中上部地段。

### 2.2.2 地层概况

根据本次现场勘察成果，将本次勘探深度35.0m范围内地基土划分为5大层及若干亚层，①层为人工填土层，②层为新近沉积层，其下为一般第四纪冲洪积地层及二叠纪、石炭纪基岩层。

其中①人工填土层主要包括：①杂填土，杂色，稍湿—湿，原水坑附近局部饱和，松散，含大量建筑垃圾、生活垃圾、砖块、水泥块、石块、灰渣等；①₁卵石素填土，杂色，稍湿，松散，混有少量建筑垃圾。①₂细中砂素填土，黄褐色、灰褐色或褐黄色，稍湿，松散，含灰渣、砖渣、碎石等，部分钻孔含少量黏性土或圆砾；①₃粉质黏土、黏质粉土素填土，黄褐色、黄灰色或灰褐色，稍湿，松散，含碎石、灰渣、砖渣等；①₄淤泥，灰黑色或黑灰色，饱和，呈流塑状态，多为坑底残留淤泥，含腐殖质，多与生活垃圾、建筑垃圾、灰渣、砖渣等混合，成分较杂，场区原污水坑位置多见该层淤泥；①₅圆砾素填土，杂色，稍湿，松散，由圆砾、细中砂组成，含碎石、灰渣、砖渣等。

本层人工填土层大部分填土年限在10年以上，不同区域、不同孔位深度有所差异，其中本次勘察区域1（水坑附近，见图1）东北侧原有污水坑内及其周边填土较深，大部分深度介于8.00～12.00m之间；西侧和南侧填土相对较浅，深度在9m以内。区域2（变电站东侧）填土深度在4.20～16.70m之间，大部分填土深度在10m以内，且以杂填土为主，较为松散。本次勘察区域3（变电站南侧）先前多为民居，填土深度较浅，均在8m以内，但东部原污水坑附近填土较深。区域4西部（砂石料厂中北部），由于原砂石坑开挖较深，之后又进行回填，填土深度多在15m以上，最深位置达到了19.7m，且填土成分较复杂，含卵石、漂石、黏性土、粉土、建筑生活垃圾、砖块灰块等，填土松散程度不一，动探击数离散较大，从2～3击至14～15击均有出现，给地基处理施工带来了较大困难；区域4中东部原砂石堆及厂房位置，填土相对较浅，深度多在10m以内。勘察区域5位于场区南侧，填土多以卵石素填土为主，填土相对较浅，深度介于3.6～6.3m之间，西侧填土相对较深，但多在10m以内，填土多为卵石素填土及杂填土，含砖渣、灰渣、砖块、水泥块。

总的来说，本层及夹层层厚介于2.00～19.70m之间，层底标高介于42.90～59.82m之间，相差达21.08m。

人工填土层以下的地层主要为：

（1）新近沉积层：②层卵石。受到先前开挖砂石坑的影响，本层厚度各个钻孔间差异较大，部分钻孔本层缺失。本层夹有②₁层砂质粉土、黏质粉土层及②₂层细砂层。本层及夹层层厚介于1.30～10.00m之间，层底标高介于42.90～52.02m。

（2）一般第四纪沉积层：③层卵石。本层夹有③₁层粉质黏土、重粉质黏土及③₂层细砂透镜体。由于受先前开挖砂石坑的影响，本层及夹层层厚变化较大，介于1.30～17.90m之间，层底标高介于30.74～40.66m之间。

（3）二叠纪、石炭纪基岩：④层全风化泥岩及④₁层全风化砾岩，呈土状，泥质胶结，节理裂隙发育，岩芯呈短柱状。部分钻孔未钻透该层，可见层厚介于0.50～10.0m之间，层底标高介于28.01～36.81m之间。⑤层强风化砂岩，节理裂隙发育，岩芯呈短柱状。本次勘察钻至标高27.08m仍未钻穿。

本次勘察典型地层剖面图见图3、图4。

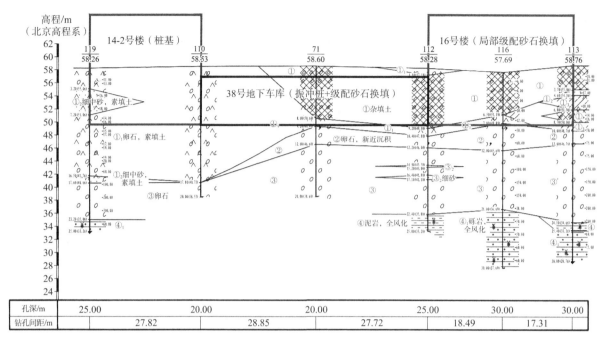

图 3　场区典型地层剖面图（勘察区域4）

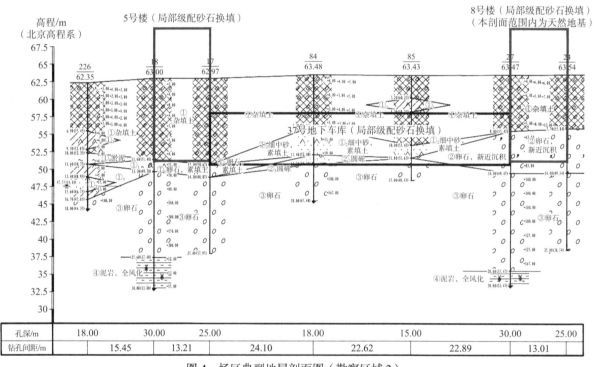

图 4　场区典型地层剖面图（勘察区域2）

### 2.2.3　物理力学性质统计表

根据本次勘察结果，除①填土不作处理不宜

作为建筑物地基土外，其余各层地基土的有关物理力学性质参数建议按表1采用。

物理力学性质参数一览表　　　　　　　　表1

| | 地层 | $f_{ka}$/kPa | $E_{s\,p_0\sim p_{0+0.1}}$/MPa | $E_{s\,p_0\sim p_{0+0.2}}$/MPa | $E_{s\,p_0\sim p_{0+0.3}}$/MPa | $c$/kPa | $\varphi$/° | 桩侧阻力标准值$q_{si}$/kPa | 桩端阻力标准值$q_p$/kPa |
|---|---|---|---|---|---|---|---|---|---|
| 人工填土 | ①杂填土 | （80） | | | | 0* | 5* | 0 | |
| | ①₁卵石素填土 | （80） | | | | 0* | 5* | 0 | |
| | ①₂细中砂素填土 | （80） | | | | 0* | 5* | 0 | |

| 地层 | | $f_{ka}$/kPa | $E_{s\,p_0\sim p_0+0.1}$/MPa | $E_{s\,p_0\sim p_0+0.2}$/MPa | $E_{s\,p_0\sim p_0+0.3}$/MPa | $c$/kPa | $\varphi$/° | 桩侧阻力标准值 $q_{si}$/kPa | 桩端阻力标准值 $q_p$/kPa |
|---|---|---|---|---|---|---|---|---|---|
| 人工填土 | ①₃ 粉质黏土、黏质粉土素填土 | （80） | | | | 5* | 5* | 0 | |
| | ①₄ 淤泥 | — | | | | 0* | 0* | 0 | |
| | ①₅ 圆砾素填土 | （80） | | | | 0* | 5* | 0 | |
| 新近沉积 | ② 卵石 | 250 | | 40.0* | | 0* | 30* | 70 | 2000 |
| | ②₁ 砂质粉土、黏质粉土 | 140 | | | | 20* | 15* | 30 | |
| | ②₂ 细中砂 | 140 | | | | 0* | 28* | 35 | |
| | ②₃ 圆砾 | 140 | | | | 0* | 30* | 68 | |
| 一般第四纪沉积层 | ③ 卵石 | 300 | | 55.0* | | 0* | 35* | 75 | 2500 |
| | ③₁ 粉质黏土、重粉质黏土 | 180 | 10.9 | 11.7 | 12.7 | | | 34 | |
| | ③₂ 细砂 | 210 | | 22.0* | | | | 40 | |
| 二叠纪石炭纪基岩 | ④ 全风化泥岩 | 220 | | 18.0* | | | | 45 | 800 |
| | ④₁ 全风化砾岩 | 220 | | 18.0* | | | | 45 | 800 |
| | ⑤ 强风化砂岩 | 230 | | 30.0* | | | | | |

注：1. "*"号表示经验值；（80）仅作为复合地基设计时参考使用。

2. 按干作业钻孔桩，桩长 5.0～10.0m，桩端进入持力层，深径比大于 1.5；

3. 以上数据根据《北京地区建筑地基基础勘察设计规范》DBJ 11—501—2009 表 9.2.2-1 和表 9.2.2-2 及类似工程经验取值。

4. 建筑物单桩竖向承载力标准值宜通过单桩竖向静载荷试验确定。

## 2.3 水文地质条件

1）地下水分布特征

本次勘察野外施工采用 SH-30 型钻机以及 DPP-100 型钻机，结合现场施工情况和邻近场区先前水文地质勘察报告，在勘探深度 30.0m 范围内，发现两层地下水：浅层水位为 SH-30 型钻机测得，稳定水位埋深介于 0.20～14.80m，水位标高介于 47.55～57.24m，多揭露于北侧原有污水坑回填渣土后的区域或其周边，属上层滞水；深层水位借用西砂东区水文观测井资料，静止水位埋深介于 18.42～20.13m，水位标高介于 38.84～40.69m，地下水类型属于潜水，补给方式为大气降水、地表渗入，排泄方式为侧向径流和越流。

地下水基本均位于基底设计标高以下，对本项目设计及施工影响较小。

2）历史高水位调查

场区历年最高水位：根据《1959 年北京丰水期潜水等水位线图及埋藏深度图（1：100000）》，拟建场区附近潜水水位在 1959 年最高水位接近地表，近 3～5 年内最高水位标高约为 41.00m。

# 3 岩土工程分析与评价

## 3.1 工程地质条件分析

本场地地处永定河冲洪击扇平原区域，原基底地层多为稳定的卵石层，是良好的天然地基持力层，但由于人为无序开挖砂石的影响，导致卵石层破坏严重，且回填范围、深度及成分无规律。

由于填土地基具有回填成分复杂、回填厚度变化大、颗粒粗细大小悬殊、颗粒间孔隙大、压缩性高、固结程度差异性大、后期沉降大且沉降不均匀等特点，因此选择合理的地基处理方式对建筑物的结构安全和长期使用极为重要。将填土全部换填或者采用桩基方案较为安全，但大量的渣土需要消纳，处理代价过高，与国家发展绿色低碳循环发展经济体系的要求无法匹配。另外，由于部分区域填土多为大漂石、块石，对施工工艺的选择也带来很大挑战。如何选择合理的基础及地基处理方案，对本工程的顺利建设和安全使用十分关键。

## 3.2 水文地质条件分析

除污水坑附近存在部分上层滞水外，本工程地下水水位相对较低，对本项目的项目建设影响较小。可不考虑专门的降水方案。

# 4 方案的分析论证

为配合国家节能减排、发展循环经济的政策要求，在保证建筑物安全使用的前提下，项目的地基处理方案以充分利用现场材料及建筑垃圾资源化利用为原则，尽量采用级配砂石换填、振冲桩、渣土桩等现场可就地取材的方案。

其中振冲碎石桩在处理填土地层的过程中，在振冲器水平振动和高压水或高压空气的共同作用下，通过挤土和置换对干硬性成分为主的填土进行加强，可有效的挤开块状填土，并及时将碎石填充其间的空隙，从而产生"挤土效应"，使土体的密实度增加，地基土的性能大大改善[5]，处理后的地基承载力可达到 160kPa，满足大多数承载力要求不高的附属建筑物的地基处理要求。而柱锤冲扩渣土桩也可通过柱锤的重力锤击及挤密作用，将砖块、碎石等干硬性渣土材料填充进填土地层，同样起到"挤上加密"的作用，提高填土的密实度[5]；但由于缺少"振动水冲"，柱锤冲扩桩的处理深度及挤密效果不及振冲碎石桩，处理后的地基承载力也比振冲桩偏低，处理后的地基承载力可达到 100kPa，主要用在配电室等小型附属结构。

具体处理方案参见表 2。

1）对于地下车库、附属建筑物，由于其设计荷载较小、沉降要求不高，且场区填土年限较长，尽量采用筏形基础 + 局部换填或复合地基（振冲桩、渣土桩等）的方式，减少大面积的开挖换填或桩基。

2）由于 38 号地下车库面积较大，除西部填土较深区域采用振冲碎石桩处理外，东侧填土较浅区域采用级配砂石换填或天然地基。对于不同处理方法的交接位置，由于天然地基及级配砂石换填地基的承载力及压缩模量大于振冲碎石桩复合地基，如何平衡两种地基处理方法之间的刚度差异、减少工后沉降差，就显得尤为重要。对本项目 38 号地下车库同一后浇带所围区域既有振冲桩、又有天然地基或换填地基时，采用以下措施控制不同处理区域的沉降差：

（1）将天然地基上部约900mm 厚卵石层挖除后回填 600mm 厚级配砂石（压实系数不小于0.95），然后再铺设 300mm 褥垫层；

（2）对于东侧基底填土深度在 3m 以内的采用换填方案，将填土挖去后回填级配砂石（压实系数不小于 0.95），上部铺设 300mm 褥垫层；

（3）对于振冲碎石桩区域，振冲桩施工完成并清理完保护桩头后，同样铺设300mm 褥垫层。

3）对于高层住宅，由于其设计荷载较高，对沉降较为敏感，如果下部填土层深度较浅、深度变化均匀，则考虑采用级配砂石换填（压实系数不小于 0.97）；若下部填土深度变化大或填土较深，则考虑采用后压浆钻孔灌注桩。

地基处理方案一览表

表 2

| 建筑物类型 | 地基方案 | 基底填土情况 | 涉及楼号 | 备注 |
|---|---|---|---|---|
| 高层住宅 | 天然地基 | 基底为稳定的卵石层 | 19 号、20 号 | |
| | 级配砂石换填 | 基底填土深度基本均在 3m 之内，局部为稳定的卵石层 | 5 号、7 号、8 号、16 号、18 号、21 号、23 号、24 号 | |
| | 后压浆成孔灌注桩 | 基底填土深度一般在 8m 以上，或基底填土不均匀 | 1 号-1、2～4 号、6 号、9～12 号、13 号-1、14 号-1、15 号、17 号 | |
| | 柱锤冲扩素混凝土桩 | 填土相对较均匀，深度约 7m，以干硬性杂填土及素填土为主 | 22 号 | |
| 附属配套 | 素土回填 | 结构均位于地下车库上方，采用素土回填 | 29～31 号配电室、33 号配电室、34 号密闭清洁站 | |
| | 级配砂石换填 | 基底填土深度基本均在 3m 之内，局部为稳定的卵石层 | 学校地块、26 号配套及商业、36 号锅炉房及热力站、37 号地下车库、38 号地下车库 | 38 号地下车库填土深度浅的区域采用级配砂石换填，深处采用振冲碎石桩，并在中间设置过渡地段 |
| | 振冲碎石桩 | 基底填土深度 5～16m，以杂填土为主 | 1 号-2、13 号-2、14 号-2、幼儿园地块、25 号配套及商业、38 号地下车库 | |
| | 渣土桩 | 填土深度较深，约在 9m 以上，处理深度约 5.5m | 27 号、28 号、32 号配电室 | |

# 5 方案的实施

## 5.1 级配砂石换填

本项目级配砂石换填方案主要集中在填土较浅区域，换填深度一般在 3m 以内。换填材料就地取材，现场开挖出的砂石级配良好、质地坚硬，是优良的地基换填材料，且节省处理成本。

先将基底填土挖除后，按相关规范要求分层碾压回填。换填土层的施工方法、分层铺填厚度、每层压实遍数等由现场试验确定。级配砂石换填选用振动碾进行碾压。实际选用不小于 15t 的振动碾，虚铺厚度不超过 500mm，压实遍数 6~8 遍。换填施工过程中，每分层找平后碾压密实，并开展相关检测工作：

（1）每分层回填完毕后，均采用灌砂法进行压实系数检验，取样点位于每层垫层厚度的 2/3 处，平面上每 50~100m² 检验点不少于 1 个点，压实系数不小于 0.97。

（2）每分层平面上还应进行重型动力触探试验，检验点的间距不应大于 4m，每个检验点动探击数平均值应大于 20 击。上述每分层检验完成后由项目部质检人员、试验人员以及监理工程师验收合格后，再进行下层回填施工。

（3）最后一层碾压完成后，表面应拉线找平并对地基承载力进行检验，每个单体工程不少于 3 个点[2]，且车库部分每 100m² 不应少于 1 个点，确保每个点位检测均能满足设计要求，级配砂石换填后的承载力可达 250kPa 以上，见图 5。

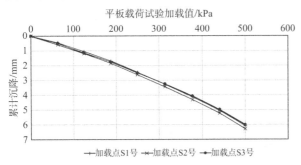

图 5　16 号楼级配砂石换填平板载荷试验曲线图

## 5.2　振冲碎石桩施工

本项目 38 号地下车库及相关配楼采用振冲桩处理（图 6），采用正方形均匀布桩，两个区域分别采用2.0m×2.0m和1.8m×1.8m桩间距，桩径 $d = 1000mm$，处理后的承载力设计值分别为 140kPa（Ⅱ区）和 160kPa（Ⅲ区）。由于基底填土深度不均匀，为保证复合地基处理效果，应保证桩端进入卵石持力层，振冲桩总桩长（含 0.5m 保护桩长）约为 2.5~13.5m，Ⅱ区平均桩长约为 8.5m，Ⅲ区平均桩长约为 12.5m。另基础范围之外按照规范要求再布置两排保护桩。原设计选用粒径 3~15cm（不宜大于 20cm）的级配碎石或天然级配砂石，施工时经过对比发现，采用碎石可有效减少泥浆产出量，实际施工过程中桩体材料采用了碎石。

图 6　现场振冲桩施工情况照片

本工程振冲碎石桩采用 100kW 振冲器成孔。由于振冲碎石桩设计孔深是以勘察报告中的填土深度预估，实际施工过程中采用冲扩成孔至设计孔深或造孔电流连续 3 回次大于 110A 进行控制，以应对实际孔深与设计孔深局部有出入的情况。实际施工过程中，振冲法基本均能穿越上部填土层到达下部持力层，对于普通素填土、粒径及体积不大的卵石和块石等均可达到设计目的。但对于局部大块建筑垃圾区域（如梁、柱等大块混凝土），需采用将大块挖除后换填的方式进行处理，如图 7 所示。

图 7　局部需换填填土情况照片

施工结束后 7~14d，采用重型动力触探对桩身及桩间土进行抽样检验。每一阵击间隔不大于 0.5m（或连续击数大于 5 击/10cm 即可停止）。其中每个检验点桩身部位动探击数平均值不小于 12 击，桩间土部位不小于 6 击。成桩 14d 后进行，进行振冲碎石桩复合地基承载力静载荷试验，检测数量不少于总桩数的 1%，且每个单体建筑不少于 3 点，确保达到设计要求[2]。

施工完成后，检测结果显示振冲碎石桩复合地基可以满足设计要求，且振冲桩处理方法有效减少了现场渣土的开挖和消纳。

### 5.3 后压浆灌注桩施工

本项目共有 13 幢高层住宅采用后压浆灌注桩方案，桩侧及桩端均进行高压水泥注浆，主要以③卵石层为桩端持力层，部分楼座卵石层缺失则采用下部基岩作为持力层。由于场区填土地层多变，为确保桩基的安全使用，在正式施工前，根据填土成分和深度的不同，结合各楼座基础桩布置情况，设置了不同组的试验桩，结果显示试验桩最大加载值对应的沉降量基本均在 20mm 以内，可以保证不同填土深度、不同桩端持力层的基础桩均能满足设计要求。试验结果也表明了后压浆（图 8）能有效处理灌注桩桩端沉渣问题，可提高桩端承载力和桩侧摩阻力，单桩承载力也得到了显著的提高，勘察报告中按照规范所取的卵石层中后压浆侧阻力及端阻力增强系数是合理的（$\beta_{si} = 2.2$，$\beta_p = 2.6$）[3]。

图 8 后压浆灌注桩桩端注浆

由于上部填土较厚，施工工艺主要采用了旋挖钻机成孔方式，对于常规的填土地层可有效成孔；对于 15 号楼、17 号楼局部特别松散的地层，则采用人工挖孔桩的方式成孔。在旋挖钻机施工过程中，现场提前结合勘察报告的填土深度预估成桩深度，并结合现场钻机钻进难易程度、钻头带出的下部土层情况综合判定是否到达稳定的持力层，而人工挖孔桩则可根据人工挖出的地层情况直观判定是否到达持力层，从而确保基础桩施工质量。桩基静载荷试验及建筑物沉降观测结果显示（部分结果见图 9 及图 10），后压浆灌注桩基础满足设计要求。

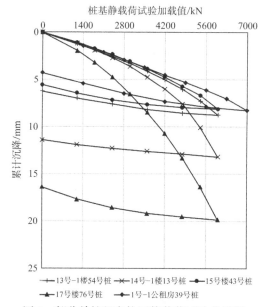

图 9 部分单桩竖向抗压静载荷试验曲线图

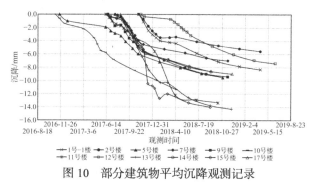

图 10 部分建筑物平均沉降观测记录

## 6 工程成果与效益

由于城市建设等原因，北京郊区存在较多的人工填土坑，多为前期挖取砂石料后回填杂填土和生活垃圾所致。随着近年来城市化进程的不断发展，土体资源愈发稀缺，原郊区土地同样需要开发使用，因此在城市建设过程中，遇到了大量的填土场区，部分深厚填土区域填土厚度深达 10m 以上[6]。

本项目即为典型的填土地层，位于北京西郊大砂石坑附近，填土深度最深近 20m。填土地层由于成分复杂、颗粒间孔隙大、压缩性高，在地基设计中难以准确计算。本项目在准确查明和判断填土成分和范围的基础上，除最稳妥的桩基处理方案之外，还根据建筑物地基要求和地层条件，分别提出了换填、振冲桩、渣土桩等换填地基、复合地基处理方案，对填土进行置换或挤密，本项目通过复杂填土地层地基处理的工程实例，验证了换填、振冲桩、渣土桩等方法对填土地层的适用性。同时在同一场地不同处理方案的协调使用，有效控制了建筑物的不均匀沉降，为北京地区复杂填土地层中的类似工程提供了宝贵经验。另外，上述处理方法最大程度地利用了场地已有的级配砂石和填土，并减少了渣土的外运和弃置，实现了经济效益和环境效益。

在上述处理方法中，振冲碎石桩通过"振动水冲"并填入碎石将填土挤密，并通过重型动力触探及静载荷试验结果可较好地检测与控制其施工质量，满足大多数承载力要求不高的附属建筑物的地基处理要求。而对于挤土处理效果不好的淤泥土、生活垃圾，换填或换填后采用桩基方案仍然是更为稳妥的处理方法。另外，在后压浆灌注桩方案的实施过程中，我公司通过信息化施工，确定了在持力层起伏较大的地质情况下，实时控制持力层深度及桩长的方法。采用桩长及进入持力层深度的双控，并结合试验桩结果和桩基检测，确保深厚填土地层中桩基的施工质量。这也为类似填土地层项目提供了宝贵的处理经验。

在小区交付前及使用过程中，我公司进行了多次现场实地测量及走访，沉降结果满足规范要求（图11、表3）。

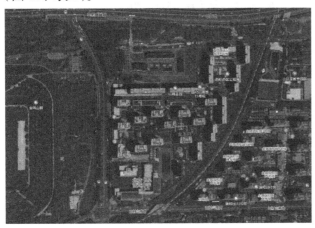

图11　项目建设完成后平面图

# 7　工程经验或教训

本工程历经前期勘察、地基处理方案设计、地基施工、沉降观测及工程竣工，周期约5年。在施工过程中，遇到了多个岩土工程问题需要总结与分析。

## 7.1　勘察过程中大块卵石地层的钻进问题

本项目原砂石坑北侧等区域上部回填填土为卵石素填土，多大块卵石、漂石，地层较硬，导致锤击式冲击钻机冲击进尺困难大，难以钻穿深厚

填土层；同时，该类填土存在着级配差、颗粒孔隙大的问题，泥浆护壁回转钻机使用时又会遇到漏浆问题，钻进也遇到较大困难。在实际钻探过程中，项目人员通过加大泥浆相对密度，甚至向漏浆钻孔内填筑水泥等方法封堵下部填土孔隙，经过多次尝试后方钻穿上部填土层，查清了稳定持力层的埋深和性质。

## 7.2　振冲碎石桩在填土中的适用性问题

由于振冲碎石桩处理方法通过振动水冲并填充碎石对填土地基进行挤密，因此对干硬性填土（如砂卵石素填土、杂填土等）可起到较好的挤密效果[5]。但对于生活垃圾、淤泥质土或黏性土等地层，虽具有置换作用，但由于土质软、挤密效果差，还有可能破坏黏性土地层的原有结构性，难以保证地基土承载力的提高。另外，在含水量大的填土地层或粉土、黏性土地层中进行振冲桩施工还会产生泥浆量大等问题，带来一定的泥浆外运压力。因此本项目对东侧污水坑附近等位置的生活垃圾及淤泥质土等采用挖除后回填级配砂石或素土的方法进行处理。例如本项目9号楼位于水坑南侧，由于基底以下换填深度较深（最深处约9m），因此换填素土后采用了后压浆灌注桩基础，以确保其地基承载力和沉降满足设计要求。

## 7.3　填土地层的长期沉降问题

部分建筑物最终沉降观测结果统计　表3

| 序号 | 地基方案 | 高层住宅楼号 | 观测结束时平均沉降值/mm |
| --- | --- | --- | --- |
| 1 | 天然地基 | 19号 | 11.27 |
| 2 | | 20号 | 21.65 |
| 3 | 振冲碎石桩 | 1号-2 | 2.65 |
| 4 | 级配砂石换填 | 5号 | 9.51 |
| 5 | | 7号 | 6.98 |
| 6 | | 8号 | 9.10 |
| 7 | | 16号 | 4.38 |
| 8 | | 18号 | 12.03 |
| 9 | | 21号 | 26.68 |
| 10 | | 23号 | 19.38 |
| 11 | | 24号 | 12.52 |
| 12 | 后压浆成孔灌注桩 | 1号-1 | 9.27 |
| 13 | | 2号 | 5.64 |
| 14 | | 3号 | 8.63 |
| 15 | | 4号 | 8.24 |

续表

| 序号 | 地基方案 | 高层住宅楼号 | 观测结束时平均沉降值/mm |
|---|---|---|---|
| 16 | 后压浆成孔灌注桩 | 6 号 | 9.13 |
| 17 | | 9 号 | 9.41 |
| 18 | | 10 号 | 12.70 |
| 19 | | 11 号 | 14.89 |
| 20 | | 12 号 | 7.40 |
| 21 | | 13 号-1 | 14.27 |
| 22 | | 14 号-1 | 9.17 |
| 23 | | 15 号 | 14.79 |
| 24 | | 17 号 | 8.97 |

本项目的建筑物沉降观测周期从结构施工正负零完成开始，至结构封顶后约一年结束。沉降数据显示，随着建筑施工的进行，沉降量在不断加大，楼层越高沉降越大，符合客观规律；建筑物封顶后，还有一段时间处于沉降期，但随着时间推移，沉降量逐渐变缓，并最终趋于稳定；从最后一次的观测周期和变化量来分析，沉降速率最大为 0.8mm/100d，沉降速率满足北京地区判断建筑物沉降稳定的标准要求（$\Delta s \leqslant 1mm/100d$ [4]），各建筑物沉降变化已趋于稳定，总沉降量基本均在 30mm 以内，平均沉降约 11.57mm。

但对于填土地层，由于其固结不完全，长期沉降可能会较大，因此后期建筑物使用时也应关注其沉降发展情况，确保建筑物后期安全使用。

本项目获 2021 年度"北京市优秀工程勘察设计奖"工程勘察综合奖（岩土）三等奖。

## 参考文献

[1] 住房和城乡建设部. 岩土工程勘察规范(2009 年版): GB 50021—2001[S]. 北京：中国建筑工业出版社，2009.

[2] 住房和城乡建设部. 建筑地基处理技术规范: JGJ 79—2012[S]. 北京：中国建筑工业出版社，2013.

[3] 北京市规划委员会. 北京地区建筑地基基础勘察设计规范(2016 年版): DBJ 11—501—2009[S]. 北京，2017.

[4] 住房和城乡建设部. 建筑变形测量规范: JGJ 8—2019[S]. 北京：中国建筑工业出版社，2019.

[5] 《工程地质手册》编委会. 工程地质手册[M]. 5 版. 北京：中国建筑工业出版社，2018.

[6] 苏志刚，郭明田，李海坤. 北京地区杂填土场地岩土工程勘察探讨[J]. 工程勘察，2008(S2): 34-36.

# CFG 桩复合地基在高层建筑地基处理中的应用

法立滕　金南南

（中兵勘察设计研究院有限公司，北京　100053）

## 1　工程概况

朝阳区东郊农场保障房项目 A 地块位于朝阳区崔各庄乡，地铁 14 号线、15 号线马泉营车辆段南侧，望京电子城北侧，具体范围为：东至电子城西区北扩规划一路，西至望京北扩路，南至崔各庄北路，北至香江北路。本工程共包括 7 栋高层住宅楼，天然地基承载性能不满足结构设计要求，采用 CFG 桩复合地基进行加固处理，各楼座基本设计概况与地基处理要求见表1。

建筑结构设计概况与地基处理要求　　　　　　　　　表1

| 建筑名称 | ±0.000 标高/m | 层数地上/地下 | 结构/基础形式 | 天然地基承载力标准值/kPa | 基底荷载标准值/kPa | 变形要求 | |
|---|---|---|---|---|---|---|---|
| | | | | | | 沉降/mm | 倾斜 |
| A1 住宅楼 | 39.90 | 28F/2F | 框-剪/筏形 | 140 | 680 | ≤50 | ≤0.0015 |
| A2 住宅楼 | 39.90 | 28F/2F | 框-剪/筏形 | 140 | 630 | ≤50 | ≤0.0015 |
| A3 住宅楼 | 38.70 | 18F/1F | 框-剪/筏形 | 120 | 425 | ≤50 | ≤0.0015 |
| A4 住宅楼 | 38.70 | 28F/3F | 框-剪/筏形 | 160 | 600 | ≤50 | ≤0.0015 |
| A5 住宅楼 | 38.70 | 17F/3F | 框-剪/筏形 | 160 | 460 | ≤50 | ≤0.0015 |
| A6 住宅楼 | 38.70 | 18F/1F | 框-剪/筏形 | 110 | 420 | ≤50 | ≤0.0015 |
| A7 住宅楼 | 38.70 | 28F/3F | 框-剪/筏形 | 160 | 612 | ≤50 | ≤0.0015 |

注：A4、A5、A7 住宅楼位于车库中，A1、A2、A3、A6 住宅楼为独立建筑，基坑开挖深度为 6.8~10.7m。

## 2　工程地质条件

### 2.1　地层岩性

根据岩土工程勘察报告，场地地面以下 45.0m 深度范围内地层由人工堆积层、第四纪沉积层土层组成。按地层的岩性特征及成因年代，将勘探深度范围内的地层划分为 6 个地层单元，自上而下简述如下，相关力学参数见表2。

（1）人工堆积层

①黏质粉土填土：褐黄色，稍密，稍湿，含植物根、灰渣、砖屑等，层厚 0.3~1.7m。

地层力学参数　　　　　　　　　表2

| 地层名称 | 承载力标准值 $f_{ak}$/kPa | 黏聚力 $c$/kPa | 内摩擦角 $\varphi$/° | 桩的极限侧阻力标准值 $q_{sk}$/kPa | 桩的极限端阻力标准值 $q_{pk}$/kPa |
|---|---|---|---|---|---|
| ①黏质粉土填土 | | 5.0 | 10.0 | | |
| ②黏质粉土—砂质粉土 | 140 | 20.8 | 28.0 | 60 | |
| ②₁黏土—重粉质黏土 | 120 | 20.8 | 28.0 | 55 | |
| ③粉质黏土—重粉质黏土 | 160 | 27.0 | 11.8 | 60 | 450 |
| ④重粉质黏土—黏土 | 200 | 39.1 | 13.1 | 65 | 700 |
| ④₁粉质黏土—黏质粉土 | 200 | 28.0 | 11.2 | 65 | 700 |
| ⑤细砂—中砂 | 250 | 0 | 30.0 | 70 | 1000 |
| ⑥黏土—重粉质黏土 | 210 | 33.5 | 11.3 | | |
| ⑥₁黏质粉土—砂质粉土 | 240 | 35.2 | 24.4 | | |

（2）第四纪沉积层

②黏质粉土—砂质粉土，褐黄色，密实，稍湿—湿，含云母、氧化铁等，局部夹粉砂及粉质黏土—重粉质黏土薄层，层厚1.2～5.70m；②₁黏土—重粉质黏土，褐黄色，很湿，可塑—硬塑，含云母、氧化铁等；③粉质黏土—重粉质黏土：灰色，很湿，可塑—硬塑，含云母、氧化铁等，局部夹砂质粉土—黏质粉土、黏土薄层，层厚4.80～12.20m；③₁砂质粉土—粉质黏土层，褐黄色—灰色，密实，稍湿—湿，含云母、氧化铁等；③₂黏土：灰色，很湿，可塑—硬塑，含云母、氧化铁等；④重粉质黏土—黏土，灰—褐黄色，很湿，可塑—硬塑，含云母、氧化铁等，局部夹粉质黏土—黏质粉土薄层，层厚4.70～18.20m；④₁粉质黏土—黏质粉土，褐黄色，很湿，软塑—可塑，含云母、氧化铁等；⑤细砂—中砂，褐黄色，密实，湿，矿物成分为石英、长石和云母等，局部夹粉质黏土—重粉质黏土薄层，层厚0.9～21.10m；⑥黏土—重粉质黏土，褐黄色，很湿，软塑—可塑，含云母、氧化铁等，局部夹有黏质粉土—砂质粉土薄层，层厚1.3～5.60m；⑥₁黏质粉土—砂质粉土，褐黄色，密实，湿，含云母、氧化铁等。

## 2.2 地下水

本工程勘察深度范围内共揭露3层地下水，各层地下水类型及埋深情况见表3。

地下水位观测情况　　表3

| 层号 | 地下水类型 | 稳定水位埋深/m |
|---|---|---|
| 1 | 潜水 | 6.70～8.50 |
| 2 | 层间潜水 | 11.0～13.50 |
| 3 | 层间潜水 | 25.0 |

# 3 CFG桩复合地基方案

## 3.1 复合地基设计

鉴于本工程楼座较多，以其中具有代表性的A3住宅楼为例，介绍其CFG桩复合地基设计与计算过程。A3住宅楼层数为18F/1F，结构设计提出的基底荷载标准值为425kPa，根据A3住宅楼工程地质剖面图（图1），其基础持力层为第2层，天然地基承载力标准值为120kPa。根据设计计算，选取第5层作为桩端持力层，在地基处理范围内布置桩径φ600mm的CFG桩，桩位呈正方形布置，桩间距2.05m，局部边桩略作调整，A3住宅楼CFG桩平面布置见图2。

（1）复合地基地基承载力计算

单桩承载力由式(1)、(2)计算：

$$Q_{uk} = u_p \sum_{i=1}^{n} q_{sik} l_{pi} + \alpha_p q_{pk} A_p \quad (1)$$

$$R_a = \frac{1}{K} Q_{uk} \quad (2)$$

式中：$Q_{uk}$——单桩竖向极限承载力标准值（kN）；

$u_p$——桩的截面周长（m）；

$q_{sik}$——第$i$层桩周土的极限侧阻力标准值（kPa）；

$l_{pi}$——第$i$层土的厚度（m）；

$\alpha_p$——桩端阻力发挥系数，这里取1；

$q_{pk}$——桩的极限端阻力标准值（kPa）；

$A_p$——桩的截面面积（m²）；

$R_a$——单桩竖向承载力特征值（kN）；

$K$——安全系数，取$K=2$。

以A3住宅楼为例，选取代表性地质剖面，单桩竖向承载力特征值计算见表4。

A3住宅楼单桩承载力计算结果　　表4

| 建筑编号 | 土层 | | | 有效桩长/m | $R_a$计算值/kN | $R_a$采用值/kN |
|---|---|---|---|---|---|---|
| | 厚度/m | $q_{si}$/kPa | $q_p$/kPa | | | |
| ② | 3.65 | 60 | | | | |
| ③₂ | 0.5 | 60 | | | | |
| ③ | 8.0 | 60 | | 24.5 | 1553 | 1420 |
| ④ | 8.0 | 60 | | | | |
| ④₂ | 1.0 | 70 | | | | |
| ④₁ | 3.35 | 70 | 900 | | | |

（2）置换率的确定

桩的面积置换率$m$由式(3)求得

$$f_{spk} = \lambda m R_a / A_p + \beta(1-m) f_{sk} \quad (3)$$

式中：$f_{spk}$——深度修正前的复合地基承载力特征值（kPa）；

$\lambda$——单桩承载力发挥系数，此处取$\lambda = 0.90$；

$m$——桩的面积置换率；

$R_a$——单桩竖向承载力特征值（kN）；

$A_p$——桩的截面面积，取0.2826m²；

$f_{sk}$——处理后桩间土承载力特征值（kPa）；

$\beta$——桩间土发挥系数，一般取$\beta = 0.75～0.95$，此处取$\beta = 0.95$。经计算，A3住宅楼CFG桩面积置换率$m \approx 0.0671$。

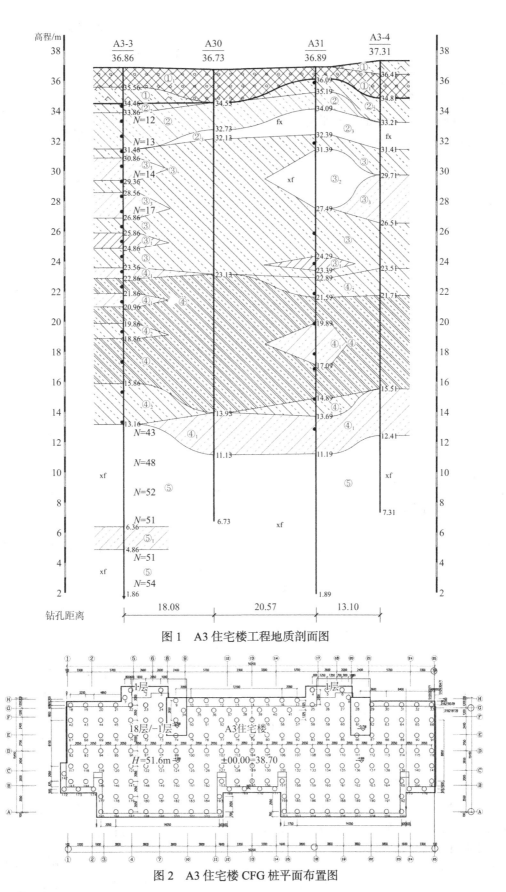

图1 A3住宅楼工程地质剖面图

图2 A3住宅楼CFG桩平面布置图

（3）桩身强度的确定

桩身强度应由桩顶应力确定，即

$$f_{cu} \geq 4\frac{\lambda R_a}{A_p} \tag{4}$$

$$f_{cu} \geqslant 4\frac{\lambda R_a}{A_p}\left[1+\frac{\gamma_m(d-0.5)}{f_{spa}}\right] \quad (5)$$

式中：$f_{cu}$——桩体试块标准养护 28d 的立方体抗压强度平均值（kPa）；

$\gamma_m$——基础底面以上土的加权平均重度，地下水以下取有效重度，本工程取 $\gamma_m = 18.5\mathrm{kN/m^3}$；

$d$——基础埋置深度（m）；

$f_{spa}$——深度修正后的复合地基承载力特征值（kPa）。经计算，A3 住宅楼 CFG 桩的 $f_{cu} \approx 19153\mathrm{kPa}$，考虑地下水对混凝土具弱腐蚀性，CFG 桩混凝土强度等级采用 C25。

其他住宅楼的 CFG 桩具体设计不予赘述，各楼座 CFG 桩设计参数见表 5。

各住宅楼 CFG 桩设计参数 表 5

| 建筑名称 | 复合地基承载力/kPa | | 桩间土承载力/kPa | 有效桩长/m | 单桩承载力$R_a$/kN | 置换率$m$ | 桩身混凝土强度等级 |
| --- | --- | --- | --- | --- | --- | --- | --- |
| | 修正前 | 修正后 | | | | | |
| A1 住宅楼 | 600 | 680 | 140 | 25.0 | 1550 | 0.0976 | C30 |
| A2 住宅楼 | 550 | 630 | 140 | 24.5 | 1550 | 0.0870 | C30 |
| A3 住宅楼 | 400 | 425 | 120 | 24.5 | 1420 | 0.0671 | C25 |
| A4 住宅楼 | 600 | 600 | 160 | 25.5 | 1680 | 0.0870 | C30 |
| A5 住宅楼 | 430 | 460 | 160 | 18.5 | 1200 | 0.0781 | C25 |
| A6 住宅楼 | 400 | 420 | 110 | 24.5 | 1420 | 0.0671 | C25 |
| A7 住宅楼 | 590 | 612 | 160 | 24.5 | 1650 | 0.0870 | C30 |

### 3.2 CFG 桩复合地基施工工艺及质量控制

（1）施工工艺

本工程 CFG 桩施工采用长螺旋中心压灌工艺，该工艺方法是采用长螺旋机械钻进成孔，钻至设计深度后，利用高压混凝土输送泵将 CFG 桩混合料经过钻具中心通道及钻头泵送至孔底，与此同时提钻，孔底单向活门自动打开，使混凝土流出，并使钻具在混凝土内埋深保持在 0.5～1.0m，确保提钻速度与混凝土的泵入速度相匹配，以防止出现断桩，边提钻边泵送混合料，这样就在孔内就形成了 CFG 桩。该工艺将钻进成孔与灌注混凝土合二为一，具有效率高、振动小、施工环保等优点。CFG 桩施工完毕经养护 14d 后，开始凿桩头、清挖桩间土。清挖桩间土采用小型机械铺设木板施工，为避免直接接触老土产生扰动，槽底预留 20～30cm 桩间土采用人工清理，清土过程中由专人随时测量槽底标高，防止超挖。桩头与桩间土清理完毕后及时覆盖塑料布，防止桩间土失水过多产生龟裂，并在基坑周边及四角设置集水井和排水沟，防止雨水浸泡。基础垫层施工前铺设级配碎石褥垫层，褥垫层压实厚度及夯填度需满足设计要求。

（2）施工质量控制

CFG 桩施工期间，按设计要求制取试块进行标养，标养 28d 后试压，检验桩身混凝土的抗压强度是否达到设计要求。CFG 桩复合地基质量检验标准如下：①桩顶标高偏差，±200mm；②桩径允许偏差，0～+50mm；③垂直度允许偏差 ≤1%；④桩位允许偏差 ≤±0.4D；⑤混凝土坍落度 180～220mm；⑥褥垫层夯填度 ≤0.9。

## 4 CFG 桩复合地基加固效果检测

CFG 桩施工完毕并养护 28d 后，按规范要求进行了桩身完整性低应变动测试验、CFG 桩单桩静载荷试验、CFG 桩复合地基静载荷试验。静载荷试验现场照片见图 3。

图 3　CFG 桩静载荷试验现场照片

鉴于本工程楼座较多，为了更清晰地分析检测结果，仍以 A3 住宅楼为例进行分析。A3 住宅楼共抽检 3 个复合地基静载荷试验检测点，编号分别为 130 号、191 号、161 号，各检测点 CFG 桩复合地基静载荷试验 $p$-$s$ 曲线如图 4 所示。由图 4 曲线可知，各点 $p$-$s$ 曲线呈缓变型，当复合地基最大加载量达到 800kPa 时，沉降量约为 18mm，整个加载过程中未出现陡降，且加载范围内地面未发生隆起或开裂，表明 CFG 桩复合地基的极限承载力大于 800kPa，即复合地基承载力特征值大于 400kPa，满足设计要求。

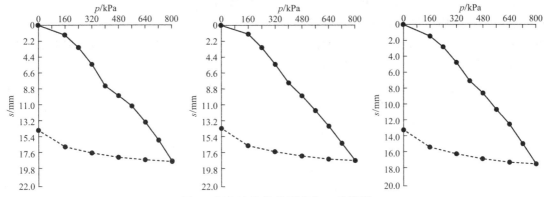

图 4　复合地基静载荷试验 $p$-$s$ 曲线图

A3 住宅楼的共抽检 3 个单桩静载荷试验检测点，编号分别为 156 号、164 号、188 号，各检测点单桩竖向抗压试验的 $Q$-$s$ 曲线见图 5。可以看出，3 组曲线均呈缓变型，在最大荷载 2840kN 作用下，沉降值分别为 10.20mm、13.81mm、15.67mm，整个加载过程中沉降曲线未出现陡降，且 $s$-$\lg t$ 曲线未出现转折点，表明单桩竖向极限承载力标准值大于 2840kN，即单桩竖向承载力特征值大于 1420kN，满足设计要求。

在施工过程中，从 –1 层底板施工完成开始对建筑物进行沉降变形观测，其中 A3 住宅楼复合地基的沉降观测共 10 个检测点。由沉降观测时程数据可知，该楼从 –1 层底板施工完成至今，沉降量随荷载增加而增加，各点沉降规律基本一致。根据实际观测成果，A3 住宅楼中心点最大平均沉降累计值为 16.41mm，楼座角点最大平均沉降累计值分别为 16.28mm、15.46mm，且观测数据稳定，无异常。

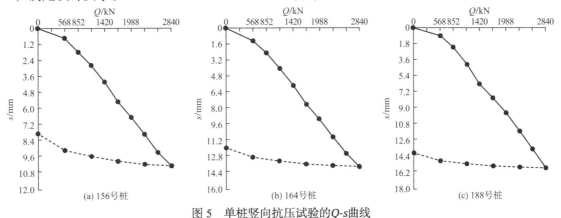

图 5　单桩竖向抗压试验的 $Q$-$s$ 曲线

本工程其他住宅楼 CFG 桩复合地基静载荷试验检测结果均为合格，具体数据见表 6。

复合地基静载荷试验检测结果　　　　表 6

| 建筑名称 | 复合地基承载力特征值 /kPa | 试验最大荷载 /kPa | 最大荷载对应沉降量（平均值）/mm | 承载力特征值对应沉降量（平均值）/mm |
| --- | --- | --- | --- | --- |
| A1 住宅楼 | 600 | 1200 | 15.35 | 7.30 |
| A2 住宅楼 | 550 | 1100 | 17.41 | 8.32 |
| A4 住宅楼 | 600 | 1200 | 18.03 | 6.97 |
| A5 住宅楼 | 430 | 860 | 16.85 | 6.12 |
| A6 住宅楼 | 400 | 800 | 15.19 | 7.63 |
| A7 住宅楼 | 590 | 1180 | 16.86 | 7.00 |

## 5 结语

本项目的特点是天然地基承载力较低（110～160kPa），而结构设计提出的地基承载力要求较高（420～680kPa），地基承载力最大提高幅度达540kPa。针对这一特点，本项目选用直径600mm的CFG桩进行加固处理。本文详细介绍了该项目CFG桩复合地基的设计过程、施工工艺和加固效果检测情况。静载荷试验结果表明，本项目CFG桩单桩及复合地基承载力均满足设计要求。该项目第三方沉降监测报告显示，各住宅楼沉降与变形均满足设计要求。本项目CFG桩复合地基处理方案是成功的，可为其他类似项目提供参考与借鉴。

## 参考文献

[1] 罗云海. 高层建筑CFG桩复合地基变形研究[J]. 岩土工程技术, 2019, 33(2): 4.

[2] 乌青松, 姜大伟, 于明波, 等. 高承载力CFG桩复合地基的应用研究[J]. 岩土工程技术, 2021, 35(5): 332-335.

[3] 张东刚, 张震, 李帅, 等. CFG桩复合地基工程质量验收常见问题分析及探讨[J]. 建筑科学, 2021(3): 115-123.

# 北京亦庄某工程预制管桩载体桩试桩实录

吴文平 [1,2]　左文站 [1,2]　黄　鹏 [1,2]　周靓坤 [1,2]　李松山 [1,2]

（1. 北京中兵岩土工程有限公司，北京　100053；2. 中兵勘察设计研究院有限公司，北京　100053）

## 1　引言

预制管桩载体桩作为一种新型的基础处理形式，因具有施工周期短、操作简单、造价经济、质量可靠、承载力高、不排土、不污染环境等显著优点[1-2]，已开始在北京地区陆续使用。基于区域工程地质情况，北京通州区亦庄经济技术开发区某工程运用预制管桩载体桩进行地基加固，取得了较好的工程效果。以该项目试桩工程为实例，对预制管桩载体桩的设计、施工及检测进行了详细介绍，同时结合试桩施工过程参数、施工过程记录等对施工质量的控制要点进行阐述，为同类基础处理的设计与施工提供一定的参考和借鉴[3]。

## 2　试桩工程设计概况

项目位于北京市通州区亦庄经济技术开发区，项目包括多个车间和附属建筑，其中一号厂房、三号厂房为门刚结构和钢结构，二号厂房为混凝土框架结构。上述厂房单柱最大荷载达 5000kN。

为验证预制管桩载体桩在该项目的适用性、为桩基设计提供依据、优化施工参数、确定施工工艺、验证质量保证措施等，现场组织开展了载体桩试桩工作。

为确保工程顺利进行，在场地北部区域进行试桩，试验区地势平坦，场地绝对标高约为 24.6m，试桩共计 3 根，桩位地层分布参照钻孔 A155、A156、A157。本项目载体桩试桩工程设计预制管桩桩径为 500mm，桩身材料为 PHC500AB100，预制管桩 10m，载体桩计算深度取 2m，总设计桩长 12m，单桩竖向抗压承载力特征值 1300kN，桩端载体持力层为④粉质黏土—重粉质黏土，三击贯入度不大于 10cm，夯填水泥砂拌合物不大于 1.2m³，其中水泥采用 P·C42.5 复合硅酸盐水泥，砂采用中粗砂，配合比为水泥:砂 = 1:2，拌适量水，以手攥成团、落地开花为宜。

## 3　工程地质及水文地质条件

根据该项目岩土工程勘察报告，场地地层按土的岩性及工程特性将地层划分为 6 大层，其中①层为人工填土层，②层、③层为新近沉积土层，④层、⑤层、⑥层为一般第四纪沉积土层。在勘探深度内观测到 3 层地下水。第一层地下水类型为潜水，地下水稳定水位埋深为 7.10~10.60m；第二层为层间潜水，地下水稳定水位埋深为 11.10~16.70m，该层地下水不稳定；第三层为微承压水，含水层主要为⑤₃粉细砂，地下水水头埋深为 19.30~22.40m。典型地质剖面图如图 1 所示，其中桩长范围内涉及主要地层的物理力学性质表见表 1。

主要地层物理力学性质表　　　　表 1

| 土层 | 厚度/m | $w$/% | 密度/($g/cm^3$) | $e$ | $q_{sk}$/kPa | $p_{sk}$/kPa | $E_s$ | $f_{ak}$/kPa |
|---|---|---|---|---|---|---|---|---|
| ②黏质粉土—砂质粉土 | 6.5 | 21.5 | 1.93 | 0.71 | 55 | — | 8.07 | 120 |
| ③₁黏质粉土—砂质粉土 | 1.9 | 21.5 | 2.02 | 0.62 | 55 | — | 11.51 | 140 |
| ③粉质黏土 | 3.1 | 25.1 | 2.00 | 0.70 | 55 | — | 6.25 | 120 |
| ④粉质黏土—重粉质黏土 | 1.5 | 23.9 | 2.02 | 0.67 | 58 | 1500 | 8.50 | 160 |

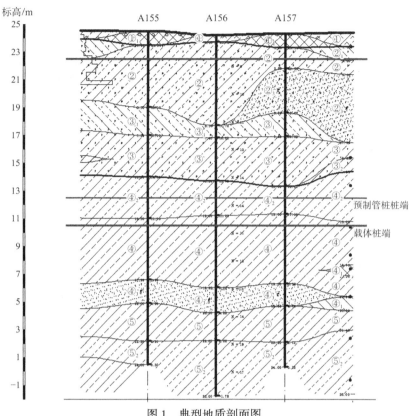

图 1　典型地质剖面图

## 4　预制管桩载体桩试桩施工应用

### 4.1　施工工艺流程

本次预制管桩载体桩试桩的施工设备主要为 ZYJ680 型静压桩机和 ZTZ-4 型载体桩机，重锤重量为 3.5t，直径 250mm，锤长 9m，其主要施工工艺流程见图 2。

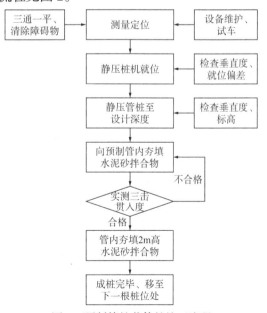

图 2　预制管桩载体桩施工流程

### 4.2　施工过程参数

预制管桩载体桩施工按照《载体桩技术标准》JGJ/T 135—2018 和《预应力混凝土管桩技术标准》JGJ/T 406—2017 等施工规范与规程进行，施工参数见表 2、表 3。

### 4.3　施工过程记录

（1）采用 RTK 现场放置测设试桩点位；（2）采用静压桩机将单节 10m 预应力管桩压至现有地面标高，静压机终压值为 10MPa；（3）载体桩机就位夯填水泥砂拌合物，打开封底钢板孔底无水。夯填料开始较为容易，夯填料总量为 1.1～1.2m³。地面有振感、重锤有反弹，测量三击贯入度 6cm，三击呈逐渐减小状态。夯填过程中地面未见隆起，管桩未见上浮。载体完成后，向管内夯填 1m 水泥砂拌合物封闭管桩底部。

3 根试桩施工过程参数见表 2。

### 4.4　质量控制指标

（1）桩位的垂直度偏差不大于桩长的 1%；（2）桩位允许偏差不大于 50mm；（3）桩体的有效直径不小于设计要求值；（4）桩顶标高不大于设计要求值；（5）控制三击贯入度不大于设计要求，测量重锤落距为 6.0m。

## 预制管桩载体桩试桩成桩时间　　　　表2

| 桩号 | 预制桩静压时间 | | | | 夯填料时间 | |
|---|---|---|---|---|---|---|
| | 开始时间 | 完成时间 | 开始时间 | 完成时间 | 开始时间 | 完成时间 |
| 1 | 14:00 | 14:20 | | | 14:50 | 15:20 |
| 2 | 14:50 | 15:15 | 15:40 | 15:40 | | 16:15 |
| 3 | 15:30 | 15:50 | 16:15 | 16:15 | | 16:45 |
| 平均时长 | 21.6min（0.36h） | | 31.6min（0.53h） | | 31.6min（0.53h） | |

## 预制管桩载体桩施工过程参数　　　　表3

| 桩号 | 桩径/mm | 桩长/m | 桩身材料 | 三击贯入度/cm | 填料量/m³ | 桩顶标高/m | 持力层 |
|---|---|---|---|---|---|---|---|
| 1 | 500 | 12 | PHC500AB100 | 6 | 1.1 | 24.58 | |
| 2 | 500 | 12 | PHC500AB100 | 5 | 1.2 | 24.57 | ④粉质黏土—重粉质黏土 |
| 3 | 500 | 12 | PHC500AB100 | 5 | 1.2 | 24.53 | |

施工后，对预制管桩载体桩分别进行了单桩静载荷试验和低应变检测，分析数据发现，当加载到2倍设计荷载时，单桩变形5.50~11.16mm，远小于《载体桩技术标准》JGJ/T 135—2018极限荷载允许的变形60mm，其单桩静载荷试验检测结果见图3~图5。通过低应变法检测，预制桩桩身完整，波速3922~4000m/s，均为Ⅰ类桩。

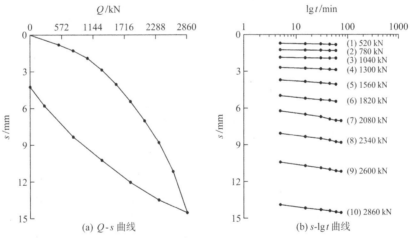

图3　1号桩单桩竖向抗压静载荷试验曲线

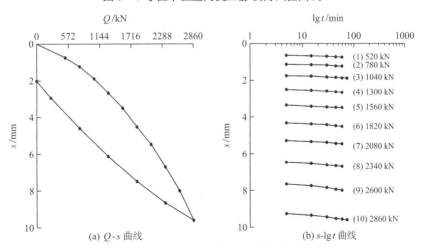

图4　2号桩单桩竖向抗压静载荷试验曲线

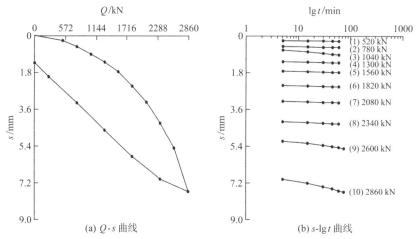

图5　3号桩单桩竖向抗压静载荷试验曲线

## 4.5　施工重点难点分析

（1）管桩质量检查：管桩的质量直接影响桩基工程是否满足设计和规范要求，须要对所有到场的管桩进行仔细认真地查验，测量管桩的外径、壁厚、桩身、长度、桩身弯曲度等有关尺寸，并详细记录。

（2）管桩封底：根据本工程场地土层条件，采用静压管桩至设计标高的施工工艺，为确保在静压过程中，桩端不进水、不进泥土，可采取如下措施：①封底钢板与桩端板须满焊，焊缝应连续、饱满；②适当加大封底钢板的宽度和厚度，增强其刚度，防止钢板被挤入管桩内。

（3）载体施工：载体桩的承载力来源于载体，桩身只作为传力杆件，将上部荷载传至载体及以下土层，载体的施工质量决定桩基是否满足设计要求。本工程地下水位埋深较浅，为确保质量，载体施工时锤不出管桩底部，以保证重锤始终是在管桩的内部对水泥砂拌合物进行低落距、小能量夯击，达到干作业施工状态。

## 5　结论

（1）3根试桩的单桩静载荷试验和低应变检测均表明，在北京亦庄地区采用预制桩身载体桩基础在技术上是可行的，并且能有效增加单桩承载力，控制建筑物的变形沉降。

（2）与传统预制管桩相比，预制桩身载体桩能显著提高单桩承载力，能有效减少桩数和承台面积，进一步降低基础造价。

## 参考文献

[1]　王少琨. 关于载体桩的工程实际应用[J]. 建筑论坛，2015(5): 1828-1829.

[2]　尤亚超，李小萌. 载体桩基础在某实际工程中的设计应用[J]. 建筑结构，2009, 39(2): 119-120.

[3]　谭小春，王继忠. 预制桩身载体桩在天津玖龙纸业工程中的应用[J]. 建筑结构，2010, 40(12): 122-123.

# 某复杂地层桩基施工工程实录

黄　鹏　周玉凤　朱海涛　白忠杰　吴文平

（中兵勘察设计研究院有限公司，北京　100053）

## 1　工程概况

该项目位于山东省济南市，项目主体为 10 栋地上 33 层、地下 1/2 层的民用住宅楼，采用桩筏基础，设计 1350 根钻孔灌注桩，灌注桩设计桩径 700mm，有效桩长 29m，桩体纵向主筋为 $8\phi14$（HRB400），箍筋为 $\phi6@200$（HPB300），桩身混凝土强度等级 C35，防渗等级 P8。施工现场布满旧小区拆迁建筑垃圾，场地内存在原有湖泊（云锦池），地下水位在地表附近，表层土地基承载力低。由于受地下水和土层软弱条件所限，桩机选在地面施工。

## 2　工程地质、水文地质条件

### 2.1　工程地质条件

根据勘察报告成果，施工场区内第四系地层主要由人工填土、黄河小清河冲积形成的粉质黏土、粉土及山前冲洪积成因的黏性土、碎石土组成，下伏基岩为中生代燕山期辉长岩。建设场地内岩土层可分为 9 个主层，典型地质剖面图见图 1。现将土层自上而下分述如下：

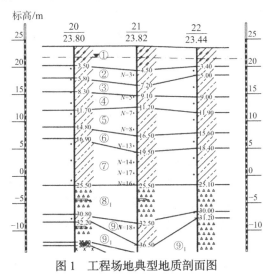

图 1　工程场地典型地质剖面图

①杂填土（$Q_4^{ml}$）

杂色，松散，稍湿，主要成分为砖块、混凝土、灰渣、碎石等建筑垃圾，云锦池附近为灰黑色淤泥质土层，厚度 1.50～6.30m，层底标高 18.78～22.29m。该层处于空孔段，对施工影响非常大，若不增加护筒长度将很容易出现塌孔现象。

②粉质黏土（$Q_4^{al}$）

黄褐—灰褐色，软—可塑，干强度及韧性中等，无摇振反应，稍有光泽，含少量铁锰氧化物，局部夹黏土薄层。土层含水率平均 31.7%，孔隙比 $e_0$ 为 0.66～1.10，液限 $w_L$ 为 26.7%～44.8%，塑限 $w_P$ 为 15.1%～33.4%，标贯标准值为 3.2。场区普遍分布，厚度 1.00～4.60m，层底标高 16.00～20.09m。

③粉质黏土（$Q_4^{al}$）

灰黑—灰褐色，软塑，干强度及韧性中等，无摇振反应，稍有光泽，含少量螺壳碎片及有机质。土层含水率 20.1%～38.6%，孔隙比 $e_0$ 为 0.68～1.10，液限 $w_L$ 为 25.4%～44.9%，塑限 $w_P$ 为 14.5%～32.6%，标贯标准值为 3.4。场区普遍分布，厚度 1.00～4.70m，层底标高 13.09～17.39m。该土层正处于护筒末端，土层较软，容易出现塌孔现象。

④粉质黏土（$Q_4^{al}$）

浅灰色，可塑，干强度及韧性中等，无摇振反应，稍有光泽，含少量铁锰氧化物及有机质。土层含水率 17.3%～36.8%，孔隙比 $e_0$ 为 0.63～0.97，液限 $w_L$ 为 25.4%～40.1%，塑限 $w_P$ 为 12.8%～27.6%，标贯标准值为 4.1。场区普遍分布，厚度 1.70～5.40m，层底标高 9.38～13.99m。

⑤粉质黏土（$Q_4^{al}$）

褐黄—灰黄色，可塑，干强度及韧性中等，无摇振反应，稍有光泽，含少量铁锰氧化物，含少量姜石。土层含水率 18.1%～28.6%，孔隙比 $e_0$ 为 0.60～0.90，液限 $w_L$ 为 24.9%～37.6%，塑限 $w_P$ 为 14.5%～24.8%，标贯标准值为 7.2。场区普遍分布，厚度 1.60～6.70m，层底标高 4.88～11.28m。

⑥粉质黏土（$Q_3^{al+pl}$）

褐黄色，可塑—硬塑，无摇振反应，稍有光泽，干强度及韧性强，含少量铁锰氧化物及 20%～30% 姜石，粒径 2～6cm。土层含水率 16.8%～31.6%，孔隙比 $e_0$ 为 0.61～0.88，液限 $w_L$ 为 26.6%～40.3%，塑限 $w_P$ 为 13.5%～25.8%，标贯标准值为 9.2，最大值为 18。场区普遍分布，厚度 1.10～5.10m，层底标高 1.96～8.15m。

⑦粉质黏土（$Q_3^{al+pl}$）

浅棕黄色—浅棕红色，可塑—硬塑，局部硬塑，无摇振反应，稍有光泽，干强度及韧性中等，局部含有 5%～10% 的姜石，粒径 2～6cm。土层含水率 16.1%～33.0%，孔隙比 $e_0$ 为 0.57～0.97，液限 $w_L$ 为 26.1%～40.5%，塑限 $w_P$ 为 12.6%～26.7%，标贯标准值为 13.1，最大值为 21。场区普遍分布，厚度 2.10～8.60m，平均 5.77m，层底标高 -2.22～2.45m。

⑧粉质黏土（$Q_3^{al+pl}$）

浅棕红色，可塑—硬塑，无摇振反应，稍有光泽，干强度及韧性中等，含有 5%～8% 的姜石，粒径 2～6cm。土层含水率 18.6%～31.0%，孔隙比 $e_0$ 为 0.62～0.93，液限 $w_L$ 为 26.7%～40.1%，塑限 $w_P$ 为 14.2%～26.0%，标贯标准值为 15.6，最大值为 22。场区普遍分布，厚度 1.20～8.20m，层底标高 -8.93～-0.94m。

⑨粉质黏土（$Q_3^{al+pl}$）

浅棕红色，可塑—硬塑，无摇振反应，稍有光泽，干强度及韧性中等，偶见姜石，粒径 2～3cm。土层含水率 18.1%～32.8%，孔隙比 $e_0$ 为 0.63～0.94，液限 $w_L$ 为 27.5%～40.9%，塑限 $w_P$ 为 13.9%～28.1%，标贯标准值为 19.6，最大值为 25。厚度 1.00～12.40m，平均 5.69m；层底标高 -18.52～-6.44m。

本工程施工的钻孔灌注桩以⑨层粉质黏土层为桩端持力层，设计单桩竖向承载力特征值为 3300kN。

## 2.2　水文地质条件

该区域桩基施工深度范围内地下水类型为第四系松散岩类孔隙水，主要靠大气降水、河流侧向补给及下部奥灰岩溶承压含水层越流补给，地下水总体径流方向为由南西向北东。排泄途径主要为大气蒸发与地下径流。地下水静止水位埋深 1.2～2.0m。

## 3　工程条件的分析评价

施工场区位于济南盆地凹部区域，地面标高最大值为 25.52m，周边有小清河、工商河及西泺河等多条河流，地下水位埋深约 1m，地下水位较高容易造成塌孔等质量事故。由于场区地下水位高，浅层土地基承载力较低，无法开挖至桩顶标高施工，在地表开孔给施工操作和管理带来很大困难。场区位于云锦池影响范围内，表层存在 2～3m 厚淤泥，土地基承载力低，给桩机施工带来安全隐患。施工场地属于黄河—小清河冲积平原，地层内存在一层古黄河沉积层，该层黄土韧性强且切面光滑，钻进过程中存在钻头打滑不进尺现象。该基础桩桩长超过 29m，钢筋笼主筋数量少且细，给钢筋笼起吊和拼接带来困难。另外，该项目位于济南市中心区域，各类环保措施要求严格，造成施工成本增加和管理难度增大。

## 4　工程方案分析论证

项目部技术管理人员通过施工现场的考察和相关资料的分析，提前预判了施工过程中可能存在的问题，并开会讨论工程重难点及解决措施，同时积极学习当地施工经验，在此基础上编制完成了施工方案。现将施工中遇到的问题及解决措施分述如下：

（1）施工机械设备选型。根据地质勘察报告，施工场地浅部土层松软，且地下水位较高，采用反循环施工工艺容易造成地面沉陷；由于桩机在地面施工，桩顶标高在地面下 6m 处，无法采用长螺旋后插钢筋笼施工工艺。最终，经技术和经济比选，确定采用旋挖钻机泥浆护壁成孔，水下灌注混凝土施工工艺。

（2）桩机施工场地处理方案。现场部分基础桩位在原地面湖泊云锦池影响范围内，该区域表层存在 2～3m 厚淤泥，地基土承载力低，若不对桩机施工场地处理，可能给桩机施工带来安全隐患。由于施工现场前期进行旧房拆迁工作，场区内存有大量砖石等建筑垃圾，本方案采取就地取材利用现场砖石，对软土区域进行换填碾压，从而确保装机行驶安全。

（3）地面"虚孔"施工的处理方案。由于场区地下水位高，浅层土地基承载力较低，无法开挖至桩顶标高施工，桩机在地面施工将形成一段"虚孔"。针对"虚孔"段土层较软，容易出现塌孔现象，建议采取使用 8m 长护筒方案，对软土段桩孔进行保护，防止周边流塑状泥土进入钻孔，从而造成地面沉陷和桩身"夹泥"等质量问题。

（4）地下水位高，容易塌孔、缩径问题处理方案。施工时场区地下水位埋深约 1m，地下水位很高，在旋挖钻机提升钻头过程中，钻头以下区域容易形成相对"负压"，地下水向孔内渗流，造成塌孔、缩径等质量事故。针对此问题，方案采用膨润土作为泥浆制作原料，增加泥浆相对密度，施工中加强对泥浆相对密度的监测。同时，要求钻机操作人员降低钻头提升速度，在钻头两侧增加"凹槽"，以增加钻头面上下泥浆的联通，防止钻头以下形成相对"负压"，避免造成塌孔、缩径等质量问题。

（5）钢筋笼制作安装的措施。该基础桩桩长超过 29m，钢筋笼主筋为 4 根或 8 根直径 14mm 的螺纹钢筋，主筋数量少且细，钢筋笼整体刚度不足，无法做到一次成型起吊安装。针对此问题，方案采用钢筋笼分段制作，桩口处拼接。

（6）安全文明施工措施。项目位于济南市中心区域，环保要求较高，检查力度大。针对此问题，方案严格按照国家和当地相关法律法规要求，确保安全文明施工费用投入，并加强现场管理，力争做到裸土覆盖 100%，确保场地不出现扬尘等。

## 5 方案实施过程

尽管前期方案编制过程中准备比较充分，但在施工期间仍遇到一些没有考虑到的情况。现将施工中遇到的问题及解决措施分述如下：

（1）施工方案采用 8m 长护筒对浅层软土进行支护，但实际施工过程中发现③粉质黏土（$Q_4^{al}$）（灰黑—灰褐色，软塑，干强度及韧性中等，无摇振反应，稍有光泽，含少量螺壳碎片及有机质，层底埋深 5.40～12.00m）部分正处于护筒底及下部区域。当钻头在交界处提升时，容易产生塌孔、扩孔现象，造成灌注混凝土损失。针对这种情况，施工现场采取确保钻杆垂直度，该位置处提钻头减慢等措施，取得了一定的效果。

（2）施工过程中发现局部区域⑥层、⑦层为古黄河沉积黄土，该土层韧性非常大，颗粒均匀细腻，钻头在遇到该土层时，土层将产生一个光滑的

接触面，致使旋挖钻机钻头打滑无法进尺。针对这种情况，结合当地施工队伍经验施工，现场采取改变钻头角度，在钻头处焊接着力点等措施，以增加钻头与土层的切割力度，取得很好的效果。施工现场情况见图 2。

图 2　桩基工程施工现场图

## 6 工程成果与效益

通过提前预判和及时发现解决施工中问题，桩基工程顺利完成，桩基工程成桩效果图见图 3。

图 3　桩基工程成桩效果图

单桩竖向抗压承载力试验结果，12 号、29 号和 59 号桩单桩竖向抗压承载力特征值为 3450kN，见图 4，静载荷试验检测合格；低应变检测试验结果，28 号桩为 Ⅱ 类桩，其余全部为 Ⅰ 类桩，检测合格，最终通过"五方"部门的验收。

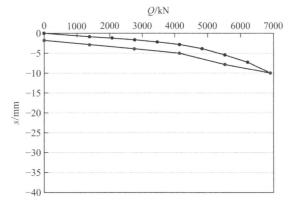

图 4　单桩竖向承载力试验 Q-s 曲线图

现将上述措施的实施效果分述如下：

（1）采用旋挖钻机泥浆护壁成孔，水下灌注混凝土施工工艺整体可以满足该工程的施工要求，在施工进度和施工质量方面达到预期效果。但旋挖钻机成孔存在局部塌孔、扩孔现象，增加了混凝土的用量，相应提高了施工成本；旋挖钻机适合较硬土层施工，在遇到韧性强、细腻光滑的土层时，旋挖钻机进尺速度受到影响，降低了工作效率。

（2）采取拆迁砖石进行施工场地处理，对建筑垃圾就地利用，从施工情况来看取得了很好的效果，是桩机施工场地处理的一种很好措施。

（3）采取使用长护筒方案对软土段桩孔进行保护措施，从施工情况来看，该措施的实施有效地防止周边流塑状泥土进入钻孔，没有造成地面沉陷和桩身"夹泥"等质量问题。然而由于软土层深度较深且分布不均匀，在一些软土分布较深没有护筒的地方仍出现扩孔现象，同时由于护筒直径远大于设计桩径，致使成桩直径加大，均增加了混凝土的用量，相应提高了施工成本。

（4）施工方案中制定的"采用膨润土制作泥浆，增加泥浆相对密度，加强对泥浆相对密度的监测；降低钻头提升速度，在钻头两侧增加凹槽，以增加钻头面上下泥浆的联通，防止钻头以下形成相对负压"等措施效果明显，该措施的实施有效避免了大面积塌孔、缩径等质量问题。

（5）采用钢筋笼分段制作，桩口处拼接的施工方案，虽然降低了施工进度，但却解决了钢筋笼起吊困难等问题，是一种解决问题的方案。

## 7　工程经验与教训

该桩基工程是在外地且极其复杂的场地环境下实施的，复杂的场地环境给工程的施工遇到很多困难，也为以后类似工程的施工和经营提供宝贵的经验：

（1）该工程实施过程中采取的场地换填砖渣处理、旋挖钻机钻头改进、长护筒护壁、钢筋笼分段制作安装等措施可以为将来施工提供经验。

（2）在经验较少地区承揽工程前，应充分了解当地市场、施工技术和地层特点，充分考虑地层和环境对施工成本的影响，相应调整成本预算，提高公司的经营能力。

## 参考文献

[1]　建设部. 建筑桩基技术规范: JGJ 94—2008[S]. 北京: 中国建筑工业出版社, 2008.

[2]　建设部. 建筑地基基础工程施工质量验收规范: GB 50202—2002[S]. 北京: 中国建筑工业出版社, 2002.

# 深厚杂填土地基 12000kN·m 强夯处理工程实录

关岩鹏[1]　梁　涛[1]　高艳卫[2]　姚云鹏[2]　赵晓东[2]　李耀华[1]

（1. 航天规划设计集团有限公司，北京　100162；2. 北京航天地基工程有限责任公司，北京　100070）

## 1　工程概况

某园区位于北京大兴区大兴新城东南部片区，占地面积 82687.4m²。场地拟建建（构）筑物建筑面积为 103530m²，地上面积 80519m²，地下面积 23011m²。场地西侧地下室结构外边线距离红线约为 12.0～17.0m，红线外主要为施工完成但未开通市政道路；场地北侧地下室结构外边线距离红线约为 10.0～14.5m，红线外主要为现状道路。

拟建建筑物 ±0.000 标高为 35.80m。由于部分建筑物区域基底下为大面积深厚填土，需进行地基处理[1-3]。

## 2　场地岩土工程条件

本工程所在的北京地区处于华北大平原的西北缘，市区西、北及东北三面环山，东、南为广阔的平原。自第四纪以来，由于新构造运动的影响，山区不断抬升，平原不断下降，因而接受了巨厚的河流沉积物。第四纪沉积层厚度由西向东逐渐增大。本工程拟建场地位于上述该平原内。

根据现场勘察及室内土工试验成果，将本次勘探深度（30.0m）范围内的地层划分为人工填土层、新近沉积层、一般第四纪沉积层三大类，并根据各地层岩性及工程性质指标将各地层大致划分为 9 大层及若干亚层，场地土层见表 1。

拟建场地未发现影响场地整体稳定性的不良地质作用；表层普遍存在人工填土层，且填土厚度较深，此外未发现湿陷性黄土、红黏土、残积土等其他特殊性岩土分布。场地杂填土层厚度分布见图 1，典型工程地质剖面（剖面 A-A'-A″）见图 2。

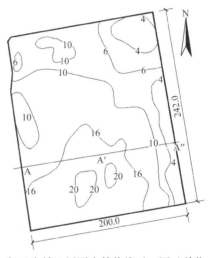

图 1　场地杂填土层厚度等值线平面图（单位：m）

**场地土层分布情况表**　　　　表 1

| 层号 | 土层名称 | 厚度/m | 特点 |
|---|---|---|---|
| ① | 人工填土层 | 1.70～22.30 | 填土层分布整个场地，主要以杂填土、黏质粉土素填土为主。整个场地回填时间短，结构松散，均匀性较差，强度较低，压缩性高。自重固结未完成。本层未经处理不宜作天然地基 |
| ② | 粉细砂 | 0.80～4.20 | 褐黄色，湿，稍密—中密，含石英、长石等。本层夹②₁层砂质粉土，褐黄色，湿，中密，含石英、长石等 |
| ③ | 黏质粉土—砂质粉土 | 0.40～2.90 | 褐黄色，湿，中密，可塑，含云母、氧化铁等 |
| ④ | 粉质黏土—重粉质黏土 | 0.90～5.00 | 灰黄色，湿，中密，可塑，含云母、氧化铁等。本层夹④₁层黏质粉土—砂质粉土。④₁层黏质粉土—砂质粉土，灰黄色，湿，中密，含云母、氧化铁等 |
| ⑤ | 黏质粉土—粉质黏土 | 1.10～4.10 | 褐黄色，湿，较硬，含云母、氧化铁等。本层夹⑤₁层粉细砂和⑤₂层砂质粉土层 |
| ⑥ | 细中砂 | 2.60～7.90 | 褐黄色，湿，密实，含云母、长石、石英等，局部含圆砾。本层夹⑥₁层黏质粉土—粉质黏土层和⑥₂层粉砂 |
| ⑦ | 卵石 | 0.50～12.90 | 杂色，湿，密实，最大直径10cm，一般直径2～4cm，以亚圆形为主，级配较好，中粗砂约占30%。本层夹⑦₁层细中砂和⑦₂层黏质粉土—砂质粉土 |
| ⑧ | 粉质黏土—重粉质黏土 | 4.90～8.10 | 褐黄色，湿，可塑，含云母、氧化铁等。本层夹⑧₁层粉细砂和⑧₂层黏质粉土—砂质粉土 |
| ⑨ | 细中砂 | — | 褐黄色，湿，密实，含云母、长石、石英等 |

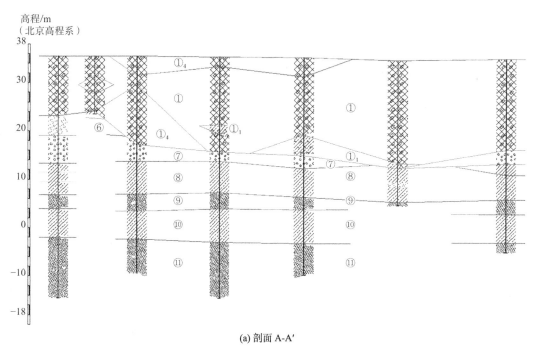

(a) 剖面 A-A′

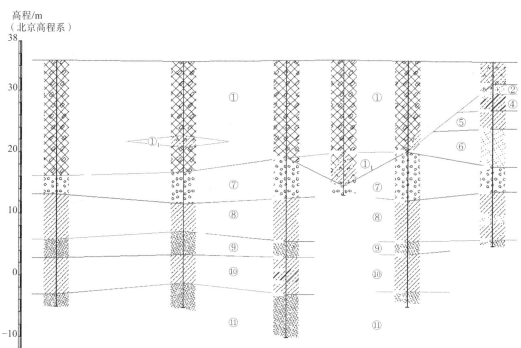

(b) 剖面 A′-A″

图2 典型工程地质剖面图

拟建场区填土是以杂填土和砂质粉土—黏质粉土填土等为主，含有建筑垃圾等。填土分布不均，厚度为1.70～22.30m，其成分复杂、性质各异、结构松散，黏聚力及内摩擦角数值较低，自稳能力差，在基坑支护工程中极易产生变形和沉降。根据填土分布情况，结合拟建物基底标高，大部分拟建物基底下均存在填土且厚度不均，须进行处理后方可建设。

# 3 地基处理设计要求及施工参数

## 3.1 设计目的

（1）增加回填土的密实度、提高回填土的强度、模量，减小地基土工后沉降，增加地基承载力[4]。

（2）加速完成有效影响深度内的自重固结，

减小差异沉降，为后期桩基施工提供有利条件，控制塌孔、孔底沉渣、扩径、缩径等问题，降低灌注充盈系数，减少桩基总造价。

## 3.2 总体思路

（1）施工前对周边建筑物基础情况、管线布置情况开展详细摸排调查、取证及备案工作，确定其平面位置、埋深、类型及其与基坑的关系，如有必要采取有效措施保护。

（2）平整场地，北侧填土深度较浅，采用换填处理（图3中的北侧阴影区域），南侧填土深度较大，采用强夯法开展地基处理工作（图3中的南侧阴影区域）。强夯处理范围延伸至基坑支护处，施工能级为12000kN·m。处理土层为人工填土层，12000kN·m能级处理深度达到12m。

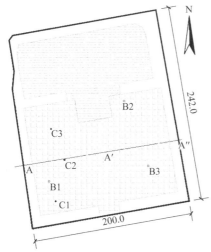

图3　地基处理区域平面图及测点布置图

## 3.3 强夯设计参数

（1）如图4所示，本工程采用四遍成夯施工工艺，第一遍、第二遍为主点夯，第三遍为插点夯，第四遍为满夯。点夯单击夯击能采用12000kN·m夯击能，夯点击数8～12击且最后两击平均夯沉量不大于200mm，第一遍点夯10m×10m正方形布点；第二遍点夯夯点布置在第一遍每四个呈方形布置的夯点中心处，第一遍夯点和第二遍夯点整体呈梅花形布置；第三遍6000kN·m插点夯为梅花形布点,点位布置在一二遍点位中心处插点,收锤标准应符合设计及规范要求；第四遍为满夯，仅用于处理标高为32.85m的强夯处理区域，单点夯击能采用2000kN·m，满夯夯印搭接1/3布点，满夯夯点击数2击；满夯后需对标高为32.85m的强夯处理区域场地整体分层碾压密实。各参数最终以现场试夯结果为准。

（2）主夯点夯坑形成后，在夯坑内回填粗颗粒料，再夯击2次。夯坑内回填料包括但不限于块石、碎石、混凝土块、拆房土等，颗粒粒径不大于300mm，含泥量不大于10%。

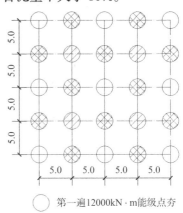

○ 第一遍12000kN·m能级点夯
◢ 第二遍12000kN·m能级点夯
⊗ 第三遍6000kN·m能级点夯

图4　12000kN·m强夯处理夯点平面布置图（单位：m）

# 4 强夯地基处理效果检测

## 4.1 重型圆锥动力触探试验

本次检测布置24个钻孔，均为圆锥动力触探试验孔。钻孔涵盖生活垃圾分布区域、浅部填土区域（基本上填土深度小于12m）、深部填土区域（基本上填土深度为16～22m）、强夯点夯间区域钻孔等各典型位置[5]。

检测所用的野外钻探装备为DPP100型汽车钻机及SH-30型钻机，DPP100型汽车钻机采用回转钻进，泥浆护壁，SH-30型钻机采用冲击钻进，套管护壁。

根据本次现场及借用重型圆锥动力触探试验数据，分别以平均值和中位数作为统计指标，对强夯地基处理施工前后的重型圆锥动力触探试验数据进行对比，对比结果见图5和图6及表2。

主要工作量一览表　　　表2

| 钻 探 | | | |
| --- | --- | --- | --- |
| 项目 | 深度/m | 数量/个 | 目的及说明 |
| 勘探孔 | 6～21 | 24 | 深度应超过填土层深度，进行原位测试 |
| 钻孔总数24个，总进尺288.00m | | | |
| 原位测试 | | | |
| 项目 | 单位 | 数量 | 目的及说明 |
| 重型圆锥动力触探试验 | m | 77.7 | 确定填土层的承载力、密实度等 |

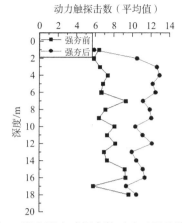

图 5　强夯强夯动探击数对比（平均值）

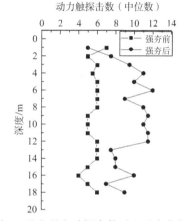

图 6　强夯强夯动探击数对比（中位数）

经过对比发现：①经过强夯地基处理后，12m以上重型圆锥动力触探击数中位数明显增加，平均增加击数为 4～6 击，场地填土的整体密实程度有所增加。②12m 以下重型圆锥动力触探击数增加不明显（大部分增加击数小于 2 击）。

### 4.2　瑞雷波评价

根据强夯地基处理设计方案和施工进度，在整个拟建场地内布置 9 条测线，每条测线 5 个测点，点距 10m，检测点共计 45 个。待强夯施工结束后间隔一定时间进行强夯后检测，强夯后测线、测点位置与夯前一致。典型测点（B1、B2、B3）的平面布置图见图 3，对应的瑞雷波频散曲线见图 7。

测试结果表明，强夯前后等效波速均有所提高[6-7]，平均提升 20.55%。强夯效果良好，达到地基处理的目的。强夯后浅层面波波速较强夯之前增大，夯击影响深度 6～16m，平均影响深度 10.34m。

### 4.3　静载荷试验

平板载荷试验采用慢速维持荷载法试验[8-9]。载荷试验采用面积为 2.00m² 的承压板，最大试验荷载加至 600kN。分 8 级加载，加载级差为最大荷载的 1/8；每级加载后，按间隔 10min、10min、10min、15min、15min，以后为每隔 30min 测读一次沉降量，当在连续 120min 内，每小时的沉降量小于 0.1mm 时，则认为已趋稳定，可加下一级荷载（图 8）。测点共 3 个（C1、C2、C3），其平面布置见图 3。

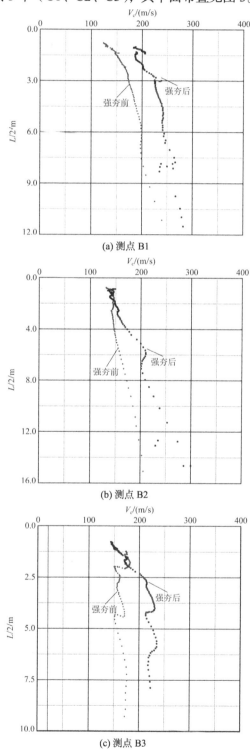

(a) 测点 B1

(b) 测点 B2

(c) 测点 B3

图 7　典型测点瑞雷波频散曲线

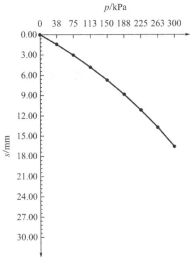

图 8　平板载荷试验典型测点 $p$-$s$ 曲线图（B1）

当出现下列现象之一时，可终止试验：

（1）承压板周围的土明显地侧向挤出；

（2）沉降 $s$ 急骤增大，压力-沉降曲线出现陡降段；

（3）在某一级荷载下，24h 内沉降速率不能达到稳定标准；

（4）承压板的累计沉降量已大于其宽度的 6%；

（5）最大加载压力已达到 600kN 且已稳定。

对载荷试验原始数据进行整理，绘制出 $p$-$s$ 曲线，根据曲线的特征，综合分析得出结果见表 3。

强夯地基静载荷试验结果表　　表 3

| 试验点号 | 压板面积 /m² | 承压板形状 | 最大试验荷载 /kPa | 最终沉降量/mm | 测点承载力实测值 /kPa | 150kPa 对应沉降量/mm |
| --- | --- | --- | --- | --- | --- | --- |
| C1 | 2.00 | 方形 | 300 | 16.58 | 不小于 150 | 6.75 |
| C2 | 2.00 | 方形 | 300 | 15.90 | 不小于 150 | 6.44 |
| C3 | 2.00 | 方形 | 300 | 14.79 | 不小于 150 | 6.29 |

从上述 3 点载荷试验 $p$-$s$ 曲线来看，当荷载加至最大值 300kPa 时，均未出现破坏荷载，且未出现较明显拐点，每级沉降量较均匀，总沉降量均未超过 17mm，小于规范规定的范围（沉降量 $s$ 与承压板边长 $b$ 之比等于 0.06，即 85mm），可确定强夯地基极限承载力值均不小于 300kPa，按两倍安全系数考虑，各测点承载力实测值均不小于 150kPa，其对应的 $s/b$ 值小于 0.01，取值符合规范要求。

# 5　结语

（1）某园区建设项目占地面积较大，填土深度厚，处理范围广，场地地质条件较为复杂，在对地基处理进行多种方案对比分析后，认为强夯地基处理的方案在处理效果、经济性等方面最为理想。

（2）本项目在建设过程中需要削坡，采用强夯处理回填地基能更有效达到土方的平衡，有效减少外弃土石方的风险，节约了费用和时间，且有利于环境保护。

（3）根据重型圆锥动力触探试验统计结果对比后发现：①经过强夯地基处理后，12m 以上重型圆锥动力触探击数中位数明显增加，平均增加击数为 4~6 击，场地填土的整体密实程度有所增加。

②12m 以下重型圆锥动力触探击数增加不明显（大部分增加击数小于 2 击）。

（4）测试结果表明，强夯前后等效波速均有所提高，平均提升 20.55%。强夯后浅层面波波速较强夯之前增大，大部分区域影响深度能够达到 12m。各测点承载力实测值均不小于 150kPa。强夯效果良好，达到地基处理的目的。

（5）由于填土成分的复杂性、分布的不均匀性，即使经过强夯处理，仍然存在部分点圆锥动力触探试验击数过低或者波速增加不明显的现象，进行地基与基础设计时仍需进行试桩试验等相关工作。

# 参考文献

[1] 《工程地质手册》编委会. 工程地质手册[M]. 5 版. 北京: 中国建筑工业出版社, 2018.

[2] 王铁宏. 全国重大工程项目地基处理实录[M]. 北京: 中国建筑工业出版社, 2005.

[3] 滕延京. 建筑地基处理技术规范理解与应用[M]. 北京: 中国建筑工业出版社, 2013.

[4] 水伟厚. 对强夯置换概念的探讨和置换墩长度的实测研究[J]. 岩土力学, 2011, 32(S2): 502-506.

[5] 冯世进, 水伟厚, 梁永辉. 高能级强夯加固粗颗粒碎

石回填地基现场试验[J], 同济大学学报(自然科学版), 2012, 40(5): 679-684.

[6] 建设部. 岩土工程勘察规范(2009 年版): GB 50021—2001 [S]. 北京: 中国建筑工业出版社, 2009.

[7] 王铁宏, 水伟厚, 王亚凌. 对高能级强夯技术发展的全面与辩证思考[J], 建筑结构. 2009, 39(11): 86-89.

[8] 水伟厚, 王铁宏, 王亚凌. 对湿陷性黄土在强夯作用下冲击应力的分析[J]. 建筑科学, 2003, 19(1): 33-36.

[9] 水伟厚, 王铁宏, 王亚凌. 高能级强夯地基土的载荷试验研究[J], 岩土工程学报, 2007, 29(7): 1090-1093.

# 桩基工程勘察评价疑难问题分析

孙宏伟[1]　许　晶[2]　方云飞[1]　卢萍珍[1]

（1. 北京市建筑设计研究院有限公司，北京　100045；2. 中国建筑标准设计研究院，北京　100048）

## 1　前言

桩基工程勘察评价、设计与成桩施工质量直接影响到工程建设的安全性、经济性和合理性。土木工程师（岩土）应当注重积累工程经验并积极主动发挥执业作用。

《工程勘察通用规范》GB 55017—2021 要求桩基工程勘察分析评价包括下列内容：（1）提供桩基设计及施工所需的岩土参数；（2）提出可选的桩基类型和施工方法、建议桩端持力层；（3）对存在欠固结土及有大面积堆载、回填土、自重湿陷性黄土的项目，分析桩侧产生负摩阻力的可能性及其影响；（4）评价成桩可能遇到的风险以及桩基施工对环境影响，提出设计、施工应注意的问题；（5）提出桩基础检测建议。上述要求体现了勘察为工程服务的指导思想。

由于岩土性状变化复杂，"高重建筑物地基基础方案的选择是关系到整个工程的安全质量和经济效益的重大课题，也是牵涉工程地质条件、建筑物类型性质以及勘察、设计与施工等条件的综合课题，常常需要长时间的调查研究和多方面的反复协商才能最后定案"[1]，鉴于此，本文结合工程实例对于桩基工程勘察评价的疑难问题，包括岩土参数评价、成桩工艺建议、负摩阻力分析、成桩风险控制、桩基检测，加以有针对性的探讨。

## 2　岩土参数

岩土参数不同于岩土指标。岩土指标包括物理性质指标、力学性质指标，常简称为"物力指标"。岩土参数则是表征性状的变量。桩基工程的岩土参数通常指的是侧摩阻力（侧阻力）和端支承力（端阻力）。用于估算嵌岩桩承载力的岩石抗压强度 $f_{rk}$ 值，同时也是划分岩石坚硬程度的指标，在将其用作设计参数时，建议考虑桩端持力层岩体的完整程度。

目前勘察报告提供侧摩阻力和端支承力建议值时，习惯做法是依据岩土指标通过查表法得出经验值。使用经验值表格时，需要注意的是，建筑桩基技术规范列出的极限侧阻力标准值（$q_{sik}$）和极限端阻力标准值（$q_{pk}$）经验值表格，是基于较短桩长的静载荷试验数据分析统计得到的参数，特别是对于大直径的长桩和超长桩，采用查表法，所可能存在的偏差必须考虑。

由于岩土变化和承压水的影响，应当结合场地条件和桩基入土深度，不断探索和积累不同成桩工艺施工经验，并加强试验数据分析，在此基础上，改进和完善各地区的经验取值，以期更好地应用于实际工程。

已有的工程经验、理论研究、试验分析以及实测验证表明，侧摩阻力与端支承力发挥不同步，而且均并非定值。桩基工程勘察评价岩土参数时，对此问题应当充分重视。

数据分析发现，天津 117 大厦超长灌注桩的侧摩阻力因地层土质及层位的不同而表现出非同步发挥的变化特征。不同层位的侧摩阻力实测值变化如图 1 所示，对比分析所选择的是天津 117 大厦工程场地的代表性土层，上部粉质黏土层，即⑦4 层的侧阻力表现为软化特征，在试验荷载为 31500kN 时出现了明显的拐点。而下部土层，无论是⑩1 粉土还是⑩4 粉质黏土层均表现为强化特征，即随试验压力的增大而始终增加，以 30000kN 为界大致可以分为两段，之前表现为平缓增强，其后增强速率明显增加。由于⑩1 粉土较厚，该大层深浅部位，⑩1 粉土浅部的侧阻力发挥至 155kPa，而其深部则仅达到 38kPa，明显低于经验值。

试验桩 TP1 桩的侧摩阻力实测值与勘察报告经验值对比见图 2，全桩长均处于密实的⑥卵石之中，采取了桩侧、桩端联合后注浆。由图 2 可以看出，实测的侧摩阻力峰值为 1280～1440kPa[2]，位置距桩端 4～6m；其下，在桩顶以下 10～17m 范围内，实测的侧摩阻力值比经验值显著提高，反映后注浆增强效应,需要注意的是,不可将侧摩阻力提高全部归因与后注浆增强系数,侧摩阻力的发挥与成桩工艺、质量控制密切相关,特别是对于桩长较短的灌注桩,后注浆提高系数尚应结合具体岩土条件加以有针对性的分析。

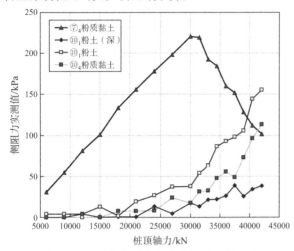

图1 不同层位的侧摩阻力实测值变化对比

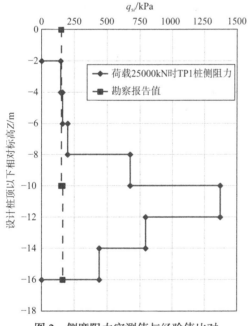

图2 侧摩阻力实测值与经验值比对

## 3 成桩工艺

以钻孔灌注桩为例,成孔工艺包括正循环钻孔、反循环钻孔、旋挖钻、冲孔、长螺旋钻孔等。张在明院士曾指出"桩的承载力和安全系数不仅与它本身的几何条件和材料有关,还与土性、荷载条件、成桩机械和工艺、施工质量、时间效应等方面有着密切的、错综复杂的关系。"[3]因此,成桩工艺建议时,应当考虑成桩工艺对桩基承载性状、成桩风险控制的影响。

某工程的桩身详图见图3,工程建设场地的上覆土层较薄、泥岩埋深较浅,工程勘察评价该泥岩层是理想的桩端持力层,桩基设计方案采用了钻孔灌注桩的短桩方案,桩长为6m、桩径为600mm。考虑到工程的特殊性,泥岩的极限端阻力标准值($q_{pk}$)按硬塑黏性土取值(详见表1),认为"已经是足够安全了"。表1中的极限端阻力标准值($q_{pk}$)引自《建筑桩基技术规范》JGJ 94—2008 表5.3.5-2。成桩施工完成后,进行静载荷试验,发现单桩承载力检测结果达不到设计要求,经过现场深入调查研究,分析判断是由于桩端持力层遇水软化导致承载力不足。

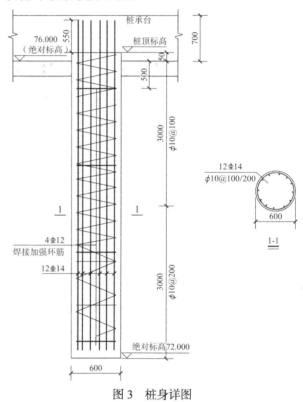

图3 桩身详图

桩的极限端阻力标准值$q_{pk}$/(kPa) 表1

| 土名称 | 土的状态 | | 泥浆护壁钻(冲)孔 |
| --- | --- | --- | --- |
| | | | 桩长5m ≤ l < 10m |
| 黏性土 | 软塑 | $0.75 < I_L \leqslant 1$ | 150~250 |
| | 可塑 | $0.5 < I_L \leqslant 0.75$ | 350~450 |
| | 硬可塑 | $0.25 < I_L \leqslant 0.5$ | 800~900 |
| | 硬塑 | $0 < I_L \leqslant 0.25$ | 1100~1200 |

## 4 负摩阻力

由于自重固结,或因湿陷,或因大面积地面荷载作用,或因地下水位降低,或因大面积挤土沉桩等原因，使桩周土产生大于基桩的沉降所引起对桩身表面的向下的侧摩阻力，称之为负摩阻力，区别于正摩阻力（即向上的侧摩阻力）。软土地区桩基因负摩阻力而受损的事故不少，桩基工程勘察评价、设计与施工过程中应当充分重视分析桩侧产生负摩阻力的可能性及其影响程度，做好事先预测、制定应对措施。

某工程因地下水位下降使得软黏土层产生了过大的固结沉降，地基土与承台底面脱空，如图4所示的长桩，在接近软硬黏土层交界面处出现中性点，而短桩几乎全桩长均为负摩阻力，所形成的下拉荷载造成桩基承载力严重不足，最终造成短桩从承台中被拉脱。

某工程项目的规划方案在多层建筑周边设有景观堆土，形成了大面积堆载，场地地基为较深厚的软弱黏性土层。经过分析比选，确定的桩型为PHC管桩，桩径为500mm，桩长为30m，工况条件示意见图5。沉降计算分析表明大面积景观堆土将会产生负摩阻力而所形成的下拉荷载直接影响到桩基承载力和基础沉降变形。经过长时间的反复讨论，设计方最终说服建设单位开展负摩阻力长期监测，经历施工期间和使用期间。由桩身轴力长期监测得出的桩侧摩阻力随深度的变化如图6所示，中性点在绝对标高−15.0m左右处，负摩阻力和正摩阻力各自约占总桩长的50%，实测数据表明负摩阻力的影响不容忽视。

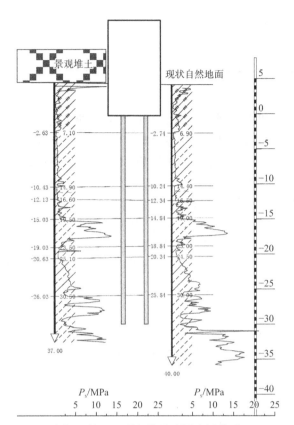

图5 堆土工况与桩及地层配置关系

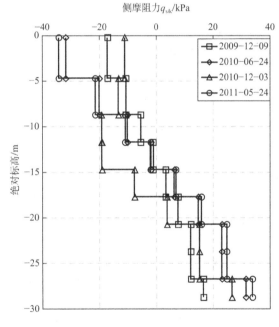

图6 侧摩阻力监测值随深度变化

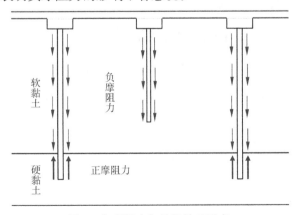

图4 负摩阻力与桩长关系示意

高大钊教授记得黄熙龄先生曾经如是说"负摩阻力是一个幽灵，你不注意它就出来捣蛋，但又很难抓住它"[4]。由图4和图6可知，中性点出现位置的深浅、负摩阻力的大小，与诸多因素相关，不是常量或定值。

"只有在桩基设计阶段，荷载条件已经十分明确，桩的布置已经确定，桩基沉降量能够比较正确地估计时，才能正确地估计负摩阻力的大小、中性点的位置及下拉荷载的大小。"[4]因此，勘察评价负摩阻力不会一蹴而就，需要先有初步设计方案，作为分析计算负摩阻力的输入条件，然后调整设计方案，不断地再分析、再设计调整，桩基设计需要反复迭代的过程。

## 5　成桩风险

桩并非越长越好，长桩和超长桩在施工过程中成桩风险加大、质量控制难度增加，对控制造价和工期，将会造成不利影响。因此在比选桩长、桩端持力层，必须考虑成桩工艺质量、成桩风险管控，做好桩基价值工程与设计优化。

某项目桩基设计时，为选择合理的桩端持力层，对两个桩端持力层的试验桩作了比较，进行了两个不同持力层单桩承载力测试，其$Q$-$s$曲线如图7所示。根据检测报告，试验桩的两个桩长分别为53.40m和33.40m。由图7可知，长短试桩的承载力相近，造成这一现象的原因是"黏质粉土由于吸水崩解出现严重的塌孔，形成2m左右厚的沉渣"[5]。由此可见，随着桩更长而并非其承载力更高。

桩顶荷载/kN

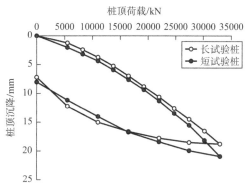

图7　长桩与短桩静载荷试验$Q$-$s$曲线对比

当灌注桩成桩施工过程中需要利用泥浆进行护壁时，泥浆配置需要考虑成孔工艺、施工工效、清孔实效等，同时还需要考虑泥浆池的设置影响到现场施工安全风险，泥浆池设置不当不仅影响桩工机械运行的工效，还容易造成安全事故。因此成桩工艺和成桩风险控制要联动考虑。

预制桩在软土地区成桩施工过程中，因挤土沉桩造成的事故并不鲜见，造成预制桩接头被拉断、桩体侧移和上涌，造成邻近建筑物、道路和地下管线的破坏。设计时应当因地制宜选择桩型和工艺。对于钢筋混凝土预制桩和钢桩的沉桩，施工时应当采取减小孔隙水压力盒减轻挤土效应的措施，必要时可以采取施打塑料排水板、应力释放孔、引孔沉桩、控制沉桩速率等措施。软土场地在已成桩的条件下开挖基坑，必须严格实行均衡开挖，高差不应超过1m，且不得在坑边堆放弃土，以确保已成桩不因土体滑移而发生水平位移和折断。

## 6　桩基检测

桩基检测，包括两大类：一是为提供设计依据的试验桩检测；再是为检验施工质量的工程桩检测。《建筑与市政地基基础通用规范》GB 55003—2021要求，单桩竖向极限承载力标准值应通过单桩静载荷试验确定。

某工程针对桩端持力层、桩长不同方案比选分析（图8），根据桩基工程勘察评价，有3个备选的方案，由浅至深加分别是：

（1）方案A：以第7大层（⑦卵石、圆砾和⑦₁层细砂、中砂）作为桩端持力层，有效桩长可控制在30m以内；

（2）方案B：以第10大层土（⑩层细砂、中砂，⑩₁层卵石、圆砾，⑩₂层夹黏质粉土、砂质粉土）作为桩端持力层，相应的有效桩长为50m左右；

（3）方案C：以第13大层（以⑬层圆砾、卵石和⑬₁层细砂、中砂）作为桩端持力层，相应的有效桩长接近70m左右。

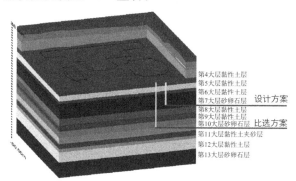

图8　地层分布与桩长比选示意

经过比选研究，选择了方案A进行试验桩施工和桩基检测，并据此最终确定了桩基设计方案。

值得进一步讨论的是，勘察报告的评价建议，对于不同的备选桩端持力层，是依次罗列或是先后排序，不同的做法可以反映出岩土工程师的执业素养和专业水平。

陈斗生先生总结超高大楼基础设计与施工经验时曾指出：大口径场铸桩之设计除考虑地层之工程特性、地下水之变化外，主要之考量为施工之工法、程序、使用之机械及管理与操作人员之成熟度，俾使完工之基础具一致之品质与工程特性。因此基桩之现场试作与达破坏之载重试验，为使用大口径场铸桩之重大工程为达安全而经济之设计之必要手段，除可使施工者与监造单位熟识设计者之基本假设与要求外，也可获得基桩设计与分析之实用数据[6]。可见，单桩静载荷试验对于把握桩基承载性状是至关重要的。"我国有关的桩基规范，对桩侧摩阻力的取值，并不考虑深度影响，仅仅与土的条件，一般是液性指数$I_L$挂钩，这与国外的常规做法不同。国外规范一般认为桩侧摩阻力不仅与桩-土之间的黏着力和摩擦角有关，而且与考虑深度的有效上覆压力有密切关系。"[7]桩基工程勘察评价方法的改进需要依据不断扩充的长桩和超长桩的桩基检测资料。

# 7 结语

（1）勘察为工程服务，桩基工程勘察分析评价应当与工程实际相结合，不仅要考虑地质条件，做到因地制宜，而且要考虑工况条件，做到因工程制宜。

（2）桩基工程勘察评价和桩基设计应当统筹考虑岩土参数、成桩工艺、成桩风险等要素。分析评价负摩阻力需要针对具体桩型和桩基设计方案，中性点位置的深浅、负摩阻力的大小，与诸多因素相关，不是常量或定值，负摩阻力分析和桩基设计需要反复迭代的过程。

（3）做好桩基工程，需要勘察、设计、施工、检测各环节、全过程密切协作。岩土工程师应当注重积累工程经验并积极主动发挥执业作用。

# 参考文献

[1] 张国霞. 高重建筑物地基与基础[C]//中国土木工程学会第四届土力学及基础工程学术会议论文选集, 1983: 17-25.

[2] 方云飞, 王媛, 孙宏伟, 等. 丽泽 SOHO 地基基础设计与验证[J]. 建筑结构, 2019(18): 87-114.

[3] 沈保汉. 桩基与深基坑支护技术进展[M]//沈保汉地基基础论文论著选集. 北京: 知识产权出版社, 2006.

[4] 高大钊. 岩土工程勘察与设计: 岩土工程疑难问题答疑笔记整理之二[M]. 北京: 人民交通出版社, 2011.

[5] 孙宏伟. 岩土工程进展与实践案例选编[M], 北京: 中国建筑工业出版社, 2016.

[6] 陈斗生. 超高大楼基础设计与施工(三): 金融大楼大口径场铸桩之试验、分析与应用[J]. 地工技术, 2000(80): 87-102.

[7] 张在明. 北京地区高层和大型公用建筑的地基基础问题[J], 岩土工程学报, 2005(1): 11-23.

# 某码头陆域堆场地基变形分析及处理

高丹青 [1,2,3]　刘天翔 [1,2,3]　王忠钢 [1,2,3]　党昱敬 [1,2,3]　张　义 [1,2,3]

（1. 中冶建筑研究总院有限公司，北京　100088；

2. 中国京冶工程技术有限公司北京市岩土锚固工程中心，北京　100088；

3. 中冶岩土工程技术中心，北京　100088）

## 1　引言

在地基与基础设计中，因天然地基强度不足和天然地基压缩性较大而不能满足上部结构设计要求时，需要对天然地基进行加固处理，以增强地基强度和刚度，提高地基承载力和稳定性，减少地基变形，确保建（构）筑物安全和正常使用。同理，大型堆场的堆料荷载会对地弄结构与地基产生压缩变形，故须对地弄结构和地基进行加固处理[1-4]。

## 2　堆场地弄结构与地基在堆载中的变形协同分析

### 2.1　工程概况

某项目生产加工的砂石骨料总量巨大，在码头区修建陆域堆场，存放成品砂石骨料。陆域堆场布置于长江大堤内侧，场地纵深216m，长度936m，平行于长江成一字形布置，为达到环保要求，堆场采用全封闭形式。陆域堆场一期经中隔墙将堆场分设为 4 个堆区，陆域堆场二期经中隔墙将堆场分设为 2 个堆区。

陆域堆场料堆设计高度 20m，$\gamma$ 为 16.5kN/m³，根据水利水电工程砂石骨料堆场下地弄的设计经验，考虑骨料垂直压力 q，除与骨料物理特性，地弄的宽度、高度，地基条件等有关外，还与堆料高度有关，当骨料堆高在 10.00m 以上且为单条地弄和地基条件及两侧回填较好的情况下，可考虑两侧骨料产生的摩阻力而将骨料垂直压力折减，计算简图见图 1。

### 2.2　场地地基土层

场地主要为人工素填土（$Q^{ml}$）、第四系全新统冲洪积（$Q_4^{al+pl}$）黏性土、粉土、砾石层，下伏白垩-第三系（K-E）东湖群泥质粉砂岩、砾岩及受构造作用影响发育的构造角砾岩。按地层时代由新至老分述如下。

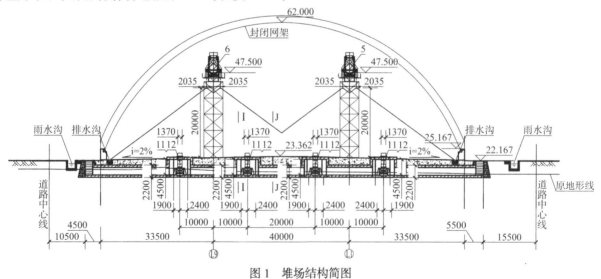

图 1　堆场结构简图

（1）第四系人工素填土层（$Q^{ml}$）

①素填土（$Q^{ml}$）：主要分布于大堤及其两侧，

主要为粉细砂，夹黏性土，揭露厚度 2.5~3.0m。

（2）第四系全新统冲洪积层（$Q_4^{al+pl}$）粉质黏

土（$Q_4^{al+pl}$）层在场地普遍分布，根据状态可分为三个亚层：

②1-1 粉质黏土夹粉土（$Q_4^{al+pl}$）：灰褐-青灰色，饱和，软塑，场地普遍分布。揭露厚度大部分0.6～5.9m。

②1-2 粉质黏土夹粉土（$Q_4^{al+pl}$）：灰褐-青灰色，饱和，可塑，全场均有分布，揭露厚度0.6～15.2m，埋深0～18.6m。

②1-3 粉质黏土（$Q_4^{al+pl}$）：灰黄色-青灰色，湿，硬塑，揭露厚度0.5～9.3m，埋深2.0～21.8m，场地从西向东，埋深由深变浅。

②2 粉质黏土（$Q_4^{al+pl}$）：灰褐-青灰色，稍湿，可塑，揭露厚度0.5～6.0m，埋深13.8～24.4m。

②3 粉砂（$Q_4^{al+pl}$）：灰黄色、黄褐色，稍湿，稍密，揭露厚度0.9～3.3m。

②4 含砾中砂（$Q_4^{al+pl}$）：灰黄色、黄褐色，稍湿，中密，局部稍密，揭露厚度1.0～2.8m，埋深21.1～26.8m。

②5 圆砾（$Q_4^{al+pl}$）：杂色，湿，稍密为主，揭露厚度0.8～4.6m，埋深19.0～27.2m。

②6 卵石（$Q_4^{al+pl}$）：杂色，稍湿，稍密为主，局部中密，厚度0.8～4.3m，埋深20.5～27.1m。

②4、②5及②6层虽在物质组成上有差异，但分布于同一层位中，位于②2层下，埋深19.0～27.2m，仅在堆场西侧分布，在堆场中部逐渐湮灭。

③粉土（$Q_4^{al+pl}$）：灰黑色，稍湿，中密，局部为稍密，仅在场地西侧分布，在堆场中部该层逐渐湮灭。

（3）白垩-第三系（K-E）东湖群泥质粉砂岩、砾岩

堆场区下伏泥质粉砂岩受构造影响完整性较差，强度相对较低。

④1a 强风化泥质粉砂岩（构造影破碎带）：紫红色，粉砂状结构，层状构造，分布于场地西侧，揭露厚度0.9～10.2m。

④2a 中等风化泥质粉砂岩（构造影破碎带）：紫红色，粉砂状结构，层状构造，分布于场地西侧，本次勘察该层未揭穿，最大揭露厚度13m。

⑤1 强风化砾岩：杂色，砾状结构，层状构造，揭露厚度0.9～10.2m。分布于场地东侧，揭露厚度0.8～12.0m。

⑤2 中等风化砾岩：杂色，砾状结构，层状构造，勘察该层未揭穿，最大揭露厚度29.8m。

（4）构造角砾岩

⑥构造角砾岩杂色，碎裂结构，勘察该层未揭穿，最大揭露厚度32.3m。

## 2.3 岩土层物理力学参数

岩土层物理力学参数见表1、表2。

**抗剪强度标准值综合成果表** 表1

| 地层编号 | 地层名称 | 土工试验 | | 标准贯入 | | 重型动力触探 | | 综合取值 | |
| --- | --- | --- | --- | --- | --- | --- | --- | --- | --- |
| | | $c_k$/kPa | $\varphi_k$/° | $c_k$/kPa | $\varphi_k$/° | $c_k$/kPa | $\varphi_k$/° | $c_k$/kPa | $\varphi_k$/° |
| ②1-1 | 软塑黏性土夹粉土 | 14 | 7 | 16 | 9 | — | — | 15 | 8 |
| ②1-2 | 可塑黏性土夹粉土 | 18 | 10 | 26 | 13 | — | — | 22 | 11 |
| ②1-3 | 硬塑黏性土夹粉土 | 46 | 15 | 57 | 15 | — | — | 50 | 15 |
| ②2 | 中密粉土 | 23 | 19 | — | — | — | — | 23 | 19 |
| ②3 | 松散粉砂 | — | — | — | 25 | — | — | — | 25 |
| ②4 | 中密含砾中砂 | — | — | — | 35 | — | — | — | 35 |
| ②5 | 稍密圆砾 | — | — | — | — | — | 37 | — | 37 |
| ②6 | 稍密卵石 | — | — | — | — | — | 39 | — | 39 |
| ③ | 粉土夹粉砂 | 23 | 19 | — | — | — | — | 23 | 19 |

**岩土层承载力设计值（特征值）及压缩模量综合成果** 表2

| 地层编号 | 地层名称 | 土工试验 | | 标准贯入试验 | | 重型动力触探 | | 综合取值 | |
| --- | --- | --- | --- | --- | --- | --- | --- | --- | --- |
| | | $f_d$ ($f_{ak}$)/kPa | $E_s$ ($E_0$)/MPa | $f_d$ ($f_{ak}$)/kPa | $E_s$ ($E_0$)/MPa | $f_d$ ($f_{ak}$)/kPa | $E_s$ ($E_0$)/MPa | $f_d$ ($f_{ak}$)/kPa | $E_s$ ($E_0$)/MPa |
| ②1-1 | 软塑黏性土夹粉土 | （100） | 3.6 | 85 | 4 | — | — | （90） | 3.6 |
| ②1-2 | 可塑黏性土夹粉土 | （150） | 4.9 | 160 | 10 | — | — | （150） | 5 |
| ②1-3 | 硬塑黏性土夹粉土 | （210） | 11.3 | 290 | 16 | — | — | （220） | 13 |

| 地层编号 | 地层名称 | 土工试验 | | 标准贯入试验 | | 重型动力触探 | | 综合取值 | |
|---|---|---|---|---|---|---|---|---|---|
| | | $f_d$ ($f_{ak}$) /kPa | $E_s$ ($E_0$) /MPa | $f_d$ ($f_{ak}$) /kPa | $E_s$ ($E_0$) /MPa | $f_d$ ($f_{ak}$) /kPa | $E_s$ ($E_0$) /MPa | $f_d$ ($f_{ak}$) /kPa | $E_s$ ($E_0$) /MPa |
| ②₂ | 中密粉土 | （140） | 4.2 | 150 | 9.5 | — | — | （140） | 6 |
| ②₃ | 松散粉砂 | — | — | 90 | 8 | — | — | 90 | 8 |
| ②₄ | 中密含砾中砂 | — | — | 250 | 15 | — | — | 250 | 15 |
| ②₅ | 稍密圆砾 | — | — | — | — | 250 | （16） | 250 | （16） |
| ②₆ | 稍密卵石 | — | — | — | — | 400 | （26） | 400 | （26） |
| ③ | 中密粉土夹粉砂 | （140） | 4.2 | 150 | 9.5 | — | — | 140 | 6 |
| ④₁ | 全风化泥质砂岩 | 200 | （15） | — | — | — | — | 200 | （15） |
| ④₂ | 强风化泥质砂岩 | 300 | — | — | — | — | — | 300 | — |
| ④₃ | 中等风化泥质砂岩 | 650 | — | — | — | — | — | 650 | — |

注：设计值主要依据《水运工程地基设计规范》JTS 174—2017取值，特征值主要依据《建筑地基基础技术规范》DB42/242—2014取值。

## 2.4 研究目的

本文的主要研究目的与内容为：

（1）分析天然地基的不利影响及进行地基处理的必要性；

（2）计算分析处理前后地基土层最大沉降量及地基侧向变形，分析堆场范围内地基沉降变形及地基侧向变形情况；

（3）计算地基处理前后地基沉降量，是否达到规范和工程使用要求。

## 3 地基失稳分析

本文将根据普朗德尔-瑞斯纳（Prandtl-Reissner）公式计算地基破坏范围，对于黏性大、排水条件差的饱和黏土地基，可按公式(1)计算地基极限荷载[5]：

$$p_u = q + 5.14c \qquad (1)$$

## 3.1 算例说明

算例一：堆载为单跨；

算例二：堆载为三跨；

算例三：堆载为五跨。

以上算例的单跨长度为20m，地基承载力均按300kPa考虑，表3和图2为三种不同算例的地基破坏范围计算成果。

## 3.2 计算结果分析

（1）根据满足地基极限承载力300kPa的堆料高度计算：

$$H = q/r = (300 - 22.0 \times 5.6)/16.5 = 10.7m$$

可以得出，单跨堆料高度在10.70m以下的区域地基承载力满足要求。

（2）地基破坏范围与堆料宽度和土体力学参数有关，堆料宽度大于地弄单跨（20m）或高度大于10.70m，堆料荷载大于实际持力层为地基极限承载力300.00kPa，发生地基失稳破坏。所以该区域需进行地基处理。

**地基堆载为单跨时地基破坏范围计算成果表** 表3

| 堆载跨数 | 基础宽度b/m | 埋置深度d/m | 土的天然重度γ/（kN/m³） | 不排水强度$c_u$/kPa | 内摩擦角φ/° | 基础两侧均布荷载q/（kN/m²） |
|---|---|---|---|---|---|---|
| 单跨 | 20 | | | | | |
| 三跨 | 60 | 0 | 18.4 | 14 | 7 | 0 |
| 五跨 | 100 | | | | | |

| 堆载跨数 | 朗肯主动区夹角$\theta_1$/° | 朗肯主动区夹角$\theta_2$/° | 极限承载力$p_u$/（kN/m²） | 过渡区起始半径$r_0$/m | 过渡区末端半径$r_1$/m |
|---|---|---|---|---|---|
| 单跨 | | | | 15.09 | 18.30 |
| 三跨 | 48.5 | 41.5 | 300 | 45.27 | 54.91 |
| 五跨 | | | | 75.46 | 91.51 |

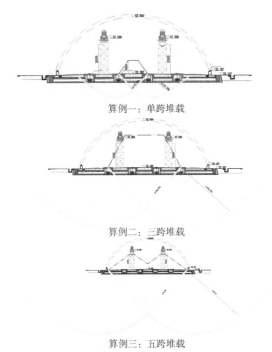

算例一：单跨堆载

算例二：三跨堆载

算例三：五跨堆载

图 2　滑移线轮廓示意图（单跨长度为 20m）

（3）经按最大堆料宽度和高度工况计算，过渡区起始半径 $r_0 = 75.46m$，过渡区末端半径 $r_1 = 91.51m$，滑移线轮廓范围较大。综上分析不难看出，

若土体中某一区域内各点都达到极限平衡区的发展范围，并随之不断增大，就形成极限平衡区，即塑性区。如荷载继续增大，地基内极限平衡区的发展范围亦随之不断增大，局部的塑性区随之将发展成为连续贯穿到地表的整体滑动，称为地基失去稳定。如果这种情况发生，地弄结构和桩基在塑性区范围内，将发生非常严重的失稳破坏，也为下文对天然地基变形进行分析提供了重要依据。

## 4　天然地基变形分析

### 4.1　算例限值要求

地弄基础水平位移小于 30mm，垂直沉降小于 100mm；胶带机基础水平位移小于 10mm，垂直沉降小于 50mm；其他区域水平位移小于 50mm，垂直沉降小于 300mm[6]。

### 4.2　有限元分析法

本文从堆场一期中选取一典型剖面，有限元分析计算参数取值见表 4，计算成果见图 3。

有限元分析参数取值表　　　　表 4

| 土层名称 | 碎石填土 | 软塑粉质黏土夹粉土 | 可塑粉质黏土夹粉土 | 硬塑粉质黏土夹粉土 | 强风化泥质粉砂岩 | 中等风化泥质粉砂岩 | 混凝土 |
|---|---|---|---|---|---|---|---|
| 重度/（kN/m³） | 18 | 18.4 | 18.9 | 19.9 | 24 | 25 | 23.6 |
| 泊松比 | 0.25 | 0.35 | 0.3 | 0.25 | 0.2 | 0.2 | 0.2 |
| 摩擦角/° | 30 | 7 | 10 | 15 | 30 | 40 | 54.9 |
| 黏聚力/kPa | — | 14 | 19 | 49 | 50 | 80 | 3180 |
| 压缩模量/kPa | 30e³ | 3200 | 4800 | 11.4e³ | — | — | — |
| 弹性模量/kPa | | | | | | | 30e⁶ |

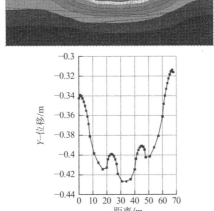

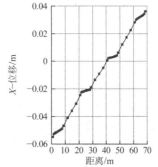

(a) 沉降云图和监测曲线（最大沉降为 427mm）　　(b) 水平位移云图和监测曲线（最大水平位移为 55mm）

图 3　原始模型（天然地基）位移云图和廊道基础位移检测云图

通过有限元分析，堆场天然地基最大沉降量427mm，大于限值300mm。地弄基础最大沉降量400mm，大于限值100mm。地弄基础最大水平位移55mm，大于限值30mm。

地弄结构位于堆场中心位置，由于在地基变形大的情况下发生扭曲、下沉会影响其正常使用，故该场地需要地基处理。

## 5 地基加固方案分析

### 5.1 算例模型概述

本文分三个工况建模计算分析堆场地基与基础的沉降与水平位移是否满足限制要求，并提出相应建议。各工况包括：

工况一，地弄结构采用桩基础＋其他区域天然地基模型，桩基拟各地弄基础下布置两根，桩径1000mm，桩端嵌岩，固定铰链支座约束；

工况二，地弄结构采用桩基础＋复合地基模型，桩基拟各地弄基础下布置两根，桩径1000mm，桩端嵌岩（固定铰链支座约束）复合地基拟定处理从 $f_{ak} = 150kPa$ 提高至 $f_{spk} = 400kPa$，模量提高系数 $\xi = f_{spk}/f_{ak} = 2.67$，拟采用 SDS 桩桩径 500mm，桩间距 2.1m，面积置换率 4.45%；

工况三，纯复合地基模型，复合地基拟定处理从 $f_{ak} = 150kPa$ 提高至 $f_{spk} = 400kPa$，模量提高系数 $\xi = f_{spk}/f_{ak} = 2.67$，拟采用 SDS 桩桩径 500mm，桩间距 2.1m，面积置换率 4.45%。

### 5.2 有限元分析

本文选取一期堆场中选一典型剖面进行分析计算，计算模型见图 4，参数取值见表 2，各工况数值模拟结果见图 5～图 7。

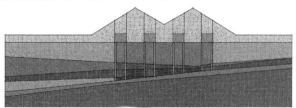

（网格属性：整个模型有 6805 个节点，7154 个单元；
网格类型：三角形和四边形。
全局单元大概尺寸 3m；地弄单元尺寸 0.9m；桩基单元尺寸 0.3m）

图 4　剖面地基处理后模型示意图

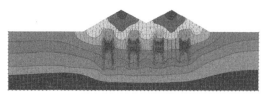

桩基竖向位移监测曲线

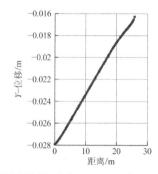

(a) 最左侧桩基沉降曲线（最大沉降 27.92mm）

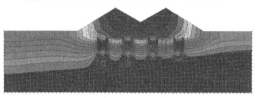

廊道基础竖向位移监测曲线

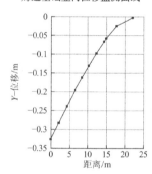

(b) 地弄间地基中间位置沉降曲线（最大沉降 324.93mm）

桩基水平位移监测曲线

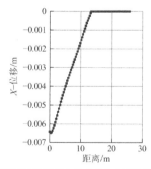

(c) 最左侧桩基水平位移曲线（最大水平位移 6.43mm）

图 5　工况一，地弄桩础＋天然地基位移曲线云图
示意图（一）

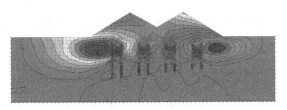

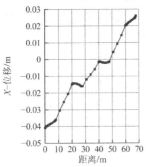

(d) 地弄间地基水平位移曲线（最大水平位移为 40mm）

图 5　工况一，地弄桩础 + 天然地基位移曲线云图
示意图（二）

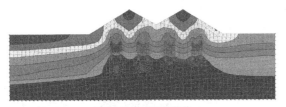

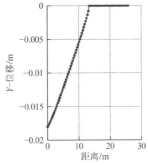

桩基竖向位移监测曲线

(a) 最左侧桩基沉降曲线（最大沉降 18.04mm）

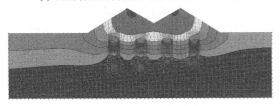

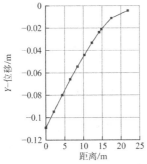

廊道基础竖向位移监测曲线

(b) 地弄间地基中间位置沉降曲线（最大沉降 108.47mm）

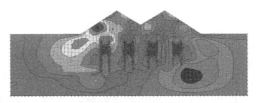

桩基水平位移监测曲线

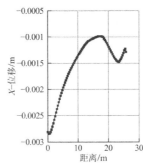

(c) 最左侧桩基水平位移曲线（最大水平位移 2.81mm）

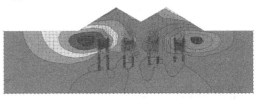

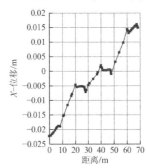

(d) 地弄间地基水平位移曲线（最大水平位移为 22mm）

图 6　工况二，地弄桩基 + 复合地基模型位移曲线云图
示意图

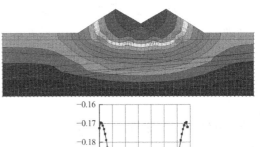

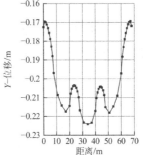

(a) 沉降云图和地弄基础沉降监测曲线（最大沉降为 224mm）

图 7　工况三，纯复合地基模型位移曲线云图
示意图（一）

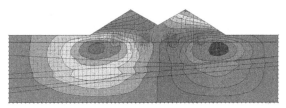

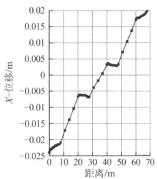

(b) 水平位移云图和地弄基础水平位移监测曲线
（最大水平位移为 24mm）

图 7　工况三，纯复合地基模型位移曲线云图
示意图（二）

## 5.3　结果分析

（1）工况一地弄结构桩基 + 天然地基模型，经计算地弄桩基最大沉降 27.92mm，最大水平位移 6.43mm，地弄间地基最大沉降 324.93mm，最大水平位移 40mm。沉降超限值，故不建议采纳此方案。

（2）工况二地弄结构桩基 + 复合地基模型，经计算地弄桩基最大沉降 18.04mm，最大水平位移 2.81mm，地弄间地基最大沉降 108.47mm，最大水平位移 22mm。均未超限值，建议采纳此方案。

（3）工况三复合地基模型，岩层以上覆盖层全部处理，地基土最大沉降 224mm，最大水平位移 24mm；地基土沉降未超限值，但是沉降变形较大，建议慎用复合地基处理方案。

# 6　不同模量变化下，桩基、复合地基模型计算结果的对比分析

基于上述推荐方案"地弄结构桩基 + 复合地基方案"建立基本模型，模拟刚柔性复合地基的处理效果，通过对地弄间土体处理程度的不同，导致不同的模量变化这一规律，分析地基变形对地弄结构的影响，动态反映地基处理程度的变化过程。

观察地基土增强的变化趋势，为地基处理选型提供重要依据。

## 6.1　理论基础

依据《建筑地基处理技术规范》（JGJ 79—2012）7.1.7 条规定复合土层的分层与天然地基压缩模量的 ξ 倍[7]。

$$\xi = \frac{f_{\mathrm{spk}}}{f_{\mathrm{ak}}}$$

结合本工程天然地基承载力特征值150kPa，分别提高到 250kPa、300kPa、350kPa、400kPa。以期量化不同提高承载力幅度下的模量增长对地基变形的影响[8]，总结变化规律，从而准确选型刚柔性复合地基的桩型。

## 6.2　数值模拟结果

（1）沉降分析结果见图 8。

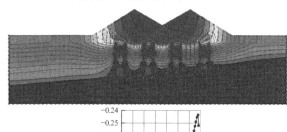

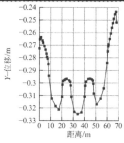

(a) 复合地基承载力 $f_{\mathrm{spk}} = 250\mathrm{kPa}$

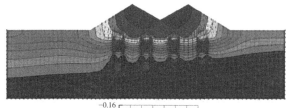

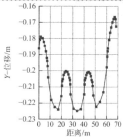

(b) 复合地基承载力 $f_{\mathrm{spk}} = 300\mathrm{kPa}$

图 8　不同刚柔性复合地基模型沉降云图和地弄基础沉降
监测曲线（一）

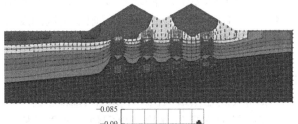

(c) 复合地基承载力 $f_{spk} = 350$kPa

(b) 复合地基承载力 $f_{spk} = 300$kPa

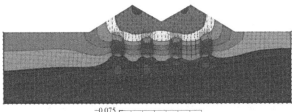

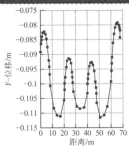

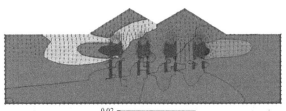

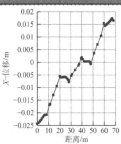

(d) 复合地基承载力 $f_{spk} = 400$kPa

图 8 不同刚柔性复合地基模型沉降云图和地弄基础沉降监测曲线（二）

(c) 复合地基承载力 $f_{spk} = 350$kPa

（2）水平位移分析结果见图 9

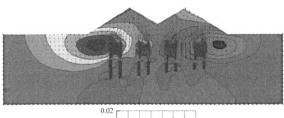

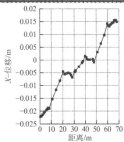

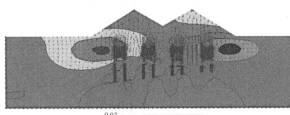

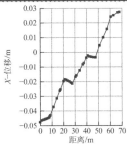

(d) 复合地基承载力 $f_{spk} = 400$kPa

图 9 不同刚柔性复合地基模型水平位移云图和地弄基础水平位移监测曲线

(a) 复合地基承载力 $f_{spk} = 250$kPa

（3）综合曲线对比分析见图 10

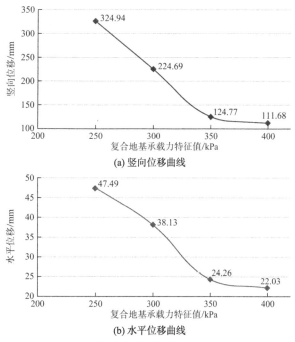

(a) 竖向位移曲线

(b) 水平位移曲线

图 10　不同刚柔性复合地基模型位移曲线

## 6.3　结果分析

（1）由于案例工程地基土为饱和黏性土，柔性桩复合地基提高承载力的能力，根据经验很难达到 250kPa，地基承载力 250kPa 以下为柔性桩复合地基；地基承载力提高至 250～400kPa 范围，须采用刚性桩复合地基，刚性桩复合地基包括 CFG 桩、SDS 桩、预制桩。

（2）根据综合曲线判定，该地层须将地基承载力提高至 300～350kPa，地基变形可满足沉降与水平位移限值，但不满足地基承载力要求。将地基承载力提高至 385kPa 以上，地基变形均满足变形与承载力要求。

（3）长江沿岸地基土为饱和黏性土的大型陆域堆场，地弄结构上部砂石骨料堆载超过 300kPa，建议采用地弄结构桩基 + 复合地基处理方案，可满足地基变形限值要求，其中复合地基建议选用刚性桩复合地基方案。

## 7　结论与建议

综上所述，通过以上对比分析，本文可以得出以下结论：

经按最大堆料宽度和高度工况计算，滑移线轮廓范围较大，若土体中某一区域内各点都达到

极限平衡区的发展范围随之不断增大，将形成塑性区。若荷载继续增大，地基内极限平衡区的发展范围随之不断增大，局部的塑性区发展成为连续贯穿到地表的整体滑动，地基将失去稳定，所以有必要对相应区域进行地基处理。

堆场天然地基最大沉降、地弄基础最大沉降、地弄基础最大水平位移均超出限值。地弄结构位于堆场中心位置，在地基变形大的情况下发生扭曲、下沉影响正常使用。故该场地需要地基处理。

建议采用地弄结构桩基 + 复合地基模型，监测区域的沉降与水平位移均未超限值。关于地弄结构桩基 + 天然地基模型，经计算监测区域的沉降与水平位移均超限值，不建议采纳此方案；关于复合地基模型，地弄结构最大沉降超限，其他监测点位处虽未超限值，但对比地弄结构桩基工况，沉降偏大，故建议慎用此方案。

根据不同模量对比分析，该地层须将地基承载力提高至 300～350kPa，地基变形可满足沉降与水平位移限值，但不满足地基承载力要求。将地基承载力提高至 385kPa 以上，地基变形均满足变形与承载力要求。

## 参考文献

[1]　党昱敬. 复合地基与基础设计若干问题浅析[J]. 地基处理, 2019(10): 33-43.

[2]　闫明礼, 张东刚. CFG 桩复合地基技术及工程实践[M]. 2 版. 北京: 中国水利水电出版社, 2006.

[3]　党昱敬. 人工地基设计问题分析研究[J]. 建筑技术, 2016, 47(12): 1101-1104.

[4]　党昱敬. CFG 桩复合地基与钢筋混凝土筏板基础设计[J]. 建筑结构, 2016, 46(8): 53-60.

[5]　李广信, 张丙印, 于玉贞. 土力学[M]. 2 版. 北京: 清华大学出版社, 2013.

[6]　住房和城乡建设部. 建筑地基基础设计规范: GB 50007—2011[S]. 北京: 中国建筑工业出版社. 2012.

[7]　住房和城乡建设部. 建筑地基处理技术规范: JGJ 79—2012[S]. 北京: 中国建筑工业出版社, 2012.

[8]　住房和城乡建设部. 建筑抗震设计规范(2016 年版): GB50011—2010[S]. 北京: 中国建筑工业出版社. 2016.

# 载体桩在成都某小区工程中的应用

郑玉辉[1]　陈追田[2]　王惠昌[1]

（1. 中节能建设工程设计院有限公司，四川成都　610000；

2. 厦门市厦达建筑工程施工图审查有限公司，福建厦门　361005）

## 1　前言

近些年来，载体桩技术在北京、河北、天津、浙江等地区有大量工程实例，在成都地区尚没有应用实例[1]，本工程属首例在成都地区应用载体桩技术。我公司 2006 年引进了载体桩专用设备，并在此设备基础上针对不同地层及成都地区的地质条件，重新设计了一套设备，申报了属于我公司自己的专利，先后在成都五桂桥、华阳等地段（黏性土地层）进行了试验，效果良好，单桩竖向承载力 600～800kN。

载体桩的桩端持力层宜选择[2]稍密—密实的砂土（含粉砂、细砂和中粗砂）与粉土层，砂土、粉土与黏性土交互层及可塑—硬塑黏性土层，当地面以下 4.0～10.0m 范围下存在承载力较高的持力层时，该工艺技术经济效益更加明显。

载体桩是利用质量 3.5t、直径 355mm 的细长锤跟管锤击成孔，静压跟管护壁（套管外径为410mm）；分批向孔内投入填充料和干硬性混凝土，反复夯实、挤密，在桩端形成载体；灌注混凝土，形成直径为 410mm 的桩体。载体桩是由复合载体和混凝土桩身组成，载体由干硬性混凝土、填充料、挤密土体和影响土体组成，载体桩的核心技术是改变原土体结构特性，挤密土体，提高土体密实度，被加固区形成人工持力层，增加了原持力层的厚度，改变了基础受力的扩散半径。同时，由于它提高了单桩竖向承载力，减小基础变形，在工程中具有显著效益。这种地基处理的方式继承了复合地基处理方法的优势，因此较常规复合地基处理具有更大的技术优势和经济优势。

载体桩优点[3]：（1）单桩承载力较高，通常情况下，其承载力是同条件下相同桩径和相同桩长普通混凝土灌注桩的 3～5 倍；（2）借助内夯管和柴油锤的重量夯击灌入的混凝土，桩身质量高；（3）可按地层土质条件，调节施工参数、桩长和夯扩头直径以提高单桩承载力；（4）施工机械轻便、灵活、适应性强；（5）施工速度快，工期短；（6）无泥浆排放，同时还消耗大量的建筑垃圾和工业废料，保护了建筑环境；（7）造价经济。

缺点：（1）遇中间硬夹层，普通锤击跟管困难，遇承压水层，成桩困难；（2）对周边建筑和地下管线有挤土效应；（3）当地下水位较高时，应注意封水、止水；（4）扩大头形状很难保证与确定。我公司申请的专利设备除第四条缺点外，其余已经全部克服，具有更加明显的优势。

## 2　工程概况

该工程由 18F 高层商住楼、IF 商业、1 层地下车库及附属设施组成。其中主楼部分采用筏形基础；1F 商业及地下室部分采用独立柱基础，基础埋深 6.6m。本工程主要采用 CFG 桩复合地基处理方法，在局部地段（地勘 8 号、9 号钻孔）采用载体桩复合地基处理方法，处理后复合地基承载力特征值 $f_{spk} \geq 360kPa$。8 号、9 号钻孔地质剖面见图 1。

场内地基土构成从上至下依次为：素填土；硬塑黏土；硬塑粉质黏土；可塑粉质黏土；中砂；卵石。地基土物理力学性质指标见表 1。

## 3　方案选择与分析

根据地质勘察报告，场地硬塑黏土及硬塑粉质黏土大部分分布具一定厚度，承载力较高，分布较稳定，是本次 CFG 桩复合地基的桩端持力层，且软弱下卧层进行承载力及变形验算满足要求。而在局部地段（8 号、9 号钻孔）硬塑黏土层分布较薄，且下面还分布有厚度较大的松散卵石、可塑粉质黏土及中砂层，中砂层厚度最大可达

6.3m，承载力较低，如采用 CFG 桩复合地基处理后，软弱下卧层验算不能满足强度和变形要求。根据 8 号、9 号钻孔附近场地的具体条件采用载体桩地基处理方案，以中砂层为地基持力层和加固层，地基承载力及软弱下卧层强度和变形验算满足设计要求。

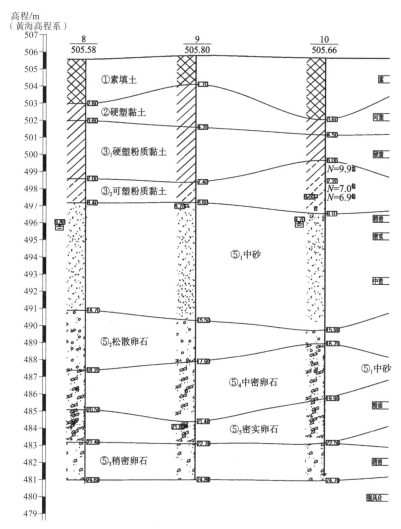

图1 8、9号钻孔地质剖面图

地基土物理力学性质指标 表1

| 土 名 | 厚度 /m | 天然重度 $\gamma$/（kN/m³） | 承载力特征值 $f_{ak}$/kPa | 压缩模量 $E_s$/MPa | 变形模量 $E_0$/MPa | 黏聚力 $c_k$/MPa | 内摩擦角 $\varphi$/° |
|---|---|---|---|---|---|---|---|
| 素填土 | 4.0 | 19.0 | 90 | 3.5 | | 15 | 10.0 |
| 硬塑黏土 | 3.6 | 20.0 | 240 | 10.0 | | 50 | 18.0 |
| 硬塑粉质黏土 | 1.6 | 19.5 | 220 | 8.5 | | 40 | 17.0 |
| 可塑粉质黏土 | 1.3 | 19.0 | 190 | 6.0 | | 25 | 18.0 |
| 中砂 | 6.3 | 18.5 | 100 | 8.0 | | | 27.0 |
| 松散卵石 | 0.6 | 20.0 | 190 | | 16.0 | | 25.0 |
| 稍密卵石 | 1.0 | 21.0 | 320 | | 16.0 | | 35.0 |
| 中密卵石 | 1.0 | 22.0 | 650 | | 32.0 | | 38.0 |
| 密实卵石 | 5.0 | 23.0 | 850 | | 45.0 | | 40.0 |

# 4 载体桩设计和施工

## 4.1 设计施工参数

根据设计要求复合地基承载力特征值$f_{spk} \geq$ 360kPa，该区域正方形布置 16 根载体桩，桩间距为 1.5m。具体设计和施工参数如下：

（1）桩身直径为$\phi$410mm。

（2）桩端持力层为中砂层。

（3）桩长为 6~7m。

（4）桩体强度：桩体材料为强度等级 C25 的素混凝土，混凝土材料为卵石和砂及强度为 R42.5 的普通硅酸盐水泥。

## 4.2 设计计算

单桩承载力

$$R_a = u_p \sum q_{sia} l_i + q_{pa} A_e$$

式中：$u_p$——桩周长（m）；

$q_{sia}$——桩侧阻力（kPa）；

$l_i$——桩周第$i$层土的厚度；

$q_{pa}$——复合载体下地基土经深度修正后的地基土承载力特征值（kPa）；

$A_e$——等效计算面积（m²）。

首先要求出经深度修正后的地基承载力特征值。

$$q_{pa} = f_{ak} + \eta_d \gamma_m (d - 0.5)$$

式中：$f_{ak}$——地基承载力特征值（kPa）；

$\eta_d$——地基承载力深度修正系数；

$\gamma_m$——载体基础计算深度以上地基土的加权平均重度（kN/m³），地下水位以下取浮重度；

$d$——等效基础埋置深度（m）。

载体端部持力层土体承载力$f_{ak}$为 100kPa，位于自然地坪下 12.6m，经深度修正为$q_{pa} = 100 +$ $4.4 \times 18 \times (12.6 - 0.5) = 1013$kPa

取地基承载力特征值为 900kPa。

对于载体桩，由于其特殊的扩展基础受力形式，其主要的承载力由载体基础承受，在计算单桩承载力时桩侧摩阻力一般可以不予计算，即取$u_p \sum q_{sia} l_i = 0$，施工中三击贯入度控制为 25~30cm，等效桩端计算面积取$A_e = 1.4$m²，则根据单桩承载力公式估算单桩承载力特征值如下：

$$R_a = u_p \sum q_{sia} l_i + q_{pa} A_e = 900 \times 1.4 = 1260 \text{kN}$$

桩身混凝土强度应满足：$Q \leq 0.7 f_c A_p$，采用 C25 混凝土，$f_c = 11.9$N/mm²，则：$0.7 f_c A_p = $ 1099.2kN，实际设计取值$R_a = 1000$kN。

复合地基承载力特征值计算：

$$f_{spk} = m(R_a / A_p) + \beta(1 - m) f_{sk}$$

式中：$m$——面积置换率；

$A_p$——桩截面积；

$\beta$——桩间土承载力折减系数；

$f_{sk}$——处理后的桩间土地基承载力特征值。

桩径为$\phi$410mm，面积置换率$m = R_a / A = $ 0.132/2.25 = 0.059；桩间土承载力折减系数取$\beta = $ 0.75；处理后的桩间土地基承载力特征值取$f_{sk} = $ 190kPa。将各参数值代入上式，得复合地基承载力特征值为：

$$f_{spk} = 0.095 \times (1000/0.132) +$$
$$0.75 \times (1 - 0.059) \times 190 = 581 \text{kPa}$$
$$f_{spk} = 581 \text{kPa} > 360 \text{kPa}，满足设计要求。$$

## 4.3 载体桩质量控制

### 4.3.1 施工工艺技术要求

针对工程特点和要求，对载体桩制定如下施工工艺技术要求：

（1）以中砂作桩端持力层，桩端深度不宜浅于 6.0m（从基底面算）。

（2）载体填料为卵石，填量不宜小于 0.7m³，不宜大于 1.8m³，载体三击贯入度控制在 25~30cm。

（3）达到三击贯入度后，填入 0.3m³ 的干硬性混凝土（C25）夯实，最后灌混凝土成桩。桩体材料强度等级采用 C25。

### 4.3.2 影响施工质量因素的控制

载体桩作为一种深层处理地基，其核心是密实理论，其挤密效应对载体桩承载力影响较大，影响施工质量控制和承载力的因素及采取的措施为：

（1）加固土体的选择

载体桩的主要原理是进行土的挤密，而土体的挤密效果好坏与土层的分布有直接关系，其挤密效果好坏的次序为：卵石最佳，其次为砂土和粉土，再次为黏土，所以设计时应优先采用卵石和砂土作为持力层。本次选用中砂层作地基持力层，土体挤密效果良好，是载体桩良好的持力层。

（2）填料量和填料成分

不同的土层对应着不同的填料量，而合适的填料量既能达到设计要求，又能节省时间和材料，所以在施工前应进行钻孔和夯击试验以选择合适的填料量。同样的填料量,选用不同的材料,其挤密效果也截然不同。如填稍整的砖块和卵石,达到同样的三击贯入度时的填料量较碎砖的填料量小,且夯击用时也较短,卵石对砂土层挤密效果较好。根据现场钻孔和夯击试验,最终选择卵石为填料,填料量控制在 0.7~1.8m³。

(3)桩身下部混凝土质量控制

桩身与载体处易发生缩颈、离析等问题而使上部荷载传递不到载体,影响单桩承载力。为避免出现上述情况,施工时在桩身底部混凝土灌入 lm 左右时,即拔管 0.5m 用夯锤对下部混凝土先振捣,保证桩端混凝土与载体的密切结合,控制提管速度以 1~2m/min 为宜。

## 5 质量检测

人工地基施工结束后进行质量检测是一个重要环节。本工程检测的主要目的为:(1)评价素混凝土桩桩身夯填质量;(2)评价桩间土挤密效果;(3)确定复合地基承载力特征值;(4)评价复合地基整体均匀性。本次检测采用静载荷试验法,主要检测载体桩的复合地基承载力和单桩竖向承载力特征值,检测成果及沉降曲线见表 2 和表 3,图 2~图 6。

根据检测结果,该工程载体桩 H8 号、H12 号、H5 号复合地基承载力特征值 $f_{spk} \geq 360kPa$,载体桩 H6 号和 H14 号单桩竖向承载力特征值 $Q_{Ra} \geq 430kN$;基床反力系数等于 $45.2 \times 10^3 kN/m^3$;变形模量等于 23.8MPa,该地基均匀、满足设计要求。本次检测单桩承载力及复合地基承载力只做到满足设计要求的承载力值,达到设计要求的承载力值时,沉降曲线仍较平缓,沉降值很小,远没有达到承载力的极限值。

复合地基静荷载试验  表 2

| 序号 | 测点桩号 | 最大荷载/kPa | 最大沉降量 | 变形模量 | 复合地基承载力特征值/kPa | 基床反力系数/（×10³kN/m³） | 终止原因 |
|---|---|---|---|---|---|---|---|
| 1 | H8 号 | 879 | 16.49 | 23 | 380 | 45.1 | 达到测试要求 |
| 2 | H12 号 | 879 | 17.67 | 22 | 376 | 45.1 | 达到测试要求 |
| 3 | H5 号 | 866 | 16.63 | 23 | 377 | 45.5 | 达到测试要求 |

单桩静载荷试验  表 3

| 序号 | 测点桩号 | 最大荷载/kPa | 最大沉降量 | 变形模量 | 单桩承载力特征值/kN | 基床反力系数/（×10³kN/m³） | 终止原因 |
|---|---|---|---|---|---|---|---|
| 1 | H6 号 | 869 | 14.05 | 26 | 476 | 45.4 | 达到测试要求 |
| 2 | H14 号 | 869 | 15.10 | 25 | 460 | 45.1 | 达到测试要求 |

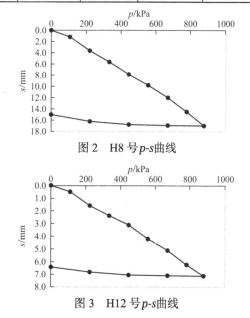

图 2　H8 号 p-s曲线

图 3　H12 号 p-s曲线

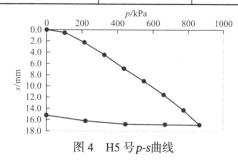

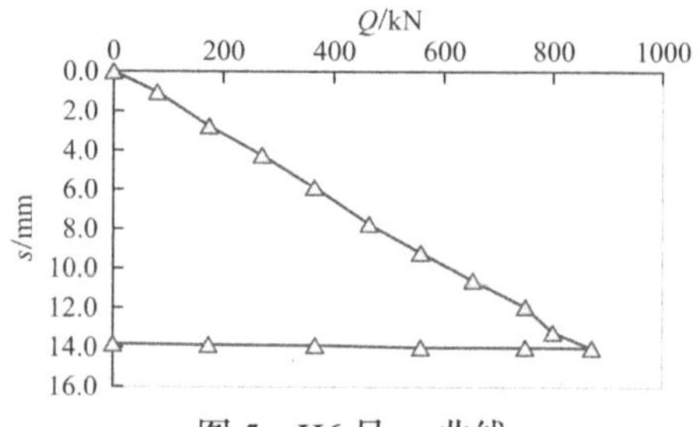

图 4　H5 号 p-s曲线

图 5　H6 号 p-s曲线

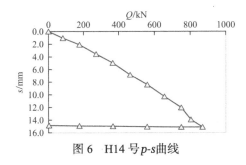

图6　H14号 *p-s* 曲线

## 6　结论

（1）通过在成都某小区工程载体桩的设计，施工和检测，可见载体桩对处理成都复杂的深厚软弱土地基是有效的。

（2）载体桩是一种有效、可靠的处理软弱地基方法，具有施工速度快、承载力高、成桩质量好、沉降量小且均匀、利于保护环境等优点。

（3）载体桩作为一种有效、可靠的施工工法在成都地区的应用是可行的，是一项值得大力推广的施工工艺。

（4）载体桩技术由于其技术先进性、质量可靠性，必将占领更广的市场。

（5）本文载体桩应用的工程实例为推广载体桩技术在成都地区的应用提供了可靠的依据。

## 参考文献

[1]　沈保汉. 我国夯扩桩的发展现状[J]. 工业建筑, 2004(2): 45-49.

[2]　顾晓鲁, 钱鸿晋, 刘惠珊, 等. 地基与基础[M]. 北京: 中国建筑工业出版社, 2002.

[3]　王继忠, 蔺忠彦, 张连喜. 复合载体夯扩桩技术的应用研究. 施工技术, 2002(1): 47-48.

# 地灾防治与环境岩土工程

# 基于某大型岩质滑坡的滑面（带）综合确定方法研究

金正军　舒田田

（核工业金华勘测设计院有限公司，浙江金华　321000）

## 1　引言

滑坡是地质灾害中最为常见、危害最为严重的一种。在我国每年发生的各类地质灾害中，滑坡灾害所占比重达到了 54% 以上。因此，滑坡的调查与防治是地质灾害防治工作的重中之重。在滑坡的调查评价中，滑面（带）的识别是一件非常重要但又十分困难的工作[1]。本文以浙江省金华第二生活垃圾发电厂滑坡为例，分析该滑坡中采用的滑面（带）勘查方法，研究成果可为类似的岩质滑坡滑面（带）勘查判定提供借鉴。

## 2　金华第二生活垃圾发电厂滑坡概况

金华第二生活垃圾发电厂位于浙江省金华市雅畈镇金华市固废处置中心东南，为丘陵地貌，山体自然地形坡度一般在 15°~35° 之间。区内出露地层有第四系残坡积层（$Q_3^{el-dl}$）、上更新统坡洪积层（$Q_3^{al-pl}$）、白垩系下统西山头组（$K_1^x$），白垩系下统西山头组上部为块状玄武岩，下部为灰紫色含角砾晶玻屑熔结凝灰岩，凝灰质结构或塑变结构，块状构造，局部有沉积岩夹层，岩性主要为凝灰质砂岩及粉砂岩。岩石风化蚀变强烈，强风化岩呈碎块状、碎裂块状，中风化岩较完整，岩质较坚硬。金华市第二生活垃圾焚烧发电项目因场地整平需要，开挖形成边坡最大高度约60m，按 1:0.5 坡率分台阶开挖，每 8m 高做一个 2m 宽平台，总体坡度约 60°。工程开挖到设计坡脚时，坡面出现大量裂缝，坡体中间出现滑坡台阶，后缘位置出现大面积裂缝区，形成滑坡。该滑坡体轴线水平长约190m，前缘宽约 290m，后缘宽约 240m，面积约5.5 万 m²，主滑方向约正北方向，滑体体积约100

万 m³，为大型岩质滑坡（图1、图2）。

图 1　滑坡体前缘

图 2　滑坡体后缘裂缝

## 3　滑面（带）综合确定

山体滑坡变形现象的最主要特征是滑带即坡体沿坡内一定部位的"带（或面）"作整体滑动，因此滑带（滑动面）的识别和位置判定是滑坡稳定性分析和滑坡防治工程中的关键问题[2]。常规的滑坡勘查方法主要还是以钻探与地表调查为主，有时辅以一些物探方法，对滑面的准确确定比较依赖勘查人员的经验判断。

本项目滑坡为岩质滑坡，勘查前预估滑坡体方量达到百万立方级，滑面位置的准确确定对于整个滑坡体的设计治理意义重大，因此在常规的钻探基础上，对滑坡体主滑剖面增加了岩矿鉴定、钻孔波速测试、岩芯回弹测试、孔内电视方法，效果如下。

滑坡体主滑剖面为剖面 4（图 3），布置了 Z11-Z15 共 5 个钻孔。

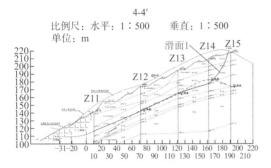

4-4'
比例尺：水平 1：500　垂直 1：500
单位：m

图 3　工程地质剖面图

## 3.1　钻探岩芯分析

根据 4-4'剖面上 Z11、Z12、Z13、Z14 各孔的岩芯特性和岩芯破碎的位置，确定滑面（带）位置的孔深分别为 25.5m、32.0m、30.0m、31.3m（图 4～图 7）。仅仅依靠岩芯作出滑面位置的判定，需要勘查人员要有丰富的地质勘查经验。

图 4　Z11 钻孔

图 5　Z12 钻孔

图 6　Z13 钻孔

图 7　Z14 钻孔

## 3.2　岩矿鉴定分析

对钻探岩芯各主要岩石均进行了岩矿鉴定，更准确科学地确定了岩石性质，对层位的划分提供了科学的依据。并且在部分岩芯上发现了强烈波状消光现象，体现了应力反应特征。主要的岩矿鉴定见图 8～图 11。

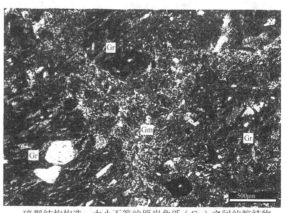

碎裂结构构造，大小不等的原岩角砾（Gr）之间的胶结物（Cm）由角砾相互刻磨破碎的细小碎块和碎粉组成

图 8　晶玻屑凝灰岩

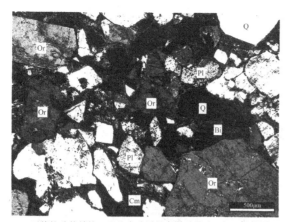

不等粒砂状结构，照片中砂屑见有黑云母（Bi）、钾长石（Or）、斜长石（Pl）和石英（Q），之间的填隙物（Cm）由富赤铁矿尘的泥质物组成

图 9　不等粒长石砂岩

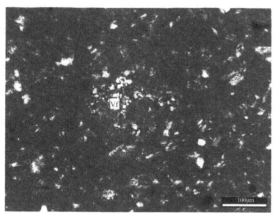

偶见的凹面棱角状脱玻玻屑假象（Vf）

图 10　凝灰质铁泥质粉砂岩

被绢云母彻底交代呈假象的撕裂状玻屑（Rv）

图 11　含角砾复屑凝灰岩

## 3.3　钻孔波速测试

钻孔波速测试的目的是通过对孔内岩体和钻探岩块样本做超声波纵波测试，获取岩体的纵波波速，从而得到岩体的完整性分布。其测试结果见图 12。Z11、Z12、Z13、Z14 各孔滑面（带）位置的孔深分别为 27.3m、31m、29m、30m。除了 Z11 孔的波速测试结果深度偏差较大为 2.5m，其余各个孔的偏差在 0.3～0.8m 之间。

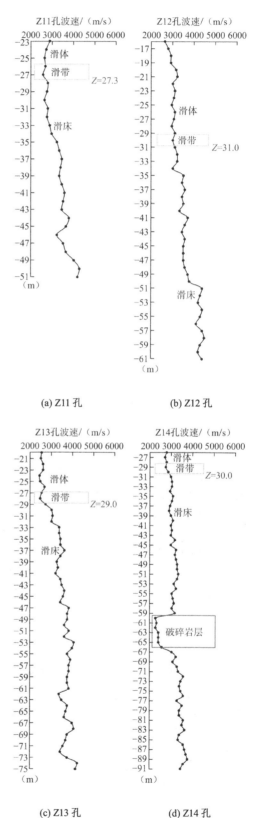

(a) Z11 孔　　　　(b) Z12 孔

(c) Z13 孔　　　　(d) Z14 孔

图 12　钻孔波速测试

## 3.4 岩芯回弹测试

回弹仪的基本原理是用弹簧驱动重锤，重锤以恒定的动能撞击与试样表面垂直接触的弹击杆，使试样局部发生变形并吸收一部分能量，另一部分能量转化为重锤的反弹动能，当反弹动能全部转化成势能时，重锤反弹达到最大距离，仪器将重锤的最大反弹距离以回弹值的形式显示出来，并根据相关经验公式，将岩体的回弹值转换成岩体的单轴抗压强度。

目前在工程项目中一般采用 HT-M225 型回弹仪（图 13），回弹仪的技术要求、检定及保养参照现行《回弹法检测混凝土抗压强度技术规程》JGJ/T 23 相关部分执行。

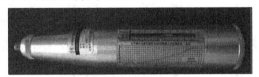

图 13　HT-M225 型回弹仪

以场地滑坡主滑面（带）4-4′剖面为研究对象，通过回弹仪测得剖面上五个钻孔岩芯的回弹强度值，对数据进行修正处理，将修正所得的抗压强度（MPa）绘制成如图 14～图 18 所示的岩芯抗压强度曲线。岩芯抗压曲线图中可知：随着深度增加，岩芯的抗压强度值整体增加，局部产生突降。

通过抗压强度曲线可以直观发现，一定深度的岩芯抗压强度值产生突降，降至 0MPa 或低强度，产生这种情况的原因是滑面（带）由软弱夹层土或岩层破碎带形成的，所以抗压强度较低，而完整岩芯的抗压强度值均较高。

连接剖面图上抗压强度突降点，再结合钻孔柱状图，形成如图所示的滑面（带）。各孔滑面（带）位置的孔深分别为 24.4m、33.2m、28.8m、28.9m。

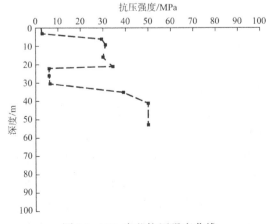

图 14　Z11 岩芯抗压强度曲线

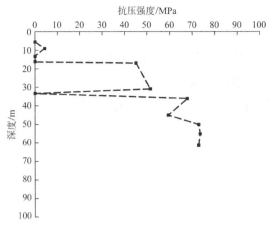

图 15　Z12 岩芯抗压强度曲线

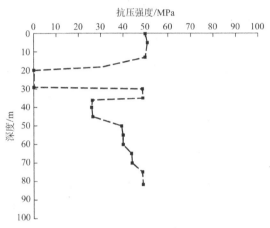

图 16　Z13 岩芯抗压强度曲线

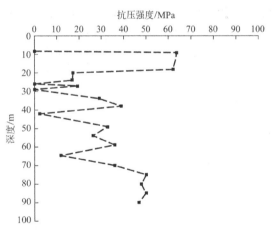

图 17　Z14 岩芯抗压强度曲线

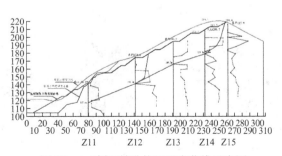

图 18　4-4′剖面钻孔抗压强度曲线示意图

1937

### 3.5 孔内电视方法

通过在钻孔内进行电视成像检测，获得孔壁四周的全景图像，对钻孔内壁典型地层岩性及构造分布发育进行标识，获得直观、准确的滑面影像。

对钻孔孔壁的信息采集后，可以形成二种孔壁图像资料。一种是称为数字岩芯的图像，它是对孔壁图像进行数字合成，使它看起来类似于岩芯。岩芯可以自由旋转，这样就可以在任意角度来对其进行观察；另一种是360°展开图[3]，相当于把孔壁的图像剖开并摊开。所有的解释都基于对这两种图像的观察及计算。

孔内电视成像检测仪能以照相胶片或视频、图像的方式直接提供孔壁的图像，辅以相应的软件和数字技术，具有形成、显示和处理这些图像的能力，得到的图像数据不但可以被用于定性的识别钻孔内的情况，还可以被用来定量的分析孔中的地质现象。可以用来准确划分岩性，查明地质构造，确定软弱泥化夹层，检测断层、裂隙、破碎带，包括裂隙的埋深、倾向、倾角、宽度、裂隙面的粗糙度、充填物等性质，观察地下水活动状况等。在工程建设中可用来检查混凝土的浇筑质量、检查灌浆处理效果，协助地质力学试验及地质灾害的检测、监测，指导地下仪器设备的安装埋深，地下管道的检查探测，隧道开挖的超前探测等。

剖面 4-4′的 4 个钻孔的井中情况如图19～图21所示，Z13号孔由于孔壁塌孔，套管护到37m深度，无法获得滑面段的摄像资料。

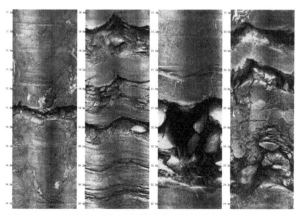

图 19　Z11 号孔，滑面（带）位置最低点在 24.4m 深度

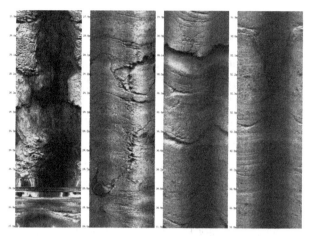

图 20　Z12 号孔，滑面（带）位置最低点在 30.2m 深度

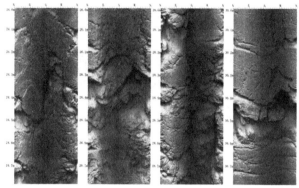

图 21　Z14 号孔，滑面（带）位置最低点在 30.6m 深度

以上各个方法所确定的滑面（带）位置汇总如表1所示。

| 滑面位置判定 | | | 表 1 | |
| --- | --- | --- | --- | --- |
| 孔号 | Z11 深度/m | Z12 深度/m | Z13 深度/m | Z14 深度/m |
| 钻探岩芯判定 | 25.5 | 32.0 | 30.0 | 31.3 |
| 钻孔波速判定 | 27.3 | 31.0 | 29.0 | 30.0 |
| 回弹模量判定 | 24.4 | 33.2 | 28.8 | 28.9 |
| 孔内电视判定 | 24.4 | 30.2 | — | 30.6 |
| 综合判定 | 24.8 | 31.8 | 29.4 | 30.3 |

## 4 结论

通过本项目的实践，在对大型岩质滑坡的滑面（带）的勘查方法方面，有以下几点总结：

（1）钻探岩芯判定，这是基础性方法，是后续其他方法判定的基础条件，也是常规滑坡勘查的主要手段，但是仅仅依靠岩芯作出滑面位置的判定，不仅需要勘查人员要有丰富的地质勘查经验，而且判定的滑面可能的范围也较大，往往在测试试验资料不多的情况下，偏向于确定为较深的位置，难以满足较大规模滑坡治理的任务要求。

（2）岩矿鉴定分析，更准确科学地确定了岩石性质，对层位的划分提供了科学的依据，从而可以确认存在原生结构面[1]（地层界面）。

（3）钻孔波速判定，其测试带有原位性质，结合岩芯可以提高判定的合理性，有助于判定深部是否存在软弱夹层。

（4）回弹模量判定，通过抗压强度曲线识别出强度陡降段，验证滑带位置的岩芯受到过滑动破坏，可以提高滑带段的判定准确性。

（5）孔内电视判定，有极好的原位判定能力，可以直观展示破碎带、滑带，层理、地层界面等原生结构面，有较好的滑面（带）判定能力，可以有效提高判定的合理性；缺点是在部分钻孔段可能由于岩芯过于破碎，被钻孔的套管遮蔽而无法观测。

综上所述，在大型岩质滑坡的滑面（带）的判别上，适宜采用多种方法手段进行勘查，使多种方法起到互补的作用，有效减小滑面（带）位置区间范围，更科学、合理地确定滑面位置，对大型岩质滑坡后续的设计和治理提供科学的依据。

## 参考文献

[1] 胡瑞林, 王珊珊. 滑坡滑面(带)的辨识[J]. 工程地质学报, 2010, 18(1): 35-40.

[2] 周郭荣, 金爱芳, 苗会超, 等. 滑坡勘查中关键问题的识别与案例应用[J]. 岩工工程技术, 2021, 35(2): 116-121.

[3] 王晓兵, 王俊卿. 基于孔内电视技术的岩体节理裂隙特征研究[J]. 岩土工程技术, 2021, 35(5): 286-293.

# 上海桃浦科技智慧城核心区场地污染土壤与地下水修复工程（620A（天光化工）、607（香料厂）地块）岩土工程实录

刘云忠　彭　伟　李玉灿

（中船勘察设计研究院有限公司，上海　200063）

## 1　工程概况

上海桃浦科技智慧城核心区场地污染土壤与地下水修复工程（620A（天光化工）、607（香料厂）地块），位于上海桃浦科技智慧城核心区。其中，620A 地块位于古浪路 1500 号，玉门路以东，威武路以北。607 地块位于敦煌路以东，景泰路以西，永登路以南，真南路以北，具体如图 1 所示。两地块相距约 1.2km，周边交通运输条件便利。污染土壤修复方量约 31908m³，地下水修复方量约 20198m³。将环境岩土工程治理思路应用于污染土壤修复领域，采用开挖异位/原位修复、阻滞隔离等技术联合协同实施，达到环保-生态-安全的修复结果[1-4]。

图 1　上海桃浦科技智慧城核心区平面示意图

## 2　环境岩土工程条件

### 2.1　污染场地概况

根据场地环境评估结果显示，607 地块污染场地主要污染物有重金属、挥发性有机污染物、半挥发性有机污染物。污染土分布深度主要在 2.5～6m，根据修复技术方案，场地含挥发性有机污染物区域需进行密闭后开挖现场异位修复处理，含重金属以及半挥发性有机物区域需开挖后进行异位阻隔处理。现场污染场地修复面积及深度分布

获奖项目：2021 年度上海市勘察设计协会一等奖。

如图 2 所示，场地污染类型与具体情况如表 1
所示。

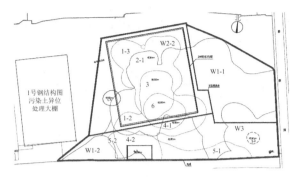

图 2　污染区域示意图

场地受污染概况　表 1

| 区域 | 修复面积/m² | 开挖深度/m | 污染类型 |
|---|---|---|---|
| 1-1~1-3 | 1678 | 2.5~3.0 | 单一重金属 |
| 2-1 | 2330 | 4 | 单一挥发性有机物 |
| 2-2 | 104 | 3 | 单一挥发性有机物 |
| 3 | 752 | 3 | 重金属＋挥发性有机物 |
| 4-1、6 | 1025 | 5 | 重金属＋半挥发性有机物 |
| 4-2 | 767 | 2 | 重金属＋半挥发性有机物 |
| 4-3 | 252 | 6 | 重金属＋半挥发性有机物 |
| 5-1 | 1083 | 3 | 单一挥发性有机物 |
| 5-2 | 145 | 1 | 单一挥发性有机物 |

污染地块总面积约 37000m²，规划为公园绿
化用地，属于敏感类用地，东、西两侧为道路，
东侧道路距离开挖边线最近为 12m，西侧道路距
离开挖边线大于 50m；北侧为商业广场，距离围
护边线最近约 15m，2 倍基坑开挖范围外，南侧
为 2~14 层商业建筑，含一层地下室，基坑边线
距离道路最近约 2.2m。根据勘察资料，基坑开挖
东侧存在电力管线，距离基坑边线大于 2 倍开挖
深度。

### 2.2　污染场地地质条件

地块浅部分布①₁-₁ 层杂填土，①₁-₂ 层素填土，
①₂ 层浜填土，第②层褐黄—灰黄色粉质黏土，第
③层灰色淤泥质粉质黏土。该地块浜填土层厚为
0.50~1.30m，地层埋 3.2~5.0m。拟修复污染场地
地下水属于潜水类型，实测地下稳定水位埋深
0.3~1.5m，设计按上海平均水位 0.5m 考虑。地层
黏性土为主，渗透系数小，污染物相对难以迁移，
且该地块含浜填土，污染物易赋存，基坑围护参数
见表 2。

污染场地基本地层参数　表 2

| 土层编号 | 土层名称 | 平均厚度/m | 重度/（kN/m³） | c/kPa | φ/° | 渗透系数/（cm/s） |
|---|---|---|---|---|---|---|
| ① | 填土 | 1.2 | 18 | 10 | 10 | |
| ②₁ | 粉质黏土 | 2.3 | 18.6 | 20 | 20.5 | 1.08E-7 |
| ③ | 淤泥质粉质黏土 | 2.6 | 17.5 | 11 | 18 | 4.03E-7 |
| ④ | 灰色淤泥质黏土 | 6.0 | 16.7 | 11 | 12.0 | 3.06E-7 |
| ⑤₁-₁ | 灰色黏土 | 7.5 | 17.6 | 13 | 12.5 | 2.68E-7 |

注：土的c/φ值均采用勘察报告提供的固结快剪峰值指标。

## 3　环境岩土工程治理

### 3.1　污染场地总体治理思路

620A 地块污染土壤及地下水的修复方式，采
用原位阻隔风险管控。607 地块不含 VOC 的污染
土壤，直接开挖外运至 620A，进行管控，含 VOC
的污染土壤，采用异位修复，经技术比选确定为常
温解吸＋热强化气相抽提＋高级氧化，为防止含
VOC 的污染土壤在开挖和处理过程中产生异味对
周边环境产生二次污染，本污染土壤修复工作设
置两个密闭大棚，一个用于开挖过程，一个用于处
理；地下水采用阻隔＋抽提—处理（可辅以原位化
学氧化/还原），检测合格后纳管排放。

### 3.2　污染场地基坑围护总体设计

从污染类型与污染面积来看，现场存在单一
污染、复合污染多种类型污染土，且污染面积较
大，开挖深度达 2.5~6m，给场地基坑设计与开挖
带来困难。根据场地污染土分布面积、深度以及周
边环境、工程地质等情况，本污染场地基坑开挖具
有以下特点：污染土所受污染类型不同，需要进行
分区开挖，分布面上呈北侧部分较窄南侧宽的形
式，且污染物分布在东侧、北侧、西侧部分深度较
浅，中部与南侧局部约 5~6m 深。基坑东侧、西
侧及北侧场地空间较为宽松，进行放坡开挖。南侧
紧邻道路，围护要求较高，但基坑面积较小，可以
选用钢板桩和水泥土重力式挡墙进行围护。在挥
发性污染物分布区域周围设置密闭大棚内，为形
成大空间开挖，采用对拉钢板桩支护，密闭大棚跨
度较大，需在密闭大棚中间设置双排钢板桩＋对
撑的形式，同时在南部局部开挖深度达 5m 处设置
钢板桩围护，保证密闭大棚大开挖时的稳定性。

污染场地面积较大，一次开挖比较困难，且场
地部分区域分布大量挥发性有机污染物，需在密

闭大棚中进行开挖。因此考虑基坑开挖合理性对污染土修复有重要影响，对基坑进行分块开挖设计，具体开挖分区如工况图 3 所示。基坑开挖前先进行分区降水，分区隔离。先行开挖密闭大棚内污染土与南侧开挖深度 6m 区域，开挖完毕后拆除密闭大棚，并对南侧开挖深度 6m 处进行回填，再开挖剩下的污染区域[5-8]。

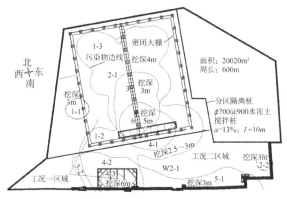

图 3　基坑分区开挖工况图

## 3.3　污染场地地下水降水总体设计

为保证地下水降水效果及降水设计经验，采用真空管井进行降水，井深 7.5m，井距按照上海市常规经验进行测算，一共布置了100口真空管井。另外，为观测降水效果及对周边影响，布置观测井 10 口，位于止水帷幕外侧，沿东、北、西侧均匀布置，南侧场地有限未布置，后期采用了取芯检测，详见图 4。同时，采用数值模拟软件 Visual modflow，对降水水位进行模拟计算，分析在不同降水工况情况下，止水帷幕内外地下水水位分布规律以及对周围环境的影响（图 5），同时验证场地降水设计的合理性[9-10]。

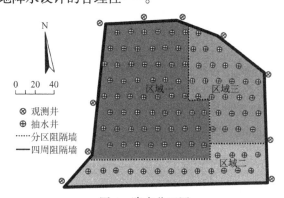

图 4　降水分区图

根据工程地质条件，降水区域共划分为 5 层土，取每层土的平均厚度建立模型，厚度、渗透系数等土层参数见表 2，含水层平均水位采用上海地区平均水位埋深−0.5m，模型边界定义为常水头边界。模型中边界水头与初始水头埋深均按−0.5m进

行考虑，分区降水周期分别为 14d。具体降水工况与实际降水工况一致，见表 3，分为工况一、二、三，依次对区域一、二、三进行降水，每一步降水完成后再进行下一工况，同时对抽提的地下水进行处理，基坑降水模型及工况图如图 5 所示。

降水工况　　　　　　　　　　　　表 3

| 工况 | 降水深度/m | 具体措施 |
|---|---|---|
| 1 | 6 | 打开区域一管井，关闭二、三区管井 |
| 2 | 6 | 关闭区域一管井，打开区域二管井 |
| 3 | 6 | 关闭区域二管井，打开区域三管井 |

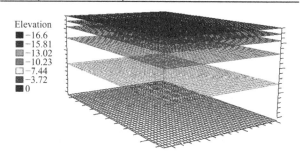

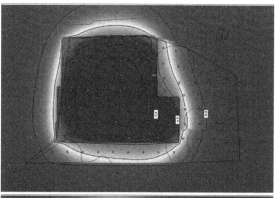

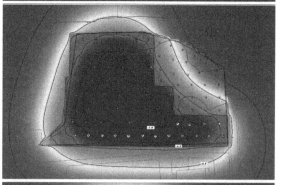

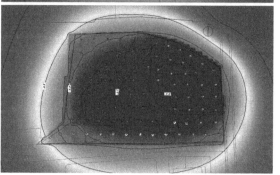

图 5　基坑降水模型及工况图

### 3.4 阻隔墙水泥掺量的确定及效果评估

为切断污染地下水与周边地下水的连通，并阻断土壤中污染物的迁移，在 607 地块地下水修复范围边界外侧及 620A 地块厂界设置隔离墙。基坑四周的阻滞隔离墙采用$\phi$700@1000 双轴搅拌桩，通过前期对不同污染土与水泥土的掺量进行试验，通过无侧限抗压强度与渗透性试验结果分析，最终确定水泥掺量为 13%，通过对水泥土搅拌桩的原位钻孔取芯，进行无侧限抗压强度以及渗透系数试验，判断桩身强度以及渗透性，了解阻滞隔离止水帷幕实际工作效果。

### 3.5 已有障碍物对止水帷幕施工的影响

充分考虑障碍物位置和经济性等因素，607 南侧止水帷幕施工开槽发现多根地下混凝土管桩，分两个区域考虑，区域 1 的双轴搅拌桩避开管桩施工，空隙处采用$\phi$800 高压旋喷桩封堵，水泥掺量 20%；区域 2 搅拌桩避开管桩，原双排桩改为单排从管桩空隙通过，为保证止水效果外侧采用$\phi$800 高压旋喷桩封堵。

### 3.6 污染土壤和地下水修复及风险管控

针对 607 地块中含挥发性有机污染物的土壤，采用污染源去除的方式，利用修复工程手段将挥发性有机污染物含量降低至修复目标值，修复达标后土壤按要求运至 620A 地块进行覆土，并实施污染阻隔措施。针对 607 地块中重金属和 PAHs 污染土壤，筛除建筑垃圾后，将土壤运至 620A 地块进行覆土，并实施污染阻隔措施。607 地块地下水主要采取抽提—处理措施处理，辅以原位化学氧化进行深度处理，保证遗留在现场的地下水完全达标。

620A（天光化工厂）采用阻隔方式实现污染物的风险管控。沿 620 地块厂界布设垂直隔离屏障，隔离屏障深度不小于 10m，形成的阻隔体系渗透系数为 $10^{-8} \sim 10^{-7}$cm/s。607 场地污染土壤修复后堆放至 620A 地块表面进行覆盖。堆放完毕后，在此基础上覆盖厚度为 2m 以上的清洁绿化土。在该覆土厚度下，经计算，620A 地块土壤与地下水中关注污染物的健康风险评估达到可接受水平。

## 4 实施效果与成果指标

本项目于 2016 年 11 月 25 日正式开工，2017

年 11 月 7 日全部完成现场施工工作，历时 348 日历天。完成土壤修复 36254m³，其中修复含 VOCs 污染土壤 19464m³，不含 VOCs 污染土壤风险阻隔控制 16790m³；完成地下水修复 21452.8m³。在项目实施过程中，上海环境保护有限公司作为环境监理方对该项目展开环境监理工作，上海环科院作为验收监测单位对项目进行验收监测和修复效果评估工作。验收监测结果表明，清挖后基坑、修复后土壤、修复后地下水以及污染区域地下水中各项目标污染物的浓度均低于修复目标值。

## 5 应用效果及社会效益

本项目的开展将显著降低工业用地转型环境风险，促进土地资源可持续利用和人居生活水平的提升。对污染场地进行修复治理，将是今后很长一段时间内环境保护领域的重要工作，让老百姓"吃得放心、住得安心"，将会形成长期的社会发展需求。该项目的研究成果将有利于维护美好的生态环境，创造更优的生存空间，促进社会稳定和谐发展。

修复完成后地块作为公园绿地，属于《上海市场地土壤环境健康风险评估筛选值（试行）》中的敏感用地类型。该地块的修复具有明显的社会和环境效益。

## 参考文献

[1] 刘云忠. 上海某污染场地基坑工程设计与实践[J]. 岩土工程技术, 2019, 33(1): 59-62.

[2] 许丽萍. 国内外污染土的修复治理现状[C]//《第二届全国岩土与工程学术大会论文集》编辑委员会. 第二届全国岩土与工程学术大会论文集. 北京: 科学出版社, 2006.

[3] 张芹, 张启航, 张煜东, 等. 污染土的研究现状及其治理[J]. 土工基础, 2015, 29(6): 83-85.

[4] 杨梅, 费宇红. 地下水污染修复技术的研究综述[J]. 勘察科学技术, 2008(4): 12-16.

[5] 高爱辉, 张锐, 何智, 王顺. 污染土环境修复挖运、储存、再利用施工技术[J]. 建筑技术开发, 2017, 44(16): 87-90.

[6] 许丽萍. 污染土的快速诊断与土工处置技术[M]. 上海: 上海科学技术出版社, 2016.

[7] 刘国彬, 王卫东. 基坑工程手册.[M]. 2 版. 北京: 中国建筑工业出版社, 2009.

[8] 王征亮. 钢板桩与水泥土墙在小型基坑支护中的组合设计[C]//中国岩石力学与工程学会工程实例专业委员会. 中国岩石力学与工程实例第一届学术会议论文集. 2007.

[9] 王庆永, 贾忠华, 刘晓峰, 等. Visual MODFLOW 及其在地下水模拟中的应用[J]. 水资源与水工程学报, 2007(5): 90-92.

[10] 胡轶, 谢水波, 蒋明, 等. Visual Modflow 及其在地下水模拟中的应用[J]. 南华大学学报(自然科学版), 2006(2): 1-5.

# 某滑坡场地主要灾害问题及防护治理设计研究

关艳丽　郑龙旗　李家艳　徐永兵　樊成意

（云南建投第一勘察设计有限公司，云南昆明　650102）

## 1　引言

我国疆域辽阔，山地、丘陵约占全国陆地面积的 2/3，山地滑坡、崩塌、地质灾害频发[1]。地质滑坡灾害随时可能发生，这将严重威胁着人民的生命财产安全，对建筑行业的基础设施建设以及人类生存的生态环境有着极大的潜在危害。因此需采取科学的措施防治滑坡灾害，合理地对危险边坡改造是对人民的生命财产安全及全国现代化建设都具有极大的现实意义。

滑坡治理研究发展已久，早期受限于工艺手段与技术条件。在实际应用上的工程建设中，一般的处理方式都遵循避让大型滑坡，而小型滑坡则进行常规的治理[2-3]。随着技术的发展与成熟，采用坡脚加固、坡顶卸荷、布设挡土墙等措施对于治理小型滑坡，皆得到较好的工程效果[4]。现今，常见的加固治理手段有如锚索锚固技术[5]、预应力锚索、抗滑桩[6]、双排桩[7]等。通过分析实际滑坡稳定性评价与设计分析，选取适宜的治理方案，是目前滑坡治理的首要目标及目的。

## 2　工程概况

桐木湾滑坡位于铜仁市石阡县城南西侧约6km，滑体主滑方向为 193°，南北纵长约 100m，东西横宽约 145m，滑坡面积约 0.014km² （图 1）。滑坡体土层较薄，基岩为粉砂质页岩，破碎且节理裂隙发育，根据现场调查情况结合收集的相关资料，分析滑体性质为浅层岩土质滑坡，滑体厚约 2～3m，滑体滑坡方量约估 4 万 m³。总共威胁 45户 200 人，威胁财产 450 万。

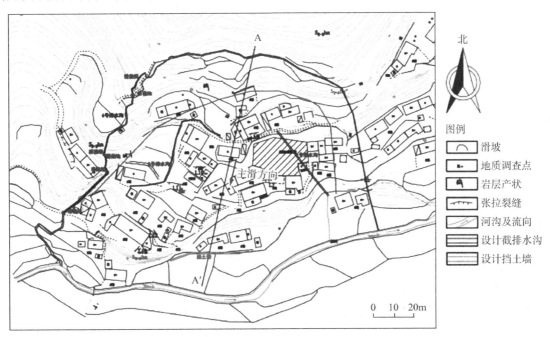

图 1　滑坡全貌

现场勘察共采集 9 组岩样（9 组强风化粉砂质页岩）进行室内岩土试验，按《岩土工程勘察规范》（2009 年版 ）GB 50021—2001 对测试的结果进行统计分析，强风化粉砂质页岩岩石物理力学指标统计见表 1。

岩土体物理力学参数及滑带参数 表1

| 岩土类别 | 重度/（kN/m³） | 黏聚力 c/kPa | 内摩擦角 φ/° | 备注 |
|---|---|---|---|---|
| 1号、2号滑体强风化粉砂质页岩（滑面） | 24.5 | 17.0 | 4.0 | 天然 |
| 1号、2号滑体强风化粉砂质页岩（滑面） | 25.0 | 14.5 | 3.9 | 饱水 |

## 3 滑坡稳定性参数

结合现场调查报告，滑坡潜在滑带形态呈折线型，采用不平衡推力传递系数法[8]计算滑坡稳定性系数和推力，按《建筑边坡工程技术规范》GB 50330—2013 第 A.0.3 条，岩质边坡采用折线形滑动法稳定系数[9]计算公式：

$$P_u = 0 \tag{1}$$

$$P_i = P_{i-1}\psi_{i-1} + T_i - R_i/F_s \tag{2}$$

$$\psi_{i-1} = \cos(\theta_{i-1} - \theta_i) - \sin(\theta_{i-1} - \theta_i)\tan\varphi_i/F_s \tag{3}$$

$$T_i = (G_i + G_{bi})\sin\theta_i + Q_i\cos\theta_i \tag{4}$$

$$R_i = C_i l_i + [(G_i + G_{bi})\cos\theta_i - Q_i\sin\theta_i - U_i]\tan\varphi_i \tag{5}$$

依据《滑坡防治工程设计与施工技术规范》DZ/T 0219—2006 得出滑坡在不同工况下的稳定性成果如表2所示。

滑坡稳定性计算统计表 表2

| 计算剖面 | 计算工况 | 设防安全系数 | 剩余下滑力/kN | 稳定性系数 | 评价 |
|---|---|---|---|---|---|
| 剖面1 | 工况一：自重 | 1.20 | 2.6 | 1.198 | 基本稳定 |
| | 工况二：自重＋暴雨 | 1.05 | 3.9 | 1.048 | 欠稳定 |
| 剖面2 | 工况一：自重 | 1.20 | 2.7 | 1.169 | 基本稳定 |
| | 工况二：自重＋暴雨 | 1.05 | 13.4 | 1.026 | 欠稳定 |

在天然状态下，1号滑体稳定性系数为1.198，小于1.20，处于基本稳定状态；2号滑体稳定性系数为1.169，小于1.20，处于基本稳定状态。在饱水状态下，1号滑体整体稳定性系数为1.048，小于1.05，大于1.0，处于欠稳定状态；2号滑体整体稳定性系数为1.026，小于1.05，大于1.0，处于欠稳定状态。

依据稳定性分析结果，表明该边坡在暴雨工况下易发生滑坡，潜在威胁着人民生命与财产安全。其主要原因为该边坡地处亚热带季风湿润气候区，受季风影响明显，雨量充沛。滑带强风化岩体因降水饱和软化，强风化岩体抗剪强度降低，导致边坡失稳[10]。因此，对边坡需进行防治治理，根据规范定义，危害对象等级划分为Ⅲ级；滑坡防治工程等级为Ⅲ级。

## 4 滑坡治理设计方案

本次的治理方案从安全性、可行性、经济适用性等考虑角度进行权衡，并严格依据现场的调查情况（图2）综合考量，最终选择采用"截排水沟工程＋挡土墙"为该滑坡治理方案（图3）。

首先在变形最严重的前缘处进行挡土墙设计，对房屋及公路进行防护；其次对于整个滑坡采用截排水沟进行地表排水，由于滑坡体宽度较大，首先在滑坡体外围设置截排水沟，其次在滑坡体内修筑内部排水沟与外围截排水沟形成一个地表排水网，这样可以减少地表水因强降雨作用而导致沿滑坡体垂直入渗的情况，从而降低地表水对滑坡面冲刷造成的坡体破坏、使岩土体软化以及削低地下水动水压力及裂隙水压力的现象。

### 4.1 挡土墙工程设计

1）布置

为防护滑体上房屋及公路，在变形最严重的剪出口处进行挡土墙设计，总设防长度约50.6m。以中风化粉砂质页岩为持力层，为确保挡墙的支护作用，挡墙顶标高与滑坡前缘住户的院坝高差为5m，挡墙高度为6m，基础需开挖到中风化粉砂质页岩，超挖部分采用换填作为基础。

2）挡墙结构设计

挡土墙以中风化基岩为持力层，中风化粉砂质页岩地基承载力特征值 $f_{ak} = 1.2$ MPa，挡土墙墙身采用 M10 浆砌石砌筑，石料强度等级 Mu≥30MPa，块径≥20cm 采用错缝搭接，挡土墙分段开挖长度均为 10m，两段间既每 20m 设伸缩缝，缝宽为 2cm。挡墙从墙底地面以上 1.5m 开始布置排水孔，孔径为 $\phi$110mm，排水孔纵横间距为 3m，材料为 PVC 管，外倾坡比不小于 5%，墙后排水孔用土工透水布包裹（图4）。

用M10水泥砂浆进行勾抹，凸缝高1.5～2cm，宽2～4cm，并注意勿勾出通缝。勾缝初凝后的7d内必须要注意采用洒水覆盖养护，防止勾缝与砌体粘结不实，避免勾缝大面积地掉落。勾成凸缝后，缝面平整、圆顺、密实，加强养生，防止局部脱落。

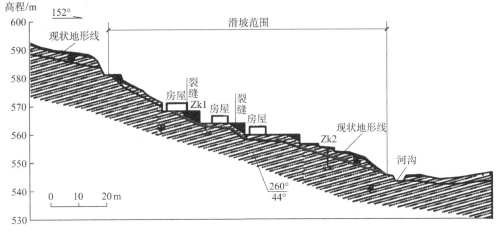

图2　主滑坡 A-A′剖面图

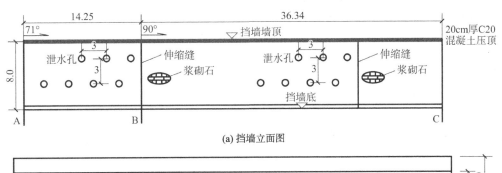

(a) 挡墙立面图

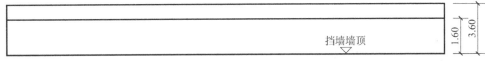

(b) 挡墙平面图

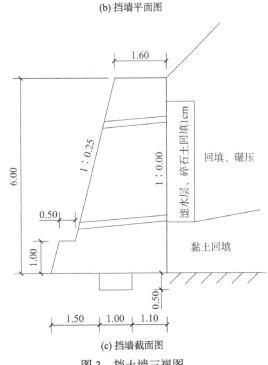

(c) 挡墙截面图

图3　挡土墙三视图

1947

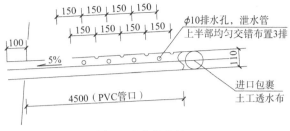

图 4 泄水管大样图

## 4.2 截排水沟设计

1）设计标准

将本滑坡区 20 年一遇的降雨强度（104mm/h）定为设计降雨强度，历年最大降雨强度（138mm/h）进行校核，以此标准来设计截排水沟。

2）截排水工程布置原则

（1）在工作区的滑坡外围布置截水沟用于最大程度的拦截滑坡区外的强降水导致的地表水流入滑体内造成更严重的滑坡危害，截水沟用于以拦截滑坡外围的坡面径流；

（2）沿着地形等高线布置截水沟，最大化发挥截水沟功能；尽量沿垂直等高线最大坡降方向的天然冲沟或低凹部位布置排水沟，使沟渠能最大限度截水，同时又易于排水；

（3）截排沟底部应保证沟不受侵蚀或淤塞，即保证一定的水流速度，使沟结构不受侵蚀，不发生泥沙淤积；

（4）尽量避免影响其他构筑物，尽量减少弯道，少占或不占耕地。

3）截排水沟断面设计

（1）1 号截水沟：布置于滑坡体后缘，主要目的为将地表水体引入滑坡南侧河沟。截排水沟截面为梯形，下宽 60cm、上宽 80cm、高 80cm、长约 278m，有效地将地表水体排水滑坡范围之外（图 5）；

（2）1 号排水沟位于滑坡东侧，主要为排滑坡体内部地表水及生活用水，截排水沟截面为矩形，下宽 40cm、上宽 40cm、高 40cm、长约 65m（图 6）；

（3）2 号（原 3）排水沟位于滑坡西侧，主要为排滑坡体内部地表水及生活用水。截排水沟截面为矩形，下宽 40cm、上宽 40cm、高 40cm、长

约 103m（图 6）；

（4）3 号（原 4）排水沟位于滑坡西侧，主要为连接 1 号截水沟。截排水沟截面为矩形，下宽 40cm、上宽 40cm、高 60cm、长约 284m（图 7）。

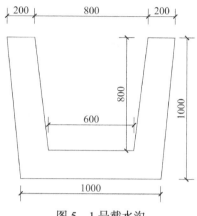

图 5 1 号截水沟

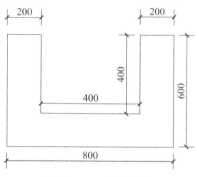

图 6 1、2 号排水沟

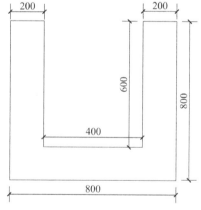

图 7 3 号排水沟断面图

4）截排水沟结构设计

所有截、排水沟采用 C25 混凝土浇筑，施工时，每隔 15m 或地形明显变化的地处设置沉降缝，缝宽 20～30mm，缝内采用沥青麻筋充填封闭，坡度大于 20°位置，要设置消能梯（图 8），在坡度转换较大的地方要设置跌水槽（图 9），截排水沟过公路需要设置过水涵洞。

图 8  消能梯大样图

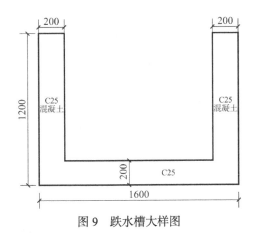

图 9  跌水槽大样图

# 5  施工技术要求

## 5.1  挡土墙工程施工

对于挡土墙部分的施工，首先依据设计的要求以及现场的条件，参照设计图纸尺寸、高程，确定开挖基础范围，准确放出基脚大样尺寸，开挖地基进行施工[12]，判断挡墙基础应布置于中风化基岩之上；开挖应采用人工开挖，严禁爆破开凿。挡墙的基坑开挖时，应注意需要分段开挖，开挖一段后，立即浆砌、回填；施工前需保持基坑干燥，因此要做好地面排水工作，基底粗糙。对于岩石基坑，为保证其与岩层的整体性，应使基础砌体紧靠基坑侧壁；浆砌块石挡墙施工必须采用坐浆法，所用砂浆宜采用机械拌合，砂浆稠度不宜过大。块石表面应清洗干净，砂浆填塞应饱满，严禁干砌；砌筑工艺总的要求为：平（砌筑层面大体平整）、稳（块石大面向下，安放稳实）、紧（石块间必须靠紧）、满（石缝要以砂浆填满捣实，不留空隙）；砌筑挡墙时，要分层错缝砌筑，每层横缝厚度保持均匀。基底及墙趾台阶转折处，不得做成垂直通缝，砂浆水灰比必须符合要求，并填塞饱满[13]。未凝固的砌层，避免振动；所用块石、条石挡墙上的石料上下面应尽可能平整，块石厚度不应小于 200mm，外露面用 M10 砂浆勾缝；墙顶用 C25 混凝土压顶，并抹成 5% 外斜护顶，厚度不小于 30cm，以作为道路的一部分进行通行。

由于滑体为残破积土、回填土及强风化粉砂质页岩，在挡土墙施工过程中，其安全风险主要有一点，由于场地限制，挡土墙作业面开挖，由于残破积土、回填土加强分化层厚度将近 5m，开挖过程中可能出现次生垮塌现象，而挡土墙距房屋较近，需严格控制开挖作业面坡度，不能在作业面 2m 范围内堆放材料，再做好作业面地面排水工作。墙背填土施工应按设计要求执行。墙背回填土可根据附近土源，尽量选用抗剪强度高和透水性强的砾石或砂土。当选用黏性土作回填料时，宜掺入适量的砂砾或碎石；不得选用膨胀土、淤泥质土、耕植土作回填料。如做到上述措施，该挡土墙施工的安全风险仍在可控范围。

## 5.2  截排水沟施工

施工方法：采取人工挖土方，弃土采用汽车运输至弃土场[11]。

施工工序：施工放线→人工开挖土石方→浇筑。

根据设计要求以及现场条件，参照设计图纸尺寸、高程，确定开挖基础范围，准确放出基脚大样尺寸，开挖地基进行施工；开挖土方基槽时，应适当放坡，以防滑塌。重要的大落差跌水、陡坡地基，应夯压加固处理；填方基础，必须按规定尺寸分层夯实，达到设计要求；石方开挖中，打炮眼、装炸药和爆破等工序，必须严格按照有关爆破安全操作规程进行，杜绝不安全事故发生；排水沟实行分段开挖，分级报验，合格一段修筑一段，防止基槽开挖后边坡临空时间较长失稳。开挖出的基槽，如基底承载力达不到设计要求时，应进行地基处理加固；排水沟底板和边墙浇筑为人工操作；浇筑时，基础应铺设 50~80mm 厚砂浆垫层；排水沟每 15m 设一道伸缩缝，采用沥青麻筋充填伸缩缝。

## 6 工程检测及治理效果

根据滑坡体的特征、分布规律、岩土组构、现状稳定程度及受损对象等综合确定了滑坡体的工程治理措施，并本着预防为主、防治结合的原则。防治方案建成后，进行滑坡治理后的稳定性计算，计算结果如表3所示。

滑坡治理后稳定性计算统计表　表3

| 计算剖面 | 计算工况 | 设防安全系数 | 稳定性系数 | 评价 |
|---|---|---|---|---|
| 剖面1 | 工况一：自重 | 1.20 | 2.296 | 稳定 |
| | 工况二：自重＋暴雨 | 1.05 | 2.065 | 稳定 |
| 剖面2 | 工况一：自重 | 1.20 | 2.139 | 稳定 |
| | 工况二：自重＋暴雨 | 1.05 | 1.935 | 稳定 |

依据表3可知，对该滑坡进行治理后，稳定性得到有效的提高，证明治理方案安全性可行；其中施工技术也相对成熟，表明其施工可行性较为可行；截排水沟＋挡土墙工程，按国家下达的治理费用预算，其治理工程费用为100万元，一次投入，其经济合理性较为合理。因此，该方案真正做到了"安全可靠、经济合理、技术可行"的原则。

## 7 结论

本文以石阡县汤山镇桐木湾滑坡为研究对象，通过现场滑坡调查、勘察分析等工作。在查明滑坡基本特征基础上进行稳定性分析，确定边坡在暴雨工况下易失稳，需要防护治理，最终确定采用"挡土墙＋截排水沟工程"治理方案。设计有挡土墙、排水沟等一体治理方案，并详细阐述了施工技术要求，治理后的边坡稳定性得到有效的提高，有效地治理了该滑坡，为今后类似滑坡的防灾减灾提供设计与施工参考建议。

## 参考文献

[1] 黄润秋. 20世纪以来中国的大型滑坡及其发生机制[J]. 岩石力学与工程学报, 2007(3): 433-454.

[2] LV P, LI B Y, ZHANG Y, et al. Landslide Formation Mechanism and its Control Measures in Dabaolang[J]. Applied Mechanics and Materials, 2015, 722: 419-422.

[3] CHEN Z Y, MORGENSTERN N R. Extensions to the generalized method of slices for stability analysis[J]. Canadian Geotechnical Journal, 2011, 20(1): 104-119.

[4] 铁道部第一勘测设计院. 铁路工程设计技术手册: 路基[M]. 北京: 中国铁道出版社, 1992.

[5] 张天宝. 土坡稳定分析和土工建筑物的边坡设计[M]. 成都: 成都科技大学出版社, 1987.

[6] 张倬元. 滑坡防治工程的现状与发展展望[J]. 地质灾害与环境保护, 2000(2): 89-97, 181.

[7] ZHANG ZUOYUAN. The present situation and development prospect of landslide control engineering [J]. Geological Hazards and environmental protection, 2000(2): 89-97, 181.

[8] 杨波, 郑颖人, 赵尚毅等. 双排抗滑桩在三种典型滑坡的计算与受力规律分析[J]. 岩土力学, 2010, 31(S1): 237-244

[9] 陈元勇. 不平衡推力传递法在滑坡稳定性分析中的应用[J]. 北方交通, 2022(3): 50-53.

[10] 杨孟德, 王玲. 边坡稳定性分析中对折线滑动法的算法改进[J]. 科技资讯, 2010(5): 126-127.

[11] 李开文, 秦刚. 木崖公园滑坡形成机制研究[J]. 科学技术与工程, 2011, 11(7): 1520-1524.

[12] 杨振兴, 焦露琳, 赵小龙, 等. 新型底板型衬砌中心排水沟施工优化研究——以九万山1号隧道为例[J]. 施工技术, 2018, 47(S1): 856-859.

[13] 卢俊廷. 土木工程施工中边坡支护技术的作用与应用研究[J]. 散装水泥, 2022(4): 105-107.

[14] 徐雅雯. 河道堤防工程浆砌石挡土墙施工质量控制[J]. 工程技术研究, 2021, 6(20): 81-82.

# 某特大型深层岩质古滑坡复活地质灾害
# 防治工程实践

金海元　　刘府生

（中铁第四勘察设计院集团有限公司，湖北武汉　430063）

## 1　引言

滑坡地质灾害是浙西南山区主要地质灾害之一，与其所在的地质条件和气象、水文条件密切相关，其中降雨是多数滑坡发生的主要外因。大型深层岩质滑坡工程地质、水文地质条件复杂，在降雨、地下水位变动等外在因素的影响下，易沿软弱结构面、软弱泥化夹层或破碎带滑动，形成大型滑坡，因此，必须在充分勘察的基础上，准确判断滑坡的诱发因素、成因机理及破坏模式，进而采取有针对性的、安全、经济、合理的防治工程措施。

本文以丽水市祯埠镇下个寨特大型深层岩质滑坡为研究对象，在获得详细勘察成果的基础上，针对降雨这一主要诱发因素，采用地表排水 + 地下深层排水相结合的防治措施，建立了有效的排水系统，并辅以滑坡安全监测系统。防治工程竣工后，滑坡变形监测成果表明，排水工程能够有效截排坡体地表水和地下水，滑坡体的总体变形明显减小，稳定性得以提高，目前滑坡处于稳定状态，对类似地区大型滑坡防治具有重要的借鉴意义。

## 2　滑坡工程特征

### 2.1　工程概况

下个寨滑坡体位于丽水市祯埠镇锦水村，直距北西侧丽水市区约 15km。大溪河位于下个寨山体坡脚，原金温货线在滑坡体坡脚沿河依山而行，河对岸为国道 G330。下个寨滑坡的滑坡特征较典型，平面形态呈扇形（半圆形），两侧边界发育同源冲沟，后缘呈圈椅状形态，前缘已没入库水中，滑坡主滑（整体滑动）方向约 299°。如图 1 所示。滑坡纵长 510m，库水位以上部分长约 450m；滑坡横向后部略窄，宽约 320m，下部较宽，库水位部分以上约 540m，水下宽约 580m，高程分布在海拔 20～265m 之间，总面积约 $20 \times 10^4 m^2$；滑体厚度 20～105m，总体积约 $1100 \times 10^4 m^3$，属特大型深层岩质古滑坡[1]。

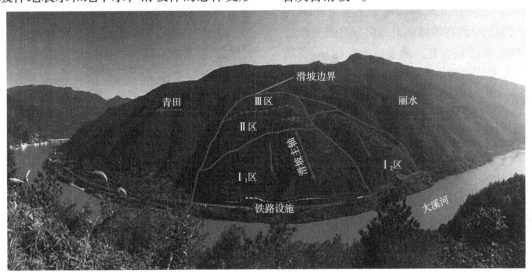

图 1　滑坡全貌

## 2.2 滑坡地质特征

**1）地形地貌**

滑坡区属剥蚀低山地貌，地势起伏较大，滑坡体总体地形呈"凸—平—陡"的形态变化，前缘外凸，中部发育多级平缓平台，后缘较陡峭；山坡自然坡度 35～60°，地面高程 35～540m，相对高差130～400m。滑坡体内冲沟较发育，其中部发育有一主冲沟，深 5～10m，宽 5～25m，纵贯滑坡体；两侧边界发育有天然冲沟，存在常流水。

**2）地层岩性**

根据前期勘察成果及勘探平硐揭示，滑坡体表层覆盖第四系残坡积含碎块石粉质黏土，部分为碎石土，主要由碎石、角砾及粉质黏土等组成，厚 0.5～2.5m。下部滑体为强、中风化凝灰岩交替组成，这种具有一定韵律性的强、弱力学性质交替的坡体结构非常特殊，其内部裂隙、节理相互切割贯通，岩体呈块状、碎块状。滑坡滑带物质以粉质黏土与凝灰岩碎块为主，其中含有大量片状绢云母和黏土矿物，亲水性强，结构松散，易软化。滑床岩体为下白垩统西山头组火山碎屑微风化凝灰岩（$K_1^x$），岩体较完整，倾角 15°～20°。滑坡主轴地质剖面见图 2。

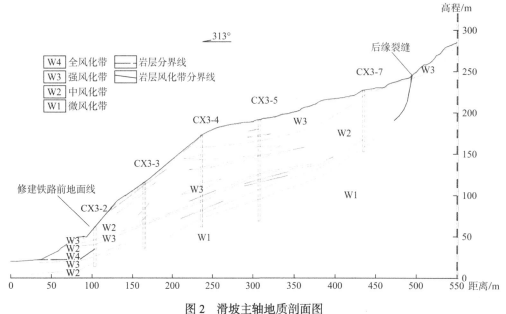

图 2　滑坡主轴地质剖面图

**3）地质构造及地震**

滑坡区及周边构造线基本呈北东向展布，后期北西向构造线切割北东向，两个主要方向的构造线交叉切割，导致在滑坡区北东向、北西向断裂构造与节理密集带较发育。滑坡体内存在 4 条断层与 1 条大型节理密集带以及多条小规模节理密集带，断层和节理裂隙是滑坡形成的重要内在条件。

滑坡区地震基本烈度为 6 度，基本地震动峰值加速度 < 0.05g。

**4）水文地质**

滑坡区的汇水面积约为 0.37km²，汇水区内地表水系由大溪河及冲沟水组成。大溪河位于滑坡体坡脚，水库蓄水后形成开阔的库区，正常蓄水位36.5m，汛期水位最高水位38m。滑坡两侧边界冲沟为常流性沟谷，水量大小与降雨密切相关，流量为 200～500m³，西南侧冲沟较东北侧流量大。滑体中部的冲沟属季节性水流，一般下雨后 7d 基本断流。

滑坡体内地下水主要为裂隙性潜水，水位受大气降雨与大溪河水库水位双重影响明显，坡体深部基岩裂隙水主要受滑体坡面大气降水入渗和滑体后缘及侧向补给，连续暴雨会导致稳定地下水位上升，滑坡中后部，降雨对水位影响明显，水位变化幅度在 5～15m；前缘坡体潜水位主要受大溪河河水补给，但在汛期时以接受大气降雨补给为主，进而补给大溪河，排泄基准面为大溪河河面。

## 2.3 滑坡变形特征

2016 年 5 月，发现滑坡体后缘，在距大溪水面垂直高度约 210～230m、水平距离 240～435m

的山体上发现一条基本贯通的拉张裂缝，裂缝总长度约 500m，裂缝宽度 0.05～0.4m，最大延深1.8m，错落高度 0.05～0.5m。滑坡体前缘铁路设施也发现多处不同程度的变形、破坏，根据人工和自动化监测成果显示，铁路路基边坡、挡土墙、排水沟、护坡及轨道等均发生了整体位移和局部变形破坏，其中边坡山体表层水平位移累计 157.9mm，垂直沉降累计 -96.8mm，深层水平位移累计124.8mm，水平位移均倾向大溪河。根据文献[5]，滑坡的变形与降雨关系密切，在梅雨台风季节，滑坡变形速率明显增大，其表层位移单个汛期量变形约 0.5～3mm/d，在非汛期，滑坡变形速率较小。另外，滑坡前缘变形明显大于滑坡后缘，属于牵引式滑坡。

## 3 滑坡影响因素及稳定性

### 3.1 滑坡稳定性影响因素

影响下个寮滑坡稳定的因素较为复杂，滑坡

的形成是由地质成因和降雨共同控制的。不同间隔段的多次喷发导致了坡内强、中风化凝灰岩独特的交互层现象，受构造影响，坡体内存在多条小型层间错动带，岩体节理裂隙发育，且主要层理倾向坡外，不利于坡体稳定，这也是影响滑坡稳定的主要内在因素。降雨和水位变化则是诱发滑坡主要外因，由于坡体内部渗透性和力学性质的各向异性，使得降雨入渗更容易在性质不同的岩层面上聚集，从而发生复杂的泥化、软化作用，推动滑坡进一步变形。滑坡体多次较大变形破坏均出现在暴雨和持续降雨的雨季期间，降雨期间，坡体变形明显变大，呈阶梯形增加，变形速率也明显变大，如图 3 所示。强降雨和持续降雨期间，雨水大量入渗，导致边坡中地下水有较高提升，增加了斜坡的下滑力。此外，由于雨水的入渗地下水在滑带附近富集现象，形成静水压力，并进一步降低其力学强度。因此，暴雨或持续降雨导致拉裂缝进一步加宽加深，最终与潜在滑移面连通后，导致坡体整体滑动破坏[2,3]。

图 3　滑坡平均水平位移-降雨关系

### 3.2 滑坡稳定性分析

根据《滑坡防治工程勘查规范》GB/T 32864—2016 推荐的滑坡稳定性计算方法，选择典型计算剖面和计算工况，并合理选择滑坡体各岩土层物理力学参数，计算得到滑坡的安全系数（表 1）。

下个寮滑坡防治前稳定性计算成果表　表 1

| 剖面 | 滑面 | 安全系数 | | |
|---|---|---|---|---|
| | | 自重工况 | 自重＋地下水工况 | 自重＋地下水＋暴雨工况 |
| 主轴剖面 | 前缘局部 | 1.35 | 1.07 | 1.03 |
| | 整体稳定性 | 1.37 | 1.10 | 1.03 |

根据稳定性计算可知，下个寮滑坡在自重＋地下水工况下，处于基本稳定状态；在自重＋地下水＋暴雨工况下滑坡处于欠稳定状态，计算结果

与边坡变形显示的滑坡状态基本吻合，因此，滑坡体进行工程防治很有必要，提高滑坡体的稳定性系数，保证在暴雨工况下滑坡体处于基本稳定状态，消除滑坡体的危害。

## 4 滑坡防治工程措施

基于对滑坡稳定影响因素分析的基础上，下个寮滑坡防治工程按照"治坡治水，监测先行"的总体设计思路，采用监测预警＋地表排水＋地下排水综合防治措施。该方案以监测预警为主线贯穿整个阶段，辅以地表与地下排水措施，即通过设置地表截排水沟和地下排水廊道综合截排水系统，有效截排滑坡体地表降水和疏干坡体内地下水，有效降低坡体地下水位，提高滑坡体稳定性系数。

## 4.1　地表截排水工程

地表排水工程依照"排水、截水、疏水、堵漏"的原则布置，以滑坡左右边界以及中部天然冲沟为主排水沟，并对其进行铺砌、疏浚；在滑坡后缘增设一条大截面的钢筋混凝土截水沟，防止后缘外山体地表水以地表径流的形式流入滑坡山体区域内。在滑坡坡面设置截水沟及支排水沟防止中后缘地表水下渗，这样，滑坡地表排水沟形成完整的地表排水系统（图4），水沟总长达3305m，经过地表水疏排后，可有效减小中后缘地表降水的入渗量。

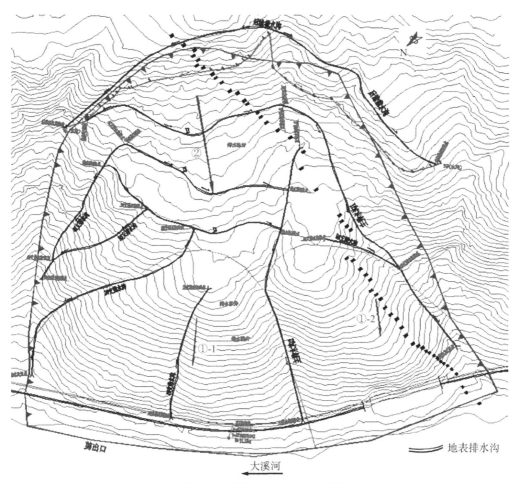

图4　地表排水工程平面布置图

为了适应起伏的地形，采用C25钢筋混凝土矩形断面形式水沟，根据不同部位汇水面积和计算流量，设计了不同尺寸的水沟形式，设计沟底内宽0.4～0.7m，沟深0.6～0.9m，沟壁及底板厚0.2m。当沟底纵坡变化较大，可设置急流槽，陡坡地段设置台阶跌水。支排水沟陡坡排水为防止基底滑动，还需在沟底设置凸榫嵌入基底中，为了防止水流速度过大对沟底造成冲刷，可在沟底栽砌石牙。

## 4.2　地下排水工程

根据滑坡防治设计规范推荐的方法[4]，地下排水工程采用排水廊道+顶部设置泄水孔模式。利用现有勘探平硐延伸150m（延伸段综合坡率为8%）；同时在滑坡体前部、中部及后缘新增设三条排水廊道，共1476m；排水廊道顶部设置泄水孔和排水竖井，增强排除滑坡中后缘地下水效果，如图5所示。排水廊道根据滑坡横剖面及地下水位等值线图设计，排水廊道整体处于中风化滑床中，距滑带埋深约5～10m。

后缘1号排水廊道内泄水孔垂直于地面，纵向间距1.5m；其他排水廊道内泄水孔从洞顶向上实施，纵向间距2m，梅花形布置，孔与竖直夹角成15°和30°，倾向上山方向。排水竖井间泄水孔在上山侧实施。泄水孔的孔深根据排水廊道与滑面的位置综合确定，泄水孔钻穿滑带影响带，孔深25～60m。泄水孔孔径11cm，内设带内支撑的RCP-NG10（A）型渗排水管（图6）。共设置泄水孔659孔，28510m。

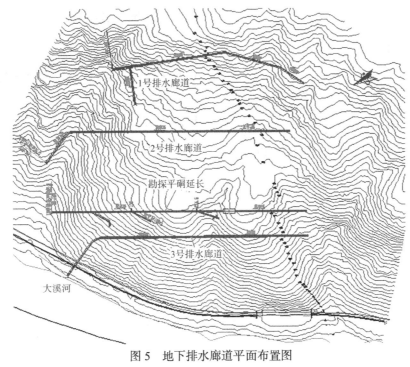

图5 地下排水廊道平面布置图

图6 排水廊道内泄水孔设计示意图

为增强地下排水工程的排水效果,分别在2号排水廊道、3号排水廊道及勘探平硐中部布置排水竖井,纵向间距25~30m,孔径不小于35cm,从滑坡体地表实施,底部与排水廊道底部联通,无需动力排水。共设置排水竖井21口,井深共2021m。

### 4.3 安全监测系统设计

为确保滑坡全过程安全,检验治理工程治理效果以及应对突发极端工况下,可能产生新的隐患等方面考虑,对该滑坡体治理工程制定系统监测与预警体系。按照整体控制,多层次布置,突出重点,关键部位优先的原则设计,下个寮特大型滑坡灾害治理工程的监测采用以自动化监测与人工校核为组合的监测手段。监测网布线的方向与滑坡移动方向大致相同,并设在滑动岩土体具有代表性的剖面

上,主要监测内容包括地表变形监测、深部岩土体变形监测、降雨量、地下水位监测及滑坡后缘裂缝监测。地表位移监测布置平面图如图7所示。

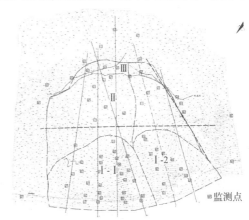

图7 治理工程实施期间表层位移监测点布置图

# 5 防治效果评价

下个寮滑坡防治主体工程现场实施时间为2020年10月至2022年4月，现场初步验收为2022年6月。施工期间持续对滑坡情况进行安全监测，通过对比施工前后滑坡监测情况，可以评价滑坡整治效果及边坡稳定性。

（1）地表位移

施工前自动化监测时间为2016年8月至2019年10月，约3年时间。监测成果表明，期间共发生七次明显的变形加速，各分区加速变形启动时间与变形规律基本一致，均发生在持续强降雨时间。变形区域主要位于在滑坡体Ⅰ、Ⅱ分区，均为西北顺坡向，指向大溪河；Ⅰ-1分区水平位移最大，均值为210.7mm；Ⅰ-2分区水平位移次之，均值为159.1mm；Ⅱ分区水平位移较小，均值为115.2mm，三个分区年平均变化量分别为70.2mm/a、53.0mm/a和38.4mm/a。

防治工程施工后，自动化监测时间为2020年8月至今，约2年时间，监测成果表明（图8），滑坡体仍有一定变形，共发生2次位移突变，发生在2021年5—6月和2022年6月，其他时间数据相对稳定，无明显变形趋势，但平均累计变形量较施工前明显减小，特别是原变形量较大的Ⅰ、Ⅱ分区，Ⅰ-1分区平均累积变形量降至46.4mm，Ⅰ-2分区平均累积变形量降至34.6mm，Ⅱ分区平均累计变化量18.8mm，年平均变化量分别为23.2mm/a、17.3mm/a和9.4mm/a。值得说明的是，2021年8、9月份台风季节，持续强降雨期间，滑坡体并未产生变形突变，无明显变形趋势，可以看出，滑坡排水工程起到了减小滑坡变形的作用，提高了滑坡的整体稳定性。

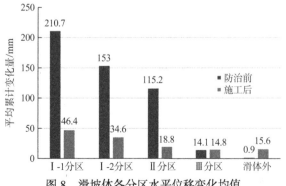

图8 滑坡体各分区水平位移变化均值

（2）地下水位变化

滑坡体前缘水位位于大溪河水位以下，受河水位影响小幅变动；滑坡体中部和后缘地下水主要受大气降雨补给，排水工程施工前，中部地下水位变幅1～5m，后缘水位变幅5～15m，当出现连续降雨时，水位迅速上升。滑坡防治工程实施后，前缘水位仍主要受大溪河水位影响，小幅变动；滑坡中部在连续降雨后水位变幅0.7～1.0m，后缘水位变幅最大9.2m，相比施工前，滑坡中部和后缘水位变幅大幅度减小，当无降雨补给或补给量较小，地下水位迅速下降。可见，滑坡排水工程的实施，有效减小了强降雨期间地下水的上升幅度，减小了下滑力，提高了滑坡的稳定性系数。

（3）后缘土体裂缝

滑坡防治前自动化监测阶段（3年），后缘土体裂缝持续增加，变化量较大，其中监测点PFF4变化量最大，为110.0mm，各测点平均变化量101.1mm。防治工程实施后，监测时间1.5年，裂缝最大变形点PFF2，最大变形量为40.6mm，平均变形量17.6mm，对比分析，排水工程实施后，后缘裂缝变形量明显减小（图9）。

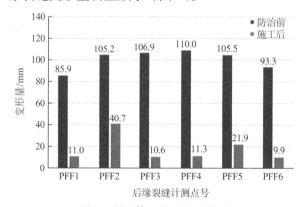

图9 滑坡体后缘裂缝总位移

目前，滑坡防治工程竣工后监测数据有约4个月时间，变形监测成果表明，目前滑坡基本没有变形，处于稳定状态。后期应继续监测，采用更多的滑坡监测成果验证防治工程的有效性和滑坡的稳定性。

# 6 结语

（1）下个寮滑坡为特大型深层岩质滑坡地质灾害，在其复杂的稳定性影响因素中，降雨导致的地下水变化，是滑坡产生的直接诱因，在强降雨工况下处于欠稳定状态。

（2）根据滑坡的诱发因素，遵循"治坡治水"的总体思路，经技术经济比较后，采用了地表截排水＋地下排水廊道结合安全监控系统的防治工程措施，以改变滑坡体内地下水运移状态，提高滑坡稳定性。

（3）安全监测成果为滑坡设计、施工和防治效果评价提供了有力依据，变形、水位监测成果表明，排水工程实施后，能够有效截排坡体地表水和地下水，减小了地下水对滑坡岩土体和软弱结构面物理力学性质的恶化，滑坡体的总体变形明显减小，稳定性得以提高，目前滑坡处于基本稳定状态。

（4）下个寮滑坡排水工程竣工约半年时间，监测时间较短，目前滑坡处于稳定状态，后期应继续观测，经历至少2个雨季的观测期，以进一步证明滑坡的稳定性和排水工程的科学性、合理性。

## 参考文献

[1] 中铁第四勘察设计院集团有限公司. 青田县祯埠乡锦水村下个寮山体滑坡防治工程勘查报告[R]. 2017.

[2] 林国平. 下个寮滑坡体位移与降雨关系研究[J]. 低碳技术, 2021(6): 80-85.

[3] 康璇, 徐光黎, 刘府生, 等. 降雨条件下多层结构喷出岩滑坡孔隙水压力变化与稳定性分析[J]. 中国地质灾害与防治学报, 2018, 29(1): 15-22.

[4] 国土资源部. 滑坡防治工程设计与施工技术规范: DZ/T 0219[S]. 北京: 中国标准出版社, 2006.

# "4.8"龙溪乡阿尔寨滑坡治理工程勘查设计实录

乐 建 廖 勇 陈传颖 刘 畅

（四川省自然资源集团（四川兴蜀工程勘察设计集团有限公司），四川成都 610072）

## 1 项目概况

2018 年 4 月 8 日 19 时 50 分许，阿尔寨滑坡右前缘强变形区发生滑动失稳，滑动失稳岩土体沿斜坡坡面滑落至坡脚，形成长约 160m，宽约 150m 的堆积体，堆积体平均厚度约 4.1m，方量约 10 万 m³，灾害造成 122 户群众房屋不同程度受到破坏，其中 32 户农户 320 间房屋全部损毁，堵塞坡脚龙溪沟、掩埋公路，共计造成直接经济损失 11082.95

万元。因地质灾害监测预警及时，组织撤离及时，未造成人员伤亡，实现成功避险。"4.8"龙溪乡阿尔寨滑坡地质灾害发生后，经调查发现强变形区尚有大量结构松散的岩土体，存在再次发生崩塌可能，规模约 18 万 m³，其滑落后将堆积于坡脚沟道内堵塞沟道，进而在雨季形成堰塞体，其溃决后将危及下游区乡政府及沿沟村民安全。为了查明滑坡的分布、规模、主要诱发因素、稳定性及发展变化趋势、危害特征等，提出滑坡治理依据及工程治理方案，阿坝州汶川县国土资源局委托我单位开展龙溪乡阿尔寨滑坡勘查设计工作（图 1）。

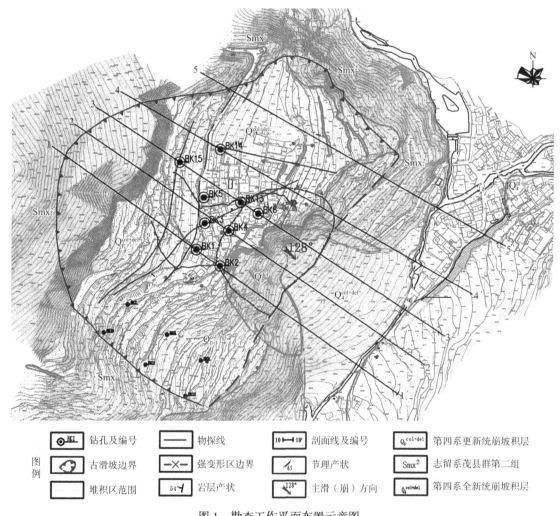

| 图例 | | | | | |
|---|---|---|---|---|---|
| 钻孔及编号 | | 物探线 | 剖面线及编号 | | 第四系更新统崩坡积层 |
| 古滑坡边界 | | 强变形区边界 | 节理产状 | | 志留系茂县群第二组 |
| 堆积区范围 | | 岩层产状 | 主滑（崩）方向 | | 第四系全新统崩坡积层 |

图 1 勘查工作平面布置示意图

获奖项目：中国煤炭工业协会煤炭地质分会第十九届优质专业成果一等奖。

## 2 勘查工作方案布置

我单位于 2018 年 4 月、2018 年 9—11 月开展了"4.8"龙溪乡阿尔寨滑坡补充勘查的野外勘查工作，通过滑坡区地形及剖面测量、测绘、物探、钻探、无人机航拍摄影等勘探手段，对滑坡体进行了全面的勘查，并采取岩、土试样及水样送试验室分析，所完成各项工作的工作量统计见表1。

**勘查完成主要实物工作量统计表　表 1**

| 序号 | 项目 | 计量单位 | 完成工作量 |
|---|---|---|---|
| 1 | 1：500 地形测量 | km² | 0.41 |
| 2 | 1：200 剖面测量 | km/条 | 5.49/15 |
| 3 | 定点测量（勘探点） | 组日 | 2 |
| 4 | 1：200 剖面测绘 | km/条 | 5.49/15 |
| 5 | 1：500 工程地质测绘 | km² | 0.41 |
| 6 | 钻探 | m/孔 | 815.3/15 |
| 7 | 取土样 | 件 | 6 |
| 8 | 取岩样 | 件 | 6 |
| 9 | 取水样 | 件 | 2 |
| 10 | 高密度电法 | 点 | 360 |
| 11 | 无人机航拍摄影 | 项 | 1 |

## 3 灾害体特征

### 3.1 坡体结构特征

阿尔寨滑坡位于阿坝州汶川县龙溪乡阿尔村境内，地处汶川县东北部，村道从滑坡体中部通过，交通较为方便。该滑坡区地理坐标为北纬 N31°36′44″，东经 E103°34′56″。阿尔寨滑坡位于龙溪乡龙溪沟右岸，总体地形为中高山峡谷地貌，所在斜坡坡向 120°，坡面呈折线形，后缘地形较平缓，坡度一般 10°～20°；前缘为陡坡，地形陡峻，坡体上部陡崖坡角 60°～75°，中下部坡角在 40°～55°之间。

根据现场调查，阿尔寨滑坡为古滑坡，整体形态呈矩形，其后缘起于北西侧山脊，前缘止于原乡村公路上方龙溪河陡崖临空面处，左侧边界为临阿尔沟陡崖高陡临空面，右侧边界为南西侧山脊，滑坡主滑方向128°，顺坡长约280m，横宽约460m，平均厚度约40m，方量约515.2×10⁴m³，为大型滑坡（图2、图3）。

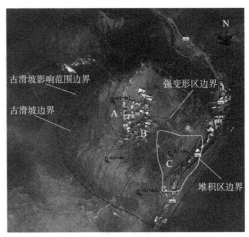

图 2　滑坡前遥感影像

图 3　滑坡后遥感影像

根据钻孔揭露，阿尔寨滑坡地层结构组成自上至下可分为：第四系更新统崩坡积层（$Q_p^{col+del}$）、第四系更新统冰水堆积层（$Q_p$）及志留系茂县群第二组（$Smx^2$），分述如下：

第四系更新统崩坡积层（$Q_p^{col+del}$）：该层灰黄色，以粉质黏土夹碎块石土为主，上部颗粒细腻，至下颗粒明显增大，分选明显，土层最大厚度60～80m，上部粉质黏土呈可塑至硬塑状，粉粒含量较高，结构致密，自稳能力较好，干强度高；局部含少量块碎石，碎石含量一般为20%～30%，碎石含量整体随深度增加呈增大趋势，粒径一般 3～35cm，部分达 1.2～1.6m，大者达 2.5m，岩性主要为强风化、中风化变质砂岩和千枚岩。

第四系更新统冰水堆积层（$Q_p$）：该层黄褐色，以粉粒、黏粒为主，呈可塑至硬塑状，粉粒含量较高，结构致密，自稳能力较好，干强度高；局部含少量块碎石，碎石含量一般为20%～30%，粒径一般 3～35cm，岩性主要为强风化、中风化变质砂岩和千枚岩，无明显分选。该层土广泛分布于斜坡表面，发育厚度 0.5～10.3m，整体呈斜坡中部平台处厚度较大，发育厚度一般 3.5～10.3m；微地貌山脊及斜坡上厚度较小，发育厚度一般 0.5～2.0m。

志留系茂县群第二组（Smx²）：古滑坡下伏基岩主要为志留系中—浅变质的灰色、绿色千枚岩，细粒鳞片变晶结构，千枚状构造，有丝绢光泽，主要矿物成分为绢云母、石英等，局部夹薄层变质砂岩，层理面发育，岩层产状 290°∠54°，倾向坡内。该层构造节理裂隙发育，岩体较破碎，主要发育三组构造节理裂隙。

节理 J1：产状 123°∠53°，间距 0.5～2m，延伸长度 2～5m，结构面平整，由于该组节理倾向与坡向近于一致，顺坡向，受风化卸荷作用影响，卸荷带范围内该组结构面多张开，一般张开 2～5cm，局部可见张开约 30cm。

节理 J2：产状 120°∠75°，间距 0.5～2m，延伸长度 0.5～2m，结构面平整，现多呈闭合状。

节理 J3：产状 217°∠21°，间距 0.5～2m，延伸长度 0.5～2m，结构面平整，现多呈闭合状。

该层根据岩性完整性、风化程度可以分为两个亚层，强风化千枚岩和中风化千枚岩。

根据钻孔揭露滑坡滑体物质组成及物探显示（图 4）：阿尔寨滑坡由多次滑坡活动形成，其滑体结构前部较完整，中后部破碎，物探剖面（图 5）可见明显破碎带及完整岩石块体分界；左侧边界可见明显滑坡拉陷槽痕迹，宽约 30m；拉陷槽形成后后缘反向陡倾岩体出现多次倾倒变形崩塌并填充拉陷槽，钻孔反映为岩芯倾角平缓，而后南西方向高陡山体出现大规模崩塌形成堆积体堆载于滑坡南西侧后部，地表中部可见明显堆积地形；据此，将滑体分为岩质滑坡残留体及块石土滑体两部分。

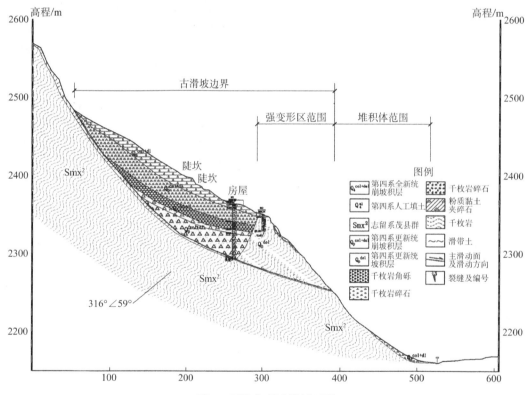

图 4 斜坡典型地层剖面图

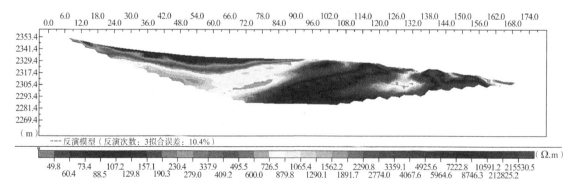

图 5 物探 4-4′剖面解译图

## 3.2 变形破坏特征

通过对滑坡区多期卫星影像、无人机航拍摄影、工程地质测绘等数据处理分析，结合现场调查、勘查、取样测试分析等方法，对滑坡特征有了清晰的认识。滑坡区总体上分为古滑坡区（A 区）、强变形区（B 区）和堆积区（C 区）三个部分，如图1～图3所示。

1）古滑坡区变形特征（A 区）

阿尔寨滑坡整体为一古滑坡，形态近似矩形，其后缘起于北西侧山脊以下陡缓交界处。滑坡后缘山脊走向 SE52°，南东端高、北西端低，至北西侧滑坡左缘端部临乡村公路修建有碉楼一座，滑坡范围内山脊延伸长度约 490m。山脊坡面地形上陡下部略缓，上部陡崖坡度 60°～75°，大部分区域志留系茂县群第二组（Smx²）基岩出露，岩层产状 290°∠54°，第四系覆盖层较薄且分布不连续，植被以高大常绿乔木、灌木为主。下部坡度一般为 10°～20°，第四系覆盖层较厚，基岩出露不明显，坡面受人工改造为梯田台坎。

滑坡前缘止于为龙溪河切割高陡临空面，至龙溪河高差约 180m。原乡村公路上方内侧坡面可见明显滑坡剪出口，呈线状连续分布（图6），走向 SE42°，剪出口以下为志留系茂县群第二组（Smx²）基岩，岩层产状 316°∠59°，以上为千枚岩块石组成，结构凌乱。滑坡前缘南西侧已滑动区约 120m 区域下陡上缓，挤压龙溪河明显；其余部分为陡坡，延伸约 350m，地形坡度 45°～55°，未见明显挤压龙溪河的现象。

图6 剪出口零星坍塌

右侧边界为南西侧山脊，山脊走向 SE132°，北高南低，滑坡范围内山脊延伸长度约 370m。山脊坡面坡度 20°～40°，部分区域志留系茂县群第二组（Smx²）基岩出露，岩层产状 290°∠53°，第四系覆盖层较薄且分布不连续，植被以高大常绿乔木、灌木为主。

滑坡左侧边界为阿尔沟切割陡崖临空面，至河面最大高差约 100m。河岸可见志留系茂县群第

二组（Smx²）基岩出露，岩层产状 292°∠53°（图 7）。

图7 坡体下方稳定基岩

滑坡主滑方向 128°，顺坡长约 280m，横宽约 460m，平均厚度约 40m，方量约515.2×10⁴m³，为大型滑坡。

2）强变形区变形特征

强变形区位于斜坡中部平台的右前缘，主要表现为崩塌、危岩，带状分布于强变形区的后缘顶部。根据现场工程地质调绘，强变形区的变形特征主要有构造节理裂隙张开（钻探时掉钻、空洞）发生错动、岩层倾角变缓和地表裂缝等，分别叙述如下：

（1）构造节理裂隙张开错动

通过现场调绘，强变形区岩质滑坡残留体中主要发育三组构造节理。节理 HJ1 产状 125°∠65°；节理 HJ2 产状 30°∠40°；节理 HJ3 产状 210°∠65°，其中节理 J1 为顺坡向结构面，该崩塌的控制结构面。通过现场调绘，发现该组结构面受风化卸荷作用影响在卸荷带范围内多张开，一般张开 2～5cm，局部可见张开约 30cm，并可见错动痕迹，错动位移约 20cm（图 8）。

图8 控制结构面张开错动

此外，在第一次野外勘查钻孔钻进过程中出现掉钻，掉钻深度约 0.8m，掉钻段取出岩芯为粉质黏土夹碎石土，结合平面图上钻孔及 L7 裂隙发

育位置，推测该掉钻处即为 L7 裂隙在深部位置，见原 ZK4 岩芯照片。同时，本次勘查时于 BK6 中发现空洞，空洞约 0.5m。物探 4-4′ 剖面显示岩质滑坡残留体中空洞及破碎带发育。

（2）岩层倾角变缓

根据现场地质调绘和实测，强变形区前缘临空面以下正常基岩受重力作用同样存在压屈、偏转，局部基岩倾角明显变缓。

（3）地表裂缝发育情况

经现场实测，本次灾前强变形区（崩塌区）地表发育 8 条裂缝（L1～L8），由于裂缝垮塌，可见深度仅见强变形区表层土体中，裂缝性质以张拉裂缝为主，裂缝张开宽度、深度较大，具体裂隙特征详见表。裂缝走向 20°～52°，与斜坡及节理 1 走向基本一致，分析认为主要受节理构造节理 HJ1 向临空面卸荷拉裂所致。经勘查期间简易监测，裂缝在本次"4.8"灾前拉开 1～2cm 不等。

本次灾后，强变形区（崩塌区）范围内 L1～L5 裂缝已经垮塌消失，强变形区新发育裂缝 L9～L14（图 9）。裂缝走向 30°～53°。与斜坡及节理 1（节理 HJ1：产状 125°∠65°）走向基本一致，分析认为主要受节理构造节理 HJ1 向临空面卸荷拉裂所致。

由于强变形区前缘难以到达，通过航空影像图分析，强变形区（崩塌区）范围内，新发现错落砍变形 L15～L24，分析认为由两种共轭节理节理（HJ2 产状 30°∠40°；HJ3 产状 210°∠65°）形成。

由各裂缝特征可知，强变形区（崩塌区）裂缝走向平行坡体走向，与强变形区（崩塌区）顺坡向控制结构面发育情况基本一致，结合现场节理裂隙的调查，综合认为强变形区（崩塌区）地表裂缝主要是下部基岩节理裂隙张开贯通至地表形成。

(a) L5 裂缝（滑前）

(b) L6 裂缝（滑前）

(c) L12 裂缝（滑前）　　　(d) L13 裂缝（滑前）

图 9　强变形区裂缝特征（部分）

3）堆积区特征

2018 年 4 月 8 日晚上 7 时 50 分，强变形区发生大范围崩滑，崩塌后松散岩石及上覆土体沿坡面滑动滚落堆积于坡脚沟道，形成长 160～220m、宽 120～200m 的堆积体，堆积体平均厚约 5.0m，坡度 30°～45°，顺沟向堆积体坡度约 10°～15°，呈倒三角堆积，堆积体方量约 $10 \times 10^4 m^3$。B1 堆积体以碎块石为主，结构松散，块碎石粒径一般 10～100cm，最大块石粒径可达 300cm，块石崩落至坡脚公路、砸毁沟道左侧村民房屋，崩落距离 150～200m。块碎石成分以强风化、中风化千枚岩、变质砂岩为主。堆积体处于欠稳定—基本稳定状态（图 10）。

图 10　堆积区影像图（滑后）

## 3.3　变形破坏机制分析

1）古滑坡形成演化机制

据现场勘查，阿尔寨滑坡形成演化主要分为以下几个阶段：

（1）岩质滑坡残留体形成阶段

该阶段南西侧山脊反倾基岩被原生构造节理 J1：产状 123°∠53° 及节理 J2：产状 120°∠75° 切割为楔形体，在重力作用下产生整体滑移并在后缘形成宽约 30m 的拉陷槽，该岩质滑坡体在滑移过程中产生顺坡向断裂，部分滑体悬空解体进入龙溪沟，其余残留体停止于现陡崖边缘，岩石结构基本完整。

（2）拉陷槽填充阶段

由于岩质滑坡失稳下滑，导致后缘反倾基岩下方出现内凹临空面，千枚岩在重力作用下沿层面产生挠曲变形，最终在原生结构面控制下倾倒断裂产生滑移式崩塌堆积于拉陷槽内，拉陷槽宽度进一步增加。该过程重复多次并最终填满拉陷槽，并最终形成类似"挡土墙"的形式，钻探岩芯显示原拉陷槽范围内岩石倾角明显变缓，较完整千枚岩岩芯与碎块石土交替出现。而后缘山脊逐层倾倒断裂卸荷后，由于南西侧山脊高陡，最终形成大规模崩塌堆积于拉陷槽南西侧并对滑坡体后缘形成加载。

（3）古滑坡右侧复活失稳阶段

由于古滑坡岩质残留体中节理发育，在风化、地震及后缘加载的作用下，右侧宽约 120m 区域残留体产生蠕滑、解体、垮塌，并牵引后部填充碎块石土产生滑坡形成现今凹槽地貌，滑坡体进入龙溪沟，迫使河流改道。

（4）强变形区复活阶段

在风化、降雨、地表水作用及"5.12"地震影响下，古滑坡岩质残留体整体发生蠕滑变形并牵引后部碎、块石土发生变形，具体表现为 L8 走向与拉陷槽一致，而在"4.8"崩滑后其后部拉陷槽区域产生 L14 裂缝，其走向垂直于主滑方向。而由于古滑坡岩质残留体中节理发育，在风化作用及土体荷载作用下进一步解体、垮塌，导致前缘阻滑段进一步减小，从而加剧古滑坡复活蠕滑。因此，阿尔寨滑坡属于推移式滑坡。

2）强变形区影响因素与变形破坏机制

（1）影响因素

①地形地貌

强变形区位于斜坡平台的前缘，主崩方向 120°，前缘坡度陡峻，坡度一般为 40°～55°，局部基岩陡崖发育近于直立，临空条件，风化卸荷作用明显，为崩塌发生提供了临空条件。

②地层岩性与岩土体结构

强变形区由第三系冰水堆积层（$Q_p$）粉质黏土夹碎块石土和志留系茂县群（$Smx^2$）千枚岩组成。受构造作用影响，强变形区下伏基岩节理裂隙发育，岩体破碎，尤其是发育一组顺坡向构造节理裂隙面（HJ1 产状 125°∠65°），其为该崩塌的控制性结构面，对该崩塌危岩带的稳定性起着控

制作用。

③降雨与地表水

强变形区地表因下伏基岩节理裂隙贯通至地表发育多条裂缝，裂缝贯通性好，张开 2～30cm，裂隙可见深度较大，一般 0.3～3.4m，这为地表水入渗提供了通道。现状 B1 强变形区为阿尔村村民聚居点，村民生活用水、地表水和降雨入渗至基岩裂隙，可产生动、静水压力，并在寒冻气候条件下，可冻胀，从而加剧裂隙的发展及贯通，导致陡坡基岩不断破碎，形成基岩陡坡的崩塌。

④地震

"5.12"地震及其余震使强变形区岩体节理裂隙更加发育，加剧了强变形区岩质滑坡残留体的变形。

（2）变形破坏机制分析

根据勘查，强变形区前缘地形陡峻，崩塌发生前局部凹岩腔发育，岩体受构造作用影响，发育 3 组构造节理裂隙，岩体破碎，构造节理裂隙又在风化卸荷、地震等作用影响下进一步延伸并张开，尤其是顺坡向构造节理裂隙面 J1 影响最为明显，卸荷带内 HJ1 节理裂隙最大可见张开约 30cm，且其倾角小于坡角，成为崩塌体的优势结构面；在重力、地下水、冻融作用下产生累进性破坏，导致顺坡向主控 HJ1 节理裂隙面自上至下贯通后，坡体前缘上部岩体首先在重力作用下出现弯曲倾倒，危岩体重心外移，进而造成 HJ1 节理进一步拉张，最终剪断节理面之间岩桥，导致强变形区上部崩塌岩体沿顺坡向结构面发生滑移式崩塌失稳。

（3）发展趋势分析

目前崩滑体坡面仍残存两处危岩体，其稳定性极差，短时间内可能发生滑移崩落；岩质残留体后的土质滑坡，由于前缘形成临空面，其稳定性进一步下降，一旦与岩质残留体一起下滑，堵塞主河的可能性极大，进而形成泥石流威胁下游镇政府、沿岸居民、沟口国道 317 线及在建汶马高速的安全。

# 4 灾害体稳定性计算及评价

本次工作针对各灾害体的具体情况采用不同的稳定性计算与评价方法进行：对强变形区域及危岩体采用以赤平投影方法为主的定性分析法和

定量分析相结合的分析法；对滑坡整体稳定性采用基于极限平衡的传递系数法进行稳定性评价。

### 4.1 滑坡整体稳定性评价

为对阿尔寨滑坡所在斜坡的整体稳定性进行评价，考虑天然工况、饱和工况、地震工况三种工况，采用《滑坡防治设计规范》GB/T 38509—2020规定极限平衡传递系数法进行稳定性评价和推力计算，计算中滑带土采用的抗剪强度参数以土工试验统计数据、反演计算、工程类比综合厘定。本次选取1-1′剖面为例，计算条分图见图11。

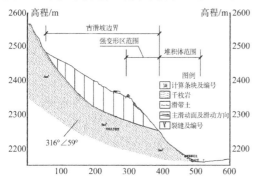

图11　剖面1-1′稳定性计算条分图

按照上述工况及方法进行滑坡稳定性计算，计算结果如表2所示。

稳定性和推力计算成果表　表2

| 剖面编号 | 计算工况 | 稳定性系数$F_s$ | 安全系数$K_s$ | 剩余下滑力/（kN/m） | 稳定性状态 |
|---|---|---|---|---|---|
| 1-1′剖面 | 工况Ⅰ（天然工况＋地下水） | 1.09 | 1.10 | 0 | 基本稳定 |
| | 工况Ⅱ（自重＋暴雨工况） | 1.05 | 1.05 | 2238.29 | 欠稳定 |
| | 工况Ⅲ（自重＋地震工况） | 1.03 | 1.05 | 2756.59 | 欠稳定 |

通过分析各剖面在各工况下剩余下滑力、稳定性系数得到如下结论：古滑坡左右两翼区域，天然工况下整体处于稳定状态，暴雨、地震工况下整体处于稳定状态。中部强变形区域，天然工况下处于基本稳定状态，暴雨工况及地震工况下处于欠稳定状态。

综上，稳定性分析、剩余下滑力计算与滑坡实际变形情况相符。

### 4.2 强变形区稳定性评价

据现场地质调绘，崩塌危岩带地层岩性主要为志留系茂县群（Smx²）千枚岩，受构造作用影响，发育3组构造节理裂隙发育，结构面产状分别为①HJ1节理125°∠65°、②HJ2节理30°∠40°和③HJ3

节理210°∠65°。根据危岩带结构面赤平极射投影图所示，受节理裂隙HJ1切割，形成倾向坡外、较大的不利危岩带；据现场调查，该危岩带岩体结构破碎，呈碎块状，受主控结构面控制可能发生滑移式变形破坏，目前该危岩带表面仍残留大量松动块碎石，在地震、暴雨作用下时有零星崩落，故该危岩带处于不稳定—欠稳定状态。

危岩体的定量计算按二维失稳模式进行，以静力解析法为主，勘查区内的危岩体的变形破坏模式主要为滑移式。由于结构面的抗剪强度值很难测定（特别是饱和条件下），对于各结构面的抗剪强度的取值，本次计算岩石的物理力学参数以试验结果类比修正后确定；结构面的参数主要依据结构面特征及充填物力学性质及地区有关经验数据分析选用。本次计算采用三种工况对危岩体进行稳定性分析，三种工况的具体荷载组合如下：

（1）工况一：自重＋裂隙水压力（天然状态）

（2）工况二：自重＋裂隙水压力（暴雨）

（3）工况三：自重＋裂隙水压力（天然状态）＋地震作用

本次勘查中对每个危岩体均进行了实测剖面，定量评价的计算剖面也采用这些剖面，并以每个危岩块体作为一个评价单元进行评价计算。

通过对强变形区崩塌前各剖面进行稳定性计算，按评价标准划分其稳定性结果见表3。

失稳前崩塌稳定性评价表　表3

| 项目 | 稳定性 | | | | | | 破坏类型 |
|---|---|---|---|---|---|---|---|
| 剖面编号 | 工况一 | | 工况二 | | 工况三 | | |
| | 稳定系数 | 稳定状态 | 稳定系数 | 稳定状态 | 稳定系数 | 稳定状态 | |
| 2-2′剖面 | 1.00 | 欠稳定 | 0.90 | 不稳定 | 0.71 | 不稳定 | 滑移式 |

该崩塌于2018年4月8日发生大规模失稳滑塌，当日未降雨，为自然工况下发生失稳垮塌，计算结果与实际情况相符。

通过对强变形区崩塌失稳后的各剖面进行稳定性计算，按评价标准划分其稳定性结果见表4。

失稳后崩塌稳定性评价表　表4

| 项目 | 稳定性 | | | | | | 破坏类型 |
|---|---|---|---|---|---|---|---|
| 剖面编号 | 工况一 | | 工况二 | | 工况三 | | |
| | 稳定系数 | 稳定状态 | 稳定系数 | 稳定状态 | 稳定系数 | 稳定状态 | |
| 2-2′剖面 | 1.00 | 欠稳定 | 0.87 | 不稳定 | 0.72 | 不稳定 | 滑移式 |

"4.8"崩塌发生后，强变形区小规模崩塌一直未停止，监测结果显示其变形一直持续，最大日变

形量为 15mm/d，计算结果与实际情况吻合。

限于篇幅，堆积体稳定性评价略。

# 5 治理工程施工图设计

## 5.1 设计工况、参数的确定

龙溪乡阿尔寨滑坡还间接威胁阿尔村沿沟约 133 户 350 余人的生命安全，潜在经济损失约 5000 万元，防治工程重要性为二级，防治工程等级为二级，按自重 + 暴雨工况进行设计，自重 + 地震工况进行校核。项目区抗震设防烈度为Ⅷ度。根据本次勘查成果资料，结合治理工程部位岩土工程地质特征，以及借鉴采取当地相关工程经验及资料综合取值（参数略）。

## 5.2 防治技术方案

结合滑坡区地形地貌、地质结构和变形破坏特征，在稳定性分析评价的基础上，充分考虑防治工程方案的技术可行性与经济性合理性，经可行性研究比选后，对龙溪乡阿尔寨滑坡采用坡面清危 + 锚索 + 主动防护网 + 预应力锚索格构进行综合治理，即对强变形区上部欠稳定部分采取分级放坡清除，同时对坡面采用锚索 + 主动防护网进行防护，在强变形区下部布置预应力锚索格构对该残留体进行加固，治理工程立面图如图 12 所示。

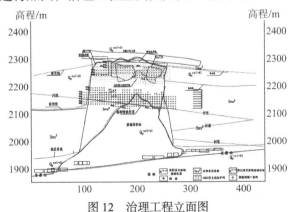

图 12　治理工程立面图

1）坡面清危工程设计

对强变形区上部崩塌表面的松动危岩块体进行清除，清除坡比为 1∶0.75，在相对高程 2335m 设马道一道，相对高程 2335 处马道宽 3.0～12.0m 不等，局部地段可根据实际地形调整。

2）锚索工程设计

由于清方后，滑坡体上部局部第四系松散覆盖层较厚，在地表径流的冲刷下易发生局部垮塌，同时岩质滑坡残留体局部区段卸荷深度较大，还需对其进行加固，因此在滑坡体上部布置锚索对欠稳定岩体进行锚固，以防止发生局部崩滑。

根据规范法进行预应力锚索设计锚固力计算。锚索轴向拉力设计值 $N_t$ 为 500kN，共布置锚索 6 排共计 132 根，锚索上下排间距、横向间距均为 4.5m，锚索倾角 10°，锚固段长度 7m，锚孔直径为 $\phi130$，采用 P.O42.5R，水灰比 0.45～0.55 纯水泥灌注成型。根据危岩体卸荷带宽度确定锚索长度分别为 20m、17m、15m、13m。

3）主动防护网工程设计

根据强变形区斜坡结构采用主动防护网对坡面进行防护，抑制崩塌和风化剥落的发生，选用 GQS2 型主动防护网（ Q/280 型QUAROX 绞索网 ），同时在网下铺设小网孔的 SO/2.2/50 型格栅网，以阻止小尺寸岩块的崩落或限制局部岩土体的破坏。危岩坡面较多较大凹凸不平处，为使主动网紧贴坡面，在大块危岩体四周和坡面较大凹凸处，以及其他必要处增设 6m 长的随机锚杆，布置间距 4.5m × 4.5m。本工程共布置主动防护网 8368.3m²。

4）预应力锚索格构工程设计

由于滑坡整体在暴雨、地震工况下处于欠稳定状态，因此在岩质滑坡强变形区下部布置预应力锚索格构对其进行加固，以防止发生较大规模的整体性滑移。锚索轴向拉力设计值 $N_t$ 为 900kN，共布置锚索 8 排共计 299 根，锚索上下排间距、横向间距均为 4.3m，锚索倾角 20°，锚固段长度 10m，锚孔直径为 $\phi150$，采用 P.O42.5R，水灰比 0.45～0.55，纯水泥灌注成型。根据滑体宽度确定锚索长度分别为 72m、65m、60m、58m、55m、50m、45m、40m。

格构框架截面 0.5m × 0.5m，采用 C30 混凝土浇筑，构造配筋。治理工程剖面图如图 13 所示。

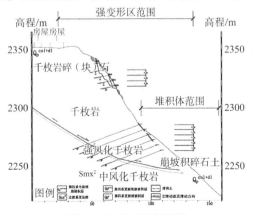

图 13　治理工程剖面图

## 5.3 工程费用预算

治理工程总投资 3347.65 万元，其中建安工程费 2431.18 万元，独立费 757.06 万元，基本预备费 159.41 万元。

# 6 工程成果与效益

（1）阿尔寨滑坡地处汶川县龙溪乡，距 5.12 汶川地震龙门山发震断裂带（映秀—北川断裂）距离较近，位于断层上盘，所处区域为地震高烈度区，海拔高，地形复杂，项目部克服了工期短、高海拔、交通不便、条件恶劣等不利因素，保质保量的按期提交了项目勘查设计成果，取得了很好的社会效益和生态效益。经 "4.8" 崩滑前后现场地质调查、钻探、物探、测绘结合无人机航拍、遥感等方法手段，查明阿尔寨滑坡为一古滑坡，整体形态呈矩形，其后缘起于北西侧山脊，前缘止于原乡村公路上方龙溪河陡崖临空面处，左侧边界为临阿尔沟陡崖高陡临空面，右侧边界为南西侧山脊，滑坡主滑方向 128°，顺坡长约 280m，横宽约 460m，平均厚度约 40m，方量约 $515.2 \times 10^4 m^3$，为大型滑坡。根据滑坡体物质组成及变形特征，将滑坡分为古滑坡区、强变形区和堆积区三部分。强变形区所在地势较高，位于龙溪沟坡顶边缘地带，地震鞭鞘效应显著，在汶川 "5.12" 强震作用下岩体内节理裂隙进一步延伸扩展贯通，在自重、风化卸荷、雨水冲刷入渗等不利因素影响下，使得震裂裂隙进一步贯通发育，剪断裂隙间岩桥发生错动，进而沿顺坡向结构面发生滑移式崩塌。

（2）通过对灾害体多种工况采用不同的稳定性定量分析与定性分析进行评价，得到如下结论：古滑坡左右两翼区域，天然工况下整体处于稳定状态，暴雨、地震工况下整体处于稳定状态；中部强变形区域，天然工况下处于基本稳定状态，暴雨工况及地震工况下处于欠稳定状态。这一结论与现场实际吻合。

（3）该地区地形地貌、地质结构复杂，变形破坏特征多样，交通不便且处于少数民族地区，成果报告有针对性地提出了技术可行、经济性合理的施工设计方案，对龙溪乡阿尔寨滑坡采用坡面清危＋锚索＋主动防护网＋预应力锚索格构进行综合治理，即对强变形区上部欠稳定部分采取分级放坡清除，同时对坡面采用锚索＋主动防护网进行防护，在强变形区下部布置预应力锚索格构对该残留体进行加固。通过综合治理，确保滑坡体处于稳定状态，保障了危险区内群众生命财产安全。

（4）通过实践表明，在岩体结构较为破碎、质量等级低的千枚岩地区采用超长预应力锚索（最长设计长度 72m），能有效增强滑体法向应力，减少滑体下滑力，提升滑坡体稳定性，是处理大型高陡滑坡的有效手段。

（5）该项目施工于 2019 年 11 月开工，于 2020 年 11 月竣工，2021 年 1 月项目初步验收，2021 年 12 月竣工并投入使用，各项监测数据都能满足规范和设计要求。

# 武夷山某工程滑坡防治勘查实录

林大丰 吴铭炳 郑金伙 李 鑫 王文辉 周成峰

（福建省建筑设计研究院有限公司, 福建福州 350001）

## 1 工程概况

某工程建设用地位于武夷山市崇阳溪南岸的两座低山丘陵之间谷地及丘陵斜坡坡脚地段, 东西两侧为低丘, 山脊走向大致呈南北向。项目二期西地块地处西部山体的靠坡脚地段, 见图 1。按建筑总平面图, 场地整平靠山坡侧需开挖切坡, 沿西侧红线边线开挖高度约 8.5~23m, 形成人工高陡边坡。

图 1 项目位置及地形地貌图

建设用地西地块主要场平切坡所在为一个走向为东西向的小凸坡。按设计要求, 采用分台阶开挖, 上面三级边坡采用框架锚索支护, 坡脚采用混凝土挡墙支护, 要求分层开挖、分层支护。2017—2018 年, 西侧边坡切坡开挖后, 形成 40°~60°左右的分级挖方边坡, 一直开挖到坡脚, 边坡相对高度最大 38.5m, 分 4 级, 坡脚基本开挖到基岩面, 开挖后中上部主要出露厚层全风化岩、散体状强风化岩, 未进行防护, 2018 年 11 月, 受强降雨影响, 边坡中下部两处发生了局部土质崩塌, 后对崩塌体采取清理措施。2019 年 3—4 月雨季期间, 边坡中部又发生局部崩塌。8 月雨季后, 对边坡崩塌土方进行了清理及修坡, 随后搭架自上而下进行边坡锚索、框架支护施工。至 2019 年 12 月, 一、二级边坡框架＋预应力锚索已完成施工, 并锁定锚索; 三级边坡锚索已施工, 部分正在施工框架梁, 锚索未锁定, 坡脚混凝土挡墙已完成。

2019 年 12 月, 在距人工边坡坡顶外约 60 多米处, 发现数条张拉裂缝, 土体下错, 裂缝向两侧下方延伸, 长度约 80 多米, 呈弧形圈椅状, 其中两条裂缝之间（宽约 3~5m）土体出现下陷, 大致平行于挖方边坡走向, 两侧出现剪切裂缝, 初步判断西侧山体已出现滑坡现象, 根据边坡监测成果, 边坡变形变化明显, 特别在下雨期间, 变化速率较大, 处于不稳定状态, 可能危及坡脚拟建及在建建筑的安全。滑坡全貌图见图 2。

滑坡威胁对象主要是拟建酒店度假、居住人员及工作人员, 根据《滑坡防治工程勘查规范》GB/T 32864—2016 表 3、福建省国土资源厅 2014 年发布的《福建省滑坡防治设计技术规范（试行）》表 3.2.2 规定, 应进行滑坡勘查。本项目地灾类型为滑坡, 滑体物质主要为凝灰岩风化碎屑土及第四纪堆积层, 为岩土质滑坡; 滑坡体厚度 10~23m, 按滑体厚度划分, 为中层滑坡; 滑坡体积近 $10 \times 10^4 m^3$, 按滑体体积, 为中型滑坡。

本滑坡位于上述建筑上方, 破坏后果很严重, 滑坡防治工程分级为一级; 工程重要性等级为一级, 场地复杂程度等级为一级, 地基复杂程度等级为二级, 根据《岩土工程勘察规范》GB 50021—2001（2009 年版）第 3.1 条综合判定本滑坡勘察等级为甲级。

发生滑坡处位置地形为低山丘陵地段, 地形起伏较大, 地貌类型较简单, 岩性岩相总体变化不大, 节理裂隙较发育、地质构造较复杂, 切坡后的坡脚地段出露基岩, 岩土（体）工程地质一般, 风化层厚度较大, 人类工程活动强烈, 水文地质一般, 地下水补给径流及运移条件较复杂、雨季坡脚渗水严重, 综合分析滑坡勘查地质条件划分为复杂。

发现滑坡时, 正值下雨, 坡体渗水, 为此对滑坡采取以下应急措施:

根据现场初步调查, 初步判断滑动面位置, 在边坡中下部渗水处按 2.5m 间距打入长度 30m 的仰斜排水管; 已施工框架的立即锁定锚索; 未施工框架的立即施工框架,一旦框架混凝土强度达到设计要求,立即锁定锚索,同时加密监测频率。经上述应急措施后,仰斜排水管大量泄水,据监测,滑坡变形速率出现减小趋势,变形得到一定的控制。

图 2 滑坡全貌图(东往西俯拍)2020 年 5 月

## 2 勘察技术方案

按详细勘查阶段,勘查手段采用工程地质测绘与调查、钻探、井探、槽探、工程物探、监测等综合勘查方法,并对场地岩土体进行原位测试(包括标准贯入试验)、取土样、岩石样、地下水样进行室内土工试验,同时选择滑坡轴向的勘探孔,埋没一个断面为 5 根的测斜管。

工程地质调查、测绘范围为地质灾害范围及其邻区,包括滑坡、崩塌后壁以外一定范围的稳定斜坡区域(本工程勘查范围至后侧山脊线),勘查区前部包括滑坡剪出口以外一定范围,勘查区两侧到达滑体以外的沟谷。

本次勘察主要在滑坡影响范围布设勘探点,共 3 条勘探线,勘探线由钻探、井探、槽探、工程物探点等勘探点组成,勘探点共布 18 个(其中 13 个钻探点,5 个工程物探点)、井探点 3 个,槽探线 5 条。勘探线由一条主勘探线及两条辅勘探线组成,纵贯整个滑坡体,勘探点及勘探线间距均控制在 20~40m。

井探点:滑坡上布设 3 个探井,即 TJ1、TJ2 和 TJ3,由于滑坡中前部滑动面埋深大,因此井探点布设在滑坡中后部,探井深度一般挖至碎块状强风化岩一定深度或中风化岩岩面,挖至滑动面以下稳定岩土层,开挖深度一般不大于 15m,且不宜超过地下水位,以确保施工安全。开挖过程技术人员检查土层后应及时采取护壁措施,用于观察滑坡体内部结构特征,特别是滑面(带)特征、采取滑带土原状土样。

槽探线:在滑坡周界及剪出口附近共布 5 条槽探线,在滑坡主轴线后侧滑壁下错裂缝位置布设 1 条槽探线、在滑坡左右侧剪切裂缝处各布设 1 条槽探线,在剪出口附近坡面布设 2 条槽探线。槽探用于观察滑坡后缘滑壁、滑坡周界、前缘剪出口等位置裂缝特征、发育情况、延伸情况等变形迹象,裂缝产状等情况,并进行取样。

监测方案:由于滑坡勘查期间处于雨季,滑坡变形仍在继续发展,除原边坡工程监测单位对边坡支护进行监测外,本次勘查在滑坡主轴线利用勘探钻孔布设一排深层位移测斜管监测点,以掌握滑坡体内部变形情况及规律,一共布设 5 个测斜点,分别为 CXa-1~CXa-5,起点 CXa-1 布设于滑坡后侧相对稳定地段(山脊处),终点 CXa-1 为剪出口上方边坡平台,测斜管深度进入滑动面以下稳定地层且进入中风化岩不少于 2~3m。勘察期间根据变形及降雨情况不定期进行监测,勘探工作布置平面图如图 3 所示。

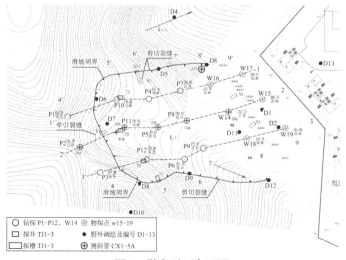

图 3 勘察平面布置图

# 3 岩土工程条件

## 3.1 场地地貌条件

建设用地场地位于崇阳溪南岸的阶地、谷地及低山丘陵。项目二期西侧地块地处山谷西部山体靠坡脚地段，地灾点位于西侧山坡，属低山丘陵地貌单元。西侧山体原始地形坡度10°～25°，局部坡度30°～35°，山体山脊线高程268～246（鞍部）－264m，山脊走向大致为南北向，滑坡位于山体一向东延伸凸坡。

## 3.2 场地岩土层性质及其分布规律

场地地层：表层坡积层（Q^dl）、下部为中生代白垩纪下渡组紫红色、紫红色流纹质晶屑（含角砾）熔结凝灰岩（$K_1^{xd}$）、局部夹灰绿色凝灰质砂岩及其风化层，下渡组不整合覆盖于梨山组（$J_1L_1$）之上。自上而下为：

①粉质黏土：浅黄色、黄褐色，稍湿、可塑—硬塑，坡积成因，主要成分为黏性土，干强度中等、韧性一般，稍有光泽，表层地段含有植物根系，厚度为0.6～6.1m。

②全风化凝灰岩：淡黄色、灰黄色，土状，局部夹10%～15%的碎块状，组织结构基本破坏，矿物已完全风化，岩芯手捏可散、浸水易软化、崩解，为极软岩，厚度为1.5～7.3m。

③散体状强风化凝灰岩：灰褐色、灰黄色，散体状，原岩结构仍可辨，矿物风化强烈，主要成分为晶屑、熔岩物质，晶屑含量约30%～35%，主要成分石英、长石及黑云母等，长石晶屑等易风化矿物已大部分高岭土化，局部夹10%～15%的碎块状强风化岩块，标贯击数大于50击，且局部夹碎块位置会反弹。岩芯手捏可散，浸水易软化、崩解，属极软岩，岩体基本质量等级为Ⅴ级，层厚1.50～12.4m。

④碎块状强风化凝灰岩：紫红色、灰白色、灰绿色，碎块状，原岩风化裂隙发育，岩石破碎，岩芯锤击易碎，属软岩，岩体基本质量等级为Ⅴ级。层厚度为0.5～3.0m。

⑤中风化凝灰岩：浅灰色、紫灰、紫红色，凝灰结构，块状构造，由火山碎屑晶屑及火山尘组成，可见角砾，晶屑以石英、长石为主，长石晶屑表面已风化，节理裂隙较发育，裂隙面有铁质浸染。在坡脚基岩出露处测得凝灰岩似流纹面产状308～315°∠24～31°，岩体较破碎—较完整，岩芯多呈中—短柱状、局部碎块状。饱和抗压强度49～58MPa，为较硬岩；TCR≈75%～95%，RQD≈30～50，岩体基本质量等级为Ⅲ～Ⅳ级。

滑坡主轴勘探线工程地质剖面图见图4。

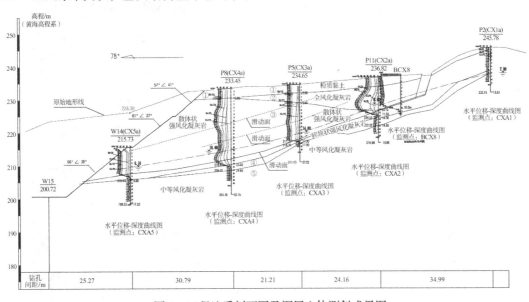

图4 工程地质剖面图及深层土体测斜成果图

## 3.3 场地水文地质条件

（1）地表水

场地地处崇阳溪下游南岸的丘陵，勘查期间，正值雨季，崇阳溪河水水位170～175m，平时水位166～170m。近3～5年洪水水位最高约181m，淹没过溪南岸的临时道路。

滑坡所在凸坡南北两侧沟谷植被发育，北侧冲沟出露强—中风化岩，有少量地表水，流量约 30-35m³/d，南侧小沟出露土状，雨季期间大部分地表水入渗山体。

人工边坡下部高程 204～208m 位置有地下水渗出，水量受降雨量控制，4 月份增加坡体泄水管后，坡体渗出流量明显减小，泄水管流量明显增大。

本治理点边坡汇水面积约 2.5 万 m²。

（2）地下水

根据出露的地层岩性及地下水在含水介质中的赋存特征，边坡场地地下水主要为孔隙、裂隙潜水、基岩裂隙水。孔隙、裂隙潜水主要赋存于全风化岩、散体状强风化岩、碎块状强风化岩的孔隙和网状裂隙中，地下水类型主要为潜水，粉质黏土为相对隔水层，当地下水位上升超过粉质黏土埋深时，转化为（微）承压水，其渗透系数约 $6.5 \times 10^{-6}$cm/s，全风化岩、散体状强风化岩为弱透水层，富水性较差，碎块状强风化岩为弱—中等透水层，富水性相对较好。基岩裂隙水赋存于中等风化岩风化裂隙孔隙中，其透水性受裂隙发育情况等因素影响，水量受裂隙发育程度的影响，并且具有各向异性和不均匀性，一般属弱透水层，富水性一般。局部裂隙发育处富水性较好。与上部风化岩含水层水力联系紧密。勘察期间，滑坡体上钻孔多处出现漏水现象，勘察结束后，稳定水位埋深 2.1～18.6m，滑坡体的地下水水位线一般位于散体状强风化岩中。

边坡下部散体状强风化岩与碎块状强风化岩或中风化岩交接处（高程 204～208m）有地下水渗出、呈条带状，水量不大。2020 年 4 月初因连续降雨，边坡变形较大，作为应急措施，在出水点附近增设一排长约 30m 的坡体仰斜排水管，连续降雨期间造成滑坡体大量积水，地下水位高，富水量较大。勘查期间，对沿线出露的 10 个排水管进行流量统计，水量观测前三天天气情况，每天约 2～4h 中雨，出水管流量 1.44～54.86m³/d。主轴线钻孔 P8 在位于人工边坡坡顶，钻进时深度为 23.0～23.2m 时，出水管 7 号有泥浆流出，说明此处滑坡滑动面已贯通。

# 4 滑坡基本特征

## 4.1 滑坡后缘

2019 年 12 月在支护坡顶后侧缓坡与山体主山脊的交接地带，距离切坡坡顶后侧约 60m、高程 234～249m 处，发现长度约 80m 的四条弧形裂缝，并出现明显下错，下错深度最大达 1.5～2.0m，下错

裂缝后缘壁倾角约 68°～80°，两条裂缝之间，形成一段宽约 3～5m，深约 0.5～2m 的带状塌陷，长度约 40 多米，裂缝位置用枝条可插入 2m 多，见图 5。下错裂缝后缘 5～7m 处又发现两条前缘拉裂缝，裂缝宽度 2～4cm，断断续续分布，长度约 9m、11m。

图 5 滑坡后缘壁滑坡两侧剪切裂缝

滑坡后缘下错裂缝沿两侧追踪，出现剪切裂缝，滑坡右侧下部（小冲沟内）可见裂缝宽度 5～20cm，左侧可见 4～15cm 的剪切裂缝，两侧剪切裂缝前的树木有往坡体倾伏的现象。滑坡两侧剪切裂缝向前缘方向延伸，但剪切变形量逐渐减小，左侧坡顶截水沟出现剪切破坏，右侧坡顶截水沟也出现裂缝（现存修复痕迹），见图 6、图 7。剪切裂缝一直延伸至剪出口，形成一个完整的滑坡体。

图 6 滑坡右侧剪切裂缝

图 7 滑坡左侧剪切裂缝

## 4.2　前缘及剪出口

滑坡前缘位于第三阶边坡，坡脚完整，下雨时渗水严重，呈条带状分布，位于砂土状强风化岩与碎块状强风化岩交界面附近。坡面素混凝土面层出现开裂、破碎、渗水现象，说明坡面喷射素混凝土面层后，坡脚出现明显变形，导致面层破坏，为滑坡剪出口位置，见图8、图9。其下碎块状强风化岩逐渐过渡到中等风化岩，中等风化岩无任何滑动迹象。

图8　坡脚素混凝土面层开裂渗水

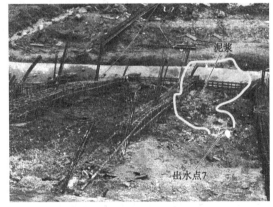

图9　坡脚剪出口钻孔泥浆流出

## 4.3　滑体

据地质测绘和已完成的钻探、探井资料表明：该滑坡体总体前缘薄（已切坡）、中部厚（17～23m），后缘中厚（10～17m），两侧相对薄。该滑坡滑体土主要是上覆坡积粉质黏土、全风化凝灰岩、散体状强风化凝灰岩组成，以全风化及土质强风化岩为主，遇水易软化，滑体平均厚度约17m。

## 4.4　滑动面（滑带）

根据剪出口位置、钻探和井探、深层土体测斜监测成果，本滑坡滑动面位置为砂土状强风化岩与碎块状强风化岩交界面上，滑动面裂隙发育，且存在顺坡向裂隙，地下水富集，在水的软化和润滑作用下，强度降低，形成软弱面，形成滑带土（可取样），滑坡后缘滑动面切割砂土状强风化岩、全风化岩。从滑坡主轴线上的深层水平位移监测变形曲线可以看出，见图4，在砂土状强风化岩与碎块状强风化岩交界面上，测斜管测得的深层水平位移出现突变，规律明确，滑动面以上岩土层发生明显位移，滑动面以下岩体处于稳定状态，滑坡后缘滑动面以外土体未发生位移。滑体主滑段的深层测斜点的变形突变位置基本在土状强风化岩下部与碎块状强风化岩或中等风化岩交接带。根据深层土体变形曲线规律还可看出，主滑面以上还存在两个变形有一定突变的位置，物探探测成果也揭示滑坡体内存在多条岩土弱面，综合判断主滑面以上还有两条滑动面，这也是滑坡前缘前期中部多次发生鼓胀崩塌现象的原因。

根据野外调查、钻探成果包括严重漏水现象，结合深层位移监测成果，判定该滑坡后缘深切，后缘壁近乎直立，滑带（面）位于散体状强风化凝灰岩下部或散体状强风化凝灰岩与碎裂状强风化层交界地带，呈折线形，平均倾角14°～18°，由于上覆地层与下伏基岩面透水性差异，降雨容易在岩土层交界面处富集，排水不畅时，砂土状强风化长时间泡水后抗剪强度急剧下降，在上覆土自重作用下变形，形成滑动面。

## 4.5　滑床

滑床主要为碎裂状风化凝灰岩和中等风化凝灰岩，滑床局部地段位置切过散体状强风化凝灰岩的下部。

# 5　滑坡地质灾害影响因素分析

## 5.1　岩土体特征

滑坡区覆盖层主要为坡积黏性土、全风化凝灰岩、散体状强风化凝灰岩，下部为碎块状强风化凝灰岩—中等风化凝灰岩，风化裂隙发育，存在顺坡向节理裂隙，上部坡积土、全风化岩、砂土状强风化与下部的碎块状强风化岩和中等风化岩渗透性质差异，降雨情况下，碎块状强风化岩地下水富集，软化与其接触的砂土状强风化岩，而强风化岩的顺坡向的残余结构面风化层呈泥质状，为软弱面，极易形成滑动带，上部土层坡积土、全风化岩、散体状强风化岩，渗透性差，当遭连续降雨时，雨水渗入坡体，不易排走，全风化岩、散体状强风化岩遇水软化，长时间渗水又进一步降低力学参数，尤其表现在$c$、$\varphi$值的下降，同时该滑坡覆盖层厚度大，中部主滑段厚度最大约23m，平均厚度为17m，为滑坡的产生创造了内因。

### 5.2　地形地貌

滑坡点所在斜坡是一个南北走向丘陵往东方向的一个凸坡，两侧各为一个冲沟，为双沟同源地形，该地形也属于一种易滑地形。山体下部原始地形坡度15°～25°，上部边坡坡顶到滑坡后缘壁为一段50～60m的平缓区域，地形坡度约9°，再往后侧至山脊地形坡度20°～30°，滑坡主轴正对山脊线的鞍部，地形缓坡地带有利于雨水汇集入渗，在滑坡后缘坡度陡，形成滑动面后，汇水直接入渗滑动面，而下部切坡后，人工挖方坡度较陡，坡度40°左右，产生崩塌，导致产生滑坡。

### 5.3　人类工程活动

滑坡区人类工程活动多滑坡的影响主要表现开挖原始山体坡脚，由于工程建设需要，对原始山坡坡脚进行大规模的开挖，形成了高陡临空面，破坏了坡体的原始应力平衡，不利于山体斜坡的稳定。由于滑坡的中前段一般为抗滑段，在滑坡前缘开挖相当于减少了抗滑力，也进一步促使滑坡的形成。另外切坡后的以厚层土质为主，厚层土质高边坡在外界不利因素影响下，易发生变形滑坡灾害。

### 5.4　降雨

降雨是影响滑坡体稳定性及诱发滑坡、崩塌、泥石流等地质灾害产生的最主要外界条件。水对滑坡体产生的荷载效应主要包括孔隙水压力、动水压力以及稳定水位面以下对岩土体产生的浮托力。降雨下渗转化为地下水时，岩土体内部结构面中的动、静水压力增高，并使结构面充填物润湿、润滑，力学性能降低，岩体易沿润滑后的软弱结构面产生滑动；地下水的下渗同时加大岩土体的重度，降低岩土体的力学强度，增大其下滑力，降低抗滑力，诱发崩塌、滑坡的产生。

## 6　滑坡近期变形特征、滑坡形成机制及滑坡类型

### 6.1　滑坡近期变形特征

监测结果揭示，雨季期间滑坡变形速率相对较大，雨季后变形速率逐渐减小。8月份，监测位移速率明显减小，这与后期雨季过后降雨减少，勘查后期，剪出口上方的原边坡支护结构预应力锚索＋框架已完成锁定，对控制变形发展发挥一定的控制作用。

### 6.2　滑坡的形成机制及滑坡类型

除了岩土体特征和地形地貌是内因外，本滑坡地质灾害产生的诱发因素最主要的是人为坡脚开挖和降雨，这是外因。坡脚切坡后，未进行支护，在连续降雨影响下，边坡前缘出现多次发生鼓胀崩塌，引发后缘形成多条张拉裂缝，符合牵引式滑坡形成机制。滑坡后缘裂缝形成后，山坡雨水汇集大量入渗裂缝，坡体地下水位升高，产生较大推力，此后滑坡后缘拉裂缝的不断扩大，雨水越容易直接入渗坡体，进一步增大推力，由于中后段的滑动面坡度相对较陡，后段因存在较大的下滑力而发生进一步的拉裂和滑动变形，滑坡中后段主要表现拉裂和下陷的变形破坏迹象。本滑坡类型为牵引式滑坡，滑坡形成后，入渗雨水增大了推力，后期又有推移特征。

## 7　滑坡稳定性评价与支护设计计算参数选取

本次滑坡勘查采用钻探、井探、槽探、物探等结合取样室内试验和孔内原位测试等方法，对主要土层①坡积粉质黏土进行了土工试验，抗剪强度试验除了天然抗剪外，还进行了饱和快剪及残余剪的抗剪强度试验，土体的渗透试验。全风化凝灰岩和强风化凝灰岩难以取得原状样，本次取Ⅱ级样，进行含水率及密度试验。对于滑带土在探井及探槽中采取了保持天然含水率的扰动样并进行天然含水率及残余强度剪，取得残余抗剪强度指标。凝灰岩及其风化岩

的力学参数指标，主要参考省标《岩土工程勘察规范》DBJ 13—84—2006，同时结合地区经验。

对于滑动带的强度指标，根据滑带土的残余剪指标，并对滑带土进行了计算机模拟反复验算、反算分析进行综合确定，最终确定了滑带土抗剪强度指标。见表1。

主要岩土层物理力学参数表建议值　　　　表1

| 土层名称 | 天然重度γ /（kN/m³） | 饱和重度$\gamma_{sat}$ /（kN/m³） | 天然抗剪强度指标 | | 饱和抗剪强度指标 | | 残余剪强度指标 | | 极限粘结强度标准值 $f_{rbk}$/kPa |
| --- | --- | --- | --- | --- | --- | --- | --- | --- | --- |
| | | | c/kPa | φ/° | c/kPa | φ/° | c/kPa | φ/° | |
| ①粉质黏土 | 19.2 | 19.7 | 24.6 | 15.3 | 17.6 | 13.1 | 17.8 | 12.6 | 45.0 |
| ②全风化凝灰岩 | 19.4 | 20.4 | 22.0 | 25.0 | 20.0 | 20.0 | — | — | 70.0 |
| ③散体状强风化凝灰岩 | 20.0 | 20.5 | 30.0 | 32.0 | 25.0 | 22.0 | — | — | 100.0 |
| 滑带 | 19.2 | 19.9 | — | — | — | — | 5.80 | 14.50 | — |
| ④碎块状强风化凝灰岩 | 22.0 | 22.3 | （50） | （30） | （32） | （28） | — | — | 180.0 |
| ⑤中等风化凝灰岩 | 25.5 | 25.6 | （120） | （33） | （100） | （30） | — | — | 280.0 |

# 8 滑坡防治建议

## 8.1 排水工程

截水沟：在滑坡外围设置截水沟，截留降雨形成的山体地表水，防止其流入坡体内或冲刷坡面，并通过排水沟把汇集的水引到坡脚排水系统。

排水沟：原人工边坡支护已完成，在边坡坡顶及各平台应设置排水系统，坡体内应设置排水管，以便把坡体内的积水（雨水入渗）及时排走；边坡坡顶、坡面、坡脚和平台（台阶面做成2%～5%的散水坡），应设置排水沟，把水引至坡脚排水系统。截水与排水沟断面面积应根据汇水面积、降雨量大小设计。

坡脚挡墙墙背应设反滤层，坡面应设泄水孔，进水口须设反滤包。挡墙坡脚处应设置防渗排水沟疏通地表水。

## 8.2 支护工程

根据滑坡形成的机制、产生破坏的模式，影响因素，结合滑坡实际情况，参考区域滑坡防护经验，治理方案建议：抗滑桩＋框架锚杆（索）＋坡面防护＋排水。

本地灾点为中型中层土质滑坡，由于滑坡体厚度较大，建议在滑坡前缘及中段各设置一排抗滑桩＋预应力锚索，抗滑桩采用人工挖孔桩，

桩端应嵌入中等风化岩一定深度。剪出口附近坡面建议针对性再增设排水管，加快排除滑动面上下的地下水。

# 9 结语

（1）本次滑坡勘察采用先进的综合手段，包括工程地质测绘与调查、钻探、井探、槽探、工程物探、监测等综合勘察方法，查明了本工程滑坡的形成机制。

（2）本次勘察查明滑动面处于散体状强风化岩与碎块状强风化岩界面附近，该界面上下透水性存在差异，碎块状强风化岩富集地下水，软化散体状强风化岩，使其强度降低，开挖后，边坡工程开挖后未及时防护，平衡被打破，引发了牵引式滑坡，后转化为推移式滑坡。

（3）通过现场勘察、深层土体变形监测、室内土工试验、现场测斜监测、滑动面参数分析反算，对滑坡区岩土工程问题进行深入分析和研究，查明了滑坡形态、范围、滑动面等特征，提出了合理的滑坡稳定性分析和设计参数，解决了本工程滑坡岩土工程问题，提出的治理措施对滑坡科学综合治理起了重要的作用，为今后类似工程实践提供了十分有益的借鉴和经验，对提高工程区域同类滑坡勘察技术水平具有较高的经济和技术价值。

## 参考文献

[1] 殷跃平, 胡时友. 石友胜, 等. 滑坡防治技术指南[M]. 北京: 地质出版社, 2018.

[2] 中国国家标准化管理委员会. 滑坡防治工程勘查规范: GB/T 32864—2016[S]. 北京: 中国标准出版社, 2017.

[3] 建设部. 岩土工程勘察规范(2009 年版): GB 50021—2001[S]. 北京: 中国建筑工业出版社, 2009.

# 大型深层凝灰岩滑坡自动化监测实录

沈　峥　彭俊伟　张占荣　谢　凡　陈　蒙

（中铁第四勘察设计院集团有限公司，湖北武汉　430063）

## 1　概述

凝灰岩质滑坡广泛分布我国东南沿海经济发达、人口稠密、基础设施完善地区，滑坡灾害的发生给当地的百姓带来巨大生存风险与财产损失，造成巨大的社会影响。在 2015—2018 年间，仅浙西南地区就发生了"里东滑坡"、"遂昌滑坡"和"下个寮滑坡"三起重大滑坡事件[1-3]，其中下个寮滑坡处置及时与措施合适，未发生较大灾害事件。该类型滑坡属于火山碎屑岩质滑坡，具有坡体结构旋回多、滑面埋藏深度大、滑坡分区变形差异显著及演化机制复杂等区别于其他类型滑坡特征。这些特征决定了凝灰岩滑坡形成的多喷发旋回层在成分、力学性质、地化性质、水理性质等方面差异巨大，这样的地质事实导致凝灰岩滑坡多发性、突发性、隐蔽性以及演化机制的复杂性[3]。

对大型凝灰岩滑坡开展变形监测是十分必要的。由于大型凝灰岩滑坡的区域范围广、地形起伏大、地表植被丰富，基准点和工作基点设置难度大，测量通视条件差，采用人工监测开展滑坡变形监测实施难度很大，在极端天气情况无法实施监测，监测频率受限，且监测人员的安全无法得到保障，长期监测成本较高[4]。而采用自动化监测可以保证监测成果的高精度、智能化、自动化、信息化，在大型滑坡监测中具有较多优势[5-7]。

本文以青田县下个寮山体滑坡为例，克服了自动化监测的设站、供电、通信等一系列困难，构建了自动化监测系统，并根据监测信成果分析评价其稳定性，为后期进行滑坡防治工程工作提供可靠依据，为类似滑坡监测工作实施提供了有益借鉴。

## 2　工程概况

下个寮滑坡体位于丽水市青田县祯埠乡锦水村，大溪河从其坡脚经过，金温货线在滑坡体坡脚沿河依山而行，河对岸为国道 G330，见图 1。

2016 年 4 月 17 日至 5 月 23 日，下个寮山体边坡的水平位移和竖向沉降变形较大，部分时段变形速率较快，在距大溪河水面垂直高度 210～230m、水平距离 240～435m 的山体上发现一条长约 500m，基本贯通的裂缝。

经勘察，滑坡体纵长约 470m，宽约 540m，高程分布在海拔 20～265m 之间，滑体厚度 20～105m，面积约 20 万 m²，总体积约 $1100 \times 10^4 m^3$。

图 1　下个寮滑坡实景图

### 2.1　区域地质

场区区域地质构造单元位于华南褶皱系（Ⅰ2）浙东南褶皱带（Ⅱ3）丽水—宁波隆起（Ⅲ7）区丽水断陷盆地的南东侧，受从勘查区北西侧通过的北东向丽水—余姚深断裂带影响。勘查区及周边的地层和构造线呈北东向展布，北东向断裂极为发育。

### 2.2　地形地貌

滑坡区属剥蚀低山地貌，地形上总体呈现西北低、东南高的特点，地势起伏较大，山坡自然坡度 35°～60°，地面高程 35～540m，相对高差 130～400m。滑坡区总体地形呈"凸—平—陡"的形态变化，呈三级平台状。

### 2.3　工程地质

滑坡区地层主要为：第四系覆盖层和下白垩系流纹质晶玻屑熔结凝灰岩、火山碎屑岩。其中第四系覆盖层主要为人工填土层（$Q_4^{ml}$）及崩坡积层（$Q^{col+dl}$）等，下伏基岩为下白垩系（$K_1^x$）流纹质晶玻屑熔结凝灰岩、火山碎屑。

## 3 监测工作实施

### 3.1 监测等级

根据滑坡体综合勘察，开展滑坡危险区、影响区划定研究：下个寮山体滑坡蠕变危险区面积为 0.44km²，区内威胁对象主要为金温货线（开行普速客货列车，潜在的直接经济损失超过 3000 万元）、330 国道；下个寮山体滑坡涌浪影响危险区面积 3.33km²，区内威胁对象主要为金温货线、330 国道，威胁人口约 146 户 471 人。依据滑坡体危害程度和《崩塌、滑坡、泥石流监测规范》DZ/T 0221—2006，确定监测站（点）分级为 I 级。

### 3.2 监测原则

监测网是由基准点、控制点和工作基点、监测点（测点）、监测线（即监测剖面或测线）组成的三维立体监测体系。

（1）基准点布置要求：应选在离滑坡 30m 以外的稳定岩层或稳定原土层上；一般监测区域应布设不少于 3 个基准点；基准点应选在视线开阔地区，便于发展和联测。

（2）控制点和工作基点布置要求：宜选在稳定岩层或稳定原土层上；应与基准点构成合理的网形，以保证监测网点的精度；应便于联测形变监测点。

（3）测点布置要求：测点应根据测线建立的变形地段块体及组合特征进行布设；一般以绝对位移为主，在沿测线的裂缝滑带、软弱带上布点，并利用钻孔、平硐、竖井等布设深部位移监测点；测点不要求平均布设，但在变形速率较大或不稳定块段与起始块段、初始变形块段、对滑坡稳定性起关键作用或破坏初始状态易产生变形部位、控制变形部位应增加监测点。

（4）监测线网布置要求：滑坡测线应穿过滑坡的不同变形地段或块体；测线两端应进入稳定的岩土体中，纵向测线与主要滑坡变形方向一致。

### 3.3 监测工作内容

监测工作自 2016 年 9 月 9 日逐渐展开，以自动化监测为主，保证监测数据的准确性、连续性以及预报的及时性，从而掌握滑坡的变形规律，确定滑体位移的速率和方向及其发展趋势，为滑坡稳定性分析提供依据，同时为后期进行滑坡防治工程工作提供可靠依据。

监测内容：对水平位移、雨量等内容进行重点监测。滑坡体水平位移监测布置 6 个监测纵断面，共 76 个监测点。滑坡体雨量监测布置 1 个监测点。

监测频率：正常情况下 1 次/d，在汛期、雨季、预报期、防治工程施工期等情况下应加密监测，宜数小时一次直至连续跟踪监测。

监测分区：根据下个寮山体的地质构造及地形地貌，将滑坡体划分为 3 个区域 4 小块。监测分区及监测点布置图见图 2。

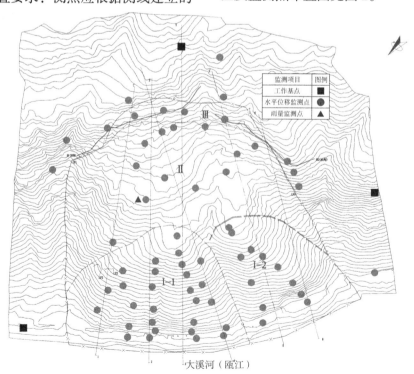

图 2　监测分区及监测点布置图

## 3.4 监测方法

（1）滑坡体水平位移监测

本项目采用完全融合了全球定位系统（GNSS）测量法及全站仪自动跟踪测量法的徕卡自动化监测系统进行表层位移监测。

选择监测机器人结合 GNSS 进行自动化监测。整个系统可划分成如下五个部分：传感器、供电系统、通信系统、避雷系统、服务器系统，见图 3。

监测传感器包括 TS60、气象传感器、GNSS 设备等。

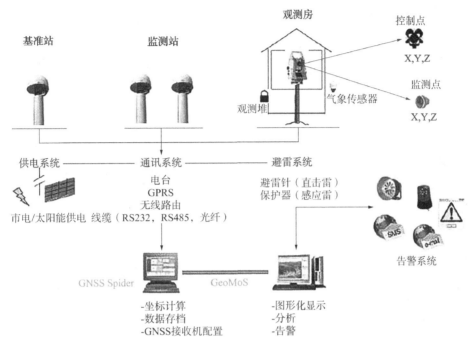

图 3　徕卡自动化监测系统结构图

TS60 观测站设置于滑坡体对面稳定山体上。为保证 TS60 观测站安全运行，需建造全站仪观测房起防尘、防雨和防破坏的作用，见图 4。

图 4　监测房效果图

气象传感器置于观测房外部气象观测箱内，气象传感器实时监测温度和气压条件，通过 GeoMoS 软件识别并对测量数据进行气象自动改正，进一步提高数据精度。

棱镜点分为后视点与监测变形点，其中后视点布设在稳定可靠的位置，作为机器人工作时的定向点。监测变形点选在边坡断面上或者能反应边坡形变的位置，并且安装牢靠，棱镜类型选取同一标准，一经安装，不再拆除。为防雨、防风、防盗，所有棱镜装有棱镜保护罩，见图 5。

图 5　棱镜及保护罩

（2）降雨监测

本项目采用雨量自动化监测系统进行降雨监测。

## 4　监测成果分析

### 4.1　滑坡体变形空间特征

截至 2018 年 10 月 31 日，各分区水平变形均值中，Ⅰ-1 分区最大，为 139.5mm；Ⅰ-2 分区次之，为 109.1mm；Ⅱ分区水平位移均值较小，为 65.2mm；Ⅲ分区水平位移均值最小，为 7.4mm；滑坡体外测点基本无变形，见图 6。

在勘察期监测中，发生变形的区域主要发生在滑坡体Ⅰ、Ⅱ分区，Ⅰ、Ⅱ分区变形方向均为西北向，顺坡向，指向大溪，见图 7。

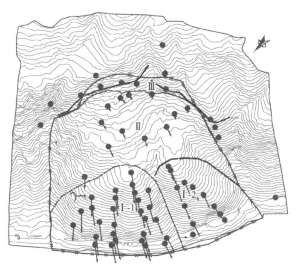

图 7　表层位移监测各监测点水平位移
（未显示变形量小于 6mm 的监测点）

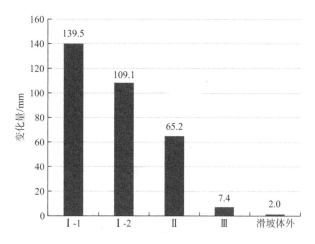

图 6　勘察期监测至 2018 年 10 月 31 日各分区
水平变化均值

## 4.2　滑坡体变形时间特征

勘察期监测阶段，共发生四次明显的加速变形，发生时段分别为：2016 年 9 月 29 日—2016 年 10 月 24 日，2017 年 3 月 18 日—2017 年 4 月 10 日，2017 年 6 月 28 日—2017 年 7 月 11 日和 2018 年 6 月 10 日—2018 年 6 月 20 日，四次加速变形均表现出明显的阶梯状，见图 8。

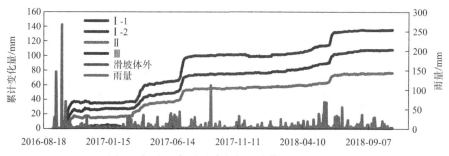

图 8　各分区水平累计变化量均值—时间关系

## 4.3　变形与降雨关系

Ⅰ-1、Ⅰ-2 和Ⅱ分区的四次加速变形具有相似的变化规律。其中，Ⅰ-1 分区变形量最大，因此以Ⅰ-1 分区数据为例分析变形与降雨关系。

2016 年 9 月 29 日滑坡体区域出现特大暴雨，单日降雨量 266.2mm，2016 年 9 月 29 日—2016 年 10 月 24 日期间滑坡体位移速率较大，滑坡体处于加速变形阶段。此次加速变形期间，Ⅰ分区监测点水平位移变化量为 34.0mm，加速变形持续 27d。

2017 年 3 月 6 日—2017 年 3 月 18 日期间持续降雨，总降雨量达 111.5mm。2017 年 3 月 18 日—2017 年 4 月 10 日，Ⅰ-1 分区水平位移变化速率

明显增大，变形与时间曲线较陡峭，处于加速变形阶段。在该加速变形阶段，Ⅰ-1 分区水平位移变化量为 22.6mm，加速变形持续 26d。

2017 年 06 月 28 日—2017 年 07 月 11 日加速变形前，持续降雨 17d，总降雨量 277.4mm。2017 年 6 月 28 日—2017 年 7 月 11 日，Ⅰ-1 分区处于加速变形阶段，水平位移变化量为 22.6mm，加速变形持续 14d。

2018 年 06 月 10 日～2018 年 06 月 18 日加速变形前，持续降雨 9d，总降雨量 200.3mm。2018 年 6 月 10 日—2018 年 6 月 20 日，Ⅰ-1 分区处于加速变形阶段，水平位移变化量为 22.6mm，加速变形持续 11d。

综上可知，在降雨作用下，滑坡体会由等速位

移阶段进入加速变形阶段，水平位移曲线出现一个明显的增长阶段；在降雨结束后一段时间，滑坡体恢复至等速位移阶段，滑坡体水平位移在时间上表现出阶梯状演化特征。

## 5 滑坡稳定性分析

2016 年 8 月 12 日全面自动化监测开始，至 2018 年 10 月 31 日，滑坡体表层最大水平位移达 158.1mm、后缘裂缝最大水平位移达 84.2mm，滑坡体不同区块的变形量和变形速率有一定差异。

下个寮滑坡区在连续降雨、降雨量大的情况下，滑坡表层和深层位移变形量快速增大，处于加速变形阶段（两个加速变形阶段：4—6 月的梅雨季节和 8—10 月台风季节，平均变形速率为 0.5～3.0mm/d）。2016 年 8 月 12 日—2018 年 10 月 31

日的自动化监测期间，滑坡体于 2016 年 9 月 29 日—2016 年 10 月 25 日期间发生第一次加速变形，2017 年 3 月 18 日—2017 年 4 月 10 日期间发生第二次加速变形，2017 年 6 月 28 日—2017 年 7 月 11 日期间发生第三次加速变形，2018 年 6 月 10 日—2018 年 6 月 20 日期间发生第四次加速变形。第一次和第二次加速变形的平均速率为 1.3mm/d 和 0.9mm/d，变形速率相对较小；滑坡体 I-1 分区第三次和第四次加速变形的平均速率分别为 2.1mm/d 和 1.8mm/d，变形速率较大。

在外部条件消除期间（滑坡区降雨量小或无降雨），滑坡变形缓慢，处于缓慢蠕滑的等速变形阶段（变形速率为 0.1～0.3mm/d）。

根据《崩塌、滑坡、泥石流监测规范》DZ/T 0221—2006 附录 B 滑坡体移动速度的衡量尺度标准，见图 9。

图 9 滑坡体移动速度的衡量尺度标准

根据目前的监测数据显示，下个寮滑坡整体的年移动速度为 10～15cm/a；从宏观上看，滑坡体的整体变形移动速度处于很慢的状态。

根据《崩塌、滑坡、泥石流监测规范》DZ/T 0221—2006 附录 D 滑坡发育阶段划分：

下个寮滑坡后缘产生不连续的弧形拉张裂缝，有错落下沉现象；前缘有较为明显的变形，滑体最大年变形量 10～15cm，剪切变形速率不稳定（梅雨和台风季节久雨、暴雨条件下的变形速率为 1.0～3mm/d，会转入短暂的变形快速发展阶段；其他季节的变形速率为 0.1～0.3mm/d）、总体表现为均匀缓慢递增的特征，滑体具有蠕动变形和等速变形阶段的一些特征。

综合对下个寮滑坡的移动速度、野外稳定性评价和滑坡发育阶段划分等滑坡特征的对比、分析，认为对下个寮滑坡整体处于变形缓慢、具有阶跃特性的等速变形阶段；当外界条件改变，处于连续降雨或台风、暴雨季节，滑体的变形会转入短暂的变形加速的欠稳定阶段，在外界条件急剧恶化时，滑坡前缘有局部失稳、滑塌可能。

## 6 结语

（1）在下个寮滑坡体变形监测项目中，采用

水平位移和雨量自动化监测体系，为类似项目提供参考和借鉴。自动化监测系统及时准确地获取了滑坡体区域的雨量和变形数据，由监测数据可知，降雨是滑坡变形的重要影响因素之一。

（2）滑坡体变形空间特征：根据防治前监测和勘察期监测成果可知，滑动变形主要集中于 I 分区、II 分区，其中 I 分区位移最大，II 分区次之，大部分监测点变形矢量方向为西北向（顺坡向，垂直于大溪河流向）；后缘裂缝区域（III 分区）基本无变形。

（3）滑坡体变形时间特征：从监测曲线可以明显看出，受一定条件的连续降雨或大暴雨影响，I 和 II 分区的位移曲线同步出现一个明显的增长阶段，在降雨结束后一段时间，变形又逐渐恢复平稳，滑坡体位移与时间曲线表现出阶梯状演化特征。

（4）下个寮滑坡整体处于变形缓慢、具有阶跃特性的等速变形阶段；当外界条件改变，处于连续降雨或台风、暴雨季节，滑体的变形会转入短暂的变形加速的欠稳定阶段，在外界条件急剧恶化时，滑坡前缘有局部失稳、滑塌的可能。

## 参考文献

[1] 刘艳祥. 浅谈丽水里东村山体滑坡的动态监测[C]//浙

江省减灾委员会办公室, 浙江省科学技术协会. 第二届浙江减灾之路学术研讨会论文集. 2016: 135-139.

[2] 甘建军, 樊俊辉, 唐春, 等. 浙江遂昌苏村滑坡基本特征与成因机理分析[J]. 灾害学, 2017, 32(4): 73-78.

[3] 赵晋乾. 大型深层凝灰岩滑坡综合勘察体系研究[J], 铁道建筑技术, 2020(10): 75-78

[4] 乐旭东, 刘纪峰, 曾武华, 等. 自动化监测系统在滑坡变形监测的应用研究[J]. 公路, 2021, 66(10): 90-93.

[5] 殷建华, 丁晓利, 杨育文, 等. 常规仪器与全球定位仪相结合的全自动化遥控边坡监测系统[J].岩石力学与工程学报, 2004(3): 357-364.

[6] 王慧敏, 罗忠行, 肖映城, 等. 基于 GNSS 技术的高速公路边坡自动化监测系统[J]. 中国地质灾害与防治学报, 2020, 31(6): 60-68.

[7] 乐旭东, 刘纪峰, 曾武华, 等. 自动化监测系统在滑坡变形监测的应用研究[J]. 公路, 2021, 66(10): 90-93.

# 中国人民大学通州新校区项目水影响评价工程实录

齐星圆　李长跃　吴雨瑶　高振兴　代　维

（中兵勘察设计研究院有限公司，北京　100053）

## 1　工程概况

中国人民大学是中国共产党创办的第一所新型正规大学，被誉为"在我国人文社会科学领域独树一帜"。通过本次工程建设，将从根本上解决制约扩大学校办学规模和快速发展的问题。

本工程位于北京市通州区潞城镇，东至春宜路，南抵运河东大街，西临留庄西路，北达玉带河大街。总用地面积 110.12hm²，总建筑面积 1.045×10⁶m²，绿地率为 40%，建设内容主要为校部办公楼、学部楼、教学楼、图书馆、体育运动场馆、学生宿舍、学生食堂、学术交流中心等各类教学及配套设施（图1）。工程于 2019 年 3 月开工，预计 2026 年 9 月完工。

图 1　项目效果图

## 2　工程条件

### 2.1　区域位置及场地地形地貌

根据《北京市市级地下饮用水水源保护区范围汇总表》及《北京市地表水功能一级、二级分区》，该项目未涉及水源保护区、地表水水功能区；比对《北京市蓄滞洪区名录》，项目未位于蓄滞洪区；根据通州区地质灾害分布图和项目区地形图，

结合实地调查，项目未位于崩塌、滑坡及泥石流易发区、低洼易涝区。

经查阅资料及现场勘查，拟建工程场地地貌属平原区，总体地势较为平坦，原状地面标高为 20.50～21.50m，周边道路标高为 20.89～22.70m。主体设计建筑物±0.00 标高为 23.00m，内部道路设计标高为 22.24～22.89m，下凹式绿地设计标高为 22.14～22.79m。

### 2.2　场地四水管线情况

自来水：项目区东侧春宜路有规划 DN800mm 管线、南侧运河东大街有现状及规划 DN600～800mm 管线、北侧玉带河大街有现状 DN400mm 管线，项目内部东小营西路有规划 DN800mm 管线、留庄路有规划 DN400mm 管线、留庄西路有规划 DN200mm 管线、胡各庄南街有规划 DN400mm 管线。

再生水：项目区东侧春宜路有现状及规划 DN600mm 管线、北侧玉带河大街有现状 DN600mm 管线、南侧运河东大街有规划 DN400mm 管线，项目内部东小营西路有规划 DN400mm 管线、留庄路有规划 DN300mm 管线、留庄西路有规划 DN200mm 管线、胡各庄南街有规划 DN200mm 管线。

污水：项目区东侧春宜路有现状及规划 φ500～1600mm 污水管线，项目内部东小营西路有规划 φ400mm 污水管线、留庄路有规划 φ400mm 污水管线、留庄西路有规划 φ400mm 污水管线、胡各庄南街有规划 φ400～800mm 污水管线。

雨水：项目区东侧春宜路有规划 φ1600～1800mm 雨水管道、北侧玉带河大街有现状及规划

获奖项目：2022 年度中国五洲工程设计集团有限公司优秀工程咨询成果奖一等奖。

$\phi 1000 \sim \square 2000 \times 1800$mm雨水管道、南侧运河东大街有规划$\phi 1800 \sim \square 3000 \times 2000$mm雨水管道，项目内部东小营西路有规划$\phi 1400 \times 2000$mm雨水管道、留庄路有规划$\phi 1200 \sim 1800$mm雨水管道、留庄西路有规划$\phi 1600$mm 雨水管道、胡各庄南街有规划$\phi 1600 \sim \square 4000 \times 2200$mm雨水管道。

# 3　工程条件的分析评价

## 3.1　供水分析

1）水源条件分析

本项目用水包括自来水和再生水。项目区办公生活用水等使用自来水，水源取自城市副中心供水管网。项目建筑冲厕、绿化、道路、地库浇洒以及空调冷却补水、锅炉补水等取用再生水，水源取自河东再生水厂。

2）供水路由分析

（1）自来水路由

项目自来水由东侧春宜路规划管线、南侧运河东大街现状及规划管线、北侧玉带河大街现状管线及项目内部东小营西路规划管线、留庄路规划管线、留庄西路规划管线、胡各庄南街规划管线供给。

上述规划供水管线由相关单位修建，预计于2023年6月前建设完成，可以满足项目建成后供水使用需求。项目区自来水管线布设示意图见图2。

图2　项目区自来水管线布设示意图

（2）再生水路由

项目再生水由东侧春宜路现状及规划管线、北侧玉带河大街现状管线、南侧运河东大街规划管线及项目内部东小营西路规划管线、留庄路规划管线、留庄西路规划管线、胡各庄南街规划管线供给。

上述再生水规划管线由相关单位修建，预计于2023年6月前建设完成，可以满足项目建成后再生水供水使用需求。项目区再生水管线布设示意图见图3。

图3　项目区再生水管线布设示意图

## 3.2　退水分析

1）退水路由

项目污水经隔油池、化粪池处理后，经项目内部东小营西路规划污水管线、留庄路规划污水管线、留庄西路规划污水管线、胡各庄南街规划污水管线、春宜路（运河东大街以北项目区段）规划污水管线，经春宜路（运河东大街以南段）现状污水管线、北运河东滨路现状污水管线，排入河东再生水厂处理。

上述规划污水管线由相关单位修建，预计于2023年6月前建设完成，可以满足项目建成后排水需求。项目区污水管线布设示意图见图4。

图4　项目区污水管线布设示意图

2）污水排放合理性分析

河东再生水厂位于减运沟以西、北运河以北，现状日处理规模为$4 \times 10^4$m³，占地面积4.15hm²，服务范围为北运河以东，运潮减河以南地区。目前，河东再生水厂正在进行二期扩建工程，规划日

处理规模为 $9 \times 10^4 m^3$，占地面积 15hm²，预计 2022 年建成，建设时序合理，可接纳项目建成后排除的污水。

### 3.3 雨水排除分析

1）雨水管线设计标准

本项目周边玉带河大街、运河东大街、春宜路为城市主干路，雨水管道设计重现期为 5 年一遇，东小营西路、留庄路、留庄西路、胡各庄南街为城市次干路，雨水管道设计重现期为 3 年一遇。

2）雨水路由

项目雨水经留庄路规划雨水管道，东小营西路规划雨水管道，春宜路规划雨水管道，留庄西路—胡各庄南街规划雨水管道，留庄西路—运河东大街规划雨水管道，玉带河大街现状及规划雨水管道，最终排入运减沟。

上述规划雨水管道由相关单位修建，预计于 2023 年 6 月前建设完成，可以满足项目建成后雨水排除需求。项目区雨水管线布设示意图见图 5。

图 5　项目区雨水管线布设示意图

## 4　方案的分析论证

### 4.1　用水水平分析论证

1）项目用水量

本次采用定额法进行用水量计算，优先选用北京市地方标准及国家标准。参考《民用建筑节水设计标准》[1]、《北京市主要行业用水定额》、《建筑给水排水设计标准》[2]、《室外排水设计标准》[3]、《游泳池给水排水设计规范》[4]等规范核算用水量，生活用水高日系数取 1.3。用水单元用水定额选取情况见表 1。

各用水单元用水定额选取情况　表 1

| 序号 | 用水单元 | 定额取值 | 定额标准 | 参考标准及规范 |
|---|---|---|---|---|
| 1 | 学生教学楼 | 35L/（人·d） | 35～40L/（人·d） | 《民用建筑节水设计标准》 |
| | | | 40～50L/（人·d） | 《建筑给水排水设计标准》 |
| | | | 3.5m³/（人·月） | 《北京市主要行业用水定额》 |
| 2 | 学生宿舍 | 90L/（人·d） | 90～120L/（人·d） | 《民用建筑节水设计标准》 |
| | | | 100～150L/（人·d） | 《建筑给水排水设计标准》 |
| | | | 3m³/（人·月） | 《北京市主要行业用水定额》 |
| 3 | 青年教师公寓 | 110L/（人·d） | 90～170L/（人·d） | 《民用建筑节水设计标准》 |
| | | | 180～320L/（人·d） | 《建筑给水排水设计标准》 |
| | | | 3.5m³/（人·月） | 《北京市主要行业用水定额》 |
| 4 | 教职员工办公 | 25L/（人·班） | 25～40L/（人·班） | 《民用建筑节水设计标准》 |
| | | | 30～50L/（人·班） | 《建筑给水排水设计标准》 |
| | | | 1.5m³/（人·月） | 《北京市主要行业用水定额》 |
| 5 | 餐厅及食堂 | 15L/（人·次） | 15～20L/（人·次） | 《民用建筑节水设计标准》 |
| | | | 20～25L/（人·次） | 《建筑给水排水设计标准》 |
| | | | 0.5m³/（人·月） | 《北京市主要行业用水定额》 |
| 6 | 小球馆&游泳池 | 3L/（人·场） | 3L/（人·场） | 《民用建筑节水设计标准》 |
| | | | 3L/（人·场） | 《建筑给水排水设计标准》 |
| | | 5% | 1800m³/d | 《游泳池给水排水设计规范》 |

| 序号 | 用水单元 | 定额取值 | 定额标准 | 参考标准及规范 |
|---|---|---|---|---|
| 7 | 图书馆 | 5 L/（人·次） | 5～8L/（人·次） | 《民用建筑节水设计标准》 |
| | | | 5～10L/（人·次） | 《建筑给水排水设计标准》 |
| 8 | 学术交流中心 | 6L/（人·次） | 6～8L/（人·次） | 《民用建筑节水设计标准》 |
| | | | 6～8L/（人·次） | 《建筑给水排水设计标准》 |
| 9 | 音乐厅 | 6L/（人·次） | 6～8L/（人·次） | 《民用建筑节水设计标准》 |
| | | | 6～8L/（人·次） | 《建筑给水排水设计标准》 |
| 10 | 体育馆 | 3L/（人·场） | 3L/（人·场） | 《民用建筑节水设计标准》 |
| | | | 3L/（人·场） | 《建筑给水排水设计标准》 |
| 11 | 绿化 | 0.28m³/（m²·a） | 0.28m³/（m²·a） | 《民用建筑节水设计标准》 |
| | | | 1～3L/（m²·d） | 《建筑给水排水设计标准》 |
| | | | 2.7L/（m²·d） | 《北京市主要行业用水定额》 |
| 12 | 道路及广场喷洒 | 0.5L/（m²·d） | 0.2～0.5L/（m²·d） | 《民用建筑节水设计标准》 |
| | | | 2～3L/（m²·d） | 《建筑给水排水设计标准》 |
| | | | 1.5L/（m²·d） | 《北京市主要行业用水定额》 |
| 13 | 冷却、采暖补水 | 按照设计方案核算 | | |

经计算，项目年用水量为$1.2517 \times 10^6 m^3$，其中自来水年用水量为$5.619 \times 10^5 m^3$，再生水年用水量$6.898 \times 10^5 m^3$。项目夏季日均用水量为$5769.28m^3$，高日用水量为$6809.68m^3$；冬季日均用水量为$5408.08m^3$，高日用水量为$6448.48m^3$；春秋季日均用水量为$4379.68m^3$，高日用水量为$5420.08m^3$。

2）用水水平评价

（1）生活用水、市政杂用水定额合理性分析

本项目所选取的用水定额主要依据《民用建筑节水设计标准》[1]、《建筑给水排水设计标准》[2]、《北京市主要行业用水定额》等相关约束性指标进行了比较筛选，确保了所选各项指标充分体现节水优先原则和准确性、现实可行性，因此自来水用水定额选取合理。依据《北京市排水和再生水管理办法》（北京市人民政府令第215号）第二十五条中"再生水供水区域内的施工、洗车、降尘、园林绿化、道路清扫和其他市政杂用用水应当使用再生水"，因此再生水用水定额选取合理。

（2）用水结构合理性分析

项目建成使用后，主要功能为教育，项目用水主要为教育生活日常用水，生活用水（除冲厕外）全部使用自来水；项目冲厕、绿地浇灌、道路浇洒、空调补水、锅炉补水等使用再生水。

《绿色建筑评价标准》[5]中要求："采用非传统水源时，非传统水源利用率不小于10%"。本项目再生水量占总用水量比例为53%，高于规范要求，因此本项目用水结构合理。

### 4.2 洪水影响分析论证

1）径流系数与外排总量

（1）径流系数

①雨水排除设计雨量

本次雨水排除采用3年一遇24h雨量进行计算。通过查询《北京市水文手册——暴雨图集》，查算24h设计雨量均值、变差系数等设计雨量参数，计算项目所在区域3年一遇最大24h雨量为108mm。

②项目区径流系数计算

根据《雨水控制与利用工程设计规范》[6]中综合径流系数公式，不同类型下垫面的径流系数应依据实测数据确定，采用加权平均法计算项目建设前后项目区综合雨水径流系数及径流总量。

（2）外排径流总量计算

①建设前径流系数计算

项目区建设前为建筑物、硬化道路、土路面及其他草地，经计算，建设前综合径流系数为0.54。

②建设后径流系数计算

根据《雨水控制与利用工程设计规范》[6]要求，

项目地块硬化面积为 28.47hm²，应配建不小于 8541m³ 雨水调蓄设施。本次拟配建调蓄设施容积共计 11520m³（包括 1 座 960m³ 的雨水调蓄池、1 座 360m³ 的雨水调蓄池和 1 处 10200m³ 景观湖）。

项目规划建设下凹式绿地 13.40hm²，下凹深度 0.10m，可容存雨水深度为 0.05m，可容纳雨水 6700m³，因此，下凹式绿地和调蓄设施共收集雨水 18220m³。

经计算，建设前的外排水量为 39197m³，项目建成后，未经过调蓄的外排水量为 40649m³。项目区下凹绿地和调蓄设施共可收集雨水 18220m³，因此，调蓄后外排水量为 22429m³。经反推，调蓄后项目区综合径流系数为 0.31。根据《雨水控制与利用工程设计规范》[6]，要求"已建区域雨水流量径流系数不大于 0.5"，本项目满足此要求，同时建设后总外排径流系数小于建设前，项目建设不增加下游排水负担。项目建设后综合径流系数表见表 2。

**项目建设后综合径流系数　　　　　　　　　　　　　　　表 2**

| 下垫面类型 | | 面积/hm² | 综合径流系数（调节前） | 调蓄池容积/m³ | 生态调蓄水/m³ | 综合径流系数（调节后） |
|---|---|---|---|---|---|---|
| 胡各庄南街以北 | | | | | | |
| 建筑物工程 | 硬化屋面 | 10.87 | 0.9 | | | |
| 道路场地 | 透水砖铺装 | 8.54 | 0.45 | 11520 | 4815（下凹式绿地和雨水花园等） | |
| 硬化路面 | 硬化路面 | 6.62 | 0.9 | | | |
| 绿化工程 | 绿地 | 18.49 | 0.3 | | | |
| 小计 | | 44.52 | 0.55 | 11520 | 4815 | 0.21 |
| 胡各庄南街以北 | | | | | | |
| 建筑物工程 | 硬化屋面 | 4.39 | 0.9 | | | |
| 道路场地 | 透水砖铺装 | 4.83 | 0.45 | 0 | 1885（下凹式绿地和雨水花园等） | |
| 硬化路面 | 硬化道路 | 5.24 | 0.9 | | | |
| 绿化工程 | 绿地 | 8.23 | 0.3 | | | |
| 小计 | | 22.69 | 0.57 | 0 | 1185 | 0.49 |
| 合计 | | 67.21 | 0.56 | 11520 | 6700 | 0.31 |

2）海绵城市符合性分析论证

本项目位于北京海绵城市试点区，已由相关单位完成了《中国人民大学通州校区海绵城市实施方案》，并通过了北京市通州区海绵城市建设领导小组办公室审批，本项目设计指标满足通州区海绵城市相关要求并进一步深化了相关设计方案及措施。

本项目积极推广雨洪利用措施，严格执行《雨水控制与利用工程设计规范》，结合城市建设和海绵城市理念，大力推广雨水花园、透水铺装、线性排水、路缘石开口等与项目区适宜的海绵设施进行雨水利用。

根据《雨水控制与利用工程设计规范》[6]，查询"年径流总量控制率对应的设计雨量"表，见表 3。

**年径流总量控制率对应的设计降雨量 表 3**

| 年径流总量控制率/% | 设计降雨量/mm | 年径流总量控制率/% | 设计降雨量/mm |
|---|---|---|---|
| 55 | 11.5 | 60 | 13.7 |
| 70 | 19.0 | 75 | 22.5 |
| 80 | 26.7 | 85 | 32.5 |
| 90 | 40.8 | | |

根据《北京城市副中心分区规划》（2016—2035 年），项目区所在地年径流总量控制率为 80%，对应降雨量为 26.7mm。

本项目建设用地面积为 67.21hm²，在建设后，未经雨水利用措施调蓄前的径流系数为 0.56，经计算，在年径流总量控制率 80% 条件下调蓄量应为 10049m³。

由前文可知，下凹式绿地和调蓄设施可收集

雨水18220m³,满足在年径流总量控制率80%条件下调蓄量不小于10049m³的要求。

综上,本项目下凹式绿地及雨水调蓄设施的设计符合海绵城市建设理念,项目建设能够满足海绵城市建设要求。

3) 内涝分析与评价

(1) 内涝防治标准

本项目位于北京城市副中心,同时考虑项目本身的重要性,综合确定内涝防治标准取50年一遇,分析计算项目建设区内50年一遇降雨时的积水位置、深度和历时等。

(2) 内涝分析范围

项目区总体地势较为平坦,场地内设计高程约为22.24~22.89m,周边道路标高为20.89~22.70m,各出入口高程均高于外部道路,不属于区域内的洼地。

根据上述分析,本次内涝分析的范围设定为建设项目的红线范围,分析项目区在内涝防治标准下的内涝情况。

(3) 积水深度及时长计算

为保证内涝计算结果的精确性,本次模型基础数据采用业主方提供的项目区及周边地形图,内涝模型采用MIKE21模型,计算原理如下:

①模型理论概化

降雨产生积水的过程可以概化为:首先,降雨到地面后发生产汇流;然后,地表径流一部分被管道排除,一部分在地面流动;最后,在地面的雨水随地形流动到地面低点而产生积水区域。

本次研究以该概化过程为理论依据,对降雨到地面后的产流过程按照径流系数扣除降雨得到净雨的方式进行概化;对管道排除的水量按照管道标准进行雨水排除概化;对地面滞水利用二维模型模拟其地表流动过程及最终积水情况。

②设计降雨及净雨

结合《北京市水文手册》,计算项目区50年一遇降雨及净雨过程,然后根据实际地形并概化实际管网排水能力建立项目区域MIKE21模型,模拟区域积水分布情况。

本模型区域网格单元面积设置为1m²,项目建成后周边地形采用区域实测1:2000地形图,制作数字高程DEM。下垫面糙率沥青路面取值0.015,绿地取值0.25。

对项目区进行内涝积水分析计算,本模型将项目区雨水管道排出管网过流能力暴雨强度

355.47L/(s·hm²)进行单位转换,为10.66mm/5min,分析排水能力下净雨过程,净雨过程与管道排水能力对比图见图6。

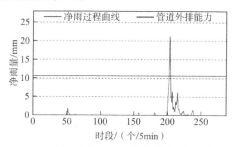

图6 净雨过程线与排水能力对比图

③内涝结果影响分析

截取超过管网排水能力时间段净雨过程对内涝进行分析,分析建设项目受影响范围、水深和历时,淹没水深图见图7。

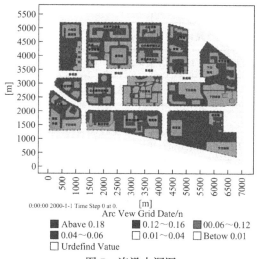

图7 淹没水深图

由图可知,项目区主要积水点为下凹式绿地内,一般最大积水深度约为0.12m,最大淹没时间15min。

因此,内涝对新建(构)筑物、地下车库、道路影响较小。

## 4.3 水土流失防治分析论证

1) 工程占地分析评价

项目总占地面积为110.12hm²,其中项目建设区面积为67.21hm²,代征道路区面积为25.60hm²和代征绿地区面积为17.31hm²。

2) 土方平衡的分析论证

土石方挖填总量约2.69×10⁶m³;其中挖方总量约1.7477×10⁶m³,填方总量约9.423×10⁵m³,借方总量约2.59×10⁴m³,借方均源自外购;余方总量约8.313×10⁵m³。余方优先综合利用,不能利用的均运往渣土消纳场。项目建设土石方平衡表见表4。

**项目建设土石方平衡表（×10⁴m³）** 表4

| 分区 | 编号 | 开挖 | | | 回填 | | | | 土方调运 | | | 借方 | | | | | 余方 | | | |
|---|---|---|---|---|---|---|---|---|---|---|---|---|---|---|---|---|---|---|---|---|
| | | 表土 | 普通土 | 小计 | 小计 | 表土 | 普通土 | 小计 | 普通土 | 来源 | 去处 | 普通土 | 种植土 | 普通土 | 小计 | 来源 | 普通土 | 表土 | 小计 | 去处 |
| 建（构）筑物工程区 | ① | 0.75 | 165.81 | 166.56 | | 0 | 6.69 | 6.69 | 0 | | 76.74②③ | 0 | 0 | 0 | | | 83.13 | 0 | 83.13 | |
| 道路及管线工程区 | ② | 0 | 3.54 | 3.54 | 0 | 0 | 44.15 | 44.15 | 0 | 40.61① | 0 | 0 | 0 | 0 | 0 | 均源于外购 | 0 | 0 | 0 | 渣土消纳场 |
| 绿化工程区 | ③ | 4.67 | 0 | 4.67 | 8.01 | 8.01 | 35.38 | 43.39 | 0 | 36.13① | 0 | 2.59 | 2.59 | 0 | 2.59 | | 0 | 0 | 0 | |
| 合计 | | 5.42 | 169.35 | 174.77 | 8.01 | 8.01 | 86.22 | 94.23 | 76.74 | 76.74 | 76.74 | 2.59 | 2.59 | 0 | 2.59 | | 83.13 | 0 | 83.13 | |

3）土壤流失量分析论证

（1）预测范围

根据本项目总体布局，结合现场调查，确定水土流失预测范围为110.12hm²。

（2）预测时段

由于项目已于2019年3月开工，因此土壤流失时段分为调查时段和预测时段。调查时段为2019年3月至2021年10月（勘测现场），预测时段为2021年11月至2028年9月（自然恢复期）。

（3）划分计算单元

根据《生产建设项目土壤流失量测算导则》[7]扰动单元划分要求，本次共划分7个扰动单元，均确定为计算单元。

（4）原地貌土壤流失量测算

根据《土壤侵蚀分级分类标准》[8]、《生产建设项目水土流失防治标准》[9]的规定，项目区所在地属于水力侵蚀类型区（Ⅰ）中的北方土石山区（Ⅰ₃），容许土壤流失量为200t/（km²·a）。

根据《生产建设项目水土保持技术标准》[10]要求，并结合土壤侵蚀遥感普查成果公报，经现场踏勘、调查及必要的实测，项目区所在地土壤侵蚀强度为微度。农村宅基地、道路用地均为硬化面，土壤侵蚀背景值为0t/（km²·a）；其他林地土壤侵蚀背景值取100t/（km²·a）。原地貌土壤流失量预测表见表5。

**原地貌土壤流失量预测表** 表5

| 时段 | 预测单元 | 原下垫面 | 预测面积/hm² | 土壤侵蚀模数/[t/（km²·a）] | 预测时间/a | 原地貌土壤流失量/t |
|---|---|---|---|---|---|---|
| 建设期 | 建构筑物工程区 | 其他林地 | 2.50 | 100 | 8 | 20.00 |
| | 12.76 | 农村宅基地、道路用地 | 12.76 | 0 | 8 | 0 |
| | 道路及管线工程区 | 农村宅基地、道路用地 | 25.23 | 0 | 8 | 0 |
| | 绿化工程区 | 农村宅基地、道路用地 | 11.14 | 0 | 8 | 0 |
| | | 其他林地 | 15.58 | 100 | 8 | 124.64 |
| | 施工生产生活区 | 农村宅基地、道路用地 | （1.42） | 0 | 8 | 0 |
| | 临时堆土区 | 农村宅基地、道路用地 | （23.70） | 0 | 8 | 0 |
| | 代征道路区 | 农村宅基地、道路用地 | 25.60 | 0 | 8 | 0 |
| | 代征绿地区 | 农村宅基地、道路用地 | 17.31 | 0 | 8 | 0 |
| | 小计 | | 18.08 | | | 144.64 |
| 自然恢复期 | 建构筑物工程区 | 其他林地 | 2.50 | 100 | 2 | 5.00 |
| | 绿化工程区 | 其他林地 | 15.58 | 100 | 2 | 31.16 |
| 小计 | 小计 | | 18.08 | | | 36.16 |
| 合 计 | | | | | | 180.80 |

（5）扰动后土壤流失量测算——调查阶段

调查阶段土壤流失量以实测为主，经计算，调查阶段土壤流失量为183.87t，计算表见表6。

（6）扰动后土壤流失量测算——预测阶段

土壤流失量根据不同的扰动方式采用不同的计算公式计算，本项目采用地表翻扰型一般扰动地表计算单元土壤流失量公式计算。计算表见表7～表9。

**已发生的土壤流失量计算表（2019年3月—2021年10月）** 表6

| 调查单元 | 调查面积/hm² | 调查时间/a | 土壤侵蚀模数/[t/(km²·a)] | 扰动后土壤流失量/t |
|---|---|---|---|---|
| 建构筑物工程区 | 15.26 | 1 | 200 | 30.52 |
| 道路及管线工程区 | 25.23 | 3 | 50 | 37.85 |
| 绿化工程区 | 26.72 | 3 | 50 | 40.08 |
| 施工生产生活区 | （1.42） | 0.17 | 50 | 0.12 |
| 临时堆土区 | （23.70） | 1 | 200 | 10.94 |
| 代征道路区 | 25.6 | 3 | 50 | 38.40 |
| 代征绿地区 | 17.31 | 3 | 50 | 25.96 |
| 合　计 | 110.12 | | | 183.87 |

**扰动后土壤流失量计算表（2021年11月—2026年9月）** 表7

| 计算单元 | $M_{yd}$/t | $R$/[MJ·mm/(hm²·h)] | $K_{yd}$/[t·hm²·h/(hm²·MJ·mm)] | $L_y$ | $S_y$ | $B$ | $E$ | $T$ | $A$/hm² |
|---|---|---|---|---|---|---|---|---|---|
| 建构筑物工程区 | 583.95 | 2734.00 | 0.026 | 1.380 | 0.756 | 0.516 | 1 | 1 | 15.26 |
| 道路及管线工程区 | 5.15 | 62.70 | 0.026 | 1.380 | 0.176 | 0.516 | 1 | 1 | 25.23 |
| 绿化工程区 | 232.58 | 2671.30 | 0.026 | 1.380 | 0.176 | 0.516 | 1 | 1 | 26.72 |
| 施工生产生活区 | 0.99 | 214.60 | 0.026 | 1.380 | 0.176 | 0.516 | 1 | 1 | （1.42） |
| 临时堆土区 | 418.64 | 5468.00 | 0.026 | 1.380 | 0.756 | 0.516 | 1 | 1 | （23.70） |
| 代征道路区 | 228.06 | 2734.00 | 0.026 | 1.380 | 0.176 | 0.516 | 1 | 1 | 25.60 |
| 代征绿地区 | 154.22 | 2734.00 | 0.026 | 1.380 | 0.176 | 0.516 | 1 | 1 | 17.31 |
| 合计 | 1623.59 | | | | | | | | 110.12 |

**自然恢复期第一年土壤流失量计算表（2026年10月—2027年9月）** 表8

| 计算单元 | $M_{yd}$/t | $R$/[MJ·mm/(hm²·h)] | $K_{yd}$/[t·hm²·h/(hm²·MJ·mm)] | $L_y$ | $S_y$ | $B$ | $E$ | $T$ | $A$/hm² |
|---|---|---|---|---|---|---|---|---|---|
| 绿化工程区 | 47.68 | 2734.00 | 0.026 | 1.380 | 0.107 | 0.170 | 1 | 1 | 26.72 |
| 合计 | 47.68 | | | | | | | | 26.72 |

**自然恢复期第二年土壤流失量计算表（2027年10月—2028年9月）** 表9

| 计算单元 | $M_{yd}$/t | $R$/[MJ·mm/(hm²·h)] | $K_{yd}$/[t·hm²·h/(hm²·MJ·mm)] | $L_y$ | $S_y$ | $B$ | $E$ | $T$ | $A$/hm² |
|---|---|---|---|---|---|---|---|---|---|
| 绿化工程区 | 20.47 | 2734.00 | 0.026 | 1.380 | 0.107 | 0.073 | 1 | 1 | 26.72 |
| 合计 | 20.47 | | | | | | | | 26.72 |

$$M_{yd} = RK_{yd}L_yS_yBETA \tag{1}$$

$$K_{yd} = NK \tag{2}$$

式中：$M_{yd}$——地表翻扰型一般扰动地表计算单元土壤流失量，t；

$R$——降雨侵蚀力因子，MJ·mm/(hm²·h)；

$K$——土壤可蚀性因子，t·hm²·h/(hm²·MJ·mm)；

$K_{yd}$——地表翻扰后土壤可蚀性因子，t·hm²·h/(hm²·MJ·mm)；

$L_y$——坡长因子，无量纲；

$S_y$——坡度因子，无量纲；

$B$——植被覆盖因子，无量纲；

$E$——工程措施因子，无量纲；

$T$——耕作措施因子，无量纲；

$A$——计算单元的水平投影面积，hm²；

$N$——地表翻扰后土壤可蚀性因子增大系数，无量纲。

坡长因子计算公式：

$$L_y = (\lambda/20)^m \tag{3}$$

$$\lambda = \lambda_x \cos\theta \tag{4}$$

式中：$\lambda$——计算单元水平投影坡长度，m，对一般扰动地表水平投影坡长 ≤ 100m时按实际值计算，水平投影坡长 > 100m按100m计算；

$\theta$——计算单元坡度，(°)，取值范围 0°～90°；

$m$——坡长指数，其中$\theta \leqslant 1°$时，$m$取0.2；$1° < \theta < 3°$时，$m$取0.3；$3° < \theta < 5°$时，$m$取0.4；$\theta > 5°$时，$m$取0.5；

$\lambda_x$——计算单元斜坡长度，m。

坡度因子计算公式：

$$S_y = -1.5 + 17/[1 + e^{1.3-6.1\sin\theta}] \tag{5}$$

式中：$e$——自然对数的底，可取 2.72。

耕作措施因子：

$$T = T_1 T_2 \tag{6}$$

式中：$T_1$——整地及种植方式因子，无量纲；

$T_2$——轮作制度因子，无量纲。

经计算，预测阶段土壤流失量为1691.74t，其中施工期土壤流失量1623.59t，自然恢复期土壤流失量68.15t。

（7）结论

工程建设期（2019年3月—2026年9月）土壤流失总量为 1807.46t，新增土壤流失量为1662.82t。自然恢复期（2026年10月—2028年9月）土壤流失总量为 68.15t，新增土壤流失量为31.99t。

综上所述，项目土壤流失预测总量为1875.61t，新增土壤流失量为1694.81t。

# 5 方案的实施

## 5.1 海绵城市相关措施的建设

（1）景观湖及雨水调蓄池

本项目拟配建调蓄设施容积共计11520m³（包括 1座960m³的雨水调蓄池、1座360m³的雨水调蓄池和 1处10200m³景观湖）。

（2）绿化工程

本次新建绿地面积为 26.72hm²，下凹式绿地13.40hm²，下凹式绿地率为50%。

（3）透水砖铺装

项目区人行道、广场及公共停车场占地面积为17.18hm²，采用透水铺装面积为12.02hm²，透水铺装率为70%。

## 5.2 水土保持措施的布设

按照项目建设的水土流失预测和水土流失防治分区，结合项目特点提出该工程水土流失防治措施总体布局见图8。

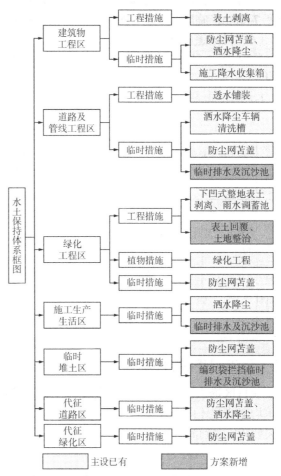

图8 水土保持防治措施体系框图

（1）建（构）筑物工程区

临时措施：防尘网苫盖28200m²，施工降水收集箱5座，洒水降尘480台时。

工程措施：表土剥离0.75×10⁴m³。

（2）道路及管线工程区

临时措施：防尘网苫盖126140m²，洒水降尘480台时，车辆清洗槽2座，临时排水沟5080m，沉沙池10座。

工程措施：透水铺装120238.53m²。

（3）绿化工程区

临时措施：防尘网苫盖133600m²。

工程措施：下凹式整地 13.40hm²，土地整治13.32hm²，雨水调蓄池2座，表土剥离15.58hm²，表土回覆26.72hm²。

植物措施：新建绿化 26.72hm²，包括实土绿化 24.77hm² 和覆土绿化 1.95hm²。

（4）施工生产生活区

临时措施：洒水降尘 60 台时，临时排水沟 480m，沉沙池 2 座。

（5）临时堆土区

临时措施：防尘网苫盖 54700m²，编织袋拦挡长度 7400m，临时排水沟 5000m，沉沙池 10 座。

（6）代征道路区

临时措施：防尘网苫盖 26000m²，洒水降尘 480 台时。

（7）代征绿地区

临时措施：防尘网苫盖 86500m²。

# 6 工程成果与效益

## 6.1 国标六项防治效益

水土保持措施实施后，将有效控制因工程建设造成的水土流失，将持续发挥保水、保土、改善生态环境、保障主体工程安全运行的作用和效益。

通过水土保持措施的建设，可使国标六项指标均达到北方土石山区一级标准。设计水平年防治效果分析表见表 10。

设计水平年防治效果分析表　　　　　　　　　　表 10

| 防治指标 | 水土流失总治理度/% | | 土壤流失控制比 | | 渣土防护率/% | | 表土保护率/% | | 林草植被恢复率/% | | 林草覆盖率/% | |
|---|---|---|---|---|---|---|---|---|---|---|---|---|
| 方案目标值 | 95 | | 1.0 | | 99 | | 95 | | 97 | | 40 | |
| 计算依据 | 水土保持措施达到面积/hm² | 建设期水土流失面积/hm² | 项目区容许土壤流失量/[t/(km²·a)] | 方案实施后土壤土壤流失量/[t/(km²·a)] | 项目区实际拦挡的永久弃渣、临时堆土量/(×10⁴m³) | 永久弃渣+临时堆土总量/(×10⁴m³) | 保护表土数量/(×10⁴m³) | 可剥离表土数量/(×10⁴m³) | 林草植被面积/hm² | 可恢复林草植被面积/hm² | 林草类植被面积/hm² | 项目区总面积/hm² |
| 数量 | 110.12 | 110.12 | 200 | 178 | 83.13 | 83.13 | 5.42 | 5.42 | 44.03 | 44.03 | 44.03 | 110.12 |
| 达到值 | 99 | | 1.12 | | 99 | | 99 | | 99 | | 40 | |
| 计算结果 | 达标 | | 达标 | | 达标 | | 达标 | | 达标 | | 达标 | |

## 6.2 雨洪利用综合指标

项目区透水铺装率、下凹式绿地率、调蓄设施容积均能满足《雨水控制与利用工程设计规范》[6] 相关要求，达到海绵城市的相关标准。雨洪利用综合指标汇总表见表 11。

雨洪利用综合指标汇总表　　表 11

| 量化指标 | 透水铺装率/% | 下凹式绿地率/% | 调蓄模数/（m³/hm²） |
|---|---|---|---|
| 目标值 | ≥70 | ≥50 | ≥300 |
| 预测值 | 70 | 50 | 451 |

# 7 工程经验

（1）秉持自然理念，对周边生态环境影响小

从"源头减排、过程控制、系统治理"着手，统筹协调水量与水质、生态与安全、分布与集中、绿色与灰色、景观与功能等关系，最大限度地减少了项目开发建设对生态环境的影响。项目整体设计贯彻自然积存、自然渗透、自然净化的理念，主要通过布置景观水体、下凹式绿地、植被浅沟、雨水调蓄池等低影响开发模块，实现径流总量减排、径流污染控制、雨水资源回用、水体生态改善等多个目标。

（2）开发成本低，防洪标准高

本项目距运潮减河直线距离仅 190m，为满足《北京城市副中心控制性详细规划（街区层面）》（2016—2035 年）中"完善北运河、潮白河防洪减灾体系，完善多功能生态湿地（蓄涝区）等设施，到 2035 年城市副中心防洪标准达到 100 年一遇"的要求，本项目防洪标准提高至 100 年一遇。方案设计中通过化整为零、削减汇水面积、划分排水分区的方式，以胡各庄南街为界将项目地块分为南、北两大区，北侧排水分区以景观湖及雨水调蓄池为主要调蓄设施，南侧汇水分区以下凹绿地及市政管线等调蓄设施为主。在达到 100 年一遇防洪标准的同时，大大降低了建设成本。

（3）环境污染小，土石方综合利用率高

本项目挖方量高达 1.75×10⁶m³，为减少土方调运、优化挖填平衡、保证资源利用，方案选取了距离基坑远、建设时序靠后的 6 个区域作为临时堆土场，用于分类堆放回填土方和绿化覆土。在堆土过程中，为保证堆土稳定安全及防尘环境保护，方案设计了如下措施：①严格按照摊铺、碾压程序

施工，严禁未经碾压直接摊铺新土层；土层摊铺过程中，依照施工进展形成内高外低的坡势。②及时掌握天气变化情况，提前做好表面雨水清除，防止水流渗入土体，造成土体有效应力降低，减小土体内部稳定。③土方临时堆放高度不得超过 3m，必须堆积方正，底角整齐、干净，并将周边及上方用防尘网进行苫盖。④堆土相对集中，存放时间较长时必须采取结皮、绿化等措施，短时存放时应采用洒水降尘等措施，防止尘土飞扬。

## 参考文献

[1] 中华人民共和国住房和城乡建设部. 民用建筑节水设计标准: GB 50555—2010[S]. 北京: 中国建筑工业出版社, 2010

[2] 中华人民共和国住房和城乡建设部. 建筑给水排水设计标准: GB 50015—2019[S]. 北京: 中国计划出版社, 2019.

[3] 中华人民共和国住房和城乡建设部. 室外排水设计标准: GB 50014—2021[S]. 北京: 中国计划出版社, 2021.

[4] 中华人民共和国住房和城乡建设部. 游泳池给水排水设计规程: CJJ 122—2008[S]. 北京: 中国建筑工业出版社, 2017.

[5] 中华人民共和国住房和城乡建设部. 绿色建筑评价标准: GB/T 50378—2019[S]. 北京: 中国建筑工业出版社, 2019.

[6] 中华人民共和国水利部. 生产建设项目土壤流失量测算导则: SL 773—2018[S]. 北京: 中国水利水电出版社, 2018.

[7] 中华人民共和国水利部. 土壤侵蚀分类分级标准: SL 190—2007[S]. 北京: 中国水利水电出版社, 2008.

[8] 中华人民共和国水利部. 生产建设项目水土流失防治标准: GB/T 50434—2018[S].

[9] 中华人民共和国住房和城乡建设部. 生产建设项目水土流失防治标准: GB/T 50433—2018[S]. 北京: 中国建筑工业出版社, 2019.

# 五里坨便民服务中心项目建设用地地质灾害危险性评估实录

药芝星　高振兴　李长跃　李世梅　代　维

（中兵勘察设计研究院有限公司，北京　100053）

## 1　工程概况

五里坨便民服务中心项目位于北京市石景山区五里坨街道，建设用地四至范围为：北至权限边界，东至潭峪街西红线，南至京门公路北红线，西至规划敬德寺街东红线。建设用地面积为9874.113m²，总建筑规模约40600m²，地上5层，高24m，建筑面积约24600m²；地下2层，基础埋深约为11m，建筑面积约16000m²。拟建项目为商业用房及地下车库，地面分为两栋建筑，之间采用连廊连接。建设用地现状主要为拆迁后待建工地。建设用地地理位置见图1，建设用地范围见图2。

图1　建设用地地理位置示意图

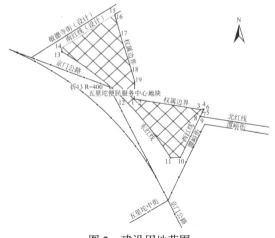

图2　建设用地范围

## 1.1　评估范围

建设用地地处永定河一级阶地，根据北京市地方标准《地质灾害危险性评估技术规范》DB11/T 893—2021中的有关规定，地质灾害危险性评估范围不应小于建设用地范围，并应视建设项目特点、影响范围、地质环境条件和地质灾害种类来划定。通过现场调查，确定本次地质灾害危险性评估工作的评估区范围为沿建设用地中心向四周外扩，包含了区域主断裂构造——永定河断裂，最终确定评估区面积为4.0km²。评估区及周边环境位置关系见图3。

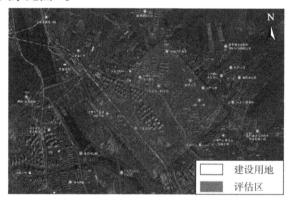

图3　评估区及周边环境位置关系图

## 1.2　评估级别

（1）拟建项目为商业用房及地下车库，用地类型为F81绿隔产业用地。建设用地面积为9874.113m²，总建筑规模约40600m²，其中地上建筑面积约24600m²、地下建筑面积约16000m²，地上5层，建筑高度24m，设2层地下室，基础埋深约11m，地面建筑分为两部分，中间以连廊相接。依据北京市地方标准《地质灾害危险性评估技术规范》DB11/T 893—2021中的有关规定，本建设项目为一般房屋建筑工程，单项工程建筑面积$1 \times 10^4 \sim 3 \times 10^4$m²，属于较重要建设项目。

（2）地质灾害方面：评估区内现状地质灾害

较发育，根据调查，有活动断裂、砂土液化、不稳定斜坡三种潜在地质灾害，评估区位于永定河一级阶地及山前高台地上，场地内存在粉土可液化土层，在地震作用下可能会引发砂土液化地质灾害。综合以上情况，判断评估区的地质环境条件复杂程度为"中等"。

地形地貌方面：地貌上分属两个单元，西南部为永定河一级阶地，东北部为山前高台地。由于工业与民用建筑及城市道路的修建，原始地貌形态已遭受一定程度的人为改造，评估区地形较为平坦，整体地面坡度＜8°，局部残丘地区坡度30°～40°，地面标高105.3～170.0m，相对高差＜65m。

泥石流方面：评估区地处永定河一级阶地及山前高台地，地形较为平坦，不具备发生泥石流的地形条件，东北侧山区发育有隆恩寺沟、潭峪沟，有发生泥石流的可能性，由于建设用地与两沟沟口距离较远，不处于泥石流地质灾害影响范围内。

断裂构造方面：永定河断裂北西段从评估区西南部穿过，属非活动断裂，晚更新世以来没有活动，距建设用地约1.26km。从构造条件上分析，评估区地质环境条件复杂程度为中等。

水文地质方面：评估区地表均为第四系地层所覆盖。第四系厚度约为25m，含水层岩性主要为碎石土，为承压水，地下水位埋深14.2m，多层结构，单层厚度一般小于10m，富水性一般，单井出水量为500～1000m³/d，地下水年际变化较小，水文地质条件中等。

工程地质方面：评估区场地地形基本平坦，根据建设用地的钻探资料，地面以下25m深度范围内地层为人工堆积层及一般第四系沉积层。根据相关的勘探、原位测试及室内土工试验成果，岩土体结构简单，性质良好，工程地质条件简单。

综上所述，依据北京市地方标准《地质灾害危险性评估技术规范》DB11/T 893—2021附表B.1中的规定，确定评估区地质环境条件复杂程度为"中等"。

（3）评估级别确定

拟建项目属较重要建设项目，评估区地质环境条件复杂程度中等。依据北京市地方标准《地质灾害危险性评估技术规范》DB11/T 893—2021中的有关规定，确定本次评估工作的等级为二级。

## 2 场地地质环境条件

### 2.1 气象水文

石景山区居中纬度区，属暖温带半湿润半干旱大陆性季风气候，四季分明，受西风带影响，冬春季盛行偏北风，气候寒冷少雨雪，夏季炎热多雨，秋季天高气爽，四季分明，降水适中，年平均降水量573.11mm，全年降雨量集中在7—8月份，约占全年降雨量的80%，是华北地区降水量较多的地区之一。多年平均气温12℃，一月份气温最低，平均−4℃，极端最低气温−22.8℃（1954年1月13日），最热在7月份，极端最高气温42.6℃（1942年6月15日）。在海拔500m以上的山区平均气温约8℃，较平原地区低3～4℃，无霜期180～200天[1]。

评估区属永定河流域下游。永定河流域位于112°～117°45′E，39°～41°20′N之间，是海河流域的七大支流之一，流域面积约为4.70×10⁴km²，约为海河流域面积的14.7%。流域地跨内蒙古、山西、河北、北京和天津5个省（自治区、直辖市），主要有桑干河、洋河两大支流，在河北怀来县汇合后称永定河，在官厅水库纳入妫水河，经官厅水库流入官厅山峡于三家店进入平原。

### 2.2 场地地形地貌条件

北京北部和西部的山地分属燕山山脉和太行山余脉，一般海拔1000～1500m。评估区位于石景山区西北部，地貌分属两个单元，西南部为永定河一级阶地，东北部为山前高台地。评估区标高在105.3～170.0m，建设用地周边为住宅、商铺、学校、道路、铁路及残丘。

小青山位于建设用地南侧，距离建设用地36m，山体高22m，整体坡度为30°～40°，山体出露为残坡积层的碎石土，山体植被茂盛，植被覆盖率约为80%，现状为公园绿地。

### 2.3 地层岩性

评估区地层上部为第四系冲洪积层，下部为石炭—二叠系。

根据已有勘探成果，建设用地内第四系厚度约为25m，第四系沉积物主要由坡积、洪积作用而成，表层出露地层为人工填土，下部地层岩性为粉质黏土、粉土、碎石土。第四系地层下伏基岩为石炭—二叠系的砂岩。

## 2.4 地质构造及区域地壳稳定性

按照构造单元划分，评估区位于中朝准地台（Ⅰ级构造单元）、燕山台褶带Ⅱ₁（Ⅱ级构造单元）、西山迭坳褶Ⅲ₅（Ⅲ级构造单元）、门头沟迭陷褶Ⅳ₁₁（Ⅳ级构造单元）的东部。

建设用地附近主要有永定河断裂。永定河断裂北西段从建设用地西南侧通过，距建设用地约1.26km，见图4。该断裂总体走向为北西，与南口—孙河断裂大致平行。该断裂沿永定河河谷延伸，为物探推测的隐伏正断层。永定河断裂北西段北起军庄，向南东经永成庄至立垡村，总体走向北西320°。该断裂大致以与黄庄—高丽营断裂交切处为界分为两段，北西段长16km，倾向南西；东南段长14km，倾向北东。从地貌上看，永定河流至军庄，由上游蛇曲河道形态而变成为北西—南东向直流河道。最早是根据河道地貌形态的急剧变化

推测沿永定河河道存在一隐伏的北西向断裂，这一推断被后来的勘探所证实。地震、电法等物探结果表明，在三家店附近存在一走向北北西，倾向南西的隐伏断裂。石油地震勘探结果还表明，永定河断裂北西段为控制丰台新生代凹陷西南部地层厚度分布的一条断裂，影响到第四系。断面倾向北东，与其北西段倾向相反。在三家店北铁路桥东头的中侏罗统安山岩有一条宽3.4m的左旋正走滑断裂破碎带，距永定河边约200m，与永定河断裂总体走向大致平行，可视为永定河断裂带的组成部分。断面走向北西315°，倾向南西，倾角85°。在破碎带中发育有厚0.3～0.5m的深黄色断层泥，经取样进行年龄测试，其年龄为距今约59.1万年±17.7万年，相当于中更新世早中期。根据调查资料对三家店北铁路桥东的断裂破碎带进行了核实，破碎带发育情况与上述资料一致。本次野外综合地质调查沿断裂带展布方向未发现路面及建构筑物等存在断裂活动形成的裂缝及其他断层活动特征，综上所述，可确定永定河断裂的北西段最早活动时间为早中更新世，为非活动断裂。

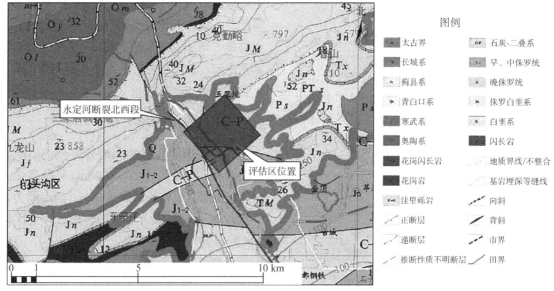

图4 基岩分布及区域构造

综合上述资料，永定河断裂北西段属为非活动断裂，晚新世以来没有活动。

## 2.5 东北部山区泥石流调查情况

评估区北侧发育有隆恩寺沟，隆恩寺沟沟道内松散堆积物较少，地形坡度较缓，沟长约2.6km，汇水面积约3.2km²，发生泥石流地质灾害的可能性较小，经调查，历史时期未发生泥石流地质灾

害，且建设用地距沟口约2.1km，距离较远，建设用地不处于泥石流地质灾害影响范围内。

评估区东北侧山区为潭峪沟，沟长约2.2km，地形坡度较缓，潭峪沟沟头存在少量松散堆积物，汇水面积约2.1km²，构成泥石流发育条件，经查询石景山区地质区划图及现场调查，沟内存在泥石流地质灾害点。建设用地距沟口约1.7km，距离较远，建设用地不处于泥石流地质灾害影响范围内。

## 2.6　工程地质条件

见图 5，场地地层结构见图 6。

评估区地貌分属两个单元，西南部为永定河一级阶地，东北部为山前高台地。地表以下主要由黏性土和非黏性土互层组成，地基土纵向变化大。建设用地地形基本平坦，根据钻探资料可知，场地地表下 26m 深度内地层可划分为人工堆积层、新近沉积层、一般第四纪沉积层和砂岩四大类。表层为房渣土，色杂，中密，湿—稍湿，较硬，含有砖块、灰渣等；其下为黏性土、粉土及碎石土，黏性土、粉土，黄褐—褐黄色，很湿、可塑、较软，含有云母和氧化铁；碎石土，色杂、中密，稍密，较硬；下伏基岩为砂岩，浅灰色，密实，湿，较硬，中等风化，岩芯呈柱状。评估区岩土体结构简单，性质良好，工程地质条件简单。勘探孔平面布置图

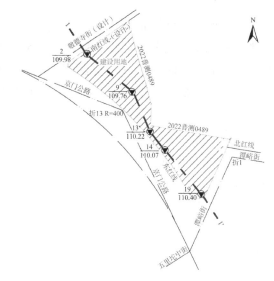

图 5　勘探孔平面布置图

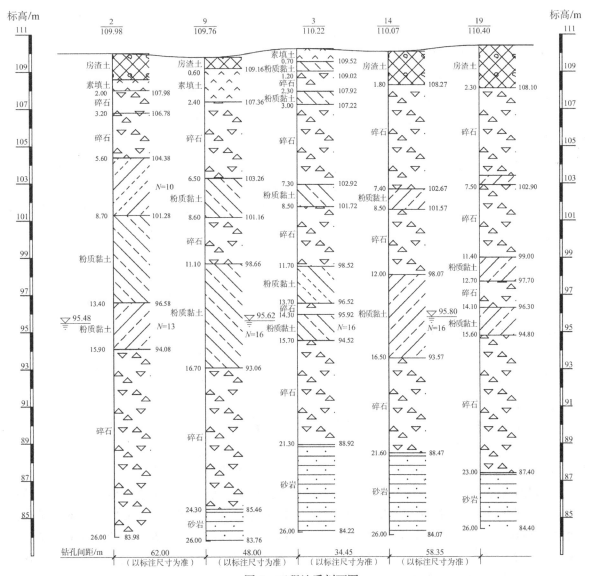

图 6　工程地质剖面图

## 2.7 水文地质条件

（1）含水层分布及富水性

评估区地貌分属两个单元，西南部为永定河阶地，东北部为山前高台地。表层第四系松散沉积物主要是由洪积坡堆积和永定河冲积、洪积而成。区域内地下水类型以承压水为主，主要含水层的地层岩性为碎石土层，地下水位埋深为14.2m，含水层富水性一般，单井涌水量为500～1000m³/d。

（2）地下水类型及动态特征

根据《五里坨便民服务中心项目岩土工程勘察报告》（中国中机勘岩土工程技术有限公司，2022年7月），建设用地地下水埋深为14.20～14.80m，含水层岩性为碎石土层，地下水类型为承压水。

评估区地下水天然动态类型属渗入—蒸发、径流型；其水位年动态变化规律一般为：12月份—来年3月份水位较高，其他月份水位相对较低，其水位年变化幅度一般为1～2m，主要接受大气降水入渗、地下水侧向径流等方式补给，以蒸发及地下水侧向径流等方式排泄。

由于近年来北京市开展了大规模的生态补水，根据北京市水务局公布的《北京市平原区2022年9月初地下水埋深统计表》，石景山区在2022年9月初的地下水埋深均值较2021年同期上升5.90m。评估区的地下水位在近几年呈上升的趋势。

# 3 地质灾害危险性现状评估

## 3.1 活动断裂

（1）断裂分布

根据区域地质资料，北西向的永定河断裂北西段位于建设用地西南侧[2]，距离建设用地约1.26km。评估区与断裂构造分布关系见图4。

（2）断裂的活动性

永定河断裂北西段为一隐伏正断层，走向约北西320°，倾向南西。该断裂最新活动时间为早、中更新世，为非活动断裂[3]。永定河断裂北西段北起军庄，向南东经永成庄至立垡村，长16km。从

地貌上看，永定河流至军庄，由上游蛇曲河道形态而变成为北西—南东向直流河道。最早是根据河道地貌形态的急剧变化推测沿永定河河道存在一隐伏的北西向断裂，这一推断被后来的勘探所证实。经综合分析调查资料，在断裂带展布方向上也未发现断裂活动形成的地裂缝及其他断层活动特征。经综合分析，永定河断裂北段西发育程度弱。

（3）断裂的现状评估

现有资料分析表明，永定河断裂北西段带位于建设用地西南侧约1.26km；根据现场调查，在评估区内未发现地裂缝、房屋开裂等因断裂受灾情况，评估区活动断裂现状灾情轻，依据北京市地方标准《地质灾害危险性评估技术规范》DB11/T 893—2021中规定，永定河断裂北西段对规划建设用地的建筑工程的危害程度小，现状评估活动断裂地质灾害危险性小。

## 3.2 砂土液化

（1）砂土液化分级

依据《五里坨便民服务中心项目岩土工程勘察报告》（2022年7月）中所取得的地层资料、土层的试验及测试数据，2号钻孔7.30m处、14.30m处、9号钻孔15.30m处、13号钻孔15.30m处为黏质粉土，对其进行液化判别。地下水位深度$d_w$按现状水位取值（14.20m），依据《建筑抗震设计规范》GB 50011—2010，2016年版，在地震烈度达到8度时，建设用地内粉土层不液化（表1）。

**地震液化判别计算结果　　　表1**

| 孔号 | 地层 | $d_w$/m | $d_s$/m | $\rho_c$/% | $N$ | $N_{cr}$ | 结果 |
|---|---|---|---|---|---|---|---|
| 2 | 黏质粉土 | 14.20 | 7.30 | 16.7 | 10 | | 不液化 |
| | 黏质粉土 | 14.20 | 14.30 | 18.8 | 13 | | 不液化 |
| 9 | 黏质粉土 | 14.20 | 15.30 | 13.0 | 16 | | 不液化 |
| 13 | 黏质粉土 | 14.20 | 15.30 | 16.7 | 16 | | 不液化 |

（2）现状危险性评价

根据北京市地方标准《地质灾害危险性评估技术规范》DB11/T 893—2021，通过对评估区内可液化土层进行分析评判，现状条件下地基土层不液化，危害程度轻，因此，现状评估砂土液化地质灾害危险性小。

### 3.3 不稳定斜坡

（1）不稳定斜坡的发育程度

位于拟建场地南部，边坡为小青山山体斜坡，其剖面线布置图及坡面图见图7、图8，坡脚处已修筑砖砌堡坎、护墙，高0.8～5m，整体完整，未见开裂。堡坎以上为天然土质斜坡，坡度为30°～35°，坡向为北东70°，坡高约22m，坡脚距离建设用地约36m，坡面为残坡积碎石土覆盖，经调查，坡面未见地裂缝、崩塌、滑坡等变形情况，坡体无洪沟，坡面排水状况良好，该边坡整体为自然边坡。植被覆盖率约为80%，土壤质地松软，强度较低，在外部不利因素作用下，坡体有可能产生失稳。

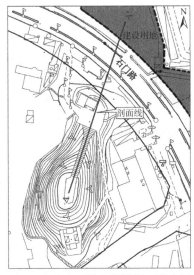

图7　小青山不稳定斜坡剖面线布置

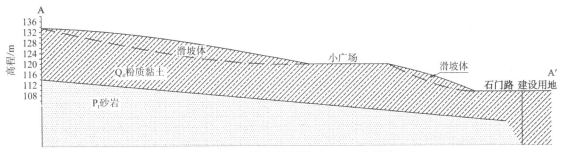

图8　小青山不稳定斜坡剖面 A—A'示意图

（2）不稳定斜坡的现状评估

针对评估区内不稳定斜坡的发育程度，主要依据北京市地方标准《地质灾害危险性评估技术规范》DB11/T 893—2021中不稳定斜坡灾害的发育程度进行评估，在此需确定不稳定斜坡的坡高及边坡类型组成2个指标，其中坡高根据甲方提供的地形图得出，边坡类型为土质边坡，根据评估结果，评估区内不稳定斜坡的发育程度为弱。

区内不稳定斜坡地质灾害可能危害对象为周边建筑及道路，根据调查，该斜坡未因失稳对周边建筑和道路造成灾情，因此评估区内不稳定斜坡地质灾情等级为轻。

依据北京市地方标准《地质灾害危险性评估技术规范》DB11/T 893—2021，不稳定斜坡发育程度为弱，灾情为轻，现状评估不稳定斜坡地质灾害的危险性为小。

### 3.4 小结

通过现状评估，评估区内主要地质灾害类型为活动断裂、砂土液化和不稳定斜坡。

评估区永定河断裂北西段为非活动断裂，距离建设用地1.26km，全新世以来没有活动，评估

区内断裂发育程度弱，现状灾情轻。因此，现状评估活动断裂地质灾害危险性小。

在抗震设防烈度为8度，现状地下水位情况下，建设用地地基土不液化，砂土液化灾情为"轻"。因此，评估区现状评估砂土液化地质灾害危险性小。

评估区内不稳定斜坡发育程度弱，现状灾情为轻，现状评估不稳定斜坡地质灾害危险性小。

## 4　地质灾害危险性预测评估

### 4.1　活动断裂

北西向的永定河断裂北西段位于建设用地西南侧，距离建设用地约1.26km。永定河断裂北西段总体走向为北西向，倾角约85°，全长25km，倾向南西，为非活动断裂，晚更新世以来没有活动。建设用地不位于全新世及晚更新世断裂影响带内，建设项目遭受活动断裂地质灾害可能性为"小"。根据遭受活动断裂地质灾害时可能受威胁的人数和可能产生的经济损失判断，建设项目遭受活动断裂地质灾害的险情级别为"轻"。

预测建设项目遭受活动断裂地质灾害可能性为"小",遭受活动断裂地质灾害的险情级别为"轻",根据北京市地方标准《地质灾害危险性评估技术规范》(DB11/T 893—2021)确定,预测评估建设项目遭受活动断裂地质灾害危险性为"小"。

## 4.2 砂土液化

地下水位是评估区进行液化判别的先决条件,水位的高低直接影响到液化的发生、判定结果和危害等级确定。根据本项目勘察所取得的地层资料、土层的试验及测试数据,2号钻孔7.30m处、2号钻孔14.30m处、9号钻孔14.30m处、13号钻孔14.30m处为黏质粉土,对其进行液化判别,地下水位按照地面取值(0.0m)。依据《建筑抗震设计规范》GB 50011—2010(2016年版)中的有关标准,得到砂土液化预测结果见表2。

地震液化判别计算结果　　表2

| 孔号 | 地层 | $d_w$/m | $d_s$/m | $\rho_c$/% | $N$ | $N_{cr}$ | 结果 |
|---|---|---|---|---|---|---|---|
| 2 | 黏质粉土 | 0 | 7.30 | 16.7 | 10 | | 不液化 |
| | 黏质粉土 | 0 | 14.30 | 18.8 | 13 | | 不液化 |
| 9 | 黏质粉土 | 0 | 15.30 | 13.0 | 16 | | 不液化 |
| 13 | 黏质粉土 | 0 | 15.30 | 16.7 | 16 | | 不液化 |

由表中可知,在地震烈度达到8度且地下水位按接近自然地面(0.0m)考虑时,本场地地下20m范围内天然沉积的细砂和粉土层不液化,根据遭受砂土液化地质灾害时可能受威胁的人数和可能产生的经济损失判断,建设项目遭受砂土液化地质灾害的险情级别为"轻"。

因此,预测建设项目遭受砂土液化地质灾害可能性为"小",遭受砂土液化地质灾害的险情级别为"轻",根据北京市地方标准《地质灾害危险性评估技术规范》DB11/T 893—2021确定,预测评估建设项目遭受砂土液化地质灾害危险性为"小"。

## 4.3 不稳定斜坡

依据北京市地方标准《地质灾害危险性评估技术规范》DB11/T 893—2021,结合野外调查结果,以不稳定斜坡发生失稳的可能性及其危害程度两个指标进行其危险性评估,如发生可能性小,危害程度轻,则危险性小;反之,即为危险性大,介于二者之间则为中等。

（1）发生可能性

依据北京市地方标准《地质灾害危险性评估技术规范》DB11/T 893—2021,斜坡高为22m,坡脚与建设用地距离约为36m,根据表3工程建设引发或加剧不稳定斜坡发生可能性判别表可知,工程建设处于不稳定斜坡的影响范围外,因此判定建设项目遭受不稳定斜坡危害的可能性小。

工程建设引发或加剧不稳定斜坡发生可能性判别　　表3

| 发生的可能性 | 特征描述 |
|---|---|
| 大 | 工程建设位于不稳定斜坡的影响范围内,对其稳定性影响大,使其处于不稳定—欠稳定状态 |
| 中 | 工程建设位于不稳定斜坡的影响范围内,对其稳定性影响中等,使其处于基本稳定状态 |
| 小 | 工程建设对不稳定斜坡稳定性的影响小,不稳定斜坡处于稳定状态 |

（2）险情级别

依据北京市地方标准《地质灾害危险性评估技术规范》DB11/T 893—2021对不稳定斜坡地质灾害险情进行分级评价。根据遭受不稳定斜坡地质灾害时可能受威胁的人数和可能产生的经济损失判断,建设项目遭受不稳定斜坡地质灾害的险情级别为"轻"。

（3）不稳定斜坡地质灾害危险性

由表4不稳定斜坡预测评估危险性确定可知,预测建设项目遭受不稳定斜坡地质灾害可能性为小,遭受不稳定斜坡地质灾害的险情级别为"轻"。根据北京市地方标准《地质灾害危险性评估技术规范》DB11/T 893—2021确定,预测评估建设项目遭受不稳定斜坡地质灾害危险性为"小"。

不稳定斜坡预测评估危险性确定　　表4

| 危险性 | 险情 | | |
|---|---|---|---|
| | 重 | 中 | 轻 |
| 发生可能性　大 | 大 | 大 | 中 |
| 中 | 大 | 中 | 小 |
| 小 | | 小 | |

## 4.4 小结

通过预测评估,评估区内主要地质灾害类型为活动断裂、砂土液化和不稳定斜坡。

预测评估工程建设可能引发或加剧活动断裂灾害的危险性小,工程建设本身可能遭受活动断裂灾害的可能性小,评估区活动断裂地质灾害预测评估危险性小。

预测评估工程建设可能引发或加剧砂土液化

地质灾害的危险性小，评估区土层不发生液化，工程建设本身可能遭受砂土液化地质灾害的险情"轻"。评估区砂土液化地质灾害预测评估危险性小。

预测评估工程建设可能引发或加剧不稳定斜坡地质灾害的危险性小，工程建设本身可能遭受不稳定斜坡地质灾害的险情"轻"。评估区不稳定斜坡地质灾害预测评估危险性小。

# 5 结语

项目进行前期根据本项目的工程概况，搜集区域地质、气象、水文、地震等资料，通过野外地质调查，查明评估区地质环境条件和地质灾害的基本特征，从而确定评估区范围；根据建筑物基本信息认定本项目为较重要建设项目，地质环境复杂程度为中等，评估级别为二级。根据评估区内地质灾害发育程度和灾情对评估区进行现状评估；对项目在建设中或建成后可能引发和加剧地质灾

害的可能性和危害程度及工程建设本身遭受地质灾害的可能性和危害程度进行预测评估；在现状评估和预测评估的基础上，采用定量、定性的方法对拟建工程建设项目区地质灾害危险性进行综合评估及分区，对建设用地适宜性进行评估，结果表明建设用地地质灾害危险性综合评估划分为危险性"小级"，地质灾害防治难度小，建设用地的适宜性为"适宜"。并针对存在和可能发生的地质灾害提出相应的防治措施与治理建议。

## 参考文献

[1] 侯蕾, 彭文启, 董飞, 等. 永定河上游流域水文气象要素的历史演变特征[J]. 中国农村水利水电, 2020, (12): 1-8, 14.

[2] 焦青, 邱泽华. 北京平原地区主要活动断裂带研究进展[C]//地壳构造与地壳应力文集, 2006.

[3] 魏波, 何付兵, 董静, 等. 永定河断裂带南东段初探[J]. 城市地质, 2018, 13(2): 31-36.

# 顺义区杨镇棚户区改造土地开发项目安置房工程土壤污染状况调查实录

高振兴　李长跃　代　维　吴雨瑶　齐星圆

（中兵勘察设计研究院有限公司，北京　100053）

## 1　引言

根据《中华人民共和国土壤污染防治法》（2018 年 8 月 31 日）、《污染地块土壤环境管理办法（试行）》（2016 年 12 月 31 日）及《建设用地土壤污染状况调查、风险评估、风险管控及修复效果评估报告评审指南》（2019 年 12 月 17 日）[1] 要求，用途变更为住宅、公共管理与公共服务用地前应对原场地进行土壤污染状况调查工作。

## 2　工程概况

### 2.1　调查范围

本次调查地块位于北京市顺义区杨镇。调查范围总占地面积为 20.94hm²，用地规划为二类居住用地。本次土壤污染状况调查共涉及 6 个地块，其中 SY01-0101-6009 地块调查面积为 2.55hm²，SY01-0101-6012 地块调查面积为 4.60hm²，SY01-0101-6018 地块调查面积为 2.05hm²，SY01-0101-6021 地块调查面积为 4.67hm²，SY01-0101-6024 地块调查面积为 0.25hm²，SY01-0101-6027 地块调查面积为 6.82hm²。见图 1。

### 2.2　调查工作内容

本次地块调查工作内容包括以下三个方面：

（1）地块污染识别：通过文件审核、现场调查、人员访问等形式，获取调查地块水文地质特征、土地利用情况、生产工艺污染识别等基本信息，建立调查地块污染识别阶段的污染概念模型，识别和判断调查地块污染的潜在污染物种类、污染途径、污染介质以及潜在污染区域。

（2）现场勘察与采样分析：通过现场勘察与采样分析，获取不同深度土壤中污染物的浓度、污染区地层分布情况及土壤参数。建立地下水监测井，采集地下水样品用以分析调查地块内地下水污染情况。

（3）结果评价：参考国内现有的评价标准和评价方法，确定该调查地块是否存在污染。

图 1　调查地块范围及使用情况示意图

获奖项目：2023 年中国五洲工程设计集团优秀工程咨询成果奖一等奖。

## 3 调查地块污染识别

### 3.1 调查地块历史变革

根据人员访谈及地块历史影像追溯，调查场地用地历史主要为宅基地、耕地、林地、仓库及厂房，拆迁后闲置空地。各地块历史及现状使用情况见表1。

各地块历史及现状使用情况　表1

| 地块名称 | 历史主要使用情况 | 现状使用情况 |
|---|---|---|
| SY01-0101-6009 | 宅基地、二郎庙村村委会、汽车配件厂 | 闲置空地 |
| SY01-0101-6012 | 耕地、仓库（存放汽车配件） | 闲置空地 |
| SY01-0101-6018 | 林地、耕地、厂房（家具厂、北京沃德物流有限公司） | 闲置空地 |
| SY01-0101-6021 | 耕地、仓库（存放汽车配件） | 闲置空地 |
| SY01-0101-6024 | 林地、东庄户村村委会 | 闲置空地 |
| SY01-0101-6027 | 耕地、厂房（大杨构件厂、顺顺通商贸有限公司）、租赁居住 | 闲置空地 |

### 3.2 相邻场地历史变革

根据人员访谈及历史影像资料，调查地块周边800m范围内历史使用主要为北京现代汽车有限公司杨镇工厂、居住用地、耕地、办公用地、林地及鱼塘使用；调查地块周边800m范围内现状使用主要为住宅小区及拆迁后裸地、耕地、空地及北京现代汽车有限公司杨镇工厂。调查地块周边范围场地使用情况见表2。

调查地块周边范围场地使用情况　表2

| 名称 | 相邻位置关系 | 使用情况 |
|---|---|---|
| 相邻场地历史使用情况 | | |
| 二郎庙村宅基地 | 紧邻西北侧 | 居住用地 |
| 老庄户村宅基地 | 紧邻西侧 | 居住用地 |
| 杨镇宅基地 | 西南侧340m | 居住用地 |
| 东庄户村宅基地 | 紧邻南侧 | 居住用地 |
| 北京现代汽车有限公司 | 东侧250m | 生产企业 |
| 鱼塘 | 西侧500m | 养殖垂钓 |
| 相邻场地现状使用情况 | | |
| 顺鑫澜庭小区 | 西侧700m | 居住小区 |
| 阳洲鑫园小区 | 西南侧100m | 居住小区 |
| 顺鑫·朗郡小区顺鑫·朗郡 | 东南侧127m | 居住小区 |
| 双阳小区 | 南侧250m | 居住小区 |
| 杨镇宅基地 | 南侧300m | 居住小区 |
| 北京现代汽车有限公司 | 东侧250m | 生产企业 |
| 耕地 | 北侧768m | 种植小麦 |

根据人员访谈及场地历史影像可知，调查地块用地性质较简单，现场未发现污染痕迹，未发现地下管线及地下构筑物；通过周边人员访谈，得知调查地块及周边800m用地范围历史上未出现污染事件。

### 3.3 调查地块污染识别

根据前期识别，各调查地块历史主要使用情况及疑似主要污染物见表3。

各地块历史使用情况及污染物类型　表3

| 地块名称 | 历史主要使用情况 | 主要污染物类型 |
|---|---|---|
| SY01-0101-6009 | 宅基地、村委会、汽车配件厂 | 石油烃 |
| SY01-0101-6012 | 耕地、仓库 | |
| SY01-0101-6018 | 林地、耕地、厂房 | 有机磷农药（敌敌畏、乐果等）及重金属（砷、汞、镉等）、石油烃 |
| SY01-0101-6021 | 耕地、仓库 | |
| SY01-0101-6024 | 林地、村委会 | |
| SY01-0101-6027 | 耕地、厂房、租赁居住 | |

调查地块内主要为耕地、宅基地及企业、库房使用。耕地种植过程中会喷洒少量的有机农药（敌敌畏、乐果等），施用少量复合肥，长期施用可能导致地块土壤和地下水中砷、汞、镉等重金属污染；企业、库房在生产过程中可能会产生少量石油烃及苯系物污染。污染物主要通过大气降水淋滤，污染土壤及地下水。

### 3.4 相邻场地污染识别

调查地块周边800m范围内，历史情况主要为北京现代汽车有限公司杨镇工厂、居住用地、耕地、办公用地、林地及鱼塘。周边场地产生的污染均以苯系物、石油烃、生活污水及生活垃圾为主。通过收集的地质资料，苯系物、石油烃污染物发生侧向及垂向迁移影响调查地块的可能性较小，该区域对调查地块直接污染的可能较小。周边污水均排放到市政污水管线中（早期有散排情况），污水管线不经过调查地块；生活垃圾有定点垃圾收集箱，无垃圾堆。周边场地不存在对调查地块产生污染的污染源。

### 3.5 污染物迁移途径

通过前期污染识别，地块内有机农药（敌敌畏、乐果等）、重金属（铜、镍、铅、砷、汞、镉等）及石油烃污染。

有机农药除进入土壤除了以气体形式扩散外[2]，

还能以水为介质进行迁移，其主要方式有两种：一是直接溶于水；二是被吸附于土壤固体细粒表面上随水分移动而进行机械迁移[3-4]。一般来说，农药在吸附性能小的砂性土壤中容易移动，而在黏粒含量高或有机质含量多的土壤中则不易移动，大多积累于土壤上部土层内。主要迁移途径为大气沉降、降水淋滤下渗。

重金属（铜、镍、铅、砷、汞、镉等）进入土壤后，迁移能力相对较弱，通常吸附在上部土壤中，主要迁移途径为降水淋滤下渗[5-6]。

石油烃进入土壤中，经历挥发、吸附—解吸、淋溶和降解等过程，易被黏性土壤吸附。主要迁移途径为大气沉降、降水淋滤下渗[7]。

# 4 地块土壤污染调查

由于调查地块历史上从事过农业生产、生活居住、工厂加工及仓库储物活动，在历史过程中存在有机农药、重金属、石油烃及苯系物污染的可能。为避免本次调查发生遗漏，本项目进行验证污染采样分析，确定调查地块土壤是否存在污染情况。

## 4.1 布点依据

调查布点依据《建设用地土壤污染状况调查技术导则》HJ 25.1—2019[8]、《建设用地土壤污染风险管控和修复监测技术导则》HJ 25.2—2019[9]等相关规范。

## 4.2 土壤采样点布置

本次调查采用系统网格布点法进行土壤采样点布置，孔间距40～60m，共计布置123个土壤采样点。

根据前期污染识别，本次土壤采样深度主要依据地块历史使用情况、潜在污染物迁移特性、现场土壤物理感观、光离子气体检测仪（PID）及X射线荧光分析仪（XRF）快速筛查结果（每0.5m筛查1次）、地块内地层分布情况等信息，综合判断土壤采样深度。结合历史使用情况，对于本地块原耕地区域在0～0.5m范围内耕植土取1件土壤样品，下部黏质粉土层②取1件土壤样品。采样点取样垂向间隔不超过2m；对于调查场地内原厂房、仓库、宅基地区域在0～0.5m范围内人工填土层取1件土壤样品，下部取至粉质黏土层③。采样点取样间隔不超过2m。调查地块土壤采样点位分布见图2。

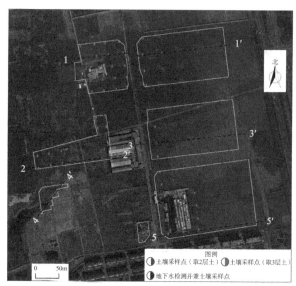

图2 调查地块采样点位分布图

## 4.3 地下水采样点布置

根据收集的调查地块附近水文地质资料，本地块第一层稳定潜水埋深约为5m，地下水由东北向西南流动。为了解调查地块内地下水是否存在污染情况，本次调查地块内共布置地下水监测井6眼，即地下水上游布置3眼，地下水下游布置3眼地下水监测井。调查地块内地下水监测井布设见图2。

对于土壤及地下水兼用采样点取样深度至稳定含水层位置，具体为：

（1）表层土壤样品在地表下0～0.5m范围内采取。

（2）0.5m深度以下范围内的土壤样品采集，每个采样点间隔不超过2m，且保证每个大层至少采取一个土壤样品（夹层加取）。

取样及快筛检测照片见图3。

图3 取样及快筛检测照片

## 4.4 土壤现场快筛检测结果

根据现场 PID 检测结果，调查地块土壤现场有机物总量总体由深度呈递减状态，最大值检出值为 0.9mg/kg，检出深度位置主要为 0.5～1.0m；最小值检出值为 0.4mg/kg，PID 检测结果均无异常。

根据现场 XRF 检测结果，调查地块土壤现场重金属主要检出项目为砷、铬、铜、铅、镍，检出位置主要集中在上部土壤中，XRF 检测结果均无异常。

## 4.5 调查阶段土壤分析项目

根据前期地块潜在污染区域，本次调查结合地块及周边历史使用分析，土壤采样点检测项目为《土壤环境质量—建设用地土壤污染风险管控标准》GB 36600—2018[10]中 45 项基本项目和其他项目中有机农药类、石油烃进行检测。

## 4.6 调查地质情况介绍

根据本次调查地块揭露的地质情况，调查地块内主要为黏质粉土层、细砂层及粉质黏土层。根据勘探成果，调查地块内岩土由上至下地层情况见图 4。

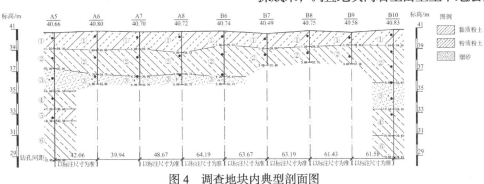

图 4　调查地块内典型剖面图

## 4.7 调查地下水情况

依据《建设用地土壤污染状况调查技术导则》HJ 25.1—2019[8]、《建设用地土壤污染风险管控和修复监测技术导则》HJ 25.2—2019[9]及《地下水环境监测技术规范》HJ/T 164—2004[11]，本次调查揭露的地下水为第一层稳定潜水层，本层地下水呈连续分布状态，含水层主要为细砂层③、黏质粉土层⑤，透水性好，稳定水位埋深为 2.61～5.65m，稳定水位标高为 35.83～38.10m，本次调查所采取水样为该层地下水。调查地块内地下水流向情况见图 5。

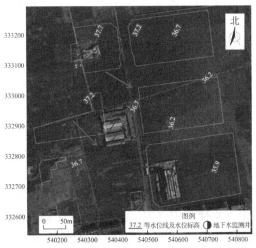

图 5　调查地块地下水流场图

# 5 调查结果分析与评价

## 5.1 样品统计信息

调查地块调查共计采集土壤样品 352 件，其中 169 件检测项为 45 项基本项目和其他项目中有机农药类，183 件检测项为 45 项基本项目和其他项目中石油烃，地下水样品 7 件。

## 5.2 土壤监测结果分析

根据土壤样品监测结果，检出污染物共 7 种，主要为重金属（砷、镉、铜、铅、汞、镍）、石油烃。本项目按《土壤环境质量建设用地土壤污染风险管控标准（试行）》GB 36600—2018[10]用地性质划分，土壤检出物质见表 4。

土壤检出物质　　　　　　　　表 4

| 检测项目 | | 检出限/<br>（mg/kg） | 筛选值/<br>（mg/kg） | 含量范围/<br>（mg/kg） | 检出率<br>/% | 超标率<br>/% |
|---|---|---|---|---|---|---|
| 重金属 | 砷 | 0.01 | 20 | 2.74～16.49 | 100% | 0 |
| | 镉 | 0.01 | 20 | 0.02～0.65 | 100% | 0 |
| | 铜 | 1 | 2000 | 6～41 | 100% | 0 |
| | 铅 | 0.1 | 400 | 8.8～49.2 | 100% | 0 |
| | 汞 | 0.002 | 8 | 0.004～0.329 | 100% | 0 |
| | 镍 | 3 | 150 | 8～36 | 100% | 0 |
| 石油烃<br>（C$_{10}$～C$_{40}$） | | 6 | 826 | 6～160 | 85.79% | 0 |

注：表中所用筛选值为《土壤环境质量建设用地土壤污染风险管控标准（试行）》GB 36600—2018[10]标准中第一类用地的筛选值。

（1）重金属检出分析

调查地块所有土壤样品中重金属 6 种（砷、镉、铜、铅、汞、镍）均有检出；结合前期污染识别分析，重金属检出主要与早期耕种及区域环境背景值有关。各检出指标浓度与取样深度详细情况见图 6。

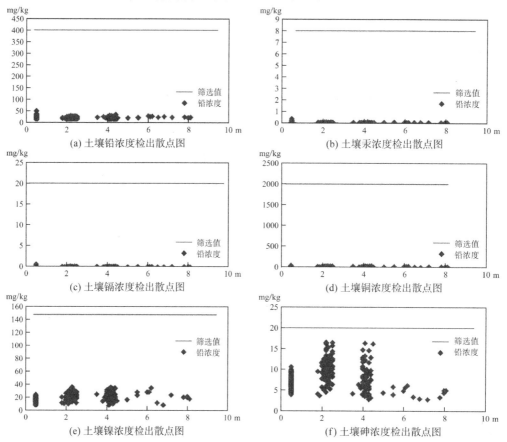

图 6　调查地块土壤检出指标浓度散点图

（2）石油烃检出分析

SY01-0101-6009 地块土壤样品中石油烃检出率为 79.41%；SY01-0101-6012 地块土壤样品中石油烃检出率为 76.92%；SY01-0101-6018 地块土壤样品中石油烃检出率为 100%；SY01-0101-6021 地块土壤样品中石油烃检出率为 100%；SY01-0101-6024 地块土壤样品中石油烃检出率为 80.00%；SY01-0101-6027 地块土壤样品中石油烃检出率为 85.11%；结合前期污染识别分析，石油烃检出与调查地块及周边历史使用有关。检出指标浓度与取样深度详细情况见图 7。

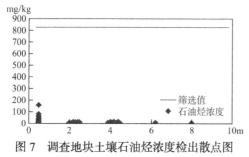

图 7　调查地块土壤石油烃浓度检出散点图

土壤检出数值均不超过国家标准《土壤环境质量建设用地土壤污染风险管控标准》（试行）GB 36600—2018[10] 中"第一类用地"筛选值，对建设地块土壤污染风险可接受。

## 5.3　地下水监测结果分析

由于本项目所在区域为非饮用水水源地并且位于潮白河下游（符合地面水环境质量 V 类—北京市水资源公报（2019）[12]），考虑到区域地表水、地下水的背景值，本次调查地下水水质以《地下水质量标准》GB 14848—2017[13] IV 类标准进行筛选。调查期间，在调查地块内采集 6 组地下水样品送检，地下水检测因子主要为：pH 值、溶解性总固体、亚硝酸盐、硫酸盐、重金属（铬（六价）、汞、砷、镉、镍、铅、铜）、VOCs、SVOCs、有机农药类、石油烃等。根据地下水试验结果对照，调查地块内地下水样品中氨氮、总硬度、氯化物、碘化物、硝酸盐氮、溶解性总固体、亚硝酸盐氮等 19 项有检出。本次调查采样地下水检出物质见表 5。

| 检测项目 | 检出限 | 限值/(mg/L) | 含量范围/(mg/L) | 检出率/% | 超标率/% | 最大超标倍数 |
|---|---|---|---|---|---|---|
| 总硬度 | 5mg/L | 650 | 424~719 | 100 | 28.57% | 1.11 |
| 溶解性总固体 | | 2000 | 601~982 | 100 | 0 | |
| 氯化物 | 2.5mg/L | 350 | 44.7~111 | 100 | 0 | |
| 氨氮 | 0.02mg/L | 1.50 | 0.36~1.36 | 100 | 0 | |
| 硝酸盐氮 | 0.08mg/L | 30 | 1.53~8.31 | 85.71 | 0 | |
| 亚硝酸盐氮 | 0.003mg/L | 4.80 | 0.006~0.147 | 100 | 0 | |
| 耗氧量 | 0.05mg/L | 10.0 | 1.14~2.90 | 100 | 0 | |
| 硫酸盐 | 0.018mg/L | 350 | 81.9~186 | 100 | 0 | |
| 氟化物 | 0.006mg/L | 2.0 | 0.24~0.79 | 100 | 0 | |
| 砷 | 0.3μg/L | 0.05 | $5 \times 10^{-4} \sim 2.0 \times 10^{-2}$ | 42.86 | 0 | |
| 铜 | 0.08μg/L | 1.50 | $4.1 \times 10^{-4} \sim 1.15 \times 10^{-3}$ | 100 | 0 | |
| 镍 | 0.06μg/L | 0.10 | $1.5 \times 10^{-4} \sim 2.22 \times 10^{-3}$ | 100 | 0 | |
| 铝 | 1.15μg/L | 0.50 | $1.51 \times 10^{-3} \sim 4.24 \times 10^{-3}$ | 100 | 0 | |
| 硒 | 0.41mg/L | 0.10 | $0.51 \times 10^{-4} \sim 2.43 \times 10^{-3}$ | 85.71 | 0 | |
| 锌 | 0.67μg/L | 5.00 | $4.82 \times 10^{-3} \sim 1.06 \times 10^{-2}$ | 100 | 0 | |
| 锰 | 0.12μg/L | 1.5 | 0.01~1.02 | 100 | 0 | |
| 钠 | 6.36μg/L | 400 | 25.8~89.3 | 100 | 0 | |
| 铁 | 0.83mg/L | 2 | $1.03 \times 10^{-3}$ | 14.29 | 0 | |
| 石油烃（$C_{10} \sim C_{40}$） | 0.01mg/L | 0.6 | 0.06 | 100 | 0 | |

注：表中所用筛选值为《地下水质量标准》GB 14848—2017[13]Ⅳ类标准限值和《上海市建设用地土壤污染状况调查、风险评估、风险管控与修复方案编制、风险管控与修复效果评估工作的补充规定》[14]的第一类用地筛选值。

本次调查地下水样品中硝酸盐氮检出为85.71%、砷检出为42.86%、硒检出为85.71%、铁检出为14.29%，氨氮、总硬度、氯化物、亚硝酸盐氮、溶解性总固体、石油烃等15项物质均为100%检出，其中一般化学指标溶解性总固体、氨氮、氯化物、硫酸盐、耗氧量、铜、铝、铁、锌、钠，毒理学指标硝酸盐氮、亚硝酸盐氮、氟化物、砷、镍、锰、硒、石油烃检出数值，均不超过《地下水质量标准》GB 14848—2017[13]Ⅳ类标准限值和《上海市建设用地土壤污染状况调查、风险评估、风险管控与修复方案编制、风险管控与修复效果评估工作的补充规定》[14]的第一类用地筛选值，可不考虑其影响。

调查地块位于潮白河下游，所在区域为非饮用水水源地，其饮水水源源自顺义区第八水厂（项目区西侧），河流水质常年为Ⅴ类水，甚至超Ⅴ类水（北京市水资源公报2016—2019）[12,15-17]；浅层地下水方面，Ⅳ—Ⅴ类水主要分布在平原区东部和南部地区。顺义区水质超标情况相对较重，主要超标指标为总硬度、锰、砷、铁、硝酸盐氮等（北京市水资源公报2016—2019）[12,15-17]。对于地下水中一般化学指标总硬度检出值超过Ⅳ类标准限值，主要受区域地下水环境背景影响。

# 6 结论及经验分析

## 6.1 调查地块污染确认结论

调查阶段，在调查范围内布设123个土壤采样点，获取调查地块内有代表性土壤样品、地下水样品送实验室检测，调查地块内主要潜在污染物为有机农药类、石油烃，土壤采样点检测项目为《土壤环境质量—建设用地土壤污染风险管控标准》GB 36600—2018[10]中45项基本项目及其他项目中的有机农药类、石油烃进行检测。

综合土壤和地下水检测结果分析，本项目无需启动详细调查和风险评估，根据《建设用地土壤污染状况调查技术导则》HJ 25.1—2019[8]，调查地块调查工作到初步采样阶段（技术路线第二阶段）结束。调查地块属非污染地块，建设用地土壤污染风险可接受。

## 6.2 经验分析

本报告基于材料搜集、现场访谈、实地采样分析，以科学理论为指导，结合专业判断进行逻辑推论与结果分析。通过对目前所掌握调查资料的判别和分析，了解调查地块土地利用的历史变迁情况，并收集与调查地块相关的资料，同时取样过程严格遵守相关规范，并考虑现场情况、土壤和地下水分布情况，严格现场采样工作，并对样品检测过程进行质量控制，为本次调查工作奠定了良好基础。

（1）集多方法污染识别：本项目地块用地历史久远，部分工厂生产产品、原材料、生产工艺等资料缺失异常严重，污染识别难度极大。项目组采用历年卫星遥感影像、同类生产工艺文献查询、周边群众及原单位职工访谈等多重手段相结合，真实地还原地块历史使用情况，精准开展污染识别工作。

（2）引入创新机制优化服务方案：项目严格按照规范及导则要求，结合场地实际情况，编制工作实施方案。一方面，合理确定浅层土壤采样点终孔深度；一方面，创新性地引入现场土壤快筛机制；通过优化采样方案，保证技术合理情况下，节约了项目成本。

# 参考文献

[1] 建设用地土壤污染状况调查、风险评估、风险管控及修复效果评估报告评审指南[EB/OL]. (2019-12-17)[2022-9-30]

[2] 张玉红, 张英慧, 王莹莹. 有机农药在水环境中的迁移、转化及治理途径[J]. 西安文理学院学报(自然科学版), 2007(1): 28-32.

[3] 戴建华. 有机农药在土壤中的迁移转化[J]. 山西煤炭管理干部学院学报, 2005(4): 110.

[4] 卢鑫. 有机农药污染土壤现状及其修复技术研究综述[J]. 绿色环保建材, 2019, (3): 36, 39.

[5] 姜伟, 金彩虹, 吴树康, 等. 猪饲料中重金属迁移路径及其潜在安全风险分析[J]. 山东农业科学, 2022, 54(6): 150-155.

[6] 王晨, 张敏, 王振旗, 等. 长期施用猪粪稻田的重金属迁移规律与累积风险[J]. 浙江农业学报, 2022, 34(9): 1985-1994.

[7] 郎梦凡. 石油烃在不同土壤中的挥发及迁移规律研究[D]. 咸阳: 西北农林科技大学, 2022.

[8] 生态环境部. 建设用地土壤污染状况调查技术导则: HJ 25.1—2019[S]. 北京: 中国环境出版社, 2019.

[9] 生态环境部. 建设用地土壤污染风险管控和修复监测技术导则: HJ 25.2—2019[S]. 北京: 中国环境出版社, 2019.

[10] 生态环境部. 土壤环境质量建设用地土壤污染风险管控标准: GB 36600—2018[S]. 北京: 中国环境出版社, 2018.

[11] 北京市市场监督管理局. 地下水环境监测技术规范: HJ/T 164—2004[S]. 北京: 中国环境出版社, 2021.

[12] 北京市水务局. 北京市水资源公报(2019年度)[EB/OL]. (2020-09-18)[2022-9-30] http://swj.beijing.gov.cn/zwgk/szygb/202009/P020200918627119515926.pdf.

[13] 国土资源部. 地下水质量标准: GB/T 14848—2017[S]. 北京: 中国质检出版社, 2017.

[14] 上海市生态环境局. 上海市建设用地土壤污染状况调查、风险评估、风险管控与修复方案编制、风险管控与修复效果评估工作的补充规定[EB/OL]. (2021-06-30)[2022-9-30] http://service.shanghai.gov.cn/XingZhengWenDangKuJyh/XZGFDetails.aspx?docid = REPORT_NDOC_007309.

[15] 北京市水务局. 北京市水资源公报(2018年度)[EB/OL]. (2019-07-05)[2022-9-30] http://swj.beijing.gov.cn/zwgk/szygb/201912/P020191219479807999291.pdf.

[16] 北京市水务局. 北京市水资源公报(2017年度)[EB/OL]. (2018-07-19)[2022-9-30] http://swj.beijing.gov.cn/zwgk/szygb/201912/P020191219479604180997.pdf.

[17] 北京市水务局. 北京市水资源公报(2016年度)[EB/OL]. (2017-08-07)[2022-9-30] http://swj.beijing.gov.cn/zwgk/szygb/201912/P020191219480858735418.pdf.

# 某印染厂地块水土原位协同修复项目实录

李 韬　王 蓉　沈婷婷　宋晓光　陈 展

（上海勘察设计研究院（集团）股份有限公司，上海　200093）

块地下水污染问题，实现"净土出让"。

## 1　工程概况

本项目地块位于上海，占地面积约 27991m²，历史上曾为某印染企业用地，拟开发建设住宅小区。经调查评估，发现地块部分区域地下水中重金属砷、铅含量超风险，涉及须修复污染地下水面积约 1600m²，修复深度 8m，我司实施了环境调查、评估、修复全流程技术与工程服务，有效解决本地

## 2　地质条件

### 2.1　工程地质条件

地块 15m 深度范围内土层以黏性土、粉性土为主，各土层特点及分布情况见表 1，工程地质剖面图见图 1。

**地层特性表**　　表 1

| 土层序号 | 土层名称 | 层厚/m | 注水试验渗透系数范围值/（cm/s） | 土层描述 |
|---|---|---|---|---|
| ① | 填土 | 1.40～4.60 | — | 上部以碎砖、碎石等建筑垃圾为主，下部以黏性土为主，很湿，土质松散不均匀 |
| ② | 粉质黏土 | 0.60～2.20 | 1.70E-05 | 含氧化铁斑点及铁锰质结核，很湿，软塑，中等压缩性，地下水超标区域基本缺失 |
| ③ | 淤泥质粉质黏土 | 4.60～6.50 | 1.72E-05～2.26E-05 | 含云母、有机质，夹薄层砂质粉土，局部为粉性土，饱和，流塑，高等压缩性，土质不均 |
| ④ | 淤泥质黏土 | 8.10～9.50 | 9.99E-06～1.15E-05 | 含云母、有机质及贝壳碎屑，饱和，流塑，高等压缩性，土质较均匀 |

土层组成和性质对污染物迁移、滞留、转化存在如下影响：

（1）地块表层分布厚层填土。填土孔隙率较大、土质松散不均匀，细颗粒以黏性土为主，容易富集污染物，上部污染物容易穿过该层进入下部土层。

（2）第②层粉质黏土层较为致密，渗透性低，一般情况下污染物不易穿透，是良好的天然阻隔层。但本地块该层土厚度较薄，且地下水修复区域

基本缺失，污染物容易向下迁移。

（3）第③层淤泥质粉质黏土层，夹薄层砂质粉土，局部为粉性土，土质不均，注水试验渗透系数范围值 1.72E-05～2.26E-05cm/s，污染物在该层易发生迁移扩散。

（4）④层淤泥质黏土层场内分布稳定，土质较均匀，注水试验渗透系数范围值 9.99E-06～1.15E-05cm/s，对污染物迁移有良好的阻隔效果，在调查阶段未发现本层有污染物浓度超标。

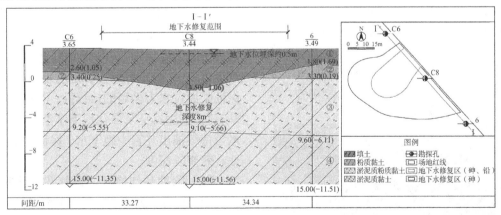

图 1　工程地质剖面图

基金项目：上海环境岩土工程技术研究中心（15DZ2251300）。

获奖项目：荣获 2020 年上海市优秀工程勘察设计行业奖一等奖，2021 年度工程勘察、建筑设计行业和市政公用工程优秀勘察设计奖二等奖。

## 2.2 地下水分布

地块内地下水普遍埋深 0.5～1.6m（相应标高 2.20～3.22m，吴淞高程）。地下水修复区域内埋深浅，平均值约为 0.5m。

## 3 项目特点与难点

（1）用地历史复杂，分析要求高

地块曾为某印染企业用地，主要生产印染布粘合剂等产品，20 世纪 90 年代末停产后已进行多轮拆建改用，用地历史复杂，亟需通过调查评估精准定位修复范围，精确刻画污染特征，并制定合理可行的修复方案。

（2）地下水污染深度大，修复难度大

地块修复深度范围内主要为软弱黏性土、粉性土，其中 3～8m 范围内分布有粉性土。其中黏性土中结合水占比高、给水度低、渗透性差，且易于吸附污染物，导致污染地下水"抽不出"；而粉性土渗透性良好，易于污染迁移。同时发现局部土壤中目标污染物的物质总量约为地下水中 5～10 倍，吸附于土颗粒的污染物持续释放到孔隙水中，即可造成地下水超标。因此，仅依靠常规地下水抽提技术易出现拖尾和反弹现象，难以保证地下水修复达标。

（3）污染羽动态变化，分析效率匹配难

鉴于污染物与赋存介质之间的相互作用的复杂性，污染地下水抽提注入需根据过程中污染物的去除效果，经多轮次的调整作业才能实现修复目标。但常规地下水精确采样困难、实验室分析滞后的现状，不能满足修复过程实时监控和工艺及时调整的需要。

（4）施工条件受限，水处理难度大

污染地下水源属印染废水，具有强碱性、色度高、成分复杂等特点，处理技术难度大；本项目修复工期受限，且可利用的水处理空间小，照搬常规处理工艺不可行；同时，本项目受成本等制约，按照常规水处理实施难度大（图 2）。

图 2 污染水样品示意图

## 4 修复方案分析

1）锁定修复靶区，依区施策。

依据印染废水 pH、电导率等物性参数异于天然地下水背景值等特征，结合快检快速判别污染范围及程度；同时，利用自主研发直压免井式地下水样品定深采集装置，实现在不建井的情况下快速定深取样，有效克服传统采样分析工作量大、周期长、二次污染风险高等不足，实现"快速精细"刻画地下水污染空间分布特征，为修复提供基础数据支撑。

基于地块环境调查数据，结合地层条件，识别污染范围及对地下水水质的影响区域，综合划定"释源区＋影响区"的修复范围。针对性地提出"释源区土壤挖除后异位固化稳定化；影响区：局部隔离＋抽注原位水力循环＋强化药剂注入"的修复方案（图 3）。

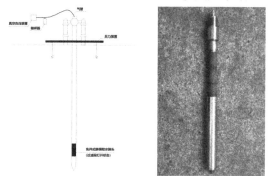

图 3 免井式地下水定深采样装置

2）筛选修复技术，创新方法工艺。

结合上海地区环境水文地质特点与污染迁移规律研究成果，创新提出原位水力循环修复技术与配套设备，解决地下水修复拖尾及易反弹难题。

（1）结合上海地区环境水文地质特点研究成果，通过井结构优化将抽提与注入井功能合并，实现抽注的同步联合运行与灵活切换，避免了单一抽提引起的地层固结、渗透性降低和工效下降，持续运行 3～4 个月可保持稳定的地层有效孔隙度，保证了原位水力循环的持续性；同时，采用"双泵系统"，利用真空泵强化地下水汇集效果；利用潜水泵持续抽出井管中地下水，保证"抽得出"且保证有效修复深度。

（2）除抽注切换外，修复井设计兼具样品快采快测、效果监测功能，可实现根据污染物浓度过程变化及时调整井群运行。系统运行过程在保持土壤有效孔隙度和初始渗透性的同时，按需注入药剂可实现多次增效淋洗与水力循环，将土壤中吸附的污染物通过增加淋洗和浓度扩散逐步导出，将污染地下水逐步置换；同时，避免二次污染，实现修复增效超30%。

（3）根据修复过程中污染范围的动态变化，设计分三阶段抽注工艺，包括：全范围抽注循环阶段、药剂注入/抽提强化修复阶段、抽注净水循环修复阶段。以多功能井作为基本控制单元灵活布置，通过"点→线→面"系统管路优化连接与自动

控制，以流场控制逐步缩小污染范围，同时减少对周边环境的影响，实现修复单元到整个修复区域、再到未达标点的强化修复，最终达成灵活高效修复。

（4）为避免持续抽提引起周边水位下降，产生地基沉降、建筑开裂等地质灾害，在修复区外围设置井式水力屏障，持续高压注入，控制抽提影响范围（图4）。

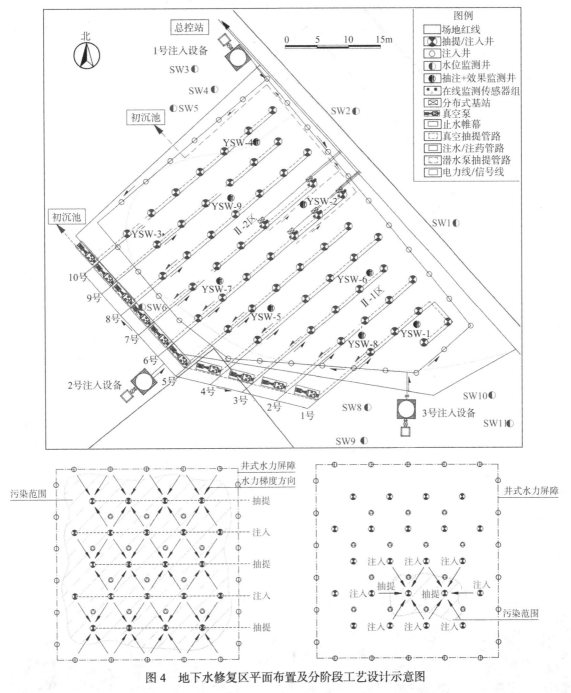

图4 地下水修复区平面布置及分阶段工艺设计示意图

3）监控污染羽动态变化，调节修复工况。

由于污染物浓度变化将引起地下水关键物性参数变化，通过关键物性参数的监测可直接或间

接判断目标污染物浓度的变化。因此，本项目通过污染溯源与特征参数解析，建立特征参数（酸碱度、电导率、氧化还原电位、氯离子浓度等）与地

块特征污染物、修复药剂的相互关系数据集。

开发并应用基于多参数的在线监测与工艺控制反馈技术。预先设置中控系统不同阶段的环境因子控制阈值、工艺运行参数及两者的反馈调节关系；运行过程通过传感器（监测频率可设置为1次/s～1次/h不等）获取目标污染物的监测指标值并反馈至中控中心，快速判断抽提/注水/注药等修复措施实施效果，并通过反馈调节关系发出指令自动控制调整工艺控制传感器，从而实现修复过程的实时、动态、智能控制；同时，减少大量人工投入，降低修复现场作业人员的暴露风险。地块目标污染物与部分特征参数相关性示例见图5。

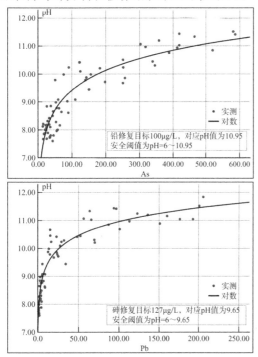

图5 地块目标污染物与部分特征参数相关性示例

4）基于试验成果，研发水处理工艺设备。

通过多阶段试验，精简、集成水处理氧化、脱色及絮凝沉淀等工艺流程，研发组装方便、适用于本项目污染水特征及处理效率需求的印染废水处理设备。抽出的地下水在处理后，水质应满足地下水Ⅲ类水质标准和纳管排放标准，并同步解决pH、色度等污染问题，其中色度去除率在90%以上。

## 5 修复工程实施

为实现修复过程自动化、智能化，项目开发并应用基于多参数的在线监测技术，通过环境监测传感器（酸碱度、电导率、氧化还原电位等）采集并表征地下水中目标污染物和修复药剂的自动化监测数值，实时监测污染物、药剂浓度分布情况；通过工艺监测传感器（真空度和水位传感器、流量计等）采集并表征设备运行状态，实施监测井管内真空度、场区地下水水位分布、地下水流场变化和污水抽提量/处理量。

开发PLC程序对特征参数监测数据进行判断分析，通过智能中控系统实现二者信息的收集整合和反馈，并根据不同施工工艺要求设置不同阶段的工艺运行参数和反馈调节关系，通过水位/真空度监测指标判断、控制潜水泵/真空泵及注入井启停；通过氧化还原电位/电导率指标判断、控制药剂注入启停；通过pH指标间接关注、判断污染物区域及浓度变化；整体通过管路优化设计、传感器的实时监控、PLC和电磁阀门等软硬件支持，及时调整抽提、注入工艺，实现多个任意位置抽提单元组合的污染小区块靶向治理。

自动化技术的应用将传统取样送检测分析周期由5～10d压缩至1h甚至1min，操作人员由传统采样送检的5～7人减少至1～2人。实现了地下水污染物浓度的过程动态变化"透视"和修复效果的跟踪把握，保证了修复工艺的精确度，节省了大量检测成本、无效的工艺措施成本和工期时间成本。

基于本项目水处理工艺特点与难点，研发了印染废水处理设备。该设备集污水氧化、pH调节与絮凝沉淀为一体，优化序批次工艺路径，满足现场污水处理要求，节约成本，提高了处理效率和效果（图6～图8）。

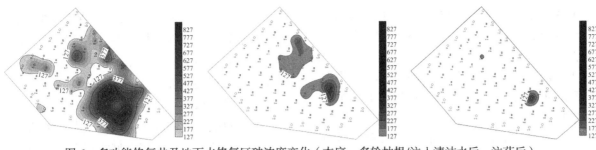

图 6 多功能修复井及地下水修复区砷浓度变化（本底、多轮抽提/注入清洁水后、注药后）

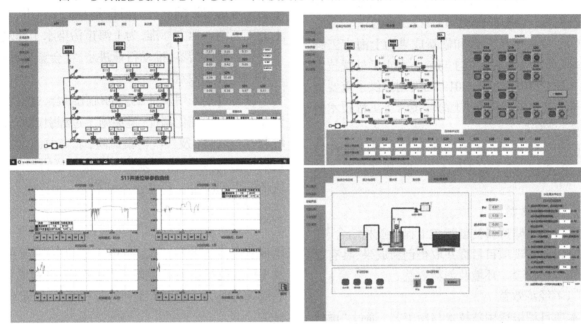

图 7 在线监控系统

(a) 抽提出污染水

(b) 处理达标水

图 8 污水处理前后对比图

施工过程中,针对可能出现的扬尘、废水渗漏、积水、施工与建筑垃圾及噪声等影响周边环境的因素,均采取应对措施,按监测计划开展监测,结果显示,施工过程中各项监测指标均满足规范要求,且未发生周边居民投诉事件,整体二次污染防控效果良好。

建立了安全生产体系,进行了人员安全培训及安全技术交底,组织和部署了应急预案,有效地实施了各项安全措施。由于组织得当,施工过程中,未发生人员伤亡事件。同时,沉降监测结果显示,本项目施工未对周边沉降产生明显影响。

## 6 项目成果与效益

1)项目成果

(1)修复后地下水中主要污染物砷、铅去除率达到 95% 以上，均达到了修复目标；抽出废水处理后达标排放；项目顺利通过了修复效果评估及回顾性评估。

（2）本项目成果申请发明专利 4 项（已获授权 1 项）、实用新型专利 1 项（已授权），以及软件著作权 3 项（已登记）。

（3）依托本项目成功申报上海市科委课题《原位水力循环修复智能监控技术研究与数字化评价系统开发》（课题编号：18DZ1204302）。

（4）本项目的实践和创新成果为上海市工程建设规范《建设地块污染土与地下水土工处置技术规范》DG/TJ08-2295—2019 的编制提供了重要支撑。同时支持了市科委"上海环境岩土工程技术研究中心"建设。

（5）"地块原位水力循环修复及智能监控技术"获第三十一届上海市优秀发明选拔赛优秀发明金奖。

2）综合效益

项目团队坚持科技创新与工程实践相结合，在较短时间内实现项目目标并取得创新成果，具有显著的经济、社会、环境及创新效益。

（1）经济效益

本项目积极运用新技术与新工艺，通过"增效抽提 + 在线集成监控"技术，在确保安全的前提下改善修复效果，提高修复效率，降低修复成本 5% 以上。同时提高了土地使用价值和生态环境质量，增强了区域发展的吸引力，经济效益显著。

（2）社会效益

本项目的完成恢复了地块的生态环境功能，提升地块的环境品质，对提高城市建设土地利用率、推动保障房建设顺利进行发挥重要支撑作用。新技术新工艺纳入地方标准，为上海市污染水土修复技术的发展提供借鉴，推动行业进步，社会意义显著。

（3）环境效益

修复过程采用多种工艺的优化组合、过程动态监控和工艺精细化调控，避免施工过程引起周边环境和安全风险，及二次污染风险，将修复施工对周边环境影响降至最低。随着本地块修复的完成，地块环境得到改善，环境效益显著。

（4）创新效益

本项目实施过程中，开展科技攻关并实现了科研成果转化运用，为上海市 1 项科技研发项目及 1 项规范编制项目发挥了支撑作用，创新成果在后续多项地块修复项目中得到应用，创新效益显著。

# 楚雄市天然气综合利用项目门站边坡、滑坡岩土工程勘察实录

眭素刚　刘文连　徐鹏飞　王帮团

（中国有色金属工业昆明勘察设计研究院有限公司，云南昆明　650051）

## 1　引言

红层是由地质构造运动后形成的碎屑岩沉积地层，云南红层是我国出露面积最大的省份之一，占云南省国土面积的30%[1]，云南红层泛指广泛分布着红色的侏罗纪—白垩纪地层，通常由泥岩、粉砂岩、砂岩交替组成[2-3]。红层形成的地质历史背景和后期改造历史具有一定的特殊性，主要表现为节理裂隙发育、岩层软硬交替沉积、遇水软化后易于形成软弱结构面，从而极易形成红层顺层滑坡[4-5]。红层软岩顺层滑坡频发，滑动规模大，严重威胁了国家和人民的生命财产安全。本文以云南楚雄市天然气门站红层滑坡为例，对滇中红层滑坡形成机理及稳定性开展相关勘察、设计、研究工作，并提出相应的处治措施，为此类典型滑坡分析及防治提供思路。

## 2　项目概况及勘察工作

### 2.1　工程概况

楚雄天然气综合利用项目门站边坡位于楚雄市冬瓜镇二环路北侧，地理坐标为：东经101°35′12.61″，北纬25°02′54.45″。场地为一斜坡地带，场地东侧为一低洼凹地形，场地南侧为二环公路修建开挖边坡。

拟建场地北、东、西三面均为挖方边坡（图1），东面挖方边坡最高约31m，分5级四个平台，平台宽2m，坡比1∶1～1∶1.25；西面挖方边坡最高约28m，分4级3个平台，平台宽2m，坡比1∶1～1∶1.25；北面挖方边坡分东、西两段，东段长62m，边坡最高约23m，分3级2个平台，平台宽度2m，西段长约50m，边坡最高约38m，该段边坡初始设计坡比为1∶1，每级边坡最高为8m，在施工过程

中出现开裂、滑动；因此将已经滑动坡体清除后，调整该段坡比为1∶1.5～1∶2后，次年1月又出现了局部发生垮塌并开裂滑动（图2）。楚雄门站边（滑）坡地层属于典型的滇中红层，红层遇水软化后容易诱发滑坡灾害，场地属于易燃易爆的天然气门站建设，破坏后果极为严重。

图1　挖方边坡现场照片

图2　场地北面西段滑坡体

获奖项目：2021年度工程勘察、建筑设计行业和市政公用工程优秀勘察设计奖一等奖。

## 2.2 工程特点及技术难点

本项目具有以下工程特点及技术难点：

（1）边坡开挖范围大，开挖边坡坡度高，且场地属于易燃易爆的天然气门站建设，破坏后果极为严重。

（2）场地地层属于典型的滇中红层，顺层边坡开挖易于形成滑坡，治理难度大。

（3）场地属于先开挖后治理，场地整平后，东、西、北三面形成挖方边坡，北面挖方边坡西段形成滑坡，清除滑动坡体后，调整开挖坡比再次开挖到整平标高后，再一次出现开裂滑动。

（4）场地北东侧为老采石场，凹地地形形成汇水区，侧向补给地下水，导致红层地层结构面软化形成软弱滑动面，影响边坡稳定。

## 2.3 勘察方法及工作量

通过对项目区进行边坡及滑坡详细勘察等工作，共完成钻孔 42 个（9 个滑坡勘察孔），总进尺 967.3m（滑坡勘察孔总进尺 255.6m）。为准确评价场地内各岩土层的物理力学性质指标，采用重型动力触探试验 192 段、注水试验 23 段、土体常规物理力学特性试验 12 组、岩石抗剪强度试验 33 组、岩石抗压强度试验 50 组、现场直接剪切试验 24 组、大单容试验 7 组、残余剪切试验 6 组、X 衍射试验 6 组等多种手段，开展本次勘察工作。

# 3 场地地质条件

## 3.1 地形地貌

场地属于剥蚀低山丘陵地貌，场地地段原始地貌为一斜坡低洼凹地形，斜坡坡顶高程为1856.96m，坡顶位置坡度约为 3°～10°，斜坡段坡度为 10°～15°，整体地形较为平缓；开挖整平后，整平标高为 1807.4～1809.7m，在施工开挖导致滑坡后，滑坡平面形态为一扇形形态，主滑方向约225°，滑坡纵长约 64m，后缘宽约 40m，前缘宽约50m。

## 3.2 气象水文

楚雄市位于中亚热带季风气候区，深受冬季风和夏季风的影响，造成了境内主要气候为春秋季长，冬夏季短，气温日差较大，年差较小的特点。年平均温度 18.3℃，历史最高气温 42℃，历史最低气温−8.4℃；年平均日照 2450h，年降雨量816mm，1h 最大降雨量 16.17mm，12h 最大降雨量 118.16mm，24h 最大降雨量为 123.10mm，降雨多集中在 5～10 月份，年内风的频率以西南风居首，偏北风次之[6]。场地所属地区地表水属金沙江水系，场地地表水系不发育，无稳定的地表径流，场地东侧为一凹地形，为场地区域地表雨水的汇流区。楚雄门站区汇水面积约 0.0664km²。

## 3.3 地质构造

场地位于楚雄向斜东翼，所在区域属会基关—双柏穹隆褶皱区，区内褶皱宽缓，穹隆构造、碗状向斜发育，断裂少见且规模不大，构造线呈近南北向。距离场地最近的断裂主要为 F53 断裂，该断裂位于庄甸—蔡家冲—陈家一线，在区内全长约 8000m，总体延伸方向 120°，倾向北东，倾角70°，为一逆断裂，该断裂为非活动断裂，距离工程区直线距离为 460m；综上所述，场地内没有活动的构造，没有深大断裂，整体对场地稳定性影响小[7]。

## 3.4 地层岩性

场地所在区域出露的地层主要为第四系全新统冲洪积层（$Q_h^{pal}$）、残坡积层（$Q_h^{edl}$）、白垩系下统江底河组（$K_2j$）、白垩系下统马头山组（$K_1m$）、普昌河组第二段（$K_1p^2$）、普昌河组第一段（$K_1p^1$）、高峰寺组（$K_1g$）、侏罗系上统妥甸组第二段第二亚段（$J_3t^{2-2}$）、妥甸组第二段第一亚段（$J_3t^{2-1}$）等地层。

门站边坡周边地层主要为白垩系下统高峰寺组（$K_1g$），简要叙述如下：

（1）第四系（Q）

残破积层：岩层以粉质黏土夹砂岩、粉砂质泥岩岩屑为主。门站边坡上部局部出露，厚度约 2m，滑坡地段为基岩出露，无本套地层；

（2）白垩系下统高峰寺组（$K_1g$）

为灰黄、紫灰色中厚层砂岩与粉砂岩、泥岩不等厚互层。滑坡范围出露于该地层。

## 4 边（滑）坡特征及失稳机理分析

### 4.1 边坡特征分析

场地挖方边坡以典型滇中红层岩质边坡为主，其破坏受到岩体节理裂隙面及其岩层层面控制，破坏形式以滑动型为主。其滑动面一般为折线形滑面。在地层岩性方面，边坡地层为砂岩、粉砂质泥岩互层为主，岩层产状210°～230°∠20°～21°，粉砂质泥岩具有强亲水性、遇水易软化、遇水强度骤降等特点，在降雨及地下水作用下，边坡极易沿粉砂质泥岩结构面发生失稳破坏；在地形地貌特征方面，挖方边坡原始地貌为一斜坡，斜坡坡度为10°～15°，开挖后东西两侧挖方边坡最高分别为31m、28m，坡比1:1～1:1.25，为斜向坡，场地北侧东西两段边坡最高为24m、38m，坡比1:1.5～1:2，为顺层边坡，且岩层倾角小于边坡坡度，属不稳定结构组合。

在结构面发育特征方面，场地东面地层主要发育两组节理面，节理J1产状为330°～345°∠70°～85°，每组节理间距为0.1～0.2m；节理J2产状为75°～90°∠65°～75°，每组节理间距为0.3～0.4m，钙质充填，呈闭合状，通过赤平投影分析，岩层面、节理裂隙面J2与坡面走向呈大角度相交关系，其对边坡稳定性影响一般；节理J1与坡面走向呈小角度相交，对边坡稳定性影响相对较大；岩层面、节理面的组合关系为相对有利结构面组合。西侧边坡主要发育两组节理：节理J1产状为330°～345°∠70°～85°，每组节理间距为0.1～0.2m；节理J2产状为75°～90°∠65°～75°，每组节理间距165°～170°∠83°～86°为0.3～0.4m，钙质充填，呈闭合状。根据赤平投影分析，岩层面、节理J2与坡面走向呈大角度相交关系，其节理裂隙对边坡稳定性影响一般；节理面J1与坡向近相反，为有利结构面；节理面J2与岩层面组合倾向与坡面倾向小角度相交，且倾角小于坡脚，为不利结构面组合。北侧边坡主要发育两组节理：节理J1产状为165°～170°∠83°～86°，每组节理间距约为1.5～1.8m；节理J2产状为45°～50°∠78°～81°，每组节理间距约为0.2～0.3m，钙质充填，呈闭合状，根据赤平投影分析，岩层面与节理J1组合倾向与边坡倾向基本一致，对边坡稳定不利。

地下水运动特征方面，场地位于楚雄向斜的东翼，场地为地下水的径流区，场地北东侧为老采石场，形成一个凹地，为地表雨水的汇集区，并且直接渗透下去补给地下水。场地岩层层间界面为地下水渗流的界面，从而使粉砂质泥岩软化，形成软弱层面，控制着边坡的稳定性。

边坡开挖后，北面边坡坡向与岩层面倾向相一致，为一顺向坡，原始斜坡坡度小于岩层倾角，有利于斜坡稳定。而边坡开挖后边坡坡度为27°～34°，岩层倾角小于坡脚，坡脚形成临空面，边坡可能沿软弱层面滑动诱发边坡失稳。

门站北面边坡东段于2014年10月开挖完成，调整坡比开挖完成后，边坡处于稳定状态，由于未及时对该边坡进行防护封闭，在降雨影响下，边坡于2015年1月发生垮塌失稳，形成小型滑坡。

### 4.2 滑坡特征分析

该边坡失稳后形成滑坡，滑坡平面形态为一扇形（图3），主滑方向约225°，滑坡纵长约64m，后缘宽约40m，前缘宽约50m，滑体厚度6～12m，体积约3.2×10⁴m³，为小型中层滑坡。滑坡后缘发育横向张性裂缝，裂缝长约28m，宽0.05～0.4m，深3～8m，滑坡西面边界发育一条走向260°的裂缝（为优势节理面J1发展而来），裂缝长约30m，裂缝宽0.1～0.3m，深3～6m，该裂缝与滑坡后缘横向裂缝贯通。

图3 边坡失稳形态特征

失稳岩体岩性为中风化砂质泥岩，岩石软化系数为0.57～0.73，属软化岩石，坡体节理裂隙发育，受北侧两组节理发育，节理J1产状为165°～170°∠83°～86°，每组节理间距约为1.5-1.8m；节理J2产状为45°～50°∠78°～81°，每组节理间距为0.2～0.3m。滑坡主要受到J1节理面控制，沿该节理面分割岩体后产生滑动。滑动面特征表现为滑坡滑动面为粉砂质泥岩与砂岩接触面，粉砂质泥岩、砂岩软硬岩层接触面为地下水渗透的边界面，从而使粉砂质泥岩软化，形成软弱层面，在粉砂质泥岩与砂岩层间接触面，粉砂质泥岩遇水软化，泥化特征显著，呈可塑状态，厚度0.02～0.03m，力学性质极低，从而形成软弱结构面后产生滑动。滑坡发生后，滑坡后缘发育一条裂缝，长约28m，宽0.05～0.4m，深3～8m，裂缝与滑向近垂直或大角度相交，滑坡西面边界发育一条走向260°的裂缝（为优势节理面J1发展而来），裂缝长约30m，裂缝宽0.1～0.3m，深3～6m，该裂缝与滑坡后缘横向裂缝贯通。滑坡体中部也出现多处裂缝，裂缝走向约260°，裂缝长5～10m，宽2～5cm，可见深度3～20cm。滑坡后壁见明显擦痕。

### 4.3 边（滑）坡失稳机理分析

造成本次滑坡的影响因素众多，主要影响因素为地层岩性、地形地貌、构造节理面、地下水，而诱发该滑坡发生的直接因素为人工开挖边坡。

在地层岩性方面，场地地层属于典型的滇中红层，其中粉砂质泥岩具有强亲水性、遇水易软化、遇水后强度骤降等特征；软硬岩层接触面为地下水渗流的边界面，在与砂岩接触面上的粉砂质泥岩软化、泥化成软弱夹层，一般呈可塑—软塑状态，其状态主要受地下水影响。在雨季，地表水补给地下水，层间裂隙为地下水渗透的边界面，粉砂质泥岩在水的作用下产生泥化、软化，使软弱夹层强度迅速降低，从而对坡体的稳定性起控制作用。

在地形地貌方面，边坡坡向与岩层产状一致，属于顺层边坡，且岩层倾角小于边坡坡度，属不稳定结构组合。

在构造节理面特征方面，滑坡地层属于滇中

红层，红层倾斜地层在构造演化过程中，形成大量的构造节理。场地地层主要发育两组节理：节理J1产状为165°～170°∠83°～86°，每组节理间距为1.5～1.8m；节理J2产状为45°～50°∠78°～81°，每组节理间距为0.2～0.3m。两组节理近于正交，并且为剪节理。并且节理J1受东面老采石场砂岩采空的影响，发生了卸荷作用，节理间距进一步张开扩大，形成一组优势节理，切割斜坡岩层，破坏斜坡岩层的完整性。本次滑坡西面滑坡边界裂缝就是受控于该组裂隙发育形成的。

在地下水运移特征方面，场地位于楚雄向斜的东翼，场地为地下水的径流区，场地北东侧（滑坡东侧）为老采石场，形成一个凹地，为地表雨水的汇集区，并且直接渗透下去补给地下水。场地砂岩为主要含水层，场地粉砂质泥岩、砂岩软硬岩层接触面为地下水渗流的界面，从而使粉砂质泥岩软化，形成软弱层面，控制着斜坡的稳定性。

在人工开挖边坡方面，本滑坡原始地形为一北西—南东展布的斜坡，斜坡坡度10°～15°，斜坡坡向与岩层面倾向相一致，为一顺向坡，原始斜坡坡度小于岩层倾角，有利于斜坡稳定，在开挖前，斜坡处于稳定状态。由于砂岩、粉砂质泥岩互层，场地粉砂质泥岩、砂岩软硬岩层接触面为地下水渗流的边界，粉砂质泥岩受地下水软化，泥化成软弱面，而岩体又受优势节理面J1切割，又由于边坡开挖后边坡坡度为26°～34°，岩层倾角小于坡脚，坡脚形成临空面，在多因素综合作用下，滑坡沿软弱层面滑动，诱发形成了该滑坡。该滑坡为牵引式滑坡。综上所述，边坡开挖是该滑坡诱发的直接因素。

## 5 边（滑）坡稳定性计算

### 5.1 边（滑）坡物理力学参数精准获取

对滇中红层砂岩、泥岩及红层黏土进行X衍射试验分析，楚雄门站砂岩主要成分为石英，含量为65%以上，其次为长石，占10%～25%，含少量云母。粉砂质泥岩主要成分为石英，占35%以上，其次为长石、云母、方解石，黏土矿物主要为绿泥石，占5%～15%（表1）。

**楚雄门站边坡红层矿物组成表（X衍射法） 表1**

| 取样地点 | 取样编号 | 岩样名称 | 矿物成分/% | | | | | |
|---|---|---|---|---|---|---|---|---|
| | | | 石英 | 斜长石 | 钾长石 | 绿泥石 | 云母 | 方解石 |
| 楚雄门站 | MZ-1 | 粉砂质泥岩 | 35~45 | 5~10 | | 5~15 | 5~15 | 12~25 |
| 楚雄门站 | MZ-2 | | 45~55 | 5~15 | <5 | 5~10 | 5~15 | 5~10 |
| 楚雄门站 | MZ-3 | | 50~60 | 15~25 | <5 | <5 | <5 | 5~10 |
| 楚雄门站 | MZ-4 | 砂岩 | 70~80 | 10~20 | <5 | | | <5 |
| 楚雄门站 | MZ-5 | | 70~80 | 10~20 | <5 | | | <5 |
| 楚雄门站 | MZ-6 | | 56~75 | 10~20 | 5-10 | | | <5 |
| 楚雄门站 | MZ | 红层黏土 | — | — | — | — | 100 | — |

考虑到红层岩土体遇水软化的问题，采用室内剪切试验（表2）、大型现场剪切试验（表3）等多种手段获取了自然工况及浸水工况条件下各岩土体及岩土体层面之间的抗剪强度指标，试验结果表明，各岩土体及其接触层面强度弱化特性显著，其中粉砂质泥岩层面之间抗剪强$c$值降低了59%，$\varphi$值降低了7.5%；强风化粉砂质泥岩抗剪强度$c$值降低了50.37%，$\varphi$值降低了1.54%。

**岩石室内试验物理力学性质统计表 表2**

| 试样地点 | 岩石名称 | 湿密度/(g/cm³) | 干密度/(g/cm³) | 软化系数 | 天然抗压强度/MPa | 饱和抗压强度/MPa | 饱和抗剪断强度 | |
|---|---|---|---|---|---|---|---|---|
| | | | | | | | 内摩擦角/° | 黏聚力/MPa |
| 楚雄门站 | 粉砂质泥岩 | 2.62 | 2.55 | 0.68 | 22.05 | 14.79 | 39.12 | 2.24 |
| 楚雄门站 | 砂岩 | 2.41 | 2.35 | — | 79.81 | — | 40.12 | 3.46 |

**现场直接剪切试验成果表 表3**

| 试验地层 | 试验状态 | 黏聚力c/kPa | 内摩擦角φ/° |
|---|---|---|---|
| 粉砂质泥岩层面 | 自然 | 41.3 | 16.1 |
| | 浸水 | 16.8 | 14.9 |
| 强风化粉砂质泥岩 | 自然 | 40.5 | 19.5 |
| | 浸水 | 20.1 | 18.2 |
| 强风化砂岩 | 自然 | 46.76 | 21.1 |
| | 浸水 | 34.1 | 19.9 |

各岩层接触面残余剪切试验结果（表4）表明，峰值强度为$c_{峰值}=30.91\text{kPa}$，$\varphi_{峰值}=10.28°$，残余剪切试验$c_{残余}=6.90\text{kPa}$，$\varphi_{残余}=2.73°$，$c$值降低了77.68%，$\varphi$降低了73.44%。

**红层软弱夹层强度参数表 表4**

| 试样地点 | 软化夹层名称 | 湿密度γ/(g/cm³) | 浸水固结快剪 | | 多次剪（残余值） | |
|---|---|---|---|---|---|---|
| | | | 黏聚力c/kPa | 摩擦角φ/° | 黏聚力c/kPa | 摩擦角φ/° |
| 楚雄门站 | 层间夹泥 | 2.01 | 30.91 | 10.28 | 6.9 | 2.73 |

为了精准获取各岩土层及其层面之间的力学参数，通过滑坡强度指标反演法经过多次反演计算，综合结合岩土体节理面、风化强度、结构面充填物以及相近场地的工程类比，获取了边坡层间软弱面、节理面及岩石的抗剪强度指标（表5），为边坡的稳定性提供了真实可靠的基础地质数据。

**边坡层间软弱面、节理面及岩石抗剪强度指标值 表5**

| 岩土名称 | 天然重度γ/(kN/m³) | 黏聚力c/kPa | 内摩擦角φ/° | 岩土名称 | 天然重度γ/(kN/m³) | 黏聚力c/kPa | 内摩擦角φ/° |
|---|---|---|---|---|---|---|---|
| 中风化砂岩 | 23.4 | 280 | 36 | 强风化砂岩 | 21.3 | 41 | 16 |
| 中分化粉砂质泥岩 | 26.1 | 250 | 34 | 粉砂质泥岩层面 | — | 16 | 14 |
| 强风化粉砂质泥岩 | 23.1 | 37 | 15 | 含碎石粉质黏土 | 19.02 | 25 | 15 |
| 粉砂岩、砂岩层间滑动面 | 19.4 | 6 | 2 | 粉砂质泥岩节理面 | — | 12 | 13 |
| 砂岩节理面 | — | 30 | 14 | | | | |

## 5.2 边（滑）坡稳定性计算与评价

对北面边坡6条剖面进行现状条件下的静、动力稳定性分析，剖面布置图见图4。计算结果见表6，计算结果表明，根据《建筑边坡工程技术规范》GB 50330—2013第5.1.3条、5.1.4条，代表滑坡主滑方向的2-2'剖面在目前状态下其安全系数分别为1.045（$1.0 \leqslant F_s < 1.05$），其稳定性为暂时稳定；在考虑地震作用下，其安全系数小于1，为不稳定状态。而滑坡边界附近1-1'、3-3'剖面，在目前状态下其安全系数都大于1.05，处于基本稳定状态，但安全储备不足；而在考虑地震作用下，1-1'、3-3'剖面处于暂时稳定状态。综上所述，滑坡处于暂时稳定状态，在强降雨或地震作用下，滑坡有进一步滑动的可能，必须采用一定的工程治理措施。

北面边坡6-6'、7-7'、8-8'剖面在一般工况下稳定性计算系数为1.330~1.348，其稳定性系数大于1.05，但小于1.35，边坡处于基本稳定状态，安全储备不足，在强降雨或连续降雨作用下，边坡有诱发滑坡的可能，必须采取一定的工程治理措施。

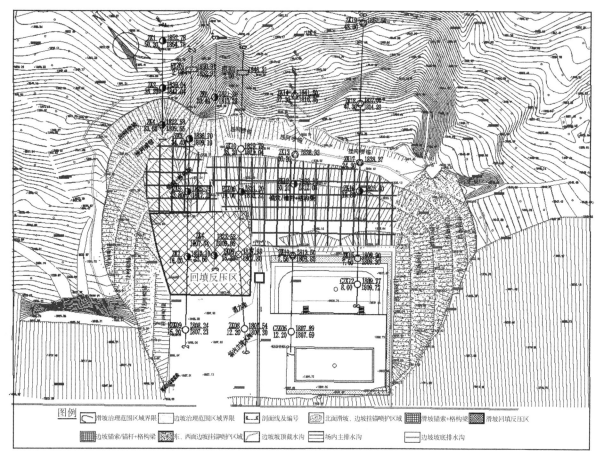

图4 北侧边坡、滑坡平面布置图及治理设计平面图

现状滑体稳定性计算结果表 表6

| 计算剖面 | 稳定性系数$F_s$ | |
| --- | --- | --- |
| | 一般工况 | 考虑地震（地震烈度7度） |
| 1-1′ | 1.120 | 1.025 |
| 2-2′ | 1.045 | 0.951 |
| 3-3′ | 1.141 | 1.044 |
| 6-6′ | 1.348 | 1.221 |
| 7-7′ | 1.330 | 1.202 |
| 8-8′ | 1.333 | 1.207 |

# 6 边(滑)坡分区、分段综合治理技术

综合分析滇中红层顺层边坡遇水易软化、开挖扰动大、节理裂隙发育等众多特点，采用单一的边坡治理手段效果并不明显，因此本次边（滑）坡治理采用分区、分段综合治理技术处治滇中红层边坡（图4），对于滑坡区，由于北侧存在老采石场，岩体较为松散，继续开挖后易于发生北侧边坡二次滑动，因此滑坡顶部不建议向北侧继续放坡，同时考虑北侧地下水富集，地表水汇集此处补充地下水，因此建议采用对滑体清理并采用排水措施，并对坡

脚进行反压和预应力锚索＋格构梁相结合的治理方法，经静动力稳定性分析结果表明，治理后边坡处于稳定状态。

对北侧为滑动区段采用"预应力锚索/锚杆＋格构梁"的支挡结构对坡体进行支挡，适当布置泄水孔对坡体进行疏排，并采用"短锚杆＋挂网喷混凝土"的坡面防护结构对边坡表面进行防护，防止雨水对边坡的冲刷及下渗。经静动力稳定性计算分析结果表明，治理后边坡处于稳定状态。

图5为楚雄门站边(滑)坡经治理后的全貌图，经治理后边坡运行至今一直处于稳定状态。该处治方案及治理方法对同类红层顺层边坡的治理提供了借鉴经验。

图5 治理后门站边坡全貌图

# 7 依托本项目取得的主要研究成果

依托楚雄门站红层边坡、滑坡勘察设计项目，申请了公司重点课题《滇中红层顺层边坡稳定性研究》，通过对滇中红层的物质组成、工程特性、边坡破坏机理分析、边（滑）治理技术等多方面开展研究，厘清了红层顺层边坡易于滑动的失稳破坏机理，解决了边坡治理难度大的问题，通过本项目采取的分段治理措施，共节省建设成本约1000万元，缩短工期近5个月，基于本项目共获得以下科研成果。

## 7.1 滇中红层边坡失稳机制

分析滇中红层边坡失稳机理，红层边坡结构类型可划分为中等坚硬岩顺层边坡和软硬相间互层顺层边坡两类，确定其破坏类型对于边坡治理至关重要，滇中红层顺层边坡的破坏类型主要有顺层—滑移、滑移—拉裂型以及滑移—弯曲型破坏。

## 7.2 滇中红层顺层边坡稳定坡角取值

滇中红层顺层边坡其稳定坡角大小受控于岩层倾角，通过本项目及滇中红层边坡的研究，滇中红层边坡在边坡坡度小于岩层倾角的情况下，一般都处于稳定状态，一旦边坡开挖，边坡开挖坡度大于岩层倾角，在节理裂隙、地表水、地下水等综合作用下，易于诱发滑坡。

## 7.3 滇中红层顺层边坡处治措施

通过对滇中红层边坡的深入研究，研究滇中红层顺层边坡的破坏机理及破坏模式，分析边坡的力学失稳机制，对滇中红层顺层边坡的处治措施采用分区、分段综合治理技术，提出的综合治理措施主要有：坡率法、"锚固＋格构"加固法、支挡法、排水法等。特别强调的是，处治措施有时应该是以上几种方法的综合，如采用坡率法时，应结合支挡法，对坡脚进行支挡加固；采用"锚固＋格构"加固法时，有时也需要结合支挡法，主要是上部硬岩采用"锚固＋格构"加固，对下部软岩进行封闭支挡；无论采用哪种处治措施，都必须采用截排水措施。

同时，基于本项目对滇中红层边坡的深入研究，共获得以下知识产权：

（1）获得"一种以降雨和超载诱发的边坡失稳试验装置及试验方法"发明专利（专利号：ZL202010587091.9）。

（2）获得"一种便携式工程地质节理裂隙测量装置"实用新型专利（专利号：ZL202020351600.3）。

（3）获得"一种激光式坡体倾角测量装置"实用新型专利（专利号：ZL202020193457.X）。

## 参考文献

[1] 程强, 寇小兵, 黄绍槟, 等. 中国红层的分布及地质环境特征[J]. 工程地质学报, 2004(1): 34-40.

[2] 郭永春, 谢强, 文江泉. 我国红层分布特征及主要工程地质问题[J]. 水文地质工程地质, 2007(6): 67-71.

[3] 徐光政. 云南滇中红层地质特性分析及工程运用研究[J]. 公路交通科技(应用技术版), 2014, 10(12): 143-148.

[4] 贺谋军, 赵国华, 陈龙飞. 西南红层区某泥岩砂岩互层边坡裂缝形成机理及边坡稳定性分析[J]. 甘肃水利水电技术, 2022, 58(5): 39-43.

[5] 潘雪峰. 滇中红层软岩顺层边坡失稳机理及稳定性方法研究[D]. 重庆交通大学, 2019.

[6] 刘博文, 李华宏, 胡娟. 云南楚雄州山洪气象风险预警临界面雨量研究[J]. 云南地理环境研究, 2019, 31(2): 6-12.

[7] 黄胜东, 赵龙, 黄贵任, 等. 滇中红层膏盐溶蚀特征及其对水质的影响——以楚雄谢家河河谷为例[J]. 中国岩溶, 2022, 41(4): 610-622.

# 北京市朝阳区焦化厂保障房项目环境污染场地勘察与岩土咨询设计

李志勇　陈素云　李厚恩　刘长青

（北京市勘察设计研究院有限公司，北京　100038）

## 1 工程概况

### 1.1 场地用地历史

北京焦化厂位于朝阳区东四环以外垡头地区，该地区过去是北京市东南郊工业区，以化工行业为主，近年来污染企业陆续改造搬迁，用地性质逐渐改为公建与居住用地。焦化厂分为南北厂区，北厂区为生产主厂区，占地面积 135 万 m²，南区为三产用地，占地约 15 万 m²。工程场地卫星影像图 1，场地内炼焦设施图 2。

图 1　工程场地卫星影像图

图 2　场地内炼焦设施

建设场地原为北京市炼焦化学厂，1958 年至 2006 年生产运营期间，土壤及地下水均受到了不同程度的污染，最深污染深度约 18m。

精细查明场地的污染分布特征是本工程开展污染治理工程需要解决的关键性问题。工程所在场地为工业遗留场地，场地内土壤与地下水存在污染，在项目实施阶段，国内尚未开展过针对污染场地的勘察工作，相关技术规范、方法和经验均空白。在正式工程建设前，需要精准查明工程场地的水文地质条件，研判受污染区域的土壤、地下水污染程度，科学预测关键污染物的迁移特征，为制定科学合理的环境修复方案提供可靠的技术资料。

### 1.2 建筑设计条件

北京市朝阳区焦化厂保障房项目总建筑面积约 110 万 m²，分为安置房、公建和公租房三个地块分期建设，作为北京市重点民生工程，建成后有力地保障了天坛周边简易楼腾退项目居民疏解安置任务，也成为示范可持续发展的"高活力综合性城市功能区"。

一期建设地块为安置房，设计安置房 4160 套，由 18 栋高层住宅、5 栋商业楼、锅炉房及开闭站等配套设施、纯地下车库组成。住宅楼最高地上 28 层，设置 2～4 层地下室，采用筏形基础，基础埋深 12.5～21.5m。

北京市朝阳区焦化厂保障房项目的环境污染场地勘察、设计咨询工作从 2007 年 11 月开始，至 2016 年 9 月分期完成。本工程通过针对性的环境污染场地勘察工作，为环境修复工程设计与施工提供科学合理的技术依据。

## 2 工程地质与水文地质条件

### 2.1 地形地貌概况

建设场地位于永定河冲洪积扇的中下部，微

---

获奖项目：2021 年度工程勘察建筑设计行业和市政公用工程优秀勘察设计奖三等奖。

地貌上位于金沟河故道。红线范围内分布有废弃的厂房、水塔、烟囱等，局部长有树木，地形基本平坦，钻孔孔口处地面标高为28.95～31.31m。

## 2.2 地层岩性及分布特征

根据现场调查、钻探、原位测试及室内土工试验成果，按地层沉积年代、成因类型，将地面以下103.00m深度范围内的地层划分为人工堆积层和第四纪沉积层两大类，并按地层岩性及其物理力学性质指标进一步划分为14个大层及亚层（表1）。

地层岩性及分布特征一览表  表1

| 层号 | 岩性 | 层顶标高/m | 颜色 | 湿度 | 稠度/密度 | 压缩性 |
|---|---|---|---|---|---|---|
| ① | 房渣土、碎石填土 | 28.95～31.31 | 杂 | 稍湿—湿 | /稍密 | — |
| ①₁ | 黏质粉土素填土、粉质黏土素填土 | | 黄褐 | 稍湿—湿 | /稍密 | — |
| ② | 黏质粉土、砂质粉土 | 26.56～30.14 | 褐黄—灰黄 | 稍湿—湿 | /中密 | 中压缩性 |
| ②₁ | 粉质黏土、重粉质黏土 | | 褐黄—褐黄（暗） | 湿—很湿 | 可塑—硬塑/ | 中高—高压缩性 |
| ②₂ | 黏土 | | 褐黄 | 湿—很湿 | 可塑/ | 高压缩性 |
| ③ | 粉砂、细砂 | 24.03～27.28 | 褐黄—灰黄—黄灰 | 稍湿—湿 | /中密 | 中低—低压缩性 |
| ③₁ | 黏质粉土、砂质粉土 | | 褐黄—灰黄 | 稍湿—湿 | /中密 | 中低—中压缩性 |
| ④ | 细砂、中砂 | 21.88～25.47 | 灰—黄灰—灰黄 | 稍湿—湿 | /密实—中密 | 低压缩性 |
| ④₁ | 粉质黏土、黏质粉土 | | 灰—黄灰—灰黄 | 湿—很湿 | 可塑—硬塑/ | 中—中高压缩性 |
| ④₂ | 砂质粉土 | | 灰—黄灰 | 稍湿—湿 | /中密 | 低压缩性 |
| ④₃ | 黏土、重粉质黏土 | | 灰 | 湿—很湿 | 可塑—硬塑/ | 中高—中压缩性 |
| ⑤ | 细砂、中砂 | 14.48～19.15 | 褐黄—灰黄—黄灰 | 湿—饱和 | /密实 | 低压缩性 |
| ⑤₁ | 黏质粉土、粉质黏土 | | 褐黄—灰黄—黄灰 | 湿—稍湿 | /中密 | 中低—中压缩性 |
| ⑤₂ | 黏土、重粉质黏土 | | 褐黄—灰黄 | 湿—很湿 | 可塑/ | 中压缩性 |
| ⑤₃ | 砂质粉土 | | 褐黄 | 稍湿—湿 | /密实 | 低压缩性 |
| ⑥ | 粉质黏土、黏质粉土 | 11.90～15.70 | 褐黄—灰黄 | 湿—很湿 | 可塑—硬塑/ | 中低—中压缩性 |
| ⑥₁ | 黏土、重粉质黏土 | | 褐黄 | 湿—很湿 | 可塑—硬塑/ | 中压缩性 |
| ⑥₂ | 细砂、中砂 | | 褐黄 | 饱和 | /密实 | 低压缩性 |
| ⑥₃ | 砂质粉土 | | 褐黄 | 稍湿 | /密实 | 低压缩性 |
| ⑦ | 细砂、中砂 | 5.33～9.77 | 褐黄 | 饱和 | /密实 | 低压缩性 |
| ⑦₁ | 圆砾、卵石 | | 杂 | 饱和 | /密实 | 低压缩性 |
| ⑧ | 细砂、中砂 | 0.12～3.89 | 褐黄—灰黄 | 饱和 | /密实 | 低压缩性 |
| ⑧₁ | 粉质黏土、重粉质黏土 | | 褐黄 | 湿—很湿 | 可塑—硬塑/ | 中低—中压缩性 |
| ⑧₂ | 圆砾、卵石 | | 杂 | 饱和 | /密实 | 低压缩性 |
| ⑧₃ | 黏土 | | 褐黄 | 湿—很湿 | 可塑—硬塑/ | 中低—中压缩性 |
| ⑧₄ | 黏质粉土、砂质粉土 | | 褐黄 | 稍湿—湿 | /密实 | 低压缩性 |
| ⑨ | 细砂、中砂 | −6.31～−3.69 | 褐黄 | 饱和 | /密实 | 低压缩性 |
| ⑨₁ | 圆砾、卵石 | | 杂 | 饱和 | /密实 | 低压缩性 |
| ⑨₂ | 粉质黏土、重粉质黏土 | | 褐黄—灰黄 | 湿—很湿 | 可塑—硬塑/ | 中低压缩性 |
| ⑨₃ | 黏质粉土、砂质粉土 | | 褐黄 | 湿 | /密实 | 低压缩性 |
| ⑩ | 粉质黏土、重粉质黏土 | −16.98～−13.08 | 褐黄 | 湿—很湿 | 可塑—硬塑/ | 中低压缩性 |
| ⑩₁ | 细砂、中砂 | | 褐黄 | 饱和 | /密实 | 低压缩性 |
| ⑩₂ | 黏质粉土 | | 褐黄 | 稍湿—湿 | /密实 | 低压缩性 |
| ⑩₃ | 黏土 | | 褐黄 | 湿—很湿 | 可塑/ | 中低—中压缩性 |

| 层号 | 岩性 | 层顶标高/m | 颜色 | 湿度 | 稠度/密度 | 压缩性 |
|---|---|---|---|---|---|---|
| ⑪ | 黏土、重粉质黏土 | | 褐黄 | 湿—很湿 | 可塑/ | 中低压缩性 |
| ⑪₁ | 粉质黏土、黏质粉土 | −23.00～−18.80 | 褐黄 | 湿—很湿 | 可塑—硬塑/ | 低压缩性 |
| ⑪₂ | 细砂、中砂 | | 褐黄 | 饱和 | /密实 | 低压缩性 |
| ⑫ | 细砂、中砂 | | 褐黄 | 饱和 | /密实 | 低压缩性 |
| ⑫₁ | 重粉质黏土、粉质黏土 | −34.61～−32.96 | 褐黄 | 湿—很湿 | 硬塑—可塑/ | 中低压缩性 |
| ⑬ | 粉质黏土、重粉质黏土 | | 褐黄 | 湿—很湿 | 硬塑/ | 低压缩性 |
| ⑬₁ | 细砂、中砂 | −46.76～−45.91 | 褐黄 | 饱和 | /密实 | 低压缩性 |
| ⑬₂ | 黏质粉土 | | 褐黄 | 湿 | /密实 | 低压缩性 |
| ⑭ | 细砂、中砂 | | 褐黄 | 饱和 | /密实 | 低压缩性 |
| ⑭₁ | 粉质黏土、重粉质黏土 | −53.21～−52.10 | 褐黄 | 湿—很湿 | 硬塑/ | 中低压缩性 |

各土层均为第四纪沉积土层，各土层的分布特征为：在垂直方向上，呈现较为稳定的由黏性土、粉土至砂类土的沉积旋回；在水平方向上，各土层分布厚度、土质特征分布基本稳定（图3、图4）。

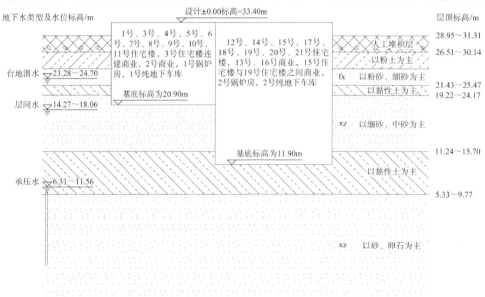

图3　建筑物和场区地层、地下水分布示意图

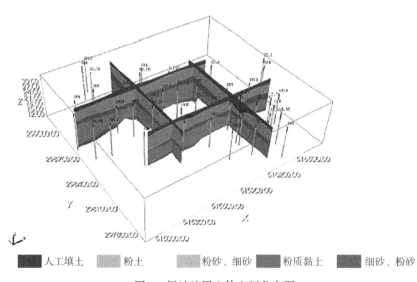

图4　场地地层立体空间分布图

## 2.3 地下水分布特征

勘察实测到4层地下水，主要特征：（一）台地潜水稳定水位标高 23.28～24.70m、埋深 5.30～7.60m，原赋存于第 2、3 大层中，受区域地下水下降及季节因素，目前仅在第 3 大层底部局部赋存，主要受黏性土阻隔滞存于砂土中，当前水量很小。（二）层间水稳定水位标高 14.27～18.06m、埋深 12.80～16.50m，赋存于第 5 大层，该层岩性以细砂、中砂为主，中间夹不连续分布、厚度不大的黏性土、粉土层。（三）承压水，测压水头稳定水位标高 6.31～1.56m，赋存于第 6～9 大层，该层岩性以细砂、中砂为主，中间夹不连续分布、厚度不大的黏性土。

## 2.4 抗浮设防水位分析

根据北京市科委《建筑场地孔隙水压力测试方法、分布规律及其对建筑基础影响的研究》成果，当建筑场区分布有多层地下水时，实际孔隙水压力沿竖向分布并不完全是随深度单一直线增长的规律。根据地下水渗流理论、场区地层分布条件和地下水分布特征，建立工程场区一定深度地基土层的一维非均质 FEM 渗流计算模型，利用已获得的场区台地潜水和承压水可能达到的远期最高水位，预测场区一定深度范围内地基土层中的地下水压力分布，计算结果如图5所示。

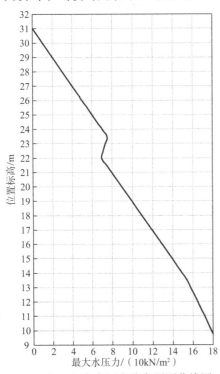

图 5　场区竖向水压力分布预测曲线图

当拟建工程设计条件如前所述时，各建筑部分基底最大水压力计算值及其等效水位标高和抗浮设计水位建议值详见表2。

结构基底最大水压力计算值　　表 2

| 建筑编号 | 基底标高/m | 基底最大水压力/kPa | 等效水位标高/m | 抗浮设计水位建议值/m |
|---|---|---|---|---|
| 1 号、3 号、4 号、5 号、6 号、7 号、8 号、9 号、10 号、11 号住宅楼，3 号住宅楼连建商业，2 号商业，1 号锅炉房，1 号纯地下车库 | 20.90 | 80.25 | 28.93 | 29.00 |
| 12 号、14 号、15 号、17 号、18 号、19 号、20 号、21 号住宅楼，13 号、16 号商业，15 号住宅楼与 19 号住宅楼之间商业，2 号锅炉房，2 号纯地下车库 | 11.90 | 165.31 | 28.43 | 28.50 |

## 2.5 地基土和地下水的腐蚀性

依据《岩土工程勘察规范》GB 50021—2001（2009 年版）中的标准评价：场地内土层的腐蚀性介质硫酸根离子浓度最大值 1089mg/kg、氯离子浓度 593mg/kg，对混凝土结构及钢筋混凝土结构中的钢筋的腐蚀性等级为弱。

地下水腐蚀性介质硫酸根离子浓度 91～1991mg/L、氯离子浓度 54～1530mg/L，水质对混凝土结构及钢筋混凝土结构中的钢筋腐蚀性等级为中。

# 3 污染场地勘察

## 3.1 勘察与试验方案

本项目勘察与试验工作分三阶段实施：第一阶段为污染识别，包括收集资料、现场调查、现场访谈、污染识别、概念模型建立、制订勘察与试验方案。第二阶段为现场勘察采样，包括水文地质调查和采样检测分析，通过建立地下水监测井和钻探地质勘探孔的方法，采集土壤、地下水样品，测量水位、流速、流向等数据，开展土壤、地下水样品运输和试验室分析、数据评估等。第三阶段为模拟分析，主要为地下水模拟，提出场地治理/修复对策和方案等。其中，第二阶段的污染场地勘察采用动态的勘察方案，随时根据现场勘察、检测结果调整勘察方案，整个勘察工作分四次完成，共完成采样点数 135 个，监测井 29 眼；进行了现场的提水试验、渗水试验、土壤气现场检测等，为污染范围的刻画与模拟提供了参数。现场勘察工作流程见图 6。

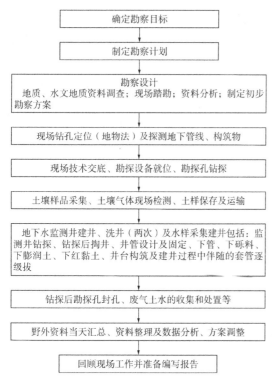

图6 污染场地勘察流程图

流程图内容（自上而下）：
确定勘察目标
制定勘察计划
勘察设计：地质、水文地质资料调查；现场踏勘；资料分析；制定初步勘察方案
现场钻孔定位（地物法）及探测地下管线、构筑物
现场技术交底、勘探设备就位、勘探孔钻探
土壤样品采集、土壤气体现场检测、土样保存及运输
地下水监测井建井、洗井（两次）及水样采集建井包括：监测井钻探、钻探后掏井、井管设计及固定、下管、下砾料、下膨润土、下红黏土、井台构筑及建井过程中伴随的套管逐级拔
钻探后勘探孔封孔、废气上水的收集和处置等
野外资料当天汇总、资料整理及数据分析、方案调整
回顾现场工作并准备编写报告

## 3.2 LNAPL 分布与赋存状况

在场地内开展地下水污染溯源勘察，评估LNAPLs（轻非水相液体）分布与赋存状况。

利用重污染区的29眼地下水监测井，采用油水界面仪探测自由相的分布情况，在监测井内探测到自由相LNAPLs的最小厚度0.20m、最大厚度1.70m；最终划定的自由相LNAPL分布范围的总面积约为10110m²，根据监测井内所量测的自由相LNAPL厚度不同，将自由相LNAPL分布范围分成N区和S区两个区。N区和S区井内自由相LNAPL平均厚度分别约为1.30m、0.70m，分布面积分别为4250m²、5860m²。

从探测到自由相的监测井中采集自由相LNAPLs和DNAPLs样品，对自由相样品的组分进行了检测分析，检测结果表明：自由相LNAPLs样品的石油烃$C_6 \sim C_9$组分仅为1.31%，$C_{10} \sim C_{14}$组分占比为65.71%，检测结果见表3。

自由相样品分析结果　表3

| / | MW8 | MW6 | MW10 | 16 |
|---|---|---|---|---|
| 分析指标 | 油样 | 油样 | 油样 | 油样 |
| $C_6 \sim C_9$ | $1.34 \times 10^8$ | $5.31 \times 10^8$ | $3.04 \times 10^8$ | $7.15 \times 10^6$ |
| $C_{10} \sim C_{14}$ | $3.82 \times 10^8$ | $2.86 \times 10^8$ | $3.58 \times 10^8$ | $3.59 \times 10^8$ |
| $C_{15} \sim C_{28}$ | $3.92 \times 10^8$ | $1.96 \times 10^8$ | $3.67 \times 10^8$ | $1.68 \times 10^8$ |
| $C_{29} \sim C_{36}$ | $7.19 \times 10^6$ | $3.71 \times 10^6$ | $6.37 \times 10^6$ | $1.22 \times 10^7$ |

## 3.3 地下水中自由相 LNPALs 体量计算

有学者总结了美国典型自由相LNAPL污染场地的LNAPL真实厚度与井内LNAPL量测厚度之间的比值关系，如表4所示，井内LNAPL厚度是地层中LNAPL实际厚度的6～166倍不等。

美国典型自由相 LNAPL 场地真实厚度与井内量测厚度比较一览表　表4

| 地块位置 | 地层岩性 | 监测井中量测厚度/$f_t$ | 量测厚度与实际厚度比值 |
|---|---|---|---|
| Crawford | 黄土 | 15 | 166 |
| Lower Refinery | 粉砂 | 4.16 | 8 |
| Lower Refinery | 粉砂 | 5.6 | 23 |
| Lower Refinery | 粉砂 | 3.69 | 7 |
| Lower Refinery | 细砂 | 9.35 | 6 |

经综合比较分析上述研究成果，本项目场地自由相LNAPL井内的量测厚度与细中砂层中的真实厚度比值取4～5。N区和S区井内量测LNAPL平均厚度分别为1.30m和0.70m，因此，N区和S区地层中LNAPL的真实厚度分别约为0.30m和0.15m。

本项目场地位于地下水水位之上的自由相LNAPL饱和度取值为80%，9m深度以下细中砂包气带中的LNAPL残余饱和度取值为2%，细中砂层的有效孔隙度取值为0.3。N区和S区地下水水位之上的自由相LNAPL厚度分别为0.30m和0.15m。LNAPLs的体积见表5。

N 区和 S 区自由相与残留相 LNAPL 体积一览表　表5

| LNAPL 量 | 单位 | N 区 | S 区 |
|---|---|---|---|
| 自由相 LNAPL 体积 | m³ | 306 | 211 |
| 包气带残留相 LNAPL 体积 | m³ | 77 | 106 |

## 3.4 地下水污染运移分析

鉴于建设场地内土壤和地下水受到了不同程度的污染，通过概化区域水文地质条件，依据提水试验、渗水试验等确定的场地参数，建立地下水三维渗流数值模拟模型，模型参数见表6。

模型参数一览表　表6

| 参数 | 有效孔隙度 | 有效扩散系数/（m²/d） | 纵向弥散度/（$\alpha_L$/m） | 垂向横向弥散度与纵向弥散度之比 | 水平向横向弥散度与纵向弥散度之比 |
|---|---|---|---|---|---|
| 数值 | 0.1～0.35 | $1.5 \times 10^{-5}$ | 10～30 | 0.1 | 0.1 |

在水流模型和溶质模型的基础上，根据目前焦化厂的污染物浓度，预测关键污染物苯和萘在未来10年内的平面和垂向污染羽及迁移规律，模拟结果示例见图7、图8。

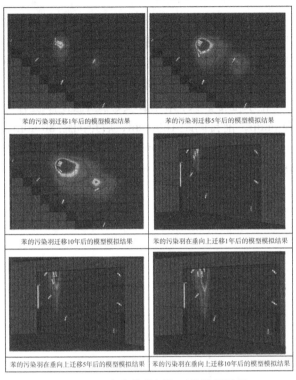

图7 地下水中苯的污染运移模拟结果

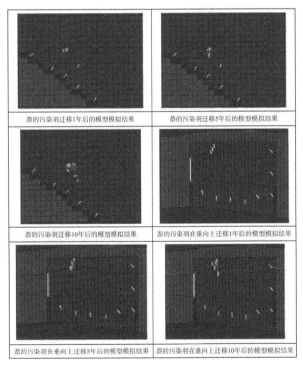

图8 地下水中萘污染运移模拟结果

根据模型预测结果，可以从图7看出，监测点GW11（左侧点位）的污染羽比监测点2-93的污染羽大，运移到第10年的时候，前者沿水流方向总的污染距离约150m，后者沿水流方向总的污染距离约80m，这是因为监测点GW11的现状污染程度比2-93的现状污染程度大。苯的污染羽在垂向上的迁移是从第一层慢慢向下面含水层渗透，在第6年的时候穿透中间的隔水层开始渗入到承压含水层。

从图8看出，萘的污染羽随着时间在逐渐增大，但是相对于同一监测点GW11中萘的污染羽比苯的污染羽要小的多，运移到第10年的时候萘沿水流方向的污染距离约100m，小于苯的150m，这是因为萘的现状污染程度比苯的污染程度小。图8萘的污染羽在垂向上的迁移图可以看出，萘的污染羽也是从第一层慢慢向下迁移，但是由于现状污染程度比较小，运移10年时没有穿透隔水层。

污染物在含水层中随着地下水而迁移，在迁移过程中随着时间变化，苯和萘的污染羽的中心都在随着地下水的流向迁移，污染范围逐渐增大。建议尽早对场地的地下水进行治理，以防通过运移进入到承压含水层，造成更大的危害。

### 3.5 LNAPLs 修复建议

国内外常用的修复含水层中自由项 LNAPLs 的修复技术有地下水抽出处理技术、可渗透性反应墙修复技术、表面活性剂增强修复技术、多相抽提技术等。

根据地下水中自由相 LNAPLs 的分布与赋存状态，本项目进行了地下水中自由相 LNAPLs 修复现场试验，对比分析了多相抽提技术、被动回收技术的修复成本、时间、修复效果等，最终结合修复地块开发利用规划，提出了开挖"清源"的修复建议。

## 4 基坑支护设计与监测情况

为了防止污染物随地下水运移，本项目在基坑支护设计中，采用了两道止水帷幕的设计理念，合理的设计方案保障了工程安全、质量及工期要求。

基坑开挖深度17.97～18.67m，工程地质、水文地质条件为复杂，综合考虑基坑侧壁安全等级为一级，结构重要性系数为$\gamma_0$取1.1。

## 4.1 基坑支护方案设计

基坑工程设计整体采用桩顶土钉墙/挡土墙＋护坡桩＋预应力锚索支护方案，共划分为1-1、2-2、3-3、4-4、5-5五个支护段，其中1-1、2-2、4-4、5-5支护段桩顶设置土钉墙，2-2支护段桩顶加设挡土墙，3-3支护段桩顶与地表持平，不同桩顶标高支护段之间的过渡部分桩长按照每根递减1m的原则布置。

设计参数：2-2支护段挡土墙高1150mm，厚370mm，墙中设置构造柱，构造柱混凝土强度等级C30。护坡桩桩径800mm，桩顶设置连梁，桩间距1600mm，桩体及连梁混凝土强度等级C30。锚索孔孔径200mm，锚固体使用P·O42.5级素水泥浆，强度M20，水灰比0.5～0.55，主筋采用1×7，$\phi^s15.2$（$f_{pkt}=1860MPa$）低松弛钢绞线。

## 4.2 地下水控制设计

本工程土方开挖深度范围内主要受台地潜水和层间水影响，台地潜水埋藏深度为5.30～7.60m，层间水埋藏深度为12.80～16.50m，基坑开挖期间拟采用止水帷幕、疏干井及明排措施对地下水进行处理。

止水帷幕参数：采用旋喷桩施工工艺，桩径为1000mm，前排间距1600mm，后排间距800mm，前后排旋喷桩间距700mm。桩身水泥掺和量为300kg/m，止水帷幕标高详见图9。

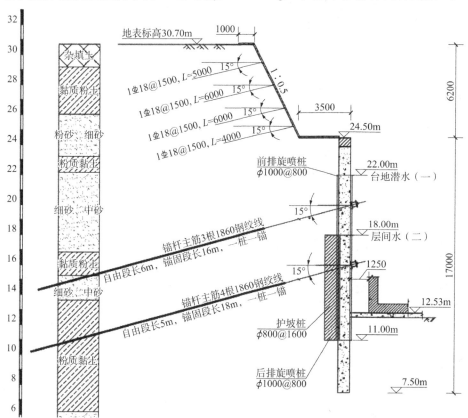

图9 基坑支护1-1剖面图

疏干井：井深21.00m，管井井点结构为开、终孔直径$\phi$600mm，采用反循环钻机成孔，泥浆护壁，下入内径为$\phi$300mm的无砂混凝土管作为井管，填2～4mm的砾料至地面下2.00m，上部用黏性土封孔。

止水帷幕外观测井：井深21.00m，开、终孔直径$\phi$100mm，采用钻机成孔，下$\phi$75的PVC管，管壁沿径向四等分开$\phi$8mm孔，纵距80mm，孔眼分布呈梅花状，外包2层60目尼龙丝网作为过滤层。过滤管长度不小于含水层厚度1/2，填2～4mm的砾料至地面下2.00m，上部用黏性土封孔。

对基坑侧壁可能出现的渗水设置排水导流管进行处理。在基坑坑底周边布置明排排水沟及集水井以排除、疏干基坑内积水，需注意防止出现流砂现象，减少水对地基及基础施工的不利影响。

## 4.3 基坑支护监测情况

各点在监测期间未发生突变及预警情况，累计沉降量、水平位移、深层水平位移、锚索轴力均在可控范围内，具体监测指标参见图10。

1）基坑围护结构变形情况

（1）支护结构顶部累积水平位移量最大点出现在基坑西南角区域，最大位移量26.75mm。

（2）支护结构累积沉降量在－5.96～+20.27mm（上升值）之间，平均沉降量为：+7.52mm（上升值），最大沉降点为基坑东北角的11号测点。

（3）截至2016年5月12日，护坡桩深层水平位移最大位移点JH01累计位移量为21.74mm，位于基坑北侧西段1.0m深度位置。

（4）截至2016年5月12日，围护结构锚索锁定力测点的最终测试值与初始测值相比均有不同程度度变化，最大变化点 ML7-1（测力计编号60928）位于西侧3-3剖面第一层锚索位置，累计变化量为－26.75kN（应力减小）。

2）基坑周边环境变形情况

基坑周边道路地表累积沉降量为－6.76～+14.07mm（上升值），平均沉降量为：+2.94mm（上升值），最大沉降点为基坑东北角D7号测点。（2）受开挖卸荷的影响，基坑周边建筑物累积沉降量表现为上升值，沉降量在+7.93（上升值）～+15.18mm（上升值）之间，平均沉降量为：+11.96mm（上升值）。

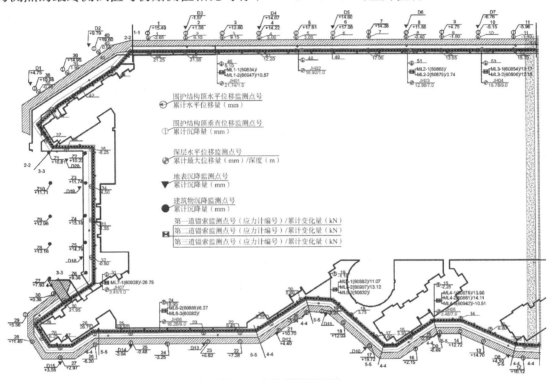

图10　基坑监测平面图

## 5　建筑沉降预测分析及观测结果

### 5.1　预测分析

地上28层的高层住宅楼采用CFG复合地基方案，其外围的纯地下室和商业配套建筑、地上20～21层的高层住宅楼采用天然地基方案，位于同一基础底板上的高层建筑和低层建筑间荷载差异很大。

采用我院自主知识产权的"桩、土和基础共同作用分析程序"（PSFIA方法）计算，基于桩-土-基础共同作用原理，引入桩端刺入变形概念，并提供了定量计算刺入变形的参数经验公式，是一种既以先进理论为基础，又融进了地区经验的实用分析方法。通过模拟施工状态，考虑沉降后浇带浇筑前后建筑荷载、基础刚度的变化、逐级加荷，分两阶段计算：

（1）沉降后浇带尚未浇筑，高层住宅楼、配套商业及地下车库取总荷载65%作为计算荷载。

（2）浇筑沉降后浇带，沉降后浇带两侧的结构连在一起，高层住宅楼、配套商业及地下车库取总荷载35%作为计算荷载。将两个加荷阶段计算所得的沉降累加获得最后结果，高层住宅楼与相邻裙楼柱的差异沉降不大于其跨度的0.1%，为本工程地基基础方案的合理选择、后浇带浇筑节点提供科学的设计依据，在确保质量安全前提下，节约了项目投资。预测沉降参见图11。

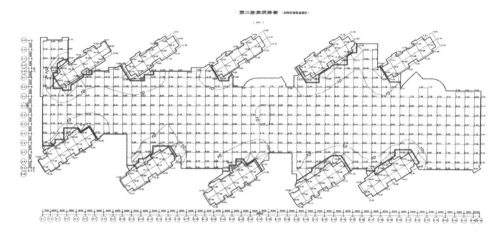

图 11　预测沉降图

## 5.2　实际观测结果

主体沉降观测周期为 2016 年 6 月至 2017 年 7 月，根据沉降观测资料，各观测点累计沉降小于 10mm 的占总数的 58.93%，累计沉降 10～15mm 的占总数的 21.43%，累计沉降 15～20mm 的占比 13.49%，累计沉降大于 20mm 的占比 6.25%，与预测沉降相符。实测沉降参见图 12。

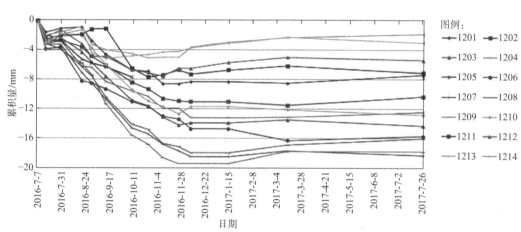

图 12　典型沉降观测曲线图

## 6　实施效果和效益

（1）焦化厂保障房这一北京市重要保障性民生工程的岩土工程勘察设计咨询与污染场地勘察等一体化技术服务咨询工作，有力地保障了东城区天坛周边简易楼腾退项目居民疏解安置任务，该项目成为示范可持续发展的"高活力综合性城市功能区"，社会效益显著。

（2）污染场地专项水文地质勘察成果为建设场地的整体规划及后续环境修复治理实施提供了有力的技术支撑。在此基础上编制北京地标《污染场地勘察规范》获得 2019 年"北京市优秀工程勘察设计奖"工程勘察设计标准与标准设计（标准）专项奖一等奖，指导了一系列的污染场地的调查与勘查工作。在岩土工程勘察、基坑工程设计过程贯穿实施场地环境保护理念，保障了污染场地再开发利用的环境健康，环境效益显著。

（3）采用科学合理方法确定了抗浮设防水位，细化基坑支护设计和地下水控制方案，深入分析高层建筑沉降计算、优化后浇带施工节点，提供全面准确的地震动参数，多专业协同分析和全过程咨询服务，在确保工程安全前提下，节约了资金和工期，经济效益明显。

# 复杂灾害环境下工程建设地质安全保障工程实录

王玉涛[1,2]　刘小平[2]　张宝元[2]

（1. 西安理工大学 土木建筑工程学院，陕西西安　710048；

2. 中煤科工生态环境科技有限公司，北京　100013）

## 1　引言

煤炭作为我国的主体能源，在保障国家能源供应的同时，形成了约 200 万 hm² 的采煤沉陷区，按现有生产规模预计到 2030 年采煤沉陷区面积将达 280 万 hm²[1]。煤炭开采形成的采空塌陷不仅造成了矿区土地资源破坏和生态环境恶化，而且往往伴随滑坡、崩塌、泥石流等其他地质灾害的发生形成复杂灾害环境，给矿区工程建设带来了严峻挑战和巨大安全隐患[2]。

碾子沟煤矿工业广场采空区、滑（边）坡工程地质勘察与治理工程设计项目是我国西部山区大型工程建设中所遭受煤矿采空区、滑坡（边坡）多种灾害综合治理的典型案例，项目形成了多种灾害条件下的精细探测、稳定性评价、综合治理、工程质量评定及监测预警的技术体系，治理效果良好，具有良好的示范意义。笔者以该项目为例，旨在为类似工程提供借鉴。

## 2　工程概况

### 2.1　基本概述

碾子沟煤矿是中国国电在陕控股收购的第一个煤炭项目，对实现在陕布局煤电一体化具有重要的战略意义。该井田面积 31.5km²，可利用地质资源量 140.56Mt，矿井规模 180 万 t/年，分两期建设，一期 90 万 t 改扩建工程总投资约 11 亿元。

受场地条件限制，改扩建工业广场依托原煤矿场地工业设施，在斜坡地带阶梯状布置。场地主要布置有副斜井井口房及提升机房、机修车间、综采设备库、浴室、灯房联建等建（构）筑物。2011年初，扩建工程实施过程中工业广场发生严重的采空塌陷，地面塌陷范围约400m×110m，最大塌陷量达 3.8m，影响场地面积约 20.04 万 m²，塌陷裂缝发育至距副斜井 2～3m 位置，地下井筒遭受塌陷破坏长度263m。与此同时，塌陷伴生地表发生 3 处较大滑坡，累计滑坡体积约 54 万 m³。

建设场地及周边区域的小煤窑开采管理混乱，越界开采现象严重，地表采空塌陷变形剧烈。建设场地狭小，工程建设整体位于采空塌陷区，滑坡发育强烈。项目改扩建过程中，大规模高挖深填，高边坡稳定性问题复杂。地下开采引起的塌陷、滑坡等灾害与地面工程建设的高边坡开挖稳定性问题相互交织，建设场地的稳定性问题非常突出，多灾种伴生，变形机理复杂，安全隐患巨大。

为保障改扩建工程建设安全，我单位于 2011年 12 月，受建设单位委托开展了本项目的勘察、设计工作。

### 2.2　工程技术特点

（1）采空区上伏斜坡场地进行地面（建（构）筑物）与地下（井筒）一体化工程建设，对场地稳定性及地基沉降变形要求高。

（2）场地下伏的小煤窑开采混乱，开采久远，资料匮乏，采空区赋存状态与塌陷机理复杂，变形剧烈，危害严重。

（3）工程场地狭小，施工难度很大。工程建设整体位于采空区上的斜坡地带，场地地下水丰富，第四系黏土层强度低，渗透性差，滑坡灾害发育。场平过程高挖深填的边坡问题突出，最大挖方边坡超 35m，最大填方厚度达 21m。

（4）采空塌陷、滑（高）边坡多灾种伴生，灾害发育强烈。场地采空区埋深 90～150m，地面塌陷最大深度 3.8m，所伴生的滑体厚度达 30m，多灾种相互影响。

### 2.3　工程面临问题

项目开展时期，采空区防治尚无相关规范。在无规范条件下面临如下问题：

获奖项目：2019 年度陕西省优秀工程勘察一等奖，2021 年度工程勘察、建筑设计行业和市政公用工程优秀勘察设计奖二等奖。

（1）复杂小煤窑采空区精准探测问题。

（2）复杂地形采空区地表残余变形预测问题。

（3）采空区场地与地基稳定性评价问题。

（4）复杂地形采动滑（边）坡体稳定性评价问题。

（5）采空区与滑坡多灾种条件下岩层控制加固问题。

（6）采空区底板为铝土质泥岩，泥化膨胀严重，老窑水突水危险性高，采空塌陷地层围岩破碎，副斜井井筒穿越采空区区段井筒加固问题。

# 3　地质条件

## 3.1　地形地貌

项目区位于陇东黄土高原，为典型的黄土梁峁沟壑区，地貌单元主要为黄土梁、峁及冲沟，构造作用以河流剥蚀切割为主，地面高程介于1053～1190m，极端高差137m，地形起伏较大，总体地势东部高，西南、西北低。区内地形破碎，冲沟、切沟、细沟发育，受拜家河谷及冰凌沟谷长期侵蚀作用，形成现今沟壑纵横，沟深梁窄地形。

## 3.2　地层岩性

依据地质填图和钻探揭露，勘察区由老到新有：侏罗系下统富县组（J₁f）；侏罗系中统延安组（J₂y）、直罗组（J₂z）和安定组（J₂a）；白垩系下统宜君组（K₁y）和洛河组（K₁l）；以及第四系、第三系地层（Q＋N）（表1）。

**研究区地层简表**　　表1

| 系 | 统 | 群 | 组 | | 代号 | 厚度/m | 岩性描述 |
|---|---|---|---|---|---|---|---|
| 第四系 | 全新统 | | 现代沉积 | | Q₄ | 0～14 | 冲积、洪积成因的砂质黏土、砂、砂砾石层及次生黄土堆积 |
| | 上更新统 | | 马兰组 | | Q₃m | 13.5～15 | 风积成因的浅黄色、浅灰黄色黄土、底部夹有不稳定的棕褐色古土壤层，富含蜗牛化石 |
| | | | 萨拉乌苏组 | | Q₃s | | |
| | 中更新统 | | 离石组 | | Q₂l | 72.9～128 | 风积成因的浅黄色黄土，夹⑦₁₆层棕红色古土壤，产Myospalx |
| | 下更新统 | | 午城组 | | Q₁w | 10～54.5 | 风积成因的浅棕黄色、枯黄色石质黄土，含钙质亚黏土夹有残缺状古土壤层 |
| | | | 三门组 | | Q₁s | | |
| 新近系 | 上新统 | | 保德组 | | N₂b | 0～77.4 | 枯红色黏土岩，钙质结核黏土岩、粉砂岩夹钙质结核层，砂砾石层 |
| 白垩系 | 下白垩统 | 志丹群 | 罗汉洞组 | | K₁lh | | |
| | | | 环河-华池组 | K₁h¹ K₁h² K₁h³ | K₁h | | |
| | | | 洛河组 | | K₁l | 615.3 | 紫红色砂岩夹砾岩，斜层理发育 |
| | | | 宜君组 | | K₁y | 2.2～74 | 紫灰色巨厚层复成分砾岩含砾砂岩透镜体 |
| 侏罗系 | 中侏罗统 | | 安定组 | | J₂a | 14.6～85.6 | 紫红色具灰绿色泥质团块的砂质泥岩为主夹中厚层砂岩，砂砾岩 |
| | | | 直罗组 | | J₂z | 21.4～65.3 | 浅灰色厚层状含砾长石石英粗砂岩夹少量紫红色泥岩，泥质粉砂岩 |
| | | | 延安组 | | J₂y | 24.6～216.3 | 灰黑色泥岩，泥质粉砂岩互砂岩，夹炭质泥岩，煤层（线）及铝土质泥岩，底部有厚层砂岩 |
| | 下侏罗统 | | 富县组 | | J₁f | 0～102 | 紫杂色泥岩，铝土质泥岩，黏粒高岭石-伊利石黏土岩夹炭质泥岩、砂岩，底部为砾岩 |
| 三叠系 | 三叠系上统 | 志丹群 | 胡家村组 | | T₃h | 0～488.1 | 黑灰色油页岩，页岩夹中厚层细粒长石砂岩 |
| | 三叠系中统 | | 铜川组 | | T₂t | 1139.6 | 浅灰绿色细粒长石砂岩、钙质砂岩夹页岩 |

## 3.3 水文地质条件

根据地下水赋存条件及水动力特征，项目区的地下水类型主要为第四系松散堆积层潜水和深部的基岩裂隙水。松散堆积层潜水赋存于堆积层、残坡积层等土体中，含水性以堆积层最强，坡积层次之，该层组土层大部分孔隙发育，其含水量受地形影响较大，水位随气候、季节等的变化较大，其下分布新近系红黏土呈隔水特征；基岩裂隙水埋深多在80~150m。

勘察期间，勘探点多遇到地下水，地下水埋深为1.1~8.4m，稳定水位标高1214.50~1222.82m。根据区域地下水位动态观测资料，地下水年变化幅度1.0~2.0m。

项目区地下水主要由大气降水、地表水径流和生活废水入渗补给，雨水或融雪水沿坡体边界、张拉裂缝入渗，在滑带聚集流动；在坡体前缘地势较低的地方以泄流或泉的形式泄出，其次为蒸发消耗。

## 3.4 采空区赋存特征

根据项目区煤层埋藏较浅，覆岩结构上部土层较薄，下部砂泥岩层较厚；开采方式为短壁式、房柱式开采；采空面积较大、地表变形明显等特征，本次采空区勘探工作采取以地质、采矿资料收集整理、地形测量、工程地质测绘、采矿情况调查、地表变形情况调查为主，运用地球物理勘探手段宏观上圈定采空范围，重点部位采用钻孔探查，结合以往地质资料，进行采空区覆岩稳定性分析及采空区危害程度评价的综合探测方法。

1) 地质采矿调查与资料分析

通过对项目区采矿情况调查，碾子沟煤矿采空区主要由原碾子沟煤矿及附近小煤矿（拜家河煤矿）开采引起。原碾子沟煤矿始建于1985年，1992年9月建成投产以来，至2006年停产。该矿开采煤层为下煤层，而中、上煤层均未采动，回采率42%。采用双斜井单水平开拓，长臂式工作面炮采落煤方法，累计采动量217.5万t。拜家河煤矿始建于1983年，于1987年7月建成投产，2000年6月改扩建，设计生产能力6万t/年，开采中、下煤层，采用双立井，暗斜井双水平开拓，短臂式炮采落煤。

2) 瞬变电磁法勘探

根据项目区煤层赋存情况，结合地质条件，勘察选用瞬变电磁法对采空区分布情况进行勘探。对项目区进行了二维测网布置，共布设测线13条，勘探剖面总长5.8km，勘探线布置见图1。

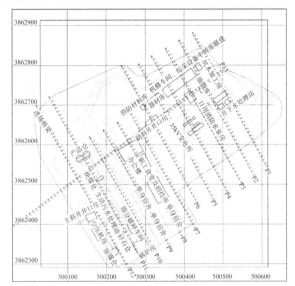

图1　瞬变电磁法探测测线布置

根据13条剖面勘查结果所反映的$\rho(t)$（视电阻率）特征结合已知钻孔情况分析，探测区煤田采空区相对围岩主要为高阻，局部沉降区视电阻率垂向及横向有一定的扭曲变化，通过与钻探资料对比高阻异常区域标高与主采煤层采空区标高基本一致。图2中（a）为P5线视电阻率拟断面图及地质推断图，根据视电阻率剖面分析，该剖面视电阻率异常主要在埋深120m附近，为高阻异常，局部有起伏变化，推断为高阻采空区异常，采空区主要分布在测点1~20、26~30以及36~39之间。在测点29施工钻孔Z3进行验证，该钻孔自114m开始，浆液全漏失，至125.5~133.5m揭露冒落带，钻探进尺快，无岩芯，浆液全漏失，出现塌孔、缩孔现象，与物探结果基本吻合。图2中（b）为P11线视电阻率拟断面图及地质推断图，根据视电阻率剖面分析，该剖面视电阻率异常主要在埋深120m附近，为高阻异常，推断为高阻采空区异常，另外，在24号点下的视电阻率为垂向低阻异常带，可能为小断层所致。在该剖面16号点和31号点分别施工了钻孔Z10和Z9，均出现明显掉钻现象，顶板相对较完整。其中，Z9钻孔99.2~101.4m掉钻，高度2.2m；Z10钻孔117.4~120.2m掉钻，高度2.8m，与物探结果基本吻合。

图3为研究区视电阻率平面图，根据电阻率平面图分析，圈定了采空区平面分布范围，见图4。

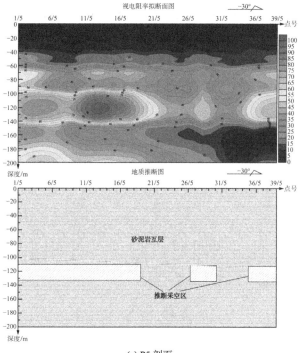

**(a) P5 剖面**

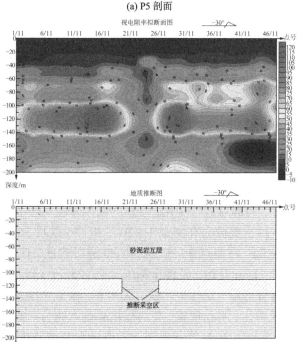

**(b) P11 剖面**

图 2　剖面视电阻率拟断面图及地质推断图

3）钻探验证

为了验证煤矿井上下对照图及物探异常区，查明副斜井工业广场采空区塌陷冒落的"三带"发育高度及塌陷冒落情况。采用地质钻机对采空区进行全取芯勘探，共施工 14 个钻孔。由于研究区采空区是短壁式、房柱式开采形成的，回采率低，地下空洞很多，因此钻探过程中发生漏水、掉钻、卡钻、进尺忽快忽慢、钻孔塌陷等异常钻

探现象的钻孔 6 个，部分采空区顶板已经冒落，部分采空区顶板呈悬空状态，掉钻、卡钻深度、距离与煤层埋深、采厚与瞬变电磁法勘探结果基本一致。

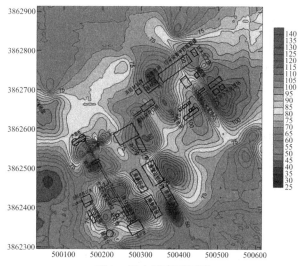

图 3　视电阻率平面图

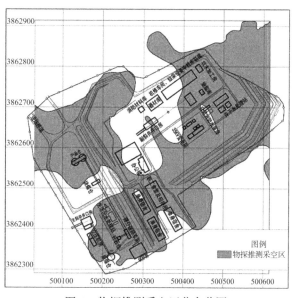

图 4　物探推测采空区分布范围

根据以往工程实践以及本项目地质采矿条件，本项目建立了"两带"划分标准：

垮落带划分依据：①钻探冲洗液消耗量超过 10m³/h，或突然全部漏失；②取芯困难，*RQD* 小于 25%；③发生突然掉钻、卡钻等钻探事故；④孔口发生吸风现象。

裂隙带划分依据：①钻探冲洗液消耗量变化很大[3]，局部地段超过 2m³/h；②局部地段岩芯破碎，RQD 小于 25%；③发生卡钻等钻探事故。

根据以上标准，对各钻孔揭露垮落带及裂隙带的发育高度进行了判别。以 Z-3、Z-8 为例。

（1）Z-3钻孔

Z-3钻孔钻进114.7～125.5m，冲洗液消耗量突然增大（在3～10m³/h反复变化），岩芯破碎，呈半圆形块（片）状，发育大量高角度裂隙，裂隙面粗糙，为褐黄色，无充填物，钻进困难，局部塌孔，RQD为10%～15%。钻进125.5～135.5m，冲洗液全孔漏失，消耗量大于10m³/h，发生多次塌孔、卡钻现象，岩芯呈碎块状，含有大量的煤屑，呈煤岩混合物，钻进困难，取芯困难。由此判断，114.7～125.5m为裂缝带，125.5～135.5m为垮落带。

（2）Z-8钻孔

Z-8钻孔钻进106.5～116.85m，冲洗液消耗量突然增大（在3～10m³/h反复变化），岩芯破碎，呈半圆形块（片）状，发育大量高角度裂隙，钻进困难，局部塌孔，RQD为10%～15%。钻进116.85～120.72m，冲洗液全孔漏失，消耗量大于10m³/h，发生多次塌孔、卡钻现象，岩芯呈碎块状，含有大量的煤屑，呈煤岩混合物，钻进困难，取芯困难。钻进120.72～140m，浆液全漏失，多次发生卡钻；钻至140m时，地面出现塌陷，塌陷范围直径约3.5m，塌陷高度1.25m。由此判断，106.5～116.85m为裂缝带，116.85～120.72m为垮落带。

4）项目区采空区特征

通过对研究区采矿情况及地表变形调查，该区地下煤炭资源开采混乱，查明碾子沟煤矿采空区主要由原碾子沟煤矿及附近小煤矿开采形成，采矿方法为房柱式、短臂式工作面炮采落煤法，形成于2000年至2006年，回采率25%～35%。

通过物探、钻探及采矿资料分析[4,5]，研究区煤柱留设不规则，地下残留空洞众多，采空区面积约200400m²，占工业场地90%，采空区剩余空洞体积约为80654.2m³。研究区开采下层煤，厚度1.2～5.7m，平均厚度3.47m，采空区埋深99.2～151.4m，平均埋深126.05m，其中覆盖层厚度2.2～16.4m，平均厚度7.95m；基岩厚度94.1～145.6m，平均厚度118.1m，地层倾角约6°，倾向西南方向，见图5。

项目区地下煤炭资源开采混乱，既有碾子沟煤矿长壁式开采、房柱式开采，也有拜家河煤矿短臂采掘，煤柱留不规则，地下残留空洞众多。根据钻孔探查情况，部分区域顶板处于悬空状态，未塌陷冒落，"三带"发育特征不明显，如Z2、Z9、Z10等钻孔附近区域；部分区域发生冒落，采动充分，地面出现大幅度塌陷主要集中在副斜井广场西北侧及宿舍楼区Z8钻孔附近，地表出现大量地裂缝，采空区覆岩"三带"发育特征明显，垮落带发育高度2.5～10.0m，导水裂隙带发育高度15.2～26.4m。

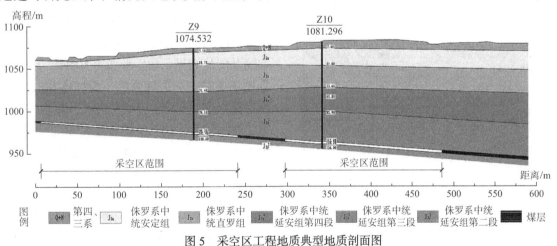

图5 采空区工程地质典型地质剖面图

## 3.5 滑坡发育特征

受地下采空塌陷、地表场平挖填及工程建设影响，项目区共发育滑坡3处，平面见图6，具体特征如下：

（1）H1滑坡

H1滑坡位于冰凌沟右岸宿舍楼区黄土斜坡地貌，受冲沟及后壁形态限制，整体呈箕形，左侧以农田内发育裂缝及陡坎为界，后壁以职工食堂及锅炉房变形裂缝为界，右侧以临时道路为界，滑坡前缘接近冰凌沟沟底。滑坡整体范围清晰，形态明确。滑坡后缘为圈椅状陡壁，高度0.5～2.5m，坡度为45°～65°；滑坡中部为较平缓斜坡，平均坡度为10°，斜坡形态较不规则，坡体上两栋宿舍楼；滑坡前缘现大部分已回填，存在73m×23m水坑。除滑坡后壁和前缘小陡坎外，坡体较为平缓，平均坡度约 15°，纵向坡体长约 115m，横向宽度约 230m，主滑方向为 241°，后缘高程 1106m，前缘高程 1081m，相对高差 25m，滑坡后缘宽 105m，前缘宽约 230m，平面面积约1.8×10⁴m²，滑体土厚度 1.5～9.5m，平均厚度约 7.0m，体积约为 12.6×10⁴m³，为中型黄土老滑坡。

滑坡体在空间上表现为中间厚，滑坡前缘及滑坡后壁下方较薄。该滑坡组成物质为全新统黄土状土及人工填土，黄褐色—棕褐色，可塑，稍湿—饱和，含少量钙质结核；表层松散，可见白云母，土体粉粒含量较高。勘查表明滑面位于第四系（Q₄）黄土状土与新近系（N₂）红黏土接触带部位，局部为白垩系基岩顶面。滑带为厚度约 0.2m，黄土状土，颜色、成分较杂，可塑—软塑，湿—饱和，土体有擦痕迹象。滑床主要为棕红色新近系 N2 红黏土，局部为红褐色、灰色全风化砂岩、砾岩。

新近系红黏土的隔水作用，使地下水沿该层面向下流。在地下水作用下，该层顶部黄土状土软化，纵向滑面变化不大，滑面上陡下缓，后缘坡度达 30°。

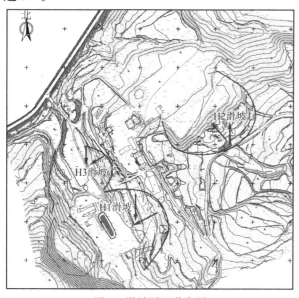

图 6　滑坡平面分布图

（2）H2 滑坡

H2 滑坡位于拟建 35kV 变电站附近黄土斜坡，受下伏基岩及后壁形态限制，整体呈箕形，左侧以刷方区坡体内发育裂缝及陡坎为界，后壁以乡村道路发生变形裂缝及出现陡坎为界，右侧以刷方区外侧小路为界，滑坡前缘地表发生隆起变形，高度 1～2m。滑坡整体范围清晰，形态明确。滑坡后缘为圈椅状陡壁，高度 5.0～8.2m，坡

度为 50°～65°；滑坡中部为较平缓斜坡，平均坡度为 7°，斜坡形态较不规则，坡体纵向裂缝发育，滑坡前缘刷方后发生隆起变形，最大隆起高度约 2.0m。滑坡总体呈中部平缓，后缘及前缘陡峭，后缘为滑坡拉张裂隙产生陡坎，前部为人工刷方形成台阶，坡体平均坡度约 19°，坡体前部坡度 30°～40°，纵向坡体长约 145m，横向宽度约 230m，主滑方向为 316°，后缘高程 1147m，前缘高程 1109m，相对高差 38m，滑坡后缘宽 140m，前缘宽约 230m，平面面积约2.7×10⁴m²，滑体土厚度 1.5～23.0m，平均厚度约 16.0m，体积约为 43.2×10⁴m³，为中型黄土滑坡。

滑坡体在空间上表现为中间厚，滑坡前缘及滑坡后壁下方较薄。该滑坡滑体物质成分为全新统黄土状土、中更新统离石组黄土，黄褐色—棕褐色，可塑—硬塑，稍湿—饱和，含少量钙质结核；表层松散，可见白云母。滑带为厚度约 0.2m 黄土，颜色、成分较杂，可塑—软塑，湿—饱和，土体有擦痕迹象。勘查表明滑面中后部切穿Q₄黄土状土、Q₂黄土，前缘滑面位于Q₂黄土内部，局部位于棕红色白垩系全风化基岩顶面，滑面上陡下缓，后缘坡度达 35°。

（3）H3 滑坡

H3 滑坡位于进场道路黄土斜坡上，滑坡整体范围清晰，形态明确。左侧以临时建筑右前方发育裂缝及陡坎为界，后壁形成 0.30～0.5m 陡坎以现有进场道路变形裂缝为界，滑坡体在前缘进行堆积局部隆起。除滑坡后壁和前缘小陡坎外，总体而言，坡体较为平缓，平均坡度约 20°，纵向坡体长约 125m，横向宽度约 64m，主滑方向为 240°，后缘高程 1095m，前缘高程 1074m，相对高差约 21m，滑坡后缘宽 50m，前缘宽约 125m，平面面积约 0.5×10⁴m²，滑体土厚度 1.5～8.85m，平均厚度约 6.5m，体积约为3.25×10⁴m³，为小型黄土滑坡。该滑坡前缘原始地形被人工回填，坡体由于切坡修路，形成台阶状。根据钻探资料，滑坡滑体物质成分为填土、全系统黄土状土，黄褐色—棕褐色，可塑，稍湿—饱和，含少量钙质结核；表层松散。滑带为厚度约 0.2m 黄土状土，颜色、成分较杂，可塑—软塑，湿—饱和，土体有擦痕迹象。滑床主要为棕红色新近系 N2 红黏土，局部为红褐色、灰色全风化砂岩、砾岩。

# 4 场地稳定性评价

## 4.1 采空区场地稳定性评价

（1）采空区地表变形预测

类比研究区地表岩移观测资料，采空区覆岩性质，综合确定本项目区地表残余变形的预测参数：

下沉系数 $q=0.6$；水平移动系数 $b=0.3$；主要影响角正切 $\tan\beta=2.74$；拐点偏移距 $S=8.8$；开采影响传播角 $\theta=90°-0.68\alpha=86$；地表主要影响半径，$r=H/\tan\beta$；松散层移动角 $\psi'=45°$；地层近水平，走向及上、下山移动角 $\delta'=\beta'\gamma'=70°$。

利用概率积分法对项目采空区地表剩余变形进行了预测，结果见表 2，剩余沉降等值线图见图 7。

采空区最大剩余变形量预测成果表　表 2

| 开采煤层 | 下层煤 |
| --- | --- |
| 埋深/m | 99.2～151.4（126.05） |
| 采厚/mm | 1.2～5.7（3.47） |
| 下沉系数 $q$ | 0.6 |
| 最大下沉量 $W_{max}$/mm | 704.27～3345.27 |
| 最大剩余沉降量 $W$/mm | 598.63～2843.48 |
| 剩余倾斜变形 $i_{max}$/mm/m | 10.83～78.54 |
| 剩余曲率 $K_{max}$/mm/m² | ±0.298～±3.297 |
| 剩余水平移动 $U_{max}$/mm | 179.59～853.04 |
| 剩余水平变形 $\varepsilon_{max}$/mm/m | ±4.94～±35.81 |

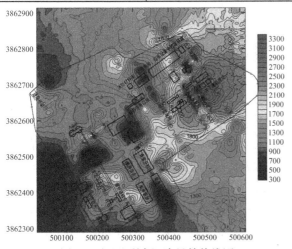

图 7　项目区剩余沉降量等值线图

（2）数值计算

利用 ADINA 数值软件对项目区房柱式开采，在煤柱宽度一定（20m），不同采出率（33.3%、50%、60%、66.7%、71.4%）条件下采空区进行了数值计算，数值计算参数见表 3。

模型计算参数的选取　表 3

| 地层 | 密度/（kg/m³） | 弹性模量/MPa | 泊松比 | 黏聚力/MPa | 内摩擦角/° |
| --- | --- | --- | --- | --- | --- |
| Q+N | 1950 | 7 | 0.20 | 0.03 | 21.20 |
| K₁L | 2223 | 987 | 0.29 | 0.14 | 27.98 |
| K₁y | 2249 | 1421 | 0.28 | 0.20 | 28.89 |
| J₂a | 2396 | 2744 | 0.28 | 0.53 | 30.80 |
| J₂z | 2316 | 3752 | 0.27 | 0.60 | 33.82 |
| J₂y | 2350 | 6428 | 0.25 | 1.04 | 36.56 |
| coal | 1415 | 640 | 0.24 | 0.33 | 28.12 |
| J₁f | 2350 | 8428 | 0.28 | 1.54 | 35.56 |
| T₃h | 2350 | 24280 | 0.30 | 2.04 | 38.56 |

采出率 60% 时，位移云图见图 8。不同采出率条件下地表沉降曲线与地表水平位移曲线，见图 9。从数值模拟研究结果可以看出[6]：当煤柱宽度相同时，地表沉降值（62.7～649.2mm）及水平位移值（35.2～323.5mm）均随采出率的增加而明显增大，如图 8 所示，主要是由于房柱式采空区上方顶板弯曲下沉量增加，导致上覆岩层和地表变形加剧。

将最大沉降、最大水平位移与采出率相关关系进行拟合得到如下公式。

$$W_{max}=8.06e^{6.082\rho}, \quad R^2=0.998 \tag{1}$$

$$U_{max}=5.07e^{5.771\rho}, \quad R^2=0.999 \tag{2}$$

式中：$W_{max}$——地表最大沉降值（mm）；

$\quad\quad\quad U_{max}$——地表最大水平位移值（mm）；

$\quad\quad\quad \rho$——采出率（%）；

$\quad\quad\quad R^2$——拟合精度。

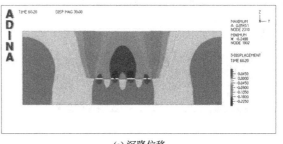

(a) 沉降位移

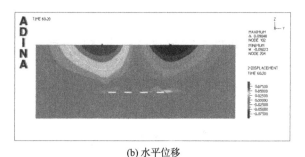

(b) 水平位移

图 8　60%采取率位移计算云图

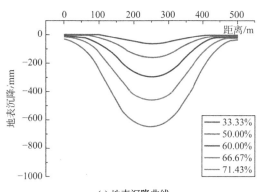

(a) 地表沉降曲线

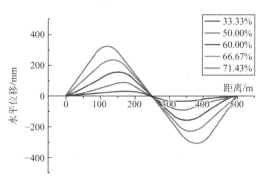

(b) 地表位移曲线

图 9　不同采取率地表变形曲线

煤柱及围岩应力云图见图 10。由图可知，煤柱及围岩应力随开采宽度的增加应力集中愈加明显，在煤柱及开采煤壁位置出现应力增高区。同时，在采空区顶、底板出现一个应力降低区[7]，并在采空区顶部形成应力拱。在集中应力的作用下，煤层顶板表现为弯曲下沉，底板出现底鼓，而煤柱变形则表现为边缘煤体挤向采空区，并有明显的压缩变形，煤柱上的应力峰值向煤柱内部弹性核区转移，煤柱最大应力由 4.64MPa 呈指数增大至 9.68MPa。

(a) 采出率 33.3%地表沉降曲线

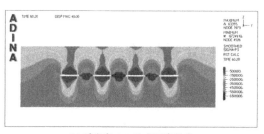

(b) 采出率 60%地表沉降曲线

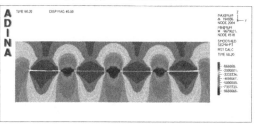

(c) 采出率 71.4%地表沉降曲线

图 10　煤柱及围岩应力云图

（3）采空区稳定性的突变分析

将房柱式采空区顶板岩层视为弹性岩梁，构建图 11 所示房柱式采煤煤柱-顶板力学模型，假设未采煤层为刚性，梁两端为固定约束。

利用系统势能原理，系统的总势能函数：

$$U = -\frac{q^2 l^5}{720EI} - qul + \lambda \int_0^u ue^{\left(-\frac{u}{u_0}\right)} du + \frac{12EIU^2}{l^3} \quad (3)$$

根据尖点突变理论得到了系统失稳时，采空临界跨度判据公式(4)，

$$l = \sqrt[3]{\frac{24EIe^2}{\lambda}} \quad (4)$$

当采空区垮落小于临界跨度时，不会发生突变失稳。大于临界跨度时，将会发生突变失稳。

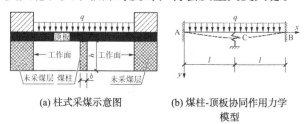

(a) 柱式采煤示意图　　(b) 煤柱-顶板协同作用力学模型

图 11　房柱式采煤煤柱-顶板力学模型

经计算可得，项目区采空区$Q_1$突变失稳的临界跨度为 12.88m，采空区$Q_2$突变失稳的临界跨度为 11.27m，采空区$Q_3$突变失稳的临界跨度为 14.36m，采空区$Q_4$突变失稳的临界跨度为 15.95m。本项目采空区$Q_1$和采空区$Q_2$跨度小于临界跨度，不会发生突变失稳。采空区$Q_3$和采空区$Q_4$跨度大于临界跨度存在发生突变失稳的可能。采空区发

生突变失稳分布范围见图12。

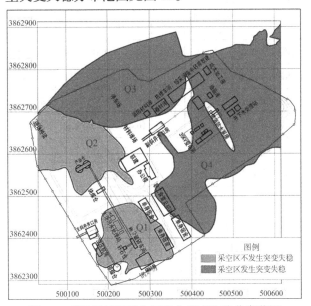

图12 项目区场地采空区发生突变失稳分布范围

（4）采空区稳定性的模糊综合评价

影响采空区稳定性的因素众多，根据以往研究成果，利用层次分析法建立了采空区稳定性评价指标体系[8]，见图13。

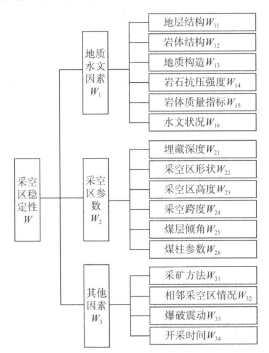

图13 采空区稳定性评价指标体系

建立了采空区稳定性分级标准及评语集，构造了以专家评价法和公式法基础的隶属函数，并对各离散型和连续变量因子进行分析，建立了采空区稳定性的二级模糊综合评判模型[9]。模糊评价结果见表4。根据结果可知，项目场地4个单位采空区均属于不稳定采空区，稳定等级为Ⅲ，同时可看出，4个单元采空区中Q₃的稳定性最差，其次为Q₄采空区、Q₂采空区、Q₁采空区，评价结果与工程实际情况相符，Q₃采空区最终发生地面塌陷很好了验证的评价结果的准确性。

采空区覆岩稳定性评价结果　　　表4

| 采空区编号 | 稳定Ⅰ | 基本稳定Ⅱ | 不稳定Ⅲ | 极不稳定Ⅳ | 稳定性等级 |
|---|---|---|---|---|---|
| Q₁采空区 | 0.1434 | 0.3759 | 0.3825 | 0.0981 | Ⅲ |
| Q₂采空区 | 0.1439 | 0.3326 | 0.4543 | 0.0692 | Ⅲ |
| Q₃采空区 | 0.1352 | 0.1786 | 0.5355 | 0.1507 | Ⅲ |
| Q₄采空区 | 0.1362 | 0.1911 | 0.5317 | 0.1410 | Ⅲ |

（5）建筑地基采空区"活化"分析

研究认为，建筑地基引起采空区"活化"判据为：$H < k(H_{l_i} + D_Z)$

式中：$H$——老采空区上边界开采深度（m）；

$H_{l_i}$——导水裂缝带高度（m）；

$D_Z$——地面建（构）筑物载荷影响深度（m）；

$k$——安全系数，取1.5。

根据布辛尼斯克（Boussinesq）推导出了半空间弹性体内竖向集中力作用下任意点的竖向应力表达式为：

$$\sigma_z = \frac{3p}{2\pi} \cdot \frac{z^3}{R^5} = \frac{3p}{2\pi z^3} \cos^5\theta \tag{5}$$

式中：$\sigma_z$——地基中深度为$z$，到集中力$p$作用点的距离为$R$处的竖向应力；

$\theta$——$R$线与$z$坐标轴的夹角，亦称扩散角。

设地基土的重度为$\gamma$，则深度为$D_z$处的地基土自重应力$\sigma_{cz} = \gamma_z$。又设$D_z = 0.01\sigma_{cz}$，对于集中荷载，集中力作用线上（$\theta = 0$）的附加应力传播深度最大，故集中荷载作用下地基扰动深度：

$$D_z = \sqrt[3]{\frac{150p}{\pi\gamma}} \tag{6}$$

集中荷载作用下地基扰动深度见表5。

集中荷载作用下地基扰动深度计算表 表5

| 荷载$P$/kN | 150 | 180 | 200 | 220 | 250 | 300 | 350 |
|---|---|---|---|---|---|---|---|
| 扰动深度$D_z$/m | 7.16 | 7.61 | 7.88 | 8.14 | 8.49 | 9.02 | 9.50 |

本项目采空区上方建（构）筑物地基"活化"分析结果见表6，根据表6可知，地表建筑物荷载对采空区稳定性不具有"活化"作用[9]。

| 建构筑物 | 高度 | 地基基础设计等级 | 结构形式 | 差异沉降敏感程度 | 建筑基础 | 基地荷载/（kN/m²） | $H$ | $H_{l_i}$ | $D_z$ | "活化"分析 |
|---|---|---|---|---|---|---|---|---|---|---|
| 产品仓（两个） | 46.5 | 乙级 | 钢筋混凝土筒仓 | 严格 | 钢混凝土筏板 | 350 | 94.1 | 14.61～22.61 | 9.50 | 不活化 |
| 原煤仓 | 41 | 乙级 | 钢筋混凝土筒仓 | 严格 | 钢混凝土筏板 | 350 | 110 | 9.76～17.76 | 9.50 | 不活化 |
| 主井驱动机房 | 15 | 乙级 | 钢结构 | 严格 | 独立钢混凝土 | 250 | 110 | 16.47～24.47 | 8.49 | 不活化 |
| 筛分破碎车间 | 22 | 丙级 | 钢混凝土框架 | 一般 | 独立钢混凝土 | 220 | 110 | 16.47～24.47 | 8.14 | 不活化 |
| 矸石仓 | 16 | 丙级 | 钢混凝土框架 | 一般 | 独立钢混凝土 | 180 | 110 | 16.47～24.47 | 7.61 | 不活化 |
| 块煤仓 | 29 | 丙级 | 钢混凝土框架 | 一般 | 独立钢混凝土 | 180 | 95 | 14.61～22.61 | 7.61 | 不活化 |
| 35kV变电站主控楼 | 12 | 丙级 | 钢混凝土框架 | 一般 | 独立钢混凝土 | 180 | 135 | 49～73 | 7.61 | 不活化 |

### 4.2 滑坡稳定性评价

1）滑坡影响因素分析

地形条件：受区域地壳上升、前方冲沟下切的影响，3处滑坡斜坡前缘呈现出坡度较大的陡峭斜坡，原老滑坡滑动以后并经自然、人为改造，陡坡导致坡体内部易形成一定的应力集中带。

地层结构：坡体地层结构为人工填土、全新统黄土状土、新近系红黏土，下伏白垩系泥质砂岩、砾岩。地表Q₄人工填土杂乱、疏松，全新统黄土状土疏松多孔，且垂直裂隙发育，利于雨水下渗，入渗雨水在较为致密的红黏土表面等相对隔水部位富集，降低上覆岩土体抗剪强度，从而形成软弱面，在不利条件下发展成滑动面。

冲沟侵蚀：受地壳上升，前缘、中部冲沟侵蚀作用，斜坡坡脚出现较大临空面，利于滑坡形成。

降雨作用：该地区平均降雨量较小，但集中在7—8月份，常常出现暴雨，坡体雨水排泄不畅，其产生的静水压力和对软弱面的弱化作用是滑坡产生的主要诱因。

人为影响：现阶段，滑坡体及前缘人类工程活动频繁，坡体表面切坡建房、地下煤层开采形成的采空塌陷变形以及坡体表面的耕植活动导致坡体疏松，利于雨水下渗；坡体原有排水沟失修已久，坡体后缘锅炉房、职工食堂等形成生活污水长时间直接排入坡体；坡体上方道路排水混乱，暴雨直接沿冲沟进入坡体，并在N₂红黏土层顶部富集，形成相对软弱滑面。

根据勘查资料，3处滑坡均为典型的土体内滑动，其滑动面大致可按圆弧滑面考虑。滑体土主要为Q₄人工填土及黄土状土，下伏N₂红黏土地层，在地层结构与滑坡地形的共同作用下，使地下水易富集于坡体内相对隔水层顶部，并对接触带进行

软化，降低力学强度，形成软弱带。同时，由于前缘及中部冲沟的沟蚀作用，斜坡体前缘形成临空面。使滑体在自重的作用下，沿软弱带向临空方向发生蠕动或变形。随着时间的不断延续，并最终贯通，形成滑坡。

2）滑坡稳定性计算

本项目滑坡稳定性计算采用传递系数法。各滑坡天然状态下处于蠕动变形状态，鉴于滑坡的土体滑动的特点，在稳定性计算时，考虑到天然、暴雨及地震三种工况进行计算，分别为天然状态、暴雨工况下地下水上升至地面（即坡体整体饱和）以及发生地震时的稳定性计算。根据《滑坡防治工程勘查规范》，滑坡地质灾害危害程度等级属Ⅱ级，建议滑坡稳定安全系数取1.15，在地震工况下，安全系数取1.05；综合考虑滑坡体在未来条件下的营运状况，拟定本段滑坡稳定计算的工况及安全系数如表7。

**滑坡稳定计算工况及稳定安全系数　表7**

| 工况组合编号 | 荷载组合 | 安全系数 |
|---|---|---|
| 1 | 1. 天然条件 | 1.15 |
| 2 | 2. 暴雨条件 | 1.15 |
| 3 | 3. 地震＋暴雨 | 1.05 |

计算工况、参数与荷载组合具体情况如下：

（1）根据勘察资料，H1滑坡各钻孔均见地下水位，埋深2.3～3.45m，前缘局部水位已达到地表；H2滑坡各钻孔均见地下水位，埋深8.4～13.6m，地下水由前缘出漏地层外泄；H3滑坡钻孔揭露地下水位，埋深约7.0m。项目区各滑坡体地下水埋藏较浅，加之该地区降水较集中，且常以暴雨形成出现，故存在地下水升至地面的极限状态的可能性。计算时暴雨工况下滑带土体抗剪强度参数选择饱和状态值，一般工况下取天然值。即：

滑坡体取天然重度为 19.5kN/m³，饱和重度为 20.1kN/m³；滑带土体天然抗剪强度值为：$c = 11.2kPa$，$\varphi = 9.0°$；饱和抗剪强度值为：$c = 10.5kPa$，$\varphi = 8.5°$。

（2）滑坡体人为改造强烈，滑坡体上建筑物多。计算时计入静荷载，房屋单层荷载取 15kPa/m。

（3）各滑坡稳定性计算典型断面见图14。

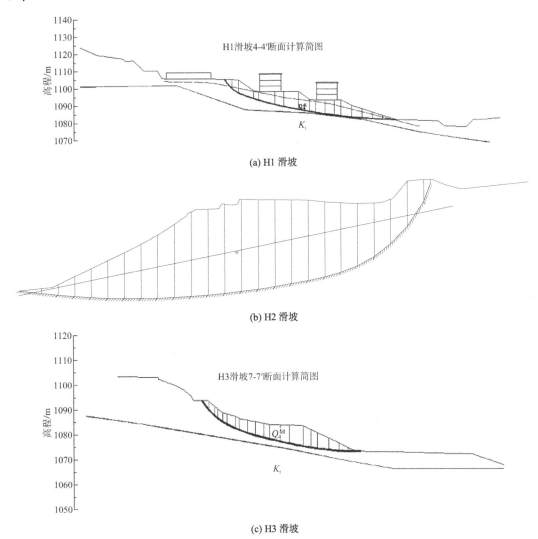

(a) H1 滑坡

(b) H2 滑坡

(c) H3 滑坡

图14　各滑坡稳定性计算典型断面计算简图

（4）滑坡稳定性计算结果见表8。

滑坡稳定性计算表　　　　　　　　　　　　　表8

| 滑坡名称 | 计算剖面 | 工　况 | 稳定系数$F_s$ | 安全系数 | 稳定性评价 |
|---|---|---|---|---|---|
| H1 滑坡 | 2-2′剖面 | 1. 天然条件 | 1.126 | 1.15 | 基本状态 |
| | | 2. 暴雨条件 | 1.059 | 1.15 | 欠稳定 |
| | | 3. 地震＋暴雨 | 0.964 | 1.05 | 不稳定 |
| | 3-3′剖面 | 1. 天然条件 | 0.985 | 1.15 | 不稳定 |
| | | 2. 暴雨条件 | 0.927 | 1.15 | 不稳定 |
| | | 3. 地震＋暴雨 | 0.834 | 1.05 | 不稳定 |
| | 4-4′剖面 | 1. 天然条件 | 1.013 | 1.15 | 欠稳定 |
| | | 2. 暴雨条件 | 0.953 | 1.15 | 不稳定 |
| | | 3. 地震＋暴雨 | 0.862 | 1.05 | 不稳定 |

| 滑坡名称 | 计算剖面 | 工 况 | 稳定系数$F_s$ | 安全系数 | 稳定性评价 |
|---|---|---|---|---|---|
| H2 滑坡 | 16-16′ 剖面 | 1. 天然条件 | 0.996 | 1.15 | 不稳定 |
| | | 2. 暴雨条件 | 0.895 | 1.15 | 不稳定 |
| | | 3. 地震＋暴雨 | 0.806 | 1.05 | 不稳定 |
| | 17-17′ 剖面 | 1. 天然条件 | 1.100 | 1.15 | 基本稳定 |
| | | 2. 暴雨条件 | 0.990 | 1.15 | 不稳定 |
| | | 3. 地震＋暴雨 | 0.840 | 1.05 | 不稳定 |
| | 18-18′ 剖面 | 1. 天然条件 | 1.038 | 1.15 | 欠稳定 |
| | | 2. 暴雨条件 | 0.936 | 1.15 | 不稳定 |
| | | 3. 地震＋暴雨 | 0.818 | 1.05 | 不稳定 |
| H3 滑坡 | 7-7′ 剖面 | 1. 天然条件 | 1.060 | 1.15 | 基本稳定 |
| | | 2. 暴雨条件 | 0.960 | 1.15 | 不稳定 |
| | | 3. 地震＋暴雨 | 0.873 | 1.05 | 不稳定 |

稳定性计算结果表明[5]：H1 滑坡天然状态下欠稳定—基本稳定状态，坡体局部发生蠕动变形，极易发生垮塌；在暴雨工况下，即滑带及滑体均处于饱水状态时，滑坡处于欠稳定—不稳定状态，在一定条件下，可能发生整体滑动破坏。H2 滑坡改扩建项目场平工作将滑坡中下部进行了大幅度开挖，在滑坡前缘形成临空面，且未及时进行支护工作。坡体表面缺乏有效的排水系统，由于排水不畅导致的雨水入渗，造成滑带土饱水而发生滑动。天然状态下欠稳定—基本稳定状态，坡体局部发生蠕动变形，极易发生垮塌；但在暴雨及地震不利工况下，稳定安全系数小于安全系数，滑坡处于不稳定状态，存在整体滑动的可能。H3 滑坡天然状态下处于基本稳定状态，但在暴雨及地震不利工况下，稳定安全系数小于安全系数，滑坡处于不稳定状态，存在发生整体滑动的可能。

# 5 地质灾害防治设计

## 5.1 总体防治思路

根据项目区地质、采矿、场地采空区、滑（边）坡灾害发育特征，提出了先治理采空再治理滑（边）坡的治理思想。采取了地面与地下、采空区与滑（边）坡综合一体化协同综合治理技术。

## 5.2 采空区治理设计

在充分考虑当地环境特点、工程地质条件、材料分布与供应、资源规划与工期要求等因素的前提下，按照一次根治，不留后患的原则[10]，对受采空区影响的地面建（构）筑物与地下副斜井井筒穿越采空区段提出了地面与地下一体化联合充填注浆加固治理方案[5]。

（1）地面采空区治理

将工业场地内分为两部分：建（构）筑物重点治理区域和一般治理区域。

建（构）筑物重点治理区域：注浆孔，钻孔间距为 10～15m，注浆孔优先布置在建（构）筑物基础及采空巷道部位。

一般治理区域：一般孔间距为 20～40m，帷幕孔间距为 10m，注浆孔优先布置在采空巷道及滑坡部位。

地面采空区治理共布置钻孔 698 个，进尺 92910.8m，总注浆（注砂）体积 87662.8m³。治理工程采用一次成孔，全孔间歇式全充填注浆、注砂工艺[11]。注浆浆液为水泥粉煤灰浆，水：固相配合比：1∶1～1∶1.2；水泥：粉煤灰配合比：构筑物注浆孔 4∶6，帷幕孔及一般注浆孔 3∶7。粗骨采用中粗砂。一般治理区采空区注浆压力 1～1.5MPa，重要建筑物采空区注浆压力 1.5～2.5MPa。当注浆达到设计压力，泵量小于 50L/min，超过 15min 时，作为单孔注浆结束标准。

（2）副斜井穿越采空区段治理

副斜井（414～554 段）采空区采用井壁预留的孔与壁后采空区注浆孔进行加固，见图15。采空区处理宽度为 90m，处理长度 140m。壁后采空区注浆孔布设在井筒 414～554m 段轨道两侧底板及侧壁，孔距 10m；侧壁注浆孔深 45m，底板注浆孔深 25m。注浆材料采用纯水泥，水灰比 1:1，注浆压力控制在 1.5MPa。共布置井筒注浆孔 82 个，进尺 8834m。

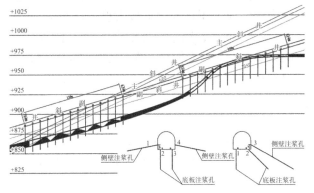

图 15　副斜井穿越采空区段注浆加固图

## 5.3　滑坡治理设计

（1）对滑坡提出了以抗滑桩、锚索（杆）、框架梁、微型桩等结构支挡为主，加筋土、浆砌片石拱形骨架护坡与绿化为辅，坡面与坡体排水相结合的综合治理措施[5]，典型治理断面见图 16。

（2）建立了项目区三维地形地质模型，见图 17。创建了滑坡主要治理工程结构的参数化 BIM 模板及族库，构建了碾子沟滑坡治理三维结构模型，开展了 BIM 模型三维漫游技术交底与 4D 施工模拟[12]，实现了滑坡治理工程的三维可视化。滑坡治理三维模型见图 18。

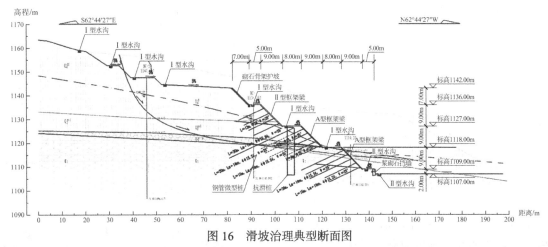

图 16　滑坡治理典型断面图

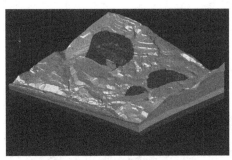

图 17　滑坡三维地质模型

(a) 三维放坡模型

(b) 挖填方边界

(c) H2 滑坡治理三维结构整体模型

图 18　滑坡治理三维模型

# 6　检测、监测及实施效果

## 6.1　采空区施工质量检测[13]

项目施工结束，采空区施工质量由陕西地矿第二工程勘察院进行检测。检测方法为钻孔取芯、波速测试、压浆检测及结石体强度测试等。

（1）钻孔取芯

18 个取芯检测钻孔，注浆段结石体明显、加固地层完整，采空区冒落段岩芯采取率大于 90%，钻探冲洗液消耗量小，无明显漏浆、掉钻及孔口吸风现象。

（2）压浆检测

全孔段的压浆试验结果，累计压浆 0.75～1.0m³，注浆泵量 0.01～0.05L/min，持续时间 16～58min，终孔压力 2.6～3.4MPa，压浆量较小。

（3）波速测试

注浆层位剪切波速值 539～1175m/s。

（4）结石体强度测试

注浆段取芯 4 组 16 个样品，试验室进行了单轴抗压强度测试，最大值为 8.54MPa，最小值为 2.57MPa，平均值为 5.01MPa，均满足设计要求。

检测结果表明，本场地采空区注浆效果良好，有效充填了地下采空区，各项指标均满足设计要求，治理工程合格，可进行地面工程建设。

## 6.2 采空区地表变形监测

场地地表变形由西安科技大学进行监测，监测共布置监测点 68 个，监测周期涵盖施工阶段、工后检测阶段和施工完成运营阶段。

（1）施工阶段：2013 年 1 月至 7 月，采空区治理工程施工期间，地表发生累计沉降超过 100mm 监测点 23 个，占监测点总数 33.8%。从累计沉降曲线可以看出，2013 年 3 月份施工初期，各监测点均发生明显沉降趋势，随着施工的进展，至 2013 年 5 月后地表沉降量逐步趋缓，局部区域出现地表抬升现象。说明，采空区治理工程注浆起到一定效果，有效阻止了地面沉降的发生。

（2）工后检测阶段 2013 年 7 月至 2014 年 8 月，工后检测阶段地表变形监测中 16 个监测点 1 年沉降量超过 65mm，52 个监测点 1 年累计沉降量小于 65mm。对施工后的一年里各点监测月平均沉降量较 2013 年 1 月至 2014 年 7 月份施工阶段沉降速率有明显减缓，整个工业广场的采空区沉降得到了有效控制。

（3）施工完成运营阶段 2014 年 8 月至 2015 年 9 月，各检测点累计沉降均小于 30mm，达到了设计要求的 6 个月沉降量小于 30mm 的要求。监测数据表明采空区通过注浆注浆充填治理取得良好效果，地表已经处于稳定状态，注浆工程达到治理目标。

## 6.3 滑坡治理监测

2013 年 6 月至 2017 年 10 月，河北建设勘察研究院有限公司在对地表滑坡进行治理的同时，对滑坡地表、防护结构及锚索应力进行超过 100 期的监测。挡墙累计沉降最大点 JC-18，累计变化量 −34.56mm；挡墙累计位移变化最大点 JC-4，累计位移 −25.00mm。变形主要发生 2013 年 6 月至 2015 年 12 月，滑坡治理工程施工期间，工程结束后最大沉降量为 −10.17mm，最大位移 9.88mm。抗滑桩预应力锚索应力累计变化量最大点（1506），累计变化量 −20.54kN，锚索应力损失 3.6%。监测结果表明，锚索应力损失较小，滑坡支挡结构稳定，滑坡得到较好的治理。

## 6.4 实施效果

本项目通过勘察、设计、施工、监测及质量检测，于 2015 年 12 月 28 日竣工验收，有效遏制了采空塌陷变形的进一步发展，消除了采空区、滑（边）坡灾害对工程建（构）筑物的威胁，实现了工程建设的安全与稳定。经过 6 年多运行检验及变形监测，效果良好（图 19）。

(a) H1、H3 滑坡治理 BIM 设计模型效果图

(b) H1、H3 滑坡治理竣工验收照片（2015 年 12 月）

(c) H2 滑坡治理 BIM 设计模型效果图

(d) H2 滑坡治理竣工验收照片（2015 年 12 月）

图 19 H1、H2、H3 滑坡治理 BIM 设计与项目竣工验收对比

# 7 技术创新

（1）提出了废弃小煤窑采空区的综合精细勘察技术路线，构建了集勘察、设计、施工、监测一体化的采空塌陷防治技术体系。

本项目在国内外尚无相关规范及标准的前提下，提出了以地质、采矿资料收集整理、地形测量、工程地质测绘、采矿情况调查、地表变形情况调查为主，运用地球物理勘探手段宏观上圈定采空分布范围，重点部位采用钻孔探查验证采空区赋存状态及"三带"发育特征，建立勘察区三维地质模型，进行采空区剩余变形计算，论证采空区稳定性及其对拟建工程危害性的综合勘察技术路线。提出了适合该区浅埋条件下小煤窑采空区勘察方法最佳组合方式，取得了良好的勘察效果。本项目为采空塌陷防治技术体系的建立提供了宝贵数据、支撑材料和工程实例。

（2）提出了不规则小煤窑采空区非线性稳定性评价技术。

从岩石力学系统能量守恒角度出发，基于弹塑性理论，建立采空区顶板-煤柱-底板岩石力学系统数学模型，通过引入突变理论，推导了采空区顶板岩梁的挠度曲线方程，构建了系统的总势能函数，运用最小势能原理，讨论巷柱式采空区岩石力学系统临界点附近的非连续特性，得到了浅埋煤层采空区煤柱-顶板系统突变失稳的力学判据。建立了小煤窑采空区稳定性评价指标体系和综合评判模型，实现了不规则开采条件下小煤窑采空区稳定性的定量评价，对采空区稳定性评价方法起到了补充完善作用。利用概率积分法预计了采空区剩余变形量，分析了工程建设荷载对采空区"活化"的影响，评价了采空区场地稳定性及其对工程建设的危害程度，划分了场地的建设适宜性。

（3）建立了复杂地形条件下采动滑（边）坡勘察与稳定性评价技术。

根据地下采空分布与滑坡发生的时空关系，采用多种勘探手段，查明滑坡范围和边界，滑坡体厚度和滑带（滑面）位置及采动坡体岩土结构及物理力学性质，揭示了"采动变形是主因，地下水是诱因"的滑坡形成机理，并认为：黄土滑坡变形明显受到采空区上覆岩层移动变形控制；采动引起上覆岩层的蠕动对表层黄土的挤压变形具有放大作用；黄土滑坡的变形破坏具有聚能效应。形成了复杂地形条件下采动滑（边）坡勘察与稳定性评价技术。

（4）提出了地面与地下、采空区与滑（边）坡综合一体化协同综合治理技术。

根据项目区地质、采矿及场地滑（边）坡发育等条件，提出了先治理采空再治理滑（边）坡的治理思想。采取了地面与地下、采空区与滑（边）坡综合一体化协同综合治理技术。即，对地面建（构）筑物与地下副斜井井筒穿越采空区一体化联合充填注浆治理；将采空区治理与采动滑（边）坡治理相结合，做到采空区充填治理与采动滑（边）坡的支挡、防护、绿化及排水相结合的一体化协同综合治理。

（5）开展了滑坡治理三维可视化模型构建及BIM技术应用。

创建了滑坡主要治理工程结构的参数化 BIM 模板及族库，建立了基于 BIM 技术的滑坡治理工程三维可视化模型，形成了滑坡治理工程 BIM 技术的实现路径及工作流程。开展了 BIM 模型三维漫游技术交底、4D 施工管理模拟，提高了施工组织效率，对类似工程起到工程示范作用。

（6）提出了工程质量检测评定方法与评价标准。

提出了钻探、物探与技术资料检查相结合的方式来检验治理工程质量的方法，建立了采空区工后质量验收判定标准。要求钻孔结石体抗压强度一般区域 $\geq 0.6\text{MPa}$，建（构）筑物 $\geq 2.0\text{MPa}$。要求钻孔中注浆处理段的平均剪切波（横波）速 $v_{sm}$ 一般区域 $> 250\text{m/s}$，建（构）筑物 $> 350\text{m/s}$。工程实践表明，该检测方法可靠，便于操作。

# 8 结论

项目形成的成套小煤窑采空区及采动滑（边）坡精细勘察、稳定性评价及一体化综合治理技术，丰富了采空区、滑（边）坡勘察防治技术手段，借助 BIM 技术，提升了我国采空区、滑（边）多坡灾害同时存在防治技术水平，有效解决了复杂地质条件多灾害环境下的重大工程建设的地质安全保障技术难题，实现了矿区采空区废弃土地的资源化利用，促进了矿区经济可持续发展，为我国老矿区升级改造中类似采空区、滑坡多灾害一体化防治提供了借鉴与指导，具有良好的经济效益、社会效益和环境效益。为我国采空塌陷地质灾害防治规范体系的建立提供了基础数据和有力支撑。

## 参考文献

[1] 李树志. 我国采煤沉陷区治理实践与对策分析[J].煤炭科学技术, 2019, 47(1): 36-43.

[2] 肖良. 神东矿区开采沉陷主控因素及 GA-WNN 下沉系数预计模型研究[D]. 西安: 西安科技大学, 2011.

[3] 张宁. 矿区水文地质钻探综述[J]. 绿色环保建材, 2019(9): 57-58.

[4] 张德成, 李维, 代亚. 某煤矿老采空区地基稳定性评价[J]. 山西建筑, 2021, 47(4): 54-57.

[5] 刘天林, 徐拴海, 王玉涛, 等. 国电永寿煤业有限责任公司碾子沟煤矿副斜井工业广场采空区工程地质勘察报告[R]. 西安: 中煤科工集团西安研究院, 2012.

[6] 王玉涛. 浅埋煤层开采采空区覆岩稳定性分析与评价[D]. 西安: 西安科技大学, 2013.

[7] 张鹏飞. 近距离煤层采空区下回采巷道支护研究[J]. 矿业装备, 2021(1): 58-59.

[8] 宋羽, 陈喆, 石信肖, 等. 地下综合管廊的三维可视化研究 [J]. 测绘与空间地理信息, 2020, 43(9): 186 -188+192.

[9] 柴华彬, 宋博, 刘瑞斌, 等. 煤矿塌陷区地基稳定性与承载力研究现状分析[J]. 河南理工大学学报(自然科学版), 2014, 33(2): 173-176.

[10] 白羽. 元宝山露天煤矿采空区治理方案[J]. 露天采矿技术, 2018, 33(2): 83-85.

[11] 李武军. 水仓渗水注浆封堵技术研究[J]. 煤, 2020, 29(6): 74-76.

[12] 张迎春. 基于 BIM 的 4D 施工模拟技术在钢结构施工中的应用研究[J]. 钢结构, 2018, 33(10): 136-139, 23.

[13] 齐甲林, 王佳武, 曹丽娟, 等. 国电永寿煤业有限责任公司碾子沟煤矿副斜井工业广场采空区治理工后质量检测报告[R]. 西安: 陕西地矿第二工程勘察院, 2014.

# 原深茂水泥厂采石场区域岩土工程勘察实录

徐泰松　李恩智　钟召方　周洪涛

（深圳市勘察研究院有限公司，中国深圳　518026）

## 1　工程概况

原深茂水泥厂采石场区位于深圳市龙岗区园山街道大康社区，由露天开采区和地下硐室采空区组成，露采矿坑开挖深度最大达 43m，后在露采矿坑底向侧壁及坑底下转入硐采，硐采区由采空硐室和运输巷道组成，由浅至深分为三层。矿区采挖总面积约 11.7 万 m²。

矿区开采持续了 13 年，期间与当地村民一直矛盾重重，直至 1996 年矛盾激化，矿区被当地居民强制封锁以至被迫关闭。采石场停止采石后没有对各采空硐室硐口做规范化封堵处理，仅用钢板封闭硐口防止闲杂人员进入，采空硐室也未作填充处理。矿坑回填整平至地表后建设了大量的房屋建筑，有厂房、宿舍、民居、公共活动场所等，工作、居住人员密集，地面道路纵横交错，历年来多处发生地面不均匀沉降、房屋开裂，存在严重的安全隐患。

## 2　岩土工程条件

### 2.1　场地地貌及区域地质构造

场地原始地貌属山前沟谷—冲洪积平原地貌，为覆盖型隐伏岩溶分布区。本工程场地位于区域上较大规模的地质构造——横岗—坪山背斜的核部，采石场位于背斜核部经风化剥蚀形成的山间谷地中部，背斜核部地势低洼，被第四系土层覆盖（图1）。

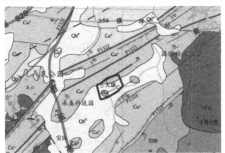

图 1　勘察场地位置区域地质图

### 2.2　工程地质条件

场地内各地层自上而下为：

1）人工填土层（$Q^{ml}$）

主要分布在露天开采矿坑区域，以黏性土类素填土为主，结构松散—稍密，矿坑内最大厚度达 42.80m。

2）第四系全新统冲洪积层（$Q_4^{al+pl}$）

分布于原露采区以外区域，主要有：

（1）粉质黏土：棕黄色，可塑状态。

（2）粉砂：浅黄、灰黄色，松散—稍密。

（3）含卵石砾砂粉质黏土：灰黄、褐黄色，可塑。

（4）含卵石/黏性土砾砂：灰、灰黄、褐黄色，稍密—中密。

3）第四系崩积—残积层（$Q^{col+el}$）

含角砾粉质黏土：灰黄、黄褐色，可塑状态为主，分布于露采矿坑以外区域。

4）石炭系下统石磴子组大理岩（$C_1^s$）

场地下伏基岩为微风化大理岩，为采石场开采对象，呈灰白、乳白色，粒状变晶结构，块状构造，属较硬岩，非岩溶发育区岩体完整程度为较完整—完整，岩体基本质量等级分类为 Ⅱ～Ⅲ 类，局部岩溶发育地段岩体完整程度属较破碎—破碎。钻探揭露厚度 0.40～81.90m，层顶埋深 5.20～46.60m，岩石饱和单轴抗压强度平均值 55.4MPa。

岩体内的溶洞、溶沟、溶槽中分布有岩溶堆积层，为含卵碎石粉质黏土，以软塑状态为主，局部可塑。

### 2.3　采空区及其存在的隐患特征

原深茂水泥厂采石场区由露天开采区和地下硐室采空区组成，开采对象为大理岩，首先进行露天开采，露采矿坑开挖面积约 8.75 万 m²，开挖深度最大达 43m，挖至地面下 43m 矿坑底后，又向矿坑侧壁及坑底地下转入硐采，硐采区由采空硐

---

获奖项目：2023 年度广东省优秀工程勘察设计奖工程勘察与岩土工程一等奖。

室和运输巷道组成，由浅至深分为三层。最大开挖深至地面以下 70m。矿区采挖总面积约 11.7 万 m²。1996 年年底停止采石时，为防止闲杂人员进入采空硐室，将硐口采用钢板封闭，未作规范化封堵处理。

矿区关停后，矿区处于无人管理的状态，地下水逐步回升及降雨灌入，最终露采矿坑变成深达 43m 的大水塘，其后若干年溺水事件频发，当地村委会于 2001 年后对露采矿坑进行了大规模倒土回填（从矿坑上边缘往矿坑内直接倒土），整平至地表后在上面建设了大量的建筑，有厂房、宿舍、民居、公共活动场所等，人员密集，地面道路纵横交错，采石场区域内常住人口约 2000 人。

采石场于 1996 年年底停止采石，为防止人员进入地下硐室，将采空硐室硐口采用钢板封闭，未作规范化封堵处理。

矿区开采期曾发生过硐采区上方地面塌陷，停止采矿回填后历年来又有多处发生地面不均匀沉降、建筑物开裂问题，存在很大的安全隐患。

采石场区域先期留下的资料甚少，采空区当前稳定性如何，可能存在什么样的地质灾害安全隐患，是政府和广大公众极为关注的问题。

## 3 勘察方案的分析论证

勘察实施前所能收集到的矿区相关资料极少，调查原矿区人员、当地村民所提供的信息很少且信息混乱、互相矛盾，当初矿区是在当地村民强力干预下匆忙停采，没有进行正规的封矿作业。收集到的资料显示，地下采空区硐室规模大、形态不规则，而现状地面上建筑物密集，道路纵横交错，分布众多工厂，环境条件复杂，给勘察工作带来了很大的困难。

勘察工作目的是查明采石场区域地层分布、采空区分布特征、岩溶发育情况、水文地质条件等，评价采石场区域的稳定性及可能存在的地灾隐患。

本采石场区域勘察工作与常规的工程勘察不同之处在于：工区内工厂、民房、人员密集，勘察工作受地面条件限制极大。

经反复论证及工法试验，本项目勘察最终确定采用如下方法：地面调查、地面物探、钻探、钻孔内物探、室内土工、岩石、水质分析试验等，并进行缩比例地质力学实体模型试验。

（1）地面调查

对采空区及周边进行现场调查，主要是调查地面原有建（构）筑物建设规模、结构特征、使用情况、房屋结构受损情况、地面沉降、开裂情况等。

（2）地面物探

场地内地面建筑物密集，硬化道路纵横交错，机械振动干扰噪声大，常规地面物探测线布设困难。

经多方案比选论证，地面物探最终采用了受地面条件限制较小且方便灵活布点的等值反磁通瞬变电磁法作为主要物探方法，探测地下异常地质体，在地面沉降明显区域采用地质雷达探测浅部土体状况。

（3）钻探

钻探取芯是获取地质信息最主要的勘察手段，且钻孔内还能进行各种物探测试工作。本场地露采区填土厚度巨大，下方还分布有 3 层采空硐室，岩溶发育，钻探施工工艺难度大，且钻探形成的钻孔若处理不当会成为上方土体向采空区硐室内渗漏的通道，反而带来新的安全隐患；钻孔遇溶洞时漏浆严重或不返浆，遇采空区时均会掉钻、不返浆，故钻探时均须采用套管隔离、护孔钻进。

（4）孔内电磁波 CT

是利用电磁波在两个钻孔之间进行层析观测，得到电磁波在两孔间介质中的透射数据，依照一定的物理和数学关系，运用计算机对数据实施处理，重建出孔间剖面介质电磁波吸收系数 $\beta$ 值的二维分布图像，据此就可对两孔间的地质异常体、构造分布做解释与分析（图 2）。

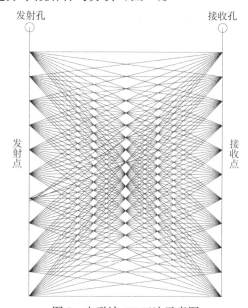

图 2 电磁波 CT 工法示意图

电磁波层析成像 CT 适用于本工程复杂的场地条件以及工程地质条件，受地面建筑障碍、地下干扰影响小，适合在工区一带大范围展开。

（5）孔内地震波 CT

是利用地震波在两个钻孔之间进行特殊的层析观测，基于完整岩体与采空区（包括充填物）及上覆土层之间存在明显的弹性纵波波速差异，根据这些测出的差异数据，对波速断面图做出地质解释，进而圈定测区基岩面和采空区的范围。

地震波层析成像 CT 受本工区复杂的场地条件限制（房屋密集地段电缆无法贯通拉设），且工区内震动干扰大，难以作为主要工法使用，仅在部分地段作为电磁波层析成像 CT 的补充手段。

（6）钻孔二维声呐扫描

是利用声波在介质中的传播特性，声波通过探头发射后在水体中传播，遇实体障碍（如硐室侧壁）则产生反射，通过电声转换和信号处理，识别硐室侧壁位置及整体轮廓形态，完成对目标的探测任务（图 3）。

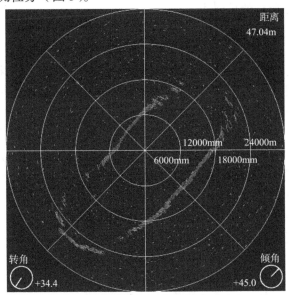

图 3　声呐探测到的采空硐室平面形态

二维声呐扫描适用于充填清水的采空区及溶洞探测。

（7）钻孔孔壁岩体声波（单孔）测试

通过钻孔内声波测井来探测不同岩层的波速值，了解被测试岩体的完整性，结合地质资料进行岩体结构类型的划分，适用于本工程场地。

（8）孔内电视摄像

PIPETV 智能钻孔电视摄像能够直观地观测岩体的完整性，并可分析结构面类型、产状、发育程度、岩体中空腔特征等，适合于本工程使用。

（9）水体电阻率测试（渗流试验）

是在孔内水体中添加食盐，在钻孔一定扩散范围内的含盐地下水与其他位置地下水离子成分不同而具有不同的电阻率，在四周观测孔内观测水体的电阻率变化，从而探测地下水的流向变化。

## 4　勘察方案的实施

### 4.1　地面物探工作实施

根据场地条件，先行实施地面物探工作，经对场地物探工作条件评估及方法试验，确定首先采用等值反磁通瞬变电磁法对采石场区域及周边邻近地段进行普查，探测地质异常体。

对恒发家具厂一带地面出现沉降变形的区域采用地质雷达进行地表下浅部土体松弛区及空洞探测。

### 4.2　钻探工作实施

根据本项目对采空区勘察的需求和地面物探发现的地质异常，并根据 CT 工法对钻孔间距的要求，在采空区及周边位置对钻探孔进行合理布置。通过钻探查明采空区地质条件，并对地面物探发现的地质异常点进行钻探验证。钻探遇采空区或溶洞时均会发生严重漏浆或直接不返浆，需采用多层套管护孔。另外，钻探完成后形成的钻孔孔洞若按常规钻探作业终孔后拔出套管不作专门的封孔，则钻孔会成为上方土体向采空区硐室内渗漏的通道，反而给采空区的安全稳定带来新的隐患。为保证安全，钻遇采空区的钻孔均下入 3～4 层钢套管，当钻孔所有测试工作完成后，除保留的水文观测孔外，其余各钻孔均在将已下入的套管保留原地的基础上采用水泥浆全孔回灌封填钻孔，以避免钻孔成为土、水渗漏通道，保证地下采空区一带的场地稳定和安全（图 4）。

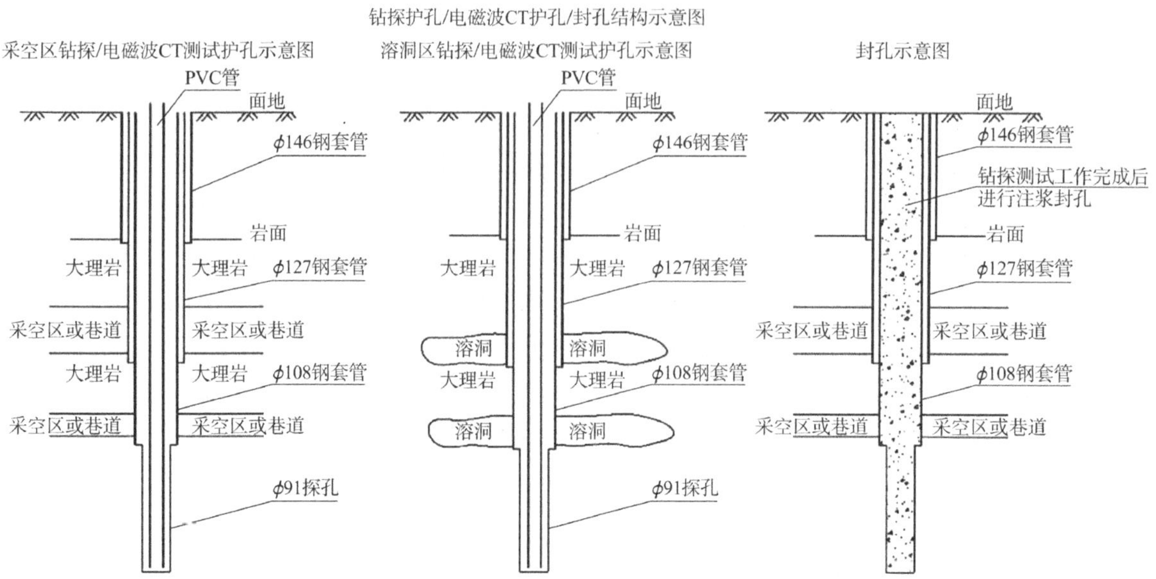

图 4  钻探 CT 孔护孔及封孔结构示意图

## 4.3 钻孔内物探工作实施

（1）在钻遇采空硐室或溶洞的钻孔内直接进行声呐测试，探测洞室形态、规模；

（2）在各钻孔孔对之间进行电磁波 CT 或弹性波 CT 测试，分析钻孔之间岩体完整性、孔对之间是否存在采空区或溶洞；

（3）在代表性钻孔内进行孔壁岩体声波测试，分析岩体的完整性；

（4）根据钻探岩芯分析对部分钻孔进行孔内电视摄像，分析岩体完整性、裂隙发育情况、结构面产状、洞室分布位置。

## 4.4 室内试验及原位测试

本次勘察采用室内土工及岩石试验、现场原位测试等手段综合评价各岩土层的物理力学性质，对硐室围岩微风化大理岩进行了饱和及干燥抗压强度、饱和抗拉强度、抗剪断强度试验，特别是进行了岩石蠕变试验，评价了岩石在受荷条件下的长期抗压强度特征。

## 5 岩土工程分析与评价

### 5.1 采空区现状

（1）采石场开采条件

原深茂水泥厂采石场开采石材为微风化大理岩，大理岩呈块状—巨厚层状，层位稳定，为较硬岩，整体上完整性较好，采空硐室一般无需支护，利用围岩的自稳能力保持稳定。

（2）采空硐室现状特征

经勘察，场地下伏分布的三层地下采空硐室均为空洞，无任何回填处理。

### 5.2 采空区空间分布特征

根据各项资料综合分析，地下三层采空硐室分布特征见图 5。

各采空区的空间分布特征如下：

（1）第一层硐采区

第一层采空区在原露采矿坑北侧侧壁打平硐开采，共有 7 个平硐硐口，平面上呈不规则凹凸状，硐采区整体呈北东走向，硐采区揭露顶面埋深 32.40～35.10m，硐顶岩层厚度 7.70～20.70m，该硐采区平面投影开采面积约 4100m²，采空硐室跨度 7～15m，平均高 7.4m，有 7 个安全矿柱，采空硐室体积约 3.1 万 m³，采空硐室顶板、底板及侧壁为微风化大理岩，在采空硐室的北端部分位置已经与岩溶深槽的土体相通，已有土体在地下水渗流作用下带入采空硐室内。

（2）第二层硐采区

第二层硐采区平面上呈不规则凹凸状，整体呈北东走向，揭露采空硐顶面埋深 38.70～49.70m，硐顶岩层厚度 8.70～36.60m，采空区开采面积约 1.71 万 m²，硐内采空跨度 6～22m，采空硐室平均高 7.8m，采空体积约 13.4 万 m³，采空硐室内有 7 个安全矿柱。采空区顶、底板及侧壁均为微风化大理岩。

该层采空硐室有 2 个斜井硐口（编号为 DK8～

DK9）和一个风井（编号为FJ1）：DK8从露采矿坑底通过斜井与露采矿坑连通，硐口密封较差，已有土体流入硐内；DK9为斜井硐口，通过轨道与地面连通；风井1的密封状态差，已有土体流入采空硐室内。

（3）第三层硐采区

第三层采空区平面上呈不规则似"梳子状"，整体呈北东走向，部分叠合于第一层采空区下方，硐顶岩层厚度30.70～51.90m，采空硐室宽度多为2～3m，平均高度2.5m。该层采空区以巷道为主，洞室尺寸小，未进行大面积开采工作，采空区顶板、底板及侧壁均为微风化大理岩。

该采空区分布有斜井硐口1个（编号为DK8，与第二层采空区共用硐口），风井一个（编号为FJ2）。硐口DK8状态前已述及；风井FJ2位于第三层采空区西南端，通过物探资料判断，该风井密封性较好，未发现有土体流入采空区内。第三层采空硐室尺寸小，现状稳定。

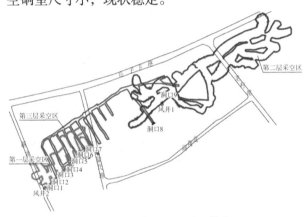

图5　地下采空硐室平面分布

## 5.3　场区岩溶发育特征

在116个钻孔中有35个钻孔见有溶洞，见洞率30.2%，溶洞局部多达4层（如CT18号孔），

溶洞垂直高度0.3～17.4m，以充填型溶洞为主，溶蚀发育程度为弱—强烈。钻探及物探资料显示，采空区北侧地段岩溶发育较强烈，岩溶类型主要为溶洞及溶蚀裂隙。

## 5.4　已发地质灾害及隐患分析

勘察区内已发地质灾害类型有地面沉降、地面塌陷，共发生过4处地面沉降、2处地面塌陷。先前发生的地面塌陷已经处理，当前可见的问题是地面沉降。

地面沉降主要表现为地面硬化层开裂、地面下陷、建筑物墙面开裂、错位等。

如位于第一层采空区上方的家私厂厂房内地面沉降累计已大于50cm，并且仍在继续发展中。该地段地面沉降原因是采空区上方岩体存在岩溶裂隙，岩面上方土体在地下水作用下沿溶蚀裂隙向下方采空硐室内缓慢渗漏，从而造成地面沉降。

## 5.5　地质灾害隐患分析

（1）采空区硐口强度及密封性差可能引发的地面沉降、塌陷分析

勘察显示，采空区9个硐口及风井1的密封性均较差，硐口未作承受土压力条件的封堵，存在重大安全隐患，当邻近地下工程建设对土体及地下水形成强烈扰动时，可引起硐口封堵体垮塌，土体快速涌入硐室内，引发地面塌陷，其危害程度、危险性大。

（2）岩溶深槽与采空区影响叠加地段引发的地面沉降、塌陷分析

岩溶深槽与采空硐室影响叠加地段位于第一层采空硐室北侧，该区段岩溶发育，发育岩溶深槽、开口溶洞，典型地质剖面图见图6。

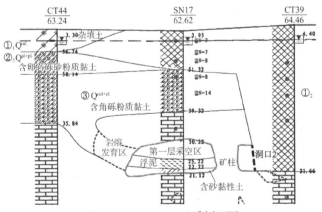

图6　CT44-SN17地质剖面图

第一层采空硐室北侧局部位置已与岩溶深槽相通，岩溶深槽中的土体在水动力作用下会不断缓慢地呈流泥状渗入采空硐室内，使上覆土体逐渐松弛掏空，引起上方地面沉降，长此久往，可能会发展为地面塌陷，其危害程度、危险性中。

# 6 地质力学模型试验成果分析

地质力学模型试验是采用数值计算和地质力学实体模型相结合的方法，对潜在地质灾害问题进行研究：

（1）目的是模拟采空区上方岩体在地面附加荷载作用下发生破坏的可能性；

（2）将第一、第二、第三层采空区典型地段缩小比例制成三维实体模型，材料按相似模型试验规范要求进行强度、密度等各项指标配比；

（3）另外还采取岩样进行了岩石蠕变试验，判断岩石在长期荷载下的强度特征，对岩样进行岩石电镜扫描，判别岩体的微观破坏模式。

## 6.1 数值模型

采用FLAC3D5.0建立了三维数值模型，模拟了研究区域内的开挖回填历史，而后选择了东、中、西三个典型的危险区域进行局部加载计算。

根据数值模型的结果，岩层中的拉应力和压应力均远小于其强度，当前岩层仍处于安全状态。数值计算结果表明，露天矿坑回填结束后，回填土大部分处于塑性状态。

## 6.2 相似模型试验

1）本项目区域面积大，一次性整体模拟的范围太大，为了保证相似模型试验的效果，将场区划分为3个区域（东部区域、中部区域、西部区域）来模拟，每块模拟的范围约为175m×175m×100m（长×宽×高）。加载区平面位置见图7。根据数值模拟结果以及现场勘探资料，选取三个最复杂的地下空间区域（加载区域面积为30m×30m），进行三维地质力学实体模型试验，不考虑地表土层的影响，直接对大理岩层进行竖向加载。西部区域试验剖面见图8。

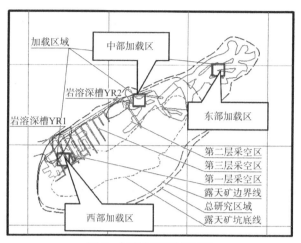

图7 加载区平面位置图

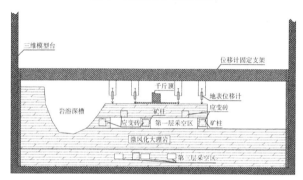

图8 西部区域试验剖面图

2）相似模型试验成果

通过模拟30m×30m的现场均布荷载加载试验，分别分析研究了各试验区地表位移、顶板位移、顶板应变、矿柱应变的特征，对采空区稳定性得出以下成果：

（1）东部区域

建议地表长期荷载不超过1.5MPa。

（2）中部区域

建议中部区域内地表长期荷载不超过1.5MPa。

（3）西部区域

建议西部区域长期地表荷载不超过300kPa。

综合分析，当前采空区上方已有建筑最高不超过4层，地表荷载均相对较小，目前条件下不会发生岩体破坏的工况。

# 7 勘察工作成果与效益

勘察通过多种技术手段、室内试验的综合运用，可得出如下结论：

（1）原深茂水泥厂地下采空区停采已超过20年，矿区停采至今在采空区上方地面未见有因岩体的弯曲、塌落而导致地表下沉变形，未形成地表移动盆地，也未见岩体出现变形破坏，地下采空硐室上方岩体现处于基本稳定—稳定状态。

（2）采空硐室硐口封堵时未考虑承受土体压力，露天矿坑回填后厚层填土对硐口封堵体形成巨大的土压力，详勘通过各种技术手段的运用及证据收集，查明部分硐口封堵结构已经倒塌或部分损坏，第一层地下采空硐室大部分硐口、第二层采空硐室硐口已有一定量的土体流入硐室内，硐口已成为土体流入采空硐室内的通道。

（3）地灾隐患主要是硐口封堵不良带来的坍塌隐患和岩溶深槽与采空区叠加区土体流失引发地面沉降问题，当工区邻近地段进行地下工程建设对土体（特别是巨厚的人工填土）及地下水形成强烈扰动时，可引起采空硐室硐口封堵体垮塌，土体快速涌入地下采空硐室内，引发地面塌陷灾害。

勘察成果为政府管理决策、后续规划、地灾治理提供了可靠的资料和依据，实现了良好的社会效益和环境效益。

# 8  结语

原深茂水泥厂地下采空区位于沿海一线城市人口密集区，地下采空硐室埋深浅、跨度大，所在区域地表房屋密集，工区及周边工程地质、水文地质条件、环境条件极为复杂，地质灾害隐患问题突出，此类安全隐患在国内罕有先例，勘察工作难度很大。

勘察详细查明了地下采空区的分布及特征、岩溶发育的空间特征、地下采空硐室围岩性状，进行了地质力学模型试验，确定了地面塌陷、沉降灾害隐患点，对采空区的稳定性作出了恰当的评价，勘察成果资料翔实，内容齐全，结论正确，为今后类似工程项目的勘察提供了可借鉴的经验。

## 参考文献

[1] 《工程地质手册》编委员. 工程地质手册[M]. 5 版. 北京: 中国建筑工业出版社, 2018.

[2] 沙椿. 工程物探手册[M]. 北京: 中国水利水电出版社, 2011.

[3] 康镇江. 深圳地质[M]. 北京: 地质出版社, 2009.

[4] 建设部. 岩土工程勘察规范(2009年版): GB 50021—2001[S]. 北京: 中国建筑工业出版社, 2009.

[5] 住房和城乡建设部. 煤矿采空区岩土工程勘察规范(2017 年版): GB 51044—2014[S]. 北京: 中国计划出版社, 2017.

# 北京市门头沟区某小区住宅楼项目
# 采空区专项岩土工程勘察实录

梁 兵 李 伦 孟 轲 荆 阁 飞 沈 振 靳 宝

（北京京能地质工程有限公司，北京　102300）

## 1　工程概况

拟建项目位于北京市门头沟区，本项目工程概况为：总建筑规模：154004.04m²，建筑高度≤36m，拟建项目包括5个地块。本文选取位于拟建场地中部的小煤窑采空区分布范围较大，地质条件较复杂的1个地块进行研究，其建筑物概况见表1。

拟建建筑设计条件说明表　　　　　　　　表1

| 拟建建筑物名称 | 层数[地上（局部）/地下] | 建筑物总高度/m | 拟采用的基础形式 | 预计基础埋深/m | 基底荷载/kPa | 设计地面标高[室内/室外]/m |
|---|---|---|---|---|---|---|
| C-1 号 | 10/1 | 29.20 | 筏板基础或者桩基 | 约 6.0 | 约 230 | 135.3/135.0 |
| C-2 号 | 11/1 | 32.75 | 筏板基础或者桩基 | 约 6.0 | 约 250 | 135.3/135.0 |
| C-3 号 | 11/1 | 32.75 | 筏板基础或者桩基 | 约 6.0 | 约 250 | 135.3/135.0 |
| C-4 号 | 10/1 | 29.80 | 筏板基础或者桩基 | 约 6.0 | 约 230 | 135.3/135.0 |
| C-5 号 | 11/1 | 32.75 | 筏板基础或者桩基 | 约 6.0 | 约 250 | 135.3/135.0 |
| C-6 号 | 8/1 | 23.90 | 筏板基础或者桩基 | 约 5.9 | 约 210 | 135.3/135.0 |
| C-7 号 | 8/1 | 23.90 | 筏板基础或者桩基 | 约 5.9 | 约 210 | 135.3/135.0 |
| C-8 号 | 11/1 | 32.75 | 筏板基础或者桩基 | 约 6.51 | 约 250 | 135.3/135.0 |
| C-9 号（框架） | 2/0 | 9.15 | 条基或者独基 | 约 2.4 | 约 130 | 134.0/133.90 |
| C-10 号（框架） | 2/0 | 8.85 | 条基或者独基 | 约 2.4 | 约 130 | 132.0/131.90 |
| C-11 号（框架） | 1/0 | 4.20 | 条基或者独基 | 车库顶板 | — | 135.10/134.95 |
| 地库 | 0/1 | | 筏板基础或桩基 | 约 5.9 | 约 130 | 室外地坪（135） |

依据《岩土工程勘察规范》GB 50021—2001（2009年版）[1]，本工程属于二级工程，中等复杂场地，中等复杂地基，勘察等级为乙级。

拟建场地位于门头沟井田范围内，门头沟井田含有多层煤层，但门头沟煤矿已于2000年永久关闭并且不再开采。根据收集的区域资料、地灾评估报告，本次勘察场地内局部区域存在小煤窑开采区，该区域煤层开采浅，有引发采空塌陷的风险。勘察成果的质量严重影响工程立项、投资和工期，任何失误将导致巨大风险。因此，如何对拟建场地的采空区进行准确勘察及分析评价，确定合理的设计参数，进一步确定安全、经济的地基基础方案，是项目的重点和难点。

## 2　勘察技术和手段

采用工程地质测绘、钻探、物探、原位测试和室内试验等方法进行综合勘察，查明了拟建场地的工程地质条件及采空区范围，对工程建设场地的适宜性进行了评价。除采用常规手段外，本次勘察工作还采用了先进的技术手段，主要是综合利用主动源地震技术，地震背景噪声成像技术，高密度电法技术，探测场地内采空区的空间分布，结合钻孔对场地内采空区进行划分，得出基于地球物理结果的场地评价。

（1）主动源面波探测

采用 smartsolo IGU-16 型节点式地震仪进行数据采集。为了提高地球物理方法在近地表应用的分辨率和可靠性，联合应用多种方法已经成不二选择。相较于以往单一方法探测基岩面分布的技术，本次采用多道面波分析技术及初至波走时层析成像技术两种主动源方法结合钻孔联合应用，不仅可以获得基岩面的埋深和空间展布，同时也可以得到纵波度和横波速度参数，更有利于场地评价。

（2）超高密度背景噪声成像探测

采用 smartsolo IGU-16 型节点式地震仪进行数据采集。本次超高密度环境噪声技术工作，按道间距不大于 3m 的标准进行布设。本次工作投入生产的仪器 500 道，备用道 50 个。其方法原理是被动源地震探测方法不需要人工主动制造震源，而是将自然界中的潮汐、风、火山活动等自然现象所产生的各种地震噪声，以及来自人类的各种活动，如车辆行驶、工厂机械运行，人类走动产生的各种振动噪声作为震源。通过将高密集台站记录到的噪声记录进行两两互相关，可以得到以其中一个台站作为震源，其他台站接收的虚拟源地震记录，等价于地表地震剖面记录。

（3）高密度电法探测

本次探测使用的设备为重庆顶峰地质勘探仪器有限公司生产的 EDJD-3 型高密度电法测量系统。其由人工控制向地下发送电流，使地下形成稳定的电流场，通过自动控制转换装置对所布设的剖面进行自动观测和记录。高密度电阻率法可进行二维地电断面测量，兼具剖面法和测深法的功能，是进行地层划分、探测隐伏断层构造、岩溶空洞以及地质滑坡体等的一种有效手段。

本次勘察综合将物探成果与工程地质测绘、钻探等结果综合分析相互验证，查明了采空区的分布特征，由过去的单一剖面揭示达到了对地层的平面揭示，提高了地质资料的准确率，同时也减少了钻探的工作量。

# 3  场地岩土工程条件

## 3.1  区域地质及场地地形地貌

拟建场地位于北京市门头沟区，太行山支脉东末端，在地貌单元上属于低山区山前缓坡地带。场地位于九龙山向斜的南翼，东侧 4.0km 左右有永定河断裂通过。该区地表浅部地层为第四纪冲洪积、坡洪积地层，厚度小于 20m。下部为中生代侏罗系窑坡组煤系地层（$J_1y$），出露岩层倾向 NW，倾角一般为 5°～30°。该区域主要含煤地层属于窑坡组地层，深部煤层为国矿所采，浅部煤层为小煤窑开采。本地块位于拟建场地中部，场地较平缓，略有起伏，各钻孔孔口绝对标高范围为 131.74～135.20m，勘察时场地现状为废弃厂区。拟建场地照片见图 1。

镜向西　　镜向西北

图 1  场地照片

## 3.2  场地地层情况

根据现场钻探揭露地层、现场调查、原位测试及土工试验成果，按照各土层的岩土工程特性，将地层分为 5 大层及亚层：①层为主要为人工填土层；②层主要为第四纪冲洪积的碎石及黏性土等；③～⑤层为侏罗纪窑坡组基岩。

人工填土层

①杂填土：杂色，稍密，稍湿，主要以建筑垃圾、煤渣、砖渣、碎石为主，含水泥块，混少量黏性土。①$_1$ 夹卵石素填土、①$_2$ 碎石素填土、①$_3$ 块石素填土、①$_4$ 煤矸石素填土、①$_5$ 黏质粉土素填土。层厚为 1.0～5.8m。

①$_1$ 卵石素填土：杂色，稍密，稍湿，以卵石为主，亚圆形，级配差，一般粒径 2～4cm，最大粒径 6cm，含砖渣、灰渣，以粉土填充，土质不均匀。

①$_2$ 碎石素填土：杂色，稍密，稍湿，以碎石为主，一般粒径 2～6cm，最大粒径约 10cm，含煤

渣、灰渣等，以粉土填充。局部以煤矸石为主，呈黑色，土质不均匀。

①₃块石素填土：杂色，稍密，稍湿，以块石为主，一般粒径20～30cm，最大粒径约60cm，含碎石、煤渣、灰渣等，以粉土填充，土质不均匀。

①₄煤矸石素填土：黑色，稍密，稍湿，以煤矸石为主，含有煤及其他少量杂物，土质不均匀。

①₅黏质粉土素填土：黄褐色，稍密，稍湿，以黏质粉土为主，含少量砖块、碎石等杂物，土质不均匀。

①₆空洞：通向大矿竖井的水平出入口。

一般第四纪冲洪积层

②碎石：杂色，稍湿，稍密—中密，棱角形，一般粒径3～7cm，最大粒径10cm，含量约60%～65%，以黏性土混角砾填充。②₁夹粉质黏土、②₂块石、②₃卵石及②₄角砾。厚度为0.5～19.5m。

②₁粉质黏土：褐黄色，很湿，可塑—硬塑，含云母，氧化铁等，其内夹碎石，土质不均匀。

②₂块石：杂色，稍密—中密，稍湿，以棱角形为主，一般粒径20～25cm，揭露的最大粒径45cm，碎石、角砾混黏性土填充，土质不均匀。

②₃卵石：杂色，稍密—中密，稍湿，亚圆形，级配较好，一般粒径2～5cm，最大粒径11cm，以中粗砂充填，土质不均匀。

②₄角砾：杂色，稍密—中密，稍湿，棱角形，一般粒径2～7mm，最大粒径3cm，以黏性土填充，土质不均匀。

侏罗纪窑坡组

③强风化砂岩：强风化，灰黄色—灰黑色，碎屑结构，泥质、钙质胶结，层状构造，钻探时岩芯破碎，呈碎块状，RQD约10～30。夹③₁全风化砂岩。厚度为0.4～15.5m。

③₁全风化砂岩：全风化，褐黄色，保持原岩结构，手可捏碎，岩石多风化成土、砂状，局部为碎块状。

④中等风化砂岩：中等风化，灰黄—灰黑色，碎屑结构，泥质、钙质胶结，层状构造，钻探时岩芯较破碎—较完整，呈短柱状，RQD约30～60。④₁夹全风化砂岩。最大揭露厚度为22.0m。

④₁全风化砂岩：全风化，褐黄色，保持原岩结构，手可捏碎，岩石多风化成土、砂状，局部为碎块状。

④₂煤岩：黑色，块状，半金属光泽，未开采。

④₃空洞：煤岩采后或挖巷道所形成的空洞，掉钻、严重漏浆。

④₄虚空：含煤岩采后回填劣质煤及煤矸石以及采后塌落形成的堆积物，钻探时进尺快，漏浆—严重漏浆。

⑤微风化砂岩：灰黄—灰黑色，碎屑结构，泥质、钙质胶结，层状构造，钻探时岩芯较完整—完整，呈短柱状、柱状，RQD约60～90。最大揭露厚度为63.5m。

⑤₁煤岩：黑色，块状，半金属光泽，未开采，不漏浆。

⑤₂空洞：煤岩采后或挖巷道所形成的空洞，掉钻、严重漏浆。

⑤₃虚空：含煤岩采后回填劣质煤及煤矸石以及采后塌落形成的堆积物，钻探时进尺快，漏浆—严重漏浆。

典型工程地质剖面图如图2所示。

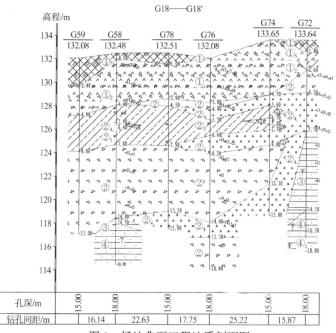

图2 场地典型工程地质剖面图

### 3.3 拟建场地附近煤层的开采特征

门头沟井田的范围内主要有 10 槽煤层，各煤层的特性见表 2。

除 1 槽煤的底板为玄武岩外，其余各层煤的顶、底板大都为细砂岩、粉砂岩及粗砂岩，颜色以灰色、深灰及灰黑色为主，靠近地表的砂岩风化较强烈，颜色呈现黄褐色。

规划用地下存在第 1 槽至第 9 槽缓倾斜煤层，其中可采煤层为第 1 槽、第 2 槽、第 5 槽、第 7 槽及第 9 槽煤层。

拟建场地下的第 2 槽、第 5 槽及第 7 槽大面积开采，第 9 槽在规划用地南部区域大面积开采，第 1 槽局部开采，图 3 为规划用地附近各槽煤层采空范围分布图，图 4、图 5 为地质剖面图。

**门头沟井田主要煤层的特性一览表**　　表 2

| 煤层编号 | 层厚/m | 说明 |
|---|---|---|
| 1 槽 | 1.95 | 黑色，以暗煤及暗淡煤为主，颗粒状结构，较软，结构复杂，夹石 1~3 层，一般为 2 个分层，最大夹石厚 7.8m |
| 2 槽下 | 0.70 | 黑色，不稳定，全井田局部开采 |
| 2 槽 | 1.8 | 钢灰色，半暗—半亮型，中硬—坚硬，条带结构明显，结果简单，仅局部含夹石一层 |
| 3 槽 | 0.4 | 黑色，全井田范围内不可采煤层 |
| 4 槽 | 0.45 | 黑色，全井田范围内不可采煤层，灰分较高 |
| 5 槽 | 2.1 | 黑色，以半亮及光亮型煤为主，条带状结构，有不规则石英线穿插，含夹石 1~3 层，结构复杂 |
| 6 槽 | 0.5 | 黑色，为全井田不可采煤层 |
| 7 槽 | 1.00 | 黑色，为单一结构煤层，主要以半暗及半亮型煤为主，颗粒结构，局部有夹石 1 层，夹石不稳定。顶板有半暗煤，抓顶不易冒落，全井田大部可采 |
| 8 槽 | 0.4 | 黑色，结构较简单，中间有 1 层夹石，全井田范围之内均不可采 |
| 9 槽 | 1.10 | 黑色，为复杂结构煤层，全井田范围之内煤层不稳定，为局部可采煤层。分层多达 4~6 层，仅 2、3 层可采 |

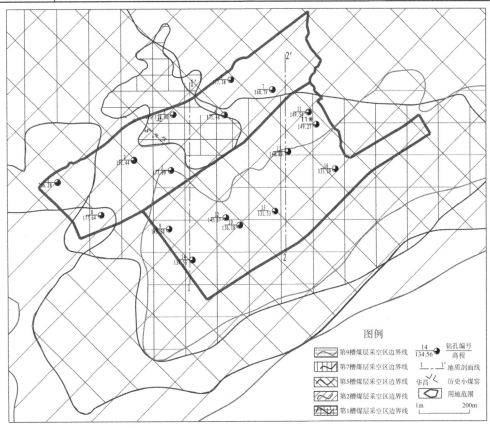

图 3　规划用地附近各槽煤层采空范围分布图

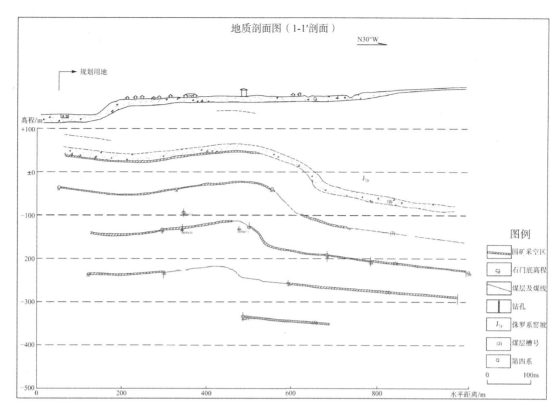

图 4　地质剖面图

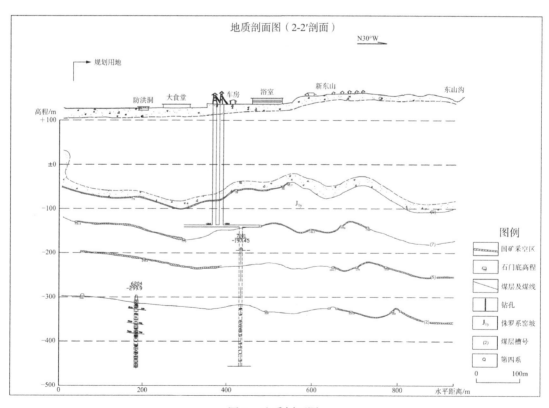

图 5　地质剖面图

　　根据拟建场地地灾评估报告探空钻孔资料，规划用地局部地段（D14 孔及 N4 孔）存在小窑开采迹象，另根据收集的区域资料，规划用地局部区域（门头沟煤矿变电站东北侧）可能存在小煤窑巷道或者局部小窑采空，其余大部分区域煤层埋藏较深，未见小窑采空区。

## 3.4 地下水

由于煤层的开采，该地区地下水位很低，第四系松散沉积地层基本呈疏干状态，窑坡组含煤地层受开采抽水的影响，地下水位很深，目前该区域地下水正处于缓慢回升过程中，拟建场地近3～5年最高地下水位埋深约为绝对标高＋61.5m，拟建场地历史最高地下水位约为绝对标高130.0m左右。

## 4 采空区勘察成果

根据拟建建筑物的规模、性质及该区地层实际情况，为掌握拟建场地下浅部区域（深度80m以内）的煤层分布及是否存在小煤窑采空情况，本次勘察在该地块发现空洞或采后虚填物的钻孔2个，其探空情况详见表3。

小煤窑钻孔探空情况一览表　　表3

| 钻孔编号 | 钻孔深度/m | 揭露煤岩及采空区情况 | 采深/采厚（采深采厚比） | 涉及拟建建筑物 |
|---|---|---|---|---|
| G36 | 34.0 | 33.2～33.5m为虚空，厚度0.3m | 110.6 | C-5号楼 |
| G53 | 80.0 | 31.1～32.3m为虚空，厚度1.2m | 26.1 | C-8号楼 |

本地块位于测区中部平坦场地，地形起伏小，地表为硬化路面，植被覆盖率低，地震工作开展较为容易，高密度电法因接地效果较差工作开展较为困难。共布置地震测线7条，包含近东西向地震测线3条：测线12～14，道间距3m，采集24小时背景噪声数据；近南北向测线4条：测线15～18，道间距2m。测线13、16、18为主动源地震测线，震源为20kg落重震源。近东西向高密度电法测线1条，与地震测线13重合。近南北向高密度电法测线1条，与地震测线18重合（图6）。图7是对该地块的横波波速进行的三维显示。

图6　测线布置图

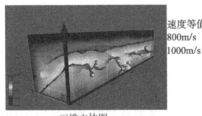

三维立体图

三维切片图

速度等值面
800m/s
1000m/s

红色轴:西→东
绿色轴:南→北
蓝色轴:深度

三维立体图

三维切片图

速度等值面
800m/s
1000m/s

图7　横波波速三维图

7条测线有5条测线反演得到的横波速度模型出现明显低速异常，划分出多个异常点，结合场地内钻孔信息推断为采空塌陷区，深度普遍在30～60m。以测线13为例，该线近东西向分布于地块中部，整体地势平坦，无明显起伏，沿着场地内绿化带布设。进行了主动源地震探测、被动源地震探测、高密度电法探测。沿线有多个钻孔，反演得到的横波速度剖面和高密度电法剖面的异常区域分布与已知钻孔信息吻合度高。综合几种方法得到的结果，初步划分出 1 个异常点，结合场地内钻孔信息推断为采空塌陷区，坐标分别为异常点 1（4685883.196，2479903.286，124.1216）（图 8）。

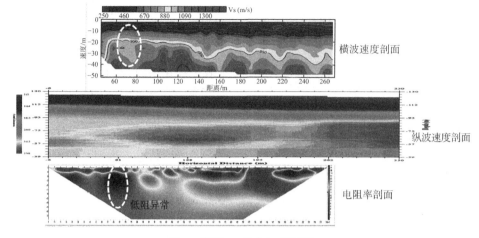

图 8  测线 13 综合解释剖面

# 5  主要岩土工程问题分析与评价

## 5.1  煤层采空覆岩的二带（冒落带及裂隙带）特征及产生地面塌陷的危险性分析

规划用地下主采煤层为第 2 槽、第 5 槽、第 7 槽、第 9 槽，第 1 槽及煤层仅局部开采。图 9 为覆岩移动分带示意图，根据煤层的采厚及距离地表的距离可用下式对各槽煤层的冒落带及裂隙带进行估算[2]，估算结果见表 4。

I—冒落带，II—裂隙带，III—变形带

图 9  覆岩移动分带示意图

$$H_{冒} = \frac{100\sum M}{4.7\sum M + 19} + 2.2 \quad (1)$$

$$H_{裂} = 25\sqrt{\sum M} + 10 \quad (2)$$

式中：$H_{冒}$——采空区冒落带高度；

$H_{裂}$——采空区裂隙带高度；

$M$——矿层法向厚度。

规划用地下开采煤层覆岩冒落带及裂隙带的高度  表 4

| 计算剖面 | 煤层槽位 | 开采厚度/m | 采深/m | 冒落带高度/m | 裂隙带高度/m | 裂隙带距地表（或上一开采槽位）的距离/m |
|---|---|---|---|---|---|---|
| 1-1'剖面 | 第 9 槽 | 1.1 | 108 | 6.75 | 36.22 | 65.03 |
| | 第 7 槽 | 1.0 | 183 | 6.42 | 35.00 | 33.58 |
| | 第 5 槽 | 2.1 | 278 | 9.47 | 46.23 | 39.30 |
| | 第 2 槽 | 1.8 | 368 | 8.75 | 43.54 | 37.70 |
| 2-2'剖面 | 第 9 槽 | 1.1 | 220 | 6.75 | 36.22 | 177.03 |
| | 第 7 槽 | 1.0 | 294 | 6.42 | 35.00 | 32.58 |
| | 第 5 槽 | 2.1 | 362 | 9.47 | 46.23 | 12.30 |
| | 第 2 槽 | 1.8 | 448 | 8.75 | 43.54 | 33.70 |

以上计算结果说明，规划用地下开采的第 1 槽、第 2 槽、第 5 槽、第 7 槽及第 9 槽煤层，因各槽煤层槽间距较大，下一槽煤层的开采所形成的冒落带及裂隙带不足以延伸到上一槽的开采煤层中。同时由于煤层的采深较大，最上面一层煤层（第 9 槽煤层）开采所形成的冒落带及裂隙带不会延伸至地表（与地表的距离均大于 60.0m），因此不会引发地面塌陷。

根据矿区资料，规划用地仅局部存在小煤窑，主要开采上窑坡组中的薄煤层，根据该区域煤层分布特点及勘探钻孔成果，推测小煤窑开采深度为 25.0～60.0m，小窑仅在局部区域开采，考虑到小窑开采深度较浅，且多不采取支撑措施，因此该区域可能引发地面塌陷。

由于门头沟煤矿及小煤窑早已经停采，煤层采空的急剧变形阶段已过，目前处于残余变形阶段，在规划用地采空区上进行建设时应采取相应措施对矿区残余沉降进行防治。

## 5.2 拟建建筑物对采空区变形的分析

评估拟建项目诱发、加剧采空塌陷的危害性，需确定建筑物基底压力对采空区稳定性的影响。拟建建筑层数分别按 3、6、12 层，基础形式按筏基考虑，拟建建筑物的地基分别埋深按 1m（3、6 层）及 2.5m（12 层）进行计算，建筑物荷载每层按 16kPa 考虑，建筑物的长宽按 45m、12m 进行考虑，各土层重度均按 20kN/m³ 进行计算，拟建建筑中心点下的附加应力 $\sigma_z$ 按下式进行计算[3]：

$$\sigma_z = 4 \cdot \frac{p}{2\pi} \left[ \arctan \frac{m}{n\sqrt{1+m^2+n^2}} + \frac{m \cdot n}{\sqrt{1+m^2+n^2}} \left( \frac{1}{m^2+n^2} + \frac{1}{1+n^2} \right) \right] \quad (3)$$

式中，$m = L/B$；$n = z/B$，其中 $L$ 为矩形建筑物的长边的一半；$B$ 为矩形建筑物的短边的一半；$z$ 为从基底下某点至基底的深度；$p$ 为建筑物的荷载。

根据式(3)计算出拟建建筑物中心点下的附加应力随深度的变化，见表 5～表 7。

拟建建筑中心点下不同深度处的附加应力
（楼层 3 层）　　　　表 5

| 深度/m | 附加应力/kPa | 自重应力/kPa | 深度/m | 附加应力/kPa | 自重应力/kPa |
|---|---|---|---|---|---|
| 2 | 27.9 | 40.0 | 7 | 22.9 | 140.0 |
| 3 | 27.6 | 60.0 | 8 | 21.4 | 160.0 |
| 4 | 26.9 | 80.0 | 9 | 19.9 | 180.0 |
| 5 | 25.7 | 100.0 | 10 | 18.5 | 200.0 |
| 6 | 24.3 | 120.0 | 11 | 17.3 | 220.0 |

注：深度为自地面起算。

拟建建筑中心点下不同深度处的附加应力
（楼层 6 层）　　　　表 6

| 深度/m | 附加应力/kPa | 自重应力/kPa | 深度/m | 附加应力/kPa | 自重应力/kPa |
|---|---|---|---|---|---|
| 2 | 75.9 | 40.0 | 11 | 46.9 | 220.0 |
| 3 | 74.9 | 60.0 | 12 | 43.7 | 240.0 |
| 4 | 72.9 | 80.0 | 13 | 40.8 | 260.0 |
| 5 | 69.8 | 100.0 | 14 | 38.2 | 280.0 |
| 6 | 66.1 | 120.0 | 15 | 35.8 | 300.0 |
| 7 | 62.0 | 140.0 | 16 | 33.6 | 320.0 |
| 8 | 58.0 | 160.0 | 17 | 31.6 | 340.0 |
| 9 | 54.0 | 180.0 | 18 | 29.7 | 360.0 |
| 10 | 50.3 | 200.0 | 19 | 28.0 | 380.0 |

注：深度为自地面起算。

拟建建筑中心点下不同深度处的附加应力
（楼层 12 层）　　　　表 7

续表

| 埋深/m | 附加应力/kPa | 自重应力/kPa | 埋深/m | 附加应力/kPa | 自重应力/kPa |
|---|---|---|---|---|---|
| 3 | 142.0 | 60.0 | 15 | 73.8 | 300.0 |
| 4 | 141.1 | 80.0 | 16 | 69.1 | 320.0 |
| 5 | 138.4 | 100.0 | 17 | 64.8 | 340.0 |
| 6 | 133.5 | 120.0 | 18 | 60.8 | 360.0 |
| 7 | 127.1 | 140.0 | 19 | 57.2 | 380.0 |
| 8 | 119.7 | 160.0 | 20 | 53.6 | 400.0 |
| 9 | 112.1 | 180.0 | 21 | 50.8 | 420.0 |
| 10 | 104.6 | 200.0 | 22 | 47.9 | 440.0 |
| 11 | 97.4 | 220.0 | 23 | 45.3 | 460.0 |
| 12 | 90.7 | 240.0 | 24 | 42.8 | 480.0 |
| 13 | 84.6 | 260.0 | 25 | 40.6 | 500.0 |
| 14 | 79.0 | 280.0 | 26 | 38.5 | 520.0 |

从以上计算可以看出，拟建建筑如为 3 层，其附加应力的影响深度约为 10m（一般认为附加应力小于或等于 0.1 倍的自重应力时，岩土层中的应力则以自重应力为主）；拟建建筑如为 6 层，其附加应力的影响深度约为 17m；拟建建筑如为 12 层，其附加应力的影响深度约为 23m。

在附加应力的影响深度范围内，如遇采空区或者采空引起的冒落带及裂隙带，则会引起应力集中，从而引发采空塌陷或者加剧采空变形，规划用地局部区域（门头沟煤矿变电站东北侧及 D14 孔、N4 孔附近）存在小窑巷道或者小窑局部采空区，如在其上进行建设，有可能引发局部地面塌陷的可能，需先对小窑巷道或者局部小窑采空区进行充填，再进行建设。规划用地存在深部采空区，拟建建筑增加了地表荷载，有加大该区域的采空变形的可能。

## 5.3 场地稳定性分析、适宜性评价

煤层开采引起的地表变形特征主要表现在采空塌陷和地面沉降上，其中浅部煤层的开采，可能引起采空塌陷；而深部煤层的开采则易引起地面沉降。

（1）浅部采空对拟建场地稳定性的影响

本次勘察多个钻孔揭露到小煤窑采空，考虑到小窑开采深度较浅，且多不采取支撑措施，因此该区域可能引发地面塌陷。建议对其进行充填，并可通过加强建筑物的结构刚度以提高建筑物抗采动变形的能力。充填方式可采取注浆充填法，可用水泥、粉煤灰、外加挤、砂子等适宜材料混合而成的浆液对采空区进行充填和加固。对于煤窑巷道可采用毛石混凝土或者素混凝土进行砌筑或充填处理。

（2）深部采空残余沉降的危害

新中国成立后，拟建场地附近的深部缓倾斜煤层主要由门头沟煤矿开采，拟建场地下的第2槽、第5槽及第7槽大面积开采，第9槽在规划用地南部区域大面积开采，第1槽局部开采，并形成了一定范围内的沉降区。门头沟煤矿开采时，一直对矿区进行着抽排水工作，煤层开采范围内的地下水均已疏干。2000年，门头沟煤矿已正式停产，按规划，该矿不再开采，停采后，矿井水位逐步回升。由于老采空区积水，可能导致部分残留煤柱垮塌和老采空区塌陷进一步密实，在地表产生一定的沉降量。

通过以上分析，可以确定拟建场地面临煤层采空的主要威胁是采空塌陷及采空残余变形。考虑到拟建场地下的小煤窑采空厚度不大、采空深度有限，根据目前矿区的防治经验，采用注浆充填的方法可进行治理；矿区的残余变形则可以通过加强拟建建筑物的基础、结构强度及设置沉降缝来进行预防。

# 6 工程总结与启示

拟建场地位于门头沟井田范围内，本次勘察场地内局部区域存在小煤窑开采区，该区域煤层开采浅，有引发采空塌陷的风险。采空区特征勘察是本次工作的重难点。本次勘察将物探成果与工程地质测绘、钻探等结果综合分析相互验证，查明了采空区的分布特征，由过去的单一剖面揭示达到了对地层的平面揭示，提高了地质资料的准确率，同时也减少了钻探的工作量。主要有以下启示。

（1）拟建场地采空区域经注浆充填处理及边坡经过专项支护治理后场地基本稳定，基本适宜建设。

（2）采空区勘察需结合场地内已有钻孔对物探异常进行验证，根据场地条件选择适宜的物探手段。

（3）通过本次综合物探，拟建厂区地下地质条件复杂，此外，受地表载荷、地震、人为产生的震动以及地下水变化的影响，采空区覆岩及地表的变形在未来存在局部区域造成地表沉陷、塌陷的危险。

（4）地球物理方法具有多解性，再加之测区浅表均为回填土，含大量生产生活垃圾，各种干扰特别严重，隐伏矿井存在漏探的可能。因此建议可对矿井密集区以及广场、停车场等人员密集区进行二次探测或加强地表形变监测，进一步减少安全隐患。

# 7 工程实施效果

建设单位及设计单位采纳了我单位本次勘察成果的建议，对拟建厂区浅部采空区采取注浆充填的方法进行治理，充填后利用物探手段对充填效果进行了检测评价。充填检测数据处理工作主要采用了超高密度背景噪声成像技术结合多道面波分析技术，反演得到了场地横波速度。通过对比注浆治理前后的横波速度进行场地注浆治理效果评价。对比结果表明经过注浆之后，大部分区域原有采空区横波低速异常区域，横波速度增加，速度界面起伏减小，采空区经过治理有所改善。另外，在关键位置进行取芯分析进行综合评判显示采空区充填治理有效。经验算，地基变形计算值符合规范要求。

本项目综合钻探及物探手段，有效降低了勘察成本。项目的成功实施，对于有效开发利用城市采空区土地资源，缓解城市用地紧张，改善生态环境起到了很好的示范作用。对城市经济、社会、环境效益等综合效益产生明显提升，取得了良好的经济和社会效益。

## 参考文献

[1] 建设部. 岩土工程勘察规范(2009年版): GB 50021—2001[S]. 北京: 中国建筑工业出版社, 2009.

[2] 国家安全监管总局, 国家煤矿安监局, 国家能源局, 国家铁路局. 建筑物、水体、铁路及主要井巷煤柱留设与压煤开采规范[S]. 北京, 2017.

[3] 《工程地质手册》编委会. 工程地质手册[M]. 5版. 北京: 中国建筑工业出版社, 2018.

# 某生态公园项目地面沉降塌陷岩土工程勘察实录

尹文彪　路长缨　李贤军

（航天规划设计集团有限公司，北京　100162）

## 1　工程概况

### 1.1　工程简介

1）项目概况

某生态公园项目位于西安国际港务区奥体板块核心区域，实施范围包括公园一期绿化（含天桥配套绿化）和商业建筑配套绿化，绿化总面积约 21 万 m²，其中绿化（含天桥配套绿化）占地面积约 18.1 万 m²。

2）岩土工程条件

本公园建设内容为绿化、浇灌、立体绿化、水景、绿道、照明、城市家具、标识系统等；根据现场调查资料，中轴生态公园项目于 2020 年 12 月开始修建，于 2021 年 8 月建成。修建前，原始场地为采砂坑，较深处砂坑深度超过 10.0m，且采砂坑底部已由建筑、生活垃圾回填了一定深度。公园修建期利用建设场地周边现有土方等对砂坑进行再次回填，并对地面平整处理后作为生态公园项目用地。

生态公园内以绿化为主，内有沥青道路，变电站等构筑物。因公园内构筑物对沉降不太敏感，荷载也较小，故场地在修建前未考虑进行地基处理，而是直接采用素土回填并经分层碾压至设计标高后修建使用。

3）场地历史及地面沉降塌陷情况说明

2021 年 9 月现场踏勘，发现本项目场地地面存在大面积沉降现象；内部沥青道路存在多处变形、开裂、破坏较严重，据了解，前期已对受害路面进行了几次修复；局部位置地面有塌陷，塌陷主要分布在东区场地西南处，据了解，该处为项目所在地遗址，地表下或存在通道、空洞；生态公园已对外开放，园区内管理人员、工作人员和附近出行的居民、游客较多，地面沉降、塌陷对公园正常使用影响较大，并且变形还在持续发生，为查明地面沉降、塌陷的原因，进行了本次勘察工作。现场照片如图 1 和图 2 所示。

图 1　现场照片 1

图 2　现场照片 2

### 1.2　勘察目的及技术要求

（1）收集场地周边与工程相关的资料；

（2）查明场地及其附近有无影响场地稳定性的不良地质作用，对拟建场地建筑适宜性作出评价；

（3）查明场地地层结构、埋藏条件，提供各层地基土的主要物理力学性质指标及承载力特征值；

（4）查明场地内地下水类型、埋藏条件，提供地下水位及其变化幅度；

（5）查明场地黄土湿陷性质，确定场地湿陷类型及地基湿陷等级；

（6）对场地进行地震效应分析，提供抗震设计所需参数；

（7）根据场地岩土工程条件及调查结果，分析造成地面塌陷的主要原因；

（8）对已有地面沉降及塌陷，提出相应工程措施建议。

## 1.3 本项目的工程特点、难点和解决方案

本项目特点是公园已投入施工，项目实施过程中必须保证公园的正常开放。

本项目难点是没有准确的地层参考资料和范围，需要在勘察过程中根据现场实际情况及时调整勘察孔位，做到信息化施工；且勘察和施工阶段不得有较大的噪声，施工中不得对公园原有高绿植及构筑物进行破坏。

根据本项目的特点和难点，本项目施工过程中派人在附近居民区进行调查，并在项目施工过程中采用汽车钻并配备专门的泥浆桶，在钻机位置铺设彩条布，将钻机渣土及泥浆及时拉走外运。勘察过程中根据填土深度逐步缩小范围，最终摸清了场地填土情况。

# 2 场地工程地质条件

## 2.1 位置、地形及地貌

拟建场地位于西安市灞桥区，欧亚大道以东，上双寨南街以南。

场地地形南高北低，地面相对高程介于378.70～386.46m之间，高差7.76m。

场地地貌单元属灞河Ⅰ级阶地。

## 2.2 水文气象

### 1）气象

拟建场地位于陕西省西安市灞桥区，灞桥区属于暖温带半湿润大陆性季风区，光、热、水、气、土等自然条件优越。年平均降雨量635mm，日照时间为2026～2719h，年平均气温为12～13.3℃，极端最高气温为41.7℃，绝对最低气温为−20.6℃。年大于10℃的有效积温为3650～4325℃，年无霜期202～208d。年初霜日期为11月1日以后，终霜期为4月1日以后。风向频率（静风频率）为30%左右，平均风速为2m/s。年平均相对湿度为70%左右。

### 2）水文

灞桥区地表河流属黄河流域灞河水系，发育有多条较大河流，其中与本场地有关的河流为灞河。

灞河，黄河支流渭河的支流，发源于陕西省西安市蓝田县灞源乡华岔村西部，灞河有四大源流，即：清峪、流峪、同峪和倒沟峪，它们在玉山镇汇流后始称灞河。西流至华胥乡的新街西北入西安市灞桥区。然后，自东蒋入西安市灞桥区境，东西横穿区境，在光泰庙与浐河交汇后向北至兰家庄注入渭河。在灞桥区境内的河段长度为34km，大部为与未央区的界河，流域面积125.52km²。

灞桥区境内，河床比降，浐、灞河交汇处以上为2.35%，以下为1.58%。年平均径流量6.07亿m³，其中：7至9月份最多，占33.8%；1至3月份偏少，占12.1%。据马渡王水文站资料，年平均输沙量为293.69万t，最大为935万t（1962年），最少为58.6万t（1972年）。汛期河水最大含沙量达950kg/m³（1973年7月23日）。最大洪峰流量2160m³/s（1957年），最小洪峰流量229m³/s（1966年）。最枯年份中下游常断流。

拟建场地位于灞河右岸，距离约3.0km。灞河从场地西侧由南向北流过。

## 2.3 地层

勘探深度内，场地地层自上而下依次为：人工填土（$Q_4^{ml}$），第四系全新统冲、洪积（$Q_4^{al+pl}$）黄土状土、粉土、砾砂及卵石等构成。各层土的野外特征分述见表1。典型地质剖面图如图3所示。

| 地层编号 | 地质年代及成因 | 岩土的野外特征 | 层厚/m | 层底深度/m | 层底高程/m |
|---|---|---|---|---|---|
| ①₁ | — | 沥青路面及路基垫层 | 0.40～0.80 | 0.40～0.80 | 377.9～386.06 |
| ①₂ | $Q_4^{ml}$ | 素填土：以黏性土为主，含少量砖瓦碎片、灰渣，土质不均，含水率大，局部饱和状态；野外钻探时有缩孔现象 | 0.40～10.10 | 1.20～16.20 | 366.57～380.72 |
| ①₃ | $Q_4^{ml}$ | 杂填土：杂色，以灰渣、砖块、混凝土块等建筑垃圾和生活垃圾为主，含少量黏性土，成分杂乱，结构松散 | 0.50～13.30 | 0.50～13.30 | 366.98～385.31 |
| ② | $Q_4^{al+pl}$ | 黄土状土：褐黄色，具孔隙，含氧化铁斑纹，偶见蜗牛壳碎片，土质较均匀，可塑—软塑状态，具自重湿陷性 | 0.70～11.70 | 8.90～16.90 | 367.92～369.90 |
| ②₁ | $Q_4^{al+pl}$ | 粉土：灰黄色，含氧化铁、云母，少量粉砂，稍密状态。仅在个别钻孔中遇见 | 0.40～1.50 | 9.30～13.40 | 368.90～369.40 |
| ③ | $Q_4^{al+pl}$ | 砾砂：黄褐色，以长石、石英为主，含云母片，混粒结构，级配良好，稍湿，密实状态 | 1.30～10.10 | 15.20～19.10 | 359.60～368.23 |
| ④ | $Q_4^{al+pl}$ | 圆砾：灰色，以长石、石英为主，母岩以花岗岩为主，亚圆形，一般粒径6～20mm，最大粒径约30mm，混粒结构，充填粗砾砂，混少量卵石，稍湿，稍密—中密状态 | 未揭穿 | 最大揭露厚度4.80m | |

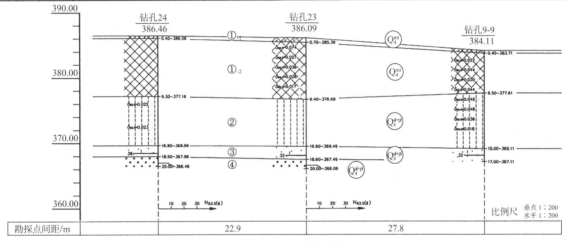

图3 典型地质剖面图

## 2.4 地下水

本次勘察过程中，在勘探深度内均未遇见地下水。据调查该场地最浅埋深地下水位埋深大于20.0m，属潜水。勘察期属丰水期，资料表明该地区地下水位年变化幅度约为3.0m。

## 2.5 区域地质构造及不良地质作用

### 2.5.1 区域地质构造

西安市位于渭河盆地东南隅，该盆地夹持于鄂尔多斯地块与秦岭断隆之间，是典型的断陷盆地。

近场地渭河断裂、泾阳渭南断裂、临潼—长安断裂、骊山山前断裂及秦岭山前断裂所夹地区历史上发生过多次中强地震，且晚更新世以来都有过明显活动，因此，综合判定区内具有发生6级或6级以上地震的构造条件，整体上属于构造较不稳定地区。

除上述几条发震断裂外，还发育两条规模较小的隐伏断裂（皂河断裂、浐河断裂），隐伏深度60～200m，在临潼—长安断裂以南的台塬区隐伏较浅，在该断裂以北的渭河冲积平原区，隐伏相对较深。根据断裂隐伏深度推测这两条断裂的活动时代在中更新世。

根据上述断裂性状，按《建筑抗震设计规范》GB 50011—2010（2016年版）规定，隐伏断裂的土层覆盖厚度大于60m、活动时代在全新世以前时，可以忽略这两条发震断裂错动对工程的影响，故本场地可不考虑其影响。

依据勘察揭露和地质资料，场地无区域性大

断裂及地裂通过，区域稳定性较好，地质构造简单。

### 2.5.2 不良地质作用

通过勘探以及工程地质调查，未发现影响场地稳定性的其他不良地质作用。场地稳定，适宜建筑。

## 3 地基土工程性能评价

### 3.1 地基土的物理力学性质指标

据室内土工试验结果及原位测试结果，经数理统计，得各层地基土的主要物理力学性质指标统计值列于表2、表3。

标准贯入试验实测锤击数N（击）统计　表2

| 地层 | $n$ | 范围值 | $\varphi_m$ | $\sigma_f$ | $\delta$ |
|---|---|---|---|---|---|
| ①₂层素填土 | 15 | 1~8 | 4.7 | 2.154 | 0.455 |
| ③层砾砂 | 39 | 29~50 | 36.3 | 5.109 | 0.141 |

注：$n$—频数；$\varphi_m$—平均值；$\sigma_f$—标准差；$\delta$—变异系数。

重型动力触探试验锤击数$N_{63.5}$（击）统计　表3

| 地层 | | $n$ | 范围值 | $\varphi_m$ | $\sigma_f$ | $\delta$ |
|---|---|---|---|---|---|---|
| ①₃层杂填土 | 实测值 | 232 | 1~6 | 2.5 | 1.251 | 0.494 |
| | 修正值 | 232 | 0.9~5.7 | 2.3 | 1.127 | 0.492 |
| ④层圆砾 | 实测值 | 79 | 11~26 | 18.1 | 3.513 | 0.194 |
| | 修正值 | 79 | 7.1~12.3 | 10.0 | 1.172 | 0.117 |

备注：$n$—频数；$\varphi_m$—平均值；$\sigma_f$—标准差；$\delta$—变异系数；修正值是按照《岩土工程勘察规范》GB 50021—2001（2009年版）附录B修正的。

### 3.2 地基土工程性能评价

据表3统计结果，结合地基土的野外特征，对调查深度范围内各层地基土的工程性能评价如下：

①₂层素填土：标准贯入试验实测锤击数范围值$N = 1$~8击，平均值$\overline{N} = 4.7$击，松散状态，不均匀。

①₃层杂填土：修正后的重型动力触探试验锤击数范围值$N_{63.5} = 0.9$~5.7击，平均值$\overline{N}_{63.5} = 2.3$击，松散状态，不均匀。

②层黄土状土：$\overline{a}_{1-2} = 0.40 \text{MPa}^{-1}$，$\overline{I}_L = 0.36$，中等压缩性，可塑状态，局部为软塑状态。

③层砾砂：标准贯入试验锤击数实测值$N = $

29~50击，平均值$\overline{N} = 36.3$击，稍湿，密实状态。

④层圆砾：修正后的重型动力触探试验锤击数范围值$N_{63.5} = 7.1$~12.3击，平均值$\overline{N}_{63.5} = 10.0$击，稍密—中密状态。

### 3.3 湿陷性评价

据室内土工试验结果，场地内②层黄土状土部分土样的自重湿陷系数$\delta_{zs}$、湿陷系数$\delta_s$大于0.015，具湿陷性，按《湿陷性黄土地区建筑标准》GB 50025—2018计算了自重湿陷量的计算值$\Delta_{zs} = 36.5$~201.2mm，部分大于70mm，场地为自重湿陷性黄土场地。湿陷量的计算值$\Delta_s = 44.7$~494.4mm，综合考虑，地基湿陷等级为Ⅱ级（中等）。

### 3.4 地基土承载力特征值及变形参数

根据土工试验、原位测试结果，结合地区建筑经验，综合确定各层地基土承载力特征值（$f_{ak}$）及压缩模量（$E_s$）列于表4，②、③层地基土压缩模量（$E_s$）可根据其上部压力相对应压力段压缩模量平均值采用。

地基土承载力特征值（$f_{ak}$）　表4

| 地层 | ①₂层素填土 | ①₃层杂填土 | ②层黄土状土 | ③层砾砂 | ④层圆砾 |
|---|---|---|---|---|---|
| $f_{ak}$/kPa | — | — | 130 | 300 | 300 |
| $E_s$/MPa | — | — | — | 30.0 | 30.0 |

## 4 地震效应评价

### 4.1 抗震地段划分

拟建场地岩土工程条件，按《建筑抗震设计规范》GB 50011—2010（2016年版）划分，属于建筑抗震一般地段。

### 4.2 场地类别

按规范《建筑抗震设计规范》GB 50011—2010（2016年版）第4.1.1条进行划分，拟建场地属于抗震一般地段。

根据场地土的性状，估算土层的等效剪切波速$V_{se}$介于250~500m/s之间；本地区覆盖层厚度大于50m，按《建筑抗震设计规范》GB 50011—2010（2016年版）表4.1.6划分，建筑场地类别为Ⅱ类。

## 4.3 地震动参数

根据《中国地震动参数区划图》GB 18306—2015 区划图划分，拟建场地的地震动峰值加速度为 0.20g，对应的场地基本地震烈度为 8 度，地震分组为第二组，Ⅱ类场地的地震动反应谱特征周期为 0.40s。

## 4.4 地震液化

本次勘察所有钻孔中均未遇见地下水，通过周边场地勘察资料，了解到地下水位高程在 357.10～358.93m（2020 年 3 月，平水期），水位年变幅约为 3.0m。由于本次勘察期为丰水期，地下水位考虑 3.0m 年变幅后，③层砾砂底部可能处于饱和状态，按《建筑抗震设计规范》GB 50011—2010（2016 年版）第 4.3.4 条规定，采用标准贯入试验判别法对饱和砂土进行液化判别，液化判别标准贯入锤击数临界值按下式计算。液化判别深度 20m。

$$N_{cr} = N_0\beta[\ln(0.6d_s + 1.5) - 0.1d_w](3/\rho_c)1/2$$

式中：$N_{cr}$——液化判别标准贯入锤击数临界值；

$N_0$——液化判别标准贯入锤击数基准值，设计基本地震加速度为 0.20g 时，采用 12；

$d_s$——饱和土标准贯入点深度（m）；

$d_w$——地下水位（m），按最高水标高 366.00m 做相应换算取值；

$\rho_c$——黏粒含量百分率，砂土采用 3；

$\beta$——调整系数，设计地震第二组取 0.95。

根据计算结果，拟建场地内饱和砂土在 8 度地震烈度下均不液化，因此本工程可不考虑饱和砂土液化影响。

## 5 地面沉降调查与原因分析

### 5.1 地面沉降内在因素

根据调查及搜集资料，沉降塌陷区域原为采砂坑。前期采用①₂层素填土、①₃层杂填土进行回填施工。根据野外钻探结果，填土最大回填厚度约 13.3m。

根据本次钻探揭露，结合原位测试和室内土工试验统计结果，①₂层素填土以黏性土为主，含少量砖瓦碎片、灰渣，土质不均，松散状态。机械

难以取样，有缩孔现象。含水率 $w = 17.3\%$～28.9%、平均值 23.3%，饱和度 $S_r = 48.9\%$～100.0%、平均值 77.8%，$I_L = 0.00$～1.19、平均值 0.61，孔隙比 $e = 0.618$～1.105、平均值 0.824，压缩系数 $a_{1-2} = 0.09 \sim 0.74$ MPa$^{-1}$、平均值为 0.37MPa$^{-1}$，含水率较高、接近饱和，可塑—软塑状态，中等压缩性。①₃层杂填土，杂色，以灰渣、砖块、混凝土块等建筑垃圾和生活垃圾为主，含少量黏性土，成分杂乱，结构松散。机械钻进困难，易塌孔。

由于前期回填的人工填土土质不均，密实度差，处于松散状态，属欠固结土。在自重压力作用下固结下沉，产生不均匀沉降，导致地面沉陷，表现为地面沉陷和路面出现不同程度变形开裂现象。

### 5.2 地基沉降外在因素

场地地形南高北低，场地西南位置据了解为遗址，局部位置存在空洞、通道，现场环境监测站混凝土板下明显脱空，另发现两处沉陷坑，均提供了一定的积水、汇水、渗水条件，现场钻探时，5 号、7 号钻孔路基下有明显汇集的积水，25 号钻孔钻进时有明显的掉钻现象。根据土工试验结果，①₂层素填土大部分呈饱和状态或接近饱和状态。由此推断土体受水浸泡、软化后填土自重增加、强度降低，使地基产生不均匀沉降，加剧了地面的下沉。据观察，现场沉降还在持续发生。

水是引起地面沉降的外在因素。根据调查，该年度西安市降水量较大，且持续时间长，勘察工作前连续降雨半月有余。另外，公园内定期会对绿化区进行养护、浇灌，对于大面积非硬化的场地，降雨和浇灌用水易于渗入地下。

## 6 场地加固处理措施建议

### 6.1 旋喷桩

根据地面沉降塌陷原因及场地施工条件，可采用旋喷桩进行加固处理。在沉降塌陷范围内进行引孔，然后在下方一定深度内进行旋喷桩施工。桩端应置于原状土层下一定深度，当采用适当的桩长、桩径及桩间距时，旋喷桩处理后可防止场地地面沉降的发生。

旋喷桩地基加固技术的特点：

（1）不需要进行导坑开挖，施工在地表进行，对公园场地有一定程度的破坏。

（2）高压浆液在切割破碎土体的过程中在桩身边缘还有剩余压力，这种压力对周边土体产生一定的压密作用，加之水泥浆液自身所具有的渗透性，加固范围较广。

（3）旋喷施工过程中产生较多水泥溢浆，对场地污染较大。

（4）施工时间短，地基固化较慢，地基处理完成一段时间后方可投入使用。

（5）造价较高。

## 6.2 注浆法

注浆法是将某些能固化的浆液注入地基土的裂缝或孔隙中，以改善其物理力学性质的方法。其目的是防渗、堵漏、加固地基土，适用于处理人工填土、砂砾层等孔隙大、较松散地基土，地基处理后可提高地基土承载力，对控制地面沉降变形有一定作用。根据地面沉降塌陷原因及场地施工条件，采用该方案处理地基时，注浆加固深度应处理至人工填土底部。注浆孔宜整片、均匀布置，注浆孔密度应满足有关规范要求，注浆施工顺序应先外围后内部。

## 6.3 孔内深层强夯法（DDC 工法）

根据场地岩土工程条件，可采用孔内深层强夯法进行整片处理，适用于处理素填土、杂填土、黄土等地基。强夯法是利用具有一定夯击能的夯锤将回填土进行夯实，夯实后将夯坑分层回填，继续夯击，至与地面齐平，孔内填料可根据现场需求进行确定，当采用适当桩间距及夯击能时，可预先有效消除地面沉降量，对控制地面沉降变形有一定作用，处理深度不应小于填土厚度，可防止地面沉降。

当采用孔内深层强夯法（DDC 工法）处理时，施工前应进行小面积试验，确定有关设计、施工参数。在施工过程及施工结束后应按有关规范规定对施工质量进行检测。

场地处理时，地表应预留 0.5m 左右设置垫层，垫层材料应根据公园土地使用要求（路基、绿化等）分别采取。无论采用何种处理方法，均应进行专项设计并通过方案评审。

## 7 结论与建议

根据地面沉降原因及场地施工条件，建议根据不同区域的要求采用注浆法、孔内深层强夯法或旋喷桩法进行处理加固。具体应进行专项设计工作，建议加强场地内地表截排水措施，确保排水畅通，防止水渗入地面。建议对场地内现有及新增的给水排水管道等进行定期检修、维护，增设检漏防水措施，防止管道渗漏。施工过程中及施工完成后一定周期内，应对地面沉降进行变形监测工作。

## 8 实施验证及成果效益

根据勘察结果及建议并结合施工现场实际情况，本项目最终选择高压旋喷桩进行地基处理，处理深度主要以场地地面以下 5m 范围内为主，最终有效地阻止了公园场区的地面沉降并对公园沉降较大位置进行了修复处理，有效地控制了因公园沉降造成的社会影响，较为圆满地完成了工程任务。

# 乌鲁木齐市喀什路东延（七道湾路—东二环路）勘察及采空区治理设计实录

刘学军　刘　震　侯宪明

（新疆建筑科学研究院（有限责任公司），新疆乌鲁木齐　830002）

## 1　工程概况

喀什路东延（七道湾路—东二环路）道路西起现状喀什路东延与七道湾北路（也叫东华南路）交叉口，沿现状喀什路东延继续向东延伸，至在建的东二环喀什路互通，全长约 1.09km，道路等级为城市主干路Ⅰ级，双向六车道，道路建筑红线宽度为 70m，道路红线宽度为 60m。

道路建成后将与现状喀什路东延、七道湾路、会展大道二期，及建设中的东二环路等道路相接组成主干路网，与其他市区快速路、主干路形成有机的城市骨干路网系统，可疏解城市内部交通压力、分解该区域的集散交通，纯化市区道路的交通功能（图1）。

道路斜跨原安宁渠联合一矿和联合二矿，其中联合一矿采空区与道路斜交，K0＋250～K0＋510 段为破坏区，该段为现状塌陷范围，塌陷沉降仍未完成，存在较大剩余沉降量，易突发塌陷事故，K0＋040～K0＋260 与 K0＋510～K0＋585 段为受影响区，其稳定性也不满足建设要求。

本项目勘察工作自 2016 年 7 月开始，9 月提交正式成果报告。9 月 28 日提交施工图设计文件，治理工程施工于 2016 年 10 月至 2018 年 2 月完成，2018 年 10 月完成注浆治理工程检测，2018 年 10 月至 2019 年 10 月进行了深层水平位移监测，各项技术指标均满足设计要求，治理工程取得成功。

图1　拟建道路区域位置图

## 2　岩土工程勘察阶段

### 2.1　岩土工程勘察阶段需要解决的主要技术问题

1）选择适宜的勘察方法，查明场地岩土工程条件，尤其是煤层采空区分布

（1）场地地质构造复杂，西山—碗窑沟断裂是拟建场地复杂地质条件的根源。拟建道路与西山—碗窑沟断裂小角度相交于道路终点，造成拟建场地地应力变化剧烈，造成了场地岩石层硬度的巨大变化，拟建场地处于八道湾褶皱束末端，该褶皱在拟建场地表现为复背斜褶皱，形成倾角变

获奖项目：2021 年度新疆优秀工程勘察设计行业奖一等奖，2021 年度工程勘察、建筑设计行业和市政公用工程优秀勘察设计奖三等奖。

化复杂且多次重复出现的急倾斜煤层。

（2）复杂的开采历史，使采空区分布难以查明。自清朝以来即有开采，20世纪50年代进行规模化开采，但经历多次转手，开采资料混乱，且缺失严重，极难查清其开采状况，造成采空区分布极不明确。

（3）现场地形及人为活动造成勘察方法选择受到极大限制。拟建场地属低山丘陵区，原始地貌落差大，现状塌陷坑经过无序回填，和未回填区形成了垂直变化的高度分带，无沉积规律可循。

（4）场地分布有厚度变化较大的黄土状粉土层及塌陷坑的无序回填对勘察工作造成困扰。黄土状粉土层厚1.0～17.6m，塌陷坑位置最大杂填土厚度36.8m且分布无序。

2）准确分区判断煤层采空区对市政道路的影响

（1）准确查明煤层开采情况和采空区分布。

（2）选择适宜的稳定性评价模式评价采空区对拟建道路的影响。

## 2.2 勘察方法选择和现场应用

根据本工程特点，按照相关规范要求，结合类似工程勘察经验，本次勘察采用项目团队经过20余年总结的急倾斜煤层采空区综合勘察方法，即以收集资料为基础，地球物理勘探（物探）控制平面为主，地质及工程地质调查与测绘辅助，现场勘探验证，配合进行原位测试、取样及室内试验确定岩土物理力学性质[3]。

在本项目勘察工作中，勘察方法的选择和使用具有以下特点：

1）尽最大努力完成资料收集，为现场勘察工作提供良好基础[1]

拟建场地范围内的地质构造及煤层的分布状况很难靠岩土工程勘察查明，有煤层开采才会出现，煤层是开采的目标，也是形成采空区的根源，查明煤层的分布特点，是查明采空区的重要前提。因此地质精查报告的收集就显得尤为重要，除煤矿自有地质资料外，还在相关资源勘查单位，地矿局档案馆、国土资源管理单位进行收集查找，分别从上述单位查询获得了可靠的一手资料。

煤矿开采资料的收集更是必不可少，作为采空区形成的直接原因，获得详尽的煤矿开采资料

尤为重要。拟建场地自明清以来即有零星开采，新中国成立后的开采走向正规化，并整合为联合一矿和联合二矿。项目组专门成立了资料组，配备了5名勘察人员，专门查找采空区资料，经走访多个政府主管部门、煤矿企业及周边居民，尤其是查找到已废弃的资料室，在已作为垃圾处理的资料中，最终收集到联合二矿和三矿（由一矿和二矿整合而来）的地质勘探普查报告、闭矿资料，两个时期井上井下对照图、通风井及避险通道对照图和采掘工程图等大量核心资料。

详尽的资料给勘探验证指明了方向：

（1）拟建道路西段为联合一矿采空区，开采深度不大于85m，下部硬质岩底板完好，需要详细验证其边界和采深。

（2）联合二矿开采第三组煤位于拟建道路东段，未进行有效开采，需验证硬质岩的完整性，和查找采空空洞。

2）综合分析各种物探方法优劣，选定适宜的物探手段

在勘察实践中，采用了规范推荐和使用较广泛的物探方法，包括瞬变电磁法、重力剖面探测、电法勘探、地震勘探等，但应用结果表明，目前使用的物探手段，在应用于大埋深急倾斜煤层采空区勘察时，都存在应用局限性。

根据本项目急倾斜煤层采空区的特点，结合国内外勘探技术的新发展，在勘察实践中，探索使用了以微动探测为主要物探手段，结合多种物探方法相互验证控制平面，取得了较好效果。

微动勘察采集天然振动信号，无震源要求，采用台站式采集信号，受场地限制小，基本不受电磁、电流干扰，特别适合城市及其周边人文干扰较大地区开展工作，在城市物探勘察方法中，微动测深优于传统电、磁、振等常规方法[4]。

在本工程勘察中，在采空区段布设200m线距、50m点距的均匀测网，采用以微动探测为主要手段，结合瞬变电磁法、重力测量等相互印证的方法进行平面控制，取得了良好效果。

3）创新性使用潜孔锤间隔取样钻探工艺，用于本项目勘探工作，取得良好效果[5]

本项目勘探工作受到半充填状态存在的煤层采空区，软硬相间的岩石等不利条件的影响，现

场钻探工作岩心采取率低，钻探质量差；护壁堵漏措施效果差；对孔壁扰动大，钻孔稳定性差，孔内事故多，孔深受限；护壁堵漏措施造成孔内测试无法进行，水文观测准确度差等困难，无法顺利进行。

潜孔锤间隔取样本质上是利用冲击钻冲击破碎岩体的原理，其以空压机吹出的压缩空气作为动力，利用位于孔底钻头上部的潜孔锤的冲击运动，和孔口钻机回转机构的回转，进行持续碎岩。同时，从钻头中心孔连续地吹出压缩空气，通过孔壁与钻杆间隙，将岩渣排出孔外。在钻探过程中，不同地层不同状态下钻头处的动力反馈不同，孔口出渣也不同，并且，通过更换取芯钻头，进行间隔取芯，进行更准确的岩土条件判断。

潜孔锤间隔取样钻探工艺在本项目使用，主要优点有：

（1）碎岩动力位于孔底，碎岩效率高，动力损失小，钻孔深度大；

（2）钻孔垂直度高，对孔壁扰动小，岩屑护壁效果好；

（3）孔内信息上返迅速，事故处理能力强；

（4）孔内可进行物探和力学测试，水文观测准确。

潜孔锤间隔取样钻探工艺在本项目使用，解决了急倾斜煤层采空区勘察钻探技术难题，取得较好效果。

## 2.3 采空区主要勘察成果

（1）拟建场地煤层分布

拟建场地主要分布煤层为侏罗系中统西山窑组（J2x），共含煤33层，编号为：B1～B33，均位于碗窑沟逆冲断层的上盘（北盘），B1～B6（第一组和第二组）位于拟建喀什路东延以东，B7～B21和B22～B34分别位于拟建场地东部和中西部，煤层产状为330°∠70°～77°。均为急倾斜煤层，拟建道路与煤层的位置关系见图2。

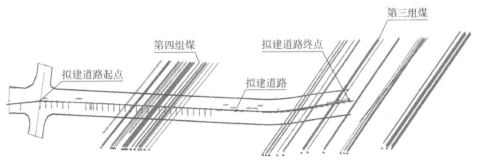

图2　拟建道路煤层分布图

（2）采空区分布情况

拟建场地内煤层采空区主要为安宁渠联合一矿采空区，呈近东西向分布于拟建场地中、东部，与拟建道路相交于K0＋260～K0＋520，开采煤层主要为侏罗系西山窑组煤系地层中的编号为B21～B34煤层，煤层厚度30m。开采方式为仓储式，每仓的长度一般在30～45m，采高30～50m，开采深度、开采规模、开采范围均较大。采空区走向与道路走向夹角约41°，+650高程水平层和+518高程水平层开采相对集中。+650高程水平层采空区对拟建道路影响较大，其开采范围涵盖地表以下30～85m范围，塌陷坑延伸至地表，+518水平层采空区顶板主要有坚硬的泥质砂岩构成，较为完整。联合二矿的开采情况与联合一矿的开采情况基本相似，也是属于小煤窑生产，开采B7～B20煤层，但其开采区域向东北方向远离拟建场地，影响区域集中于拟建道路以东的东二环道路。

（3）采空区分布特征

煤矿开采范围基本和两个时期井上井下对照图反映的区域一致，但物探和钻探反映K0＋260～K0＋520段采空区已塌陷连成片，并未见成层的稳定顶板支撑，塌陷区内煤层回采较为彻底，仅在浅层（30m内）揭露末煤（全风化煤岩）。浅部存在开采情况，与闭矿资料关于地表下30m内未采也有出入，推测可能是历史上的不规范开采和盗采所致，且局部开采深度也较记录超采5～10m。拟建道路K0＋800～K1＋090.55经过联合二矿，根据调查走访，结合资料收集，并进行了大量钻探及物探验证，该片区未发现采空区，场地主要由砂岩、灰岩等较硬岩构成，与煤矿资料一致。采空区分布剖面图见图3。

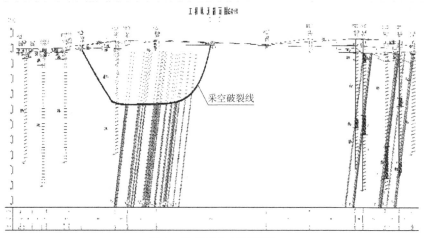

图 3 采空区分布剖面图

## 2.4 采空区稳定性评价模式

对于急倾斜煤层采空区稳定性分析评价，经过近 30 年发展，已经形成了较成熟的稳定性评价模式。

（1）模式一

根据采空区围岩变形破坏理论按如下模式确定采空区变形边界（图 4）。

采空区倾向变形边界计算公式如下：

$$B = (H - h)\cot\left(45° + \frac{\varphi_1}{2}\right)$$
$$+ (H - h)\cot\left(45° + \frac{\varphi_2}{2}\right)$$
$$+ 2h\cot\varphi_3 + \frac{b}{\sin\alpha}$$

式中：$H$——采空区底面埋深；

$h$——第四纪土层厚度；

$\varphi_1$——顶板岩体内摩擦角；

$\varphi_2$——采空区底板内摩擦角；

$\varphi_3$——土层内摩擦角；

$b$——煤层真厚度；

$\alpha$——煤层真倾角；

$B$——不稳定宽度。

该模式认为采空区变形边界主要由底板破坏移动角 $\beta$ 及上覆土层内摩擦角确定，其值取决于采空区深度，上覆土层厚度以及底板岩体、土层的内摩擦角。

取 $\varphi_1 = 39°$、$\varphi_2 = 39°$。

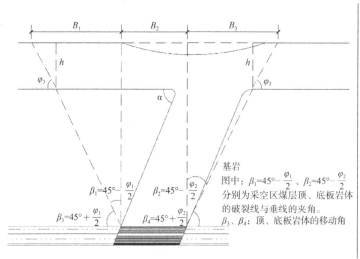

图 4 采空区倾向变形边界分析图

（2）模式二

主要以乌鲁木齐地区各煤矿长期观测的破裂角、稳定角数据，结合我院经验分析模式对采空区影响范围进行评定。采空区变形边界、稳定边界取决于采空区底板（走向边界煤层）的变形破裂角和稳定角以及采空深度。

变形破裂角是指移动区外围边界与下部采空区边界的连线与水平线在顶、底板或煤层一侧的夹角。

稳定角是指变形区外围边界与下部采空区边界的连线与水平线在顶、底板或煤层一侧的夹角。根据观测资料结果，采空区顶、底板变形破裂角分别为30°、64°，煤层走向变形破裂角为70°，采空区顶、底板稳定角分别29°、60°，煤层走向稳定角为67°，如图5所示。

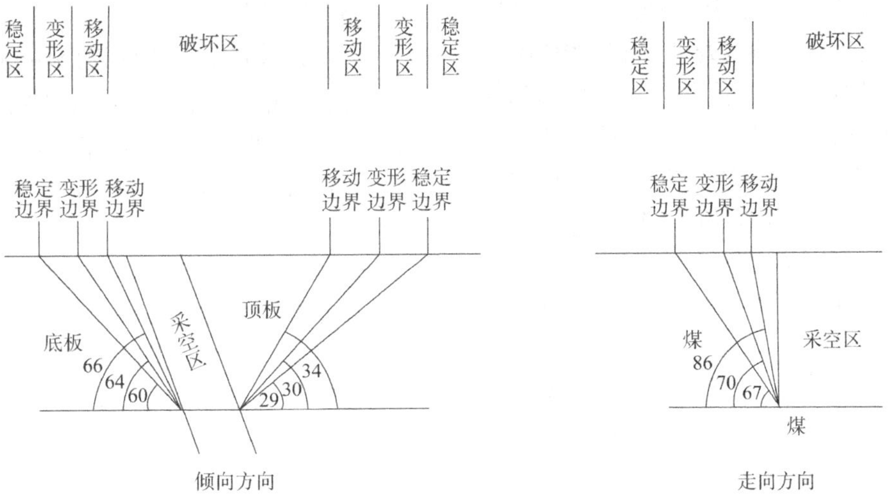

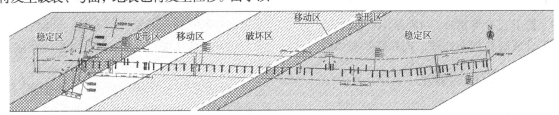

图5　采空区影响分区示意图

## 2.5　采空区稳定性评价结论

（1）破坏区：位于里程桩号K0+260～K0+520之间，根据以上计算：变形边界以内即为破坏区，该区不仅采空区上部塌落，而且其围岩还要冒顶塌落，岩体滑移常以塌陷坑槽形式出露地表，通过钻探验证，上述情况在整个破坏区内均存在，受采空影响极易破坏。

（2）移动区：位于里程桩号K0+125～K0+260与K0+520～K0+537段，变形边界至移动边界区域则为移动区，该区岩土体受破坏区影响，由于缺乏下部支撑及侧向约束，且受破坏区崩积物牵拉影响，将发生破裂、弯曲，地表也将发生位移。由于该

采空区开采后未进行放顶处理，故其在进行建设或发生地震时，将打破现有临时稳定状态，发生失稳破坏。

（3）变形区：位于里程桩号K0+040～K0+125与K0+537～K0+585段，稳定区至变形区边界区域内为变形区，根据观测资料，其在煤田开采及停采至今主要发生水平方向变形破坏，原因主要是受移动区破裂、变形影响所致，在移动区继续活动情况下，受连带作用影响，变形区仍会缓慢变形，对拟建道路使用有不利影响。

（4）稳定区：里程桩号K0+040～K0+585以外的区域即稳定边界以外为稳定区，该区岩土体相对稳定，其距离采空破坏区较远，连带影响作用小，可基本不考虑采空区影响，详见图6。

# 3　岩土工程设计

## 3.1　岩土工程设计阶段需要解决的主要技术问题

本项目确定适宜的地基处理方案，主要须考虑以下因素：

（1）影响本项目路基稳定的主要原因为煤层采空区造成的不稳定，因此深层采空区是处理的主要部位。

（2）拟建场地地表黄土状粉土具湿陷性，为非自重湿陷场地，Ⅰ级（轻微）湿陷地基，在地基处理时应一并考虑。

（3）塌陷坑的无序回填和回填土的松散杂乱，对拟建道路路基有重大影响。

图6　采空区影响范围平面分区图

## 3.2 地基处理方案

根据本项目地基处理面临的主要技术问题，采用了"以深部处理为主，深浅处理结合，路基抗变形处理"多方案组合的地基处理方案。按照施工顺序对地基处理方案介绍如下，即"注浆处理深部采空区，刚性桩复合地基处理深层杂填土和黄土状粉土，设置路基抗变形措施"的综合处理方案。

（1）场地整平：将现有地面下挖至设计路面高程下 1m 左右，进行场地整平。

（2）降水：采用"竖井 + 明沟"进行降水，将地下水位降至设计路面下 13m。

（3）地表杂填土清除：挖除浅部杂填土对处理范围进行整平，路基范围内挖除至设计路面下 11m。

（4）刚性桩复合地基处理：在设计路面高程下 11m 以下进行刚性桩复合地基处理，刚性桩长度 12m。

（5）浆盖施工：刚性桩复合地基施工完成并检测合格后，在褥垫层上部施工浆盖，在处理范围内采用注浆浆液浇筑，厚度 1.0m。

（6）采空区注浆加固：采用注浆法对处理范围内采空区进行注浆加固处理，处理完成后经检测合格。

（7）分层回填，强夯补强：采用天然级配碎石土进行分层碾压回填至路基结构层下 1.0m，分层厚度不大于 30cm，压实度不小于 0.95，回填 5m 后，采用强夯补强一次，夯击能为 3000kN·m。

（8）灰土垫层：采用 3:7 灰土分层回填至路基结构层底面，分层厚度不大于 30cm，压实系数不小于 0.97。

（9）路基抗变形措施：对路基结构层加厚，并加入土工合成材料加筋处理，提高路基整体性。

## 3.3 地基处理范围的确定

（1）处理长度

治理的长度为公路路线走向上采空区实际分布长度，并考虑增加覆岩移动角影响范围内的治理长度。结合移动、变形区主要受破坏区牵引连带破坏，在消除破坏区后，不再发展，根据勘察结果，本次沿路线走向方向注浆处理范围为采空破坏区，即 K0 + 260～K0 + 520 段。

（2）处理宽度（沿煤层走向方向治理宽度）[2]

根据路基设计规范中对采空区路基的相关规定，并参考已建的高速公路上对煤矿采空区设计

和采空区处理经验，结合本工程的具体特点，对采空区处理宽度进行了综合确定。经计算，处理宽度达 200m，即沿道路中心线两侧各 100m。

（3）处理分区

考虑到道路范围内和道路两侧采空区处理的不同要求，将处理范围划分为"加固区"和"保护区"，其中加固区范围为道路中心线两侧各 40m，共计 80m 宽度，其余处理范围为保护区。

（4）治理深度

根据采空区稳定性评价分析，并考虑一定安全储备，以进入第一开采水平面（+650 高程）下 3～5m 为止。总体处理深度沿煤层倾角方向坡率 1:5 控制。按照上述原则，处理最大深度 90m。第二水平层开采对道路稳定性影响极小，不进行专项处理工作。

## 3.4 采空区注浆设计

1）注浆孔布设

本次注浆采用先帷幕注浆封闭注浆区域，后充填注浆填筑采空区的注浆孔布设方案。注浆孔分为帷幕注浆孔和充填注浆孔，注浆孔按以下原则布设：

（1）帷幕孔：采空区东西两侧各布置两排，交错分布，排距（南北方向）为 5.0m，孔距（东西方向）为 5.0m。

（2）加固区充填注浆孔：加固区孔距（东西方向）为 10.0m，排距（南北方向）为 5m。

（3）保护区充填注浆孔：保护区孔距（东西方向）为 10.0m，排距（南北方向）为 10.0m。

2）注浆顺序

（1）先帷幕孔施工，后充填、固结孔施工。

（2）帷幕孔按"分序加密、隔排隔孔灌注"原则实施，分别按 A、B、C、D 四序施工。

（3）加固区充填固结孔按"分序加密、隔排隔孔灌注"的原则实施，即间隔一排灌注，同一排的孔与孔之间隔孔灌注，共分四序施工。

（4）保护区充填固结孔按"分序加密、隔孔灌注"原则实施，分别按 A、B 两序施工。

（5）同一次序的孔可以同时施工；不同次序的孔，在前一次序的孔全部注浆完成后，方可进行后一次序孔的钻孔施工。

3）注浆浆液配合比

根据本项目特点，确定对注浆浆液性能要求和稳定浆液配合比分别见表 1、表 2。

**浆液性能指标现场控制标准　表1**

| 固相比 | 水固比 | 流动度/cm | 相对密度 | 结石率/% | 结石体抗压强度/MPa |
|---|---|---|---|---|---|
| 1:3 | 0.5:1 | 20~26 | 1.65~1.75 | ≥90 | >1.5 |
| 1:4 | 0.5:1 | 18~26 | 1.65~1.75 | ≥90 | >1.0 |

**稳定浆液配合比　表2**

| 注浆位置 | 水固比 | 固相比 | 水(kg/m³) | 水泥(kg/m³) | 黄土(kg/m³) | 早强剂(kg/m³) | 水玻璃(kg/m³) |
|---|---|---|---|---|---|---|---|
| 帷幕注浆 | 0.5:1 | 1:3 | 582 | 291 | 837 | 5.8 | 8.4 |
| 充填固结注浆 | 0.5:1 | 1:4 | 582 | 235 | 940 | 4.7 | 7.0 |

4）注浆参数

（1）注浆压力

根据现场试验和计算结果，注浆压力控制标准见表3。

**注浆孔各深度段孔口注浆压力　表3**

| 注浆深度/m | 岩体自重应力/MPa | 孔口进浆管控制压力$P_1$/MPa | |
|---|---|---|---|
| | | 帷幕孔 | 充填、固结孔 |
| 5.0 | 0.0 | 0.3 | 0.4 |
| 10.0 | 0.3 | 0.4 | 0.5 |
| 15.0 | 0.4 | 0.5 | 0.7 |
| 20.0 | 0.5 | 0.6 | 0.8 |
| 25.0 | 0.6 | 0.7 | 1.0 |
| 30.0 | 0.8 | 0.7 | 1.1 |
| 35.0 | 0.9 | 0.8 | 1.3 |
| 40.0 | 1.0 | 0.9 | 1.4 |
| 45.0 | 1.1 | 1.0 | 1.6 |
| 50.0 | 1.3 | 1.1 | 1.7 |
| 55.0 | 1.4 | 1.2 | 1.9 |
| 60.0 | 1.5 | 1.3 | 2.0 |
| 70.0 | 1.7 | 1.4 | 2.2 |
| 80.0 | 2.0 | 1.5 | 2.3 |
| 90.0 | 2.2 | 1.6 | 2.4 |

| 注浆深度/m | 浆柱压力$P_2$/MPa | 注浆压力$P$/MPa | |
|---|---|---|---|
| | | 帷幕孔 | 充填、固结孔 |
| 5.0 | 0.1 | 0.2 | 0.2 |
| 10.0 | 0.1 | 0.3 | 0.5 |
| 15.0 | 0.2 | 0.5 | 0.7 |
| 20.0 | 0.3 | 0.7 | 0.9 |
| 25.0 | 0.4 | 0.8 | 1.1 |
| 30.0 | 0.4 | 1.0 | 1.4 |
| 35.0 | 0.5 | 1.1 | 1.6 |
| 40.0 | 0.6 | 1.3 | 1.8 |
| 45.0 | 0.7 | 1.5 | 2.0 |
| 50.0 | 0.7 | 1.6 | 2.3 |
| 55.0 | 0.8 | 1.8 | 2.5 |
| 60.0 | 0.9 | 2.0 | 2.7 |
| 70.0 | 1.1 | 2.2 | 3.0 |
| 80.0 | 1.2 | 2.4 | 3.3 |
| 90.0 | 1.4 | 2.6 | 3.5 |

（2）注浆流量

根据本工程岩土工程条件，结合类似工程成功经验，本工程浆液注入率帷幕孔为 70～100L/min，充填固结孔（注浆孔）为 100～150L/min。

（3）注浆方式

根据本工程采空区岩土工程条件，本工程采用孔口封闭综合注浆方法。具体做法为：

①对于能够一次成孔的注浆孔，采用孔口封闭自下而上注浆法。即将射浆管下至距孔底 2.0m 处，孔口封闭，进行注浆，达到该段终止注浆条件后，结束该段注浆。上拔注浆管，测量孔内浆液面位置，将射浆管下至距浆液面 2.0m 处，开始下一段注浆工作，依次类推，直至完成全孔注浆。

②对于不能一次成孔的注浆孔，在终止钻孔位置，即开始注浆，将射浆管下至距孔底 2.0m 处，孔口封闭注浆，达到该段终止注浆条件后，结束该段注浆。上拔注浆管，测量孔内浆液面位置，将射浆管下至距浆液面 2.0m 处，开始下一段注浆工作，依次类推，直至完成孔口段注浆。待浆液终凝后，再次进行钻孔作业，依次类推，直至完成该孔全孔注浆。

（4）终止注浆标准

①对帷幕注浆孔，注入率控制为 70～100L/min，各注浆段的孔口注浆压力达到设计压力并维持 10min，结束该段注浆。

②对充填、固结注浆孔，注入率控制为 100～150L/min，各注浆段的孔口注浆压力达到设计压力并维持 15min，结束该段注浆。

③距注浆孔口 6.0m 范围外冒浆，结束注浆。

④各类注浆孔，在满足注入率控制标准要求下，当注浆段的孔口注浆压力陡升，超过设计压力值后，难以维持稳定，继续上升，可直接结束该段注浆。

# 4　处理效果

## 4.1　质量检测

注浆治理结束后，对治理效果进行了全面检测，通过分析施工资料，对比先导孔数据（注浆施工前，选取 3%注浆孔进行波速测试），首先进行了场地的电法和波速检测，结果表明，指标均好于预设值。其中，波速值提高比率为 15.0%~25%，尤其是低波速段提升最为明显，可见治理效果显著。针对物探及施工资料分析获得的可能的薄弱区进行钻孔验证，38 个孔中 36 个可采用 DPP100 型钻机钻孔成孔。2 个孔出现卡钻和浆液严重流失情况，补充设计加密注浆后，通过加倍布置检测孔复检，全部合格。检测孔成孔难易程度与勘察阶段呈现出极为强烈的对比，检测指标均符合设计要求。

## 4.2 变形监测

工程竣工后，按照设计要求，在道路中心线和两侧绿化带布置了 15 个监测点，分别进行浅层沉降和深层水平位移监测，通过超过一年的变形监测，地表监测点未检出有效变形。深层最大水平变形 3cm，呈现出持续变形、先快后慢的特点。注浆治理不仅充填固结了采空区，也加速了采空区变形稳定的趋势。根据超过四年的追踪观察，地表未见任何明显沉降，通过沿线管线检查井井身结构调查，也未见井身变形沉降情况。四年间道路运行良好。

## 5 取得成果

本项目先后获得 2021 年度工程勘察、建筑设计行业和市政公用工程优秀勘察设计三等奖、2021 年新疆优秀工程勘察设计行业奖一等奖。

本项目资料收集工作获得 2019 年度全国企业档案信息资源开发利用优秀案例优秀奖。

根据本项目成果，撰写了论文《大埋深巨厚急倾斜煤层采空区勘察手段探索》发表于《工程勘察》2018 年增刊第 1 期，并在 2018 年"全国工程勘察学术大会"进行交流。论文《潜孔锤间隔取芯钻进工艺在急倾斜煤层采空区勘察中的应用探索》入选《第二十届全国探矿工程（岩土钻掘工程）学术交流年会论文集》并进行大会交流，取得良好效果。

## 参考文献

[1] 住房和城乡建设部. 煤矿采空区岩土工程勘察规范: GB 51044—2014[S]. 北京: 中国计划出版社, 2015.

[2] 交通运输部. 采空区公路设计与施工技术细则: JTG/TD 31-03—2011[S]. 北京: 人民交通出版社, 2011.

[3] 刘学军, 侯宪明. 急倾斜煤层采空区综合勘察方法 [J].西部探矿工程, 2016, 28(3): 95-97.

[4] 刘学军, 刘震, 杨镜明. 大埋深巨厚急倾斜煤层采空区勘察手段探索[J]. 工程勘察, 2018(S1): 386-393.

[5] 刘学军, 刘震. 潜孔锤间隔取芯钻进工艺在急倾斜煤层采空区勘察中的应用探索[C]//第二十届全国探矿工程(岩土钻掘工程)学术交流年会论文集, 2019: 122-126.

# 北京某项目地裂缝勘查工程物探方法实录

张清利　肖　杰　牛志飞

（中兵勘察设计研究院有限公司，北京　100053）

## 1　项目概况

拟建项目位于北京市顺义区，工作区南北长约280m，东西宽约140m，面积约3.3万平方米，规划建设多栋地上10～12层住宅楼，基础形式为筏形基础，结构形式为框架—剪力墙结构，基础埋深约11.00m。

根据区域地质资料及场地附近地灾评估报告，拟建项目东侧发育良乡—前门—顺义断裂，且位于顺义平各庄沉降中心西侧，该区域范围内发育有地裂缝，已经造成房屋开裂和道路破坏情况。为评价场地的工程适宜性，保证拟建建筑的设计和安全，进行本项目地块范围的地裂缝专项勘查工作。

## 2　场地工程地质概况

### 2.1　区域地质构造

工作区位于北京迭断陷的中部，场地西南侧约120m处分布有良乡—前门—顺义断裂，见图1。

该断裂是发育于北京凹陷中部的断裂，贯穿北京市城区，南起房山良乡镇，向北东经丰台、前门、孙河、天竺、军营、北彩村，全长90余km。

良乡—前门—顺义整条断裂仅在良乡至长辛店一带有地表出露，到北京城区后，地表形迹不明显，该断裂沿顺义城北至牛栏山、沿潮白河至甲山一带，地表出现线形沟状凹地，在牛栏山附近并有孤山残丘出露。密云县以北地段，由于被第四系覆盖，延伸情况不清。根据钻孔揭示，断裂总体呈北东35°～45°方向展布，倾向南东，倾角较陡，随着向深部延伸，倾角逐渐变缓。从现有资料来看，断裂是由数条北北东—北东走向的断裂组成，这些断裂在走向上并不连续。

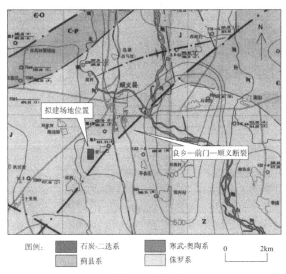

图1　工作区基岩构造示意图

图例：
石炭-二迭系　寒武-奥陶系
蓟县系　侏罗系
0　　2km

### 2.2　场地地层情况

工作区位于北京市倾斜平原的中东部之潮白河冲洪积二级阶地上，地形较平坦，地面标高28.20～29.60m。地表均被第四系所覆盖，厚度达400～600m，沉积物成因类型较简单，以河流的冲积物为主体，第四纪松散堆积物主要成因于场区东北部的潮白河冲积作用，隐伏的地层有蓟县系、侏罗系等地层，现由老至新简述见表1。

场地隐伏地层概况　　表1

| 序号 | 成因年代 | 地层概况 |
| --- | --- | --- |
| 1 | 蓟县系（Z） | 分布在本区中、东部地区，埋深400～700m，岩性以硅质白云岩为主，夹硅质白云质灰岩，中部夹有黑色、紫红色页岩及泥质白云岩 |
| 2 | 寒武系（ε） | 分布于本区东北、西北部，隐伏于第四系之下，埋深400～500m。岩性为褐色、灰色钙质粉砂质黏土岩、黏土质粉砂岩、泥质条带状灰岩夹鲕状、豆状灰岩 |
| 3 | 奥陶系（O） | 在本区西北部隐伏于第四系之下，埋深500m左右，含钙量较高，岩性为厚层白云质灰岩 |
| 4 | 石炭—二迭系（C-P） | 在本区西北部隐伏于第四系之下，埋深600m左右。岩性为深灰或灰黑色粉砂岩，细砂岩互层夹黏土岩，中粗砂岩、灰岩及煤层或煤线组成 |
| 5 | 侏罗系（J₂-₃） | 在本区隐伏于第四系之下，埋深400m左右。岩性为安山岩、凝灰岩、砂岩及砾岩 |

工作区40.0m深度内地层岩性主要为第四纪冲洪积的黏性土层、粉土和砂土层。场地地层概况见表2，典型地层剖面图见图2。

场地地层概况　　表 2

| 成因年代 | 地层编号 | 土层名称 | 揭露厚度/m | 层顶标高/m |
|---|---|---|---|---|
| 人工堆积层 | ① | 黏质粉土素填土 | 0.6～3.8 | 28.38～29.58 |
| | ①$_1$ | 杂填土 | | |
| 新近沉积层 | ② | 黏质粉土 | 1.0～4.5 | 26.87～28.44 |
| | ②$_1$ | 粉砂 | | |
| | ②$_2$ | 粉质黏土 | | |
| 一般第四纪冲洪积层 | ③ | 粉细砂 | 3.6～8.1 | 22.97～26.86 |
| | ③$_1$ | 砂质粉土 | | |
| | ③$_2$ | 黏土 | | |
| | ④ | 细中砂 | 0.7～7.7 | 16.89～20.00 |
| | ④$_1$ | 砂质粉土 | | |
| | ④$_2$ | 黏土 | | |
| | ⑤ | 黏质粉土 | 5.3～11.2 | 11.03～14.32 |
| | ⑤$_1$ | 细中砂 | | |
| | ⑤$_2$ | 粉质黏土 | | |
| | ⑥ | 黏土 | 3.4～11.0 | 2.03～6.82 |
| | ⑥$_1$ | 粉质黏土 | | |
| | ⑥$_2$ | 黏质粉土 | | |
| | ⑥$_3$ | 细砂 | | |
| | ⑦ | 细砂 | 最大揭露厚度 6.4m | −7.44～−4.46 |
| | ⑦$_1$ | 粉质黏土 | | |

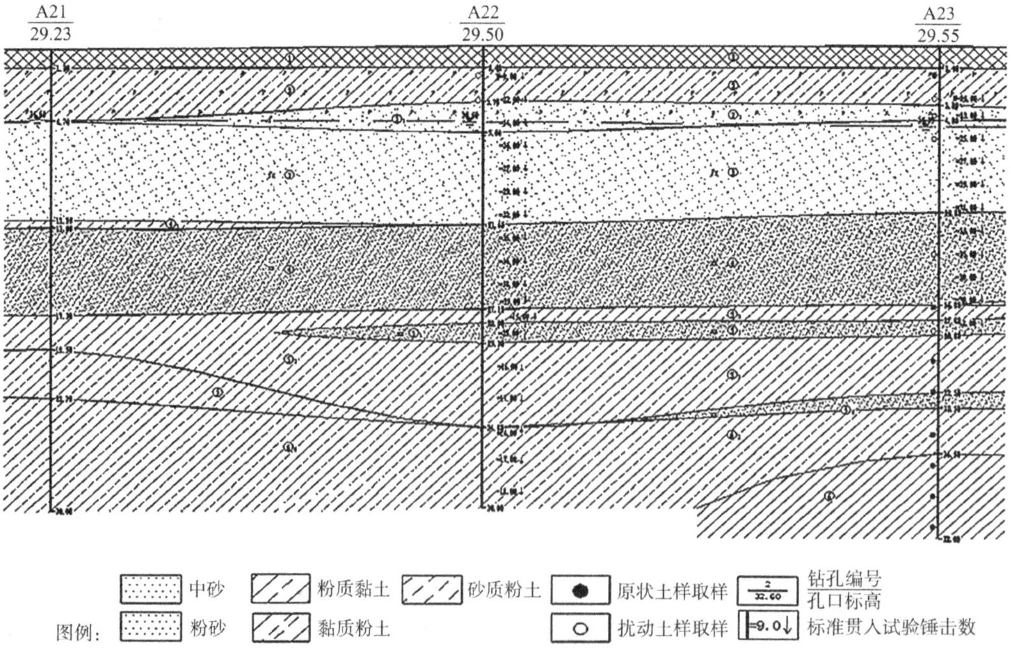

A21
29.23
A22
29.50
A23
29.55
图例：
中砂
粉砂
粉质黏土
黏质粉土
砂质粉土
原状土样取样
扰动土样取样
钻孔编号
孔口标高
标准贯入试验锤击数


图 2　典型工程地质剖面图

## 2.3　地下水情况

工作区地处潮白河冲洪积扇的中西部，第四纪堆积物质厚度达 600m，多为冲洪积相沉积物，颗粒较细，岩性以黏性土、粉土及砂土为主。含水层主要为含砾中细砂，个别地区尚有砾石层。一般单层厚度为 5～20m。

本区第四系含水层层次多，颗粒细，厚度比较稳定。当地农灌井井深 70～120m，农村生活用水及工业水井开采层层位多在 100m 以上，最深达到 270m。

（1）潜水动态特征

本区潜水未被作为开采层位，潜水水位埋深多年来一直保持在 4～7m 之间。本项目详细勘察期间（2015 年 8 月），其稳定埋深为 3.8～5.2m，水位标高 24.23～24.79m。

（2）承压水动态特征

本区承压水水位埋深一般在 30m 左右，每年 6～8 月份出现最高水位，年变幅为 3～5m。

## 2.4 地裂缝灾害情况

因场地附近老旧民房及构筑物均已拆除，本次调查主要分为拟建场地工作区和场地外道路及围墙调查区。

总体上看地表裂缝主要集中在工作区内，宽度 0.5～1.5cm，最大 12cm，呈环形分布。地表裂缝两侧地面垂直变形大小不一，大部分地段明显差异。附近区域局部地段的围墙、道路有开裂现象。拟建场地内地表裂缝及场地外围围墙裂缝照片见图 3。

(a)

(b)

(c)

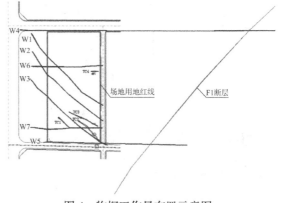

(d)

图 3　拟建场地内地表裂缝及场地外围围墙裂缝照片

# 3　地球物理勘探

## 3.1　地球物理勘探方法及工作量布置

根据本次勘查的目的，综合考虑测区的场地地质、物性条件，选用了可控源音频大地电磁测深法（CSAMT）、高密度电阻率法、探地雷达法和土壤氡浓度测试四种物探方法，对本区域的地裂缝情况进行了探测。

可控源音频大地电磁测深法主要用来调查场地深部是否存在隐伏构造、地裂缝等地质现象；高密度电法主要用以调查场地浅—中部的地质情况；探地雷达法主要探测地表浅部的地裂缝发育情况；土壤氡浓度测试辅助配合前三种方法确定场地的地质异常的平面位置。

共在场地内及周边布置 7 条物探剖面（测线），具体工作方法的布置见物探工作量汇总表（表 3）和物探工作量布置示意图（图 4）。

物探工作量汇总表　　　　表 3

| 物探工作方法 | 物探工作布置 |
| --- | --- |
| 高密度电法勘探 | 7 条剖面，W1～W7 剖面 |
| 可控源音频大地电磁测深法 | 5 条剖面，W1～W5 剖面 |
| 探地雷达法 | 9 条测线，分别为 W1、W2、W3、W6、W7，及 4 个探槽位置（TC1～TC4） |
| 土壤氡浓度测试 | 7 条剖面，W1～W7 剖面 |

图 4　物探工作量布置示意图

### 3.2 可控源音频大地电磁测深法

#### 3.2.1 现场工作布设

本次可控源音频大地电磁测深法使用 GDP-32 Ⅱ型多功能电法仪，其主要技术参数为：记录通道数 8 道，标准频率 0.0125～8192Hz，动态范围 120dB，最小检测信号 0.05μV，自电补偿±2.5v，AD 转换 16 位。其他附属设备包括不极化电极 5 对、ANT/5 磁探头 1 个、GGT-30 发射机 1 台、30 千瓦变频发电机 1 台等。

本次可控源音频大地电磁法工作共完成 5 条测线，分别布置在场地南北两侧的 W4、W5 剖面，以及场地内的 W1、W2、W3 剖面。测点间距 20～50m，W4 剖面西部测点间距 50m，东部测点间距加密为 20m；W5 剖面西部测点间距 40m，东部测点距加密为 20m。

#### 3.2.2 成果分析

W4 剖面图从整体上分析（图 5），剖面浅部（标高−300m 以内）视电阻率值较低，视电阻率为 20～120Ω·m，推断为第四系第三系土层的反映。深部（标高−300m 以下）视电阻值逐渐增大至 160Ω·m，结合区域地质推断为侏罗系基岩地层。从横向上来看，在剖面距离 560m 附近的标高−400m 以下位置（场地用地红线东北角向东 390m），电性特征明显存在异常反映，视电阻率等值线呈现出明显的 V 形向下的弯曲，推断为断层的反映，本次命名为 F1 断层，属于正断层，西盘（剖面小距离一侧）上升，东盘（剖面大距离一侧）下降，具体位置见图 5。

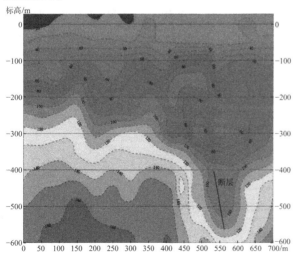

图 5　W4 剖面 CSAMT 解释成果图

WT5 剖面图从整体上分析（图 6），剖面浅部（标高−320m 以内）视电阻率值较低，视电阻率为 30～120Ω·m，推断为第四系第三系土层的反映。深部（标高−320m 以下）视电阻值逐渐增大至 180Ω·m，结合区域地质推断为侏罗系基岩地层。从横向上来看，在剖面距离 280m 附近的标高−400m 以下位置（场地用地红线东南角向东 130m），电性特征明显存在异常反映，视电阻率等值线呈现出明显的 V 形向下的弯曲，推断为断层的反映，与 W4 线推断的断层为同一条断层，即为 F1 断层，具体位置见图 6。

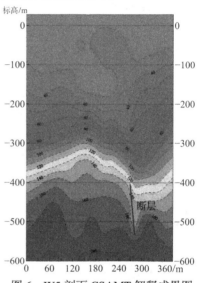

图 6　W5 剖面 CSAMT 解释成果图

W1、W2、W3 剖面图电性特征基本一致，视电阻率值随深度的加深电阻率逐渐增大，视电阻率等值线基本保持水平，垂向上无较大变化，属于正常地层的电性反映特征，未发现明显的地质构造反映。

### 3.3 高密度电法

#### 3.3.1 现场工作布设

本次高密度电法勘探使用 E60-BN 型高密度电法仪，该仪器性能指标为：电压通道±6V，电流通道 5A，输入阻抗＞50MΩ，50Hz 工频干扰压制≥80dB，最大供电电压 500V，工作温度−10℃～+50℃。

本次高密度电法勘探共完成 7 条剖面（测线），分别布置在场地内的西北—东南方向上（W1、W2、W3 剖面）、场地的东西方向（W6、W7 剖面）和场地南北两侧的道路旁（W4、W5 剖面）。

本次高密度电法勘探电极间距 5m，采用温纳装置进行数据采集。当控制器分别向不同电极供电时，测量电极按对称四极的装置规律不断改变测量位置，测得整个排列长度的视电阻率随深度的分布数据。

### 3.3.2 成果分析

数据处理后得出等视电阻率$\rho_s$剖面图，结合工程地质调查和探槽结果等地质资料，分析解释如下：

（1）整体来看，随着勘探深度的增加，电阻率呈现出由浅部的低值（小于$20\Omega \cdot m$）逐渐增大（$80\Omega \cdot m$左右）的电性分布特征，与场地地层由新近沉积过渡到一般第四纪沉积的地层特性相符。

（2）整体来看，在勘探测线上未发现明显的电阻率异常区域。

（3）仅在部分剖面的局部位置存在轻微的低阻现象；如：W1剖面的140m附近、180m附近，W2剖面的150m附近，W3剖面的130m附近，W6剖面的80m附近，W7剖面的140m附近等几个位置，视电阻率呈现出略低于两边地层的低阻现象，结合场地的地层变化情况、探地雷达的探测结果和附近的4个探槽探查结果，判断这些位置是由于地层层位的变化或土层性质变化引起，不是地裂缝等地质构造的反映。典型成果图见图7、图8。

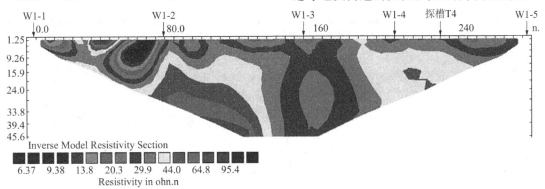

图7　W1剖面电法勘探成果图

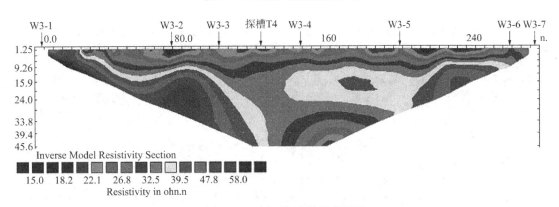

图8　W3剖面电法勘探成果图

## 3.4 探地雷达法

### 3.4.1 现场工作布设

本次探测采用SIR-30E型探地雷达，其主要由雷达主机、发射和接收一体式组合屏蔽天线、笔记本电脑、数据采集和处理专用软件以及相关配件组成，主要性能指标为：采样通道2个，数据分辨率32位，每秒采样点数256～16348点，采样时间0～25000ns，人工可调增益−42dB～+126dB，工作温度−10℃～40℃。

现场探测工作主要分布在场地内的W1、W2、W3、W6、W7剖面和4个探槽位置（TC1、TC2、TC3、TC4）。

根据探测目的和场地条件，本工程选用探测深度较深且分辨率较高的100MHz屏蔽天线进行现场探测，采用连续测量方式进行数据采集。在正式探测前，首先根据场地的地质条件及探测条件进行了探测试验，根据试验结果设置探测的适宜采集参数，以保证最佳探测效果。

### 3.4.2 成果分析

数据处理后得出的探地雷达图像，综合电法勘探资料、钻孔资料、探槽资料，综合分析如下：

1）场地内剖面位置探测结果：

场地内的W1、W2、W3、W6、W7剖面，雷

达探测结果较正常,未发现明显的地裂缝等地质构造。典型图像见图9。

2)探槽位置探测结果:

地质人员现场勘察发现地面存在几处地明显的裂缝痕迹,如探槽 TC1 的西侧起点附近、探槽 TC2 的西侧和东侧附近、探槽 TC3 的中部和东部等位置,在雷达图像上有些位置有较明显的反映,有些则无明显反映,有反映的位置显示的深度也较浅(一般在 3m 深度内),根据探槽揭示结果,这些地表显现的裂缝位置均为填土位置或填土较深的位置,地表裂缝为填土引起的,因此判断,雷达探测的几条测线位置无明显构造地裂缝反映。

(1)探槽 TC1 在水平距离 1.5～5m 位置雷达图像上存在明显的异常反映,深度 2.2m 以内(图 10),此位置的地面存在圆形的坑状裂缝,探槽揭示此位置为填土坑,深度 2.0m,与雷达解释一致。

(2)探槽 TC2 的雷达图像无明显的异常反映(图 11),在水平距离 1～5m 位置和 44～52m 位置地面存在近圆形的坑状裂缝,判断仍为填土下陷引起的,且深度较浅,雷达解释结果与探槽揭示的情况一致。

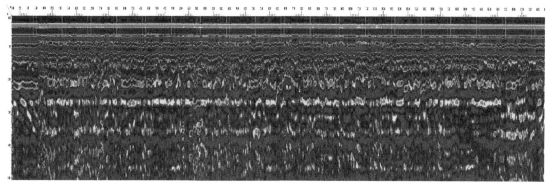

图 9　W3 剖面探地雷达成果图

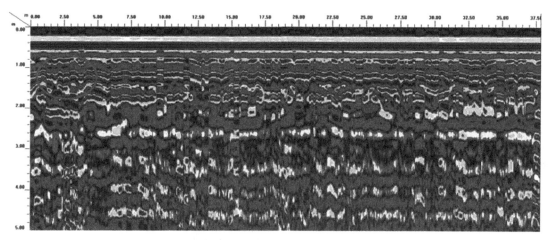

图 10　探槽 T1 探地雷达成果图

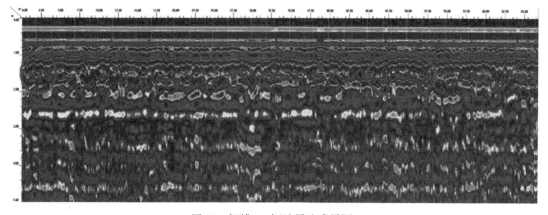

图 11　探槽 T2 探地雷达成果图

## 3.5 土壤氡浓度测试

### 3.5.1 现场工作布设

测试采用 FD-3017RaA 测氡仪,其主要性能指标:探测下限≤400Bq/m³,不确定度≤20%,工作温度−10～40℃,相对湿度≤90%。

本次土壤氡浓度测试共完成 7 条测线(剖面),即 W1～W7 剖面。测点间距 20～40m,W5 剖面测点间距 20m,W4 剖面西部测点间距 50m,东部测点间距加密为 20m,局部由于硬面道路等原因适当调整间距。

### 3.5.2 成果分析

仪器探测器现场采集测试得到的仪器脉冲计数,其值与氡浓度成正比关系,根据检定的换算系数即可计算出测点的土壤中氡浓度。

将每个剖面的氡浓度绘制折线图(图12～图13),由图中可以看到:

(1)氡浓度的起伏变化还是比较大的,即使在相邻的两个点间变化比例也是较大的,这也与场地填土的密实性状变化较大相一致的,并且土壤中氡浓度同时也受地层性状、场地土整平处理扰动等多种因素的影响,因此会出现浓度值变化较大的现象。

(2)W4 剖面在 560m 附近、W5 剖面在 300m 附近氡浓度体现出最大值反映,此位置和可控源音频大地电磁法(CSAMT)发现的断层 F1 位置相吻合,这也印证了 CSAMT 勘探结果的有效性和准确性。

(3)场地内的另 5 条剖面,氡浓度值均相对较小,说明东部的断层对本场地影响较小。仅在 W7 剖面,氡浓度自西向东呈现出逐渐增大的趋势,这也与 W7 剖面东部最接近断层 F1 相一致的。

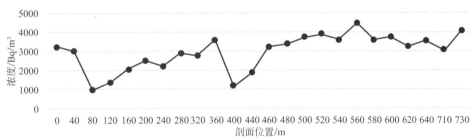

图 12  W4 剖面土壤中氡浓度折线图

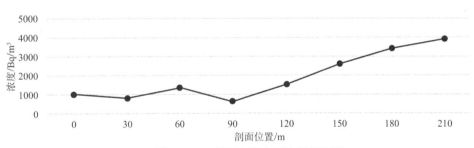

图 13  W7 剖面土壤中氡浓度折线图

## 4 结论

经可控源音频大地电磁测深法、高密度电法、探地雷达法和土壤氡浓度测试四种物探方法探测,本区域探测结果如下:

(1)在场地以外的东部区域发现一条西南—东北走向的断层,走向北东向约 42°,场地用地红线东北角距断层约 390m,场地用地红线东南角距断层约 130m。

(2)工作区内发现有地表裂缝,地表裂缝宽 0.5～12cm,地裂缝多呈圆形、椭圆形,圆形直径 3～3.8m,椭圆形短轴长 0.8～4.0m,长轴长 6.1～9.0m,深度只延伸至填土底部。场地内发育的环形及弧形地表裂缝,为人工填土产生的不均匀沉降所致。

(3)场地内在现有探测工作量基础上未发现明显的构造地裂缝。

(4)工作区地表裂缝未受良乡—前门—顺义断裂的控制,其未沿着断裂的破碎带发育,不是良乡—前门—顺义断裂的地表迹象。

# 岩土工程检测、监测、试验

# 地质雷达在地铁注浆效果评估中的应用

崔　旭　吉兆腾　赵富章

（中国建筑东北设计研究院有限公司，辽宁沈阳　110003）

## 1　工程概况

大连地铁 4 号线一期工程是大连市重点工程，是大连北部重要的轨道交通线路，该线通过串联分布在城市核心区北侧的重要节点，构建了该区域东西向快速连接通道。项目起自营城子终至梭鱼湾，线路全长 23.008km。本次选取大连地铁 4 号线一期工程一标段某站点，车站长度 190.00m，标准段宽 19.70m，车站为地下 2 层岛式车站，站台宽度 11m。车站主体结构采用单柱双跨框架结构（局部为双柱三跨），采用明挖法施工，基坑采用套管咬合桩＋内支撑支护体系。

## 2　场地岩土工程条件

### 2.1　区域地质及场地地形地貌

拟建车站北侧为居民住宅楼，南侧为空地，南侧 60m 为现状铁路，道路下铺设市政管线，场地标高 8.14～9.34m，最大相对高差 1.20m。场地地貌单元属剥蚀低丘陵。

### 2.2　场地地层情况

根据岩土的时代成因及其工程特征，本场地地层分为 4 个主层 5 个亚层，各地层层序自上而下依次为：

素填土：灰褐色、黄褐色，松散—稍密，主要由碎石、角砾土、黏性土组成，硬杂质含量 60% 以上，回填龄期大于 5 年。

粉质黏土：棕褐色，可塑，含 10%～20% 碎石、角砾，切面稍有光泽，干强度中等，韧性中等，场地内局部钻孔有揭示。

强风化白云岩：灰色，隐晶质结构，中厚层状构造，溶蚀裂隙发育，属软岩，岩体破碎，岩体基本质量等级 V 级。

中风化白云岩：灰色、灰白色，隐晶质结构，中厚层状构造，岩芯呈块状、柱状，岩体局部发育有溶蚀裂隙，溶隙宽 100～200mm，饱和单轴抗压强度 22.9～87.2MPa，饱和单轴抗压强度标准值为 37.2MPa，属较硬岩—坚硬岩，岩体破碎—较破碎，局部较完整，岩体基本质量等级 IV 级（图 1）。

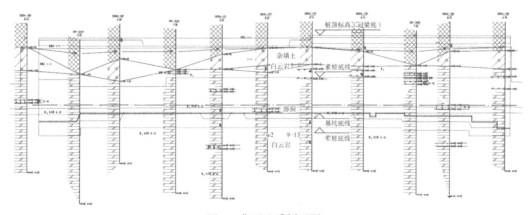

图 1　典型地质剖面图

溶洞：溶洞为白云岩溶蚀形成，软塑—可塑状态性土充填，局部含强风化岩碎块及角砾。揭露洞高 0.3～2.5m，该场地钻孔见洞隙率为 57.6%，线岩溶率为 2.76%，为岩溶强发育。

基坑开挖范围内上部 5～9.8m 厚的素填土和黏土，下部为中风化白云岩，中风化白云岩中有溶洞发育。

### 2.3　地下水

勘察场地地下水类型分为第四系松散层的孔

隙水、岩溶水。勘探期间稳定地下水位埋深 1.30～6.00m，水位高程 2.99～7.67m。

## 3 前期探测

### 3.1 方法概述

地质雷达是利用无线电波来确定地下介质的一种地球物理探测仪器。发射天线将高频短脉冲电磁波定向送入地下，电磁波在传播过程中遇到存在电性差异的地层或目标体就会发生反射和透射，可根据反射波的传播时间、幅度和波形，判断地下目标体的空间位置、结构及其分布，故利用地质雷达技术揭露注浆体中的病害具备理论依据[1-2]（图2）。

地质雷达技术在岩溶勘察领域中已经得到了广泛应用。但是在注浆施工后，除了采用常规的钻孔取芯及原位测试手段之外，利用地质雷达的物探手段对注浆效果进行检测是否可行这一问题近年来也一直在进行研究与讨论。现阶段内通过在部分项目中的应用，该检测手段也逐渐取得良好的效果[3-5]。

### 3.2 探测成果

根据勘察钻探和物探成果，探测区域溶洞主要为半充填—全充填状态，填充物为软塑—可塑状态黏性土，局部含强风化岩碎块。

本项目在详勘的基础上进行了岩溶专项勘察，对基底以下可能存在的溶洞，采用了以地质雷达为主要勘察手段的物探方法，图3为基底某一典型断面的地质雷达探测成果平面图。

由图4得知，DK24 + 287.947～DK24 + 279.447

段，深度 1.3～3.0m 范围内，地质雷达图像出现低频强反射，同相轴连续可追踪，为典型的溶洞特征，根据设计图纸要求需对溶洞进行注浆处理。

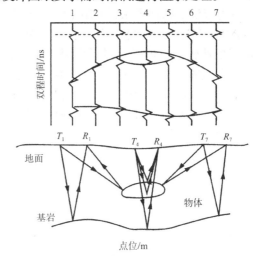

图 2 地质雷达探测原理

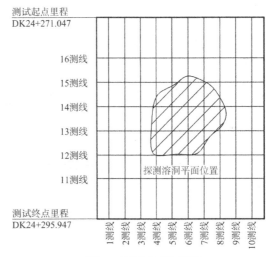

图 3 溶洞平面位置图

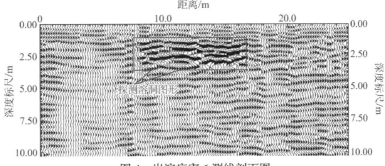

图 4 岩溶病害 6 测线剖面图

## 4 注浆效果检测

### 4.1 天线选型

相比于传统的钻孔取芯，物探手段具有快速和

经济的特点，拥有可以实现地表无损检测这一优势。本次检测采用的是由中国电波传播研究所研制的 LTD-2600 型地质雷达。根据前期物探成果可知，该溶洞病害埋深范围为 1.3～3.0m，不同探测天线的选型对探测效果会产生较大的影响；通过对比类似较浅层地下溶洞探测及治理效果检测工程，常用

的地质雷达天线为 100MHz 和 400MHz 两种。

其中 400MHz 天线具有更高的分辨率，当探测面平整且无泥泞、积水等明显干扰时，400MHz 天线基本可以满足探测要求，但相比于 100MHz 天线，400MHz 穿透干扰的能力则不足。100MHz 天线分辨率虽然较低，但是获得了更深的探测深度和较强的穿透薄层干扰的能力。为满足检测需要，同时准备了 400MHz 和 100MHz 两种地质雷达天线，并根据探测场地的干扰源和探测精度择优选择最合适的地质雷达天线型号。

### 4.2 现场探测

依据相关规范，并结合基坑施工要求、场地条件和钻孔实际分布情况，注浆效果检测布置与前期物探测线布置相同，即纵向测线间距布置为 2.0m，横向间距为 3.0m，如图 3 所示。

现场首次探测时发现垫层以下 0.5m 处出现强烈反射，由图 5 可知反射呈薄层，而薄层反射以下信号衰减严重，电磁波信号被吸收。后经与现场确认，该场区混凝土垫层厚度即为 0.5m，以此推测现场垫层施工过程中混凝土与基底岩石之间的接触缝隙可能夹有未清除干净的泥质残留物，对电磁波信号产生了干扰，进而导致图像出现薄层强反射，下层信号被吸收。而 100MHz 天线恰好具备克服该问题的能力，经分析后决定改用 100MHz 天线进行探测。虽然低频天线分辨率较低，但是其能更有效地避免干扰，故保证探测深度和探测精度，经现场验证后确定采用 100MHz 天线对目标区进行探测为最优。

如图 6 可知，原测线 6 处 DK24 + 287.947～DK24 + 279.447 里程位置，深度 1.3～3.0m 范围内的低频强反射溶洞特征已消失，现整体图像增益较均一，连续性较好，由此说明注浆效果较好。

### 4.3 效果验证

为验证本次地质雷达注浆效果检测的准确性，在探测后针对该病害注浆处进行了专项抽芯检测，抽芯检测项目为透水率和抗压强度。设计要求中注浆体稳定后抽芯检测透水率需小于 $1.0 \times 10^{-6}$cm/s，抗压强度需大于 0.2MPa。

经室内试验后得到测试结果，所取试件透水率为 $0.9 \times 10^{-6}$cm/s，抗压强度为 0.6MPa，均满足设计要求。由此可知，地质雷达检测结果与实际情况符合度较高，结果较为准确。

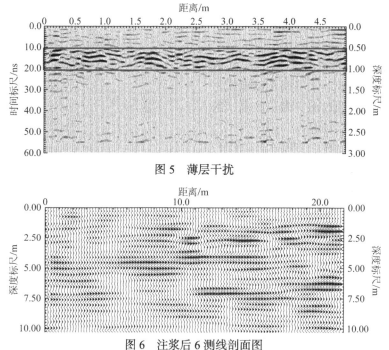

图 5 薄层干扰

图 6 注浆后 6 测线剖面图

## 5 结论

（1）地质雷达作为一种有效的物探手段，可用于溶盐地区的基底溶洞探测，本文以大连地铁 4 号线工程某站点为例，充分发挥了地质雷达手段在地层探测方面的精度优势，将地质雷达作为一种检测手段对注浆处理之后的地基进行了检测工作。

（2）针对注浆检测，地质雷达可选择 100MHz 和 400MHz 两种天线，二者在探测精度和抗干扰程度方面具有不同的优势，故检测时应对不同场地条件和探测目标选用不同频率的天线。

（3）地质雷达应用于检测评估领域可以发挥其快速探测和经济性好的特点，能做到地表无损检测，并通过与钻孔取芯的室内试验成果对比，也证明了地质雷达物探手段可以作为一种辅助手段用于评价注浆效果的可行性。

## 参考文献

[1] 吴火珍, 焦玉勇, 李海波, 等. 地质雷达检测防空洞注浆效果的技术方法及应用[J]. 岩土力学, 2008, 29(S1): 307-310.

[2] 曲相屹, 李学良. 钻、物探技术在采空区注浆效果检测中的应用[J]. 金属矿山, 2013(2): 151-155.

[3] 杨峰, 王鹏越. 地质雷达检测路基注浆效果技术方法研究[J]. 公路交通科技, 2006(12): 153-154+158.

[4] 任红旗. 煤矿采空区钻孔注浆治理工艺[J]. 中国煤田地质, 2001(2): 103-104, 128.

[5] 桑松龄. 地质雷达检测在无锡地铁不良地质段的应用[J]. 铁道建筑技术, 2015(4): 78-80.

# 天河城购物中心项目基坑及地铁保护区监测工程实录

卢 川　邢卫民　纪海东　潘喜峰　李更召

（天津市勘察设计院集团有限公司，天津　300191）

## 1　前言

近些年来，我国城市化进程快速发展，城市中的地下空间不断地被开发利用，地铁线路逐渐增多。对于很多新建基坑工程，由于与既有地铁隧道距离很近甚至二者紧邻，因此对基坑自身以及邻近地铁结构的变形监测以及影响分析十分必要。

## 2　工程概况

天津天河城购物中心坐落于天津市和平区和平路步行街东端，东至赤峰道，西至哈尔滨道，南至和平路，北至大沽北路。

天河城购物中心工程地下空间部分沿哈尔滨道长约185m，沿大沽北路长约85m，基坑周长约540m。项目紧邻已开通运营的地铁3号线和平路站，地下室与地铁共用地下连续墙，地面建筑局部落在地铁主体之上。

天河城购物中心工程为大型商业建筑，基坑开挖深度约为19.08m（相对于±0.00m），基坑面积约1.3万 $m^2$，基坑安全等级为一级基坑。地上建筑用于商业、餐饮、娱乐，地下建筑用于超市、车库及设备用房，主体结构地上 8 层，地面高度约47m，地上总建筑面积约13.68万 $m^2$。

本基坑东侧地下连续墙同地铁 3 号线和平路站的地下连续墙共用，在靠近地铁一侧采用三轴搅拌桩抽条加固，四道支撑支护。

本基坑分成四个区进行施工，一区先施工，然后施工二区，三区和四区同时施工，施工分区示意图如图1所示。

工程效果图如图2所示。

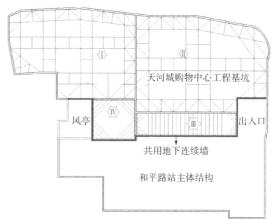

图 1　施工分区示意图

图 2　工程效果图

## 3　工程地质概况

根据《岩土工程技术规范》DB 29—20—2000[1]第 3.2 节、附录 A；《天津市地基土层序划分技术规程》[2]DB/T 29—191—2009 及本次勘察资料，该场地埋深 100.00m 深度范围内，地基土按成因年代可分为以下 11 层，场地地基土在钻探深度内自上而下依次叙述如下：

（1）人工填土层；

（2）全新统上组陆相冲积层；

（3）全新统中组海相沉积层；

2017 年全国优秀测绘工程奖铜奖。

（4）全新统下组沼泽相沉积层；

（5）全新统下组陆相冲积层；

（6）上更新统第五组陆相冲积层；

（7）上更新统第四组滨海潮汐带沉积层；

（8）上更新统第三组陆相冲积层；

（9）上更新统第二组海相沉积层；

（10）上更新统第一组陆相冲积层；

（11）中更新统上组滨海三角洲沉积层。

## 4 工程方案特色

（1）本次监测采用自动化＋人工监测。

（2）通过对基坑围护结构顶部水平位移、竖向位移（沉降）、围护结构深层水平位移、支撑立柱竖向位移、支撑轴力、周边地下水位、周边建筑物竖向位移、周边地表沉降以及周边地下管线竖向位移进行监测，对地铁保护区的车站结构及盾构隧道竖向位移、车站结构及盾构隧道水平位移、轨道横向差异沉降、变形缝相对沉降、隧道收敛、负一层底板沉降、车站结构侧墙水平位移、车站附属结构竖向位移、车站附属结构差异沉降等项目进行监测，并将实时监测数据上传至天津市质监总队的远程数字化监督系统，质监总队可通过该系统直接查看监测数据的变化情况，对基坑及周边环境的安全状态起到监督管理作用，为质监总队的监督管理提供了可靠的基础数据。

（3）将数据上传至自主开发的"轨道交通安全监测管理平台"上，为建设单位及各参建单位提供了更加具体的监测数据，为各参建单位及时了解地铁变形情况提供了有力保障。

## 5 工程监测方案实施

### 5.1 基坑监测

1）监测目的及重点分析

监测是岩土工程信息化施工不可或缺的重要措施之一，变形和受力计算只能够大致描述正常施工条件下地下连续墙与周边环境的变形规律和受力范围，但岩土工程不可预见性强，许多参数取值与实际情况存在差距，同时在基坑开挖过程中，由于地质条件、荷载条件、材料性质、施工条件和外界其他因素的复杂影响，很难单纯从理论上预测工程中可能遇到的问题，而且理论预测值还不能全面准确地反映工程的各种变化，所以在理论指导下有计划地进行现场工程监测十分必要，并在施工组织设计中制定和实施周密的监测计划。

本工程包括围护施工、土体加固、基坑开挖及地下结构施工等部分，对工程周边环境的保护要求较高。根据地下连续墙特点、施工方法、场地工程地质及环境条件，针对本工程的监测保护应重点考虑以下几个因素的影响：

（1）本基坑开挖深度约为 19.08m，工程规模巨大，基坑面积约 1.3 万 m²，施工工期较长。基坑周边道路均为市区主干道，车流量大，需严格控制坑边土体变形，确保周边道路安全运转。

（2）本工程基坑周边道路地下管线分布密集，输配水管离基坑比较近，最近距离为 2.3m，输配水管为刚性管线，对沉降较为敏感，需严格控制输配水管的变形。

（3）本工程基坑周边建筑物大多为历史风貌建筑，须严格控制变形。

2）监测项目

根据建设单位提供的基坑支护图纸、结合施工区段的地质和周围环境的实际情况并按照《建筑基坑工程监测技术规范》GB 50497—2009[3]的规定确定本基坑等级为一级基坑，属于超深基坑。本基坑施工应监测的项目如下：

（1）地下连续墙深部水平位移监测；

（2）地下连续墙顶部水平位移监测；

（3）地下连续墙顶部竖向位移监测；

（4）立柱沉降监测；

（5）支撑轴力监测；

（6）地下水位监测；

（7）周边建筑物竖向位移及倾斜监测；

（8）周边地下管线变形监测；

（9）周边地表沉降监测；

（10）其他巡检项目。

其中，地下连续墙深部水平位移、支撑轴力、地下水位采用自动化监测。

3）布点原则

满足现行规范及设计要求的基础，监测点的布设参照以下几个原则：

（1）系统性原则；

（2）可靠性原则；

（3）与结构设计相结合原则；

（4）关键部位优先、兼顾全面的原则；

（5）与施工相结合原则；

（6）经济合理原则。

监测布点图如图3所示。

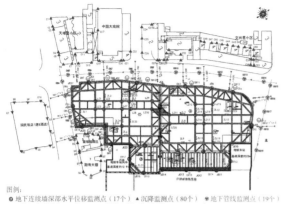

图例：
◉ 地下连续墙深部水平位移监测点（17个） ▲ 沉降监测点（80个） ✦ 地下管线监测点（19个）
⊙ 立柱沉降监测点（21个） ▼ 周边地表沉降监测断面（12×5=60个）
◎ 地下水位监测点（13个） ✕ 混凝土支撑轴力监测点（61个）
⊕ 地下连续墙顶部水平位移、竖向位移监测点（30个）

图3　基坑监测布点图

## 5.2　地铁保护区监测

1）监测目的及范围

随着工程施工，受卸载和基坑降水等的影响，地铁结构的受力情况将发生改变，易产生变形，因此必须对地铁结构进行变形监测。通过监测工作的实施，掌握在该项目施工过程中地铁工程结构的变化，为建设方及运营方提供及时可靠的数据和信息，评定项目施工对既有结构和轨道的影响，为及时判断既有线结构安全和运营安全状况提供依据，对可能发生的事故提供及时、准确的预报，使有关各方有时间做出反应，避免恶性事故的发生，确保天津地铁3号线运营安全。

本项目基坑所对应的范围同地铁3号线和平路车站的范围相当，监测范围为3倍基坑开挖深度，共计监测范围为259m。

2）监测项目

为保证地铁结构的安全，在基坑施工的各步措施中必须对地铁结构及轨道道床进行现场监测。根据《天河城购物中心基坑工程对天津地铁3号线和平路站影响专题报告》，本工程主要有以下几项监测项目：

（1）地铁车站监测项目

车站结构竖向位移监测；

车站结构水平位移监测；

轨道横向差异沉降监测；

车站结构侧墙水平位移监测；

变形缝相对沉降监测；

负一层底板沉降监测。

（2）地铁车站附属结构监测项目

车站附属结构竖向位移监测；

车站附属结构水平位移监测；

车站附属结构差异沉降监测；

附属结构侧墙水平位移累计监测。

（3）盾构隧道监测项目

盾构隧道竖向位移监测；

盾构隧道水平位移；

盾构隧道差异沉降。

（4）地铁结构新开裂缝监测。

（5）车站、车站附属结构、盾构隧道区间巡查。

3）布点原则

本工程地铁保护区重点监测项目车站结构、盾构隧道结构竖向监测位移采用精力水准自动化监测；车站结构、盾构隧道结构水平变形监测采用全站仪自动化监测，重点项目具体布点图如图4、图5所示。

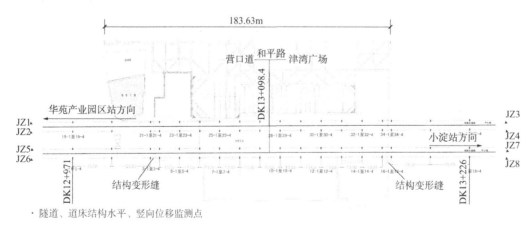

· 隧道、道床结构水平、竖向位移监测点

图4　地铁水平位移监测布点图

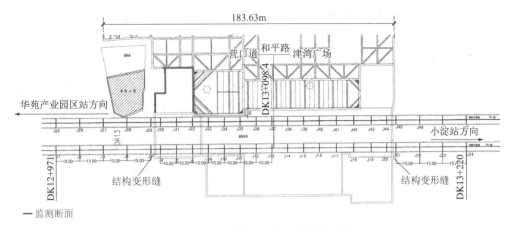

图 5 地铁竖向位移监测布点图

## 6 基坑监测结果及分析

本工程一区的地下主体结构于 2015 年 03 月 28 日施工至±0.00m、二区的地下主体结构于 2015 年 06 月 23 日施工至±0.00m、三区的地下主体结构于 2015 年 07 月 07 日施工至±0.00m、四区的地下主体结构于 2015 年 07 月 28 日施工至±0.00m，我方的监测作业自 2014 年 2 月 21 日开始进行基坑监测原件的预埋及后续的初始值测量作业，至 2015 年 07 月 28 日圆满结束了本工程的各项监测作业。

对基坑开挖过程中的数据进行分段总结分析：

阶段一：土方开挖期间；

阶段二：基坑垫层、底板、地下结构、支撑拆除期间；

阶段三：基坑地下结构施工至±0.00m 及地上主体结构施工期间。

一区至四区基坑工程累计变形最大值见表 1~表 4。

（1）基坑围护结构变形监测

通过以上监测数据的统计、分析，本工程基坑地下连续墙顶部的竖向位移在基坑开挖初期有一定量的上升，在基坑支撑结构浇筑完成后，基坑地下连续墙顶部的竖向位移继续呈现上升趋势。基坑底板施工完成后，各监测点回弹量有所减小。

基坑地下连续墙顶部的水平位移在基坑进行土方开挖的初期有明显向基坑内位移趋势，在基坑支撑成形后，基坑支撑对基坑围护结构产生明显的维稳作用，位移趋势有所减弱；基坑支撑拆除过程中，基坑地下连续墙顶部有一定的水平位移变化，最后几次的监测数据显示，随着主体结构有序施工至±0.00m 处，基坑地下连续墙顶部的水平位移变化呈现收敛趋势。

**一区基坑工程累计变形最大值统计表 表 1**

| 监测项目 | 阶段一 | 阶段二 | 阶段三 |
|---|---|---|---|
| 基坑地下连续墙深层水平位移 /mm | +40.87 | +66.50 | +61.36 |
| 基坑地下连续墙顶部水平位移 /mm | +15.6 | +19.8 | — |
| 基坑地下连续墙顶部竖向位移 /mm | +19.4 | +36.0 | — |
| 支撑立柱顶部竖向位移/mm | +21.2 | +33.7 | — |
| 周边建筑竖向位移/mm | −16.2 | −27.3 | −34.1 |
| 周边管线竖向位移/mm | −84.5 | −99.0 | −113.0 |
| 基坑周边地表竖向位移/mm | −102.7 | −119.3 | −125.4 |
| 周边地下水位/m | −0.87 | −1.41 | +0.71 |
| 第一道支撑轴力/kN | +7586.62 | +8388.93 | |
| 第二道支撑轴力/kN | +9908.29 | +11069.60 | |
| 第三道支撑轴力/kN | +6319.93 | +9370.97 | |

**二区基坑工程累计变形最大值统计表 表 2**

| 监测项目 | 阶段一 | 阶段二 | 阶段三 |
|---|---|---|---|
| 基坑地下连续墙深层水平位移 /mm | +43.60 | +57.48 | +48.25 |
| 基坑地下连续墙顶部水平位移 /mm | +10.1 | +14.4 | +31.0 |
| 基坑地下连续墙顶部竖向位移 /mm | +21.4 | +30.3 | — |
| 支撑立柱顶部竖向位移/mm | +34.2 | +44.0 | — |
| 周边建筑竖向位移/mm | −17.1 | −27.2 | −27.6 |
| 周边管线竖向位移/mm | −55.6 | −72.5 | −73.5 |
| 周边地表竖向位移/mm | −56.8 | −71.0 | −72.2 |
| 周边地下水位/m | −0.35 | +1.10 | +1.09 |
| 第一道支撑轴力/kN | +6811.35 | +7063.69 | — |
| 第二道支撑轴力/kN | +10558.14 | +13150.88 | |
| 第三道支撑轴力/kN | +6168.73 | +8719.66 | |

**三区基坑工程累计变形最大值统计表 表 3**

| 监测项目 | 阶段一 | 阶段二 | 阶段三 |
|---|---|---|---|
| 基坑地下连续墙深层水平位移/mm | +35.88 | — | — |
| 基坑地下连续墙顶部水平位移/mm | −11.5 | +14.3 | — |
| 基坑地下连续墙顶部竖向位移/mm | +24.8 | +20.4 | — |
| 第一道支撑轴力/kN | +1368.15 | +1044.97 | — |

**四区基坑工程累计变形最大值统计表 表 4**

| 监测项目 | 阶段一 | 阶段二 | 阶段三 |
|---|---|---|---|
| 基坑地下连续墙深层水平位移/mm | −13.14 | — | — |
| 基坑地下连续墙顶部水平位移/mm | +5.8 | +7.2 | — |
| 基坑地下连续墙顶部竖向位移/mm | +25.9 | +28.5 | — |
| 周边建筑竖向位移/mm | −22.4 | −24.0 | — |
| 第一道支撑轴力/kN | +1243.61 | +1690.04 | — |
| 第二道支撑轴力/kN | +1196.71 | +1591.77 | — |
| 第三道支撑轴力/kN | +550.72 | +1299.27 | — |

基坑地下连续墙深层水平位移监测数据显示：随着基坑的施工，特别是基坑开挖进行期间，由于挖土卸载及基坑周边作业机械、重型堆物的共同作用，深层水平位移最大累计位移量产生的深度，随着基坑开挖深度的增大，逐步趋近于基坑开挖深度。在基坑开挖至设计面进行垫层及底板施工后，基坑地下连续墙体深层水平位移有所收敛。在基坑四道支撑拆除期间，地下连续墙的深层水平位移变化量较小。

在土方开挖及结构施工过程中，地下连续墙顶部水平、竖向位移，地下连续墙的深层水平位移变化量真实地反映出了基坑围护结构在各个施工阶段的变化趋势；最后的监测结果表明基坑围护结构处于稳定安全状态。

（2）基坑周边地表、管线竖向位移

基坑周边的地表、管线的监测数据显示基坑施工过程中出现了较大的累计变化量，除了基坑西北侧地下连续墙渗漏期间造成的周边地表与管线位移突变外，其他监测时段内，周边地表与管线位移的变化速率相对较小。

（3）基坑支撑体系

基坑支撑立柱竖向位移及基坑支撑轴力监测值显示：基坑支撑体系在基坑开挖及施工过程中，一直处于稳定安全状态；基坑支撑体系拆除后的各项监测数据显示，支撑拆除未对基坑围护结构造成不良影响。

（4）基坑外地下水位

基坑外各口水位监测井监测数据显示，本项工程基坑面积大，降水对基坑外的水位有较大影响；在土方开挖期间，西北侧围护结构曾短暂出现渗漏现象，导致 SW5 观测井出现较大的变化量，经过施工处理后恢复正常，其余施工阶段大部分水位监测井的累计变化量均未超出报警值。经过现场巡视，基坑止水帷幕和围护结构的止水效果良好，未发现大面积地下水渗漏。基坑外水位的下降导致坑外土体承载力减弱，邻近基坑的地表有较大的沉降变化。

# 7　地铁监测结果及分析

天河城购物中心项目地铁 3 号线和平路站地铁保护区监测从 2014 年 2 月 13 日开始首次监测。从 2014 年 2 月 13 日到 2014 年 8 月 16 日，施工现场主要进行了地下连续墙、工程桩、坑外高压旋喷、一区冠梁、一区第一道钢筋混凝土支撑、一区降水施工等施工作业。截至 2014 年 8 月 16 日，各监测项目累计变化量如表 5 所示。

**各监测项目累计变化量　表 5**

| 监测项目 | 累计最大变化量/mm |
|---|---|
| 车站结构及盾构隧道竖向位移监测 | −2.50 |
| 变形缝相对沉降监测 | −2.11 |
| 隧道收敛监测 | −0.15 |
| 车站结构及盾构隧道水平位移监测 | −1.11 |
| 车站侧墙水平位移监测 | +0.54 |
| 轨道横向差异沉降监测 | −1.27 |
| 负一层站厅竖向位移监测 | +3.31 |
| 车站附属结构竖向位移监测 | +3.04 |
| 风亭竖向位移监测 | +1.74 |

在此期间，上述施工过程的进行导致地铁车站及隧道周边的土体及地下水发生扰动，对地铁和车站造成了一定的影响。各个监测项目的变化速率相对较小且变化比较稳定，无突变情况发生；各个监测项目的累计变化量都相对较小。

从 2014 年 8 月 17 日到 2014 年 10 月 28 日，施工现场主要进行了一区第一道钢筋混凝土支撑以下土方开挖、第二道钢筋混凝土支撑施工、第二道钢筋混凝土支撑以下土方开挖、第三道钢筋混凝土支撑施工、第三道钢筋混凝土支撑以下土方开挖及二区、三区第一道钢筋混凝土支撑的施工。截至 2014 年 10 月 28 日，各监测项目累计变化量如表 6 所示。

各监测项目累计变化量　　表 6

| 监测项目 | 累计最大变化量/mm |
|---|---|
| 车站结构及盾构隧道竖向位移监测 | +3.37 |
| 变形缝相对沉降监测 | −4.34 |
| 隧道收敛监测 | +0.50 |
| 车站结构及盾构隧道水平位移监测 | +3.17 |
| 车站侧墙水平位移监测 | −2.40 |
| 轨道横向差异沉降监测 | −3.28 |
| 负一层站厅竖向位移监测 | +3.68 |
| 车站附属结构竖向位移监测 | +3.14 |
| 风亭竖向位移监测 | +2.44 |

在此期间，由于一区土方开挖及降水施工，造成围护结构外侧土压力及水压力大于基坑内侧的土压力及水压力，围护结构发生向坑内的水平位移，地铁车站及盾构隧道受一区围护结构水平位移的影响，基本上呈现出向基坑内部位移的趋势。基坑内部土体开挖造成基坑底部土体隆起，受土体隆起的影响，车站及盾构隧道呈现出一定的上升趋势，且车站的上升量大于盾构隧道的上升量。在此段监测期间，各个监测项目的累计变化量相对增加，其中变形缝相对沉降累计变化量达到−4.34mm，接近报警值 5mm，其他监测项目的累计变化量相对较小。各个监测项目的变化速率相对较小且变化比较稳定，无突变情况发生。

从 2014 年 10 月 28 日到 2014 年 12 月 28 日，施工现场主要进行了一区底板的施工、支撑的拆除、地下结构的施工工作；二区第一道钢筋混凝土支撑以下土方开挖、第二道钢筋混凝土支撑的施工、第二道钢筋混凝土支撑以下土方开挖、第三道钢筋混凝土支撑的施工、第三道钢筋混凝土支撑以下土方开挖以及底板的施工。截至 2014 年 12 月 28 日，各监测项目累计变化量如表 7 所示。

在此期间，由于二区土方开挖及降水施工，造成围护结构外侧土压力及水压力大于基坑内侧的土压力及水压力，但是由于地铁结构的存在限制了地铁外侧土体向基坑内部的水平位移，而导致背离地铁一侧的围护结构外侧的土压力及水压力大于地铁一侧围护结构的土压力与水压力，导致地铁结构受到来自二区的水平推力，而发生背离

基坑的水平位移，且靠近基坑一侧的地铁结构的水平位移大于远离基坑一侧的地铁结构的水平位移。二区基坑内部土体开挖造成基坑底部土体的隆起，受土体隆起的影响，车站及盾构隧道呈现出一定的上升趋势，且车站的上升量大于盾构隧道的上升量。

各监测项目累计变化量　　表 7

| 监测项目 | 累计最大变化量/mm |
|---|---|
| 车站结构及盾构隧道竖向位移监测 | +4.79 |
| 变形缝相对沉降监测 | −4.78 |
| 隧道收敛监测 | −1.86 |
| 车站结构及盾构隧道水平位移监测 | −4.45 |
| 车站侧墙水平位移监测 | −2.49 |
| 轨道横向差异沉降监测 | +2.18 |
| 负一层站厅竖向位移监测 | +4.17 |
| 车站附属结构竖向位移监测 | +4.02 |
| 风亭竖向位移监测 | +2.96 |

车站结构及盾构隧道竖向位移监测点、变形缝相对沉降监测点及车站结构与盾构隧道水平位移监测点中一些监测点的累计变化量已经接近报警值，其他监测项目的累计变化量相对较小；各个监测项目的变化速率变化相对较小且比较稳定，无突变情况发生；同时地铁车站及盾构隧道内出现竖向裂缝，我监测方及时对裂缝的变形进行跟踪监测。针对上述情况的发生，召开了专家论证会，通过对监测数据的分析，在会专家一致认为，该工程可以继续施工，暂时没有危害地铁结构的情况发生。

从 2014 年 12 月 28 日到 2015 年 4 月 28 日，施工现场主要进行了一区钢筋混凝土支撑的拆除、地下结构的施工、地上结构的施工工作；二区主要进行了底板的施工、支撑的拆除、地下结构的施工等工作；三区主要进行了第一道钢筋混凝土支撑以下土方开挖、第二道钢支撑的施工、第二道钢支撑以下土方开挖、第三道钢支撑的施工、第三道钢支撑以下土方开挖、第四道钢支撑的施工、第四道钢支撑以下的土方开挖等施工工作；四区主要进行了第一道钢筋混凝土支撑以下土方开挖、第二道钢筋混凝土支撑的施工、第二道钢筋混凝土支撑以下土方开挖、第三道钢筋混凝土支撑的施工、第三道钢筋混凝土支撑以下土方开挖等施工工作。截至 2015 年 4 月 28 日，各监测项目累

计变化量如表 8 所示。

**各监测项目累计变化量　　表 8**

| 监测项目 | 累计最大变化量/mm |
|---|---|
| 车站结构及盾构隧道竖向位移监测 | +17.10 |
| 变形缝相对沉降监测 | −2.75 |
| 隧道收敛监测 | −1.16 |
| 车站结构及盾构隧道水平位移监测 | +7.38 |
| 车站侧墙水平位移监测 | −1.60 |
| 轨道横向差异沉降监测 | +2.99 |
| 负一层站厅竖向位移监测 | +15.98 |
| 车站附属结构竖向位移监测 | +15.84 |
| 风亭竖向位移监测 | +13.68 |

在此期间，由于三区、四区紧靠地铁车站及盾构隧道，所以三区、四区的施工对地铁结构的影响明显大于一区、二区。三区、四区土方的开挖及基坑降水，导致围护结构向基坑内部位移，但是由于地铁结构对围护结构外侧土体的限制作用，导致地铁结构一侧的围护结构水平位移小于背离地铁一侧的围护结构。三区、四区基坑内部土体开挖造成基坑底部土体的隆起，受土体隆起的影响，车站及盾构隧道呈现出明显的上升趋势，且车站的上升量大于盾构隧道的上升量。车站结构及盾构隧道竖向位移监测点、车站结构及盾构隧道水平位移监测点、负一层站厅竖向位移监测点、车站附属结构竖向位移监测点、风亭竖向位移监测点中一些监测点的累计变化量已经超过了控制值，其他几个监测项目的累计变化量相对较小；各个监测项目的变化速率相对较小且比较稳定，无突变情况发生；随着工程的施工，通过对车站及盾构隧道内竖向裂缝的跟踪监测，发现裂缝无明显发展趋势。针对一些监测项目监测值超过控制值的情况，再次召开专家论证会。各位专家首先肯定了监测数据的准确与合理，其次一致认为天河城购物中心项目应该加快施工进程，争取底板工程尽快完成。目前情况下，可以继续施工，要密切关注监测数据的变化情况。

从 2015 年 4 月 28 日到 2015 年 8 月 13 日，施工现场主要进行了一区地上结构的施工工作；二区地下结构、地上结构的施工等工作；三区、四区底板的施工、支撑的拆除及地下、地上结构的施工等工作。截至 2015 年 8 月 13 日，各监测项目累计变化量如表 9 所示。

**各监测项目累计变化量　　表 9**

| 监测项目 | 累计最大变化量/mm |
|---|---|
| 车站结构及盾构隧道竖向位移监测 | +17.73 |
| 变形缝相对沉降监测 | −3.63 |
| 隧道收敛监测 | −1.45 |
| 车站结构及盾构隧道水平位移监测 | +10.42 |
| 车站侧墙水平位移监测 | +2.11 |
| 轨道横向差异沉降监测 | +3.22 |
| 负一层站厅竖向位移监测 | +16.58 |
| 车站附属结构竖向位移监测 | +16.49 |
| 风亭竖向位移监测 | +13.18 |

在此期间，各区地下结构及地上结构的施工导致地铁结构水平位移变化相对减缓，竖向位移开始出现沉降趋势；各个监测项目的变化速率相对较小且比较稳定，无突变情况的发生；车站结构及盾构隧道内的竖向裂缝无扩张趋势。

# 8 工程难点及监测过程管控

## 8.1 工程难点

该项目在施工前进行了周密的技术设计，编制的技术方案组织召开天津市建设科学技术委员会专家论证会，并通过了专家组论证，在作业过程中严格按照评审后的技术方案执行，首先分析本项目的特点，主要体现如下：

1）该工程的基坑开挖深度深，对周边环境影响大，且坑东侧的支护结构与地铁 3 号线和平路站的支护结构共用，监测难度大。

（1）该工程坐落于天津市和平区和平路步行街东端，东至赤峰道，西至哈尔滨道，南至和平路，北至大沽北路，交通发达，外界影响因素较多，给测量工作带来了很大不便，同时直接影响了施工工期。

（2）基坑开挖深度约为 19.08m（相对于 ±0.00m），基坑面积约 1.3 万 m²，属于深基坑，安全等级为一级基坑，对周边环境影响较大，原有的建筑物均在正常的运营中，基坑周边紧邻道路且周边道路有众多地下管线。

（3）基坑土方开挖施工期间，白天晚上均在施工，一直在影响基坑的变形，需要及时了解基坑的变形状态，调整基坑施工工序。

（4）监测点的变形多次超过设计提供的变形

预警值。

（5）监测周期长，基坑及地铁保护区累计共完成 1053 次监测。

（6）基坑地质条件复杂，降水施工困难。

2）该工程基坑东侧的支护结构与地铁 3 号线和平路站的支护结构共用，需对地铁保护区进行监测。由于对地铁保护区的监测测量工作只能在地铁列车当天停运之后才能进行，因而地铁保护区的监测测量工作需夜间进行，测量人员工作量大，工作强度高，夜间工作较辛苦。

## 8.2 监测过程管控

针对这个项目的特点采用了以下方法：

（1）鉴于基坑本身及周边环境复杂，对基坑进行围护结构顶部水平位移、竖向位移、基坑围护结构深层水平位移、支撑立柱竖向位移、支撑轴力、周边地下水位、周边建筑物竖向位移、周边地表沉降以及周边地下管线等项目进行监测，为了满足天津市质监总队对基坑安全监督，将监测数据实时上传至天津市质监总队的远程数字化监督系统，质监总队可通过该系统直接查看监测数据的变形情况，对基坑及周边环境的安全状态起到监督管理的作用。

（2）及时调整测量作业时间，尽量避免外界因素的影响，在交通、人员影响小的时间段进行测量工作，每天固定时间、固定人员、固定监测仪器、固定测量方法，保证测量的精度。

（3）在土方深开挖及基坑支撑拆除期间，对基坑及周边环境加强了监测频次，对变化速率较大的项目，及时通知有关单位。

（4）施测过程中严格按照监测方案要求的施测精度和施测流程进行施测，并及时对监测结果进行统计分析，以确保监测数据的及时可靠。

（5）综合各个监测项目的测量数据进行统一分析，结合施工工况分析其变形原因，及时将分析结果通报各个相关单位，为下一步施工做好信息指导。

（6）充分利用办公软件、监测数据处理软件对各项监测原始数据进行平差计算，并编辑成通俗易懂、图文并茂的监测图表、报告，及时对各项采集的监测数据进行汇总、统计、分析，并形成日报表、周报表、月报表，提交给甲方、监理和施工方，为基坑安全施工提供科学依据。

# 9 成果效益

（1）该项目最终成果真正做到了信息化指导施工，有效避免了事故的发生，得到了业主的高度认可。

（2）该项目的实施，为我市实施自动化监测和远程监测提供了成功的案例，取得了巨大的社会效益。

（3）本项工程自 2014 年 2 月开始进行，于 2015 年 8 月结束，共实现产值 464 万元。

（4）本项目荣获"2017 年全国优秀测绘工程奖铜奖"。

# 10 工程经验与教训

（1）受基坑开挖卸载的影响，基坑内部土体会发生隆起变形，从而会导致地铁结构发生变形，表现为向上的竖向位移。

（2）基坑开挖导致围护结构发生向基坑内部的变形，外侧土体向基坑侧移动，受应力的传递作用，地铁结构发生向基坑方向的位移。

（3）由于本项目的特殊重要程度，采用自动化＋人工同步监测，并通过信息传输平台保证了监测数据的及时性、准确性，最大限度地保障了施工的安全，为之后的基坑监测和保护区监测提供了宝贵经验。

## 参考文献

[1] 天津市城乡建设委员会. 岩土工程技术规范: DB 29—20—2000[S].

[2] 天津市建设管理委员会. 天津市地基土层序划分技术规程: DB/T 29-191-2009[S].

[3] 住房和城乡建设部. 建筑基坑工程监测技术规范: GB 50497—2009[S]. 北京: 中国计划出版社, 2009.

# 深圳市盐田区花岗岩残积土现场直剪试验实录

王 平　王贤能　赖安锋

（深圳市工勘岩土集团有限公司，深圳　518000）

## 1 试验概况

花岗岩残积土在深圳市内分布广泛，母岩以中—粗粒花岗岩为主，是一种混合土，结构复杂，易受扰动，力学性质变异性较高，室内抗剪强度试验受试样尺寸、岩性特征、样品质量等影响，结果可信度低，很难被勘察报告采纳。勘察报告的建议值基本按经验取值，大多偏于保守，对工程的经济性有一定影响。采用现场直剪试验等可靠的试验手段，可获取质量较好的试验结果，当这些数据在面域上和数量上有了一定积累时，可形成较好的经验关系与经验值，可更好地为勘察设计服务。

20世纪80年代中期，广东和福建的地质工作者开始认识到花岗岩残积土的性质与其他土体有着显著的差异[1-2]，恰逢深圳的建设如火如荼，有关深圳地区花岗岩残积土工程特性的研究成果在二十世纪八九十年代大量涌现[3-5]，近年来的研究方向转向非饱和[6]、干湿循环[7-8]、微观结构[9]、参数关联[10-11]、新的测试技术[12]等方面。

为查明区内主要岩石残积土的抗剪强度，深化残积土中地质灾害机理的研究，"深圳市盐田区1∶5万地质灾害详细调查项目"开展了现场直剪试验16组，其中在花岗岩残积土区9组（表1）。试验时间为2019年11—12月，在试坑内采用快剪法取得土在天然状态下抗剪断强度。试坑长、宽为1.5～1.8m，试验段深度为0.3～1.5m。一个试坑从上至下先后制作3个试样进行3个垂直压力段（25kPa、50kPa、75kPa）的试验，试样边长0.5m×0.5m，高度0.25～0.30m，剪切面面积为0.25m²。采用带有自动记录功能的野外大面积岩土直剪试验仪（YYZJ-8），对试样施加垂直压力。同时在每个试坑内人工刻取土样，现场封装入环刀，送实验室做了基本物理力学性质试验和室内直剪试验。

试验点的位置与岩性　表1

| 试验点编号 | 土的定名 | 母岩 | |
| --- | --- | --- | --- |
| | | 代号 | 岩性 |
| KJ01 | 细粒土质砾砂 | ηγJ₂ | 中细粒二长花岗岩 |
| KJ02 | 细粒土质砾砂 | γβJ₃ | 中粒斑状花岗岩 |
| KJ03 | 砾质黏性土 | ηγJ₂ | 中细粒二长花岗岩 |
| KJ04 | 砾质黏性土 | γβJ₃ | 中粒斑状花岗岩 |
| KJ05 | 砾质黏性土 | γβJ₃ | 中粒斑状花岗岩 |
| KJ06 | 砾质黏性土 | γβJ₃ | 中粒斑状花岗岩 |
| KJ10 | 细粒土质砾砂 | γβJ₃ | 中粒斑状花岗岩 |
| KJ11 | 细粒土质砾砂 | γβJ₃ | 中粒斑状花岗岩 |
| KJ12 | 砾质黏性土 | γβJ₃ | 中粒斑状花岗岩 |

盐田区位于深圳市东部，主要有花岗岩与火山岩两大岩石类型，花岗岩分布于盐田区中部—东部的广大地区（图1）。

图1　现场直剪试验场景

### 1.1 地形地貌

试验区位于盐田区中—东部的低山丘陵区，地形北高南低，梅沙尖为区域内最高点，海拔753m，南侧为大鹏湾海域。山体坡度15°～30°，地形起伏较大。

### 1.2 地层与岩石

（1）地层

试验区西侧盐田坳一带分布有少量的泥盆系

基金项目：深圳市财政专项基金资助项目—深圳市城市地质调查（SZCG 2021199695）。

（D）与石炭系（C）地层，岩性为砂岩、粉砂岩、砂泥岩互层分布等。第四系（Q）分布于盐田河两侧及海湾处，主要有冲洪积（$Q_4^{al+pl}$）黏性土与砂、海陆交互沉积（$Q_4^{mc}$）淤泥质砂及黏性土、海积（$Q_4^m$）中粗砂。

（2）岩石

试验区的岩石类型为花岗岩，侵入时期为中—晚侏罗世（$J_{2-3}$），分别为盐田坳岩体（$\eta\gamma J_2$）、屯洋岩体（$\gamma\beta J_3$）。

中侏罗世盐田坳岩体（$\eta\gamma J_2$），分布于试验区西侧一角，岩性主要为细粒斑状黑云母二长花岗岩，部分细粒斑状角闪石黑云母花岗岩长岩和石英闪长岩。

晚侏罗世屯洋岩体（$\gamma\beta J_3$），分布于试验区大部，岩性主要为中粒斑状黑云母花岗岩，局部中细粒斑状黑云母二长花岗岩。

### 1.3 地质构造

试验区位于深圳断裂带的南带—盐田坳断裂束及两侧，未见褶皱，分布有北东、东西、北西向断裂。

### 1.4 残积土的性质

深圳市花岗岩残积土粒径有着两头大、中间小的特征，即粗颗粒含量与黏粉粒含量高，缺乏中间粒径，级配连续性差，本次试验也是如此。颗分试验显示，各试验点的岩性为砾质黏性土与细粒土质砾砂（表1）。土的砾粒含量（砾含量以下用$G_c$进行指代）范围为 20.8%～41.5%，平均值为 31.1%，变异系数 0.244（表2），土的砾含量变异性中等，变化较大。粗颗粒含量（指粒径$d >$ 0.075mm 颗粒的含量，以下用$C_c$进行指代）范围为 23.7%～67.8%，平均值为 47.5%，变异系数为 0.197，粗颗粒含量变异性小，变化不大。

**试验点花岗岩残积土颗分试验成果　表2**

| 统计项目 | 颗粒大小（mm）占比/% | | | | |
| --- | --- | --- | --- | --- | --- |
| | 细砾 | 粗砂 | 中砂 | 细砂 | 黏粉粒 |
| | 2～20 | 0.5～2 | 0.25～0.5 | 0.25～0.075 | < 0.075 |
| $n$ | 9 | 9 | 9 | 9 | 9 |
| min | 20.8 | 5.4 | 2.8 | 1.9 | 32.2 |
| max | 41.5 | 12.8 | 7.0 | 6.5 | 66.3 |
| $\varphi_m$ | 31.1 | 8.9 | 4.1 | 3.3 | 52.5 |
| $\sigma$ | 7.6 | 2.2 | 1.2 | 1.2 | 10.3 |
| $\delta$ | 0.244 | 0.253 | 0.295 | 0.370 | 0.197 |

统计项目中：$n$为统计数量，min 为最小值，max 为最大值，$\varphi_m$为平均值，$\sigma$为标准差，$\delta$为变异系数；下同。

残积土液限范围值为 33.3%～41.2%，属于低液限土；塑性指数范围值为 12.5%～15.8%，黏性土属于粉质黏土；液性指数均小于 0，按指标处于坚硬状态，现场地质判断为硬塑状态；5 组数据中，压缩模量有 1 个值小于 5.0MPa，其他数据值域为 5.6～10.8MPa，基本属于中压缩性土（表3）。

**花岗岩残积土物理性质与压缩性指标统计表　表3**

| 统计项目 | 含水率$\omega$/% | 天然密度$\rho_0$/（g/cm³） | 孔隙比$e$ | 液限$\omega_L$/% | 塑性指数$I_P$/% | 液性指数$I_L$ | 压缩模量$E_s$/MPa |
| --- | --- | --- | --- | --- | --- | --- | --- |
| $n$ | 5 | 9 | 5 | 9 | 9 | 5 | 5 |
| min | 17.00 | 1.61 | 0.685 | 34.5 | 12.5 | −0.479 | 2.80 |
| max | 21.70 | 1.84 | 0.963 | 40.1 | 14.6 | −0.040 | 10.80 |
| $\varphi_m$ | 19.76 | 1.73 | 0.795 | 38.2 | 13.6 | −0.266 | 6.94 |
| $\sigma$ | | 0.08 | | 1.6 | 0.7 | | |
| $\delta$ | | 0.046 | | 0.043 | 0.049 | | |
| $\gamma_s$ | | | | 1.027 | | | |
| $\varphi_k$ | | | | 39.2 | | | |

注：$\gamma_s$为统计修正系数，$\varphi_k$为标准值，其余同表2。

## 2　试验成果

### 2.1　直剪试验成果及统计

直剪试验结果见表4，统计成果见表5。

**直剪试验成果列表　表4**

| 试验点编号 | 室内直剪 | | 现场直剪 | |
| --- | --- | --- | --- | --- |
| | 黏聚力$c$/kPa | 内摩擦角$\varphi$/° | 黏聚力$c$/kPa | 内摩擦角$\varphi$/° |
| KJ01 | 46.5 | 21.0 | 18 | 42.88 |
| KJ02 | — | 29.5 | 27 | 45 |

| 试验点编号 | 室内直剪 | | 现场直剪 | |
|---|---|---|---|---|
| | 黏聚力 c/kPa | 内摩擦角 φ/° | 黏聚力 c/kPa | 内摩擦角 φ/° |
| KJ03 | 29.8 | 21.6 | 28 | 34.16 |
| KJ04 | — | 23.7 | 35 | 24.52 |
| KJ05 | — | 24.3 | 42 | 25.36 |
| KJ06 | — | 33.8 | 18 | 26.57 |
| KJ10 | 52.8 | 14.7 | 32 | 29.66 |
| KJ11 | 67.1 | — | 23 | 36.87 |
| KJ12 | 69.9 | 12.6 | 35 | 25.72 |

现场根据三个垂直压力段的数据，得到剪切应力（$\tau$）与垂直压力（$P_v$）的关系曲线图，用图解法求取黏聚力 $c$ 和内摩擦角 $\varphi$（图2）。

花岗岩残积土现场直剪试验黏聚力 $c$ 的平均值为 28.7kPa、内摩擦角 $\varphi$ 的平均值为 32.30°，变异系数分别为 0.268、0.228，标准值分别为 23.9kPa、27.69°。根据变异系数判断，花岗岩残积土的变异性为中等级别。

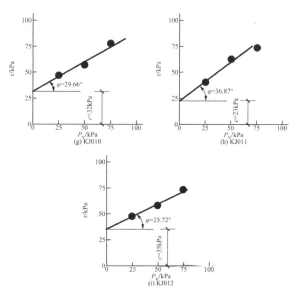

图 2　现场直剪试验曲线图

## 2.2　平均值对比

花岗岩残积土现场直剪强度平均值显示其黏聚力 $c$ 较弱、内摩擦角 $\varphi$ 相对较强，这一点正好和室内试验相反（表5）。相比现场试验，室内试验黏聚力 $c$ 的平均值增加 25.2kPa，增加幅度为 87.8%，室内试验内摩擦角 $\varphi$ 的平均值减少 9.65°，减少幅度 29.9%（表6）。

直剪试验成果统计表　　　表5

| 统计项目 | 室内直剪 | | 现场直剪 | |
|---|---|---|---|---|
| | 黏聚力 c/kPa | 内摩擦角 φ/° | 黏聚力 c/kPa | 内摩擦角 φ/° |
| $n$ | 5 | 8 | 9 | 9 |
| min | 29.8 | 12.60 | 18.0 | 24.52 |
| max | 69.9 | 33.80 | 42.0 | 45.00 |
| $\varphi_m$ | 53.2 | 22.65 | 28.7 | 32.30 |
| $\sigma$ | | 6.55 | 7.6 | 7.37 |
| $\delta$ | | 0.289 | 0.268 | 0.228 |
| $\gamma_s$ | | 0.805 | 0.832 | 0.857 |
| $\varphi_k$ | | 18.23 | 23.9 | 27.69 |

## 2.3　各试验点室内与现场值对比

各个试验点直剪强度的室内、现场试验值也有较大差别：相比现场试验，室内试验黏聚力 $c$ 增加了 1.8～34.9kPa，增加幅度 6.43%～158.33%，

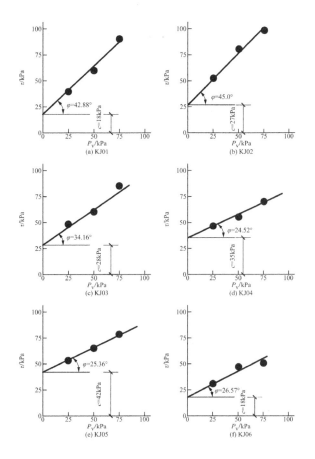

室内试验内摩擦角φ减少了 12.56°～21.88°，减少幅度 36.77%～50.44%。

各试验点室内直剪试验与现场直剪试验的差值 表6

| 试验点编号 | 岩性 | 室内直剪 | | 现场直剪 | | 相比现场试验，室内试验的变化量 | | 相比现场试验，室内试验的变化幅度 | |
|---|---|---|---|---|---|---|---|---|---|
| | | 黏聚力 | 内摩擦角 | 黏聚力 | 内摩擦角 | | | | |
| | | $c$/kPa | $\varphi$/° | $c$/kPa | $\varphi$/° | $\Delta c$/kPa | $\Delta\varphi$/° | $c$/% | $\varphi$/% |
| KJ01 | 细粒土质砾砂 | 46.5 | 21 | 18 | 42.88 | 28.5 | −21.88 | 158.33 | −51.03 |
| KJ03 | 砾质黏性土 | 29.8 | 21.6 | 28 | 34.16 | 1.8 | −12.56 | 6.43 | −36.77 |
| KJ10 | 细粒土质砾砂 | 52.8 | 14.7 | 32 | 29.66 | 20.8 | −14.96 | 65.00 | −50.44 |
| KJ12 | 砾质黏性土 | 69.9 | 12.6 | 35 | 25.72 | 34.9 | −13.12 | 99.71 | −51.01 |
| 平均值及变化 | | 53.2 | 22.65 | 28.7 | 32.30 | 25.2 | −9.65 | 87.8 | −29.9 |

# 3 相关性分析

## 3.1 分析方法

统计显示，盐田区花岗岩残积土的物理性质的变化小（表3），直剪强度变化较大，因此不易找出两者之间的相关性规律。颗粒组成、液性指数、压缩模量有一定的变化，可能与直剪强度存在一定的相关性。现场试验的可靠性要强于室内试验，相关性分析时以直剪强度值为被解释变量。

相关性采用回归分析方法，分析工具采用WPS Office。以各试验点土的颗粒组成、液性指数$I_L$、压缩模量$E_s$为$x$轴，以直剪强度值$c$、$\varphi$为$y$轴分别做散点图。观察发现，大部分散点图的趋势线表现为非直线形，建立曲线回归模型较为适宜。经对比，采用拟合度较好的对数函数，其基本方程[13]为：

$$y = b\ln x + a \qquad (1)$$

其中，$a$、$b$称为回归系数，是不依赖$x$的常数。

为了判断各组数据的相关性，利用可决系数$R^2$来判断拟合优度：

$$R^2 = 1 - \frac{\sum(y_i - \hat{y}_i)^2}{\sum(y_i - \bar{y})^2} \qquad (2)$$

式中：$y_i$——各个数据的实际值；

$\hat{y}_i$——各个数据的预测值；

$\bar{y}$——平均值；

$y_i - \hat{y}_i$——残差；

$y_i - \bar{y}$——偏差。

$R^2$的值域为 0～1，数值越靠近 1 说明拟合优度越高，当该值大于 0.5 时，说明解释变量与被解释变量的相关性较好。

## 3.2 颗粒组成的相关性

用各个试验点土的砾（60 ≥ $d$ > 2mm）含量$G_c$、粗颗粒（$d$ > 0.075mm）含量$C_c$，分别与现场直剪试验值进行对比（图3）。细颗粒（$d$ ≤ 0.075mm）含量曲线的拟合度与粗颗粒一致，本处不单列。

根据可决系数$R^2$值可看出：（1）花岗岩残积土砾含量$G_c$与$c$、$\varphi$曲线相关性较好，图形接近直线仅有轻微弯曲，随着砾含量的增加，黏聚力$c$逐步减小，内摩擦角$\varphi$逐步增大。（2）花岗岩残积土的粗颗粒含量$C_c$与$c$、$\varphi$曲线也接近于直线形，$R^2$值较小，相关性弱。

## 3.3 液性指数、压缩模量的相关性

本次试验液性指数（$I_L$）、压缩模量（$E_s$）在残积土中只有 5 组数据（表5），样本数量少，散点图（图4）的图形也较为杂乱，基本无规律可循，显示$I_L$、$E_s$与$c$、$\varphi$值的相关性弱（图4、图5）。

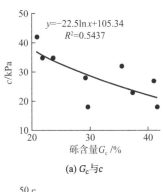

(a) $G_c$与$c$

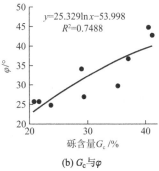

(b) $G_c$与$\varphi$

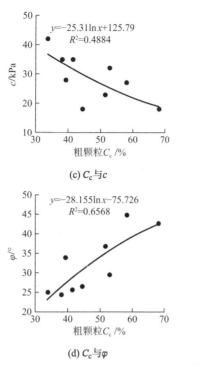

(c) $C_c$ 与 $c$

(d) $C_c$ 与 $\varphi$

图 3　花岗岩残积土的颗粒大小与直剪强度的关系

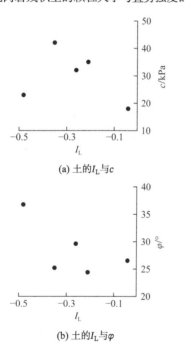

(a) 土的 $I_L$ 与 $c$

(b) 土的 $I_L$ 与 $\varphi$

图 4　液性指数与直剪强度散点图

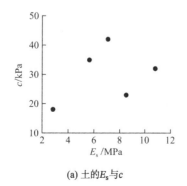

(a) 土的 $E_s$ 与 $c$

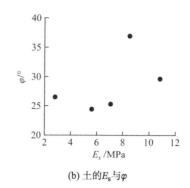

(b) 土的 $E_s$ 与 $\varphi$

图 5　压缩模量与直剪强度散点图

# 4　成果分析

以上罗列了此次试验取得的成果和一些分析，为能够更好地应用成果，有必要对一些关键性问题展开进一步的分析。

## 4.1　残积土中直剪试验方法的适用性

（1）室内直剪试验的适用性

土的室内直剪试验，因试样体积小，受尺寸效应的影响较大。有学者认为结构破坏的尺寸效应主要有三种类型，其一为强度随机性引起的统计尺寸效应，其二为能量释放引起的尺寸效应，其三为微裂纹或断裂的分布形特性引起的尺寸效应[14]。混合土的尺寸效应还表现在土中粗颗粒的处理，土体中的砾含量过多、砾径过大多会影响试验结果的准确性。实验室常用的环刀内径 61.8mm、高 20mm（即试样的尺寸），实际操作中会剔除一些大的颗粒，留下的空缺用细粒土填补，试样的土结构发生了改变而使试验结果产生偏差。前文提及，试验点花岗岩残积土含有一定的砾，因此会受到一些影响。

土样采取方法、运输、密封等条件均会影响室内直剪试验的准确性。岩芯中截取的样品受扰动很大，质量等级只能达到Ⅲ～Ⅳ级，不能用于直剪试验，厚壁取样器要好一些，质量等级为Ⅱ级，原则上也不能用于直剪试验[15]。深圳市工程勘探的现状是大部分残积土样都是在岩芯中截取，少量是用厚壁取样器采取，室内直剪试验成果的质量一般。

（2）现场直剪试验的适用性

现场试验尺寸大，不受运输与密封条件的影响，试验结果的可靠性好。周江平等将直接剪切试验的试样尺寸分为小、中、大，小尺寸直径为

6.18cm，中尺寸为 30cm × 30cm，大尺寸为 50cm × 50cm。小尺寸试验直剪强度的标准差大，变异性较高，当试件尺寸在中尺寸及以上时，直剪强度的平均值和标准差较稳定，大尺寸试样试验具有更高的可信度，可以代表岩土体真实强度的结论[16]。试坑内土体中最大颗粒直径 15mm，本例中现场直剪试验为 50cm × 50cm 的大尺寸，满足试样长宽不小于土体中最大粒径的 4～8 倍的规定[17]。现场直剪试验对含砾混合土的适应性好，用于花岗岩残积土是合适的。

现场直剪试验适用于浅层，其缺点是造价高、耗费时间长且受天气的影响，历史数据少，样本数量有限。

## 4.2 花岗岩残积土直剪强度经验值

在长期工程实践中，深圳市已经形成了本市残积土的一套统计值和经验参数，并且已列入技术要求和收录到专著里（表7）。本次现场剪切试验残积土的直剪强度平均值、标准值与这些经验值大部分符合，内摩擦角 $\varphi$ 要大于统计值与经验值。

直剪强度参数经验值与本试验成果 表 7

| 参数来源 | 岩性与数据类型 | 直剪试验 | |
| --- | --- | --- | --- |
| | | 黏聚力 $c$/kPa | 内摩擦角 $\varphi$/° |
| 《基坑支护技术标准》SJG 05—2020[18] | 花岗岩残积土平均值/标准值 | 25.0/23.6 | 22.9/22.2 |
| 《深圳市地基处理技术规程》SJG 04—2015[19] | 花岗岩残积土范围值/平均值 | 20～56/36.2 | 18.9～31.6/25.7 |
| 《深圳地质》[20]现场直剪试验位置在福田区上步工业区 | 硬质岩残积土经验值 | 20～30 | 20～28 |
| | 花岗岩残积土现场直剪试验值 | 19～60 | 25.3～31.0 |
| 本次现场直剪 | 花岗岩残积土平均值/标准值 | 28.7/23.9 | 32.30/27.69 |

本次试验给出的推荐值：花岗岩残积土黏聚力 $c$ 为 24～29kPa、内摩擦角 $\varphi$ 为 28°～32°。根据回归分析成果（图2、图3），给出盐田区花岗岩残积土的经验关系如下。

当花岗岩残积土中砾含量介于 20%～40% 时：

$$c = -22.5 \cdot \ln G_c + 105.34 \quad (3)$$

$$\varphi = 25.33 \cdot \ln G_c - 54.00 \quad (4)$$

式中：$c$——直剪黏聚力/kPa；

$\varphi$——直剪内摩擦角/°；

$G_c$——土中砾粒的含量/%。

质量等级为 Ⅰ～Ⅳ级的土样均可在室内做出

准确的颗粒含量，上述经验公式有其存在的意义。

## 5 结论

（1）盐田区花岗岩残积土现场直剪试验值的变异性中等，土的液性指数、压缩模量变化大，反映了花岗岩残积土力学性质不均匀。

（2）盐田区花岗岩残积土现场直剪试验值与室内试验值相差较大，黏聚力 $c$ 平均值相当于室内试验值的 53.9%，内摩擦角 $\varphi$ 平均值相当于室内试验值的 142.6%。花岗岩残积土的室内直剪试验受尺寸效应、土样质量等因素的影响，成果可信度普遍不高，现场直剪试验在花岗岩残积土中适用性好且不受运输与密封条件的影响，试验结果可信。

（3）盐田区花岗岩残积土的基本物理性质指标、液性指数、压缩模量与直剪强度无明显的相关性。残积土的颗粒组成与直剪强度的相关性较好，以砾含量的拟合优度最高。随着土中砾含量的增加，黏聚力 $c$ 减小，内摩擦角 $\varphi$ 增大，近似于线性变化。

（4）本次直剪试验成果与深圳市现有的统计值、经验值大部分符合，但本次试验得到的 $\varphi$ 值要高于经验值与现有的统计值，是因为现场试验值更好地体现了土中粗颗粒对直剪强度的贡献。

## 参考文献

[1] 刘明骏, 刘崇蓉, 王明星. 深圳花岗岩残积土的物理力学特征[J]. 工程勘察, 1985(4): 39-43.

[2] 陈淦. "福建红土"工程地质特征的初步探讨[J]. 工程勘察, 1984(3): 62-65.

[3] 黄志崙, 王燕. 花岗岩残积土土工试验中的几个问题[J]. 勘察科学技术, 1987(2): 32-35.

[4] 刘家明, 黄志崙, 何颐华, 等. 高层建筑下花岗岩残积土地基研究[J]. 勘察科学技术, 1988(2): 19-27.

[5] 张文华. 花岗岩残积土的抗剪强度及土质边坡稳定分析[J]. 水文地质工程地质, 1994(3): 41-43.

[6] 蔡沛辰, 阙云, 李显. 非饱和花岗岩残积土水-气两相驱替过程数值模拟[J]. 水文地质工程地质, 2021, 48(6): 58-67.

[7] 于佳静, 陈东霞, 王晖, 等. 干湿循环下花岗岩残积土抗剪强度及边坡稳定性分析[J]. 厦门大学学报(自然科学版), 2019, 58(4): 614-620.

[8] 张鹏超. 干湿循环作用下花岗岩残积土性能劣化及边坡稳定性分析[J]. 工程勘察, 2020, 48 (9): 19-23.

[9] 张宏虎, 白伟, 孙明祥, 等. 闽东地区含砾花岗岩残积土的细观剪切特性研究[J]. 水利与建筑工程学报, 2022, 20 (2): 52-57, 195.

[10] 许旭堂, 简文彬, 柳侃. 含水率和干密度对残积土抗剪强度参数的影响[J]. 地下空间与工程学报, 2015, 11 (2): 364-369.

[11] 郭林平, 孔令伟, 徐超, 等. 厦门花岗岩残积土物理力学指标关联性定量表征初探[J]. 岩土力学, 2018, 39 (S1): 184-189.

[12] 安然, 孔令伟, 张先伟, 等. 基于原位孔内剪切试验的残积土强度指标及风化程度影响评价[J]. 应用基础与工程科学学报, 2022, 30 (5): 1275-1286.

[13] 李秋敏. 概率论与数理统计: 基于 Excel [M]. 北京: 电子工业出版社, 2021.

[14] BAZANT Z, CHEN E P. Scaling of strural failure [J]. Appl Mech Rev, 1997, 50 (10): 593-627.

[15] 住房和城乡建设部. 建筑工程地质勘探与取样技术规程: JGJ/T 87—2012[S]. 北京: 中国建筑工业出版社, 2012.

[16] 周江平, 彭雄志. 土体抗剪强度尺寸效应 [J]. 西南交通大学学报, 2005, 40 (1): 77-81.

[17] 国家发展和改革委员会. 岩土体现场直剪试验规程设计规定: HG/T 20693—2006[S]. 北京: 中国计划出版社, 2007.

[18] 深圳市住房和建设局. 基坑支护技术标准: SJG 05—2020[S]. 北京: 中国建筑工业出版社, 2020.

[19] 深圳市住房和建设局. 深圳市地基处理技术规程: SJG 04—2015[S]. 北京: 中国建筑工业出版社, 2015.

[20] 《深圳地质》编写组. 深圳地质[M]. 北京: 地质出版社, 2009.

# 华侨城大厦基坑监测及主塔楼沉降观测工程实录

唐安雷 [1,2]　　谢文军 [1,2,3]　　熊志华 [1]

（1. 深圳市勘察测绘院（集团）有限公司，深圳　518028；
2. 空间信息技术与智慧城市研究中心，深圳　518028；
3. 深圳市地理信息大数据云分析与应用工程技术中心，深圳　518028）

## 1　工程概况

深圳华侨城大厦（图 1）建设场地位于深圳市南山区华侨城片区雕塑公园内，紧邻深南大道，东侧为汉唐大厦，北侧为沃尔玛超市。华侨城大厦属综合性公共建筑，总用地面积约 14119.07m²，塔楼为办公楼，地上 65 层，地下 5 层，建筑高度 300m，用地面积约 2283m²；裙楼为 2 层商业用房；华侨城大厦基坑支护周长约 520m，面积约 14118.9m²，基坑宽度 65～95m，长度约 173m。基坑支护深度为 22.868～27.168m，部分坑中坑深度超过 30m。本项目监测内容有基坑支护结构的安全监测、周边环境安全监测及主塔楼沉降观测，监测历时约 6 年，其中基坑监测周期为 2014 年 8 月至 2018 年 10 月，主塔楼沉降观测周期为 2016 年 10 月至 2020 年 8 月。

图 1　深圳华侨城大厦

## 2　地质及水文条件

根据现场勘察及室内土工试验成果，场地内分布的地层主要有第四系人工填土层（$Q^{ml}$）、第四系全新统冲洪积层（$Q_4^{al+pl}$）、第四系全新统坡洪积层（$Q_4^{dl+pl}$）、第四系上更新统冲洪积层（$Q_3^{al+pl}$）、第四系残积层（$Q^{el}$），下伏基岩分别为燕山期粗粒花岗岩（$\gamma$）和震旦系花岗片麻岩（$Z$）。勘察场地第四系人工填土层、第四系冲洪积淤泥质粉质黏土层、第四系全新统坡洪积粉质黏土层、第四系上更新统冲洪积含砾黏土层、第四系残积砾质黏性土和砂质黏性土层及全风化基岩层为弱含水、透水层，可视为相对隔水层；第四系全新统冲洪积砾砂层、第四系上更新统冲洪积砾砂层为强含水、透水层，赋存于其中的地下水为上层滞水与孔隙潜水；强、中及微风化基岩因裂隙发育，连通性较好，可视为相对较强含水、透水层，赋存于其中的地下水属基岩裂隙水，具承压性。

场地周边无地表水体发育，地下水补给来源主要接受大气降水垂直入渗补给和人类生活生产用水的侧向补给，水位变幅因季节而异，整体上由北往南向低洼处排泄。2013 年 6 月 7 日至 6 月 23 日勘察期间测得地下水稳定水位埋深在 1.10～5.30m，标高 7.40～12.31m。

## 3　监测方案与实施

华侨城大厦基坑工程邻近深南大道、沃尔玛超市、汉唐大厦等重要建构筑物，周边管线类型众多，给排水管线、燃气管线、电信管线等错综复杂，建构筑物保护要求较高；基坑开挖深度大，基坑支护深度为 22.868～27.168m，部分坑中坑深度超过 30m，给基坑自身安全和周边建（构）筑物的安全带来极大风险；基坑开挖至回填历时约 4 年，基坑支护体系超安全使用年限，使得基坑自身结构安全风险倍增。因此，在制定监测方案及监测实施过程中需重点考虑以上问题。

获奖项目：第十九届深圳市优秀工程勘察设计二等奖，广东省测绘地理信息工程奖二等奖。

## 3.1 监测方案制定

监测方案制定时主要从以下内容考虑：（1）收集和查阅有关场地地质条件、结构构造和周围环境的材料，包括地质报告、围护结构设计图纸、主体结构桩基与地下室图纸、综合管线图、基础部分施工组织设计、项目周边高等级控制点资料等；（2）现场踏勘：重点掌握地下管线走向，与围护结构的对应关系，以及相邻构筑物状况，必要时拍照记录形成技术文档留底；（3）结合已收集资料与现场踏勘情况，重点辨识监测工程重大风险源以及监测应对措施[1]；（4）拟定监测方案初稿，提交工程建设单位等讨论审定，方案通过后形成正式文件，监测工作才能正式实施；（5）监测方案在实施过程中可以根据实际施工情况适当予以调整与充实，但大的原则一般不能变更，特别是监测内容、埋设元件的种类和数量、监测频率和报表数量等应严格按审定的方案实施[2]。

基坑监测方法的选择应综合考虑各种因素，如基坑开挖深度、支护体系类型不同，反映了对基坑及周边环境安全要求的不同，相应的监测要求也不同；根据基坑类别和特点对监测方法提出相应的要求；场地条件可能会限制某种监测方法的应用；当地经验情况可能使某些监测方法更容易接受[3]。监测方法合理易行有利于适应施工现场条件的变化和施工进度的要求。

基坑周边环境布点、基坑支护结构监测布点、华侨城主塔楼沉降观测布点见图2~图4。

## 3.2 监测实施

在基坑支护和开挖过程中，要满足支护结构及被支护土体的稳定，首先要防止破坏或极限状态发生。因此，只有对基坑支护结构、基坑周边的土体和相邻的构筑物进行综合、系统的监测，才能在第一时间预警，实现以监测、信息反馈、分析为基础的信息化施工[4]。华侨城大厦的基坑监测对象为基坑支护体系、周边管线、地表、建筑物等，具体监测内容主要包括周边管线沉降监测、周边地表沉降监测、周边道路沉降监测、周边建筑沉降监测、深层水平位移监测、支撑轴力监测、支护桩桩身应力监测、锚索应力监测、桩顶沉降监测、桩顶水平位移监测、周边管线位移监测、裂缝监测、主塔楼沉降观测等。

监测内容及使用仪器情况见表1。

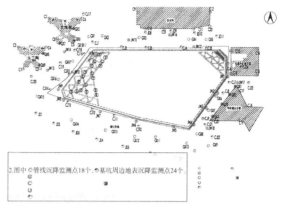

图2　基坑周边环境布点示意图

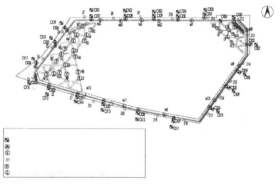

图3　基坑支护结构监测布点示意图

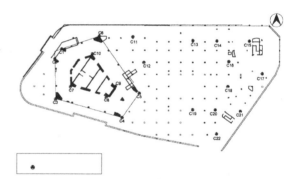

图4　华侨城主塔楼沉降观测布点示意图

监测内容及使用仪器情况　　表1

| 序号 | 监测内容 | 使用仪器 | 备注 |
|---|---|---|---|
| 1 | 桩顶水平位移 | 徕卡 TS30 | 测角0.5秒、测距0.6mm + 1ppm |
| 2 | 桩顶沉降 | 天宝 DINI03 | 偶然中误差±0.3mm/km |
| 3 | 周边地表沉降 | 天宝 DINI03 | 偶然中误差±0.3mm/km |
| 4 | 支撑轴力 | 609 振弦式读数仪 | 测频精度：0.1Hz |
| 5 | 立柱沉降 | 天宝 DINI03 | 偶然中误差±0.3mm/km |
| 6 | 深层水平位移 | CX-901F 测斜仪 | 分辨率0.01mm/500mm |
| 7 | 周边建筑物沉降 | 天宝 DINI03 | 偶然中误差±0.3mm/km |
| 8 | 地下水位监测 | CA-SWJ-91 水位计 | 重复误差±2.0mm |
| 9 | 周边道路沉降 | 天宝 DINI03 | 偶然中误差±0.3mm/km |

| 序号 | 监测内容 | 使用仪器 | 备注 |
|---|---|---|---|
| 10 | 周边管线沉降 | 天宝 DINI03 | 偶然中误差 ±0.3mm/km |
| 11 | 桩身应力 | 609 振弦式读数仪 | 测频精度：0.1Hz |
| 12 | 锚索应力 | 609 振弦式读数仪 | 测频精度：0.1Hz |
| 13 | 周边管线水平位移 | 徕卡 TS30 | 测角 0.5 秒、测距 0.6mm + 1ppm |
| 14 | 主塔楼沉降观测 | 天宝 DINI03 | 偶然中误差 ±0.3mm/km |

### 3.3 监测频率和周期确定

变形监测具有很强的时效性，必须具有足够的频率，观测必须是及时的，应能及时捕捉到监测项目的重要发展情况，以便对设计和施工进行动态控制，纠正设计和施工中的偏差，保证基坑及周边环境的安全[5]。否则，易遗漏监测对象的重要变化过程，不能及时发现监测对象的异常变化，造成错误的判断，危及基坑与周边环境的安全。当出现预警数据后应加密监测频率，以掌握预警内容变化情况。

基坑工程监测工作应贯穿基坑工程和地下工程施工全过程。监测工程应从基坑工程施工前开始，直至地下工程完成为止[6]。对有特殊要求的基坑周边环境的监测应根据需要延续至变形趋于稳定后才能结束。基坑工程的监测频率还与投入的监测工作量和监测费用有关，既要注意不遗漏重要的变化时刻，也应当注意合理调整监测人员的工作量，控制监测费用。

## 4 监测成果分析评价

本项目监测工作于 2014 年 8 月开始，于 2020 年 8 月结束全部监测工作。除了满足日常监测频率外，在桩基施工、基坑开挖及支撑拆除期间应加强对支护结构、周边环境等各设施监测及巡视力度，密切关注监测数据的变化。在监测期间出现多处监测数据超预警值、控制值情况，通过及时采集、处理、分析监测数据，为基坑支护结构和周边环境的安全提供了保障，同时为优化设计和信息化施工提供了依据，特别是在监测数据异常后及时加设对撑与角撑（图 5）。

### 4.1 未预警监测内容分析

支护桩顶沉降、支撑轴力监测、桩身内力监测、立柱沉降监测、周边管线水平位移监测、建筑物倾斜监测、主塔楼沉降监测在监测过程中未发生预警情况。为充分反映基坑东侧土方开挖期间的支护结构变形情况，在基坑东侧支护桩上增加两个桩顶沉降位移监测点，在基坑东侧内施工便道挡土墙支护桩桩顶上增加两个桩顶沉降位移监测点；支撑轴力监测过程中多点受力偏大，但未超监测预警值，充分说明支撑梁对基坑支护结构的稳定性起了较好的作用。

图 5 华侨城大厦基坑施工

### 4.2 预警监测内容分析

（1）支护桩顶位移监测分析

在基坑土方开挖期间，北侧及南侧监测点出现较大位移，且多点超过监测预警值，接近控制值，最大位移量为 29.7mm（Z11）。为确保支护结构安全，在基坑东侧支护桩上增加两个桩顶沉降位移监测点。在北侧锚索腰梁及新增大对撑拆除期间，实施 24h 全天候监测，并及时反映各监测点数据变化情况，为基坑安全提供了强有力的数据支持。

（2）深层水平位移监测

支护桩体深层水平位移监测是反映基坑运行状况最直观、最可靠，也是最重要的指标之一，其变形的大小始终是基坑施工中关注的重点内容。根据监测数据分析，支护桩桩体侧向变形、支护桩后土体侧向变形与开挖深度密切相关。测斜管安装完成至基坑土体开始开挖之前，由于支护桩前后土体没有发生较大变化，支护桩侧向位移并不明显。随着基坑土体开挖，支护桩侧向位移逐步增大，部分深层监测点出现较大位移。在土方开挖结束之后，位移变化开始趋于稳定。结合施工进度分析，基坑开挖的过程是基坑开挖面上卸载的过程，引起支护桩后主动土压力逐渐增大，嵌固在土体中的支护桩底部所受被动土压力也逐渐增大，在测斜数据中表现向基坑内位移。支护桩的变形主要是由土方开挖引起，且与开挖深度呈正比关系，随着开挖加深，变形逐步增大，且位移最大值所在位置也随着开挖深度而逐步下移。基坑北侧土质条件复杂，在基坑锚索施工及土方开挖期间，支护桩深层水平位移及后土体深层水平位移出现了明显变形且超过监测预警值，为此专门进行了多次预警。最大点变化量为+44.89mm（CX29，18m），超监测预警值。

（3）锚索应力监测

本工程腰梁应力采用锚索应力计监测，监测期间基坑北侧、南侧锚索多点超监测预警值、控制值，且多点出现受力突变，为此建设单位组织召开多次专题会、专家会，在北侧腰梁上采用二次张拉的形式新增锚索应力监测点，同时新增腰梁位移观测点，确保真实、准确、全面地反映锚索应力的变化情况。

（4）周边管线沉降监测

监测初期管线沉降监测点采用间接法布设，因管线变形较大，基坑北侧管线由间接测量法改为直接测量法，施工过程中北侧给水管出现多次破裂。在基坑开挖和锚索施工过程中，基坑北侧、南侧、西侧管线出现较大沉降，多点超过监测预警值和控制值，建设单位多次组织召开专题会、专家会，后期变化量仍持续增加。管线沉降最大值为－123.9mm（GX3），超监测控制值。

（5）地下水位监测

受坑内开挖降水的影响，坑外大部分水位孔地下水位也随着下降。2015年5月基坑西侧及南侧水位出现较大下降，为此建设单位组织召开专题会、专家会，并在基坑西侧、北侧、东侧建筑物前新增水位孔6个，用于反映施工期间的水位变化情况。同时增加水位回灌井，采取水位回灌等措施。基坑开挖到设计坑底标高后采取了坑底止水措施及时有效地阻止坑底地下水的绕渗，为控制周边地下水起到很好的效果。后期随着地下室的底板和外墙施工，坑外地下水逐渐恢复到正常情况并处于稳定状态。

（6）周边建筑物沉降监测

因基坑北侧建筑物变形较大，在原有基础上增加2个建筑物沉降监测点。建筑物沉降受地下水位变化影响较大，导致北侧建筑物出现较大裂缝，基坑开挖施工完成后，后期逐渐趋于稳定状态。

（7）地表沉降监测

在基坑开挖降水施工期间，基坑周边出现较大下沉，多次发出预警，基坑开挖施工完成后，后期逐渐趋于稳定状态。

## 4.3 监测结论

根据本项目各项监测数据分析：本项目基坑属于超深基坑，设计初期采用角撑＋悬臂支护的支护体系，支护体系在监测过程中出现异常变形，周边地表、管线、建筑物沉降，桩顶水平位移，锚索应力、深层水平位移，地下水位多点出现预警。后期为了保障安全，特别是在基坑支护体系超年限使用后，增加了坑底对撑以加强支护体系安全系数。随着基坑逐渐回填，各项监测数据基本趋于稳定，变化速率均在安全可控范围内。

本工程在整个施工过程中监测与施工密切配合，并根据现场施工需要确保施工安全，及时进行监测项目的增加及监测点加密布设。基坑施工全过程中，在监测数据达到预报警值或在出现监测数据异常时，及时报警，监测成果及时反馈给相关单位，各单位均高度重视并采取相应措施，认真分析，找出原因并采取措施，防止出现工程安全事故，保障了基坑支护结构、基坑周边环境的安全，监测成果为信息化施工和优化设计提供了依据[7]。

## 5 结语

本项目监测实施历时约6年，监测实施过程中及时发现了安全隐患，多次发出预警信息，防止了基坑坍塌、保护了周边建筑物、管线的安全，避免了重大安全事故的发生。总结以下经验：（1）超深基坑、悬臂支护、支护体系超年限使用时，支护体系设计应及时变更合理增加支撑体系以保障支护体系安全运行。（2）深基坑周边重要管线、建筑物的监测工作应重点关注，特别是基坑场地地质情况不佳、地下水位变化剧烈时；（3）多种监测方式及监测技术的综合运用，有助于提高监测数据用于安全评价的合理性；（4）监测频率的设置，应当按照监测内容的不同分项分级考虑，不宜全盘固定共用统一监测频率。

## 参考文献

[1] 甄鑫强, 杨磊, 王建文. 深基坑第三方监测的设计与实现[J]. 测绘与空间地理信息, 2022, 45(10): 218-221,

224.

[2] 郑元成. 房建基坑工程监测技术应用分析[J]. 工程建设与设计, 2022(11): 52-54.

[3] 薛霄, 王正厂. 基坑支护及其变形监测[J]. 地理空间信息, 2022, 20(10): 124-128, 141.

[4] 罗伟庭, 岳强, 李雄军, 等. 地铁车站深基坑变形监测分析研究[J]. 湖南交通科技, 2022, 48(3): 133-138.

[5] 程秋实. 深圳市某深基坑施工变形监测与预测研究[D]. 长春: 吉林大学, 2022.

[6] 姜帆, 牛岩. 深基坑工程深层水平位移测点优化布置研究[J]. 工程勘察, 2022, 50(6): 52-56, 62.

[7] 张宇. 天水市北园子地块棚户区改造深基坑工程支护与监测结果分析[J]. 长春工程学院学报(自然科学版), 2022, 23(3): 12-18, 22.

# 全装配式地铁车站基坑及地下结构全自动化监测实录

龙湘权　刘仁龙　刘海魁

（深圳市勘察测绘院（集团）有限公司，深圳　518000）

## 1　工程概况

深圳市城市轨道交通 12 号线二期工程，位于宝安区沙井、松岗片区。线路起自一期线路终点（海上田园东站明挖区间末端），先后沿民丰路、蚝乡路、规划沙井路、沙江路敷设，终于既有地铁 11 号线、地铁 6 号线换乘站松岗站。沙浦站是 12 号线二期的第 5 座车站，前接步涌站，后连松岗站。

沙浦站位于广深高速公路与沙江路交叉口处，沿沙江路东西向敷设，为地下两层明挖＋装配式岛式车站。地下一层为站厅层，地下二层为站台层，有效站台宽 11.8m，长 140m。车站主体结构中间段采用装配式结构，结构外皮净高 17.35m，净宽 21.50m；小里程端头为现浇双柱三跨框架结构，外皮净高 19.09m，净宽 25.10m；大里程端头为现浇单柱双跨框架结构，外皮净高 16.77m，净宽 25.10m。车站范围地面标高西高东低，车站顶板覆土厚度为 2.4～4.2m，基坑深度为 18.7～21.8m。该项目平面俯视图见图 1。

图 1　项目平面俯视图

沙浦站是全国首例"内支撑＋大分块＋全装配式"车站，同时也是深圳城市轨道交通四期调整工程首座封顶的装配式车站。相较传统现浇施工方法，装配式预制构件预制生产和现场拼装协同大大缩短了施工工期。由于缺乏可借鉴的基础资料及经验，车站基坑及地下结构的变形控制对工程的安全与质量有重大影响，任何失误将导致巨大风险。因此，如何采取高效的监测方法，分析施工过程中的风险，结合监测数据及时提出合理有效的措施，调整施工方案，做到信息化施工，是本项目的重点和难点。

## 2　车站岩土地质条件

沙浦站地处深圳市宝安区，本工程原始地貌为海积冲积平原地貌，但因城市建设，沿线多数场地经填、挖、整平等人工改造，形成现在较平坦的地形地貌。地表普遍分布为第四系松散覆盖层，下伏基岩主要为加里东期混合花岗岩。其中第四系包括全新统和上更新统，由人工填土（主要为素填土、填碎石、填块石、杂填土等）、海陆相交互沉积层（主要为淤泥、含有机质砂等）、陆相冲积-洪积层（主要为淤泥质粉质黏土、粉质黏土、中砂、粗砂等）、残积土层（硬塑状砂质黏性土）组成；加里东期混合花岗岩，主要由全风化、强风化（土状、块状）、中风化及微风化混合花岗岩组成。

从车站范围地质剖面图（图 2）可知，自上而下地层依次为素填土、淤泥、粉质黏土、淤泥质黏土、粗砂、硬塑状砂质黏性土、全—中风化花岗岩，车站底板位于全—中风化花岗岩地层中。

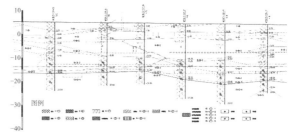

图 2　车站范围地质剖面图

## 3  自动化监测技术方案

根据设计提供的拟建车站资料，全装配式车站对基坑围护结构及地下结构变形要求敏感。装配式构件拼装过程中如没有及时形成围护结构换撑将导致基坑失稳的风险。鉴于此，常规监测方案存在工作效率低、受外界环境条件影响大、不能实时掌握基坑围护结构及地下结构的变形情况及应急抢险需求，已无法满足现场实际监测工作需要。

结合本项目工程需要，同时鉴于自动化监测具有高精度、快速、便捷、无人值守、远程、实时、环境适应能力强等特点和优势，本项目监测方案最终采用智能全站仪、自动测斜仪和自动传感器远程数据采集系统等多技术融合手段[1]，对深基坑工程及地下结构变形进行全自动化监测，以实现全信息化监测科学指导现场施工，保障工程施工过程的安全与质量。

## 4  自动化监测技术实施

### 4.1  监测项目及监测设备

本工程的监测项目和运用的监测设备具体见表1。

监测项目与设备　　　　　表 1

| 序号 | 监测项目 | 监测设备 |
|---|---|---|
| 1 | 围护墙顶竖向位移 | 测量机器人（全站仪） |
| 2 | 围护墙顶水平位移 | 测量机器人（全站仪） |
| 3 | 围护墙体深层水平位移 | 滑动式自动测斜仪 |
| 4 | 支撑轴力 | 轴力计（传感器） |
| 5 | 地下水位 | 水位传感器 |

### 4.2  基准点及监测点布置

根据本项目特点及周边环境情况，在车站周边影响范围外布设基准点 5 个；对围护结构顶部水平位移、顶部竖向位移、围护结构深层水平位移、支撑轴力、坑外水位进行自动化监测。共布置围护结构顶部水平位移/竖向位移监测点 26 个，深层水平位移监测点 14 个，支撑轴力监测点 17 组，坑外水位监测点 14 个。监测点位平面布置如图3所示。

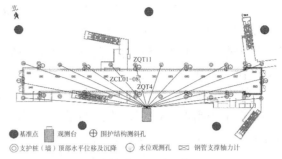

图 3  沙埔站监测平面布置图

### 4.3  基准网的建立

水平位移基准网布设成闭合导线网，采用智能型全站仪（标称精度为：测角 0.5s、测距 0.6mm + 1ppm），极坐标观测方法。基准点在基坑开挖前观测 2 次并取其平均值作为初始值。

竖向位移基准网布设成闭合水准网，联测采用电子水准仪，标尺采用2m钢瓦标尺。经过严密平差计算后，得出各基准点初始值。首次观测时进行两次独立观测，并取两次平均值为初始值。

基准网定期进行复测，以保证基准网的稳定性。

### 4.4  监测数据采集

外业监测数据采集，主要包含以下几方面内容：水平位移监测数据、竖向位移监测数据、支撑轴力监测数据、深层水平位移监测数据、地下水位监测数据。

本项目围护结构墙顶水平位移、墙顶竖向位移自动化监测选用 Trimble S9 智能全站仪远程自动化数据采集系统实现，为提高精度，在车站长边中点位置制作强制对中观测台，并安置仪器，监测点采用小棱镜布设。自动化远程测控系统通过网络无线通信技术实现对仪器设备的程序化控制，进行监测点三维信息的数据采集、传输、存储，以此获取支护结构的几何信息，并与初始数据进行对比，求得支护结构相关变形指标的绝对变形量[2,3,10]。

围护结构深层水平位移选用滑动式自动测斜仪，本项目在每个测斜孔上固定安装一台滑动式自动测斜仪采集监测数据。在测斜管管口固定一个步进电机，在测斜管内放置一个测斜传感器探头，通过程序自动控制电机模仿人工提升测斜的方式，每隔固定间距进行一次数据采集，数据采集间距可以根据需要进行设置，通过无线通信模块自动获取测斜传感器所在位置的倾斜角变化量[10]，进而换算成各深度位置的水平位移变化量。

支撑轴力、地下水位监测通过无线远程通信的传感器数据采集系统实现，在每一个支撑监测断面布设一组轴力计，每一个水位孔布设 1 个渗压计，并将导线引至基坑边上，收集至基坑四周设置的数据采集箱内。每次监测时，自动化采集设备通过采集传感器数据的变化，利用无线通信技术将采集到的信息传输至服务器[10]，然后根据计算公式换算出对应的内力或地下水位监测数据变化量。最后将各类自动化监测设备采集到的多源数据汇总至监测管理云平台系统，自动化监测剖面如图 4 所示。

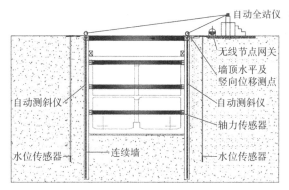

图 4　自动化监测剖面图

### 4.5　人工数据复核

为保障全自动化监测数据在装配式车站施工过程中的可靠性，同时建立传统人工监测作为复核程序，通过与传统人工监测的数据进行对比分析，了解施工全过程中自动化监测数据的稳定性及表现效果与规律。

围护结构顶部位移自动化监测采用高精度智能全站仪观测方式，修筑观测台，配置双强制观测墩，使自动化监测与人工监测基点均置于基准网内起算，自动化监测竖向位移与水平位移同步进行。水平位移自动化和人工监测均采用全站仪自由设站法进行观测，二者观测方法一致，通过测量监测点的坐标计算垂直于基坑方向的变化量（向基坑内位移为"+"，向基坑外位移为"−"）；人工监测竖向位移采用二等几何水准测量进行观测（上升为"+"，下沉为"−"），经过同时段不同工况过程中变形量的比较分析，监测台如图 5 所示。

深层水平位移自动化监测通过在同一墙体内埋设双测孔的方式，使用人工测斜仪对两测孔取得有效初始值，选用自动化提升式测斜仪与人工测斜仪分别对两测孔同步实施监测[6,9]，经过同时段不同工况过程中变形量的比较分析。

图 5　现场监测台

支撑轴力自动化监测在传感器安装埋设后对传感线进行分线，传感器应考虑现场施工状况，置于不易破坏、便于维护处，安装完毕后进行现场测试，确保数据采集和通信正常。然后选用自动化设备与人工频率仪分别实施监测，经过同时段不同工况过程中变形量的比较分析。

地下水位自动化监测通过在同一水位孔内埋设压差式水位计，管口处设置保护，但不封口，使用人工水位计进行同步数据采集，经过同时段不同工况过程中变形量的比较分析。

## 5　监测结果与数据分析

### 5.1　车站基坑开挖阶段

通过水平位移自动化监测和人工监测方法一致，且均通过多点后方交会进行设站，利用全站仪进行两测回观测[4-5]，围护结构顶部水平位移各监测点累计变化量差值统计如图 6 所示。

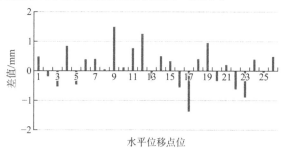

图 6　水平位移自动化监测值-人工监测值成果差值

从图 6 中可以看出，水平位移自动化监测和人工监测成果的差值均在 1.5mm 之内。

从表 2 中可以看出，水平位移自动化监测和人工监测成果的差值在 1mm 之内的占比为 84.6%，其余差值均未超过 1.5mm，自动化监测和人工监测成果基本相吻合，表明自动化监测精度和可靠性符合要求。

水平位移差值占比　　　表2

| 监测项目 | 差值/mm | 比例/% | | |
| --- | --- | --- | --- | --- |
| | | 0～0.5mm | 0.5～1.0mm | 1.0～1.5mm |
| 水平位移 | −1.37～1.49 | 61.5 | 23.1 | 15.4 |

竖向位移自动化监测采用全站仪三角高程测量进行观测，人工监测采用二等几何水准测量进行观测，对围护结构顶部竖向位移各监测点累计变化量差值统计如图7所示。

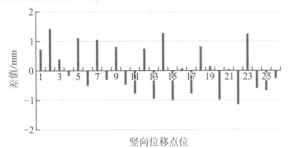

图7　竖向位移自动化监测值-人工监测值成果差值

从图7中可以看出，竖向位移自动化监测和人工监测成果的差值均在1.5mm之内。

从表3中可以看出，竖向位移自动化监测和人工监测成果的差值在1mm之内的占比为76.9%，其余差值均未超过1.5mm，自动化监测和人工监测成果基本相吻合，表明自动化监测精度和可靠性符合要求。

竖向位移差值占比　　　表3

| 监测项目 | 差值/mm | 比例/% | | |
| --- | --- | --- | --- | --- |
| | | 0～0.5mm | 0.5～1.0mm | 1.0～1.5mm |
| 竖向位移 | −1.15～1.43 | 34.6 | 42.3 | 23.1 |

深层水平位移监测点均布设在围护结构内，自动化监测和人工监测数据采集间距均为每0.5m采集一个数据，深层水平位移监测累计变化量差值统计如表4所示。

深层水平位移差值占比　　　表4

| 监测项目 | 差值/mm | 比例/% | | |
| --- | --- | --- | --- | --- |
| | | 0～1mm | 1～2mm | 2～3mm |
| 深层水平位移 | −2.47～2.42 | 14.3 | 57.1 | 28.6 |

同时选取车站长边中点受力变化明显位置的两个深层水平位移监测点作为特征点，对比分析自动化和人工监测数据的变化趋势，深层水平位移监测点ZQT4、ZQT11自动化和人工监测对比曲线如图8所示。

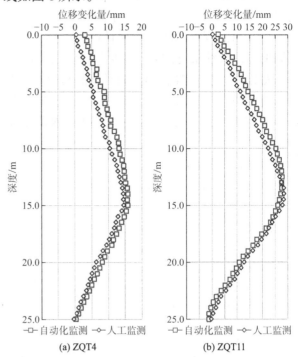

图8　深层水平位移自动化和人工监测对比曲线

从表4中可以看出，深层水平位移自动化监测和人工监测成果的差值在2mm之内的占比为71.4%，其余差值均未超过3mm，自动化监测和人工监测成果基本相吻合。

从图8中可以看出，自动化监测和人工监测反映的监测点深度-位移变形曲线趋势基本一致，最大变化量所在深度也基本位于同一位置，自动化监测可准确反映出围护结构深部的水平位移变化情况。

支撑轴力自动化监测和人工监测相比，数据采集和计算方法相同，仅数据采集设备不同。因此，在每一个传感器安装前后，均进行人工监测频率读数值和自动化监测频率读数值的对比，根据二者的频率读数差值计算出支撑轴力差值。从表5中可以看出，支撑轴力监测传感器自动化监测轴力值和人工监测轴力值的差值均在30kN之内，其中差值在20kN之内比例为88.0%，支撑轴力自动化监测和人工监测轴力差值较小，表明自动化监测精度和可靠性符合要求。

支撑轴力差值占比　　　表5

| 监测项目 | 差值/kN | 比例/% | | |
| --- | --- | --- | --- | --- |
| | | 0～10kN | 10～20kN | 20～30kN |
| 支撑轴力 | −15.6～26.2 | 63.3 | 24.7 | 12.0 |

水位自动化监测采用振弦式渗压计进行观

测，根据水深与压力呈正比关系的静水压力原理，通过传感器振弦频率的变化间接反算出水位的变化[7-9]，人工监测采用钢尺水位计进行观测。两种不同的监测方法最终的累计变化量差值如表6所示。从表6中可以看出，水位自动化监测和人工监测的差值均在40mm之内。这是由于人工监测受外界观测条件影响较大，同时仪器本身观测精度相对较低，导致二者存在一定差异，但总体趋势和可靠性符合相关要求。

**地下水位监测差值占比　表6**

| 监测项目 | 差值/mm | 比例/% | | |
| --- | --- | --- | --- | --- |
| | | 0~15mm | 15~30mm | 30~40mm |
| 地下水位监测 | −32.4~37.75 | 27.8 | 40.2 | 32.0 |

### 5.2 车站结构装配阶段

在车站结构装配阶段各道支撑将逐步进行拆除，由于装配结构未闭合，无法支撑围护结构变形，在施工期间将会严重影响施工安全。车站装配结构拼装过程如图9所示。

图9　车站装配结构拼装

建设过程中保障施工安全，及时提供有效的监测数据信息给业主单位，并以此了解施工中的安全性与稳定性。同时，通过监测数据变化趋势分析建设过程中潜在隐患及风险进行及时准确的预报，进而采取相应的措施降低不利于公共安全的事故发生概率。根据现场施工工况实时控制自动化监测系统在施工作业中采集监测数据，反映结构的变形特点。为保障自动化监测数据的灵敏性和可靠性，通过对自动化监测与人工监测数据的对比分析进行验证。

根据表7数据，绘出各关键施工期各监测项目自动化数据的可靠性，如图10所示。

**各道支撑拆除阶段自动化数据可靠性占比　表7**

| 监测项目 | 比例/% | | | |
| --- | --- | --- | --- | --- |
| | 第四道支撑拆除 | 第三道支撑拆除 | 第二道支撑拆除 | 第一道支撑拆除 |
| 竖向位移 | 88.2 | 89.7 | 91.3 | 91.7 |
| 水平位移 | 91.4 | 92.1 | 92.5 | 93.0 |
| 墙体深层水平位移 | 88.2 | 88.8 | 89.4 | 91.1 |
| 支撑轴力 | 93.6 | 93.1 | 94.1 | 95.7 |
| 地下水位 | 92.2 | 93.8 | 93.6 | 94.8 |

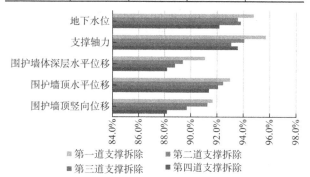

图10　不同施工期各自动化监测项数据稳定性占比

根据图10数据可看出，车站结构装配不同时间段对各项自动化监测数据影响较小，地下水位、支撑轴力、围护墙顶水平位移自动化监测数据稳定性较高，均在90%以上，围护墙体深层水平位移、墙顶竖向位移由于设备及监测方法不同受外界观测条件影响较大，导致二者存在一定差异。但自动化监测和人工监测累计成果趋势相吻合。

所以，在结构装配阶段实时自动化监测的可靠性较高，进而可将监测信息准确而及时地反馈出来，并在传递渠道的高效性与便捷性方面存在明显优势。

## 6　结语

在社会经济不断发展和互联网技术不断普及的形势下，单纯使用传统的人工监测手段已经远远无法满足地铁装配式车站监测的实际需求，而自动化监测技术的应用成为必然趋势。对此，我们要不断加强自动化监测技术的研究，不断地提升自动化监测技术应用水平，从而将其更好地应用到类似工程施工监测过程中，为工程的安全施工提供保障。

地铁装配式车站工程基坑开挖阶段和结构装配阶段各项自动化监测数据与人工监测复核数据对比分析，两种方法观测成果基本保持一致，变形趋势吻合较好，进一步验证了全自动化监测技术在地铁装配式车站工程监测中应用的可靠性；实际应用结果表明，全自动化监测技术能够应用于地铁装配式车站工程建设期的变形监测。

## 参考文献

[1] 熊飞, 牟谷一, 袁彬彬. 自动化监测在基坑施工中的应用[J]. 智能建筑与智慧城市, 2021(10): 51-52.

[2] 王广. 自动化监测系统应用于基坑监测的特点[J]. 西部资源, 2021(2): 173-175.

[3] 陈深德. 深基坑工程自动化监测技术研究[J]. 科技风, 2020(35): 111-112.

[4] 杨晓磊. 近地铁基坑施工对车站变形的影响分析[D]. 郑州: 郑州大学, 2020.

[5] 张明, 闫亮, 潘楚沩, 等. 深基坑施工对紧邻地铁车站安全的影响[J]. 土木工程与管理学报, 2020, 37(2): 99-104, 121.

[6] 赵尘衍, 刘全海, 谢友鹏, 等. 自动化监测技术在地铁基坑工程监测中的应用[J]. 城市勘测, 2019, 169(1): 198-202.

[7] 许余亮. 深基坑工程中自动化监测技术的应用[J]. 城市道桥与防洪, 2018, 228(4): 166-171.

[8] 何兴刚. 自动化监测系统在深基坑监测中的应用[J]. 绿色环保建材, 2019, 152(10): 60-62.

[9] 张坤, 李海礁. 华勘科研大厦深基坑监测与结果分析. 勘察科学技术, 2014(6): 30-34.

[10] 易华, 韩笑, 王恺仑, 等. 物联网技术在大型水电站安全监测自动化系统中的应用[J]. 长江科学院院报, 2019, 36(6): 166-170.

# 基于 BIM 的自动化监测系统——前湾信息枢纽工程监测实录

尹志超　　刘友明

（深圳市勘察测绘院（集团）有限公司，广东深圳　518000）

## 1　引言

随着社会发展水平的不断提高，城市建设规模得到飞速提升。为了保证城市空间的利用率，高层建筑工程日益增多，基坑工程较以往更深、更大。随着基坑工程的深度增加，深基坑设计及施工越为复杂，这对基坑工程实施过程中的安全提出了更高的要求。自动化监测系统因为自动采集数据、实时反馈结果的优点得到了越来越广泛的应用[1-4]，成为实施基坑工程设计与施工的有力保障。

本文以深圳前海片区前湾信息枢纽中心项目为例，全面介绍了基于 BIM（建筑信息模型）建模的自动化监测可视化系统在基坑工程监测中的实际应用，评估取得的效果，为今后类似工程研究提供了参考经验。

## 2　工程概况

全国首座超高层数据智慧中心——前海信息枢纽中心项目是前海新基建布局的重要项目，实现"数字前海"的基础设施底层架构，被誉为深圳前海"智慧大脑"。本项目以创新性设计、多功能复合、高质量建造和可持续性的工艺为亮点，打造深圳前海"新基建"领域标杆。

前湾信息枢纽中心项目位于前湾片区九单元六街坊 09 地块，听海大道与前湾三路交汇处东侧。该项目用地面积约为 7683m²，基坑深度为 19.1～25.1m。场地原始地貌单元属海域，后经人工填海造陆，原始地形为绿化园林平地，靠近听海大道及广深沿江高速路侧都有草坪及灌木，听海大道侧的草坪为倾斜度约 20°的坡，地势为北高南低。周边存在污水、燃气、雨水等管道。

基坑支护方案采用 1.2m 厚地下连续墙＋支撑的方案，采用四道钢筋混凝土支撑，地铁隧道侧和沿江高速高架桥侧外排设直径 1.0～1.2m 的旋挖桩。

基坑采取明排降水，在基坑的中部先一定程度超深开挖，汇集土层的渗水，及时抽排出基坑。浇筑底板时，基坑底面设集水坑，将积水汇集抽排出基坑。

## 3　岩土工程条件

根据勘察资料，场地内主要分布地层为：第四系人工填土层、第四系海陆交互沉积层、第四系冲洪积层以及残积层，下伏基岩为蓟县系-青白口系混合岩。蓟县系-青白口系混合岩：混合岩岩石的颜色因风化程度、矿物成分差异而呈青灰、浅灰、灰白等色，风化后呈灰褐、褐黄等色，主要矿物成分为长石、石英，次要矿物为黑云母、角闪石，细粒结构，弱片麻状构造。按其风化程度，勘察报告显示勘察揭露其全风化、强风化、中风化和微风化四带。

场地内各钻孔遇见地下水，地下水主要赋存于第四系各地层的孔隙和基岩裂隙中，地下水类型主要为潜水。

根据勘察报告，场地内第四系冲洪积层砾砂为强透水地层，赋存丰富的地下水，是场地内地下水运移的主要通道。混合岩各风化带内所赋存的地下水属基岩裂隙水，受节理裂隙控制，未形成连续、稳定的水位面。

地下水排泄主要有地下水泄流和蒸发排泄两种形式：地下水泄流是地下水分散排入河流、海水等地表水体；蒸发排泄包括潜水土面蒸发和植物叶面蒸发。

地下水径流方向受地形地貌控制，根据场地条件及地表水系分布情况，地下水大致径流流向为从南向北。未见场地内或场地附近存在对地下水和地表水的污染源。场地地下水主要为潜水，勘察期间为枯水季节，勘探期间测得钻孔初见水位埋深为0.60~6.00m。钻探完成统一测得地下水稳定水位埋藏深度为0.60~6.00m。

# 4 监测工作实施

## 4.1 项目概况

为确保基坑支护结构的稳定性，及时了解地下水位、地下管线、地下设施、地面建筑在开挖施工工程中所受的影响程度，提供深基坑工程施工的安全保障，建立深基坑工程安全监控系统是非常必要的[5-6]。本项目利用高精度全自动全站仪、传感器单元等进行监测数据采集，经过无线数据采集、传输模块，将监测数据上传至云平台数据库。通过BIM模型实时读取调用云平台中的监测数据，实现监测数据与现场模型结合的可视化。自动化数据采集通过远程无线监控，可按需求设置采集频率，自动采集、传输、管理、分析数据，达到实时监控的目的。

## 4.2 基于BIM建模的自动化监测可视化系统架构

基于BIM建模的自动化监测可视化系统主要由自动化监测系统和三维可视化系统两部分组成（图1），包括传感器层采集层、无线数据传输层、云平台数据库存储处理层、BIM可视化展示层[7-8]。

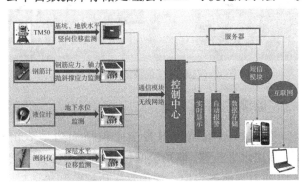

图1　自动化监测可视化系统架构

### 4.2.1 自动化监测系统

自动化监测系统即传感器与无线节点连接，无线节点数据再通过无线GPRS网络发送至监控中心的网关，网关再将数据统一发送至知物云端，实现自动化监测数据的采集与传输。一般采用分布式系统，即指底层的无线节点通过自组建的无线网络将采集的数据传送至网关，知物云即可从网关直接读取采集数据的一种智能全无线系统。主要组件为：

（1）知物云：数据显示、数据存储中心、客户端接口；

（2）网关设备：承接知物云与底层网络的中间设备，实现通信交互、数据存储、协议转换等；

（3）终端节点：均为底层无线网络成员，负责采集传感器数据，兼备路由中继功能。

依靠成熟的GPRS/GSM网络，在网络覆盖区域内可以快速组建数据通信，即可实现监测实时远程传输至SQLserver数据库。

监测设备接入知物云平台，平台集成侧功能模块包括个人设置、首页、监控、集成、网盘、事记、管理。在集成侧完成配置后，客户通过账号、密码可进入用户端进行数据查看。此平台支持跨平台间通过API的方式进行数据调用。

设备平台为跨平台间的链接提供了API的调用方式，三维模型平台、第三方监督机构平台均可通过API调用的方式实现从设备平台快速、便捷地完成数据的调用。

API数据调用通过访问链接，可依次获取结构物信息→结构物下的监测因素→获取测点名称→测点的监测数据。

本项目专门针对监测开发云服务平台，云服务平台用于对基坑监测自动化系统采集的监测数据及其他有关安全的信息进行自动获取、存储、加工处理和输入输出，并且为数据分析软件提供完备的数据接口。本平台为运行人员提供了保存和处理工程安全信息的现代化手段，以便利用安全监测数据和各种安全信息对工程状态作出分析判断，能按监测要求对基坑安全监测资料进行整理分析，生成有关报表和图形，做好工程安全运行和管理工作。

### 4.2.2 三维可视化系统

三维可视化系统基于三维可视化全景展现技术和施工场地环境、基坑、监测设备构成的三维场景，呈现从基坑现场各监测设备上传的各项基坑监测数据以及项目信息数据、报警信息数据、监测状态数据，借此展示自动化监测状况。

三维可视化系统主要对基坑周边环境、基坑模型、监测设备模型以及自动化监测数据进行综合展示。主要包含监测数据获取、三维浏览、基坑监测状态显示、三维查询、施工进度模拟、报警管理等功能模块。

三维可视化展示流程主要为基坑三维 BIM 模型建模、监测数据获取等。具体流程如图 2 所示。

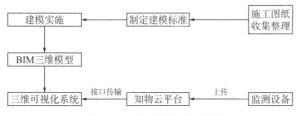

图 2　三维可视化展示流程

建模技术人员在建模软件中按规定建模标准设定项目基点、定位、方位、模型单位、坐标系统及高程系统、统一的单位与度量制，然后分别对各模型进行 BIM 建模。主要包括周边环境模型建模、基坑模型建模、基坑监测设备建模。

（1）周边环境模型是基坑监测三维场景的基础模型。

（2）基坑模型是基坑监测三维场景的主体模型，建模技术人员应严格按照施工图纸进行构建和布放 BIM 模型，对于未提供图纸的部分，则应按照现场采集的照片进行构建（图 3）。应贴图真实，摆放位置准确，根据属性资料，录入属性，并且支持模型分层、单独查询、剖切等效果，1∶1 还原基坑场景。需要注意的是，为了实现基坑施工进度模拟的效果，建模技术人员在录入属性时，需要录入相关时空属性。

图 3　基坑 BIM 模型

（3）基坑监测设备模型作为基坑监测三维场景的点位模型，建模技术人员应严格按照设备安装布点图、设备尺寸图进行构建和摆放设备 BIM 模型。需贴图真实，可直观表示监测设备种类、样式。摆放位置准确，根据属性资料，录入设备编号属性、设备类型、安装状态属性，可支持点击查询，并且根据设备模型样式来区分实际场景中各类监测设备的空间分布、数量情况等。

BIM 模型建设完成后，将 Revit 软件格式的 BIM 模型通过编写插件，从 Revit 软件中直接将 BIM 模型导入平台中，实现 BIM 模型无损转换。通过工地场地环境、基坑、监测设备的 BIM 建模，以及整体模型优化调整，增加光影渲染，最终可实现现实到虚拟场景的构建，为基坑监测数据可视化提供三维场景。

通过全自动全站仪、传感器单元的方式，经过无线采集单元、数据采集处理系统将监测数据上传至知物云平台。通过 BIM 模型表现出知物云平台中的监测数据，实现模拟可视化、异常消息推送，与实际场景的联动。

三维可视化系统包含查看监测点埋设情况、基坑施工进度模拟、报警点位及信息、展示监测数据变化趋势等功能（图 4）。

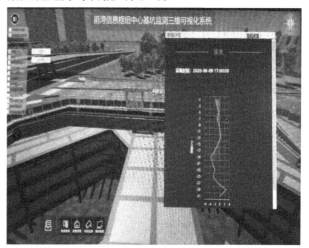

图 4　三维可视化系统数据查看

### 4.3　监测内容及布置

本项目基坑监测内容主要包括周边地表沉降、墙顶水平位移、墙顶竖向位移、立柱竖向位移、支撑轴力、地下水位、深层水平位移监测等。

其中墙顶水平位移、墙顶竖向位移、立柱竖向位移采用测量机器人，支撑轴力使用钢筋计 + 频率自动采集箱，地下水位采用液位计，深层水平位移采用固定式测斜仪等仪器传感器配合数据无线传输发送模块实现自动采集上传。具体点位埋设及点位布置详见图 5。

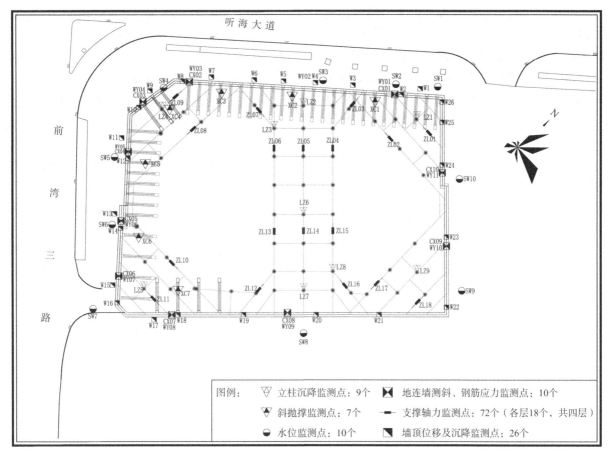

图 5　基坑监测平面布置示意图

图例：
▽ 立柱沉降监测点：9个　　　🔀 地连墙测斜、钢筋应力监测点：10个
▼ 斜抛撑监测点：7个　　　　─ 支撑轴力监测点：72个（各层18个，共四层）
◑ 水位监测点：10个　　　　　◩ 墙顶位移及沉降监测点：26个

# 5 工程成果与效益

本项目通过采用自动化监测与 BIM 建模技术相结合的方法，构建了一套基于 BIM 建模的自动化监测可视化系统，提供了基坑工程从围护结构施工开始至基坑回填完成全过程的监测数据，监测成果为信息化施工和优化设计提供了依据，有力保障了重要项目的顺利完工，取得了较显著的社会效益和经济效益。

基坑支护方案采用 1.2m 厚地下连续墙 + 支撑的方案，采用四道钢筋混凝土支撑。本项目于 2019 年 9 月开始施工，到 2022 年 1 月完成回填，整个基坑及基础施工完成较顺利。

本项目各监测项前期变化相对较小，随着土方开挖深度增加变化逐渐增大，2022 年 1 月底板浇筑后趋于稳定。项目实施期间定期进行人工复核数据与自动化监测数据比对，结果差异较小，满足监测要求，说明基于 BIM 建模的自动化监测可视化系统技术可行。监测结果表明：本基坑围护体系在整个监测过程中未出现异常现象，说明本基坑支护结构设计合理、施工质量较好，发挥了应有的工程作用。

# 6 总结

监测工作是保障基坑及周边安全，合理进行设计优化，衡量施工质量的重要工作。在科学技术快速发展的今天，传统的人工监测存在频率较低、信息反馈滞后的缺点，自动化监测系统具有可高频率实时采集数据、高效处理反馈信息的优点，能较好地解决人工监测存在的问题，也是变形监测行业发展的趋势。

本文以深圳市填海区前湾信息枢纽工程基坑第三方监测项目为背景，展示了一个自动化监测系统与三维可视化结合的案例，通过实例验证了自动化监测系统与 BIM 技术结合的可行性，得出了基于 BIM 建模的自动化监测可视化系统具有替代传统人工监测手段的能力，能更好地实现信息化施工的结论。

此基于 BIM 建模的自动化监测可视化系统存在模型建立周期较长，成本较高不易推广等缺点。

下一步研究工作将考虑如何提高效率，缩短建模周期以及如何控制成本。或可考虑使用其他技术手段实现监测成果的三维可视化，如将监测数据整合到 VR（虚拟现实）资源中。总而言之，基于 BIM 建模的自动化监测可视化系统技术上是可行的，发展前景是广阔的，是解决监测问题的重要路径。

## 参考文献

[1] 王娟, 游弘宇, 杨庆山, 等. BIM 在基础设施智能监测中的研究与应用进展[J]. 华中科技大学学报(自然科学版), 2022, 50(8): 105-116.

[2] 徐瑞, 叶芳毅. 基于数字孪生技术的三维可视化水利安全监测系统[J]. 水利水电快报, 2022, 43(1): 87-91.

[3] 胡茗泉, 姜谙男, 于海, 等. 基于 BIM 的拱盖法地铁车站多元信息监测系统设计与开发[J]. 土木建筑工程信息技术, 2021, 1(5): 20-27.

[4] 张朝阳. 基于BIM的智慧工地建设现状与调研[J]. 上海建设科技, 2019(6): 54-56.

[5] 齐红升, 肖成志, 王子寒, 等. 深基坑智能联网监测与预警系统的研究及开发[J]. 深圳大学学报(理工版), 2020, 37(1): 97-102.

[6] 苗苗, 戴超, 袁渊, 等. 基于智慧工地大数据管理平台的建筑工程安全管理探索与应用[C]//第四届高层与超高层建筑论坛暨 2019 中国建筑学会工程建设学术委员会年会论文集, 2019.

[7] 郑世杰, 杨锐, 郭树勋, 等. 基于 BIM 和自动化远程数据采集的地铁基坑信息化监测系统[J]. 施工技术, 2018, 47(S1): 1543-1547.

[8] 赵峰. 基于 BIM 的基坑工程自动化监测平台研发[J]. 煤田地质与勘探, 2018, 46(2): 151-158.

# 基坑开挖卸荷条件下地铁隧道竖向变形分析与应用

熊佳亮[1]　袁耀波[2]　詹　鹏[1]

（1. 北京城建勘测设计研究院有限责任公司，北京　100101；

2. 佛山市轨道交通局，广东佛山　528000）

## 1　引言

随着城市建设的高速发展，地铁隧道周边的施工作业越来越频繁，尤其是骑跨在已建地铁隧道正上方相互间距离很小的基坑开挖作业，这对安全监测提出了更高的要求。在施工、地铁运营过程中，需要时刻关注地铁隧道结构的变形值及变形趋势[1]。运用测量机器人实时监测地铁隧道结构的实际状况及其稳定性，为保证工程安全提供保障，同时监测信息也将为修改设计、指导施工提供可靠的科学依据。

基于此，本文以深圳市福田保税区自由港湾公寓项目基坑开挖影响正下方深圳地铁 3 号线地铁盾构隧道区间为例，运用全自动化监测系统对隧道变形进行实时监测，对基坑开挖全过程中不同阶段隧道结构竖向位移变形规律进行研究分析，隧道变形监测数据及时反馈，成功履行了隧道上方基坑施工"眼睛"的职责。

## 2　工程概况

### 2.1　工程简介

福田保税区自由港湾公寓项目位于凤凰道与桂花路交叉口东南侧，基坑深度为 10.8～12.0m，安全等级为一级。该地下室基坑所处地层自上而下主要为素填土、淤泥质粉质黏土层等软弱地层，坑底位于淤泥层。运营地铁 3 号线区间隧道沿南北方向以 45°角斜下穿二层地下室，盾构隧道顶板距地下室基坑底 5.93～6.51m。

### 2.2　外部作业影响等级

基坑开挖施工作业位于地铁 3 号线区间隧道结构正上方，结构底板与隧道净距最小为 6.73m。

在制定隧道自动化监测方案前，首先要确定外部作业影响等级。

根据《城市轨道交通结构安全保护技术规范》CJJ/T 202—2013 中规定，本工程对地铁隧道结构影响等级为：接近程度属于接近，外部作业工程影响分区属于强烈影响区[2]。综合判定：外部作业影响等级为特级，如表1～表3所示。

**接近程度的判定标准　　　表 1**

| 施工方法 | 相对净距 | 接近程度 |
| --- | --- | --- |
| 明、盖挖法 | < 0.5H | 非常接近 |
| | 0.5H～1.0H | 接近 |
| | 1.0H～2.0H | 较接近 |
| | > 2.0H | 不接近 |

注：H为明挖、盖挖法城市轨道交通结构的基坑开挖深度。

**明挖、盖挖法外部作业的工程影响分区　　　　表 2**

| 工程影响分区 | 区域范围 |
| --- | --- |
| 强烈影响区 | 结构正上方及外侧 0.7h，范围内 |
| 显著影响区 | 结构外侧 0.7h～1.0h，范围内 |
| 一般影响区 | 结构外侧 1.0h～2.0h，范围内 |

注：h为明挖、盖挖法外部作业结构底板的埋深。

**外部作业影响等级的划分　　　表 3**

| 外部作业工程影响分区 | 接近程度 | | | |
| --- | --- | --- | --- | --- |
| | 接近 | 接近 | 较接近 | 不接近 |
| 强烈影响区 | 特级 | 特级 | 一级 | 二级 |
| 显著影响区 | 特级 | 一级 | 二级 | 三级 |
| 一般影响区 | 一级 | 二级 | 三级 | 四级 |

## 3　隧道自动化监测实施

### 3.1　监测布点设计

（1）监测断面设计

本工程在坑底至地铁 3 号线竖向范围内的主

要影响区布置测点，按 5m 间距布置监测横断面。在基坑两侧各 50m 范围内的次要影响区，按 10m 间距布置监测横断面。每个监测断面布设 5 个监测点，分别位于拱顶、拱腰及道床位置，主要影响区监测平面、影响区断面布置见图 1、图 2。

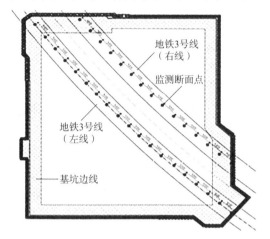

图 1　主要影响区监测平面布置图

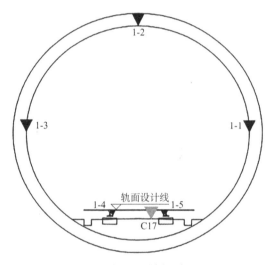

图 2　影响区监测剖面布置图

（2）测站设计

测站布设在施工影响区域内通视较好处，全站仪及其附属设备安装在隧道侧腰位置，安装测站时不能侵入隧道限界，以免影响地铁运营行车的安全，如图 3 所示。

### 3.2　多台测量机器人联测基准网建立

（1）坐标系统建立

本工程将影响区域（3 倍基坑深度范围）以外视为相对稳定不变的区域，并将基准点布设在该区域，根据地铁 3 号线隧道轨行区监测范围及监测断面数确定左右线采用 3 个测站。隧道内采用独立坐标系统，下面以左线隧道为例，说明坐标系统的建立过程。

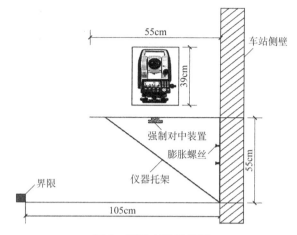

图 3　测站布置示意图

左线有 3 个测站，以中间测站 CZ02 为起算点，假定其坐标为(1000,1000,10)，通过测站 CZ02 照准公共点 G08 方向进行定向，以隧道纵轴方向为 $X$ 轴正方向，以垂直 $X$ 轴方向为 $Y$ 方向，定向后采用极坐标法测出左侧（G01～G06）、右侧（G07～G12）12 个公共点坐标；平差后以最小中误差的坐标值作为左、右侧 12 个公共点的坐标值；然后以左、右侧 12 个公共点坐标为基础，采用后方交会法分别定出测站 CZ01 和测站 CZ03 的坐标；以测站 CZ01～CZ03 可测出各测点坐标及影响区域端头的基准点、工作基点坐标，基准点坐标平差后得出最小中误差的坐标为最终坐标，并假定两侧基准点坐标不动，以基准点坐标解算所有测点的坐标值，坐标系统建立示意图如图 4 所示。

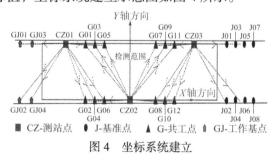

图 4　坐标系统建立

（2）监测控制网布设

根据本监测项目的监测范围，每条隧道布设一个独立自由站点的监测控制网，每个独立自由站点的监测控制网设置 8 个全站仪自动化监测控制点（J1～J8），均布置在施工影响区域外两端。每端 4 个点，并在控制点同一断面布设人工水准监测点。同时在监测控制网的外侧 30m 之外布设 4 个全站仪控制网基准检核点（BM1～BM4）以及 4 个人工水准校核点，如图 5 所示。

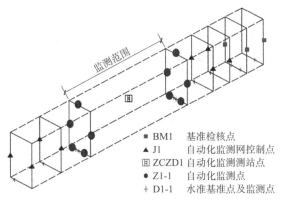

图 5　监测控制网布置图

图例：
- ■ BM1　基准检核点
- ▲ J1　自动化监测网控制点
- ⊞ ZCZD1 自动化监测测站点
- ● Z1-1　自动化监测点
- + D1-1　水准基准点及监测点

（3）多台测量机器人联测

隧道长区间内需要采用多台测量机器人监测，为确保数据的准确性，首先需要实现基准网的联测，即把隧道两侧稳定区域内的基准点和受影响区域内的监测点联系起来。全站仪位于隧道结构变形区域中，在监测中必须先确定全站仪本身的精确位置，再由各台全站仪负责各自监测区域内监测断面点的变形，并提供监测点即时监测数据信息。由于多台全站仪自动化监测系统与单台监测系统相比，优势在于扩大了监测范围，但稳定性不如单台，精度也会差一些。因此本工程基准网联测采用基于公共点连接的自由设站法，通过增加搭接点、优化搭接点位置等措施，连续传递附合至两端基准点以实现多台测站联合测量，动态测定全站仪测量期间即时的位置（三维坐标）变化情况，提供即时监测仪器位置数据，即为监测各断面监测点提供基础数据。通过相邻测站分别观测公共连接点将基准点、连接点、测站点连成隧道平面控制网，通过系统动态实时平差解算得出测站点精密三维坐标，再利用测站精密三维坐标自动计算各个监测点的三维坐标。如此，便可通过公共点实现基准网的联测及统一平差，对整个坐标系统进行控制，极大地提高了多站测量精度，加强了对整条地铁隧道的实时监控[3]。其中，公共连接点上埋设 Leica 360°全向棱镜。

# 4　隧道变形数据分析

基坑支护的咬合桩、立柱桩和主体结构的工程桩施工阶段，隧道有一定的下沉趋势。基坑开挖卸荷后，位于底下的隧道在竖向上又有不同程度的上浮，竖向位移累计变化最大值出现在土方开挖至基坑底部时为 5.2mm；随着上部建筑物主体

结构施工的进行，隧道逐步发生轻微下沉。隧道上部公寓楼主体结构加载完毕后，竖向位移累计变化最大值为 3.8mm，并未恢复至初始状态。若建筑物楼层继续增加，荷载不断增大，则盾构隧道竖向位移可能恢复至最初状态。下面以左线隧道内部受基坑开挖卸荷影响最为敏感的 5 个拱顶点所在的整个施工期间自动化监测数据的变化来分析隧道变形规律[4]。

## 4.1　土方开挖施工阶段

自 2020 年 7 月 22 日起开始进行围护结构及工程桩施工，至 2021 年 7 月 23 日开挖至隧道顶 10m 位置（即分仓开面，标高−3.6m），共历时 12 个月。在此期间，通过对隧道变形的实时监测，使施工单位和设计单位及时了解和掌握隧道变形情况，施工单位根据监测数据结果及时联合设计确定是否调整施工方案，避免超挖、超载，降低基坑开挖后土体卸载导致隧道变形隆起的影响。同时，自动化监测手段为后续在隧道正上方实施分仓开挖起到了调节指导作用。

（1）围护结构及工程桩施工

桩施工阶段产生的振动会使地下结构发生位移和变形，也会改变土体的应力状态，造成应力重分布。咬合桩、立柱桩和水泥搅拌桩加固和工程桩施工阶段，隧道有轻微下沉，围护结构及工程桩施工全部完成时（2021 年 1 月 24 日）最大下沉点为 Z21-4，下沉量为 2.2mm，隧道结构竖向变形如图 6 所示。

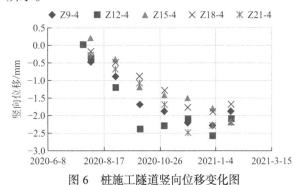

图 6　桩施工隧道竖向位移变化图

（2）土方开挖至分仓开挖面（−3.6m 标高）

围护结构及工程桩施工完成后，随着基坑开挖卸荷，盾构隧道逐步发生上浮。当基坑开挖至分仓面标高−3.6m 时，根据自动化监测数据显示，地铁隧道拱顶点竖向变形最大测点 Z15-4 达到 4.5mm（接近预警值 6mm），基坑土方开挖至−3.6m 标高面期间隧道结构竖向变形如图 7 所示。

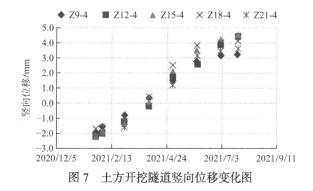

图 7　土方开挖隧道竖向位移变化图

## 4.2　分仓开挖施工阶段

在开挖至标高−3.6m 处时，累计最大上浮量已达到了 4.5mm，离预警值 6mm 相差仅 1.5mm。对于后续基坑开挖，如何控制好地下隧道结构的变形，使其处于一个绝对安全的状态，及时调整施工方案尤为关键。

在保证地下室建筑面标高不变的前提下，通过调整配筋、设置暗梁等结构措施优化底板厚度，将底板板厚由 2200mm 优化为 1800mm，同时将底板顶面建筑找坡层厚度由 300mm 优化为 100mm。从而将分仓开挖竖井底标高由−7.2m 提高至−6.6m，隧道顶面和结构底板底面净距增加 0.6m，减少了开挖量，对隧道上浮变形控制更加有利。

土方开挖至分仓面标高−3.6m 后，盾构区土方采用分仓开挖，共分为 36 个仓，每个仓尺寸约为 16m×4.5m，分仓开挖期间隧道结构竖向变形如图 8 所示。

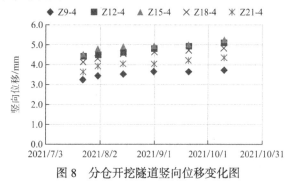

图 8　分仓开挖隧道竖向位移变化图

由图 8 可知，分仓开挖期间隧道仍有上浮，但整体变化趋势已经放缓，土方开挖至基坑底部时，最大上浮测点为 Z15-4，其上浮量为 5.2mm。

## 4.3　主体结构施工阶段

基坑开挖完成后，地下室及主体结构开始施工。随着基坑加载强度的增加，隧道竖向位移得到适量恢复。基坑加载完成后，土压力虽然有所恢复，但是并未达到最初状态。地下室结构施工及地上主体结构施工期间隧道结构竖向变形如图 9、图 10 所示。

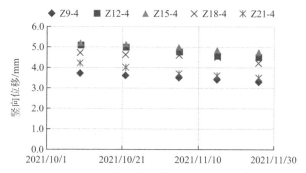

图 9　地下室结构施工隧道竖向位移变化图

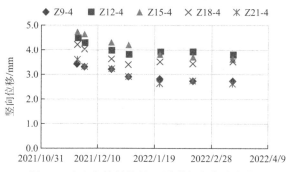

图 10　地上主体结构施工隧道竖向位移变化图

由图 10 可知，地下室及上部主体结构施工期间，隧道整体结构略微有下沉，最终随着主体结构施工完成，变形数据趋于稳定，但并未能恢复达到最初状态，隧道竖向结构变形安全可控[5]。

## 5　结语

（1）通过判定外部作业工程与地铁隧道接近程度，结合外部作业工程影响分区，从而判断外部作业影响等级，是开展隧道自动化监测，确定影响范围、监测等级、监测精度、监测布点、方案编制的关键。

（2）根据现场实际情况，合理布设基准点、测站点及监测点；建立合理的隧道控制网及坐标系统；公共连接点采用 Leica 360°全向棱镜，实现基准网的联测及统一平差。这些措施都能提高监测数据的准确性，为隧道结构变形控制提供了数据支撑。

（3）围护结构及工程桩施工期间，下方地铁隧道会有一定下沉趋势。随着基坑全面开挖，土方卸荷，地铁隧道上方覆土应力逐步减小，主要发生竖向变形，表现为隧道结构的隆起变形，隧道最大竖向位移出现在基坑土方开挖卸荷完成阶段。主体结构施工，基坑加载完成后，隧道上方应力重分布有所恢复，但并未达到最原始状态。

（4）运用全自动化监测系统对基坑开挖全过程中不同阶段隧道结构竖向位移进行监测，及时反馈监测数据，其监测信息为修改设计指导施工提供可靠的支撑，进而保证地铁隧道的安全，成为地铁上方基坑工程安全施工不可或缺的重要手段。

## 参考文献

[1] 陈晓燕. 地铁盾构区间上方深基坑开挖对隧道的影响分析[J]. 都市快轨交通, 2013, 26(2): 84-87.

[2] 住房和城乡建设部. 城市轨道交通结构安全保护技术规范: CJJ/T 202—2013[S]. 北京: 中国建筑工业出版社, 2013.

[3] 靳羽西, 纪万坤, 孙立坤. 多台测量机器人监测系统在地铁隧道中的应用[J]. 北京测绘, 2020, 34(10): 1338-1342.

[4] 段忠辉. 既有地铁区间隧道上方深大基坑开挖安全影响分析[J]. 建筑结构, 2020, (50): 747-752.

[5] 姚爱军, 张剑涛, 郭海峰, 等. 地铁盾构隧道上方基坑开挖卸荷-加载影响研究[J]. 岩土力学, 2018, 39(7): 2318-2326.

# 深圳地铁 12 号线区间软弱地层浅埋暗挖隧道地表沉降分段控制分析研究

党佳宁[1]　徐彦卿[2]

（1. 北京城建勘测设计研究院有限责任公司，北京　100101；
2. 深圳地铁建设集团有限公司，深圳　518000）

## 1　引言

随着粤港澳大湾区的建设以及交通先行强国战略的开展，深圳都市圈城市轨道交通建设的规模也越来越大，要求的建设周期越来越短。浅埋暗挖法工艺应用于城市轨道交通工程已经相当成熟，过多增加开挖工作面且缩短建设工期，如果地质勘察不充分或错误套用其他地方经验，会造成设计错误，进而危及工程安全。但由于复杂多变的工程水文地质条件以及隧道所处的周边复杂环境，引起隧道自身产生变形进而影响周边环境，导致施工风险事故屡有发生[1]。风险事故的发生会造成不良社会影响，这就对浅埋暗挖隧道变形监测精准分级管控值提出更高要求[2]，地表沉降作为其重要影响指标应重点关注变形及发展趋势。

本文以深圳市城市轨道交通 12 号线臣田站—桃源居站矿山法浅埋暗挖区间为例，运用监控量测对线路地表沉降进行监测，对地表竖向位移变形规律进行分析研究，反馈监测信息，调整设计和施工参数进行信息化施工。

## 2　工程概况

### 2.1　工程简介

臣田北站—桃源居站区间线路大体呈南—北走向，南起于臣田北站，北止于桃源居站，全长约 970.0m，埋深 10.5～21.3m。区间线路出臣田北站后沿前进二路继续前行，侧穿 4 栋 3～8 层建筑物后到达桃源居站。区间上方的主要管线有燃气塑料管

DN160 离隧道顶最小净距约为 8.1m、燃气钢管 DN250 与隧道顶间距 11.3m；局部建（构）筑物距离隧道的地面水平距离为 6.7～18.9m（隧道埋深 1 倍距离范围内），均为天然条形、独立浅基础（图 1）。

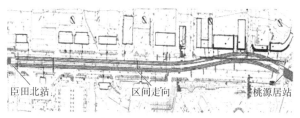

图 1　区间平面走向图

### 2.2　工程地质和水文

本区间层自上而下为：素填土、填碎（块）石，淤泥质粉质黏土、粉质黏土、含有机质砂，砂质黏性土，全—中等风化片麻状混合花岗岩层、全—中等变粒岩。

洞身范围主要为全—中等风化岩，部分断面为中等—微风化岩层（硬岩）出露，部分为全、强风化岩（软岩），甚至可能为残积土层，其围岩级别多为 V～Ⅵ级。

部分地段存在上软下硬、左软右硬（左硬右软）的情况，地下水水位较高，主要为孔隙潜水：砂层、卵石层，富水性和透水性较好，具中等—强透水性，基岩裂隙水在构造碎裂带中非常发育，水量丰富。

区间隧道在软弱地层（Ⅵ级围岩）采用环形台阶法＋临时仰拱暗挖施工，开挖横断面宽约 6.4m、高约 6.96m，采用复合式衬砌结构。对于软弱地层（Ⅵ级围岩）采用半段面注浆止水加固措施，注浆浆液采用水泥-水玻璃双浆液，在经济合理的前提下确保安全、工期的总体目标。

软弱底层（Ⅵ级围岩）隧道横断面见图 2。

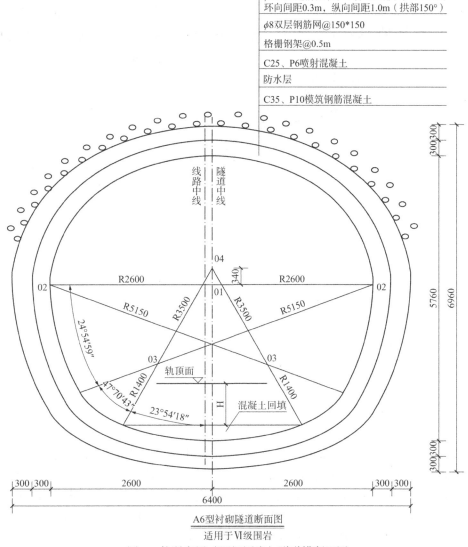

φ42*3.5超前注浆小导管（双排），L=3.5m，
环向间距0.3m，纵向间距1.0m（拱部150°）

φ8双层钢筋网@150*150

格栅钢架@0.5m

C25、P6喷射混凝土

防水层

C35、P10模筑钢筋混凝土

A6型衬砌隧道断面图

适用于Ⅵ级围岩

图2　软弱底层（Ⅵ级围岩）隧道横断面图

## 3　隧道监测实施

监测布点设计

监测点位和监测断面的合理布设有利于对浅埋暗挖隧道的全面监测管控，在地面上布置垂直于隧道轴线的沉降监测断面，分为主监测断面和次监测断面，其中主监测断面在隧道及周边地表均布设监测点，间距4～10m；次断面分别在两条隧道的轴线上布设地面监测点，间距10～20m。点号命名采用"断面里程号＋测点编号"形式从左向右进行。

## 4　变形数据分析

本次选取典型软弱地层（Ⅵ级围岩）的典型横

断面（图3）测点竖向位移进行分析，研究变形规律。本断面隧道顶埋深19.8m，左右线隧道平面距离为9m。地表沉降监测自距离开挖面前3倍洞径处开始监测，地表沉降控制值为−30mm，此值为设计文件中要求的控制值。

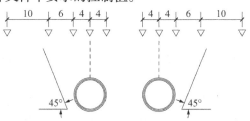

图3　测点布设断面图

数据分析

软弱地层施工过程中周边地下水下降严重，地表沉降特大，局部原有设计加固及支护不足以抵抗围岩变形，致使局部初支侵限。

自 3 月 18 日至 5 月 29 日，左、右线隧洞掌子面分别穿越 D20 + 111 监测断面共历时 71d。左、右线掌子面分别通过该断面时间为 3 月 30 日、4 月 11 日。

对图 4、图 5 进行分析，地表沉降主要存在四个阶段，分别是施工扰动回填土层、动载影响，爆破扰动、支护不及时引起周边土体应力重分布，初支完成后封闭成环。

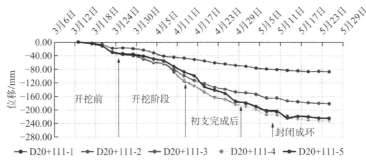

图 4　左线隧道竖向位移变化图

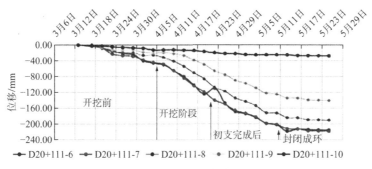

图 5　右线隧道竖向位移变化图

（1）以左线隧道轴线点 D20 + 111-4 为例，其中第一阶段 3 月 18 日至 3 月 30 日，历时观测 12d，该阶段沉降变形缓慢，其中最大累积下沉 −36.3mm，变形速率为 −2.83mm/d，但隧道未开挖到该断面时，该断面监测数据都分别超过控制值；该阶段的地表沉降占整体沉降约 15.5%，主要来自施工扰动上层回填土层及路面重车动载，致使自距离开挖面前 3 倍洞径处地表沉降已超过控制值 −30mm，引发红色预警，致使现场停工对该阶段数据沉降应采取设计预防措施，进行地质雷达空洞探测，对疏松地层进行注浆预加固。

（2）第二阶段环形台阶开挖过程，3 月 30 日至 4 月 17 日，历时观测 17d，该阶段沉降变形发展迅速，阶段沉降 −93.6mm，变形速率为 −5.51mm/d，该阶段的地表沉降量占整体沉降约 40.1%，应为主要控制沉降阶段。针对该阶段地表沉降应采取全断面注浆加固、加强支护方式、控制开挖长度、缩进支护距离、快速封闭成环、增加临时型钢格栅立柱等措施。

（3）第三阶段初支完成 4 月 17 日至 4 月 29 日，历时观测 12d，该阶段沉降变形发展较快，阶段下沉 −55.9mm，变形速率为 −4.66mm/d，此阶段

沉降量占比达到 24.0%，沉降速率逐步变小，仍为重点关注阶段。针对该阶段地表沉降应采取增加临时型钢格栅立柱支撑、注浆堵漏等措施。

（4）第四阶段，支护封闭成环后 4 月 29 日至 5 月 29 日，历时观测 30d，该阶段沉降变形发展缓慢，阶段下沉 −47.6mm，变形速率为 −2.38mm/d，此阶段沉降量占比达到 20.3%，此时沉降主要为隧洞周边岩土体缓慢自密实和地层地下水下降后的缓慢固结下沉，随着施工开挖面的逐步远离后缓慢沉降，该阶段是判断隧洞是否整体稳定、二衬施工的重要依据。

## 5　工程经验和效益

（1）左、右线点位沉降趋势基本一致，左线沉降普遍大于右线，能客观反映现场实际施工顺序，地表沉降随着距离隧道中线越远而逐渐减小，符合隧道地表沉降曲线的基本变化规律。

（2）部分断面监测点位全部超过控制指标，地表最大沉降 −233.4mm，是设计规定控制值 −30mm 的 7.75 倍，且在第一阶段就达到红色预

警，地层的均匀沉降不会导致地面开裂危及安全。累积值反映的是目前监测对象的安全状态，而变形速率反映安全状态的变化快慢，在考虑隧道周边环境复杂性的同时，结合地质、地层特性、现场实际，适当对经验控制值的设计参数调整优化。合理、科学的控制值可以避免频繁预警的发生，进而保障工期。

（3）对于软弱地层浅埋暗挖隧道的地表沉降，四个阶段的数据变化占比分别为 16%、40%、24%、20%，其中第二、三阶段占比达到 64%，应为重点控制阶段。通过监控量测数据反馈，对不良地层段进行设计调整，采取优化设计参数、加强施工工艺等措施加强，降低风险，同时对监控量测控制值也需分阶段、分级别按比例进行分配控制，使监控量测预警更精细化，满足工程自身和环境控制要求。

## 参考文献

[1] 李冯缔. 城市暗挖隧道施工风险管理研究[J]. 商品与质量, 2015.

[2] 齐震明, 李鹏飞. 地铁区间浅埋暗挖隧道地表沉降的控制标准[J]. 北京交通大学学报, 2010, 34(3): 117-121.

# 铁路工程原位测试新技术研究实录

程龙虎　刘　强　于廷新　张占荣　彭俊伟　涂仁盼　许泽鹏　张亮亮

（中铁第四勘察设计院集团有限公司，湖北武汉　430063）

## 1　引言

岩土原位测试技术相比室内试验具有免取样、扰动少、可连续测试的特点，最大限度地保持了岩土参数的客观性。经过多年发展，岩土原位测试方法从机械式到电测技术与信息化相结合，再到向智能化转变，变得越来越便捷、高效[1]，原位测试技术备受国内外岩土工程界推崇和重视。原位测试技术起源于国外，国内早期主要引用国外的研究成果，国内原位测试设备及方法、原位测试自动化及智能化等方面的研究和应用与欧美等发达国家存在一定差距，目前国内原位测试技术的信息化、自动化、智能化水平不高，制约了生产效率与测试精度的进一步提高。

随着国内高速铁路、高速公路、城市轨道交通等基础设施建设的飞速发展，近年来铁路工程原位测试理论和方法取得了长足进步。但随着深层地下空间建设的快速发展及诸如川藏铁路等重大、复杂工程的出现，对岩土工程勘察提出了更高的要求，原位测试手段的应用还面临诸多问题，需不断加强铁路工程原位测试技术探索及应用。

本文简要概述了铁路工程原位测试发展新特点，结合近年来铁路工程原位测试的研究及应用重点介绍了原位测试新技术、理论与方法以及数字化方面的新进展，最后对铁路工程原位测试技术的发展进行了展望，希望以此促进铁路工程原位测试技术进一步发展。

## 2　铁路工程原位测试发展新特点

原位测试技术已在铁路工程勘察、设计、施工与监测中发挥越来越重要的作用。近年来，铁路工程原位测试技术发展迅速，呈现出以下新的特点：

（1）测试设备的多功能化

为满足不同条件下岩土原位测试的要求，原位测试设备的研发和升级在不断发展，测试设备具有多功能化发展趋势，主要表现在一机多用、多功能传感器与探头等方面。近年来，各种多功能测试设备相继出现，如孔压-静探仪、静探-电导仪、波速-静探仪、旁压-静探仪、静探-放射仪、剪切-旁压仪等。随着材料技术与传感器技术的发展，电阻率探头、地震探头、音响探头、侧应力探头、振动探头、可测地层温度与热导系数的热流量探头等多功能探头相继得到应用。

（2）测试手段的综合化

由于岩土体的复杂性和各向异性，参数的合理选取至关重要。随着工程项目的愈加复杂及深层地下空间建设的快速发展，对原位测试手段提出了更高要求。传统的测试手段往往只能测出岩土体某一参数，难以系统评价岩土体力学参数。

随着多功能化设备的应用，一种测试设备可同时获取岩土体的多个力学参数，可对岩土参数进行系统综合评价，保证了测试成果的准确性。此外，近年来更加注重测试手段的综合化，摒弃传统单一性测试手段的局限，在一个工程项目综合采用多种原位测试手段，对不同测试手段获取的同一岩土参数进行对比分析，结合工程的具体特征及设计要求，系统评价岩土体参数，提高测试成果的质量。

（3）测试过程的数字化

随着数字化的发展，为原位测试过程与数据分析提供了新方法和途径，试验过程和试验数据采集、传输、处理逐渐实现自动化和信息化，减轻了人力劳动，提高了测试准确性。英国剑桥自钻式旁压仪，经过不断更新，已实现试验过程和数据采集的自动化。美国 Iowa 钻孔剪切试验仪经过几十年的发展，实现了力的施加、数据采集和循环加载的自动化控制。目前多种静力触探贯入设备也实

获奖项目：荣获 2021 年度湖北省勘察设计行业科学技术奖一等奖。

现了集成化和自动化[2]，试验数据实现了无线传输，为数据的存储、数据下载提供了便利。

（4）测试程序的标准化

《铁路工程地质原位测试规程》TB 10018—2003 自颁布以来，在铁路及相关行业原位测试中发挥了重要作用。近些年来，原位测试技术得到了快速发展，为了满足铁路工程地质勘察的需要，中铁第四勘察设计院集团有限公司吸纳新技术与研究成果对原规程进行全面修订，有效应力铲试验、扁板侧胀消散试验、旋转触探试验、自钻式旁压试验等相关新技术、新方法纳入新规程《铁路工程地质原位测试规程》TB 10018—2018。

# 3 铁路工程原位测试新进展

## 3.1 原位测试理论与方法新进展

1）静力触探试验

静力触探技术是一种公认的快速、经济和有效的原位测试技术，常被用于软土工程地质勘察[3]。20 世纪 80 年代末，孔隙水压力静力触探（CPTU）成功研制，在获得锥尖阻力和侧壁摩阻力的同时，能获得超静孔隙水压力的消散过程。中铁第四勘察设计院集团有限公司经过十多年项目应用及研究，针对孔压静力触探形成以下研究成果：

（1）调整孔压静力触探软土划分界限

通过对大量试验数据进行统计分析得出：对于流塑（$I_L > 1$）的黏性土，$q_T \leqslant 0.634$MPa；对于软塑（$0.75 < I_L \leqslant 1$）的黏性土$q_T \geqslant 0.728$MPa。基于此，将软土划分的界限调整为$q_T = 0.7$MPa。

（2）改进了孔压静探消散试验确定土体固结系数的方法

对过滤器位于锥面（$u_1$型）和过滤器位于锥肩（$u_2$型）孔压静探消散试验开展了大量对比试验，得出：

（1）$u_1$型孔压消散实测曲线确定固结系数采用应变路径法，解决了圆柱形对数法与负指数法两种理论曲线拟合效果较差的问题。

（2）$u_2$型孔压消散实测曲线确定固结系数采用圆柱形对数法、应变路径法，解决了圆柱形负指数法理论曲线拟合效果较差的问题。

2）旁压试验

旁压仪起源于 20 世纪 30 年代，主要包括预钻式、自钻式。在旁压试验测定水平基床系数方面，涂启柱[4]在总结国内外学者研究成果与分析旁压试验机理的基础上，基于 Menard & Rousseau 压缩土层变形量与基础宽度的关系理论，创建了考虑基础尺寸效应的旁压试验确定水平基床系数的新方法，并通过多个试验场地的试验对比验证其可靠性。

自钻式旁压试验是一种先进的原位测试技术，可以克服预钻式旁压试验在软土、粉土及砂土中由于成孔质量差造成试验成果失真的技术难题。自钻式旁压试验已在欧美得到广泛应用，但由于设备昂贵，目前国内仍普遍采用预钻式旁压试验方法，自钻式旁压试验在国内的应用还比较少。

铁二院在孟加拉帕德玛大桥工程地质勘察中进行了 100 余次自钻式旁压试验，针对不同深度的黏性土和砂土体内自钻成孔关键工艺进行了探索和总结，熟悉和掌握了试验流程，并结合孔压静力触探试验、标准贯入试验等原位测试对自钻旁压测试成果进行了对比分析。结合帕德玛桥现场大量原型试桩成果，通过自钻式旁压试验获取不同深度、不同地层的力学与变形合理参数，能够确保勘察设计基础资料的准确性，提高了勘探质量与效率。

中国地质大学徐光黎[5]等研制的自钻式原位剪切旁压仪，可以高精度、高效率、多目的地同步测定土体强度和变形参数，具有自钻式旁压试验和孔内剪切试验的双重功能，对该项技术从设备、原理、理论到应用进行较为系统的研究，应用前景较为广阔。

近年来，部分企业和科研单位利用自钻式旁压试验进行了一些应用研究，但在国内铁路工程原位测试中应用仍然较少。

3）钻孔剪切试验

钻孔剪切试验（BST）由 Handy 于 1967 年首次提出，目前主要有美国的 Iowa 钻孔剪切试验仪和法国的 Phicometer 钻孔剪切试验仪。常规钻孔剪切试验（BST）是通过人工摇动手柄进行剪切试验和读取记录剪切应力，剪切速率不稳定，人工采集数据精度低。针对现有钻孔剪切仪存在的缺点，中铁第四勘察设计院集团有限公司[6]在美国 Iowa 钻孔剪切仪基础上，选择步进电机替代人工手摇装置进行剪切试验，实现无极调速和剪切速率恒定，从而实现了剪切过程的自动化；采用数显压力传感器替代指针式压力表，使机械压力转化数字信号，自动采集试验数据，消除人为读数误差，提高试验效率。进一步研制了无线传输数据采集处理系统，采用嵌入式单片机进行剪切速率控制和数据转发，开发智能分析软件，通过平板电脑实现试验的自动化控制和数据的自动化采集、处理、分析、图形显示与参数判别等功能，改造后钻孔剪切仪示意如图1所示。

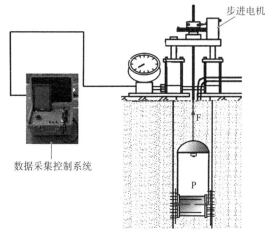

图1　自动化改造后钻孔剪切仪示意图

4）扁板侧胀试验

扁板侧胀试验是用静力（或锤击动力）把一铲形探头贯入土中，到达试验深度后，利用气压使扁铲侧面的圆形钢膜向外扩张进行测试，它是一种特殊的旁压试验。扁板侧胀消散试验（Flat Dilatometer Dissipation Test），简称DMT消散试验，是指扁板贯入到试验深度后停止贯入，按照一定的时间序列反复读取数据，测定土体对扁板膜片水平向应力$\sigma_h$的衰减曲线，从而获取土体固结特性参数的试验方法。近十年来，中铁第四勘察设计院集团有限公司依托多条铁路、城市轨道交通项目的工程地质勘察，开展了大量扁板侧胀试验、扁板消散试验，主要形成以下研究成果：

（1）建立了试验操作、数据整理、成果计算等一套完整的扁板侧胀消散试验方法。

（2）借鉴孔压静探（CPTU）的孔压消散理论建立基于"应变路径法孔压消散理论"的DMTC消散试验水平固结系数计算方法[7]。

DMTC消散试验计算水平固结系数$C_h$：

$$C_h = \frac{R^2 \cdot \left(T^*_{\mathrm{DMTC}} \cdot \sqrt{I_r}\right)}{t_{\mathrm{DMTC}}} \quad (1)$$

式中：$t_{\mathrm{DMTC}}$——DMTC试验消散时间（一般采用$C$值消散50%对应的时间$t_{50}$-DMTC）；

$T^*_{\mathrm{DMTC}}$——DMTC试验消散时间$t_{\mathrm{DMTC}}$对应的修正时间因数；

$I_r$——土的刚度指数；

$R$——DMT板头的等效半径（$R^2 = 6\ \mathrm{cm}^2$）。

（3）在沪通、商合杭、温福铁路及温州市域铁路等开展试验研究，得出各试验场地DMTC消散试验修正时间因数$T^*_{50\text{-DMTC}} = 0.2533 \sim 0.2604$，建议取平均值$T^*_{50\text{-DMTC}} = 0.2570$。

（4）通过大量对比试验，得到DMTC消散试验获取的水平固结系数与$u_1$型及$u_2$型孔压静探消散试验结果均较为接近，且相关性较好。

5）地基土水平基床系数测试技术

水平基床系数是地下工程设计中非常重要的参数，其取值对工程造价、安全性、可靠性均有重要影响。目前测试基床系数的原位测试方法主要有载荷试验、扁板侧胀试验、旁压试验等。但存在诸多问题，各种方法测试结果差异较大。中铁第四勘察设计院集团有限公司[4,8]以旁压试验为研究重点，通过国内外调研、理论推导及对多个铁路与轨道交通项目进行现场对比试验，建立了旁压试验计算水平基床系数方法，同时与载荷试验、扁板侧胀试验确定的基床系数进行对比分析研究，解决了长期以来困扰岩土工程勘察中难以准确获取基床系数的技术难题。主要成果如下：

（1）通过理论研究，建立旁压试验计算水平基床系数与基准水平基床系数的方法。

（2）通过对比试验研究，得出了螺旋板载荷试验、扁板侧胀试验、旁压试验三种试验方法计算基准基床系数与规范经验值的对比关系，如图2所示。

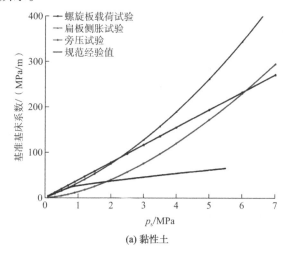

(a) 黏性土

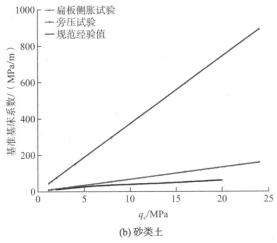

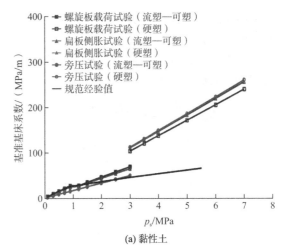

(a) 黏性土

(b) 砂类土

图 2　不同测试方法基床系数对比关系图

（3）以旁压试验为参考基准对扁板侧胀与螺旋板载荷试验进行修正，统一了不同试验方法的取值标准，修正系数如表1所示。修正后，三种试验确定基准基床系数基本一致，如图3所示。

**螺旋板载荷与扁板侧胀试验基准基床系数修正系数表**

表 1

| 土类 | | 修正系数 | |
|---|---|---|---|
| | | 螺旋板载荷试验 | 扁板侧胀试验 |
| 黏性土 | 流塑—软（Q₄） | 0.9～1.0 | 1.0 |
| | 可塑（Q₄） | 0.7～0.8 | 0.7～0.8 |
| | 硬塑（Q₃） | 0.8～0.9 | 0.7～0.8 |
| 砂土（Q₄） | | — | 0.2～0.3 |

## 3.2　原位测试新技术

1）有效应力铲试验

应力铲是一种测试土体水平总应力的试验设备，若求解水平有效应力，需进行总应力长时间的消散，消除超孔压的影响后，其稳定值作为计算水平有效应力的依据。此法由于无法准确测试水平总应力衰减的时间及应力稳定值的标准，使获得的水平有效应力是一个近似值，其准确性和效率都较低。在应力铲技术的基础上，中铁第四勘察设计院集团有限公司成功研制一种现场同步、快速、直接测试水平有效应力并准确计算有效应力、静止侧压力系数$K_0$值的测试仪器，即有效应力铲[9]。基于有效应力铲形成以下研究成果：

（1）研制了有效应力铲系统测试装备。

集成现代传感器、材料和机电技术，自主研制出了能够同步、快速测试水平总应力和孔隙水压力的有效应力铲装备，其核心部分包括有效应力铲探头和数据自动采集模块，如图4所示。

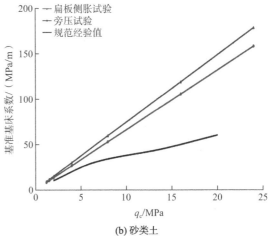

(b) 砂类土

图 3　修正后不同测试方法基床系数对比关系图

图 4　有效应力铲测试装备图

（2）开展应用研究，实现直接利用试验贯入值快速获得水平有效应力。

通过有效应力铲贯入试验，现场直接获得水平总应力$\sigma_h$和孔隙水压力$u$沿深度的贯入曲线，根据水平总应力与孔隙水压力贯入曲线，直接测定土体沿深度的水平有效应力。

（3）根据理论分析与试验研究，建立静止侧压力系数的计算方法[10]。

①根据土力学理论，建立有效应力铲试验测定土体静止侧压力系数：

$$K_0 = \frac{\sigma_h'}{\sigma_{v0}'} = \frac{\alpha \cdot (\sigma_h - u)}{(\sigma_{v0} - u_w)} \quad (2)$$

式中：$\sigma_h$——水平总应力贯入值（kPa）；

$u$——孔隙水压力贯入值（kPa）；

$\sigma_h'$——水平有效应力贯入值（kPa）；

$\alpha$——修正系数；

$\sigma_{v0}'$——上覆土有效自重压力（kPa）；

$\sigma_{v0}$——上覆土自重压力（kPa）；

$u_w$——静止孔隙水压力（kPa）。

②通过商合杭、沪通、温州市域及乐清港铁路等场地试验研究，得出参数$\alpha$在0.6~0.9之间，对于饱和软黏土$\alpha$取0.70。

（4）利用有效应力铲总应力和孔压消散试验，建立水平固结系数计算方法。

①对数法

$$C_h = r_e^2 T_{50}/t_{50} \quad (3)$$

$$r_e = \sqrt{\frac{A}{\pi}} \quad (4)$$

式中：$r_e$——应力铲等效半径（cm）；

$A$——有效应力铲截面积（cm²）；

$t_{50}$——消散试验时，对应于有效应力铲总应力与孔压固结度$U$达50%时的历时（s）；

$T_{50}$——固结度$U$达50%时的时间因数。

②修正时间因数法

$$C_h = \frac{T^*\sqrt{I_r}r_e^2}{t_{50}} \quad (5)$$

式中：$T^*$——修正时间因数，有效应力铲总应力消散时$T^* = 0.118$，孔压消散时$T^* = 0.245$；

$I_r$——土的刚度指数。

通过首创的原位直接测定土体水平有效应力的方法，依托研制的有效应力铲系统测试装备，实现了土体水平有效应力和静止侧压力系数的直接、快速、准确测定，试验效率提高90%以上。

2）旋转触探试验

旋转触探试验是中国铁设（原铁三院）研制的静压、回转式钻进于一体的新型原位测试技术，即可旋转加大勘探深度，又可连续采集土体贯入阻力、钻头扭矩、排水压力等参数。目前最大深度已

达85m，不仅适用于从一般的土层到软岩，亦可适用于各种固化处理的地层，通过旋转触探曲线可以进行地基分层、确定桩基持力层，并提供相关岩土设计参数[11-12]。主要成果如下：

（1）研发了贯入能力30t、提升能力40t、贯入深度超过70m的深层触探成套设备与测试技术。

（2）提出了旋转触探比功理论及计算方法，形成了成套测试理论及方法，为深层触探技术的应用奠定了基础。

（3）建立旋转触探试验划分地层及确定土类定名的方法。

（4）提出了基于旋转触探测试指标确定土体物理力学参数、桩侧摩阻力、桩端阻力和地基沉降变形等分析方法及系列经验公式。

## 3.3 原位测试数字化新进展

随着大数据分析、人工智能等新技术的发展，为原位测试数据分析提供了新方法和新途径，近年来，为适应智能化要求，中铁第四勘察设计院集团有限公司基于现代传感器、材料、计算机及信息通信技术，研发了原位测试数字化系统及数据分析平台。

1）数字化原位测试系统

数字化原位测试系统是一种崭新、独创性、具反馈纠错能力的原位测试生态链闭环运行系统，包括多属性原位测试探头、多通道模拟量数字化变送器、智能测量采集盒、平板电脑、云端服务器、后台数据处理器5大部分（图5）。实现了多种原位测试技术手段数据智能化处理，自动岩土分层定名、参数计算、智能化生成成果报告；实现了各级管理者根据权限在线实时进行技术资料的复核、审阅，查看现场测试数据、图像，实时监控工作质量、进度等情况；大大降低了劳动强度，节省了人力成本，提高了勘察质量，缩短了勘察周期。

图5　数字化原位测试系统组成图

2）静力触探智能分析平台

在总结静力触探理论和经验的基础上，采用

统计分析、小波分析、模糊数学、神经网络、遗传算法、支持向量机等方法，对静力触探海量数据的特征、关系、参数计算等进行智能分析，包括土类智能识别、土层智能划分、三维地层可视化分析、成果参数智能分析、区域智能分析模型的建立。平台主要功能包括数据管理、数据处理、智能分析、成果显示、报告生成等，如图6所示。

图6　静力触探智能分析平台

## 4　典型工程实例

宁德市铁基湾北组团填海造地项目，位于宁德市东侨区金蛇村东南海域，是宁德市"东扩面海、北展南移"规划实施、实现的重要组成部分。本工程东侧为温福铁路宁德特大桥，温福铁路设计时速250km/h。D区拟建填海围堤工程与温福铁路宁德特大桥平行，围堤边缘距离大桥约50m（图7）。为评估填海工程对铁路桥墩的影响程度和范围，将铁基湾北组团填海造地分为两期工程，一期填筑A、B区作为试验场研究填筑过程的土体变形规律，以评估填海造地工程对铁路桥墩的影响，从而确定D区填海造陆工程围堤护岸结构与温福铁路宁德特大桥的安全距离，同时为后期工程施工提供参考。

为给一期填筑试验研究及评估提供详细勘察资料，综合利用孔压静探、扁板侧胀试验、应力铲试验等原位测试技术及钻探取样试验进行了专项勘察（图8），查明了大面积围填海造陆工程深厚海相淤泥层的物理力学参数，并给出了推荐值（表2），为围填海造陆工程设计及工程对邻近温福铁路宁德特大桥的影响评估提供了依据，提高了深厚海相淤泥土地层的勘察精度和质量。

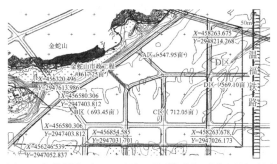

图7　宁德填海造地工程与温福铁路相对位置关系图

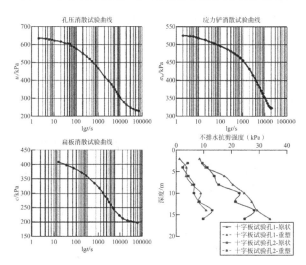

图8　宁德填海造地工程多种原位试验成果曲线图

宁德市铁基湾片区北组团海相淤泥层层物理力学指标统计表　表2

| 地层编号 | 土层名称 | 压缩模量$E_s$/MPa | | | | 不排水抗剪强度/kPa | | | | 静止侧压力系数$K_0$ | | | | 水平固结系数$C_h$/（×$10^{-3}$cm²/s） | | | |
| | | 土工试验 | 静力触探 | 扁板侧胀 | 推荐值 | 十字板剪切 | 扁板侧胀 | 不固结不排水剪 | 推荐值 | 扁板侧胀 | 应力铲 | 土工试验 | 推荐值 | 孔压消散 | 扁板侧胀消散 | 应力铲消散 | 推荐值 |
| ②₁ | 淤泥（流塑） | 1.3 | 1.1 | 1.1 | 1.1 | 13.5 | 11.5 | 10.0 | 10.0 | 0.50 | 0.58 | 0.67 | 0.63 | 9.1 | 9.1 | 4.7 | 9.1 |
| ②₂ | 淤泥（流塑） | 1.3 | 2.8 | 2.2 | 2.2 | 25 | 25.3 | 13.0 | 15.0 | 0.45 | 0.50 | 0.65 | 0.58 | 3.5 | 3.6 | 2.5 | 3.5 |

## 5　结论与展望

### 5.1　结论

近年来，随着我国高速铁路、高速公路、城市轨道交通等基础设施建设的飞速发展，铁路工程原位测试理论和方法取得了长足进步，本文简要概述了近年来铁路工程原位测试新特点、测试理论与方法、新技术及数字化发展新进展，可以得到以下几点结论：

（1）铁路工程原位测试技术发展呈现出测试

设备的多功能化、测试手段的综合化、测试过程的数字化、测试程序的标准化等新的特点。

（2）依托高速铁路、市域铁路、轨道交通等重大工程，对原位测试的关键技术从理论分析、设备研制、对比试验、工程应用等方面开展了系统研究。

（3）在测试土体水平有效应力方面，建立了测试水平有效应力理论体系，研制了有效应力铲成套测试装备，解决了现场直接获取静止侧压力系数的难题。

（4）在确定地基土基床系数方面，提出了考虑基础尺寸效应的旁压试验确定基床系数的新方法，改进了扁板侧胀及螺旋板载荷试验确定基床系数的修正方法，建立了静力触探确定基床系数的经验方法，形成了旁压、静力触探、扁板侧胀及螺旋板载荷试验综合确定地基土基准基床系数的集成技术。

（5）在测试饱和黏性土固结系数方面，深入开展扁板侧胀与孔压静探消散试验研究，提出了基于"应变路径法孔压消散理论"确定固结系数的新方法；建立了有效应力铲消散试验测试固结系数的方法；改进了孔压静探消散试验确定固结系数的方法。

（6）研发了钻孔剪切试验自动控制与采集系统，创建了多项原位测试工程应用新方法，研制和引进了如旋转触探试验、自钻式旁压试验、自钻式原位剪切旁压仪等新的原位测试设备，提高了试验精度和效率，拓展了原位测试功能和应用范围。

（7）基于现代传感器、计算机信息及通信技术，研发了原位测试数字化系统及数据处理平台。

（8）吸纳新技术与研究成果对《铁路工程地质原位测试规程》TB 10018—2003进行全面修订，形成新规程《铁路工程地质原位测试规程》TB 10018—2018。

## 5.2 展望

铁路工程原位测试不断发展与创新，新技术和新方法得到快速发展和应用，推动了原位测试技术的发展，提升了我国高速铁路、市域铁路、城市轨道交通建设技术水平。但现阶段原位测试手段的应用还面临诸多问题，需不断加强铁路工程原位测试技术探索及应用，以进一步满足铁路工程建设发展的需求。

（1）在原位测试方法中，还应进一步加强孔

压静力触探、钻孔剪切试验、自钻式旁压试验、有效应力铲试验、扁铲侧胀试验、旋转触探试验等方法的理论及应用研究，加强多功能设备研发，致力于将多种原位测试技术进行整合，以进一步提高原位测试手段的综合化。

（2）国内在原位测试设备及方法、原位测试自动化及智能化等方面的研究和应用与欧美等发达国家存在较大差距，国内原位测试设备、规范及软件与国外存在不统一、不协调问题，难以在国外的工程项目上推广应用，铁路工程原位测试今后需结合国内应用经验，加强原位测试在国外项目的研究与应用，逐步做到与国际接轨。

（3）随着深层地下空间建设的快速发展，现有原位测试技术难以满足超深地下空间的测试，今后还应加强深层原位测试技术研究与设备研发的力度，进一步提高原位测试适用范围，以满足深层地下空间的勘探需求。

（4）随着材料技术与传感器技术的发展，还应加强新形势下的原位测试设备研制与应用，以进一步提升测试设备数字化水平。

（5）随着大数据分析、人工智能等新技术的发展，为原位测试数据分析提供了新方法和新途径，今后还应加强研究如何通过大数据分析、人工智能等方式更便捷地获取岩土工程参数，以进一步服务铁路工程建设。

## 参考文献

[1] 王云南, 张龙, 郑建国, 等. 最近三十年岩土原位测试技术新进展[J]. 岩土工程技术, 2021, 35(4): 269-274.

[2] 沈小克, 蔡正银, 蔡国军. 原位测试技术与工程勘察应用[J]. 土木工程学报, 2016, 49(2): 98-120.

[3] 陈志辉. 土体原位测试技术新进展[J]. 中国水运(下半月), 2011, 11(6): 100-101.

[4] 涂启柱. 旁压试验确定水平基床系数方法研究[J]. 铁道工程学报, 2018, 35(10): 20-26.

[5] 徐光黎, 张晓伦, 王春艳. 自钻式原位剪切旁压仪的开发及应用[J]. 岩土工程学报, 2010, 32(6): 950-955.

[6] 沈峥, 谢凡, 彭俊伟, 等. 一种钻孔剪切试验数据自动采集控制系统: CN108345256A[P]. 2018-07-31.

[7] 涂启柱. DMTC消散试验计算水平固结系数模型研究[J]. 铁道工程学报, 2017, 34(7): 10-16.

[8] 涂启柱. 地基土基床系数现场对比试验研究[J]. 铁道

工程学报, 2021, 38(2): 53-57, 73.

[9] 梁伟, 储团结, 蒋兴锟, 等. 有效应力铲: CN1015758 47B[P]. 2011-06-15.

[10] 梁伟, 熊大生. 利用有效应力铲求解静止土压力系数研究[J]. 铁道工程学报, 2017, 34(7): 5-9, 35.

[11] 陈新军, 杨怀玉, 赵凤林. 应用旋转触探试验划分地层及确定土类定名方法研究[J]. 工程勘察, 2012, 40(4): 16-20.

[12] 陈新军, 高敬. 旋转触探确定钻孔灌注桩极限承载力研究[J]. 铁道工程学报, 2014, 31(12): 28-32.

# 无人机遥感技术在危岩落石调查中的应用

张凯翔

（中铁第四勘察设计院集团有限公司，湖北武汉　430063）

## 1　引言

山区铁路沿线危岩落石是山区铁路建设和运营的主要危害之一，确定沿线危岩落石分布位置、规模以及其可能对工程造成的影响范围及大小是危岩落石调查的重要内容[1-3]。传统的危岩落石勘察方法主要以人工勘察为主，全站仪监测为辅，该方法存在外业工作量大、成本高、效率低等问题，且危岩落石分布区往往环境十分危险，地势陡峻，现场勘测人员难以到达目标山体，传统勘察方法受到很大限制。

无人机遥感技术作为一种低空、超低空遥感技术，具有快速、宏观、动态、精细等显著特点[4-5]。通过无人机对陡坡危岩进行多航线多点拍摄，在保证重叠率和分辨率的情况下，获取陡坡危岩不同角度且含有拍摄点坐标信息的数码相片，通过倾斜摄影测量建模方法可以快速地构建出航摄区的实景模型，360°全方位展现危岩体与周边环境[6-7]。模型不仅具有色彩信息（RGB），同时也含有坐标信息。专业地质人员通过结合三维激光扫描获取的点云数据和倾斜三维模型，建立危岩落石遥感解译标志，实现对危岩体大小、结构面特征的测量计算，得到危岩体的几何、空间和地质特征，并对危岩的失稳率、崩塌后的运动轨迹及能量进行计算，为处理措施、支护设计提供参数[8-9]。

## 2　基于无人机遥感的危岩落石调查方法研究

铁路工程不良地质调查中常见的危岩落石主要包括三种：滑移式、倾倒式和坠落式，不同类型的危岩落石所处的地形地貌环境特征也不相同，总的来说也包括三种：高陡边坡、峰顶或斜坡凸起部、垂直岩壁。基于无人机遥感的危岩落石调查方法，根据不同类型的危岩落石和不同的地形地貌特征，选择合适的无人机数据采集航线规划组合（表1）。

常见不同类型的危岩落石智能调查中无人机数据采集航线规划组合　　表1

| 地形地貌特征 | 形变破坏类型 | 航线规划组合 |
|---|---|---|
| 高陡边坡 | 滑移式 | 等高线航线＋五航向航线 |
| | | 等高线航线＋"井"字形航线 |
| 峰顶或斜坡凸起部 | 倾倒式 | 环绕航线 |
| 垂直岩壁 | 坠落式 | 垂直航线 |

铁路工程危岩落石调查按照空间尺度大小划分为危岩落石孕灾环境调查、边界条件调查、结构面精细调查三个阶段。各阶段调查目的、数据采集方法、调查流程、精度要求和成果形式如图1所示。

除此之外，在使用三维激光扫描技术采集数据时应该使用空地联合的方法：在对危岩落石大区域孕灾背景环境，地形数据进行采集时，采用机载三维激光扫描系统，提高作业效率并扩大作业范围；而当对危岩落石边界条件量测时，应根据点云密度要求、作业范围、作业时间和数据质量精度要求，综合在地基三维激光扫描系统和机载三维激光扫描系统中进行选择，合理设计数据采集方案，或者对危岩落石调查区域进行分区，分别采用机载和地基三维激光扫描系统进行数据采集；但在对危岩落石结构面进行精细量测时，应以地基三维激光扫描系统为核心，采用多测站扫描的方式，提高危岩落石结构面三维点云密度[10-11]。

（1）调查危岩落石区域地理地貌孕灾环境特征，确定危岩落石位置。

此阶段调查目的是在铁路工程勘察踏勘、预可研、可研、初测或补充勘察阶段协助野外不良地质调查工作，对于调查人员无法抵达的复杂地形地貌条件区域，首先确定危岩落石是否存在，若存在则确定危岩落石具体位置。此阶段调查主要采集危岩落石发育区域高分辨率正射/倾斜影像、高精度数字高程模型和数字地形，比例尺通常以1∶2000、1∶1000为主，少数情况下需达到1∶500精度。

基金项目：中国铁建股份有限公司科技研发计划项目/数字化融合勘察设计一体化成套技术研究与应用（2022-A02）。

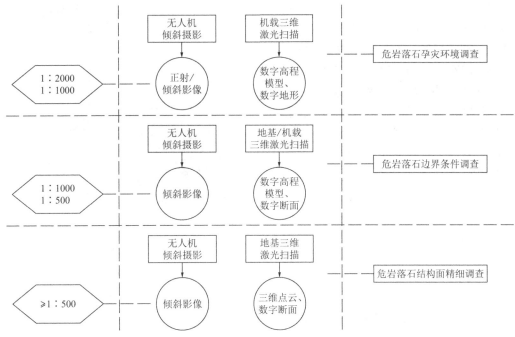

图 1 基于无人机遥感技术的危岩落石调查方法

实际调查时在丘陵及山岭区域，应选择等高线航线和五航向倾斜航线相结合的航线规划方案来采集倾斜影像。为保证三维点云数据采集的数据精度并满足三维点云坐标解算要求，在该类地区进行机载三维激光扫描数据采集时，需要增加航飞次数或降低相对航高。

（2）调查危岩落石周界及空间分布，确定危岩落石的分布范围、裂隙分布并满足结构面简易参数解译。

此阶段调查目的是在铁路工程勘察初测、定测或补充勘察阶段，在已知危岩落石存在位置的前提下，确定危岩落石具体分布范围、节理裂隙分布及发育情况，采集成果应满足危岩落石简易结构面参数解译需求。此阶段主要采集危岩落石边界范围高分辨率倾斜影像、高精度数字高程模型、数字断面，比例尺通常以 1：1000、1：500 为主。

实际调查应根据采集内容来设计数据采集方案。在进行三维倾斜摄影数据采集时，根据调查危岩落石类型选择等高线航线规划方案、环绕航线规划方案或垂直航线规划方案。在进行三维激光扫描数据采集时，根据点云密度要求、作业范围、作业时间和数据质量精度要求，综合在地基三维激光扫描系统和机载三维激光扫描系统中进行选择，合理设计数据采集方案，或对危岩落石调查区域进行分区，分别采用机载和地基三维激光扫描系统进行数据采集。

（3）调查危岩落石裂隙分布、结构面发育、迹线展布、数量、岩块直径、滚落方向、影响范围等，开展危岩落石精细模型建模和结构面详细参数解译。

此阶段调查目的是在铁路工程勘察定测或补充勘察阶段、铁路工程设计及施工阶段，满足危岩落石精细模型建模和结构面详细参数解译需求。此阶段主要采集危岩落石精细结构面高分辨率倾斜影像、高密度三维点云模型、数字断面，比例尺通常小于 1：500。

实际调查时应以工点区域范围，采用无人机近景摄影技术规划设计无人机倾斜数据采集方案，并优先采用地基三维激光扫描系统采集岩体结构面高密度三维激光点云数据；采用多测站扫描或缩小测绘范围的方式，提高危岩落石结构面三维点云精度和密度[12-13]。

## 3 工程实例

### 3.1 福厦铁路蔡营隧道出口危岩落石调查与解译分析

（1）工程概况

福厦高速铁路是一条连接福州市与漳州市的高速铁路，北起福州站、南至漳州站，正线全长300.483km。蔡新建铁路福州至厦门客运专线蔡营隧道位于南安市南部石井镇，隧道进口位于蔡营采石厂石材堆积区，出口位于采石场中部地区。隧址区属于剥蚀低山区，山坡与山间谷地的相对高差最大约 228m，线路通过区域最大海拔为 280m，山势陡峭，植被茂盛，山体自然坡度为 30°～50°，地势起伏较大，山体被树木、杂草所覆盖。由于受到长期风化作用和该地区石料矿产开采影响，蔡营隧道洞口上方存在大量采矿弃石（块径 0.5～2m）和风化危岩体，严重威胁隧道出口安全。

（2）无人机倾斜影像及三维激光点云数据采集

该项目选择大疆 DJI 精灵 4rtk 进行无人机倾斜影像数据采集，并选择 M300rtk ＋ 华测三维激光扫描仪进行三维激光点云数据采集。本次数据选择全覆盖五航向方案，由于隧道出口地形高差起伏较大，因此将整个数据采集区域按高程划分为两个区域。对两个区域分别进行数据采集，本次共采集 1937 张影像照片，其中下半区域共采集 1054 张影像照片，上半区域共采集 883 张照片。在内业处理中，对所有影像照片进行匀光匀色处理后再使用 Context Caputre 软件进行三维倾斜建模，建模结果如图 2 所示。使用 M300rtk 采集获得的三维点云数据，通过三维点云软件进行预处理、分类和赋色得到隧道出口右侧危岩落石发育区域三维点云模型，同时在 GIS 软件中对三维点云模型进行建模处理得到高精度数字高程模型。

(c) 高精度数字高程模型

图 2  福厦蔡营隧道出口三维点云模型和 DEM

（3）危岩落石解译分析

对线路方案附近隧道出口的危岩体、采石坑、弃渣场、弃土场和落石进行解译，获得解译图（图 3）和解译分析表（表 2）。

(a) 三维倾斜实景模型

(b) 三维激光点云模型

(a) 危岩落石发育区 1

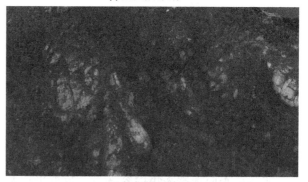

(b) 危岩落石发育区 2

(c) 危岩落石发育区 3

(d) 危岩落石发育区 4

图 3 危岩落石解译结果图

(b) 坡面块石堆积 1

| | 解译统计表 | | 表 2 | |
|---|---|---|---|---|
| 序号 | 类型 | 长度/面积/个 | 单位 | 个数 |
| 1 | 危岩 | 13184.28 | m² | 102 |
| 2 | 落石 | 241.55 | m² | 24 |
| 3 | 弃碴 | 94185.41 | m² | 19 |
| 4 | 弃土场 | 7370.77 | m² | 2 |
| 5 | 采石坑 | 79803.86 | m² | 6 |
| | | | 合计 | 153（处） |

## 3.2 莱荣铁路草华山隧道落石冲击力计算分析

（1）工程概况

莱西至荣成铁路（简称莱荣铁路）位于胶东半岛中东部，经剥蚀低山丘陵区、剥蚀平原区、冲海积平原区。沿线地层岩性主要出露第四系全新统残坡积、冲积、海积黏土、砂土层；下伏基岩及低山丘陵区出露花岗岩、闪长岩、变粒岩、角闪岩、大理岩、砂岩、角砾岩。露天采石坑、花岗岩差异风化、危岩落石是本线的主要工程地质问题，本次研究选择草华山隧道作为主要研究区开展无人机调查。

（2）无人机调查

由于整体地势较为平缓，本次无人机调查采用全覆盖多航带飞行的方法来采集数据对该区域进行三维建模，最终得到研究区三维倾斜模型如图 4 所示。

(c) 坡面块石堆积 2

(d) 坡面块石堆积 3

图 4 草华山隧道三维倾斜实景模型

（3）边坡剖面分析

使用无人机载激光雷达数据生成草华山地区高精度数字高程模型，叠加草华山地区高分辨率正射影像，选择坡面块石堆积区 1 所在纵断面作为主要剖面，对块石堆积区 1 开展落石冲击力计算。图 5 展示的是剖面测线和边坡剖面分析结果，最后将剖面分析结果导入 CAD 绘制剖面边坡线。

(a) 草华山三维实景倾斜模型

(a) 剖面测线布设

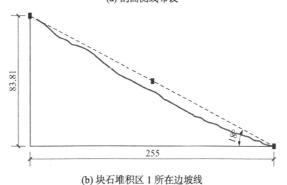

(b) 块石堆积区 1 所在边坡线

图 5　剖面测线和边坡剖面分析结果

（4）落石分析计算

如图 6 所示，在块石堆积区 1 中选择 5 个体积较大的块石作为主要研究对象开展落石冲击力计算研究。通过三维倾斜模型，量取块石的主要几何参数见表 3，通过查询岩性-密度经验值计算得到块石质量估算值（图 7）。

图 6　主要块石分布

块石主要空间几何参数　　　　　　　　　　　表 3

| ID | 经度/° | 纬度/° | 高程/m | 长/m | 宽/m | 高/m | 体积/m³ | 岩性 | 质量/kg |
|---|---|---|---|---|---|---|---|---|---|
| 1 | 120.6058 | 36.8287 | 213.7574 | 2.89 | 2.02 | 1.89 | 4.71 | 花岗岩 | 13423.5 |
| 2 | 120.6060 | 36.8287 | 219.4074 | 3.02 | 2.07 | 1.13 | 7.06 | 花岗岩 | 20121 |
| 3 | 120.6059 | 36.8288 | 219.3619 | 5.20 | 4.70 | 4.74 | 33.07 | 花岗岩 | 94249.5 |
| 4 | 120.6060 | 36.8288 | 220.3056 | 3.38 | 2.75 | 2.62 | 10.25 | 花岗岩 | 29212.5 |
| 5 | 120.6059 | 36.8288 | 217.1765 | 8.10 | 3.29 | 2.72 | 21.40 | 花岗岩 | 60990 |

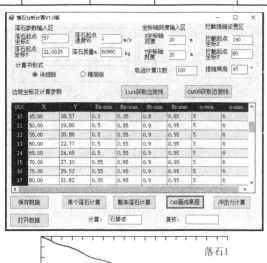

图 7　落石分析计算

## 4　总结

随着无人机设备的轻量化、智能化发展，无人机遥感技术在危岩落石调查中的应用逐渐成熟。无人机航摄和无人机载激光雷达是危岩落石影像信息采集的两种主要手段，前者解决了危岩落石发育区地形地貌信息、危岩体纹理特征和危岩落石实景环境构建；后者提供了一种岩体结构面参数和空间信息获取的手段。

危岩落石地质信息三维解译是危岩落石危险性评价的基础，危岩落石发育区空间三维信息、岩体结构面参数、危岩体剖面图与分布图的获取是危岩落石地质信息三维解译的主要目标。通过无人机三维倾斜模型和三维点云模型，以危岩落石遥感解译标志作为参考，能够分别收集获取危岩落石结构面参数。较之传统人工勘测复核评价的方法，基于三维倾斜模型、三维激光模型的危岩落石危险性评价更能在艰险复杂地形地貌条件下适应未来铁路工程地质勘察的工作重点和发展方向。

# 参考文献

[1] 董秀军, 黄润秋. 三维激光扫描测量在汶川地震后都汶公路快速抢通中的应用[J]. 工程地质学报, 2008, 16(6): 774-780.

[2] 肖波, 朱兰艳, 黎剑, 等. 无人机低空摄影测量系统在地质灾害应急中的应用研究——以云南洱源特大山洪泥石流为例[J]. 价值工程, 2013, 32(4): 281-282.

[3] GREIF V, SASSA K, FUKUOKA H, et al. Failure mechanism in an extremely slow rock slide at Bitchu-Matsuyama castle site (Japan)[J]. Landslides, 2006, 3(1): 22-38.

[4] 王帅永, 唐川, 何敬, 等. 无人机在强震区地质灾害精细调查中的应用研究[J]. 工程地质学报, 2016, 24(4): 713-719.

[5] 董秀军. 三维空间影像技术在地质工程中的综合应用研究[D]. 成都: 成都理工大学, 2015.

[6] 杨力龙. 基于轻小型无人机的航空摄影测量技术在高陡边坡几何信息勘察中的应用研究[D]. 成都: 西南交通大学, 2017.

[7] 黄鹤, 李若鹏, 王柳. 消费级无人机倾斜摄影航线规划及地面站实现[J]. 南京信息工程大学学报(自然科学版), 2019, 11(1): 61-67.

[8] 刘宏, 董秀军, 向喜琼, 等. 用三维激光成像技术调查高陡边坡岩体结构[J]. 中国地质灾害与防治学报, 2006(4): 38-41+45.

[9] JASON MAH, CLAIRE SAMSON, STEPHEN D. McKinnon. 3D laser imaging for surface roughness analysis[J] International journal of Rock Mechanics Mining science, 2013, (1).

[10] JASON MAH, CLAIRE SAMSON, STEPHEN D. McKinnon. 3D laser imaging for joint orientation analysis[J] International Journal of Rock Mechanics and Mining Sciences, 2011.

[11] 霍俊杰, 董秀军. 3D 激光扫描工艺与锦屏 I 级水电工程右岸建基面绿片岩实测迹长分布研究[J]. 工程地质学报, 2010, 18(5): 790-795.

[12] 黄江. 基于三维激光扫描技术的危岩稳定性信息化研究[D]. 成都: 成都理工大学, 2014.

[13] ABELLAN A, JABOYEDOFF M, OPPIKOFER T, et al. Detection of millimetric deformation using a terrestrial laser scanner: experiment and application to a rockfall event[J]. Natural Hazards and Earth System Sciences, 2009, 9(2): 365-372.

# 某核电厂高边坡强风化岩体直剪试验

胡胜波　宋金利

（河北中核岩土工程有限责任公司，河北石家庄　050022）

## 1　引言

岩土体的抗剪强度指标（黏聚力和内摩擦角）是边坡工程稳定性计算中至关重要的参数，可由室内试验或原位测试获得，而原位测试中的岩体直剪试验由于试验的岩土试体比室内试样大，能包含宏观结构的变化，所以其试验条件更加接近工程的实际情况，但由于其试验周期长、成本高，往往很难成为首选的试验方法。

某核电厂高边坡岩土工程勘察中，通过原位的直剪试验，取得了强风化岩体（饱和）的抗剪强度指标，为计算边坡岩体处于饱和状态时的稳定性提供了重要的输入参数，同时也积累了宝贵的测试经验。

## 2　场地概况

该核电厂位于广东省某地，厂址区三面环山，南面邻海，地形总体由北向南逐渐倾斜，总体表现为丘陵浅湾海岸地貌。试验边坡所在场地为剥蚀残丘地貌，地形起伏变化大，丘脊波浪起伏，丘顶多呈浑圆状，地面标高 12～137m，地形坡度一般为 15°～30°，试验边坡表层主要为强风化流纹质熔结凝灰岩，即本工作的试验对象，边坡实景见图1。

图1　试验边坡实景图

## 3　试验基本原理

直剪试验是将同一类型的一组试件，在不同的法向荷载下进行剪切，根据库仑-奈维表达式确定抗剪强度参数。直剪试验可分为在剪切面未受扰动情况下进行的抗剪断试验、剪断后的重复摩擦试验等。直剪试验可以预先选择剪切面的位置，剪切荷载可以按预定的方向施加。

## 4　选点原则及制样方法

根据勘察资料，本边坡强风化岩体存在风化不均匀情况，有的岩体颜色为黄色，无明显的主结构面，强度相对更低，接近于全风化状态；有的岩体颜色较暗，呈黑褐色，有较明显的节理裂隙切割岩体，岩体强度相对较高。本次试验在选择试验点时，采取"边开挖边辨别"的方式进行，即：利用小型挖掘机进行开挖，开挖试坑的同时，对试坑内的岩体进行辨别。保证试坑揭露的全部岩体均为强风化熔结凝灰岩，且以强度相对较差的岩体为主，否则回填试坑，重新选点。强风化熔结凝灰岩辨识原则为：矿物成分部分风化为次生矿物，岩芯呈半岩半土状，夹块状中等风化岩块，可见组织结构，手可掰断，遇水易软化，岩质软。

具体的制样方法为：利用小型挖掘机自岩土体顶部向下露天开挖，首先清除岩土体顶部的上覆松动层，再进行试样修整。设计试槽长 10m、宽 1.5m、深 1.0m，试样为正方体，剪切面积 2500cm²，尺寸为 50cm × 50cm × 50cm，试样之间间隔 100cm（图2）。

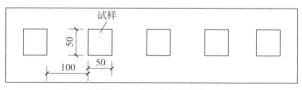

图2　试样平面布置图（单位：cm）

遵照上述原则及方法，成功制取了 6 组共计 30 个样品，见图3～图8。

图 3　第 1 组试样

图 4　第 2 组试样

图 5　第 3 组试样

图 6　第 4 组试样

图 7　第 5 组试样

图 8　第 6 组试样

## 5 操作流程及试样饱水方法

（1）操作流程

试验采取地锚提供法向反力，遵循的基本流程为：试坑开挖→样品制备→安装剪切盒→地锚成孔→锚杆安装、浇筑→锚杆混凝土养护→开挖剪切面→试样饱水→开始试验。

（2）试样饱水方法

试样的饱水方法以中心注水法为主，四周浸水法为辅，待剪切盒安装完毕后，用钢钎在试样内部打出 1~4 个小孔，用软皮管将水滴灌入试样内，同时在试样四周开挖浸水槽，每个饱水试样的浸水时间不得少于 12h。在剪切试验过程中，视水面的情况不时向浸水槽内添加清水，以保证试验过程中浸水槽内始终充满水，如图 9 所示。

图 9 试样饱水方法

此外，试样制备及试验进行期间，现场曾多次降雨，且雨量较大，导致试坑内经常性积水，见图 10，为试样饱水效果提供了更加有利的条件；整个试验期间，试坑内所揭露的岩体表观均为潮湿状态，岩块被手掰断后，手有湿润感。

图 10 雨后试坑内情况

## 6 试验方法及程序

1）试验方法

现场试验采用平推法，如图 11 所示。

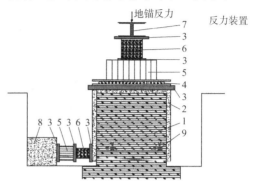

1—试样；2—剪切盒；3—钢板；4—滚轴盘；5—千斤顶；6—传力柱；7—工字钢梁；8—混凝土后座；9—位移测表

图 11 平推法直剪试验立面示意图

2）反力装置选取

由于试验现场在边坡道路边，作业面狭窄，起重机等重型车辆及设备到达作业地点较为困难，且属于临边坡作业，存在安全风险。故本次试验采用钢筋混凝土地锚提供法向反力，其施工速度快、效率高，且一次性施工即可保证所有试验的顺利进行。利用自然山体提供水平反力。设备安装效果见图 12。

图 12 设备安装效果图

3）试验操作程序

（1）试验设备安装

首先安装法向载荷系统，法向千斤顶通过横向钢梁将反力传至试样，其合力作用点竖直通过预定剪切面中心；然后安装剪切荷载系统，将剪切千斤顶安放至槽中，反力传至槽的后壁，其合力作用点通过预定剪切面中心；最后安装测量系统，表座支架位于试验变形影响范围之外，测表在支架上对称安装,法向、剪切位移表各4个。

（2）试验操作过程

每个试样分别进行1次抗剪断和3～5次摩擦试验。根据地质和设计资料,最大边坡高度约106m,强风化熔结凝灰岩最大埋深不超过25m,根据计算,试样最大法向压力按0.55MPa考虑,每次试验的最大法向力分5次由小而大均匀加载,每次加载后立即测读每级荷载下的法向位移,5min后再读取一次,然后施加下一级荷载,直至预定法向压力,此后仍按每5min读取一次,直至连续两次法向位移之差小于0.01mm。法向压力具体加载方案见表1。

试验过程中的单次加载量、加载后读数间隔或加载间隔,可结合现场实际状况予以调整。

虽然6组试样均选取强风化岩体,但是各组岩体风化程度依然存在差异,第1组试验及第6组试验样品风化更为强烈,在试验过程中发现其在300kPa法向荷载作用下,竖向位移稳定时间较长,且出现岩样钢外模外鼓变形情况,推断其抗压强度已达到极限状态,无法承受400kPa及550kPa等更大的法向荷载,故将此两组试验样品的法向加载方案调整为100kPa、150kPa、200kPa、250kPa、300kPa,其加载路径见表2,其余各组试验未作调整。

**法向压力加载方案　　表1**

| 试样编号 | 试验方法 | 法向最大压力/kPa | 法向压力加载路径/kPa |
| --- | --- | --- | --- |
| 1 | 抗剪断 | 100 | 20、40、60、80、100 |
| | 摩擦 | 100 | 20、40、60、80、100 |
| | 摩擦 | 200 | 40、80、120、160、200 |
| | 摩擦 | 300 | 60、120、180、240、300 |
| | 摩擦 | 400 | 80、160、240、320、400 |
| | 摩擦 | 550 | 100、200、300、400、550 |
| 2 | 抗剪断 | 200 | 40、80、120、160、200 |
| | 摩擦 | 100 | 20、40、60、80、100 |
| | 摩擦 | 200 | 40、80、120、160、200 |
| | 摩擦 | 300 | 60、120、180、240、300 |
| | 摩擦 | 400 | 80、160、240、320、400 |
| | 摩擦 | 550 | 100、200、300、400、550 |
| 3 | 抗剪断 | 300 | 60、120、180、240、300 |
| | 摩擦 | 100 | 20、40、60、80、100 |
| | 摩擦 | 200 | 40、80、120、160、200 |
| | 摩擦 | 300 | 60、120、180、240、300 |
| | 摩擦 | 400 | 80、160、240、320、400 |
| | 摩擦 | 550 | 100、200、300、400、550 |
| 4 | 抗剪断 | 400 | 80、160、240、320、400 |
| | 摩擦 | 100 | 20、40、60、80、100 |
| | 摩擦 | 200 | 40、80、120、160、200 |
| | 摩擦 | 300 | 60、120、180、240、300 |
| | 摩擦 | 400 | 80、160、240、320、400 |
| | 摩擦 | 550 | 100、200、300、400、550 |
| 5 | 抗剪断 | 550 | 100、200、300、400、550 |
| | 摩擦 | 100 | 20、40、60、80、100 |
| | 摩擦 | 200 | 40、80、120、160、200 |
| | 摩擦 | 300 | 60、120、180、240、300 |
| | 摩擦 | 400 | 80、160、240、320、400 |
| | 摩擦 | 550 | 100、200、300、400、550 |

**第1组及第6组试验法向荷载加载方案**
**表2**

| 试样编号 | 试验方法 | 法向最大压力/kPa | 法向压力加载路径/kPa |
| --- | --- | --- | --- |
| 1 | 抗剪断 | 100 | 20、40、60、80、100 |
| | 摩擦 | 100 | 20、40、60、80、100 |
| | 摩擦 | 150 | 30、60、90、120、150 |
| | 摩擦 | 200 | 40、80、120、160、200 |
| | 摩擦 | 250 | 50、100、150、200、250 |
| | 摩擦 | 300 | 60、120、180、240、300 |
| 2 | 抗剪断 | 200 | 40、80、120、160、200 |
| | 摩擦 | 100 | 20、40、60、80、100 |
| | 摩擦 | 150 | 30、60、90、120、150 |
| | 摩擦 | 200 | 40、80、120、160、200 |
| | 摩擦 | 250 | 50、100、150、200、250 |
| | 摩擦 | 300 | 60、120、180、240、300 |
| 3 | 抗剪断 | 300 | 60、120、180、240、300 |
| | 摩擦 | 100 | 20、40、60、80、100 |
| | 摩擦 | 150 | 30、60、90、120、150 |
| | 摩擦 | 200 | 40、80、120、160、200 |
| | 摩擦 | 250 | 50、100、150、200、250 |
| | 摩擦 | 300 | 60、120、180、240、300 |
| 4 | 抗剪断 | 150 | 80、160、240、320、400 |
| | 摩擦 | 100 | 20、40、60、80、100 |
| | 摩擦 | 150 | 30、60、90、120、150 |
| | 摩擦 | 200 | 40、80、120、160、200 |
| | 摩擦 | 250 | 50、100、150、200、250 |
| | 摩擦 | 300 | 60、120、180、240、300 |
| 5 | 抗剪断 | 250 | 50、100、150、200、250 |
| | 摩擦 | 100 | 20、40、60、80、100 |
| | 摩擦 | 150 | 30、60、90、120、150 |
| | 摩擦 | 200 | 40、80、120、160、200 |
| | 摩擦 | 250 | 50、100、150、200、250 |
| | 摩擦 | 300 | 60、120、180、240、300 |

待法向位移稳定后再施加剪切力，预估可能需要施加的最大剪切力大小，施加剪切力时，按预估的最大剪切力分 10 次由小而大分级施加，加载前后读取法向和剪切位移，每 5min 加载一级，接近剪断时加密测读荷载和位移读数，直至剪断。剪力施加过程中，法向压力保持恒定。

对于每个试样，抗剪断试验结束后，首先把剪切荷载分级卸载到零，再把法向荷载卸到零，卸载过程中不需读取压力表和位移计读数；然后调整仪器设备，进行法向压力下的摩擦试验。视试样完整情况，一般摩擦试验做 5 次，若试样破坏严重，法向压力无法保持恒定时，则适当减少摩擦试验次数。

（3）资料记录

试验前对每块试样进行拍照和工程地质描述；每块试样试验完成后，对试样和破坏面进行拍照和破坏状况描述，量测破坏面的倾角。

## 7 数据处理

（1）试验数据处理按下式，分别计算法向应力和剪应力：

$$\sigma = \frac{(k_1 * I_\sigma - C_1) + G}{S_j} \quad (1)$$

式中：$\sigma$——法向应力（MPa）；

$I_\sigma$——垂直方向压力表读数（MPa）；

$k_1$——垂直方向千斤顶标定曲线斜率；

$C_1$——垂直方向千斤顶标定曲线截距；

$G$——上覆重量（kN）；

$S_j$——剪切面面积（m²）。

$$\tau = \frac{(k_2 * I_\tau - C_2)}{S_j} - f \quad (2)$$

式中：$\tau$——剪应力（MPa）；

$I_\tau$——水平方向压力表读数（MPa）；

$k_2$——水平方向千斤顶标定曲线斜率；

$C_2$——水平方向千斤顶标定曲线截距；

$f$——滚轴排摩擦力（kPa）。

（2）绘制剪应力-剪切位移关系曲线图，确定各级法向应力下的抗剪断峰值强度、抗剪（摩擦）强度；绘制法向应力-抗剪断峰值强度、法向应力-抗剪（摩擦）强度的关系曲线，运用最小二乘法对不同法向压力下抗剪断试验的峰值强度进行

线性回归得出抗剪断峰值强度参数 $c$（黏聚力）、$\varphi$（内摩擦角）；对不同法向压力下摩擦试验的抗剪（摩擦）强度进行线性回归得出抗剪（摩擦）强度参数 $c_r$（黏聚力）、$\varphi_r$（内摩擦角）。

## 8 试验成果及分析

（1）抗剪断试验成果

本次强风化熔结凝灰岩（饱和）直剪试验共完成 6 组，编号为"第 1 组"～"第 6 组"；每组 5 个试样，试样编号"1-1"～"6-5"。每组试验进行时，分别完成各试样在不同法向荷载作用下的抗剪断试验以及剪断后不同法向荷载作用下的摩擦试验。根据每次试验的剪应力与剪切位移关系曲线，拾取每组试验各试样在法向荷载作用下的抗剪断峰值，建立抗剪断峰值-法向应力关系曲线，按库仑-奈维表达式，根据最小二乘法线性回归，确定相应的抗剪断峰值强度参数（黏聚力、内摩擦角）。并对各组试验的抗剪断峰值强度参数进行统计、计算，得出本次直剪试验强风化熔结凝灰岩（饱和）的抗剪断峰值强度参数统计成果表，见表 3。

强风化熔结凝灰岩（饱和）抗剪断峰值强度参数统计成果表　　　　　　　　　　　　　　　表 3

| 统计项目 | 黏聚力/kPa | 内摩擦角/° |
| --- | --- | --- |
| 最大值 | 219.2 | 23.5 |
| 最小值 | 45.9 | 20.7 |
| 平均值 | 146.3 | 22.3 |
| 标准差 | 71.5 | 1.06 |
| 变异系数 | 0.49 | 0.05 |
| 样本个数 | 6 | 6 |
| 标准值 | 87.3 | 21.4 |

（2）摩擦试验成果

每组试验进行时，在完成各试样不同法向荷载作用下的抗剪断试验后，均进行了不同法向荷载作用下的重复摩擦试验，即单点摩擦试验。根据每次摩擦试验的剪应力与剪切位移关系曲线，拾取各试样在不同法向荷载作用下的抗剪（摩擦）峰值强度，建立抗剪（摩擦）峰值强度-法向应力关系曲线，按库仑-奈维表达式，根据最小二乘法线性回归，确定相应的抗剪（摩擦）强度参数（黏聚力、内摩擦角）。取每组试验 5 个试样的抗剪（摩擦）强度参数平均值作为该组试验的代表值，并对

各组试验的成果参数进行统计、计算，得出本次摩擦试验强风化熔结凝灰岩（饱和）的抗剪（摩擦）强度参数统计成果表，见表4。

强风化熔结凝灰岩（饱和）抗剪（摩擦）强度参数统计成果表 表4

| 统计项目 | 黏聚力/kPa | 内摩擦角/° |
|---|---|---|
| 最大值 | 112.8 | 22.6 |
| 最小值 | 44.4 | 19.6 |
| 平均值 | 87.0 | 21.0 |
| 标准差 | 30.0 | 1.18 |
| 变异系数 | 0.34 | 0.06 |
| 样本个数 | 6 | 6 |
| 标准值 | 62.3 | 20.0 |

（3）剪切面描述

每个试样试验完成后，立即翻转试样，对剪切面进行拍照、描述，并量测其要素，各组试验较为典型的剪切面见图13～图18。

图13 试样1-1剪切面

图14 试样2-5剪切面

图15 试样3-3剪切面

图16 试样4-4剪切面

图17 试样5-3剪切面

图18 试样6-4剪切面

# 9 结语

原位的岩体直剪试验需要结合工程实际，选择合理的反力装置及加载路径，规范制样，按流程逐步开展工作，可以得到更加贴近实际工况的岩土体抗剪参数，具有室内试验所不具备的优势；但具有测试周期较长，测试成本较高，设备安装较为繁琐的缺点。

# 某综合楼 CFG 桩复合地基及抗拔桩检测

王新波　李　兵　郭宏云　孙崇华　李青海　余　顺

（北京特种工程设计研究院，北京　100028）

## 1　工程概况

某综合楼的主楼地上 24 层，裙楼地上 5 层，地下 2 层，其中 1～5 层为办公楼，6～24 层为公寓住宅，地下 2 层均为车库。建筑高度 71.5m，项目总面积 29556m²，其中地下面积 7134m²，地上面积 22422m²。钢筋混凝土剪力墙结构，筏板基础，基础底面埋深−10.4m。由于主楼部分的天然地基无法满足设计要求，采用 CFG 桩复合地基进行地基处理。纯地下车库由于荷载较小，需要考虑其基础的抗浮问题，采用抗拔桩进行抗浮处理。

## 2　工程地质条件

根据岩土工程勘察报告，场地地层上部为填土，下部为第四纪冲、洪积物，主要为一般第四纪黏性土、粉土与砂土。共划分为 10 个工程地质主层和 6 个工程地质亚层，从上到下分述如下：

（1）①层素填土：褐色；稍湿；稍密；以黏质粉土为主，含有少量砖块、灰渣，局部表层为沥青路面材料等；层顶标高 40.80～41.42m，层底标高 36.03～39.62m，层厚 1.5～5.1m。

（2）①$_1$ 层房渣土：杂色；稍湿；稍密；以砖块、灰渣为主，局部表层为沥青路面材料等；层顶标高 40.86～41.19m，层底标高 38.32～40.13m，层厚 1.0～2.8m。

（3）②层黏质粉土：褐黄色；湿；密实；局部夹砂质粉土透镜体；层顶标高 38.32～40.13m，层底标高 36.19～39.02m，层厚 0.4～3.1m。

（4）③层粉质黏土与黏质粉土互层：褐黄色；很湿；可塑；局部夹砂质粉土透镜体；层顶标高 36.63～39.02m，层底标高 33.72～35.61m，层厚 1.5～4.2m。

（5）④层粉细砂：褐黄色；饱和；中密—密实；局部夹砂质粉土薄层或透镜体；层顶标高 33.19～35.61m，层底标高 29.75～31.32m，层厚 2.6～5.5m。

（6）⑤层粉质黏土：褐黄色；很湿；可塑—硬塑；局部夹重粉质黏土、黏土、黏质粉土薄层或透镜体；层顶标高 27.13～31.32m，层底标高 21.91～29.13m，层厚 1.4～8.3m。

（7）⑤$_1$ 层重粉质黏土、黏土：褐黄色；很湿；可塑；层顶标高 25.39～29.13m，层底标高 23.39～27.13m，层厚 1.5～3.7m。

（8）⑤$_2$ 层黏质粉土：褐黄色；很湿；密实；层顶标高 27.82～31.20m，层底标高 27.22～30.52m，层厚 0.6～3.7m。

（9）⑥层黏质粉土、砂质粉土：褐黄色；很湿；密实；层顶标高 21.91～27.71m，层底标高 18.51～27.11m，层厚 0.4～3.4m。

（10）⑦层粉质黏土：黄褐色；很湿；可塑—硬塑；局部夹黏质粉土、砂质粉土、重粉质黏土、黏土薄层或透镜体；层顶标高 11.36～27.11m，层底标高 10.22～24.00m，层厚 0.3～10.2m。

（11）⑦$_1$ 层黏质粉土、砂质粉土：褐黄色；很湿；密实；层顶标高 12.61～22.09m，层底标高 12.21～21.19m，层厚 0.4～3.2m。

（12）⑦$_2$ 层重粉质黏土、黏土：黄褐色；很湿；可塑—硬塑；层顶标高 12.36～24.89m，层底标高 11.36～23.15m，层厚 0.5～5.0m。

（13）⑧层粉细砂：褐黄色；饱和；密实；局部夹有砂质粉土透镜体；层顶标高 10.46～15.32m，层底标高 9.96～13.72m，层厚 0.5～1.6m。

（14）⑨层重粉质黏土、黏土：黄褐色；很湿；可塑—硬塑；局部夹粉质黏土薄层或透镜体；层顶标高 10.22～14.83m，层底标高 7.39～11.15m，层厚 0.5～4.1m。

（15）⑨$_1$ 层粉质黏土：黄褐色；很湿；可塑—硬塑；层顶标高 9.96～13.32m，层底标高 8.12～9.62m，层厚 0.4～3.7m。

（16）⑩层细中砂：褐黄色；很湿；局部夹有粉质黏土透镜体；层顶标高 7.39～10.39m，未穿透。

根据区域水文地质资料，场区所在区域存在三层地下水，考虑到本工程的具体情况，对本工程有影响的主要为第一层台地潜水，主要含水层为④层粉细砂，静止水位埋深约 3.0m。根据调查，场区内近 3～5 年地下水的最高水位的埋深约为 2.00m（高程约为 38.90m）。

# 3 CFG 桩复合地基设计和施工

根据基础底面埋深-10.4 m，相应的基础持力层为⑤层粉质黏土，地基承载力标准值 $f_{ak}$ 为 200kPa，按照《北京地区建筑地基基础勘察设计规范》DBJ 11—501—2009[1]第 7.3.7 条规定，进行深宽修正后的地基承载力标准值 $f_{ak}$ 为 357.4kPa。由此可见，裙楼部分和纯地下车库部分天然地基能够满足要求，主楼部分的天然地基则满足不了设计要求。因此建议裙楼和纯地下车库部分采用天然地基方案，主楼采用 CFG 桩复合地基方案。

## 3.1 CFG 桩复合地基设计概况

（1）地基处理后复合地基承载力标准值应不低于 380kPa。

（2）桩的平面布置：桩径 400mm，桩间距为 1.5m×1.5m，正方形布设。

（3）处理深度：处理深度必须达到⑧层粉细砂层。

（4）桩长及桩数：有效桩长为 18m，桩数为 575 根，合计桩长 10350m。

（5）成桩材料：桩身混凝土设计强度等级为 C20。

## 3.2 CFG 桩复合地基施工概况

CFG 桩复合地基按设计图纸进行施工，采用长螺旋钻中心压灌灌注成桩。为加快工程进度，桩身混凝土强度等级由 C20 改为 C30，施工周期为 11d。

# 4 CFG 桩复合地基检测

## 4.1 CFG 桩复合地基检测目的

（1）CFG 桩复合地基的承载力。

（2）CFG 桩复合地基的桩身完整性。

## 4.2 CFG 桩复合地基检测方法

1）CFG 桩复合地基承载力检测方法

CFG 桩复合地基承载力采用单桩复合地基静载荷试验进行检测。

（1）检测数量

根据《建筑地基处理技术规范》JGJ 79—2002[2]

第 9.4.3 条规定：复合地基载荷试验数量宜为总桩数的 0.5%～1%，且每个单体工程的试验数量不应少于 3 点。本次单桩复合地基静载荷试验数量确定为 4 点。

（2）检测仪器与设备

检测仪器采用 RS-JYB 静载荷测试分析仪；反力装置采用压重平台，利用堆载提供；加荷装置采用油压千斤顶；沉降量观测系统采用位移传感器；承压板采用正方形刚性承压板，承压板面积按单桩分担的处理面积取值，边长为 1.5m，面积为 2.25m²。

（3）试验方法

试验方法采用慢速维持荷载法。

（4）最大加荷量

根据《建筑地基处理技术规范》JGJ 79 –2002 第 A.0.5 条规定：最大加载压力不应小于设计要求压力值的 2 倍。本次最大加荷量按复合地基承载力标准值所对应压力的 2.2 倍考虑，取 836kPa。

（5）加卸荷及沉降量观测

①加荷序列

加荷应分级进行，采用逐级等量加荷；加荷等级分为 9 级（或 10 级），分级荷载相应取最大加载量的 1/9（或 1/10），其中第一级取分级荷载的 2 倍。

②加荷沉降量观测

每加一级荷载，在加荷后按第 0、30min 各测读一次承压板沉降量，然后每隔 30min 测读一次。

③沉降量相对稳定标准

当 1h 内承压板沉降量小于 0.1mm 时，则认为承压板沉降相对稳定，即可下一级荷载。

④终止加荷条件

当出现下列情况之一时，即可终止加载：

a. 沉降急剧增大，土被挤出或承压板周围出现明显的隆起。

b. 承压板累计沉降量已大于其宽度或直径的 6%（即 90mm）。

c. 当达不到极限荷载，而最大加荷量已达到 836kPa 时。

⑤卸荷序列

卸荷级数为加荷级数的一半，等量进行，每级卸荷量为每级加荷量的 2 倍，相应取最大加载量的 2/9（或 1/5）。

⑥卸荷沉降量观测

卸荷时，每级荷载维持 30min，在卸荷后按第 0、30min 测读承压板沉降量后，即可卸下一级荷载。当卸荷至零后，测读承压板残余沉降量，维持时间为3h,测读时间为第0、30min,以后每隔30min测读一次。

2）CFG桩复合地基桩身完整性检测方法

CFG桩复合地基桩身完整性采用低应变法进行检测。

（1）检测数量

根据《建筑地基处理技术规范》JGJ 79—2002第9.4.4条规定：应抽取不少于总桩数的10%的桩进行低应变动力试验,检测桩身完整性。本次CFG桩复合地基桩身的低应变法检测数量确定为58根。

（2）检测仪器

检测仪器采用FDP204PDA低应变掌上动测仪和RS-1616K（S）基桩动测仪。

（3）检测原理

低应变法检测系采用反射波法检测桩身完整性。

（4）桩身完整性分类标准

根据信号曲线特征及有关数据进行分析计算,以此来判定桩体的完整性及有关参数。桩身完整性分类标准见表1。

桩身完整性分类标准　　　表1

| 完整性类别 | 分类原则 | 时域信号特征 | 幅域信号特征 |
| --- | --- | --- | --- |
| Ⅰ类桩 | 桩身完整 | $2L/c$时刻前无缺陷反射波,有桩底反射波 | 桩底谐振峰排列基本等间距,其相邻频差$\Delta f \approx c/2L$ |
| Ⅱ类桩 | 桩身有轻微缺陷,不会影响桩身结构承载力的正常发挥 | $2L/c$时刻前出现轻微缺陷反射波,有桩底反射波 | 桩底谐振峰排列基本等间距,其相邻频差$\Delta f \approx c/2L$,轻微缺陷产生的谐振峰与桩底谐振峰之间的频差$\Delta f > c/2L$ |
| Ⅲ类桩 | 桩身有明显缺陷,对桩身结构承载力有影响 | 有明显缺陷反射波,其他特征介于Ⅱ类和Ⅳ类之间 | — |
| Ⅳ类桩 | 桩身存在严重缺陷 | $2L/c$时刻前出现严重缺陷反射波或周期性反射波,无桩底反射波;<br>或因桩身浅部严重缺陷使波形呈现低频大振幅衰减振动,无桩底反射波 | 缺陷谐振峰排列基本等间距,相邻频差$\Delta f > c/2L$,无桩底谐振峰;<br>或因桩身浅部严重缺陷只出现单一谐振峰,无桩底谐振峰 |

## 4.3 CFG桩复合地基检测工作量

本次CFG桩复合地基检测工作所完成的工作量见表2,检测时间为9d。

CDG桩复合地基检测工作量　　表2

| 编号 | 项目 | 单位 | 数量 | 备注 |
| --- | --- | --- | --- | --- |
| 1 | CFG桩单桩复合地基静载荷试验（最大加荷量为836kPa） | 点 | 4 | 检测CFG桩复合地基的承载力 |
| 2 | CFG桩低应变法检测 | 根 | 58 | 检测CFG桩复合地基的桩身完整性 |

## 4.4 CFG桩复合地基检测结果分析与评价

1）CFG桩复合地基承载力分析与评价

检测结果（图1）表明,CFG桩复合地基承载力特征值可按418kPa考虑,是设计要求的复合地基承载力标准值（380kPa）的1.1倍,满足设计要求。

2）CFG桩复合地基桩身完整性分析与评价

检测结果（图2）表明,所检测的58根CFG桩的桩身完整,均为Ⅰ类桩（桩身完整）,只是一些桩的桩身存在扩径,满足设计要求。

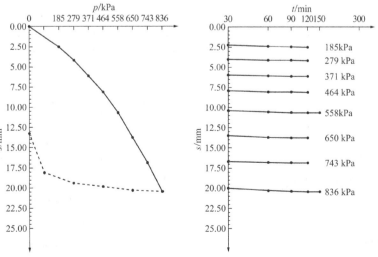

图1　CFG桩单桩复合地基静载荷试验典型曲线

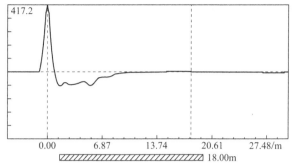

图 2 CFG 桩复合地基桩身低应变检测实测信号典型曲线

# 5 抗拔桩设计和施工

结合区域水文地质资料、场区水文地质条件以及地下水的变化规律，建议抗浮设防水位可按埋深约 1.6m（绝对高程约 39.30m）考虑。抗浮水压 84kN/m。主楼和裙楼由于荷载超过抗浮水压，无需考虑抗浮问题。而纯地下车库由于荷载较小，则需考虑其基础的抗浮问题，建议采用抗拔桩进行抗浮处理。

## 5.1 抗拔桩设计概况

（1）单桩竖向抗拔承载力设计值为 150kN。

（2）桩的平面布置：桩径 400mm，南区桩间距为 2.7m×2.7m，北区桩间距为 2.4m×2.4m，正方形布设。

（3）桩长及桩数：桩长为 7m，桩数为 287 根，合计桩长 2009m。

（4）成桩材料：桩身混凝土设计强度等级为 C30，钢筋为 $6\phi16$，主筋保护层为 50mm。

## 5.2 抗拔桩施工概况

抗拔桩按设计图纸进行施工，成桩采用长螺旋钻中心压灌超流态混凝土，反插钢筋笼法施工，分南北两区分别进行，施工周期为 9d。

# 6 抗拔桩检测

## 6.1 抗拔桩检测目的

（1）抗拔桩的单桩竖向抗拔承载力。

（2）抗拔桩的桩身完整性。

## 6.2 抗拔桩检测方法

1）抗拔桩单桩竖向抗拔承载力检测方法

抗拔桩单桩竖向抗拔承载力采用单桩竖向抗拔静载荷试验进行检测。

（1）检测数量

根据《建筑基桩检测技术规范》JGJ 106—2003[3]第 3.3.8 条规定：抗拔静载荷试验数量不应少于总桩数的 1%，且不应少于 3 根。本次单桩竖向抗拔静载荷试验数量确定为 3 根。

（2）检测仪器

检测仪器采用 RS-JYB 静载荷测试分析仪；反力装置采用横梁支墩反力载荷装置，反力利用天然地基土提供；加荷装置采用油压千斤顶；上拔量观测系统采用位移传感器。

（3）试验方法

试验方法采用慢速维持荷载法。

（4）最大加荷量

根据《建筑基桩检测技术规范》JGJ 106—2003第 5.1.3 条规定：对工程桩抽样检测时，可按设计要求确定最大加荷量。本次最大加荷量按单桩竖向抗拔承载力设计值的 2.1 倍考虑，取 315kN。

（5）加卸荷及上拔量观测

①加荷序列

加荷应分级进行，采用逐级等量加荷；分级荷载取最大加载量的 1/10，其中第一级取分级荷载的 2 倍。

②加荷上拔量观测

每加一级荷载，在加荷后按第 0、5min、15min、30min、45min、60min 各测读一次桩顶上拔量，然后每隔 30min 测读一次。

③上拔量相对稳定标准

每 1h 内桩顶上拔量小于 0.1mm，并连续出现两次（从分级荷载施加后第 30min 开始，按 1.5h 连续 3 次每 30min 的上拔量观测值计算），则认为桩顶上拔量相对稳定，即可加下一级荷载。

④终止加荷条件

当出现下列情况之一时，即可终止加载：

a. 某级荷载作用下，桩顶上拔量大于前一级荷载作用下上拔量的 5 倍。

b. 按桩顶上拔量控制，当累计桩顶上拔量超过 100mm 时。

c. 按钢筋抗拉强度控制，桩顶上拔荷载达到钢筋强度标准的 0.9 倍。

d. 当达不到极限荷载，而最大加荷量已达到 315kN 时。

⑤卸荷序列

卸荷分级进行，采用逐级等量卸荷；每级卸载量取加荷时分级荷载的 2 倍，即取最大加载量的 1/5。

⑥卸荷上拔量观测

卸荷时，每级荷载维持 1h，在卸荷后按第 0、15min、30min、60min 测读桩顶上拔量后，即可卸下一级荷载。当卸荷至零后，测读桩顶残余上拔量，维持时间为 3h，测读时间为第 0、15min、30min，以后每隔 30min 测读一次。

2）抗拔桩桩身完整性检测方法

抗拔桩桩身完整性采用低应变法进行检测。

（1）检测数量

根据《建筑基桩检测技术规范》JGJ 106—2003 第 3.3.4 条规定：设计等级为甲级，或地质条件复杂、成桩质量可靠性较低的灌注桩，桩身完整性的抽检数量不应少于总桩数的 30%，且不得少于 20 根；其他桩基工程的抽检数量不应少于总桩数的 20%，且不得少于 10 根。本次抗拔桩的低应变法检测数量确定为 58 根。

（2）检测仪器

检测仪器采用 FDP204PDA 低应变掌上动测仪和 RS-1616K（S）基桩动测仪。

（3）检测原理

低应变法检测系采用反射波法检测桩身完整性。

（4）桩身完整性分类标准

根据信号曲线特征及有关数据进行分析计算，以此来判定桩体的完整性及有关参数。桩身完整性分类标准见表 1。

## 6.3 抗拔桩检测工作量

本次抗拔桩检测工作所完成的工作量见表 3，检测时间为 9d。

抗拔桩检测工作量　　　表 3

| 编号 | 项目 | 单位 | 数量 | 备注 |
|---|---|---|---|---|
| 1 | 抗拔桩单桩竖向抗拔静载荷试验（最大加荷量为 836kPa） | 点 | 4 | 检测抗拔桩的单桩竖向抗拔承载力 |
| 2 | 抗拔桩低应变法检测 | 根 | 58 | 检测抗拔桩的桩身完整性 |

## 6.4 抗拔桩检测结果分析与评价

1）抗拔桩单桩竖向抗拔承载力分析与评价

检测结果（图 3）表明，抗拔桩单桩竖向抗拔承载力特征值可按 157.5kN 考虑，是设计要求的单桩竖向抗拔承载力（150kN）的 1.05 倍，满足设计要求。

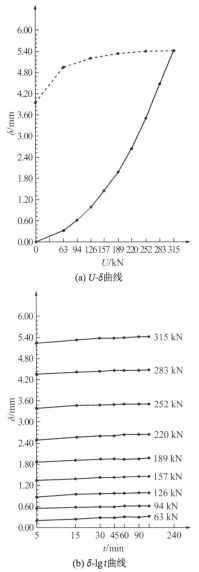

(a) $U$-$\delta$ 曲线

(b) $\delta$-lg $t$ 曲线

图 3　抗拔桩单桩竖向抗拔静载荷试验典型曲线

2）抗拔桩桩身完整性分析与评价

检测结果（图 4）表明，所检测的 58 根抗拔桩的桩身完整，均为 I 类桩（桩身完整），只是一些桩的桩身存在扩径，满足设计要求。

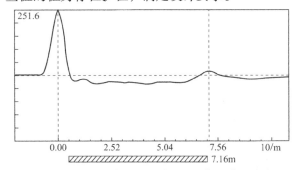

图 4　抗拔桩桩身低应变检测实测信号典型曲线

2153

## 7　结语

（1）该综合楼的主楼采用 CFG 桩复合地基进行地基处理，设计方案适宜，施工质量可靠，无论是复合地基承载力还是桩身完整性均能满足设计要求。

（2）在进行 CFG 桩单桩复合地基静载荷试验时，在最大加载压力不应小于设计要求压力值的 2 倍的基础上，适当提高最大加载压力，不仅可以检验 CFG 桩复合地基承载力是否满足要求，而且可以为今后建筑物的增层或加荷提供地基承载力储备。

（3）该综合楼的纯地下车库采用抗拔桩进行抗浮处理，设计方案适宜，施工质量可靠，无论是抗拔桩单桩竖向抗拔承载力还是桩身完整性均能满足设计要求。

（4）在进行抗拔桩单桩竖向抗拔静载荷试验时，在满足设计要求的基础上，适当提高最大加荷量，不仅可以检验抗拔桩单桩竖向抗拔承载力是否满足要求，而且可以为今后建筑物的抗浮提供竖向抗拔承载力储备。

## 参考文献

[1]　北京市规划委员会. 北京地区建筑地基基础勘察设计规范: DBJ 11—501—2009[S]. 北京: 中国计划出版社, 2009.

[2]　建设部. 建筑地基处理技术规范: JGJ 79—2002[S]. 北京: 中国建筑工业出版社, 2004.

[3]　建设部. 建筑基桩检测技术规范: JGJ 106—2003[S]. 北京: 中国建筑工业出版社, 2004.

# 中关村东升科技园三期自持地块集体产业用房项目桩身内力测试实录

吴晓寒　王亦岩　邹桂高　彭连堡　王　朋

（北京中航蓝天建设工程质量检测有限公司，北京　100098）

## 1　引言

桩基础是建（构）筑物基础形式的一种，具有承载力高、稳定性好、沉降量小而均匀等优点，在高层建筑、高耸构筑物或重型厂房等结构荷载很大的建筑工程中得到了越来越广泛的应用。因此，如何在保证质量和安全的前提下，优化桩基设计就显得尤为重要。

桩身内力测试是测定桩身轴力分布、分析桩的承载机理，从而优化桩基设计、指导桩基施工的重要检测方法。振弦式钢筋应力计是我国桩身内力测试中的常用传感器，其优点是原理简单、测试原件便于安装、成本较低，但是同时具有传感器和介质之间无法理想匹配导致测试结果与实际误差较大、应变式钢筋应力计成活率较低、引线过多影响桩身结构等缺点。近年来伴随着光纤技术和光通信技术的迅猛发展，分布式光纤传感技术在工程中的应用越来越广泛，其中光纤光栅技术尤为突出。自 1989 年 Morey[1]首次将光纤光栅用作传感器以来，该类传感器即以测试精度高、无需供电、本质安全、抗电磁干扰、防水防潮、抗腐蚀和耐久性长等诸多优点，广泛地应用到航空航天器、土木工程、复合材料、石油电力等工程领域的监测和测试中[2-3]。目前光纤光栅传感器有利用布拉格光纤光栅（FBG）原理的光纤光栅传感器及弱反射光纤光栅（WFBG）传感器两种[4]，两种传感器的封装形式、复用原理及安装方式均有所不同，本文依托中关村东升科技园三期自持地块集体产业用房桩基检测项目，选择试验桩同时使用以上两种光纤光栅传感器进行了桩身内力测试的对比试验，分析其各自优缺点。

## 2　光纤光栅传感技术

### 2.1　FBG 光纤光栅传感技术

FBG 光纤光栅传感技术的原理是在光纤上采用激光微加工技术刻写周期性缺陷，形成光栅敏感区。如图 1 所示，FBG 光栅区对波长具有选择性，能够使满足布拉格衍射条件的入射光（波长为 FBG 的中心波长$\lambda_B$）被耦合反射，其他波长的光则会全部通过而不受影响。

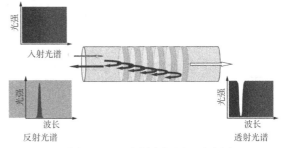

图 1　FBG 光纤光栅原理示意图

当光栅受到外部物理场（如应力应变、温度等）的作用时，FBG 中心波长$\lambda_B$也随之发生变化，且满足如式(1)所示的线性关系[5]。因此，根据反射光波长变化的大小就可以确定待测部位相应物理量的变化。

$$\frac{\Delta\lambda}{\lambda_B} = (1 - P_e)\Delta\varepsilon + (\alpha + \xi)\Delta T \tag{1}$$

式中：$\lambda_B$——FBG 中心波长；

$\Delta\lambda$——FBG 中心波长变化；

$P_e$——光纤材料的光弹系数；

$\Delta\varepsilon$——光纤轴向应变增量；

$\alpha$——光纤材料的热膨胀系数；

$\xi$——光纤材料的热光系数；

$\Delta T$——光纤温度增量。

令$K_\varepsilon = 1 - P_e$，$K_T = \alpha + \xi$，则：

$$\frac{\Delta\lambda}{\lambda_B} = K_\varepsilon \Delta\varepsilon + K_T \Delta T \qquad (2)$$

式中：$K_\varepsilon$——应变传感器灵敏度系数；

$\quad\quad K_T$——温度传感器灵敏度系数。

将多个 FBG 光纤光栅传感器布置在空间预定位置上，采用串联的形式连接在一起，通过波分复用技术便可以实现准分布式测量。但受限于光源带宽，理论上每个通道最多串联数 10 个 FBG 光纤光栅传感器[6]（图 2）。

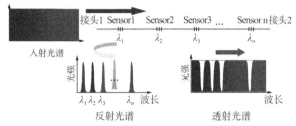

图 2　波分复用原理示意图

## 2.2　WFBG 弱光纤光栅传感技术

弱反射光纤光栅（WFBG）是一种低反射率的 FBG，其峰值反射率通常低于 −30dB。由于其反射率非常低，相同周期的光纤光栅可以相互穿透，通过时分复用技术实现单一光纤上大量光栅复用（图 3）。

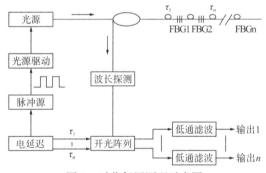

图 3　时分复用原理示意图

WFBG 弱光纤光栅有如下传感特性：应变和温度传感性能与常规 FBG 一致，具有同等的感测精度；可在同一光纤上密集加工数千个光纤光栅感测点，实现长距离准分布式密集监测。

# 3　桩身内力测试概况

## 3.1　项目概况

中关村东升科技园三期自持地块集体产业用房项目位于北京市海淀区东升镇 0803-638、0803-639 两个地块，东至京藏高速西侧绿化带、南至清华东路、西至规划小月河科技园西路、北至规划小月河科技园二号路南侧绿地。两个地块之间为规划小月河科技园三号路。

## 3.2　桩基设计参数

该项目北地块±0.00 为 48.00m，南地块±0.00 为 47.80m。主楼采用桩基础，桩径 0.8m，有效桩长不小于 20.0m，单桩抗压承载力标准值为 3250kN，桩侧桩端复式注浆。北地块及南地块有效桩顶标高分别为 31.7m 及 31.4m，桩身地层主要为⑤层粉质黏土、⑤₁层黏质粉土—砂质粉土、⑥层粉质黏土及⑦层重粉质黏土—粉质黏土，桩端持力层为⑦层重粉质黏土—粉质黏土及⑧层粉细砂，典型地质剖面详见图 4。

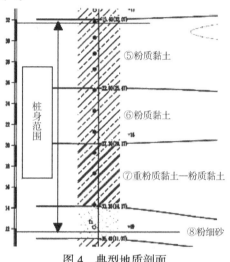

图 4　典型地质剖面

## 3.3　光纤光栅传感器布置及安装

（1）FBG 光纤光栅传感器

如图 5 及图 6 所示，FBG 光纤光栅传感器为独立封装，外观上与传统的振弦式钢筋应力计差异不大，安装时可采用焊接或绑扎的方式，将 FBG 光纤光栅传感器固定在受检桩钢筋笼主筋的指定位置。如图 7 及图 8 所示，固定好的传感器需要使用光纤熔接串联起来，熔接部位使用不锈钢套管进行保护和固定。

图 5　FBG 光纤光栅传感器

图 6 传感器绑扎安装

图 7 FBG 光纤光栅传感器熔接串联

图 8 不锈钢套管保护固定

FBG 光纤光栅传感器的数量及固定位置详见表 1。

FBG 光纤光栅传感器位置一览表 表 1

| 位置 | 距离有效桩顶标高距离/m | 传感器数量/个 |
|------|------------------------|---------------|
| 截面 1 | 0.9 | 4 |
| 截面 2 | 3.9 | 2 |
| 截面 3 | 7.2 | 2 |
| 截面 4 | 10.6 | 2 |
| 截面 5 | 14.5 | 2 |
| 截面 6 | 18.8 | 2 |
| 合计 | | 14 |

FBG 光纤光栅传感器及解调仪的技术规格详见表 2 及表 3。

FBG 光纤光栅传感器主要技术参数一览表

表 2

| 传感器型号 | NZS-FBG-RM |
|------------|------------|
| 外观尺寸/mm | $\phi 16 \times 650$ |
| 测量范围/MPa | $-200 \sim 300$ |
| 分辨力 | 1‰F.S |
| 工作温度/℃ | $-20 \sim 80$ |
| 温度补偿方式 | 外置温补 |
| 尾纤类型 | $\phi 5mm$ 铠装光缆 |

便携式 FBG 光纤光栅解调仪技术参数一览表

表 3

| 解调仪型号 | NZS-FBG-A03 |
|------------|-------------|
| 通道数 | 2 |
| 波长范围/nm | $1527 \sim 1568$ |
| 波长分辨率/pm | 1 |
| 重复性/pm | $\pm 2$ |
| 解调速度/Hz | 1 |
| 动态范围/db | 45 |
| 每通道最大 FBG 数量/个 | 30 |
| 外观尺寸/mm | $283 \times 246 \times 124$ |
| 工作温度/℃ | $-5 \sim 45$ |

（2）WFBG 弱光纤光栅传感器

WFBG 弱光纤光栅传感器的光栅按固定的间距直接刻写在光纤上，再加以封装，外观与普通感测光纤差异不大。如图 9 及图 10 所示，弱光纤光栅传感器可按 U 形方式直接绑扎在钢筋笼主筋上。

图 9 WFBG 弱光纤光栅传感器

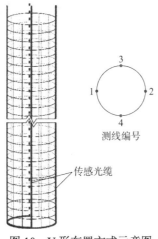

图 10　U形布置方式示意图

WFBG 弱光纤光栅传感器及解调仪的技术规格详见表 4 及表 5。

WFBG 弱光纤光栅传感器主要技术参数一览表

表 4

| 传感器型号 | NZS-DDS-C02 |
|---|---|
| 光栅中心波长/nm | 1527～1568 |
| 串联光栅数量 | ≤ 4000 |
| 反射率 | 0.01% |
| 应变测试量程/με | 15000 |
| 光栅间距/m | 1.0 |

便携式 WFBG 弱光纤光栅解调仪技术参数一览表

表 5

| 解调仪型号 | NZS-DDS-A03 |
|---|---|
| 通道数 | 2 |
| 波长范围/nm | 1528～1568 |
| 波长分辨率/pm | 1 |
| 重复性/pm | ±5 |
| 解调速度/Hz | 0.1 |
| 动态范围/db | 30 |
| 单通道测试距离/km | 1 |
| 每通道测点数量/个 | > 1000 |

# 4　测试结果分析

## 4.1　测试结果概述

本次桩基检测在 160 号及 169 号两根试桩均同时安装了 FBG 及 WFBG 两种光纤光栅传感器进行桩身内力测试。测试过程中，所有光纤光栅传感器运行正常，所有数据均为解调仪自动采集存储，测试数据稳定，优于传统振弦式钢筋应力计。

由于 160 号及 169 号两根试桩测试结果差异不大，本文仅以 160 号试桩相关数据进行分析，桩身内力测试需要与静载荷试验同步配合进行，静载荷试验及桩身内力测试结果详述如下。

## 4.2　单桩竖向抗压静载荷试验

160 号试桩单桩竖向抗压静载荷试验最大加载量 6500kN，共分为 10 级，单级荷载 650kN，其中第一级加载时取分级荷载的两倍。具体静载荷试验成果详见图 11 及图 12。

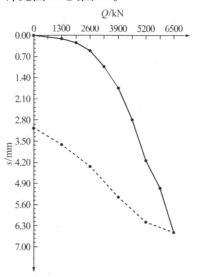

图 11　单桩竖向抗压静载荷试验Q-s曲线

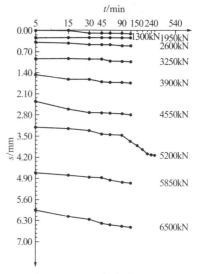

图 12　单桩竖向抗压静载荷试验s-lg t曲线

由静载荷试验曲线分析，受检桩可达到最大加载值且桩顶沉降量达到相对稳定标准，故受检桩单桩竖向抗压承载力标准值均满足 3250kN 的设计要求。

### 4.3 桩身内力测试结果

（1）FBG 光纤光栅传感器测试结果

结合静载荷试验试桩沉降情况，选择每级荷载加载前，桩顶沉降速率收敛时的 FBG 光纤光栅测试数据进行分析，计算各级荷载作用下桩身轴力及侧摩阻力结果详见表6及表7，绘制轴力分布图及侧摩阻力分布图详见图13及图14。

FBG 桩身轴力测试结果　　　　　　　　　　表6

| 截面编号 | 截面标高/m | 各级荷载作用下各截面处桩身轴力/kN | | | | | | | | |
| --- | --- | --- | --- | --- | --- | --- | --- | --- | --- | --- |
| | | 1300 | 1950 | 2600 | 3250 | 3900 | 4550 | 5200 | 5850 | 6500 |
| 截面1 | 30.8 | 1308.00 | 1958.00 | 2576.00 | 3252.00 | 3875.00 | 4562.00 | 5206.00 | 5829.00 | 6516.00 |
| 截面2 | 27.8 | 1090.00 | 1566.40 | 2087.22 | 2774.22 | 3431.67 | 4311.44 | 4936.00 | 5674.71 | 6405.92 |
| 截面3 | 24.5 | 981.00 | 1118.86 | 1690.91 | 2126.90 | 2692.80 | 3542.46 | 4151.30 | 4914.57 | 5582.10 |
| 截面4 | 21.1 | 654.00 | 559.43 | 977.56 | 1294.64 | 1707.63 | 2427.88 | 2902.53 | 3589.97 | 4104.90 |
| 截面5 | 17.2 | 654.00 | 559.43 | 607.67 | 770.62 | 1018.01 | 1434.27 | 1729.71 | 2175.06 | 2563.79 |
| 截面6 | 12.9 | 436.00 | 447.54 | 290.63 | 262.01 | 344.81 | 440.65 | 523.13 | 677.35 | 795.41 |

FBG 桩身侧摩阻力测试结果　　　　　　　　表7

| 项目 | 截面标高/m | 各级荷载作用下桩侧摩阻力及端阻力/kN | | | | | | | | |
| --- | --- | --- | --- | --- | --- | --- | --- | --- | --- | --- |
| | | 1300 | 1950 | 2600 | 3250 | 3900 | 4550 | 5200 | 5850 | 6500 |
| 侧摩阻力 /kPa | 30.8~27.8 | 28.93 | 51.96 | 64.86 | 63.40 | 58.83 | 33.25 | 35.83 | 20.47 | 14.61 |
| | 27.8~24.5 | 13.15 | 53.99 | 47.81 | 78.09 | 89.13 | 92.76 | 94.66 | 91.70 | 99.38 |
| | 24.5~21.1 | 38.29 | 65.50 | 83.52 | 97.45 | 115.35 | 130.50 | 146.21 | 155.09 | 172.96 |
| | 21.1~17.2 | 0.00 | 0.00 | 37.76 | 53.49 | 70.39 | 101.42 | 119.72 | 144.43 | 157.31 |
| | 17.2~12.9 | 20.18 | 10.36 | 29.35 | 47.09 | 62.32 | 91.99 | 111.70 | 138.66 | 163.71 |
| 端阻力 /kPa | — | 867.83 | 890.81 | 578.47 | 521.52 | 686.32 | 877.09 | 1041.26 | 1348.23 | 1583.23 |

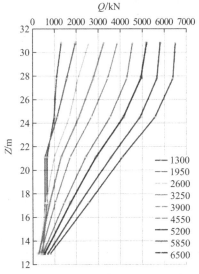

图 13　FBG 桩身轴力成果曲线

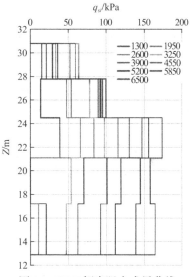

图 14　FBG 侧摩阻力成果曲线

从桩身内力测试结果来看，在初始加载时，桩顶压力主要由上部桩身的侧摩阻力承担；随着荷载逐渐增加，桩身轴力由上向下传递，桩身下部侧摩阻力增长幅度明显高于桩身上部；桩端阻力增长幅度则不是很显著，甚至在第3、4级荷载时还出现了变小的反常情况，但整体看来还是反映出明显的摩擦型桩基的受力特征。

（2）WFBG 弱光纤光栅传感器测试结果

结合静载荷试验试桩沉降情况，选择每级荷载加载前，桩顶沉降速率收敛时的 WFBG 弱光纤光栅测试数据进行分析，计算各级荷载作用下桩 分布图及侧摩阻力分布图详见图15及图16。
身轴力及侧摩阻力结果详见表8及表9，绘制轴力

WFBG 桩身轴力测试结果 表8

| 截面编号 | 截面标高/m | 各级荷载作用下各截面处桩身轴力/kN | | | | | | | | |
|---|---|---|---|---|---|---|---|---|---|---|
| | | 1300 | 1950 | 2600 | 3250 | 3900 | 4550 | 5200 | 5850 | 6500 |
| 截面1 | 29.5 | 1287.00 | 1947.00 | 2586.00 | 3252.00 | 3880.00 | 4567.00 | 5206.00 | 5861.00 | 6484.00 |
| 截面2 | 28.5 | 1235.52 | 1887.09 | 2512.73 | 3177.22 | 3748.57 | 4460.50 | 5089.71 | 5732.58 | 6294.50 |
| 截面3 | 27.5 | 1158.30 | 1782.25 | 2413.60 | 3025.93 | 3655.94 | 4314.64 | 4904.91 | 5555.10 | 6117.08 |
| 截面4 | 26.5 | 1053.00 | 1684.90 | 2287.89 | 2932.71 | 3481.07 | 4143.26 | 4664.92 | 5270.20 | 5898.91 |
| 截面5 | 25.5 | 877.50 | 1497.69 | 2147.82 | 2731.68 | 3321.23 | 3919.62 | 4411.68 | 5017.27 | 5670.55 |
| 截面6 | 24.5 | 760.50 | 1317.97 | 1914.36 | 2479.17 | 3098.54 | 3618.76 | 4175.53 | 4730.72 | 5344.39 |
| 截面7 | 23.5 | 585.00 | 1108.29 | 1594.70 | 2206.84 | 2782.67 | 3310.27 | 3857.54 | 4428.66 | 4997.26 |
| 截面8 | 22.5 | 409.50 | 898.62 | 1336.10 | 1878.16 | 2357.37 | 2936.53 | 3518.97 | 4023.40 | 4563.91 |
| 截面9 | 21.5 | 292.50 | 629.03 | 1093.66 | 1511.22 | 1929.75 | 2521.83 | 3075.74 | 3626.85 | 4095.62 |
| 截面10 | 20.5 | 234.00 | 509.22 | 933.83 | 1269.50 | 1649.68 | 2185.57 | 2726.44 | 3176.85 | 3667.57 |
| 截面11 | 19.5 | 175.50 | 434.33 | 808.13 | 1090.38 | 1379.04 | 1883.30 | 2357.46 | 2805.13 | 3252.19 |
| 截面12 | 18.5 | 140.40 | 299.54 | 646.50 | 886.91 | 1133.26 | 1507.96 | 1918.71 | 2370.26 | 2778.44 |
| 截面13 | 17.5 | 117.00 | 224.65 | 513.61 | 678.22 | 931.75 | 1177.06 | 1544.80 | 1904.83 | 2343.26 |
| 截面14 | 16.5 | 117.00 | 149.77 | 420.22 | 573.88 | 710.42 | 971.78 | 1173.59 | 1522.76 | 1886.62 |
| 截面15 | 15.5 | 117.00 | 74.88 | 323.25 | 458.24 | 577.90 | 784.39 | 927.60 | 1152.22 | 1453.11 |
| 截面16 | 14.5 | 0.00 | 0.00 | 191.56 | 289.84 | 391.64 | 546.16 | 644.04 | 814.90 | 1014.44 |
| 截面17 | 13.5 | 0.00 | 0.00 | 71.83 | 173.90 | 227.70 | 307.61 | 357.80 | 449.24 | 567.62 |

FBG 桩身侧摩阻力测试结果 表9

| 项目 | 桩身标高/m | 各级荷载作用下桩侧摩阻力及端阻力/kN | | | | | | | | |
|---|---|---|---|---|---|---|---|---|---|---|
| | | 1300 | 1950 | 2600 | 3250 | 3900 | 4550 | 5200 | 5850 | 6500 |
| 侧摩阻力/kPa | 29.5～28.5 | 20.49 | 23.85 | 29.17 | 29.77 | 52.32 | 42.40 | 46.29 | 51.12 | 75.44 |
| | 28.5～27.5 | 30.74 | 41.74 | 39.46 | 60.23 | 36.87 | 58.07 | 73.57 | 70.65 | 70.63 |
| | 27.5～26.5 | 41.92 | 38.75 | 50.04 | 37.11 | 69.62 | 68.22 | 95.54 | 113.42 | 86.85 |
| | 26.5～25.5 | 69.86 | 74.53 | 55.76 | 80.03 | 63.63 | 89.03 | 100.81 | 100.69 | 90.91 |
| | 25.5～24.5 | 46.58 | 71.55 | 92.94 | 100.52 | 88.65 | 119.77 | 94.01 | 114.07 | 129.84 |
| | 24.5～23.5 | 69.86 | 83.47 | 127.25 | 108.41 | 125.74 | 122.80 | 126.59 | 120.25 | 138.19 |
| | 23.5～22.5 | 69.86 | 83.47 | 102.95 | 130.84 | 169.31 | 148.78 | 134.78 | 161.33 | 172.52 |
| | 22.5～21.5 | 46.58 | 107.32 | 96.51 | 146.07 | 170.23 | 165.09 | 176.44 | 157.87 | 186.42 |
| | 21.5～20.5 | 23.29 | 47.70 | 63.63 | 96.23 | 111.49 | 133.86 | 139.05 | 179.14 | 170.40 |
| | 20.5～19.5 | 23.29 | 29.81 | 50.04 | 71.31 | 107.74 | 120.33 | 146.89 | 147.98 | 165.36 |
| | 19.5～18.5 | 13.97 | 53.66 | 64.34 | 81.00 | 97.84 | 149.42 | 174.66 | 173.12 | 188.59 |
| | 18.5～17.5 | 9.32 | 29.81 | 52.90 | 83.08 | 80.22 | 131.73 | 148.85 | 185.28 | 173.24 |
| | 17.5～16.5 | 0.00 | 29.81 | 37.17 | 41.54 | 88.11 | 81.72 | 147.78 | 152.09 | 181.79 |
| | 16.5～15.5 | 0.00 | 29.81 | 38.60 | 46.04 | 52.76 | 74.60 | 97.93 | 147.51 | 172.57 |
| | 15.5～14.5 | 46.58 | 29.81 | 52.43 | 67.04 | 74.15 | 94.84 | 112.88 | 134.28 | 174.63 |
| | 14.5～13.5 | 0.00 | 0.00 | 47.66 | 46.15 | 65.26 | 94.96 | 113.95 | 145.57 | 177.87 |
| 端阻力/kPa | — | 0.00 | 0.00 | 142.98 | 346.15 | 453.22 | 612.27 | 712.18 | 894.19 | 1129.82 |

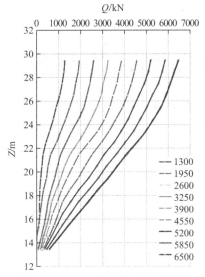

图 15 WFBG 桩身轴力成果曲线

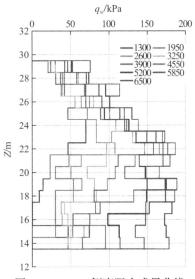

图 16 WFBG 侧摩阻力成果曲线

从以上数据可以看出，WFBG 弱光纤光栅测试数据的变化趋势与 FBG 光纤光栅测试数据差异不大，均能很好地反映出随着桩顶荷载的增加，桩身轴力的变化及分布趋势，但二者仍有以下两点区别：

（1）由于 WFBG 弱光纤光栅是以 1m 间距刻写在光纤上的，而 FBG 光纤光栅因此 WFBG 数据密度更大，测试曲线更为平滑，能反映出更加详细的轴力数据及变化规律。

（2）WFBG 测试的桩端阻力在前两级荷载时为 0，而后随着荷载增加逐渐增大，没有 FBG 测试数据变小的异常情况，更加符合桩身轴力实际的变化规律。分析原理可能由于 FBG 光纤光栅传感器外观与传统振弦式钢筋应力计相似，需要绑扎在钢筋笼主筋上，在钢筋笼下放或混凝土浇灌

过程中可能受到了扰动，造成传感器与混凝土介质没有良好匹配，进而造成测试数据与实际受力情况不符。

## 5 结论

（1）光纤光栅传感器可以成功地应用于灌注桩的桩身内力测试，能够准确地测出桩身的应变分布、变形规律，并进一步计算出桩身内力、桩侧摩阻力及桩端阻力，为优化设计提供依据。

（2）光纤光栅传感器测量技术是以光信号作为载体，相比传统振弦式钢筋应力计具有成活率高、测试精度高等优点。

（3）FBG 光纤光栅传感器在安装时与传统振弦式钢筋应力计差异不大，但额外需要进行光纤的熔接串联工作，对现场施工人员的操作水平有一定要求。

（4）WFBG 弱光纤光栅外观与普通感测光缆一致，直接以 U 形方式绑扎在钢筋笼主筋上即可，安装最为简单方便，对桩身的扰动也最小。在相同测试精度的情况下，相比 FBG 具备更大的数据密度，能反映出更加详细的桩身轴力数据及变化规律。

## 参考文献

[1] RAO Y J. Recent progress in applications in-fibre Bragg grating sensors[J]. Optics and Lasers in Engineering, 1999, 31(4): 297-324.

[2] LI H N, LI D S, SONG G B. Recent applications of fiber optic sensors to health monitoring in civil engineering[J]. Engineering Structures, 2004, 26(11): 1647-1657.

[3] METJE N, CHAPMAN D N, ROGERS C D F, et al. Optical fibre sensors for remote monitoring of tunnel displacements-prototype tests in the laboratory[J]. Tunnel and Underground Space Technology, 2006, 21(3/4): 417.

[4] 丁朋，吴晶，康德，等. 采用弱反射光纤布拉格光栅的声波方向检测[J]. 中国激光, 2020, 47(5): 454-460.

[5] 秋仁东，高文生，孙军杰，等. 光纤光栅传感技术在 PHC 管桩水平载荷试验中的应用[J]. 岩石力学与工程学报, 2013, 32(12): 2583-2589.

[6] 郭宇龙. 超弱光纤光栅传感解调系统研究[D]. 吉林：长春工业大学, 2020.

# 山区高填方机场工程智能监测预警系统

张合青 余 虔 韩进宝 王招冰

（民航机场规划设计研究总院有限公司，北京 100101）

## 1 工程概况

重庆江北国际机场为 4F 级民用国际机场，是中国八大区域枢纽机场之一。

重庆江北国际机场 T3B 航站楼及第四跑道工程主要建设内容包括：第四跑道、滑行道、停机坪、航站楼、货运设施、进出场交通等。可满足重庆机场目标 2025 年旅客吞吐量 8000 万人次、货邮吞吐量 2030 年 120 万 t、飞机起降量 2025 年 58 万架次的需求。

第四跑道长度为 3400m，宽度为 45m，指标 4F，第四跑道南端与第三跑道南端往北错开 890m；在第四跑道西侧 190m 处建设 1 条与第四跑道等长的平行滑行道（F 类），相应设置垂直联络道、快速出口滑行道等滑行道系统。

为提高重庆江北机场跑道运行安全、可控和智能的有效融合，提升飞行区智慧民航建设新高度，结合成都天府机场、北京大兴机场、西安咸阳机场等已开展的智慧跑道相关技术经验，在重庆江北国际机场 T3B 航站楼及第四跑道工程中，建设多源信息融合的智能变形监测预警系统。

## 2 岩土工程条件

场地内地层有第四系全新统（$Q_4^{ml}$）素填土、残坡积层（$Q_4^{el+dl}$）粉质黏土；下伏基岩为侏罗系中统沙溪庙组（$J_{2s}$）泥岩、砂质泥岩和砂岩互层。具体如下：

（1）第四系全新统（$Q_4$）

素填土（$Q_4^{ml}$）：杂色，主要由砂泥岩碎块石、粉质黏土组成。碎块石含量 10%～50%，一般粒径 20～500mm，最大粒径 2000mm，局部存在大块石架空，表层松散、下部多呈稍密—中密状，稍湿。回填方式多为机场前期建设时有序回填，局部区域为抛填，或原房屋、道路建设时回填。回填时间约 5 年。主要分布在第三跑道西侧、北侧、南东侧，最大厚度 84m。

粉质黏土（$Q_4^{el+dl}$）：黄褐色，表层含植物根系，呈可塑状，残坡积成因，切面稍有光泽，无摇振反应，干强度中等，韧性中等。主要分布在场地北、东侧区域，最大厚度 5.30m。其中分布于场地内鱼塘、水沟、水田等地表水体区域表层的粉质黏土，多为灰黑色、褐黑色，富含有机质，略有臭味，呈软塑—流塑状态，呈淤泥状。

（2）侏罗系中统沙溪庙组（$J_{2s}$）

泥岩（$M_s$）：紫褐色，由黏土矿物组成，泥质结构，薄—中厚层状构造。偶夹灰绿色团斑、砂质条带。强风化带裂隙发育，岩芯破碎，多呈碎块状，岩质极软，手可掰断；中等风化带岩质软，岩芯较完整，多呈柱状、长柱状，为场区主要岩层。

砂岩（$S_s$）：褐灰色、黄褐色，主要由长石、石英、云母及少量暗色矿物组成，细—中粒结构，中厚层状构造，钙质胶结。强风化带裂隙发育，岩芯破碎，多呈碎块状，岩质较软；中等风化带岩芯较完整，多呈柱状、长柱状，岩质较硬。

砂质泥岩（$S_m$）：紫褐色，由黏土矿物组成，粉砂泥质结构，中厚层状构造。局部砂质含量重，偶夹灰绿色团斑、砂质条带。强风化带裂隙发育，岩芯破碎，多呈碎块状，岩质软，敲击易碎；中等风化带岩芯较完整，多呈柱状、长柱状，岩质较软。

## 3 岩土工程分析与评价

场区地形起伏较大，存在多个大面积的挖方区和填方区，本期工程道面影响区最大填方高度约 60m。填挖至设计标高后，地基土均匀性差异较大，存在岩石地基、土质地基、土岩组合地基、压实填土地基，其间存在较大的刚度和变形差异。同时，部分地形较陡处、填挖交界处易产生较大的差异沉降。场区广泛分布往期工程预填及抛填的素填土，填土以砂泥岩混合料为主，最大填筑厚度约 80m，厚度分布不均，密实性较差，后续在填筑体及飞机荷载作用下会产生较大的工后沉降及差异沉降，对运行期飞机起降和滑行安全构成严重威胁。

此外，本项目为典型的山区高填方机场工程，最大边坡高度约140m，综合坡比1∶2.3；坡脚处为铁路东环线和渝邻高速的高架桥，边坡失稳不仅会影响机场的安全运行，同时也会危及铁路和高速公路的运行安全。场内填料及边坡区外倾的原地形条件对高填方边坡的变形及稳定性具有不利影响，高填方边坡的稳定性问题尤为突出。为实现对高填方边坡变形发展的准确把控，实时掌握高填方边坡的变形及稳定情况，需建立对高填方边坡的智能监测系统，对边坡失稳变形实时监测、预测及预警。

# 4 方案的分析论证

为保障机场安全运行，提高飞行区安全与管理效率，亟需建立可实时、精准监测地基变形及环境的智能变形监测预警系统，利用现代科学技术手段，实现沉降信息的精准感知与预警，为跑道及飞行区的运行、管理及养护提供科学依据和实时数据，整体提升机场运行保障和机场建设管理水平。

在重庆机场四跑道工程智能变形监测预警系统项目中，贯彻执行"建管运一体化"的先进理念，并确定了"一体设计、同步施工、协同工作、自主感知、融合解析、智能决策"的总体技术思路，依托多维感知、数据驱动的智慧理念和技术，构建沉降智能监测网络、高填方边坡稳定安全监测网络道面结构状态智能感知网络、跑道湿化状态智能感知网络和环境状态感知网络，形成智能变形感知网络体系和综合管控平台，根本性提高飞行区的建造质量、运行效率、保障能力及养护水平，延长跑道寿命，显著降低全生命周期成本。

（1）全场沉降监测

沉降智能监测包含InSAR卫星遥感监测（图1）、单点沉降计、液压式沉降计等沉降变形监测设备，具体作用如下（图2）：

InSAR卫星遥感监测：用于机场全局沉降变形大范围的普查性监测，地面设置角反射器用于配合InSAR卫星遥感监测获取特征点位的沉降量；

单点沉降计：用于获取监测特征位置绝对沉降量；

多点沉降计：用于获取监测特征位置不同深度的沉降量；

液压式沉降仪：用于获取监测中一系列点位的相对沉降量。

图1 重庆江北机场InSAR监测成果

沉降智能监测主要是针对本期新建工程中易产生沉降变形和不均匀沉降的跑道填方厚度较大区域及填挖交界区域，选择了具有一定代表性的位置布设传感器进行沉降监测，同时利用InSAR卫星遥感监测对机场进行非接触式全面变形监测。

（2）边坡智能监测

边坡智能监测包含北斗卫星监测设备、角反射器，具体作用如下：

北斗卫星监测设备（GNSS）：用于获取填方边坡特征位置空间变形量；

角反射器：用于配合InSAR卫星遥感监测获取特定点位的沉降量。

边坡智能监测采用GNSS北斗导航定位终端和InSAR相结合的实施方案，重庆江北机场本期扩建工程高填方边坡主要位于第四跑道东侧及南侧，边坡智能监测终端主要布设在该区域。

（3）道面结构性状智能监测

道面结构状态智能监测包含土压力计和振动光纤，具体作用如下：

土压力计：用于获取特定点位道面板对基层及道基的压力值；

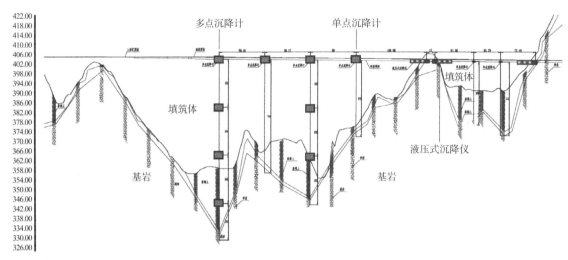

图 2　填方体中单（多）点沉降计布设方案

振动光纤：用于获取道面板在飞机荷载激励下的振动响应。

道面结构状态智能监测中土压力计监测共布设 4 个监测断面，均设置于填挖交界区域，每个监测断面包含 36 个土压力计，放置在道面板角点区域，分上下两层布设。

振动光纤分为纵向布设和横向布设两种，纵向振动光缆平行于跑道中线布设在两层水稳之间，跑道中线两侧各布设有 3 条纵向振动光纤（图 3）。纵向振动光纤从跑道两端位置引出至土面区，通过光纤接续盒在光纤检修井中与主光缆通道熔接，并在跑道中部引出至土面区升降带以外对分段铺设的纵向振动光纤进行熔接。横向布设的振动光纤呈"几"字形布设在飞机着陆区域，两端引出接入主光缆通道。

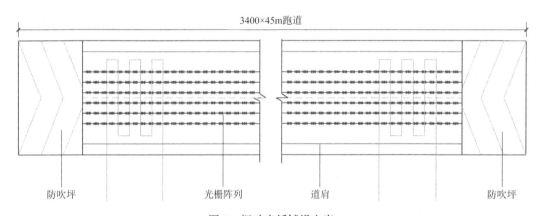

图 3　振动光纤铺设方案

（4）道面环境智能监测

道面环境状态智能监测包含激光轮迹仪（图 4）、水膜厚度传感器，具体作用如下：

水膜厚度传感器：主要监测跑道水膜覆盖情况，判断跑道湿滑状态；

激光轮迹仪：主要监测飞机轮迹偏移情况，并识别飞机机型，为数据分析提供机型数据。

水膜厚度传感器（图 5）共设置 3 个监测断面，分别位于跑道南、北端飞机着陆区域和跑道中部位置。每个监测断面均由 1 组水膜厚度传感器（光）和 1 个水膜厚度传感器（电）组成。

图 4　激光轮迹仪

图 5　水膜厚度传感器

激光轮迹仪在跑道两端设置有两个监测断面，共由 3 台激光轮迹仪组成，分别布置于跑道两侧土面区，以监测到双向飞机的降落。

全场传感器终端布设方案见图 6。

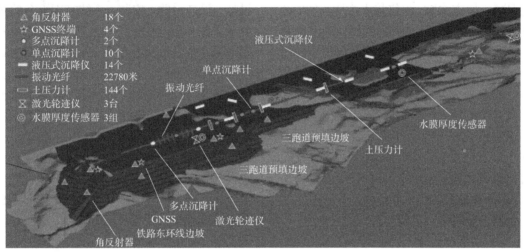

△ 角反射器　　　18个
☆ GNSS终端　　　4个
● 多点沉降计　　　2个
▢ 单点沉降计　　　10个
▬ 液压式沉降仪　　14个
— 振动光纤　　　22780米
▭ 土压力计　　　144个
⊠ 激光轮迹仪　　　3台
◎ 水膜厚度传感器　3组

液压式沉降仪
单点沉降计
振动光纤
水膜厚度传感器
三跑道预填边坡
土压力计
三跑道预填边坡
多点沉降计
GNSS
激光轮迹仪
铁路东环线边坡
角反射器

图 6　全场传感器终端布设方案

## 5　方案的实施

（1）单（多）点沉降计埋设

待土方工程施工至道基顶面后，在设计埋设点位进行钻孔至稳定地层，钻孔孔径 110mm。将组装好的沉降计拉满至量程后绑扎到钢丝绳上，通过提拉钢丝绳放至孔中。沉降计安装完整后将钢丝绳固定在钻孔上方支架上，保持拉紧状态。沉降计安装完成后，进行钻孔回填，底部 60cm、顶部 30cm 左右采用 C15 水泥砂浆回填，其余空间采用微膨胀土球与细砂土混合后回填，通信光纤采用 MPP 管保护引出至道肩边线外。传感器组装见图 7。

图 7　传感器组装

（2）液压式沉降仪

待土方工程施工至道基顶面后，进行挖槽施工，挖槽尺寸长 80cm、深 100cm，底部通过 10cm 细砂进行找平和保护。每个沉降仪由 1 个传感器、2 根智能沉降仪通信光纤、1 根副水管以及 1 根通气管构成。沉降仪采用不锈钢保护盒进行保护，在槽中完成组装。向储液罐中注入防冻液，并排除主水管内的空气及气泡。充液完成后应及时检查系统的密封性能，观察各接头部位有无液体渗漏。

（3）振动光纤

振动光纤在上层水稳施工之前进行，布设于两层水稳层之间，使用刻槽机在下水稳表面进行刻槽，槽截面大小为 6cm×6cm，用 C15 混凝土回填（图 8）。

图 8　刻槽铺设振动光纤

（4）土压力计施工

在测点位置采用切槽机刻槽，刻槽尺寸按照选用的土压力计形状确定并根据土压力的出缆深度尺寸把传感器的走线进行切槽，压力盒的底部采用水泥浆垫平（水平尺校平），再将受力膜（承压膜）面朝上放置，把传感器的尾缆沿着光缆走线切槽位置进行放线。延长光缆铺设至道肩以外区域，在光缆适当位置做好传感器信息标识，便于后续系统组网传感器信息识别。

（5）水膜厚度传感器施工

当混凝土道面施工完成后，在道肩道面表面刻槽，传感器线缆用MPP管封装保护后埋入槽中，并用水泥混凝土填充空隙，最终接入主缆。在布设点位设置易折杆（与立式边界灯类似），高出地面约30cm，将遥感式水膜厚度传感器固定于易折杆上，调整传感器的位置及角度，接入电缆对传感器供电并进行调试。

（6）激光轮迹仪

激光轮迹仪立于道面之外的土面区上，布设时需要在布设点位设置混凝土固定台，同时应接入光缆对传感器供电。传感器线缆需在土面区开槽，用MPP管封装保护后埋入槽中，并利用原地面土填充空隙，最终接入主缆。

## 6 工程成果与效益

本工程目前已完成施工图设计，正处于传感器埋设以及系统构建的实施阶段。鉴于机场特殊的运营环境，人员设备进出对机场运行干扰较大，传统的监测手段在机场运营期实施存在诸多限制，且数据的连续性以及不同类型数据之间的联系性较差。本工程建成后将采用自动化、低功耗的数据采集方式，为机场运营提供实时的地基沉降和差异沉降、地下水位、边坡变形及稳定性、关键部位道面板脱空状态、道面上部水膜厚度等环境监测数据，并进行预测及安全预警，以保障机场的安全运行，同时为工程处治、应急处置以及养护决策提供数据支撑。

岩土工程是服务于工程建设及实施的全过程专业工程。高填方机场智能监测预警系统的实施将岩土工程监测由只提供监测数据、安全预警服务过渡到了提供工程处治、应急处置方案，并提供工程养护决策咨询服务等基于大数据的深度应用服务。本项目可大幅减少运营期运维的人力成本，并提高运营期机场维护的针对性，推进民用机场智能化运营的进一步发展，具有极大的社会经济效益。

## 7 工程经验或教训

本项目是我国首个山区高填方机场采用多源信息融合的智能变形监测预警系统的机场工程。在项目的实施过程中遇到了诸多问题，也积累了一定的经验。

（1）关于实施模式

智能变形监测预警系统的实施涉及监测方案设计，设备采购、安装，系统管理平台的开发及监测成果的分析与评价等一系列工作，需要各部分紧密联系才能达到最好的应用效果。早期在其他机场（如成都天府机场）开展类似监测系统建设时，项目的各部分由不同的单位实施，监测系统施工与设计衔接不够紧密，最终建成的系统使用成效受到了影响。本次项目采用近似"EPC"模式，整个系统由同一家单位负责完成，系统建设从需求调研到方案设计再到安装实施的延续性、完整性较高，传感器类型及指标参数的选取完全贴合现场工程实际及系统建设目标要求，且现场的传感器安装质量得到了保证，能够实现设计方案的预期目标。

（2）关于实施进度控制

监测系统包含多种类型的感知终端，遍布于整个工程建设范围，在跑道道基、水稳基层、道面板及土面区等不同层面位置均有分布，且不同传感器的安装方式也存在着巨大差异。因此需要对传感器安装和通信线缆的引出工作与主体工程施工工序间的关系进行梳理，合理规划传感器安装施工及线缆布设方案。另外，主体工程涉及范围较大，通常分为多个施工标段，由于现场施工条件的不同，各标段的施工进度有明显差异，需要与现场各标段施工单位做好协调配合，密切关注仪器安装区域的施工进展，避免因错过水稳基层或道面板的施工窗口期影响传感器的安装。

（3）关于传感器埋设

沟槽开挖和埋设是保证传感器成活率和数据有效性的关键环节。不同于一般的细粒土，山区高填方机场填料通常为开山石，其填筑工艺普遍采用强夯，控制粒径为80cm，与传感器的沟槽尺寸和填料的控制粒径相当。为保证传感器埋设前后地基变形的一致性，需严格控制沟槽的填料类型和密实度。采用湿贫混凝土等材料，虽然回填工艺简单，但是混凝土在传感器周围形成的硬壳层破坏了传感器与地基变形的一致性，故仍需采用原土回填。回填过程中，在传感器上部铺设一定厚度的细砂作为保护层，上部采用挖出的块碎石破碎后进行回填。采用人工回填的方式，并注意对传感器的保护以及回填体的密实程度。

# 基于静力触探试验估算北京东北部地区黏性土岩土工程参数的研究

孙　静[1,2]　周玉凤[1]　刘　丹[1]　校小娥[1]

（1. 北京城建勘测设计研究院有限责任公司，北京　100101；

2. 城市轨道交通深基坑岩土工程北京市重点实验室，北京　100101）

## 1　引言

静力触探试验、旁压试验是可在勘察阶段实施的、最有效的获取土层物理力学参数的现场原位测试手段，但静力触探仅在黏性土、粉土、密实度不高的砂土中适宜，在密实砂土中进行试验较为困难[1-3]，旁压试验适用于所有地层。目前静力触探试验推算土体岩土工程参数仅在天津、上海等软土地区应用广泛，并取得了显著成果[4-5]。受地区土层性质影响，静力触探技术未能在北京地区得到广泛应用，目前北京地区利用规范、室内土工试验及地区经验确定土体岩土工程参数。北京地区地层力学性质总体较好，西部、中部以卵石层为主，不适宜静力触探手段，但东部、东北部及东南部以黏性土、粉土和砂土地层为主，静力触探试验具有适用条件，但缺乏广泛研究。本文依托北京东北部地区某大型高架快速路岩土勘察工程作为研究试点，开展了现场静力触探试验、旁压试验，通过试验结果建立黏性土静力触探试验锥尖阻力与承载力特征值、压缩模量的经验关系式。

## 2　工程概况

北京地区某大型高架快速路岩土工程勘察项目位于北京市的东北部（图1），全长 7.2km，主路全线为高架桥梁，沿线设互通立交 3 座，均采用钻孔灌注桩基础，桩径 1.2～1.8m，单桩荷载 6000～9000kN。

该线路场地地貌属平原地貌，地形基本平坦，局部略有起伏，地面标高 34～38m，该工程场地属同一工程地质单元。按地层沉积年代、成因类型，本工程场地勘探范围内的土层划分为人工堆积层和第四纪全新世冲洪积层两大类，第四纪全新世冲洪积层岩性主要以黏性土、粉土、砂土交互层为主。埋深在 30～45m 分布有厚层粉质黏土，埋深在 50～65m 范围内分布有厚层砂土层，深度 12～20m 之间的粉土厚度较大。该线路场地分布有多层地下水，第一层地下水在 15m 左右。工程地质剖面图见图2。

图1　拟建工程位置示意图

## 3　研究对象及研究方法

本次研究对象为北京东北部地区某线路的黏性土，研究方法主要是利用双桥静力触探设备测定不同深度黏性土的锥头阻力 $q_c$ 和侧壁摩阻力 $f_s$。采用 Menard G-AM 型预钻式旁压仪确定黏性土承载力特征值 $f_{ak}$ 指标，运用室内土工试验手段获得黏性土样的压缩模量等物理力学参数。最后运用统计与回归分析法将黏性土静力触探试验锥尖阻力 $q_c$ 与承载力特征值 $f_{ak}$、压缩模量 $E_s$ 的线性关系。

## 4　试验布置及成果

### 4.1　试验孔布置

为保证主要地层的一致性和数据的对应性，静力触探试验孔与旁压试验孔均位于取土钻孔附近，同时为避免不同测试孔的扰动，测试孔与钻孔间保持一定距离。

本次试验依托北京东北部地区某大型高架快速路岩土工程勘察项目开展，试验采用双桥静力触探设备在同一地质单元的不同场地布置了 8 个静力触探试验孔，最大深度 38.8m，并同时布置旁压试验，以获取各土层的承载力。

### 4.2 试验成果

（1）静力触探试验成果

本次试验共布置 8 个静力触探试验孔，共采集静力触探试验数据 4946 个，典型钻孔静力触探曲线图如图 3 所示。双桥静力触探试验成果可直接用于划分地层和判定土的类别，因其能够直接对原状土样进行测试，减少了原状土样的扰动，所以结果较室内土工试验更准确，静力触探试验数据划分地层见图 4，黏性土静探试验成果统计表见表 1。

黏性土静探试验成果统计表　　表 1

| 岩性 | 锥头阻力 $q_c$/MPa | 侧阻力 $f_s$/kPa |
| --- | --- | --- |
| ③₁粉质黏土 | 1.45 | 52.54 |
| ④粉质黏土 | 1.48 | 31.22 |
| ⑤粉质黏土 | 1.71 | 34.54 |
| ⑥₃粉质黏土 | 2.51 | 46.18 |
| ⑧₁粉质黏土 | 3.09 | 60.91 |
| ⑨₁粉质黏土 | 2.62 | 65.34 |

注：表中锥头阻力 $q_c$ 与侧阻力 $f_s$ 为统计结果的平均值。

（2）旁压试验成果

预钻式旁压试验仪器是利用加压装置所加的气压直接传到测管水面，产生水压和气压传至旁压器三个腔（中腔是水压、上下腔是气压），促使弹性膜受压膨胀，导致孔壁土体受压产生相应变形，其变形量由测管水位下降值测得，压力值由压力表读出，根据所测结果绘制压力和测管水位下降值关系曲线，即旁压曲线，根据曲线可确定地基土的地基承载力特征值和计算变形模量等力学指标。预钻式旁压试验仪器结构简单，性能稳定，试验结果准确可靠[6]。黏性土旁压试验成果统计表见表 2。

黏性土旁压试验成果统计表　　表 2

| 岩性 | 承载力特征值 $f_{ak}$/kPa |
| --- | --- |
| ③₁粉质黏土 | 138 |
| ④粉质黏土 | 148 |
| ⑤粉质黏土 | 172 |
| ⑥₃粉质黏土 | 180 |
| ⑧₁粉质黏土 | 210 |
| ⑨₁粉质黏土 | 203 |

注：表中承载力特征值 $f_{ak}$ 为统计结果的平均值。

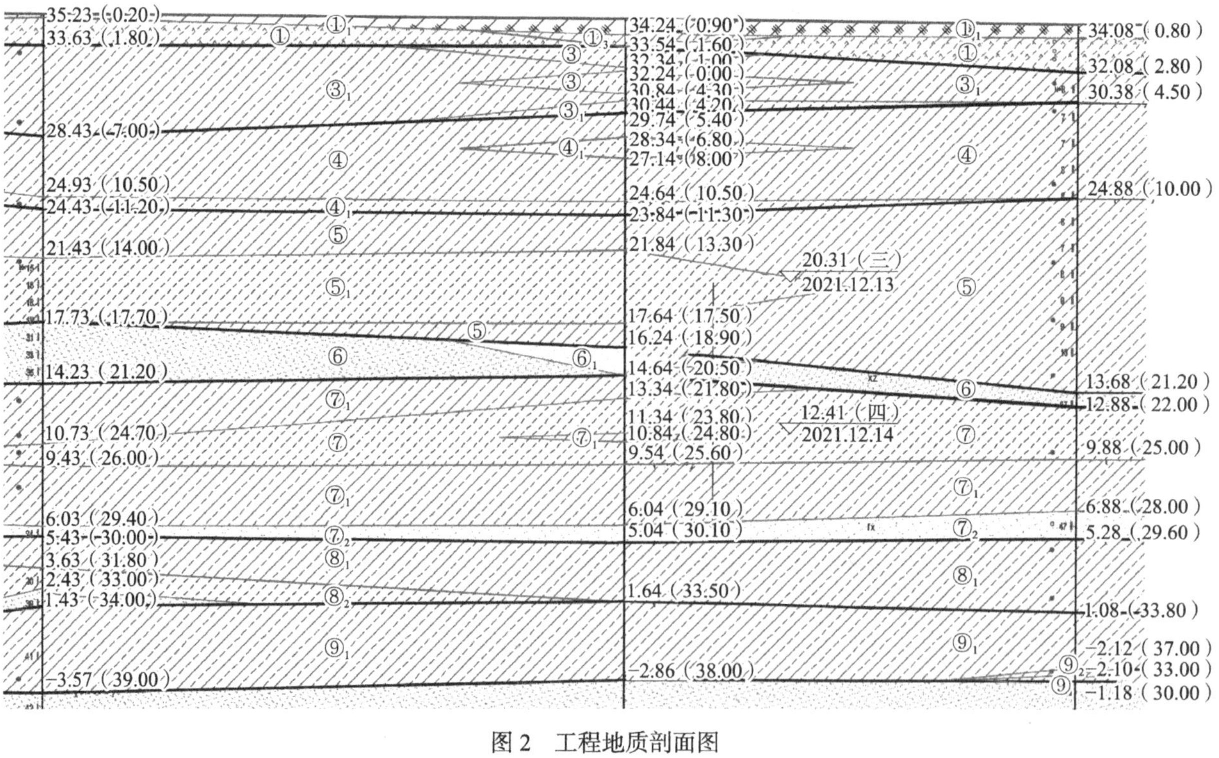

图 2　工程地质剖面图

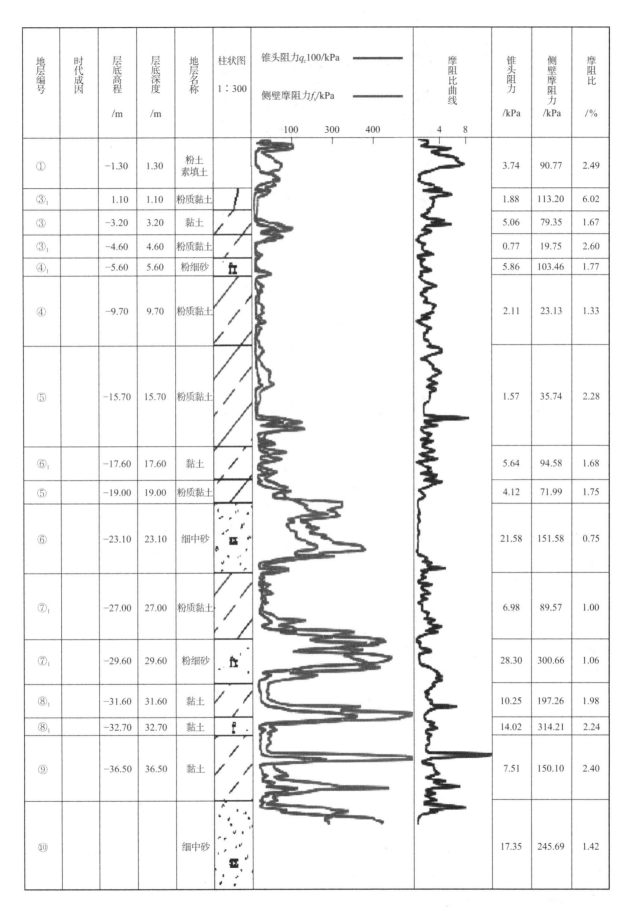

| 地层编号 | 时代成因 | 层底高程 /m | 层底深度 /m | 地层名称 | 柱状图 1:300 | 锥头阻力$q_c$100/kPa 侧壁摩阻力$f_s$/kPa | 摩阻比曲线 | 锥头阻力 /kPa | 侧壁摩阻力 /kPa | 摩阻比 /% |
|---|---|---|---|---|---|---|---|---|---|---|
| ① | | −1.30 | 1.30 | 粉土 素填土 | | | | 3.74 | 90.77 | 2.49 |
| ③₁ | | 1.10 | 1.10 | 粉质黏土 | | | | 1.88 | 113.20 | 6.02 |
| ③ | | −3.20 | 3.20 | 黏土 | | | | 5.06 | 79.35 | 1.67 |
| ③₁ | | −4.60 | 4.60 | 粉质黏土 | | | | 0.77 | 19.75 | 2.60 |
| ④₁ | | −5.60 | 5.60 | 粉细砂 | | | | 5.86 | 103.46 | 1.77 |
| ④ | | −9.70 | 9.70 | 粉质黏土 | | | | 2.11 | 23.13 | 1.33 |
| ⑤ | | −15.70 | 15.70 | 粉质黏土 | | | | 1.57 | 35.74 | 2.28 |
| ⑥₁ | | −17.60 | 17.60 | 黏土 | | | | 5.64 | 94.58 | 1.68 |
| ⑤ | | −19.00 | 19.00 | 粉质黏土 | | | | 4.12 | 71.99 | 1.75 |
| ⑥ | | −23.10 | 23.10 | 细中砂 | | | | 21.58 | 151.58 | 0.75 |
| ⑦₁ | | −27.00 | 27.00 | 粉质黏土 | | | | 6.98 | 89.57 | 1.00 |
| ⑦₁ | | −29.60 | 29.60 | 粉细砂 | | | | 28.30 | 300.66 | 1.06 |
| ⑧₁ | | −31.60 | 31.60 | 黏土 | | | | 10.25 | 197.26 | 1.98 |
| ⑧₁ | | −32.70 | 32.70 | 黏土 | | | | 14.02 | 314.21 | 2.24 |
| ⑨ | | −36.50 | 36.50 | 黏土 | | | | 7.51 | 150.10 | 2.40 |
| ⑩ | | | | 细中砂 | | | | 17.35 | 245.69 | 1.42 |

图 3　典型钻孔静力触探曲线图

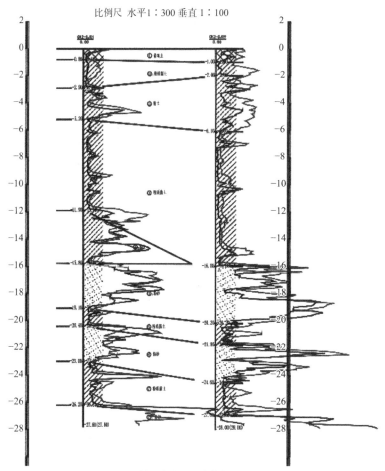

图 4 静力触探试验数据划分地层

# 5 试验数据的相关性分析

## 5.1 绘制散点图

通过对现场试验及室内土工试验获得的一系列试验数据进行计算与整理，以黏性土静力触探锥头阻力$q_c$为横坐标，黏性土承载力特征值$f_{ak}$为纵坐标绘制$f_{ak}$-$q_c$散点图，如图 5 所示。从图中可看出，黏性土承载力特征值$f_{ak}$与静力触探锥头阻力$q_c$呈正相关关系。

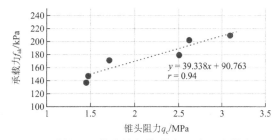

图 5 黏性土承载力特征值-静探锥头阻力散点图

压缩模量是衡量土的压缩性高低的一个重要指标，也是用来计算地基沉降的一个重要参数[7]，

以黏性土静力触探锥头阻力$q_c$为横坐标，黏性土压缩模量$E_s$为纵坐标绘制$E_s$-$q_c$散点图，如图 6 所示。从图 6 可看出，黏性土压缩模量随静探锥头阻力的增大而增大，与静探锥头阻力呈正相关关系。

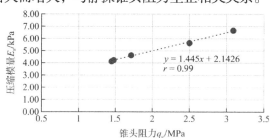

图 6 黏性土压缩模量-静探锥头阻力散点图

## 5.2 相关性分析

建立回归方程

设$Y = a + bX$，使用最小二乘法分析，则有：

$$b = \frac{\sum X_i Y_I - \frac{(\sum x_i)(\sum y_i)}{n}}{\sum X_i^2 - \frac{1}{n}(\sum X_i)^2}, \quad a = \overline{Y} - b\overline{X};$$ 相关系数 $r =$

$$\frac{\sum X_I Y_I - \frac{(\sum x_i)(\sum y_i)}{n}}{\sqrt{\left[\sum X_i^2 - \frac{1}{n}(\sum X_i)^2\right]\left[\sum Y_i^2 - \frac{1}{n}(\sum Y_i)^2\right]}}$$ [8-10]。

经计算分别得到黏性土承载力特征值$f_{ak}$、压缩模量$E_s$与静力触探锥头阻力$q_c$的回归方程：

$$f_{ak} = 39.338q_c + 90.763，相关系数r = 0.94；$$
$$E_s = 1.445q_c + 2.1426，相关系数r = 0.99。$$

相关系数$r$能够反应两个变量之间的相关程度，相关系数$r$数值在0~1之间，相关程度一般分为5个等级。

完全相关：$|r| = 1$；

强相关：$0.7 \leqslant |r| < 1$；

中度相关：$0.4 \leqslant |r| < 0.7$；

弱相关：$|r| < 0.4$；

零相关：$|r| = 0$。

由此可得，3个回归方程的相关系数在0.94~0.99之间，结果表明：黏性土承载力特征值$f_{ak}$、压缩模量$E_s$与静力触探锥头阻力$q_c$呈强相关关系。上述研究表明，通过现场静力触探试验、旁压试验能够确定黏性土承载力特征值、压缩模量等岩土工程参数。

## 6　结论

黏性土压缩模量、土体承载力特征值不宜采用单一的室内土工试验、标准贯入试验的方法确定，应与静力触探、旁压试验等原位测试方法综合确定，使结果更加科学合理。本文主要结论如下：

（1）将黏性土承载力特征值、压缩模量分别与静力触探锥头阻力进行相关分析，得到相关系数$r$均大于0.9，表明上述参数相关关系很强。

（2）运用回归分析法建立的静力触探锥头阻力与黏性土承载力特征值、压缩模量的经验公式为该地区推求黏性土承载力特征值等岩土工程参数提供了参考。

（3）本次试验仅基于北京东北部地区某大型高架快速路项目开展，后续将继续收集样本数据，进一步改良、修正静力触探锥头阻力与黏性土承载力特征值、压缩模量的经验公式。

## 参考文献

[1] 王钟琦. 我国的静力触探及动静触探的发展前景[J]. 岩土工程学报, 2000, 22(5): 517-522.

[2] 吴道祥, 单灿灿, 钟轩明, 等. 静力触探的发展及其在岩土工程中的应用[J]. 合肥工业大学学报(自然科学版), 2008, 31(2): 211-215.

[3] 陈强华, 俞调梅. 静力触探在我国的发展[J]. 岩土工程学报, 1991, 13(1): 84-95.

[4] 张莹. 基于静力触探与室内试验预估地基承载力及压缩模量的对比分析[J]. 四川水泥, 2019(11): 297-298.

[5] 王传焕. 用静力触探确定天然地基的极限承载力[J]. 铁道勘察, 2006, 32(3): 34-36.

[6] 田其煌. 福州地区静力触探与旁压试验地基承载力计算对比研究[J]. 福建建筑, 2022(12): 89-92.

[7] 孙昌开. 孔压静力触探方法测定土体压缩模量应用研究[J]. 公路工程, 2023, 48(2): 81-85.

[8] 张寒云, 段鹏. 相关分析方法在数据约简中的应用[J]. 云南民族大学学报(自然科学版), 2011, 20(3): 181-183.

[9] 高颂东. 静力触探参数与地基土物理力学指标(天津地区)相关分析研究[J]. 矿产勘查, 2003, 6(7): 75-77.

[10] 凌能祥, 李声闻, 宁荣健. 数理统计[M]. 合肥: 中国科学技术大学出版社, 2014.

# 张鲁入地电力隧道衬砌施工质量无损检测实录

代　军　何焕林　李耀华

（航天规划设计集团有限公司，北京　100162）

## 1　工程概况

地质雷达法是一种无损检测方法，具有设备简单、快速高效、无损测量、结果直观、准确可靠等优势[1]。地质雷达法在江堤[2]、公路隧道[3]、高速铁路隧道[4]等相关领域已经得到了广泛应用。本文通过工程实例探讨地质雷达法在电力隧道衬砌施工质量检测中的应用。

张鲁入地电力隧道属于居民安置房电力配套工程，电力隧道拟建场址位于北京市石景山区，全长 1474m，分为 3 段，共有 13 个竖井，均为 2.0m×2.3m 或 2.6m×2.9m 暗挖隧道，沿线为区管支干路，拆迁的空地和个别低层现状建筑物，初衬椭架间距 0.6m，二衬钢筋间距 150mm，初衬和二衬混凝土厚度均为 250mm。

根据施工进度，先后对衬砌施工后的拱顶、两侧拱腰和两侧边墙位置初衬及二衬进行了地质雷达无损检测。

依据检测要求，检测隧道初衬和二衬背后是否有空洞或疏松段，并确定异常的位置、范围及疏松程度等；检测隧道初衬与二衬厚度是否满足设计要求；检测隧道初衬椭架间距和二衬钢筋间距是否满足设计要求。电力隧道衬砌施工质量现场检测条件如图 1 所示。

(a) 初衬施工后　　　　(b) 二衬施工后

图 1　电力隧道的现场检测条件

## 2　场地岩土工程条件

### 2.1　地形地貌

入地电力隧道选址区地形平坦，起伏不大，地貌单元属于永定河冲洪积扇中上部。地形简单，地貌类型单一。

### 2.2　地层岩性

地下 20.0m 深度范围内揭露地层人工填土层和一般第四纪沉积层，其第四纪沉积层从上到下为黏性土、粉土和砂、卵石类土层。隧道埋深位于第四纪沉积层，以黏质粉土—粉质黏土和卵石为主。

### 2.3　水文地质条件

本场区地下水埋藏较深，地表下 20.0m 深度范围内未见地下水。

## 3　地质雷达设备和检测测线布置

### 3.1　地质雷达法工作原理

地质雷达（Ground Penetrating Radar 简称GPR）方法是一种用于确定地下介质分布的广谱（1MHz～2.5GHz）电磁波技术。

地质雷达利用一个天线发射高频短脉冲宽频带电磁波，另一个天线接收来自地下介质界面的反射波，雷达图形以脉冲反射波的形式被记录，波形的正负峰值分别以黑白色表示或以灰阶或彩色表示，这样同相轴或等灰度、等色线即可形象地表征出地下介质或目标体的反射面（图 2）。电磁波在介质中传播时，其路径、电磁场强度与波形将随所通过介质的介电性质及几何形态而变化。因此，根据接收到波的旅行时间、振幅与频率等信息，可推测介质的结构、构造以及埋设物体深度。

进一步地，地质雷达法的工作原理可由物理学理论和公式定量地描述。与地质雷达工作原理密切相关的电磁学理论和公式如下所述[5]。

电磁波在土层中的传播速度可根据土层的相对介电常数计算出来，即：

$$v = \frac{c}{\sqrt{\varepsilon_r}} \tag{1}$$

式中：$v$——电磁波在土层中的传播速度，$c = 0.3m/ns$（真空中的光速）；

　　　$\varepsilon_r$——土层的相对介电常数。

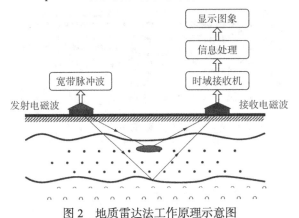

图2　地质雷达法工作原理示意图

当发射与接收天线间的距离相比于目标体的深度可忽略不计时，可直接略去这一距离，目标体的深度可由下式计算：

$$D = \frac{v\Delta t}{2} \quad (2)$$

式中：$D$——目标体的深度；

　　　$\Delta t$——地质雷达主机记录下电磁波从发射到接收的双程走时。

电磁波传播途中，遇到相对介电常数不同的界面，如目标体的表面时，将产生反射波。反射波的强弱是地质雷达法接收信号中的重要指标，反射波与入射波的强度之比即为反射系数。反射系数可由下式计算：

$$R = \frac{\sqrt{\varepsilon_{r1}} - \sqrt{\varepsilon_{r2}}}{\sqrt{\varepsilon_{r1}} + \sqrt{\varepsilon_{r2}}} \quad (3)$$

式中：$R$——反射系数；

　　　$\varepsilon_{r1}$和$\varepsilon_{r2}$——反射侧和投射侧介质的相对介电常数。

电磁波的反射系数取决于界面两边介质的相对介电常数的差异，差异越大，反射系数越大。对于钢筋、空洞、土体疏松区或衬砌混凝土界面的检测，其物性差异较大，会形成较强的反射，这种差异正是地质雷达法检测的地球物理前提。

### 3.2　地质雷达设备

本次检测采用 MTGR-2F 高速地质雷达系统，配备中心频率为 900MHz 和 400MHz 屏蔽天线，选用 Panasonic FZ-G1 平板电脑作为 MTGR-2F 高速地质雷达系统的显示主机，主要用来控制数据的采集、存储和显示。采集控制单元主要完成地质雷达数据的采集并向天线供电，可同时给双天线供电。可提供 50K、100K、200K 时钟频率脉冲，提供电流控制、精度 2ps 的延迟控制，提供时变增益控制电压，增益范围 −30～20dB。所采用地质雷达设备如图 3 所示。

(a) Panasonic FZ-G1平板电脑　　　(b) 采集控制单元

(c) 900MHz屏蔽天线　　　(d) 400MHz屏蔽天线

图3　MTGR-2F 型双通道地质雷达系统

### 3.3　地质雷达采集参数

初衬施工质量检测采用中心频率为 900MHz 的屏蔽天线，二衬施工质量检测采用中心频率为 400MHz 的屏蔽天线，均通过测距轮测距完成连续采集。

进行现场数据采集时，为了取得良好的测试结果，通过现场试验确定了适用于本工程测量的仪器采集参数。所确定的雷达采集参数如表 1 所示。

| 雷达采集参数表 | | 表 1 |
| --- | --- | --- |
| 频率参数 | 900MHz | 400MHz |
| 采集时窗 | 25ns | 50ns |
| 采样率 | 512 | 512 |
| 触发方式 | 测距轮 | 测距轮 |
| 采集方式 | 距离连续采集 | 距离连续采集 |

### 3.4　地质雷达数据处理

需要对采集的地质雷达数据进行细致处理，数据处理的方式分为两种：第一，直接去除干扰来提取有效信号；第二，提取干扰信号，并将干扰信号相位取反，与原始信号叠加，从而消除干扰信号。地质雷达干扰信号多且复杂，需要多种方法联合处理才能有效提高信噪比，且处理需要有针对性。地质雷达数据处理流程如图 4 所示。

数据处理完成后，提取雷达波异常剖面显示

图像作为结果数据：横坐标为水平距离，以 m 为单位；纵坐标为电磁波双程时间，以 ns 为单位，并通过计算获得异常解释深度，以 m 为单位。

算获得异常解释深度，以 m 为单位。得到电力隧道初衬和二衬施工质量检测雷达图像分别如图 6、图 7 所示。

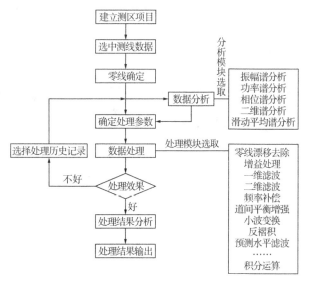

图 4　地质雷达数据处理流程

## 3.5　检测测线布置

在电力隧道内根据隧道施工进度对竖井间隧道初衬和二衬逐段进行检测，分别在隧道两侧边墙距底部 0.7m 位置、两侧拱腰距底部 1.9m（初衬）、1.7m（二衬）位置、拱顶中央位置布置测线，测线布置位置如图 5 所示。

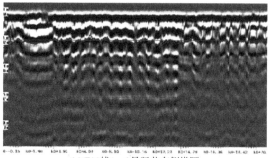

(a) T11线1～2号竖井东侧拱腰

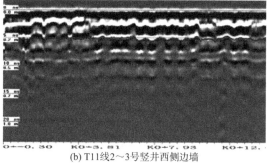

(b) T11线2～3号竖井西侧边墙

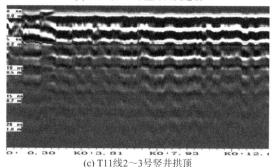

(c) T11线2～3号竖井拱顶

图 6　电力隧道初衬施工质量检测雷达图像

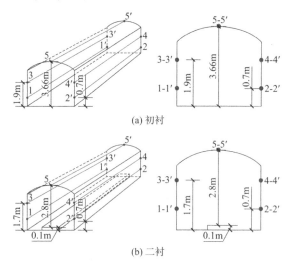

(a) 初衬

(b) 二衬

图 5　检测测线布置图及断面示意图

## 4　地质雷达检测剖面图

经数据处理，提取雷达波异常剖面显示图像作为结果数据：横坐标为水平距离，以 m 为单位；纵坐标为电磁波双程时间，以 ns 为单位，并通过计

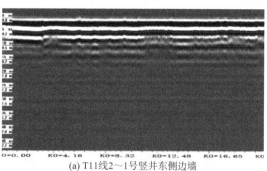

(a) T11线2～1号竖井东侧边墙

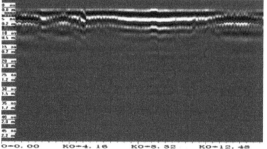

(b) T11线2～3号竖井西侧拱腰

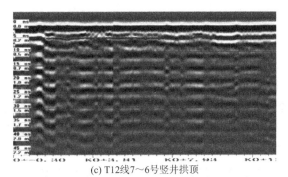

(c) T12线7~6号竖井拱顶

图7 电力隧道二衬施工质量检测雷达图像

# 5 检测结果分析

## 5.1 初衬检测结果分析

（1）T11线（1~3号竖井）

西侧边墙衬砌背后检测线位置未发现明显空洞及不密实异常，初衬混凝土厚度平均 0.257m，榀架平均间距0.66m；东侧边墙衬砌背后检测线位置未发现明显空洞及不密实异常，初衬混凝土厚度平均 0.258m，榀架平均间距0.67m；西侧拱腰衬砌背后检测线位置未发现明显空洞及不密实异常，初衬混凝土厚度平均0.257m，榀架平均间距0.66m；东侧拱腰衬砌背后检测线位置未发现明显空洞及不密实异常，初衬混凝土厚度平均0.256m，榀架平均间距0.66m；拱顶衬砌背后检测线位置未发现明显空洞及不密实异常，初衬混凝土厚度平均0.257m，榀架平均间距0.69m。检测相关结果见表2、表3。

入地电力隧道第二标段 T11 线初衬混凝土厚度检测统计表　　　　　　　　　　　　　　　　　　表 2

| 隧道段 | 检测位置 | 初衬混凝土厚度/mm | | | | |
| --- | --- | --- | --- | --- | --- | --- |
| | | 西边墙 | 东边墙 | 西拱腰 | 东拱腰 | 拱顶 |
| T11线 | 1~2 号竖井 | 258 | 263 | 262 | 259 | 261 |
| | 2~3 号竖井 | 256 | 259 | 253 | 259 | 259 |
| | 尾段 | 257 | 252 | 257 | 250 | 251 |
| | 平均值 | 257 | 258 | 257 | 256 | 257 |
| | 平均值 | 257 | | | | |

（2）T12线（1~8号竖井）

北侧边墙衬砌背后检测线位置未发现明显空洞及不密实异常，初衬混凝土厚度平均 0.256m，榀架平均间距0.67m；南侧边墙衬砌背后检测线位置未发现明显空洞及不密实异常，初衬混凝土厚度平均0.256m，榀架平均间距0.67m；北侧拱腰衬

砌背后检测线位置未发现明显空洞及不密实异常，初衬混凝土厚度平均 0.257m，榀架平均间距0.67m；南侧拱腰衬砌背后检测线位置未发现明显空洞及不密实异常，初衬混凝土厚度平均0.260m，榀架平均间距0.68m；拱顶衬砌背后检测线位置未发现明显空洞及不密实异常，初衬混凝土厚度平均0.259m，榀架平均间距0.66m。

入地电力隧道第二标段 T11 线初衬榀架间距检测统计表　　　　　　　　　　　　　　　　　　表 3

| 隧道段 | 检测位置 | 初衬榀架间距/m | | | | |
| --- | --- | --- | --- | --- | --- | --- |
| | | 西边墙 | 东边墙 | 西拱腰 | 东拱腰 | 拱顶 |
| T11线 | 1~2 号竖井 | 0.63 | 0.68 | 0.66 | 0.69 | 0.66 |
| | 2~3 号竖井 | 0.62 | 0.66 | 0.62 | 0.66 | 0.70 |
| | 尾段 | 0.72 | 0.68 | 0.70 | 0.64 | 0.70 |
| | 平均值 | 0.66 | 0.67 | 0.66 | 0.66 | 0.69 |
| | 平均值 | 0.67 | | | | |

## 5.2 二衬检测结果分析

（1）T11线（1~3号竖井）

西侧边墙衬砌背后检测线位置未发现明显空洞及不密实异常，二衬混凝土厚度平均 0.251m，钢筋平均间距0.18m；东侧边墙衬砌背后检测线位置未发现明显空洞及不密实异常，二衬混凝土厚度平均0.251m，钢筋平均间距0.18m；西侧拱腰衬砌背后检测线位置未发现明显空洞及不密实异常，二衬混凝土厚度平均0.252m，钢筋平均间距0.17m；东侧拱腰衬砌背后检测线位置未发现明显空洞及不密实异常，二衬混凝土厚度平均0.249m，钢筋平均间距0.18m；拱顶衬砌背后检测线位置未发现明显空洞及不密实异常，二衬混凝土厚度平均0.253m，钢筋平均间距0.19m。检测相关结果见表4、表5。

入地电力隧道第二标段 T11 线二衬混凝土厚度检测统计表　　　　　　　　　　　　　　　　　　表 4

| 隧道段 | 检测位置 | 二衬混凝土厚度/mm | | | | |
| --- | --- | --- | --- | --- | --- | --- |
| | | 西边墙 | 东边墙 | 西拱腰 | 东拱腰 | 拱顶 |
| T11线 | 1~2 号竖井 | 251 | 250 | 252 | 249 | 251 |
| | 2~3 号竖井 | 250 | 251 | 251 | 249 | 254 |
| | 平均值 | 251 | 251 | 252 | 249 | 253 |
| | 平均值 | 251 | | | | |

**入地电力隧道第二标段 T11 线二衬钢筋间距检测统计表**　　　　　　表 5

| 隧道段 | 检测位置 | 二衬钢筋间距/m | | | | |
|---|---|---|---|---|---|---|
| | | 西边墙 | 东边墙 | 西拱腰 | 东拱腰 | 拱顶 |
| T11 线 | 1～2 号竖井 | 0.16 | 0.17 | 0.15 | 0.16 | 0.16 |
| | 2～3 号竖井 | 0.19 | 0.19 | 0.19 | 0.20 | 0.21 |
| | 平均值 | 0.18 | 0.18 | 0.17 | 0.18 | 0.19 |
| | 平均值 | 0.18 | | | | |

（2）T12 线（1～8 号竖井）

南侧边墙衬砌背后检测线位置未发现明显空洞及不密实异常，二衬混凝土厚度平均 0.256m，钢筋平均间距 0.15m；北侧边墙衬砌背后检测线位置未发现明显空洞及不密实异常，二衬混凝土厚度平均 0.253m，钢筋平均间距 0.16m；南侧拱腰衬砌背后检测线位置未发现明显空洞及不密实异常，二衬混凝土厚度平均 0.256m，钢筋平均间距 0.15m；北侧拱腰衬砌背后检测线位置未发现明显空洞及不密实异常，二衬混凝土厚度平均 0.256m，钢筋平均间距 0.15m；拱顶衬砌背后检测线位置未发现明显空洞及不密实异常，二衬混凝土厚度平均 0.257m，钢筋平均间距 0.16m。

# 6　结论

（1）通过地质雷达现场检测、数据处理与分析，电力隧道 T11 线、T12 线初衬背后无明显的空洞和不密实异常存在，T11 线初衬混凝土平均厚度 0.257m，榀架平均间距 0.67m；T12 线初衬混凝土平均厚度 0.258m，榀架平均间距 0.67m；与设计相符。

（2）通过地质雷达现场检测、数据处理与分析，电力隧道 T11 线、T12 线二衬背后无明显的空洞和不密实异常存在，T11 线二衬混凝土平均厚度 0.251m，钢筋平均间距 0.18m；T12 线二衬混凝土平均厚度 0.256m，钢筋平均间距 0.15m，与设计相符。

（3）隧道初衬施工时外界干扰因素较多，隧道衬砌表面不平整，均会对检测造成一定影响；二衬施工因钢筋间距较小，会对电磁波反射造成多次反射，在分析判别上存在一定影响。

（4）通过工程实例表明，地质雷达法对衬砌背后的回填有无空洞及密实情况、衬砌厚度和衬砌内部钢架钢筋分布的检测有很好的效果，对施工具有一定的指导意义。

# 参考文献

[1] 韩景阳. 地质雷达在隧道衬砌质量检测中的应用[J]. 江苏建筑, 2022(S1): 49-51.

[2] 梁国. 联合高密度电法和地质雷达法在北江大堤检测中的应用[J]. 水利技术监督, 2022(12): 36-39, 110.

[3] 贾金晓, 张逸, 赵益鑫. 公路隧道衬砌质量缺陷及雷达检测技术[J]. 科学技术创新, 2022(14): 95-98.

[4] 赵建彪, 姜涛, 孙捷城.高速铁路隧道衬砌质量缺陷及整治措施分析[J]. 建筑技术开发, 2022, 49(9): 131-133.

[5] 杨峰, 彭苏萍. 地质雷达探测原理与方法研究[M]. 北京: 科学出版社, 2010.

# 通州区档案馆项目建设工程施工监测

辛鸿成　柳　郁

（北京京能地质工程有限公司，北京　102300）

## 1　引言

通过本项目基坑监测，及时了解基坑开挖及上部结构建造造成的支护体、主体及周边道路、管线等的变化，最大限度地规避基坑开挖及上部结构建造造成的风险，避免人员伤亡和环境损害，降低工程经济和工期损失，为工程建设提供安全保障服务。监测的数据和资料主要需满足以下几方面要求：

（1）监测的数据和资料将使建设单位能完全客观真实地了解工程安全状态和质量程度，掌握工程各主体部分的关键性安全和质量指标，确保建设工程能按照预定的要求顺利完成；

（2）监测数据和资料可以按照安全预警位发出报警信息，既可以对安全和质量事故做到防患于未然，又可以对各种潜在的安全和质量问题做到心中有数；

（3）监测数据和资料可以丰富设计人员和专家对类似工程的经验，以利于专家解决工程中所遇到的工程难题。

## 2　工程概括

通州区档案馆项目（图1）位于北京市城市副中心0605街区，在通州永顺地区新潮嘉园南侧。基坑总面积约8712m²，其中南北长约70.32m，东西长约119.25m。本工程±0.00＝22.70m，基坑底标高为12.1m，基坑开挖深度9.8～10.4m，局部存在集水坑，洗消集水坑等加深段基底标高为10.1～11.3m，局部加深段基坑开挖深度为11.2～12.4m。

基坑采用桩锚支护形式，分别为1-1、2-2、3-3、4-4四个支护段，局部因集水坑而加深，相应的支护体系有所调整，调整段剖面为A-A、B-B、C-C、D-D，基坑侧壁安全等级为二级。

图1　工程实景照片

## 3　工程地质及水文条件

地面下45.00m范围的地层，按成因年代可划分为人工堆积层、新近沉积层和第四纪全新世冲洪积层三大类，并按岩性及工程特性进一步划分为6个大层及其亚层（图2）。

表层为一般厚0.60～6.20m的人工填土层。人工堆积层包括①层砂土粉土素填土，①₁层杂填土。

人工堆积层以下为新近沉积的②层黏质粉土砂质粉土、②₁层有机质粉质黏土重粉质黏土及②₂层粉细砂。

新近沉积层以下为第四纪沉积的③层粗砂、③₁层粉细砂、③₂层粉质黏土、③₃层砂质粉土、③₄层细中砂及③₅层砾砂；④层细中砂、④₁层粉质黏土重粉质黏土及④₂层砂质黏土粉质黏土；⑤层重粉质黏土及⑤₁层细中砂；⑥层有机质重粉质黏土及⑥层细中砂。

勘探期间于钻孔内（39.0m深）实测到1层地下水，地下水的类型为潜水，地下水稳定水位埋深为11.20～13.99m，稳定水位标高为8.77～9.61m，总体水量较小。工程场区历年（1955年以来）最高地下水位接近自然地面。近3～5年最高地下水位标高约为15.0m。

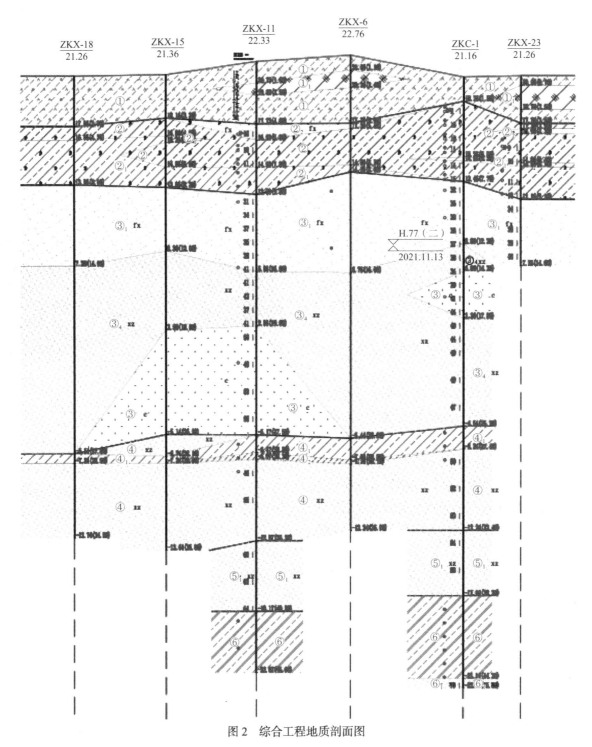

图2 综合工程地质剖面图

# 4 监测方案及实施

## 4.1 点位埋设

（1）基准点及工作基点的布设

本项目在远离变形区的稳定区域选择基准点3个，基准点距离基坑50m左右，点与点之间距离约80m，设置三个基准点分别为$K_1$、$K_2$、$K_3$。

在基坑开挖深度1倍距离外的地面上设置5个工基点，采用混凝土现浇特制标志头的方式埋设。

（2）监测点的布设

本工程布设基坑边坡沉降监测点18个，水平位移监测点18个，沉降和水平位移监测点为共用点，沿着基坑周边在基坑中部、阳角处布置，间距不大于20m；周边地表沉降监测点布置在基坑四周，共布置10个监测断面，断面与基坑垂直，每个监测断面沿垂直方 2m、3m、5m、5m、5m 布设 5 个监测点，由于基坑西侧有新埋设管线，所以在西侧 5 条监测断面额外增加 2 个点，共 60 个监测点；锚杆轴力监测点每层布置 6 个，每个监测点从上到下各排锚杆对应锚头均设应力计，监测各排锚杆拉力值，共 12 点；深层水平位移监测点采用桩体内埋设测斜管监测，共布置 6 个监测点位，测斜管深度与桩底相同；地下水位监测点共 4 个，均匀分布在基坑周围。本工程所有监测点平面布置图如图 3 所示。

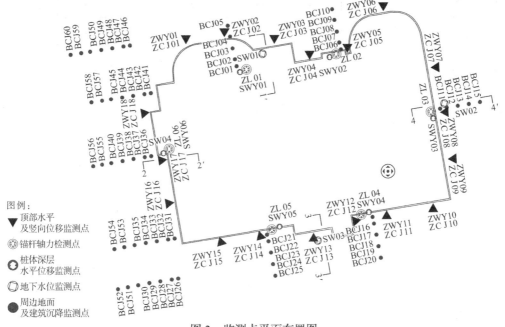

图 3　监测点平面布置图

## 4.2　基坑监测频率

对各监测项目在基坑开挖时进行首次观测，两次观测的平均数作为初始值，之后随基坑的施工进度进行。基坑监测频率表如表 1 所示。

## 4.3　基坑监测控制值

根据委托方提供的资料结合《建设工程第三方监测技术规程》DB11/T 1626—2019 的相关规定。本工程各测项的预警值与控制值见表 2。

基坑监测频率表　　　　　　　　　　　　　　　　　　　　　　　　　　表 1

| 监测项目 | 监测（巡视）频率 | 备注 |
| --- | --- | --- |
| 支护结构顶部水平位移 | 基坑开挖至开挖完成后稳定前：1 次/2～3d；基坑开挖完成稳定后至结构底板完成前：1 次/2d；结构底板完成后至回填土完成前：1 次/15d | 基坑开挖深度≤5m，1 次/3d；>5m，1 次/2d |
| 基坑周边建（构）筑物、地下管线、道路沉降 | 基坑开挖至开挖完成后稳定前：1 次/2～3d；基坑开挖完成稳定后至结构底板完成前：1 次/2d；结构底板完成后至回填土完成前：1 次/15d | 基坑开挖深度≤5m，1 次/3d；>5m，1 次/2d |
| 基坑周边地面沉降 | 基坑开挖至开挖完成后稳定前：1 次/2～3d；基坑开挖完成稳定后至结构底板完成前：1 次/2d；结构底板完成后至回填土完成前：1 次/15d | 基坑开挖深度≤5m，1 次/3d；>5m，1 次/2d |
| 深部水平位移 | 基坑开挖至开挖完成后稳定前：1 次/2～3d；基坑开挖完成稳定后至结构底板完成前：1 次/2d；结构底板完成后至回填土完成前：1 次/15d | 基坑开挖深度≤5m，1 次/3d；>5m，1 次/2d |
| 锚杆拉力 | 基坑开挖至开挖完成后稳定前：1 次/2～3d；基坑开挖完成稳定后至结构底板完成前：1 次/2d；结构底板完成后至回填土完成前：1 次/15d | 基坑开挖深度≤5m，1 次/3d；>5m，1 次/2d |
| 地下水位 | 基坑开挖至开挖完成后稳定前：1 次/2～3d；基坑开挖完成稳定后至结构底板完成前：1 次/2d；结构底板完成后至回填土完成前：1 次/15d | 基坑开挖深度≤5m，1 次/3d；>5m，1 次/2d |
| 安全巡视 | 基坑开挖至开挖完成后稳定前：1 次/2～3d；基坑开挖完成稳定后至结构底板完成前：1 次/2d | 基坑开挖深度≤5m，1 次/3d；>5m，1 次/2d |

| 监测控制预警值 | | | | | | | | | | | 表2 |

| 部位 | 深度/m | 基坑类别 | 顶部水平位移 | | | 顶部竖向位移 | | | 深层水平位移 | | |
|---|---|---|---|---|---|---|---|---|---|---|---|
| | | | 控制值/mm | 预警值/mm | 变化速率/(mm/d) | 控制值/mm | 预警值/mm | 变化速率/(mm/d) | 控制值/mm | 预警值/mm | 变化速率/(mm/d) |
| 1-1 | 10.4 | 二级基坑 | 41.6 | 33.28 | 4 | 33.28 | 26.624 | 3 | 41.6 | 33.28 | 5 |
| 2-2 | 10.4 | 二级基坑 | 41.6 | 33.28 | 4 | 33.28 | 26.624 | 3 | 41.6 | 33.28 | 5 |
| 3-3 | 10 | 二级基坑 | 40 | 32 | 4 | 32 | 25.6 | 3 | 40 | 32 | 5 |
| 4-4 | 9.8 | 二级基坑 | 39.2 | 31.36 | 4 | 31.36 | 25.088 | 3 | 39.2 | 31.36 | 5 |
| A-A | 11.2 | 二级基坑 | 44.8 | 35.84 | 4 | 35.84 | 28.672 | 3 | 44.8 | 35.84 | 5 |
| B-B | 12.4 | 二级基坑 | 49.6 | 39.68 | 4 | 39.68 | 31.744 | 3 | 49.6 | 39.68 | 5 |
| C-C | 12 | 二级基坑 | 48 | 38.4 | 4 | 38.4 | 30.72 | 3 | 48 | 38.4 | 5 |
| D-D | 11.8 | 二级基坑 | 47.2 | 37.76 | 4 | 37.76 | 30.208 | 3 | 47.2 | 37 76 | 5 |

| 部位 | 深度/m | 基坑类别 | 地面沉降 | | | 第一道锚杆轴向拉力 | | | 第二道锚杆轴向拉力 | | |
|---|---|---|---|---|---|---|---|---|---|---|---|
| | | | 控制值/mm | 预警值/mm | 变化速率/(mm/d) | 控制值/kN | 预警值/kN | 变化速率/(kN/d) | 控制值/kN | 预警值/kN | 变化速率/(kN/d) |
| 1-1 | 10.4 | 二级基坑 | 41.6 | 33.28 | 4 | ≥270或≤136 | ≥216或≤170 | 8.5 | ≥340或≤170 | ≥272或≤213 | 10.6 |
| 2-2 | 10.4 | 二级基坑 | 41.6 | 33.28 | 4 | ≥270或≤136 | ≥216或≤170 | 8.5 | ≥340或≤170 | ≥272或≤213 | 10.6 |
| 3-3 | 10 | 二级基坑 | 40 | 32 | 4 | ≥270或≤136 | ≥216或≤170 | 8.5 | ≥340或≤170 | ≥272或≤213 | 10.6 |
| 4-4 | 9.8 | 二级基坑 | 39.2 | 31.36 | 4 | ≥270或≤136 | ≥216或≤170 | 8.5 | ≥340或≤170 | ≥272或≤213 | 10.6 |
| A-A | 11.2 | 二级基坑 | 44.8 | 35.84 | 4 | ≥330或≤163 | ≥264或≤204 | 10.2 | ≥450或≤222 | ≥360或≤278 | 13.9 |
| B-B | 12.4 | 二级基坑 | 49.6 | 39.68 | 4 | ≥353或≤174 | ≥282或≤218 | 10.8 | ≥456或≤225 | ≥365或≤281 | 14 |
| C-C | 12 | 二级基坑 | 48 | 38.4 | 4 | ≥353或≤174 | ≥282或≤218 | 10.8 | ≥456或≤225 | ≥365或≤281 | 14 |
| D-D | 11.8 | 二级基坑 | 47.2 | 37.76 | 4 | ≥353或≤174 | ≥282或≤218 | 10.8 | ≥456或≤225 | ≥365或≤281 | 14 |

### 4.4 监测内容及方法

1）基坑支护结构水平位移监测

监测点水平位移监测根据现场条件，一般采用极坐标法、自由设站法。在选定的水平位移监测控制点上安置全站仪，精确整平对中后视其他水平位移监测控制点，测定监测点与监测基准点之间的角度、距离，计算各监测点坐标，将位移矢量投影至垂直于基坑的方向，根据各期与初始值比较，计算出监测点向基坑内侧的变形量。采用自由设站法观测设站点应与3个基准点或工作基点通视，基准点和工作基点的平面分布范围应大于90°。

2）基坑支护结构竖向位移监测

按国家二等水准测量的技术要求，以基准点为起算点，采用闭合水准路线，将各监测点纳入其中施测。沉降监测的精度指标：每次监测时，必须按附合水准路线至少联测两个水准基准点，以保证必要的检核条件，减少测量误差的发生。另外为保证测量成果的准确性，在进行监测点的首次监测时，必须连续测量两次，取其平均值作为沉降监测点的原始数据。周边地表沉降观测方法同基坑支护结构竖向位移监测。

3）深层水平位移监测

监测仪器采用 JK-CX02 型测斜仪以及配套 PVC 测斜管观测，方法如下：

（1）用模拟测头检查测斜管导槽；

（2）使测斜仪测读器处于工作状态，将测头导轮插入测斜管导槽内，缓慢地下放至管底，然后由管底自下而上沿导槽全长每隔 1.0m 读一次数据，记录测点深度和读数。测读完毕后，将测头旋转180°插入同一对导槽内，以上述方法再测一次，测点深度与第一次相同。

（3）每一深度正反两读数的绝对值宜相同，当读数有异常时应及时补测。

观测注意事项如下：

（1）初始值测定：测斜管应在测试前 5d 装设

完毕，在 3～5d 内用测斜仪对同一测斜管作 3 次重复测量，判明处于稳定状态后，以 3 次测量的算术平均值作为侧向位移计算的基准值。

（2）观测技术要求：测斜探头放入测斜管底应等候 5min，以便探头适应管内水温，观测时应注意仪器探头和电缆线的密封性，以防探头数据传输部分进水。测斜观测时每 1.0m 标记一定要卡在相同位置，每次读数一定要等候电压值稳定才能读数，确保读数准确性。

4）锚杆拉力监测

锚杆张拉前，首先在垫板处安装锚索测力计，然后在锚索测力计外安装锚头进行张拉锁定。在安装锚索测力计时，必须始终保持千斤顶的孔中心与锚索计以及锚垫板的孔中心在一条轴线上，以便使锚索张拉均衡。安装完成后，信号传输电缆应顺支撑体顺引至基坑边缘，做好线头的保护并做出测点标识。每期监测时通过读取测力计频率值，进而计算出测力计的载荷值。

# 5 监测结果及分析

该项目规模不大，计划周期为 4 个月，不过因为外部原因导致工期拉长，从基坑开挖到基坑回填完成用了近 7 个月。对监测数据进行整理分析得到以下结果，由于本工程数据较多，本文只对各测项的累计变化最大、最小值进行分析。

## 5.1 水平位移监测分析

通过对基坑支护结构水平位移监测数据的汇总分析，可以看到水平位移最大点为 ZWY05，该点的最大位移量为向基坑内偏移 8.9mm。水平位移最小点为 ZWY02，该点的累计位移量为向基坑内偏移 4.7mm。根据各期变化量绘制水平位移过程曲线图如图 4 所示（由于点位较多，只选取了部分点绘制图形）。

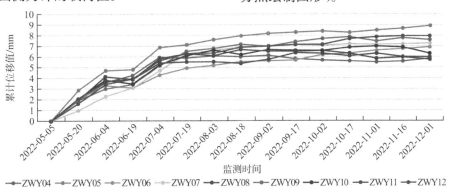

图 4 水平位移变化曲线图

从图 4 中可以看出，随着基坑开挖深度的增加，变化量变大，变化速率增快。后期开挖稳定后变化平缓，基本趋于稳定状态。

## 5.2 竖向位移监测分析

竖向位移监测周期同水平位移监测周期，根据最近一期监测结果计算，累计沉降量最大点为 ZCJ05 点，累计沉降量为 -9.11mm；累计沉降量最小点为 ZCJ04 点，累计沉降量为 -4.95mm，未达到预警值，根据各期变化量绘制累计沉降量如图 5 所示（由于点位较多，只选取了部分点绘制图形）。

从图 5 中可以看出，在开挖过程中沉降出现反弹，随着基坑进一步开挖，整体趋势是沉降，而且靠近基坑边线的中部位置沉降量比较大。

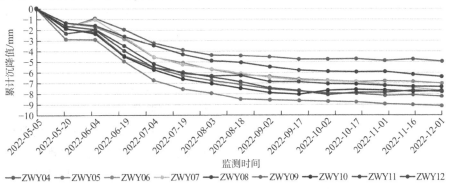

图 5 竖向位移变化曲线表

### 5.3 周边地表沉降监测分析

本项目共有周边地表点 60 个，通过对数据的分析对比，各点均有不同程度的沉降，且越靠近基坑沉降量越大。最大沉降点为基坑东侧的 BCJ011，沉降量为 -9.21mm；累计沉降量最小点为 BCJ37，沉降量为 -0.22mm。周边地表沉降受施工扰动影响较大，经常过车的路面沉降较为明显。

### 5.4 深层水平位移监测分析

根据监测过程及结果分析，随着深度的增加水平位移值逐渐减小，土体的最大水平位移值发生在冠梁下 1m 左右范围内，深度 10m 以下水平位移值趋近于 0。最近一期累计变形最大值为地下 0.5m 处，位移量为 3.75mm，小于预警值。最后一期的深层水平位移曲线图如图 6 所示。

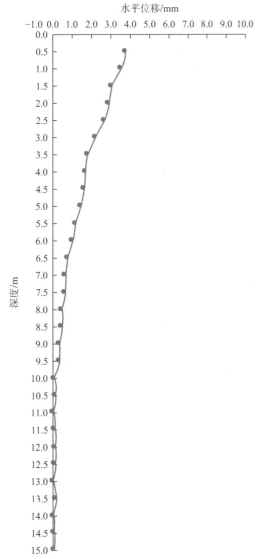

图 6　深层水平位移曲线图

从图 6 可知，最终的累计变形可分为两部分。10m 以下的潜入阶段变形较小，而上部受力段变形较大，离地面越近变形越大。在整个过程中开挖期间变形较快，开挖稳定后趋势变缓，变化在可控范围内。

### 5.5 锚杆内力监测分析

本工程共有两层预应力锚杆，每层设 6 个轴力计，施工期间持续监测。通过对各期监测数据对比分析，应力监测点的最大值出现在首次监测时，随着施工进度应力值不断降低。应力变化最大值为 ZL4-1，变化量为 12.56kN，其余各点变化量浮动在 10kN 以内。锚杆内力曲线变化图如图 7 所示。

从图 7 中可以看出，监测数据均稳定在正常范围内，未超出承载力预警值的范围。监测效果理想，符合设计预期。

## 6　结束语

从以上分析可见，在基坑开挖过程中，本工程基坑的各测项点变化量均在正常变化范围，基坑边坡及支护结构未发生过大的位移和变形，且可得出以下结论。

（1）降雨对基坑变形影响较大，从数据分析中可以发现在降雨期间，变形速率略大于无降雨期间。

（2）施工的外在因素会对观测点的变形产生影响，特别是有大型装载建筑材料的卡车、混凝土罐车经过的观测点，变形明显大于其他观测点。

（3）在基坑开挖完成后，变形速率明显减慢，基坑趋于稳定状态。

（4）根据每期的变形数据，分析、预测基坑及周边道路在施工过程中的变形，可以确保基坑的安全。

目前的监测方法还只能做到定点、定时对各测项进行监测，而不能满足其动态、连续监测的过程。因此在传统监测方法的基础上，积极吸收其他工程的监测方法，实现实时、智能化监测、低成本监测，将是以后基坑监测技术的主要研究方向。

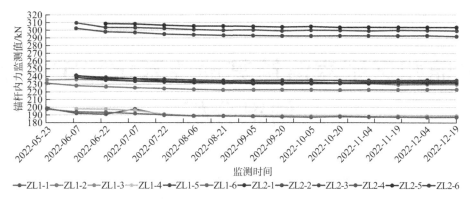

图 7　锚杆内力变化曲线图

## 参考文献

[1]　北京市规划和国土资源管理委员会. 工程测量技术规程: DB11/T 339—2016[S]. 2016.

[2]　住房和城乡建设部. 建筑基坑工程监测技术标准: GB 50497—2019[S]. 北京: 中国计划出版社, 2019.

[3]　北京市规划和自然资源委员会. 建设工程第三方监测技术规程: DB11/T 1626—2019[S]. 北京: 2019.

# 北京市通州区张家湾镇某地块基坑稳定性及监测结果分析

李冬冬

（北京京能地质工程有限公司，北京 102300）

## 1 工程概况

本工程场地位于北京市通州区张家湾镇内，西至施园中一路，东至施园中二路，北至施园街，南至施园南街，具体位置详见图1。

图1 拟建场区地理位置示意

## 2 工程地质及水文地质概况

根据现场勘探、原位测试及室内土工试验成果，按沉积年代、成因类型将本工程勘察最大勘探深度（50.00m）范围内的地层，划分为人工填土层、新近沉积层、第四纪冲洪积层三大类，并按地层岩性及工程特性进一步划分为8个大层及亚层：

人工堆积层：①层黏质粉土素填土；①$_1$层杂填土。

新近沉积层：②层重粉质黏土—粉质黏土；②$_1$层黏质粉土—砂质粉土；②$_2$层粉砂。

第四纪冲洪积层：③层重粉质黏土—粉质黏土；③$_1$层黏质粉土—砂质粉土；③$_2$层粉砂；④层粉砂—细砂；④$_1$层黏质粉土—砂质粉土；④$_2$层重粉质黏土—粉质黏土；⑤层细砂；⑤$_1$层重粉质黏土—粉质黏土；⑤$_2$层黏质粉土—砂质粉土；⑥层重粉质黏土—粉质黏土；⑥$_1$层细砂；⑥$_2$层黏质粉土—砂质粉土；⑦层细砂；⑧层重粉质黏土—粉质黏土。典型地质剖面图如图2所示。

在钻孔勘探深度范围内实测到与基坑开挖有影响的有两层地下水。第一层地下水类型为潜水，实测地下水位标高 12.00～12.50m，埋深 8.50～9.00m，主要含水层为②$_2$层粉细砂、③层细砂；第二层地下水类型为潜水具有微承压性，实测地下水位标高 5.68～7.59m，埋深 13.20～15.10m，承压水头 1.4～9.9m，主要含水层为⑥层细砂—中砂；现场实测的各层地下水水位情况及类型参见表1。本工程在基坑开挖及基础施工时采用止水帷幕＋疏干井的方案控制地下水。

地下水情况一览表　　　　表1

| 序号 | 区域地下水类型 | 地下水稳定水位 | | 主要含水层 |
| --- | --- | --- | --- | --- |
| | | 水位埋深/m | 水位标高/m | |
| 1 | 潜水 | 7.50～10.40 | 9.28～12.75 | ③$_1$层黏质粉土—砂质粉砂及③$_2$层粉砂 |
| 2 | 层间潜水 | 14.50～15.20 | 4.65～6.79 | ④层细砂及④$_1$层黏质粉土—砂质粉土 |
| 3 | 层间潜水 | 19.40～19.70 | 0.19～0.64 | ⑤层细砂及⑤$_2$层黏质粉土—砂质粉土 |
| 4 | 层间潜水 | 23.40～25.80 | -3.44～-5.95 | ⑤层细砂及⑤$_2$层黏质粉土—砂质粉土 |

## 3 基坑支护结构设计

根据有关规范以及工程基坑深度、场地周边环境等确定工程坑侧壁安全等级为二级、三级，基坑侧壁的重要性系数γ为 1.0、0.9。基坑采用土钉墙、土钉墙＋桩锚、悬臂桩及桩锚支护体系，深基坑部位上部3.5m 为土钉墙、坡率1：0.4。护坡桩桩径800mm，桩间距1.6m，桩顶冠梁截面尺寸为900mm×600mm，桩身混凝土强度等级 C25，桩间土采用喷射混凝土进行护面施工，浅基坑部位为土钉墙、坡率1：0.35。高低差部分采用放坡，基坑支护方式见表2，监测点布置图见图3。

| 基坑支护方式 | | | 表 2 |
|---|---|---|---|
| 支护位置 | 基坑深度/m | 支护方式 | |
| 1-1、4-4 | 9.07/8.56 | 土钉墙 + 桩锚支护 | |
| 2-2、6-6 | 1.77/5.27 | 土钉墙支护 | |
| 3-3 | 7.1 | 桩锚支护 | |
| 5-5、8-8 | 6.54/4.43 | 悬臂桩支护 | |

| B2-A5 | B2-A6 | B2-A7 | B2-A8 | B2-A9 | B2-A10 | B2-B5 | B2-B6 | B2-B7 | B2-B8 | B2-B13 | B2-B14 | B2-B15 | B2-B16 |
|---|---|---|---|---|---|---|---|---|---|---|---|---|---|
| 19.74 | 19.73 | 19.48 | 19.72 | 19.65 | 19.54 | 20.07 | 20.14 | 20.23 | 20.18 | 19.98 | 19.93 | 19.85 | 20.23 |

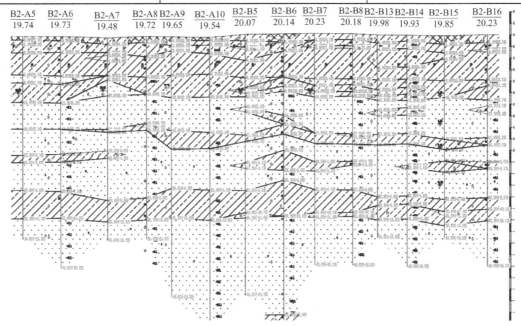

图 2 典型地质剖面图

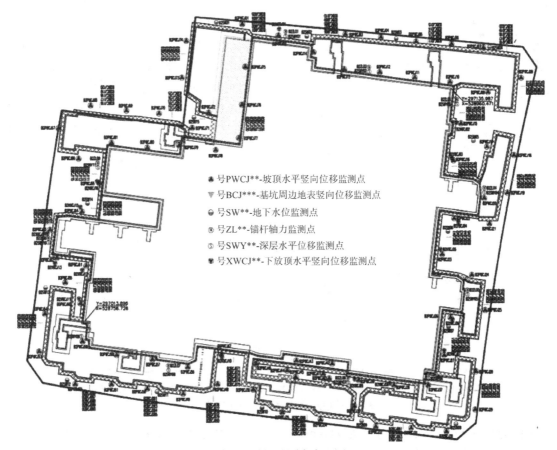

▲号PWCJ**-坡顶水平竖向位移监测点

▼号BCJ***-基坑周边地表竖向位移监测点

⊖号SW**-地下水位监测点

◉号ZL**-锚杆轴力监测点

⑤号SWY**-深层水平位移监测点

▉号XWCJ**-下放顶水平竖向位移监测点

图 3 基坑监测点布置图

## 4 基坑监测项目及监测点布置

### 4.1 监测项目

本工程监测项目包含水平和竖向位移、锚杆轴力、周边地面沉降、地下水位、深层水平位移。

### 4.2 监测点布置

监测点按监测设计图纸的布点位置在基坑四周桩顶上设置，布置的方法为：（1）测点应尽量布设在基坑圈梁、围护桩、边坡或挡土墙的顶部等较为固定的地方，以设置方便，不易损坏且能真实反映基坑边坡顶部的侧向变形为原则。（2）在基坑短边的中点，基坑阳角处，基坑长边约每20m设一测点，本地块布设97个水平竖向位移监测点；锚杆轴力监测点9个，周边地面沉降监测点135个，地下水位监测点15个，深层水平位移监测点11个，表3为1-1剖面基坑监测内容及控制标准。

**基坑监测内容及控制标准 表3**

| 序号 | 监测项目 | 监测仪器 | 控制标准 | |
| --- | --- | --- | --- | --- |
| | | | 累计/mm | 变化速率/（mm/d） |
| 1 | 水平位移、竖向位移 | 全站仪 | 38 | 4 |
| 2 | 深层水平位移 | 测斜仪 | 0.004h（h为支护剖面深度） | 5 |
| 3 | 锚杆拉力 | 锚索拉拔仪 | ≥0.65f，≤1.25R | 6.4%R |
| 4 | 地表沉降 | 水准仪 | 38 | 4 |
| 5 | 地下水位 | 观测井 | 1000 | 500 |

注：f为锁定值，R为标准值，单位为kN。

## 5 监测结果及分析

基坑施工期间部分阶段施工时间如表4所示。

**部分阶段施工时间 表4**

| 施工时间 | 对应施工内容 |
| --- | --- |
| 2022-05-01 | 基坑开挖深度2～3m，土方持续开挖中 |
| 2022-05-22 | 基坑开挖深度约4m，1-1剖面桩顶出露 |
| 2022-06-07 | 基坑土方开挖至槽底，开始垫层施工 |
| 2022-07-10 | 基坑垫层基本完成，底板施工中 |
| 2022-08-29 | 基坑北侧部分区域开始回填 |
| 2022-09-20 | 底板施工完成 |

### 5.1 桩顶水平位移

本文选取1-1剖面桩顶监测点B2XWCJ01、B2XWCJ02、B2XWCJ03、B2XWCJ05、B2XWCJ07、B2XWCJ08、B2XWCJ09、B2XWCJ10、B2XWCJ12、B2XWCJ16处的桩顶水平位移为分析对象，5月23日开始具备埋设及监测条件，B2XWCJ02及B2XWCJ03于8月29日后因回填取消，监测结果如图4所示。

从图4中可以看出，桩顶水平位移随时间增加不断增大，在监测点布置初期因监测误差产生少部分向坑外位移的数值，其余均为向坑内位移，且位移量不断增大，推测是由于1-1剖面桩体后侧土压力较大，以及施工荷载对水平位移的共同影响。

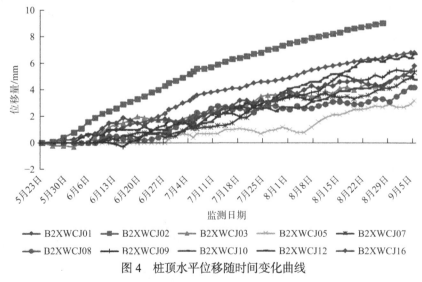

图4 桩顶水平位移随时间变化曲线

基坑东侧的B2XWCJ02最终位移量为9.0mm，其上部基坑边缘2m外设置有钢筋加工及堆场，土

体侧压力与材料堆放的共同荷载作用使其位移量较大，而B2XWCJ05处于基坑东侧马道旁，因马

道本身的土压力使此处桩体受力较为均衡,因而产生较小的位移量。

## 5.2 桩顶竖向位移

依旧选取 1-1 剖面桩顶监测点为对象,竖向位移监测结果如图 5 所示。由图 5 可见,从监测开始即产生向下的位移,这是由于施工的不断进行、支护结构形式和上部结构荷载的共同作用,7 月份的桩顶沉降速率明显大于之前,结合 7 月份处于降雨多发时期,降水量的增加明显使基坑内土体及坡桩顶沉降量增加,对基坑的安全和稳定性产生一定影响。

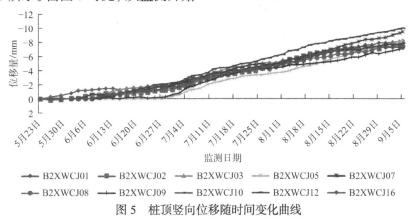

图5 桩顶竖向位移随时间变化曲线

## 5.3 周边地表竖向位移

基坑周边地面沉降在施工期间不断增大,尤其是距离基坑边缘较近处,以及基坑东侧及南侧道路中央处,主要原因可能是与材料加工场地位置及马道位置有关,场地西南角为场地大门所在位置,基坑东侧为材料加工区,土方及材料运输的往复作用导致地面沉降较大。

## 5.4 支护结构深层水平位移

基坑支护桩体在支护期间不断产生向基坑内的水平位移且随着土方开挖深度的增加,位移量随之增大,见图6、图7。本工程基坑支护期间,7月3日至7月5日发生的强降雨对桩体位移产生明显的不利影响,桩体深层累计变化量最大测点为 B2SW03 号监测点,其最终累计变化量为7.49mm,属于 1-1 剖面且位于水平与竖向监测点 B2XWCJ02 旁,测点深层水平位移结果与其桩顶水平位移结果相呼应,进一步验证了基坑周边施加的材料堆放荷载对桩体位移的影响。图7则反映了 B2SW03 号监测点在施工前中期,土方开挖较快时,水平位移量增长较迅速,在垫层施工完成前后,位移量增长明显变缓。侧面反映和印证了加快垫层及底板浇筑对增强基坑支护结构稳定性的积极作用。

## 5.5 锚杆拉力

如图8所示,随着施工进度的进行,B2ZL03-1、B2ZL03-2、B2ZL04-1、B2ZL08-1、B2ZL06-2 五个轴力测值呈现增长趋势,B2ZL03-1 应力增长量最多,增长量为 8.3kN,应力值为 226.5kN,其余均出现不同程度的应力松弛状态;B2ZL02-1 应力损失量最多,损失量为−11.0kN,应力值为 244.8kN,轴力减小为 3-3 剖面的桩锚支护结构,其侧向土压力较小,在一定程度上体现了支护结构形式对支护体稳定性的影响;无论应力增长或损失,均未超出预警值。

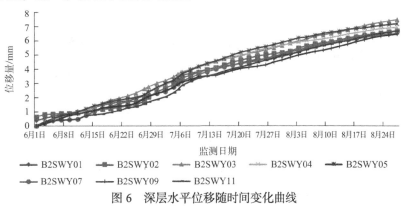

图6 深层水平位移随时间变化曲线

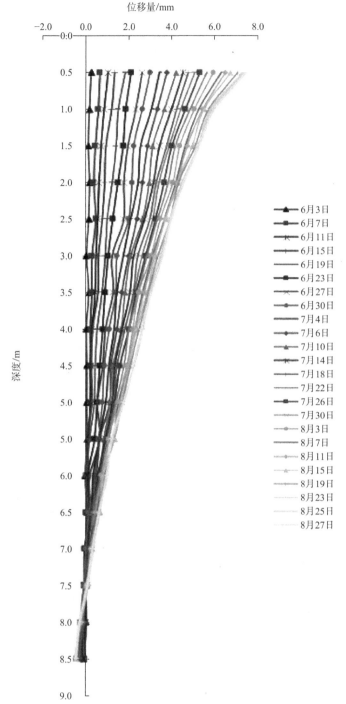

图 7　B2SW03 深层水平位移随时间变化曲线

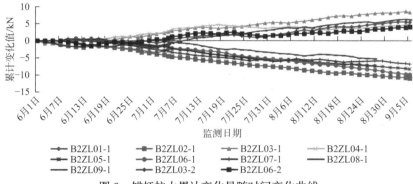

图 8　锚杆拉力累计变化量随时间变化曲线

# 6 结论

（1）荷载作用会对基坑的水平位移产生较大影响，在同样施工荷载作用下，基坑边缘的材料堆放荷载对基坑水平位移的影响不可小觑，在施工中需谨慎对待，同理马道的位置对桩体位移则产生了有利影响。

（2）支护桩体在施工中随着施工进度和施工荷载的变化而不断产生向下的位移，在雨季，位移及沉降速率更大，这就需要增强雨季周边及基坑内降排水的管控。周边地表的沉降也会随着基坑的开挖不断加大，周边道路的交通运输条件对周边地表的沉降作用会有明显影响。

（3）基坑支护桩体在基坑土方开挖和施工荷载的不断作用下逐渐产生向基坑内部的位移，开挖速度越快，位移越大；垫层及底板的施工则增加了基坑支护结构整体的稳定性。

（4）在施工期间通过监测发现，对基坑支护结构稳定性有明显影响的因素主要有支护结构形式、土方开挖顺序与速度、施工荷载与周边堆载以及降排水条件等，施工期间要充分考虑以上各因素的影响，并做好相应把控和控制措施以加强基坑支护安全。

# 宁德铁基湾沿海滩涂填筑对既有铁路安全影响范围的研究实录

谢 凡　张占荣　张 燕　彭俊伟　沈 铮　陈 蒙

（中铁第四勘察设计院集团有限公司，湖北武汉　430063）

## 1　引言

宁德铁基湾 A 区填筑项目是宁德铁基湾围填海项目的一期工程；项目位于沿海滩涂地区，场地东部邻近温福铁路，场区上部有较厚淤泥层。在一期工程中，对填筑 A 区周边环境进行监测，确定填筑对周边环境的影响情况；为 D 区填筑时，确定填筑红线（围堰坡脚线）与温福铁路的安全距离提供参考。

## 2　工程概况

### 2.1　项目地理位置

宁德铁基湾围填海项目位于宁德市东侨区金蛇村东南海域，是宁德市"东扩面海、北展南移"规划实施的重要组成部分；其地块规划主要功能为生活设施和生活配套，项目地理位置如图 1 所示。

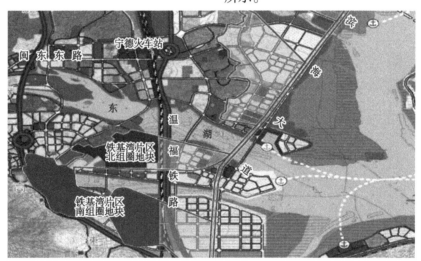

图 1　项目地理位置图

宁德铁基湾围填海项目位于温福铁路西侧，分为 A、B、C、D 共 4 个区；其中 D 区离温福铁路距离最近，根据本次研究确定的滩涂填筑对周边环境的影响情况，确定 D 区与温福铁路的安全距离。宁德铁基湾围填海项目与温福铁路相对位置关系见图 2。

### 2.2　A 区填筑实施方案

1）总平面布置方案

A 区填筑为宁德铁基湾围填海项目的一期工程；其北侧为金蛇山丘陵山坡区域，东南侧为拟建的其他区填海造地工程（滩涂区），用地范围为一

不规则的区域，如图 3 所示。

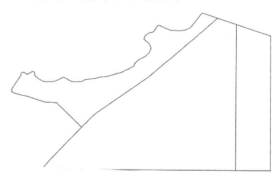

图 2　宁德铁基湾填海造地工程与温福铁路相对位置关系图

图 3　A 区填筑现场平面图

根据现场实际情况，本项目平面布置有如下 2 个特点：

（1）本工程用海红线不规则，西北侧连接现有陆域，东南侧面海，现状为滩涂；

（2）在离 A 区围堰坡脚线 20～60m 处，有一长约 2238m、宽约 15m、深约 3m（低潮时）的临时河道。

2）填筑工况

本项目采用"先围后填"的施工方式；先施工围堰，待围堰施工完成后，在围堰内吹填形成陆域。

围堰作为陆域形成的吹填边界，按照临时结构进行设计；围堰总长度 2155m，其中北侧长度 51m，东侧长度 1304m，西南侧长度 800m。本项目围堰采用大型充砂袋堤心斜坡式结构，堤顶高程为 5.5m。围堰外侧采用 400mm 厚干砌块石护面和 150～200kg 块石，其下层为 300mm 厚二片石垫层和土工布倒滤层。围堰外侧在标高 1.5～2.5m 处设 12～18m 宽的肩台。堤身边坡坡度为 1∶2。堤底铺设 1m 厚中粗砂垫层，同时采用打设塑料排水板并铺设高强土工格栅的方法对堤底软基进行处理。

施工前 A 区标高大部分在 −3.33～2.79m 之间，围填主要施工工序为：清除场地表层含植物根系土后，在天然地基上填筑 2m 高泥带，打设塑料排水板对天然地基进行排水固结；分步施作围堰；第一次填筑反压砂袋与第一层堤心石至 2.0m 高度；第二次预压 0.5 个月后，填筑第二层堤心石至 3.8m 高度；第三次预压 1 个月后，施作护面至 5.5m 高度。待围堰施工完成后，在围堰内分步进行吹填；第一次吹填砂至 3m；第二次先打设塑料排水板，预压 3 个月后，在围堰后方吹填砂至 4.5m；第三次预压 1 个月，围堰后方 30m 以外区域超载 40kPa。最后对场地进行平整，使陆域形成并达到

设计标高 4.5m。最终陆域形成面积约 41.2 万 m²。其填筑加载进程如图 4 和表 1 所示。

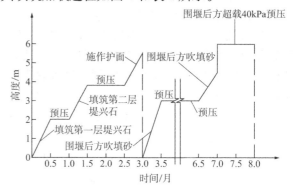

图 4　填筑加载进程图

填筑施工工况　　　　　　　表 1

| 步骤 | 时间/月 | 内容 |
|---|---|---|
| 第一步 | 从打完塑料排水板开始计时 | 在天然地基上填筑 2m 泥袋，之后打设塑料排水板 |
| 第二步 | 0.0～0.5 | 填筑反压砂袋与第一层堤心石至 2.0m 高度 |
| 第三步 | 0.5～1.0 | 预压 0.5 个月后，填筑第二层堤心石至 3.8m 高度 |
| | 1.0～1.5 | |
| 第四步 | 1.5～2.5 | 预压 1 个月后，施做护面至 5.5m 高度 |
| | 2.5～3.0 | |
| 第五步 | 3.0～3.5 | 在围堰后方吹填砂至 3.0m |
| 第六步 | 3.5～6.5 | 打设塑料排水板，预压 3 个月后，在围堰后方吹填砂至 4.5m |
| | 6.5～7.0 | |
| 第七步 | 7.0～8.0 | 预压 1 个月，围堰后方 30m 以外区域超载 40kPa |

3）A 区填筑监测目的

由于 D 区邻近既有温福铁路，通过对 A 区填筑进行监测分析，确定 D 区填筑时围堰坡脚线与温福铁路的安全距离。

A 区监测的是填筑对周边环境的影响，周边环境是天然地基，没有进行任何处理；D 区填筑影响范围内的温福铁路为桥梁段，和天然地基相比是经过加固处理的深基础。填筑对天然地基的影响要大于经过加固处理的深基础影响；当填筑对周边环境变形影响小于 5mm 时，对温福铁路轨道几何控制状态的影响也小于 5mm[1]。

# 3　岩土条件

## 3.1　地层岩性

经勘察揭示，场地范围内上部为第四系全新

统海积层（$Q_4^m$）淤泥，流塑，厚 20.0～25.1m；下部为第四系全新统冲海积层（$Q_4^{al+m}$）卵石土。勘探深度范围内自上而下岩性描述如下：

②₁ 层淤泥（$Q_4^m$）：深灰色，饱和，流塑，具有腐臭味，摇振反应慢，干强度低，韧性中等，黏手，局部含有贝壳，混有少量粉细砂。属于高压缩性土。场地内均有分布，厚度 10.4～17.6m，层顶面标高 −0.66～0.18m，平均厚度 14m，有机质含量 2.26%。

②₂ 层淤泥（$Q_4^m$）：深灰色，饱和，流塑，具有腐臭味，摇振反应慢，干强度低，韧性中等，黏手，局部含有贝壳，混有少量粉细砂。属于高压缩性土。场地内均有分布，厚度 6.6～13.1m，层顶面

标高 −17.7～−10.2m，平均厚度 8.8m，有机质含量 1.5%～1.8%。

④层卵石土（$Q_4^{al+m}$）：浅灰、灰黄色，饱和中密为主，卵石含量 30%～50%，砾径 3～7cm，充填物为黏性土、砾砂。成分以花岗岩类为主，级配较好。层顶面标高 −20.4～−25.5m。

各岩土层分布特征典型工程地质剖面图见图 5。

## 3.2 岩土特性及参数

场地内上覆淤泥土属于软土，压缩模量小，灵敏度为中等；下卧卵石土为硬层，压缩模量大。其具体参数见表 2。

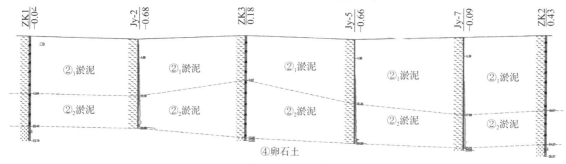

图 5 典型工程地质剖面图

**场地岩土力学参数表**　　　　　　　　　　　表 2

| 地层编号 | 岩土名称 | 重度/<br>（kN/m³） | 黏聚力/kPa | 内摩擦角/° | 压缩模量<br>/MPa | 灵敏度 | 水平固结系数<br>/×10⁻⁴cm²/s | 竖向固结系数<br>/×10⁻³cm²/s |
|---|---|---|---|---|---|---|---|---|
| ②₁ | 淤泥 | 15.6 | 10 | 10 | 1.2 | 3.7 | 5.3 | 1.2 |
| ②₂ | 淤泥 | 15.7 | 13 | 15 | 2.9 | 2.7 | 2.9 | 0.9 |
| ④ | 卵石 | 20.3 | | | 20.0 | | | |

## 3.3 特殊岩土

场地内特殊岩土主要为上覆淤泥层，具有以下 3 个特点：

（1）厚度大，厚 20～25m；

（2）孔隙比大，含水率高，压缩模量小，属于高压缩性土；

（3）属于欠固结土，在填筑过程中不仅受附加应力所引起的沉降，还包括自重应力下的固结沉降。

## 3.4 地质条件及评价

场地为滩涂区，地势平坦开阔，场地涨潮淹没，退潮地面全部露出，涨落潮的潮位差为 4～5.5m。海域每天两次涨、落潮，属正规半日潮。

场地范围内场地地貌较为单一，地质起伏变化较小；主要包括上覆淤泥层和下卧卵石层。淤泥层压缩模量小、灵敏度中等，是影响填筑监测变形的主要地层。

# 4 重难点分析

（1）潮汐对监测的影响

本项目研究填筑对滩涂地区的影响；滩涂地区涨潮时淹没，无法正常进行监测；退潮时露出，可以正常进行监测。为进行监测工作，根据宁德铁基湾潮汐表，利用退潮时滩涂露出的 3h 进行现场监测工作。

（2）海水对监测元器件的腐蚀

海水具有较大的腐蚀性，若不采取保护措施，涨潮时监测元器件将被海水淹没，在海水的长期腐蚀下，将影响监测元器件的工作性能，影响监测成果。

对地表竖向位移、水平位移监测；采用可拆卸式的徕卡 GPR111 大棱镜，监测时安装，监测结束后取下。

对深层水平位移采用人工监测，测斜仪不用

固定在现场；对于长期放置在现场的测斜管，选用耐海水腐蚀的 ABS 材料，并注意做好测斜管口的密封工作。

（3）临时河道影响填筑应力传递

在离围堰坡脚线 20～60m 处，有一长约2238m、宽约 15m、深约 3m（低潮时）的临时河道；河道将会影响填筑应力的传递，影响河道外侧的监测结果。结合 D 区填筑规划围堰坡脚线与温福铁路的距离，只需监测围堰坡脚线外侧 45m 范围内的周边环境；选择围堰与临时河道距离最大处，布设监测断面，所有监测点均布设在河道内侧。

# 5 监测设计及数据分析

## 5.1 变形监测内容及频率

根据 A 区填筑的现场施工情况，对 A 区围堰坡脚线 45m 范围内的环境进行了监测。监测项目包括地表竖向位移、水平位移和土体深层水平位移 3 项监测内容[2-3]，监测工作自 2019 年 2 月 2 日开始（2019 年 3 月 4 日开始施工围堰）至 2021 年 4 月 17 日结束（2019 年 11 月 13 日吹填完成），共计 805d。具体监测内容和频率见表 3 和表 4。

变形监测工作内容及数量　　表 3

| 序号 | 监测项目 | 监测设备 | 监测开始时间 | 监测结束时间 | 监测点数 | 监测次数 |
|---|---|---|---|---|---|---|
| 1 | 地表竖向位移 | 全站仪 | 2019 年 2 月 2 日 | 2021 年 4 月 17 日 | 15 | 4110 |
| 2 | 地表水平位移 | 全站仪 | 2019 年 2 月 2 日 | 2021 年 4 月 17 日 | 15 | 4110 |
| 3 | 深层水平位移 | 测斜仪 | 2019 年 4 月 17 日 | 2020 年 5 月 31 日 | 5 | 869 |

监测频率　　表 4

| 序号 | 施工阶段 | 监测时间 | 监测频率 | 备注 |
|---|---|---|---|---|
| 1 | 填筑施工前 1 个月至填筑施工结束后 6 个月 | 2019 年 2 月 2 日～2020 年 5 月 31 日 | 1 次/d | |
| 2 | 填筑施工结束后 1 年 | 2020 年 11 月 27 日～2020 年 12 月 3 日 | 1 次/d | |
| 3 | 填筑施工结束后 1.5 年 | 2021 年 4 月 14 日～2021 年 4 月 17 日 | 1 次/d | |

如图 6 和图 7 所示，本项目共设置了 4 个监测剖面，每个剖面 4 组监测点，每组监测点包括地表竖向、水平位移监测点和深层水平位移监测点；监测点分别设置在围堰中心处，距离围堰坡脚线10m、20m 和 40m 处（实际布设时有一定差别）；所有监测点均设置在河道内侧。

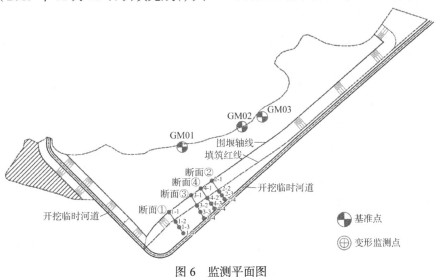

图 6　监测平面图

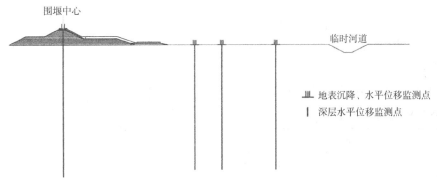

图 7　典型监测剖面图

2193

## 5.2 地表水平位移监测

地表水平位移是现场监测的重点，本项目布设了 15 个地表水平位移监测点（原计划 16 个，DB41 监测点被施工破坏），共 4 个监测断面（断面垂直于围堰纵轴线），每个断面 4 个监测点。

为能准确反映滩涂地区土体的变形，监测点用 1m×1m 的方形沉降板，沉降板中心设置 1.5m 高的圆杆，圆杆顶部能连接徕卡圆棱镜；沉降板埋入滩涂中深 1m（图 8）。

图 8　地表水平位移监测点实物图

本项目水平位移监测采用西安 1980 坐标系，根据施工控制网引测了 3 个基准点（分别为 GM01、GM02 和 GM03）。基准点和监测点均采用强制对中装置消除对中误差，提高监测精度。数据采集使用徕卡 TS30 全站仪，采用"全站仪自由设站法"进行观测，以提高监测效率和精度。全站仪自由设站法就是在方便观测的任意位置架设全站仪，观测与其通视的基准点和监测点的方向值及距离值，不同期次观测时测站位置可以根据现场条件任意变换，只要每测站联测两个以上的基准点，经过平差计算，便可得到测站点和变形点的坐标值；通过计算变形点不同期次的坐标变化量，直接反映地表水平位移变形情况。本方法同时观测基准点和监测点，避免了测量过程中的误差积累，同时结合全站仪自动观测功能，既可以提高观测精度，又可以提高工作效率。

地表水平位移监测成果如表 5 和图 9 所示。

地表水平位移监测成果　表 5

| 序号 | 监测点号 | 累计变化量/mm | 备注 |
|---|---|---|---|
| 1 | DB11 | 292.9 | 围堰中心 |
| 2 | DB12 | 36.8 | 距围堰坡脚线 10m |

续表

| 序号 | 监测点号 | 累计变化量/mm | 备注 |
|---|---|---|---|
| 3 | DB13 | 27.5 | 距围堰坡脚线 22m |
| 4 | DB14 | 13.3 | 距围堰坡脚线 38m |
| 5 | DB21 | 278.4 | 围堰中心 |
| 6 | DB22 | 29.0 | 距围堰坡脚线 10m |
| 7 | DB23 | 22.8 | 距围堰坡脚线 20m |
| 8 | DB24 | 7.6 | 距围堰坡脚线 32m |
| 9 | DB31 | 86.2 | 围堰中心 |
| 10 | DB32 | 16.3 | 距围堰坡脚线 5m |
| 11 | DB33 | 13.7 | 距围堰坡脚线 26m |
| 12 | DB34 | 2.2 | 距围堰坡脚线 44m |
| 13 | DB42 | 21.3 | 距围堰坡脚线 7m |
| 14 | DB43 | 11.6 | 距围堰坡脚线 27m |
| 15 | DB44 | 2.8 | 距围堰坡脚线 45m |

注：1. 本表变化量为垂直于围堰方向；
2. 正值表示向滩涂外侧发生位移，负值表示向滩涂内侧发生位移。

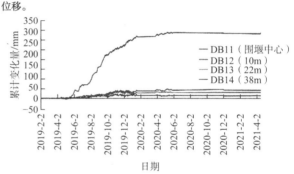

(a) 断面一水平位移（垂直围堰）累计变化量

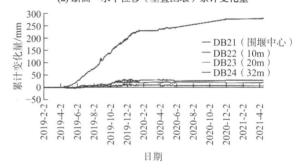

(b) 断面二水平位移（垂直围堰）累计变化量

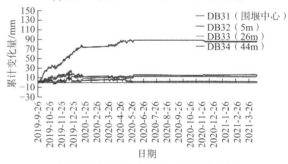

(c) 断面三水平位移（垂直围堰）累计变化量

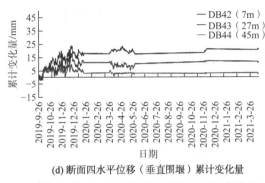

(d) 断面四水平位移 (垂直围堰) 累计变化量

图9 地表水平位移累计变化量时程曲线图

从监测数据来看，各断面监测点均向围堰外侧发生水平位移，监测点距离围堰越远，水平位移变化量越小；围堰中心监测点水平位移变化量远大于滩涂区监测点水平位移；随着填筑荷载的增加，监测点的水平位移逐渐增大，填筑结束后逐渐趋于稳定。当监测点距离围堰坡脚线线大于 40m 时，填筑试验对土体水平位移的影响可控制在 5mm 以内。

## 5.3 地表竖向位移监测

地表竖向位移监测是现场监测的重点与难点，本项目布设了 15 个地表竖向位移监测点，与地表水平位移监测点共点。竖向位移监测使用 1985 国家高程基准，选用徕卡 TS30 全站仪采用"三角高程中间点法"进行监测。三角高程中间点法不用测仪器高，又避免了采用几何水准测量需在滩涂地区架设仪器的问题，提高了监测精度和监测效率[4]。

地表竖向位移监测成果如表 6 所示。

地表竖向位移监测成果 表 6

| 序号 | 监测点号 | 初始高程$H$/m | 最终高程$H$/m | 累计变化量/mm | 备注 |
|---|---|---|---|---|---|
| 1 | DB11 | 8.2054 | 5.4895 | −2716.0 | 围堰中心 |
| 2 | DB12 | 1.2319 | 1.2275 | −4.4 | 距围堰坡脚线 10m |
| 3 | DB13 | 0.9811 | 0.9703 | −14.2 | 距围堰坡脚线 22m |
| 4 | DB14 | 0.7499 | 0.7488 | −3.2 | 距围堰坡脚线 38m |
| 5 | DB21 | 8.0674 | 5.0930 | −2974.4 | 围堰中心 |
| 6 | DB22 | 1.4716 | 1.4555 | −16.1 | 距围堰坡脚线 10m |
| 7 | DB23 | 1.6102 | 1.6016 | −11.5 | 距围堰坡脚线 20m |
| 8 | DB24 | 1.2484 | 1.2433 | −4.2 | 距围堰坡脚线 32m |
| 9 | DB31 | 6.9423 | 5.1859 | −1756.5 | 围堰中心 |
| 10 | DB32 | 0.8303 | 0.8135 | −18.3 | 距围堰坡脚线 5m |
| 11 | DB33 | 0.8421 | 0.8375 | −4.6 | 距围堰坡脚线 26m |
| 12 | DB34 | 1.1049 | 1.1023 | −2.7 | 距围堰坡脚线 44m |
| 13 | DB42 | 0.9301 | 0.9249 | −5.2 | 距围堰坡脚线 7m |
| 14 | DB43 | 1.0149 | 1.0095 | −5.4 | 距围堰坡脚线 27m |
| 15 | DB44 | 0.9440 | 0.9431 | −0.9 | 距围堰坡脚线 45m |

由表 6 可知，围堰中心监测点沉降量远大于滩涂监测点，离围堰坡脚线越远，沉降越小；滩涂区监测点在填筑前期随着荷载的增加，滩涂区先缓慢下沉，随后在填筑区荷载的作用下滩涂区产生挤压隆起，之后随着填筑荷载的进一步增加，滩涂区逐渐下沉；当监测点距离围堰坡脚线大于 40m 时，填筑试验对土体竖向位移的影响可控制在 5mm 以内。

## 5.4 深层水平位移监测

本项目共设有 5 个深层水平位移监测点，位置在 DB11、DB12、DB13、DB14 和 DB24 附近。为提高监测精度，深层水平位移监测采用从测斜管底部起算的方式，测斜管埋入下部稳定卵石土不小于 3m，顶部高出滩涂 0.2～0.3m；监测仪器采用目前国际上精度最高的 Profil 便携式测斜仪。

由图 10 可知，围堰上监测点 CX1-4 受堆载影响最大，且在深度 6m 左右发生断裂；监测点距离填筑试验区域越远，深层水平位移变化量越小，影响深度也越小；当监测点距离围堰坡脚线大于 40m 时，深层水平位移变化量可控制在 5mm 以内，与地表水平位移监测的结果一致。

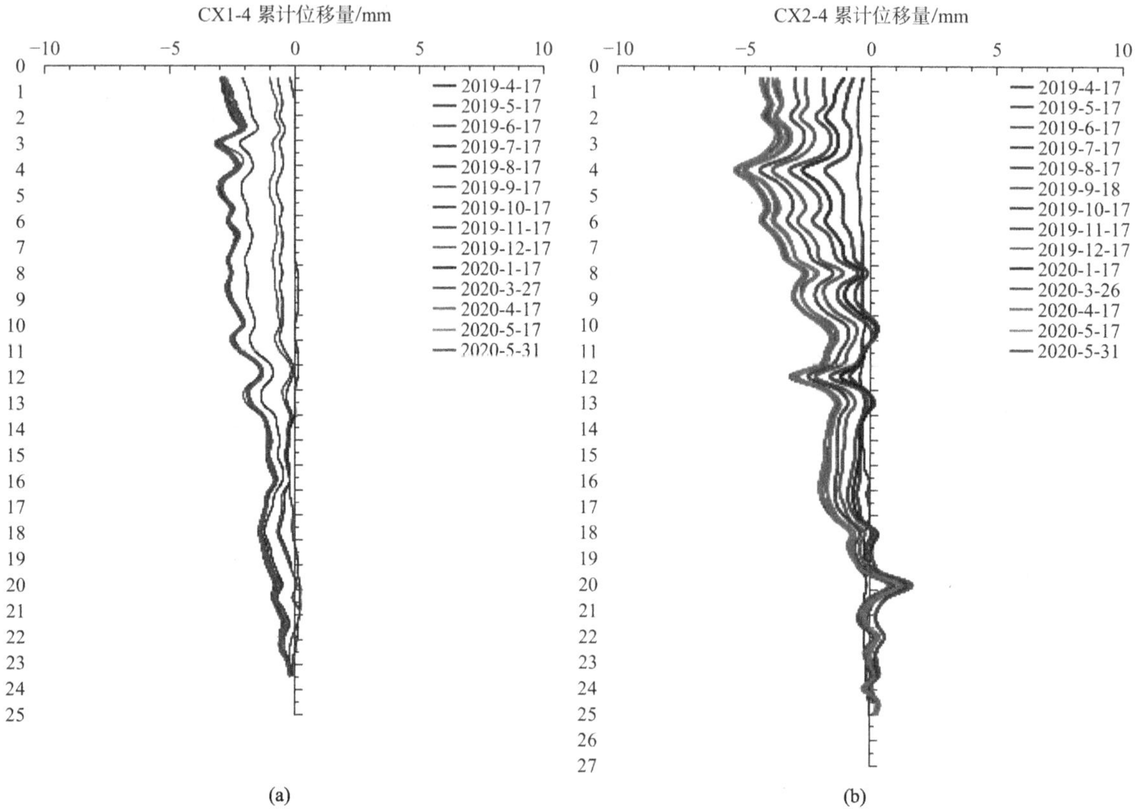

CX1-4 累计位移量/mm

CX2-4 累计位移量/mm

图 10　典型深层水平位移累计变化量时程曲线图

## 6　效果与经验

根据现场监测的结果表明，填筑会对周边滩涂地区的土体产生影响；围堰中心变形最大；离围堰坡脚线越远，变形越小；当距围堰坡脚线的距离大于 40m 时，填筑对滩涂周边环境变形的影响可控制在 5mm 以内。根据《高速铁路有砟轨道线路维修规则》（铁运〔2013〕29 号）的规定，线路轨道静态几何尺寸容许偏差管理值为 5mm；根据 A 区填筑研究结果表明，当围堰坡脚线距离温福铁路不小于 40m 时，可满足铁路部门管理需求。

综合确定，当后期 D 区填筑方案与 A 区一致时，围堰坡脚线与温福铁路的安全距离应不小于 40m。

## 参考文献

[1] 中华人民共和国铁道部. 高速铁路有砟轨道线路维修规则[S]. 北京: 中国铁道出版社, 2013.

[2] 周晓曦. 沿海滩涂软土路基堆载预压沉降变形特征与卸载时机研究[J]. 土工基础, 2014, 27(4): 14-18.

[3] 蔡俊华. 反复水位作用下的深厚滩涂路基沉降及预测研究[J]. 公路交通科技, 2019, 36(8): 37-46.

[4] 谢凡. 三角高程中间点法在边坡监测中的应用研究[J]. 铁路地质与路基, 2016, 91(1): 14-18.

# 北方沿海地区 PHC 管桩竖向静载荷试验工程实录

宋 杰 肖 杰 张清利 张 丹 朱海涛

（中兵勘察设计研究院有限公司，北京 100053）

## 1 引言

近年来，随着矿石、石油化工等产业的不断扩大，厂房建设向远离城区、滨海区域发展。辽东湾新区为适应这一发展，拟建设一批石油化工装置区。受地质条件作用，滨海地区建筑物的基础在施工阶段和使用阶段会承受较大的上拔荷载作用，因此基础选型成为亟待解决的问题。

预应力高强混凝土管桩（PHC 管桩）具备施工简便易控制、施工速度快、桩身强度高、质量稳定、造价相对较低等优点，在建筑工程中应用广泛。本文介绍某工程 PHC 管桩试桩实例，通过试桩试验获取了 PHC 管桩承载性能参数，并对试验值与经验值的差异性进行了分析，试验及分析成果可为类似工程设计与施工提供参考。

## 2 工程概况

本工程位于辽宁省盘锦市辽河湾，本次共施工 PHC 管桩试验桩 6 根，设计桩径 600mm，桩端持力层为⑥层粉砂/⑦层粉细砂，桩身混凝土强度等级为 C80，有效桩长 18.50～19.50m，桩间距 3.00～4.24m，设计要求单桩竖向抗压承载力特征值 ≥ 1700kN，单桩竖向抗拔承载力特征值 ≥ 600kN。PHC 管桩施工采用锤击法沉桩，沉桩设备采用液压步履式柴油锤桩机，锤重 8.5t，最终贯入度要求为最后锤击 3 阵，每阵 10 击的贯入度 ≤ 30mm。填芯有效长度 3m，外露钢筋 1m，钢筋笼总长不小于 4m，配筋采用 8 根直径 18mm 的 HRB400 级钢筋[1]。

本次进行了 3 根单桩竖向抗压静载荷试验、3 根单桩竖向抗拔静载荷试验，6 根桩在静载荷试验前后均进行低应变法桩身完整性检测（桩身均完整）。

## 3 工程地质概况

根据勘察资料，场地地貌单元属渤海近海岸

滩涂处及辽河河口三角洲，典型岩土层分布见表 1，试桩位置典型地层剖面图见图 1。

**参照勘察资料的地层概况表　表 1**

| 层号 | 地层名称 | 各层层底标高/m | 预制桩极限侧阻力标准值$q_{sk}$/kPa | 预制桩极限端阻力标准值$q_{pk}$/kPa |
|---|---|---|---|---|
| ① | 吹填土 | −2.55～1.59 | 16 | — |
| ② | 淤泥质粉质黏土与粉砂互层 | −3.45～−1.31 | 28 | — |
| ③ | 粉土与粉砂互层 | −6.21～−5.69 | 38 | — |
| ④ | 淤泥质粉质黏土 | −10.31～−8.25 | 28 | — |
| ⑤ | 粉质黏土 | −16.09～−13.45 | 44 | — |
| ⑤₁ | 粉砂 | −13.39～−12.42 | 36 | — |
| ⑥ | 粉砂 | −17.59～−16.51 | 44 | 3200 |
| ⑦ | 粉细砂 | −29.85～−29.31 | 80 | 5000 |

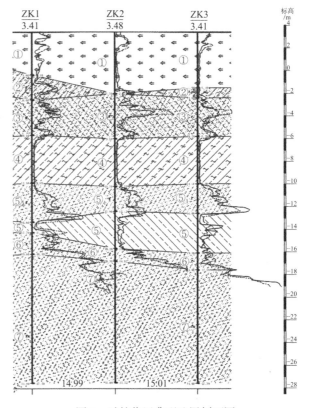

图 1　试桩位置典型地层剖面图

## 4 单桩竖向抗压承载力性能

根据勘察资料提供的地基土的物理力学指标与承载力参数之间的经验关系估算单桩竖向抗压极限承载力标准值，可按《建筑桩基技术规范》JGJ 94—2008[2]的经验参数法进行估算，即：

$$Q_{uk} = u\sum q_{sik}l_i + q_{pk}A_p = 3.14 \times 0.6 \times (16 \times 2 + 28 \times 1 + 38 \times 3.4 + 28 \times 4.2 + 36 \times 2.5 + 44 \times 3 + 44 \times 1.1 + 80 \times 1.8) + 5000 \times 3.14 \times 0.32 = 2771.74kN$$

现场选取了 3 根 PHC 管桩进行了单桩竖向抗压静载荷试验，试验结果见表 2 和图 2。根据试验结果可看出，每级沉降量较均匀递增，$s$-lg $t$ 曲线均较平直发展；当荷载分别加至其最大试验荷载值时，总沉降量均加至超过 40mm；$Q$-$s$ 曲线出现较明显拐点，尾部出现明显向下弯曲，属于陡降型曲线，试验达到终止条件。依据规范中确定单桩竖向抗压极限承载力的有关规定[3]，取 3850kN 为单桩竖向抗压极限承载力，1925kN 为单桩竖向抗压承载力特征值。单桩竖向抗压极限承载力实测值大于经验值和设计要求值，单桩竖向抗压承载力特征值满足设计要求。

**抗压静载荷试验结果表** 表 2

| 试验桩号 | 配筋 | 有效桩长/m | 最大试验荷载/kN | 总沉降量/mm | 单桩竖向抗压极限承载力实测值/kN | 对应沉降量/mm | 单桩竖向抗压极限承载力/kN |
|---|---|---|---|---|---|---|---|
| T1 | 16$\phi$12.6 | 19.00 | 4420 | 42.93 | 4080 | 17.95 | |
| T2 | 16$\phi$12.6 | 19.50 | 4080 | 42.08 | 3740 | 14.24 | 3850 |
| T3 | 16$\phi$12.6 | 18.50 | 4080 | 48.10 | 3740 | 13.54 | |

注：试验时去除 PHC 管桩端板，截至设计标高并对桩头进行套钢箍保护。

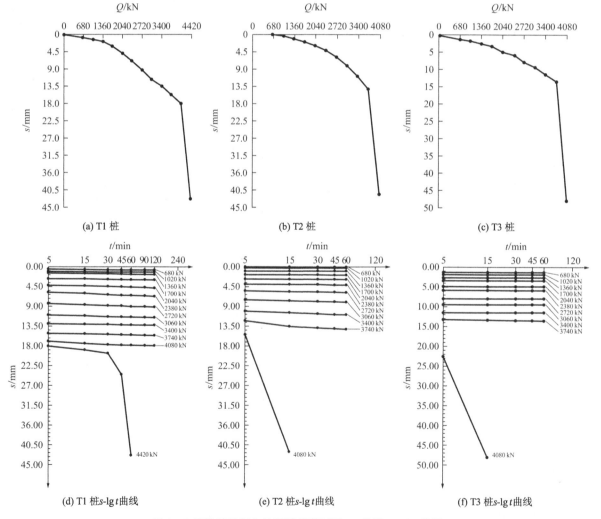

(a) T1 桩　　(b) T2 桩　　(c) T3 桩

(d) T1 桩 $s$-lg $t$ 曲线　　(e) T2 桩 $s$-lg $t$ 曲线　　(f) T3 桩 $s$-lg $t$ 曲线

图 2　3 根桩单桩竖向抗压静载荷试验 $Q$-$s$ 曲线、$s$-lg $t$ 曲线

## 5 各土层侧阻力和端阻力建议值

由于在 PHC 管桩试验中,桩身无法安装内力传感器且无法直接测出桩身的侧阻力及端阻力值。根据试桩单桩竖向抗压静载荷试验结果,结合本项目勘察资料以及相关工程经验,试验区域的预制桩极限侧阻力标准值 $q_{sik}$ 和端阻力特征值 $q_{pa}$ 建议值见表 3。

各土层侧阻力和端阻力建议值(预制桩)

表 3

| 层号 | 地层名称 | 各层层底标高/m | 极限侧阻力标准值 $q_{sik}$ 建议值/kPa | 桩端阻力特征值 $q_{pa}$ 建议值/kPa |
|---|---|---|---|---|
| ① | 吹填土 | −2.55~1.59 | 24 | — |
| ② | 淤泥质粉质黏土与粉砂互层 | −3.45~−1.31 | 32 | — |
| ③ | 粉土与粉砂互层 | −6.21~−5.69 | 48 | — |
| ④ | 粉质黏土 | −10.31~−8.25 | 40 | — |
| ⑤ | 粉质黏土 | −16.09~−13.45 | 60 | — |
| ⑤₁ | 粉砂 | −13.39~−12.42 | 64 | — |
| ⑥ | 粉砂 | −17.59~−16.51 | 76 | 2700 |
| ⑦ | 粉细砂 | −29.85~−29.31 | 80 | 3000 |

## 6 单桩竖向抗拔承载力性能

试验桩的抗拔极限承载力可按《建筑桩基技术规范》JGJ 94—2008[2]的公式进行估算,侧阻力和端阻力采用表 3 建议值,即:

$$T_{uk} = \sum \lambda_i q_{sik} u_i l_i = 3.14 \times 0.6 \times (0.7 \times 24 \times 2 + 0.8 \times 32 \times 1 + 0.7 \times 48 \times 5 + 0.8 \times 40 \times 4 + 0.8 \times 64 \times 1.1 + 0.7 \times 60 \times 3 + 0.7 \times 76 \times 1.1 + 0.7 \times 80 \times 1.8) = 1312.85 \text{kN}$$

现场选取了 3 根 PHC 管桩进行单桩竖向抗拔静载荷试验。从 3 根 PHC 管桩单桩竖向抗拔静载荷试验曲线来看(表 4、图 3),当加至其最大试验荷载值时,$U$-$\delta$ 曲线属于陡变型曲线,桩身出现明显裂缝,试验终止。依据规范中确定单桩竖向抗拔极限承载力和单桩竖向抗拔承载力特征值的有关规定[3],取 1240kN 为单桩竖向抗拔极限承载力,620kN 为单桩竖向抗拔承载力特征值,单桩竖向抗拔极限承载力实测值略小于公式估算值,满足设计要求。

抗拔静载荷试验结果表

表 4

| 试验桩号 | 有效桩长/m | 配筋 | 最大上拔荷载/kN | 累计上拔量/mm | 终止试验条件 | 单桩竖向抗拔极限承载力实测值/kN | 对应上拔量/mm | 单桩竖向抗拔极限承载力/kN |
|---|---|---|---|---|---|---|---|---|
| T4 | 19.00 | 16φ12.6 | 1320 | 3.51 | 桩整体拔出 | 1200 | 2.49 | |
| T5 | 18.50 | 16φ12.6 | 1440 | 28.04 | 桩整体拔出 | 1320 | 6.74 | 1240 |
| T6 | 19.00 | 16φ12.6 | 1320 | 5.72 | 桩整体拔出 | 1200 | 5.73 | |

注:PHC 管桩抗拔静载荷试验采用填芯钢筋与试验设备锚接。

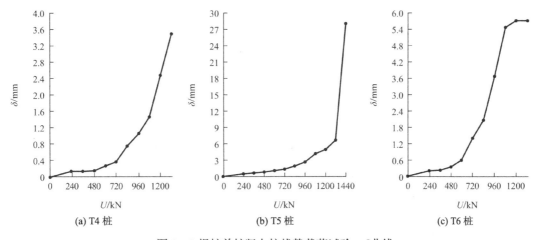

(a) T4 桩     (b) T5 桩     (c) T6 桩

图 3 3 根桩单桩竖向抗拔静载荷试验 $U$-$\delta$ 曲线

## 7 结论及建议

(1)单桩竖向抗压极限承载力实测值明显大

于公式估算值,可能的原因是锤击沉管施工工艺会挤密桩周土体,极限侧阻力和极限端阻力均得到提高。

(2)单桩竖向抗拔极限承载力实测值略小于

公式估算值，可能的原因：①通过查看桩头发现，露出的桩身出现明显裂缝，桩整体拔出，抗拔钢筋均没拔断，由此判断是侧摩阻力不足导致桩被拔出；②按规范公式估算时，抗拔系数 $\lambda_i$ 取值均偏大，实际此系数要小一些。

（3）从本工程 PHC 管桩试桩的抗压和抗拔性能来看，符合设计要求，施工工艺可取。若使用 PHC 管桩，将一定程度上降低工程造价。但对于抗拔桩，由于海水具有腐蚀性，需要验算控制桩身开裂的承载力值，工程桩应避免桩身开裂导致钢筋腐蚀及承载力降低。

（4）由于影响基桩的竖向承载力的因素众多，采用经验公式法计算的基桩竖向承载力都与实际有一定的出入，因此最可靠、最直接的承载力确定方法还是建议采用现场静载荷试验。通过现场试验的数据资料，结合经验公式对一些参数进行调整，才能对整体桩基情况做出合理评估。

（5）案例工程建设场地原为浅海、滩涂，后经吹填处理，吹填土厚度不均，场地地质条件复杂，需要通过试打桩、试验桩的静载荷试验对各层土的阻力进行验证和调整，可为同类工程提供有益参考。

（6）PHC 管桩对桩体质量的要求极高，从生产、运输、施工沉桩等各个环节必须确保桩体质量满足要求以及不受破坏。

## 参考文献

[1] 中国建筑标准设计研究院. 预应力混凝土管桩: 10G409[S]. 北京: 中国计划出版社, 2010.

[2] 建设部. 建筑桩基技术规范: JGJ 94—2008[S]. 北京: 中国建筑工业出版社, 2008.

[3] 住房和城乡建设部. 建筑基桩检测技术规范: JGJ 106—2014[S]. 北京: 中国建筑工业出版社, 2014.

# 上部覆土大范围卸载导致的城市轨道交通运营期结构上浮预警案例实录

陈　维[1,2]　刘　健[1,2]　陈文晓[1,2]　韩守程[1,2]　安育芳[1,2]　张　睿[3]

（1. 北京城建勘测设计研究院有限责任公司，北京　100101；2. 城市轨道交通深基坑岩土工程北京市重点实验室，北京　100101；3. 南宁轨道交通集团有限责任公司，广西南宁　530029）

## 1　概况

### 1.1　工程概况

该工程区间里程为DK9＋556～DK10＋618，长 1062m，曲线半径为 450m，最小线间距约为 13m，最大线间距约为 17m，隧道埋深为 19.6～30m，采用盾构法施工，隧道内径5.4m，管片厚度0.3m，隧道外径6m，管片间距为1.5m。区间里程DK9＋950～DK10＋300因上方有学校同期施工，该区段设计为浮置板道床区段。

### 1.2　地质及水位概况

根据其区间的勘察报告（2016 年 7 月）描述：

（1）该区间地层自上而下依次为填土、黏土、粉质黏土、泥岩、粉砂质泥岩、泥质粉砂岩、粉砂岩，该区间穿越地质为⑦$_{1-3}$层泥岩、粉砂质泥岩、⑦$_{2-3}$层粉砂岩、泥质粉砂岩层。其中⑦$_{1-1}$层、⑦$_{1-2}$层和⑦$_{1-3}$层泥岩、粉砂质泥岩及⑦$_4$层泥岩均为 A$_1$亚类膨胀土。

（2）本区间涉及的地下水主要有上层滞水和潜水二类。上层滞水赋存于填土较厚地段，水位埋深 1.20～11.50m，变化幅度 10.30m。潜水赋存于粉质黏土层的孔隙中及半成岩的裂隙中。

## 2　监测工作简介

### 2.1　监测目的来源与目的

项目来源于轨道交通业主运营公司，其监测目的为城市轨道交通运营后需要掌握地铁运营后车辆荷载和运行对车站和区间隧道结构及轨道线路的影响；掌握地铁沿线因物业开发等施工扰动对地铁车站和区间隧道结构及轨道线路的影响。

### 2.2　监测项目及测点布设

本项目监测点布设见表1。

监测项目及测点布设　　　表1

| 监测项目 | 道床沉降监测 | 管片沉降监测 | 收敛监测 | 水平位移监测 |
| --- | --- | --- | --- | --- |
| 正常段布点间距 | 30m | 60m | 水平、竖向均60m | 60m |
| 浮置板区域布点间距 | 无 | 25m | 水平25m,无竖向收敛 | 无 |

### 2.3　监测频率

（1）常规时期监测频率（表2）

常规时期监测频率　　　表2

| 监测项目 | 沉降监测 | 收敛监测 | 水平位移监测 |
| --- | --- | --- | --- |
| 第一年 | 1 次/3 个月 | 1 次/3 个月 | 1 次/6 个月 |
| 第二年 | 1 次/6 个月 | 1 次/6 个月 | 1 次/12 个月 |
| 第二年以后 | 1 次/12 个月 | 1 次/12 个月 | 1 次/12 个月 |

（2）预警时期沉降及收敛监测频率（表3）

预警时期沉降及收敛监测频率　　　表3

| 监测时间段 | 监测频率 |
| --- | --- |
| 2019 年 5 月至 2020 年 7 月 | 1 次/3 个月 |
| 2020 年 8 月至 2020 年 9 月 20 日 | 2 次/周 |
| 2020 年 9 月 20 日至 2020 年 10 月 14 日 | 1 次/周 |
| 2020 年 10 月 14 日至 2020 年 12 月 29 日 | 1 次/2 周 |
| 2020 年 12 月 29 日至 2021 年 5 月 1 日 | 1 次/月 |
| 2021 年 5 月 1 日至 2021 年 8 月 25 日 | 1 次/周 |
| 2021 年 8 月 25 日至 2021 年 9 月 22 日 | 1 次/2 周 |
| 2021 年 9 月 22 日至 2023 年 1 月 6 日 | 1 次/月 |

## 3　监测预警情况概述

### 3.1　监测数据变化情况

本项目区间左右线的变化情况类似，本文以左线区间变形为例，图 1、图 2 为其管片结构沉降变化时程曲线图与断面图。由图 1 可以看出，监测数据突变主要集中在 2020 年 4 月至 2020 年 8 月份，累计变化量最大由+5mm 突变到+25mm，后续的变化呈现出持续上浮，累计最大的测点由+25mm 逐渐上浮至+37mm 左右，整个区间的断面变形呈现出中间最大，往两侧逐渐减小的变形趋势。

收敛监测数据见图 3。由图 3 可以看出，监测数据变化与沉降监测类似，突变主要集中在 2020 年 4 月至 2020 年 8 月份，累计变化量最大由 0mm 突变到±5mm，后续的变形逐渐增大，在 2021 年 3 月附近整体发生了突变，最大累计变化量达到+6mm。在沉降变形最大的区域呈现出竖向收敛变小，横向收敛拉伸的变化情况。

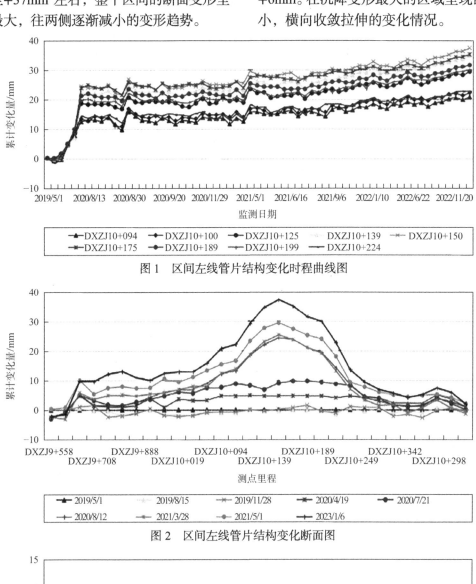

图 1　区间左线管片结构变化时程曲线图

图 2　区间左线管片结构变化断面图

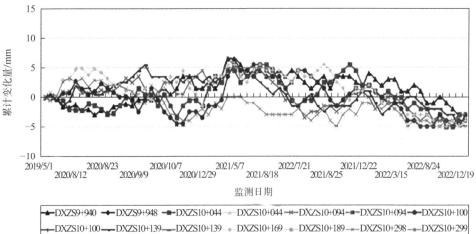

图 3　区间左线管片收敛变化时程曲线图

水平位移监测数据见图 4。由图 4 可以看出，监测数据从 2020 年 8 月份加密监测开始，变形逐渐增大，到 2021 年 5 月累计变化最大已接近 7mm。

经过具体的断面分析（图 5），结合沉降及收敛监测数据发现沉降变形最大的区域隧道管片呈现出上下挤压、两侧拉伸的椭变情况。

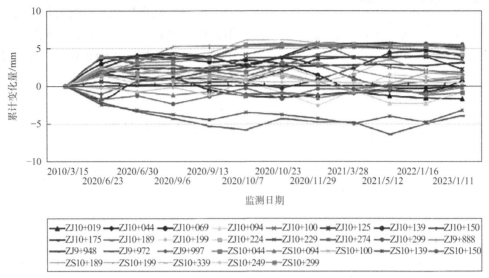

图 4　区间左线水平位移变化时程曲线图

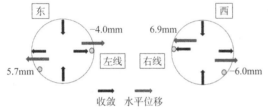

图 5　左线收敛及水平位移变化示意图

## 3.2　预警段对应地面沉降的监测情况

在第一次监测预警后在预警最大段对应地面上方的学校与周边地面布设了地面沉降监测点，其监测时间从 2020 年 9 月监测至 2021 年 5 月。其变化情况为从 2020 年的 10 月至 2021 年的 5 月开始出现上浮，该阶段最大上浮量为 +22.0mm（图 6）。

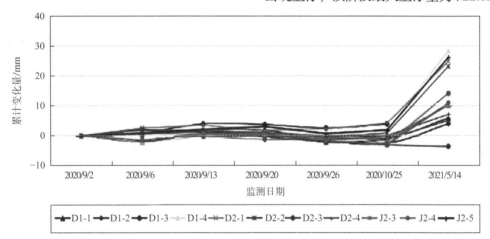

图 6　预警上方地面沉降变化时程图

## 3.3　地面外部施工情况

外部施工主要分 2 个区域：（1）学校及学校周边配套道路施工区域（DK10＋088～DK10＋233）；（2）北侧金桥大道施工区域，其中北侧金桥大道施工区域又分为 3 个阶段（DK9＋555～DK9＋860），详见图 7。

（1）学校及学校周边配套道路施工区域

（DK10＋088～DK10＋233）

此区域影响范围内的覆土厚度为 37.46～52.64m，新建道路挖方深度为 0.726～27.106m，道路实施后路面与地铁隧道竖向距离为 23.4～26.1m。土方卸载施工从 2019 年 9 月开始，大约 2019 年 11 月 15 日左右，隧道上方及周边的土方已基本卸载完成。五十二中学校一期位于二期西侧，于 2014 年 12 月进行场地平整，于 2019 年 4

月完成教学楼封顶。

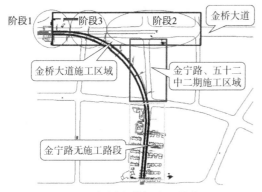

图 7　区间周边外部施工分布图

（2）区间北侧金桥大道施工（DK9 + 555～DK9 + 860）

第 1 阶段：北侧道路二期施工时间为 2019 年 11 月至 2020 年 6 月，对应区间里程为 DK9 + 555～DK9 + 615，此区域施工位于隧道正上方。

第 2 阶段：金桥大道东侧土方开挖时间为 2020 年 11 月至 2021 年 2 月期间，对应隧道上方里程为 DK9 + 860 后的区域，此区域土方卸载对应的隧道距离已较远，不位于隧道正上方。

第 3 阶段：金桥大道东侧土方开挖时间为 2021 年 2 月至 2021 年 4 月期间，对应隧道上方里程为 DK9 + 615～DK9 + 860 的区域，此区域土方卸载位于隧道正上方。

## 4　预警情况分析

### 4.1　预警段与地面施工时间关系

为了找出变形原因，首先从外部施工影响情况入手，那么第一步需要弄明白预警时间与地面施工段的时间关系。结合上文所述，现将位于隧道正上方对应施工段的施工时间与预警时间结合如表 4 所示。

施工时间与预警时间对应表　　　　表 4

| 外部施工时间与其影响范围内预警变化时间对比图 | | | | | | | | | | | | | | | | | | | | |
|---|---|---|---|---|---|---|---|---|---|---|---|---|---|---|---|---|---|---|---|---|
| 施工影响范围里程 | 2019年 | | | | 2020年 | | | | | | | | | | | | | 2021年 | | | |
| | 9月 | 10月 | 11月 | 12月 | 1月 | 2月 | 3月 | 4月 | 5月 | 6月 | 7月 | 8月 | 9月 | 10月 | 11月 | 12月 | 1月 | 2月 | 3月 | 4月 | 5月 |
| DK10+088～DK10+223 | | | | | | | | | | | | | | | | | | | | | |
| DK9+555～DK9+615 | | | | | | | | | | | | | | | | | | | | | |
| DK9+615～DK9+860 | | | | | | | | | | | | | | | | | | | | | |
| 施工时间　　　　　　　　　　　　　　　　　　预警时间 | | | | | | | | | | | | | | | | | | | | | |

由表 4 可见，外部施工的时间与监测预警发生的时间基本不重合，施工期间监测数据未发生异常，监测数据发生异常的时间对应地面未发生大面的施工。

### 4.2　预警段与土方卸载的关系

第二步分析预警段的数据出现是否与地面土方卸载有关，现将地面卸载量较大的位置与区间对应预警位置进行数据分析。详见表 5、图 8、图 9。

卸土厚度与变形量对应关系表　表 5

| 左线里程 | 卸土厚度/m | 变形量累计/mm | 右线里程 | 卸土厚度/m | 变形量累计/mm |
|---|---|---|---|---|---|
| 33 | 12 | 9.3 | 41 | 12 | 8.8 |
| 75 | 19 | 11.8 | 72 | 16 | 11 |
| 100 | 22 | 16 | 103 | 23 | 14.9 |

续表

| 左线里程 | 卸土厚度/m | 变形量累计/mm | 右线里程 | 卸土厚度/m | 变形量累计/mm |
|---|---|---|---|---|---|
| 123 | 25 | 22.2 | 133 | 25 | 19.3 |
| 151 | 27 | 27.7 | 164 | 14 | 18.5 |
| 182 | 18 | 26 | 194 | 2 | 15 |

由表 5、图 8、图 9 可知，卸载较大处的对应管片位置变化也较大，而卸载有所减缓处对应的管边位置变化也较为减缓，故区间上方的卸载施工对管片结构是存在一定影响的。

### 4.3　预警段与地质情况的关系

最后分析区间预警段与地质条件的关系。本区间地层自上而下依次为填土、黏土、粉质黏土、泥岩、粉砂质泥岩、泥质粉砂岩、粉砂岩，隧道结构处于全断面泥岩、粉砂质泥岩层中。

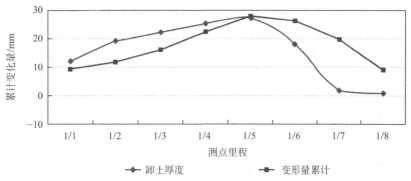

图 8　左线管片沉降与卸土厚度对比图

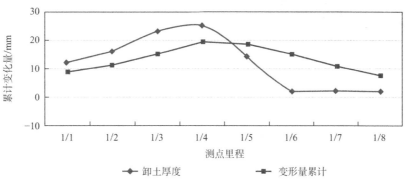

图 9　右线管片沉降与卸土厚度对比图

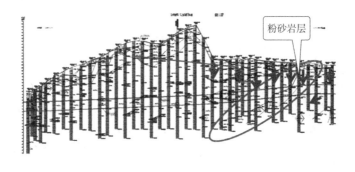

图 10　区间地质剖面图

详细地分析地质条件（图 10）可见，粉砂岩层与泥岩的分界面由区间的下部逐渐延伸至地面，该段的泥岩层为不透水层，粉砂岩层为透水层，地下水随着粉砂岩层逐渐汇聚在隧道底部，不断地形成上浮推力。

### 4.4　变形模拟计算

1）理论计算

根据《工程地质手册》[1]式（4-4-10），计算其理论变形量：

$$s = \frac{h_i}{1 + e_{0i}} \left[ c_s \lg\left(\frac{p_c}{p_{cz}}\right) + c_c \lg\left(\frac{p_{cz} + p_z}{p_{cz}}\right) \right]$$

将如下参数带入，得出理论变形量 $s$ 为 64.70mm，为土的卸载后理论总变形值。

式中：$s$——固结沉降量（mm）；

$h_i$——土层分层厚度，取 30m；

$e_{0i}$——土的天然孔隙比，取 0.55；

$p_c$——土的先期固结压力，取 123600kPa；

$p_z$——附加应力，取 0；

$p_{cz}$——土层自重压力，取 61800kPa；

$c_s$——土的压缩系数，从 $e$-$\lg p$ 压缩曲线上求得，取 1.1；

$c_c$——土的回弹指数，从 $e$-$\lg p$ 压缩曲线上求得，取 0.6。

2）数值模拟软件计算

使用 Midas GTS NX 建立有限元分析模型，模型长 500m、宽 500m、高 60m，并根据场地平整前实际地形建立几何模型（图 11）。采用库仑摩尔模型划分网格实体，共划分 59745 个节点，308669 个单元。通过模拟整个区间原始覆土及目前上部荷载的情况，计算出隧道结构上浮变形最大为 63.6mm，位于左线里程 K10 + 150 附近（图 12）。

图 11　数值模拟建模图

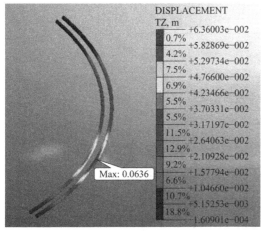

图 12　数值模拟位移变化图

3）实测数据拟合曲线分析

由于上述理论计算与数值模拟均为隧道施工完成后至稳定的最终累计值，但是隧道施工完成时间为 2017 年，而第一次监测记录于 2019 年 5 月 1 日，在此 2017 年至 2019 年期间未对隧道上浮变形数据进行采集，故未能收集到隧道累计总变形的有效数据。为了能够与理论计算与数值模拟结果相应证，采用对数曲线对该处实测数据进行拟合计算[2]，数值选取本区间变形最大处左线隧道 DXZJ10 + 150，得出反应变形量与时间变化的近似关系 $s(t)$ 曲线如图 13 所示。

其中坐标轴 0 点为 2019 年 5 月 1 日，$c$ 代表在此之前的累计变形量。故得出隧道完成后直至初次监测数据采集期间的变形量为 31.19mm。

根据《建筑变形测量规范》JGJ 8—2016[3]，当沉降变形速率低于 0.01mm/d 即可认为沉降处于稳定阶段，将其带入上述拟合结果，预计在自开始监测后第 920d 后变形速率小于 0.01mm/d，认为进入

变形稳定阶段，此时预计监测变形量达到 35.30mm，故此时的拟合累计变形量为 35.30 + 31.19 = 65.49mm，与数值模拟结果 63.6mm 相符。

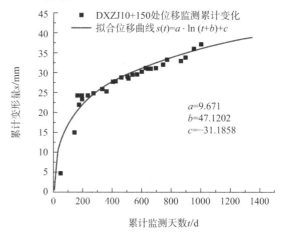

图 13　实测数据拟合位移曲线图

4）变形模拟计算结论

（1）理论计算变形量为 64.7mm，数值模拟最大变形量为 63.6mm 数值模拟显示最大变形发生于左线隧道，与监测结果 DXZJ10 + 150 位置相符合；

（2）监测介入前累计发生变形约 31.19mm，并且已于 2021 年 11 月 6 日进入了稳定状态，带入 2021 年 11 月 6 日监测数据求得此时隧道实际的累计变形量为 62.2mm。

（3）实际监测值 62.2mm ＜ 数值模拟值 63.6mm ＜ 理论计算值 64.7mm ＜ 拟合预测值 65.49mm，变形分析基本处于合理范围内。

## 4.5　分析小结

（1）泥岩的应力释放与地下水的汇聚形成上浮力是需要一定的时间的，并且隧道结构是刚性结构，会在屈服后才产生数据的变化，反映到监测数据上就是结构变形相对卸载情况会存在一定的滞后。故以后对对类似大量卸土施工对区间的影响分析需要将影响的时间段拉长。

（2）该段特殊的地质条件（泥岩与粉砂岩层的界面正好位于区间下方）和大量的土方卸载回弹是导致区间上浮的主要原因。

（3）根据实测数据、数值模拟、理论计算及拟合预测值的对比结果，印证了数值模拟的准确性，初步通过计算得出了较为可靠的总变形量，目前隧道变形已基本趋于稳定。

## 5 预警处置

本区间出现预警之后，首先由监测单位发布预警联系单，各相关单位对预警进行响应，运营单位组织召开预警分析会，随后按照分析会制定的措施落实各项工作，当监测数据再次突变时，再次召开了预警分析会并咨询专家，最后按照专家咨询会的意见落实各项工作。

## 6 结论与建议

### 6.1 结论

（1）本次预警是一个典型的上部覆土卸载导致的城市轨道交通运营期结构上浮案例，期间各方分工明确，应急组织、响应到位，有效地减少了预警造成的风险。

（2）通过分析本次预警产生的主要原因主要还是上部卸土过多导致，且由于卸荷后涉及地下水变化、泥岩膨胀性、土应力释放缓慢、隧道混凝土结构的刚性等多种因素，导致实测的监测数据会有一定的时间滞后特征，且数据存在突变，突变后缓慢上浮的特性。

（3）通过数值模拟分析出本区间在监测介入前由卸载影响已产生了 31.19mm 的上浮，且最终的累计变形量为 65mm 左右。目前的隧道结构实际变形量已接近稳定。

### 6.2 建议

（1）设计阶段提前考虑抗变形措施

在结构设计阶段，需与周边的规划相结合，梳理地铁保护区内已规划的需要大量堆卸载的区域，提前考虑堆卸载可能造成的影响，制定相应的抗变形措施，防止后续外部施工变形过大影响行车安全。

（2）关注上部覆土堆卸载引起结构变形的滞后性，调整监测周期及频率，土方卸载将打破地层原有的平衡，受工程地质条件和地下水影响，重新建立平衡可能需要很长时间，地铁隧道结构的变形也会相应滞后，因此类似项目的地铁保护专项监测应持续更长时间，建议至少延长到施工完成后 1 年或经历一个完整水文年。

（3）运营监测加密布点、针对性监测

在运营监测方案制订阶段，梳理隧道建设时期或后续将进行大量堆卸载的区域，加密该区域的监测布点，在卸载期间或卸载后的季节性水位变化期间加密监测频率，以便及时、准确地发现隧道结构变形，提前采取处理措施。

（4）开展三维激光扫描[4]

在运营前对地铁隧道结构开展三维激光扫描，准确记录隧道的椭圆度、收敛、错台、渗漏水、破损等初始状态，待后续隧道出现变形较大或其他病害时，再次进行三维激光扫描可迅速判断隧道现状情况，准确找出变化大或出现病害的部位，以便于采取针对性处理措施。

（5）开展地质水文专项研究[5]

地质水文条件的影响是隧道结构变形不可忽视的一个重要因素，尤其是地下水位处在隧道结构底板附近的情况，地下水位的变化将会直接影响隧道的浮力，地下水位变幅的影响有多大，是否呈现出规律性变化等需要通过专项研究来分析地下水位对隧道结构变形的影响。膨胀土的吸水膨胀、失水收缩等特性对隧道结构变形的影响有多大，开展此类专项研究能够为今后遇到的类似问题提供宝贵经验。

（6）监测数据的综合分析[6]

对监测数据要进行综合分析，有时从单个测项来看不一定能看出隧道整体的变形规律，结合多项监测数据和模拟变形进行综合分析，能够分析出隧道实际的变形情况，从而为后续的原因分析以及采取的应对措施提供有利依据。

## 参考文献

[1] 《工程地质手册》编委会. 工程地质手册[M]. 5 版. 北京: 中国建筑工业出版社, 2018.

[2] 黄腾, 孙景领, 陶建岳, 等. 地铁隧道结构沉降监测及分析[J]. 东南大学学报(自然科学版), 2006(2): 262-266.

[3] 住房和城乡建设部. 建筑变形测量规范: JGJ 8—2016[S]. 北京: 中国建筑工业出版社, 2016.

[4] 托雷. 基于三维激光扫描数据的地铁隧道变形监测[D]. 北京: 中国地质大学, 2012.

[5] 刘冠兰. 地铁隧道变形监测关键技术与分析预报方法研究[D]. 武汉: 武汉大学, 2013.

[6] 陈德智. 广州地铁隧道运营期沉降监测及分析[J]. 都市快轨交通, 2011, 24(4): 94-98.

# 中海城·B地块试坑及桩基浸水试验工程实例

张继文　郑建国　钱春宇　石怀清　王东红　万再新　高　鹏　董　霄
张　博　范晓斌　刘　智　刘争宏　李有峰

（机械工业勘察设计研究院有限公司，陕西 西安　710043）

## 1　工程概况

中海鼎盛（西安）房地产有限公司的中海城·B地块项目场地位于西安市南郊金浮沱村，北邻南三环与绕城高速曲江服务区，西邻正在兴建的芙蓉西路，规划建设一系列高层、小高层建筑群，共分A、B两个地块。本次进行湿陷性黄土现场试坑浸水试验的中海城·B地块项目位于中海城项目南部，占地面积约283.4亩（1亩≈666.7m²）。

本项目位于西安市南郊的黄土塬（少陵塬）上，黄土层厚度较大，湿陷性土层特性明显，属于自重湿陷性黄土场地，且湿陷等级从Ⅱ级（中等）～Ⅲ级（严重）不等。根据初勘阶段及详勘阶段的室内试验结果，本场地晚更新世（$Q_3$）②层黄土、③层古土壤和中更新世（$Q_2$）④层黄土具有自重湿陷性，湿陷性深度至地表下17～19m。拟建建筑物基础底面标高按478.50～482.70m考虑时，其地基湿陷等级为Ⅱ级（中等）～Ⅲ级（严重）。

因此本场地湿陷类型（自重湿陷性黄土场地或非自重湿陷性黄土场地）决定着地基处理设计方案的合理选择，严重影响着工程投资与施工进度，是该场地确定桩基设计参数前必须要准确查明的关键性技术问题。为准确评价场地湿陷类型，建设单位特委托我院在场地内进行现场试坑浸水试验，实测场地自重湿陷量。

## 2　岩土工程条件

### 2.1　地貌

勘察期间拟建中海城·B地块场地主要为拆迁后的城中村，场地地形总体呈北高南低、东高西低之势，局部起伏较大，勘探点地面高程介于481.05～490.36m之间。场地内局部有面积较大的填土堆、迁过的坟坑、树坑等。根据钻探结果及原始地形地貌资料，勘察场地地貌单元属黄土塬（少陵塬）。

### 2.2　地层结构

根据场地初步勘察结果，本场地勘察深度范围内地基土主要由填土、黄土、古土壤组成，共分为10层，自上而下描述见表1。

地层结构及岩性描述　　　　　　　　　　　表1

| 地层编号 | 地层名称 | | 层厚/m | | 层底高程/m | 地层描述 |
|---|---|---|---|---|---|---|
| ① | 填土$Q_4^{ml}$ | | 0.50～9.80 | | 476.85～486.89 | 杂填土以建筑垃圾（混凝土块、砖瓦碎块、灰渣等）和生活垃圾（塑料袋、碎布料等）组成，成分混杂，结构松散。素填土以黏性土为主，密实度不均，含少量砖渣、煤渣等杂质 |
| ② | 黄土（粉质黏土）$Q_3^{eol}$ | | 2.70～12.30 | | 466.25～478.76 | 褐黄色，可塑，局部硬塑。针孔及大孔发育，偶见蜗牛壳，具轻微湿陷性，局部具中等湿陷性。属中压缩性土，局部呈高压缩性 |
| ③ | 古土壤（粉质黏土）$Q_3^{el}$ | | 3.00～4.90 | | 461.85～475.16 | 红褐色—棕红色，坚硬—硬塑。团块状结构，含较多白色钙质条纹及钙质结核，层底钙质结核含量较多，局部富集成层，成层一般厚度约0.30m，最大厚度约0.50m。不具湿陷性，属中压缩性土 |
| ④ | 黄土（粉质黏土）$Q_2^{eol}$ | ④₁ | 8.30～10.50 | 2.20～7.20 | 453.35～466.36 | 褐黄—黄褐色，针孔及大孔发育，含零星分布的小钙质结核，偶见蜗牛壳 <br> 该层位于地下水位以上，可塑。局部具轻微湿陷性，属中压缩性土 |
| | | ④₂ | | 2.20～7.10 | | 该层位于地下水位附近及水下，饱和，软塑—流塑。属中压缩性土 |

| 地层编号 | 地层名称 | 层厚/m | 层底高程/m | 地层描述 |
|---|---|---|---|---|
| ⑤ | 古土壤<br>（粉质黏土）Q_2^{el} | 3.80～5.30 | 449.45～462.16 | 该层俗称"红二条"，层顶部及底部为红褐色或微红色，中间为褐黄色（⑤_1层），局部地段中间黄色部分缺失。硬塑—可塑。含有蜗牛壳，见白色钙质条纹，含较多钙质结核，局部含量较大富集成层，成层最大厚度约0.50m。属中压缩性土。该层中所夹褐黄色⑤_1层土呈软塑状态 |
| ⑥ | 黄土<br>（粉质黏土）Q_2^{eol} | 6.00～10.30 | 439.51～451.63 | 褐黄—黄褐色，可塑—软塑。含零星分布的小钙质结核，偶见蜗牛壳。属中压缩性土 |
| ⑦ | 古土壤<br>（粉质黏土）Q_2^{el} | 2.30～3.30 | 435.85～448.99 | 红褐色或微红色，可塑。见白色钙质条纹，含有蜗牛壳及钙质结核，局部钙质结核含量较大，富集成层，结核层最大厚度约0.40m，钻进困难。属中压缩性土 |
| ⑧ | 黄土<br>（粉质黏土）Q_2^{eol} | 5.50～8.50 | 437.65～443.03 | 褐黄—黄褐色，可塑，局部软塑。含少量钙质结核，偶见蜗牛壳。该层不具湿陷性，属中压缩性土 |
| ⑨ | 古土壤<br>（粉质黏土）Q_2^{el} | 1.70～3.30 | 435.15～439.73 | 红褐色或微红色，可塑—硬塑。含有蜗牛壳及钙质结核，局部钙质结核含量较大，富集成层，结核层最大厚度约0.80m，钻进困难，可见白色钙质条纹。该层不具湿陷性，属中压缩性土 |
| ⑩ | 黄土<br>（粉质黏土）Q_2^{eol} | 最大揭露厚度为3.70m | 最低处为432.15 | 褐黄—黄褐色，可塑。含零星分布小钙质结核，偶见蜗牛壳。该层不具湿陷性，属中压缩性土。该层未被钻穿 |

## 2.3 水文地质条件

初步勘察期间（2013年04月），在钻孔测得拟建场地地下水稳定水位埋深为20.30～26.80m，地下水位高程介于456.95～465.46m之间。

本场地地下水属潜水类型，地下水位总体略呈南高北低之势，受场地地形、人类活动、植被等因素影响，个别点位水位略有差异，一般水位较平缓，总体上看潜水径流方向为由南向北。

根据西安市地下水动态观测资料，在没有大的环境及人为因素改变干扰情况下，该地区地下水在年度内随季节性变化的幅度为2.0m左右。勘察期间地下水位接近年内低水位期水位。

## 3 岩土工程分析与评价

根据本场地勘察阶段室内试验结果，场地②、③、④层具有自重湿陷性，深度为地表下17～19m。拟建建筑物基础底面标高按478.50～482.70m考虑时，其地基湿陷等级为Ⅱ级（中等）～Ⅲ级（严重）。本次浸水试验进行时，对本场地进行了详勘工作，根据详勘阶段98个钻孔（或探井）土样室内试验结果计算得到的自重湿陷量绘制的建筑场地自重湿陷量计算值分区图见图1，从图中可以看出，本场地自重湿陷量计算值由西向东逐渐增大。

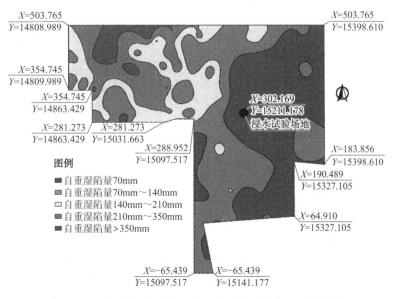

图1　建筑场地自重湿陷量计算值分区图（据详勘结果）

## 4 方案的分析论证

### 4.1 试验的必要性及目的

本场地湿陷类型（自重湿陷性黄土场地或非自重湿陷性黄土场地）决定着地基处理设计方案的合理选择，严重影响着工程投资与施工进度，是该场地确定桩基设计参数前必须要准确查明的关键性技术问题。为准确评价场地湿陷类型，建设单位特委托我院在场地内进行现场试坑浸水试验及桩基浸水试验，实测场地自重湿陷量及湿陷性黄土对桩基的侧摩阻力。

本次现场试坑浸水试验及桩基浸水试验，拟达到以下试验目的：

（1）选取具有代表性的试验场地实测长期大面积浸水的自重湿陷量、自重湿陷性土层下限深度。

（2）通过测试现场含水率的变化，分析浸水试坑的浸润范围。

（3）通过分析场地的自重湿陷量实测值，综合评定本场地黄土湿陷性类型，为地基处理设计提供依据和参考。

（4）试验场地桩基在浸水条件下是否会产生负摩阻力，若有负摩阻力产生，则测试不同桩顶荷载条件下桩侧负摩阻力大小及中性点位置，并提供桩基设计时的负摩阻力大小及中性点位置的取值。

（5）若试验场地桩基在浸水条件下不产生负摩阻力，测试并提供桩周土呈饱和状态且桩顶荷载为极限荷载条件下的桩侧正侧阻力值。

（6）测试试桩在加压及浸水过程中桩侧阻力和沉降的变化规律[1]。

### 4.2 场地选取

1）试验场地选址原则

在认真分析现有勘察资料的基础上，浸水试验场地的选择遵循了以下原则：

（1）试验场地所处位置及湿陷性土层分布具有代表性；

（2）试验场地处于建设场地湿陷程度相对较严重的区域；

（3）具备开展试坑浸水试验的环境条件。

根据以上原则，试坑浸水试验、桩基浸水试验场地选择在建设场地的中部偏东部位。试坑中心坐标与标高值分别为$P_4 = \frac{X=302.169}{Y=15211.178}$（$H=482.413\text{m}$）和$P_4 = \frac{X=295.590}{Y=15128.406}$。从图 2 中可以看出试验场地处于自重湿陷比较严重的区域，即自重湿陷量计算值介于 210～350mm 的区域。

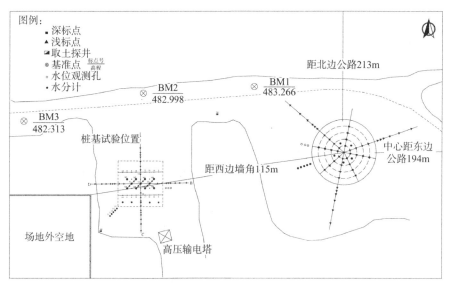

图 2　试验点平面位置图

2）试验场地岩土工程性质

为准确查明试验场岩土工程条件，在试验坑附近人工开挖探井 2 孔，其编号分别为 T01 和 T02，开挖深度均为 19.0m。两孔探井均挖至接近地下水位顶面附近位置随即停止。按照每隔 1.0m 取土的原则，两孔探井共取土样 38 件。对其不扰动样进行了室内常规物理力学性质指标试验和湿陷性试验，试验结果见图 3。

## 土工试验成果报告

工程名称：中海鼎盛（西安）有限公司新建的[中海城[illegible]]浸水试验探井　　采用标准：GB/T50123-1999，YSJ225-92　　使用仪器：WG系列型三联固结仪、GZQ-1型全自动气压固结仪

| 序号 | 土样编号 | 取土深度 (m) | 土分类名称（分类标准：GB50021-2001） | 含水率 $w$ (%) | 天然密度 $\rho_0$ (g/cm³) | 干密度 $\rho_d$ (g/cm³) | 土粒比重 $Gs$ | 孔隙比 $e_0$ | 饱和度 $S_r$ (%) | 液性界限 $w_L$ (%) | 塑性界限 $w_p$ (%) | 塑性指数 $I_p$ | 液性指数 $I_L$ | 孔隙比 $e_i$ (P=100kPa) | 湿陷系数 $\delta_s$ (P=200kPa) | 湿陷系数 $\delta_s$ (P=300kPa) | 湿陷系数 $\delta_s$ (P=400kPa) | 压缩系数 $a_{v0.1-0.2}$ (MPa)⁻¹ | 压缩模量 $E_{s0.1-0.2}$ (MPa) | 压缩模量 $E_{s0.2-0.3}$ (MPa) | 压缩模量 $E_{s0.3-0.4}$ (MPa) | 压缩模量 $E_{s0.4-0.5}$ (MPa) | 压缩模量 $E_{s0.5-0.6}$ (MPa) | 压缩模量 $E_{s0.6-0.7}$ (MPa) | 压缩模量 $E_{s0.7-0.8}$ (MPa) | 湿陷性试验：自重压力 $P_0$ (kPa) | 湿陷性试验：自重湿陷系数 $\delta_{zs}$ |
|---|---|---|---|---|---|---|---|---|---|---|---|---|---|---|---|---|---|---|---|---|---|---|---|---|---|---|---|
| 1 | T01-01 | 1.00 | 粉质黏土 | 19.0 | 1.63 | 1.37 | 2.72 | 0.986 | 52 | 30.4 | 18.5 | 11.9 | 0.04 | 0.935 | 0.076 | | | 0.96 | 2.07 | | | | | | | 18 | 0.037 |
| 2 | T01-02 | 2.00 | 粉质黏土 | 19.9 | 1.74 | 1.45 | 2.72 | 0.874 | 62 | 31.1 | 18.8 | 12.3 | 0.09 | 0.839 | 0.034 | | | 0.23 | 8.15 | | | | | | | 37 | 0.027 |
| 3 | T01-03 | 3.00 | 粉质黏土 | 20.4 | 1.79 | 1.49 | 2.72 | 0.830 | 67 | 31.9 | 19.2 | 12.7 | 0.09 | 0.803 | 0.010 | | | 0.29 | 6.31 | | | | | | | 56 | 0.002 |
| 4 | T01-04 | 4.00 | 粉质黏土 | 20.6 | 1.58 | 1.31 | 2.71 | 1.069 | 52 | 29.6 | 18.1 | 11.5 | 0.22 | 1.051 | 0.031 | | | 0.15 | 13.79 | | | | | | | 74 | 0.018 |
| 5 | T01-05 | 5.00 | 粉质黏土 | 21.8 | 1.54 | 1.26 | 2.71 | 1.143 | 52 | 30.2 | 18.4 | 11.8 | 0.29 | 1.101 | 0.054 | | | 0.76 | 2.82 | | | | | | | 91 | 0.019 |
| 6 | T01-06 | 6.00 | 粉质黏土 | 25.9 | 1.55 | 1.23 | 2.72 | 1.209 | 58 | 30.7 | 18.6 | 12.1 | 0.60 | 1.173 | 0.055 | | | 0.44 | 5.02 | | | | | | | 108 | 0.023 |
| 7 | T01-07 | 7.00 | 粉质黏土 | 24.0 | 1.56 | 1.26 | 2.72 | 1.162 | 56 | 31.2 | 18.9 | 12.3 | 0.41 | 1.119 | 0.063 | | | 0.66 | 3.28 | | | | | | | 125 | 0.035 |
| 8 | T01-08 | 8.00 | 粉质黏土 | 21.0 | 1.80 | 1.49 | 2.72 | 0.828 | 69 | 30.3 | 18.4 | 11.9 | 0.22 | 0.802 | 0.036 | | | 0.14 | 13.06 | | | | | | | 144 | 0.023 |
| 9 | T01-09 | 9.00 | 粉质黏土 | 21.2 | 1.73 | 1.43 | 2.72 | 0.906 | 64 | 32.0 | 19.3 | 12.7 | 0.15 | 0.876 | 0.013 | | | 0.17 | 11.21 | | | | | | | 163 | 0.009 |
| 10 | T01-10 | 10.00 | 粉质黏土 | 22.0 | 1.82 | 1.49 | 2.72 | 0.823 | 73 | 31.1 | 18.8 | 12.3 | 0.26 | 0.798 | 0.004 | | | 0.15 | 12.15 | | | | | | | 182 | 0.003 |
| 11 | T01-11 | 11.00 | 粉质黏土 | 23.3 | 1.71 | 1.39 | 2.71 | 0.954 | 66 | 30.2 | 18.4 | 11.8 | 0.42 | 0.923 | 0.010 | | | 0.23 | 8.50 | | | | | | | 201 | 0.010 |
| 12 | T01-12 | 12.00 | 粉质黏土 | 21.8 | 1.84 | 1.51 | 2.72 | 0.801 | 74 | 32.0 | 19.3 | 12.7 | 0.20 | 0.774 | | 0.004 | | 0.17 | 10.59 | 12.86 | | | | | | 220 | 0.002 |
| 13 | T01-13 | 13.00 | 粉质黏土 | 19.8 | 1.93 | 1.61 | 2.72 | 0.688 | 78 | 33.1 | 19.8 | 13.3 | 0.00 | 0.668 | | 0.001 | | 0.13 | 12.98 | 15.35 | | | | | | 240 | 0.000 |
| 14 | T01-14 | 14.00 | 粉质黏土 | 19.4 | 1.86 | 1.56 | 2.72 | 0.746 | 71 | 32.6 | 19.6 | 13.0 | -0.02 | 0.722 | | 0.003 | | 0.14 | 12.47 | 14.55 | | | | | | 259 | 0.002 |
| 15 | T01-15 | 15.00 | 粉质黏土 | 21.2 | 1.85 | 1.53 | 2.72 | 0.782 | 74 | 31.0 | 18.8 | 12.2 | 0.20 | 0.756 | | 0.003 | | 0.18 | 9.90 | 11.88 | | | | | | 278 | 0.002 |
| 16 | T01-16 | 16.00 | 粉质黏土 | 19.6 | 1.78 | 1.49 | 2.71 | 0.821 | 65 | 29.6 | 18.1 | 11.5 | 0.13 | 0.786 | | 0.011 | | 0.13 | 14.01 | 14.01 | | | | | | 297 | 0.011 |
| 17 | T01-17 | 17.00 | 粉质黏土 | 24.9 | 1.69 | 1.35 | 2.72 | 1.010 | 67 | 31.1 | 18.8 | 12.3 | 0.50 | 0.989 | | 0.007 | | 0.22 | 9.14 | 6.70 | | | | | | 316 | 0.007 |
| 18 | T01-18 | 18.00 | 粉质黏土 | 25.3 | 1.74 | 1.39 | 2.71 | 0.962 | 72 | 29.4 | 18.0 | 11.4 | 0.64 | 0.910 | | 0.004 | | 0.23 | 8.49 | 10.84 | | | | | | 335 | 0.004 |
| 19 | T01-19 | 18.50 | 粉质黏土 | [illegible] | 1.72 | 1.37 | 2.72 | 0.991 | 71 | 31.2 | 18.9 | 12.3 | 0.57 | 0.950 | | 0.002 | | 0.17 | 11.71 | 12.44 | | | | | | 344 | 0.002 |
| 20 | T02-01 | 1.00 | 粉质黏土 | 22.2 | 1.78 | 1.46 | 2.72 | 0.944 | 76 | 31.8 | 19.2 | 12.6 | -0.32 | 0.908 | 0.048 | | | 0.10 | 15.44 | | | | | | | 20 | 0.033 |
| 21 | T02-02 | 2.00 | 粉质黏土 | [illegible] | 1.65 | 1.37 | 2.72 | 0.929 | 73 | 32.6 | 19.6 | 13.0 | -0.22 | 0.891 | 0.035 | | | 0.12 | 13.58 | | | | | | | 40 | 0.019 |
| 22 | T02-03 | 3.00 | 粉质黏土 | [illegible] | 1.61 | 1.32 | 2.71 | 1.052 | 56 | 29.6 | 18.1 | 11.5 | 0.33 | 1.026 | 0.051 | | | 0.41 | 5.00 | | | | | | | 58 | 0.016 |
| 23 | T02-04 | 4.00 | 粉质黏土 | 25.7 | 1.58 | 1.26 | 2.72 | 1.164 | 60 | 30.4 | 18.5 | 11.9 | 0.61 | 1.118 | 0.053 | | | 0.63 | 3.43 | | | | | | | 76 | 0.018 |
| 24 | T02-05 | 5.00 | 粉质黏土 | [illegible] | 1.50 | 1.20 | 2.71 | 1.266 | 54 | 30.1 | 18.3 | 11.8 | 0.60 | 1.216 | 0.064 | | | 1.02 | 2.22 | | | | | | | 93 | 0.031 |

机械工业勘察设计研究院　试验中心　　主任：　　审核人：　　负责人：　　第 1 页，共 2 页　　报告日期：2013-08-31

## 土工试验成果报告

工程名称：中海鼎盛（西安）有限公司新建的[中海城[illegible]]浸水试验探井　　采用标准：GB/T50123-1999，YSJ225-92　　使用仪器：WG系列型三联固结仪、GZQ-1型全自动气压固结仪

| 序号 | 土样编号 | 取土深度 (m) | 土分类名称（分类标准：GB50021-2001） | 含水率 $w$ (%) | 天然密度 $\rho_0$ (g/cm³) | 干密度 $\rho_d$ (g/cm³) | 土粒比重 $Gs$ | 孔隙比 $e_0$ | 饱和度 $S_r$ (%) | 液性界限 $w_L$ (%) | 塑性界限 $w_p$ (%) | 塑性指数 $I_p$ | 液性指数 $I_L$ | 孔隙比 $e_i$ (P=100kPa) | 湿陷系数 $\delta_s$ (P=200kPa) | 湿陷系数 $\delta_s$ (P=300kPa) | 湿陷系数 $\delta_s$ (P=400kPa) | 压缩系数 $a_{v0.1-0.2}$ (MPa)⁻¹ | 压缩模量 $E_{s0.1-0.2}$ (MPa) | 压缩模量 $E_{s0.2-0.3}$ (MPa) | 压缩模量 $E_{s0.3-0.4}$ (MPa) | 压缩模量 $E_{s0.4-0.5}$ (MPa) | 压缩模量 $E_{s0.5-0.6}$ (MPa) | 压缩模量 $E_{s0.6-0.7}$ (MPa) | 压缩模量 $E_{s0.7-0.8}$ (MPa) | 湿陷性试验：自重压力 $P_0$ (kPa) | 湿陷性试验：自重湿陷系数 $\delta_{zs}$ |
|---|---|---|---|---|---|---|---|---|---|---|---|---|---|---|---|---|---|---|---|---|---|---|---|---|---|---|---|
| 25 | T02-06 | 6.00 | 粉质黏土 | 22.4 | 1.77 | 1.45 | 2.72 | 0.881 | 69 | 31.3 | 18.9 | 12.4 | 0.28 | 0.858 | 0.032 | | | 0.18 | 10.45 | | | | | | | 112 | 0.022 |
| 26 | T02-07 | 7.00 | 粉质黏土 | 20.9 | 1.74 | 1.44 | 2.72 | 0.890 | 64 | 32.0 | 19.3 | 12.7 | 0.13 | 0.859 | 0.017 | | | 0.17 | 11.12 | | | | | | | 131 | 0.009 |
| 27 | T02-08 | 8.00 | 粉质黏土 | 20.2 | 1.77 | 1.47 | 2.72 | 0.847 | 65 | 30.3 | 18.4 | 11.9 | 0.15 | 0.827 | 0.037 | | | 0.12 | 15.39 | | | | | | | 150 | 0.025 |
| 28 | T02-09 | 9.00 | 粉质黏土 | 21.2 | 1.70 | 1.40 | 2.72 | 0.939 | 61 | 30.8 | 18.7 | 12.1 | 0.21 | 0.910 | 0.019 | | | 0.20 | 9.70 | | | | | | | 169 | 0.011 |
| 29 | T02-10 | 10.00 | 粉质黏土 | 22.7 | 1.79 | 1.46 | 2.72 | 0.864 | 71 | 31.6 | 19.1 | 12.5 | 0.29 | 0.796 | 0.003 | | | 0.11 | 16.95 | | | | | | | 188 | 0.002 |
| 30 | T02-11 | 11.00 | 粉质黏土 | 19.6 | 1.92 | 1.61 | 2.72 | 0.694 | 77 | 33.2 | 19.9 | 13.3 | -0.02 | 0.673 | 0.001 | | | 0.12 | 14.12 | | | | | | | 208 | 0.001 |
| 31 | T02-12 | 12.00 | 粉质黏土 | 20.3 | 1.88 | 1.56 | 2.72 | 0.741 | 75 | 32.3 | 19.4 | 12.9 | 0.07 | 0.716 | | 0.002 | | 0.14 | 12.44 | 14.51 | | | | | | 228 | 0.001 |
| 32 | T02-13 | 13.00 | 粉质黏土 | 19.9 | 1.81 | 1.51 | 2.72 | 0.802 | 68 | 33.9 | 20.2 | 13.7 | -0.02 | 0.775 | | 0.011 | | 0.14 | 12.87 | 13.86 | | | | | | 247 | 0.009 |
| 33 | T02-14 | 14.00 | 粉质黏土 | 17.2 | 1.89 | 1.61 | 2.72 | 0.687 | 68 | 31.8 | 19.2 | 12.6 | -0.16 | 0.666 | | 0.003 | | 0.13 | 12.98 | 15.34 | | | | | | 267 | 0.002 |
| 34 | T02-15 | 15.00 | 粉质黏土 | 18.1 | 1.83 | 1.55 | 2.71 | 0.749 | 65 | 29.4 | 18.0 | 11.4 | 0.01 | 0.727 | | 0.005 | | 0.15 | 11.66 | 13.45 | | | | | | 286 | 0.004 |
| 35 | T02-16 | 16.00 | 粉质黏土 | 24.9 | 1.71 | 1.37 | 2.71 | 0.979 | 69 | 30.2 | 18.4 | 11.8 | 0.55 | 0.924 | | 0.013 | | 0.17 | 11.64 | 12.37 | | | | | | 305 | 0.013 |
| 36 | T02-17 | 17.00 | 粉质黏土 | 23.2 | 1.69 | 1.37 | 2.71 | 0.976 | 64 | 28.9 | 17.8 | 11.1 | 0.49 | 0.950 | | 0.006 | | 0.11 | 17.96 | 16.47 | | | | | | 324 | 0.006 |
| 37 | T02-18 | 18.00 | 粉质黏土 | 24.6 | 1.70 | 1.36 | 2.71 | 0.986 | 68 | 29.3 | 18.0 | 11.3 | 0.58 | 0.958 | | 0.002 | | 0.24 | 8.28 | 9.93 | | | | | | 343 | 0.003 |
| 38 | T02-19 | 18.50 | 粉质黏土 | 23.4 | 1.72 | 1.39 | 2.71 | 0.944 | 67 | 28.6 | 17.6 | 11.0 | 0.53 | 0.899 | | 0.009 | | 0.19 | 10.23 | 12.15 | | | | | | 352 | 0.012 |

机械工业勘察设计研究院　试验中心　　主任：　　审核人：　　负责人：　　第 2 页，共 2 页　　报告日期：2013-08-31

图 3　探井黄土试样土工试验成果报告

从探井地质柱状图（图 4）可以看出试验场地的湿陷性黄土层的分层和厚度与所掌握的整个建设场地勘察资料一致。从土样数据结果可以看出，室内试验确定的湿陷性土层主要分布在②、③、④层，自重湿陷下限深度在地表下 18.0m，湿陷分布特征与建设场地的勘察资料一致。根据两探井土样室内试验结果计算得到的自重湿陷量平均值为 264mm。

综上所述，本次试验场地位置选址合理，并且在该区段具有很好的代表性。

# 探 井 岩 芯 鉴 定 表

中海城·B地块项目

**工程名称：中海城·B地块项目黄土试坑浸水试验**

| 探井编号 | T01 | 孔口标高 | 482.97m | 开工日期 | 2013-08-17 |
|---|---|---|---|---|---|
| 探井深度 | 19.0m | 探井直径 | 60cm | 完工日期 | 2013-08-17 |

| 取样编号 | 取土深度/m | 柱状剖面 | 层底深度/m | 分层厚度/m | 开挖情况/m | 岩芯性质及地质说明 |
|---|---|---|---|---|---|---|
| T01-1 | 1.0～1.2 | | | | | |
| T01-2 | 2.0～2.2 | | | | | |
| T01-3 | 3.0～3.2 | | | | | |
| T01-4 | 4.0～4.2 | | 8.2 | 8.2 | 正常 | 黄土（粉质黏土$Q_3^{eol}$）：褐黄色，可塑，局部硬塑。针孔及大孔发育，偶见蜗牛壳 |
| T01-5 | 5.0～5.2 | | | | | |
| T01-6 | 6.0～6.2 | | | | | |
| T01-7 | 7.0～7.2 | | | | | |
| T01-8 | 8.0～8.2 | | | | | |
| T01-9 | 9.0～9.2 | | | | | |
| T01-10 | 10.0～10.2 | | 12.2 | 4.0 | 正常 | 古土壤（粉质黏土$Q_3^{el}$）：红褐色—棕红色，坚硬—硬塑。团块状结构，含较多白色钙质条纹及钙质结核，层底钙质结核含量较多，局部富集成层 |
| T01-11 | 11.0～11.2 | | | | | |
| T01-12 | 12.0～12.2 | | | | | |
| T01-13 | 13.0～13.2 | | | | | |
| T01-14 | 14.0～14.2 | | | | | |
| T01-15 | 15.0～15.2 | | | | | 黄土（粉质黏土）$Q_2^{eol}$：褐黄—黄褐色，针孔及大孔发育，含零星分布的小钙质结核，偶见蜗牛壳 |
| T01-16 | 16.0～16.2 | | 19.0 | 6.8 | 正常 | |
| T01-17 | 17.0～17.2 | | | | | |
| T01-18 | 18.0～18.2 | | | | | |
| T01-19 | 18.5～18.7 | | | | | |

图4　T01探井地质柱状图

## 4.3 试坑设计

1）试坑浸水试验试坑设计

试坑浸水试验坑平面布置图见图5。

（1）试坑尺寸

试验场地室内试验确定的湿陷性土层的下限深度不超过自然地面以下19.0m，为了使试坑底面以下全部湿陷性土层受水浸湿并达到饱和状态，且使其自重湿陷能够得到充分发挥，依据《湿陷性黄土地区建筑规范》GB 50025—2004中第4.3.8条的规定，本次现场浸水试坑设计为圆形试坑，试坑直径确定为20.0m，试坑深度为0.5m，试坑底面高

程为482.41m。浸水之前，在浸水坑底部铺设10cm厚的砾石，粒径为3～5cm。

（2）沉降观测标点设置

本次试验，在试坑内、外设置沉降标点测试试坑浸水后不同位置土层的沉降量，共设置观测标点51个，其中深标点20个，浅标点31个。其布置方式为，以试坑圆心为中心，依次分布在8个方向上。

①浅标点的布置

浅标点主要用来测量试坑内、外地表的自重湿陷变形及其影响范围。除在试坑中心布置的1个浅标点 Z0 外，其余浅标点以试坑为中心向坑外三个方向上放射状布置，三个方向分别设定为 A 轴、B

轴和 C 轴，各轴之间的夹角均呈 120°。各轴上的浅标点均为 10 个（标点编号为 A1～A10、B1～B10、C1～C10），其中坑内 4 个，坑外 6 个。试坑内从试坑中心向外每隔 2.0m 布置 1 个；试坑外从试坑边缘向外 0～3m 每隔 1m 布置 1 个，3～12.0m 间隔 2.0m、3.0m、4.0m 各布置 1 个。埋设深度为地面以下 0.5m。

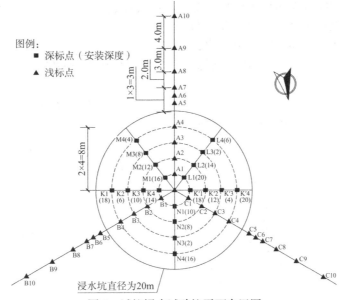

图 5　试坑浸水试验坑平面布置图

②深标点的布置

20 个深标点全部布置在试坑内，主要用来观测试坑内不同深度处的自重湿陷变形。以试坑为中心向坑外五个方向上放射状布置，分别设置为 L 轴、M 轴、N 轴、K 轴和 K′轴，各轴上的深标点均为 4 个（标点编号为 L1～L4、M1～M4、N1～N4、K1～K4、K′1～K′4），从试坑中心向外每隔 2.0m 布置 1 个。本次采用的深标点均为机械式深标点。深度设置原则为自坑底以下 2.0～20.0m 范围内每隔 2m 设置 2 个深标点。

2）桩基浸水试验试坑设计

桩基浸水试验坑平面布置图见图 6。

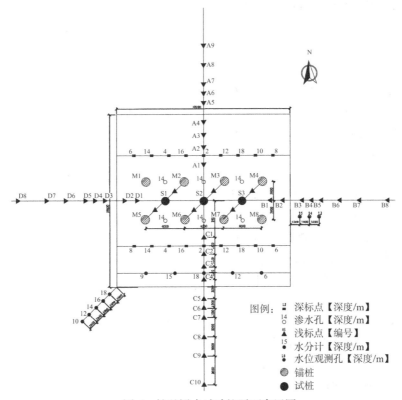

图 6　桩基浸水试验坑平面布置图

2213

（1）试坑尺寸

依据《湿陷性黄土地区建筑规范》GB 50025—2004 附录 H（单桩竖向承载力载荷浸水试验要点）规定的"测定桩侧的摩擦力，浸水坑的平面尺寸不宜小于湿陷性黄土层的深度，并不应小于 10m"的要求，本次现场浸水试坑设计为正方形试坑，边长 20m。试验场地试坑底面高程定为 482.81m，试桩桩顶高程为 483.31m。

（2）沉降观测标点设置

本次试验，共设置观测标点 59 个，其中深标点 18 个，浅标点 41 个。

①浅标点的布置

浅标点以浸水坑中心桩（S2）为中心向坑外东西南北四个方向上放射状布置，四个方向分别设定为 A 轴、B 轴、C 轴和 D 轴，各轴之间的夹角均呈 90°。各轴上的浅标点为 10～11 个（标点编号为 A1～A9、B1～B11、C1～C10、D1～D11）；其中 A、C 轴坑内 4 个，坑外 6 个；B、D 轴坑内 5 个，坑外 6 个。埋设深度为地面以下 0.5m。

②深标点的布置

18 个深标点全部布置在试坑内，主要用来观测试坑内不同深度处的自重湿陷变形。深标点对称埋设于 3 组试桩两侧，分别设置为 E 轴和 F 轴，各轴上的深标点均为 9 个（标点编号为 E1～E9、F1～F9）。本次采用的深标点均为机械式深标点。深度设置原则为自坑底以下 2.0～18.0m 范围内每隔 2m 设置 2 个深标点。

（3）试、锚桩设计

本次试验试、锚桩布置在试坑中部，共有试桩 3 根（S1～S3）、锚桩 8 根（M1～M8），其中 S2 桩位置和试坑中心重合，试、锚桩中心距为 2.8m，满足《建筑基桩检测技术规范》JGJ 106—2003 试、锚桩中心距离不小于 4D（2.4m，D 为试、锚桩直径较大者）的规定。

①试桩采用闭口 PHC-AB500（125）型预应力混凝土管桩，桩顶标高 482.81m，桩径 500mm（壁厚 125mm），桩长均为 39.0m，入土有效桩长 38.6m。

②锚桩采用钻孔灌注桩，桩径 0.6m，有效桩长 20m，混凝土强度等级为 C25，桩顶设计标高 482.31m。

（4）试桩工况设计

S1～S3 三根试桩，分"天然""预湿"和"后湿"三种工况进行试验。

①S1 桩："天然"工况试验；

②S2 桩："后湿"工况试验，土体浸水变形过程中维持恒载 2100kN；

③S3 桩："预湿"工况试验，土体浸水变形过程中不进行加载，等桩周土饱和后进行单桩竖向静载荷试验。

# 5 方案的实施

## 5.1 试坑浸水试验

1）试验内容

（1）测定浸水坑内不同位置的地面湿陷变形；

（2）测定场地湿陷性土层分层湿陷变形；

（3）对浸水坑外因地层湿陷引起的地面变形进行观测；

（4）对浸水量、浸水范围及土层含水量变化情况进行观测和测试。

本次试坑浸水试验现场工作项目较多，为合理安排各项试验准备工作，保证浸水试验的顺利进行，试验之前设计了试验流程，在试验过程中又根据实际情况及时进行了调整，使得试验各测试项目能够有序进行，达到了预期目的。

浸水试验全过程流程图见图 7。

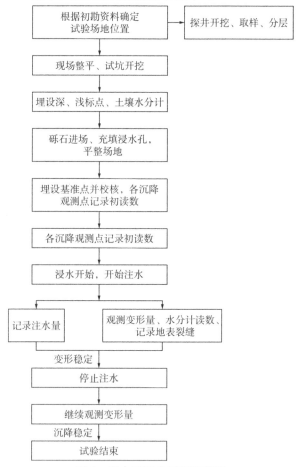

图 7　浸水试验全过程流程图

2）试验的实施

（1）深、浅标点的制作

浅标点埋设在人工挖掘的浅坑内，要求清除表层浮土和耕土，坑底人工拍实。浅标点标杆采用镀锌钢管，管径 25mm。试坑内镀锌管均外露出坑底 2.5m，试坑外镀锌管均外露出地面 2.0m，底座为 15cm×15cm×15cm 的立方体混凝土块。

深标点装置由内管和外管组成。内管主要用来测量各层土的湿陷变形量，采用镀锌钢管，管径 25mm，内管底座为厚 5mm、φ50mm 的圆形钢板，将安装好的底座和镀锌管同时下放至所要测量的某一深度土层位置；与试坑内浅标点镀锌管相通，深标点内管均外露出坑底 2.5m，即外露出坑外地面 2.0m。深标点外管采用 PVC 管，管径 60mm，主要用于保护内管。当各土层产生自重湿陷时，各深标点标杆随即下沉，产生竖向位移。PVC 管统一外露出坑内地面 1.0m，下端不得下放至内管底座位置，与底座之间相距约 0.5m，即在内管底座下沉过程中，内管应自由下沉，外管不得影响内管竖向自由沉降；外管与钻孔间的空隙用砾石充填（粒径为 3～10mm），并对外管下端进行封闭处理，以阻止砾石掩埋内管底座。填充砾石后，深标点同时具有渗水孔的作用。

深、浅标点埋设结束后，在浸水试坑底部铺 10cm 厚的砾石，并在每个标点的顶部固定 1 把供观测湿陷变形量用的刻度为 1mm、长 1000mm 的不锈钢尺，标点及钢尺的固定使用水准仪进行调直。

（2）浸水观测过程

本次现场浸水试验采用水井供水的方式，试验前在出水口安装水表，并记录水表初读数。试验过程中记录每日的注水量，并做好试验情况及异常情况记录。

根据《湿陷性黄土地区建筑规范》GB 50025—2004 的有关规定，浸水及湿陷稳定标准如下：

①浸水过程中，试坑内的水头高度应始终保持在 30cm 左右，待各土层及地面沉降变形稳定后方可停止注水。变形稳定标准为停水前最后 5d 标点的平均变形量小于 1mm/d。

②在停止注水后，应继续进行沉降观测，且不少于 10d。当出现连续 5d 的平均下沉量不大于 1mm/d 时，可终止试验。

试坑注水于 2013 年 9 月 4 日 21:00 点开始，至 2013 年 10 月 05 日终止注水，历时近 31d，每日的注水量记录工作应在能够使试坑内水头高度保持在 30cm 的标准下进行。

根据注水期间对注水量的记录，本次试验过程中共向试坑内注水 11979.0m³，平均日注水量约 386.4m³。由每日的注水量可以看出，9 月 19 日至 10 月 01 日这一阶段日注水量较大，说明试坑土层渗水速度较快。

沉降观测周期开始于 2013 年 9 月 4 日浸水之时（浸水前对各标点进行了初读数观测），止于 2013 年 10 月 15 日试验结束，历时共 41d，观测次数共计 41 次。期间对 A 轴、B 轴和 C 轴及中心点共 31 个浅标点均进行了沉降观测。

（3）沉降量观测

①观测设备及观测标准

本次变形观测采用瑞士产 DN02 型高精度精密水准仪加光学测微器配合铟瓦水准尺进行，按二级变形测量精度要求进行观测（二级变形测站高差中误差小于 0.5mm），可以满足本次沉降观测的要求。

②基准点和观测基点的设立

根据规范和试验的要求，在对基准网的设置中加强注重了以下几个方面：

a. 根据本试验的特点，在浸水试验场地建立一个基准网，基准网由 3 个基准点 BM1、BM2、BM3 及 1 个工作基点 GJ1 组成，呈附合水准路线形式。其中 BM1 在场地西南方向距离坑边 32m 处，BM2 在南边 73.5m 处，BM3 在东南方向距离坑边 149.2m 处，同时为了保持水准路线的不变，临时转点也作了固定处理。

b. 基准点 BM1、BM2、BM3 采用现场浇灌混凝土方式埋设，埋设深度 4.0m。同时在各基准点制作保护措施，建立围挡并设立标示牌。

c. 为了现场实际需要，沉降观测基准网采用相对高程基准系。假设 BM1 高程 2.0000m，其他点的高程以 BM1 为起算，并多次对其他基准点的高程进行检核。通过对基准网数据分析，试验过程中对基准网进行定期观测，分析认为 BM1、BM3 点始终是稳定可靠的。

d. 观测周期：为了保证观测的精度，按照二级变形测量的精度要求，采用几何水准测量方法，保持网形、线路、仪器和人员不变，对沉降观测基准网平均一周一次地进行复测，检查基准点间的高差变化，分析基准点的稳定性。

（4）裂缝观测

浸水后，试坑周边若出现裂缝则进行裂缝的

详细观测。观测周期一般为 1 次/d，实时记录裂缝出现及发展出情况。记录的内容包括裂缝位置、裂缝宽度、裂缝位置地面沉降情况、裂缝发展趋势等。

（5）浸水影响范围观测

为了测得浸水过程中各层土含水量变化，分析研究浸水区地下浸润边界及时空变化规律，本次试验在试坑内及试坑外布置水分计。

试坑内、外各埋设 5 个水分计，其中坑内水分计环向分布，埋设在以 Z0 点为圆心，3m 为半径的圆周上，埋设深度分别为 6m、9m、12m、15m 和 18m；坑外水分计直线分布，埋设在试坑西侧，埋设深度由试坑边缘向外依次递减（10～18m，竖直向每隔 2m 分布一个）。

土壤水分计埋设采用预钻孔埋设方式，即采用钻机预钻至设计深度，埋置水分计，经埋设前及埋设后的读数校值，确定水分计工作正常后，利用预先筛好的素土进行回填，根据埋置深度不同，分层夯实，同时间隔 2m 利用素混凝土进行止水，确保浸水过程中不会由于钻孔内渗流速度的增大，加快水分计的变化速率。

试坑浸水试验浸水后全貌图见图 8。

图 8　试坑浸水试验浸水后全貌图

## 5.2　桩基浸水试验

1）试验内容

（1）在试坑内设置机械式深、浅标点，观测地面及不同深度处土层在试验过程中的变形。

（2）对其中一根试桩进行天然状态下慢速维持荷载法的单桩竖向抗压静载荷试验，测试桩周土呈天然状态下的单桩竖向极限承载力，以及各级压力下的桩身应力。

（3）对其中一根试桩，在浸水之前不加荷，在浸水后土体变形过程中测试桩身应力变化，待桩周土变形稳定后进行单桩竖向抗压静载荷试验，研究在"预湿"条件下，基桩的承载能力、变形特性以及桩身应力变化情况，称之为"预湿"工况。

（4）对其中一根试桩，在浸水之前加载至某级压力变形稳定后开始浸水，在浸水后土体变形过程中维持桩顶荷载不变，测试桩身应力变化，待桩周土变形稳定后继续分级加载至破坏，研究在"后湿"条件下，基桩的承载能力、变形特性以及桩身应力变化情况，称之为"后湿"工况。

（5）对浸水量、浸水范围及土层含水量变化情况进行观测和测试。

浸水试验全过程流程图见图 9。

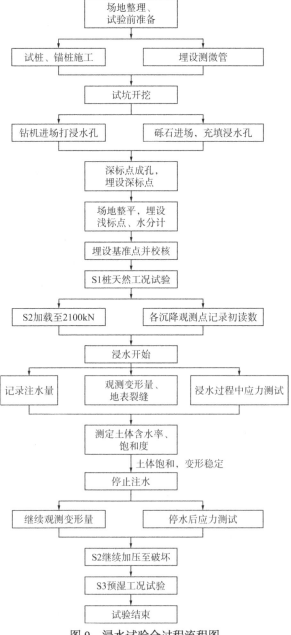

图 9　浸水试验全过程流程图

2）试验的实施

（1）深、浅标点的制作

制作与安装方法与试坑浸水试验形同。

（2）试、锚桩施工

①试桩施工

试验试桩采用西安华建管桩有限公司生产的预应力混凝土管桩，每根桩均由3节桩焊接而成，上、中、下节长度3桩均为13m，桩端采用钢板焊接封闭。采用静压式沉桩，压桩机采用武汉市建筑工程机械厂生产的YZY-600型液压式压桩机。3根试桩具体技术参数见表2。

试桩技术参数表　　　　表2

| 试桩编号 | S1 | S2 | S3 |
|---|---|---|---|
| 外径（壁厚）/mm | 500（125） | 500（125） | 500（125） |
| 沉桩日期 | 2013-08-16 | 2013-08-16 | 2013-08-16 |
| 实际桩长/m | 39.00 | 39.00 | 39.00 |
| 实际桩顶标高/m | 482.79 | 482.81 | 482.76 |
| 试坑底面以上桩长/m | 0.48 | 0.50 | 0.45 |

②锚桩施工

为避免施工过程施工工艺用水影响地基土的含水量，8根锚桩的施工采用机械洛阳铲（干作业）成孔的方法，于2013年9月3日至9月7日施工完毕。

（3）滑动测微管的埋设

测微管即前述PVC-U套管，滑动测微计直接测到的是测微管内金属测标间的应变，因此要通过测微管测得PHC管桩（桩壁）的应变，测微管的埋设尤为重要。

预应力混凝土管桩是工厂加工、高温养护、管壁很薄的预制桩，因此不能将测微管直接预制到桩壁中，本次试验采取了成桩后在中心孔内埋设测微管的方法[2-3]；PHC管桩成桩完成后，在桩中心孔内放入测微管，每隔2m设置一个扶正器，使测微管位于中心孔的中心，然后灌入按一定配比配制的水、水泥和膨润土混合物，使测微管固定在PHC管桩中心。本次试验结果表明，实测应变与理论计算应变量吻合，本试验测微管的埋设质量较高。

S1、S2和S3桩从上往下测微管内的第一个金属测标距桩顶的距离分别为0.64m、0.62m和0.64m。

（4）浸水观测过程

①试坑注水量

试坑注水于2013年10月10日17:00点开始，至2013年10月31日终止注水，历时近21d，每日的注水量记录工作应在能够使试坑内水头高度保持在30cm的标准下进行。

根据注水期间对注水量的记录，本次试验过程中共向试坑内注水7231.0m³，平均日注水量约344.3m³。由每日的注水量可以看出，10月12日至10月21日这一阶段日注水量较大，说明试坑土层渗水速度较快。

②试坑地表级深部沉降

沉降观测周期开始于2013年10月10日浸水之时（浸水前对各标点进行了初读数观测），于2013年11月04日试验结束，历时共25d，观测次数共计26次。期间对A轴、B轴、C轴和D轴共41个浅标点和18个深标点（共计9个深度）均进行了沉降观测。

③浸水影响范围观测

为了测得浸水过程中各层土含水量变化，分析研究浸水区地下浸润边界及时空变化规律，本次试验在试坑内及试坑外布置水分计。水分计埋设方案如下：

试坑内、外各埋设5个水分计，其中坑内水分计在试坑南侧沿东西向直线埋设，埋设深度分别为6m、9m、12m、15m和18m；坑外水分计直线分布，埋设在试坑西南侧，埋设深度由试坑边缘向外依次递减(10～18m，竖直向每隔2m分布一个）。

土壤水分计埋设采用预钻孔埋设方式，即采用钻机预钻至设计深度，埋置水分计，经埋设前及埋设后的读数校值，确定水分计工作正常后，利用预先筛好的素土进行回填，根据埋置深度不同，分层夯实，同时间隔2m利用素混凝土进行止水，确保浸水过程中，水不会从钻孔中优先到达水分计位置。

（5）管桩试桩试验

①"浸水前"阶段：完成S1桩天然工况下的单桩竖向抗压静载荷试验，并做到极限破坏状态；将S2桩分级加载至2100kN，待S2桩在2100kN下变形稳定后，向试坑内浸水，进入"浸水"阶段。

②"浸水"阶段：主要指浸水过程中及停水后土体发生变形这段时期。这段时期内S2桩顶维持2100kN恒压，S3桩顶无荷载，测试土体变形过程中桩身应力的变化以及桩顶沉降的变化。土体变形、桩身应力以及桩顶沉降达到相对稳定后，进入"浸水后"阶段。

③"浸水后"阶段：以试桩为中心，半径1.2m的圆形范围内继续浸水，以使试桩桩周土保持饱

和状态，将 S2 桩桩顶荷载从 2100kN 开始分级加载至破坏，再次对 S3 桩在桩周土呈饱和状态下进行单桩竖向抗压静载荷试验。

三个阶段中同时进行桩身应力测试。

桩基浸水试验浸水后全貌图与桩身应力测试现场分别见图 10 与图 11。

图 10　桩基浸水试验浸水后全貌图

图 11　滑动测微计法应力测试

## 5.3　工程难度

本工程属于前期试验阶段，周围属于拆迁后的荒地，主要难度有以下几点。

（1）本次试验需要大量的水，为解决现场浸水试验水源的问题，通过与业主及周边施工单位临建部门沟通，现场共进行了三口水井的施工及 400m 电缆的铺设，为试验正常进行打下了良好的基础。

（2）现场需照明及钢筋笼焊接，通过与周边现有单位的沟通，接了临时电源。同时为保证试验正常进行，外购了一台大型发电机作为施工现场的用电保证。

（3）现场需采用滑动测微计进行应力测试，滑动测微管的绑扎是否成功事关试验的成功与否。现场及时调动人员，由技术熟练的工人进行测微管的绑扎及后期应力测试。

（4）本次试验中，施工也均由我院负责。由于工作量较少且试桩为预应力混凝土管桩，锚桩为钢筋混凝土钻孔灌注桩，采用两种不同工艺进行施工，考虑到费用的问题，许多施工单位均不愿意进场施工。后经测试公司领导积极协商，在节约成本的条件下，同周边较近的施工单位协商，成功解决该问题。

## 6　工程成果与效益

### 6.1　工程成果

通过试坑浸水试验及桩基浸水试验，得到本场地湿陷性黄土场地的参数特性，由此为工程设计提供了准确、合理、可靠的数据，同时对地基基础质量进行了控制。本次试验结果为：

（1）根据本次试坑浸水实测自重湿陷量，自重湿陷量实测值均较小，可判定试验场地均属非自重湿陷性黄土场地，与勘察报告中的自重湿陷性黄土场地的评价差异较大。浸水全过程某浅标点测线沉降曲线见图 12。

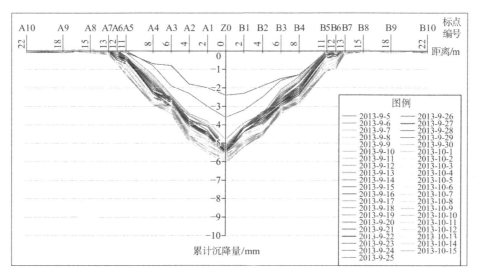

图 12　试坑浸水试验 A-C 轴测线标点累计沉降随时间变化曲线

（2）试验场地试桩在大面积浸水条件下，桩侧未产生桩侧负摩阻力，得到了天然、后湿、预湿3种工况下的桩侧、桩端阻力实测值，为桩基承载力的优化设计提供了重要数据支撑。后湿工况试桩静载荷试验沉降曲线见图13，试桩不同荷载下桩侧阻力随桩身深度变化曲线见图14。

（3）根据实测桩侧阻力，综合分析得到了试验条件下（天然、后湿、预湿三中工况）桩周土的极限侧阻力和桩端阻力，如表3所示，与勘察资料中的建议值比较后发现，实测值均大于建议值，且②、③、④层黄土均为产生负摩阻力，这为后期工程桩设计提供了重要依据，有利于工程桩桩基的优化设计。

## 6.2 经济效益

通过本次试验，不但为业主赢得了施工时间，而且为业主节约了大量成本，同时为我单位在湿陷性黄土地区又研究积累了一项成果。

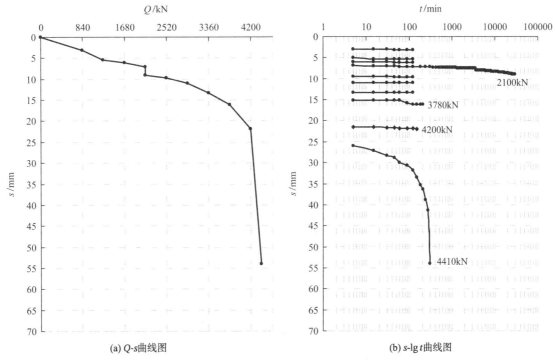

(a) Q-s曲线图　　　　　(b) s-lg t曲线图

图13　S2桩后湿工况静载荷试验成果图

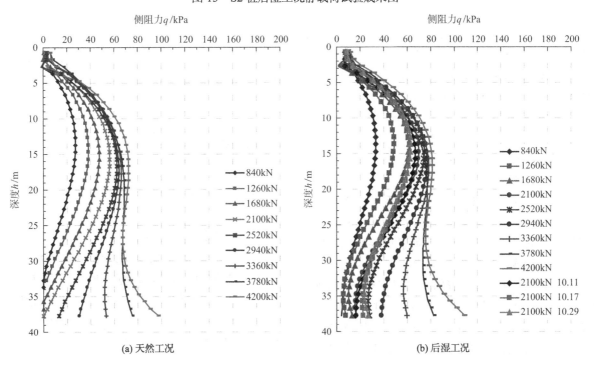

(a) 天然工况　　　　　(b) 后湿工况

2219

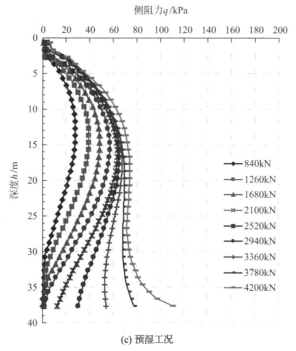

图14　3根试桩不同工况下桩侧阻力测试曲线

桩侧阻力和桩端阻力实测值分层统计表　　　　表3

| 土层 | | 深度/m | 勘察资料中的建议值（针对预制桩） | 实测值建议值 |
|---|---|---|---|---|
| 极限侧阻力/kPa | ②层黄土 | 0～12 | −30 | 40 |
| | ③层古土壤 | 12～16 | −30 | 69 |
| | ④层黄土 | 16～21 | — | 71 |
| | ④₁层黄土 | 21～24 | −30 | 69 |
| | ⑤层古土壤 | 24～29 | 60 | 68 |
| | ⑥层黄土 | 29～35 | 56 | 74 |
| | ⑦层古土壤 | 35～38 | 62 | 92 |
| | ⑧层黄土 | 38～39 | 60 | 107 |
| 极限端阻力/kPa | ⑧层黄土 | | 1800 | 2112 |

（1）B地块高层建筑总占地面积约11500m²，预估需设置PHC型基桩4800根；地下车库总占地面积约40000m²，预估需设置PHC型基桩1870根。根据现场试验结果，本场地基桩桩长与总桩数均得到了优化设计，工程投资与建设工期均有所节约。

（2）由于将本场地评价为非自重湿陷性黄土场地，按非湿陷性黄土场地考虑，为业主节省素土挤密桩预处理施工量及工期起到了重要作用，同时节约了工程成本。

测试成果内容丰富，资料多而且完整，分析评价全面，结论可靠，给设计提供了宝贵的资料。从而使设计方案在综合安全和经济两方面因素的基础上进行了优化，为业主节约了后期工程大规模施工的成本投资，并为业主大大缩短了施工工期，保证了施工的正常进行。

## 7　工程经验或教训

通过此次浸水试验，积累了许多现场的测试经验。

（1）积累了试坑浸水、桩基浸水试验的工程经验，丰富了预应力混凝土管桩在西安湿陷性黄土地区的桩身应力测试数据，揭示了管桩在不同工况下不同荷载作用下的受力性状及荷载传递特性。为我们在今后类似黄土场地勘察阶段做初步判断时提供了有力的经验支持。

（2）进一步验证了桩身应力测试元件在预应力混凝土管桩中安装的适用性，进一步掌握了应力测试元件的安装方法，包括全过程的操作流程和其中需要注意的重难点。特别是测试元件与桩身之间填充物的选取与制作，这是决定测试数据是否准确的关键点之一，对于填充物的选取与如何配比，结合文献[3]、[4]，在实操过程中，有了更深入的研究。

（3）与之前类似工程相比，我们对于深、浅标点的设计与制作、安装能力有了进一步的提高。装置的设计与安装方法都有所优化更新，更适用于现场试验的技术要求，也能够进一步提高测试精度。

## 参考文献

[1] 王晓红. 黄土地区 PHC 桩内力测试方法及承载性状试验研究[D]. 西安: 西安建筑科技大学, 2011.

[2] 郑建国, 刘争宏, 于永堂, 等. 预应力管桩载荷试验用内力测试方法: CN102797269B[P]. 2014-06-18.

[3] 刘争宏. 滑动测微计测试预应力管桩内力用测管的安装方法: CN102797268B[P]. 2014-05-07.

[4] 于永堂. 管桩应变测试用填充材料的制样装置: CN202770682U[P]. 2013-03-06.

# 延安新区黄土高填方岩土工程监测

张继文 [1,2,3]　梁小龙 [1,2,3]　王建业 [1,2,3]　齐二恒 [1,2,3]　李 攀 [1,2,3]　张 新 [1]

（1. 机械工业勘察设计研究院有限公司，陕西 西安 710021；
2. 陕西省特殊岩土性质与处理重点实验室，陕西 西安 710021；
3. "三秦学者"岗位科研创新团队，陕西 西安 710021）

## 1 项目概况

延安新区岩土工程于 2012 年 4 月动工，一期建设面积 10.5km²，涉及挖填方量超 3.6 亿 m³，最大挖方厚度 118m，最大填方厚度 112m，是目前国内湿陷性黄土地区"平山、填沟、造地、建城"规模最大的岩土工程之一。延安新区的工程地质条件和水文地质条件复杂，建设场地中存在湿陷性黄土、软弱淤积土等大量特殊土，同时又具有高填方、超大土方量、施工周期短、建设环境复杂、相互影响因素多等特点。

## 2 监测目的和意义

对延安新区这种超大规模、超深厚度的高填方工程，要在时间、空间上对黄土高填方的变形与稳定性问题做出准确判断则必须依赖高填方施工过程和竣工后的原位监测成果，通过高填方建设过程的原位监测，达到以下目的：

（1）通过对填筑体表面、填筑体及原地基体的沉降监测，了解高填方地基固结过程，为分析高填方地基沉降与差异沉降提供依据；

（2）通过对填筑体表面和深部的水平位移监测，实时了解和掌握填筑体局部与整体稳定状况，为变形计算分析提供依据；

（3）通过对土压力及孔隙水压力监测，了解地层中土压力及孔隙水压力的变化及转移情况，为变形计算、工后沉降预测和机理分析提供依据；

（4）通过对土壤含水量监测，了解黄土高填方填筑过程和竣工后土体内部水分场变化情况，结合场地内变形、应力的变化情况，进一步分析土壤含水量变化对黄土高填方变形的影响；

（5）通过对地下水位及盲沟出水量的监测，实时了解高填方内部地下水位及渗流量的变化，所测数据用于分析地下水及渗流量变化对高填方地基变形的影响，验证地下、地表排水系统是否有效；

（6）通过对长期监测数据的分析，掌握高填方地基变形发展过程和变形规律，预测高填方地基工后沉降和差异沉降量，为后续工程设计、施工和项目决策提供第一手技术资料。

## 3 监测系统设计

### 3.1 监测项目

针对黄土高填方工程的变形与稳定问题，监测系统由变形监测、应力监测和地下水监测三部分组成，主要内容包括填筑体与原地基体深部分层沉降监测、表面沉降监测、深部水平位移监测、表面水平位移监测、土压力监测、孔隙水压力监测、土体含水量监测、地下水位监测、盲沟出水量监测和填筑体形态的巡视观察等，见表 1。

监测项目和主要监测设备　　　表 1

| 监测项目 | | 主要监测设备 |
| --- | --- | --- |
| 变形监测 | 地表沉降监测 | 水准仪、沉降观测桩、钢瓦条码标尺等 |
| | 地表水平位移监测 | 全站仪、棱镜、水平位移观测墩等 |
| | 深部分层沉降监测 | 磁环、单点沉降计、预埋式沉降钢板等 |
| 地下水监测 | 土体含水量监测 | 土壤水分计、读数仪等 |
| | 地下水位监测 | 钢尺水位计、水位管等 |
| | 总盲沟出水量监测 | 三角堰、水位计等 |
| 应力监测 | 土压力监测 | 土压力计、读数仪等 |
| | 孔隙水压力监测 | 孔隙水压力计、读数仪等 |

### 3.2 监测重点区域

（1）黄土填方厚度大于 80m 的区域；

（2）原地基存在软弱土层（如堤坝淤积软土）；

获奖项目：2018 年机械工业优秀工程勘察设计一等奖，2019 年度优秀工程勘察与岩土工程一等奖。

（3）原地基存在大厚度湿陷性黄土地段；

（4）可能发生地下水位上升的区域等。

### 3.3　监测点的布设

1）监测点布设原则

针对延安新区高填方工程的特点，监测点的布设主要考虑：

（1）能反映整个填筑体和其下原地基体的变形、应力、地下水变化情况及变化规律；

（2）变形监测断面根据不同的岩土条件、处理方法、填筑高度以及不同部位等具体情况设置，监测点的设置应该满足设计要求，同时还应针对施工场地内的地质、地形等情况进行调整，加强对工程重点地段、地质条件较差部位以及变形较大部位的监测；

（3）不同类型的监测点尽量设置在同一横断面上，集中布设，利于监测设备的安装与保护，便于工作人员对其进行集中监测，利于各个监测项目数据的处理、数据的综合分析；

（4）现场埋设过程根据工点长度、工程地质条件，对监测断面进行适当调整，在水文条件、工程地质条件变化大的区域适当加密；

（5）基准控制点的布设首选在变形稳定、便于对监测点施测和远离施工影响的部位。

2）监测网布设

（1）监测基准网布设

基准点：在填方边坡坡脚50m以外，不受干扰的稳定基岩上设置2～3个基准点。

工作基点：在本工程填方区东侧、西侧挖方区分别布设2～3个工作基点，填方区南侧、北侧挖方区分别布设1～2个工作基点。

（2）监测网的精度要求

根据设计要求，垂直位移监测基准点和工作基点应满足国家二等高程控制测量精度要求，监测点的测量应满足国家三等高程控制测量精度要求。水平位移监测基准点和工作基点应满足国家三等平面控制测量精度要求，监测点的测量满足国家四等平面控制测量精度要求。

3）地表沉降监测

填筑体表面沉降监测点结合场地地形地貌、地质岩性条件特征布设。先沿主沟、次沟和支沟沟底布设主监测断面，然后在主断面上布设横断面。淤积坝区域、大冲沟区域布设典型剖面监测线，监测线间距100～300m。横断面监测点间距50～

100m，陡坎附近加密至20～30m。填挖方交接区域参考填方区布置监测点，用于对比填挖区差异沉降，地形变化大部位应适当增加监测点。

4）水平位移监测

本监测场地原地貌为沟谷形，施工期以及工后的长期变形和稳定性是高填方最为关注的问题，因此沿主沟、支沟交汇处，并在主沟和支沟上布置横向监测断面。地表水平位移（沿着沟谷横断面方向的水平位移和垂直于该方向的水平位移）采用全站仪监测，可采用视准线法或小角度法。

5）深部分层沉降监测

深部分层沉降监测对象包括原地基体和填筑体两部分，主要布设在主沟、支沟、湿陷性黄土区域、淤积坝区域，并设置横向监测断面。深部分层沉降监测将采用电磁感应式分层沉降仪、单点沉降计和预埋机械式沉降钢板三种方法，实现关键位置监测数据的相互验证。

6）土压力监测

监测场地内的排水构筑物结构相对于周围填土地基刚度较大，且周围填土厚度不同，必然使其周围土体变形不协调，出现压力转移现象；在排水构筑物结构以上填土又会产生一定的"拱效应"；填土的物理力学性质还会因浸水和放坡发生变化，从而引起土体应力变化。为了解这些复杂的应力及其变化，为工后高填方沉降预测分析计算提供参数，检验排水构筑物的安全性，随时掌握不同设计方案下，土体内部的应力场变化情况，则必须进行原位土压力监测，按民用机场勘测规范要求，土压力监测点设置在排水设施附近，以及主沟、支沟断面的监测断面位置等。土压力计设置在地表10m以下至原地基表面之间的填筑体内，考虑到土压力计设备的特点，从现施工地表面开始随施工同时布设，从现施工地面开始，向上每间隔10m填土厚度设置一个土压力计。

7）孔隙水压力监测

孔隙水压力测点设置在地下水位线以下及可能受地下水位变化影响的区域。结合分层沉降、土壤含水量监测点等的布设方案，主要在淤积坝内、主沟与支沟内、主沟与支沟交汇处等设置孔隙水压力计。具体点位将根据现场施工现状、地下排水设施、现场钻探情况进行调整，设置方式为原地基基岩至原地基表面上15m范围内，每间隔5m设置一个监测点；重点布设在淤积土分布区域。

8）地下水监测

在主沟和支沟排水构筑物两侧及重点监测的

地下泉出露的区域，设置水位观测孔。地下水位监测在施工完成后分阶段实施。除上述布设的水位监测孔外，在地下水丰富的区域，应增加水位监测孔。

9）土体含水量监测

监测对象为填筑体，分为一般监测点和控制性监测点。一般监测点设置方式为在原地基面以上 15～20m 范围内，每间隔 5m 设置一个监测点用于监测地下水位上升，填筑体顶面以下 10m 的深度范围内，每间隔 5m 设置一个土壤水分计用于监测地表水入渗。控制性监测点设置在沿沟槽横断面和地下泉集中出露位置，原地基面上 15～20m 范围内，填筑体表面下 10m 的深度范围内，每间隔 5m 设置一个监测点，中间位置每间隔 5～10m 设置一个监测点。

10）盲沟出水量监测

为避免流量测试导致管道堵塞，本次监测在总盲沟出水孔位置设置监测点。根据现场施工阶段分别设立了施工期临时监测点和工后期长期监测点。

本次监测因水量变化幅度可能会较大，选择了薄壁三角堰法，在主盲沟的总出口处的排水明渠里布设。

# 4  监测元器件埋设与现场监测

## 4.1  变形监测

1）地表沉降监测

（1）基准点的布设

基准点设置在稳定不受干扰的挖方区域或预留山体上。根据基准点所在区域的地质实际情况确定埋设深度，总体均大于 10m，采用机械洛阳铲或钻机成孔。

按规范要求，监测基准网需要进行定期观测。方案要求建网初期半年观测 1 次，一年后每年复测 1 次，当变形值发生异常时，及时进行复测。基准网的首次观测，独立观测 2 次。在实际观测中因填方区面积大，为保证监测精度，分为若干组独立基准网，分区控制。

（2）沉降监测点的布设

填筑体表面沉降监测点结合场地地形地貌、地质岩性条件特征布设。先沿主沟、次沟和支沟沟底布设主监测断面，然后在主断面上布设横断面。淤积坝区域、大冲沟区域布设典型监测断面，断面

间距 100～300m。横断面监测点间距 50～100m，陡坎附近加密至 20～30m。填挖方交接区域参考填方区布置监测点，用于对比填挖区差异沉降，地形变化大的部位适当增加监测点。

（3）现场数据采集

依据监测周期，每日现场组织 2～4 组进行地表沉降外业数据采集。

2）地表水平位移监测

（1）基准点和监测点的布设

本监测场地为沟谷状，填筑体不仅会发生垂直方向的沉降，而且会发生顺沟方向及横向的水平位移。在监测填筑体地表沉降的同时，在主沟和支沟的合适位置设置了 5 条横跨沟谷的典型地表水平位移监测断面。

（2）现场数据采集

现场选用超高精度自动跟踪全站仪进行地表水平位移监测。基准点和观测点均带有强制对中装置，提高了监测精度。

3）深部分层沉降监测

（1）电磁感应式分层沉降监测

①监测点的布设

电磁感应式分层沉降监测点沿主沟方向、主要支沟方向、湿陷性黄土区及淤积坝区域布设主要监测断面和散点。每个监测点的分层沉降环沿垂直方向均匀布置，其中电磁感应式分层沉降计的沉降磁环的竖向间距是 5m，布设在原地基和填筑体内，并保证在原地基和填筑体分界面处埋设沉降环。

②安装埋设方法

电磁感应式分层沉降管和磁环采用钻孔埋设和探井埋设相结合的方式，原地基面以下采用钻孔埋设方法，原地基面以上采用探井埋设方法。电磁式沉降管测点沿垂线方向布置，可以监测到填筑体和原地基沉降变形。

（2）单点沉降监测

单点沉降计主要由传感器本体、测杆、锚头、法兰盘组成，监测锚头与法兰盘之间的垂直位移量变化。使用时通过加长杆将单点沉降计的一端固定至监测土层的界面处，另一端作为沉降基准点。埋设方法：当单点沉降计需要埋设的深度较大时，需要将钻孔埋设和机械洛阳铲开挖探井埋设两种方法结合起来。

①原地基中采用钻孔埋设。

②填筑体中采用机械洛阳铲埋设。

（3）预埋式沉降板监测

①预埋式沉降板的埋设

当填土施工达到埋设高程时，填土面经碾压刮平后，铺设 1～2cm 中砂找平，铺设尺寸为 3.0m×3.0m、厚度为 3mm 的钢板，采用 RTK 测量钢板四角及中心坐标，然后用铲车在钢板上部虚铺 50cm 厚的回填土，填土继续施工直至达到设计高程。

②机械式分层标杆安装

当填土施工完毕后，根据沉降钢板埋设时的坐标，采用 RTK 放点，钻探点设置在沉降钢板中心处，当钻探至钢板顶面时，钻机操作员可通过钻进难易程度判断钻头是否与钢板接触，然后根据钻杆长度计算监测地层以下土体的总沉降量。可以在钻孔中安装沉降标引至地面，定期用水准测量方法进行沉降观测。

（4）现场数据采集

深部分层沉降数据采集分为两个阶段：施工期随每层监测元器件埋设同步进行监测数据采集；土方工程竣工后开展工后监测数据采集。

## 4.2 地下水监测

1）地下水位监测

（1）地下水位观测孔的安装与埋设

水位孔可采用大直径水位井或小型水位观测孔。水位管由直径 50mm 硬质塑料管制作，其上部为实管段；中下部为滤管段，管壁周围为 4 列直径 6mm 的滤水孔，纵向孔距 10～15cm，相邻两列的孔呈梅花状交错布置，管壁外部包扎土工布；下部为沉淀管段，预留长 0.5～1.0m 实管用于沉积滤管段带入的泥砂，管底加盖密封。

（2）现场数据采集

地下水位数据采集分为两个阶段：施工期利用抽水井进行地下水位数据采集；工后安装水位监测孔进行数据采集。

2）总盲沟出水量监测

（1）水流量监测仪器的安装与埋设

桥沟主沟盲沟出口处安置了一台水流量监测设备，所测水流量为整个北区一期工程范围的总流量。因总盲沟出水口处经常变动且受施工影响较大，本工程采用薄钢板自制了三角形堰。堰板顶部厚度为 1～2mm，堰顶向下游的倾斜面与堰顶的夹角为 45°。堰板与堰槽两侧槽体和来水流向垂直。水头测量采用钢尺，断面设置在堰口上游 3～

5 倍堰上水头处，分辨率为 1mm。

（2）现场数据采集

盲沟出水量监测设备共安装 11 次，前 10 次均因施工被破坏，中间因盲沟出水处大量抽水中断测量。盲沟出水量监测工作从 2012 年 10 月 29 开始，雨季我院对盲沟出水口的地下水流量加密监测，2014 年 11 月底盲沟口开始施工，停止监测。

## 4.3 应力监测

1）土压力监测

（1）土压力计的安装与埋设

土压力计的埋设主要采用坑埋法，与探井引线、保护相结合。前一阶段将土压力计埋入地下，然后将同一断面相同高程处的土压力计向中心探井引线，利用 RTK 测定埋线位置，待达到下一阶段高程时，根据坐标精确定位找点，开挖探井接续引线、监测，而后探井回填夯实，填土继续施工，如此循环，直至达到设计高程，可得到填筑施工全过程的监测数据。采用上述土压力计埋设方法，在恶劣复杂的施工环境下，保证了土压力计监测的成功率在 90% 以上。

（2）现场数据采集

土压力数据采集分为两个阶段：施工期随每层监测元器件埋设进行的数据采集；工后数据采集。

2）孔隙水压力监测

（1）孔隙水压力计的安装与埋设

本工程选用的粗孔透水石振弦式孔隙水压计，所测值一般为孔隙水压力和孔隙气压力的合力，空气测定值为大气压力值。

孔隙水压力测点设置在原地基饱和土中、地下水位线以下及可能受地下水位变化或渗流影响的非饱和土中，沿顺沟方向，沟谷横剖面方向均布置了孔隙水压力测点。结合分层沉降、土壤含水量监测点等的布设方案，主要在淤积坝内、主沟与支沟内、主沟与支沟交汇处等设置孔隙水压力计。具体点位充分考虑了现场施工现状、地下排水设施和现场钻探情况进行合理的调整，设置方式为原地基基岩至原地基表面上 15m 范围内，每间隔 2～5m 设置一个孔隙水压力计。

钻孔法埋设工作成败的关键是要解决好三个关键问题：一是将孔隙水压力计准确就位；二是保证探头周围渗水流畅；三是解决相邻探头间的隔离与封孔问题。钻探时记录土层性质、土层分界、初见水位、稳定水位等。

本工程在非饱和土中未发生塌孔、缩孔问题，但是当遇到淤积软土层时，缩孔较严重，需要借助特制的安装装置进行埋设。

（2）现场数据采集

孔隙水压力数据采集分为两个阶段：施工期随每层监测元器件埋设进行的数据采集；工后数据采集。

## 5 监测成果

### 5.1 地表沉降监测

高填方地基的地表沉降为高填方自重荷载作用下饱和土排水固结和非饱和土压缩蠕变以及侧向变形引起的表面竖向下沉量，其沉降量大小、沉降速率和总沉降量都是影响高填方后续工程建设和使用的主要因素。

（1）地表沉降监测横纵断面的监测成果表明，沉降量和填土厚度呈正相关，相同填土厚度的情况下存在软弱地基的区域沉降量大。

（2）场地在填筑完成的初期沉降速率大，之后逐月递减，平均沉降速率由 2013 年 12 月的 7.10mm/月下降到 2022 年 12 月的 0.66mm/月，见图 1。填土厚度大的区域不仅沉降量大，而且沉降稳定周期长。参照房屋建筑稳定标准，按最后 100d 沉降量小于 4mm 为稳定标准评判，截至 2022 年 12 月，不同厚度填土的稳定时间及工后沉降与填土厚度关系见表 2。可以看出：

①填土厚度不同稳定时间不同；②填土厚度小于 70m 的区域最迟已于 2021 年 12 月沉降稳定；③填土厚度介于 70～80m 的区域 2022 年最后 100d 沉降量为 4.42mm，已基本稳定；④填土厚度介于 80～110m 的区域 2022 年最后 100d 沉降介于 5.4～7.7mm，沉降趋于稳定。

结合地表沉降监测成果、深部分层沉降监测结果综合分析，填方区竣工后沉降历时曲线连续光滑平整，表明高填方地基的主要压缩变形已经在填筑施工过程中完成，施工期土体瞬时加载完成后，沉降逐渐进入到以次固结沉降为主的阶段，地表沉降主要是工后恒定荷载条件下的蠕变变形。

时间

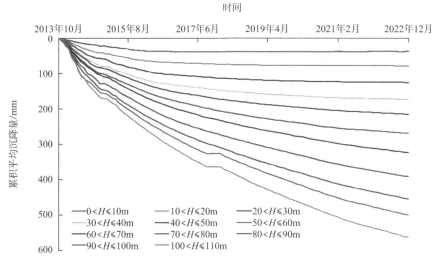

图 1 不同填土厚度时间-累积平均沉降量曲线

**不同填土厚度工后沉降稳定情况统计表** 表 2

| 填土厚度/m | 开始观测时间 | 稳定时间 | 稳定时累积工后沉降量/mm | 最大沉降量与最大填土厚度比值/% |
|---|---|---|---|---|
| 0～10 | 2013 年 10 月 | 2015 年 3 月 | 5.8～37.8 | 0.40 |
| 10～20 | 2013 年 10 月 | 2016 年 1 月 | 42.7～78.6 | 0.40 |
| 20～30 | 2013 年 10 月 | 2016 年 6 月 | 81.3～116.4 | 0.41 |
| 30～40 | 2013 年 10 月 | 2016 年 9 月 | 119.4～163.7 | 0.43 |
| 40～50 | 2013 年 10 月 | 2017 年 3 月 | 159.4～187.3 | 0.39 |
| 50～60 | 2013 年 10 月 | 2019 年 4 月 | 183.6～263.5 | 0.45 |
| 60～70 | 2013 年 11 月 | 2021 年 12 月 | 268.4～352.7 | 0.52 |

注：填土厚度大于 70m 未稳定。

## 5.2 地表水平位移监测

根据监测成果，地表水平位移表现出以下几点规律：

（1）沟谷填筑体顺沟方向的水平位移均是朝向沟口，工后3年累积达到20mm左右；

（2）沟谷填筑体横向水平位移量很小，基本都在5mm以内，方向朝向沟中心；

（3）顺沟方向水平位移量和填筑体厚度基本呈正比关系，填筑厚度越大，顺沟方向水平位移量越大；

（4）沟谷横向水平位移量和填筑体厚度基本呈反比关系，沟谷中心点横向位移量最小，沟谷两侧横向位移量相对较大；

（5）沟谷填筑体水平位移量主要发生在填筑完成1年内，之后水平位移增量较小，位移速率围绕0线上下波动。

## 5.3 深部分层沉降监测

（1）在机械式分层标、电磁式沉降仪和单点沉降计三种分层沉降方法中，机械式分层标法在平面上布置测点较多，电磁式沉降仪法和单点沉降计串接式位移计法在高程上布置测点较多。对同一位置监测得到的高填方沉降分布规律基本一致，扣除时间因素影响，三种方法监测的沉降值基本相当，三者结合能实现对高填方沉降进行全方位监测，可获得较完整、全面的监测资料，并且监测结果之间可相互校验、互补。

（2）从沉降量、沉降速率与时间过程曲线分析可知（图2、图3），当填土连续施工时，在填土厚度增大、荷载不断增加的情况下，沉降变形速率较大，沉降变形迅速增大。当填土施工停止时，土体自重荷载保持不再增加，沉降速率变缓，沉降变形增长缓慢。沉降速率随填筑速率的增大而增大，随连续填筑加载累积量的增大而逐渐增大，在恒载条件下，沉降速率减缓和降低。

（3）高填方地基沉降受填土荷载、地形条件影响较大。监测横断面沉降受"V"形沟谷地形影响明显，沉降变形呈沟谷中心大、由中心向两侧逐渐减小趋势，沉降量分布沿横剖面方向近似呈"V"形或"U"形，沉降量最大监测点位置与填土厚度最大位置并不对应。

（4）高填方地基填土施工是个逐级加载的过程，因此高填方最大分层沉降并不发生在顶层；在沟谷横剖面方向，因填土厚度不同，剖面上深部沉降变形呈不均匀分布；填筑体的最大分层沉降在沟谷斜坡位置多发生在填筑体的底层，而沟谷中心位置则发生在填方高度的1/3～1/2处，见图4、图5。

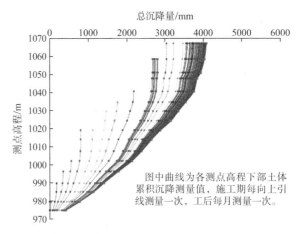

图2 深部分层沉降时间-累积沉降量图

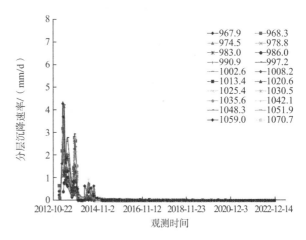

图3 深部分层沉降各测点时间-沉降速率变化图

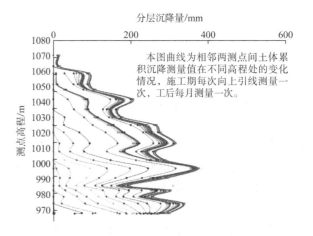

图4 沟谷斜坡位置的深部分层沉降变化图

2227

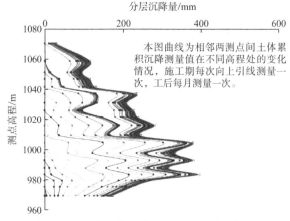

分层沉降量/mm

本图曲线为相邻两测点间土体累积沉降测量值在不同高程处的变化情况,施工期每次向上引线测量一次,工后每月测量一次。

图5 沟谷中心位置的深部分层沉降变化图

（5）填筑体沉降量与填筑厚度呈正相关关系,填土厚度越大,填筑体沉降量与填筑厚度体厚度的比值越大,见表3。

因施工原因,未大面积对下部地基土沉降量进行系统监测。

深部监测点填筑体沉降成果统计　表3

| 点号 | 填土厚度/m | 填筑体累积沉降量/mm | 填筑体沉降量/填筑体厚度/% |
| --- | --- | --- | --- |
| 5 | 23.0 | 212.9 | 0.9 |
| 4 | 29.4 | 340.3 | 1.2 |
| 16 | 32.9 | 362.4 | 1.1 |
| 14 | 36.9 | 686.7 | 1.9 |
| 15 | 42.4 | 954.9 | 2.3 |
| 12 | 49.3 | 1115.6 | 2.3 |
| 11 | 54.1 | 1033.6 | 1.9 |
| 9 | 60.4 | 1079.1 | 1.8 |
| 7 | 62.0 | 1615.6 | 2.6 |
| 3 | 67.4 | 1763.0 | 2.6 |

## 5.4 土体含水量监测

本工程土壤水分计采取随填筑施工先埋后引式分步埋设方式。施工过程中,土壤水分计监测位置的土体会在自重压力作用下逐步压缩,引起土体干密度增大,体积含水率观测值增大。填土施工完成后,停荷恒载后,地基沉降逐渐趋于稳定,这时土体干密度增大速率变缓,其变形逐步趋于稳定,体积含水率观测值的变化幅度较小。在监测位置确定的情况下,由图6可知,干密度和质量含水率变化均会引起体积含水率变化,当二者同时发生变化时,难以对二者的变化情况进行区分。在填土中不同深度处埋设的土壤水分计的变化可分为

3类具有代表性的区域:

（1）当土壤水分计位于填方上部大气影响深度范围内,土体的水分变化会受到大气降水影响,含水率波动较大。

（2）位于填方中部,大部测点的水分波动幅度相对较小。分析认为,黄土高填方厚度大、填土非均质、填土初始含水率差异不大,水分变化是填土在内部竖向和横向迁移的结果,迁移过程相对缓慢。

（3）土壤水分计在填方下部近水位面部位,因填筑施工引起地下水位变化,地基土通过向上、水平向排水固结,潜水含水层与包气带之间存在毛细带,除含水率开始逐渐增大之外,其余各个深度的体积含水率均有所增大,该部分水分运移常态取决于地下水位变化。

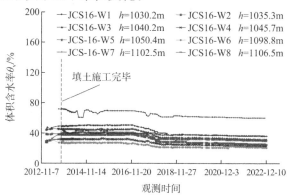

图6 JCS16水位监测点时间-土体含水量曲线图

## 5.5 地下水位监测

由图7可知:地下水位变化较小,未出现地下水的速升和速降等异常现象,说明原地基中修建的地下排水盲沟系统发挥作用,上游的地下水顺利排泄。

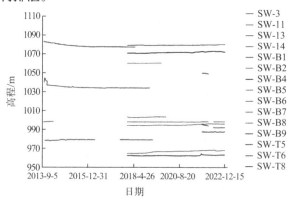

图7 存在地下水的监测孔地下水位高程图

## 5.6 总盲沟出水量监测

从盲沟出水量监测曲线（图8）可以看出,盲

沟出水量主要经历了 6 个显著的变化阶段：

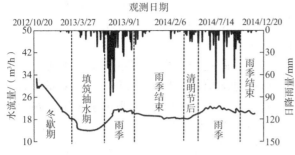

图 8　盲沟出水量监测曲线图

阶段一：2012 年，在冬歇期停工期间，出水量逐步减少，从最初监测时的 32.6m³/h 降低至 18.3m³/h；

阶段二：2013 年春季复工后，现场施工单位大量抽取地下水，盲沟出水量开始逐步减小；

阶段三：雨季期间（6~9 月），大气降水较多，地下水获得补给且施工抽水量减少，盲沟出水量逐步增大，水流量小幅波动，盲沟出水量逐步增大至峰值流量 21.7m³/h；

阶段四：进入 2013 年秋冬季，填方施工大部分已经完成，降水减少，地下水的外部补给减少，水流量又开始逐步降低。

阶段五：2014 年清明节后进入雨季降雨逐渐增多，水流量也逐步增加。

阶段六：2014 年秋冬季，地下水外部补给减少，2014 年 11 月 18 日桥沟盲沟出水口水流量为 18.5m³/h，之后因盲沟口附近施工停止监测，2018 年 6 月改变位置和方法恢复监测。

综合地下水位和盲沟出水量监测结果可知，地下水趋于动态平衡。

## 5.7　土压力监测

根据土压力监测成果，土压力存在以下规律：

（1）各监测点土压力观测值随填土厚度的增加均近似呈线性增大，但单位填土厚度引起的土压力增量有较大差别。

（2）随填筑土层厚度增大，初期填方最大压力出现在最底层测点，但随填土厚度增加，使沟谷中心区域在填筑体厚度 1/3~1/2 之间出现一个新的土压力峰值点，并随填土厚度的增加逐渐增大，直至填土施工完成。

（3）填方体中下部的垂直土压力比土柱的自重小，存在土拱效应现象。这主要在沟谷横断面方向，由于"V"形沟谷地形条件的影响，存在不均

匀沉降，沟谷中部的沉降大于两侧，由于两侧斜坡对沟谷中部的顶托作用，使得沟谷中下部的垂直压力减小，导致拱效应的发生。

## 5.8　孔隙水压力监测

（1）本工程利用自制的孔隙水压力计安装装置，解决了原地基淤积土层因缩孔而导致的孔隙水压力计埋设不到位问题，使孔隙水压力计安装至预定深度，且保证探头周围渗水流畅。采用钻孔埋设工艺，减少了埋设过程对施工的干扰，提高成功率，获得了施工期和竣工后全程的孔隙水压力监测数据。

（2）高填方土体压缩和地下水位变化会对超静孔隙水压力的计算产生一定影响，在研究孔隙水压力消散规律或者超静孔隙水压力分布模式时，必须扣除因土体压缩和地下水位的变化而引起的孔隙水压力变化值；施工加载期间，孔隙水压力增长与荷载增量呈线性关系，未发生非线性转折（即曲线斜率未发生突然增大），表明监测场地处于稳定状态；地下排水设施加速了地基土的固结排水，内部孔隙水较易消散。

## 5.9　高边坡变形监测

桥沟填方永久高边坡高度 66.8m，高宽比 1：2.65，填方厚度 105m。工后变形监测自 2015 年 11 月 16 日至 2022 年 12 月 18 日，共监测 2589d，共布设 11 个变形监测点。累积水平位移量最大为 39.1mm，累积沉降量最大为 260.4mm。

## 5.10　场地巡查

场地巡查的工作内容主要有：

（1）记录岩土施工期间填挖交界冬春季在挖方区可能出现的裂缝。

（2）记录挖方区黄土土洞。

（3）场平结束后对雨后边坡冲刷等情况的巡查。

# 6　总结

（1）延安新区十分重视岩土工程监测工作，监测工作不仅是判断场区工程安全和变形稳定的最重要手段，还为延安新区填筑施工期及工后各类工程建设的设计、施工和项目决策提供了第一手技术资料。监测团队对整个新区建设过程的可

能影响工程质量和地基、边坡稳定性的主要岩土工程参数进行了全过程监测，实时掌握它们的变化量，一旦出现不利变化时，监测数据管理信息系统可以及时发出预警。

（2）针对如此大范围、大厚度的高填方工程开展科学合理的岩土工程监测工作，国内外并无成熟的类似工程经验可供借鉴，也无相关高填方监测规范可供参考。经过积极的学习、摸索和创新，最终形成一套科学的高填方岩土工程监测方法，建立了黄土高填方岩土工程立体监测系统，并研发了一套适用于高填方工程的"黄土高填方监测元器件先埋后引式填埋方法"，依托岩土工程监测项目，共获得了多项国内专利授权、发表了多篇科技论文。

（3）监测过程中根据实际需要，在延安新区重点区域延续监测工作中陆续引入了深部自动化变形监测系统、北斗自动化变形监测系统和 InSAR 监测等新技术，新技术与传统监测技术相结合，确保了对延安新区北区全过程、各方位的持续监测，可随时做出研判和预警。

# 北京市南水北调配套工程东干渠工程施工安全风险监测工程实录

谭 雪 陈昌彦 王金明 马艳军 张海伟 张建坤

（北京市勘察设计研究院有限公司，北京 100038）

## 1 工程概况

北京市南水北调配套工程东干渠工程安全风险监测标段起点为东五环中路与朝阳北路交汇的白家楼桥以北600m处道路东侧绿地内，其后沿东五环向南至亦庄桥与五环路分离，其后穿越凉水河，沿凉水河南（右）岸至荣京西街向南至亦庄镇工程终点与南干渠工程相接，总长22.6km（图1）。该工程为盾构法施工，隧道内径为4.6m钢筋混凝土隧洞（双层衬砌结构）。

在工程施工及通水后两年期间，对工程周边环境中受施工影响或邻近的重要道路、桥梁、建筑及沟渠均开展了第三方监测工作。按照施工标段的划分，第三方二标的监测范围涉及施工的 7～13标。

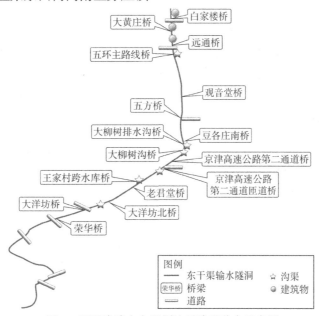

图1 监测线路走向及周边风险源分布示意图

## 2 沿线工程地质、水文地质条件

施工7标、8标（桩号22+118.9～28+482.8）位于永定河冲洪积扇及东北边缘，地层多为黏、砂、砾多层结构（Ⅲ），自上而下分别为：填土、粉土、粉质黏土/粉土/粉细砂、细中砂、粉质黏土/粉土、细中砂、黏质黏土。典型地质剖面图如图2所示。

施工10标的15号盾构始发井开挖深度范围内涉及的土层为①～⑥层的填土、粉土、粉质黏土及粉砂和细中砂等。其中②$_1$粉细砂、④细中砂、⑥层细中砂压缩性较低，渗透性强；③、⑤层粉质黏土渗透性较弱，压缩性中等。位于萧太后河南岸的29号二衬竖井，开挖中将揭穿多层赋水砂层，总厚度约13m。30号二衬竖井仅在近井底处揭穿厚约2m的细中砂，井壁岩土以黏性土、粉土为主。典型地质剖面图如图3所示。

施工11～13标段的区间盾构隧道穿越地层主要为⑤层粉质黏土、⑤$_1$层粉土、⑥层细中砂、⑥$_1$层

获奖项目：2021年度工程勘察、建筑设计行业和市政公用工程优秀勘察设计奖二等奖。

卵砾石层、⑦层粉质黏土。围岩工程地质分类为Ⅴ类，以细中砂、粉土及黏性土为主，围岩自稳能力较差，洞顶、洞身的⑥层细中砂、⑥₁层卵砾石对围岩稳定不利。

本工程区地下水类型为第四系孔隙水，工程区地面下 25m 深度内连续分布 2 层地下水，分别赋存于④层细中砂和⑥层细中砂层，其间分布多层层间水。

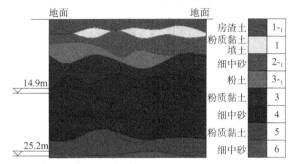

| | |
|---|---|
| 房渣土 | 1-₁ |
| 粉质黏土 | 1 |
| 填土 | |
| 细中砂 | 2-₁ |
| 粉土 | 3-₁ |
| 粉质黏土 | 3 |
| 细中砂 | 4 |
| 粉质黏土 | 5 |
| 细中砂 | 6 |

图 2　典型地质断面图（7～8 标段）

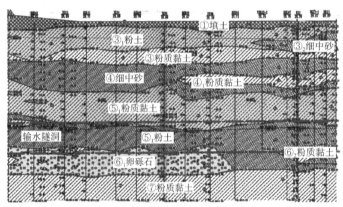

图 3　典型地质断面图（10 标段）

## 3　沿线风险源分布及风险监测工程特点

### 3.1　沿线风险源分布

南水北调配套工程东干渠工程沿线穿越众多城市主干道等市政道路、市政桥梁、地下管线、既有地铁、建筑物及沟渠等众多重要风险源，总计 52 项，其中特级风险源 6 个、一级风险源 7 个、二级风险源 10 个，以及 29 个未定级风险源，这些风险源也构成了本工程重点监测评估对象，有关各个施工标段穿越的主要风险源分布如图 4 所示。

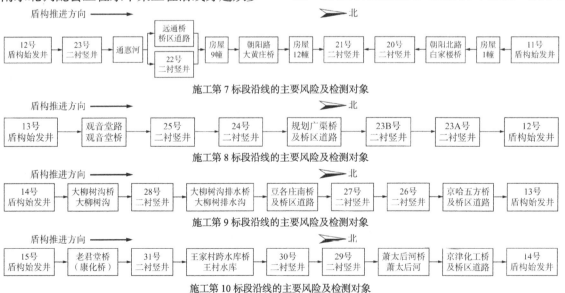

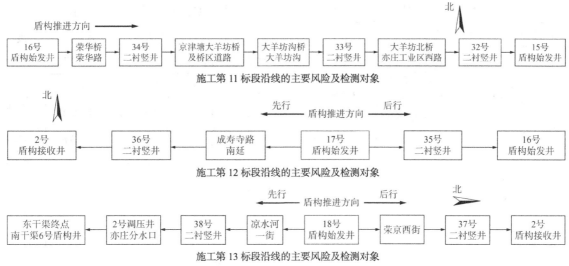

盾构推进方向 ━━━▶

| 16号<br>盾构始发井 | ← | 荣华桥<br>荣华路 | ← | 34号<br>二衬竖井 | ← | 京津塘大羊坊桥<br>及桥区道路 | ← | 大羊坊沟桥<br>大羊坊沟 | ← | 33号<br>二衬竖井 | ← | 大羊坊北桥<br>亦庄工业区西路 | ← | 32号<br>二衬竖井 | ← | 15号<br>盾构始发井 |

施工第 11 标段沿线的主要风险及检测对象

北

先行 ━━ 盾构推进方向 ━━ 后行

| 2号<br>盾构接收井 | ← | 36号<br>二衬竖井 | ← | 成寿寺路<br>南延 | ← | 17号<br>盾构始发井 | ← | 35号<br>二衬竖井 | ← | 16号<br>盾构始发井 |

施工第 12 标段沿线的主要风险及检测对象

先行 ━━ 盾构推进方向 ━━ 后行   北

| 东干渠终点<br>南干渠6号盾构井 | ← | 2号调压井<br>亦庄分水口 | ← | 38号<br>二衬竖井 | ← | 凉水河<br>一街 | ← | 18号<br>盾构始发井 | ← | 荣京西街 | ← | 37号<br>二衬竖井 | ← | 2号<br>盾构接收井 |

施工第 13 标段沿线的主要风险及检测对象

图 4　各施工标段沿线风险源分布及监测对象情况

## 3.2　安全风险监测重难点分析

（1）监测工程范围广，监测周期长，干扰因素复杂多样

本工程线路总长 22.6km，监测周期为南水北调施工期至通水后 2 年，监测周期较长，全线跨越北京市多个区域沉降单元区，开展长期的变形类监测工作，如何有效评估地面监测控制点的稳定性、有效性与一致性是一项重要的考验，而对于监测点的长期保护与安设运行以及不同工程地质条件下变形特征的分析等，也为本工程能否顺利实施以及数据的完整性和准确性带来重大技术难题。

（2）监测、检测技术手段的综合应用及分析

本工程沿线周边环境复杂、风险源种类多且密集分布，对穿越的桥梁和道路需开展综合监测与检测。监测、检测手段和方法综合多样，数据的综合分析与信息利用、风险预警识别等复杂，要求监测、检测等多专业协同，综合分析数据信息、识别风险。

（3）监测数据的时效性及对工程施工的指导

盾构施工过程中为确保交通及周边环境的安全，监测数据的即时处理分析与信息的实时反馈对及时发现风险和及早决策预防具有关键作用，因此建立快速高效的数据处理与信息发布系统对监测数据反馈的时效性尤为关键。

## 4　监测方案设计

### 4.1　主要监测内容

东干渠线路上方设置的盾构始发及接收井、分布的二衬竖井即后期永久阀井及放空井共 62 座，输水隧洞施工影响范围内的风险源包含：现状道路共 12 条，现状桥梁共 16 座，3 层及以上建筑 23 幢总长 600m，通惠河、大柳树排水沟、大柳树沟、萧太后河、王村水库及大羊坊沟共 6 处沟渠，与隧洞交叉的地下管线（电信、电缆、光缆、供水、输气、输油、热力、雨污水管线等）共 63 条。

针对不同的风险工程，确定了相应的监测工作内容如下：

（1）道路：主辅路的路面沉降变形及道路挡墙倾斜变形、施工前后道路地下病害的探地雷达探测和道路平整度检测；

（2）桥梁：桥区地面沉降、桥墩（台）沉降、墩柱差异沉降、桥墩（台）倾斜、桥梁结构应力监测；

（3）影响范围内的建筑物沉降变形监测；

（4）重点沟渠堤堰的沉降变形监测；

（5）管涵施工阀井及通气孔的沉降变形监测；

（6）地下管线沉降变形监测；

（7）现场安全巡视。

### 4.2　监测周期及频率

本工程监测工作从土建施工前开始至通水后 2 年。

监测频率根据监测数据发展至允许变形范围的区间进行划分（$F$ = 当前变形值/控制值），当 $F <$ 0.7 时依据表 1 执行，当 $0.7 \leqslant F < 1$ 时则依据表 2 执行；当 $F \geqslant 1$ 时，需根据审批后的应急预案设计监测频率，不低于 2 次/d。

**F < 0.7 状态时的监测频率　表 1**

| 监测对象 | 时间区段 | 施工工况 | 频率 |
|---|---|---|---|
| 路面、桥区、阀井、通气孔、建筑物地面沉降测量，桥桩倾斜 | 开工后至施工结束 | 开挖面距量测断面 ≤20m | 1 次/d |
| | | 20m < 开挖面距量测断面 ≤50m | 1 次/2d |
| | | 开挖面距量测断面 >50m | 1 次/周 |
| | 施工结束至通水 | — | 1 次/3 月 |
| | 通水初期 3 个月 | — | 1 次/月 |
| | 通水 3 个月~2 年 | — | 1 次/3 月 |
| 桥墩相对高差、应力应变测量 | 开工后至施工结束 | 开挖面距量测断面 ≤20m | 实时监测 |
| | | 20m < 开挖面距量测断面 ≤50m | 1 次/1d |
| | | 开挖面距量测断面 >50m | 1 次/周 |
| | 施工结束至通水 | — | 1 次/3 月 |
| | 通水初期 3 个月 | — | 1 次/月 |
| | 通水 3 个月~2 年 | — | 1 次/3 月 |
| 挡墙倾斜测量 | 开工后至通水后 2 年 | — | 监测开始及监测结束各一次，遇特殊情况加密 |

**1 > F ≥ 0.7 状态时的监测频率　表 2**

| 监测对象 | 发生时间段 | 频率 |
|---|---|---|
| 路面、桥区、阀井、通气孔、建筑物地面沉降测量 | 竣工前 | ≥2 次/d |
| 挡墙倾斜测量 | | |
| 普通桥梁的水平收敛、相对高差、应力应变测量 | | |
| 路面、桥区、阀井、通气孔、建筑物地面沉降测量 | 竣工至通水后 2 年 | 经甲方批准根据变形稳定情况调整至常规频率 |
| 挡墙倾斜测量 | | |
| 普通桥梁的水平收敛、相对高差、应力应变测量 | | |

## 4.3　监测技术方法

本工程监测采用自动化及人工监测相结合的方法，除常规的水准测量、全站仪测量监测手段，全面应用静力水准自动化监测、应力实时监测，融合探地雷达技术、激光平整度扫描技术的道路变形检测，形成了多源监测技术与数据信息的自动化综合监测系统，搭建自组网+4G 技术自动化监测系统和实时采集系统、研发 APP 技术实时采集数据，实现多源监测数据的采集、分析及反馈的实时化。

具体监测技术方法如表 3 所示。

**采用的监测技术方法　表 3**

| 序号 | 监测对象 | 具体监测对象 | 监测项目 | 技术方法 |
|---|---|---|---|---|
| 1 | 道路地表监测 | （1）路面、地表 | 沉降监测 | 水准测量 |
| | | （2）道路挡墙 | 倾斜监测 | 全站仪测坐标法 |
| | | （3）下方空洞 | 空洞探测 | 探地雷达 |
| | | （4）道路平整度 | 平整度探测 | 激光平整度测试 |
| 2 | 盾构井、管涵施工阀井及通气孔监测 | 井口顶部结构 | 沉降监测 | 水准测量 |
| 3 | 管线监测 | 地下管线 | 沉降监测 | 水准测量 |
| 4 | 沟渠堤堰沉降监测 | 沟渠堤堰结构 | 沉降监测 | 水准测量 |
| 5 | 建筑物监测 | 建筑物 | 沉降监测 | 水准测量 |
| 6 | 桥梁监测 | （1）桥区地面及桥墩（台） | 沉降监测 | 水准测量 |
| | | （2）桥墩（台） | 倾斜监测 | 全站仪测坐标法 |
| | | （3）高精度墩柱相对高差监测 | 沉降监测 | 静力水准自动化监测 |
| | | （4）结构内力 | 应力监测 | 应变计自动化监测 |
| | | （5）桥梁结构 | 裂缝监测 | 裂缝仪及游标卡尺 |

典型工点自动化监测及人工监测布点情况如图 5、图 6 所示。

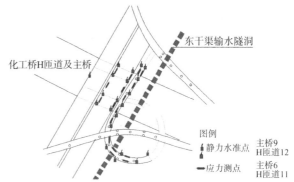

图 5　化工桥 H 匝道桥及主线桥自动化监测点位图

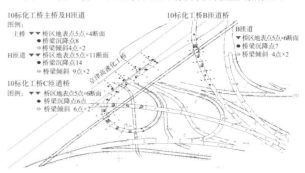

图 6　京津高速化工桥人工监测点位图

## 4.4 现场巡视监测

为了及时发现地面与桥梁结构变形破坏现象并与监测数据异常相结合,识别地下工程施工对风险工程的不利影响,在施工过程中加强对既有道路桥梁结构的巡视监测。巡视监测内容结合环境风险结构工程类别针对性确定,主要包括路面结构开裂、桥梁结构变形开裂、桥梁与挡墙的变形缝开合及错台、挡墙的开裂变形等。在进场后第一时间进行全面巡视,对发现的结构工程变形开裂等现象进行标注与标识,记录影像资料,对关键裂缝进行标注,裂缝两侧设置监测点,定期定量监测裂缝宽度变化,这些巡视监测结果作为巡视监测初值,后续监测工作与之进行比对,及时识别变化情况。

# 5 监测数据分析与应用

## 5.1 典型工点监测结果

(1)道路沉降监测

以施工 10 标段化工桥区段监测为例,自 2013 年 4 月 3 日盾构始发前开展,本标段盾构于 2013 年 11 月 23 日实现贯通。建设期匝道局部曾出现累计值超限情况,现场巡视未见异常。正常运营阶段沉降变形趋于稳定,在通水试压阶段未发生明显变形,各监测对象的最大沉降点数据如表 4(表中所列均为最终观测结果)及图 7 所示。

2013 年 8 月 20 日至 2014 年 6 月 16 日对化工桥 H、C 匝道桥进行自动化沉降监测,监测期间各监测数据未出现较大变化,最后监测时各桥区数据变化已经基本稳定,最大累计沉降量为 −5.90mm,变形速率为 0.03mm/d。

化工桥匝道桥典型测点沉降变形情况 表 4

| 序号 | 测点编号 | 沉降最大值/mm | 控制标准/mm | 安全状态 |
|---|---|---|---|---|
| 1 | (HGDB)2-2 | −24.19 | −15 | 累计值超限 速率已稳定 |
| 2 | (HGDB)2-3 | −24.65 | −15 | 累计值超限 速率已稳定 |
| 3 | (HGDB)16-6 | −5.67 | −15 | 安全 |

日期

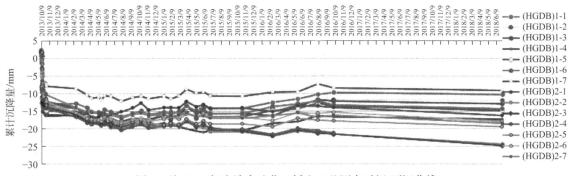

图 7 施工 10 标京津高速化工桥人工监测点时间-下沉曲线

(2)桥梁及基础沉降变形

为了完整有效监测桥梁结构工程的沉降变形,本次采用静力水准自动化监测,避免盾构施工过程中桥下繁忙交通对人工监测的干扰,同时能够结合盾构掘进速度跟踪监测桥梁结构工程的变形风险,实时识别施工安全风险影响。

在前期监测调试中,分别将人工监测与自动化监测进行对比,确认自动化监测结果能够满足所需的监测技术要求。2013 年 8 月 20 日至 2014 年 6 月 16 日对化工桥 H、C 匝道桥进行自动化沉降监测,表明施工期间未出现较大沉降变形,数据变化平稳,变形量和变形速率一直在预警控制范围内,最大累计沉降量为 −5.90mm,变形速率为 0.03mm/d;2013 年 5 月 19 日至 2014 年 6 月 20 日

对康化桥进行自动化沉降监测,监测期间各监测数据未出现较大变化,最后监测时各桥区数据变化已经基本稳定,最大累计沉降量为 −5.67mm,变形速率为 −0.02mm/d(图 8)。

(3)桥梁结构应力监测

化工桥梁应力监测于 2013 年 8 月 20 日采取初值,2014 年 6 月 16 日完成最后一次监测,监测期间未出现数据突变的情况,整体比较稳定,累计最大变形量为 −89.61με,变形速率为 −0.43με/d;康化桥梁应力监测于 2013 年 5 月 19 日采取初值 2014 年 6 月 20 日完成最后一次监测,监测期间未出现数据突变的情况,整体比较稳定,累计最大变形量为 69.52με,变形速率为 0.40με/d。

（4）道路探测、检测成果

地下工程施工过程中会改变地下土体结构特征，如果不能及时控制隧道施工过程中的出土量与进行工程维护，隧道围岩将发生不同程度变形，尤其出土量异常时会导致围护结构背后形成空洞或扰动圈，该异常体在后续荷载作用下就会向上发展至地表道路结构之下，形成不同规模的空洞、疏松体等地下病害体，从而威胁道路结构工程的运营安全以及道路结构平整度，影响道路交通运行。为此本工程在盾构工程穿越道路前后开展道路地下空洞和路面平整度检测，评估盾构工程穿越的影响，为穿越区道路维养提供技术依据。

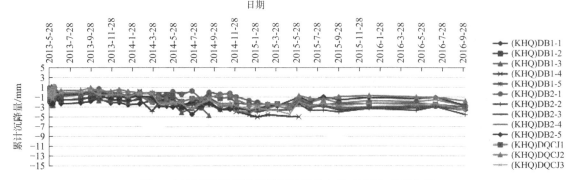

图8　盾构下穿康华桥期间桥梁结构与地表变形-时间曲线

化工桥区2013年9月16日盾构穿越前和2014年5月1日盾构穿越后进行了两次测试，数据显示盾构穿越前后平整度未出现明显变化。

化工桥区2013年10月14进行穿越前探地雷达探测，表明拟建隧洞中心上方道路 $2H$（$H$—隧道埋深）范围、道路下方 5m 深度范围内未发现明显空洞、水囊及其他病害异常，道路结构下方土体处于正常状态。盾构穿越后2014年对该区域进行了探地雷达检测，检测结果表明道路下部土体结构整体均匀正常，未发现地下空洞、疏松体等地下病害，表明该区域地下工程施工后未产生明显的超挖现象，盾构结构工程能够及时控制围岩变形，有效控制了盾构穿越之后的长期沉降变形现象，对道路与桥梁结构的变形不利影响有限。

上述检测结果均未发现存在明显的不利现象，与上述地表和桥梁结构沉降变形稳定的结论一致，说明盾构工程施工的工程措施有效，按照设计要求控制了地下工程施工对环境风险工程的安全控制。

## 5.2　巡视监测

本工程施工期间非常重视对自身工程与环境风险工程的巡视监测，尤其在穿越特殊风险源和特殊气象条件下，加强对各标段既有道路及桥梁结构的现场巡视，强化巡视监测与监测数据协同分析，及时完整的识别风险。

巡视过程中各标段既有道路和桥梁结构均未出现明显异常情况，未发布巡视预警。

## 5.3　监测结果综述

本工程盾构掘进施工于 2014 年 1 月实现全面贯通，在盾构施工期间的安全监测数据显示，位于盾构正上方的地表及道路监测点，在盾构通过时产生了不同程度的沉降变形，部分监测点的变形量达到或超过监测预警标准，在盾构通过后变形速率均明显减小并逐步趋于稳定，在输水管线二次衬砌施工期间，各项监测数据均保持平稳，桥梁结构均未发生明显沉降变形和差异变形；针对本工程各施工段内穿越的大型桥梁，在盾构穿越前后进行道路地下病害探测，结果显示道路下方 5m 深度范围内未发现明显空洞、水囊及其他病害异常。在盾构施工前、后进行道路平整度检测，结果显示在穿越前后道路平整度未出现明显变化。道路与桥梁结构的变形监测、综合探测以及巡视监测结果表明，一方面，盾构掘进施工工艺及各项施工参数对控制地面和桥梁结构的变形是有效的，地下施工对周边环境风险工程的影响是有限的；另一方面，风险监测工作对盾构施工防控环境风险工程的影响具有重要指导意义。

第三方监测工作在结构完工后持续进行，监测降频至 1 次/3 月，并在 2016 年 5 月 4 日开始的水压试验前后各进行了一次监测，监测内容主要为环境风险中的重要道路及桥梁的沉降监测。监测结果显示，截至 2016 年 6 月 2 日水压试验结束，沿线各风险源未发生明显沉降变形，各监测点的沉降变形速率保持平稳，处于稳定状态。

通水试验后两年内持续监测，监测点沉降变形速率保持平稳，综合表明该项工程地下施工对沿线风险工程的影响均在设计控制范围内，反映了信息化施工对本工程的重要指导作用。

# 6 技术创新点

针对本工程监测环境复杂、工期长、穿越风险工程多且高度特殊性与复杂性，项目在实施过程中引进新技术方法，积极创新、提质增效，重点开展了以下创新工作，对安全风险监测工作起到重要的促进与提升作用。

（1）建立稳定的监测控制基准网，定期评估其稳定性，确保监测数据的准确可靠

针对本工程线路长、周边环境复杂的特点，有针对性地建立覆盖全线路的监测基准网。基准网由深埋式基点和工作基点组成。深埋式基点作为整个水准测量控制基准，保证了测量数据的可靠性；工作基点作为临时基点为工作的开展提供了便利。同时定期对整体监测基准网进行基准点稳定性分析，进而判断各基准点是否发生变动，进一步确保了水准测量基准的可靠性。

（2）采用自组网+4G 技术开展沉降及应力应变自动化监测

为保障盾构穿越段整个施工期间的安全，采用静力水准、应力应变自动化监测系统与人工监测相结合的方式对沿线桥梁进行 24h 连续监测，自动化监测系统采用自组网+4G 技术搭建，为工程顺利开展提供了重要保障。

（3）采用 APP 技术实时采集数据，形成数据采集、分析及反馈实时化

本工程人工沉降、水平位移监测数据采集采用北京市勘察设计研究院有限公司自开发 APP 进行，通过 APP 实时采集系统，实现了监测数据实时上传与反馈，该项技术的应用实现了监测数据自动化处理，避免人工数据处理带来的数据滞后问题，提高了数据处理、分析效率。

（4）采用激光扫描技术对沿线重要桥梁进行道路探测并对道路进行平整度检测

本工程采用激光扫描技术对沿线重要桥梁进行道路探测并对道路进行平整度检测，该装备为配备了激光传感器、加速度计和陀螺仪的测定车，具有先进的数据采集系统和处理系统。该技术与路面无接触测量，测试速度快、精度高。

（5）采用改进的监测点，获得监测点保护装置等多项专利，以满足长期监测的要求

本工程监测周期长，需要在施工阶段和通水后两年持续监测，在实施过程中，项目组采用特制水平位移点进行监测，满足工程监测要求，取得良好效果。

针对本工程盾构下穿时地面沉降监测点因现场条件不易保护的情况，项目组研制一种套筒式沉降监测点装置和一种道路监测点保护装置，并取得两项专利技术，有效提升了监测点的稳定性和成功率。

针对桥梁倾斜监测，项目组研制了棱镜监测点装置，大大提升了监测效率和质量。

# 7 结语

本工程顺利通过业主的验收，质量综合评定为优良，无不合格项，取得了很好的社会效益。

通过在施工过程中对结构自身和周边环境进行监测，使各参建方能够及时掌握结构及周边环境安全状态，配合监测和巡视预警的发布，避免了风险事件的发生，保证了施工的顺利进行并为业主节约了工期，创造了可观的经济效益。

（1）盾构穿越道路、桥梁期间，静力水准、应力自动化监测系统精度高、自动化性能好，实现了对桥梁变形的实时监测，解决了交通繁忙路段人工监测无法实施的限制，并可较好地反映出施工影响，能够满足盾构施工对监测数据即时、高效反馈的要求。

（2）本工程建立的自组网+4G 技术自动化监测系统、实时采集系统、激光平整度扫描技术，实现了监测数据自动化处理，提高了监测数据的处理分析效率，极大提高了作业生产的效率与准确性，推动了安全风险监测的信息化、智能化。

（3）本工程综合采用先进的自动化监测和检测技术，高效完整地监测盾构施工期间与隧道运营关键阶段的全过程变形、应力数据信息，使施工方能够根据监测数据及时采取相应措施，对变形超标部位及时采取措施进行控制，对保障施工期间周边道路、管线、建（构）筑物和桥梁的安全具有重要的指导作用，突显了开展综合风险监测工作的必要性与社会效益。

# 某游乐场项目软基堆载预压监测实录

王爱俊

（上海山南勘测设计有限公司，上海市）

## 1 引言

堆载预压加固软土地基，为了保证地基加固过程中堆载体和周围土体的安全稳定，需要控制施工加载期的加载速率及荷载维持的时间。通过监测数据可对软土地基加固施工的过程实现动态监控，通过对监测数据采集、分析及时了解加固效果和存在的问题，通过对监测到的异常数据分析，发现施工过程可能出现的险情并及时预报，从而保证地基加固过程中的地基稳定性。

本文结合上海市金山区某堆载预压加固软土地基工程监测实例，研究堆载预压对周围土体变形影响情况。

## 2 工程概况

该项目位于上海金山区枫泾镇，占地面积达31.8万 m²，共分为 8 大片区。包含乐高中心大楼、积木街道、乐高积木等，覆盖全球其他乐高乐园经典游乐项目。施工共包含：场地清表、暗浜处理、地基处理、场地填筑。地基处理根据场地规划建设要求，分区采用堆载预压处理。采用堆载预压法进行处理，处理总面积 112952m²。竖向排水通道选用塑料排水板，正三角形布置，板间距 1.3m，水平排水通道采用两层塑料排水垫。

堆载预压有效的预压时间不小于 6 个月，堆载预压完成标准：Ⅰ区施工期总沉降不小于 300mm 或地基固结度 ≥90%；Ⅱ区施工期总沉降不小于 400mm 或地基固结度 ≥90%。

## 3 岩土工程条件

场地的土层如下：

①₁层素填土：以黏性土为主，结构松散，不均匀，层厚 1.0～2.1m，平均厚度 1.51m，灰色/灰黄，松散状，以黏性土为主，含植物根茎，少量碎石子及贝壳碎屑，结构较松散，不均匀，全场分布。

①₂层浜填土：含有机质和腐殖物，土质差，层厚 0.9～1.8m，平均厚度 1.3m，灰/灰黑色，松散状，夹碎石子、砖头等，含有机质及腐殖物，土质差；局部分布。

②层粉质黏土：可塑状，中压缩性，层厚 1.3～1.9m，平均厚度 1.63m，灰黄，湿，可塑状，中压缩性；土质自上向下逐渐变软，局部缺失。

③₁层淤泥质粉质黏土：饱和，流塑状，高压缩性，层厚 6.9～12.6m，平均厚度 9.58m，灰色，饱和，流塑状，高压缩性，含有有机质、云母，夹薄层状粉性土。全场分布。

③₂层粉质黏土夹黏性土：饱和，松散，中压缩性，层厚 6.9～12.6m，平均厚度 9.58m，灰色，饱和，松散状，中压缩性；含云母，夹较多黏性土，土质不均。呈透镜体分布。

③₃₋₁层黏土：软塑状，高压缩性，层厚 3.2～8.2m，平均厚度 5.74m，灰色，很湿，软塑状，高压缩性；含有机质、云母，夹薄层状粉性土，局部缺失。

③₃₋₂层粉质黏土：软塑状，高压缩性，层厚 3.2～8.2m，平均厚度 5.74m，灰色，很湿，软塑状，高压缩性；含有机质、云母，夹薄层状粉性土，局部缺失。

⑥₁层粉质黏土：可塑状，中压缩性土，层厚 1.6～12.8m，平均厚度 4.9m，暗绿—草黄色，湿，可塑状，中压缩性；局部缺失。

场地内广泛存在软土层，分布厚度厚薄不均。场地东北侧存在暗浜/塘，东南侧大部分区域原为明浜，后期经清淤回填处理后形成现厚①层填土，该区域厚填土主要以素填土为主，地基承载力低。场地内存在厚度分布不均，且局部厚度较深的软弱土层，③₁淤泥质粉质黏土压缩模量仅 2.7MPa，③₃₋₁黏土压缩模量仅 3.5MPa，均为高压缩性土层，软弱土层最大厚度达 31m（图 1）。

可能发生较大的长期沉降和差异沉降，影响上部建（构）筑物、道路和景观的正常使用。地基承载力特征值 $f_{ak}$ 值一览表如表 1 所示。

地基承载力特征值 $f_{ak}$ 值一览表 表1

| 层 序 | 土层名称 | 直剪固快峰值强度 | | $P_s$值/MPa | 地基承载力特征值$f_{ak}$/kPa |
| --- | --- | --- | --- | --- | --- |
| | | $c$/kPa | $\varphi$/° | | |
| ①₃₋₁ | 吹填土（淤泥质粉质黏土夹黏质粉土） | 14 | 14.6 | 0.19 | 25 |
| ①₃₋₂ | 吹填土（黏质粉土） | 5 | 30.3 | 1.69 | 50 |
| ③₁ | 淤泥质粉质黏土夹砂质粉土 | 15 | 16.1 | 0.55 | 60 |
| ③₁ⱼ | 砂质粉土 | 5 | 31.0 | 1.90 | 90 |
| ③₂ | 砂质粉土 | 5 | 30.6 | 2.14 | 100 |
| ③₃ | 黏土 | 14 | 16.3 | 0.88 | 70 |
| ⑤₁ | 黏土夹黏质粉土 | 14 | 18.2 | 0.98 | 75 |

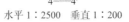

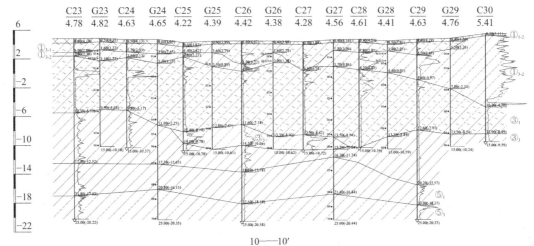

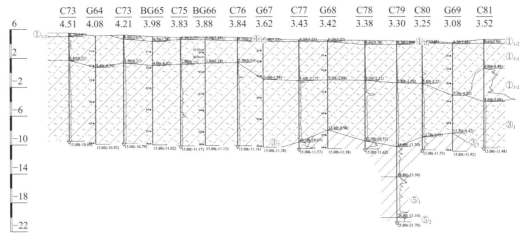

图1 场地典型工程地质剖面

## 4 方案的实施

### （1）排水施工

排水施工主要包括水平、竖向排水系统两个部分。采用土工复合排水垫作为水平排水层，排水垫坡度应不小于0.3%，确保水能排出至排水沟内。排水垫共铺设2层，两层排水垫之间按照20m×20m的间距纵横向布设200mm直径的PVC滤管，作为排水盲沟。土工复合排水垫的单位面积质量不少于880g/m²，纵向拉伸强度不小于18kN/m，平面通水量不小于0.3L/（m²·s）；反滤层为聚丙烯长纤无纺土工布，单位面积质量不少于 120g/m²，拉伸强度不少于 8kN/m，CBR 顶破强度不小于 1400N，动态穿孔不大于 33mm，垂直渗透流量不小于 100L/（m²·s），等效孔径 110um。土工复合排水垫应宽出最外侧排水板 0.5m 以上，排水垫铺设完成后，大型施工机械不得直接在排水垫上行走。

竖向排水体采用原生 C 形塑料排水板，截面 100mm×4.5mm，按照正三角形布置，间距为 1.3m，塑料排水板插入深度根据淤泥层厚度确定，堆载预压 I 区塑料排水板长度 20m，堆载预压 II 区塑料排水板长度 20m。排水板芯板应具的抗拉强度和垂直排水能力，塑料排水板纵向通水量不低于 40cm³/s，滤膜渗透系数不小于 $5×10^{-4}$cm/s；复合体（芯带）的抗拉强度不小于 150N/cm，滤膜的抗拉强度（纵向）干态延伸率 10% 时不小于 30N/cm，抗拉强度（横向）延伸率 15% 试件在水中浸泡 24h 时不小于 25N/cm；整个排水板应反复对折 5 次不断裂才可使用。

（2）堆载施工

堆载所用的土方为正在建设中的工地调配（图 2）。回填土采用静力碾压，应选用 12～18t 光轮压路机，碾压遍数不小于 8 遍。具体施工参数应根据现场试验确定，场地形成阶段填筑体压实系数不小于 0.93（轻型击实）。

图 2　地基土方堆载设计标高

（3）监测实施

堆载预压加固软弱土的基本原理是基于太沙基的有效盈利原理，通过提高总应力引起孔隙水压力的增加，产生超静孔压使土体中孔隙水通过排水通道排出，从而使土体密实，增加土体抗剪强度。为查明孔隙水的消散规律和堆载过程中土体是否会发生剪切变形，在堆载过程中设置地表竖向位移、孔隙水压力、地基分层竖向位移观测、地基深层水平位移（测斜）监测等，施工过程中根据监测数据成果，科学指导加载速率（图 3）。

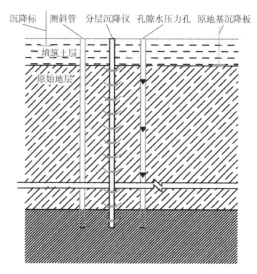

图 3　监测剖面示意图

## 5　监测数据成果分析

### 5.1　监测布置方案

为了取得软土地基处治过程中软土层的变形情况，掌握地基土的固结情况，检验处置效果，在加固区域设置监测点情况见表 2。

**监测点数量统计一览表**　　　　表 2

| 序号 | 项目 | 数量 | 堆载 I 区 | 堆载 II 区 | 备注 |
|---|---|---|---|---|---|
| 1 | 地表竖向位移监测（原地基沉降监测） | 43 点 | 30 | 13 | |
| 2 | 填筑地表竖向位移监测 | 15 点 | 11 | 4 | |
| 3 | 地表水平位移监测 | 15 点 | 12 | 3 | |
| 4 | 地基分层竖向位移观测 | 22 孔 | 15 | 7 | 孔深 25m |
| 5 | 地基深层水平位移（测斜）监测 | 15 孔 | 12 | 3 | 孔深 25m |
| 6 | 孔隙水压力监测 | 13 孔 | 9 | 4 | 孔深 25m |
| 7 | 建筑物沉降监测 | 380 点 | | | |

## 5.2 地表沉降监测

地表沉降监测的主要目的是监测沉降板以下土层在堆载作用下的沉降量及其随时间的发展变化过程。既可以判断填土加载速率的安全合理性，又可以通过对监测数据结果分析计算出软土的实际固结度，确定合理的卸载时间。地表竖向位移监测采用沉降板，通过水准仪进行高程观测。沉降板由钢板底座、金属测杆、套管、护肋等组成，要求整体结构平稳可靠。沉降板下方设置砂垫层保证平整密实；沉降板底板一般面积40cm×40cm、厚度4～6mm钢板组成，金属测杆直径为25mm或38mm，保护套管一般为PVC管。沉降板测杆长度根据堆载高度向上延伸，确保不影响正常测量。根据设计资料，原始地表标高3.2m，最终堆载标高为：堆载预压Ⅰ区5.0m、堆载预压Ⅱ区5.8m。堆载预压高度为：Ⅰ区1.8m；Ⅱ区2.6m。测杆长度应能保证分层堆载时方便连接测杆、保证测量要求。

选取Ⅰ-Ⅰ区沉降数据来分析，2022年9月1日开始填筑堆载开始，截至2022年11月10日共观测约两个半月，变形时程曲线如图4所示。

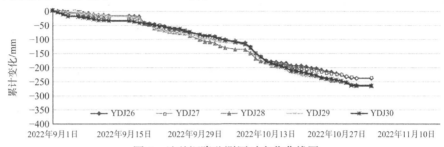

图4 地基沉降监测历时变化曲线图

结合上图的监测数据可以得出如下分析结果：

每施加一级荷载时，沉降量和沉降速率均有明显增大，从观测数据看最后连续7d的沉降速率处于稳定状态，平均速率为3.714mm，符合设计要求。

## 5.3 地表水平位移情况

堆载预压中地表水平位移监测一般指边桩水平位移监测。边桩位移的监测能有效地监控堆载预压加载过程的安全状况，发现问题及时采取合适的加固措施。边桩一般为混凝土预制桩或木桩，长度超过1.5m（埋设深度不少于1.2m），断面为正方形或圆形，边长或直径为10～20cm；桩顶有圆头。位移观测点采用混凝土浇筑基础，表面同原地面齐平，上刻有"十"对中标志。

观测数据显示，预压期最大位移量$\Delta X$：14mm；$\Delta Y$：-11mm。监测期间未出现边桩位移日变化量超过5mm，位移变化速率在堆载期间明显增大，但整体的变化速率仍较小，稳定性属于受控状态。

## 5.4 孔隙水压力监测

孔隙水压力监测主要是了解孔隙水压力增长与消散过程情况，控制堆载施工速度。选取选取Ⅰ-Ⅰ区KX8-1～KX8-8相应的孔隙水压力监测点来分析，绘制时程曲线如图5所示。

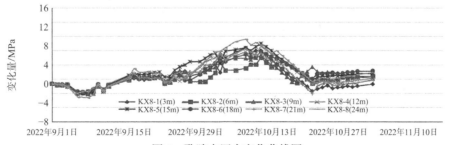

图5 孔隙水压力变化曲线图

结合图5的监测数据可以得出如下分析结果：

孔隙水压力对堆载加荷较为敏感，当监测点为堆载加荷后，各个土层的超孔隙水压力增长明显，在加载期间，孔隙水压力值逐渐增大，在荷载加载的停歇期间，孔隙水压力有所消散，变化曲线呈现出锯齿状，在堆载加荷施工结束后孔隙水压力出现最大值，堆载完成后逐渐降低，即孔隙水压力逐渐消散。另外，浅层土体中的超孔隙水压力明显大于深层土体，各个土层的压力增长、消散规律基本一致，说明塑料排水板的效果良好。

## 5.5 分层沉降监测

加固中各土层沉降量的大小可直观地反映出经过加固、该土层的压缩量和压缩程度，从而判断出有效加固深度。统计各加固区域分层沉降监测数据结果见表3。

表 3

**地基分层竖向位移分层沉降监测结果**

| 施工区域 | 测点编号 | 累计量/mm | 位置/深度/m | 警戒值 | |
|---|---|---|---|---|---|
| | | | | 日变量/mm | 累计量/mm |
| Ⅰ-Ⅱ区 | FC2-1 | −194mm | 2m | ±10mm | ±200mm |
| Ⅱ-Ⅱ区 | FC8-1 | −166mm | 2m | ±10mm | ±200mm |
| Ⅰ-Ⅰ区 | FC12-1 | −178mm | 2m | ±10mm | ±200mm |
| Ⅱ-Ⅰ区 | FC21-1 | −262mm | 2m | ±10mm | ±200mm |

地基分层竖向位移分层沉降监测变形量主要出现在土方堆载碾压施工期间，变形位置主要集中在原地基下 2～10m 位置。从软土的压缩变形规律看，从地表到软土深部，各环的沉降量应该是依次减小，这是满足地基附加应力随深度而减小的规律。

# 6 工程经验

（1）土体分层沉降监测过程中出现下面环的沉降量大于上面一个环的沉降量，出现此类问题一般都是由于沉降管的不连续、不光滑或沉降环的埋设不当、磁环的爪没有弹性、上下磁环之间没有进行可靠、密实的土料填充等造成，导致监测的结果不可靠，无法反映预压的实际情况。[1]

（2）根据边桩水平位移监测成果，在堆载预压期间，浅层土体的水平位移累计值不大，变化速率较小，说明预压施工期间下卧土体基本稳定，符合设计要求。

（3）根据孔隙水压力监测成果，地基中某点的超静孔隙水压力以一定的速率随着地面上的荷载而线性地增长，直达到某个临界荷载使该点的土发生局部屈服。

（4）本工程采用塑料排水板堆载预压法对软土地基工程进行处理，在预压过程中对地基变形及孔隙水压力等进行系统的观测，监测较为合理的反映了堆载预压法加固软土地基过程中，软土固结沉降、孔隙水压力等的变化情况，起到了信息化施工、控制堆载施工速率等的作用，达到了监测的预期目的，可为同类工程提供可借鉴的经验。

## 参考文献

[1] 娄炎，何宁. 地基处理检测技术[M]. 北京：中国建筑工业出版社，2015.

# 白龙港污水处理厂提标改造工程物探探测实录

徐四一　徐　冰　张　旭　惠冠军

（上海山南勘测设计有限公司，上海　201206）

## 1　项目背景

为加快我国水污染现状的改善，2015年4月国务院颁布了《水污染防治行动计划》，对我国的水污染治理明确提出了十条具体要求，其中第二条"强化城镇生活污染治理"中就明确要求敏感区域（重点湖泊、重点水库、近岸海域汇水区域）城镇污水处理设施应于2017年年底前全面达到一级A排放标准。

《水污染防治行动计划》颁布后，上海市政府立即给予了积极的响应，为落实《水污染防治行动计划》，上海市环境保护局、上海市水务局、上海市农业委员会于2015年5月20日联合颁布了《关于本市贯彻落实国家"水十条"近期重点工作安排的请示》，明确提出白龙港污水处理厂水质标准需提高至一级A标准。

白龙港污水处理厂作为亚洲最大的污水处理厂，坐落于上海市浦东新区合庆镇龙东支路1号，其运行质量和处理效果对完成本市"十三五"减排任务有举足轻重的作用，因此白龙港污水处理厂出水标准的提高应对上海市完成污染削减总量的新目标尤为重要。

## 2　项目范围和内容

### 2.1　项目范围

根据2016年的二期提标改造要求，提标改造规模为280万m³/d。对现有200万m³/d二级出水标准处理设施及80万m³/d一级B出水标准处理设施进行提标改造，完工后全厂污水处理出水水质达到一级A标准，利用现有一级强化处理设施

处理溢流污水。工程规划新增三块用地，总面积约为61.53ha（图1虚线所示）。

图1　白龙港污水处理厂二期、三期提标改造范围

2021年3月，根据白龙港污水处理厂三期提标改造的设计要求，将新建70万m³/d水处理设施和112tDS/d泥处理设施。扩建后白龙港污水处理厂处理规模将达350万m³/d，出水达一级A标准。招标工程主要内容：本工程拟对厂区内填埋场80万t污泥进行腾库处理，利用填埋场及厂内用地新建70万m³/d水处理设施和112tDS/d泥处理设施，并对水、泥、气统筹考虑，一并处理达标。扩建后，白龙港污水处理厂处理规模将达350万m³/d，出水达一级A标准。三期投标改造的工区范围见图1。

### 2.2　项目内容

本次项目的主要内容是对提标改造工程范围内所有地下管线以及地下障碍物进行探测。查清物探范围内各类地下管线分布情况，以便为设计方案的最终确定提供基础资料，同时为管线的搬迁和保护提供相关依据。还需要查清物探范围内可能影响项目建设的地下障碍物分布，如各类建（构）筑物的基础形式和埋深，特别是桩基础，应查明其平面位置、桩型、顶底标高等参数，以便为

获奖项目：2022年全国地理信息产业优秀工程银奖。

设计方案的最终确定提供基础资料，同时为地下障碍物的处置和保护提供相关依据。

## 2.3 项目重难点分析

### 2.3.1 项目重难点

根据历年来做过的管线探测、地下障碍物探测的工作经验，本项目工程物探工作的重点在于测区内地下障碍物和厂区内的重大管线探测，包括老围堤、暗沟、拆除建筑的基础及进厂污水总管、厂区内污水箱涵等的精确定位，因此在探测工作中必须引起高度重视。

项目的探测难点在于针对地下管线和障碍物物探探测方法的选择。测区为填海造陆形成，浅地层层分型较差，地下水埋深较浅。所以，在选择方法时，应先验证该方法的区域适用性，再进行全面探测。

### 2.3.2 解决措施

针对测区内的地质情况，跨孔电阻率 CT 受两种情况的影响相对小，可在本工程中重点采用。与地表电阻率探测相比，电阻率跨孔 CT 采用跨孔"透视对穿"的观测方式，探测点更接近勘探目标体，因此可获取与孔间介质地电结构密切相关的大量有用数据，信号是地电异常体的直接反映。在复杂的探测环境中，电阻率跨孔 CT 可深入地层，避开各种电磁干扰，从而取得良好的精细探测效果。还有井中磁梯度探测方法，对桩基础及深埋金属管线探测也是较适宜的方法。两种方法的钻孔可充分利用勘察孔，既减少探测成本，又能加快工程进度（注意探测后封孔）。

另外，要做好重点、难点的探测工作，必须充分利用原有资料，并结合实地调查，遵循从已知到未知的原则，先进行资料收集，再利用现有资料，充分利用综合物探方法，更准确地确定管线及障碍物的位置。为保证地下管线的探测精度，除严格按规程要求的手段控制探测精度外，还须着重采取积极的探测措施，尽力保证和提高探测精度。

## 3 项目技术设计

### 3.1 技术路线

地下管线探测包括明显点调查和隐蔽点探测两部分，明显点主要采用调查和直接量测的方法进行；隐蔽点主要采用仪器探测的方法进行，其中金属管线采用地下管线探测仪，非金属管线采用地质雷达进行探测，下面着重叙述隐蔽点探测部分。

地下建（构）筑物是指测区内现有建筑物基础、地下构筑物等影响本工程设计、施工的物体。地下建（构）筑物的调查主要采用搜集资料、现场调查、仪器探测的方法进行，对已搜集的资料也应用现场调查、仪器探测的方法予以验证。仪器探测一般采用地质雷达和高密度电法等综合物探方法完成，必要时采用多种物探方法予以验证。本项目技术路线如图 2 所示。

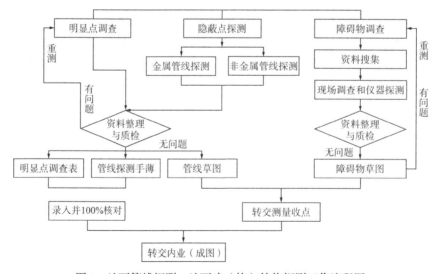

图 2　地下管线探测、地下建（构）筑物探测工作流程图

## 3.2 技术方法

根据技术路线，现场作业可分为：现场踏勘、管线探测、障碍物探测、异常验证、复核勘测等步骤。针对地下管线及障碍物，采用管线仪探测法、探地雷达法、高密度电法、瞬变电磁法、跨孔电阻

率 CT 法、孔中磁梯度等物探方法进行探测。明显管线点采用实地调查和量测的方法，隐蔽点管线点采用仪器探测的方法，其中燃气管线、上水管线、排水管线和工业管线主要采用孔中磁梯度法、跨孔电阻率 CT 法、探地雷达法和高密度电法；电力、信息等浅埋金属管线主要采用电磁法管线仪探测，详见表 1。

外界环境中的干扰源对管线的电磁法探测精度也有很大影响，这些干扰主要来自：高压线、岸边的铁栅栏、铁质的广告牌、邻近污水处理设施（金属材料）、水下的铁质杂物等。因此，在实际探测时，采用多种方法综合探测，并辅以多次测量的方式，确认是否为管线，以及管线的位置和埋深。为保证地下管线的探测精度，除严格按照规程要求探测精度外，还须着重采取积极的探测措施，尽力保证和提高探测精度。

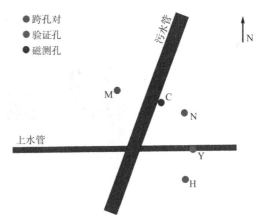

图 3　污水管及上水管平面位置、钻孔位置图

根据污水管 MN 对孔跨孔电法 CT 探测成果图可以看出，在 11 米深度时有一高阻异常，且该高阻异常自成一封闭"圈闭"，推测为 φ2000 污水管。NH 对孔进行跨孔电阻率 CT 探测，在深度 15m 见有一异常高阻响应特征，推测为 φ800 上水管（图 4 左图、中图）。

为了验证跨孔高密度电法探测的效果和准确性，在推测的 φ2000 污水管位置钻 C 孔、推测的 φ800 上水管钻 Y 孔进行验证。钻进结果表明，在污水管平面位置附近钻探 C 孔时，在钻进 11m 位置处钻头钻遇某一硬性混凝土体，但可以继续钻进至 15m 深度，进行磁梯度测试，显示的磁异常深度位置与 MN 跨孔高阻异常深度位置是一致的（图 4 右图为磁测成果）。

同理，针对 φ800 上水 PE 管进行钻孔验证，在钻至 13.8m 深度时钻遇 PE 管，与 NH 跨孔电阻率探测结果吻合。

#### 4.2　瞬变电磁探测污泥技术

根据白龙港污泥暂存场污泥处理工程任务书的要求，对测区内的 9 个污泥池进行物探探测，查明测区内各污泥池水泥分界面、水深及分布范围，为后续污泥池污泥处理提供数据依据。

瞬变电磁法采用重庆奔腾数控技术研究所的 WTEM-2Q 瞬变电磁勘探系统。线圈采用 3m 电磁勘重叠回线装置，点距为 1m，共完成 16 条测线。图中标注的水深位置为测线与就近气孔垂直处，作为污泥池水深、池深参考。

根据 1 号池测线 1-1、测线 1-2、测线 1-3 反演结果可获得，1-1 出气孔附近水深 2.1m、池深 5.46m，1-3 出气孔附近水深 2.4m、池深 5.25m，1-4 出气孔附近水深 2.06m、池深 5.34m，1-6 出气孔附近水深 2.47m、池深 5.5m。图 5 为测线 1-2 为

地下管线及障碍物探测方法一览表　表 1

| 探测对象 | 探测方法 | 应用范围 |
|---|---|---|
| 地下管线、障碍物、建（构）筑物垃圾、生活垃圾、污泥池污泥等探测 | 实地调查 | 明显点（地表可见）管线、障碍物等 |
| | 电磁法（管线仪探测） | 浅埋金属管线 |
| | 电磁法（大功率管线仪） | 上水、燃气等铸铁管 |
| | 探地雷达 | 浅埋大口径管道、障碍物等 |
| | 高密度电法 | 大口径管道、障碍物、垃圾土等 |
| | 瞬变电磁法 | 填埋场污泥 |
| | 磁梯度法 | 含金属大埋深管道、障碍物探测 |
| | 跨孔电阻率 CT 法 | 大埋深管道、障碍物 |
| | 机械法 | 钎探等验证上述方法的探测结果 |

## 4　关键技术及应用效果

### 4.1　大埋深管道跨孔层析成像探测技术

工区范围内有两个平面上相交的大埋深上水管和污水管，其中污水管口径为 φ2000、走向为 EN-WS、材质为钢筋混凝土管；上水管口径为 φ800，材质为 PE，为东西走向；在两管平面相交位置钻孔 M、N、H 三个孔，每孔深度为 20m，其中 MN 对孔对 φ2000 污水管进行跨孔电阻率 CT 探测、NH 对孔对 φ800 上水管进行跨孔电阻率 CT 探测（图 3）。

1 号池中瞬变电磁法探测典型反演成果图。从图可知，电阻率等值线规则、稀疏、完整，能有效反映水-泥界面、池底界面。综合分析，1 号池水深在 2.2m 左右，池深 5.5m 左右。

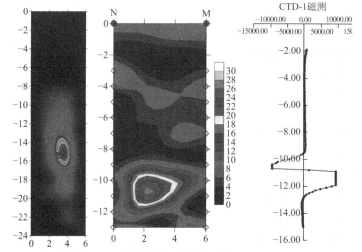

图 4    NH（上水管）、NM（污水管）跨孔探测成果及 C 孔磁梯度探测对比图

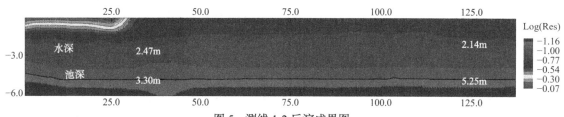

图 5    测线 1-2 反演成果图

## 4.3    基于 Voxler 平台异常定量分析

白龙港污水处理厂 5 号地块位于 2 期提标改造某路南侧，地块面积约 7349m²，地块近方形，地块边长约为 88m。该场地原为上海某塑料化工厂，经过回收整治，现场地为一空地，地表为回填土覆盖。

依据现场条件及场地面积、长宽等，场地内布设了 11 条测线，其中近南北走向测线 5 条、近东西走向测线 6 条，每条测线电极距为 1.5m，采用温纳装置进行数据采集。

同理，分别对这 11 条电法测线先进行反演处理，并通过每个电极点的地表坐标求取地下勘探点的空间坐标，按照剖面—地层切片—三维等值面体分别进行定性及定量异常体识别与分析，见图 6～图 9。

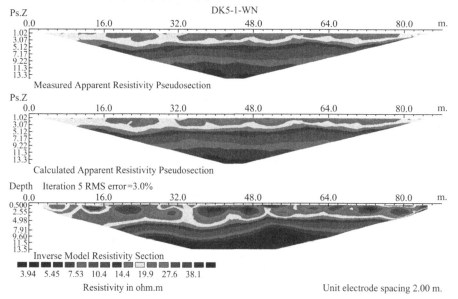

图 6    5 号地块编号 1 测线电法反演剖面成果图

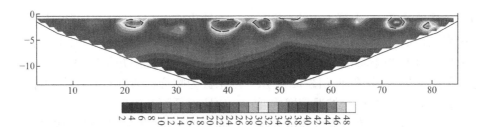

图 7　5 号地块编号 1 电法测线地下异常边界识别剖面图

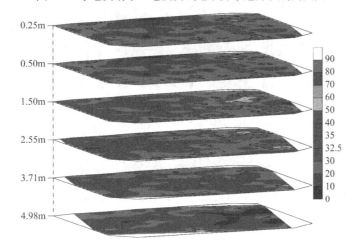

图 8　5 号地块不同视深度地层切片异常识别成果图

图 9　5 号地块地下异常体三维展布图

根据定性及定量技术识别，共识别出地下高阻异常体 8 处，编号为 A～H（图 10），且每个异常响应较为分散，且其分布边界不规整。

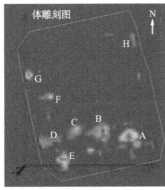

(a) 高阻异常体渲染平面图

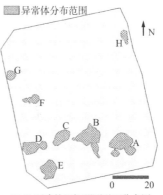

(b) 地下建筑垃圾预测平面分布图

图 10　5 号地块地下建筑垃圾预测平面分布图

从定量计算可以看出，该地块识别出的高阻异常体总面积约为 475m²、体积方量约为 818m³，顶底埋深在 0.25～2.50m 之间。

结合地块历史调查，推测地下的高阻异常体

可能主要为填埋的建筑垃圾（如混凝土碎块、碎石等）和残留的废弃硬化地面或路面。

根据探测成果，对地块南部预测出的 A、B、C、D 四处高阻异常区进行开挖验证（图 11），从开挖结果看，在距地表深度 45cm 处挖遇填埋的混凝土碎块及碎石，在 C 处挖遇有废弃的残留混凝

土硬化地面（图 11）。从开挖出的地下建筑垃圾现场观察，其建筑垃圾大小不均，且类型多样，且其填埋时边界范围并不规整，这些与电法探测的结果极为吻合，另外对开挖出的建筑垃圾及残留硬化地面平面及深度分布测量，与电法探测出的该四处地下高阻异常体预测结果较为吻合。

图 11　白龙港污水处理厂 5 号地块现场开挖验证照片

## 5　结语

本项目通过对工区地下管线及障碍物的排查，全面、准确地掌握了白龙港污水处理厂提标改造工区的地下管线及障碍物基础数据，为白龙港污水处理厂的提标改造工程消除了设计和施工的隐患和风险，并为项目的工程预算提供了决策依据。地下管线及障碍物探测成果为白龙港污水处理厂未来提标改扩建的规划、设计、指导后续的施工和全生命周期运营管理提供了基础数据支持，同时管线探测成果也为管线权属单位进行管线数据系统更新和修正提供了翔实的数据。

在本项目实施过程中，提出了三项关键技术：

（1）针对大埋深地下管道或障碍物，提出跨孔高密度电法层析成像并结合孔中磁梯度法精细标定，对大埋深、含金属地下管道或障碍物精确定位、定深探测；

（2）针对厂区内有地覆膜的污泥池，采用水上浅层瞬变电磁法探测，并结合勘察钻孔取芯分析资料，实现"钻孔-剖面"精细标定，对瞬变电磁反演数据进行标定、解释，确定污泥池水-泥界面及污泥厚度、埋深等；

（3）在对高密度电法物探数据异常智能识别的基础上，基于 Voxler 软件平台对地下障碍物、地下建筑垃圾等进行顶底埋深、平面分布及体积方量相关参数进行定量计算。

# 工程实践专题研究

# 非开挖技术穿越南水北调管线施工实例

李玉龙　王晓冬　杨逸帆　王　康

（北京航天地基工程有限责任公司，北京　100071）

## 1　引言

非开挖技术在市政排水、通信电缆、燃气管道以及电力电缆等地下管线施工建设中已得到成功广泛的应用。尤其对于穿越重要的构筑物如南水北调、西气东输等地下管道时，如若直接在其上方进行开挖施工作业会造成地下埋设的重要管道上方覆土压力减小，产生不均匀变形。下穿前综合考虑了工程地质和水文地质情况并重点确定相关主要的施工参数，如：入土角度值、泥浆相对密度、管道穿越地层土质类别、回拖完成后的地表沉降预警（报警）值等。施工完成后，根据对地表设置的沉降观测点观测数据，地表无沉降变化，取得了较好效果。

## 2　工程概况及地质、水文概况

### 2.1　工程概况

保定市南水北调工程的输水管线由天津干渠口头分水口取水，接至雄县城区地表水厂，管线长11.159km，输水方式为有压流，流量为0.49m³/s，主要采用DN800的钢塑复合管和DN800的球墨铸铁管。该南水北调输水管线相对埋深为1.91～2.03m，按照南水北调管理办要求[1]，下穿的管线距离南水北调管线垂直净距不得小于8.0m，定向钻的入（出）土点位置距离南水北调管线水平净距不小于80m。

本工程水源地管网4号、5号支管需要下穿南水北调输水管线[2]。支管管径d = 315mm，管材采用聚乙烯（PE100级）管，管压为1.6MPa，采用热熔连接。两条支管下穿施工平面长度均为158.52m。

### 2.2　地质与水文地质条件

根据勘察报告，施工地点地层情况为：

（1）人工填土层

①层：素填土，褐黄色，松散，稍湿，以黏性土为主，土质不均，含植物根系，为农田耕土。①₁层：素填土，褐色，松散，稍湿，以黏性土为主，少量砖渣，含植物根系。本层层厚0.3～3.6m，层底标高为5.78～9.79m。

（2）第四纪一般沉积层

②层：粉土，褐黄色，中密—密实，稍湿—湿，含有云母及氧化铁，局部含粉质黏土夹层，土质不均。本层层厚0.3～4.9m，层底标高为2.81～7.66m。③层：粉质黏土，黄褐色—灰黄色，含水率29.1%，可塑，含有机质、氧化铁及少量姜石，偶见螺壳，土质不均，局部含粉土夹层。③₁层：黏土，黄褐色—灰色，含水率34.3%，可塑，含有机质及粉土团，偶见姜石，土质不均，局部含粉土夹层。本层层厚0.8～6.1m，层底标高为-1.34～5.93m。④层：粉土，黄褐色—灰黄色，中密—密实，湿，含氧化铁及姜石，土质不均，局部含粉质黏土夹层。④₁层：粉砂，黄灰色，中密，稍湿，主要组成成分为石英、长石，含云母。本层层厚0.3～7.2m，层底标高为-6.79～1.0m。⑤层：粉质黏土，浅灰色—黄褐色，含水率23.6%，可塑，含氧化铁及姜石，土质不均，局部夹粉土薄层。本层层厚0.5～7.8m，层底标高为-9.70～-1.10m。⑥层：粉土，褐黄色，中密—密实，湿，含云母、氧化铁及姜石，土质不均，夹黏土团块。⑥₁层：粉质黏土，灰褐色—褐黄色，含水率23.7%，可塑，含有机质、氧化铁及姜石，土质不均。⑥₂层：粉砂，黄褐色，密实，湿—饱和，主要组成成分为石英、长石，含云母。本层层厚0.5～12.4m，层底标高为-16.50～-4.80m。⑦层：粉质黏土，黄褐色，含水率24.3%，可塑，含氧化铁，偶见姜石，土质不均。本次勘察在25.0m深度内未钻穿该层。

根据勘察报告，施工地点存有两层地下水，第一层地下水主要赋存于⑤层中，其稳定水位埋深为10.5～11.2m，地下水类型为上层滞水，水量不大，以大气降水及管道渗漏补给为主，年升降幅度受季节变化影响很明显。第二层地下水主要赋存于⑥层粉细砂中，其稳定水位埋深为 13.40～18.00m，水量较大，属以地下径流、越流补给为主，其水位年变化幅度一般 1.00～1.50m。施工场地工程地质条件见表 1。

各土层主要物理力学性质指标 表 1

| 地层层号 | 地层岩性 | 揭露地层厚度/m | $\rho$/（g/cm³） | $c$/kPa | $\varphi$/° |
|---|---|---|---|---|---|
| ① | 素填土 | 0.3～3.6 | 1.85 | 5.0 | 5.0 |
| ② | 粉土 | 0.3～4.9 | 1.90 | 15.7 | 22.5 |
| ③ | 粉质黏土 | 0.8～6.1 | 1.95 | 20.0 | 16.0 |
| ④ | 粉土 | 0.3～7.2 | 1.87 | 16.0 | 25.0 |
| ⑤ | 粉质黏土 | 0.5～7.8 | 2.00 | 22.0 | 18.0 |
| ⑥ | 粉土 | 0.5～12.4 | 1.98 | 18.0 | 27.0 |
| ⑦ | 粉质黏土 | 未钻穿 | 2.00 | 24.0 | 20.0 |

## 3 施工施工方法和流程[3]

施工方法采用非开挖定向钻进牵引拖拉埋管技术。导向孔采用随钻仪定向钻进，控制钻头方向，使钻孔轨迹沿设计轴线延伸，钻进过程中根据地层和孔道内情况，随时调整护壁泥浆压力和性能指标，保证导向孔施工完成，再经 2 次逐级扩孔达到设计孔径，最后利用钻机回拖铺管就位，完成管道敷设的施工。

非开挖定向钻施工流程：开挖导坑→定向钻进（泥浆护壁）→管材热熔连接→扩孔（泥浆护壁）→回拖管道→施工结束。

## 4 施工工艺

### 4.1 施工准备

施工机械的选择：考虑到入土角度较小、下穿深度深、拖拽阻力大，因此采用了扭矩及回拖力都较大的 GBS-40 型非开挖铺管钻机，发动机功率220kW，动力头转速 0～120r/min，动力头扭矩20.5kN·m，额定给进力 400kN，额定回拖力400kN。钻杆直径89mm，6m 长标准杆件；扩孔钻头为 $\phi$300mm 和 $\phi$500mm。

导向坑施工：根据设计的管道位置，开设1.5m×2.0m 的样洞确定管位。在距离工作井 10～15m 处设一个造斜工作坑，在距末井 20m 处设一个拖管坑（结合发送沟开挖），保证水平导向钻机作业的穿越深度和长度。

泥浆制备：导向坑附近挖设泥浆池一个，容积不小于 70m³，用于泥浆配置和循环。为保证钻进过程中泥浆具有良好的流变性，较强的携带钻屑能力；良好的润滑性能，较低的摩擦系数；以及能够稳定孔壁，减少泥浆漏失的特性。结合实际地层情况，采用钠基膨润土泥浆。泥浆的漏斗黏度30s，pH 值保持在 8～9，泥浆密度值在 1.15g/cm³ 左右。

### 4.2 导向钻进

钻杆接入水平导向钻机，使钻杆在设计轴线上。施工中保持钻杆线性并控制钻进速度，控制地面沉降量在容许范围内。钻进过程严格控制钻头轨迹沿设计轴线前进，如偏差大于规定要求立即纠偏调整。对导向孔进行纠偏时，采取小幅度纠偏方式。钻杆线性直接关系到钻进速度及孔外压力变化，控制好钻压，避免压力过大，钻杆弯曲回转时敲打孔壁，造成孔壁失稳和钻具折断使钻进方向始终沿着设计轨迹延伸，随钻随测，及时校正钻孔；逐根钻进，直至钻头从拖管坑露出，导向孔施工结束，导向钻进见图 1。

图 1　导向钻进

### 4.3 泥浆护壁控制[4]

在钻进过程中应根据钻进情况配制优质的钻进泥浆以保护孔壁和平衡地层压力，也为扩孔、回拖污水管道时提供润滑、减阻的作用。因此通过控制泥浆的密度、黏度、动切力、失水性能指标和 pH 值等泥浆性能指标，实现优化钻进、减少孔内事故率发生的目标。施工中各阶段的泥浆性能指标见表 2。

各施工阶段的泥浆性能指标　　表 2

| 施工阶段 | 密度/（g/cm³） | 黏度/s | pH 值 |
|---|---|---|---|
| 导向钻进 | 1.10～1.15 | 30.0～32.0 | |
| 扩φ300mm 孔 | 1.10～1.20 | 32.0～34.5 | 8.0～8.89.0～9.5 |
| 扩φ500mm 孔 | 1.15～1.25 | 31.0～33.0 | 8.5～9.08.0～8.5 |
| 回拖管道 | 1.20～1.32 | 29.0～30.0 | |

### 4.4 管材热熔连接扩孔、回拖管道

管道热熔连接前检查管道切口表面平整，其倾斜偏差为管道直径的 1%，但不得超过 3mm。检查其表面是否有磕、碰、划伤，如伤痕深度超过管材壁厚的 10%，应予以局部切除后方可使用。热熔连接时将管材置于机架卡瓦内，使两端伸出的长度相当（在不影响铣削和加热的情况下应尽可能短），管材机架以外的部分用支撑物托起，使管材轴线与机架中心线处于同一高度，然后用卡瓦紧固。置入铣刀，首先打开铣刀电源开关，然后再合拢管材两端，并加以适当的压力，直到两端均有连续的切屑出现后，撤掉压力，略等片刻，再退开活动架，关掉铣刀电源，切屑厚度应为 0.5mm 左右，通过调节铣刀片的高度可调切屑厚度。取出铣刀，合拢两管端，检查两端对齐情况，管材两端的错位置不应超过壁厚的 10%，通过调整管材直线度和松紧卡瓦可予以改善，管材两端面间的间隙也不应超过壁厚的 10%，否则应再次铣削直到满足要求。将加热板表面的灰尘和残留物清除干净（应特别注意不能划伤加热板表面的不黏层），检查加热板温度是否达到设定值。加热板温度达到设计值后，放入机架，施加规定的压力，直到两边最小卷边达到规定值（0.1 × 管材壁厚 + 0.5mm）。将压力减少到接触压力，继续加热规定的时间。时间达到后，退开活动架，迅速取出加热板，其时间间隔应尽可能短，最长应超过切换时间。将压力上升至规定值熔接压力，保证自然冷却，冷却规定的时间后，卸压，松开卡瓦，取出连接完成的管材。管材热熔连接见图 2。

图 2　管材热熔连接

### 4.5 扩孔、回拖管道

导向孔成型后，取下导向钻头，安装反扩钻头、分动器，即可进行扩孔作业。在拖管坑一端的钻杆上，依次按设计方案装上不同规格的扩孔器，利用导向钻机回拉钻杆进行扩孔，直至将钻孔扩大至设计孔径。根据工程工艺设计要求，污水管道直径较小，扩孔施工采用 2 次逐级扩孔。扩孔时冲洗液采用优质膨润土泥浆，泥浆性能指标应满足设计和规范要求，以保证孔壁完整、光滑；因在扩孔完后会有粗粒砂沉于孔底，减小孔的有效直径，因此应适当增加泥浆密度，提高泥浆黏度。

待完成扩孔工序后，抽排空工作坑、接受坑内泥浆，热熔连接好的管材通过热熔方式连接在同材质、同规格的拖拽管头上，从接受坑下入，钻杆回拉钻杆时，控制管线回拖速度和钻杆扭矩前进。管材出露工作坑后，预留出一定的施工长度，切除连接的拖拽头。回拖完成后，管材两端做好封堵。为了有利管线回拖，回拖过程中增大泥浆排量，降低泥浆压力，从而保护孔壁，保证孔内有充足的泥浆。管道回拖完成见图 3。

图 3　管道回拖完成

## 5　注浆回灌

为防止管壁和周围土间脱空区发生沉降，管道

回拖结束后，立即对管道外孔腔进行回填注浆。定向钻施工管道回拖完毕后，管壁外留有孔腔，为减小后期南水北调配套管道地基沉降变形，保证南水北调配套管道安全，需要对定向钻外孔腔进行回填注浆。

在回拖管道时，一并拖入一根注浆管，注浆管为直径 50mm 焊管（花管），压力等级 1.0MPa，壁厚 3.5mm。回填注浆就是用回填注浆的水泥浆将定向钻施工的泥浆置换排除。回填注浆浆液采用水泥浆，水灰比 0.4，水泥采用 P·O42.5 普通硅酸盐水泥。注浆管出浆口应位于定向钻孔道总长度中间的高程最低点位置。回填注浆应在管道拖放完毕后，立即进行。回填注浆应连续进行，中间不可停歇，注浆压力不大于各穿越处设计泥浆压力，注浆流速一般控制在 5～10L/min，直至定向钻孔道口返出水泥浆为止，然后稳压 5～10min，确保孔壁空隙回填密实。注浆回灌示意图见图 4。

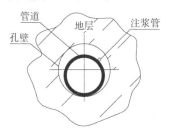

图 4　注浆回灌示意图

# 6　施工监测

在导向孔及回拖管道施工过程中，通过采用技术手段对施工场地建筑物及地下管线变形状况、施工管道上部路面变形状况等进行监测、分析，并对监测内容、目的、周期以及结果反馈进行了解，由技术人员依据监测数据进行观测项目曲线图的绘制、整理及分析、预测和评价，对于异常状况及时汇报，为现场施工提供最正确合理的指导，并及时对非开挖施工的技术措施进行相应的调整和加固，以确保施工的安全性。

根据设计要求和监测规范，对南水北调输水管线管道上方分别布置路面沉降观测点和周边建筑物沉降监测点，以及道路两侧分布的地下管线监测点。并根据不同施工阶段工况和天气情况增加监测频率，具体相关监测数据值参见表 3、表 4。

通过施工阶段的监测数据对比分析以及日常巡视情况观察，在进行导向钻进和扩孔回拖施工过程中，路面和地下管线变形状况均在设计和规范要求范围内。管道铺设完成后，经试验测试，满足规范验收要求[5]。同时持续对管道上方道路及地下管线等进行监测，监测数据满足要求，路面及地下管线无沉降现象。

路面沉降监测记录表（第 4 次）　　　　表 3

| 测点 | 初始高程/m | 上次高程/m | 本次高程/m | 本次变化量/mm | 累计变化量/mm | 变化速率/（mm/d） |
|---|---|---|---|---|---|---|
| LM1 | 41.4350 | 41.4196 | 41.4194 | −0.2 | −15.6 | −0.2 |
| LM2 | 41.3680 | 41.3560 | 41.3559 | −0.1 | −12.1 | −0.1 |
| LM3 | 41.3690 | 41.3556 | 41.3550 | −0.6 | −14.0 | −0.6 |
| LM4 | 41.4350 | 41.4219 | 41.4220 | +0.1 | −13.0 | +0.1 |
| LM5 | 41.3760 | 41.3644 | 41.3642 | −0.2 | −11.8 | −0.2 |
| LM6 | 41.3690 | 41.3527 | 41.3526 | −0.1 | −16.4 | −0.1 |
| 工况 | 非开挖扩孔施工阶段。当日监测的简要分析及判断性结论：无沉降变化 | | | | | |

注：累计报警值 36mm；报警变化频率值 5mm/d；"+"表示隆起，"−"表示凹陷。

地下管线沉降监测记录表（第 4 次）　　　　表 4

| 测点 | 初始高程/m | 上次高程/m | 本次高程/m | 本次变化量/mm | 累计变化量/mm | 变化速率/（mm/d） |
|---|---|---|---|---|---|---|
| GX1 | 41.4350 | 41.3592 | 41.3593 | +0.1 | −15.7 | +0.1 |
| GX2 | 41.4260 | 41.4121 | 41.4118 | +0.1 | −14.2 | +0.1 |
| GX3 | 41.4260 | 41.3053 | 41.3046 | −0.7 | −16.4 | −0.7 |
| GX4 | 41.4260 | 41.2852 | 41.2849 | −0.3 | −13.1 | −0.3 |
| GX5 | 41.3210 | 41.3100 | 41.3093 | −0.7 | −11.7 | −0.7 |
| GX6 | 41.3320 | 41.3198 | 41.3191 | −0.7 | −12.9 | −0.7 |
| 工况 | 非开挖扩孔施工阶段。当日监测的简要分析及判断性结论：无沉降变化 | | | | | |

注：累计报警值 25mm；报警变化频率值 2mm/d；"+"表示隆起，"−"表示凹陷。

## 7 结语

对于穿越重要的建（构）筑物，如若直接在其上方进行开挖施工作业会造成地下埋设的重要管道上方覆土压力减小，产生不均匀变形；对地上道路的破坏、修复后地面的沉降、交通的影响、环境的污染都相当严重；通过采用非开挖定向钻施工技术，既能保证地上（下）建（构）筑物的安全，不影响交通，施工噪声小，而且对环境污染较小；又达到了快速完成管道穿越、铺设、接驳的目的。

## 参考文献

[1] 河北省人民政府. 河北省南水北调配套工程供用水管理规定[S]. 2016.

[2] 尹德战, 张先军. 非开挖定向钻进牵引拖拉埋管技术在南水北调工程中的应用[J]. 探矿工程(岩土钻掘工程), 2014, 41(8):73-75+80.

[3] 国土资源部. 定向钻进技术规程: DZ/T 0054—2014[S]. 北京: 中国标准出版社, 2015.

[4] 李志康. 浅谈非开挖工程施工中钻孔泥浆的几个问题[J]. 探矿工程(岩土钻掘工程), 2012, 39(9):62-65.

[5] 住房和城乡建设部. 给水排水管道工程施工及验收规范: GB 50268—2008[S]. 北京: 中国建筑工业出版社, 2009.

# 水平定向钻技术在澳门过海管道项目中的应用实录

陶旭光[1]　董向阳[2]

（1. 中交第三航务工程勘察设计院有限公司，上海　200032；
2. 河北华元科工股份有限公司，河北　廊坊　065000）

## 1　前言

水平定向钻进技术又称 HDD 技术（Horizontal Directional Drilling），是在不开挖地表的条件下，采用水平定向钻机施工，通过穿越道路、河流、山体、建筑物等障碍物的方式，铺设管道、电缆等地下公用设施的一种施工技术，具有施工速度快、精度高、成本低、环保等优点，广泛应用于石油、天然气、煤气、供水、电力、电信等管线的铺设工程[1]，适用于填土、黏性土、砂土、基岩风化层等多种地质条件。近年来该项技术在隧道地质勘察领域也有应用[2-3]。

澳门半岛与氹仔岛分别具有独立的燃气环网，拟安装一条连接两岛燃气环网的过海管道，以提高供气可靠性。经方案比选、论证，确定采用水平定向钻穿越施工工艺进行安装。穿越路线位于西湾大桥东侧，距西湾大桥最近约 21m，距在建的新城填海 C 区最近距离不小于 45m，穿越距离近 2km，穿越线路平面位置详见图 1。

图 1　穿越线路平面位置图

水平定向钻穿越施工技术已较为成熟，能适应多种地质及环境条件[4-6]。但随着应用越来越多，地质及环境条件愈加复杂，该技术不断面临新的挑战。澳门半岛与氹仔岛之间海床地质条件在水平方向上呈现土性不均匀、土岩交替发育的特征，给水平定向钻施工造成极大的困难。通过施工风险预分析，提前策划、运用一系列关键技术，实现了导向孔的成功贯通，并达到了出土点与设计出土点"零偏差"的精准控制效果。

## 2　工程概况

### 2.1　场区工程地质条件

勘察揭示的场地地层特征详见表 1。

### 2.2　管道规格

本工程管道外径为 323.9mm，穿越段壁厚

12mm，管材为 X42N PSL2 无缝钢管，连接方式采用焊接，防腐涂层采用常温型加强级 3LPE。

场地地层特征一览表　　　　　　　　　　　　　表 1

| 地层名称 | 特征 | 层顶标高/m | 层底标高/m | 厚度/m | 平均标贯击数N | 分布情况 |
|---|---|---|---|---|---|---|
| ①层素填土 | 灰黑色，稍湿，压实状，主要以回填中细砂为主，局部夹碎石 | −1.98～5.13 | −9.18～−4.98 | 3.7～12.9 | — | 出入土点岸堤及道路区 |
| ①₁层抛石 | 灰白色，灰黑色，压实状，以花岗岩块石为主，块径10～40cm 不等，局部见砂土充填 | 3.82～4.02 | −1.98～−0.68 | 4.7～5.8 | — | 出入土点岸堤及道路区 |
| ②层淤泥 | 灰色，饱和，流塑，含粉细砂及贝壳碎片，局部为淤泥质土 | −9.18～−1.02 | −13.00～−7.18 | 1.5～10.8 | 1.4 | 海域遍布 |
| ③层黏土 | 灰黄色，饱和，可塑—硬塑，含少量粉细砂，局部为粉质黏土 | −15.38～−9.74 | −33.77～−13.40 | 2.2～21.2 | 10.2 | 海域遍布 |
| ③₁层淤泥质土 | 灰色，饱和，软塑，局部含砂及砂质胶结 | −18.88～−5.65 | −19.58～−11.4 | 0.7～6.2 | 3.4 | 局部分布 |
| ③₂层砾砂 | 灰色，饱和，中密—密实，局部松散，含角砾及黏性土，级配良好，次棱角状 | −21.37～−10.40 | −27.92～−12.57 | 0.5～7.5 | 16.0 | 海域遍布 |
| ④层砾砂 | 灰色，饱和，中密—密实，级配良好，混较多黏粒 | −27.41～−19.82 | −42.88～−25.18 | 3.6～12.3 | 22.3 | 局部分布 |
| ④₁层粉质黏土 | 灰色，饱和，可塑—硬塑，切面较粗糙，局部含中粗砂 | −37.38～−21.52 | −42.59～−25.03 | 1.6～8.6 | 12.2 | 局部分布 |
| ④₂层砾砂 | 灰色，饱和，中密—密实，级配良好，混少量黏粒 | −37.2～−24.15 | −43.7～−32.28 | 3.3～9.7 | 36.7 | 局部分布 |
| ⑤层残积土 | 棕红—灰黄色夹浅灰色，饱和，可塑—硬塑，呈砂质黏性土状 | −36.76～−14.5 | −43.26～−17.53 | 0.7～11.8 | 16.0 | 大部分分布 |
| ⑥层全风化花岗岩 | 浅红—灰黄色，稍湿，极软岩，原岩结构尚可辨认，手捏易散，遇水易软化崩解 | −40.98～−17.53 | −44.98～−19.23 | 0.8～11.7 | 38.3 | 大部分分布 |
| ⑦层强风化花岗岩 | 浅红—灰黄色夹灰白色，稍湿，极软岩，原岩结构清晰，粗粒结构，手捏易散，遇水易软化崩解 | −42.18～−9.15 | −77.97～−12.55 | 1.1～45 | >50 | 大部分分布 |
| ⑧层中风化花岗岩 | 灰白色夹灰黄色，硬质岩，粗粒结构，块状构造，锤击声较清脆，锤击可碎 | −44.98～−7.19 | — | — | — | 场区内遍布 |
| ⑨层微风化花岗岩 | 灰白色夹灰黄色，硬质岩，粗粒结构，块状构造，锤击声较清脆，锤击不易断 | −41.64～−26.53 | — | — | — | 局部揭示 |

## 2.3　穿越路由设计

### 1）穿越地层选择

在选择穿越地层时原则上尽量避开淤泥、砾砂等易缩颈、易坍塌的地层和高强度的微风化花岗岩，结合穿越管道埋深和工程地质剖面图，最终选定穿越地层为：填土、黏土、残积土、全风化花岗岩、强风化花岗岩、中风化花岗岩。

### 2）穿越曲线设计

入土点、出土点位置与角度选择主要考虑两个因素：（1）满足岸坡稳定性要求；（2）尽量减少定向钻穿越在不稳定层中的长度。

综合比选后，入土点选择在距岸边 51.36m，入土角为 17°39′，出土点选择在距岸边 258.77m 处，出土角为 7°42′。澳门本岛岸边下管底埋深为 15.3m，氹仔岛岸边下管底埋深为 24.7m。穿越管段的曲率半径为 1500D（486m，D为管道外径），定向钻穿越水平长度 1938.9m，管道实长 1943.59m。

设计穿越曲线详见图 2。

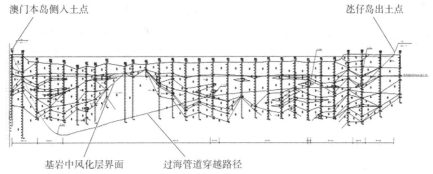

图 2　设计穿越曲线示意图

# 3　项目特点及定向钻施工风险预分析

## 3.1　项目特点

（1）穿越线路长。穿越澳门本岛与凼仔岛之间海域，长度近 2km。

（2）地质条件复杂。出入土点位于海堤内侧，地基土为回填砂土层；回填土层局部混夹碎石；线路上存在软弱黏性土层，穿过的地层软硬差异大且路线中段存在约 400m 的花岗岩。

（3）周边环境复杂。出入土点均位于闹市，靠近居民区；出入土点与市政道路、休闲自行车道相邻；紧邻西湾大桥，最近处约 21m。管道预制作业带穿越公园、道路、绿化区，且形状不规则。

## 3.2　定向钻施工风险预分析

结合项目特点，对施工过程中会面临的风险进行分析，分析结果详见表 2。

施工风险分析表　　　　表 2

| 影响因素 | | 施工风险分析 |
| --- | --- | --- |
| 穿越线路 | 穿越线路长 | 钻机动力和钻杆刚度配置不当可能造成钻杆失稳、断钻或管道回拖受阻；导向定位不准确容易偏离设计路线 |
| 地质条件 | 出入土点大堤内侧浅部填砂层 | 孔壁易坍塌，造成地面塌陷、冒浆漏浆 |
| | 入土点填砂层混有碎石、块石 | 孔壁易坍塌，造成卡钻、抱死、冒浆漏浆 |
| | 软弱黏性土层 | 钻头容易向下偏移，难以沿既定线路行进 |
| | 土岩混合地层 | 钻头方向与基岩面斜向交叉时易形成台阶孔 |
| 周边环境 | 出入土点邻近居民区 | 易发生噪声扰民事件 |
| | 出入土点邻近道路 | 易出现路面开裂、塌陷、冒浆等情况，影响路基稳定和行车安全，危害道路环境 |
| | 邻近西湾大桥 | 线路向大桥偏离较多时可能损坏桥基 |
| | 管道预制作业带复杂且不规则 | 影响公共设施、道路，管道弹性布设影响周边安全 |

# 4　水平定向钻施工关键技术

针对水平定向钻施工风险，在设计及施工时采用了一系列关键技术手段，以解决各类施工问题，达到降低施工风险并实现管道贯通的目的。

## 4.1　钻机动力系统的选择

钻机选型主要考虑因素是回拖力的大小，而影响回拖力的因素主要有扩孔后的孔径、孔壁平滑程度及稳定性、孔内岩渣残留情况、泥浆性能、管道属性等。

回拖力计算多采用经验估算法，如卸荷拱土压力法计算法、净浮力计算法和绞盘计算法。王猛、孙国民等[7]结合《油气输送管道穿越工程设计规范》GB 50423—2013、美国天然气协会（ASA）的《定向钻设计指南》，介绍了两种常用的回拖力计算模型。

澳门过海管道项目计算使用了《油气输送管道穿越工程设计规范》GB 50423—2013[8]中回拖力的计算方法，具体公式如下：

$$F_{L} = L \cdot f \left( \pi \cdot \frac{D^2}{4} \gamma_{m} - \pi \cdot \delta \cdot D \cdot \gamma_{s} - W_{f} \right) + K \cdot \pi \cdot D \cdot L$$

式中：$F_L$——计算的拉力（kN）；

  $L$——穿越管段的长度（m）；

  $f$——摩擦系数，取 0.3；

  $D$——管子的外径（m）；

  $\gamma_m$——泥浆重度（kN/m³），可取 10.5～12.0；

  $\gamma_s$——钢管重度（kN/m³），取 78.5；

  $\delta$——钢管的壁厚（m）；

  $W_f$——回拖管道单位长度配重（kN/m）；

  $K$——黏滞系数（kN/m²），取 0.18。

代入已知参数：$D = 0.3239$m、$\delta = 0.012$m、$L = 1943.59$m，则回拖力 $F_L = 362.39$kN。最大回拖力按照取计算值的 1.5～3 倍考虑，本工程按 3 倍选取，即选取钻机的最大回拖力应不小于 1087.17kN。

针对入土侧施工场地狭小、不规则的特点，施工设备采用了预先设计制造的模块化电动钻机、体积更小的电动泥浆泵、低噪声泥浆处理器和固定式吊车等设备。

## 4.2 水平定向钻导向控制系统

水平定向钻导向控制系统主要用于导向孔施工过程中对钻头姿态的探测，以指导钻头钻进，确保导向孔沿着设计线路推进，直至顺利从出土点穿出。

1）导向控制参数

导向孔钻进时，通过实时监测探测器中预置传感器所采集的导向控制参数来计算钻头实时方位，并将导向孔行进轨迹与设计路由相对比，以实时掌握导向控制精度。确定钻头位置的导向控制参数有：钻孔长度、倾角、方位角、工具角，其含义详见表3。根据实测参数和基准零点，可计算得到钻头距离、深度、曲率等轨迹参数，并绘制钻孔轨迹的水平投影和剖面图。

**导向控制参数及其涵义**　　表3

| 序号 | 导向控制参数 | 含义 |
|---|---|---|
| 1 | 钻孔长度 | 从入土点开始到钻进位置处的钻孔轨迹长度 |
| 2 | 倾角 | 钻孔轴线上某点的切线与该点铅垂线之间的夹角。垂直钻孔的倾角为 0°，水平方向的倾角为 90° |
| 3 | 方位角 | 钻孔在某点的水平方向与磁北方向的顺时针夹角，范围在 0～360° 之间 |
| 4 | 工具面角 | 导向钻头的旋转位置 |

水平定向钻穿越中用来测量倾角的元件主要以重力加速度计为核心，而测量钻孔方位角的元件主要为磁通门。

2）导向参数采集与传输

导向参数传输方式分为有线式、无线式。有线导向仪用电缆线传输参数信号，电缆线设置在钻杆内部，随着加钻杆时同步手动连接；无线式则用电磁波向地面无线发射地下测得的信号。两种传输方式的优缺点详见表4。

**导向参数传输方式优缺点**　　表4

| 测量方式 | 优点 | 缺点 |
|---|---|---|
| 有线式 | 抗干扰能力强，传输效果稳定，不受深度限制 | 电缆线安装费时长，难度大 |
| 无线式 | 操作便利 | 地下发射机的制作技术难度大，信号传递距离受限，且信号易受外界环境干扰 |

澳门过海管道项目导向孔钻进时导向参数采集与传输采用 HYMGS 地磁导向系统（图3）利用电缆线进行数据传输，其具有超强稳定性和可控性的特点，最大探测深度可达 150m。该系统融合了采集、传输、显示多个功能，在驾驶台以数据和图形的方式实时显示导向参数，以便于及时掌握钻进情况，必要时进行纠偏。

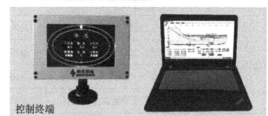

图 3　HYMGS 地磁导向系统

3）钻头辅助定位

导向孔施工中钻头的方位控制主要依赖于地磁场，而利用地磁场定位存在的缺点有：（1）易受桥梁、管道、电缆、大型钢结构等外界环境干扰，造成导向系统采集的地磁参数失真；（2）易受导向系统自身精度和人员控向操作水平等多种因素影响，造成采集的钻头方位与实际位置有偏差。因此，需要增加辅助定位手段来进一步验证钻头的实际方位。

钻头辅助定位是在钻进过程中，通过在钻头上方建立人工磁场对钻头位置进行实测，根据实测结果来验证导向控制是否存在偏差，并进行必要的钻进参数修正，定位方法示意图详见图4。

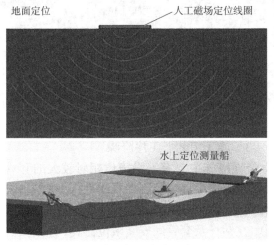

图4 钻头辅助定位示意图

澳门过海管道项目通过联合使用导向控制定位和钻头辅助定位两种方法，使钻头实际出土位置与设计出土点基本重合，实现了定位误差不大于20cm的预期目标。

## 4.3 水平定向钻泥浆控制系统

1）泥浆循环系统

泥浆循环系统由泥浆搅拌罐、泥浆泵、泥浆池、泥浆处理器组成，工艺流程详见图5。

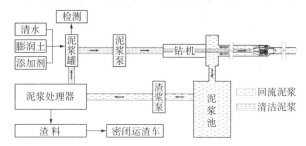

图5 泥浆循环示意图

2）泥浆性能控制方案

泥浆配比方案考虑的主要因素有：（1）针对岩石层，重点提高泥浆的携屑性能、润滑性能；（2）针对砾砂层，重点提高泥浆的携屑性能、护壁性能并控制滤失量。

综合考虑后选用具有良好剪切稀释性、触变性、润滑性的正电胶泥浆体系。泥浆的配置根据钻进参数及返屑情况进行动态调整，经工程验证，推荐的泥浆性能参数详见表5、表6。

**岩石层泥浆性能参数表** 表5

| 阶段 | 性能 | | | | | | |
|---|---|---|---|---|---|---|---|
| | 马氏漏斗黏度/s | 塑性黏度PV/（MPa·s） | 动切力YP/Pa | 表观黏度AV/（MPa·s） | 静切力$G_{10S}/G_{10min}$/Pa | 滤失量/mL | pH值 |
| 导向孔 | 40～60 | 15～20 | 5～8 | 15～30 | 2～6/5～10 | <16 | 9～11 |
| 扩孔、回拖 | 60～120 | 18～25 | >8 | 20～45 | 2～6/5～10 | <14 | 9～11 |

**砾砂层泥浆性能参数表** 表6

| 阶段 | 性能 | | | | | | |
|---|---|---|---|---|---|---|---|
| | 马氏漏斗黏度/s | 塑性黏度PV/（MPa·s） | 动切力YP/Pa | 表观黏度AV/（MPa·s） | 静切力$G_{10S}/G_{10min}$/Pa | 滤失量/mL | pH值 |
| 导向孔 | 70～100 | 20～40 | >10 | 25～45 | 5～10/15～20 | <12 | 9～11 |
| 扩孔、回拖 | 90～120 | 30～65 | >15 | 35～75 | 5～10/15～20 | <10 | 9～11 |

## 4.4 套管隔离护壁技术

套管安装目的是通过隔离素填土、抛填石和淤泥段，避免土体塌陷造成地面沉降，以及泥浆在压力作用下沿松散堆积土体空隙溢出造成地面冒浆的情况发生，从而有效保护现有岸边道路、岸堤不受施工影响，同时为施工过程中的泥浆搭建了稳固的循环通道。

在澳门过海管道项目中，入土侧隔离套管采用φ610mm×12mm的钢管，安装工艺采用钻掏工艺与夯击相结合的方式。套管安装过程中，应重点注意两个问题：（1）套管口前方填土中混夹的碎石、块石等粗颗粒尺寸及分布规律存在不确定性，应严格控制顶掏时钻具的行进距离，不宜将整个钻具超过套管端部，以避免造成卡钻；（2）套管应穿过淤泥段，一方面防止淤泥段缩颈影响成孔效果，另一方面防止钻头和钻杆在淤泥段中钻进时受自身重量影响有向下偏转的情况，而影响导向控制效果，同时还能克服长距离钻进时淤泥段中钻杆径向支撑不足的问题。

### 4.5 管道预制

由于管道预制作业场地受限，需依次经过公园休憩区、3条道路和树木密集的绿化区，给管道预制工作带来了很大难度。经过合理的规划布置，采用了休憩区预埋套管、道路分段埋设套管、绿化区弹性敷设的"九接一"分段预制的方式，回拖路由上共有7处转角。回拖时通过管道限位保护，连头焊接、检测、防腐工位分散式设置等一系列措施保证了管道顺利回拖和管道质量。

### 4.6 噪声控制

（1）人为噪声控制

控制措施主要有：制作安民告示牌进行宣传；建立健全有效控制噪声的管理制度，减少人为的大声喧哗，提高全体人员防止噪声扰民的自觉意识；减少扰民噪声，产生振动噪声的手持电动机具等尽量在白天使用。

（2）机械降噪

降噪措施主要有：采用高度不小于2.5m的隔声屏障将施工现场与周围区域进行隔离（图6）；选用低噪声电驱设备（如钻机、泥浆泵等），定期对设备进行检修维护，避免因构件松动产生高于机械本身的噪声初始值；改造强噪声机械（如发电机组、钻机、泥浆泵、泥浆混配及回收系统等）或采用静声箱体（图7），以减少强噪声的扩散；将设备加工制作环节尽量安排在进入噪声控制严格的工程场地前完成，从而减少现场设备机具的装配工作，减少因施工现场加工制作产生的噪声。

图7　泥浆处理器外围设置隔音围挡

（3）施工工艺、工序降噪

降噪措施主要有：噪声值相对较大的套管安装、掏挖等工序尽量控制在日间进行；机械吊装连接牵引绳，避免与钻机或钻具间发生撞击；钻进过程中，在钻杆及套管间安装限位器具，控制其机械噪声。

（4）噪声监测

在施工场地外围及居民区设置代表性的噪声监测点，加强施工现场环境噪声的长期监测，采取专人监测、专人管理的原则，及时对施工现场噪声超标的有关因素进行调整，达到施工噪声不扰民的目的。

## 5　施工效果验证

澳门过海管道项目运用了水平定向钻进一系列关键技术，最终实现了导向孔的全线贯通且实际出土点与设计位置没有明显偏差，贯通后的场地情况见图8。

图8　从设计出土点精准穿出的钻头

图6　场地周边设置隔声屏障

进一步扩孔、修孔至孔径 500mm 后，利用提前预制的 4 节（长度 48m）管道进行了试回拖，回拖过程顺利，通过目测检查、电火花检测，试回拖管道未出现明显磨损，说明成孔效果良好。正式回拖时因场地受限过海管道采用"九接一"方式焊接，回拖历时 62h，回拖完成后对管道进行通球清管、测径及气密性测试，测试结果满足设计要求。关键检测内容及结果见表 7。

关键检测内容及结果　　表 7

| 检测内容 | 检测方法 | 检测结果 | 施工效果评价 |
| --- | --- | --- | --- |
| 试回拖的试验管道检测 | 目测检查 | 表部防腐层无明显破损 | 验证了导向孔孔壁相对平滑，且未出现明显坍塌，在管道回拖时不会造成管道防腐层磨损 |
| | 电火花检测 | 管道防腐层检测合格 | |
| 正式回拖后的管道检测 | 通球（外径312mm）清管测径 | 管道内径满足要求 | 验证了过海管道焊接效果良好，回拖过程未造成管道损伤，一系列关键技术在应对澳门过海管道项目中的施工风险是有效的 |
| | 气密性测试 | 压力 0.465MPa 稳定 24h 无压降，满足设计要求 | |

## 6　结论及展望

（1）澳门过海管道项目具有线路长、地质条件及周边环境复杂的特点，水平定向钻施工中存在孔壁坍塌、卡钻抱钻、路径偏离、回拖受阻、地面塌陷、冒浆、噪声扰民等风险。

（2）澳门过海管道成功贯通，表明在水平定向钻施工中所采用的回拖力计算、导向控制、泥浆控制、套管隔离、噪声控制等一系列关键技术能有效应对该项目存在的施工风险。

（3）澳门过海管道项目的成功经验可应用于未来连接澳门半岛与氹仔岛的其他地下管道、管线的建设项目，也可进一步推广应用于类似场地条件下的定向穿越项目。

## 参考文献

[1] 曾聪, 马保松. 水平定向钻理论与技术[M]. 武汉: 中国地质大学出版社, 2015.

[2] 马保松, 程勇, 刘继国, 等. 超长距离水平定向钻进技术在隧道精准地质勘察的研究及应用[J]. 隧道建设, 2021, 41(6):972.

[3] 赵大军, 吴金发. 隧道工程勘察水平孔钻进钻具的运动与受力分析[J]. 探矿工程(岩土钻掘工程), 2020, 47(11): 12-18.

[4] 楼岱莹, 王海, 王玉峥, 等. 浅海管道敷设中的水平定向钻穿越[J]. 油气储运, 2017, 36(4): 455-460.

[5] 朱传清. 长距离大高差天然气集输管道定向钻穿越施工方法[J]. 石油化工建设, 2022, 44(3): 104-106.

[6] 王绥昊, 龙小贺, 王诗雅. 地质复杂地段油气管道水平定向钻穿越施工方法[J]. 化工管理, 2021(31), 189-191.

[7] 王猛, 孙国民. 水平定向钻在崖城 13-1 高栏支线管道中的应用[J]. 油气储运与处理, 2021, 39(4): 08-13.

[8] 住房和城乡建设部. 油气输送管道穿越工程设计规范: GB 50423—2013[S]. 北京: 中国计划出版社, 2014.

# 哈密熔盐塔式5万千瓦光热发电项目定日镜立柱受力变形试验研究实录

高建伟　胡　昕　刘　睿　刘志伟　夜　昊

（中国电力工程顾问集团西北电力设计院有限公司，陕西西安　710075）

## 1　工程概况

哈密熔盐塔式 5 万千瓦光热发电项目是国内第一批太阳能热发电示范工程之一，采用了塔式熔盐太阳能热发电技术路线，国内尚无同类型大容量的商业化电站建设和运行。项目位于新疆哈密市伊吾县淖毛湖东南方向约 25km，作为新疆地区第一座大型塔式熔盐光热示范电站，本工程对促进光热发电技术发展，促进风光消纳、优化当地电网结构、控制大气污染物排放等方面具有非常积极的作用，有助于地方社会经济的和谐绿色和可持续发展。

定日镜立柱的受力情况复杂，受水平力荷载、弯矩荷载、扭矩荷载、竖向荷载、循环往复荷载共同作用，在国内外没有可参考的规程规范，亦没有成功工程经验可以借鉴的条件下，如何科学研究确定试验的方法和内容，以及如何合理评价其受力变形机理是本试验的重点和难点。本工程通过定日镜立柱的现场试验、室内试验、数值模拟及理论分析等复杂、丰富的研究成果，首次创新性地采用桩柱一体混凝土预应力管桩方案，充分利用了预应力管桩承载力高、刚度大的特点，施工方便，节约造价，大规模地节约了工程投资，缩短了施工工期，经济效益极其显著，为大型塔式光热熔盐的定日镜立柱设计起到了示范作用。

项目（图1）自 2016 年开始勘察设计，于 2019 年底实现并网，各项经济技术指标优良。

图 1　项目全景

## 2　试验内容及要求

定日镜立柱是定日镜的承载平台，定日镜工作时会受到静荷载和风荷载作用，受力经定日镜转换到定日镜立柱时，可分解成为作用在定日镜立柱法兰面的竖向力、水平力、扭矩和弯矩 4 种荷载，受力情况复杂。因受定日镜反射精度的要求影响，导致设计定日镜立柱时对立柱顶部法兰面的变形控制要求极高，要求工作极限荷载条件下，立柱顶部的弯曲变形小于 1.5mrad，顶部旋转变形小于 1mrad，同时要求极限负载条件下，顶部塑性变形小于 0.5°，各工况下定日镜立柱的受力情况及变形控制要求详见表 1。

定日镜立柱的受力情况及变形控制要求一览表　　　　表 1

| 工作状态 | 荷载类型 | P-XY/kN | P-Z/kN | M-XY/（kN·m） | M-Z/（kN·m） | 变形控制要求 |
|---|---|---|---|---|---|---|
| 工作极限荷载 | 静荷载 | — | 11.4 | 8.1 | — | 顶部弯曲变形小于 1.5mrad；顶部旋转小于 1mrad |
| | 风荷载 | 3 | 2.3 | 4.3 | 3.4 | |
| | 合计 | 3 | 13.7 | 12.4 | 3.4 | |
| 极限负载（90°） | 静荷载 | — | 11.4 | 8.1 | — | 顶部塑性变形小于 0.5° |
| | 风荷载 | 5 | 13.5 | 27 | 6 | |
| | 合计 | 5 | 24.9 | 35.1 | 6 | |

获奖项目：2021 年电力行业优秀工程勘测一等奖。

| 工作状态 | 荷载类型 | P-XY/kN | P-Z/kN | M-XY/（kN·m） | M-Z/（kN·m） | 变形控制要求 |
|---|---|---|---|---|---|---|
| 极限负载（5°） | 静荷载 | — | 11.4 | 8.1 | — | 顶部塑性变形小于0.5° |
| | 风荷载 | 9.2 | 6.9 | 13.1 | 10.2 | |
| | 合计 | 9.2 | 18.3 | 21.2 | 10.2 | |

本项目定日镜立柱采用桩柱一体结构，立柱受力后会引起自上而下的变形，主要包括定日镜立柱法兰面的变形、定日镜立柱自身的弯曲变形、定日镜立柱与基础之间的扭转变形、基础与地基土之间的扭转变形、地基土的水平位移变形等多种变形。根据定日镜立柱受力变形的复杂性，又结合试验研究的内容涉及多个现行规程规范未提及且无可参考资料的情况，本次试验研究根据研究特点，有针对性地将试验内容重点分为定日镜立柱现场试验部分、室内试验部分和数值模拟及理论分析研究三个部分，三部分研究内容相辅相成，全面分析研究了定日镜立柱受力变形的特征和规律。

## 3 现场试验

### 3.1 地形地貌及地层岩性

项目光热电站位于新疆哈密市伊吾县淖毛湖镇，处于天山东麓的山前冲洪积戈壁，地貌类型为山前冲洪积平原[1]。站址区地势开阔，地形较平缓，区内冲沟较发育，为间歇性干沟，沟中分布有稀疏的低矮耐旱植物。根据勘察成果，站址区地层岩性主要为第四系上更新统山前冲洪积（$Q_3^{al+pl}$）圆砾层，呈中密—密实状态，多以砾砂、中粗砂及少量的黏性土充填，级配良好，部分地段渐变为卵石。

### 3.2 试验目的

现场试验部分主要是为确定在场地地质条件下立柱在水平力荷载、扭矩荷载、弯矩荷载、竖向荷载及其循环荷载作用下的抗水平、抗弯矩和抗扭转的特性及其变形能力，并分析研究荷载耦合作用下立柱抗水平、抗弯矩和抗扭转的特性及其变形能力，为后期大面积施工提供可参考的施工参数及有关质量控制标准。

同时现场试验的试验数据将与室内试验研究、数值模拟及理论分析研究形成数据相互的验证，为数值模拟计算模型的完善提供数据支撑。

### 3.3 试验方案

本次现场试验定日镜立柱采用桩柱一体结构，采用植桩法植入PHC400_AB型高强度预应力管桩作为定日镜立柱[2]。根据设计技术要求，依据地表有无桩帽结构以及基础扩孔直径的不同分为4大类结构类型，每种结构类型中又依据施加荷载的不同包含了扭矩试验、水平力试验、弯矩试验、耦合试验等试验。根据试验内容的不同，本次试验共布置试验立柱48根，立柱布置采用单排布置的方式，试验立柱编号为A1号、A2号、B号、C号，单排之间的间距为5m、10m两种，相邻试验桩之间的间距为5m。试验立柱的具体平面布置见图2。

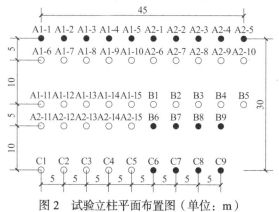

图2 试验立柱平面布置图（单位：m）

### 3.4 立柱施工概况

本次试验成孔采用旋挖钻机，干作业成孔[3]，钻头600mm，扩孔孔径为800mm、900mm两种。因地基土粒径较大且为砂土填充，现场试验扩孔成孔后孔径凹凸不平，为不规整孔径，同时上大下小，呈倒锥形，孔径凹凸不平但总体可控制在900mm左右。因倒锥形孔径难以控制，本次试验过程中，采用了多种改进方法，如去除钻头外表面加固装置、铺设护筒和增加土体含水率等方法。试验完成后，对部分试验立柱的灌注混凝土基础直径进行开挖实测，立柱基础直径整体比设计值大50～100mm。

### 3.5 试验过程及结果分析

（1）水平力试验和弯矩试验

水平力试验是在立柱顶部通过千斤顶施加水平力荷载，用立柱一侧自上到下间隔布置的百分表测量立柱不同位置的水平变形位移，进而计算出立柱顶法兰面的弯曲变形。水平力循环荷载试验是单次水平力试验的循环加卸载，单次循环试验方法与水平力试验相同，研究立柱在循环荷载条件下的弯曲变形特征[4]。

弯矩试验与水平力试验相似，是在立柱顶部通过在悬空力臂上的一定位置施加垂向荷载转化成为弯矩荷载，同时用立柱一侧自上到下间隔布置的百分表测量不同位置立柱的水平变形位移，进而计算出立柱顶部法兰面的弯曲变形。

通过水平力试验得出，立柱顶部位移及弯曲变形与水平力之间呈正相关，水平力小于等于18.4kN时，弯曲变形基本呈线性增加（图3）；在对比分析地表有无桩帽对弯曲变形的影响时得出，桩帽对抵抗立柱顶部的弯曲变形作用明显；水平力循环荷载试验及其对比分析表明，带桩帽结构的立柱顶弯曲变形明显低于无桩帽结构立柱顶的弯曲变形；弯矩试验得出，立柱顶弯曲变形随弯矩增加基本呈线性增加，对比分析表明，桩帽结构可降低由弯矩荷载所引起的桩顶弯曲变形。

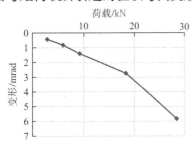

图 3　水平力试验立柱顶部弯曲变形曲线

（2）扭矩试验

扭矩试验采用在立柱两侧力臂上的一定位置施加切向力进行加载，扭转角度通过百分表测量立柱顶部四周的位移变形进行转换计算得出。扭矩循环试验单次循环试验方法与扭矩试验相同，研究立柱在循环荷载条件下的扭转变形特征。

通过扭矩试验得出，各立柱顶旋转变形随扭矩的增加基本呈线性增加（图4），对比分析表明，桩帽对抵抗立柱顶的扭转变形有一定作用。扭矩循环荷载试验及其对比分析表明，带桩帽结构的试验立柱顶扭转变形明显小于无桩帽结构的试验桩桩顶旋转变形。

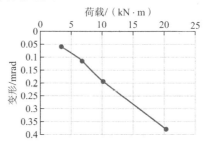

图 4　扭矩试验立柱扭转变形曲线

（3）耦合试验

耦合试验是指水平力荷载、扭矩荷载、竖向荷载、弯矩荷载其中的 2 种或 3 种同时施加的试验，耦合试验的变形计算方法与单荷载试验相同。耦合试验中的循环试验主要是水平力和扭矩的循环试验，研究立柱在耦合荷载循环条件下的弯曲和扭转变形特征。典型试验成果详见表 2。

单桩耦合静荷载试验和单桩耦合-水平（扭转）循环荷载试验，在工作极限荷载条件下和接近极限负载（90°）条件下，带桩帽试验桩的立柱顶弯曲变形和立柱顶旋转变形均明显小于不带桩帽试验桩的立柱顶弯曲变形和立柱顶旋转变形，这表明桩帽结构对抵抗立柱的变形作用较为显著。

立柱耦合试验典型变形情况统计表　　　　　　　　　　　　　　　　　　　　表 2

| 编号 | 施加荷载 | | | 桩体变形 | | 备注 |
|---|---|---|---|---|---|---|
| | 弯矩/（kN·m） | 水平/kN | 扭矩/（kN·m） | 桩顶弯曲/mrad | 桩顶扭转/mrad | |
| C1 | 12.4 | — | — | 0.57 | — | |
| | 12.4 | 3 | — | 1.06 | — | |
| | 12.4 | 3 | 3.4 | 1.04 | 0.38 | |
| | 24.8 | 3 | 3.4 | 2.48 | 0.46 | |
| | 24.8 | 6 | 3.4 | 2.63 | 0.58 | |
| | 24.8 | 6 | 6.8 | 2.75 | 0.86 | |
| | 35.6 | 6 | 6.8 | 3.80 | 0.94 | |
| | 35.6 | 9.2 | 6.8 | 4.28 | 1.12 | |
| | 35.6 | 9.2 | 10.2 | 4.29 | 1.42 | |
| | 35.6 | 12 | 10.2 | 4.68 | 1.68 | |
| | 35.6 | 18.4 | 10.2 | 9.68 | 3.02 | 桩体开裂 |

# 4 室内试验

## 4.1 试验目的

室内试验主要是为研究不同立柱截面形状与混凝土基础之间的接触特性，主要是研究将埋入基础部分的立柱表面设计成锯齿状的实际效果以及立柱本身抵抗变形的性能，同时为研究不同荷载条件下不同立柱截面的变形折减系数及变化情况，与现场试验数据形成对比分析，同时为数值模拟及理论分析提供立柱-基础界面折减劣化依据，提出立柱设计优化的效果及其必要性。

## 4.2 试验方案

为研究埋入地面以下部分立柱锯齿状截面的效果和立柱-混凝土基础界面的接触特性，通过展开足尺寸室内试验，分别对截面呈光圆和锯齿状的两种立柱进行扭矩和水平力荷载试验研究。立柱试验模型主要由立柱与混凝土基础两部分组成，锯齿状截面外缘和普通光圆截面外缘模型详见图5。

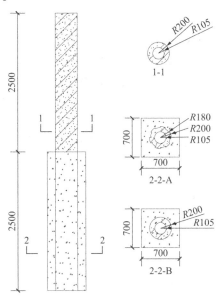

图 5　室内试验立柱模型设计图

室内试验包含 4 种加载工况，分别为扭矩试验、水平力试验、扭矩循环荷载试验和水平力恒载下的扭矩循环荷载试验，如表3所示。室内试验共计 6 组 12 根立柱，6 根截面呈光圆（A 型）、6 根截面呈锯齿状（B 型）。

室内试验采用伺服作动器在立柱顶部施加荷载，立柱不同位置的位移变形测量采用千分表实时采集数据，立柱顶部弯曲变形和扭转变形通过变形位移计算得出。

立柱室内试验工况一览表　表3

| 截面形状 | 扭矩试验 | 水平力试验 | 扭矩循环荷载试验 | 水平力恒载下的扭矩循环荷载试验 |
|---|---|---|---|---|
| 光圆（A）/锯齿（B） | 6kN·m、12kN·m、18kN·m、24kN·m | 5kN、10kN、15kN、20kN | 6kN·m、12kN·m、18kN·m | 12kN·m |

## 4.3 试验过程及结果分析

（1）扭矩试验

扭矩试验对应的立柱试件为 A1 和 B1，两组试验共包括 4 级荷载，扭矩荷载值分别为6kN·m、12kN·m、18kN·m 和 24kN·m。将试验数据进行处理，得到扭矩试验的结果如表4所示。

立柱试件 A1 和 B1 在距立柱顶 0.6m 位置处的实际扭转角与理论值对比详见图 6。

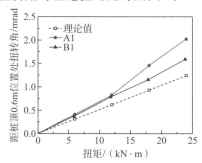

图 6　立柱试件 A1 与 B1 扭矩试验结果

立柱试件 A1 与 B1 扭矩试验结果　表4

| | 荷载值/（kN·m） | 立柱顶位置/mrad | 距立柱顶 0.6m 位置/mrad |
|---|---|---|---|
| A1 | 6.00 | 0.500 | 0.413 |
| | 12.00 | 1.044 | 0.827 |
| | 18.00 | 1.718 | 1.457 |
| | 24.00 | 2.349 | 2.023 |
| B1 | 5.82 | 0.413 | 0.370 |
| | 11.79 | 0.979 | 0.783 |
| | 17.83 | 1.414 | 1.153 |
| | 23.83 | 1.914 | 1.588 |

根据图 6 结果，A1 与 B1 的变形值均略大于理论值，两者在扭矩达到 12kN·m 之前的变形也较为相近。当荷载超过 12kN·m 之后，B1 的变形仍在线性阶段，而 A1 的变形已经进入非线性阶段。A1 存在约为 12kN·m 的"临界荷载"，当荷载超过"临界荷载"时，扭转变形进入非线性阶段。B1 由于立柱截面外缘呈锯齿状，试验未得出"临界荷

载"值,但要明显高于 12kN·m。

（2）水平力试验

水平力试验对应的立柱试件为 A2 和 B2,水平力荷载值分别为 5kN、10kN、15kN 和 20kN。将试验数据进行处理,得到水平力试验结果如表 5 所示。

立柱试件 A2 与 B2 水平力试验结果　表 5

| | 荷载值<br>/kN | 立柱顶位置<br>/mm | 距立柱顶 0.6m<br>位置/mm |
|---|---|---|---|
| A2 | 5.03 | 0.8961 | 0.6873 |
| | 10.02 | 1.9662 | 1.479 |
| | 15.01 | 3.306 | 2.47428 |
| | 20.02 | 4.785 | 3.5757 |
| B2 | 5.04 | 0.75255 | 0.5481 |
| | 10.03 | 1.8618 | 1.34415 |
| | 15.02 | 2.97105 | 2.17065 |
| | 20.02 | 4.1412 | 3.0276 |

立柱试件 A2 和 B2 距立柱顶 0.6m 位置处的实际位移值与理论值对比详见图 7。

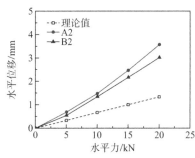

图 7　立柱试件 A2 与 B2 水平静载试验结果

根据图 7 显示的结果,A2 与 B2 的变形值均略大于理论值,曲线基本上均呈线性,无明显转折。因此,在试验荷载范围内,立柱锯齿状截面外缘不能对水平力作用下的立柱变形产生明显影响。

（3）扭矩循环荷载试验

扭矩循环荷载试验对应的立柱试件为 A3、A4、A5 和 B3、B4、B5,分 3 种扭矩峰值分别进行加载（6kN·m、12kN·m、18kN·m）。

试验结果表明,在 6kN·m 的扭矩循环荷载作用下,A3、B3 试件的变形值变化较为规律,其峰值、幅值均没有明显变化,锯齿形截面立柱与普通光圆截面立柱均无明显劣化;在 12kN·m 的扭矩循环荷载作用下,普通光圆截面立柱未能保持弹性变形,A4 试件本身发生了少量塑性变形（变形值由 0.89mrad 增长至 0.93mrad）,而锯齿形截面立柱的变形保持在弹性变形阶段,B3 试件的变形值则没有明显的峰值、幅值变化;在 18kN·m 的扭

矩循环荷载作用下,A5 试件已经进入屈服和破坏阶段（变形值由 2.6mrad 增长到 6.9mrad）,而 B5 试件的变形基本保持在弹性变形,另外 A5 在混凝土基础表面部分出现了明显裂缝。

（4）水平力恒载下的扭矩循环荷载试验

水平力恒载下的扭矩循环荷载试验对应的立柱试件为 A6 和 B6,根据前述试验结果,试验选择的水平力恒载固定为 5kN,扭矩循环荷载根据扭矩荷载试验中光圆截面出现的"临界荷载",取 12kN·m。

试验结果表明,扭矩循环荷载作用下的 A6 试件变形随着水平力的降低由 1.04mrad 增长至 1.08mrad,初步判断由塑性变形引起;扭矩循环荷载作用下的 B6 试件变形随着水平力的降低变形值基本无变化。

试验结果综合表明,水平力对立柱-基础接触面的变形影响较小,立柱-基础接触面的变形由扭矩荷载控制,同时呈锯齿形截面的立柱设计对抵抗立柱-基础接触面塑性变形的作用效果显著。

## 4.4　立柱-基础接触界面的弱化分析

室内试验结果表明,对于锯齿状截面立柱,当扭矩荷载值在 12kN·m 以内时,立柱变形基本处于线性阶段。对于光圆状截面立柱而言,当扭矩荷载大于 12kN·m 时,由于立柱与基础之间界面发生错动使得立柱变形进入非线性阶段。

通过对立柱和基础之间设置界面（界面处允许单元间位移不连续）来模拟这种工况,该界面由基础顶开始向下发展,其强度和刚度为灌注混凝土的相应参数值乘以界面折减系数确定。界面长度随着荷载的增大而增大,界面折减系数随着加载次数的增加而减小。因此,针对立柱锯齿状截面的影响可建立若干界面不同长度的模型。为了有效分析考虑立柱-基础接触面之间从上往下发展的滑移面,建立了不同长度的界面,界面长度分别为 0m、0.1m、0.2m、0.3m、0.4m、0.6m、0.8m、1.0m,扭矩荷载均为 12kN·m,计算结果见图 8。

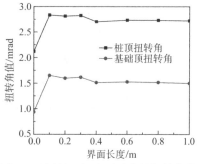

图 8　不同界面长度时对应的扭转角值

根据图 8 的计算结果，界面从无到有的过程中立柱的扭转变形值增加明显，但在一定长度后趋于稳定。当界面出现（滑移现象出现）时，立柱的扭转变形立刻增加，符合一般认识规律；当界面长度增加时，变形趋势变化不大，说明立柱-基础接触面中起到控制立柱扭转变形作用的部分主要集中在接近地表的浅层立柱-基础混凝土接触面。根据这一结果，在立柱设计时，仅需要对埋入基础部分接近地表处的截面外缘进行锯齿状处理即可达到抵抗立柱扭转塑性变形的作用。

## 5 数值模拟及理论分析研究

### 5.1 研究目的

数值模拟及理论分析研究部分主要是考虑到定日镜立柱受力工况复杂，现场试验不能验证所有工况和设计设想，为弥补现场试验的不足，为从理论力学角度科学分析定日镜立柱的受力变形，为模拟分析和验证定日镜立柱的受力变形全过程，开展了定日镜立柱的数值模拟及理论分析研究。

### 5.2 研究方案及内容

为全面研究定日镜立柱的受力变形特征及规律，通过定日镜立柱的受力变形理论分析研究、有限元分析研究、现场试验验证分析、室内试验截面弱化研究等多方面研究为定日镜立柱的受力变形形态及规律分析提供对比分析和数据支撑。主要研究内容有：（1）定日镜立柱受力及变形机理的理论分析研究，根据理论力学分析研究立柱的受力变形情况；（2）通过数值模拟研究单一荷载作用下（水平力荷载、扭矩荷载、弯矩荷载）定日镜短桩基础受力及变形机理研究；（3）通过数值模拟研究耦合荷载作用下定日镜短桩基础受力及变形机理研究；（4）通过数值模拟研究混凝土基础-土体界面弱化对立柱受力变形的影响分析；（5）通过数值模拟研究现场实际荷载作用下，定日镜短桩基础受力及变形机理研究。

### 5.3 研究过程及结果分析

（1）定日镜立柱理论分析研究

定日镜立柱所受的荷载包括水平力荷载、弯矩荷载、扭矩荷载和竖向荷载，均作用在立柱顶部，利用已有的理论模型分别对立柱的变形和承载力进行分析计算。本次利用现有理论对直径为 400mm、基础直径为 700mm、立柱长为 6.15m、埋深为 2.5m 且无桩帽条件下的立柱进行变形承载力验算，验算内容主要有水平力与弯矩荷载作用下的立柱弯曲变形和承载力、扭矩荷载作用下的扭转变形和承载力、竖向荷载作用下的承载力共 5 个方面的分析计算。计算结果详见表 6。

定日镜立柱受力变形理论分析计算成果表　　　　表 6

| 验算对象 | 验算方法 | 验算结果 | 备注 |
|---|---|---|---|
| 水平力和弯矩荷载作用下的弯曲变形 | 弹性地基反力法 | 1.79mrad > 1.5mrad | 不满足 |
| 水平力和弯矩荷载作用下的承载力 | 极限地基反力法 | 地基承载力和桩体承载力均过剩 | 满足 |
| 扭矩荷载作用下的扭转变形[5] | 剪切位移法 | 0.05mrad < 1mrad | 满足 |
| 扭矩荷载作用下的承载力 | 剪切位移法 | 388.28kN·m 或桩体极限抗扭承载力 | 满足 |
| 竖向荷载作用下的承载力 | 规范法 | 地基承载力：2319.2kN > 32.58kN 桩体承载力：2288kN > 32.58kN | 满足 |

定日镜立柱受力变形理论分析计算结果表明，直径 400mm、基础直径 700mm、立柱长 6.15m、埋深 2.5m 且无桩帽条件下的立柱，在水平力弯矩共同作用下的弯曲变形不能满足设计要求。

（2）单一及耦合荷载作用下的立柱受力变形分析

利用数值模拟工具 PLAXIS 3D 分别对水平、弯矩、扭矩、竖向等单一及耦合荷载作用下的立柱受力变形进行了模拟计算，分析认为：①当考虑水平、弯矩、扭矩以及竖向荷载共同作用时，立柱的危险截面位于立柱近地面位置处；②当各单独荷载作用下，土体与基础之间都发生了错动且其主要发生在地表附近；③荷载较小时，基础部分可视为刚性基础；④竖向荷载与扭矩荷载作用对水平力荷载作用下的立柱顶部弯曲变形或水平位移可视为没有影响；⑤在本项目中各荷载整体较小，可以不考虑竖向荷载和水平力荷载对扭转荷载作用下的变形影响。

（3）基础-土体界面弱化对立柱变形的影响分析[6]

在理论分析过程中，假定了立柱和基础不发生塑性变形，未考虑循环荷载给基础-土界面带来弱化的效果。本文利用数值模拟手段研究水平力（扭矩）循环荷载对基础-土界面弱化后对立柱变形产生的影响。

为了考虑水平力荷载与扭转荷载在长期循环施加后对立柱受力变形的影响，各选定 1 种荷载值来研究其在基础-土体界面折减系数变化条件下的变形情况。为了考虑实际荷载以及较好地呈现规律，结合已有研究成果，水平力荷载和扭矩荷载分别选定 12kN 和 12kN·m 作为循环荷载标准值来考虑循环荷载作用下立柱的受力变形机理。

为考虑涵盖各种界面折减的情况，本文选择 0.10，0.25，0.40，0.55，0.70，0.85 和 1.00 共 7 种不同基础-土体界面折减系数进行数值模拟计算分析。

利用 PLAXIS 3D 数值模拟方法分析研究水平与扭矩循环荷载作用下立柱基础-土体界面弱化对立柱变形的影响，以界面折减系数的减小来反映循环荷载作用对该界面的劣化作用，模型仍考虑有桩帽与无桩帽两种情况。

计算结果表明：①对于直径为 400mm、基础扩孔直径为 700mm、埋深为 2.5m 且无桩帽的立柱基础，当基础与土之间的界面折减系数降至 0.25 以下时，在水平力荷载为 12kN 作用下的立柱顶弯曲变形将发生明显陡增，即基础与土之间的界面接触失效；若设置桩帽时，可使得总体弯曲变形减小，但变化规律一致（图 9）。②对于直径为 400mm、基础扩孔直径为 700mm、埋深为 2.5m 且无桩帽的立柱基础，当基础与土之间的界面折减系数降至 0.70 以下时，在扭矩荷载为 12kN·m 作用下的立柱顶扭转角将发生明显陡增，即基础与土之间的界面接触失效；若设置桩帽时，可使得总体扭转角减小，且使对应的极限界面折减系数减少至 0.25（图 10）。③基础-土界面的弱化降低了立柱基础的承载力，设置桩帽可以降低基础-土界面弱化对立柱基础抗扭承载力的影响。

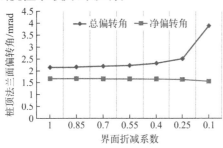

图 9　立柱顶部弯曲变形随界面折减系数的变化曲线（有桩帽）

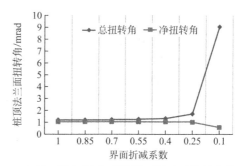

图 10　立柱顶部扭转变形随界面折减系数的变化曲线（有桩帽）

（4）现场实际荷载条件下立柱的受力变形分析

针对定日镜立柱的 3 种现场工作荷载情况，本文对数值模型所施加的荷载值包括项目设计的 3 种荷载组合，分别对应工作荷载标准组合（计算变形）、调节水平位最大荷载基本组合（计算安全性）和调节垂直位最大荷载基本组合（计算安全性）。对定日镜立柱在多荷载共同作用下的受力变形情况进行了数值模拟分析计算，模拟计算过程中考虑了基础-土体界面性质的劣化和荷载的长期性。同时，模拟过程中还对影响立柱变形的关键因素重点进行了论证分析，考虑了 700mm、800mm、900mm 三种不同立柱扩孔直径条件下，立柱的受力变形情况；对比分析了不同立柱埋深条件下立柱的受力变形情况；分别对比分析了地表有无设置桩帽的效果和近地表有无设置加强结构的变形特征。

根据数值模拟的计算结果，分析认为：①在直径为 400mm、扩孔直径为 700mm、无桩帽且埋深 2.5m 的条件下，立柱不能满足设计的变形控制要求；②对立柱的内力数值模拟计算表明，水平力及弯矩荷载共同作用下土体主动区与被动区的分界位置约在埋深的 2/3 深度处；③扩孔直径越大、埋深越深，立柱抵抗变形的能力越强，能使变形保持在线性变形阶段；④设置桩帽可以有效减少立柱的变形，但桩帽尺寸变化对其作用的影响有限，经对比计算，认为桩帽直径 1.4m、厚度 0.35m 较为经济合理；⑤立柱在近地表设置加强结构可以有效减小立柱顶部的弯曲变形；⑥综合分析建议使用直径为 500mm 的立柱，扩孔直径至少为 700mm，埋深至少应为 2.3m；使用 400mm 直径的立柱时，则建议必须在近地表设置加强构件和桩帽。

## 6　结语

本项目的定日镜立柱试验研究是在国内外并

没有可参考的规程规范，亦没有可借鉴的工程案例情况下，通过收集相关资料、文献，走访调研，集中讨论等方法，结合定日镜立柱的受力特点，分解了试验内容，科学确定了各分项试验研究的内容，是国内最早开展定日镜立柱试验技术方案的项目，在塔式光热定日镜立柱领域中处于技术领先位置。

现场试验开始前，针对站址地层主要为中密、密实状态圆砾层的实际情况，难以采用静压、锤击等工艺。我们认真分析了定日镜立柱的施工工艺及其存在的问题，通过采用地面增湿、改进钻头、降低成孔速率等方法明显提高了立柱基础部分的成孔质量，为改善地区类似地层在成孔过程中的塌孔问题积累了可借鉴经验。

总体试验开始前，科学、合理地制定了定日镜立柱的受力与变形机理试验方案，提出了一套定日镜立柱的受力与变形分析方法，并通过现场试验、室内试验、数值模拟及理论分析3项专题成功进行了验证，试验过程中的各类测试技术和试验最终形成丰富成果，使得我们成功总结出了一套定日镜立柱的试验和设计方法，引领定日镜立柱的方案设计，为塔式光热电站工程的建设积累了丰富经验。

定日镜立柱试验成果丰富，试验研究充分利用了高强度预应力管桩承载力高、刚度大的特点，为工程项目首次创新性地采用桩柱一体混凝土高强度预应力管桩方案提供了全方位的分析和论证，研究成果推荐的定日镜立柱设计方案经济适用、安全可靠，方案优化成果显著，大大节约了工程项目的投资成本和施工工期，经济社会效益极其显著。

同时，定日镜立柱试验研究通过 3 项专题研究形成了 3 份专题报告，试验技术方法申请了 5 项实用新型专利，1 项发明专利正在公示，同时先进的试验研究内容公开发表了 3 篇高质量学术论文，积累了丰富的研究成果，总结的工程经验成功用于《太阳能热发电站岩土工程勘察规程》的编制，起到了引领、示范作用。项目荣获 2021 年度电力行业优秀工程勘测一等奖。

## 参考文献

[1] 《工程地质手册》编委会. 工程地质手册[M]. 5 版. 北京: 中国建筑工业出版社, 2018.

[2] 住房和城乡建设部. 预应力混凝土管桩技术标准: JGJ T 406—2017[S]. 北京: 中国建筑工业出版社, 2017.

[3] 建设部. 建筑桩基技术规范: JGJ 94—2008[S]. 北京: 中国建筑工业出版社, 2008.

[4] 住房和城乡建设部. 建筑地基检测技术规范: JGJ 340—2015[S]. 北京: 中国建筑工业出版社, 2015.

[5] 洪毓康, 陈强华. 钻孔灌注桩的荷载传递性能[J]. 岩土工程学报, 1985(5):22-35.

[6] 刘俊伟, 张明义, 俞峰, 等. 土与 PHC 管桩界面剪切疲劳退化试验研究 [J]. 岩土工程学报, 2013, 35(S2):1037-1040.

# 重庆国际博览中心地质健康检查岩土工程实录

文光菊[1]　何　平[2]　张顺斌[1]　张　磊[3]　任　杰[4]　王品丰[4]

（1. 重庆市高新工程勘察设计院有限公司，重庆　401121；
2. 重庆市都安工程勘察技术咨询有限公司，重庆　400042；
3. 重庆悦来投资集团有限公司，重庆　401120；
4. 重庆市地质矿产勘查开发集团检验检测有限公司，重庆　400707）

## 1　引言

我国 65%的区域是山地或丘陵[1]，随着城市的高度发展，基础设施建设对用地要求越来越高，高填方是解决用地问题的有效措施[2]。重庆以山城著称，人地关系矛盾更为突出，大到机场小到民用住宅，常进行高填深挖土石方工程[3]。随着科学技术的快速发展，强夯、注浆加固、微型桩加固等地基处理技术[4-6]使深厚高填方工程顺利实施，有效解决了用地难题。填方地基本质为人类工程活动的产物，填筑质量受填料、施工工艺和工期等多重因素影响。因填方地基不均匀沉降引起的质量事故时有发生，例如重庆某地产项目，实施过程中因地基不均匀沉降 10 栋洋房拆除重建，损失数亿元，引起不良社会影响。已运营使用近 10 年的重庆国际博览中心，同样因地基不均匀沉降[7-8]引起地面变形、边坡支挡结构变形超过设计值 3 倍等现象。行业将填方地基引起地面沉降、建（构）筑变形等现象称为病害[9]，如《黄土地基病害勘察与治理技术规程》DBJ61/T 131—2017 将黄土地基病害定义为：黄土地区建筑物因地基不均、浸水失陷、处理缺陷等原因引起的地基不均匀沉降和建筑物裂缝等灾害。病害表达了直观现象，不包括病因查找、病害治理等活动过程。当下，建筑进入"存量时代"，在人类工程活动、管网渗漏等影响下，山地城市填方地基病害可能高频次发生，准确找出病因、提出治理措施、妥善处理病害亟需学者们深思。本文借鉴中医理论，创新性地将病因查找、提出治理措施的活动过程称为地质健康检查，具体分为病害检查、诊断、开具处方三个程序，并以重庆国际博览中心为例，详细阐述了地质健康检查过程。同时，本文根据检查结果探讨了当下填土地基处理技术存在的问题和改进方向，以期为类似工程提供借鉴。

## 2　工程概况

重庆国际博览中心是一座集展览、会议、餐饮、住宿、演艺、赛事等多功能于一体的全球领先、现代化的大型专业会展综合体。场地总建筑面积约 60 万 m²，由展馆区、酒店、多功能厅、会议中心、沿江附属用房五部分组成（图 1）。展馆、多功能厅基础形式为桩基、柱下独基、墙下条基；会议中心、酒店基础形式为桩基、柱下独基、墙下条基、核心筒局部筏形基础；沿江附属用房基础形式为筏形基础。平面上建（构）筑物对称分布，本文将其分为建筑区、U 形南北侧区、南北台地、滨江路与滨江路边坡区（图 1）。项目区依山傍水，为重庆典型的丘陵地貌，主要通过回填造地建设；填方面积约 0.839km²，占项目区的 50%，约半年内回填方量超过 1 千万 m³。

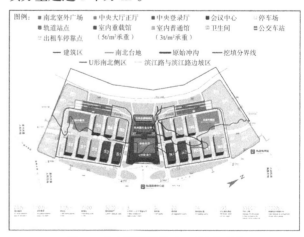

图 1　重庆国际博览中心总平面图

获奖项目：2023 年重庆市优秀工程勘察设计奖一等奖。

同时，项目区为"重庆市悦来新城海绵城市建设试点"的核心区，建设目标为以径流峰值削减、雨水资源回用、径流污染控制等为主，兼顾生态环境保护和景观品质提升。区内海绵城市"本底"特点为高差大、坡度陡，径流快、下渗慢。工程采用地下调蓄池、地表雨水花园、雨水塘、滨江梯田等方式调节区内降雨补径排关系（图 2）。这些工程大部分置于填土上，对填土质量具有较大考验。

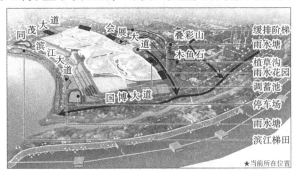

图 2　项目区海绵城市改造工程示意图

## 3　场地岩土工程条件

### 3.1　地形地貌

国际博览中心场馆片区原为丘陵地貌（图 3），高程在 228～316m 之间，相对高差 88m；总体由东向西、由南向北倾斜，总体地形坡角 5～15°，多为台阶，台阶上地形平坦，台阶间以农田为主。场地中部原始地形高程 226～250m 处发育有一条冲沟，走向 228°，冲沟宽 14～90m，相对高差 24m。

滨江路及其下部区域原始地貌为河谷漫滩及河流侵蚀岸坡地貌，漫滩及岸坡呈带状，原始地面高程 175.0～230m，相对高差一般为 5～20m，地形总体坡角 25°～70°，地形受岩性制约，在岩性较硬的砂岩地段形成陡坡或陡崖，在岩质较软的泥岩区则形成缓坡地形。

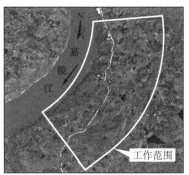

图 3　项目区原始地形地貌
（2009 年 8 月 31 日遥感影像）

现状地形呈阶梯状（图 4）。第一阶边坡即滨江路边坡，为滨江路与嘉陵江之间边坡，边坡长度约 1700m，坡向 265°～320°，坡角 25°～57°，边坡高度 30～40m，填土厚度 10～33m 不等，为超高边坡；第二阶边坡即会展场地边坡，位于滨江路与国际博览中心主体之间，长度约 2300m，边坡高度约 30m，坡向 290°～310°，填土厚度 7～40m 不等，该阶边坡又分为三级小边坡，单级边坡高度 6～10m，各级采用的支挡形式主要有扶壁式挡墙、桩板挡墙、俯斜式挡墙等。第三阶边坡位于场地东侧，为顺层岩质边坡。

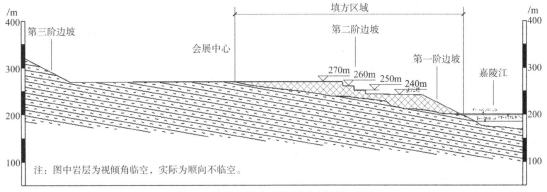

图 4　项目区现状地形地貌剖面示意图

### 3.2　地质构造

项目区位于龙王洞背斜西翼，嘉陵江东侧，区内无断层及破碎带通过，岩层呈单斜状产出，岩层产状 274°～300°∠10°～18°，根据收集资料结合现场调查，工程区岩层优势倾向 282°，岩层倾角由项

目区东侧的第三阶边坡向西侧第一阶边坡逐渐变缓。中风化砂、泥岩内部层面结合差，为硬性结构面；在砂岩与泥岩接触层面和强风化层面结合程度很差，属软弱结构面。据调查和实测，基岩中主要发育两组裂隙：

（1）产状 296°～325°∠60°～75°，间距 2～3m，

延伸长度为 8～10m，张开 1～3mm，局部泥质充填，裂面较平直，属硬性结构面，结合程度差；

（2）产状 213°～225°∠70°～83°，间距 1.5～2.7m，延伸长度为 1.5～5m，张开 2～3mm，局部泥质充填，裂面局部粗糙，属硬性结构面，结合程度差。场区裂隙不发育，地质构造简单。

### 3.3 水文地质条件

项目区有海绵城市试点工程的地上地下蓄水体和配套给排水系统，又受嘉陵江洪水影响，水文地质条件复杂。

（1）地表水

地表水主要有海绵城市蓄水体和嘉陵江。其中，海绵城市蓄水体有专项勘察设计，接受大气降雨补给并通过管道排泄。嘉陵江为项目区主要地表水系，并构成区域最低侵蚀基准面；大气降雨补给和嘉陵江两侧地下水补给，洪水时水位涨落产生的动水压力和侧蚀作用对滨江路边坡下部有明显冲刷、掏蚀作用（图5）。

图 5　嘉陵江冲刷边坡

（2）地下水

地下水可分为地下蓄水池中储存的水和岩土体中的常规地下水。地下蓄水池为封闭结构，不受大气降雨和项目区地下水的直接补给，主要通过管道补给、排泄。岩土体中地下水补给方式有：大气降雨补给、项目区东侧地下水补给和给排水管网（包括海绵城市的管网）渗漏补给。岩土体内部地下水总体上由东侧向西侧嘉陵江径流、排泄。径流、排泄过程中一方面挖方区地下水在基岩中径流、排泄缓慢，易形成积水。调查访问发现：南区 S1、S3、S5 展馆室内管廊墙面、地面长期湿润。2020 年 7 月左右，该区增加地下水导流措施，出水量大，水质清澈 [图6（a）]；2021 年 1 月调查时，管廊墙面和地面已干燥，排水管有少量出水 [图6（b）]。另一方面地下水一般沿岩土界面在滨

江路边坡坡脚出露，直接排向嘉陵江，流量 0.035～3.0L/s，水质清澈，滨江路挡墙泄水孔常年有水，其他出水口受大气降雨影响显著。

(a) 2020 年 7 月管廊出水情况

(b) 2021 年 1 月管廊内出水情况

图 6　管廊出水情况

### 3.4 地层岩性

经工程地质测绘和勘探揭露，项目区分布地层为第四系人工填土层（$Q_4^{ml}$）、第四系残坡积层（$Q_4^{el+dl}$）及侏罗系上统遂宁组（$J_3sn$）地层。

素填土（$Q_4^{ml}$）：杂色，主要由粉质黏土夹砂、泥岩块碎石组成，块碎石含量50%～70%，块碎石直径一般为30～450mm，最大为850mm，结构松散—密实，稍湿；主要为国际博览中心修建时的填土，填料主要源于场地东侧挖方区，已回填 10 余年，为机械碾压回填。该层在整个项目区均有分布，本次钻探揭示厚度 0.20～40.50m，原始沟谷、沿江商业区和滨江路地带填土较厚。据资料分析，填土作业历时约半年，回填量超过 1 千万 m³；回填工艺为：设计地坪高程竖向 1.0m 为结构层；设计地平高层竖向 1.0～3.0m 范围内设置土工格栅并分层碾压；设计地平高层竖向 3.0～10.0m 范围内为强夯处理；设计地平高层竖向 10.0m～原始地坪采用分层碾压。扶壁式挡墙在挡墙净距 5m 范围不得采用机械夯实，分层厚度不能超过 300mm，填料的最大粒径不大于 200mm。滨江路填方路基采用小型夯实机具夯实后分层回填碾压，滨江路边坡下部填土较松散，为抛填填筑。

粉质黏土（$Q_4^{el+dl}$）：褐色、红褐色，主要由

黏粒组成，局部夹少量砂泥岩角砾、碎屑，呈可塑状，切面光滑稍有光泽，干强度及韧性均中等，无摇振反应。该层主要在填土层下部有少量揭露。本次钻探揭示厚度0.10～1.20m。

泥岩（J₃sn-Mₛ）：红褐色，由黏土矿物组成，泥质结构，中厚层状构造，局部地段含砂质较重，存在相变现象。强风化带风化裂隙较发育，岩芯较破碎，呈碎块状；中风化带岩芯多呈柱状、长柱状，锤击声哑。该层为场地内的主要岩层，在场地内的分布范围较广，大部分钻孔均有揭露，本次钻探揭示厚度0.20～10.00m。

砂岩（J₃sn-Sₛ）：灰色，由长石、石英、云母等矿物组成，钙泥质胶结，细粒结构，中厚层状构造。强风化带岩体风化裂隙较发育，岩芯较破碎，呈碎块状；中风化带岩芯呈柱状、长柱状，锤击声不清脆。该层在整个场地均有分布。本次钻探揭示厚度0.10～1.20m。

# 4 病害症状

项目区工程病害症状表现有：展馆室外地面裂缝发育，局部地面沉降量接近米级；U形北侧区桩板挡墙累计平面位移达340mm，超过设计值100mm；扶壁式挡墙累计平面位移和沉降较大，相邻挡墙墙顶错位近10cm；展馆室内地面裂缝密集；滨江路路面沉降明显以及给排水管网渗漏。病害类型归结为3类：地面不均匀沉降、结构变形、管网渗漏。

## 4.1 地面不均匀沉降

（1）展馆区

展馆外墙脚出现15组沉降裂缝（图7）。平面分布上，展馆南北填方与挖方区均存在不同程度的裂缝。裂缝主要位于填方区，共有9组，裂缝通常延伸长；挖方区6组，裂缝延伸长度较短；裂缝宽度和下错变形量不等。

图7　展馆外墙脚沉降裂缝

（2）南北台地

南北台地建（构）筑物对称布置，地表的病害症状相似，因篇幅有限，本文以北台地为例阐述台地变形情况。北台地具体涉及北P1～北P6停车场，北P1～北P3地面标高为+270.00m，北P4～北P6地面标高依次为+260.00m、+250.00m和+240.00m。根据现场调查，该区域裂缝延伸长度5～124m，宽3～28mm，竖向上仅发现1组裂缝下错3～12mm。平面分布上，地面裂缝集中于北P3填方区，填方区共调查裂缝12组，挖方区6组；延伸较长的裂缝近平行挡墙走向，同时垂直挡墙走向方向也发育有多处裂缝，延伸长度仍较长。同时，北区台地还存在3处地面沉降（图8）。平面位置上，北P2同茂大道和会展大道交汇区域挡墙转角处沉降明显，北P3管井集中区域地面沉降也较明显；现场调查，位于北P3的北区1号蓄水池、北P2蓄水模块区域，未见地面裂缝和沉降现场。

图8　北区台地沉降

（3）U形南北侧区

U形区南北侧边坡及其支护结构对称布置，支护结构为抗滑桩、扶壁式挡墙和俯斜式挡墙等。根据现场调查，南侧区+270.00m平台人行道见沉降［图9（a）］，沉降区域面积约3390m²，地面沉降20～200mm。据访问，北侧区+270.00m平台桩板挡墙转角处填土沉降接近米级，回填处理后沉降减弱；北侧区+270.00m平台人行道、绿化地沉降10～200mm，面积约2154m²［图9（b）］。

（a）U形南侧区地面沉降

(b) U形区北侧地面沉降

图9　U形南北侧区地面沉降

## 4.2　结构变形

（1）树杈柱

U形区树杈柱基桩存在的病害症状为：南区354号基桩与地梁连接处开裂严重，可见钢筋锈蚀，端部混凝土出现空洞区域（图10）；北区对称位置的336号基桩及330号基桩与地梁连接处存在开裂现象。

图10　树杈柱变形典型照片

（2）抗滑桩

U形南北侧区桩板挡墙各70根桩，尺寸为2.5m×3m@5m或2.5m×3.5m@4m，桩长20～53.5m。北侧区位于原始地貌的冲沟处，抗滑桩可达53.5m，悬臂高度15m，桩前后均为填土。挡墙多个监测点累计平面位移超过设计值，墙体明显向临空方向位移，挡墙变形缝明显增宽（图11）。

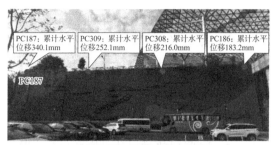

PC187：累计水平位移340.1mm　PC309：累计水平位移252.1mm　PC308：累计水平位移216.0mm　PC186：累计水平位移183.2mm

(a) 桩板挡墙监测点及其变形量

(b) 墙体向临空方向位移

(c) 挡墙变形缝

图11　桩板挡墙变形情况

## 4.3　管网渗漏

根据调查访问，自2014年以来，项目区多次出现管道渗漏（图12）。初步统计，2014年3月～2020年4月，共处理管道渗漏50次，并存在以下规律：

图12　管网渗漏点平面分布图

（1）挖方区和填方区均出现渗漏点，其中挖方区 25 处，填方区 25 处；填方区，渗漏最多点位于北区停车场，填方厚度约 13m，共处理渗漏点 8 处且均为消防管道；U 形区域，填土最大厚度达 40m，共处理渗漏点 4 处，仍以消防管道为主。

（2）项目区涉水管道埋深一般 0～4m，管道漏水处，地面变形迹象主要为沉降，未出现大裂缝、塌陷、管道断裂等现象。遗憾的是前期未对管网渗漏点进行沉降监测，现无依据支撑填土不均匀沉降导致管网渗漏。

# 5 地质健康检查

## 5.1 检查技术路线

在病症初步分析的基础上，推测场地病害可能与填土密实度、地下水不利作用以及结构在不良地质条件下引起变形等有关。故地质健康检查提出以水、管网、填土和结构为研究对象，按照工作手段选取→确定检查项目→检查结果→病害诊断→治理措施建议的技术路线开展工作（图 13）。其中，检查手段主要包括勘探、测试、物探和内窥等。

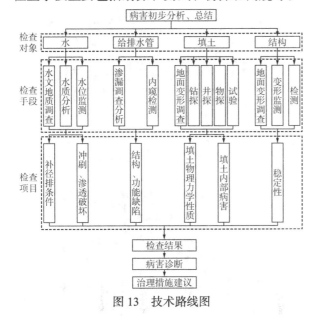

图 13 技术路线图

## 5.2 检查结果

水文地质调查、地面变形调查、监测等结果已融入前述章节，此处主要介绍通过技术手段获取的检查结果。

1）勘探

本次采用少量钻探和 2 个探井直接揭露填土填筑情况（图 14）。钻探采用单动双管＋植物胶护壁工艺。岩芯显示，填土可分为黏土包裹砾石段和块石段。其中，黏土包裹砾石段，黏土含量较高时，岩芯呈柱状，土石包裹性较好；黏土含量较低时，岩芯较松散。块石段岩芯呈柱状，＞10cm 块石岩芯占填土厚度的 14.8%～38.38%，空间分布无规律。

本次在 U 形南北两侧各设置 1 个探井，用于观测填土填筑情况和相关测试。南区 TJ01 在 7m 处见扶壁式挡墙扶壁，停止施工；北区 TJ02 开挖到设计深度 20m。探井每米编录，总体上，0～7m 范围块石粒径较小，井壁较稳定；7m 以下块石含量 55%～60%，最大粒径约 70cm，井壁垮塌，渗水。

(a) TJ02 3～4m      (b) TJ02 19～20m

图 14 探井中填土填筑情况

2）测试

（1）填土颗粒分析

本次工作在 2 个探井内 2～19m 深度处取土进行筛分试验。结果显示：填土总体满足 $C_u \geqslant 5$ 且 $C_c = 1～3$ 的条件，为级配良好土。

根据颗粒组成，项目对填土渗透变形进行了分析。本次选用李广信等编著的《土力学》[10]总结的判断方法，在几何条件方面分析得到填土颗粒总体上满足 $D_0 > d_5$，填土属于管涌土。水力条件方面，至今管涌临界水力坡降计算方法尚不成熟，无公认合适的计算方法。本次根据伊斯托敏娜提出的经验关系得到，项目从展馆到嘉陵江，渗流路径长达上千米，整个路径上出现渗透破坏的概率低；但在局部填土较厚的区域，渗流路径相对较短，加之大气高强度降雨或管道破损水流侵蚀下，填土中可能形成管涌或不均匀沉降。

（2）压实度

本次探井 2～16m 采用灌水法测试了填土天然密度（每 1m 进行一次试验，部分段块石含量高，未能开展试验），利用击实试验获取填土最大干密度，进而求得填土压实度。试验得到填土压实度为 93.2%～97.9%。总体规律为：0～10m 压实度基本达到设计值，10m 以下密实度满足设计值。

（3）填土渗透性

项目采用单环法在探井内开展试坑注水渗透试验。在探井 TJ1、TJ2 的 6m、7m 处进行了 3 次试验，环内未能注满清水，试验失败。在两个探井附近地表绿地中各进行了 1 次试验（图15），测得填土渗透系数为 36.72～43.63m/d，属于强透水。

图16　物探三维成果示意图

4）管网内窥

本次采用TVS-1000管道摄像检测系统和管道潜望镜对雨水和污水管网进行内窥检查，找出管网渗漏的自身原因。按照《城镇排水管道检测与评估技术规程》CJJ 181—2012[11]规定的管道评估方法，评估出管网结构性缺陷 119 处，具体为变形、异物穿入、破裂、起伏等；功能性缺陷 85 处，具体为沉积、浮渣、结垢、树根和障碍物等（图17）。

经定量分析，IV级结构性缺陷 20 处，结构已经发生或即将发生破坏，应立即修复；III级结构性缺陷 28 处，结构在短期内可能会发生破坏，应尽快修复；II级结构性缺陷 49 处，结构在短期内不会发生破坏现象，但应做修复计划。IV级功能性缺陷 4 处，输水功能受到严重影响，应立即进行处理。III级功能性缺陷 13 处，应尽快处理；II级功能性缺陷 38 处，宜安排处理计划。

图15　地表试坑注水渗透试验

（4）动力触探

项目选择 43 个钻孔（整个场地均有分布）开展了 $N_{120}$ 超重型动力触探测试，经杆长校正后每贯入 10cm 的平均锤击数，其最小值 0.90 击，最大值 23.9 击；填土结构松散—密实；但填土中部分块石粒径大，锤击数突变，试验变异系数大，测试结果不能真实反映整个场地填土的地基承载力。

3）物探

综上，填土块石含量高、粒径大、填土性质不均匀，物理力学性质复杂，测试结果不能反映整个场地的真实情况。为找出病因，项目采用物探手段进行检查。

在勘探、测试的基础上，项目通过现场试验筛选出地质雷达、利用天然源面波探测方法对填土进行布线扫描（图16），按照《城市地下病害体综合探测与风险评估技术标准》（JGJ/T 437—2018）[12]，通过二维和三维解译分析得到：在物探测线范围内，共计异常现象 379 处，其中一般疏松 174 处、严重疏松 45 处、脱空 99 处、空洞 61 处；异常位置分布不均匀，北区＋270 平台，N2 展馆西侧至挡墙，北区 P5 停车场，南区 P4 停车场等区域相对较多，病害常埋深于地下 0～5m。

(a) 破裂

(b) 障碍物

图17　管道缺陷典型照片

5）稳定性分析

U 形北侧区位于桩板挡墙上的 PC187 累计平面位移最大（桩长 53.2m）。该点在施工监测期累计平面位移已达到 289.1mm，超过设计变形量；截至 2020 年 1 月 15 日，该点累计平面位移 340.1mm，较施工监测期增加 51mm（图 18）。平面位移方向总体朝向临空面，即嘉临江或温德姆酒店方向。

图 18　U 形北侧区累计平面位移较大点变化曲线

根据桩板挡墙竣工资料中的参数：填土及强风化水平抗力系数的比例系数取 4MN/m⁴，中风化带泥岩地基水平弹性抗力系数取 160MN/m³，本次选取监测点 PC187 对应的抗滑桩进行反算，桩顶位移 < 100mm，支挡措施可行。

同理，本次根据施工图参数对 +240～+270m 平台的分级边坡稳定性进行反算，边坡稳定。但现状支挡结构变形明显，项目以分段评价的方式，将边坡稳定性评价为稳定—基本稳定。

由此可见，填土是引起桩板挡墙、分级边坡支挡结构变形的直接因素。

### 5.3　病害诊断

填土：填土方量大，分布面积广，回填时间短；块石粒径大、含量高，填料空间分布不均匀（包括平面和竖向分布）；物理力学性质不均匀。

水：管网渗漏、大气降雨和场地周边地下水补给，场区地下水量大。水在填土中径流会逐渐掏蚀、携带填土细小颗粒；水还会软化砂、泥岩填料，减弱颗粒间的接触和支撑。水对填土有直接影响，易引起地面不均匀沉降、塌陷等病害。

结构：桩板挡墙桩后为深填土，桩前抗力主要由填土提供；扶壁式挡墙基础置于填土上。结构与填土、水紧密接触，根据前述检查结果可知，填土和水是结构变形的直接诱因。

综上，项目区的病害直接诱因为不均匀的填土和渗透在土中的水。

### 6　病害治理措施

鉴于国际博览中心不可长时间停工整治的特殊性，项目从场馆维护制度建设、给排水系统维护、地面维护、无损检测、长期监测等方面给出了适用于整个博览中心的治理措施；针对 U 形北侧区变形超过设计值 3 倍的桩板挡墙，给出了高压喷射注浆加固＋效果检测的综合措施（图 19）。经实施，治理效果良好。

图 19　注浆加固施工

### 7　结论与建议

（1）本文借鉴中医理论，创新性地将病因查找、提出治理措施的活动过程称为地质健康检查；并以重庆国际博览中心典型为例，按照病害检查、诊断、开具处方的程序检查出项目区填土病害诱因为不均匀的填土和渗透在土中的水，确定了病害空间分布、规模等详细信息，从日常维护、工程治理方面给出了治理措施。经实践，本文提出的地质健康检查工作思路、工作方法可行，成果可为类似工程提供借鉴。

（2）当下建筑进入"存量时代"，因前期技术限制，后期管网老化破裂、人类工程活动等影响，填方地基可能出现更复杂的病害。常规勘探、测试手段受场地条件的限制实施困难和难以达到预期目标，地质健康检查应多手段结合，并且需要在实用性、高效率、无损、低成本等方面创新。

（3）填土场地将改变地表水、地下水的补径排条件，加之后期场地周边人类工程活动影响，填土地基的水文地质条件十分复杂。勘察、设计、施工等阶段应动态工作，减弱水对填土的不利影响。

（4）当前，工程建设周期短、建（构）筑物的功能需求等对填土地基要求越来越高，现有技术规范不适宜或不满足建（构）筑物的需求，有必要进一步完善。

填筑材料：《建筑地基基础设计规范》GB 50007—2011[13]《高填方地基技术规范》GB 51254—2017[14]等规范对填料颗粒组成、最大粒径、颗粒级配参数等做了详细规范，但在岩石填料的岩性、强度、场地不同功能区填料的技术要求等方面的规定相对较弱。

填筑设计：《高填方地基技术规范》GB 51254—2017 针对不同类型的填料规定推荐了压（夯）方法、分层厚度、施工参数及夯实指标等，使得填筑设计较以前更具有针对性。在实际工程中，填筑设计常采用压（夯）、加筋、截排水等综合处理方法。但是技术规范在场地功能需求、地下水径流排泄、渗透变形控制、地基沉降（包括工后沉降）控制、动态设计等方面的设计规定相对少。

质量检测：《建筑地基基础工程施工质量验收标准》GB 50202—2018[15]《高填方地基技术规范》GB 51254—2017 等多部技术规范对填土地基质量做了较详细规定，但这些要求与场地功能分区、检测次数、检测时间间隔等结合相对较弱。

## 参考文献

[1] 化建新, 闫德刚, 赵杰伟, 等. 第七届全国岩土工程实录交流会特邀报告—地基处理综述及新进展[J]. 岩土工程技术, 2015, 29(6):285-300.

[2] 柴玉卿, 郑双飞, 李旭, 等. 高填方工程工后沉降演化规律研究综述[J]. 中国矿业, 2022, 31(9): 179-188.

[3] 涂一亮, 刘新荣, 钟祖良, 等. 机场高填方边坡填筑过程的变形演化规律分[J]. 地下空间与工程学报, 2019, 15(5):1442-1450.

[4] 占鑫杰, 李文炜, 杨守华, 等. 强夯法加固堰塞坝料的室内模型试验研究[J]. 岩土工程学报, 2023, 45(5):953-963.

[5] 武博强, 刘青, 杨德宏, 等. 公路土质边坡注浆加固稳定性研究[J]. 公路交通科技, 2011,3 8(11):45-51+87.

[6] 孙志亮, 孔令伟, 王勇, 等. 悬臂挡墙- 微型桩加固填土边坡地震响应特征研究[J]. 岩石力学与工程学报, 2022, 41(10):2109-2123.

[7] 张福海, 薛浩宇, 陈宇, 等. 颗粒组成对杂填土与软土互嵌沉降的影响试验研究[J]. 土木与环境工程学报（中英文）2023, 45(5): 10-17.

[8] 靳晓光, 侯晓鹤, 孙志岗, 等. 富水填土区基坑开挖引起的地表沉降研究[J]. 重庆交通大学学报(自然科学版), 2017, 36(7):51-57.

[9] 陕西省住房和城乡建设厅. 黄土地基病害勘察与治理技术规程: DBJ 61/T 131—2017[S]. 北京: 中国建材工业出版社, 2017.

[10] 李广信, 张丙印, 于玉贞. 土力学[M]. 北京: 清华大学出版社, 2022.

[11] 住房和城乡建设部. 城镇排水管道检测与评估技术规程: CJJ 181—2012[S]. 北京: 中国建筑工业出版社, 2012.

[12] 住房和城乡建设部. 城市地下病害体综合探测与风险评估技术标准: JGJ/T 437—2018[S]. 北京: 中国建筑工业出版社, 2018.

[13] 住房和城乡建设部. 建筑地基基础设计规范: GB 50007—2011[S]. 北京: 中国建筑工业出版社, 2012.

[14] 住房和城乡建设部. 高填方地基技术规范: GB 51254—2017[S]. 北京: 中国建筑工业出版社, 2017.

[15] 住房和城乡建设部. 建筑地基基础工程施工质量验收标准: GB 50202—2018[S]. 北京: 中国计划出版社, 2018.

# 密云区传统村落古北口村古建筑群数字化保护工程岩土工程勘察实录

孙愿平　陈　磊　樊鹏昊　尹燕运

（中兵勘察设计研究院有限公司，北京　100053）

## 1　引言

"十三五"时期全国各地文物保护工作取得了很大进展，全国的文物保存状况持续改善，安全形势总体平稳，文物活化利用不断深入，文物保护的社会共识逐渐加深，文物事业为弘扬中华优秀传统文化、凝聚共筑中国梦磅礴力量作出重要贡献[1]。

"十四五"时期是我国开启全面建设社会主义现代化国家新征程的第一个五年，也是推进社会主义文化强国建设、推动实现从文物资源大国向文物保护利用强国跨越的关键时期。国务院办公厅出台《"十四五"文物保护和科技创新规划》，是文物事业发展规划第一次上升为国家级专项规划，今后五年，将全面加强文物保护研究利用、全面深化对中华文明的认知、全面提升中华文化影响力、全面推进文物治理体系和治理能力现代化，推动实现从文物资源大国向文物保护利用强国的历史性跨越[2]。规划为进一步推动文物事业高质量发展、深化文物保护利用改革、强化文物科技创新和人才队伍建设、加强文物保护研究利用、全面深化对中华文明的认知、提升中华文化影响力、推进文物治理体系和治理能力现代化，稳中求进、守正创新，走出一条符合国情的文物保护利用之路，为实现中华民族伟大复兴的中国梦作出更大贡献指明了方向[1]。

岩土工程技术和测绘地理信息技术的发展使得空间数据的获取手段越来越先进，越来越多样。本文依托密云区传统村落古北口村古建筑群数字化保护工程，利用水文地质调查、工程地质钻探、原位测试、室内试验和成果分析与计算、工程地质测绘等地质调查手段，初步查明古北口村周边地质灾害，分析古北口村岩土工程特征及附近范围的水文地质条件，对附近的地质条件、地质构造特征等作出评价，从地质角度提出文物建筑数字化保护工程的适宜性意见，并借助二三维地理信息管理系统将历史文物本体和周边环境等多源数据集成于一体，借助其二三维表达、空间管理、空间分析、系统管理等强大优势，应用于古建筑群落数字化文物保护等领域[3]，为古建筑群数字化保护工作积累了经验和教训，为全面落实"十四五"时期文物数字化保护工作提供了参考。

## 2　地质灾害

根据调查结果，调查区主要存在崩塌、不稳定斜坡及泥石流三种不良地质作用。

### 2.1　不稳定斜坡

文物保护工程山体北侧紧接中低山山体，基岩裸露较多，覆盖层厚度薄，整体岩石风化程度不高，完整性较好，裸露基岩大部分为岩浆岩，对区域内因修公路开挖的人工边坡均进行了混凝土喷护，大部分地区不存在崩塌、不稳定斜坡或者滑坡地质灾害。本次调查发现，在药王庙和二郎庙后分别存在一处不稳定斜坡，如图1所示。

图1　不稳定斜坡位置示意图

获奖项目：2021年度全国优秀测绘工程奖金奖，2021年度工程勘察建筑设计行业和市政公用工程优秀勘察设计奖三等奖。

药王庙后不稳定斜坡高约 5.5m，主要为裸露石英正长岩，为硬质岩，表层风化裂隙较发育，边坡坡度 65°，有砌砖挡墙，挡墙有裂缝。具体情况见图 2。

图 2　药王庙处不稳定斜坡情况、裂缝和量测

二郎庙后不稳定斜坡高约 8.5m，坡顶覆盖层为小于 1.0m 的碎石土，边坡坡度约 78°，岩性为石英正长岩，为硬质岩，表层风化裂隙较发育。具体情况见图 3。

图 3　二郎庙处不稳定斜坡情况和量测

以上两个不稳定斜坡均未发现地下水出露和地表水流，也未发现外倾结构面，岩体整体完整，呈厚层状。现状评价，此两处不稳定斜坡目前暂时稳定；在不利工况条件下，此两处不稳定斜坡可能存在不稳定状态，需对不稳定斜坡进行变形监测，根据监测数据进行后续工作。

## 2.2　崩塌

场地北侧山体边坡一侧，由于局部山坡陡峭、节理裂隙发育，部分地段残坡层较厚、较松散，局部人工砌墙年久失修，在本次调查中发现多处崩塌，但规模均较小。

## 2.3　泥石流

泥石流是山区特有的一种自然地质现象。它是由于大量而又急促的地表径流激发的一种夹带大量泥砂、石块等固体物质的特殊洪流。它爆发突然、历时短、来势凶猛，具有强大的破坏力。

1）泥石流的形成条件

（1）物质条件：有丰富的松散物质，为泥石流形成提供物质基础。

（2）地形地貌条件：有陡峻便于集水、集物的地形，为泥石流的形成提供必要的动力势能。

（3）动力条件：短时间内有大量水的来源，是泥石流形成的激发因素。

另外，土体植被对泥石流形成也有影响。植被发育，不利于泥石流形成，反之，则有利于形成泥石流。此外，不合理的人类活动可加速泥石流的形成。

2）泥石流的现状调查

调查区内主要分布有 2 条曲线形沟谷（图 4），杨令公庙、药王庙和财神庙位于北侧山体西侧，二郎庙位于山体南侧，二郎庙东侧分布有大柳树沟和石盆峪沟。沟谷地势东北高西南低，沟长 3.6km，高差约 140m，该沟谷坡度较大。该沟谷东侧沟宽约 30m，中下部沟口宽 60~80m，沟谷在古北口村向南转弯流入潮河，沟口坡度 5°~10°，覆盖层薄，为风化残积的碎石土，两侧山坡堆积物平均厚度 2m，沟口位置呈缓坡状，坡度 15°，为上游长期冲刷侵蚀堆积所致，堆积物厚度 1~5m。沟谷两侧局部基岩出露，植被发育。

该地区多年平均降雨量为 624.3mm，汛区降雨量为 856.6mm，主要集中在 6~8 月，占全年降水量的 80% 以上，集中降雨会形成地表径流，但根据本次调查结果，本区近 10 年来地区经历的最大暴雨中，未见泥石流发生。

总体看来，该区沟谷整体坡降小，松散层多为碎石、块石，厚度小，为长期侵蚀堆积所致，两侧山坡灌丛发育，无泥石流伤亡及财产损失记录，现状泥石流灾害危险性小。

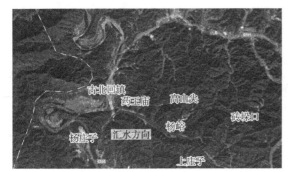

图 4 沟谷位置及汇水示意图

# 3 工程地质条件

## 3.1 地形地貌

古北口村地区位于燕山山前坡积和冲洪积交汇处,为中低山山地地貌和山间冲洪积(扇)平原地貌交接处,地形起伏较大,四处文物保护工程位于山间沟谷地带,文物保护工程北侧为中低山山体。山体高度约 130m,山体坡度 35°~45°,主要以裸露石英正长岩(山体)和砂岩(山脚)为主,覆盖第四系残坡积土层薄层。勘察时钻孔孔口处地面标高为 211.80~235.95m。场地地貌见图 5,山体情况见图 6。

图 6 保护点区域卫星图(左)和保护点北侧山体(右)

## 3.2 地基土层

整个场共布置 11 个钻孔,钻孔深度为 4.20~23.00m,地基土层上部为人工填土层,其下为第四纪沉积土层和后城组砾岩。场地北侧山体岩性为燕山期石英正长岩。综合野外钻探描述、原位测试及室内土工试验,对各土层描述见表 1。

采用标准贯入试验判别砂土及全—强风化岩石的密实度,判定全风化、强风化基岩与残积层的界线,确定地基土的承载力,进行土层液化判别。采用重型动力触探试验确定碎石类土密实度及承载力,其指标平均值见表 2。

图 5 古北口地区地貌

地层描述

表 1

| 层号 | 名称 | 地层描述 | 厚度/m | 底标高/m |
|---|---|---|---|---|
| ① | 杂填土 | 杂色、稍湿,稍密。主要以块石、砖块、灰渣为主,黏性土充填。局部表面为道路路面 | 0.30~5.80 | 211.30~230.15 |
| ①₁ | 角砾素填土 | 杂色,稍湿,稍密—中密。呈棱角形,一般粒径 0.5~1.0cm,最大粒径 3.0cm,充填黏性土,含砖块 | 0.40~2.90 | |
| ①₂ | 黏质粉土素填土 | 褐黄色,稍湿,稍密—中密。含角砾、砖块、灰渣等,夹粉质黏土素填土薄层或透镜体 | 0.40~1.10 | |
| ② | 卵石 | 杂色,湿—饱和,中密—密实,一般粒径 2.0~5.0cm,最大粒径大于 13.0cm,磨圆度较好,主要成分为岩浆岩和沉积岩。充填细砂、黏性土约 35% | 0.60~13.80 | 197.50~221.70 |
| ②₁ | 细砂 | 褐黄色,湿,稍密,主要成分为石英、长石,含 15% 左右的黏性土。夹砂质粉土薄层或透镜体 | 1.90~3.60 | |
| ②₂ | 圆砾 | 杂色,稍湿—湿,稍密—中密,一般粒径 0.5~1.0cm,最大粒径 4.0cm,磨圆度较好,主要成分为岩浆岩和沉积岩。充填细砂约 30% | 0.80~1.30 | |
| ②₃ | 黏质粉土—粉质黏土 | 褐黄色,湿,中密,含氧化铁 | 0.60~1.10 | |

| 层号 | 名称 | 地层描述 | 厚度/m | 底标高/m |
|---|---|---|---|---|
| ③ | 角砾 | 杂色—褐黄色，局部黑色，稍湿—湿，中密，一般粒径 0.5～1.0cm，最大粒径 3.0cm，呈棱角形，主要成分为砾岩、正长岩。充填细砂、黏性土约35% | 0.90～7.10 | 208.73～227.45 |
| ③₁ | 粉质黏土—黏质粉土 | 褐黄色，湿—很湿，可塑，含云母片、氧化铁条纹 | 0.40～2.00 | |
| ④ | 全风化砾岩 | 黄褐色—杂色，原岩结构不可辨，岩芯风化成土状、角砾状 | 0.50～1.70 | 196.89～222.55 |
| ⑤ | 强风化砾岩 | 黄褐色、青灰色、棕红色，岩芯呈碎块状，块径 3～6cm，少量呈柱状，柱长 8～15cm，锤击易碎 | 钻孔未穿透，>3.70 | |
| | 燕山期石英正长岩 | 主要在古北口村附近山体出露，灰黄色，局部深灰色，风化程度为强风化—中等风化，表层岩石捶击易碎，节理裂隙发育 | | |

采集岩土试样进行岩土物理力学性质试验，对试验结果进行统计得到表2中各地层指标平均值。

地基土物理力学性质指标平均值　　　表2

| 层号 | $w$/% | $\gamma$/（kN/m³） | $e$ | $I_P$ | $I_L$ | $E_{s1}$/MPa | $E_{s2}$/MPa | $c$/kPa | $\varphi$/° | $N$ | $N'_{63.5}$ |
|---|---|---|---|---|---|---|---|---|---|---|---|
| ① | | 19.0* | | | | | | 0* | 10* | | |
| ①₁ | | 19.5* | | | | | | 0* | 15* | 12 | |
| ①₂ | 13.8 | 19.8 | 0.55 | 7.8 | −0.29 | 4.82 | 5.53 | 10* | 10* | 26 | |
| ② | | 20.5* | | | | 30.0* | | 0* | 35* | 30 | |
| ②₁ | | 20.0* | | | | 15.0* | | 0* | 20* | 14 | |
| ②₂ | | 20.0* | | | | 18.0* | | 0* | 25* | 9 | |
| ②₃ | 25.5 | 19.6 | 0.73 | 10.0 | 0.55 | 5.75 | 6.58 | 15* | 18* | | |
| ③ | | 20.0* | | | | 20.0* | | 0* | 25* | 16 | |
| ③₁ | 26.6 | 19.6 | 0.76 | 11.0 | 0.58 | 4.43 | 5.34 | 20* | 15* | | |
| ④ | | 20.5* | | | | 30.0* | | | | | 45 |
| ⑤ | | 21.0* | | | | 50.0* | | | | | 76 |

注：1. $w$—天然含水率，$\gamma$—天然重度，$e$—天然孔隙比，$I_P$—塑性指数，$I_L$—液性指数，$E_{s1}$—P0～P0＋100 压缩模量，$E_{s2}$—P0～P0＋200 压缩模量，$c$—黏聚力，$\varphi$—内摩擦角（$c$，$\varphi$ 采用直剪试验方法），$N$—标准贯入试验锤击数实测值，$N'_{63.5}$—重型动力触探锤击数修正值；

2. *代表经验值。

### 3.3 地质构造

1）断裂

根据现场工程地质测绘、地球物理勘探，古北口村附近调查区内没有发现断裂活动的地貌特征，钻孔中也未揭露出存在断裂带的岩性特征。但根据资料调查，本场地存在一条北西向断裂带，为四方地—大岭逆冲断裂带（F5）（图7），从场地北侧山坡、山脚穿过，为压性断裂，主活动期为印支期—燕山期，走向 90°～110°，倾向 0°～20°，倾角 35°～80°，长度大于 20km，宽度 10～700m。西段由 2～4 条次级叠瓦断层构成逆冲断裂带，上盘变形变质岩系向南逆冲于中元古代高于庄组、大红峪组之上继又逆冲于高于庄组 4 段之上，其间发育碎裂岩、韧性变形黏土质粉砂岩及小型牵引褶皱；古北口西段上盘为变质岩，下盘为高于庄组，中夹两条逆断层分隔九龙山组、高于庄组断层块；东段为中元古代花岗质侵入体，向南逆冲于高于庄组之上，再逆冲于中生代土城子组之上，高于庄组为断裂带中的断夹块，呈透镜状断续出露。沿各断裂面发育构造角砾岩、碎裂岩，底部具糜棱岩化。

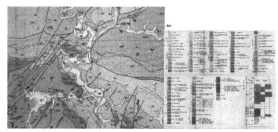

图 7　区域地质图

2）节理裂隙

调查区内节理裂隙较发育，其成因以构造节理为主，其次为风化裂隙。裂隙测量作业见图8，节理走向玫瑰图见图9，各组节理的产状如下：

第一组：走向近 NE，倾向近 SE，倾角 36°～53°，节理面较平直光滑，多数闭合，间距为 4 条/m，平均长度为 5.0m。

第二组：走向近 N，倾向近 W，倾角 56°～71°，节理面较平直光滑，多数闭合，间距为 3.5 条/m，平均长度为 8.0m。

第三组：走向近 NE15°～55°，倾向近 NW305°～345°，倾角 78°～80°，节理面较平直光滑，多数闭合，间距为 4.5 条/m，平均长度为 8.0m。

图 8　野外裂隙测量照片

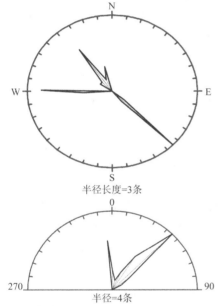

图 9　节理倾向（左）和走向（右）玫瑰图

## 3.4　水文地质

水文地质调查面积 4.0km²，主要调查场地井、泉、钻孔水位及地表水体，确定地下水的流向、含水层与隔水层的埋藏条件，地表水与地下水的补给关系。

根据水文地质调查场地地下水类型为松散堆积层中孔隙水和基岩裂隙水。

1）松散堆积层中孔隙水

含水岩组主要为碎石类土层，为孔隙潜水。含水层主要为卵石层，富水性中等，含水层渗透性较好，渗透系数一般为 150～200m/d。地下水位埋深 5.00m 左右，水位标高 206.80m 左右。主要接受大气降水和地表水补给，地下水排泄有蒸发、向地势较低处排泄等方式，径流条件较好。

2）基岩裂隙水

基岩裂隙水主要赋存于砾岩、石英正长岩等岩体风化裂隙和脉状构造裂隙中，含水性极不均匀，除受地形地貌、气候等因素影响、制约外，主要受构造条件控制，常沿断裂带形成宽窄不一的富水地带。补给来源为大气降水和松散层孔隙水补给，基岩裂隙水接受补给后，以脉状、支脉状分布于张开的裂隙中，沿裂隙走向运移，在沟谷处侧向补给到松散层孔隙水中或直接排出地表，受地下水径流速度、途径受地形、构造条件控制。地下水富水性一般较弱，渗透系数一般为 5～20m³/d。

对 5 号钻孔和三眼井中采取的地下水样水质进行分析，按《岩土工程勘察规范》GB 50021—2001（2009 年版）判定，在 Ⅱ 类腐蚀环境下，在干湿交替作用下，本场地地下水对混凝土结构和钢筋混凝土结构中的钢筋均具微腐蚀性。

## 3.5　工程物探

根据场地条件和要查明的问题选用高密度电法、面波法勘探和探地雷达勘探方法。

采用高密度电法结合钻探资料，确定了第四系覆盖层和强—中等风化基岩顶面的埋深和起伏变化界线（仅选取 1 个剖面，见图 10）。采用面波法勘探，结合附近的钻孔资料，对等速度彩色平面图进行了地质成果解释（图 11），采用探地雷达对场地空洞、疏松位置进行探测，结果表明，场地内不存在空洞、疏松情况。

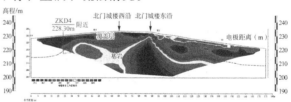

图 10　高密度电法探测成果

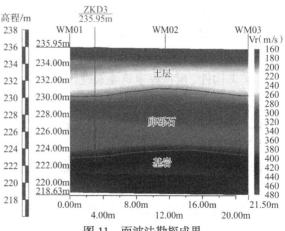

图 11　面波法勘探成果

## 4 文物数字化保护

通过对古北口村四处文物建筑群的现状勘察、测绘、文物建筑的数字化等工作，获取文物建筑群所处的环境现状、文物建筑群现状的地质灾害、地质条件、构造数据等，分析问题原因提出相关建议，最终建设数字化信息管理平台，为密云区文物管理所未来的管理提升到新的水平打下坚实基础，具体工作内容如下。

1）历史资料收集与整理

收集的资料内容主要为：历史档案、文物普查档案、历史书籍以及当地的民间传说等。

2）无人机数字摄影测量建立三维场景模型和生产4D产品

采用大疆精灵4无人机进行40~60m的超低空、高精度摄影测量，获取的航测影像采用Pix4D航测软件进行快速检查，合格影像再通过高精度空三软件PhotoScan进行解算，结合Context Capture（CC）建模软件对古建筑本体和周边场景进行三维模型场景建设。通过CC建模软件进行数字高程模型（DEM）、数字正射影像图（EOM）和数字表面模型（DSM）数据的制作，采用模型矢量化测图软件DPMapper和数字化测图软件CASS对测区进行矢量化测图，得到测区的数字线划图（DLG）。

3）多种技术环境勘测

本项目对古北口村区域岩土工程特征及附近的地质构造特征、场地稳定性、地基岩土适宜性、地质灾害和环境水文地质等方面作调查勘测，用于评判环境地质现状对文物建筑群的影响和潜在隐患。

4）综合技术古建筑本体勘测

采用现代化且适合现场情况的数字化设备、技术和方法，对建筑物单体从台基、踏步、地面墁砖、大木梁架结构（柱、梁、枋）、墙体、铺作、门窗、装饰构件、屋顶等建筑要素进行全面勘测及数字化，获取各建筑的结构规制、规格、材料、工艺特征、病害、变形等现状数据和信息。

5）古建筑变形数据采集

按照建筑变形监测规范及相关古建保护规范，结合本项目文物建筑群的建筑特点及现状，本项目变形数据采集考虑的内容有建筑物沉降变形、水平位移变形、倾斜变形、结构开裂及歪闪等。

由于古建筑存在时间较长，地基基础及建筑结构已经完成了初期的变形及变化，结构变化处于相对平稳阶段，所以对于建筑变形监测的频率确定，主要考虑异常气候条件（如长时间大雨、大雪）及地震发生时要监测，正常情况下，每年监测一次或两年监测一次即可。

6）平立剖图绘制

在建筑单体数字化基础上，绘制各建筑物的平面图、立面图、剖面图并标注关键结构及部件的规格尺寸和关系尺寸，绘制比例尺为1：50，采用AutoCAD的dwg数据格式。

7）建筑信息模型（BIM）构建

建筑信息模型（BIM）构建采用Autodesk Revit软件。制作过程与古建筑精细测绘相互穿插。获取古建筑装修、瓦顶、台明、大木构架、辅助设施等数据，制作构建族库，形成三维整体建筑模型并录入属性信息，完成建筑信息模型。完成模型后可辅助测绘出图，可轻量化后实现各种应用。

8）虚拟现实三维场景（VR）建设

虚拟现实三维场景（VR）建设主要包括：外业现场数据采集、内业数据加工处理、场景功能开发三部分工作。通过现场踏勘了解整个建模区域现状，查看地形、地貌、地物、气候条件、地球物理特征、获取外业数据时的干扰因素，如危险源等，同时也对建模区域及建模对象进行初步了解。三维建模所需的基础数据，通过两种方法获取：一是前期测绘数据及测绘图纸提取，二是进行现场勘测。

9）三维模型构建

3DMax是制作建筑效果图和动画制作的专业工具，拥有许多理想的命令供制作者使用。用于室外效果图制作方面的基本建模、材质赋予、贴图使用和灯光创建的图形文件。本次建筑、地形主要采用3DMax软件建模的方式。

10）数据库建设

数据库建设包括数据库设计、一体化建库、数据接口设计。数据库设计需考虑数据库逻辑设计（数据模型、数据组织）、数据库内容设计等。主要内容包括：基础勘测数据库、建筑信息数据库、变形基准数据库、档案信息数据库、运维管理数据库、其他数据库。其中，其他数据库为系统涉及的其他数据，如系统设置、用户账户、权限等数据。

11）文物数字化管理系统平台开发

文物数字化管理系统平台以构建能够综合管

理各种对象的计算机综合管理平台，实现文物保护、规划、管理、修缮的科学化、精细化为目标。

（1）管理系统平台采用 B/S 架构，二、三维一体化设计，前端采用浏览器，后端采用进程服务模式实现平台的管理功能。

（2）管理系统平台的软件支持系统有：Windows Server 2012 操作系统、Oracle MySQL 数据库、超图二三维一体化 GIS 基础平台、Google Chrome 浏览器、PDF 浏览器、高德导航地图 API。硬件支持系统有：服务器、交换机、局域网络等（图 12）。

（3）系统功能分为六大模块：基础管理、档案管理、三维管理、变形数据管理、文保宣传、统计查询。

（4）系统界面分为：登录界面、管理员初始默认界面（基础管理）、档案管理界面、三维管理界面、变形数据管理界面、文保宣传界面、统计查询界面、系统设置界面。

12）文化宣传资料制作

详细了解古建筑群信息，制定创意方案，根据分镜头脚本、场地及拍摄内容确定选用无人机或者高清摄像机。最后根据编制的脚本、部分镜头进行动画制作，完成文化宣传资料的制作。

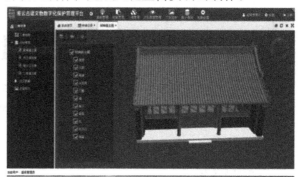

图 12　平台三维数据管理界面

## 参考文献

[1]　国务院办公厅关于印发《"十四五"文物保护和科技创新规划的通知》（国办发[2021]43 号）.

[2]　人民网. 2021 年 11 月 3 日国务院新闻办公室新闻发布会[OL].

[3]　李士锋, 尹燕运, 杜文晓. 基于 SuperMap 的古建文物数字化保护管理系统设计与实现[J]. 岩土工程技术, 2020, 34(4):234-237.

# 北京世园会人工水系建设与运行管理专题研究

吕京京　王军辉　陈国华　王慧玲　韩　煊　王　峰

（北京市勘察设计研究院有限公司，北京　100038）

## 1　工程概况

2019 年中国北京世界园艺博览会园区位于北京市延庆区西南部，东部紧邻延庆新城，西部紧邻官厅水库，横跨妫水河两岸，规划总用地面积 960hm²，其中包括围栏区面积约为 503hm²，非围栏区面积约为 457hm²。

2016 年，基于最大限度地保护好现有妫水河两岸的自然景观、人工水系、植被和土壤等生态环境的原则，世园会拟对规划核心区北部的现状人工湿地和人工湖（具体地理位置见图 1）进行改建，通过水系的循环净化、景观湿地、截污治污、流域治理等工程措施，修复生态水环境，提升区域的水环境承载力，建设宜居、宜业、宜游三位一体的水生态文明新典范。

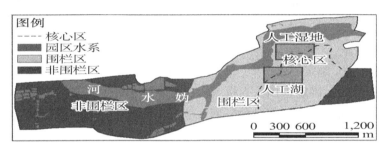

图 1　人工湿地与人工湖地理位置示意图

根据规划方案，主要涉及的水系有人工湿地和人工湖两部分。

人工湿地计划在现状人工湿地基础上改造而成。现状人工湿地位于世园会核心区北部，妫水河东侧河漫滩上，基本为东西向展布的长条形，地势东北高、西南低。其西侧及北侧为河流的天然河湾，距离为 100~200m；东侧及南侧为河流一级阶地。湿地依据现状地势展布，东北部有一处天然高地出露于水面。湿地长宽比为 3:1。现状水源主要为东侧 800 余米处的夏都缙阳污水处理厂出水。改建后，人工湿地保持现状总体形状不变，占地面积约为 7.10hm²；充分利用现有地形，自东向西建成三级水体，连接处均为跌水设计，设计水域面积共计约 5.30hm²。

人工湖位于世园会核心区西北部，人工湿地南侧约 250m 处，设计湖水面积约 97000m²，湖水水深平均为 2.0m，最深处 3.0m。

根据初步设计方案，人工湖初次补水水质为地表Ⅳ类水，然后湖水将通过输水管道进入人工湿地，通过人工湿地的净化功能进行再处理，达到地表Ⅲ类水水质后，再回补至人工湖。通过以上途径，最终实现人工湿地对人工湖湖水的循环净化。

鉴于人工湖在对景观和环境的功效上与表面流型人工湿地比较接近，为方便探讨，重点以人工湿地为例，对整个园区人工水系的选址、选型、设计以及运行期间对环境的影响进行讨论。

## 2　工程特点、问题与技术难点

人工湿地和人工湖作为世园会内人工水系的有机组成部分，不仅具有直接的景观效益，同时对维系局部生态环境也具有重要意义。其科学规划建设和运行管理都受到了场区水文地质条件的制约，并对周边的地下水环境产生影响[1]，因此对环境水文地质条件应引起足够的重视。同时，受当前

获奖项目：2021 年度工程勘察、建筑设计行业和市政公用工程优秀勘察设计奖二等奖、2021 年北京市优秀工程勘察设计奖一等奖。

基金项目：北京市科技计划项目（Z161100001216011）

技术水平影响，在人工水系的设计、选型和运行中，也面临诸多问题和技术难点[2-3]。

上述问题在本工程中具体表现为如下 3 点：

（1）在人工水系的规划选址和设计过程中，缺乏对工程地质条件、水文地质条件的深入研究，不利于建立充分考虑地层条件、地下水条件的设计技术路线，尤其缺乏较完善的人工水系环境水文地质勘察技术体系，使得后续的设计和施工带有一定的盲目性，最终造成实际运行中较多的环境和运行维护方面的问题。

（2）在人工湿地选型和设计方面，缺乏科学依据。在湿地选型方面（如表面流型或潜流型），多基于经验考虑，缺乏不同类型湿地对水质净化效果的评价方法，造成目前湿地选型和运行管理中盲目性较大，甚至造成环境问题和运行成本突出；在潜流型基质层结构、材料等方面，多以经验为主，缺乏足够的科学理论依据和可靠的技术方法体系，人为性较大。

（3）对于人工水系运行后对周边环境、特别是地下水环境的影响缺乏成熟、系统、科学的分析与评价手段。目前的工作多停留在调查现状、分析原因阶段，很少将该部分内容纳入人工水系的优化设计方案、明确建设重点、调整管理手段当中，切实将与生态环境相协调的可持续发展理念和实际设计、施工、管理等相结合。长期以来，对于人工水系内地表水和周边地下水的运动过程与模拟研究，由于水循环自身的复杂性以及介质空间和运动状态的不同，分别在各自相对独立的领域中发展，而对于两者之间的耦合作用，研究较少，也缺乏具体的实际应用。

# 3 工作内容与技术创新

## 3.1 环境水文地质勘察

地质条件对人工水系选址有着重要影响。目前，针对人工水系建设开展的前期勘察工作尚无具体的标准和成熟的体系。项目根据水文地质工作的基本方法，充分结合人工水系设计、建造和运行的需要，建立了人工水系的环境水文地质勘察技术体系，并依托世园会人工湿地和人工湖开展了相应工作。在基本的方法论上，人工水系的环境水文地质勘察是水文地质勘察工作的一种，因此离不开水文地质基本理论和方法的指导，同时和传统的水文地质勘察相比，除了要进行基本的水文地质条件研究外，还要结合人工水系选址、建设和运行中相关问题评价的需要，侧重于生态环境要素的考虑。

1）区域环境水文地质调查与测绘工作

根据现行国家行业标准《环境影响评价技术导则地下水环境》HJ 610 的相关规定，利用周边地下水长观孔的水位监测资料，划定环境水文地质调查范围为工程场区周边约 1.1km² 的范围，自 2017 年 6 月 27 日至 2017 年 11 月 2 日，开展了环境水文地质调查工作，包括场区地形地貌、河流及河道情况、地表水系及周边环境调查、场区周边涉水施工情况调查等。

根据现场调查结果，结合相关资料，绘制拟建地表水系及周边区域现状地形图。

2）现场钻探与建井

根据现行国家标准《供水水文地质勘察规范》GB 50027、行业标准《地下水环境监测技术规范》HJ 164 和《地下水监测井建设规范》DZ/T 0270 的相关规定，结合现场调查结果，以人工湿地的环境水文地质勘察工作为例，共完成 21 个水文地质钻孔的钻探与成井工作，含 16 个钻孔为地下水水位监测井孔兼水文地质探查孔，6 个为弥散试验井（其中 1 个弥散试验井兼作地下水水位监测井），累计进尺 198.60m。另外，根据现场工作情况布置 4 个地表水位观测点，用于观测妫水河及人工湿地内地表水位。

3）现场取样

基于前期调查及勘察成果，结合现场进场取样条件等实际情况，对人工湿地底层淤泥、地下水和地表水等进行了取样分析。现场采样点分布状况见图 2，共布置淤泥采样点 3 处，地下水采样点 9 处，地表水采样点 6 处。

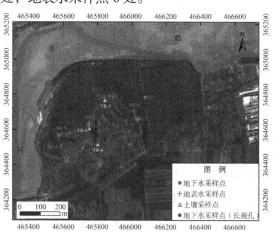

图 2 采样点分布图

4）环境水文地质测试

（1）现场监测

对本次设立的地下水水位监测井和地表水位监测点进行水位监测工作，从2017年8月11日至2017年11月1日，历时82d，共进行了132点次的地表水及地下水水位监测工作。

（2）现场试验

①微水试验

为查明包气带地层或渗透系数较小的含水层渗透系数，可采用变水头和常水头等微水试验，具体要求可参照现行《水文地质手册》。针对弥散试验场区，本次工作在2个监测井中共进行6次微水试验。

②水动力弥散试验

该试验目的是研究污染物在地下水中运移时，其浓度的时空变化规律，并通过试验获得进行地下水环境质量定量评价的弥散参数。根据本工程设计条件及现场实施条件，共布置6个试验井，采用NaCl试剂瞬时投入—浓度动态观测的试验方法，试验时间自2017年10月27日14时开始，至2017年11月2日10时结束，共计140h（图3）。

图3 水动力弥散试验

（3）室内试验

①渗透试验

对于一些细颗粒地层（黏性土、粉土等）可通过采集的原状样进行室内渗透试验，以得到其渗透系数，相关试验要求应符合现行国家标准《土工试验方法标准》GB/T 50123的相关规定。本次共完成室内渗透试验14组。

②水、土环境质量化学检测

本次工作对工程场区现场采取的湿地底层淤泥、地下水和地表水等样品进行了质量检测。其中，底层淤泥检测指标参照《展览会用地土壤环境质量评价标准（暂行）》HJ/T 350；地下水检测指标参照《地下水质量标准》GB/T 14848；地表水检测指标参照《地表水环境质量标准》GB 3838。本次共完成淤泥质量检测165项，地下水质量检测312项、地表水水质检测144项。

③隔污试验

水头差的存在是地下水—地表水交互作用产生的前提，地表水体下部地层的渗透系数则影响交互作用的强度[4]。为评价拟建人工湿地在可能的运行工况条件下，对地下水环境的影响，在人工湿地下方、主要含水层上方确定了连续性较好、具备一定厚度的弱透水层作为"隔污层"，开展了室内隔污性能试验。根据对"隔污层"的现场取样，测得不同水力梯度下单位面积渗漏量和污染物去除率。根据不同水力梯度下弱透水层的隔污能力，对人工湿地运行后的常水位、周边地下水抽采限制等提出技术要求，控制人工湿地内与周边地下水之间的水力梯度，使"隔污层"发挥其隔污效果，有利于对地下水环境的保护，降低污染风险。

本次隔污试验（图4）拟测试"隔污层"在3种水力梯度（4、6、8）的前提下，透过污水的能力及出水水质。出水水质的主要检测项目为COD、氨氮、总氮、总磷。

(a) 室内试验装置图

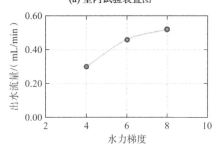

(b) 不同水力梯度下渗漏量分析

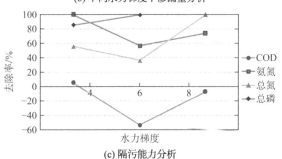

(c) 隔污能力分析

图4 隔污试验介绍

5）环境水文地质条件分析评价

（1）区域地质及水文地质条件分析

利用区域地质及水文地质资料，从宏观规律上分析人工水系所在区域的地质及水文地质条件，为人工水系规划选址以及后续相关评价工作提供基础。

（2）人工水系场地地质及水文地质条件分析

①在区域地质及水文地质条件研究基础上，通过人工水系场地现场钻探资料和室内试验资料，结合人工水系的设计条件，分析附近地层岩性条件，尤其是各地层的渗透性和隔污性，确定主要含水层、隔水层和隔污层并量化分析其分布规律。

②根据现场地下水位监测结果，分析主要地下水分布、补给、径流和排泄规律以及地下水位动态规律，分析地下水和地表水的水力联系。

③分析人工水系场地地表水、地下水和土壤的环境背景值及其主要影响因素。

④根据现场及室内试验结果，分析主要含水层和隔污层的环境水文地质参数，如渗透系数、有效孔隙度和水动力弥散参数等。

⑤评价人工水系运行后对地下水环境的影响。

（3）拟建人工水系运行对地下水环境的影响预测

利用前述环境水文地质条件及拟建人工水系可能的运行管理工况，进行地下水环境影响预测分析，重点开展拟建人工水系渗漏，以及渗漏引起的地下水水位和水质影响预测分析。

（4）拟建人工水系建设及运行管理方案分析

根据前述工作，分析并提出拟建人工水系的防渗隔污措施方案，以及科学运行管理的建议。

## 3.2 针对人工湿地设计的室内试验技术和数值模拟技术

目前的人工湿地设计多基于经验判断，缺乏统一的方法和技术标准，主观性成分较大。本次研究基于人工湿地的相关理论研究，针对基质材料选择、结构优化、人工湿地选型等设计过程中的关键步骤，提出了相应的室内试验技术和数值模拟技术。

1）针对人工湿地设计的室内试验技术

依托世园会拟建人工湿地，设计并开展了基质材料的室内净化试验，根据人工湿地对不同污染物的去除机理及试验成果案例[5-10]，利用自行研发的试验设备，系统、量化地研究了基质材料及结构对水质净化效果的影响。

结合拟建人工湿地的功能定位、进出水水质要求及设计方案，选择绿沸石、钾长石、页岩陶粒作为试验的基质材料（图5）。自行研发试验设备由供水装置、进水管和基质柱组成。采用符合运营后进水水质要求的再生水作为进水，经进水管进入基质柱，进水口采用阀门控制流量。结合人工湿地的设计方案，测定了基质层在不同水力停留时间的运行状态下，由进水口至出水口沿程净化能力的差别。

图 5　不同基质材料的室内净化试验装置照片

（从左至右依次为：绿沸石、钾长石、页岩陶粒）

根据试验结果，结合人工湿地的水质设计要求，筛选对进水中的特征污染物去除效果达标且效果稳定的基质材料，并确定该基质材料水质净化效果的最佳水力停留时间。同时，可基于试验过程中的水质和基质层监测数据，同步提出人工湿地运行期应采取的相关措施，如选择适宜的植物种类、增加水体溶解氧含量等，提高基质材料对特征污染物的去除效率，为人工湿地的设计、建设和运行管理提供重要的技术支撑（图6）。

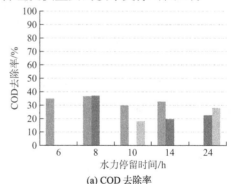

(a) COD 去除率

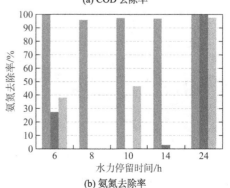

(b) 氨氮去除率

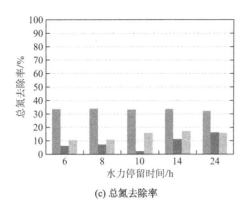

(c) 总氮去除率

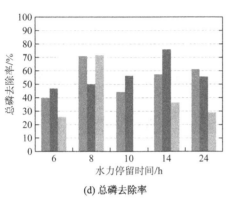

(d) 总磷去除率

■ 绿沸石　■ 钾长石　□ 页岩陶粒

图 6　不同水力停留时间时各基质材料
对于污染物的去除效果

2）针对人工湿地选型的数值模拟技术

基于设计条件，采用水质水量耦合模型，利用 FEFLOW（Finite Element subsurface FLOW system）地下水模拟软件，对世园会拟建人工湿地进行了模拟分析，评价了表面流型及水平潜流型两类湿地的水质净化效果，提出人工湿地的选型建议；针对所选类型的人工湿地，结合运行后的模拟结果，提出建设和运行期的相关措施建议，如对水流缓慢的"死水区"加设水下潜水搅拌设施、污染物聚集区增加下伏地层的防渗隔污性能、水质监测点优化设计等（图 7、图 8）。

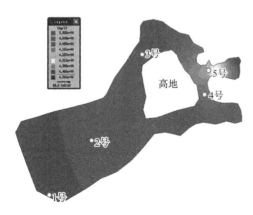

(a) BOD₅ 浓度分布图

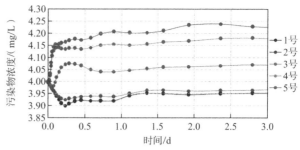

(b) 不同观测井处 BOD₅ 浓度随时间变化曲线

图 7　表面流湿地运行后 BOD₅ 浓度分布图及不同观测井
处 BOD₅ 浓度随时间变化曲线

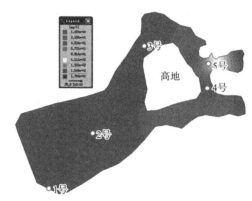

(b) 不同观测井处 BOD₅ 浓度随时间变化曲线

图 8　水平潜流型湿地运行后 BOD₅ 浓度分布图及
不同观测井处 BOD₅ 浓度随时间变化曲线

## 3.3　人工水系地表水与地下水的耦合模型分析技术

虽然地表水系运营期间对地下水环境的影响已逐步得到行业的认识[11-14]，但尚未形成一套科学、量化和便捷的评价方法。本项目基于环境水文地质勘察成果，充分利用园区及人工水系所在场区的地质及水文地质资料，建立了人工水系与地下水的耦合模型，分析评价了人工湖及人工湿地运行后对地下水环境（水量或水质）的影响，其评价结论对人工水系的选址、建设和运行管理具有重要的指导意义，同时，也逐渐形成了人工水系运行对地下水环境影响的科学量化评价方法。

1）人工湖建成后渗漏预测模拟

根据环境水文地质勘察得到的相关资料及参

数,应用FEFLOW软件开展地下水流数值模拟工作,主要预测人工湖渗漏量及其对周边地下水流场的影响并对人工湖的渗漏规律进行分析。利用区域地下水位监测数据对该模型进行识别与校正,验证了模型采用参数的合理性及模型计算的可靠度。

根据数值模拟结果,得到了人工湖建成后不同情景下的渗漏量及渗漏规律。人工湖建设及运行过程中,当湖底地层及土质保持天然状态时,人工湖渗漏量随湖水位、地下水及妫水河水位的变化而变化。当人工湖水位相对较高,而地下水及妫水河水位相对较低时,人工湖渗漏量相对较大,可造成周边区域地下水水位产生一定幅度的升高;当人工湖水位相对较低,而地下水及妫水河水位较高时,人工湖将接受地下水的侧向补给,可造成周边区域地下水水位产生一定幅度的降低;当人工湖水位保持稳定后,渗漏量随着时间的延长而减小(图9)。分析其原因,主要为人工湖运行后逐步改变周边地下水流场,人工湖与周边地下水的水力梯度逐步降低,导致渗漏量减少;同时,人工湖运行过程中细颗粒的沉积作用也将降低地层的渗透性,从而造成渗漏量的减少。

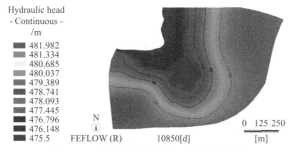

图9 人工湖建设后地下水位等值线图

根据环境水文地质勘察及人工湖的渗漏模拟结果,对湖底防渗处理措施提出了工程建议。部分区域湖底土质主要为人工填土,渗透性相对较大,建议进行碾压、夯实,降低渗透性,必要时铺设黏性土衬垫进行防渗处理;部分区域湖底土质主要为细砂地层,渗透性强,建议采用黏性土衬垫进行防渗处理;部分区域湖底土质为粉质黏土、重粉质黏土地层,总体渗透性较差,可整平后压实,有效阻隔湖水的渗漏。

2)人工湿地建成后的渗漏情况及对地下水环境的影响预测模拟

由于环境水文地质勘察得到的现状地下水流场已受到世园会园区内大范围施工降水的影响,不能体现天然状态下的地下水补径排规律,因此

根据附近地下水监测井的潜水位长期监测资料,插值得到天然状态下的地下水流场,分析场区地下水的补给、径流和排泄规律,合理确定模型边界条件,建立概念模型。

利用Prosessing Modflow软件,确定模型所涉及的平面范围和垂向深度。结合含水层实际情况及模拟精度要求,剖分地层,地表水系位于第1层。含水层顶底板方面,由于人工湿地在改建过程中,将会对地形进行同步的改造调整,因此模型的地表高程分为现状地表高程和规划地表高程两种,其余弱透水层、承压含水层顶底板按照环境水文地质勘察钻孔资料,利用软件插值确定。水文地质参数方面,结合研究区内钻孔资料及环境水文地质勘察成果,确定了含水层的水平及垂向等效渗透系数;降水入渗补给量根据附近气象站提供的实际降水量数据乘以入渗系数计算得到;蒸发量数据利用多年平均值换算得到最大水面蒸发量数据;在地下水系统的溶质运移模型中,根据现场弥散试验结果,确定纵向弥散度与横向弥散度的比值。

由于周边世园会其他工地的大规模施工及降水等措施,引起了调查区域内地下水流场的变化,现状的调查结果也受到了影响,待周边涉水施工结束后,地下水流场应逐渐恢复到天然状态。后续的湿地运行对地下水环境的影响评价时,参照长观井资料构建了研究区开发前天然状态下的地下水流场,即为"现状模型"(图10)。

模型的校正和检验是研究模拟运算问题的重要步骤,只有经过验证后的地下水流场模型才能准确预测溶质运移情况。利用模拟区内地下水长期监测井的水位监测资料,与数值模拟结果进行对比,误差在允许精度范围内,说明建立的地下水流场模型结果可靠。

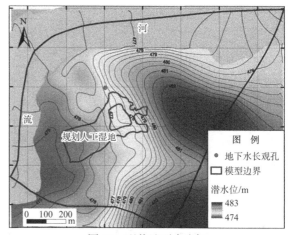

图10 现状地下水流场

将率定后的"现状模型"相关参数导入"规划模型",即将"现状模型"的地表高程改为规划地表高程,并按照拟建人工湿地的平面和竖向设计方案添加改建后的人工湿地,选取潜水位进行分析。

（1）基于地下水-地表水耦合模型预测结果,人工湿地与附近地下水之间存在水量交换,为人工湿地向地下水的渗漏补给。由于湿地与周围地下水之间的水力梯度较小,加上人工湿地底部淤泥层及下部隔污层的渗透系数较低,稳定后的渗漏量约为 3.3m³/d（图11）。

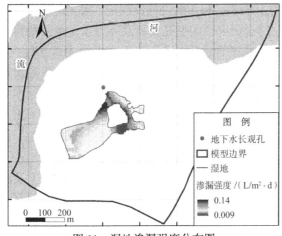

图 11　湿地渗漏强度分布图

（2）水质方面,人工湿地建设运行 10 年后,污染羽尚未运移至西侧河流,但对地下水的影响已达到潜水含水层下部;且随着深度增加,污染羽向西侧运移距离越大。同时,拟建人工湿地内天然高地的东岸附近潜水含水层中存在污染物的累积,浓度超过了进水污染物浓度值将近 2 倍,总体上湿地北部地下水中的污染物浓度预测值大于南部地区,与渗漏强度的分布规律预测结果吻合（图12）。

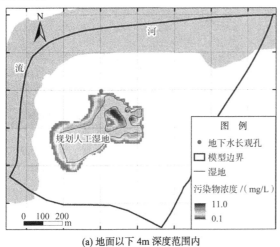

(a) 地面以下 4m 深度范围内

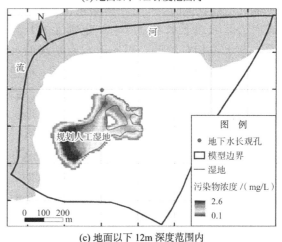

(b) 地面以下 7m 深度范围内

(c) 地面以下 12m 深度范围内

图 12　地面下不同深度范围内潜水含水层中的 $BOD_5$ 浓度分布

## 4　项目创新

（1）通过依托工程,提出了针对北京地区人工水系设计分析评价的环境水文地质勘察技术要点。根据水文地质工作的基本方法,充分结合人工水系设计、建造和运行的需要,建立了环境水文地质勘察的技术体系,并依托世园会拟建人工湿地和人工湖开展了相应工作。利用区域地质及水文地质资料,结合现场钻探及试验结果,深入分析了世园会园区地质及水文地质条件,尤其重点分析了建设场地的地下水环境条件,为人工水系相关环境水文地质问题的研究提供了科学依据。

（2）提出了人工湿地设计的室内试验技术和数值模拟技术。目前的人工湿地设计多基于经验判断,缺乏统一的方法和技术标准,人为性较大。本次研究,基于人工湿地的相关理论研究,针对基质材料选择、结构优化、人工湿地选型等设计过程中的关键步骤,提出了相应的试验技术和数值模拟技术。依托世园会拟建人工湿地，设计开展了基质材料的室内净化试验，利用自行研发的试验设备，充分结合湿地的水质水量耦合模型，系统、量化地研究了基质材料及结构、湿地类型等重要因素对水质净化效果的影响，为人工湿地的设计、建设和运行管理提供重要的技术支撑。

（3）建立了人工水系地表水与地下水的耦合模型分析技术，并成功用于人工水系对地下水环境的影响评价。虽然人工水系运营期间对地下水环境影响已逐步得到行业的认识，但是多以定性的经验判断为主，尚未形成一套科学、量化和便捷的评价方法。本次研究中，根据现场调查结果，从宏观上定性分析了现状地表水与周边地下水之间的水量和水质交换；利用室内隔污试验，分析评价了拟建人工水系下方包气带的防渗隔污性能；利用地质及水文地质资料，建立了地表水与地下水的耦合模型，评价了人工水系运行后对地下水环境的影响（水量和水质），其评价结论对人工水系的选址、建设和运行管理具有重要指导意义，同时也逐渐形成了人工水系运行对地下水环境影响的科学量化评价方法。

# 5 项目实施效果与成果

（1）目前针对人工水系建设开展的前期勘察工作，尚无具体的标准和成熟的体系。根据水文地质工作的基本方法，充分结合人工水系设计、建造和运行的需要，侧重于生态环境要素的考虑，建立了人工水系的环境水文地质勘察技术体系，并依托世园会人工湿地和人工湖开展了相应工作，工作成果为园区人工水系的科学建设和运维提供了重要依据，也为后续同类项目的开展提供了借鉴和参考。

（2）传统的人工湿地规划设计主要是基于景观功能，而对其生态功能，如水质净化方面以及人工湿地运营对环境的影响考虑得较少，这也是当前该领域的技术空白。针对园区人工湿地环境效益的实际需要，从人工湿地选型、设计和人工湿地运营对地下水环境影响3个方面开展了系统的专题研究工作，开展了人工湿地建设和运营中环境效益和环境效应的系统分析评价工作，研究成果在园区人工湿地建设和运营管理中得到了充分应用。

（3）人工湖是园区规模较大的人工地表水

体，在针对人工湖等生态水系设计的专项水文地质勘察工作中，基于现代海绵城市建设理念，在系统的现场调查、监测、试验和室内化验基础上，查明了场地及周边土壤及水环境背景，为人工湖蓄水、净水功能提供了背景资料；利用地下水数值模拟技术分析了湖底土质分布差异对人工湖渗漏量和对周边环境的影响。

综上所述，本次研究成果得到了设计单位和建设单位的认可，实现了人工湿地和人工湖的科学绿色生态建设。

# 参考文献

[1] 王军辉, 白彬彬, 周宏磊. 地质因素对人工湿地规划选址的影响分析 [J]. 湿地科学与管理. 2020, 16(2):68-71.

[2] 白彬彬, 王军辉, 吕京京. 人工湿地全生命周期管理策略[J]. 湿地科学与管理. 2019, 15(2): 70-73.

[3] 吕京京, 王军辉, 白彬彬. 某人工湿地运行的环境效益与环境效应研究[J]. 环境科学与管理. 2019, 44(5): 70-74.

[4] FRASER C, ROULET N, LAFLEUR M. Groundwater flow pattern in a large peatland[J]. Journal of Hydrology, 2001, 246 (1/4):142-154.

[5] 叶建锋. 垂直流人工湿地中污染物去除机理研究[D]. 上海: 同济大学, 2007.

[6] 吴晓磊. 人工湿地废水处理机理[J]. 环境科学, 1995(3):83-86.

[7] DRIZO A. Physico-chemical screening of phosphate-removing substrates for use in constructed wetland systems[J]. Environmental Science & Policy, 2004, 7: 329-343.

[8] SAKADEVAN K, BAVOR H J. Phosphate adsorption characteristics of soils, slags and zeolite to be used as substrates in constructed wetland systems[J]. Water Research, 1998, 32(2): 393-399.

[9] 袁东海, 景丽洁, 高士祥, 等. 几种人工湿地基质净化磷素污染性能的分析 [J]. 环境科学, 2005, 26(1):51-55.

[10] 刘慎坦, 王国芳, 谢祥峰, 等. 不同基质对人工湿地脱氮效果和硝化及反硝化细菌分布的影响[J]. 东南大学学报(自然科学版), 2011, 41(2):400-405.

[11] 范伟, 章光新, 李然然, 等. 湿地地表水—地下水交互作用的研究综述 [J]. 地球科学进展, 2012,

27(4):413-423.

[12] 刘波, 彭相楷, 束龙仓, 等. 黄河三角洲清水沟湿地三次生态补水对地下水的影响分析[J]. 湿地科学, 2015, 13(4):393-399.

[13] 王磊, 章光新. 扎龙湿地地表水与浅层地下水的水文

化学联系研究[J]. 湿地科学, 2007, 5(2):166-173.

[14] HAN A G, SUN Y, HAN K L. Discussion on the Relationship Between Wetlands Restoration and Groundwater Resource in Beijing Area[J]. Research of Soil & Water Conservation, 2006, 13(4):61-63.

# 北京中山公园青云片太湖石本体保护勘察实录

陈鹏飞 刘 音 郑晓敏 曹璞琳

（中兵勘察设计研究院有限公司，北京 100053）

## 1 引言

太湖石主要产地为苏州洞庭湖西山，又称洞庭石，根据形成环境可分为旱太湖与水太湖，根据产地位置又有南北之分，产地位于太湖附近的为南太湖石，位于北京、河北、山东、河南一带的为北太湖石[1]。太湖石材质为沉积岩中的石灰岩，主要矿物构成为方解石（$CaCO_3$）。由于二氧化碳溶解于水中会形碳酸根离子（$CO_3^{2-}$）和重碳酸根离子（$HCO_3^-$），该离子与石灰岩中的方解石矿物发生碳酸盐化反应，碳酸盐化的结果使岩石的方解石矿物被溶解，随着时间推移，便会形成形状奇特、表面洞窝发育、洞洞相连的太湖石。

太湖石早在东晋时期已经出名，至唐宋期间则闻达于世。唐朝诗人白居易在任苏州刺史时，发现两处太湖石，"苍然两片石，厥状怪且丑。俗用无所堪，时人嫌不取……万古遗水滨，一朝入吾手……孔黑烟痕深，罅青苔色厚"，此诗是我国记录太湖石最早的文献资料，明确记录了白居易首次发现太湖石的过程以及太湖石的价值[2]；至宋代，搜集、收藏、欣赏太湖石已经极为盛行，"客有嗜太湖石者，图其霰示余，命为赋。"宋代陈洙在《太湖石赋》中写道[3]，宋代可以说是太湖石被展示的黄金时代，尤其是随着古典园林的发展，太湖石被置于园林之中，作为重要的布景石材。自此之后，经久不衰，成为闻名于世的中国四大名石之一，是中华石文化中的重要组成部分[1]。

太湖石以"皱、漏、透、瘦"见长，最符合古典品石标准，在园林中常用作"立峰"与"叠石"，其次，许多太湖石也用于碑刻，形成了丰富的名石遗产，分布于全国各地。太湖石作为石文化和园林文化的重要载体，具有深厚的历史价值、艺术价值和社会价值。部分含有历史名人碑刻、见证历史事件的太湖石，也被列入了文物的范畴。

目前针对太湖石的研究多为历史考古、艺术鉴赏方面[4-7]，对于本体的修缮保护的研究相对较少，尤其是科技保护方面。本文针对具有文物价值的太湖石，在充分研究了现有勘察、测量与评估技术的基础之上，选定了适用于本体保护中的勘测、评估技术手段，并在青云片太湖石修缮中进行了验证，取得了良好的效果。本研究可为后期为具有文物价值的太湖石修缮提供一定的技术参考。

## 2 病害特征

太湖石病害与环境特征密切相关，一方面原本服务于私人的性质转变为公开展示，部分名石安置于各公园之中，露天展示，面对大量的游客，增加了诸多的安全隐患；其次，由于环境的污染，空气中二氧化碳、硫化物增加，降水的弱酸增加了本体的风化破坏。张青萍等[8]对园林中假山的主要受损方式进行了总结，将太湖石病害方式大致分为以下几类：

（1）基础沉降与倾斜；

（2）太湖石块体坠落坍塌，如危岩体；

（3）裂隙发育；

（4）风化病害，如片状剥离、粉化剥落等；

（5）不当修复，如无视表面皱纹，用水泥进行了覆盖。

## 3 技术路线

针对太湖石保存情况，采取综合的勘察、测量技术，全面获取本体的三维纹理模型数据以及病害发育情况，采用数值计算分析方法对本体的整体稳定情况进行计算分析，评估整体稳定性，最终为本体病害的治理以及保护修缮提供有效的数据支撑，主要技术方法简述如下：

（1）三维扫描

三维扫描技术是一种非接触主动式快速获取

文物表面三维密集点云的技术，主要利用向被测对象发射激光后，获取被测对象反射回来的信号，来获取被测物体表面的空间信息，具有技术精度高、数据获取迅速、数字化程度高的特点[9]。

通过现场扫描、点云拼接、误差改正、数据降噪（抽稀）、点云封装等流程，便可获取太湖石的本体的三维点云数据。由于太湖石孔洞发育、形状奇特，三维扫描数据无法全面获点云数据，存在盲区，针对这种情况，一方面可以采用便携式的三维扫描仪进行采集工作补充盲区部位的三维数据，其次可以采用近景摄影测量，获取更为翔实的具有纹理材质的三维模型，利用三维扫描数据作为控制基准。

（2）近景摄影测量

近景摄影测量是一种基于目标物影像进行三维空间测量方法。其基本原理为：将研究对象的序列影像作为基础，利用计算机将原始影像处理和影像匹配，在相邻影像的公共区域寻找同名像点并得到他们的坐标，运用摄影测量方法确定被测物体的三维坐标，同时获取三维模型，目前已经文物数字化方面得到了大量的应用[10-12]。

现场拍摄中一般采用航带法进行拍摄，航向重叠和旁向重叠均不小于 60%。内业处理经流程包括影像色彩还原、像控点刺点、空中三解测量计算、纹理模型瓦片生成、纹理模型整合、后期整饰，并最终形成纹理模型，通过对纹理模型进行进一步加工生成立面图、平面图、剖面图，作为现状病害测绘的底图。

（3）病害调查

病害调查通过人员现场调查的形式进行，主要查明文物的病害类型、分布区域，统计病害类型，分析病害成因、评估病害危害，最终提出针对性的保护意见。由于太湖石的独特性，在调查中注意甄别裂隙病害与太湖石表面的"皱"特点。病害调查主要通过人工现场开展，对于对象内部情况以及裂隙深度等无法直接测量的指标，需采用无损间接的探测手段，即超声探测与 CT 探测。

（4）超声与声波 CT 探测

超声波检测裂隙的基本原理是：激励产生的弹性波遇到裂缝时，波被直接隔断，并在裂缝端部衍射通过（图1）。本方法实质就是通过测试波在有裂缝位置和没有裂缝健全部位传播的时间差来推定裂缝深度的。裂缝深度越大，传播时间差也越长。

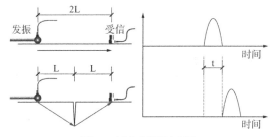

图 1　超声探测原理图

由此可以间接获取裂隙病害的发育深度的情况。

声波 CT 探测主要用于探测太湖石内部缺陷情况，声波 CT 是利用声波穿透岩石，通过声波走时和能量衰减的观测对太湖石内部结构成像。声波在穿透岩石时，其速度快慢与介质的弹性模量、剪切模量、密度有关。密度大、强度高的介质，其模量大、波速高、衰减小；破碎疏松的介质，其波速低、衰减大；因此波速可作为岩石强度和内部缺陷评价的定量指标。声波 CT 具有分辨率高、可靠性好、图像直观的特点，已被越来越广泛地应用于工程结构检测和工程病害诊断。

由于超声探测与声波 CT 探测，均需要耦合剂将检波器与太湖石完美耦合，所以一定选取水溶性耦合剂，避免探测对太湖石造成污染。

（5）数值模拟分析

数值模拟分析方法可采用有限元或者有限差分的计算方法，例如 ANSYS、ABAQUS、MIDAS、FLAC3D 等多方法，本文重点对 FLAC3D（快速拉格朗日差分分析方法）进行介绍，FLAC3D 数值模拟方法是目前岩土力学计算中应用较为广泛的数值计算方法，广泛应用于文物保护设计、边坡稳定性评价、支护设计、地下洞室等开挖与填筑等施工设计等多个领域。

## 4　具体应用案例

青云片石系北京园林名石之一，位于中山公园内外坛东南隅北侧，系圆明园遗物（图 2）。明代天启年间，明朝太仆、书画家米万钟于京西房山大石窝山中得此巨石，原想将其移至勺园，但因财产耗尽不得不弃之于房山良乡山野之中。随后，清乾隆帝发现此石，甚为喜爱，将其移至圆明园。圆明园被毁后，该石被弃于荒野，1925 年才从废墟中被挖出，移置于中山公园内，成为公园中的一景。

图2 青云片石现状影像

青云片石孔穴明晰、结构奇巧、玲珑剔透，似烟云缭绕，与颐和园乐寿堂前的"青芝岫"称为姐妹石。青云片石上镌有清高宗于乾隆三十一年（1766年）御题的"青云片"三字及律诗八首，然而刻字由于长时间的风化以及人为的影响作用，多已模糊不清。

青云片石原石在成岩后的构造运动中裂隙较为发育，在常年的风化及应力作用下，其东侧与东北侧出现两处张开裂隙，在其切割作用下，形成两处危岩。针对裂隙发育情况，前人采用水泥修补、铁丝绑扎等措施，在一定程度上缓解了裂隙的发育。然而，近几年的日常巡查发现，东北侧的裂隙又一次出现了开裂，定期观察显示，裂隙呈现逐渐增宽的趋势，已经基本贯通，被切割的危岩随时有脱落的可能，急需开展保护加固工作（图3）。

图3 青云片石病害近景

## 4.1 现状勘测

测绘中采用了三维扫描与近景摄影测量相结合的形式，以三维扫描的点云数据作为摄影测量计算的控制基准，最终获取青云片石的准确的点云模型与三维纹理模型（图4、图5），并在此基础

上绘制了青云片石现状图（图6）。该数字化成果数据也为病害调查以及数值计算分析提供了数据基础，也可以在数字化展示中得到利用。

图4 三维扫描点云模型

图5 摄影测量成果模型

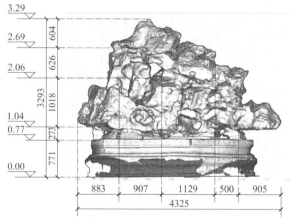

图6 青云片石北立面图

## 4.2 病害调查

青云片石现为露天保存，主要发育的病害类型为裂隙、水泥修补，其中东北侧在裂隙的切割作用下，形成了两处危岩块体。

（1）裂隙

裂隙产状主要可以分为两组，一组基本水平，另一组产状为倾向 NW270°～300°，倾角 18°～25°，裂隙发育长度较短，基本处于 0.1～1.0m，浅表性裂隙除个别深度较深外，多数裂隙深度较浅，不会对青云片石的自身结构的稳定性造成影响；机械性裂隙在青云片石发育相对较少，但裂隙发育深度较深，东北侧由于裂隙的切割，已经形成危岩体（图7）。

图8　水泥修补

图7　机械裂隙

（2）水泥修补

青云片石东立面存在人为修补的痕迹。在当时的条件下可能仅仅是临时修复或抢救修复，所以主要采用了水泥和类似修复材料，修补表面外观与青云片石整体差异明显，影响了文物的展示。同时，部分水泥修复已经失效（见图8）。

（3）危岩体

在机械裂隙的切割作用下，青云片石共计形成危岩体两处，其中一处已经采取了水泥修补、钢筋拉结的措施，处于稳定状态；另一处位于青云片石的东北侧，危岩体体量相对较小，岩体形态为不规则块状，破坏形式基本呈现滑移破坏，危岩体的调查情况见表1。

**片石危岩体统计表**　　　　　　　　　　　　　　　　　　　　　表1

| 危岩体编号 | 位置 | 边界条件（控制裂隙） | 形态 | 体量/m³ | 破坏模式 | 描述 | 危害 | 照片 |
|---|---|---|---|---|---|---|---|---|
| 危岩体1（$W_1$） | 青云片石东侧 | $L_1$：机械裂隙，产状倾向66°∠73° | 块状体 | 0.42 | 滑移破坏 | 危岩体边界主要受$L_1$裂隙控制，该处危岩已经采取水泥砂浆修补、钢筋拉结的措施，已经处于稳定状态 | | |
| 危岩体2（$W_2$） | 青云片石东北侧 | $L_2$：机械裂隙，产状倾向10°∠35°，裂隙闭合 $L_3$：机械裂隙，产状倾向10°∠75°，裂隙张开，最大张开度0.2cm，无填充 | 块状体 | 0.18 | 滑移破坏 | 危岩体边界主要受$L_2$与$L_3$两组裂隙控制，该危岩中部发育溶蚀孔洞，滑移破坏面被分为两个滑移区域 | 危岩体位于青云片石东北侧，如果出现失稳破坏，将直接造成文物本体残缺 | |

### 4.3　超声、CT 无损探测

（1）超声探测

根据裂隙发育程度以及超声探测实施的要求，选取北立面机械裂隙三处机械裂隙进行了探测。检测仪器采用 ZBL-U5200 非金属超声检测仪，换能器频率 50kHz，仪器设备量程 0～500mm，精度 0.1mm（图9）。

图9　超声现场检测情况

根据实测分析计算，获取了青云片石探测裂隙的深度如表 2 所示，该数据为后期的设计加固提供了数据支撑。

该区域与危岩体切割裂隙的位置基本一致。

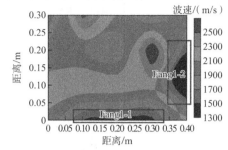

图 11 速度分布云图

**裂隙深度探测表** 表 2

| 裂缝编号 | 裂缝位置 | 裂缝深度/mm |
|---|---|---|
| B-JXLX1 | 构件东侧 | ≥54.7 |
| B-JXLX3 | 构件北侧顶部 | ≥42.2 |
| B-JXLX9 | 构件西侧 | ≥47.3 |

（2）声波 CT 探测

声波 CT 探测主要针对 W₂ 危岩体进行了探测，查明此几处区域内部是否存在孔洞、裂缝等缺陷（图 10）。

图 10 超声 CT 现场检测情况

最终声波 CT 的探测成果如图 11 所示。通过声波 CT 探测，共计发现了存在两处波速异常区域（图 11），青云片石头部 Fang1-1 区域内部 25cm 范围内整体平均波速大于 1700m/s，其中共有两处低波速区域，波速值在 1300～1700m/s，建议修补。

## 4.4 FLAC3D 数值计算

（1）计算对象主要构成

计算对象主要构成为青云片石本体与底座，主要构成材料为灰岩；W₂ 危岩体构成材料为灰岩。计算中考虑 W₂ 危岩体与青云片石之间的接触面作用。

（2）计算工况及计算参数

根据项目要求，本次计算分析工况主要分为：

工况一：天然工况，假定处于天然状态，各构成材料均采用天然状态的物理力学参数。

工况二：地震工况，本项目场地抗震设防烈度为 8 度，设计基本地震加速度值为 0.20g，设计地震分组为第二组，根据该条件选定相符合的 El Centro Array 地震波进行计算分析。

根据现场调查数据、现场检测数据以及相关类似的工程经验，确定进行数值计算的各项参数见表 3。

**模型计算参数** 表 3

| 岩性 | 密度/（g/cm³） | 泊松比 | 弹性模量/GPa | 抗压强度/MPa | 黏聚力/kPa | 内摩擦角/° | 抗拉强度/MPa |
|---|---|---|---|---|---|---|---|
| 青云片石、危岩体、底座 | 2.14 | 0.22 | 30.01 | 18.5 | | | |
| 接触面 | | | | | 20 | 12 | 0 |

（3）模型建立

计算模型的建立依据近景摄影测量与三维扫描数据获取模型尺寸，依据现场的病害调查成果建立结构面，最终计算模型如图 12 所示。

危岩体（W₂）
底座
青云片石

图 12 计算模型

（4）天然工况计算结果

在天然工况下，各材料参数均采用天然状态下的取值，计算最终结果收敛，能够达到稳定状态。计算位移云图见图 13。

由图 13 位移云图可以看出，危岩体（W₂）变形量最大，最大位移量为 0.80cm，变形呈现出东半部分位移量较西侧大的变形趋势。位移量的数值以及危岩体呈现的变化趋势与实际青云片石危岩体的变化情况一致，表明计算模型、结构面的设置以及参数的选取具有一定的合理性。

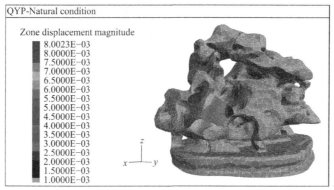

图 13　位移云图（单位：m）

青云片石整体形状奇特，各结构受力情况复杂，为分析青云片石的结构薄弱区域，特分析了青云片石的范式等效应力（Von Mises Stress）分布情况。范式等效应力（Von Mises Stress）屈服准则，于 1913 年提出，是一个综合的概念，其考虑了第一、第二、第三主应力，可以用来对疲劳破坏等情况的评价。

青云片石在静力工况下的范式等效应力情况见图 14。

由图 14 可以看出结构薄弱部位主要位于青云片石西侧底部与支撑块石相接触部位，另一处位于青云片石的中上部，为东西两半部分在顶部相接部位，在后期的常规巡查与监测之中应重点关注。

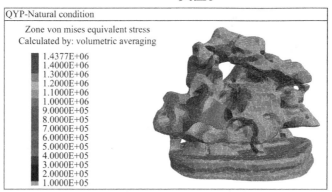

图 14　范式等效应力分布情况（单位：Pa）

综合上述分析，青云片石在天然工况下，基本处于稳定状态，危岩体最大变形量为 0.8cm。通过对范式等效应力的分析，共计有 3 处较为明显的结构薄弱区域。

（5）地震工况计算结果

地震工况下共考虑了三个方向的加速度，将三个方向的速度时程曲线，同时施加于青云片石模型底部，计算在该地震工况下 4s 内的变化情况。在计算中 2s 时危岩体出现破坏计算终止。振动计算成果见图 15。图中计算模型云图显示在破坏时的位移变化情况，右侧监测数据分布为危岩体与青云片石的位移变化情况（右上）、速度波动情况（右下）。

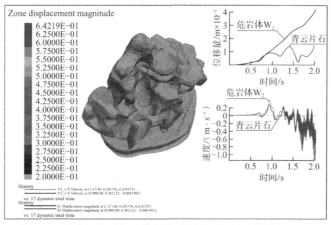

图 15　地震工况下危岩体的变形情况（一）（单位：m）

数值计算结果表明：在 El Centro Array 地震波的振动下，青云片石的危岩体在 0.75s 时开始脱离本体，随后变形量呈现波动性增大，并在 2.0s 完全脱离本体，计算终止，危岩体表现为东侧先脱离本体而后，以危岩体西侧为中心旋转的形式发生破坏，危岩体相对于青云片石本体最大的位移量为 0.42m。

### 4.5　勘测评估结论

通过现场工作开展，获取了青云片石高精度的三维纹理模型，查明了青云片太湖石主要病害为裂隙病害、水泥修补、危岩体。结合文物保护的理念、相关规定，针对病害建议采取如下保护工程措施：（1）针对发育机械裂隙建议采取注浆加固治理措施，及时封堵；（2）保存良好且具有完好功能的水泥修补区域建议保留，针对位于表层且已经松动的水泥修补区域建议清除并采用针对性材料进行回填修复；（3）通过计算分析，针对危岩体建议采取注浆加固治理措施，有效粘结危岩体块体，同时封堵裂隙，防止外界风化因素进一步的影响。

## 5　结语

本文通过研究现有的勘测以及评估手段，总结了一套适用于具有文物价值的太湖石本体修缮的勘测评估技术，并在青云片太湖石保护中得到了验证。目前根据采集的数据，已经完成了青云片石的方案设计及保护施工工作，经过后期观察保护效果良好。

## 参考文献

[1] 黄锡之. 太湖石历史文化探析[J]. 苏州大学学报(哲学社会科学版), 2007(4):104-107.

[2] 李树华. 中国园林山石鉴赏法及其形成发展过程的探讨[J]. 中国园林, 2000, 16(1):80-84.

[3] 金友理. 太湖备考: 卷 13[M]. 南京: 江苏古籍出版社, 1998.

[4] 刘耀忠, 张宝鑫. 古典园林名石的传承与保护[J]. 中国园林博物馆学刊, 2020,(00):27-31.

[5] 王昕. 苏州太湖石假山传统技法及鉴赏研究[D]. 杭州: 浙江大学, 2013.

[6] 端木山. 江南私家园林假山研究[D]. 北京: 中央美术学院, 2011.

[7] 王劲韬. 中国皇家园林叠山研究[D]. 北京: 清华大学, 2009.

[8] 张青萍, 董芊里, 傅力. 江南园林假山遗产预防性保护研究[J]. 建筑遗产, 2021(4):53-61.

[9] 胡启亚, 巩维龙, 胡永兴, 等. 基于三维激光扫描点云的逆向建模[J]. 北京测绘, 2020,34(3):352-355.

[10] 罗旭, 骆希娟, 郭夏琼, 等. 近景摄影测量在文物三维模型重建中的应用[J]. 文物鉴定与鉴赏, 2022(17):136-139.

[11] 张春森, 郭丙轩, 吕佩育, 等. 数字近景摄影测量在秦始皇陵百戏坑考古中的应用研究[J]. 文物保护与考古科学, 2014(2):90-96.

[12] 聂士祥, 汪涛, 曹鹏. 基于数字近景摄影测量的文物三维监测技术及其应用[J]. 遗产与保护研究, 2019(5):78-83.